# 수학의 바이블

학교 시험에
자주 나오는
**186유형**
**1951제 수록**

1권 유형편
1180제로
**완벽한**
**필수 유형 학습**

2권 변형편
771제로
**복습 및 학교 시험**
**완벽 대비**

**모든** 유형으로 실력을 **밝혀라!**

# 미적분

온 [모두의] 모든 유형을 담다. ON [켜다] 실력의 불을 켜다.


이투스북

| STAFF |

**발행인** 정선욱
**퍼블리싱 총괄** 남형주
**개발** 김태원 김한길 이유미 김윤희 권오은 이희진
**기획 · 디자인 · 마케팅** 조비호 김정인 강윤정 차혜린
**유통 · 제작** 서준성 신성철

**수학의 바이블 유형 ON 미적분** | 202310 초판 1쇄
**펴낸곳** 이투스에듀㈜ 서울시 서초구 남부순환로 2547
**고객센터** 1599-3225 **등록번호** 제2007-000035호 **ISBN** 979-11-389-1779-7 [53410]

2023년 이투스북 연간검토단

유봉영 류선생 수학 교습소
유승우 중계탑클래스학원
유자현 목동매쓰원수학학원
유재현 일신학원
윤상문 청어람수학원
윤석원 공감수학
윤수현 조이학원
윤여균 전문과외
윤영숙 윤영숙수학전문학원
윤형중 씨알학당
은현 목동CMS 입시센터 과고반
이건우 송파이지엠수학학원
이경용 열공학원
이경주 생각하는 황소수학 서초학원
이규만 SUPERMATH학원
이동훈 감성수학 중계점
이루마 김샘학원 성북캠퍼스
이민아 정수학
이민호 강안교육
이상문 P&S학원
이상영 대치명인학원 백마
이상훈 골든벨 수학학원
이서영 개념폴리아
이서은 송림학원
이성용 전문과외
이성훈 SMC수학
이세복 일타수학학원
이소윤 목동선수학학원
이수지 전문과외
이수진 깡수학과학학원
이수호 준토에듀수학학원
이슬기 예친에듀
이승현 신도림케이투학원
이승호 동작 미래탐구
이시현 SKY미래연수학학원
이영하 서울 신길뉴타운 래미안 프레비뉴 키움수학 공부방
이용우 올림피아드 학원
이용준 수학의비밀로고스학원
이원용 필과수 학원
이원희 대치동 수학공작소
이유강 조재필수학학원 고등부
이유예 스카이플러스학원
이유원 뉴파인 안국중고등관
이유진 명덕외국어고등학교
이윤주 와이제이수학교습소
이은숙 포르테수학
이은영 은수학교습소
이은주 제이플러스수학
이재용 이재용 THE쉬운 수학학원
이재환 조재필수학학원
이정석 CMS 서초영재관
이정섭 은지호영감수학
이정한 전문과외
이정호 정샘수학교습소
이제현 압구정 막강수학
이종운 알바트로스학원
이종혁 강남N플러스
이종호 MathOne 수학
이주희 고덕엠수학
이준석 목동로드맵수학학원
이지애 다비수수학교습소
이지연 단디수학학원
이지우 제이 앤 수 학원
이지혜 세레나영어수학학원
이지혜 대치파인만
이진 수박에듀학원
이진덕 카이스트
이진희 서준학원
이창석 핵수학 전문학원
이충훈 QANDA
이태경 엑시엄수학학원
이학송 뷰티풀마인드 수학학원
이한결 밸류인수학학원
이현주 방배 스카이에듀 학원
이현환 21세기 연세 단과 학원
이혜림 대동세무고등학교
이혜림 다오른수학교습소
이혜수 대치 수 학원
이효준 다원교육
이효진 올토수학
임규철 원수학
임다혜 시대인재 수학스쿨
임민정 전문과외
임상혁 양파아카데미
임성국 전문과외
임소영 123수학
임영주 세빛학원
임은희 세종학원
임정수 시그마수학 고등관 (성북구)
임지우 전문과외
임현우 선덕고등학교
임현정 전문과외
장석진 이덕재수학이미선국어학원
장성훈 미독수학
장세영 스펀지 영어수학 학원
장승희 명품이앤엠학원
장영신 위례솔중학교
장지식 피큐브아카데미
장혜윤 수리원수학교육
전기열 유니크학원
전상현 뉴클리어수학
전성식 맥스수학수리논술학원
전은나 상상수학학원
전지수 전문과외
전진남 지니어스 수리논술 교습소
전혜인 송파구주이배
정광조 로드맵수학
정다운 정다운수학교습소
정다운 해내다수학교습소
정대영 대치파인만
정문정 연세수학원
정민경 바른마테마티카학원
정민준 명인학원
정소흔 대치명인sky수학학원
정슬기 티포인트에듀학원
정영아 정이수학교습소
정원선 McB614
정유진 전문과외
정은경 제이수학
정재윤 성덕고등학교
정진아 정선생수학
정찬민 목동매쓰원수학학원
정하윤
정화진 진화수학학원
정환동 씨앤씨0.1%의대수학
정효석 서초 최상위하다 학원
조경미 레벨업수학(feat.과학)
조병훈 꿈을담는수학
조수경 이투스수학학원 방학1동점
조아라 유일수학학원
조아람 로드맵
조원해 연세YT학원
조은경 아이파크해법수학
조은우 한솔플러스수학학원
조의상 서초메가스터디 기숙학원, 강북메가, 분당메가
조재묵 천광학원
조정은 전문과외
조한진 새미기픈수학
조현탁 전문가집단학원
주병준 남다른 이해
주용호 아찬수학교습소
주은재 주은재 수학학원
주정미 수학의꽃
지명훈 선덕고등학교
지민경 고래수학
차민준 이투스수학학원 중계점
차용우 서울외국어고등학교
채미옥 최강성지학원
채성진 수학에빠진학원
채종원 대치의 새벽
최경민 배움틀수학학원
최관석 열매교육학원
최동욱 숭의여자고등학교
최문석 압구정파인만
최백화 주은재 수학학원
최병옥 최코치수학학원
최서훈 피큐브 아카데미
최성용 봉쌤수학교습소
최성재 수학공감학원
최성희 최쌤수학학원
최세남 엑시엄수학학원
최엄견 차수학학원
최영준 문일고등학교
최용희 명인학원
최정언 진화수학학원
최종석 수재학원
최주혜 구주이배
최지나 목동PGA전문가집단
최지선 직독직해 수학연구소
최찬희 CMS서초 영재관
최희서 최상위권수학교습소
편순창 알면쉽다연세수학학원
하태성 은평G1230
한명석 아드폰테스
한선아 짱솔학원 중계점
한승우 같이상승수학학원
한승환 반포 짱솔학원
한유리 강북청솔
한정우 휘문고등학교
한태인 메가스터디 러셀
한헌주 PMG학원
허윤정 미래탐구 대치
홍상민 수학도서관
홍성윤 전문과외
홍성주 굿매쓰수학교습소
홍성진 대치 김앤홍 수학전문학원
홍성현 서초TOT학원
홍재화 티다른수학교습소
홍정아 홍정아수학
홍준기 서초CMS 영재관
홍지윤 대치수과모
홍지현 목동매쓰원수학학원
황의숙 The나은학원
황정미 카이스트수학학원

◇— 인천 —◇

강동인 전문과외
강원우 수학을 탐하다 학원
고준호 베스트교육(마전직영점)
곽나래 일등수학
곽현실 두꺼비수학
권경원 강수학학원
권기우 하늘스터디 수학학원
금상원 수미다
기미나 기쌤수학
기혜선 체리온탑 수학영어학원
김강현 송도강수학학원
김건우 G1230 학원
김남신 클라비스학원
김도영 태풍학원
김미진 미진수학 전문과외
김미희 희수학
김보경 오아수학공부방
김연주 하나M수학
김유미 꼼꼼수학교습소
김윤경 SALT학원
김응수 메타수학학원
김준 쭌에듀학원
김진완 성일 올림학원
김하은 전문과외
김현우 더원스터디수학학원
김현호 온풀이 수학 1관 학원
김형진 형진수학학원
김혜린 밀턴수학
김혜영 김혜영 수학
김혜지 한양학원
김효선 코다에듀학원
남덕우 Fun수학 클리닉
노기성 노기성개인과외교습
문초롱 클리어수학
박용석 절대학원
박재섭 구월스카이수학과학전문학원
박정우 청라디에이블

박창수 온풀이 수학 1관 학원
박치문 제일고등학교
박해석 효성 비상영수학원
박효성 지코스수학학원
변은경 델타수학
서대원 구름주전자
서미란 파이데이아학원
석동방 송도GLA학원
손선진 (주) 일품수학과학학원
송대익 청라 ATOZ수학과학학원
송세진 부평페르마
안서은 Sun math
안예원 ME수학전문학원
안지훈 인천주안 수학의힘
양소영 양쌤수학전문학원
오상원 종로엠스쿨 불로분원
오선아 시나브로수학
오정민 갈루아수학학원
오지연 수학의힘 용현캠퍼스
왕건일 토모수학학원
유미선 전문과외
유상현 한국외대HS어학원 / 가우스 수학학원 원당아라캠퍼스
유성규 현수학전문학원
윤지훈 두드림하이학원
이루다 이루다 교육학원
이명희 클수있는학원
이선미 이수수학
이애희 부평해법수학교실
이재섭 903ACADEMY
이준영 민트수학학원
이진민 전문과외
이필규 신현엠베스트SE학원
이혜경 이혜경고등수학학원
이혜선 우리공부
임정혁 위리더스 학원
장태식 인천자유자재학원
장혜림 와풀수학
장효근 유레카수학학원
전우진 인사이트 수학학원
정대웅 와이드수학
조민관 이앤에스 수학학원
조민기 더배움보습학원 조쓰매쓰
조현숙 부일클래스
지경일 팁탑학원
차승민 황제수학학원
채선영 전문과외
채수현 밀턴학원
최덕호 엠스퀘어 수학교습소
최문경 영웅아카데미
최웅철 큰샘수학학원
최은진 동춘수학
최지인 윙글즈영어학원
최진 절대학원
한성윤 카일하우교육원
한영진 라야스케이브
허진선 수학나무
현미선 써니수학
현진명 에임학원
홍미영 연세영어수학
홍종우 인명여자고등학교
황면식 늘품과학수학학원

◇— 경기 —◇

강민정 한진홈스쿨
강민종 필에듀학원
강성인 인재와고수
강수정 노마드 수학 학원
강신충 원리탐구학원
강영미 쌤과통하는학원
강예슬 수학의품격
강정희 쓱보고 싹푼다
강태희 한민고등학교
경지현 화서 이지수학
고동국 고동국수학학원
고명지 고쌤수학 학원
고상준 준수학교습소
고안나 기찬에듀 기찬수학
고지윤 고수학전문학원
고진희 지니Go수학
곽진영 전문과외
구창숙 이룸학원
권영미 에스이마고수학학원
권은주 나만 수학
권주현 메이드학원
김강환 뉴파인 동탄고등관
김강희 수학전문 일비충천
김경민 평촌 바른길수학학원
김경진 경진수학학원 다산점
김경호 호수학
김경훈 행복한학생학원
김규철 콕수학오드리영어보습학원
김덕락 준수학 학원
김도완 프라매쓰 수학 학원
김도현 홍성문수학2학원
김동수 김동수학원
김동은 수학의힘 지제동삭캠퍼스
김동현 수학의 아침
김동현 JK영어수학전문학원
김미선 예일영수학원
김미옥 공부방
김민겸 더퍼스트수학교습소
김민경 더원수학
김민경 경화여자중학교
김민진 부천중동프라임영수학원
김보경 새로운 희망 수학학원
김보람 효성 스마트 해법수학
김복현 시온고등학교
김상오 리더포스학원
김상욱 WookMath
김상윤 막강한 수학
김상현 노블수학스터디
김새로미 스터디온학원
김서영 다인수학교습소
김석원 강의하는아이들김석원수학학원
김선정 수공감학원
김선혜 수학의 아침(영재관)
김성민 수학을 권하다
김성은 블랙박스수학과학전문학원
김소영 예스셈올림피아드(호매실)
김소희 도촌동 멘토해법수학
김수림 전문과외
김수진 대림 수학의 달인
김수진 수매쓰학원
김슬기 클래스가다른학원
김승현 대치매쓰포유 동탄캠퍼스
김영아 브레인캐슬 사고력학원
김영옥 서원고등학교
김영준 청솔 교육
김영진 수학의 아침
김용덕 (주)매쓰토리수학학원
김용환 수학의아침_영통
김용희 솔로몬 학원
김원욱 아이픽수학학원
김유리 페르마수학
김윤경 국빈학원
김윤재 코스매쓰 수학학원
김은미 탑브레인수학과학학원
김은향 하이클래스
김재욱 수원영신여자고등학교
김정수 매쓰클루학원
김정연 신양영어수학학원
김정현 채움스쿨
김정환 필립스아카데미 -Math Center
김종균 케이수학학원
김종남 제너스학원
김종화 퍼스널개별지도학원
김주용 스타수학
김준성 lmps학원
김지선 고산원탑학원
김지영 위너스영어수학학원
김지윤 광교오드수학
김지현 엠코드수학
김지효 로고스에이수학학원
김진국 스터디MK
김진룩 지금수학학원
김진만 엄마영어아빠수학학원
김진민 에듀스템수학전문학원
김창영 에듀포스학원
김태익 설봉중학교
김태진 프라임리만수학학원
김태학 평택드림에듀
김하현 로지플수학
김학준 수담수학학원
김해청 에듀엠수학 학원
김현겸 성공학원
김현경 소사스카이보습학원
김현정 생각하는Y.와이수학
김현정 퍼스트
김현주 서부세종학원
김현지 프라임대치수학
김혜정 수학을 말하다
김호숙 호수학원
김호원 분당 원수학학원
김희성 멘토수학교습소
김희주 생각하는수학공간학원
나영우 평촌에듀플렉스
나혜림 마녀수학
나혜원 청북고등학교
남선규 윌러스영수학원
남세희 남세희수학학원
노상명 s4
도건민 목동LEN
류종인 공부의정석수학과학관학원
마소영 스터디MK
마정이 정이 수학
마지희 이안의학원 화정캠퍼스
맹우영 쎈수학러닝센터 수지su
맹찬영 입실론수학전문학원
모리 이젠수학과학학원
문다영 에듀플렉스
문성진 일킴훈련소입시학원
문장원 에스원 영수학원
문재웅 수학의공간
문지현 문쌤수학
문혜연 입실론수학전문학원
민동건 전문과외
민윤기 배곧 알파수학
박가빈 박가빈 수학공부방
박가을 SMC수학학원
박규진 김포하이스트
박도솔 도솔샘수학
박도현 진성고등학교
박민정 지트에듀케이션
박민정 셈수학교습소
박민주 카라Math
박상일 수학의아침 이매중등관
박성찬 성찬쌤's 수학의공간
박소연 강남청솔기숙학원
박수민 유레카영수학원
박수현 용인 능원 씨앗학원
박수현 리더가되는수학 교습소
박여진 수학의아침
박연지 상승에듀
박영주 일산 후곡 쉬운수학
박우희 푸른보습학원
박원용 동탄트리즈나루수학학원
박유승 스터디모드
박윤호 이룸학원
박은주 은주짱샘 수학공부방
박은주 스마일수학교습소
박은진 지오수학학원
박은희 수학에빠지다
박재연 아이셀프수학교습소
박재현 렛츠(LETS)
박재홍 열린학원
박정현 서울삼육고등학교
박정화 우리들의 수학원
박종모 신갈고등학교
박종선 뮤엠영어차수학가남학원
박종필 정석수학학원
박주리 수학에반하다
박지혜 수이학원
박진한 엡실론학원

박찬현 박종호수학학원
박하늘 일산 후곡 쉬운수학
박한솔 SnP수학학원
박현숙 전문과외
박현정 탑수학 공부방
박현정 빡꼼수학학원
박혜림 림스터디 고등수학
방미영 JMI 수학학원
방상웅 동탄성지학원
배재준 연세영어고려수학 학원
백경주 수학의 아침
백미라 신흥유투엠 수학학원
백현규 전문과외
백흥룡 성공학원
변상선 바른샘수학
봉우리 하이클래스수학학원
서정환 아이디학원
서지은 전문과외
서한울 수학의품격
서효언 아이콘수학
서희원 함께하는수학 학원
설성환 설샘수학학원
설성희 설쌤수학
성계형 맨투맨학원 옥정센터
성인영 정석공부방
성지희 SNT 수학학원
손경선 업앤업보습학원
손솔아 ELA수학
손승태 와부고등학교
손종규 수학의 아침
손지영 엠베스트에스이프라임학원
송민건 수학대가+
송빛나 원수학학원
송숙희 써밋학원
송치호 대치명인학원(미금캠퍼스)
송태원 송태원1프로수학학원
송혜빈 인재와 고수 본관
송호석 수학세상
수아 열린학원
신경성 한수학전문학원
신동휘 KDH수학
신수연 신수연 수학과학 전문학원
신일호 바른수학교육 한학원
신정화 SnP수학학원
신준효 열정과의지 수학학원
안영균 생각하는수학공간학원
안하선 안쌤수학학원
안현경 매쓰온에듀케이션
안현수 옥길일등급수학
안효상 더오름영어수학학원
안효진 진수학
양은서 입실론수학학원
양은진 수플러스수학
어성웅 어쌤수학학원
엄은희 엄은희스터디
염민식 일로드수학학원
염승호 전문과외
염철호 하비투스학원
오성원 전문과외

용다혜 동백에듀플렉스학원
우선혜 HSP수학학원
위경진 한수학
유남기 의치한학원
유대호 플랜지에듀
유현종 SMT수학전문학원
유호애 지윤수학
윤덕환 여주 비상에듀기숙학원
윤도형 피에스티 캠프입시학원
윤문성 평촌 수학의봄날 입시학원
윤미영 수주고등학교
윤여태 103수학
윤지혜 천개의바람영수
윤채린 전문과외
윤현웅 수학을 수학하다
윤희 희쌤 수학과학학원
이건도 아론에듀학원
이경민 차앤국 수학국어전문학원
이경수 수학의아침
이경희 임수학교습소
이광후 수학의 아침 중등입시센터 특목자사관
이규상 유클리드수학
이규태 이규태수학 1,2,3관 , 이규태수학연구소
이나경 수학발전소
이나래 토리103수학학원
이나현 엠브릿지수학
이대훈 밀알두레학교
이명환 다산 더원 수학학원
이무송 U2m수학학원주엽점
이민우 제공학원
이민정 전문과외
이보형 매쓰코드1학원
이봉주 분당성지 수학전문학원
이상윤 엘에스수학전문학원
이상일 캔디학원
이상준 E&T수학전문학원
이상호 양명고등학교
이상훈 Isht
이서령 더바른수학전문학원
이서영 수학의아침
이성환 주선생 영수학원
이성희 피타고라스 셀파수학교실
이소미 공부의 정석학원
이소진 수학의 아침
이수동 부천E&T수학전문학원
이수정 매쓰투미수학학원
이슬기 대치깊은생각 동탄본원
이승우 제이앤더블유학원
이승주 입실론수학학원
이승진 안중 호연수학
이승철 철이수학
이아현 전문과외
이영현 대치명인학원
이영훈 펜타수학학원
이예빈 아이콘수학
이우선 효성고등학교
이원녕 대치명인학원

이유림 광교 성빈학원
이재민 원탑학원
이재민 제이엠학원
이재욱 고려대학교
이정빈 폴라리스학원
이정희 JH영수학원
이종문 전문과외
이종익 분당파인만학원 고등부SKY 대입센터
이주혁 수학의 아침
이준 준수학학원
이지연 브레인리그
이지예 최강탑 학원
이지은 과천 리쌤앤탑 경시수학 학원
이지혜 이자경수학
이진주 분당 원수학
이창수 와이즈만 영재교육 일산화정센터
이창훈 나인에듀학원
이채열 하제입시학원
이철호 파스칼수학학원
이태희 펜타수학학원
이한솔 더바른수학전문학원
이현희 폴리아에듀
이형강 HK 수학
이혜령 프로젝트매쓰
이혜민 대감학원
이혜수 송산고등학교
이혜진 S4국영수학원고덕국제점
이호형 광명 고수학학원
이화원 탑수학학원
이희정 희정쌤수학
임명진 서연고 수학
임우빈 리얼수학학원
임율인 탑수학교습소
임은정 마테마티카 수학학원
임지영 하이레벨학원
임지원 누나수학
임찬혁 차수학동삭캠퍼스
임채중 와이즈만 영재교육센터
임현주 온수학교습소
임현지 위너스 에듀
임형석 전문과외
임홍석 엔터스카이 학원
장미희 스터디모드학원
장민수 신미주수학
장서아 한뜻학원
장종민 열정수학학원
장지훈 예일학원
장혜민 수학의아침
전경진 뉴파인 동탄특목관
전미영 영재수학
전일 생각하는수학공간학원
전지원 원프로교육
전진우 플랜지에듀
전희나 대치명인학원이매점
정경주 광교 공감수학
정금재 혜윰수학전문학원
정다운 수학의품격
정다해 대치깊은생각동탄본원

정동실 수학의아침
정문영 올타수학
정미숙 쑥쑥수학교실
정민정 S4국영수학원 소사벌점
정보람 후곡분석수학
정승호 이프수학학원
정양헌 9회말2아웃 학원
정연순 탑클래스영수학원
정영일 해윰수학영어학원
정영진 공부의자신감학원
정영채 평촌 페르마
정옥경 전문과외
정용석 수학마녀학원
정유정 수학VS영어학원
정은선 아이원 수학
정인영 제이스터디
정장선 생각하는황소 수학 동탄점
정재경 산돌수학학원
정지영 SJ대치수학학원
정지훈 최상위권수학영어학원 수지관
정진욱 수원메가스터디
정태준 구주이배수학학원
정필규 명품수학
정하준 2H수학학원
정한울 한울스터디
정해도 목동혜윰수학교습소
정현주 삼성영어쎈수학은계학원
정황우 운정정석수학학원
조기민 일산동고등학교
조민석 마이엠수학학원
조병욱 신영동수학학원
조상숙 수학의 아침 영통
조상희 에이블수학학원
조성화 SH수학
조영곤 휴브레인수학전문학원
조욱 청산유수 수학
조은 전문과외
조태현 경화여자고등학교
조현웅 추담교육컨설팅
조현정 깨단수학
주설호 SLB입시학원
주소연 알고리즘 수학연구소
지슬기 지수학학원
진동준 필탑학원
진민하 인스카이학원
차동희 수학전문공감학원
차무근 차원이다른수학학원
차슬기 브레인리그
차일훈 대치엠에스학원
채준혁 후곡분석수학학원
최경석 TMC수학영재 고등관
최경희 최강수학학원
최근정 SKY영수학원
최다혜 싹수학학원
최대원 수학의아침
최동훈 고수학전문학원
최문채 이얍수학
최범균 전문과외
최병희 원탑영어수학입시전문학원

최성필 서진수학
최수지 싹수학학원
최수진 재밌는수학
최승권 스터디올킬학원
최영성 에이블수학영어학원
최영식 수학의신학원
최용재 와이솔루션수학학원
최웅용 유타스 수학학원
최유미 분당파인만교육
최윤수 동탄김샘 신수연수학과학
최윤형 청운수학전문학원
최은경 목동학원, 입시는이쌤학원
최정윤 송탄중학교
최종찬 초당필탑학원
최지윤 전문과외
최지형 남양 뉴탑학원
최한나 수학의 아침
최효원 레벨업수학
표광수 수지 풀무질 수학전문학원
하정훈 하쌤학원
한경태 한경태수학전문학원
한규욱 알찬교육학원
한기언 한스수학전문학원
한미정 한쌤수학
한상훈 1등급 수학
한성필 더프라임
한수민 SM수학
한원규 스터디모드
한유호 에듀셀파 독학기숙학원
한은기 참선생 수학(동탄호수)
한인화 전문과외
한준희 매스탑수학전문사동분원학원
한지희 이음수학학원
한진규 SOS학원
함영호 함영호 고등수학클럽
허란 the배움수학학원
현승평 화성고등학교
홍규성 전문과외
홍성문 홍성문 수학학원
홍성미 홍수학
홍세정 전문과외
홍유진 평촌 지수학학원
홍의찬 원수학
홍재욱 셈마루수학학원
홍정욱 광교김샘수학 3.14고등수학
홍지윤 HONGSSAM창의수학
황두연 딜라이트 영어수학
황민지 수학하는날 수학교습소
황삼철 멘토수학
황선아 서나수학
황애리 애리수학
황영미 오산일신학원
황은지 멘토수학과학학원
황인영 더올림수학학원
황재철 성빈학원
황지훈 명문JS입시학원
황희찬 아이엘에스 학원

◇— 부산 —◇

고경희 대연고등학교
권병국 케이스학원
권영린 과사람학원
김경희 해운대 수학 와이스터디
김나현 MI수학학원
김대현 연제고등학교
김명선 김쌤 수학
김민 금정미래탐구
김민규 다비드수학학원
김민지 블랙박스수학전문학원
김유상 끝장교육
김정은 피엠수학학원
김지연 김지연수학교습소
김태경 Be수학학원
김태영 뉴스터디종합학원
김태진 한빛단과학원
김현경 플러스민샘수학교습소
김효상 코스터디학원
나기열 프로매스수학교습소
노하영 확실한수학학원
류형수 연제한샘학원
문서현 명품수학
민상희 민상희수학
박대성 키움수학교습소
박성칠 프라임학원
박연주 매쓰메이트 수학학원
박재용 해운대 수학 와이스터디
박주형 삼성에듀학원
배진옥 전문과외
배철우 명지 명성학원
백용일 과사람학원
서자현 과사람학원
서평승 신의학원
손희옥 매쓰폴수학전문학원(부암동)
송유림 한수연하이매쓰학원
신동훈 과사람학원
안남희 실력을키움수학
안찬종 전문과외
오인혜 하단초 수학교실
원옥영 괴정스타삼성영수학원
유소영 파플수학
이경덕 수학으로 물들어 가다
이동건 PME수학학원
이상욱 MI수학학원
이아름누리 청어람학원
이연희 부산 해운대 오른수학
이영민 MI수학학원
이은련 더플러스수학교습소
이정화 수학의 힘 가야캠퍼스
이지영 오늘도, 영어 그리고 수학
이지은 한수연하이매쓰
이철 과사람학원
이효정 해 수학
전완재 강앤전수학학원
정운용 정쌤수학교습소
정의진 남천다수인
정휘수 제이매쓰수학방
정희정 정쌤수학
조아영 플레이팩토오션시티교육원
조우영 위드유수학학원
조은영 MIT수학교습소
조훈 캔필학원
채송화 채송화 수학
최수정 이루다수학
최준승 주감학원
한주환 과사람학원(해운센터)
한혜경 한수학교습소
허영재 정관 자하연
허윤정 올림수학전문학원
허정인 삼정고등학교
황성필 다원KNR
황영찬 이룸수학
황진영 진심수학
황하남 과학수학의봄날학원

◇— 울산 —◇

강규리 퍼스트클래스 수학영어전문학원
고규라 고수학
고영준 비엠더블유수학전문학원
권상수 호크마수학전문학원
권희선 전문과외
김민정 전문과외
김봉조 퍼스트클래스 수학영어전문학원
김수영 학명수학학원
김영배 화정김쌤수학과학학원
김제득 퍼스트클래스수학전문학원
김현조 깊은생각수학학원
나순현 물푸레수학교습소
박국진 강한수학전문학원
박민식 위더스수학전문학원
박원기 에듀프레소종합학원
반려진 우정 수학의달인
성수경 위룰수학영어전문학원
안지환 전문과외
오종민 수학공작소학원
유아름 더쌤수학전문학원
이승목 울산 옥동 위너수학
이윤희 제이앤에스영어수학
이은수 삼산차수학학원
이한나 꿈꾸는고래학원
정경래 로고스영어수학학원
최규종 울산뉴토모수학전문학원
최영희 재미진최쌤수학
최이영 한양수학전문학원
한창희 한선생&최선생 studyclass
허다민 대치동허쌤수학

◇— 경남 —◇

강경희 티오피에듀
강도윤 강도윤수학컨설팅학원
강지혜 강선생수학학원
고민정 고민정 수학교습소
고병옥 옥쌤수학과학학원
고성대 Math911
고은정 수학은고쌤학원
권영애 전문과외
김경문 참진학원
김가령 킴스아카데미
김기현 수과람학원
김미양 오렌지클래스학원
김민석 한수위수학원
김민정 창원스키마수학
김병철 CL학숙
김선희 책벌레국영수학원
김양준 이룸학원
김연지 CL학숙
김옥경 다온수학전문학원
김인덕 성지여자고등학교
김정두 해성고등학교
김지니 수학의달인
김진형 수풀림 수학학원
김치남 수나무학원
김해성 AHHA수학
김형균 칠원채움수학
김혜영 프라임수학
노경희 전문과외
노현석 비코즈수학전문학원
문소영 문소영수학관리학원
민동록 민쌤수학
박규태 에듀탑영수학원
박소현 오름수학전문학원
박영진 대치스터디 수학학원
박우열 앤즈스터디메이트
박임수 고탑(GO TOP)수학학원
박정길 아쿰수학학원
박주연 마산무학여자고등학교
박진수 펠릭스수학학원
박혜인 참좋은학원
배미나 이루다 학원
배종우 매쓰팩토리수학학원
백은애 매쓰플랜수학학원 양산물금지점
백장태 창원중앙LNC학원
백지현 백지현수학교습소
서주량 한입수학
송상윤 비상한수학학원
신욱희 창익학원
안지영 모두의수학학원
어다혜 전문과외
유인영 마산중앙고등학교
유준성 시퀀스영수학원
윤영진 유클리드수학과학학원
이근영 매스마스터수학전문학원
이아름 애시앙 수학맛집
이유진 멘토수학교습소
이정훈 장정미수학학원
이지수 수과람영재에듀
이진우 전문과외
이현주 진해 즐거운 수학
전창근 수과원학원
정승엽 해냄학원
조소현 스카이하이영수학원
주기호 비상한수학국어학원
진경선 탑앤탑수학학원
최소현 펠릭스수학학원

**하수미** 진동삼성영수학원
**하윤석** 거제 정금학원
**한광록** 대치퍼스트학원
**한희광** 양산성신학원
**황진호** 타임수학학원

◇— 대구 —◇

**강민영** 매씨지수학학원
**고민정** 전문과외
**곽미선** 좀다른수학
**곽병무** 다원MDS
**구정모** 제니스
**구현태** 나인쌤 수학전문학원
**권기현** 이렇게좋은수학교습소
**권보경** 수% 수학교습소
**김기연** 스텝업수학
**김대운** 중앙sky학원
**김동규** 폴리아수학학원
**김동영** 통쾌한 수학
**김득현** 차수학(사월보성점)
**김명서** 샘수학
**김미소** 에스엠과학수학학원
**김미정** 일등수학학원
**김상우** 에이치투수학 교습소
**김수영** 봉덕김쌤수학학원
**김수진** 지니수학
**김영진** 더퍼스트 김진학원
**김우진** 종로학원하늘교육 사월학원
**김재홍** 경일여자중학교
**김정우** 이룸수학학원
**김종희** 학문당입시학원
**김지연** 찐수학
**김지영** 더이룸국어수학
**김지은** 정화여자고등학교
**김진수** 수학의진수수학교습소
**김창섭** 섭수학과학학원
**김태진** 구정남수학전문학원
**김태환** 로고스 수학학원(침산원)
**김해은** 한상철수학학원
**김현숙** METAMATH
**김효선** 매쓰업
**노경희** 전문과외
**문소연** 연쌤 수학비법
**문윤정** 전문과외
**민병문** 엠플수학
**박경득** 파란수학
**박도희** 전문과외
**박민정** 빡쎈수학교습소
**박산성** Venn수학
**박선희** 전문과외
**박옥기** 매쓰플랜수학학원
**박정욱** 연세(SKY)스카이수학학원
**박지훈** 더엠수학학원
**박철진** 전문과외
**박태호** 프라임수학교습소
**박현주** 매쓰플래너
**방소연** 나인쌤수학학원
**배한국** 굿쌤수학교습소
**백승대** 백박사학원
**백태민** 학문당입시학원
**백현식** 바른입시학원
**변용기** 라온수학학원
**서경도** 보승수학study
**서재은** 절대등급수학
**성웅경** 더빡쎈수학학원
**손승연** 스카이수학
**손태수** 트루매쓰 학원
**송영배** 수학의정원
**신광섭** 광 수학학원
**신수진** 폴리아수학학원
**신은경** 황금라온수학교습소
**양강일** 양쌤수학과학학원
**오세욱** IP수학과학학원
**유화진** 진수학
**윤기호** 샤인수학
**윤석창** 수학의창학원
**윤혜정** 채움수학학원
**이규철** 좋은수학
**이나경** 대구지성학원
**이남희** 이남희수학
**이동환** 동환수학
**이명희** 잇츠생각수학 학원
**이원경** 엠제이통수학영어학원
**이은주** 전문과외
**이인호** 본투비수학교습소
**이일균** 수학의달인 수학교습소
**이종환** 이꼼수학
**이준우** 깊을준수학
**이진욱** 시지이룸수학학원
**이창우** 강철에프엠수학학원
**이태형** 가토수학과학학원
**이효진** 진선생수학학원
**임신옥** KS수학학원
**임유진** 박진수학
**장두영** 바움수학학원
**장세완** 장선생수학학원
**장현정** 전문과외
**전동형** 땡큐수학학원
**전수민** 전문과외
**전지영** 전지영수학
**정민호** 스테듀입시학원
**정은숙** 페르마학원
**정재현** 율사학원
**조성애** 조성애세움영어수학학원
**조익제** MVP수학학원
**조인혁** 루트원수학과학학원
범어시매쓰영재교육
**조지연** 연쌤영 • 수학원
**주기헌** 송현여자고등학교
**최대진** 엠프로학원
**최시연** 이룸수학 교습소
**최정이** 탑수학교습소(국우동)
**최현정** MQ멘토수학
**하태호** 팀하이퍼 수학학원
**한원기** 한쌤수학
**현혜수** 현혜수 수학
**황가영** 루나수학
**황지현** 위드제스트수학학원

◇— 경북 —◇

**강경훈** 예천여자고등학교
**강혜연** BK 영수전문학원
**권수지** 에임(AIM)수학교습소
**권오준** 필수학영어학원
**권호준** 인투학원
**김대훈** 이상렬입시학원
**김동수** 문화고등학교
**김동욱** 구미정보고등학교
**김득락** 우석여자고등학교
**김보아** 매쓰킹공부방
**김성용** 경북 영천 이리풀수학
**김수현** 꿈꾸는 아이
**김영희** 라온수학
**김윤정** 더채움영수학원
**김은미** 매쓰그로우 수학학원
**김이슬** 포항제철고등학교
**김재경** 필즈수학영어학원
**김정훈** 현일고등학교
**김형진** 닥터박수학전문학원
**남영준** 아르베수학전문학원
**문소연** 조쌤보습학원
**박명훈** 메디컬수학학원
**박윤신** 한국수학교습소
**박진성** 포항제철중학교
**방성훈** 유성여자고등학교
**배재현** 수학만영어도학원
**백기남** 수학만영어도학원
**성세현** 이투스수학두호장량학원
**소효진** 전문과외
**손나래** 이든샘영수학원
**손주희** 이루다수학과학
**송종진** 김천중앙고등학교
**신승규** 영남삼육고등학교
**신승용** 유신수학전문학원
**신지헌** 문영어수학 학원
**신채윤** 포항제철고등학교
**염성군** 근화여고
**오선민** 수학만영어도
**오세현** 칠곡수학여우공부방
**오윤경** 닥터박수학학원
**윤장영** 윤쌤아카데미
**이경하** 안동 풍산고등학교
**이다례** 문매쓰달쌤수학
**이민선** 공감수학학원
**이상원** 전문가집단 영수학원
**이상현** 인투학원
**이성국** 포스카이학원
**이영성** 영주여자고등학교
**이재광** 생존학원
**이재억** 안동고등학교
**이혜은** 김천고등학교
**장아름** 아름수학 학원
**전정현** YB일등급수학학원
**정은주** 정스터디
**조진우** 늘품수학학원
**조현정** 올댓수학
**채원석** 영남삼육고등학교
**최민** 엠베스트 옥계점
**최수영** 수학만영어도학원
**최이광** 혜윰플러스학원
**추민지** 닥터박 수학학원
**표현석** 안동풍산고등학교
**홍영준** 하이맵수학학원
**홍현기** 비상아이비츠학원

◇— 광주 —◇

**강민결** 광주수피아여자중학교
**강승완** 블루마인드아카데미
**공민지** 심미선수학학원
**곽웅수** 카르페영수학원
**김국진** 김국진짜학원
**김국철** 풍암필즈수학학원
**김대균** 김대균수학학원
**김미경** 임팩트학원
**김안나** 풍암필즈수학학원
**김원진** 메이블수학전문학원
**김은석** 만문제수학전문학원
**김재광** 디투엠 영수전문보습학원
**김종민** 퍼스트수학학원
**김태성** 일곡지구 김태성 수학
**김현진** 에이블수학학원
**나혜경** 고수학학원
**박용우** 광주 더샘수학학원
**박주홍** KS수학
**박충현** 본수학과학학원
**박현영** KS수학
**변석주** 153유클리드수학전문학원
**빈선욱** 빈선욱수학전문학원
**서세은** 피타과학수학학원
**손광일** 송원고등학교
**송승용** 송승용수학학원
**신예준** 광주 JS영재학원
**신현석** 프라임아카데미
**양귀제** 양선생수학전문학원
**양동식** A+수리수학원
**이만재** 매쓰로드수학 학원
**이상혁** 감성수학
**이승현** 본영수학원
**이주헌** 리얼매쓰수학전문학원
**이창현** 알파수학학원
**이채연** 알파수학학원
**이충현** 전문과외
**이헌기** 보문고등학교
**어흥범** 매쓰피아
**임태관** 매쓰멘토수학전문학원
**장민경** 일대일코칭수학학원
**장성태** 장성태수학학원
**전주현** 이창길수학학원
**정다원** 광주인성고등학교
**정다희** 다희쌤수학
**정미연** 신샘수학학원
**정수인** 더최선학원
**정원섭** 수리수학학원

**정인용** 일품수학학원
**정재윤** 대성여자중학교
**정태규** 가우스수학전문학원
**정형진** BMA롱맨영수학원
**조은주** 조은수학교습소
**조일양** 서안수학
**조현진** 조현진수학학원
**조형서** 전문과외
**천지선** 고수학학원
**최성호** 광주동신여자고등학교
**최승원** 더풀수학학원
**최지웅** 미라클학원

◇— 전남 —◇

**김광현** 한수위수학학원
**김도희** 가람수학전문과외
**김성문** 창평고등학교
**김은경** 목포덕인고
**김은지** 나주혁신위즈수학영어학원
**박미옥** 목포폴리아학원
**박유정** 해봄학원
**박진성** 해남한가람학원
**백지하** M&m
**유혜정** 전문과외
**이강화** 강승학원
**임정원** 순천매산고등학교
**정현옥** Jk영수전문
**조두희**
**조예은** 스페셜매쓰
**진양수** 목포덕인고등학교
**한지선** 전문과외

◇— 전북 —◇

**강원택** 탑시드 영수학원
**권정욱** 권정욱 수학과외
**김석진** 영스타트학원
**김선호** 혜명학원
**김성혁** S수학전문학원
**김수연** 전선생 수학학원
**김재순** 김재순수학학원
**김혜정** 차수학
**나승현** 나승현전유나수학전문학원
**문승혜** 이일여자고등학교
**민태홍** 전주한일고
**박광수** 박선생수학학원
**박미숙** 매쓰트리 수학전문 (공부방)
**박미화** 엄쌤수학전문학원
**박선미** 박선생수학학원
**박세희** 멘토이젠수학
**박소영** 황규종수학전문학원
**박영진** 필즈수학학원
**박은미** 박은미수학교습소
**박재성** 올림수학학원
**박지유** 박지유수학전문학원
**박철우** 청운학원
**배태익** 스키마아카데미 수학교실
**서현수** 수학귀신

**성영재** 성영재수학전문학원
**성준우** 광양제철고등학교
**손주형** 전주토피아어학원
**송시영** 블루오션수학학원
**신영진** 유나이츠 학원
**심우성** 오늘은수학학원
**양옥희** 쎈수학 전주혁신학원
**양은지** 군산중앙고등학교
**양재호** 양재호카이스트학원
**양형준** 대들보 수학
**오윤하** 오늘도신이나효자학원
**유현수** 수학당 학원
**윤병오** 이투스247학원 익산
**이가영** 마루수학국어학원
**이은지** 리젠입시학원
**이인성** 전주우림중학교
**이정현** 로드맵수학학원
**이지원** 전문과외
**이한나** 알파스터디영어수학전문학원
**이혜상** S수학전문학원
**임승진** 이터널수학영어학원
**정용재** 성영재수학전문학원
**정혜승** 샤인학원
**정환희** 릿지수학학원
**조세진** 수학의 길
**채승희** 윤영권수학전문학원
**최성훈** 최성훈수학학원
**최영준** 최영준수학학원
**최윤** 엠투엠수학학원
**최형진** 수학본부중고등수학전문학원

◇— 대전 —◇

**강유식** 연세제일학원
**강홍규** 최강학원
**강희규** 최성수학학원
**고지훈** 고지훈수학 지적공감학원
**권은향** 권샘수학
**김근아** 닥터매쓰205
**김근하** MCstudy 학원
**김남홍** 대전 종로학원
**김덕한** 더칸수학전문학원
**김도혜** 더브레인코어 수학
**김복응** 더브레인코어 수학
**김상현** 세종입시학원
**김수빈** 제타수학학원
**김승환** 청운학원
**김영우** 뉴샘학원
**김윤혜** 슬기로운수학
**김은지** 더브레인코어 수학
**김일화** 대전 엘트
**김주성** 대전 양영학원
**김지현** 파스칼 대덕학원
**김진** 발상의전환 수학전문학원
**김진수** 김진수학교실
**김태형** 청명대입학원
**김하은** 고려바움수학학원
**나효명** 열린아카데미
**류재원** 양영학원

**박지성** 엠아이큐수학학원
**배용제** 굿티쳐강남학원
**서동원** 수학의 중심학원
**서영준** 힐탑학원
**선진규** 로하스학원
**손일형** 손일형수학
**송규성** 하이클래스학원
**송다인** 일인주의학원
**송정은** 바른수학
**심훈흠** 일인주의 학원
**오세준** 오엠수학교습소
**오우진** 양영학원
**우현석** EBS 수학우수학원
**유수림** 이앤유수학학원
**유준호** 더브레인코어 수학
**윤석주** 윤석주수학전문학원
**이규영** 쉐마수학학원
**이봉환** 메이저
**이성재** 알파수학학원
**이수진** 대전관저중학교
**이인욱** 양영학원
**이일녕** 양영학원
**이준희** 전문과외
**이채윤** 대전대신고등학교
**인승열** 신성수학나무 공부방
**임병수** 모티브에듀학원
**임율리** 더브레인코어 수학
**임현호** 전문과외
**장용훈** 프라임수학교습소
**전하윤** 전문과외
**전혜진** 일인주의학원
**정재현** 양영수학학원
**조영선** 대전 관저중학교
**조용호** 오르고 수학학원
**조충현** 로하스학원
**진상욱** 양영학원 특목관
**차영진** 연세언더우드수학
**최지영** 둔산마스터학원
**홍진국** 저스트수학
**황성필** 일인주의학원
**황은실** 나린학원

◇— 세종 —◇

**강태원** 원수학
**고창균** 더올림입시학원
**권현수** 권현수 수학전문학원
**김기평** 바른길수학전문학원
**김서현** 봄날영어수학학원
**김수경** 김수경수학교실
**김영웅** 반곡고등학교
**김혜림** 너희가꽃이다
**류바른** 세종 YH영수학원(중고등관)
**배명욱** GTM수학전문학원
**배지후** 해밀수학과학학원
**윤여민** 전문과외
**이경미** 매쓰 히어로(공부방)
**이민호** 세종과학예술영재학교
**이지희** 수학의강자학원

**이현아** 다정 현수학
**장준영** 백년대계입시학원
**조은애** 전문과외
**최성실** 샤위너스학원
**최시안** 고운동 최쌤수학
**황성관** 전문과외

◇— 충북 —◇

**고정균** 엠스터디수학학원
**구강서** 상류수학 전문학원
**구태우** 전문과외
**김경희** 점프업수학
**김대호** 온수학전문학원
**김미화** 참수학공간학원
**김병용** 동남 수학하는 사람들 학원
**김영은** 연세고려E&M
**김용구** 용프로수학학원
**김재광** 노블가온수학학원
**김정호** 생생수학
**김주희** 매쓰프라임수학학원
**김하나** 하나수학
**김현주** 루트수학학원
**문지혁** 수학의 문 학원
**박영경** 전문과외
**박준** 오늘수학 및 전문과외
**안진아** 전문과외
**윤성길** 엑스클래스 수학학원
**윤성희** 윤성수학
**이경미** 행복한수학 공부방
**이예찬** 입실론수학학원
**이지수** 일신여자고등학교
**전병호** 이루다 수학
**정수연** 모두의 수학
**조병교** 에르매쓰수학학원
**조형우** 와이파이수학학원
**최윤아** 피티엠수학학원
**한상호** 한매쓰수학전문학원
**홍병관** 서울학원

◇— 충남 —◇

**강범수** 전문과외
**고영지** 전문과외
**권순필** 에이커리어학원
**권오운** 광풍중학교
**김경민** 수학다이닝학원
**김명은** 더하다 수학
**김태화** 김태화수학학원
**김한빛** 한빛수학학원
**김현영** 마루공부방
**남구현** 내포 강의하는 아이들
**노서윤** 스터디멘토학원
**박유진** 제이홈스쿨
**박재혁** 명성학원
**박혜정**
**서봉원** 서산SM수학교습소
**서승우** 전문과외
**서유리** 더배움영수학원

서정기 시너지S클래스 불당학원
성유림 Jns오름학원
송명준 JNS오름학원
송은선 전문과외
송재호 불당한일학원
신경미 Honeytip
신유미 무한수학학원
유정수 천안고등학교
유창훈 전문과외
윤보희 충남삼성고등학교
윤재웅 베테랑수학전문학원
윤지영 더올림
이근영 홍주중학교
이봉이 더수학 교습소
이승훈 탑씨크리트
이아람 퍼펙트브레인학원
이은아 한다수학학원
이재장 깊은수학학원
이현주 수학다방
장정수 G.O.A.T수학
전성호 시너지S클래스학원
전혜영 타임수학학원
조현정 J.J수학전문학원
채영미 미매쓰
최문근 천안중앙고등학교
최소영 빛나는수학
최원석 명사특강
한상훈 신불당 한일학원
한호선 두드림영어수학학원
허영재 와이즈만 영재교육학원

◇— 강원 —◇

고민정 로이스물맷돌수학
강선아 펀&FUN수학학원
김명동 이코수학
김서인 세모가꿈꾸는수학당학원
김성영 빨리강해지는 수학 과학 학원
김성진 원주이루다수학과학학원
김수지 이코수학
김호동 하이탑 수학학원
남정훈 으뜸장원학원
노명훈 노명훈쌤의 알수학학원
노명희 탑클래스
박미경 수올림수학전문학원
박병석 이코수학
박상윤 박상윤수학
박수지 이코수학학원
배형진 화천학습관
백경수 춘천 이코수학
손선나 전문과외
손영숙 이코수학
신동혁 수학의 부활 이코수학
신현정 hj study
심상용 동해 과수원 학원
안현지 전문과외
오준환 수학다움학원
윤소연 이코수학
이경복 전문과외
이민호 하이탑 수학학원
이우성 이코수학
이태현 하이탑 수학학원
장윤의 수학의부활 이코수학
정복인 하이탑 수학학원
정인혁 수학과통하다학원
최수남 강릉 영 · 수배움교실
최재현 KU고대학원
최정현 최강수학전문학원

◇— 제주 —◇

강경혜 강경혜수학
고진우 전문과외
김기정 저청중학교
김대환 The원 수학
김보라 라딕스수학
김시운 전문과외
김지영 생각틔움수학교실
김홍남 셀파우등생학원
류혜선 진정성 영어수학학원
박승우 남녕고등학교
박찬 찬수학학원
오동조 에임하이학원
오재일
이민경 공부의마침표
이상민 서이현아카데미
이선혜 더쎈 MATH
이현우 루트원플러스입시학원
장영환 제로링수학교실
편미경 편쌤수학
하혜림 제일아카데미
현수진 학고제 입시학원

# 수학의 바이블

# 유형 ON

1권

# 미적분

# Always Here For You

수학 공부의 왕도는 '문제를 많이' 풀어 보는 것입니다.
백번 설명을 듣는 것보다 한 문제라도 더 풀어 보는 것이
실력 향상의 지름길입니다.
그렇다고 무작정 푸는 것만이 옳은 길은 아닙니다.
체계적으로 분류된 '유형별로' 풀어 보고,
적당한 텀을 두어 '의미 있게 반복'하는 것.
이것이 바로 옳은 길입니다.
옳은 길로 갈 수 있도록 총력을 기울여 만들었습니다.
온(모든) 유형으로 100점을 켜(on)세요!

모든 유형을 싹 담은

# 수학의 바이블 유형 ON

## 1 꼭 풀어봐야 할 문제를 알잘딱깔센 있게 구성하여 학교시험 완벽 대비

- 내신 시험을 완벽히 준비할 수 있도록 시험에 나오는 모든 문제를 한 권에 담았습니다.
- 1권의 PART A의 문제를 한 번 더 풀고 싶다면 2권의 PART A'의 문제로 유형 집중 훈련을 할 수 있습니다.

## 2 유형 집중 학습 구성으로 수학의 자신감 up!

- 최신 기출 문제를 철저히 분석 / 유형별, 난이도별로 세분화하여 체계적으로 수학 실력을 키울 수 있습니다.
- 부족한 부분의 파악이 쉽고 집중 학습하기 편리한 구성으로 효과적인 학습이 가능합니다.

## 3 수능을 담은 문제로 문제 해결 능력 강화

- 사고력을 요하는 문제를 통해 문제 해결 능력을 강화하여 상위권으로 도약할 수 있습니다.
- 최신 출제 경향을 담은 기출 문제, 기출변형 문제로 수능은 물론 변별력 높은 내신 문제들에 대비할 수 있습니다.

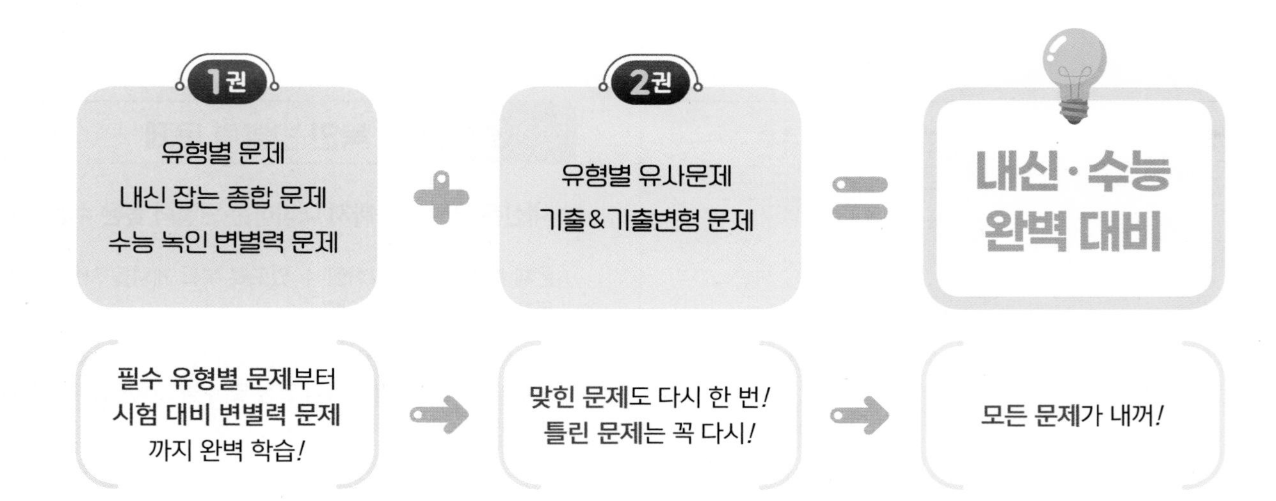

# 이 책의 구성과 특장

## 1권 모든 유형을 싹 쓸어 담아 이 한 권에!

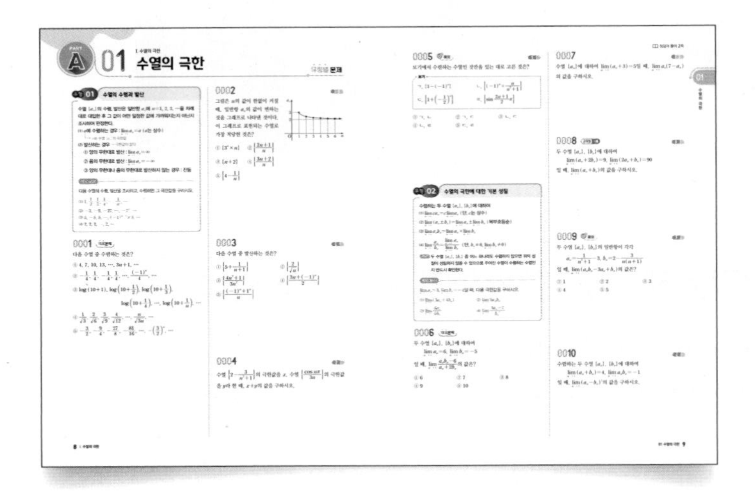

### PART A 유형별 문제

**≫ 학교 시험에서 자주 출제되는 핵심 기출 유형**

- 교과서 및 각종 시험 기출 문제와 출제 가능성 높은 예상 문제를 싹 쓸어 담아 개념, 풀이 방법에 따라 유형화하였습니다.
- 학교 시험에서 출제되는 수능형 문제를 대비할 수 있도록 수능 기출, 평가원 기출, 교육청 기출 문제를 엄선하여 수록하였습니다.
- 확인 문제 각 유형의 기본 개념 익힘 문제
- 대표문제 유형을 대표하는 필수 문제
- 중요 중요 빈출 문제, 서술형 서술형 문제
- 난이도 하, 중, 상

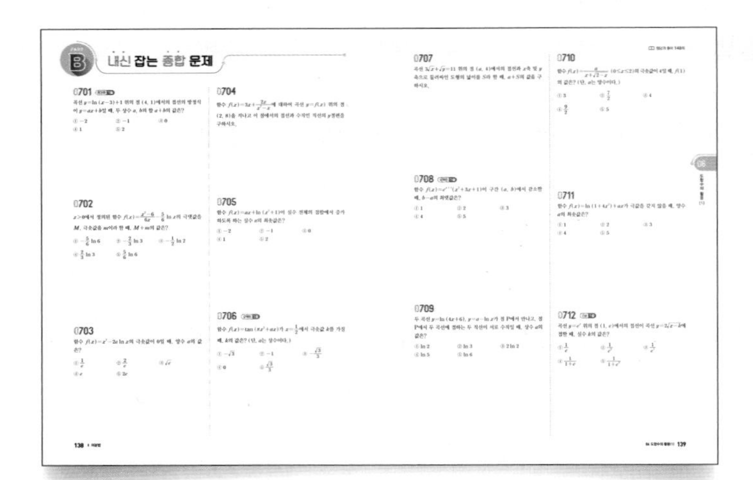

### PART B 내신 잡는 종합 문제

**≫ 핵심 기출 유형을 잘 익혔는지 확인할 수 있는 중단원별 내신 대비 종합 문제**

- 각 중단원별로 반드시 풀어야 하는 문제를 수록하여 학교 시험에 대비할 수 있도록 하였습니다.
- 중단원 학습을 마무리하고 자신의 실력을 점검할 수 있습니다.

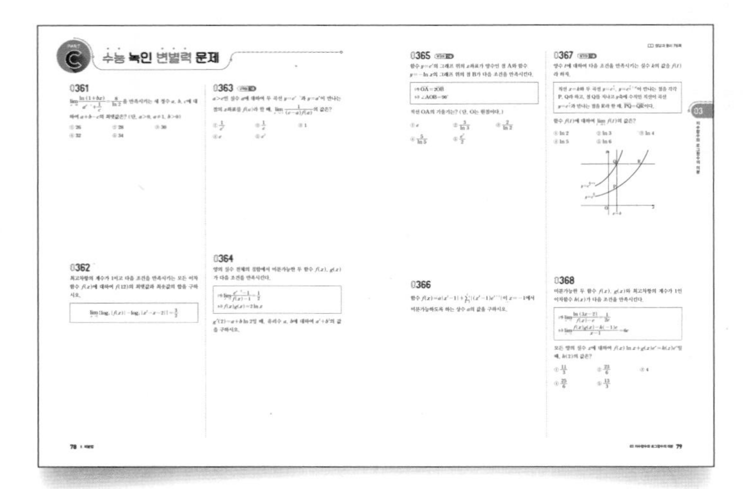

### PART C 수능 녹인 변별력 문제

**≫ 내신은 물론 수능까지 대비하는 변별력 높은 수능형 문제**

- 문제 해결 능력을 강화할 수 있도록 복합 개념을 사용한 다양한 문제들로 구성하였습니다.
- 고난도 수능형 문제들을 통해 변별력 높은 내신 문제와 수능을 모두 대비하여 내신 고득점 달성 및 수능 고득점을 위한 실력을 쌓을 수 있습니다.

## 2권 맞힌 문제는 더 빠르고 정확하게 푸는 연습을, 틀린 문제는 다시 풀면서 완전히 내 것으로!

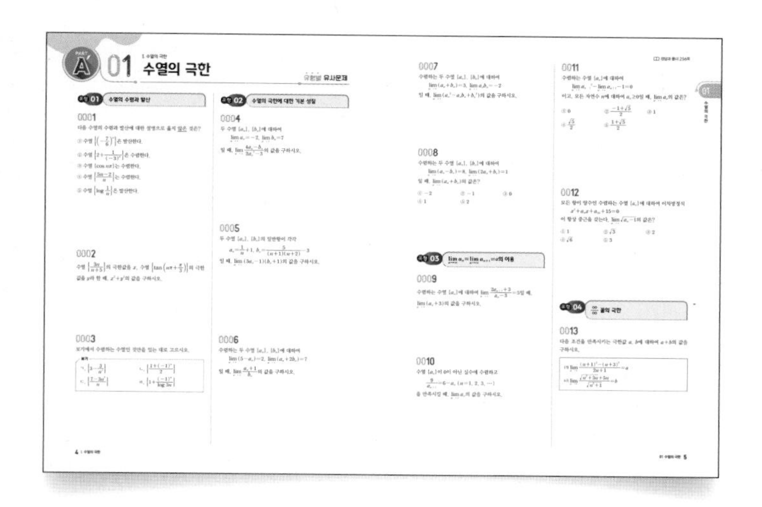

### PART A' 유형별 유사문제

**≫ 핵심 기출 유형을 완벽히 내 것으로 만드는 유형별 연습 문제**

- 1권 PART A의 동일한 유형을 기준으로 각 문제의 유사, 변형 문제로 구성하여 충분한 유제를 통해 유형별 완전 학습이 가능하도록 하였습니다. 맞힌 문제는 더 완벽하게 학습하고, 틀린 문제는 반복 학습으로 약점을 줄여나갈 수 있습니다.
- 수능 변형, 평가원 변형, 교육청 변형 문제로 기출 문제를 이해하고 비슷한 유형이 출제되는 경우에 대비할 수 있습니다.

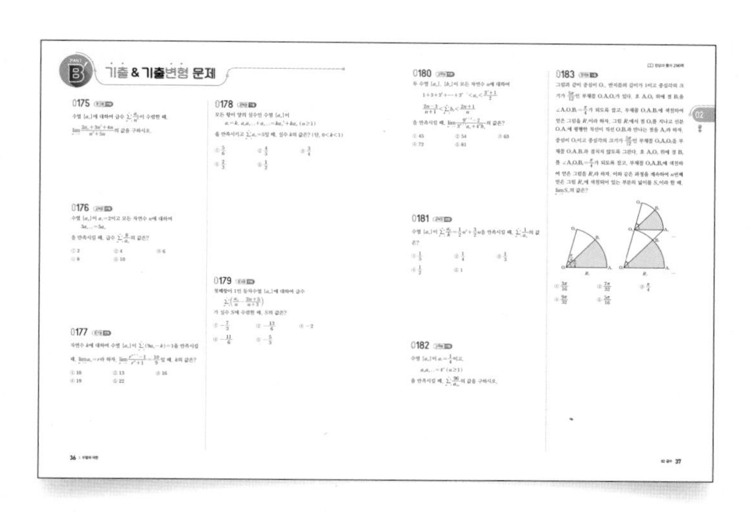

### PART B' 기출 & 기출변형 문제

**≫ 최신 출제 경향을 담은 기출 문제와 우수 기출 문제의 변형 문제**

- 기출 문제를 통해 최신 출제 경향을 파악하고 우수 기출 문제의 변형 문제를 풀어 보면서 수능 실전 감각을 키울 수 있습니다.

## 3권 풀이의 흐름을 한 눈에!

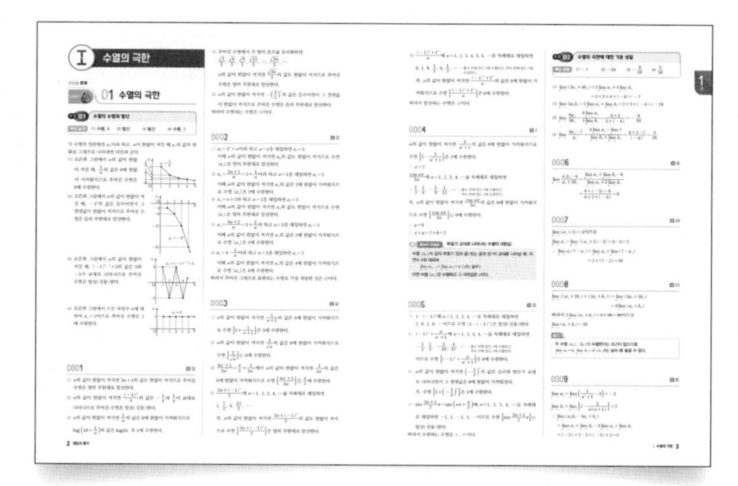

### 해설 정답과 풀이

**≫ 완벽한 이해를 돕는 친절하고 명쾌한 풀이**

- 문제 해결 과정을 꼼꼼하게 체크하고 이해할 수 있도록 친절하고 자세한 풀이를 실었습니다.
- Bible Says 문제 해결에 도움이 되는 학습 비법, 반드시 알아야 할 필수 개념, 공식, 원리
- 참고 해설 이해를 돕기 위한 부가적 설명

# 이 책의 차례

## Ⅰ 수열의 극한



## Ⅱ 미분법



## Ⅲ 적분법

# 수열의 극한

PART A 01 I. 수열의 극한

# 수열의 극한

유형별 문제

## 유형 01 수열의 수렴과 발산

수열 $\{a_n\}$의 수렴, 발산은 일반항 $a_n$에 $n=1, 2, 3, \cdots$을 차례대로 대입한 후 그 값이 어떤 일정한 값에 가까워지는지 아닌지 조사하여 판정한다.

(1) $\alpha$에 수렴하는 경우 : $\lim_{n\to\infty} a_n=\alpha$ ($\alpha$는 상수)
→ $\alpha$는 수열 $\{a_n\}$의 극한값

(2) 발산하는 경우 → 극한값이 없다.

① 양의 무한대로 발산 : $\lim_{n\to\infty} a_n=\infty$

② 음의 무한대로 발산 : $\lim_{n\to\infty} a_n=-\infty$

③ 양의 무한대나 음의 무한대로 발산하지 않는 경우 : 진동

확인 문제

다음 수열의 수렴, 발산을 조사하고, 수렴하면 그 극한값을 구하시오.

(1) $1, \frac{1}{2}, \frac{1}{3}, \frac{1}{4}, \cdots, \frac{1}{n}, \cdots$

(2) $-3, -9, -27, \cdots, -3^n, \cdots$

(3) $5, -5, 5, \cdots, (-1)^{n-1}\times 5, \cdots$

(4) $2, 2, 2, \cdots, 2, \cdots$

### 0001 대표문제

다음 수열 중 수렴하는 것은?

① $4, 7, 10, 13, \cdots, 3n+1, \cdots$

② $-\frac{1}{4}, \frac{1}{4}, -\frac{1}{4}, \frac{1}{4}, \cdots, \frac{(-1)^n}{4}, \cdots$

③ $\log(10+1), \log\left(10+\frac{1}{2}\right), \log\left(10+\frac{1}{3}\right), \log\left(10+\frac{1}{4}\right), \cdots, \log\left(10+\frac{1}{n}\right), \cdots$

④ $\frac{1}{\sqrt{3}}, \frac{2}{\sqrt{6}}, \frac{3}{\sqrt{9}}, \frac{4}{\sqrt{12}}, \cdots, \frac{n}{\sqrt{3n}}, \cdots$

⑤ $-\frac{3}{2}, -\frac{9}{4}, -\frac{27}{8}, -\frac{81}{16}, \cdots, -\left(\frac{3}{2}\right)^n, \cdots$

### 0002

그림은 $n$의 값이 한없이 커질 때, 일반항 $a_n$의 값이 변하는 것을 그래프로 나타낸 것이다. 이 그래프로 표현되는 수열로 가장 적당한 것은?

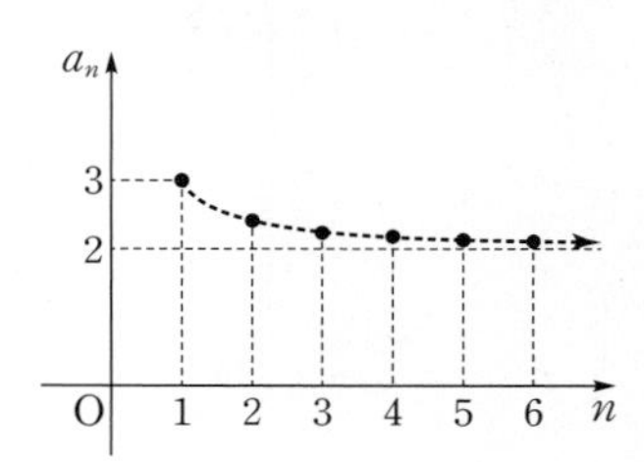


① $\{3^n\times n\}$ ② $\left\{\frac{2n+1}{n}\right\}$

③ $\{n+2\}$ ④ $\left\{\frac{3n+2}{n}\right\}$

⑤ $\left\{4-\frac{1}{n}\right\}$

### 0003

다음 수열 중 발산하는 것은?

① $\left\{5+\frac{1}{n+1}\right\}$ ② $\left\{\frac{2}{\sqrt{n}}\right\}$

③ $\left\{\frac{4n^2+1}{3n^2}\right\}$ ④ $\left\{\frac{3n+(-1)^n}{2}\right\}$

⑤ $\left\{\frac{(-1)^n+1^n}{n}\right\}$

### 0004

수열 $\left\{2-\frac{3}{n^2+1}\right\}$의 극한값을 $x$, 수열 $\left\{\frac{\cos n\pi}{3n}\right\}$의 극한값을 $y$라 할 때, $x+y$의 값을 구하시오.

## 0005 중요

보기에서 수렴하는 수열인 것만을 있는 대로 고른 것은?

보기

ㄱ. $\{1-(-1)^n\}$

ㄴ. $\left\{(-1)^n \times \frac{n}{n^2+1}\right\}$

ㄷ. $\left\{1+\left(-\frac{1}{2}\right)^n\right\}$

ㄹ. $\left\{\sin \frac{2n+1}{2}\pi\right\}$

① ㄱ, ㄴ ② ㄱ, ㄷ ③ ㄴ, ㄷ
④ ㄴ, ㄹ ⑤ ㄷ, ㄹ

## 유형 02 수열의 극한에 대한 기본 성질

수렴하는 두 수열 $\{a_n\}$, $\{b_n\}$에 대하여

(1) $\lim_{n\to\infty} ca_n = c\lim_{n\to\infty} a_n$ (단, $c$는 상수)

(2) $\lim_{n\to\infty} (a_n \pm b_n) = \lim_{n\to\infty} a_n \pm \lim_{n\to\infty} b_n$ (복부호동순)

(3) $\lim_{n\to\infty} a_nb_n = \lim_{n\to\infty} a_n \times \lim_{n\to\infty} b_n$

(4) $\lim_{n\to\infty} \frac{a_n}{b_n} = \frac{\lim_{n\to\infty} a_n}{\lim_{n\to\infty} b_n}$ (단, $b_n \neq 0$, $\lim_{n\to\infty} b_n \neq 0$)

주의 두 수열 $\{a_n\}$, $\{b_n\}$ 중 어느 하나라도 수렴하지 않으면 위의 성질이 성립하지 않을 수 있으므로 주어진 수열이 수렴하는 수열인지 반드시 확인한다.

확인 문제

$\lim_{n\to\infty} a_n=3$, $\lim_{n\to\infty} b_n=-4$일 때, 다음 극한값을 구하시오.

(1) $\lim_{n\to\infty} (3a_n+4b_n)$　　(2) $\lim_{n\to\infty} 2a_nb_n$

(3) $\lim_{n\to\infty} \frac{6a_n}{5b_n}$　　(4) $\lim_{n\to\infty} \frac{4a_n-7}{{b_n}^2}$

## 0006 대표문제

두 수열 $\{a_n\}$, $\{b_n\}$에 대하여

$$\lim_{n\to\infty} a_n=6,\ \lim_{n\to\infty} b_n=-5$$

일 때, $\lim_{n\to\infty} \frac{a_nb_n-6}{a_n+2b_n}$의 값은?

① 6 ② 7 ③ 8
④ 9 ⑤ 10

## 0007

수열 $\{a_n\}$에 대하여 $\lim_{n\to\infty} (a_n+3)=5$일 때, $\lim_{n\to\infty} a_n(7-a_n)$의 값을 구하시오.

## 0008 교육청 기출

두 수열 $\{a_n\}$, $\{b_n\}$에 대하여

$$\lim_{n\to\infty} (a_n+2b_n)=9,\ \lim_{n\to\infty} (2a_n+b_n)=90$$

일 때, $\lim_{n\to\infty} (a_n+b_n)$의 값을 구하시오.

## 0009 중요

두 수열 $\{a_n\}$, $\{b_n\}$의 일반항이 각각

$$a_n=\frac{1}{n^2+1}-3,\ b_n=2-\frac{3}{n(n+1)}$$

일 때, $\lim_{n\to\infty} (a_nb_n-3a_n+b_n)$의 값은?

① 1 ② 2 ③ 3
④ 4 ⑤ 5

## 0010

수렴하는 두 수열 $\{a_n\}$, $\{b_n\}$에 대하여

$$\lim_{n\to\infty} (a_n+b_n)=4,\ \lim_{n\to\infty} a_nb_n=-1$$

일 때, $\lim_{n\to\infty} (a_n-b_n)^2$의 값을 구하시오.

## 0011 서술형

수렴하는 두 수열 $\{a_n\}$, $\{b_n\}$에 대하여

$$\lim_{n\to\infty}(a_n+2b_n)=4,\ \lim_{n\to\infty}(3a_n-b_n)=-9$$

일 때, $\lim_{n\to\infty}a_nb_n$의 값을 구하시오.

## 유형 03 $\lim_{n\to\infty}a_n=\lim_{n\to\infty}a_{n+1}=\alpha$의 이용

$\lim_{n\to\infty}a_n=\alpha$ ($\alpha$는 실수)이면

$$\lim_{n\to\infty}a_{n-1}=\lim_{n\to\infty}a_{n+1}=\lim_{n\to\infty}a_{n+2}=\cdots=\lim_{n\to\infty}a_{2n}=\cdots=\alpha$$

## 0012 대표문제

수렴하는 수열 $\{a_n\}$에 대하여 $\lim_{n\to\infty}\frac{a_{n+2}+8}{3a_{n+1}-1}=2$일 때, $\lim_{n\to\infty}a_n$의 값을 구하시오.

## 0013

수렴하는 수열 $\{a_n\}$이

$$a_1=4,\ a_{n+1}=\frac{1}{3}a_n+6\ (n=1,\ 2,\ 3,\ \cdots)$$

을 만족시킬 때, $\lim_{n\to\infty}a_n$의 값을 구하시오.

## 0014 중요

모든 항이 양수인 수열 $\{a_n\}$이 0이 아닌 실수에 수렴하고

$$a_na_{n+1}=6-a_n\ (n=1,\ 2,\ 3,\ \cdots)$$

을 만족시킬 때, $\lim_{n\to\infty}a_n$의 값은?

① 1　② 2　③ 3　④ 4　⑤ 5

## 0015

수렴하는 수열 $\{a_n\}$에 대하여

$$\lim_{n\to\infty}{a_{2n+1}}^2-4\lim_{n\to\infty}a_{2n}-1=0$$

이고, 모든 자연수 $n$에 대하여 $a_n\geq0$일 때, $\lim_{n\to\infty}a_n$의 값은?

① 0　② $2-\sqrt{2}$　③ $\sqrt{2}$　④ $\sqrt{5}$　⑤ $2+\sqrt{5}$

## 0016 중요 서술형

모든 항이 양수인 수렴하는 수열 $\{a_n\}$에 대하여 이차방정식

$$x^2-2a_nx+a_{n+1}+12=0$$

이 항상 중근을 갖는다. $\lim_{n\to\infty}a_n$의 값을 구하시오.

## 유형 04 $\frac{\infty}{\infty}$ 꼴의 극한

❶ 분모의 최고차항으로 분모, 분자를 각각 나눈다.

❷ $\lim_{n\to\infty}\frac{k}{n}=0$ ($k$는 상수)임을 이용하여 극한값을 구한다.

Tip (1) (분자의 차수)=(분모의 차수) ➡ 극한값은 최고차항의 계수의 비이다.
(2) (분자의 차수)<(분모의 차수) ➡ 극한값은 0이다.
(3) (분자의 차수)>(분모의 차수) ➡ 발산한다.

확인 문제

다음 극한을 조사하고, 극한이 존재하면 그 극한값을 구하시오.

(1) $\lim_{n\to\infty}\frac{4-n}{3n-5}$  (2) $\lim_{n\to\infty}\frac{n+2}{n^2+3}$

(3) $\lim_{n\to\infty}\frac{n^3+3n-4}{n^2+1}$

### 0017 대표문제

다음 중 옳은 것은?

① $\lim_{n\to\infty}\frac{2n^2+3}{n(n+5)}=\frac{3}{5}$  ② $\lim_{n\to\infty}\frac{\sqrt{3n}}{n+1}=\sqrt{3}$

③ $\lim_{n\to\infty}\frac{\sqrt{2n^2+3n-1}}{3n}=1$  ④ $\lim_{n\to\infty}\frac{\sqrt{n}}{\sqrt{9n+4}}=\frac{1}{2}$

⑤ $\lim_{n\to\infty}\frac{(2n-1)^3}{2n(n+1)(n+2)}=4$

### 0018 교육청 기출

첫째항이 1이고 공차가 2인 등차수열 $\{a_n\}$에 대하여 $\lim_{n\to\infty}\frac{a_n}{3n+1}$의 값은?

① $\frac{2}{3}$  ② 1  ③ $\frac{4}{3}$

④ $\frac{5}{3}$  ⑤ 2

### 0019 수능 기출

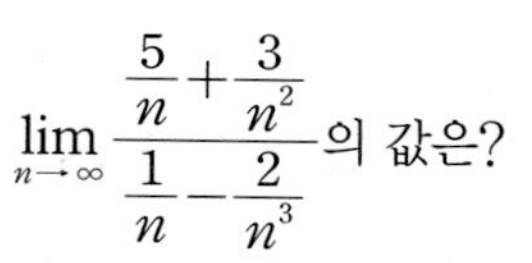

$\lim_{n\to\infty}\frac{\frac{5}{n}+\frac{3}{n^2}}{\frac{1}{n}-\frac{2}{n^3}}$의 값은?

① 1  ② 2  ③ 3

④ 4  ⑤ 5

### 0020

수열 $\{a_n\}$이

$a_n+a_{n+1}=3n^2$ ($n=1, 2, 3, \cdots$)

을 만족시킬 때, $\lim_{n\to\infty}\frac{a_{n+2}-a_n}{2n+5}$의 값을 구하시오.

### 0021 중요

자연수 $n$에 대하여 다항식 $f(x)=3x^2+2x+1$을 $3x-n$으로 나누었을 때의 나머지를 $R_n$이라 할 때, $\lim_{n\to\infty}\frac{R_n}{f(n)}$의 값을 구하시오.

### 0022

수열 $\{a_n\}$의 첫째항부터 제$n$항까지의 합 $S_n$이 $S_n=2n^2-3n$일 때, $\lim_{n\to\infty}\frac{{a_n}^2}{S_n}$의 값을 구하시오.

## 0023

자연수 $n$에 대하여 $x$에 대한 이차방정식

$$x^2+(2n+3)x-2n-\sqrt{n^2+n}=0$$

의 두 실근을 $\alpha_n$, $\beta_n$이라 할 때, $\lim_{n\to\infty}\left(\frac{1}{\alpha_n}+\frac{1}{\beta_n}\right)$의 값은?

① $\frac{1}{3}$ ② $\frac{2}{3}$ ③ 1
④ $\frac{4}{3}$ ⑤ $\frac{5}{3}$

### 유형 05 $\frac{\infty}{\infty}$ 꼴의 극한 - 합 또는 곱

$\lim_{n\to\infty} a_n$에서 $a_n$이 합 또는 곱의 꼴로 주어진 경우 다음과 같은 순서로 극한값을 구한다.

❶ 합 또는 곱으로 된 부분을 간단히 정리하여 $n$에 대한 식으로 나타낸다.

❷ $\frac{\infty}{\infty}$ 꼴의 극한값을 구하는 방법을 이용하여 $\lim_{n\to\infty} a_n$의 값을 구한다.

예 $\lim_{n\to\infty}\frac{1+2+3+\cdots+n}{n^2}=\lim_{n\to\infty}\frac{\frac{n(n+1)}{2}}{n^2}=\lim_{n\to\infty}\frac{n^2+n}{2n^2}$
$=\lim_{n\to\infty}\frac{1+\frac{1}{n}}{2}=\frac{1}{2}$

## 0024 대표문제

$\lim_{n\to\infty}\frac{(n+1)+(n+2)+\cdots+2n}{1+2+3+\cdots+n}$의 값을 구하시오.

## 0025 중요

$\lim_{n\to\infty}\frac{1^3+2^3+3^3+\cdots+n^3}{3n^4+2n+1}$의 값을 구하시오.

## 0026 교육청 기출

자연수 $n$에 대하여 $f(n)=\frac{1^2+2^2+3^2+\cdots+n^2}{3+5+7+\cdots+(2n+1)}$일 때, $\lim_{n\to\infty}\frac{f(n)}{n}$의 값은?

① $\frac{1}{4}$ ② $\frac{1}{3}$ ③ $\frac{5}{12}$
④ $\frac{1}{2}$ ⑤ $\frac{7}{12}$

## 0027

$\lim_{n\to\infty}\left(1-\frac{1}{2^2}\right)\left(1-\frac{1}{3^2}\right)\left(1-\frac{1}{4^2}\right)\cdots\left(1-\frac{1}{n^2}\right)=\frac{q}{p}$일 때, $p+q$의 값은? (단, $p$와 $q$는 서로소인 자연수이다.)

① 3 ② 4 ③ 5
④ 6 ⑤ 7

## 0028 서술형

두 수열 $\{a_n\}$, $\{b_n\}$의 일반항이 각각

$$a_n=1\times2+2\times3+3\times4+\cdots+(n-1)n,$$
$$b_n=1+2+\cdots+(n-1)+n+(n-1)+\cdots+2+1$$

일 때, $\lim_{n\to\infty}\frac{a_n}{nb_n}$의 값을 구하시오.

## 유형 06 $\frac{\infty}{\infty}$ 꼴의 극한 - 로그를 포함한 식

수열 $\{a_n\}$에 대하여 $\lim_{n\to\infty} a_n=\alpha$ $(a_n>0,\ \alpha>0)$일 때,

$$\lim_{n\to\infty} \log a_n=\log\left(\lim_{n\to\infty} a_n\right)=\log \alpha$$

### 0029 대표문제

$\lim_{n\to\infty} \{\log_2(2n-1)+\log_2(4n+3)-2\log_2(n+5)\}$의 값을 구하시오.

### 0030

$\lim_{n\to\infty} (\log_3\sqrt{2n^2+n+3}-\log_3\sqrt{6n^2-5n+1})$의 값은?

① $-1$　② $-\frac{1}{2}$　③ $-\frac{1}{3}$　④ $-\frac{1}{4}$　⑤ $-\frac{1}{5}$

### 0031 평가원 기출

수열 $\{a_n\}$에서 $a_n=\log\frac{n+1}{n}$일 때,

$$\lim_{n\to\infty}\frac{n}{10^{a_1+a_2+\cdots+a_n}}$$

의 값은?

① 1　② 2　③ 3　④ 4　⑤ 5

## 유형 07 $\frac{\infty}{\infty}$ 꼴의 극한 - 미정계수의 결정

$\lim_{n\to\infty} a_n=\infty$, $\lim_{n\to\infty} b_n=\infty$이고, $\lim_{n\to\infty}\frac{a_n}{b_n}=\alpha$ ($\alpha$는 실수)일 때

(1) $\alpha=0$ ➡ ($a_n$의 차수)$<$($b_n$의 차수)

(2) $\alpha\neq0$ ➡ ($a_n$의 차수)$=$($b_n$의 차수)이고 최고차항의 계수의 비가 $\alpha$이다.

확인 문제

$\lim_{n\to\infty}\frac{an^2+n-1}{2n^2-n}=3$일 때, 상수 $a$의 값을 구하시오.

### 0032 대표문제

$\lim_{n\to\infty}\frac{(n+1)(3n-1)}{an^2-2}=\frac{1}{2}$일 때, 상수 $a$의 값을 구하시오.

### 0033

$\lim_{n\to\infty}\frac{n-3}{\sqrt{4n^2+5n-1}+a^2n}=\frac{1}{6}$일 때, 양수 $a$의 값을 구하시오.

### 0034 평가원 기출

두 상수 $a$, $b$에 대하여 $\lim_{n\to\infty}\frac{an^2+bn+7}{3n+1}=4$일 때, $a+b$의 값을 구하시오.

## 0035 중요

$\lim_{n\to\infty}\frac{(a^2+a-6)n^2+(a+3)n+1}{n+4}=b$를 만족시키는 상수 $a$, $b$에 대하여 $ab$의 값은? (단, $b\neq0$)

① 6 ② 8 ③ 10
④ 12 ⑤ 14

## 0036

$\lim_{n\to\infty}\frac{(a+2b)n^2-(2a+b)n+1}{9n+b^2}=2$일 때, 상수 $a$, $b$에 대하여 $b-a$의 값을 구하시오.

## 0037 서술형

$\lim_{n\to\infty}\frac{\sqrt{16n^2-3n+1}}{an^2+2n+5}=b$일 때, $\lim_{n\to\infty}\frac{an^2-4n+3}{\sqrt{bn^2-n}}$의 값을 구하시오. (단, $a$, $b$는 상수이고, $b\neq0$이다.)

## 유형 08 $\infty-\infty$ 꼴의 극한

근호를 포함한 식을 유리화하여 $\frac{\infty}{\infty}$ 꼴로 변형한 후 극한값을 구한다.

➡ $\sqrt{f(n)}-\sqrt{g(n)}=\frac{f(n)-g(n)}{\sqrt{f(n)}+\sqrt{g(n)}}$

## 0038 대표문제

$\lim_{n\to\infty}\sqrt{n+2}(\sqrt{n+3}-\sqrt{n-1})$의 값을 구하시오.

## 0039 교육청 기출

$\lim_{n\to\infty}(\sqrt{4n^2+2n+1}-\sqrt{4n^2-2n-1})$의 값은?

① 1 ② 2 ③ 3
④ 4 ⑤ 5

## 0040 평가원 기출

자연수 $n$에 대하여 $x$에 대한 이차방정식

$$x^2+2nx-4n=0$$

의 양의 실근을 $a_n$이라 하자. $\lim_{n\to\infty}a_n$의 값을 구하시오.

## 0041 서술형

첫째항이 3, 공차가 4인 등차수열 $\{a_n\}$의 첫째항부터 제$n$항까지의 합을 $S_n$이라 할 때, $\lim_{n\to\infty}(\sqrt{S_{n+1}}-\sqrt{S_n-3})$의 값을 구하시오.

## 0042 중요

자연수 $n$에 대하여 $\sqrt{4n^2+3n+1}$의 소수 부분을 $a_n$이라 할 때, $\lim_{n\to\infty} a_n$의 값은?

① $\frac{1}{2}$ ② $\frac{2}{3}$ ③ $\frac{3}{4}$
④ $\frac{4}{5}$ ⑤ $\frac{5}{6}$

## 0043

수열 $\{a_n\}$의 일반항이 $a_n=2n-1$일 때,
$\lim_{n\to\infty}(\sqrt{a_2+a_4+a_6+\cdots+a_{2n}}-\sqrt{a_1+a_3+a_5+\cdots+a_{2n-1}})$의 값은?

① $\frac{1}{3}$ ② $\frac{1}{2}$ ③ $\frac{\sqrt{2}}{2}$
④ 1 ⑤ $\sqrt{2}$

## 유형 09 $\infty-\infty$ 꼴의 극한 - 분수 꼴

(1) 분자에만 근호가 있는 경우

➡ $\frac{\sqrt{f(n)}-\sqrt{g(n)}}{h(n)}=\frac{f(n)-g(n)}{h(n)\{\sqrt{f(n)}+\sqrt{g(n)}\}}$

(2) 분모에만 근호가 있는 경우

➡ $\frac{h(n)}{\sqrt{f(n)}-\sqrt{g(n)}}=\frac{h(n)\{\sqrt{f(n)}+\sqrt{g(n)}\}}{f(n)-g(n)}$

(3) 분자, 분모에 모두 근호가 있는 경우

➡ $\frac{\sqrt{h(n)}-\sqrt{k(n)}}{\sqrt{f(n)}-\sqrt{g(n)}}=\frac{\{h(n)-k(n)\}\{\sqrt{f(n)}+\sqrt{g(n)}\}}{\{f(n)-g(n)\}\{\sqrt{h(n)}+\sqrt{k(n)}\}}$

## 0044 대표문제

$\lim_{n\to\infty}\frac{3}{\sqrt{n^2+4n+1}-n}$의 값을 구하시오.

## 0045 평가원 기출

$\lim_{n\to\infty}\frac{1}{\sqrt{n^2+3n}-\sqrt{n^2+n}}$의 값은?

① 1 ② $\frac{3}{2}$ ③ 2
④ $\frac{5}{2}$ ⑤ 3

## 0046 중요

수열 $\frac{1}{1-\sqrt{1\times3}}, \frac{1}{2-\sqrt{2\times4}}, \frac{1}{3-\sqrt{3\times5}}, \frac{1}{4-\sqrt{4\times6}}, \cdots$의 극한값을 구하시오.

### 0047 서술형

자연수 $n$에 대하여 두 점 $(2,\ 0)$, $(n,\ 3)$ 사이의 거리를 $f(n)$이라 할 때, $\lim_{n\to\infty}\frac{8}{f(n)-n}$의 값을 구하시오.

### 0048 중요

$\lim_{n\to\infty}\frac{\sqrt{n}-\sqrt{n+1}}{\sqrt{9n+4}-3\sqrt{n}}$의 값은?

① $-\frac{3}{4}$ ② $-\frac{1}{2}$ ③ $-\frac{1}{4}$
④ $\frac{1}{4}$ ⑤ $\frac{3}{4}$

## 유형 10 $\infty-\infty$ 꼴의 극한 - 미정계수의 결정

❶ 무리식을 유리화하여 $\frac{\infty}{\infty}$ 꼴로 변형한다.

❷ ❶의 극한값이 0이 아닌 실수 $\alpha$이면 분모, 분자의 최고차항의 계수의 비가 $\alpha$임을 이용하여 미지수를 구한다.

### 0049 대표문제

$\lim_{n\to\infty}\{\sqrt{n^2+5n+4}-(an+b)\}=3$일 때, 상수 $a$, $b$에 대하여 $4ab$의 값을 구하시오.

### 0050

$\lim_{n\to\infty}(\sqrt{n^2+an}-n)=4$일 때, 상수 $a$의 값을 구하시오.

### 0051 중요

$\lim_{n\to\infty}\frac{1}{3n+a-\sqrt{9n^2+an}}=\frac{3}{10}$일 때, 상수 $a$의 값은?

① 1 ② 2 ③ 3
④ 4 ⑤ 5

### 0052 교육청 기출

$\lim_{n\to\infty}(\sqrt{an^2+n}-\sqrt{an^2-an})=\frac{5}{4}$를 만족시키는 모든 양수 $a$의 값의 합은?

① $\frac{7}{2}$ ② $\frac{15}{4}$ ③ 4
④ $\frac{17}{4}$ ⑤ $\frac{9}{2}$

## 0053 서술형

$\lim_{n\to\infty}\frac{an-4}{\sqrt{9n^2+bn}-3n}=8$일 때, 상수 $a$, $b$에 대하여 $a+b$의 값을 구하시오.

## 0054 중요

수렴하는 수열 $\{a_n\}$의 일반항이

$$a_n=\sqrt{(n-1)(n+4)}+kn$$

일 때, $\lim_{n\to\infty}a_n$의 값은? (단, $k$는 상수이다.)

① $-2$　② $-\frac{3}{2}$　③ $-\frac{1}{2}$　④ $\frac{1}{2}$　⑤ $\frac{3}{2}$

## 유형 11 일반항 $a_n$을 포함한 식의 극한값

상수 $p$, $q$, $r$, $s$에 대하여 $\lim_{n\to\infty}\frac{ra_n+s}{pa_n+q}=\alpha$ ($\alpha$는 실수)일 때, $\lim_{n\to\infty}a_n$의 값은 다음과 같은 순서로 구한다.

❶ $\frac{ra_n+s}{pa_n+q}=b_n$으로 놓고, $a_n$을 $b_n$에 대한 식으로 나타낸다.

❷ $\lim_{n\to\infty}b_n=\alpha$임을 이용하여 $\lim_{n\to\infty}a_n$의 값을 구한다.

## 0055 대표문제

수열 $\{a_n\}$이 $\lim_{n\to\infty}\frac{2a_n-1}{3a_n+2}=2$를 만족시킬 때, $\lim_{n\to\infty}a_n$의 값은?

① $-\frac{4}{3}$　② $-\frac{5}{4}$　③ $-\frac{3}{4}$　④ $-\frac{2}{3}$　⑤ $-\frac{3}{5}$

## 0056 교육청 기출

모든 항이 양수인 수열 $\{a_n\}$에 대하여 $\lim_{n\to\infty}\frac{1}{a_n}=0$일 때, $\lim_{n\to\infty}\frac{-2a_n+1}{a_n+3}$의 값은?

① $-2$　② $-1$　③ $0$　④ $1$　⑤ $2$

## 0057

수열 $\{a_n\}$에 대하여 $\lim_{n\to\infty}\left(a_n-\frac{3n^2-2n}{n^2+5n+1}\right)=4$일 때, $\lim_{n\to\infty}a_n$의 값을 구하시오.

## 0058

수열 $\{a_n\}$에 대하여 $\lim_{n\to\infty}na_n=3$일 때, $\lim_{n\to\infty}(2n-3)a_n$의 값을 구하시오.

## 0059 중요

수열 $\{a_n\}$에 대하여 $\lim_{n\to\infty}(n^2+3)a_n=2$일 때, $\lim_{n\to\infty}\frac{1}{(3n^2+2n)a_n}$의 값은? (단, $a_n\neq0$)

① $\frac{1}{6}$ ② $\frac{1}{5}$ ③ $\frac{1}{4}$
④ $\frac{1}{3}$ ⑤ $\frac{1}{2}$

## 0060 교육청 기출

수열 $\{a_n\}$이 $\lim_{n\to\infty}(3a_n-5n)=2$를 만족시킬 때, $\lim_{n\to\infty}\frac{(2n+1)a_n}{4n^2}$의 값은?

① $\frac{1}{6}$ ② $\frac{1}{3}$ ③ $\frac{1}{2}$
④ $\frac{2}{3}$ ⑤ $\frac{5}{6}$

### 유형 12 일반항 $a_n$을 포함한 식의 극한값 - 식의 변형

조건으로 주어진 극한의 형태를 변형하거나 일반항 $a_n$, $b_n$을 포함한 식을 $c_n$, $d_n$으로 치환하여 극한값을 구한다.

## 0061 대표문제

두 수열 $\{a_n\}$, $\{b_n\}$에 대하여

$$\lim_{n\to\infty}(a_n-2)=3,\ \lim_{n\to\infty}(2a_n+b_n)=8$$

일 때, $\lim_{n\to\infty}\frac{a_n-2b_n}{a_n+b_n}$의 값을 구하시오. (단, $a_n+b_n\neq0$)

## 0062

두 수열 $\{a_n\}$, $\{b_n\}$에 대하여

$$\lim_{n\to\infty}(a_n+b_n)=1,\ \lim_{n\to\infty}(a_n-b_n)=-3$$

일 때, $\lim_{n\to\infty}(2a_n+3b_n)$의 값은?

① 3 ② 4 ③ 5
④ 6 ⑤ 7

## 0063 중요

두 수열 $\{a_n\}$, $\{b_n\}$에 대하여

$$\lim_{n\to\infty}(2n+1)a_n=4,\ \lim_{n\to\infty}(3n^2-2)b_n=9$$

일 때, $\lim_{n\to\infty}n^3a_nb_n$의 값은?

① 2 ② 4 ③ 6
④ 8 ⑤ 10

## 0064 서술형

두 수열 $\{a_n\}$, $\{b_n\}$에 대하여

$$\lim_{n\to\infty}(n^3-8)a_n=3,\ \lim_{n\to\infty}(n-2)b_n=2$$

일 때, $\lim_{n\to\infty}\frac{(2n-1)^2a_n}{b_n}$의 값을 구하시오. (단, $b_n\neq0$)

## 0065 중요

두 수열 $\{a_n\}$, $\{b_n\}$에 대하여

$$\lim_{n\to\infty} a_n=\infty,\ \lim_{n\to\infty}(2a_n-b_n)=1$$

일 때, $\lim_{n\to\infty}\frac{8a_n+b_n}{a_n-3b_n}$의 값은? (단, $a_n-3b_n\neq0$)

① $-3$　② $-2$　③ $-1$
④ $1$　⑤ $2$

## 유형 13 수열의 극한의 대소 관계

세 수열 $\{a_n\}$, $\{b_n\}$, $\{c_n\}$에 대하여
$\lim_{n\to\infty} a_n=\alpha$, $\lim_{n\to\infty} b_n=\beta$ ($\alpha$, $\beta$는 실수)일 때

(1) 모든 자연수 $n$에 대하여 $a_n\le b_n$이면 $\alpha\le\beta$

(2) 모든 자연수 $n$에 대하여 $a_n\le c_n\le b_n$이고 $\alpha=\beta$이면
$\lim_{n\to\infty} c_n=\alpha$

예 수열 $\{a_n\}$이 모든 자연수 $n$에 대하여 $3-\frac{1}{n}<a_n<3+\frac{1}{n}$을 만족시킬 때, $\lim_{n\to\infty}\left(3-\frac{1}{n}\right)=3$, $\lim_{n\to\infty}\left(3+\frac{1}{n}\right)=3$이므로
$\lim_{n\to\infty} a_n=3$

주의 두 수열 $\{a_n\}$, $\{b_n\}$에 대하여 $a_n<b_n$이라고 해서 반드시 $\lim_{n\to\infty} a_n<\lim_{n\to\infty} b_n$이 성립하는 것은 아니다. 예를 들어 $a_n=-\frac{1}{n}$, $b_n=\frac{1}{n}$이면 $a_n<b_n$이지만 $\lim_{n\to\infty} a_n=\lim_{n\to\infty} b_n=0$이다.

## 0066 대표문제

수열 $\{a_n\}$이 모든 자연수 $n$에 대하여

$$\frac{2n}{4n^2-1}\le a_n\le\frac{2n+1}{4n^2-1}$$

을 만족시킬 때, $\lim_{n\to\infty}(2n+1)a_n$의 값을 구하시오.

## 0067

수열 $\{a_n\}$은 첫째항이 7이고 공차가 2인 등차수열이고, 수열 $\{b_n\}$은 모든 자연수 $n$에 대하여 $n+1\le a_nb_n\le n+3$을 만족시킬 때, $\lim_{n\to\infty} b_n$의 값은?

① $\frac{1}{5}$　② $\frac{1}{4}$　③ $\frac{1}{3}$
④ $\frac{1}{2}$　⑤ $1$

## 0068 평가원 기출

모든 항이 양수인 수열 $\{a_n\}$이 모든 자연수 $n$에 대하여 부등식

$$\sqrt{9n^2+4}<\sqrt{na_n}<3n+2$$

를 만족시킬 때, $\lim_{n\to\infty}\frac{a_n}{n}$의 값은?

① 6　② 7　③ 8
④ 9　⑤ 10

## 0069

모든 항이 양수인 수열 $\{a_n\}$이 모든 자연수 $n$에 대하여

$$1+\log_5 n<\log_5 a_n<1+\log_5(n+3)$$

을 만족시킬 때, $\lim_{n\to\infty}\frac{a_n}{n+3}$의 값을 구하시오.

## 0070 중요

수열 $\{a_n\}$이 모든 자연수 $n$에 대하여

$$2n<a_n<2n+1$$

을 만족시킬 때, $\lim_{n\to\infty}\frac{a_1+a_2+a_3+\cdots+a_n}{3n^2+5n-1}$의 값을 구하시오.

## 0071 수능 기출

수열 $\{a_n\}$에 대하여 곡선 $y=x^2-(n+1)x+a_n$은 $x$축과 만나고, 곡선 $y=x^2-nx+a_n$은 $x$축과 만나지 않는다. $\lim_{n\to\infty}\frac{a_n}{n^2}$의 값은?

① $\frac{1}{20}$ ② $\frac{1}{10}$ ③ $\frac{3}{20}$

④ $\frac{1}{5}$ ⑤ $\frac{1}{4}$

## 0072

두 수열 $\{a_n\}$, $\{b_n\}$이 모든 자연수 $n$에 대하여 다음 조건을 만족시킬 때, $\lim_{n\to\infty}b_n$의 값을 구하시오.

(가) $16-\frac{1}{n}<a_n+b_n<16+\frac{1}{n}$

(나) $8-\frac{1}{n}<a_n-b_n<8+\frac{1}{n}$

## 유형 14 수열의 극한의 대소 관계 - 삼각함수를 포함한 수열

삼각함수를 포함한 수열 $\{a_n\}$의 극한값은 $\theta$가 상수일 때

$$-1\le\sin\theta\le1,\ -1\le\cos\theta\le1$$

임을 이용하여 $a_n$에 대한 부등식을 세우고 수열의 극한의 대소 관계를 이용하여 구한다.

예 $-1\le\sin n\theta\le1$이므로 $-\frac{1}{n}\le\frac{\sin n\theta}{n}\le\frac{1}{n}$

이때 $\lim_{n\to\infty}\left(-\frac{1}{n}\right)=\lim_{n\to\infty}\frac{1}{n}=0$이므로 $\lim_{n\to\infty}\frac{\sin n\theta}{n}=0$

## 0073 대표문제

$\lim_{n\to\infty}\frac{(2n^2+1)\cos n\theta}{n^3+5}$의 값을 구하시오. (단, $\theta$는 상수이다.)

## 0074

보기에서 옳은 것만을 있는 대로 고르시오.

(단, $n$은 자연수이다.)

보기

ㄱ. $\lim_{n\to\infty}\frac{1}{n^2}\cos\frac{n\pi}{3}=\frac{1}{2}$

ㄴ. $\lim_{n\to\infty}\frac{1}{\sqrt{n}}\sin\frac{3n\pi}{4}=0$

ㄷ. $\lim_{n\to\infty}\frac{1}{n}\tan\frac{\pi}{5n}=0$

## 0075 서술형

$\lim_{n\to\infty}\frac{2n^2+\sin n\theta}{-5n-n^2}$의 값을 구하시오. (단, $\theta$는 상수이다.)

## 유형 15 수열의 극한에 대한 진위 판단

(1) 극한값을 구하려는 수열을 수열의 극한의 성질을 이용하여 수렴하는 수열에 대한 식으로 나타낸다.
(2) 성립하지 않는 명제는 반례를 찾는다.

### 0076 대표문제

두 수열 $\{a_n\}$, $\{b_n\}$에 대하여 보기에서 옳은 것만을 있는 대로 고른 것은?

보기

ㄱ. $\lim_{n\to\infty} a_n=\infty$, $\lim_{n\to\infty} b_n=\infty$이면 $\lim_{n\to\infty} \frac{a_n}{b_n}=1$이다.

ㄴ. $\lim_{n\to\infty} a_n=\infty$일 때, $\lim_{n\to\infty} a_nb_n=\alpha$ ($\alpha$는 실수)이면 $\lim_{n\to\infty} b_n=0$이다.

ㄷ. 두 수열 $\{a_n\}$, $\{b_n\}$이 수렴하고 $\lim_{n\to\infty} a_n \le \lim_{n\to\infty} b_n$이면 모든 자연수 $n$에 대하여 $a_n \le b_n$이다.

ㄹ. $\lim_{n\to\infty} a_n=\infty$이고 $\lim_{n\to\infty} (a_n+b_n)=\alpha$ ($\alpha$는 실수)이면 $\lim_{n\to\infty} \frac{b_n}{a_n}=-1$이다.

① ㄱ, ㄴ ② ㄱ, ㄷ ③ ㄴ, ㄷ
④ ㄴ, ㄹ ⑤ ㄷ, ㄹ

### 0077

세 수열 $\{a_n\}$, $\{b_n\}$, $\{c_n\}$에 대하여 보기에서 옳은 것만을 있는 대로 고른 것은?

보기

ㄱ. 두 수열 $\{a_n\}$, $\{a_n+b_n\}$이 모두 수렴하면 수열 $\{b_n\}$도 수렴한다.

ㄴ. 두 수열 $\{a_n\}$, $\{a_nb_n\}$이 모두 수렴하면 수열 $\{b_n\}$도 수렴한다.

ㄷ. 모든 자연수 $n$에 대하여 $a_n \le c_n \le b_n$이고 두 수열 $\{a_n\}$, $\{b_n\}$이 모두 수렴하면 수열 $\{c_n\}$도 수렴한다.

① ㄱ ② ㄴ ③ ㄷ
④ ㄱ, ㄴ ⑤ ㄴ, ㄷ

### 0078 중요

두 수열 $\{a_n\}$, $\{b_n\}$에 대하여 보기에서 옳은 것만을 있는 대로 고르시오.

보기

ㄱ. $\lim_{n\to\infty} a_nb_n=0$이면 $\lim_{n\to\infty} a_n=0$ 또는 $\lim_{n\to\infty} b_n=0$이다.

ㄴ. 모든 자연수 $n$에 대하여 $a_n < b_n$일 때, $\lim_{n\to\infty} a_n=\infty$이면 $\lim_{n\to\infty} b_n=\infty$이다.

ㄷ. $n \ge 2$인 모든 자연수 $n$에 대하여 $\frac{1}{n} < a_n < 1$이면 $\lim_{n\to\infty} a_n=1$이다.

ㄹ. $\lim_{n\to\infty} |a_n|=0$이면 $\lim_{n\to\infty} a_n=0$이다.

### 0079

다음 중 세 수열 $\{a_n\}$, $\{b_n\}$, $\{c_n\}$에 대하여 옳은 것은?

① 수열 $\{a_n+b_n\}$이 수렴하면 두 수열 $\{a_n\}$, $\{b_n\}$도 모두 수렴한다.
② 두 수열 $\{a_n\}$, $\{b_n\}$이 모두 발산하면 수열 $\{a_nb_n\}$도 발산한다.
③ 두 수열 $\{a_n\}$, $\{b_n\}$이 모두 수렴하고, 모든 자연수 $n$에 대하여 $a_n < b_n$이면 $\lim_{n\to\infty} a_n < \lim_{n\to\infty} b_n$이다.
④ 두 수열 $\{a_n+b_n\}$, $\{a_n-b_n\}$이 모두 수렴하면 두 수열 $\{a_n\}$, $\{b_n\}$도 모두 수렴한다.
⑤ 모든 자연수 $n$에 대하여 $a_n < c_n < b_n$이고 $\lim_{n\to\infty} (b_n-a_n)=0$이면 수열 $\{c_n\}$은 수렴한다.

## 유형 16 등비수열의 극한

등비수열 $\{r^n\}$에서
(1) $r>1$일 때, $\lim_{n\to\infty} r^n=\infty$ (발산)
(2) $r=1$일 때, $\lim_{n\to\infty} r^n=1$ (수렴)
(3) $|r|<1$일 때, $\lim_{n\to\infty} r^n=0$ (수렴)
(4) $r\le -1$일 때, 진동한다. (발산)

참고 수열 $\left\{\frac{c^n+d^n}{a^n+b^n}\right\}$ 꼴의 극한값은 $|a|>|b|$이면 $a^n$, $|a|<|b|$이면 $b^n$으로 분자, 분모를 각각 나눈 후 구한다.
(단, $a, b, c, d$는 실수이다.)

확인 문제

다음 등비수열의 수렴, 발산을 조사하시오.
(1) $\{0.7^n\}$　　(2) $\{(-4)^n\}$
(3) $\{(\sqrt{3})^n\}$　　(4) $\left\{\left(-\frac{2}{3}\right)^n\right\}$

### 0080 대표문제

$\lim_{n\to\infty}\frac{2\times 5^{n+1}+1}{5^n+3^{n+1}}$의 값을 구하시오.

### 0081 중요

수렴하는 수열 $\{a_n\}$에 대하여 $\lim_{n\to\infty}\frac{3^n\times a_n-4^{n+1}}{4^n\times a_n+3^{n+1}}=2$일 때, $\lim_{n\to\infty} a_n$의 값을 구하시오.

### 0082

이차방정식 $x^2-2x-1=0$의 서로 다른 두 실근을 $\alpha$, $\beta$라 할 때, $\lim_{n\to\infty}\frac{\alpha^n+\beta^n}{\alpha^{n-1}+\beta^{n-1}}$의 값은?

① $1-\sqrt{2}$　② $1$　③ $2$
④ $1+\sqrt{2}$　⑤ $1+2\sqrt{2}$

### 0083

수열 $\{a_n\}$이 모든 자연수 $n$에 대하여
$$5^{n+1}-3^n<(2^{n+1}+5^n)a_n<2^n+5^{n+1}$$
을 만족시킬 때, $\lim_{n\to\infty} a_n$의 값을 구하시오.

### 0084 중요

$\lim_{n\to\infty}(\sqrt{4^n+2^{n+4}}-2^n)$의 값을 구하시오.

### 0085

수열 $\sqrt{7}$, $\sqrt{7\sqrt{7}}$, $\sqrt{7\sqrt{7\sqrt{7}}}$, …의 극한값을 구하시오.

### 0086 서술형

자연수 $n$에 대하여 다항식 $2x^n+4x-3$을 $x-2$로 나누었을 때의 나머지를 $a_n$, $x-5$로 나누었을 때의 나머지를 $b_n$이라 하자. $\lim_{n\to\infty}\frac{a_n+b_n}{2^{n+1}+5^{n-1}}$의 값을 구하시오.

## 유형 17 등비수열의 극한 - 수열의 합

❶ 등비수열의 일반항과 합을 구한다.

$a_n=ar^{n-1}$, $S_n=\dfrac{a(r^n-1)}{r-1}$ (단, $r\neq1$)

❷ $|r|<1$이면 $\lim_{n\to\infty} r^n=0$임을 이용하여 극한값을 구한다.

### 0087 대표문제

수열 $\{a_n\}$의 첫째항부터 제$n$항까지의 합 $S_n$이 $S_n=4^n+5^n-3$일 때, $\lim_{n\to\infty}\dfrac{a_n}{S_n}$의 값을 구하시오.

### 0088

수열 $\{a_n\}$의 첫째항부터 제$n$항까지의 합 $S_n$이 $S_n=n\times3^{n-1}$일 때, $\lim_{n\to\infty}\dfrac{S_n}{a_n}$의 값은?

① $\dfrac{1}{2}$　② 1　③ $\dfrac{3}{2}$

④ 2　⑤ $\dfrac{5}{2}$

### 0089 수능 기출

첫째항이 1이고 공비가 $r\,(r>1)$인 등비수열 $\{a_n\}$에 대하여 $S_n=\sum_{k=1}^{n}a_k$일 때, $\lim_{n\to\infty}\dfrac{a_n}{S_n}=\dfrac{3}{4}$이다. $r$의 값을 구하시오.

### 0090 중요 서술형

등비수열 $\{a_n\}$의 첫째항부터 제$n$항까지의 합을 $S_n$이라 하자. $a_1+a_3=90$, $a_2+a_4=270$일 때, $\lim_{n\to\infty}\dfrac{S_n}{a_n}$의 값을 구하시오.

## 유형 18 등비수열의 수렴 조건

(1) 등비수열 $\{r^n\}$이 수렴하려면

➡ $-1<r\leq1$

(2) 등비수열 $\{ar^{n-1}\}$이 수렴하려면

➡ $a=0$ 또는 $-1<r\leq1$

**확인 문제**

다음 등비수열이 수렴하도록 하는 실수 $r$의 값의 범위를 구하시오.

(1) $1,\ 3r,\ 9r^2,\ 27r^3,\ \cdots$

(2) $1,\ -\dfrac{r}{2},\ \dfrac{r^2}{4},\ -\dfrac{r^3}{8},\ \cdots$

### 0091 대표문제

등비수열 $\left\{\left(\dfrac{2x-7}{5}\right)^n\right\}$이 수렴하도록 하는 모든 정수 $x$의 값의 합을 구하시오.

### 0092 평가원 기출

정수 $k$에 대하여 수열 $\{a_n\}$의 일반항을

$$a_n=\left(\frac{|k|}{3}-2\right)^n$$

이라 하자. 수열 $\{a_n\}$이 수렴하도록 하는 모든 정수 $k$의 개수는?

① 4　② 8　③ 12

④ 16　⑤ 20

## 0093

등비수열 $\{(\log_3 x-2)^n\}$이 수렴하도록 하는 모든 자연수 $x$의 값의 합을 구하시오.

## 0094

등비수열 $\{r^n\}$이 수렴할 때, 보기에서 항상 수렴하는 수열인 것만을 있는 대로 고른 것은?

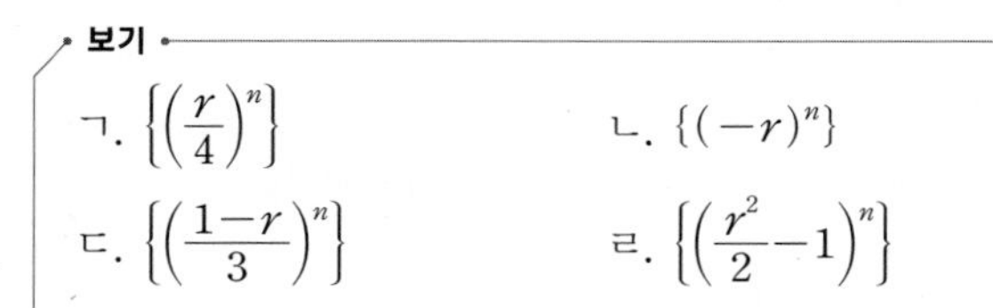
보기
ㄱ. $\left\{\left(\frac{r}{4}\right)^n\right\}$ ㄴ. $\{(-r)^n\}$
ㄷ. $\left\{\left(\frac{1-r}{3}\right)^n\right\}$ ㄹ. $\left\{\left(\frac{r^2}{2}-1\right)^n\right\}$

① ㄱ, ㄴ ② ㄱ, ㄷ ③ ㄱ, ㄹ
④ ㄴ, ㄷ ⑤ ㄴ, ㄹ

## 0095 교육청 기출

수열 $\{a_n\}$의 일반항이

$$a_n=\left(\frac{x^2-4x}{5}\right)^n$$

일 때, 수열 $\{a_n\}$이 수렴하도록 하는 모든 정수 $x$의 개수는?

① 7 ② 8 ③ 9
④ 10 ⑤ 11

## 0096

$0<x<12$일 때, 수열 $\left\{\left(\sqrt{2}\sin\frac{\pi}{12}x\right)^{n-1}\right\}$이 수렴하도록 하는 자연수 $x$의 개수는?

① 3 ② 4 ③ 5
④ 6 ⑤ 7

## 0097 중요

수열 $\{(x+1)(x^2-6x+8)^n\}$이 수렴하도록 하는 모든 정수 $x$의 값의 곱을 구하시오.

### 유형 19 $r^n$을 포함한 수열의 극한

$r^n$을 포함한 수열은 $r$의 값의 범위를

$|r|<1,\ r=1,\ |r|>1,\ r=-1$

인 경우로 나누어 극한을 구한다.

$$\Rightarrow \lim_{n\to\infty} r^n=\begin{cases} 0 & (|r|<1) \\ 1 & (r=1) \\ \text{발산} & (|r|>1 \text{ 또는 } r=-1)\end{cases}$$

## 0098 대표문제

$\lim_{n\to\infty}\frac{r^n-3}{1+r^n}$의 값은 $|r|<1$일 때 $a$, $r=1$일 때 $b$, $|r|>1$일 때 $c$이다. $a-b+c$의 값을 구하시오.

## 0099 서술형

$\lim_{n\to\infty}\dfrac{r^{n+1}+5}{1-2r^n}=-4$를 만족시키는 실수 $r$의 값을 구하시오.

(단, $r\neq-1$)

## 0100 중요

수열 $\left\{\dfrac{r^{2n+1}+2}{r^{2n}+1}\right\}$가 수렴할 때, 다음 중 그 극한값이 될 수 없는 것은?

① $\dfrac{1}{2}$　② $1$　③ $\dfrac{3}{2}$　④ $2$　⑤ $\dfrac{5}{2}$

## 0101

수열 $\left\{\dfrac{4^n+2r^n}{4^n+r^n}\right\}$의 극한값이 2보다 작도록 하는 정수 $r$의 개수를 구하시오. (단, $r\neq-4$)

## 0102 교육청 기출

$\lim_{n\to\infty}\dfrac{\left(\dfrac{m}{5}\right)^{n+1}+2}{\left(\dfrac{m}{5}\right)^n+1}=2$가 되도록 하는 자연수 $m$의 개수는?

① 5　② 6　③ 7　④ 8　⑤ 9

## 유형 20 $x^n$을 포함한 극한으로 정의된 함수

$x^n$을 포함한 극한으로 정의된 함수는 $x$의 값의 범위를

$|x|<1,\ x=1,\ |x|>1,\ x=-1$

인 경우로 나누고 다음을 이용하여 함수의 식을 구한다.

(1) $|x|<1$이면 $\lim_{n\to\infty}x^n=0$

(2) $|x|>1$이면 $\lim_{n\to\infty}\dfrac{1}{x^n}=0$

## 0103 대표문제

함수 $f(x)=\lim_{n\to\infty}\dfrac{x^{2n-1}+x-3}{x^{2n}+1}$에 대하여

$f\left(-\dfrac{1}{2}\right)+f(-1)+(f\circ f)(3)$의 값은?

(단, $n$은 자연수이다.)

① $-\dfrac{26}{3}$　② $-\dfrac{25}{3}$　③ $-\dfrac{23}{3}$　④ $-\dfrac{20}{3}$　⑤ $-\dfrac{17}{3}$

## 0104

$x>-1$에서 정의된 함수 $f(x)=\lim_{n\to\infty}\dfrac{x^{n+1}-1}{x^{n-1}+1}$에 대하여 $y=f(x)$의 그래프는? (단, $n$은 자연수이다.)

①
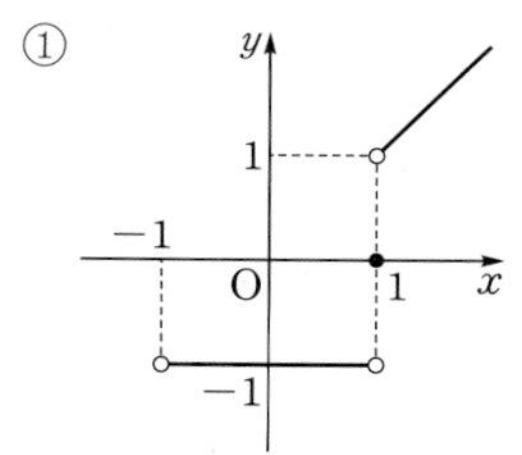

②
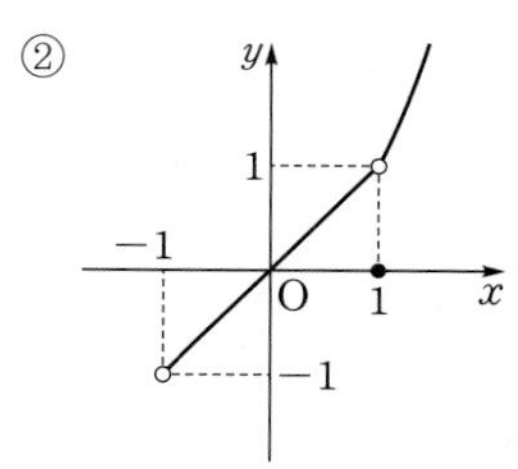

③
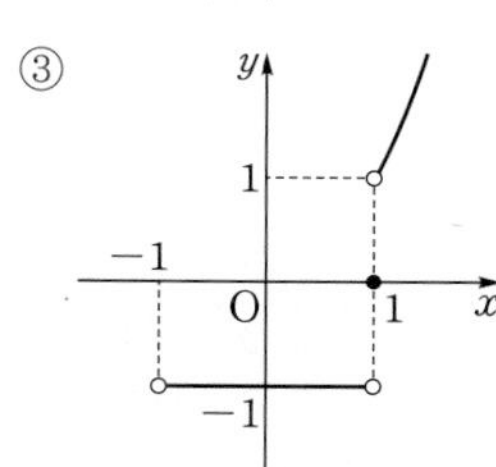

④
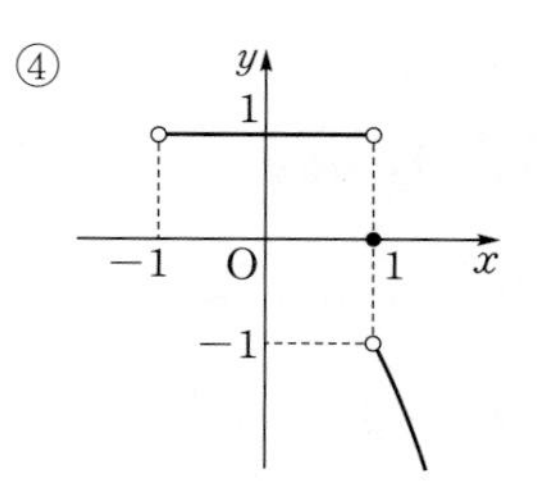

⑤
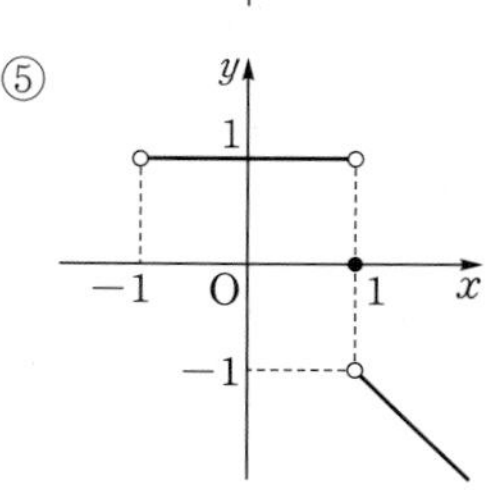

## 0105

$x\neq-1$인 모든 실수 $x$에서 정의된 함수

$f(x)=\lim_{n\to\infty}\frac{x^{n+1}-3}{x^n+2}$에 대하여 $(f\circ f\circ f)(1)=p$일 때, $8p^2$의 값을 구하시오. (단, $n$은 자연수이다.)

## 0106 중요

$x\neq-1$인 모든 실수 $x$에서 정의된 함수

$f(x)=\lim_{n\to\infty}\frac{2x^n+3}{3x^n+1}$의 치역의 모든 원소의 곱은?

(단, $n$은 자연수이다.)

① $\frac{3}{2}$ ② $\frac{5}{2}$ ③ 3
④ $\frac{7}{2}$ ⑤ $\frac{9}{2}$

## 0107 서술형

정의역이 $\{x\,|\,0\leq x\leq 3\}$인 함수 $f(x)=\lim_{n\to\infty}\frac{x^{2n+1}+3x}{x^{2n}+1}$의 그래프와 직선 $y=k$가 서로 다른 두 점에서 만나기 위한 실수 $k$의 값의 범위를 구하시오. (단, $n$은 자연수이다.)

## 유형 21 수열의 극한의 활용 - 그래프

❶ 그래프에서 점의 좌표 또는 선분의 길이 등 구하고자 하는 것을 $n$에 대한 식으로 나타낸다.
❷ 극한에 대한 기본 성질을 이용하여 극한값을 구한다.

## 0108 대표문제

그림과 같이 자연수 $n$에 대하여 곡선 $y=x^2$ 위의 점 $P_n(n, n^2)$에서의 접선을 $l_n$이라 하고, 직선 $l_n$이 $x$축과 만나는 점을 $Q_n$, $y$축과 만나는 점을 $R_n$이라 하자. $x$축에 접하고 점 $P_n$에서 직선 $l_n$에 접하는 원을 $C_n$이라 하고, 원 $C_n$과 $x$축의 접점을 $S_n$이라 할 때, $\lim_{n\to\infty}\frac{\overline{Q_nS_n}}{\overline{P_nR_n}}$의 값은?

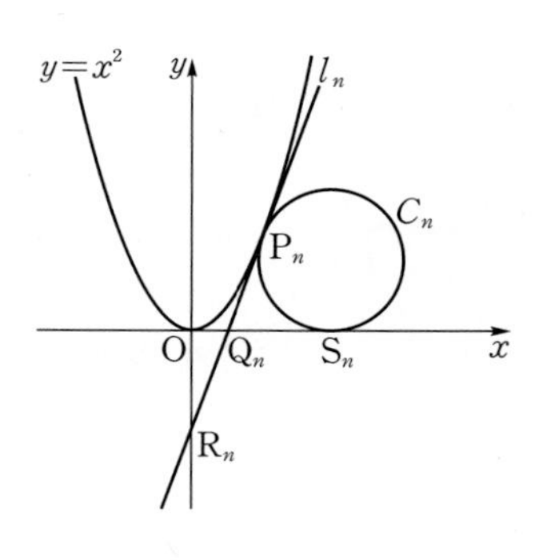


(단, 점 $S_n$의 $x$좌표는 양수이다.)

① $\frac{1}{4}$ ② $\frac{1}{3}$ ③ $\frac{1}{2}$
④ $\frac{2}{3}$ ⑤ $\frac{3}{4}$

## 0109

그림과 같이 자연수 $n$에 대하여 두 함수 $y=4^x$, $y=3^x$의 그래프와 직선 $x=n$의 교점을 각각 $P_n$, $Q_n$이라 하자. $\lim_{n\to\infty}\frac{\overline{P_{n+2}Q_{n+2}}}{\overline{P_nQ_n}}$의 값을 구하시오.

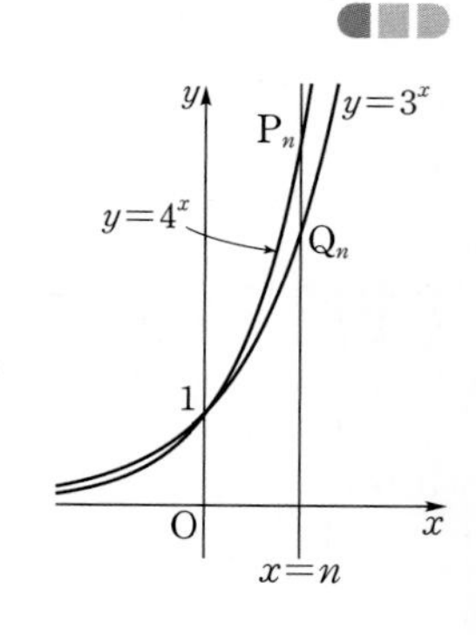

## 0110 중요

그림과 같이 자연수 $n$에 대하여 직선 $x=4^n$이 곡선 $y=\sqrt{x}$, $x$축과 만나는 점을 각각 $\mathrm{P}_n$, $\mathrm{Q}_n$이라 하자. 사각형 $\mathrm{P}_n\mathrm{Q}_n\mathrm{Q}_{n+1}\mathrm{P}_{n+1}$의 넓이를 $a_n$이라 할 때, $\lim_{n\to\infty}\frac{a_{n+1}-4^{n+1}}{a_n+2^{3n-1}}=\frac{q}{p}$이다. $p+q$의 값을 구하시오.

(단, $p$와 $q$는 서로소인 자연수이다.)

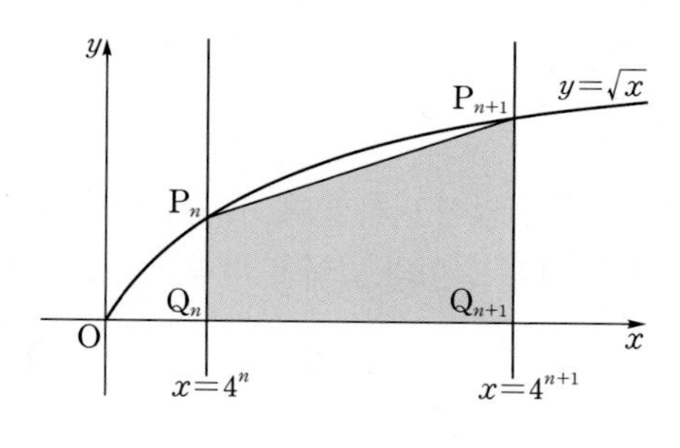


## 0111 교육청 기출

그림과 같이 자연수 $n$에 대하여 직선 $y=\frac{1}{n}$과 원 $x^2+(y-1)^2=1$의 두 교점을 각각 $\mathrm{A}_n$, $\mathrm{B}_n$이라 하자. 선분 $\mathrm{A}_n\mathrm{B}_n$의 길이를 $l_n$이라 할 때, $\lim_{n\to\infty}n(l_n)^2$의 값은?

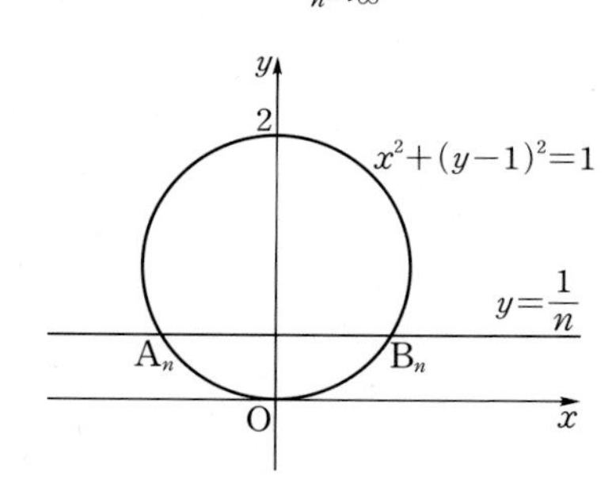


① 2　② 4　③ 6　④ 8　⑤ 10

## 0112 교육청 기출

그림과 같이 자연수 $n$에 대하여 직선 $x=n$이 두 곡선 $y=\sqrt{5x+4}$, $y=\sqrt{2x-1}$과 만나는 점을 각각 $\mathrm{A}_n$, $\mathrm{B}_n$이라 하자. 선분 $\mathrm{OA}_n$의 길이를 $a_n$, 선분 $\mathrm{OB}_n$의 길이를 $b_n$이라 할 때, $\lim_{n\to\infty}\frac{12}{a_n-b_n}$의 값은? (단, O는 원점이다.)

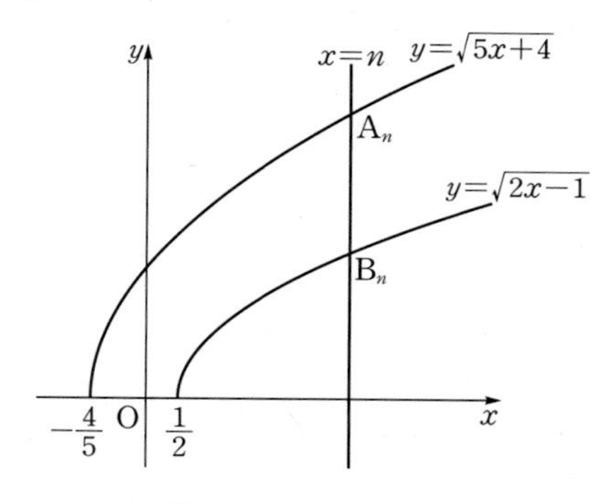


① 4　② 6　③ 8　④ 10　⑤ 12

## 0113 서술형

자연수 $n$에 대하여 직선 $y=nx$와 곡선 $y=\frac{1}{x}$이 만나는 서로 다른 두 점 사이의 거리를 $a_n$이라 할 때, $\lim_{n\to\infty}(\sqrt{n+2}\,a_{n+2}-\sqrt{n}\,a_n)$의 값을 구하시오.

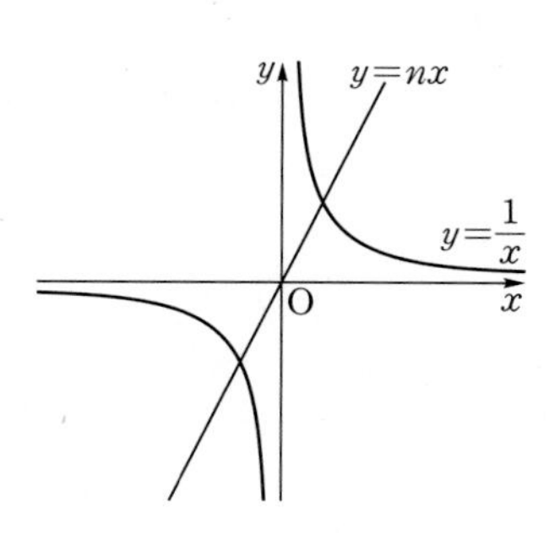

## 유형 22 수열의 극한의 활용 - 도형

(1) 규칙이 있는 경우 $a_1$, $a_2$, $a_3$, …을 차례대로 구하여 규칙을 찾고 일반항 $a_n$을 구한다.
(2) 도형이 주어진 경우 도형에 대한 공식을 이용하여 일반항 $a_n$을 구한다.
➡ 수열의 극한에 대한 기본 성질을 이용하여 $\lim_{n\to\infty} a_n$의 값을 구한다.

### 0114 대표문제

그림과 같이 길이가 1인 성냥개비들을 정사각형 모양으로 배열할 때, [$n$단계]에 있는 한 변의 길이가 1인 정사각형의 개수를 $a_n$, [$n$단계]에서 사용한 성냥개비의 개수를 $b_n$이라 하자. $\lim_{n\to\infty} \frac{3b_n}{a_n}$의 값을 구하시오.

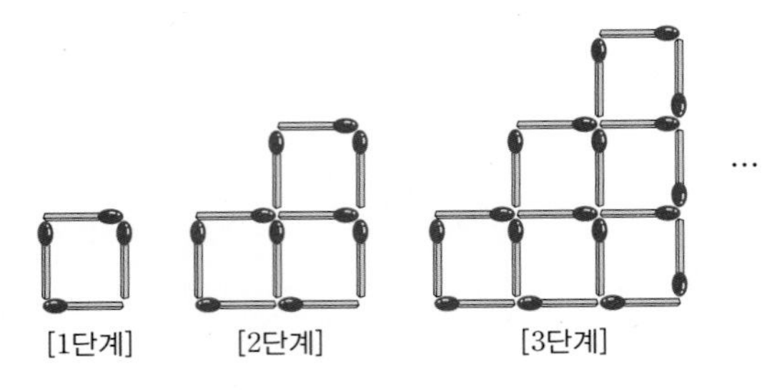


### 0115

그림과 같이 한 변의 길이가 1인 정삼각형이 주어졌을 때, [1단계]에서는 정삼각형의 각 변의 중점을 연결하여 4개의 정삼각형을 만들고, 그중 가운데에 있는 정삼각형을 제거한다. [2단계]에서는 [1단계]에서 남은 정삼각형들의 각 변의 중점을 연결하여 만든 정삼각형 4개 중에서 가운데에 있는 정삼각형을 각각 제거한다.

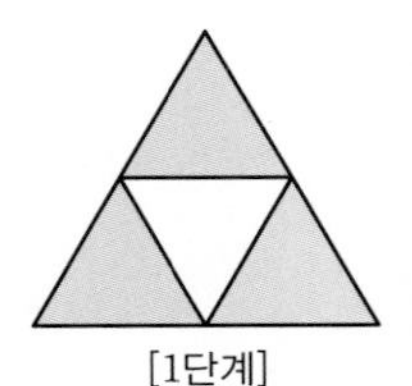
[1단계]

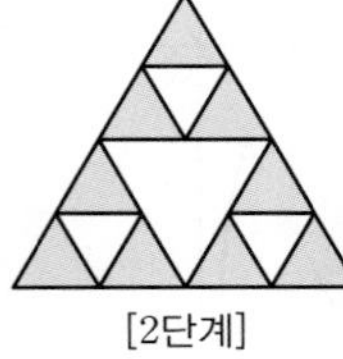
[2단계]

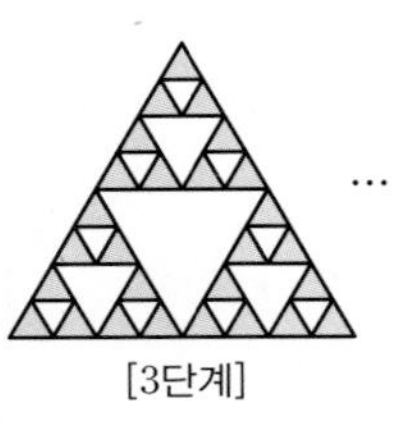
[3단계]

…

이와 같은 과정을 한없이 반복할 때, [$n$단계]에서 만들어지는 정삼각형의 넓이의 합을 $a_n$이라 하자. $\lim_{n\to\infty} \frac{6\times 3^{n+1}+2^n}{4^{n+1}\times a_n}$의 값을 구하시오.

### 0116 중요 서술형

그림과 같이 [1단계]에서 반지름의 길이가 1인 반원 모양의 종이를 삼등분으로 자른다. [2단계]에서는 [1단계]에서 만들어진 세 장의 종잇조각을 겹쳐서 삼등분으로 자른다.

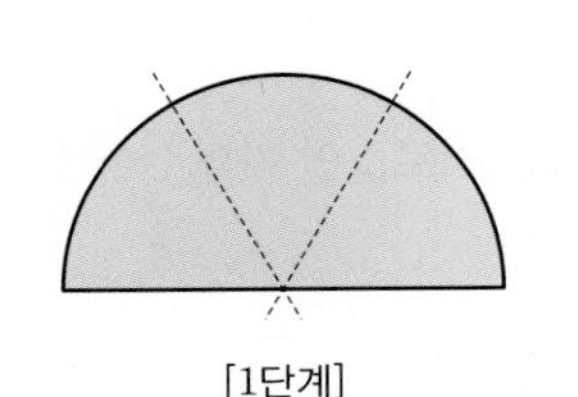
[1단계]

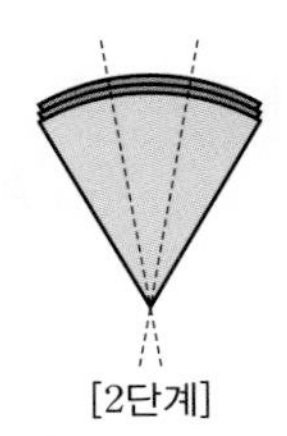
[2단계]

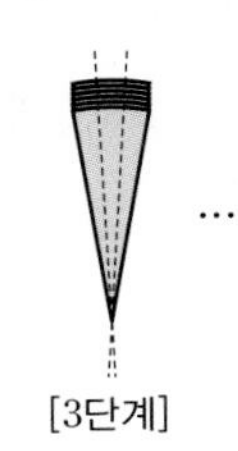
[3단계]

…

이와 같은 과정을 한없이 반복할 때, [$n$단계]에서 만들어진 종잇조각 1장의 둘레의 길이와 넓이를 각각 $a_n$, $b_n$이라 하자. $\lim_{n\to\infty}\left(3^n a_n - \frac{1}{3}\right)b_n$의 값을 구하시오.

### 0117 교육청 기출

자연수 $n$에 대하여 $\angle A=90°$, $\overline{AB}=2$, $\overline{CA}=n$인 삼각형 ABC에서 $\angle A$의 이등분선이 선분 BC와 만나는 점을 D라 하자. 선분 CD의 길이를 $a_n$이라 할 때, $\lim_{n\to\infty}(n-a_n)$의 값은?

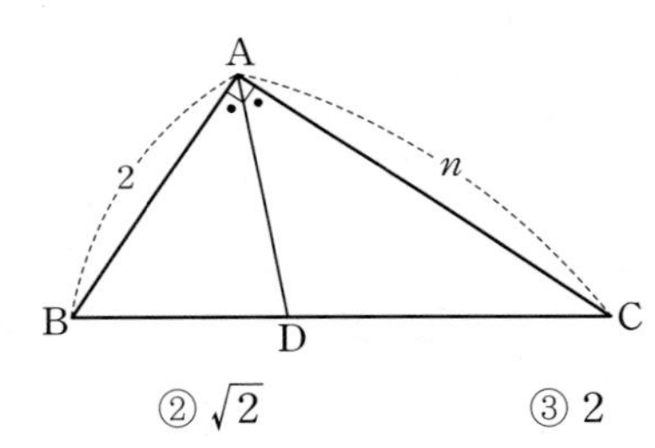


① 1 ② $\sqrt{2}$ ③ 2
④ $2\sqrt{2}$ ⑤ 4

# 내신 잡는 종합 문제

정답과 풀이 23쪽



## 0118 교육청 기출

모든 항이 양수인 수열 $\{a_n\}$에 대하여 $\frac{1+a_n}{a_n}=n^2+2$가 성립할 때, $\lim_{n\to\infty} n^2a_n$의 값은?

① 1 ② 2 ③ 3 ④ 4 ⑤ 5

## 0119

$\lim_{n\to\infty}\frac{(a-3)n^3+(b-5)n^2+1}{2n^2+3}=4$를 만족시키는 상수 $a$, $b$에 대하여 $b-a$의 값은?

① 2 ② 4 ③ 6 ④ 8 ⑤ 10

## 0120

자연수 $n$에 대하여 다항식 $3^nx^2+4^nx+1$을 $x-1$, $x-3$으로 나누었을 때의 나머지를 각각 $a_n$, $b_n$이라 할 때, $\lim_{n\to\infty}\frac{a_n}{b_n}$의 값은?

① $\frac{1}{5}$ ② $\frac{1}{4}$ ③ $\frac{1}{3}$ ④ $\frac{2}{3}$ ⑤ $\frac{3}{4}$

## 0121

수렴하는 두 수열 $\{a_n\}$, $\{b_n\}$에 대하여

$\lim_{n\to\infty}(a_n+b_n)=3$, $\lim_{n\to\infty}(a_n{}^2-b_n{}^2)=12$

일 때, $\lim_{n\to\infty}a_nb_n$의 값은?

① $-\frac{7}{2}$ ② $-\frac{5}{2}$ ③ $-\frac{7}{4}$ ④ $-\frac{3}{4}$ ⑤ $-\frac{1}{2}$

## 0122

모든 항이 양수인 수열 $\{a_n\}$이 모든 자연수 $n$에 대하여 부등식 $2n<\sqrt{a_n}<2n+1$을 만족시킬 때, $\lim_{n\to\infty}\frac{a_{2n}+4n^2}{4n^2+3}$의 값을 구하시오.

## 0123

$$\lim_{n\to\infty}\frac{4n}{n+3}\left\{\left(1\times\frac{1}{2}\right)+\left(\frac{1}{2}\times\frac{1}{3}\right)+\left(\frac{1}{3}\times\frac{1}{4}\right)+\cdots+\left(\frac{1}{n}\times\frac{1}{n+1}\right)\right\}$$

의 값은?

① 2 ② 3 ③ 4 ④ 5 ⑤ 6

## 0124

수렴하는 수열 $\{a_n\}$이

$$a_n=\begin{cases} -p^2+\dfrac{6n}{\sqrt{4n^2+1}} & (n\text{은 홀수}) \\ 4p-9 & (n\text{은 짝수}) \end{cases}$$

로 정의되고 $\lim_{n\to\infty} a_n=q$일 때, 상수 $p$, $q$에 대하여 $p-q$의 값은? (단, $p>0$)

① 1　② 2　③ 3　④ 4　⑤ 5

## 0125

두 수열 $\{a_n\}$, $\{b_n\}$이 다음 조건을 만족시킬 때, $\lim_{n\to\infty}(a_n^2+b_n^2)$의 값은?

> (가) $\lim_{n\to\infty}(a_n+b_n)=5$
> (나) 모든 자연수 $n$에 대하여 부등식
> $\dfrac{1}{3n^2+1}<\dfrac{a_nb_n}{9n^2}<\dfrac{1}{3n^2-1}$이 성립한다.

① 17　② 18　③ 19　④ 20　⑤ 21

## 0126

$r>0$일 때, $\lim_{n\to\infty}\dfrac{r^{n+1}+3r+2}{r^n+1}=\dfrac{7}{2}$을 만족시키는 모든 $r$의 값의 합을 구하시오.

## 0127

수열 $\{a_n\}$의 모든 항이 양수이고 $a_1=4$일 때, 모든 자연수 $n$에 대하여 이차방정식 $x^2+4\sqrt{a_n}x+3a_{n+1}=0$이 중근을 갖는다. $\lim_{n\to\infty}\dfrac{4a_n+2^{2n+1}}{3^na_n-2^n}$의 값은?

① $\dfrac{2}{3}$　② $\dfrac{4}{3}$　③ $\dfrac{5}{3}$　④ 2　⑤ $\dfrac{7}{3}$

## 0128

$\lim_{n\to\infty}\dfrac{3^n}{(4-\sqrt{2}\cos x)^{n-1}}$이 0이 아닌 극한값을 가질 때, 실수 $x$의 값은? (단, $\pi<x<2\pi$)

① $\dfrac{7}{6}\pi$　② $\dfrac{5}{4}\pi$　③ $\dfrac{3}{2}\pi$　④ $\dfrac{7}{4}\pi$　⑤ $\dfrac{11}{6}\pi$

## 0129

함수 $f(x)=\lim_{n\to\infty}\dfrac{x^{2n-1}-1}{x^{2n}+1}$에 대하여

$f\left(\dfrac{1}{2}\right)\times f(-1)-6f(2)+15f(-3)$의 값을 구하시오.

(단, $n$은 자연수이다.)

## 0130

등차수열 $\{a_n\}$에 대하여 $a_3=7$, $a_6=16$일 때, $\lim_{n\to\infty}\sqrt{n}(\sqrt{a_{n+1}}-\sqrt{a_n})$의 값은?

① $\frac{1}{2}$　② $\frac{\sqrt{3}}{2}$　③ 1
④ $\sqrt{3}$　⑤ 2

## 0131

두 수열 $\{a_n\}$, $\{b_n\}$에 대하여

$$\lim_{n\to\infty}\frac{a_n}{b_n}=\infty,\ \lim_{n\to\infty}a_n=3$$

일 때, $\lim_{n\to\infty}\left(a_nb_n+2a_n^2-\frac{b_n}{a_n}+5\right)$의 값은? (단, $a_n\neq0$)

① 21　② 22　③ 23
④ 24　⑤ 25

## 0132

모든 항이 실수인 등비수열 $\{a_n\}$에 대하여

$$a_1+a_2+a_3=21,\ a_4+a_5+a_6=168$$

이다. 수열 $\{a_n\}$의 첫째항부터 제$n$항까지의 합을 $S_n$이라 할 때, $\lim_{n\to\infty}\frac{S_n^2}{a_{2n}}$의 값은?

① 2　② 4　③ 6
④ 8　⑤ 10

## 0133 교육청 기출

그림과 같이 곡선 $y=f(x)$와 직선 $y=g(x)$가 원점과 점 (3, 3)에서 만난다. $h(x)=\lim_{n\to\infty}\frac{\{f(x)\}^{n+1}+5\{g(x)\}^n}{\{f(x)\}^n+\{g(x)\}^n}$일 때, $h(2)+h(3)$의 값은?

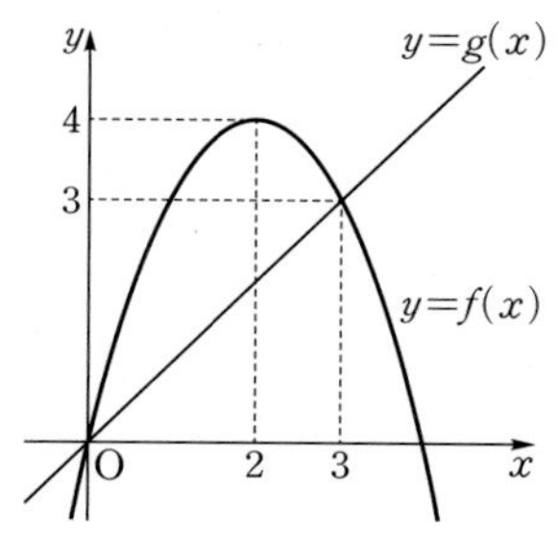


① 6　② 7　③ 8
④ 9　⑤ 10

## 0134

자연수 $n$에 대하여 $\sqrt{9n^2+5n+1}$보다 크지 않은 최대의 정수를 $a_n$이라 할 때, $\lim_{n\to\infty}\frac{1}{\sqrt{9n^2+5n+1}-a_n}=\frac{q}{p}$이다. $p+q$의 값은? (단, $p$와 $q$는 서로소인 자연수이다.)

① 7　② 8　③ 9
④ 10　⑤ 11

## 0135

$\lim_{n\to\infty}(an+b-\sqrt{4n^2-3n+1})=2$일 때, 상수 $a$, $b$에 대하여 $4ab$의 값을 구하시오.

정답과 풀이 26쪽

## 0136 교육청 기출

수열 $\left\{\frac{(4x-1)^n}{2^{3n}+3^{2n}}\right\}$이 수렴하도록 하는 모든 정수 $x$의 개수는?

① 2　② 4　③ 6
④ 8　⑤ 10

## 0137

수열 $\{a_n\}$이 모든 자연수 $n$에 대하여

$$3^n-2<a_1+a_2+a_3+\cdots+a_n<3^n+2$$

를 만족시킬 때, $\lim_{n\to\infty}\frac{a_n}{3^{n+1}}$의 값을 구하시오.

## 0138 평가원 기출

자연수 $n$에 대하여 점 $(3n,\ 4n)$을 중심으로 하고 $y$축에 접하는 원 $O_n$이 있다. 원 $O_n$ 위를 움직이는 점과 점 $(0,\ -1)$ 사이의 거리의 최댓값을 $a_n$, 최솟값을 $b_n$이라 할 때, $\lim_{n\to\infty}\frac{a_n}{b_n}$의 값을 구하시오.

# 서술형 대비하기

## 0139

그림과 같이 넓이가 5인 직사각형 모양의 종이를 넓이와 모양이 같도록 반으로 자르고, 여기서 만들어진 두 장의 종이를 겹쳐서 또 반으로 자른다. 이와 같은 과정을 $n$번 반복했을 때의 종잇조각의 개수를 $a_n$, 종잇조각 하나의 넓이를 $b_n$이라 할 때, $\lim_{n\to\infty}\frac{12^{n+1}\times b_n}{3^n\times a_n+4^n}$의 값을 구하시오.

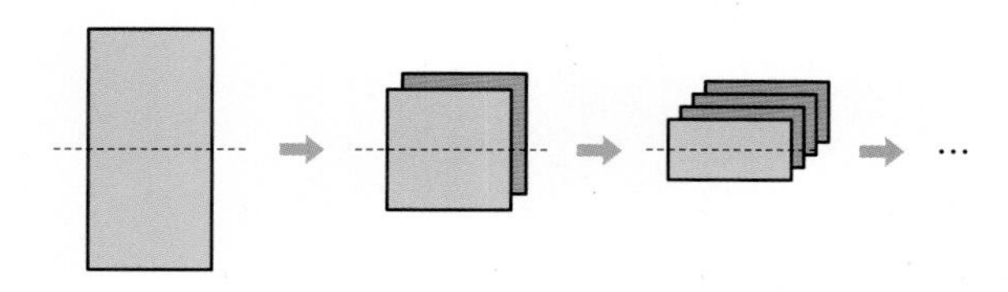

## 0140

정의역이 $\{x\mid -3<x\le 5\}$인 함수 $f(x)=\lim_{n\to\infty}\frac{x^{n+1}-3^n}{x^n+3^{n+1}}$의 최솟값과 최댓값의 합을 구하시오. (단, $n$은 자연수이다.)

# 수능 녹인 변별력 문제

정답과 풀이 28쪽



## 0141 교육청 기출

함수

$$f(x)=\lim_{n\to\infty}\frac{3\times\left(\frac{x}{2}\right)^{2n+1}-1}{\left(\frac{x}{2}\right)^{2n}+1}$$

에 대하여 $f(k)=k$를 만족시키는 모든 실수 $k$의 값의 합은?

① $-6$　② $-5$　③ $-4$　④ $-3$　⑤ $-2$

## 0142

수열 $\{a_n\}$의 일반항이 $a_n=\log_3(2n+1)-\log_3(2n-1)$일 때, $\lim_{n\to\infty}\frac{\sqrt{16n^2+1}}{3^{a_1}\times3^{a_2}\times3^{a_3}\times\cdots\times3^{a_n}}$의 값은?

① 1　② 2　③ 3　④ 4　⑤ 5

## 0143

수열 $\left\{\left(\frac{x^3-48x}{128}\right)^n\right\}$이 수렴하도록 하는 모든 정수 $x$를 작은 수부터 크기순으로 나열한 것을 $x_1, x_2, \cdots, x_m$ ($m$은 자연수)라 할 때, $\sum_{i=1}^{m}x_i^2$의 값을 구하시오.

## 0144

$\lim_{n\to\infty}\frac{4\times a^n+5^{n+1}}{a^{n+1}+b\times5^n}>1$을 만족시키는 자연수 $a$, $b$의 순서쌍 $(a, b)$의 개수는?

① 16　② 17　③ 18　④ 19　⑤ 20

## 0145

실수 전체의 집합에서 정의된 함수 $f(x)$가 다음 조건을 만족시킨다.

> (가) $f(x)=\begin{cases}(x-1)^3+1 & (0\le x<1)\\(x-2)^2 & (1\le x<2)\end{cases}$
>
> (나) 모든 실수 $x$에 대하여 $f(x+2)=f(x)$이다.

자연수 $n$에 대하여 직선 $y=\frac{1}{2n}x+\frac{1}{n}$과 함수 $y=f(x)$의 그래프가 만나는 점의 개수를 $a_n$이라 할 때, $\lim_{n\to\infty}\frac{a_na_{n+1}}{12n^2}$의 값을 구하시오.

## 0146

수열 $\left\{\frac{a^{n+1}+3a^n-5}{a^{n+2}-9a^n+3}\right\}$가 $\frac{1}{5}$에 수렴하도록 하는 모든 양수 $a$의 값의 합을 구하시오.

## 0147 교육청 기출

두 수열 $\{a_n\}$, $\{b_n\}$의 일반항이

$$a_n=\frac{(-1)^n+3}{2},\ b_n=p\times(-1)^{n+1}+q$$

일 때, 보기에서 옳은 것만을 있는 대로 고른 것은?

(단, $p$, $q$는 실수이다.)

> **보기**
>
> ㄱ. 수열 $\{a_n\}$은 발산한다.
>
> ㄴ. 수열 $\{b_n\}$이 수렴하도록 하는 실수 $p$가 존재한다.
>
> ㄷ. 두 수열 $\{a_n+b_n\}$, $\{a_nb_n\}$이 모두 수렴하면 $\lim_{n\to\infty}\{(a_n)^2+(b_n)^2\}=6$이다.

① ㄱ ② ㄴ ③ ㄱ, ㄴ
④ ㄱ, ㄷ ⑤ ㄱ, ㄴ, ㄷ

## 0148

첫째항이 $\frac{1}{3}$인 수열 $\{a_n\}$이 모든 자연수 $n$에 대하여

$$\sum_{k=1}^{n}\frac{a_k-a_{k+1}}{a_ka_{k+1}}=n^2+4n$$

을 만족시킨다. 수열 $\{a_n\}$의 첫째항부터 제$n$항까지의 합을 $S_n$이라 할 때, $\lim_{n\to\infty}(8n^2+3)a_nS_n$의 값을 구하시오.

## 0149 교육청 기출

두 수열 $\{a_n\}$, $\{b_n\}$이 모든 자연수 $n$에 대하여 다음 조건을 만족시킨다.

> (가) $4^n < a_n < 4^n + 1$
> (나) $2 + 2^2 + 2^3 + \cdots + 2^n < b_n < 2^{n+1}$

$\lim_{n\to\infty} \frac{4a_n + b_n}{2a_n + 2^n b_n}$의 값은?

① $\frac{1}{4}$　② $\frac{1}{2}$　③ 1
④ 2　⑤ 4

## 0150

자연수 $n$에 대하여 다음 조건을 만족시키는 원 $C_n$이 있다.

> (가) 원 $C_1$은 $x$축, $y$축에 모두 접하고 반지름의 길이가 1이다.
> (나) 원 $C_{n+1}$의 반지름의 길이는 원 $C_n$의 반지름의 길이의 $\frac{1}{2}$이고 두 원은 외접한다.
> (다) 두 원 $C_n$, $C_{n+1}$의 중심의 $y$좌표는 같다.

두 원 $C_n$, $C_{n+1}$의 접점을 $P_n$이라 하고 직선 $OP_n$의 기울기를 $a_n$이라 할 때, $\lim_{n\to\infty} \frac{1}{a_n}$의 값을 구하시오.
(단, O는 원점이고, 원 $C_n$의 중심은 제1사분면 위에 있다.)

## 0151

다음 조건을 만족시키는 실수 $a$, $b$에 대하여 $a^2 - b^2$의 최댓값을 구하시오.

> (가) $\lim_{n\to\infty} (\sqrt{n^2 + an + 2} - \sqrt{n^2 + bn + 1}) = 3$
> (나) 수열 $\{\sqrt{16^n + (a+b)^n} - 4^n\}$이 수렴한다.

## 0152 교육청 기출

자연수 $n$에 대하여 좌표가 $(0, 3n+1)$인 점을 $P_n$, 함수 $f(x) = x^2\ (x \geq 0)$이라 할 때, 점 $P_n$을 지나고 $x$축과 평행한 직선이 곡선 $y = f(x)$와 만나는 점을 $Q_n$이라 하자.

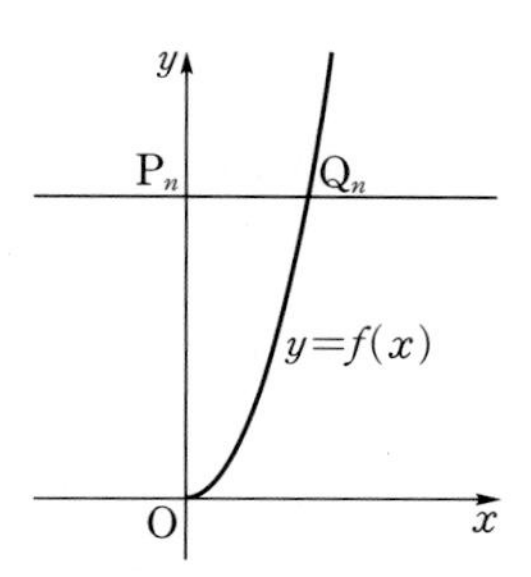


곡선 $y = f(x)$ 위의 점 $R_n$은 직선 $P_nR_n$의 기울기가 음수이고 $y$좌표가 자연수인 점이다. 삼각형 $P_nOQ_n$의 넓이를 $S_n$, 삼각형 $P_nOR_n$의 넓이가 최대일 때 삼각형 $P_nOR_n$의 넓이를 $T_n$이라 하자. $\lim_{n\to\infty} \frac{S_n - T_n}{\sqrt{n}}$의 값은? (단, O는 원점이다.)

① $\frac{\sqrt{3}}{4}$　② $\frac{1}{2}$　③ $\frac{\sqrt{5}}{4}$
④ $\frac{\sqrt{6}}{4}$　⑤ $\frac{\sqrt{7}}{4}$

# 급수



## 유형 01 급수의 합

(1) 급수

수열 $\{a_n\}$의 각 항을 차례대로 덧셈 기호$(+)$를 사용하여 연결한 식을 급수라 한다.

➡ $a_1+a_2+a_3+\cdots+a_n+\cdots=\sum_{n=1}^{\infty}a_n$

(2) 부분합

급수 $\sum_{n=1}^{\infty}a_n$에서 첫째항부터 제$n$항까지의 합을 이 급수의 제$n$항까지의 부분합이라 한다.

➡ $S_n=\sum_{k=1}^{n}a_k=a_1+a_2+a_3+\cdots+a_n$

(3) 급수의 합

급수 $\sum_{n=1}^{\infty}a_n$의 부분합으로 이루어진 수열 $\{S_n\}$이 일정한 값 $S$에 수렴할 때 이 급수는 $S$에 수렴한다고 하고, $S$를 급수의 합이라 한다.

➡ $a_1+a_2+a_3+\cdots+a_n+\cdots=\lim_{n\to\infty}S_n=S$

또는 $\sum_{n=1}^{\infty}a_n=\lim_{n\to\infty}S_n=S$

참고 급수 $\sum_{n=1}^{\infty}a_n$의 부분합으로 이루어진 수열 $\{S_n\}$이 발산할 때, 이 급수는 '발산한다.'고 하고 이 급수에 대해서는 그 합을 생각하지 않는다.

확인 문제

수열 $\{a_n\}$의 첫째항부터 제$n$항까지의 합 $S_n$이 다음과 같을 때, $\sum_{n=1}^{\infty}a_n$의 값을 구하시오.

(1) $S_n=\dfrac{4n-3}{2n+1}$ (2) $S_n=3-\left(\dfrac{1}{3}\right)^n$

### 0153 대표문제

수열 $\{a_n\}$의 첫째항부터 제$n$항까지의 합 $S_n$이

$$S_n=\frac{5n^2-1}{n^2+2}$$

일 때, $\sum_{n=1}^{\infty}a_n$의 값은?

① 1 ② 2 ③ 3
④ 4 ⑤ 5

### 0154

수열 $\{a_n\}$의 첫째항부터 제$n$항까지의 합 $S_n$이

$$S_n=\frac{25n^2+3n}{5(n+1)(n+2)}$$

일 때, $\sum_{n=1}^{\infty}a_n$의 값을 구하시오.

### 0155 중요

수열 $\{a_n\}$의 첫째항부터 제$n$항까지의 합 $S_n$이

$$S_n=\frac{1+2+3+\cdots+n}{3n^2+5n}$$

일 때, $\sum_{n=1}^{\infty}a_n$의 값을 구하시오.

## 유형 02 부분분수를 이용하는 급수

$\dfrac{1}{AB}(A\neq B)$ 꼴의 급수의 합 $\sum_{n=1}^{\infty}a_n$은 부분분수를 이용하여 다음과 같은 순서로 구한다.

❶ $\dfrac{1}{AB}=\dfrac{1}{B-A}\left(\dfrac{1}{A}-\dfrac{1}{B}\right)$을 이용하여 부분합 $S_n$을 구한다.

❷ $\lim_{n\to\infty}S_n$의 값을 구한다.

### 0156 대표문제

급수

$$2+\frac{2}{1+2}+\frac{2}{1+2+3}+\frac{2}{1+2+3+4}+\cdots$$

의 합을 구하시오.

정답과 풀이 32쪽

## 0157 교육청 기출

$\sum_{n=1}^{\infty}\frac{84}{(2n+1)(2n+3)}$의 값을 구하시오.

## 0158

일반항이 $a_n=\frac{3}{n(n+2)}$인 수열 $\{a_n\}$에 대하여 수열 $\{b_n\}$의 일반항을 $b_n=a_{n+1}$이라 할 때, $\sum_{n=1}^{\infty}a_n\times\sum_{n=1}^{\infty}b_n$의 값은?

① $\frac{45}{2^6}$ ② $\frac{45}{2^5}$ ③ $\frac{45}{2^4}$
④ $\frac{45}{2^3}$ ⑤ $\frac{45}{2^2}$

## 0159 중요

첫째항이 4, 공차가 2인 등차수열 $\{a_n\}$에 대하여 첫째항부터 제$n$항까지의 합을 $S_n$이라 할 때, $\lim_{n\to\infty}\sum_{k=1}^{n}\frac{1}{S_k}$의 값은?

① $\frac{5}{18}$ ② $\frac{7}{18}$ ③ $\frac{1}{2}$
④ $\frac{11}{18}$ ⑤ $\frac{13}{18}$

## 0160 서술형

자연수 $n$에 대하여 $2^{n+1}\times3^{n+3}$의 모든 양의 약수의 개수를 $a_n$이라 하자. $\sum_{n=1}^{\infty}\frac{4}{a_n}=\frac{q}{p}$일 때, $p+q$의 값을 구하시오.

(단, $p$와 $q$는 서로소인 자연수이다.)

## 0161 중요

자연수 $n$에 대하여 $x$에 대한 이차방정식
$x^2+2x-4n^2+1=0$의 두 근을 $\alpha_n$, $\beta_n$이라 할 때,
$\sum_{n=1}^{\infty}\left(\frac{1}{\alpha_n}+\frac{1}{\beta_n}\right)$의 값을 구하시오.

## 0162

모든 항이 양수이고 공차가 3인 등차수열 $\{a_n\}$에 대하여 $b_n=a_na_{n+1}$이라 하자. $\sum_{n=1}^{\infty}\frac{1}{b_n}=\frac{1}{6}$일 때, $a_1$의 값은?

① 2 ② $\frac{5}{2}$ ③ 3
④ $\frac{7}{2}$ ⑤ 4

## 유형 03 로그를 포함한 급수

급수 $\sum_{n=1}^{\infty} \log a_n$의 합은 로그의 성질을 이용하여 다음과 같은 순서로 구한다.

❶ 로그의 성질을 이용하여 부분합 $S_n$을

$$S_n = \log a_1 + \log a_2 + \log a_3 + \cdots + \log a_n$$
$$= \log a_1 a_2 a_3 \cdots a_n$$

과 같이 나타낸다.

❷ $\lim_{n \to \infty} S_n$의 값을 구한다.

### 0163 대표문제

$\sum_{n=1}^{\infty} \log_2 \left\{1 - \frac{1}{(n+1)^2}\right\}$의 값을 구하시오.

### 0164

수열 $\{a_n\}$에 대하여

$$a_1 a_2 a_3 \cdots a_n = \frac{n-3}{5n+2} \ (n=1,\ 2,\ 3,\ \cdots)$$

일 때, $\sum_{n=1}^{\infty} \log_5 a_n$의 값은?

① $-2$　② $-1$　③ $0$
④ $1$　⑤ $2$

### 0165 중요 서술형

수열 $\{a_n\}$의 일반항이 $a_n = n^2 - 1$일 때, $\sum_{n=2}^{\infty} \log_2 \left(1 + \frac{1}{a_n}\right)$의 값을 구하시오.

### 0166

$\sum_{n=1}^{\infty} (\log_{n+1} 8 - \log_{n+2} 8)$의 값을 구하시오.

## 유형 04 항의 부호가 교대로 바뀌는 급수

급수 $\sum_{n=1}^{\infty} a_n$에 대하여 홀수 번째 항까지의 부분합을 $S_{2n-1}$, 짝수 번째 항까지의 부분합을 $S_{2n}$이라 할 때

(1) $\lim_{n \to \infty} S_{2n-1} = \lim_{n \to \infty} S_{2n} = \alpha$ ($\alpha$는 실수)이면 급수 $\sum_{n=1}^{\infty} a_n$은 $\alpha$로 수렴한다.

(2) $\lim_{n \to \infty} S_{2n-1} \neq \lim_{n \to \infty} S_{2n}$이면 급수 $\sum_{n=1}^{\infty} a_n$은 발산한다.

### 0167 대표문제

보기에서 수렴하는 급수인 것만을 있는 대로 고른 것은?

보기

ㄱ. $1-1+1-1+1-1+\cdots$

ㄴ. $1 - \frac{1}{2} + \frac{1}{2} - \frac{1}{3} + \frac{1}{3} - \frac{1}{4} + \cdots$

ㄷ. $\left(2 - \frac{3}{2}\right) + \left(\frac{3}{2} - \frac{4}{3}\right) + \left(\frac{4}{3} - \frac{5}{4}\right) + \cdots$

① ㄱ　② ㄴ　③ ㄷ
④ ㄱ, ㄷ　⑤ ㄴ, ㄷ

### 0168

급수 $-2 + \frac{2}{3} - \frac{2}{3} + \frac{2}{5} - \frac{2}{5} + \frac{2}{7} - \cdots$의 합을 구하시오.

## 0169 중요

수열 $\{a_n\}$에 대하여 보기에서 급수

$$a_1-a_2+a_2-a_3+a_3-a_4+a_4-\cdots$$

가 수렴하도록 하는 수열인 것만을 있는 대로 고른 것은?

보기

ㄱ. $a_n=\dfrac{n+1}{n^2+3}$　　ㄴ. $a_n=\dfrac{1}{\sqrt{n^2+3n}-n}$

ㄷ. $a_n=\sqrt{n+1}-\sqrt{n}$　　ㄹ. $a_n=\log\dfrac{3n}{n+2}$

① ㄱ, ㄴ　② ㄱ, ㄷ　③ ㄴ, ㄷ
④ ㄴ, ㄹ　⑤ ㄷ, ㄹ

## 0170

수열 $\{a_n\}$이

$$a_{2n-1}=a_{2n}=\frac{1}{n+1}\ (n=1,\ 2,\ 3,\ \cdots)$$

을 만족시킬 때, $\sum_{n=1}^{\infty}(-1)^n a_n$의 값을 구하시오.

### 유형 05 급수와 수열의 극한값 사이의 관계

급수 $\sum_{n=1}^{\infty}a_n$이 수렴하면 $\lim_{n\to\infty}a_n=0$이다.

참고 '$\lim_{n\to\infty}a_n=0$이면 급수 $\sum_{n=1}^{\infty}a_n$은 수렴한다.'는 성립하지 않는다.

## 0171 대표문제

수열 $\{a_n\}$의 첫째항부터 제$n$항까지의 합을 $S_n$이라 하자. $\lim_{n\to\infty}S_n=9$일 때, $\lim_{n\to\infty}(2S_n+7a_n)$의 값을 구하시오.

## 0172 교육청 기출

수열 $\{a_n\}$에 대하여 $\sum_{n=1}^{\infty}\left(3a_n-\frac{1}{4}\right)=4$일 때, $\lim_{n\to\infty}a_n$의 값은?

① $\frac{1}{12}$　② $\frac{1}{6}$　③ $\frac{1}{4}$
④ $\frac{1}{3}$　⑤ $\frac{1}{2}$

## 0173

수열 $\{a_n\}$에 대하여 $\sum_{n=1}^{\infty}a_n=5$일 때, $\lim_{n\to\infty}\dfrac{a_n-4n-4}{3a_n-2n-5}$의 값은?

① $-2$　② $-1$　③ 0
④ 1　⑤ 2

## 0174

수열 $\{a_n\}$에 대하여 급수

$$(a_1-3)+(a_2-3)+(a_3-3)+\cdots+(a_n-3)+\cdots$$

이 수렴할 때, $\lim_{n\to\infty}(3a_n+5)$의 값은?

① 10　② 12　③ 14
④ 16　⑤ 18

## 0175 중요

수열 $\{a_n\}$에 대하여 $\sum_{n=1}^{\infty} a_n=24$일 때,

$$\lim_{n\to\infty}\frac{a_1+a_2+a_3+\cdots+a_{2n-1}+25a_{2n}}{a_n-6}$$

의 값은?

① $-6$　② $-\frac{11}{2}$　③ $-5$
④ $-\frac{9}{2}$　⑤ $-4$

## 0176

모든 항이 양수인 수열 $\{a_n\}$에 대하여 $\sum_{n=1}^{\infty}\frac{3a_n-1}{4a_n+2}=2$일 때, $\lim_{n\to\infty}a_n$의 값을 구하시오.

## 0177

수렴하는 두 수열 $\{a_n\}$, $\{b_n\}$에 대하여

$$\sum_{n=1}^{\infty}\frac{na_n+2n}{n}=6,\ \sum_{n=1}^{\infty}\left(a_nb_n-\frac{2n^2-3}{n^2+2n}\right)=4$$

일 때, $\lim_{n\to\infty}(a_n+b_n)$의 값을 구하시오.

## 유형 06 급수의 수렴과 발산

급수 $\sum_{n=1}^{\infty}a_n$의 수렴과 발산은 $\lim_{n\to\infty}a_n$의 값이 0인지 아닌지를 파악한 후 다음을 이용하여 조사한다.

(1) $\lim_{n\to\infty}a_n\neq0$이면 급수 $\sum_{n=1}^{\infty}a_n$은 발산한다.

(2) $\lim_{n\to\infty}a_n=0$이면 급수 $\sum_{n=1}^{\infty}a_n$의 부분합 $S_n$을 구한 후 수열 $\{S_n\}$의 수렴과 발산을 조사한다.

## 0178 대표문제

보기에서 수렴하는 급수인 것만을 있는 대로 고른 것은?

**보기**

ㄱ. $\sum_{n=1}^{\infty}\frac{n+1}{3n-1}$

ㄴ. $\sum_{n=1}^{\infty}\frac{1}{n(n+1)}$

ㄷ. $\sum_{n=1}^{\infty}(\sqrt{n^2+2n}-n)$

① ㄱ　② ㄴ　③ ㄱ, ㄴ
④ ㄱ, ㄷ　⑤ ㄴ, ㄷ

## 0179

다음 급수 중 수렴하는 것은?

① $\sum_{n=1}^{\infty}3n$

② $1+\frac{2}{3}+\frac{3}{5}+\cdots+\frac{n}{2n-1}+\cdots$

③ $2-\frac{3}{2}+\frac{3}{2}-\frac{4}{3}+\frac{4}{3}-\cdots-\frac{n+2}{n+1}+\frac{n+2}{n+1}-\cdots$

④ $\sum_{n=1}^{\infty}\frac{\sqrt{n}}{\sqrt{n+1}+\sqrt{n}}$

⑤ $\sum_{n=1}^{\infty}\frac{2}{1+2+\cdots+n}$

## 0180

보기에서 수렴하는 급수의 개수를 구하시오.

**보기**

ㄱ. $\sum_{n=1}^{\infty}\frac{n^2+2}{n^2+2n}$

ㄴ. $\sum_{n=1}^{\infty}(\sqrt{n+2}-\sqrt{n})$

ㄷ. $\sum_{n=1}^{\infty}\left(\frac{1}{\sqrt{n}}-\frac{1}{\sqrt{n+1}}\right)$

## 0181 중요

보기에서 발산하는 급수인 것만을 있는 대로 고른 것은?

**보기**

ㄱ. $\sum_{n=1}^{\infty}(n-5)$

ㄴ. $\sum_{n=1}^{\infty}\left(1-\frac{2}{n+1}\right)$

ㄷ. $\sum_{n=1}^{\infty}\log\frac{2n-1}{2n+1}$

① ㄱ ② ㄴ ③ ㄱ, ㄴ
④ ㄴ, ㄷ ⑤ ㄱ, ㄴ, ㄷ

## 유형 07 급수의 성질

두 급수 $\sum_{n=1}^{\infty}a_n$, $\sum_{n=1}^{\infty}b_n$이 수렴할 때, 다음이 성립한다.

(1) $\sum_{n=1}^{\infty}ca_n=c\sum_{n=1}^{\infty}a_n$ (단, $c$는 상수)

(2) $\sum_{n=1}^{\infty}(a_n\pm b_n)=\sum_{n=1}^{\infty}a_n\pm\sum_{n=1}^{\infty}b_n$ (복부호동순)

Tip $a_n>b_n$, 즉 $a_n-b_n>0$이면 (2)에 의하여
$\sum_{n=1}^{\infty}(a_n-b_n)>0$에서 $\sum_{n=1}^{\infty}a_n-\sum_{n=1}^{\infty}b_n>0$이므로
$\sum_{n=1}^{\infty}a_n>\sum_{n=1}^{\infty}b_n$이다.

**확인 문제**

$\sum_{n=1}^{\infty}a_n=3$, $\sum_{n=1}^{\infty}b_n=5$일 때, $\sum_{n=1}^{\infty}(2a_n+3b_n)$의 값을 구하시오.

## 0182 대표문제

두 급수 $\sum_{n=1}^{\infty}a_n$, $\sum_{n=1}^{\infty}b_n$이 모두 수렴하고

$$\sum_{n=1}^{\infty}(5a_n+2b_n)=17,\ \sum_{n=1}^{\infty}(3a_n-7b_n)=2$$

일 때, $\sum_{n=1}^{\infty}a_n+\sum_{n=1}^{\infty}b_n$의 값을 구하시오.

## 0183

두 급수 $\sum_{n=1}^{\infty}a_n$, $\sum_{n=1}^{\infty}b_n$에 대하여 $\sum_{n=1}^{\infty}a_n=2$이고 $\sum_{n=1}^{\infty}(2a_n+3b_n)=22$일 때, $\sum_{n=1}^{\infty}b_n$의 값은?

① 3 ② 4 ③ 5
④ 6 ⑤ 7

## 0184 중요

두 급수 $\sum_{n=1}^{\infty} a_n$, $\sum_{n=1}^{\infty} b_n$에 대하여 $\sum_{n=1}^{\infty} (b_n+3)=4$이고 $\sum_{n=1}^{\infty} (3a_n-b_n)=20$일 때, $\sum_{n=1}^{\infty} (a_n+1)$의 값을 구하시오.

## 0185 서술형

두 급수 $\sum_{n=1}^{\infty} \log a_n$, $\sum_{n=1}^{\infty} \log b_n$이 모두 수렴하고 $\sum_{n=1}^{\infty} \log a_n^2 b_n=6$, $\sum_{n=1}^{\infty} \log \frac{a_n^3}{b_n}=4$일 때, $\sum_{n=1}^{\infty} \log \frac{a_n}{b_n^2}$의 값을 구하시오.

## 0186 교육청 기출

수열 $\{a_n\}$의 첫째항부터 제$n$항까지의 합을 $S_n$이라 할 때, $S_n=\frac{6n}{n+1}$이다. $\sum_{n=1}^{\infty} (a_n+a_{n+1})$의 값을 구하시오.

## 유형 08 급수의 성질의 진위 판단

급수의 성질을 이용하여 주어진 명제의 참, 거짓을 판별한다.

주의 두 급수 $\sum_{n=1}^{\infty} a_n$, $\sum_{n=1}^{\infty} b_n$이 수렴할 때

(1) $\sum_{n=1}^{\infty} a_n b_n \neq \sum_{n=1}^{\infty} a_n \times \sum_{n=1}^{\infty} b_n$

(2) $\sum_{n=1}^{\infty} \frac{a_n}{b_n} \neq \frac{\sum_{n=1}^{\infty} a_n}{\sum_{n=1}^{\infty} b_n}$ $\left(단, \sum_{n=1}^{\infty} b_n \neq 0\right)$

임에 주의한다.

## 0187 대표문제

다음 중 두 수열 $\{a_n\}$, $\{b_n\}$에 대하여 옳은 것은?

① $\lim_{n \to \infty} a_n=0$이면 $\sum_{n=1}^{\infty} a_n$은 수렴한다.

② $\lim_{n \to \infty} a_n$과 $\lim_{n \to \infty} b_n$이 모두 수렴하면 $\sum_{n=1}^{\infty} a_n b_n$도 수렴한다.

③ $\sum_{n=1}^{\infty} a_n b_n$이 수렴하고 $\lim_{n \to \infty} a_n \neq 0$이면 $\lim_{n \to \infty} b_n=0$이다.

④ $\sum_{n=1}^{\infty} \frac{1}{a_n}$이 수렴하면 $\sum_{n=1}^{\infty} a_n$도 수렴한다.

⑤ $\sum_{n=1}^{\infty} a_n$, $\sum_{n=1}^{\infty} (a_n+b_n)$이 수렴하면 $\sum_{n=1}^{\infty} b_n$도 수렴한다.

## 0188 교육청 기출

두 수열 $\{a_n\}$, $\{b_n\}$에 대하여

$$a_n+b_n=2+\frac{1}{n} \ (n=1, 2, 3, \cdots)$$

일 때, 보기에서 옳은 것만을 있는 대로 고른 것은?

보기

ㄱ. $\lim_{n \to \infty} (a_n+b_n)=2$

ㄴ. 수열 $\{a_n\}$이 수렴하면 수열 $\{b_n\}$도 수렴한다.

ㄷ. $\sum_{n=1}^{\infty} a_n$이 수렴하면 $\sum_{n=1}^{\infty} b_n$도 수렴한다.

① ㄱ ② ㄱ, ㄴ ③ ㄱ, ㄷ
④ ㄴ, ㄷ ⑤ ㄱ, ㄴ, ㄷ

## 0189 중요

두 수열 $\{a_n\}$, $\{b_n\}$에 대하여 보기에서 옳은 것만을 있는 대로 고른 것은?

보기
ㄱ. $\sum_{n=1}^{\infty} a_n$, $\sum_{n=1}^{\infty} b_n$이 모두 수렴하면 $\lim_{n\to\infty} a_n b_n = 0$이다.
ㄴ. $\sum_{n=1}^{\infty} a_n$, $\sum_{n=1}^{\infty} (a_n - b_n)$이 모두 수렴하면 $\sum_{n=1}^{\infty} b_n$도 수렴한다.
ㄷ. $\sum_{n=1}^{\infty} a_n$, $\sum_{n=1}^{\infty} b_n$이 각각 $\alpha$, $\beta$에 수렴하면 $\sum_{n=1}^{\infty} a_n b_n = \alpha\beta$이다.
ㄹ. $\sum_{n=1}^{\infty} a_n$, $\sum_{n=1}^{\infty} a_n b_n$이 모두 수렴하면 $\sum_{n=1}^{\infty} b_n$도 수렴한다.

① ㄱ, ㄴ ② ㄱ, ㄷ ③ ㄴ, ㄷ
④ ㄴ, ㄹ ⑤ ㄷ, ㄹ

## 0190

두 수열 $\{a_n\}$, $\{b_n\}$에 대하여 보기에서 옳은 것만을 있는 대로 고른 것은?

보기
ㄱ. 수열 $\{a_n\}$이 수렴하고 급수 $\sum_{n=1}^{\infty} (a_n + b_n)$이 수렴하면 수열 $\{b_n\}$도 수렴한다.
ㄴ. 두 급수 $\sum_{n=1}^{\infty} a_n$, $\sum_{n=1}^{\infty} a_n b_n$이 수렴하면 수열 $\{b_n\}$도 수렴한다.
ㄷ. 상수 $k$에 대하여 $\sum_{n=1}^{\infty} a_n^2 = \sum_{n=1}^{\infty} b_n^2 = \sum_{n=1}^{\infty} a_n b_n = k$이면 모든 자연수 $n$에 대하여 $a_n = b_n$이다.

① ㄱ ② ㄷ ③ ㄱ, ㄴ
④ ㄱ, ㄷ ⑤ ㄱ, ㄴ, ㄷ

## 유형 09 급수의 활용

점의 좌표나 선분의 길이, 도형의 넓이를 자연수 $n$에 대한 식으로 나타낸 후 부분합을 이용하여 급수의 합을 구한다.

## 0191 대표문제

좌표평면에서 직선 $x-2y+2=0$ 위에 있는 점 중에서 $x$좌표와 $y$좌표가 자연수인 모든 점의 좌표를 각각

$(a_1, b_1), (a_2, b_2), \cdots, (a_n, b_n), \cdots$

이라 할 때, $\sum_{n=1}^{\infty} \frac{1}{a_n b_n}$의 값은? (단, $a_1 < a_2 < \cdots < a_n < \cdots$)

① $\frac{1}{3}$ ② $\frac{1}{2}$ ③ 1
④ 2 ⑤ 3

## 0192

자연수 $n$에 대하여 유리함수 $y=\frac{1}{x+1}$의 그래프 위의 $x$좌표가 $n$인 점을 $\mathrm{A}_n$이라 할 때, $\sum_{n=1}^{\infty} \sqrt{\overline{\mathrm{A}_n\mathrm{A}_{n+1}}^2 - 1}$의 값을 구하시오.

## 0193 중요

자연수 $n$에 대하여 직선 $(n+2)x+(n+3)y=5$와 $x$축 및 $y$축으로 둘러싸인 부분의 넓이를 $a_n$이라 할 때, $\sum_{n=1}^{\infty} a_n$의 값은?

① $\frac{7}{2}$ ② $\frac{25}{6}$ ③ $\frac{29}{6}$
④ $\frac{11}{2}$ ⑤ $\frac{37}{6}$

## 0194

좌표평면 위의 두 점 A(0, 0), B(3, 0)과 1보다 큰 자연수 $n$에 대하여 $\overline{AP}:\overline{PB}=n:1$을 만족시키는 점 P의 집합을 $X_n$이라 하자. 집합 $X_n$이 나타내는 도형의 둘레의 길이를 $T_n$이라 할 때, $\sum_{n=2}^{\infty}\frac{T_n}{n}$의 값은?

① $\frac{5}{2}\pi$ ② $3\pi$ ③ $\frac{7}{2}\pi$
④ $4\pi$ ⑤ $\frac{9}{2}\pi$

## 유형 10 등비급수의 합

(1) 등비급수
첫째항이 $a\ (a\neq0)$, 공비가 $r$인 등비수열 $\{ar^{n-1}\}$의 각 항을 덧셈 기호($+$)를 사용하여 연결한 식

➡ $\sum_{n=1}^{\infty}ar^{n-1}=a+ar+ar^2+\cdots+ar^{n-1}+\cdots$

(2) 등비급수의 합
$|r|<1$이면 $\sum_{n=1}^{\infty}ar^{n-1}=\frac{a}{1-r}$이다.

➡ 공비가 $r\ (|r|<1)$인 등비수열 $\{a_n\}$에 대하여
$\sum_{n=1}^{\infty}a_n=\frac{a_1}{1-r}$

확인 문제

다음 등비급수의 합을 구하시오.

(1) $\sum_{n=1}^{\infty}\left(\frac{1}{2}\right)^n$ (2) $\sum_{n=1}^{\infty}\left(-\frac{1}{2}\right)^{n-1}$

## 0195 대표문제

$\sum_{n=1}^{\infty}\frac{3^{n+2}-2^{n-1}}{5^{n+1}}$의 값은?

① $\frac{67}{30}$ ② $\frac{7}{3}$ ③ $\frac{73}{30}$
④ $\frac{38}{15}$ ⑤ $\frac{79}{30}$

## 0196

$\sum_{n=1}^{\infty}\frac{1}{4^n}\cos\frac{n\pi}{2}$의 값은?

① $-\frac{1}{17}$ ② $-\frac{1}{19}$ ③ 0
④ $\frac{1}{19}$ ⑤ $\frac{1}{17}$

## 0197

$\sum_{n=1}^{\infty}\frac{1+2+2^2+\cdots+2^{n-1}}{3^n}$의 값은?

① $\frac{1}{2}$ ② $\frac{2}{3}$ ③ 1
④ $\frac{3}{2}$ ⑤ 2

## 0198 수능 기출

등비수열 $\{a_n\}$에 대하여 $a_1=3$, $a_2=1$일 때, $\sum_{n=1}^{\infty}(a_n)^2$의 값은?

① $\frac{81}{8}$ ② $\frac{83}{8}$ ③ $\frac{85}{8}$
④ $\frac{87}{8}$ ⑤ $\frac{89}{8}$

## 0199 중요

자연수 $n$에 대하여 $3^n$을 4로 나누었을 때의 나머지를 $a_n$이라 할 때, $\sum_{n=1}^{\infty}\frac{a_n}{7^n}$의 값은?

① $\frac{3}{8}$ ② $\frac{19}{48}$ ③ $\frac{5}{12}$
④ $\frac{7}{16}$ ⑤ $\frac{11}{24}$

## 0200 평가원 기출

등비수열 $\{a_n\}$에 대하여 $\lim_{n\to\infty}\frac{3^n}{a_n+2^n}=6$일 때, $\sum_{n=1}^{\infty}\frac{1}{a_n}$의 값은?

① 1 ② 2 ③ 3
④ 4 ⑤ 5

### 유형 11 합이 주어진 등비급수

등비급수 $\sum_{n=1}^{\infty}ar^{n-1}$의 합이 $A$ ($A$는 실수)라 주어졌을 때,
$|r|<1$이고 $\frac{a}{1-r}=A$임을 이용한다.

## 0201 대표문제

등비수열 $\{a_n\}$에 대하여 $a_2=-4$, $\sum_{n=1}^{\infty}a_n=\frac{16}{3}$이 성립할 때, $\sum_{n=1}^{\infty}3{a_n}^2$의 값을 구하시오.

## 0202 중요

실수 $x$에 대하여 $x+x^2+x^3+\cdots=9$일 때,
급수 $x-\frac{1}{3}x^2+\frac{1}{9}x^3-\frac{1}{27}x^4+\cdots$의 합은?

① $-\frac{13}{9}$ ② $-1$ ③ $-\frac{9}{13}$
④ $\frac{9}{13}$ ⑤ $\frac{13}{9}$

## 0203

$0<x<\frac{\pi}{2}$일 때, $\cos^2 x+\cos^4 x+\cos^6 x+\cdots=3$을 만족시키는 실수 $x$의 값을 구하시오.

## 0204 서술형

공비가 양수인 등비수열 $\{a_n\}$이

$$a_1+a_2=4,\ \sum_{n=3}^{\infty}a_n=\frac{4}{3}$$

를 만족시킬 때, $a_1$의 값을 구하시오.

## 0205

공비가 같은 두 등비수열 $\{a_n\}$, $\{b_n\}$에 대하여 $a_1-b_1=4$이고 $\sum_{n=1}^{\infty}a_n=12$, $\sum_{n=1}^{\infty}b_n=4$일 때, $\sum_{n=1}^{\infty}a_nb_n$의 값을 구하시오.

## 0206

모든 항이 양수인 등비수열 $\{a_n\}$에 대하여

$$\sum_{n=1}^{\infty}\frac{1}{a_n^{\ 2}}=\sum_{n=1}^{\infty}\frac{1}{a_{2n}}=\frac{16}{9}$$

일 때, $\sum_{n=1}^{\infty}\frac{1}{a_{3n}}$의 값은?

① $\frac{4}{61}$ ② $\frac{8}{61}$ ③ $\frac{16}{61}$
④ $\frac{32}{61}$ ⑤ $\frac{64}{61}$

## 0207 수능 기출

등비수열 $\{a_n\}$에 대하여

$$\sum_{n=1}^{\infty}(a_{2n-1}-a_{2n})=3,\ \sum_{n=1}^{\infty}a_n^{\ 2}=6$$

일 때, $\sum_{n=1}^{\infty}a_n$의 값은?

① 1 ② 2 ③ 3
④ 4 ⑤ 5

### 유형 12 등비급수의 수렴 조건

(1) 등비급수 $\sum_{n=1}^{\infty}r^n$이 수렴하기 위한 조건
➡ $|r|<1$

(2) 등비급수 $\sum_{n=1}^{\infty}ar^{n-1}$이 수렴하기 위한 조건
➡ $a=0$ 또는 $|r|<1$

## 0208 대표문제

급수 $\sum_{n=1}^{\infty}\left(\frac{3x-4}{9}\right)^n$이 수렴하도록 하는 정수 $x$의 개수는?

① 2 ② 4 ③ 6
④ 8 ⑤ 10

## 0209

급수 $\sum_{n=1}^{\infty}(\log_2 x^2-3)^{n-1}$이 수렴하도록 하는 정수 $x$의 개수는?

① 0 ② 1 ③ 2
④ 3 ⑤ 4

## 0210

급수 $\sum_{n=1}^{\infty}(2\sin\theta)^{n-1}$이 수렴하도록 하는 $\theta$의 값의 범위를 구하시오. $\left(\text{단, } -\frac{\pi}{2}<\theta<\frac{\pi}{2}\right)$

## 0211 중요 서술형

급수

$$\frac{x+3}{2}+\frac{(x+3)(x-4)}{4}+\frac{(x+3)(x-4)^2}{8}+\cdots$$

이 수렴하도록 하는 모든 정수 $x$의 값의 합을 구하시오.

## 0212 교육청 기출

등비급수 $\sum_{n=1}^{\infty}\frac{(3^a+1)^n}{6^{3n}}$이 수렴하도록 하는 자연수 $a$의 개수는?

① 2　② 3　③ 4　④ 5　⑤ 6

## 0213 서술형

수열 $\left\{\left(\frac{x+2}{3}\right)^n\right\}$과 급수 $\sum_{n=1}^{\infty}\left(2x-\frac{5}{2}\right)^{n-1}$이 모두 수렴하기 위한 실수 $x$의 값의 범위를 구하시오.

## 유형 13 등비급수의 수렴 여부 판단

등비급수 $\sum_{n=1}^{\infty}r^n$이 수렴하면 $|r|<1$임을 이용하여 주어진 등비급수가 수렴하는지를 판단한다.

참고 등비급수 $\sum_{n=1}^{\infty}r^n$에서 $|r|\geq 1$이면 $\lim_{n\to\infty}r^n\neq 0$이므로 발산한다.

## 0214 대표문제

등비급수 $\sum_{n=1}^{\infty}r^n$이 수렴할 때, 보기에서 항상 수렴하는 급수인 것만을 있는 대로 고른 것은?

**보기**

ㄱ. $\sum_{n=1}^{\infty}\left(\frac{1}{r}\right)^n\ (r\neq 0)$

ㄴ. $\sum_{n=1}^{\infty}r^{n+2}$

ㄷ. $\sum_{n=1}^{\infty}\left(\frac{r}{2}\right)^n$

ㄹ. $\sum_{n=1}^{\infty}\left(\frac{1-3r}{3}\right)^n$

① ㄱ　② ㄱ, ㄹ　③ ㄴ, ㄷ　④ ㄴ, ㄹ　⑤ ㄷ, ㄹ

## 0215

등비급수 $\sum_{n=1}^{\infty}r^n$이 수렴할 때, 다음 중 항상 수렴하는 급수가 아닌 것은?

① $\sum_{n=1}^{\infty}r^{2n-1}$

② $\sum_{n=1}^{\infty}\frac{r^n+(-r)^n}{2}$

③ $\sum_{n=1}^{\infty}\left(\frac{r+1}{2}\right)^n$

④ $\sum_{n=1}^{\infty}\left(\frac{r-1}{2}\right)^n$

⑤ $\sum_{n=1}^{\infty}\left(\frac{r}{2}+1\right)^n$

02 급수

## 0216 수능 기출

등비수열 $\{a_n\}$에 대하여 보기에서 옳은 것만을 있는 대로 고른 것은?

보기

ㄱ. 등비급수 $\sum_{n=1}^{\infty} a_n$이 수렴하면 $\sum_{n=1}^{\infty} a_{2n}$도 수렴한다.

ㄴ. 등비급수 $\sum_{n=1}^{\infty} a_n$이 발산하면 $\sum_{n=1}^{\infty} a_{2n}$도 발산한다.

ㄷ. 등비급수 $\sum_{n=1}^{\infty} a_n$이 수렴하면 $\sum_{n=1}^{\infty} \left(a_n+\frac{1}{2}\right)$도 수렴한다.

① ㄱ ② ㄴ ③ ㄱ, ㄴ
④ ㄱ, ㄷ ⑤ ㄴ, ㄷ

## 0217 중요

다음 중 두 등비수열 $\{a_n\}$, $\{b_n\}$에 대하여 옳지 않은 것은?

① $\sum_{n=1}^{\infty} a_n$, $\sum_{n=1}^{\infty} b_n$이 수렴하면 $\lim_{n\to\infty} a_n b_n=0$이다.

② $\sum_{n=1}^{\infty} \frac{1}{a_n}$이 수렴하면 $\sum_{n=1}^{\infty} a_n$은 발산한다.

③ $\sum_{n=1}^{\infty} (a_n)^2$이 수렴하면 $\sum_{n=1}^{\infty} a_n$도 수렴한다.

④ $\sum_{n=1}^{\infty} a_n$, $\sum_{n=1}^{\infty} b_n$이 수렴하면 $\sum_{n=1}^{\infty} a_n b_n=\sum_{n=1}^{\infty} a_n \times \sum_{n=1}^{\infty} b_n$이다.

⑤ $\sum_{n=1}^{\infty} a_n b_n$이 수렴하면 $\sum_{n=1}^{\infty} a_n$, $\sum_{n=1}^{\infty} b_n$ 중 적어도 하나는 수렴한다.

## 유형 14 $S_n$과 $a_n$ 사이의 관계를 이용하는 급수

수열 $\{a_n\}$의 첫째항부터 제$n$항까지의 합 $S_n$이 주어진 경우

$a_1=S_1,\ a_n=S_n-S_{n-1}\ (n\ge 2)$

임을 이용하여 급수의 합을 구한다.

참고 $a_n=S_n-S_{n-1}$은 $n\ge 2$일 때 성립하므로 $\sum_{n=1}^{\infty} a_n=a_1+\sum_{n=2}^{\infty} a_n$과 같이 계산한다.

## 0218 대표문제

수열 $\{a_n\}$의 첫째항부터 제$n$항까지의 합을 $S_n$이라 하자. 모든 자연수 $n$에 대하여 $S_n=2(3^n-1)$일 때, $\sum_{n=1}^{\infty} \frac{1}{a_n}$의 값을 구하시오.

## 0219

수열 $\{a_n\}$의 첫째항부터 제$n$항까지의 합을 $S_n$이라 하자.

$$S_n=12\left\{1-\left(\frac{1}{2}\right)^n\right\}\ (n\ge 1)$$

일 때, 급수 $a_2+a_4+a_6+\cdots$의 합을 구하시오.

## 0220

수열 $\{a_n\}$의 첫째항부터 제$n$항까지의 합을 $S_n$이라 하자. 모든 자연수 $n$에 대하여 $\log_2(S_n+1)=-2n$이 성립할 때, $\sum_{n=1}^{\infty} a_{2n-1}$의 값은?

① $-\frac{7}{5}$ ② $-\frac{6}{5}$ ③ $-1$
④ $-\frac{4}{5}$ ⑤ $-\frac{3}{5}$

## 0221 중요

수열 $\{a_n\}$이 모든 자연수 $n$에 대하여

$a_1+3a_2+3^2a_3+\cdots+3^{n-1}a_n=7n$을 만족시킬 때, $\sum_{n=1}^{\infty}a_n$의 값은?

① $10$ ② $\frac{21}{2}$ ③ $11$ ④ $\frac{23}{2}$ ⑤ $12$

## 유형 15 순환소수와 등비급수

주어진 순환소수를 분수로 나타낸 후 첫째항과 공비를 구하여 주어진 등비급수의 합을 구한다.

Tip (1) $0.\dot{a}=0.aaa\cdots=\frac{a}{10}+\frac{a}{10^2}+\frac{a}{10^3}+\cdots=\frac{\frac{a}{10}}{1-\frac{1}{10}}=\frac{a}{9}$

(2) $0.\dot{a}\dot{b}=0.ababab\cdots=\frac{ab}{100}+\frac{ab}{100^2}+\frac{ab}{100^3}+\frac{ab}{100^4}+\cdots$

$=\frac{\frac{ab}{100}}{1-\frac{1}{100}}=\frac{ab}{99}$

## 0222 대표문제

각 항이 양수이고 첫째항이 $0.\dot{2}$, 제3항이 $0.01\dot{9}$인 등비급수의 합은?

① $\frac{11}{63}$ ② $\frac{14}{63}$ ③ $\frac{17}{63}$ ④ $\frac{20}{63}$ ⑤ $\frac{23}{63}$

## 0223

첫째항이 $0.\dot{a}$, 공비가 $0.\dot{2}\dot{a}$인 등비수열 $\{a_n\}$에 대하여 $\sum_{n=1}^{\infty}a_n=\frac{33}{76}$일 때, 10보다 작은 자연수 $a$의 값을 구하시오.

## 0224 중요

$\frac{4}{11}$를 순환소수로 나타낼 때, 소수점 아래 $n$번째 자리의 숫자를 $a_n$이라 하자. 수열 $\{a_n\}$에 대하여 급수

$\frac{a_1}{7}+\frac{a_2}{7^2}+\frac{a_3}{7^3}+\frac{a_4}{7^4}+\cdots$의 합은?

① $\frac{5}{16}$ ② $\frac{3}{8}$ ③ $\frac{7}{16}$ ④ $\frac{1}{2}$ ⑤ $\frac{9}{16}$

## 0225 평가원 기출

순환소수로 이루어진 수열 $\{a_n\}$의 각 항이

$a_1=0.\dot{1}$

$a_2=0.\dot{1}\dot{0}$

$a_3=0.\dot{1}0\dot{0}$

$\vdots$

$a_n=0.\dot{1}\underbrace{00\cdots0\dot{0}}_{0\text{은 }(n-1)\text{개}}$

$\vdots$

일 때, $\sum_{n=1}^{\infty}\left(\frac{1}{a_{n+1}}-\frac{1}{a_n}\right)$의 값은?

① $\frac{2}{3}$ ② $1$ ③ $\frac{4}{3}$ ④ $\frac{5}{3}$ ⑤ $2$

## 유형 16 등비급수의 활용 - 좌표

좌표평면에서 동일한 움직임을 반복하는 점이 가까워지는 점의 좌표는 $x$좌표와 $y$좌표에 대한 규칙을 찾은 후 등비급수의 합을 이용하여 구한다.

### 0226 대표문제

원 $x^2+y^2=\frac{2}{3^n}$에 대하여 기울기가 $-1$이고 제1사분면을 지나는 접선이 $x$축과 만나는 점의 좌표를 $(a_n, 0)$이라 할 때, $\sum_{n=1}^{\infty} a_n$의 값은?

① 1　② $1+\sqrt{3}$　③ $2\sqrt{3}$
④ $2+\sqrt{3}$　⑤ $2+2\sqrt{3}$

### 0227

그림과 같이 좌표평면에 원점 O를 중심으로 하고 점 $A_1(1, 0)$을 지나는 원이 있다. 이 원 위에 $\overset{\frown}{A_1A_2}=1$,
$\overset{\frown}{A_2A_3}=\frac{1}{2}$, $\overset{\frown}{A_3A_4}=\frac{1}{2^2}$, $\cdots$

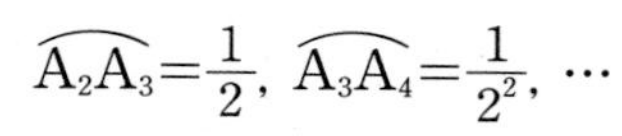

이 되도록 점 $A_2$, $A_3$, $A_4$, $\cdots$를 시계 반대 방향으로 잡는다.
이와 같은 과정을 반복할 때, 점 $A_n$이 한없이 가까워지는 점의 좌표를 $(a, b)$라 하자. $\frac{b}{a}$의 값은?

① $\tan\frac{5}{4}$　② $\tan\frac{3}{2}$　③ $\tan\frac{7}{4}$
④ $\tan 2$　⑤ $\tan\frac{9}{4}$

### 0228 중요

좌표평면에서 원점을 $P_0$이라 하고 자연수 $n$에 대하여 점 $P_n$을 다음 규칙에 따라 정한다.

> (가) 점 $P_1$의 좌표는 $(3, 0)$이다.
> (나) $P_{2n}$은 점 $P_{2n-1}$이 $y$축 방향으로 $\frac{2}{3}\overline{P_{2n-2}P_{2n-1}}$만큼 평행이동한 점이다.
> (다) $P_{2n+1}$은 점 $P_{2n}$이 $x$축 방향으로 $\frac{2}{3}\overline{P_{2n-1}P_{2n}}$만큼 평행이동한 점이다.

$n$의 값이 한없이 커질 때, 점 $P_n$이 한없이 가까워지는 점의 좌표는?

① $\left(\frac{26}{5}, \frac{52}{15}\right)$　② $\left(\frac{27}{5}, \frac{18}{5}\right)$　③ $\left(\frac{28}{5}, \frac{56}{15}\right)$
④ $\left(\frac{29}{5}, \frac{58}{15}\right)$　⑤ $(6, 4)$

### 0229 서술형

그림과 같이 자연수 $n$에 대하여 점 $P_n$이 원점 O를 출발하여 $x$축 또는 $y$축과 평행하게 $P_1$, $P_2$, $P_3$, $P_4$, $P_5$, $\cdots$로 움직인다. $\overline{OP_1}=2$, $\overline{P_1P_2}=\frac{2}{3}\overline{OP_1}$, $\overline{P_2P_3}=\frac{2}{3}\overline{P_1P_2}$, $\cdots$일 때, 점 $P_n$이 한없이 가까워지는 점의 좌표를 $(p, q)$라 하자. $p+q$의 값을 구하시오. (단, $P_1$은 $x$축 위의 점이다.)

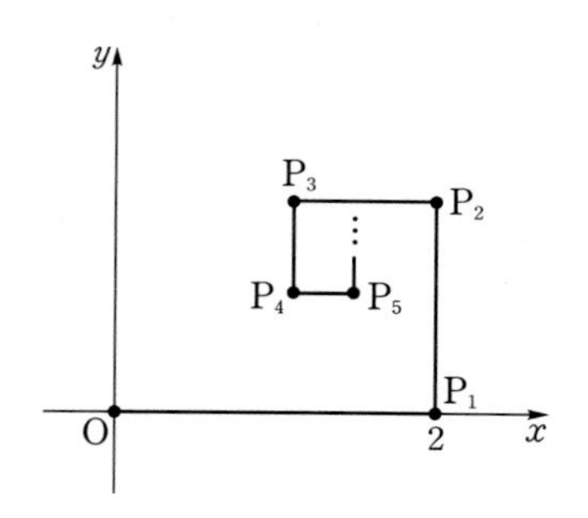

## 유형 17 등비급수의 활용 - 선분의 길이

동일한 모양이 한없이 반복되는 도형에서 선분의 길이, 변의 길이, 호의 길이와 같은 닮은 도형의 길이의 합은 도형의 길이가 줄어드는 규칙을 찾은 후 등비급수의 합을 이용하여 구한다.

### 0230 대표문제

그림과 같이 $\angle XOY=60°$이고 반직선 OY 위에 $\overline{OA_1}=2\sqrt{3}$이 되도록 점 $A_1$을 잡고 점 $A_1$에서 반직선 OX에 내린 수선의 발을 $A_2$, 점 $A_2$에서 반직선 OY에 내린 수선의 발을 $A_3$이라 하자. 이와 같은 과정을 한없이 반복할 때, $\overline{A_1A_2}+\overline{A_2A_3}+\overline{A_3A_4}+\cdots$의 값을 구하시오.

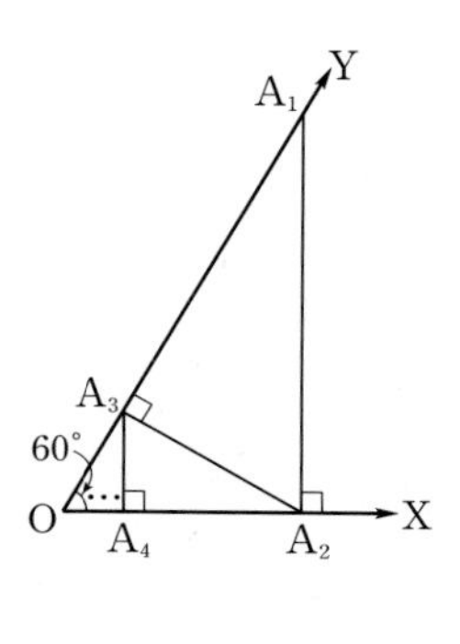


### 0231

그림과 같이 $\overline{OA_1}=\overline{A_1P}=1$인 직각이등변삼각형 $A_1PO$에서 점 $A_1$과 각 변의 중점을 꼭짓점으로 하는 정사각형 $A_1A_2B_1C_1$을 만든다. 직각이등변삼각형 $A_2PB_1$에서 점 $A_2$와 각 변의 중점을 꼭짓점으로 하는 정사각형 $A_2A_3B_2C_2$를 만든다. 이와 같은 과정을 한없이 반복할 때, $\sum_{n=1}^{\infty}\overline{A_nC_{n+1}}$의 값은?

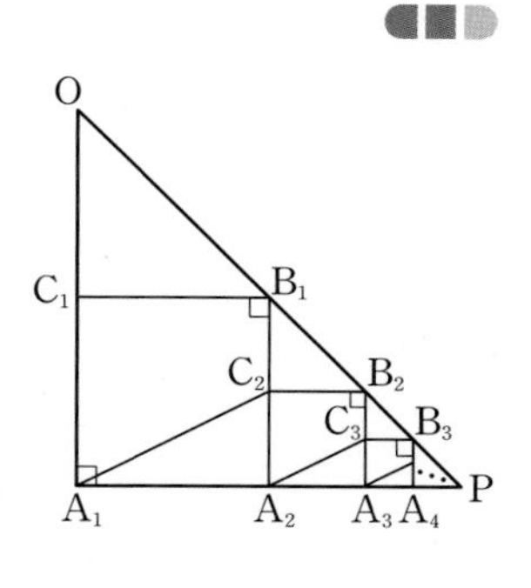


① $\frac{\sqrt{5}}{16}$　② $\frac{\sqrt{5}}{8}$　③ $\frac{\sqrt{5}}{4}$　④ $\frac{\sqrt{5}}{2}$　⑤ $\sqrt{5}$

### 0232 중요

그림과 같이 길이가 1인 선분 $OA_1$을 지름으로 하는 반원에서 호 $OA_1$ 위에 $\angle A_1OA_2=\frac{\pi}{6}$를 만족시키는 점 $A_2$를 잡고 호 $A_1A_2$의 길이를 $l_1$이라 하자. 선분 $OA_2$를 지름으로 하는 반원에서 호 $OA_2$ 위에 $\angle A_2OA_3=\frac{\pi}{6}$를 만족시키는 점 $A_3$을 잡고 호 $A_2A_3$의 길이를 $l_2$라 하자. 이와 같은 과정을 계속하여 선분 $OA_n$을 지름으로 하는 반원에서 호 $OA_n$ 위에 $\angle A_nOA_{n+1}=\frac{\pi}{6}$를 만족시키는 점 $A_{n+1}$을 잡고 호 $A_nA_{n+1}$의 길이를 $l_n$이라 할 때, $\sum_{n=1}^{\infty}l_n$의 값은?

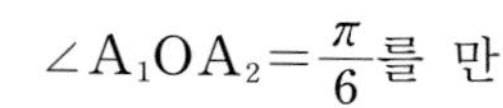

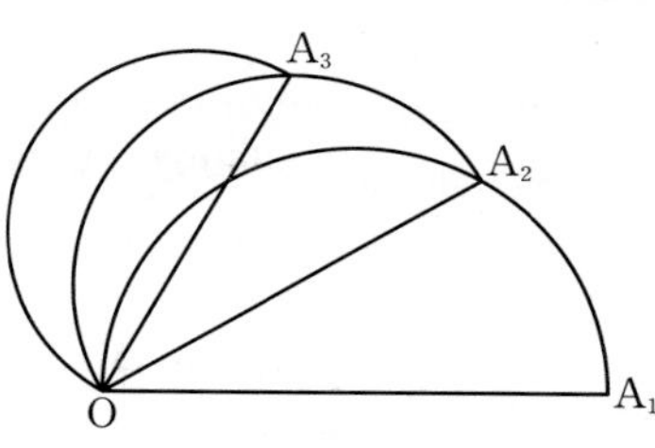


① $\frac{(2+\sqrt{3})\pi}{3}$　② $\frac{2(2+\sqrt{3})\pi}{3}$　③ $(2+\sqrt{3})\pi$　④ $\frac{4(2+\sqrt{3})\pi}{3}$　⑤ $\frac{5(2+\sqrt{3})\pi}{3}$

### 0233 평가원 기출

자연수 $n$에 대하여 직선 $y=\left(\frac{1}{2}\right)^{n-1}(x-1)$과 이차함수 $y=3x(x-1)$의 그래프가 만나는 두 점을 $A(1, 0)$과 $P_n$이라 하자. 점 $P_n$에서 $x$축에 내린 수선의 발을 $H_n$이라 할 때, $\sum_{n=1}^{\infty}\overline{P_nH_n}$의 값은?

① $\frac{3}{2}$　② $\frac{14}{9}$　③ $\frac{29}{18}$　④ $\frac{5}{3}$　⑤ $\frac{31}{18}$

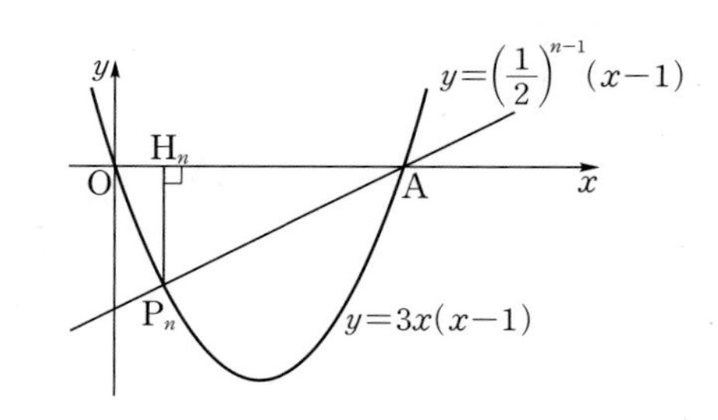

## 유형 18 등비급수의 활용 - 둘레의 길이

동일한 모양이 한없이 반복되는 도형에서 닮은 도형의 둘레의 길이의 합은 도형의 길이가 줄어드는 규칙을 찾은 후 등비급수의 합을 이용하여 구한다.

### 0234 대표문제

그림과 같이 한 변의 길이가 4인 정사각형 $A_1B_1C_1D_1$이 있다. 네 변 $A_1B_1$, $B_1C_1$, $C_1D_1$, $D_1A_1$의 중점을 각각 $A_2$, $B_2$, $C_2$, $D_2$라 하고, 이 네 점을 꼭짓점으로 하는 정사각형 $A_2B_2C_2D_2$를 그린다. 정사각형 $A_2B_2C_2D_2$에서 네 변 $A_2B_2$, $B_2C_2$, $C_2D_2$, $D_2A_2$의 중점을 각각 $A_3$, $B_3$, $C_3$, $D_3$이라 하고, 이 네 점을 꼭짓점으로 하는 정사각형 $A_3B_3C_3D_3$을 그린다. 이와 같은 과정을 계속하여 얻은 정사각형 $A_nB_nC_nD_n$의 둘레의 길이를 $l_n$이라 할 때, $\sum_{n=1}^{\infty} l_n$의 값은?

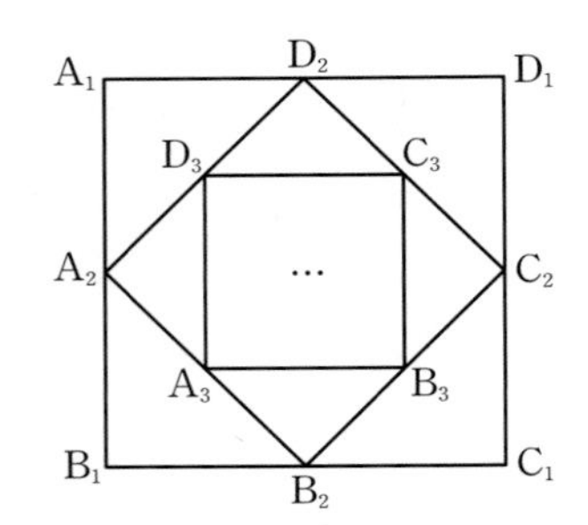


① $8(2+\sqrt{2})$ ② $12(2+\sqrt{2})$ ③ $16(2+\sqrt{2})$
④ $20(2+\sqrt{2})$ ⑤ $24(2+\sqrt{2})$

### 0235

그림과 같이 반지름의 길이가 1인 원 $C_1$에 내접하는 정육각형을 그리고, 이 정육각형의 내접원을 $C_2$라 하자. 원 $C_2$에 내접하는 정육각형을 그리고, 이 정육각형의 내접원을 $C_3$이라 하자. 이와 같은 과정을 한없이 반복할 때, 원 $C_1$, $C_2$, $C_3$, …의 둘레의 길이의 합을 구하시오.

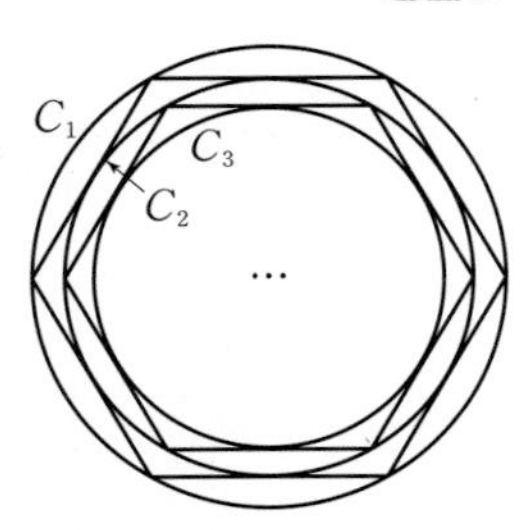


### 0236 중요

그림과 같이 중심이 O이고 반지름의 길이가 2인 사분원 $OA_1B_1$이 있다. 이 사분원에서 호 $A_1B_1$과 선분 $A_1B_1$로 둘러싸인 '◟' 모양의 도형의 둘레의 길이를 $l_1$이라 하자. 선분 $A_1B_1$의 중점을 $M_1$, 점 O를 중심으로 하고 반지름의 길이가 $\overline{OM_1}$인 원이 두 선분 $OA_1$, $OB_1$과 만나는 점을 각각 $A_2$, $B_2$라 하고, 사분원 $OA_2B_2$에서 호 $A_2B_2$와 선분 $A_2B_2$로 둘러싸인 '◟' 모양의 도형의 둘레의 길이를 $l_2$라 하자. 선분 $A_2B_2$의 중점을 $M_2$, 점 O를 중심으로 하고 반지름의 길이가 $\overline{OM_2}$인 원이 두 선분 $OA_2$, $OB_2$와 만나는 점을 각각 $A_3$, $B_3$이라 하고, 사분원 $OA_3B_3$에서 호 $A_3B_3$과 선분 $A_3B_3$으로 둘러싸인 '◟' 모양의 도형의 둘레의 길이를 $l_3$이라 하자. 이와 같은 과정을 계속하여 얻은 사분원 $OA_nB_n$에서 호 $A_nB_n$과 선분 $A_nB_n$으로 둘러싸인 '◟' 모양의 둘레의 길이를 $l_n$이라 할 때, $\sum_{n=1}^{\infty} l_n$의 값은?

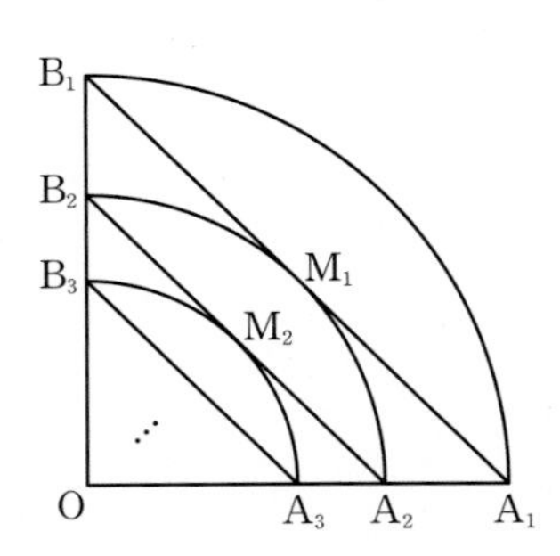


① $(2+\sqrt{2})(2\sqrt{2}+\pi)$ ② $(1+2\sqrt{2})(2\sqrt{2}+\pi)$
③ $(3+\sqrt{2})(2\sqrt{2}+\pi)$ ④ $(2+2\sqrt{2})(2\sqrt{2}+\pi)$
⑤ $(3+2\sqrt{2})(2\sqrt{2}+\pi)$

## 유형 19 등비급수의 활용 - 넓이

동일한 모양이 한없이 반복되는 도형에서 닮은 도형의 넓이의 합은 도형의 길이가 줄어드는 규칙을 찾은 후 닮음비와 넓이의 비의 관계, 등비급수의 합을 이용하여 구한다.

Tip 두 도형의 닮음비가 $a:b$이면 넓이의 비는 $a^2:b^2$이다.

### 0237 대표문제

그림과 같이 한 변의 길이가 4인 정사각형을 4개의 정사각형으로 나누고, 이 네 정사각형 중 1개에 색칠하여 얻은 그림을 $R_1$이라 하자. 그림 $R_1$에서 색칠되어 있지 않은 정사각형 중 하나의 정사각형을 4개의 정사각형으로 나누고, 이 네 정사각형 중 1개에 색칠하여 얻은 그림을 $R_2$라 하자. 이와 같은 과정을 계속하여 $n$번째 얻은 그림 $R_n$에 색칠되어 있는 부분의 넓이를 $S_n$이라 할 때, $\lim_{n\to\infty} S_n$의 값은?

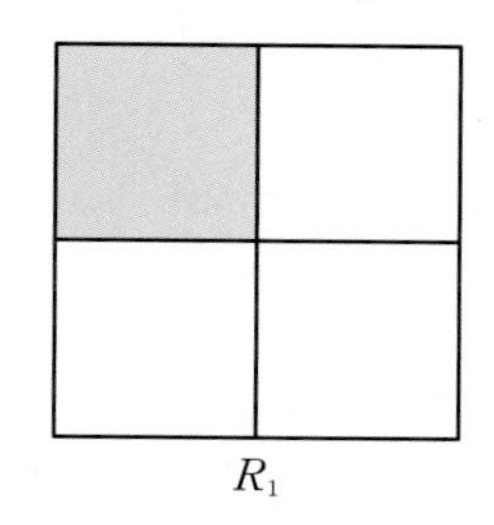
$R_1$

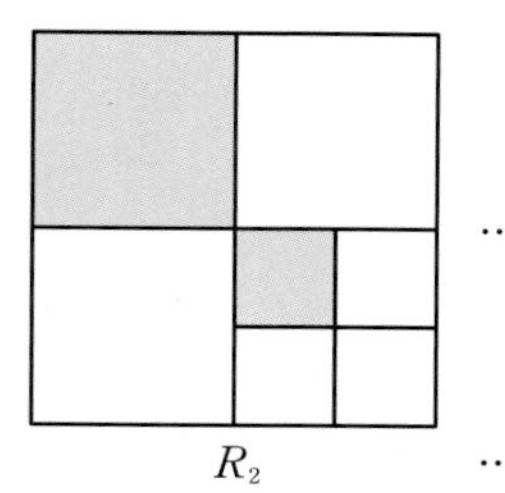
$R_2$

...

① 8 ② 6 ③ $\frac{16}{3}$
④ 5 ⑤ $\frac{24}{5}$

### 0238

그림과 같이 한 변의 길이가 4인 정사각형 $S_1$의 한 변을 빗변으로 하는 직각이등변삼각형 $T_1$을 그리고, 직각이등변삼각형 $T_1$의 빗변이 아닌 변을 한 변으로 하는 정사각형 $S_2$를 그린다. 이와 같은 과정을 한없이 반복할 때, 그려지는 모든 정사각형과 직각이등변삼각형의 넓이의 합을 구하시오.

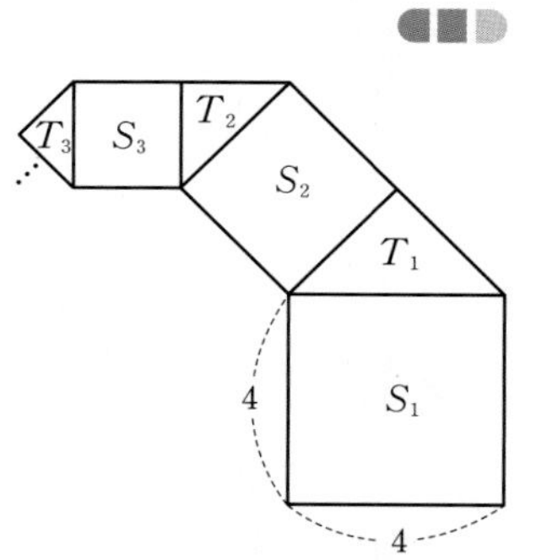


### 0239 평가원 기출

그림과 같이 $\overline{OA_1}=\sqrt{3}$, $\overline{OC_1}=1$인 직사각형 $OA_1B_1C_1$이 있다. 선분 $B_1C_1$ 위의 $\overline{B_1D_1}=2\overline{C_1D_1}$인 점 $D_1$에 대하여 중심이 $B_1$이고 반지름의 길이가 $\overline{B_1D_1}$인 원과 선분 $OA_1$의 교점을 $E_1$, 중심이 $C_1$이고 반지름의 길이가 $\overline{C_1D_1}$인 원과 선분 $OC_1$의 교점을 $C_2$라 하자. 부채꼴 $B_1D_1E_1$의 내부와 부채꼴 $C_1C_2D_1$의 내부로 이루어진 모양의 도형에 색칠하여 얻은 그림을 $R_1$이라 하자. 그림 $R_1$에서 선분 $OA_1$ 위의 점 $A_2$, 호 $D_1E_1$ 위의 점 $B_2$와 점 $C_2$, 점 O를 꼭짓점으로 하는 직사각형 $OA_2B_2C_2$를 그리고, 그림 $R_1$을 얻은 것과 같은 방법으로 직사각형 $OA_2B_2C_2$에 모양의 도형을 그리고 색칠하여 얻은 그림을 $R_2$라 하자. 이와 같은 과정을 계속하여 $n$번째 얻은 그림 $R_n$에 색칠되어 있는 부분의 넓이를 $S_n$이라 할 때, $\lim_{n\to\infty} S_n$의 값은?

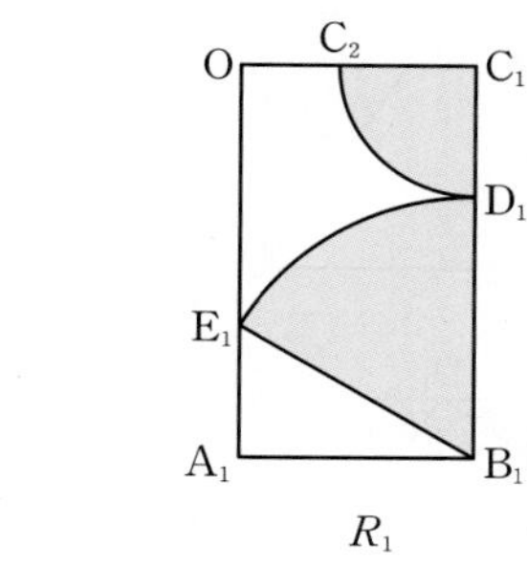

$R_1$

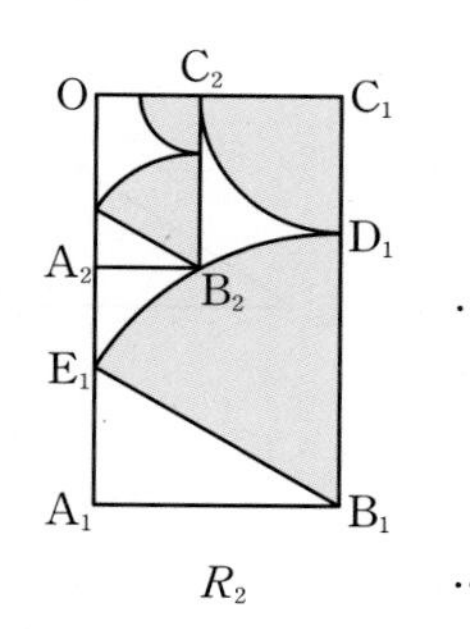

$R_2$

...

① $\frac{5+2\sqrt{3}}{12}\pi$ ② $\frac{2+\sqrt{3}}{6}\pi$ ③ $\frac{3+2\sqrt{3}}{12}\pi$
④ $\frac{1+\sqrt{3}}{6}\pi$ ⑤ $\frac{1+2\sqrt{3}}{12}\pi$

## 0240

그림과 같이 한 변의 길이가 3인 정사각형 $A_1B_1C_1A_2$에 대하여 선분 $B_1C_1$을 $2:1$로 내분하는 점을 $D_1$이라 하자. 점 $D_1$을 지나고 직선 $A_1D_1$과 수직인 직선이 두 직선 $A_1A_2$, $C_1A_2$와 만나는 점을 각각 $E_1$, $F_1$이라 하고, 두 삼각형 $A_1B_1D_1$, $D_1C_1F_1$에 색칠하여 얻은 그림을 $R_1$이라 하자. 그림 $R_1$에서 세 선분 $A_2F_1$, $E_1F_1$, $E_1A_2$ 위에 각각 점 $B_2$, $C_2$, $A_3$을 사각형 $A_2B_2C_2A_3$이 정사각형이 되도록 잡고 이 정사각형에서 선분 $B_2C_2$를 $2:1$로 내분하는 점을 $D_2$라 하자. 점 $D_2$를 지나고 직선 $A_2D_2$와 수직인 직선이 두 직선 $A_2A_3$, $C_2A_3$과 만나는 점을 각각 $E_2$, $F_2$라 하고, 두 삼각형 $A_2B_2D_2$, $D_2C_2F_2$에 색칠하여 얻은 그림을 $R_2$라 하자. 이와 같은 과정을 계속하여 $n$번째 얻은 그림 $R_n$에 색칠되어 있는 부분의 넓이를 $S_n$이라 할 때, $\lim_{n\to\infty}S_n$의 값은?

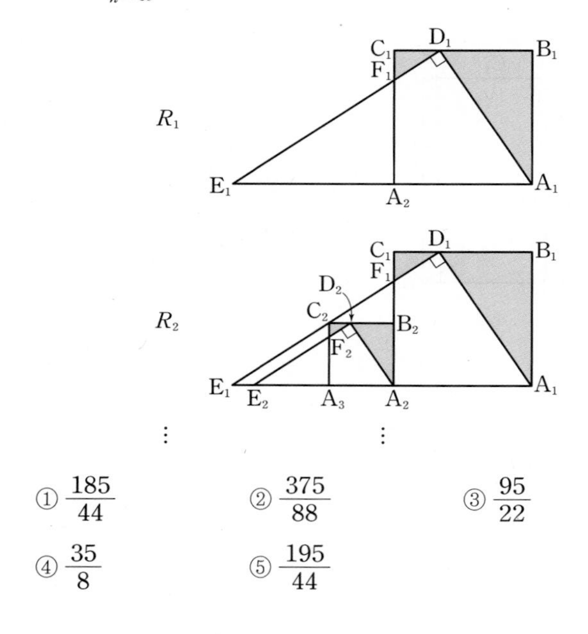


① $\frac{185}{44}$　② $\frac{375}{88}$　③ $\frac{95}{22}$　④ $\frac{35}{8}$　⑤ $\frac{195}{44}$

## 유형 20 등비급수의 실생활에의 활용

동일한 과정이 한없이 반복될 때, 값이 변하는 규칙을 찾은 후 등비급수의 합을 이용하여 구한다.

## 0241 대표문제

어느 장학 재단에서 15억 원의 기금을 조성하였다. 매년 초에 기금을 운용하여 연말까지 10 %의 이익을 내고 기금과 이익을 합한 금액의 30 %를 매년 말에 장학금으로 지급하려고 한다. 장학금으로 지급하고 남은 금액을 기금으로 하여 매년 기금의 운용과 장학금의 지급을 이와 같은 방법으로 실시할 계획이다. 기금을 조성한 후 $n$번째 해에 지급하는 장학금을 $a_n$억 원이라 할 때, $\sum_{n=1}^{\infty}a_n$의 값은?

① $\frac{225}{23}$　② $\frac{315}{23}$　③ $\frac{405}{23}$　④ $\frac{495}{23}$　⑤ $\frac{585}{23}$

## 0242

폐지를 이용하여 종이를 만드는 어느 제지공장이 있다. 이 공장에서 매해 생산된 종이의 65 %는 다시 폐지로 수거되고, 수거된 폐지 중 40 %는 종이로 재생산된다. 공장이 설립된 시점에서 생산된 1000(kg)의 종이에 대하여 이러한 수거와 재생산의 과정이 계속하여 반복될 때, 설립 이후 $n$번째 해에 재생산되는 종이의 양을 $a_n$(kg)이라 하자. $\sum_{n=1}^{\infty}a_n$의 값은?

① $\frac{9000}{37}$　② $\frac{11000}{37}$　③ $\frac{13000}{37}$　④ $\frac{15000}{37}$　⑤ $\frac{17000}{37}$

## 0243 중요 서술형

어떤 약을 복용하면 8시간이 지날 때마다 체내에 남아 있는 약의 양이 8시간 전의 양의 반으로 줄어든다고 한다. 이 약은 24시간마다 한 번씩 일정한 양을 복용해야 하고, 체내에 남아 있는 약의 양이 200 mg을 넘지 않도록 해야 한다. 환자가 약을 규칙적으로 평생 복용할 때, 매회 복용할 수 있는 약의 양은 최대 몇 mg인지 구하시오.

# 내신 잡는 종합 문제

정답과 풀이 52쪽



## 0244

공비가 $\frac{1}{3}$인 등비수열 $\{a_n\}$에 대하여 $\sum_{n=1}^{\infty} a_n = 6$일 때, $a_1$의 값을 구하시오.

## 0245

수열 $\{a_n\}$의 일반항이 $a_n = 5^{-n}$일 때, $\sum_{n=1}^{\infty} a_{2n}$의 값은?

① $\frac{1}{60}$ ② $\frac{1}{48}$ ③ $\frac{1}{36}$
④ $\frac{1}{24}$ ⑤ $\frac{1}{12}$

## 0246

수열 $\{a_n\}$의 첫째항부터 제$n$항까지의 합을 $S_n$이라 하자.

$$S_n = \frac{n}{\sqrt{4n^2+n}}$$

일 때, $\sum_{n=1}^{\infty} a_n$의 값은?

① $\frac{1}{2}$ ② 1 ③ $\frac{3}{2}$
④ 2 ⑤ $\frac{5}{2}$

## 0247

두 수열 $\{a_n\}$, $\{b_n\}$에 대하여

$$\sum_{n=1}^{\infty}(3a_n+b_n)=17,\ \sum_{n=1}^{\infty}(2a_n-b_n)=3$$

일 때, $\sum_{n=1}^{\infty}(a_n+b_n)$의 값을 구하시오.

## 0248

급수 $\sum_{n=1}^{\infty}\left(\log_{\frac{1}{81}} x^2 + \frac{3}{2}\right)^n$이 수렴하도록 하는 정수 $x$의 최솟값을 구하시오.

## 0249

$0.\dot{p}\dot{q} = \frac{7}{11}$을 만족시키는 10보다 작은 두 자연수 $p$, $q$가 있다. 등비수열 $\{a_n\}$에 대하여 $a_1 = p$, $a_2 = q$일 때, $\sum_{n=1}^{\infty} a_n$의 값을 구하시오.

## 0250 교육청 기출

수열 $\{a_n\}$에 대하여 급수 $\sum_{n=1}^{\infty}\frac{a_n-n}{n}$이 수렴할 때,

$\lim_{n\to\infty}\frac{5n+a_n}{5n-a_n}$의 값은?

① $\frac{1}{2}$ ② $\frac{3}{4}$ ③ 1
④ $\frac{5}{4}$ ⑤ $\frac{3}{2}$

## 0251

급수 $\sum_{n=1}^{\infty}r^n$이 수렴할 때, 다음 중 항상 수렴하는 급수는?

① $\sum_{n=1}^{\infty}\left(\frac{r-1}{2}\right)^n$ ② $\sum_{n=1}^{\infty}\left(\frac{r-2}{2}\right)^n$ ③ $\sum_{n=1}^{\infty}\left(\frac{r-3}{2}\right)^n$
④ $\sum_{n=1}^{\infty}\left(\frac{r-4}{2}\right)^n$ ⑤ $\sum_{n=1}^{\infty}\left(\frac{r-5}{2}\right)^n$

## 0252

첫째항이 3이고 공차가 2인 등차수열 $\{a_n\}$의 첫째항부터 제$n$항까지의 합을 $S_n$이라 하자. $\sum_{n=1}^{\infty}\log_2\left(1+\frac{1}{S_n}\right)$의 값을 구하시오.

## 0253

보기에서 수렴하는 급수인 것만을 있는 대로 고른 것은?

**보기**

ㄱ. $\sum_{n=1}^{\infty}\frac{1}{n(n+2)}$

ㄴ. $\sum_{n=1}^{\infty}\frac{1}{\sqrt{n+2}+\sqrt{n+3}}$

ㄷ. $\log\frac{3^2}{1\times5}+\log\frac{4^2}{2\times6}+\log\frac{5^2}{3\times7}+\cdots$

① ㄱ ② ㄷ ③ ㄱ, ㄴ
④ ㄱ, ㄷ ⑤ ㄱ, ㄴ, ㄷ

## 0254

등차수열 $\{a_n\}$이 다음 조건을 만족시킨다.

(가) $a_1=2$
(나) 급수 $\sum_{n=1}^{\infty}\left(\frac{a_n}{4n}-2\right)$가 수렴한다.

$50\le a_n\le 90$을 만족시키는 자연수 $n$의 최댓값과 최솟값의 합을 구하시오.

## 0255

수열 $\{a_n\}$에 대하여 $\sum_{n=1}^{\infty}a_n=m$일 때,

$$\lim_{n\to\infty}\frac{a_{2n}+30}{a_1+a_2+a_3+\cdots+a_{n-1}+3a_n}$$

의 값이 자연수가 되도록 하는 모든 자연수 $m$의 개수는?

① 6 ② 7 ③ 8
④ 9 ⑤ 10

## 0256

수열 $\{a_n\}$의 첫째항부터 제$n$항까지의 합을 $S_n$이라 하자. 모든 자연수 $n$에 대하여

$$S_n=n^3-7n$$

이 성립할 때, $\sum_{n=3}^{\infty}\frac{1}{a_n}$의 값은?

① $\frac{11}{54}$ ② $\frac{2}{9}$ ③ $\frac{13}{54}$
④ $\frac{7}{27}$ ⑤ $\frac{5}{18}$

## 0257 평가원 기출

두 등비수열 $\{a_n\}$, $\{b_n\}$에 대하여 보기에서 옳은 것만을 있는 대로 고른 것은?

**보기**

ㄱ. $\sum_{n=1}^{\infty}a_n$, $\sum_{n=1}^{\infty}b_n$이 수렴하면 $\sum_{n=1}^{\infty}a_nb_n$은 수렴한다.

ㄴ. $\sum_{n=1}^{\infty}a_n$, $\sum_{n=1}^{\infty}b_n$이 발산하면 $\lim_{n\to\infty}(a_n+b_n)\neq 0$이다.

ㄷ. $\sum_{n=1}^{\infty}a_n^3$, $\sum_{n=1}^{\infty}b_n^3$이 수렴하면 $\sum_{n=1}^{\infty}(a_n+b_n)$은 수렴한다.

① ㄱ ② ㄴ ③ ㄱ, ㄴ
④ ㄱ, ㄷ ⑤ ㄴ, ㄷ

## 0258

전기차에 사용되는 어떤 배터리는 한 번 충전할 때마다 주행 가능한 거리가 충전하기 직전의 0.1 %씩 줄어든다고 한다. 새 배터리를 장착한 전기차의 주행 가능한 거리가 400 km일 때, 이 배터리를 장착한 자동차로 완충과 방전을 한없이 반복하여 갈 수 있는 거리는? (단, 새 배터리는 완충된 상태이고, 배터리를 한 번 충전하면 방전될 때까지 주행한다.)

① 300000 km ② 350000 km ③ 400000 km
④ 450000 km ⑤ 500000 km

## 0259

그림과 같이 한 변의 길이가 4인 정삼각형 $A_1B_1C_1$이 있다. 세 변 $A_1B_1$, $B_1C_1$, $C_1A_1$을 각각 $1:3$으로 내분하는 점을 꼭짓점으로 하는 정삼각형을 $A_2B_2C_2$라 하자. 정삼각형 $A_2B_2C_2$에서 세 변 $A_2B_2$, $B_2C_2$, $C_2A_2$를 각각 $1:3$으로 내분하는 점을 꼭짓점으로 하는 정삼각형을 $A_3B_3C_3$이라 하자. 이와 같은 과정을 계속하여 얻은 정삼각형 $A_nB_nC_n$의 둘레의 길이를 $a_n$이라 할 때, $\sum_{n=1}^{\infty}a_n$의 값은?

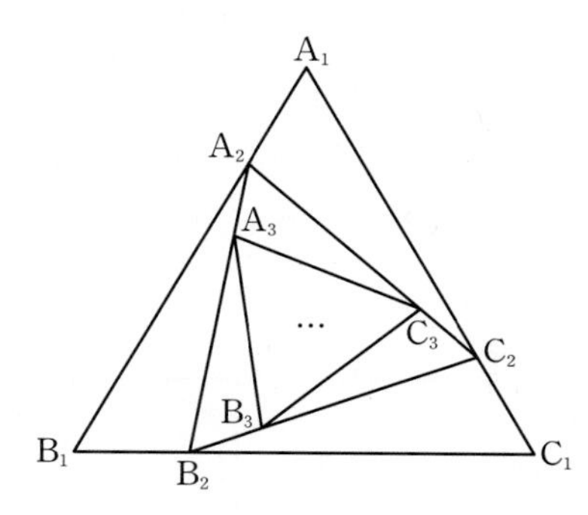


① $\frac{16(4+\sqrt{7})}{9}$ ② $\frac{16(4+\sqrt{7})}{7}$
③ $\frac{16(4+\sqrt{7})}{5}$ ④ $\frac{16(4+\sqrt{7})}{3}$
⑤ $16(4+\sqrt{7})$

## 0260

세 수열 $\{a_n\}$, $\{b_n\}$, $\{c_n\}$에 대하여 보기에서 옳은 것의 개수를 구하시오.

**보기**

ㄱ. $\sum_{n=1}^{\infty}c_n=\sum_{n=1}^{\infty}(a_n+b_n)$이면 모든 자연수 $n$에 대하여 $c_n=a_n+b_n$이다.

ㄴ. $\sum_{n=1}^{\infty}a_n=1$이면 $\sum_{n=1}^{\infty}a_n^2=1$이다.

ㄷ. 급수 $\sum_{n=1}^{\infty}(a_{2n-1}-a_{2n})$이 수렴하면 급수 $\sum_{n=1}^{\infty}(-1)^na_n$은 수렴한다.

ㄹ. 모든 자연수 $n$에 대하여 $a_n<c_n<b_n$이고 $\lim_{n\to\infty}(b_n-a_n)=0$이면 $\sum_{n=1}^{\infty}a_n=\sum_{n=1}^{\infty}b_n=\sum_{n=1}^{\infty}c_n$이다.

## 0261

그림과 같이 $\overline{AB}=1$, $\overline{AD}=\sqrt{3}$인 직사각형 ABCD에서 중심이 A, 반지름의 길이가 $\overline{AB}$인 사분원을 그리고 이 사분원이 선분 AD와 만나는 점을 E라 하자. 사분원 ABE의 내부와 삼각형 ABD의 내부의 공통부분인 '◸' 모양의 도형에 색칠하여 얻은 그림을 $R_1$이라 하자. 그림 $R_1$에서 호 BE가 선분 BD와 만나는 점 중 B가 아닌 점을 한 꼭짓점으로 하고 두 변이 각각 선분 BC, 선분 CD 위에 있는 직사각형을 그린다. 새로 그려진 직사각형에 그림 $R_1$을 얻는 것과 같은 방법으로 만들어지는 '◸' 모양의 도형에 색칠하여 얻은 그림을 $R_2$라 하자. 이와 같은 과정을 계속하여 $n$번째 얻은 그림 $R_n$에 색칠되어 있는 부분의 넓이를 $S_n$이라 할 때, $\lim_{n\to\infty} S_n$의 값은?

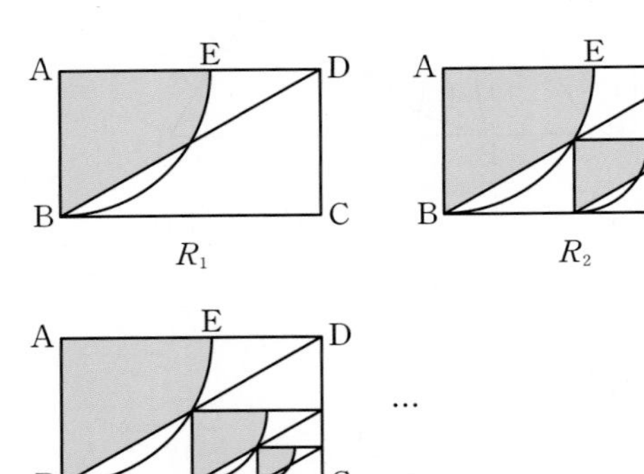


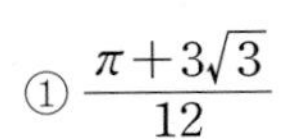

① $\frac{\pi+3\sqrt{3}}{12}$ ② $\frac{\pi+3\sqrt{3}}{11}$ ③ $\frac{\pi+3\sqrt{3}}{10}$
④ $\frac{\pi+3\sqrt{3}}{9}$ ⑤ $\frac{\pi+3\sqrt{3}}{8}$

## 0262

모든 항이 한 자리의 자연수인 수열 $\{a_n\}$이 다음 조건을 만족시킨다.

> (가) $a_n=a_{n+4}$
> (나) $\sum_{n=1}^{\infty}\frac{a_n}{4^n}=\frac{89}{255}$

$a_3>a_{10}$일 때, $\sum_{n=1}^{\infty}\frac{a_{4n-1}}{3^n}$의 값을 구하시오.

# 서술형 대비하기

## 0263

자연수 $n$에 대하여 곡선 $y=\frac{1}{x}$과 직선 $x=n$이 만나는 점을 $A_n$이라 할 때, $\sum_{n=1}^{\infty}\sqrt{\overline{A_nA_{n+1}}^2-1}$의 값을 구하시오.

## 0264

자연수 $n$에 대하여 좌표평면 위의 점 $P_n$과 점 $Q_n$을 다음 규칙에 따라 정한다.

> (가) 점 $P_1$의 좌표는 $(1, 1)$이다.
> (나) 점 $P_n$을 지나고 $y$축과 평행한 직선이 곡선 $y=2\sqrt{x}$와 만나는 점을 $Q_n$이라 하자.
> (다) 점 $Q_n$을 지나고 $x$축과 평행한 직선이 곡선 $y=\sqrt{x}$와 만나는 점을 $P_{n+1}$이라 하자.

직선 $P_nP_{n+1}$의 기울기를 $a_n$이라 할 때, $\sum_{n=1}^{\infty}a_n=\frac{q}{p}$이다. $p+q$의 값을 구하시오. (단, $p$와 $q$는 서로소인 자연수이다.)

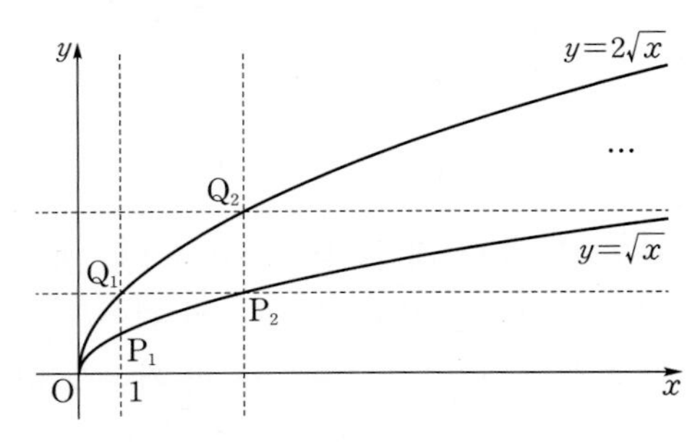

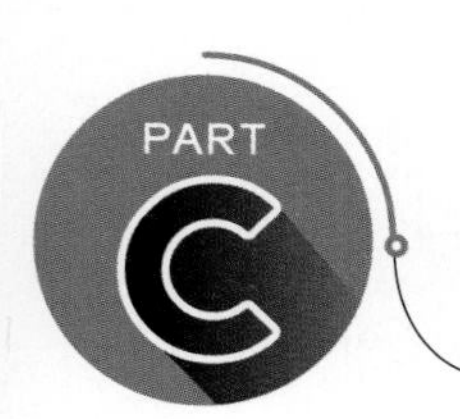

# 수능 녹인 변별력 문제

정답과 풀이 57쪽

## 0265

수열 $\{a_n\}$에 대하여

$$\sum_{n=1}^{\infty}\left(na_n+\frac{3n^4-2}{n^2+2n}\right)=3$$

일 때, $\lim_{n\to\infty}\frac{-a_n+3n}{2-a_n}$의 값은?

① 1 ② 2 ③ 3 ④ 4 ⑤ 5

## 0266

$\sum_{n=1}^{\infty}\frac{an^2+b}{9n^2-3n-2}=3$을 만족시키는 두 상수 $a$, $b$에 대하여 $a+b$의 값을 구하시오.

## 0267

첫째항이 1인 수열 $\{a_n\}$이 모든 자연수 $n$에 대하여

$$a_na_{n+1}=\frac{1}{3^n}$$

을 만족시킬 때, $\sum_{n=1}^{\infty}a_n$의 값을 구하시오.

## 0268

수열 $\{a_n\}$에 대하여 $a_n=\frac{(-1)^{n-1}}{2n}$이고 수열 $\{b_n\}$이

$$b_n=\begin{cases} a_n & (a_n\ge a_{n+1}) \\ a_{n+1} & (a_n<a_{n+1}) \end{cases}\ (n=1,\ 2,\ 3,\ \cdots)$$

을 만족시킬 때, $\sum_{n=1}^{\infty}b_{2n-1}b_{2n}$의 값은?

① $\frac{1}{16}$ ② $\frac{1}{8}$ ③ $\frac{1}{4}$ ④ $\frac{1}{2}$ ⑤ 1

## 0269

두 수열 $\{a_n\}$, $\{b_n\}$이 다음 조건을 만족시킨다.

> (가) 모든 자연수 $n$에 대하여 $a_nb_n=\frac{2}{n}$이다.
>
> (나) $\sum_{n=1}^{\infty} na_n=2$, $\sum_{n=1}^{\infty} n|a_n|=4$

수열 $\{c_n\}$을

$$c_n=\begin{cases} 0 & (b_n\le 0) \\ \frac{1}{b_n} & (b_n>0) \end{cases}$$

이라 할 때, $\sum_{n=1}^{\infty} c_n$의 값은?

① $\frac{3}{4}$ ② 1 ③ $\frac{5}{4}$
④ $\frac{3}{2}$ ⑤ $\frac{7}{4}$

## 0270

이차방정식 $x^2+kx-5=0$의 서로 다른 두 실근을 $\alpha$, $\beta$라 하자. $\sum_{n=1}^{\infty}\left(\frac{1}{\alpha^n}+\frac{1}{\beta^n}\right)=2$일 때, 상수 $k$의 값은?

① 1 ② $\frac{3}{2}$ ③ 2
④ $\frac{5}{2}$ ⑤ 3

## 0271

등비수열 $\{a_n\}$의 첫째항부터 제$n$항까지의 합을 $S_n$이라 하자. $\sum_{n=1}^{\infty}(8-S_n)=16$일 때, $\sum_{n=1}^{\infty}(a_n-a_{n+1})$의 값은?

① 2 ② $\frac{7}{3}$ ③ $\frac{8}{3}$
④ 3 ⑤ $\frac{10}{3}$

## 0272

그림과 같이 자연수 $n$에 대하여 함수 $y=\sqrt{x}$의 그래프 위의 두 점 A, B의 $y$좌표가 각각 $n$, $n+1$이다. $x$축 위에 있고 삼각형 ABC의 둘레의 길이가 최소가 되도록 하는 점 C의 $x$좌표를 $a_n$이라 할 때, $\sum_{n=1}^{\infty}\frac{1}{a_n}$의 값을 구하시오.

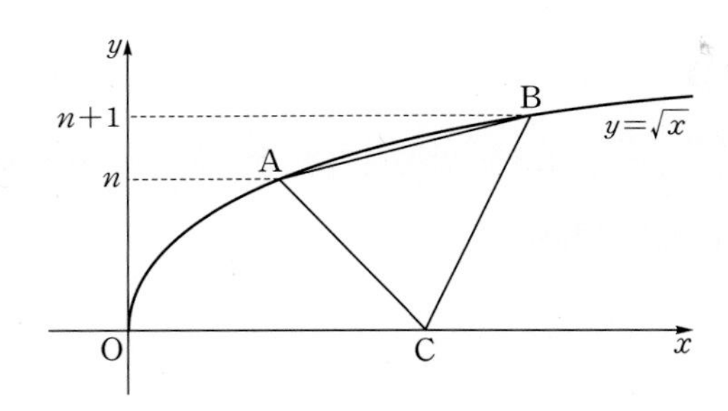

## 0273

자연수 $n$에 대하여 유리함수 $y=\frac{n}{x}$의 그래프 위에 있는 점 중에서 $x$좌표와 $y$좌표가 모두 자연수인 점의 개수를 $f(n)$이라 하자. 보기에서 옳은 것만을 있는 대로 고른 것은?

**보기**

ㄱ. $f(2^n)=f(3^n)$

ㄴ. 수열 $\left\{\frac{f(2^n)\times f(3^n)}{f(m^n)}\right\}$이 수렴하도록 하는 20 이하의 자연수 $m$의 개수는 11이다.

ㄷ. 급수 $\sum_{n=1}^{\infty}\frac{n^4}{f(k^n)}$이 수렴하도록 하는 200 이하의 자연수 $k$는 존재하지 않는다.

① ㄱ ② ㄴ ③ ㄱ, ㄴ
④ ㄱ, ㄷ ⑤ ㄱ, ㄴ, ㄷ

## 0274

자연수 $n$에 대하여 두 함수 $y=|\sin n\pi x|$, $y=\frac{|x|}{n}$의 그래프의 교점의 개수를 $a_n$이라 할 때, $\sum_{n=1}^{\infty}\log\frac{{a_{n+1}}^2}{a_n a_{n+2}}$의 값은?

① $\log 2$ ② $\log 3$ ③ $2\log 2$
④ $\log 5$ ⑤ $\log 6$

## 0275

한 변의 길이가 2인 정사각형 $A_1B_1C_1D_1$ 안에 꼭짓점 $B_1$을 중심으로 하고 선분 $A_1B_1$을 반지름으로 하는 사분원을 그린다. 두 선분 $B_1C_1$, $B_1D_1$과 호 $A_1C_1$로 둘러싸인 모양의 도형에 색칠하여 얻은 그림을 $R_1$이라 하자. 그림 $R_1$에서 선분 $A_1D_1$ 위의 두 점 $A_2$, $D_2$와 호 $A_1C_1$ 위의 점 $B_2$, 선분 $B_1D_1$ 위의 점 $C_2$를 꼭짓점으로 하는 정사각형 $A_2B_2C_2D_2$를 그리고, 새로 그려진 정사각형 안에 그림 $R_1$을 얻는 것과 같은 방법으로 두 선분 $B_2C_2$, $B_2D_2$와 호 $A_2C_2$로 둘러싸인 모양의 도형에 색칠하여 얻은 그림을 $R_2$라 하자. 이와 같은 과정을 계속하여 $n$번째 얻은 그림 $R_n$에 색칠되어 있는 부분의 넓이를 $S_n$이라 할 때, $\lim_{n\to\infty}S_n$의 값은?

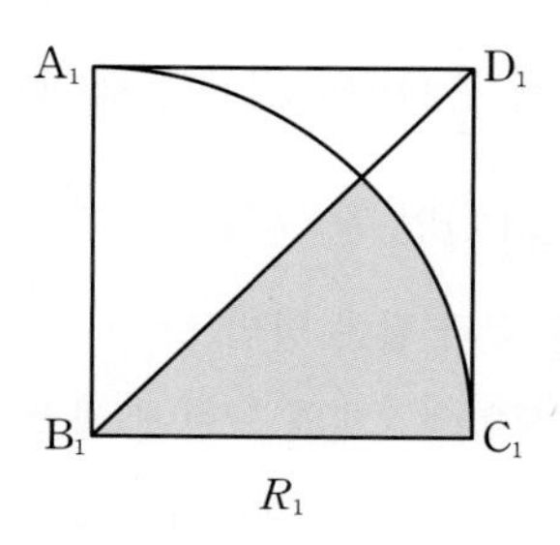

$R_1$

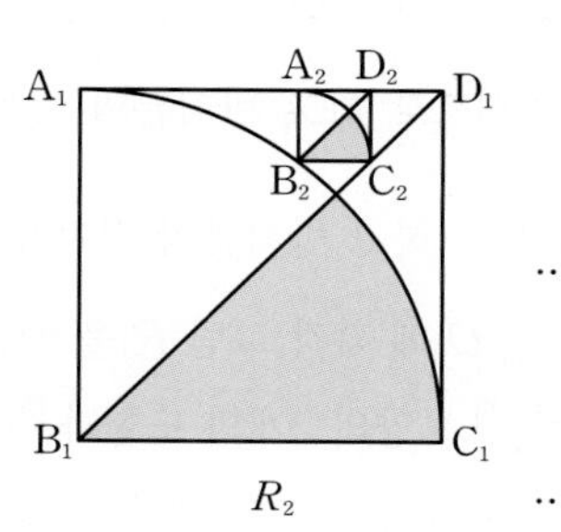

$R_2$ …

① $\frac{25}{96}\pi$ ② $\frac{25}{48}\pi$ ③ $\frac{25}{24}\pi$
④ $\frac{25}{12}\pi$ ⑤ $\frac{25}{6}\pi$

## 0276 수능 기출

그림과 같이 길이가 4인 선분 AB를 지름으로 하는 원 $O$가 있다. 원의 중심을 C라 하고, 선분 AC의 중점과 선분 BC의 중점을 각각 D, P라 하자. 선분 AC의 수직이등분선과 선분 BC의 수직이등분선이 원 $O$의 위쪽 반원과 만나는 점을 각각 E, Q라 하자. 선분 DE를 한 변으로 하고 원 $O$와 점 A에서 만나며 선분 DF가 대각선인 정사각형 DEFG를 그리고, 선분 PQ를 한 변으로 하고 원 $O$와 점 B에서 만나며 선분 PR가 대각선인 정사각형 PQRS를 그린다. 원 $O$의 내부와 정사각형 DEFG의 내부의 공통부분인 모양의 도형과 원 $O$의 내부와 정사각형 PQRS의 내부의 공통부분인 모양의 도형에 색칠하여 얻은 그림을 $R_1$이라 하자. 그림 $R_1$에서 점 F를 중심으로 하고 반지름의 길이가 $\frac{1}{2}\overline{DE}$인 원 $O_1$, 점 R를 중심으로 하고 반지름의 길이가 $\frac{1}{2}\overline{PQ}$인 원 $O_2$를 그린다. 두 원 $O_1$, $O_2$에 각각 그림 $R_1$을 얻은 것과 같은 방법으로 만들어지는 모양의 2개의 도형과 모양의 2개의 도형에 색칠하여 얻은 그림을 $R_2$라 하자. 이와 같은 과정을 계속하여 $n$번째 얻은 그림 $R_n$에 색칠되어 있는 부분의 넓이를 $S_n$이라 할 때, $\lim_{n\to\infty}S_n$의 값은?

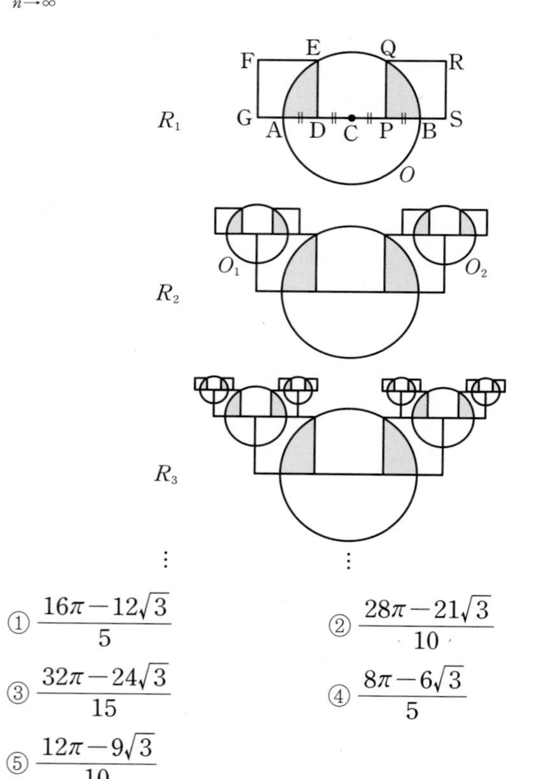


① $\frac{16\pi-12\sqrt{3}}{5}$
② $\frac{28\pi-21\sqrt{3}}{10}$
③ $\frac{32\pi-24\sqrt{3}}{15}$
④ $\frac{8\pi-6\sqrt{3}}{5}$
⑤ $\frac{12\pi-9\sqrt{3}}{10}$

## 0277

수열 $\{a_n\}$은 $\sum_{n=2}^{\infty}(a_{n+1}-2a_n)=3$을 만족시킨다. 수열 $\{a_n\}$의 첫째항부터 제$n$항까지의 합을 $S_n$이라 하자. 모든 자연수 $n$에 대하여 $S_n=a_{n+1}+p+\frac{q}{n}$가 성립하고 $a_3=\frac{11}{2}$일 때, $a_2$의 값을 구하시오. (단, $p$와 $q$는 상수이다.)

## 0278 평가원 기출

수열 $\{a_n\}$은 등비수열이고, 수열 $\{b_n\}$을 모든 자연수 $n$에 대하여

$$b_n=\begin{cases} -1 & (a_n\le -1) \\ a_n & (a_n>-1) \end{cases}$$

이라 할 때, 수열 $\{b_n\}$은 다음 조건을 만족시킨다.

(가) 급수 $\sum_{n=1}^{\infty}b_{2n-1}$은 수렴하고 그 합은 $-3$이다.
(나) 급수 $\sum_{n=1}^{\infty}b_{2n}$은 수렴하고 그 합은 8이다.

$b_3=-1$일 때, $\sum_{n=1}^{\infty}|a_n|$의 값을 구하시오.

# 미분법

# 03 지수함수와 로그함수의 미분

Ⅱ. 미분법

유형별 문제

## 유형 01 지수함수의 극한

지수함수 $y=a^x$ $(a>0,\ a\neq1)$에서

(1) $a>1$일 때

$\lim_{x\to k}a^x=a^k$ ($k$는 실수)

$\lim_{x\to\infty}a^x=\infty$

$\lim_{x\to-\infty}a^x=0$

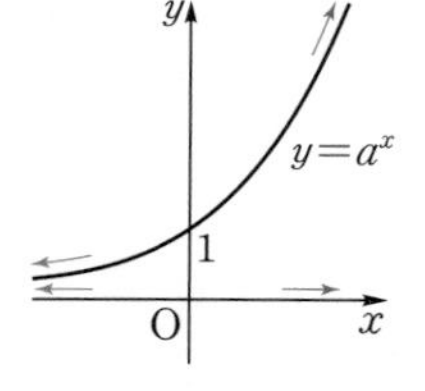


(2) $0<a<1$일 때

$\lim_{x\to k}a^x=a^k$ ($k$는 실수)

$\lim_{x\to\infty}a^x=0$

$\lim_{x\to-\infty}a^x=\infty$

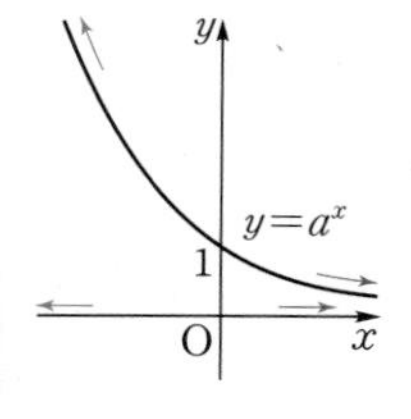


확인 문제

다음 극한을 조사하시오.

(1) $\lim_{x\to2}\frac{3^x}{2^x+5x}$  (2) $\lim_{x\to\infty}(6^x-4^x)$  (3) $\lim_{x\to-\infty}\frac{3^{x+1}}{3^x-3^{-x}}$

### 0279 대표문제

$\lim_{x\to\infty}\frac{2^{2x+1}-3^x}{4^{x-1}+3^x}$의 값은?

① 2  ② 4  ③ 6
④ 8  ⑤ 10

### 0280

$\lim_{x\to0+}\frac{1}{1-2^{-\frac{1}{x}}}$의 값을 구하시오.

### 0281 중요

$\lim_{x\to\infty}\frac{3^{3x+a}+1}{27^{x-1}+8}=3^7$일 때, 상수 $a$의 값을 구하시오.

### 0282

$\lim_{x\to-\infty}\frac{6^x+4x^3-1}{4-2x^3}$의 값을 구하시오.

### 0283

$\lim_{x\to\infty}\left\{\left(\frac{1}{9}\right)^x+\left(\frac{1}{4}\right)^x\right\}^{\frac{1}{2x}}$의 값은?

① $\frac{1}{3}$  ② $\frac{1}{2}$  ③ 1
④ 2  ⑤ 3

### 0284

$\lim_{x\to\infty}\frac{3^{x+2}+a^x}{3^x+a^{x-1}}=9$를 만족시키는 2 이상의 모든 자연수 $a$의 값의 합을 구하시오.

## 유형 02 로그함수의 극한

로그함수 $y=\log_a x$ $(a>0, a\neq1)$에서

(1) $a>1$일 때

$\lim_{x\to k}\log_a x=\log_a k$ ($k$는 양수)

$\lim_{x\to 0+}\log_a x=-\infty$

$\lim_{x\to\infty}\log_a x=\infty$

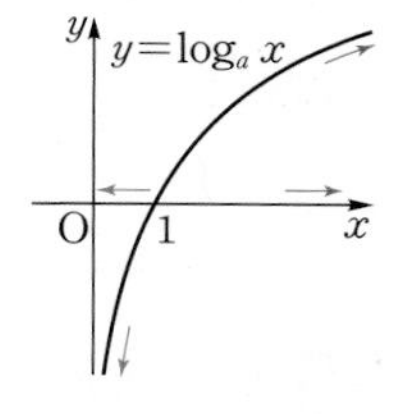


(2) $0<a<1$일 때

$\lim_{x\to k}\log_a x=\log_a k$ ($k$는 양수)

$\lim_{x\to 0+}\log_a x=\infty$

$\lim_{x\to\infty}\log_a x=-\infty$

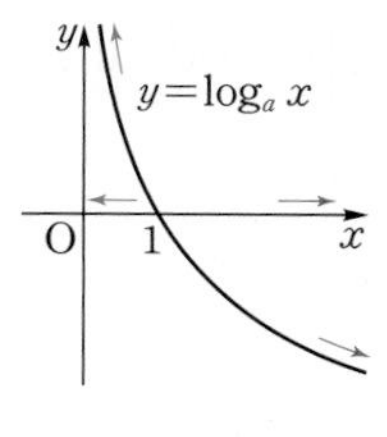


Tip $\lim_{x\to\infty}\{\log_a f(x)\}=\log_a\left\{\lim_{x\to\infty}f(x)\right\}$

(단, $a>0$, $a\neq1$, $f(x)>0$, $\lim_{x\to\infty}f(x)>0$)

확인 문제

다음 극한을 조사하시오.

(1) $\lim_{x\to 0+}\log_5 25x$

(2) $\lim_{x\to 1+}\log_{\frac{1}{3}}(x-1)$

(3) $\lim_{x\to\infty}\{\log_4(x+1)+\log_{\frac{1}{4}}x\}$

### 0285 대표문제

$\lim_{x\to\infty}(\log_2\sqrt{x^2+8x}-\log_2 4x)$의 값을 구하시오.

### 0286

$\lim_{x\to\infty}\{\log_2(ax+\sqrt{2})-\log_2(x-\sqrt{2})\}=\frac{3}{2}$을 만족시키는 상수 $a$의 값을 구하시오. (단, $a>0$)

### 0287 중요

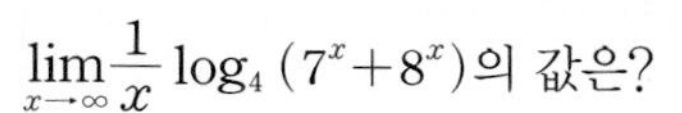

$\lim_{x\to\infty}\frac{1}{x}\log_4(7^x+8^x)$의 값은?

① 1 ② $\frac{3}{2}$ ③ 2 ④ $\frac{5}{2}$ ⑤ 3

### 0288

$\lim_{x\to 0+}\frac{\log_2\frac{6}{x}}{\log_2\left(\frac{3}{x}+4\right)}$의 값을 구하시오.

### 0289

$\lim_{x\to\infty}\frac{\log(x^6+2x^4)}{\log(x^4+3x^3)}$의 값은?

① 1 ② $\frac{7}{6}$ ③ $\frac{4}{3}$ ④ $\frac{3}{2}$ ⑤ $\frac{5}{3}$

### 0290 서술형

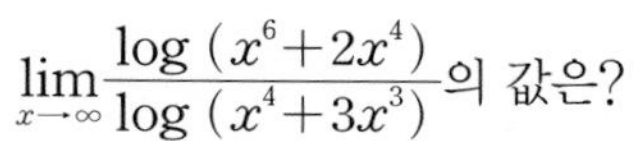

최고차항의 계수가 1인 이차함수 $f(x)$가

$$\lim_{x\to 1-}\{\log_2 f(x)-\log_2(1-x^3)\}=3$$

을 만족시킬 때, $f(2)$의 값을 구하시오.

03 지수함수와 로그함수의 미분

## 유형 03 $\lim_{x\to0}(1+x)^{\frac{1}{x}}$ 꼴의 극한

(1) $\lim_{x\to0}(1+ax)^{\frac{1}{ax}}=e$ (단, $a$는 0이 아닌 상수)

(2) $\lim_{x\to0}(1+ax)^{\frac{b}{x}}=\lim_{x\to0}\left\{(1+ax)^{\frac{1}{ax}}\right\}^{ab}=e^{ab}$

(단, $a$, $b$는 0이 아닌 상수)

### 0291 대표문제

$\lim_{x\to0}(1+2x)^{\frac{2}{x}}\times\lim_{x\to0}(1-3x)^{\frac{1}{3x}}$의 값은?

① $e^{\frac{1}{3}}$ ② $e^{\frac{1}{2}}$ ③ $e$
④ $e^2$ ⑤ $e^3$

### 0292 중요

$\lim_{x\to5}(x-4)^{\frac{3}{5-x}}$의 값은?

① $\frac{1}{e^3}$ ② $\frac{1}{e}$ ③ $e$
④ $e^3$ ⑤ $e^5$

### 0293

$\lim_{x\to0}\left\{\left(1-\frac{x}{a}\right)(1+2ax)\right\}^{\frac{1}{x}}=e^{\frac{1}{6}}$을 만족시키는 양수 $a$의 값은?

① $\frac{1}{2}$ ② $\frac{7}{12}$ ③ $\frac{2}{3}$
④ $\frac{3}{4}$ ⑤ $\frac{5}{6}$

## 유형 04 $\lim_{x\to\infty}\left(1+\frac{1}{x}\right)^x$ 꼴의 극한

(1) $\lim_{x\to\infty}\left(1+\frac{1}{ax}\right)^{ax}=e$ (단, $a$는 0이 아닌 상수)

(2) $\lim_{x\to\infty}\left(1+\frac{1}{ax}\right)^{bx}=\lim_{x\to\infty}\left\{\left(1+\frac{1}{ax}\right)^{ax}\right\}^{\frac{b}{a}}=e^{\frac{b}{a}}$

(단, $a$, $b$는 0이 아닌 상수)

### 0294 대표문제

$\lim_{x\to\infty}\left\{\left(1+\frac{1}{6x}\right)\left(1+\frac{1}{9x}\right)\right\}^{18x}$의 값은?

① $e^3$ ② $e^4$ ③ $e^5$
④ $e^6$ ⑤ $e^7$

### 0295

$\lim_{x\to\infty}\left(1-\frac{a}{x}\right)^{2x}=\frac{1}{e^8}$일 때, 상수 $a$의 값을 구하시오.

### 0296

$\lim_{x\to\infty}\left(\frac{3x-6}{3x-2}\right)^x$의 값은?

① $e^{-\frac{4}{3}}$ ② $e^{-\frac{1}{3}}$ ③ $e^{\frac{2}{3}}$
④ $e^{\frac{5}{3}}$ ⑤ $e^{\frac{8}{3}}$

## 0297 중요

보기에서 옳은 것만을 있는 대로 고른 것은?

보기

ㄱ. $\lim_{x\to\infty}\left(\frac{x-2}{x}\right)^{x-5}=\frac{1}{e^2}$

ㄴ. $\lim_{x\to-\infty}\left(1-\frac{1}{x}\right)^{-x}=\lim_{x\to-\infty}\left(1+\frac{1}{x}\right)^{x}$

ㄷ. $\lim_{x\to\infty}\left\{\frac{1}{2}\left(1+\frac{1}{x}\right)\left(1+\frac{1}{x+1}\right)\left(1+\frac{1}{x+2}\right)\cdots\left(1+\frac{1}{2x}\right)\right\}^{4x}$ $=e^2$

① ㄱ ② ㄱ, ㄴ ③ ㄴ, ㄷ
④ ㄱ, ㄷ ⑤ ㄱ, ㄴ, ㄷ

## 유형 05 $\lim_{x\to0}\frac{\ln(1+x)}{x}$ 꼴의 극한

(1) $\lim_{x\to0}\frac{\ln(1+ax)}{ax}=1$ (단, $a$는 0이 아닌 상수)

(2) $\lim_{x\to0}\frac{\ln(1+bx)}{ax}=\lim_{x\to0}\left\{\frac{\ln(1+bx)}{bx}\times\frac{b}{a}\right\}=\frac{b}{a}$

(단, $a$, $b$는 0이 아닌 상수)

## 0298 대표문제

$\lim_{x\to0}\frac{\ln(1+8x)}{\ln(1+2x)^2}$의 값은?

① $\frac{1}{4}$ ② $\frac{1}{2}$ ③ 1
④ 2 ⑤ 4

## 0299 교육청 기출

$\lim_{x\to0+}\frac{\ln(2x^2+3x)-\ln 3x}{x}$의 값은?

① $\frac{1}{3}$ ② $\frac{1}{2}$ ③ $\frac{2}{3}$
④ $\frac{5}{6}$ ⑤ 1

## 0300 수능 기출

$\lim_{x\to0}\frac{\ln(x+1)}{\sqrt{x+4}-2}$의 값은?

① 1 ② 2 ③ 3
④ 4 ⑤ 5

## 0301

$\lim_{x\to\infty}x\{\ln(x+2)-\ln(x-3)\}$의 값을 구하시오.

## 0302 중요

함수 $f(x)=1-\frac{1}{e^{3x}}$의 역함수를 $g(x)$라 할 때, $\lim_{x\to0}\frac{g(x)}{x}$의 값은?

① $-\frac{1}{3}$ ② $-\frac{1}{6}$ ③ 0
④ $\frac{1}{6}$ ⑤ $\frac{1}{3}$

## 0303

함수 $f(x)$가 $\lim_{x\to0}\frac{\ln(1+3x)}{f(x)}=\frac{1}{2}$을 만족시킬 때, $\lim_{x\to0}\frac{f(x)}{x^2+6x}$의 값을 구하시오.

## 유형 06 $\lim_{x \to 0} \frac{\log_a (1+x)}{x}$ 꼴의 극한

$a>0$, $a \neq 1$일 때

(1) $\lim_{x \to 0} \frac{\log_a (1+bx)}{bx} = \frac{1}{\ln a}$ (단, $b$는 0이 아닌 상수)

(2) $\lim_{x \to 0} \frac{\log_a (1+cx)}{bx} = \lim_{x \to 0} \left\{ \frac{\log_a (1+cx)}{cx} \times \frac{c}{b} \right\} = \frac{c}{b \ln a}$

(단, $b$, $c$는 0이 아닌 상수)

### 0304 대표문제

$\lim_{x \to 0} \frac{\log_2 (4+x) - 2}{x}$의 값은?

① $\frac{1}{4 \ln 2}$ ② $\frac{1}{2 \ln 2}$ ③ $\frac{1}{\ln 2}$
④ $\frac{2}{\ln 2}$ ⑤ $\frac{4}{\ln 2}$

### 0305

$\lim_{x \to 2} \frac{\log_3 (x-1)}{x-2}$의 값은?

① $\frac{1}{\ln 3}$ ② $\frac{1}{\ln 2}$ ③ 1
④ $\ln 2$ ⑤ $\ln 3$

### 0306 중요

$\lim_{x \to 0} \frac{ax}{\log_8 (1+2x)} = 9 \ln 2$일 때, 상수 $a$의 값을 구하시오.

### 0307

$\lim_{x \to \infty} x \left\{ \log_5 \left( 25 + \frac{1}{x} \right) - 2 \right\}$의 값은?

① $\frac{1}{25 \ln 5}$ ② $\frac{1}{5 \ln 5}$ ③ $\frac{1}{\ln 5}$
④ $\frac{5}{\ln 5}$ ⑤ $\frac{25}{\ln 5}$

## 유형 07 $\lim_{x \to 0} \frac{e^x - 1}{x}$ 꼴의 극한

(1) $\lim_{x \to 0} \frac{e^{ax} - 1}{ax} = 1$ (단, $a$는 0이 아닌 상수)

(2) $\lim_{x \to 0} \frac{e^{ax} - 1}{bx} = \lim_{x \to 0} \left\{ \frac{e^{ax} - 1}{ax} \times \frac{a}{b} \right\} = \frac{a}{b}$

(단, $a$, $b$는 0이 아닌 상수)

### 0308 대표문제

$\lim_{x \to 0} \frac{\ln (1+6x)}{e^{2x} - 1}$의 값은?

① 2 ② 3 ③ 4
④ 5 ⑤ 6

### 0309

$\lim_{x \to 0} \frac{e^{5x} + e^{3x} - 2}{x}$의 값을 구하시오.

## 0310 중요

$\lim_{x\to0}\frac{e^{2x}-e^{ax}}{x}=3$일 때, 상수 $a$의 값을 구하시오. (단, $a\neq0$)

## 0311 서술형

두 함수 $f(x)$, $g(x)$가 다음 조건을 만족시킬 때, $\lim_{x\to0}\frac{f(x)}{g(x)}$의 값을 구하시오.

> (가) $\lim_{x\to0}\frac{f(x)}{e^{3x}-1}=4$
>
> (나) $\lim_{x\to1}\frac{e^{6x-6}-1}{g(x-1)}=9$

## 유형 08 $\lim_{x\to0}\frac{a^x-1}{x}$ 꼴의 극한

$a>0$, $a\neq1$일 때

(1) $\lim_{x\to0}\frac{a^{bx}-1}{bx}=\ln a$ (단, $b$는 0이 아닌 상수)

(2) $\lim_{x\to0}\frac{a^{cx}-1}{bx}=\lim_{x\to0}\left\{\frac{a^{cx}-1}{cx}\times\frac{c}{b}\right\}=\frac{c}{b}\ln a$

(단, $b$, $c$는 0이 아닌 상수)

## 0312 대표문제

$\lim_{x\to0}\frac{8^x-4^x}{x}$의 값은?

① $\ln 2$ ② $1$ ③ $2\ln 2$
④ $2$ ⑤ $3\ln 2$

## 0313

$\lim_{x\to1}\frac{4^{x-1}-1}{x^2+2x-3}$의 값은?

① $\frac{\ln 2}{4}$ ② $\frac{\ln 2}{2}$ ③ $\ln 2$
④ $2\ln 2$ ⑤ $4\ln 2$

## 0314

$\lim_{x\to\infty}9x(5^{\frac{1}{3x}}-1)$의 값은?

① $\frac{\ln 5}{9}$ ② $\frac{\ln 5}{3}$ ③ $\ln 5$
④ $3\ln 5$ ⑤ $9\ln 5$

## 0315 중요

$\lim_{x\to0}\frac{a^{2x}+6a^x-7}{b^x-1}=40$일 때, $\log_b a$의 값을 구하시오.

(단, $a>0$, $a\neq1$이고 $b>0$, $b\neq1$이다.)

## 0316

두 함수 $f(x)=4^{ax}-1$, $g(x)=\log_2(1+bx)$에 대하여

$$\lim_{x\to0}\frac{f(x)g(x)}{72x^2}=1$$

을 만족시키는 두 자연수 $a$, $b$의 모든 순서쌍 $(a, b)$의 개수를 구하시오.

## 유형 09 지수·로그함수의 극한에서 미정계수의 결정

두 함수 $f(x)$, $g(x)$에 대하여 $\lim_{x\to a}\frac{f(x)}{g(x)}=\alpha$ ($\alpha$는 실수)에서
(1) (분모)$\to 0$이면 (분자)$\to 0$이다.
(2) $\alpha\neq 0$이고 (분자)$\to 0$이면 (분모)$\to 0$이다.

### 0317 대표문제

$\lim_{x\to 0}\frac{ax+b}{e^{5x}-1}=2$를 만족시키는 상수 $a$, $b$에 대하여 $a-b$의 값은?

① 5 ② 10 ③ 15
④ 20 ⑤ 25

### 0318

$\lim_{x\to 2}\frac{ax+b}{\ln\frac{x^4}{16}}=a^2-3$일 때, 양수 $b$의 값을 구하시오.

(단, $a$, $b$는 상수이다.)

### 0319 중요

이차함수 $f(x)$가

$$\lim_{x\to 0}\frac{\ln(1+6x)}{f(x)}=3$$

을 만족시킬 때, $f'(0)$의 값은?

① $\frac{1}{2}$ ② 1 ③ $\frac{3}{2}$
④ 2 ⑤ $\frac{5}{2}$

### 0320

$\lim_{x\to 0}\frac{\sqrt{ax+b}-4}{\ln(1+5x)}=\frac{1}{10}$을 만족시키는 상수 $a$, $b$에 대하여 $a+b$의 값은?

① 12 ② 16 ③ 20
④ 24 ⑤ 28

### 0321

$\lim_{x\to 0}\frac{\ln(ax+b)}{e^{4x}-1}=\frac{3}{2}$을 만족시키는 상수 $a$, $b$에 대하여 $a+b$의 값을 구하시오.

### 0322 서술형

$\lim_{x\to 1}\frac{2x^3+x^2+4x-7}{e^{a(x-b)}-1}=3$을 만족시키는 상수 $a$, $b$에 대하여 $ab$의 값을 구하시오. (단, $a\neq 0$)

## 유형 10 지수·로그함수의 극한의 도형에의 활용

문제의 조건에 따라 점의 좌표, 선분의 길이, 도형의 넓이 등을 미지수를 포함한 지수 또는 로그에 대한 식으로 나타낸 후 극한의 성질을 이용하여 극한값을 구한다.

### 0323 대표문제

양수 $t$에 대하여 곡선 $f(x)=3e^{ax}-3\ (a>0)$ 위의 점 $\mathrm{P}(t,\ f(t))$에서 $x$축에 내린 수선의 발을 H라 하자. $\lim_{t \to 0+} \frac{\overline{\mathrm{PH}}}{\overline{\mathrm{OH}}}=2$일 때, 상수 $a$의 값은? (단, O는 원점이다.)

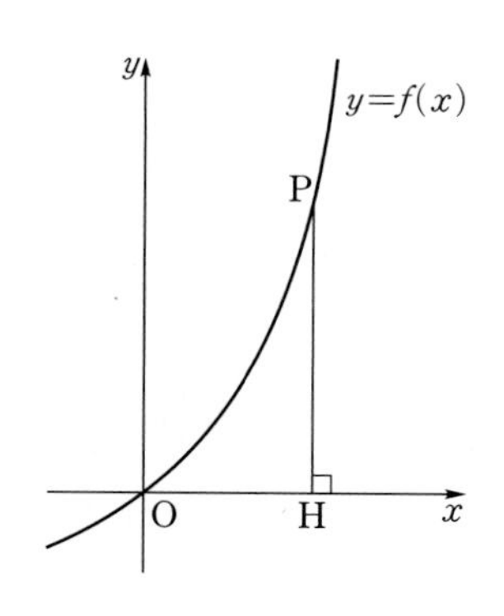


① $\frac{1}{3}$ ② $\frac{2}{3}$ ③ 1
④ $\frac{3}{2}$ ⑤ 3

### 0324 중요

$t>1$인 실수 $t$에 대하여 곡선 $y=\ln x$ 위의 점 $\mathrm{P}(t,\ \ln t)$와 세 점 $\mathrm{A}(1,\ 0)$, $\mathrm{B}(9,\ 0)$, $\mathrm{C}(1,\ 4)$가 있다. 삼각형 ABP의 넓이를 $f(t)$, 삼각형 APC의 넓이를 $g(t)$라 할 때, $\lim_{t \to 1+} \frac{g(t)}{f(t)}$의 값은?

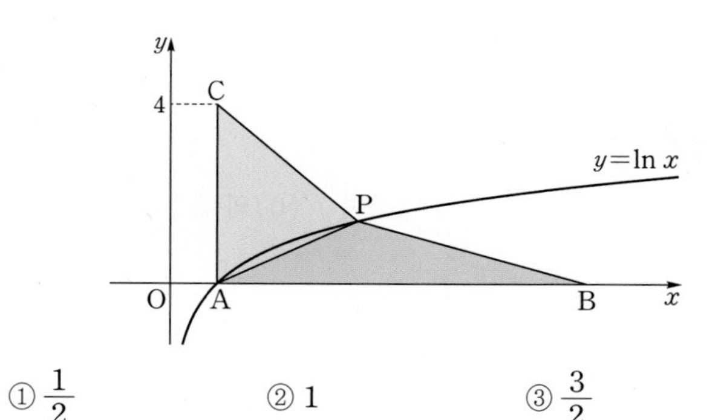


① $\frac{1}{2}$ ② 1 ③ $\frac{3}{2}$
④ 2 ⑤ $\frac{5}{2}$

### 0325 교육청 기출

좌표평면에 두 함수 $f(x)=2^x$의 그래프와 $g(x)=\left(\frac{1}{2}\right)^x$의 그래프가 있다. 두 곡선 $y=f(x)$, $y=g(x)$가 직선 $x=t\ (t>0)$과 만나는 점을 각각 A, B라 하자.

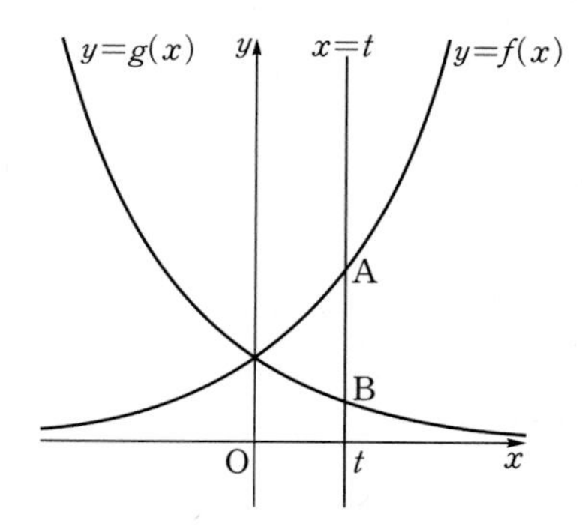


점 A에서 $y$축에 내린 수선의 발을 H라 할 때, $\lim_{t \to 0+} \frac{\overline{\mathrm{AB}}}{\overline{\mathrm{AH}}}$의 값은?

① $2\ln 2$ ② $\frac{7}{4}\ln 2$ ③ $\frac{3}{2}\ln 2$
④ $\frac{5}{4}\ln 2$ ⑤ $\ln 2$

### 0326 서술형

두 곡선 $f(x)=\left(\frac{1}{2}\right)^x$, $g(x)=4^x$이 직선 $x=t\ (t>0)$과 만나는 점을 각각 A, B라 하자. 점 B를 지나고 $x$축과 평행한 직선이 곡선 $y=f(x)$와 만나는 점을 C, 점 C를 지나고 $y$축과 평행한 직선이 곡선 $y=g(x)$와 만나는 점을 D라 할 때, $\lim_{t \to 0+} \frac{\overline{\mathrm{CD}}}{\overline{\mathrm{AB}}}$의 값을 구하시오.

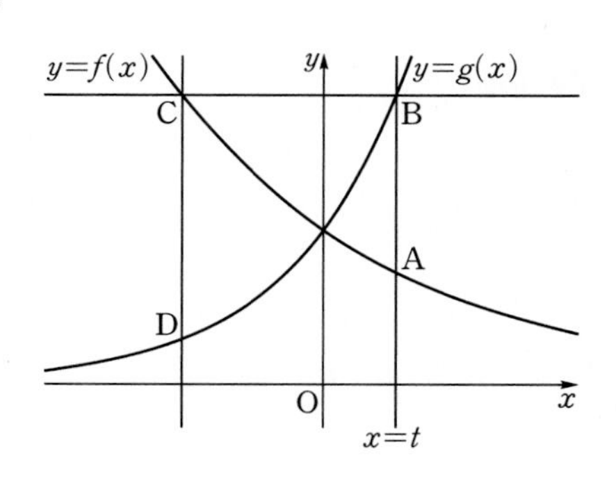

## 유형 11 지수·로그함수의 연속

$x\neq a$인 모든 실수 $x$에서 연속인 함수 $g(x)$에 대하여

$$f(x)=\begin{cases} g(x) & (x\neq a) \\ k & (x=a) \end{cases} \ (k\text{는 상수})$$

일 때, 함수 $f(x)$가 모든 실수 $x$에서 연속이면

➡ $\lim_{x\to a} g(x)=k$

### 0327 대표문제

함수

$$f(x)=\begin{cases} \dfrac{\ln(6x+1)}{x} & (x\neq 0) \\ a & (x=0) \end{cases}$$

이 $x=0$에서 연속일 때, 상수 $a$의 값을 구하시오.

### 0328

$x\neq 0$일 때, $f(x)=\dfrac{e^{4x}-a}{(a+5)x}$로 정의된 함수 $f(x)$가 $x=0$에서 연속이다. $f(0)$의 값은? (단, $a$는 상수이다.)

① $\frac{2}{3}$ ② 1 ③ $\frac{4}{3}$
④ $\frac{5}{3}$ ⑤ 2

### 0329 서술형

함수

$$f(x)=\begin{cases} \dfrac{e^{2x}+8e^x+a}{x} & (x\neq 0) \\ b & (x=0) \end{cases}$$

이 $x=0$에서 연속일 때, $a+b$의 값을 구하시오.

(단, $a$, $b$는 상수이다.)

### 0330

함수

$$f(x)=\begin{cases} \dfrac{\ln(4x-7)}{e^{x-2}-1} & (x>2) \\ 5x+a & (x\le 2) \end{cases}$$

가 실수 전체의 집합에서 연속일 때, 상수 $a$의 값은?

① $-10$ ② $-6$ ③ $-2$
④ 2 ⑤ 6

### 0331 중요

실수 전체의 집합에서 연속인 함수 $f(x)$가 모든 실수 $x$에 대하여

$$(x-1)f(x)=e^{4x-4}-1$$

을 만족시킬 때, $f(1)$의 값은?

① 1 ② 2 ③ 4
④ 7 ⑤ 11

## 유형 12 지수함수의 도함수

(1) $(e^x)'=e^x$
(2) $(a^x)'=a^x\ln a$ (단, $a>0$, $a\neq 1$)

### 0332 대표문제

함수 $f(x)=e^x-x^2+5x$에 대하여 $f'(0)$의 값은?

① 3 ② 4 ③ 5
④ 6 ⑤ 7

## 0333 평가원 기출

함수 $f(x)=e^x(2x+1)$에 대하여 $f'(1)$의 값은?

① $8e$ ② $7e$ ③ $6e$ ④ $5e$ ⑤ $4e$

## 0334 교육청 기출

함수 $f(x)=(x+a)e^x$에 대하여 $f'(2)=8e^2$일 때, 상수 $a$의 값은?

① 1 ② 2 ③ 3 ④ 4 ⑤ 5

## 0335

함수 $f(x)=3^x+3^{2x}$에 대하여 곡선 $y=f(x)$ 위의 점 $(1,\ f(1))$에서의 접선의 기울기가 $a \ln 3$일 때, 상수 $a$의 값을 구하시오.

## 0336 중요

함수 $f(x)=4^x$에 대하여 $\lim_{h \to 0} \frac{f(1+h)-f(1-h)}{h}$의 값은?

① $8 \ln 2$ ② $10 \ln 2$ ③ $12 \ln 2$ ④ $14 \ln 2$ ⑤ $16 \ln 2$

## 유형 13 로그함수의 도함수

(1) $(\ln x)'=\frac{1}{x}$

(2) $(\log_a x)'=\frac{1}{x \ln a}$ (단, $a>0$, $a \neq 1$)

## 0337 대표문제

함수 $f(x)=x^4 \ln x$에 대하여 $\frac{f'(e)}{e^3}$의 값을 구하시오.

## 0338

함수 $f(x)=\log_3 6x$에 대하여 $f'(a)=\frac{1}{9 \ln 3}$일 때, 상수 $a$의 값은? (단, $a>0$)

① 1 ② 3 ③ 5 ④ 7 ⑤ 9

## 0339 교육청 기출

함수 $f(x)=x^2+x \ln x$에 대하여 $\lim_{h \to 0} \frac{f(1+2h)-f(1-h)}{h}$의 값은?

① 6 ② 7 ③ 8 ④ 9 ⑤ 10

## 0340 중요

함수 $f(x)=\ln x$에 대하여 닫힌구간 $[2, 32]$에서 평균값 정리를 만족시키는 상수 $c$의 값은?

① $\frac{5}{\ln 2}$ ② $\frac{15}{2\ln 2}$ ③ $\frac{10}{\ln 2}$
④ $\frac{25}{2\ln 2}$ ⑤ $\frac{15}{\ln 2}$

## 유형 14 지수·로그함수의 미분가능성

미분가능한 두 함수 $f(x)$, $g(x)$에 대하여

함수 $h(x)=\begin{cases} f(x) & (x<a) \\ g(x) & (x\ge a)\end{cases}$가 $x=a$에서 미분가능하면

(1) 함수 $h(x)$는 $x=a$에서 연속이다.

$\lim_{x\to a-} f(x)=\lim_{x\to a+} g(x)=g(a)$

(2) 함수 $h(x)$는 $x=a$에서 미분계수가 존재한다.

[방법1] 도함수를 이용

$h'(x)=\begin{cases} f'(x) & (x<a) \\ g'(x) & (x>a)\end{cases}$에서 $f'(a)=g'(a)$

임을 보인다.

[방법2] 미분계수의 정의를 이용

$\lim_{x\to a-}\frac{f(x)-f(a)}{x-a}=\lim_{x\to a+}\frac{g(x)-g(a)}{x-a}$

임을 보인다.

## 0341 대표문제

함수 $f(x)=\begin{cases} ax+b & (x<1) \\ 2^x & (x\ge 1)\end{cases}$이 $x=1$에서 미분가능할 때, 상수 $a$, $b$에 대하여 $a-b$의 값은?

① $2\ln 2-2$ ② $2\ln 2-1$ ③ $4\ln 2-2$
④ $4\ln 2-1$ ⑤ $2\ln 2+1$

## 0342 중요

함수

$$f(x)=\begin{cases} ax+7 & (x\le 1) \\ \ln bx & (x>1)\end{cases}$$

이 $x=1$에서 미분가능할 때, $ab$의 값은?

(단, $a$, $b$는 상수이다.)

① $e^7$ ② $2e^7$ ③ $e^8$
④ $2e^8$ ⑤ $e^9$

## 0343

함수

$$f(x)=\begin{cases} (8x-8)e^x+a & (x<b) \\ 5 & (x\ge b)\end{cases}$$

가 실수 전체의 집합에서 미분가능할 때, 상수 $a$, $b$에 대하여 $a+b$의 값은?

① 11 ② 12 ③ 13
④ 14 ⑤ 15

## 0344 서술형

최고차항의 계수가 1인 이차함수 $f(x)$에 대하여 함수 $g(x)$를

$$g(x)=\begin{cases} f(x) & (x\le 2) \\ e^{x-2}+6 & (x>2)\end{cases}$$

라 하자. 함수 $g(x)$가 $x=2$에서 미분가능할 때, $f(-1)$의 값을 구하시오.

# 내신 잡는 종합 문제

정답과 풀이 72쪽



## 0345

$\lim_{x \to -1} \frac{2^{2x+2}-1}{12x+12}$의 값은?

① $\frac{\ln 2}{6}$ ② $\frac{\ln 2}{5}$ ③ $\frac{\ln 2}{4}$
④ $\frac{\ln 2}{3}$ ⑤ $\frac{\ln 2}{2}$

## 0346

$\lim_{x \to 0} \frac{e^{2x}+4e^{x}-5}{\ln(1-2x)}=a$, $\lim_{x \to \infty}\left(\frac{x+2}{x-2}\right)^{x}=b$일 때, 상수 $a$, $b$에 대하여 $ab$의 값은?

① $-3e^4$ ② $-2e^4$ ③ $-e^4$
④ $-4e^2$ ⑤ $-3e^2$

## 0347

$\lim_{x \to 1} \frac{x^2e^x-e}{x-1}$의 값은?

① $e$ ② $2e$ ③ $3e$
④ $4e$ ⑤ $5e$

## 0348

두 함수 $f(x)=\log_2 \frac{2}{x}$, $g(x)=\log_2\left(\frac{8}{x}+1\right)$에 대하여 $\lim_{x \to 0+} \frac{f(x)}{g(x)}$의 값을 구하시오.

## 0349

$\lim_{x \to 0} \{(1+ax)(1+a^2x-3ax)\}^{\frac{1}{2x}}=e^{12}$을 만족시키는 양수 $a$의 값은?

① 2 ② 4 ③ 6
④ 8 ⑤ 10

## 0350

연속함수 $f(x)$에 대하여

$$\lim_{x \to 0} \frac{\log_2\{1+f(2x)\}}{x}=\frac{8}{\ln 2}$$

일 때, $\lim_{x \to 0} \frac{f(x)}{x}$의 값은?

① 1 ② 2 ③ 3
④ 4 ⑤ 5

## 0351

$\lim_{x\to\infty}\frac{a^{x+2}-2\times b^{-x}}{a^x-b^{-x-1}}+\lim_{x\to-\infty}\frac{a^{x+2}-2\times b^{-x}}{a^x-b^{-x-1}}=50$을 만족시키는 2 이상의 두 자연수 $a$, $b$의 순서쌍 $(a, b)$의 개수를 구하시오.

## 0352 교육청 기출

좌표평면에서 양의 실수 $t$에 대하여 직선 $x=t$가 두 곡선 $y=e^{2x+k}$, $y=e^{-3x+k}$과 만나는 점을 각각 P, Q라 할 때, $\overline{\mathrm{PQ}}=t$를 만족시키는 실수 $k$의 값을 $f(t)$라 하자. 함수 $f(t)$에 대하여 $\lim_{t\to0+}e^{f(t)}$의 값은?

① $\frac{1}{6}$ ② $\frac{1}{5}$ ③ $\frac{1}{4}$
④ $\frac{1}{3}$ ⑤ $\frac{1}{2}$

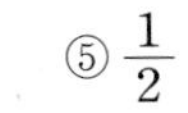

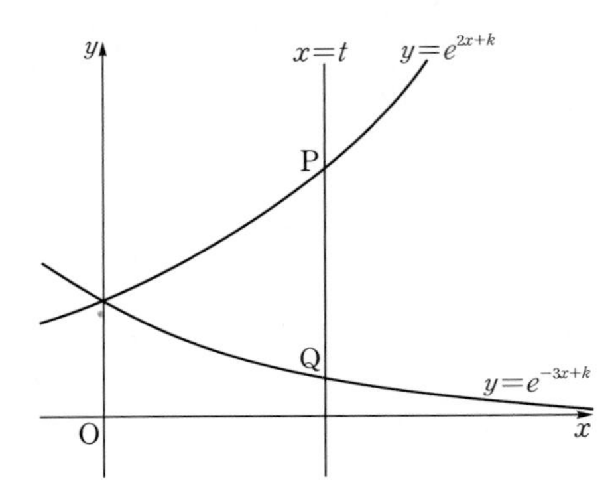


## 0353

최고차항의 계수가 1인 삼차함수 $f(x)$가

$$\lim_{x\to0}\frac{\ln(1+6x^2)}{f(x)}=4$$

를 만족시킬 때, $f(4)$의 값을 구하시오.

## 0354

함수 $f(x)$가 $x<\frac{1}{2}$인 모든 실수 $x$에 대하여 부등식

$$\ln(1-2x)\le f(x)\le\frac{1}{2}(e^{-4x}-1)$$

을 만족시킬 때, $\lim_{x\to0}\frac{f\left(\frac{x}{6}\right)}{x}$의 값은?

① $-12$ ② $-6$ ③ $-3$
④ $-\frac{1}{3}$ ⑤ $-\frac{1}{6}$

## 0355 수능 기출

이차항의 계수가 1인 이차함수 $f(x)$와 함수

$$g(x)=\begin{cases}\dfrac{1}{\ln(x+1)} & (x\ne0)\\ 8 & (x=0)\end{cases}$$

에 대하여 함수 $f(x)g(x)$가 구간 $(-1, \infty)$에서 연속일 때, $f(3)$의 값은?

① 6 ② 9 ③ 12
④ 15 ⑤ 18

## 0356

함수

$$f(x)=\begin{cases}2^x+a & (x\le0)\\ 8^x+b^x & (x>0)\end{cases}$$

이 실수 전체의 집합에서 미분가능할 때, 상수 $a$, $b$에 대하여 $4ab$의 값을 구하시오. (단, $b>0$, $b\ne1$)

## 0357

함수 $f(x)$에 대하여 보기에서 옳은 것만을 있는 대로 고른 것은?

**보기**

ㄱ. $f(0)=f'(0)=0$이면 $\lim_{x\to 0}\frac{e^{f(x)}-1}{x}=0$이다.

ㄴ. $\lim_{x\to 0}f(x)=0$이면 $\lim_{x\to 0}\frac{e^{f(x)}-1}{x}$의 값이 존재한다.

ㄷ. $\lim_{x\to 0}\frac{2^x-1}{f(x)}=1$이면 $\lim_{x\to 0}\frac{8^x-1}{f(x)}=3$이다.

① ㄱ ② ㄱ, ㄴ ③ ㄱ, ㄷ
④ ㄴ, ㄷ ⑤ ㄱ, ㄴ, ㄷ

## 0358 교육청 기출

$t<1$인 실수 $t$에 대하여 곡선 $y=\ln x$와 직선 $x+y=t$가 만나는 점을 P라 하자. 점 P에서 $x$축에 내린 수선의 발을 H, 직선 PH와 곡선 $y=e^x$이 만나는 점을 Q라 할 때, 삼각형 OHQ의 넓이를 $S(t)$라 하자. $\lim_{t\to 0+}\frac{2S(t)-1}{t}$의 값은?

① 1 ② $e-1$ ③ 2
④ $e$ ⑤ 3

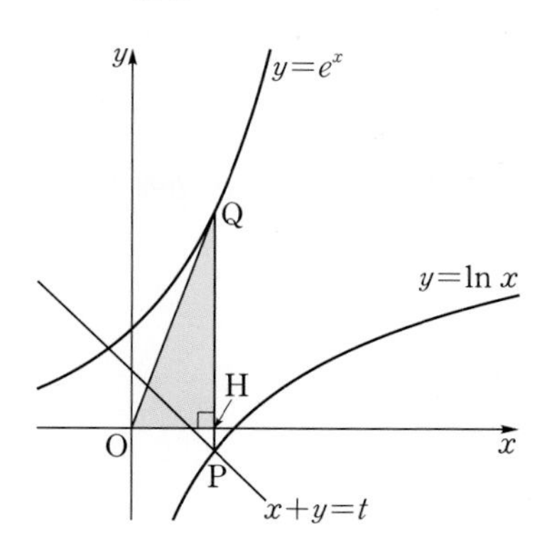

# 서술형 대비하기

## 0359

두 함수

$$f(x)=\begin{cases} ax & (x\le 2) \\ e^{2-x} & (x>2) \end{cases},\ g(x)=2^x+2^{-x}$$

에 대하여 함수 $g(f(x))$가 실수 전체의 집합에서 연속이 되도록 하는 모든 실수 $a$의 값의 곱을 구하시오.

## 0360

이차함수 $f(x)$에 대하여 함수 $g(x)=f(x)e^{-x}$이 다음 조건을 만족시킨다.

(가) $\lim_{x\to 1}\frac{g(x)}{x-1}=0$

(나) $\lim_{x\to 0}\frac{g(2x)-f(2x)}{x}=-4$

$f(4)$의 값을 구하시오.

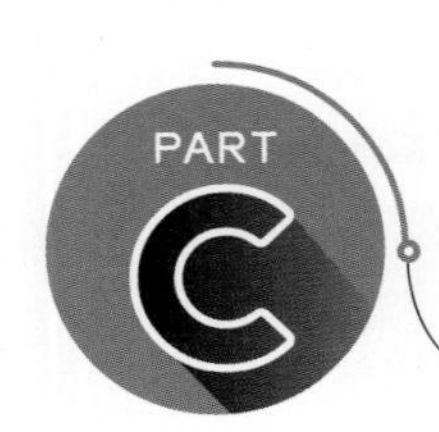


# 수능 녹인 변별력 문제

## 0361

$\lim_{x\to 0}\frac{\ln(1+bx)}{a^{x-1}+\frac{1}{c}}=\frac{8}{\ln 2}$을 만족시키는 세 정수 $a$, $b$, $c$에 대하여 $a+b-c$의 최댓값은? (단, $a>0$, $a\neq 1$, $b>0$)

① 26 ② 28 ③ 30
④ 32 ⑤ 34

## 0362

최고차항의 계수가 1이고 다음 조건을 만족시키는 모든 이차함수 $f(x)$에 대하여 $f(12)$의 최댓값과 최솟값의 합을 구하시오.

$$\lim_{x\to 2}\{\log_4|f(x)|-\log_4|x^2-x-2|\}=\frac{3}{2}$$

## 0363 교육청 기출

$a>e$인 실수 $a$에 대하여 두 곡선 $y=e^{x-1}$과 $y=a^x$이 만나는 점의 $x$좌표를 $f(a)$라 할 때, $\lim_{a\to e+}\frac{1}{(e-a)f(a)}$의 값은?

① $\frac{1}{e^2}$ ② $\frac{1}{e}$ ③ 1
④ $e$ ⑤ $e^2$

## 0364

양의 실수 전체의 집합에서 미분가능한 두 함수 $f(x)$, $g(x)$가 다음 조건을 만족시킨다.

(가) $\lim_{x\to 2}\frac{e^{x-2}-1}{f(x)-1}=\frac{1}{2}$
(나) $f(x)g(x)=2\ln x$

$g'(2)=a+b\ln 2$일 때, 유리수 $a$, $b$에 대하여 $a^2+b^2$의 값을 구하시오.

## 0365 평가원 기출

함수 $y=e^x$의 그래프 위의 $x$좌표가 양수인 점 A와 함수 $y=-\ln x$의 그래프 위의 점 B가 다음 조건을 만족시킨다.

(가) $\overline{OA}=2\overline{OB}$
(나) $\angle AOB=90°$

직선 OA의 기울기는? (단, O는 원점이다.)

① $e$　② $\frac{3}{\ln 3}$　③ $\frac{2}{\ln 2}$
④ $\frac{5}{\ln 5}$　⑤ $\frac{e^2}{2}$

## 0367 평가원 기출

양수 $t$에 대하여 다음 조건을 만족시키는 실수 $k$의 값을 $f(t)$라 하자.

직선 $x=k$와 두 곡선 $y=e^{\frac{x}{2}}$, $y=e^{\frac{x}{2}+3t}$이 만나는 점을 각각 P, Q라 하고, 점 Q를 지나고 $y$축에 수직인 직선이 곡선 $y=e^{\frac{x}{2}}$과 만나는 점을 R라 할 때, $\overline{PQ}=\overline{QR}$이다.

함수 $f(t)$에 대하여 $\lim_{t\to0+} f(t)$의 값은?

① $\ln 2$　② $\ln 3$　③ $\ln 4$
④ $\ln 5$　⑤ $\ln 6$

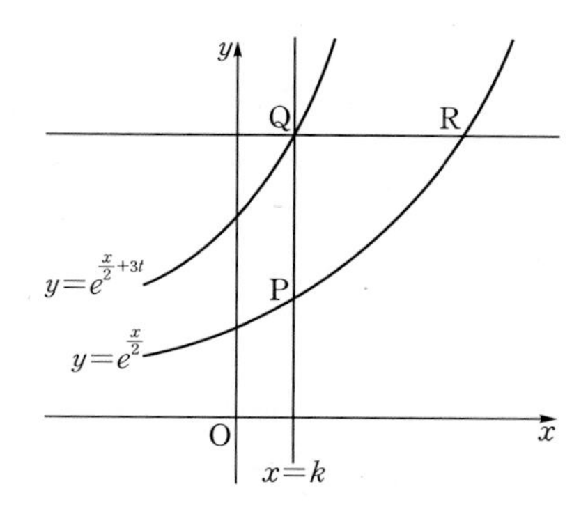


## 0366

함수 $f(x)=a|x^2-1|+\sum_{k=1}^{7}|(x^k-1)e^{x+1}|$이 $x=-1$에서 미분가능하도록 하는 상수 $a$의 값을 구하시오.

## 0368

미분가능한 두 함수 $f(x)$, $g(x)$와 최고차항의 계수가 1인 이차함수 $h(x)$가 다음 조건을 만족시킨다.

(가) $\lim_{x\to1}\frac{\ln(3x-2)}{f(x)-e}=\frac{1}{2e}$
(나) $\lim_{x\to1}\frac{f(x)g(x)-h(-1)e}{x-1}=6e$

모든 양의 실수 $x$에 대하여 $f(x)\ln x+g(x)e^x=h(x)e^x$일 때, $h(2)$의 값은?

① $\frac{11}{3}$　② $\frac{23}{6}$　③ 4
④ $\frac{25}{6}$　⑤ $\frac{13}{3}$

# 삼각함수의 미분



## 유형 01 삼각함수 $\csc\theta$, $\sec\theta$, $\cot\theta$

(1) 원점 O를 중심으로 하고 반지름의 길이가 $r$인 원 위의 임의의 점 $\mathrm{P}(x, y)$에 대하여 동경 OP가 나타내는 일반각의 크기를 $\theta$라 하면

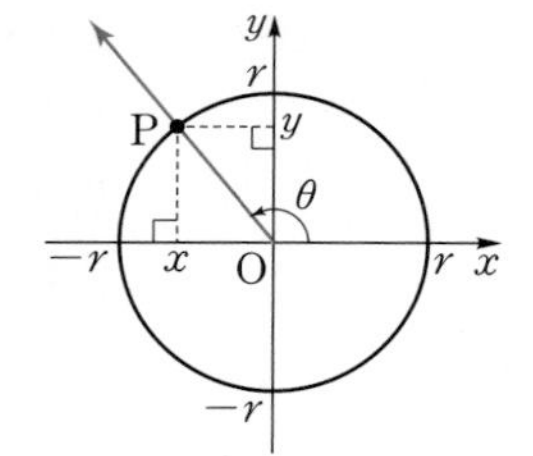


$\csc\theta=\dfrac{r}{y}\ (y\neq0)$

$\sec\theta=\dfrac{r}{x}\ (x\neq0)$

$\cot\theta=\dfrac{x}{y}\ (y\neq0)$

(2) $\csc\theta=\dfrac{1}{\sin\theta}$, $\sec\theta=\dfrac{1}{\cos\theta}$, $\cot\theta=\dfrac{1}{\tan\theta}$

**확인 문제**

**1.** 각 $\theta$를 나타내는 동경과 원점 O를 중심으로 하는 원의 교점이 $\mathrm{P}(-4, 3)$일 때, 다음 값을 구하시오.

(1) $\csc\theta$ (2) $\sec\theta$ (3) $\cot\theta$

**2.** 각 $\theta$의 크기가 다음과 같을 때, $\csc\theta$, $\sec\theta$, $\cot\theta$의 값을 차례대로 구하시오.

(1) $60^\circ$ (2) $330^\circ$

(3) $\dfrac{\pi}{6}$ (4) $\dfrac{3}{4}\pi$

### 0369 대표문제

$\theta$가 제4사분면의 각이고 $\sin\theta=-\dfrac{4}{5}$일 때, $4\cot\theta+3\sec\theta$의 값은?

① $-2$ ② $-1$ ③ $1$
④ $2$ ⑤ $3$

### 0370 중요

원점 O와 점 $\mathrm{P}(-12, -5)$를 지나는 동경 OP가 나타내는 각의 크기를 $\theta$라 할 때, $\sec\theta\cot\theta+\csc\theta$의 값은?

① $-6$ ② $-\dfrac{28}{5}$ ③ $-\dfrac{26}{5}$
④ $-\dfrac{24}{5}$ ⑤ $-\dfrac{22}{5}$

### 0371

$\csc\theta\sec\theta>0$, $\cos\theta\cot\theta<0$을 만족시키는 $\theta$는 제몇 사분면의 각인가?

① 제1사분면 ② 제2사분면 ③ 제3사분면
④ 제4사분면 ⑤ 제3사분면 또는 제4사분면

### 0372

$\sin\theta-\cos\theta=\dfrac{1}{2}$일 때, $\sec\theta-\csc\theta$의 값은?

① $\dfrac{7}{6}$ ② $\dfrac{4}{3}$ ③ $\dfrac{3}{2}$
④ $\dfrac{5}{3}$ ⑤ $\dfrac{11}{6}$

### 0373 서술형

$\tan\theta+\cot\theta=3$일 때, $|\sin\theta-\cos\theta|$의 값을 구하시오.

## 0374

이차방정식 $x^2+kx-5=0$의 두 근이 $\csc\theta$, $\sec\theta$일 때, 양수 $k$의 값을 구하시오.

### 유형 02 삼각함수 사이의 관계

(1) $1+\tan^2\theta=\sec^2\theta$ (2) $1+\cot^2\theta=\csc^2\theta$

확인 문제

$\tan\theta=-\frac{3}{4}$일 때, 다음 값을 구하시오.

(1) $\sec^2\theta$ (2) $\csc^2\theta$

## 0375 대표문제

보기에서 옳은 것만을 있는 대로 고른 것은?

보기

ㄱ. $\frac{\csc^2\theta-1}{\sec^2\theta-1}=\cot^4\theta$

ㄴ. $\frac{1}{1-\sin\theta}+\frac{1}{1+\sin\theta}=\sec^2\theta$

ㄷ. $\frac{\csc\theta}{\sec\theta-\tan\theta}+\frac{\csc\theta}{\sec\theta+\tan\theta}=2\csc\theta\sec\theta$

① ㄱ ② ㄴ ③ ㄱ, ㄴ
④ ㄱ, ㄷ ⑤ ㄱ, ㄴ, ㄷ

## 0376 중요

$\frac{1-\tan\theta}{1+\tan\theta}=2+\sqrt{3}$일 때, $\sec\theta\csc^2\theta$의 값은? $\left(\text{단, } \frac{3}{4}\pi<\theta<\pi\right)$

① $-\frac{10\sqrt{3}}{3}$ ② $-3\sqrt{3}$ ③ $-\frac{8\sqrt{3}}{3}$
④ $-\frac{7\sqrt{3}}{3}$ ⑤ $-2\sqrt{3}$

## 0377

$\frac{1}{\csc\theta}\left(\frac{1}{\csc\theta-1}+\frac{1}{\csc\theta+1}\right)=\frac{5}{2}$일 때, $\tan\theta+\sec^2\theta$의 값은? $\left(\text{단, } \pi<\theta<\frac{3}{2}\pi\right)$

① $\frac{9+2\sqrt{5}}{3}$ ② $\frac{9+2\sqrt{5}}{4}$ ③ $\frac{9+2\sqrt{5}}{5}$
④ $\frac{9+2\sqrt{5}}{6}$ ⑤ $\frac{9+2\sqrt{5}}{7}$

### 유형 03 삼각함수의 덧셈정리

(1) $\sin(\alpha+\beta)=\sin\alpha\cos\beta+\cos\alpha\sin\beta$
$\sin(\alpha-\beta)=\sin\alpha\cos\beta-\cos\alpha\sin\beta$

(2) $\cos(\alpha+\beta)=\cos\alpha\cos\beta-\sin\alpha\sin\beta$
$\cos(\alpha-\beta)=\cos\alpha\cos\beta+\sin\alpha\sin\beta$

(3) $\tan(\alpha+\beta)=\frac{\tan\alpha+\tan\beta}{1-\tan\alpha\tan\beta}$
$\tan(\alpha-\beta)=\frac{\tan\alpha-\tan\beta}{1+\tan\alpha\tan\beta}$

확인 문제

다음 삼각함수의 값을 구하시오.

(1) $\sin 15°$ (2) $\cos 75°$
(3) $\tan 105°$ (4) $\sin\frac{5}{12}\pi$

## 0378 대표문제

$0<\alpha<\frac{\pi}{2}$, $\frac{\pi}{2}<\beta<\pi$이고 $\sin\alpha=\frac{1}{5}$, $\cos\beta=-\frac{5}{7}$일 때, $\sin(\alpha+\beta)$의 값은?

① $\frac{11}{35}$ ② $\frac{13}{35}$ ③ $\frac{3}{7}$
④ $\frac{17}{35}$ ⑤ $\frac{19}{35}$

04 삼각함수의 미분

## 0379

$\cos\theta=\frac{\sqrt{3}}{3}$일 때, $2\cos\left(\theta-\frac{\pi}{6}\right)-\sin\theta$의 값을 구하시오.

## 0380 중요

$\tan\alpha=\frac{2}{3}$, $\tan(\alpha+\beta)=2$일 때, $\tan\beta$의 값은?

① $\frac{2}{7}$ ② $\frac{3}{7}$ ③ $\frac{4}{7}$
④ $\frac{5}{7}$ ⑤ $\frac{6}{7}$

## 0381

$\sin 80^\circ \sin 125^\circ - \sin 10^\circ \sin 35^\circ$의 값을 구하시오.

## 0382 중요 서술형

$0<\alpha-\beta<\frac{\pi}{2}$이고, $\sin(\alpha-\beta)=\frac{\sqrt{5}}{3}$, $\cos\alpha\cos\beta=\frac{1}{6}$일 때, $\sin\alpha\sin\beta$의 값을 구하시오.

## 0383

$\sin\alpha-\sin\beta=\frac{3}{5}$, $\cos\alpha-\cos\beta=\frac{4}{5}$일 때, $\cos(\alpha-\beta)$의 값은?

① $\frac{1}{8}$ ② $\frac{1}{4}$ ③ $\frac{3}{8}$
④ $\frac{1}{2}$ ⑤ $\frac{5}{8}$

## 0384

$0<x<\frac{\pi}{2}$에서 정의된 함수 $f(x)=\tan x$의 역함수를 $g(x)$라 하자. $g\left(\frac{1}{4}\right)+g\left(\frac{3}{5}\right)$의 값을 구하시오.

## 0385 교육청 기출

$\tan\alpha=-\frac{5}{12}\left(\frac{3}{2}\pi<\alpha<2\pi\right)$이고 $0\le x<\frac{\pi}{2}$일 때, 부등식

$$\cos x\le\sin(x+\alpha)\le 2\cos x$$

를 만족시키는 $x$에 대하여 $\tan x$의 최댓값과 최솟값의 합은?

① $\frac{31}{12}$ ② $\frac{37}{12}$ ③ $\frac{43}{12}$
④ $\frac{49}{12}$ ⑤ $\frac{55}{12}$

## 유형 04 삼각함수의 덧셈정리의 활용 - 방정식

이차방정식의 두 근이 삼각함수로 주어지면 이차방정식의 근과 계수의 관계를 이용하여 삼각함수에 대한 식을 세운다.

참고 이차방정식 $ax^2+bx+c=0\ (a\neq0)$의 두 근이 $\alpha$, $\beta$일 때

$$\alpha+\beta=-\frac{b}{a},\ \alpha\beta=\frac{c}{a}$$

### 0386 대표문제

이차방정식 $3x^2+ax-4=0$의 두 근이 $\tan\alpha$, $\tan\beta$이고 $\tan(\alpha+\beta)=2$일 때, 상수 $a$의 값은?

① $-14$　② $-12$　③ $-10$　④ $-8$　⑤ $-6$

### 0387 서술형

이차방정식 $x^2-5x+2=0$의 두 근이 $\tan\alpha$, $\tan\beta$일 때, $\sec^2(\alpha+\beta)$의 값을 구하시오.

### 0388

$x$에 대한 이차방정식 $x^2+x\sin\theta+\cos\theta=0$의 두 근이 $\tan\alpha$, $\tan\beta$이고 $\tan(\alpha+\beta)=\frac{1}{4}$일 때, $\cos\theta$의 값은?

① $-1$　② $-\frac{15}{17}$　③ $-\frac{13}{17}$　④ $-\frac{11}{17}$　⑤ $-\frac{9}{17}$

## 유형 05 삼각함수의 덧셈정리의 활용 - 두 직선이 이루는 각의 크기

두 직선 $l$, $m$이 $x$축의 양의 방향과 이루는 각의 크기가 각각 $\alpha$, $\beta$일 때, 두 직선이 이루는 예각의 크기를 $\theta$라 하면

$$\tan\theta=|\tan(\alpha-\beta)|=\left|\frac{\tan\alpha-\tan\beta}{1+\tan\alpha\tan\beta}\right|$$

참고 직선 $y=mx+n$이 $x$축의 양의 방향과 이루는 각의 크기를 $\theta$라 하면 $m=\tan\theta$

### 0389 대표문제

두 직선 $y=3x-2$, $y=-x+4$가 이루는 예각의 크기를 $\theta$라 할 때, $\tan\theta$의 값은?

① 1　② 2　③ 3　④ 4　⑤ 5

### 0390 중요

두 직선 $x-2y+2=0$, $3x-y=0$이 이루는 예각의 크기를 $\theta$라 할 때, $\cos\theta$의 값은?

① $\frac{1}{4}$　② $\frac{1}{2}$　③ $\frac{\sqrt{2}}{2}$　④ $\frac{3}{4}$　⑤ $\frac{\sqrt{3}}{2}$

### 0391

두 직선 $ax-2y+4=0$, $x-3y+1=0$이 이루는 예각의 크기가 $\frac{\pi}{4}$일 때, 양수 $a$의 값을 구하시오.

## 0392

그림과 같이 두 직선 $y=2x$, $y=\frac{1}{2}x$ 위의 두 점 A, B와 원점 O를 꼭짓점으로 하고 $\angle B=90°$인 직각삼각형 AOB가 있다. $\overline{OA}=5$일 때, $\overline{AB}$의 길이를 구하시오.

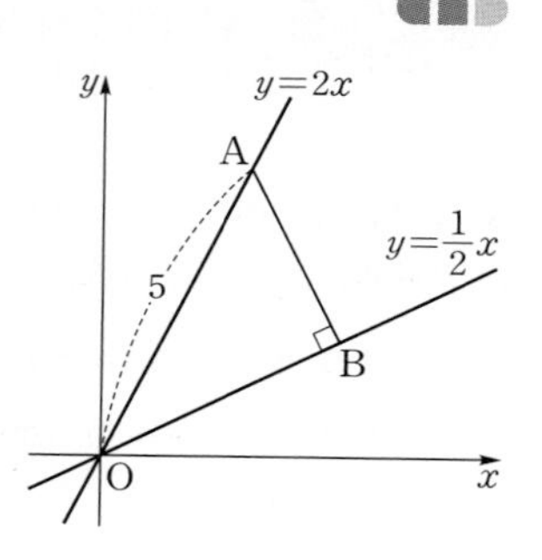


## 0393

그림과 같이 직선 $y=\frac{1}{2}x+1$ 위의 한 점을 중심으로 45°만큼 시계 반대 방향으로 회전하여 얻은 직선의 방정식을 $y=ax-3$이라 할 때, 상수 $a$의 값을 구하시오.

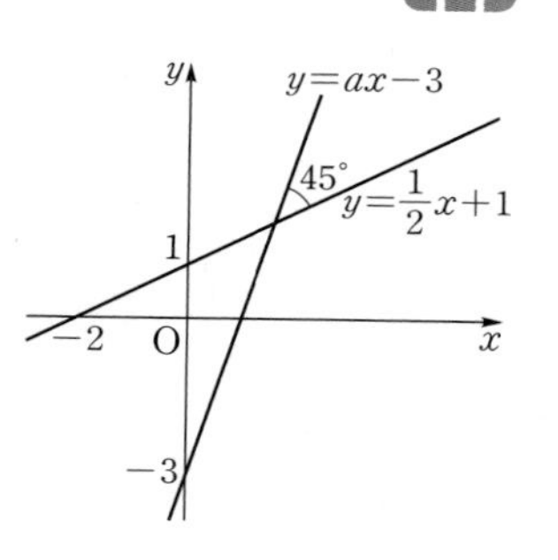


### 유형 06 삼각함수의 덧셈정리의 도형에의 활용

주어진 도형에서 삼각함수로 표현할 수 있는 적당한 각을 문자로 놓고 삼각함수의 덧셈정리를 이용한다.

## 0394 대표문제

그림과 같이 정사각형 3개를 붙여 직사각형을 만들었다. $\angle ABC=\alpha$, $\angle DBE=\beta$라 할 때, $\sin(\alpha-\beta)$의 값을 구하시오.

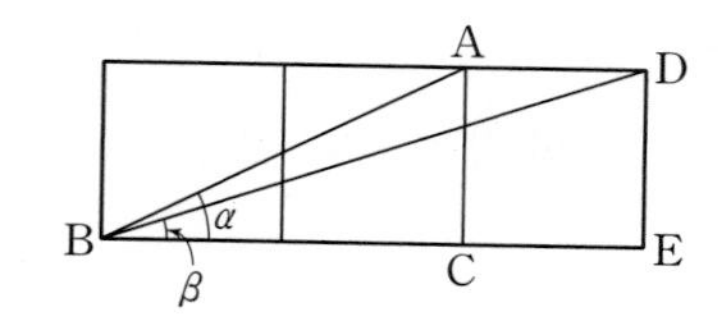


## 0395 중요

그림과 같이 $\overline{AB}=2$, $\overline{BC}=4$인 직사각형 ABCD에서 선분 AD를 $1:3$으로 내분하는 점을 E라 하자. $\angle EBD=\theta$라 할 때, $\tan\theta$의 값은?

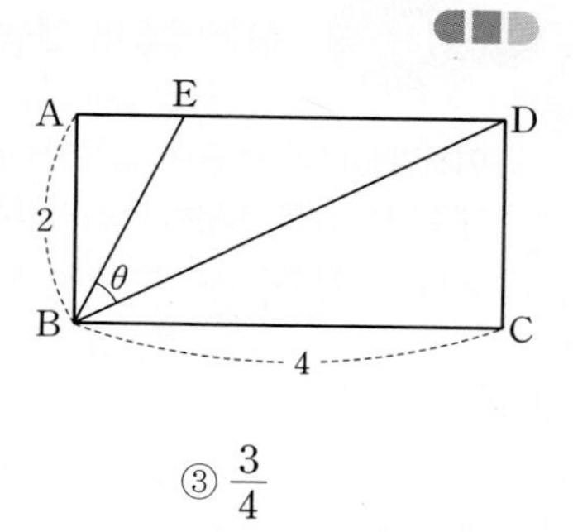


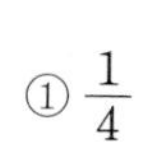

① $\frac{1}{4}$ ② $\frac{1}{2}$ ③ $\frac{3}{4}$

④ 1 ⑤ $\frac{5}{4}$

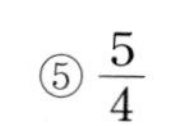

## 0396 서술형

그림과 같이 탑으로부터 6 m 떨어진 지점에서 눈높이가 1.5 m인 사람이 탑의 꼭대기를 올려본 각의 크기는 $\theta$이고, 탑의 밑부분을 내려본 각의 크기는 $\theta-\frac{\pi}{4}$이다. 탑의 높이를 구하시오.

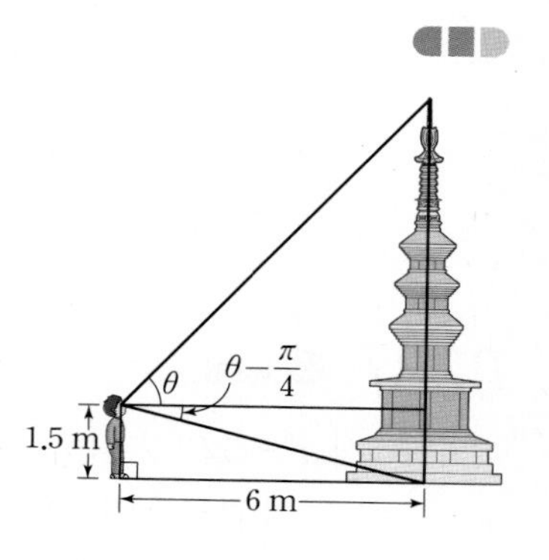


## 0397 중요

그림과 같이 지름 AB의 길이가 $2\sqrt{5}$인 반원의 호 AB 위에 $\overline{AC}=2$, $\overline{BD}=2\sqrt{2}$인 두 점 C, D를 잡고, 두 선분 AC, BD의 연장선이 만나는 점을 P라 하자. $\angle BPA=\theta$라 할 때, $\cos\theta$의 값은?

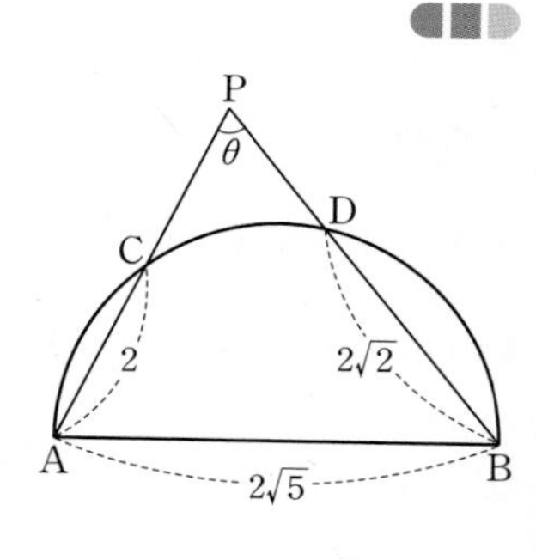


① $\frac{2\sqrt{3}-\sqrt{2}}{3}$ ② $\frac{2\sqrt{3}-\sqrt{2}}{4}$ ③ $\frac{2\sqrt{3}-\sqrt{2}}{5}$

④ $\frac{2\sqrt{3}-\sqrt{2}}{6}$ ⑤ $\frac{2\sqrt{3}-\sqrt{2}}{7}$

## 0398 수능 기출

그림과 같이 $\overline{AB}=5$, $\overline{AC}=2\sqrt{5}$인 삼각형 ABC의 꼭짓점 A에서 선분 BC에 내린 수선의 발을 D라 하자. 선분 AD를 3 : 1로 내분하는 점 E에 대하여 $\overline{EC}=\sqrt{5}$이다. $\angle ABD=\alpha$, $\angle DCE=\beta$라 할 때, $\cos(\alpha-\beta)$의 값은?

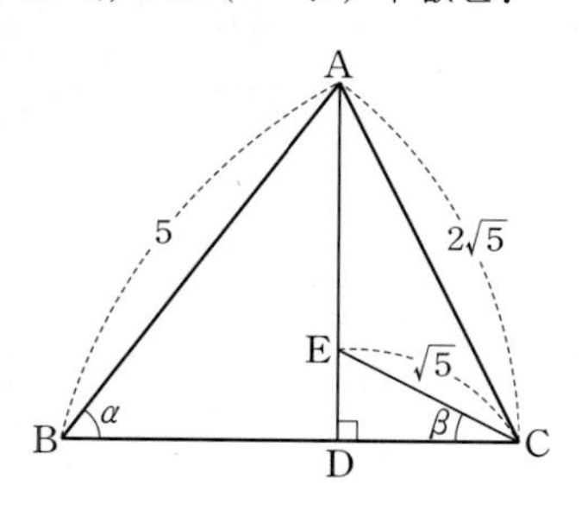


① $\frac{\sqrt{5}}{5}$　② $\frac{\sqrt{5}}{4}$　③ $\frac{3\sqrt{5}}{10}$
④ $\frac{7\sqrt{5}}{20}$　⑤ $\frac{2\sqrt{5}}{5}$

## 0399

그림과 같이 $x$축 위의 두 점 A(1, 0), B(2, 0)과 $y$축 위의 점 P(0, $a$)에 대하여 $\angle APB=\theta$라 할 때, $\cot\theta$의 최솟값을 구하시오. (단, $a>0$)

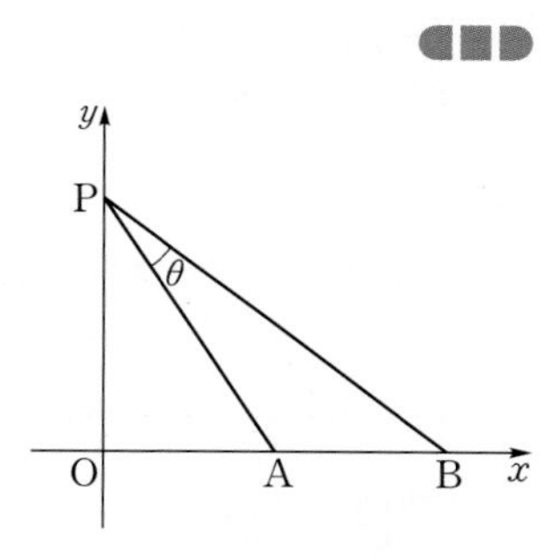


## 유형 07 배각의 공식

(1) $\sin 2\alpha=2\sin\alpha\cos\alpha$
(2) $\cos 2\alpha=\cos^2\alpha-\sin^2\alpha=2\cos^2\alpha-1=1-2\sin^2\alpha$
(3) $\tan 2\alpha=\frac{2\tan\alpha}{1-\tan^2\alpha}$

참고 삼각함수의 덧셈정리 중
$\sin(\alpha+\beta)$, $\cos(\alpha+\beta)$, $\tan(\alpha+\beta)$
에 $\beta$ 대신 $\alpha$를 대입하면 배각의 공식을 얻을 수 있다.

**확인 문제**

$\sin\alpha=-\frac{3}{5}$일 때, 다음 삼각함수의 값을 구하시오.

$\left(\text{단, } \pi<\alpha<\frac{3}{2}\pi\right)$

(1) $\sin 2\alpha$　(2) $\cos 2\alpha$　(3) $\tan 2\alpha$

## 0400 대표문제

$\sin\theta+\cos\theta=\frac{2}{3}$일 때, $\sin 2\theta$의 값을 구하시오.

## 0401

$\sin\theta-3\cos\theta=0$일 때, $\tan 2\theta$의 값은?

① $-\frac{3}{4}$　② $-\frac{1}{4}$　③ $\frac{1}{4}$
④ $\frac{3}{4}$　⑤ $\frac{5}{4}$

## 0402 중요

$\cos\theta=\frac{\sqrt{10}}{10}$일 때, $\sin 2\theta-\cos 2\theta$의 값을 구하시오.

$\left(\text{단, } 0<\theta<\frac{\pi}{2}\right)$

## 0403

함수 $f(x)=\cos 2x+4\sin x+3$의 최댓값을 $M$, 최솟값을 $m$이라 할 때, $M-m$의 값을 구하시오.

## 유형 08 배각의 공식의 활용

주어진 조건을 이용하여 필요한 삼각함수의 값을 구한 다음 배각의 공식을 이용한다.

### 0404 대표문제

그림과 같이 직선 $y=mx$가 $x$축의 양의 방향과 이루는 예각을 직선 $y=\frac{1}{4}x$가 이등분할 때, 상수 $m$의 값을 구하시오.

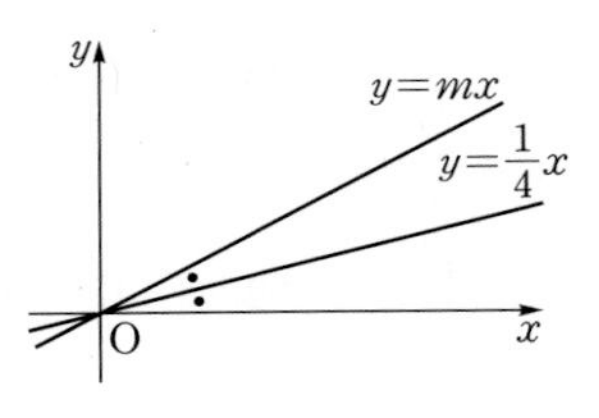


### 0405 중요

그림과 같이 직선 $y=\frac{24}{7}x$와 $x$축에 동시에 접하고, 중심이 제1사분면에 있는 원이 있다. 원점에서 이 원의 중심까지의 거리가 10일 때, 원의 반지름의 길이는?

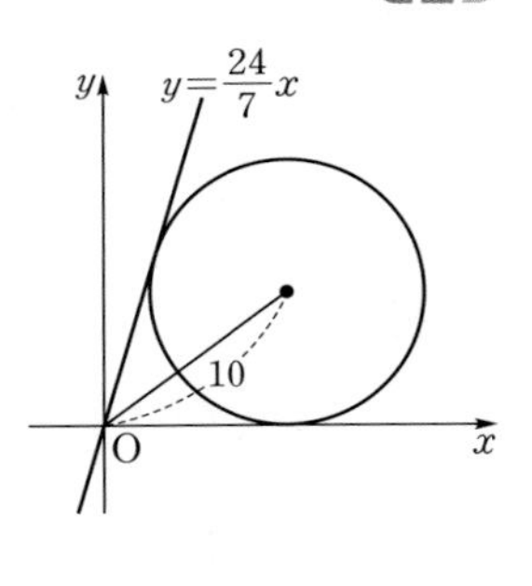


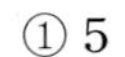

① 5　② 6　③ 7　④ 8　⑤ 9

### 0406

그림과 같이 직사각형 ABCD에서 선분 BE를 접는 선으로 하여 꼭짓점 A가 선분 CD 위의 점 F에 오도록 하자. $\overline{AB}=5$, $\overline{BC}=4$이고 $\angle EBF=\theta$라 할 때, $\cos\theta$의 값을 구하시오.

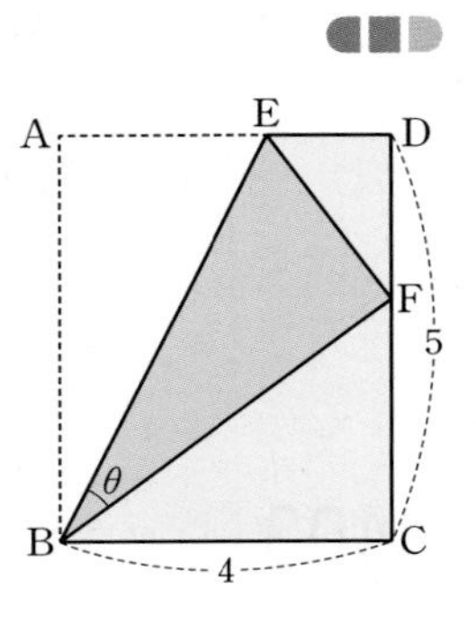


### 0407

그림과 같이 선분 AB를 지름으로 하고 점 O를 중심으로 하는 원이 있다. 원 위에 $\angle AOC=\frac{\pi}{3}$를 만족시키는 한 점 C를 잡고 점 A에서 선분 OC에 내린 수선의 발을 D라 하자. $\angle ABD=\theta$라 할 때, $\sin 2\theta$의 값은?

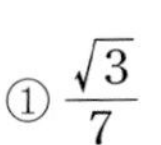

① $\frac{\sqrt{3}}{7}$　② $\frac{3\sqrt{3}}{14}$　③ $\frac{2\sqrt{3}}{7}$　④ $\frac{5\sqrt{3}}{14}$　⑤ $\frac{3\sqrt{3}}{7}$

## 유형 09 삼각함수의 합성

(1) $a\sin\theta+b\cos\theta=\sqrt{a^2+b^2}\sin(\theta+\alpha)$

$\left(\text{단, } \sin\alpha=\frac{b}{\sqrt{a^2+b^2}},\ \cos\alpha=\frac{a}{\sqrt{a^2+b^2}}\right)$

$a\sin\theta+b\cos\theta=\sqrt{a^2+b^2}\cos(\theta-\beta)$

$\left(\text{단, } \sin\beta=\frac{a}{\sqrt{a^2+b^2}},\ \cos\beta=\frac{b}{\sqrt{a^2+b^2}}\right)$

(2) 함수 $y=a\sin\theta+b\cos\theta$의 최댓값은 $\sqrt{a^2+b^2}$, 최솟값은 $-\sqrt{a^2+b^2}$이다.

참고 삼각함수의 합성은 삼각함수의 덧셈정리를 거꾸로 적용한 것이다.

확인 문제

$-\sin\theta+\sqrt{3}\cos\theta$를 $r\sin(\theta+\alpha)$ 꼴로 변형하시오.

(단, $r>0$, $0<\alpha<2\pi$)

### 0408 대표문제

함수 $y=\cos x+2\sin\left(x+\frac{\pi}{6}\right)+1$의 최댓값을 $M$, 최솟값을 $m$이라 할 때, $Mm$의 값은?

① $-6$　② $-2$　③ 2　④ 6　⑤ 10

## 0409

$3\sin\theta+4\cos\theta=r\sin(\theta+\alpha)$를 만족시키는 양수 $r$와 각 $\alpha$에 대하여 $r\tan\alpha$의 값은?

① $\frac{19}{3}$ ② $\frac{20}{3}$ ③ $7$
④ $\frac{22}{3}$ ⑤ $\frac{23}{3}$

## 0410 중요

함수 $y=\sqrt{5}\sin x-2\cos x+4$에 대하여 보기에서 옳은 것만을 있는 대로 고른 것은?

보기
ㄱ. 주기는 $2\pi$이다.
ㄴ. 최댓값은 7이다.
ㄷ. 최솟값은 $-1$이다.

① ㄱ ② ㄱ, ㄴ ③ ㄱ, ㄷ
④ ㄴ, ㄷ ⑤ ㄱ, ㄴ, ㄷ

## 0411 서술형

함수 $f(x)=a\sin x+\sqrt{11}\cos x-1$의 최댓값이 5일 때, 함수 $f(x)$의 최솟값은 $b$이다. $a-b$의 값을 구하시오. (단, $a>0$)

## 0412

함수 $f(x)=3\sqrt{2}\sin x+4\cos\left(x+\frac{\pi}{4}\right)$가 $x=\theta$에서 최댓값을 갖는다고 할 때, $\tan\theta$의 값을 구하시오. (단, $0\le x\le 2\pi$)

## 0413

그림과 같이 지름 AB의 길이가 1인 반원 위에 점 P를 잡을 때, $\overline{AP}+3\overline{PB}$의 최댓값을 구하시오.

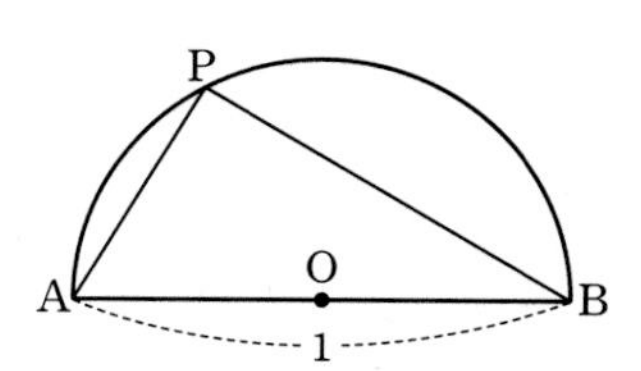


## 0414 서술형

그림과 같이 $\overline{AB}=\overline{AD}=1$, $\overline{BC}=\overline{CD}=\overline{DB}$인 사각형 ABCD에서 $\angle DAB=\theta$라 하자. 사각형 ABCD의 넓이가 최대일 때, $\sin\theta$의 값을 구하시오.

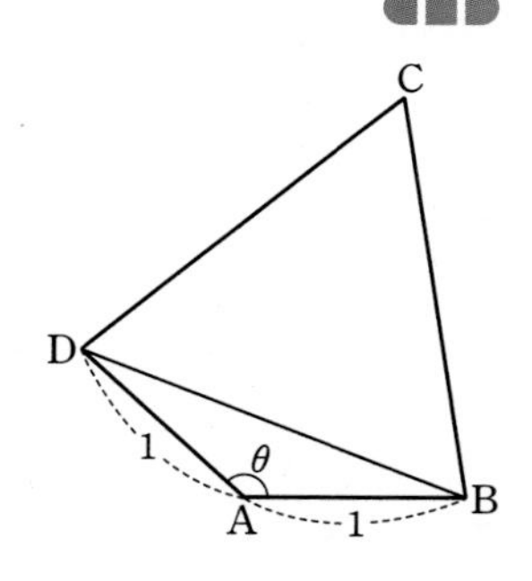

## 유형 10 삼각함수의 극한

실수 $a$에 대하여

(1) $\lim_{x\to a}\sin x=\sin a$

(2) $\lim_{x\to a}\cos x=\cos a$

(3) $\lim_{x\to a}\tan x=\tan a$ $\left(\text{단, } a\neq n\pi+\frac{\pi}{2},\ n\text{은 정수}\right)$

참고 $\lim_{x\to\infty}\sin x$, $\lim_{x\to\infty}\cos x$, $\lim_{x\to\frac{\pi}{2}}\tan x$, $\lim_{x\to-\frac{\pi}{2}}\tan x$의 값은 존재하지 않는다.

확인 문제

다음 극한값을 구하시오.

(1) $\lim_{x\to\frac{\pi}{6}}\sin 2x$　　(2) $\lim_{x\to\frac{\pi}{3}}\frac{\cos x}{\tan x}$

### 0415 대표문제

$\lim_{x\to 0}\frac{\sin^2 x}{1-\cos x}$의 값은?

① 1　② 2　③ 3　④ 4　⑤ 5

### 0416

$\lim_{x\to\frac{\pi}{3}}\frac{\tan x-\sin x}{\sec x}$의 값은?

① $\frac{\sqrt{2}}{4}$　② $\frac{\sqrt{3}}{4}$　③ $\frac{1}{2}$　④ $\frac{\sqrt{5}}{4}$　⑤ $\frac{\sqrt{6}}{4}$

### 0417 중요

$\lim_{x\to\frac{\pi}{4}}\frac{\sin x-\cos x}{1-\cot x}$의 값을 구하시오.

### 0418

$\lim_{x\to 0}\frac{\sec 2x-1}{\sec x-1}$의 값은?

① 1　② 2　③ 3　④ 4　⑤ 5

## 유형 11 $\lim_{x\to 0}\frac{\sin x}{x}$ 꼴의 극한

$x$의 단위가 라디안일 때

(1) $\lim_{x\to 0}\frac{\sin x}{x}=1$

(2) $\lim_{x\to 0}\frac{\sin ax}{bx}=\lim_{x\to 0}\left(\frac{\sin ax}{ax}\times\frac{a}{b}\right)=1\times\frac{a}{b}=\frac{a}{b}$

(단, $a$, $b$는 0이 아닌 상수)

Tip $\lim_{■\to 0}\frac{\sin ■}{■}=1$

확인 문제

다음 극한값을 구하시오.

(1) $\lim_{x\to 0}\frac{\sin 3x}{x}$　　(2) $\lim_{x\to 0}\frac{\sin 2x}{\sin 6x}$

### 0419 대표문제

$\lim_{x\to 0}\frac{\sin 2x+\sin 3x}{\sin x}$의 값을 구하시오.

### 0420

$\lim_{x\to 0}\frac{\sin(4x^3+2x^2+5x)}{3x^3-2x^2-5x}$의 값은?

① $-\frac{13}{6}$　② $-1$　③ $\frac{1}{6}$　④ $\frac{4}{3}$　⑤ $\frac{5}{2}$

## 0421 중요

$\lim_{x\to 0}\frac{\ln(1+3x)}{\sin 5x}$의 값은?

① $\frac{1}{5}$　② $\frac{1}{3}$　③ $\frac{3}{5}$
④ 1　⑤ $\frac{5}{3}$

## 0422

$\lim_{x\to 0}\frac{4\sin x^{\circ}}{x}$의 값은?

① $\frac{\pi}{90}$　② $\frac{\pi}{60}$　③ $\frac{\pi}{45}$
④ $\frac{\pi}{30}$　⑤ $\pi$

## 0423

$\lim_{x\to 0}\frac{\sin x+\sin 2x+\sin 2^2x+\cdots+\sin 2^{10}x}{x}$의 값을 구하시오.

## 유형 12 $\lim_{x\to 0}\frac{\tan x}{x}$ 꼴의 극한

$x$의 단위가 라디안일 때

(1) $\lim_{x\to 0}\frac{\tan x}{x}=1$

(2) $\lim_{x\to 0}\frac{\tan ax}{bx}=\lim_{x\to 0}\left(\frac{\tan ax}{ax}\times\frac{a}{b}\right)=1\times\frac{a}{b}=\frac{a}{b}$

(단, $a$, $b$는 0이 아닌 상수)

Tip 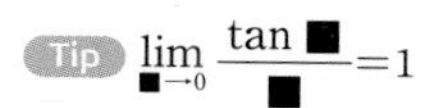

확인 문제

다음 극한값을 구하시오.

(1) $\lim_{x\to 0}\frac{\tan 3x}{5x}$　(2) $\lim_{x\to 0}\frac{\tan 4x}{\tan 3x}$

## 0424 대표문제

$\lim_{x\to 0}\frac{\tan(\tan 2x)}{\tan 5x}$의 값을 구하시오.

## 0425 중요

$\lim_{x\to 0}\frac{\tan 3x}{\sin 2x\cos 2x}$의 값은?

① $\frac{3}{5}$　② $\frac{3}{4}$　③ 1
④ $\frac{3}{2}$　⑤ 3

## 0426

$\lim_{x\to 0}\frac{(2^x-1)(e^x-1)}{x\tan 3x}$의 값은?

① $\ln\sqrt[3]{2}$　② $\ln\sqrt{2}$　③ $\ln\sqrt[3]{3}$
④ $\ln\sqrt{3}$　⑤ $\ln 2$

## 0427

함수 $f(x)=3x^3-x$에 대하여 $\lim_{x\to0}\frac{\sin(\tan 2x)}{\tan f(x)}$의 값을 구하시오.

### 유형 13 $\lim_{x\to0}\frac{1-\cos x}{x}$ 꼴의 극한

분자와 분모에 $1+\cos x$를 각각 곱한 후 $1-\cos^2 x=\sin^2 x$임을 이용하여 극한값을 구한다.

## 0428 대표문제

$\lim_{x\to0}\frac{1-\cos 2x}{x^2}$의 값은?

① $-1$　② $-\frac{1}{2}$　③ $\frac{1}{2}$
④ 1　⑤ 2

## 0429 중요

$\lim_{x\to0}\frac{1-\cos 4x}{x\sin 3x}$의 값은?

① $\frac{5}{3}$　② 2　③ $\frac{7}{3}$
④ $\frac{8}{3}$　⑤ 3

## 0430 서술형

$\lim_{x\to0}\frac{1-\cos ax}{4x^2}=\frac{9}{2}$일 때, 양수 $a$의 값을 구하시오.

## 0431

함수 $f(x)$에 대하여 $\lim_{x\to0}\frac{f(x)}{1-\cos(x^2)}=10$일 때,
$\lim_{x\to0}\frac{f(x)}{x^a}=b$이다. $ab$의 값을 구하시오. (단, $a>0$, $b>0$)

## 0432 교육청 기출

함수 $f(x)$에 대하여 $\lim_{x\to0}f(x)\left(1-\cos\frac{x}{2}\right)=1$일 때, $\lim_{x\to0}x^2f(x)$의 값을 구하시오.

## 유형 14 치환을 이용한 삼각함수의 극한 - $x \to a$ $(a \neq 0)$일 때 $x-a=t$로 치환

삼각함수의 극한에서 0이 아닌 실수 $a$에 대하여 $x \to a$일 때
➡ $x-a=t$로 치환하여 $t \to 0$이 되도록 식을 변형한 후
$\lim_{t \to 0} \frac{\sin t}{t}=1$, $\lim_{t \to 0} \frac{\tan t}{t}=1$임을 이용하여 극한값을 구한다.

### 0433 대표문제

$\lim_{x \to \pi} \frac{\sin x \cos x}{x-\pi}$의 값은?

① $-1$　② $-\frac{1}{2}$　③ $\frac{1}{2}$
④ 1　⑤ 2

### 0434

$\lim_{x \to 1} \frac{\sin(x-1)}{\ln x}$의 값은?

① $-2$　② $-1$　③ 0
④ 1　⑤ 2

### 0435 중요

$\lim_{x \to \frac{\pi}{4}} \frac{\tan(4x-\pi)}{x-\frac{\pi}{4}}$의 값은?

① 1　② 2　③ 4
④ 8　⑤ 16

### 0436 서술형

$\lim_{x \to \frac{\pi}{3}} \frac{\sin x-\sqrt{3}\cos x}{x-\frac{\pi}{3}}$의 값을 구하시오.

## 유형 15 치환을 이용한 삼각함수의 극한 - $x \to \infty$일 때 $\frac{1}{x}=t$로 치환

삼각함수의 극한에서 $x \to \infty$일 때
➡ $\frac{1}{x}=t$로 치환하여 $t \to 0$이 되도록 식을 변형한 후
$\lim_{t \to 0} \frac{\sin t}{t}=1$, $\lim_{t \to 0} \frac{\tan t}{t}=1$임을 이용하여 극한값을 구한다.

### 0437 대표문제

$\lim_{x \to \infty} x\sin\frac{1}{x}$의 값을 구하시오.

### 0438 중요

$\lim_{x \to \infty} 2x\tan\frac{3}{x}$의 값을 구하시오.

### 0439

$\lim_{x \to \infty}\left(x^2-x^2\cos\frac{1}{2x}\right)$의 값은?

① $\frac{1}{8}$　② $\frac{1}{4}$　③ $\frac{1}{2}$
④ 1　⑤ 2

## 0440 중요

$\lim_{x\to\infty}\cot\frac{1}{x}\sin\left(\tan\frac{1}{x}\right)$의 값은?

① $-1$　② $0$　③ $1$
④ $2$　⑤ $3$

## 0441

$\lim_{x\to-\infty}\frac{1}{x^2}\csc\frac{1}{x}\cot\frac{1}{x}$의 값을 구하시오.

## 유형 16 삼각함수의 극한에서 미정계수의 결정

$\lim_{x\to a}\frac{f(x)}{g(x)}=\alpha$ ($\alpha$는 실수)일 때

(1) $\lim_{x\to a}g(x)=0$이면 $\lim_{x\to a}f(x)=0$

(2) $\lim_{x\to a}f(x)=0$, $\alpha\neq0$이면 $\lim_{x\to a}g(x)=0$

## 0442 대표문제

$\lim_{x\to0}\frac{\ln(x+a)}{\sin 3x}=b$일 때, 상수 $a$, $b$에 대하여 $a+b$의 값은?

① $\frac{1}{3}$　② $\frac{2}{3}$　③ $1$
④ $\frac{4}{3}$　⑤ $\frac{5}{3}$

## 0443 중요 서술형

$\lim_{x\to0}\frac{\tan 3x}{\sqrt{ax+b}-1}=1$일 때, 상수 $a$, $b$에 대하여 $ab$의 값을 구하시오.

## 0444 평가원 기출

두 양수 $a$, $b$가 $\lim_{x\to0}\frac{\sin 7x}{2^{x+1}-a}=\frac{b}{2\ln 2}$를 만족시킬 때, $ab$의 값을 구하시오.

## 0445

일차함수 $f(x)$에 대하여 $\lim_{x\to-\pi}\frac{f(x)}{\sin(\pi+x)}=2$일 때, $f\left(\frac{\pi}{2}\right)$의 값은?

① $\pi$　② $2\pi$　③ $3\pi$
④ $4\pi$　⑤ $5\pi$

정답과 풀이 92쪽

## 유형 17 삼각함수의 극한의 도형에의 활용

구하는 선분의 길이, 도형의 넓이 등을 삼각함수에 대한 식으로 나타낸 후 극한값을 구한다.

(1) $\overline{AB}=\overline{AC}\cos\theta$

(2) $\overline{BC}=\overline{AC}\sin\theta=\overline{AB}\tan\theta$

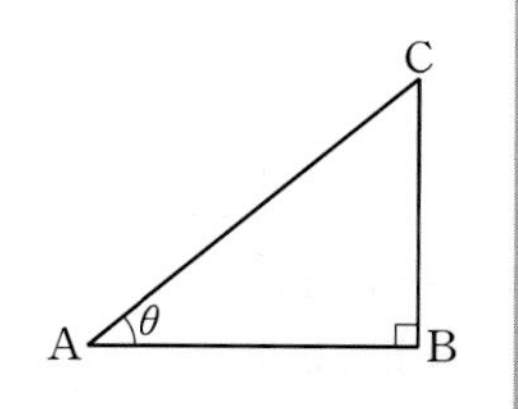


### 0446 대표문제

그림과 같이 반지름의 길이가 1이고 중심각의 크기가 $\frac{\pi}{2}$인 부채꼴 OAB가 있다. 호 AB 위의 점 P에서 선분 OB에 내린 수선의 발을 H, $\angle POH=\theta$라 할 때, $\lim\limits_{\theta\to0+}\frac{\overline{BH}}{\theta^2}$의 값은? $\left(\text{단, } 0<\theta<\frac{\pi}{2}\right)$

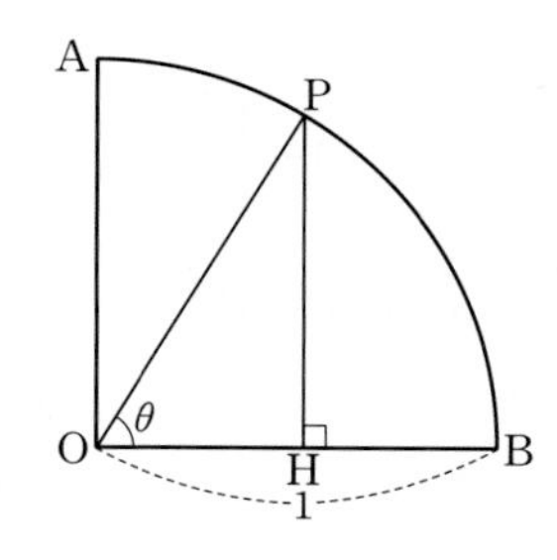


① $\frac{1}{8}$ ② $\frac{1}{4}$ ③ $\frac{3}{8}$

④ $\frac{1}{2}$ ⑤ $\frac{5}{8}$

### 0447

그림과 같이 $\overline{BC}=6$, $\angle A=\frac{\pi}{2}$인 직각삼각형 ABC가 있다. 점 A에서 선분 BC에 내린 수선의 발을 H, $\angle ABC=\theta$라 할 때, $\lim\limits_{\theta\to0+}\frac{\overline{CH}}{\theta^2}$의 값을 구하시오. $\left(\text{단, } 0<\theta<\frac{\pi}{2}\right)$

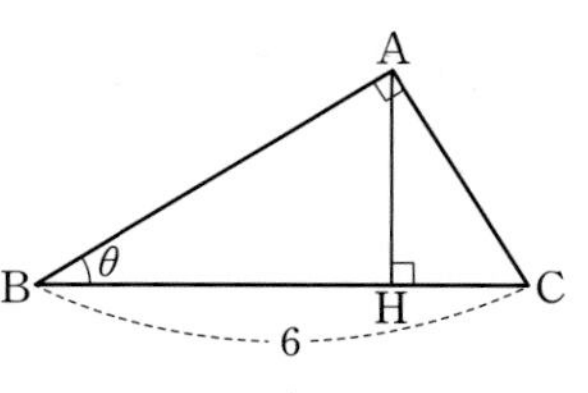
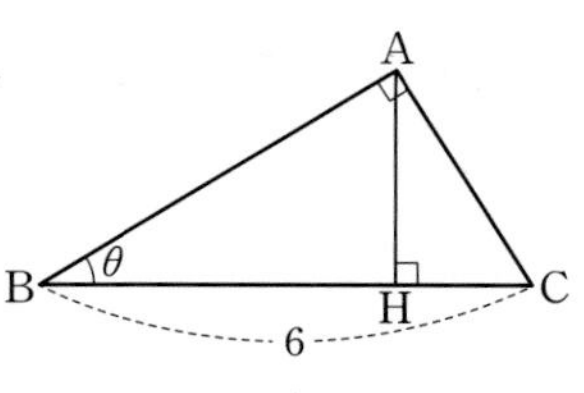


### 0448 중요

그림과 같이 $\overline{AB}=2$, $\angle BAC=\frac{\pi}{2}$, $\angle ABC=\theta$인 직각삼각형 ABC에 대하여 점 A에서 선분 BC에 내린 수선의 발을 H, 삼각형 AHC의 넓이를 $S(\theta)$라 하자. $\lim\limits_{\theta\to0+}\frac{S(\theta)}{\theta^3}$의 값을 구하시오. $\left(\text{단, } 0<\theta<\frac{\pi}{2}\right)$

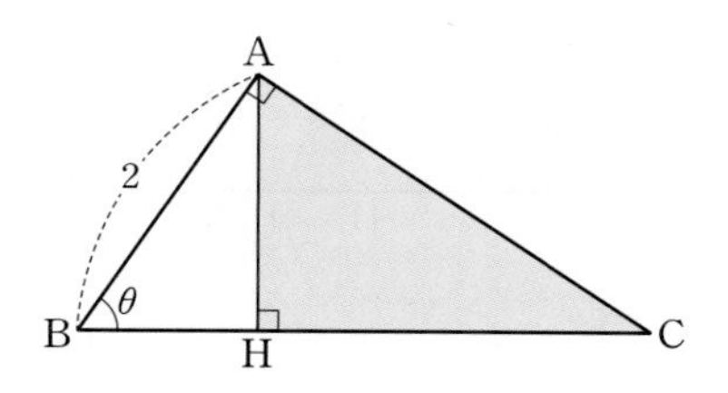


### 0449 중요 서술형

그림과 같이 반지름의 길이가 1, 중심각의 크기가 $2\theta$인 부채꼴 AOB에 내접하고 반지름의 길이가 $r$인 원의 넓이를 $S(\theta)$라 할 때, $\lim\limits_{\theta\to0+}\frac{S(\theta)}{\theta^2}$의 값을 구하시오. $\left(\text{단, } 0<\theta<\frac{\pi}{4}\right)$

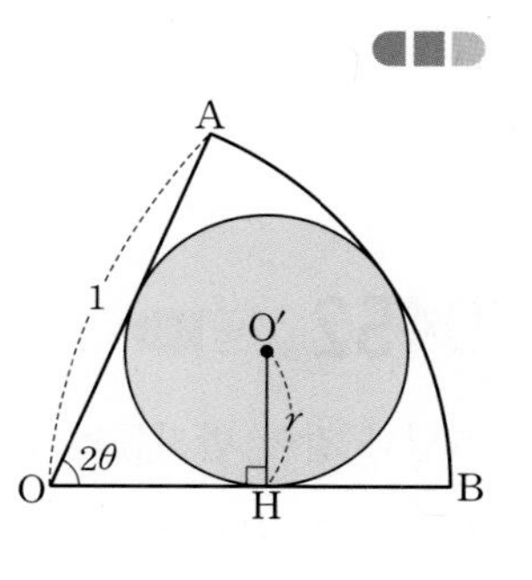


### 0450

그림과 같이 길이가 2인 선분 AB를 지름으로 하는 반원 위의 점 P에 대하여 $\angle PAB=\theta$라 하자. 선분 OB 위의 점 C가 $\angle APO=\angle CPO$를 만족시킬 때, $\lim\limits_{\theta\to0+}\overline{PC}$의 값을 구하시오. $\left(\text{단, } 0<\theta<\frac{\pi}{4}\right)$

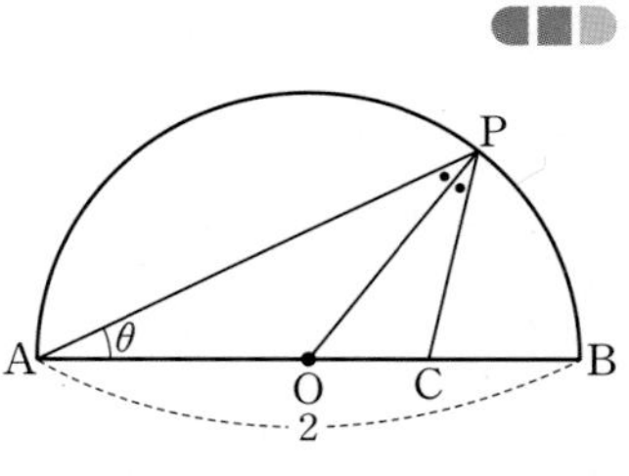

## 0451

그림과 같이 $\overline{AB}=2$, $\overline{AC}=\overline{BC}$인 이등변삼각형 ABC에서 선분 AB 위에 $\overline{AC}=\overline{AD}$가 되도록 점 D를 잡는다. 점 C에서 선분 AB에 내린 수선의 발을 H라 할 때, 삼각형 CHD의 넓이를 $S(\theta)$라 하자. $\lim_{\theta \to 0+} \frac{S(\theta)}{\theta^3}$의 값은? $\left(\text{단, } 0<\theta<\frac{\pi}{3}\right)$

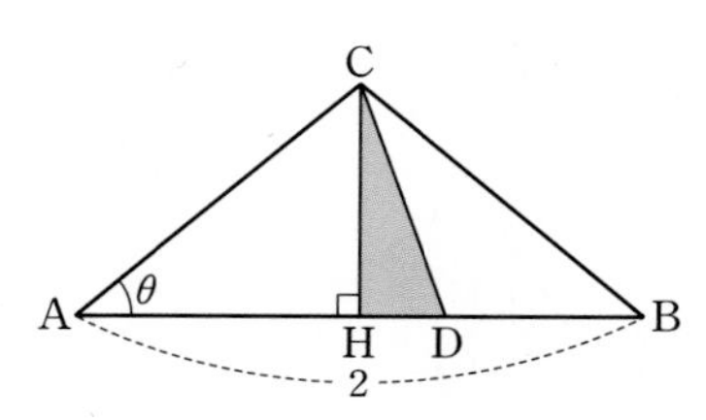


① $\frac{1}{8}$ ② $\frac{1}{4}$ ③ $\frac{3}{8}$
④ $\frac{1}{2}$ ⑤ $\frac{5}{8}$

## 0452 수능 기출

그림과 같이 반지름의 길이가 1이고 중심각의 크기가 $\frac{\pi}{2}$인 부채꼴 OAB가 있다. 호 AB 위의 점 P에서 선분 OA에 내린 수선의 발을 H, 선분 PH와 선분 AB의 교점을 Q라 하자. $\angle POH=\theta$일 때, 삼각형 AQH의 넓이를 $S(\theta)$라 하자. $\lim_{\theta \to 0+} \frac{S(\theta)}{\theta^4}$의 값은? $\left(\text{단, } 0<\theta<\frac{\pi}{2}\right)$

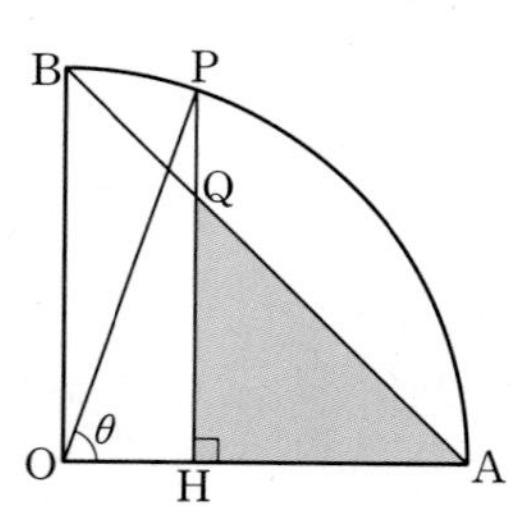


① $\frac{1}{8}$ ② $\frac{1}{4}$ ③ $\frac{3}{8}$
④ $\frac{1}{2}$ ⑤ $\frac{5}{8}$

### 유형 18 삼각함수의 연속

$x\neq a$인 모든 실수 $x$에서 연속인 함수 $g(x)$에 대하여

$$f(x)=\begin{cases} g(x) & (x\neq a) \\ k & (x=a) \end{cases} \quad (k\text{는 상수})$$

일 때, 함수 $f(x)$가 모든 실수 $x$에서 연속이면

➡ $\lim_{x \to a} g(x)=k$

## 0453 대표문제

함수 $f(x)=\begin{cases} \frac{\tan 2(x-1)}{x-1} & (x\neq 1) \\ a & (x=1) \end{cases}$이 $x=1$에서 연속일 때, 상수 $a$의 값은?

① 1 ② 2 ③ 3
④ 4 ⑤ 5

## 0454 중요

함수 $f(x)=\begin{cases} \frac{1-\cos ax}{x\sin x} & (x<0) \\ \cos x+1 & (x\geq 0) \end{cases}$이 $x=0$에서 연속일 때, 양수 $a$의 값은?

① 1 ② 2 ③ 3
④ 4 ⑤ 5

## 0455

등식 $(e^{2x}-1)f(x)=\sin ax$를 만족시키는 함수 $f(x)$가 $x=0$에서 연속이다. $f(0)=3$일 때, 상수 $a$의 값을 구하시오. (단, $a\neq 0$)

## 0456

함수 $f(x)=\begin{cases} \dfrac{1-\cos x}{ax^2} & (x<0) \\ b & (x=0) \\ \dfrac{e^x+\sin x+c}{x} & (x>0) \end{cases}$이 $x=0$에서 연속일 때, 상수 $a$, $b$, $c$에 대하여 $a+b+c$의 값은?

① $\frac{3}{4}$ ② $1$ ③ $\frac{5}{4}$
④ $\frac{3}{2}$ ⑤ $\frac{7}{4}$

### 유형 19 삼각함수의 도함수

(1) $y=\sin x$이면 $y'=\cos x$
(2) $y=\cos x$이면 $y'=-\sin x$

확인 문제

다음 함수를 미분하시오.
(1) $y=3\cos x+\sin x$
(2) $y=\sin x\cos x$

## 0457 대표문제

함수 $f(x)=e^x(2\cos x+1)$에 대하여 $f'(0)$의 값은?

① $-1$ ② $0$ ③ $1$
④ $2$ ⑤ $3$

## 0458

함수 $f(x)=\sin 2x$에 대하여 $f'\left(\frac{\pi}{4}\right)$의 값을 구하시오.

## 0459 중요 서술형

곡선 $y=e^x(a\sin x+b\cos x)$ 위의 점 $(0,\ 2)$에서의 접선의 기울기가 5일 때, 상수 $a$, $b$에 대하여 $a-b$의 값을 구하시오.

## 0460 중요

함수 $f(x)=2\sin x+x\cos x$와 실수 전체의 집합에서 미분가능한 함수 $g(x)$에 대하여 $h(x)=f(x)g(x)$라 하자. $g(0)=2$일 때, $h'(0)$의 값을 구하시오.

## 0461

함수 $f(x)=\sqrt{3}\sin x+\cos x$에 대하여 $f'(\alpha)=0$을 만족시키는 모든 $\alpha$의 값의 합은? (단, $-\pi<\alpha<\pi$)

① $-\pi$ ② $-\frac{\pi}{2}$ ③ $-\frac{\pi}{3}$
④ $\frac{\pi}{3}$ ⑤ $\frac{\pi}{2}$

## 0462

함수 $f(x)=\sin x$에 대하여 $\lim_{x\to\frac{\pi}{2}}\frac{f'(x)}{2x-\pi}$의 값을 구하시오.

## 유형 20 삼각함수의 도함수 - 미분계수를 이용한 극한값의 계산

❶ 미분계수의 정의를 이용하여 주어진 식을 $f'(a)$가 포함된 식으로 변형한다.

$$\lim_{h\to 0}\frac{f(a+h)-f(a)}{h}=f'(a)$$

$$\lim_{x\to a}\frac{f(x)-f(a)}{x-a}=f'(a)$$

❷ $f(x)$를 $x$에 대하여 미분하여 $f'(a)$를 구한 후 ❶에 대입한다.

### 0463 대표문제

함수 $f(x)=\sin x-2\cos x$에 대하여 $\lim_{x\to\frac{\pi}{2}}\frac{f(x)-1}{x-\frac{\pi}{2}}$의 값은?

① $\frac{1}{2}$　② 1　③ $\frac{3}{2}$　④ 2　⑤ $\frac{5}{2}$

### 0464 중요

함수 $f(x)=(x^2+x)\cos x$에 대하여 $\lim_{h\to 0}\frac{f(\pi+2h)-f(\pi-h)}{h}$의 값은?

① $-6\pi-3$　② $-5\pi-3$　③ $-4\pi-3$　④ $-3\pi-3$　⑤ $-2\pi-3$

### 0465

함수 $f(x)=x\sin x$에 대하여 $\lim_{x\to 0}\frac{f(\pi+\sin x)-f(\pi)}{x}$의 값은?

① $-\pi$　② $-1$　③ 1　④ 2　⑤ $\pi$

## 유형 21 삼각함수의 미분가능성

함수 $f(x)=\begin{cases} g(x) & (x<a) \\ h(x) & (x\ge a)\end{cases}$가 $x=a$에서 미분가능하면

(1) 함수 $f(x)$가 $x=a$에서 연속이다.

➡ $\lim_{x\to a-}g(x)=\lim_{x\to a+}h(x)=h(a)$

(2) $f'(a)$가 존재한다.

➡ $\lim_{x\to a-}g'(x)=\lim_{x\to a+}h'(x)$

### 0466 대표문제

함수 $f(x)=\begin{cases} \sin x+a & (x<0) \\ e^x+bx & (x\ge 0)\end{cases}$이 $x=0$에서 미분가능하도록 하는 상수 $a$, $b$에 대하여 $a+b$의 값은?

① $-1$　② 0　③ 1　④ 2　⑤ 3

### 0467

함수 $f(x)=\begin{cases} a\sin x\cos x & (x<0) \\ x^2+bx+c & (x\ge 0)\end{cases}$이 실수 전체의 집합에서 미분가능하고 $f(1)=3$일 때, 상수 $a$, $b$, $c$에 대하여 $a+b+c$의 값은?

① 1　② 2　③ 3　④ 4　⑤ 5

### 0468 중요

함수 $f(x)=\begin{cases} a\sin x+\cos x & (x<\pi) \\ b\cos x\ln x & (x\ge \pi)\end{cases}$가 모든 실수 $x$에서 미분가능할 때, 상수 $a$, $b$에 대하여 $\frac{b}{a}$의 값은?

① $\pi$　② $2\pi$　③ $3\pi$　④ $4\pi$　⑤ $5\pi$

# 내신 잡는 종합 문제

정답과 풀이 97쪽

## 0469

$\tan\theta=\frac{1}{3}$일 때, $\csc^2\theta+\sec^2\theta$의 값은?

① $\frac{32}{3}$ ② $\frac{97}{9}$ ③ $\frac{98}{9}$
④ $11$ ⑤ $\frac{100}{9}$

## 0470

$\lim_{x\to0}\frac{\sin 4x}{\ln(1+2x)}$의 값은?

① $\frac{1}{2}$ ② $1$ ③ $\frac{3}{2}$
④ $2$ ⑤ $\frac{5}{2}$

## 0471

함수 $f(x)=\lim_{h\to0}\frac{x\sin(x+h)-x\sin x}{h}$에 대하여 $f'(\pi)$의 값을 구하시오.

## 0472

직선 $x-3y+2=0$이 $x$축의 양의 방향과 이루는 각의 크기를 $\theta$라 할 때, $\sec\theta\tan\theta$의 값은? $\left(\text{단, } 0<\theta<\frac{\pi}{2}\right)$

① $\frac{1}{3}$ ② $\frac{\sqrt{10}}{9}$ ③ $\frac{\sqrt{11}}{9}$
④ $\frac{2\sqrt{3}}{9}$ ⑤ $\frac{\sqrt{13}}{9}$

## 0473

$\lim_{x\to0}\frac{\sin 2x-2\sin x}{x^3}$의 값은?

① $-2$ ② $-1$ ③ $0$
④ $1$ ⑤ $2$

## 0474

$\lim_{x\to0}\frac{\sqrt{ax+b}-2}{\sin 2x}=3$일 때, 상수 $a$, $b$에 대하여 $a-b$의 값은?

① 16 ② 18 ③ 20
④ 22 ⑤ 24

## 0475

함수 $y=\sqrt{3}\sin x+\cos x$의 그래프는 함수 $y=a\sin x$의 그래프를 $x$축의 방향으로 $b$만큼 평행이동한 것이다. 상수 $a$, $b$에 대하여 $ab$의 값은? (단, $a>0$, $-\pi\le b\le\pi$)

① $-\frac{\pi}{3}$ ② $-\frac{\pi}{6}$ ③ $\frac{\pi}{6}$
④ $\frac{\pi}{3}$ ⑤ $\frac{2}{3}\pi$

## 0476

$0<\alpha<\beta<2\pi$이고 $\cos\alpha=\cos\beta=\frac{1}{4}$일 때, $\sin(\beta-\alpha)$의 값은?

① $-\frac{\sqrt{15}}{4}$ ② $-\frac{\sqrt{15}}{8}$ ③ $-\frac{\sqrt{15}}{16}$
④ $\frac{\sqrt{15}}{16}$ ⑤ $\frac{\sqrt{15}}{8}$

## 0477

$\lim_{x\to-2}\frac{x^2-4}{\tan\pi x}$의 값은?

① $-\frac{1}{\pi}$ ② $-\frac{2}{\pi}$ ③ $-\frac{3}{\pi}$
④ $-\frac{4}{\pi}$ ⑤ $-\frac{5}{\pi}$

## 0478

이차방정식 $x^2+ax-3a+1=0$의 두 근이 $\tan\alpha$, $\tan\beta$일 때, $\csc^2(\alpha+\beta)$의 값은? (단, $a$는 상수이다.)

① 2 ② 4 ③ 6
④ 8 ⑤ 10

## 0479

$\lim_{x\to\infty}3x\cos\left(\frac{\pi}{2}-\frac{4}{x}\right)$의 값은?

① 3 ② 6 ③ 9
④ 12 ⑤ 15

## 0480

$0\le x\le\pi$에서 정의된 함수

$$f(x)=\begin{cases}4\cos x\tan x+a & \left(x\ne\frac{\pi}{2}\right)\\ 5a & \left(x=\frac{\pi}{2}\right)\end{cases}$$

가 $x=\frac{\pi}{2}$에서 연속일 때, 함수 $f(x)$의 최댓값과 최솟값의 합은? (단, $a$는 상수이다.)

① 2 ② 3 ③ 4
④ 5 ⑤ 6

## 0481

실수 $a$에 대하여 함수 $f(x)=\sin x+\cos x$가

$$\lim_{x\to a}\frac{\{f(x)\}^2-\{f(a)\}^2}{x-a}=1$$

을 만족시킬 때, $\cos 2a$의 값을 구하시오.

## 0482

$0\le x<2\pi$일 때, 방정식 $2\cos 2x=3\cos x-1$의 모든 실근의 합은?

① $\pi$ ② $\frac{3}{2}\pi$ ③ $2\pi$
④ $\frac{5}{2}\pi$ ⑤ $3\pi$

## 0483

보기에서 옳은 것만을 있는 대로 고른 것은?

보기

ㄱ. $\lim_{x\to 0}\frac{\cos x-1}{\sec^2 x-1}=-\frac{1}{2}$

ㄴ. $\lim_{x\to 0}\frac{1-\cos x}{1-\cos 3x}=\frac{1}{3}$

ㄷ. $\lim_{x\to 0}\frac{\cos^4 x-1}{x^2}=-2$

① ㄱ ② ㄷ ③ ㄱ, ㄴ
④ ㄱ, ㄷ ⑤ ㄱ, ㄴ, ㄷ

## 0484

함수 $f(x)=\begin{cases} e^{x+1} & (x<0) \\ a\sin x+b\cos x & (x\ge 0)\end{cases}$이 모든 실수 $x$에서 미분가능할 때, 상수 $a$, $b$에 대하여 $a+b$의 값은?

① $-e$ ② $0$ ③ $e$
④ $2e$ ⑤ $3e$

## 0485

실수 전체의 집합에서 연속인 함수 $f(x)$가 모든 실수 $x$에 대하여

$$x(e^{3x}-1)f(x)=3-a\cos x$$

를 만족시킬 때, $\frac{6f(0)}{a}$의 값을 구하시오.

(단, $a$는 0이 아닌 상수이다.)

## 0486

그림과 같이 원점에서 $x$축에 접하는 원 $C$가 있다. 원 $C$와 직선 $y=\frac{3}{4}x$가 만나는 점 중 원점이 아닌 점을 P라 할 때, 원 $C$ 위의 점 P에서의 접선의 기울기를 구하시오.

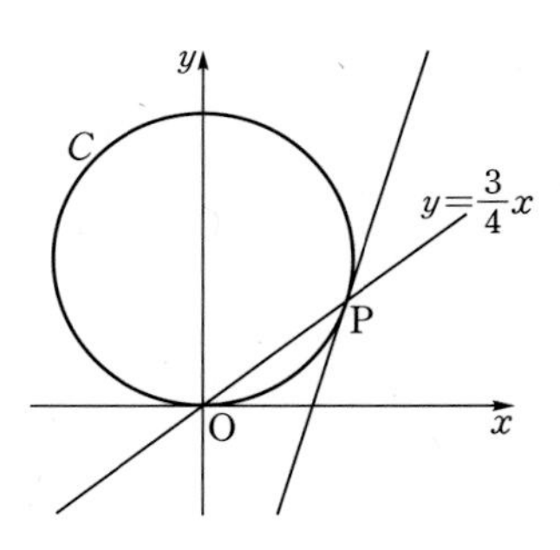

## 0487

그림과 같이 두 점 O(0, 0), A(4, 0)을 지름의 양 끝점으로 하는 원 위의 점 P에 대하여 선분 OP의 연장선 위에 $\overline{PQ}=2$가 되도록 점 Q를 잡는다.

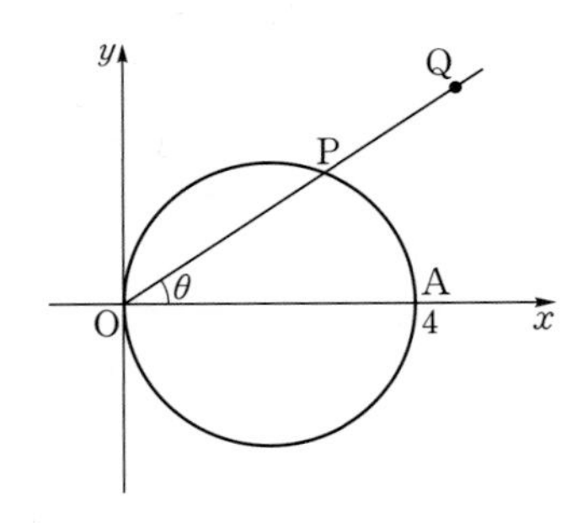


$\angle POA=\theta$라 할 때, 점 Q의 좌표를 $(f(\theta),\ g(\theta))$라 하자. 함수 $h(\theta)=f(\theta)+g'(\theta)$의 최댓값을 구하시오.

$\left(\text{단, } 0\le\theta<\frac{\pi}{2}\text{이고 점 P의 } y\text{좌표는 } g(\theta)\text{보다 작다.}\right)$

## 0488 수능 기출

그림과 같이 $\overline{AB}=2$, $\angle B=\frac{\pi}{2}$인 직각삼각형 ABC에서 중심이 A, 반지름의 길이가 1인 원이 두 선분 AB, AC와 만나는 점을 각각 D, E라 하자. 호 DE의 삼등분점 중 점 D에 가까운 점을 F라 하고, 직선 AF가 선분 BC와 만나는 점을 G라 하자. $\angle BAG=\theta$라 할 때, 삼각형 ABG의 내부와 부채꼴 ADF의 외부의 공통부분의 넓이를 $f(\theta)$, 부채꼴 AFE의 넓이를 $g(\theta)$라 하자. $40\times\lim_{\theta\to0+}\frac{f(\theta)}{g(\theta)}$의 값을 구하시오.

$\left(\text{단, } 0<\theta<\frac{\pi}{6}\right)$

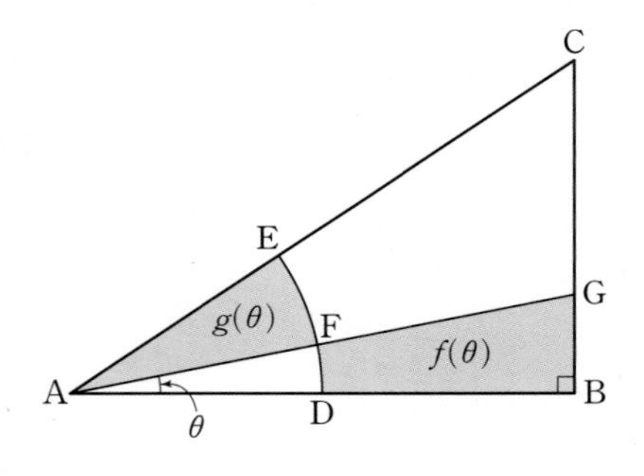

## 서술형 대비하기

## 0489

그림과 같이 점 O를 중심으로 하고 반지름의 길이가 각각 1, $\sqrt{5}$인 두 원 $C_1$, $C_2$가 있다. 원 $C_1$ 위의 두 점 P, Q와 원 $C_2$ 위의 점 R에 대하여 $\angle QOP=\alpha$, $\angle ROQ=\beta$라 하자. $\overline{OQ}\perp\overline{QR}$이고 $\sin\alpha=\frac{4}{5}$일 때, $\cos(\alpha+\beta)$의 값을 구하시오.

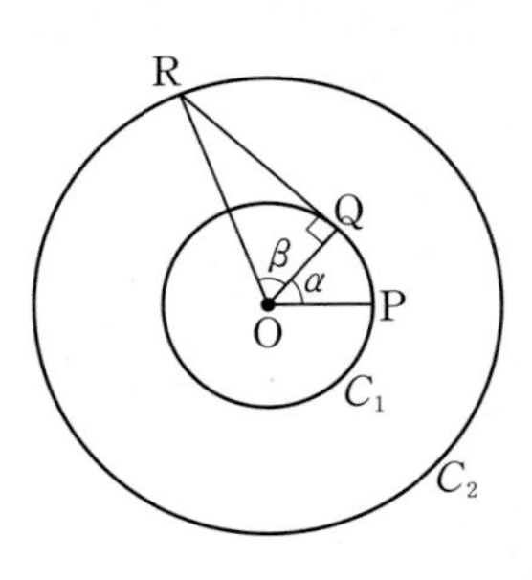


$\left(\text{단, } 0<\alpha<\frac{\pi}{2},\ 0<\beta<\frac{\pi}{2}\right)$

## 0490

그림과 같이 $\overline{AB}=2$, $\overline{AC}=3$인 삼각형 ABC에서 $\angle A$의 이등분선이 선분 BC와 만나는 점을 D라 하자. $\angle BAD=\angle DAC=\theta$라 할 때, $\lim_{\theta\to0+}\overline{AD}$의 값을 구하시오.

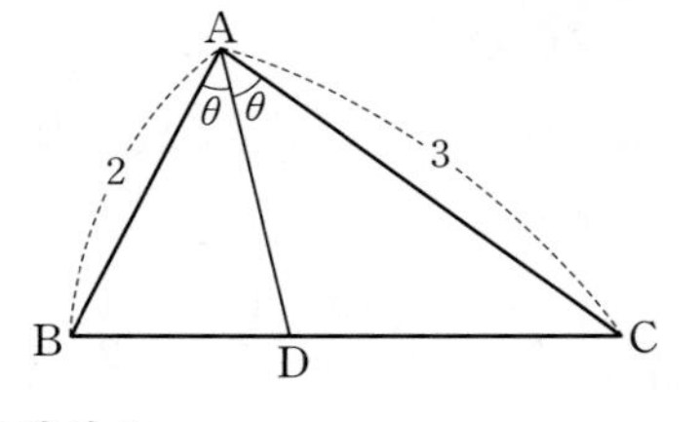

# 수능 녹인 변별력 문제

정답과 풀이 101쪽

## 0491

그림과 같이 곡선 $y=2-x^2$ $(0<x<\sqrt{2})$ 위의 점 P에서 $y$축에 내린 수선의 발을 H라 하고, 원점 O와 점 A(0, 2)에 대하여 $\angle\text{APH}=\theta_1$, $\angle\text{HPO}=\theta_2$라 하자. $\tan\theta_1=\frac{2}{3}$일 때, $\tan(\theta_2-\theta_1)$의 값은?

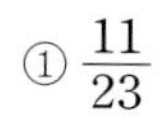

① $\frac{11}{23}$ ② $\frac{12}{23}$ ③ $\frac{13}{23}$
④ $\frac{14}{23}$ ⑤ $\frac{15}{23}$

## 0492 교육청 기출

삼각형 ABC에 대하여 $\angle\text{A}=\alpha$, $\angle\text{B}=\beta$, $\angle\text{C}=\gamma$라 할 때, $\alpha$, $\beta$, $\gamma$가 이 순서대로 등차수열을 이루고 $\cos\alpha$, $2\cos\beta$, $8\cos\gamma$가 이 순서대로 등비수열을 이룰 때, $\tan\alpha\tan\gamma$의 값을 구하시오. (단, $\alpha<\beta<\gamma$)

## 0493

다항함수 $f(x)$에 대하여 함수 $g(x)=f(x)\sin x$가 다음 조건을 만족시킬 때, $f(3)$의 값을 구하시오.

(가) $\lim_{x\to\infty}\frac{g(x)}{x^2}=0$ (나) $\lim_{x\to 0}\frac{g'(x)}{x}=10$

## 0494 교육청 기출

그림과 같이 곡선 $y=e^x$ 위의 두 점 $\text{A}(t, e^t)$, $\text{B}(-t, e^{-t})$에서의 접선을 각각 $l$, $m$이라 하자. 두 직선 $l$과 $m$이 이루는 예각의 크기가 $\frac{\pi}{4}$일 때, 두 점 A, B를 지나는 직선의 기울기는? (단, $t>0$)

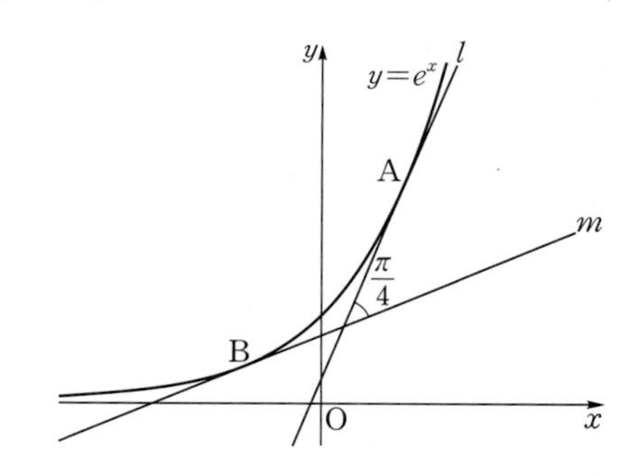


① $\frac{1}{\ln(1+\sqrt{2})}$ ② $\frac{1}{\ln 2}$ ③ $\frac{4}{3\ln(1+\sqrt{2})}$
④ $\frac{7}{6\ln 2}$ ⑤ $\frac{3}{2\ln(1+\sqrt{2})}$

## 0495

$f(x)=1+\cos x+\cos^2 x+\cos^3 x+\cdots$이고, $\lim_{x\to 0}(ax^2+b)f(x)=6$일 때, 상수 $a$, $b$에 대하여 $a+b$의 값은? (단, $0<x<\pi$)

① 1 ② 2 ③ 3
④ 4 ⑤ 5

## 0496

$\lim_{x\to\frac{\pi}{2}}\frac{(e^{\cos x}-1)\ln(\sin^2 x)}{\left(x-\frac{\pi}{2}\right)^n}=a\,(a\neq 0)$일 때, 상수 $a$와 자연수 $n$에 대하여 $a+n$의 값을 구하시오.

## 0497

그림과 같이 $\overline{AB}=6$, $\overline{BC}=4$인 직각삼각형 ABC가 있다. 선분 AB의 중점을 O, 선분 AB를 지름으로 하는 반원과 선분 OC의 교점을 P라 하자. $\angle PAC=\theta$라 할 때, $\tan\theta$의 값은?

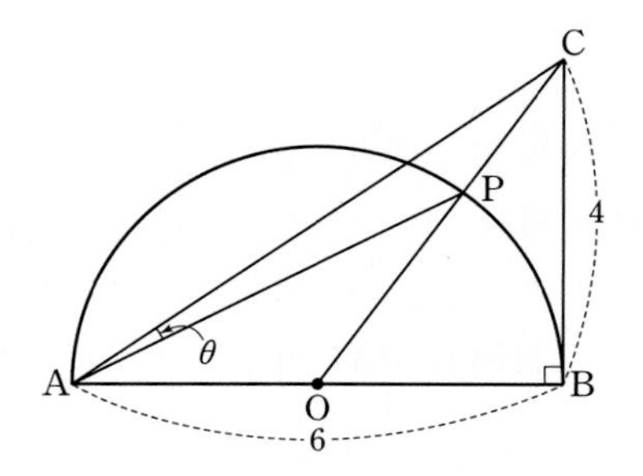


① $\frac{1}{12}$ ② $\frac{1}{8}$ ③ $\frac{1}{6}$
④ $\frac{1}{4}$ ⑤ $\frac{1}{3}$

## 0498

실수 전체의 집합에서 연속인 함수 $f(x)$가 다음 조건을 만족시킨다.

| |
|---|
| (가) 모든 실수 $x$에 대하여 $f(x)=f(x+\pi)$이다.<br>(나) $f(x)=\begin{cases}\frac{a}{\pi}x-1 & \left(0<x\leq\frac{\pi}{2}\right)\\ \frac{\sin bx}{x-\pi} & \left(\frac{\pi}{2}<x<\pi\right)\end{cases}$ |

상수 $a$, $b$에 대하여 $ab$의 값은? (단, $b>0$)

① $2-\frac{1}{\pi}$ ② $2-\frac{2}{\pi}$ ③ $2-\frac{3}{\pi}$
④ $2-\frac{4}{\pi}$ ⑤ $2-\frac{5}{\pi}$

## 0499 평가원 기출

그림과 같이 원에 내접하고 한 변의 길이가 $2\sqrt{3}$인 정삼각형 ABC가 있다. 점 B를 포함하지 않는 호 AC 위의 점 P에 대하여 $\angle PBC=\theta$라 하고, 선분 PC를 한 변으로 하는 정삼각형에 내접하는 원의 넓이를 $S(\theta)$라 하자. $\lim_{\theta \to 0+} \frac{S(\theta)}{\theta^2}=a\pi$일 때, $60a$의 값을 구하시오.

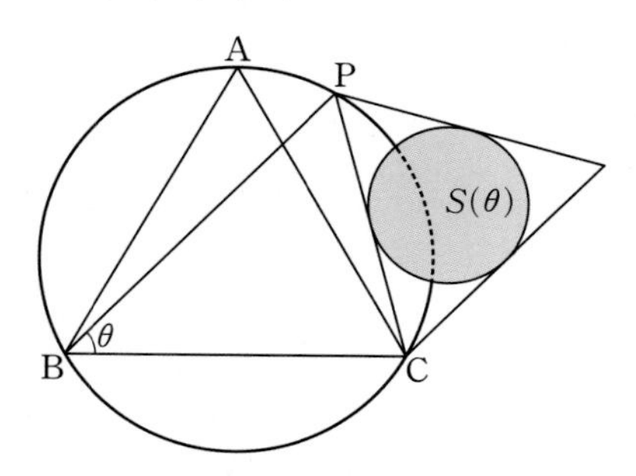


## 0500 평가원 기출

그림과 같이 반지름의 길이가 1이고 중심각의 크기가 $\frac{\pi}{2}$인 부채꼴 OAB가 있다. 호 AB 위의 점 P에 대하여 $\overline{PA}=\overline{PC}=\overline{PD}$가 되도록 호 PB 위에 점 C와 선분 OA 위에 점 D를 잡는다. 점 D를 지나고 선분 OP와 평행한 직선이 선분 PA와 만나는 점을 E라 하자. $\angle POA=\theta$일 때, 삼각형 CDP의 넓이를 $f(\theta)$, 삼각형 EDA의 넓이를 $g(\theta)$라 하자. $\lim_{\theta \to 0+} \frac{g(\theta)}{\theta^2 \times f(\theta)}$의 값은? $\left(\text{단, } 0<\theta<\frac{\pi}{4}\right)$

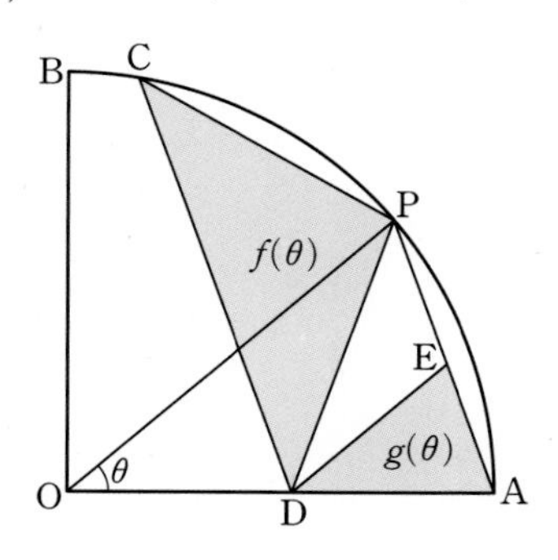


① $\frac{1}{8}$ ② $\frac{1}{4}$ ③ $\frac{3}{8}$
④ $\frac{1}{2}$ ⑤ $\frac{5}{8}$

## 0501

그림과 같이 $\overline{AB}=\overline{AC}=6$인 이등변삼각형 ABC에서 $\angle CAB$의 이등분선이 선분 BC와 만나는 점을 D, 선분 AB 위의 $\angle ACE=\angle CAB$인 점을 E, 두 선분 AD, CE의 교점을 F라 하자. $\angle CAB=\theta$일 때, 사각형 EBDF의 넓이를 $S(\theta)$라 하자. $\lim_{\theta \to 0+} \frac{S(\theta)}{\theta}$의 값을 구하시오. $\left(\text{단, } 0<\theta<\frac{\pi}{4}\right)$

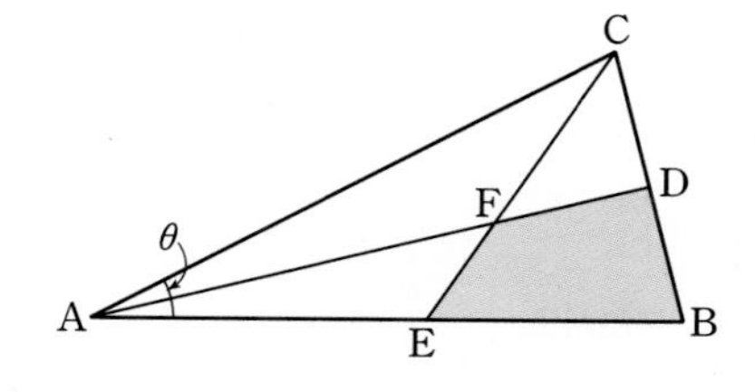


## 0502

닫힌구간 $[0, 4\pi]$에서 정의된 함수

$$f(x)=\begin{cases} \cos x & (0\le x\le 2\pi) \\ 2-\cos x & (2\pi< x\le 4\pi) \end{cases}$$

가 있다. 실수 $t$에 대하여 구간 $(0, 4\pi)$에서 함수 $|kf(x)-t|$가 미분가능하지 않은 실수 $x$의 개수를 $g(t)$라 하자. $g(t)=2$를 만족시키는 정수 $t$의 개수가 10일 때, 자연수 $k$의 값을 구하시오.

PART A

II. 미분법

# 05 여러 가지 미분법

유형별 문제

## 유형 01 함수의 몫의 미분법 $\frac{1}{g(x)}$ 꼴

함수 $g(x)$ $(g(x) \neq 0)$이 미분가능할 때

$y=\frac{1}{g(x)}$이면 $y'=-\frac{g'(x)}{\{g(x)\}^2}$

확인 문제

다음 함수를 미분하시오.

(1) $y=\frac{1}{2x+3}$  (2) $y=-\frac{1}{e^x-3}$

### 0503 대표문제

함수 $f(x)=x^2-\frac{1}{x^2-2}$에 대하여 $\lim_{h \to 0}\frac{f(1+h)-2}{h}$의 값은?

① 0 ② 1 ③ 2
④ 3 ⑤ 4

### 0504 교육청 기출

함수 $f(x)=\frac{1}{x-2}$에 대하여 $\lim_{h \to 0}\frac{f(a+h)-f(a)}{h}=-\frac{1}{4}$을 만족시키는 양수 $a$의 값은?

① 4 ② $\frac{9}{2}$ ③ 5
④ $\frac{11}{2}$ ⑤ 6

### 0505 중요

함수 $f(x)=\frac{1}{kx^2+2x}$에 대하여 $f'(-1)=\frac{3}{2}$일 때, 정수 $k$의 값을 구하시오.

### 0506

미분가능한 함수 $f(x)$에 대하여 함수 $g(x)$를

$g(x)=\frac{1}{e^x f(x)+1}$이라 하자. $f(0)=2$, $g'(0)=-1$일 때, $f'(0)$의 값을 구하시오.

## 유형 02 함수의 몫의 미분법 $\frac{f(x)}{g(x)}$ 꼴

두 함수 $f(x)$, $g(x)$ $(g(x) \neq 0)$이 미분가능할 때

$y=\frac{f(x)}{g(x)}$이면 $y'=\frac{f'(x)g(x)-f(x)g'(x)}{\{g(x)\}^2}$

확인 문제

다음 함수를 미분하시오.

(1) $y=\frac{x}{x^2+1}$  (2) $y=\frac{e^x}{e^x-1}$

### 0507 대표문제

함수 $f(x)=\frac{3x}{2x-1}$에 대하여 $\lim_{x \to 2}\frac{f(x)-2}{x^2-4}$의 값은?

① $-\frac{1}{2}$ ② $-\frac{1}{12}$ ③ 0
④ $\frac{1}{12}$ ⑤ $\frac{1}{2}$

### 0508 중요

함수 $f(x)=\frac{\sin x}{\sin x-\cos x}$에 대하여

$\lim_{h \to 0}\frac{f(\pi+h)-f(\pi-h)}{h}$의 값을 구하시오.

## 0509

양의 실수 전체의 집합에서 미분가능한 함수 $f(x)$에 대하여 함수 $g(x)$를

$$g(x)=\frac{f(x)}{e^{x-1}-\ln x}$$

라 할 때, 다음 중 $g'(1)$과 그 값이 항상 같은 것은?

① 0 ② $f(1)$ ③ $f'(1)$
④ $f'(1)-f(1)$ ⑤ $f'(1)+f(1)$

## 0510 교육청 기출

함수 $f(x)=\frac{x}{x^2+x+8}$에 대하여 부등식 $f'(x)>0$의 해가 $\alpha<x<\beta$일 때, $\alpha^2+\beta^2$의 값을 구하시오.

## 0511 중요 서술형

함수 $f(x)=\frac{ax^2-bx}{2x+3}$에 대하여 $f(1)=1$, $f'(0)=-2$일 때, $f(-1)$의 값을 구하시오. (단, $a$, $b$는 상수이다.)

## 0512

$x>1$에서 정의된 함수

$$f(x)=1+e^{-\ln x}+e^{-2\ln x}+\cdots+e^{-n\ln x}+\cdots$$

에 대하여 $f(2)+f'(2)$의 값은? (단, $n$은 자연수이다.)

① $-2$ ② $-1$ ③ 0
④ 1 ⑤ 2

### 유형 03 $y=x^n$ ($n$은 정수)의 도함수

$n$이 정수일 때
$y=x^n$이면 $y'=nx^{n-1}$

확인 문제

다음 함수를 미분하시오.

(1) $y=x^{-2}$ (2) $y=\frac{4}{x^3}$

## 0513 대표문제

함수 $f(x)=\frac{1}{x}-\frac{1}{x^2}+\frac{1}{x^3}-\cdots+\frac{1}{x^9}-\frac{1}{x^{10}}$에 대하여 $f'(1)$의 값은?

① 0 ② 5 ③ 10
④ 15 ⑤ 20

## 0514

함수 $f(x)=\frac{(x-1)(x+1)(x^4+x^2+1)}{x^4}$에 대하여 $x=-1$에서의 미분계수를 구하시오.

## 0515

함수 $f(x)=\frac{x^5+5x^3-3x}{x^2}$에 대하여 $f'(x)$의 최솟값을 구하시오.

## 0518

함수 $f(x)=\sin x\cos x$에 대하여 함수 $g(x)$를 $g(x)=\frac{f'(x)}{f(x)}$라 할 때, $3g'\left(\frac{\pi}{6}\right)$의 값을 구하시오.

(단, $f(x)\neq 0$)

### 유형 04 삼각함수의 도함수

(1) $y=\sin x$이면 $y'=\cos x$
(2) $y=\cos x$이면 $y'=-\sin x$
(3) $y=\tan x$이면 $y'=\sec^2 x$
(4) $y=\sec x$이면 $y'=\sec x\tan x$
(5) $y=\csc x$이면 $y'=-\csc x\cot x$
(6) $y=\cot x$이면 $y'=-\csc^2 x$

## 0516 대표문제

함수 $f(x)=\frac{1+\csc x}{\cot x}$에 대하여 $f'\left(-\frac{\pi}{3}\right)f'\left(\frac{\pi}{3}\right)$의 값은?

① $-4\sqrt{3}$ ② $-4\sqrt{2}$ ③ $4$
④ $4\sqrt{2}$ ⑤ $4\sqrt{3}$

## 0519 중요

함수 $f(x)=\frac{\tan x-1}{\sin x}$에 대하여 $\lim_{x\to\frac{\pi}{4}}\frac{4f(x)}{4x-\pi}$의 값은?

① $\frac{\sqrt{2}}{2}$ ② $\sqrt{2}$ ③ $2\sqrt{2}$
④ $4\sqrt{2}$ ⑤ $8\sqrt{2}$

## 0517

함수 $f(x)=\csc x-\sqrt{3}\cot x$에 대하여 곡선 $y=f(x)$ 위의 점 $\left(\frac{\pi}{6}, -1\right)$에서의 접선의 기울기는?

① $-2\sqrt{3}$ ② $-\sqrt{3}$ ③ $1$
④ $\sqrt{3}$ ⑤ $2\sqrt{3}$

## 0520 중요 서술형

함수 $f(x)=\begin{cases}\sec x+e^x & (x<0)\\ ax+b & (x\geq 0)\end{cases}$이 $x=0$에서 미분가능할 때, 상수 $a$, $b$에 대하여 $ab$의 값을 구하시오.

## 유형 05 합성함수의 미분법

두 함수 $y=f(u)$, $u=g(x)$가 미분가능할 때,
합성함수 $y=f(g(x))$도 미분가능하며 그 도함수는
$\frac{dy}{dx}=\frac{dy}{du}\times\frac{du}{dx}$ 또는 $y'=f'(g(x))g'(x)$

### 0521 대표문제

정의역이 $\{x\,|\,x>0\}$인 미분가능한 함수 $f(x)$와 $g(x)=x^4+1$에 대하여 $(f\circ g)(x)=3x^5-2x^2$일 때, $f'(17)$의 값은?

① $\frac{13}{2}$　② $\frac{27}{4}$　③ 7　④ $\frac{29}{4}$　⑤ $\frac{15}{2}$

### 0522

실수 전체의 집합에서 미분가능한 두 함수 $f(x)$, $g(x)$가 모든 실수 $x$에 대하여

$f(g(x))=3x+2$

를 만족시킨다. $g(1)=3$, $g'(1)=1$일 때, $f(3)+f'(3)$의 값은?

① 5　② 6　③ 7　④ 8　⑤ 9

### 0523 중요 서술형

두 함수 $f(x)=\frac{x+1}{x^2+2x-4}$, $g(x)=x^2+x$에 대하여 함수 $h(x)$가 $h(x)=(f\circ g)(x)$일 때, $h'(-1)$의 값을 구하시오.

### 0524 중요 교육청 기출

실수 전체의 집합에서 미분가능한 두 함수 $f(x)$, $g(x)$에 대하여 함수 $h(x)$를 $h(x)=(f\circ g)(x)$라 하자.

$\lim_{x\to 1}\frac{g(x)+1}{x-1}=2$, $\lim_{x\to 1}\frac{h(x)-2}{x-1}=12$

일 때, $f(-1)+f'(-1)$의 값은?

① 4　② 5　③ 6　④ 7　⑤ 8

### 0525

실수 전체의 집합에서 미분가능한 두 함수 $f(x)$, $g(x)$가 다음 조건을 만족시킨다.

(가) $\lim_{x\to 3}\frac{f(x)-1}{x^2-9}=-1$
(나) 모든 실수 $x$에 대하여 $g(f(x))=2x-1$이다.

$3g(1)g'(1)$의 값을 구하시오.

### 0526 중요 서술형

다항함수 $f(x)$가

$\lim_{x\to 1}\frac{x-1}{f(x)-2}=2$, $\lim_{x\to 2}\frac{x-2}{f(x)}=4$

를 만족시킬 때, $\lim_{x\to 1}\frac{f(f(x))}{x^2+2x-3}$의 값을 구하시오.

## 유형 06 합성함수의 미분법 - 유리함수

미분가능한 함수 $f(x)$에 대하여
$y=\{f(x)\}^n$ ($n$은 정수)이면 $y'=n\{f(x)\}^{n-1}f'(x)$

확인 문제

다음 함수를 미분하시오.

(1) $y=(2x-1)^4$ (2) $y=\frac{1}{(2x-1)^4}$

### 0527 대표문제

함수 $f(x)=\left(\frac{x^3+1}{2x^2+1}\right)^3$에 대하여 $\lim_{x\to2}\frac{f(x)-1}{x-2}=\frac{q}{p}$일 때, $p+q$의 값을 구하시오. (단, $p$와 $q$는 서로소인 자연수이다.)

### 0528

미분가능한 함수 $f(x)$가 $f(1)=3$, $f'(1)=-1$을 만족시킨다. 함수 $g(x)$를 $g(x)=x^3\{f(x)\}^4$이라 할 때, $g'(1)$의 값을 구하시오.

### 0529 중요

실수 $a$에 대하여 함수 $f(x)=(a-x)^4$의 $x=1$에서의 미분계수가 $-32$일 때, $\lim_{h\to0}\frac{f(4+2h)-f(4-h)}{3h}$의 값은?

① 2 ② 4 ③ 6
④ 8 ⑤ 10

## 유형 07 합성함수의 미분법 - 지수함수

(1) $y=e^{f(x)}$이면 $y'=e^{f(x)}f'(x)$
(2) $y=a^{f(x)}$ $(a>0, a\neq1)$이면 $y'=a^{f(x)}\ln a\times f'(x)$

확인 문제

다음 함수를 미분하시오.

(1) $y=e^{2x+3}$ (2) $y=3^{x^2-2x}$ (3) $y=\frac{x}{e^{3x}}$

### 0530 대표문제

두 함수 $f(x)=x^2+3x+2$, $g(x)=e^x$에 대하여 $\lim_{x\to-2}\frac{g(f(x))-1}{x+2}$의 값은?

① $-2$ ② $-1$ ③ 0
④ 1 ⑤ 2

### 0531 중요

함수 $f(x)=(3^{x+1}-1)^3$의 그래프 위의 점 $(0, f(0))$에서의 접선의 기울기는?

① $20\ln3$ ② $24\ln3$ ③ $28\ln3$
④ $32\ln3$ ⑤ $36\ln3$

### 0532

미분가능한 함수 $f(x)$에 대하여 함수 $g(x)$를

$$g(x)=\frac{f(x)}{(e^{x^2+2x}+1)^5}$$

라 하자. $f'(0)-5f(0)=8$일 때, $g'(0)$의 값은?

① $\frac{1}{8}$ ② $\frac{1}{4}$ ③ $\frac{1}{2}$
④ 4 ⑤ 8

## 0533 서술형

이차함수 $f(x)$에 대하여 함수 $g(x)$를 $g(x)=\frac{e^{f(x)}}{x-1}$이라 하자. 두 함수 $f(x)$, $g(x)$가 다음 조건을 만족시킬 때, $f(-1)$의 값을 구하시오.

(가) $f(0)=6$
(나) $g(2)=1$, $g'(2)=0$

## 유형 08 합성함수의 미분법 - 삼각함수

(1) $y=\sin f(x)$이면 $y'=\cos f(x)\times f'(x)$
(2) $y=\cos f(x)$이면 $y'=-\sin f(x)\times f'(x)$

확인 문제

다음 함수를 미분하시오.

(1) $y=\sin e^x$ (2) $y=\sin(\cos x)$

## 0534 대표문제

함수 $f(x)=\frac{x}{2}+\sin 2x$에 대하여 함수 $g(x)$를 $g(x)=(f\circ f)(x)$라 할 때, $g'\left(\frac{\pi}{2}\right)$의 값은?

① $-\frac{3}{2}\pi$ ② $-\frac{3}{4}$ ③ $\frac{3}{4}$
④ $\frac{\pi}{2}-\frac{3}{4}$ ⑤ $\frac{3}{2}$

## 0535 중요 평가원 기출

함수 $f(x)=\tan 2x+3\sin x$에 대하여
$\lim_{h\to 0}\frac{f(\pi+h)-f(\pi-h)}{h}$의 값은?

① $-2$ ② $-4$ ③ $-6$
④ $-8$ ⑤ $-10$

## 0536

함수 $f(x)=-\cos^4\left(2x-\frac{\pi}{3}\right)$에 대하여 $2f'\left(\frac{\pi}{3}\right)$의 값을 구하시오.

## 0537

실수 전체의 집합에서 미분가능한 함수 $f(x)$에 대하여 함수 $g(x)$를 $g(x)=\frac{\sin f(x)}{\sin f(x)+1}$ $(\sin f(x)>-1)$이라 하자. $f(0)=\frac{\pi}{6}$, $f'(0)=2$일 때, 곡선 $y=g(x)$ 위의 점 $(0, g(0))$에서의 접선의 기울기는 $\frac{q\sqrt{3}}{p}$이다. $pq$의 값을 구하시오.
(단, $p$와 $q$는 서로소인 자연수이다.)

## 유형 09 합성함수의 미분법 $f(g(x))=h(x)$ 꼴

미분가능한 두 함수 $f(x)$, $g(x)$에 대하여 $f(g(x))=h(x)$ 꼴이 주어질 때, $f'(k)$의 값은 다음과 같은 순서로 구한다.
❶ $f(g(x))=h(x)$의 양변을 $x$에 대하여 미분한다.
➡ $f'(g(x))g'(x)=h'(x)$
❷ $g(x)=k$를 만족시키는 $x$의 값을 구한다.
❸ 구한 $x$의 값을 ❶의 식에 대입한 후 정리하여 $f'(k)$의 값을 구한다.

## 0538 대표문제

실수 전체의 집합에서 미분가능한 함수 $f(x)$가 모든 실수 $x$에 대하여 $f(3x+2)=x^3-3x+1$을 만족시킬 때, $f'(-1)$의 값은?

① $-2$ ② $-1$ ③ $0$
④ $1$ ⑤ $2$

## 0539

미분가능한 두 함수 $f(x)$, $g(x)$가 모든 실수 $x$에 대하여

$$f(2x-3)=g(x^2)$$

을 만족시킨다. $f'(1)=4$일 때, $g'(4)$의 값을 구하시오.

## 0540 중요 수능 기출

실수 전체의 집합에서 미분가능한 함수 $f(x)$가 모든 실수 $x$에 대하여

$$f(x^3+x)=e^x$$

을 만족시킬 때, $f'(2)$의 값은?

① $e$ ② $\frac{e}{2}$ ③ $\frac{e}{3}$
④ $\frac{e}{4}$ ⑤ $\frac{e}{5}$

## 0541 중요 서술형

함수 $f(x)$가

$$f(\cos x)=\sin 3x+\tan x \left(0<x<\frac{\pi}{2}\right)$$

를 만족시킬 때, $\frac{3}{2}f'\left(\frac{1}{2}\right)$의 값을 구하시오.

## 유형 10 로그함수의 도함수

$a>0$, $a\neq1$이고 함수 $f(x)$ $(f(x)\neq0)$이 미분가능할 때

(1) $y=\ln|x|$이면 $y'=\frac{1}{x}$

(2) $y=\log_a|x|$이면 $y'=\frac{1}{x\ln a}$

(3) $y=\ln|f(x)|$이면 $y'=\frac{f'(x)}{f(x)}$

(4) $y=\log_a|f(x)|$이면 $y'=\frac{f'(x)}{f(x)\ln a}$

확인 문제

다음 함수를 미분하시오.

(1) $y=\ln 2x$ (2) $y=\log_2 3x$

## 0542 대표문제

함수 $f(x)=\ln|\tan x+\sec x|$에 대하여

$\lim_{h\to0}\frac{f(4h)-f(-h)}{h}$의 값을 구하시오.

## 0543

함수 $f(x)=\log_3(x^2+2x)$에 대하여 $x=1$에서의 미분계수는?

① $\frac{2}{3\ln 3}$ ② $\frac{1}{\ln 3}$ ③ $\frac{4}{3\ln 3}$
④ $\frac{5}{3\ln 3}$ ⑤ $\frac{2}{\ln 3}$

## 0544 중요 교육청 기출

함수 $f(x)=\ln(ax+b)$에 대하여 $\lim_{x\to0}\frac{f(x)}{x}=2$일 때, $f(2)$의 값은? (단, $a$, $b$는 상수이다.)

① $\ln 3$ ② $2\ln 2$ ③ $\ln 5$
④ $\ln 6$ ⑤ $\ln 7$

## 0545

함수 $f(x)=\ln(\cos^2 3x)-\ln(\sin 3x)$에 대하여 $f'\left(\frac{\pi}{4}\right)$의 값은?

① $-9$ ② $-6$ ③ $-3$
④ $6$ ⑤ $9$

## 0546 서술형

함수 $f(x)=\ln(x^2+x)$에 대하여 $\sum_{n=1}^{99}\frac{f'(n)}{2n+1}=\frac{q}{p}$일 때, $p+q$의 값을 구하시오. (단, $p$와 $q$는 서로소인 자연수이다.)

## 0547

$\lim_{x\to 0}\frac{1}{x}\ln\frac{2^x+4^x+8^x+16^x}{4}=a\ln 2$를 만족시키는 상수 $a$의 값은?

① $\frac{3}{2}$ ② $2$ ③ $\frac{5}{2}$
④ $3$ ⑤ $\frac{7}{2}$

### 유형 11 로그함수의 도함수의 활용 $y=\frac{f(x)}{g(x)}$ 꼴

$y=\frac{f(x)}{g(x)}$ 꼴인 함수의 도함수는 다음과 같은 순서로 구한다.

❶ 주어진 식의 양변의 절댓값에 자연로그를 취한다.

➡ $\ln|y|=\ln\left|\frac{f(x)}{g(x)}\right|$, 즉 $\ln|y|=\ln|f(x)|-\ln|g(x)|$

❷ ❶의 식의 양변을 $x$에 대하여 미분한다.

➡ $\frac{y'}{y}=\frac{f'(x)}{f(x)}-\frac{g'(x)}{g(x)}$

❸ ❷의 식을 $y'$에 대하여 정리한다.

➡ $y'=y\left\{\frac{f'(x)}{f(x)}-\frac{g'(x)}{g(x)}\right\}$

## 0548 대표문제

함수 $f(x)=\frac{(x+1)^5}{x^2(x-1)^4}$에 대하여 $f'(2)=\frac{3^a\times b}{2}$이다. 두 정수 $a$, $b$에 대하여 $ab$의 값을 구하시오. (단, $b>-6$)

## 0549 중요

함수 $f(x)=\frac{(x^2+2x-3)^2}{(x^2-1)^3}$에 대하여 함수 $g(x)$가 $f'(x)=f(x)g(x)$를 만족시킬 때, $g(-2)$의 값은?

① $\frac{16}{3}$ ② $\frac{17}{3}$ ③ $6$
④ $\frac{19}{3}$ ⑤ $\frac{20}{3}$

## 0550 서술형

함수 $f(x)=\frac{(1-\cos x)^4}{(1+\cos x)^3}$에 대하여 함수 $g(x)$를 $g(x)=\frac{f'(x)}{f(x)}$라 할 때, $g\left(\frac{\pi}{6}\right)=a+b\sqrt{3}$이다. 정수 $a$, $b$에 대하여 $ab$의 값을 구하시오.

## 0551

함수

$$f(x)=(1+e^{x})(1+e^{2x})(1+e^{3x})\cdots(1+e^{12x})$$

에 대하여 $\lim_{x\to 0}\frac{f'(x)}{f(x)}$의 값을 구하시오.

## 유형 12 로그함수의 도함수의 활용 $y=\{f(x)\}^{g(x)}$ 꼴

$y=\{f(x)\}^{g(x)}$ $(f(x)>0)$ 꼴인 함수의 도함수는 다음과 같은 순서로 구한다.

❶ 주어진 식의 양변에 자연로그를 취한다.

➡ $\ln y=g(x)\ln f(x)$

❷ ❶의 식의 양변을 $x$에 대하여 미분한다.

➡ $\frac{y'}{y}=g'(x)\ln f(x)+g(x)\times\frac{f'(x)}{f(x)}$

❸ ❷의 식을 $y'$에 대하여 정리한다.

➡ $y'=y\left\{g'(x)\ln f(x)+g(x)\times\frac{f'(x)}{f(x)}\right\}$

## 0552 대표문제

$x>0$에서 정의된 함수 $f(x)=x^{x}$의 그래프 위의 점 $(e,\ f(e))$에서의 접선의 기울기는?

① $e$ ② $2e$ ③ $2e^{2}$
④ $e^{e}$ ⑤ $2e^{e}$

## 0553 중요

함수 $f(x)=x^{\ln x}$에 대하여 $f'(e)$의 값은?

① 1 ② 2 ③ $e$
④ $2e$ ⑤ $e^{2}$

## 0554

$0<x<\frac{\pi}{2}$에서 정의된 함수 $f(x)=x^{\tan x}$에 대하여

$$\lim_{x\to\frac{\pi}{4}}\frac{f(x)-\frac{\pi}{4}}{x-\frac{\pi}{4}}$$의 값은?

① $\frac{\pi}{4}\ln\frac{\pi}{4}$ ② $\frac{\pi}{4}\ln\frac{\pi}{4}+1$ ③ $\frac{\pi}{2}\ln\frac{\pi}{4}+1$
④ $\pi\ln\frac{\pi}{4}+1$ ⑤ $2\pi\ln\frac{\pi}{4}$

## 유형 13 $y=x^{\alpha}$ ($\alpha$는 실수)의 도함수

$\alpha$가 실수일 때
$y=x^{\alpha}$이면 $y'=\alpha x^{\alpha-1}$

확인 문제

다음 함수를 미분하시오.

(1) $y=x^{\sqrt{2}}$ (2) $y=\sqrt{x}$

## 0555 대표문제

미분가능한 함수 $f(x)$와 함수 $g(x)=\sqrt{(2x+1)^{3}}$에 대하여 함수 $h(x)$를 $h(x)=(f\circ g)(x)$라 하자. $h'(0)=3$일 때, $f'(1)$의 값을 구하시오.

## 0556 교육청 기출

미분가능한 함수 $y=f(x)$의 그래프 위의 점 $(2,\ f(2))$에서의 접선의 기울기가 2이다. 양의 실수 전체의 집합에서 정의된 함수 $y=f(\sqrt{x})$의 $x=4$에서의 미분계수는?

① $\frac{1}{2}$ ② $\frac{\sqrt{2}}{2}$ ③ 1
④ $\sqrt{2}$ ⑤ 2

## 0557

함수 $f(x)=\sqrt[3]{x^3+x^2-2x}$에 대하여

$\lim_{h\to 0}\frac{f(2+3h)-f(2-3h)}{h}$의 값은?

① 5 ② 6 ③ 7
④ 8 ⑤ 9

## 0558 중요 서술형

함수 $f(x)=(x-\sqrt{x^3+a})^4$에 대하여 $f'(0)=-4$일 때, $f'(2)$의 값을 구하시오. (단, $a$는 상수이다.)

### 유형 14 매개변수로 나타낸 함수의 미분법

매개변수로 나타낸 함수 $x=f(t)$, $y=g(t)$가 $t$에 대하여 미분 가능하고 $f'(t)\neq 0$이면

$$\frac{dy}{dx}=\frac{\frac{dy}{dt}}{\frac{dx}{dt}}=\frac{g'(t)}{f'(t)}$$

확인 문제

매개변수 $t$로 나타낸 함수 $x=t+1$, $y=t^2$에서 $\frac{dy}{dx}$를 구하시오.

## 0559 대표문제

매개변수 $\theta$ $\left(0<\theta<\frac{\pi}{2}\right)$로 나타내어진 곡선

$x=2\tan\theta$, $y=2\sec\theta$

위의 점 $(2\sqrt{3}, 4)$에서의 접선의 기울기는?

① $\frac{1}{2}$ ② $\frac{\sqrt{3}}{3}$ ③ $\frac{\sqrt{3}}{2}$
④ $\frac{2\sqrt{3}}{3}$ ⑤ $2\sqrt{3}$

## 0560 중요 평가원 기출

매개변수 $t$로 나타내어진 곡선

$x=e^t+\cos t$, $y=\sin t$

에서 $t=0$일 때, $\frac{dy}{dx}$의 값은?

① $\frac{1}{2}$ ② 1 ③ $\frac{3}{2}$
④ 2 ⑤ $\frac{5}{2}$

## 0561

매개변수 $t$ $(t>0)$으로 나타내어진 함수

$x=2\sqrt{t}+1$, $y=\ln\sqrt{t}$

에서 $t=k$일 때, $\frac{dy}{dx}$의 값이 $\frac{1}{4}$이다. $k$의 값을 구하시오.

## 0562 평가원 기출

매개변수 $t$ $(t>0)$으로 나타내어진 함수

$x=\ln t+t$, $y=-t^3+3t$

에 대하여 $\frac{dy}{dx}$가 $t=a$에서 최댓값을 가질 때, $a$의 값은?

① $\frac{1}{6}$ ② $\frac{1}{5}$ ③ $\frac{1}{4}$
④ $\frac{1}{3}$ ⑤ $\frac{1}{2}$

## 0563

매개변수 $t$로 나타내어진 곡선

$x=-t^2-2at,\ y=t^3+2at^2-3at$

위의 $t=1$일 때의 점을 P라 하자. 점 P에서의 접선이 $x$축의 양의 방향과 이루는 각의 크기가 $\frac{\pi}{4}$일 때, 상수 $a$의 값은?

① $-2$　② $-\frac{5}{3}$　③ $-\frac{4}{3}$
④ $-1$　⑤ $-\frac{2}{3}$

## 0564 서술형

매개변수 $t\ (t>0)$으로 나타내어진 함수

$x=3\ln t,\ y=\ln(2t^a-1)$

에 대하여 $\lim_{t\to\infty}\frac{dy}{dx}=\frac{2}{3}$일 때, 정수 $a$의 값을 구하시오.

## 유형 15 음함수의 미분법

음함수 $f(x, y)=0$ 꼴로 주어진 경우 $y$를 $x$의 함수로 보고, 각 항을 $x$에 대하여 미분하여 $\frac{dy}{dx}$를 구한다.

확인 문제

방정식 $x^2+y^2=1$에서 $\frac{dy}{dx}$를 구하시오.

## 0565 대표문제

곡선 $e^{-2x}\ln y=3$ 위의 점 $(0,\ e^3)$에서의 접선의 기울기는?

① $2e^3$　② $3e^3$　③ $4e^3$
④ $5e^3$　⑤ $6e^3$

## 0566

곡선 $3x^2-xy+y^3=3x\ (y>0)$에 대하여 $x=1$일 때, $\frac{dy}{dx}$의 값을 구하시오.

## 0567 평가원 기출

곡선 $\pi x=\cos y+x\sin y$ 위의 점 $\left(0,\ \frac{\pi}{2}\right)$에서의 접선의 기울기는?

① $1-\frac{5}{2}\pi$　② $1-2\pi$　③ $1-\frac{3}{2}\pi$
④ $1-\pi$　⑤ $1-\frac{\pi}{2}$

## 0568 서술형

곡선 $ae^x+bxe^y=y$ 위의 점 $(0,\ 1)$에서의 $\frac{dy}{dx}$의 값이 $1+2e$일 때, 상수 $a,\ b$에 대하여 $a+b$의 값을 구하시오.

## 0569 중요 평가원 기출

곡선 $x^3-y^3=e^{xy}$ 위의 점 $(a,\ 0)$에서의 접선의 기울기가 $b$일 때, $a+b$의 값을 구하시오.

## 유형 16 역함수의 미분법

$y$를 $x$에 대하여 직접 미분하기 어려운 경우 $x$를 $y$에 대하여 미분한 후 역함수의 미분법을 이용한다. 즉,

$$\frac{dy}{dx}=\frac{1}{\frac{dx}{dy}}\left(\text{단, } \frac{dx}{dy}\neq 0\right)$$

확인 문제

함수 $x=y^2-3y$에서 $\frac{dy}{dx}$를 구하시오.

### 0570 대표문제

함수 $x=y^3+y+1$ $(y<0)$에 대하여 $x=-1$일 때, $\frac{dy}{dx}$의 값은?

① $\frac{1}{4}$　② $\frac{1}{3}$　③ $\frac{1}{2}$　④ $1$　⑤ $2$

### 0571

곡선 $x=\ln y^2+1$ $(y>0)$ 위의 점 $(1, a)$에서의 접선의 기울기를 $m$이라 할 때, $a+m$의 값은?

① $0$　② $\frac{3}{2}$　③ $3$　④ $\frac{9}{2}$　⑤ $6$

### 0572 중요 서술형

함수 $x=\tan^3 y$ $\left(0<y<\frac{\pi}{2}\right)$에 대하여 $x=1$일 때, $\frac{dy}{dx}$의 값을 구하시오.

## 유형 17 역함수의 미분법의 활용

(1) 미분가능한 함수 $f(x)$의 역함수가 $g(x)$이고 $g(b)=a$이면

$$g'(b)=\frac{1}{f'(a)} \text{ (단, } f'(a)\neq 0)$$

(2) 미분가능한 함수 $f(x)$의 역함수를 $g(x)$라 하면

$$g'(x)=\frac{1}{f'(g(x))} \text{ (단, } f'(g(x))\neq 0)$$

### 0573 대표문제

함수 $f(x)=\frac{x^2-4}{x}$ $(x>0)$의 역함수를 $g(x)$라 하자. 함수 $h(x)=\{g(x)\}^2$에 대하여 $h'(3)$의 값은?

① $\frac{32}{5}$　② $\frac{34}{5}$　③ $\frac{36}{5}$　④ $\frac{38}{5}$　⑤ $8$

### 0574 중요

함수 $f(x)=x^3+4x+2$의 역함수를 $g(x)$라 할 때, $8g'(2)$의 값을 구하시오.

### 0575 평가원 기출

$x\geq\frac{1}{e}$에서 정의된 함수 $f(x)=3x\ln x$의 그래프가 점 $(e, 3e)$를 지난다. 함수 $f(x)$의 역함수를 $g(x)$라고 할 때, $\lim_{h\to 0}\frac{g(3e+h)-g(3e-h)}{h}$의 값은?

① $\frac{1}{3}$　② $\frac{1}{2}$　③ $\frac{2}{3}$　④ $\frac{5}{6}$　⑤ $1$

## 0576

함수 $f(x)=e^{4x}+x+k\cos x$의 역함수를 $g(x)$라 할 때, 곡선 $y=g(x)$는 점 $(2, 0)$을 지난다. $g'(f(0))$의 값은? (단, $k$는 상수이다.)

① $\frac{1}{6}$　② $\frac{1}{5}$　③ $\frac{1}{4}$
④ $\frac{1}{3}$　⑤ $\frac{1}{2}$

## 0577 중요, 교육청 기출

양의 실수 전체의 집합에서 정의된 미분가능한 두 함수 $f(x)$, $g(x)$에 대하여 $f(x)$가 함수 $g(x)$의 역함수이고, $\lim_{x\to2}\frac{f(x)-2}{x-2}=\frac{1}{3}$이다. 함수 $h(x)=\frac{g(x)}{f(x)}$라 할 때, $h'(2)$의 값은?

① $\frac{7}{6}$　② $\frac{4}{3}$　③ $\frac{3}{2}$
④ $\frac{5}{3}$　⑤ $\frac{11}{6}$

### 유형 18 이계도함수

함수 $f(x)$의 도함수 $f'(x)$가 미분가능할 때, 함수 $f'(x)$의 도함수 $f''(x)$는

$$f''(x)=\lim_{\Delta x\to0}\frac{f'(x+\Delta x)-f'(x)}{\Delta x}$$

확인 문제

다음 함수의 이계도함수를 구하시오.

(1) $y=x^3-2x$　(2) $y=\ln 2x$

## 0578 대표문제

함수 $f(x)=6x\ln x-x^3$에 대하여 $\lim_{x\to a}\frac{f'(x)-f'(a)}{x-a}=0$을 만족시키는 양수 $a$의 값은?

① 1　② 2　③ 3
④ 4　⑤ 5

## 0579

함수 $f(x)=e^{2x}\sin x$에 대하여 방정식 $f(x)=f''(x)$의 해를 $\alpha$라 할 때, $\tan\alpha$의 값은?

① $-2$　② $-\frac{1}{2}$　③ 0
④ $\frac{1}{2}$　⑤ 2

## 0580 중요, 서술형

함수 $f(x)=(ax^2+bx)e^x$에 대하여 $f'(0)=2$, $f''(0)=2$일 때, 상수 $a$, $b$에 대하여 $ab$의 값을 구하시오.

## 0581

실수 전체의 집합에서 이계도함수를 갖는 함수 $f(x)$와 미분가능한 함수 $g(x)$가 다음 조건을 만족시킨다.

(가) $g(x)=f'(f(x))$
(나) $\lim_{x\to1}\frac{f(x)-2}{x-1}=4$
(다) $g'(1)=4$

$f''(2)$의 값을 구하시오.

## 0582

미분가능한 함수 $f(x)$에 대하여 함수 $g(x)$를

$g(x)=\dfrac{1}{xf(x)-f(x)+x}$이라 하자. $f(1)=-3$일 때, $g'(1)$의 값은?

① $-4$ ② $-2$ ③ $0$
④ $2$ ⑤ $4$

## 0583

미분가능한 함수 $y=f(x)$의 그래프 위의 점 $(1,\ f(1))$에서의 접선의 기울기가 $e$이다. 양의 실수 전체의 집합에서 정의된 함수 $y=f(\ln x)$의 $x=e$에서의 미분계수는?

① $\dfrac{1}{e}$ ② $\dfrac{1}{2}$ ③ $\dfrac{2}{e}$
④ $1$ ⑤ $e$

## 0584

실수 전체의 집합에서 미분가능한 함수 $f(x)$와 함수 $g(x)=3^{x+1}$이 모든 실수 $x$에 대하여

$$f(g(x))=3^{3x}$$

을 만족시킬 때, $f'(9)$의 값은?

① $3$ ② $3\sqrt{3}$ ③ $9$
④ $9\sqrt{3}$ ⑤ $27$

## 0585

정의역이 $\{x\,|\,0<x<1\}$인 함수 $f(x)=x+x^2+x^3+\cdots+x^n$에 대하여 함수 $g(x)$를 $g(x)=\lim_{n\to\infty}f(x)$라 하자. $g'\left(\dfrac{1}{2}\right)$의 값을 구하시오.

(단, $n$은 자연수이다.)

## 0586

곡선 $y^3-xy-\ln(5-x^2)=-1$ 위의 점 $(2,\ 1)$에서의 접선의 기울기는?

① $-3$ ② $-1$ ③ $0$
④ $1$ ⑤ $3$

## 0587

함수 $f(x)=e^x\tan x$에 대하여 $f(a)=\dfrac{2}{7}f'(a)$이다. 상수 $a$에 대하여 모든 $\cot a$의 값의 합은?

① $\dfrac{3}{2}$ ② $2$ ③ $\dfrac{5}{2}$
④ $3$ ⑤ $\dfrac{7}{2}$

## 0588

실수 전체의 집합에서 미분가능한 두 함수 $f(x)$, $g(x)$에 대하여 함수 $h(x)$를 $h(x)=f(g(x))$라 하자.

$$f'(1)=2,\ g(1)=1,\ h'(1)=-6$$

일 때, 곡선 $y=f\left(\frac{x}{g(x)}\right)$ 위의 점 $(1,\ f(1))$에서의 접선의 기울기를 구하시오. (단, $g(x)\neq0$)

## 0589 수능 기출

실수 전체의 집합에서 미분가능한 함수 $f(x)$에 대하여 함수 $g(x)$를

$$g(x)=\frac{f(x)}{e^{x-2}}$$

라 하자. $\lim_{x\to2}\frac{f(x)-3}{x-2}=5$일 때, $g'(2)$의 값은?

① 1　② 2　③ 3　④ 4　⑤ 5

## 0590

매개변수 $t$ $(t>0)$으로 나타내어진 곡선

$$x=t+2\ln t,\ y=t^3-12t$$

위의 임의의 점에서의 접선의 기울기를 $m(t)$라 하자. $m(t)$가 최소가 되도록 하는 곡선 위의 점을 $\mathrm{P}(a,\ b)$라 하고, $m(t)$의 최솟값을 $c$라 할 때, $abc$의 값을 구하시오.

## 0591

함수 $f(x)=x^{\ln x}$에 대하여 $g(x)=x^{\ln f(x)}$일 때, $g'(e)$의 값은?

① 1　② $e$　③ 3　④ $2e$　⑤ 6

## 0592

미분가능한 함수 $f(x)$가 $f(0)=0$, $f'(0)=4$이고,

$$\lim_{x\to-1}\frac{f(x)}{x+1}=3$$

을 만족시킬 때, $\lim_{x\to-1}\frac{f(f(x))}{x+1}$의 값을 구하시오.

## 0593 평가원 기출

함수 $f(x)=\frac{2^x}{\ln 2}$과 실수 전체의 집합에서 미분가능한 함수 $g(x)$가 다음 조건을 만족시킬 때, $g(2)$의 값은?

> (가) $\lim_{h\to0}\frac{g(2+4h)-g(2)}{h}=8$
>
> (나) 함수 $(f\circ g)(x)$의 $x=2$에서의 미분계수는 10이다.

① 1　② $\log_2 3$　③ 2　④ $\log_2 5$　⑤ $\log_2 6$

## 0594

곡선 $x=\sqrt{y^3+1}+y\ (y>-1)$ 위의 $x=5$인 점에서의 접선의 기울기는?

① $\frac{1}{4}$ ② $\frac{1}{3}$ ③ $\frac{1}{2}$
④ $\frac{2}{3}$ ⑤ $\frac{3}{4}$

## 0595

등식

$$\lim_{x\to 0}\frac{1}{x}\ln\frac{e^x+e^{2x}+e^{3x}+\cdots+e^{nx}}{n}=5$$

를 만족시키는 정수 $n$의 값은?

① 7 ② 8 ③ 9
④ 10 ⑤ 11

## 0596 평가원 기출

함수 $f(x)=\sin(x+\alpha)+2\cos(x+\alpha)$에 대하여 $f'\left(\frac{\pi}{4}\right)=0$일 때, $\tan\alpha$의 값은? (단, $\alpha$는 상수이다.)

① $-\frac{5}{6}$ ② $-\frac{2}{3}$ ③ $-\frac{1}{2}$
④ $-\frac{1}{3}$ ⑤ $-\frac{1}{6}$

## 0597

함수 $f(x)=\ln(x+2)$에 대하여 함수 $g(x)$를 $g(x)=\{f(x)\}^2$이라 할 때, $\lim_{x\to -1}\frac{g'(x)}{x+1}$의 값은?

① $-2$ ② $-1$ ③ 0
④ 1 ⑤ 2

## 0598

양의 실수 전체의 집합에서 정의된 함수 $f(x)=x^3+3x^2+5$의 역함수를 $g(x)$라 할 때, $\sum_{n=1}^{\infty}g'(n^3+3n^2+5)$의 값을 구하시오.

## 0599

실수 전체의 집합에서 이계도함수를 갖는 함수 $f(x)$가 다음 조건을 만족시킨다.

(가) $f(2)=4,\ f'(2)=2$
(나) $\lim_{x\to 2}\frac{f'(f(x))-2}{x-2}=6$

$f''(4)$의 값을 구하시오.

정답과 풀이 124쪽

## 0600

실수 전체의 집합에서 미분가능한 함수 $f(x)$에 대하여 함수 $g(x)$를

$$g(x)=\frac{f(x)+1}{\cos^2\left(\frac{\pi}{2}x\right)+1}$$

이라 할 때, 두 함수 $f(x)$, $g(x)$가 다음 조건을 만족시킨다.

> (가) 모든 실수 $x$에 대하여 $g(-x)=-g(x)$이다.
> (나) $f(-1)=f(0)+2$
> (다) $f'(-1)=f(1)+5$

$g'(1)$의 값을 구하시오.

## 0601

두 곡선 $x-y^2=0$과 $4x^2-3xy+y^2=2$가 만나는 제1사분면 위의 점을 P라 하고, 점 P에서의 두 접선을 각각 $l_1$, $l_2$라 하자. 두 직선 $l_1$, $l_2$가 이루는 예각의 크기를 $\theta$라 할 때, $\tan\theta$의 값은?

① $\frac{8}{7}$ ② $\frac{9}{7}$ ③ $\frac{10}{7}$
④ $\frac{11}{7}$ ⑤ $\frac{12}{7}$

# 서술형 대비하기

## 0602

매개변수 $t$ $(t>0)$으로 나타내어진 함수

$$x=t+t^3+t^5+\cdots+t^{99},$$
$$y=t^2+t^4+t^6+\cdots+t^{100}$$

에 대하여 $50\lim_{t\to1}\frac{dy}{dx}$의 값을 구하시오.

## 0603

실수 전체의 집합에서 증가하고 미분가능한 함수 $f(x)$에 대하여 곡선 $y=f(x)$ 위의 점 $(4, 1)$에서의 접선의 기울기는 1이다. 함수 $f(2x)$의 역함수를 $g(x)$라 할 때, 곡선 $y=g(x)$ 위의 점 $(1, a)$에서의 접선의 기울기는 $b$이다. $5ab$의 값을 구하시오.

정답과 풀이 125쪽

## 0604

함수 $f(x)=\dfrac{(\ln x+1)^3}{(\ln x)^2(\ln x-2)}$에 대하여 $\dfrac{f'(e)}{f(e)}$의 값은?

① $\dfrac{1}{2e}$ ② $\dfrac{1}{e}$ ③ $\dfrac{2}{e}$

④ $e$ ⑤ $2e$

## 0605

함수 $f(x)$가

$$e^{f(x)}=\sqrt{\frac{1-\cos x}{1+\cos x}}$$

를 만족시킬 때, $f''\left(\dfrac{\pi}{4}\right)$의 값은?

① $-2\sqrt{2}$ ② $-\sqrt{2}$ ③ $-\dfrac{\sqrt{2}}{2}$

④ $\sqrt{2}$ ⑤ $2\sqrt{2}$

## 0606

함수 $f(x)=\ln(ax+b)+c$에 대하여

$$\lim_{h\to 0}\frac{f(e+2h)-\ln 2-4}{h}=\frac{2}{e}$$

일 때, $f(1)$의 값은? (단, $a$, $b$, $c$는 정수이다.)

① $\ln 2$ ② $\ln 2+3$ ③ $\ln 3+1$

④ $\ln 3+4$ ⑤ $\ln 4+2$

## 0607 교육청 기출

그림과 같이 $\overline{\mathrm{BC}}=1$, $\angle\mathrm{ABC}=\dfrac{\pi}{3}$, $\angle\mathrm{ACB}=2\theta$인 삼각형 ABC에 내접하는 원의 반지름의 길이를 $r(\theta)$라 하자. $h(\theta)=\dfrac{r(\theta)}{\tan\theta}$일 때, $h'\left(\dfrac{\pi}{6}\right)$의 값은? $\left(단, 0<\theta<\dfrac{\pi}{3}\right)$

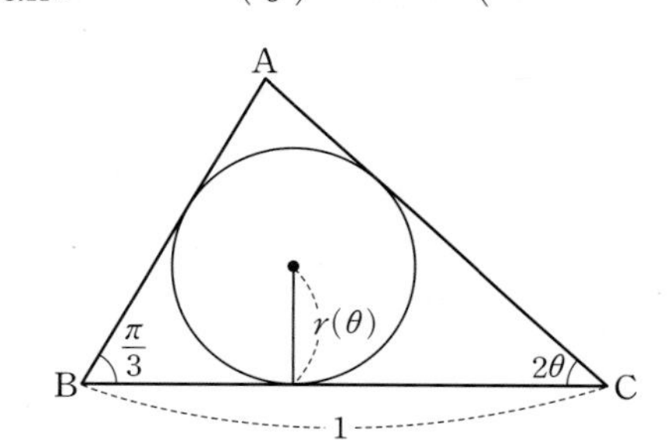


① $-\sqrt{3}$ ② $-\dfrac{\sqrt{3}}{3}$ ③ $\dfrac{\sqrt{3}}{6}$

④ $\dfrac{\sqrt{3}}{3}$ ⑤ $\sqrt{3}$

## 0608

함수 $f(x)=x^3-x^2+2x-7$의 역함수를 $g(x)$라 하자.

$$\lim_{n\to\infty} n\left\{g\left(1+\frac{2}{n}\right)-g\left(1-\frac{2}{n}\right)\right\}$$

의 값을 $\frac{q}{p}$라 할 때, $p+q$의 값을 구하시오.

(단, $p$와 $q$는 서로소인 자연수이다.)

## 0609

매개변수 $\theta$ $(0<\theta<\pi)$로 나타내어진 곡선

$$x=\cos^2\theta\sin\theta,\ y=\sin^3\theta$$

위의 점 $(a,\ b)$에서의 접선의 기울기가 $-\frac{9}{5}$일 때, $a+b$의 값은?

① $-\frac{\sqrt{3}}{2}$　② $-\frac{1}{2}$　③ $0$
④ $\frac{1}{2}$　⑤ $\frac{\sqrt{3}}{2}$

## 0610

곡선 $x^2+xy+3y^2=11$ 위의 두 점 $(\alpha,\ k)$, $(\beta,\ k)$에서의 접선이 서로 수직일 때, $\alpha+\beta$의 값은?
(단, $k$는 $0\le k<2$인 상수이고, $\alpha+6k\ne0$, $\beta+6k\ne0$이다.)

① $-\frac{\sqrt{6}}{2}$　② $-\frac{\sqrt{5}}{2}$　③ $-1$
④ $-\frac{\sqrt{3}}{2}$　⑤ $-\frac{\sqrt{2}}{2}$

## 0611 평가원 기출

열린구간 $\left(-\frac{\pi}{2},\ \frac{\pi}{2}\right)$에서 정의된 함수

$$f(x)=\ln\left(\frac{\sec x+\tan x}{a}\right)$$

의 역함수를 $g(x)$라 하자. $\lim_{x\to-2}\frac{g(x)}{x+2}=b$일 때, 두 상수 $a$, $b$의 곱 $ab$의 값은? (단, $a>0$)

① $\frac{e^2}{4}$　② $\frac{e^2}{2}$　③ $e^2$
④ $2e^2$　⑤ $4e^2$

정답과 풀이 126쪽

## 0612

두 양수 $a$, $b$와 함수 $f(x)=xe^{-x^2+1}$에 대하여 함수

$$g(x)=\begin{cases} 0 & (x\le b) \\ f(x)-a & (x>b) \end{cases}$$

가 실수 전체의 집합에서 미분가능할 때, $ab$의 값은?

① $\frac{\sqrt{2e}}{2}$　② $\frac{\sqrt{e}}{2}$　③ $\sqrt{e}$
④ $\frac{e}{2}$　⑤ $2e$

## 0613 교육청 기출

실수 전체의 집합에서 미분가능한 함수 $f(x)$가 다음 조건을 만족시킨다.

> (가) $x>0$일 때, $f(x)=axe^{2x}+bx^2$
> (나) $x_1<x_2<0$인 임의의 두 실수 $x_1$, $x_2$에 대하여
> $f(x_2)-f(x_1)=3x_2-3x_1$

$f\left(\frac{1}{2}\right)=2e$일 때, $f'\left(\frac{1}{2}\right)$의 값은? (단, $a$, $b$는 상수이다.)

① $2e$　② $4e$　③ $6e$
④ $8e$　⑤ $10e$

## 0614

$x>0$에서 정의된 미분가능한 함수 $f(x)$와 함수 $g(x)$가 다음 조건을 만족시킨다.

> (가) $x>0$인 모든 실수 $x$에 대하여 부등식
> $\ln x+1\le f(x)\le e^{x-1}$이 성립한다.
> (나) $g(x)=\left(\sin\frac{\pi}{2}x+\ln x+3\right)f(x)$

$g'(1)$의 값을 구하시오.

## 0615 교육청 기출

함수 $f(x)=(x^2+ax+b)e^x$과 함수 $g(x)$가 다음 조건을 만족시킨다.

> (가) $f(1)=e$, $f'(1)=e$
> (나) 모든 실수 $x$에 대하여 $g(f(x))=f'(x)$이다.

함수 $h(x)=f^{-1}(x)g(x)$에 대하여 $h'(e)$의 값은?
(단, $a$, $b$는 상수이다.)

① 1　② 2　③ 3
④ 4　⑤ 5

# 도함수의 활용(1)



## 유형 01 곡선 위의 점에서의 접선의 방정식

함수 $f(x)$가 $x=a$에서 미분가능할 때, 곡선 $y=f(x)$ 위의 점 $\mathrm{P}(a,\ f(a))$에서의 접선의 방정식은

$$y-f(a)=f'(a)(x-a)$$

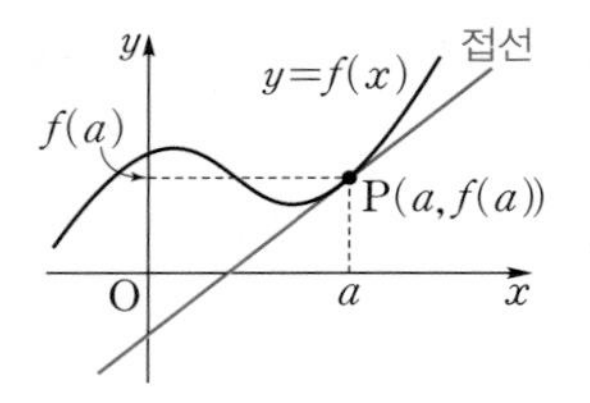


확인 문제

다음 곡선 위의 주어진 점에서의 접선의 방정식을 구하시오.

(1) $y=\frac{1}{x\sqrt{x}}$ $(1,\ 1)$  (2) $y=\sin 2x$ $\left(\frac{\pi}{6},\ \frac{\sqrt{3}}{2}\right)$

### 0616 대표문제

곡선 $y=e^{x^2-3x}$ 위의 점 $(3,\ 1)$에서의 접선의 방정식이 $y=mx+n$일 때, $mn$의 값은? (단, $m$과 $n$은 상수이다.)

① $-33$ ② $-30$ ③ $-27$
④ $-24$ ⑤ $-21$

### 0617

곡선 $y=\frac{3x-1}{x^2+1}$ 위의 점 $(1,\ 1)$에서의 접선의 방정식은?

① $y=-x+2$ ② $y=-\frac{1}{2}x+\frac{3}{2}$
③ $y=\frac{1}{2}x+\frac{1}{2}$ ④ $y=x$
⑤ $y=\frac{3}{2}x-\frac{1}{2}$

### 0618

함수 $f(x)=\tan 2x+\frac{\pi}{2}$의 그래프 위의 점 $\left(\frac{\pi}{8},\ f\left(\frac{\pi}{8}\right)\right)$에서의 접선과 $x$축 및 $y$축으로 둘러싸인 도형의 넓이는?

① $\frac{1}{8}$ ② $\frac{1}{4}$ ③ $\frac{1}{2}$
④ $1$ ⑤ $2$

### 0619 중요

함수 $f(x)=e^{\sin 2x}-x\cos x$에 대하여 곡선 $y=f(x)$ 위의 점 $(\pi,\ f(\pi))$에서의 접선의 $x$절편은?

① $\frac{2\pi-1}{3}$ ② $\pi-1$ ③ $\frac{4\pi-1}{3}$
④ $\frac{5\pi-2}{3}$ ⑤ $2\pi-1$

### 0620 서술형

곡선 $y=\sqrt{x^2+sx+t}$ 위의 $x=1$인 점에서의 접선의 방정식이 $2x+y-3=0$일 때, 상수 $s$, $t$에 대하여 $s^2+t^2$의 값을 구하시오.

### 0621

곡선 $y=\ln x$ 위의 두 점 $(t,\ \ln t)$, $\left(\frac{4}{5},\ \ln\frac{4}{5}\right)$에서의 접선을 각각 $l$, $m$이라 하자. 두 접선 $l$, $m$이 이루는 예각의 크기가 $\frac{\pi}{4}$일 때, $t$의 값을 구하시오. $\left(\text{단, } t>\frac{4}{5}\right)$

## 유형 02 접선에 수직인 직선의 방정식

곡선 $y=f(x)$ 위의 점 $(a, f(a))$를 지나고 이 점에서의 접선과 수직인 직선의 방정식은

$$y-f(a)=-\frac{1}{f'(a)}(x-a)\ (\text{단, } f'(a)\neq0)$$

확인 문제

곡선 $y=\ln(x-1)$ 위의 점 $(3, \ln 2)$를 지나고 이 점에서의 접선과 수직인 직선의 방정식을 구하시오.

### 0622 대표문제

함수 $f(x)=x+\frac{2x}{x^3-2x}$에 대하여 곡선 $y=f(x)$ 위의 점 $(2, 3)$을 지나고 이 점에서의 접선과 수직인 직선의 방정식이 $y=mx+n$일 때, 상수 $m$, $n$에 대하여 $m+n$의 값은?

① $\frac{1}{2}$ ② $1$ ③ $\frac{3}{2}$
④ $2$ ⑤ $\frac{5}{2}$

### 0623

곡선 $y=e^{2x}$ 위의 점 $(0, 1)$에서의 접선과 수직이고, 점 $(4, 0)$을 지나는 직선의 $y$절편을 구하시오.

### 0624

곡선 $y=\sqrt{1+\cos\frac{\pi}{2}x}$ 위의 점 $(1, p)$를 지나고 이 점에서의 접선과 수직인 직선이 점 $(q, 0)$을 지날 때, $p-q$의 값은?

① $-4$ ② $\frac{\pi}{4}-2$ ③ $\frac{\pi}{2}-2$
④ $\frac{\pi}{4}$ ⑤ $\frac{\pi}{2}$

### 0625 중요

곡선 $y=\sin 3x$ 위의 점 $(\theta, \sin 3\theta)$를 지나고 이 점에서의 접선과 수직인 직선이 $x$축과 만나는 점의 $x$좌표를 $f(\theta)$라 할 때, $\lim_{\theta\to0}\frac{f(\theta)}{\theta}$의 값을 구하시오.

## 유형 03 기울기가 주어진 접선의 방정식

기울기가 $m$이고 곡선 $y=f(x)$에 접하는 접선의 방정식은 다음과 같은 순서로 구한다.

❶ 접점의 좌표를 $(t, f(t))$로 놓는다.
❷ $f'(t)=m$임을 이용하여 $t$의 값을 구한다.
❸ $y-f(t)=m(x-t)$에 대입하여 접선의 방정식을 구한다.

확인 문제

곡선 $y=\frac{x-2}{x+2}\ (x>-2)$에 접하고 기울기가 $\frac{1}{4}$인 접선의 방정식을 구하시오.

### 0626 대표문제

곡선 $y=x+e^x$에 접하고 직선 $y=2x+3$에 평행한 직선의 $x$절편은?

① $-1$ ② $-\frac{1}{2}$ ③ $0$
④ $\frac{1}{2}$ ⑤ $1$

### 0627

곡선 $y=2\sqrt{x+2}$에 접하고 직선 $y=x+2$에 평행한 직선이 점 $(2, k)$를 지날 때, $3k$의 값은?

① 3 ② 6 ③ 9
④ 12 ⑤ 15

## 0628 중요

직선 $y=3x+a$가 곡선 $y=3x\ln x-bx$에 접하고 그 접점의 $x$좌표가 $e$일 때, 상수 $a$, $b$에 대하여 $ab$의 값은?

① $-9e$　② $-6e$　③ $-3e$
④ $0$　⑤ $3e$

## 0629 교육청 기출

곡선 $y=\ln(x-7)$에 접하고 기울기가 1인 직선이 $x$축, $y$축과 만나는 점을 각각 A, B라 할 때, 삼각형 AOB의 넓이를 구하시오. (단, O는 원점이다.)

## 0630

$x>0$에서 정의된 함수 $f(x)=-x^2+6x-2\ln x$가 있다. 곡선 $y=f(x)$ 위의 점에서의 접선 중 기울기가 최대일 때의 접선의 방정식을 $y=g(x)$라 할 때, $g(2)$의 값은?

① 1　② 3　③ 5
④ 7　⑤ 9

## 유형 04 곡선 밖의 한 점에서 그은 접선의 방정식

곡선 $y=f(x)$ 밖의 한 점 $(x_1, y_1)$에서 곡선 $y=f(x)$에 그은 접선의 방정식은 다음과 같은 순서로 구한다.

❶ 접점의 좌표를 $(t, f(t))$로 놓는다.
❷ 접선의 방정식 $y-f(t)=f'(t)(x-t)$에 점 $(x_1, y_1)$의 좌표를 대입하여 $t$의 값을 구한다.

확인 문제

점 $(0, 3)$에서 곡선 $y=\frac{2}{\sqrt{x}}$에 그은 접선의 방정식을 구하시오.

## 0631 대표문제

원점에서 곡선 $y=\frac{e^{-x}}{x}$에 그은 접선이 점 $(-4, k)$를 지날 때, $k$의 값은?

① $-e^2$　② $-e$　③ $-1$
④ $e$　⑤ $e^2$

## 0632

점 $(0, -2)$에서 곡선 $y=x\ln x$에 그은 접선의 $x$절편은?

① 3　② $\frac{2}{\ln 2e}$　③ 2
④ $\frac{1}{\ln 2e}$　⑤ 1

## 0633

원점에서 두 곡선 $y=e^{x+2}$, $y=\ln x-2$에 그은 접선의 접점을 각각 A, B라 할 때, 선분 AB의 길이는?

① $\frac{\sqrt{2}}{2}e^3-1$　② $\frac{\sqrt{2}}{2}(e^3-1)$　③ $\frac{\sqrt{2}}{2}e^3+1$
④ $\sqrt{2}(e^3-1)$　⑤ $\sqrt{2}e^3+1$

## 0634 중요

점 (1, 0)에서 곡선 $y=e^{x-k}$에 그은 접선이 점 (4, 6)을 지날 때, 상수 $k$의 값은?

① $2-\ln 2$ ② $1+\ln 2$ ③ $3-\ln 3$
④ $2+\ln 2$ ⑤ $3+\ln 3$

## 0635 서술형

점 $\left(0, -\frac{5}{2}\right)$에서 곡선 $y=\sqrt{x^2-5}$에 그은 두 접선과 $x$축으로 둘러싸인 도형의 넓이가 $\frac{q}{p}$일 때, $p+q$의 값을 구하시오.
(단, $p$와 $q$는 서로소인 자연수이다.)

### 유형 05 접선의 개수

곡선 밖의 한 점에서 곡선에 그은 접선의 개수는 다음과 같은 순서로 구한다.
❶ 접점의 좌표를 $(t, f(t))$로 놓고 접선의 방정식을 세운다.
❷ 곡선 밖의 점의 좌표를 ❶의 접선의 방정식에 대입하여 $t$에 대한 방정식을 세운다.
❸ ❷의 방정식의 실근의 개수를 이용하여 접선의 개수를 구한다.

## 0636 대표문제

점 $(k, 0)$에서 곡선 $y=xe^x$에 오직 하나의 접선을 그을 수 있도록 하는 실수 $k$의 값은? (단, $k\neq 0$)

① $-4$ ② $-2$ ③ $-1$
④ 2 ⑤ 4

## 0637

점 (0, 1)에서 곡선 $y=\frac{2}{x^2+1}$에 그을 수 있는 접선의 개수를 구하시오.

## 0638

원점에서 곡선 $y=(x+k)e^{-2x}$에 2개의 접선을 그을 수 있도록 하는 자연수 $k$의 최솟값을 구하시오.

### 유형 06 공통인 접선

두 곡선 $y=f(x)$, $y=g(x)$가 $x=t$인 점에서 공통인 접선을 가지려면 다음 조건을 모두 만족시켜야 한다.
(1) 함숫값이 같아야 한다. ➡ $f(t)=g(t)$
(2) 그 점에서의 접선의 기울기가 같아야 한다.
➡ $f'(t)=g'(t)$

참고 두 곡선이 서로 접한다.
⟺ 두 곡선이 접하는 점에서 공통인 접선을 갖는다.

## 0639 대표문제

두 곡선 $y=x\ln x$, $y=a\sqrt{x}$가 서로 접할 때, 상수 $a$의 값은?

① $-\frac{2}{e}$ ② $-\frac{1}{e}$ ③ $\frac{1}{e}$
④ $\frac{2}{e}$ ⑤ 1

## 0640

두 곡선 $y=\frac{k}{x^2}$, $y=xe^x$의 교점에서 각 곡선에 접하는 직선이 서로 일치할 때, 상수 $k$의 값은?

① $-\frac{27}{e^3}$　② $-\frac{9}{e^2}$　③ $-\frac{27}{e^4}$
④ $-\frac{9}{e^3}$　⑤ $-\frac{3}{e^2}$

## 0641 중요

두 곡선 $y=\frac{px^2+q}{x}$와 $y=\ln x$가 $x=e^3$인 점에서 만나고 이 점에서의 각 곡선의 접선의 기울기가 서로 같을 때, 상수 $p$, $q$에 대하여 $pq$의 값을 구하시오.

## 0642

두 곡선 $y=7\cos x$, $y=a-\sin 2x$가 서로 접하도록 하는 양수 $a$의 값은 $\frac{q}{p}\sqrt{15}$이다. $p+q$의 값을 구하시오.

(단, $p$와 $q$는 서로소인 자연수이다.)

### 유형 07 역함수의 그래프의 접선의 방정식

함수 $f(x)$의 역함수 $g(x)$에 대하여 곡선 $y=g(x)$ 위의 점 $(a, b)$에서의 접선의 방정식은 다음과 같은 순서로 구한다.

❶ $g'(a)=\frac{1}{f'(b)}$임을 이용하여 접선의 기울기를 구한다.

❷ ❶에서 구한 값을 $y-b=g'(a)(x-a)$에 대입한다.

## 0643 대표문제

함수 $f(x)=(x-1)e^x$ $(x>0)$의 역함수를 $g(x)$라 할 때, 곡선 $y=g(x)$ 위의 $x=e^2$인 점에서의 접선과 $x$축 및 $y$축으로 둘러싸인 도형의 넓이는?

① $\frac{5}{4}e^2$　② $\frac{7}{4}e^2$　③ $\frac{9}{4}e^2$
④ $\frac{7}{4}e^3$　⑤ $\frac{9}{4}e^3$

## 0644

$0\le x\le\frac{\pi}{2}$에서 정의된 함수 $f(x)=2\sin x+3$의 역함수를 $g(x)$라 하자. 곡선 $y=g(x)$ 위의 점 $(4, k)$에서의 접선의 방정식을 $y=ax+b$라 할 때, $k+a-b$의 값은?

(단, $a$와 $b$는 상수이다.)

① $\sqrt{3}$　② $\frac{4\sqrt{3}}{3}$　③ $\frac{5\sqrt{3}}{3}$
④ $2\sqrt{3}$　⑤ $\frac{7\sqrt{3}}{3}$

## 0645 서술형

$0<x<e$에서 정의된 함수 $f(x)=\frac{x+\ln x}{x}$의 역함수를 $g(x)$라 하자. 두 곡선 $y=f(x)$, $y=g(x)$가 점 $(a, b)$에서 접할 때, $a+b$의 값을 구하시오.

## 0646 중요

다음 조건을 만족시키는 함수 $f(x)$의 역함수를 $g(x)$라 할 때, 곡선 $y=g(x)$ 위의 점 $(-2, g(-2))$에서의 접선의 방정식은 $y=mx+n$이다. 상수 $m$, $n$에 대하여 $mn$의 값을 구하시오.

> (가) 함수 $f(x)$는 실수 전체의 집합에서 미분가능하다.
> (나) $\lim_{x \to 0} \frac{f(x)+2}{\sin 2x}=\frac{1}{4}$

## 유형 08 매개변수로 나타낸 곡선의 접선의 방정식

매개변수로 나타낸 곡선 $x=f(t)$, $y=g(t)$에서 $t=a$에 대응하는 점에서의 접선의 방정식은 다음과 같은 순서로 구한다.

❶ $f'(t)$, $g'(t)$를 이용하여 접선의 기울기 $\frac{g'(t)}{f'(t)}$를 구한다.

❷ $f(a)$, $g(a)$, $\frac{g'(a)}{f'(a)}$의 값을 구한다.

❸ ❷에서 구한 값을 $y-g(a)=\frac{g'(a)}{f'(a)}\{x-f(a)\}$에 대입한다.

## 0647 대표문제

매개변수 $\theta$ $(0<\theta<\pi)$로 나타낸 곡선

$$x=\theta+\sin\theta,\ y=\theta-\cos\theta$$

에 대하여 $\theta=\frac{\pi}{2}$에 대응하는 점에서의 접선의 방정식이 $y=ax+b$이다. 상수 $a$, $b$에 대하여 $a+b$의 값은?

① $-\pi$ ② $-\frac{\pi}{2}$ ③ $0$
④ $\frac{\pi}{2}$ ⑤ $\pi$

## 0648 평가원 기출

매개변수 $t$로 나타낸 곡선

$$x=e^t+2t,\ y=e^{-t}+3t$$

에 대하여 $t=0$에 대응하는 점에서의 접선이 점 $(10, a)$를 지날 때, $a$의 값은?

① 6 ② 7 ③ 8
④ 9 ⑤ 10

## 0649 서술형

매개변수 $t$로 나타낸 곡선 $x=2t^2-2$, $y=2t^3+1$에서 $t=a$에 대응하는 점에서의 접선의 기울기가 3일 때, 이 점에서의 접선의 $y$절편을 구하시오.

## 0650 중요

매개변수 $t$ $(t>0)$으로 나타낸 곡선

$$x=e^t+t\ln t,\ y=e^{3t}-3t$$

에 대하여 $t=1$일 때의 점에서 그은 접선의 방정식은 $y=ax+b$이다. 상수 $a$, $b$에 대하여 $a-b$의 값은?

① $2e^2$ ② $3e^2$ ③ $e^3$
④ $2e^3$ ⑤ $3e^3$

## 0651

매개변수 $t$ $(0<t<2\pi)$로 나타낸 곡선 $x=2\sin t$, $y=\cos t$ 위의 제1사분면에 있는 점 $(a, b)$에서의 접선의 기울기는 $-\frac{1}{2}$이다. 이 접선이 $x$축, $y$축과 만나는 점을 각각 A, B라 할 때, 삼각형 OAB의 넓이는? (단, O는 원점이다.)

① $\sqrt{3}$ ② $2$ ③ $2\sqrt{2}$
④ $2\sqrt{3}$ ⑤ $3\sqrt{2}$

## 유형 09 음함수로 나타낸 곡선의 접선의 방정식

곡선 $f(x, y)=0$ 위의 점 $(a, b)$에서의 접선의 방정식은 다음과 같은 순서로 구한다.

❶ 음함수의 미분법을 이용하여 $\frac{dy}{dx}$를 구한다.

❷ ❶에서 구한 식에 $x=a$, $y=b$를 대입하여 접선의 기울기 $m$을 구한다.

❸ ❷에서 구한 $m$의 값을 $y-b=m(x-a)$에 대입한다.

### 0652 대표문제

곡선 $x^3-y^3-4xy-8=0$ 위의 점 $(0, -2)$에서의 접선의 $x$절편은?

① 1　② 2　③ 3　④ 4　⑤ 5

### 0653 평가원 기출

곡선 $e^y \ln x=2y+1$ 위의 점 $(e, 0)$에서의 접선의 방정식을 $y=ax+b$라 할 때, $ab$의 값은? (단, $a$, $b$는 상수이다.)

① $-2e$　② $-e$　③ $-1$　④ $-\frac{2}{e}$　⑤ $-\frac{1}{e}$

### 0654

곡선 $\sqrt{x}+\sqrt{y}=6$ 위의 점 $(p, 16)$에서의 접선이 점 $(7, q)$를 지날 때, $p+q$의 값을 구하시오.

### 0655 중요

곡선 $\frac{x^2}{y}+\frac{y^2}{x}=\frac{9}{2}$ 위의 점 $P(2, 1)$에서의 접선을 $l_1$이라 하고, 점 P를 지나고 직선 $l_1$에 수직인 직선을 $l_2$라 하자. 두 직선 $l_1$, $l_2$와 $y$축으로 둘러싸인 부분의 넓이를 $S$라 할 때, $10S$의 값을 구하시오.

### 0656 서술형

1보다 큰 자연수 $n$에 대하여 곡선 $x^2+2ye^x-y^2=-n^2+2n$ 위의 점 $(0, n)$에서의 접선의 $x$절편을 $f(n)$이라 하자. $\lim_{n \to \infty}\{1-f(n)\}\sin\frac{1}{n}$의 값을 구하시오.

## 유형 10 접선의 방정식의 활용

곡선 $y=f(x)$와 직선 $l$ 사이의 거리가 최소가 되도록 하는 곡선 $y=f(x)$ 위의 점은 직선 $l$과 평행하면서 곡선 $y=f(x)$에 접하는 접선의 접점 중 하나이다.

### 0657 대표문제

좌표평면 위의 두 점 $P(0, -4)$, $Q(2, 0)$과 곡선 $y=e^{2x}$ 위를 움직이는 점 R에 대하여 삼각형 PQR의 넓이의 최솟값은?

① 2　② 3　③ 4　④ 5　⑤ 6

## 0658

그림과 같이 곡선 $y=2\ln x$ 위의 세 점 $P(1,\ 0)$, $Q(e,\ 2)$, $R(t,\ 2\ln t)$에 대하여 삼각형 PQR의 넓이가 최대일 때, $t$의 값은? (단, $1<t<e$)

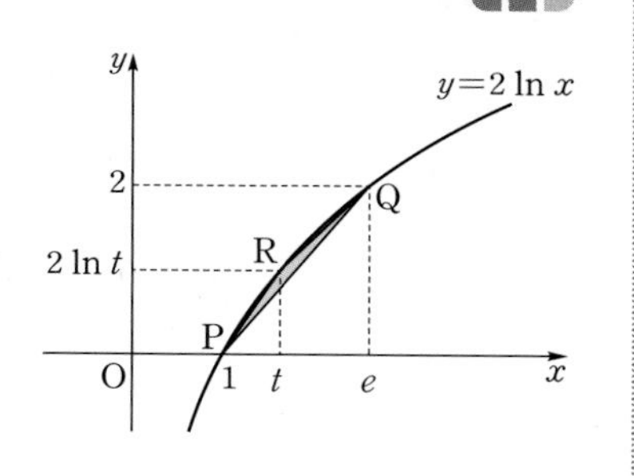


① $e-\frac{3}{2}$　② $2e-4$　③ $e-1$　④ $e-\frac{1}{2}$　⑤ $2e-3$

## 0659

그림과 같이 두 곡선 $y=\ln x+3$, $y=e^{x-3}$의 두 교점의 $x$좌표를 각각 $a$, $b$라 하자. $a\le x\le b$에서 직선 $y=-x+k$가 두 곡선과 각각 만나는 두 점 사이의 거리가 최대가 될 때, 상수 $k$의 값을 구하시오.

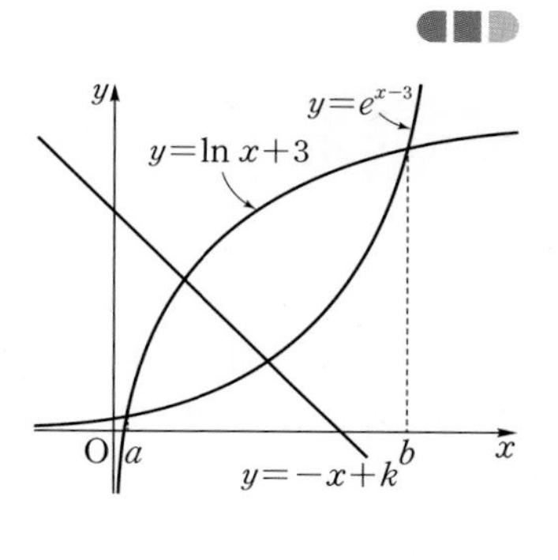


## 0660 서술형

그림과 같이 곡선 $y=\sin x\left(0<x<\frac{\pi}{2}\right)$ 위의 점 $P(t,\ \sin t)$에서의 접선이 $x$축과 만나는 점을 A, 점 P에서 $x$축에 내린 수선의 발을 B라 하고, $x$축 위에 $\angle APC=\frac{\pi}{2}$가 되도록 점 C를 잡는다. 선분 BC의 길이가 최대일 때, 삼각형 PAC의 넓이를 구하시오.

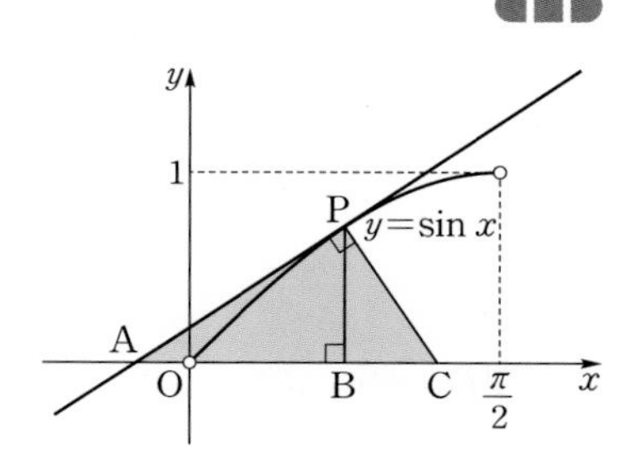


## 유형 11 함수의 증가와 감소

함수 $f(x)$가 어떤 구간에서 미분가능할 때, 그 구간의 모든 $x$에 대하여

(1) $f'(x)>0$ ➡ $f(x)$는 그 구간에서 증가

(2) $f'(x)<0$ ➡ $f(x)$는 그 구간에서 감소

## 0661 대표문제

함수 $y=\frac{x-1}{x^2+3}$이 증가하는 $x$의 값의 범위는?

① $-3\le x\le 1$　② $-1\le x\le 3$　③ $1\le x\le 4$　④ $x\le -3$ 또는 $x\ge 1$　⑤ $x\le -1$ 또는 $x\ge 3$

## 0662

다음 중 함수 $y=x^2-3x-\ln x^2$이 감소하는 구간에 속하는 $x$의 값이 아닌 것은?

① $-3$　② $-2$　③ $-1$　④ $1$　⑤ $3$

## 0663

함수 $f(x)=x+2\cos x\ (0<x<2\pi)$가 구간 $[\alpha,\ \beta]$에서 감소할 때, $\beta-\alpha$의 값은?

① $\frac{\pi}{6}$　② $\frac{\pi}{3}$　③ $\frac{\pi}{2}$　④ $\frac{2}{3}\pi$　⑤ $\frac{5}{6}\pi$

## 0664

함수 $f(x)=\frac{e^x}{2x^2+1}$이 감소하는 $x$의 값의 범위가 $\alpha \le x \le \beta$일 때, $\alpha+\beta$의 값을 구하시오.

## 유형 12 실수 전체의 집합에서 함수가 증가 또는 감소할 조건

미분가능한 함수 $f(x)$가 실수 전체의 집합에서
(1) 증가 ➡ 모든 실수 $x$에 대하여 $f'(x) \ge 0$
(2) 감소 ➡ 모든 실수 $x$에 대하여 $f'(x) \le 0$

## 0665 대표문제

함수 $f(x)=x-\ln(x^2+a)$가 실수 전체의 집합에서 증가할 때, 양수 $a$의 최솟값을 구하시오.

## 0666 교육청 기출

실수 전체의 집합에서 함수 $f(x)=(x^2+2ax+11)e^x$이 증가하도록 하는 자연수 $a$의 최댓값은?

① 3 ② 4 ③ 5
④ 6 ⑤ 7

## 0667

함수 $f(x)=a\cos x-2x$가 실수 전체의 집합에서 감소하도록 하는 정수 $a$의 개수를 구하시오.

## 0668

함수 $f(x)=(x+a)e^{x^2}$이 역함수를 갖도록 하는 정수 $a$의 개수를 구하시오.

## 유형 13 주어진 구간에서 함수가 증가 또는 감소할 조건

함수 $f(x)$가 어떤 구간에서 미분가능하고, 그 구간에서
(1) 증가 ➡ 그 구간의 모든 $x$에 대하여 $f'(x) \ge 0$
(2) 감소 ➡ 그 구간의 모든 $x$에 대하여 $f'(x) \le 0$

## 0669 대표문제

함수 $f(x)=(ax^2-3)e^x$이 구간 $(-1, 1)$에서 감소하도록 하는 실수 $a$의 값의 범위는? (단, $a>0$)

① $0<a\le 1$ ② $0<a\le 3$ ③ $1\le a\le 3$
④ $a\ge 1$ ⑤ $a\ge 3$

## 0670 중요

함수 $f(x)=\frac{x^2+3x+a}{x^2+2}$가 구간 $(-1, 1)$에서 증가하도록 하는 모든 정수 $a$의 값의 합을 구하시오.

## 0671 서술형

함수 $f(x)=x^2\ln x+ax$가 구간 $(e,\ e^3)$에서 감소하도록 하는 실수 $a$의 최댓값을 구하시오.

## 0672

함수 $f(x)=\dfrac{a+2\sin x}{x^2}$가 $0<x\le\dfrac{\pi}{2}$에서 증가하도록 하는 실수 $a$의 최댓값을 구하시오.

### 유형 14 유리함수의 극대 · 극소

유리함수 $f(x)$에 대하여 $f'(x)=0$을 만족시키는 $x$의 값을 구한 후 $f(x)$의 증감표를 이용하여 극값을 구한다.

Tip 이때 분모가 0이 되도록 하는 $x$의 값에 주의한다.

## 0673 대표문제

함수 $f(x)=ax+1+\dfrac{b}{x-2}$가 $x=0$에서 극댓값 $-1$을 가질 때, $f(x)$의 극솟값은? (단, $a$와 $b$는 상수이다.)

① $-7$　② $-5$　③ $1$
④ $5$　⑤ $7$

## 0674

함수 $f(x)=x+\dfrac{1}{x}$의 극댓값을 $a$, 극솟값을 $b$라 할 때, $a-b$의 값은?

① $-8$　② $-7$　③ $-6$
④ $-5$　⑤ $-4$

## 0675 중요 교육청 기출

함수 $f(x)=\dfrac{x-1}{x^2-x+1}$의 극댓값과 극솟값의 합은?

① $-1$　② $-\dfrac{5}{6}$　③ $-\dfrac{2}{3}$
④ $-\dfrac{1}{2}$　⑤ $-\dfrac{1}{3}$

## 0676

함수 $f(x)=\dfrac{ax^2+bx+6}{x+3}$이 $x=-2$에서 극댓값 10을 가질 때, 상수 $a$, $b$에 대하여 $a+b$의 값을 구하시오.

## 유형 15 무리함수의 극대·극소

무리함수 $f(x)$의 정의역을 파악하고, $f'(x)=0$을 만족시키는 $x$의 값을 구한 후 $f(x)$의 증감표를 이용하여 극값을 구한다.

### 0677 대표문제

함수 $f(x)=1+x\sqrt{4-x^2}$의 극댓값을 $M$, 극솟값을 $m$이라 할 때, $M^2+m^2$의 값은?

① 2 ② 5 ③ 8
④ 10 ⑤ 13

### 0678

함수 $f(x)=x+1+\dfrac{2}{\sqrt{x}}$가 $x=a$에서 극솟값 $b$를 가질 때, $a+b$의 값을 구하시오.

### 0679 서술형

함수 $f(x)=\sqrt{x+3}+\sqrt{5-x}$의 극댓값을 구하시오.

### 0680 중요

함수 $f(x)=\dfrac{x-1}{x\sqrt{x+2}}$의 극댓값을 $M$, 극솟값을 $m$이라 할 때, $Mm$의 값은?

① $\dfrac{\sqrt{6}}{6}$ ② $\dfrac{\sqrt{3}}{4}$ ③ $\dfrac{\sqrt{3}}{3}$
④ $\dfrac{\sqrt{6}}{4}$ ⑤ $\dfrac{\sqrt{6}}{3}$

## 유형 16 지수함수의 극대·극소

지수함수 $f(x)$에 대하여 $f'(x)=0$을 만족시키는 $x$의 값을 구한 후 $f(x)$의 증감표를 이용하여 극값을 구한다.

Tip $y=e^x \Rightarrow y'=e^x$
$y=e^{f(x)} \Rightarrow y'=e^{f(x)}f'(x)$

### 0681 대표문제

함수 $f(x)=(x^2-x+1)e^x$의 모든 극값의 합은?

① $\dfrac{1}{e}$ ② $\dfrac{e-1}{e}$ ③ $\dfrac{e+1}{e}$
④ $\dfrac{e+2}{e}$ ⑤ $\dfrac{e+3}{e}$

### 0682 평가원 기출

함수 $f(x)=(x^2-3)e^{-x}$의 극댓값과 극솟값을 각각 $a$, $b$라 할 때, $a\times b$의 값은?

① $-12e^2$ ② $-12e$ ③ $-\dfrac{12}{e}$
④ $-\dfrac{12}{e^2}$ ⑤ $-\dfrac{12}{e^3}$

## 0683 서술형

함수 $f(x)=xe^{2x}-(2x+a)e^{x}$이 $x=-\frac{1}{2}$에서 극댓값을 가질 때, $f(x)$의 극솟값을 구하시오. (단, $a$는 상수이다.)

## 0684 중요

함수 $f(x)=e^{2x}+ae^{x}+2x$의 극댓값과 극솟값의 합이 $-11$일 때, 상수 $a$의 값을 구하시오.

## 0685

곡선 $f(x)=(x^2+x)e^x$ 위의 점 $(t,\ t^2e^t+te^t)$에서의 접선의 $y$절편을 $g(t)$라 할 때, 함수 $g(t)$의 극솟값은?

① $-e^{-1}$ ② $-2e^{-2}$ ③ $-3e^{-3}$
④ $-4e^{-4}$ ⑤ $0$

## 유형 17 로그함수의 극대 · 극소

로그함수 $f(x)$의 정의역을 파악하고, $f'(x)=0$을 만족시키는 $x$의 값을 구한 후 $f(x)$의 증감표를 이용하여 극값을 구한다.

Tip $y=\ln|x| \Rightarrow y'=\frac{1}{x}$

$y=\ln|f(x)| \Rightarrow y'=\frac{f'(x)}{f(x)}$

## 0686 대표문제

함수 $f(x)=\frac{(e\ln x)^2}{x}$의 모든 극값의 합은?

① $2$ ② $e$ ③ $4$
④ $e^2$ ⑤ $e+e^2$

## 0687

함수 $f(x)=\frac{x}{\ln x}$의 극솟값은?

① $-2e$ ② $-e$ ③ $0$
④ $e$ ⑤ $2e$

## 0688

함수 $f(x)=ax\ln x$의 극솟값이 $-1$일 때, 상수 $a$의 값은? (단, $a\neq0$)

① $-e^2$ ② $-e$ ③ $1$
④ $e$ ⑤ $e^2$

## 0689 중요

함수 $f(x)=\ln x^4+\frac{a}{x}+bx$가 $x=1$에서 극솟값 2를 가질 때, 상수 $a$, $b$에 대하여 $a^2+b^2$의 값을 구하시오.

### 유형 18 삼각함수의 극대·극소

삼각함수 $f(x)$에 대하여 $f'(x)=0$을 만족시키는 $x$의 값을 구한 후 $f(x)$의 증감표를 이용하여 극값을 구한다.

Tip $y=\csc x$ ➡ $y'=-\csc x\cot x$
$y=\sec x$ ➡ $y'=\sec x\tan x$
$y=\cot x$ ➡ $y'=-\csc^2 x$

## 0690 대표문제

구간 $(0,\ 2\pi)$에서 함수 $f(x)=a\cos x+b\sin x+x$가 $x=\frac{\pi}{3}$와 $x=\pi$에서 극값을 갖는다. 함수 $f(x)$의 극댓값을 $M$, 극솟값을 $m$이라 할 때, $3M-m$의 값은?

(단, $a$와 $b$는 상수이다.)

① $\sqrt{3}$　② $2\sqrt{3}$　③ $3\sqrt{3}$
④ $4\sqrt{3}$　⑤ $5\sqrt{3}$

## 0691

함수 $f(x)=x+2\sin x\ (0\le x\le 2\pi)$의 극댓값과 극솟값의 합을 구하시오.

## 0692

함수 $f(x)=e^{-x}\sin x\ (0\le x\le 2\pi)$의 극댓값을 $M$, 극솟값을 $m$이라 할 때, $\frac{m}{M}$의 값은?

① $-\frac{1}{e^{2\pi}}$　② $-\frac{1}{e^{\pi}}$　③ $-1$
④ $-e^{\pi}$　⑤ $-e^{2\pi}$

## 0693

$0<x<\pi$에서 함수 $f(x)=a\sin^2 x\cos x$의 극솟값이 $-\frac{2}{3}$일 때, 극댓값은? (단, $a>0$인 상수이다.)

① $\frac{\sqrt{3}}{3}$　② $\frac{\sqrt{6}}{4}$　③ $\frac{2}{3}$
④ $\frac{\sqrt{2}}{2}$　⑤ $\frac{\sqrt{3}}{2}$

### 유형 19 극값을 가질 조건 - 판별식을 이용하는 경우

미분가능한 함수 $f(x)$에 대하여
$f'(x)=h(x)g(x)\ (g(x)\ne 0)$ 또는
$f'(x)=\frac{h(x)}{g(x)}\ (g(x)>0)$
이고 $h(x)$가 이차식일 때, $h(x)=0$의 판별식을 $D$라 하면
(1) $f(x)$가 극값을 갖는다.
➡ $h(x)=0$이 서로 다른 두 실근을 갖는다. ➡ $D>0$
(2) $f(x)$가 극값을 갖지 않는다.
➡ $h(x)=0$이 중근 또는 허근을 갖는다. ➡ $D\le 0$

## 0694 대표문제

함수 $f(x)=\frac{x+a}{x^2-3x+2}$가 극값을 갖지 않도록 하는 모든 정수 $a$의 값의 합을 구하시오.

## 0695

함수 $f(x)=(x^2+ax+3)e^x$이 극값을 갖도록 하는 자연수 $a$의 최솟값을 구하시오.

## 0696 중요

함수 $f(x)=\ln(x^2+1)-2ax$가 극값을 갖지 않을 때, 양수 $a$의 최솟값은?

① $\frac{1}{4}$ ② $\frac{1}{2}$ ③ $\frac{3}{4}$
④ $1$ ⑤ $\frac{5}{4}$

## 0697

구간 $\left(-\frac{\pi}{2}, \frac{\pi}{2}\right)$에서 정의된 함수

$$f(x)=\sin^3 x-a\cos^2 x+a\sin x+a$$

가 극댓값과 극솟값을 모두 갖기 위한 실수 $a$의 값의 범위는?

① $-3<a<0$ ② $-1<a<0$ ③ $-1<a<1$
④ $0<a<1$ ⑤ $0<a<3$

## 유형 20 극값을 가질 조건 - 판별식을 이용하지 않는 경우

미분가능한 함수 $f(x)$에 대하여
(1) $f(x)$가 극값을 갖는다.
➡ $f'(x)=0$의 실근의 좌우에서 $f'(x)$의 부호가 바뀐다.
(2) $f(x)$가 극값을 갖지 않는다.
➡ 정의역의 모든 실수 $x$에 대하여 $f'(x)\le 0$ 또는 $f'(x)\ge 0$

## 0698 대표문제

함수 $f(x)=ax-2\sin x+1$이 극값을 갖지 않도록 하는 실수 $a$의 값의 범위는?

① $a<-3$ 또는 $a>1$ ② $-3<a<1$
③ $a<-2$ 또는 $a>1$ ④ $a\le -2$ 또는 $a\ge 2$
⑤ $-2\le a\le 2$

## 0699 서술형

함수 $f(x)=(x^3+a)e^{-x}$이 극댓값과 극솟값을 모두 갖도록 하는 정수 $a$의 개수를 구하시오.

## 0700 중요

$x>0$에서 정의된 함수 $f(x)=x^2-3x+\frac{k}{x}$가 극댓값과 극솟값을 모두 갖도록 하는 실수 $k$의 값의 범위는?

① $-2<k<-1$ ② $-2<k<0$ ③ $-1<k<0$
④ $-1<k<1$ ⑤ $0<k<1$

PART B

# 내신 잡는 종합 문제

### 0701 평가원 기출

곡선 $y=\ln(x-3)+1$ 위의 점 $(4, 1)$에서의 접선의 방정식이 $y=ax+b$일 때, 두 상수 $a$, $b$의 합 $a+b$의 값은?

① $-2$ ② $-1$ ③ $0$
④ $1$ ⑤ $2$

### 0702

$x>0$에서 정의된 함수 $f(x)=\dfrac{x^2-6}{6x}-\dfrac{5}{6}\ln x$의 극댓값을 $M$, 극솟값을 $m$이라 할 때, $M+m$의 값은?

① $-\dfrac{5}{6}\ln 6$ ② $-\dfrac{2}{3}\ln 3$ ③ $-\dfrac{1}{2}\ln 2$
④ $\dfrac{2}{3}\ln 3$ ⑤ $\dfrac{5}{6}\ln 6$

### 0703

함수 $f(x)=x^2-2a\ln x$의 극솟값이 0일 때, 양수 $a$의 값은?

① $\dfrac{1}{e}$ ② $\dfrac{2}{e}$ ③ $\sqrt{e}$
④ $e$ ⑤ $2e$

### 0704

함수 $f(x)=3x+\dfrac{2x}{x^2-x}$에 대하여 곡선 $y=f(x)$ 위의 점 $(2, 8)$을 지나고 이 점에서의 접선과 수직인 직선의 $y$절편을 구하시오.

### 0705

함수 $f(x)=ax+\ln(x^2+1)$이 실수 전체의 집합에서 증가하도록 하는 실수 $a$의 최솟값은?

① $-2$ ② $-1$ ③ $0$
④ $1$ ⑤ $2$

### 0706 교육청 기출

함수 $f(x)=\tan(\pi x^2+ax)$가 $x=\dfrac{1}{2}$에서 극솟값 $k$를 가질 때, $k$의 값은? (단, $a$는 상수이다.)

① $-\sqrt{3}$ ② $-1$ ③ $-\dfrac{\sqrt{3}}{3}$
④ $0$ ⑤ $\dfrac{\sqrt{3}}{3}$

## 0707

곡선 $3\sqrt{x}+\sqrt{y}=11$ 위의 점 $(a, 4)$에서의 접선과 $x$축 및 $y$축으로 둘러싸인 도형의 넓이를 $S$라 할 때, $a+S$의 값을 구하시오.

## 0708 교육청 기출

함수 $f(x)=e^{x+1}(x^2+3x+1)$이 구간 $(a, b)$에서 감소할 때, $b-a$의 최댓값은?

① 1 ② 2 ③ 3
④ 4 ⑤ 5

## 0709

두 곡선 $y=\ln(4x+6)$, $y=a-\ln x$가 점 P에서 만나고, 점 P에서 두 곡선에 접하는 두 직선이 서로 수직일 때, 상수 $a$의 값은?

① $\ln 2$ ② $\ln 3$ ③ $2\ln 2$
④ $\ln 5$ ⑤ $\ln 6$

## 0710

함수 $f(x)=\dfrac{a}{x+\sqrt{2-x}}$ $(0\le x\le 2)$의 극솟값이 4일 때, $f(1)$의 값은? (단, $a$는 양수이다.)

① 3 ② $\dfrac{7}{2}$ ③ 4
④ $\dfrac{9}{2}$ ⑤ 5

## 0711

함수 $f(x)=\ln(1+4x^2)+ax$가 극값을 갖지 않을 때, 양수 $a$의 최솟값은?

① 1 ② 2 ③ 3
④ 4 ⑤ 5

## 0712 수능 기출

곡선 $y=e^x$ 위의 점 $(1, e)$에서의 접선이 곡선 $y=2\sqrt{x-k}$에 접할 때, 실수 $k$의 값은?

① $\dfrac{1}{e}$ ② $\dfrac{1}{e^2}$ ③ $\dfrac{1}{e^4}$
④ $\dfrac{1}{1+e}$ ⑤ $\dfrac{1}{1+e^2}$

## 0713

함수 $f(x)=\dfrac{x+1}{x^2+a}$이 $x=-3$에서 극솟값을 가질 때, $f(x)$의 극댓값은? (단, $a$는 상수이다.)

① $\dfrac{1}{2}$ ② 1 ③ $\dfrac{3}{2}$
④ 2 ⑤ $\dfrac{5}{2}$

## 0714

자연수 $n$에 대하여 점 $(n\ln 2,\ 0)$에서 곡선 $y=e^{x-1}$에 그은 접선의 접점의 $y$좌표를 $a_n$이라 하자. $\displaystyle\sum_{n=1}^{\infty}\frac{1}{a_n}$의 값을 구하시오.

## 0715

매개변수 $t$로 나타낸 곡선

$x=t^2+t+2,\ y=-6t$

에 대하여 $t=a$에 대응하는 점에서의 접선이 직선 $y=-2x+7$과 평행하고 점 $(2,\ b)$를 지날 때, $a+b$의 값은?

① $-2$ ② $-1$ ③ 0
④ 1 ⑤ 2

## 0716

점 $(k,\ 0)$에서 곡선 $y=(x+2)e^{-x}$에 두 개의 접선을 그을 수 있도록 하는 $k$의 값의 범위는?

① $k<-2$ 또는 $k>2$ ② $-2<k<2$
③ $-2<k<0$ ④ $k<0$ 또는 $k>2$
⑤ $0<k<2$

## 0717

함수 $f(x)=\dfrac{x^2-2x+a}{x^2+1}$가 구간 $(1,\ 2)$에서 감소하도록 하는 정수 $a$의 최솟값을 구하시오.

## 0718

실수 전체의 집합에서 증가하고 미분가능한 함수 $f(x)$가

$$\lim_{x\to 2}\frac{f(x)-3}{x-2}=\frac{1}{2}$$

을 만족시킨다. 함수 $f(x)$의 역함수를 $g(x)$라 할 때, 곡선 $y=g(x)$ 위의 점 $(a,\ 2)$에서의 접선이 점 $(5,\ b)$를 지난다. $a+b$의 값을 구하시오.

## 서술형 대비하기

## 0719

구간 $(0,\ \pi)$에서 정의된 함수 $f(x)=\frac{\sin 2x}{e^x}$가 $x=k$에서 극댓값을 가질 때, $\tan k$의 값은?

① $\frac{-1+\sqrt{5}}{2}$ ② $\frac{\sqrt{5}}{2}$ ③ $\frac{1+\sqrt{5}}{2}$
④ $\frac{-1+2\sqrt{5}}{2}$ ⑤ $\frac{1+2\sqrt{5}}{2}$

## 0720 교육청 기출

원 $x^2+y^2=1$ 위의 임의의 점 P와 곡선 $y=\sqrt{x}-3$ 위의 임의의 점 Q에 대하여 $\overline{PQ}$의 최솟값은 $\sqrt{a}-b$이다. 자연수 $a$, $b$에 대하여 $a^2+b^2$의 값을 구하시오.

## 0721

$0<x<2\pi$에서 정의된 함수 $f(x)=x-k\sin x$에 대하여 보기에서 옳은 것만을 있는 대로 고른 것은?

(단, $k$는 양수이다.)

**보기**

ㄱ. $k=1$일 때 $f(x)$는 증가하는 함수이다.
ㄴ. $k>1$일 때 $f(x)$의 극댓값과 극솟값이 모두 존재한다.
ㄷ. 함수 $f(x)$의 극솟값이 2일 때 극댓값은 $2\pi-2$이다.

① ㄱ ② ㄱ, ㄴ ③ ㄱ, ㄷ
④ ㄴ, ㄷ ⑤ ㄱ, ㄴ, ㄷ

## 0722

자연수 $n$에 대하여 그림과 같이 원점 O에서 곡선 $y=\frac{1}{n^2}\ln x$에 그은 접선의 접점을 $A_n$이라 하고, 점 $A_n$에서 $x$축에 내린 수선의 발을 $B_n$이라 하자. 삼각형 $OB_nA_n$의 넓이를 $S_n$이라 할 때, $\sum_{n=1}^{10}\frac{e}{S_n}$의 값을 구하시오.

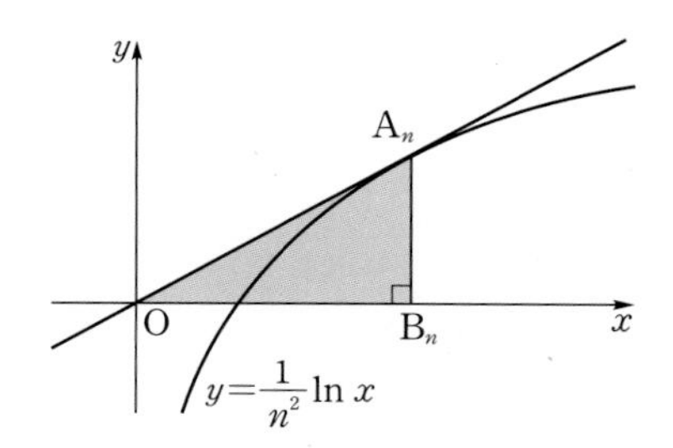


## 0723

두 곡선 $2x^2-y=0$, $3xy+y^2=2x+2y+4$가 만나는 제1사분면 위의 점을 P라 하고, 점 P에서의 두 곡선의 접선을 각각 $l_1$, $l_2$라 하자. 두 직선 $l_1$, $l_2$가 이루는 예각의 크기를 $\theta$라 할 때, $\tan\theta=\frac{q}{p}$이다. $p+q$의 값을 구하시오.

(단, $p$와 $q$는 서로소인 자연수이다.)

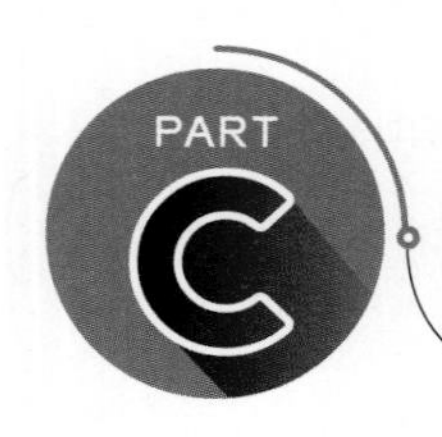

# 수능 녹인 변별력 문제

## 0724

두 곡선 $y=\ln x$, $y=ax^3$이 한 점에서만 만나도록 하는 양수 $a$의 값은?

① $\frac{1}{6e}$　② $\frac{1}{4e}$　③ $\frac{1}{3e}$
④ $\frac{1}{2e}$　⑤ $\frac{1}{e}$

## 0725

함수 $f(x)=\sin \pi x$에 대하여 $g(x)=f(f(x))$라 하자. 함수 $g(x)$가 구간 $(0, 2)$에서 극값을 갖는 $x$의 값의 개수를 구하시오.

## 0726 평가원 기출

실수 $t$ $(0<t<\pi)$에 대하여 곡선 $y=\sin x$ 위의 점 $\mathrm{P}(t, \sin t)$에서의 접선과 점 P를 지나고 기울기가 $-1$인 직선이 이루는 예각의 크기를 $\theta$라 할 때, $\lim_{t \to \pi-}\frac{\tan\theta}{(\pi-t)^2}$의 값은?

① $\frac{1}{16}$　② $\frac{1}{8}$　③ $\frac{1}{4}$
④ $\frac{1}{2}$　⑤ $1$

## 0727

함수 $f(x)=5x+\cos ax$의 역함수가 존재하도록 하는 정수 $a$의 개수를 구하시오.

## 0728

$k<1$인 실수 $k$에 대하여 점 $(0,\ k)$에서 곡선 $y=e^{2x}$에 그은 접선 중 접점의 $x$좌표가 양수인 접선의 기울기를 $f(k)$라 할 때, $f'(-e^2)$의 값은?

① $-2$　② $-1$　③ $0$
④ $1$　⑤ $2$

## 0729

자연수 $k$에 대하여 두 곡선 $y=e^{x+k}$, $y=\ln x-k$에 동시에 접하는 원의 넓이의 최솟값을 $f(k)$라 하자. $\frac{1}{\pi}\sum_{k=1}^{5}f(k)$의 값을 구하시오.

## 0730 교육청 기출

모든 실수 $x$에 대하여 $f(x+2)=f(x)$이고, $0\le x<2$일 때 $f(x)=\frac{(x-a)^2}{x+1}$인 함수 $f(x)$가 $x=0$에서 극댓값을 갖는다. 구간 $[0,\ 2)$에서 극솟값을 갖도록 하는 모든 정수 $a$의 값의 곱은?

① $-3$　② $-2$　③ $-1$
④ $1$　⑤ $2$

## 0731

함수 $f(x)=\pi\cos\frac{\pi}{4}x$와 일차함수 $g(x)$가 다음 조건을 만족시킨다.

> (가) $f(1)=g(1)$
> (나) $0\le x\le 2$일 때, $f(x)\le g(x)$이다.

$g(2)$의 값은?

① $-\frac{\pi^2}{2}+\frac{\sqrt{2}}{2}\pi$　② $-\frac{\pi^2}{4}+\frac{\sqrt{2}}{2}\pi$
③ $-\frac{\sqrt{2}}{8}\pi^2+\frac{\sqrt{2}}{2}\pi$　④ $\frac{\sqrt{2}}{8}\pi^2+\frac{\sqrt{2}}{2}\pi$
⑤ $\frac{\pi^2}{2}+\frac{\sqrt{2}}{2}\pi$

## 0732

그림과 같이 세로의 길이가 4인 직사각형 모양의 종이를 선분 AB를 접는 선으로 하여 꼭짓점 C가 한 변에 닿도록 접었다. $\angle\mathrm{BAC}=\theta\left(0<\theta<\frac{\pi}{4}\right)$, 삼각형 ACB의 넓이를 $f(\theta)$라 하면 함수 $\frac{1}{f(\theta)}$은 $\theta=\alpha$에서 극댓값을 갖는다. $f(\alpha)=\frac{q}{p}\sqrt{3}$일 때, $p+q$의 값을 구하시오.

(단, $p$와 $q$는 서로소인 자연수이다.)

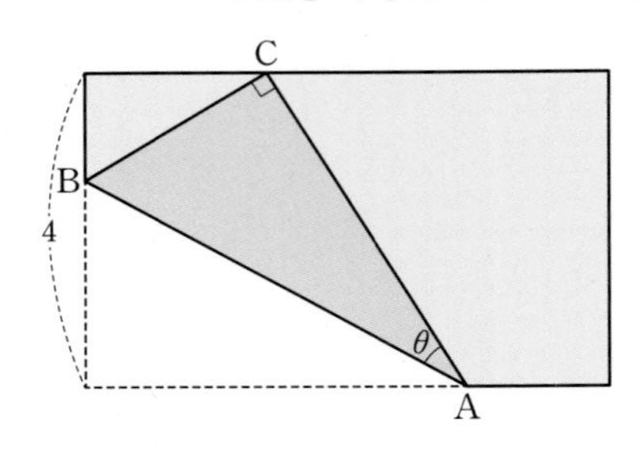


## 0733

최솟값이 0인 이차함수 $f(x)$가 다음 조건을 만족시킨다.

> (가) 함수 $e^x f(x)$는 $x=0$에서 극댓값을 갖는다.
> (나) 함수 $\frac{f(x)}{x}$는 극댓값 $-8$을 갖는다.

$f(5)$의 값을 구하시오.

## 0734

함수 $f(x)=\sqrt{3}\ln x$에 대하여 좌표평면 위에 곡선 $y=f(x)$와 직선 $l : \sqrt{3}x+2y-\sqrt{3}=0$이 있다. 곡선 $y=f(x)$ 위의 서로 다른 두 점 $\mathrm{A}(\alpha, f(\alpha))$, $\mathrm{B}(\beta, f(\beta))$ $(\alpha<\beta)$에서의 접선을 각각 $m$, $n$이라 하자. 세 직선 $l$, $m$, $n$으로 둘러싸인 삼각형이 정삼각형일 때, $\frac{\beta}{\alpha}$의 값은?

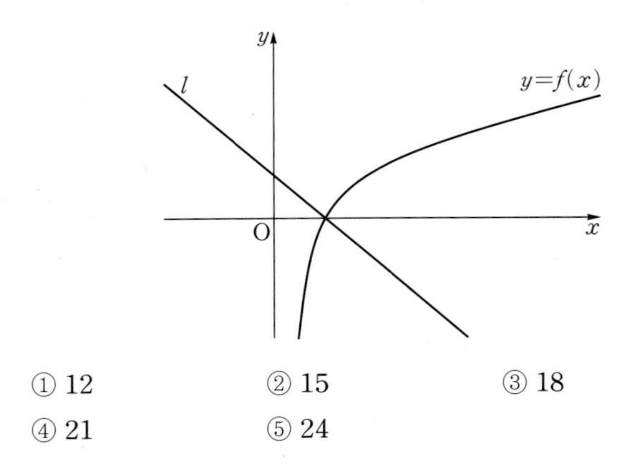


① 12 ② 15 ③ 18
④ 21 ⑤ 24

## 0735 평가원 기출

$t>2e$인 실수 $t$에 대하여 함수 $f(x)=t(\ln x)^2-x^2$이 $x=k$에서 극대일 때, 실수 $k$의 값을 $g(t)$라 하면 $g(t)$는 미분가능한 함수이다. $g(\alpha)=e^2$인 실수 $\alpha$에 대하여
$\alpha\times\{g'(\alpha)\}^2=\frac{q}{p}$일 때, $p+q$의 값을 구하시오.

(단, $p$와 $q$는 서로소인 자연수이다.)

## 0736 교육청 기출

정수 $n$에 대하여 점 $(a,\ 0)$에서 곡선 $y=(x-n)e^x$에 그은 접선의 개수를 $f(n)$이라 하자. 보기에서 옳은 것만을 있는 대로 고른 것은?

보기

ㄱ. $a=0$일 때, $f(4)=1$이다.

ㄴ. $f(n)=1$인 정수 $n$의 개수가 1인 정수 $a$가 존재한다.

ㄷ. $\sum_{n=1}^{5} f(n)=5$를 만족시키는 정수 $a$의 값은 $-1$ 또는 3이다.

① ㄱ ② ㄱ, ㄴ ③ ㄱ, ㄷ
④ ㄴ, ㄷ ⑤ ㄱ, ㄴ, ㄷ

## 0737

실수 전체의 집합에서 미분가능한 함수 $f(x)$에 대하여 함수 $g(x)$를 $g(x)=f(e(\ln x)^4)$이라 하자. 곡선 $y=f(x)$ 위의 점 $(e,\ f(e))$에서의 접선 $l_1$의 기울기를 $m_1$, 곡선 $y=g(x)$ 위의 점 $(e,\ g(e))$에서의 접선 $l_2$의 기울기를 $m_2$라 할 때, $m_1m_2=1$이다. 두 직선 $l_1$, $l_2$와 $y$축으로 둘러싸인 삼각형의 넓이는?

① $\frac{1}{4}e^2$ ② $\frac{1}{3}e^2$ ③ $\frac{1}{2}e^2$
④ $\frac{2}{3}e^2$ ⑤ $\frac{3}{4}e^2$

## 0738

임의의 두 실수 $a$, $b$에 대하여 보기에서 옳은 것만을 있는 대로 고른 것은?

보기

ㄱ. $0<a<b<\frac{\pi}{4}$일 때, $\frac{e^a}{\cos b}<\frac{e^b}{\cos a}$

ㄴ. $0<a<b<\frac{\pi}{2}$일 때, $\tan a-a<\tan b-b$

ㄷ. $0<a<b<\pi$일 때, $b\sin a>a\sin b$

① ㄱ ② ㄱ, ㄴ ③ ㄱ, ㄷ
④ ㄴ, ㄷ ⑤ ㄱ, ㄴ, ㄷ

## 0739 수능 기출

함수 $f(x)=6\pi(x-1)^2$에 대하여 함수 $g(x)$를

$$g(x)=3f(x)+4\cos f(x)$$

라 하자. $0<x<2$에서 함수 $g(x)$가 극소가 되는 $x$의 개수는?

① 6 ② 7 ③ 8
④ 9 ⑤ 10

# 도함수의 활용(2)



## 유형 01 곡선의 오목과 볼록

이계도함수를 갖는 함수 $f(x)$가 어떤 구간에서
(1) $f''(x)>0$이면 곡선 $y=f(x)$는 이 구간에서 아래로 볼록
(2) $f''(x)<0$이면 곡선 $y=f(x)$는 이 구간에서 위로 볼록

확인 문제

곡선 $y=x^3-2x^2$의 오목과 볼록을 구하시오.

### 0740 대표문제

함수 $f(x)=\frac{x^2-x}{e^x}$에 대하여 곡선 $y=f(x)$가 위로 볼록한 구간은?

① $(0, 1)$ ② $(0, 2)$ ③ $(0, 4)$
④ $(1, 4)$ ⑤ $(1, 5)$

### 0741

곡선 $y=x+2\cos x$ $(0<x<2\pi)$가 아래로 볼록한 구간은?

① $\left(0, \frac{3}{2}\pi\right)$ ② $\left(\frac{\pi}{2}, \frac{3}{2}\pi\right)$ ③ $(\pi, 2\pi)$
④ $\left(0, \frac{\pi}{2}\right)$ ⑤ $(0, \pi)$

### 0742

곡선 $y=x^4-2x^3-36x^2+6x+12$가 위로 볼록한 구간은?

① $(-3, 2)$ ② $(-3, 3)$ ③ $(-3, 4)$
④ $(-2, 3)$ ⑤ $(-2, 4)$

### 0743 중요

곡선 $y=x^2(\ln x-1)$이 위로 볼록한 부분의 $x$의 값의 범위는?

① $0<x<\frac{\sqrt{e}}{e}$ ② $\frac{1}{e}<x<\frac{\sqrt{e}}{e}$ ③ $1<x<\sqrt{e}$
④ $\sqrt{e}<x<e$ ⑤ $e<x<e^2$

### 0744 서술형

곡선 $y=\frac{-2}{x^2+3}$가 아래로 볼록한 구간에 속하는 정수 $x$의 값을 구하시오.

### 0745

실수 전체의 집합에서 정의된 함수 $f(x)=\ln(x^2+2x+2)$가 구간 $(a, b)$에 속하는 임의의 두 실수 $x_1$, $x_2$ $(x_1<x_2)$에 대하여 $\frac{f(x_1)+f(x_2)}{2}>f\left(\frac{x_1+x_2}{2}\right)$를 만족시킬 때, $b-a$의 최댓값을 구하시오.

## 유형 02 변곡점

곡선 $y=f(x)$ 위의 점 $\mathrm{P}(a, f(a))$에 대하여 $x=a$의 좌우에서 곡선 모양이 아래로 볼록에서 위로 볼록으로 바뀌거나 위로 볼록에서 아래로 볼록으로 바뀔 때, 점 P를 곡선 $y=f(x)$의 변곡점이라 한다.

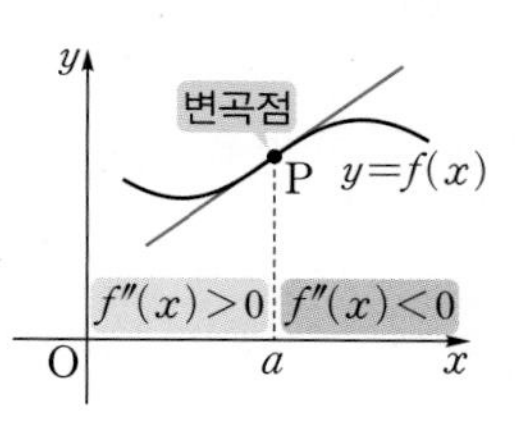


즉, $f''(a)=0$이고 $x=a$의 좌우에서 $f''(x)$의 부호가 바뀌면 점 $(a, f(a))$는 곡선 $y=f(x)$의 변곡점이다.

확인 문제

곡선 $y=x^4+4x^3-18x^2+1$의 변곡점의 $x$좌표를 구하시오.

### 0746 대표문제

함수 $f(x)=x(\ln x)^2$에 대하여 곡선 $y=f(x)$의 변곡점에서의 접선의 기울기는?

① $-1$　② $-\frac{1}{e}$　③ $0$　④ $\frac{1}{e}$　⑤ $1$

### 0747

곡선 $y=x^3-3x^2+6$의 변곡점의 좌표가 $(a, b)$일 때, $a+b$의 값을 구하시오.

### 0748

함수 $f(x)=2x^2e^x$에 대하여 곡선 $y=f(x)$의 모든 변곡점의 $x$좌표의 곱은?

① $\ln 2$　② $1$　③ $2\ln 2$　④ $2$　⑤ $3\ln 2$

### 0749 중요

$0<x<2\pi$일 때, 곡선 $y=\frac{1}{2}x^2+2\sin x$의 변곡점의 $x$좌표를 $\alpha$, $\beta$라 하자. $|\alpha-\beta|$의 값은?

① $\frac{\pi}{3}$　② $\frac{\pi}{2}$　③ $\frac{2}{3}\pi$　④ $\pi$　⑤ $\frac{4}{3}\pi$

### 0750 서술형

곡선 $y=\frac{x^2-1}{x^2+3}$의 두 변곡점에서의 두 접선이 이루는 예각의 크기를 $\theta$라 할 때, $\tan\theta=\frac{q}{p}$이다. $p+q$의 값을 구하시오.

(단, $p$와 $q$는 서로소인 자연수이다.)

### 0751

곡선 $y=\ln(x^2+1)^2$의 변곡점 중 $x$좌표가 가장 큰 점에서의 접선을 $l$이라 할 때, 접선 $l$의 $y$절편은 $-k+k\ln k$이다. $k$의 값은? (단, $k$는 정수이다.)

① $1$　② $2$　③ $3$　④ $4$　⑤ $5$

## 0752

곡선 $y=\sin^n x$ $\left(0<x<\frac{\pi}{2},\ n=2,\ 3,\ 4,\ \cdots\right)$의 변곡점의 $y$좌표를 $a_n$이라 하자. $a_2\times a_4=\frac{q}{p}$일 때, $p+q$의 값을 구하시오.

(단, $p$와 $q$는 서로소인 자연수이다.)

## 0755 평가원 기출

좌표평면에서 점 $(2,\ a)$가 곡선 $y=\frac{2}{x^2+b}$ $(b>0)$의 변곡점일 때, $\frac{b}{a}$의 값을 구하시오. (단, $a$, $b$는 상수이다.)

### 유형 03 변곡점을 이용한 미정계수의 결정

이계도함수가 존재하는 함수 $f(x)$에 대하여

(1) $f(x)$가 $x=a$에서 극값 $b$를 가지면

$f'(a)=0,\ f(a)=b$

(2) 점 $(a,\ b)$가 곡선 $y=f(x)$의 변곡점이면

$f''(a)=0,\ f(a)=b$

## 0753 대표문제

함수 $f(x)=xe^x+ax^2+bx$가 $x=0$에서 극소이고, 곡선 $y=f(x)$의 변곡점의 $x$좌표가 $-2$일 때, 상수 $a$, $b$에 대하여 $a+b$의 값은?

① $-4$ ② $-3$ ③ $-2$
④ $-1$ ⑤ $0$

## 0754 중요

$0<x<2\pi$일 때, 함수 $f(x)=a\cos x+b\sin x+cx$는 $x=\frac{2}{3}\pi$에서 극대이고, 곡선 $y=f(x)$의 변곡점의 좌표는 $(\pi,\ \pi)$이다. 상수 $a$, $b$, $c$에 대하여 $a+b+c$의 값을 구하시오.

### 유형 04 변곡점을 가질 조건

이계도함수가 존재하는 함수 $f(x)$에 대하여

(1) 점 $(a,\ f(a))$가 곡선 $y=f(x)$의 변곡점이 되려면 다음 두 조건을 모두 만족시켜야 한다.

(i) $f''(a)=0$

(ii) $x=a$의 좌우에서 $f''(x)$의 부호가 바뀌어야 한다.

(2) 곡선 $y=f(x)$가 변곡점을 갖지 않으려면 다음 조건 중 하나를 만족시켜야 한다.

(i) $f''(x)=0$의 해가 없다.

(ii) 모든 실수 $x$에서 $f''(x)\le 0$ 또는 $f''(x)\ge 0$

## 0756 대표문제

함수 $f(x)=ax^2+x+2\cos x$에 대하여 곡선 $y=f(x)$가 변곡점을 갖도록 하는 실수 $a$의 값의 범위는?

① $-1\le a<0$ ② $0<a\le 1$ ③ $-1<a\le 1$
④ $-1<a<1$ ⑤ $-1\le a\le 1$

## 0757

곡선 $y=x^4+ax^3-3ax^2-5$가 변곡점을 갖지 않도록 하는 실수 $a$의 최솟값을 구하시오.

## 0758 중요 서술형

함수 $f(x)=x^2+n\sin x$에 대하여 곡선 $y=f(x)$가 변곡점을 갖지 않도록 하는 정수 $n$의 개수를 구하시오.

## 유형 05 도함수의 그래프를 이용한 함수의 이해

이계도함수가 존재하는 함수 $f(x)$에 대하여
(1) $f''(x)>0$인 구간에서 곡선 $y=f(x)$는 아래로 볼록하다.
(2) $f''(x)<0$인 구간에서 곡선 $y=f(x)$는 위로 볼록하다.
(3) $f''(a)=0$이고 $x=a$의 좌우에서 $f''(x)$의 부호가 바뀌면 점 $(a, f(a))$는 곡선 $y=f(x)$의 변곡점이다.

## 0759 대표문제

사차함수 $f(x)$의 도함수 $y=f'(x)$의 그래프가 그림과 같을 때, 보기에서 옳은 것만을 있는 대로 고른 것은?

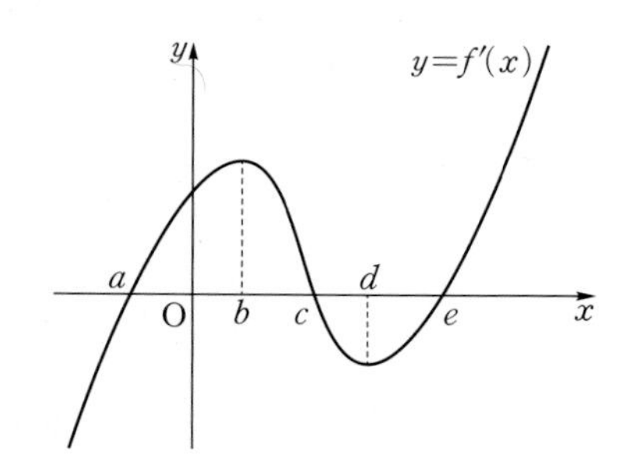


**보기**

ㄱ. 함수 $f(x)$는 $x=c$에서 극댓값을 갖는다.
ㄴ. 곡선 $y=f(x)$의 변곡점의 개수는 2이다.
ㄷ. 구간 $(b, d)$에서 곡선 $y=f(x)$는 위로 볼록하다.

① ㄱ ② ㄱ, ㄴ ③ ㄱ, ㄷ
④ ㄴ, ㄷ ⑤ ㄱ, ㄴ, ㄷ

## 0760 중요

연속함수 $f(x)$의 도함수 $y=f'(x)$의 그래프가 그림과 같을 때, 곡선 $y=f(x)$의 변곡점의 개수는?

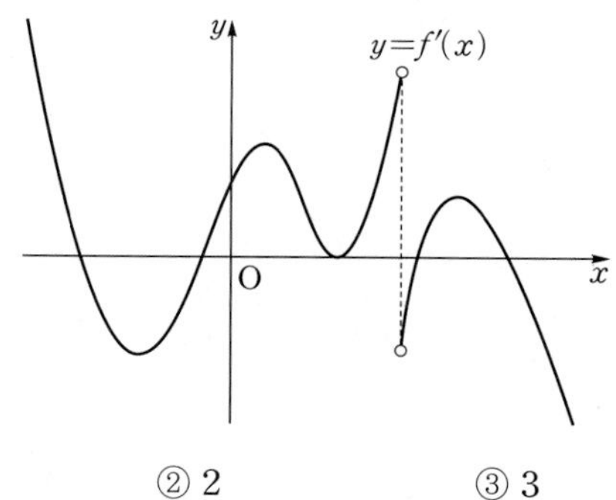


① 1 ② 2 ③ 3
④ 4 ⑤ 5

## 0761

미분가능한 함수 $f(x)$의 도함수 $y=f'(x)$의 그래프가 그림과 같을 때, 곡선 $y=f(x)$가 위로 볼록한 구간은?

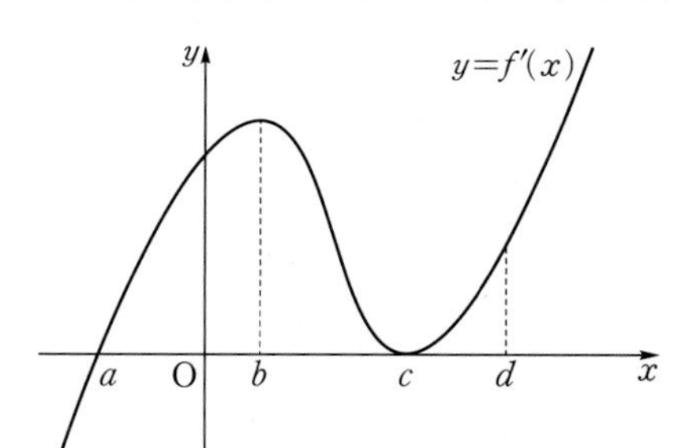


① $(-\infty, a)$ ② $(a, b)$ ③ $(b, c)$
④ $(c, d)$ ⑤ $(d, \infty)$

## 0762

미분가능한 두 함수 $f(x)$, $g(x)$의 도함수 $y=f'(x)$, $y=g'(x)$의 그래프가 그림과 같다. $h(x)=f(x)-g(x)$라 할 때, 곡선 $y=h(x)$가 위로 볼록한 구간에 속하는 $x$의 값은?

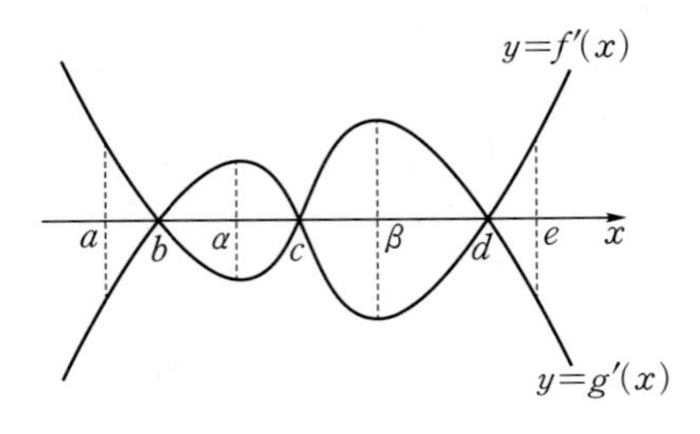


① $a$, $c$, $d$　② $a$, $e$　③ $b$, $c$, $d$
④ $c$　⑤ $d$, $e$

## 0763

연속함수 $f(x)$의 도함수 $y=f'(x)$의 그래프가 그림과 같을 때, 보기에서 옳은 것만을 있는 대로 고른 것은?

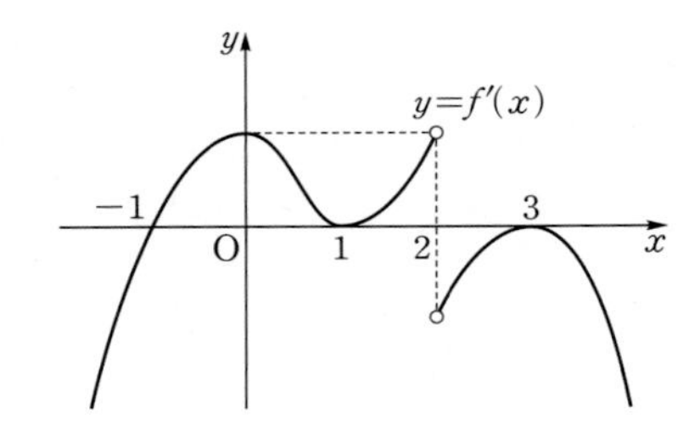


**보기**

ㄱ. 함수 $f(x)$가 극값을 갖는 $x$의 값은 2개이다.
ㄴ. 곡선 $y=f(x)$의 변곡점은 3개이다.
ㄷ. 구간 $(-1, 1)$에서 곡선 $y=f(x)$는 위로 볼록하다.

① ㄱ　② ㄱ, ㄴ　③ ㄱ, ㄷ
④ ㄴ, ㄷ　⑤ ㄱ, ㄴ, ㄷ

## 유형 06 함수의 그래프

함수 $y=f(x)$의 그래프의 개형은 다음을 조사하여 그린다.
(1) 함수의 정의역과 치역
(2) 곡선과 좌표축의 교점
(3) 곡선의 대칭성과 주기
(4) 함수의 증가와 감소, 극대와 극소
(5) 곡선의 오목과 볼록, 변곡점
(6) $\lim_{x\to\infty} f(x)$, $\lim_{x\to-\infty} f(x)$, 점근선

## 0764 대표문제

다음 중 함수 $f(x)=x\ln x$에 대한 설명으로 옳은 것은?

① 정의역은 $\{x|x\geq 0\}$이다.
② 극솟값 $\frac{1}{e}$을 갖는다.
③ 곡선 $y=f(x)$는 변곡점 $(e, e)$를 갖는다.
④ 곡선 $y=f(x)$는 구간 $(1, \infty)$에서 아래로 볼록하다.
⑤ $\lim_{x\to 0+} f(x)=\infty$, $\lim_{x\to\infty} f(x)=0$이다.

## 0765

다음 중 곡선 $y=xe^{-x^2}$에 대한 설명으로 옳은 것은?

① 점근선은 직선 $y=x$이다.
② 구간 $(0, 1)$에서 아래로 볼록하다.
③ 구간 $(-1, 0)$에서 증가한다.
④ $x=\frac{\sqrt{6}}{2}$에서 극대이다.
⑤ 변곡점은 3개이다.

## 0766 중요

함수 $f(x)=\frac{x}{x^2+1}$에 대하여 보기에서 옳은 것만을 있는 대로 고른 것은?

보기

ㄱ. 함수 $f(x)$의 극댓값은 $\frac{1}{2}$이다.

ㄴ. 곡선 $y=f(x)$는 구간 $(-1, 0)$에서 아래로 볼록하다.

ㄷ. 곡선 $y=f(x)$의 변곡점은 3개이다.

① ㄱ ② ㄷ ③ ㄱ, ㄴ
④ ㄴ, ㄷ ⑤ ㄱ, ㄴ, ㄷ

## 0767 중요

$0<x<2\pi$일 때, 함수 $f(x)=x-2\sin x$에 대하여 보기에서 옳은 것만을 있는 대로 고른 것은?

보기

ㄱ. 곡선 $y=f(x)$는 구간 $(0, \pi)$에서 아래로 볼록하다.

ㄴ. 점 $(\pi, \pi)$는 곡선 $y=f(x)$의 변곡점이다.

ㄷ. 함수 $f(x)$의 극댓값과 극솟값의 차는 $\frac{4}{3}\pi$이다.

① ㄱ ② ㄱ, ㄴ ③ ㄱ, ㄷ
④ ㄴ, ㄷ ⑤ ㄱ, ㄴ, ㄷ

## 0768

함수 $f(x)=(\ln x)^2$에 대하여 보기에서 옳은 것만을 있는 대로 고른 것은?

보기

ㄱ. 구간 $(0, 1)$에서 함수 $f(x)$는 감소한다.

ㄴ. 구간 $(e, \infty)$에서 곡선 $y=f(x)$는 아래로 볼록하다.

ㄷ. 곡선 $y=f(x)$의 극소가 되는 점을 A, 변곡점을 B라 할 때, 삼각형 OAB의 넓이는 $\frac{1}{2}$이다. (단, O는 원점이다.)

① ㄱ ② ㄷ ③ ㄱ, ㄴ
④ ㄱ, ㄷ ⑤ ㄴ, ㄷ

### 유형 07 유리함수의 최대 · 최소

두 다항함수 $f(x)$, $g(x)$ $(g(x)\neq 0)$에 대하여

$$y=\frac{f(x)}{g(x)} \Rightarrow y'=\frac{f'(x)g(x)-f(x)g'(x)}{\{g(x)\}^2}$$

임을 이용하여 주어진 구간에서 극값과 이 구간의 양 끝값의 함숫값을 비교하고 최댓값과 최솟값을 구한다.

## 0769 대표문제

$x>0$일 때, 함수 $f(x)=\frac{2x+3}{x^2+4}$의 최댓값을 구하시오.

## 0770 중요

함수 $y=\frac{3x}{x^2-x+1}$의 최댓값과 최솟값의 합을 구하시오.

## 0771 서술형

구간 $[-3, 3]$에서 함수 $f(x)=\frac{4x-k}{x^2+1}$의 극솟값이 $-1$일 때, 함수 $f(x)$의 최댓값을 구하시오. (단, $k$는 상수이다.)

## 유형 08 무리함수의 최대 · 최소

다항함수 $f(x)$ $(f(x)\geq 0)$에 대하여

$$y=\sqrt{f(x)} \Rightarrow y'=\frac{f'(x)}{2\sqrt{f(x)}}$$

임을 이용하여 주어진 구간에서 극값과 이 구간의 양 끝값의 함숫값을 비교하고 최댓값과 최솟값을 구한다.

## 0772 대표문제

함수 $y=x^3\sqrt{12-x^2}$의 최댓값을 $M$, 최솟값을 $m$이라 할 때, $M-m$의 값은?

① $18\sqrt{3}$ ② $27\sqrt{3}$ ③ $36\sqrt{3}$
④ $48\sqrt{3}$ ⑤ $54\sqrt{3}$

## 0773

함수 $y=x+\sqrt{2-x^2}$의 최댓값을 구하시오.

## 0774 중요

구간 $[-1, 3]$에서 함수 $f(x)=\frac{1}{\sqrt{1+2x^2}}$의 최댓값을 $M$, 최솟값을 $m$이라 할 때, $M^2+m^2$의 값은?

① $\frac{17}{19}$ ② $\frac{18}{19}$ ③ $1$
④ $\frac{20}{19}$ ⑤ $\frac{21}{19}$

## 0775

함수 $y=\sqrt{3-x}+\sqrt{2x+6}$의 최댓값과 최솟값의 곱은?

① $6$ ② $6\sqrt{2}$ ③ $6\sqrt{3}$
④ $12$ ⑤ $12\sqrt{2}$

## 0776

함수 $f(x)=x\sqrt{2x+a}$ $\left(-\frac{a}{2}\leq x\leq\frac{a}{2}\right)$의 최솟값이 $-8$일 때, $f(x)$의 최댓값은? (단, $a$는 양의 정수이다.)

① $6\sqrt{3}$ ② $6\sqrt{6}$ ③ $12\sqrt{3}$
④ $12\sqrt{6}$ ⑤ $24\sqrt{3}$

## 유형 09 지수함수의 최대 · 최소

미분가능한 함수 $f(x)$에 대하여

$y=e^x \Rightarrow y'=e^x$

$y=e^{f(x)} \Rightarrow y'=f'(x)e^{f(x)}$

임을 이용하여 주어진 구간에서 극값과 이 구간의 양 끝값의 함숫값을 비교하고 최댓값과 최솟값을 구한다.

### 0777 대표문제

구간 $[0, 2\ln 3]$에서 함수 $f(x)=e^{2x}-4e^x-6x$의 최댓값을 $M$, 최솟값을 $m$이라 할 때, $M-2m$의 값을 구하시오.

### 0778 중요

$x>0$일 때, 함수 $f(x)=\frac{e^x}{x^2}$의 최솟값은?

① $\frac{4}{e^2}$ ② $\frac{2}{e}$ ③ $\frac{e}{2}$
④ $\frac{e^2}{4}$ ⑤ $\frac{e^3}{8}$

### 0779 서술형

구간 $[-2, 1]$에서 함수 $f(x)=(x^2+1)e^x$의 최댓값을 $M$, 최솟값을 $m$이라 할 때, $eMm$의 값을 구하시오.

(단, $e$는 무리수이다.)

### 0780

$x>0$에서 함수 $f(x)=x^2e^{-x}+k$의 최댓값이 0일 때, 실수 $k$의 값은?

① $-\frac{4}{e^2}$ ② $-\frac{2}{e^2}$ ③ 0
④ $\frac{2}{e^2}$ ⑤ $\frac{4}{e^2}$

## 유형 10 로그함수의 최대 · 최소

미분가능한 함수 $f(x)$에 대하여

$y=\ln|x| \Rightarrow y'=\frac{1}{x}$

$y=\ln|f(x)| \Rightarrow y'=\frac{f'(x)}{f(x)}$

임을 이용하여 주어진 구간에서 극값과 이 구간의 양 끝값의 함숫값을 비교하고 최댓값과 최솟값을 구한다.

### 0781 대표문제

$1\le x\le e^2$에서 함수 $f(x)=x\ln x-2x$의 최댓값을 $M$, 최솟값을 $m$이라 할 때, $M-m$의 값은?

① 1 ② 2 ③ $e$
④ $2e$ ⑤ $3e$

### 0782

구간 $[1, e]$에서 함수 $f(x)=\frac{\ln x^2}{x^2}$의 최댓값을 $M$, 최솟값을 $m$이라 할 때, $M+m$의 값은?

① $\frac{1}{e^2}$ ② $\frac{1}{e}$ ③ 1
⑤ $e$ ④ $e^2$

## 0783 중요

함수 $f(x)=\ln x+\ln(8-x)$의 최댓값이 $\ln M$일 때, $M$의 값을 구하시오.

## 0784

양수 $a$에 대하여 함수 $f(x)=\ln x+\frac{a}{x}$가 $x=4$에서 최솟값을 가질 때, $f(1)$의 값을 구하시오.

## 0785

양수 $a$에 대하여 함수 $f(x)=x(\ln ax)^2$이 다음 조건을 만족시킨다.

> $0<x_1<1<x_2$인 모든 실수 $x_1$, $x_2$에 대하여
> $f''(x_1)f''(x_2)<0$이다.

구간 $\left[\frac{1}{e^3}, e\right]$에서 함수 $f(x)$의 최댓값과 최솟값의 합은?

① $\frac{1}{e}$ ② $\frac{2}{e}$ ③ $\frac{3}{e}$
④ $\frac{4}{e}$ ⑤ $\frac{5}{e}$

## 유형 11 삼각함수의 최대 · 최소

삼각함수에 대하여
$y=\sin x$ ➡ $y'=\cos x$
$y=\cos x$ ➡ $y'=-\sin x$
임을 이용하여 주어진 구간에서 극값과 이 구간의 양 끝값의 함숫값을 비교하고 최댓값과 최솟값을 구한다.

## 0786 대표문제

구간 $[0, 2\pi]$에서 함수 $f(x)=\sin x-x\cos x$의 최댓값과 최솟값을 각각 $M$, $m$이라 할 때, $M-m$의 값은?

① $\pi$ ② $2\pi$ ③ $3\pi$
④ $4\pi$ ⑤ $5\pi$

## 0787 중요

구간 $\left[0, \frac{\pi}{2}\right]$에서 함수 $f(x)=\sin x+\sin 2x\cos x$의 최댓값은?

① $\frac{\sqrt{3}}{3}$ ② $\frac{\sqrt{2}}{2}$ ③ $1$
④ $\sqrt{2}$ ⑤ $\sqrt{3}$

## 0788 서술형

$0\le x\le 2\pi$에서 함수 $f(x)=e^x\sin x$의 최댓값을 $M$, 최솟값을 $m$이라 할 때, $\frac{M}{m}$의 값을 구하시오.

정답과 풀이 168쪽

## 0789

$0 \le x \le 2\pi$에서 함수 $f(x)=\dfrac{\cos x}{2+\sin x}$의 최댓값을 $M$, 최솟값을 $m$이라 할 때, $3(M^2+m^2)$의 값을 구하시오.

## 0792 중요

함수 $f(x)=2\sin^3 x+2\cos^2 x+a$의 최댓값이 4일 때, $f(x)$의 최솟값을 구하시오. (단, $a$는 상수이다.)

## 유형 12 치환을 이용한 함수의 최대 · 최소

함수의 식에 공통부분이 있을 때 다음과 같은 순서로 최댓값, 최솟값을 구한다.

❶ 공통부분을 $t$로 치환하여 주어진 함수를 $t$에 대한 함수로 나타낸다.

❷ $t$의 값의 범위에서 ❶의 함수의 최댓값, 최솟값을 구한다.

## 0790 대표문제

$\dfrac{1}{e^4} \le x \le e^2$에서 함수 $f(x)=(\ln x)^3+3(\ln x)^2-\ln x^9$은 $x=p$에서 최댓값 $q$를 갖는다. $\dfrac{q}{p}$의 값은?

① $9e^3$ ② $9e^4$ ③ $27e^3$ ④ $27e^4$ ⑤ $81e^3$

## 0791

함수 $f(x)=e^{3x}+e^{2x}-e^x$의 최솟값은?

① $-\dfrac{7}{27}$ ② $-\dfrac{5}{27}$ ③ $-\dfrac{1}{9}$ ④ $\dfrac{5}{27}$ ⑤ $\dfrac{7}{27}$

## 0793

실수 전체의 집합에서 정의된 두 함수

$$f(x)=2x^3-3x^2,\ g(x)=\sqrt{3}\sin x+\cos x$$

에 대하여 합성함수 $(f \circ g)(x)$의 최댓값과 최솟값의 곱을 구하시오.

## 유형 13 함수의 최대 · 최소의 활용

도형의 길이, 넓이, 부피 등 구하는 값을 한 문자에 대한 함수로 나타내고 도함수를 이용하여 최댓값, 최솟값을 구한다.

## 0794 대표문제

함수 $f(x)=\dfrac{4}{x^2+2}\ (x>0)$에 대하여 곡선 $y=f(x)$ 위의 점 A와 $x$축의 양의 방향 위의 점 B가 $\overline{OA}=\overline{AB}$를 만족시킬 때, 삼각형 AOB의 넓이의 최댓값을 구하시오. (단, O는 원점이다.)

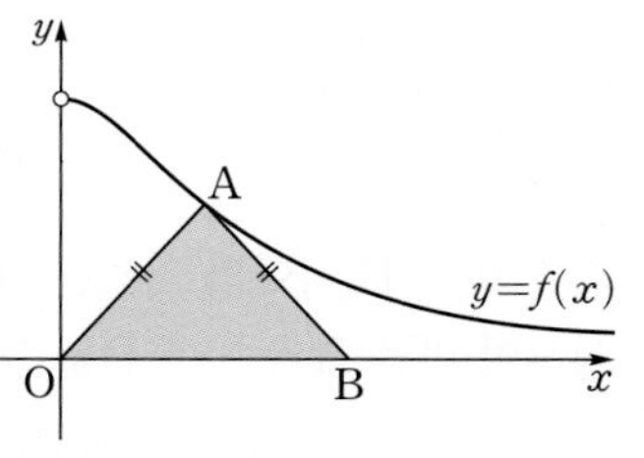

## 0795 중요

함수 $f(x)=e^{-2x}$에 대하여 곡선 $y=f(x)$ 위의 점 P에서의 접선과 $x$축, $y$축의 교점을 각각 Q, R라 하자. 삼각형 OQR의 넓이의 최댓값을 구하시오.

(단, O는 원점이고, 점 P는 제1사분면 위의 점이다.)

## 0796

중심각의 크기가 $\theta$이고 넓이가 6인 부채꼴로 원뿔 모양의 그릇을 만들 때, 부피가 최대가 되도록 하는 $\theta$의 값은?

(단, $0<\theta<2\pi$)

① $\frac{\sqrt{3}}{3}\pi$ ② $\frac{\sqrt{6}}{3}\pi$ ③ $\pi$

④ $\frac{2\sqrt{3}}{3}\pi$ ⑤ $\frac{\sqrt{15}}{3}\pi$

## 0797 서술형

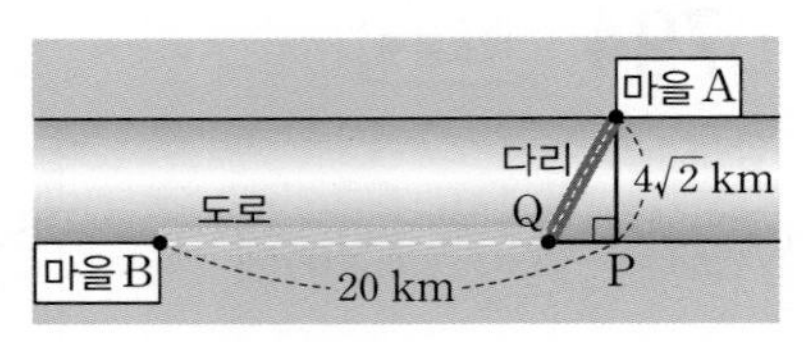


그림과 같이 마을 A로부터 가장 가까운 해안인 P지점까지의 거리는 $4\sqrt{2}$ km이고, P지점과 마을 B 사이의 거리는 20 km이다. 해안의 한 지점 Q를 정하여 마을 A와 마을 B를 연결하는 다리와 도로를 건설하려고 한다. 다리의 건설 비용은 1 km당 6억 원, 도로의 건설 비용은 1 km당 2억 원이라 할 때, 마을 A에서 마을 B까지 다리와 도로를 건설하는 비용의 최솟값은 몇 억 원인지 구하시오.

## 0798

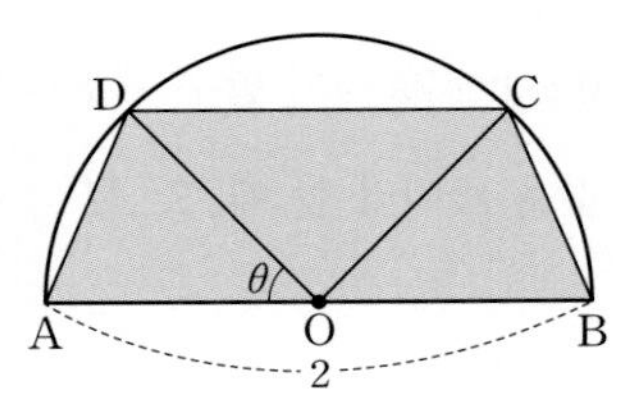


그림과 같이 점 O를 중심으로 하고 길이가 2인 선분 AB를 지름으로 하는 반원이 있다. 선분 AB와 평행한 직선이 반원의 호와 만나는 두 점을 점 B에서 가까운 순으로 각각 C, D라 하고, $\angle AOD=\theta$라 할 때, 사각형 ABCD의 넓이는 $\theta=k\pi$에서 최댓값 $M$을 갖는다. $4kM$의 값을 구하시오.

## 0799

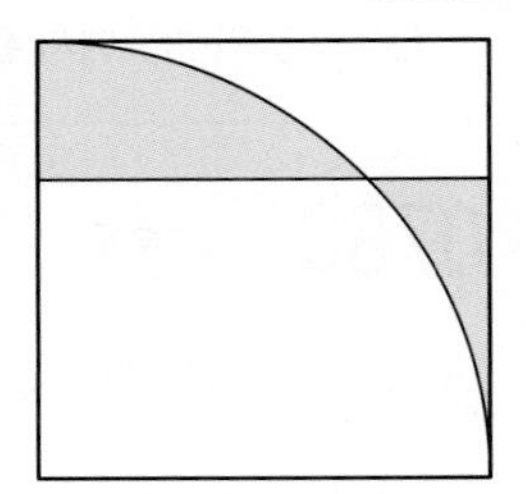

그림과 같이 한 변의 길이가 6인 정사각형의 한 꼭짓점에서 반지름의 길이가 6인 사분원을 그린 후 정사각형의 한 변과 평행한 선분을 그을 때, 색칠한 영역의 넓이의 최솟값은?

① $12\sqrt{3}-5\pi$ ② $9\sqrt{3}-3\pi$

③ $6\sqrt{3}-\pi$ ④ $12\sqrt{3}-3\pi$

⑤ $9\sqrt{3}-\pi$

### 유형 14 방정식 $f(x)=k$의 실근의 개수

방정식 $f(x)=k$ ($k$는 실수)의 서로 다른 실근의 개수는 함수 $y=f(x)$의 그래프와 직선 $y=k$의 교점의 개수와 같다.

## 0800 대표문제

방정식 $\ln x-x+10=n$이 서로 다른 두 실근을 갖도록 하는 자연수 $n$의 개수를 구하시오.

정답과 풀이 170쪽

## 0801

방정식 $2\sqrt{x+1}-x=k$가 서로 다른 두 실근을 갖도록 하는 실수 $k$의 최솟값을 구하시오.

## 0802 중요

방정식 $\frac{(\ln x)^2}{x^2}-k=0$이 서로 다른 세 실근을 갖도록 하는 실수 $k$의 값의 범위는?

① $k<e^{-2}$ ② $0<k<e^{-2}$ ③ $k<e^{-1}$
④ $0<k<e^{-1}$ ⑤ $0<k<2e^{-1}$

## 0803

$0\le x\le 2\pi$에서 $x$에 대한 방정식 $e^x(\sin x-\cos x)=t$의 서로 다른 실근의 개수를 $f(t)$라 하자. 함수 $f(t)$가 불연속이 되는 실수 $t$의 개수를 구하시오.

## 유형 15 방정식 $f(x)=g(x)$의 실근의 개수

방정식 $f(x)=g(x)$의 서로 다른 실근의 개수는
두 함수 $y=f(x)$, $y=g(x)$의 그래프의 교점의 개수와 같다.

Tip 방정식을 $f(x)-g(x)=0$으로 변형하면 방정식 $f(x)=g(x)$의 서로 다른 실근의 개수는 함수 $y=f(x)-g(x)$의 그래프와 $x$축의 교점의 개수와 같다.

## 0804 대표문제

방정식 $\ln x=kx$가 서로 다른 두 실근을 갖도록 하는 실수 $k$의 값의 범위는?

① $0<k<\frac{1}{e}$ ② $0<k<\frac{2}{e}$ ③ $0<k<1$
④ $0<k<e$ ⑤ $0<k<e^2$

## 0805

다음 중 방정식 $\sin 3x=kx$가 서로 다른 세 실근을 갖도록 하는 실수 $k$의 값이 될 수 없는 것은? $\left(단, -\frac{\pi}{3}\le x\le\frac{\pi}{3}\right)$

① $0$ ② $\frac{1}{2}$ ③ $\frac{3}{2}$
④ $\frac{5}{2}$ ⑤ $3$

## 0806

방정식 $e^x=k\sqrt{x+1}$이 실근을 갖지 않을 때, 실수 $k$의 값의 범위는 $k<\alpha$이다. $\alpha$의 값은?

① $\frac{1}{e}$ ② $\frac{1}{\sqrt{e}}$ ③ $\sqrt{\frac{2}{e}}$
④ $\sqrt{\frac{3}{e}}$ ⑤ $\frac{2}{\sqrt{e}}$

## 유형 16 주어진 구간에서 성립하는 부등식 $f(x)\ge a$ 꼴

어떤 구간에서
(1) 부등식 $f(x)\ge a$가 성립하려면 ($f(x)$의 최솟값)$\ge a$
(2) 부등식 $f(x)\le a$가 성립하려면 ($f(x)$의 최댓값)$\le a$

### 0807 대표문제

모든 실수 $x$에 대하여 부등식 $e^x-x\ge k$가 성립하도록 하는 실수 $k$의 값의 범위를 구하시오.

### 0808

$x>0$일 때, 부등식 $(\ln x)^2-2\ln x>a$가 성립하도록 하는 정수 $a$의 최댓값을 구하시오.

### 0809 중요

$x>1$인 모든 실수 $x$에 대하여 부등식 $2\ln(x-1)-x\le k$가 성립하도록 하는 실수 $k$의 최솟값은?

① $2\ln 2-4$ ② $2\ln 2-3$ ③ $2\ln 2-2$
④ $2\ln 2+2$ ⑤ $2\ln 2+3$

### 0810

$0\le x\le 2\pi$에서 부등식 $2\sin 2x+4\sin x\le a$가 성립하도록 하는 실수 $a$의 최솟값은?

① $2\sqrt{3}$ ② $3\sqrt{3}$ ③ $4\sqrt{3}$
④ $5\sqrt{3}$ ⑤ $6\sqrt{3}$

### 0811

모든 실수 $x$에 대하여 부등식 $x+2-2e^{2x}\le k$가 성립하도록 하는 실수 $k$의 최솟값이 $a+b\ln 2$일 때, 유리수 $a$, $b$에 대하여 $2a+b$의 값을 구하시오.

### 0812 서술형

$x\ge 0$인 모든 실수 $x$에 대하여 부등식 $2e^x-x^2-2x\ge k$가 성립하도록 하는 실수 $k$의 최댓값을 구하시오.

## 유형 17 주어진 구간에서 성립하는 부등식 $f(x) \geq g(x)$ 꼴

어떤 구간에서 부등식 $f(x) \geq g(x)$가 항상 성립하려면
$h(x)=f(x)-g(x)$라 할 때 이 구간에서
$(h(x)$의 최솟값$) \geq 0$이어야 한다.

### 0813 대표문제

$x>0$인 모든 실수 $x$에 대하여 부등식 $kx^2>\ln x$가 성립하도록 하는 정수 $k$의 최솟값은?

① $-3$ ② $-2$ ③ $-1$
④ $1$ ⑤ $2$

### 0814

$0<x<\pi$인 모든 실수 $x$에 대하여 부등식 $\sin x<kx$가 성립하도록 하는 실수 $k$의 최솟값을 구하시오.

### 0815

두 함수 $f(x)=e^{\frac{x}{2}}$, $g(x)=mx$가 모든 실수 $x$에 대하여 $f(x) \geq g(x)$를 만족시킬 때, 양수 $m$의 최댓값은?

① $\frac{e}{2}$ ② $e$ ③ $\frac{3}{2}e$
④ $2e$ ⑤ $\frac{5}{2}e$

## 유형 18 직선 운동에서의 속도와 가속도

수직선 위를 움직이는 점 P의 시각 $t$에서의 위치 $x$가 $x=f(t)$일 때, 시각 $t$에서의 점 P의 속도를 $v$, 가속도를 $a$라 하면

(1) $v=\frac{dx}{dt}=f'(t)$ (2) $a=\frac{dv}{dt}=f''(t)$

확인 문제

수직선 위를 움직이는 점 P의 시각 $t$에서의 위치 $x$가 $x=1-e^{-3t}$일 때, 다음을 구하시오.

(1) $t=1$에서의 점 P의 속도
(2) $t=1$에서의 점 P의 가속도

### 0816 대표문제

수직선 위를 움직이는 점 P의 시각 $t$ $(t \geq 0)$에서의 위치 $x$가

$$x=p\sin \pi t+q\cos \pi t$$

이다. 점 P의 $t=3$에서의 속도가 $-\pi$이고 가속도가 $2\pi^2$일 때, 상수 $p$, $q$에 대하여 $p+q$의 값을 구하시오.

### 0817 중요

수직선 위를 움직이는 점 P의 시각 $t$ $(t \geq 0)$에서의 위치가

$$x(t)=\ln(t^2+4)-1$$

일 때, 점 P의 가속도가 0인 시각에서의 점 P의 속도는?

① $0$ ② $\frac{1}{2}$ ③ $1$
④ $\frac{3}{2}$ ⑤ $2$

### 0818 서술형

수직선 위를 움직이는 점 P의 시각 $t$ $(t \geq 0)$에서의 위치가

$$x(t)=(t^2-3t+1)e^t$$

일 때, 점 P가 운동 방향을 바꾸는 시각에서의 점 P의 위치를 구하시오.

## 0819

수직선 위를 움직이는 두 점 P, Q의 시각 $t$에서의 위치가 각각

$$x_1(t)=e^t,\ x_2(t)=kt^2\ (t>0)$$

이다. 두 점 P, Q의 속도가 같아지는 순간이 두 번 존재하도록 하는 실수 $k$의 값의 범위는?

① $k>0$　② $k>1$　③ $k>\frac{e}{2}$　④ $0<k<1$　⑤ $1<k<e$

## 유형 19 평면 운동에서의 속도

좌표평면 위를 움직이는 점 P의 시각 $t$에서의 위치 $(x, y)$가 $x=f(t)$, $y=g(t)$일 때, 시각 $t$에서의 점 P의 속도와 속력은

(1) 속도 : $\left(\frac{dx}{dt}, \frac{dy}{dt}\right)$ 또는 $(f'(t), g'(t))$

(2) 속력 : $\sqrt{\{f'(t)\}^2+\{g'(t)\}^2}$

**확인 문제**

좌표평면 위를 움직이는 점 P의 시각 $t$에서의 위치 $(x, y)$가 $x=\sin t$, $y=\cos t$일 때, 다음을 구하시오.

(1) $t=\frac{\pi}{3}$에서의 점 P의 속도

(2) $t=\frac{\pi}{3}$에서의 점 P의 속력

## 0820 대표문제

좌표평면 위를 움직이는 점 P의 시각 $t$에서의 위치 $(x, y)$가

$$x=2(t-1),\ y=t^2\ (t>0)$$

일 때, 점 P의 시각 $t=2\sqrt{2}$에서의 속력은?

① 2　② 3　③ 4　④ 5　⑤ 6

## 0821 중요

좌표평면 위를 움직이는 점 P의 시각 $t$에서의 위치 $(x, y)$가

$$x=e^{at},\ y=e^{bt}\ (t>0)$$

일 때, 시각 $t=\ln\sqrt{2}$에서의 점 P의 속도가 $(\sqrt{2}, 4)$이다. 상수 $a$, $b$에 대하여 $a+b$의 값은?

① 1　② 2　③ 3　④ 4　⑤ 5

## 0822 수능 기출

좌표평면 위를 움직이는 점 P의 시각 $t\left(0<t<\frac{\pi}{2}\right)$에서의 위치 $(x, y)$가

$$x=t+\sin t\cos t,\ y=\tan t$$

이다. $0<t<\frac{\pi}{2}$에서 점 P의 속력의 최솟값은?

① 1　② $\sqrt{3}$　③ 2　④ $2\sqrt{2}$　⑤ $2\sqrt{3}$

## 0823

좌표평면 위를 움직이는 점 P의 시각 $t$에서의 위치 $(x, y)$가

$$x=4t,\ y=\frac{1}{2}(t+1)^2-4\ln(t+1)\ (t\geq 0)$$

일 때, 점 P의 속력이 최소가 되는 시각을 구하시오.

## 유형 20 평면 운동에서의 가속도

좌표평면 위를 움직이는 점 P의 시각 $t$에서의 위치 $(x, y)$가 $x=f(t)$, $y=g(t)$일 때, 시각 $t$에서의 점 P의 가속도와 가속도의 크기는

(1) 가속도 : $\left(\dfrac{d^2x}{dt^2}, \dfrac{d^2y}{dt^2}\right)$ 또는 $(f''(t), g''(t))$

(2) 가속도의 크기 : $\sqrt{\{f''(t)\}^2+\{g''(t)\}^2}$

확인 문제

좌표평면 위를 움직이는 점 P의 시각 $t$에서의 위치 $(x, y)$가 $x=1-e^t$, $y=1+e^t$일 때, 다음을 구하시오.

(1) $t=1$에서의 점 P의 가속도

(2) $t=1$에서의 점 P의 가속도의 크기

### 0824 대표문제

좌표평면 위를 움직이는 점 P의 시각 $t$에서의 위치 $(x, y)$가

$$x=t^2+at,\ y=at^2-4t\ (t>0)$$

이다. 시각 $t=2$에서의 점 P의 속력이 $2\sqrt{13}$일 때, 시각 $t=2$에서의 점 P의 가속도의 크기는? (단, $a>0$)

① $3\sqrt{2}$ ② $2\sqrt{5}$ ③ $\sqrt{21}$
④ $2\sqrt{6}$ ⑤ $5$

### 0825 중요

좌표평면 위를 움직이는 점 P의 시각 $t$에서의 위치 $(x, y)$가

$$x=e^t\cos t,\ y=e^t\sin t\ (t>0)$$

일 때, 시각 $t=3$에서의 점 P의 가속도의 크기는?

① $\sqrt{2}e^2$ ② $2e^2$ ③ $\sqrt{3}e^3$
④ $2e^3$ ⑤ $3e^3$

### 0826 서술형

좌표평면 위를 움직이는 점 P의 시각 $t$에서의 위치 $(x, y)$가

$$x=at^2+a\sin t,\ y=a\cos t\ (t>0)$$

이다. 시각 $t=\dfrac{\pi}{6}$에서의 점 P의 가속도의 크기가 $3\sqrt{3}$일 때, 양수 $a$의 값을 구하시오.

### 0827 수능 기출

좌표평면 위를 움직이는 점 P의 시각 $t$ $(t\geq 0)$에서의 위치 $(x, y)$가

$$x=1-\cos 4t,\ y=\frac{1}{4}\sin 4t$$

이다. 점 P의 속력이 최대일 때, 점 P의 가속도의 크기를 구하시오.

### 0828

좌표평면 위에 원점 O를 중심으로 하고 반지름의 길이가 2인 원이 있다. 점 $P(x, y)$가 점 $(0, 2)$를 출발하여 원 위를 시계 반대 방향으로 3초마다 한 바퀴씩 일정한 속력으로 회전할 때, 점 P가 출발한 지 1초 후 가속도의 크기는?

① $\dfrac{2}{3}\pi^2$ ② $\dfrac{7}{9}\pi^2$ ③ $\dfrac{8}{9}\pi^2$
④ $\pi^2$ ⑤ $\dfrac{10}{9}\pi^2$

PART B

# 내신 잡는 종합 문제

### 0829

방정식 $\ln x-4x=-3$의 서로 다른 실근의 개수는?

① 0 ② 1 ③ 2 ④ 3 ⑤ 4

### 0830

함수 $f(x)=2\sqrt{x}+\frac{1}{x}+k$의 최솟값이 5일 때, 상수 $k$의 값은?

① 1 ② 2 ③ 3 ④ 4 ⑤ 5

### 0831 수능 기출

곡선 $y=ax^2-2\sin 2x$가 변곡점을 갖도록 하는 정수 $a$의 개수는?

① 4 ② 5 ③ 6 ④ 7 ⑤ 8

### 0832

수직선 위를 움직이는 점 P의 시각 $t\left(0\le t\le \frac{3}{2}\pi\right)$에서의 위치가 $x(t)=2\cos t-\cos^2 t$일 때, 점 P가 운동 방향을 바꿀 때의 위치를 구하시오.

### 0833

함수 $f(x)=ax^2-bx+\ln x$는 $x=1$에서 극값을 갖고 곡선 $y=f(x)$의 변곡점의 $x$좌표가 2일 때, 상수 $a$, $b$에 대하여 $\frac{b}{a}$의 값은?

① 6 ② 7 ③ 8 ④ 9 ⑤ 10

### 0834

구간 $(-\infty,\ \infty)$에서 곡선 $y=x^4+ax^3+12x^2-16x-10$이 아래로 볼록하도록 하는 정수 $a$의 개수를 구하시오.

## 0835

구간 $[0, \pi]$에서 정의된 함수 $f(x)=\sin x(\cos x+1)$의 최댓값과 최솟값의 합은?

① $\frac{\sqrt{3}}{8}$　② $\frac{\sqrt{3}}{4}$　③ $\frac{\sqrt{3}}{2}$
④ $\frac{3\sqrt{3}}{4}$　⑤ $\frac{7\sqrt{3}}{8}$

## 0836 교육청 기출

곡선 $y=xe^{-2x}$의 변곡점을 A라 하자. 곡선 $y=xe^{-2x}$ 위의 점 A에서의 접선이 $x$축과 만나는 점을 B라 할 때, 삼각형 OAB의 넓이는? (단, O는 원점이다.)

① $e^{-2}$　② $3e^{-2}$　③ 1
④ $e^{2}$　⑤ $3e^{2}$

## 0837

좌표평면 위를 움직이는 점 P의 시각 $t$ $(t>0)$에서의 위치 $(x, y)$가

$x=e^{t}$, $y=e^{2t}+8t$

이다. 점 P의 위치가 $(2, 4+8\ln 2)$일 때, 가속도의 크기를 구하시오.

## 0838

구간 $[1, e^{3}]$에서 함수 $f(x)=(\ln x)^{3}-3(\ln x)^{2}+3$의 최댓값과 최솟값의 합은?

① 1　② 2　③ 3
④ 4　⑤ 5

## 0839

그림과 같이 두 꼭짓점은 $x$축 위에 있고 다른 두 꼭짓점은 곡선 $y=e^{-x^{2}}$ 위에 있는 직사각형의 넓이의 최댓값은?

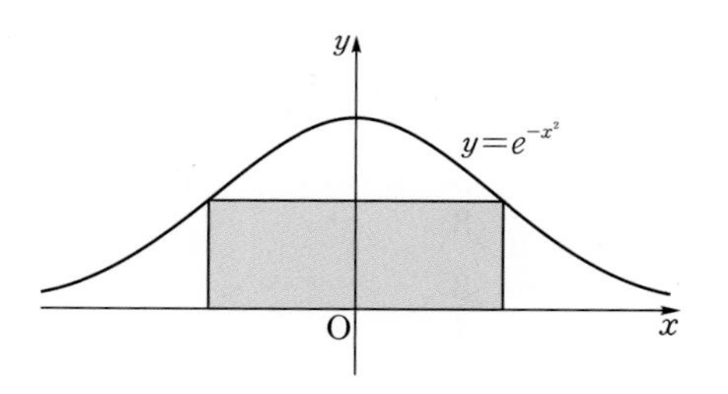


① $\frac{1}{2\sqrt{e}}$　② $\frac{1}{\sqrt{2e}}$　③ $\frac{1}{2}$
④ $\frac{1}{\sqrt{e}}$　⑤ $\frac{\sqrt{2e}}{e}$

## 0840 평가원 기출

두 함수 $f(x)=e^{x}$, $g(x)=k\sin x$에 대하여 방정식 $f(x)=g(x)$의 서로 다른 양의 실근의 개수가 3일 때, 양수 $k$의 값은?

① $\sqrt{2}e^{\frac{3\pi}{2}}$　② $\sqrt{2}e^{\frac{7\pi}{4}}$　③ $\sqrt{2}e^{2\pi}$
④ $\sqrt{2}e^{\frac{9\pi}{4}}$　⑤ $\sqrt{2}e^{\frac{5\pi}{2}}$

## 0841

두 함수 $f(x)=e^x-1$, $g(x)=ax^2-x$에 대하여 $x>0$인 모든 실수 $x$에서 부등식 $f(x)\geq g(x)$가 성립하도록 하는 실수 $a$의 최댓값은?

① $\frac{e^2+1}{4}$ ② $\frac{e^2+1}{2}$ ③ $e^2+1$
④ $\frac{e^4+4}{4}$ ⑤ $\frac{e^4+4}{2}$

## 0842

구간 $[0, \pi]$에서 함수 $f(x)=e^x\sin x+e^{-x}\cos x$의 최댓값이 $a\sqrt{2}(e^{b\pi}-e^{-b\pi})$일 때, 유리수 $a$, $b$에 대하여 $ab$의 값은?

① $\frac{1}{4}$ ② $\frac{3}{8}$ ③ $\frac{1}{2}$
④ $\frac{5}{8}$ ⑤ $\frac{3}{4}$

## 0843 평가원 기출

3 이상의 자연수 $n$에 대하여 함수 $f(x)$가

$$f(x)=x^ne^{-x}$$

일 때, 보기에서 옳은 것만을 있는 대로 고른 것은?

보기
ㄱ. $f\left(\frac{n}{2}\right)=f'\left(\frac{n}{2}\right)$
ㄴ. 함수 $f(x)$는 $x=n$에서 극댓값을 갖는다.
ㄷ. 점 $(0, 0)$은 곡선 $y=f(x)$의 변곡점이다.

① ㄴ ② ㄷ ③ ㄱ, ㄴ
④ ㄱ, ㄷ ⑤ ㄱ, ㄴ, ㄷ

## 0844

사차함수 $f(x)$의 도함수 $y=f'(x)$의 그래프가 그림과 같을 때, 보기에서 옳은 것만을 있는 대로 고른 것은?

(단, $f(0)=f(d)=0$)

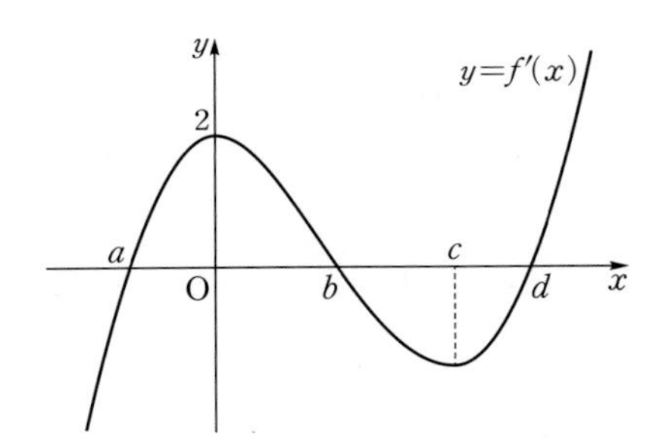


보기
ㄱ. 함수 $f(x)$가 극솟값을 갖는 $x$의 개수는 2이다.
ㄴ. $0<x_1<x_2<c$인 임의의 실수 $x_1$, $x_2$에 대하여 $f\left(\frac{x_1+x_2}{2}\right)<\frac{f(x_1)+f(x_2)}{2}$이다.
ㄷ. 점 $(c, f(c))$는 곡선 $y=f(x)$의 변곡점이고, $f(c)>0$이다.

① ㄱ ② ㄴ ③ ㄱ, ㄷ
④ ㄴ, ㄷ ⑤ ㄱ, ㄴ, ㄷ

## 0845 수능 기출

곡선 $y=2e^{-x}$ 위의 점 $P(t, 2e^{-t})$ $(t>0)$에서 $y$축에 내린 수선의 발을 A라 하고, 점 P에서의 접선이 $y$축과 만나는 점을 B라 하자. 삼각형 APB의 넓이가 최대가 되도록 하는 $t$의 값은?

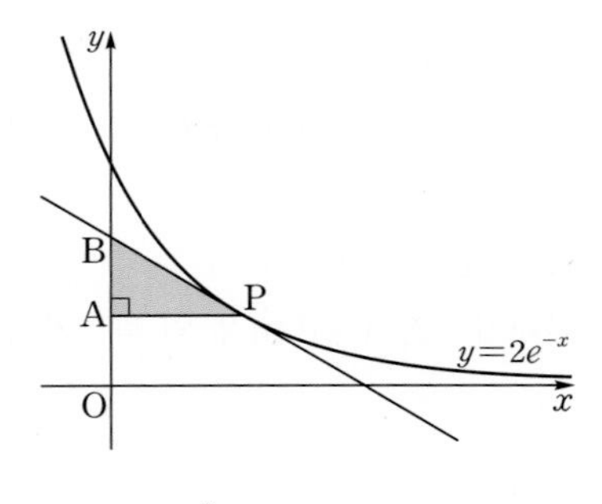


① 1 ② $\frac{e}{2}$ ③ $\sqrt{2}$
④ 2 ⑤ $e$

## 0846

함수 $f(x)=\frac{\ln x}{x^n}$ $(x>0)$에 대하여 보기에서 옳은 것만을 있는 대로 고른 것은? (단, $n$은 자연수이다.)

> 보기
> ㄱ. 함수 $f(x)$는 최댓값을 갖는다.
> ㄴ. $n=2$일 때 $0<x<\sqrt{e}$에서 곡선 $y=f(x)$는 위로 볼록하다.
> ㄷ. 모든 자연수 $n$에 대하여 함수 $f(x)$의 치역은 $\left\{y \middle| y\le\frac{1}{en}\right\}$이다.

① ㄱ ② ㄱ, ㄴ ③ ㄱ, ㄷ
④ ㄴ, ㄷ ⑤ ㄱ, ㄴ, ㄷ

## 0847

함수 $f(x)=(x^2-3x+1)e^x$에 대하여 함수 $g(x)=|f(x)-k|$가 실수 전체의 집합에서 미분가능하도록 하는 실수 $k$의 최댓값은?

① $-e^2$ ② $-e$ ③ $\sqrt{e}$
④ $e$ ⑤ $e^2$

# 서술형 대비하기

## 0848

자연수 $k$에 대하여 방정식 $(x+2)^2e^{-x}=k$의 서로 다른 실근의 개수를 $a_k$라 할 때, $\sum_{k=1}^{5}a_k$의 값을 구하시오.

## 0849

부등식 $\frac{\ln x^n}{x^2}\le k$가 모든 양수 $x$에 대하여 항상 성립하도록 하는 양수 $k$의 최솟값을 $f(n)$이라 할 때, $e\sum_{n=1}^{20}f(n)$의 값을 구하시오. (단, $n$은 자연수이다.)

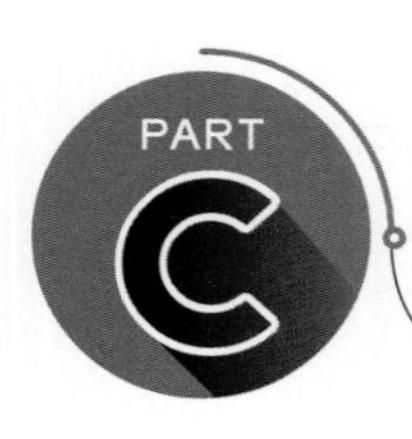

# 수능 녹인 변별력 문제

## 0850

두 함수 $f(x)=\sin x+k$, $g(x)=xe^{2x}$이 임의의 두 실수 $x_1$, $x_2$에 대하여 $f(x_1)\le g(x_2)$를 만족시킬 때, 실수 $k$의 최댓값은?

① $-\frac{1}{e}-1$　② $-\frac{1}{2e}-1$　③ $-\frac{1}{e}$
④ $-\frac{1}{2e}$　⑤ $-\frac{1}{4e}$

## 0851

함수 $f(x)=e^{-x}(\cos x-\sin x)$ $(x>0)$의 그래프가 극댓값을 갖는 점의 $x$좌표를 작은 수부터 차례대로 $a_1$, $a_2$, $a_3$, $\cdots$이라 하고, 변곡점을 갖는 점의 $x$좌표를 작은 수부터 차례대로 $b_1$, $b_2$, $b_3$, $\cdots$이라 할 때, $\frac{1}{\pi}\sum_{n=1}^{10}(a_n-b_n)=\frac{q}{p}$이다. $p+q$의 값을 구하시오. (단, $p$와 $q$는 서로소인 자연수이다.)

## 0852

수직선 위를 움직이는 두 점 P, Q의 시각 $t$ $(t>0)$에서의 위치가 각각

$x_1(t)=t\ln t$, $x_2(t)=kt^3$

이다. 두 점 P, Q의 속도가 같아지는 순간이 두 번 존재하도록 하는 실수 $k$의 값의 범위는?

① $k>0$　② $k>\frac{e}{6}$　③ $k>\frac{e}{3}$
④ $0<k<\frac{e}{6}$　⑤ $0<k<\frac{e}{3}$

## 0853

다항함수 $f(x)$의 도함수 $y=f'(x)$의 그래프가 그림과 같을 때, 보기에서 옳은 것만을 있는 대로 고른 것은?

(단, $f'(\beta)=0$이고 $f''(\alpha)=f''(\beta)=f''(\gamma)=0$이다.)

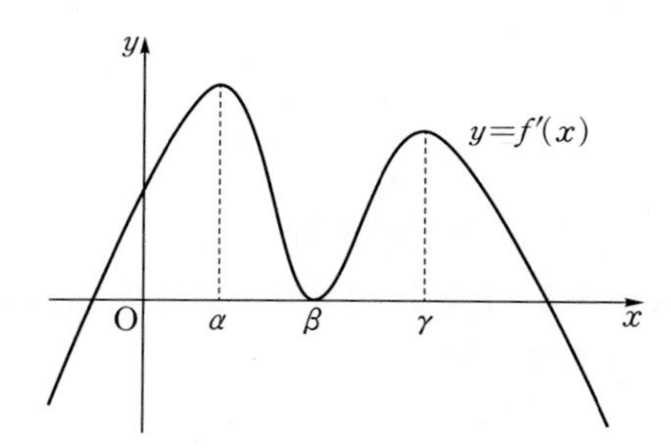


**보기**

ㄱ. 곡선 $y=f(x)$의 변곡점의 개수는 3이다.

ㄴ. $\alpha<x_1<x_2<\beta$인 임의의 두 실수 $x_1$, $x_2$에 대하여 $f\left(\frac{x_1+x_2}{2}\right)<\frac{f(x_1)+f(x_2)}{2}$이다.

ㄷ. $f(0)=0$일 때, 양의 실수 $k$에 대하여 방정식 $f(x)=k$가 서로 다른 두 실근을 가지면 함수 $f(x)$의 극댓값은 $k$이다.

① ㄱ　② ㄱ, ㄴ　③ ㄱ, ㄷ
④ ㄴ, ㄷ　⑤ ㄱ, ㄴ, ㄷ

## 0854

두 방정식 $\ln 3x=kx$, $e^x=kx$가 모두 실근을 갖지 않도록 하는 실수 $k$의 값의 범위가 $a<k<b$일 때, $ab$의 값을 구하시오.

## 0855

$x>0$에서 정의된 함수 $f(x)=\frac{1+2\ln x}{x}$와 양의 실수 $t$에 대하여 방정식 $f(x)=f(t)$의 서로 다른 실근의 개수를 $g(t)$라 할 때, 함수 $g(t)$가 불연속인 모든 양수 $t$의 값의 곱을 구하시오.

## 0856 교육청 기출

그림과 같이 길이가 2인 선분 AB를 지름으로 하는 반원 모양의 색종이가 있다. 호 AB 위의 점 P에 대하여 두 점 A, P를 연결하는 선을 접는 선으로 하여 색종이를 접는다.
$\angle PAB=\theta$일 때, 포개어지는 부분의 넓이를 $S(\theta)$라 하자. $\theta=\alpha$에서 $S(\theta)$가 최댓값을 갖는다고 할 때, $\cos 2\alpha$의 값은?

(단, $0<\theta<\frac{\pi}{4}$)

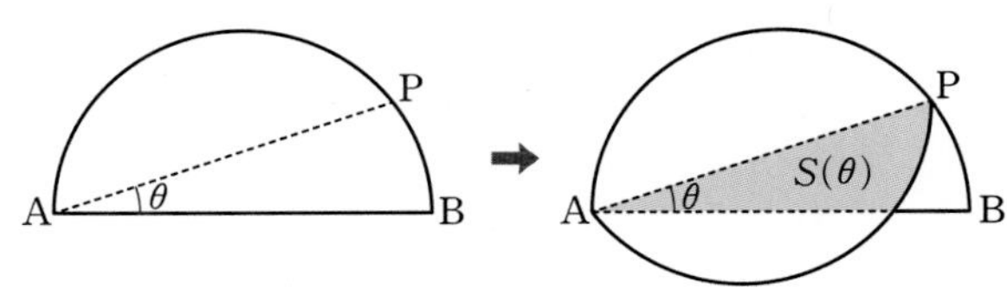


① $\frac{-2+\sqrt{17}}{8}$ ② $\frac{-1+\sqrt{17}}{8}$ ③ $\frac{\sqrt{17}}{8}$
④ $\frac{1+\sqrt{17}}{8}$ ⑤ $\frac{2+\sqrt{17}}{8}$

## 0857

미분가능한 함수 $f(x)=\begin{cases} x^2+2x & (x\le 0) \\ 2xe^{-x} & (x>0) \end{cases}$과 $t\ge -2$인 실수 $t$에 대하여 점 $P(-4, 0)$과 곡선 $y=f(x)$ 위의 점 $Q(t, f(t))$를 지나는 직선 PQ의 기울기를 $g(t)$라 하자. 함수 $g(t)$의 최댓값을 $M$, 최솟값을 $m$이라 할 때, $\ln\left|\frac{M}{m}\right|$의 값은?

① $2-2\sqrt{2}$ ② $2-\sqrt{2}$ ③ $2$
④ $2+\sqrt{2}$ ⑤ $2+2\sqrt{2}$

## 0858 평가원 기출

2 이상의 자연수 $n$에 대하여 실수 전체의 집합에서 정의된 함수

$$f(x)=e^{x+1}\{x^2+(n-2)x-n+3\}+ax$$

가 역함수를 갖도록 하는 실수 $a$의 최솟값을 $g(n)$이라 하자. $1\le g(n)\le 8$을 만족시키는 모든 $n$의 값의 합은?

① 43 ② 46 ③ 49
④ 52 ⑤ 55

## 0859

함수 $f(x)=(\ln x)^n$에 대하여 보기에서 옳은 것만을 있는 대로 고른 것은? (단, $n$은 자연수이다.)

**보기**

ㄱ. $n$이 짝수이면 함수 $f(x)$는 $x=1$에서 극솟값을 갖는다.
ㄴ. $n$이 홀수이면 모든 양의 실수 $k$에 대하여 방정식 $f(x)=f(k)$의 실근의 개수는 1이다.
ㄷ. $n\ge 2$이면 곡선 $y=f(x)$의 변곡점의 개수는 2이다.

① ㄱ ② ㄱ, ㄴ ③ ㄱ, ㄷ
④ ㄴ, ㄷ ⑤ ㄱ, ㄴ, ㄷ

## 0860

방정식 $(ax^3-2ax^2)e^{-x}=k$가 서로 다른 세 실근을 갖기 위한 실수 $k$의 값의 범위는 $0<k<2$이다. 상수 $a$의 값을 구하시오. (단, $a\ne 0$)

## 0861 평가원 기출

최고차항의 계수가 $\frac{1}{2}$인 삼차함수 $f(x)$에 대하여 함수 $g(x)$가

$$g(x)=\begin{cases} \ln|f(x)| & (f(x)\ne 0) \\ 1 & (f(x)=0) \end{cases}$$

이고 다음 조건을 만족시킬 때, 함수 $g(x)$의 극솟값은?

(가) 함수 $g(x)$는 $x\ne 1$인 모든 실수 $x$에서 연속이다.
(나) 함수 $g(x)$는 $x=2$에서 극대이고, 함수 $|g(x)|$는 $x=2$에서 극소이다.
(다) 방정식 $g(x)=0$의 서로 다른 실근의 개수는 3이다.

① $\ln\frac{13}{27}$ ② $\ln\frac{16}{27}$ ③ $\ln\frac{19}{27}$
④ $\ln\frac{22}{27}$ ⑤ $\ln\frac{25}{27}$

# 적분법

# 여러 가지 적분법



## 유형 01 함수 $y=x^n$ ($n$은 실수)의 부정적분

함수 $y=x^n$ ($n$은 실수)의 부정적분은

(1) $n\neq-1$일 때

$$\int x^n dx=\frac{1}{n+1}x^{n+1}+C$$

(2) $n=-1$일 때

$$\int \frac{1}{x}dx=\ln|x|+C$$

**확인 문제**

다음 부정적분을 구하시오.

(1) $\int \sqrt[4]{x^3}\,dx$

(2) $\int \frac{x^3+2x^2+1}{x^3}\,dx$

(3) $\int \frac{x^2-3}{\sqrt{x}}\,dx$

### 0862 대표문제

함수 $f(x)=\int \frac{(\sqrt{x}-1)^2}{x}dx$에 대하여 $f(1)=1$일 때, $f(4)$의 값은?

① 1 ② $2\ln2$ ③ $1+\ln2$ ④ $2+\ln2$ ⑤ $2+2\ln2$

### 0863

함수 $f(x)=\frac{x-4}{\sqrt{x}+2}$의 한 부정적분을 $F(x)$라 할 때, $F(9)-F(1)$의 값은?

① 1 ② $\frac{4}{3}$ ③ $\frac{5}{3}$ ④ 2 ⑤ $\frac{7}{3}$

### 0864 중요

함수 $f(x)$에 대하여

$$f'(x)=\frac{(x-1)^2-5}{x^2},\ f(2)=4$$

일 때, $f(1)$의 값은?

① $3+\ln2$ ② $4+\ln2$ ③ $4+2\ln2$ ④ $5+\ln2$ ⑤ $5+2\ln2$

### 0865

함수 $f(x)=\int \frac{2x^5+1}{x^2}dx$에 대하여 곡선 $y=f(x)$가 점 $(1,\ 0)$을 지날 때, $f(2)$의 값을 구하시오.

### 0866 교육청 기출

연속함수 $f(x)$의 도함수 $f'(x)$가

$$f'(x)=\begin{cases}\frac{1}{x^2} & (x<-1)\\ 3x^2+1 & (x>-1)\end{cases}$$

이고 $f(-2)=\frac{1}{2}$일 때, $f(0)$의 값은?

① 1 ② 2 ③ 3 ④ 4 ⑤ 5

## 유형 02 밑이 $e$인 지수함수의 부정적분

(1) $\int e^x dx = e^x + C$

(2) $\int e^{x+a} dx = e^a \int e^x dx = e^{x+a} + C$

### 0867 대표문제

함수 $f(x) = \int \frac{e^{2x}-1}{e^x+1} dx$에 대하여 $f(0)=4$일 때, $f(2)$의 값은?

① $e^2-1$ ② $e^2$ ③ $e^2+1$
④ $e^2+2$ ⑤ $2e^2$

### 0868

함수 $f(x) = \int (e^x+2)^2 dx - \int (e^x-2)^2 dx$에 대하여 $f(0)=10$일 때, $f(1)$의 값은?

① $4e+2$ ② $4e+4$ ③ $6e+2$
④ $6e+4$ ⑤ $8e+2$

### 0869

함수 $f(x)$를 적분해야 할 것을 잘못하여 미분하였더니 $e^x-4x$가 되었다. $f(0)=2$이고 $F(x) = \int f(x) dx$라 할 때, $F(1)-F(0)$의 값은?

① $e-1$ ② $e-\frac{2}{3}$ ③ $e-\frac{1}{3}$
④ $e$ ⑤ $e+\frac{1}{3}$

### 0870 서술형

미분가능한 함수 $f(x)$에 대하여

$$\lim_{h\to 0} \frac{f(x+h)-f(x)}{h} = e^{x+1} + 2x$$

이고 $f(0) = e - e^2$일 때, $f(1)$의 값을 구하시오.

### 0871 중요

함수 $f(x) = \ln x + 2$의 역함수를 $g(x)$라 하자. $\int g(x) dx = ae^x + C$일 때, 상수 $a$의 값은?

(단, $C$는 적분상수이다.)

① $e^{-2}$ ② $e^{-1}$ ③ $1$
④ $e$ ⑤ $e^2$

## 유형 03 밑이 $e$가 아닌 지수함수의 부정적분

$\int a^x dx = \frac{a^x}{\ln a} + C$ (단, $a>0$, $a\neq 1$)

참고 $\int a^{nx} dx = \int (a^n)^x dx = \frac{(a^n)^x}{\ln a^n} + C = \frac{a^{nx}}{n \ln a} + C$

(단, $a>0$, $a\neq 1$, $n\neq 0$)

### 0872 대표문제

$\int \frac{8^x+1}{2^x+1} dx = \frac{4^x}{a} + \frac{2^x}{b} + x + C$일 때, 상수 $a$, $b$에 대하여 $a+b$의 값은? (단, $C$는 적분상수이다.)

① $\frac{1}{2\ln 2}$ ② $\frac{1}{\ln 2}$ ③ $\ln 2$
④ $2\ln 2$ ⑤ $3\ln 2$

## 0873

함수 $f(x)$에 대하여 $f'(x)=4^x\ln 4$이고 $f(0)=1$일 때,

$\sum_{n=1}^{\infty}\frac{9}{f(n)}$의 값을 구하시오.

## 0874

함수 $f(x)=\int 3^x(3^x+2)\,dx$에 대하여 $f(0)=\frac{5}{2\ln 3}$일 때, $f(1)$의 값은?

① $\frac{9}{\ln 3}$　② $\frac{19}{2\ln 3}$　③ $\frac{10}{\ln 3}$

④ $\frac{21}{2\ln 3}$　⑤ $\frac{11}{\ln 3}$

## 0875 중요

실수 전체의 집합에서 미분가능한 함수 $f(x)$가

$$f'(x)=2^{x+1}+k,\ \lim_{x\to 0}\frac{f(x)}{x}=3k$$

를 만족시킬 때, $f(3)$의 값은? (단, $k$는 상수이다.)

① $\frac{10}{\ln 2}$　② $1+\frac{10}{\ln 2}$　③ $3+\frac{10}{\ln 2}$

④ $3+\frac{14}{\ln 2}$　⑤ $5+\frac{14}{\ln 2}$

### 유형 04 삼각함수의 부정적분

(1) $\int \sin x\,dx=-\cos x+C$

(2) $\int \cos x\,dx=\sin x+C$

(3) $\int \sec^2 x\,dx=\tan x+C$

(4) $\int \csc^2 x\,dx=-\cot x+C$

(5) $\int \sec x\tan x\,dx=\sec x+C$

(6) $\int \csc x\cot x\,dx=-\csc x+C$

Tip 삼각함수를 포함한 함수의 부정적분은 삼각함수 사이의 관계를 이용하여 적분하기 쉬운 형태로 변형하여 구한다.

확인 문제

다음 부정적분을 구하시오.

(1) $\int (1-\cot x)\sin x\,dx$

(2) $\int (\cot^2 x-1)\,dx$

## 0876 대표문제

함수 $f(x)=\int \frac{\cos^2 x}{1+\sin x}dx$에 대하여 $f(0)=5$일 때, $f(\pi)$의 값은?

① $\frac{\pi}{2}+2$　② $\frac{\pi}{2}+3$　③ $\pi+2$

④ $\pi+3$　⑤ $\frac{3}{2}\pi+2$

## 0877

함수 $f(x)=\int (\tan x+\cot x)^2dx$에 대하여 $f\left(\frac{\pi}{3}\right)-f\left(\frac{\pi}{6}\right)$의 값은?

① $\frac{2\sqrt{3}}{3}$　② $\sqrt{3}$　③ $\frac{4\sqrt{3}}{3}$

④ $\frac{5\sqrt{3}}{3}$　⑤ $2\sqrt{3}$

### 0878 중요

곡선 $y=f(x)$ 위의 점 $(x, f(x))$에서의 접선의 기울기가 $\left(\sin\frac{x}{2}+\cos\frac{x}{2}\right)^2$이다. 곡선 $y=f(x)$가 두 점 $(0, 2)$, $(\pi, a)$를 지날 때, $a$의 값은?

① $-2$ ② $\pi-4$ ③ $\pi$
④ $\pi+2$ ⑤ $\pi+4$

### 0879

함수 $f(x)=\int\frac{1-\sin x}{1+\sin x}dx$에 대하여 $f(\pi)=-\pi$일 때, $f(0)$의 값을 구하시오.

### 0880 서술형

함수 $f(x)$의 이계도함수 $f''(x)=e^x+3\cos x$에 대하여 $f(0)=2$, $f'(0)=1$일 때, $f\left(\frac{\pi}{2}\right)=e^{a\pi}+b$이다. $ab$의 값을 구하시오. (단, $a$와 $b$는 유리수이다.)

## 유형 05 치환적분법 - 유리함수

미분가능한 함수 $g(t)$에 대하여 $x=g(t)$라 하면

$$\int f(x)\,dx=\int f(g(t))g'(t)\,dt$$

참고 치환적분법으로 구한 부정적분은 그 결과를 처음의 변수로 바꾸어 나타낸다.

### 0881 대표문제

함수 $f(x)=\int 2x(x^2+2)^3dx$에 대하여 $f(0)=3$일 때, $f(\sqrt{2})$의 값을 구하시오.

### 0882

$\int(2x+3)^5dx=\frac{1}{a}(2x+3)^b+C$일 때, 상수 $a$, $b$에 대하여 $a+b$의 값은? (단, $C$는 적분상수이다.)

① 12 ② 15 ③ 18
④ 21 ⑤ 24

### 0883 중요

함수 $f(x)$에 대하여

$$f'(x)=\frac{1}{(-2x+6)^2},\ f(2)=1$$

일 때, $f(4)$의 값은?

① $\frac{1}{4}$ ② $\frac{1}{2}$ ③ $\frac{3}{4}$
④ $1$ ⑤ $\frac{5}{4}$

## 0884

함수 $f(x)=\int \frac{x-1}{(x-2)^3}dx$에 대하여 $f(1)=1$일 때, $f(3)$의 값은?

① $-1$　② $-\frac{1}{2}$　③ $0$
④ $\frac{1}{2}$　⑤ $1$

## 0887 교육청 기출

$x>1$인 모든 실수 $x$의 집합에서 정의되고 미분가능한 함수 $f(x)$가

$$\sqrt{x-1}f'(x)=3x-4$$

를 만족시킬 때, $f(5)-f(2)$의 값은?

① 4　② 6　③ 8
④ 10　⑤ 12

### 유형 06 치환적분법 - 무리함수

다항함수 $f(x)$에 대하여 $\sqrt{f(x)}$ 꼴이 포함된 함수의 부정적분은 $f(x)=t$로 놓고 치환적분법을 이용하여 구한다.

## 0885 대표문제

부정적분 $\int 2x\sqrt{x^2+2}\,dx$를 구하면?

(단, $C$는 적분상수이다.)

① $\frac{2}{3}(x^2+2)^{\frac{3}{2}}+C$　② $\frac{4}{3}(x^2+2)^{\frac{3}{2}}+C$
③ $\frac{2}{3}(x^2+2)^2+C$　④ $\frac{4}{3}(x^2+2)^2+C$
⑤ $2(x^2+2)^2+C$

## 0886

함수 $f(x)=\int \frac{4x}{\sqrt{1-x^2}}dx$에 대하여 $f(0)=-2$일 때, $f\left(\frac{1}{2}\right)$의 값은?

① $-2\sqrt{3}$　② $-\sqrt{3}$　③ $-2\sqrt{3}+2$
④ $-\sqrt{3}+2$　⑤ $\sqrt{3}$

## 0888 중요

$1\le x\le 4$에서 함수 $f(x)=\int \frac{x-2}{\sqrt{x^2-4x+6}}dx$의 최댓값을 $M$, 최솟값을 $m$이라 할 때, $M-m$의 값은?

① $2-\sqrt{2}$　② $\sqrt{6}-\sqrt{2}$　③ $\sqrt{2}$
④ $3-\sqrt{2}$　⑤ $\sqrt{3}$

### 유형 07 치환적분법 - 지수함수

함수 $f(x)$에 대하여 $e^{f(x)}$ 또는 $f(e^x)$ 꼴이 포함된 함수의 부정적분은 $f(x)=t$ 또는 $e^x=t$로 놓고 치환적분법을 이용하여 구한다.

## 0889 대표문제

함수 $f(x)=\int (e^x+2)^2e^x dx$에 대하여 $f(0)=5$일 때, $f(\ln 4)$의 값을 구하시오.

## 0890

함수 $f(x)$에 대하여

$$f'(x)=(2x-3)e^{x^2-3x},\ f(0)=2$$

일 때, $f(4)$의 값은?

① $e^2$ ② $e^2+1$ ③ $e^4$
④ $e^4+1$ ⑤ $e^4+2$

## 0891 중요

함수 $f(x)=\int \frac{2e^x}{\sqrt{e^x+3}}dx$에 대하여 $f(0)=6$일 때, $f(\ln 6)$의 값을 구하시오.

## 0892

실수 전체의 집합에서 미분가능한 함수 $f(x)$가

$$\lim_{h\to 0}\frac{f(x+h)-f(x-h)}{h}=8xe^{x^2}$$

을 만족시킬 때, $f(1)-f(0)$의 값은?

① $e-2$ ② $e-1$ ③ $e$
④ $2(e-1)$ ⑤ $2e$

## 유형 08 치환적분법 - 로그함수

$f(\ln x)$ 꼴이 포함된 함수의 부정적분은 $\ln x=t$로 놓고 치환적분법을 이용하여 구한다.

## 0893 대표문제

함수 $f(x)=\int \frac{(\ln x)^2}{2x}dx$에 대하여 $f(1)=2$일 때, $f(e)$의 값은?

① $2$ ② $\frac{13}{6}$ ③ $\frac{7}{3}$
④ $\frac{5}{2}$ ⑤ $\frac{8}{3}$

## 0894

함수 $f(x)$에 대하여 $f'(x)=\frac{1}{x\sqrt{\ln x+3}}$이고 $f(e)=4$일 때, $f(e^6)$의 값을 구하시오.

## 0895 중요, 서술형

함수 $f(x)$가

$$(x^2+1)f'(x)=12x\ln(x^2+1)$$

을 만족시키고 $f(0)=3$일 때, $f(\sqrt{e-1})$의 값을 구하시오.

## 0896

$x>0$에서 정의된 미분가능한 함수 $f(x)$의 한 부정적분을 $F(x)$라 할 때,

$$F(x)=xf(x)-4x\ln x$$

가 성립한다. $f(e^2)=10$일 때, 방정식 $f(x)=0$을 만족시키는 모든 $x$의 값의 곱은?

① $\frac{1}{e^4}$ ② $\frac{1}{e^2}$ ③ $\frac{1}{e}$
④ $e$ ⑤ $e^2$

## 유형 09 치환적분법 - $\sin ax$, $\cos ax$ 꼴

(1) $\int \sin(ax+b)\,dx=-\frac{1}{a}\cos(ax+b)+C$

(2) $\int \cos(ax+b)\,dx=\frac{1}{a}\sin(ax+b)+C$

## 0897 대표문제

함수 $f(x)=\int(2\cos^2 x-2)\,dx$에 대하여 $f(\pi)=-\pi$일 때, $f\left(\frac{\pi}{2}\right)$의 값은?

① $-\pi$ ② $-\frac{\pi}{2}$ ③ $0$
④ $\frac{\pi}{2}$ ⑤ $\pi$

## 0898

함수 $f(x)=\int\frac{\sin(\ln x)}{x}\,dx$에 대하여 $f(1)=1$일 때, $f(e^{\pi})$의 값을 구하시오.

## 0899 중요

함수 $f(x)=\int\sin 2x\sin^2 x\,dx+\int 2\cos^3 x\sin x\,dx$에 대하여 $f\left(\frac{\pi}{2}\right)=-\frac{1}{2}$일 때, $f(\pi)$의 값은?

① $-2$ ② $-\frac{3}{2}$ ③ $-1$
④ $-\frac{1}{2}$ ⑤ $0$

## 0900

$0<x<\pi$에서 정의된 함수 $f(x)$에 대하여

$$f'(x)=\sin 2x-\cos x$$

이고 $f(x)$의 극댓값이 1일 때, $f(x)$의 극솟값은?

① $\frac{1}{4}$ ② $\frac{3}{8}$ ③ $\frac{1}{2}$
④ $\frac{5}{8}$ ⑤ $\frac{3}{4}$

## 유형 10 치환적분법 - 삼각함수

$f(\sin x)$ 또는 $f(\cos x)$ 꼴이 포함된 함수의 부정적분은 $\sin x=t$ 또는 $\cos x=t$로 놓고 치환적분법을 이용하여 구한다.

## 0901 대표문제

함수 $f(x)=\int\frac{\cos^3 x}{1+\sin x}\,dx$에 대하여 $f(0)=0$일 때, $f\left(\frac{\pi}{6}\right)$의 값은?

① $-\frac{3}{8}$ ② $-\frac{1}{8}$ ③ $\frac{1}{8}$
④ $\frac{1}{4}$ ⑤ $\frac{3}{8}$

## 0902

부정적분 $\int (1+\tan x)^2 \sec^2 x\,dx$를 구하면?

(단, $C$는 적분상수이다.)

① $\frac{1}{3}\tan^3 x+C$ ② $\frac{1}{3}(1+\tan x)^3+C$
③ $\frac{1}{3}\sec^3 x+C$ ④ $\frac{1}{3}(1-\tan x)^3+C$
⑤ $\frac{1}{3}(1+\sec x)^3+C$

## 0903

함수 $f(x)$에 대하여 $f'(x)=\cos^3 x$이고 $f(\pi)=1$일 때, $f\left(\frac{\pi}{2}\right)$의 값은?

① $\frac{2}{3}$ ② $1$ ③ $\frac{4}{3}$
④ $\frac{5}{3}$ ⑤ $2$

## 0904 중요 서술형

함수 $f(x)=\int \cos 2x \sin x\,dx$에 대하여 $f(0)=\frac{4}{3}$일 때, $f\left(\frac{\pi}{3}\right)=\frac{q}{p}$이다. $p+q$의 값을 구하시오.

(단, $p$와 $q$는 서로소인 자연수이다.)

### 유형 11 $\frac{f'(x)}{f(x)}$ 꼴의 치환적분법

$$\int \frac{f'(x)}{f(x)}dx=\ln|f(x)|+C$$

## 0905 대표문제

함수 $f(x)=\int \frac{4x^3+2x}{x^4+x^2+1}dx$에 대하여 $f(0)=2$일 때, $f(1)$의 값은?

① $\ln 2$ ② $\ln 3$ ③ $\ln 2+1$
④ $\ln 3+1$ ⑤ $\ln 3+2$

## 0906

함수 $f(x)=\int \frac{2}{x\ln x}dx$에 대하여 $f(e)=1$일 때, $f(e^2)$의 값은?

① $2\ln 2$ ② $3\ln 2$ ③ $2\ln 2+1$
④ $3\ln 2+1$ ⑤ $2\ln 2+2$

## 0907 중요

실수 전체의 집합에서 미분가능한 함수 $f(x)$가 모든 실수 $x$에 대하여

$f(x)>2,\ f'(x)=f(x)-2$

를 만족시킨다. $f(1)=3$일 때, $f(2)$의 값은?

① $e$ ② $e+1$ ③ $e+2$
④ $e^2+1$ ⑤ $e^2+2$

## 0908 중요

$-\frac{\pi}{2}<x<\frac{\pi}{2}$인 모든 실수 $x$에 대하여 미분가능한 함수 $f(x)$가 $\frac{f'(x)}{f(x)}=\tan x$를 만족시키고 $f(0)=e$이다. $f\left(\frac{\pi}{6}\right)$의 값은?

① $e$　② $\frac{2\sqrt{3}}{3}e$　③ $\sqrt{2}e$
④ $2e$　⑤ $3e$

## 0909

함수 $f(x)$의 한 부정적분을 $F(x)$라 하자. 두 함수 $f(x)$, $F(x)$가 모든 양의 실수 $x$에 대하여

$$f(x)>0,\ F(x)=\left(x+\frac{1}{x}\right)f(x)$$

를 만족시킨다. $f(1)=\sqrt{2}$일 때, $f(2)$의 값은?

① $\frac{\sqrt{5}}{5}$　② $\frac{2\sqrt{5}}{5}$　③ $\frac{3\sqrt{5}}{5}$
④ $\frac{4\sqrt{5}}{5}$　⑤ $\sqrt{5}$

### 유형 12 유리함수의 부정적분 - (분자의 차수)≥(분모의 차수)

분자를 분모로 나누어 몫과 나머지의 꼴로 나타낸 후 부정적분을 구한다.

## 0910 대표문제

함수 $f(x)=\int \frac{2x^2+x+1}{x-1}dx$에 대하여 $f(0)=2$일 때, $f(2)$의 값을 구하시오.

## 0911

함수 $f(x)$에 대하여

$$f'(x)=\frac{6-x}{x+2},\ f(-1)=1$$

일 때, $f(0)$의 값은?

① $2\ln 2$　② $4\ln 2$　③ $2+4\ln 2$
④ $8\ln 2$　⑤ $2+8\ln 2$

## 0912

함수 $f(x)=\frac{-x-3}{x-2}$의 역함수를 $g(x)$라 할 때, 함수 $h(x)=\int g(x)\,dx$에 대하여 $h(3)-h(1)$의 값은?

① $2-5\ln 2$　② $2-3\ln 2$　③ $4-5\ln 2$
④ $4-3\ln 2$　⑤ $4-\ln 2$

### 유형 13 유리함수의 부정적분 - (분자의 차수)<(분모의 차수)

$\frac{1}{AB}=\frac{1}{B-A}\left(\frac{1}{A}-\frac{1}{B}\right)$임을 이용하여 주어진 식을 변형한 후 적분한다.

## 0913 대표문제

$\int \frac{x-3}{x^2-3x+2}dx=\ln\left|\frac{(x-a)^2}{x-b}\right|+C$일 때, 상수 $a$, $b$에 대하여 $a+b$의 값을 구하시오. (단, $C$는 적분상수이다.)

## 0914

부정적분 $\int \frac{2}{x^2-6x+8}dx$를 구하면?

(단, $C$는 적분상수이다.)

① $\ln\left|\frac{x-4}{x-2}\right|+C$
② $\ln\left|\frac{x-2}{x-4}\right|+C$
③ $2\ln\left|\frac{x-4}{x-2}\right|+C$
④ $2\ln\left|\frac{x-2}{x-4}\right|+C$
⑤ $4\ln\left|\frac{x-4}{x-2}\right|+C$

## 0915 중요

원점을 지나는 함수 $y=f(x)$의 그래프 위의 점 $(x,\ f(x))$에서의 접선의 기울기가 $\frac{4}{x^2-4}$이다. 함수 $y=f(x)$의 그래프가 점 $(4,\ a)$를 지날 때, 상수 $a$의 값은?

① $-2\ln 3$
② $-\ln 3$
③ $-\frac{1}{2}\ln 3$
④ $\frac{1}{2}\ln 3$
⑤ $\ln 3$

## 0916

함수 $f(x)=\int \frac{3x-5}{x^2-2x-3}dx$에 대하여 $f(0)=2\ln 3$일 때, $f(2)$의 값을 구하시오.

## 유형 14 부분적분법

미분가능한 두 함수 $f(x)$, $g(x)$에 대하여

$$\int f(x)g'(x)\,dx=f(x)g(x)-\int f'(x)g(x)\,dx$$

Tip 로그함수, 다항함수, 삼각함수, 지수함수의 순서로 미분하기 쉬운 함수를 $f(x)$로 놓고 적분한다.

## 0917 대표문제

함수 $f(x)=\int (x+2)e^x\,dx$에 대하여 $f(0)=1$일 때, $f(2)$의 값을 구하시오.

## 0918

함수 $f(x)=\int x\sin 2x\,dx$에 대하여 $f(0)=0$일 때, $f(\pi)$의 값을 구하시오.

## 0919

함수 $f(x)=x^2\ln x$의 한 부정적분을 $F(x)$라 하자. $F(e)=\frac{2}{9}e^3$일 때, $F(e^2)$의 값은?

① $\frac{1}{3}e^6$
② $\frac{4}{9}e^6$
③ $\frac{5}{9}e^6$
④ $\frac{2}{3}e^6$
⑤ $\frac{7}{9}e^6$

## 0920 중요

$x\neq0$인 모든 실수 $x$에서 미분가능한 함수 $f(x)$가 $f(1)=0$이고 $\int f(x)\,dx=xf(x)+2x^2e^{-x}$을 만족시킬 때, $f(-2)$의 값은?

① $2e$　② $3e$　③ $6e$
④ $6e^2$　⑤ $9e^2$

## 0921 서술형

함수 $f(x)=e^{2x}-2$의 역함수 $f^{-1}(x)$에 대하여 $g(x)=\int f^{-1}(x)\,dx$이다. $g(-1)=\frac{1}{2}$일 때, $g(e-2)$의 값을 구하시오.

## 0922

양의 실수 전체의 집합에서 정의되고 미분가능한 함수 $f(x)$가

$$f(x)>0,\ f'(2x)=\frac{f(2x)\ln x}{x^2}$$

를 만족시킨다. $f(2)=1$일 때, $\ln f(4)$의 값은?

① $-\ln 2$　② $1-\ln 2$　③ $2-\ln 2$
④ $2\ln 2$　⑤ $3\ln 2$

## 유형 15 부분적분법 - 여러 번 적용하는 경우

부분적분법을 한 번 적용하여 적분이 되지 않을 때에는 부분적분법을 한 번 더 적용한다.

## 0923 대표문제

함수 $f(x)=\int x^2\cos x\,dx$에 대하여 $f(\pi)=\pi$일 때, $f(2\pi)$의 값을 구하시오.

## 0924

함수 $f(x)=\int 4x(\ln x)^2\,dx$에 대하여 $f(e)-f(1)$의 값은?

① $e^2-1$　② $e^2$　③ $e^2+1$
④ $e^2+2$　⑤ $e^2+4$

## 0925 중요

점 $(0,\ 1)$을 지나는 함수 $y=f(x)$의 그래프 위의 점 $(x,\ f(x))$에서의 접선의 기울기가 $e^x\sin 2x$일 때, $f(\pi)$의 값은 $ae^{\pi}+b$이다. $a+b$의 값을 구하시오.

(단, $a$와 $b$는 유리수이다.)

# 내신 잡는 종합 문제

정답과 풀이 201쪽

## 0926

곡선 $y=f(x)$ 위의 점 $(x, f(x))$에서의 접선의 기울기가 $2^x\ln 2-2$이고 이 곡선이 점 $(0, 4)$를 지날 때, $f(1)$의 값을 구하시오.

## 0927

함수 $f(x)=\int \frac{4x-2}{(2x+5)^3}dx$에 대하여 $f(-2)=2$일 때, $f(-3)$의 값을 구하시오.

## 0928

함수 $f(x)=\int \sin^3 x\,dx$에 대하여 $f(0)=\frac{2}{3}$일 때, $f(\pi)$의 값을 구하시오.

## 0929

함수 $f(x)=\int \frac{4}{4x^2-1}dx$에 대하여 $f(0)=0$일 때, $\sum_{k=1}^{5} f(k)$의 값은?

① $-\ln 11$ ② $-\ln 10$ ③ $-\ln 9$
④ $\ln 10$ ⑤ $\ln 11$

## 0930 교육청 기출

함수 $f(x)$가 모든 실수에서 연속일 때, 도함수 $f'(x)$가

$$f'(x)=\begin{cases} e^{x-1} & (x\le 1) \\ \frac{1}{x} & (x>1) \end{cases}$$

이다. $f(-1)=e+\frac{1}{e^2}$일 때, $f(e)$의 값은?

① $e-2$ ② $e-1$ ③ $e$
④ $e+1$ ⑤ $e+2$

## 0931

$x\neq -2$에서 미분가능한 함수 $f(x)$에 대하여

$$\lim_{h\to 0}\frac{f(x+h)-f(x)}{h}=\frac{x-4}{2\sqrt{x+2}}$$

이고 $f(-1)=1$일 때, $f(2)$의 값은?

① $-3$ ② $-\frac{8}{3}$ ③ $-\frac{7}{3}$
④ $-2$ ⑤ $-\frac{5}{3}$

## 0932

양의 실수 전체의 집합에서 미분가능한 함수 $f(x)$가

$$xf'(x)=2\ln\sqrt{x}$$

를 만족시킨다. $f(1)=2$일 때, $f(e^4)$의 값을 구하시오.

## 0933

양의 실수 전체의 집합에서 미분가능한 함수 $f(x)$가

$$\frac{f(x)}{x}+f'(x)=\frac{x-4}{x\sqrt{x}+2x}$$

를 만족시킨다. $f(1)=-\frac{4}{3}$일 때, 방정식 $f(x)=0$을 만족시키는 양수 $x$의 값을 구하시오.

## 0934

함수 $f(x)=\int \frac{2\sin^2 x}{1-\cos x}dx$에 대하여 부등식 $f(x)\le 2x$를 만족시키는 실수 $x$가 존재할 때, $f\left(\frac{\pi}{2}\right)$의 최댓값은?

① $\pi-4$ ② $\pi-2$ ③ $\pi$
④ $\pi+2$ ⑤ $\pi+4$

## 0935

세 함수

$$f(x)=\int e^x dx,\ g(x)=\int xe^{x^2} dx,\ h(x)=\int x^2e^{x^3} dx$$

에 대하여 $f(0)=g(0)=h(0)=0$일 때, $f(1)$, $g(1)$, $h(1)$의 대소 관계는?

① $f(1)<g(1)<h(1)$ ② $f(1)<h(1)<g(1)$
③ $g(1)<f(1)<h(1)$ ④ $h(1)<f(1)<g(1)$
⑤ $h(1)<g(1)<f(1)$

## 0936

함수 $f(x)=\int x\cos x\,dx$에 대하여 함수 $g(x)$를

$$g(x)=\int e^{f(x)}x\cos x\,dx$$

라 하자. $f(0)=1$, $g(0)=0$일 때, $g(2\pi)$의 값은?

① $-e$ ② $1-e$ ③ $0$
④ $e$ ⑤ $1+e$

## 0937

함수 $f(x)=\frac{3x-5}{x-1}$에 대하여 함수 $g(x)$가 $f(g(x))=g(f(x))=x$를 만족시킨다. 함수 $h(x)=\int g(x)\,dx$에 대하여 $h(7)-h(1)$의 값은?

① $4-4\ln 2$ ② $4-2\ln 2$ ③ $6-4\ln 2$
④ $6-2\ln 2$ ⑤ $8-2\ln 2$

정답과 풀이 202쪽

## 0938

양의 실수 전체의 집합에서 미분가능한 함수 $f(x)$의 도함수가 $f'(x)=3x^2(\ln x)^2$이고 $f(1)=\frac{2}{9}$일 때, $f(e)$의 값은?

① $\frac{1}{9}e^3$ ② $\frac{2}{9}e^3$ ③ $\frac{1}{3}e^3$
④ $\frac{4}{9}e^3$ ⑤ $\frac{5}{9}e^3$

## 0939 교육청 기출

뉴턴의 냉각법칙에 따르면 온도가 20으로 일정한 실내에 있는 어떤 물질의 시각 $t$(분)에서의 온도를 $T(t)$라 할 때, 함수 $T(t)$의 도함수 $T'(t)$에 대하여 다음 식이 성립한다고 한다.

$$\int \frac{T'(t)}{T(t)-20}\,dt=kt+C \text{ (단, } k, C\text{는 상수이다.)}$$

$T(0)=100$, $T(3)=60$일 때, $k$의 값은?

(단, 온도의 단위는 ℃이다.)

① $-\frac{\ln 2}{3}$ ② $-\frac{2\ln 2}{3}$ ③ $-\ln 2$
④ $-\frac{4\ln 2}{3}$ ⑤ $-\frac{5\ln 2}{3}$

## 0940 교육청 기출

양의 실수를 정의역으로 하는 두 함수 $f(x)=x$, $h(x)=\ln x$에 대하여 다음 두 조건을 모두 만족하는 함수 $g(x)$가 있다. 이때, $g(e)$의 값은?

> (가) $f'(x)g(x)+f(x)g'(x)=h(x)$
> (나) $g(1)=-1$

① $-2$ ② $-1$ ③ $0$
④ $1$ ⑤ $2$

## 0941

함수 $f(x)$에 대하여 $f'(x)=\frac{1}{1-e^x}$이고 $f(1)=0$일 때, $f(2)$의 값은?

① $\ln\frac{1}{e+1}$ ② $\ln\frac{e}{e^2+1}$ ③ $\ln\frac{e}{e+1}$
④ $\ln\frac{e^2}{e+1}$ ⑤ $1$

## 0942 교육청 기출

$x>0$에서 미분가능한 함수 $f(x)$가 다음 조건을 만족시킨다.

(가) $f\left(\frac{\pi}{2}\right)=1$
(나) $f(x)+xf'(x)=x\cos x$

$f(\pi)$의 값은?

① $-\frac{2}{\pi}$ ② $-\frac{1}{\pi}$ ③ $0$
④ $\frac{1}{\pi}$ ⑤ $\frac{2}{\pi}$

## 0943

실수 전체의 집합에서 미분가능한 함수 $f(x)$가 다음 조건을 만족시킨다.

(가) $\frac{d}{dx}\int f'(x)\,dx=\cos 2x+2a$
(나) $\lim_{x\to\pi}\frac{f(x)}{x-\pi}=-1$

$f(a\pi)=b\pi$일 때, 상수 $a$, $b$에 대하여 $a^2+b^2$의 값을 구하시오.

# 서술형 대비하기

## 0944

함수 $f(x)=\int\frac{2x}{\sqrt{x^2+1}}\,dx$에 대하여 곡선 $y=f(x)$가 점 $(0,\ 2)$를 지나고 직선 $y=4$와 서로 다른 두 점 A, B에서 만난다. 선분 AB의 길이를 구하시오.

## 0945

양의 실수 전체의 집합에서 미분가능한 함수 $f(x)$가

$$\lim_{h\to0}\frac{f\left(\frac{1}{x}-h\right)-f\left(\frac{1}{x}\right)}{h}=\frac{\ln x}{x}$$

를 만족시키고 $f(1)=1$일 때, $f(e)=p\times e^2+q$이다. $2(p+q)$의 값을 구하시오. (단, $p$와 $q$는 유리수이다.)

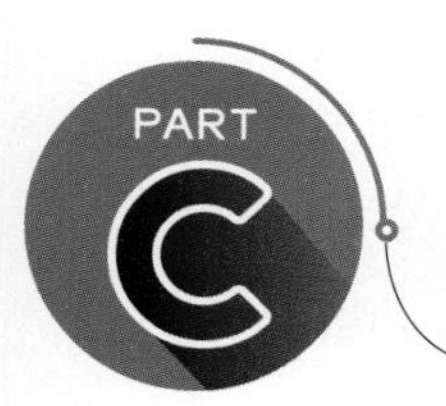

# 수능 녹인 변별력 문제

정답과 풀이 206쪽

## 0946

양의 실수 전체의 집합에서 정의된 미분가능한 함수 $f(x)$에 대하여

$$\lim_{h \to 0}\frac{f(x+h)-f(x)}{h}=\lim_{n \to \infty}\sum_{k=1}^{n}\left(\frac{1}{x+1}\right)^{k-1}$$

이다. $f(1)=3$일 때, $f(9)$의 값은?

① $9+\ln 3$ ② $10+\ln 3$ ③ $9+2\ln 3$
④ $10+2\ln 3$ ⑤ $11+2\ln 3$

## 0947

실수 전체의 집합에서 미분가능한 함수 $f(x)$에 대하여

$$f'(x)=\cos x-2\sin x\cos x,\ f(0)=1$$

이 성립할 때, 함수 $f(x)$의 최댓값과 최솟값을 각각 $M$, $m$이라 하자. $M+m$의 값은?

① $-\frac{1}{2}$ ② $-\frac{1}{4}$ ③ $0$
④ $\frac{1}{4}$ ⑤ $\frac{1}{2}$

## 0948

함수 $f(x)=x^3e^x$에 대하여 $g(x)=\int f\left(\frac{1}{x}\right)dx$라 하자. $g(1)=1$일 때, $g(2)$의 값은?

① $1-\sqrt{e}$ ② $1-\frac{1}{2}\sqrt{e}$ ③ $1$
④ $1+\frac{1}{2}\sqrt{e}$ ⑤ $1+\sqrt{e}$

## 0949 수능 기출

$x>0$에서 미분가능한 함수 $f(x)$에 대하여

$$f'(x)=2-\frac{3}{x^2},\ f(1)=5$$

이다. $x<0$에서 미분가능한 함수 $g(x)$가 다음 조건을 만족시킬 때, $g(-3)$의 값은?

(가) $x<0$인 모든 실수 $x$에 대하여 $g'(x)=f'(-x)$이다.
(나) $f(2)+g(-2)=9$

① 1 ② 2 ③ 3
④ 4 ⑤ 5

## 0950

이계도함수가 존재하는 함수 $f(x)$의 이계도함수 $f''(x)$가 실수 전체의 집합에서 연속이고, 함수 $g(x)=\int xf''(x)\,dx$에 대하여 두 함수 $f(x)$, $g(x)$가 다음 조건을 만족시킨다.

> (가) $\lim_{x\to 2}\frac{f(x)-4}{x-2}=2$
>
> (나) $g(2)=8$

$f(4)+g(4)=20$일 때, $f'(4)$의 값을 구하시오.

## 0951 교육청 기출

실수 전체의 집합에서 미분가능한 함수 $f(x)$의 역함수를 $g(x)$라 하자. 두 함수 $f(x)$, $g(x)$가 다음 조건을 만족시킨다.

> (가) $f(0)=1$
>
> (나) 모든 실수 $x$에 대하여 $f(x)g'(f(x))=\frac{1}{x^2+1}$이다.

$f(3)$의 값은?

① $e^3$ ② $e^6$ ③ $e^9$
④ $e^{12}$ ⑤ $e^{15}$

## 0952

0이 아닌 실수 전체의 집합에서 정의된 함수 $f(x)$의 도함수 $f'(x)$가

$$f'(x)=\frac{1-2f'\left(\frac{1}{x}\right)}{x^2}$$

을 만족시킨다. $f(-1)=0$일 때, $f(1)$의 값을 구하시오.

## 0953

양의 실수 전체의 집합에서 정의된 미분가능한 함수 $f(x)$가

$$f(x)-xf'(x)=x-x\ln x$$

를 만족시킨다. $f(1)=2$일 때, $f(e)f'(e)$의 값은?

① $-\frac{9}{4}e$ ② $-\frac{3}{2}e$ ③ $e$
④ $\frac{3}{2}e$ ⑤ $\frac{9}{4}e$

## 0954

실수 전체의 집합에서 미분가능한 두 함수 $f(x)$, $g(x)$가 모든 실수 $x$에 대하여 다음 조건을 만족시킨다.

(가) $f(x)>0$, $g(x)>0$
(나) $f'(x)g(x)-f(x)g'(x)=f(x)g(x)$

$f(1)=g(1)$일 때, $\sum_{n=1}^{\infty}\frac{g(n)}{f(n)}$의 값은?

① $\frac{e}{e-1}$ ② $\frac{e}{e-2}$ ③ $\frac{e^2}{e-1}$
④ $\frac{e^2}{e-2}$ ⑤ $\frac{2e^2}{e-2}$

## 0955

함수 $f(x)=\int(a^2-1)3^x\,dx$가 $f(1)=0$이고 닫힌구간 $[0, 2]$에서 최댓값 $\frac{1}{\ln 3}$, 최솟값 $-\frac{3}{\ln 3}$을 가질 때, $f(3)$의 값은? (단, $a$는 상수이다.)

① $-\frac{13}{\ln 3}$ ② $-\frac{25}{2\ln 3}$ ③ $-\frac{12}{\ln 3}$
④ $-\frac{23}{2\ln 3}$ ⑤ $-\frac{11}{\ln 3}$

## 0956 수능 기출

실수 전체의 집합에서 미분가능한 함수 $f(x)$가 다음 조건을 만족시킬 때, $f(-1)$의 값은?

(가) 모든 실수 $x$에 대하여
$2\{f(x)\}^2f'(x)=\{f(2x+1)\}^2f'(2x+1)$이다.
(나) $f\left(-\frac{1}{8}\right)=1$, $f(6)=2$

① $\frac{\sqrt[3]{3}}{6}$ ② $\frac{\sqrt[3]{3}}{3}$ ③ $\frac{\sqrt[3]{3}}{2}$
④ $\frac{2\sqrt[3]{3}}{3}$ ⑤ $\frac{5\sqrt[3]{3}}{6}$

## 0957

실수 전체의 집합에서 미분가능한 함수 $f(x)$의 도함수가 $f'(x)=e^x\sin x$이고 $f\left(\frac{\pi}{4}\right)=1$이다. $f(x)=1$을 만족시키는 양수 $x$를 작은 수부터 크기순으로 나열할 때, $n$번째 수를 $a_n$이라 하자. $\sum_{n=1}^{2p}a_n=30\pi$를 만족시키는 자연수 $p$에 대하여 $\frac{p\times a_p}{\pi}$의 값을 구하시오.

Ⅲ. 적분법

# 정적분

유형별 문제

## 유형 01 유리함수, 무리함수의 정적분

닫힌구간 $[a, b]$에서 연속인 함수 $f(x)$의 한 부정적분을 $F(x)$라 할 때,

$$\int_a^b f(x)\,dx=\Big[F(x)\Big]_a^b=F(b)-F(a)$$

확인 문제

다음 정적분의 값을 구하시오.

(1) $\int_4^9 3\sqrt{x}\,dx$　　(2) $\int_1^{e^2} \frac{2}{x}\,dx$

### 0958 대표문제

정적분 $\int_2^8 \frac{x-1}{x+1}\,dx$의 값은?

① $4-2\ln 3$　② $4-\ln 3$　③ $6-2\ln 3$
④ $6-\ln 3$　⑤ $8-2\ln 3$

### 0959

정적분 $\int_1^4 \frac{(\sqrt{x}+2)^2}{x}\,dx$의 값은?

① $9+4\ln 2$　② $11+4\ln 2$　③ $9+8\ln 2$
④ $13+4\ln 2$　⑤ $11+8\ln 2$

### 0960 서술형

어떤 함수 $f(x)$의 부정적분을 구해야 하는데 잘못하여 미분하였더니 $\frac{2}{x^3}$가 되었다. $f(1)=-\frac{1}{2}$일 때, $\int_1^2 f(x)\,dx$의 값을 구하시오.

### 0961 중요

$\int_0^1 \frac{2}{x^2+4x+3}\,dx=\ln k$일 때, 양수 $k$의 값을 구하시오.

### 0962

정적분 $\int_2^3 \frac{4x^2-2x+1}{x-1}\,dx+\int_2^3 \frac{2x}{1-x}\,dx$의 값은?

① $10-2\ln 2$　② $10-\ln 2$　③ $10+\ln 2$
④ $10+2\ln 2$　⑤ $12+\ln 2$

### 0963

양의 실수 전체의 집합에서 미분가능한 함수 $f(x)$의 한 부정적분 $F(x)$에 대하여

$$F(x)=xf(x)-4x+\ln x$$

일 때, $\int_1^2 f'(x)\,dx$의 값은?

① $2\ln 2-1$　② $2\ln 2-\frac{1}{2}$　③ $2\ln 2$
④ $4\ln 2-1$　⑤ $4\ln 2-\frac{1}{2}$

## 유형 02 지수함수의 정적분

지수함수를 포함한 함수는 전개 또는 인수분해하여 적분하기 쉬운 형태로 식을 변형한 후 정적분의 값을 구한다.

확인 문제

다음 정적분의 값을 구하시오.

(1) $\int_{0}^{\ln 3} e^{2x}\,dx$　　(2) $\int_{1}^{2} 2^{x}\,dx$

### 0964 대표문제

정적분 $\int_{0}^{\ln 2} \frac{(e^{x}+1)^{2}-2e^{x}}{e^{x}}\,dx$의 값은?

① $\frac{1}{2}$　② 1　③ $\frac{3}{2}$
④ 2　⑤ $\frac{5}{2}$

### 0965

정적분 $\int_{0}^{2} \sqrt{4^{x}-2^{x+1}+1}\,dx$의 값은?

① $\frac{2}{\ln 2}-2$　② $\frac{2}{\ln 2}-1$　③ $\frac{3}{\ln 2}-2$
④ $\frac{3}{\ln 2}-1$　⑤ $\frac{4}{\ln 2}-2$

### 0966

정적분 $\int_{0}^{\ln 2} \frac{1}{e^{x}+1}\,dx+\int_{\ln 2}^{0} \frac{e^{2t}}{e^{t}+1}\,dt$의 값을 구하시오.

### 0967 중요

$\int_{0}^{1} \frac{8^{x}}{2^{x}+1}\,dx-\int_{1}^{0} \frac{1}{2^{x}+1}\,dx=\frac{a}{\ln 2}+b$일 때, 유리수 $a$, $b$에 대하여 $a+b$의 값은?

① $\frac{1}{2}$　② 1　③ $\frac{3}{2}$
④ 2　⑤ $\frac{5}{2}$

## 유형 03 삼각함수의 정적분

삼각함수를 포함한 함수는 삼각함수 사이의 관계, 배각의 공식 등을 이용하여 적분하기 쉬운 형태로 식을 변형한 후 정적분의 값을 구한다.

확인 문제

다음 정적분의 값을 구하시오.

(1) $\int_{0}^{\frac{\pi}{2}} \sin 2x\,dx$　　(2) $\int_{0}^{\frac{\pi}{4}} \sec^{2} x\,dx$

### 0968 대표문제

정적분 $\int_{0}^{\frac{\pi}{2}} \frac{2\sin^{2} x}{1+\cos x}\,dx$의 값은?

① $\pi-2$　② $\pi-1$　③ $\pi$
④ $\pi+1$　⑤ $\pi+2$

### 0969 교육청 기출

$\int_{0}^{\frac{\pi}{3}} \tan x\cos x\,dx$의 값은?

① $\frac{3}{4}$　② $\frac{4-\sqrt{2}}{4}$　③ $\frac{4-\sqrt{3}}{4}$
④ $\frac{1}{2}$　⑤ $\frac{4-\sqrt{5}}{4}$

## 0970

정적분 $\int_{\frac{\pi}{4}}^{\frac{\pi}{3}} \frac{\sec^4 x}{1+\tan^2 x} dx$의 값은?

① $\sqrt{3}-1$ ② $\sqrt{3}$ ③ $2$
④ $\sqrt{3}+1$ ⑤ $\sqrt{3}+2$

## 0971 중요

정적분 $\int_0^{\frac{\pi}{2}} \left(\sin\frac{x}{2}-\cos\frac{x}{2}\right)^2 dx-\int_0^{\frac{\pi}{2}} \left(\sin\frac{t}{2}+\cos\frac{t}{2}\right)^2 dt$
의 값을 구하시오.

## 0972

$\int_0^{\frac{\pi}{4}} \frac{1-\cos^2 x}{1-\sin^2 x} dx=a+b\pi$일 때, 유리수 $a$, $b$에 대하여 $4(a+b)$의 값을 구하시오.

## 유형 04 구간에 따라 다르게 정의된 함수의 정적분

구간에 따라 다르게 정의된 함수의 정적분은 구간을 나누어 각 구간에서 정적분을 구한다.

함수 $f(x)=\begin{cases} g(x) & (x \le c) \\ h(x) & (x > c) \end{cases}$가 구간 $[a, b]$에서 연속이고 $a<c<b$일 때,

$$\int_a^b f(x)\,dx=\int_a^c g(x)\,dx+\int_c^b h(x)\,dx$$

## 0973 대표문제

정적분 $\int_{-\ln 3}^{\ln 3} |e^x-1|\,dx$의 값은?

① $1$ ② $\frac{4}{3}$ ③ $\frac{5}{3}$
④ $2$ ⑤ $\frac{7}{3}$

## 0974

함수 $f(x)=\begin{cases} e^{-x}+1 & (x \le 0) \\ 2\cos x & (x > 0) \end{cases}$에 대하여 정적분 $\int_{-1}^{2\pi} f(x)\,dx$의 값은?

① $e-2$ ② $e-1$ ③ $e$
④ $e+1$ ⑤ $e+2$

## 0975 중요

정적분 $\int_0^{\frac{\pi}{2}} |\sin x-\cos x|\,dx$의 값을 구하시오.

## 0976

정적분 $\int_{1}^{6}\sqrt{|2-x|}\,dx$의 값을 구하시오.

## 0977 서술형

함수 $f(x)=\begin{cases} 2\cos x & (x<0) \\ 2\sin x+k & (x\geq 0) \end{cases}$이 실수 전체의 집합에서 연속일 때, $\int_{-\pi}^{\pi}f(x)\,dx$의 값을 구하시오.

(단, $k$는 상수이다.)

## 0978 중요

실수 전체의 집합에서 미분가능한 함수 $f(x)$의 도함수 $f'(x)$가

$$f'(x)=\begin{cases} e^{x-1} & (x\leq 1) \\ 2x-1 & (x>1) \end{cases}$$

이다. $f(2)=2$일 때, $\int_{0}^{2}f(x)\,dx$의 값은?

① $-\frac{1}{e}-1$　② $-\frac{1}{e}-\frac{5}{6}$　③ $-\frac{1}{e}$
④ $-\frac{1}{e}+\frac{1}{2}$　⑤ $-\frac{1}{e}+\frac{5}{6}$

## 유형 05 우함수와 기함수의 정적분

(1) $f(-x)=f(x)$이면 $f(x)$는 우함수이고
$$\int_{-a}^{a}f(x)\,dx=2\int_{0}^{a}f(x)\,dx$$
(2) $f(-x)=-f(x)$이면 $f(x)$는 기함수이고
$$\int_{-a}^{a}f(x)\,dx=0$$

## 0979 대표문제

정적분 $\int_{-\frac{\pi}{2}}^{\frac{\pi}{2}}(x^2\sin x+\cos x+2x)\,dx$의 값을 구하시오.

## 0980

정적분 $\int_{-1}^{1}(2^x+5^x+2^{-x}-5^{-x})\,dx$의 값은?

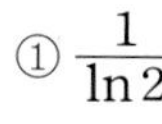

① $\frac{1}{\ln 2}$　② $\frac{2}{\ln 2}$　③ $\frac{3}{\ln 2}$
④ $\frac{4}{\ln 2}$　⑤ $\frac{5}{\ln 2}$

## 0981

실수 전체의 집합에서 연속인 함수 $f(x)$가

$$f(-x)=f(x),\ \int_{0}^{\frac{\pi}{3}}f(x)\,dx=8$$

을 만족시킬 때, $\int_{-\frac{\pi}{3}}^{\frac{\pi}{3}}(\tan x+2)f(x)\,dx$의 값을 구하시오.

## 0982 중요

실수 전체의 집합에서 연속인 함수 $f(x)$가 $f(-x)=-f(x)$를 만족시킬 때, 보기에서 정적분의 값이 항상 0인 것만을 있는 대로 고른 것은?

**보기**

ㄱ. $\int_{-\frac{\pi}{2}}^{\frac{\pi}{2}} \sin f(x)\,dx$　　ㄴ. $\int_{-\pi}^{\pi} \cos f(x)\,dx$

ㄷ. $\int_{-\frac{\pi}{2}}^{\frac{\pi}{2}} f(x)\sin x\,dx$

① ㄱ　② ㄱ, ㄴ　③ ㄱ, ㄷ
④ ㄴ, ㄷ　⑤ ㄱ, ㄴ, ㄷ

## 유형 06 주기함수의 정적분

연속함수 $f(x)$가 주기가 $p$인 주기함수이면

(1) $\int_a^b f(x)\,dx=\int_{a+p}^{b+p} f(x)\,dx$

(2) $\int_a^{a+p} f(x)\,dx=\int_b^{b+p} f(x)\,dx$

## 0983 대표문제

정적분 $\int_0^{3\pi} |\sin 2x|\,dx$의 값을 구하시오.

## 0984

임의의 실수 $a$에 대하여 정적분 $\int_a^{a+1} |\cos \pi x|\,dx$의 값은?

① $\frac{1}{2\pi}$　② $\frac{1}{\pi}$　③ $\frac{2}{\pi}$
④ 2　⑤ $\pi$

## 0985 중요

함수 $f(x)$가 다음 조건을 만족시킬 때, $\int_{-\pi}^{\frac{\pi}{4}} f(x)\,dx$의 값을 구하시오.

(가) $-\frac{\pi}{4}\le x\le\frac{\pi}{4}$일 때, $f(x)=\sec^2 x$이다.

(나) 모든 실수 $x$에 대하여 $f\left(x+\frac{\pi}{2}\right)=f(x)$이다.

## 유형 07 치환적분법을 이용한 정적분 - 유리함수, 무리함수

구간 $[a, b]$에서 연속인 함수 $f(x)$에 대하여 미분가능한 함수 $x=g(t)$의 도함수 $g'(t)$가 구간 $[\alpha, \beta]$에서 연속이고, $a=g(\alpha)$, $b=g(\beta)$이면

$$\int_a^b f(x)\,dx=\int_\alpha^\beta f(g(t))g'(t)dt$$

## 0986 대표문제

정적분 $\int_{-1}^{1} \frac{x+1}{x^2+2x+3}\,dx$의 값은?

① $\frac{1}{2}\ln 2$　② $\frac{1}{2}\ln 3$　③ $\ln 2$
④ $\ln 3$　⑤ $2\ln 2$

## 0987

정적분 $\int_0^1 4x(2x^2+1)^3\,dx$의 값을 구하시오.

정답과 풀이 213쪽

## 0988 평가원 기출

$\int_{1}^{\sqrt{2}} x^3\sqrt{x^2-1}\,dx$의 값은?

① $\frac{7}{15}$ ② $\frac{8}{15}$ ③ $\frac{3}{5}$
④ $\frac{2}{3}$ ⑤ $\frac{11}{15}$

## 0989 중요

$\int_{0}^{3} \frac{x^2-x+2}{\sqrt{x+1}}\,dx=\frac{q}{p}$일 때, $p+q$의 값을 구하시오.
(단, $p$와 $q$는 서로소인 자연수이다.)

## 0990

정적분 $\int_{7}^{19} \frac{1}{(x-4)\sqrt{x-3}}\,dx$의 값은?

① $\ln\frac{6}{5}$ ② $\ln\frac{4}{3}$ ③ $\ln\frac{9}{5}$
④ $\ln 2$ ⑤ $\ln\frac{8}{3}$

## 유형 08 치환적분법을 이용한 정적분 - 지수함수, 로그함수

지수함수 또는 로그함수를 포함한 함수의 정적분은 적당한 부분을 $t$로 놓고 치환적분법을 이용하여 구한다.

참고 $y=e^{f(x)} \Rightarrow y'=f'(x)e^{f(x)}$, $y=\ln f(x) \Rightarrow y'=\frac{f'(x)}{f(x)}$

## 0991 대표문제

정적분 $\int_{e}^{e^2} \frac{1}{x\ln x}\,dx$의 값은?

① $-2\ln 2$ ② $-\ln 2$ ③ $\ln 2$
④ $\ln 3$ ⑤ $2\ln 2$

## 0992

정적분 $\int_{0}^{1} xe^{x^2-1}\,dx$의 값은?

① $\frac{1}{2}\left(1-\frac{1}{e}\right)$ ② $1-\frac{1}{e}$ ③ $\frac{1}{2}(e-1)$
④ $e-1$ ⑤ $2(e-1)$

## 0993 교육청 기출

$\int_{1}^{e}\left(\frac{3}{x}+\frac{2}{x^2}\right)\ln x\,dx-\int_{1}^{e}\frac{2}{x^2}\ln x\,dx$의 값은?

① $\frac{1}{2}$ ② $1$ ③ $\frac{3}{2}$
④ $2$ ⑤ $\frac{5}{2}$

09 정적분

## 0994 중요

정적분 $\int_{-1}^{0}\frac{e^x}{e^{-x}+e^x}dx+\int_{0}^{1}\frac{e^x}{e^{-x}+e^x}dx$의 값을 구하시오.

## 0995 서술형

자연수 $n$에 대하여 $a_n=\int_{e}^{e^n}\frac{\ln x}{x}dx$라 할 때, $\sum_{n=2}^{\infty}\frac{2}{a_n}$의 값을 구하시오.

## 유형 09 치환적분법을 이용한 정적분 - 삼각함수

삼각함수를 포함한 함수의 정적분은 적당한 부분을 $t$로 놓고 치환적분법을 이용하여 구한다.

참고 $(\sin x)'=\cos x$, $(\cos x)'=-\sin x$

## 0996 대표문제

정적분 $\int_{0}^{\frac{\pi}{2}}\frac{2\sin x}{1+\cos x}dx$의 값을 구하시오.

## 0997

정적분 $\int_{0}^{\frac{\pi}{2}}\sin 2x(\sin x-2)\,dx$의 값은?

① $-2$　② $-\frac{5}{3}$　③ $-\frac{4}{3}$

④ $-1$　⑤ $-\frac{2}{3}$

## 0998 교육청 기출

함수 $f(x)=8x^2+1$에 대하여 $\int_{\frac{\pi}{6}}^{\frac{\pi}{2}}f'(\sin x)\cos x\,dx$의 값을 구하시오.

## 0999 중요

자연수 $n$에 대하여 $a_n=\int_{0}^{\frac{\pi}{2}}\cos^n x\sin x\,dx$일 때, $\sum_{n=1}^{20}\frac{1}{a_n}$의 값을 구하시오.

## 유형 10 치환적분법을 이용한 정적분 $f(ax+b)$ 꼴

$f(ax+b)$ 꼴을 포함한 함수의 정적분은 $ax+b=t$로 놓고 치환적분법을 이용하여 구한다.

### 1000 대표문제

실수 전체의 집합에서 연속인 함수 $f(x)$에 대하여 $\int_1^7 f(x)\,dx=15$일 때, $\int_{-1}^1 f(3x+4)\,dx$의 값을 구하시오.

### 1001 중요

실수 전체의 집합에서 미분가능한 함수 $f(x)$에 대하여

$$f(0)=1,\ \int_0^3 \{f(x)\}^2 f'(x)\,dx=21$$

일 때, $f(3)$의 값을 구하시오.

### 1002

실수 전체의 집합에서 연속인 함수 $f(x)$에 대하여 $\int_0^1 f(x)\,dx=e-1$일 때, $\int_0^1 \{f(x)+f(1-x)\}\,dx$의 값은?

① $e-2$ ② $2(e-2)$ ③ $e-1$
④ $e$ ⑤ $2(e-1)$

## 유형 11 삼각함수를 이용한 치환적분법

(1) 피적분함수가 $\sqrt{a^2-x^2}\ (a>0)$ 꼴인 경우
➡ $x=a\sin\theta\left(-\frac{\pi}{2}\le\theta\le\frac{\pi}{2}\right)$로 치환

(2) 피적분함수가 $\frac{1}{x^2+a^2}\ (a>0)$ 꼴인 경우
➡ $x=a\tan\theta\left(-\frac{\pi}{2}<\theta<\frac{\pi}{2}\right)$로 치환

### 1003 대표문제

정적분 $\int_0^{\sqrt{3}} \sqrt{4-x^2}\,dx$의 값은?

① $\frac{\pi}{3}+\frac{\sqrt{3}}{2}$ ② $\frac{2}{3}\pi+\frac{1}{2}$ ③ $\frac{2}{3}\pi+\frac{\sqrt{3}}{2}$
④ $\pi+\frac{1}{2}$ ⑤ $\pi+\frac{\sqrt{3}}{2}$

### 1004

정적분 $\int_0^{\frac{1}{8}} \frac{1}{\sqrt{1-16x^2}}\,dx$의 값은?

① $\frac{\pi}{36}$ ② $\frac{\pi}{30}$ ③ $\frac{\pi}{24}$
④ $\frac{\pi}{18}$ ⑤ $\frac{\pi}{12}$

### 1005

$\int_0^a \frac{1}{x^2+a^2}\,dx=\frac{\pi}{8}$일 때, 양수 $a$의 값을 구하시오.

## 유형 12 부분적분법을 이용한 정적분

두 함수 $f(x)$, $g(x)$가 미분가능하고 $f'(x)$, $g'(x)$가 구간 $[a, b]$에서 연속일 때,

$$\int_a^b f(x)g'(x)\,dx = \Big[f(x)g(x)\Big]_a^b - \int_a^b f'(x)g(x)\,dx$$

Tip 두 함수의 곱의 꼴인 함수의 정적분에서 치환적분법을 이용할 수 없을 때, 부분적분법을 이용한다.

### 1006 대표문제

정적분 $\int_1^2 (x-1)e^x\,dx$의 값은?

① 1　② 2　③ $e$
④ 3　⑤ $2e$

### 1007 수능 기출

$\int_0^\pi x\cos(\pi-x)\,dx$의 값을 구하시오.

### 1008

정적분 $\int_1^{e^2} \frac{\ln x-2}{x^2}\,dx$의 값은?

① $-\frac{1}{e^2}-2$　② $-\frac{1}{e^2}-1$　③ $-\frac{1}{e^2}$
④ $-\frac{1}{e^2}+1$　⑤ $-\frac{1}{e^2}+2$

### 1009

정적분 $\int_e^{e^4} \frac{\ln(\ln x)}{x(\ln x)^2}\,dx$의 값은?

① $\frac{3}{4}-\ln 2$　② $\frac{1}{2}-\frac{1}{2}\ln 2$　③ $1-\ln 2$
④ $\frac{3}{4}-\frac{1}{2}\ln 2$　⑤ $1-\frac{1}{2}\ln 2$

### 1010 중요

$0\le x\le 2$에서 정의된 함수 $y=f(x)$의 그래프가 그림과 같을 때, $\int_0^2 e^x f(x)\,dx$의 값은?

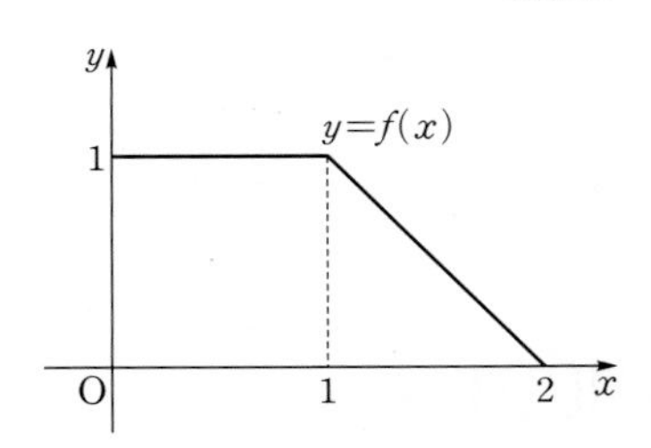


① $e^2-e-1$
② $e^2-e$
③ $e^2+e-1$
④ $e^2+e$
⑤ $e^2+e+1$

### 1011 교육청 기출

미분가능한 함수 $f(x)$가 다음 조건을 만족시킨다.

> (가) $x_1 < x_2$인 임의의 두 실수 $x_1$, $x_2$에 대하여 $f(x_1) > f(x_2)$이다.
> (나) 닫힌구간 $[-1, 3]$에서 함수 $f(x)$의 최댓값은 1이고 최솟값은 $-2$이다.

$\int_{-1}^3 f(x)\,dx=3$일 때, $\int_{-2}^1 f^{-1}(x)\,dx$의 값은?

① 4　② 5　③ 6
④ 7　⑤ 8

## 유형 13 부분적분법을 이용한 정적분 - 여러 번 적용하는 경우

부분적분법을 한 번 적용하여 정적분의 값을 구할 수 없을 때는 부분적분법을 여러 번 적용한다.

### 1012 대표문제

등식 $\int_0^{\pi} e^x \sin x\,dx = ae^{\pi}+b$를 만족시키는 유리수 $a$, $b$에 대하여 $a+b$의 값을 구하시오.

### 1013

정적분 $\int_0^{\frac{\pi}{2}} x^2 \cos x\,dx$의 값은?

① $\frac{\pi^2}{4}-2$　② $\frac{\pi^2}{4}-1$　③ $\frac{\pi^2}{2}-2$
④ $\frac{\pi^2}{2}-1$　⑤ $\frac{\pi^2}{2}$

### 1014

등식 $\int_0^1 (x+1)^2 e^x\,dx + \int_0^1 (x-1)^2 e^x\,dx = ae+b$를 만족시키는 정수 $a$, $b$에 대하여 $ab$의 값을 구하시오.

## 유형 14 아래끝, 위끝이 상수인 정적분을 포함한 등식

$f(x)=g(x)+\int_a^b f(t)\,dt$ 꼴의 등식이 주어지면 $f(x)$는 다음과 같은 순서로 구한다.

❶ $\int_a^b f(t)\,dt=k$ ($k$는 상수)로 놓는다.
❷ $f(x)=g(x)+k$를 ❶의 식에 대입하여 $k$의 값을 구한다.
❸ $k$의 값을 $f(x)=g(x)+k$에 대입하여 $f(x)$를 구한다.

### 1015 대표문제

함수 $f(x)$가 $f(x)=e^x+\int_0^2 f(t)\,dt$를 만족시킬 때, $f(2)$의 값을 구하시오.

### 1016

양의 실수 전체의 집합에서 정의된 함수 $f(x)$가

$$f(x)=x+\frac{2}{x}+\int_1^3 f(t)\,dt$$

를 만족시킬 때, $f(1)$의 값은?

① $-2-2\ln 3$　② $-1-2\ln 3$　③ $-2\ln 3$
④ $-\ln 3$　⑤ $1-\ln 3$

### 1017 중요 서술형

양의 실수 전체의 집합에서 미분가능한 함수 $f(x)$가

$$f(x)=\ln x+\int_1^e f'(t)\,dt$$

를 만족시킬 때, $\int_1^2 f(x)\,dx$의 값을 구하시오.

## 1018

함수 $f(x)$가 $f(x)=\cos x+\int_0^\pi tf(t)\,dt$를 만족시킬 때, $\int_0^\pi xf(x)\,dx$의 값은?

① $\frac{2}{\pi^2-2}$ ② $\frac{4}{\pi^2-2}$ ③ $\frac{6}{\pi^2-2}$
④ $\frac{2}{\pi-2}$ ⑤ $\frac{4}{\pi-2}$

## 1019

$x>0$에서 연속인 함수 $f(x)$가 $f(x)=\ln\frac{x}{e}+\int_1^e tf(t)\,dt$를 만족시킬 때, $f(e)$의 값을 구하시오.

### 유형 15 아래끝 또는 위끝에 변수가 있는 정적분을 포함한 등식

$\int_a^x f(t)dt=g(x)$ 꼴의 등식이 주어지면 등식의 양변을 $x$에 대하여 미분하고 $\int_a^a f(t)dt=0$임을 이용하여 $f(x)$를 구한다.

## 1020 대표문제

실수 전체의 집합에서 연속인 함수 $f(x)$가

$$\int_\pi^x f(t)\,dt=x\sin x+kx-2\pi$$

를 만족시킬 때, $f\left(\frac{\pi}{2}\right)$의 값을 구하시오. (단, $k$는 상수이다.)

## 1021 평가원 기출

양의 실수 전체의 집합에서 연속인 함수 $f(x)$가

$$\int_1^x f(t)\,dt=x^2-a\sqrt{x}\ (x>0)$$

을 만족시킬 때, $f(1)$의 값은? (단, $a$는 상수이다.)

① 1 ② $\frac{3}{2}$ ③ 2
④ $\frac{5}{2}$ ⑤ 3

## 1022

실수 전체의 집합에서 미분가능한 함수 $f(x)$가 모든 실수 $x$에 대하여

$$f(x)=e^{2x}-2x-\int_0^x f'(t)e^t\,dt$$

를 만족시킬 때, $f'(\ln 3)$의 값을 구하시오.

## 1023 중요

연속함수 $f(x)$가 모든 실수 $x$에 대하여

$$\int_1^x ef(t)\,dt=\frac{1}{2}e^{2x-2}-ax$$

를 만족시킬 때, $f(2a)$의 값은? (단, $a$는 상수이다.)

① $\frac{1}{3e}$ ② $\frac{1}{2e}$ ③ $\frac{2}{3e}$
④ $\frac{1}{e}$ ⑤ $\frac{2}{e}$

## 1024 서술형

함수 $f(x)$가 모든 양의 실수 $x$에 대하여

$xf(x)=2x\ln x+\int_1^x f(t)\,dt$를 만족시킬 때, $f(e)$의 값을 구하시오.

### 유형 16 아래끝 또는 위끝, 피적분함수에 변수가 있는 정적분을 포함한 등식

$\int_a^x (x-t)f(t)\,dt=g(x)$ 꼴의 등식이 주어진 경우 좌변을 $x\int_a^x f(t)\,dt-\int_a^x tf(t)\,dt$로 변형한 후 양변을 $x$에 대하여 미분한다.

## 1025 대표문제

양의 실수 전체의 집합에서 연속인 함수 $f(x)$가

$$\int_1^x (x-t)f(t)\,dt=2x\ln x+ax+2$$

를 만족시킬 때, $f(1)$의 값을 구하시오. (단, $a$는 상수이다.)

## 1026

실수 전체의 집합에서 연속인 함수 $f(x)$가

$$\int_0^x (x-t)f(t)\,dt=x\sin x$$

를 만족시킬 때, $f(\pi)$의 값을 구하시오.

## 1027 중요

실수 전체의 집합에서 연속인 함수 $f(x)$가

$$\int_0^x (x-t)f(t)\,dt=\ln(x^2+x+1)+ax+b$$

를 만족시킬 때, 상수 $a$, $b$에 대하여 $a+b$의 값은?

① $-2$　② $-1$　③ $0$　④ $1$　⑤ $2$

## 1028

양의 실수 전체의 집합에서 연속인 함수 $f(x)$가

$$\int_1^x (x+t)f(t)\,dt=e^x\ln x$$

를 만족시킬 때, $f(1)$의 값은?

① $\frac{e}{4}$　② $\frac{e}{2}$　③ $e$　④ $2e$　⑤ $4e$

## 1029 중요

실수 전체의 집합에서 미분가능한 함수 $f(x)$가

$$\int_0^x tf(x-t)\,dt=-2\sin 2x+ax$$

를 만족시킬 때, $f\left(\frac{\pi}{a}\right)$의 값을 구하시오. (단, $a$는 상수이다.)

09 정적분

## 유형 17 정적분으로 정의된 함수의 극대, 극소

$f(x)=\int_a^x g(t)dt$ ($a$는 상수)와 같이 정의된 함수 $f(x)$의 극값은 양변을 $x$에 대하여 미분하고 $f'(x)=g(x)$임을 이용하여 구한다.

### 1030 대표문제

$0<x<2\pi$에서 함수 $f(x)=\int_0^x (2\sin t-1)dt$의 극댓값을 $M$, 극솟값을 $m$이라 할 때, $M+m$의 값은?

① $2-2\pi$ ② $4-2\pi$ ③ $2-\pi$
④ $6-2\pi$ ⑤ $4-\pi$

### 1031

$x>0$에서 함수 $f(x)=\int_1^x \frac{t^2-4}{t}dt$의 극솟값은?

① $1-4\ln 2$ ② $\frac{3}{2}-4\ln 2$ ③ $2-4\ln 2$
④ $1-2\ln 2$ ⑤ $\frac{3}{2}-2\ln 2$

### 1032 중요 서술형

$x>1$에서 함수 $f(x)=\int_1^x (2-\ln t)dt$의 극댓값이 $ae^2+b$일 때, 정수 $a$, $b$에 대하여 $a^2+b^2$의 값을 구하시오.

## 유형 18 정적분으로 정의된 함수의 최대, 최소

$f(x)=\int_a^x g(t)dt$ ($a$는 상수)와 같이 정의된 함수 $f(x)$의 최대, 최소는 양변을 $x$에 대하여 미분하여 $f'(x)$를 구한 후, 증감표를 이용하여 최댓값 또는 최솟값을 구한다.

### 1033 대표문제

$0<x<\pi$에서 함수 $f(x)=\int_0^x \cos t(2\sin t-1)dt$의 최솟값은?

① $-\frac{1}{2}$ ② $-\frac{1}{4}$ ③ $0$
④ $\frac{1}{4}$ ⑤ $\frac{1}{2}$

### 1034 교육청 기출

실수 전체의 집합에서 정의된 함수

$$f(x)=\int_0^x \frac{2t-1}{t^2-t+1}dt$$

의 최솟값은?

① $\ln\frac{1}{2}$ ② $\ln\frac{2}{3}$ ③ $\ln\frac{3}{4}$
④ $\ln\frac{4}{5}$ ⑤ $\ln\frac{5}{6}$

### 1035 중요

$0\le x\le 4$에서 함수 $f(x)=\int_0^x t(1-\sqrt{t})dt$의 최댓값을 $M$, 최솟값을 $m$이라 할 때, $\frac{m}{M}$의 값을 구하시오.

## 유형 19 정적분으로 정의된 함수의 극한 $\lim_{x\to0}\frac{1}{x}\int_a^{x+a}f(t)dt$ 꼴

함수 $f(x)$의 한 부정적분을 $F(x)$라 할 때,

$$\lim_{x\to0}\frac{1}{x}\int_a^{x+a}f(t)dt=\lim_{x\to0}\frac{F(x+a)-F(a)}{x}=F'(a)=f(a)$$

### 1036 대표문제

함수 $f(x)=x\cos x+1$에 대하여 $\lim_{x\to0}\frac{1}{x}\int_\pi^{x+\pi}f(t)dt$의 값은?

① $-\pi$　② $1-\pi$　③ $2-\pi$　④ $\pi-1$　⑤ $\pi$

### 1037

$\lim_{h\to0}\frac{1}{h}\int_{e-h}^{e+h}2x\ln x\,dx$의 값을 구하시오.

### 1038 평가원 기출

함수 $f(x)=a\cos(\pi x^2)$에 대하여

$$\lim_{x\to0}\left\{\frac{x^2+1}{x}\int_1^{x+1}f(t)dt\right\}=3$$

일 때, $f(a)$의 값은? (단, $a$는 상수이다.)

① 1　② $\frac{3}{2}$　③ 2　④ $\frac{5}{2}$　⑤ 3

## 유형 20 정적분으로 정의된 함수의 극한 $\lim_{x\to a}\frac{1}{x-a}\int_a^{x}f(t)dt$ 꼴

함수 $f(x)$의 한 부정적분을 $F(x)$라 할 때,

$$\lim_{x\to a}\frac{1}{x-a}\int_a^{x}f(t)dt=\lim_{x\to a}\frac{F(x)-F(a)}{x-a}=F'(a)=f(a)$$

### 1039 대표문제

$\lim_{x\to2}\frac{1}{x-2}\int_2^{x}\left(\sin\frac{\pi}{2}t+\cos2\pi t\right)^2dt$의 값은?

① 1　② 2　③ 4　④ 8　⑤ 16

### 1040 중요

함수 $f(x)=e^x\cos\pi x$에 대하여 $\lim_{x\to2}\frac{1}{x-2}\int_x^{2}f(t)dt$의 값은?

① $-e^2$　② $-e$　③ $-\sqrt{e}$　④ $-\frac{1}{e}$　⑤ $-\frac{1}{e^2}$

### 1041

함수 $f(x)=5x+2e^{x-1}$에 대하여 $\lim_{x\to1}\frac{1}{x-1}\int_1^{x^2}f(t)dt$의 값을 구하시오.

PART B

# 내신 잡는 종합 문제

## 1042

등식 $\int_{2}^{a}\left(\frac{2}{x}+\frac{1}{x-1}\right)dx=\ln 12$를 만족시키는 상수 $a$의 값을 구하시오. (단, $a>2$)

## 1043 교육청 기출

$\int_{0}^{\sqrt{3}} 2x\sqrt{x^2+1}\,dx$의 값은?

① 4　② $\frac{13}{3}$　③ $\frac{14}{3}$
④ 5　⑤ $\frac{16}{3}$

## 1044

정적분 $\int_{0}^{4}\frac{1}{\sqrt{x}+1}dx$의 값은?

① $1-2\ln 3$　② $2-2\ln 3$　③ $4-2\ln 3$
④ $6-\ln 3$　⑤ $8-\ln 3$

## 1045

정적분 $\int_{0}^{\frac{\pi}{2}}(\sin x+\cos x)^2dx-\int_{\frac{\pi}{2}}^{0}(\cos t-\sin t)^2dt$의 값을 구하시오.

## 1046

함수 $f(x)=2\sin \pi x$에 대하여

$$\lim_{x\to 1}\frac{1}{x-1}\int_{1}^{x}(x-3t)f'(t)\,dt$$

의 값은?

① $\pi$　② $2\pi$　③ $3\pi$
④ $4\pi$　⑤ $5\pi$

## 1047

정적분 $\int_{0}^{\frac{\pi}{2}}x^2\sin 2x\,dx$의 값은?

① $\frac{\pi^2}{8}-1$　② $\frac{\pi^2}{8}-\frac{1}{2}$　③ $\frac{\pi^2}{8}-\frac{1}{4}$
④ $\frac{\pi^2}{4}-1$　⑤ $\frac{\pi^2}{4}-\frac{1}{2}$

## 1048

정적분 $\int_{-\frac{\pi}{3}}^{\frac{\pi}{3}}(x\sin x+x^2\tan x)\,dx$의 값은?

① $-\frac{\pi}{3}$　② $-\frac{\pi}{3}+1$　③ $-\frac{\pi}{3}+\sqrt{3}$
④ $\frac{\pi}{3}$　⑤ $\frac{\pi}{3}+1$

## 1049

$0\le x\le 4$에서 정의된 함수 $y=f(x)$의 그래프가 그림과 같을 때, 정적분 $\int_0^2 e^x f(x+2)\,dx$의 값은?

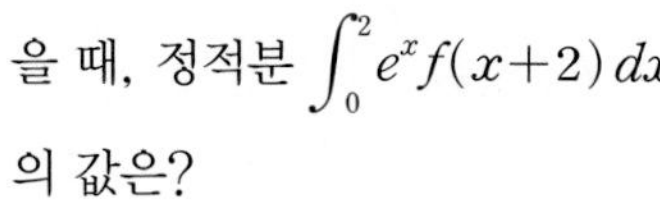

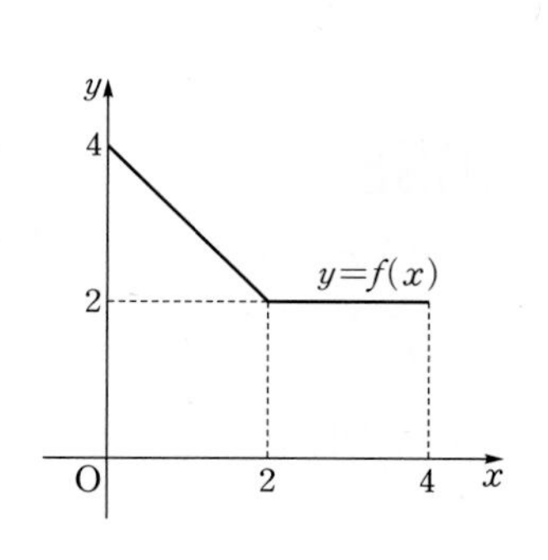


① $2(e^2-2)$
② $2(e^2-1)$
③ $2e^2$
④ $2(e^2+1)$
⑤ $2(e^2+2)$

## 1050 수능 기출

연속함수 $f(x)$가

$$f(x)=e^{x^2}+\int_0^1 tf(t)\,dt$$

를 만족시킬 때, $\int_0^1 xf(x)\,dx$의 값은?

① $e-2$　② $\frac{e-1}{2}$　③ $\frac{e}{2}$
④ $e-1$　⑤ $\frac{e+1}{2}$

## 1051

함수 $f(x)$가 다음 조건을 만족시킬 때, $\int_{-1}^{7} f(x)\,dx$의 값은?

> (가) $-2\le x\le 2$일 때, $f(x)=e^x+e^{-x}$이다.
> (나) 모든 실수 $x$에 대하여 $f(x+4)=f(x)$이다.

① $e^2-\frac{1}{e^2}$　② $2\left(e^2-\frac{1}{e^2}\right)$　③ $4\left(e^2-\frac{1}{e^2}\right)$
④ $4\left(e^2+\frac{1}{e^2}\right)$　⑤ $6\left(e^2+\frac{1}{e^2}\right)$

## 1052

정적분 $\int_{\frac{1}{e}}^{e}|\ln x|\,dx$의 값은?

① $5-\frac{2}{e}$　② $4-\frac{2}{e}$　③ $3-\frac{2}{e}$
④ $2-\frac{2}{e}$　⑤ $1-\frac{2}{e}$

## 1053

함수 $f(x)=\frac{\sqrt{\ln x}}{x}$에 대하여

$\int_{e^2}^{e} f(x)\,dx-\int_{e^3}^{e} f(x)\,dx+\int_1^{e^2} f(x)\,dx$의 값은?

① $\sqrt{3}$　② $2$　③ $2\sqrt{3}$
④ $4$　⑤ $4\sqrt{3}$

09 정적분

## 1054

$-\frac{\pi}{2}<x<\frac{\pi}{2}$에서 미분가능한 함수 $f(x)$가 $f(0)=0$이고

$\lim_{h\to 0}\frac{1}{h}\left\{\frac{d}{dx}\int_{x}^{x+h}f(t)\,dt\right\}=\tan x$를 만족시킬 때, $f\left(\frac{\pi}{3}\right)$의 값은?

① $-\ln 3$　② $-\ln 2$　③ $0$
④ $\ln 2$　⑤ $\ln 3$

## 1055

연속함수 $f(x)$가 모든 실수 $x$에 대하여 $f(-x)=f(x)$를 만족시킨다. $f(1)=3$, $\int_{0}^{1}xf'(x)\,dx=2$일 때,

$\int_{-1}^{1}f(x)\,dx$의 값을 구하시오.

## 1056 교육청 기출

$\int_{e^2}^{e^3}\frac{a+\ln x}{x}dx=\int_{0}^{\frac{\pi}{2}}(1+\sin x)\cos x\,dx$가 성립할 때, 상수 $a$의 값은?

① $-2$　② $-1$　③ $0$
④ $1$　⑤ $2$

## 1057

미분가능한 함수 $f(x)$에 대하여

$$f(4)=5,\ \int_{0}^{2}x\{f(x^2)\}^2\,dx=20$$

일 때, $\int_{0}^{4}xf(x)f'(x)\,dx$의 값을 구하시오.

## 1058

함수 $f(x)=2e^{2x}$에 대하여 함수 $F(x)$를

$$F(x)=\int_{0}^{x}tf(x-t)\,dt\ (x\geq 0)$$

이라 할 때, $F'(\ln 2)$의 값을 구하시오.

## 1059

함수 $f(x)=\int_{0}^{x}(a-t)e^{t}\,dt$가 $x=2$에서 극값 $b$를 가질 때, $a+b$의 값은? (단, $a$는 상수이다.)

① $e^2-3$　② $e^2-2$　③ $e^2-1$
④ $e^2$　⑤ $e^2+1$

## 1060

실수 전체의 집합에서 연속인 함수 $f(x)$가 모든 실수 $x$에 대하여

$$f(x)+f(-x)=\sin\frac{\pi}{2}x$$

를 만족시킨다. $\int_{-1}^{1}f(x)\,dx=\frac{a}{\pi}$일 때, $a^2$의 값을 구하시오.

(단, $a$는 상수이다.)

## 1061

함수 $f(x)=\int_0^x \frac{1}{1+t^4}dt$가 $f(a)=3$을 만족시킬 때, $\int_0^a \frac{e^{f(x)}}{1+x^4}dx$의 값은? (단, $a$는 상수이다.)

① $e-1$　② $e^2-1$　③ $e^3-1$
④ $e^4-1$　⑤ $e^5-1$

# 서술형 대비하기

## 1062

함수 $f(x)=\int_0^x (x^2-t^2)\sin t\,dt$에 대하여 $f(\pi)$의 값을 구하시오.

## 1063

양의 실수 전체의 집합에서 정의된 함수
$f(x)=\ln x-x\int_1^e \frac{f(t)}{t}dt$의 최댓값을 구하시오.

## 1064

닫힌구간 $[0, 4]$에서 함수 $y=f(x)$의 그래프가 그림과 같을 때, $\int_{1}^{2}\frac{f(x^2)}{x}dx$의 값은?

$y$, $y=f(x)$, 2, O, 1, 2, 4, $x$

① $\ln 2$ ② 1
③ $2\ln 2$ ④ 2
⑤ $4\ln 2$

## 1065

함수 $f(t)=\int_{0}^{1}(e^x-tx)^2dx$의 최솟값은?

① $\frac{1}{2}e^2-\frac{9}{2}$ ② $\frac{1}{2}e^2-\frac{7}{2}$ ③ $\frac{1}{2}e^2-\frac{5}{2}$
④ $e^2-\frac{7}{2}$ ⑤ $e^2-\frac{5}{2}$

## 1066

일차함수 $f(x)$에 대하여 함수 $g(x)=\int_{1}^{x}(e^x-e^t)f(t)dt$의 역함수가 존재할 때, $\frac{f(7)}{f(3)}$의 값은?

① 1 ② 2 ③ 3
④ 4 ⑤ 5

## 1067 수능 기출

$x>0$에서 정의된 연속함수 $f(x)$가 모든 양수 $x$에 대하여

$$2f(x)+\frac{1}{x^2}f\left(\frac{1}{x}\right)=\frac{1}{x}+\frac{1}{x^2}$$

을 만족시킬 때, $\int_{\frac{1}{2}}^{2}f(x)dx$의 값은?

① $\frac{\ln 2}{3}+\frac{1}{2}$ ② $\frac{2\ln 2}{3}+\frac{1}{2}$ ③ $\frac{\ln 2}{3}+1$
④ $\frac{2\ln 2}{3}+1$ ⑤ $\frac{2\ln 2}{3}+\frac{3}{2}$

## 1068

실수 전체의 집합에서 연속인 함수 $f(x)$가 모든 실수 $x$에 대하여 $f(x)+3=\int_{x}^{x+1} f(t)\,dt$를 만족시킨다.

$$\int_{0}^{1}(x-1)f(x)\,dx=-1,\ \int_{0}^{1}xf(x+1)\,dx=5$$

일 때, $\int_{1}^{2}f(x)\,dx$의 값을 구하시오.

## 1069

실수 전체의 집합에서 이계도함수를 갖는 함수 $f(x)$가 다음 조건을 만족시킨다.

| |
|---|
| (가) $\int_{0}^{1}f'(e^x)\,dx=2$ |
| (나) $\int_{1}^{e}\frac{f(x)}{x^2}\,dx=e$ |

$f(1)=e$일 때, $f(e)$의 값은?

① $e$　② $e+1$　③ $e+2$
④ $2e$　⑤ $2e+1$

## 1070

$x>0$인 모든 실수 $x$에 대하여 $0\le f(x)\le 1$을 만족시키는 함수 $f(x)$가 있다. 함수 $g(x)=|f(x)-\ln x|$가 연속함수가 되도록 하는 모든 $f(x)$에 대하여 $\int_{1}^{e}g(x)\,dx$의 최댓값은?

① $\sqrt{e}-2$　② $\sqrt{e}-1$　③ $\sqrt{e}$
④ $2\sqrt{e}-2$　⑤ $2\sqrt{e}-1$

## 1071 수능 기출

연속함수 $y=f(x)$의 그래프가 원점에 대하여 대칭이고, 모든 실수 $x$에 대하여

$$f(x)=\frac{\pi}{2}\int_{1}^{x+1}f(t)\,dt$$

이다. $f(1)=1$일 때, $\pi^2\int_{0}^{1}xf(x+1)\,dx$의 값은?

① $2(\pi-2)$　② $2\pi-3$　③ $2(\pi-1)$
④ $2\pi-1$　⑤ $2\pi$

## 1072

실수 전체의 집합에서 미분가능한 두 함수 $f(x)$, $g(x)$가 모든 실수 $x$에 대하여 다음 조건을 만족시킨다.

| |
|---|
| (가) $f(x)>0$, $g(x)>0$<br>(나) $f'(x)g(x)-f(x)g'(x)=f(x)g(x)$ |

$f(1)=g(1)$일 때, $\int_0^2 \frac{f(x)}{g(x)}dx$의 값은?

① $e-2$ ② $e-1$ ③ $e-\frac{1}{e}$
④ $e$ ⑤ $e+\frac{1}{e}$

## 1073

닫힌구간 $[0, 1]$에서 정의된 함수 $f(x)=\int_{\frac{\sqrt{3}}{3}x}^{x}\sqrt{1-t^2}\,dt$의 최댓값은?

① $\frac{\pi}{12}$ ② $\frac{\pi}{6}$ ③ $\frac{\pi}{3}$
④ $\frac{\pi}{2}$ ⑤ $\pi$

## 1074

함수 $f(x)=\cos x+|\cos x|$에 대하여 방정식 $f(x)=1$을 만족시키는 양수 $x$의 값을 작은 수부터 차례대로 $\alpha_1$, $\alpha_2$, $\alpha_3$, $\cdots$이라 할 때, $\int_{\alpha_1}^{\alpha_3} f(x)\,dx$의 값은?

① $\sqrt{3}$ ② $2$ ③ $3$
④ $2\sqrt{3}$ ⑤ $4$

## 1075 평가원 기출

양의 실수 전체의 집합에서 미분가능한 두 함수 $f(x)$와 $g(x)$가 모든 양의 실수 $x$에 대하여 다음 조건을 만족시킨다.

| |
|---|
| (가) $\left(\frac{f(x)}{x}\right)'=x^2e^{-x^2}$<br>(나) $g(x)=\frac{4}{e^4}\int_1^x e^{t^2}f(t)\,dt$ |

$f(1)=\frac{1}{e}$일 때, $f(2)-g(2)$의 값은?

① $\frac{16}{3e^4}$ ② $\frac{6}{e^4}$ ③ $\frac{20}{3e^4}$
④ $\frac{22}{3e^4}$ ⑤ $\frac{8}{e^4}$

## 1076

1보다 큰 상수 $a$와 함수 $f(x)=\int_{1}^{x}\frac{1}{e^{t}}dt$에 대하여

$$\int_{1}^{a}\frac{\ln\{1+f(x)\}}{e^{x}}dx=1$$

일 때, $f(a)$의 값은?

① $e-2$　② $e-1$　③ $e$
④ $e+1$　⑤ $e+2$

## 1077

실수 전체의 집합에서 연속인 함수 $f(x)$가 모든 실수 $x$에 대하여 다음 조건을 만족시킨다.

(가) $f(x)>0$
(나) $f(x)f(-x)=e^{2x}$

$\int_{-a}^{a}\ln f(x)\,dx=16$을 만족시키는 양수 $a$의 값을 구하시오.

## 1078 교육청 기출

함수 $f(x)=\sin(ax)$ $(a\neq0)$에 대하여 다음 조건을 만족시키는 모든 실수 $a$의 값의 합을 구하시오.

(가) $\int_{0}^{\frac{\pi}{a}}f(x)\,dx\geq\frac{1}{2}$
(나) $0<t<1$인 모든 실수 $t$에 대하여

$$\int_{0}^{3\pi}|f(x)+t|\,dx=\int_{0}^{3\pi}|f(x)-t|\,dx$$

이다.

## 1079

연속함수 $f(x)$가 닫힌구간 $[0, 1]$에서 증가하고 $\int_{0}^{1}f(x)\,dx=8$, $\int_{0}^{1}|f(x)|\,dx=10$을 만족시킨다. 함수 $F(x)$를 $F(x)=\int_{0}^{x}|f(t)|\,dt$ $(0\leq x\leq1)$이라 할 때, $\int_{0}^{1}f(x)F(x)\,dx$의 값을 구하시오.

# 정적분의 활용



## 유형 01 정적분과 급수의 관계(1)

함수 $f(x)$가 닫힌구간 $[a, b]$에서 연속일 때,

$$\lim_{n\to\infty}\sum_{k=1}^{n} f(x_k)\Delta x=\int_a^b f(x)\,dx$$

$$\left(\text{단, }\Delta x=\frac{b-a}{n},\ x_k=a+k\Delta x\right)$$

확인 문제

$\lim_{n\to\infty}\frac{1}{n}\sum_{k=1}^{n}\left(\frac{k}{n}\right)^2$의 값을 구하시오.

### 1080 대표문제

$\lim_{n\to\infty}\sum_{k=1}^{n}\frac{4}{n}\left(1+\frac{2k}{n}\right)^3$의 값은?

① 10 ② 20 ③ 30
④ 40 ⑤ 50

### 1081

다음 중 $\lim_{n\to\infty}\sum_{k=1}^{n}\frac{2}{n}f\left(3+\frac{k}{n}\right)$를 정적분으로 바르게 나타낸 것은?

① $\int_0^1 f(x)\,dx$ ② $2\int_0^1 f(x)\,dx$ ③ $\int_3^4 f(x)\,dx$
④ $2\int_3^4 f(x)\,dx$ ⑤ $\int_0^1 f(3+x)\,dx$

### 1082 수능 기출

$\lim_{n\to\infty}\frac{1}{n}\sum_{k=1}^{n}\sqrt{1+\frac{3k}{n}}$의 값은?

① $\frac{4}{3}$ ② $\frac{13}{9}$ ③ $\frac{14}{9}$
④ $\frac{5}{3}$ ⑤ $\frac{16}{9}$

### 1083 중요

함수 $f(x)=\sin 2x$에 대하여 $\lim_{n\to\infty}\sum_{k=1}^{n}\frac{\pi}{n}f\left(\frac{3k\pi}{2n}\right)$의 값은?

① $\frac{2}{3}$ ② 1 ③ $\frac{4}{3}$
④ $\frac{5}{3}$ ⑤ 2

### 1084 평가원 기출

함수 $f(x)=4x^4+4x^3$에 대하여 $\lim_{n\to\infty}\sum_{k=1}^{n}\frac{1}{n+k}f\left(\frac{k}{n}\right)$의 값은?

① 1 ② 2 ③ 3
④ 4 ⑤ 5

### 1085 서술형

실수 전체의 집합에서 연속인 함수 $f(x)$가 모든 실수 $x$에 대하여

$$f(x)=e^x+\lim_{n\to\infty}\sum_{k=1}^{n}\frac{2}{n}f\left(1+\frac{k}{n}\right)$$

를 만족시킬 때, $\int_0^1 f(x+1)\,dx$의 값을 구하시오.

## 유형 02 정적분과 급수의 관계(2)

(1) $\lim_{n\to\infty}\sum_{k=1}^{n} f\left(\frac{p}{n}k\right)\times\frac{p}{n}=\int_0^p f(x)\,dx$

(2) $\lim_{n\to\infty}\sum_{k=1}^{n} f\left(a+\frac{p}{n}k\right)\times\frac{p}{n}=\int_a^{a+p} f(x)\,dx$

$=\int_0^p f(a+x)\,dx$

확인 문제

$\lim_{n\to\infty}\frac{1}{n}(\sqrt[n]{e}+\sqrt[n]{e^2}+\sqrt[n]{e^3}+\cdots+\sqrt[n]{e^n})$의 값을 구하시오.

### 1086 대표문제

$\lim_{n\to\infty}\frac{6}{n}\left\{\left(1+\frac{2}{n}\right)^2+\left(1+\frac{4}{n}\right)^2+\cdots+\left(1+\frac{2n}{n}\right)^2\right\}$의 값은?

① 23 ② 24 ③ 25 ④ 26 ⑤ 27

### 1087

함수 $f(x)=4x+3$에 대하여

$$\lim_{n\to\infty}\frac{1}{n^3}\left\{f\left(\frac{1}{n}\right)+2^2f\left(\frac{2}{n}\right)+\cdots+n^2f\left(\frac{n}{n}\right)\right\}$$

의 값을 구하시오.

### 1088

$\lim_{n\to\infty}\frac{1}{n}\left(\sqrt{\frac{2n}{2n+1}}+\sqrt{\frac{2n}{2n+2}}+\cdots+\sqrt{\frac{2n}{2n+n}}\right)$의 값은?

① $\sqrt{6}-2$ ② $\sqrt{6}-1$ ③ 2 ④ $2(\sqrt{6}-2)$ ⑤ $2(\sqrt{6}-1)$

### 1089 중요

보기에서 옳은 것만을 있는 대로 고른 것은?

보기

ㄱ. $\lim_{n\to\infty}\sum_{k=1}^{n}\frac{1}{n}\cos\frac{k\pi}{n}=0$

ㄴ. $\lim_{n\to\infty}\sum_{k=1}^{n}\left(\frac{n+3k}{n}\right)^2\frac{6}{n}=40$

ㄷ. $\lim_{n\to\infty}\left(\frac{1}{n+1}+\frac{1}{n+2}+\frac{1}{n+3}+\cdots+\frac{1}{2n}\right)=\ln 2$

① ㄱ ② ㄴ ③ ㄱ, ㄷ ④ ㄴ, ㄷ ⑤ ㄱ, ㄴ, ㄷ

## 유형 03 정적분과 급수의 활용

급수를 $\frac{k}{n}$를 포함한 식으로 나타낸 다음 정적분으로 변형하여 그 값을 구한다.

### 1090 대표문제

그림과 같이 2 이상인 자연수 $n$에 대하여 $x$축 위의 구간 $[0,\ 2]$를 $n$등분하는 점을 양 끝 점을 제외하고 앞에서부터 차례대로 $A_1$, $A_2$, $\cdots$, $A_{n-1}$이라 하자. 점 $A_k$를 지나고 $y$축에 평행한 직선이 곡선 $y=e^x$과 만나는 점을 $B_k$ $(1\le k\le n-1)$이라 할 때, $\lim_{n\to\infty}\frac{1}{n}\sum_{k=1}^{n-1}\overline{A_kB_k}$의 값은?

① $\frac{1}{2}(e^2-2)$ ② $\frac{1}{2}(e^2-1)$ ③ $\frac{1}{2}e^2$ ⑤ $\frac{1}{2}(e^2+1)$ ⑤ $e^2$

## 1091 평가원 기출

그림과 같이 중심이 O, 반지름의 길이가 1이고 중심각의 크기가 $\frac{\pi}{2}$인 부채꼴 OAB가 있다. 자연수 $n$에 대하여 호 AB를 $2n$등분한 각 분점(양 끝점도 포함)을 차례대로 $P_0(=A)$, $P_1$, $P_2$, $\cdots$, $P_{2n-1}$, $P_{2n}(=B)$라 하자.

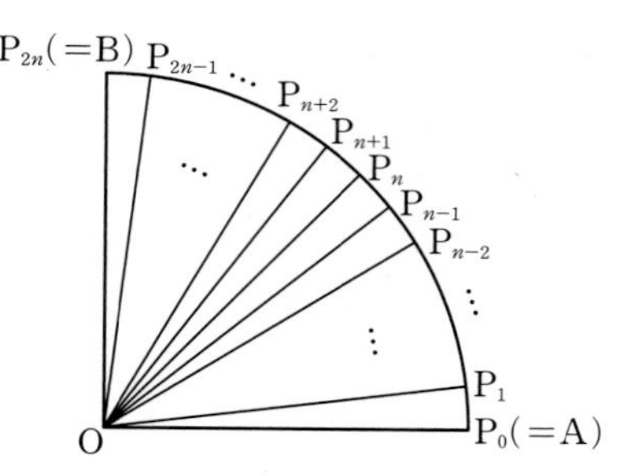


주어진 자연수 $n$에 대하여 $S_k$ $(1 \le k \le n)$을 삼각형 $OP_{n-k}P_{n+k}$의 넓이라 할 때, $\lim_{n\to\infty}\frac{1}{n}\sum_{k=1}^{n}S_k$의 값은?

① $\frac{1}{\pi}$ ② $\frac{13}{12\pi}$ ③ $\frac{7}{6\pi}$
④ $\frac{5}{4\pi}$ ⑤ $\frac{4}{3\pi}$

## 1092 중요

그림과 같이 길이가 4인 선분 AB를 지름으로 하는 반원이 있다. 2 이상인 자연수 $n$에 대하여 호 AB를 $n$등분한 각 분점(양 끝 점도 포함)을 차례대로 $A(=C_0)$, $C_1$, $C_2$, $\cdots$, $C_{n-1}$, $B(=C_n)$이라 하자. 호 $AC_k$와 현 $AC_k$로 둘러싸인 도형의 넓이를 $S_k$ $(1 \le k \le n-1)$이라 할 때, $\lim_{n\to\infty}\frac{1}{n}\sum_{k=1}^{n-1}S_k$의 값은?

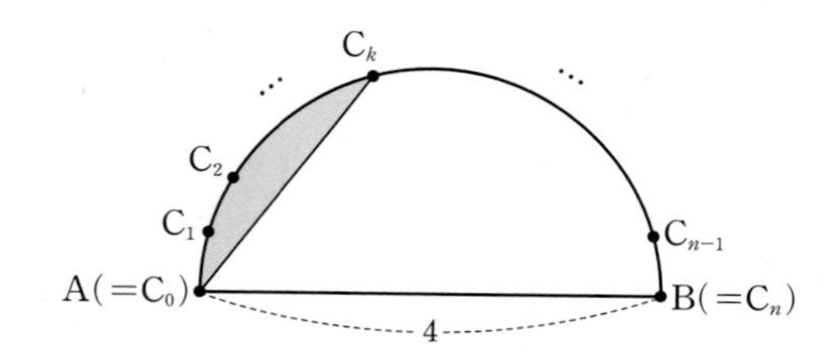


① $\pi-\frac{4}{\pi}$ ② $\frac{\pi}{2}+\frac{2}{\pi}$ ③ $\pi-\frac{2}{\pi}$
④ $\frac{\pi}{2}+\frac{4}{\pi}$ ⑤ $\pi+\frac{2}{\pi}$

## 유형 04 곡선과 $x$축 사이의 넓이

연속함수 $f(x)$에 대하여 곡선 $y=f(x)$와 $x$축 및 두 직선 $x=a$, $x=b$로 둘러싸인 부분의 넓이 $S$는 닫힌구간 $[a, b]$에서

$$S=\int_a^b |f(x)|\,dx$$

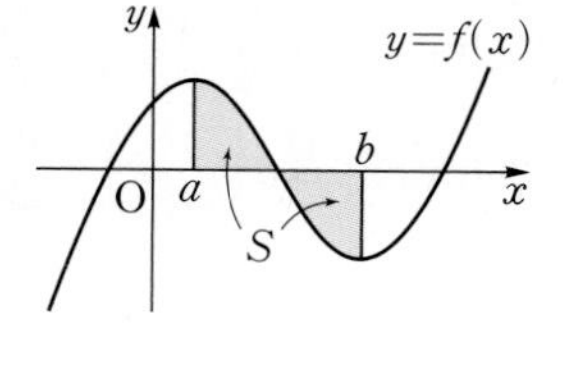


## 1093 대표문제

곡선 $y=e^{2x}$과 $x$축 및 두 직선 $x=0$, $x=\ln 2$로 둘러싸인 부분의 넓이는?

① $\frac{1}{2}$ ② 1 ③ $\frac{3}{2}$
④ 2 ⑤ $\frac{5}{2}$

## 1094

곡선 $y=a\sqrt{x+4}$와 $x$축 및 직선 $x=5$로 둘러싸인 부분의 넓이가 36일 때, 양수 $a$의 값을 구하시오.

## 1095 중요

자연수 $n$에 대하여 곡선 $y=n\cos x$와 $x$축 및 두 직선 $x=0$, $x=\pi$로 둘러싸인 부분의 넓이를 $a_n$이라 할 때, $\sum_{k=1}^{6}ka_k$의 값을 구하시오.

## 1096 교육청 기출

모든 실수 $x$에 대하여 $f(x)>0$인 연속함수 $f(x)$에 대하여 $\int_3^5 f(x)\,dx=36$일 때, 곡선 $y=f(2x+1)$과 $x$축 및 두 직선 $x=1$, $x=2$로 둘러싸인 부분의 넓이는?

① 16 ② 18 ③ 20
④ 22 ⑤ 24

## 1097 서술형

실수 전체의 집합에서 미분가능한 함수 $f(x)$가 다음 조건을 만족시킨다.

> (가) 모든 실수 $x$에 대하여 $\int_0^x e^t f(t)dt=2x^2+ax+b$
> (단, $a$, $b$는 상수이다.)
> (나) 함수 $f(x)$는 $x=0$에서 극값을 갖는다.

함수 $y=f(x)$의 그래프와 $x$축 및 직선 $x=2$로 둘러싸인 부분의 넓이가 $\frac{m}{e^2}+ne$일 때, $m+n$의 값을 구하시오.

(단, $m$과 $n$은 정수이다.)

## 유형 05 곡선과 $y$축 사이의 넓이

연속함수 $g(y)$에 대하여 곡선 $x=g(y)$와 $y$축 및 두 직선 $y=c$, $y=d$로 둘러싸인 부분의 넓이 $S$는 닫힌구간 $[c, d]$에서

$$S=\int_c^d |g(y)|dy$$

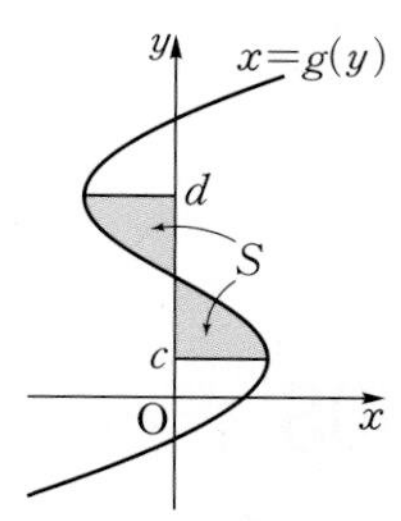


참고 함수를 $y$에 대한 식으로 나타내고 $y$의 값의 범위를 정하여 $y$에 대하여 적분하기 어려운 경우 주어진 범위의 직사각형의 넓이에서 함수를 $x$에 대한 식으로 나타내고 $x$의 값의 범위를 정하여 $x$에 대하여 적분한 값을 빼는 방법도 있다.

## 1098 대표문제

곡선 $y=\ln(x+1)$과 $y$축 및 두 직선 $y=-1$, $y=2$로 둘러싸인 부분의 넓이는?

① $e^2-3$ ② $\frac{1}{e}+e^2-3$ ③ $\frac{1}{e}+e^2-1$
④ $\frac{1}{e}+e^2+1$ ⑤ $e^2+2$

## 1099

곡선 $y=e^{2x}$과 $y$축 및 두 직선 $y=2$, $y=4$로 둘러싸인 부분의 넓이는?

① $2\ln 2-1$ ② $2\ln 2$ ③ $3\ln 2-1$
④ $3\ln 2$ ⑤ $4\ln 2-1$

## 1100

곡선 $y=1-\frac{1}{x^2}$ $(x>0)$과 $x$축, $y$축 및 직선 $y=\frac{3}{4}$으로 둘러싸인 부분의 넓이를 구하시오.

## 1101 중요

$-\frac{\pi}{2}<x<\frac{\pi}{2}$에서 곡선 $y=\tan x$와 $y$축 및 직선 $y=1$로 둘러싸인 부분의 넓이를 $S$라 하자. $S=a\pi+b\ln 2$일 때, 유리수 $a$, $b$에 대하여 $40ab$의 값을 구하시오.

## 1102 교육청 기출

그림과 같이 곡선 $y=xe^x$ 위의 점 $(1,\ e)$를 지나고 $x$축에 평행한 직선을 $l$이라 하자. 곡선 $y=xe^x$과 $y$축 및 직선 $l$로 둘러싸인 도형의 넓이는?

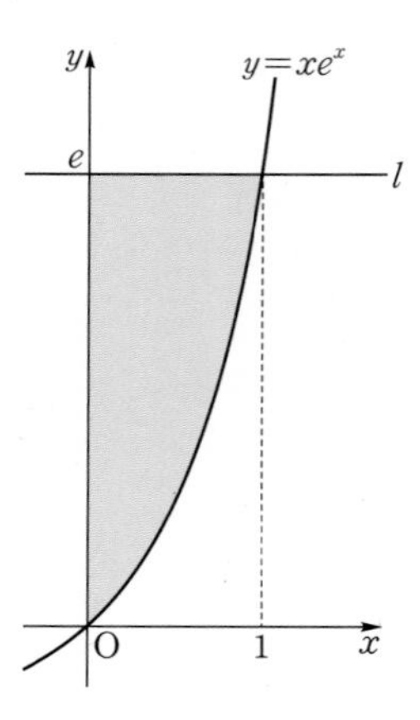


① $2e-3$　② $2e-\frac{5}{2}$　③ $e-2$
④ $e-\frac{3}{2}$　⑤ $e-1$

### 유형 06 곡선과 직선 사이의 넓이

곡선과 직선의 교점의 $x$좌표를 구하여 적분 구간을 정하고 {(위쪽의 식)−(아래쪽의 식)}의 정적분의 값을 구한다.

참고 $y$에 대하여 적분하는 경우 곡선과 직선의 교점의 $y$좌표를 구하여 적분 구간을 정하고 {(오른쪽의 식)−(왼쪽의 식)}의 정적분의 값을 구한다.

## 1103 대표문제

곡선 $y=2\sqrt{x}$와 직선 $y=x$로 둘러싸인 부분의 넓이는?

① $\frac{3}{2}$　② $\frac{5}{3}$　③ $2$
④ $\frac{5}{2}$　⑤ $\frac{8}{3}$

## 1104

$x\geq 0$에서 곡선 $y=2^x$과 두 직선 $x=2$, $y=\frac{1}{2}x+1$로 둘러싸인 부분의 넓이가 $\frac{p}{\ln 2}+q$일 때, 정수 $p$, $q$에 대하여 $p^2+q^2$의 값을 구하시오.

## 1105

곡선 $y=\ln x$와 $x$축 및 두 직선 $y=\frac{1}{2}x$, $y=1$로 둘러싸인 부분의 넓이는?

① $e-2$　② $e-1$　③ $e$
④ $e+1$　⑤ $e+2$

## 1106 중요

그림과 같이 곡선 $y=\frac{1}{x}$ $(x>0)$과 원점을 지나는 두 직선 $y=2x$, $y=\frac{1}{2}x$로 둘러싸인 부분의 넓이는?

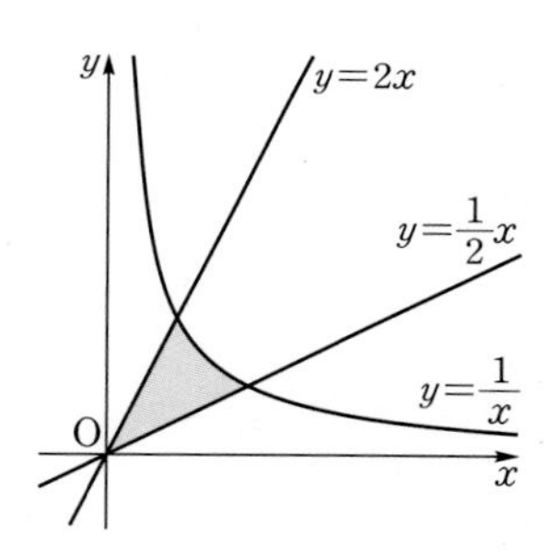


① $\ln 2$　② $1$　③ $2\ln 2$
④ $2$　⑤ $4\ln 2$

## 유형 07 두 곡선 사이의 넓이

두 연속함수 $f(x)$, $g(x)$에 대하여 두 곡선 $y=f(x)$, $y=g(x)$ 및 두 직선 $x=a$, $x=b$로 둘러싸인 부분의 넓이 $S$는

$$S=\int_a^b |f(x)-g(x)|\,dx$$

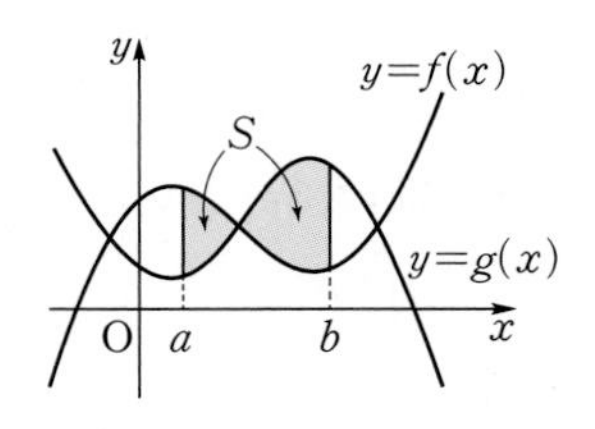


### 1107 대표문제

$0 \le x \le \pi$에서 두 곡선 $y=\sin x$, $y=\sin\frac{x}{2}$와 직선 $x=\pi$로 둘러싸인 부분의 넓이는?

① $\frac{1}{5}$　② $\frac{1}{4}$　③ $\frac{1}{3}$　④ $\frac{1}{2}$　⑤ $1$

### 1108

두 곡선 $y=x^2$, $y=\sqrt{x}$로 둘러싸인 부분의 넓이는?

① $\frac{1}{4}$　② $\frac{1}{3}$　③ $\frac{1}{2}$　④ $\frac{2}{3}$　⑤ $\frac{3}{4}$

### 1109

두 곡선 $y=\ln\sqrt{x}$, $y=\ln x$와 직선 $y=\ln 2$로 둘러싸인 부분의 넓이는?

① $\frac{1}{8}$　② $\frac{1}{4}$　③ $\frac{1}{3}$　④ $\frac{1}{2}$　⑤ $1$

### 1110 평가원 기출

그림과 같이 두 곡선 $y=2^x-1$, $y=\left|\sin\frac{\pi}{2}x\right|$가 원점 O와 점 $(1,\ 1)$에서 만난다. 두 곡선 $y=2^x-1$, $y=\left|\sin\frac{\pi}{2}x\right|$로 둘러싸인 부분의 넓이는?

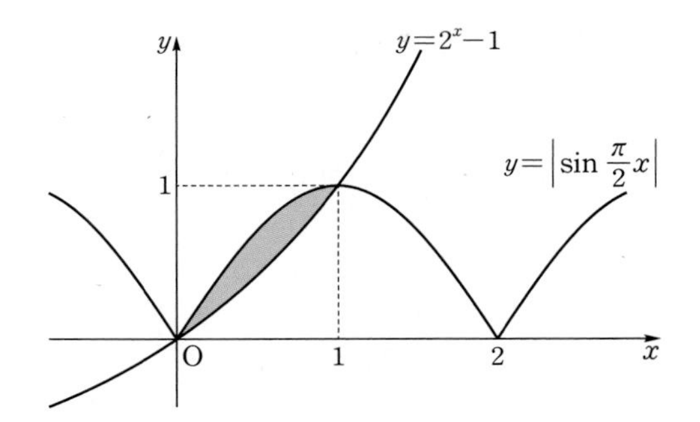


① $-\frac{1}{\pi}+\frac{1}{\ln 2}-1$　② $\frac{2}{\pi}-\frac{1}{\ln 2}+1$　③ $\frac{2}{\pi}+\frac{1}{2\ln 2}-1$　④ $\frac{1}{\pi}-\frac{1}{2\ln 2}+1$　⑤ $\frac{1}{\pi}+\frac{1}{\ln 2}-1$

### 1111 중요 서술형

정의역이 $\left\{x \,\middle|\, 0 \le x < \frac{\pi}{2}\right\}$인 두 함수 $f(x)=4\sin x$, $g(x)=\tan x$에 대하여 두 곡선 $y=f(x)$, $y=g(x)$로 둘러싸인 부분의 넓이가 $a+b\ln 2$이다. 정수 $a$, $b$에 대하여 $a-b$의 값을 구하시오.

## 유형 08 곡선과 접선으로 둘러싸인 부분의 넓이

곡선과 접선으로 둘러싸인 부분의 넓이는 접선의 방정식을 구하고 곡선과 접선을 그린 다음 정적분을 이용하여 구한다.

참고 곡선 $y=f(x)$ 위의 점 $(t, f(t))$에서의 접선의 방정식은
$y-f(t)=f'(t)(x-t)$

### 1112 대표문제

곡선 $y=2\sqrt{x}+1$과 이 곡선 위의 점 $(1, 3)$에서의 접선 및 $y$축으로 둘러싸인 부분의 넓이는?

① $\frac{1}{8}$ ② $\frac{1}{6}$ ③ $\frac{1}{4}$
④ $\frac{1}{3}$ ⑤ $\frac{1}{2}$

### 1113 중요

곡선 $y=e^x+1$과 기울기가 $e$이고 이 곡선에 접하는 직선 및 $y$축으로 둘러싸인 부분의 넓이는?

① $\frac{1}{2}e-1$ ② $e-2$ ③ $\frac{1}{2}e$
④ $\frac{1}{2}e+1$ ⑤ $e$

### 1114

곡선 $y=\ln x$와 원점에서 이 곡선에 그은 접선 및 $x$축으로 둘러싸인 부분의 넓이가 $ae+b$일 때, $a+b$의 값은?
(단, $a$, $b$는 유리수이다.)

① $-1$ ② $-\frac{1}{2}$ ③ $0$
④ $\frac{1}{2}$ ⑤ $1$

## 유형 09 두 부분의 넓이가 같을 조건

(1) 곡선 $y=f(x)$와 $x$축으로 둘러싸인 두 부분의 넓이 $S_1$, $S_2$에 대하여 $S_1=S_2$이면

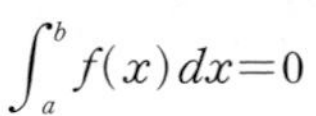
$\int_a^b f(x)dx=0$

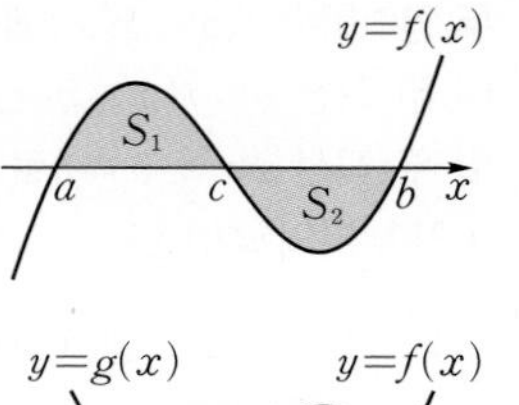


(2) 두 곡선 $y=f(x)$, $y=g(x)$로 둘러싸인 두 부분의 넓이 $S_1$, $S_2$에 대하여 $S_1=S_2$이면

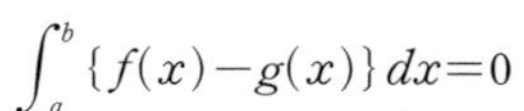
$\int_a^b \{f(x)-g(x)\}dx=0$

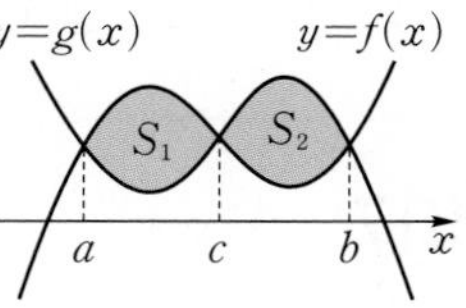


### 1115 대표문제

그림과 같이 곡선 $y=2\sin x$와 $y$축 및 두 직선 $y=a$, $x=\frac{\pi}{2}$로 둘러싸인 두 부분의 넓이가 서로 같을 때, 상수 $a$의 값은? (단, $0<a<2$)

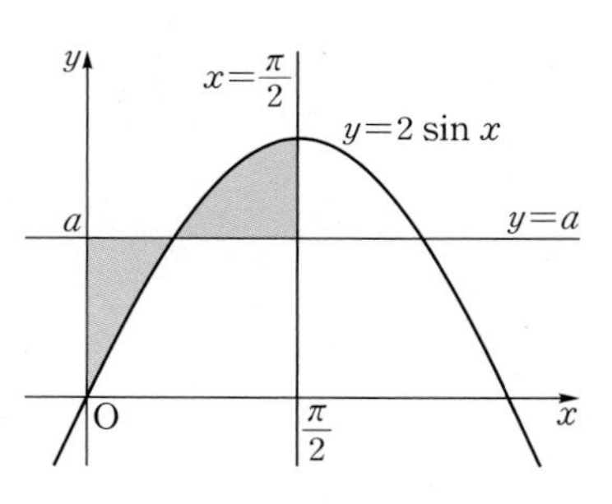


① $\frac{1}{\pi}$ ② $\frac{2}{\pi}$ ③ $\frac{3}{\pi}$
④ $\frac{4}{\pi}$ ⑤ $\frac{5}{\pi}$

### 1116

그림과 같이 곡선 $y=\sqrt{x}-x$와 $x$축 및 직선 $x=a$로 둘러싸인 두 부분의 넓이가 서로 같을 때, 상수 $a$의 값은? (단, $a>1$)

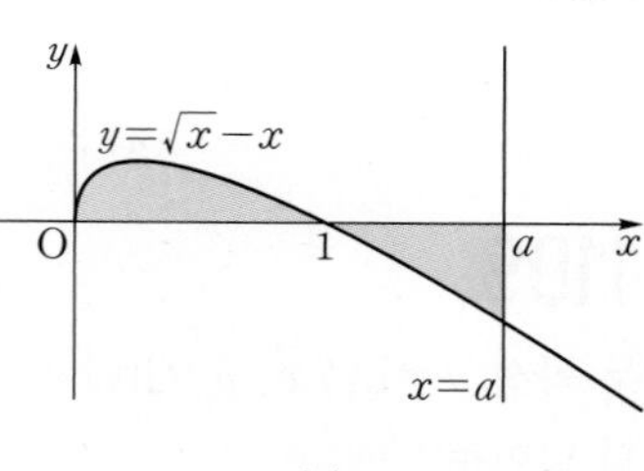


① $\frac{4}{3}$ ② $\frac{13}{9}$ ③ $\frac{14}{9}$
④ $\frac{5}{3}$ ⑤ $\frac{16}{9}$

## 1117 교육청 기출

실수 전체의 집합에서 도함수가 연속인 함수 $f(x)$에 대하여 $f(0)=0$, $f(2)=1$이다. 그림과 같이 $0\le x\le 2$에서 곡선 $y=f(x)$와 $x$축 및 직선 $x=2$로 둘러싸인 두 부분의 넓이를 각각 $A$, $B$라 하자. $A=B$일 때, $\int_0^2 (2x+3)f'(x)\,dx$의 값을 구하시오.

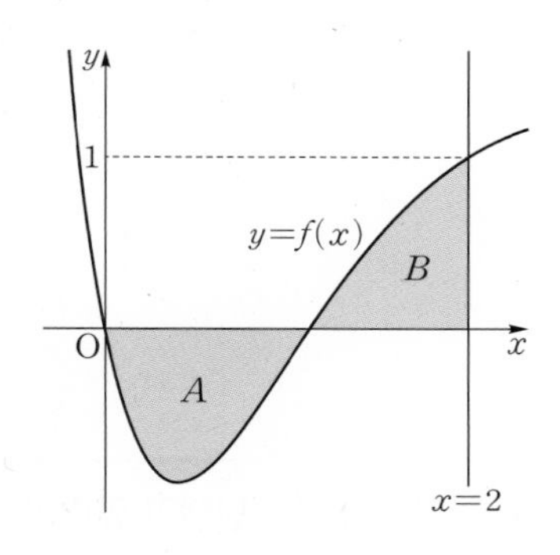


## 유형 10 두 곡선 사이의 넓이의 활용 - 이등분

곡선 $y=f(x)$와 $x$축으로 둘러싸인 부분의 넓이 $S$를 곡선 $y=g(x)$가 이등분하면

$$S=S_1+S_2=2S_1$$
$$=2\int_0^a \{f(x)-g(x)\}\,dx$$

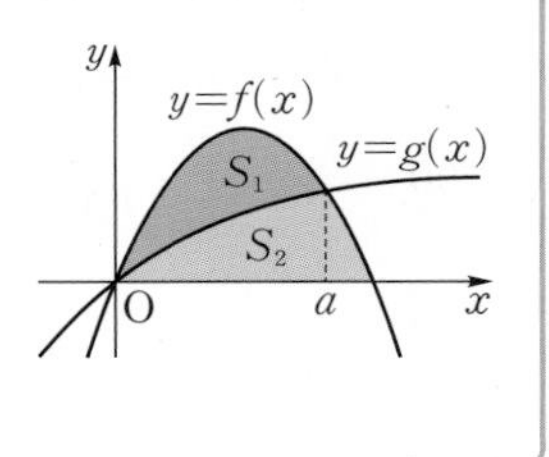


## 1118 대표문제

곡선 $y=\dfrac{1}{x+1}$과 $x$축, $y$축 및 직선 $x=3$으로 둘러싸인 부분의 넓이를 직선 $x=a$가 이등분할 때, 상수 $a$의 값은? (단, $0<a<3$)

① $\dfrac{1}{5}$ ② $\dfrac{1}{4}$ ③ $\dfrac{1}{3}$ ④ $\dfrac{1}{2}$ ⑤ $1$

## 1119

곡선 $y=e^{2x}$과 $x$축 및 두 직선 $x=0$, $x=\ln 2$로 둘러싸인 부분의 넓이를 곡선 $y=ae^x$이 이등분할 때, 양수 $a$의 값은?

① $\dfrac{1}{4}$ ② $\dfrac{1}{3}$ ③ $\dfrac{1}{2}$ ④ $\dfrac{2}{3}$ ⑤ $\dfrac{3}{4}$

## 1120 중요

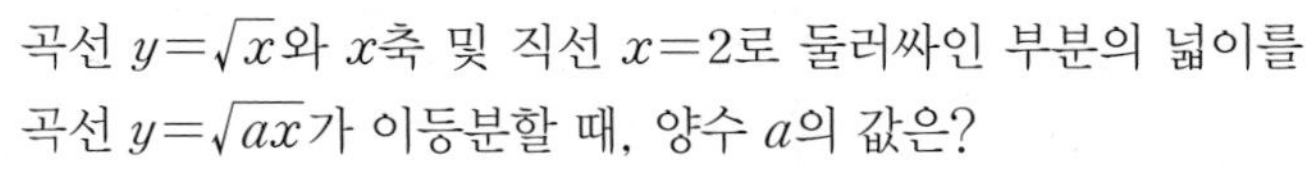

곡선 $y=\sqrt{x}$와 $x$축 및 직선 $x=2$로 둘러싸인 부분의 넓이를 곡선 $y=\sqrt{ax}$가 이등분할 때, 양수 $a$의 값은?

① $\dfrac{1}{8}$ ② $\dfrac{1}{4}$ ③ $\dfrac{1}{3}$ ④ $\dfrac{1}{2}$ ⑤ $\dfrac{2}{3}$

## 1121 서술형

곡선 $y=\cos x\ \left(0\le x\le \dfrac{\pi}{2}\right)$와 $x$축 및 $y$축으로 둘러싸인 부분의 넓이를 곡선 $y=k\sin x$가 이등분할 때, 상수 $k$에 대하여 $4k$의 값을 구하시오. (단, $k>0$)

10 정적분의 활용

## 유형 11 함수와 그 역함수의 정적분

함수 $y=f(x)$와 그 역함수 $y=g(x)$의 그래프의 두 교점의 $x$좌표가 $a$, $b$일 때, 두 곡선 $y=f(x)$, $y=g(x)$로 둘러싸인 부분의 넓이 $S$는

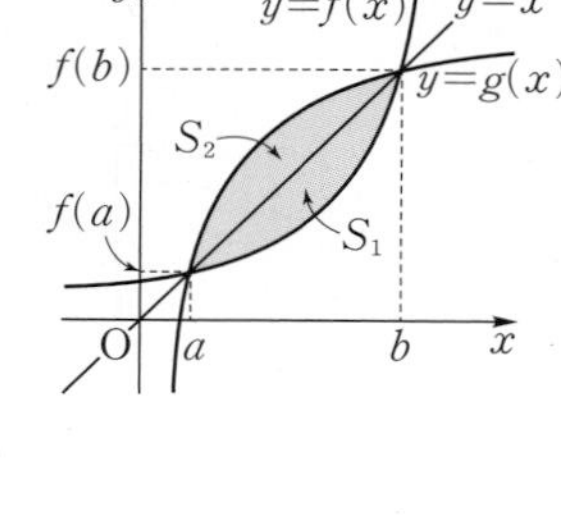


$$S=S_1+S_2$$
$$=\int_a^b |f(x)-g(x)|\,dx$$
$$=2\int_a^b |f(x)-x|\,dx$$

Tip $\int_a^b f(x)dx+\int_{f(a)}^{f(b)} g(x)dx=bf(b)-af(a)$

### 1122 대표문제

함수 $f(x)=\sqrt{4x-3}$의 역함수를 $g(x)$라 할 때, 두 곡선 $y=f(x)$, $y=g(x)$로 둘러싸인 부분의 넓이는?

① $\frac{1}{4}$ ② $\frac{1}{3}$ ③ $\frac{1}{2}$
④ $\frac{2}{3}$ ⑤ $\frac{3}{4}$

### 1123

함수 $f(x)=e^x-1$의 역함수를 $g(x)$라 할 때, $\int_0^{\ln 2} f(x)\,dx+\int_0^1 g(x)\,dx$의 값을 구하시오.

### 1124 중요

함수 $f(x)=\ln(x-2)$의 역함수를 $g(x)$라 하자. $\int_3^{e^2+2} f(x)\,dx+\int_0^2 g(x)\,dx=ae^2+b$일 때, 정수 $a$, $b$에 대하여 $a+b$의 값을 구하시오.

### 1125

함수 $f(x)=\tan x\left(0\le x<\frac{\pi}{2}\right)$의 역함수를 $g(x)$라 할 때, $\int_0^{\sqrt{3}} g(x)\,dx$의 값은?

① $\frac{\sqrt{3}}{3}\pi-\ln 3$ ② $\frac{\sqrt{3}}{3}\pi-\frac{1}{2}\ln 3$ ③ $\frac{\sqrt{3}}{3}\pi-\frac{1}{3}\ln 3$
④ $\frac{\sqrt{3}}{3}\pi-\ln 2$ ⑤ $\frac{\sqrt{3}}{3}\pi-\frac{1}{2}\ln 2$

## 유형 12 입체도형의 부피 - 단면이 밑면과 평행한 경우

밑면으로부터의 높이가 $x$인 지점에서 밑면과 평행한 평면으로 자른 단면의 넓이가 $S(x)$인 입체도형에서 높이가 $a$일 때의 부피 $V$는

$$V=\int_0^a S(x)\,dx$$

### 1126 대표문제

높이가 12인 입체도형을 밑면으로부터의 높이가 $x$인 지점에서 밑면과 평행한 평면으로 자른 단면의 넓이가 $\sqrt{2x+1}$일 때, 이 입체도형의 부피는?

① $\frac{100}{3}$ ② 36 ③ $\frac{116}{3}$
④ $\frac{124}{3}$ ⑤ 44

### 1127

높이가 4인 입체도형을 밑면으로부터의 높이가 $x$인 지점에서 밑면과 평행한 평면으로 자른 단면의 넓이가 $\ln(x+1)$일 때, 이 입체도형의 부피는?

① $4\ln 5-4$ ② $3\ln 5-2$ ③ $5\ln 5-4$
④ $4\ln 5-2$ ⑤ $5\ln 5-2$

정답과 풀이 241쪽

## 1128

높이가 $\ln 5$인 입체도형을 밑면으로부터의 높이가 $x$인 곳에서 밑면과 평행한 평면으로 자른 단면은 반지름의 길이가 $e^x$인 원이다. 이 입체도형의 부피를 구하시오.

## 1129 서술형

높이가 4인 용기에 깊이가 $x$가 되도록 물을 부으면 그때의 수면은 반지름의 길이가 $\sqrt{x\sin\frac{\pi}{4}x}$인 반원이다. 이 용기에 가득 담긴 물의 부피를 구하시오.

### 유형 13 입체도형의 부피 - 단면이 밑면과 수직인 경우

밑면의 도형의 방정식이 주어진 경우 입체도형을 밑면에 수직인 평면으로 자른 단면의 넓이를 식으로 나타낸 후 정적분을 이용하여 입체도형의 부피를 구한다.

## 1130 대표문제

그림과 같이 곡선 $y=\sqrt{\sin x}$ $(0\le x\le \pi)$와 $x$축으로 둘러싸인 도형을 밑면으로 하는 입체도형을 $x$축에 수직인 평면으로 자른 단면이 항상 정삼각형일 때, 이 입체도형의 부피는?

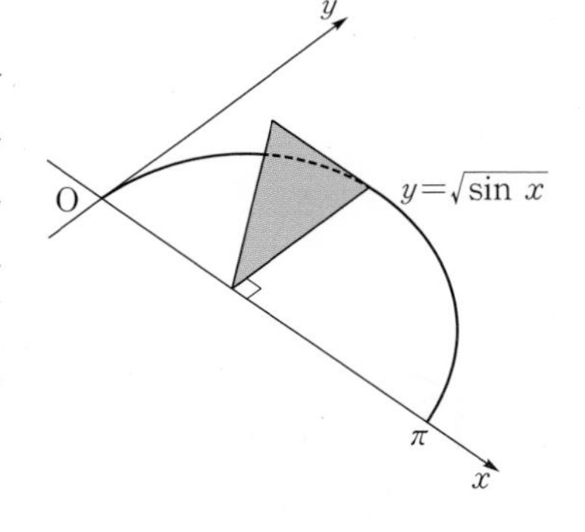


① $\frac{1}{4}$　② $\frac{1}{2}$
③ $\frac{\sqrt{2}}{2}$　④ $\frac{3}{4}$
⑤ $\frac{\sqrt{3}}{2}$

## 1131

그림과 같이 곡선 $y=e^x$ 위의 점 P에서 $x$축에 내린 수선의 발을 H라 하고 선분 PH를 지름으로 하는 반원을 $x$축에 수직인 평면 위에 그린다. 점 P의 $x$좌표가 0에서 $\ln 3$까지 변할 때, 이 반원이 만드는 입체도형의 부피를 $V$라 하자. $2V$의 값을 구하시오.

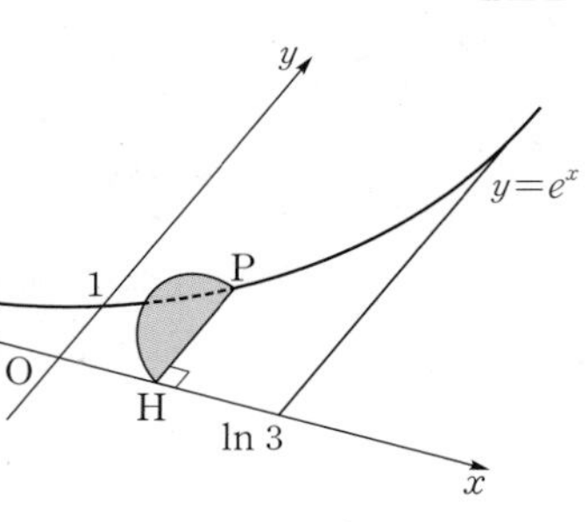


## 1132 평가원 기출

그림과 같이 양수 $k$에 대하여 곡선 $y=\sqrt{\frac{kx}{2x^2+1}}$와 $x$축 및 두 직선 $x=1$, $x=2$로 둘러싸인 부분을 밑면으로 하고 $x$축에 수직인 평면으로 자른 단면이 모두 정사각형인 입체도형의 부피가 $2\ln 3$일 때, $k$의 값은?

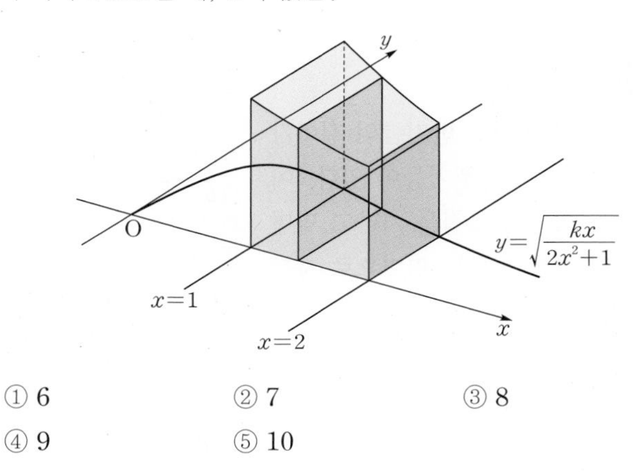


① 6　② 7　③ 8
④ 9　⑤ 10

## 1133 중요

그림과 같이 곡선 $y=\sqrt{x\ln x}$와 직선 $x=e$ 및 $x$축으로 둘러싸인 도형을 밑면으로 하는 입체도형이 있다. 이 입체도형을 $x$축 위의 $x$좌표가 $t$ $(1<t\le e)$인 점을 지나고 $x$축에 수직인 평면으로 자른 단면이 모두 정사각형일 때, 이 입체도형의 부피는?

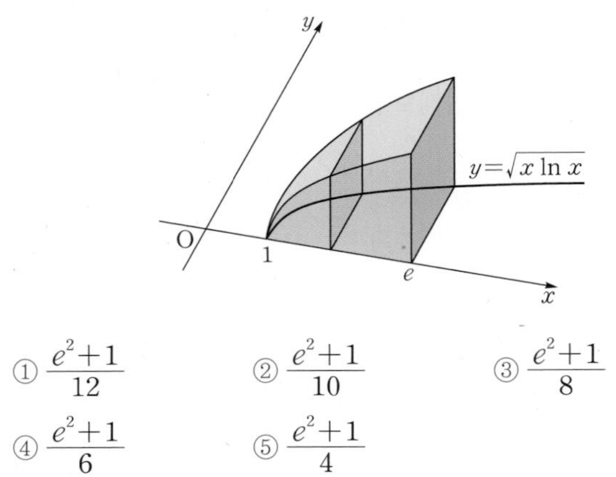


① $\frac{e^2+1}{12}$　② $\frac{e^2+1}{10}$　③ $\frac{e^2+1}{8}$
④ $\frac{e^2+1}{6}$　⑤ $\frac{e^2+1}{4}$

## 1134 서술형

그림과 같이 밑면의 반지름의 길이가 2이고 높이가 4인 원기둥이 있다. 이 원기둥을 밑면의 중심을 지나고 밑면과 $60^\circ$의 각을 이루는 평면으로 자를 때 생기는 두 입체도형 중 작은 것의 부피는 $\frac{q}{p}\sqrt{3}$이다. $p+q$의 값을 구하시오. (단, $p$와 $q$는 서로소인 자연수이다.)

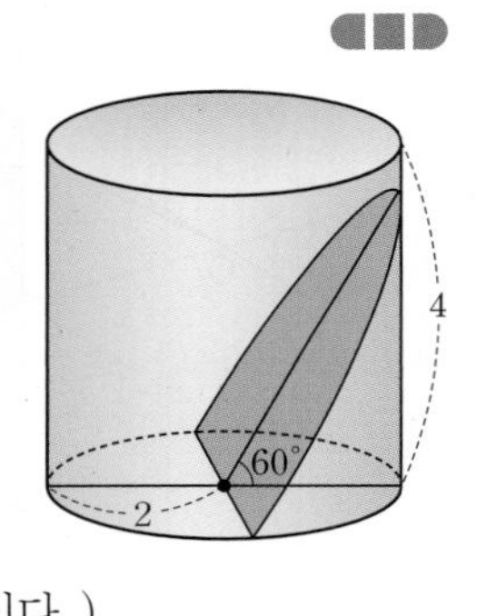


## 유형 14 직선 위에서 점이 움직인 거리

수직선 위를 움직이는 점 P의 시각 $t$에서의 속도가 $v(t)$, $t=a$에서의 위치가 $x_0$일 때, 시각

(1) $t$에서 점 P의 위치 $x$는 $x=x_0+\int_a^t v(t)\,dt$

(2) $t=a$에서 $t=b$까지 점 P의 위치의 변화량은 $\int_a^b v(t)\,dt$

(3) $t=a$에서 $t=b$까지 점 P가 움직인 거리는 $\int_a^b |v(t)|\,dt$

**확인 문제**

원점을 출발하여 수직선 위를 움직이는 점 P의 시각 $t$에서의 속도가 $v(t)=2\sqrt{t}$일 때, 다음을 구하시오.

(1) $t=1$에서 점 P의 위치
(2) $t=1$에서 $t=4$까지 점 P의 위치의 변화량
(3) $t=1$에서 $t=4$까지 점 P가 움직인 거리

## 1135 대표문제

원점을 출발하여 수직선 위를 움직이는 점 P의 시각 $t$ $(t\ge 0)$에서의 속도가 $v(t)=\frac{2t}{t^2+1}$일 때, 시각 $t=1$에서 $t=3$까지 점 P가 움직인 거리는?

① $\ln 2$　② $\ln 3$　③ $2\ln 2$
④ $\ln 5$　⑤ $\ln 6$

## 1136

원점을 출발하여 수직선 위를 움직이는 점 P의 시각 $t$ $(t\ge 0)$에서의 속도가 $v(t)=\sin \pi t$이다. $0<t<8$에서 점 P가 원점을 지나는 횟수를 구하시오.

## 1137 중요

수직선 위를 움직이는 점 P의 시각 $t$ $(t\ge 0)$에서의 속도가 $v(t)=\sin 2t-\cos t$일 때, 점 P가 출발한 후 처음으로 운동 방향을 바꿀 때까지 움직인 거리는?

① $\frac{1}{4}$　② $\frac{1}{2}$　③ $\frac{\sqrt{2}}{2}$
④ $\frac{\sqrt{3}}{2}$　⑤ $1$

## 1138

수직선 위를 움직이는 점 P의 시각 $t$ $(t\geq 0)$에서의 속도가 $v(t)=e^{t}-e^{-t}$이다. 시각 $t=\ln 2$에서 점 P의 위치가 5일 때, 시각 $t=0$에서 점 P의 위치는?

① $\frac{5}{2}$　② 3　③ $\frac{7}{2}$
④ 4　⑤ $\frac{9}{2}$

## 1139

원점을 출발하여 수직선 위를 움직이는 두 점 P, Q의 시각 $t$ $(t\geq 0)$에서의 속도가 각각 $v_1(t)=\cos t$, $v_2(t)=2\cos 2t$일 때, 두 점 P, Q가 출발 후 처음으로 다시 만나는 시각을 $a$라 하자. $3a$의 값을 구하시오.

### 유형 15 좌표평면 위에서 점이 움직인 거리

좌표평면 위를 움직이는 점 P의 시각 $t$에서의 위치 $(x, y)$가 $x=f(t)$, $y=g(t)$일 때, 시각 $t=a$에서 $t=b$까지 점 P가 움직인 거리 $s$는

$$s=\int_a^b \sqrt{\{f'(t)\}^2+\{g'(t)\}^2}\,dt$$

확인 문제

좌표평면 위를 움직이는 점 P의 시각 $t$ $(t\geq 0)$에서의 위치 $(x, y)$가 $x=2t^2$, $y=t^2+3$일 때, $t=0$에서 $t=1$까지 점 P가 움직인 거리를 구하시오.

## 1140 대표문제

좌표평면 위를 움직이는 점 P의 시각 $t$ $(t\geq 0)$에서의 위치 $(x, y)$가

$$x=2\cos t-\sin t,\ y=2\sin t+\cos t$$

일 때, $t=0$에서 $t=4$까지 점 P가 움직인 거리는?

① $\sqrt{5}$　② $\sqrt{10}$　③ $2\sqrt{5}$
④ 5　⑤ $4\sqrt{5}$

## 1141

좌표평면 위를 움직이는 점 P의 시각 $t$ $(t\geq 0)$에서의 위치 $(x, y)$가

$$x=e^{t}-kt,\ y=4\sqrt{k}e^{\frac{t}{2}}$$

일 때, $t=2$에서 $t=3$까지 점 P가 움직인 거리는 $e^3$이다. 양수 $k$의 값은?

① $\frac{e}{2}$　② $e$　③ $\frac{e^2}{2}$
④ $e^2$　⑤ $e^3$

## 1142 중요

좌표평면 위를 움직이는 점 P의 시각 $t$ $(t\geq 0)$에서의 위치 $(x, y)$가

$$x=5(t-\sin t),\ y=5(1-\cos t)$$

일 때, 점 P가 출발 후 처음으로 속력이 0이 될 때까지 움직인 거리를 구하시오.

## 1143 수능 기출

좌표평면 위를 움직이는 점 P의 시각 $t$ $(t>0)$에서의 위치가 곡선 $y=x^2$과 직선 $y=t^2x-\frac{\ln t}{8}$가 만나는 서로 다른 두 점의 중점일 때, 시각 $t=1$에서 $t=e$까지 점 P가 움직인 거리는?

① $\frac{e^4}{2}-\frac{3}{8}$　② $\frac{e^4}{2}-\frac{5}{16}$　③ $\frac{e^4}{2}-\frac{1}{4}$
④ $\frac{e^4}{2}-\frac{3}{16}$　⑤ $\frac{e^4}{2}-\frac{1}{8}$

## 유형 16 곡선의 길이

(1) $a\le x\le b$에서 곡선 $y=f(x)$의 길이 $l$은

$$l=\int_a^b \sqrt{1+\{f'(x)\}^2}\,dx$$

(2) $a\le t\le b$에서 곡선 $x=f(t)$, $y=g(t)$가 겹치는 부분이 없을 때, 곡선의 길이 $l$은

$$l=\int_a^b \sqrt{\{f'(t)\}^2+\{g'(t)\}^2}\,dt$$

확인 문제

다음 곡선의 길이를 구하시오.

(1) $y=e^{\frac{x}{2}}+e^{-\frac{x}{2}}$ $(0\le x\le 2)$

(2) $x=2t^2$, $y=4-t^2$ $(0\le x\le 3)$

### 1144 대표문제

$0\le t\le \pi$일 때, 곡선 $x=2(1-\cos t)$, $y=2(t+\sin t)$의 길이는?

① 5 ② 6 ③ 7 ④ 8 ⑤ 9

### 1145

함수 $f(x)=\int_0^x t\sqrt{t^2+2}\,dt$에 대하여 $x=0$에서 $x=3$까지 곡선 $y=f(x)$의 길이를 구하시오.

### 1146 중요

곡선 $x=\ln t$, $y=\frac{1}{2}\left(t+\frac{1}{t}\right)$ $(1\le t\le e)$의 길이는?

① $\frac{1}{2}\left(e-\frac{1}{e}\right)$ ② $e-\frac{1}{e}$ ③ $e$ ④ $e+\frac{1}{e}$ ⑤ $2\left(e-\frac{1}{e}\right)$

### 1147 평가원 기출

$x=0$에서 $x=\ln 2$까지의 곡선 $y=\frac{1}{8}e^{2x}+\frac{1}{2}e^{-2x}$의 길이는?

① $\frac{1}{2}$ ② $\frac{9}{16}$ ③ $\frac{5}{8}$ ④ $\frac{11}{16}$ ⑤ $\frac{3}{4}$

### 1148

양의 실수 전체의 집합에서 미분가능한 함수 $f(x)$의 도함수가 $f'(x)=x-\frac{1}{4x}$일 때, $1\le x\le 3$에서 곡선 $y=f(x)$의 길이는?

① $2+\frac{1}{4}\ln 3$ ② $2+\frac{1}{2}\ln 3$ ③ $4+\frac{1}{4}\ln 3$ ④ $4+\frac{1}{2}\ln 3$ ⑤ $4+\ln 3$

### 1149

미분가능한 함수 $f(x)$가 모든 실수 $x$에 대하여 다음 조건을 만족시킨다.

(가) $f(x)\ge 3$
(나) $\{f(x)-f'(x)\}\{f(x)+f'(x)\}=6f(x)-8$

$x=0$에서 $x=2$까지 곡선 $y=f(x)$의 길이가 10일 때, $\int_0^2 f(x)dx$의 값을 구하시오.

# 내신 잡는 종합 문제

정답과 풀이 246쪽

## 1150

곡선 $y=\ln x+1$과 $y$축 및 두 직선 $y=a$, $y=2$로 둘러싸인 부분의 넓이가 $e-1$일 때, 상수 $a$의 값은? (단, $a<2$)

① $\frac{1}{5}$　② $\frac{1}{4}$　③ $\frac{1}{3}$　④ $\frac{1}{2}$　⑤ 1

## 1151

함수 $f(x)=a\cos x$에 대하여

$$\lim_{n\to\infty}\frac{1}{n}\left\{f\left(\frac{\pi}{2n}\right)+f\left(\frac{2\pi}{2n}\right)+\cdots+f\left(\frac{n\pi}{2n}\right)\right\}=\frac{16}{\pi}$$

일 때, 상수 $a$의 값을 구하시오.

## 1152

두 곡선 $y=e^x$, $y=e^{-x}$과 직선 $y=e^3$으로 둘러싸인 부분의 넓이는?

① $2e^3+1$　② $2e^3+2$　③ $4e^3+1$　④ $4e^3+2$　⑤ $4e^3+4$

## 1153

곡선 $y=\cos^2 x\sin x$ $\left(0\le x\le\frac{\pi}{2}\right)$와 $x$축으로 둘러싸인 부분의 넓이는?

① $\frac{1}{4}$　② $\frac{1}{3}$　③ $\frac{1}{2}$　④ 1　⑤ 2

## 1154

원점을 출발하여 수직선 위를 움직이는 점 P의 시각 $t$ $(t\ge 0)$에서의 속도가 $v(t)=\cos \pi t$이다. 시각 $t=0$에서 $t=a$까지 점 P가 움직인 거리가 $\frac{6}{\pi}$일 때, 양수 $a$의 값을 구하시오.

## 1155

$0\le\theta\le 2\pi$일 때, 곡선 $x=\frac{\sin\theta-\theta\cos\theta}{2}$, $y=\frac{\cos\theta+\theta\sin\theta}{2}$의 길이는?

① $\pi^2$　② $\frac{4}{3}\pi^2$　③ $\frac{5}{3}\pi^2$　④ $2\pi^2$　⑤ $\frac{7}{3}\pi^2$

## 1156

좌표평면 위를 움직이는 점 P의 시각 $t$ $(t\geq 0)$에서의 위치 $(x,\ y)$가

$x=e^t\sin t,\ y=e^t\cos t$

일 때, $t=0$에서 $t=2\ln 2$까지 점 P가 움직인 거리는?

① $2\sqrt{2}$ ② $3$ ③ $2\sqrt{3}$
④ $3\sqrt{2}$ ⑤ $4\sqrt{2}$

## 1157

어떤 그릇에 물을 채우는데 물의 깊이가 $x$일 때, 수면의 넓이가 $\dfrac{2x}{x^2+3}$라 한다. 물의 깊이가 3일 때, 그릇에 담긴 물의 부피를 구하시오.

## 1158

곡선 $y=a\sqrt{x}$와 직선 $y=x$로 둘러싸인 부분의 넓이가 $\dfrac{2}{3}$일 때, 양수 $a$의 값은?

① $\dfrac{1}{2}$ ② $\dfrac{\sqrt{2}}{2}$ ③ $1$
④ $\sqrt{2}$ ⑤ $2$

## 1159 평가원 기출

사차함수 $y=f(x)$의 그래프가 그림과 같을 때,

$$\lim_{n\to\infty}\frac{1}{n}\sum_{k=1}^{n}f\left(m+\frac{k}{n}\right)<0$$

을 만족시키는 정수 $m$의 개수는?

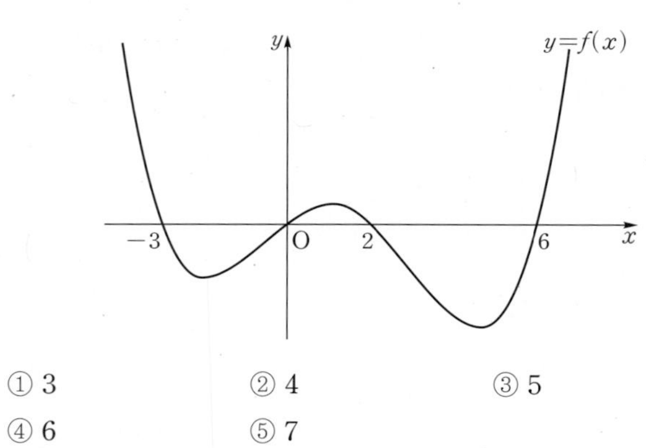


① 3 ② 4 ③ 5
④ 6 ⑤ 7

## 1160

그림과 같이 $0\leq x\leq 1$에서 함수 $y=\sin\pi x$의 그래프와 두 점 $(1,\ 0)$, $(0,\ a)$를 지나는 직선 $l$이 있다. 곡선 $y=\sin\pi x$와 직선 $l$ 및 $y$축으로 둘러싸인 부분의 넓이를 $S_1$, 곡선 $y=\sin\pi x$와 직선 $l$로 둘러싸인 부분의 넓이를 $S_2$라 하자. $S_1=S_2$일 때, $a$의 값은? (단, $0<a<\pi$)

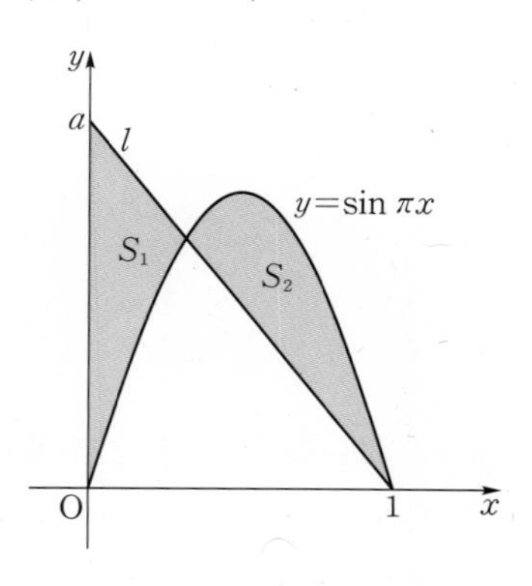


① $\dfrac{4}{\pi}$ ② $\dfrac{9}{2\pi}$ ③ $\dfrac{5}{\pi}$
④ $\dfrac{11}{2\pi}$ ⑤ $\dfrac{6}{\pi}$

## 1161

그림과 같이 곡선 $y=\frac{1}{\sqrt{x}}+1$과 $x$축 및 두 직선 $x=1$, $x=e$로 둘러싸인 도형을 밑면으로 하는 입체도형이 있다. 이 입체도형을 $x$축에 수직인 평면으로 자른 단면이 모두 정사각형일 때, 이 입체도형의 부피는?

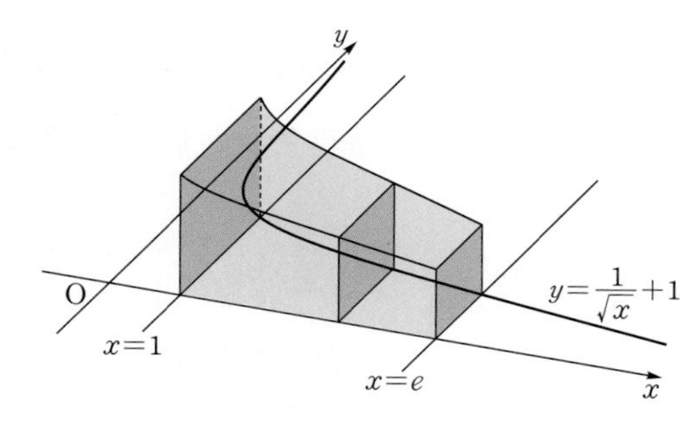


① $e+4\sqrt{e}-5$　② $e+4\sqrt{e}-4$　③ $e+4\sqrt{e}-3$
④ $e+4\sqrt{e}-2$　⑤ $e+4\sqrt{e}-1$

## 1162

보기에서 옳은 것만을 있는 대로 고른 것은?

**보기**

ㄱ. $\lim_{n\to\infty}\sum_{k=1}^{n}\frac{2k^3}{n^4}=\frac{1}{2}$

ㄴ. $\lim_{n\to\infty}\frac{1}{n}\sum_{k=1}^{n}\sqrt[n]{2^k}=\frac{2}{\ln 2}$

ㄷ. $\lim_{n\to\infty}\frac{\pi}{n}\sum_{k=1}^{n}\sin\left(\frac{\pi}{3}+\frac{k\pi}{3n}\right)=3$

① ㄱ　② ㄴ　③ ㄱ, ㄷ
④ ㄴ, ㄷ　⑤ ㄱ, ㄴ, ㄷ

## 1163

$0\le x\le\frac{\pi}{2}$에서 정의된 함수 $f(x)=\sin x$의 역함수를 $g(x)$라 할 때, $\lim_{n\to\infty}\frac{1}{n}\sum_{k=1}^{n}g\left(\frac{k}{n}\right)$의 값은?

① $\frac{\pi}{2}-1$　② $\frac{\pi}{2}$　③ $\frac{\pi}{2}+1$
④ $\pi-1$　⑤ $\pi$

## 1164 평가원 기출

함수 $f(x)=e^x$이 있다. 2 이상인 자연수 $n$에 대하여 닫힌구간 $[1, 2]$를 $n$등분한 각 분점(양 끝 점도 포함)을 차례로

$1=x_0, x_1, x_2, \cdots, x_{n-1}, x_n=2$

라 하자. 세 점 $(0, 0)$, $(x_k, 0)$, $(x_k, f(x_k))$를 꼭짓점으로 하는 삼각형의 넓이를 $A_k$ $(k=1, 2, \cdots, n)$이라 할 때, $\lim_{n\to\infty}\frac{1}{n}\sum_{k=1}^{n}A_k$의 값은?

① $\frac{1}{2}e^2-e$　② $\frac{1}{2}(e^2-e)$　③ $\frac{1}{2}e^2$
④ $e^2-e$　⑤ $e^2-\frac{1}{2}e$

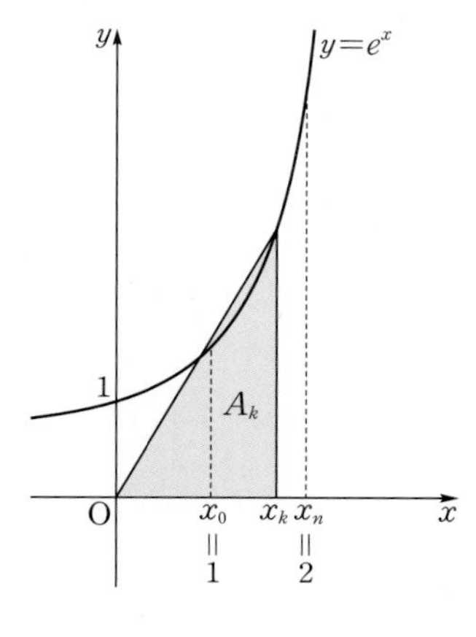

## 1165 교육청 기출

양의 실수 $k$에 대하여 곡선 $y=k\ln x$와 직선 $y=x$가 접할 때, 곡선 $y=k\ln x$, 직선 $y=x$ 및 $x$축으로 둘러싸인 부분의 넓이는 $ae^2-be$이다. $100ab$의 값을 구하시오.

(단, $a$와 $b$는 유리수이다.)

## 1166

자연수 $n$에 대하여 곡선 $y=n\sin x$ $\left(0\le x\le\frac{\pi}{2}\right)$와 $x$축 및 직선 $x=\frac{\pi}{2}$로 둘러싸인 부분의 넓이가 곡선 $y=k\cos x$에 의하여 이등분되도록 하는 양수 $k$의 값을 $f(n)$이라 할 때, $\sum_{n=1}^{8}f(n)$의 값은?

① 25 ② 26 ③ 27
④ 28 ⑤ 29

# 서술형 대비하기

## 1167

그림과 같이 곡선 $y=\frac{1}{e}x^2$과 곡선 $y=2\ln x$가 점 $(\sqrt{e}, 1)$에서 접한다. 두 곡선 $y=\frac{1}{e}x^2$, $y=2\ln x$와 $x$축으로 둘러싸인 부분의 넓이가 $a\sqrt{e}+b$일 때, 유리수 $a$, $b$에 대하여 $3(a-b)$의 값을 구하시오.

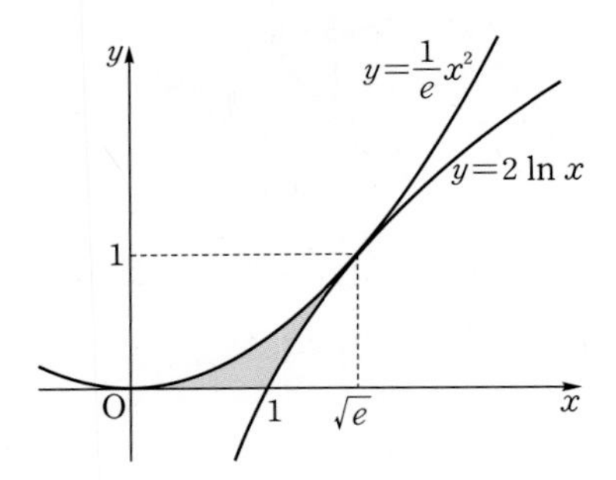


## 1168

실수 전체의 집합에서 증가하고 미분가능한 함수 $f(x)$가 다음 조건을 만족시킨다.

> (가) $f(0)=0$, $f(2)=2$
> (나) 곡선 $y=f(x)$와 $x$축 및 직선 $x=2$로 둘러싸인 부분의 넓이는 3이다.

$\int_0^4 f'(\sqrt{x})\,dx$의 값을 구하시오.

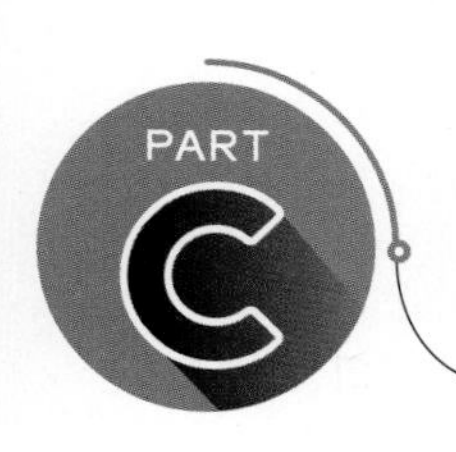


# 수능 녹인 변별력 문제

정답과 풀이 250쪽

## 1169 수능 기출

양수 $a$에 대하여 함수 $f(x)=\int_0^x (a-t)e^t dt$의 최댓값이 32이다. 곡선 $y=3e^x$과 두 직선 $x=a$, $y=3$으로 둘러싸인 부분의 넓이를 구하시오.

## 1170

그림과 같이 곡선 $y=\sin 2x\cos x \left(0\le x\le \frac{\pi}{2}\right)$와 직선 $y=ax$ $(0<a<2)$로 둘러싸인 부분의 넓이를 $A$, 곡선 $y=\sin 2x\cos x$와 두 직선 $y=ax$, $x=\frac{\pi}{2}$로 둘러싸인 부분의 넓이를 $B$라 하자. $A=B$일 때, 상수 $a$의 값은?

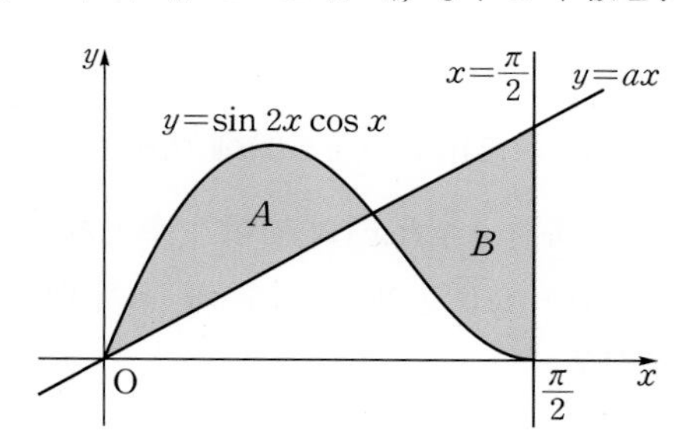


① $\frac{4}{\pi^2}$ ② $\frac{16}{3\pi^2}$ ③ $\frac{20}{3\pi^2}$
④ $\frac{8}{\pi^2}$ ⑤ $\frac{28}{3\pi^2}$

## 1171 교육청 기출

그림과 같이 함수 $f(x)=\sqrt{x\sin x^2}\left(\frac{\sqrt{\pi}}{2}\le x\le \frac{\sqrt{3\pi}}{2}\right)$에 대하여 곡선 $y=f(x)$와 곡선 $y=-f(x)$ 및 두 직선 $x=\frac{\sqrt{\pi}}{2}$, $x=\frac{\sqrt{3\pi}}{2}$로 둘러싸인 도형을 밑면으로 하는 입체도형이 있다. 이 입체도형을 $x$축에 수직인 평면으로 자른 단면이 모두 정사각형일 때, 이 입체도형의 부피는?

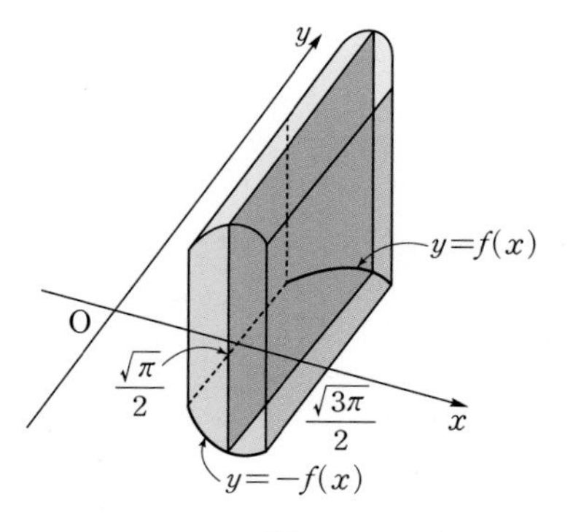


① $2\sqrt{2}$ ② $2\sqrt{3}$ ③ $4$
④ $4\sqrt{2}$ ⑤ $4\sqrt{3}$

## 1172

실수 전체의 집합에서 미분가능한 두 함수 $f(x)$, $g(x)$가 모든 실수 $x$에 대하여 다음 조건을 만족시킨다.

> (가) $f(x)>0$, $g(x)>0$
> (나) $f'(x)g(x)-f(x)g'(x)=2f(x)g(x)$

$f(0)=g(0)$일 때, $\lim_{n\to\infty}\frac{1}{n}\sum_{k=1}^{n}\left\{\frac{f(k)}{g(k)}\right\}^{\frac{1}{n}}$의 값은?

① $\frac{1}{4}(e^2-1)$ ② $\frac{1}{4}e^2$ ③ $\frac{1}{2}(e^2-1)$
④ $\frac{1}{2}e^2$ ⑤ $e^2-1$

## 1173

실수 전체의 집합에서 미분가능한 함수 $f(x)$와 양수 $t$에 대하여 $x=0$에서 $x=t$까지 곡선 $y=f(x)$의 길이를 $g(t)$라 하자. $g'(t)=\sqrt{t^4-2t^3+t^2+1}$이고 $f(0)=3$일 때, $f(2)$의 최댓값을 구하시오.

## 1174 교육청 기출

좌표평면 위를 움직이는 점 P의 시각 $t$ $(0\le t\le 2\pi)$에서의 위치 $(x, y)$가

$$x=t+2\cos t,\ y=\sqrt{3}\sin t$$

일 때, 보기에서 옳은 것만을 있는 대로 고른 것은?

보기

ㄱ. $t=\frac{\pi}{2}$일 때, 점 P의 속도는 $(-1, 0)$이다.

ㄴ. 점 P의 속도의 크기의 최솟값은 1이다.

ㄷ. 점 P가 $t=\pi$에서 $t=2\pi$까지 움직인 거리는 $2\pi+2$이다.

① ㄱ　② ㄷ　③ ㄱ, ㄴ
④ ㄴ, ㄷ　⑤ ㄱ, ㄴ, ㄷ

## 1175 교육청 기출

닫힌구간 $\left[0, \frac{\pi}{2}\right]$에서 정의된 함수 $f(x)=\sin x$의 그래프 위의 한 점 $\mathrm{P}(a, \sin a)$ $\left(0<a<\frac{\pi}{2}\right)$에서의 접선을 $l$이라 하자. 곡선 $y=f(x)$와 $x$축 및 직선 $l$로 둘러싸인 부분의 넓이와 곡선 $y=f(x)$와 $x$축 및 직선 $x=a$로 둘러싸인 부분의 넓이가 같을 때, $\cos a$의 값은?

① $\frac{1}{6}$　② $\frac{1}{3}$　③ $\frac{1}{2}$
④ $\frac{2}{3}$　⑤ $\frac{5}{6}$

## 1176

함수 $f(x)=\frac{1}{4}(x^2-2\ln x)$ $(x>0)$에 대하여 $x=t$에서 $x=t+1$까지의 곡선 $y=f(x)$의 길이가 최소가 되도록 하는 실수 $t$의 값이 $m+n\sqrt{5}$일 때, 유리수 $m$, $n$에 대하여 $m+n$의 값을 구하시오.

## 1177

양의 실수 전체의 집합에서 미분가능하고 $f'(x)>0$인 함수 $f(x)$가 다음 조건을 만족시킨다.

> (가) $f(1)=1$, $f(4)=4$
> (나) $\int_1^4 f(x)\,dx=8$

함수 $f(x)$의 역함수를 $g(x)$라 할 때,

$\int_1^{16}\left\{f'(\sqrt{x})+\dfrac{g(\sqrt{x})}{\sqrt{x}}\right\}dx$의 값을 구하시오.

## 1178

닫힌구간 $[0, \pi]$에서 정의된 함수 $f(x)=x+\sin 2x$에 대하여 곡선 $y=f(x)$ 위의 점 $(t, f(t))$에서의 접선의 $y$절편을 $g(t)$라 하자. 함수 $g(t)$가 $t=\alpha$에서 최대일 때, 곡선 $y=f(x)$ 위의 점 $(\alpha, f(\alpha))$에서의 접선과 곡선 $y=f(x)$ 및 $y$축으로 둘러싸인 부분의 넓이는?

① $\dfrac{\pi^2}{4}-2$ ② $\dfrac{\pi^2}{4}-1$ ③ $\dfrac{\pi^2}{4}$
④ $\dfrac{\pi^2}{2}-2$ ⑤ $\dfrac{\pi^2}{2}-1$

## 1179

2 이상의 자연수 $n$에 대하여 닫힌구간 $\left[0, \dfrac{\pi}{2}\right]$를 $n$등분한 각 분점(양 끝 점도 포함)을 차례대로

$$0=\theta_0,\ \theta_1,\ \theta_2,\ \cdots,\ \theta_{n-1},\ \theta_n=\frac{\pi}{2}$$

라 하자. $n$보다 작은 자연수 $k$에 대하여 원점을 지나고 $x$축의 양의 방향과 이루는 각의 크기가 $\theta_k$인 직선이 원 $x^2+(y-2)^2=4$와 만나는 점 중 원점 O가 아닌 점을 $A_k$라 할 때, $\lim_{n\to\infty}\dfrac{1}{n}\sum_{k=1}^{n-1}\overline{OA_k}$의 값은?

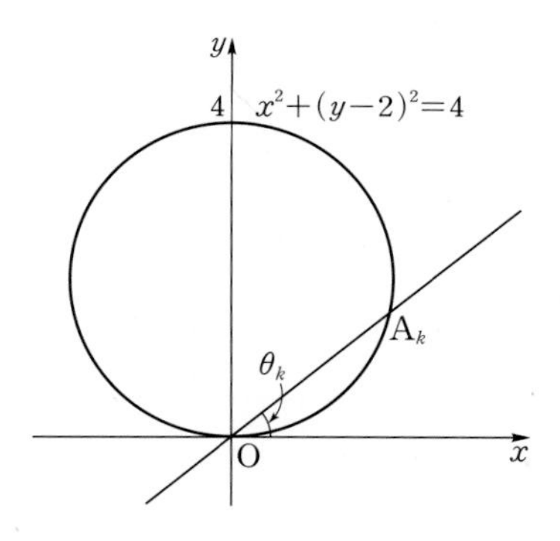


① $\dfrac{2}{\pi}$ ② $\dfrac{4}{\pi}$ ③ $\dfrac{6}{\pi}$
④ $\dfrac{8}{\pi}$ ⑤ $\dfrac{10}{\pi}$

## 1180

최고차항의 계수가 양수인 삼차함수 $f(x)$가 다음 조건을 만족시킨다.

> (가) $\lim_{x\to 0}\dfrac{f(x)}{x}=0$
> (나) $\int_0^k |f(x)|\,dx=\left|\int_0^k f(x)\,dx\right|$를 만족시키는 실수 $k$의 최댓값은 4이다.

$\lim_{n\to\infty}\sum_{k=1}^{n} f\left(m+\dfrac{k}{n}\right)\dfrac{1}{n}<0$을 만족시키는 모든 자연수 $m$의 값의 합을 구하시오.

MEMO

# 빠른 정답 1권

## Ⅰ 수열의 극한

### 01 수열의 극한

**확인 문제**

유형 01 (1) 수렴, 0 (2) 발산 (3) 발산 (4) 수렴, 2

유형 02 (1) $-7$ (2) $-24$ (3) $-\frac{9}{10}$ (4) $\frac{5}{16}$

유형 04 (1) 수렴, $-\frac{1}{3}$ (2) 수렴, 0 (3) 발산

유형 07 6

유형 16 (1) 수렴 (2) 발산 (3) 발산 (4) 수렴

유형 18 (1) $-\frac{1}{3}<r\le\frac{1}{3}$ (2) $-2\le r<2$

**PART A 유형별 문제**

0001 ③ 0002 ② 0003 ④ 0004 2
0005 ③ 0006 ④ 0007 10 0008 33
0009 ⑤ 0010 20 0011 $-6$ 0012 2
0013 9 0014 ② 0015 ⑤ 0016 4
0017 ⑤ 0018 ① 0019 ⑤ 0020 3
0021 $\frac{1}{9}$ 0022 8 0023 ② 0024 3
0025 $\frac{1}{12}$ 0026 ② 0027 ① 0028 $\frac{1}{3}$
0029 3 0030 ② 0031 ① 0032 6
0033 2 0034 12 0035 ③ 0036 18
0037 $-2\sqrt{2}$ 0038 2 0039 ① 0040 2
0041 $\sqrt{2}$ 0042 ③ 0043 ③ 0044 $\frac{3}{2}$
0045 ① 0046 $-1$ 0047 $-4$ 0048 ①
0049 $-2$ 0050 8 0051 ④ 0052 ④
0053 $-3$ 0054 ⑤ 0055 ② 0056 ①
0057 7 0058 6 0059 ① 0060 ⑤
0061 3 0062 ② 0063 ③ 0064 6
0065 ② 0066 1 0067 ④ 0068 ④
0069 5 0070 $\frac{1}{3}$ 0071 ⑤ 0072 4
0073 0 0074 ㄴ, ㄷ 0075 $-2$ 0076 ④
0077 ① 0078 ㄴ, ㄹ 0079 ④ 0080 10
0081 $-2$ 0082 ④ 0083 5 0084 8
0085 7 0086 10 0087 $\frac{4}{5}$ 0088 ③
0089 4 0090 $\frac{3}{2}$ 0091 20 0092 ③
0093 372 0094 ② 0095 ① 0096 ④
0097 $-8$ 0098 $-1$ 0099 8 0100 ②
0101 8 0102 ① 0103 ① 0104 ③
0105 18 0106 ② 0107 $1<k<2$ 또는 $2<k<3$
0108 ③ 0109 16 0110 41 0111 ④
0112 ③ 0113 4 0114 6 0115 $6\sqrt{3}$
0116 $\pi$ 0117 ③

**PART B 내신 잡는 종합 문제**

0118 ① 0119 ⑤ 0120 ③ 0121 ③
0122 5 0123 ③ 0124 ③ 0125 ③
0126 4 0127 ① 0128 ④ 0129 $-7$
0130 ② 0131 ③ 0132 ③ 0133 ③
0134 ⑤ 0135 10 0136 ② 0137 $\frac{2}{9}$
0138 4 0139 60 0140 $\frac{14}{3}$

**PART C 수능 녹인 변별력 문제**

0141 ④ 0142 ② 0143 328 0144 ④
0145 $\frac{1}{3}$ 0146 9 0147 ③ 0148 6
0149 ③ 0150 4 0151 24 0152 ①

### 02 급수

**확인 문제**

유형 01 (1) 2 (2) 3

유형 07 21

유형 10 (1) 1 (2) $\frac{2}{3}$

**PART A 유형별 문제**

0153 ⑤ 0154 5 0155 $\frac{1}{6}$ 0156 4
0157 14 0158 ③ 0159 ④ 0160 13
0161 1 0162 ① 0163 $-1$ 0164 ②
0165 1 0166 3 0167 ⑤ 0168 $-2$
0169 ② 0170 0 0171 18 0172 ①
0173 ⑤ 0174 ③ 0175 ⑤ 0176 $\frac{1}{3}$
0177 $-3$ 0178 ② 0179 ⑤ 0180 1
0181 ⑤ 0182 4 0183 ④ 0184 8
0185 $-2$ 0186 9 0187 ⑤ 0188 ②
0189 ① 0190 ④ 0191 ② 0192 $\frac{1}{2}$
0193 ② 0194 ⑤ 0195 ⑤ 0196 ①
0197 ④ 0198 ① 0199 ⑤ 0200 ③
0201 256 0202 ④ 0203 $\frac{\pi}{6}$ 0204 $\frac{8}{3}$
0205 16 0206 ⑤ 0207 ② 0208 ③

| | | | |
|---|---|---|---|
| 0209 ③ | 0210 $-\frac{\pi}{6}<\theta<\frac{\pi}{6}$ | | 0211 9 |
| 0212 ③ | 0213 $\frac{3}{4}<x\le1$ | 0214 ③ | 0215 ⑤ |
| 0216 ③ | 0217 ④ | 0218 $\frac{3}{8}$ | 0219 4 |
| 0220 ④ | 0221 ② | 0222 ④ | 0223 3 |
| 0224 ⑤ | 0225 ② | 0226 ② | 0227 ④ |
| 0228 ② | 0229 $\frac{30}{13}$ | 0230 6 | 0231 ④ |
| 0232 ① | 0233 ② | 0234 ③ | |
| 0235 $4(2+\sqrt{3})\pi$ | | 0236 ① | 0237 ③ |
| 0238 40 | 0239 ⑤ | 0240 ② | 0241 ④ |
| 0242 ③ | 0243 175 mg | | |

PART B 내신 잡는 종합 문제

| | | | |
|---|---|---|---|
| 0244 4 | 0245 ④ | 0246 ① | 0247 9 |
| 0248 $-242$ | 0249 12 | 0250 ⑤ | 0251 ① |
| 0252 1 | 0253 ④ | 0254 19 | 0255 ③ |
| 0256 ① | 0257 ④ | 0258 ③ | 0259 ④ |
| 0260 0 | 0261 ④ | 0262 1 | 0263 1 |
| 0264 5 | | | |

PART C 수능 녹인 변별력 문제

| | | | |
|---|---|---|---|
| 0265 ② | 0266 9 | 0267 2 | 0268 ② |
| 0269 ④ | 0270 ③ | 0271 ③ | 0272 1 |
| 0273 ④ | 0274 ④ | 0275 ② | 0276 ③ |
| 0277 2 | 0278 24 | | |

# Ⅱ 미분법

## 03 지수함수와 로그함수의 미분

확인 문제

유형 01 (1) $\frac{9}{14}$ (2) $\infty$ (3) 0

유형 02 (1) $-\infty$ (2) $\infty$ (3) 0

PART A 유형별 문제

| | | | |
|---|---|---|---|
| 0279 ④ | 0280 1 | 0281 4 | 0282 $-2$ |
| 0283 ② | 0284 11 | 0285 $-2$ | 0286 $2\sqrt{2}$ |
| 0287 ② | 0288 1 | 0289 ④ | 0290 $-23$ |
| 0291 ⑤ | 0292 ① | 0293 ④ | 0294 ③ |
| 0295 4 | 0296 ① | 0297 ⑤ | 0298 ④ |
| 0299 ③ | 0300 ④ | 0301 5 | 0302 ⑤ |
| 0303 1 | 0304 ① | 0305 ① | 0306 6 |
| 0307 ① | 0308 ② | 0309 8 | 0310 $-1$ |
| 0311 18 | 0312 ① | 0313 ② | 0314 ④ |
| 0315 5 | 0316 9 | 0317 ② | 0318 3 |
| 0319 ④ | 0320 ③ | 0321 7 | 0322 4 |
| 0323 ② | 0324 ① | 0325 ① | 0326 2 |
| 0327 6 | 0328 ① | 0329 1 | 0330 ② |
| 0331 ③ | 0332 ④ | 0333 ④ | 0334 ⑤ |
| 0335 21 | 0336 ⑤ | 0337 5 | 0338 ⑤ |
| 0339 ④ | 0340 ② | 0341 ③ | 0342 ③ |
| 0343 ③ | 0344 13 | | |

PART B 내신 잡는 종합 문제

| | | | |
|---|---|---|---|
| 0345 ① | 0346 ① | 0347 ③ | 0348 1 |
| 0349 ③ | 0350 ④ | 0351 3 | 0352 ② |
| 0353 88 | 0354 ④ | 0355 ② | 0356 1 |
| 0357 ③ | 0358 ① | 0359 $-\frac{1}{4}$ | 0360 18 |

PART C 수능 녹인 변별력 문제

| | | | |
|---|---|---|---|
| 0361 ⑤ | 0362 200 | 0363 ② | 0364 17 |
| 0365 ③ | 0366 $-6$ | 0367 ③ | 0368 ② |

## 04 삼각함수의 미분

확인 문제

유형 01 1. (1) $\frac{5}{3}$ (2) $-\frac{5}{4}$ (3) $-\frac{4}{3}$

2. (1) $\frac{2\sqrt{3}}{3}$, 2, $\frac{\sqrt{3}}{3}$ (2) $-2$, $\frac{2\sqrt{3}}{3}$, $-\sqrt{3}$

(3) 2, $\frac{2\sqrt{3}}{3}$, $\sqrt{3}$ (4) $\sqrt{2}$, $-\sqrt{2}$, $-1$

유형 02 (1) $\frac{25}{16}$ (2) $\frac{25}{9}$

유형 03 (1) $\frac{\sqrt{6}-\sqrt{2}}{4}$ (2) $\frac{\sqrt{6}-\sqrt{2}}{4}$

(3) $-2-\sqrt{3}$ (4) $\frac{\sqrt{6}+\sqrt{2}}{4}$

유형 07 (1) $\frac{24}{25}$ (2) $\frac{7}{25}$ (3) $\frac{24}{7}$

유형 09 $2\sin\left(\theta+\frac{2}{3}\pi\right)$

유형 10 (1) $\frac{\sqrt{3}}{2}$ (2) $\frac{\sqrt{3}}{6}$

유형 11 (1) 3 (2) $\frac{1}{3}$

유형 12 (1) $\frac{3}{5}$ (2) $\frac{4}{3}$

유형 19 (1) $y'=-3\sin x+\cos x$ (2) $y'=\cos^2 x-\sin^2 x$

## PART A 유형별 문제

| | | | |
|---|---|---|---|
| 0369 ④ | 0370 ③ | 0371 ③ | 0372 ② |
| 0373 $\frac{\sqrt{3}}{3}$ | 0374 $\sqrt{15}$ | 0375 ④ | 0376 ③ |
| 0377 ② | 0378 ⑤ | 0379 1 | 0380 ③ |
| 0381 $\frac{\sqrt{2}}{2}$ | 0382 $\frac{1}{2}$ | 0383 ④ | 0384 $\frac{\pi}{4}$ |
| 0385 ④ | 0386 ① | 0387 26 | 0388 ② |
| 0389 ② | 0390 ③ | 0391 4 | 0392 3 |
| 0393 3 | 0394 $\frac{\sqrt{2}}{10}$ | 0395 ③ | 0396 11.5 m |
| 0397 ③ | 0398 ⑤ | 0399 $2\sqrt{2}$ | 0400 $-\frac{5}{9}$ |
| 0401 ① | 0402 $\frac{7}{5}$ | 0403 8 | 0404 $\frac{8}{15}$ |
| 0405 ② | 0406 $\frac{2\sqrt{5}}{5}$ | 0407 ④ | 0408 ① |
| 0409 ② | 0410 ② | 0411 12 | 0412 $\frac{1}{2}$ |
| 0413 $\sqrt{10}$ | 0414 $\frac{1}{2}$ | 0415 ② | 0416 ② |
| 0417 $\frac{\sqrt{2}}{2}$ | 0418 ④ | 0419 5 | 0420 ② |
| 0421 ③ | 0422 ③ | 0423 2047 | 0424 $\frac{2}{5}$ |
| 0425 ④ | 0426 ① | 0427 $-2$ | 0428 ⑤ |
| 0429 ④ | 0430 6 | 0431 20 | 0432 8 |
| 0433 ④ | 0434 ④ | 0435 ③ | 0436 2 |
| 0437 1 | 0438 6 | 0439 ① | 0440 ③ |
| 0441 1 | 0442 ④ | 0443 6 | 0444 14 |
| 0445 ③ | 0446 ④ | 0447 6 | 0448 2 |
| 0449 $\pi$ | 0450 $\frac{2}{3}$ | 0451 ② | 0452 ① |
| 0453 ② | 0454 ② | 0455 6 | 0456 ③ |
| 0457 ⑤ | 0458 0 | 0459 1 | 0460 6 |
| 0461 ③ | 0462 $-\frac{1}{2}$ | 0463 ④ | 0464 ① |
| 0465 ① | 0466 ③ | 0467 ④ | 0468 ① |

## PART B 내신 잡는 종합 문제

| | | | |
|---|---|---|---|
| 0469 ⑤ | 0470 ④ | 0471 $-1$ | 0472 ② |
| 0473 ② | 0474 ③ | 0475 ① | 0476 ② |
| 0477 ④ | 0478 ⑤ | 0479 ④ | 0480 ⑤ |
| 0481 $\frac{1}{2}$ | 0482 ③ | 0483 ④ | 0484 ④ |
| 0485 1 | 0486 $\frac{24}{7}$ | 0487 12 | 0488 60 |
| 0489 $-\frac{\sqrt{5}}{5}$ | 0490 $\frac{12}{5}$ | | |

## PART C 수능 녹인 변별력 문제

| | | | |
|---|---|---|---|
| 0491 ⑤ | 0492 5 | 0493 15 | 0494 ① |
| 0495 ③ | 0496 4 | 0497 ② | 0498 ④ |
| 0499 80 | 0500 ④ | 0501 6 | 0502 3 |

# 05 여러 가지 미분법

### 확인 문제

유형 01 (1) $y'=-\frac{2}{(2x+3)^2}$ (2) $y'=\frac{e^x}{(e^x-3)^2}$

유형 02 (1) $y'=\frac{-x^2+1}{(x^2+1)^2}$ (2) $y'=-\frac{e^x}{(e^x-1)^2}$

유형 03 (1) $y'=-\frac{2}{x^3}$ (2) $y'=-\frac{12}{x^4}$

유형 06 (1) $y'=8(2x-1)^3$ (2) $y'=-\frac{8}{(2x-1)^5}$

유형 07 (1) $y'=2e^{2x+3}$ (2) $y'=3^{x^2-2x}(2x-2)\ln 3$ (3) $y'=\frac{1-3x}{e^{3x}}$

유형 08 (1) $y'=e^x\cos e^x$ (2) $y'=-\sin x\cos(\cos x)$

유형 10 (1) $y'=\frac{1}{x}$ (2) $y'=\frac{1}{x\ln 2}$

유형 13 (1) $y'=\sqrt{2}x^{\sqrt{2}-1}$ (2) $y'=\frac{1}{2\sqrt{x}}$

유형 14 $\frac{dy}{dx}=2t$

유형 15 $\frac{dy}{dx}=-\frac{x}{y}$ (단, $y\neq0$)

유형 16 $\frac{dy}{dx}=\frac{1}{2y-3}$

유형 18 (1) $y''=6x$ (2) $y''=-\frac{1}{x^2}$

## PART A 유형별 문제

| | | | |
|---|---|---|---|
| 0503 ⑤ | 0504 ① | 0505 4 | 0506 7 |
| 0507 ② | 0508 $-2$ | 0509 ③ | 0510 16 |
| 0511 17 | 0512 ④ | 0513 ② | 0514 $-6$ |
| 0515 11 | 0516 ③ | 0517 ⑤ | 0518 $-16$ |
| 0519 ③ | 0520 2 | 0521 ④ | 0522 ④ |
| 0523 $\frac{3}{8}$ | 0524 ⑤ | 0525 $-5$ | 0526 $\frac{1}{32}$ |
| 0527 7 | 0528 135 | 0529 ② | 0530 ② |
| 0531 ⑤ | 0532 ② | 0533 15 | 0534 ② |
| 0535 ① | 0536 $\sqrt{3}$ | 0537 36 | 0538 ③ |
| 0539 2 | 0540 ④ | 0541 $-\sqrt{3}$ | 0542 5 |
| 0543 ③ | 0544 ③ | 0545 ⑤ | 0546 199 |
| 0547 ③ | 0548 $-20$ | 0549 ① | 0550 14 |
| 0551 39 | 0552 ⑤ | 0553 ② | 0554 ③ |
| 0555 1 | 0556 ① | 0557 ③ | 0558 4 |

0559 ③ 0560 ② 0561 4 0562 ⑤
0563 ② 0564 2 0565 ⑤ 0566 $-1$
0567 ④ 0568 3 0569 4 0570 ①
0571 ② 0572 $\frac{1}{6}$ 0573 ① 0574 2
0575 ① 0576 ② 0577 ② 0578 ①
0579 ① 0580 $-2$ 0581 1

## PART B 내신 잡는 종합 문제

0582 ④ 0583 ④ 0584 ③ 0585 4
0586 ① 0587 ③ 0588 8 0589 ②
0590 33 0591 ③ 0592 12 0593 ④
0594 ② 0595 ③ 0596 ④ 0597 ⑤
0598 $\frac{1}{4}$ 0599 3 0600 2 0601 ②
0602 51 0603 5

## PART C 수능 녹인 변별력 문제

0604 ① 0605 ② 0606 ② 0607 ②
0608 7 0609 ⑤ 0610 ② 0611 ③
0612 ② 0613 ④ 0614 5 0615 ④

# 06 도함수의 활용(1)

### 확인 문제

유형 01 (1) $y=-\frac{3}{2}x+\frac{5}{2}$ (2) $y=x-\frac{\pi}{6}+\frac{\sqrt{3}}{2}$

유형 02 $y=-2x+6+\ln 2$

유형 03 $y=\frac{1}{4}x-\frac{1}{2}$

유형 04 $y=-x+3$

## PART A 유형별 문제

0616 ④ 0617 ③ 0618 ① 0619 ①
0620 72 0621 9 0622 ④ 0623 2
0624 ④ 0625 10 0626 ② 0627 ⑤
0628 ① 0629 32 0630 ④ 0631 ①
0632 ② 0633 ④ 0634 ① 0635 31
0636 ① 0637 2 0638 3 0639 ①
0640 ① 0641 2 0642 23 0643 ③
0644 ③ 0645 2 0646 8 0647 ②
0648 ② 0649 $-1$ 0650 ④ 0651 ②
0652 ③ 0653 ⑤ 0654 14 0655 41
0656 1 0657 ④ 0658 ③ 0659 4

0660 $\frac{3\sqrt{2}}{8}$ 0661 ② 0662 ⑤ 0663 ④
0664 2 0665 1 0666 ① 0667 5
0668 3 0669 ① 0670 6 0671 $-7e^{3}$
0672 $-2$ 0673 ⑤ 0674 ⑤ 0675 ③
0676 $-20$ 0677 ④ 0678 5 0679 4
0680 ④ 0681 ⑤ 0682 ④ 0683 1
0684 $-6$ 0685 ① 0686 ③ 0687 ④
0688 ④ 0689 10 0690 ④ 0691 $2\pi$
0692 ② 0693 ③ 0694 $-3$ 0695 3
0696 ② 0697 ② 0698 ④ 0699 3
0700 ③

## PART B 내신 잡는 종합 문제

0701 ① 0702 ① 0703 ④ 0704 10
0705 ④ 0706 ② 0707 130 0708 ③
0709 ③ 0710 ④ 0711 ② 0712 ②
0713 ① 0714 1 0715 ② 0716 ①
0717 3 0718 9 0719 ① 0720 26
0721 ⑤ 0722 770 0723 35

## PART C 수능 녹인 변별력 문제

0724 ③ 0725 6 0726 ③ 0727 11
0728 ② 0729 45 0730 ① 0731 ③
0732 41 0733 9 0734 ② 0735 17
0736 ③ 0737 ⑤ 0738 ⑤ 0739 ②

# 07 도함수의 활용(2)

### 확인 문제

유형 01 구간 $\left(-\infty, \frac{2}{3}\right)$에서 위로 볼록, 구간 $\left(\frac{2}{3}, \infty\right)$에서 아래로 볼록

유형 02 $-3, 1$

유형 18 (1) $3e^{-3}$ (2) $-9e^{-3}$

유형 19 (1) $\left(\frac{1}{2}, -\frac{\sqrt{3}}{2}\right)$ (2) 1

유형 20 (1) $(-e, e)$ (2) $\sqrt{2}e$

## PART A 유형별 문제

0740 ④ 0741 ② 0742 ④ 0743 ①
0744 0 0745 2 0746 ① 0747 5
0748 ④ 0749 ③ 0750 7 0751 ②
0752 41 0753 ④ 0754 3 0755 96

0756 ④ 0757 $-8$ 0758 $5$ 0759 ⑤
0760 ④ 0761 ③ 0762 ④ 0763 ②
0764 ④ 0765 ⑤ 0766 ⑤ 0767 ②
0768 ④ 0769 $1$ 0770 $2$ 0771 $4$
0772 ⑤ 0773 $2$ 0774 ④ 0775 ③
0776 ④ 0777 $51$ 0778 ④ 0779 $10$
0780 ① 0781 ③ 0782 ② 0783 $16$
0784 $4$ 0785 ④ 0786 ③ 0787 ④
0788 $-e^{-\pi}$ 0789 $2$ 0790 ③ 0791 ②
0792 $0$ 0793 $-112$ 0794 $\sqrt{2}$ 0795 $\frac{1}{e}$
0796 ④ 0797 72억 원 0798 $\sqrt{3}$ 0799 ②
0800 $8$ 0801 $1$ 0802 ② 0803 $3$
0804 ① 0805 ⑤ 0806 ③ 0807 $k\le 1$
0808 $-2$ 0809 ② 0810 ② 0811 $2$
0812 $2$ 0813 ④ 0814 $1$ 0815 ①
0816 $3$ 0817 ② 0818 $-e^2$ 0819 ③
0820 ⑤ 0821 ③ 0822 ③ 0823 $1$
0824 ② 0825 ④ 0826 $3$ 0827 $4$
0828 ③

## PART B 내신 잡는 종합 문제

0829 ③ 0830 ② 0831 ④ 0832 $-3$
0833 ⑤ 0834 $11$ 0835 ④ 0836 ①
0837 $2\sqrt{65}$ 0838 ② 0839 ⑤ 0840 ④
0841 ① 0842 ② 0843 ③ 0844 ③
0845 ④ 0846 ⑤ 0847 ① 0848 $12$
0849 $105$

## PART C 수능 녹인 변별력 문제

0850 ② 0851 $107$ 0852 ④ 0853 ③
0854 $3$ 0855 $1$ 0856 ④ 0857 ①
0858 ④ 0859 ② 0860 $-2e$ 0861 ⑤

# 적분법

## 08 여러 가지 적분법

### 확인 문제

유형 01 (1) $\frac{4}{7}x\sqrt[4]{x^3}+C$ (2) $x+2\ln|x|-\frac{1}{2x^2}+C$
(3) $\frac{2}{5}x^2\sqrt{x}-6\sqrt{x}+C$

유형 04 (1) $-\cos x-\sin x+C$ (2) $-\cot x-2x+C$

## PART A 유형별 문제

0862 ② 0863 ② 0864 ⑤ 0865 $8$
0866 ③ 0867 ③ 0868 ⑤ 0869 ②
0870 $1$ 0871 ① 0872 ③ 0873 $3$
0874 ④ 0875 ④ 0876 ④ 0877 ③
0878 ⑤ 0879 $-4$ 0880 $2$ 0881 $63$
0882 ③ 0883 ② 0884 ① 0885 ①
0886 ③ 0887 ⑤ 0888 ② 0889 $68$
0890 ④ 0891 $10$ 0892 ④ 0893 ②
0894 $6$ 0895 $6$ 0896 ② 0897 ②
0898 $3$ 0899 ② 0900 ⑤ 0901 ⑤
0902 ② 0903 ④ 0904 $29$ 0905 ⑤
0906 ③ 0907 ③ 0908 ② 0909 ④
0910 $12$ 0911 ④ 0912 ③ 0913 $3$
0914 ① 0915 ② 0916 $3\ln 3$ 0917 $3e^2$
0918 $-\frac{\pi}{2}$ 0919 ③ 0920 ④ 0921 $1$
0922 ② 0923 $7\pi$ 0924 ① 0925 $1$

## PART B 내신 잡는 종합 문제

0926 $3$ 0927 $4$ 0928 $2$ 0929 ①
0930 ⑤ 0931 ② 0932 $10$ 0933 $9$
0934 ⑤ 0935 ⑤ 0936 ③ 0937 ④
0938 ⑤ 0939 ① 0940 ③ 0941 ③
0942 ② 0943 $17$ 0944 $2\sqrt{3}$ 0945 $3$

## PART C 수능 녹인 변별력 문제

0946 ⑤ 0947 ④ 0948 ④ 0949 ②
0950 $3$ 0951 ④ 0952 $2$ 0953 ⑤
0954 ① 0955 ③ 0956 ④ 0957 $13$

# 09 정적분

확인 문제

유형 01 (1) 38 (2) 4

유형 02 (1) 4 (2) $\frac{2}{\ln 2}$

유형 03 (1) 1 (2) 1

## PART A 유형별 문제

| | | | |
|---|---|---|---|
| 0958 ③ | 0959 ⑤ | 0960 $0$ | 0961 $\frac{3}{2}$ |
| 0962 ③ | 0963 ⑤ | 0964 ③ | 0965 ③ |
| 0966 $\ln 2-1$ | 0967 ③ | 0968 ① | 0969 ④ |
| 0970 ① | 0971 $-2$ | 0972 $3$ | 0973 ② |
| 0974 ③ | 0975 $2\sqrt{2}-2$ | 0976 $6$ | 0977 $2\pi+4$ |
| 0978 ⑤ | 0979 $2$ | 0980 ③ | 0981 $32$ |
| 0982 ① | 0983 $6$ | 0984 ③ | 0985 $5$ |
| 0986 ② | 0987 $20$ | 0988 ② | 0989 $37$ |
| 0990 ③ | 0991 ③ | 0992 ① | 0993 ③ |
| 0994 $1$ | 0995 $3$ | 0996 $2\ln 2$ | 0997 ③ |
| 0998 $6$ | 0999 $230$ | 1000 $5$ | 1001 $4$ |
| 1002 ⑤ | 1003 ③ | 1004 ③ | 1005 $2$ |
| 1006 ③ | 1007 $2$ | 1008 ② | 1009 ④ |
| 1010 ① | 1011 ⑤ | 1012 $1$ | 1013 ① |
| 1014 $-24$ | 1015 $1$ | 1016 ② | 1017 $2\ln 2$ |
| 1018 ② | 1019 $\frac{1}{2}$ | 1020 $3$ | 1021 ② |
| 1022 $4$ | 1023 ② | 1024 $3$ | 1025 $2$ |
| 1026 $-2$ | 1027 ② | 1028 ② | 1029 $8$ |
| 1030 ⑤ | 1031 ② | 1032 $10$ | 1033 ② |
| 1034 ③ | 1035 $-48$ | 1036 ② | 1037 $4e$ |
| 1038 ⑤ | 1039 ① | 1040 ① | 1041 $14$ |

## PART B 내신 잡는 종합 문제

| | | | |
|---|---|---|---|
| 1042 $4$ | 1043 ③ | 1044 ③ | 1045 $\pi$ |
| 1046 ④ | 1047 ② | 1048 ③ | 1049 ② |
| 1050 ④ | 1051 ③ | 1052 ④ | 1053 ③ |
| 1054 ④ | 1055 $2$ | 1056 ② | 1057 $30$ |
| 1058 $3$ | 1059 ③ | 1060 $4$ | 1061 ③ |
| 1062 $\pi^2+4$ | 1063 $\ln 2$ | | |

## PART C 수능 녹인 변별력 문제

| | | | |
|---|---|---|---|
| 1064 ① | 1065 ② | 1066 ③ | 1067 ② |
| 1068 $9$ | 1069 ④ | 1070 ④ | 1071 ① |
| 1072 ③ | 1073 ① | 1074 ⑤ | 1075 ③ |
| 1076 ② | 1077 $4$ | 1078 $14$ | 1079 $49$ |

# 10 정적분의 활용

확인 문제

유형 01 $\frac{1}{3}$

유형 02 $e-1$

유형 14 (1) $\frac{4}{3}$ (2) $\frac{28}{3}$ (3) $\frac{28}{3}$

유형 15 $\sqrt{5}$

유형 16 (1) $e-\frac{1}{e}$ (2) $9\sqrt{5}$

## PART A 유형별 문제

| | | | |
|---|---|---|---|
| 1080 ④ | 1081 ④ | 1082 ③ | 1083 ① |
| 1084 ① | 1085 $-e^2+e$ | 1086 ④ | 1087 $2$ |
| 1088 ④ | 1089 ③ | 1090 ② | 1091 ① |
| 1092 ① | 1093 ③ | 1094 $2$ | 1095 $182$ |
| 1096 ② | 1097 $-12$ | 1098 ② | 1099 ③ |
| 1100 $1$ | 1101 $-5$ | 1102 ⑤ | 1103 ⑤ |
| 1104 $18$ | 1105 ① | 1106 ① | 1107 ⑤ |
| 1108 ② | 1109 ④ | 1110 ② | 1111 $5$ |
| 1112 ② | 1113 ① | 1114 ② | 1115 ④ |
| 1116 ⑤ | 1117 $7$ | 1118 ⑤ | 1119 ⑤ |
| 1120 ② | 1121 $3$ | 1122 ④ | 1123 $\ln 2$ |
| 1124 $6$ | 1125 ④ | 1126 ④ | 1127 ③ |
| 1128 $12\pi$ | 1129 $8$ | 1130 ⑤ | 1131 $\pi$ |
| 1132 ③ | 1133 ⑤ | 1134 $19$ | 1135 ④ |
| 1136 $3$ | 1137 ① | 1138 ⑤ | 1139 $\pi$ |
| 1140 ⑤ | 1141 ④ | 1142 $40$ | 1143 ① |
| 1144 ④ | 1145 $12$ | 1146 ① | 1147 ⑤ |
| 1148 ③ | 1149 $16$ | | |

## PART B 내신 잡는 종합 문제

| | | | |
|---|---|---|---|
| 1150 ⑤ | 1151 $8$ | 1152 ④ | 1153 ② |
| 1154 $3$ | 1155 ① | 1156 ④ | 1157 $2\ln 2$ |
| 1158 ④ | 1159 ⑤ | 1160 ① | 1161 ② |
| 1162 ③ | 1163 ① | 1164 ③ | 1165 $50$ |
| 1166 ③ | 1167 $10$ | 1168 $2$ | |

## PART C 수능 녹인 변별력 문제

| | | | |
|---|---|---|---|
| 1169 $96$ | 1170 ② | 1171 ① | 1172 ③ |
| 1173 $4$ | 1174 ⑤ | 1175 ② | 1176 $0$ |
| 1177 $28$ | 1178 ② | 1179 ④ | 1180 $6$ |

MEMO

유형
ON

수학의 바이블
모든 유형으로 실력을 밝혀라!
유형 ON

# 수학의 바이블

학교 시험에
자주 나오는
**186유형**
**1951제 수록**

1권 유형편
1180제로
**완벽한**
**필수 유형 학습**

2권 변형편
771제로
**복습 및 학교 시험**
**완벽 대비**

**모든** 유형으로 실력을 **밝혀라!**

# 미적분

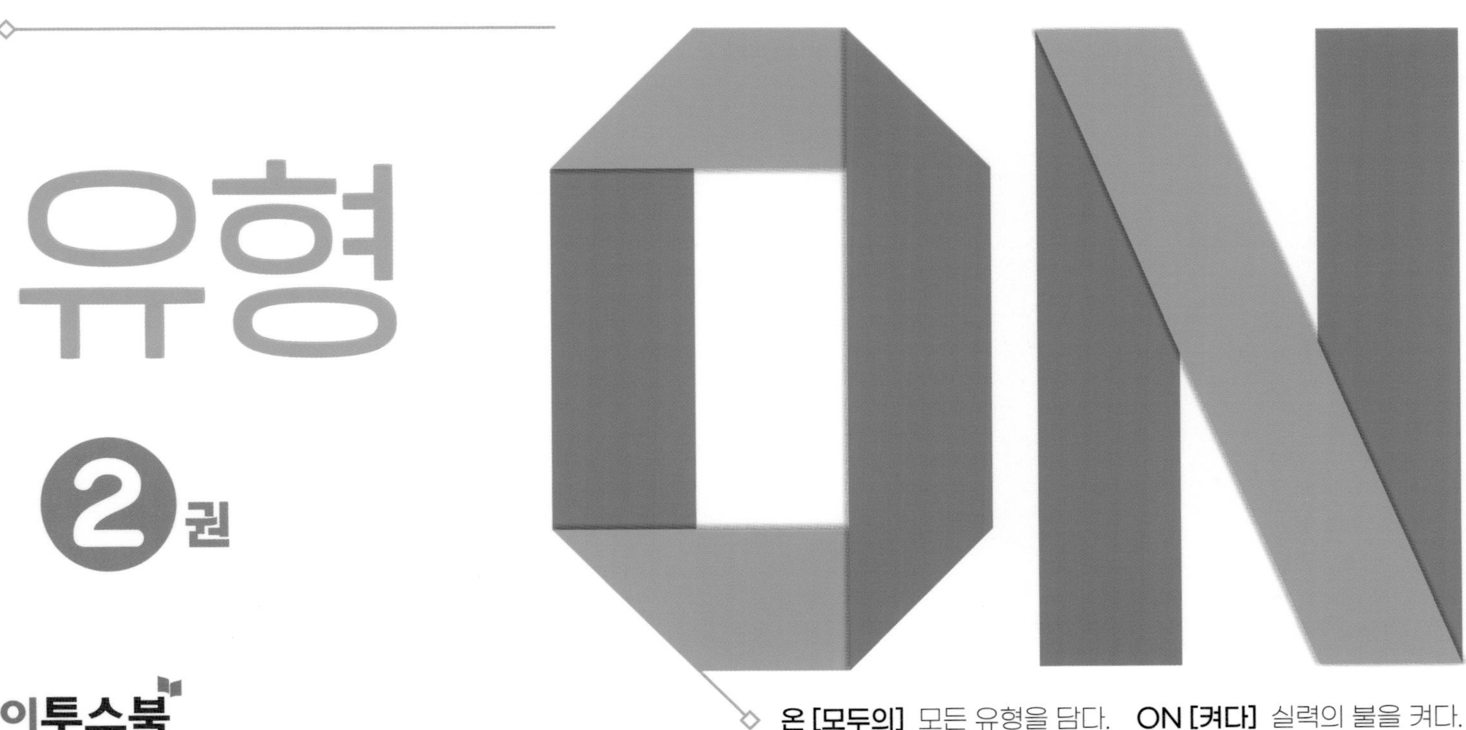


이투스북

온 [모두의] 모든 유형을 담다. ON [켜다] 실력의 불을 켜다.

유형 ON

# 수학의 바이블

## 유형 ON

2권

# 미적분

# 이 책의 차례

## Ⅰ 수열의 극한



## Ⅱ 미분법



## Ⅲ 적분법

# 수열의 극한

# 수열의 극한



## 유형 01 수열의 수렴과 발산

### 0001

다음 수열의 수렴과 발산에 대한 설명으로 옳지 않은 것은?

① 수열 $\left\{\left(-\frac{7}{6}\right)^n\right\}$은 발산한다.

② 수열 $\left\{2+\frac{1}{(-3)^n}\right\}$은 수렴한다.

③ 수열 $\{\cos n\pi\}$는 수렴한다.

④ 수열 $\left\{\frac{5n-2}{n}\right\}$는 수렴한다.

⑤ 수열 $\left\{\log\frac{1}{n}\right\}$은 발산한다.

### 0002

수열 $\left\{\frac{3n}{n+5}\right\}$의 극한값을 $x$, 수열 $\left\{\tan\left(n\pi+\frac{\pi}{3}\right)\right\}$의 극한값을 $y$라 할 때, $x^2+y^2$의 값을 구하시오.

### 0003

보기에서 수렴하는 수열인 것만을 있는 대로 고르시오.

보기

ㄱ. $\left\{3-\frac{3}{n^3}\right\}$

ㄴ. $\left\{\frac{1+(-1)^n}{2}\right\}$

ㄷ. $\left\{\frac{7-3n^2}{n}\right\}$

ㄹ. $\left\{1+\frac{(-1)^n}{\log 3n}\right\}$

## 유형 02 수열의 극한에 대한 기본 성질

### 0004

두 수열 $\{a_n\}$, $\{b_n\}$에 대하여

$$\lim_{n\to\infty} a_n=-2,\ \lim_{n\to\infty} b_n=7$$

일 때, $\lim_{n\to\infty}\frac{4a_n-b_n}{2a_n^2-3}$의 값을 구하시오.

### 0005

두 수열 $\{a_n\}$, $\{b_n\}$의 일반항이 각각

$$a_n=\frac{1}{n}+1,\ b_n=\frac{5}{(n+1)(n+2)}-3$$

일 때, $\lim_{n\to\infty}(3a_n-1)(b_n+1)$의 값을 구하시오.

### 0006

수렴하는 두 수열 $\{a_n\}$, $\{b_n\}$에 대하여

$$\lim_{n\to\infty}(5-a_n)=2,\ \lim_{n\to\infty}(a_n+2b_n)=7$$

일 때, $\lim_{n\to\infty}\frac{a_n+1}{b_n}$의 값을 구하시오.

## 0007

수렴하는 두 수열 $\{a_n\}$, $\{b_n\}$에 대하여

$$\lim_{n\to\infty}(a_n+b_n)=3,\ \lim_{n\to\infty}a_nb_n=-2$$

일 때, $\lim_{n\to\infty}(a_n^2-a_nb_n+b_n^2)$의 값을 구하시오.

## 0008

수렴하는 두 수열 $\{a_n\}$, $\{b_n\}$에 대하여

$$\lim_{n\to\infty}(a_n-b_n)=8,\ \lim_{n\to\infty}(2a_n+b_n)=1$$

일 때, $\lim_{n\to\infty}(a_n+b_n)$의 값은?

① $-2$ ② $-1$ ③ $0$
④ $1$ ⑤ $2$

### 유형 03 $\lim_{n\to\infty}a_n=\lim_{n\to\infty}a_{n+1}=\alpha$의 이용

## 0009

수렴하는 수열 $\{a_n\}$에 대하여 $\lim_{n\to\infty}\frac{2a_{n+1}+3}{a_n-3}=5$일 때, $\lim_{n\to\infty}(a_n+3)$의 값을 구하시오.

## 0010

수열 $\{a_n\}$이 0이 아닌 실수에 수렴하고

$$\frac{9}{a_{n+1}}=6-a_n\ (n=1,\ 2,\ 3,\ \cdots)$$

을 만족시킬 때, $\lim_{n\to\infty}a_n$의 값을 구하시오.

## 0011

수렴하는 수열 $\{a_n\}$에 대하여

$$\lim_{n\to\infty}a_{n-1}^2-\lim_{n\to\infty}a_{n+1}-1=0$$

이고, 모든 자연수 $n$에 대하여 $a_n\geq0$일 때, $\lim_{n\to\infty}a_n$의 값은?

① $0$ ② $\frac{-1+\sqrt{5}}{2}$ ③ $1$
④ $\frac{\sqrt{5}}{2}$ ⑤ $\frac{1+\sqrt{5}}{2}$

## 0012

모든 항이 양수인 수렴하는 수열 $\{a_n\}$에 대하여 이차방정식

$$x^2+a_nx+a_{2n}+15=0$$

이 항상 중근을 갖는다. $\lim_{n\to\infty}\sqrt{a_n-1}$의 값은?

① $1$ ② $\sqrt{3}$ ③ $2$
④ $\sqrt{6}$ ⑤ $3$

### 유형 04 $\frac{\infty}{\infty}$ 꼴의 극한

## 0013

다음 조건을 만족시키는 극한값 $a$, $b$에 대하여 $a+b$의 값을 구하시오.

(가) $\lim_{n\to\infty}\frac{(n+1)^2-(n+3)^2}{2n+1}=a$
(나) $\lim_{n\to\infty}\frac{\sqrt{n^2+3n}+5n}{\sqrt{n^2+1}}=b$

## 0014 수능 변형

$\lim_{n\to\infty}\frac{2n^2+5}{n^2+1}\times\lim_{n\to\infty}\frac{\frac{3}{n}+\frac{2}{n^3}}{\frac{1}{n}+\frac{4}{n^2}}$의 값을 구하시오.

## 0015

수열 $\{a_n\}$이

$$a_n+a_{n+1}=n^2+5\ (n=1,\ 2,\ 3,\ \cdots)$$

을 만족시킬 때, $\lim_{n\to\infty}\frac{a_{n+2}-a_n}{n+3}$의 값을 구하시오.

## 0016

수열 $\{a_n\}$의 첫째항부터 제$n$항까지의 합 $S_n$이 $S_n=3n^2+n$ 일 때, $\lim_{n\to\infty}\frac{S_n}{a_na_{n+1}}$의 값은?

① $\frac{1}{12}$ ② $\frac{1}{6}$ ③ $\frac{1}{3}$
④ $\frac{1}{2}$ ⑤ 1

## 0017

함수 $f(x)=x^2+4nx+3$에 대하여 방정식 $f(x)=0$의 서로 다른 두 실근을 $\alpha_n$, $\beta_n$이라 할 때, $\lim_{n\to\infty}\frac{{\alpha_n}^2+{\beta_n}^2}{f(n)}$의 값을 구하시오. (단, $n$은 자연수이다.)

## 유형 05 $\frac{\infty}{\infty}$ 꼴의 극한 - 합 또는 곱

## 0018

$\lim_{n\to\infty}\frac{5+7+9+\cdots+(2n+3)}{1+2+3+\cdots+n}$의 값은?

① 1 ② 2 ③ 3
④ 4 ⑤ 5

## 0019

$\lim_{n\to\infty}\frac{1^2+2^2+3^2+\cdots+n^2}{n(3+6+9+\cdots+3n)}$의 값을 구하시오.

## 0020

두 수열 $\{a_n\}$, $\{b_n\}$의 일반항이 각각

$$a_n=\left(1+\frac{1}{2}\right)\left(1+\frac{1}{3}\right)\left(1+\frac{1}{4}\right)\cdots\left(1+\frac{1}{n}\right),$$
$$b_n=1^3+2^3+3^3+\cdots+n^3$$

일 때, $\lim_{n\to\infty}\frac{b_n}{{a_n}^4}$의 값은?

① 1 ② 2 ③ 3
④ 4 ⑤ 5

## 0021 교육청 변형

자연수 $n$에 대하여

$$f(n)=\frac{1+3+5+\cdots+(2n-1)}{1\times2+2\times3+3\times4+\cdots+n(n+1)}$$

일 때, $\lim_{n\to\infty} nf(n)$의 값을 구하시오.

## 0024 평가원 변형

수열 $\{a_n\}$의 일반항이 $a_n=\log_5 \frac{n}{n+2}$일 때,
$\lim_{n\to\infty} (n^2\times5^{a_1+a_2+a_3+\cdots+a_n})$의 값을 구하시오.



# 유형 06 $\frac{\infty}{\infty}$ 꼴의 극한 - 로그를 포함한 식

## 0022

$\lim_{n\to\infty}\{\log_3(3n-1)+\log_3(3n+1)-2\log_3(n+2)\}$의 값을 구하시오.

## 0023

$\lim_{n\to\infty}(\log_4\sqrt{6n^2-n+1}-\log_4\sqrt{3n^2+4})$의 값은?

① $-\frac{1}{2}$ ② $-\frac{1}{4}$ ③ $\frac{1}{4}$
④ $\frac{1}{2}$ ⑤ 1

# 유형 07 $\frac{\infty}{\infty}$ 꼴의 극한 - 미정계수의 결정

## 0025 평가원 변형

$\lim_{n\to\infty}\frac{(an+2)^2}{bn^3+3n^2}=4$일 때, 상수 $a$, $b$에 대하여 $a^2+b^2$의 값을 구하시오.

## 0026

$\lim_{n\to\infty}\frac{(a-1)n^2+bn+3}{\sqrt{9n^2+1}}=2$일 때, 상수 $a$, $b$에 대하여 $a+b$의 값은?

① 4 ② 5 ③ 6
④ 7 ⑤ 8

## 0027

상수 $a$, $b$에 대하여 $\lim_{n\to\infty}\frac{\sqrt{36n^2-n+5}}{an^2+2n-3}=b$일 때,

$\lim_{n\to\infty}\frac{(a+9)n+1}{\sqrt{bn^2-n}}$의 값을 구하시오. (단, $b\neq0$)

## 0028

$\lim_{n\to\infty}\frac{(a^2-2a-3)n^2+(a-3)n+1}{bn+2}=1$일 때,

$\lim_{n\to\infty}\frac{2an^2-n+3}{(bn+1)^2}$의 값은? (단, $a$, $b$는 상수이고, $b\neq0$이다.)

① $-\frac{1}{2}$　② $-\frac{1}{4}$　③ $-\frac{1}{6}$

④ $-\frac{1}{8}$　⑤ $-\frac{1}{10}$

## 유형 08 $\infty-\infty$ 꼴의 극한

## 0029 교육청 변형

$\lim_{n\to\infty}(3n-\sqrt{9n^2-5n})$의 값은?

① $\frac{1}{6}$　② $\frac{1}{2}$　③ $\frac{5}{6}$

④ $\frac{7}{6}$　⑤ $\frac{3}{2}$

## 0030

첫째항이 2, 공차가 3인 등차수열 $\{a_n\}$에 대하여 $\lim_{n\to\infty}\sqrt{n}(\sqrt{a_{n+2}}-\sqrt{a_n})$의 값을 구하시오.

## 0031 평가원 변형

자연수 $n$에 대하여 이차방정식

$$x^2-2nx+5n-7=0$$

의 두 실근을 $\alpha_n$, $\beta_n$ $(\alpha_n<\beta_n)$이라 할 때, $\lim_{n\to\infty}\alpha_n$의 값은?

① 1　② $\frac{3}{2}$　③ 2

④ $\frac{5}{2}$　⑤ 3

## 0032

자연수 $n$에 대하여 $\sqrt{16n^2+5n+1}$보다 크지 않은 최대의 정수를 $a_n$이라 할 때, $\lim_{n\to\infty}(\sqrt{16n^2+5n+1}-a_n)$의 값을 구하시오.

## 0033

수열 $\{a_n\}$의 첫째항부터 제$n$항까지의 합 $S_n$이 $S_n=2n^2$일 때, $\lim_{n\to\infty}(\sqrt{a_2+a_4+a_6+\cdots+a_{2n}}-\sqrt{a_1+a_3+a_5+\cdots+a_{2n-1}})$의 값을 구하시오.

### 유형 09 ∞−∞ 꼴의 극한 - 분수 꼴

## 0034 평가원 변형

$\lim_{n\to\infty}\frac{2}{\sqrt{2n^2+n}-\sqrt{2n^2-1}}$의 값을 구하시오.

## 0035

수열

$$\frac{1}{\sqrt{1\times2}-3},\ \frac{1}{\sqrt{2\times3}-4},\ \frac{1}{\sqrt{3\times4}-5},\ \frac{1}{\sqrt{4\times5}-6},\ \cdots$$

의 극한값은?

① $-\frac{5}{3}$ ② $-\frac{4}{3}$ ③ $-1$

④ $-\frac{2}{3}$ ⑤ $-\frac{1}{3}$

## 0036

자연수 $n$에 대하여 이차방정식 $x^2-x+2n-\sqrt{4n^2+3n}=0$의 두 실근을 $\alpha_n$, $\beta_n$이라 할 때, $\lim_{n\to\infty}\left(\frac{1}{\alpha_n}+\frac{1}{\beta_n}\right)$의 값은?

① $-\frac{4}{3}$ ② $-1$ ③ $-\frac{3}{4}$

④ $\frac{3}{4}$ ⑤ $\frac{4}{3}$

## 0037

$\lim_{n\to\infty}\frac{\sqrt{n^2+53}-n}{n-\sqrt{n^2+52}}$의 값은?

① $-\frac{53}{26}$ ② $-\frac{53}{52}$ ③ $-\frac{52}{53}$

④ $\frac{52}{53}$ ⑤ $\frac{53}{52}$

### 유형 10 ∞−∞ 꼴의 극한 - 미정계수의 결정

## 0038

$\lim_{n\to\infty}\frac{1}{\sqrt{4n^2+3an}-2n+a}=\frac{2}{7}$일 때, 상수 $a$의 값을 구하시오.

## 0039

$\lim_{n\to\infty}\{\sqrt{n^2+an}-(bn-3)\}=4$일 때, 상수 $a$, $b$에 대하여 $ab$의 값은?

① $-3$ ② $-2$ ③ $1$
④ $2$ ⑤ $3$

## 0040 교육청 변형

$\lim_{n\to\infty}(\sqrt{3n^2+an+2}-\sqrt{bn^2-3n+1})=\sqrt{3}$일 때, 상수 $a$, $b$에 대하여 $a+b$의 값을 구하시오.

## 0041

$\lim_{n\to\infty}\frac{\sqrt{an+3}}{an(\sqrt{n+4}-\sqrt{n-1})}=\frac{1}{5}$일 때, 상수 $a$의 값은? (단, $a\neq0$)

① $1$ ② $2$ ③ $3$
④ $4$ ⑤ $5$

## 0042

수렴하는 수열 $\{a_n\}$의 일반항이

$$a_n=\sqrt{(2n+1)(2n+3)}+kn$$

일 때, $\lim_{n\to\infty}a_n$의 값을 구하시오. (단, $k$는 상수이다.)

### 유형 11 일반항 $a_n$을 포함한 식의 극한값

## 0043

수열 $\{a_n\}$이 $\lim_{n\to\infty}(2n+5)a_n=4$를 만족시킬 때, $\lim_{n\to\infty}(6n-1)a_n$의 값을 구하시오.

## 0044

수열 $\{a_n\}$이 $\lim_{n\to\infty}\frac{5-3a_n}{a_n+1}=-1$을 만족시킬 때, $\lim_{n\to\infty}a_n$의 값은?

① $1$ ② $2$ ③ $3$
④ $4$ ⑤ $5$

## 0045 교육청 변형

수열 $\{a_n\}$에 대하여 $\lim_{n\to\infty}\frac{a_n}{n}=2$일 때, $\lim_{n\to\infty}\frac{2a_n-3n}{a_n+n}$의 값을 구하시오.

## 0046

수열 $\{a_n\}$에 대하여 $\lim_{n\to\infty}(n^2+n-1)a_n=3$일 때,

$\lim_{n\to\infty}\frac{1}{(5n^2+2)a_n}$의 값을 구하시오. (단, $a_n\neq0$)

### 유형 12 일반항 $a_n$을 포함한 식의 극한값 - 식의 변형

## 0047

두 수열 $\{a_n\}$, $\{b_n\}$에 대하여

$$\lim_{n\to\infty}\frac{a_n}{4n-1}=5,\ \lim_{n\to\infty}\frac{b_n}{3n+4}=2$$

일 때, $\lim_{n\to\infty}\frac{a_nb_n}{(2n+1)^2}$의 값을 구하시오.

## 0048

두 수열 $\{a_n\}$, $\{b_n\}$에 대하여

$$\lim_{n\to\infty}(2n+5)a_n=6,\ \lim_{n\to\infty}(n^3-1)b_n=3$$

일 때, $\lim_{n\to\infty}\frac{(4n^2-1)b_n}{a_n}$의 값은? (단, $a_n\neq0$)

① $-4$ ② $-2$ ③ 2
④ 4 ⑤ 6

## 0049

두 수열 $\{a_n\}$, $\{b_n\}$에 대하여

$$\lim_{n\to\infty}a_n=\infty,\ \lim_{n\to\infty}(a_n+b_n)=3$$

일 때, $\lim_{n\to\infty}\frac{3a_n-b_n}{a_n+2b_n}$의 값을 구하시오. (단, $a_n+2b_n\neq0$)

### 유형 13 수열의 극한의 대소 관계

## 0050

수열 $\{a_n\}$이 모든 자연수 $n$에 대하여

$$\frac{3n}{n^2+2}<a_n<\frac{3n+5}{n^2+2}$$

를 만족시킬 때, $\lim_{n\to\infty}na_n$의 값은?

① 1 ② 2 ③ 3
④ 4 ⑤ 5

## 0051 평가원 변형

수열 $\{a_n\}$이 모든 자연수 $n$에 대하여

$$\sqrt{4n^2-3n+1}<(n+3)a_n<\sqrt{4n^2+5n}$$

을 만족시킬 때, $\lim_{n\to\infty} a_n$의 값을 구하시오.

## 0052

수열 $\{a_n\}$이 모든 자연수 $n$에 대하여 $|a_n-6n|\le 5$를 만족시킬 때, $\lim_{n\to\infty}\frac{a_n}{3n}$의 값은?

① $\frac{1}{3}$ ② $\frac{1}{2}$ ③ 1
④ $\frac{3}{2}$ ⑤ 2

## 0053

모든 항이 양수인 수열 $\{a_n\}$이 모든 자연수 $n$에 대하여

$$1+2\log_2 n<\log_2 a_n<1+2\log_2(n+1)$$

을 만족시킬 때, $\lim_{n\to\infty}\frac{a_n}{n^2+n}$의 값을 구하시오.

## 0054 수능 변형

수열 $\{a_n\}$에 대하여 이차방정식 $x^2-2(n+3)x+a_n=0$은 서로 다른 두 실근을 갖고, 이차방정식 $x^2-2nx+a_n=0$은 서로 다른 두 허근을 갖는다. $\lim_{n\to\infty}\frac{a_n}{2n^2+3n}$의 값을 구하시오.

## 0055

두 수열 $\{a_n\}$, $\{b_n\}$이 모든 자연수 $n$에 대하여 다음 조건을 만족시킬 때, $\lim_{n\to\infty} a_n$의 값을 구하시오.

(가) $7-\frac{1}{n}<3a_n+b_n<7+\frac{1}{n}$
(나) $3-\frac{1}{n}<2a_n-b_n<3+\frac{1}{n}$

### 유형 14 수열의 극한의 대소 관계 - 삼각함수를 포함한 수열

## 0056

$\lim_{n\to\infty}\frac{(1+n)\sin n\theta}{n^2+1}$의 값을 구하시오. (단, $\theta$는 상수이다.)

## 0057

$\lim_{n\to\infty}\frac{\cos n\theta-n^3}{2n^3+n}$의 값은? (단, $\theta$는 상수이다.)

① $-2$ ② $-1$ ③ $-\frac{1}{2}$
④ $\frac{1}{2}$ ⑤ 1

## 유형 15 수열의 극한에 대한 진위 판단

### 0058

두 수열 $\{a_n\}$, $\{b_n\}$에 대하여 보기에서 옳은 것만을 있는 대로 고른 것은?

보기

ㄱ. $\lim_{n\to\infty} a_n=\infty$, $\lim_{n\to\infty}(a_n-b_n)=\alpha$ ($\alpha$는 실수)이면 $\lim_{n\to\infty}\frac{b_n}{a_n}=1$이다.

ㄴ. 두 수열 $\{a_n\}$과 $\{a_n-b_n\}$이 수렴하면 수열 $\{b_n\}$도 수렴한다.

ㄷ. 모든 자연수 $n$에 대하여 $0<a_n<b_n$이고 수열 $\{b_n\}$이 수렴하면 수열 $\{a_n\}$도 수렴한다.

① ㄱ ② ㄴ ③ ㄱ, ㄴ
④ ㄴ, ㄷ ⑤ ㄱ, ㄴ, ㄷ

### 0059

두 수열 $\{a_n\}$, $\{b_n\}$에 대하여 보기에서 옳은 것만을 있는 대로 고른 것은?

보기

ㄱ. $\lim_{n\to\infty} a_n=\infty$, $\lim_{n\to\infty} b_n=0$이면 $\lim_{n\to\infty} a_nb_n=0$이다.

ㄴ. 두 수열 $\{a_{2n}\}$, $\{a_{2n-1}\}$이 모두 수렴하면 수열 $\{a_n\}$도 수렴한다.

ㄷ. $\lim_{n\to\infty} a_{2n}=1$이면 $\lim_{n\to\infty} a_{4n}=1$이다.

ㄹ. 수열 $\{a_nb_n\}$이 수렴하면 두 수열 $\{a_n\}$, $\{b_n\}$은 모두 수렴한다.

① ㄴ ② ㄷ ③ ㄱ, ㄴ
④ ㄴ, ㄷ ⑤ ㄷ, ㄹ

### 0060

두 수열 $\{a_n\}$, $\{b_n\}$에 대하여 보기에서 옳은 것만을 있는 대로 고른 것은?

보기

ㄱ. 두 수열 $\{a_n\}$, $\{b_n\}$이 모두 수렴할 때, $\lim_{n\to\infty} a_n=\lim_{n\to\infty} b_n$이면 $a_n=b_n$이다.

ㄴ. $\lim_{n\to\infty} a_n^2=\alpha$ ($\alpha$는 양의 실수)이면 $\lim_{n\to\infty} a_n=\sqrt{\alpha}$ 또는 $\lim_{n\to\infty} a_n=-\sqrt{\alpha}$이다.

ㄷ. 두 수열 $\{a_n\}$, $\{b_n\}$이 모두 발산하면 수열 $\{a_n+b_n\}$도 발산한다.

ㄹ. 수열 $\{a_n^2\}$이 발산하면 수열 $\{|a_n|\}$도 발산한다.

① ㄴ ② ㄹ ③ ㄱ, ㄹ
④ ㄴ, ㄷ ⑤ ㄱ, ㄷ, ㄹ

## 유형 16 등비수열의 극한

### 0061

$\lim_{n\to\infty}\frac{4^{n+2}-3^{n+1}}{4^{n+1}+3^n}$의 값을 구하시오.

### 0062

$\lim_{n\to\infty}\frac{5^{n+k}}{3^{n+1}-5^n}=-25$일 때, 상수 $k$의 값을 구하시오.

## 0063

수렴하는 수열 $\{a_n\}$에 대하여 $\lim_{n\to\infty}\frac{3^{n+1}\times a_n-2^{n+1}}{3^{n+1}+3^n\times a_n}=2$일 때, $\lim_{n\to\infty}a_n$의 값을 구하시오.

## 0064

$\lim_{n\to\infty}(\sqrt{9^n+3^n}-\sqrt{9^n-3^{n+1}})$의 값은?

① $-2$ ② $-1$ ③ $1$
④ $2$ ⑤ $3$

## 0065

이차방정식 $x^2-6x+7=0$의 두 실근을 $\alpha$, $\beta$라 할 때, $\lim_{n\to\infty}\frac{\alpha^{n+2}+\beta^{n+2}}{\alpha^n+\beta^n}$의 값은? (단, $\alpha>\beta$)

① $\alpha$ ② $\alpha^2$ ③ $1+\alpha^2$
④ $\beta$ ⑤ $\beta^2$

## 0066

자연수 $n$에 대하여 다항식 $3x^{n+2}-4x+1$을 $x-3$으로 나누었을 때의 나머지를 $a_n$, $x-4$로 나누었을 때의 나머지를 $b_n$이라 하자. $\lim_{n\to\infty}\frac{a_n-b_n}{4^{n+1}-3}$의 값은?

① $-12$ ② $-10$ ③ $-8$
④ $-6$ ⑤ $-4$

### 유형 17 등비수열의 극한 - 수열의 합

## 0067

수열 $\{a_n\}$의 첫째항부터 제$n$항까지의 합 $S_n$이 $S_n=(2n-1)\times 5^n$일 때, $\lim_{n\to\infty}\frac{a_n}{S_n}$의 값은?

① $\frac{1}{2}$ ② $\frac{2}{3}$ ③ $\frac{3}{4}$
④ $\frac{4}{5}$ ⑤ $\frac{5}{6}$

## 0068

수열 $\{a_n\}$의 첫째항부터 제$n$항까지의 합 $S_n$이 $S_n=4^n-2$일 때, $\lim_{n\to\infty}\frac{a_n+S_n}{a_{n+2}+3^n}$의 값은?

① $\frac{5}{48}$ ② $\frac{7}{48}$ ③ $\frac{3}{16}$
④ $\frac{1}{4}$ ⑤ $\frac{7}{24}$

## 0069

모든 항이 실수인 등비수열 $\{a_n\}$이

$$a_1+a_2+a_3=9,\ a_4+a_5+a_6=-72$$

를 만족시킨다. 수열 $\{a_n\}$의 첫째항부터 제$n$항까지의 합을 $S_n$이라 할 때, $\lim_{n\to\infty}\frac{{S_n}^2}{a_{2n+1}}$의 값을 구하시오.

## 유형 18 등비수열의 수렴 조건

## 0070

두 등비수열 $\{(\log x)^n\}$, $\left\{\left(\frac{x+1}{5}\right)^{n+1}\right\}$이 모두 수렴하도록 하는 자연수 $x$의 개수는?

① 4 ② 5 ③ 6
④ 7 ⑤ 8

## 0071

등비수열 $\{(2\cos x)^n\}$이 수렴하기 위한 실수 $x$의 값의 범위가 $\frac{\pi}{a}\le x<\frac{b}{a}\pi$ 또는 $\frac{c}{a}\pi<x\le\frac{d}{a}\pi$일 때, $a+b+c+d$의 값은? (단, $0<x<2\pi$)

① 11 ② 12 ③ 13
④ 14 ⑤ 15

## 0072

등비수열 $\{r^{2n}\}$이 수렴할 때, 보기에서 항상 수렴하는 수열인 것만을 있는 대로 고르시오.

보기

ㄱ. $\left\{\left(\frac{r}{2}\right)^n\right\}$　ㄴ. $\left\{\left(\frac{r+2}{3}\right)^n\right\}$

ㄷ. $\left\{\left(\frac{1-r}{2}\right)^n\right\}$　ㄹ. $\left\{\left(\frac{3r-1}{4}\right)^n\right\}$

## 0073

수열 $\left\{\frac{3^n+a^{2n}}{2^n+7^n}\right\}$이 수렴하도록 하는 정수 $a$의 개수를 구하시오.

## 0074 교육청 변형

등비수열 $\left\{\left(\frac{x^2-5x-7}{7}\right)^n\right\}$이 수렴하도록 하는 모든 정수 $x$의 값의 합은?

① 6 ② 7 ③ 8
④ 9 ⑤ 10

## 0075

등비수열 $\left\{(x+4)\left(\frac{2-x}{3}\right)^{2n}\right\}$이 수렴하도록 하는 정수 $x$의 개수는?

① 5 ② 6 ③ 7
④ 8 ⑤ 9

## 유형 19 $r^n$을 포함한 수열의 극한

## 0076

$\lim_{n\to\infty}\frac{2r^{2n}+3}{r^{2n}+r^{n+1}-1}$의 값은 $|r|<1$일 때 $a$, $r=1$일 때 $b$, $|r|>1$일 때 $c$이다. $a+b+c$의 값을 구하시오.

## 0077

$\lim_{n\to\infty}\frac{r^{n+2}-r^n+4}{r^n+1}=2$를 만족시키는 모든 실수 $r$의 값의 곱을 구하시오. (단, $r\neq-1$)

## 0078

수열 $\left\{\frac{6^n-r^n}{6^n+r^n}\right\}$의 극한값이 1이 되도록 하는 정수 $r$의 개수는? (단, $r\neq-6$)

① 11 ② 12 ③ 13
④ 14 ⑤ 15

## 0079 교육청 변형

$\lim_{n\to\infty}\frac{2\times\left(\frac{m}{4}\right)^{n+1}+4}{\left(\frac{m}{4}\right)^n+1}=4$가 되도록 하는 자연수 $m$의 개수를 구하시오.

## 유형 20 $x^n$을 포함한 극한으로 정의된 함수

## 0080

함수 $f(x)=\lim_{n\to\infty}\frac{x^{2n+1}+5x^{2n}+2}{x^{2n}+1}$에 대하여

$f(-1)+f(1)+(f\circ f)\left(\frac{1}{3}\right)$의 값을 구하시오.

(단, $n$은 자연수이다.)

## 0081

정의역이 $\left\{x \middle| -\frac{1}{2} \le x \le 2\right\}$인 함수 $y=\lim_{n\to\infty}\frac{x^{n+2}+x+1}{x^n+1}$의 치역은? (단, $n$은 자연수이다.)

① $\left\{y \middle| -\frac{1}{2} \le y \le 2\right\}$　② $\left\{y \middle| -\frac{1}{2} \le y \le 4\right\}$

③ $\left\{y \middle| \frac{1}{2} \le y \le 1\right\}$　④ $\left\{y \middle| \frac{1}{2} \le y \le 2\right\}$

⑤ $\left\{y \middle| \frac{1}{2} \le y \le 4\right\}$

## 0082

$x\ne-1$인 모든 실수 $x$에서 정의된 함수 $f(x)=\lim_{n\to\infty}\frac{x^{n+1}-3}{x^n+1}$에 대하여 $f\left(\frac{1}{2}\right)+f(1)+f(2)+f(3)+\cdots+f(20)$의 값을 구하시오. (단, $n$은 자연수이다.)

### 유형 21 수열의 극한의 활용 - 그래프

## 0083

그림과 같이 자연수 $n$에 대하여 직선 $y=3nx$ 위의 점 $P_n(n,\ 3n^2)$을 지나고 이 직선과 수직인 직선이 $x$축과 만나는 점을 $Q_n$이라 할 때, 선분 $OQ_n$의 길이를 $l_n$이라 하자. $\lim_{n\to\infty}\frac{l_n}{n^3+1}$의 값을 구하시오. (단, O는 원점이다.)

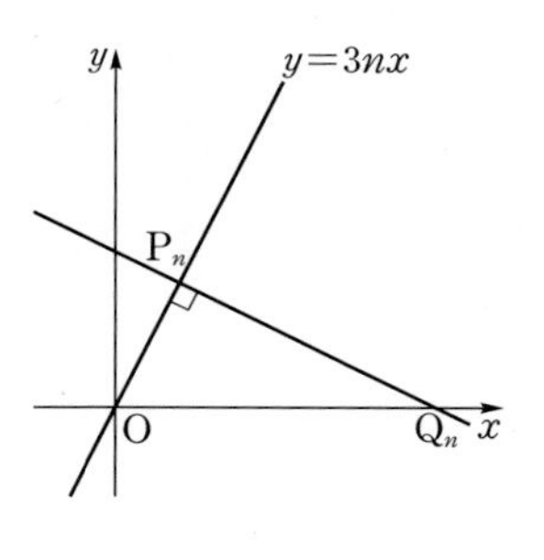


## 0084 교육청 변형

그림과 같이 자연수 $n$에 대하여 곡선 $y=x^2$ 위의 점 $P_n(n,\ n^2)$을 중심으로 하고 $y$축에 접하는 원을 $C_n$이라 하자. 원점을 지나고 원 $C_n$에 접하는 직선 중에서 $y$축이 아닌 직선의 기울기를 $a_n$이라 할 때, $\lim_{n\to\infty}\frac{4a_n}{n+1}$의 값을 구하시오.

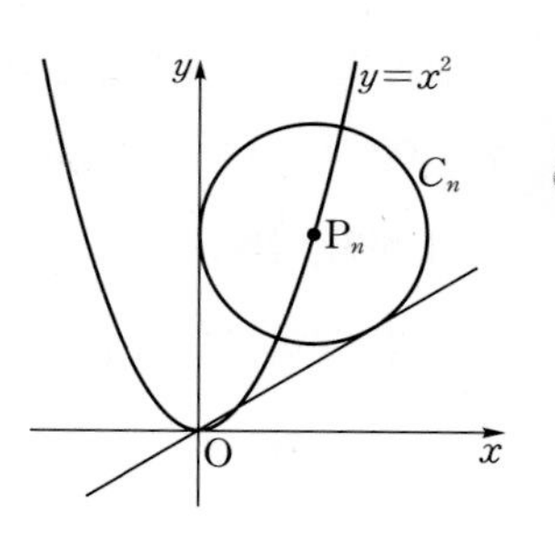


## 0085 교육청 변형

그림과 같이 자연수 $n$에 대하여 직선 $y=x+\frac{1}{n}$과 원 $x^2+y^2=4$가 만나는 두 점을 각각 $A_n$, $B_n$이라 하자. 삼각형 $A_nOB_n$의 넓이를 $S_n$이라 할 때, $\lim_{n\to\infty}nS_n$의 값을 구하시오. (단, O는 원점이다.)

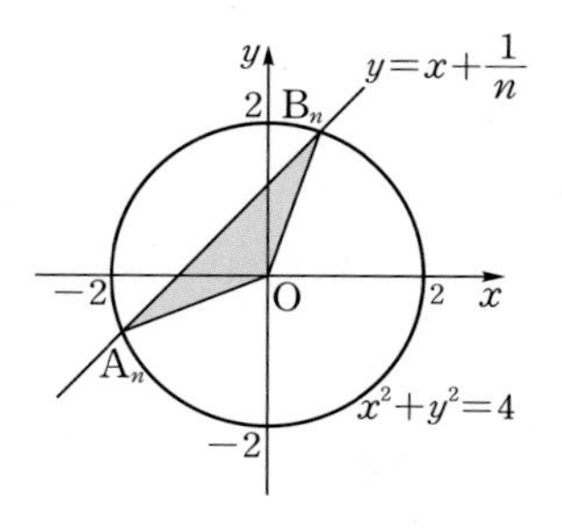


## 0086

자연수 $n$에 대하여 곡선 $y=x^2-\left(3+\frac{2}{n}\right)x+\frac{5}{n}$와 직선 $y=\frac{1}{n}x+3$이 만나는 두 점을 각각 $P_n$, $Q_n$이라 하자. 삼각형 $OP_nQ_n$의 무게중심의 $y$좌표를 $a_n$이라 할 때, $9\lim_{n\to\infty}a_n$의 값을 구하시오. (단, O는 원점이다.)

## 0087

그림과 같이 자연수 $n$에 대하여 두 곡선 $y=\log_3 x$, $y=\log_5 x-1$과 직선 $y=n$이 만나는 두 점을 각각 $A_n$, $B_n$이라 하자. 삼각형 $OB_nA_n$의 넓이를 $a_n$이라 할 때, $\lim_{n\to\infty}\frac{a_n}{a_{n+1}}$의 값을 구하시오. (단, O는 원점이다.)

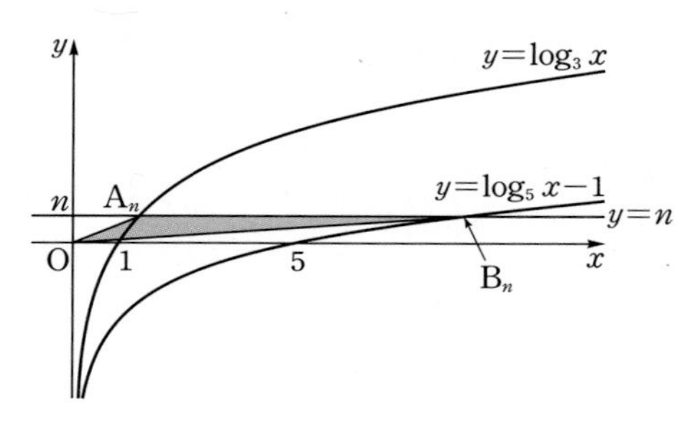


## 0088

그림과 같이 자연수 $n$에 대하여 기울기가 $n$이고 곡선 $y=2x^2$에 접하는 직선이 $x$축, $y$축과 만나는 점을 각각 $P_n$, $Q_n$이라 하자. $l_n=\overline{P_nQ_n}$이라 할 때, $\lim_{n\to\infty}\left(l_n-\frac{n^2}{8}\right)$의 값은?

① $\frac{1}{16}$ ② $\frac{1}{8}$

③ $\frac{1}{4}$ ④ $\frac{5}{16}$

⑤ $\frac{3}{8}$

### 유형 22 수열의 극한의 활용 - 도형

## 0089

그림과 같이 한 변의 길이가 1인 정사각형을 이어 붙여서 한 변의 길이가 1씩 커지는 정사각형을 만든다. [$n$단계]에서 만든 도형의 모든 점의 개수를 $a_n$, 길이가 1인 모든 선분의 개수를 $b_n$이라 할 때, $\lim_{n\to\infty}\frac{a_n+b_n}{n^2}$의 값을 구하시오.

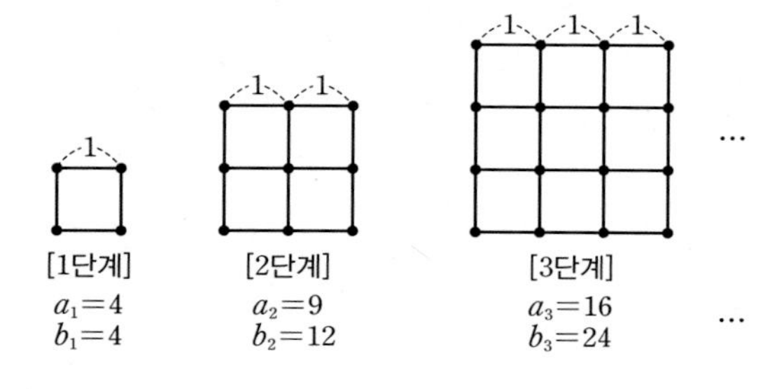


## 0090 교육청 변형

그림과 같이 자연수 $n$에 대하여 가로의 길이가 $n$, 세로의 길이가 24인 직사각형 $OC_nB_nA$가 있다. 대각선 $AC_n$과 선분 $B_1C_1$의 교점을 $D_n$이라 하자. $\lim_{n\to\infty}\frac{\overline{AC_n}-\overline{OC_n}}{3\overline{B_1D_n}}$의 값을 구하시오.

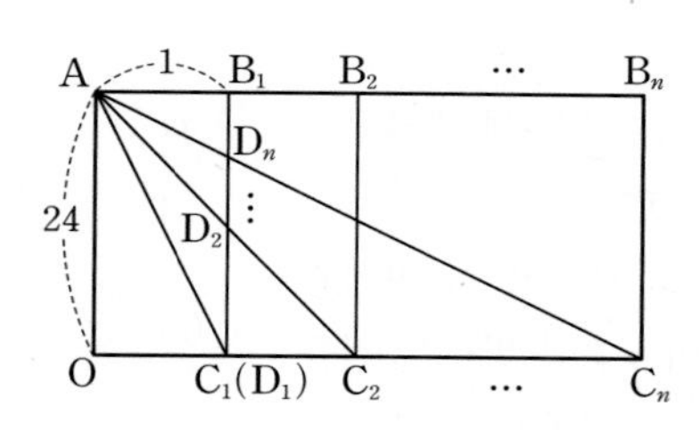

# 기출 & 기출변형 문제

정답과 풀이 271쪽



## 0091 교육청 변형

두 수열 $\{a_n\}$, $\{b_n\}$이

$$\lim_{n\to\infty}(n^2+3)a_n=2,\ \lim_{n\to\infty}\frac{b_n+2}{n}=\frac{1}{4}$$

을 만족시킬 때, $\lim_{n\to\infty}\frac{2n^3a_n}{b_n+2}$의 값을 구하시오.

## 0092 교육청 변형

수열 $\left\{(x^2-4x-5)\left(\frac{x^2+2x}{15}\right)^n\right\}$이 수렴하도록 하는 모든 정수 $x$의 개수는?

① 2 ② 4 ③ 6
④ 8 ⑤ 10

## 0093 교육청 기출

두 수열 $\{a_n\}$, $\{b_n\}$에 대하여 이차방정식
$a_nx^2+2a_{n+1}x+a_{n+2}=0$의 두 근이 $-1$, $b_n$일 때, $\lim_{n\to\infty}b_n$의 값은?

① $-2$ ② $-\sqrt{3}$ ③ $-1$
④ $\sqrt{3}$ ⑤ 2

## 0094 교육청 기출

첫째항이 1인 두 수열 $\{a_n\}$, $\{b_n\}$이 모든 자연수 $n$에 대하여

$$a_{n+1}-a_n=3,\ \sum_{k=1}^{n}\frac{1}{b_k}=n^2$$

을 만족시킬 때, $\lim_{n\to\infty}a_nb_n$의 값은?

① $\frac{7}{6}$ ② $\frac{4}{3}$ ③ $\frac{3}{2}$
④ $\frac{5}{3}$ ⑤ $\frac{11}{6}$

## 0095 평가원 변형

$\lim_{n\to\infty}(\sqrt{an^2+5n+1}-bn)=\frac{1}{6}$일 때, 상수 $a$, $b$에 대하여 $a+b$의 값을 구하시오. (단, $a>0$)

## 0096 교육청 기출

수열 $\{a_n\}$이 모든 자연수 $n$에 대하여

$$a_n^2<4na_n+n-4n^2$$

을 만족시킬 때, $\lim_{n\to\infty}\frac{a_n+3n}{2n+4}$의 값은?

① $\frac{5}{2}$ ② $3$ ③ $\frac{7}{2}$

④ $4$ ⑤ $\frac{9}{2}$

## 0097 교육청 변형

함수 $f(x)=\lim_{n\to\infty}\frac{2\times\left(\frac{x}{3}\right)^{2n+1}-1}{\left(\frac{x}{3}\right)^{2n}+2}$에 대하여 $f(k)=-\frac{1}{2}$을 만족시키는 정수 $k$의 개수를 구하시오.

## 0098 평가원 변형

모든 항이 실수인 등비수열 $\{a_n\}$이 다음 조건을 만족시킬 때, $\lim_{n\to\infty}\frac{10^{n+1}+3^n a_n}{3^{n+1}-5^n a_n}$의 값을 구하시오.

(가) $a_1\times a_2\times\cdots\times a_9=2^9$
(나) $a_{10}\times a_{11}\times\cdots\times a_{19}=2^{105}$

## 0099 수능 기출

자연수 $n$에 대하여 직선 $x=4^n$이 곡선 $y=\sqrt{x}$와 만나는 점을 $\mathrm{P}_n$이라 하자. 선분 $\mathrm{P}_n\mathrm{P}_{n+1}$의 길이를 $L_n$이라 할 때, $\lim_{n\to\infty}\left(\frac{L_{n+1}}{L_n}\right)^2$의 값을 구하시오.

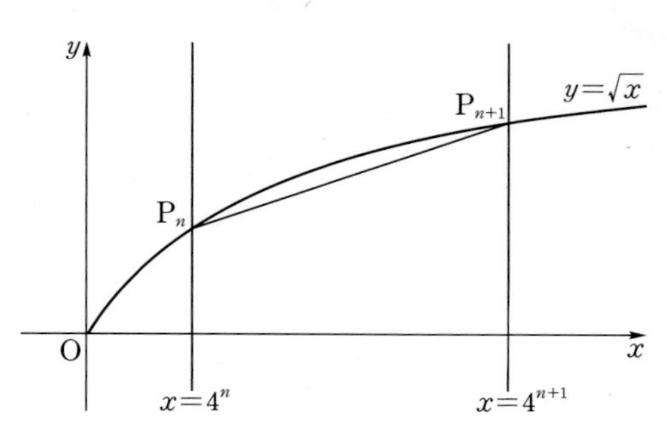


## 0100 교육청 기출

함수

$$f(x)=\lim_{n\to\infty}\frac{x^{2n+1}+ax^2+bx-2}{x^{2n}+1}$$

가 실수 전체의 집합에서 연속일 때, 두 상수 $a$, $b$의 곱 $ab$의 값은?

① $-2$　② $-1$　③ 0　④ 1　⑤ 2

## 0101 교육청 변형

수열 $\{a_n\}$이 다음 조건을 만족시킨다.

> (가) $a_1=1$, $a_2=3$, $a_3=4$
> (나) 모든 자연수 $n$에 대하여 $a_{n+3}=3a_n$

$T_n=\sum_{k=1}^{3n}a_k$라 할 때, $\lim_{n\to\infty}\frac{T_n}{a_{3n-2}+a_{3n}}$의 값을 구하시오.

## 0102 교육청 기출

자연수 $n$에 대하여 좌표평면 위의 점 $\mathrm{A}_n$을 다음 규칙에 따라 정한다.

> (가) $\mathrm{A}_1$은 원점이다.
> (나) $n$이 홀수이면 $\mathrm{A}_{n+1}$은 점 $\mathrm{A}_n$을 $x$축의 방향으로 $a$만큼 평행이동한 점이다.
> (다) $n$이 짝수이면 $\mathrm{A}_{n+1}$은 점 $\mathrm{A}_n$을 $y$축의 방향으로 $a+1$만큼 평행이동한 점이다.

$\lim_{n\to\infty}\frac{\overline{\mathrm{A}_1\mathrm{A}_{2n}}}{n}=\frac{\sqrt{34}}{2}$일 때, 양수 $a$의 값은?

① $\frac{3}{2}$　② $\frac{7}{4}$　③ 2　④ $\frac{9}{4}$　⑤ $\frac{5}{2}$

# 급수

유형별 유사문제

## 유형 01 급수의 합

### 0103

수열 $\{a_n\}$의 첫째항부터 제$n$항까지의 합 $S_n$이

$$S_n=\frac{6n^2+5n-4}{3n^2+2n}$$

일 때, $\sum_{n=1}^{\infty} a_n$의 값은?

① 1　② 2　③ 3　④ 4　⑤ 5

### 0104

수열 $\{a_n\}$의 첫째항부터 제$n$항까지의 합 $S_n$이

$$S_n=\frac{3n^2-4}{(n-1)(n+2)}$$

일 때, $\sum_{n=1}^{\infty} a_n$의 값을 구하시오.

### 0105

수열 $\{a_n\}$의 첫째항부터 제$n$항까지의 합 $S_n$이

$$S_n=\frac{1+2+3+\cdots+2n}{1+2+3+\cdots+n}$$

일 때, $\sum_{n=1}^{\infty} a_n$의 값을 구하시오.

## 유형 02 부분분수를 이용하는 급수

### 0106

$\sum_{n=1}^{\infty} \frac{12}{n(n+2)}$의 값을 구하시오.

### 0107

급수

$$\frac{1}{2}+\frac{1}{2+4}+\frac{1}{2+4+6}+\frac{1}{2+4+6+8}+\cdots$$

의 합은?

① $\frac{1}{2}$　② 1　③ $\frac{3}{2}$　④ 2　⑤ $\frac{5}{2}$

### 0108

일반항이 $a_n=\frac{4}{n(n+1)}$인 수열 $\{a_n\}$에 대하여 수열 $\{b_n\}$의 일반항을 $b_n=a_{n+2}$라 할 때, $\frac{\sum_{n=1}^{\infty} a_n}{\sum_{n=1}^{\infty} b_n}$의 값은?

① 1　② 2　③ 3　④ 4　⑤ 5

## 0109

등차수열 $\{a_n\}$의 첫째항부터 제$n$항까지의 합을 $S_n$이라 하자. $a_2=5$, $a_5=11$일 때, $\lim_{n\to\infty}\sum_{k=1}^{n}\frac{1}{S_k}$의 값은?

① $\frac{1}{3}$　② $\frac{1}{2}$　③ $\frac{2}{3}$　④ $\frac{3}{4}$　⑤ $\frac{4}{5}$

## 유형 03 로그를 포함한 급수

## 0110

수열 $\{a_n\}$의 일반항이 $a_n=n^2$일 때, $\sum_{n=2}^{\infty}\log_4\left(1-\frac{1}{a_n}\right)$의 값을 구하시오.

## 0111

수열 $\{a_n\}$이 모든 자연수 $n$에 대하여

$$a_1a_2a_3\cdots a_n=\frac{pn-2}{n+1}$$

를 만족시킨다. $\sum_{n=1}^{\infty}\log_5 a_n=2$일 때, 자연수 $p$의 값은?

① 15　② 20　③ 25　④ 30　⑤ 35

## 0112

$\sum_{n=1}^{\infty}\{\log_{2n}\sqrt{2}-\log_{2(n+1)}\sqrt{2}\}$의 값은?

① $-1$　② $-\frac{1}{2}$　③ 0　④ $\frac{1}{2}$　⑤ 1

## 유형 04 항의 부호가 교대로 바뀌는 급수

## 0113

급수 $\frac{1}{2}-\frac{1}{2}+\frac{1}{3}-\frac{1}{3}+\frac{1}{4}-\frac{1}{4}+\cdots$의 합을 구하시오.

## 0114

다음 급수 중 수렴하는 것은?

① $2-2+2-2+2-2+\cdots$

② $1^2-3^2+5^2-7^2+9^2-11^2+\cdots$

③ $\frac{1}{2}-\frac{1}{2}+\frac{2}{3}-\frac{2}{3}+\frac{3}{4}-\frac{3}{4}+\cdots$

④ $-\sin\frac{\pi}{2}+\sin\frac{\pi}{2}-\sin\frac{\pi}{4}+\sin\frac{\pi}{4}-\sin\frac{\pi}{8}+\sin\frac{\pi}{8}-\cdots$

⑤ $2-4+6-8+10-12+\cdots$

## 0115

수열 $\{a_n\}$에 대하여 보기에서 급수

$$a_1-a_2+a_2-a_3+a_3-a_4+a_4-\cdots$$

가 수렴하도록 하는 수열인 것만을 있는 대로 고른 것은?

보기

ㄱ. $a_n=\dfrac{2n}{3n^2+n}$

ㄴ. $a_n=\sqrt{2n^2+n}-\sqrt{2n^2}$

ㄷ. $a_n=\log\dfrac{(n+2)^2}{(n+1)(n+3)}$

① ㄱ ② ㄴ ③ ㄷ
④ ㄱ, ㄷ ⑤ ㄴ, ㄷ

### 유형 05 급수와 수열의 극한값 사이의 관계

## 0116 교육청 변형

수열 $\{a_n\}$에 대하여

$$\sum_{n=1}^{\infty}(2a_n-k)=3$$

이 성립한다. $\lim_{n\to\infty}a_n=5$일 때, 상수 $k$의 값을 구하시오.

## 0117

수열 $\{a_n\}$에 대하여 $\sum_{n=1}^{\infty}a_n=2$일 때, $\lim_{n\to\infty}\dfrac{a_n-4n^2+3}{2a_n-n^2-5n}$의 값은?

① 1 ② 2 ③ 3
④ 4 ⑤ 5

## 0118

수열 $\{a_n\}$의 첫째항부터 제$n$항까지의 합을 $S_n$이라 하자. $\lim_{n\to\infty}S_n=5$일 때, $\lim_{n\to\infty}(2S_n+3a_n)$의 값을 구하시오.

## 0119

수열 $\{a_n\}$에 대하여 $\sum_{n=1}^{\infty}a_n=25$일 때,

$$\lim_{n\to\infty}\frac{a_1+a_2+a_3+\cdots+a_{2n-1}+15a_{2n}}{a_1+a_2+a_3+\cdots+a_{n-1}+5a_n}$$

의 값은?

① $\dfrac{1}{25}$ ② $\dfrac{1}{5}$ ③ 1
④ 5 ⑤ 25

## 0120

수열 $\{a_n\}$에 대하여 급수

$$(a_1+2)+(a_2+2)+(a_3+2)+\cdots+(a_n+2)+\cdots$$

가 수렴할 때, $\lim_{n\to\infty}(2a_n+7)$의 값을 구하시오.

## 0121

모든 항이 양수인 두 수열 $\{a_n\}$, $\{b_n\}$에 대하여

$$\sum_{n=1}^{\infty}\frac{2a_n-b_n}{a_n+b_n}=1$$

이 성립한다. $\lim_{n\to\infty}a_n=7$일 때, $\lim_{n\to\infty}b_n$의 값을 구하시오.

### 유형 06 급수의 수렴과 발산

## 0122

다음 급수 중 수렴하는 것은?

① $1+\frac{1}{2}+\frac{3}{7}+\cdots+\frac{n}{3n-2}+\cdots$

② $\sum_{n=1}^{\infty}(\sqrt{n+1}-\sqrt{n})$

③ $\log\frac{1\times3}{2^2}+\log\frac{2\times4}{3^2}+\log\frac{3\times5}{4^2}+\cdots$

④ $\sum_{n=1}^{\infty}\{\log(n+1)-\log n\}$

⑤ $1-2+3-4+5-\cdots$

## 0123

보기에서 수렴하는 급수의 개수는?

보기

ㄱ. $\sum_{n=1}^{\infty}\frac{3n^2-2}{2n^2+n}$

ㄴ. $\sum_{n=1}^{\infty}\frac{1}{(n+2)(n+3)}$

ㄷ. $\sum_{n=1}^{\infty}(\sqrt{2n+2}-\sqrt{2n})$

ㄹ. $\sum_{n=1}^{\infty}\frac{\sqrt{n}}{\sqrt{n}+\sqrt{n+2}}$

① 0 ② 1 ③ 2 ④ 3 ⑤ 4

## 0124

보기에서 발산하는 급수인 것만을 있는 대로 고른 것은?

보기

ㄱ. $\sum_{n=1}^{\infty}(2n-7)$

ㄴ. $\sum_{n=1}^{\infty}\left(2-\frac{1}{n+1}\right)$

ㄷ. $\sum_{n=2}^{\infty}\log\frac{n-1}{n+1}$

① ㄱ ② ㄷ ③ ㄱ, ㄴ ④ ㄴ, ㄷ ⑤ ㄱ, ㄴ, ㄷ

### 유형 07 급수의 성질

## 0125

두 실수 $\alpha$, $\beta$에 대하여 $\sum_{n=1}^{\infty}a_n=\alpha$, $\sum_{n=1}^{\infty}b_n=\beta$이고

$$\sum_{n=1}^{\infty}(2a_n+3b_n)=9,\ \sum_{n=1}^{\infty}(4a_n+9b_n)=20$$

일 때, $6(\alpha+\beta)$의 값을 구하시오.

## 0126

두 급수 $\sum_{n=1}^{\infty}a_n$, $\sum_{n=1}^{\infty}b_n$에 대하여 $\sum_{n=1}^{\infty}b_n=5$이고

$\sum_{n=1}^{\infty}(4a_n+2b_n)=22$일 때, $\sum_{n=1}^{\infty}a_n$의 값은?

① 3 ② 4 ③ 5 ④ 6 ⑤ 7

## 0127

수열 $\{a_n\}$에 대하여 $\sum_{n=1}^{\infty}\left\{a_n-\frac{4}{n(n+2)}\right\}=7$일 때, $\sum_{n=1}^{\infty}a_n$의 값을 구하시오.

## 0128 교육청 변형

수열 $\{a_n\}$의 첫째항부터 제$n$항까지의 합을 $S_n$이라 할 때, $S_n=\frac{3n}{2n+1}$이다. $\sum_{n=1}^{\infty}(a_n+a_{n+2})=\frac{q}{p}$일 때, $p+q$의 값을 구하시오. (단, $p$와 $q$는 서로소인 자연수이다.)

### 유형 08 급수의 성질의 진위 판단

## 0129 교육청 변형

두 수열 $\{a_n\}$, $\{b_n\}$에 대하여

$$a_n+b_n=\frac{1}{\sqrt{n+1}+\sqrt{n}}\ (n=1,\ 2,\ 3,\ \cdots)$$

일 때, 보기에서 옳은 것만을 있는 대로 고른 것은?

**보기**

ㄱ. $\lim_{n\to\infty}(a_n+b_n)=0$

ㄴ. 수열 $\{a_n\}$이 수렴하면 수열 $\{b_n\}$도 수렴한다.

ㄷ. $\sum_{n=1}^{\infty}a_n$이 수렴하면 $\sum_{n=1}^{\infty}b_n$도 수렴한다.

① ㄱ ② ㄱ, ㄴ ③ ㄱ, ㄷ
④ ㄴ, ㄷ ⑤ ㄱ, ㄴ, ㄷ

## 0130

다음 중 두 수열 $\{a_n\}$, $\{b_n\}$에 대하여 옳은 것은?

① $\lim_{n\to\infty}a_n$과 $\lim_{n\to\infty}b_n$이 모두 수렴하면 $\sum_{n=1}^{\infty}(a_n+b_n)$도 수렴한다.

② $\sum_{n=1}^{\infty}a_nb_n$이 수렴하면 $\sum_{n=1}^{\infty}a_n$과 $\sum_{n=1}^{\infty}b_n$ 중 적어도 하나는 수렴한다.

③ $\sum_{n=1}^{\infty}a_nb_n$이 수렴하고 $\lim_{n\to\infty}a_n=0$이면 $\lim_{n\to\infty}b_n=0$이다.

④ $\sum_{n=1}^{\infty}{a_n}^2$이 수렴하면 $\lim_{n\to\infty}a_n=0$이다.

⑤ $\sum_{n=1}^{\infty}a_n$, $\sum_{n=1}^{\infty}a_nb_n$이 수렴하면 $\sum_{n=1}^{\infty}b_n$도 수렴한다.

## 0131

두 수열 $\{a_n\}$, $\{b_n\}$에 대하여 보기에서 옳은 것만을 있는 대로 고른 것은?

**보기**

ㄱ. $\sum_{n=1}^{\infty}(a_n+b_n)$이 수렴하면 두 수열 $\{a_n\}$, $\{b_n\}$ 중 적어도 하나는 수렴한다.

ㄴ. 두 상수 $\alpha$, $\beta$에 대하여 $\sum_{n=1}^{\infty}{a_n}^2=\alpha$, $\sum_{n=1}^{\infty}{b_n}^2=\sum_{n=1}^{\infty}a_nb_n=\beta$이면 $\sum_{n=1}^{\infty}(a_n-2b_n)^2=\alpha$이다.

ㄷ. 수열 $\{b_n\}$과 급수 $\sum_{n=1}^{\infty}a_nb_n$이 수렴하면 수열 $\{a_n\}$도 수렴한다.

① ㄱ ② ㄴ ③ ㄷ
④ ㄱ, ㄷ ⑤ ㄴ, ㄷ

## 유형 09 급수의 활용

### 0132

자연수 $n$에 대하여 직선 $3x-4y+1=0$ 위의 점 중에서 $x$좌표와 $y$좌표가 모두 자연수인 점의 좌표를 $x$좌표가 작은 것부터 크기순으로 $(a_1,\ b_1),\ (a_2,\ b_2),\ (a_3,\ b_3),\ \cdots,\ (a_n,\ b_n),\ \cdots$이라 할 때, $\sum_{n=1}^{\infty}\frac{1}{(a_n+3)(b_n+5)}$의 값은?

① $\frac{1}{12}$ ② $\frac{1}{6}$ ③ $\frac{1}{4}$
④ $\frac{1}{3}$ ⑤ $\frac{5}{12}$

### 0133

자연수 $n$에 대하여 무리함수 $y=\sqrt{x}$의 그래프 위의 $x$좌표가 $n$인 점을 $\mathrm{A}_n$이라 할 때, $\sum_{n=1}^{\infty}\frac{1}{\overline{\mathrm{A}_n\mathrm{A}_{4n}}^2+8n}$의 값은?

① $\frac{1}{12}$ ② $\frac{1}{11}$ ③ $\frac{1}{10}$
④ $\frac{1}{9}$ ⑤ $\frac{1}{8}$

### 0134

자연수 $n$에 대하여 직선 $nx+(n+2)y=n+1$과 $x$축 및 $y$축으로 둘러싸인 부분의 넓이를 $a_n$이라 할 때, $\sum_{n=1}^{\infty}\log_2 2a_n$의 값은?

① $\frac{1}{4}$ ② $\frac{1}{2}$ ③ 1
④ 2 ⑤ 4

## 유형 10 등비급수의 합

### 0135

$\sum_{n=1}^{\infty}\frac{2^n-3^{n+2}}{6^{n+1}}$의 값은?

① $-\frac{3}{2}$ ② $-\frac{17}{12}$ ③ $-\frac{4}{3}$
④ $-\frac{5}{4}$ ⑤ $-\frac{7}{6}$

### 0136

$\sum_{n=1}^{\infty}\left(-\frac{1}{3}\right)^n\sin\frac{n\pi}{2}$의 값은?

① $-\frac{7}{10}$ ② $-\frac{3}{5}$ ③ $-\frac{1}{2}$
④ $-\frac{2}{5}$ ⑤ $-\frac{3}{10}$

### 0137

자연수 $n$에 대하여 $(x+1)^n$을 $4x+2$로 나누었을 때의 나머지를 $a_n$이라 할 때, $\sum_{n=1}^{\infty}a_n$의 값을 구하시오.

## 0138

2 이상의 자연수 $n$에 대하여 방정식 $x^n=(-3)^{n-1}$의 실근의 개수를 $a_n$이라 할 때, $\sum_{n=2}^{\infty}\frac{a_n}{2^n}$의 값은?

① $\frac{1}{24}$ ② $\frac{1}{12}$ ③ $\frac{1}{8}$
④ $\frac{1}{6}$ ⑤ $\frac{1}{2}$

## 0139 평가원 변형

등비수열 $\{a_n\}$에 대하여 $\lim_{n\to\infty}\frac{a_n}{6^{n-1}+3^n}=15$일 때, $\sum_{n=1}^{\infty}\frac{1}{a_n}$의 값은?

① $\frac{2}{25}$ ② $\frac{3}{25}$ ③ $\frac{4}{25}$
④ $\frac{1}{5}$ ⑤ $\frac{6}{25}$

### 유형 11 합이 주어진 등비급수

## 0140

첫째항이 서로 다른 두 등비수열 $\{a_n\}$, $\{b_n\}$에 대하여 $a_2=b_2=4$, $\sum_{n=1}^{\infty}a_n=\sum_{n=1}^{\infty}b_n=18$이 성립할 때, $a_1+b_1$의 값을 구하시오.

## 0141

실수 $x$에 대하여 $x-\frac{1}{2}x^2+\frac{1}{4}x^3-\frac{1}{8}x^4+\cdots=\frac{7}{11}$일 때, 급수 $x+x^2+x^3+\cdots$의 합을 구하시오.

## 0142

$\sin x+\sin^3 x+\sin^5 x+\cdots=\frac{15}{16}$일 때, $100\cos^2 x$의 값을 구하시오.

## 0143

첫째항이 자연수이고 모든 항이 양수인 등비수열 $\{a_n\}$에 대하여

$$a_1a_2=1,\ \sum_{n=1}^{\infty}a_n=\frac{8}{3}$$

이 성립할 때, $\sum_{n=1}^{\infty}{a_n}^2$의 값은?

① $\frac{52}{15}$ ② $\frac{56}{15}$ ③ 4
④ $\frac{64}{15}$ ⑤ $\frac{68}{15}$

## 0144 수능 변형

등비수열 $\{a_n\}$에 대하여

$$\sum_{n=1}^{\infty}(a_{2n-1}-a_{2n})=4,\ \sum_{n=1}^{\infty}{a_n}^2=12$$

일 때, $\sum_{n=1}^{\infty}a_n$의 값은?

① 1 ② 2 ③ 3
④ 4 ⑤ 5

### 유형 12 등비급수의 수렴 조건

## 0145

급수 $\sum_{n=1}^{\infty}\left(\frac{2x-3}{5}\right)^{n-1}$이 수렴하도록 하는 모든 정수 $x$의 값의 합을 구하시오.

## 0146

급수 $\sum_{n=1}^{\infty}\left(\frac{1}{4}\log_2 x^2-3\right)^n$이 수렴하도록 하는 정수 $x$의 개수는?

① 460 ② 466 ③ 472
④ 478 ⑤ 484

## 0147

$-\frac{\pi}{2}<\theta<\frac{\pi}{2}$일 때, 급수 $\sum_{n=1}^{\infty}\left(-\frac{2\sqrt{3}}{3}\sin\theta\right)^{n+1}$이 수렴하도록 하는 $\theta$의 값의 범위는 $\alpha<\theta<\beta$이다. $\beta-\alpha$의 값을 구하시오.

## 0148

수열 $\left\{\left(\frac{3x+1}{5}\right)^n\right\}$과 급수 $\sum_{n=1}^{\infty}(3x-4)^n$이 모두 수렴하기 위한 실수 $x$의 값의 범위는?

① $0<x\le\frac{1}{3}$ ② $\frac{1}{3}<x\le\frac{2}{3}$ ③ $\frac{2}{3}<x\le1$
④ $1<x\le\frac{4}{3}$ ⑤ $\frac{4}{3}<x\le\frac{5}{3}$

### 유형 13 등비급수의 수렴 여부 판단

## 0149

두 급수 $\sum_{n=1}^{\infty}a^n$, $\sum_{n=1}^{\infty}b^n$이 모두 수렴할 때, 보기에서 항상 수렴하는 급수인 것만을 있는 대로 고른 것은?

보기

ㄱ. $\sum_{n=1}^{\infty}(ab)^n$　　ㄴ. $\sum_{n=1}^{\infty}\left(\frac{b}{a}\right)^n$ (단, $a\ne0$)

ㄷ. $\sum_{n=1}^{\infty}(a-b)^n$　　ㄹ. $\sum_{n=1}^{\infty}(|a|-|b|)^n$

① ㄱ, ㄴ ② ㄱ, ㄹ ③ ㄴ, ㄷ
④ ㄴ, ㄹ ⑤ ㄱ, ㄷ, ㄹ

## 0150 (수능 변형)

등비수열 $\{a_n\}$에 대하여 보기에서 옳은 것만을 있는 대로 고른 것은?

**보기**

ㄱ. $\sum_{n=1}^{\infty} a_{2n}$이 수렴하면 $\sum_{n=1}^{\infty} a_n$도 수렴한다.

ㄴ. $\sum_{n=1}^{\infty} a_{2n}$이 발산하면 $\sum_{n=1}^{\infty} a_n$도 발산한다.

ㄷ. $\sum_{n=1}^{\infty} \left(a_n + \frac{1}{2}\right)$이 수렴하면 $\sum_{n=1}^{\infty} a_n$도 수렴한다.

① ㄱ ② ㄷ ③ ㄱ, ㄴ
④ ㄴ, ㄷ ⑤ ㄱ, ㄴ, ㄷ

## 0151 (평가원 변형)

두 등비수열 $\{a_n\}$, $\{b_n\}$에 대하여 보기에서 옳은 것만을 있는 대로 고른 것은?

**보기**

ㄱ. $\sum_{n=1}^{\infty} a_n b_n$이 수렴하면 $\sum_{n=1}^{\infty} a_n$과 $\sum_{n=1}^{\infty} b_n$ 중 적어도 하나는 수렴한다.

ㄴ. $\sum_{n=1}^{\infty} a_n$과 $\sum_{n=1}^{\infty} b_n$이 모두 발산하면 $\sum_{n=1}^{\infty} a_n b_n$도 발산한다.

ㄷ. $\sum_{n=1}^{\infty} a_n = -\sum_{n=1}^{\infty} b_n = k$($k$는 상수)이면 $\sum_{n=1}^{\infty} a_n b_n = -k^2$이다.

① ㄱ ② ㄴ ③ ㄱ, ㄴ
④ ㄱ, ㄷ ⑤ ㄴ, ㄷ

# 유형 14 $S_n$과 $a_n$ 사이의 관계를 이용하는 급수

## 0152

수열 $\{a_n\}$의 첫째항부터 제$n$항까지의 합을 $S_n$이라 하자. 모든 자연수 $n$에 대하여 $S_n = 2n^2$일 때, $\sum_{n=1}^{\infty} \frac{1}{a_n a_{n+1}}$의 값은?

① $\frac{1}{8}$ ② $\frac{1}{4}$ ③ $\frac{1}{2}$
④ 1 ⑤ 2

## 0153

수열 $\{a_n\}$의 첫째항부터 제$n$항까지의 합을 $S_n$이라 하자. 모든 자연수 $n$에 대하여 $\log_3 (S_n - 2) = -n + 1$일 때, $\sum_{n=1}^{\infty} a_{2n}$의 값은?

① $-\frac{5}{6}$ ② $-\frac{4}{5}$ ③ $-\frac{3}{4}$
④ $-\frac{2}{3}$ ⑤ $-\frac{1}{2}$

## 0154

수열 $\{a_n\}$이 모든 자연수 $n$에 대하여

$a_1 + 2a_2 + 2^2 a_3 + \cdots + 2^{n-1} a_n = 5n$을 만족시킬 때, $\sum_{n=1}^{\infty} a_n$의 값은?

① 8 ② 9 ③ 10
④ 11 ⑤ 12

## 유형 15 순환소수와 등비급수

### 0155

모든 항이 실수이고 제2항이 $0.\dot{3}$, 제3항이 $0.\dot{2}$인 등비급수의 합은?

① $\frac{3}{2}$　② $\frac{4}{3}$　③ $\frac{5}{4}$
④ $\frac{6}{5}$　⑤ $\frac{7}{6}$

### 0156

$\frac{17}{99}$을 순환소수로 나타낼 때, 소수점 아래 $n$번째 자리의 숫자를 $a_n$이라 하자. 수열 $\{a_n\}$에 대하여 급수

$\frac{a_1}{2}+\frac{a_2}{2^2}+\frac{a_3}{2^3}+\frac{a_4}{2^4}+\cdots$의 합을 구하시오.

### 0157 평가원 변형

순환소수로 이루어진 수열 $\{a_n\}$의 각 항이

$a_1=0.\dot{2}\dot{0}$
$a_2=0.\dot{2}00\dot{0}$
$a_3=0.\dot{2}0000\dot{0}$
$\vdots$
$a_n=0.\dot{2}\underbrace{00\cdots0\dot{0}}_{0\text{은 }(2n-1)\text{개}}$
$\vdots$

일 때, $\sum_{n=1}^{\infty}\left(\frac{1}{a_{n+1}}-\frac{1}{a_n}\right)$의 값은?

① $\frac{1}{35}$　② $\frac{1}{30}$　③ $\frac{1}{25}$
④ $\frac{1}{20}$　⑤ $\frac{1}{15}$

## 유형 16 등비급수의 활용 - 좌표

### 0158 평가원 변형

자연수 $n$에 대하여 포물선 $y=2^{n-1}x^2$ 위의 점 $(1,\ 2^{n-1})$에서의 접선이 $y$축과 만나는 점의 좌표를 $(0,\ a_n)$이라 할 때, $\sum_{n=1}^{\infty}\frac{1}{a_n}$의 값은?

① $-3$　② $-2$　③ $-1$
④ $2$　⑤ $3$

### 0159

그림과 같이 자연수 $n$에 대하여 점 $P_n$이

$\overline{OP_1}=3$, $\overline{P_1P_2}=\frac{1}{4}\overline{OP_1}$, $\overline{P_2P_3}=\frac{1}{4}\overline{P_1P_2}$, $\cdots$

$\angle OP_1P_2=\angle P_1P_2P_3=\angle P_2P_3P_4=\cdots=90^\circ$

를 만족시킬 때, 점 $P_n$이 한없이 가까워지는 점의 좌표를 $(a,\ b)$라 하자. $a+b$의 값을 구하시오.

(단, O는 원점이고, $P_1$은 $x$축 위의 점이다.)

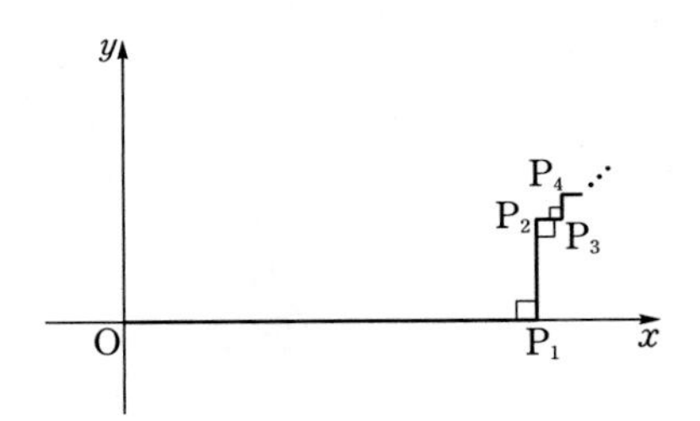

## 0160

그림과 같이 점 $\mathrm{P}_n$이

$$\overline{\mathrm{OP}_1}=2,\ \overline{\mathrm{P}_1\mathrm{P}_2}=\frac{1}{2}\overline{\mathrm{OP}_1},$$

$$\overline{\mathrm{P}_2\mathrm{P}_3}=\frac{1}{2}\overline{\mathrm{P}_1\mathrm{P}_2},\ \cdots,$$

$$\angle\mathrm{AOP}_1=45^\circ,$$

$$\angle\mathrm{OP}_1\mathrm{P}_2=\angle\mathrm{P}_1\mathrm{P}_2\mathrm{P}_3=\cdots=90^\circ$$

를 만족시킬 때, 점 $\mathrm{P}_n$이 한없이 가까워지는 점 $(a,\ b)$에 대하여 $a+b$의 값은? (단, O는 원점이고, A는 $x$축 위의 점이다.)

① $2\sqrt{2}$ ② $\frac{7\sqrt{2}}{3}$ ③ $\frac{8\sqrt{2}}{3}$

④ $3\sqrt{2}$ ⑤ $\frac{10\sqrt{2}}{3}$

## 0161

그림과 같이 자연수 $n$에 대하여 좌표평면 위의 점 $\mathrm{P}_n$이

$$\overline{\mathrm{OP}_1}=2,\ \overline{\mathrm{P}_1\mathrm{P}_2}=\frac{1}{2}\overline{\mathrm{OP}_1},\ \overline{\mathrm{P}_2\mathrm{P}_3}=\frac{1}{2}\overline{\mathrm{P}_1\mathrm{P}_2},\ \cdots,$$

$$\angle\mathrm{OP}_1\mathrm{P}_2=\angle\mathrm{P}_1\mathrm{P}_2\mathrm{P}_3=\cdots=60^\circ$$

를 만족시킬 때, 점 $\mathrm{P}_n$이 한없이 가까워지는 점의 $x$좌표를 구하시오. (단, O는 원점이고, $\mathrm{P}_1$은 $x$축 위의 점이다.)

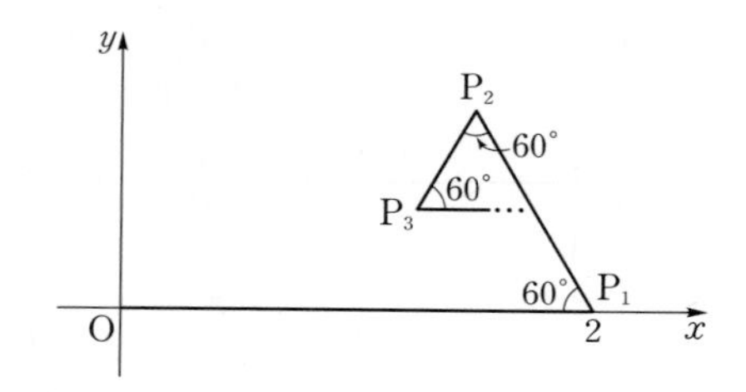


### 유형 17 등비급수의 활용 - 선분의 길이

## 0162

그림과 같이 길이가 1인 선분 3개로 만든 '⊔' 모양의 도형을 $S_0$이라 하자. 도형 $S_0$의 위쪽에 있는 선분의 양끝에 길이가 $\frac{1}{4}$인 선분 3개로 만든 '⊔' 모양의 도형을 붙여 도형 $S_1$을 만든다. 이와 같은 방법으로 도형 $S_{n-1}$의 가장 위쪽에 있는 각 선분의 양끝에 길이가 $\left(\frac{1}{4}\right)^n$인 선분 3개로 만든 '⊔' 모양의 도형을 붙여 도형 $S_n$을 만든다. 도형 $S_n$을 이루는 모든 선분의 길이의 합을 $l_n$이라 할 때, $\lim_{n\to\infty} l_n$의 값을 구하시오.

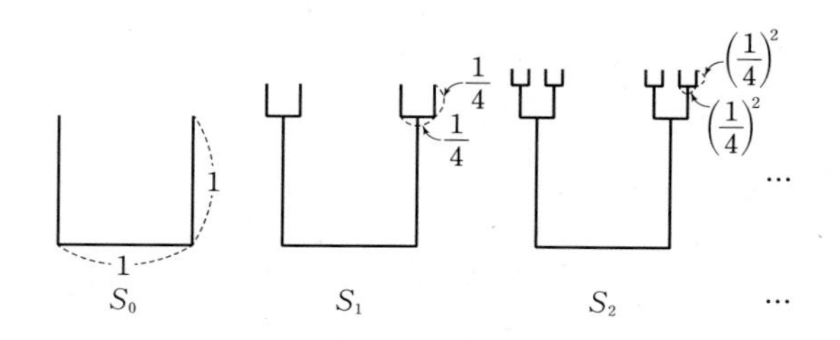


## 0163

그림과 같이 한 변의 길이가 2인 정사각형 $\mathrm{A}_1\mathrm{B}_1\mathrm{C}_1\mathrm{D}$가 있다. 선분 $\mathrm{B}_1\mathrm{C}_1$의 중점을 $\mathrm{M}_1$이라 하고 선분 $\mathrm{A}_1\mathrm{D}$, $\mathrm{A}_1\mathrm{M}_1$, $\mathrm{C}_1\mathrm{D}$ 위에 각각 점 $\mathrm{A}_2$, $\mathrm{B}_2$, $\mathrm{C}_2$를 잡아 정사각형 $\mathrm{A}_2\mathrm{B}_2\mathrm{C}_2\mathrm{D}$를 만든다. 선분 $\mathrm{B}_2\mathrm{C}_2$의 중점을 $\mathrm{M}_2$라 하고 선분 $\mathrm{A}_2\mathrm{D}$, $\mathrm{A}_2\mathrm{M}_2$, $\mathrm{C}_2\mathrm{D}$ 위에 각각 점 $\mathrm{A}_3$, $\mathrm{B}_3$, $\mathrm{C}_3$을 잡아 정사각형 $\mathrm{A}_3\mathrm{B}_3\mathrm{C}_3\mathrm{D}$를 만든다. 이와 같은 과정을 한없이 반복할 때, $\sum_{n=1}^{\infty}\overline{\mathrm{A}_n\mathrm{M}_n}$의 값을 구하시오.

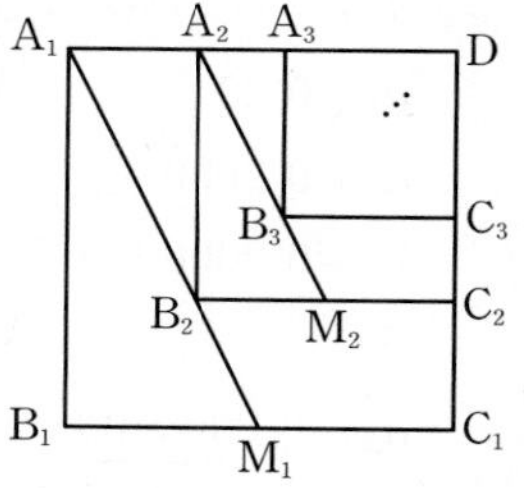

## 0164

그림과 같이 길이가 1인 선분 $OA_1$을 지름으로 하는 반원에서 호 $OA_1$ 위에 $\angle A_1OA_2=\frac{\pi}{4}$를 만족시키는 점 $A_2$를 잡고 호 $A_1A_2$의 길이를 $l_1$이라 하자. 선분 $OA_2$를 지름으로 하는 반원에서 호 $OA_2$ 위에 $\angle A_2OA_3=\frac{\pi}{4}$를 만족시키는 점 $A_3$을 잡고 호 $A_2A_3$의 길이를 $l_2$라 하자. 이와 같은 과정을 계속하여 선분 $OA_n$을 지름으로 하는 반원에서 호 $OA_n$ 위에 $\angle A_nOA_{n+1}=\frac{\pi}{4}$를 만족시키는 점 $A_{n+1}$을 잡고 호 $A_nA_{n+1}$의 길이를 $l_n$이라 할 때, $\sum_{n=1}^{\infty} l_n$의 값은?

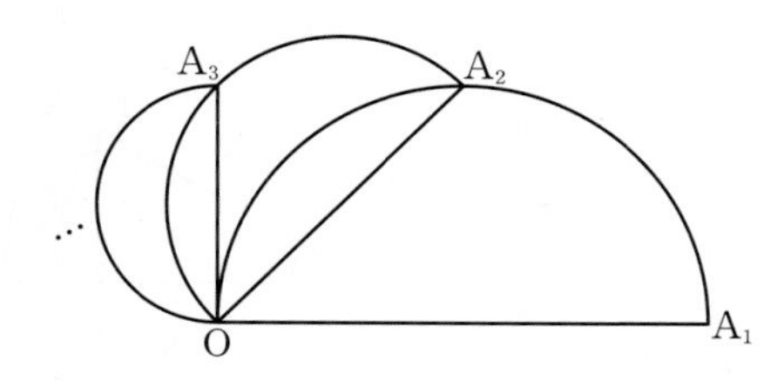


① $\frac{(2+\sqrt{2})\pi}{4}$　② $\frac{(2+\sqrt{2})\pi}{2}$　③ $\frac{3(2+\sqrt{2})\pi}{4}$
④ $(2+\sqrt{2})\pi$　⑤ $\frac{5(2+\sqrt{2})\pi}{4}$

### 유형 18 등비급수의 활용 - 둘레의 길이

## 0165

그림과 같이 한 변의 길이가 4인 정삼각형 ABC의 각 변의 중점을 이어 정삼각형 $A_1B_1C_1$, 정삼각형 $B_1A_1C$의 각 변의 중점을 이어 정삼각형 $A_2B_2C_2$, 정삼각형 $B_2A_2C$의 각 변의 중점을 이어 정삼각형 $A_3B_3C_3$을 만든다. 이와 같은 과정을 한없이 반복하여 $n$번째 얻은 정삼각형 $A_nB_nC_n$의 둘레의 길이를 $l_n$이라 할 때, $\sum_{n=1}^{\infty} l_n$의 값을 구하시오.

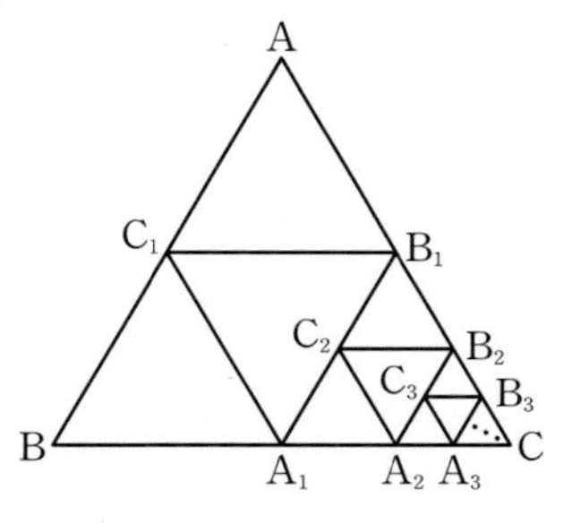


## 0166

그림과 같이 반지름의 길이가 2인 원 $C_1$에 내접하는 정사각형을 그리고, 이 정사각형의 내접원을 $C_2$라 하자. 원 $C_2$에 내접하는 정사각형을 그리고, 이 정사각형의 내접원을 $C_3$이라 하자. 이와 같은 과정을 한없이 반복할 때, 원 $C_1$, $C_2$, $C_3$, $\cdots$의 둘레의 길이의 합은?

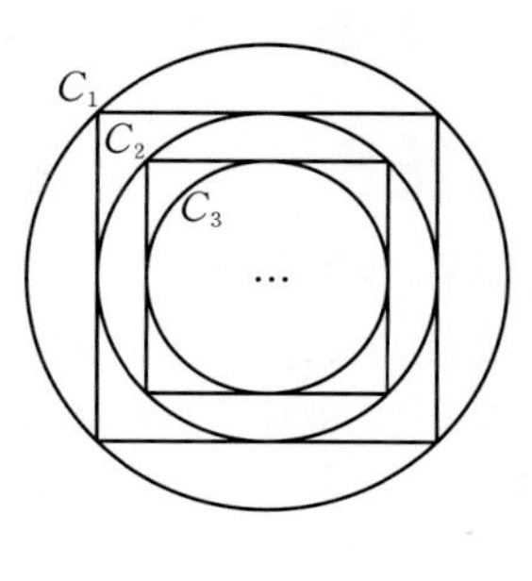


① $2(2+\sqrt{2})\pi$　② $2(2+3\sqrt{2})\pi$　③ $4(2+\sqrt{2})\pi$
④ $2(2+4\sqrt{2})\pi$　⑤ $4(2+3\sqrt{2})\pi$

## 0167

그림과 같이 직선 $y=\frac{1}{2}x$ 위의 점 $A_1(2, 1)$에서 $x$축에 내린 수선의 발을 $B_1$이라 할 때, 한 변이 $x$축 위에 있고 선분 $A_1B_1$을 다른 한 변으로 하는 정사각형을 $T_1$이라 하자. 직각삼각형 $A_1OB_1$에 내접하는 정사각형을 $T_2$라 하고 정사각형 $T_2$와 직선 $y=\frac{1}{2}x$가 만나는 점을 $A_2$, 점 $A_2$에서 $x$축에 내린 수선의 발을 $B_2$라 하자. 이와 같은 과정을 한없이 반복하여 얻은 정사각형 $T_n$의 둘레의 길이를 $l_n$이라 할 때, $\sum_{n=1}^{\infty} l_n$의 값을 구하시오. (단, O는 원점이다.)

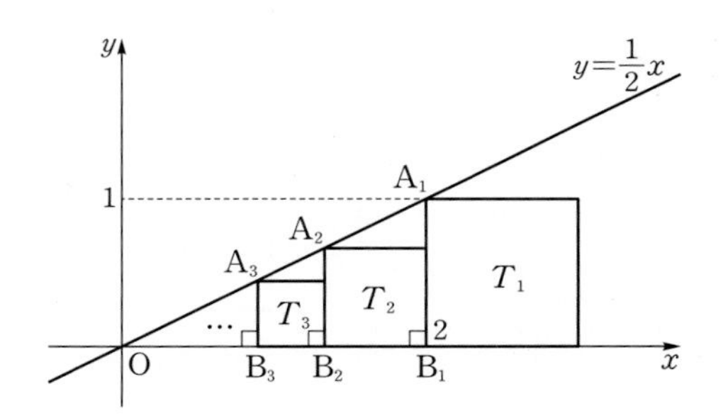

## 유형 19 등비급수의 활용 - 넓이

### 0168

그림과 같이 한 변의 길이가 4인 정삼각형을 4개의 정삼각형으로 나누고, 이 네 정삼각형 중 1개에 색칠하여 얻은 그림을 $R_1$이라 하자. 그림 $R_1$에서 색칠되어 있지 않은 정삼각형 중 하나의 정삼각형을 4개의 정삼각형으로 나누고, 이 네 정삼각형 중 1개에 색칠하여 얻은 그림을 $R_2$라 하자. 이와 같은 과정을 계속하여 $n$번째 얻은 그림 $R_n$에 색칠되어 있는 부분의 넓이를 $S_n$이라 할 때, $\lim_{n\to\infty} S_n$의 값은?

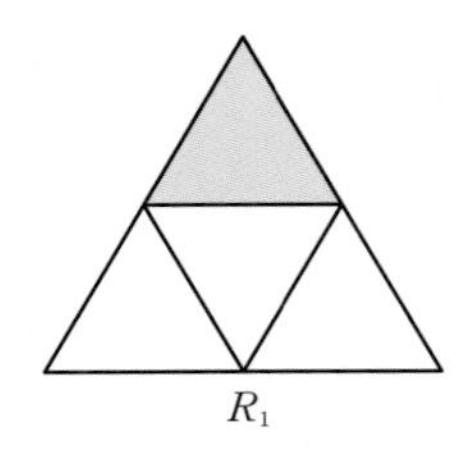


① $\frac{2\sqrt{3}}{3}$ ② $\sqrt{3}$ ③ $\frac{4\sqrt{3}}{3}$
④ $\frac{5\sqrt{3}}{3}$ ⑤ $2\sqrt{3}$

### 0169

그림과 같이 반지름의 길이가 6인 사분원 OAB에 내접하는 정사각형 $OA_1C_1B_1$을 그리고, 사분원 $OA_1B_1$에 내접하는 정사각형 $OA_2C_2B_2$를 그린다. 이와 같은 과정을 한없이 반복하여 정사각형과 사분원을 그릴 때, 색칠된 부분의 넓이의 합은?

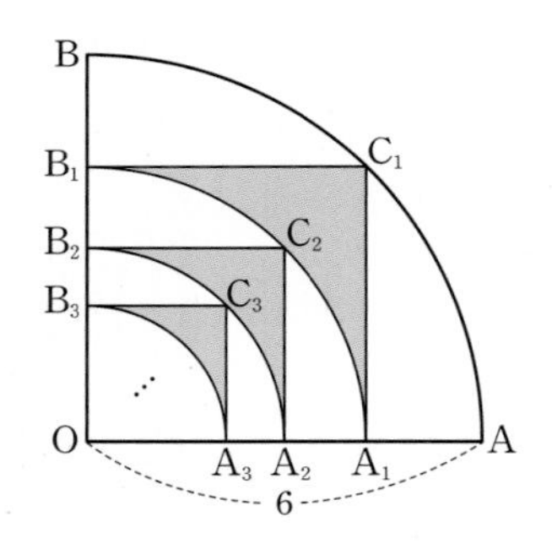


① $36-9\pi$ ② $36-8\pi$ ③ $36-7\pi$
④ $36-6\pi$ ⑤ $36-5\pi$

### 0170

그림과 같이 중심각의 크기가 30°이고 반지름의 길이가 1인 부채꼴 $OA_1B_1$이 있다. 점 $B_1$에서 직선 $OA_1$에 내린 수선의 발을 $A_2$라 하고, 두 선분 $A_1A_2$, $B_1A_2$와 호 $A_1B_1$로 둘러싸인 도형에 색칠하여 얻은 그림을 $R_1$이라 하자. 그림 $R_1$에서 점 O를 중심으로 하고 반지름의 길이가 $\overline{OA_2}$인 원이 선분 $OB_1$과 만나는 점을 $B_2$라 하자. 부채꼴 $OA_2B_2$에 대하여 점 $B_2$에서 직선 $OA_2$에 내린 수선의 발을 $A_3$이라 하고, 두 선분 $A_2A_3$, $B_2A_3$과 호 $A_2B_2$로 둘러싸인 도형에 색칠하여 얻은 그림을 $R_2$라 하자. 이와 같은 과정을 계속하여 $n$번째 얻은 그림 $R_n$에 색칠되어 있는 부분의 넓이를 $S_n$이라 할 때, $\lim_{n\to\infty} S_n$의 값은?

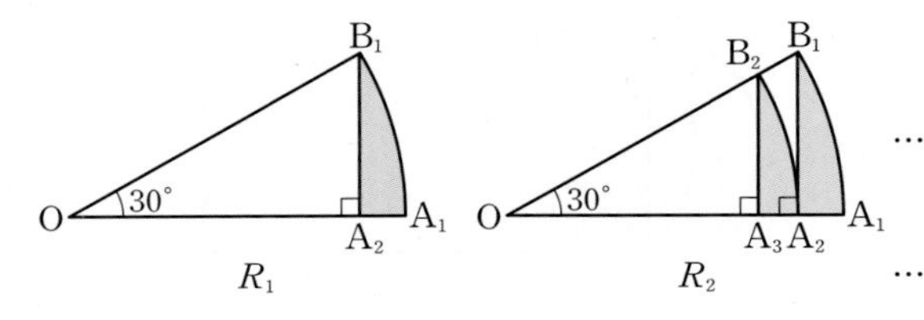


① $\frac{2\pi-3\sqrt{3}}{6}$ ② $\frac{2\pi-3\sqrt{3}}{5}$ ③ $\frac{2\pi-3\sqrt{3}}{4}$
④ $\frac{2\pi-3\sqrt{3}}{3}$ ⑤ $\frac{2\pi-3\sqrt{3}}{2}$

정답과 풀이 288쪽

## 0171

그림과 같이 $\overline{A_1B_1}=\sqrt{3}$, $\overline{A_1D_1}=3$인 직사각형 $A_1B_1C_1D_1$이 있다. 선분 $A_1D_1$을 $1:2$로 내분하는 점을 $E_1$, 선분 $C_1D_1$을 $1:2$로 내분하는 점을 $F_1$이라 할 때, 두 삼각형 $A_1B_1E_1$, $D_1E_1F_1$의 내부를 색칠하여 얻은 그림을 $R_1$이라 하자. 그림 $R_1$에 선분 $B_1E_1$ 위의 점 $A_2$, 선분 $E_1F_1$ 위의 점 $D_2$와 변 $B_1C_1$ 위의 두 점 $B_2$, $C_2$를 꼭짓점으로 하고 $\overline{A_2B_2}:\overline{A_2D_2}=1:\sqrt{3}$인 직사각형 $A_2B_2C_2D_2$를 그리고 직사각형 $A_2B_2C_2D_2$에서 그림 $R_1$을 얻는 것과 같은 방법으로 만들어지는 두 삼각형에 색칠하여 얻은 그림을 $R_2$라 하자. 이와 같은 과정을 계속하여 $n$번째 얻은 그림 $R_n$에 색칠되어 있는 부분의 넓이를 $S_n$이라 할 때, $\lim_{n\to\infty}S_n$의 값은?

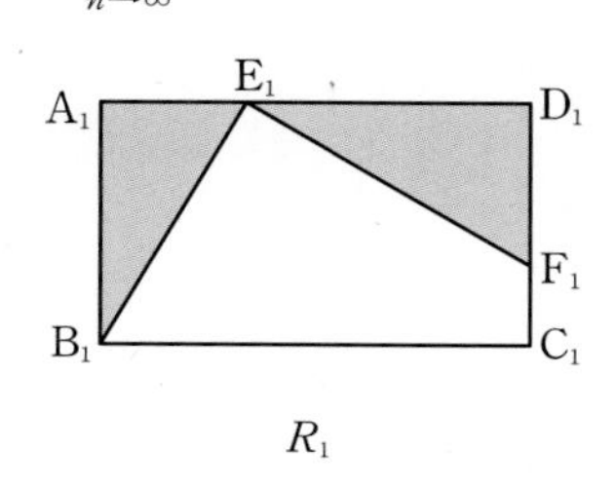

$R_1$

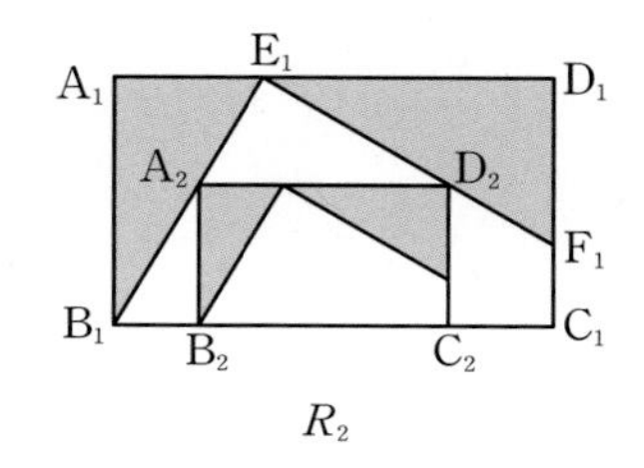

$R_2$

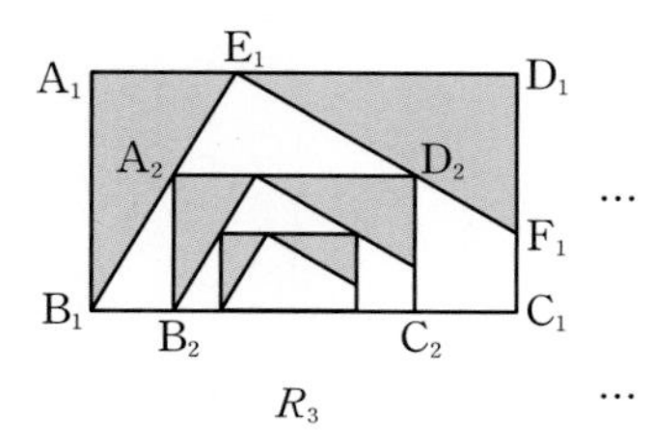

$R_3$ ⋯

① $\dfrac{343\sqrt{3}}{198}$　② $\dfrac{175\sqrt{3}}{99}$　③ $\dfrac{119\sqrt{3}}{66}$
④ $\dfrac{182\sqrt{3}}{99}$　⑤ $\dfrac{371\sqrt{3}}{198}$

## 유형 20 등비급수의 실생활에의 활용

## 0172

어느 장학 재단에서 100억 원의 기금을 조성하였다. 매년 초에 기금을 운용하여 연말까지 20 %의 이익을 내고 기금과 이익을 합한 금액의 30 %를 매년 말에 장학금으로 지급하려고 한다. 장학금으로 지급하고 남은 금액을 기금으로 하여 매년 기금의 운용과 장학금의 지급을 이와 같은 방법으로 실시할 계획이다. 기금을 조성한 후 $n$번째 해에 지급하는 장학금을 $a_n$억 원이라 할 때, $\sum_{n=1}^{\infty}a_n$의 값은?

① $\dfrac{437}{2}$　② 225　③ $\dfrac{473}{2}$
④ 248　⑤ $\dfrac{519}{2}$

## 0173

지면에 수직으로 떨어뜨리면 낙하한 거리의 $\dfrac{1}{3}$만큼 튀어 오르는 공이 있다. 이 공을 지상 9 m인 곳에서 수직으로 떨어뜨릴 때, 공이 멈출 때까지 움직인 거리는 몇 m인지 구하시오.

## 0174

전기차에 사용되는 어떤 배터리는 한 번 충전할 때마다 주행 가능한 거리가 충전하기 직전의 0.2 %씩 줄어든다고 한다. 새 배터리를 장착한 전기차의 주행 가능한 거리가 600 km일 때, 이 배터리를 장착한 자동차로 완충과 방전을 한없이 반복하여 갈 수 있는 거리는? (단, 새 배터리는 완충된 상태이고, 배터리를 한 번 충전하면 방전될 때까지 주행한다.)

① 300000 km　② 350000 km　③ 400000 km
④ 450000 km　⑤ 500000 km

# 기출 & 기출변형 문제

## 0175 평가원 변형

수열 $\{a_n\}$에 대하여 급수 $\sum_{n=1}^{\infty}\frac{a_n}{n^2}$이 수렴할 때,

$\lim_{n\to\infty}\frac{2a_n+3n^2+4n}{n^2+5n}$의 값을 구하시오.

## 0176 교육청 변형

수열 $\{a_n\}$이 $a_1=2$이고 모든 자연수 $n$에 대하여

$3a_{n+1}=5a_n$

을 만족시킬 때, 급수 $\sum_{n=1}^{\infty}\frac{8}{a_n}$의 값은?

① 2 ② 4 ③ 6
④ 8 ⑤ 10

## 0177 평가원 변형

자연수 $k$에 대하여 수열 $\{a_n\}$이 $\sum_{n=1}^{\infty}(9a_n-k)=1$을 만족시킬 때, $\lim_{n\to\infty}a_n=r$라 하자. $\lim_{n\to\infty}\frac{r^{n+1}-1}{r^n+1}=\frac{10}{9}$일 때, $k$의 값은?

① 10 ② 13 ③ 16
④ 19 ⑤ 22

## 0178 교육청 기출

모든 항이 양의 실수인 수열 $\{a_n\}$이

$a_1=k,\ a_na_{n+1}+a_{n+1}=ka_n^2+ka_n\ (n\ge1)$

을 만족시키고 $\sum_{n=1}^{\infty}a_n=5$일 때, 실수 $k$의 값은? (단, $0<k<1$)

① $\frac{5}{6}$ ② $\frac{4}{5}$ ③ $\frac{3}{4}$
④ $\frac{2}{3}$ ⑤ $\frac{1}{2}$

## 0179 평가원 변형

첫째항이 1인 등차수열 $\{a_n\}$에 대하여 급수

$\sum_{n=1}^{\infty}\left(\frac{a_n}{n}-\frac{2n+5}{n+3}\right)$

가 실수 $S$에 수렴할 때, $S$의 값은?

① $-\frac{7}{3}$ ② $-\frac{13}{6}$ ③ $-2$
④ $-\frac{11}{6}$ ⑤ $-\frac{5}{3}$

## 0180 교육청 변형

두 수열 $\{a_n\}$, $\{b_n\}$이 모든 자연수 $n$에 대하여

$$1+3+3^2+\cdots+3^{n-1}<a_n<\frac{3^n+1}{2}$$

$$\frac{2n-3}{n+1}<\sum_{k=1}^{n}b_k<\frac{2n+1}{n}$$

을 만족시킬 때, $\lim_{n\to\infty}\frac{9^{n+2}-2}{3^{n+1}a_n+4^nb_n}$의 값은?

① 45 ② 54 ③ 63
④ 72 ⑤ 81

## 0181 교육청 변형

수열 $\{a_n\}$이 $\sum_{k=1}^{n}\frac{a_k}{k}=\frac{1}{2}n^2+\frac{3}{2}n$을 만족시킬 때, $\sum_{n=1}^{\infty}\frac{1}{a_n}$의 값은?

① $\frac{1}{5}$ ② $\frac{1}{4}$ ③ $\frac{1}{3}$
④ $\frac{1}{2}$ ⑤ 1

## 0182 교육청 변형

수열 $\{a_n\}$이 $a_1=\frac{1}{4}$이고,

$$a_na_{n+1}=4^n\ (n\ge1)$$

을 만족시킬 때, $\sum_{n=1}^{\infty}\frac{96}{a_{2n}}$의 값을 구하시오.

## 0183 평가원 기출

그림과 같이 중심이 $O_1$, 반지름의 길이가 1이고 중심각의 크기가 $\frac{5\pi}{12}$인 부채꼴 $O_1A_1O_2$가 있다. 호 $A_1O_2$ 위에 점 $B_1$을 $\angle A_1O_1B_1=\frac{\pi}{4}$가 되도록 잡고, 부채꼴 $O_1A_1B_1$에 색칠하여 얻은 그림을 $R_1$이라 하자. 그림 $R_1$에서 점 $O_2$를 지나고 선분 $O_1A_1$에 평행한 직선이 직선 $O_1B_1$과 만나는 점을 $A_2$라 하자. 중심이 $O_2$이고 중심각의 크기가 $\frac{5\pi}{12}$인 부채꼴 $O_2A_2O_3$을 부채꼴 $O_1A_1B_1$과 겹치지 않도록 그린다. 호 $A_2O_3$ 위에 점 $B_2$를 $\angle A_2O_2B_2=\frac{\pi}{4}$가 되도록 잡고, 부채꼴 $O_2A_2B_2$에 색칠하여 얻은 그림을 $R_2$라 하자. 이와 같은 과정을 계속하여 $n$번째 얻은 그림 $R_n$에 색칠되어 있는 부분의 넓이를 $S_n$이라 할 때, $\lim_{n\to\infty}S_n$의 값은?

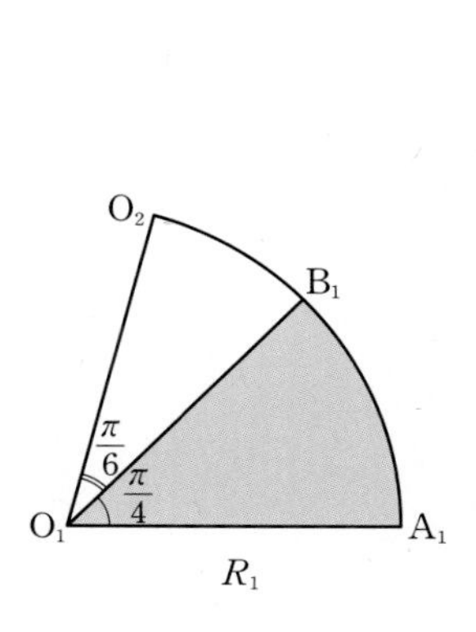


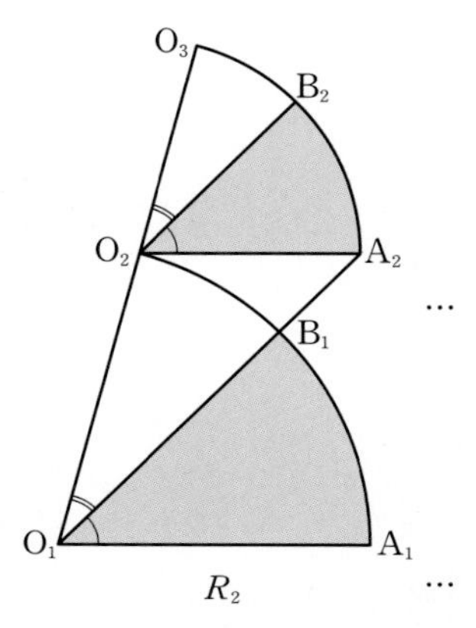


① $\frac{3\pi}{16}$ ② $\frac{7\pi}{32}$ ③ $\frac{\pi}{4}$
④ $\frac{9\pi}{32}$ ⑤ $\frac{5\pi}{16}$

## 0184 교육청 변형

모든 자연수 $n$에 대하여 수열 $\{a_n\}$은 다음 조건을 만족시킨다. $\sum_{n=1}^{\infty}\frac{a_n}{a_{n+2}}$의 값은?

> (가) $a_n \neq 0$
> (나) $x$에 대한 다항식 $a_nx^2-a_{n+1}x$는 $x-n$으로 나누어떨어진다.

① 1 ② 3 ③ 5
④ 7 ⑤ 9

## 0185 교육청 변형

좌표평면에서 자연수 $n$에 대하여 세 직선 $x=n$, $y=x$, $y=2(x+1)$로 둘러싸인 삼각형의 넓이를 $S_n$이라 할 때, $\sum_{n=1}^{\infty}\frac{2n+5}{S_nS_{n+1}}$의 값은?

① $\frac{1}{9}$ ② $\frac{2}{9}$ ③ $\frac{1}{3}$
④ $\frac{4}{9}$ ⑤ $\frac{5}{9}$

## 0186 교육청 기출

그림과 같이 길이가 2인 선분 $A_1B$를 지름으로 하는 반원 $O_1$이 있다. 호 $BA_1$ 위에 점 $C_1$을 $\angle BA_1C_1=\frac{\pi}{6}$가 되도록 잡고, 선분 $A_2B$를 지름으로 하는 반원 $O_2$가 선분 $A_1C_1$과 접하도록 선분 $A_1B$ 위에 점 $A_2$를 잡는다. 반원 $O_2$와 선분 $A_1C_1$의 접점을 $D_1$이라 할 때, 두 선분 $A_1A_2$, $A_1D_1$과 호 $D_1A_2$로 둘러싸인 부분과 선분 $C_1D_1$과 두 호 $BC_1$, $BD_1$로 둘러싸인 부분인 ◸ 모양의 도형에 색칠하여 얻은 그림을 $R_1$이라 하자. 그림 $R_1$에서 호 $BA_2$ 위에 점 $C_2$를 $\angle BA_2C_2=\frac{\pi}{6}$가 되도록 잡고, 선분 $A_3B$를 지름으로 하는 반원 $O_3$이 선분 $A_2C_2$와 접하도록 선분 $A_2B$ 위에 점 $A_3$을 잡는다. 반원 $O_3$과 선분 $A_2C_2$의 접점을 $D_2$라 할 때, 두 선분 $A_2A_3$, $A_2D_2$와 호 $D_2A_3$으로 둘러싸인 부분과 선분 $C_2D_2$와 두 호 $BC_2$, $BD_2$로 둘러싸인 부분인 ◸ 모양의 도형에 색칠하여 얻은 그림을 $R_2$라 하자. 이와 같은 과정을 계속하여 $n$번째 얻은 그림 $R_n$에 색칠되어 있는 부분의 넓이를 $S_n$이라 할 때, $\lim_{n\to\infty}S_n$의 값은?

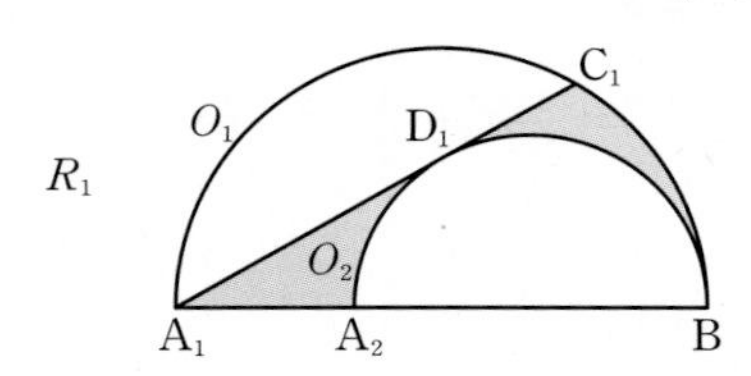


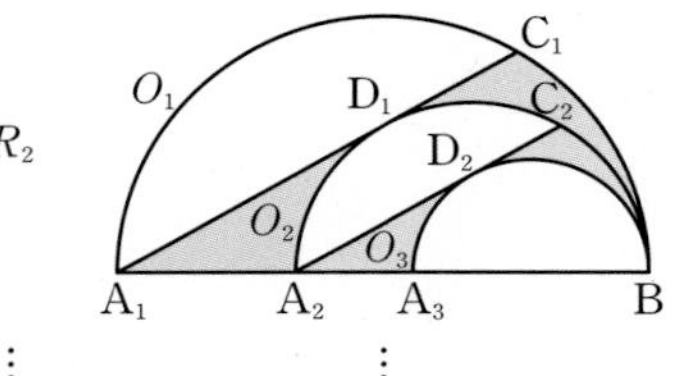


⋮ ⋮

① $\frac{4\sqrt{3}-\pi}{10}$ ② $\frac{9\sqrt{3}-2\pi}{20}$ ③ $\frac{8\sqrt{3}-\pi}{20}$
④ $\frac{5\sqrt{3}-\pi}{10}$ ⑤ $\frac{9\sqrt{3}-\pi}{20}$

# 미분법

# 03 지수함수와 로그함수의 미분

유형별 유사문제

## 유형 01 지수함수의 극한

### 0187

$\lim_{x\to\infty}\frac{2^{3x+1}+5^x}{8^{x-1}-5^x}$의 값은?

① 1　② 2　③ 4　④ 8　⑤ 16

### 0188

$\lim_{x\to0+}\frac{7^{\frac{1}{x}}}{7^{\frac{1}{x}}-7^{-\frac{1}{x}}}$의 값은?

① 1　② 3　③ 5　④ 7　⑤ 9

### 0189

$\lim_{x\to\infty}\frac{a\times2^{2x-3}-7}{4^{x-1}+5}=4$일 때, 상수 $a$의 값을 구하시오.

### 0190

$\lim_{x\to-\infty}\frac{5^{x+1}+2x^2-8}{5^x+x^2}$의 값은?

① 1　② 2　③ 3　④ 4　⑤ 5

## 유형 02 로그함수의 극한

### 0191

$\lim_{x\to\infty}\{\log_2(4x+1)-\log_4(2x^2+7x)\}$의 값은?

① $\frac{1}{2}$　② 1　③ $\frac{3}{2}$　④ 2　⑤ $\frac{5}{2}$

### 0192

$\lim_{x\to-\infty}(\log_3\sqrt{x^2+9x}-\log_3 3|x|)$의 값은?

① $-1$　② $-\frac{1}{2}$　③ $-\frac{1}{3}$　④ $\frac{1}{2}$　⑤ 1

## 0193

$\lim_{x\to 0+} \dfrac{\log_5 \dfrac{9}{x^2}}{\log_5\left(\dfrac{6}{x^a}+7\right)}=6$을 만족시키는 상수 $a$의 값은?

① $\frac{1}{15}$ ② $\frac{1}{12}$ ③ $\frac{1}{9}$
④ $\frac{1}{6}$ ⑤ $\frac{1}{3}$

## 0194

$\lim_{x\to\infty}\frac{1}{x}\log_3(a^x+9^x)=2$를 만족시키는 2 이상의 모든 자연수 $a$의 개수를 구하시오.

### 유형 03 $\lim_{x\to 0}(1+x)^{\frac{1}{x}}$ 꼴의 극한

## 0195

$\lim_{x\to 0}(1+6x)^{\frac{1}{2x}}+\lim_{x\to 0}\left(1-\frac{x}{4}\right)^{\frac{2}{x}}$의 값은?

① $e^3+\frac{1}{\sqrt{e}}$ ② $e^3+\frac{1}{e^2}$ ③ $e^3+\sqrt{e}$
④ $e^{12}+\frac{1}{\sqrt{e}}$ ⑤ $e^{12}+\frac{1}{e^2}$

## 0196

$\lim_{x\to -1}(x+2)^{\frac{5}{x+1}}$의 값은?

① $\frac{1}{e^5}$ ② $\frac{1}{e}$ ③ $e$
④ $e^5$ ⑤ $e^{10}$

## 0197

$\lim_{x\to 0}(12x^2+8x+1)^{\frac{1}{3x}}=e^a$을 만족시키는 상수 $a$의 값은?

① $\frac{4}{3}$ ② 2 ③ $\frac{8}{3}$
④ $\frac{10}{3}$ ⑤ 4

### 유형 04 $\lim_{x\to\infty}\left(1+\frac{1}{x}\right)^x$ 꼴의 극한

## 0198

$\lim_{x\to\infty}\left(1+\frac{3}{x}\right)^{2x+1}$의 값은?

① $e^{\frac{2}{3}}$ ② $e^{\frac{3}{2}}$ ③ $e^2$
④ $e^3$ ⑤ $e^6$

## 0199

$\lim_{x\to\infty}\left(1-\frac{1}{7x}\right)^{\frac{x}{a}}=e^2$을 만족시키는 상수 $a$의 값은?

(단, $a\neq0$)

① $-\frac{7}{2}$ ② $-\frac{2}{7}$ ③ $-\frac{1}{14}$
④ $\frac{1}{14}$ ⑤ $\frac{2}{7}$

## 0200

$\lim_{x\to\infty}\left(\frac{x-a}{x+a}\right)^x=e^{20}$을 만족시키는 상수 $a$의 값은?

① $-10$ ② $-5$ ③ $-2$
④ $5$ ⑤ $10$

### 유형 05 $\lim_{x\to0}\frac{\ln(1+x)}{x}$ 꼴의 극한

## 0201

$\lim_{x\to0}\frac{\ln(1+8x)+2x}{5x}$의 값은?

① 1 ② 2 ③ 3
④ 4 ⑤ 5

## 0202

$\lim_{x\to0}\frac{\ln(1+4x)}{\ln(1+ax)}=12$일 때, 상수 $a$의 값은? (단, $a\neq0$)

① $\frac{1}{3}$ ② $\frac{1}{2}$ ③ 1
④ 2 ⑤ 3

## 0203 수능 변형

$\lim_{x\to0}\frac{\ln(x+1)}{\sqrt{x+16}-4}$의 값은?

① 2 ② 4 ③ 6
④ 8 ⑤ 10

## 0204

함수 $f(x)=2-e^{-2x}$의 역함수를 $g(x)$라 할 때, $\lim_{x\to1}\frac{g(x)}{x-1}$의 값은?

① $-2$ ② $-\frac{1}{2}$ ③ $\frac{1}{2}$
④ 1 ⑤ 2

## 유형 06 $\lim_{x\to0}\frac{\log_a(1+x)}{x}$ 꼴의 극한

### 0205

$\lim_{x\to0}\frac{\log_9(1+ax)}{x}=\frac{1}{2}$일 때, 상수 $a$의 값은?

① $\frac{1}{\ln 9}$ ② $\frac{1}{\ln 6}$ ③ $\frac{1}{\ln 3}$
④ $\ln 3$ ⑤ $\ln 6$

### 0206

$\lim_{x\to0}\left\{\frac{\log_2(2+x)}{x}-\frac{1}{x}\right\}$의 값은?

① $\frac{1}{\ln 10}$ ② $\frac{1}{3\ln 2}$ ③ $\frac{1}{\ln 6}$
④ $\frac{1}{2\ln 2}$ ⑤ $\frac{1}{\ln 2}$

### 0207

$\lim_{x\to-\infty}x^2\left\{\log_3\left(9+\frac{1}{x^2}\right)-2\right\}$의 값은?

① $\frac{1}{9\ln 3}$ ② $\frac{1}{6\ln 3}$ ③ $\frac{1}{3\ln 3}$
④ $\frac{1}{2\ln 3}$ ⑤ $\frac{1}{\ln 3}$

## 유형 07 $\lim_{x\to0}\frac{e^x-1}{x}$ 꼴의 극한

### 0208 교육청 변형

$\lim_{x\to0}\frac{e^{2x}-\frac{1}{e^x}}{x}$의 값은?

① 1 ② 2 ③ 3
④ 4 ⑤ 5

### 0209

$\lim_{x\to-1}\frac{e^{x+1}+7x+6}{x+1}$의 값을 구하시오.

### 0210

$\lim_{x\to0}\frac{1-e^{ax}}{e^{ax}\ln(1+a^2x)}=8$을 만족시키는 0이 아닌 상수 $a$의 값은?

① $-\frac{1}{4}$ ② $-\frac{1}{8}$ ③ $\frac{1}{8}$
④ $\frac{1}{4}$ ⑤ $\frac{1}{2}$

## 유형 08 $\lim_{x\to0}\frac{a^x-1}{x}$ 꼴의 극한

### 0211 교육청 변형

$\lim_{x\to0}\frac{4^x+2^x+x^2-2}{x}$의 값은?

① $\ln 2$ ② $2\ln 2$ ③ $3\ln 2$
④ $4\ln 2$ ⑤ $5\ln 2$

### 0212

$\lim_{x\to\infty}2x(5^{\frac{1}{2x}}-1)$의 값은?

① $\frac{1}{\ln 5}$ ② $\ln 2$ ③ $\frac{1}{\ln 2}$
④ $\ln 5$ ⑤ $\frac{2}{\ln 2}$

### 0213

두 함수 $f(x)=2^{ax}-1$, $g(x)=\ln(1+bx)$에 대하여

$$\lim_{x\to0}\frac{f(x)}{g(x)}=2\ln 2$$

를 만족시키는 10 이하의 두 자연수 $a$, $b$의 모든 순서쌍 $(a, b)$의 개수를 구하시오.

## 유형 09 지수·로그함수의 극한에서 미정계수의 결정

### 0214

$\lim_{x\to0}\frac{\ln(1+ax)}{e^{4x}+b}=3$을 만족시키는 상수 $a$, $b$에 대하여 $a+b$의 값을 구하시오.

### 0215

함수 $f(x)=\ln(ax+b)$에 대하여 $\lim_{x\to0}\frac{f(x)}{x}=3$일 때, $f(5)$의 값은? (단, $a$, $b$는 상수이다.)

① $2\ln 2$ ② $3\ln 2$ ③ $4\ln 2$
④ $5\ln 2$ ⑤ $6\ln 2$

### 0216

$\lim_{x\to0}\frac{e^{ax}+e^{bx}+e^{7x}+b}{x}=20$일 때, 상수 $a$, $b$에 대하여 $a-b$의 값을 구하시오.

### 0217

최고차항의 계수가 1인 이차함수 $f(x)$가

$$\lim_{x\to2}\frac{e^{x-2}-f(x)}{x-2}=6$$

을 만족시킬 때, $f(-1)$의 값을 구하시오.

## 유형 10 지수·로그함수의 극한의 도형에의 활용

### 0218

그림과 같이 점 A$(a, 0)$과 곡선 $y=\ln(6x+1)$ 위의 점 P$(t, \ln(6t+1))$에 대하여 삼각형 OAP의 넓이를 $S(t)$라 하자. $\lim_{t\to0+}\frac{S(t)}{t}=12$일 때, 상수 $a$의 값을 구하시오.

(단, O는 원점이고, 두 점 A, P의 $x$좌표는 양수이다.)

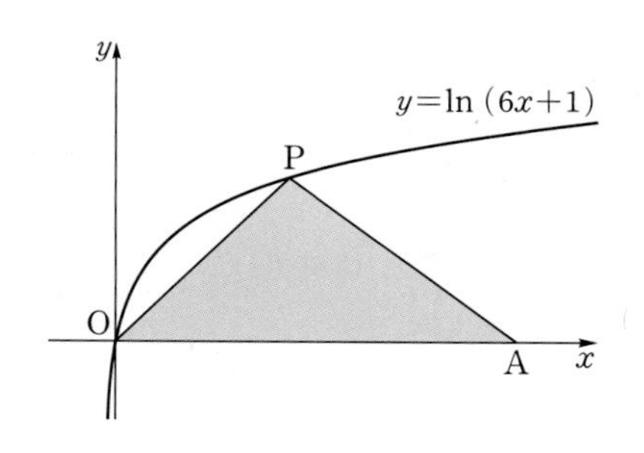


### 0219 교육청 변형

$t>1$인 실수 $t$에 대하여 직선 $y=t$가 두 곡선 $y=8^x$, $y=2^x$과 만나는 점을 각각 P, Q라 하자. $\lim_{t\to1+}\frac{\overline{PQ}}{t-1}$의 값은?

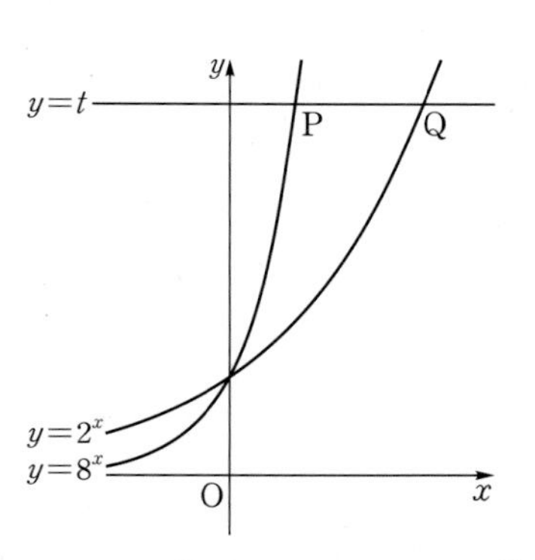


① $\frac{2}{3\ln 2}$ ② $\frac{1}{\ln 2}$ ③ $\frac{2}{\ln 2}$
④ $\ln 2$ ⑤ $2\ln 2$

### 0220

곡선 $f(x)=\ln(1+5x)$ 위를 움직이는 제1사분면 위의 점 P$(t, f(t))$를 지나고 직선 OP에 수직인 직선이 $x$축과 만나는 점을 A라 하자. 삼각형 OAP의 넓이를 $S(t)$라 할 때, $\lim_{t\to0+}\frac{S(t)}{t^2}$의 값을 구하시오. (단, O는 원점이다.)

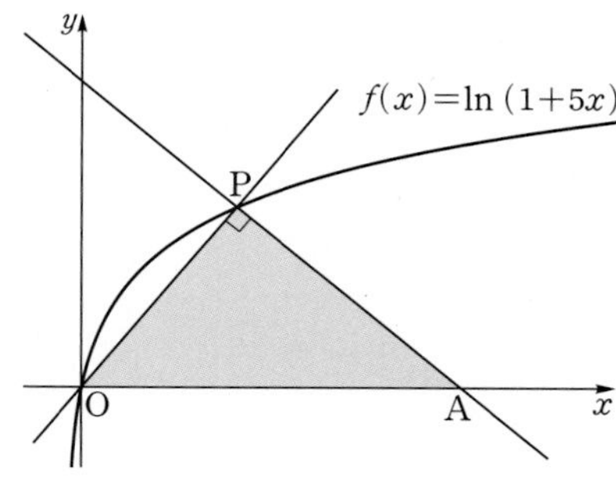


## 유형 11 지수·로그함수의 연속

### 0221

함수 $f(x)=\begin{cases}\frac{\ln(6x+a)}{x} & (x\neq0)\\ b & (x=0)\end{cases}$이 $x=0$에서 연속일 때, $a+b$의 값은? (단, $a$, $b$는 상수이다.)

① 6 ② 7 ③ 8
④ 9 ⑤ 10

### 0222

$x\neq0$일 때, $f(x)=\frac{-2x^2+4x+a}{\ln(1+x)}$로 정의된 함수 $f(x)$가 $x=0$에서 연속이다. $f(a)$의 값은? (단, $a$는 상수이다.)

① 2 ② 4 ③ 6
④ 8 ⑤ 10

## 0223

함수 $f(x)=\begin{cases} \dfrac{e^{ax}-1}{2x} & (x<0) \\ e^{x}-5 & (x\geq 0) \end{cases}$이 실수 전체의 집합에서 연속일 때, 상수 $a$의 값은? (단, $a\neq 0$)

① $-8$ ② $-7$ ③ $-6$
④ $-5$ ⑤ $-4$

## 0224

구간 $\left(\dfrac{7}{8},\ \infty\right)$에서 연속인 함수 $f(x)$가 $x>\dfrac{7}{8}$인 모든 실수 $x$에 대하여 $(x-1)f(x)=\ln(8x-7)$을 만족시킬 때, $f(1)$의 값은?

① 2 ② 4 ③ 6
④ 8 ⑤ 10

### 유형 12 지수함수의 도함수

## 0225

함수 $f(x)=2e^{x}+x^{2}-4x$에 대하여 $f'(0)$의 값은?

① $-2$ ② $-1$ ③ 0
④ 1 ⑤ 2

## 0226

함수 $f(x)=e^{x}(5x+7)$에 대하여 $f'(1)$의 값은?

① $13e$ ② $14e$ ③ $15e$
④ $16e$ ⑤ $17e$

## 0227 교육청 변형

함수 $f(x)=(ax-3)e^{x}$에 대하여 $f'(-2)=\dfrac{6}{e^{2}}$일 때, 상수 $a$의 값은?

① $-15$ ② $-12$ ③ $-9$
④ $-6$ ⑤ $-3$

## 0228

함수 $f(x)=2^{x+\log_2 3}$에 대하여 곡선 $y=f(x)$ 위의 점 $(2,\ f(2))$에서의 접선의 기울기는?

① $8\ln 2$ ② $10\ln 2$ ③ $12\ln 2$
④ $14\ln 2$ ⑤ $16\ln 2$

### 유형 13 로그함수의 도함수

## 0229

함수 $f(x)=9+12\ln x$에 대하여 $f'(3)$의 값을 구하시오.

## 0230

곡선 $y=x^3 \ln x$ 위의 점 $(1, 0)$에서의 접선의 기울기는?

① $\frac{1}{3}$ ② $\frac{1}{2}$ ③ $1$
④ $2$ ⑤ $3$

## 0231

함수 $f(x)=\log_5 \frac{1}{x}-\log_{25} \frac{1}{x}$에 대하여 $f'(2)$의 값은?

① $-\frac{1}{2 \ln 5}$ ② $-\frac{1}{4 \ln 5}$ ③ $-\frac{1}{6 \ln 5}$
④ $-\frac{1}{8 \ln 5}$ ⑤ $-\frac{1}{10 \ln 5}$

## 0232

함수 $f(x)=\log_2 x$에 대하여

$$\lim_{h \to 0} \frac{h}{f(a+h)-f(a-h)}=\ln 64$$

일 때, 상수 $a$의 값은?

① $6$ ② $12$ ③ $24$
④ $36$ ⑤ $64$

**유형 14 지수·로그함수의 미분가능성**

## 0233

함수

$$f(x)=\begin{cases} ax+b & (x<1) \\ 5+x \ln x & (x \geq 1) \end{cases}$$

이 $x=1$에서 미분가능할 때, $f(-1)$의 값은?

(단, $a$, $b$는 상수이다.)

① $-3$ ② $-1$ ③ $1$
④ $3$ ⑤ $5$

## 0234

$f(0)=0$인 이차함수 $f(x)$에 대하여 함수 $g(x)$를

$$g(x)=\begin{cases} f(x) & (x \leq -1) \\ e^{x+1}-7x & (x>-1) \end{cases}$$

이라 하자. 함수 $g(x)$가 $x=-1$에서 미분가능할 때, $f(-3)$의 값은?

① $4$ ② $6$ ③ $8$
④ $10$ ⑤ $12$

## 0235

함수

$$f(x)=\begin{cases} 2x+b & (x \leq 1) \\ \log_a x & (x>1) \end{cases}$$

이 실수 전체의 집합에서 미분가능할 때, 상수 $a$, $b$에 대하여 $ab$의 값은? (단, $a>0$, $a \neq 1$)

① $-2\sqrt{e}$ ② $-\sqrt{e}$ ③ $-\frac{\sqrt{e}}{2}$
④ $\frac{\sqrt{e}}{2}$ ⑤ $\sqrt{e}$

## 0236 평가원 변형

양수 $a$가 $\lim_{x \to 0} \frac{(a+12)^x - a^{2x}}{x} = \ln 6$을 만족시킬 때, $a$의 값은?

① $\frac{1}{2}$ ② $\frac{3}{2}$ ③ $\frac{5}{2}$

④ $\frac{7}{2}$ ⑤ $\frac{9}{2}$

## 0237 수능 변형

함수 $f(x) = \log_4(x+5)$의 역함수를 $g(x)$라 할 때, $\lim_{x \to 0} \frac{f(x-4)}{g(x)+4}$의 값은?

① $\frac{1}{4(\ln 2)^2}$ ② $\frac{1}{4 \ln 2}$ ③ $4(\ln 2)^2$

④ $4 \ln 2$ ⑤ $4$

## 0238 교육청 기출

함수 $f(x)$가

$$f(x) = \begin{cases} e^x & (x \le 0,\ x \ge 2) \\ \ln(x+1) & (0 < x < 2) \end{cases}$$

이고, 함수 $y=g(x)$의 그래프가 그림과 같다.

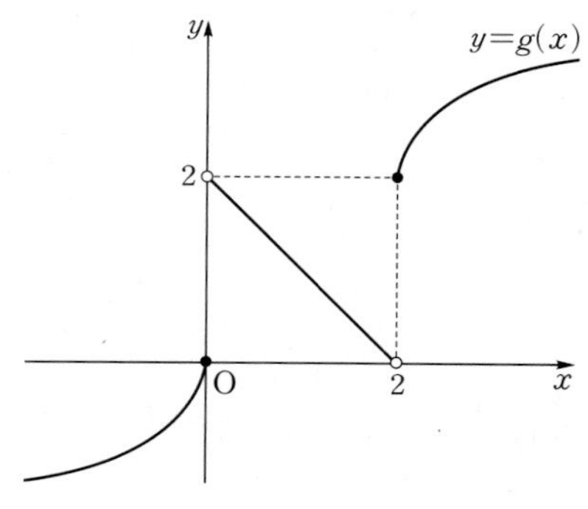


$\lim_{x \to 2+} f(g(x)) + \lim_{x \to 0+} g(f(x))$의 값은?

① $e$ ② $e+1$ ③ $e+2$

④ $e^2+1$ ⑤ $e^2+2$

## 0239 평가원 기출

두 함수

$$f(x) = \begin{cases} ax & (x < 1) \\ -3x+4 & (x \ge 1) \end{cases},\ g(x) = 2^x + 2^{-x}$$

에 대하여 합성함수 $(g \circ f)(x)$가 실수 전체의 집합에서 연속이 되도록 하는 모든 실수 $a$의 값의 곱은?

① $-5$ ② $-4$ ③ $-3$

④ $-2$ ⑤ $-1$

## 0240 평가원 변형

함수 $f(x)$에 대하여 보기에서 옳은 것만을 있는 대로 고른 것은?

**보기**

ㄱ. $f(x)=2x^2+3x$이면 $\lim_{x\to0}\frac{\ln\{1+f(x)\}}{x}=3$이다.

ㄴ. $\lim_{x\to0}\frac{\ln(1+x)}{f(x)}=1$이면 $\lim_{x\to0}\frac{\log_2(1+x)}{f(x)}=\frac{1}{\ln 2}$이다.

ㄷ. $\lim_{x\to0}f(x)=0$이면 $\lim_{x\to0}\frac{\ln\{1+f(x)\}}{x}$가 존재한다.

① ㄱ ② ㄷ ③ ㄱ, ㄴ
④ ㄴ, ㄷ ⑤ ㄱ, ㄴ, ㄷ

## 0241 교육청 기출

좌표평면 위의 한 점 P$(t,\ 0)$을 지나는 직선 $x=t$와 두 곡선 $y=\ln x$, $y=-\ln x$가 만나는 점을 각각 A, B라 하자. 삼각형 AQB의 넓이가 1이 되도록 하는 $x$축 위의 점을 Q라 할 때, 선분 PQ의 길이를 $f(t)$라 하자. $\lim_{t\to1+}(t-1)f(t)$의 값은?

(단, 점 Q의 $x$좌표는 $t$보다 작다.)

① $\frac{1}{2}$ ② 1 ③ $\frac{3}{2}$
④ 2 ⑤ $\frac{5}{2}$

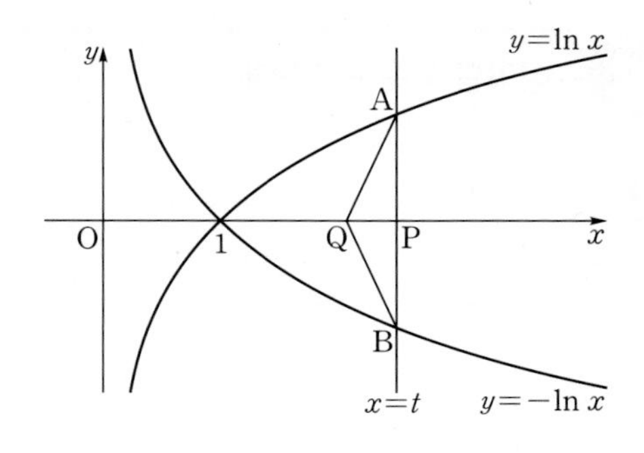


## 0242 교육청 기출

그림과 같이 곡선 $y=xe^x$ 위의 점 P$(t,\ te^t)$ $(t>0)$을 중심으로 하고 $y$축에 접하는 원을 $C$라 하자. 원 $C$의 반지름의 길이를 $r(t)$, 원점 O를 지나고 원 $C$에 접하는 직선 중에서 $y$축이 아닌 직선의 기울기를 $m(t)$라 할 때,

$\lim_{t\to0+}\frac{4r(t)-e^t\times m(t)}{t}$의 값을 구하시오.

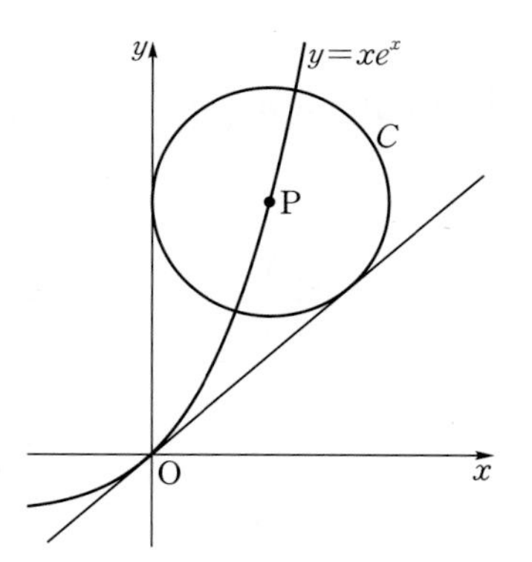


## 0243 수능 변형

실수 전체의 집합에서 연속인 두 함수

$$f(x)=\begin{cases}3ax+b & (x<1)\\(7a+6)x-4 & (x\ge1)\end{cases},$$

$$g(x)=c|(x^2-3x+2)e^{x-1}|$$

이 있다. 함수 $f(x)-g(x)$의 $x=1$에서의 미분계수가 0이 되도록 하는 상수 $a$, $b$, $c$에 대하여 $a+b+c$의 값은?

① $\frac{1}{5}$ ② $\frac{2}{5}$ ③ $\frac{3}{5}$
④ $\frac{4}{5}$ ⑤ 1

PART A'

# 04 삼각함수의 미분

II. 미분법

유형별 유사문제

## 유형 01 삼각함수 $\csc\theta$, $\sec\theta$, $\cot\theta$

### 0244

$\theta$가 제3사분면의 각이고 $\cos\theta=-\frac{2}{3}$일 때, $\cot\theta-\csc\theta$의 값은?

① $-\sqrt{5}$ ② $-\frac{3\sqrt{5}}{5}$ ③ $\frac{\sqrt{5}}{5}$
④ $\frac{3\sqrt{5}}{5}$ ⑤ $\sqrt{5}$

### 0245

원점 O와 점 P$(-6, 8)$을 지나는 동경 OP가 나타내는 각의 크기를 $\theta$라 할 때, $\csc\left(\frac{3}{2}\pi+\theta\right)$의 값은?

① $-\frac{5}{3}$ ② $-\frac{4}{3}$ ③ $\frac{5}{4}$
④ $\frac{4}{3}$ ⑤ $\frac{5}{3}$

### 0246

$\sin\theta\sec\theta<0$, $\cot\theta\csc\theta>0$을 만족시키는 $\theta$는 제몇 사분면의 각인지 구하시오.

### 0247

$\sin\theta+\cos\theta=\frac{\sqrt{6}}{2}$일 때, $\tan\theta+\cot\theta$의 값을 구하시오.

### 0248

이차방정식 $3x^2+ax-8=0$의 두 근이 $\csc\theta$, $\sec\theta$일 때, 양수 $a$의 값은?

① 1 ② 2 ③ 3
④ 4 ⑤ 5

## 유형 02 삼각함수 사이의 관계

### 0249

$\sec\theta=-\frac{5}{3}$일 때, $\cot\theta+\csc\theta$의 값을 구하시오.

$\left(\text{단, } \frac{\pi}{2}<\theta<\pi\right)$

## 0250

$\frac{1+\tan\theta}{1-\tan\theta}=\frac{11}{3}$일 때, $\csc\theta$의 값은? $\left(단, 0<\theta<\frac{\pi}{2}\right)$

① $\frac{\sqrt{62}}{4}$ ② $\frac{3\sqrt{7}}{4}$ ③ $2$
④ $\frac{\sqrt{65}}{4}$ ⑤ $\frac{\sqrt{66}}{4}$

## 0251

보기에서 옳은 것만을 있는 대로 고른 것은?

**보기**

ㄱ. $\tan\theta\sec\theta+\sec^2\theta=\frac{1}{1-\sin\theta}$

ㄴ. $\frac{\cot\theta}{1+\csc\theta}+\frac{1+\csc\theta}{\cot\theta}=2\sec\theta$

ㄷ. $\frac{\sin\theta}{\sec\theta+\tan\theta}+\frac{\sin\theta}{\sec\theta-\tan\theta}=2\tan\theta$

① ㄱ ② ㄱ, ㄴ ③ ㄱ, ㄷ
④ ㄴ, ㄷ ⑤ ㄱ, ㄴ, ㄷ

### 유형 03 삼각함수의 덧셈정리

## 0252

$0<\alpha<\frac{\pi}{2}$, $\frac{\pi}{2}<\beta<\pi$이고, $\sin\alpha=\frac{1}{2}$, $\sin\beta=\frac{1}{3}$일 때, $\sin(\alpha-\beta)$의 값은?

① $\frac{-2\sqrt{2}-\sqrt{3}}{6}$ ② $\frac{-2\sqrt{2}+\sqrt{3}}{6}$
③ $\frac{-\sqrt{2}+\sqrt{3}}{6}$ ④ $\frac{\sqrt{2}+\sqrt{3}}{6}$
⑤ $\frac{\sqrt{2}+2\sqrt{3}}{6}$

## 0253

$\sin\alpha=\frac{3}{5}$, $\cos\beta=\frac{12}{13}$일 때, $\tan(\alpha-\beta)$의 값은?

$\left(단, 0<\alpha<\frac{\pi}{2}, 0<\beta<\frac{\pi}{2}\right)$

① $\frac{2}{9}$ ② $\frac{5}{21}$ ③ $\frac{16}{63}$
④ $\frac{17}{63}$ ⑤ $\frac{2}{7}$

## 0254

다음 중 $\cot 50^\circ+\tan 25^\circ$의 값과 같은 것은?

① $\sin 50^\circ$ ② $\tan 50^\circ$ ③ $\csc 50^\circ$
④ $\sec 50^\circ$ ⑤ $\cot 50^\circ$

## 0255

$\cos(\alpha+\beta)=\frac{1}{4}$, $\cos(\alpha-\beta)=-\frac{1}{3}$일 때, $\cos\alpha\cos\beta$의 값은?

① $-\frac{5}{24}$ ② $-\frac{1}{24}$ ③ $0$
④ $\frac{1}{24}$ ⑤ $\frac{5}{24}$

## 0256

$\frac{\pi}{2}<\alpha+\beta<\pi$이고, $\sin(\alpha+\beta)=\frac{\sqrt{5}}{5}$, $\sin\alpha\sin\beta=\frac{3\sqrt{5}}{5}$일 때, $\cos\alpha\cos\beta$의 값을 구하시오.

## 0257

$4\cos\alpha=5\sin\alpha$이고 $\tan(\alpha-\beta)=-1$일 때, $\tan\beta$의 값을 구하시오.

## 0258

$0<x<\frac{\pi}{2}$에서 정의된 함수 $f(x)=\sin x$의 역함수를 $g(x)$라 하자. $g\left(\frac{5}{13}\right)=\alpha$, $g\left(\frac{3}{5}\right)=\beta$일 때, $f(\alpha+\beta)$의 값을 구하시오.

## 0259 교육청 변형

$\sin\alpha=\frac{3}{5}$ $\left(\frac{\pi}{2}<\alpha<\pi\right)$일 때, 부등식

$$\sin x\le\cos(x-\alpha)\le3\sin x$$

를 만족시키는 $x$에 대하여 $\cot x$의 최댓값과 최솟값의 곱은?

$\left(단,\ \frac{\pi}{2}\le x<\pi\right)$

① $\frac{1}{2}$ ② $1$ ③ $\frac{3}{2}$
④ $2$ ⑤ $\frac{5}{2}$

### 유형 04 삼각함수의 덧셈정리의 활용 - 방정식

## 0260

이차방정식 $2x^2-ax+3=0$의 두 근이 $\tan\alpha$, $\tan\beta$이고 $\tan(\alpha+\beta)=-7$일 때, 상수 $a$의 값을 구하시오.

## 0261

이차방정식 $x^2-5x-1=0$의 두 근이 $\tan\alpha$, $\tan\beta$일 때, $\csc^2(\alpha+\beta)$의 값은?

① $\frac{23}{25}$ ② $1$ ③ $\frac{27}{25}$
④ $\frac{29}{25}$ ⑤ $\frac{31}{25}$

## 0262

이차방정식 $x^2-3x+2=0$의 두 근이 $\tan\alpha$, $\tan\beta$일 때, $\cos\alpha\cos\beta-\sin\alpha\sin\beta$의 값은?

$\left(단,\ 0<\alpha<\frac{\pi}{2},\ \pi<\beta<\frac{3}{2}\pi\right)$

① $\frac{3\sqrt{10}}{10}$ ② $\frac{\sqrt{10}}{10}$ ③ $-\frac{\sqrt{10}}{10}$
④ $-\frac{3\sqrt{10}}{10}$ ⑤ $-\frac{\sqrt{10}}{2}$

정답과 풀이 307쪽

## 유형 05 삼각함수의 덧셈정리의 활용 - 두 직선이 이루는 각의 크기

### 0263

두 직선 $y=5x-2$, $y=-2x+3$이 이루는 예각의 크기를 $\theta$라 할 때, $\tan\theta$의 값은?

① $\frac{5}{9}$ ② $\frac{2}{3}$ ③ $\frac{7}{9}$
④ $\frac{8}{9}$ ⑤ 1

### 0264

두 직선 $x-3y+5=0$, $2x+y-1=0$이 이루는 예각의 크기를 $\theta$라 할 때, $\cot\theta$의 값은?

① $\frac{1}{7}$ ② $\frac{1}{5}$ ③ 1
④ 5 ⑤ 7

### 0265

직선 $y=4x$와 $x$축의 양의 방향이 이루는 예각의 크기가 두 직선 $y=x$, $y=mx$가 이루는 예각의 크기와 같을 때, 상수 $m$의 값은? (단, $m<-1$)

① $-\frac{8}{3}$ ② $-\frac{7}{3}$ ③ $-2$
④ $-\frac{5}{3}$ ⑤ $-\frac{4}{3}$

## 유형 06 삼각함수의 덧셈정리의 도형에의 활용

### 0266

그림과 같이 두 직각삼각형 ABC, ACD에 대하여 $\overline{AB}=\overline{BC}=\overline{AD}=1$이고, $\angle BCD=\theta$라 할 때, $\cos\theta$의 값은?

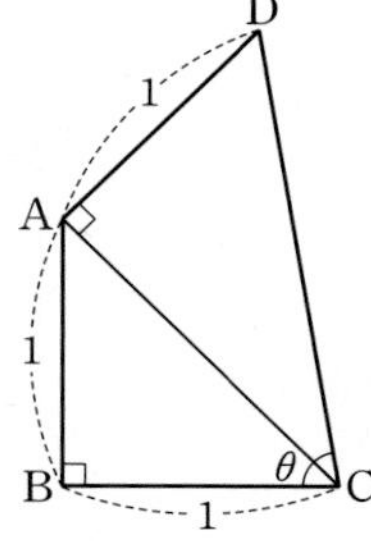


① $\frac{3\sqrt{3}-\sqrt{6}}{3}$ ② $\frac{3\sqrt{3}-\sqrt{6}}{6}$
③ $\frac{2\sqrt{3}-\sqrt{6}}{3}$ ④ $\frac{\sqrt{6}-\sqrt{3}}{6}$
⑤ $\frac{2\sqrt{3}-\sqrt{6}}{6}$

### 0267

그림과 같이 두 직각삼각형 ABC, ADE가 있다. $\overline{AD}=3$, $\overline{BC}=5$, $\overline{DE}=1$이고 $\overline{AD}$를 $2:1$로 내분하는 점을 B라 하자. $\angle CAE=\theta$라 할 때, $\tan\theta$의 값을 구하시오.

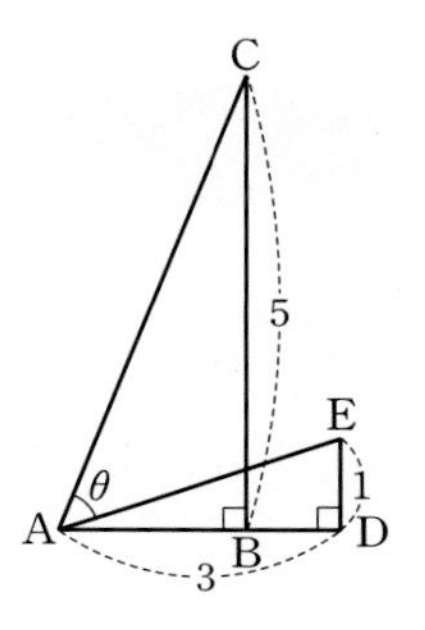


### 0268 수능 변형

그림과 같이 삼각형 ABC의 꼭짓점 A에서 변 BC에 내린 수선의 발을 D라 하자. $\overline{AB}=5$, $\overline{BC}=6$, $\overline{AC}=\sqrt{13}$이고, $\angle ABC=\alpha$, $\angle CAD=\beta$라 할 때, $\cos(\alpha-\beta)$의 값은?

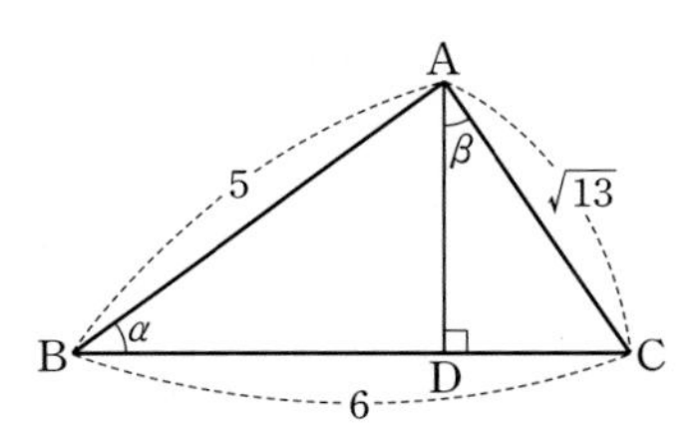


① $\frac{18\sqrt{13}}{65}$ ② $\frac{19\sqrt{13}}{65}$ ③ $\frac{4\sqrt{13}}{13}$
④ $\frac{21\sqrt{13}}{65}$ ⑤ $\frac{22\sqrt{13}}{65}$

## 0269

그림과 같이 $x$축 위의 두 점 A(5, 0), B(20, 0)과 $y$축 위의 점 P(0, $a$)에 대하여 $\angle APB=\theta$라 할 때, $\tan\theta$의 값이 최대가 되는 $a$의 값을 구하시오. (단, $a>0$)

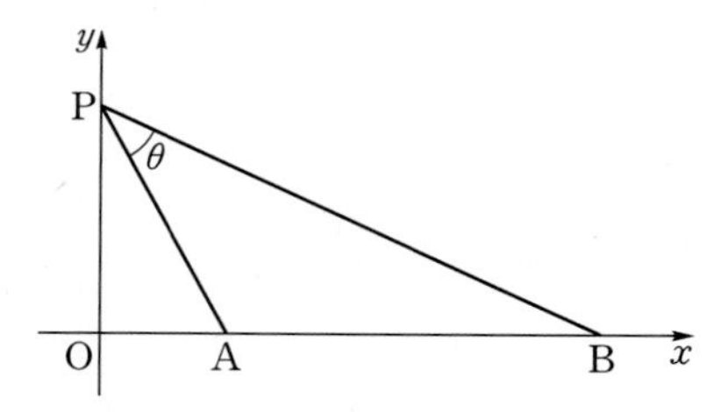


### 유형 07 배각의 공식

## 0270

$\sin\theta-\cos\theta=\frac{3}{5}$일 때, $\sin 2\theta$의 값을 구하시오.

## 0271

$2\cos\theta-\sin\theta=0$일 때, $\cot 2\theta$의 값은?

① $-\frac{7}{8}$　② $-\frac{6}{7}$　③ $-\frac{5}{6}$
④ $-\frac{4}{5}$　⑤ $-\frac{3}{4}$

## 0272

$\tan\theta=-\frac{\sqrt{2}}{4}$일 때, $\sin 2\theta+\cos 2\theta=\frac{a+b\sqrt{2}}{9}$이다. 정수 $a$, $b$에 대하여 $a+b$의 값을 구하시오. $\left(\text{단, } \frac{3}{2}\pi<\theta<2\pi\right)$

### 유형 08 배각의 공식의 활용

## 0273

직선 $y=mx$가 직선 $y=\frac{4}{3}x$와 $x$축의 양의 방향이 이루는 예각을 이등분할 때, 상수 $m$의 값은?

① $\frac{3}{10}$　② $\frac{2}{5}$　③ $\frac{1}{2}$
④ $\frac{3}{5}$　⑤ $\frac{7}{10}$

## 0274

그림과 같이 직각삼각형 ABC에서 $\angle BAD=\angle ABD$가 되도록 변 BC 위에 점 D를 잡는다. $\overline{AB}:\overline{AC}=5:1$일 때, $\sin(\angle ADC)$의 값은?

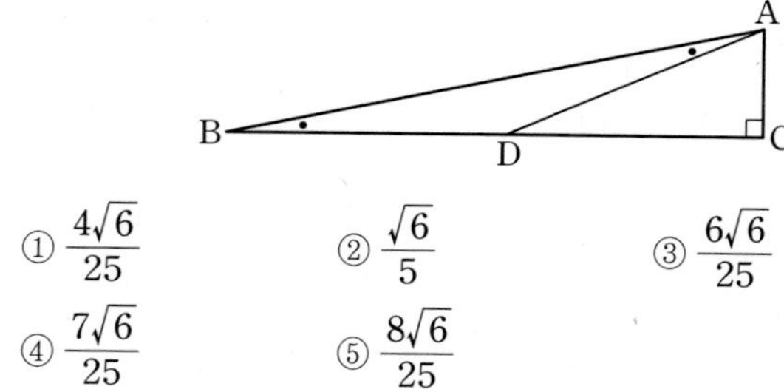


① $\frac{4\sqrt{6}}{25}$　② $\frac{\sqrt{6}}{5}$　③ $\frac{6\sqrt{6}}{25}$
④ $\frac{7\sqrt{6}}{25}$　⑤ $\frac{8\sqrt{6}}{25}$

## 0275

그림과 같이 높이가 각각 60 m, 12 m인 건물과 나무가 있다. 건물의 옥상인 지점 A에서 지면에 내린 수선의 발을 C라 하고 나무의 꼭대기인 지점 B에서 선분 AC에 내린 수선의 발을 D라 하자. $\angle CBD=\theta$, $\angle ABD=2\theta$일 때, 나무와 건물 사이의 거리를 구하시오.

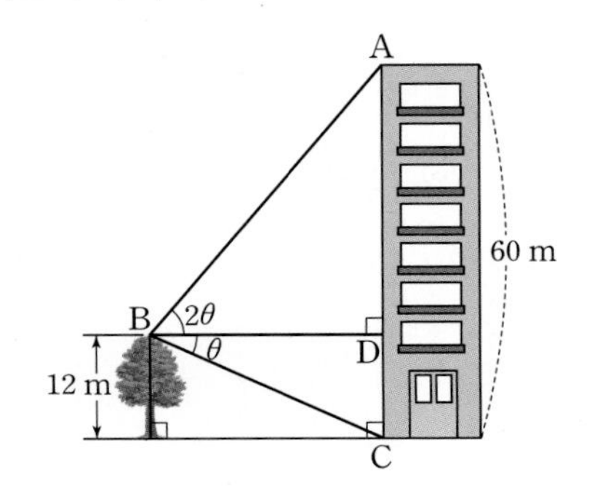


## 유형 09 삼각함수의 합성

## 0276

$\sqrt{7}\sin\theta+3\cos\theta=r\sin(\theta+\alpha)$를 만족시키는 양수 $r$와 각 $\alpha$에 대하여 $r\csc\alpha$의 값을 구하시오.

## 0277

함수 $f(x)=\sin x+\sqrt{3}\cos x-3$에 대하여 보기에서 옳은 것만을 있는 대로 고른 것은?

**보기**

ㄱ. 함수 $f(x)$의 주기는 $2\pi$이다.

ㄴ. 함수 $y=f(x)$의 그래프는 함수 $y=2\sin x$의 그래프를 $x$축의 방향으로 $-\frac{\pi}{6}$만큼, $y$축의 방향으로 $-3$만큼 평행이동한 것이다.

ㄷ. 함수 $f(x)$의 최솟값은 $-5$, 최댓값은 $-1$이다.

① ㄱ ② ㄱ, ㄴ ③ ㄱ, ㄷ
④ ㄴ, ㄷ ⑤ ㄱ, ㄴ, ㄷ

## 0278

함수 $y=2\sin\left(x+\frac{\pi}{3}\right)+\sqrt{3}\cos x+2$의 최댓값을 $M$, 최솟값을 $m$이라 할 때, $Mm$의 값은?

① $-11$ ② $-9$ ③ $-7$
④ $-5$ ⑤ $-3$

## 0279

함수 $f(x)=\cos x+\sqrt{3}\sin x+3$이 $x=a$에서 최댓값 $M$을 가질 때, $a\times M$의 값은? (단, $0<a<2\pi$)

① $\frac{\pi}{3}$ ② $\frac{2}{3}\pi$ ③ $\pi$
④ $\frac{4}{3}\pi$ ⑤ $\frac{5}{3}\pi$

## 0280

그림과 같이 반지름의 길이가 1인 반원에서 호 AB 위의 점 P에 대하여 $\overline{AP}+\frac{1}{2}\overline{BP}$의 최댓값을 구하시오.

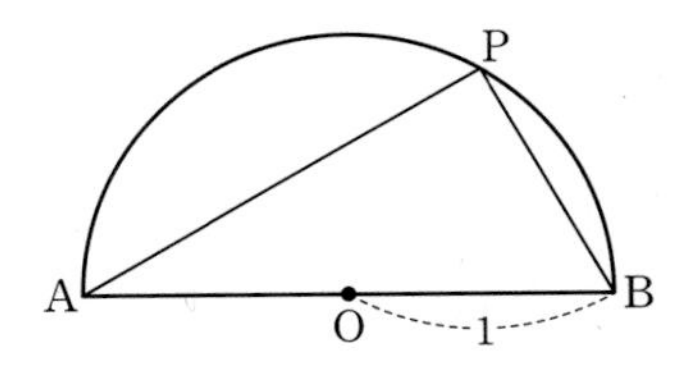

## 유형 10 삼각함수의 극한

### 0281

$\lim_{x \to \frac{\pi}{2}} \frac{1-\sin x}{\cos^2 x}$의 값은?

① $-1$　② $-\frac{1}{2}$　③ $0$　④ $\frac{1}{2}$　⑤ $1$

### 0282

$\lim_{x \to \frac{\pi}{6}} \frac{\cot^2 x}{\csc x - 1}$의 값은?

① $-1$　② $0$　③ $1$　④ $2$　⑤ $3$

### 0283

$\lim_{x \to \frac{3}{4}\pi} \frac{1-\tan^2 x}{\sin x + \cos x}$의 값은?

① $-4\sqrt{2}$　② $-2\sqrt{2}$　③ $0$　④ $2\sqrt{2}$　⑤ $4\sqrt{2}$

## 유형 11 $\lim_{x \to 0} \frac{\sin x}{x}$ 꼴의 극한

### 0284

$\lim_{x \to 0} \frac{\sin(\sin 4x)}{\sin 3x}$의 값은?

① $\frac{16}{9}$　② $\frac{4}{3}$　③ $1$　④ $\frac{3}{4}$　⑤ $\frac{9}{16}$

### 0285

$\lim_{x \to 0} \frac{x+e^x-1}{\sin 2x}$의 값은?

① $\frac{1}{4}$　② $\frac{1}{2}$　③ $\frac{3}{4}$　④ $1$　⑤ $\frac{5}{4}$

### 0286

두 함수 $f(x)=\sin x$, $g(x)=3x$에 대하여 $\lim_{x \to 0} \frac{xf(x)}{g(x)f(g(x))}$의 값을 구하시오.

## 0287

자연수 $n$에 대하여

$$f(n)=\lim_{x\to 0}\frac{x}{\sin x+\sin 2x+\sin 3x+\cdots+\sin nx}$$

일 때, $\sum_{n=1}^{\infty} f(n)$의 값은?

① $\frac{1}{2}$ ② 1 ③ $\frac{3}{2}$
④ 2 ⑤ $\frac{5}{2}$

### 유형 12 $\lim_{x\to 0}\frac{\tan x}{x}$ 꼴의 극한

## 0288

$\lim_{x\to 0}\frac{2x}{\tan x+\tan 3x}$의 값은?

① $\frac{1}{4}$ ② $\frac{1}{2}$ ③ $\frac{3}{4}$
④ 1 ⑤ $\frac{5}{4}$

## 0289

$\lim_{x\to 0}\frac{k\tan 4x}{\ln(1+2x)}=6$일 때, 상수 $k$의 값은?

① 1 ② 2 ③ 3
④ 4 ⑤ 5

## 0290

$\lim_{x\to 0}\frac{\tan(x^2+4x)}{\sin(4x^2+x)}$의 값은?

① 1 ② 2 ③ 3
④ 4 ⑤ 5

### 유형 13 $\lim_{x\to 0}\frac{1-\cos x}{x}$ 꼴의 극한

## 0291

$\lim_{x\to 0}\frac{1-\cos x}{x^2}$의 값은?

① 0 ② $\frac{1}{4}$ ③ $\frac{1}{2}$
④ $\frac{3}{4}$ ⑤ 1

## 0292

$\lim_{x\to 0}\frac{3\cos^2 x-\cos x-2}{x^2}$의 값은?

① $-\frac{5}{2}$ ② $-\frac{3}{2}$ ③ $-\frac{1}{2}$
④ $\frac{3}{2}$ ⑤ $\frac{5}{2}$

## 0293

$\lim_{x\to0}\frac{\sin x-\tan x}{x^3}$의 값은?

① $-2$ ② $-\frac{1}{2}$ ③ $-1$

④ $\frac{1}{2}$ ⑤ $\frac{3}{2}$

## 0294 교육청 변형

함수 $f(x)$에 대하여 $\lim_{x\to0}\frac{f(x)}{1-\cos 3x}=2$일 때,

$\lim_{x\to0}\frac{f(x)}{x^2}$의 값을 구하시오.

## 0296

$\lim_{x\to\frac{\pi}{2}}2\left(x-\frac{\pi}{2}\right)\tan x$의 값은?

① $-2$ ② $-1$ ③ $0$

④ $1$ ⑤ $2$

## 0297

$\lim_{x\to-\frac{\pi}{2}}\frac{1+\sin x}{(2x+\pi)\cos x}$의 값은?

① $\frac{1}{5}$ ② $\frac{1}{4}$ ③ $\frac{1}{3}$

④ $\frac{1}{2}$ ⑤ $1$

### 유형 14 치환을 이용한 삼각함수의 극한 - $x\to a$ $(a\neq0)$일 때 $x-a=t$로 치환

## 0295

$\lim_{x\to3}\frac{\sin\left(\cos\frac{\pi}{2}x\right)}{x-3}$의 값은?

① $\frac{\pi}{2}$ ② $\pi$ ③ $\frac{3}{2}\pi$

④ $2\pi$ ⑤ $\frac{5}{2}\pi$

### 유형 15 치환을 이용한 삼각함수의 극한 - $x\to\infty$일 때 $\frac{1}{x}=t$로 치환

## 0298

$\lim_{x\to\infty}\sin\frac{3}{x}\cot\frac{2}{x}$의 값은?

① $\frac{4}{9}$ ② $\frac{2}{3}$ ③ $1$

④ $\frac{3}{2}$ ⑤ $\frac{9}{4}$

## 0299

$\lim_{x\to\infty} x^\circ \tan\frac{2}{x}$의 값은?

① $\frac{\pi}{180}$ ② $\frac{\pi}{90}$ ③ 1
④ $\frac{90}{\pi}$ ⑤ $\frac{180}{\pi}$

## 0300

$\lim_{x\to\infty} x\sin\frac{1}{2x+1}$의 값은?

① 0 ② $\frac{1}{4}$ ③ $\frac{1}{2}$
④ $\frac{3}{4}$ ⑤ 1

### 유형 16 삼각함수의 극한에서 미정계수의 결정

## 0301

$\lim_{x\to0}\frac{x^2+ax+b}{\tan x}=4$일 때, 상수 $a$, $b$에 대하여 $a+b$의 값은?

① 1 ② 2 ③ 3
④ 4 ⑤ 5

## 0302

$\lim_{x\to a}\frac{3^x-1}{2\sin(x-a)}=b\ln 3$일 때, 상수 $a$, $b$에 대하여 $a+b$의 값은?

① $\frac{1}{5}$ ② $\frac{1}{4}$ ③ $\frac{1}{3}$
④ $\frac{1}{2}$ ⑤ 1

## 0303

$\lim_{x\to0}\frac{x^2}{a-b\cos x}=3$을 만족시키는 상수 $a$, $b$에 대하여 $ab$의 값은?

① $\frac{1}{3}$ ② $\frac{4}{9}$ ③ $\frac{5}{9}$
④ $\frac{2}{3}$ ⑤ $\frac{7}{9}$

## 0304 평가원 변형

$\lim_{x\to2}\frac{(x^2-4)\cos(x-2)+a}{\tan(x-2)}=b$일 때, 상수 $a$, $b$에 대하여 $a+b$의 값을 구하시오.

## 유형 17 삼각함수의 극한의 도형에의 활용

### 0305

그림과 같이 $\angle B=\theta$, $\angle C=3\theta$인 삼각형 ABC에 대하여 $\lim_{\theta \to 0+} \frac{\overline{AC}}{\overline{AB}}$의 값을 구하시오. $\left(단,\ 0<\theta<\frac{\pi}{4}\right)$

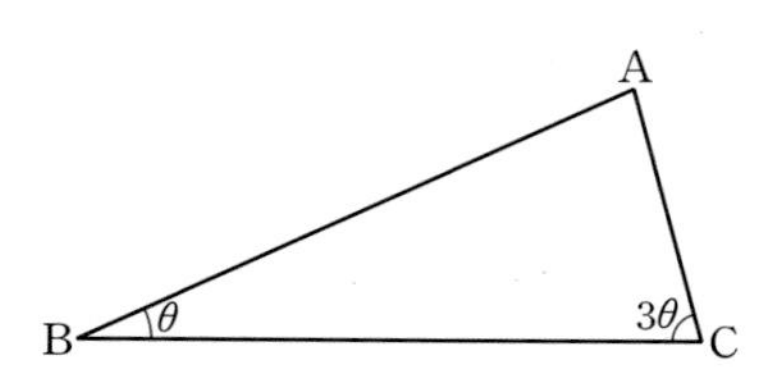


### 0306

그림과 같이 $\overline{AB}=3$이고 $\angle A=\frac{\pi}{2}$인 직각삼각형 ABC가 있다. $\angle ABC=\theta$라 하고 점 A에서 선분 BC에 내린 수선의 발을 H라 할 때,

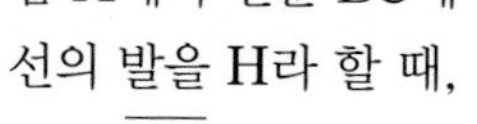

$\lim_{\theta \to 0+} \frac{\overline{CH}}{\theta^2}$의 값을 구하시오. $\left(단,\ 0<\theta<\frac{\pi}{2}\right)$

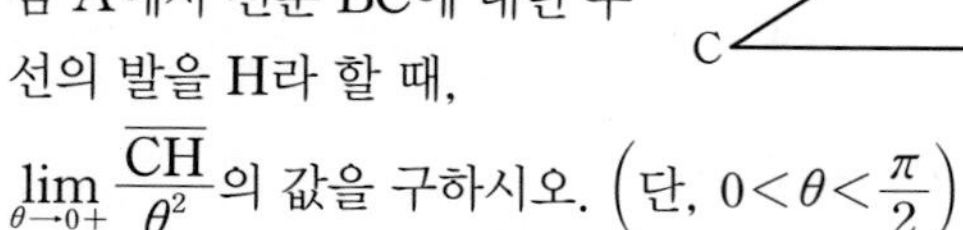

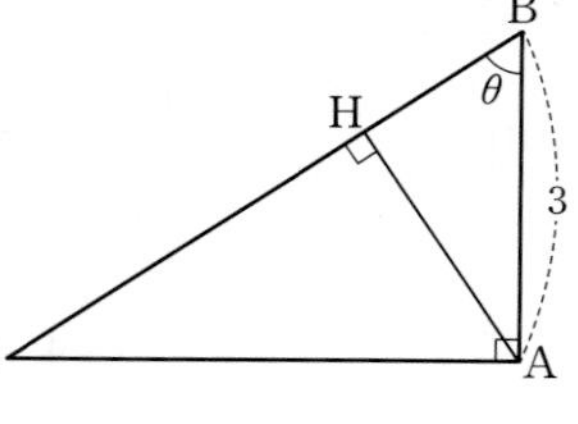


### 0307

그림과 같이 삼각형 ABC에서 변 BC 위에 $2\angle BAD=\angle CAD$가 되도록 점 D를 잡는다. $\overline{BD}=5$, $\angle ABD=\angle BAD=\theta$일 때, 삼각형 ABC의 넓이를 $S(\theta)$라 하자. $\lim_{\theta \to 0+} \frac{S(\theta)}{\theta}$의 값은? $\left(단,\ 0<\theta<\frac{\pi}{4}\right)$

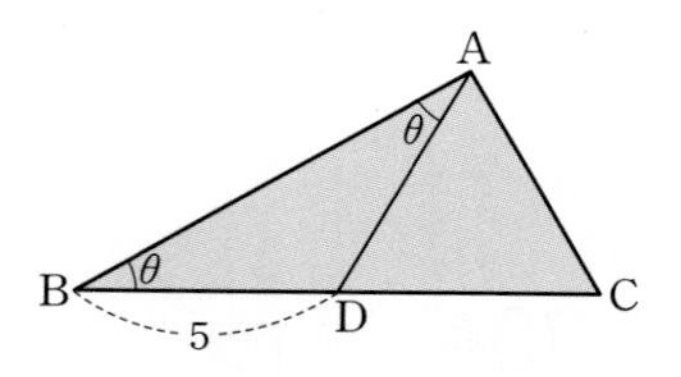


① 37 ② $\frac{75}{2}$ ③ 38 ④ $\frac{77}{2}$ ⑤ 39

### 0308

그림과 같이 $\overline{AB}=\overline{AC}=2$이고 $\angle BAC=\theta$인 이등변삼각형 ABC가 있다. 선분 BC를 지름으로 하고 중심이 O인 원이 두 선분 AB, AC와 만나는 점을 각각 D, E라 하자. 삼각형 OED의 넓이를 $S(\theta)$라 할 때, $\lim_{\theta \to 0+} \frac{S(\theta)}{\theta^3}$의 값을 구하시오.

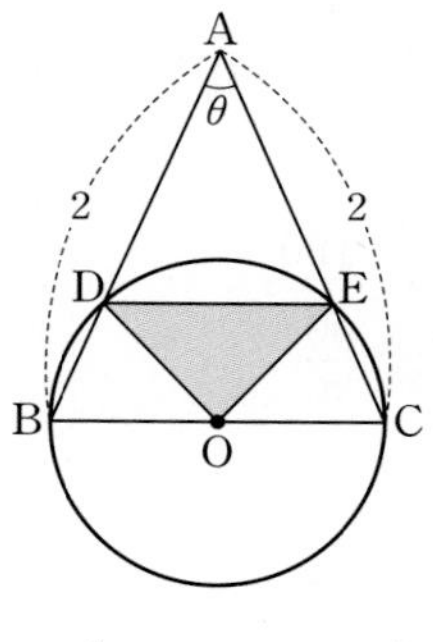


$\left(단,\ 0<\theta<\frac{\pi}{2}\right)$

### 0309 수능 변형

그림과 같이 둘레의 길이가 10이고 중심각의 크기가 $\theta$인 부채꼴 OAB가 있다. 점 B에서 선분 OA에 내린 수선의 발을 H라 하자. 삼각형 BHA의 넓이를 $S(\theta)$라 할 때, $\lim_{\theta \to 0+} \frac{S(\theta)}{\theta^3}$의 값은? $\left(단,\ 0<\theta<\frac{\pi}{2}\right)$

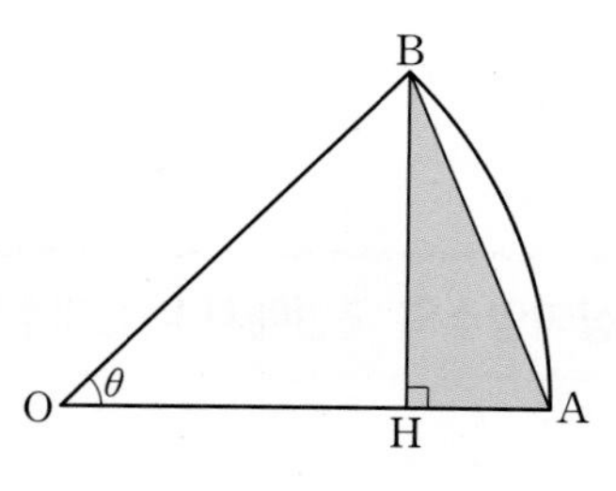


① $\frac{11}{2}$ ② $\frac{23}{4}$ ③ 6 ④ $\frac{25}{4}$ ⑤ $\frac{13}{2}$

## 유형 18 삼각함수의 연속

### 0310

함수 $f(x)=\begin{cases} \dfrac{1-\cos 2x}{x^2} & (x\neq 0) \\ a & (x=0) \end{cases}$이 $x=0$에서 연속일 때, 상수 $a$의 값은?

① 0　② 1　③ 2　④ 3　⑤ 4

### 0311

등식 $(x-1)f(x)=\sin(ax^2-a)$를 만족시키는 함수 $f(x)$가 $x=1$에서 연속이다. $f(1)=6$일 때, 상수 $a$의 값은? (단, $a\neq 0$)

① $-2$　② $-1$　③ 1　④ 2　⑤ 3

### 0312

함수 $f(x)=\begin{cases} \dfrac{(e^{ax}-1)\sin x}{4x^2} & (x<0) \\ b & (x=0) \\ 2\cos x+1 & (x>0) \end{cases}$이 $x=0$에서 연속일 때, 상수 $a$, $b$에 대하여 $ab$의 값을 구하시오.

## 유형 19 삼각함수의 도함수

### 0313

함수 $f(x)=x^2\cos x+\sin x$에 대하여 $f'(\pi)$의 값은?

① $-2\pi-1$　② $-2\pi+1$　③ $\pi-1$　④ $\pi+1$　⑤ $2\pi+1$

### 0314

함수 $f(x)=\sin x+\sqrt{3}\cos x-4x$에 대하여 $f'(a)=-3$을 만족시키는 상수 $a$의 값은? $\left(단,\ \pi\le a\le \dfrac{3}{2}\pi\right)$

① $\dfrac{7}{6}\pi$　② $\dfrac{5}{4}\pi$　③ $\dfrac{4}{3}\pi$　④ $\dfrac{17}{12}\pi$　⑤ $\dfrac{3}{2}\pi$

### 0315

함수 $f(x)=\sin x\cos x$에 대하여 $\displaystyle\lim_{x\to\frac{\pi}{4}}\frac{f'(x)}{x-\frac{\pi}{4}}$의 값을 구하시오.

### 0316

함수 $f(x)=a\sin x+b\cos x+1$에 대하여

$$f(\pi)=5,\ f'\left(\frac{\pi}{4}\right)=3\sqrt{2}$$

일 때, 상수 $a$, $b$에 대하여 $a+b$의 값은?

① $-2$　② $-1$　③ 0　④ 1　⑤ 2

## 유형 20 삼각함수의 도함수 - 미분계수를 이용한 극한값의 계산

### 0317

함수 $f(x)=x^2\sin x$에 대하여 $\lim_{x\to\pi}\frac{f(x)}{x-\pi}$의 값은?

① $-\pi^2$ ② $-\pi$ ③ $\pi$
④ $2\pi$ ⑤ $\pi^2$

### 0318

함수 $f(x)=2x\sin x+\cos x$에 대하여

$\lim_{h\to0}\frac{f\left(\frac{\pi}{2}+2h\right)-f\left(\frac{\pi}{2}-3h\right)}{h}$의 값을 구하시오.

### 0319

함수 $f(x)=(1+\cos x)\sin x$에 대하여 $\lim_{x\to0}\frac{f(\pi+\sin x)}{x}$의 값은?

① $-1$ ② $0$ ③ $1$
④ $2$ ⑤ $3$

## 유형 21 삼각함수의 미분가능성

### 0320

함수 $f(x)=\begin{cases} a\sin x+b & (x<0) \\ 3x+2 & (x\ge0) \end{cases}$이 $x=0$에서 미분가능하도록 하는 상수 $a$, $b$에 대하여 $a+b$의 값은?

① 2 ② 3 ③ 4
④ 5 ⑤ 6

### 0321

함수 $f(x)=\begin{cases} e^x\cos x & (x<0) \\ x^2+ax+b & (x\ge0) \end{cases}$이 $x=0$에서 미분가능하도록 하는 상수 $a$, $b$에 대하여 $ab$의 값을 구하시오.

### 0322

함수 $f(x)=\begin{cases} e^x+a & (x<0) \\ \sin x+bx & (0\le x<\pi) \\ cx+\pi & (x\ge\pi) \end{cases}$가 실수 전체의 집합에서 미분가능할 때, 상수 $a$, $b$, $c$에 대하여 $a+b+c$의 값을 구하시오.

# 기출 & 기출변형 문제

정답과 풀이 318쪽

## 0323 교육청 기출

함수 $f(x)=\sin x+a\cos x$에 대하여 $\lim_{x\to\frac{\pi}{2}}\frac{f(x)-1}{x-\frac{\pi}{2}}=3$일 때, $f\left(\frac{\pi}{4}\right)$의 값은? (단, $a$는 상수이다.)

① $-2\sqrt{2}$ ② $-\sqrt{2}$ ③ $0$ ④ $\sqrt{2}$ ⑤ $2\sqrt{2}$

## 0324 평가원 변형

함수 $f(x)=\sqrt{2}\sin\left(x+\frac{\pi}{4}\right)+k\sin x$의 최댓값이 $\sqrt{10}$일 때, 양수 $k$의 값은?

① 1 ② 2 ③ 3 ④ 4 ⑤ 5

## 0325 수능 변형

$\lim_{x\to a}\frac{\log_5(1+x)}{2\tan(x-a)}=\frac{b}{\ln 5}$를 만족시키는 두 상수 $a$, $b$에 대하여 $a+b$의 값은?

① $\frac{1}{2}$ ② $\frac{1}{3}$ ③ $\frac{1}{4}$ ④ $\frac{1}{5}$ ⑤ $\frac{1}{6}$

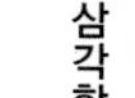

## 0326 교육청 변형

그림과 같이 원 $x^2+y^2=16$ 위에 서로 다른 세 점 A$(4, 0)$, B$(\sqrt{7}, 3)$, C가 있다. $\angle$AOB$=\angle$BOC일 때, 점 C의 $y$좌표는? (단, O는 원점이다.)

① $\frac{5\sqrt{7}}{4}$ ② $\frac{11\sqrt{7}}{8}$ ③ $\frac{3\sqrt{7}}{2}$ ④ $\frac{13\sqrt{7}}{8}$

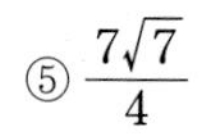

⑤ $\frac{7\sqrt{7}}{4}$

## 0327 평가원 변형

함수 $f(x)$가 $\lim_{x \to 0} xf(x)=1$을 만족시킬 때, 보기에서 옳은 것만을 있는 대로 고른 것은?

보기

ㄱ. $\lim_{x \to 0} f(x)\sin x=1$

ㄴ. $\lim_{x \to 0} f(x)\tan^2 x=1$

ㄷ. $\lim_{x \to 0} f(x)(e^x-1)=1$

① ㄱ ② ㄴ ③ ㄱ, ㄷ
④ ㄴ, ㄷ ⑤ ㄱ, ㄴ, ㄷ

## 0328 평가원 기출

실수 전체의 집합에서 연속인 함수 $f(x)$가 모든 실수 $x$에 대하여

$$(e^{2x}-1)^2 f(x)=a-4\cos\frac{\pi}{2}x$$

를 만족시킬 때, $a\times f(0)$의 값은? (단, $a$는 상수이다.)

① $\frac{\pi^2}{6}$ ② $\frac{\pi^2}{5}$ ③ $\frac{\pi^2}{4}$
④ $\frac{\pi^2}{3}$ ⑤ $\frac{\pi^2}{2}$

## 0329 교육청 기출

그림과 같이 곡선 $y=x\sin x$ 위의 점 $P(t,\ t\sin t)$ $(0<t<\pi)$를 중심으로 하고 $y$축에 접하는 원이 선분 OP와 만나는 점을 Q라 하자. 점 Q의 $x$좌표를 $f(t)$라 할 때, $\lim_{t \to 0+}\frac{f(t)}{t^3}$의 값은? (단, O는 원점이다.)

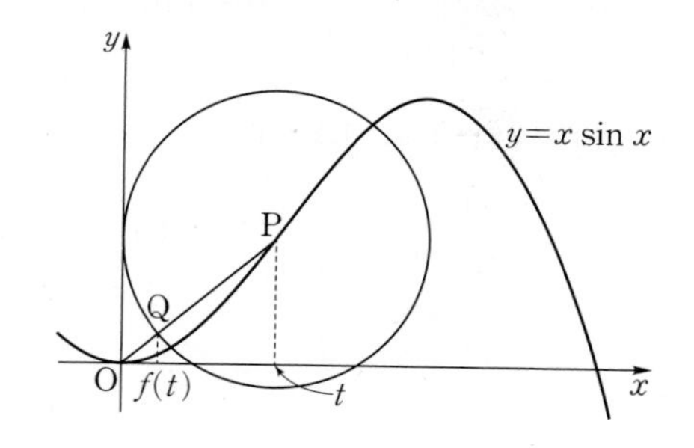


① $\frac{1}{4}$ ② $\frac{\sqrt{2}}{4}$ ③ $\frac{1}{2}$
④ $\frac{\sqrt{2}}{2}$ ⑤ 1

## 0330 수능 변형

그림과 같이 반지름의 길이가 1인 부채꼴 OAB에서 호 AB의 삼등분점 중 A에 가까운 점을 C라 하고, 점 C를 지나고 선분 OA에 평행한 직선이 선분 OB와 만나는 점을 D라 하자. $\angle COA=\theta$일 때, 삼각형 OCD의 넓이를 $f(\theta)$라 하자. $\lim_{\theta \to 0+}\frac{f(\theta)}{\theta}$의 값은? $\left(단,\ 0<\theta<\frac{\pi}{6}\right)$

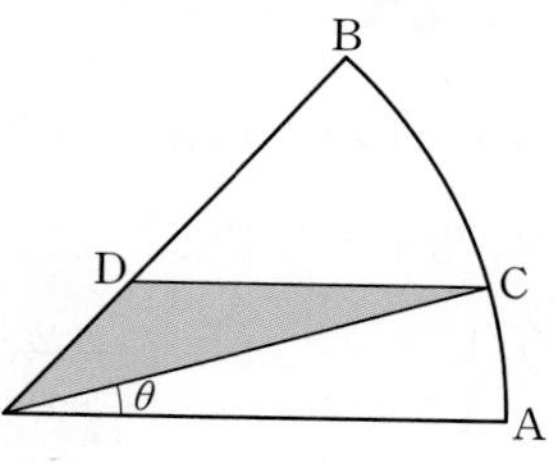


① $\frac{1}{6}$ ② $\frac{1}{3}$ ③ $\frac{1}{2}$
④ $\frac{2}{3}$ ⑤ $\frac{5}{6}$

## 0331 평가원 변형

사차함수 $f(x)$가 다음 조건을 만족시킨다.

> (가) $\lim_{x\to1}\frac{f(x)-1}{x-1}=3$
> (나) $\lim_{x\to0}\frac{f(x^2)}{(1-\cos x)^2}=8$

$f(2)$의 값을 구하시오.

## 0332 교육청 기출

그림과 같이 한 변의 길이가 1인 정사각형 ABCD가 있다. 선분 AD 위의 점 E와 정사각형 ABCD의 내부에 있는 점 F가 다음 조건을 만족시킨다.

> (가) 두 삼각형 ABE와 FBE는 서로 합동이다.
> (나) 사각형 ABFE의 넓이는 $\frac{1}{3}$이다.

tan (∠ABF)의 값은?

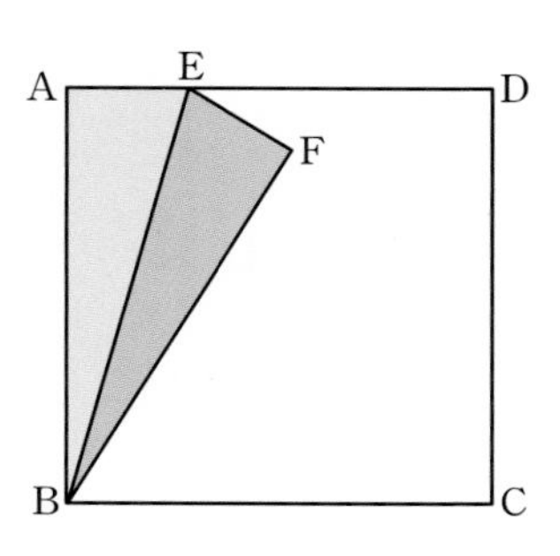


① $\frac{5}{12}$　② $\frac{1}{2}$　③ $\frac{7}{12}$
④ $\frac{2}{3}$　⑤ $\frac{3}{4}$

## 0333 평가원 기출

그림과 같이 반지름의 길이가 1이고 중심각의 크기가 $\frac{\pi}{2}$인 부채꼴 OAB가 있다. 호 AB 위의 점 P에서 선분 OA에 내린 수선의 발을 H, 점 P에서 호 AB에 접하는 직선과 직선 OA의 교점을 Q라 하자. 점 Q를 중심으로 하고 반지름의 길이가 $\overline{QA}$인 원과 선분 PQ의 교점을 R라 하자. $\angle POA=\theta$일 때, 삼각형 OHP의 넓이를 $f(\theta)$, 부채꼴 QRA의 넓이를 $g(\theta)$라 하자. $\lim_{\theta\to0+}\frac{\sqrt{g(\theta)}}{\theta\times f(\theta)}$의 값은? $\left(\text{단, } 0<\theta<\frac{\pi}{2}\right)$

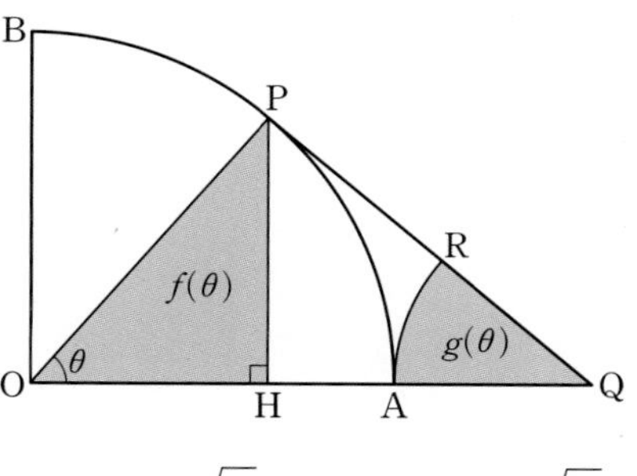


① $\frac{\sqrt{\pi}}{5}$　② $\frac{\sqrt{\pi}}{4}$　③ $\frac{\sqrt{\pi}}{3}$
④ $\frac{\sqrt{\pi}}{2}$　⑤ $\sqrt{\pi}$

## 0334 수능 기출

그림과 같이 중심이 O이고 길이가 2인 선분 AB를 지름으로 하는 반원 위에 $\angle AOC=\frac{\pi}{2}$인 점 C가 있다. 호 BC 위에 점 P와 호 CA 위에 점 Q를 $\overline{PB}=\overline{QC}$가 되도록 잡고, 선분 AP 위에 점 R를 $\angle CQR=\frac{\pi}{2}$가 되도록 잡는다. 선분 AP와 선분 CO의 교점을 S라 하자. $\angle PAB=\theta$일 때, 삼각형 POB의 넓이를 $f(\theta)$, 사각형 CQRS의 넓이를 $g(\theta)$라 하자.
$\lim_{\theta\to0+}\frac{3f(\theta)-2g(\theta)}{\theta^2}$의 값은? $\left(\text{단, } 0<\theta<\frac{\pi}{4}\right)$

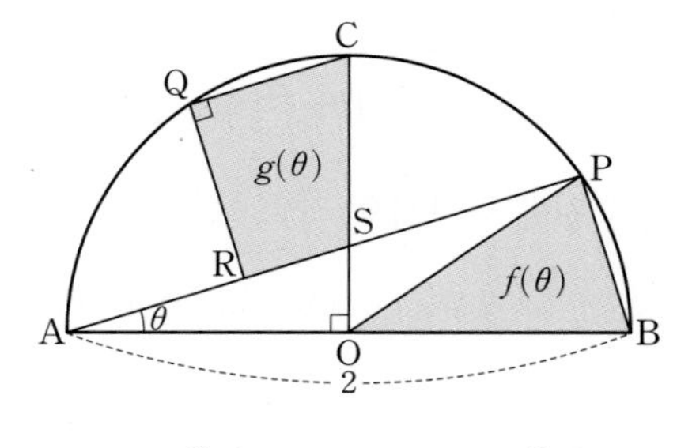


① 1　② 2　③ 3
④ 4　⑤ 5

# 05 여러 가지 미분법



## 유형 01 함수의 몫의 미분법 $\frac{1}{g(x)}$ 꼴

### 0335

함수 $f(x)=\frac{2}{1-\sin x}$에 대하여 $f'\left(\frac{\pi}{6}\right)$의 값은?

① $-4\sqrt{3}$ ② $-2\sqrt{3}$ ③ 0
④ $2\sqrt{3}$ ⑤ $4\sqrt{3}$

### 0336 교육청 변형

함수 $f(x)=\frac{1}{x+3}$에 대하여 $\lim_{x\to a}\frac{f(x)-f(a)}{x-a}=-\frac{1}{16}$을 만족시키는 양수 $a$의 값은?

① 1 ② 2 ③ 3
④ 4 ⑤ 5

### 0337

함수 $f(x)=\frac{1}{2x^2-kx}$에 대하여 $f'(1)=-1$일 때, $f\left(\frac{1}{2}\right)f'\left(\frac{1}{2}\right)$의 값을 구하시오.

(단, $k$는 0이 아닌 정수이다.)

## 유형 02 함수의 몫의 미분법 $\frac{f(x)}{g(x)}$ 꼴

### 0338

함수 $f(x)=\frac{2x^2-7}{x-2}$에 대하여 $f'(1)$의 값은?

① $-2$ ② $-1$ ③ 0
④ 1 ⑤ 2

### 0339

함수 $f(x)=\frac{\ln x}{x}$에 대하여 $\lim_{h\to 0}\frac{f(1+h)-f(1-4h)}{h}$의 값은?

① 1 ② 2 ③ 3
④ 4 ⑤ 5

### 0340

함수 $f(x)=\frac{ax+1}{x^2-b}$에 대하여 $f(1)=2$, $f'(-1)=\frac{1}{2}$이다. 정수 $a$, $b$에 대하여 $ab$의 값은?

① $-5$ ② $-3$ ③ 1
④ 3 ⑤ 5

정답과 풀이 323쪽

## 0341 교육청 변형

함수 $f(x)=\frac{x-1}{x^2+3}$에 대하여 부등식 $f'(x)\geq 0$을 만족시키는 모든 정수 $x$의 값의 합은?

① 2 ② 3 ③ 4
④ 5 ⑤ 6

## 0342

미분가능한 함수 $f(x)$가 $\lim_{x\to 0}\frac{f(x)-1}{x}=2$를 만족시키고, 함수 $g(x)$가

$$g(x)=\frac{x^2+1}{f(x)-2}$$

일 때, $g'(0)$의 값은?

① $-2$ ② $-1$ ③ 0
④ 1 ⑤ 2

### 유형 03 $y=x^n$ ($n$은 정수)의 도함수

## 0343

함수 $f(x)=\frac{2x^3-2x+3}{x}$에 대하여 $\lim_{h\to 0}\frac{f(1+h)-3}{h}$의 값은?

① $-1$ ② 0 ③ 1
④ 2 ⑤ 3

## 0344

함수 $f(x)=\frac{x^4-1}{x(x^2-1)}$에 대하여 $\lim_{x\to 2}\frac{f(x)-f(2)}{x^2-4}$의 값은?

① $\frac{3}{16}$ ② $\frac{5}{16}$ ③ $\frac{7}{16}$
④ $\frac{9}{16}$ ⑤ $\frac{11}{16}$

## 0345

함수 $f(x)=\sum_{n=1}^{10}\frac{n}{x^n}$에 대하여 $f'(1)$의 값을 구하시오.

### 유형 04 삼각함수의 도함수

## 0346

함수 $f(x)=\sec x\tan x$에 대하여 곡선 $y=f(x)$ 위의 점 $\left(\frac{\pi}{4}, \sqrt{2}\right)$에서의 접선의 기울기는?

① 1 ② $\sqrt{2}$ ③ $2\sqrt{2}$
④ $3\sqrt{2}$ ⑤ $4\sqrt{2}$

## 0347

함수 $f(x)=\frac{\sec x+1}{\tan x}$에 대하여 $f'\left(\frac{\pi}{3}\right)$의 값은?

① $-2$　② $-\frac{3}{2}$　③ $-1$
④ $-\frac{1}{2}$　⑤ $0$

## 0348

함수 $f(x)=\frac{x}{\cos x-1}$에 대하여

$$\lim_{x\to\frac{\pi}{3}}\frac{3f(x)+2\pi}{3x-\pi}=p+q\sqrt{3}\pi$$

이다. 유리수 $p$, $q$에 대하여 $p+q$의 값은?

① $-\frac{7}{3}$　② $-\frac{5}{3}$　③ $-\frac{4}{3}$
④ $\frac{4}{3}$　⑤ $\frac{5}{3}$

## 0349

함수 $f(x)=\begin{cases}\tan x+3 & (x<0)\\ ae^x+b & (x\geq 0)\end{cases}$이 $x=0$에서 미분가능할 때, 상수 $a$, $b$에 대하여 $ab$의 값은?

① 2　② 3　③ 4
④ 5　⑤ 6

### 유형 05 합성함수의 미분법

## 0350

실수 전체의 집합에서 미분가능한 두 함수 $f(x)$, $g(x)$가 모든 실수 $x$에 대하여

$$f(g(x))=2x^2+3x-5$$

를 만족시킨다. $f'(2)=5$, $g(3)=2$일 때, $g'(3)$의 값은?

① 1　② 2　③ 3
④ 4　⑤ 5

## 0351

실수 전체의 집합에서 미분가능한 함수 $f(x)$가 $\lim_{x\to 0}\frac{f(x)}{x}=-2$를 만족시킬 때, 함수 $y=f(f(x))$의 $x=0$에서의 미분계수를 구하시오.

## 0352

두 함수 $f(x)=\frac{x^3-x^2+1}{x^2-1}$, $g(x)=-\csc x$의 합성함수 $h(x)=(f\circ g)(x)$에 대하여 $h'\left(\frac{\pi}{6}\right)$의 값은?

① $\frac{4\sqrt{3}}{9}$　② $\frac{2\sqrt{3}}{3}$　③ $\frac{8\sqrt{3}}{9}$
④ $\frac{10\sqrt{3}}{9}$　⑤ $\frac{4\sqrt{3}}{3}$

## 0353

미분가능한 두 함수 $f(x)$, $g(x)$가

$$f(2)=-1,\ f'(2)=3,\ g(2)=2,\ g'(2)=-3$$

을 만족시킬 때, $\lim_{x\to2}\frac{f(g(x))+1}{x-2}$의 값은?

① $-9$ ② $-6$ ③ $3$
④ $6$ ⑤ $9$

## 0354 교육청 변형

미분가능한 두 함수 $f(x)$, $g(x)$가

$$\lim_{x\to1}\frac{f(x)-1}{x-1}=5,\ \lim_{x\to0}\frac{g(x)-1}{x}=3$$

을 만족시킬 때, 함수 $y=(f\circ g)(x)$의 $x=0$에서의 미분계수를 구하시오.

### 유형 06 합성함수의 미분법 - 유리함수

## 0355

미분가능한 함수 $f(x)$가 $f(3)=-1$, $f'(3)=6$을 만족시킨다. 함수 $y=\{f(x)\}^n$의 $x=3$에서의 미분계수가 42가 되도록 하는 자연수 $n$의 값을 구하시오.

## 0356

함수 $f(x)=\frac{1}{(1-5x)^4}$에 대하여 $f'\left(\frac{2}{5}\right)$의 값은?

① $-20$ ② $-16$ ③ $-12$
④ $-8$ ⑤ $-4$

## 0357

함수 $f(x)=\left(\frac{2x+a}{x+1}\right)^3$에 대하여 $f'(0)=48$일 때, 실수 $a$의 값은?

① $-3$ ② $-2$ ③ $-1$
④ $0$ ⑤ $1$

### 유형 07 합성함수의 미분법 - 지수함수

## 0358

함수 $f(x)=2^{2x^3+1}-3$에 대하여 $\lim_{h\to0}\frac{f(1+2h)-f(1-2h)}{4h}$의 값은?

① $6\ln2$ ② $12\ln2$ ③ $24\ln2$
④ $36\ln2$ ⑤ $48\ln2$

## 0359

두 함수 $f(x)=\sin x$, $g(x)=e^{2x}$에 대하여

$\lim_{x \to \frac{\pi}{6}} \frac{g(f(x))-e}{x-\frac{\pi}{6}}$의 값을 구하시오.

## 0360

실수 전체의 집합에서 미분가능한 함수 $f(x)$에 대하여 함수 $g(x)$를

$$g(x)=\frac{f(x)}{e^{3x-1}}$$

라 하자. $f'\left(\frac{1}{3}\right)=17$, $g'\left(\frac{1}{3}\right)=11$일 때, $f\left(\frac{1}{3}\right)$의 값은?

① 1　② 2　③ 3　④ 4　⑤ 5

## 유형 08 합성함수의 미분법 - 삼각함수

## 0361

곡선 $y=4\sin^2 6x$ 위의 점 $\left(\frac{\pi}{8}, 2\right)$에서의 접선의 기울기는?

① $-24$　② $-12$　③ 0　④ 12　⑤ 24

## 0362 평가원 변형

함수 $f(x)=e^{4x}\cos 2x$에 대하여 $\lim_{h \to 0} \frac{f(h)-f(-h)}{h}$의 값은?

① 0　② 2　③ 4　④ 6　⑤ 8

## 0363

두 함수 $f(x)=\sin(x^2-1)$, $g(x)=\tan x$에 대하여

$\lim_{x \to \frac{\pi}{4}} \frac{f(g(x))}{x-\frac{\pi}{4}}$의 값을 구하시오.

## 유형 09 합성함수의 미분법 $f(g(x))=h(x)$ 꼴

## 0364

실수 전체의 집합에서 미분가능한 함수 $f(x)$가 모든 실수 $x$에 대하여 $f(2x-1)=(x^2+x)^2$을 만족시킬 때, $f'(3)$의 값은?

① 20　② 30　③ 40　④ 50　⑤ 60

## 0365

미분가능한 함수 $f(x)$가 모든 실수 $x$에 대하여

$f(2x+1)=f(1-2x)$

를 만족시킨다. $f'(5)=-2$일 때, $f'(-3)$의 값은?

① $-2$　② $-1$　③ $0$　④ $1$　⑤ $2$

## 0366 수능 변형

실수 전체의 집합에서 미분가능한 함수 $f(x)$가 모든 실수 $x$에 대하여

$f(3x-1)=e^{x^3-1}$

을 만족시킬 때, $f'(2)$의 값은?

① $0$　② $1$　③ $2$　④ $3$　⑤ $4$

### 유형 10 로그함수의 도함수

## 0367

함수 $f(x)=\ln|\sin x|+\ln|\sec x|$의 $x=\frac{\pi}{6}$에서의 미분계수는?

① $\frac{\sqrt{3}}{3}$　② $\frac{2\sqrt{3}}{3}$　③ $\sqrt{3}$　④ $\frac{4\sqrt{3}}{3}$　⑤ $\frac{5\sqrt{3}}{3}$

## 0368

함수 $f(x)=3\log_2(6x-3)$에 대하여 $\lim_{h\to0}\frac{f(2+h)-f(2)}{2h}$의 값은?

① $\frac{1}{\ln 6}$　② $\frac{1}{2\ln 2}$　③ $\frac{2}{\ln 6}$　④ $\frac{1}{\ln 2}$　⑤ $\frac{2}{\ln 2}$

## 0369

함수 $f(x)=\tan(\ln 2x)$에 대하여 $f'\left(\frac{1}{2}\right)$의 값을 구하시오.

## 0370 교육청 변형

함수 $f(x)=\ln(ax+b)$에 대하여 $\lim_{x\to0}\frac{f(x)-\ln 3}{x}=2$일 때, $f(1)$의 값은? (단, $a$, $b$는 상수이다.)

① $\ln 2$　② $\ln 3$　③ $2\ln 2$　④ $\ln 6$　⑤ $2\ln 3$

## 0371

함수 $f(x)=\ln|x^2-1|$에 대하여 $\sum_{n=2}^{\infty}\frac{f'(n)}{n}=\frac{q}{p}$일 때, $pq$의 값을 구하시오. (단, $p$와 $q$는 서로소인 자연수이다.)

## 유형 11 로그함수의 도함수의 활용 $y=\frac{f(x)}{g(x)}$ 꼴

### 0372

함수 $f(x)=\frac{x^2(x+1)^3}{(x-1)^3}$에 대하여 $f'(2)$의 값은?

① $-108$　② $-106$　③ $-104$
④ $-102$　⑤ $-100$

### 0373

함수 $f(x)=\frac{(x-1)^3}{(x+1)^4(x+2)^2}$에 대하여 $f'(0)$의 값은?

① $-2$　② $-1$　③ $1$
④ $2$　⑤ $3$

### 0374

함수 $f(x)=\frac{(x^3-3x-2)^3}{x^3(x^2-3x+2)^4}$과 함수 $g(x)$에 대하여 $f(x)=-f'(x)g(x)$일 때, $g(3)$의 값은?

① $-\frac{2}{5}$　② $-\frac{1}{5}$　③ $\frac{1}{5}$
④ $\frac{2}{5}$　⑤ $\frac{4}{5}$

## 유형 12 로그함수의 도함수의 활용 $y=\{f(x)\}^{g(x)}$ 꼴

### 0375

함수 $f(x)=(2x+1)^{2x+1}\left(x>-\frac{1}{2}\right)$에 대하여 $f'(1)=p+q\ln 3$이다. 유리수 $p$, $q$에 대하여 $p+q$의 값은?

① 18　② 27　③ 54
④ 81　⑤ 108

### 0376

함수 $f(x)=x^{\ln x^2}\ (x>0)$에 대하여 $\lim_{x\to e}\frac{f(x)-e^2}{x-e}$의 값은?

① $2e$　② $3e$　③ $4e$
④ $2e^2$　⑤ $4e^2$

### 0377

함수 $f(x)=x^{\cos x}\ (x>0)$의 $x=\frac{\pi}{2}$에서의 미분계수는?

① $-\ln\pi$　② $-\ln\frac{\pi}{2}$　③ $-1$
④ $\ln\frac{\pi}{2}$　⑤ $\ln\pi$

## 유형 13 $y=x^{\alpha}$ ($\alpha$는 실수)의 도함수

### 0378

함수 $f(x)=(x^4+4\sqrt{x}-4)^4$에 대하여 $f'(1)$의 값은?

① 24 ② 26 ③ 28
④ 30 ⑤ 32

### 0379

함수 $f(x)=\dfrac{1}{x\sqrt{x}}$에 대하여 곡선 $y=f(x)$ 위의 점 $(a, f(a))$에서의 접선의 기울기가 $-\dfrac{3}{2}$일 때, $a$의 값을 구하시오.

### 0380

함수 $f(\sqrt{x})=\sqrt{x^2+1}+\sqrt{x}$에 대하여 $\lim\limits_{h\to 0}\dfrac{f(2-h)-f(2)}{h}$의 값은?

① $-\dfrac{16}{\sqrt{17}}-9$ ② $-\dfrac{16}{\sqrt{17}}-7$ ③ $-\dfrac{16}{\sqrt{17}}-5$
④ $-\dfrac{16}{\sqrt{17}}-3$ ⑤ $-\dfrac{16}{\sqrt{17}}-1$

## 유형 14 매개변수로 나타낸 함수의 미분법

### 0381

매개변수 $t$로 나타내어진 함수

$x=t^2+2t,\ y=t^3-4t+1$

에 대하여 $\lim\limits_{t\to 0}\dfrac{dy}{dx}$의 값은?

① $-2$ ② $-1$ ③ 0
④ 1 ⑤ 2

### 0382

매개변수 $t$로 나타내어진 곡선

$x=e^t+2t,\ y=e^{-t}+4t$

에 대하여 $t=0$에 대응하는 점에서의 접선의 기울기는?

① $-1$ ② 0 ③ 1
④ 2 ⑤ 3

### 0383

매개변수 $t$ $(t>0)$으로 나타내어진 함수

$x=\ln t^2,\ y=\ln t^3+6t$

에서 $t=k$일 때, $\dfrac{dy}{dx}$의 값이 3이다. $k$의 값은?

① $\dfrac{1}{4}$ ② $\dfrac{1}{3}$ ③ $\dfrac{1}{2}$
④ $\dfrac{2}{3}$ ⑤ $\dfrac{3}{4}$

## 0384 평가원 변형

매개변수 $t$ $(t>0)$으로 나타내어진 함수

$x=\ln t$, $y=t^2-4t$

에 대하여 $\frac{dy}{dx}$가 $t=a$에서 최솟값 $m$을 가질 때, $a^2+m^2$의 값을 구하시오.

## 0385

매개변수 $\theta$ $\left(0<\theta<\frac{\pi}{2}\right)$로 나타내어진 곡선

$x=2\sin\theta-\sqrt{3}$, $y=4\cos\theta$

위의 점 $(a, b)$에서의 접선의 기울기가 $-2\sqrt{3}$일 때, $a+b$의 값은?

① $\sqrt{2}$　② $\sqrt{3}$　③ 2　④ $2\sqrt{2}$　⑤ $2\sqrt{3}$

### 유형 15 음함수의 미분법

## 0386

곡선 $2x^2-xy+3y^2=13$ 위의 점 $(-2, 1)$에서의 접선의 기울기를 $k$라 할 때, $8k$의 값은?

① 9　② 10　③ 11　④ 12　⑤ 13

## 0387

곡선 $x^2-y^2-2=y$ 위의 점 $(a, b)$에서의 접선의 기울기가 $\frac{2}{7}a$일 때, $b$의 값은? (단, $a\neq0$)

① 2　② 3　③ 4　④ 5　⑤ 6

## 0388

곡선 $x^3-y^3-axy+b=0$ 위의 점 $(-1, 0)$에서의 $\frac{dy}{dx}$의 값이 3일 때, 상수 $a$, $b$에 대하여 $a+b$의 값을 구하시오.

## 0389 평가원 변형

곡선 $xy+y^2\ln x=x$에 대하여 $x=1$일 때, $\frac{dy}{dx}$의 값은?

① $-2$　② $-1$　③ 0　④ 1　⑤ 2

## 0390

곡선 $\frac{\pi}{9}x=y+\sin xy$ 위의 점 $\left(3, \frac{\pi}{3}\right)$에서의 접선의 기울기는?

① $-\frac{2}{3}\pi$　② $-\frac{5}{9}\pi$　③ $-\frac{4}{9}\pi$　④ $-\frac{\pi}{3}$　⑤ $-\frac{2}{9}\pi$

## 유형 16 역함수의 미분법

### 0391

곡선 $x=y^2+3y$ $(y>0)$ 위의 $x=4$인 점에서의 접선의 기울기는?

① $\frac{1}{6}$ ② $\frac{1}{5}$ ③ $\frac{1}{4}$
④ $\frac{1}{3}$ ⑤ $\frac{1}{2}$

### 0392

함수 $x=\ln(y+1)+y$ $(y>-1)$에 대하여 $x=0$일 때, $\frac{dy}{dx}$의 값은?

① 0 ② $\frac{1}{2}$ ③ 1
④ $\frac{3}{2}$ ⑤ 2

### 0393

곡선 $x=\tan 2y$ $\left(-\frac{\pi}{4}<y<\frac{\pi}{4}\right)$ 위의 점 $(1,\ a)$에서의 접선의 기울기를 $m$이라 할 때, $am$의 값은?

① $-\frac{\pi}{30}$ ② $-\frac{\pi}{32}$ ③ 0
④ $\frac{\pi}{32}$ ⑤ $\frac{\pi}{30}$

## 유형 17 역함수의 미분법의 활용

### 0394

$0\le x\le\frac{\pi}{2}$에서 정의된 함수 $f(x)=4\cos^2 x+1$의 역함수를 $g(x)$라 할 때, $g'(2)$의 값은?

① $-\frac{\sqrt{3}}{2}$ ② $-\frac{\sqrt{3}}{3}$ ③ $-\frac{\sqrt{3}}{6}$
④ $\frac{\sqrt{3}}{6}$ ⑤ $\frac{\sqrt{3}}{3}$

### 0395

함수 $f(x)=x^3-5x^2+9x-5$의 역함수를 $g(x)$라 할 때, $\lim_{h\to 0}\frac{g(1+h)-g(1-h)}{h}$의 값은?

① $-1$ ② 0 ③ 1
④ 2 ⑤ 3

### 0396

함수 $f(x)=e^{x^3+4x+1}$의 역함수를 $g(x)$라 할 때, $\lim_{x\to e}\frac{g(x)}{x-e}$의 값은?

① $\frac{1}{6e}$ ② $\frac{1}{5e}$ ③ $\frac{1}{4e}$
④ $\frac{1}{3e}$ ⑤ $\frac{1}{2e}$

## 0397

함수 $f(x)=(x-1)e^{x}$ $(x>0)$의 그래프가 점 $(k,\ e^{2})$을 지난다. 함수 $f(x)$와 그 역함수 $g(x)$에 대하여 함수 $h(x)=x^{2}g(x)$라 할 때, $h'(e^{2})$의 값은? (단, $k$는 상수이다.)

① $3e^{2}$ ② $\frac{7}{2}e^{2}$ ③ $4e^{2}$
④ $\frac{9}{2}e^{2}$ ⑤ $5e^{2}$

## 0398 교육청 변형

실수 전체의 집합에서 증가하고 미분가능한 함수 $f(x)$의 역함수를 $g(x)$라 하자. 함수 $f(x)$가 $\lim_{x\to 1}\frac{f(x)-3}{x-1}=\frac{1}{5}$을 만족시킬 때, $g(3)g'(3)$의 값을 구하시오.

### 유형 18 이계도함수

## 0399

함수 $f(x)=e^{2x}+\sin 2x$에 대하여 $\lim_{x\to 0}\frac{f'(x)-f'(0)}{x}$의 값은?

① 0 ② 1 ③ 2
④ 3 ⑤ 4

## 0400

함수 $f(x)=\frac{2}{x+2}$에 대하여 실수 $a$가 $f''(a)=4$를 만족시킬 때, $f'(a)$의 값을 구하시오.

## 0401

함수 $f(x)=xe^{ax+b}$에 대하여 $f'(0)=2,\ f''(0)=4$이다. 상수 $a,\ b$에 대하여 $ab$의 값은?

① $\ln 2$ ② $\ln 3$ ③ $2\ln 2$
④ $\ln 5$ ⑤ $\ln 6$

## 0402

실수 전체의 집합에서 이계도함수를 갖는 함수 $f(x)$가 다음 조건을 만족시킨다.

> (가) $f(1)=2,\ f'(1)=3$
> (나) $\lim_{x\to 1}\frac{f'(f(x))-1}{x-1}=12$

$f''(2)$의 값은?

① 1 ② 2 ③ 3
④ 4 ⑤ 5

# 기출 & 기출변형 문제

정답과 풀이 333쪽

## 0403 평가원 기출

함수 $f(x)=\frac{1}{x+3}$에 대하여 $\lim_{h\to 0}\frac{f'(a+h)-f'(a)}{h}=2$를 만족시키는 실수 $a$의 값은?

① $-2$　② $-1$　③ $0$　④ $1$　⑤ $2$

## 0404 교육청 변형

두 함수 $f(x)=kx^2-4x$, $g(x)=e^{4x}+1$에 대하여 함수 $f(g(x))$의 $x=0$에서의 미분계수가 40일 때, 상수 $k$의 값은?

① $\frac{3}{2}$　② $\frac{5}{2}$　③ $\frac{7}{2}$　④ $\frac{9}{2}$　⑤ $\frac{11}{2}$

## 0405 평가원 기출

곡선 $e^x-e^y=y$ 위의 점 $(a,\ b)$에서의 접선의 기울기가 1일 때, $a+b$의 값은?

① $1+\ln(e+1)$　② $2+\ln(e^2+2)$　③ $3+\ln(e^3+3)$　④ $4+\ln(e^4+4)$　⑤ $5+\ln(e^5+5)$

## 0406 교육청 변형

$0<x<4e$에서 정의된 미분가능한 함수 $f(x)$가 $f(2e)=3$이고, $f'(x)=\{f(x)\}^2+f(x)+1$을 만족시킨다. 함수 $g(x)$가 $g(x)=\ln|f'(x)|$일 때, $g'(2e)$의 값을 구하시오.

## 0407 교육청 기출

1보다 큰 실수 $t$에 대하여 그림과 같이 점 $P\left(t+\frac{1}{t},\ 0\right)$에서 원 $x^2+y^2=\frac{1}{2t^2}$에 접선을 그었을 때, 원과 접선이 제1사분면에서 만나는 점을 Q, 원 위의 점 $\left(0,\ -\frac{1}{\sqrt{2}t}\right)$을 R라 하자.

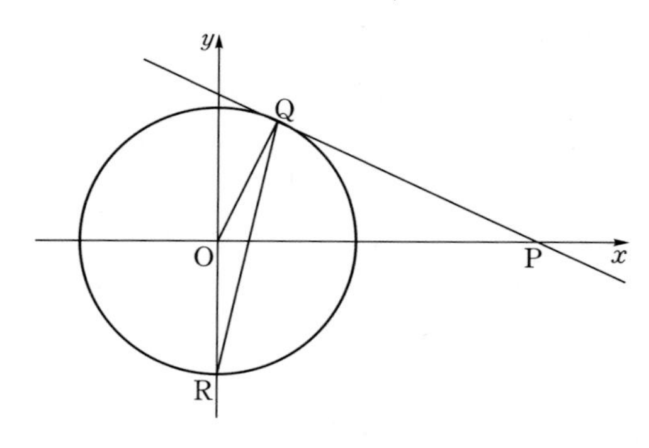


$\overline{OP}\times\overline{OQ}$를 $f(t)$라 할 때, $f'(\sqrt{2})$의 값은?

(단, O는 원점이다.)

① $-1$　② $-\frac{1}{2}$　③ $-\frac{1}{4}$

④ $-\frac{1}{8}$　⑤ $-\frac{1}{16}$

## 0408 평가원 변형

매개변수 $t$로 나타내어진 함수

$x=e^t,\ y=(2t^2+nt+n)e^t$ ($n$은 자연수)

에 대하여 $\frac{dy}{dx}$가 $t=a_n$에서 최솟값 $b_n$을 갖는다고 할 때, $\frac{b_2}{a_4}$의 값은?

① $\frac{1}{4}$　② $\frac{1}{3}$　③ $\frac{1}{2}$

④ $\frac{2}{3}$　⑤ $\frac{3}{4}$

## 0409 평가원 변형

미분가능한 함수 $f(x)$와 함수 $g(x)=-\cos x$에 대하여 함수 $h(x)=(g\circ f)(x)$의 그래프 위의 점 $(1,\ h(1))$에서의 접선의 기울기가 $\frac{1}{2}$이다.

$$\lim_{x\to 1}\frac{f(x)-\frac{\pi}{3}}{x-1}=k$$

일 때, 상수 $k$에 대하여 $9k^2$의 값을 구하시오.

## 0410 교육청 기출

함수 $f(x)=\tan^3 x\left(-\frac{\pi}{2}<x<\frac{\pi}{2}\right)$의 역함수를 $g(x)$라 할 때, 곡선 $y=g(x)$ 위의 점 $(1,\ g(1))$에서의 접선의 기울기는?

① $\frac{1}{6}$　② $\frac{1}{3}$　③ $\frac{1}{2}$

④ $\frac{2}{3}$　⑤ $\frac{5}{6}$

## 0411 교육청 변형

실수 전체의 집합에서 미분가능한 두 함수 $f(x)$, $g(x)$에 대하여 함수 $h(x)$를 $h(x)=(g\circ f)(x)$라 할 때, 두 함수 $f(x)$, $h(x)$가 다음 조건을 만족시킨다.

(가) $\lim_{x\to 1}\frac{f(x)-4}{x-1}=2$
(나) $\lim_{x\to 1}\frac{h(x)-5}{x-1}=6$

$g(4)+g'(4)$의 값은?

① 6　② 7　③ 8　④ 9　⑤ 10

## 0412 평가원 기출

실수 전체의 집합에서 미분가능한 함수 $f(x)$에 대하여 함수 $g(x)$를

$$g(x)=\frac{f(x)\cos x}{e^x}$$

라 하자. $g'(\pi)=e^{\pi}g(\pi)$일 때, $\frac{f'(\pi)}{f(\pi)}$의 값은? (단, $f(\pi)\neq 0$)

① $e^{-2\pi}$　② 1　③ $e^{-\pi}+1$　④ $e^{\pi}+1$　⑤ $e^{2\pi}$

## 0413 수능 기출

함수 $f(x)=(x^2+2)e^{-x}$에 대하여 함수 $g(x)$가 미분가능하고

$$g\left(\frac{x+8}{10}\right)=f^{-1}(x),\ g(1)=0$$

을 만족시킬 때, $|g'(1)|$의 값을 구하시오.

## 0414 평가원 변형

실수 전체의 집합에서 증가하는 미분가능한 함수 $f(x)$와 그 역함수 $g(x)$에 대하여

$$\lim_{x\to 2}\frac{f(x)-g(x)}{(x-2)f(x)}=\frac{5}{12}$$

이다. 함수 $h(x)=\{f(x)+g(x)\}^2$이라 할 때, $h'(2)$의 값은?

① 17　② $\frac{52}{3}$　③ $\frac{53}{3}$　④ 18　⑤ $\frac{55}{3}$

PART A′

# 06 도함수의 활용(1)

Ⅱ. 미분법

유형별 유사문제

## 유형 01 곡선 위의 점에서의 접선의 방정식

### 0415

함수 $f(x)=\sin x-\cos x$의 그래프 위의 점 $\left(\frac{\pi}{2},\ f\left(\frac{\pi}{2}\right)\right)$에서의 접선이 점 $\left(-\frac{\pi}{2},\ k\right)$를 지날 때, $k$의 값은?

① $-2\pi$ ② $3-2\pi$ ③ $-\pi$
④ $1-\pi$ ⑤ $2-\pi$

### 0416

곡선 $y=2\sqrt{x^2+1}$ 위의 점 $(-1,\ 2\sqrt{2})$에서의 접선과 $x$축 및 $y$축으로 둘러싸인 도형의 넓이는?

① $\frac{\sqrt{2}}{8}$ ② $\frac{\sqrt{2}}{4}$ ③ $\frac{\sqrt{2}}{2}$
④ $\sqrt{2}$ ⑤ $2\sqrt{2}$

### 0417 평가원 변형

곡선 $y=ax\ln x+b$ 위의 점 $(1,\ 3)$에서의 접선의 방정식이 $y=-2x+5$일 때, 상수 $a$, $b$에 대하여 $a+b$의 값을 구하시오.

### 0418

미분가능한 함수 $f(x)$와 함수 $g(x)=xe^x$에 대하여 합성함수 $y=(g\circ f)(x)$의 그래프 위의 점 $(1,\ (g\circ f)(1))$에서의 접선이 원점을 지난다.

$$\lim_{x\to 1}\frac{f(x)-1}{x-1}=k$$

일 때, 상수 $k$의 값은?

① $\frac{1}{4}$ ② $\frac{1}{3}$ ③ $\frac{1}{2}$
④ $\frac{2}{3}$ ⑤ $\frac{3}{4}$

## 유형 02 접선에 수직인 직선의 방정식

### 0419

곡선 $y=x^2\ln x-1$ 위의 점 $(1,\ -1)$을 지나고 이 점에서의 접선과 수직인 직선의 방정식은?

① $y=-2x+1$ ② $y=-x$ ③ $y=x-2$
④ $y=2x-3$ ⑤ $y=3x-4$

### 0420

곡선 $y=4x+3\cos x$와 $y$축의 교점을 지나고, 이 점에서의 접선과 수직인 직선의 방정식이 $x+ay+b=0$일 때, 상수 $a$, $b$에 대하여 $a+b$의 값을 구하시오.

## 0421

곡선 $y=2x+x\ln x$ 위의 점 $(e,\ 3e)$에서의 접선을 $l_1$, 이 점을 지나면서 직선 $l_1$에 수직인 직선을 $l_2$라 할 때, 두 직선 $l_1$, $l_2$와 $y$축으로 둘러싸인 도형의 넓이는 $\frac{q}{p}e^2$이다. $p+q$의 값을 구하시오. (단, $p$와 $q$는 서로소인 자연수이다.)

### 유형 03 기울기가 주어진 접선의 방정식

## 0422

곡선 $y=2x-3\ln x$에 접하고 직선 $x+y-2=0$에 평행한 직선의 $x$절편은?

① 1 ② 2 ③ 3 ④ 4 ⑤ 5

## 0423

곡선 $y=3x+\sin 4x\ \left(0<x<\frac{\pi}{2}\right)$에 접하고 기울기가 $-1$인 직선의 $y$절편을 구하시오.

## 0424 교육청 변형

곡선 $y=\ln\left(x+\frac{1}{e}\right)$에 접하고 기울기가 $e$인 직선과 $x$축 및 $y$축으로 둘러싸인 도형의 넓이는?

① $\frac{1}{2e}$ ② $\frac{1}{e}$ ③ 1 ④ $e$ ⑤ $2e$

## 0425

직선 $y=-4x+3$이 곡선 $y=\frac{1}{x-2}+k$에 접하도록 하는 모든 실수 $k$의 값의 합은?

① $-10$ ② $-\frac{29}{3}$ ③ $-\frac{28}{3}$ ④ $-9$ ⑤ $-\frac{26}{3}$

### 유형 04 곡선 밖의 한 점에서 그은 접선의 방정식

## 0426

점 A$(2,\ 0)$에서 곡선 $y=e^{x-1}$에 그은 접선의 접점을 P라 하고, 점 P에서 $x$축에 내린 수선의 발을 H라 할 때, 삼각형 APH의 넓이는?

① $\frac{e}{3}$ ② $\frac{e}{2}$ ③ $\frac{e^2}{2}$ ④ $e^2$ ⑤ $3e^2$

## 0427

점 $(-1, 0)$에서 곡선 $y=2\sqrt{x-1}$에 그은 접선과 $x$축 및 $y$축으로 둘러싸인 도형의 넓이는?

① $\frac{\sqrt{2}}{8}$　② $\frac{\sqrt{2}}{4}$　③ $\frac{\sqrt{2}}{2}$
④ $\sqrt{2}$　⑤ $2\sqrt{2}$

## 0428

곡선 $y=x\ln\frac{x}{4}$ 위의 점 P에서의 접선이 $y$축과 만나는 점의 좌표가 A$(0, -4)$이고, $x$축과 만나는 점을 B라 하자. 삼각형 OAB의 외접원의 넓이는? (단, O는 원점이다.)

① $4\pi$　② $6\pi$　③ $8\pi$
④ $10\pi$　⑤ $12\pi$

## 0429

점 $(2, 3)$에서 곡선 $y=\frac{x}{x+1}$에 그은 두 접선의 기울기를 각각 $m_1$, $m_2$라 할 때, $m_1m_2$의 값은?

① $\frac{1}{9}$　② $\frac{2}{9}$　③ $\frac{1}{3}$
④ $\frac{4}{9}$　⑤ $\frac{5}{9}$

### 유형 05 접선의 개수

## 0430

점 $(2, 1)$에서 곡선 $y=x^2e^x+1$에 그을 수 있는 접선의 개수는?

① 0　② 1　③ 2
④ 3　⑤ 4

## 0431

점 $(3k, 0)$에서 곡선 $y=(x-2k)e^x$에 그을 수 있는 접선이 2개일 때, 다음 중 $k$의 값이 될 수 없는 것은?

① $-6$　② $-5$　③ $-4$
④ 1　⑤ 2

## 0432

점 $(a, 0)$에서 곡선 $y=x^2e^{-x}$에 오직 하나의 접선을 그을 수 있을 때, 실수 $a$의 값의 범위는?

① $a<3-3\sqrt{2}$ 또는 $a>3+3\sqrt{2}$
② $a<3-2\sqrt{2}$ 또는 $a>3+2\sqrt{2}$
③ $3-3\sqrt{2}<a<3+3\sqrt{2}$
④ $3-2\sqrt{2}<a<3+2\sqrt{2}$
⑤ $3-\sqrt{2}<a<3+\sqrt{2}$

정답과 풀이 339쪽

## 유형 06 공통인 접선

### 0433

두 곡선 $y=2a\ln x$, $y=2x^2$이 서로 접할 때, 상수 $a$의 값은?

① 1 ② $e$ ③ $2e$
④ $e^2$ ⑤ $2e^2$

### 0434

구간 $\left(0, \frac{\pi}{2}\right)$에서 두 곡선 $y=\frac{1}{\sin x}$, $y=a(\sin x-1)$이 한 점에서 만나고 이 점에서의 각 곡선의 접선이 서로 일치할 때, 상수 $a$의 값을 구하시오.

### 0435

두 함수 $f(x)=e^x\cos x$, $g(x)=ae^x$에 대하여 두 곡선 $y=f(x)$, $y=g(x)$의 교점에서 각 곡선에 접하는 직선이 서로 일치할 때, 이 접선의 $x$절편을 구하시오.

$\left(\text{단, } -\frac{\pi}{2}<x<\frac{\pi}{2}\text{이고 } a\text{는 상수이다.}\right)$

## 유형 07 역함수의 그래프의 접선의 방정식

### 0436

함수 $f(x)=x^3-2$의 역함수를 $g(x)$라 하자. 곡선 $y=g(x)$ 위의 점 $(6, g(6))$을 지나고, 이 점에서의 접선과 수직인 직선의 방정식을 $y=ax+b$라 할 때, $a+b$의 값은?

(단, $a$, $b$는 상수이다.)

① 58 ② 60 ③ 62
④ 64 ⑤ 66

### 0437

실수 전체의 집합에서 증가하고 미분가능한 함수 $f(x)$가

$$\lim_{x\to1}\frac{f(x)-4}{x-1}=4$$

를 만족시킨다. 함수 $f(x)$의 역함수를 $g(x)$라 할 때, 곡선 $y=g(x)$ 위의 점 $(a, 1)$에서의 접선의 방정식은 $y=h(x)$이다. $h(8)$의 값을 구하시오.

### 0438

함수 $f(x)=\ln(e^x+3)$의 역함수를 $g(x)$라 할 때, 곡선 $y=g(x)$ 위의 $x=2\ln 2$인 점에서의 접선의 방정식을 $y=ax+b$라 하자. $\frac{b}{a}$의 값은? (단, $a$, $b$는 상수이다.)

① $-2\ln 2$ ② $-\ln 2$ ③ 0
④ $\ln 2$ ⑤ $2\ln 2$

## 유형 08 매개변수로 나타낸 곡선의 접선의 방정식

### 0439

매개변수 $t$로 나타낸 곡선

$$x=2+2t,\ y=at^2+2$$

에 대하여 $t=1$에 대응하는 점에서의 접선의 방정식이 $x-y+b=0$이다. 상수 $a$, $b$에 대하여 $a^2+b^2$의 값은?

① 1 ② 2 ③ 3
④ 4 ⑤ 5

### 0440

매개변수 $t$ $(t>-1)$로 나타낸 곡선

$$x=\ln(t+1)+2,\ y=\frac{1}{3}t^3-\frac{1}{2}t^2+2t+3$$

에서 $t=0$에 대응하는 점에서의 접선이 $x$축, $y$축과 만나는 점을 각각 A, B라 하자. $\overline{\mathrm{OA}}+\overline{\mathrm{OB}}$의 값은?

(단, O는 원점이다.)

① $\frac{1}{2}$ ② 1 ③ $\frac{3}{2}$
④ 2 ⑤ $\frac{5}{2}$

### 0441

매개변수 $t$로 나타낸 곡선 $x=e^{2t}-e^{-2t}$, $y=e^{2t}+e^{-2t}$에서 $t=\frac{1}{2}\ln 3$에 대응하는 점에서의 접선과 $x$축 및 $y$축으로 둘러싸인 부분의 넓이를 $S$라 할 때, $10S$의 값을 구하시오.

## 유형 09 음함수로 나타낸 곡선의 접선의 방정식

### 0442 평가원 변형

곡선 $2x^2+xy-y^2=2$ 위의 점 $(1,\ 1)$에서의 접선의 방정식이 $ax+by-4=0$일 때, 상수 $a$, $b$에 대하여 $a-b$의 값은?

① 2 ② 3 ③ 4
④ 5 ⑤ 6

### 0443

곡선 $\pi x=y+\sin xy$ 위의 점 $(2,\ 2\pi)$에서의 접선의 $y$절편을 $\alpha$라 할 때, $\frac{3\alpha}{\pi}$의 값을 구하시오.

### 0444

곡선 $ax^2+bxy+y^2=3$ 위의 점 $(2,\ 1)$에서의 접선이 원 $(x-3)^2+(y+3)^2=4$의 넓이를 이등분할 때, $a-b$의 값은?

(단, $a$, $b$는 상수이다.)

① $-\frac{3}{2}$ ② $-\frac{1}{2}$ ③ $\frac{1}{2}$
④ $\frac{3}{2}$ ⑤ $\frac{5}{2}$

## 유형 10 접선의 방정식의 활용

### 0445

곡선 $y=\ln x$ 위의 점과 직선 $y=x+2$ 사이의 최소 거리는?

① $\frac{3\sqrt{2}}{4}$　② $\frac{3}{2}$　③ $\frac{3\sqrt{2}}{2}$
④ $3$　⑤ $3\sqrt{2}$

### 0446

곡선 $y=e^{2x-1}+1$ 위를 움직이는 점 P와 $x$축 위의 점 A$(1, 0)$, $y$축 위의 점 B$(0, -2)$를 꼭짓점으로 하는 삼각형 PAB의 넓이의 최솟값을 구하시오.

### 0447

함수 $f(x)=\ln x$와 그 역함수 $y=g(x)$가 있다. 그림과 같이 곡선 $y=f(x)$ 위의 점 P와 곡선 $y=g(x)$ 위의 점 Q를 이은 선분 PQ를 직선 $y=x$가 수직이등분한다. 점 P에서 곡선 $y=f(x)$에 그은 접선 $m$과 점 Q에서 곡선 $y=g(x)$에 그은 접선 $n$이 서로 평행할 때, 접선 $n$의 방정식은?

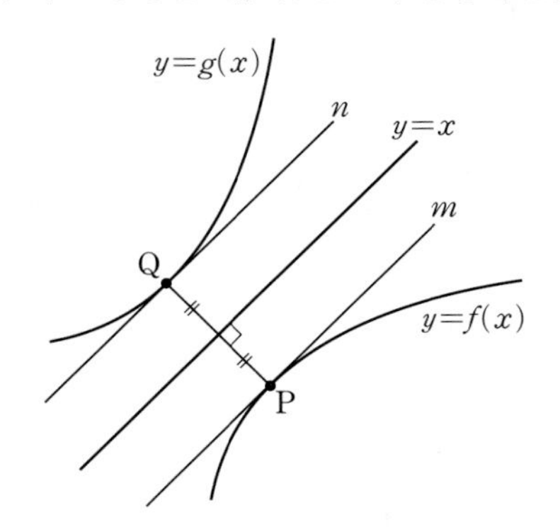


① $y=x+5$　② $y=x+4$　③ $y=x+3$
④ $y=x+2$　⑤ $y=x+1$

## 유형 11 함수의 증가와 감소

### 0448

함수 $f(x)=(\ln 2x)^2$이 구간 $(0, a]$에서 감소하고, 구간 $[a, \infty)$에서 증가할 때, $a$의 값은?

① $\frac{1}{2}$　② $1$　③ $\frac{3}{2}$
④ $2$　⑤ $\frac{5}{2}$

### 0449

함수 $f(x)=3x+\frac{27}{x}$이 감소하는 구간에 속하는 모든 정수 $x$의 개수는?

① 3　② 4　③ 5
④ 6　⑤ 7

### 0450

정의역이 $\{x\,|\,0\le x\le \pi\}$인 함수 $f(x)=\sin 2x+2\cos x$가 구간 $[a, b]$에서 감소할 때, $a$의 최솟값을 $m$, $b$의 최댓값을 $M$이라 하자. $M+m$의 값은?

① $\frac{\pi}{3}$　② $\frac{\pi}{2}$　③ $\frac{2}{3}\pi$
④ $\frac{5}{6}\pi$　⑤ $\pi$

## 0451 교육청 변형

함수 $f(x)=-\frac{2e^x}{3x^2+1}$이 $\alpha\le x\le\beta$에서 증가할 때, $\beta-\alpha$의 최댓값은?

① $\frac{\sqrt{6}}{3}$　② $\frac{2\sqrt{6}}{3}$　③ $\sqrt{6}$
④ $\frac{4\sqrt{6}}{3}$　⑤ $\frac{5\sqrt{6}}{3}$

### 유형 12 실수 전체의 집합에서 함수가 증가 또는 감소할 조건

## 0452 교육청 변형

함수 $f(x)=(2x-k)e^{x^2}$이 실수 전체의 집합에서 증가하도록 하는 음이 아닌 정수 $k$의 개수는?

① 1　② 2　③ 3
④ 4　⑤ 5

## 0453

함수 $f(x)=a\sin x-3x$가 실수 전체의 집합에서 감소하도록 하는 정수 $a$의 개수는?

① 3　② 4　③ 5
④ 6　⑤ 7

## 0454

함수 $f(x)=x+\ln(x^2+n)$이 역함수를 갖도록 하는 자연수 $n$의 최솟값을 구하시오.

## 0455

함수 $f(x)=(x^2+kx+6)e^x$에 대하여 $(g\circ f)(x)=x$를 만족시키는 함수 $g(x)$가 존재하도록 하는 양수 $k$의 최댓값은?

① $2\sqrt{5}$　② $2\sqrt{10}$　③ $2\sqrt{15}$
④ $4\sqrt{5}$　⑤ 10

### 유형 13 주어진 구간에서 함수가 증가 또는 감소할 조건

## 0456

함수 $f(x)=e^{2x}-kx$가 $x>0$인 모든 실수 $x$에 대하여 증가하도록 하는 실수 $k$의 값의 범위는?

① $k\ge0$　② $k\le1$　③ $k\ge1$
④ $k\le2$　⑤ $k\ge2$

## 0457

함수 $f(x)=x^2-3x-\dfrac{k}{x}$가 구간 $(0, \infty)$에서 증가할 때, 실수 $k$의 최솟값은?

① $-2$　② $-1$　③ $0$
④ $1$　⑤ $2$

## 0458

함수 $f(x)=a^2 \ln \dfrac{1}{x}-\dfrac{1}{2}x^2+8x$가 $0<x_1<x_2$인 모든 실수 $x_1$, $x_2$에 대하여 $f(x_1)>f(x_2)$를 만족시킬 때, 양수 $a$의 최솟값을 구하시오.

### 유형 14 유리함수의 극대 · 극소

## 0459 교육청 변형

함수 $f(x)=\dfrac{4x}{x^2+4}$의 극댓값을 $M$, 극솟값을 $m$이라 할 때, $M^2+m^2$의 값은?

① 1　② 2　③ 3
④ 4　⑤ 5

## 0460

함수 $f(x)=\dfrac{x^2-4x+13}{x-2}$의 극댓값을 $M$, 극솟값을 $m$이라 할 때, $M-m$의 값은?

① $-12$　② $-6$　③ $1$
④ $6$　⑤ $12$

## 0461

함수 $f(x)=x+\dfrac{k}{x+1}$ $(k>0)$의 극댓값이 $-5$일 때, 극솟값은 $m$이다. $k+m$의 값을 구하시오. (단, $k$는 상수이다.)

### 유형 15 무리함수의 극대 · 극소

## 0462

함수 $f(x)=x\sqrt{x+4}$의 극솟값은?

① $-\dfrac{17\sqrt{3}}{9}$　② $-\dfrac{16\sqrt{3}}{9}$　③ $-\dfrac{5\sqrt{3}}{3}$
④ $-\dfrac{14\sqrt{3}}{9}$　⑤ $-\dfrac{13\sqrt{3}}{9}$

## 0463

함수 $f(x)=2x+\sqrt{9-x^2}$이 $x=a$에서 극댓값 $b$를 가질 때, $ab$의 값은?

① 10　② 12　③ 14
④ 16　⑤ 18

## 0464

함수 $f(x)=\dfrac{2}{x+\sqrt{1-x}}$ $(0\le x\le 1)$의 극솟값은?

① 1　② $\dfrac{6}{5}$　③ $\dfrac{8}{5}$
④ 2　⑤ 3

### 유형 16 지수함수의 극대·극소

## 0465

함수 $f(x)=e^x-2x+1$이 $x=a$에서 극솟값을 가질 때, $a$의 값은?

① 0　② ln 2　③ 1
④ ln 3　⑤ 2 ln 2

## 0466 평가원 변형

함수 $f(x)=(2x-1)e^{-x^2}+a$의 극솟값이 0일 때, 극댓값은?
(단, $a$는 상수이다.)

① $\dfrac{1}{e}-\dfrac{2}{\sqrt[4]{e}}$　② $e-2\sqrt[4]{e}$　③ $\dfrac{1}{e}+\dfrac{2}{\sqrt[4]{e}}$
④ $1+\dfrac{2}{\sqrt[4]{e}}$　⑤ $e+2\sqrt[4]{e}$

## 0467

두 함수 $f(x)=(x^2+ax+b)e^x$, $g(x)=(x^2+ax+b)e^{-x}$은 각각 $x=-1$, $x=3$에서 극댓값을 갖는다. 두 함수 $f(x)$, $g(x)$의 극솟값을 각각 $p$, $q$라 할 때, $p+q$의 값은?
(단, $a$, $b$는 상수이다.)

① $-2e$　② $-e$　③ 0
④ $e$　⑤ $2e$

## 0468

3 이상의 자연수 $n$에 대하여 함수 $f(x)$가 $f(x)=x^{n+1}e^{-x}$일 때, 보기에서 옳은 것만을 있는 대로 고른 것은?

보기
ㄱ. $n=5$일 때 $f(3)=f'(3)$이다.
ㄴ. 함수 $f(x)$는 $x=0$에서 극솟값을 갖는다.
ㄷ. 함수 $f(x)$는 $x=n+1$에서 극댓값을 갖는다.

① ㄱ　② ㄱ, ㄴ　③ ㄱ, ㄷ
④ ㄴ, ㄷ　⑤ ㄱ, ㄴ, ㄷ

정답과 풀이 346쪽

## 유형 17 로그함수의 극대·극소

### 0469

함수 $f(x)=\frac{\ln x}{2x}$의 극댓값은?

① $\frac{1}{5e}$　② $\frac{1}{4e}$　③ $\frac{1}{3e}$
④ $\frac{1}{2e}$　⑤ $\frac{1}{e}$

### 0470

함수 $f(x)=-2x^2+a^2\ln 2x$의 극댓값이 $\frac{a^2}{2}$일 때, 양수 $a$의 값은?

① $\frac{1}{2e}$　② $\frac{1}{e}$　③ 2
④ $e$　⑤ $2e$

### 0471

함수 $f(x)=\ln x^3+ax+\frac{b}{x}$가 $x=1$에서 극솟값 5를 가질 때, 상수 $a$, $b$에 대하여 $ab$의 값을 구하시오.

## 유형 18 삼각함수의 극대·극소

### 0472

함수 $f(x)=2x+\cos 4x$ $\left(0<x<\frac{\pi}{2}\right)$의 극댓값과 극솟값의 합은?

① $\frac{\pi}{6}$　② $\frac{\pi}{3}$　③ $\frac{\pi}{2}$
④ $\frac{2}{3}\pi$　⑤ $\frac{5}{6}\pi$

### 0473

$0<x<\pi$에서 정의된 함수 $f(x)=2\sin x\cos x+a$의 극댓값이 6일 때, 극솟값을 구하시오. (단, $a$는 상수이다.)

### 0474

함수 $f(x)=a\sin x+b\cos x+2x$ $(0<x<2\pi)$가 $x=\frac{\pi}{2}$와 $x=\pi$에서 극값을 가질 때, 함수 $g(x)=ax+b-\ln x$의 극솟값은? (단, $a$, $b$는 상수이다.)

① $2+\ln 3$　② $3+\ln 2$　③ 4
④ $5-\ln 2$　⑤ $6-\ln 3$

## 유형 19 극값을 가질 조건 - 판별식을 이용하는 경우

### 0475

함수 $f(x)=(x^2-3kx+5)e^{2x}$이 극값을 갖지 않도록 하는 실수 $k$의 최댓값을 $a$, 최솟값을 $b$라 할 때, $ab$의 값은?

① $-\frac{19}{9}$ ② $-2$ ③ $-\frac{17}{9}$
④ $-\frac{16}{9}$ ⑤ $-\frac{5}{3}$

### 0476

함수 $f(x)=\frac{2a}{x}-x+2\ln x$가 극댓값과 극솟값을 모두 가질 때, 실수 $a$의 값의 범위는?

① $a<0$ ② $0<a<\frac{1}{2}$ ③ $0<a<1$
④ $\frac{1}{2}<a<1$ ⑤ $a>1$

### 0477

함수 $f(x)=\frac{1}{4}x-\ln(4x^2+n)$이 극값을 갖지 않도록 하는 자연수 $n$의 최솟값을 구하시오.

## 유형 20 극값을 가질 조건 - 판별식을 이용하지 않는 경우

### 0478

함수 $f(x)=ax+3\cos x$가 극값을 갖지 않도록 하는 실수 $a$의 값의 범위는?

① $a\le-2$ ② $-3\le a\le3$
③ $a<-3$ 또는 $a>1$ ④ $a\le-3$ 또는 $a\ge3$
⑤ $a\ge2$

### 0479

함수 $f(x)=(x^3-9x+3a)e^x$이 극댓값과 극솟값을 모두 가질 때, 모든 정수 $a$의 값의 합을 구하시오.

### 0480

함수 $f(x)=x^2+\frac{k}{x}-24\ln x$가 극댓값과 극솟값을 모두 갖도록 하는 정수 $k$의 개수는?

① 31 ② 32 ③ 33
④ 34 ⑤ 35

# 기출 & 기출변형 문제

정답과 풀이 349쪽

## 0481 평가원 변형

곡선 $y=\ln\sqrt{x}-1$ 위의 점 $(e^2,\ 0)$에서의 접선의 방정식이 $y=ax+b$일 때, 상수 $a$, $b$에 대하여 $\frac{b}{a}$의 값은?

① $-e^2$ ② $-\frac{e^2}{2}$ ③ $-1$
④ $-\frac{2}{e^2}$ ⑤ $-\frac{1}{e^2}$

## 0482 평가원 기출

원점에서 곡선 $y=e^{|x|}$에 그은 두 접선이 이루는 예각의 크기를 $\theta$라 할 때, $\tan\theta$의 값은?

① $\frac{e}{e^2+1}$ ② $\frac{e}{e^2-1}$ ③ $\frac{2e}{e^2+1}$
④ $\frac{2e}{e^2-1}$ ⑤ $1$

## 0483 평가원 기출

양수 $k$에 대하여 두 곡선 $y=ke^x+1$, $y=x^2-3x+4$가 점 P에서 만나고, 점 P에서 두 곡선에 접하는 두 직선이 서로 수직일 때, $k$의 값은?

① $\frac{1}{e}$ ② $\frac{1}{e^2}$ ③ $\frac{2}{e^2}$
④ $\frac{2}{e^3}$ ⑤ $\frac{3}{e^3}$

## 0484 평가원 변형

곡선 $x\cos y+y\cos x+2\pi=0$ 위의 점 $(\pi,\ \pi)$에서의 접선과 $x$축 및 $y$축으로 둘러싸인 도형의 넓이는?

① $\pi$ ② $2\pi$ ③ $4\pi$
④ $\pi^2$ ⑤ $2\pi^2$

## 0485 교육청 기출

함수 $f(x)=\frac{1}{2}x^2-3x-\frac{k}{x}$가 열린구간 $(0, \infty)$에서 증가할 때, 실수 $k$의 최솟값은?

① 3 ② $\frac{7}{2}$ ③ 4
④ $\frac{9}{2}$ ⑤ 5

## 0486 교육청 기출

실수 전체의 집합에서 미분가능한 함수 $f(x)$에 대하여 곡선 $y=f(x)$ 위의 점 $(4, f(4))$에서의 접선 $l$이 다음 조건을 만족시킨다.

> (가) 직선 $l$은 제2사분면을 지나지 않는다.
> (나) 직선 $l$과 $x$축 및 $y$축으로 둘러싸인 도형은 넓이가 2인 직각이등변삼각형이다.

함수 $g(x)=xf(2x)$에 대하여 $g'(2)$의 값은?

① 3 ② 4 ③ 5
④ 6 ⑤ 7

## 0487 평가원 변형

미분가능한 함수 $f(x)$와 함수 $g(x)=\frac{4-x}{x-1}$에 대하여 함수 $h(x)$를 $h(x)=g(f(x))$라 하자.

$$\lim_{x\to 2}\frac{f(x)-3}{x^2-4}=2$$

일 때, 곡선 $y=h(x)$ 위의 점 $(2, h(2))$에서의 접선의 방정식이 $ax+2y=b$이다. 상수 $a$, $b$에 대하여 $b-a$의 값을 구하시오.

## 0488 평가원 기출

열린구간 $(0, 5)$에서 미분가능한 두 함수 $f(x)$, $g(x)$의 그래프가 그림과 같다. 합성함수 $h(x)=(f\circ g)(x)$에 대하여 보기에서 옳은 것만을 있는 대로 고른 것은?

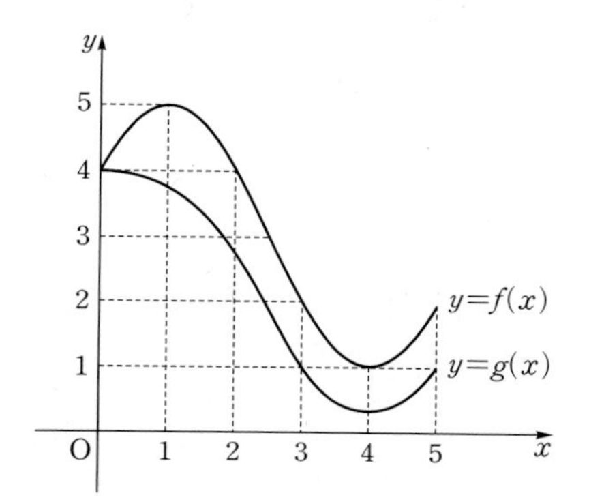


> 보기
> ㄱ. $h(3)=4$
> ㄴ. $h'(2)\geq 0$
> ㄷ. 함수 $h(x)$는 구간 $(3, 4)$에서 감소한다.

① ㄱ ② ㄴ ③ ㄷ
④ ㄱ, ㄴ ⑤ ㄴ, ㄷ

## 0489 교육청 변형

이차함수 $f(x)$가 $x=a$ $(a<0)$에서 극솟값 0을 가질 때, 함수 $e^x f(x)$는 $x=s$에서 극대이고, 함수 $\frac{f(x)}{x}$는 $x=t$에서 극소이다. $s+t$의 값은?

① $-2$ ② $0$ ③ $2$
④ $2a-2$ ⑤ $2a$

## 0490 교육청 변형

중심이 점 $A(0, 1)$이고 반지름의 길이가 1인 원 위의 임의의 점 P와 곡선 $y=1-\frac{1}{x}$ $(x>0)$ 위의 임의의 점 Q가 있다. 점 P의 좌표 $(a, b)$에 대하여 $\overline{PQ}$의 길이가 최소일 때, $a+b$의 값은?

① $1$ ② $1+\sqrt{2}$ ③ $2$
④ $2+\sqrt{2}$ ⑤ $3$

## 0491 교육청 기출

양의 실수 $t$에 대하여 곡선 $y=\ln x$ 위의 두 점 $P(t, \ln t)$, $Q(2t, \ln 2t)$에서의 접선이 $x$축과 만나는 점을 각각 $R(r(t), 0)$, $S(s(t), 0)$이라 하자. 함수 $f(t)$를 $f(t)=r(t)-s(t)$라 할 때, 함수 $f(t)$의 극솟값은?

① $-\frac{1}{2}$ ② $-\frac{1}{3}$ ③ $-\frac{1}{4}$
④ $-\frac{1}{5}$ ⑤ $-\frac{1}{6}$

## 0492 수능 변형

함수 $f(x)=2x^3-3x^2$에 대하여 함수 $g(x)$를

$$g(x)=f(2\sin x)$$

라 하자. $0<x<2\pi$에서 함수 $g(x)$가 극대가 되는 $x$의 개수를 구하시오.

# 도함수의 활용(2)



## 유형 01 곡선의 오목과 볼록

### 0493

곡선 $y=-x^2+4\sin x$ $(0<x<2\pi)$가 아래로 볼록한 구간은?

① $\left(\frac{\pi}{6}, \frac{5}{6}\pi\right)$ ② $\left(\frac{\pi}{6}, \frac{7}{6}\pi\right)$ ③ $\left(\frac{5}{6}\pi, \frac{7}{6}\pi\right)$
④ $\left(\frac{5}{6}\pi, \frac{11}{6}\pi\right)$ ⑤ $\left(\frac{7}{6}\pi, \frac{11}{6}\pi\right)$

### 0494

곡선 $y=x+x^2\ln x$가 위로 볼록한 구간은?

① $\left(0, \frac{1}{e^2}\right)$ ② $\left(0, \frac{1}{\sqrt{e^3}}\right)$ ③ $\left(0, \frac{1}{e}\right)$
④ $\left(\frac{1}{e^2}, \frac{1}{e}\right)$ ⑤ $\left(\frac{1}{e^2}, 1\right)$

### 0495

함수 $f(x)=x^3-3x^2+12x$가 서로 다른 임의의 두 실수 $a$, $b$에 대하여 $f\left(\frac{a+b}{2}\right)>\frac{f(a)+f(b)}{2}$를 만족시키는 $x$의 값의 범위는?

① $x<1$ ② $x>1$ ③ $x<2$
④ $0<x<2$ ⑤ $0<x<3$

### 0496

함수 $f(x)=xe^x$에 대하여 곡선 $y=f(x)$가 $x<k$에서 위로 볼록할 때, 실수 $k$의 최댓값을 구하시오.

## 유형 02 변곡점

### 0497

곡선 $y=x^3-6x^2+4$의 변곡점의 좌표가 $(a, b)$일 때, $a-b$의 값은?

① 11 ② 12 ③ 13
④ 14 ⑤ 15

### 0498

함수 $f(x)=\frac{-x}{x^2+3}$에 대하여 곡선 $y=f(x)$의 변곡점의 개수를 구하시오.

## 0499

곡선 $y=x^2+2x+4\cos x$ $(0\le x\le 2\pi)$의 두 변곡점에서의 접선의 기울기의 합은?

① $2\pi$ ② $2\pi+2$ ③ $2\pi+4$
④ $4\pi+2$ ⑤ $4\pi+4$

## 0500

곡선 $y=(x+3)e^{-x}$이 $x=\alpha$에서 극값을 갖고, $x=\beta$에서 변곡점을 가질 때, $\alpha+\beta$의 값을 구하시오.

## 0501

함수 $f(x)=\ln(x^2+2x+5)$에 대하여 곡선 $y=f(x)$가 $x=k$에서 극값을 가질 때, 점 $(k,\ f(k))$와 곡선 $y=f(x)$의 변곡점을 꼭짓점으로 하는 다각형의 넓이는?

① $\ln 2$ ② $1$ ③ $2\ln 2$
④ $2$ ⑤ $3\ln 2$

### 유형 03 변곡점을 이용한 미정계수의 결정

## 0502

곡선 $y=ax^3+bx^2+c$ 위의 $x=1$인 점에서의 접선의 기울기가 $-3$이고, 변곡점의 좌표가 $(1,\ -6)$일 때, $a^2+b^2+c^2$의 값을 구하시오. (단, $a$, $b$, $c$는 상수이고, $a\neq0$이다.)

## 0503 평가원 변형

함수 $f(x)=\dfrac{ax}{x^2+1}$ $(x>0)$에 대하여 곡선 $y=f(x)$의 변곡점에서의 접선의 기울기가 $-1$일 때, 양수 $a$의 값을 구하시오.

## 0504

함수 $f(x)=ae^{2x}-16e^x+3x^2+14x$에 대하여 곡선 $y=f(x)$의 두 변곡점의 $x$좌표의 합이 $\ln 3$일 때, 상수 $a$의 값은? (단, $a\neq0$)

① $\dfrac{1}{6}$ ② $\dfrac{1}{4}$ ③ $\dfrac{1}{3}$
④ $\dfrac{1}{2}$ ⑤ $1$

## 유형 04 변곡점을 가질 조건

### 0505

곡선 $y=x^4-2x^3+ax^2$이 변곡점을 갖지 않도록 하는 정수 $a$의 최솟값을 구하시오.

### 0506

함수 $f(x)=e^x+\frac{1}{e^x}+\frac{k}{2}x^2$에 대하여 곡선 $y=f(x)$가 변곡점을 갖도록 하는 정수 $k$의 최댓값은?

① $-5$ ② $-4$ ③ $-3$
④ $-2$ ⑤ $-1$

### 0507 수능 변형

곡선 $y=3x^2+2x-a\cos x$ $(0<x<2\pi)$가 두 개의 변곡점을 갖도록 하는 실수 $a$의 값의 범위는?

① $-6<a<0$ ② $-6<a<3$
③ $a<-6$ 또는 $a>6$ ④ $-3<a<6$
⑤ $0<a<6$

## 유형 05 도함수의 그래프를 이용한 함수의 이해

### 0508

함수 $f(x)$의 도함수 $y=f'(x)$의 그래프가 그림과 같을 때, 다음 중 곡선 $y=f(x)$가 아래로 볼록한 구간은?

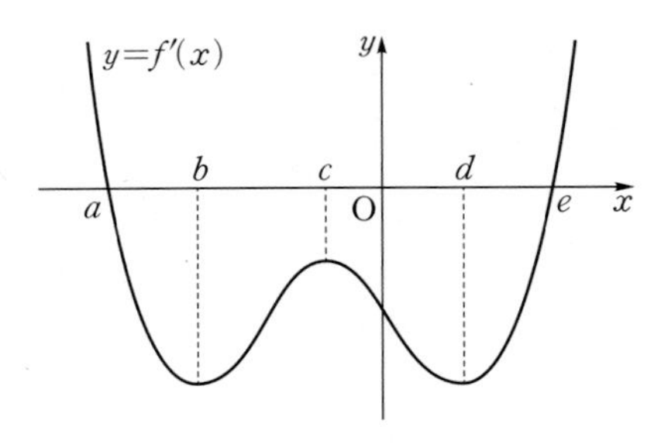


① $(a, e)$ ② $(b, c)$ ③ $(b, d)$
④ $(c, d)$ ⑤ $(c, e)$

### 0509

함수 $f(x)$의 도함수 $y=f'(x)$의 그래프가 그림과 같을 때, 곡선 $y=f(x)$의 변곡점의 개수는 $k$, 함수 $f(x)$가 극대가 되는 $x$의 개수는 $m$, 극소가 되는 $x$의 개수는 $n$이다.
$k-m+n$의 값을 구하시오.

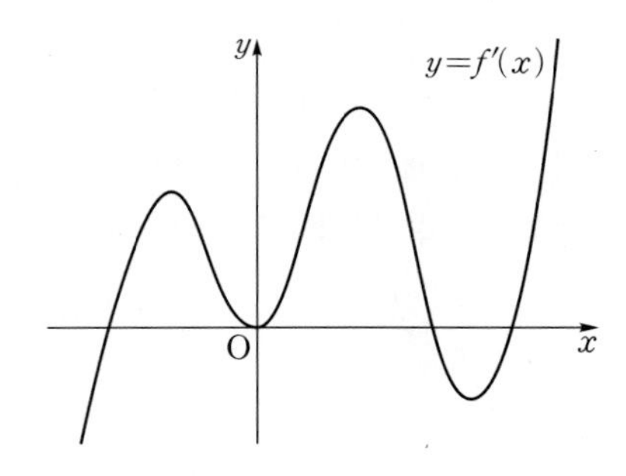

## 0510

연속함수 $f(x)$의 도함수 $y=f'(x)$의 그래프가 그림과 같을 때, 보기에서 옳은 것만을 있는 대로 고른 것은?

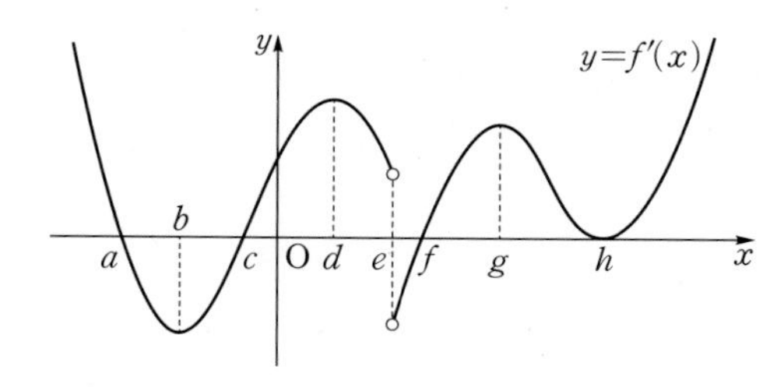


보기
ㄱ. 함수 $f(x)$가 극값을 갖는 $x$의 개수는 4이다.
ㄴ. 함수 $y=f(x)$의 그래프는 구간 $(e, f)$에서 아래로 볼록하다.
ㄷ. 함수 $y=f(x)$의 그래프의 변곡점의 개수는 4이다.

① ㄱ ② ㄱ, ㄴ ③ ㄱ, ㄷ
④ ㄴ, ㄷ ⑤ ㄱ, ㄴ, ㄷ

## 유형 06 함수의 그래프

## 0511

다음 중 함수 $f(x)=\dfrac{3x+3}{x^2+2x+2}$에 대한 설명으로 옳지 않은 것은?

① 정의역은 실수 전체의 집합이다.
② 함수 $f(x)$의 극솟값은 $-\dfrac{3}{2}$이다.
③ $\lim_{x\to\infty} f(x)=\lim_{x\to-\infty} f(x)=0$이다.
④ 함수 $f(x)$의 최댓값은 2이다.
⑤ 곡선 $y=f(x)$의 변곡점은 3개이다.

## 0512 평가원 변형

함수 $f(x)=e^{-2x^2}$에 대하여 보기에서 옳은 것만을 있는 대로 고른 것은?

보기
ㄱ. 곡선 $y=f(x)$는 $y$축에 대하여 대칭이다.
ㄴ. 함수 $f(x)$의 치역은 $\{y|0<y\le1\}$이다.
ㄷ. 점 $\left(\dfrac{1}{2}, \dfrac{1}{\sqrt{e}}\right)$은 곡선 $y=f(x)$의 변곡점이다.

① ㄱ ② ㄱ, ㄴ ③ ㄱ, ㄷ
④ ㄴ, ㄷ ⑤ ㄱ, ㄴ, ㄷ

## 0513

$0<x<2\pi$일 때, 함수 $f(x)=e^x \sin x$에 대하여 보기에서 옳은 것만을 있는 대로 고른 것은?

보기
ㄱ. 함수 $f(x)$는 $x=\dfrac{3}{4}\pi$에서 극대이다.
ㄴ. 곡선 $y=f(x)$는 $0<x<\pi$에서 위로 볼록하다.
ㄷ. 곡선 $y=f(x)$의 변곡점의 좌표는 $\left(\dfrac{\pi}{2}, e^{\frac{\pi}{2}}\right)$, $\left(\dfrac{3}{2}\pi, -e^{\frac{3}{2}\pi}\right)$이다.

① ㄱ ② ㄱ, ㄴ ③ ㄱ, ㄷ
④ ㄴ, ㄷ ⑤ ㄱ, ㄴ, ㄷ

## 유형 07 유리함수의 최대 · 최소

### 0514

구간 $\left[\frac{1}{2}, 2\right]$에서 함수 $f(x)=x^2+\frac{1}{x^2}$의 최댓값과 최솟값의 곱은?

① 7 ② $\frac{15}{2}$ ③ 8
④ $\frac{17}{2}$ ⑤ 9

### 0515

함수 $f(x)=\frac{x-4}{(x-4)^2+36}$의 최댓값을 $M$, 최솟값을 $m$이라 할 때, $M-m$의 값은?

① $\frac{1}{8}$ ② $\frac{1}{6}$ ③ $\frac{1}{4}$
④ $\frac{1}{3}$ ⑤ $\frac{1}{2}$

### 0516

함수 $f(x)=8-\frac{kx^2}{x^2+2x+4}$의 최솟값이 4 이하가 되도록 하는 자연수 $k$의 최솟값을 구하시오.

## 유형 08 무리함수의 최대 · 최소

### 0517

함수 $f(x)=x\sqrt{8-x^2}$의 최댓값을 $M$, 최솟값을 $m$이라 할 때, $M^2+m^2$의 값을 구하시오.

### 0518

함수 $f(x)=x-3+\sqrt{9-x^2}$의 최댓값을 $M$, 최솟값을 $m$이라 할 때, $M-m$의 값은?

① $3\sqrt{2}-6$ ② $3\sqrt{2}-3$ ③ $3\sqrt{2}$
④ $3\sqrt{2}+3$ ⑤ $3\sqrt{2}+6$

### 0519

구간 $[0, 9]$에서 함수 $f(x)=\sqrt[3]{(x-1)^2}-1$의 최댓값과 최솟값의 합을 구하시오.

## 유형 09 지수함수의 최대 · 최소

### 0520

구간 $[-1, 2]$에서 함수 $f(x)=e^x-x$의 최댓값을 $M$, 최솟값을 $m$이라 할 때, $M+2m$의 값은?

① $e^{-2}$ ② $e^{-1}$ ③ $1$
④ $e$ ⑤ $e^2$

### 0521

구간 $[0, 3]$에서 함수 $f(x)=kxe^{-x}$의 최댓값과 최솟값의 합이 $2e^{-1}$일 때, 양수 $k$의 값을 구하시오.

### 0522

구간 $[-3, 3]$에서 함수 $f(x)=(x^2-2x-2)e^x$의 최댓값과 최솟값의 곱은 $pe^q$이다. 정수 $p$, $q$에 대하여 $p+q$의 값을 구하시오.

## 유형 10 로그함수의 최대 · 최소

### 0523

구간 $(0, e^2)$에서 함수 $f(x)=x\ln x-x$의 최솟값은?

① $-2$ ② $-1$ ③ $0$
④ $1$ ⑤ $2$

### 0524

함수 $f(x)=x^2\ln x-\frac{1}{2}x^2+k$의 최솟값이 0일 때, 상수 $k$의 값은?

① $\frac{1}{4}$ ② $\frac{1}{2}$ ③ $1$
④ $2$ ⑤ $4$

### 0525

함수 $f(x)=\frac{\ln x+1}{x^2}$의 최댓값은?

① $\frac{e}{4}$ ② $\frac{e}{3}$ ③ $\frac{e}{2}$
④ $\frac{2e}{3}$ ⑤ $\frac{3e}{4}$

## 유형 11 삼각함수의 최대·최소

### 0526

구간 $\left[0, \frac{\pi}{2}\right]$에서 정의된 함수 $f(x)=x+\sin 2x$가 $x=a$에서 최댓값, $x=b$에서 최솟값을 가질 때, $a+b$의 값은?

① $\frac{\pi}{6}$　② $\frac{\pi}{4}$　③ $\frac{\pi}{3}$
④ $\frac{3}{4}\pi$　⑤ $\frac{5}{4}\pi$

### 0527

$0\le x\le\pi$에서 함수 $f(x)=\frac{\sin x}{2+\cos x}$의 최댓값과 최솟값을 각각 $M$, $m$이라 할 때, $M^2+m^2$의 값은?

① $\frac{1}{3}$　② $\frac{2}{3}$　③ 1
④ $\frac{4}{3}$　⑤ $\frac{5}{3}$

### 0528

$0\le x\le\pi$일 때, 함수 $f(x)=e^{-x}(\cos x-\sin x)$의 최댓값과 최솟값의 곱은?

① $-e^{-\frac{\pi}{2}}$　② $-e^{-\pi}$　③ $e^{\pi}$
④ $e^{2\pi}$　⑤ $e^{3\pi}$

## 유형 12 치환을 이용한 함수의 최대·최소

### 0529

함수 $f(x)=e^{3x}+3e^{2x}-9e^{x}$의 최솟값은?

① $-5$　② $-3$　③ $-1$
④ 1　⑤ 3

### 0530

$e\le x\le e^5$에서 함수 $f(x)=(\ln x)^3-(\ln x^3)^2+8\ln x^3$의 최댓값과 최솟값의 합을 구하시오.

### 0531

양의 실수 전체의 집합에서 정의된 두 함수

$$f(x)=x(\ln x-2),\ g(x)=e^{2\sin x+2}$$

에 대하여 합성함수 $(f\circ g)(x)$의 최댓값을 $M$, 최솟값을 $m$이라 할 때, $\frac{M}{m}$의 값은?

① $-2e^3$　② $-2e^2$　③ $-e^2$
④ $-e$　⑤ $-1$

## 유형 13 함수의 최대·최소의 활용

### 0532

좌표평면 위의 세 점

$\mathrm{O}(0, 0)$, $\mathrm{A}(2\cos\theta, 2\sin\theta)$, $\mathrm{B}(1-\cos\theta, 0)$

을 꼭짓점으로 하는 삼각형 OAB의 넓이를 $S(\theta)$라 할 때, $S(\theta)$의 최댓값은? (단, $0<\theta<\pi$)

① $\frac{\sqrt{3}}{4}$ ② $\frac{3\sqrt{3}}{4}$ ③ $\frac{5\sqrt{3}}{4}$
④ $\frac{7\sqrt{3}}{4}$ ⑤ $\frac{9\sqrt{3}}{4}$

### 0533

부피가 $16\pi$인 원기둥의 겉넓이가 최소가 되도록 하는 원기둥의 밑면의 반지름의 길이와 높이의 합은?

① 2 ② 4 ③ 6
④ 8 ⑤ 10

### 0534

주사를 맞으면 혈액 속에 들어간 주사약의 농도는 시간에 따라 변하게 된다. 주사약이 투여된 지 $t$ $(t>0)$시간 후의 혈액 속 주사약의 농도를 $C(t)$라 할 때, $C(t)=te^{-\frac{1}{3}t}$이 성립한다고 한다. 혈액 속 주사약의 농도가 최대가 될 때의 시간을 $a$시간, 그때의 혈액 속의 주사약의 농도를 $b$라 할 때, $ab$의 값은?

① $\frac{e}{9}$ ② $\frac{e}{3}$ ③ 1
④ $\frac{3}{e}$ ⑤ $\frac{9}{e}$

### 0535

그림과 같이 점 $\mathrm{A}(-2, 0)$과 원 $x^2+y^2=4$ 위의 제1사분면에 있는 점 P에 대하여 $\overline{\mathrm{PA}}=\overline{\mathrm{PQ}}$가 되도록 하는 원 위의 점 Q를 잡는다. $\angle\mathrm{APQ}=\theta$라 할 때, 삼각형 AQP의 넓이의 최댓값을 구하시오.

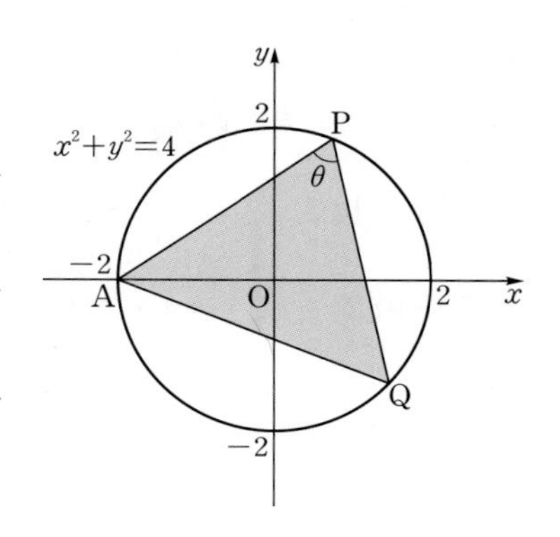


## 유형 14 방정식 $f(x)=k$의 실근의 개수

### 0536

방정식 $\frac{4x}{x^2+1}=k$의 서로 다른 실근의 개수가 2가 되도록 하는 정수 $k$의 개수를 구하시오.

### 0537

방정식 $x^2e^{-x}=k$가 서로 다른 세 실근을 갖도록 하는 실수 $k$의 값의 범위가 $\alpha<k<\beta$일 때, $\alpha+\beta$의 값은?

① $\frac{4}{e^2}$ ② $\frac{4}{e}$ ③ $\frac{8}{e}$
④ 4 ⑤ $4e$

## 0538

$0<x<\pi$일 때, 방정식 $x-\ln(\sin x)-k=0$이 실근을 갖도록 하는 실수 $k$의 최솟값은?

① $\frac{\pi}{4}+\frac{1}{4}\ln 2$ ② $\frac{\pi}{4}+\frac{1}{2}\ln 2$ ③ $\frac{\pi}{2}+\frac{1}{2}\ln 2$
④ $\frac{\pi}{2}+\ln 2$ ⑤ $\pi+\ln 2$

## 0539

방정식 $\frac{x^2}{e^{x^2}}=k$의 서로 다른 실근의 개수를 $f(k)$라 할 때, 함수 $f(k)$가 불연속이 되는 모든 실수 $k$의 값의 합을 구하시오.

### 유형 15 방정식 $f(x)=g(x)$의 실근의 개수

## 0540

방정식 $e^{2x}=kx$가 서로 다른 두 실근을 갖도록 하는 실수 $k$의 값의 범위가 $k>\alpha$일 때, $\alpha$의 값은?

① $e$ ② $2e$ ③ $3e$
④ $4e$ ⑤ $5e$

## 0541

$0<x<\pi$에서 방정식 $e^x=k\sin x$가 단 하나의 실근을 갖도록 하는 실수 $k$의 값을 구하시오.

## 0542

방정식 $\sqrt{x}=k\ln x$가 실근을 갖지 않도록 하는 양수 $k$의 값의 범위를 구하시오.

### 유형 16 주어진 구간에서 성립하는 부등식 $f(x)\geq a$ 꼴

## 0543

모든 실수 $x$에 대하여 부등식 $\frac{3x^2-2}{x^2+1}\geq k$가 성립하도록 하는 실수 $k$의 최댓값을 구하시오.

## 0544

$x>0$인 모든 실수 $x$에 대하여 부등식 $x\ln 2x-4x\geq k$가 성립하도록 하는 실수 $k$의 최댓값은?

① $-e^3$　② $-\frac{e^3}{2}$　③ $-e^2$
④ $-\frac{e^3}{4}$　⑤ $-\frac{e^2}{2}$

## 0545

$1\leq x\leq e^2$인 모든 실수 $x$에 대하여 부등식
$x\ln x+1-3x\leq k$가 성립하도록 하는 실수 $k$의 최솟값을 구하시오.

## 0546

$x>0$인 모든 실수 $x$에 대하여 부등식 $\frac{\ln x^n}{x}\leq k$가 성립하도록 하는 양수 $k$의 최솟값을 $f(n)$이라 하자. $e\sum_{n=1}^{10}f(n)$의 값을 구하시오. (단, $n$은 자연수이다.)

### 유형 17 주어진 구간에서 성립하는 부등식 $f(x)\geq g(x)$ 꼴

## 0547

$0<x<\frac{\pi}{4}$인 모든 실수 $x$에 대하여 부등식 $\tan 2x>kx$를 만족시키는 실수 $k$의 최댓값을 구하시오.

## 0548

모든 실수 $x$에 대하여 부등식 $ke^{-x+1}\geq -2x+3$을 만족시키는 실수 $k$의 최솟값을 구하시오.

## 0549

$x>0$인 모든 실수 $x$에 대하여 부등식 $x\ln x\geq kx-1$이 성립하도록 하는 양수 $k$의 최댓값을 구하시오.

### 유형 18 직선 운동에서의 속도와 가속도

## 0550

수직선 위를 움직이는 점 P의 시각 $t$ $(t\geq 0)$에서의 위치가 $x(t)=a\sin\frac{\pi t}{2}+1$이다. 점 P의 시각 $t=2$에서의 속도가 $2\pi$일 때, 시각 $t=4$에서의 점 P의 속도는? (단, $a$는 상수이다.)

① $-2\pi$　② $-\pi$　③ $0$
④ $\pi$　⑤ $2\pi$

## 0551

수직선 위를 움직이는 점 P의 시각 $t$ ($t\geq0$)에서의 위치가

$$x(t)=\sin\frac{t}{2}+\frac{1}{4}t-1$$

일 때, 점 P가 처음으로 운동 방향을 바꿀 때의 시각은?

① $\frac{\pi}{3}$ ② $\frac{2}{3}\pi$ ③ $\pi$
④ $\frac{4}{3}\pi$ ⑤ $\frac{5}{3}\pi$

## 0552

수직선 위를 움직이는 점 P의 시각 $t$ ($t\geq0$)에서의 위치가

$$x(t)=\ln(t^2+2t+5)-2$$

일 때, 점 P의 가속도가 0인 시각에서의 점 P의 속도는?

① 0 ② $\frac{1}{2}$ ③ 1
④ $\frac{3}{2}$ ⑤ 2

## 0553

수직선 위를 움직이는 두 점 P, Q의 시각 $t$에서의 위치가 각각

$$x_1(t)=3e^{t^2},\ x_2(t)=kt^3\ (t>0)$$

이다. 두 점 P, Q의 속도가 같아지는 순간이 두 번 존재하도록 하는 실수 $k$의 값의 범위는?

① $k>\sqrt{e}$ ② $k>\sqrt{2e}$ ③ $k>2\sqrt{e}$
④ $k>2\sqrt{2e}$ ⑤ $k>3\sqrt{e}$

### 유형 19 평면 운동에서의 속도

## 0554

좌표평면 위를 움직이는 점 P의 시각 $t$에서의 위치 $(x, y)$가

$$x=3t+2,\ y=-t^2-t+2\ (t>0)$$

일 때, 점 P의 시각 $t=2$에서의 속력은?

① $4\sqrt{2}$ ② $\sqrt{34}$ ③ 6
④ $\sqrt{38}$ ⑤ $2\sqrt{10}$

## 0555

좌표평면 위를 움직이는 점 P의 시각 $t$에서의 위치 $(x, y)$가

$$x=\frac{2}{t^2+1},\ y=8\sqrt{t^2+1}\ (t\geq0)$$

이다. 시각 $t=1$에서의 점 P의 속도를 $(a, b)$라 할 때, $a^2+b^2$의 값은?

① 30 ② 31 ③ 32
④ 33 ⑤ 34

## 0556

좌표평면 위를 움직이는 점 P의 시각 $t$에서의 위치 $(x, y)$가

$$x=e^t\sin t,\ y=e^t\cos t\ (t\geq0)$$

이다. 점 P의 속력이 $\sqrt{2}e^2$일 때의 시각은?

① 1 ② 2 ③ 3
④ 4 ⑤ 5

## 0557 수능 변형

좌표평면 위를 움직이는 점 P의 시각 $t$에서의 위치 $(x, y)$가

$$x=2(t-\cos t),\ y=2(2-\sin t)\ (0\le t\le 2\pi)$$

일 때, 점 P의 속력이 최대일 때의 점 P의 위치는?

① $(\pi, 0)$ ② $(\pi, 1)$ ③ $(\pi, 2)$
④ $(2\pi, 1)$ ⑤ $(2\pi, 2)$

## 유형 20 평면 운동에서의 가속도

## 0558

좌표평면 위를 움직이는 점 P의 시각 $t$에서의 위치 $(x, y)$가

$$x=2t+e^{2t},\ y=4-e^{2t}\ (t>0)$$

일 때, 시각 $t=1$에서의 점 P의 가속도의 크기는?

① $2\sqrt{5}e^2$ ② $2\sqrt{6}e^2$ ③ $2\sqrt{7}e^2$
④ $4\sqrt{2}e^2$ ⑤ $6e^2$

## 0559

좌표평면 위를 움직이는 점 P의 시각 $t\ (t>0)$에서의 위치 $(x, y)$가

$$x=4\sqrt{t},\ y=t^2+1$$

일 때, 시각 $t=\frac{1}{2}$에서의 점 P의 가속도의 크기는?

① 3 ② $\sqrt{10}$ ③ $2\sqrt{3}$
④ $\sqrt{14}$ ⑤ 4

## 0560

좌표평면 위를 움직이는 점 P의 시각 $t\ (t>0)$에서의 위치 $(x, y)$가

$$x=t^3,\ y=k\ln t$$

이다. 시각 $t=1$에서의 점 P의 가속도의 크기가 $3\sqrt{5}$일 때, 양수 $k$의 값을 구하시오.

## 0561

좌표평면 위를 움직이는 점 P의 시각 $t\ (t>0)$에서의 위치 $(x, y)$가

$$x=2\ln t,\ y=t+\frac{1}{t}$$

이다. 점 P의 속력이 $\frac{5}{4}$인 시각에서의 점 P의 가속도의 크기는?

① $\frac{1}{4}$ ② $\frac{\sqrt{2}}{4}$ ③ $\frac{\sqrt{3}}{4}$
④ $\frac{1}{2}$ ⑤ $\frac{\sqrt{5}}{4}$

## 0562 수능 변형

좌표평면 위를 움직이는 점 P의 시각 $t\ \left(0<t<\frac{\pi}{2}\right)$에서의 위치 $(x, y)$가

$$x=\frac{\sqrt{2}}{2}t+\sin t,\ y=\sqrt{2}\cos t$$

이다. 점 P의 속력이 최대가 되는 시각에서의 점 P의 가속도의 크기는?

① $\frac{\sqrt{2}}{2}$ ② $\frac{\sqrt{3}}{2}$ ③ 1
④ $\frac{\sqrt{5}}{2}$ ⑤ $\frac{\sqrt{6}}{2}$

## 0563 교육청 기출

곡선 $y=\frac{1}{3}x^3+2\ln x$의 변곡점에서의 접선의 기울기를 구하시오.

## 0564 평가원 변형

좌표평면 위를 움직이는 점 P의 시각 $t$ $(t>0)$에서의 위치 $(x, y)$가

$x=t-\sin 3t$, $y=5-\cos 3t$

일 때, 점 P의 속력의 최댓값을 구하시오.

## 0565 수능 변형

좌표평면 위를 움직이는 점 P의 시각 $t$ $(t>0)$에서의 위치 $(x, y)$가

$x=\ln 2t$, $y=-\frac{1}{t}$

이다. 점 P의 속력이 $\frac{2}{3}$인 시각에서의 점 P의 가속도의 크기는?

① $\frac{\sqrt{2}}{3}$　② $\frac{\sqrt{21}}{9}$　③ $\frac{2\sqrt{6}}{9}$

④ $\frac{\sqrt{3}}{3}$　⑤ $\frac{2}{3}$

## 0566 평가원 변형

함수 $f(x)=3x^2+2a\sin x+x$의 그래프가 변곡점을 갖지 않을 때, 정수 $a$의 개수를 구하시오. (단, $a\neq0$)

## 0567 교육청 변형

함수 $f(x)=x^2\ln x-\frac{5}{2}x^2$에 대하여 곡선 $y=f(x)$의 변곡점에서의 접선이 $x$축, $y$축과 만나는 점을 각각 A, B라 할 때, 삼각형 OAB의 넓이는? (단, O는 원점이다.)

① $\frac{e^2}{16}$ ② $\frac{e^2}{8}$ ③ $\frac{e^3}{16}$
④ $\frac{e^3}{8}$ ⑤ $\frac{e^3}{4}$

## 0568 교육청 기출

실수 전체의 집합에서 정의된 두 함수

$$f(x)=x^3-3x^2+15,\ g(x)=\sin x+\sqrt{3}\cos x$$

에 대하여 합성함수 $(f\circ g)(x)$의 최댓값과 최솟값의 합을 구하시오.

## 0569 교육청 기출

그림은 함수 $f(x)=x^2e^{-x+2}$의 그래프이다.

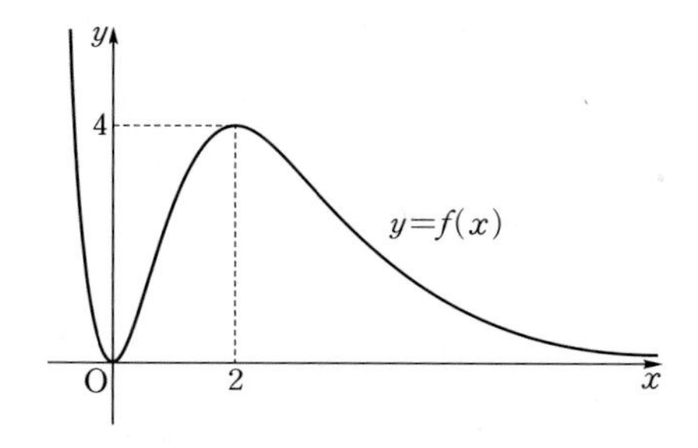


함수 $y=(f\circ f)(x)$의 그래프와 직선 $y=\frac{15}{e^2}$의 교점의 개수는? (단, $\lim_{x\to\infty}f(x)=0$)

① 2 ② 3 ③ 4
④ 5 ⑤ 6

## 0570 교육청 기출

닫힌구간 $[0, 2\pi]$에서 $x$에 대한 방정식

$$\sin x-x\cos x-k=0$$

의 서로 다른 실근의 개수가 2가 되도록 하는 모든 정수 $k$의 값의 합은?

① $-6$ ② $-3$ ③ 0
④ 3 ⑤ 6

## 0571 평가원 기출

그림과 같이 좌표평면에 점 $A(1, 0)$을 중심으로 하고 반지름의 길이가 1인 원이 있다. 원 위의 점 Q에 대하여 $\angle AOQ=\theta \left(0<\theta<\frac{\pi}{3}\right)$라 할 때, 선분 OQ 위에 $\overline{PQ}=1$인 점 P를 정한다. 점 P의 $y$좌표가 최대가 될 때 $\cos\theta=\frac{a+\sqrt{b}}{8}$이다. $a+b$의 값을 구하시오.

(단, O는 원점이고, $a$와 $b$는 자연수이다.)

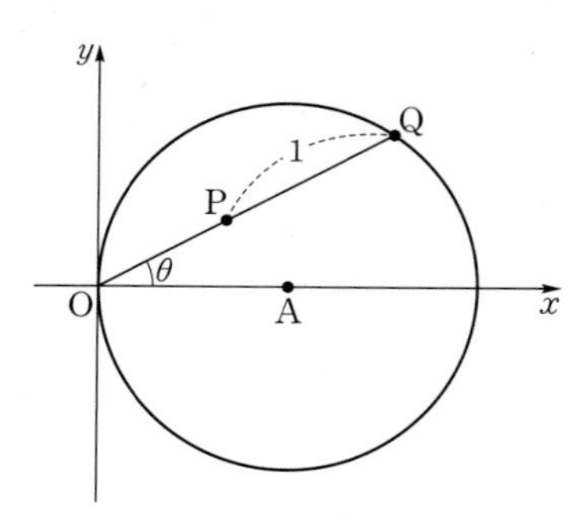


## 0572 교육청 기출

다항함수 $y=f(x)$의 도함수 $y=f'(x)$의 그래프가 그림과 같을 때, 보기에서 옳은 것만을 있는 대로 고른 것은?

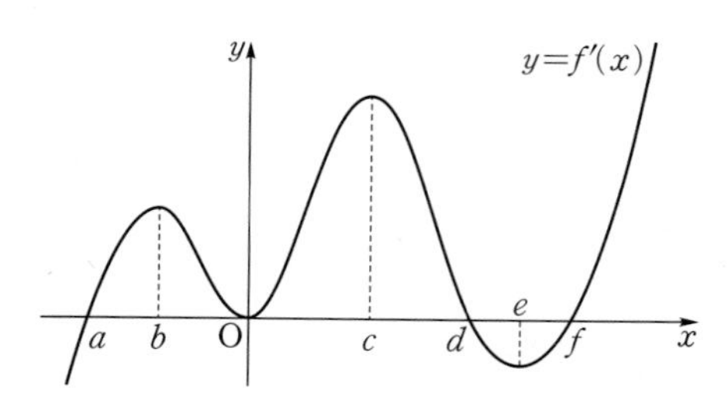


**보기**

ㄱ. 구간 $[a, f]$에서 $f(x)$의 변곡점은 4개이다.
ㄴ. 구간 $[a, e]$에서 $f(x)$가 극대가 되는 $x$의 개수는 1이다.
ㄷ. 구간 $[a, e]$에서 $f(x)$의 최댓값은 $f(c)$이다.

① ㄱ ② ㄷ ③ ㄱ, ㄴ
④ ㄴ, ㄷ ⑤ ㄱ, ㄴ, ㄷ

## 0573 교육청 변형

함수 $f(x)=\frac{kx}{x^2+1}$에 대하여 보기에서 옳은 것만을 있는 대로 고른 것은? (단, $k$는 자연수이다.)

**보기**

ㄱ. 구간 $(0, 1)$에서 곡선 $y=f(x)$는 위로 볼록하다.
ㄴ. 곡선 $y=f(x)$의 변곡점의 개수는 3이다.
ㄷ. 방정식 $f(x)=1$의 서로 다른 실근의 개수가 2가 되도록 하는 자연수 $k$의 최솟값은 3이다.

① ㄱ ② ㄷ ③ ㄱ, ㄴ
④ ㄴ, ㄷ ⑤ ㄱ, ㄴ, ㄷ

## 0574 평가원 변형

양의 실수 $t$와 함수 $f(x)=e^x(x^2-nx+4)$에 대하여 방정식 $f(x)=t$의 서로 다른 실근의 개수를 $g(t)$라 하자. 함수 $g(t)$가 양의 실수 전체의 집합에서 연속이 되도록 하는 자연수 $n$의 개수를 구하시오.

# 적분법

# 여러 가지 적분법



## 유형 01 함수 $y=x^n$ ($n$은 실수)의 부정적분

### 0575

함수 $f(x)=\int \frac{x^3-2x^2+x-1}{x^2}dx$에 대하여 $f(1)=1$일 때, $f(2)$의 값은?

① $\ln 2$ ② $\ln 3$ ③ $2\ln 2$
④ $1+\ln 2$ ⑤ $1+2\ln 2$

### 0576

양의 실수 전체의 집합에서 미분가능한 함수 $f(x)$의 한 부정적분 $F(x)$에 대하여 $F(x)=xf(x)-\frac{4}{3}x^3+\frac{9}{2}x\sqrt[3]{x}$일 때, $f(8)-f(1)$의 값을 구하시오.

### 0577

양의 실수 전체의 집합에서 미분가능한 함수 $f(x)$에 대하여

$$\lim_{h\to 0}\frac{f(x+h)-f(x)}{h}=\frac{3-3x}{1+\sqrt{x}}$$

이고 $f(1)=0$일 때, $f(4)$의 값은?

① $-6$ ② $-5$ ③ $-4$
④ $-3$ ⑤ $-2$

### 0578 교육청 변형

실수 전체의 집합에서 연속인 함수 $f(x)$에 대하여

$$f'(x)=\begin{cases}3x^2 & (x<1)\\ 5x\sqrt{x} & (x>1)\end{cases}$$

이다. $f(4)=60$일 때, $f(-1)$의 값은?

① $-8$ ② $-4$ ③ $-2$
④ $0$ ⑤ $2$

## 유형 02 밑이 $e$인 지수함수의 부정적분

### 0579

함수 $f(x)=\int \frac{e^{3x}-1}{e^{2x}+e^x+1}dx$에 대하여 $f(0)=2$일 때, $f(1)$의 값은?

① $e-2$ ② $e-1$ ③ $e$
④ $e+1$ ⑤ $e+2$

### 0580

함수 $f(x)=\ln x-2$에 대하여 함수 $g(x)$가 $f(g(x))=g(f(x))=x$를 만족시킬 때, $\int g(x)\,dx$는?

(단, $C$는 적분상수이다.)

① $e^x+C$ ② $e^{x+1}+C$ ③ $e^{x+2}+C$
④ $e^{2x}+C$ ⑤ $e^{2x+2}+C$

## 0581

두 함수 $f(x)$, $g(x)$가

$$\frac{d}{dx}\{f(x)+g(x)\}=8e^{2x}+2e^{x},$$

$$\frac{d}{dx}\{f(x)-g(x)\}=-2e^{x}$$

을 만족시킨다. $f(0)=5$, $g(0)=2$일 때, $f(1)-g(2)$의 값은?

① $1-e^5$ ② $2-e^5$ ③ $3-2e^4$
④ $4-2e^4$ ⑤ $5-2e^4$

## 0582

함수 $y=f(x)$의 그래프가 점 $(1,\ e)$를 지나고 $f'(x)=\frac{1}{x}-2e^{x}$일 때, 방정식 $f(x)=1-2e^{x}$을 만족시키는 양수 $x$의 값은?

① $e^{-3e}$ ② $e^{-3e+1}$ ③ $e^{-2e}$
④ $e^{-2e+1}$ ⑤ $e^{-2e+2}$

### 유형 03 밑이 $e$가 아닌 지수함수의 부정적분

## 0583

함수 $f(x)=\int(\sqrt{2})^{4x}\,dx$에 대하여 $f(\log_4 6)=\frac{3}{\ln 2}$일 때, $f(1)$의 값은?

① $\frac{1}{2\ln 2}$ ② $\frac{1}{\ln 2}$ ③ $\frac{3}{2\ln 2}$
④ $\frac{2}{\ln 2}$ ⑤ $\frac{5}{2\ln 2}$

## 0584

함수 $f(x)=\int(4^{x}-1)^{2}\,dx$에 대하여 $f(0)=\frac{1}{4\ln 2}$일 때, $\lim_{n\to\infty}\frac{f(n)-n}{16^{n}}$의 값은?

① $\frac{1}{4\ln 2}$ ② $\frac{1}{3\ln 2}$ ③ $\frac{1}{2\ln 2}$
④ $\frac{1}{\ln 2}$ ⑤ $\frac{2}{\ln 2}$

## 0585

실수 전체의 집합에서 연속인 함수 $f(x)$의 도함수 $f'(x)$가

$$f'(x)=\begin{cases}2x+1 & (x<0)\\ 2^{x} & (x>0)\end{cases}$$

을 만족시키고 $f(-1)=0$일 때, $f(2)-f(-2)$의 값을 구하시오.

### 유형 04 삼각함수의 부정적분

## 0586

함수 $f(x)=\int\frac{\sin^{2}x}{1+\cos x}\,dx$에 대하여 $f(\pi)=\pi$일 때, $f(2\pi)$의 값을 구하시오.

## 0587

원점을 지나는 함수 $y=f(x)$의 그래프 위의 점 $(x,\ f(x))$에서의 접선의 기울기가 $\tan^2 x$일 때, $f\left(\frac{\pi}{3}\right)$의 값은?

① $\sqrt{3}-\frac{\pi}{3}$　② $\sqrt{3}-\frac{\pi}{6}$　③ $2\sqrt{3}-\frac{\pi}{3}$
④ $2\sqrt{3}-\frac{\pi}{6}$　⑤ $3\sqrt{3}-\frac{\pi}{3}$

## 0588

$-\frac{\pi}{2}<x<\frac{\pi}{2}$에서 정의된 함수 $f(x)$에 대하여

$$f'(x)=1-\sin x+\sin^2 x-\sin^3 x+\cdots$$

이고 $f(0)=1$일 때, $f\left(\frac{\pi}{4}\right)$의 값은?

① $2-2\sqrt{2}$　② $3-2\sqrt{2}$　③ $2-\sqrt{2}$
④ $4-2\sqrt{2}$　⑤ $3-\sqrt{2}$

## 0589

실수 전체의 집합에서 연속인 함수 $f(x)$의 도함수가

$$f'(x)=\begin{cases} k\sin x & (x<0) \\ 1+2\cos x & (x>0) \end{cases}$$

을 만족시키고, $f\left(-\frac{\pi}{2}\right)=1$, $f\left(\frac{\pi}{2}\right)=3$이다. 상수 $k$의 값은?

① $-\frac{\pi}{2}$　② $-\frac{\pi}{4}$　③ $\frac{\pi}{4}$
④ $\frac{\pi}{2}$　⑤ $\pi$

### 유형 05 치환적분법 - 유리함수

## 0590

함수 $f(x)=\int (2x-1)(x^2-x+2)^3 dx$에 대하여 $f(0)=5$일 때, $f(2)$의 값을 구하시오.

## 0591

함수 $f(x)=\int (ax+3)^7 dx$의 최고차항의 계수가 16일 때, 양수 $a$의 값을 구하시오.

## 0592

함수 $f(x)$의 도함수가 $f'(x)=\frac{4x-6}{(2x+3)^3}$이고 $f(-1)=1$일 때, $f(-2)$의 값은?

① $-1$　② $0$　③ $1$
④ $2$　⑤ $3$

## 유형 06 치환적분법 - 무리함수

### 0593

함수 $f(x)=\int 6x\sqrt{2x^2+1}\,dx$에 대하여 $f(0)=3$일 때, $f(2)$의 값을 구하시오.

### 0594 교육청 변형

$x\neq-1$에서 미분가능한 함수 $f(x)$에 대하여

$$\lim_{h\to0}\frac{f(x+h)-f(x)}{h}=\frac{x-1}{\sqrt{x+1}}$$

이고 $f(0)=-2$일 때, $f(3)$의 값은?

① $-2$ ② $-\frac{5}{3}$ ③ $-\frac{4}{3}$
④ $-1$ ⑤ $-\frac{2}{3}$

### 0595

함수 $f(x)=\frac{4-x^2}{4+x^2}$에 대하여 함수 $g(x)$를

$$g(x)=\int\frac{f'(\sqrt{x})}{\sqrt{x}}\,dx$$

라 하자. $g(1)=1$일 때, $g(6)$의 값은?

① $-1$ ② $-\frac{4}{5}$ ③ $-\frac{3}{5}$
④ $-\frac{2}{5}$ ⑤ $-\frac{1}{5}$

## 유형 07 치환적분법 - 지수함수

### 0596

함수 $f(x)$에 대하여

$$f'(x)=(4x+1)\times2^{2x^2+x},\ f(0)=\frac{2}{\ln2}$$

일 때, $f(1)$의 값은?

① $\frac{3}{\ln2}$ ② $\frac{5}{\ln2}$ ③ $\frac{7}{\ln2}$
④ $\frac{9}{\ln2}$ ⑤ $\frac{11}{\ln2}$

### 0597

원점을 지나는 곡선 $y=f(x)$ 위의 점 $(x,\ f(x))$에서의 접선의 기울기가 $\frac{e^x}{\sqrt{e^x+2}}$일 때, $f(\ln7)$의 값은?

① $3-2\sqrt{3}$ ② $3-\sqrt{3}$ ③ $6-2\sqrt{3}$
④ $6-\sqrt{3}$ ⑤ $6+\sqrt{3}$

### 0598

$0\le x\le\ln3$에서 정의된 함수 $f(x)$가

$$f(x)=\int3e^x\sqrt{e^x+1}\,dx$$

이다. $f(0)=4\sqrt{2}$일 때, 함수 $f(x)$의 최댓값을 구하시오.

## 유형 08 치환적분법 - 로그함수

### 0599

함수 $f(x)=\int \frac{4(\ln x)^3}{x}dx$에 대하여 $f(e)=2$일 때, $f(e^2)$의 값을 구하시오.

### 0600

$x>0$에서 정의된 미분가능한 함수 $f(x)$가

$$\lim_{h\to 0}\frac{f(x+h)-f(x-h)}{h}=\frac{6(\ln x)^2}{x}$$

을 만족시킬 때, $f(e^3)-f(e)$의 값을 구하시오.

### 0601

양의 실수 전체의 집합에서 미분가능한 함수 $f(x)$에 대하여

$$xf'(x)=4\ln\sqrt{x}$$

이고 $f(1)=-3$일 때, 방정식 $f(x)=2\ln x$를 만족시키는 모든 양수 $x$의 값의 곱은?

① $\frac{1}{e^2}$ ② $\frac{1}{e}$ ③ 1
④ $e$ ⑤ $e^2$

## 유형 09 치환적분법 - $\sin ax$, $\cos ax$ 꼴

### 0602

함수 $f(x)=\int (2\sin^2 x+1)dx$에 대하여 $f(\pi)=\pi$일 때, $f\left(\frac{3}{2}\pi\right)$의 값은?

① $-2\pi$ ② $-\pi$ ③ 0
④ $\pi$ ⑤ $2\pi$

### 0603 교육청 변형

실수 전체의 집합에서 연속인 함수 $f(x)$가

$$f(x)+xf'(x)=2\cos 2x$$

를 만족시킨다. $f(\pi)=0$일 때, $f(0)$의 값을 구하시오.

### 0604

실수 전체의 집합에서 미분가능한 함수 $f(x)$에 대하여 $f'(x)=a\sin\frac{x}{2}$이고 $\lim_{x\to\pi}\frac{f(x)-3}{x-\pi}=\frac{1}{2}a+\frac{3}{2}$일 때, $f(2\pi)$의 값을 구하시오. (단, $a$는 상수이다.)

## 유형 10 치환적분법 - 삼각함수

### 0605

부정적분 $\int (\sin^3 x - \sin x)\,dx$를 구하면? (단, $C$는 적분상수이다.)

① $\frac{1}{3}\sin^3 x + C$ ② $\frac{1}{3}(1+\sin x)^3 + C$
③ $\frac{1}{3}\cos^3 x + C$ ④ $\frac{1}{3}\sec^2 x + C$
⑤ $\frac{1}{3}\csc^2 x + C$

### 0606

함수 $f(x)$에 대하여 $f'(x) = \sec^2 \frac{x}{2} \tan \frac{x}{2}$이고 $f(0)=1$일 때, $f\left(\frac{2}{3}\pi\right)$의 값을 구하시오.

### 0607

함수 $f(x) = \int \sec^4 x\,dx$에 대하여 $f(0)=0$일 때, $f\left(\frac{\pi}{3}\right)$의 값은?

① $\sqrt{3}$ ② $2$ ③ $2\sqrt{3}$
④ $4$ ⑤ $3\sqrt{3}$

## 유형 11 $\frac{f'(x)}{f(x)}$ 꼴의 치환적분법

### 0608

함수 $f(x) = \int \frac{2\cos x}{2+\sin x}\,dx$에 대하여 $f(\pi) = \ln 2$일 때, $f\left(\frac{\pi}{2}\right)$의 값은?

① $\ln 3$ ② $\ln \frac{7}{2}$ ③ $\ln 4$
④ $\ln \frac{9}{2}$ ⑤ $\ln 5$

### 0609

함수 $f(x)$가 모든 실수 $x$에 대하여

$f(x) > 0,\ f'(x) = 2f(x)$

를 만족시키고 $f'(0)=2$일 때, $f(2)$의 값을 구하시오.

### 0610

원점을 지나는 곡선 $y=f(x)$ 위의 점 $(x,\ f(x))$에서의 접선의 기울기가 $\frac{2}{1+e^{-x}}$이다. 곡선 $y=f(x)$가 점 $(\ln 3,\ a)$를 지날 때, $a$의 값은?

① $\ln 2$ ② $\ln 3$ ③ $2\ln 2$
④ $\ln 5$ ⑤ $\ln 6$

## 0611

미분가능한 함수 $f(x)$가

$$\frac{f'(x)}{f(x)}=\frac{f'(x)}{f(x)-1}+1$$

을 만족시킨다. $f(0)=\frac{1}{2}$일 때, $f(\ln 2)$의 값은?

(단, $0<f(x)<1$)

① $\frac{1}{4}$ ② $\frac{1}{3}$ ③ $\frac{1}{2}$
④ $\frac{2}{3}$ ⑤ $\frac{3}{4}$

### 유형 12 유리함수의 부정적분 - (분자의 차수)≥(분모의 차수)

## 0612

함수 $f(x)=\int \frac{2x^2+3x+3}{x+1}dx$에 대하여 $f(0)=3$일 때, $f(-2)$의 값을 구하시오.

## 0613

함수 $f(x)=\frac{-2x-4}{x-1}$에 대하여 함수 $g(x)$가 $f(g(x))=g(f(x))=x$를 만족시킨다. 함수 $h(x)=\int g(x+1)\,dx$에 대하여 $h(1)-h(-1)$의 값은?

① $2-6\ln 2$ ② $2-4\ln 2$ ③ $4-6\ln 2$
④ $2-2\ln 2$ ⑤ $4-4\ln 2$

### 유형 13 유리함수의 부정적분 - (분자의 차수)<(분모의 차수)

## 0614

함수 $f(x)=\int \frac{3}{x^2-3x+2}dx$에 대하여 $f(0)=3\ln 2$일 때, $f(3)$의 값은?

① $-3\ln 2$ ② $-2\ln 2$ ③ $-\ln 2$
④ $\ln 2$ ⑤ $2\ln 2$

## 0615

함수 $f(x)=\int \frac{2x+3}{x^2+4x+3}dx-\int \frac{x+4}{x^2+4x+3}dx$에 대하여 $f(-2)=2$일 때, $f(1)$의 값은?

① $1+\ln 2$ ② $1+2\ln 2$ ③ $2+\ln 2$
④ $2+2\ln 2$ ⑤ $2+3\ln 2$

## 0616

양의 실수 전체의 집합에서 미분가능한 함수 $f(x)$와 $f(x)$의 한 부정적분 $F(x)$에 대하여

$$xf(x)=F(x)-2\ln(x+2)$$

가 성립한다. $f(2)=\ln 2$일 때, $f(4)$의 값은?

① $\ln\frac{3}{2}$ ② $\ln 2$ ③ $\ln\frac{5}{2}$
④ $\ln 3$ ⑤ $\ln\frac{7}{2}$

## 유형 14 부분적분법

### 0617

함수 $f(x)=\int(2x-1)e^{x-1}dx$에 대하여 $f(1)=1$일 때, $f(2)$의 값은?

① $e-2$ ② $e-1$ ③ $e$
④ $e+1$ ⑤ $e+2$

### 0618

함수 $f(x)$에 대하여 $f'(x)=\ln(x-1)$이고 $f(2)=1$일 때, $f(3)$의 값은?

① $\ln 2$ ② $\ln 3$ ③ $2\ln 2$
④ $\ln 6$ ⑤ $2\ln 3$

### 0619

함수 $f(x)=\int\cos\sqrt{x}\,dx$에 대하여 $f(0)=10$일 때, $f(\pi^2)$의 값을 구하시오.

### 0620 교육청 변형

양의 실수 전체의 집합에서 정의된 미분가능한 함수 $f(x)$가

$$f(x)+xf'(x)=\frac{1}{x}-\ln x$$

를 만족시킨다. $f(1)=1$일 때, $f(3)$의 값은?

① $1-\ln 3$ ② $1-\frac{2\ln 3}{3}$ ③ $1-\frac{\ln 3}{3}$
④ $2-\frac{2\ln 3}{3}$ ⑤ $2-\frac{\ln 3}{3}$

## 유형 15 부분적분법 - 여러 번 적용하는 경우

### 0621

함수 $f(x)=\int(x^2-2x+2)e^x dx$에 대하여 $f(2)-f(1)$의 값은?

① $e^2-3e$ ② $e^2-e$ ③ $2e^2-3e$
④ $2e^2-e$ ⑤ $2e^2+e$

### 0622

미분가능한 함수 $f(x)$의 도함수가 $f'(x)=e^{-x}\cos 2x$이고 $f(0)=-\frac{1}{5}$일 때, $f\left(-\frac{\pi}{2}\right)=ae^{b\pi}$이다. $10(a+b)$의 값을 구하시오. (단, $a$와 $b$는 유리수이다.)

PART B' 기출 & 기출변형 문제

## 0623 교육청 기출

실수 전체의 집합에서 연속인 함수 $f(x)$의 도함수 $f'(x)$가

$$f'(x)=\begin{cases}2x+3 & (x<1)\\ \ln x & (x>1)\end{cases}$$

이다. $f(e)=2$일 때, $f(-6)$의 값은?

① 9 ② 11 ③ 13
④ 15 ⑤ 17

## 0624 교육청 변형

양의 실수 전체의 집합에서 정의되고 미분가능한 두 함수 $f(x)$, $g(x)$가 다음 조건을 만족시킬 때, $f(2)g(2)$의 값은?

> (가) $f'(x)g(x)+f(x)g'(x)=2x\ln x$
> (나) $f(1)=1$, $g(1)=2$

① $\frac{1}{2}+2\ln 2$ ② $1+2\ln 2$ ③ $\frac{1}{2}+4\ln 2$
④ $2+2\ln 2$ ⑤ $1+4\ln 2$

## 0625 교육청 기출

실수 전체의 집합에서 미분가능한 함수 $f(x)$가 다음 조건을 만족시킨다.

> (가) $f(1)=0$
> (나) 0이 아닌 모든 실수 $x$에 대하여
> $\frac{xf'(x)-f(x)}{x^2}=xe^x$이다.

$f(3)\times f(-3)$의 값을 구하시오.

## 0626 수능 변형

0이 아닌 실수 전체의 집합에서 미분가능한 함수 $f(x)$가 다음 조건을 만족시킨다.

> (가) $x>0$일 때, $f'(x)=1+\sin 2x$
> (나) 함수 $y=f(x)$의 그래프는 원점을 지나고 $y$축에 대하여 대칭이다.

$f(-\pi)+f(2\pi)$의 값을 구하시오.

## 0627 교육청 기출

연속함수 $f(x)$가 다음 조건을 만족시킨다.

> (가) $x \neq 0$인 실수 $x$에 대하여 $\{f(x)\}^2 f'(x) = \frac{2x}{x^2+1}$
> (나) $f(0)=0$

$\{f(1)\}^3$의 값은?

① $2 \ln 2$　② $3 \ln 2$　③ $1+2 \ln 2$
④ $4 \ln 2$　⑤ $1+3 \ln 2$

## 0628 교육청 기출

구간 $(0, \infty)$에서 연속인 함수 $f(x)$의 한 부정적분을 $F(x)$라 할 때, 함수 $F(x)$가 다음 조건을 만족시킨다.

> (가) 모든 양수 $x$에 대하여 $F(x)+xf(x)=(2x+2)e^x$
> (나) $F(1)=2e$

$F(3)$의 값은?

① $\frac{1}{4}e^3$　② $\frac{1}{2}e^3$　③ $e^3$
④ $2e^3$　⑤ $4e^3$

## 0629 교육청 변형

치역이 실수 전체의 집합인 미분가능한 함수 $f(x)$가

$$f'(f(x))+\frac{1}{f'(x)}=\frac{1}{\{f(x)\}^2}$$

을 만족시킨다. 함수 $f(x)$의 역함수를 $g(x)$라 할 때, $f(1)+g(1)=2$이다. $f(3)+g(3)$의 값은?

① 2　② $\frac{7}{3}$　③ $\frac{8}{3}$
④ 3　⑤ $\frac{10}{3}$

## 0630 평가원 기출

실수 전체의 집합에서 미분가능한 함수 $f(x)$가 모든 실수 $x$에 대하여

$$f'(x^2+x+1)=\pi f(1)\sin \pi x+f(3)x+5x^2$$

을 만족시킬 때, $f(7)$의 값을 구하시오.

# 정적분



## 유형 01 유리함수, 무리함수의 정적분

### 0631

정적분 $\int_1^2 \frac{2x^2+1}{x}dx$의 값은?

① $2+\ln 2$　② $3+\ln 2$　③ $4+\ln 2$
④ $5+\ln 2$　⑤ $6+\ln 2$

### 0632

$\int_a^b \frac{1}{x}dx=k$일 때, $\int_{a^2}^{b^2} \frac{1}{x}dx$의 값은?
(단, $0<a<b$이고 $k$는 상수이다.)

① $-k$　② $\frac{1}{k}$　③ $k$
④ $2k$　⑤ $k^2$

### 0633

양의 실수 전체의 집합에서 미분가능한 함수 $f(x)$의 도함수가 $f'(x)=\frac{1}{\sqrt{x}}$이고, $\int_1^4 f(x)dx=\frac{10}{3}$일 때, $f(36)$의 값을 구하시오.

### 0634

$\int_0^a \frac{1}{x^2+3x+2}dx=\ln\frac{4}{3}$일 때, 양수 $a$의 값을 구하시오.

### 0635

양의 실수 전체의 집합에서 미분가능한 함수 $f(x)$에 대하여

$$f(x)+xf'(x)=\frac{1}{\sqrt{x}}+\frac{2}{x^2}$$

이고 $f(1)=0$일 때, $\int_1^4 f(x)dx$의 값은?

① 1　② $\frac{3}{2}$　③ 2
④ $\frac{5}{2}$　⑤ 3

## 유형 02 지수함수의 정적분

### 0636

정적분 $\int_0^1 \sqrt{e^{4x}+2e^{2x}+1}\,dx$의 값은?

① $\frac{1}{2}e^2+\frac{1}{2}$　② $\frac{1}{2}e^2+1$　③ $e^2+\frac{1}{2}$
④ $e^2+1$　⑤ $e^2+2$

## 0637

정적분 $\int_0^1 (4^x+1)^2 dx + \int_1^0 (4^x-1)^2 dx$의 값은?

① $\frac{2}{\ln 2}$ ② $\frac{4}{\ln 2}$ ③ $\frac{6}{\ln 2}$
④ $\frac{8}{\ln 2}$ ⑤ $\frac{10}{\ln 2}$

## 0638

실수 전체의 집합에서 미분가능한 함수 $f(x)$에 대하여

$$\lim_{h\to 0}\frac{f(x+h)-f(x)}{h}=\frac{e^{3x}+1}{e^x+1}$$

이고 $f(0)=2$일 때, $\int_0^1 f(x)\,dx$의 값은?

① $\frac{1}{4}e^2-e+3$ ② $\frac{1}{4}e^2-e+\frac{15}{4}$
③ $\frac{1}{4}e^2-e+\frac{9}{2}$ ④ $\frac{1}{4}e^2+e+3$
⑤ $\frac{1}{4}e^2+e+\frac{15}{4}$

### 유형 03 삼각함수의 정적분

## 0639

정적분 $\int_0^{\frac{\pi}{2}} \frac{\cos^2 x}{1+\sin x}\,dx$의 값은?

① $\frac{\pi}{2}-1$ ② $\pi-1$ ③ $\pi$
④ $\frac{3}{2}\pi-1$ ⑤ $2\pi-1$

## 0640

정적분 $\int_0^{\frac{\pi}{4}} \frac{1-2\sin^2 x}{\sin x+\cos x}\,dx$의 값은?

① $\sqrt{2}-1$ ② $\sqrt{2}$ ③ $2\sqrt{2}-1$
④ $\sqrt{2}+1$ ⑤ $2\sqrt{2}+1$

## 0641

정적분 $\int_0^{\frac{\pi}{4}} \frac{1}{1+\sin x}\,dx$의 값은?

① $2-\sqrt{2}$ ② $1$ ③ $2$
④ $2+\sqrt{2}$ ⑤ $1+2\sqrt{2}$

### 유형 04 구간에 따라 다르게 정의된 함수의 정적분

## 0642

정적분 $\int_{-1}^1 |3^x-1|\,dx$의 값은?

① $-\frac{4}{3\ln 3}$ ② $-\frac{2}{3\ln 3}$ ③ $0$
④ $\frac{2}{3\ln 3}$ ⑤ $\frac{4}{3\ln 3}$

## 0643

정적분 $\int_{-\frac{\pi}{2}}^{\frac{\pi}{2}} |2\cos x \sin x|\,dx$의 값을 구하시오.

## 0644

함수 $f(x)=\begin{cases} \sin \pi x+1 & (x<1) \\ \dfrac{1}{x\sqrt{x}} & (x\ge 1) \end{cases}$ 에 대하여 정적분 $\int_0^4 f(x)\,dx$의 값은?

① $1+\frac{1}{\pi}$ ② $1+\frac{2}{\pi}$ ③ $2+\frac{1}{\pi}$
④ $2+\frac{2}{\pi}$ ⑤ $2+\frac{4}{\pi}$

## 0645

실수 전체의 집합에서 미분가능한 함수 $f(x)$의 도함수 $f'(x)$가

$$f'(x)=\begin{cases} \sin x & (x<0) \\ e^x-1 & (x\ge 0) \end{cases}$$

이다. $f(1)=e-1$일 때, $\int_{-\frac{\pi}{2}}^{1} f(x)\,dx$의 값은?

① $e+\frac{\pi}{2}-\frac{5}{2}$ ② $e+\frac{\pi}{2}-1$ ③ $e+\pi-\frac{5}{2}$
④ $e+\pi-1$ ⑤ $e+\pi$

## 유형 05 우함수와 기함수의 정적분

## 0646

정적분 $\int_{-1}^{1}\left(\sin \frac{\pi}{2}x+\cos \frac{\pi}{2}x+\tan \frac{\pi}{4}x\right)dx$의 값은?

① $\frac{1}{\pi}$ ② $\frac{2}{\pi}$ ③ $\frac{4}{\pi}$
④ $\frac{6}{\pi}$ ⑤ $\frac{8}{\pi}$

## 0647

모든 실수 $x$에 대하여 연속인 함수 $f(x)$가

$$f(-x)=f(x),\ \int_0^{\pi} f(x)\,dx=4$$

를 만족시킬 때, $\int_{-\pi}^{\pi}(\sin x+x^3+2)f(x)\,dx$의 값은?

① 12 ② 16 ③ 20
④ 24 ⑤ 28

## 0648

실수 전체의 집합에서 연속인 함수 $f(x)$가 $f(-x)=-f(x)$를 만족시킬 때, 보기에서 정적분의 값이 항상 0인 것만을 있는 대로 고른 것은?

**보기**

ㄱ. $\int_{-\pi}^{\pi} \sin f(|x|)\,dx$ ㄴ. $\int_{-\pi}^{\pi} x\cos f(x)\,dx$
ㄷ. $\int_{-\frac{\pi}{2}}^{\frac{\pi}{2}} e^{|x|}\sin f(x)\,dx$

① ㄱ ② ㄱ, ㄴ ③ ㄱ, ㄷ
④ ㄴ, ㄷ ⑤ ㄱ, ㄴ, ㄷ

정답과 풀이 386쪽

## 유형 06 주기함수의 정적분

### 0649

정적분 $\int_0^2 |\cos 2\pi x|\,dx$의 값은?

① $\frac{1}{\pi}$　② $\frac{2}{\pi}$　③ $\frac{4}{\pi}$　④ $2$　⑤ $\pi$

### 0650

임의의 실수 $a$에 대하여 정적분 $\int_a^{a+\pi} |\sin 2x|\,dx$의 값을 구하시오.

### 0651

함수 $f(x)$가 다음 조건을 만족시킬 때, $\int_{-1}^{5} f(x)\,dx$의 값은?

| (가) $-1 \le x \le 1$일 때, $f(x)=2^x+2^{-x}$이다.<br>(나) 모든 실수 $x$에 대하여 $f(x+2)=f(x)$이다. |
|---|

① $\frac{3}{\ln 2}$　② $\frac{5}{\ln 2}$　③ $\frac{7}{\ln 2}$　④ $\frac{9}{\ln 2}$　⑤ $\frac{11}{\ln 2}$

## 유형 07 치환적분법을 이용한 정적분 - 유리함수, 무리함수

### 0652

정적분 $\int_{-1}^{0} \frac{1}{(1-2x)^2}\,dx$의 값은?

① $\frac{1}{3}$　② $\frac{1}{2}$　③ $\frac{2}{3}$　④ $1$　⑤ $\frac{4}{3}$

### 0653 교육청 변형

$\int_0^1 \frac{x}{\sqrt{x^2+2}}\,dx=a\sqrt{3}+b\sqrt{2}$일 때, 정수 $a$, $b$에 대하여 $a^2+b^2$의 값을 구하시오.

### 0654

$\int_0^a \frac{x+1}{x^2+2x+4}\,dx=\frac{1}{2}\ln 3$일 때, 양수 $a$의 값을 구하시오.

## 유형 08 치환적분법을 이용한 정적분 - 지수함수, 로그함수

**0655**

정적분 $\int_{e}^{e^3} \frac{2\ln x}{x+x(\ln x)^2}dx$의 값을 구하시오.

**0656**

정적분 $\int_{0}^{2} \frac{3^x \ln 3}{3^x+1}dx$의 값은?

① $\ln 2$ ② $\ln 3$ ③ $2\ln 2$
④ $\ln 5$ ⑤ $\ln 6$

**0657**

자연수 $n$에 대하여 $a_n=\int_{1}^{e} \frac{(\ln x)^n(1-\ln x)}{x}dx$라 할 때, $\sum_{n=1}^{\infty} a_n$의 값은?

① $\frac{1}{3}$ ② $\frac{1}{2}$ ③ $\frac{2}{3}$
④ $1$ ⑤ $\frac{4}{3}$

## 유형 09 치환적분법을 이용한 정적분 - 삼각함수

**0658**

정적분 $\int_{0}^{\frac{\pi}{2}} 3\cos x\sqrt{\sin x}\,dx$의 값을 구하시오.

**0659**

정적분 $\int_{\frac{\pi}{4}}^{\frac{\pi}{2}} \frac{2}{\sin^4 x}dx$의 값은?

① $\frac{7}{3}$ ② $\frac{8}{3}$ ③ $3$
④ $\frac{10}{3}$ ⑤ $\frac{11}{3}$

**0660** 교육청 변형

함수 $f(x)=e^x$에 대하여 $\int_{0}^{\frac{\pi}{2}} f(\sin x)\cos x\,dx$의 값은?

① $e-2$ ② $e-1$ ③ $e$
④ $e+1$ ⑤ $e+2$

## 유형 10 치환적분법을 이용한 정적분 $f(ax+b)$ 꼴

### 0661

실수 전체의 집합에서 연속인 함수 $f(x)$에 대하여 $\int_1^9 f(x)\,dx=k$일 때, $\int_2^6 f(2x-3)\,dx$의 값은? (단, $k$는 상수이다.)

① $\frac{k}{4}$ ② $\frac{k}{2}$ ③ $k$
④ $2k$ ⑤ $4k$

### 0662

실수 전체의 집합에서 연속인 함수 $f(x)$에 대하여 $\int_0^1 f(x)\,dx=4$일 때, $\int_0^1 xf(x^2)\,dx$의 값을 구하시오.

### 0663

미분가능한 함수 $y=f(x)$의 그래프가 그림과 같을 때, $\int_0^2 \frac{2f'(x)}{\sqrt{f(x)}}\,dx$의 값을 구하시오.

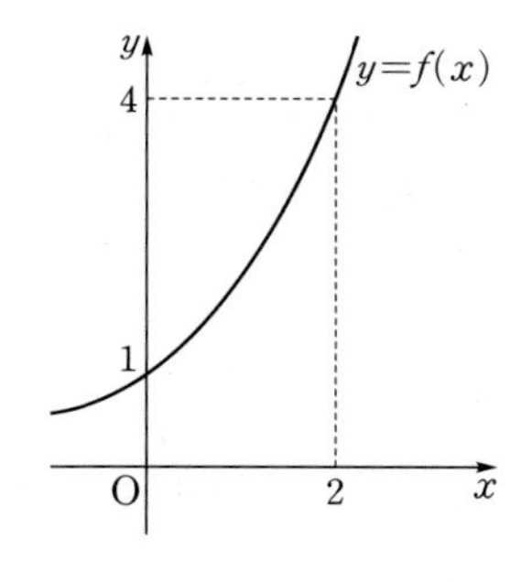


## 유형 11 삼각함수를 이용한 치환적분법

### 0664

정적분 $\int_0^3 \sqrt{9-x^2}\,dx$의 값은?

① $2\pi$ ② $\frac{9}{4}\pi$ ③ $\frac{5}{2}\pi$
④ $\frac{11}{4}\pi$ ⑤ $3\pi$

### 0665

정적분 $\int_0^{\sqrt{3}} \frac{1}{\sqrt{4-x^2}}\,dx$의 값은?

① $\frac{\pi}{6}$ ② $\frac{\pi}{4}$ ③ $\frac{\pi}{3}$
④ $\frac{\pi}{2}$ ⑤ $\pi$

### 0666

$\int_{-a}^{a} \frac{1}{x^2+a^2}\,dx=\frac{\pi}{12}$일 때, 상수 $a$의 값을 구하시오.

## 유형 12 부분적분법을 이용한 정적분

### 0667

정적분 $\int_{0}^{1} xe^{-x}dx$의 값은?

① $1-\frac{2}{e}$ ② $\frac{1}{e}$ ③ $1-\frac{1}{e}$
④ $2-\frac{2}{e}$ ⑤ $2-\frac{1}{e}$

### 0668

실수 전체의 집합에서 미분가능한 함수 $f(x)$가 $f(2)=4$, $f(4)=10$이고 $\int_{2}^{4} f(x)dx=12$일 때, $\int_{2}^{4} xf'(x)dx$의 값을 구하시오.

### 0669

$\int_{0}^{\frac{\pi}{2}} x\sin^2 x dx+\int_{\frac{\pi}{2}}^{0} x\cos^2 x dx$의 값은?

① $-1$ ② $-\frac{1}{2}$ ③ $0$
④ $\frac{1}{2}$ ⑤ $1$

### 0670

정적분 $\int_{1}^{e} 2x(1-\ln x)dx$의 값은?

① $\frac{1}{2}(e^2-3)$ ② $\frac{1}{2}(e^2-1)$ ③ $e^2-1$
④ $e^2-\frac{1}{2}$ ⑤ $2\left(e^2-\frac{1}{2}\right)$

### 0671

함수 $f(x)=\begin{cases} x+1 & (0\le x\le 1) \\ 3-x & (1<x\le 2) \end{cases}$에 대하여

$\int_{1}^{3} e^x f(x-1)dx$의 값은?

① $e^3$ ② $2e^3-2e^2$ ③ $2e^3-e^2$
④ $2e^3-2e$ ⑤ $2e^3$

### 0672 교육청 변형

미분가능한 함수 $f(x)$가 다음 조건을 만족시킨다.

> (가) 모든 실수 $x$에 대하여 $f'(x)\ge 0$이다.
> (나) 닫힌구간 $[-2, 2]$에서 함수 $f(x)$의 최댓값은 3이다.

$f(2)-f(-2)=5$이고 $\int_{-2}^{2} f(x)dx=3$일 때,

$\int_{-2}^{3} f^{-1}(x)dx$의 값을 구하시오.

## 유형 13 부분적분법을 이용한 정적분 - 여러 번 적용하는 경우

### 0673

등식 $\int_0^{\pi} e^{-x}\cos x\,dx = ae^{-\pi}+b$를 만족시키는 유리수 $a$, $b$에 대하여 $a+b$의 값을 구하시오.

### 0674

정적분 $\int_0^{\frac{\pi}{2}} x^2 \sin x\,dx$의 값을 구하시오.

### 0675

정적분 $\int_0^2 (x^2-2x)e^x\,dx$의 값은?

① $-4$　② $-2$　③ $0$
④ $2$　⑤ $4$

## 유형 14 아래끝, 위끝이 상수인 정적분을 포함한 등식

### 0676

양의 실수 전체의 집합에서 정의된 함수 $f(x)$가

$$f(x)=4-\frac{2}{x}+\int_1^3 f(t)\,dt$$

를 만족시킬 때, $f(2)$의 값은?

① $-7+2\ln 3$　② $-5+\ln 3$　③ $-5+2\ln 3$
④ $-3+\ln 3$　⑤ $-3+2\ln 3$

### 0677 수능 변형

연속함수 $f(x)$가

$$f(x)=e^{2x}+\int_0^1 tf(t)\,dt$$

를 만족시킬 때, $f(1)$의 값은?

① $e^2+\frac{1}{2}$　② $e^2+1$　③ $\frac{3}{2}e^2+\frac{1}{2}$
④ $\frac{3}{2}e^2+1$　⑤ $\frac{3}{2}e^2+\frac{3}{2}$

### 0678

연속함수 $f(x)$가

$$f(x)=\sin x+\int_0^{\frac{\pi}{6}} f(t)\cos t\,dt$$

를 만족시킬 때, $f\left(\frac{\pi}{2}\right)$의 값은?

① $\frac{1}{4}$　② $\frac{1}{2}$　③ $\frac{3}{4}$
④ $1$　⑤ $\frac{5}{4}$

유형 15 아래끝 또는 위끝에 변수가 있는 정적분을 포함한 등식

### 0679

실수 전체의 집합에서 연속인 함수 $f(x)$가

$$\int_{\pi}^{x} f(t)dt=2x\cos x+kx$$

를 만족시킬 때, $f(\pi)$의 값을 구하시오. (단, $k$는 상수이다.)

### 0680 평가원 변형

양의 실수 전체의 집합에서 연속인 함수 $f(x)$가

$$\int_{1}^{x} f(t)dt=2x-\frac{a}{\sqrt{x}}\ (x>0)$$

을 만족시킬 때, $f(1)$의 값은? (단, $a$는 상수이다.)

① 1　② $\frac{3}{2}$　③ 2　④ $\frac{5}{2}$　⑤ 3

### 0681

실수 전체의 집합에서 미분가능한 함수 $f(x)$가

$$xf(x)=e^{x}+a(x+1)+\int_{0}^{x} tf'(t)dt$$

를 만족시킬 때, $\int_{0}^{1} f(2x)\,dx$의 값은? (단, $a$는 상수이다.)

① $\frac{1}{2}e^{2}-2$　② $\frac{1}{2}e^{2}-\frac{3}{2}$　③ $\frac{1}{2}e^{2}-1$　④ $e^{2}-2$　⑤ $e^{2}-\frac{3}{2}$

유형 16 아래끝 또는 위끝, 피적분함수에 변수가 있는 정적분을 포함한 등식

### 0682

실수 전체의 집합에서 연속인 함수 $f(x)$가

$$\int_{0}^{x} (x-t)f(t)dt=e^{x}+ax+b$$

를 만족시킬 때, 상수 $a$, $b$에 대하여 $a+b$의 값을 구하시오.

### 0683

양의 실수 전체의 집합에서 연속인 함수 $f(x)$가

$$\int_{1}^{x} (x-t)f(t)dt=x\ln x+ax$$

를 만족시킬 때, $\int_{1}^{e^{2}} f(x)dx$의 값은? (단, $a$는 상수이다.)

① $-2$　② $-1$　③ 0　④ 1　⑤ 2

### 0684

실수 전체의 집합에서 미분가능한 함수 $f(x)$가 모든 실수 $x$에 대하여

$$\int_{0}^{x} f(t)dt=2x+\int_{0}^{x} (x-t)f(t)dt,\ f(x)>0$$

을 만족시킬 때, $\int_{0}^{1} xf(x)\,dx$의 값을 구하시오.

## 유형 17 정적분으로 정의된 함수의 극대, 극소

### 0685

함수 $f(x)=\int_{0}^{x}(2-t)e^{t}dt$의 극댓값은?

① $e^{2}-3$ ② $e^{2}-1$ ③ $e^{2}$
④ $e^{2}+1$ ⑤ $e^{2}+3$

### 0686

$0<x<\pi$에서 함수 $f(x)=\int_{0}^{x}\cos t(1-2\sin t)dt$의 극솟값을 구하시오.

### 0687

$x>0$에서 함수 $f(x)=\int_{1}^{x}\frac{2t-6}{t+1}dt$는 $x=a$일 때 극값 $b$를 갖는다. $a+b$의 값은?

① $5-8\ln 2$ ② $5-6\ln 2$ ③ $7-8\ln 2$
④ $7-6\ln 2$ ⑤ $9-8\ln 2$

## 유형 18 정적분으로 정의된 함수의 최대, 최소

### 0688

$x>0$에서 함수 $f(x)=\int_{\frac{1}{e}}^{x}\frac{\ln t-2}{t}dt$의 최솟값은?

① $-5$ ② $-\frac{9}{2}$ ③ $-4$
④ $-\frac{7}{2}$ ⑤ $-3$

### 0689 교육청 변형

실수 전체의 집합에서 정의된 함수 $f(x)=\int_{0}^{x}\frac{2-2t}{t^{2}-2t+3}dt$의 최댓값은?

① $\ln\frac{6}{5}$ ② $\ln\frac{5}{4}$ ③ $\ln\frac{4}{3}$
④ $\ln\frac{3}{2}$ ⑤ $\ln 2$

### 0690

$0<x<\pi$에서 함수 $f(x)=\int_{0}^{x}2t\cos t\,dt$는 $x=a$일 때 최댓값 $b$를 갖는다. $2a-b$의 값을 구하시오.

## 유형 19 정적분으로 정의된 함수의 극한 $\lim_{x\to0}\frac{1}{x}\int_a^{x+a}f(t)dt$ 꼴

### 0691

함수 $f(x)=x^2+\sin\frac{\pi}{2}x$에 대하여 $\lim_{x\to0}\frac{1}{x}\int_1^{x+1}f(t)dt$의 값을 구하시오.

### 0692

함수 $f(x)=(x^2+1)e^x$에 대하여 $\lim_{h\to0}\frac{1}{h}\int_{1-h}^{1+2h}f(x)dx$의 값은?

① $e$　② $3e$　③ $6e$　④ $9e$　⑤ $12e$

### 0693 평가원 변형

$x>1$에서 정의된 함수 $f(x)=\ln(x-1)+ax$에 대하여

$$\lim_{x\to0}\left\{\frac{x^2+2}{x}\int_2^{x+2}f(t)dt\right\}=4$$

일 때, $f(4)$의 값은? (단, $a$는 상수이다.)

① $2+\ln3$　② $3+\ln3$　③ $4+\ln3$　④ $5+2\ln2$　⑤ $6+2\ln2$

## 유형 20 정적분으로 정의된 함수의 극한 $\lim_{x\to a}\frac{1}{x-a}\int_a^x f(t)dt$ 꼴

### 0694

함수 $f(x)=2^x+\ln x$에 대하여 $\lim_{x\to1}\frac{1}{x^2-1}\int_1^x f(t)dt$의 값을 구하시오.

### 0695

함수 $f(x)=e^x\sin\frac{x}{2}$에 대하여 $\lim_{x\to\pi}\frac{1}{x-\pi}\int_x^{\pi}f(t)dt$의 값은?

① $-e^{\pi}$　② $-e^{\frac{\pi}{2}}$　③ $e$　④ $e^{\frac{\pi}{2}}$　⑤ $e^{\pi}$

### 0696

함수 $f(x)=\frac{x}{4}\tan\frac{\pi}{12}x$에 대하여 $\lim_{x\to2}\frac{x+2}{x-2}\int_4^{x^2}f(t)dt$의 값을 구하시오.

# 기출 & 기출변형 문제

정답과 풀이 396쪽

## 0697 교육청 변형

$\int_{\sqrt{3}}^{2} 2x^3\sqrt{x^2-3}\,dx$의 값은?

① 2 ② $\frac{11}{5}$ ③ $\frac{12}{5}$
④ $\frac{13}{5}$ ⑤ $\frac{14}{5}$

## 0698 교육청 기출

그림과 같이 제1사분면에 있는 점 P에서 $x$축에 내린 수선의 발을 H라 하고, $\angle\text{POH}=\theta$라 하자. $\frac{\overline{\text{OH}}}{\overline{\text{PH}}}$를 $f(\theta)$라 할 때, $\int_{\frac{\pi}{6}}^{\frac{\pi}{3}} f(\theta)d\theta$의 값은? (단, O는 원점이다.)

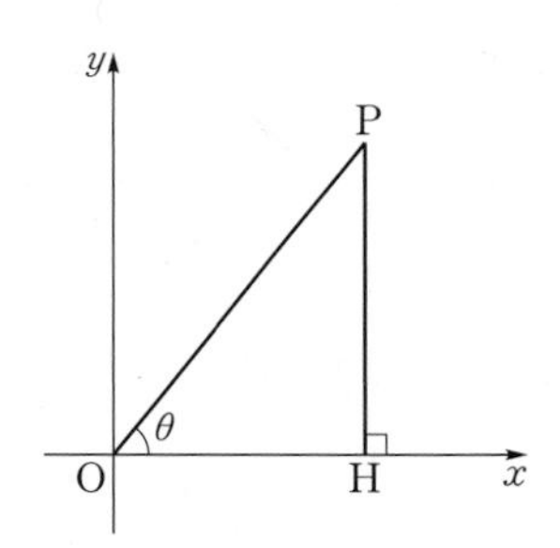


① $\frac{1}{2}\ln 3$ ② $\ln 3$ ③ $\ln 6$
④ $2\ln 3$ ⑤ $2\ln 6$

## 0699 교육청 변형

$\int_{1}^{e} \frac{a}{x}\ln x\,dx=\int_{0}^{\frac{\pi}{2}} \sin 2x(1+\sin x)\,dx$가 성립할 때, 상수 $a$의 값은?

① 2 ② $\frac{7}{3}$ ③ $\frac{8}{3}$
④ 3 ⑤ $\frac{10}{3}$

## 0700 교육청 기출

자연수 $n$에 대하여 함수 $f(n)=\int_{1}^{n} x^3e^{x^2}dx$라 할 때, $\frac{f(5)}{f(3)}$의 값은?

① $e^{14}$ ② $2e^{16}$ ③ $3e^{16}$
④ $4e^{18}$ ⑤ $5e^{18}$

## 0701 수능 기출

함수 $f(x)$가

$$f(x)=\int_0^x \frac{1}{1+e^{-t}}dt$$

일 때, $(f\circ f)(a)=\ln 5$를 만족시키는 실수 $a$의 값은?

① $\ln 11$ ② $\ln 13$ ③ $\ln 15$
④ $\ln 17$ ⑤ $\ln 19$

## 0702 교육청 변형

실수 전체의 집합에서 연속인 함수 $y=f(x)$의 그래프가 $y$축에 대하여 대칭이고, 모든 실수 $a$에 대하여

$$\int_{\frac{a+1}{2}}^{\frac{a-1}{2}} f(a-2x)\,dx=-8$$

을 만족시킬 때, $\int_0^1 f(x)\,dx$의 값을 구하시오.

## 0703 교육청 기출

실수 전체의 집합에서 미분가능한 함수 $f(x)$가 다음 조건을 만족시킨다.

(가) $f(1)=2$
(나) $\int_0^1 (x-1)f'(x+1)\,dx=-4$

$\int_1^2 f(x)\,dx$의 값을 구하시오. (단, $f'(x)$는 연속함수이다.)

## 0704 교육청 변형

$x>0$인 모든 실수 $x$에서 미분가능하고 $f(x)>0$인 함수 $f(x)$의 역함수 $g(x)$에 대하여 $g(1)=2$, $g(5)=6$일 때, $\int_2^6 \frac{\ln f(x)}{g'(f(x))}dx$의 값은?

① $5\ln 5-4$ ② $5\ln 5-2$ ③ $5\ln 5$
④ $4\ln 5-4$ ⑤ $4\ln 5-2$

## 0705 교육청 기출

연속함수 $f(x)$가

$$\int_{-1}^{1} f(x)\,dx=12,\ \int_{0}^{1} xf(x)\,dx=\int_{0}^{-1} xf(x)\,dx$$

를 만족시킨다. $\int_{-1}^{x} f(t)dt=F(x)$라 할 때, $\int_{-1}^{1} F(x)\,dx$의 값은?

① 6 ② 8 ③ 10
④ 12 ⑤ 14

## 0706 평가원 변형

연속함수 $f(x)$가 0이 아닌 모든 실수 $t$에 대하여

$$\int_{-1}^{1} f\left(\frac{x}{t}\right)dx=t\cos\frac{2}{t}$$

를 만족시킬 때, $f\left(\frac{\pi}{4}\right)+f\left(-\frac{\pi}{4}\right)$의 값은?

① $-2$ ② $-1$ ③ 0
④ 1 ⑤ 2

## 0707 평가원 기출

함수 $f(x)=\frac{5}{2}-\frac{10x}{x^2+4}$와 함수 $g(x)=\frac{4-|x-4|}{2}$의 그래프가 그림과 같다.

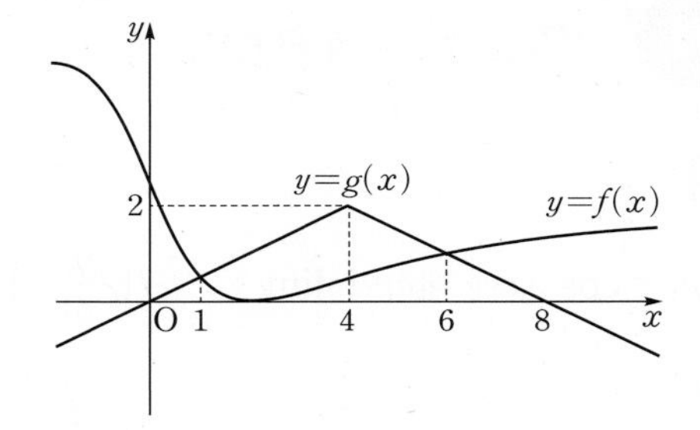


$0\le a\le 8$인 $a$에 대하여 $\int_{0}^{a} f(x)\,dx+\int_{a}^{8} g(x)\,dx$의 최솟값은?

① $14-5\ln 5$ ② $15-5\ln 10$ ③ $15-5\ln 5$
④ $16-5\ln 10$ ⑤ $16-5\ln 5$

## 0708 평가원 변형

함수 $f(x)=\int_{0}^{x} t\cos(t-x)dt$에 대하여 닫힌구간 $[0,\ 4\pi]$에서 방정식 $f(x)=\frac{1}{2}$의 서로 다른 모든 실근의 합은?

① $4\pi$ ② $6\pi$ ③ $8\pi$
④ $10\pi$ ⑤ $12\pi$

# 정적분의 활용



## 유형 01 정적분과 급수의 관계(1)

### 0709

함수 $f(x)=\cos 2x$에 대하여 $\lim_{n\to\infty}\sum_{k=1}^{n}\frac{\pi}{n}f\left(\frac{2k\pi}{3n}\right)$의 값은?

① $-\frac{\sqrt{3}}{2}$ ② $-\frac{3\sqrt{3}}{8}$ ③ $-\frac{1}{2}$
④ $-\frac{\sqrt{3}}{4}$ ⑤ $-\frac{1}{4}$

### 0710 평가원 변형

함수 $f(x)=3x^3+3x$에 대하여 $\lim_{n\to\infty}\sum_{k=1}^{n}\frac{k}{n^2+k^2}f\left(\frac{k}{n}\right)$의 값은?

① 1 ② 2 ③ 3
④ 4 ⑤ 5

### 0711

$\lim_{n\to\infty}\sum_{k=1}^{n}\frac{2k}{(2k-3n)^2}$의 값은?

① $1-\ln 3$ ② $1-\frac{1}{2}\ln 3$ ③ $2-\ln 3$
④ $2-\frac{1}{2}\ln 3$ ⑤ $4-\ln 3$

### 0712

보기에서 급수 $\lim_{n\to\infty}\sum_{k=1}^{n}\left(1+\frac{2k}{n}\right)^3\frac{6}{n}$의 값과 같은 것만을 있는 대로 고른 것은?

보기
ㄱ. $3\int_1^3 x^3\,dx$ ㄴ. $3\int_0^2 (1+x)^3\,dx$
ㄷ. $6\int_0^1 (1+2x)^3\,dx$

① ㄱ ② ㄱ, ㄴ ③ ㄱ, ㄷ
④ ㄴ, ㄷ ⑤ ㄱ, ㄴ, ㄷ

## 유형 02 정적분과 급수의 관계(2)

### 0713

함수 $f(x)=\sin x$에 대하여

$$\lim_{n\to\infty}\frac{2}{n}\left\{f\left(\frac{\pi}{n}\right)+f\left(\frac{2\pi}{n}\right)+\cdots+f\left(\frac{n\pi}{n}\right)\right\}$$

의 값은?

① $\frac{1}{\pi}$ ② $\frac{2}{\pi}$ ③ $\frac{4}{\pi}$
④ $\frac{6}{\pi}$ ⑤ $\frac{8}{\pi}$

### 0714

$\lim_{n\to\infty}\frac{3}{n}\left\{\left(1-\frac{3}{n}\right)^3+\left(1-\frac{6}{n}\right)^3+\cdots+\left(1-\frac{3n}{n}\right)^3\right\}$의 값은?

① $-4$ ② $-\frac{15}{4}$ ③ $-\frac{7}{2}$
④ $-\frac{13}{4}$ ⑤ $-3$

## 0715

함수 $f(x)=\ln x$에 대하여

$$\lim_{n\to\infty}\frac{1}{n^2}\left\{f\left(1+\frac{1}{n}\right)+2f\left(1+\frac{2}{n}\right)+\cdots+nf\left(1+\frac{n}{n}\right)\right\}$$

의 값은?

① $\frac{1}{4}$ ② $\frac{1}{2}$ ③ $\frac{3}{4}$

④ 1 ⑤ $\frac{5}{4}$

## 유형 03 정적분과 급수의 활용

## 0716 평가원 변형

그림과 같이 $\overline{AB}=4$, $\overline{BC}=4$, $\overline{AD}=2$인 사다리꼴 ABCD에서 변 AB를 $n$등분한 점을 점 A에서 가까운 점부터 차례대로 $P_1$, $P_2$, $P_3$, $\cdots$, $P_{n-1}$, $P_n(=B)$라 하고, 각 점에서 변 BC에 평행하게 직선을 그어 변 CD와 만나는 점을 각각 $Q_1$, $Q_2$, $Q_3$, $\cdots$, $Q_{n-1}$, $Q_n(=C)$라 할 때, $\lim_{n\to\infty}\frac{4}{n}\sum_{k=1}^{n}\overline{P_kQ_k}^3$의 값을 구하시오.

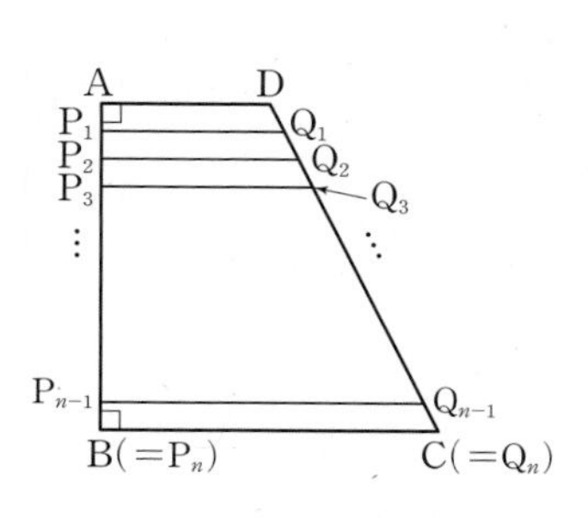


## 0717

그림과 같이 2 이상인 자연수 $n$에 대하여 길이가 2인 선분 AB를 지름으로 하는 반원의 호 AB를 $n$등분한 점을 점 A에서 가까운 점부터 차례대로 $P_1$, $P_2$, $P_3$, $\cdots$, $P_n(=B)$라 하자. 호 $AP_k$의 길이를 $l_k$ $(1\le k\le n)$이라 할 때, $\lim_{n\to\infty}\frac{1}{n}\sum_{k=1}^{n}{l_k}^2=\frac{\pi^2}{a}$이다. 정수 $a$의 값을 구하시오.

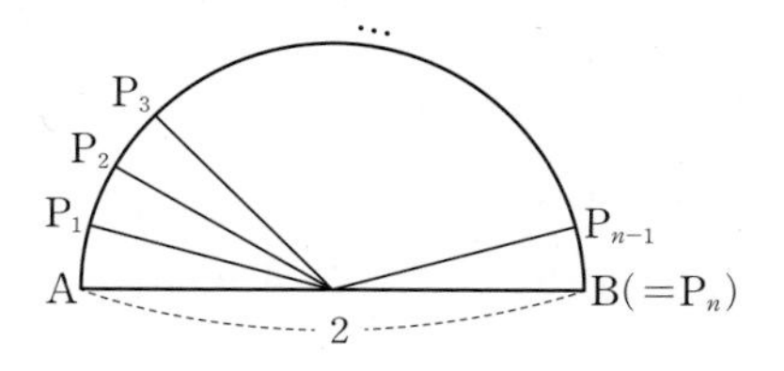


## 0718

그림과 같이 2 이상인 자연수 $n$에 대하여 두 점 $A(-2, 0)$, $B(2, 0)$을 지름의 양 끝 점으로 하는 반원 $x^2+y^2=4$ $(y\ge0)$의 호 AB를 $n$등분하는 점을 점 A에서 가까운 점부터 차례대로 $P_1$, $P_2$, $P_3$, $\cdots$, $P_{n-1}$이라 하자. 선분 $AP_k$를 4 : 1로 내분하는 점을 $Q_k$라 할 때, 삼각형 $AOQ_k$의 넓이를 $S_k$ $(1\le k\le n-1)$이라 하자. $\lim_{n\to\infty}\frac{1}{n}\sum_{k=1}^{n-1}S_k$의 값은?

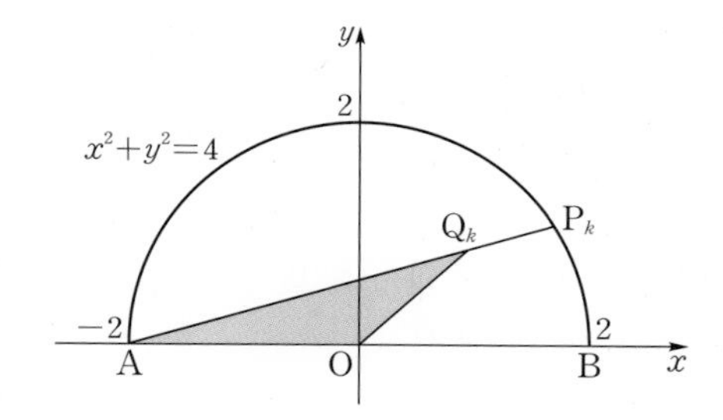


① $\frac{8}{5\pi}$ ② $\frac{2}{\pi}$ ③ $\frac{12}{5\pi}$

④ $\frac{14}{5\pi}$ ⑤ $\frac{16}{5\pi}$

## 유형 04 곡선과 $x$축 사이의 넓이

## 0719

곡선 $y=\sqrt{x}-2$와 $x$축 및 두 직선 $x=0$, $x=9$로 둘러싸인 부분의 넓이는?

① 4 ② $\frac{14}{3}$ ③ $\frac{16}{3}$

④ 6 ⑤ $\frac{20}{3}$

## 0720

$0\le x\le 2\pi$에서 곡선 $y=x\sin x$와 $x$축으로 둘러싸인 부분의 넓이를 구하시오.

## 0721 교육청 변형

모든 실수 $x$에 대하여 $f(x)>0$인 연속함수 $f(x)$가 있다. 곡선 $y=f(3x+2)$와 $x$축 및 두 직선 $x=0$, $x=1$로 둘러싸인 부분의 넓이가 5일 때, $\int_{2}^{5} f(x)\,dx$의 값을 구하시오.

## 0722

그림과 같이 곡선 $y=xe^{x^2}$과 $x$축 및 두 직선 $x=-1$, $x=1$로 둘러싸인 부분의 넓이는?

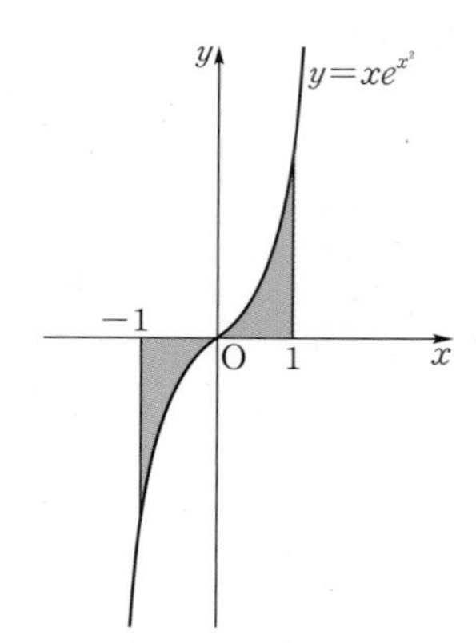


① $e-2$　② $e-1$　③ $e-\frac{1}{2}$
④ $e$　⑤ $e+1$

### 유형 05 곡선과 $y$축 사이의 넓이

## 0723

곡선 $y=2\sqrt{x}+1$과 $y$축 및 직선 $y=4$로 둘러싸인 부분의 넓이는?

① 2　② $\frac{9}{4}$　③ $\frac{5}{2}$
④ $\frac{11}{4}$　⑤ 3

## 0724

곡선 $y=\frac{2}{x}$ $(x>0)$과 $y$축 및 두 직선 $y=1$, $y=k$ $(k>1)$로 둘러싸인 부분의 넓이가 2일 때, 상수 $k$의 값을 구하시오.

## 0725

곡선 $y=2^x-1$과 $y$축 및 직선 $y=1$로 둘러싸인 부분의 넓이는?

① $1-\frac{1}{\ln 2}$　② $2-\frac{1}{\ln 2}$　③ $\frac{1}{\ln 2}$
④ $1+\frac{1}{\ln 2}$　⑤ $2+\frac{1}{\ln 2}$

### 유형 06 곡선과 직선 사이의 넓이

## 0726

곡선 $y=\frac{3}{x}-3$과 직선 $y=-x+1$로 둘러싸인 부분의 넓이는?

① $4-3\ln 3$　② $4-2\ln 3$　③ $4-\ln 3$
④ $4+\ln 3$　⑤ $4+2\ln 3$

## 0727

그림과 같이 곡선 $y=\frac{1}{x}$과 두 직선 $y=x$, $y=\frac{1}{3}x$로 둘러싸인 부분의 넓이를 구하시오.

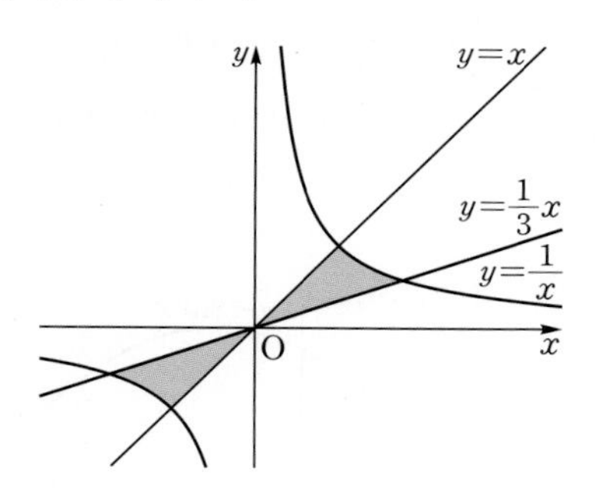


## 0728

양의 실수 $t$에 대하여 좌표평면에서 곡선 $y=2\sqrt{x}$와 직선 $y=\frac{x}{t}$로 둘러싸인 부분의 넓이를 $S(t)$라 할 때, $S'(2)$의 값을 구하시오.

### 유형 07 두 곡선 사이의 넓이

## 0729

두 곡선 $y=2^x$, $y=4^x$ 및 직선 $x=2$로 둘러싸인 부분의 넓이가 $\frac{a}{\ln 2}$일 때, 유리수 $a$의 값은?

① 3 ② $\frac{7}{2}$ ③ 4 ④ $\frac{9}{2}$ ⑤ 5

## 0730

두 곡선 $y=\sin x$, $y=\cos x$와 두 직선 $x=0$, $x=\frac{\pi}{2}$로 둘러싸인 부분의 넓이는?

① $\sqrt{2}-1$ ② $2(\sqrt{2}-1)$ ③ 2 ④ $2\sqrt{2}$ ⑤ $2(\sqrt{2}+1)$

## 0731 평가원 변형

그림과 같이 두 곡선 $y=f(x)$, $y=\left|\cos\frac{\pi}{2}x\right|$가 세 점 (0, 1), (1, 0), (2, 1)에서 만난다. 두 곡선 $y=f(x)$, $y=\left|\cos\frac{\pi}{2}x\right|$로 둘러싸인 부분의 넓이가 $\frac{3}{\pi}$일 때, $\int_0^2 f(x)\,dx$의 값은?

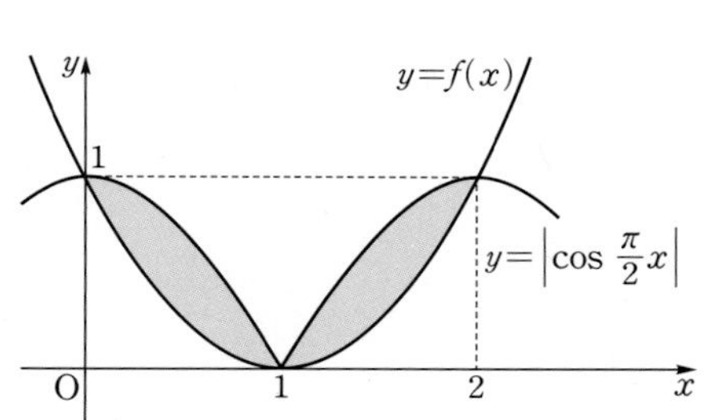


① $\frac{1}{2\pi}$ ② $\frac{2}{3\pi}$ ③ $\frac{1}{\pi}$ ④ $\frac{2}{\pi}$ ⑤ $\frac{3}{\pi}$

## 유형 08 곡선과 접선으로 둘러싸인 부분의 넓이

### 0732

곡선 $y=2\sqrt{x-4}$ 위의 점 (8, 4)에서의 접선과 이 곡선 및 $x$축으로 둘러싸인 부분의 넓이는?

① 4 ② $\frac{14}{3}$ ③ $\frac{16}{3}$
④ 6 ⑤ $\frac{20}{3}$

### 0733

곡선 $y=-\frac{1}{x-2}$ $(x<2)$와 기울기가 1이고 이 곡선에 접하는 직선 및 $y$축으로 둘러싸인 부분의 넓이는?

① $-1+\ln 2$ ② $-\frac{1}{2}+\ln 2$ ③ $-1+2\ln 2$
④ $\ln 2$ ⑤ $\frac{1}{2}+\ln 2$

### 0734

곡선 $y=\frac{\ln x}{x}$와 원점에서 이 곡선에 그은 접선 및 $x$축으로 둘러싸인 부분의 넓이는?

① $\frac{1}{12}$ ② $\frac{1}{10}$ ③ $\frac{1}{8}$
④ $\frac{1}{6}$ ⑤ $\frac{1}{4}$

## 유형 09 두 부분의 넓이가 같을 조건

### 0735

그림과 같이 두 곡선 $y=\sin x$, $y=a\cos x$와 두 직선 $x=0$, $x=\frac{\pi}{3}$로 둘러싸인 두 부분의 넓이가 서로 같을 때, 상수 $a$의 값은? (단, $0<a<1$)

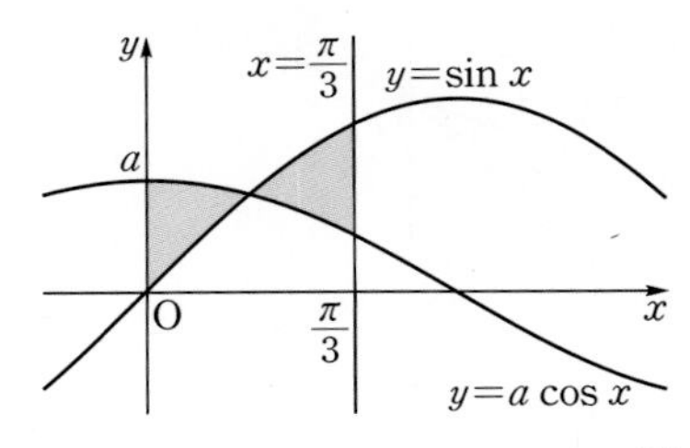


① $\frac{1}{3}$ ② $\frac{1}{2}$ ③ $\frac{\sqrt{3}}{3}$
④ $\frac{2}{3}$ ⑤ $\frac{\sqrt{3}}{2}$

### 0736

그림과 같이 곡선 $y=\sqrt{2x}$와 직선 $y=2x$로 둘러싸인 부분의 넓이를 $A$, 곡선 $y=\sqrt{2x}$와 직선 $y=2x$ 및 직선 $x=a$로 둘러싸인 부분의 넓이를 $B$라 하자. $A=B$일 때, 상수 $a$의 값은? $\left(단, a>\frac{1}{2}\right)$

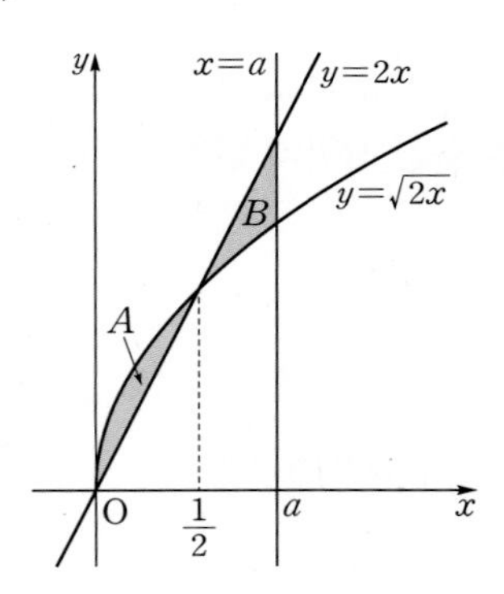


① $\frac{2}{3}$ ② $\frac{3}{4}$ ③ $\frac{5}{6}$
④ $\frac{8}{9}$ ⑤ 1

## 0737 교육청 변형

실수 전체의 집합에서 미분가능한 함수 $y=f(x)$의 그래프가 그림과 같고, $f(2)=2$이다.
$0\le x\le 2$에서 곡선 $y=f(x)$와 $x$축 및 직선 $x=2$로 둘러싸인 두 부분의 넓이를 각각 $A$, $B$라 하자. $A=B$일 때,
$\int_0^1 f'(2\sqrt{x})\,dx$의 값을 구하시오.

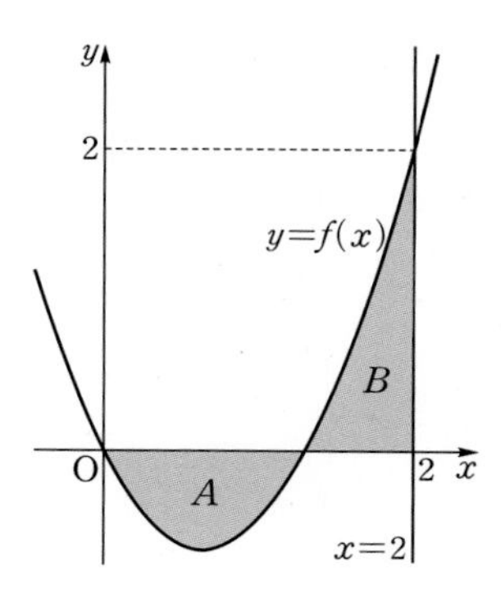


## 유형 10 두 곡선 사이의 넓이의 활용 - 이등분

## 0738

곡선 $y=2\sin x\ \left(0\le x\le \frac{\pi}{2}\right)$와 $x$축 및 직선 $x=\frac{\pi}{2}$로 둘러싸인 부분의 넓이를 직선 $y=ax$가 이등분할 때, 양수 $a$의 값은?

① $\frac{2}{\pi^2}$ ② $\frac{4}{\pi^2}$ ③ $\frac{8}{\pi^2}$
④ $\frac{16}{\pi^2}$ ⑤ $\frac{32}{\pi^2}$

## 0739

곡선 $y=2^x$과 $x$축, $y$축 및 직선 $x=1$로 둘러싸인 부분의 넓이를 직선 $y=a$가 이등분할 때, 상수 $a$의 값은?
(단, $0<a<1$)

① $\frac{1}{3\ln 2}$ ② $\frac{1}{\ln 6}$ ③ $\frac{1}{\ln 5}$
④ $\frac{1}{2\ln 2}$ ⑤ $\frac{1}{\ln 3}$

## 0740

$x>0$에서 곡선 $y=\frac{1}{x}$ 위의 점 $(1,\ 1)$에서의 접선이 곡선 $y=\frac{1}{x}$과 $x$축 및 두 직선 $x=1$, $x=a$로 둘러싸인 부분의 넓이를 이등분할 때, 상수 $a$의 값을 구하시오. (단, $a>2$)

## 유형 11 함수와 그 역함수의 정적분

## 0741

함수 $f(x)=a\sqrt{x}$의 역함수를 $g(x)$라 하자. 두 곡선 $y=f(x)$, $y=g(x)$로 둘러싸인 부분의 넓이가 12일 때, 양수 $a$의 값은?

① $\sqrt{2}$ ② $\sqrt{3}$ ③ 2
④ $\sqrt{5}$ ⑤ $\sqrt{6}$

## 0742

함수 $f(x)=\frac{1}{2}e^x+2$의 역함수를 $g(x)$라 할 때,
$\int_0^2 f(x)\,dx+\int_{\frac{5}{2}}^{\frac{1}{2}e^2+2} g(x)\,dx$의 값은?

① $e^2-2$ ② $e^2$ ③ $e^2+2$
④ $e^2+4$ ⑤ $2e^2$

## 0743

함수 $f(x)=xe^{x}$ $(x\geq 0)$의 그래프가 그림과 같다. 함수 $f(x)$의 역함수를 $g(x)$라 할 때,

$\int_{0}^{1} f(x)\,dx+\int_{0}^{e} g(x)\,dx$의 값을 구하시오.

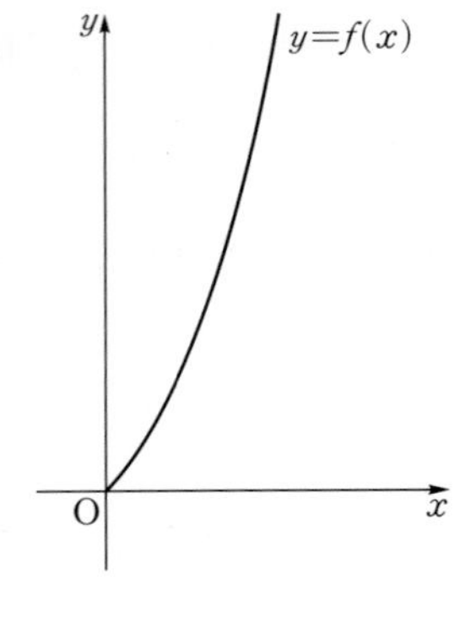


## 유형 12 입체도형의 부피 - 단면이 밑면과 평행한 경우

## 0744

어떤 그릇에 물을 채우는데 물의 깊이가 $x$일 때, 수면의 넓이가 $\sqrt{3x+1}-1$이라 한다. 물의 깊이가 5일 때, 그릇에 담긴 물의 부피는?

① 6　② 7　③ 8　④ 9　⑤ 10

## 0745

높이가 $a$인 그릇에 물을 부으면 깊이가 $x$일 때의 수면의 넓이는 $\dfrac{4x}{x^2+2}$이다. 그릇의 부피가 $4\ln 3$일 때, 정수 $a$의 값을 구하시오.

## 0746

높이가 $\ln 6$인 그릇에 물을 부으면 깊이가 $x$일 때 수면은 반지름의 길이가 $e^{-\frac{x}{2}}$인 원이 된다고 한다. 이 그릇에 가득 담긴 물의 부피는?

① $\dfrac{\pi}{3}$　② $\dfrac{\pi}{2}$　③ $\dfrac{2}{3}\pi$　④ $\dfrac{5}{6}\pi$　⑤ $\pi$

## 유형 13 입체도형의 부피 - 단면이 밑면과 수직인 경우

## 0747

그림과 같이 함수 $y=\sec x$의 그래프와 $x$축, $y$축 및 직선 $x=\dfrac{\pi}{4}$로 둘러싸인 도형을 밑면으로 하는 입체도형이 있다. 이 입체도형을 $x$축에 수직인 평면으로 자른 단면이 모두 정사각형일 때, 이 입체도형의 부피는?

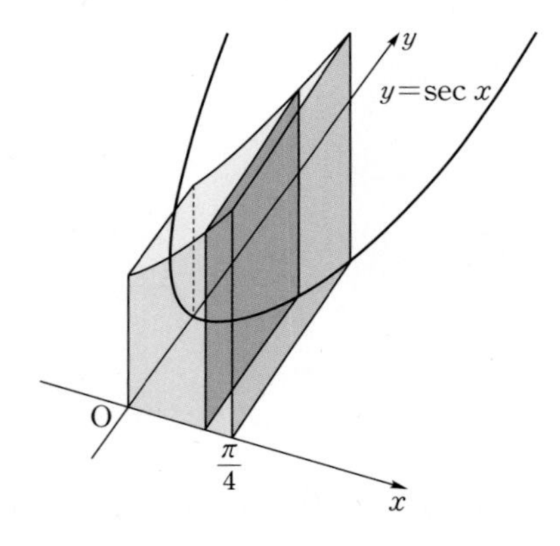


① 1　② 2　③ 3　④ 4　⑤ 5

## 0748

그림과 같이 지름의 길이가 4인 반원을 밑면으로 하는 입체도형을 지름에 수직인 평면으로 자른 단면이 모두 반원일 때, 이 입체도형의 부피는 $\frac{q}{p}\pi$이다. $p+q$의 값을 구하시오.

(단, $p$와 $q$는 서로소인 자연수이다.)

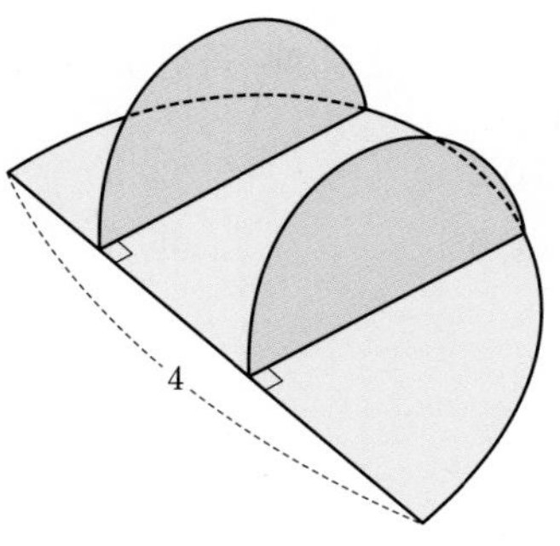


## 0749 평가원 변형

그림과 같이 곡선 $y=\sqrt{\frac{4x}{x^2+1}}$와 $x$축 및 두 직선 $x=1$, $x=k$로 둘러싸인 부분을 밑면으로 하고 $x$축에 수직인 평면으로 자른 단면이 모두 정삼각형인 입체도형의 부피가 $\frac{\sqrt{3}}{2}\ln 5$일 때, 상수 $k$의 값을 구하시오. (단, $k>1$)

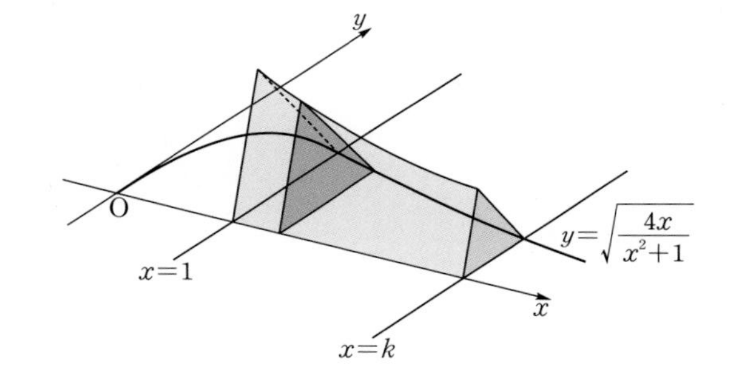


### 유형 14 직선 위에서 점이 움직인 거리

## 0750

원점을 출발하여 수직선 위를 움직이는 점 P의 시각 $t$ $(t\geq0)$에서의 속도가 $v(t)=e^t-e^2$일 때, 시각 $t=0$에서 $t=3$까지 점 P가 움직인 거리는?

① $e^2-e$ ② $e^2-e+1$ ③ $e^3-e^2$
④ $e^3-e^2+1$ ⑤ $e^3-e^2+2$

## 0751

수직선 위를 움직이는 점 P의 시각 $t$ $(t\geq0)$에서의 속도가 $v(t)=\pi\cos\pi t$일 때, 점 P가 출발한 후 두 번째로 운동 방향을 바꿀 때까지 움직인 거리를 구하시오.

## 0752

원점을 출발하여 수직선 위를 움직이는 점 P의 시각 $t$ $(t\geq0)$에서의 속도가 $v(t)=\sin 2t-\sin t$일 때, 점 P가 출발한 후 $t=a$에서 원점으로부터 가장 멀리 떨어져 있다. 상수 $a$의 값을 구하시오. (단, $0<a\leq2\pi$)

### 유형 15 좌표평면 위에서 점이 움직인 거리

## 0753

좌표평면 위를 움직이는 점 P의 시각 $t$ $(t\geq0)$에서의 위치 $(x, y)$가

$$x=\frac{1}{2}t^2-4t+3,\ y=\frac{8}{3}t\sqrt{t}$$

일 때, $t=0$에서 $t=4$까지 점 P가 움직인 거리는?

① 20 ② 24 ③ 28
④ 32 ⑤ 36

## 0754

좌표평면 위를 움직이는 점 P의 시각 $t$ $(t\ge0)$에서의 위치 $(x, y)$가

$x=e^t\sin 2t$, $y=e^t\cos 2t$

이다. $t=0$에서 $t=a$까지 점 P가 움직인 거리가 $\sqrt{5}$일 때, 양수 $a$의 값을 구하시오.

## 0755

좌표평면 위를 움직이는 점 P의 시각 $t$ $(t>0)$초에서의 위치 $(x, y)$가

$x=\frac{1}{2}t^2-\ln t$, $y=2t$

이다. 점 P의 속력이 최소일 때부터 점 P가 2초 동안 움직인 거리는?

① $2+\ln 2$ ② $2+\ln 3$ ③ $4+\ln 2$
④ $4+\ln 3$ ⑤ $4+2\ln 2$

### 유형 16 곡선의 길이

## 0756

$x=0$에서 $x=2$까지 곡선 $y=\int_1^x\sqrt{t^2+4t+3}\,dt$의 길이는?

① 3 ② 4 ③ 5
④ 6 ⑤ 7

## 0757

$0\le\theta\le\frac{\pi}{2}$일 때, 곡선 $x=2\sin^3\theta$, $y=2\cos^3\theta$의 길이는?

① 2 ② 3 ③ 4
④ 5 ⑤ 6

## 0758

$-\frac{\pi}{4}\le x\le\frac{\pi}{4}$일 때, 곡선 $y=\int_0^x\sqrt{\sec^4 t-1}\,dt$의 길이를 구하시오.

## 0759

실수 전체의 집합에서 이계도함수를 갖고 $f(0)=0$, $f(2)=4$를 만족시키는 모든 함수 $f(x)$에 대하여 $\int_0^2\sqrt{1+\{f'(x)\}^2}\,dx$의 최솟값은?

① $2\sqrt{3}$ ② 4 ③ $2\sqrt{5}$
④ $2\sqrt{6}$ ⑤ $2\sqrt{7}$

# 기출 & 기출변형 문제

정답과 풀이 409쪽

## 0760 수능 변형

함수 $f(x)=4x^2+ax$가

$$\lim_{n\to\infty}\sum_{k=1}^{n}\frac{k}{n^2}f\left(\frac{k}{n}\right)=f(1)$$

을 만족시킬 때, $f(2)$의 값을 구하시오. (단, $a$는 상수이다.)

## 0761 평가원 기출

함수 $y=e^x$의 그래프와 $x$축, $y$축 및 직선 $x=1$로 둘러싸인 영역의 넓이가 직선 $y=ax$ $(0<a<e)$에 의하여 이등분될 때, 상수 $a$의 값은?

① $e-\frac{1}{3}$　② $e-\frac{1}{2}$　③ $e-1$　④ $e-\frac{4}{3}$　⑤ $e-\frac{3}{2}$

## 0762 교육청 기출

좌표평면 위의 곡선 $y=\frac{1}{3}x\sqrt{x}$ $(0\le x\le 12)$에 대하여 $x=0$에서 $x=12$까지의 곡선의 길이를 $l$이라 할 때, $3l$의 값을 구하시오.

## 0763 교육청 변형

모든 실수 $x$에 대하여 $f(x)>0$인 연속함수 $f(x)$가 있다. 곡선 $y=f(x)$와 $x$축 및 두 직선 $x=1$, $x=4$로 둘러싸인 부분의 넓이가 12일 때, $\int_1^2 f(3x-2)\,dx$의 값을 구하시오.

## 0764 평가원 기출

곡선 $y=x\ln(x^2+1)$과 $x$축 및 직선 $x=1$로 둘러싸인 부분의 넓이는?

① $\ln 2-\frac{1}{2}$　② $\ln 2-\frac{1}{4}$　③ $\ln 2-\frac{1}{6}$

④ $\ln 2-\frac{1}{8}$　⑤ $\ln 2-\frac{1}{10}$

## 0765 평가원 기출

그림과 같이 곡선 $y=\sqrt{\frac{3x+1}{x^2}}$ $(x>0)$과 $x$축 및 두 직선 $x=1$, $x=2$로 둘러싸인 부분을 밑면으로 하고 $x$축에 수직인 평면으로 자른 단면이 모두 정사각형인 입체도형의 부피는?

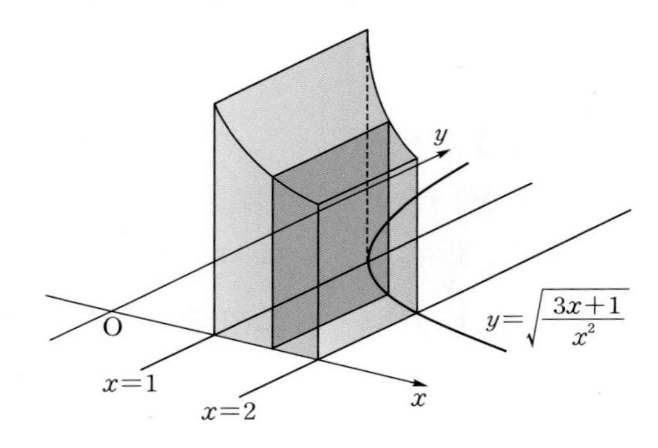


① $3\ln 2$　② $\frac{1}{2}+3\ln 2$　③ $1+3\ln 2$

④ $\frac{1}{2}+4\ln 2$　⑤ $1+4\ln 2$

## 0766 수능 변형

양수 $k$에 대하여 곡선 $y=4e^x$과 두 직선 $x=k$, $y=4$로 둘러싸인 도형의 넓이가 28일 때, 함수 $f(x)=\int_0^x (t-k)e^t dt$의 최솟값은?

① $-14$　② $-7$　③ $0$

④ $7$　⑤ $14$

## 0767 수능 기출

좌표평면 위를 움직이는 점 P의 시각 $t$에서의 위치 $(x, y)$가

$$\begin{cases} x=4(\cos t+\sin t) \\ y=\cos 2t \end{cases} \quad (0\le t\le 2\pi)$$

이다. 점 P가 $t=0$에서 $t=2\pi$까지 움직인 거리(경과 거리)를 $a\pi$라 할 때, $a^2$의 값을 구하시오.

## 0768 교육청 변형

실수 전체의 집합에서 미분가능한 함수 $y=f(x)$의 그래프가 그림과 같고, $f(0)=0$, $f(2)=0$, $f(4)=5$이다. $0\le x\le 4$에서 곡선 $y=f(x)$와 $x$축 및 직선 $x=4$로 둘러싸인 두 부분의 넓이를 각각 $A$, $B$라 하자. $2A=B$이고

$\int_0^3 f'(2\sqrt{x+1})\,dx=8$일 때, $\int_0^4 f(x)\,dx$의 값을 구하시오.

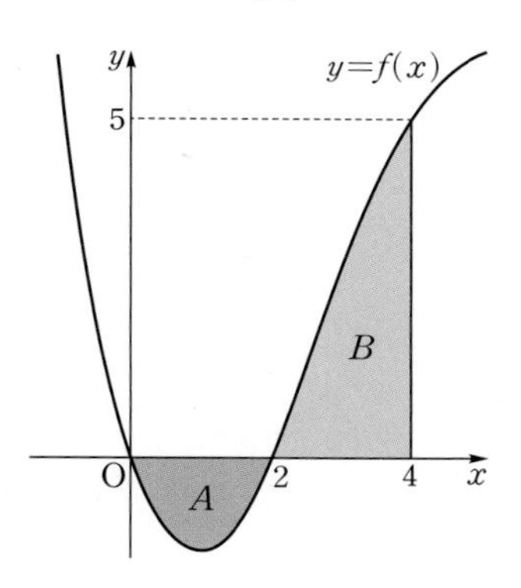


## 0769 교육청 변형

닫힌구간 $[0, \pi]$에서 정의된 함수 $f(x)=x\sin x$에 대하여 곡선 $y=f(x)$ 위의 점 $P(t, t\sin t)$ $(0<t<\pi)$에서의 접선 $l$이 원점을 지날 때, 접선 $l$과 곡선 $y=f(x)$로 둘러싸인 부분의 넓이는?

① $\frac{\pi^2-8}{8}$ ② $\frac{\pi^2-8}{4}$ ③ $\frac{\pi^2-4}{8}$
④ $\frac{\pi^2-8}{2}$ ⑤ $\frac{\pi^2-4}{4}$

## 0770 평가원 기출

실수 전체의 집합에서 미분가능한 함수 $f(x)$가 $f(0)=0$이고 모든 실수 $x$에 대하여 $f'(x)>0$이다. 곡선 $y=f(x)$ 위의 점 $A(t, f(t))$ $(t>0)$에서 $x$축에 내린 수선의 발을 B라 하고, 점 A를 지나고 점 A에서의 접선과 수직인 직선이 $x$축과 만나는 점을 C라 하자. 모든 양수 $t$에 대하여 삼각형 ABC의 넓이가 $\frac{1}{2}(e^{3t}-2e^{2t}+e^t)$일 때, 곡선 $y=f(x)$와 $x$축 및 직선 $x=1$로 둘러싸인 부분의 넓이는?

① $e-2$ ② $e$ ③ $e+2$
④ $e+4$ ⑤ $e+6$

## 0771 평가원 변형

함수 $f(x)=x^p(x-2)(x-p)$에 대하여

$$\lim_{n\to\infty}\frac{1}{n}\sum_{k=1}^{n}f\left(m+\frac{k}{n}\right)<0$$

을 만족시키는 정수 $m$의 개수가 10 이하가 되도록 하는 모든 자연수 $p$의 값의 합을 구하시오.

MEMO

# 빠른 정답 2권

## Ⅰ 수열의 극한

## 01 수열의 극한

### PART A′ 유형별 유사문제

0001 ③ 0002 12 0003 ㄱ, ㄹ 0004 $-3$
0005 $-4$ 0006 2 0007 15 0008 ①
0009 9 0010 3 0011 ⑤ 0012 ⑤
0013 4 0014 6 0015 2 0016 ①
0017 $\frac{16}{5}$ 0018 ② 0019 $\frac{2}{9}$ 0020 ④
0021 3 0022 2 0023 ③ 0024 2
0025 12 0026 ④ 0027 $3\sqrt{3}$ 0028 ④
0029 ③ 0030 $\sqrt{3}$ 0031 ④ 0032 $\frac{5}{8}$
0033 1 0034 $4\sqrt{2}$ 0035 ④ 0036 ①
0037 ② 0038 2 0039 ④ 0040 6
0041 ④ 0042 2 0043 12 0044 ③
0045 $\frac{1}{3}$ 0046 $\frac{1}{15}$ 0047 30 0048 ④
0049 $-4$ 0050 ③ 0051 2 0052 ⑤
0053 2 0054 $\frac{1}{2}$ 0055 2 0056 0
0057 ③ 0058 ③ 0059 ② 0060 ②
0061 4 0062 2 0063 6 0064 ④
0065 ② 0066 ① 0067 ④ 0068 ②
0069 $\frac{1}{3}$ 0070 ① 0071 ④ 0072 ㄱ, ㄴ, ㄷ
0073 5 0074 ⑤ 0075 ④ 0076 4
0077 $-3$ 0078 ① 0079 4 0080 14
0081 ⑤ 0082 205 0083 9 0084 2
0085 $\sqrt{2}$ 0086 18 0087 $\frac{1}{5}$ 0088 ①
0089 3 0090 4

### PART B′ 기출&기출변형 문제

0091 16 0092 ⑤ 0093 ③ 0094 ③
0095 240 0096 ① 0097 5 0098 $-160$
0099 16 0100 ⑤ 0101 $\frac{12}{5}$ 0102 ①

## 02 급수

### PART A′ 유형별 유사문제

0103 ② 0104 3 0105 4 0106 9
0107 ② 0108 ③ 0109 ④ 0110 $-\frac{1}{2}$
0111 ③ 0112 ④ 0113 0 0114 ④
0115 ④ 0116 10 0117 ④ 0118 10
0119 ③ 0120 3 0121 14 0122 ③
0123 ② 0124 ⑤ 0125 25 0126 ①
0127 10 0128 14 0129 ② 0130 ④
0131 ② 0132 ① 0133 ④ 0134 ③
0135 ② 0136 ⑤ 0137 1 0138 ④
0139 ① 0140 18 0141 14 0142 64
0143 ④ 0144 ③ 0145 6 0146 ④
0147 $\frac{2}{3}\pi$ 0148 ④ 0149 ② 0150 ③
0151 ③ 0152 ① 0153 ③ 0154 ③
0155 ① 0156 3 0157 ④ 0158 ②
0159 4 0160 ③ 0161 $\frac{10}{7}$ 0162 6
0163 $3\sqrt{5}$ 0164 ① 0165 12 0166 ③
0167 12 0168 ③ 0169 ① 0170 ①
0171 ① 0172 ② 0173 18 m 0174 ①

### PART B′ 기출&기출변형 문제

0175 3 0176 ⑤ 0177 ① 0178 ①
0179 ④ 0180 ② 0181 ⑤ 0182 8
0183 ③ 0184 ① 0185 ④ 0186 ②

## Ⅱ 미분법

## 03 지수함수와 로그함수의 미분

### PART A′ 유형별 유사문제

0187 ⑤ 0188 ① 0189 8 0190 ②
0191 ③ 0192 ① 0193 ⑤ 0194 8
0195 ① 0196 ④ 0197 ③ 0198 ⑤
0199 ③ 0200 ① 0201 ② 0202 ①
0203 ④ 0204 ③ 0205 ④ 0206 ④
0207 ① 0208 ③ 0209 8 0210 ②

0211 ③ 0212 ④ 0213 5 0214 11
0215 ③ 0216 19 0217 25 0218 4
0219 ① 0220 65 0221 ② 0222 ②
0223 ① 0224 ④ 0225 ① 0226 ⑤
0227 ③ 0228 ③ 0229 4 0230 ③
0231 ② 0232 ② 0233 ④ 0234 ⑤
0235 ①

### PART B′ 기출 & 기출변형 문제

0236 ② 0237 ① 0238 ⑤ 0239 ⑤
0240 ③ 0241 ② 0242 3 0243 ④

## 04 삼각함수의 미분

### PART A′ 유형별 유사문제

0244 ⑤ 0245 ⑤ 0246 제4사분면 0247 4
0248 ④ 0249 $\frac{1}{2}$ 0250 ④ 0251 ⑤
0252 ① 0253 ③ 0254 ③ 0255 ②
0256 $\frac{\sqrt{5}}{5}$ 0257 9 0258 $\frac{56}{65}$ 0259 ③
0260 7 0261 ④ 0262 ② 0263 ③
0264 ① 0265 ④ 0266 ⑤ 0267 $\frac{13}{11}$
0268 ① 0269 10 0270 $\frac{16}{25}$ 0271 ⑤
0272 3 0273 ③ 0274 ① 0275 $12\sqrt{2}$ m
0276 $\frac{16}{3}$ 0277 ③ 0278 ② 0279 ⑤
0280 $\sqrt{5}$ 0281 ④ 0282 ⑤ 0283 ②
0284 ② 0285 ④ 0286 $\frac{1}{9}$ 0287 ④
0288 ② 0289 ③ 0290 ④ 0291 ③
0292 ① 0293 ② 0294 9 0295 ①
0296 ① 0297 ② 0298 ④ 0299 ②
0300 ③ 0301 ④ 0302 ④ 0303 ②
0304 4 0305 $\frac{1}{3}$ 0306 3 0307 ②
0308 1 0309 ④ 0310 ③ 0311 ⑤
0312 36 0313 ① 0314 ③ 0315 $-2$
0316 ① 0317 ① 0318 5 0319 ②
0320 ④ 0321 1 0322 $-2$

### PART B′ 기출 & 기출변형 문제

0323 ② 0324 ② 0325 ① 0326 ③
0327 ③ 0328 ⑤ 0329 ③ 0330 ②
0331 16 0332 ⑤ 0333 ④ 0334 ②

## 05 여러 가지 미분법

### PART A′ 유형별 유사문제

0335 ⑤ 0336 ① 0337 $-1$ 0338 ④
0339 ⑤ 0340 ② 0341 ④ 0342 ①
0343 ③ 0344 ① 0345 $-385$ 0346 ④
0347 ① 0348 ③ 0349 ① 0350 ③
0351 4 0352 ③ 0353 ① 0354 15
0355 7 0356 ① 0357 ② 0358 ⑤
0359 $\sqrt{3}e$ 0360 ② 0361 ① 0362 ⑤
0363 4 0364 ② 0365 ⑤ 0366 ②
0367 ④ 0368 ④ 0369 2 0370 ⑤
0371 6 0372 ① 0373 ④ 0374 ④
0375 ⑤ 0376 ③ 0377 ② 0378 ①
0379 1 0380 ⑤ 0381 ① 0382 ③
0383 ③ 0384 5 0385 ③ 0386 ①
0387 ② 0388 0 0389 ② 0390 ⑤
0391 ② 0392 ② 0393 ④ 0394 ③
0395 ④ 0396 ③ 0397 ④ 0398 5
0399 ⑤ 0400 $-2$ 0401 ① 0402 ④

### PART B′ 기출 & 기출변형 문제

0403 ① 0404 ③ 0405 ① 0406 7
0407 ② 0408 ① 0409 3 0410 ①
0411 ③ 0412 ④ 0413 5 0414 ②

## 06 도함수의 활용(1)

### PART A′ 유형별 유사문제

0415 ④ 0416 ③ 0417 1 0418 ③
0419 ② 0420 $-8$ 0421 25 0422 ③
0423 $\pi$ 0424 ① 0425 ① 0426 ③
0427 ② 0428 ③ 0429 ④ 0430 ④

| | | | |
|---|---|---|---|
| 0431 ③ | 0432 ④ | 0433 ③ | 0434 $-4$ |
| 0435 $-1$ | 0436 ③ | 0437 2 | 0438 ① |
| 0439 ② | 0440 ③ | 0441 9 | 0442 ⑤ |
| 0443 8 | 0444 ④ | 0445 ③ | 0446 $\frac{3}{2}$ |
| 0447 ⑤ | 0448 ① | 0449 ④ | 0450 ⑤ |
| 0451 ② | 0452 ③ | 0453 ⑤ | 0454 1 |
| 0455 ① | 0456 ④ | 0457 ④ | 0458 4 |
| 0459 ② | 0460 ① | 0461 7 | 0462 ② |
| 0463 ⑤ | 0464 ③ | 0465 ② | 0466 ③ |
| 0467 ③ | 0468 ③ | 0469 ④ | 0470 ④ |
| 0471 4 | 0472 ③ | 0473 4 | 0474 ② |
| 0475 ① | 0476 ② | 0477 64 | 0478 ④ |
| 0479 $-5$ | 0480 ① | | |

### PART B′ 기출 & 기출변형 문제

| | | | |
|---|---|---|---|
| 0481 ① | 0482 ④ | 0483 ① | 0484 ⑤ |
| 0485 ③ | 0486 ④ | 0487 13 | 0488 ⑤ |
| 0489 ① | 0490 ① | 0491 ③ | 0492 2 |

## 07 도함수의 활용(2)

### PART A′ 유형별 유사문제

| | | | |
|---|---|---|---|
| 0493 ⑤ | 0494 ② | 0495 ① | 0496 $-2$ |
| 0497 ④ | 0498 3 | 0499 ⑤ | 0500 $-3$ |
| 0501 ③ | 0502 26 | 0503 8 | 0504 ④ |
| 0505 2 | 0506 ③ | 0507 ③ | 0508 ② |
| 0509 5 | 0510 ⑤ | 0511 ④ | 0512 ⑤ |
| 0513 ③ | 0514 ④ | 0515 ② | 0516 3 |
| 0517 32 | 0518 ④ | 0519 2 | 0520 ⑤ |
| 0521 2 | 0522 3 | 0523 ② | 0524 ② |
| 0525 ③ | 0526 ③ | 0527 ① | 0528 ① |
| 0529 ① | 0530 36 | 0531 ① | 0532 ② |
| 0533 ③ | 0534 ⑤ | 0535 $3\sqrt{3}$ | 0536 2 |
| 0537 ① | 0538 ② | 0539 $\frac{1}{e}$ | 0540 ② |
| 0541 $\sqrt{2}e^{\frac{\pi}{4}}$ | 0542 $0<k<\frac{e}{2}$ | 0543 $-2$ | 0544 ② |
| 0545 $-2$ | 0546 55 | 0547 2 | 0548 $\frac{2}{\sqrt{e}}$ |
| 0549 1 | 0550 ① | 0551 ④ | 0552 ② |
| 0553 ④ | 0554 ② | 0555 ④ | 0556 ② |
| 0557 ③ | 0558 ④ | 0559 ③ | 0560 3 |
| 0561 ⑤ | 0562 ⑤ | | |

### PART B′ 기출 & 기출변형 문제

| | | | |
|---|---|---|---|
| 0563 3 | 0564 4 | 0565 ② | 0566 6 |
| 0567 ③ | 0568 10 | 0569 ③ | 0570 ⑤ |
| 0571 34 | 0572 ③ | 0573 ⑤ | 0574 3 |

# Ⅲ 적분법

## 08 여러 가지 적분법

### PART A′ 유형별 유사문제

| | | | |
|---|---|---|---|
| 0575 ① | 0576 108 | 0577 ② | 0578 ② |
| 0579 ③ | 0580 ③ | 0581 ⑤ | 0582 ② |
| 0583 ④ | 0584 ① | 0585 $\frac{3}{\ln 2}-2$ | 0586 $2\pi$ |
| 0587 ① | 0588 ⑤ | 0589 ④ | 0590 65 |
| 0591 2 | 0592 ⑤ | 0593 29 | 0594 ③ |
| 0595 ③ | 0596 ④ | 0597 ③ | 0598 16 |
| 0599 17 | 0600 26 | 0601 ⑤ | 0602 ⑤ |
| 0603 2 | 0604 9 | 0605 ③ | 0606 4 |
| 0607 ③ | 0608 ④ | 0609 $e^4$ | 0610 ③ |
| 0611 ④ | 0612 5 | 0613 ① | 0614 ① |
| 0615 ⑤ | 0616 ① | 0617 ⑤ | 0618 ③ |
| 0619 6 | 0620 ② | 0621 ③ | 0622 7 |

### PART B′ 기출 & 기출변형 문제

| | | | |
|---|---|---|---|
| 0623 ④ | 0624 ③ | 0625 72 | 0626 $3\pi$ |
| 0627 ② | 0628 ④ | 0629 ③ | 0630 93 |

## 09 정적분

### PART A′ 유형별 유사문제

| | | | |
|---|---|---|---|
| 0631 ② | 0632 ④ | 0633 10 | 0634 1 |
| 0635 ④ | 0636 ① | 0637 ③ | 0638 ② |
| 0639 ① | 0640 ① | 0641 ① | 0642 ⑤ |
| 0643 2 | 0644 ④ | 0645 ③ | 0646 ③ |

| | | | |
|---|---|---|---|
| 0647 ② | 0648 ④ | 0649 ③ | 0650 2 |
| 0651 ④ | 0652 ① | 0653 2 | 0654 2 |
| 0655 ln 5 | 0656 ④ | 0657 ② | 0658 2 |
| 0659 ② | 0660 ② | 0661 ② | 0662 2 |
| 0663 4 | 0664 ② | 0665 ③ | 0666 6 |
| 0667 ① | 0668 20 | 0669 ④ | 0670 ① |
| 0671 ② | 0672 $-1$ | 0673 1 | 0674 $\pi-2$ |
| 0675 ① | 0676 ③ | 0677 ③ | 0678 ⑤ |
| 0679 0 | 0680 ⑤ | 0681 ② | 0682 $-2$ |
| 0683 ⑤ | 0684 2 | 0685 ① | 0686 0 |
| 0687 ③ | 0688 ② | 0689 ④ | 0690 2 |
| 0691 2 | 0692 ③ | 0693 ③ | 0694 1 |
| 0695 ① | 0696 $16\sqrt{3}$ | | |

## PART B 기출 & 기출변형 문제

| | | | |
|---|---|---|---|
| 0697 ③ | 0698 ① | 0699 ⑤ | 0700 ③ |
| 0701 ④ | 0702 8 | 0703 6 | 0704 ① |
| 0705 ④ | 0706 ① | 0707 ④ | 0708 ③ |

# 10 정적분의 활용

## PART A 유형별 유사문제

| | | | |
|---|---|---|---|
| 0709 ② | 0710 ① | 0711 ② | 0712 ⑤ |
| 0713 ③ | 0714 ② | 0715 ① | 0716 120 |
| 0717 3 | 0718 ⑤ | 0719 ③ | 0720 $4\pi$ |
| 0721 15 | 0722 ② | 0723 ② | 0724 $e$ |
| 0725 ② | 0726 ① | 0727 ln 3 | 0728 32 |
| 0729 ④ | 0730 ② | 0731 ③ | 0732 ③ |
| 0733 ② | 0734 ③ | 0735 ③ | 0736 ④ |
| 0737 2 | 0738 ③ | 0739 ④ | 0740 $e$ |
| 0741 ⑤ | 0742 ④ | 0743 $e$ | 0744 ④ |
| 0745 4 | 0746 ④ | 0747 ① | 0748 7 |
| 0749 3 | 0750 ④ | 0751 3 | 0752 $\pi$ |
| 0753 ② | 0754 ln 2 | 0755 ④ | 0756 ④ |
| 0757 ② | 0758 2 | 0759 ③ | |

## PART B 기출 & 기출변형 문제

| | | | |
|---|---|---|---|
| 0760 7 | 0761 ③ | 0762 56 | 0763 4 |
| 0764 ① | 0765 ② | 0766 ② | 0767 64 |
| 0768 2 | 0769 ① | 0770 ① | 0771 42 |

MEMO

# 수학의 바이블

## 유형 ON

1권

정답과 풀이

# 미적분

# 수열의 극한

유형별 문제

## 01 수열의 극한

### 유형 01 수열의 수렴과 발산

확인 문제 (1) 수렴, 0 (2) 발산 (3) 발산 (4) 수렴, 2

각 수열의 일반항을 $a_n$이라 하고, $n$이 한없이 커질 때 $a_n$의 값의 변화를 그래프로 나타내면 다음과 같다.

(1) 오른쪽 그림에서 $n$의 값이 한없이 커질 때, $\frac{1}{n}$의 값은 0에 한없이 가까워지므로 주어진 수열은 0에 수렴한다.

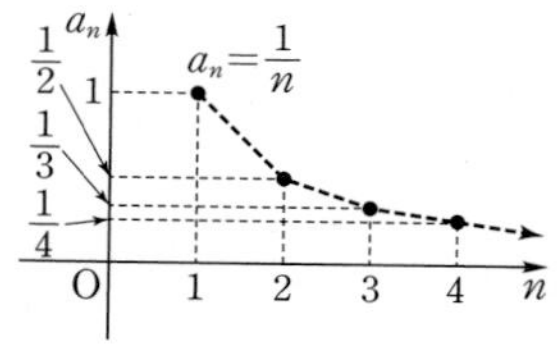


(2) 오른쪽 그림에서 $n$의 값이 한없이 커질 때, $-3^n$의 값은 음수이면서 그 절댓값이 한없이 커지므로 주어진 수열은 음의 무한대로 발산한다.

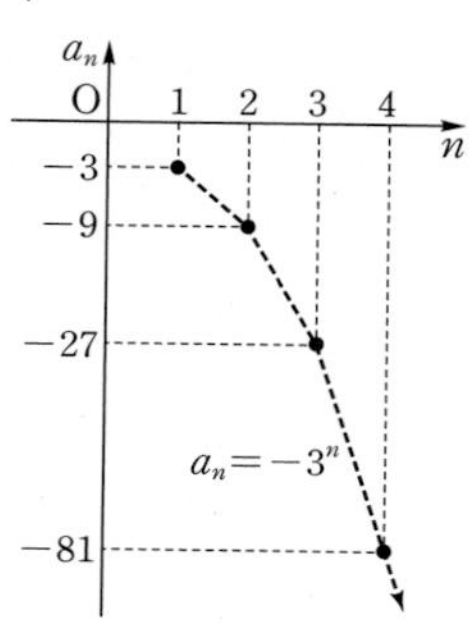


(3) 오른쪽 그림에서 $n$의 값이 한없이 커질 때, $(-1)^{n-1}\times5$의 값은 5와 $-5$가 교대로 나타나므로 주어진 수열은 발산(진동)한다.

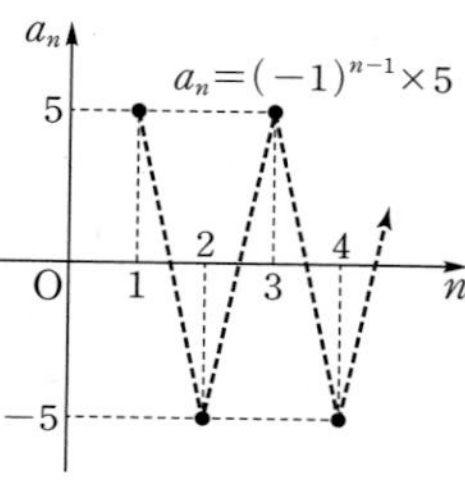


(4) 오른쪽 그림에서 모든 자연수 $n$에 대하여 $a_n=2$이므로 주어진 수열은 2에 수렴한다.

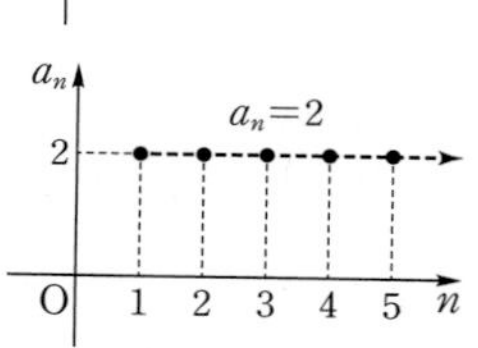


## 0001

답 ③

① $n$의 값이 한없이 커지면 $3n+1$의 값도 한없이 커지므로 주어진 수열은 양의 무한대로 발산한다.

② $n$의 값이 한없이 커지면 $\frac{(-1)^n}{4}$의 값은 $-\frac{1}{4}$과 $\frac{1}{4}$이 교대로 나타나므로 주어진 수열은 발산(진동)한다.

③ $n$의 값이 한없이 커지면 $\frac{1}{n}$의 값은 0에 한없이 가까워지므로 $\log\left(10+\frac{1}{n}\right)$의 값은 $\log10$, 즉 1에 수렴한다.

④ 주어진 수열에서 각 항의 분모를 유리화하면

$\frac{\sqrt{3}}{3}$, $\frac{\sqrt{6}}{3}$, $\frac{\sqrt{9}}{3}$, $\frac{\sqrt{12}}{3}$, $\cdots$, $\frac{\sqrt{3n}}{3}$, $\cdots$

$n$의 값이 한없이 커지면 $\frac{\sqrt{3n}}{3}$의 값도 한없이 커지므로 주어진 수열은 양의 무한대로 발산한다.

⑤ $n$의 값이 한없이 커지면 $-\left(\frac{3}{2}\right)^n$의 값은 음수이면서 그 절댓값이 한없이 커지므로 주어진 수열은 음의 무한대로 발산한다.

따라서 수렴하는 수열은 ③이다.

## 0002

답 ②

① $a_n=3^n\times n$이라 하고 $n=1$을 대입하면 $a_1=3$

이때 $n$의 값이 한없이 커지면 $a_n$의 값도 한없이 커지므로 수열 $\{a_n\}$은 양의 무한대로 발산한다.

② $a_n=\frac{2n+1}{n}=2+\frac{1}{n}$이라 하고 $n=1$을 대입하면 $a_1=3$

이때 $n$의 값이 한없이 커지면 $a_n$의 값은 2에 한없이 가까워지므로 수열 $\{a_n\}$은 2에 수렴한다.

③ $a_n=n+2$라 하고 $n=1$을 대입하면 $a_1=3$

이때 $n$의 값이 한없이 커지면 $a_n$의 값도 한없이 커지므로 수열 $\{a_n\}$은 양의 무한대로 발산한다.

④ $a_n=\frac{3n+2}{n}=3+\frac{2}{n}$라 하고 $n=1$을 대입하면 $a_1=5$

이때 $n$의 값이 한없이 커지면 $a_n$의 값은 3에 한없이 가까워지므로 수열 $\{a_n\}$은 3에 수렴한다.

⑤ $a_n=4-\frac{1}{n}$이라 하고 $n=1$을 대입하면 $a_1=3$

이때 $n$의 값이 한없이 커지면 $a_n$의 값은 4에 한없이 가까워지므로 수열 $\{a_n\}$은 4에 수렴한다.

따라서 주어진 그래프로 표현되는 수열로 가장 적당한 것은 ②이다.

## 0003

답 ④

① $n$의 값이 한없이 커지면 $\frac{1}{n+1}$의 값은 0에 한없이 가까워지므로 수열 $\left\{5+\frac{1}{n+1}\right\}$은 5에 수렴한다.

② $n$의 값이 한없이 커지면 $\frac{2}{\sqrt{n}}$의 값은 0에 한없이 가까워지므로 수열 $\left\{\frac{2}{\sqrt{n}}\right\}$는 0에 수렴한다.

③ $\frac{4n^2+1}{3n^2}=\frac{4}{3}+\frac{1}{3n^2}$에서 $n$의 값이 한없이 커지면 $\frac{1}{3n^2}$의 값은 0에 한없이 가까워지므로 수열 $\left\{\frac{4n^2+1}{3n^2}\right\}$은 $\frac{4}{3}$에 수렴한다.

④ $\frac{3n+(-1)^n}{2}$에 $n=1, 2, 3, 4, \cdots$를 차례대로 대입하면

$1, \frac{7}{2}, 4, \frac{13}{2}, \cdots$

즉, $n$의 값이 한없이 커지면 $\frac{3n+(-1)^n}{2}$의 값도 한없이 커지므로 수열 $\left\{\frac{3n+(-1)^n}{2}\right\}$은 양의 무한대로 발산한다.

⑤ $\frac{(-1)^n+1^n}{n}$에 $n=1, 2, 3, 4, 5, 6, \cdots$을 차례대로 대입하면

$0, 1, 0, \frac{1}{2}, 0, \frac{1}{3}, \cdots$ → 홀수 번째 항도 0에 수렴하고, 짝수 번째 항도 0에 수렴한다.

즉, $n$의 값이 한없이 커지면 $\frac{(-1)^n+1^n}{n}$의 값은 0에 한없이 가까워지므로 수열 $\left\{\frac{(-1)^n+1^n}{n}\right\}$은 0에 수렴한다.

따라서 발산하는 수열은 ④이다.

## 0004

답 2

$n$의 값이 한없이 커지면 $\frac{3}{n^2+1}$의 값은 0에 한없이 가까워지므로 수열 $\left\{2-\frac{3}{n^2+1}\right\}$은 2에 수렴한다.

$\therefore x=2$

$\frac{\cos n\pi}{3n}$에 $n=1, 2, 3, 4, \cdots$를 차례대로 대입하면

$-\frac{1}{3}, \frac{1}{6}, -\frac{1}{9}, \frac{1}{12}, \cdots$ → 홀수 번째 항도 0에 수렴하고, 짝수 번째 항도 0에 수렴한다.

즉, $n$의 값이 한없이 커지면 $\frac{\cos n\pi}{3n}$의 값은 0에 한없이 가까워지므로 수열 $\left\{\frac{\cos n\pi}{3n}\right\}$는 0에 수렴한다.

$\therefore y=0$

$\therefore x+y=2+0=2$

**Bible Says 부호가 교대로 나타나는 수열의 극한값**

수열 $\{a_n\}$의 값의 부호가 양과 음(또는 음과 양)이 교대로 나타날 때, 자연수 $k$에 대하여

$\lim_{k\to\infty} a_{2k-1}=\lim_{k\to\infty} a_{2k}=\alpha$ ($\alpha$는 실수)

이면 수열 $\{a_n\}$은 수렴하고 그 극한값은 $\alpha$이다.

## 0005

답 ③

ㄱ. $1-(-1)^n$에 $n=1, 2, 3, 4, \cdots$를 차례대로 대입하면 $2, 0, 2, 0, \cdots$이므로 수열 $\{1-(-1)^n\}$은 발산(진동)한다.

ㄴ. $(-1)^n\times\frac{n}{n^2+1}$에 $n=1, 2, 3, 4, \cdots$를 차례대로 대입하면

$-\frac{1}{2}, \frac{2}{5}, -\frac{3}{10}, \frac{4}{17}, \cdots$ → 홀수 번째 항도 0에 수렴하고, 짝수 번째 항도 0에 수렴한다.

이므로 수열 $\left\{(-1)^n\times\frac{n}{n^2+1}\right\}$은 0에 수렴한다.

ㄷ. $n$의 값이 한없이 커지면 $\left(-\frac{1}{2}\right)^n$의 값은 음수와 양수가 교대로 나타나면서 그 절댓값은 0에 한없이 가까워진다.

즉, 수열 $\left\{1+\left(-\frac{1}{2}\right)^n\right\}$은 1에 수렴한다.

ㄹ. $\sin\frac{2n+1}{2}\pi=\sin\left(n\pi+\frac{\pi}{2}\right)$에 $n=1, 2, 3, 4, \cdots$를 차례대로 대입하면 $-1, 1, -1, 1, \cdots$이므로 수열 $\left\{\sin\frac{2n+1}{2}\pi\right\}$는 발산(진동)한다.

따라서 수렴하는 수열은 ㄴ, ㄷ이다.

## 유형 02 수열의 극한에 대한 기본 성질

확인 문제 (1) $-7$ (2) $-24$ (3) $-\frac{9}{10}$ (4) $\frac{5}{16}$

(1) $\lim_{n\to\infty}(3a_n+4b_n)=3\lim_{n\to\infty}a_n+4\lim_{n\to\infty}b_n$
$=3\times3+4\times(-4)=-7$

(2) $\lim_{n\to\infty}2a_nb_n=2\lim_{n\to\infty}a_n\times\lim_{n\to\infty}b_n=2\times3\times(-4)=-24$

(3) $\lim_{n\to\infty}\frac{6a_n}{5b_n}=\frac{6\lim_{n\to\infty}a_n}{5\lim_{n\to\infty}b_n}=\frac{6\times3}{5\times(-4)}=-\frac{9}{10}$

(4) $\lim_{n\to\infty}\frac{4a_n-7}{b_n^2}=\frac{4\lim_{n\to\infty}a_n-\lim_{n\to\infty}7}{\lim_{n\to\infty}b_n\times\lim_{n\to\infty}b_n}=\frac{4\times3-7}{(-4)^2}=\frac{5}{16}$

## 0006

답 ④

$\lim_{n\to\infty}\frac{a_nb_n-6}{a_n+2b_n}=\frac{\lim_{n\to\infty}a_n\times\lim_{n\to\infty}b_n-6}{\lim_{n\to\infty}a_n+2\lim_{n\to\infty}b_n}$
$=\frac{6\times(-5)-6}{6+2\times(-5)}=9$

## 0007

답 10

$\lim_{n\to\infty}(a_n+3)=5$이므로

$\lim_{n\to\infty}a_n=\lim_{n\to\infty}\{(a_n+3)-3\}=5-3=2$

$\therefore \lim_{n\to\infty}a_n(7-a_n)=\lim_{n\to\infty}a_n\times\lim_{n\to\infty}(7-a_n)$
$=2\times(7-2)=10$

## 0008

답 33

$\lim_{n\to\infty}\{(a_n+2b_n)+(2a_n+b_n)\}=\lim_{n\to\infty}(3a_n+3b_n)$
$=3\lim_{n\to\infty}(a_n+b_n)$

따라서 $3\lim_{n\to\infty}(a_n+b_n)=9+90=99$이므로

$\lim_{n\to\infty}(a_n+b_n)=33$

**참고**

두 수열 $\{a_n\}$, $\{b_n\}$이 수렴한다는 조건이 없으므로 $\lim_{n\to\infty}a_n=\alpha$, $\lim_{n\to\infty}b_n=\beta$ ($\alpha$, $\beta$는 실수)로 놓을 수 없다.

## 0009

답 ⑤

$\lim_{n\to\infty}a_n=\lim_{n\to\infty}\left(\frac{1}{n^2+1}-3\right)=-3$

$\lim_{n\to\infty}b_n=\lim_{n\to\infty}\left\{2-\frac{3}{n(n+1)}\right\}=2$

$\therefore \lim_{n\to\infty}(a_nb_n-3a_n+b_n)$
$=\lim_{n\to\infty}a_n\times\lim_{n\to\infty}b_n-3\lim_{n\to\infty}a_n+\lim_{n\to\infty}b_n$
$=(-3)\times2-3\times(-3)+2=5$

## 0010

답 20

$\lim_{n\to\infty}(a_n-b_n)^2$

$=\lim_{n\to\infty}\{(a_n+b_n)^2-4a_nb_n\}$

$=\lim_{n\to\infty}(a_n+b_n)\times\lim_{n\to\infty}(a_n+b_n)-4\lim_{n\to\infty}a_nb_n$

$=4\times4-4\times(-1)=20$

## 0011

답 $-6$

두 수열 $\{a_n\}$, $\{b_n\}$이 각각 수렴하므로 $\lim_{n\to\infty}a_n=\alpha$,

$\lim_{n\to\infty}b_n=\beta$ ($\alpha$, $\beta$는 실수)로 놓으면

…… ❶

$\lim_{n\to\infty}(a_n+2b_n)=4$에서 $\lim_{n\to\infty}a_n+2\lim_{n\to\infty}b_n=4$이므로

$\alpha+2\beta=4$ …… ㉠

$\lim_{n\to\infty}(3a_n-b_n)=-9$에서 $3\lim_{n\to\infty}a_n-\lim_{n\to\infty}b_n=-9$이므로

$3\alpha-\beta=-9$ …… ㉡

…… ❷

㉠, ㉡을 연립하여 풀면

$\alpha=-2$, $\beta=3$

…… ❸

$\therefore \lim_{n\to\infty}a_nb_n=\lim_{n\to\infty}a_n\times\lim_{n\to\infty}b_n=(-2)\times3=-6$

…… ❹

| 채점 기준 | 배점 |
|---|---|
| ❶ $\lim_{n\to\infty}a_n$, $\lim_{n\to\infty}b_n$의 값을 각각 $\alpha$, $\beta$로 놓기 | 10% |
| ❷ $\lim_{n\to\infty}(a_n+2b_n)=4$, $\lim_{n\to\infty}(3a_n-b_n)=-9$임을 이용하여 $\alpha$, $\beta$에 대한 두 식 세우기 | 40% |
| ❸ ❷에서 세운 두 식을 연립하여 $\alpha$, $\beta$의 값 구하기 | 20% |
| ❹ $\lim_{n\to\infty}a_nb_n$의 값 구하기 | 30% |

### 유형 03 $\lim_{n\to\infty}a_n=\lim_{n\to\infty}a_{n+1}=\alpha$의 이용

## 0012

답 2

수열 $\{a_n\}$이 수렴하므로 $\lim_{n\to\infty}a_n=\alpha$ ($\alpha$는 실수)로 놓으면

$\lim_{n\to\infty}a_{n+1}=\lim_{n\to\infty}a_{n+2}=\alpha$

$\lim_{n\to\infty}\frac{a_{n+2}+8}{3a_{n+1}-1}=2$에서 $\frac{\alpha+8}{3\alpha-1}=2$

$\alpha+8=6\alpha-2$, $5\alpha=10$ $\quad\therefore \alpha=2$

$\therefore \lim_{n\to\infty}a_n=2$

## 0013

답 9

수열 $\{a_n\}$이 수렴하므로 $\lim_{n\to\infty}a_n=\alpha$ ($\alpha$는 실수)로 놓으면

$\lim_{n\to\infty}a_{n+1}=\alpha$

$a_{n+1}=\frac{1}{3}a_n+6$에서 $\lim_{n\to\infty}a_{n+1}=\lim_{n\to\infty}\left(\frac{1}{3}a_n+6\right)$이므로

$\alpha=\frac{1}{3}\alpha+6$, $\frac{2}{3}\alpha=6$

$\therefore \alpha=9$

$\therefore \lim_{n\to\infty}a_n=9$

## 0014

답 ②

수열 $\{a_n\}$이 0이 아닌 실수에 수렴하므로 $\lim_{n\to\infty}a_n=\alpha$ ($\alpha\neq0$)으로 놓으면

$\lim_{n\to\infty}a_{n+1}=\alpha$

$a_na_{n+1}=6-a_n$에서 $\lim_{n\to\infty}a_na_{n+1}=\lim_{n\to\infty}(6-a_n)$이므로

$\alpha^2=6-\alpha$

$\alpha^2+\alpha-6=0$, $(\alpha+3)(\alpha-2)=0$

$\therefore \alpha=-3$ 또는 $\alpha=2$

이때 수열 $\{a_n\}$의 모든 항이 양수이므로 $\alpha=2$

$\therefore \lim_{n\to\infty}a_n=2$

## 0015

답 ⑤

수열 $\{a_n\}$이 수렴하므로 $\lim_{n\to\infty}a_n=\alpha$ ($\alpha$는 실수)로 놓으면

$\lim_{n\to\infty}a_{2n}=\lim_{n\to\infty}a_{2n+1}=\alpha$

$\lim_{n\to\infty}{a_{2n+1}}^2-4\lim_{n\to\infty}a_{2n}-1=0$에서 $\alpha^2-4\alpha-1=0$

$\therefore \alpha=2+\sqrt{5}$ 또는 $\alpha=2-\sqrt{5}$

이때 모든 자연수 $n$에 대하여 $a_n\geq0$이므로

$\alpha=2+\sqrt{5}$

$\therefore \lim_{n\to\infty}a_n=2+\sqrt{5}$

## 0016

답 4

이차방정식 $x^2-2a_nx+a_{n+1}+12=0$이 중근을 가지므로 이 이차방정식의 판별식을 $D$라 하면

$\frac{D}{4}=(-a_n)^2-(a_{n+1}+12)=0$

$\therefore {a_n}^2-a_{n+1}-12=0$

…… ❶

즉, $\lim_{n\to\infty}({a_n}^2-a_{n+1}-12)=0$이고 수열 $\{a_n\}$이 수렴하므로

$\lim_{n\to\infty}a_n=\lim_{n\to\infty}a_{n+1}=\alpha$ ($\alpha$는 실수)로 놓으면

$\alpha^2-\alpha-12=0$

…… ❷

$(\alpha+3)(\alpha-4)=0$ $\quad\therefore \alpha=-3$ 또는 $\alpha=4$

이때 수열 $\{a_n\}$의 모든 항이 양수이므로 $\alpha=4$

$\therefore \lim_{n\to\infty}a_n=4$

…… ❸

| 채점 기준 | 배점 |
|---|---|
| ❶ 이차방정식의 판별식을 이용하여 $a_n$, $a_{n+1}$에 대한 식 세우기 | 30% |
| ❷ $\lim_{n\to\infty}a_n=\alpha$로 놓고 $\alpha$에 대한 식 세우기 | 40% |
| ❸ $\lim_{n\to\infty}a_n$의 값 구하기 | 30% |

## 유형 04 $\frac{\infty}{\infty}$ 꼴의 극한

확인 문제 (1) 수렴, $-\frac{1}{3}$ (2) 수렴, 0 (3) 발산

(1) $\lim_{n\to\infty}\frac{4-n}{3n-5}=\lim_{n\to\infty}\frac{\frac{4}{n}-1}{3-\frac{5}{n}}=-\frac{1}{3}$

(2) $\lim_{n\to\infty}\frac{n+2}{n^2+3}=\lim_{n\to\infty}\frac{\frac{1}{n}+\frac{2}{n^2}}{1+\frac{3}{n^2}}=0$

(3) $\lim_{n\to\infty}\frac{n^3+3n-4}{n^2+1}=\lim_{n\to\infty}\frac{n+\frac{3}{n}-\frac{4}{n^2}}{1+\frac{1}{n^2}}=\infty$

## 0017

답 ⑤

① $\lim_{n\to\infty}\frac{2n^2+3}{n(n+5)}=\lim_{n\to\infty}\frac{2n^2+3}{n^2+5n}=\lim_{n\to\infty}\frac{2+\frac{3}{n^2}}{1+\frac{5}{n}}=2$

② $\lim_{n\to\infty}\frac{\sqrt{3n}}{n+1}=\lim_{n\to\infty}\frac{\sqrt{\frac{3}{n}}}{1+\frac{1}{n}}=0$

③ $\lim_{n\to\infty}\frac{\sqrt{2n^2+3n-1}}{3n}=\lim_{n\to\infty}\frac{\sqrt{2+\frac{3}{n}-\frac{1}{n^2}}}{3}=\frac{\sqrt{2}}{3}$

④ $\lim_{n\to\infty}\frac{\sqrt{n}}{\sqrt{9n+4}}=\lim_{n\to\infty}\frac{1}{\sqrt{9+\frac{4}{n}}}=\frac{1}{3}$

⑤ $\lim_{n\to\infty}\frac{(2n-1)^3}{2n(n+1)(n+2)}=\lim_{n\to\infty}\frac{8n^3-12n^2+6n-1}{2n^3+6n^2+4n}$

$=\lim_{n\to\infty}\frac{8-\frac{12}{n}+\frac{6}{n^2}-\frac{1}{n^3}}{2+\frac{6}{n}+\frac{4}{n^2}}=\frac{8}{2}=4$

따라서 옳은 것은 ⑤이다.

## 0018

답 ①

등차수열 $\{a_n\}$의 첫째항이 1, 공차가 2이므로 일반항은

$a_n=1+(n-1)\times 2=2n-1$

$\therefore \lim_{n\to\infty}\frac{a_n}{3n+1}=\lim_{n\to\infty}\frac{2n-1}{3n+1}=\lim_{n\to\infty}\frac{2-\frac{1}{n}}{3+\frac{1}{n}}=\frac{2}{3}$

## 0019

답 ⑤

$\lim_{n\to\infty}\frac{\frac{5}{n}+\frac{3}{n^2}}{\frac{1}{n}-\frac{2}{n^3}}=\lim_{n\to\infty}\frac{\left(\frac{5}{n}+\frac{3}{n^2}\right)\times n}{\left(\frac{1}{n}-\frac{2}{n^3}\right)\times n}$

$=\lim_{n\to\infty}\frac{5+\frac{3}{n}}{1-\frac{2}{n^2}}=5$

## 0020

답 3

$a_n+a_{n+1}=3n^2$ …… ㉠

$a_{n+1}+a_{n+2}=3(n+1)^2$ …… ㉡

㉡$-$㉠을 하면 $a_{n+2}-a_n=3(n+1)^2-3n^2=6n+3$

$\therefore \lim_{n\to\infty}\frac{a_{n+2}-a_n}{2n+5}=\lim_{n\to\infty}\frac{6n+3}{2n+5}$

$=\lim_{n\to\infty}\frac{6+\frac{3}{n}}{2+\frac{5}{n}}=3$

## 0021

답 $\frac{1}{9}$

다항식 $f(x)$를 $3x-n$으로 나누었을 때의 나머지는 $f\left(\frac{n}{3}\right)$이므로

$R_n=f\left(\frac{n}{3}\right)=3\times\left(\frac{n}{3}\right)^2+2\times\frac{n}{3}+1=\frac{n^2}{3}+\frac{2}{3}n+1$

$\therefore \lim_{n\to\infty}\frac{R_n}{f(n)}=\lim_{n\to\infty}\frac{\frac{n^2}{3}+\frac{2}{3}n+1}{3n^2+2n+1}$

$=\lim_{n\to\infty}\frac{\frac{1}{3}+\frac{2}{3n}+\frac{1}{n^2}}{3+\frac{2}{n}+\frac{1}{n^2}}=\frac{1}{9}$

참고

다항식 $f(x)$를 일차식 $ax+b$로 나누었을 때의 나머지를 $R$라 하면

$R=f\left(-\frac{b}{a}\right)$

## 0022

답 8

$n\geq 2$일 때

$a_n=S_n-S_{n-1}$

$=2n^2-3n-\{2(n-1)^2-3(n-1)\}$

$=4n-5$

$\therefore \lim_{n\to\infty}\frac{a_n^2}{S_n}=\lim_{n\to\infty}\frac{(4n-5)^2}{2n^2-3n}$

$=\lim_{n\to\infty}\frac{16n^2-40n+25}{2n^2-3n}$

$=\lim_{n\to\infty}\frac{16-\frac{40}{n}+\frac{25}{n^2}}{2-\frac{3}{n}}=8$

## 0023

답 ②

이차방정식 $x^2+(2n+3)x-2n-\sqrt{n^2+n}=0$의 두 실근이 $\alpha_n$, $\beta_n$이므로 이차방정식의 근과 계수의 관계에 의하여

$\alpha_n+\beta_n=-(2n+3)$

$\alpha_n\beta_n=-2n-\sqrt{n^2+n}$

$\therefore \frac{1}{\alpha_n}+\frac{1}{\beta_n}=\frac{\alpha_n+\beta_n}{\alpha_n\beta_n}=\frac{-(2n+3)}{-2n-\sqrt{n^2+n}}$

$=\frac{2n+3}{2n+\sqrt{n^2+n}}$

$$\therefore \lim_{n\to\infty}\left(\frac{1}{\alpha_n}+\frac{1}{\beta_n}\right)=\lim_{n\to\infty}\frac{2n+3}{2n+\sqrt{n^2+n}}$$
$$=\lim_{n\to\infty}\frac{2+\frac{3}{n}}{2+\sqrt{1+\frac{1}{n}}}=\frac{2}{3}$$

## 유형 05 $\frac{\infty}{\infty}$ 꼴의 극한 - 합 또는 곱

### 0024

답 3

$$(n+1)+(n+2)+\cdots+2n=\sum_{k=1}^{n}(n+k)=n^2+\frac{n(n+1)}{2}$$
$$=\frac{3n^2+n}{2}$$
$$1+2+3+\cdots+n=\frac{n(n+1)}{2}=\frac{n^2+n}{2}$$
$$\therefore \lim_{n\to\infty}\frac{(n+1)+(n+2)+\cdots+2n}{1+2+3+\cdots+n}$$
$$=\lim_{n\to\infty}\frac{\frac{3n^2+n}{2}}{\frac{n^2+n}{2}}=\lim_{n\to\infty}\frac{3n^2+n}{n^2+n}$$
$$=\lim_{n\to\infty}\frac{3+\frac{1}{n}}{1+\frac{1}{n}}=3$$

**참고**

(1) $1+2+3+\cdots+n=\sum_{k=1}^{n}k=\frac{n(n+1)}{2}$

(2) $1^2+2^2+3^2+\cdots+n^2=\sum_{k=1}^{n}k^2=\frac{n(n+1)(2n+1)}{6}$

(3) $1\times2+2\times3+\cdots+n(n+1)=\sum_{k=1}^{n}k(k+1)=\frac{n(n+1)(n+2)}{3}$

(4) $1^3+2^3+3^3+\cdots+n^3=\sum_{k=1}^{n}k^3=\left\{\frac{n(n+1)}{2}\right\}^2$

### 0025

답 $\frac{1}{12}$

$$1^3+2^3+3^3+\cdots+n^3=\sum_{k=1}^{n}k^3=\left\{\frac{n(n+1)}{2}\right\}^2$$
$$=\frac{n^2(n+1)^2}{4}$$
$$\therefore \lim_{n\to\infty}\frac{1^3+2^3+3^3+\cdots+n^3}{3n^4+2n+1}=\lim_{n\to\infty}\frac{\frac{n^2(n+1)^2}{4}}{3n^4+2n+1}$$
$$=\lim_{n\to\infty}\frac{n^2(n+1)^2}{12n^4+8n+4}$$
$$=\lim_{n\to\infty}\frac{\left(1+\frac{1}{n}\right)^2}{12+\frac{8}{n^3}+\frac{4}{n^4}}$$
$$=\frac{1}{12}$$

### 0026

답 ②

$$1^2+2^2+3^2+\cdots+n^2=\sum_{k=1}^{n}k^2=\frac{n(n+1)(2n+1)}{6}$$
$$=\frac{2n^3+3n^2+n}{6}$$
$$3+5+7+\cdots+(2n+1)=\sum_{k=1}^{n}(2k+1)=2\times\frac{n(n+1)}{2}+n$$
$$=n^2+2n$$
$$\therefore f(n)=\frac{\frac{2n^3+3n^2+n}{6}}{n^2+2n}=\frac{2n^3+3n^2+n}{6n^2+12n}$$
$$\therefore \lim_{n\to\infty}\frac{f(n)}{n}=\lim_{n\to\infty}\frac{2n^3+3n^2+n}{6n^3+12n^2}=\lim_{n\to\infty}\frac{2+\frac{3}{n}+\frac{1}{n^2}}{6+\frac{12}{n}}=\frac{1}{3}$$

### 0027

답 ①

$$\lim_{n\to\infty}\left(1-\frac{1}{2^2}\right)\left(1-\frac{1}{3^2}\right)\left(1-\frac{1}{4^2}\right)\cdots\left(1-\frac{1}{n^2}\right)$$
$$=\lim_{n\to\infty}\left\{\left(1-\frac{1}{2}\right)\left(1+\frac{1}{2}\right)\left(1-\frac{1}{3}\right)\left(1+\frac{1}{3}\right)\left(1-\frac{1}{4}\right)\left(1+\frac{1}{4}\right)\cdots\left(1-\frac{1}{n}\right)\left(1+\frac{1}{n}\right)\right\}$$
$$=\lim_{n\to\infty}\left(\frac{1}{2}\times\frac{3}{2}\times\frac{2}{3}\times\frac{4}{3}\times\frac{3}{4}\times\frac{5}{4}\times\cdots\times\frac{n-1}{n}\times\frac{n+1}{n}\right)$$
$$=\lim_{n\to\infty}\frac{n+1}{2n}=\lim_{n\to\infty}\frac{1+\frac{1}{n}}{2}=\frac{1}{2}$$

따라서 $p=2$, $q=1$이므로 $p+q=2+1=3$

### 0028

답 $\frac{1}{3}$

$$a_n=1\times2+2\times3+3\times4+\cdots+(n-1)n$$
$$=\sum_{k=1}^{n}(k-1)k=\sum_{k=1}^{n}(k^2-k)$$
$$=\frac{n(n+1)(2n+1)}{6}-\frac{n(n+1)}{2}=\frac{n(n-1)(n+1)}{3}$$

…… ❶

$$b_n=1+2+\cdots+(n-1)+n+(n-1)+\cdots+2+1$$
$$=2(1+2+\cdots+n)-n=2\sum_{k=1}^{n}k-n$$
$$=2\times\frac{n(n+1)}{2}-n=n(n+1)-n=n^2$$

…… ❷

$$\therefore \lim_{n\to\infty}\frac{a_n}{nb_n}=\lim_{n\to\infty}\frac{n(n-1)(n+1)}{3n^3}$$
$$=\lim_{n\to\infty}\frac{\left(1-\frac{1}{n}\right)\left(1+\frac{1}{n}\right)}{3}=\frac{1}{3}$$

…… ❸

| 채점 기준 | 배점 |
|---|---|
| ❶ $a_n$을 간단히 하기 | 35% |
| ❷ $b_n$을 간단히 하기 | 35% |
| ❸ $\lim_{n\to\infty}\frac{a_n}{nb_n}$의 값 구하기 | 30% |

## 유형 06 $\frac{\infty}{\infty}$ 꼴의 극한 - 로그를 포함한 식

### 0029

답 3

$\log_2(2n-1)+\log_2(4n+3)-2\log_2(n+5)$

$=\log_2\frac{(2n-1)(4n+3)}{(n+5)^2}$

$=\log_2\frac{8n^2+2n-3}{n^2+10n+25}$

$\therefore \lim_{n\to\infty}\{\log_2(2n-1)+\log_2(4n+3)-2\log_2(n+5)\}$

$=\lim_{n\to\infty}\log_2\frac{8n^2+2n-3}{n^2+10n+25}$

$=\log_2\left(\lim_{n\to\infty}\frac{8n^2+2n-3}{n^2+10n+25}\right)$

$=\log_2\left(\lim_{n\to\infty}\frac{8+\frac{2}{n}-\frac{3}{n^2}}{1+\frac{10}{n}+\frac{25}{n^2}}\right)$

$=\log_2 8=\log_2 2^3=3$

**Bible Says 로그의 성질**

$a>0$, $a\neq1$, $M>0$, $N>0$일 때
(1) $\log_a 1=0$, $\log_a a=1$
(2) $\log_a MN=\log_a M+\log_a N$
(3) $\log_a \frac{M}{N}=\log_a M-\log_a N$
(4) $\log_a M^k=k\log_a M$ (단, $k$는 실수)

### 0030

답 ②

$\lim_{n\to\infty}(\log_3\sqrt{2n^2+n+3}-\log_3\sqrt{6n^2-5n+1})$

$=\lim_{n\to\infty}\log_3\frac{\sqrt{2n^2+n+3}}{\sqrt{6n^2-5n+1}}$

$=\log_3\left(\lim_{n\to\infty}\frac{\sqrt{2n^2+n+3}}{\sqrt{6n^2-5n+1}}\right)$

$=\log_3\left(\lim_{n\to\infty}\frac{\sqrt{2+\frac{1}{n}+\frac{3}{n^2}}}{\sqrt{6-\frac{5}{n}+\frac{1}{n^2}}}\right)$

$=\log_3\frac{1}{\sqrt{3}}=\log_3 3^{-\frac{1}{2}}=-\frac{1}{2}$

### 0031

답 ①

$a_n=\log\frac{n+1}{n}$에서

$a_1+a_2+a_3+\cdots+a_n=\log\frac{2}{1}+\log\frac{3}{2}+\log\frac{4}{3}+\cdots+\log\frac{n+1}{n}$

$=\log\left(\frac{2}{1}\times\frac{3}{2}\times\frac{4}{3}\times\cdots\times\frac{n+1}{n}\right)$

$=\log(n+1)$

$\therefore \lim_{n\to\infty}\frac{n}{10^{a_1+a_2+a_3+\cdots+a_n}}=\lim_{n\to\infty}\frac{n}{10^{\log(n+1)}}=\lim_{n\to\infty}\frac{n}{n+1}$

$=\lim_{n\to\infty}\frac{1}{1+\frac{1}{n}}=1$

## 유형 07 $\frac{\infty}{\infty}$ 꼴의 극한 - 미정계수의 결정

확인 문제 6

$\lim_{n\to\infty}\frac{an^2+n-1}{2n^2-n}=\lim_{n\to\infty}\frac{a+\frac{1}{n}-\frac{1}{n^2}}{2-\frac{1}{n}}=\frac{a}{2}$

따라서 $\frac{a}{2}=3$이므로 $a=6$

### 0032

답 6

$\lim_{n\to\infty}\frac{(n+1)(3n-1)}{an^2-2}=\lim_{n\to\infty}\frac{\left(1+\frac{1}{n}\right)\left(3-\frac{1}{n}\right)}{a-\frac{2}{n^2}}=\frac{3}{a}$

따라서 $\frac{3}{a}=\frac{1}{2}$이므로 $a=6$

### 0033

답 2

$\lim_{n\to\infty}\frac{n-3}{\sqrt{4n^2+5n-1}+a^2n}=\lim_{n\to\infty}\frac{1-\frac{3}{n}}{\sqrt{4+\frac{5}{n}-\frac{1}{n^2}}+a^2}$

$=\frac{1}{2+a^2}$

따라서 $\frac{1}{2+a^2}=\frac{1}{6}$이므로 $2+a^2=6$, $a^2=4$

$\therefore a=2$ ($\because a>0$)

### 0034

답 12

$a\neq0$이면 $\lim_{n\to\infty}\frac{an^2+bn+7}{3n+1}=\infty$ (또는 $-\infty$)이므로 $a=0$

$\therefore \lim_{n\to\infty}\frac{an^2+bn+7}{3n+1}=\lim_{n\to\infty}\frac{bn+7}{3n+1}=\lim_{n\to\infty}\frac{b+\frac{7}{n}}{3+\frac{1}{n}}=\frac{b}{3}$

따라서 $\frac{b}{3}=4$이므로 $b=12$

$\therefore a+b=0+12=12$

### 0035

답 ③

$\lim_{n\to\infty}\frac{(a^2+a-6)n^2+(a+3)n+1}{n+4}\neq0$이므로

$a^2+a-6=0$, $a+3\neq0$

$a^2+a-6=(a+3)(a-2)=0$

$\therefore a=-3$ 또는 $a=2$

이때 $a+3\neq0$에서 $a\neq-3$이므로 $a=2$

$\therefore \lim_{n\to\infty} \frac{(a^2+a-6)n^2+(a+3)n+1}{n+4}$

$=\lim_{n\to\infty} \frac{5n+1}{n+4}=\lim_{n\to\infty} \frac{5+\frac{1}{n}}{1+\frac{4}{n}}=5$

$\therefore b=5$

$\therefore ab=2\times5=10$

## 0036

답 18

$a+2b\neq0$이면

$\lim_{n\to\infty} \frac{(a+2b)n^2-(2a+b)n+1}{9n+b^2}=\infty$ (또는 $-\infty$)이므로

$a+2b=0 \quad \therefore a=-2b$ ······ ㉠

$\therefore \lim_{n\to\infty} \frac{(a+2b)n^2-(2a+b)n+1}{9n+b^2}=\lim_{n\to\infty} \frac{3bn+1}{9n+b^2}$

$=\lim_{n\to\infty} \frac{3b+\frac{1}{n}}{9+\frac{b^2}{n}}=\frac{b}{3}$

따라서 $\frac{b}{3}=2$이므로 $b=6$

$b=6$을 ㉠에 대입하면

$a=-2\times6=-12$

$\therefore b-a=6-(-12)=18$

## 0037

답 $-2\sqrt{2}$

$a\neq0$이면 $\lim_{n\to\infty} \frac{\sqrt{16n^2-3n+1}}{an^2+2n+5}=0$이므로 $a=0$

······ ❶

$\therefore \lim_{n\to\infty} \frac{\sqrt{16n^2-3n+1}}{an^2+2n+5}=\lim_{n\to\infty} \frac{\sqrt{16n^2-3n+1}}{2n+5}$

$=\lim_{n\to\infty} \frac{\sqrt{16-\frac{3}{n}+\frac{1}{n^2}}}{2+\frac{5}{n}}=\frac{4}{2}=2$

$\therefore b=2$

······ ❷

$\therefore \lim_{n\to\infty} \frac{an^2-4n+3}{\sqrt{bn^2-n}}=\lim_{n\to\infty} \frac{-4n+3}{\sqrt{2n^2-n}}$

$=\lim_{n\to\infty} \frac{-4+\frac{3}{n}}{\sqrt{2-\frac{1}{n}}}$

$=\frac{-4}{\sqrt{2}}=-2\sqrt{2}$

······ ❸

| 채점 기준 | 배점 |
|---|---|
| ❶ $a$의 값 구하기 | 20% |
| ❷ $b$의 값 구하기 | 40% |
| ❸ $\lim_{n\to\infty} \frac{an^2-4n+3}{\sqrt{bn^2-n}}$의 값 구하기 | 40% |

# 유형 08 $\infty-\infty$ 꼴의 극한

## 0038

답 2

$\lim_{n\to\infty} \sqrt{n+2}(\sqrt{n+3}-\sqrt{n-1})$

$=\lim_{n\to\infty} \frac{\sqrt{n+2}(\sqrt{n+3}-\sqrt{n-1})(\sqrt{n+3}+\sqrt{n-1})}{\sqrt{n+3}+\sqrt{n-1}}$

$=\lim_{n\to\infty} \frac{4\sqrt{n+2}}{\sqrt{n+3}+\sqrt{n-1}}$

$=\lim_{n\to\infty} \frac{4\sqrt{1+\frac{2}{n}}}{\sqrt{1+\frac{3}{n}}+\sqrt{1-\frac{1}{n}}}=\frac{4}{1+1}=2$

## 0039

답 ①

$\lim_{n\to\infty} (\sqrt{4n^2+2n+1}-\sqrt{4n^2-2n-1})$

$=\lim_{n\to\infty} \frac{(\sqrt{4n^2+2n+1}-\sqrt{4n^2-2n-1})(\sqrt{4n^2+2n+1}+\sqrt{4n^2-2n-1})}{\sqrt{4n^2+2n+1}+\sqrt{4n^2-2n-1}}$

$=\lim_{n\to\infty} \frac{(4n^2+2n+1)-(4n^2-2n-1)}{\sqrt{4n^2+2n+1}+\sqrt{4n^2-2n-1}}$

$=\lim_{n\to\infty} \frac{4n+2}{\sqrt{4n^2+2n+1}+\sqrt{4n^2-2n-1}}$

$=\lim_{n\to\infty} \frac{4+\frac{2}{n}}{\sqrt{4+\frac{2}{n}+\frac{1}{n^2}}+\sqrt{4-\frac{2}{n}-\frac{1}{n^2}}}$

$=\frac{4}{2+2}=1$

## 0040

답 2

이차방정식 $x^2+2nx-4n=0$의 두 실근은

$x=-n\pm\sqrt{n^2+4n}$

이때 $a_n$이 양의 실근이므로

$a_n=-n+\sqrt{n^2+4n}$

$\therefore \lim_{n\to\infty} a_n=\lim_{n\to\infty} (\sqrt{n^2+4n}-n)$

$=\lim_{n\to\infty} \frac{(\sqrt{n^2+4n}-n)(\sqrt{n^2+4n}+n)}{\sqrt{n^2+4n}+n}$

$=\lim_{n\to\infty} \frac{4n}{\sqrt{n^2+4n}+n}$

$=\lim_{n\to\infty} \frac{4}{\sqrt{1+\frac{4}{n}}+1}$

$=\frac{4}{1+1}=2$

## 0041

답 $\sqrt{2}$

등차수열 $\{a_n\}$의 첫째항이 3, 공차가 4이므로

$$S_n=\frac{n\{2\times3+(n-1)\times4\}}{2}=2n^2+n$$

$$S_{n+1}=2(n+1)^2+(n+1)=2n^2+5n+3$$

❶

$$\therefore \lim_{n\to\infty}(\sqrt{S_{n+1}}-\sqrt{S_n-3})$$
$$=\lim_{n\to\infty}(\sqrt{2n^2+5n+3}-\sqrt{2n^2+n-3})$$
$$=\lim_{n\to\infty}\frac{(\sqrt{2n^2+5n+3}-\sqrt{2n^2+n-3})(\sqrt{2n^2+5n+3}+\sqrt{2n^2+n-3})}{\sqrt{2n^2+5n+3}+\sqrt{2n^2+n-3}}$$
$$=\lim_{n\to\infty}\frac{4n+6}{\sqrt{2n^2+5n+3}+\sqrt{2n^2+n-3}}$$
$$=\lim_{n\to\infty}\frac{4+\frac{6}{n}}{\sqrt{2+\frac{5}{n}+\frac{3}{n^2}}+\sqrt{2+\frac{1}{n}-\frac{3}{n^2}}}$$
$$=\frac{4}{\sqrt{2}+\sqrt{2}}=\sqrt{2}$$

❷

| 채점 기준 | 배점 |
|---|---|
| ❶ $S_n$, $S_{n+1}$ 구하기 | 50% |
| ❷ $\lim_{n\to\infty}(\sqrt{S_{n+1}}-\sqrt{S_n-3})$의 값 구하기 | 50% |

## 0042

답 ③

$\sqrt{(2n)^2}<\sqrt{4n^2+3n+1}<\sqrt{(2n+1)^2}$이므로

$2n<\sqrt{4n^2+3n+1}<2n+1$

$\therefore a_n=\sqrt{4n^2+3n+1}-2n$

$$\therefore \lim_{n\to\infty}a_n$$
$$=\lim_{n\to\infty}(\sqrt{4n^2+3n+1}-2n)$$
$$=\lim_{n\to\infty}\frac{(\sqrt{4n^2+3n+1}-2n)(\sqrt{4n^2+3n+1}+2n)}{\sqrt{4n^2+3n+1}+2n}$$
$$=\lim_{n\to\infty}\frac{3n+1}{\sqrt{4n^2+3n+1}+2n}$$
$$=\lim_{n\to\infty}\frac{3+\frac{1}{n}}{\sqrt{4+\frac{3}{n}+\frac{1}{n^2}}+2}=\frac{3}{2+2}=\frac{3}{4}$$

## 0043

답 ③

$a_{2k}=2\times2k-1=4k-1$이므로

$$a_2+a_4+a_6+\cdots+a_{2n}=\sum_{k=1}^{n}a_{2k}=\sum_{k=1}^{n}(4k-1)=4\times\frac{n(n+1)}{2}-n$$
$$=2n^2+n$$

$a_{2k-1}=2\times(2k-1)-1=4k-3$이므로

$$a_1+a_3+a_5+\cdots+a_{2n-1}=\sum_{k=1}^{n}a_{2k-1}=\sum_{k=1}^{n}(4k-3)$$
$$=4\times\frac{n(n+1)}{2}-3n$$
$$=2n^2-n$$

$$\therefore \lim_{n\to\infty}(\sqrt{a_2+a_4+a_6+\cdots+a_{2n}}-\sqrt{a_1+a_3+a_5+\cdots+a_{2n-1}})$$
$$=\lim_{n\to\infty}(\sqrt{2n^2+n}-\sqrt{2n^2-n})$$
$$=\lim_{n\to\infty}\frac{(\sqrt{2n^2+n}-\sqrt{2n^2-n})(\sqrt{2n^2+n}+\sqrt{2n^2-n})}{\sqrt{2n^2+n}+\sqrt{2n^2-n}}$$
$$=\lim_{n\to\infty}\frac{2n}{\sqrt{2n^2+n}+\sqrt{2n^2-n}}$$
$$=\lim_{n\to\infty}\frac{2}{\sqrt{2+\frac{1}{n}}+\sqrt{2-\frac{1}{n}}}$$
$$=\frac{2}{\sqrt{2}+\sqrt{2}}=\frac{\sqrt{2}}{2}$$

### 유형 09 $\infty-\infty$ 꼴의 극한 - 분수 꼴

## 0044

답 $\frac{3}{2}$

$$\lim_{n\to\infty}\frac{3}{\sqrt{n^2+4n+1}-n}$$
$$=\lim_{n\to\infty}\frac{3(\sqrt{n^2+4n+1}+n)}{(\sqrt{n^2+4n+1}-n)(\sqrt{n^2+4n+1}+n)}$$
$$=\lim_{n\to\infty}\frac{3(\sqrt{n^2+4n+1}+n)}{4n+1}$$
$$=\lim_{n\to\infty}\frac{3\left(\sqrt{1+\frac{4}{n}+\frac{1}{n^2}}+1\right)}{4+\frac{1}{n}}$$
$$=\frac{3(1+1)}{4}=\frac{3}{2}$$

## 0045

답 ①

$$\lim_{n\to\infty}\frac{1}{\sqrt{n^2+3n}-\sqrt{n^2+n}}$$
$$=\lim_{n\to\infty}\frac{\sqrt{n^2+3n}+\sqrt{n^2+n}}{(\sqrt{n^2+3n}-\sqrt{n^2+n})(\sqrt{n^2+3n}+\sqrt{n^2+n})}$$
$$=\lim_{n\to\infty}\frac{\sqrt{n^2+3n}+\sqrt{n^2+n}}{2n}$$
$$=\lim_{n\to\infty}\frac{\sqrt{1+\frac{3}{n}}+\sqrt{1+\frac{1}{n}}}{2}=\frac{1+1}{2}=1$$

## 0046

답 $-1$

주어진 수열의 일반항을 $a_n$이라 하면

$$a_n=\frac{1}{n-\sqrt{n\times(n+2)}}=\frac{1}{n-\sqrt{n^2+2n}}$$

$$\therefore \lim_{n\to\infty} a_n = \lim_{n\to\infty} \frac{1}{n-\sqrt{n^2+2n}}$$
$$= \lim_{n\to\infty} \frac{n+\sqrt{n^2+2n}}{(n-\sqrt{n^2+2n})(n+\sqrt{n^2+2n})}$$
$$= \lim_{n\to\infty} \frac{n+\sqrt{n^2+2n}}{-2n}$$
$$= \lim_{n\to\infty} \frac{1+\sqrt{1+\frac{2}{n}}}{-2}$$
$$= \frac{1+1}{-2} = -1$$

## 0047

답 $-4$

두 점 $(2, 0)$, $(n, 3)$ 사이의 거리는

$\sqrt{(n-2)^2+3^2}=\sqrt{n^2-4n+13}$이므로

$f(n)=\sqrt{n^2-4n+13}$

................................................................ ❶

$$\therefore \lim_{n\to\infty} \frac{8}{f(n)-n}$$
$$= \lim_{n\to\infty} \frac{8}{\sqrt{n^2-4n+13}-n}$$
$$= \lim_{n\to\infty} \frac{8(\sqrt{n^2-4n+13}+n)}{(\sqrt{n^2-4n+13}-n)(\sqrt{n^2-4n+13}+n)}$$
$$= \lim_{n\to\infty} \frac{8(\sqrt{n^2-4n+13}+n)}{-4n+13}$$
$$= \lim_{n\to\infty} \frac{8\left(\sqrt{1-\frac{4}{n}+\frac{13}{n^2}}+1\right)}{-4+\frac{13}{n}}$$
$$= \frac{8(1+1)}{-4} = -4$$

................................................................ ❷

| 채점 기준 | 배점 |
|---|---|
| ❶ $f(n)$ 구하기 | 30% |
| ❷ $\lim_{n\to\infty} \frac{8}{f(n)-n}$의 값 구하기 | 70% |

## 0048

답 ①

$$\lim_{n\to\infty} \frac{\sqrt{n}-\sqrt{n+1}}{\sqrt{9n+4}-3\sqrt{n}}$$
$$= \lim_{n\to\infty} \frac{(\sqrt{n}-\sqrt{n+1})(\sqrt{n}+\sqrt{n+1})(\sqrt{9n+4}+3\sqrt{n})}{(\sqrt{9n+4}-3\sqrt{n})(\sqrt{9n+4}+3\sqrt{n})(\sqrt{n}+\sqrt{n+1})}$$
$$= \lim_{n\to\infty} \frac{-(\sqrt{9n+4}+3\sqrt{n})}{4(\sqrt{n}+\sqrt{n+1})}$$
$$= \lim_{n\to\infty} \frac{-\left(\sqrt{9+\frac{4}{n}}+3\right)}{4\left(1+\sqrt{1+\frac{1}{n}}\right)}$$
$$= \frac{-(3+3)}{4(1+1)} = -\frac{3}{4}$$

# 유형 10 $\infty-\infty$ 꼴의 극한 - 미정계수의 결정

## 0049

답 $-2$

$a\le 0$이면 $\lim_{n\to\infty} \{\sqrt{n^2+5n+4}-(an+b)\}=\infty$이므로

$a>0$

$$\lim_{n\to\infty} \{\sqrt{n^2+5n+4}-(an+b)\}$$
$$= \lim_{n\to\infty} \frac{\{\sqrt{n^2+5n+4}-(an+b)\}\{\sqrt{n^2+5n+4}+(an+b)\}}{\sqrt{n^2+5n+4}+(an+b)}$$
$$= \lim_{n\to\infty} \frac{(1-a^2)n^2+(5-2ab)n+4-b^2}{\sqrt{n^2+5n+4}+(an+b)}$$
$$= \lim_{n\to\infty} \frac{(1-a^2)n+(5-2ab)+\frac{4-b^2}{n}}{\sqrt{1+\frac{5}{n}+\frac{4}{n^2}}+a+\frac{b}{n}}$$

위 식의 극한값이 3이므로

$1-a^2=0$, $\frac{5-2ab}{1+a}=3$

두 식을 연립하여 풀면

$a=1$ ($\because a>0$), $b=-\frac{1}{2}$

$\therefore 4ab=4\times1\times\left(-\frac{1}{2}\right)=-2$

## 0050

답 8

$$\lim_{n\to\infty} (\sqrt{n^2+an}-n) = \lim_{n\to\infty} \frac{(\sqrt{n^2+an}-n)(\sqrt{n^2+an}+n)}{\sqrt{n^2+an}+n}$$
$$= \lim_{n\to\infty} \frac{an}{\sqrt{n^2+an}+n}$$
$$= \lim_{n\to\infty} \frac{a}{\sqrt{1+\frac{a}{n}}+1}$$
$$= \frac{a}{2}$$

따라서 $\frac{a}{2}=4$이므로 $a=8$

## 0051

답 ④

$$\lim_{n\to\infty} \frac{1}{3n+a-\sqrt{9n^2+an}}$$
$$= \lim_{n\to\infty} \frac{3n+a+\sqrt{9n^2+an}}{(3n+a-\sqrt{9n^2+an})(3n+a+\sqrt{9n^2+an})}$$
$$= \lim_{n\to\infty} \frac{3n+a+\sqrt{9n^2+an}}{5an+a^2}$$
$$= \lim_{n\to\infty} \frac{3+\frac{a}{n}+\sqrt{9+\frac{a}{n}}}{5a+\frac{a^2}{n}}$$
$$= \frac{3+3}{5a} = \frac{6}{5a}$$

따라서 $\frac{6}{5a}=\frac{3}{10}$이므로 $a=4$

## 0052

답 ④

$$\lim_{n\to\infty}(\sqrt{an^2+n}-\sqrt{an^2-an})$$

$$=\lim_{n\to\infty}\frac{(\sqrt{an^2+n}-\sqrt{an^2-an})(\sqrt{an^2+n}+\sqrt{an^2-an})}{\sqrt{an^2+n}+\sqrt{an^2-an}}$$

$$=\lim_{n\to\infty}\frac{(1+a)n}{\sqrt{an^2+n}+\sqrt{an^2-an}}$$

$$=\lim_{n\to\infty}\frac{1+a}{\sqrt{a+\frac{1}{n}}+\sqrt{a-\frac{a}{n}}}=\frac{1+a}{\sqrt{a}+\sqrt{a}}=\frac{1+a}{2\sqrt{a}}$$

따라서 $\frac{1+a}{2\sqrt{a}}=\frac{5}{4}$이므로

$2(1+a)=5\sqrt{a}$, $2a+2=5\sqrt{a}$

$4a^2+8a+4=25a$

$4a^2-17a+4=0$

$(4a-1)(a-4)=0$

$\therefore a=\frac{1}{4}$ 또는 $a=4$

따라서 모든 양수 $a$의 값의 합은

$\frac{1}{4}+4=\frac{17}{4}$

## 0053

답 $-3$

$$\lim_{n\to\infty}\frac{an-4}{\sqrt{9n^2+bn}-3n}$$

$$=\lim_{n\to\infty}\frac{(an-4)(\sqrt{9n^2+bn}+3n)}{(\sqrt{9n^2+bn}-3n)(\sqrt{9n^2+bn}+3n)}$$

$$=\lim_{n\to\infty}\frac{(an-4)(\sqrt{9n^2+bn}+3n)}{bn}$$

$$=\lim_{n\to\infty}\frac{(an-4)\left(\sqrt{9+\frac{b}{n}}+3\right)}{b}$$

이때 $a\neq0$이면 극한값이 존재하지 않으므로

$a=0$

........................................................................ ❶

$$\lim_{n\to\infty}\frac{-4\left(\sqrt{9+\frac{b}{n}}+3\right)}{b}=\frac{-4(3+3)}{b}=-\frac{24}{b}$$

따라서 $-\frac{24}{b}=8$이므로

$b=-3$

........................................................................ ❷

$\therefore a+b=0+(-3)=-3$

........................................................................ ❸

| 채점 기준 | 배점 |
|---|---|
| ❶ $\frac{an-4}{\sqrt{9n^2+bn}-3n}$를 유리화한 후 $a$의 값 구하기 | 60% |
| ❷ $b$의 값 구하기 | 30% |
| ❸ $a+b$의 값 구하기 | 10% |

## 0054

답 ⑤

$k\geq0$이면 $\lim_{n\to\infty}a_n=\infty$이므로 $k<0$

$\therefore \lim_{n\to\infty}a_n$

$$=\lim_{n\to\infty}\{\sqrt{(n-1)(n+4)}+kn\}$$

$$=\lim_{n\to\infty}\frac{\{\sqrt{(n-1)(n+4)}+kn\}\{\sqrt{(n-1)(n+4)}-kn\}}{\sqrt{(n-1)(n+4)}-kn}$$

$$=\lim_{n\to\infty}\frac{(1-k^2)n^2+3n-4}{\sqrt{(n-1)(n+4)}-kn}=\lim_{n\to\infty}\frac{(1-k^2)n+3-\frac{4}{n}}{\sqrt{\left(1-\frac{1}{n}\right)\left(1+\frac{4}{n}\right)}-k}$$

이때 수열 $\{a_n\}$이 수렴하므로 $1-k^2=0$, $k^2=1$

$\therefore k=-1$ ($\because k<0$)

$$\therefore \lim_{n\to\infty}a_n=\lim_{n\to\infty}\frac{3-\frac{4}{n}}{\sqrt{\left(1-\frac{1}{n}\right)\left(1+\frac{4}{n}\right)}+1}=\frac{3}{1+1}=\frac{3}{2}$$

### 유형 11 일반항 $a_n$을 포함한 식의 극한값

## 0055

답 ②

$\frac{2a_n-1}{3a_n+2}=b_n$으로 놓으면

$2a_n-1=3a_nb_n+2b_n$, $(2-3b_n)a_n=2b_n+1$

$\therefore a_n=\frac{2b_n+1}{2-3b_n}$

이때 $\lim_{n\to\infty}b_n=2$이므로

$$\lim_{n\to\infty}a_n=\lim_{n\to\infty}\frac{2b_n+1}{2-3b_n}=\frac{2\times2+1}{2-3\times2}=-\frac{5}{4}$$

다른 풀이

$\lim_{n\to\infty}a_n=\alpha$ ($\alpha$는 실수)로 놓으면

$\lim_{n\to\infty}\frac{2a_n-1}{3a_n+2}=2$에서 $\frac{2\alpha-1}{3\alpha+2}=2$

$2\alpha-1=6\alpha+4$, $4\alpha=-5$ $\quad\therefore \alpha=-\frac{5}{4}$

$\therefore \lim_{n\to\infty}a_n=-\frac{5}{4}$

## 0056

답 ①

$\frac{1}{a_n}=b_n$으로 놓으면 $a_n=\frac{1}{b_n}$

이때 $\lim_{n\to\infty}b_n=0$이므로

$$\lim_{n\to\infty}\frac{-2a_n+1}{a_n+3}=\lim_{n\to\infty}\frac{-\frac{2}{b_n}+1}{\frac{1}{b_n}+3}=\lim_{n\to\infty}\frac{-2+b_n}{1+3b_n}=-2$$

다른 풀이

$$\lim_{n\to\infty}\frac{-2a_n+1}{a_n+3}=\lim_{n\to\infty}\frac{-2+\frac{1}{a_n}}{1+\frac{3}{a_n}}=\frac{-2+0}{1+3\times0}=-2$$

## 0057

답 7

$a_n-\frac{3n^2-2n}{n^2+5n+1}=b_n$으로 놓으면

$a_n=b_n+\frac{3n^2-2n}{n^2+5n+1}$

이때 $\lim_{n\to\infty} b_n=4$이므로

$$\lim_{n\to\infty} a_n=\lim_{n\to\infty}\left(b_n+\frac{3n^2-2n}{n^2+5n+1}\right)=\lim_{n\to\infty}\left(b_n+\frac{3-\frac{2}{n}}{1+\frac{5}{n}+\frac{1}{n^2}}\right)$$

$$=4+3=7$$

## 0058

답 6

$na_n=b_n$으로 놓으면 $a_n=\frac{b_n}{n}$

이때 $\lim_{n\to\infty} b_n=3$이므로

$$\lim_{n\to\infty}(2n-3)a_n=\lim_{n\to\infty}\left\{(2n-3)\times\frac{b_n}{n}\right\}$$

$$=\lim_{n\to\infty}\frac{2n-3}{n}\times\lim_{n\to\infty} b_n$$

$$=\lim_{n\to\infty}\frac{2-\frac{3}{n}}{1}\times\lim_{n\to\infty} b_n$$

$$=2\times3=6$$

## 0059

답 ①

$(n^2+3)a_n=b_n$으로 놓으면 $a_n=\frac{b_n}{n^2+3}$

이때 $\lim_{n\to\infty} b_n=2$이므로

$$\lim_{n\to\infty}\frac{1}{(3n^2+2n)a_n}=\lim_{n\to\infty}\left(\frac{n^2+3}{3n^2+2n}\times\frac{1}{b_n}\right)$$

$$=\lim_{n\to\infty}\frac{1+\frac{3}{n^2}}{3+\frac{2}{n}}\times\lim_{n\to\infty}\frac{1}{b_n}$$

$$=\frac{1}{3}\times\frac{1}{2}=\frac{1}{6}$$

## 0060

답 ⑤

$3a_n-5n=b_n$으로 놓으면 $3a_n=b_n+5n$

$\therefore a_n=\frac{b_n+5n}{3}$

또한 $\lim_{n\to\infty} b_n=2$이므로 $\lim_{n\to\infty}\frac{b_n}{n}=0$

$$\therefore \lim_{n\to\infty}\frac{(2n+1)a_n}{4n^2}=\lim_{n\to\infty}\left(\frac{2n+1}{4n}\times\frac{a_n}{n}\right)$$

$$=\lim_{n\to\infty}\left(\frac{2n+1}{4n}\times\frac{b_n+5n}{3n}\right)$$

$$=\lim_{n\to\infty}\left(\frac{2+\frac{1}{n}}{4}\times\frac{\frac{b_n}{n}+5}{3}\right)$$

$$=\frac{2}{4}\times\frac{0+5}{3}=\frac{5}{6}$$

### 유형 12 일반항 $a_n$을 포함한 식의 극한값 - 식의 변형

## 0061

답 3

$\lim_{n\to\infty}(a_n-2)=3$이므로

$\lim_{n\to\infty} a_n=\lim_{n\to\infty}\{(a_n-2)+2\}=3+2=5$

$2a_n+b_n=c_n$으로 놓으면 $b_n=c_n-2a_n$

이때 $\lim_{n\to\infty} c_n=8$이므로

$\lim_{n\to\infty} b_n=\lim_{n\to\infty}(c_n-2a_n)=8-2\times5=-2$

$$\therefore \lim_{n\to\infty}\frac{a_n-2b_n}{a_n+b_n}=\frac{5-2\times(-2)}{5+(-2)}=3$$

## 0062

답 ②

$a_n+b_n=c_n$, $a_n-b_n=d_n$으로 놓으면

$a_n=\frac{c_n+d_n}{2}$, $b_n=\frac{c_n-d_n}{2}$

이때 $\lim_{n\to\infty} c_n=1$, $\lim_{n\to\infty} d_n=-3$이므로

$\lim_{n\to\infty}(2a_n+3b_n)$

$$=\lim_{n\to\infty}\left(2\times\frac{c_n+d_n}{2}+3\times\frac{c_n-d_n}{2}\right)$$

$$=\lim_{n\to\infty}\left(\frac{5}{2}c_n-\frac{1}{2}d_n\right)$$

$$=\frac{5}{2}\times1-\frac{1}{2}\times(-3)=4$$

주의 두 수열 $\{a_n\}$, $\{b_n\}$이 수렴한다는 조건이 없으므로 $\lim_{n\to\infty} a_n=\alpha$, $\lim_{n\to\infty} b_n=\beta$ ($\alpha$, $\beta$는 실수)로 놓을 수 없다.

## 0063

답 ③

$(2n+1)a_n=c_n$으로 놓으면 $a_n=\frac{c_n}{2n+1}$

$(3n^2-2)b_n=d_n$으로 놓으면 $b_n=\frac{d_n}{3n^2-2}$

이때 $\lim_{n\to\infty} c_n=4$, $\lim_{n\to\infty} d_n=9$이므로

$$\lim_{n\to\infty} n^3a_nb_n=\lim_{n\to\infty}\left\{n^3\times\frac{c_n}{2n+1}\times\frac{d_n}{3n^2-2}\right\}$$

$$=\lim_{n\to\infty}\frac{n^3}{(2n+1)(3n^2-2)}\times\lim_{n\to\infty} c_n\times\lim_{n\to\infty} d_n$$

$$=\lim_{n\to\infty}\frac{1}{\left(2+\frac{1}{n}\right)\left(3-\frac{2}{n^2}\right)}\times\lim_{n\to\infty} c_n\times\lim_{n\to\infty} d_n$$

$$=\frac{1}{6}\times4\times9=6$$

다른 풀이

$\lim_{n\to\infty} n^3a_nb_n$

$$=\lim_{n\to\infty}\left\{(2n+1)a_n\times(3n^2-2)b_n\times\frac{n^3}{(2n+1)(3n^2-2)}\right\}$$

$$=\lim_{n\to\infty}(2n+1)a_n\times\lim_{n\to\infty}(3n^2-2)b_n\times\lim_{n\to\infty}\frac{n^3}{(2n+1)(3n^2-2)}$$

$$=4\times9\times\frac{1}{6}=6$$

## 0064

답 6

$(n^3-8)a_n=c_n$으로 놓으면 $a_n=\frac{c_n}{n^3-8}$

$(n-2)b_n=d_n$으로 놓으면 $b_n=\frac{d_n}{n-2}$

……… ❶

이때 $\lim_{n\to\infty} c_n=3$, $\lim_{n\to\infty} d_n=2$이므로

$$\lim_{n\to\infty}\frac{(2n-1)^2a_n}{b_n}=\lim_{n\to\infty}\frac{(2n-1)^2(n-2)c_n}{(n^3-8)d_n}$$
$$=\lim_{n\to\infty}\frac{(4n^2-4n+1)(n-2)}{(n-2)(n^2+2n+4)}\times\frac{\lim_{n\to\infty}c_n}{\lim_{n\to\infty}d_n}$$
$$=\lim_{n\to\infty}\frac{4n^2-4n+1}{n^2+2n+4}\times\frac{\lim_{n\to\infty}c_n}{\lim_{n\to\infty}d_n}$$
$$=\lim_{n\to\infty}\frac{4-\frac{4}{n}+\frac{1}{n^2}}{1+\frac{2}{n}+\frac{4}{n^2}}\times\frac{\lim_{n\to\infty}c_n}{\lim_{n\to\infty}d_n}$$
$$=4\times\frac{3}{2}=6$$

……… ❷

| 채점 기준 | 배점 |
|---|---|
| ❶ $(n^3-8)a_n$, $(n-2)b_n$을 다른 일반항으로 치환한 후 $a_n$, $b_n$을 $n$에 대한 식으로 나타내기 | 30% |
| ❷ $\lim_{n\to\infty}\frac{(2n-1)^2a_n}{b_n}$의 값 구하기 | 70% |

## 0065

답 ②

$2a_n-b_n=c_n$으로 놓으면 $b_n=2a_n-c_n$

이때 $\lim_{n\to\infty} a_n=\infty$에서 $\lim_{n\to\infty}\frac{1}{a_n}=0$이고, $\lim_{n\to\infty} c_n=1$이므로

$$\lim_{n\to\infty}\frac{8a_n+b_n}{a_n-3b_n}=\lim_{n\to\infty}\frac{8a_n+2a_n-c_n}{a_n-3(2a_n-c_n)}$$
$$=\lim_{n\to\infty}\frac{10a_n-c_n}{-5a_n+3c_n}$$
$$=\lim_{n\to\infty}\frac{10-c_n\times\frac{1}{a_n}}{-5+3c_n\times\frac{1}{a_n}}$$
$$=\frac{10}{-5}=-2$$

다른 풀이

$\lim_{n\to\infty} a_n=\infty$에서 $\lim_{n\to\infty}\frac{1}{a_n}=0$이고, $\lim_{n\to\infty}(2a_n-b_n)=1$이므로

$$\lim_{n\to\infty}\left\{\frac{1}{a_n}\times(2a_n-b_n)\right\}=0$$

즉, $\lim_{n\to\infty}\left(2-\frac{b_n}{a_n}\right)=0$이므로 $\lim_{n\to\infty}\frac{b_n}{a_n}=2$

$$\therefore \lim_{n\to\infty}\frac{8a_n+b_n}{a_n-3b_n}=\lim_{n\to\infty}\frac{8+\frac{b_n}{a_n}}{1-3\times\frac{b_n}{a_n}}$$
$$=\frac{8+2}{1-3\times2}=-2$$

# 유형 13 수열의 극한의 대소 관계

## 0066

답 1

$\frac{2n}{4n^2-1}\le a_n\le\frac{2n+1}{4n^2-1}$이므로

$\frac{2n(2n+1)}{4n^2-1}\le(2n+1)a_n\le\frac{(2n+1)^2}{4n^2-1}$

$\frac{4n^2+2n}{4n^2-1}\le(2n+1)a_n\le\frac{4n^2+4n+1}{4n^2-1}$

이때 $\lim_{n\to\infty}\frac{4n^2+2n}{4n^2-1}=\lim_{n\to\infty}\frac{4n^2+4n+1}{4n^2-1}=1$이므로

$\lim_{n\to\infty}(2n+1)a_n=1$

## 0067

답 ④

$a_n=7+(n-1)\times2=2n+5$이므로

$n+1\le a_nb_n\le n+3$에서

$n+1\le(2n+5)b_n\le n+3$

$\therefore \frac{n+1}{2n+5}\le b_n\le\frac{n+3}{2n+5}$

이때 $\lim_{n\to\infty}\frac{n+1}{2n+5}=\lim_{n\to\infty}\frac{n+3}{2n+5}=\frac{1}{2}$이므로

$\lim_{n\to\infty} b_n=\frac{1}{2}$

## 0068

답 ④

$\sqrt{9n^2+4}<\sqrt{na_n}<3n+2$의 각 변을 제곱하면

$9n^2+4<na_n<(3n+2)^2$이므로

$\frac{9n^2+4}{n^2}<\frac{a_n}{n}<\frac{(3n+2)^2}{n^2}$

이때 $\lim_{n\to\infty}\frac{9n^2+4}{n^2}=\lim_{n\to\infty}\frac{(3n+2)^2}{n^2}=9$이므로

$\lim_{n\to\infty}\frac{a_n}{n}=9$

## 0069

답 5

$1+\log_5 n<\log_5 a_n<1+\log_5(n+3)$에서

$\log_5 5+\log_5 n<\log_5 a_n<\log_5 5+\log_5(n+3)$이므로

$\log_5 5n<\log_5 a_n<\log_5 5(n+3)$

$\therefore 5n<a_n<5n+15$

$\therefore \frac{5n}{n+3}<\frac{a_n}{n+3}<\frac{5n+15}{n+3}$

이때 $\lim_{n\to\infty}\frac{5n}{n+3}=\lim_{n\to\infty}\frac{5n+15}{n+3}=5$이므로

$\lim_{n\to\infty}\frac{a_n}{n+3}=5$

## 0070

답 $\frac{1}{3}$

$2n<a_n<2n+1$에서

$\sum_{k=1}^{n} 2k<\sum_{k=1}^{n} a_k<\sum_{k=1}^{n} (2k+1)$

$2\times\frac{n(n+1)}{2}<\sum_{k=1}^{n} a_k<2\times\frac{n(n+1)}{2}+n$

$n^2+n<\sum_{k=1}^{n} a_k<n^2+2n$

$\therefore \frac{n^2+n}{3n^2+5n-1}<\frac{a_1+a_2+a_3+\cdots+a_n}{3n^2+5n-1}<\frac{n^2+2n}{3n^2+5n-1}$

이때 $\lim_{n\to\infty}\frac{n^2+n}{3n^2+5n-1}=\lim_{n\to\infty}\frac{n^2+2n}{3n^2+5n-1}=\frac{1}{3}$이므로

$\lim_{n\to\infty}\frac{a_1+a_2+a_3+\cdots+a_n}{3n^2+5n-1}=\frac{1}{3}$

## 0071

답 ⑤

이차방정식 $x^2-(n+1)x+a_n=0$의 판별식을 $D_1$이라 하면

$D_1=\{-(n+1)\}^2-4a_n\geq 0$

$\therefore a_n\leq\frac{(n+1)^2}{4}$ …… ㉠

이차방정식 $x^2-nx+a_n=0$의 판별식을 $D_2$라 하면

$D_2=(-n)^2-4a_n<0$

$\therefore a_n>\frac{n^2}{4}$ …… ㉡

㉠, ㉡에 의하여 $\frac{n^2}{4}<a_n\leq\frac{(n+1)^2}{4}$

$\therefore \frac{n^2}{4n^2}<\frac{a_n}{n^2}\leq\frac{(n+1)^2}{4n^2}$

이때 $\lim_{n\to\infty}\frac{n^2}{4n^2}=\lim_{n\to\infty}\frac{(n+1)^2}{4n^2}=\frac{1}{4}$이므로

$\lim_{n\to\infty}\frac{a_n}{n^2}=\frac{1}{4}$

## 0072

답 4

조건 (가)에서

$16-\frac{1}{n}<a_n+b_n<16+\frac{1}{n}$ …… ㉠

조건 (나)에서

$8-\frac{1}{n}<a_n-b_n<8+\frac{1}{n}$ …… ㉡

㉠−㉡을 하면

$\left(16-\frac{1}{n}\right)-\left(8+\frac{1}{n}\right)<2b_n<\left(16+\frac{1}{n}\right)-\left(8-\frac{1}{n}\right)$이므로

$8-\frac{2}{n}<2b_n<8+\frac{2}{n}$

$\therefore 4-\frac{1}{n}<b_n<4+\frac{1}{n}$

이때 $\lim_{n\to\infty}\left(4-\frac{1}{n}\right)=\lim_{n\to\infty}\left(4+\frac{1}{n}\right)=4$이므로

$\lim_{n\to\infty} b_n=4$

### 유형 14 수열의 극한의 대소 관계 - 삼각함수를 포함한 수열

## 0073

답 0

$-1\leq\cos n\theta\leq 1$이므로

$-\frac{2n^2+1}{n^3+5}\leq\frac{(2n^2+1)\cos n\theta}{n^3+5}\leq\frac{2n^2+1}{n^3+5}$

이때 $\lim_{n\to\infty}\left(-\frac{2n^2+1}{n^3+5}\right)=\lim_{n\to\infty}\frac{2n^2+1}{n^3+5}=0$이므로

$\lim_{n\to\infty}\frac{(2n^2+1)\cos n\theta}{n^3+5}=0$

## 0074

답 ㄴ, ㄷ

ㄱ. $-1\leq\cos\frac{n\pi}{3}\leq 1$이므로

$-\frac{1}{n^2}\leq\frac{1}{n^2}\cos\frac{n\pi}{3}\leq\frac{1}{n^2}$

이때 $\lim_{n\to\infty}\left(-\frac{1}{n^2}\right)=\lim_{n\to\infty}\frac{1}{n^2}=0$이므로

$\lim_{n\to\infty}\frac{1}{n^2}\cos\frac{n\pi}{3}=0$ (거짓)

ㄴ. $-1\leq\sin\frac{3n\pi}{4}\leq 1$이므로

$-\frac{1}{\sqrt{n}}\leq\frac{1}{\sqrt{n}}\sin\frac{3n\pi}{4}\leq\frac{1}{\sqrt{n}}$

이때 $\lim_{n\to\infty}\left(-\frac{1}{\sqrt{n}}\right)=\lim_{n\to\infty}\frac{1}{\sqrt{n}}=0$이므로

$\lim_{n\to\infty}\frac{1}{\sqrt{n}}\sin\frac{3n\pi}{4}=0$ (참)

ㄷ. $n$은 자연수이므로

$0<\tan\frac{\pi}{5n}<\tan\frac{\pi}{4}=1$

$\therefore 0<\frac{1}{n}\tan\frac{\pi}{5n}<\frac{1}{n}$

이때 $\lim_{n\to\infty}\frac{1}{n}=0$이므로

$\lim_{n\to\infty}\frac{1}{n}\tan\frac{\pi}{5n}=0$ (참)

따라서 옳은 것은 ㄴ, ㄷ이다.

## 0075

답 −2

$-1\leq\sin n\theta\leq 1$이므로

$-\frac{1}{n^2}\leq\frac{\sin n\theta}{n^2}\leq\frac{1}{n^2}$

…… ❶

이때 $\lim_{n\to\infty}\left(-\frac{1}{n^2}\right)=\lim_{n\to\infty}\frac{1}{n^2}=0$이므로

$\lim_{n\to\infty}\frac{\sin n\theta}{n^2}=0$

…… ❷

$\therefore \lim_{n\to\infty}\frac{2n^2+\sin n\theta}{-5n-n^2}=\lim_{n\to\infty}\frac{2+\frac{\sin n\theta}{n^2}}{-\frac{5}{n}-1}=-2$

…… ❸

| 채점 기준 | 배점 |
|---|---|
| ❶ $\frac{\sin n\theta}{n^2}$에 대한 부등식 세우기 | 20% |
| ❷ $\lim_{n\to\infty}\frac{\sin n\theta}{n^2}$의 값 구하기 | 30% |
| ❸ $\lim_{n\to\infty}\frac{2n^2+\sin n\theta}{-5n-n^2}$의 값 구하기 | 50% |

## 유형 15 수열의 극한에 대한 진위 판단

### 0076

답 ④

ㄱ. [반례] $a_n=n$, $b_n=n^2$

이면 $\lim_{n\to\infty}a_n=\infty$, $\lim_{n\to\infty}b_n=\infty$이지만 $\lim_{n\to\infty}\frac{a_n}{b_n}=\lim_{n\to\infty}\frac{1}{n}=0$ (거짓)

ㄴ. $a_nb_n=c_n$으로 놓으면 $b_n=\frac{c_n}{a_n}$

이때 $\lim_{n\to\infty}a_n=\infty$에서 $\lim_{n\to\infty}\frac{1}{a_n}=0$이고, $\lim_{n\to\infty}c_n=\alpha$이므로

$\lim_{n\to\infty}b_n=\lim_{n\to\infty}\frac{c_n}{a_n}=\lim_{n\to\infty}\frac{1}{a_n}\times\lim_{n\to\infty}c_n=0$ (참)

ㄷ. [반례] $a_n=\frac{2}{n}$, $b_n=\frac{1}{n}$

이면 $\lim_{n\to\infty}a_n=\lim_{n\to\infty}b_n=0$이지만 $a_n>b_n$ (거짓)

ㄹ. $a_n+b_n=c_n$으로 놓으면 $b_n=c_n-a_n$

이때 $\lim_{n\to\infty}a_n=\infty$, $\lim_{n\to\infty}c_n=\alpha$이므로

$\lim_{n\to\infty}\frac{b_n}{a_n}=\lim_{n\to\infty}\frac{c_n-a_n}{a_n}=\lim_{n\to\infty}\left(\frac{c_n}{a_n}-1\right)=0-1=-1$ (참)

따라서 옳은 것은 ㄴ, ㄹ이다.

### 0077

답 ①

ㄱ. $\lim_{n\to\infty}a_n=\alpha$, $\lim_{n\to\infty}(a_n+b_n)=\beta$ ($\alpha$, $\beta$는 실수)로 놓으면

$\lim_{n\to\infty}b_n=\lim_{n\to\infty}\{(a_n+b_n)-a_n\}$

$=\lim_{n\to\infty}(a_n+b_n)-\lim_{n\to\infty}a_n=\beta-\alpha$

즉, 두 수열 $\{a_n\}$, $\{a_n+b_n\}$이 모두 수렴하면 수열 $\{b_n\}$도 수렴한다. (참)

ㄴ. [반례] $a_n=\frac{1}{n}$, $b_n=n$

이면 $\lim_{n\to\infty}a_n=0$, $\lim_{n\to\infty}a_nb_n=\lim_{n\to\infty}1=1$이지만 $\lim_{n\to\infty}b_n=\infty$ (거짓)

ㄷ. [반례] $a_n=-1$, $b_n=1$, $c_n=(-1)^n$

이면 모든 자연수 $n$에 대하여 $a_n\le c_n\le b_n$이고 $\lim_{n\to\infty}a_n=-1$, $\lim_{n\to\infty}b_n=1$이지만 수열 $\{c_n\}$은 발산(진동)한다. (거짓)

따라서 옳은 것은 ㄱ이다.

### 0078

답 ㄴ, ㄹ

ㄱ. [반례] $\{a_n\}$: 1, 0, 1, 0, ⋯

$\{b_n\}$: 0, 1, 0, 1, ⋯

이면 $\lim_{n\to\infty}a_nb_n=0$이지만 $\lim_{n\to\infty}a_n\ne0$, $\lim_{n\to\infty}b_n\ne0$이다. (거짓)

ㄴ. $a_n<b_n$에서 $\lim_{n\to\infty}a_n\le\lim_{n\to\infty}b_n$이므로 $\lim_{n\to\infty}a_n=\infty$이면 $\lim_{n\to\infty}b_n=\infty$이다. (참)

ㄷ. [반례] $a_n=\frac{3}{2n}$

이면 $\frac{1}{n}<a_n<1$이지만 $\lim_{n\to\infty}a_n=\lim_{n\to\infty}\frac{3}{2n}=0$ (거짓)

ㄹ. $-|a_n|\le a_n\le|a_n|$이고 $\lim_{n\to\infty}(-|a_n|)=\lim_{n\to\infty}|a_n|=0$이므로 $\lim_{n\to\infty}a_n=0$ (참)

따라서 옳은 것은 ㄴ, ㄹ이다.

### 0079

답 ④

① [반례] $a_n=n$, $b_n=-n$

이면 $\lim_{n\to\infty}(a_n+b_n)=0$이지만 $\lim_{n\to\infty}a_n=\lim_{n\to\infty}n=\infty$, $\lim_{n\to\infty}b_n=\lim_{n\to\infty}(-n)=-\infty$ (거짓)

② [반례] $a_n=(-1)^n$, $b_n=(-1)^{n+1}$

이면 $\lim_{n\to\infty}a_nb_n=\lim_{n\to\infty}(-1)^{2n+1}=-1$

즉, 두 수열 $\{a_n\}$, $\{b_n\}$이 모두 발산(진동)하지만 수열 $\{a_nb_n\}$은 수렴한다. (거짓)

③ [반례] $a_n=\frac{1}{n}$, $b_n=\frac{2}{n}$

이면 모든 자연수 $n$에 대하여 $a_n<b_n$이지만 $\lim_{n\to\infty}a_n=\lim_{n\to\infty}b_n=0$ (거짓)

④ $\lim_{n\to\infty}(a_n+b_n)=\alpha$, $\lim_{n\to\infty}(a_n-b_n)=\beta$ ($\alpha$, $\beta$는 실수)로 놓으면

$$\lim_{n\to\infty}a_n=\lim_{n\to\infty}\frac{1}{2}\{(a_n+b_n)+(a_n-b_n)\}$$
$$=\frac{1}{2}\left\{\lim_{n\to\infty}(a_n+b_n)+\lim_{n\to\infty}(a_n-b_n)\right\}$$
$$=\frac{1}{2}(\alpha+\beta)$$

$$\lim_{n\to\infty}b_n=\lim_{n\to\infty}\frac{1}{2}\{(a_n+b_n)-(a_n-b_n)\}$$
$$=\frac{1}{2}\left\{\lim_{n\to\infty}(a_n+b_n)-\lim_{n\to\infty}(a_n-b_n)\right\}$$
$$=\frac{1}{2}(\alpha-\beta)$$

즉, 두 수열 $\{a_n+b_n\}$, $\{a_n-b_n\}$이 모두 수렴하면 두 수열 $\{a_n\}$, $\{b_n\}$도 모두 수렴한다. (참)

⑤ [반례] $a_n=n-\frac{1}{n}$, $b_n=n+\frac{1}{n}$, $c_n=n$

이면 $a_n<c_n<b_n$이고 $\lim_{n\to\infty}(b_n-a_n)=\lim_{n\to\infty}\frac{2}{n}=0$이지만 $\lim_{n\to\infty}c_n=\infty$이다. (거짓)

따라서 옳은 것은 ④이다.

## 유형 16 등비수열의 극한

확인 문제 (1) 수렴 (2) 발산 (3) 발산 (4) 수렴

(1) 공비가 0.7이고 $-1<0.7<1$이므로 0에 수렴한다.
(2) 공비가 $-4$이고 $-4<-1$이므로 발산한다.
(3) 공비가 $\sqrt{3}$이고 $\sqrt{3}>1$이므로 발산한다.
(4) 공비가 $-\frac{2}{3}$이고 $-1<-\frac{2}{3}<1$이므로 0에 수렴한다.

### 0080 답 10

$$\lim_{n\to\infty}\frac{2\times5^{n+1}+1}{5^n+3^{n+1}}=\lim_{n\to\infty}\frac{10+\left(\frac{1}{5}\right)^n}{1+3\times\left(\frac{3}{5}\right)^n}=10$$

### 0081 답 −2

$\lim_{n\to\infty}a_n=\alpha$ ($\alpha$는 실수)로 놓으면

$$\lim_{n\to\infty}\frac{3^n\times a_n-4^{n+1}}{4^n\times a_n+3^{n+1}}=\lim_{n\to\infty}\frac{\left(\frac{3}{4}\right)^n\times a_n-4}{a_n+3\times\left(\frac{3}{4}\right)^n}=\frac{-4}{\alpha}$$

따라서 $-\frac{4}{\alpha}=2$이므로 $\alpha=-2$

### 0082 답 ④

$x^2-2x-1=0$에서 $x=1\pm\sqrt{2}$
$\alpha=1+\sqrt{2}$, $\beta=1-\sqrt{2}$로 놓으면 $|\alpha|>|\beta|$이므로
$\left|\frac{\beta}{\alpha}\right|<1$

$$\therefore \lim_{n\to\infty}\left(\frac{\beta}{\alpha}\right)^n=0$$

$$\therefore \lim_{n\to\infty}\frac{\alpha^n+\beta^n}{\alpha^{n-1}+\beta^{n-1}}=\lim_{n\to\infty}\frac{\alpha+\beta\times\left(\frac{\beta}{\alpha}\right)^{n-1}}{1+\left(\frac{\beta}{\alpha}\right)^{n-1}}=\alpha=1+\sqrt{2}$$

참고

$\alpha=1-\sqrt{2}$, $\beta=1+\sqrt{2}$로 놓으면
$\lim_{n\to\infty}\left(\frac{\alpha}{\beta}\right)^n=0$이므로

$$\lim_{n\to\infty}\frac{\alpha^n+\beta^n}{\alpha^{n-1}+\beta^{n-1}}=\lim_{n\to\infty}\frac{\alpha\times\left(\frac{\alpha}{\beta}\right)^{n-1}+\beta}{\left(\frac{\alpha}{\beta}\right)^{n-1}+1}=\beta=1+\sqrt{2}$$

### 0083 답 5

$5^{n+1}-3^n<(2^{n+1}+5^n)a_n<2^n+5^{n+1}$에서

$$\frac{5^{n+1}-3^n}{2^{n+1}+5^n}<a_n<\frac{2^n+5^{n+1}}{2^{n+1}+5^n}$$

이때

$$\lim_{n\to\infty}\frac{5^{n+1}-3^n}{2^{n+1}+5^n}=\lim_{n\to\infty}\frac{5-\left(\frac{3}{5}\right)^n}{2\times\left(\frac{2}{5}\right)^n+1}=5,$$

$$\lim_{n\to\infty}\frac{2^n+5^{n+1}}{2^{n+1}+5^n}=\lim_{n\to\infty}\frac{\left(\frac{2}{5}\right)^n+5}{2\times\left(\frac{2}{5}\right)^n+1}=5$$

이므로 $\lim_{n\to\infty}a_n=5$

### 0084 답 8

$$\begin{aligned}&\lim_{n\to\infty}(\sqrt{4^n+2^{n+4}}-2^n)\\&=\lim_{n\to\infty}\frac{(\sqrt{4^n+2^{n+4}}-2^n)(\sqrt{4^n+2^{n+4}}+2^n)}{\sqrt{4^n+2^{n+4}}+2^n}\\&=\lim_{n\to\infty}\frac{2^{n+4}}{\sqrt{4^n+2^{n+4}}+2^n}\\&=\lim_{n\to\infty}\frac{16}{\sqrt{1+16\times\left(\frac{1}{2}\right)^n}+1}\\&=\frac{16}{1+1}=8\end{aligned}$$

### 0085 답 7

주어진 수열은 $7^{\frac{1}{2}}$, $7^{\frac{1}{2}+\frac{1}{4}}$, $7^{\frac{1}{2}+\frac{1}{4}+\frac{1}{8}}$, $\cdots$이므로
제$n$항은 $7^{\frac{1}{2}+\frac{1}{4}+\frac{1}{8}+\cdots+\frac{1}{2^n}}$

이때 $\frac{1}{2}+\frac{1}{4}+\frac{1}{8}+\cdots+\frac{1}{2^n}=\frac{\frac{1}{2}\left(1-\frac{1}{2^n}\right)}{1-\frac{1}{2}}=1-\frac{1}{2^n}$이고

$\lim_{n\to\infty}\left(1-\frac{1}{2^n}\right)=1$이므로 주어진 수열의 극한값은 $7^1=7$이다.

### 0086 답 10

$2x^n+4x-3$을 $x-2$로 나누었을 때의 나머지 $a_n$은
$a_n=2\times2^n+4\times2-3=2^{n+1}+5$ ······ ❶

$2x^n+4x-3$을 $x-5$로 나누었을 때의 나머지 $b_n$은
$b_n=2\times5^n+4\times5-3=2\times5^n+17$ ······ ❷

$$\begin{aligned}&\therefore \lim_{n\to\infty}\frac{a_n+b_n}{2^{n+1}+5^{n-1}}\\&=\lim_{n\to\infty}\frac{2^{n+1}+2\times5^n+22}{2^{n+1}+5^{n-1}}\\&=\lim_{n\to\infty}\frac{4\times\left(\frac{2}{5}\right)^{n-1}+2\times5+22\times\left(\frac{1}{5}\right)^{n-1}}{4\times\left(\frac{2}{5}\right)^{n-1}+1}\\&=10\end{aligned}$$

······ ❸

| 채점 기준 | 배점 |
|---|---|
| ❶ $a_n$ 구하기 | 30% |
| ❷ $b_n$ 구하기 | 30% |
| ❸ $\lim_{n\to\infty}\frac{a_n+b_n}{2^{n+1}+5^{n-1}}$의 값 구하기 | 40% |

유형 17 등비수열의 극한 - 수열의 합

## 0087

답 $\frac{4}{5}$

$n\geq2$일 때

$a_n=S_n-S_{n-1}$

$=4^n+5^n-3-(4^{n-1}+5^{n-1}-3)$

$=3\times4^{n-1}+4\times5^{n-1}$

$\therefore \lim_{n\to\infty}\frac{a_n}{S_n}=\lim_{n\to\infty}\frac{3\times4^{n-1}+4\times5^{n-1}}{4^n+5^n-3}$

$=\lim_{n\to\infty}\frac{\frac{3}{5}\times\left(\frac{4}{5}\right)^{n-1}+\frac{4}{5}}{\left(\frac{4}{5}\right)^n+1-3\times\left(\frac{1}{5}\right)^n}=\frac{4}{5}$

## 0088

답 ③

$n\geq2$일 때

$a_n=S_n-S_{n-1}$

$=n\times3^{n-1}-(n-1)\times3^{n-2}$

$=3n\times3^{n-2}-(n-1)\times3^{n-2}$

$=(2n+1)\times3^{n-2}$

$\therefore \lim_{n\to\infty}\frac{S_n}{a_n}=\lim_{n\to\infty}\frac{n\times3^{n-1}}{(2n+1)\times3^{n-2}}$

$=\lim_{n\to\infty}\frac{3n}{2n+1}=\frac{3}{2}$

## 0089

답 4

등비수열 $\{a_n\}$의 첫째항이 1이고 공비가 $r$이므로

$a_n=1\times r^{n-1}=r^{n-1}$

$\therefore S_n=\sum_{k=1}^{n}a_k=\sum_{k=1}^{n}r^{k-1}=\frac{1\times(r^n-1)}{r-1}=\frac{r^n-1}{r-1}$

$r>1$에서 $\lim_{n\to\infty}r^n=\infty$, 즉 $\lim_{n\to\infty}\frac{1}{r^n}=0$이므로

$\lim_{n\to\infty}\frac{a_n}{S_n}=\lim_{n\to\infty}\frac{r^{n-1}}{\frac{r^n-1}{r-1}}=\lim_{n\to\infty}\frac{r^n-r^{n-1}}{r^n-1}$

$=\lim_{n\to\infty}\frac{1-\frac{1}{r}}{1-\frac{1}{r^n}}=1-\frac{1}{r}$

따라서 $1-\frac{1}{r}=\frac{3}{4}$이므로 $\frac{1}{r}=\frac{1}{4}$ $\therefore r=4$

## 0090

답 $\frac{3}{2}$

등비수열 $\{a_n\}$의 공비를 $r$라 하면

$a_1+a_3=a_1+a_1r^2=90$

$\therefore a_1(1+r^2)=90$ …… ㉠

$a_2+a_4=a_1r+a_1r^3=270$

$\therefore a_1r(1+r^2)=270$ …… ㉡

㉡÷㉠을 하면 $r=3$

…… ❶

$r=3$을 ㉠에 대입하면 $a_1(1+9)=90$ $\therefore a_1=9$

…… ❷

따라서 $a_n=9\times3^{n-1}=3^{n+1}$이고

$S_n=\frac{9(3^n-1)}{3-1}=\frac{9}{2}(3^n-1)$이므로

…… ❸

$\lim_{n\to\infty}\frac{S_n}{a_n}=\lim_{n\to\infty}\frac{\frac{9}{2}(3^n-1)}{3^{n+1}}=\lim_{n\to\infty}\frac{\frac{9}{2}\left\{1-\left(\frac{1}{3}\right)^n\right\}}{3}=\frac{3}{2}$

…… ❹

| 채점 기준 | 배점 |
|---|---|
| ❶ 등비수열 $\{a_n\}$의 공비 구하기 | 30% |
| ❷ 등비수열 $\{a_n\}$의 첫째항 구하기 | 20% |
| ❸ $a_n$, $S_n$ 구하기 | 20% |
| ❹ $\lim_{n\to\infty}\frac{S_n}{a_n}$의 값 구하기 | 30% |

유형 18 등비수열의 수렴 조건

확인 문제 (1) $-\frac{1}{3}<r\leq\frac{1}{3}$ (2) $-2\leq r<2$

(1) 공비가 $3r$이므로 주어진 등비수열이 수렴하려면

$-1<3r\leq1$ $\therefore -\frac{1}{3}<r\leq\frac{1}{3}$

(2) 공비가 $-\frac{r}{2}$이므로 주어진 등비수열이 수렴하려면

$-1<-\frac{r}{2}\leq1$ $\therefore -2\leq r<2$

## 0091

답 20

공비가 $\frac{2x-7}{5}$이므로 주어진 등비수열이 수렴하려면

$-1<\frac{2x-7}{5}\leq1$이어야 한다.

$-5<2x-7\leq5$, $2<2x\leq12$

$\therefore 1<x\leq6$

따라서 구하는 모든 정수 $x$의 값의 합은

$2+3+4+5+6=20$

## 0092

답 ③

공비가 $\frac{|k|}{3}-2$이므로 주어진 등비수열이 수렴하려면

$-1<\frac{|k|}{3}-2\le 1$이어야 한다.

$1<\frac{|k|}{3}\le 3$, $3<|k|\le 9$

따라서 구하는 정수 $k$는 $\pm4$, $\pm5$, $\cdots$, $\pm9$의 12개이다.

## 0093

답 372

공비가 $\log_3 x-2$이므로 주어진 등비수열이 수렴하려면

$-1<\log_3 x-2\le 1$이어야 한다.

$1<\log_3 x\le 3$, $\log_3 3<\log_3 x\le \log_3 3^3$

$\therefore 3<x\le 27$

따라서 구하는 모든 자연수 $x$의 값의 합은

$4+5+6+\cdots+27=\frac{24\times(4+27)}{2}=372$

## 0094

답 ②

등비수열 $\{r^n\}$이 수렴하므로 $-1<r\le 1$

ㄱ. $-1<r\le 1$에서 $-\frac{1}{4}<\frac{r}{4}\le\frac{1}{4}$이므로 수열 $\left\{\left(\frac{r}{4}\right)^n\right\}$은 수렴한다.

ㄴ. $-1<r\le 1$에서 $-1\le -r<1$

이때 $-r=-1$, 즉 $r=1$이면 수열 $\{(-r)^n\}$은 발산(진동)한다.

ㄷ. $-1<r\le 1$에서 $-1\le -r<1$

$0\le 1-r<2$ $\quad\therefore 0\le\frac{1-r}{3}<\frac{2}{3}$

즉, 수열 $\left\{\left(\frac{1-r}{3}\right)^n\right\}$은 수렴한다.

ㄹ. $-1<r\le 1$에서 $0\le r^2\le 1$

$0\le\frac{r^2}{2}\le\frac{1}{2}$ $\quad\therefore -1\le\frac{r^2}{2}-1\le-\frac{1}{2}$

이때 $\frac{r^2}{2}-1=-1$, 즉 $r=0$이면 수열 $\left\{\left(\frac{r^2}{2}-1\right)^n\right\}$은 발산(진동)한다.

따라서 항상 수렴하는 수열은 ㄱ, ㄷ이다.

## 0095

답 ①

공비가 $\frac{x^2-4x}{5}$이므로 주어진 등비수열이 수렴하려면

$-1<\frac{x^2-4x}{5}\le 1$이어야 한다.

$-5<x^2-4x\le 5$에서

(i) $-5<x^2-4x$, 즉 $x^2-4x+5>0$일 때

$(x-2)^2+1>0$이므로 모든 실수 $x$에 대하여 성립한다.

(ii) $x^2-4x\le 5$, 즉 $x^2-4x-5\le 0$일 때

$(x+1)(x-5)\le 0$

$\therefore -1\le x\le 5$

(i), (ii)에서 조건을 만족시키는 $x$의 값의 범위는

$-1\le x\le 5$

따라서 구하는 정수 $x$는 $-1$, $0$, $1$, $2$, $3$, $4$, $5$의 7개이다.

## 0096

답 ④

공비가 $\sqrt{2}\sin\frac{\pi}{12}x$이므로 주어진 등비수열이 수렴하려면

$-1<\sqrt{2}\sin\frac{\pi}{12}x\le 1$이어야 한다.

$\therefore -\frac{1}{\sqrt{2}}<\sin\frac{\pi}{12}x\le\frac{1}{\sqrt{2}}$ $\quad\cdots\cdots$ ㉠

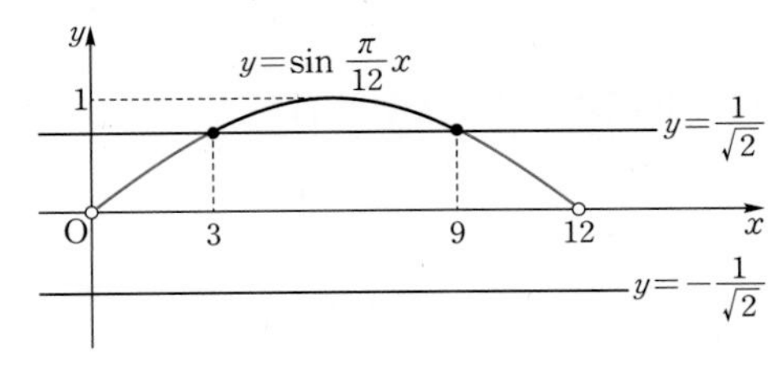


이때 $0<x<12$에서 $0<\frac{\pi}{12}x<\pi$이므로 부등식 ㉠의 해는

$0<\frac{\pi}{12}x\le\frac{\pi}{4}$ 또는 $\frac{3}{4}\pi\le\frac{\pi}{12}x<\pi$

즉, $0<x\le 3$ 또는 $9\le x<12$

따라서 구하는 자연수 $x$는 1, 2, 3, 9, 10, 11의 6개이다.

## 0097

답 $-8$

주어진 수열은 첫째항이 $(x+1)(x^2-6x+8)$, 공비가 $x^2-6x+8$인 등비수열이므로 이 수열이 수렴하려면

$(x+1)(x^2-6x+8)=0$ 또는 $-1<x^2-6x+8\le 1$

$\therefore x+1=0$ 또는 $-1<x^2-6x+8\le 1$

$x+1=0$에서 $x=-1$ $\quad\cdots\cdots$ ㉠

$-1<x^2-6x+8\le 1$에서

(i) $-1<x^2-6x+8$, 즉 $x^2-6x+9>0$일 때

$(x-3)^2>0$

$\therefore x\ne 3$인 모든 실수

(ii) $x^2-6x+8\le 1$, 즉 $x^2-6x+7\le 0$일 때

$3-\sqrt{2}\le x\le 3+\sqrt{2}$

(i), (ii)에서 $3-\sqrt{2}\le x<3$ 또는 $3<x\le 3+\sqrt{2}$ $\quad\cdots\cdots$ ㉡

㉠, ㉡에서 주어진 등비수열이 수렴하도록 하는 모든 정수 $x$는 $-1$, 2, 4이므로 구하는 곱은

$-1\times 2\times 4=-8$

### 유형 19 $r^n$을 포함한 수열의 극한

## 0098

답 $-1$

(i) $|r|<1$일 때, $\lim_{n\to\infty} r^n=0$이므로

$a=\lim_{n\to\infty}\frac{r^n-3}{1+r^n}=-3$

(ii) $r=1$일 때, $\lim_{n\to\infty} r^n=1$이므로

$$b=\lim_{n\to\infty}\frac{r^n-3}{1+r^n}=\frac{1-3}{1+1}=-1$$

(iii) $|r|>1$일 때, $\lim_{n\to\infty}|r^n|=\infty$이므로

$$c=\lim_{n\to\infty}\frac{r^n-3}{1+r^n}=\lim_{n\to\infty}\frac{1-\frac{3}{r^n}}{\frac{1}{r^n}+1}=1$$

(i)~(iii)에서 $a-b+c=-3-(-1)+1=-1$

## 0099

답 8

(i) $|r|<1$일 때, $\lim_{n\to\infty} r^n=\lim_{n\to\infty} r^{n+1}=0$이므로

$$\lim_{n\to\infty}\frac{r^{n+1}+5}{1-2r^n}=5$$

❶

(ii) $r=1$일 때, $\lim_{n\to\infty} r^n=\lim_{n\to\infty} r^{n+1}=1$이므로

$$\lim_{n\to\infty}\frac{r^{n+1}+5}{1-2r^n}=\frac{1+5}{1-2}=-6$$

❷

(iii) $|r|>1$일 때, $\lim_{n\to\infty}|r^n|=\infty$이므로

$$\lim_{n\to\infty}\frac{r^{n+1}+5}{1-2r^n}=\lim_{n\to\infty}\frac{r+\frac{5}{r^n}}{\frac{1}{r^n}-2}=-\frac{r}{2}$$

❸

(i)~(iii)에서 $\lim_{n\to\infty}\frac{r^{n+1}+5}{1-2r^n}=-4$를 만족시키는 실수 $r$의 값은

$-\frac{r}{2}=-4$에서 $r=8$

❹

| 채점 기준 | 배점 |
|---|---|
| ❶ $\lvert r\rvert<1$일 때, 극한값 구하기 | 30% |
| ❷ $r=1$일 때, 극한값 구하기 | 20% |
| ❸ $\lvert r\rvert>1$일 때, 극한값 구하기 | 30% |
| ❹ $r$의 값 구하기 | 20% |

## 0100

답 ②

(i) $|r|<1$일 때, $\lim_{n\to\infty} r^{2n}=\lim_{n\to\infty} r^{2n+1}=0$이므로

$$\lim_{n\to\infty}\frac{r^{2n+1}+2}{r^{2n}+1}=2$$

(ii) $r=1$일 때, $\lim_{n\to\infty} r^{2n}=\lim_{n\to\infty} r^{2n+1}=1$이므로

$$\lim_{n\to\infty}\frac{r^{2n+1}+2}{r^{2n}+1}=\frac{1+2}{1+1}=\frac{3}{2}$$

(iii) $|r|>1$일 때, $\lim_{n\to\infty} r^{2n}=\infty$이므로

$$\lim_{n\to\infty}\frac{r^{2n+1}+2}{r^{2n}+1}=\lim_{n\to\infty}\frac{r+\frac{2}{r^{2n}}}{1+\frac{1}{r^{2n}}}=r$$

(iv) $r=-1$일 때, $\lim_{n\to\infty} r^{2n}=1$, $\lim_{n\to\infty} r^{2n+1}=-1$이므로

$$\lim_{n\to\infty}\frac{r^{2n+1}+2}{r^{2n}+1}=\frac{-1+2}{1+1}=\frac{1}{2}$$

(i)~(iv)에서 주어진 수열의 극한값이 될 수 없는 것은 ②이다.

## 0101

답 8

(i) $|r|<4$일 때, $\lim_{n\to\infty}\left(\frac{r}{4}\right)^n=0$이므로

$$\lim_{n\to\infty}\frac{4^n+2r^n}{4^n+r^n}=\lim_{n\to\infty}\frac{1+2\times\left(\frac{r}{4}\right)^n}{1+\left(\frac{r}{4}\right)^n}=1$$

(ii) $r=4$일 때

$$\lim_{n\to\infty}\frac{4^n+2\times 4^n}{4^n+4^n}=\lim_{n\to\infty}\frac{3\times 4^n}{2\times 4^n}=\frac{3}{2}$$

(iii) $|r|>4$일 때, $\lim_{n\to\infty}\left(\frac{4}{r}\right)^n=0$이므로

$$\lim_{n\to\infty}\frac{4^n+2r^n}{4^n+r^n}=\lim_{n\to\infty}\frac{\left(\frac{4}{r}\right)^n+2}{\left(\frac{4}{r}\right)^n+1}=2$$

(i)~(iii)에서 주어진 수열의 극한값이 2보다 작으려면

$-4<r\le 4$

따라서 구하는 정수 $r$는 $-3, -2, -1, 0, 1, 2, 3, 4$의 8개이다.

## 0102

답 ①

(i) $0<\frac{m}{5}<1$, 즉 $0<m<5$일 때

$$\lim_{n\to\infty}\left(\frac{m}{5}\right)^n=\lim_{n\to\infty}\left(\frac{m}{5}\right)^{n+1}=0\text{이므로}$$

$$\lim_{n\to\infty}\frac{\left(\frac{m}{5}\right)^{n+1}+2}{\left(\frac{m}{5}\right)^n+1}=2$$

(ii) $\frac{m}{5}=1$, 즉 $m=5$일 때

$$\lim_{n\to\infty}\left(\frac{m}{5}\right)^n=\lim_{n\to\infty}\left(\frac{m}{5}\right)^{n+1}=1\text{이므로}$$

$$\lim_{n\to\infty}\frac{\left(\frac{m}{5}\right)^{n+1}+2}{\left(\frac{m}{5}\right)^n+1}=\frac{1+2}{1+1}=\frac{3}{2}\neq 2$$

(iii) $\frac{m}{5}>1$, 즉 $m>5$일 때

$$\lim_{n\to\infty}\left(\frac{m}{5}\right)^n=\infty\text{이므로}$$

$$\lim_{n\to\infty}\frac{\left(\frac{m}{5}\right)^{n+1}+2}{\left(\frac{m}{5}\right)^n+1}=\lim_{n\to\infty}\frac{\frac{m}{5}+\frac{2}{\left(\frac{m}{5}\right)^n}}{1+\frac{1}{\left(\frac{m}{5}\right)^n}}=\frac{m}{5}$$

$\frac{m}{5}=2$에서 $m=10$

(i)~(iii)에서 $\lim_{n\to\infty}\frac{\left(\frac{m}{5}\right)^{n+1}+2}{\left(\frac{m}{5}\right)^n+1}=2$가 되도록 하는 자연수 $m$은

1, 2, 3, 4, 10의 5개이다.

## 유형 20 $x^n$을 포함한 극한으로 정의된 함수

### 0103

답 ①

(i) $|x|<1$일 때, $\lim_{n\to\infty} x^{2n-1}=\lim_{n\to\infty} x^{2n}=0$이므로

$$f(x)=\lim_{n\to\infty}\frac{x^{2n-1}+x-3}{x^{2n}+1}=x-3$$

(ii) $x=1$일 때, $\lim_{n\to\infty} x^{2n-1}=\lim_{n\to\infty} x^{2n}=1$이므로

$$f(x)=\lim_{n\to\infty}\frac{x^{2n-1}+x-3}{x^{2n}+1}=\frac{1+1-3}{1+1}=-\frac{1}{2}$$

(iii) $|x|>1$일 때, $\lim_{n\to\infty} x^{2n}=\infty$이므로

$$f(x)=\lim_{n\to\infty}\frac{x^{2n-1}+x-3}{x^{2n}+1}$$

$$=\lim_{n\to\infty}\frac{\frac{1}{x}+\frac{1}{x^{2n-1}}-\frac{3}{x^{2n}}}{1+\frac{1}{x^{2n}}}=\frac{1}{x}$$

(iv) $x=-1$일 때, $\lim_{n\to\infty} x^{2n-1}=-1$, $\lim_{n\to\infty} x^{2n}=1$이므로

$$f(x)=\lim_{n\to\infty}\frac{x^{2n-1}+x-3}{x^{2n}+1}=\frac{-1-1-3}{1+1}=-\frac{5}{2}$$

(i)~(iv)에서

$$f(x)=\begin{cases} x-3 & (|x|<1) \\ -\frac{1}{2} & (x=1) \\ \frac{1}{x} & (|x|>1) \\ -\frac{5}{2} & (x=-1) \end{cases}$$

$\therefore f\left(-\frac{1}{2}\right)+f(-1)+(f\circ f)(3)$

$=f\left(-\frac{1}{2}\right)+f(-1)+f\left(\frac{1}{3}\right)$

$=\left(-\frac{1}{2}-3\right)+\left(-\frac{5}{2}\right)+\left(\frac{1}{3}-3\right)$

$=-\frac{26}{3}$

다른 풀이

$$f\left(-\frac{1}{2}\right)=\lim_{n\to\infty}\frac{\left(-\frac{1}{2}\right)^{2n-1}+\left(-\frac{1}{2}\right)-3}{\left(-\frac{1}{2}\right)^{2n}+1}=-\frac{1}{2}-3=-\frac{7}{2}$$

$$f(-1)=\lim_{n\to\infty}\frac{(-1)^{2n-1}+(-1)-3}{(-1)^{2n}+1}=\frac{-1-1-3}{1+1}=-\frac{5}{2}$$

$$f(3)=\lim_{n\to\infty}\frac{3^{2n-1}+3-3}{3^{2n}+1}=\lim_{n\to\infty}\frac{\frac{1}{3}}{1+\frac{1}{3^{2n}}}=\frac{1}{3}$$

$$(f\circ f)(3)=f\left(\frac{1}{3}\right)=\lim_{n\to\infty}\frac{\left(\frac{1}{3}\right)^{2n-1}+\frac{1}{3}-3}{\left(\frac{1}{3}\right)^{2n}+1}=\frac{1}{3}-3=-\frac{8}{3}$$

$\therefore f\left(-\frac{1}{2}\right)+f(-1)+(f\circ f)(3)$

$=-\frac{7}{2}-\frac{5}{2}-\frac{8}{3}=-\frac{26}{3}$

### 0104

답 ③

(i) $-1<x<1$일 때, $\lim_{n\to\infty} x^{n-1}=\lim_{n\to\infty} x^{n+1}=0$이므로

$$f(x)=\lim_{n\to\infty}\frac{x^{n+1}-1}{x^{n-1}+1}=-1$$

(ii) $x=1$일 때, $\lim_{n\to\infty} x^{n-1}=\lim_{n\to\infty} x^{n+1}=1$이므로

$$f(x)=\lim_{n\to\infty}\frac{x^{n+1}-1}{x^{n-1}+1}=\frac{1-1}{1+1}=0$$

(iii) $x>1$일 때, $\lim_{n\to\infty} x^{n-1}=\infty$이므로

$$f(x)=\lim_{n\to\infty}\frac{x^{n+1}-1}{x^{n-1}+1}=\lim_{n\to\infty}\frac{x^2-\frac{1}{x^{n-1}}}{1+\frac{1}{x^{n-1}}}=x^2$$

(i)~(iii)에서 함수 $y=f(x)$의 그래프는 ③이다.

### 0105

답 18

$$f(1)=\lim_{n\to\infty}\frac{1^{n+1}-3}{1^n+2}=-\frac{2}{3}$$

$$f\left(-\frac{2}{3}\right)=\lim_{n\to\infty}\frac{\left(-\frac{2}{3}\right)^{n+1}-3}{\left(-\frac{2}{3}\right)^n+2}=-\frac{3}{2}$$

그런데 $|x|>1$일 때, $\lim_{n\to\infty}|x^n|=\infty$이므로

$$f(x)=\lim_{n\to\infty}\frac{x^{n+1}-3}{x^n+2}=\lim_{n\to\infty}\frac{x-\frac{3}{x^n}}{1+\frac{2}{x^n}}=x$$

$\therefore f\left(-\frac{3}{2}\right)=-\frac{3}{2}$

$\therefore (f\circ f\circ f)(1)=f(f(f(1)))=f\left(f\left(-\frac{2}{3}\right)\right)$

$=f\left(-\frac{3}{2}\right)=-\frac{3}{2}$

따라서 $p=-\frac{3}{2}$이므로 $8p^2=8\times\left(-\frac{3}{2}\right)^2=18$

### 0106

답 ②

(i) $|x|<1$일 때, $\lim_{n\to\infty} x^n=0$이므로

$$f(x)=\lim_{n\to\infty}\frac{2x^n+3}{3x^n+1}=3$$

(ii) $x=1$일 때

$$f(x)=\lim_{n\to\infty}\frac{2x^n+3}{3x^n+1}=\frac{2+3}{3+1}=\frac{5}{4}$$

(iii) $|x|>1$일 때, $\lim_{n\to\infty}|x^n|=\infty$이므로

$$f(x)=\lim_{n\to\infty}\frac{2x^n+3}{3x^n+1}=\lim_{n\to\infty}\frac{2+\frac{3}{x^n}}{3+\frac{1}{x^n}}=\frac{2}{3}$$

(i)~(iii)에서 함수 $f(x)$의 치역은 $\left\{\frac{2}{3}, \frac{5}{4}, 3\right\}$이므로 치역의 모든 원소의 곱은

$\frac{2}{3}\times\frac{5}{4}\times 3=\frac{5}{2}$

## 0107

답 $1<k<2$ 또는 $2<k<3$

(i) $0\le x<1$일 때, $\lim_{n\to\infty} x^{2n}=\lim_{n\to\infty} x^{2n+1}=0$이므로

$$f(x)=\lim_{n\to\infty}\frac{x^{2n+1}+3x}{x^{2n}+1}=3x$$

❶

(ii) $x=1$일 때, $\lim_{n\to\infty} x^{2n}=\lim_{n\to\infty} x^{2n+1}=1$이므로

$$f(x)=\lim_{n\to\infty}\frac{x^{2n+1}+3x}{x^{2n}+1}=\frac{1+3}{1+1}=2$$

❷

(iii) $1<x\le 3$일 때, $\lim_{n\to\infty} x^{2n}=\infty$이므로

$$f(x)=\lim_{n\to\infty}\frac{x^{2n+1}+3x}{x^{2n}+1}=\lim_{n\to\infty}\frac{x+\frac{3}{x^{2n-1}}}{1+\frac{1}{x^{2n}}}=x$$

❸

따라서 함수 $y=f(x)$의 그래프가 오른쪽 그림과 같으므로 직선 $y=k$와 서로 다른 두 점에서 만나기 위한 $k$의 값의 범위는

$1<k<2$ 또는 $2<k<3$

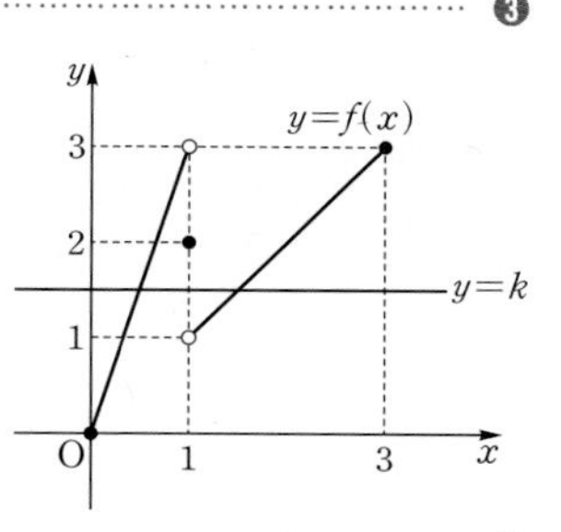


❹

| 채점 기준 | 배점 |
| --- | --- |
| ❶ $0\le x<1$일 때, $f(x)$의 식 구하기 | 20% |
| ❷ $x=1$일 때, 함숫값 구하기 | 20% |
| ❸ $1<x\le 3$일 때, $f(x)$의 식 구하기 | 30% |
| ❹ $k$의 값의 범위 구하기 | 30% |

### 유형 21 수열의 극한의 활용 - 그래프

## 0108

답 ③

$y=x^2$에서 $y'=2x$이므로 접선 $l_n$의 기울기는 $2n$이다.

즉, 점 $P_n(n, n^2)$을 지나고 기울기가 $2n$인 직선 $l_n$의 방정식은

$y=2n(x-n)+n^2=2nx-n^2$ ...... ㉠

㉠에 $y=0$을 대입하면

$0=2nx-n^2$ $\quad\therefore x=\frac{n}{2}$

㉠에 $x=0$을 대입하면

$y=2n\times 0-n^2=-n^2$

즉, $Q_n\left(\frac{n}{2}, 0\right)$, $R_n(0, -n^2)$이므로

$\overline{Q_nS_n}=\overline{Q_nP_n}=\sqrt{\left(n-\frac{n}{2}\right)^2+(n^2)^2}=\sqrt{\frac{n^2}{4}+n^4}$,

$\overline{P_nR_n}=\sqrt{n^2+(2n^2)^2}=\sqrt{n^2+4n^4}$

$$\therefore \lim_{n\to\infty}\frac{\overline{Q_nS_n}}{\overline{P_nR_n}}=\lim_{n\to\infty}\frac{\sqrt{\frac{n^2}{4}+n^4}}{\sqrt{n^2+4n^4}}=\lim_{n\to\infty}\frac{\sqrt{\frac{1}{4n^2}+1}}{\sqrt{\frac{1}{n^2}+4}}=\frac{1}{\sqrt{4}}=\frac{1}{2}$$

## 0109

답 16

$P_n(n, 4^n)$, $Q_n(n, 3^n)$이므로

$\overline{P_nQ_n}=4^n-3^n$, $\overline{P_{n+2}Q_{n+2}}=4^{n+2}-3^{n+2}$

$$\therefore \lim_{n\to\infty}\frac{\overline{P_{n+2}Q_{n+2}}}{\overline{P_nQ_n}}=\lim_{n\to\infty}\frac{4^{n+2}-3^{n+2}}{4^n-3^n}=\lim_{n\to\infty}\frac{16-9\times\left(\frac{3}{4}\right)^n}{1-\left(\frac{3}{4}\right)^n}=16$$

## 0110

답 41

$P_n(4^n, 2^n)$, $P_{n+1}(4^{n+1}, 2^{n+1})$이므로

$\overline{P_nQ_n}=2^n$, $\overline{P_{n+1}Q_{n+1}}=2^{n+1}$

이때 $\overline{Q_nQ_{n+1}}=4^{n+1}-4^n$이므로 사각형 $P_nQ_nQ_{n+1}P_{n+1}$의 넓이는

$$a_n=\frac{1}{2}\times(2^n+2^{n+1})\times(4^{n+1}-4^n)=\frac{1}{2}\times(3\times 2^n)\times(3\times 4^n)=\frac{9}{2}\times 8^n$$

$$\therefore \lim_{n\to\infty}\frac{a_{n+1}-4^{n+1}}{a_n+2^{3n-1}}=\lim_{n\to\infty}\frac{\frac{9}{2}\times 8^{n+1}-4^{n+1}}{\frac{9}{2}\times 8^n+\frac{1}{2}\times 2^{3n}}=\lim_{n\to\infty}\frac{36\times 8^n-4\times 4^n}{\frac{9}{2}\times 8^n+\frac{1}{2}\times 8^n}=\lim_{n\to\infty}\frac{36-4\times\left(\frac{1}{2}\right)^n}{\frac{9}{2}+\frac{1}{2}}=\frac{36}{5}$$

따라서 $p=5$, $q=36$이므로

$p+q=5+36=41$

## 0111

답 ④

다음 그림과 같이 원 $x^2+(y-1)^2=1$의 중심을 C, 직선 $y=\frac{1}{n}$이 $y$축과 만나는 점을 $M_n$이라 하자.

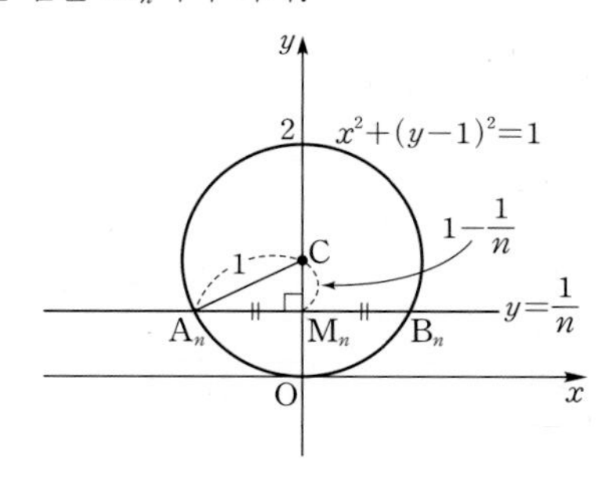

이때 $C(0, 1)$, $M_n\left(0, \frac{1}{n}\right)$이므로

$\overline{CM_n}=1-\frac{1}{n}$, $\overline{CA_n}=1$

┌ 점 C에서 현 $A_nB_n$에 내린 수선의 발이 $M_n$이므로 $\angle CM_nA_n=90°$

직각삼각형 $CA_nM_n$에서 피타고라스 정리에 의하여

$$\left(\frac{l_n}{2}\right)^2=\overline{A_nM_n}^2=\overline{CA_n}^2-\overline{CM_n}^2$$
$$=1^2-\left(1-\frac{1}{n}\right)^2=\frac{2}{n}-\frac{1}{n^2}$$

$\frac{(l_n)^2}{4}=\frac{2}{n}-\frac{1}{n^2}$ $\quad\therefore (l_n)^2=\frac{8}{n}-\frac{4}{n^2}$

$$\therefore \lim_{n\to\infty} n(l_n)^2=\lim_{n\to\infty} n\left(\frac{8}{n}-\frac{4}{n^2}\right)$$
$$=\lim_{n\to\infty}\left(8-\frac{4}{n}\right)=8$$

## 0112

답 ③

$A_n(n, \sqrt{5n+4})$이므로

$a_n=\overline{OA_n}=\sqrt{n^2+5n+4}$

$B_n(n, \sqrt{2n-1})$이므로

$b_n=\overline{OB_n}=\sqrt{n^2+2n-1}$

$$\therefore \lim_{n\to\infty}\frac{12}{a_n-b_n}=\lim_{n\to\infty}\frac{12}{\sqrt{n^2+5n+4}-\sqrt{n^2+2n-1}}$$
$$=\lim_{n\to\infty}\frac{12(\sqrt{n^2+5n+4}+\sqrt{n^2+2n-1})}{(n^2+5n+4)-(n^2+2n-1)}$$
$$=\lim_{n\to\infty}\frac{12(\sqrt{n^2+5n+4}+\sqrt{n^2+2n-1})}{3n+5}$$
$$=\lim_{n\to\infty}\frac{12\left(\sqrt{1+\frac{5}{n}+\frac{4}{n^2}}+\sqrt{1+\frac{2}{n}-\frac{1}{n^2}}\right)}{3+\frac{5}{n}}$$
$$=\frac{12(1+1)}{3}=8$$

## 0113

답 4

$nx=\frac{1}{x}$에서 $x^2=\frac{1}{n}$

$\therefore x=-\frac{\sqrt{n}}{n}$ 또는 $x=\frac{\sqrt{n}}{n}$

즉, 직선 $y=nx$와 곡선 $y=\frac{1}{x}$이 만나는 두 점의 좌표는

$\left(-\frac{\sqrt{n}}{n}, -\sqrt{n}\right)$, $\left(\frac{\sqrt{n}}{n}, \sqrt{n}\right)$

.................................................... ❶

두 점 사이의 거리 $a_n$은

$$a_n=\sqrt{\left(\frac{2\sqrt{n}}{n}\right)^2+(2\sqrt{n})^2}=2\sqrt{\frac{1}{n}+n}$$

.................................................... ❷

$\sqrt{n}a_n=\sqrt{n}\times 2\sqrt{\frac{1}{n}+n}=2\sqrt{n^2+1}$

$\sqrt{n+2}a_{n+2}=2\sqrt{(n+2)^2+1}=2\sqrt{n^2+4n+5}$

.................................................... ❸

$$\therefore \lim_{n\to\infty}(\sqrt{n+2}a_{n+2}-\sqrt{n}a_n)$$
$$=2\lim_{n\to\infty}(\sqrt{n^2+4n+5}-\sqrt{n^2+1})$$
$$=2\lim_{n\to\infty}\frac{(\sqrt{n^2+4n+5}-\sqrt{n^2+1})(\sqrt{n^2+4n+5}+\sqrt{n^2+1})}{\sqrt{n^2+4n+5}+\sqrt{n^2+1}}$$
$$=2\lim_{n\to\infty}\frac{4n+4}{\sqrt{n^2+4n+5}+\sqrt{n^2+1}}$$
$$=2\lim_{n\to\infty}\frac{4+\frac{4}{n}}{\sqrt{1+\frac{4}{n}+\frac{5}{n^2}}+\sqrt{1+\frac{1}{n^2}}}$$
$$=2\times\frac{4}{1+1}=4$$

.................................................... ❹

| 채점 기준 | 배점 |
|---|---|
| ❶ 직선 $y=nx$와 곡선 $y=\frac{1}{x}$이 만나는 두 점의 좌표 구하기 | 20% |
| ❷ $a_n$ 구하기 | 20% |
| ❸ $\sqrt{n}a_n$, $\sqrt{n+2}a_{n+2}$ 구하기 | 30% |
| ❹ $\lim_{n\to\infty}(\sqrt{n+2}a_{n+2}-\sqrt{n}a_n)$의 값 구하기 | 30% |

## 유형 22 수열의 극한의 활용 - 도형

## 0114

답 6

$a_1=1$, $a_2=1+2$, $a_3=1+2+3$, $\cdots$에서

$a_n=1+2+3+\cdots+n=\frac{n(n+1)}{2}$

$b_1=4$, $b_2=4+6$, $b_3=4+6+8$, $\cdots$에서

$$b_n=4+6+8+\cdots+(2n+2)=\sum_{k=1}^{n}(2k+2)$$
$$=2\times\frac{n(n+1)}{2}+2n=n^2+3n$$

$$\therefore \lim_{n\to\infty}\frac{3b_n}{a_n}=\lim_{n\to\infty}\frac{3n^2+9n}{\frac{n(n+1)}{2}}=\lim_{n\to\infty}\frac{6n^2+18n}{n^2+n}$$
$$=\lim_{n\to\infty}\frac{6+\frac{18}{n}}{1+\frac{1}{n}}=6$$

## 0115

답 $6\sqrt{3}$

[$(n+1)$단계]에서는 [$n$단계]의 삼각형의 $\frac{1}{4}$씩 제거하므로

$a_{n+1}=\frac{3}{4}a_n$이다.

이때 $a_1=\frac{3}{4}\times\frac{\sqrt{3}}{4}\times 1^2=\frac{3\sqrt{3}}{16}$이므로

수열 $\{a_n\}$은 첫째항이 $\frac{3\sqrt{3}}{16}$이고 공비가 $\frac{3}{4}$인 등비수열이다.

$$\therefore a_n=\frac{3\sqrt{3}}{16}\times\left(\frac{3}{4}\right)^{n-1}=\frac{\sqrt{3}}{4}\times\left(\frac{3}{4}\right)^n$$

$$\therefore \lim_{n\to\infty}\frac{6\times3^{n+1}+2^n}{4^{n+1}\times a_n}=\lim_{n\to\infty}\frac{6\times3^{n+1}+2^n}{4^{n+1}\times\frac{\sqrt{3}}{4}\times\left(\frac{3}{4}\right)^n}$$
$$=\lim_{n\to\infty}\frac{6\times3^{n+1}+2^n}{\sqrt{3}\times3^n}$$
$$=\lim_{n\to\infty}\frac{6\times3+\left(\frac{2}{3}\right)^n}{\sqrt{3}}$$
$$=\frac{18}{\sqrt{3}}$$
$$=6\sqrt{3}$$

## 0116

답 $\pi$

$a_1=2+\frac{\pi}{3}$, $a_2=2+\frac{\pi}{3^2}$, $a_3=2+\frac{\pi}{3^3}$, …에서

$a_n=2+\frac{\pi}{3^n}$

…… ❶

$b_1=\frac{1}{3}\times\frac{\pi}{2}$, $b_{n+1}=\frac{1}{3}b_n$이므로

$b_n=\frac{\pi}{6}\times\left(\frac{1}{3}\right)^{n-1}=\frac{\pi}{2}\times\left(\frac{1}{3}\right)^n$

…… ❷

$$\therefore \lim_{n\to\infty}\left(3^na_n-\frac{1}{3}\right)b_n$$
$$=\lim_{n\to\infty}\left\{\left(2\times3^n+\pi-\frac{1}{3}\right)\times\frac{\pi}{2}\times\left(\frac{1}{3}\right)^n\right\}$$
$$=\lim_{n\to\infty}\left(\pi+\frac{\pi^2}{2\times3^n}-\frac{\pi}{2\times3^{n+1}}\right)$$
$$=\pi$$

…… ❸

| 채점 기준 | 배점 |
|---|---|
| ❶ $a_n$ 구하기 | 35% |
| ❷ $b_n$ 구하기 | 35% |
| ❸ $\lim_{n\to\infty}\left(3^na_n-\frac{1}{3}\right)b_n$의 값 구하기 | 30% |

## 0117

답 ③

직각삼각형 ABC에서 피타고라스 정리에 의하여

$\overline{BC}^2=\overline{AB}^2+\overline{AC}^2=4+n^2$

$\therefore \overline{BC}=\sqrt{n^2+4}$

한편, 선분 AD가 $\angle$A의 이등분선이므로

$\overline{AB}:\overline{AC}=\overline{BD}:\overline{CD}$

$2:n=(\sqrt{n^2+4}-a_n):a_n$

$n\sqrt{n^2+4}-na_n=2a_n$

$(n+2)a_n=n\sqrt{n^2+4}$

따라서 $a_n=\frac{n\sqrt{n^2+4}}{n+2}$이므로

$$\lim_{n\to\infty}(n-a_n)=\lim_{n\to\infty}\left(n-\frac{n\sqrt{n^2+4}}{n+2}\right)$$
$$=\lim_{n\to\infty}\frac{n(n+2)-n\sqrt{n^2+4}}{n+2}$$
$$=\lim_{n\to\infty}\left\{\frac{n}{n+2}\times(n+2-\sqrt{n^2+4})\right\}$$
$$=\lim_{n\to\infty}\left\{\frac{n}{n+2}\times\frac{(n+2)^2-(n^2+4)}{n+2+\sqrt{n^2+4}}\right\}$$
$$=\lim_{n\to\infty}\left(\frac{n}{n+2}\times\frac{4n}{n+2+\sqrt{n^2+4}}\right)$$
$$=\lim_{n\to\infty}\left(\frac{1}{1+\frac{2}{n}}\times\frac{4}{1+\frac{2}{n}+\sqrt{1+\frac{4}{n^2}}}\right)$$
$$=1\times\frac{4}{1+1}=2$$

**Bible Says 각의 이등분선의 성질**

삼각형 ABC에서 $\angle$A의 이등분선이 변 BC와 만나는 점을 D라 할 때,

$a:b=c:d$

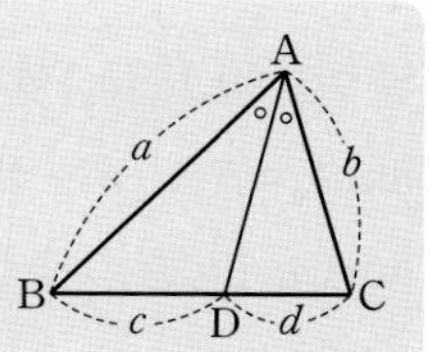


# PART B 내신 잡는 종합 문제

## 0118

답 ①

$\frac{1+a_n}{a_n}=n^2+2$에서

$\frac{1}{a_n}+1=n^2+2$, $\frac{1}{a_n}=n^2+1$

$\therefore a_n=\frac{1}{n^2+1}$

$$\therefore \lim_{n\to\infty}n^2a_n=\lim_{n\to\infty}\frac{n^2}{n^2+1}=\lim_{n\to\infty}\frac{1}{1+\frac{1}{n^2}}=1$$

## 0119

답 ⑤

$a-3\neq0$, 즉 $a\neq3$이면

$\lim_{n\to\infty}\frac{(a-3)n^3+(b-5)n^2+1}{2n^2+3}=\infty$ (또는 $-\infty$)이므로

$a=3$

$$\therefore \lim_{n\to\infty}\frac{(a-3)n^3+(b-5)n^2+1}{2n^2+3}=\lim_{n\to\infty}\frac{(b-5)n^2+1}{2n^2+3}$$
$$=\lim_{n\to\infty}\frac{(b-5)+\frac{1}{n^2}}{2+\frac{3}{n^2}}=\frac{b-5}{2}$$

따라서 $\frac{b-5}{2}=4$이므로 $b-5=8$ $\quad\therefore b=13$

$\therefore b-a=13-3=10$

## 0120

답 ③

$3^nx^2+4^nx+1$을 $x-1$로 나누었을 때의 나머지는

$a_n=3^n+4^n+1$

$3^nx^2+4^nx+1$을 $x-3$으로 나누었을 때의 나머지는

$b_n=3^{n+2}+3\times4^n+1$

$$\therefore \lim_{n\to\infty}\frac{a_n}{b_n}=\lim_{n\to\infty}\frac{3^n+4^n+1}{3^{n+2}+3\times4^n+1}$$
$$=\lim_{n\to\infty}\frac{\left(\frac{3}{4}\right)^n+1+\left(\frac{1}{4}\right)^n}{9\times\left(\frac{3}{4}\right)^n+3+\left(\frac{1}{4}\right)^n}=\frac{1}{3}$$

## 0121

답 ③

두 수열 $\{a_n\}$, $\{b_n\}$이 각각 수렴하므로 $\lim_{n\to\infty}a_n=\alpha$,

$\lim_{n\to\infty}b_n=\beta$ ($\alpha$, $\beta$는 실수)로 놓으면

$\lim_{n\to\infty}(a_n+b_n)=3$에서

$\alpha+\beta=3$ …… ㉠

$\lim_{n\to\infty}(a_n^2-b_n^2)=12$에서

$\alpha^2-\beta^2=12$

즉, $\alpha^2-\beta^2=(\alpha+\beta)(\alpha-\beta)=12$이므로

$3(\alpha-\beta)=12$

$\therefore \alpha-\beta=4$ …… ㉡

㉠, ㉡을 연립하여 풀면 $\alpha=\frac{7}{2}$, $\beta=-\frac{1}{2}$

$\therefore \lim_{n\to\infty}a_nb_n=\alpha\beta=\frac{7}{2}\times\left(-\frac{1}{2}\right)=-\frac{7}{4}$

## 0122

답 5

$2n<\sqrt{a_n}<2n+1$에서

$4n<\sqrt{a_{2n}}<4n+1$

$16n^2<a_{2n}<16n^2+8n+1$

$20n^2<a_{2n}+4n^2<20n^2+8n+1$

$\therefore \frac{20n^2}{4n^2+3}<\frac{a_{2n}+4n^2}{4n^2+3}<\frac{20n^2+8n+1}{4n^2+3}$

이때 $\lim_{n\to\infty}\frac{20n^2}{4n^2+3}=\lim_{n\to\infty}\frac{20n^2+8n+1}{4n^2+3}=\frac{20}{4}=5$이므로

$\lim_{n\to\infty}\frac{a_{2n}+4n^2}{4n^2+3}=5$

## 0123

답 ③

$$\left(1\times\frac{1}{2}\right)+\left(\frac{1}{2}\times\frac{1}{3}\right)+\left(\frac{1}{3}\times\frac{1}{4}\right)+\cdots+\left(\frac{1}{n}\times\frac{1}{n+1}\right)$$
$$=\left(1-\frac{1}{2}\right)+\left(\frac{1}{2}-\frac{1}{3}\right)+\left(\frac{1}{3}-\frac{1}{4}\right)+\cdots+\left(\frac{1}{n}-\frac{1}{n+1}\right)$$
$$=1-\frac{1}{n+1}=\frac{n}{n+1}$$

이므로

$$\lim_{n\to\infty}\frac{4n}{n+3}\left\{\left(1\times\frac{1}{2}\right)+\left(\frac{1}{2}\times\frac{1}{3}\right)+\left(\frac{1}{3}\times\frac{1}{4}\right)+\cdots+\left(\frac{1}{n}\times\frac{1}{n+1}\right)\right\}$$
$$=\lim_{n\to\infty}\left(\frac{4n}{n+3}\times\frac{n}{n+1}\right)$$
$$=\lim_{n\to\infty}\frac{4n^2}{(n+3)(n+1)}$$
$$=\lim_{n\to\infty}\frac{4}{\left(1+\frac{3}{n}\right)\left(1+\frac{1}{n}\right)}=4$$

## 0124

답 ③

수열 $\{a_n\}$이 수렴하므로

$\lim_{n\to\infty}a_n=\lim_{n\to\infty}a_{2n-1}=\lim_{n\to\infty}a_{2n}=q$

$\lim_{n\to\infty}a_{2n-1}=\lim_{n\to\infty}a_{2n}$에서

$$\lim_{n\to\infty}\left\{-p^2+\frac{6(2n-1)}{\sqrt{4(2n-1)^2+1}}\right\}=\lim_{n\to\infty}(4p-9)$$

$p$가 상수이므로 $-p^2+3=4p-9$

$p^2+4p-12=0$, $(p+6)(p-2)=0$

$\therefore p=2$ ($\because p>0$)

$\therefore q=\lim_{n\to\infty}a_n=\lim_{n\to\infty}a_{2n}=4p-9=4\times2-9=-1$

$\therefore p-q=2-(-1)=3$

## 0125

답 ③

조건 (나)에서 $\frac{1}{3n^2+1}<\frac{a_nb_n}{9n^2}<\frac{1}{3n^2-1}$이므로

$\frac{9n^2}{3n^2+1}<a_nb_n<\frac{9n^2}{3n^2-1}$

이때 $\lim_{n\to\infty}\frac{9n^2}{3n^2+1}=\lim_{n\to\infty}\frac{9n^2}{3n^2-1}=3$이므로

$\lim_{n\to\infty}a_nb_n=3$

조건 (가)에서 $\lim_{n\to\infty}(a_n+b_n)=5$이므로

$$\lim_{n\to\infty}(a_n^2+b_n^2)=\lim_{n\to\infty}\{(a_n+b_n)^2-2a_nb_n\}$$
$$=\lim_{n\to\infty}(a_n+b_n)\times\lim_{n\to\infty}(a_n+b_n)-2\lim_{n\to\infty}a_nb_n$$
$$=5\times5-2\times3=19$$

## 0126

답 4

(i) $0<r<1$일 때, $\lim_{n\to\infty}r^n=\lim_{n\to\infty}r^{n+1}=0$이므로

$\lim_{n\to\infty}\frac{r^{n+1}+3r+2}{r^n+1}=3r+2$

즉, $3r+2=\frac{7}{2}$이므로 $3r=\frac{3}{2}$ $\therefore r=\frac{1}{2}$

(ii) $r=1$일 때, $\lim_{n\to\infty}r^n=\lim_{n\to\infty}r^{n+1}=1$이므로

$\lim_{n\to\infty}\frac{r^{n+1}+3r+2}{r^n+1}=\frac{1+3+2}{1+1}=3\neq\frac{7}{2}$

(iii) $r>1$일 때, $\lim_{n\to\infty}r^n=\infty$이므로

$$\lim_{n\to\infty}\frac{r^{n+1}+3r+2}{r^n+1}=\lim_{n\to\infty}\frac{r+\frac{3}{r^{n-1}}+\frac{2}{r^n}}{1+\frac{1}{r^n}}=r$$

$\therefore r=\frac{7}{2}$

(i)~(iii)에서 구하는 모든 $r$의 값의 합은

$\frac{1}{2}+\frac{7}{2}=4$

## 0127 답 ①

이차방정식 $x^2+4\sqrt{a_n}x+3a_{n+1}=0$의 판별식을 $D$라 하면

$\frac{D}{4}=(2\sqrt{a_n})^2-3a_{n+1}=0$

$4a_n-3a_{n+1}=0 \qquad \therefore a_{n+1}=\frac{4}{3}a_n$

즉, 수열 $\{a_n\}$은 첫째항이 4이고 공비가 $\frac{4}{3}$인 등비수열이므로

$a_n=4\times\left(\frac{4}{3}\right)^{n-1}=3\times\left(\frac{4}{3}\right)^n$

$$\therefore \lim_{n\to\infty}\frac{4a_n+2^{2n+1}}{3^na_n-2^n}=\lim_{n\to\infty}\frac{12\times\left(\frac{4}{3}\right)^n+2\times4^n}{3\times4^n-2^n}$$

$$=\lim_{n\to\infty}\frac{12\times\left(\frac{1}{3}\right)^n+2}{3-\left(\frac{1}{2}\right)^n}$$

$$=\frac{2}{3}$$

## 0128 답 ④

$$\lim_{n\to\infty}\frac{3^n}{(4-\sqrt{2}\cos x)^{n-1}}=\lim_{n\to\infty}\left\{3\times\left(\frac{3}{4-\sqrt{2}\cos x}\right)^{n-1}\right\}$$

이고 이 극한이 0이 아닌 극한값을 가지므로

$\frac{3}{4-\sqrt{2}\cos x}=1$

$3=4-\sqrt{2}\cos x$

$\therefore \cos x=\frac{1}{\sqrt{2}}$

이때 $\pi<x<2\pi$이므로 $x=\frac{7}{4}\pi$

## 0129 답 −7

$$f\left(\frac{1}{2}\right)=\lim_{n\to\infty}\frac{\left(\frac{1}{2}\right)^{2n-1}-1}{\left(\frac{1}{2}\right)^{2n}+1}=-1$$

$$f(-1)=\lim_{n\to\infty}\frac{(-1)^{2n-1}-1}{(-1)^{2n}+1}=\frac{-1-1}{1+1}=-1$$

$|x|>1$일 때, $\lim_{n\to\infty}x^{2n}=\infty$이므로

$$f(x)=\lim_{n\to\infty}\frac{x^{2n-1}-1}{x^{2n}+1}=\lim_{n\to\infty}\frac{\frac{1}{x}-\frac{1}{x^{2n}}}{1+\frac{1}{x^{2n}}}=\frac{1}{x}$$

$\therefore f\left(\frac{1}{2}\right)\times f(-1)-6f(2)+15f(-3)$

$=(-1)\times(-1)-6\times\frac{1}{2}+15\times\left(-\frac{1}{3}\right)$

$=1-3-5=-7$

## 0130 답 ②

등차수열 $\{a_n\}$의 첫째항을 $a$, 공차를 $d$라 하면

$a_3=a+2d=7 \qquad \cdots\cdots ㉠$

$a_6=a+5d=16 \qquad \cdots\cdots ㉡$

㉠, ㉡을 연립하여 풀면 $a=1$, $d=3$이므로

$a_n=1+(n-1)\times3=3n-2$

$$\therefore \lim_{n\to\infty}\sqrt{n}(\sqrt{a_{n+1}}-\sqrt{a_n})$$

$$=\lim_{n\to\infty}\sqrt{n}(\sqrt{3n+1}-\sqrt{3n-2})$$

$$=\lim_{n\to\infty}\frac{\sqrt{n}(\sqrt{3n+1}-\sqrt{3n-2})(\sqrt{3n+1}+\sqrt{3n-2})}{\sqrt{3n+1}+\sqrt{3n-2}}$$

$$=\lim_{n\to\infty}\frac{3\sqrt{n}}{\sqrt{3n+1}+\sqrt{3n-2}}$$

$$=\lim_{n\to\infty}\frac{3}{\sqrt{3+\frac{1}{n}}+\sqrt{3-\frac{2}{n}}}=\frac{3}{\sqrt{3}+\sqrt{3}}=\frac{\sqrt{3}}{2}$$

## 0131 답 ③

$\frac{a_n}{b_n}=c_n$으로 놓으면 $b_n=\frac{a_n}{c_n}$

이때 $\lim_{n\to\infty}c_n=\infty$에서 $\lim_{n\to\infty}\frac{1}{c_n}=0$이고 $\lim_{n\to\infty}a_n=3$이므로

$\lim_{n\to\infty}\frac{a_n}{c_n}=0$

$$\therefore \lim_{n\to\infty}\left(a_nb_n+2a_n^{\ 2}-\frac{b_n}{a_n}+5\right)$$

$$=\lim_{n\to\infty}\left(a_n\times\frac{a_n}{c_n}+2a_n^{\ 2}-\frac{\frac{a_n}{c_n}}{a_n}+5\right)$$

$$=\lim_{n\to\infty}\left(a_n\times\frac{a_n}{c_n}+2a_n^{\ 2}-\frac{1}{c_n}+5\right)$$

$$=3\times0+2\times3^2-0+5=23$$

## 0132 답 ③

등비수열 $\{a_n\}$의 공비를 $r$라 하면

$a_1+a_2+a_3=21$에서 $a_1+a_1r+a_1r^2=21$

$\therefore a_1(1+r+r^2)=21 \qquad \cdots\cdots ㉠$

$a_4+a_5+a_6=168$에서 $a_1r^3+a_1r^4+a_1r^5=168$

$\therefore a_1r^3(1+r+r^2)=168 \qquad \cdots\cdots ㉡$

㉡÷㉠을 하면

$r^3=8 \qquad \therefore r=2$ ($\because$ $r$는 실수)

$r=2$를 ㉠에 대입하면

$7a_1=21 \qquad \therefore a_1=3$

즉, $a_n=3\times2^{n-1}$이므로

$a_{2n}=3\times2^{2n-1}=\frac{3}{2}\times4^n$

이때 $S_n=\frac{3(2^n-1)}{2-1}=3(2^n-1)$이므로

$S_n^{\ 2}=9(4^n-2^{n+1}+1)$

$$\therefore \lim_{n\to\infty}\frac{S_n^{\ 2}}{a_{2n}}=\lim_{n\to\infty}\frac{9(4^n-2^{n+1}+1)}{\frac{3}{2}\times 4^n}$$

$$=\lim_{n\to\infty}\frac{9\left\{1-2\times\left(\frac{1}{2}\right)^n+\left(\frac{1}{4}\right)^n\right\}}{\frac{3}{2}}$$

$$=9\times\frac{2}{3}=6$$

## 0133

답 ③

직선 $y=g(x)$는 원점과 점 $(3, 3)$을 지나므로 $g(x)=x$이다.

주어진 그래프에서 $f(2)=4$, $g(2)=2$이므로

$$h(2)=\lim_{n\to\infty}\frac{\{f(2)\}^{n+1}+5\{g(2)\}^n}{\{f(2)\}^n+\{g(2)\}^n}$$

$$=\lim_{n\to\infty}\frac{4^{n+1}+5\times 2^n}{4^n+2^n}$$

$$=\lim_{n\to\infty}\frac{4+5\times\left(\frac{1}{2}\right)^n}{1+\left(\frac{1}{2}\right)^n}=4$$

또한 $f(3)=3$, $g(3)=3$이므로

$$h(3)=\lim_{n\to\infty}\frac{\{f(3)\}^{n+1}+5\{g(3)\}^n}{\{f(3)\}^n+\{g(3)\}^n}$$

$$=\lim_{n\to\infty}\frac{3^{n+1}+5\times 3^n}{3^n+3^n}$$

$$=\lim_{n\to\infty}\frac{8\times 3^n}{2\times 3^n}=4$$

$\therefore h(2)+h(3)=4+4=8$

## 0134

답 ⑤

$\sqrt{(3n)^2}<\sqrt{9n^2+5n+1}<\sqrt{(3n+1)^2}$이므로

$a_n=3n$

$$\therefore \lim_{n\to\infty}\frac{1}{\sqrt{9n^2+5n+1}-a_n}$$

$$=\lim_{n\to\infty}\frac{1}{\sqrt{9n^2+5n+1}-3n}$$

$$=\lim_{n\to\infty}\frac{\sqrt{9n^2+5n+1}+3n}{(\sqrt{9n^2+5n+1}-3n)(\sqrt{9n^2+5n+1}+3n)}$$

$$=\lim_{n\to\infty}\frac{\sqrt{9n^2+5n+1}+3n}{5n+1}$$

$$=\lim_{n\to\infty}\frac{\sqrt{9+\frac{5}{n}+\frac{1}{n^2}}+3}{5+\frac{1}{n}}$$

$$=\frac{3+3}{5}=\frac{6}{5}$$

따라서 $p=5$, $q=6$이므로

$p+q=5+6=11$

## 0135

답 10

$a\le 0$이면 $\lim_{n\to\infty}(an+b-\sqrt{4n^2-3n+1})=-\infty$이므로

$a>0$

$$\lim_{n\to\infty}(an+b-\sqrt{4n^2-3n+1})$$

$$=\lim_{n\to\infty}\frac{(an+b-\sqrt{4n^2-3n+1})(an+b+\sqrt{4n^2-3n+1})}{an+b+\sqrt{4n^2-3n+1}}$$

$$=\lim_{n\to\infty}\frac{(an+b)^2-(4n^2-3n+1)}{an+b+\sqrt{4n^2-3n+1}}$$

$$=\lim_{n\to\infty}\frac{(a^2-4)n^2+(2ab+3)n+b^2-1}{an+b+\sqrt{4n^2-3n+1}}$$

이 극한값이 존재하려면 $a^2-4=0$ $\quad\therefore a=2\ (\because a>0)$

$$\therefore \lim_{n\to\infty}\frac{(a^2-4)n^2+(2ab+3)n+b^2-1}{an+b+\sqrt{4n^2-3n+1}}$$

$$=\lim_{n\to\infty}\frac{(4b+3)n+b^2-1}{2n+b+\sqrt{4n^2-3n+1}}$$

$$=\lim_{n\to\infty}\frac{(4b+3)+\frac{b^2-1}{n}}{2+\frac{b}{n}+\sqrt{4-\frac{3}{n}+\frac{1}{n^2}}}=\frac{4b+3}{2+2}$$

위 식의 극한값이 2이므로 $\frac{4b+3}{4}=2$

$4b+3=8$, $4b=5$ $\quad\therefore b=\frac{5}{4}$

$\therefore 4ab=4\times 2\times\frac{5}{4}=10$

## 0136

답 ②

$$\lim_{n\to\infty}\frac{(4x-1)^n}{2^{3n}+3^{2n}}=\lim_{n\to\infty}\frac{(4x-1)^n}{8^n+9^n}=\lim_{n\to\infty}\frac{\left(\frac{4x-1}{9}\right)^n}{\left(\frac{8}{9}\right)^n+1}$$

이때 $\lim_{n\to\infty}\left\{\left(\frac{8}{9}\right)^n+1\right\}=0+1=1$이므로 주어진 수열이 수렴하려면

수열 $\left\{\left(\frac{4x-1}{9}\right)^n\right\}$이 수렴해야 한다.

수열 $\left\{\left(\frac{4x-1}{9}\right)^n\right\}$은 공비가 $\frac{4x-1}{9}$인 등비수열이므로 이 수열이

수렴하려면 $-1<\frac{4x-1}{9}\le 1$이어야 한다.

$-9<4x-1\le 9$, $-8<4x\le 10$ $\quad\therefore -2<x\le\frac{5}{2}$

따라서 구하는 정수 $x$는 $-1$, $0$, $1$, $2$의 4개이다.

## 0137

답 $\frac{2}{9}$

$a_1+a_2+a_3+\cdots+a_n=S_n$이라 하면

$3^n-2<S_n<3^n+2$에서

$3^{n-1}-2<S_{n-1}<3^{n-1}+2$이므로

$3^n-2-(3^{n-1}+2)<S_n-S_{n-1}<3^n+2-(3^{n-1}-2)$

$\therefore 2\times 3^{n-1}-4<a_n<2\times 3^{n-1}+4$

$$\therefore \frac{2\times 3^{n-1}-4}{3^{n+1}}<\frac{a_n}{3^{n+1}}<\frac{2\times 3^{n-1}+4}{3^{n+1}}$$

이때 $\lim_{n\to\infty}\frac{2\times3^{n-1}-4}{3^{n+1}}=\lim_{n\to\infty}\frac{\frac{2}{3}-\frac{4}{3^n}}{3}=\frac{2}{9}$,

$\lim_{n\to\infty}\frac{2\times3^{n-1}+4}{3^{n+1}}=\lim_{n\to\infty}\frac{\frac{2}{3}+\frac{4}{3^n}}{3}=\frac{2}{9}$이므로

$\lim_{n\to\infty}\frac{a_n}{3^{n+1}}=\frac{2}{9}$

## 0138

답 4

자연수 $n$에 대하여 원 $O_n$의 중심을 $P_n(3n,\ 4n)$, 반지름의 길이를 $r_n$이라 하면 원 $O_n$이 $y$축에 접하므로 반지름의 길이는 원의 중심 $P_n$의 $x$좌표와 같다.

$\therefore r_n=3n$

한편, $Q(0,\ -1)$이라 하고 직선 $P_nQ$와 원 $O_n$이 만나는 점 중 원점으로부터의 거리가 먼 점을 $A_n$, 가까운 점을 $B_n$이라 하자.

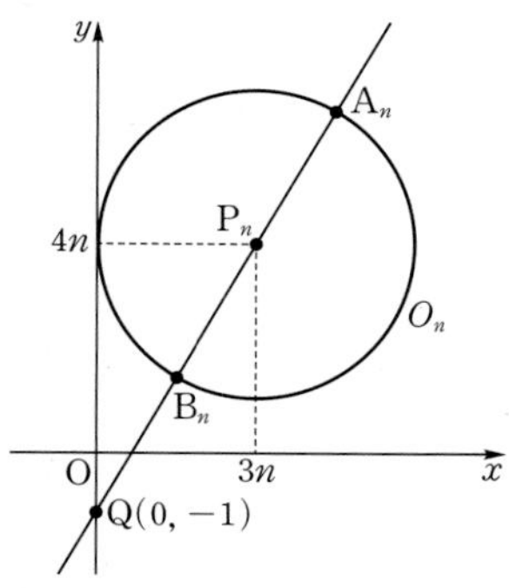


원 $O_n$ 위를 움직이는 점과 점 Q 사이의 거리는

원 $O_n$ 위를 움직이는 점이 점 $A_n$과 일치할 때 최댓값 $a_n=\overline{QA_n}$,

원 $O_n$ 위를 움직이는 점이 점 $B_n$과 일치할 때 최솟값 $b_n=\overline{QB_n}$을 갖는다.

이때

$\overline{QP_n}=\sqrt{(3n-0)^2+\{4n-(-1)\}^2}=\sqrt{25n^2+8n+1}$,

$\overline{P_nA_n}=\overline{P_nB_n}=r_n=3n$이므로

$a_n=\overline{QP_n}+\overline{P_nA_n}=\sqrt{25n^2+8n+1}+3n$

$b_n=\overline{QP_n}-\overline{P_nB_n}=\sqrt{25n^2+8n+1}-3n$

$$\therefore \lim_{n\to\infty}\frac{a_n}{b_n}=\lim_{n\to\infty}\frac{\sqrt{25n^2+8n+1}+3n}{\sqrt{25n^2+8n+1}-3n}$$

$$=\lim_{n\to\infty}\frac{\sqrt{25+\frac{8}{n}+\frac{1}{n^2}}+3}{\sqrt{25+\frac{8}{n}+\frac{1}{n^2}}-3}=\frac{5+3}{5-3}=4$$

## 0139

답 60

겹쳐서 반으로 자를 때마다 종잇조각의 개수는 2배로 늘어나므로 수열 $\{a_n\}$은 첫째항이 2이고 공비가 2인 등비수열이다.

$\therefore a_n=2\times2^{n-1}=2^n$

…… ❶

주어진 직사각형의 넓이가 5이고 과정을 $n$번 반복했을 때의 종잇조각의 개수가 $a_n$, 종잇조각 하나의 넓이가 $b_n$이므로 $a_nb_n=5$

$\therefore b_n=\frac{5}{a_n}=\frac{5}{2^n}$

…… ❷

$$\therefore \lim_{n\to\infty}\frac{12^{n+1}\times b_n}{3^n\times a_n+4^n}=\lim_{n\to\infty}\frac{12^{n+1}\times\frac{5}{2^n}}{3^n\times2^n+4^n}$$

$$=\lim_{n\to\infty}\frac{60\times6^n}{6^n+4^n}$$

$$=\lim_{n\to\infty}\frac{60}{1+\left(\frac{2}{3}\right)^n}=60$$

…… ❸

| 채점 기준 | 배점 |
|---|---|
| ❶ 일반항 $a_n$ 구하기 | 30% |
| ❷ 일반항 $b_n$ 구하기 | 30% |
| ❸ $\lim_{n\to\infty}\frac{12^{n+1}\times b_n}{3^n\times a_n+4^n}$의 값 구하기 | 40% |

## 0140

답 $\frac{14}{3}$

(i) $-3<x<3$일 때

$\lim_{n\to\infty}\left(\frac{x}{3}\right)^n=0$이므로

$$f(x)=\lim_{n\to\infty}\frac{x^{n+1}-3^n}{x^n+3^{n+1}}=\lim_{n\to\infty}\frac{x\times\left(\frac{x}{3}\right)^n-1}{\left(\frac{x}{3}\right)^n+3}=-\frac{1}{3}$$

…… ❶

(ii) $x=3$일 때

$$f(x)=\lim_{n\to\infty}\frac{x^{n+1}-3^n}{x^n+3^{n+1}}=\lim_{n\to\infty}\frac{3^{n+1}-3^n}{3^n+3^{n+1}}=\lim_{n\to\infty}\frac{2\times3^n}{4\times3^n}=\frac{1}{2}$$

…… ❷

(iii) $3<x\le5$일 때

$\lim_{n\to\infty}\left(\frac{3}{x}\right)^n=0$이므로

$$f(x)=\lim_{n\to\infty}\frac{x^{n+1}-3^n}{x^n+3^{n+1}}=\lim_{n\to\infty}\frac{x-\left(\frac{3}{x}\right)^n}{1+3\times\left(\frac{3}{x}\right)^n}=x$$

…… ❸

(i)~(iii)에서 함수 $y=f(x)$의 그래프가 오른쪽 그림과 같으므로 최솟값은 $-\frac{1}{3}$이고 최댓값은 5이다.

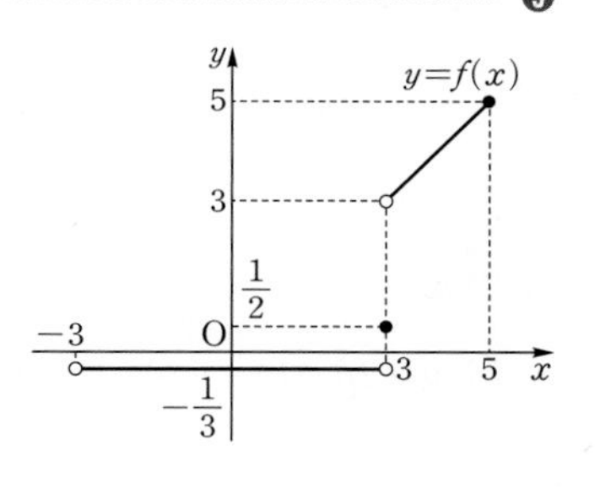


따라서 구하는 합은

$-\frac{1}{3}+5=\frac{14}{3}$

…… ❹

| 채점 기준 | 배점 |
|---|---|
| ❶ $-3<x<3$일 때, $f(x)$의 식 구하기 | 30% |
| ❷ $x=3$일 때, 함숫값 구하기 | 20% |
| ❸ $3<x\le5$일 때, $f(x)$의 식 구하기 | 30% |
| ❹ 함수 $f(x)$의 최솟값과 최댓값의 합 구하기 | 20% |

# 수능 녹인 변별력 문제

## 0141

답 ④

(i) $\left|\frac{x}{2}\right|<1$, 즉 $-2<x<2$일 때

$\lim_{n\to\infty}\left(\frac{x}{2}\right)^{2n}=\lim_{n\to\infty}\left(\frac{x}{2}\right)^{2n+1}=0$이므로

$$f(x)=\lim_{n\to\infty}\frac{3\times\left(\frac{x}{2}\right)^{2n+1}-1}{\left(\frac{x}{2}\right)^{2n}+1}=-1$$

이때 $f(k)=k$를 만족시키는 실수 $k$는 $-1$이다.

(ii) $\frac{x}{2}=1$, 즉 $x=2$일 때

$\lim_{n\to\infty}\left(\frac{x}{2}\right)^{2n}=\lim_{n\to\infty}\left(\frac{x}{2}\right)^{2n+1}=1$이므로

$$f(x)=\lim_{n\to\infty}\frac{3\times\left(\frac{x}{2}\right)^{2n+1}-1}{\left(\frac{x}{2}\right)^{2n}+1}=\frac{3\times1-1}{1+1}=1$$

이때 $f(k)=k$를 만족시키는 실수 $k$는 존재하지 않는다.

(iii) $\left|\frac{x}{2}\right|>1$, 즉 $x<-2$ 또는 $x>2$일 때

$\lim_{n\to\infty}\left(\frac{2}{x}\right)^{2n}=0$이므로

$$f(x)=\lim_{n\to\infty}\frac{3\times\left(\frac{x}{2}\right)^{2n+1}-1}{\left(\frac{x}{2}\right)^{2n}+1}=\lim_{n\to\infty}\frac{3\times\frac{x}{2}-\left(\frac{2}{x}\right)^{2n}}{1+\left(\frac{2}{x}\right)^{2n}}$$

$$=\frac{3}{2}x$$

이때 $f(k)=k$를 만족시키는 실수 $k$는 존재하지 않는다.

(iv) $\frac{x}{2}=-1$, 즉 $x=-2$일 때

$\lim_{n\to\infty}\left(\frac{x}{2}\right)^{2n}=1$, $\lim_{n\to\infty}\left(\frac{x}{2}\right)^{2n+1}=-1$이므로

$$f(x)=\lim_{n\to\infty}\frac{3\times\left(\frac{x}{2}\right)^{2n+1}-1}{\left(\frac{x}{2}\right)^{2n}+1}=\frac{3\times(-1)-1}{1+1}=-2$$

이때 $f(k)=k$를 만족시키는 실수 $k$는 $-2$이다.

(i)~(iv)에서 $f(k)=k$를 만족시키는 모든 실수 $k$의 값의 합은

$-1+(-2)=-3$

## 0142

답 ②

$a_n=\log_3(2n+1)-\log_3(2n-1)$

$=\log_3\frac{2n+1}{2n-1}$

이므로

$a_1+a_2+a_3+\cdots+a_n$

$=\log_3\frac{3}{1}+\log_3\frac{5}{3}+\log_3\frac{7}{5}+\cdots+\log_3\frac{2n+1}{2n-1}$

$=\log_3\left(\frac{3}{1}\times\frac{5}{3}\times\frac{7}{5}\times\cdots\times\frac{2n+1}{2n-1}\right)$

$=\log_3(2n+1)$

$$\therefore \lim_{n\to\infty}\frac{\sqrt{16n^2+1}}{3^{a_1}\times3^{a_2}\times3^{a_3}\times\cdots\times3^{a_n}}=\lim_{n\to\infty}\frac{\sqrt{16n^2+1}}{3^{a_1+a_2+a_3+\cdots+a_n}}$$

$$=\lim_{n\to\infty}\frac{\sqrt{16n^2+1}}{3^{\log_3(2n+1)}}$$

$$=\lim_{n\to\infty}\frac{\sqrt{16n^2+1}}{2n+1}$$

$$=\lim_{n\to\infty}\frac{\sqrt{16+\frac{1}{n^2}}}{2+\frac{1}{n}}=\frac{4}{2}=2$$

## 0143

답 328

수열 $\left\{\left(\frac{x^3-48x}{128}\right)^n\right\}$이 수렴하려면

$-1<\frac{1}{128}x(x^2-48)\le1$

$-128<x(x^2-48)\le128$

(i) $-128<x(x^2-48)$에서 $x^3-48x+128>0$

$(x+8)(x-4)^2>0$

$\therefore -8<x<4$ 또는 $x>4$

(ii) $x(x^2-48)\le128$에서 $x^3-48x-128\le0$

$(x+4)^2(x-8)\le0$

$\therefore x\le8$

(i), (ii)에서 $-8<x<4$ 또는 $4<x\le8$

따라서 정수 $x$를 작은 수부터 크기순으로 나열하면 $-7$, $-6$, $-5$, $\cdots$, 2, 3, 5, 6, 7, 8이므로 $m=15$이다.

$$\therefore \sum_{i=1}^{m}x_i^2=\sum_{i=1}^{15}x_i^2=2(7^2+6^2+5^2+\cdots+1^2)-4^2+8^2$$

$$=2\sum_{k=1}^{7}k^2+48=2\times\frac{7\times8\times15}{6}+48=328$$

## 0144

답 ④

(i) $a<5$일 때, $\lim_{n\to\infty}\left(\frac{a}{5}\right)^n=0$이므로

$$\lim_{n\to\infty}\frac{4\times a^n+5^{n+1}}{a^{n+1}+b\times5^n}=\lim_{n\to\infty}\frac{4\times\left(\frac{a}{5}\right)^n+5}{a\times\left(\frac{a}{5}\right)^n+b}=\frac{5}{b}$$

즉, $\frac{5}{b}>1$이어야 하므로 $b<5$

따라서 $a<5$, $b<5$를 만족시키는 자연수 $a$, $b$의 순서쌍 $(a, b)$의 개수는

$4\times4=16$

(ii) $a=5$일 때

$$\lim_{n\to\infty}\frac{4\times a^n+5^{n+1}}{a^{n+1}+b\times5^n}=\lim_{n\to\infty}\frac{4\times5^n+5^{n+1}}{5^{n+1}+b\times5^n}$$

$$=\lim_{n\to\infty}\frac{9\times5^n}{(5+b)5^n}=\frac{9}{5+b}$$

즉, $\frac{9}{5+b}>1$이어야 하므로 $5+b<9$ $\quad\therefore b<4$

따라서 $a=5$, $b<4$를 만족시키는 자연수 $a$, $b$의 순서쌍 $(a, b)$의 개수는 3이다.

(iii) $a>5$일 때, $\lim_{n\to\infty}\left(\frac{5}{a}\right)^n=0$이므로

$$\lim_{n\to\infty}\frac{4\times a^n+5^{n+1}}{a^{n+1}+b\times 5^n}=\lim_{n\to\infty}\frac{4+5\times\left(\frac{5}{a}\right)^n}{a+b\times\left(\frac{5}{a}\right)^n}=\frac{4}{a}$$

즉, $\frac{4}{a}>1$이어야 하므로 $a<4$

그런데 $a>5$를 만족시키지 않으므로 자연수 $a$, $b$의 순서쌍 $(a, b)$는 없다.

(i)~(iii)에서 구하는 순서쌍의 개수는

$16+3=19$

## 0145

답 $\frac{1}{3}$

조건 (가)에서 $0\le x<2$일 때, 함수 $y=f(x)$의 그래프는 다음 그림과 같다.

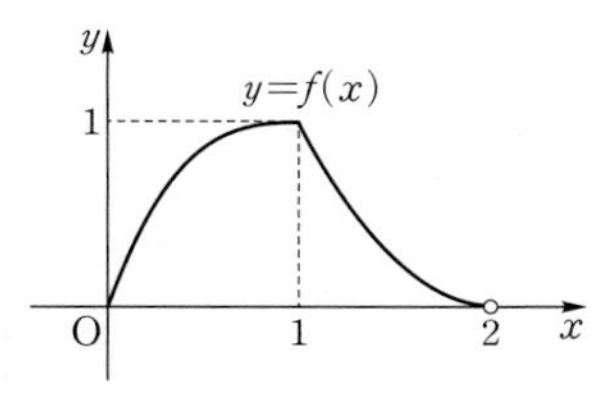


조건 (나)에서 함수 $f(x)$의 주기가 2이므로 실수 전체의 집합에서 함수 $y=f(x)$의 그래프는 다음 그림과 같다.

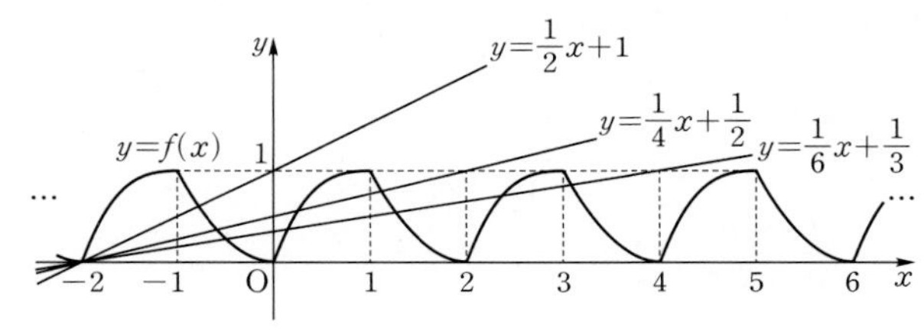


자연수 $n$에 대하여 $y=\frac{1}{2n}x+\frac{1}{n}=\frac{1}{2n}(x+2)$에서

$n=1$일 때, 직선 $y=\frac{1}{2}x+1$과의 교점은 2개이므로 $a_1=2$

$n=2$일 때, 직선 $y=\frac{1}{4}x+\frac{1}{2}$과의 교점은 4개이므로 $a_2=4$

$n=3$일 때, 직선 $y=\frac{1}{6}x+\frac{1}{3}$과의 교점은 6개이므로 $a_3=6$

⋮

$a_n=2n$

$$\therefore \lim_{n\to\infty}\frac{a_na_{n+1}}{12n^2}=\lim_{n\to\infty}\frac{2n(2n+2)}{12n^2}=\lim_{n\to\infty}\frac{2\left(2+\frac{2}{n}\right)}{12}=\frac{4}{12}=\frac{1}{3}$$

## 0146

답 9

$\frac{a^{n+1}+3a^n-5}{a^{n+2}-9a^n+3}=\frac{(a+3)a^n-5}{(a^2-9)a^n+3}$이므로

(i) $0<a<1$일 때, $\lim_{n\to\infty}a^n=0$이므로

$$\lim_{n\to\infty}\frac{(a+3)a^n-5}{(a^2-9)a^n+3}=-\frac{5}{3}$$

(ii) $a=1$일 때, $\lim_{n\to\infty}a^n=1$이므로

$$\lim_{n\to\infty}\frac{(a+3)a^n-5}{(a^2-9)a^n+3}=\frac{4\times1-5}{-8\times1+3}=\frac{1}{5}$$

(iii) $a>1$ $(a\neq3)$일 때, $\lim_{n\to\infty}a^n=\infty$이므로

$$\lim_{n\to\infty}\frac{(a+3)a^n-5}{(a^2-9)a^n+3}=\lim_{n\to\infty}\frac{(a+3)-\frac{5}{a^n}}{(a^2-9)+\frac{3}{a^n}}=\frac{a+3}{a^2-9}=\frac{1}{a-3}$$

즉, $\frac{1}{a-3}=\frac{1}{5}$이므로 $a=8$

(iv) $a=3$일 때, $\lim_{n\to\infty}a^n=\lim_{n\to\infty}3^n=\infty$이므로

$$\lim_{n\to\infty}\frac{(a+3)a^n-5}{(a^2-9)a^n+3}=\lim_{n\to\infty}\frac{6\times3^n-5}{3}=\infty$$

(i)~(iv)에서 주어진 수열이 $\frac{1}{5}$에 수렴하도록 하는 모든 양수 $a$의 값은 1, 8이므로 그 합은

$1+8=9$

## 0147

답 ③

ㄱ. $a_n=\frac{(-1)^n+3}{2}$에 $n=1, 2, 3, 4, \cdots$를 차례대로 대입하면

1, 2, 1, 2, ⋯

$n$이 홀수일 때 $a_n$은 1, $n$이 짝수일 때 $a_n$은 2이므로 수열 $\{a_n\}$은 발산(진동)한다. (참)

ㄴ. $b_n=p\times(-1)^{n+1}+q$에 $n=1, 2, 3, 4, \cdots$를 차례대로 대입하면

$p+q,\ -p+q,\ p+q,\ -p+q,\ \cdots$

이때 $p=0$이면 수열 $\{b_n\}$은

$q,\ q,\ q,\ q,\ \cdots$

가 되어 수렴한다. (참)

ㄷ. ㄱ, ㄴ에 의하여 수열 $\{a_n+b_n\}$은

$1+p+q,\ 2-p+q,\ 1+p+q,\ 2-p+q,\ \cdots$

이므로

$1+p+q=2-p+q$, 즉 $p=\frac{1}{2}$이면 수열 $\{a_n+b_n\}$은 수렴한다.

또한 수열 $\{a_nb_n\}$은

$1\times(p+q),\ 2\times(-p+q),\ 1\times(p+q),\ 2\times(-p+q),\ \cdots$

이므로

$1\times(p+q)=2\times(-p+q)$, $p+q=-2p+2q$에서 $3p=q$이면 수열 $\{a_nb_n\}$은 수렴한다.

이때 $p=\frac{1}{2}$, $q=3p=\frac{3}{2}$이므로

$\lim_{n\to\infty}(a_n+b_n)=\lim_{n\to\infty}(1+p+q)=3$

$\lim_{n\to\infty}a_nb_n=\lim_{n\to\infty}\{1\times(p+q)\}=2$

$$\begin{aligned}\therefore \lim_{n\to\infty}\{(a_n)^2+(b_n)^2\}&=\lim_{n\to\infty}\{(a_n+b_n)^2-2a_nb_n\}\\&=\lim_{n\to\infty}(a_n+b_n)\times\lim_{n\to\infty}(a_n+b_n)-2\lim_{n\to\infty}a_nb_n\\&=3^2-2\times2=5\ (\text{거짓})\end{aligned}$$

따라서 옳은 것은 ㄱ, ㄴ이다.

참고

두 수열 $\{a_n+b_n\}$, $\{a_nb_n\}$의 일반항을 이용하여 $p$, $q$의 값을 구할 수도 있다.

ㄷ. $a_n+b_n=\left\{\frac{1}{2}\times(-1)^n+\frac{3}{2}\right\}+\{p\times(-1)^{n+1}+q\}$

$=\frac{1}{2}\times(-1)^n-p\times(-1)^n+\frac{3}{2}+q$

$=\left(\frac{1}{2}-p\right)\times(-1)^n+\frac{3}{2}+q$

이므로 수열 $\{a_n+b_n\}$이 수렴하려면

$\frac{1}{2}-p=0$, 즉 $p=\frac{1}{2}$이어야 한다.

또한 $p=\frac{1}{2}$일 때

$a_nb_n=\left\{\frac{1}{2}\times(-1)^n+\frac{3}{2}\right\}\left\{\frac{1}{2}\times(-1)^{n+1}+q\right\}$

$=\left\{\frac{1}{2}\times(-1)^n+\frac{3}{2}\right\}\left\{-\frac{1}{2}\times(-1)^n+q\right\}$

$=-\frac{1}{4}\times(-1)^{2n}+\left(\frac{q}{2}-\frac{3}{4}\right)\times(-1)^n+\frac{3}{2}q$

$=\left(\frac{q}{2}-\frac{3}{4}\right)\times(-1)^n-\frac{1}{4}+\frac{3}{2}q$

이므로 수열 $\{a_nb_n\}$이 수렴하려면

$\frac{q}{2}-\frac{3}{4}=0$, 즉 $q=\frac{3}{2}$이어야 한다.

## 0148

답 6

$$\sum_{k=1}^{n}\frac{a_k-a_{k+1}}{a_ka_{k+1}}=\sum_{k=1}^{n}\left(\frac{1}{a_{k+1}}-\frac{1}{a_k}\right)$$

$$=\left(\frac{1}{a_2}-\frac{1}{a_1}\right)+\left(\frac{1}{a_3}-\frac{1}{a_2}\right)+\left(\frac{1}{a_4}-\frac{1}{a_3}\right)+\cdots+\left(\frac{1}{a_{n+1}}-\frac{1}{a_n}\right)$$

$$=\frac{1}{a_{n+1}}-\frac{1}{a_1}=\frac{1}{a_{n+1}}-3$$

즉, $\frac{1}{a_{n+1}}-3=n^2+4n$이므로

$\frac{1}{a_{n+1}}=n^2+4n+3=(n+1)(n+3)$

따라서 $a_{n+1}=\frac{1}{(n+1)(n+3)}$ $(n=1, 2, 3, \cdots)$이므로

$a_n=\frac{1}{n(n+2)}$ $(n=2, 3, 4, \cdots)$

이 식에 $n=1$을 대입하면 $a_1=\frac{1}{1\times3}=\frac{1}{3}$이므로

$a_n=\frac{1}{n(n+2)}$ $(n=1, 2, 3, \cdots)$

$$\therefore S_n=\sum_{k=1}^{n}a_k=\sum_{k=1}^{n}\frac{1}{k(k+2)}=\sum_{k=1}^{n}\frac{1}{2}\left(\frac{1}{k}-\frac{1}{k+2}\right)$$

$$=\frac{1}{2}\left\{\left(1-\frac{1}{3}\right)+\left(\frac{1}{2}-\frac{1}{4}\right)+\left(\frac{1}{3}-\frac{1}{5}\right)+\cdots+\left(\frac{1}{n-1}-\frac{1}{n+1}\right)+\left(\frac{1}{n}-\frac{1}{n+2}\right)\right\}$$

$$=\frac{1}{2}\left(1+\frac{1}{2}-\frac{1}{n+1}-\frac{1}{n+2}\right)=\frac{3}{4}-\frac{1}{2n+2}-\frac{1}{2n+4}$$

$$\therefore \lim_{n\to\infty}(8n^2+3)a_nS_n$$

$$=\lim_{n\to\infty}\left\{\frac{8n^2+3}{n(n+2)}\times\left(\frac{3}{4}-\frac{1}{2n+2}-\frac{1}{2n+4}\right)\right\}$$

$$=\lim_{n\to\infty}\frac{8+\frac{3}{n^2}}{1+\frac{2}{n}}\times\lim_{n\to\infty}\left(\frac{3}{4}-\frac{1}{2n+2}-\frac{1}{2n+4}\right)$$

$$=8\times\frac{3}{4}=6$$

## 0149

답 ③

조건 (가)에서 $4^n<a_n<4^n+1$의 각 변을 $4^n$으로 나누면

$1<\frac{a_n}{4^n}<1+\frac{1}{4^n}$

이때 $\lim_{n\to\infty}1=\lim_{n\to\infty}\left(1+\frac{1}{4^n}\right)=1$이므로

$\lim_{n\to\infty}\frac{a_n}{4^n}=1$

조건 (나)에서

$2+2^2+2^3+\cdots+2^n=\frac{2(2^n-1)}{2-1}=2^{n+1}-2$

이므로 $2^{n+1}-2<b_n<2^{n+1}$의 각 변을 $2^n$으로 나누면

$2-\frac{1}{2^{n-1}}<\frac{b_n}{2^n}<2$

이때 $\lim_{n\to\infty}\left(2-\frac{1}{2^{n-1}}\right)=\lim_{n\to\infty}2=2$이므로

$\lim_{n\to\infty}\frac{b_n}{2^n}=2$

$$\therefore \lim_{n\to\infty}\frac{4a_n+b_n}{2a_n+2^nb_n}=\lim_{n\to\infty}\frac{\frac{4a_n+b_n}{4^n}}{\frac{2a_n+2^nb_n}{4^n}}$$

$$=\lim_{n\to\infty}\frac{4\times\frac{a_n}{4^n}+\frac{1}{2^n}\times\frac{b_n}{2^n}}{2\times\frac{a_n}{4^n}+\frac{b_n}{2^n}}$$

$$=\frac{4\times1+0\times2}{2\times1+2}=1$$

## 0150

답 4

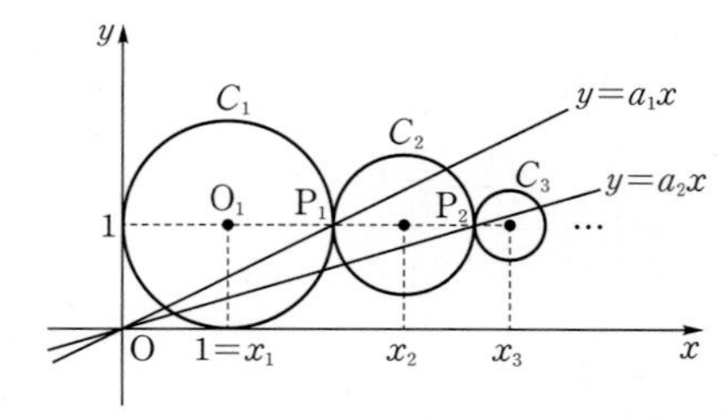


원 $C_1$은 반지름의 길이가 1이고 $x$축과 $y$축에 모두 접하므로 중심의 좌표는 $(1, 1)$이다.

원 $C_n$의 중심을 $O_n(x_n, y_n)$, 반지름의 길이를 $r_n$이라 하자.

조건 (다)에서 $y_n=1$, 조건 (나)에서 $r_{n+1}=\frac{1}{2}r_n$이다.

즉, 수열 $\{r_n\}$은 첫째항이 $r_1$이고 공비가 $\frac{1}{2}$인 등비수열이다.

조건 (가)에서 $r_1=1$이므로 $r_n=\left(\frac{1}{2}\right)^{n-1}$

조건 (나)에서 원 $C_n$과 원 $C_{n+1}$은 외접하므로

$x_1=r_1=1,\ x_2=2r_1+r_2,\ x_3=2(r_1+r_2)+r_3,\ \cdots$

즉, $n\geq 2$인 자연수 $n$에 대하여

$$x_n=2\sum_{k=1}^{n-1}r_k+r_n=2\sum_{k=1}^{n-1}\left(\frac{1}{2}\right)^{k-1}+\left(\frac{1}{2}\right)^{n-1}$$

$$=2\times\frac{1-\left(\frac{1}{2}\right)^{n-1}}{1-\frac{1}{2}}+\left(\frac{1}{2}\right)^{n-1}=4-3\times\left(\frac{1}{2}\right)^{n-1}$$

점 $P_1$의 $x$좌표는 $x_1+r_1$, 점 $P_2$의 $x$좌표는 $x_2+r_2$, 점 $P_3$의 $x$좌표는 $x_3+r_3$, $\cdots$이므로 점 $P_n$의 $x$좌표는

$$x_n+r_n=x_n+\left(\frac{1}{2}\right)^{n-1}$$

이때 점 $P_n$의 $y$좌표는 $y_n=1$이므로

$$a_n=\frac{y_n}{x_n+\left(\frac{1}{2}\right)^{n-1}}=\frac{1}{4-3\times\left(\frac{1}{2}\right)^{n-1}+\left(\frac{1}{2}\right)^{n-1}}$$

$$=\frac{1}{4-2\times\left(\frac{1}{2}\right)^{n-1}}$$

$$\therefore \lim_{n\to\infty}\frac{1}{a_n}=\lim_{n\to\infty}\left\{4-2\times\left(\frac{1}{2}\right)^{n-1}\right\}=4$$

## 0151

답 24

조건 (가)에서

$$\lim_{n\to\infty}(\sqrt{n^2+an+2}-\sqrt{n^2+bn+1})$$

$$=\lim_{n\to\infty}\frac{(a-b)n+1}{\sqrt{n^2+an+2}+\sqrt{n^2+bn+1}}$$

$$=\frac{a-b}{2}=3$$

$\therefore a-b=6$ …… ㉠

조건 (나)에서

$$\lim_{n\to\infty}\{\sqrt{16^n+(a+b)^n}-4^n\}$$

$$=\lim_{n\to\infty}\frac{\{\sqrt{16^n+(a+b)^n}-4^n\}\{\sqrt{16^n+(a+b)^n}+4^n\}}{\sqrt{16^n+(a+b)^n}+4^n}$$

$$=\lim_{n\to\infty}\frac{(a+b)^n}{\sqrt{16^n+(a+b)^n}+4^n}$$

$$=\lim_{n\to\infty}\frac{\left(\frac{a+b}{4}\right)^n}{\sqrt{1+\left(\frac{a+b}{16}\right)^n}+1}$$

(i) $\left|\frac{a+b}{4}\right|<1$, 즉 $|a+b|<4$일 때, $\lim_{n\to\infty}\left(\frac{a+b}{4}\right)^n=0$이므로 주어진 수열은 0에 수렴한다.

(ii) $a+b=4$일 때

$$\lim_{n\to\infty}\frac{\left(\frac{a+b}{4}\right)^n}{\sqrt{1+\left(\frac{a+b}{16}\right)^n}+1}=\lim_{n\to\infty}\frac{1}{\sqrt{1+\left(\frac{1}{4}\right)^n}+1}=\frac{1}{2}$$

(iii) $|a+b|>4$일 때, $\lim_{n\to\infty}\left|\left(\frac{a+b}{4}\right)^n\right|=\infty$이므로 주어진 수열은 발산한다.

(iv) $a+b=-4$일 때, 수열 $\left\{\left(\frac{a+b}{4}\right)^n\right\}$은 발산(진동)하므로 주어진 수열은 발산한다.

(i)~(iv)에서 수열 $\{\sqrt{16^n+(a+b)^n}-4^n\}$이 수렴하려면

$-4<a+b\leq 4$ …… ㉡

㉠에서 $a=b+6$이므로

$a^2-b^2=(b+6)^2-b^2=12b+36$

㉠, ㉡에서 $-4<2b+6\leq 4$이므로

$-10<2b\leq -2$ $\quad\therefore -5<b\leq -1$

따라서 $a^2-b^2=12b+36$의 최댓값은 $b=-1$일 때이므로

$12\times(-1)+36=24$

## 0152

답 ①

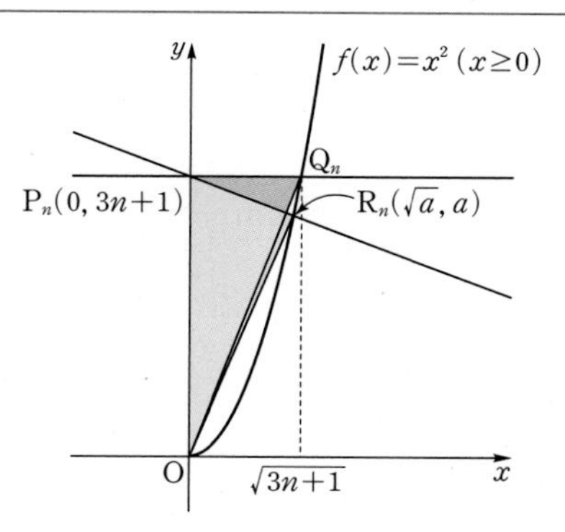


점 $Q_n$은 곡선 $y=f(x)$ 위의 점이고 점 $Q_n$의 $y$좌표는 점 $P_n$의 $y$좌표와 같으므로 $Q_n(\sqrt{3n+1},\ 3n+1)$

즉, 삼각형 $P_nOQ_n$의 넓이 $S_n$은

$$S_n=\frac{1}{2}\times\overline{OP_n}\times\overline{P_nQ_n}=\frac{1}{2}(3n+1)\sqrt{3n+1}$$

점 $R_n$은 곡선 $y=f(x)$ 위의 점이고 $y$좌표가 자연수이므로 $R_n(\sqrt{a},\ a)$라 하자. (단, $a$는 자연수)

이때 직선 $P_nR_n$의 기울기 $\frac{a-(3n+1)}{\sqrt{a}}$이 음수이므로

$a-(3n+1)<0$ $\quad\therefore a<3n+1$

삼각형 $P_nOR_n$의 넓이가 최대가 되려면 점 $R_n$의 $x$좌표 $\sqrt{a}$가 최대이어야 하므로 $a=3n$일 때이고, 이때 점 $R_n$의 좌표는 $(\sqrt{3n},\ 3n)$이므로 삼각형 $P_nOR_n$의 최대 넓이 $T_n$은

$$T_n=\frac{1}{2}\times\overline{OP_n}\times\sqrt{3n}=\frac{1}{2}(3n+1)\sqrt{3n}$$

$$\therefore \lim_{n\to\infty}\frac{S_n-T_n}{\sqrt{n}}$$

$$=\lim_{n\to\infty}\frac{1}{\sqrt{n}}\left\{\frac{1}{2}(3n+1)\sqrt{3n+1}-\frac{1}{2}(3n+1)\sqrt{3n}\right\}$$

$$=\lim_{n\to\infty}\frac{3n+1}{2\sqrt{n}}(\sqrt{3n+1}-\sqrt{3n})$$

$$=\lim_{n\to\infty}\left\{\frac{3n+1}{2\sqrt{n}}\times\frac{(\sqrt{3n+1}-\sqrt{3n})(\sqrt{3n+1}+\sqrt{3n})}{\sqrt{3n+1}+\sqrt{3n}}\right\}$$

$$=\lim_{n\to\infty}\frac{3n+1}{2(\sqrt{3n^2+n}+\sqrt{3n^2})}$$

$$=\lim_{n\to\infty}\frac{3+\frac{1}{n}}{2\left(\sqrt{3+\frac{1}{n}}+\sqrt{3}\right)}=\frac{3}{4\sqrt{3}}=\frac{\sqrt{3}}{4}$$

# 02 급수

## 유형 01 급수의 합

확인 문제 (1) 2 (2) 3

(1) $\sum_{n=1}^{\infty} a_n = \lim_{n\to\infty} S_n = \lim_{n\to\infty} \frac{4n-3}{2n+1} = \lim_{n\to\infty} \frac{4-\frac{3}{n}}{2+\frac{1}{n}} = \frac{4}{2} = 2$

(2) $\sum_{n=1}^{\infty} a_n = \lim_{n\to\infty} S_n = \lim_{n\to\infty} \left\{3-\left(\frac{1}{3}\right)^n\right\} = 3$

### 0153

답 ⑤

$S_n = \frac{5n^2-1}{n^2+2}$이므로

$\sum_{n=1}^{\infty} a_n = \lim_{n\to\infty} S_n = \lim_{n\to\infty} \frac{5n^2-1}{n^2+2} = \lim_{n\to\infty} \frac{5-\frac{1}{n^2}}{1+\frac{2}{n^2}} = \frac{5}{1} = 5$

### 0154

답 5

$S_n = \frac{25n^2+3n}{5(n+1)(n+2)}$이므로

$\sum_{n=1}^{\infty} a_n = \lim_{n\to\infty} S_n = \lim_{n\to\infty} \frac{25n^2+3n}{5(n+1)(n+2)}$

$= \lim_{n\to\infty} \frac{25+\frac{3}{n}}{5\left(1+\frac{1}{n}\right)\left(1+\frac{2}{n}\right)} = \frac{25}{5} = 5$

### 0155

답 $\frac{1}{6}$

$1+2+3+\cdots+n = \frac{n(n+1)}{2}$이므로

$S_n = \frac{1+2+3+\cdots+n}{3n^2+5n} = \frac{n(n+1)}{2n(3n+5)} = \frac{n+1}{2(3n+5)}$

$\therefore \sum_{n=1}^{\infty} a_n = \lim_{n\to\infty} S_n = \lim_{n\to\infty} \frac{n+1}{2(3n+5)}$

$= \lim_{n\to\infty} \frac{1+\frac{1}{n}}{2\left(3+\frac{5}{n}\right)} = \frac{1}{6}$

## 유형 02 부분분수를 이용하는 급수

### 0156

답 4

주어진 급수의 제$n$항을 $a_n$이라 하면

$a_n = \frac{2}{1+2+3+\cdots+n} = \frac{4}{n(n+1)}$

주어진 급수의 제$n$항까지의 부분합을 $S_n$이라 하면

$S_n = \sum_{k=1}^{n} a_k = \sum_{k=1}^{n} \frac{4}{k(k+1)} = 4\sum_{k=1}^{n}\left(\frac{1}{k}-\frac{1}{k+1}\right)$

$= 4\left\{\left(1-\frac{1}{2}\right)+\left(\frac{1}{2}-\frac{1}{3}\right)+\cdots+\left(\frac{1}{n}-\frac{1}{n+1}\right)\right\}$

$= 4\left(1-\frac{1}{n+1}\right)$

따라서 주어진 급수의 합은

$\lim_{n\to\infty} S_n = \lim_{n\to\infty} 4\left(1-\frac{1}{n+1}\right) = 4$

### 0157

답 14

주어진 급수의 제$n$항까지의 부분합을 $S_n$이라 하면

$S_n = \sum_{k=1}^{n} \frac{84}{(2k+1)(2k+3)} = 42\sum_{k=1}^{n}\left(\frac{1}{2k+1}-\frac{1}{2k+3}\right)$

$= 42\left\{\left(\frac{1}{3}-\frac{1}{5}\right)+\left(\frac{1}{5}-\frac{1}{7}\right)+\cdots+\left(\frac{1}{2n+1}-\frac{1}{2n+3}\right)\right\}$

$= 42\left(\frac{1}{3}-\frac{1}{2n+3}\right)$

$\therefore \sum_{n=1}^{\infty} \frac{84}{(2n+1)(2n+3)} = \lim_{n\to\infty} S_n = \lim_{n\to\infty} 42\left(\frac{1}{3}-\frac{1}{2n+3}\right)$

$= 42\times\frac{1}{3} = 14$

### 0158

답 ③

급수 $\sum_{n=1}^{\infty} a_n$의 제$n$항까지의 부분합을 $S_n$이라 하면

$S_n = \sum_{k=1}^{n} \frac{3}{k(k+2)} = \frac{3}{2}\sum_{k=1}^{n}\left(\frac{1}{k}-\frac{1}{k+2}\right)$

$= \frac{3}{2}\left\{\left(1-\frac{1}{3}\right)+\left(\frac{1}{2}-\frac{1}{4}\right)+\left(\frac{1}{3}-\frac{1}{5}\right)+\cdots+\left(\frac{1}{n-1}-\frac{1}{n+1}\right)+\left(\frac{1}{n}-\frac{1}{n+2}\right)\right\}$

$= \frac{3}{2}\left(1+\frac{1}{2}-\frac{1}{n+1}-\frac{1}{n+2}\right)$

$\therefore \sum_{n=1}^{\infty} a_n = \lim_{n\to\infty} S_n = \lim_{n\to\infty} \frac{3}{2}\left(1+\frac{1}{2}-\frac{1}{n+1}-\frac{1}{n+2}\right)$

$= \frac{3}{2}\times\frac{3}{2} = \frac{9}{4}$

급수 $\sum_{n=1}^{\infty} b_n$의 제$n$항까지의 부분합을 $S_n'$이라 하면

$b_n = \frac{3}{(n+1)(n+3)}$이므로

$S_n' = \sum_{k=1}^{n} \frac{3}{(k+1)(k+3)} = \frac{3}{2}\sum_{k=1}^{n}\left(\frac{1}{k+1}-\frac{1}{k+3}\right)$

$= \frac{3}{2}\left\{\left(\frac{1}{2}-\frac{1}{4}\right)+\left(\frac{1}{3}-\frac{1}{5}\right)+\left(\frac{1}{4}-\frac{1}{6}\right)+\cdots+\left(\frac{1}{n}-\frac{1}{n+2}\right)+\left(\frac{1}{n+1}-\frac{1}{n+3}\right)\right\}$

$= \frac{3}{2}\left(\frac{1}{2}+\frac{1}{3}-\frac{1}{n+2}-\frac{1}{n+3}\right)$

$\therefore \sum_{n=1}^{\infty} b_n = \lim_{n\to\infty} S_n' = \lim_{n\to\infty} \frac{3}{2}\left(\frac{1}{2}+\frac{1}{3}-\frac{1}{n+2}-\frac{1}{n+3}\right)$

$= \frac{3}{2}\times\frac{5}{6}=\frac{5}{4}$

$\therefore \sum_{n=1}^{\infty} a_n \times \sum_{n=1}^{\infty} b_n = \frac{9}{4}\times\frac{5}{4}=\frac{45}{2^4}$

**참고**

두 급수 $\sum_{n=1}^{\infty} a_n$, $\sum_{n=1}^{\infty} b_n$이 수렴할 때, $\sum_{n=1}^{\infty} a_n b_n \neq \sum_{n=1}^{\infty} a_n \times \sum_{n=1}^{\infty} b_n$임에 주의한다.
급수의 성질과 진위 판단은 유형 07, 유형 08에서 자세히 살펴보도록 한다.

## 0159

답 ④

$S_n = \frac{n\{2\times4+(n-1)\times2\}}{2} = n(n+3)$이므로

$\sum_{k=1}^{n}\frac{1}{S_k} = \sum_{k=1}^{n}\frac{1}{k(k+3)}$

$= \frac{1}{3}\sum_{k=1}^{n}\left(\frac{1}{k}-\frac{1}{k+3}\right)$

$= \frac{1}{3}\left\{\left(1-\frac{1}{4}\right)+\left(\frac{1}{2}-\frac{1}{5}\right)+\left(\frac{1}{3}-\frac{1}{6}\right)+\left(\frac{1}{4}-\frac{1}{7}\right)+\cdots\right.$

$\left.+\left(\frac{1}{n-2}-\frac{1}{n+1}\right)+\left(\frac{1}{n-1}-\frac{1}{n+2}\right)+\left(\frac{1}{n}-\frac{1}{n+3}\right)\right\}$

$= \frac{1}{3}\left(1+\frac{1}{2}+\frac{1}{3}-\frac{1}{n+1}-\frac{1}{n+2}-\frac{1}{n+3}\right)$

$\therefore \lim_{n\to\infty}\sum_{k=1}^{n}\frac{1}{S_k} = \lim_{n\to\infty}\frac{1}{3}\left(1+\frac{1}{2}+\frac{1}{3}-\frac{1}{n+1}-\frac{1}{n+2}-\frac{1}{n+3}\right)$

$= \frac{1}{3}\times\frac{11}{6}=\frac{11}{18}$

**참고**

공차가 $d$인 등차수열 $\{a_n\}$의 첫째항부터 제$n$항까지의 합을 $S_n$이라 하면
$S_n = \frac{n\{2a_1+(n-1)d\}}{2}$이다.

## 0160

답 13

2, 3은 소수이므로 $2^{n+1}\times3^{n+3}$의 모든 양의 약수의 개수 $a_n$은
$a_n=(n+2)(n+4)$

……… ❶

급수 $\sum_{n=1}^{\infty}\frac{4}{a_n}$의 제$n$항까지의 부분합을 $S_n$이라 하면

$S_n = \sum_{k=1}^{n}\frac{4}{a_k} = \sum_{k=1}^{n}\frac{4}{(k+2)(k+4)}$

$= 2\sum_{k=1}^{n}\left(\frac{1}{k+2}-\frac{1}{k+4}\right)$

$= 2\left\{\left(\frac{1}{3}-\frac{1}{5}\right)+\left(\frac{1}{4}-\frac{1}{6}\right)+\left(\frac{1}{5}-\frac{1}{7}\right)\right.$

$\left.+\cdots+\left(\frac{1}{n+1}-\frac{1}{n+3}\right)+\left(\frac{1}{n+2}-\frac{1}{n+4}\right)\right\}$

$= 2\left(\frac{1}{3}+\frac{1}{4}-\frac{1}{n+3}-\frac{1}{n+4}\right)$

……… ❷

$\therefore \sum_{n=1}^{\infty}\frac{4}{a_n} = \lim_{n\to\infty} S_n = \lim_{n\to\infty} 2\left(\frac{1}{3}+\frac{1}{4}-\frac{1}{n+3}-\frac{1}{n+4}\right)$

$= 2\left(\frac{1}{3}+\frac{1}{4}\right) = 2\times\frac{7}{12}=\frac{7}{6}$

따라서 $p=6$, $q=7$이므로
$p+q=6+7=13$

……… ❸

| 채점 기준 | 배점 |
|---|---|
| ❶ 일반항 $a_n$ 구하기 | 30% |
| ❷ 주어진 급수의 부분합 구하기 | 40% |
| ❸ $\sum_{n=1}^{\infty}\frac{4}{a_n}$의 값을 구하여 $p+q$의 값 구하기 | 30% |

## 0161

답 1

주어진 이차방정식의 근과 계수의 관계에 의하여
$\alpha_n+\beta_n=-2$, $\alpha_n\beta_n=-4n^2+1$

급수 $\sum_{n=1}^{\infty}\left(\frac{1}{\alpha_n}+\frac{1}{\beta_n}\right)$의 제$n$항까지의 부분합을 $S_n$이라 하면

$S_n = \sum_{k=1}^{n}\left(\frac{1}{\alpha_k}+\frac{1}{\beta_k}\right) = \sum_{k=1}^{n}\frac{\alpha_k+\beta_k}{\alpha_k\beta_k}$

$= \sum_{k=1}^{n}\frac{-2}{-4k^2+1} = \sum_{k=1}^{n}\frac{2}{(2k-1)(2k+1)}$

$= \sum_{k=1}^{n}\left(\frac{1}{2k-1}-\frac{1}{2k+1}\right)$

$= \left(1-\frac{1}{3}\right)+\left(\frac{1}{3}-\frac{1}{5}\right)+\cdots+\left(\frac{1}{2n-1}-\frac{1}{2n+1}\right)$

$= 1-\frac{1}{2n+1}$

$\therefore \sum_{n=1}^{\infty}\left(\frac{1}{\alpha_n}+\frac{1}{\beta_n}\right) = \lim_{n\to\infty} S_n = \lim_{n\to\infty}\left(1-\frac{1}{2n+1}\right)=1$

## 0162

답 ①

수열 $\{a_n\}$은 모든 항이 양수이고 공차가 3인 등차수열이므로

$\frac{1}{b_n} = \frac{1}{a_n a_{n+1}} = \frac{1}{a_{n+1}-a_n}\left(\frac{1}{a_n}-\frac{1}{a_{n+1}}\right)$

$= \frac{1}{3}\left(\frac{1}{a_n}-\frac{1}{a_{n+1}}\right)$ ($\because a_{n+1}-a_n=3$)

급수 $\sum_{n=1}^{\infty}\frac{1}{b_n}$의 제$n$항까지의 부분합을 $S_n$이라 하면

$S_n = \sum_{k=1}^{n}\frac{1}{b_k} = \sum_{k=1}^{n}\frac{1}{3}\left(\frac{1}{a_k}-\frac{1}{a_{k+1}}\right)$

$= \frac{1}{3}\left\{\left(\frac{1}{a_1}-\frac{1}{a_2}\right)+\left(\frac{1}{a_2}-\frac{1}{a_3}\right)+\cdots+\left(\frac{1}{a_n}-\frac{1}{a_{n+1}}\right)\right\}$

$= \frac{1}{3}\left(\frac{1}{a_1}-\frac{1}{a_{n+1}}\right)$

이때 $a_{n+1}=a_1+3n$이므로

$\sum_{n=1}^{\infty}\frac{1}{b_n} = \lim_{n\to\infty} S_n = \lim_{n\to\infty}\frac{1}{3}\left(\frac{1}{a_1}-\frac{1}{a_{n+1}}\right)$

$= \lim_{n\to\infty}\frac{1}{3}\left(\frac{1}{a_1}-\frac{1}{a_1+3n}\right) = \frac{1}{3a_1}$

따라서 $\frac{1}{3a_1}=\frac{1}{6}$이므로 $3a_1=6$

$\therefore a_1=2$

## 유형 03 로그를 포함한 급수

### 0163

답 $-1$

주어진 급수의 제$n$항까지의 부분합을 $S_n$이라 하면

$$S_n=\sum_{k=1}^{n}\log_2\left\{1-\frac{1}{(k+1)^2}\right\}$$
$$=\sum_{k=1}^{n}\log_2\frac{k(k+2)}{(k+1)^2}$$
$$=\sum_{k=1}^{n}\log_2\left(\frac{k}{k+1}\times\frac{k+2}{k+1}\right)$$
$$=\log_2\left(\frac{1}{2}\times\frac{3}{2}\right)+\log_2\left(\frac{2}{3}\times\frac{4}{3}\right)+\log_2\left(\frac{3}{4}\times\frac{5}{4}\right)+\cdots+\log_2\left(\frac{n}{n+1}\times\frac{n+2}{n+1}\right)$$
$$=\log_2\left\{\left(\frac{1}{2}\times\frac{3}{2}\right)\times\left(\frac{2}{3}\times\frac{4}{3}\right)\times\left(\frac{3}{4}\times\frac{5}{4}\right)\times\cdots\times\left(\frac{n}{n+1}\times\frac{n+2}{n+1}\right)\right\}$$
$$=\log_2\frac{n+2}{2(n+1)}$$

$$\therefore \sum_{n=1}^{\infty}\log_2\left\{1-\frac{1}{(n+1)^2}\right\}=\lim_{n\to\infty}S_n=\lim_{n\to\infty}\log_2\frac{n+2}{2(n+1)}=\log_2\frac{1}{2}=-1$$

**Bible Says 로그의 성질**

$a>0$, $a\neq1$, $M>0$, $N>0$일 때

(1) $\log_a 1=0$, $\log_a a=1$

(2) $\log_a MN=\log_a M+\log_a N$

(3) $\log_a\frac{M}{N}=\log_a M-\log_a N$

(4) $\log_a M^k=k\log_a M$ (단, $k$는 실수)

### 0164

답 ②

주어진 급수의 제$n$항까지의 부분합을 $S_n$이라 하면

$$S_n=\sum_{k=1}^{n}\log_5 a_k$$
$$=\log_5 a_1+\log_5 a_2+\log_5 a_3+\cdots+\log_5 a_n$$
$$=\log_5(a_1a_2a_3\cdots a_n)$$
$$=\log_5\frac{n-3}{5n+2}$$

$$\therefore \sum_{n=1}^{\infty}\log_5 a_n=\lim_{n\to\infty}S_n=\lim_{n\to\infty}\log_5\frac{n-3}{5n+2}=\log_5\frac{1}{5}=-1$$

### 0165

답 1

$$\sum_{n=2}^{\infty}\log_2\left(1+\frac{1}{a_n}\right)=\sum_{n=2}^{\infty}\log_2\left(1+\frac{1}{n^2-1}\right)$$
$$=\sum_{n=2}^{\infty}\log_2\frac{n^2}{(n-1)(n+1)}$$
$$=\sum_{n=1}^{\infty}\log_2\frac{(n+1)^2}{n(n+2)}$$

급수 $\sum_{n=1}^{\infty}\log_2\frac{(n+1)^2}{n(n+2)}$의 제$n$항까지의 부분합을 $S_n$이라 하면

$$S_n=\sum_{k=1}^{n}\log_2\frac{(k+1)^2}{k(k+2)}$$
$$=\sum_{k=1}^{n}\log_2\left(\frac{k+1}{k}\times\frac{k+1}{k+2}\right)$$
$$=\log_2\left(\frac{2}{1}\times\frac{2}{3}\right)+\log_2\left(\frac{3}{2}\times\frac{3}{4}\right)+\log_2\left(\frac{4}{3}\times\frac{4}{5}\right)+\cdots+\log_2\left(\frac{n+1}{n}\times\frac{n+1}{n+2}\right)$$
$$=\log_2\left\{\left(\frac{2}{1}\times\frac{2}{3}\right)\times\left(\frac{3}{2}\times\frac{3}{4}\right)\times\left(\frac{4}{3}\times\frac{4}{5}\right)\times\cdots\times\left(\frac{n+1}{n}\times\frac{n+1}{n+2}\right)\right\}$$
$$=\log_2\frac{2(n+1)}{n+2}$$

······ ❶

$$\therefore \sum_{n=2}^{\infty}\log_2\left(1+\frac{1}{a_n}\right)=\lim_{n\to\infty}S_n=\lim_{n\to\infty}\log_2\frac{2(n+1)}{n+2}=\log_2 2=1$$

······ ❷

| 채점 기준 | 배점 |
|---|---|
| ❶ 주어진 급수의 부분합 구하기 | 60% |
| ❷ $\sum_{n=2}^{\infty}\log_2\left(1+\frac{1}{a_n}\right)$의 값 구하기 | 40% |

### 0166

답 3

주어진 급수의 제$n$항까지의 부분합을 $S_n$이라 하면

$$S_n=\sum_{k=1}^{n}(\log_{k+1}8-\log_{k+2}8)$$
$$=(\log_2 8-\log_3 8)+(\log_3 8-\log_4 8)+(\log_4 8-\log_5 8)+\cdots+(\log_{n+1}8-\log_{n+2}8)$$
$$=\log_2 8-\log_{n+2}8$$
$$=3-\frac{3}{\log_2(n+2)}$$

$$\therefore \sum_{n=1}^{\infty}(\log_{n+1}8-\log_{n+2}8)=\lim_{n\to\infty}S_n=\lim_{n\to\infty}\left\{3-\frac{3}{\log_2(n+2)}\right\}=3$$

다른 풀이

주어진 급수의 제$n$항까지의 부분합을 $S_n$이라 하면

$$S_n=\sum_{k=1}^{n}\left\{\frac{1}{\log_8(k+1)}-\frac{1}{\log_8(k+2)}\right\}$$
$$=\left(\frac{1}{\log_8 2}-\frac{1}{\log_8 3}\right)+\left(\frac{1}{\log_8 3}-\frac{1}{\log_8 4}\right)+\left(\frac{1}{\log_8 4}-\frac{1}{\log_8 5}\right)+\cdots+\left\{\frac{1}{\log_8(n+1)}-\frac{1}{\log_8(n+2)}\right\}$$
$$=\frac{1}{\log_8 2}-\frac{1}{\log_8(n+2)}$$

$$\therefore \sum_{n=1}^{\infty}(\log_{n+1}8-\log_{n+2}8)=\lim_{n\to\infty}S_n=\lim_{n\to\infty}\left\{\frac{1}{\log_8 2}-\frac{1}{\log_8(n+2)}\right\}=\frac{1}{\log_8 2}=\log_2 8=3$$

참고

$a>0$, $a\neq1$, $b>0$, $c>0$, $c\neq1$일 때, $\log_a b=\frac{\log_c b}{\log_c a}$이다.

유형 04 항의 부호가 교대로 바뀌는 급수

## 0167

답 ⑤

주어진 급수의 제$n$항까지의 부분합을 $S_n$이라 하자.

ㄱ. $S_{2n-1}=1+(-1+1)+\cdots+(-1+1)=1$

이므로 $\lim_{n\to\infty}S_{2n-1}=1$

$S_{2n}=(1-1)+(1-1)+\cdots+(1-1)=0$

이므로 $\lim_{n\to\infty}S_{2n}=0$

즉, $\lim_{n\to\infty}S_{2n-1}\neq\lim_{n\to\infty}S_{2n}$이므로 주어진 급수는 발산한다.

ㄴ. $S_{2n-1}=1+\left(-\frac{1}{2}+\frac{1}{2}\right)+\left(-\frac{1}{3}+\frac{1}{3}\right)+\cdots+\left(-\frac{1}{n}+\frac{1}{n}\right)=1$

이므로 $\lim_{n\to\infty}S_{2n-1}=1$

$S_{2n}=\left(1-\frac{1}{2}\right)+\left(\frac{1}{2}-\frac{1}{3}\right)+\cdots+\left(\frac{1}{n}-\frac{1}{n+1}\right)=1-\frac{1}{n+1}$

이므로 $\lim_{n\to\infty}S_{2n}=\lim_{n\to\infty}\left(1-\frac{1}{n+1}\right)=1$

즉, $\lim_{n\to\infty}S_{2n-1}=\lim_{n\to\infty}S_{2n}=1$이므로 주어진 급수는 수렴한다.

ㄷ. $S_n=\left(2-\frac{3}{2}\right)+\left(\frac{3}{2}-\frac{4}{3}\right)+\cdots+\left(\frac{n+1}{n}-\frac{n+2}{n+1}\right)$

$=2-\frac{n+2}{n+1}$

이므로 $\lim_{n\to\infty}S_n=\lim_{n\to\infty}\left(2-\frac{n+2}{n+1}\right)=2-1=1$

즉, 주어진 급수는 수렴한다.

따라서 수렴하는 급수는 ㄴ, ㄷ이다.

## 0168

답 $-2$

주어진 급수의 제$n$항까지의 부분합을 $S_n$이라 하면

$S_{2n-1}=-2+\left(\frac{2}{3}-\frac{2}{3}\right)+\left(\frac{2}{5}-\frac{2}{5}\right)+\cdots+\left(\frac{2}{2n-1}-\frac{2}{2n-1}\right)$

$=-2$

이므로 $\lim_{n\to\infty}S_{2n-1}=-2$

$S_{2n}=\left(-2+\frac{2}{3}\right)+\left(-\frac{2}{3}+\frac{2}{5}\right)+\cdots+\left(-\frac{2}{2n-1}+\frac{2}{2n+1}\right)$

$=-2+\frac{2}{2n+1}=-\frac{4n}{2n+1}$

이므로 $\lim_{n\to\infty}S_{2n}=\lim_{n\to\infty}\left(-\frac{4n}{2n+1}\right)=-2$

따라서 $\lim_{n\to\infty}S_{2n-1}=\lim_{n\to\infty}S_{2n}=-2$이므로 주어진 급수의 합은 $-2$이다.

다른 풀이

주어진 급수의 제$n$항까지의 부분합을 $S_n$이라 하면

$S_1=-2,\ S_2=-\frac{4}{3},\ S_3=-2,\ S_4=-\frac{8}{5},\ S_5=-2,\ S_6=-\frac{12}{7},\ \cdots$

이므로 $S_{2n-1}=-2,\ S_{2n}=-\frac{4n}{2n+1}$

따라서 $\lim_{n\to\infty}S_{2n-1}=-2,\ \lim_{n\to\infty}S_{2n}=\lim_{n\to\infty}\left(-\frac{4n}{2n+1}\right)=-2$이므로

주어진 급수의 합은 $-2$이다.

## 0169

답 ②

주어진 급수의 제$n$항까지의 부분합을 $S_n$이라 하면

$S_1=a_1,\ S_2=a_1-a_2,\ S_3=a_1,\ S_4=a_1-a_3,\ \cdots$이므로

$S_{2n-1}=a_1,\ S_{2n}=a_1-a_{n+1}$

이때 주어진 급수가 수렴하려면 $\lim_{n\to\infty}S_{2n-1}=\lim_{n\to\infty}S_{2n}$이어야 하므로

$\lim_{n\to\infty}a_1=\lim_{n\to\infty}(a_1-a_{n+1})$에서 $\lim_{n\to\infty}a_{n+1}=0$이어야 한다.

즉, $\lim_{n\to\infty}a_n=0$이어야 한다.

ㄱ. $\lim_{n\to\infty}a_n=\lim_{n\to\infty}\frac{n+1}{n^2+3}=0$

ㄴ. $\lim_{n\to\infty}a_n=\lim_{n\to\infty}\frac{1}{\sqrt{n^2+3n}-n}=\lim_{n\to\infty}\frac{\sqrt{n^2+3n}+n}{3n}=\frac{2}{3}\neq0$

ㄷ. $\lim_{n\to\infty}a_n=\lim_{n\to\infty}(\sqrt{n+1}-\sqrt{n})=\lim_{n\to\infty}\frac{1}{\sqrt{n+1}+\sqrt{n}}=0$

ㄹ. $\lim_{n\to\infty}a_n=\lim_{n\to\infty}\log\frac{3n}{n+2}=\log 3\neq0$

따라서 주어진 급수가 수렴하도록 하는 수열은 ㄱ, ㄷ이다.

## 0170

답 0

모든 자연수 $n$에 대하여 $a_{2n-1}=a_{2n}=\frac{1}{n+1}$이므로

$\sum_{n=1}^{\infty}(-1)^n a_n=-a_1+a_2-a_3+a_4-a_5+a_6-\cdots$

$=-\frac{1}{2}+\frac{1}{2}-\frac{1}{3}+\frac{1}{3}-\frac{1}{4}+\frac{1}{4}-\cdots$

$=\left(-\frac{1}{2}\right)+\frac{1}{2}+\left(-\frac{1}{3}\right)+\frac{1}{3}+\left(-\frac{1}{4}\right)+\frac{1}{4}+\cdots$

이 급수의 제$n$항까지의 부분합을 $S_n$이라 하면

$S_{2n-1}=\left(-\frac{1}{2}+\frac{1}{2}\right)+\left(-\frac{1}{3}+\frac{1}{3}\right)+\cdots+\left(-\frac{1}{n}+\frac{1}{n}\right)-\frac{1}{n+1}$

$=-\frac{1}{n+1}$

이므로 $\lim_{n\to\infty}S_{2n-1}=\lim_{n\to\infty}\left(-\frac{1}{n+1}\right)=0$

$S_{2n}=\left(-\frac{1}{2}+\frac{1}{2}\right)+\left(-\frac{1}{3}+\frac{1}{3}\right)+\cdots+\left(-\frac{1}{n+1}+\frac{1}{n+1}\right)=0$

이므로 $\lim_{n\to\infty}S_{2n}=0$

따라서 $\lim_{n\to\infty}S_{2n-1}=\lim_{n\to\infty}S_{2n}=0$이므로

$\sum_{n=1}^{\infty}(-1)^n a_n=\lim_{n\to\infty}S_n=0$

유형 05 급수와 수열의 극한값 사이의 관계

## 0171

답 18

$\lim_{n\to\infty}S_n$, 즉 급수 $\sum_{n=1}^{\infty}a_n$이 수렴하므로 $\lim_{n\to\infty}a_n=0$

$\therefore \lim_{n\to\infty}(2S_n+7a_n)=2\lim_{n\to\infty}S_n+7\lim_{n\to\infty}a_n$

$=2\times9+7\times0=18$

**Bible Says** 급수와 수열의 극한값 사이의 관계

급수 $\sum_{n=1}^{\infty}(a_n-k)$ ($k$는 실수)가 수렴하면 $\lim_{n\to\infty}(a_n-k)=0$이므로 $\lim_{n\to\infty}a_n=k$이다.

## 0172

답 ①

급수 $\sum_{n=1}^{\infty}\left(3a_n-\frac{1}{4}\right)$이 수렴하므로 $\lim_{n\to\infty}\left(3a_n-\frac{1}{4}\right)=0$

$3a_n-\frac{1}{4}=b_n$으로 놓으면 $\lim_{n\to\infty}b_n=0$이고, $a_n=\frac{1}{3}b_n+\frac{1}{12}$

$$\begin{aligned}\therefore \lim_{n\to\infty}a_n&=\lim_{n\to\infty}\left(\frac{1}{3}b_n+\frac{1}{12}\right)\\&=\frac{1}{3}\lim_{n\to\infty}b_n+\lim_{n\to\infty}\frac{1}{12}\\&=\frac{1}{3}\times 0+\frac{1}{12}=\frac{1}{12}\end{aligned}$$

## 0173

답 ⑤

급수 $\sum_{n=1}^{\infty}a_n$이 수렴하므로 $\lim_{n\to\infty}a_n=0$

따라서 $\lim_{n\to\infty}\frac{a_n}{n}=0$이므로

$$\lim_{n\to\infty}\frac{a_n-4n-4}{3a_n-2n-5}=\lim_{n\to\infty}\frac{\frac{a_n}{n}-4-\frac{4}{n}}{\frac{3a_n}{n}-2-\frac{5}{n}}=\frac{0-4-0}{0-2-0}=2$$

## 0174

답 ③

급수 $\sum_{n=1}^{\infty}(a_n-3)$이 수렴하므로 $\lim_{n\to\infty}(a_n-3)=0$

따라서 $\lim_{n\to\infty}a_n=3$이므로

$\lim_{n\to\infty}(3a_n+5)=3\lim_{n\to\infty}a_n+\lim_{n\to\infty}5=3\times3+5=14$

## 0175

답 ⑤

급수 $\sum_{n=1}^{\infty}a_n$이 수렴하므로 $\lim_{n\to\infty}a_n=0$

$\therefore \lim_{n\to\infty}a_{2n}=\lim_{n\to\infty}a_n=0$

또한 급수 $\sum_{n=1}^{\infty}a_n$의 제$n$항까지의 부분합을 $S_n$이라 하면 주어진 조건에 의하여

$\lim_{n\to\infty}S_n=\sum_{n=1}^{\infty}a_n=24$

$\therefore \lim_{n\to\infty}S_{2n}=\lim_{n\to\infty}S_n=24$

$$\begin{aligned}\therefore \lim_{n\to\infty}\frac{a_1+a_2+a_3+\cdots+a_{2n-1}+25a_{2n}}{a_n-6}&=\lim_{n\to\infty}\frac{S_{2n}+24a_{2n}}{a_n-6}\\&=\frac{24+24\times0}{0-6}=-4\end{aligned}$$

## 0176

답 $\frac{1}{3}$

급수 $\sum_{n=1}^{\infty}\frac{3a_n-1}{4a_n+2}$이 수렴하므로 $\lim_{n\to\infty}\frac{3a_n-1}{4a_n+2}=0$

이때 $\frac{3a_n-1}{4a_n+2}=b_n$으로 놓으면 $\lim_{n\to\infty}b_n=0$이고

$3a_n-1=b_n(4a_n+2)$, $3a_n-1=4a_nb_n+2b_n$

$(3-4b_n)a_n=2b_n+1$ $\quad\therefore a_n=\frac{2b_n+1}{3-4b_n}$

$\therefore \lim_{n\to\infty}a_n=\lim_{n\to\infty}\frac{2b_n+1}{3-4b_n}=\frac{3\times0+1}{3-4\times0}=\frac{1}{3}$

## 0177

답 $-3$

급수 $\sum_{n=1}^{\infty}\frac{na_n+2n}{n}$이 수렴하므로 $\lim_{n\to\infty}\frac{na_n+2n}{n}=0$

$\lim_{n\to\infty}\frac{na_n+2n}{n}=\lim_{n\to\infty}(a_n+2)=0$에서 $\lim_{n\to\infty}a_n=-2$

또한 급수 $\sum_{n=1}^{\infty}\left(a_nb_n-\frac{2n^2-3}{n^2+2n}\right)$이 수렴하므로

$\lim_{n\to\infty}\left(a_nb_n-\frac{2n^2-3}{n^2+2n}\right)=0$

$\lim_{n\to\infty}\left(a_nb_n-\frac{2n^2-3}{n^2+2n}\right)=\lim_{n\to\infty}a_nb_n-2=0$에서 $\lim_{n\to\infty}a_nb_n=2$

따라서 $\lim_{n\to\infty}b_n=\lim_{n\to\infty}\frac{a_nb_n}{a_n}=\frac{2}{-2}=-1$이므로

$\lim_{n\to\infty}(a_n+b_n)=-2+(-1)=-3$

### 유형 06 급수의 수렴과 발산

## 0178

답 ②

ㄱ. $\lim_{n\to\infty}\frac{n+1}{3n-1}=\frac{1}{3}\neq0$이므로 주어진 급수는 발산한다.

ㄴ. $\lim_{n\to\infty}\frac{1}{n(n+1)}=0$이므로 주어진 급수가 수렴하는지 파악하려면 이 급수의 부분합을 살펴야 한다.

주어진 급수의 제$n$항까지의 부분합을 $S_n$이라 하면

$$\begin{aligned}S_n&=\sum_{k=1}^{n}\frac{1}{k(k+1)}=\sum_{k=1}^{n}\left(\frac{1}{k}-\frac{1}{k+1}\right)\\&=\left(1-\frac{1}{2}\right)+\left(\frac{1}{2}-\frac{1}{3}\right)+\left(\frac{1}{3}-\frac{1}{4}\right)+\cdots+\left(\frac{1}{n}-\frac{1}{n+1}\right)\\&=1-\frac{1}{n+1}\end{aligned}$$

즉, $\lim_{n\to\infty}S_n=\lim_{n\to\infty}\left(1-\frac{1}{n+1}\right)=1$이므로 주어진 급수는 수렴한다.

ㄷ. $\lim_{n\to\infty}(\sqrt{n^2+2n}-n)=\lim_{n\to\infty}\frac{2n}{\sqrt{n^2+2n}+n}=\lim_{n\to\infty}\frac{2}{\sqrt{1+\frac{2}{n}}+1}$

$=\frac{2}{1+1}=1\neq0$

이므로 주어진 급수는 발산한다.

따라서 수렴하는 급수는 ㄴ이다.

참고

급수 $\sum_{n=1}^{\infty} a_n$의 수렴과 발산을 조사할 때 $\lim_{n\to\infty} a_n=0$이어도 급수는 발산할 수 있다. 따라서 급수 $\sum_{n=1}^{\infty} a_n$의 부분합 $S_n$을 구한 후 수열 $\{S_n\}$의 수렴과 발산을 반드시 조사해야 한다.

## 0179

답 ⑤

① $\lim_{n\to\infty} 3n=\infty$이므로 주어진 급수는 발산한다.

② $\lim_{n\to\infty} \frac{n}{2n-1}=\frac{1}{2}\neq 0$이므로 주어진 급수는 발산한다.

③ 주어진 급수의 제$n$항까지의 부분합을 $S_n$이라 하면

$S_1=2,\ S_2=\frac{1}{2},\ S_3=2,\ S_4=\frac{2}{3},\ S_5=2,\ \cdots$에서

$S_{2n-1}=2,\ S_{2n}=\frac{n}{n+1}$이므로 $\lim_{n\to\infty} S_{2n-1}\neq \lim_{n\to\infty} S_{2n}$

즉, 주어진 급수는 발산한다.

④ $\lim_{n\to\infty} \frac{\sqrt{n}}{\sqrt{n+1}+\sqrt{n}}=\frac{1}{2}\neq 0$이므로 주어진 급수는 발산한다.

⑤ $\lim_{n\to\infty} \frac{2}{1+2+\cdots+n}=\lim_{n\to\infty} \frac{2}{\frac{n(n+1)}{2}}=\lim_{n\to\infty} \frac{4}{n(n+1)}=0$

이므로 주어진 급수가 수렴하는지 파악하려면 이 급수의 부분합을 살펴야 한다.

주어진 급수의 제$n$항까지의 부분합을 $S_n$이라 하면

$$\begin{aligned}S_n&=\sum_{k=1}^{n}\frac{2}{1+2+\cdots+k}\\&=\sum_{k=1}^{n}\frac{4}{k(k+1)}\\&=4\sum_{k=1}^{n}\left(\frac{1}{k}-\frac{1}{k+1}\right)\\&=4\left\{\left(1-\frac{1}{2}\right)+\left(\frac{1}{2}-\frac{1}{3}\right)+\left(\frac{1}{3}-\frac{1}{4}\right)+\cdots+\left(\frac{1}{n}-\frac{1}{n+1}\right)\right\}\\&=4\left(1-\frac{1}{n+1}\right)\end{aligned}$$

즉, $\lim_{n\to\infty} S_n=\lim_{n\to\infty} 4\left(1-\frac{1}{n+1}\right)=4$이므로 주어진 급수는 수렴한다.

따라서 수렴하는 급수는 ⑤이다.

## 0180

답 1

ㄱ. $\lim_{n\to\infty} \frac{n^2+2}{n^2+2n}=1\neq 0$이므로 주어진 급수는 발산한다.

ㄴ. $\lim_{n\to\infty} (\sqrt{n+2}-\sqrt{n})=\lim_{n\to\infty} \frac{2}{\sqrt{n+2}+\sqrt{n}}=0$이므로 주어진 급수가 수렴하는지 파악하려면 이 급수의 부분합을 살펴야 한다.

주어진 급수의 제$n$항까지의 부분합을 $S_n$이라 하면

$$\begin{aligned}S_n&=\sum_{k=1}^{n}(\sqrt{k+2}-\sqrt{k})\\&=(\sqrt{3}-\sqrt{1})+(\sqrt{4}-\sqrt{2})+(\sqrt{5}-\sqrt{3})\\&\quad+\cdots+(\sqrt{n+1}-\sqrt{n-1})+(\sqrt{n+2}-\sqrt{n})\\&=-1-\sqrt{2}+\sqrt{n+1}+\sqrt{n+2}\end{aligned}$$

즉, $\lim_{n\to\infty} S_n=\lim_{n\to\infty} (-1-\sqrt{2}+\sqrt{n+1}+\sqrt{n+2})=\infty$이므로 주어진 급수는 발산한다.

ㄷ. $\lim_{n\to\infty} \left(\frac{1}{\sqrt{n}}-\frac{1}{\sqrt{n+1}}\right)=0$이므로 주어진 급수가 수렴하는지 파악하려면 이 급수의 부분합을 살펴야 한다.

주어진 급수의 제$n$항까지의 부분합을 $S_n$이라 하면

$$\begin{aligned}S_n&=\sum_{k=1}^{n}\left(\frac{1}{\sqrt{k}}-\frac{1}{\sqrt{k+1}}\right)\\&=\left(1-\frac{1}{\sqrt{2}}\right)+\left(\frac{1}{\sqrt{2}}-\frac{1}{\sqrt{3}}\right)+\cdots+\left(\frac{1}{\sqrt{n}}-\frac{1}{\sqrt{n+1}}\right)\\&=1-\frac{1}{\sqrt{n+1}}\end{aligned}$$

즉, $\lim_{n\to\infty} S_n=\lim_{n\to\infty} \left(1-\frac{1}{\sqrt{n+1}}\right)=1$이므로 주어진 급수는 수렴한다.

따라서 수렴하는 급수의 개수는 1이다.

## 0181

답 ⑤

ㄱ. $\lim_{n\to\infty} (n-5)=\infty$이므로 주어진 급수는 발산한다.

ㄴ. $\lim_{n\to\infty} \left(1-\frac{2}{n+1}\right)=1\neq 0$이므로 주어진 급수는 발산한다.

ㄷ. $\lim_{n\to\infty} \log\frac{2n-1}{2n+1}=\log 1=0$이므로 주어진 급수가 수렴하는지 파악하려면 이 급수의 부분합을 살펴야 한다.

주어진 급수의 제$n$항까지의 부분합을 $S_n$이라 하면

$$\begin{aligned}S_n&=\sum_{k=1}^{n}\log\frac{2k-1}{2k+1}\\&=\log\frac{1}{3}+\log\frac{3}{5}+\log\frac{5}{7}+\cdots+\log\frac{2n-1}{2n+1}\\&=\log\left(\frac{1}{3}\times\frac{3}{5}\times\frac{5}{7}\times\cdots\times\frac{2n-1}{2n+1}\right)=\log\frac{1}{2n+1}\end{aligned}$$

즉, $\lim_{n\to\infty} S_n=\lim_{n\to\infty} \log\frac{1}{2n+1}=-\infty$이므로 주어진 급수는 발산한다.

따라서 발산하는 급수는 ㄱ, ㄴ, ㄷ이다.

### 유형 07 급수의 성질

확인 문제 21

$\sum_{n=1}^{\infty} a_n=3,\ \sum_{n=1}^{\infty} b_n=5$이므로

$$\begin{aligned}\sum_{n=1}^{\infty}(2a_n+3b_n)&=2\sum_{n=1}^{\infty}a_n+3\sum_{n=1}^{\infty}b_n\\&=2\times 3+3\times 5=21\end{aligned}$$

## 0182

답 4

두 급수 $\sum_{n=1}^{\infty} a_n,\ \sum_{n=1}^{\infty} b_n$이 모두 수렴하므로

$\sum_{n=1}^{\infty} a_n=\alpha,\ \sum_{n=1}^{\infty} b_n=\beta$ ($\alpha,\ \beta$는 실수)로 놓으면

$\sum_{n=1}^{\infty}(5a_n+2b_n)=5\sum_{n=1}^{\infty}a_n+2\sum_{n=1}^{\infty}b_n=17$에서

$5\alpha+2\beta=17$ ⋯⋯ ㉠

$\sum_{n=1}^{\infty}(3a_n-7b_n)=3\sum_{n=1}^{\infty}a_n-7\sum_{n=1}^{\infty}b_n=2$에서

$3\alpha-7\beta=2$ ⋯⋯ ㉡

㉠, ㉡을 연립하여 풀면

$\alpha=3,\ \beta=1$

$\therefore \sum_{n=1}^{\infty}a_n+\sum_{n=1}^{\infty}b_n=3+1=4$

## 0183

답 ④

$\sum_{n=1}^{\infty}(2a_n+3b_n)=22,\ \sum_{n=1}^{\infty}a_n=2$이므로

$$\sum_{n=1}^{\infty}3b_n=\sum_{n=1}^{\infty}\{(2a_n+3b_n)-2a_n\}$$
$$=\sum_{n=1}^{\infty}(2a_n+3b_n)-2\sum_{n=1}^{\infty}a_n$$
$$=22-2\times2=18$$

$\therefore \sum_{n=1}^{\infty}b_n=\frac{1}{3}\sum_{n=1}^{\infty}3b_n=\frac{1}{3}\times18=6$

## 0184

답 8

$\sum_{n=1}^{\infty}(b_n+3)=4,\ \sum_{n=1}^{\infty}(3a_n-b_n)=20$이므로

$$\sum_{n=1}^{\infty}(3a_n+3)=\sum_{n=1}^{\infty}\{(b_n+3)+(3a_n-b_n)\}$$
$$=\sum_{n=1}^{\infty}(b_n+3)+\sum_{n=1}^{\infty}(3a_n-b_n)$$
$$=4+20=24$$

$\therefore \sum_{n=1}^{\infty}(a_n+1)=\frac{1}{3}\sum_{n=1}^{\infty}(3a_n+3)=\frac{1}{3}\times24=8$

## 0185

답 $-2$

두 급수 $\sum_{n=1}^{\infty}\log a_n,\ \sum_{n=1}^{\infty}\log b_n$이 모두 수렴하므로

$\sum_{n=1}^{\infty}\log a_n=\alpha,\ \sum_{n=1}^{\infty}\log b_n=\beta$ ($\alpha,\ \beta$는 실수)로 놓으면

⋯⋯⋯⋯⋯⋯⋯⋯⋯⋯⋯⋯⋯⋯⋯⋯ ❶

$\sum_{n=1}^{\infty}\log a_n^2b_n=6$에서

$$\sum_{n=1}^{\infty}\log a_n^2b_n=\sum_{n=1}^{\infty}(2\log a_n+\log b_n)$$
$$=2\sum_{n=1}^{\infty}\log a_n+\sum_{n=1}^{\infty}\log b_n=6$$

$2\alpha+\beta=6$ ⋯⋯ ㉠

⋯⋯⋯⋯⋯⋯⋯⋯⋯⋯⋯⋯⋯⋯⋯⋯ ❷

$\sum_{n=1}^{\infty}\log\frac{a_n^3}{b_n}=4$에서

$$\sum_{n=1}^{\infty}\log\frac{a_n^3}{b_n}=\sum_{n=1}^{\infty}(3\log a_n-\log b_n)$$
$$=3\sum_{n=1}^{\infty}\log a_n-\sum_{n=1}^{\infty}\log b_n=4$$

$3\alpha-\beta=4$ ⋯⋯ ㉡

⋯⋯⋯⋯⋯⋯⋯⋯⋯⋯⋯⋯⋯⋯⋯⋯ ❸

㉠, ㉡을 연립하여 풀면

$\alpha=2,\ \beta=2$

$$\therefore \sum_{n=1}^{\infty}\log\frac{a_n}{b_n^2}=\sum_{n=1}^{\infty}(\log a_n-2\log b_n)$$
$$=\sum_{n=1}^{\infty}\log a_n-2\sum_{n=1}^{\infty}\log b_n$$
$$=\alpha-2\beta=2-4=-2$$

⋯⋯⋯⋯⋯⋯⋯⋯⋯⋯⋯⋯⋯⋯⋯⋯ ❹

| 채점 기준 | 배점 |
|---|---|
| ❶ 수렴하는 두 급수를 $\sum_{n=1}^{\infty}\log a_n=\alpha,\ \sum_{n=1}^{\infty}\log b_n=\beta$로 놓기 | 10% |
| ❷ $\sum_{n=1}^{\infty}\log a_n^2b_n$을 $\sum_{n=1}^{\infty}\log a_n$과 $\sum_{n=1}^{\infty}\log b_n$에 대하여 나타내기 | 30% |
| ❸ $\sum_{n=1}^{\infty}\log\frac{a_n^3}{b_n}$을 $\sum_{n=1}^{\infty}\log a_n$과 $\sum_{n=1}^{\infty}\log b_n$에 대하여 나타내기 | 30% |
| ❹ $\sum_{n=1}^{\infty}\log\frac{a_n}{b_n^2}$의 값 구하기 | 30% |

## 0186

답 9

$S_n=\frac{6n}{n+1}$에서

$\lim_{n\to\infty}S_n=\lim_{n\to\infty}\frac{6n}{n+1}=6$이므로

$\sum_{n=1}^{\infty}a_n=\lim_{n\to\infty}S_n=6$

이때 $a_1=S_1=\frac{6}{2}=3$이므로

$\sum_{n=1}^{\infty}a_{n+1}=\sum_{n=2}^{\infty}a_n=\sum_{n=1}^{\infty}a_n-a_1=6-3=3$

$\therefore \sum_{n=1}^{\infty}(a_n+a_{n+1})=\sum_{n=1}^{\infty}a_n+\sum_{n=1}^{\infty}a_{n+1}=6+3=9$

### 유형 08 급수의 성질의 진위 판단

## 0187

답 ⑤

① [반례] $a_n=\frac{1}{\sqrt{n+1}+\sqrt{n}}$

이면 $\lim_{n\to\infty}a_n=\lim_{n\to\infty}\frac{1}{\sqrt{n+1}+\sqrt{n}}=0$이지만

$\sum_{n=1}^{\infty}a_n=\sum_{n=1}^{\infty}\frac{1}{\sqrt{n+1}+\sqrt{n}}=\sum_{n=1}^{\infty}(\sqrt{n+1}-\sqrt{n})=\infty$ (거짓)

② [반례] $a_n=1,\ b_n=2$

이면 $\lim_{n\to\infty}a_n=1,\ \lim_{n\to\infty}b_n=2$

즉, $\lim_{n\to\infty}a_n,\ \lim_{n\to\infty}b_n$은 모두 수렴하지만 $\lim_{n\to\infty}a_nb_n=2\neq0$이므로

$\sum_{n=1}^{\infty}a_nb_n$은 발산한다. (거짓)

③ [반례] $\{a_n\}$ : 1, 0, 1, 0, ⋯, $\{b_n\}$ : 0, 1, 0, 1, ⋯

이면 $\sum_{n=1}^{\infty}a_nb_n=0$으로 수렴하고 $\lim_{n\to\infty}a_n\neq0$이지만 $\lim_{n\to\infty}b_n\neq0$이다. (거짓)

④ $\sum_{n=1}^{\infty}\frac{1}{a_n}$이 수렴하면 $\lim_{n\to\infty}\frac{1}{a_n}=0$이다.

즉, $\lim_{n\to\infty}a_n\neq 0$이므로 $\sum_{n=1}^{\infty}a_n$은 발산한다. (거짓)

⑤ $\sum_{n=1}^{\infty}a_n=\alpha$, $\sum_{n=1}^{\infty}(a_n+b_n)=\beta$ ($\alpha$, $\beta$는 실수)로 놓으면

$$\sum_{n=1}^{\infty}b_n=\sum_{n=1}^{\infty}\{(a_n+b_n)-a_n\}$$
$$=\sum_{n=1}^{\infty}(a_n+b_n)-\sum_{n=1}^{\infty}a_n=\beta-\alpha$$

즉, $\sum_{n=1}^{\infty}b_n$은 수렴한다. (참)

따라서 옳은 것은 ⑤이다.

## 0188

답 ②

ㄱ. $\lim_{n\to\infty}(a_n+b_n)=\lim_{n\to\infty}\left(2+\frac{1}{n}\right)=2$ (참)

ㄴ. $\lim_{n\to\infty}a_n=\alpha$ ($\alpha$는 실수)로 놓으면 ㄱ에 의하여

$$\lim_{n\to\infty}b_n=\lim_{n\to\infty}\{(a_n+b_n)-a_n\}$$
$$=\lim_{n\to\infty}(a_n+b_n)-\lim_{n\to\infty}a_n$$
$$=2-\alpha$$

즉, 수열 $\{a_n\}$이 수렴하면 수열 $\{b_n\}$도 수렴한다. (참)

ㄷ. $\sum_{n=1}^{\infty}a_n$이 수렴하면 $\lim_{n\to\infty}a_n=0$이므로 ㄴ에 의하여

$\lim_{n\to\infty}b_n=2-0=2$

즉, $\lim_{n\to\infty}b_n\neq 0$이므로 급수 $\sum_{n=1}^{\infty}b_n$은 발산한다. (거짓)

따라서 옳은 것은 ㄱ, ㄴ이다.

## 0189

답 ①

ㄱ. $\sum_{n=1}^{\infty}a_n$, $\sum_{n=1}^{\infty}b_n$이 모두 수렴하므로

$\lim_{n\to\infty}a_n=0$, $\lim_{n\to\infty}b_n=0$

$\therefore \lim_{n\to\infty}a_nb_n=\lim_{n\to\infty}a_n\times\lim_{n\to\infty}b_n=0$ (참)

ㄴ. $\sum_{n=1}^{\infty}a_n=\alpha$, $\sum_{n=1}^{\infty}(a_n-b_n)=\beta$ ($\alpha$, $\beta$는 실수)로 놓으면

$$\sum_{n=1}^{\infty}b_n=\sum_{n=1}^{\infty}\{a_n-(a_n-b_n)\}$$
$$=\sum_{n=1}^{\infty}a_n-\sum_{n=1}^{\infty}(a_n-b_n)=\alpha-\beta$$

즉, $\sum_{n=1}^{\infty}b_n$은 수렴한다. (참)

ㄷ. [반례] $\{a_n\}$ : 1, 0, 0, 0, …, $\{b_n\}$ : 0, 1, 0, 0, 0, …

이면 $\sum_{n=1}^{\infty}a_n=1$, $\sum_{n=1}^{\infty}b_n=1$이므로 $\alpha=\beta=1$

또한 $a_nb_n=0$이므로 $\sum_{n=1}^{\infty}a_nb_n=0$이다.

하지만 $\alpha\beta=1\neq 0$이므로 $\sum_{n=1}^{\infty}a_nb_n\neq\alpha\beta$이다. (거짓)

ㄹ. [반례] $\{a_n\}$ : 0, 0, 0, 0, …, $\{b_n\}$ : 1, 1, 1, 1, …

이면 $\sum_{n=1}^{\infty}a_n=0$, $\sum_{n=1}^{\infty}a_nb_n=0$이므로 $\sum_{n=1}^{\infty}a_n$, $\sum_{n=1}^{\infty}a_nb_n$은 수렴하지만 $\lim_{n\to\infty}b_n=1\neq 0$이므로 $\sum_{n=1}^{\infty}b_n$은 발산한다. (거짓)

따라서 옳은 것은 ㄱ, ㄴ이다.

1권

## 0190

답 ④

ㄱ. 수열 $\{a_n\}$이 수렴하므로 $\lim_{n\to\infty}a_n=\alpha$ ($\alpha$는 실수)로 놓자.

이때 급수 $\sum_{n=1}^{\infty}(a_n+b_n)$이 수렴하므로 $\lim_{n\to\infty}(a_n+b_n)=0$

$$\therefore \lim_{n\to\infty}b_n=\lim_{n\to\infty}\{(a_n+b_n)-a_n\}=\lim_{n\to\infty}(a_n+b_n)-\lim_{n\to\infty}a_n$$
$$=0-\alpha=-\alpha$$

즉, 수열 $\{b_n\}$은 수렴한다. (참)

ㄴ. [반례] $\{a_n\}$ : 0, 0, 0, …, $\{b_n\}$ : 1, 2, 3, …

이면 두 급수 $\sum_{n=1}^{\infty}a_n$, $\sum_{n=1}^{\infty}a_nb_n$은 모두 수렴하지만

$\lim_{n\to\infty}b_n=\lim_{n\to\infty}n=\infty$이므로 수열 $\{b_n\}$은 발산한다. (거짓)

ㄷ. $\sum_{n=1}^{\infty}a_n^2=\sum_{n=1}^{\infty}b_n^2=\sum_{n=1}^{\infty}a_nb_n=k$이므로

$$\sum_{n=1}^{\infty}(a_n-b_n)^2=\sum_{n=1}^{\infty}(a_n^2-2a_nb_n+b_n^2)$$
$$=\sum_{n=1}^{\infty}a_n^2-2\sum_{n=1}^{\infty}a_nb_n+\sum_{n=1}^{\infty}b_n^2$$
$$=k-2k+k=0$$

즉, 모든 자연수 $n$에 대하여 $a_n-b_n=0$이므로 $a_n=b_n$ (참)

따라서 옳은 것은 ㄱ, ㄷ이다.

**유형 09 급수의 활용**

## 0191

답 ②

$x-2y+2=0$에서 $y=\frac{1}{2}x+1$

이때 1은 자연수이므로 $y$의 값이 자연수이려면 $\frac{1}{2}x$의 값도 자연수이어야 한다.

즉, $x$는 2의 배수이어야 한다.

$x=2n$ ($n$은 자연수)로 놓으면 $y=n+1$이므로

$a_n=2n$, $b_n=n+1$

따라서 급수 $\sum_{n=1}^{\infty}\frac{1}{a_nb_n}=\sum_{n=1}^{\infty}\frac{1}{2n(n+1)}$의 제$n$항까지의 부분합을 $S_n$이라 하면

$$S_n=\sum_{k=1}^{n}\frac{1}{2k(k+1)}=\frac{1}{2}\sum_{k=1}^{n}\left(\frac{1}{k}-\frac{1}{k+1}\right)$$
$$=\frac{1}{2}\left\{\left(1-\frac{1}{2}\right)+\left(\frac{1}{2}-\frac{1}{3}\right)+\left(\frac{1}{3}-\frac{1}{4}\right)+\cdots+\left(\frac{1}{n}-\frac{1}{n+1}\right)\right\}$$
$$=\frac{1}{2}\left(1-\frac{1}{n+1}\right)$$

$$\therefore \sum_{n=1}^{\infty}\frac{1}{a_nb_n}=\lim_{n\to\infty}S_n=\lim_{n\to\infty}\frac{1}{2}\left(1-\frac{1}{n+1}\right)=\frac{1}{2}$$

## 0192

답 $\frac{1}{2}$

점 $A_n$의 좌표는 $\left(n,\ \frac{1}{n+1}\right)$이므로

$$\overline{A_nA_{n+1}}^2=\{(n+1)-n\}^2+\left(\frac{1}{n+2}-\frac{1}{n+1}\right)^2$$
$$=1+\left(\frac{1}{n+2}-\frac{1}{n+1}\right)^2$$

이때 $\sqrt{\overline{A_nA_{n+1}}^2-1}=\left|\frac{1}{n+2}-\frac{1}{n+1}\right|=\frac{1}{n+1}-\frac{1}{n+2}$이므로

급수 $\sum_{n=1}^{\infty}\sqrt{\overline{A_nA_{n+1}}^2-1}$의 제$n$항까지의 부분합을 $S_n$이라 하면

$$S_n=\sum_{k=1}^{n}\sqrt{\overline{A_kA_{k+1}}^2-1}$$
$$=\sum_{k=1}^{n}\left(\frac{1}{k+1}-\frac{1}{k+2}\right)$$
$$=\left(\frac{1}{2}-\frac{1}{3}\right)+\left(\frac{1}{3}-\frac{1}{4}\right)+\cdots+\left(\frac{1}{n+1}-\frac{1}{n+2}\right)$$
$$=\frac{1}{2}-\frac{1}{n+2}$$

$$\therefore \sum_{n=1}^{\infty}\sqrt{\overline{A_nA_{n+1}}^2-1}=\lim_{n\to\infty}S_n$$
$$=\lim_{n\to\infty}\left(\frac{1}{2}-\frac{1}{n+2}\right)=\frac{1}{2}$$

## 0193

답 ②

직선 $(n+2)x+(n+3)y=5$의 $x$절편이 $\frac{5}{n+2}$, $y$절편이 $\frac{5}{n+3}$이므로

$$a_n=\frac{1}{2}\times\frac{5}{n+2}\times\frac{5}{n+3}$$
$$=\frac{25}{2}\times\frac{1}{(n+2)(n+3)}$$
$$=\frac{25}{2}\left(\frac{1}{n+2}-\frac{1}{n+3}\right)$$

급수 $\sum_{n=1}^{\infty}a_n$의 제$n$항까지의 부분합을 $S_n$이라 하면

$$S_n=\sum_{k=1}^{n}\frac{25}{2}\left(\frac{1}{k+2}-\frac{1}{k+3}\right)$$
$$=\frac{25}{2}\left\{\left(\frac{1}{3}-\frac{1}{4}\right)+\left(\frac{1}{4}-\frac{1}{5}\right)+\left(\frac{1}{5}-\frac{1}{6}\right)+\cdots+\left(\frac{1}{n+2}-\frac{1}{n+3}\right)\right\}$$
$$=\frac{25}{2}\left(\frac{1}{3}-\frac{1}{n+3}\right)$$

$$\therefore \sum_{n=1}^{\infty}a_n=\lim_{n\to\infty}S_n=\lim_{n\to\infty}\frac{25}{2}\left(\frac{1}{3}-\frac{1}{n+3}\right)=\frac{25}{6}$$

## 0194

답 ⑤

$\overline{AP}:\overline{PB}=n:1$에서 $\overline{AP}^2:\overline{PB}^2=n^2:1$이므로

점 P의 좌표를 $(x,\ y)$라 하면

$(x^2+y^2):\{(x-3)^2+y^2\}=n^2:1$

$n^2\{(x-3)^2+y^2\}=x^2+y^2$

$(n^2-1)x^2-6n^2x+9n^2+(n^2-1)y^2=0$

$$x^2-\frac{6n^2}{n^2-1}x+\frac{9n^2}{n^2-1}+y^2=0$$

$$\left(x-\frac{3n^2}{n^2-1}\right)^2+y^2=\frac{9n^4}{(n^2-1)^2}-\frac{9n^2}{n^2-1}$$
$$=\frac{9n^4-9n^2(n^2-1)}{(n^2-1)^2}$$
$$=\frac{9n^2}{(n^2-1)^2}$$

따라서 집합 $X_n$이 나타내는 도형은 점 $\left(\frac{3n^2}{n^2-1},\ 0\right)$을 중심으로 하고 반지름의 길이가 $\sqrt{\frac{9n^2}{(n^2-1)^2}}=\frac{3n}{n^2-1}$인 원이다.

$$\therefore T_n=2\pi\times\frac{3n}{n^2-1}=\frac{6\pi n}{(n-1)(n+1)}$$

이때

$$\sum_{n=2}^{\infty}\frac{T_n}{n}=\sum_{n=2}^{\infty}\frac{\frac{6\pi n}{(n-1)(n+1)}}{n}$$
$$=\sum_{n=2}^{\infty}\frac{6\pi}{(n-1)(n+1)}$$
$$=\sum_{n=1}^{\infty}\frac{6\pi}{n(n+2)}$$

이므로 급수 $\sum_{n=1}^{\infty}\frac{6\pi}{n(n+2)}$의 제$n$항까지의 부분합을 $S_n$이라 하면

$$S_n=\sum_{k=1}^{n}\frac{6\pi}{k(k+2)}$$
$$=3\pi\sum_{k=1}^{n}\left(\frac{1}{k}-\frac{1}{k+2}\right)$$
$$=3\pi\left\{\left(1-\frac{1}{3}\right)+\left(\frac{1}{2}-\frac{1}{4}\right)+\left(\frac{1}{3}-\frac{1}{5}\right)+\cdots+\left(\frac{1}{n-1}-\frac{1}{n+1}\right)+\left(\frac{1}{n}-\frac{1}{n+2}\right)\right\}$$
$$=3\pi\left(1+\frac{1}{2}-\frac{1}{n+1}-\frac{1}{n+2}\right)$$

$$\therefore \sum_{n=2}^{\infty}\frac{T_n}{n}=\lim_{n\to\infty}S_n$$
$$=\lim_{n\to\infty}3\pi\left(1+\frac{1}{2}-\frac{1}{n+1}-\frac{1}{n+2}\right)=\frac{9}{2}\pi$$

**Bible Says** 아폴로니우스의 원

좌표평면에서 두 점 A, B에 이르는 거리의 비가 $m:n$인 점의 자취는 선분 AB를 $m:n$으로 내분하는 점과 외분하는 점을 지름의 양 끝으로 하는 원이 되고, 이 원을 '아폴로니우스의 원'이라 한다.

### 유형 10 등비급수의 합

확인 문제 (1) 1 (2) $\frac{2}{3}$

(1) $\sum_{n=1}^{\infty}\left(\frac{1}{2}\right)^n=\frac{\frac{1}{2}}{1-\frac{1}{2}}=1$

(2) $\sum_{n=1}^{\infty}\left(-\frac{1}{2}\right)^{n-1}=\frac{1}{1-\left(-\frac{1}{2}\right)}=\frac{2}{3}$

## 0195

답 ⑤

$$\sum_{n=1}^{\infty}\frac{3^{n+2}-2^{n-1}}{5^{n+1}}=\sum_{n=1}^{\infty}\frac{9\times3^n-\frac{1}{2}\times2^n}{5\times5^n}$$
$$=\sum_{n=1}^{\infty}\left\{\frac{9}{5}\times\left(\frac{3}{5}\right)^n-\frac{1}{10}\times\left(\frac{2}{5}\right)^n\right\}$$
$$=\frac{9}{5}\sum_{n=1}^{\infty}\left(\frac{3}{5}\right)^n-\frac{1}{10}\sum_{n=1}^{\infty}\left(\frac{2}{5}\right)^n$$
$$=\frac{9}{5}\times\frac{\frac{3}{5}}{1-\frac{3}{5}}-\frac{1}{10}\times\frac{\frac{2}{5}}{1-\frac{2}{5}}$$
$$=\frac{9}{5}\times\frac{3}{2}-\frac{1}{10}\times\frac{2}{3}$$
$$=\frac{27}{10}-\frac{2}{30}=\frac{79}{30}$$

## 0196

답 ①

$$\sum_{n=1}^{\infty}\frac{1}{4^n}\cos\frac{n\pi}{2}$$
$$=\frac{1}{4}\cos\frac{\pi}{2}+\left(\frac{1}{4}\right)^2\cos\pi+\left(\frac{1}{4}\right)^3\cos\frac{3}{2}\pi+\left(\frac{1}{4}\right)^4\cos2\pi+\cdots$$
$$=0-\frac{1}{4^2}+0+\frac{1}{4^4}+0-\frac{1}{4^6}+\cdots$$
$$=-\frac{1}{4^2}+\frac{1}{4^4}-\frac{1}{4^6}+\cdots$$
$$=\sum_{n=1}^{\infty}\left(-\frac{1}{4^2}\right)^n$$
$$=\frac{-\frac{1}{4^2}}{1-\left(-\frac{1}{4^2}\right)}=-\frac{1}{17}$$

## 0197

답 ④

$1+2+2^2+\cdots+2^{n-1}=\frac{1\times(2^n-1)}{2-1}=2^n-1$이므로

$$\sum_{n=1}^{\infty}\frac{1+2+2^2+\cdots+2^{n-1}}{3^n}=\sum_{n=1}^{\infty}\frac{2^n-1}{3^n}$$
$$=\sum_{n=1}^{\infty}\left\{\left(\frac{2}{3}\right)^n-\left(\frac{1}{3}\right)^n\right\}$$
$$=\sum_{n=1}^{\infty}\left(\frac{2}{3}\right)^n-\sum_{n=1}^{\infty}\left(\frac{1}{3}\right)^n$$
$$=\frac{\frac{2}{3}}{1-\frac{2}{3}}-\frac{\frac{1}{3}}{1-\frac{1}{3}}$$
$$=2-\frac{1}{2}=\frac{3}{2}$$

## 0198

답 ①

등비수열 $\{a_n\}$의 공비를 $r$라 하면

$r=\frac{a_2}{a_1}=\frac{1}{3}$

따라서 수열 $\{a_n\}$의 일반항은

$a_n=a_1r^{n-1}=3\times\left(\frac{1}{3}\right)^{n-1}=\left(\frac{1}{3}\right)^{n-2}$

이므로

$(a_n)^2=\left\{\left(\frac{1}{3}\right)^{n-2}\right\}^2=\left(\frac{1}{9}\right)^{n-2}$

$\therefore\ \sum_{n=1}^{\infty}(a_n)^2=\sum_{n=1}^{\infty}\left(\frac{1}{9}\right)^{n-2}=\frac{9}{1-\frac{1}{9}}=\frac{81}{8}$

## 0199

답 ⑤

$3^n$에 $n=1, 2, 3, 4, \cdots$를 차례대로 대입하면

3, 9, 27, 81, ⋯

따라서 $a_1=3,\ a_2=1,\ a_3=3,\ a_4=1,\ \cdots$이므로

$$\sum_{n=1}^{\infty}\frac{a_n}{7^n}=\frac{3}{7}+\frac{1}{7^2}+\frac{3}{7^3}+\frac{1}{7^4}+\frac{3}{7^5}+\frac{1}{7^6}+\cdots$$
$$=3\left(\frac{1}{7}+\frac{1}{7^3}+\frac{1}{7^5}+\cdots\right)+\left(\frac{1}{7^2}+\frac{1}{7^4}+\frac{1}{7^6}+\cdots\right)$$
$$=3\left(\frac{1}{7}+\frac{1}{7^3}+\frac{1}{7^5}+\cdots\right)+\frac{1}{7}\left(\frac{1}{7}+\frac{1}{7^3}+\frac{1}{7^5}+\cdots\right)$$
$$=\frac{22}{7}\left(\frac{1}{7}+\frac{1}{7^3}+\frac{1}{7^5}+\cdots\right)$$
$$=\frac{22}{7}\times\frac{\frac{1}{7}}{1-\frac{1}{7^2}}=\frac{22}{7}\times\frac{7}{48}=\frac{11}{24}$$

## 0200

답 ③

등비수열 $\{a_n\}$의 첫째항을 $a$, 공비를 $r$라 하면

$a_n=ar^{n-1}$

$a=0$이면 $\lim_{n\to\infty}\frac{3^n}{a_n+2^n}=\lim_{n\to\infty}\frac{3^n}{0+2^n}=\lim_{n\to\infty}\left(\frac{3}{2}\right)^n=\infty\neq6$

즉, $a\neq0$이다.

$\lim_{n\to\infty}\frac{3^n}{a_n+2^n}=\lim_{n\to\infty}\frac{3^n}{ar^{n-1}+2^n}=6$ ⋯⋯ ㉠

(i) $|r|<3$일 때 $\left|\frac{r}{3}\right|<1,\ 0<\frac{2}{3}<1$이므로 ㉠에서

$$\lim_{n\to\infty}\frac{3}{a\times\left(\frac{r}{3}\right)^{n-1}+2\times\left(\frac{2}{3}\right)^{n-1}}=\infty$$

즉, ㉠을 만족시키지 않는다.

(ii) $r=-3$일 때 $\frac{r}{3}=-1,\ 0<\frac{2}{3}<1$이므로 ㉠에서

$\lim_{n\to\infty}\frac{3}{a\times(-1)^{n-1}+2\times\left(\frac{2}{3}\right)^{n-1}}$은 발산(진동)한다.

즉, ㉠을 만족시키지 않는다.

(iii) $r=3$일 때 $\frac{r}{3}=1,\ 0<\frac{2}{3}<1$이므로 ㉠에서

$$\lim_{n\to\infty}\frac{3}{a+2\times\left(\frac{2}{3}\right)^{n-1}}=\frac{3}{a}$$

즉, $\frac{3}{a}=6$이므로 $a=\frac{1}{2}$

(iv) $|r|>3$일 때 $0<\left|\frac{3}{r}\right|<1,\ 0<\left|\frac{2}{r}\right|<1$이므로 ㉠에서

$$\lim_{n\to\infty}\frac{3\times\left(\frac{3}{r}\right)^{n-1}}{a+2\times\left(\frac{2}{r}\right)^{n-1}}=\frac{0}{a+0}=0$$

즉, ㉠을 만족시키지 않는다.

(i)~(iv)에서 $r=3$, $a=\frac{1}{2}$이므로 수열 $\{a_n\}$은 첫째항이 $\frac{1}{2}$이고 공비가 3인 등비수열이다.

따라서 $a_n=\frac{1}{2}\times 3^{n-1}$이므로

$$\sum_{n=1}^{\infty}\frac{1}{a_n}=\sum_{n=1}^{\infty}\frac{1}{\frac{1}{2}\times 3^{n-1}}=\sum_{n=1}^{\infty}\left\{2\times\left(\frac{1}{3}\right)^{n-1}\right\}=\frac{2}{1-\frac{1}{3}}=3$$

유형 11 **합이 주어진 등비급수**

## 0201

답 256

등비수열 $\{a_n\}$의 첫째항을 $a$, 공비를 $r$라 하면

$a_2=ar=-4 \qquad \therefore a=-\frac{4}{r}$ ...... ㉠

또한 급수 $\sum_{n=1}^{\infty}a_n$은 수렴하므로

$|r|<1$ ...... ㉡

즉, $\sum_{n=1}^{\infty}a_n=\frac{a}{1-r}=\frac{-\frac{4}{r}}{1-r}=\frac{16}{3}$이므로

$-\frac{4}{r}=\frac{16}{3}(1-r)$에서

$-3=4r(1-r)$, $4r^2-4r-3=0$

$(2r+1)(2r-3)=0$

$\therefore r=-\frac{1}{2}$ ($\because$ ㉡)

이를 ㉠에 대입하면 $a=-\frac{4}{-\frac{1}{2}}=8$

따라서 수열 $\{a_n{}^2\}$은 첫째항이 $8^2=64$이고 공비가 $\left(-\frac{1}{2}\right)^2=\frac{1}{4}$인 등비수열이므로

$$\sum_{n=1}^{\infty}3a_n{}^2=3\sum_{n=1}^{\infty}a_n{}^2=3\times\frac{64}{1-\frac{1}{4}}=3\times\frac{256}{3}=256$$

## 0202

답 ④

$x+x^2+x^3+\cdots$은 첫째항과 공비가 모두 $x$인 등비급수의 합이다.
이때 급수 $x+x^2+x^3+\cdots$은 수렴하므로 $|x|<1$이고

$x+x^2+x^3+\cdots=\frac{x}{1-x}=9$에서

$x=9(1-x)$, $10x=9$

$\therefore x=\frac{9}{10}$

한편, $x-\frac{1}{3}x^2+\frac{1}{9}x^3-\frac{1}{27}x^4+\cdots$, 즉

$x+\left(-\frac{1}{3}x^2\right)+\frac{1}{9}x^3+\left(-\frac{1}{27}x^4\right)+\cdots$은 첫째항이 $x$이고 공비가 $-\frac{1}{3}x$인 등비급수의 합이다.

이때 $-\frac{1}{3}x=\left(-\frac{1}{3}\right)\times\frac{9}{10}=-\frac{3}{10}$이므로 $\left|-\frac{1}{3}x\right|<1$

$$\therefore x-\frac{1}{3}x^2+\frac{1}{9}x^3-\frac{1}{27}x^4+\cdots=\frac{x}{1-\left(-\frac{1}{3}x\right)}=\frac{\frac{9}{10}}{1-\left(-\frac{3}{10}\right)}=\frac{9}{13}$$

## 0203

답 $\frac{\pi}{6}$

$\cos^2 x+\cos^4 x+\cos^6 x+\cdots$는 첫째항과 공비가 모두 $\cos^2 x$인 등비급수의 합이다.
이때 급수 $\cos^2 x+\cos^4 x+\cos^6 x+\cdots$는 수렴하므로 $\cos^2 x<1$이고

$\cos^2 x+\cos^4 x+\cos^6 x+\cdots=\frac{\cos^2 x}{1-\cos^2 x}=3$에서

$\cos^2 x=3(1-\cos^2 x)$, $4\cos^2 x=3$

$\cos^2 x=\frac{3}{4} \qquad \therefore \cos x=\frac{\sqrt{3}}{2}\left(\because 0<x<\frac{\pi}{2}\right)$

$\therefore x=\frac{\pi}{6}$

## 0204

답 $\frac{8}{3}$

등비수열 $\{a_n\}$의 공비를 $r$ $(r>0)$이라 하면
$a_1+a_2=4$에서 $a_1+a_1r=4$이므로

$a_1(1+r)=4 \qquad \therefore a_1=\frac{4}{1+r}$ ...... ㉠

...... ❶

한편, 등비급수 $\sum_{n=3}^{\infty}a_n$이 수렴하므로 $0<r<1$

$$\sum_{n=3}^{\infty}a_n=\frac{a_3}{1-r}=\frac{a_1r^2}{1-r}=\frac{4}{1+r}\times\frac{r^2}{1-r}\ (\because ㉠)=\frac{4r^2}{1-r^2}$$

즉, $\frac{4r^2}{1-r^2}=\frac{4}{3}$이므로 $3r^2=1-r^2$에서

$4r^2=1$, $r^2=\frac{1}{4}$

$\therefore r=\frac{1}{2}$ ($\because 0<r<1$)

...... ❷

이를 ㉠에 대입하면

$a_1=\frac{4}{1+\frac{1}{2}}=\frac{8}{3}$

...... ❸

| 채점 기준 | 배점 |
|---|---|
| ❶ $a_1$을 공비 $r$를 포함한 식으로 나타내기 | 30% |
| ❷ 공비 $r$의 값 구하기 | 40% |
| ❸ $a_1$의 값 구하기 | 30% |

## 0205

답 16

두 등비수열 $\{a_n\}$, $\{b_n\}$의 공비를 모두 $r$라 하면

두 등비급수 $\sum_{n=1}^{\infty} a_n$, $\sum_{n=1}^{\infty} b_n$은 모두 수렴하므로 $|r|<1$

$\sum_{n=1}^{\infty} a_n = \frac{a_1}{1-r} = 12$ …… ㉠

$\sum_{n=1}^{\infty} b_n = \frac{b_1}{1-r} = 4$ …… ㉡

㉠−㉡에서 $\frac{a_1-b_1}{1-r} = 8$

이때 $a_1-b_1=4$이므로

$\frac{4}{1-r}=8$, $1=2(1-r)$

$2r=1 \quad \therefore r=\frac{1}{2}$

이를 ㉠, ㉡에 각각 대입하여 정리하면

$a_1=6$, $b_1=2$

따라서 수열 $\{a_nb_n\}$은 첫째항이 $a_1b_1=6\times2=12$이고 공비가

$r^2=\frac{1}{4}$인 등비수열이므로

$\sum_{n=1}^{\infty} a_nb_n = \frac{12}{1-\frac{1}{4}} = 16$

## 0206

답 ⑤

등비수열 $\{a_n\}$의 첫째항을 $a$ $(a>0)$, 공비를 $r$ $(r>0)$이라 하면

$a_n = ar^{n-1}$

수열 $\left\{\frac{1}{{a_n}^2}\right\}$은 첫째항이 $\frac{1}{a^2}$, 공비가 $\frac{1}{r^2}$이고

급수 $\sum_{n=1}^{\infty} \frac{1}{{a_n}^2}$이 수렴하므로 $\left|\frac{1}{r^2}\right|<1$

$\therefore \sum_{n=1}^{\infty} \frac{1}{{a_n}^2} = \frac{\frac{1}{a^2}}{1-\frac{1}{r^2}} = \frac{r^2}{a^2(r^2-1)} = \frac{16}{9}$ …… ㉠

수열 $\left\{\frac{1}{a_{2n}}\right\}$은 첫째항이 $\frac{1}{ar}$, 공비가 $\frac{1}{r^2}$이고 $\left|\frac{1}{r^2}\right|<1$이므로

$\sum_{n=1}^{\infty} \frac{1}{a_{2n}} = \frac{\frac{1}{ar}}{1-\frac{1}{r^2}} = \frac{r}{a(r^2-1)} = \frac{16}{9}$ …… ㉡

㉡을 ㉠에 대입하면 $\frac{r}{a}\times\frac{16}{9}=\frac{16}{9}$

$\frac{r}{a}=1 \quad \therefore a=r$ …… ㉢

㉢을 ㉡에 대입하면 $\frac{1}{r^2-1}=\frac{16}{9}$

$r^2-1=\frac{9}{16}$, $r^2=\frac{25}{16}$

$\therefore r=\frac{5}{4}$ $(\because r>0)$, $a=\frac{5}{4}$ $(\because$ ㉢$)$

따라서 수열 $\left\{\frac{1}{a_{3n}}\right\}$은 첫째항이 $\frac{1}{ar^2}=\frac{64}{125}$이고 공비가 $\frac{1}{r^3}=\frac{64}{125}$인 등비수열이므로

$\sum_{n=1}^{\infty} \frac{1}{a_{3n}} = \frac{\frac{64}{125}}{1-\frac{64}{125}} = \frac{64}{61}$

## 0207

답 ②

등비수열 $\{a_n\}$의 첫째항을 $a$, 공비를 $r$라 하면

$a_{2n-1}=ar^{2n-2}$, $a_{2n}=ar^{2n-1}$이므로

$a_{2n-1}-a_{2n}=ar^{2n-2}-ar^{2n-1}=ar^{2n-2}(1-r)$

따라서 수열 $\{a_{2n-1}-a_{2n}\}$은 첫째항이 $a(1-r)$이고 공비가 $r^2$인 등비수열이다.

이때 급수 $\sum_{n=1}^{\infty}(a_{2n-1}-a_{2n})$은 수렴하므로 $|r^2|<1$ …… ㉠

$$\begin{aligned}\therefore \sum_{n=1}^{\infty}(a_{2n-1}-a_{2n}) &= \frac{a(1-r)}{1-r^2}\\ &= \frac{a(1-r)}{(1+r)(1-r)}\\ &= \frac{a}{1+r}=3 \quad \cdots\cdots ㉡\end{aligned}$$

한편, 수열 $\{{a_n}^2\}$은 첫째항이 $a^2$이고 공비가 $r^2$인 등비수열이므로 ㉠에 의하여

$$\begin{aligned}\sum_{n=1}^{\infty}{a_n}^2 &= \frac{a^2}{1-r^2} = \frac{a}{1+r}\times\frac{a}{1-r}\\ &= 3\times\frac{a}{1-r} \ (\because ㉡)\\ &= 6\end{aligned}$$

$\therefore \frac{a}{1-r}=2$ …… ㉢

㉠에 의하여 $|r|<1$이므로 ㉢에 의하여

$\sum_{n=1}^{\infty} a_n = \frac{a}{1-r} = 2$

**참고**

> ㉡에서 $a=3+3r$이고 ㉢에서 $a=2-2r$이므로 $3+3r=2-2r$에서 $r=-\frac{1}{5}$이다. 이를 다시 ㉡에 대입하면 $a=\frac{12}{5}$이다.
>
> 즉, 수열 $\{a_n\}$은 첫째항이 $\frac{12}{5}$이고 공비가 $-\frac{1}{5}$인 등비수열이다.

### 유형 12 등비급수의 수렴 조건

## 0208

답 ③

급수 $\sum_{n=1}^{\infty}\left(\frac{3x-4}{9}\right)^n$이 수렴하려면 $\left|\frac{3x-4}{9}\right|<1$이어야 하므로

$-1<\frac{3x-4}{9}<1$에서

$-9<3x-4<9$, $-5<3x<13$

$\therefore -\frac{5}{3}<x<\frac{13}{3}$

따라서 급수 $\sum_{n=1}^{\infty}\left(\frac{3x-4}{9}\right)^n$이 수렴하도록 하는 정수 $x$는 $-1$, $0$, $1$, $2$, $3$, $4$의 6개이다.

## 0209

답 ③

급수 $\sum_{n=1}^{\infty}(\log_2 x^2-3)^{n-1}$이 수렴하려면 $|\log_2 x^2-3|<1$이어야 하므로 $-1<\log_2 x^2-3<1$에서

$2<2\log_2|x|<4$, $1<\log_2|x|<2$

$2^1<|x|<2^2$

$\therefore\ -4<x<-2$ 또는 $2<x<4$

따라서 급수 $\sum_{n=1}^{\infty}(\log_2 x^2-3)^{n-1}$이 수렴하도록 하는 정수 $x$는 $-3$, $3$의 2개이다.

주의 $x$의 값의 범위를 구할 때 사용되지는 않았지만 로그의 정의에 의하여 $x\neq 0$임을 잊지 않도록 한다.

## 0210

답 $-\frac{\pi}{6}<\theta<\frac{\pi}{6}$

급수 $\sum_{n=1}^{\infty}(2\sin\theta)^{n-1}$이 수렴하려면 $|2\sin\theta|<1$이어야 하므로

$-1<2\sin\theta<1$에서 $-\frac{1}{2}<\sin\theta<\frac{1}{2}$

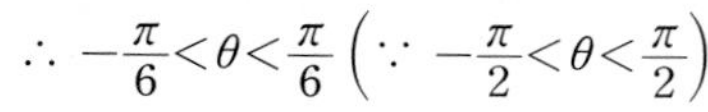

$\therefore\ -\frac{\pi}{6}<\theta<\frac{\pi}{6}\ \left(\because\ -\frac{\pi}{2}<\theta<\frac{\pi}{2}\right)$

참고

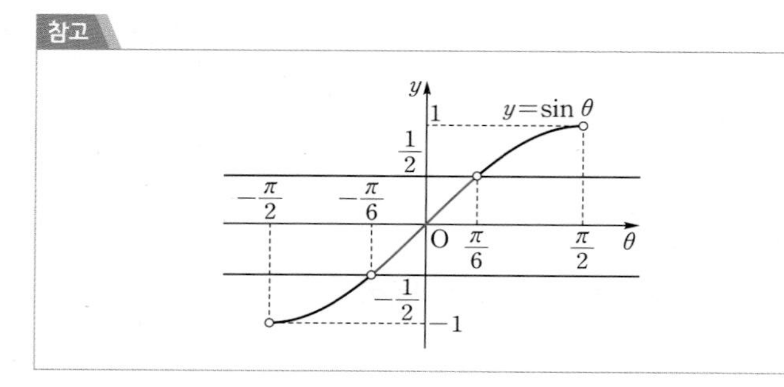


## 0211

답 9

$\frac{x+3}{2}+\frac{(x+3)(x-4)}{4}+\frac{(x+3)(x-4)^2}{8}+\cdots$은 첫째항이 $\frac{x+3}{2}$이고 공비가 $\frac{x-4}{2}$인 등비급수의 합이다.

이때 주어진 급수가 수렴하려면 $\frac{x+3}{2}=0$ 또는 $\left|\frac{x-4}{2}\right|<1$이어야 한다.

❶

(i) $\frac{x+3}{2}=0$일 때

$x+3=0$에서 $x=-3$

(ii) $\left|\frac{x-4}{2}\right|<1$일 때

$-1<\frac{x-4}{2}<1$에서 $-2<x-4<2$

$\therefore\ 2<x<6$

(i), (ii)에서 $x=-3$ 또는 $2<x<6$

❷

따라서 주어진 급수가 수렴하도록 하는 정수 $x$는 $-3$, $3$, $4$, $5$이므로 그 합은

$(-3)+3+4+5=9$

❸

| 채점 기준 | 배점 |
|---|---|
| ❶ 주어진 급수가 수렴하도록 하는 조건 찾기 | 40% |
| ❷ 조건을 만족시키는 $x$의 값 또는 범위 구하기 | 40% |
| ❸ ❷에서 구한 모든 정수 $x$의 값의 합 구하기 | 20% |

## 0212

답 ③

$\sum_{n=1}^{\infty}\frac{(3^a+1)^n}{6^{3n}}=\sum_{n=1}^{\infty}\left(\frac{3^a+1}{216}\right)^n$이므로 주어진 급수가 수렴하려면 $\left|\frac{3^a+1}{216}\right|<1$이어야 한다.

$-1<\frac{3^a+1}{216}<1$에서 $-216<3^a+1<216$

$\therefore\ -217<3^a<215$

따라서 급수 $\sum_{n=1}^{\infty}\frac{(3^a+1)^n}{6^{3n}}$이 수렴하도록 하는 자연수 $a$는 1, 2, 3, 4의 4개이다.

## 0213

답 $\frac{3}{4}<x\leq 1$

수열 $\left\{\left(\frac{x+2}{3}\right)^n\right\}$은 공비가 $\frac{x+2}{3}$인 등비수열이므로 이 수열이 수렴하려면 $-1<\frac{x+2}{3}\leq 1$이어야 한다.

$-1<\frac{x+2}{3}\leq 1$에서 $-3<x+2\leq 3$

$\therefore\ -5<x\leq 1$ ...... ㉠

❶

한편, 급수 $\sum_{n=1}^{\infty}\left(2x-\frac{5}{2}\right)^{n-1}$이 수렴하려면 $\left|2x-\frac{5}{2}\right|<1$이어야 한다.

$-1<2x-\frac{5}{2}<1$에서 $\frac{3}{2}<2x<\frac{7}{2}$

$\therefore\ \frac{3}{4}<x<\frac{7}{4}$ ...... ㉡

❷

수열 $\left\{\left(\frac{x+2}{3}\right)^n\right\}$과 급수 $\sum_{n=1}^{\infty}\left(2x-\frac{5}{2}\right)^{n-1}$이 모두 수렴하려면 ㉠, ㉡을 동시에 만족시켜야 하므로 구하는 $x$의 값의 범위는

$\frac{3}{4}<x\leq 1$

❸

| 채점 기준 | 배점 |
|---|---|
| ❶ 수열 $\left\{\left(\frac{x+2}{3}\right)^n\right\}$이 수렴하도록 하는 $x$의 값의 범위 구하기 | 40% |
| ❷ $\sum_{n=1}^{\infty}\left(2x-\frac{5}{2}\right)^{n-1}$이 수렴하도록 하는 $x$의 값의 범위 구하기 | 40% |
| ❸ 두 조건을 모두 만족시키는 $x$의 값의 범위 구하기 | 20% |

### 유형 13 등비급수의 수렴 여부 판단

## 0214

답 ③

등비급수 $\sum_{n=1}^{\infty}r^n$이 수렴하므로 $|r|<1$이다.

ㄱ. $\sum_{n=1}^{\infty}\left(\frac{1}{r}\right)^n\ (r\neq 0)$은 공비가 $\frac{1}{r}$인 등비급수이고

$|r|<1$에서 $\left|\frac{1}{r}\right|>1$이므로 발산한다.

ㄴ. $\sum_{n=1}^{\infty} r^{n+2}$은 공비가 $r$인 등비급수이므로 수렴한다.

ㄷ. $\sum_{n=1}^{\infty}\left(\frac{r}{2}\right)^n$은 공비가 $\frac{r}{2}$인 등비급수이고 $|r|<1$에서

$\left|\frac{r}{2}\right|<\frac{1}{2}$이므로 수렴한다.

ㄹ. $\sum_{n=1}^{\infty}\left(\frac{1-3r}{3}\right)^n$은 공비가 $\frac{1-3r}{3}$인 등비급수이고 $|r|<1$, 즉 $-1<r<1$에서

$-3<-3r<3$, $-2<1-3r<4$

$\therefore -\frac{2}{3}<\frac{1-3r}{3}<\frac{4}{3}$

즉, $\sum_{n=1}^{\infty}\left(\frac{1-3r}{3}\right)^n$이 항상 수렴하는 것은 아니다.

따라서 항상 수렴하는 급수는 ㄴ, ㄷ이다.

## 0215

답 ⑤

등비급수 $\sum_{n=1}^{\infty} r^n$이 수렴하므로 $|r|<1$이다.

① $\sum_{n=1}^{\infty} r^{2n-1}=\sum_{n=1}^{\infty}\left\{\frac{1}{r}\times(r^2)^n\right\}$은 공비가 $r^2$인 등비급수이고 $|r|<1$에서 $0\le r^2<1$이므로 수렴한다.

② $n$이 홀수일 때 $\frac{r^n+(-r)^n}{2}=\frac{r^n-r^n}{2}=0$,

$n$이 짝수일 때 $\frac{r^n+(-r)^n}{2}=\frac{r^n+r^n}{2}=r^n$

이므로

$$\sum_{n=1}^{\infty}\frac{r^n+(-r)^n}{2}=0+r^2+0+r^4+0+r^6+\cdots$$

$$=r^2+r^4+r^6+\cdots=\sum_{n=1}^{\infty}(r^2)^n$$

이때 $|r|<1$에서 $0\le r^2<1$이므로 $\sum_{n=1}^{\infty}\frac{r^n+(-r)^n}{2}$, 즉 $\sum_{n=1}^{\infty}(r^2)^n$은 수렴한다.

③ $\sum_{n=1}^{\infty}\left(\frac{r+1}{2}\right)^n$은 공비가 $\frac{r+1}{2}$인 등비급수이고 $|r|<1$, 즉 $-1<r<1$에서 $0<\frac{r+1}{2}<1$이므로 수렴한다.

④ $\sum_{n=1}^{\infty}\left(\frac{r-1}{2}\right)^n$은 공비가 $\frac{r-1}{2}$인 등비급수이고 $|r|<1$, 즉 $-1<r<1$에서 $-1<\frac{r-1}{2}<0$이므로 수렴한다.

⑤ $\sum_{n=1}^{\infty}\left(\frac{r}{2}+1\right)^n$은 공비가 $\frac{r}{2}+1$인 등비급수이고 $|r|<1$, 즉 $-1<r<1$에서 $\frac{1}{2}<\frac{r}{2}+1<\frac{3}{2}$이므로 항상 수렴하는 것은 아니다.

따라서 항상 수렴하는 급수가 아닌 것은 ⑤이다.

**참고**

②에서 $\sum_{n=1}^{\infty}(-r)^n$은 공비가 $-r$인 등비급수이고 $-1<r<1$에서 $-1<-r<1$이므로

$\sum_{n=1}^{\infty}\frac{r^n+(-r)^n}{2}=\frac{1}{2}\sum_{n=1}^{\infty}r^n+\frac{1}{2}\sum_{n=1}^{\infty}(-r)^n$

임을 이용하여 주어진 급수가 수렴함을 보일 수도 있다.

## 0216

답 ③

등비수열 $\{a_n\}$의 첫째항을 $a$, 공비를 $r$라 하자.

ㄱ. $\sum_{n=1}^{\infty} a_n$이 수렴하면 $a=0$ 또는 $|r|<1$ …… ㉠

한편, 수열 $\{a_{2n}\}$은 첫째항이 $ar$, 공비가 $r^2$인 등비수열이다.

이때 ㉠에 의하여 $ar=0$ 또는 $0\le r^2<1$이므로 $\sum_{n=1}^{\infty} a_n$이 수렴하면 $\sum_{n=1}^{\infty} a_{2n}$도 수렴한다. (참)

ㄴ. $\sum_{n=1}^{\infty} a_n$이 발산하면 $a\ne0$이고 $|r|\ge1$이므로 $r^2\ge1$

이때 $\sum_{n=1}^{\infty} a_{2n}$은 공비가 $r^2$인 등비급수이므로 발산한다.

즉, $\sum_{n=1}^{\infty} a_n$이 발산하면 $\sum_{n=1}^{\infty} a_{2n}$도 발산한다. (참)

ㄷ. $\sum_{n=1}^{\infty} a_n$이 수렴하면 $\lim_{n\to\infty} a_n=0$

즉, $\lim_{n\to\infty}\left(a_n+\frac{1}{2}\right)=\lim_{n\to\infty}a_n+\lim_{n\to\infty}\frac{1}{2}=0+\frac{1}{2}=\frac{1}{2}\ne0$이므로

$\sum_{n=1}^{\infty}\left(a_n+\frac{1}{2}\right)$은 발산한다. (거짓)

따라서 옳은 것은 ㄱ, ㄴ이다.

## 0217

답 ④

두 등비수열 $\{a_n\}$, $\{b_n\}$의 공비를 각각 $r_1$, $r_2$라 하자.

① $\sum_{n=1}^{\infty} a_n$, $\sum_{n=1}^{\infty} b_n$이 수렴하면 $\lim_{n\to\infty} a_n=0$, $\lim_{n\to\infty} b_n=0$이므로

$\lim_{n\to\infty} a_nb_n=\lim_{n\to\infty} a_n\times\lim_{n\to\infty} b_n=0$ (참)

② $\sum_{n=1}^{\infty}\frac{1}{a_n}$이 수렴하면 $\lim_{n\to\infty}\frac{1}{a_n}=0$이므로 $\lim_{n\to\infty} a_n\ne0$

즉, $\sum_{n=1}^{\infty} a_n$은 발산한다. (참)

③ $\sum_{n=1}^{\infty}(a_n)^2$이 수렴하면 $a_1=0$ 또는 $0\le r^2<1$에서 $-1<r<1$이므로 $\sum_{n=1}^{\infty} a_n$도 수렴한다. (참)

④ [반례] $a_n=\left(\frac{1}{2}\right)^n$, $b_n=\left(\frac{1}{3}\right)^n$

이면 $\sum_{n=1}^{\infty} a_n=\frac{\frac{1}{2}}{1-\frac{1}{2}}=1$, $\sum_{n=1}^{\infty} b_n=\frac{\frac{1}{3}}{1-\frac{1}{3}}=\frac{1}{2}$이고

$\sum_{n=1}^{\infty} a_nb_n=\sum_{n=1}^{\infty}\left(\frac{1}{6}\right)^n=\frac{\frac{1}{6}}{1-\frac{1}{6}}=\frac{1}{5}$이므로

$\sum_{n=1}^{\infty} a_nb_n\ne\sum_{n=1}^{\infty} a_n\times\sum_{n=1}^{\infty} b_n$이다. (거짓)

⑤ 주어진 명제의 대우가 참이면 주어진 명제 또한 참임을 이용하자.

$\sum_{n=1}^{\infty} a_n$, $\sum_{n=1}^{\infty} b_n$이 발산한다고 가정하면

$a_1\ne0$이고 $|r_1|\ge1$ …… ㉠

$b_1\ne0$이고 $|r_2|\ge1$ …… ㉡

한편, $\sum_{n=1}^{\infty} a_nb_n$은 첫째항이 $a_1b_1$, 공비가 $r_1r_2$인 등비급수이다.

이때 ㉠, ㉡에 의하여 $a_1b_1\ne0$이고 $|r_1r_2|\ge1$이므로 $\sum_{n=1}^{\infty} a_nb_n$은 발산한다.

따라서 $\sum_{n=1}^{\infty} a_n$, $\sum_{n=1}^{\infty} b_n$이 모두 발산하면 $\sum_{n=1}^{\infty} a_nb_n$은 발산하므로 주어진 명제의 대우가 참이다.

즉, $\sum_{n=1}^{\infty} a_nb_n$이 수렴하면 $\sum_{n=1}^{\infty} a_n$, $\sum_{n=1}^{\infty} b_n$ 중 적어도 하나는 수렴한다. (참)

따라서 옳지 않은 것은 ④이다.

## 유형 14 $S_n$과 $a_n$ 사이의 관계를 이용하는 급수

### 0218

답 $\frac{3}{8}$

(i) $n=1$일 때, $a_1=S_1=4$

(ii) $n\geq 2$일 때

$$\begin{aligned} a_n&=S_n-S_{n-1}\\ &=2(3^n-1)-2(3^{n-1}-1)\\ &=2\times(3-1)\times 3^{n-1}\\ &=4\times 3^{n-1} \quad \cdots\cdots ㉠ \end{aligned}$$

이때 $a_1=4$는 $n=1$을 ㉠에 대입한 값과 같으므로

$a_n=4\times 3^{n-1}$ $(n\geq 1)$

$$\therefore \sum_{n=1}^{\infty}\frac{1}{a_n}=\sum_{n=1}^{\infty}\frac{1}{4\times 3^{n-1}}=\sum_{n=1}^{\infty}\left\{\frac{1}{4}\times\left(\frac{1}{3}\right)^{n-1}\right\}=\frac{\frac{1}{4}}{1-\frac{1}{3}}=\frac{3}{8}$$

### 0219

답 4

$$\begin{aligned} a_n&=S_n-S_{n-1}\\ &=12\left\{1-\left(\frac{1}{2}\right)^n\right\}-12\left\{1-\left(\frac{1}{2}\right)^{n-1}\right\}\\ &=12\left\{\left(\frac{1}{2}\right)^{n-1}-\left(\frac{1}{2}\right)^n\right\}\\ &=12\times\left(1-\frac{1}{2}\right)\times\left(\frac{1}{2}\right)^{n-1}\\ &=6\times\left(\frac{1}{2}\right)^{n-1} \quad (n\geq 2) \end{aligned}$$

따라서 수열 $\{a_{2n}\}$은 첫째항이 $6\times\frac{1}{2}=3$이고 공비가 $\left(\frac{1}{2}\right)^2=\frac{1}{4}$인 등비수열이므로

$$a_2+a_4+a_6+\cdots=\sum_{n=1}^{\infty}a_{2n}=\sum_{n=1}^{\infty}\left\{3\times\left(\frac{1}{4}\right)^{n-1}\right\}=\frac{3}{1-\frac{1}{4}}=4$$

### 0220

답 ④

$\log_2(S_n+1)=-2n$에서 $S_n+1=2^{-2n}$

$\therefore S_n=\left(\frac{1}{4}\right)^n-1$

(i) $n=1$일 때, $a_1=S_1=\frac{1}{4}-1=-\frac{3}{4}$

(ii) $n\geq 2$일 때

$$\begin{aligned} a_n&=S_n-S_{n-1}\\ &=\left\{\left(\frac{1}{4}\right)^n-1\right\}-\left\{\left(\frac{1}{4}\right)^{n-1}-1\right\}\\ &=\left(\frac{1}{4}\right)^n-\left(\frac{1}{4}\right)^{n-1}=\left(\frac{1}{4}-1\right)\times\left(\frac{1}{4}\right)^{n-1}\\ &=-\frac{3}{4}\times\left(\frac{1}{4}\right)^{n-1} \quad \cdots\cdots ㉠ \end{aligned}$$

이때 $a_1=-\frac{3}{4}$은 $n=1$을 ㉠에 대입한 값과 같으므로

$a_n=-\frac{3}{4}\times\left(\frac{1}{4}\right)^{n-1}$ $(n\geq 1)$

따라서 수열 $\{a_{2n-1}\}$은 첫째항이 $-\frac{3}{4}$이고 공비가 $\left(\frac{1}{4}\right)^2=\frac{1}{16}$인 등비수열이므로

$$\sum_{n=1}^{\infty}a_{2n-1}=\sum_{n=1}^{\infty}\left\{\left(-\frac{3}{4}\right)\times\left(\frac{1}{16}\right)^{n-1}\right\}=\frac{-\frac{3}{4}}{1-\frac{1}{16}}=-\frac{4}{5}$$

### 0221

답 ②

$S_n=a_1+3a_2+3^2a_3+\cdots+3^{n-1}a_n=7n$이라 하자.

(i) $n=1$일 때, $a_1=S_1=7$

(ii) $n\geq 2$일 때

$3^{n-1}a_n=S_n-S_{n-1}=7n-7(n-1)=7$

$\therefore a_n=\frac{7}{3^{n-1}}$ $\cdots\cdots$ ㉠

이때 $a_1=7$은 $n=1$을 ㉠에 대입한 값과 같으므로

$a_n=\frac{7}{3^{n-1}}$ $(n\geq 1)$

따라서 수열 $\{a_n\}$은 첫째항이 7이고 공비가 $\frac{1}{3}$인 등비수열이므로

$$\sum_{n=1}^{\infty}a_n=\frac{7}{1-\frac{1}{3}}=\frac{21}{2}$$

## 유형 15 순환소수와 등비급수

### 0222

답 ④

$0.\dot{2}=\frac{2}{9}$, $0.01\dot{9}=\frac{18}{900}=\frac{1}{50}$이므로 주어진 등비급수의 공비를 $r$라 하면

$$r^2=\frac{0.01\dot{9}}{0.\dot{2}}=\frac{\frac{1}{50}}{\frac{2}{9}}=\frac{9}{100} \qquad \therefore r=\pm\frac{3}{10}$$

이때 주어진 등비급수의 모든 항은 양수이므로 $r=\frac{3}{10}$

따라서 구하는 등비급수의 합은

$$\frac{\frac{2}{9}}{1-\frac{3}{10}}=\frac{20}{63}$$

## 0223

답 3

$0.\dot{a}=\frac{a}{9}$, $0.\dot{2}\dot{a}=\frac{20+a}{99}$이므로

$$\sum_{n=1}^{\infty} a_n=\frac{\frac{a}{9}}{1-\frac{20+a}{99}}=\frac{11a}{79-a}$$

따라서 $\frac{11a}{79-a}=\frac{33}{76}$이므로

$11a\times76=(79-a)\times33$, $76a=237-3a$

$79a=237 \qquad \therefore a=3$

## 0224

답 ⑤

$\frac{4}{11}=\frac{36}{99}=0.\dot{3}\dot{6}$이므로

$a_n=\begin{cases}3 & (n\text{은 홀수})\\ 6 & (n\text{은 짝수})\end{cases}$

$$\therefore \frac{a_1}{7}+\frac{a_2}{7^2}+\frac{a_3}{7^3}+\frac{a_4}{7^4}+\cdots$$
$$=\frac{3}{7}+\frac{6}{7^2}+\frac{3}{7^3}+\frac{6}{7^4}+\frac{3}{7^5}+\frac{6}{7^6}+\cdots$$
$$=\left(\frac{3}{7}+\frac{3}{7^3}+\frac{3}{7^5}+\cdots\right)+\left(\frac{6}{7^2}+\frac{6}{7^4}+\frac{6}{7^6}+\cdots\right)$$
$$=\frac{\frac{3}{7}}{1-\frac{1}{7^2}}+\frac{\frac{6}{7^2}}{1-\frac{1}{7^2}}=\frac{21}{48}+\frac{6}{48}=\frac{27}{48}=\frac{9}{16}$$

## 0225

답 ②

$$a_n=\frac{10^{n-1}}{10^n}+\frac{10^{n-1}}{10^{2n}}+\frac{10^{n-1}}{10^{3n}}+\cdots=\frac{\frac{10^{n-1}}{10^n}}{1-\frac{1}{10^n}}=\frac{10^{n-1}}{10^n-1}$$

이므로

$$\frac{1}{a_{n+1}}-\frac{1}{a_n}=\frac{10^{n+1}-1}{10^n}-\frac{10^n-1}{10^{n-1}}$$
$$=\frac{(10^{n+1}-1)-(10^{n+1}-10)}{10^n}=\frac{9}{10^n}$$

따라서 수열 $\left\{\frac{1}{a_{n+1}}-\frac{1}{a_n}\right\}$은 첫째항이 $\frac{9}{10}$이고 공비가 $\frac{1}{10}$인 등비수열이므로

$$\sum_{n=1}^{\infty}\left(\frac{1}{a_{n+1}}-\frac{1}{a_n}\right)=\frac{\frac{9}{10}}{1-\frac{1}{10}}=1$$

**참고**

$a_1=0.\dot{1}=\frac{1}{9}=\frac{1}{10-1}$

$a_2=0.\dot{1}\dot{0}=\frac{10}{99}=\frac{10}{10^2-1}$

$a_3=0.\dot{1}0\dot{0}=\frac{100}{999}=\frac{10^2}{10^3-1}$

⋮

$a_n=\frac{10^{n-1}}{10^n-1}$

을 이용하여 급수의 합을 구할 수도 있다.

### 유형 16 등비급수의 활용 - 좌표

## 0226

답 ②

기울기가 $-1$이고 점 $(a_n, 0)$을 지나는 직선의 방정식은

$y=-(x-a_n)=-x+a_n$

$\therefore x+y-a_n=0 \qquad \cdots\cdots$ ㉠

기울기가 음수인 이 직선이 원 $x^2+y^2=\frac{2}{3^n}$와 제1사분면에서 접하므로 $a_n>0$

또한 직선 ㉠과 원의 중심 $(0, 0)$ 사이의 거리는 원의 반지름의 길이와 같으므로

$\frac{|-a_n|}{\sqrt{1^2+1^2}}=\sqrt{\frac{2}{3^n}}$, $|a_n|=\sqrt{2}\times\sqrt{\frac{2}{3^n}}$

$\therefore a_n=\frac{2}{\sqrt{3^n}}$

따라서 급수 $\sum_{n=1}^{\infty}a_n$은 $a_1=\frac{2}{\sqrt{3}}$이고 공비가 $\frac{1}{\sqrt{3}}=\frac{\sqrt{3}}{3}$인 등비급수이므로

$$\sum_{n=1}^{\infty}a_n=\frac{\frac{2}{\sqrt{3}}}{1-\frac{\sqrt{3}}{3}}=\frac{2\sqrt{3}}{3-\sqrt{3}}=\frac{\sqrt{3}(3+\sqrt{3})}{3}=1+\sqrt{3}$$

## 0227

답 ④

원점 O를 중심으로 하고 점 $A_1$을 지나는 원의 반지름의 길이를 $r$라 하면

$r=\overline{OA_1}=1$

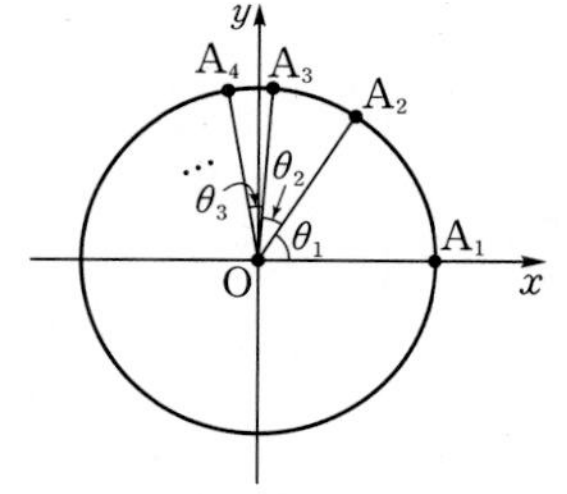


$\angle A_nOA_{n+1}=\theta_n$이라 하자.

$\widehat{A_1A_2}=r\times\theta_1=\theta_1=1$

$\widehat{A_2A_3}=r\times\theta_2=\theta_2=\frac{1}{2}$

$\widehat{A_3A_4}=r\times\theta_3=\theta_3=\frac{1}{2^2}$

⋮

$\therefore \theta_n=\frac{1}{2^{n-1}} \qquad \cdots\cdots$ ㉠

한편, 점 $A_{n+1}$의 좌표는 $(\cos(\angle A_1OA_{n+1}), \sin(\angle A_1OA_{n+1}))$이고 $\angle A_1OA_{n+1}=\theta_1+\theta_2+\theta_3+\cdots+\theta_n$

이때 ㉠에 의하여 수열 $\{\theta_n\}$은 첫째항이 1이고 공비가 $\frac{1}{2}$인 등비수열이므로

$$\lim_{n\to\infty}\angle A_1OA_n=\sum_{n=1}^{\infty}\theta_n=\frac{1}{1-\frac{1}{2}}=2$$

따라서 점 $A_{n+1}$, 즉 점 $A_n$이 한없이 가까워지는 점의 좌표는 $(\cos 2, \sin 2)$이므로

$a=\cos 2$, $b=\sin 2$

$\therefore \frac{b}{a}=\frac{\sin 2}{\cos 2}=\tan 2$

## 0228

답 ②

(가), (나), (다)에 의하여 점 $P_0$, $P_1$, $P_2$, …를 좌표평면 위에 나타내면 다음 그림과 같다.

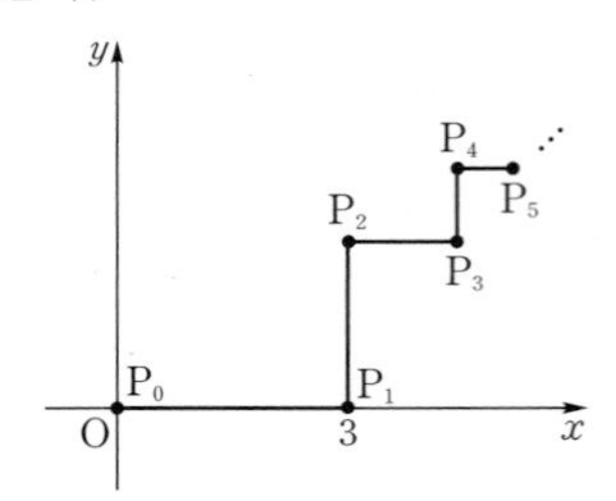


점 $P_n$의 좌표를 $(x_n, y_n)$이라 하면

$\overline{P_0P_1}=3$, $\overline{P_2P_3}=3\times\left(\frac{2}{3}\right)^2$, $\overline{P_4P_5}=3\times\left(\frac{2}{3}\right)^4$, …이므로

$$\lim_{n\to\infty} x_n=3+3\times\left(\frac{2}{3}\right)^2+3\times\left(\frac{2}{3}\right)^4+\cdots=\frac{3}{1-\frac{4}{9}}=\frac{27}{5}$$

$\overline{P_1P_2}=3\times\frac{2}{3}$, $\overline{P_3P_4}=3\times\left(\frac{2}{3}\right)^3$, $\overline{P_5P_6}=3\times\left(\frac{2}{3}\right)^5$, …이므로

$$\lim_{n\to\infty} y_n=3\times\frac{2}{3}+3\times\left(\frac{2}{3}\right)^3+3\times\left(\frac{2}{3}\right)^5+\cdots=\frac{2}{1-\frac{4}{9}}=\frac{18}{5}$$

따라서 점 $P_n$이 한없이 가까워지는 점의 좌표는 $\left(\frac{27}{5}, \frac{18}{5}\right)$이다.

## 0229

답 $\frac{30}{13}$

점 $P_n$의 좌표를 $(x_n, y_n)$이라 하면

$\overline{OP_1}=2$, $\overline{P_2P_3}=2\times\left(\frac{2}{3}\right)^2$, $\overline{P_4P_5}=2\times\left(\frac{2}{3}\right)^4$, …이므로

$$\lim_{n\to\infty} x_n=2-2\times\left(\frac{2}{3}\right)^2+2\times\left(\frac{2}{3}\right)^4-\cdots=\frac{2}{1-\left(-\frac{4}{9}\right)}=\frac{18}{13}$$

$\therefore p=\frac{18}{13}$

…………………………………………………… ❶

$\overline{P_1P_2}=2\times\frac{2}{3}$, $\overline{P_3P_4}=2\times\left(\frac{2}{3}\right)^3$, $\overline{P_5P_6}=2\times\left(\frac{2}{3}\right)^5$, …이므로

$$\lim_{n\to\infty} y_n=2\times\frac{2}{3}-2\times\left(\frac{2}{3}\right)^3+2\times\left(\frac{2}{3}\right)^5-\cdots=\frac{\frac{4}{3}}{1-\left(-\frac{4}{9}\right)}=\frac{12}{13}$$

$\therefore q=\frac{12}{13}$

…………………………………………………… ❷

$\therefore p+q=\frac{18}{13}+\frac{12}{13}=\frac{30}{13}$

…………………………………………………… ❸

| 채점 기준 | 배점 |
|---|---|
| ❶ $p$의 값 구하기 | 45% |
| ❷ $q$의 값 구하기 | 45% |
| ❸ $p+q$의 값 구하기 | 10% |

### 유형 17 등비급수의 활용 - 선분의 길이

## 0230

답 6

$\angle XOY=60°$, $\overline{OA_1}=2\sqrt{3}$이므로

$\overline{A_1A_2}+\overline{A_2A_3}+\overline{A_3A_4}+\cdots$

$=\overline{OA_1}\sin 60°+\overline{A_1A_2}\cos 60°+\overline{A_2A_3}\cos 60°+\cdots$

$=2\sqrt{3}\times\frac{\sqrt{3}}{2}+2\sqrt{3}\times\frac{\sqrt{3}}{2}\times\frac{1}{2}+2\sqrt{3}\times\frac{\sqrt{3}}{2}\times\left(\frac{1}{2}\right)^2+\cdots$

$=\frac{3}{1-\frac{1}{2}}=6$

## 0231

답 ④

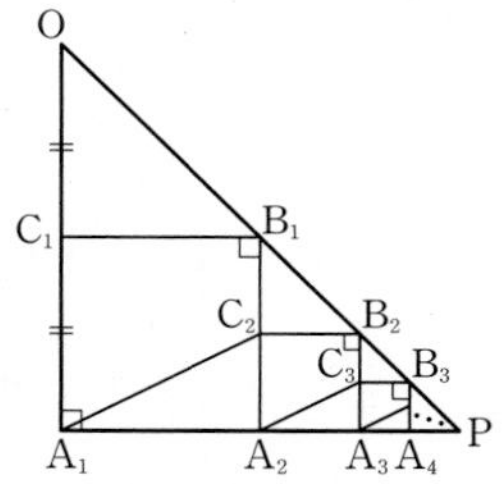

사각형 $A_1A_2B_1C_1$은 점 $A_1$과 직각이등변삼각형 $A_1PO$의 각 변의 중점을 꼭짓점으로 하는 정사각형이므로

$\overline{A_2B_1}=\frac{1}{2}\times\overline{A_1O}=\frac{1}{2}$

또한 사각형 $A_2A_3B_2C_2$는 점 $A_2$와 직각이등변삼각형 $A_2PB_1$의 각 변의 중점을 꼭짓점으로 하는 정사각형이므로

$\overline{A_3B_2}=\frac{1}{2}\times\overline{A_2B_1}=\frac{1}{2}\times\frac{1}{2}=\frac{1}{4}$

이때 $\overline{A_2C_2}=\overline{A_3B_2}=\frac{1}{4}$이므로 직각삼각형 $A_1A_2C_2$에서

$\overline{A_1C_2}=\sqrt{\overline{A_1A_2}^2+\overline{A_2C_2}^2}$

$=\sqrt{\left(\frac{1}{2}\right)^2+\left(\frac{1}{4}\right)^2}\ \left(\because \overline{A_1A_2}=\overline{A_2B_1}=\frac{1}{2}\right)$

$=\frac{\sqrt{5}}{4}$

한편, 두 정사각형 $A_1A_2B_1C_1$과 $A_2A_3B_2C_2$의 닮음비는 $2:1$, 즉 $1:\frac{1}{2}$이므로 같은 과정을 반복하면 모든 자연수 $n$에 대하여 두 정사각형 $A_nA_{n+1}B_nC_n$과 $A_{n+1}A_{n+2}B_{n+1}C_{n+1}$의 닮음비는 $1:\frac{1}{2}$이다.

즉, 두 선분 $A_nC_{n+1}$과 $A_{n+1}C_{n+2}$의 길이의 비는 $1:\frac{1}{2}$이다.

따라서 수열 $\{\overline{A_nC_{n+1}}\}$은 첫째항이 $\frac{\sqrt{5}}{4}$이고 공비가 $\frac{1}{2}$인 등비수열이므로

$$\sum_{n=1}^{\infty}\overline{A_nC_{n+1}}=\frac{\frac{\sqrt{5}}{4}}{1-\frac{1}{2}}=\frac{\sqrt{5}}{2}$$

## 0232

답 ①

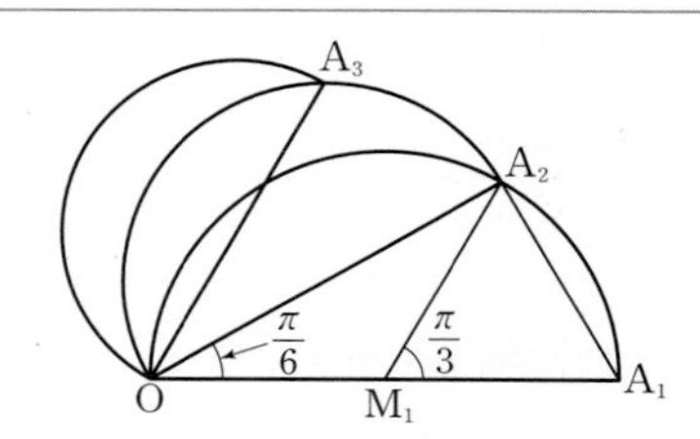

$\angle A_1OA_2=\frac{\pi}{6}$이므로 선분 $OA_1$의 중점을 $M_1$이라 하면 원주각과 중심각의 관계에 의하여

$\angle A_1M_1A_2=\frac{\pi}{3}$

이때 $\overline{M_1A_1}=\frac{1}{2}\overline{OA_1}=\frac{1}{2}$이므로

$l_1=\overline{M_1A_1}\times\frac{\pi}{3}=\frac{\pi}{6}$

한편, 직각삼각형 $A_1A_2O$에서

$\overline{OA_2}=\overline{OA_1}\times\cos\frac{\pi}{6}=\frac{\sqrt{3}}{2}$

즉, 선분 $OA_1$을 지름으로 하는 반원과 선분 $OA_2$를 지름으로 하는 반원의 닮음비는 $1:\frac{\sqrt{3}}{2}$이다.

같은 과정을 반복하면 모든 자연수 $n$에 대하여 선분 $OA_n$을 지름으로 하는 반원과 선분 $OA_{n+1}$을 지름으로 하는 반원의 닮음비는 $1:\frac{\sqrt{3}}{2}$이므로 $l_n:l_{n+1}=1:\frac{\sqrt{3}}{2}$이다.

따라서 수열 $\{l_n\}$은 첫째항이 $\frac{\pi}{6}$이고 공비가 $\frac{\sqrt{3}}{2}$인 등비수열이므로

$$\sum_{n=1}^{\infty}l_n=\frac{\frac{\pi}{6}}{1-\frac{\sqrt{3}}{2}}=\frac{\pi}{3(2-\sqrt{3})}=\frac{(2+\sqrt{3})\pi}{3}$$

## 0233

답 ②

$f(x)=\left(\frac{1}{2}\right)^{n-1}(x-1)$, $g(x)=3x(x-1)$이라 하자.

두 함수 $y=f(x)$, $y=g(x)$의 그래프의 교점 $P_n$의 $x$좌표를 $x_n$이라 하면 $x$에 대한 이차방정식 $f(x)=g(x)$, 즉

$3x^2-\left\{3+\left(\frac{1}{2}\right)^{n-1}\right\}x+\left(\frac{1}{2}\right)^{n-1}=0$의 실근은 1, $x_n$이다.

위의 이차방정식의 근과 계수의 관계에 의하여

$1\times x_n=\frac{1}{3}\times\left(\frac{1}{2}\right)^{n-1}$

$\therefore x_n=\frac{1}{3}\times\left(\frac{1}{2}\right)^{n-1}$

이를 함수 $f(x)$의 식에 대입하면

$$f(x_n)=\left(\frac{1}{2}\right)^{n-1}\left\{\frac{1}{3}\times\left(\frac{1}{2}\right)^{n-1}-1\right\}=\frac{1}{3}\times\left(\frac{1}{4}\right)^{n-1}-\left(\frac{1}{2}\right)^{n-1}$$

따라서 점 $P_n$의 $y$좌표는 $\frac{1}{3}\times\left(\frac{1}{4}\right)^{n-1}-\left(\frac{1}{2}\right)^{n-1}$이므로

$$\overline{P_nH_n}=\left|\frac{1}{3}\times\left(\frac{1}{4}\right)^{n-1}-\left(\frac{1}{2}\right)^{n-1}\right|=\left(\frac{1}{2}\right)^{n-1}-\frac{1}{3}\times\left(\frac{1}{4}\right)^{n-1}$$

$$\therefore \sum_{n=1}^{\infty}\overline{P_nH_n}=\sum_{n=1}^{\infty}\left\{\left(\frac{1}{2}\right)^{n-1}-\frac{1}{3}\times\left(\frac{1}{4}\right)^{n-1}\right\}=\sum_{n=1}^{\infty}\left(\frac{1}{2}\right)^{n-1}-\sum_{n=1}^{\infty}\left\{\frac{1}{3}\times\left(\frac{1}{4}\right)^{n-1}\right\}=\frac{1}{1-\frac{1}{2}}-\frac{\frac{1}{3}}{1-\frac{1}{4}}=2-\frac{4}{9}=\frac{14}{9}$$

유형 18 등비급수의 활용 - 둘레의 길이

## 0234

답 ③

$\overline{A_1B_1}=4$이므로 $l_1=4\times\overline{A_1B_1}=4\times4=16$

한편, 점 $A_2$는 선분 $A_1B_1$의 중점이므로

$\overline{A_2B_1}=\frac{1}{2}\times\overline{A_1B_1}=2$

또한 삼각형 $A_2B_1B_2$는 직각이등변삼각형이므로

$\overline{A_2B_2}=\sqrt{2}\times\overline{A_2B_1}=2\sqrt{2}$

두 정사각형 $A_1B_1C_1D_1$과 $A_2B_2C_2D_2$의 닮음비는 $4:2\sqrt{2}$, 즉 $1:\frac{\sqrt{2}}{2}$이므로 $l_1:l_2=1:\frac{\sqrt{2}}{2}$이다.

같은 과정을 반복하면 두 정사각형 $A_nB_nC_nD_n$과 $A_{n+1}B_{n+1}C_{n+1}D_{n+1}$의 닮음비는 $1:\frac{\sqrt{2}}{2}$이므로 $l_n:l_{n+1}=1:\frac{\sqrt{2}}{2}$이다.

따라서 수열 $\{l_n\}$은 첫째항이 16이고 공비가 $\frac{\sqrt{2}}{2}$인 등비수열이므로

$$\sum_{n=1}^{\infty}l_n=\frac{16}{1-\frac{\sqrt{2}}{2}}=\frac{32}{2-\sqrt{2}}=16(2+\sqrt{2})$$

## 0235

답 $4(2+\sqrt{3})\pi$

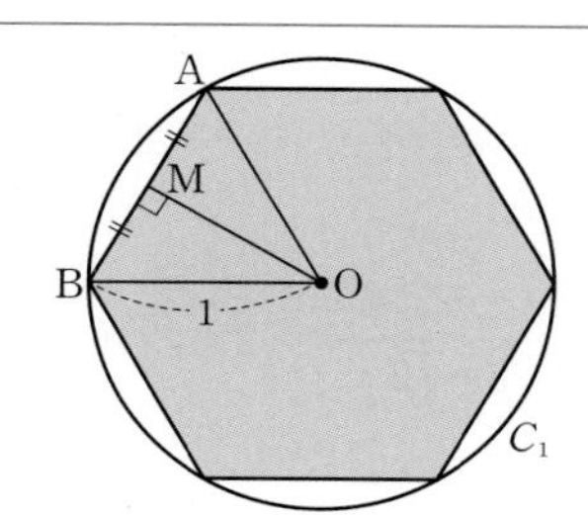


원 $C_n$의 둘레의 길이를 $l_n$이라 하자.

원 $C_1$의 반지름의 길이는 1이므로

$l_1=2\pi\times1=2\pi$

한편, 원 $C_1$의 중심을 O라 하고 내접하는 정육각형의 이웃하는 두 꼭짓점을 각각 A, B라 하자.

이때 삼각형 OAB는 한 변의 길이가 1인 정삼각형이므로 선분 AB의 중점을 M이라 하면

$\overline{OM}=\frac{\sqrt{3}}{2}\times\overline{AB}=\frac{\sqrt{3}}{2}$

따라서 원 $C_2$의 반지름의 길이는

$\overline{OM}=\frac{\sqrt{3}}{2}$

두 원 $C_1$과 $C_2$의 닮음비는 $1:\frac{\sqrt{3}}{2}$이므로 $l_1:l_2=1:\frac{\sqrt{3}}{2}$이다.

같은 과정을 반복하면 두 원 $C_n$과 $C_{n+1}$의 닮음비는 $1:\frac{\sqrt{3}}{2}$이므로

$l_n:l_{n+1}=1:\frac{\sqrt{3}}{2}$이다.

따라서 수열 $\{l_n\}$은 첫째항이 $2\pi$이고 공비가 $\frac{\sqrt{3}}{2}$인 등비수열이므로

$$\sum_{n=1}^{\infty}l_n=\frac{2\pi}{1-\frac{\sqrt{3}}{2}}=\frac{4\pi}{2-\sqrt{3}}=4(2+\sqrt{3})\pi$$

## 0236

답 ①

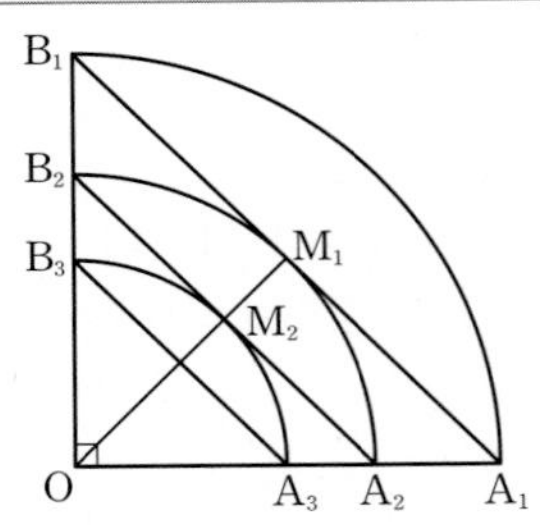


$\overline{OA_1}=2$이므로 호 $A_1B_1$의 길이는

$\overline{OA_1}\times\frac{\pi}{2}=2\times\frac{\pi}{2}=\pi$

또한 삼각형 $B_1OA_1$은 직각이등변삼각형이므로

$\overline{A_1B_1}=\sqrt{2}\times\overline{OA_1}=2\sqrt{2}$

$\therefore\ l_1=2\sqrt{2}+\pi$

한편, 점 $M_1$은 선분 $A_1B_1$의 중점이므로 직각이등변삼각형 $B_1OA_1$에서

$\overline{OM_1}=\overline{A_1M_1}=\frac{1}{2}\overline{A_1B_1}=\sqrt{2}$

이때 사분원 $OA_2B_2$의 반지름의 길이는 $\overline{OM_1}=\sqrt{2}$

두 사분원 $OA_1B_1$과 $OA_2B_2$의 닮음비는 $2:\sqrt{2}$, 즉 $1:\frac{\sqrt{2}}{2}$이므로

$l_1:l_2=1:\frac{\sqrt{2}}{2}$이다.

같은 과정을 반복하면 두 사분원 $OA_nB_n$과 $OA_{n+1}B_{n+1}$의 닮음비는 $1:\frac{\sqrt{2}}{2}$이므로 $l_n:l_{n+1}=1:\frac{\sqrt{2}}{2}$이다.

따라서 수열 $\{l_n\}$은 첫째항이 $2\sqrt{2}+\pi$이고 공비가 $\frac{\sqrt{2}}{2}$인 등비수열이므로

$$\sum_{n=1}^{\infty}l_n=\frac{2\sqrt{2}+\pi}{1-\frac{\sqrt{2}}{2}}=\frac{2(2\sqrt{2}+\pi)}{2-\sqrt{2}}=(2+\sqrt{2})(2\sqrt{2}+\pi)$$

### 유형 19 등비급수의 활용 - 넓이

## 0237

답 ③

그림 $R_1$에서 큰 정사각형의 한 변의 길이는 4이므로 4개로 나누어진 정사각형의 한 변의 길이는 2이다.

$\therefore\ S_1=2^2=4$

한편, 그림 $R_1$에서 색칠되지 않은 3개의 정사각형의 한 변의 길이는 모두 2이므로 이 정사각형 중 1개를 4개의 정사각형으로 나누었을 때, 나누어진 정사각형의 한 변의 길이는 1이다.

따라서 그림 $R_1$에서 색칠된 정사각형과 그림 $R_2$에서 새로 색칠된 정사각형의 닮음비는 $2:1$, 즉 $1:\frac{1}{2}$이고 넓이의 비는 $1:\frac{1}{4}$이다.

같은 과정을 반복하면 두 그림 $R_n$과 $R_{n+1}$에 각각 새로 색칠된 부분의 넓이의 비는 $1:\frac{1}{4}$이다.

즉, $S_n$은 첫째항이 4이고 공비가 $\frac{1}{4}$인 등비수열의 첫째항부터 제$n$항까지의 합이므로

$$\lim_{n\to\infty}S_n=\frac{4}{1-\frac{1}{4}}=\frac{16}{3}$$

## 0238

답 40

정사각형 $S_n$의 넓이를 $a_n$이라 하고, 직각이등변삼각형 $T_n$의 넓이를 $b_n$이라 하자.

정사각형 $S_1$의 한 변의 길이가 4이므로

$a_1=4^2=16$

직각이등변삼각형 $T_1$의 빗변의 길이는 4이므로 남은 두 변의 길이는 모두 $2\sqrt{2}$이다.

$\therefore\ b_1=\frac{1}{2}\times(2\sqrt{2})^2=4$

정사각형 $S_2$는 한 변의 길이가 $2\sqrt{2}$이고, 직각이등변삼각형 $T_2$의 빗변의 길이가 $2\sqrt{2}$이므로 남은 두 변의 길이는 모두 2이다.

따라서 두 정사각형 $S_1$과 $S_2$의 닮음비는 $4:2\sqrt{2}$, 즉 $1:\frac{\sqrt{2}}{2}$이고

두 직각이등변삼각형 $T_1$과 $T_2$의 닮음비는 $2\sqrt{2}:2$, 즉 $1:\frac{\sqrt{2}}{2}$이다.

같은 과정을 반복하면 모든 자연수 $n$에 대하여 두 정사각형 $S_n$과 $S_{n+1}$의 닮음비는 $1:\frac{\sqrt{2}}{2}$이므로 넓이의 비는

$a_n:a_{n+1}=1^2:\left(\frac{\sqrt{2}}{2}\right)^2=1:\frac{1}{2}$

두 직각이등변삼각형 $T_n$과 $T_{n+1}$의 닮음비는 $1:\frac{\sqrt{2}}{2}$이므로 넓이의 비는

$b_n:b_{n+1}=1^2:\left(\frac{\sqrt{2}}{2}\right)^2=1:\frac{1}{2}$

즉, 수열 $\{a_n\}$은 첫째항이 16이고 공비가 $\frac{1}{2}$인 등비수열이고 수열 $\{b_n\}$은 첫째항이 4이고 공비가 $\frac{1}{2}$인 등비수열이다.

따라서 구하는 부분의 넓이의 합은

$$\sum_{n=1}^{\infty}(a_n+b_n)=\sum_{n=1}^{\infty}a_n+\sum_{n=1}^{\infty}b_n=\frac{16}{1-\frac{1}{2}}+\frac{4}{1-\frac{1}{2}}=32+8=40$$

**다른 풀이**

정사각형 $S_n$의 넓이를 $s_n$, 직각이등변삼각형 $T_n$의 넓이를 $t_n$이라 하자.

정사각형 $S_1$의 한 변의 길이가 직각이등변삼각형 $T_1$의 빗변의 길이와 같으므로

$t_1=\frac{1}{4}s_1\quad\therefore\ s_1=4t_1$

정사각형 $S_2$의 한 변의 길이가 직각이등변삼각형 $T_1$의 빗변이 아닌 한 변의 길이와 같으므로

$t_1=\frac{1}{2}s_2\quad\therefore\ s_2=2t_1$

두 정사각형 $S_1$과 $S_2$의 넓이가 비가 $s_1 : s_2=4t_1 : 2t_1=1 : \frac{1}{2}$이므로 두 정사각형 $S_1$과 $S_2$의 한 변의 길이를 빗변으로 하는 두 직각이등변삼각형 $T_1$과 $T_2$의 넓이의 비도 $1 : \frac{1}{2}$이다.

즉, 두 도형 $S_1+T_1$과 $S_2+T_2$의 넓이의 비도 $1 : \frac{1}{2}$이므로 같은 과정을 반복하면 두 도형 $S_n+T_n$과 $S_{n+1}+T_{n+1}$의 넓이의 비도 $1 : \frac{1}{2}$이다.

이때 $a_n=s_n+t_n$이라 하면

$a_1=s_1+t_1=s_1+\frac{1}{4}s_1=\frac{5}{4}s_1=\frac{5}{4}\times 4^2=20$

따라서 수열 $\{a_n\}$은 첫째항이 20이고 공비가 $\frac{1}{2}$인 등비수열이므로 구하는 부분의 넓이의 합은

$$\sum_{n=1}^{\infty}a_n=\frac{20}{1-\frac{1}{2}}=40$$

## 0239

답 ⑤

$\overline{OA_1}=\sqrt{3}$, $\overline{B_1D_1}=2\overline{C_1D_1}$이므로

$\overline{B_1D_1}=\frac{2\sqrt{3}}{3}$, $\overline{C_1D_1}=\frac{\sqrt{3}}{3}$

이때 직각삼각형 $E_1A_1B_1$에서

$\overline{A_1E_1}=\sqrt{\left(\frac{2\sqrt{3}}{3}\right)^2-1^2}=\frac{\sqrt{3}}{3}$

$\overline{A_1E_1} : \overline{A_1B_1}=1 : \sqrt{3}$이므로

$\angle A_1B_1E_1=\frac{\pi}{6}$이고

$\angle D_1B_1E_1=\frac{\pi}{2}-\frac{\pi}{6}=\frac{\pi}{3}$

따라서 부채꼴 $B_1D_1E_1$의 넓이는 $\frac{1}{2}\times\left(\frac{2\sqrt{3}}{3}\right)^2\times\frac{\pi}{3}=\frac{2}{9}\pi$

부채꼴 $C_1C_2D_1$의 넓이는 $\left(\frac{\sqrt{3}}{3}\right)^2\times\frac{\pi}{4}=\frac{\pi}{12}$

$\therefore S_1=\frac{2}{9}\pi+\frac{\pi}{12}=\frac{11}{36}\pi$

한편, 그림 $R_1$에 색칠된 ᗡ 모양의 도형과 그림 $R_2$에 새로 색칠된 ᗡ 모양의 도형의 닮음비는 두 직사각형 $OA_1B_1C_1$과 $OA_2B_2C_2$의 닮음비 $\overline{OC_1} : \overline{OC_2}=1 : \left(1-\frac{\sqrt{3}}{3}\right)=1 : \frac{3-\sqrt{3}}{3}$과 같다.

같은 과정을 반복하면 두 그림 $R_n$과 $R_{n+1}$에 각각 새로 색칠된 ᗡ 모양의 도형의 닮음비도 $1 : \frac{3-\sqrt{3}}{3}$이므로 넓이의 비는

$1^2 : \left(\frac{3-\sqrt{3}}{3}\right)^2=1 : \frac{4-2\sqrt{3}}{3}$이다.

따라서 $S_n$은 첫째항이 $\frac{11}{36}\pi$이고 공비가 $\frac{4-2\sqrt{3}}{3}$인 등비수열의 첫째항부터 제$n$항까지의 합이므로

$$\lim_{n\to\infty}S_n=\frac{\frac{11}{36}\pi}{1-\frac{4-2\sqrt{3}}{3}}=\frac{\frac{11}{36}\pi}{\frac{2\sqrt{3}-1}{3}}$$

$$=\frac{11\pi}{12(2\sqrt{3}-1)}=\frac{1+2\sqrt{3}}{12}\pi$$

## 0240

답 ②

$\overline{A_1B_1}=\overline{B_1C_1}=3$

점 $D_1$은 선분 $B_1C_1$을 $2 : 1$로 내분하는 점이므로 $\overline{D_1B_1}=2$이고

$\angle A_1D_1F_1=\frac{\pi}{2}$에서 $\angle B_1D_1A_1+\angle C_1D_1F_1=\frac{\pi}{2}$이므로 두 삼각형 $A_1B_1D_1$과 $D_1C_1F_1$은 서로 닮음이다.

이때 삼각형 $A_1B_1D_1$의 넓이는 $\frac{1}{2}\times 3\times 2=3$이고 $\overline{C_1D_1}=1$에서 $\overline{A_1B_1} : \overline{D_1C_1}=3 : 1$이므로 두 삼각형 $A_1B_1D_1$, $D_1C_1F_1$의 넓이의 비는 $9 : 1$이다.

따라서 삼각형 $D_1C_1F_1$의 넓이는

$3\times\frac{1}{9}=\frac{1}{3}$

$\therefore S_1=3+\frac{1}{3}=\frac{10}{3}$

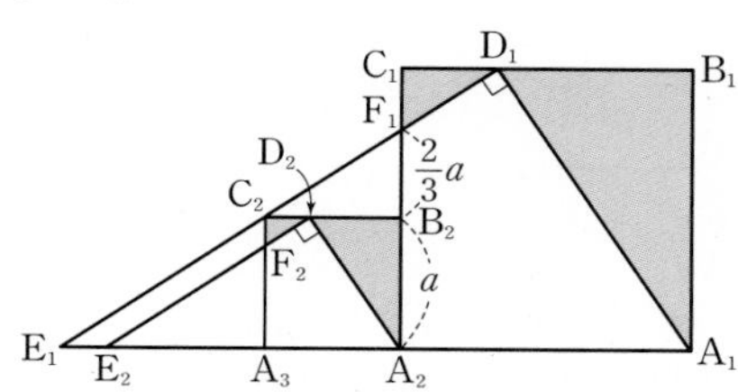


한편, 두 삼각형 $D_1C_1F_1$과 $E_1A_2F_1$은 서로 닮음이고 삼각형 $C_2B_2F_1$ 또한 삼각형 $E_1A_2F_1$과 닮음이다.

이때 정사각형 $A_2B_2C_2A_3$의 한 변의 길이를 $a$라 하면

$\overline{B_2C_2} : \overline{B_2F_1}=\overline{A_1B_1} : \overline{B_1D_1}=3 : 2$에서 $\overline{B_2F_1}=\frac{2}{3}a$

이때 삼각형 $D_1C_1F_1$에서 $\overline{C_1F_1}=\frac{2}{3}$이므로

$\overline{A_2F_1}=\overline{A_2B_2}+\overline{B_2F_1}=a+\frac{2}{3}a=\frac{5}{3}a$

$\quad=\overline{C_1A_2}-\overline{C_1F_1}=3-\frac{2}{3}=\frac{7}{3}$

따라서 $\frac{5}{3}a=\frac{7}{3}$에서 $a=\frac{7}{5}$

두 정사각형 $A_1B_1C_1A_2$와 $A_2B_2C_2A_3$의 닮음비는 $3 : \frac{7}{5}$, 즉 $1 : \frac{7}{15}$이므로 두 그림 $R_1$과 $R_2$에 각각 새로 색칠된 도형의 닮음비는 $1 : \frac{7}{15}$이고 넓이의 비는 $1^2 : \left(\frac{7}{15}\right)^2=1 : \frac{49}{225}$이다.

같은 과정을 반복하면 두 그림 $R_n$과 $R_{n+1}$에 각각 새로 색칠된 부분의 넓이의 비도 $1 : \frac{49}{225}$이다.

따라서 $S_n$은 첫째항이 $\frac{10}{3}$이고 공비가 $\frac{49}{225}$인 등비수열의 첫째항부터 제$n$항까지의 합이므로

$$\lim_{n\to\infty}S_n=\frac{\frac{10}{3}}{1-\frac{49}{225}}=\frac{\frac{10}{3}}{\frac{176}{225}}=\frac{375}{88}$$

## 유형 20 등비급수의 실생활에의 활용

### 0241

답 ④

$a_1=15\times1.1\times0.3=\frac{99}{20}$

$a_2=\{15\times1.1\times(1-0.3)\}\times1.1\times0.3$
$=(15\times1.1\times0.3)\times1.1\times0.7$
$=\frac{99}{20}\times\frac{77}{100}$

$a_3=[\{15\times1.1\times(1-0.3)\}\times1.1\times(1-0.3)]\times1.1\times0.3$
$=(15\times1.1\times0.3)\times(1.1\times0.7)^2$
$=\frac{99}{20}\times\left(\frac{77}{100}\right)^2$

⋮

따라서 수열 $\{a_n\}$은 첫째항이 $\frac{99}{20}$이고 공비가 $\frac{77}{100}$인 등비수열이므로

$$\sum_{n=1}^{\infty}a_n=\frac{\frac{99}{20}}{1-\frac{77}{100}}=\frac{495}{23}$$

### 0242

답 ③

$a_1=1000\times\frac{65}{100}\times\frac{40}{100}=260$

$a_2=\left(1000\times\frac{65}{100}\times\frac{40}{100}\right)\times\frac{65}{100}\times\frac{40}{100}$
$=1000\times\left(\frac{65}{100}\times\frac{40}{100}\right)^2$

$a_3=1000\times\left(\frac{65}{100}\times\frac{40}{100}\right)^2\times\frac{65}{100}\times\frac{40}{100}$
$=1000\times\left(\frac{65}{100}\times\frac{40}{100}\right)^3$

⋮

따라서 수열 $\{a_n\}$은 첫째항이 260이고 공비가 $\frac{65}{100}\times\frac{40}{100}=\frac{13}{50}$인 등비수열이므로

$$\sum_{n=1}^{\infty}a_n=\frac{260}{1-\frac{13}{50}}=\frac{13000}{37}$$

### 0243

답 175 mg

환자가 이 약을 매회 복용하는 양을 $a$ mg이라 하면 8시간이 지날 때마다 체내에 남아 있는 약의 양은 8시간 전의 양의 반으로 줄어든다.
따라서 약을 복용한 지 24시간 후, 24시간 전에 복용한 약 중 체내에 남아 있는 약의 양은

$a\times\left(\frac{1}{2}\right)^3=\frac{a}{8}$ (mg)

또한 24시간마다 $a$ mg의 약을 복용하므로 두 번째 복용한 직후, 즉 처음 약을 복용하고 24시간 후 체내에 남아 있는 약의 양은

$a+\frac{a}{8}$ (mg)

마찬가지로 세 번째 복용한 직후, 즉 처음 약을 복용하고 48시간 후 체내에 남아 있는 약의 양은

$a+\left(a+\frac{a}{8}\right)\times\left(\frac{1}{2}\right)^3=a+\frac{a}{8}+\frac{a}{8^2}$ (mg)

⋮

$n$번째 복용한 직후, 즉 처음 약을 복용하고 $24(n-1)$시간 후 체내에 남아 있는 약의 양은

$a+\frac{a}{8}+\frac{a}{8^2}+\frac{a}{8^3}+\cdots+\frac{a}{8^{n-1}}=\sum_{k=1}^{n}\left\{a\times\left(\frac{1}{8}\right)^{k-1}\right\}$ (mg) ······ ❶

따라서 규칙적으로 평생 복용할 때 체내에 남아 있는 약의 양은

$\lim_{n\to\infty}\sum_{k=1}^{n}\left\{a\times\left(\frac{1}{8}\right)^{k-1}\right\}=\frac{a}{1-\frac{1}{8}}=\frac{8}{7}a$ (mg)

이때 주어진 조건에 의하여 $\frac{8}{7}a\le200$이어야 하므로

$8a\le1400\quad\therefore a\le175$

따라서 매회 복용할 수 있는 약의 양은 최대 175 mg이다. ······ ❷

| 채점 기준 | 배점 |
|---|---|
| ❶ 약을 $n$번째 복용한 직후 체내에 남아 있는 약의 양 구하기 | 60% |
| ❷ 매회 복용할 수 있는 약의 양의 최댓값 구하기 | 40% |

## PART B 내신 잡는 종합 문제

### 0244

답 4

$\sum_{n=1}^{\infty}a_n$은 공비가 $\frac{1}{3}$인 등비급수이므로

$\sum_{n=1}^{\infty}a_n=\frac{a_1}{1-\frac{1}{3}}=\frac{3}{2}a_1=6$

$\therefore a_1=6\times\frac{2}{3}=4$

### 0245

답 ④

$a_n=5^{-n}=\left(\frac{1}{5}\right)^n$이므로 $a_{2n}=\left(\frac{1}{5}\right)^{2n}=\left(\frac{1}{25}\right)^n$

따라서 수열 $\{a_{2n}\}$은 첫째항과 공비가 모두 $\frac{1}{25}$인 등비수열이므로

$$\sum_{n=1}^{\infty}a_{2n}=\frac{\frac{1}{25}}{1-\frac{1}{25}}=\frac{1}{24}$$

### 0246

답 ①

$\sum_{n=1}^{\infty}a_n=\lim_{n\to\infty}\sum_{k=1}^{n}a_k=\lim_{n\to\infty}S_n=\lim_{n\to\infty}\frac{n}{\sqrt{4n^2+n}}$
$=\lim_{n\to\infty}\frac{1}{\sqrt{4+\frac{1}{n}}}=\frac{1}{\sqrt{4+0}}=\frac{1}{2}$

## 0247

답 9

두 급수 $\sum_{n=1}^{\infty}(3a_n+b_n)$, $\sum_{n=1}^{\infty}(2a_n-b_n)$이 모두 수렴하므로

$$\sum_{n=1}^{\infty}5a_n=\sum_{n=1}^{\infty}\{(3a_n+b_n)+(2a_n-b_n)\}$$
$$=\sum_{n=1}^{\infty}(3a_n+b_n)+\sum_{n=1}^{\infty}(2a_n-b_n)$$
$$=17+3=20$$

에서 $\sum_{n=1}^{\infty}a_n=4$

이때 두 급수 $\sum_{n=1}^{\infty}(3a_n+b_n)$, $\sum_{n=1}^{\infty}a_n$이 모두 수렴하므로

$$\sum_{n=1}^{\infty}(a_n+b_n)=\sum_{n=1}^{\infty}\{(3a_n+b_n)-2a_n\}$$
$$=\sum_{n=1}^{\infty}(3a_n+b_n)-\sum_{n=1}^{\infty}2a_n$$
$$=17-2\sum_{n=1}^{\infty}a_n$$
$$=17-2\times4=9$$

## 0248

답 $-242$

급수 $\sum_{n=1}^{\infty}\left(\log_{\frac{1}{81}}x^2+\frac{3}{2}\right)^n$이 수렴하려면 $\left|\log_{\frac{1}{81}}x^2+\frac{3}{2}\right|<1$이어야 하므로 $-1<\log_{\frac{1}{81}}x^2+\frac{3}{2}<1$에서

$-\frac{5}{2}<2\log_{\frac{1}{81}}|x|<-\frac{1}{2}$, $-\frac{5}{4}<\log_{\frac{1}{81}}|x|<-\frac{1}{4}$

$81^{\frac{1}{4}}<|x|<81^{\frac{5}{4}}$, $3<|x|<3^5$

$\therefore -243<x<-3$ 또는 $3<x<243$

따라서 급수 $\sum_{n=1}^{\infty}\left(\log_{\frac{1}{81}}x^2+\frac{3}{2}\right)^n$이 수렴하도록 하는 정수 $x$의 최솟값은 $-242$이다.

## 0249

답 12

$$0.\dot{p}\dot{q}=0.pqpqpq\cdots$$
$$=\frac{p}{10}+\frac{q}{10^2}+\frac{p}{10^3}+\frac{q}{10^4}+\frac{p}{10^5}+\frac{q}{10^6}+\cdots$$
$$=\frac{\frac{p}{10}}{1-\frac{1}{10^2}}+\frac{\frac{q}{10^2}}{1-\frac{1}{10^2}}$$
$$=\frac{10p+q}{99}=\frac{7}{11}$$

이때 $p$와 $q$는 10보다 작은 자연수이므로

$10p+q=63$에서 $p=6$, $q=3$

따라서 등비수열 $\{a_n\}$의 공비를 $r$라 하면

$r=\frac{a_2}{a_1}=\frac{3}{6}=\frac{1}{2}$

$\therefore \sum_{n=1}^{\infty}a_n=\frac{6}{1-\frac{1}{2}}=12$

**참고**

$\frac{7}{11}=\frac{63}{99}=0.636363\cdots$임을 이용하여 $p=6$, $q=3$으로 구할 수도 있다.

## 0250

답 ⑤

급수 $\sum_{n=1}^{\infty}\frac{a_n-n}{n}$이 수렴하므로

$\lim_{n\to\infty}\frac{a_n-n}{n}=\lim_{n\to\infty}\left(\frac{a_n}{n}-1\right)=0$

에서 $\lim_{n\to\infty}\frac{a_n}{n}=1$

$$\therefore \lim_{n\to\infty}\frac{5n+a_n}{5n-a_n}=\lim_{n\to\infty}\frac{5+\frac{a_n}{n}}{5-\frac{a_n}{n}}=\frac{5+1}{5-1}=\frac{3}{2}$$

## 0251

답 ①

$\sum_{n=1}^{\infty}r^n$은 공비가 $r$인 등비급수이므로 이 급수가 수렴하려면

$|r|<1$, 즉 $-1<r<1$ ⋯⋯ ㉠

한편, $\sum_{n=1}^{\infty}\left(\frac{r-k}{2}\right)^n$은 공비가 $\frac{r-k}{2}$인 등비급수이다.

이때 ㉠에 의하여

$\frac{-1-k}{2}<\frac{r-k}{2}<\frac{1-k}{2}$

이고, 이 급수가 수렴하려면 $-1<\frac{r-k}{2}<1$이어야 하므로

$-1\le\frac{-1-k}{2}$에서 $k\le1$

$\frac{1-k}{2}\le1$에서 $k\ge-1$

즉, 급수 $\sum_{n=1}^{\infty}\left(\frac{r-k}{2}\right)^n$이 항상 수렴하도록 하는 실수 $k$의 값의 범위는 $-1\le k\le1$이므로 항상 수렴하는 급수는 ① $\sum_{n=1}^{\infty}\left(\frac{r-1}{2}\right)^n$이다.

## 0252

답 1

등차수열 $\{a_n\}$의 첫째항이 3이고 공차가 2이므로

$a_n=3+2(n-1)=2n+1$

$\therefore S_n=\frac{n(a_1+a_n)}{2}=\frac{n\{3+(2n+1)\}}{2}=n^2+2n$

$$\therefore \log_2\left(1+\frac{1}{S_n}\right)=\log_2\frac{S_n+1}{S_n}=\log_2\frac{n^2+2n+1}{n^2+2n}$$
$$=\log_2\frac{(n+1)^2}{n(n+2)}$$

급수 $\sum_{n=1}^{\infty}\log_2\left(1+\frac{1}{S_n}\right)$의 제$n$항까지의 부분합을 $T_n$이라 하면

$$T_n=\sum_{k=1}^{n}\log_2\left(1+\frac{1}{S_k}\right)$$
$$=\log_2\frac{2^2}{1\times3}+\log_2\frac{3^2}{2\times4}+\log_2\frac{4^2}{3\times5}+\cdots+\log_2\frac{(n+1)^2}{n(n+2)}$$
$$=\log_2\left\{\frac{2^2}{1\times3}\times\frac{3^2}{2\times4}\times\frac{4^2}{3\times5}\times\cdots\times\frac{(n+1)^2}{n(n+2)}\right\}$$
$$=\log_2\frac{2\times(n+1)}{1\times(n+2)}$$

$$\therefore \sum_{n=1}^{\infty}\log_2\left(1+\frac{1}{S_n}\right)=\lim_{n\to\infty}T_n$$
$$=\lim_{n\to\infty}\log_2\frac{2\times(n+1)}{1\times(n+2)}$$
$$=\log_2 2=1$$

## 0253

답 ④

ㄱ. $\lim_{n\to\infty}\frac{1}{n(n+2)}=0$이므로 주어진 급수의 부분합을 이용하여 급수의 수렴과 발산을 조사해야 한다.

주어진 급수의 제$n$항까지의 부분합을 $S_n$이라 하면

$$S_n=\sum_{k=1}^{n}\frac{1}{k(k+2)}=\frac{1}{2}\sum_{k=1}^{n}\left(\frac{1}{k}-\frac{1}{k+2}\right)$$
$$=\frac{1}{2}\left\{\left(1-\frac{1}{3}\right)+\left(\frac{1}{2}-\frac{1}{4}\right)+\left(\frac{1}{3}-\frac{1}{5}\right)+\cdots+\left(\frac{1}{n}-\frac{1}{n+2}\right)\right\}$$
$$=\frac{1}{2}\left(1+\frac{1}{2}-\frac{1}{n+1}-\frac{1}{n+2}\right)$$

$\therefore \lim_{n\to\infty}S_n=\lim_{n\to\infty}\frac{1}{2}\left(1+\frac{1}{2}-\frac{1}{n+1}-\frac{1}{n+2}\right)=\frac{1}{2}\times\frac{3}{2}=\frac{3}{4}$

즉, 주어진 급수는 수렴한다.

ㄴ. $\lim_{n\to\infty}\frac{1}{\sqrt{n+2}+\sqrt{n+3}}=0$이므로 주어진 급수의 부분합을 이용하여 급수의 수렴과 발산을 조사해야 한다.

주어진 급수의 제$n$항까지의 부분합을 $S_n$이라 하면

$$S_n=\sum_{k=1}^{n}\frac{1}{\sqrt{k+2}+\sqrt{k+3}}$$
$$=\sum_{k=1}^{n}\frac{\sqrt{k+3}-\sqrt{k+2}}{(\sqrt{k+3}+\sqrt{k+2})(\sqrt{k+3}-\sqrt{k+2})}$$
$$=\sum_{k=1}^{n}\frac{\sqrt{k+3}-\sqrt{k+2}}{(k+3)-(k+2)}$$
$$=\sum_{k=1}^{n}(\sqrt{k+3}-\sqrt{k+2})$$
$$=(\sqrt{4}-\sqrt{3})+(\sqrt{5}-\sqrt{4})+(\sqrt{6}-\sqrt{5})+\cdots+(\sqrt{n+3}-\sqrt{n+2})$$
$$=\sqrt{n+3}-\sqrt{3}$$

$\therefore \lim_{n\to\infty}S_n=\lim_{n\to\infty}(\sqrt{n+3}-\sqrt{3})=\infty$

즉, 주어진 급수는 발산한다.

ㄷ. 주어진 급수의 제$n$항은 $\log\frac{(n+2)^2}{n(n+4)}$이고

$\lim_{n\to\infty}\log\frac{(n+2)^2}{n(n+4)}=\log 1=0$이므로 주어진 급수의 부분합을 이용하여 급수의 수렴과 발산을 조사해야 한다.

주어진 급수의 제$n$항까지의 부분합을 $S_n$이라 하면

$$S_n=\log\frac{3^2}{1\times5}+\log\frac{4^2}{2\times6}+\log\frac{5^2}{3\times7}+\cdots+\log\frac{(n+2)^2}{n(n+4)}$$
$$=\log\left\{\frac{3^2}{1\times5}\times\frac{4^2}{2\times6}\times\frac{5^2}{3\times7}\times\cdots\times\frac{(n+2)^2}{n(n+4)}\right\}$$
$$=\log\frac{3\times4\times(n+1)(n+2)}{1\times2\times(n+3)(n+4)}=\log\frac{6(n+1)(n+2)}{(n+3)(n+4)}$$

$\therefore \lim_{n\to\infty}S_n=\lim_{n\to\infty}\log\frac{6(n+1)(n+2)}{(n+3)(n+4)}=\log 6$

즉, 주어진 급수는 수렴한다.

따라서 수렴하는 급수는 ㄱ, ㄷ이다.

## 0254

답 19

조건 (나)에서 급수 $\sum_{n=1}^{\infty}\left(\frac{a_n}{4n}-2\right)$가 수렴하므로

$\lim_{n\to\infty}\left(\frac{a_n}{4n}-2\right)=0$에서 $\lim_{n\to\infty}\frac{a_n}{4n}=2$

등차수열 $\{a_n\}$의 공차를 $d$라 하면

$a_n=2+(n-1)d=dn+2-d$ ($\because$ 조건 (가))

$\lim_{n\to\infty}\frac{a_n}{4n}=\lim_{n\to\infty}\frac{dn+2-d}{4n}=\frac{d}{4}=2$

$\therefore d=8$

$\therefore a_n=8n-6$

$50\le a_n\le 90$에서

$50\le 8n-6\le 90$

$56\le 8n\le 96$

$\therefore 7\le n\le 12$

따라서 구하는 자연수 $n$의 최댓값과 최솟값의 합은

$12+7=19$

## 0255

답 ③

급수 $\sum_{n=1}^{\infty}a_n$의 제$n$항까지의 부분합을 $S_n$이라 하면

$$\lim_{n\to\infty}\frac{a_{2n}+30}{a_1+a_2+a_3+\cdots+a_{n-1}+3a_n}$$
$$=\lim_{n\to\infty}\frac{a_{2n}+30}{(a_1+a_2+a_3+\cdots+a_n)+2a_n}$$
$$=\lim_{n\to\infty}\frac{a_{2n}+30}{S_n+2a_n}\quad\cdots\cdots ㉠$$

이때 $\lim_{n\to\infty}S_n=\lim_{n\to\infty}\sum_{k=1}^{n}a_k=\sum_{n=1}^{\infty}a_n=m$이고 급수 $\sum_{n=1}^{\infty}a_n$은 수렴하므로

$\lim_{n\to\infty}a_n=0$

따라서 $\lim_{n\to\infty}a_{2n}=\lim_{n\to\infty}a_n=0$이므로 ㉠에서

$\lim_{n\to\infty}\frac{a_{2n}+30}{S_n+2a_n}=\frac{0+30}{m+2\times0}=\frac{30}{m}$

$\frac{30}{m}$이 자연수이려면 $m$은 30의 약수이어야 한다.

따라서 자연수 $m$은 1, 2, 3, 5, 6, 10, 15, 30의 8개이다.

## 0256

답 ①

$S_n=n^3-7n$에서 $\cdots\cdots ㉠$

$S_{n-1}=(n-1)^3-7(n-1)$

$=(n^3-3n^2+3n-1)-7n+7$

$=n^3-3n^2-4n+6$ (단, $n\ge2$) $\cdots\cdots ㉡$

㉠－㉡에서

$S_n-S_{n-1}=a_n$

$=3n^2-3n-6$

$=3(n^2-n-2)$

$=3(n-2)(n+1)$ (단, $n\ge2$)

한편, $a_1=S_1=-6$이므로

$a_n=3(n-2)(n+1)$ (단, $n\ge1$)

$\therefore \sum_{n=3}^{\infty}\frac{1}{a_n}=\sum_{n=3}^{\infty}\frac{1}{3(n-2)(n+1)}=\sum_{n=1}^{\infty}\frac{1}{3n(n+3)}$

이때 급수 $\sum_{n=1}^{\infty}\frac{1}{n(n+3)}$의 제$n$항까지의 부분합을 $T_n$이라 하면

$$T_n=\sum_{k=1}^{n}\frac{1}{k(k+3)}$$
$$=\frac{1}{3}\sum_{k=1}^{n}\left(\frac{1}{k}-\frac{1}{k+3}\right)$$
$$=\frac{1}{3}\left\{\left(1-\frac{1}{4}\right)+\left(\frac{1}{2}-\frac{1}{5}\right)+\left(\frac{1}{3}-\frac{1}{6}\right)+\cdots+\left(\frac{1}{n}-\frac{1}{n+3}\right)\right\}$$
$$=\frac{1}{3}\left(1+\frac{1}{2}+\frac{1}{3}-\frac{1}{n+1}-\frac{1}{n+2}-\frac{1}{n+3}\right)$$
$$\therefore \sum_{n=3}^{\infty}\frac{1}{a_n}=\sum_{n=1}^{\infty}\frac{1}{3n(n+3)}$$
$$=\lim_{n\to\infty}\frac{1}{3}T_n=\frac{1}{3}\lim_{n\to\infty}T_n$$
$$=\frac{1}{3}\lim_{n\to\infty}\frac{1}{3}\left(1+\frac{1}{2}+\frac{1}{3}-\frac{1}{n+1}-\frac{1}{n+2}-\frac{1}{n+3}\right)$$
$$=\frac{1}{3}\times\frac{1}{3}\times\left(1+\frac{1}{2}+\frac{1}{3}\right)=\frac{11}{54}$$

## 0257 답 ④

등비수열 $\{a_n\}$의 첫째항을 $a$, 공비를 $r_1$이라 하고, 등비수열 $\{b_n\}$의 첫째항을 $b$, 공비를 $r_2$라 하자.

ㄱ. $\sum_{n=1}^{\infty}a_n$, $\sum_{n=1}^{\infty}b_n$이 수렴하면

$a=0$ 또는 $-1<r_1<1$ …… ㉠

$b=0$ 또는 $-1<r_2<1$ …… ㉡

한편, $\sum_{n=1}^{\infty}a_nb_n$은 첫째항이 $ab$, 공비가 $r_1r_2$인 등비급수이다.

이때 ㉠, ㉡에 의하여 $ab=0$ 또는 $-1<r_1r_2<1$이므로 $\sum_{n=1}^{\infty}a_n$, $\sum_{n=1}^{\infty}b_n$이 수렴하면 $\sum_{n=1}^{\infty}a_nb_n$은 수렴한다. (참)

ㄴ. [반례] $a_n=(-1)^n$, $b_n=(-1)^{n+1}$

이면 $\sum_{n=1}^{\infty}a_n$, $\sum_{n=1}^{\infty}b_n$은 모두 발산하지만

$a_n+b_n=(-1)^n+(-1)^{n+1}=0$이므로 $\lim_{n\to\infty}(a_n+b_n)=0$이다. (거짓)

ㄷ. $\sum_{n=1}^{\infty}{a_n}^3$은 첫째항이 $a^3$, 공비가 ${r_1}^3$인 등비급수이고, $\sum_{n=1}^{\infty}{b_n}^3$은 첫째항이 $b^3$, 공비가 ${r_2}^3$인 등비급수이다.

이때 $\sum_{n=1}^{\infty}{a_n}^3$이 수렴하면 $a^3=0$ 또는 $-1<{r_1}^3<1$에서 $a=0$ 또는 $-1<r_1<1$이고, $\sum_{n=1}^{\infty}{b_n}^3$이 수렴하면 $b^3=0$ 또는 $-1<{r_2}^3<1$에서 $b=0$ 또는 $-1<r_2<1$이다.

즉, $\sum_{n=1}^{\infty}a_n$, $\sum_{n=1}^{\infty}b_n$이 모두 수렴하므로 $\sum_{n=1}^{\infty}(a_n+b_n)=\sum_{n=1}^{\infty}a_n+\sum_{n=1}^{\infty}b_n$도 수렴한다. (참)

따라서 옳은 것은 ㄱ, ㄷ이다.

## 0258 답 ③

새 배터리를 장착한 전기차의 주행 가능한 거리가 400 km이므로 $a_1=400$이라 하고, $n$번째 완충 시 주행 가능한 거리를 $a_{n+1}$ km라 하면

$$a_2=400\times\left(1-\frac{1}{10^3}\right)$$
$$a_3=400\times\left(1-\frac{1}{10^3}\right)^2$$
$$\vdots$$
$$a_n=400\times\left(1-\frac{1}{10^3}\right)^{n-1}\ (\text{단, } n\ge 2)\ \cdots\cdots ㉠$$

이때 $a_1=400$은 ㉠에 $n=1$을 대입한 값과 같으므로

$$a_n=400\times\left(1-\frac{1}{10^3}\right)^{n-1}\ (\text{단, } n\ge 1)$$

즉, 수열 $\{a_n\}$은 첫째항이 400, 공비가 $1-\frac{1}{10^3}$인 등비수열이므로

$$\sum_{n=1}^{\infty}a_n=\sum_{n=1}^{\infty}\left\{400\times\left(1-\frac{1}{10^3}\right)^{n-1}\right\}=\frac{400}{1-\left(1-\frac{1}{10^3}\right)}=400000$$

따라서 이 배터리를 장착한 자동차로 완충과 방전을 한없이 반복하여 갈 수 있는 거리는 400000 km이다.

## 0259 답 ④

삼각형 $A_1B_1C_1$은 한 변의 길이가 4인 정삼각형이므로

$a_1=3\times4=12$

한편, 두 점 $A_2$, $B_2$가 각각 두 변 $A_1B_1$과 $B_1C_1$을 $1:3$으로 내분하는 점이므로

$\overline{A_2B_1}=3$, $\overline{B_1B_2}=1$, $\angle A_2B_1B_2=\frac{\pi}{3}$

삼각형 $A_2B_1B_2$에서 코사인법칙에 의하여

$$\overline{A_2B_2}^2=\overline{A_2B_1}^2+\overline{B_1B_2}^2-2\times\overline{A_2B_1}\times\overline{B_1B_2}\times\cos(\angle A_2B_1B_2)$$
$$=9+1-3=7$$

$\therefore \overline{A_2B_2}=\sqrt{7}$

두 정삼각형 $A_1B_1C_1$과 $A_2B_2C_2$의 닮음비는 $4:\sqrt{7}$, 즉 $1:\frac{\sqrt{7}}{4}$이다.

같은 과정을 반복하면 모든 자연수 $n$에 대하여 두 삼각형 $A_nB_nC_n$과 $A_{n+1}B_{n+1}C_{n+1}$의 닮음비도 $1:\frac{\sqrt{7}}{4}$이다.

따라서 수열 $\{a_n\}$은 첫째항이 12이고 공비가 $\frac{\sqrt{7}}{4}$인 등비수열이므로

$$\sum_{n=1}^{\infty}a_n=\frac{12}{1-\frac{\sqrt{7}}{4}}=\frac{48}{4-\sqrt{7}}=\frac{16(4+\sqrt{7})}{3}$$

## 0260 답 0

ㄱ. [반례] $\{a_n\}$ : 1, 0, 0, 0, 0, …, $\{b_n\}$ : 0, 1, 0, 0, 0, …,
$\{c_n\}$ : 2, 0, 0, 0, 0, …

이면 $\sum_{n=1}^{\infty}c_n=\sum_{n=1}^{\infty}(a_n+b_n)$이지만 $c_1\neq a_1+b_1$이다. (거짓)

ㄴ. [반례] $\{a_n\}$ : 1, −1, 1, 0, 0, 0, …

이면 $\sum_{n=1}^{\infty}a_n=1$이지만 $\sum_{n=1}^{\infty}{a_n}^2=3\neq1$이다. (거짓)

ㄷ. [반례] $a_{2n-1}=a_{2n}=n$

이면 $\sum_{n=1}^{\infty}(a_{2n-1}-a_{2n})=0$이지만 급수 $\sum_{n=1}^{\infty}(-1)^na_n$의 제$n$항까지의 부분합을 $S_n$이라 할 때 $S_{2n-1}=-n$이므로 수열 $\{S_{2n-1}\}$은 발산한다.

즉, 급수 $\sum_{n=1}^{\infty}(-1)^na_n$은 발산한다. (거짓)

ㄹ. [반례] $a_n=\frac{1}{(n+2)(n+3)}$, $b_n=\frac{1}{n(n+1)}$,

$c_n=\frac{1}{(n+1)(n+2)}$

이면 모든 자연수 $n$에 대하여 $a_n<c_n<b_n$이고

$\lim_{n\to\infty}(b_n-a_n)=\lim_{n\to\infty}\left\{\left(\frac{1}{n}-\frac{1}{n+1}\right)-\left(\frac{1}{n+2}-\frac{1}{n+3}\right)\right\}=0$

이지만

$$\sum_{n=1}^{\infty}a_n=\sum_{n=1}^{\infty}\frac{1}{(n+2)(n+3)}$$
$$=\lim_{n\to\infty}\sum_{k=1}^{n}\left(\frac{1}{k+2}-\frac{1}{k+3}\right)$$
$$=\lim_{n\to\infty}\left\{\left(\frac{1}{3}-\frac{1}{4}\right)+\left(\frac{1}{4}-\frac{1}{5}\right)+\cdots+\left(\frac{1}{n+2}-\frac{1}{n+3}\right)\right\}$$
$$=\lim_{n\to\infty}\left(\frac{1}{3}-\frac{1}{n+3}\right)=\frac{1}{3}$$

$$\sum_{n=1}^{\infty}b_n=\sum_{n=1}^{\infty}\frac{1}{n(n+1)}$$
$$=\lim_{n\to\infty}\sum_{k=1}^{n}\left(\frac{1}{k}-\frac{1}{k+1}\right)$$
$$=\lim_{n\to\infty}\left\{\left(1-\frac{1}{2}\right)+\left(\frac{1}{2}-\frac{1}{3}\right)+\cdots+\left(\frac{1}{n}-\frac{1}{n+1}\right)\right\}$$
$$=\lim_{n\to\infty}\left(1-\frac{1}{n+1}\right)=1$$

즉, $\sum_{n=1}^{\infty}a_n\neq\sum_{n=1}^{\infty}b_n$이다. (거짓)

따라서 옳은 것의 개수는 0이다.

## 0261

답 ④

호 BE와 선분 BD가 만나는 점 중에서 B가 아닌 점을 O라 하면

$\overline{AB}=\overline{AO}$

직각삼각형 ABD에서 $\overline{AB}=1$, $\overline{AD}=\sqrt{3}$이므로

$\angle ABD=60^\circ$, $\angle AOB=60^\circ$

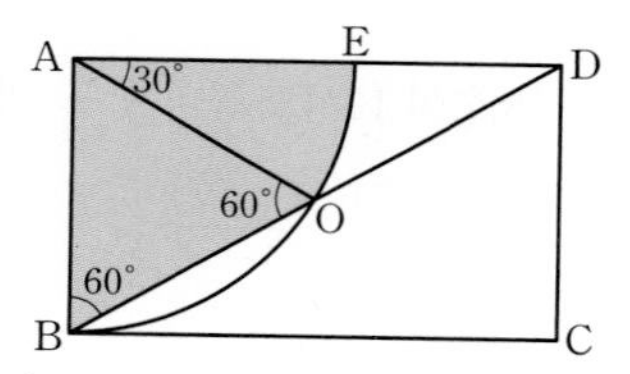


삼각형 ABO는 한 변의 길이가 1인 정삼각형이고 부채꼴 AEO의 중심각의 크기는 30°이므로

$S_1=\frac{\sqrt{3}}{4}\times1^2+\pi\times1^2\times\frac{30}{360}=\frac{\pi+3\sqrt{3}}{12}$

한편, $\overline{BD}=2$, $\overline{BO}=1$이므로 점 O는 선분 BD의 중점이다.

따라서 직사각형 ABCD와 그림 $R_2$에 새로 그려진 직사각형의 닮음비는 $1:\frac{1}{2}$이다.

같은 과정을 반복하면 두 그림 $R_n$과 $R_{n+1}$에 새로 색칠된 '◸' 모양의 도형의 닮음비도 $1:\frac{1}{2}$이므로 넓이의 비는 $1:\frac{1}{4}$이다.

따라서 $S_n$은 첫째항이 $\frac{\pi+3\sqrt{3}}{12}$이고 공비가 $\frac{1}{4}$인 등비수열의 첫째항부터 제$n$항까지의 합이므로

$$\lim_{n\to\infty}S_n=\frac{\frac{\pi+3\sqrt{3}}{12}}{1-\frac{1}{4}}=\frac{\pi+3\sqrt{3}}{9}$$

## 0262

답 1

조건 (가)에서 수열 $\{a_n\}$은 $a_1$, $a_2$, $a_3$, $a_4$가 반복되는 수열이므로

$$\sum_{n=1}^{\infty}\frac{a_n}{4^n}=\left(\frac{a_1}{4^1}+\frac{a_2}{4^2}+\frac{a_3}{4^3}+\frac{a_4}{4^4}\right)+\left(\frac{a_5}{4^5}+\frac{a_6}{4^6}+\frac{a_7}{4^7}+\frac{a_8}{4^8}\right)+\cdots$$
$$=\left(\frac{a_1}{4^1}+\frac{a_2}{4^2}+\frac{a_3}{4^3}+\frac{a_4}{4^4}\right)+\left(\frac{a_1}{4^5}+\frac{a_2}{4^6}+\frac{a_3}{4^7}+\frac{a_4}{4^8}\right)+\cdots$$
$$=\left(\frac{a_1}{4^1}+\frac{a_2}{4^2}+\frac{a_3}{4^3}+\frac{a_4}{4^4}\right)+\frac{1}{4^4}\left(\frac{a_1}{4^1}+\frac{a_2}{4^2}+\frac{a_3}{4^3}+\frac{a_4}{4^4}\right)+\cdots$$
$$=\frac{\frac{a_1}{4^1}+\frac{a_2}{4^2}+\frac{a_3}{4^3}+\frac{a_4}{4^4}}{1-\frac{1}{4^4}}=\frac{4^3a_1+4^2a_2+4a_3+a_4}{255}$$

조건 (나)에서 $\sum_{n=1}^{\infty}\frac{a_n}{4^n}=\frac{89}{255}$이므로

$\frac{4^3a_1+4^2a_2+4a_3+a_4}{255}=\frac{89}{255}$

$\therefore 4^3a_1+4^2a_2+4a_3+a_4=89$ ...... ㉠

이때 $a_1$, $a_2$, $a_3$, $a_4$는 모두 한 자리의 자연수이고 $4^3+4^2+4+1=85$이므로 ㉠을 만족시키려면 $a_1=a_2=a_3=1$, $a_4=5$ 또는 $a_1=a_2=a_4=1$, $a_3=2$이어야 한다.

주어진 조건에서 $a_3>a_{10}$이고, 조건 (가)에 의하여 $a_{10}=a_2$이므로 $a_3>a_2$에서

$a_1=a_2=a_4=1$, $a_3=2$

따라서 $a_{4n-1}=a_3=2$이므로

$$\sum_{n=1}^{\infty}\frac{a_{4n-1}}{3^n}=\sum_{n=1}^{\infty}\frac{2}{3^n}=\frac{\frac{2}{3}}{1-\frac{1}{3}}=1$$

## 0263

답 1

점 $A_n$의 좌표는 $\left(n, \frac{1}{n}\right)$이므로

$$\overline{A_nA_{n+1}}^2=\{(n+1)-n\}^2+\left(\frac{1}{n+1}-\frac{1}{n}\right)^2$$
$$=1+\frac{1}{n^2(n+1)^2}$$

........................................ ❶

급수 $\sum_{n=1}^{\infty}\sqrt{\overline{A_nA_{n+1}}^2-1}$의 제$n$항까지의 부분합을 $S_n$이라 하면

$$S_n=\sum_{k=1}^{n}\sqrt{\overline{A_kA_{k+1}}^2-1}=\sum_{k=1}^{n}\sqrt{\left\{1+\frac{1}{k^2(k+1)^2}\right\}-1}$$
$$=\sum_{k=1}^{n}\frac{1}{k(k+1)}=\sum_{k=1}^{n}\left(\frac{1}{k}-\frac{1}{k+1}\right)$$
$$=\left(1-\frac{1}{2}\right)+\left(\frac{1}{2}-\frac{1}{3}\right)+\left(\frac{1}{3}-\frac{1}{4}\right)+\cdots+\left(\frac{1}{n}-\frac{1}{n+1}\right)$$
$$=1-\frac{1}{n+1}$$

........................................ ❷

$$\therefore \sum_{n=1}^{\infty}\sqrt{\overline{A_nA_{n+1}}^2-1}=\lim_{n\to\infty}S_n=\lim_{n\to\infty}\left(1-\frac{1}{n+1}\right)=1$$

........................................ ❸

| 채점 기준 | 배점 |
| --- | --- |
| ❶ $\overline{A_nA_{n+1}}^2$을 $n$에 대한 식으로 나타내기 | 20% |
| ❷ 급수 $\sum_{n=1}^{\infty}\sqrt{\overline{A_nA_{n+1}}^2-1}$의 부분합 구하기 | 50% |
| ❸ $\sum_{n=1}^{\infty}\sqrt{\overline{A_nA_{n+1}}^2-1}$의 값 구하기 | 30% |

## 0264

답 5

점 $P_n$의 $x$좌표를 $p_n$이라 하자.

(나)에서 곡선 $y=2\sqrt{x}$ 위의 점 $Q_n$의 좌표는

$(p_n,\ 2\sqrt{p_n})$

(다)에서 곡선 $y=\sqrt{x}$ 위의 점 $P_{n+1}$의 $y$좌표가 $2\sqrt{p_n}$이므로

$P_{n+1}(4p_n,\ 2\sqrt{p_n})$

즉, $p_{n+1}=4p_n$이고 (가)에서 $p_1=1$이므로

$p_n=4^{n-1}$

$\therefore\ P_n(4^{n-1},\ 2^{n-1})$

............................................................ ❶

곡선 $y=\sqrt{x}$ 위의 두 점 $P_n$, $P_{n+1}$을 지나는 직선의 기울기는

$$a_n=\frac{2^n-2^{n-1}}{4^n-4^{n-1}}=\frac{2^{n-1}}{3\times4^{n-1}}=\frac{1}{3}\times\left(\frac{1}{2}\right)^{n-1}$$

$$\therefore\ \sum_{n=1}^{\infty}a_n=\frac{\frac{1}{3}}{1-\frac{1}{2}}=\frac{2}{3}$$

............................................................ ❷

따라서 $p=3$, $q=2$이므로

$p+q=3+2=5$

............................................................ ❸

| 채점 기준 | 배점 |
|---|---|
| ❶ 점 $P_n$의 좌표 나타내기 | 50% |
| ❷ $a_n$을 구하고 급수 $\sum_{n=1}^{\infty}a_n$의 값 구하기 | 40% |
| ❸ $p+q$의 값 구하기 | 10% |

# PART C 수능 녹인 변별력 문제

## 0265

답 ②

$b_n=na_n+\dfrac{3n^4-2}{n^2+2n}$라 하면

$$na_n=b_n-\frac{3n^4-2}{n^2+2n}$$

위의 식의 양변을 $n^2$으로 나누면

$$\frac{a_n}{n}=\frac{b_n}{n^2}-\frac{3n^4-2}{n^4+2n^3}$$

이때 급수 $\sum_{n=1}^{\infty}\left(na_n+\dfrac{3n^4-2}{n^2+2n}\right)$, 즉 $\sum_{n=1}^{\infty}b_n$이 수렴하므로 $\lim_{n\to\infty}b_n=0$이다.

따라서 $\lim_{n\to\infty}\dfrac{b_n}{n^2}=0$이고 $\lim_{n\to\infty}\dfrac{3n^4-2}{n^4+2n^3}=3$이므로

$$\lim_{n\to\infty}\frac{a_n}{n}=\lim_{n\to\infty}\left(\frac{b_n}{n^2}-\frac{3n^4-2}{n^4+2n^3}\right)=0-3=-3$$

$$\therefore\ \lim_{n\to\infty}\frac{-a_n+3n}{2-a_n}=\lim_{n\to\infty}\frac{-\frac{a_n}{n}+3}{\frac{2}{n}-\frac{a_n}{n}}=\frac{-(-3)+3}{0-(-3)}=2$$

## 0266

답 9

급수 $\sum_{n=1}^{\infty}\dfrac{an^2+b}{9n^2-3n-2}$가 수렴하므로 $\lim_{n\to\infty}\dfrac{an^2+b}{9n^2-3n-2}=0$

이때 $\lim_{n\to\infty}\dfrac{an^2+b}{9n^2-3n-2}=\dfrac{a}{9}$이므로 $\dfrac{a}{9}=0$에서

$a=0$

$$\sum_{n=1}^{\infty}\frac{an^2+b}{9n^2-3n-2}$$
$$=b\times\sum_{n=1}^{\infty}\frac{1}{(3n-2)(3n+1)}$$
$$=b\times\sum_{n=1}^{\infty}\frac{1}{3}\left(\frac{1}{3n-2}-\frac{1}{3n+1}\right)$$
$$=b\times\lim_{n\to\infty}\frac{1}{3}\sum_{k=1}^{n}\left(\frac{1}{3k-2}-\frac{1}{3k+1}\right)$$
$$=b\times\lim_{n\to\infty}\frac{1}{3}\left\{\left(1-\frac{1}{4}\right)+\left(\frac{1}{4}-\frac{1}{7}\right)+\cdots+\left(\frac{1}{3n-2}-\frac{1}{3n+1}\right)\right\}$$
$$=b\times\lim_{n\to\infty}\frac{1}{3}\left(1-\frac{1}{3n+1}\right)=\frac{b}{3}$$

따라서 $\dfrac{b}{3}=3$이므로 $b=9$

$\therefore\ a+b=0+9=9$

## 0267

답 2

$a_na_{n+1}=\dfrac{1}{3^n}$에서

$n=1$일 때 $a_1a_2=\dfrac{1}{3}$ $\quad\therefore\ a_2=\dfrac{1}{3}\ (\because\ a_1=1)$

$n=2$일 때 $a_2a_3=\dfrac{1}{3^2}$ $\quad\therefore\ a_3=\dfrac{1}{3}$

$n=3$일 때 $a_3a_4=\dfrac{1}{3^3}$ $\quad\therefore\ a_4=\dfrac{1}{3^2}$

$n=4$일 때 $a_4a_5=\dfrac{1}{3^4}$ $\quad\therefore\ a_5=\dfrac{1}{3^2}$

$n=5$일 때 $a_5a_6=\dfrac{1}{3^5}$ $\quad\therefore\ a_6=\dfrac{1}{3^3}$

⋮

따라서 수열 $\{a_{2n-1}\}$은 첫째항이 1, 공비가 $\dfrac{1}{3}$인 등비수열이고, 수열 $\{a_{2n}\}$은 첫째항이 $\dfrac{1}{3}$, 공비가 $\dfrac{1}{3}$인 등비수열이므로

$$\sum_{n=1}^{\infty}a_n=\sum_{n=1}^{\infty}(a_{2n-1}+a_{2n})=\sum_{n=1}^{\infty}a_{2n-1}+\sum_{n=1}^{\infty}a_{2n}$$
$$=\frac{1}{1-\frac{1}{3}}+\frac{\frac{1}{3}}{1-\frac{1}{3}}=\frac{3}{2}+\frac{1}{2}=2$$

## 0268

답 ②

$a_1=\dfrac{1}{2}$, $a_2=-\dfrac{1}{4}$, $a_3=\dfrac{1}{6}$, $a_4=-\dfrac{1}{8}$, $a_5=\dfrac{1}{10}$, $\cdots$

즉, $b_1=\dfrac{1}{2}$, $b_2=\dfrac{1}{6}$, $b_3=\dfrac{1}{6}$, $b_4=\dfrac{1}{10}$, $b_5=\dfrac{1}{10}$, $\cdots$이므로

$b_{2n-1}=\dfrac{1}{4n-2}$, $b_{2n}=\dfrac{1}{4n+2}$

$$\therefore \sum_{n=1}^{\infty} b_{2n-1}b_{2n}=\sum_{n=1}^{\infty}\frac{1}{(4n-2)(4n+2)}$$
$$=\lim_{n\to\infty}\sum_{k=1}^{n}\frac{1}{(4k-2)(4k+2)}$$
$$=\lim_{n\to\infty}\frac{1}{4}\sum_{k=1}^{n}\left(\frac{1}{4k-2}-\frac{1}{4k+2}\right)$$
$$=\lim_{n\to\infty}\frac{1}{4}\left\{\left(\frac{1}{2}-\frac{1}{6}\right)+\left(\frac{1}{6}-\frac{1}{10}\right)+\cdots+\left(\frac{1}{4n-2}-\frac{1}{4n+2}\right)\right\}$$
$$=\lim_{n\to\infty}\frac{1}{4}\left(\frac{1}{2}-\frac{1}{4n+2}\right)=\frac{1}{8}$$

## 0269

답 ④

조건 ㈎에서 $a_n b_n=\frac{2}{n}$이므로 모든 자연수 $n$에 대하여 $b_n\neq0$이고

$na_n=\frac{2}{b_n}$이다.

따라서 조건 ㈏에서

$\sum_{n=1}^{\infty} na_n=\sum_{n=1}^{\infty}\frac{2}{b_n}=2 \qquad \therefore \sum_{n=1}^{\infty}\frac{1}{b_n}=1$

$\sum_{n=1}^{\infty} n|a_n|=\sum_{n=1}^{\infty}|na_n|=\sum_{n=1}^{\infty}\left|\frac{2}{b_n}\right|=4$

$\therefore \sum_{n=1}^{\infty}\left|\frac{1}{b_n}\right|=2$

$\therefore \sum_{n=1}^{\infty}\left(\left|\frac{1}{b_n}\right|+\frac{1}{b_n}\right)=2+1=3 \qquad \cdots\cdots$ ㉠

이때 $d_n=\left|\frac{1}{b_n}\right|+\frac{1}{b_n}$이라 하면

$b_n\le0$일 때, $d_n=\left(-\frac{1}{b_n}\right)+\frac{1}{b_n}=0$

$b_n>0$일 때, $d_n=\frac{1}{b_n}+\frac{1}{b_n}=\frac{2}{b_n}$

이므로

$c_n=\frac{1}{2}d_n$

$\therefore \sum_{n=1}^{\infty}c_n=\sum_{n=1}^{\infty}\frac{1}{2}d_n=\frac{1}{2}\sum_{n=1}^{\infty}\left(\left|\frac{1}{b_n}\right|+\frac{1}{b_n}\right)=\frac{3}{2}$ ($\because$ ㉠)

## 0270

답 ③

이차방정식 $x^2+kx-5=0$에서 근과 계수의 관계에 의하여

$\alpha+\beta=-k,\ \alpha\beta=-5 \qquad \cdots\cdots$ ㉠

이때 $\alpha\beta=-5$에서 $|\alpha|\times|\beta|=5$이므로 $|\alpha|$, $|\beta|$는 모두 0이 아니고, 둘 중 적어도 하나는 1보다 크다.

따라서 $|\alpha|>1$이면 $0<\left|\frac{1}{\alpha}\right|<1$이므로 등비급수 $\sum_{n=1}^{\infty}\frac{1}{\alpha^n}$, 즉 $\sum_{n=1}^{\infty}\left(\frac{1}{\alpha}\right)^n$은 수렴한다.

또한 급수 $\sum_{n=1}^{\infty}\left(\frac{1}{\alpha^n}+\frac{1}{\beta^n}\right)$이 수렴하므로 $\sum_{n=1}^{\infty}\left(\frac{1}{\beta}\right)^n$도 수렴한다.

즉, $|\beta|>1$이다.

$$\sum_{n=1}^{\infty}\left(\frac{1}{\alpha^n}+\frac{1}{\beta^n}\right)=\sum_{n=1}^{\infty}\left(\frac{1}{\alpha}\right)^n+\sum_{n=1}^{\infty}\left(\frac{1}{\beta}\right)^n=\frac{\frac{1}{\alpha}}{1-\frac{1}{\alpha}}+\frac{\frac{1}{\beta}}{1-\frac{1}{\beta}}$$
$$=\frac{1}{\alpha-1}+\frac{1}{\beta-1}=\frac{(\beta-1)+(\alpha-1)}{(\alpha-1)(\beta-1)}$$
$$=\frac{(\alpha+\beta)-2}{\alpha\beta-(\alpha+\beta)+1}=\frac{(-k)-2}{(-5)-(-k)+1}\ (\because ㉠)$$
$$=\frac{k+2}{4-k}$$

따라서 $\frac{k+2}{4-k}=2$이므로 $k+2=2(4-k)$

$3k=6 \qquad \therefore k=2$

**참고**

이차방정식 $x^2+2x-5=0$의 실근은 $x=-1\pm\sqrt{6}$이고 $|-1+\sqrt{6}|>1$, $|-1-\sqrt{6}|>1$이다.

## 0271

답 ③

급수 $\sum_{n=1}^{\infty}(8-S_n)$이 수렴하므로

$\lim_{n\to\infty}(8-S_n)=0$에서 $\lim_{n\to\infty}S_n=8$

등비수열 $\{a_n\}$의 공비를 $r$라 하면 $S_n=\frac{a_1(1-r^n)}{1-r}$이고 $-1<r<1$ 이므로

$\lim_{n\to\infty}S_n=\lim_{n\to\infty}\frac{a_1(1-r^n)}{1-r}=\frac{a_1}{1-r}=8 \qquad \cdots\cdots$ ㉠

또한

$$\sum_{k=1}^{n}(8-S_k)=\sum_{k=1}^{n}\left\{8-\frac{a_1(1-r^k)}{1-r}\right\}$$
$$=\sum_{k=1}^{n}\{8-8(1-r^k)\}=\sum_{k=1}^{n}8r^k$$
$$=\frac{8r(1-r^n)}{1-r}$$

이므로 $\sum_{n=1}^{\infty}(8-S_n)=16$에서

$$\sum_{n=1}^{\infty}(8-S_n)=\lim_{n\to\infty}\sum_{k=1}^{n}(8-S_k)$$
$$=\lim_{n\to\infty}\frac{8r(1-r^n)}{1-r}=\frac{8r}{1-r}=16$$

$8r=16(1-r)$, $24r=16$

$\therefore r=\frac{2}{3}$

이를 ㉠에 대입하면 $a_1=\frac{8}{3}$

따라서 $a_n=\frac{8}{3}\times\left(\frac{2}{3}\right)^{n-1}$이므로

$$\sum_{k=1}^{n}(a_k-a_{k+1})=(a_1-a_2)+(a_2-a_3)+(a_3-a_4)+\cdots+(a_n-a_{n+1})$$
$$=a_1-a_{n+1}=\frac{8}{3}-\frac{8}{3}\times\left(\frac{2}{3}\right)^n$$

$$\therefore \sum_{n=1}^{\infty}(a_n-a_{n+1})=\lim_{n\to\infty}\sum_{k=1}^{n}(a_k-a_{k+1})$$
$$=\lim_{n\to\infty}\left\{\frac{8}{3}-\frac{8}{3}\times\left(\frac{2}{3}\right)^n\right\}=\frac{8}{3}$$

## 0272

답 1

함수 $y=\sqrt{x}$의 그래프 위의 두 점 A, B의 $y$좌표가 각각 $n$, $n+1$이므로

$A(n^2, n)$, $B((n+1)^2, n+1)$

이때 삼각형 ABC의 둘레의 길이가 최소가 되려면 $\overline{AC}+\overline{BC}$의 값이 최소이어야 한다.

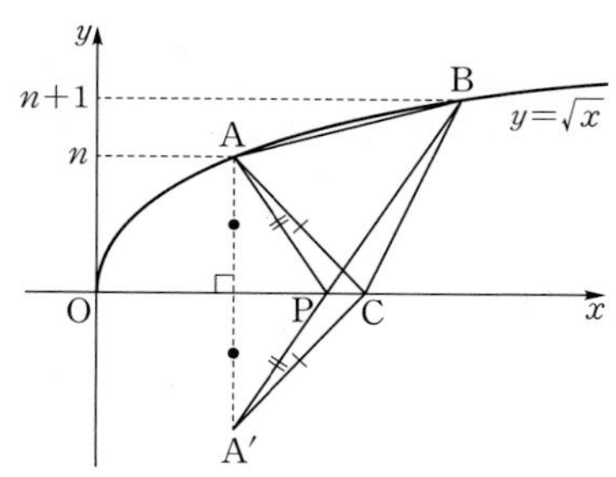


점 A를 $x$축에 대하여 대칭이동한 점을 A′이라 하면

$A'(n^2, -n)$이고 $\overline{AC}=\overline{A'C}$

직선 A′B가 $x$축과 만나는 점을 P라 하면 $\overline{AC}+\overline{BC}=\overline{A'C}+\overline{BC}$의 값이 최소일 때는 점 C가 점 P와 일치할 때이다.

직선 A′B의 기울기는 $\dfrac{(n+1)-(-n)}{(n+1)^2-n^2}=1$이므로 직선 A′B의 방정식은

$y=x-n^2-n$

따라서 $a_n=n^2+n$이므로

$$\sum_{n=1}^{\infty}\frac{1}{a_n}=\lim_{n\to\infty}\sum_{k=1}^{n}\frac{1}{k(k+1)}=\lim_{n\to\infty}\sum_{k=1}^{n}\left(\frac{1}{k}-\frac{1}{k+1}\right)$$
$$=\lim_{n\to\infty}\left\{\left(1-\frac{1}{2}\right)+\left(\frac{1}{2}-\frac{1}{3}\right)+\cdots+\left(\frac{1}{n}-\frac{1}{n+1}\right)\right\}$$
$$=\lim_{n\to\infty}\left(1-\frac{1}{n+1}\right)=1$$

## 0273

답 ④

자연수 $n$에 대하여 $\dfrac{n}{x}$의 값이 자연수이려면 $x$는 $n$의 약수이어야 한다.

즉, $f(n)$은 $n$의 약수인 자연수의 개수를 의미한다.

ㄱ. $2^n$의 약수인 자연수의 개수는 $n+1$이고 $3^n$의 약수인 자연수의 개수도 $n+1$이므로

$f(2^n)=f(3^n)=n+1$ (참)

ㄴ. ㄱ에서 $f(2^n)=f(3^n)=n+1$이므로

$\dfrac{f(2^n)\times f(3^n)}{f(m^n)}=\dfrac{(n+1)^2}{f(m^n)}$

이때 수열 $\left\{\dfrac{(n+1)^2}{f(m^n)}\right\}$이 수렴하려면 $f(m^n)$의 최고차항의 차수가 2 이상이어야 한다.

즉, $m$의 서로 다른 소인수의 개수는 2 이상이어야 한다.

1부터 20까지의 자연수 중에서 서로 다른 소인수의 개수가 2 이상인 수는 6, 10, 12, 14, 15, 18, 20이므로 구하는 자연수 $m$의 개수는 7이다. (거짓)

ㄷ. 급수 $\sum_{n=1}^{\infty}\dfrac{n^4}{f(k^n)}$이 수렴하면 $\lim_{n\to\infty}\dfrac{n^4}{f(k^n)}=0$

이때 $\lim_{n\to\infty}\dfrac{n^4}{f(k^n)}=0$을 만족시키려면 $f(k^n)$의 최고차항의 차수는 적어도 5 이상이어야 한다.

즉, $k$의 서로 다른 소인수의 개수는 5 이상이어야 한다.

이때 소수인 자연수 중에서 작은 수부터 차례대로 4개의 수를 곱하면

$2\times3\times5\times7=210$

이므로 $k$의 서로 다른 소인수의 개수가 5 이상이면 $k$는 200보다 큰 수이다.

즉, 200 이하의 자연수 $k$는 $\lim_{n\to\infty}\dfrac{n^4}{f(k^n)}=0$을 만족시킬 수 없으므로 급수 $\sum_{n=1}^{\infty}\dfrac{n^4}{f(k^n)}$은 발산한다. (참)

따라서 옳은 것은 ㄱ, ㄷ이다.

## 0274

답 ④

함수 $y=|\sin n\pi x|$의 그래프는 함수 $y=\sin n\pi x$의 그래프에서 $x$축의 아래쪽에 그려진 부분을 $x$축을 기준으로 위쪽으로 접어 올린 것과 같다.

또한 함수 $y=\dfrac{|x|}{n}$의 그래프는 $y$축에 대하여 대칭이고 $x\geq0$에서 함수 $y=\dfrac{|x|}{n}$의 그래프는 원점을 지나고 기울기가 $\dfrac{1}{n}$인 직선과 같으므로 두 함수 $y=|\sin n\pi x|$, $y=\dfrac{|x|}{n}$의 그래프는 다음 그림과 같다.

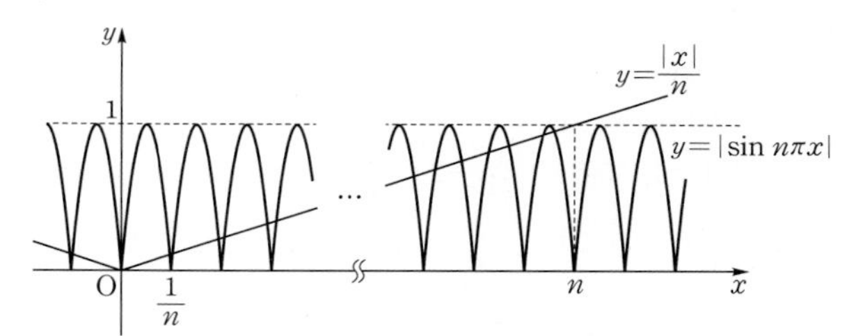


함수 $y=\sin n\pi x$는 주기가 $\dfrac{2\pi}{n\pi}=\dfrac{2}{n}$이고, 이 함수의 그래프는 원점에 대하여 대칭이므로 함수 $y=|\sin n\pi x|$는 주기가 $\dfrac{1}{2}\times\dfrac{2}{n}=\dfrac{1}{n}$이다.

이때 $x\geq0$에서 함수 $y=\dfrac{|x|}{n}$의 그래프는 원점과 점 $(n, 1)$을 지나므로 $x\geq0$에서 두 함수 $y=|\sin n\pi x|$, $y=\dfrac{|x|}{n}$의 그래프의 교점은 $0\leq x\leq n$일 때 존재한다.

$0\leq x\leq n$에서 함수 $y=|\sin n\pi x|$의 그래프의 볼록한 부분이 $n^2$개가 생기고, 함수 $y=|\sin n\pi x|$의 그래프의 볼록한 부분 1개와 함수 $y=\dfrac{|x|}{n}$의 그래프의 교점은 2개씩이다.

이때 두 함수 $y=|\sin n\pi x|$, $y=\dfrac{|x|}{n}$의 그래프는 모두 $y$축에 대하여 대칭이므로 교점은 $-n\leq x\leq n$일 때 존재하고, 원점이 중복되므로 그 교점의 개수는

$2\times2n^2-1=4n^2-1$

따라서 $a_n=4n^2-1$이므로

$$\sum_{n=1}^{\infty}\log\frac{{a_{n+1}}^2}{a_na_{n+2}}=\lim_{n\to\infty}\sum_{k=1}^{n}\log\frac{{a_{k+1}}^2}{a_ka_{k+2}}$$
$$=\lim_{n\to\infty}\left(\log\frac{{a_2}^2}{a_1a_3}+\log\frac{{a_3}^2}{a_2a_4}+\cdots+\log\frac{{a_{n+1}}^2}{a_na_{n+2}}\right)$$
$$=\lim_{n\to\infty}\log\left(\frac{{a_2}^2}{a_1a_3}\times\frac{{a_3}^2}{a_2a_4}\times\cdots\times\frac{{a_{n+1}}^2}{a_na_{n+2}}\right)$$
$$=\lim_{n\to\infty}\log\frac{a_2\times a_{n+1}}{a_1\times a_{n+2}}$$
$$=\lim_{n\to\infty}\log\frac{15\{4(n+1)^2-1\}}{3\{4(n+2)^2-1\}}$$
$$=\log\frac{15}{3}=\log 5$$

## 0275

답 ②

$\angle C_1B_1D_1=\frac{\pi}{4}$이므로 $S_1=\frac{1}{2}\times2^2\times\frac{\pi}{4}=\frac{\pi}{2}$

한편, 그림 $R_2$에서 정사각형 $A_2B_2C_2D_2$의 한 변의 길이를 $a$라 하고 점 $B_2$에서 두 선분 $A_1B_1$, $B_1C_1$에 내린 수선의 발을 각각 M, N이라 하자.

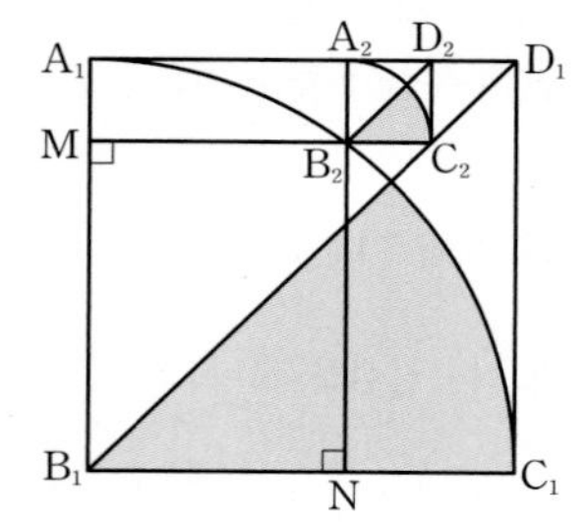


$\overline{D_2D_1}=\overline{D_2C_2}=a$이므로

$\overline{B_1N}=\overline{A_1A_2}=2-2a$, $\overline{B_2N}=2-a$

또한 $\overline{B_1B_2}=\overline{B_1C_1}=2$이므로 직각삼각형 $B_1NB_2$에서

$(2-2a)^2+(2-a)^2=4$

$5a^2-12a+4=0$, $(5a-2)(a-2)=0$

$\therefore a=\frac{2}{5}$ ($\because 0<a<2$)

따라서 두 정사각형 $A_1B_1C_1D_1$과 $A_2B_2C_2D_2$의 닮음비는 $2:\frac{2}{5}$, 즉 $1:\frac{1}{5}$이다.

같은 과정을 반복하면 두 그림 $R_n$과 $R_{n+1}$에 새로 색칠된 두 도형의 닮음비도 $1:\frac{1}{5}$이므로 넓이의 비는 $1:\frac{1}{25}$이다.

따라서 $S_n$은 첫째항이 $\frac{\pi}{2}$이고 공비가 $\frac{1}{25}$인 등비수열의 첫째항부터 제$n$항까지의 합이므로

$$\lim_{n\to\infty}S_n=\frac{\frac{\pi}{2}}{1-\frac{1}{25}}=\frac{25}{48}\pi$$

## 0276

답 ③

$\overline{AB}=4$이므로 $\overline{AD}=\overline{DC}=\overline{CP}=\overline{PB}=\frac{\overline{AB}}{4}=1$

다음 그림과 같이 직각삼각형 DCE에서 $\overline{DC}=1$, $\overline{CE}=2$이므로

$\overline{DE}=\sqrt{3}$, $\angle DCE=\frac{\pi}{3}$

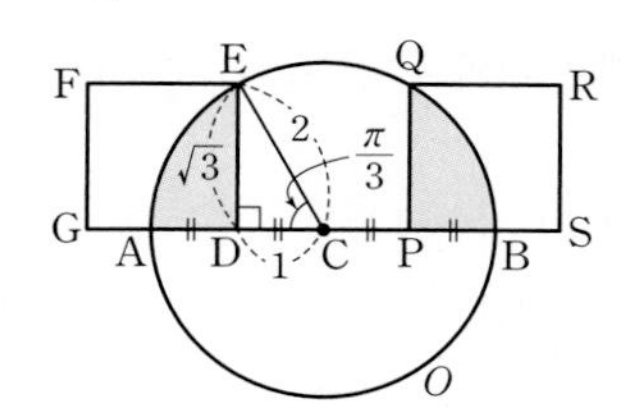


그림 $R_1$에서 색칠된 부분의 넓이는 ◿ 모양의 도형 2개의 넓이이므로

$S_1=\{$(부채꼴 ACE의 넓이)$-$(직각삼각형 DCE의 넓이)$\}\times2$

$=\left(\frac{1}{2}\times2^2\times\frac{\pi}{3}-\frac{1}{2}\times1\times\sqrt{3}\right)\times2$

$=\frac{4}{3}\pi-\sqrt{3}=\frac{4\pi-3\sqrt{3}}{3}$

한편, 두 원 $O$와 $O_1$의 닮음비는 $\frac{\overline{AB}}{2}:\frac{\overline{DE}}{2}=2:\frac{\sqrt{3}}{2}=1:\frac{\sqrt{3}}{4}$이다.

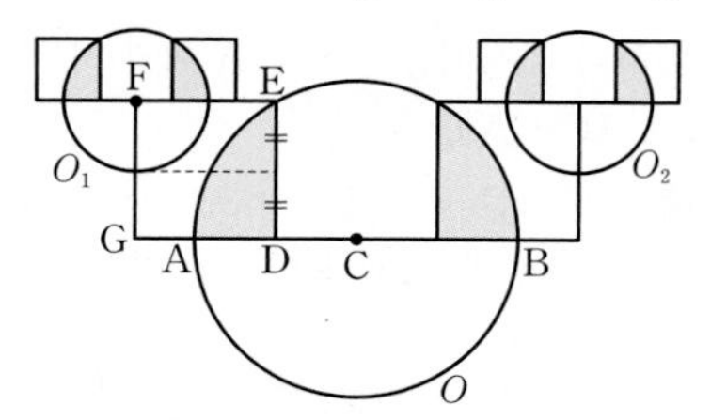


같은 과정을 반복하면 두 그림 $R_n$과 $R_{n+1}$에 새로 색칠된 ◿ 모양의 도형의 닮음비도 $1:\frac{\sqrt{3}}{4}$이므로 넓이의 비는 $1^2:\left(\frac{\sqrt{3}}{4}\right)^2=1:\frac{3}{16}$이다.

또한 $R_{n+1}$에 새로 색칠된 ◿ 모양의 도형의 개수는 $R_n$에서 새로 색칠된 ◿ 모양의 도형의 개수보다 2배씩 많아지면서 누적되고 있다.

따라서 $S_n$은 첫째항이 $\frac{4\pi-3\sqrt{3}}{3}$이고 공비가 $\frac{3}{16}\times2=\frac{3}{8}$인 등비수열의 첫째항부터 제$n$항까지의 합이므로

$$\lim_{n\to\infty}S_n=\frac{\frac{4\pi-3\sqrt{3}}{3}}{1-\frac{3}{8}}=\frac{8(4\pi-3\sqrt{3})}{15}=\frac{32\pi-24\sqrt{3}}{15}$$

## 0277

답 2

$S_n=a_{n+1}+p+\frac{q}{n}$에서 $S_{n+1}=a_{n+2}+p+\frac{q}{n+1}$이므로

$S_{n+1}-S_n=\left(a_{n+2}+p+\frac{q}{n+1}\right)-\left(a_{n+1}+p+\frac{q}{n}\right)$

$a_{n+1}=a_{n+2}-a_{n+1}+\frac{q}{n+1}-\frac{q}{n}$

$\therefore a_{n+2}-2a_{n+1}=q\left(\frac{1}{n}-\frac{1}{n+1}\right)$

$$\therefore \sum_{n=2}^{\infty}(a_{n+1}-2a_n)=q\sum_{n=1}^{\infty}\left(\frac{1}{n}-\frac{1}{n+1}\right)$$
$$=q\lim_{n\to\infty}\sum_{k=1}^{n}\left(\frac{1}{k}-\frac{1}{k+1}\right)$$
$$=q\lim_{n\to\infty}\left\{\left(1-\frac{1}{2}\right)+\left(\frac{1}{2}-\frac{1}{3}\right)+\cdots+\left(\frac{1}{n}-\frac{1}{n+1}\right)\right\}$$
$$=q\lim_{n\to\infty}\left(1-\frac{1}{n+1}\right)=q=3 \quad \cdots\cdots ㉠$$

한편, $S_n=a_{n+1}+p+\frac{q}{n}$에서

$n=1$일 때, $S_1=a_1=a_2+p+q$

$\therefore a_1-a_2=p+3$ ($\because$ ㉠) ...... ㉡

$n=2$일 때, $S_2=a_1+a_2=a_3+p+\frac{q}{2}$

$a_1+a_2=\frac{11}{2}+p+\frac{3}{2}$ $\left(\because a_3=\frac{11}{2}, ㉠\right)$

$\therefore a_1+a_2=p+7$ ...... ㉢

㉢$-$㉡에서 $2a_2=4$

$\therefore a_2=2$

**참고**

급수 $\sum_{n=1}^{\infty} a_n$이 수렴하는지는 알 수 없으므로

$\lim_{n\to\infty} S_n=\lim_{n\to\infty}\left(a_{n+1}+p+\frac{q}{n}\right)$에서 $\sum_{n=1}^{\infty} a_n=p$가 아님에 주의한다.

## 0278

답 24

등비수열 $\{a_n\}$의 일반항을 $a_n=a_1r^{n-1}$이라 하자.

이때 주어진 조건을 만족시키려면 $a_1\neq 0$이다.

(i) $r>1$ 또는 $r<-1$일 때

$|a_n|$의 값이 한없이 커지므로 주어진 조건을 만족시킬 수 없다.

(ii) $r=1$일 때

$a_n=a_1$이므로 주어진 조건을 만족시킬 수 없다.

(iii) $r=-1$일 때

$a_n$의 값이 $a_1, -a_1, a_1, -a_1, a_1, \cdots$이므로 주어진 조건을 만족시킬 수 없다.

(iv) $r=0$일 때

$a_n$의 값이 첫째항을 제외하고 모두 0이므로 주어진 조건을 만족시킬 수 없다.

(i)~(iv)에서 $-1<r<0$ 또는 $0<r<1$

한편, $b_3=-1$이므로 $a_3\leq -1$, 즉 $a_1r^2\leq -1$

그런데 $0<r^2<1$이므로

$a_1\leq -1$ $\quad\therefore b_1=-1$

또한 $a_1\leq -1$이므로 $0<r<1$이면 $a_n$의 모든 항은 음수이므로 주어진 조건을 만족시킬 수 없다.

$\therefore -1<r<0$

ⓐ $a_2=a_1r\leq -1$일 때

$r\geq -\frac{1}{a_1}>0$이므로 모순이다.

즉, $a_2=a_1r>-1$이므로

$b_2=a_2=a_1r$

ⓑ $b_3=-1$이므로

$a_3=a_1r^2\leq -1$

ⓒ $a_4=a_1r^3\leq -1$일 때

$a_4=a_1r^3=a_1r^2\times r\geq -r>0$이므로 모순이다.

즉, $a_4>-1$이므로

$b_4=a_4=a_1r^3$

ⓓ $a_5=a_1r^4\leq -1$일 때

$b_5=-1$

이때 $b_1+b_3+b_5=-3$이므로 조건 (가)에 모순이다.

$\therefore b_5=a_5=a_1r^4$

ⓔ $a_6=a_4r^2$이고 $a_4>-1$ ($\because$ ⓒ)이므로

$a_6>-r^2>-1$

$\therefore b_6=a_6=a_1r^5$

마찬가지 방법으로

$b_7=a_7,\ b_8=a_8,\ b_9=a_9,\ \cdots$

이므로

$$b_n=\begin{cases} -1 & (n=1,\ n=3) \\ a_1r^{n-1} & (n=2,\ n\geq 4) \end{cases}$$

조건 (가)에서

$\sum_{n=1}^{\infty} b_{2n-1}=-1+(-1)+a_1r^4+a_1r^6+a_1r^8+\cdots$

$=-2+\frac{a_1r^4}{1-r^2}=-3$

$\frac{a_1r^4}{1-r^2}=-1,\ a_1r^4=r^2-1$ ...... ㉠

조건 (나)에서

$\sum_{n=1}^{\infty} b_{2n}=a_1r+a_1r^3+a_1r^5+\cdots=\frac{a_1r}{1-r^2}=8$

$a_1r=8(1-r^2)$ ...... ㉡

㉠, ㉡에서 $a_1r=-8a_1r^4$, $r^3=-\frac{1}{8}$

$\therefore r=-\frac{1}{2}$

이를 ㉡에 대입하면

$-\frac{1}{2}a_1=6$ $\quad\therefore a_1=-12$

따라서 $a_n=-12\left(-\frac{1}{2}\right)^{n-1}$이므로

$\sum_{n=1}^{\infty}|a_n|=\sum_{n=1}^{\infty}\left|-12\left(-\frac{1}{2}\right)^{n-1}\right|=\sum_{n=1}^{\infty}12\left(\frac{1}{2}\right)^{n-1}$

$=\frac{12}{1-\frac{1}{2}}=24$

# 미분법

유형별 문제

## 03 지수함수와 로그함수의 미분

### 유형 01 지수함수의 극한

확인 문제 (1) $\frac{9}{14}$ (2) $\infty$ (3) 0

(1) $\lim_{x\to2}\frac{3^x}{2^x+5x}=\frac{3^2}{2^2+5\times2}=\frac{9}{14}$

(2) $\lim_{x\to\infty}(6^x-4^x)=\lim_{x\to\infty}\left[6^x\left\{1-\left(\frac{2}{3}\right)^x\right\}\right]=\infty$

(3) $\lim_{x\to-\infty}\frac{3^{x+1}}{3^x-3^{-x}}=\lim_{x\to-\infty}\frac{3^{2x+1}}{3^{2x}-1}=\frac{0}{0-1}=0$

### 0279

답 ④

$$\lim_{x\to\infty}\frac{2^{2x+1}-3^x}{4^{x-1}+3^x}=\lim_{x\to\infty}\frac{2-\left(\frac{3}{4}\right)^x}{\frac{1}{4}+\left(\frac{3}{4}\right)^x}=\frac{2-0}{\frac{1}{4}+0}=8$$

### 0280

답 1

$\lim_{x\to0+}\frac{1}{1-2^{-\frac{1}{x}}}$에서 $\lim_{x\to0+}2^{-\frac{1}{x}}=0$이므로

$$\lim_{x\to0+}\frac{1}{1-2^{-\frac{1}{x}}}=\frac{1}{1-0}=1$$

### 0281

답 4

$$\lim_{x\to\infty}\frac{3^{3x+a}+1}{27^{x-1}+8}=\lim_{x\to\infty}\frac{3^a+\frac{1}{3^{3x}}}{\frac{1}{27}+\frac{8}{3^{3x}}}$$

$$=\frac{3^a+0}{3^{-3}+0}=3^{a-(-3)}=3^{a+3}$$

따라서 $3^{a+3}=3^7$이므로 $a+3=7$

$\therefore a=4$

### 0282

답 $-2$

$-x=t$로 놓으면 $x\to-\infty$일 때 $t\to\infty$이므로

$$\lim_{x\to-\infty}\frac{6^x+4x^3-1}{4-2x^3}=\lim_{t\to\infty}\frac{6^{-t}-4t^3-1}{4+2t^3}=\lim_{t\to\infty}\frac{\frac{1}{t^3\times6^t}-4-\frac{1}{t^3}}{\frac{4}{t^3}+2}$$

$$=\frac{0-4-0}{0+2}=-2$$

### 0283

답 ②

$$\lim_{x\to\infty}\left\{\left(\frac{1}{9}\right)^x+\left(\frac{1}{4}\right)^x\right\}^{\frac{1}{2x}}=\lim_{x\to\infty}\left[\left(\frac{1}{4}\right)^x\left\{\left(\frac{4}{9}\right)^x+1\right\}\right]^{\frac{1}{2x}}$$

$$=\lim_{x\to\infty}\left[\left(\frac{1}{4}\right)^{\frac{1}{2}}\times\left\{\left(\frac{4}{9}\right)^x+1\right\}^{\frac{1}{2x}}\right]$$

$$=\frac{1}{2}\times1=\frac{1}{2}$$

### 0284

답 11

(i) $a=2$일 때

$$\lim_{x\to\infty}\frac{3^{x+2}+2^x}{3^x+2^{x-1}}=\lim_{x\to\infty}\frac{3^2+\left(\frac{2}{3}\right)^x}{1+\frac{1}{2}\times\left(\frac{2}{3}\right)^x}=\frac{9+0}{1+0}=9$$

(ii) $a=3$일 때

$$\lim_{x\to\infty}\frac{3^{x+2}+3^x}{3^x+3^{x-1}}=\lim_{x\to\infty}\frac{3^2+1}{1+\frac{1}{3}}=\frac{10}{\frac{4}{3}}=\frac{15}{2}$$

(iii) $a\geq4$일 때

$$\lim_{x\to\infty}\frac{3^{x+2}+a^x}{3^x+a^{x-1}}=\lim_{x\to\infty}\frac{9\times\left(\frac{3}{a}\right)^x+1}{\left(\frac{3}{a}\right)^x+\frac{1}{a}}=\frac{0+1}{0+\frac{1}{a}}=a$$

이때 $a\geq4$에서 $\lim_{x\to\infty}\frac{3^{x+2}+a^x}{3^x+a^{x-1}}=9$를 만족시키는 자연수 $a$의 값은 9이다.

(i)~(iii)에서 주어진 조건을 만족시키는 2 이상의 모든 자연수 $a$의 값의 합은

$2+9=11$

### 유형 02 로그함수의 극한

확인 문제 (1) $-\infty$ (2) $\infty$ (3) 0

(1) $\lim_{x\to0+}\log_5 25x=\lim_{x\to0+}(2+\log_5 x)=-\infty$

(2) $x-1=t$로 놓으면 $x\to1+$일 때 $t\to0+$이므로

$\lim_{x\to1+}\log_{\frac{1}{3}}(x-1)=\lim_{t\to0+}\log_{\frac{1}{3}}t=\infty$

(3) $\lim_{x\to\infty}\{\log_4(x+1)+\log_{\frac{1}{4}}x\}=\lim_{x\to\infty}\log_4\frac{x+1}{x}$

$=\log_4\left\{\lim_{x\to\infty}\left(1+\frac{1}{x}\right)\right\}$

$=\log_4 1=0$

### 0285

답 $-2$

$$\lim_{x\to\infty}(\log_2\sqrt{x^2+8x}-\log_2 4x)=\lim_{x\to\infty}\log_2\frac{\sqrt{x^2+8x}}{4x}$$

$$=\lim_{x\to\infty}\log_2\sqrt{\frac{x^2+8x}{16x^2}}$$

$$=\log_2\left(\lim_{x\to\infty}\sqrt{\frac{1}{16}+\frac{1}{2x}}\right)$$

$$=\log_2\sqrt{\frac{1}{16}}=\log_2\frac{1}{4}=-2$$

## 0286

답 $2\sqrt{2}$

$$\lim_{x\to\infty}\{\log_2(ax+\sqrt{2})-\log_2(x-\sqrt{2})\}$$

$$=\lim_{x\to\infty}\log_2\frac{ax+\sqrt{2}}{x-\sqrt{2}}=\lim_{x\to\infty}\log_2\frac{a+\frac{\sqrt{2}}{x}}{1-\frac{\sqrt{2}}{x}}$$

$$=\log_2\left(\lim_{x\to\infty}\frac{a+\frac{\sqrt{2}}{x}}{1-\frac{\sqrt{2}}{x}}\right)=\log_2\frac{a+0}{1-0}=\log_2 a$$

따라서 $\log_2 a=\frac{3}{2}$이므로 $a=2^{\frac{3}{2}}=2\sqrt{2}$

## 0287

답 ②

$$\lim_{x\to\infty}\frac{1}{x}\log_4(7^x+8^x)=\lim_{x\to\infty}\log_4(7^x+8^x)^{\frac{1}{x}}$$

$$=\lim_{x\to\infty}\log_4\left[8^x\left\{\left(\frac{7}{8}\right)^x+1\right\}\right]^{\frac{1}{x}}$$

$$=\lim_{x\to\infty}\log_4 8\left\{\left(\frac{7}{8}\right)^x+1\right\}^{\frac{1}{x}}$$

$$=\log_4\left[\lim_{x\to\infty}8\left\{\left(\frac{7}{8}\right)^x+1\right\}^{\frac{1}{x}}\right]$$

$$=\log_4(8\times1)=\log_{2^2}2^3=\frac{3}{2}$$

## 0288

답 1

$$\lim_{x\to0+}\frac{\log_2\frac{6}{x}}{\log_2\left(\frac{3}{x}+4\right)}=\lim_{x\to0+}\frac{\log_2 6-\log_2 x}{\log_2(3+4x)-\log_2 x}$$

$$=\lim_{x\to0+}\frac{\frac{\log_2 6}{\log_2 x}-1}{\frac{\log_2(3+4x)}{\log_2 x}-1}=\frac{0-1}{0-1}=1$$

다른 풀이

$\frac{1}{x}=t$로 놓으면 $x\to0+$일 때 $t\to\infty$이므로

$$\lim_{x\to0+}\frac{\log_2\frac{6}{x}}{\log_2\left(\frac{3}{x}+4\right)}=\lim_{t\to\infty}\frac{\log_2 6t}{\log_2(3t+4)}=\lim_{t\to\infty}\frac{\log_2 t+\log_2 6}{\log_2 t\left(3+\frac{4}{t}\right)}$$

$$=\lim_{t\to\infty}\frac{\log_2 t+\log_2 6}{\log_2 t+\log_2\left(3+\frac{4}{t}\right)}$$

$$=\lim_{t\to\infty}\frac{1+\frac{\log_2 6}{\log_2 t}}{1+\frac{\log_2\left(3+\frac{4}{t}\right)}{\log_2 t}}=\frac{1+0}{1+0}=1$$

## 0289

답 ④

$$\lim_{x\to\infty}\frac{\log(x^6+2x^4)}{\log(x^4+3x^3)}=\lim_{x\to\infty}\frac{\log x^6\left(1+\frac{2}{x^2}\right)}{\log x^4\left(1+\frac{3}{x}\right)}$$

$$=\lim_{x\to\infty}\frac{\log x^6+\log\left(1+\frac{2}{x^2}\right)}{\log x^4+\log\left(1+\frac{3}{x}\right)}$$

$$=\lim_{x\to\infty}\frac{6\log x+\log\left(1+\frac{2}{x^2}\right)}{4\log x+\log\left(1+\frac{3}{x}\right)}$$

$$=\lim_{x\to\infty}\frac{6+\frac{\log\left(1+\frac{2}{x^2}\right)}{\log x}}{4+\frac{\log\left(1+\frac{3}{x}\right)}{\log x}}$$

$$=\frac{6+0}{4+0}=\frac{3}{2}$$

## 0290

답 $-23$

$\lim_{x\to1-}\{\log_2 f(x)-\log_2(1-x^3)\}=3$에서

$$\lim_{x\to1-}\left\{\log_2\frac{f(x)}{1-x^3}\right\}=3$$

$$\log_2\left\{\lim_{x\to1-}\frac{f(x)}{1-x^3}\right\}=\log_2 2^3$$

$$\therefore \lim_{x\to1-}\frac{f(x)}{1-x^3}=8 \qquad \cdots\cdots ㉠$$

❶

㉠에서 극한값이 존재하고 $x\to1-$일 때,
(분모)$\to0$이므로 (분자)$\to0$이어야 한다.
즉, $\lim_{x\to1-}f(x)=0$이므로 $f(1)=0$
또한 진수 조건에 의하여 $x<1$일 때 $f(x)>0$이어야 하므로
$f(x)=(x-1)(x-a)$ ($a\ge1$인 상수) $\cdots\cdots$ ㉡

❷

㉠에 ㉡을 대입하면

$$\lim_{x\to1-}\frac{f(x)}{1-x^3}=\lim_{x\to1-}\frac{(x-1)(x-a)}{(1-x)(x^2+x+1)}$$

$$=\lim_{x\to1-}\frac{a-x}{x^2+x+1}=\frac{a-1}{3}=8$$

에서 $a-1=24$ $\quad\therefore a=25$
따라서 $f(x)=(x-1)(x-25)$이므로
$f(2)=-23$

❸

| 채점 기준 | 배점 |
|---|---|
| ❶ 로그의 성질을 이용하여 식 정리하기 | 30% |
| ❷ $f(x)$를 인수 $x-1$을 포함한 식으로 나타내기 | 30% |
| ❸ 주어진 극한값을 이용하여 $f(2)$의 값 구하기 | 40% |

## 유형 03 $\lim_{x\to0}(1+x)^{\frac{1}{x}}$ 꼴의 극한

### 0291

답 ⑤

$\lim_{x\to0}(1+2x)^{\frac{2}{x}}\times\lim_{x\to0}(1-3x)^{\frac{1}{3x}}$

$=\lim_{x\to0}\{(1+2x)^{\frac{1}{2x}}\}^4\times\lim_{x\to0}\{(1-3x)^{-\frac{1}{3x}}\}^{-1}$

$=e^4\times e^{-1}=e^{4+(-1)}=e^3$

### 0292

답 ①

$5-x=t$로 놓으면 $x\to5$일 때 $t\to0$이므로

$\lim_{x\to5}(x-4)^{\frac{3}{5-x}}=\lim_{t\to0}(1-t)^{\frac{3}{t}}=\lim_{t\to0}\{(1-t)^{-\frac{1}{t}}\}^{-3}$

$=e^{-3}=\frac{1}{e^3}$

### 0293

답 ④

$\lim_{x\to0}\left\{\left(1-\frac{x}{a}\right)(1+2ax)\right\}^{\frac{1}{x}}$

$=\lim_{x\to0}\left\{\left(1-\frac{x}{a}\right)^{\frac{1}{x}}(1+2ax)^{\frac{1}{x}}\right\}$

$=\lim_{x\to0}\left[\left\{\left(1-\frac{x}{a}\right)^{-\frac{a}{x}}\right\}^{-\frac{1}{a}}\{(1+2ax)^{\frac{1}{2ax}}\}^{2a}\right]$

$=e^{-\frac{1}{a}}\times e^{2a}=e^{2a-\frac{1}{a}}$

따라서 $e^{2a-\frac{1}{a}}=e^{\frac{1}{6}}$이므로 $2a-\frac{1}{a}=\frac{1}{6}$

$12a^2-a-6=0$, $(3a+2)(4a-3)=0$

$\therefore a=\frac{3}{4}$ ($\because a>0$)

## 유형 04 $\lim_{x\to\infty}\left(1+\frac{1}{x}\right)^x$ 꼴의 극한

### 0294

답 ③

$\lim_{x\to\infty}\left\{\left(1+\frac{1}{6x}\right)\left(1+\frac{1}{9x}\right)\right\}^{18x}$

$=\lim_{x\to\infty}\left\{\left(1+\frac{1}{6x}\right)^{18x}\left(1+\frac{1}{9x}\right)^{18x}\right\}$

$=\lim_{x\to\infty}\left[\left\{\left(1+\frac{1}{6x}\right)^{6x}\right\}^3\left\{\left(1+\frac{1}{9x}\right)^{9x}\right\}^2\right]$

$=e^3\times e^2=e^{3+2}=e^5$

### 0295

답 4

$\lim_{x\to\infty}\left(1-\frac{a}{x}\right)^{2x}=\lim_{x\to\infty}\left\{\left(1-\frac{a}{x}\right)^{-\frac{x}{a}}\right\}^{-2a}=e^{-2a}=\frac{1}{e^{2a}}$

따라서 $\frac{1}{e^{2a}}=\frac{1}{e^8}$이므로 $2a=8$

$\therefore a=4$

### 0296

답 ①

$\lim_{x\to\infty}\left(\frac{3x-6}{3x-2}\right)^x=\lim_{x\to\infty}\left(\frac{1-\frac{2}{x}}{1-\frac{2}{3x}}\right)^x$

$=\lim_{x\to\infty}\frac{\left(1-\frac{2}{x}\right)^x}{\left(1-\frac{2}{3x}\right)^x}$

$=\lim_{x\to\infty}\frac{\left\{\left(1-\frac{2}{x}\right)^{-\frac{x}{2}}\right\}^{-2}}{\left\{\left(1-\frac{2}{3x}\right)^{-\frac{3x}{2}}\right\}^{-\frac{2}{3}}}$

$=\frac{e^{-2}}{e^{-\frac{2}{3}}}=e^{-2-\left(-\frac{2}{3}\right)}=e^{-\frac{4}{3}}$

### 0297

답 ⑤

ㄱ. $\lim_{x\to\infty}\left(\frac{x-2}{x}\right)^{x-5}=\lim_{x\to\infty}\left\{\left(1-\frac{2}{x}\right)^x\left(\frac{x}{x-2}\right)^5\right\}$

$=\lim_{x\to\infty}\left[\left\{\left(1-\frac{2}{x}\right)^{-\frac{x}{2}}\right\}^{-2}\left(\frac{x}{x-2}\right)^5\right]$

$=e^{-2}\times1=\frac{1}{e^2}$ (참)

ㄴ. $-x=t$로 놓으면 $x\to-\infty$일 때 $t\to\infty$이므로

$\lim_{x\to-\infty}\left(1-\frac{1}{x}\right)^{-x}=\lim_{t\to\infty}\left(1+\frac{1}{t}\right)^t=e$

$\lim_{x\to-\infty}\left(1+\frac{1}{x}\right)^x=\lim_{t\to\infty}\left(1-\frac{1}{t}\right)^{-t}=e$

즉, $\lim_{x\to-\infty}\left(1-\frac{1}{x}\right)^{-x}=\lim_{x\to-\infty}\left(1+\frac{1}{x}\right)^x$ (참)

ㄷ. $\lim_{x\to\infty}\left\{\frac{1}{2}\left(1+\frac{1}{x}\right)\left(1+\frac{1}{x+1}\right)\left(1+\frac{1}{x+2}\right)\cdots\left(1+\frac{1}{2x}\right)\right\}^{4x}$

$=\lim_{x\to\infty}\left(\frac{1}{2}\times\frac{x+1}{x}\times\frac{x+2}{x+1}\times\frac{x+3}{x+2}\times\cdots\times\frac{2x+1}{2x}\right)^{4x}$

$=\lim_{x\to\infty}\left(\frac{2x+1}{2x}\right)^{4x}$

$=\lim_{x\to\infty}\left(1+\frac{1}{2x}\right)^{4x}$

$=\lim_{x\to\infty}\left\{\left(1+\frac{1}{2x}\right)^{2x}\right\}^2=e^2$ (참)

따라서 옳은 것은 ㄱ, ㄴ, ㄷ이다.

## 유형 05 $\lim_{x\to0}\frac{\ln(1+x)}{x}$ 꼴의 극한

### 0298

답 ④

$\lim_{x\to0}\frac{\ln(1+8x)}{\ln(1+2x)^2}=\lim_{x\to0}\frac{\ln(1+8x)}{2\ln(1+2x)}$

$=\lim_{x\to0}\left\{\frac{\ln(1+8x)}{8x}\times\frac{2x}{\ln(1+2x)}\times2\right\}$

$=1\times1\times2=2$

## 0299

답 ③

$$\lim_{x\to0+}\frac{\ln(2x^2+3x)-\ln 3x}{x}=\lim_{x\to0+}\frac{\ln\frac{2x^2+3x}{3x}}{x}$$

$$=\lim_{x\to0+}\frac{\ln\left(\frac{2}{3}x+1\right)}{x}$$

$$=\lim_{x\to0+}\left\{\frac{\ln\left(\frac{2}{3}x+1\right)}{\frac{2}{3}x}\times\frac{2}{3}\right\}$$

$$=1\times\frac{2}{3}=\frac{2}{3}$$

## 0300

답 ④

$$\lim_{x\to0}\frac{\ln(x+1)}{\sqrt{x+4}-2}$$

$$=\lim_{x\to0}\left\{\frac{\ln(x+1)}{x}\times\frac{x}{\sqrt{x+4}-2}\right\}$$

$$=\lim_{x\to0}\left\{\frac{\ln(x+1)}{x}\times\frac{x(\sqrt{x+4}+2)}{(\sqrt{x+4}-2)(\sqrt{x+4}+2)}\right\}$$

$$=\lim_{x\to0}\left\{\frac{\ln(x+1)}{x}\times\frac{x(\sqrt{x+4}+2)}{x+4-4}\right\}$$

$$=\lim_{x\to0}\left\{\frac{\ln(x+1)}{x}\times(\sqrt{x+4}+2)\right\}$$

$$=1\times(\sqrt{4}+2)=4$$

## 0301

답 5

$$\lim_{x\to\infty}x\{\ln(x+2)-\ln(x-3)\}=\lim_{x\to\infty}\left(x\times\ln\frac{x+2}{x-3}\right)$$

$$=\lim_{x\to\infty}\left\{x\times\ln\left(1+\frac{5}{x-3}\right)\right\}$$

$\frac{5}{x-3}=t$로 놓으면 $x\to\infty$일 때 $t\to0+$이므로

$$\lim_{x\to\infty}\left\{x\times\ln\left(1+\frac{5}{x-3}\right)\right\}=\lim_{t\to0+}\left\{\frac{5+3t}{t}\times\ln(1+t)\right\}$$

$$=\lim_{t\to0+}\left\{(5+3t)\times\frac{\ln(1+t)}{t}\right\}$$

$$=5\times1=5$$

## 0302

답 ⑤

$y=1-\frac{1}{e^{3x}}=1-e^{-3x}$으로 놓으면

$e^{-3x}=1-y$

$-3x=\ln(1-y)$

$\therefore x=-\frac{1}{3}\ln(1-y)$

$x$와 $y$를 서로 바꾸면

$y=-\frac{1}{3}\ln(1-x)$

따라서 $g(x)=-\frac{1}{3}\ln(1-x)$이므로

$$\lim_{x\to0}\frac{g(x)}{x}=\lim_{x\to0}\frac{\ln(1-x)}{-3x}=\lim_{x\to0}\left\{\frac{\ln(1-x)}{-x}\times\frac{1}{3}\right\}$$

$$=1\times\frac{1}{3}=\frac{1}{3}$$

**Bible Says** **역함수 구하기**

함수 $y=f(x)$의 역함수는 다음과 같은 순서로 구한다.

❶ 주어진 함수 $y=f(x)$가 일대일대응인지 확인한다.

❷ $y=f(x)$를 $x$에 대하여 정리한 후, $x=f^{-1}(y)$ 꼴로 나타낸다.

❸ $x$와 $y$를 서로 바꾸어 $y=f^{-1}(x)$로 나타낸다.

## 0303

답 1

$$\lim_{x\to0}\frac{\ln(1+3x)}{f(x)}=\lim_{x\to0}\left\{\frac{\ln(1+3x)}{3x}\times\frac{3x}{f(x)}\right\}$$

$$=1\times\lim_{x\to0}\frac{3x}{f(x)}=\lim_{x\to0}\frac{3x}{f(x)}=\frac{1}{2}$$

이므로 $\lim_{x\to0}\frac{f(x)}{x}=6$

$$\therefore \lim_{x\to0}\frac{f(x)}{x^2+6x}=\lim_{x\to0}\left\{\frac{f(x)}{x}\times\frac{1}{x+6}\right\}$$

$$=6\times\frac{1}{6}=1$$

### 유형 06 $\lim_{x\to0}\frac{\log_a(1+x)}{x}$ 꼴의 극한

## 0304

답 ①

$$\lim_{x\to0}\frac{\log_2(4+x)-2}{x}=\lim_{x\to0}\frac{\log_2(4+x)-\log_2 4}{x}$$

$$=\lim_{x\to0}\left\{\frac{\log_2\left(1+\frac{x}{4}\right)}{\frac{x}{4}}\times\frac{1}{4}\right\}$$

$$=\frac{1}{\ln 2}\times\frac{1}{4}=\frac{1}{4\ln 2}$$

## 0305

답 ①

$x-2=t$로 놓으면 $x\to2$일 때 $t\to0$이므로

$$\lim_{x\to2}\frac{\log_3(x-1)}{x-2}=\lim_{t\to0}\frac{\log_3(1+t)}{t}=\frac{1}{\ln 3}$$

## 0306

답 6

$$\lim_{x\to0}\frac{ax}{\log_8(1+2x)}=\lim_{x\to0}\left\{\frac{2x}{\log_8(1+2x)}\times\frac{a}{2}\right\}$$

$$=\ln 8\times\frac{a}{2}=\ln 2^3\times\frac{a}{2}$$

$$=3\ln 2\times\frac{a}{2}=\frac{3}{2}a\ln 2$$

따라서 $\frac{3}{2}a\ln 2=9\ln 2$이므로

$a=9\times\frac{2}{3}=6$

## 0307 답 ①

$\frac{1}{x}=t$로 놓으면 $x\to\infty$일 때 $t\to0+$이므로

$$\lim_{x\to\infty}x\left\{\log_5\left(25+\frac{1}{x}\right)-2\right\}$$
$$=\lim_{t\to0+}\frac{\log_5(25+t)-2}{t}=\lim_{t\to0+}\frac{\log_5(25+t)-\log_5 25}{t}$$
$$=\lim_{t\to0+}\frac{\log_5\left(1+\frac{t}{25}\right)}{t}=\lim_{t\to0+}\left\{\frac{\log_5\left(1+\frac{t}{25}\right)}{\frac{t}{25}}\times\frac{1}{25}\right\}$$
$$=\frac{1}{\ln 5}\times\frac{1}{25}=\frac{1}{25\ln 5}$$

### 유형 07 $\lim_{x\to0}\frac{e^x-1}{x}$ 꼴의 극한

## 0308 답 ②

$$\lim_{x\to0}\frac{\ln(1+6x)}{e^{2x}-1}=\lim_{x\to0}\left\{\frac{\ln(1+6x)}{6x}\times\frac{2x}{e^{2x}-1}\times3\right\}$$
$$=1\times1\times3=3$$

## 0309 답 8

$$\lim_{x\to0}\frac{e^{5x}+e^{3x}-2}{x}=\lim_{x\to0}\frac{e^{5x}-1+e^{3x}-1}{x}$$
$$=\lim_{x\to0}\left(\frac{e^{5x}-1}{5x}\times5+\frac{e^{3x}-1}{3x}\times3\right)$$
$$=1\times5+1\times3=8$$

## 0310 답 $-1$

$$\lim_{x\to0}\frac{e^{2x}-e^{ax}}{x}=\lim_{x\to0}\frac{e^{2x}-1-(e^{ax}-1)}{x}$$
$$=\lim_{x\to0}\left(\frac{e^{2x}-1}{2x}\times2-\frac{e^{ax}-1}{ax}\times a\right)$$
$$=1\times2-1\times a=2-a$$

따라서 $2-a=3$이므로 $a=-1$

## 0311 답 18

조건 (가)에서

$$\lim_{x\to0}\frac{f(x)}{x}=\lim_{x\to0}\left\{\frac{f(x)}{e^{3x}-1}\times\frac{e^{3x}-1}{3x}\times3\right\}=4\times1\times3=12$$

…… ❶

조건 (나)에서 $x-1=t$로 놓으면 $x\to1$일 때 $t\to0$이므로

$$\lim_{x\to1}\frac{e^{6x-6}-1}{g(x-1)}=\lim_{t\to0}\frac{e^{6t}-1}{g(t)}=9$$
$$\therefore\ \lim_{x\to0}\frac{x}{g(x)}=\lim_{x\to0}\left\{\frac{e^{6x}-1}{g(x)}\times\frac{6x}{e^{6x}-1}\times\frac{1}{6}\right\}=9\times1\times\frac{1}{6}=\frac{3}{2}$$

…… ❷

$$\therefore\ \lim_{x\to0}\frac{f(x)}{g(x)}=\lim_{x\to0}\left\{\frac{f(x)}{x}\times\frac{x}{g(x)}\right\}=12\times\frac{3}{2}=18$$

…… ❸

| 채점 기준 | 배점 |
|---|---|
| ❶ 조건 (가)를 이용하여 $\lim_{x\to0}\frac{f(x)}{x}$의 값 구하기 | 30% |
| ❷ 조건 (나)를 이용하여 $\lim_{x\to0}\frac{x}{g(x)}$의 값 구하기 | 40% |
| ❸ $\lim_{x\to0}\frac{f(x)}{g(x)}$의 값 구하기 | 30% |

### 유형 08 $\lim_{x\to0}\frac{a^x-1}{x}$ 꼴의 극한

## 0312 답 ①

$$\lim_{x\to0}\frac{8^x-4^x}{x}=\lim_{x\to0}\frac{8^x-1-(4^x-1)}{x}$$
$$=\lim_{x\to0}\left(\frac{8^x-1}{x}-\frac{4^x-1}{x}\right)$$
$$=\ln 8-\ln 4=3\ln 2-2\ln 2=\ln 2$$

## 0313 답 ②

$x-1=t$로 놓으면 $x\to1$일 때 $t\to0$이므로

$$\lim_{x\to1}\frac{4^{x-1}-1}{x^2+2x-3}=\lim_{x\to1}\frac{4^{x-1}-1}{(x-1)(x+3)}$$
$$=\lim_{t\to0}\frac{4^t-1}{t(t+4)}$$
$$=\lim_{t\to0}\left(\frac{4^t-1}{t}\times\frac{1}{t+4}\right)$$
$$=\ln 4\times\frac{1}{4}=\frac{\ln 2}{2}$$

## 0314 답 ④

$\frac{1}{3x}=t$로 놓으면 $x\to\infty$일 때 $t\to0+$이므로

$$\lim_{x\to\infty}9x\left(5^{\frac{1}{3x}}-1\right)=\lim_{t\to0+}\left(\frac{5^t-1}{t}\times3\right)=3\ln 5$$

## 0315 답 5

$$\lim_{x\to0}\frac{a^{2x}+6a^x-7}{b^x-1}=\lim_{x\to0}\frac{(a^x-1)(a^x+7)}{b^x-1}$$
$$=\lim_{x\to0}\left\{\frac{a^x-1}{x}\times\frac{x}{b^x-1}\times(a^x+7)\right\}$$
$$=\ln a\times\frac{1}{\ln b}\times8$$
$$=\frac{8\ln a}{\ln b}=8\log_b a$$

따라서 $8\log_b a=40$이므로 $\log_b a=5$

## 0316

답 9

$$\lim_{x \to 0} \frac{f(x)g(x)}{72x^2} = \lim_{x \to 0} \left\{ \frac{4^{ax}-1}{ax} \times \frac{\log_2(1+bx)}{bx} \times \frac{ab}{72} \right\}$$
$$= \ln 4 \times \frac{1}{\ln 2} \times \frac{ab}{72} = \frac{ab}{36}$$

즉, $\frac{ab}{36}=1$이므로 $ab=36$

따라서 주어진 조건을 만족시키는 두 자연수 $a$, $b$의 모든 순서쌍 $(a, b)$는 $(1, 36)$, $(2, 18)$, $(3, 12)$, $(4, 9)$, $(6, 6)$, $(9, 4)$, $(12, 3)$, $(18, 2)$, $(36, 1)$의 9개이다.

**참고**

$ab=36$을 만족시키는 두 자연수 $a$, $b$의 모든 순서쌍 $(a, b)$의 개수는 36의 양의 약수의 개수를 의미하므로 $36=2^2 \times 3^2$
즉, 구하는 개수는 $(2+1)(2+1)=3 \times 3=9$

### 유형 09 지수·로그함수의 극한에서 미정계수의 결정

## 0317

답 ②

$\lim_{x \to 0} \frac{ax+b}{e^{5x}-1}=2$에서 극한값이 존재하고 $x \to 0$일 때, (분모) $\to 0$이므로 (분자) $\to 0$이어야 한다.

즉, $\lim_{x \to 0}(ax+b)=0$이므로 $b=0$

$$\lim_{x \to 0} \frac{ax}{e^{5x}-1} = \lim_{x \to 0} \left( \frac{5x}{e^{5x}-1} \times \frac{a}{5} \right) = 1 \times \frac{a}{5} = \frac{a}{5}$$

따라서 $\frac{a}{5}=2$이므로 $a=10$

$\therefore a-b=10-0=10$

## 0318

답 3

$\lim_{x \to 2} \frac{ax+b}{\ln \frac{x^4}{16}}=a^2-3$에서 극한값이 존재하고 $x \to 2$일 때, (분모) $\to 0$이므로 (분자) $\to 0$이어야 한다.

즉, $\lim_{x \to 2}(ax+b)=0$이므로 $2a+b=0$

$\therefore b=-2a$

$x-2=t$로 놓으면 $x \to 2$일 때 $t \to 0$이므로

$$\lim_{x \to 2} \frac{ax+b}{\ln \frac{x^4}{16}} = \lim_{x \to 2} \frac{a(x-2)}{4 \ln \frac{x}{2}} = \lim_{t \to 0} \frac{at}{4 \ln \left(1+\frac{t}{2}\right)}$$
$$= \lim_{t \to 0} \left\{ \frac{\frac{t}{2}}{\ln \left(1+\frac{t}{2}\right)} \times \frac{a}{2} \right\} = 1 \times \frac{a}{2} = \frac{a}{2}$$

따라서 $\frac{a}{2}=a^2-3$이므로

$2a^2-a-6=0$, $(2a+3)(a-2)=0$

$\therefore a=-\frac{3}{2}$ 또는 $a=2$

이때 $b$가 양수이므로 $a=-\frac{3}{2}$

$\therefore b=-2a=-2 \times \left(-\frac{3}{2}\right)=3$

## 0319

답 ④

$\lim_{x \to 0} \frac{\ln(1+6x)}{f(x)}=3$에서 0이 아닌 극한값이 존재하고 $x \to 0$일 때, (분자) $\to 0$이므로 (분모) $\to 0$이어야 한다.

즉, $\lim_{x \to 0} f(x)=0$에서 $f(0)=0$이므로

$f(x)=x(ax+b)$ ($a$, $b$는 상수, $a \neq 0$)이라 하면

$$\lim_{x \to 0} \frac{\ln(1+6x)}{x(ax+b)} = \lim_{x \to 0} \left\{ \frac{\ln(1+6x)}{6x} \times \frac{6}{ax+b} \right\} = 1 \times \frac{6}{b} = \frac{6}{b}$$

따라서 $\frac{6}{b}=3$이므로 $b=2$

$f(x)=ax^2+2x$이므로 $f'(x)=2ax+2$

$\therefore f'(0)=2$

## 0320

답 ③

$\lim_{x \to 0} \frac{\sqrt{ax+b}-4}{\ln(1+5x)}=\frac{1}{10}$에서 극한값이 존재하고 $x \to 0$일 때, (분모) $\to 0$이므로 (분자) $\to 0$이어야 한다.

즉, $\lim_{x \to 0}(\sqrt{ax+b}-4)=0$이므로 $b=16$

$$\lim_{x \to 0} \frac{\sqrt{ax+16}-4}{\ln(1+5x)} = \lim_{x \to 0} \frac{(\sqrt{ax+16}-4)(\sqrt{ax+16}+4)}{\ln(1+5x) \times (\sqrt{ax+16}+4)}$$
$$= \lim_{x \to 0} \frac{ax}{\ln(1+5x) \times (\sqrt{ax+16}+4)}$$
$$= \lim_{x \to 0} \left\{ \frac{5x}{\ln(1+5x)} \times \frac{1}{\sqrt{ax+16}+4} \times \frac{a}{5} \right\}$$
$$= 1 \times \frac{1}{8} \times \frac{a}{5} = \frac{a}{40}$$

따라서 $\frac{a}{40}=\frac{1}{10}$이므로 $a=4$

$\therefore a+b=4+16=20$

## 0321

답 7

$\lim_{x \to 0} \frac{\ln(ax+b)}{e^{4x}-1}=\frac{3}{2}$에서 극한값이 존재하고 $x \to 0$일 때, (분모) $\to 0$이므로 (분자) $\to 0$이어야 한다.

즉, $\lim_{x \to 0} \ln(ax+b)=0$이므로 $\ln b=0$

$\therefore b=1$

$$\lim_{x \to 0} \frac{\ln(ax+1)}{e^{4x}-1} = \lim_{x \to 0} \left\{ \frac{4x}{e^{4x}-1} \times \frac{\ln(1+ax)}{ax} \times \frac{a}{4} \right\} = 1 \times 1 \times \frac{a}{4} = \frac{a}{4}$$

따라서 $\frac{a}{4}=\frac{3}{2}$이므로 $a=\frac{3}{2} \times 4=6$

$\therefore a+b=6+1=7$

## 0322

답 4

$\lim_{x\to1}\frac{2x^3+x^2+4x-7}{e^{a(x-b)}-1}=3$에서 0이 아닌 극한값이 존재하고

$x\to1$일 때, (분자)$\to0$이므로 (분모)$\to0$이어야 한다.

즉, $\lim_{x\to1}\{e^{a(x-b)}-1\}=0$이므로 $e^{a(1-b)}-1=0$

$a(1-b)=0 \quad \therefore b=1\ (\because a\neq0)$

······························ ❶

$\lim_{x\to1}\frac{(x-1)(2x^2+3x+7)}{e^{a(x-1)}-1}=\lim_{x\to1}\left\{\frac{x-1}{e^{a(x-1)}-1}\times(2x^2+3x+7)\right\}$

$=12\lim_{x\to1}\frac{x-1}{e^{a(x-1)}-1}$

$x-1=t$로 놓으면 $x\to1$일 때 $t\to0$이므로

$12\lim_{x\to1}\frac{x-1}{e^{a(x-1)}-1}=12\lim_{t\to0}\frac{t}{e^{at}-1}$

$=12\lim_{t\to0}\left(\frac{at}{e^{at}-1}\times\frac{1}{a}\right)$

$=12\times1\times\frac{1}{a}=\frac{12}{a}$

따라서 $\frac{12}{a}=3$이므로 $a=4$

······························ ❷

$\therefore ab=4\times1=4$

······························ ❸

| 채점 기준 | 배점 |
|---|---|
| ❶ 극한값이 존재함을 이용하여 $b$의 값 구하기 | 40% |
| ❷ 지수함수의 극한을 이용하여 $a$의 값 구하기 | 50% |
| ❸ $ab$의 값 구하기 | 10% |

### 유형 10 지수·로그함수의 극한의 도형에의 활용

## 0323

답 ②

점 $P(t, 3e^{at}-3)$에서 $x$축에 내린 수선의 발이 $H(t, 0)$이므로

$\overline{OH}=t$, $\overline{PH}=3e^{at}-3$

$\therefore \lim_{t\to0+}\frac{\overline{PH}}{\overline{OH}}=\lim_{t\to0+}\frac{3e^{at}-3}{t}$

$=\lim_{t\to0+}\left(\frac{e^{at}-1}{at}\times3a\right)$

$=1\times3a=3a$

따라서 $3a=2$이므로 $a=\frac{2}{3}$

## 0324

답 ①

삼각형 ABP의 넓이는

$f(t)=\frac{1}{2}\times8\times\ln t=4\ln t$

삼각형 APC의 넓이는

$g(t)=\frac{1}{2}\times4\times(t-1)=2(t-1)$

$\therefore \frac{g(t)}{f(t)}=\frac{t-1}{2\ln t}$

$t-1=k$로 놓으면 $t\to1+$일 때 $k\to0+$이므로

$\lim_{t\to1+}\frac{g(t)}{f(t)}=\lim_{t\to1+}\frac{t-1}{2\ln t}$

$=\lim_{k\to0+}\frac{k}{2\ln(1+k)}$

$=\lim_{k\to0+}\left\{\frac{k}{\ln(1+k)}\times\frac{1}{2}\right\}$

$=1\times\frac{1}{2}=\frac{1}{2}$

## 0325

답 ①

두 점 A, B는 각각 $A(t, 2^t)$, $B\left(t, \left(\frac{1}{2}\right)^t\right)$이고 점 A에서 $y$축에 내린 수선의 발은 $H(0, 2^t)$이므로

$\overline{AH}=t$, $\overline{AB}=2^t-\left(\frac{1}{2}\right)^t$

$\therefore \lim_{t\to0+}\frac{\overline{AB}}{\overline{AH}}=\lim_{t\to0+}\frac{2^t-\left(\frac{1}{2}\right)^t}{t}$

$=\lim_{t\to0+}\left\{\frac{2^t-1}{t}-\frac{\left(\frac{1}{2}\right)^t-1}{t}\right\}$

$=\ln2-\ln\frac{1}{2}=2\ln2$

**참고**

분자를 $\left(\frac{1}{2}\right)^t$으로 묶어 극한값을 구할 수도 있다.

$\lim_{t\to0+}\frac{\overline{AB}}{\overline{AH}}=\lim_{t\to0+}\frac{2^t-\left(\frac{1}{2}\right)^t}{t}$

$=\lim_{t\to0+}\frac{\left(\frac{1}{2}\right)^t(4^t-1)}{t}$

$=\lim_{t\to0+}\left\{\left(\frac{1}{2}\right)^t\times\frac{4^t-1}{t}\right\}$

$=1\times\ln4=2\ln2$

## 0326

답 2

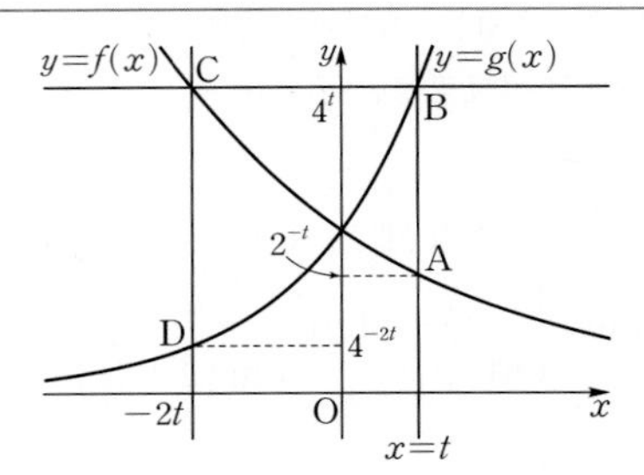


$\overline{AB}=g(t)-f(t)=4^t-2^{-t}$

······························ ❶

점 C의 $x$좌표는 $\left(\frac{1}{2}\right)^x=4^t$에서 $2^{-x}=2^{2t}$

$\therefore x=-2t$

$\overline{CD}=f(-2t)-g(-2t)=4^t-4^{-2t}$

······························ ❷

$$\therefore \lim_{t\to0+}\frac{\overline{CD}}{\overline{AB}}=\lim_{t\to0+}\frac{4^t-4^{-2t}}{4^t-2^{-t}}$$

$$=\lim_{t\to0+}\frac{\frac{4^t-4^{-2t}}{t}}{\frac{4^t-2^{-t}}{t}}$$

$$=\lim_{t\to0+}\frac{\frac{4^t-1}{t}+\frac{4^{-2t}-1}{-2t}\times2}{\frac{4^t-1}{t}+\frac{2^{-t}-1}{-t}}$$

$$=\frac{\ln 4+2\ln 4}{\ln 4+\ln 2}=\frac{6\ln 2}{3\ln 2}=2$$

❸

| 채점 기준 | 배점 |
|---|---|
| ❶ 선분 AB의 길이를 $t$에 대한 식으로 나타내기 | 10% |
| ❷ 선분 CD의 길이를 $t$에 대한 식으로 나타내기 | 30% |
| ❸ 식을 적절히 변형하여 $\lim_{t\to0+}\frac{\overline{CD}}{\overline{AB}}$의 값 구하기 | 60% |

## 유형 11 지수·로그함수의 연속

### 0327 답 6

함수 $f(x)=\begin{cases}\frac{\ln(6x+1)}{x} & (x\neq0)\\ a & (x=0)\end{cases}$이 $x=0$에서 연속이므로

$\lim_{x\to0}f(x)=f(0)$, 즉 $\lim_{x\to0}\frac{\ln(6x+1)}{x}=a$

$\therefore a=\lim_{x\to0}\left\{\frac{\ln(6x+1)}{6x}\times6\right\}=1\times6=6$

### 0328 답 ①

함수 $f(x)$가 $x=0$에서 연속이므로 $\lim_{x\to0}f(x)=f(0)$에서

$\lim_{x\to0}\frac{e^{4x}-a}{(a+5)x}=f(0)$ ⋯⋯ ㉠

㉠에서 극한값이 존재하고 $x\to0$일 때,

(분모)$\to0$이므로 (분자)$\to0$이어야 한다.

즉, $\lim_{x\to0}(e^{4x}-a)=0$이므로

$1-a=0$에서 $a=1$

$$\therefore f(0)=\lim_{x\to0}\frac{e^{4x}-1}{6x}$$

$$=\lim_{x\to0}\left(\frac{e^{4x}-1}{4x}\times\frac{2}{3}\right)$$

$$=1\times\frac{2}{3}=\frac{2}{3}$$

### 0329 답 1

함수 $f(x)=\begin{cases}\frac{e^{2x}+8e^x+a}{x} & (x\neq0)\\ b & (x=0)\end{cases}$이 $x=0$에서 연속이므로

$\lim_{x\to0}f(x)=f(0)$, 즉 $\lim_{x\to0}\frac{e^{2x}+8e^x+a}{x}=b$ ⋯⋯ ㉠

㉠에서 극한값이 존재하고 $x\to0$일 때,

(분모)$\to0$이므로 (분자)$\to0$이어야 한다.

즉, $\lim_{x\to0}(e^{2x}+8e^x+a)=0$이므로

$9+a=0$에서 $a=-9$

❶

$a=-9$를 ㉠에 대입하면

$$\lim_{x\to0}\frac{e^{2x}+8e^x-9}{x}=\lim_{x\to0}\frac{(e^x-1)(e^x+9)}{x}$$

$$=\lim_{x\to0}\left\{\frac{e^x-1}{x}\times(e^x+9)\right\}$$

$$=1\times(1+9)=10=b$$

❷

$\therefore a+b=(-9)+10=1$

❸

| 채점 기준 | 배점 |
|---|---|
| ❶ 극한값이 존재함을 이용하여 $a$의 값 구하기 | 45% |
| ❷ 지수함수의 극한을 이용하여 $b$의 값 구하기 | 45% |
| ❸ $a+b$의 값 구하기 | 10% |

**Bible Says 함수의 연속**

함수 $f(x)$가 실수 $a$에 대하여 다음 조건을 모두 만족시킬 때, $x=a$에서 연속이다.

(1) 함숫값 $f(a)$가 존재한다.

(2) 극한값 $\lim_{x\to a}f(x)$가 존재한다.

(3) $\lim_{x\to a}f(x)=f(a)$

### 0330 답 ②

함수 $f(x)=\begin{cases}\frac{\ln(4x-7)}{e^{x-2}-1} & (x>2)\\ 5x+a & (x\le2)\end{cases}$가 실수 전체의 집합에서 연속이므로 $x=2$에서 연속이다.

즉, $\lim_{x\to2-}f(x)=\lim_{x\to2+}f(x)=f(2)$이어야 하므로

$\lim_{x\to2-}f(x)=\lim_{x\to2-}(5x+a)=10+a$

$\lim_{x\to2+}f(x)=\lim_{x\to2+}\frac{\ln(4x-7)}{e^{x-2}-1}$

$f(2)=10+a$에서 $\lim_{x\to2+}\frac{\ln(4x-7)}{e^{x-2}-1}=10+a$

$x-2=t$로 놓으면 $x\to2+$일 때 $t\to0+$이므로

$$\lim_{x\to2+}\frac{\ln(4x-7)}{e^{x-2}-1}=\lim_{t\to0+}\frac{\ln(1+4t)}{e^t-1}$$

$$=\lim_{t\to0+}\left\{\frac{\ln(1+4t)}{4t}\times\frac{t}{e^t-1}\times4\right\}$$

$$=1\times1\times4=4=10+a$$

$\therefore a=-6$

## 0331

답 ③

$(x-1)f(x)=e^{4x-4}-1$에서

$x\neq 1$일 때, $f(x)=\dfrac{e^{4x-4}-1}{x-1}$

함수 $f(x)$가 실수 전체의 집합에서 연속이므로 $x=1$에서 연속이다.

즉, $\lim_{x\to 1}f(x)=f(1)$이어야 하므로

$f(1)=\lim_{x\to 1}\dfrac{e^{4x-4}-1}{x-1}$

$x-1=t$로 놓으면 $x\to 1$일 때 $t\to 0$이므로

$\lim_{x\to 1}\dfrac{e^{4x-4}-1}{x-1}=\lim_{t\to 0}\dfrac{e^{4t}-1}{t}$

$=\lim_{t\to 0}\left(\dfrac{e^{4t}-1}{4t}\times 4\right)=1\times 4=4$

$\therefore f(1)=4$

### 유형 12 지수함수의 도함수

## 0332

답 ④

$f(x)=e^{x}-x^{2}+5x$에서

$f'(x)=e^{x}-2x+5$

$\therefore f'(0)=1-0+5=6$

## 0333

답 ④

$f(x)=e^{x}(2x+1)$에서

$f'(x)=e^{x}\times(2x+1)+e^{x}\times 2$

$=(2x+3)e^{x}$

$\therefore f'(1)=5e$

## 0334

답 ⑤

$f(x)=(x+a)e^{x}$에서

$f'(x)=1\times e^{x}+(x+a)\times e^{x}$

$=(x+a+1)e^{x}$

$f'(2)=(a+3)e^{2}$

따라서 $(a+3)e^{2}=8e^{2}$이므로

$a+3=8$ $\quad\therefore a=5$

## 0335

답 21

$f(x)=3^{x}+3^{2x}=3^{x}+9^{x}$에서

$f'(x)=3^{x}\ln 3+9^{x}\ln 9$

따라서 곡선 $y=f(x)$ 위의 점 $(1, f(1))$에서의 접선의 기울기는

$f'(1)=3\ln 3+9\ln 9=3\ln 3+18\ln 3=21\ln 3$

$\therefore a=21$

## 0336

답 ⑤

$\lim_{h\to 0}\dfrac{f(1+h)-f(1-h)}{h}$

$=\lim_{h\to 0}\dfrac{\{f(1+h)-f(1)\}-\{f(1-h)-f(1)\}}{h}$

$=\lim_{h\to 0}\left\{\dfrac{f(1+h)-f(1)}{h}+\dfrac{f(1-h)-f(1)}{-h}\right\}$

$=f'(1)+f'(1)=2f'(1)$

$f(x)=4^{x}$에서 $f'(x)=4^{x}\ln 4$

$\therefore 2f'(1)=2\times 4\ln 4=8\ln 4=16\ln 2$

### 유형 13 로그함수의 도함수

## 0337

답 5

$f(x)=x^{4}\ln x$에서

$f'(x)=4x^{3}\times\ln x+x^{4}\times\dfrac{1}{x}=4x^{3}\ln x+x^{3}$

$f'(e)=4e^{3}\times 1+e^{3}=5e^{3}$

$\therefore \dfrac{f'(e)}{e^{3}}=5$

## 0338

답 ⑤

$f(x)=\log_{3}6x=\log_{3}6+\log_{3}x$에서

$f'(x)=\dfrac{1}{x\ln 3}$

$f'(a)=\dfrac{1}{a\ln 3}=\dfrac{1}{9\ln 3}$

$\therefore a=9$

## 0339

답 ④

$\lim_{h\to 0}\dfrac{f(1+2h)-f(1-h)}{h}$

$=\lim_{h\to 0}\left\{\dfrac{f(1+2h)-f(1)}{h}-\dfrac{f(1-h)-f(1)}{h}\right\}$

$=\lim_{h\to 0}\left\{\dfrac{f(1+2h)-f(1)}{2h}\times 2+\dfrac{f(1-h)-f(1)}{-h}\right\}$

$=f'(1)\times 2+f'(1)=3f'(1)$

$f(x)=x^{2}+x\ln x$에서

$f'(x)=2x+1\times\ln x+x\times\dfrac{1}{x}=2x+\ln x+1$

$\therefore 3f'(1)=3\times(2+0+1)=9$

## 0340

답 ②

함수 $f(x)=\ln x$가 닫힌구간 $[2, 32]$에서 연속이고, 열린구간 $(2, 32)$에서 미분가능하므로 평균값 정리에 의하여

$\dfrac{f(32)-f(2)}{32-2}=f'(c)$

인 $c$가 열린구간 $(2, 32)$에 적어도 하나 존재한다.

이때

$\frac{f(32)-f(2)}{32-2}=\frac{\ln 32-\ln 2}{30}=\frac{5\ln 2-\ln 2}{30}=\frac{4\ln 2}{30}=\frac{2\ln 2}{15}$

이고,

$f(x)=\ln x$에서 $f'(x)=\frac{1}{x}$이므로 $f'(c)=\frac{1}{c}$

즉, $\frac{2\ln 2}{15}=\frac{1}{c}$이므로 $c=\frac{15}{2\ln 2}$

**Bible Says 평균값 정리**

함수 $f(x)$가 닫힌구간 $[a, b]$에서 연속이고 열린구간 $(a, b)$에서 미분가능할 때,

$$\frac{f(b)-f(a)}{b-a}=f'(c)$$

인 $c$가 $a$와 $b$ 사이에 적어도 하나 존재한다.

**Bible Says 구간으로 나누어 정의된 함수의 미분가능성**

미분가능한 두 함수 $f(x)$, $g(x)$에 대하여

함수 $h(x)=\begin{cases} f(x) & (x<a) \\ g(x) & (x\geq a)\end{cases}$가 $x=a$에서 미분가능하면

(1) 함수 $h(x)$는 $x=a$에서 연속이다.

➡ $\lim_{x\to a-} f(x)=\lim_{x\to a+} g(x)=g(a)$

(2) 함수 $h(x)$는 $x=a$에서 미분계수가 존재한다.

➡ $f'(a)=g'(a)$

[방법1] 도함수를 이용

$h'(x)=\begin{cases} f'(x) & (x<a) \\ g'(x) & (x>a)\end{cases}$에서 $f'(a)=g'(a)$

임을 보인다.

[방법2] 미분계수의 정의를 이용

$\lim_{x\to a-}\frac{f(x)-f(a)}{x-a}=\lim_{x\to a+}\frac{g(x)-g(a)}{x-a}$

임을 보인다.

## 유형 14 지수·로그함수의 미분가능성

### 0341

답 ③

함수 $f(x)=\begin{cases} ax+b & (x<1) \\ 2^x & (x\geq 1)\end{cases}$이 $x=1$에서 미분가능하므로 $x=1$에서 연속이다.

즉, $\lim_{x\to 1-} f(x)=\lim_{x\to 1+} f(x)=f(1)$이어야 하므로

$\lim_{x\to 1-} f(x)=\lim_{x\to 1-}(ax+b)=a+b$

$\lim_{x\to 1+} f(x)=\lim_{x\to 1+} 2^x=2$

$f(1)=2$

에서 $a+b=2$ …… ㉠

또한 함수 $f(x)$의 $x=1$에서의 좌미분계수, 우미분계수가 같아야 한다.

즉, $\lim_{x\to 1-} f'(x)=\lim_{x\to 1+} f'(x)$이어야 하므로

$f'(x)=\begin{cases} a & (x<1) \\ 2^x\ln 2 & (x>1)\end{cases}$에서 $a=2\ln 2$

$a=2\ln 2$를 ㉠에 대입하면 $b=2-2\ln 2$

$\therefore a-b=2\ln 2-(2-2\ln 2)=4\ln 2-2$

**참고**

미분계수의 정의를 이용하여 $a$의 값을 구할 수도 있다.

함수 $f(x)=\begin{cases} ax+b & (x<1) \\ 2^x & (x\geq 1)\end{cases}$이 $x=1$에서 미분가능하므로 함수 $f(x)$의 $x=1$에서의 좌미분계수, 우미분계수가 같아야 한다.

$\lim_{x\to 1-}\frac{f(x)-f(1)}{x-1}=\lim_{x\to 1-}\frac{ax+b-(a+b)}{x-1}$

$=\lim_{x\to 1-}\frac{a(x-1)}{x-1}=a$

$\lim_{x\to 1+}\frac{f(x)-f(1)}{x-1}=\lim_{x\to 1+}\frac{2^x-2}{x-1}$

$x-1=t$로 놓으면 $x\to 1+$일 때 $t\to 0+$이므로

$\lim_{x\to 1+}\frac{2^x-2}{x-1}=\lim_{t\to 0+}\frac{2^{t+1}-2}{t}$

$=\lim_{t\to 0+}\frac{2(2^t-1)}{t}=2\ln 2$

$\therefore a=2\ln 2$

### 0342

답 ③

함수 $f(x)=\begin{cases} ax+7 & (x\leq 1) \\ \ln bx & (x>1)\end{cases}$이 $x=1$에서 미분가능하므로 $x=1$에서 연속이다.

즉, $\lim_{x\to 1-} f(x)=\lim_{x\to 1+} f(x)=f(1)$이어야 하므로

$\lim_{x\to 1-} f(x)=\lim_{x\to 1-}(ax+7)=a+7$

$\lim_{x\to 1+}\ln bx=\ln b$

$f(1)=a+7$

에서 $a+7=\ln b$ …… ㉠

또한 함수 $f(x)$의 $x=1$에서의 좌미분계수, 우미분계수가 같아야 한다.

즉, $\lim_{x\to 1-} f'(x)=\lim_{x\to 1+} f'(x)$이어야 하므로

$f'(x)=\begin{cases} a & (x<1) \\ \frac{1}{x} & (x>1)\end{cases}$에서 $a=1$

$a=1$을 ㉠에 대입하면 $\ln b=8$ $\therefore b=e^8$

$\therefore ab=1\times e^8=e^8$

**참고**

미분계수의 정의를 이용하여 $a$의 값을 구할 수도 있다.

함수 $f(x)=\begin{cases} ax+7 & (x\leq 1) \\ \ln bx & (x>1)\end{cases}$이 $x=1$에서 미분가능하므로 함수 $f(x)$의 $x=1$에서의 좌미분계수, 우미분계수가 같아야 한다.

$\lim_{x\to 1-}\frac{f(x)-f(1)}{x-1}=\lim_{x\to 1-}\frac{ax+7-(a+7)}{x-1}$

$=\lim_{x\to 1-}\frac{a(x-1)}{x-1}=a$

$\lim_{x\to 1+}\frac{f(x)-f(1)}{x-1}=\lim_{x\to 1+}\frac{\ln bx-\ln b}{x-1}$

$=\lim_{x\to 1+}\frac{\ln x}{x-1}$

$x-1=t$로 놓으면 $x\to 1+$일 때 $t\to 0+$이므로

$\lim_{x\to 1+}\frac{\ln x}{x-1}=\lim_{t\to 0+}\frac{\ln(1+t)}{t}=1$

$\therefore a=1$

## 0343

답 ③

함수 $f(x)=\begin{cases}(8x-8)e^x+a & (x<b)\\ 5 & (x\geq b)\end{cases}$가 실수 전체의 집합에서 미분가능하므로 $x=b$에서 미분가능하다.

따라서 함수 $f(x)$가 $x=b$에서 연속이므로

$\lim_{x\to b-}f(x)=\lim_{x\to b+}f(x)=f(b)$이어야 한다.

$\lim_{x\to b-}f(x)=\lim_{x\to b-}\{(8x-8)e^x+a\}=(8b-8)e^b+a$

$\lim_{x\to b+}f(x)=f(b)=5$

에서 $(8b-8)e^b+a=5$ …… ㉠

또한 함수 $f(x)$의 $x=b$에서의 좌미분계수, 우미분계수가 같아야 한다.

즉, $\lim_{x\to b-}f'(x)=\lim_{x\to b+}f'(x)$이어야 하므로

$f'(x)=\begin{cases}8e^x+(8x-8)e^x & (x<b)\\ 0 & (x>b)\end{cases}$에서

$8be^b=0 \quad \therefore b=0$

$b=0$을 ㉠에 대입하면

$-8+a=5 \quad \therefore a=13$

$\therefore a+b=13+0=13$

## 0344

답 13

$f(x)=x^2+ax+b$ ($a$, $b$는 상수)라 하자.

함수 $g(x)=\begin{cases}x^2+ax+b & (x\leq 2)\\ e^{x-2}+6 & (x>2)\end{cases}$가 $x=2$에서 미분가능하므로 $x=2$에서 연속이다.

즉, $\lim_{x\to 2-}g(x)=\lim_{x\to 2+}g(x)=g(2)$이어야 하므로

$\lim_{x\to 2-}g(x)=\lim_{x\to 2-}(x^2+ax+b)=4+2a+b$

$\lim_{x\to 2+}g(x)=\lim_{x\to 2+}(e^{x-2}+6)=7$

$g(2)=4+2a+b$

에서 $4+2a+b=7$

$\therefore 2a+b=3$ …… ㉠

…… ❶

또한 함수 $g(x)$의 $x=2$에서의 좌미분계수, 우미분계수가 같아야 한다.

즉, $\lim_{x\to 2-}g'(x)=\lim_{x\to 2+}g'(x)$이어야 하므로

$g'(x)=\begin{cases}2x+a & (x<2)\\ e^{x-2} & (x>2)\end{cases}$에서

$\lim_{x\to 2-}(2x+a)=\lim_{x\to 2+}e^{x-2}$

$4+a=1 \quad \therefore a=-3$

…… ❷

$a=-3$을 ㉠에 대입하면 $b=3-2a=9$

따라서 $f(x)=x^2-3x+9$이므로

$f(-1)=1+3+9=13$

…… ❸

| 채점 기준 | 배점 |
|---|---|
| ❶ 함수 $g(x)$가 $x=2$에서 연속일 조건 구하기 | 30% |
| ❷ 함수 $g(x)$의 $x=2$에서의 미분계수가 존재할 조건 구하기 | 40% |
| ❸ 함수 $f(x)$의 식을 구한 후 $f(-1)$의 값 구하기 | 30% |

# PART B 내신 잡는 종합 문제

## 0345

답 ①

$x+1=t$로 놓으면 $x\to -1$일 때 $t\to 0$이므로

$$\lim_{x\to -1}\frac{2^{2x+2}-1}{12x+12}=\lim_{t\to 0}\frac{2^{2t}-1}{12t}=\lim_{t\to 0}\left(\frac{2^{2t}-1}{2t}\times\frac{1}{6}\right)=\ln 2\times\frac{1}{6}=\frac{\ln 2}{6}$$

## 0346

답 ①

$$\lim_{x\to 0}\frac{e^{2x}+4e^x-5}{\ln(1-2x)}=\lim_{x\to 0}\frac{(e^x-1)(e^x+5)}{\ln(1-2x)}=\lim_{x\to 0}\left\{\frac{e^x-1}{x}\times\frac{-2x}{\ln(1-2x)}\times\frac{e^x+5}{-2}\right\}=1\times 1\times\left(-\frac{6}{2}\right)=-3=a$$

$$\lim_{x\to\infty}\left(\frac{x+2}{x-2}\right)^x=\lim_{x\to\infty}\left(\frac{1+\frac{2}{x}}{1-\frac{2}{x}}\right)^x=\lim_{x\to\infty}\frac{\left(1+\frac{2}{x}\right)^x}{\left(1-\frac{2}{x}\right)^x}=\lim_{x\to\infty}\frac{\left\{\left(1+\frac{2}{x}\right)^{\frac{x}{2}}\right\}^2}{\left\{\left(1-\frac{2}{x}\right)^{-\frac{x}{2}}\right\}^{-2}}=\frac{e^2}{e^{-2}}=e^{2-(-2)}=e^4=b$$

$\therefore ab=-3e^4$

**참고**

$$\lim_{x\to\infty}\left(\frac{x+2}{x-2}\right)^x=\lim_{x\to\infty}\left(1+\frac{4}{x-2}\right)^x=\lim_{x\to\infty}\left[\left\{\left(1+\frac{4}{x-2}\right)^{\frac{x-2}{4}}\right\}^{\frac{4}{x-2}}\right]^x=\lim_{x\to\infty}\left\{\left(1+\frac{4}{x-2}\right)^{\frac{x-2}{4}}\right\}^{\frac{4x}{x-2}}=e^4=b$$

## 0347

답 ③

$f(x)=x^2e^x$이라 하면 $f(1)=e$이고

$f'(x)=2x\times e^x+x^2\times e^x=(x^2+2x)e^x$이므로

$$\lim_{x\to 1}\frac{x^2e^x-e}{x-1}=\lim_{x\to 1}\frac{f(x)-f(1)}{x-1}=f'(1)=3e$$

## 0348

답 1

$\frac{1}{x}=t$로 놓으면 $x \to 0+$일 때 $t \to \infty$이므로

$$\lim_{x\to 0+}\frac{f(x)}{g(x)}=\lim_{x\to 0+}\frac{\log_2 \frac{2}{x}}{\log_2\left(\frac{8}{x}+1\right)}$$

$$=\lim_{t\to\infty}\frac{\log_2 2t}{\log_2(8t+1)}$$

$$=\lim_{t\to\infty}\frac{\log_2 t+1}{\log_2 t+\log_2\left(8+\frac{1}{t}\right)}$$

$$=\lim_{t\to\infty}\frac{1+\frac{1}{\log_2 t}}{1+\frac{\log_2\left(8+\frac{1}{t}\right)}{\log_2 t}}=\frac{1}{1}=1$$

## 0349

답 ③

$$\lim_{x\to 0}\{(1+ax)(1+a^2x-3ax)\}^{\frac{1}{2x}}$$

$$=\lim_{x\to 0}\left\{(1+ax)^{\frac{1}{2x}}(1+a^2x-3ax)^{\frac{1}{2x}}\right\}$$

$$=\lim_{x\to 0}\left\{(1+ax)^{\frac{1}{ax}}\right\}^{\frac{a}{2}}\times\lim_{x\to 0}\left[\{1+(a^2-3a)x\}^{\frac{1}{(a^2-3a)x}}\right]^{\frac{a^2-3a}{2}}$$

$$=e^{\frac{a}{2}}\times e^{\frac{a^2-3a}{2}}=e^{\frac{a^2-2a}{2}}$$

따라서 $e^{\frac{a^2-2a}{2}}=e^{12}$이므로 $\frac{a^2-2a}{2}=12$

$a^2-2a-24=0$, $(a-6)(a+4)=0$

$\therefore a=6$ ($\because a>0$)

## 0350

답 ④

$\lim_{x\to 0}\frac{\log_2\{1+f(2x)\}}{x}=\frac{8}{\ln 2}$에서 극한값이 존재하고 $x \to 0$일 때,

(분모) $\to 0$이므로 (분자) $\to 0$이어야 한다.

즉, $\lim_{x\to 0}\log_2\{1+f(2x)\}=0$이므로 $\lim_{x\to 0}f(2x)=0$

$$\lim_{x\to 0}\frac{\log_2\{1+f(2x)\}}{x}=\lim_{x\to 0}\left[\frac{\log_2\{1+f(2x)\}}{f(2x)}\times\frac{f(2x)}{x}\right]$$

$$=\frac{1}{\ln 2}\lim_{x\to 0}\frac{f(2x)}{x}=\frac{8}{\ln 2}$$

$\therefore \lim_{x\to 0}\frac{f(2x)}{x}=8$

$2x=t$로 놓으면 $x \to 0$일 때 $t \to 0$이므로

$$\lim_{x\to 0}\frac{f(2x)}{x}=\lim_{t\to 0}\frac{f(t)}{\frac{t}{2}}=\lim_{t\to 0}\left\{\frac{f(t)}{t}\times 2\right\}$$

$$=2\lim_{t\to 0}\frac{f(t)}{t}=8$$

$\therefore \lim_{x\to 0}\frac{f(x)}{x}=4$

## 0351

답 3

$$\lim_{x\to\infty}\frac{a^{x+2}-2\times b^{-x}}{a^x-b^{-x-1}}=\lim_{x\to\infty}\frac{a^2-2\times\left(\frac{1}{ab}\right)^x}{1-\frac{1}{b}\times\left(\frac{1}{ab}\right)^x}=a^2$$

$-x=t$로 놓으면 $x \to -\infty$일 때 $t \to \infty$이므로

$$\lim_{x\to-\infty}\frac{a^{x+2}-2\times b^{-x}}{a^x-b^{-x-1}}=\lim_{t\to\infty}\frac{a^{-t+2}-2\times b^t}{a^{-t}-b^{t-1}}$$

$$=\lim_{t\to\infty}\frac{a^2\times\left(\frac{1}{ab}\right)^t-2}{\left(\frac{1}{ab}\right)^t-\frac{1}{b}}=2b$$

따라서 $a^2+2b=50$을 만족시키는 2 이상의 두 자연수 $a$, $b$의 순서쌍 $(a, b)$는 $(2, 23)$, $(4, 17)$, $(6, 7)$의 3개이다.

## 0352

답 ②

두 점 P, Q는 각각 $P(t, e^{2t+k})$, $Q(t, e^{-3t+k})$이므로

$\overline{PQ}=e^{2t+k}-e^{-3t+k}=e^k(e^{2t}-e^{-3t})$

$\overline{PQ}=t$에서

$e^k(e^{2t}-e^{-3t})=t$, $e^k=\frac{t}{e^{2t}-e^{-3t}}$

$\therefore e^{f(t)}=\frac{t}{e^{2t}-e^{-3t}}$

$$\therefore \lim_{t\to 0+}e^{f(t)}=\lim_{t\to 0+}\frac{t}{e^{2t}-e^{-3t}}=\lim_{t\to 0+}\frac{t}{e^{-3t}(e^{5t}-1)}$$

$$=\lim_{t\to 0+}\left(\frac{5t}{e^{5t}-1}\times\frac{e^{3t}}{5}\right)=1\times\frac{1}{5}=\frac{1}{5}$$

## 0353

답 88

$\lim_{x\to 0}\frac{\ln(1+6x^2)}{f(x)}=4$에서 0이 아닌 극한값이 존재하고 $x \to 0$일 때,

(분자) $\to 0$이므로 (분모) $\to 0$이어야 한다.

즉, $\lim_{x\to 0}f(x)=0$이므로 $f(0)=0$

$f(x)=x(x^2+ax+b)$ ($a$, $b$는 상수)라 하면

$$\lim_{x\to 0}\frac{\ln(1+6x^2)}{f(x)}=\lim_{x\to 0}\frac{\ln(1+6x^2)}{x(x^2+ax+b)}$$

$$=\lim_{x\to 0}\left\{\frac{\ln(1+6x^2)}{6x^2}\times\frac{6x}{x^2+ax+b}\right\}$$

$$=\lim_{x\to 0}\frac{6x}{x^2+ax+b}=4 \quad \cdots\cdots \text{㉠}$$

㉠에서 0이 아닌 극한값이 존재하고 $x \to 0$일 때,

(분자) $\to 0$이므로 (분모) $\to 0$이어야 한다.

즉, $\lim_{x\to 0}(x^2+ax+b)=0$이므로 $b=0$

$b=0$을 ㉠에 대입하면

$$\lim_{x\to 0}\frac{6x}{x^2+ax+b}=\lim_{x\to 0}\frac{6x}{x^2+ax}$$

$$=\lim_{x\to 0}\frac{6}{x+a}=\frac{6}{a}=4$$

$\therefore a=\frac{3}{2}$

따라서 $f(x)=x\left(x^2+\frac{3}{2}x\right)$이므로

$f(4)=4\times(16+6)=88$

## 0354

답 ④

$\ln(1-2x) \le f(x) \le \frac{1}{2}(e^{-4x}-1)$에서

(i) $0<x<\frac{1}{2}$일 때

$$\frac{\ln(1-2x)}{x} \le \frac{f(x)}{x} \le \frac{e^{-4x}-1}{2x}$$

이때

$$\lim_{x\to 0+}\frac{\ln(1-2x)}{x}=\lim_{x\to 0+}\left\{\frac{\ln(1-2x)}{-2x}\times(-2)\right\}$$
$$=1\times(-2)=-2$$

$$\lim_{x\to 0+}\frac{e^{-4x}-1}{2x}=\lim_{x\to 0+}\left\{\frac{e^{-4x}-1}{-4x}\times(-2)\right\}$$
$$=1\times(-2)=-2$$

이므로 함수의 극한의 대소 관계에 의하여

$$\lim_{x\to 0+}\frac{f(x)}{x}=-2$$

(ii) $x<0$일 때

$$\frac{e^{-4x}-1}{2x} \le \frac{f(x)}{x} \le \frac{\ln(1-2x)}{x}$$

이때

$$\lim_{x\to 0-}\frac{e^{-4x}-1}{2x}=\lim_{x\to 0-}\left\{\frac{e^{-4x}-1}{-4x}\times(-2)\right\}$$
$$=1\times(-2)=-2$$

$$\lim_{x\to 0-}\frac{\ln(1-2x)}{x}=\lim_{x\to 0-}\left\{\frac{\ln(1-2x)}{-2x}\times(-2)\right\}$$
$$=1\times(-2)=-2$$

이므로 함수의 극한의 대소 관계에 의하여

$$\lim_{x\to 0-}\frac{f(x)}{x}=-2$$

(i), (ii)에서 $\lim_{x\to 0}\frac{f(x)}{x}=-2$

$\frac{x}{6}=t$로 놓으면 $x\to 0$일 때 $t\to 0$이므로

$$\lim_{x\to 0}\frac{f\left(\frac{x}{6}\right)}{x}=\lim_{t\to 0}\frac{f(t)}{6t}=\lim_{t\to 0}\left\{\frac{f(t)}{t}\times\frac{1}{6}\right\}$$
$$=(-2)\times\frac{1}{6}=-\frac{1}{3}$$

**Bible Says 함수의 극한의 대소 관계**

$\lim_{x\to a}f(x)=\alpha$, $\lim_{x\to a}g(x)=\beta$ ($\alpha$, $\beta$는 실수)일 때 $a$에 가까운 모든 실수 $x$에 대하여

(1) $f(x)<g(x)$이면 $\alpha\le\beta$

(2) $f(x)<h(x)<g(x)$이고 $\alpha=\beta$이면 $\lim_{x\to a}h(x)=\alpha$

## 0355

답 ②

$f(x)=x^2+ax+b$ ($a$, $b$는 상수)라 하면

$$f(x)g(x)=\begin{cases}\dfrac{x^2+ax+b}{\ln(x+1)} & (x\ne 0)\\ 8(x^2+ax+b) & (x=0)\end{cases}$$

함수 $f(x)g(x)$가 구간 $(-1, \infty)$에서 연속이므로 $x=0$에서 연속이다.

즉, $\lim_{x\to 0}f(x)g(x)=f(0)g(0)$이어야 하므로

$$\lim_{x\to 0}\frac{x^2+ax+b}{\ln(x+1)}=8b \qquad \cdots\cdots ㉠$$

㉠에서 극한값이 존재하고 $x\to 0$일 때,

(분모)$\to 0$이므로 (분자)$\to 0$이어야 한다.

즉, $\lim_{x\to 0}(x^2+ax+b)=0$이므로 $b=0$

이를 ㉠에 대입하면

$$\lim_{x\to 0}\frac{x^2+ax+b}{\ln(x+1)}=\lim_{x\to 0}\frac{x(x+a)}{\ln(x+1)}=\lim_{x\to 0}\frac{x+a}{\frac{\ln(x+1)}{x}}$$
$$=\frac{a}{1}=a=0$$

따라서 $f(x)=x^2$이므로 $f(3)=9$

## 0356

답 1

함수 $f(x)=\begin{cases}2^x+a & (x\le 0)\\ 8^x+b^x & (x>0)\end{cases}$이 실수 전체의 집합에서 미분가능하므로 $x=0$에서 미분가능하다.

따라서 함수 $f(x)$가 $x=0$에서 연속이므로

$\lim_{x\to 0-}f(x)=\lim_{x\to 0+}f(x)=f(0)$이어야 한다.

$\lim_{x\to 0-}f(x)=\lim_{x\to 0-}(2^x+a)=1+a$

$\lim_{x\to 0+}f(x)=\lim_{x\to 0+}(8^x+b^x)=1+1=2$

$f(0)=1+a$

에서 $1+a=2$

$\therefore a=1$

또한 함수 $f(x)$의 $x=0$에서의 좌미분계수, 우미분계수가 같아야 한다.

즉, $\lim_{x\to 0-}f'(x)=\lim_{x\to 0+}f'(x)$이어야 하므로

$f'(x)=\begin{cases}2^x\ln 2 & (x<0)\\ 8^x\ln 8+b^x\ln b & (x>0)\end{cases}$에서

$\lim_{x\to 0-}2^x\ln 2=\lim_{x\to 0+}(8^x\ln 8+b^x\ln b)$

$\ln 2=\ln 8+\ln b$

$\ln 2=3\ln 2+\ln b$, $\ln b=\ln\frac{1}{4}$

$\therefore b=\frac{1}{4}$

$\therefore 4ab=4\times 1\times\frac{1}{4}=1$

## 0357

답 ③

ㄱ. $f(0)=f'(0)=0$이므로

$$\lim_{x\to 0}\frac{e^{f(x)}-1}{x}=\lim_{x\to 0}\left\{\frac{e^{f(x)}-1}{f(x)}\times\frac{f(x)}{x}\right\}$$
$$=\lim_{x\to 0}\left\{\frac{e^{f(x)}-1}{f(x)}\times\frac{f(x)-f(0)}{x-0}\right\}$$
$$=1\times f'(0)=0 \text{ (참)}$$

ㄴ. [반례] $f(x)=|x|$이면

$\lim_{x\to0}f(x)=0$이지만

$$\lim_{x\to0-}\frac{e^{f(x)}-1}{x}=\lim_{x\to0-}\frac{e^{-x}-1}{x}$$
$$=\lim_{x\to0-}\left\{\frac{e^{-x}-1}{-x}\times(-1)\right\}$$
$$=1\times(-1)=-1$$

$$\lim_{x\to0+}\frac{e^{f(x)}-1}{x}=\lim_{x\to0+}\frac{e^{x}-1}{x}=1$$

즉, $\lim_{x\to0-}\frac{e^{f(x)}-1}{x}\neq\lim_{x\to0+}\frac{e^{f(x)}-1}{x}$이므로 $\lim_{x\to0}\frac{e^{f(x)}-1}{x}$의 값이 존재하지 않는다. (거짓)

ㄷ. $\lim_{x\to0}\frac{2^x-1}{f(x)}=1$이므로

$$\lim_{x\to0}\frac{8^x-1}{f(x)}=\lim_{x\to0}\left\{\frac{2^x-1}{f(x)}\times\frac{8^x-1}{x}\times\frac{x}{2^x-1}\right\}$$
$$=1\times\ln8\times\frac{1}{\ln2}=\frac{3\ln2}{\ln2}=3\text{ (참)}$$

따라서 옳은 것은 ㄱ, ㄷ이다.

## 0358

답 ①

점 P의 $x$좌표를 $p$ $(0<p<1)$이라 하자.

점 P는 곡선 $y=\ln x$와 직선 $y=-x+t$의 교점이므로

$\ln p=-p+t$에서

$t=\ln p+p=\ln p+\ln e^p=\ln pe^p$

$\therefore pe^p=e^t$

점 Q의 $x$좌표가 $p$이므로 $y$좌표는 $e^p$이다.

따라서 삼각형 OHQ의 넓이 $S(t)$는

$$S(t)=\frac{1}{2}\times\overline{OH}\times\overline{HQ}=\frac{1}{2}\times p\times e^p=\frac{1}{2}e^t$$

$$\therefore\lim_{t\to0+}\frac{2S(t)-1}{t}=\lim_{t\to0+}\frac{e^t-1}{t}=1$$

## 0359

답 $-\frac{1}{4}$

함수 $f(x)$가 $x\neq2$에서 연속이고 함수 $g(x)$는 실수 전체의 집합에서 연속이므로 함수 $g(f(x))$가 실수 전체의 집합에서 연속이려면 $x=2$에서 연속이면 된다.

즉, $\lim_{x\to2-}g(f(x))=\lim_{x\to2+}g(f(x))=g(f(2))$이어야 한다.

❶

$f(x)=t$로 놓으면 $x\to2-$일 때 $t\to2a-$이므로

$$\lim_{x\to2-}g(f(x))=\lim_{t\to2a-}g(t)=\lim_{t\to2a-}(2^t+2^{-t})=2^{2a}+2^{-2a}$$

$x\to2+$일 때 $t\to1-$이므로

$$\lim_{x\to2+}g(f(x))=\lim_{t\to1-}g(t)=\lim_{t\to1-}(2^t+2^{-t})=2+2^{-1}=\frac{5}{2}$$

$g(f(2))=g(2a)=2^{2a}+2^{-2a}$

에서 $4^a+4^{-a}=\frac{5}{2}$

❷

$4^a=s$ $(s>0)$으로 놓으면

$s+\frac{1}{s}=\frac{5}{2}$, $2s^2-5s+2=0$

$(2s-1)(s-2)=0$ $\quad\therefore s=\frac{1}{2}$ 또는 $s=2$

$4^a=\frac{1}{2}$ 또는 $4^a=2$이므로

$2^{2a}=\frac{1}{2}$ 또는 $2^{2a}=2$ $\quad\therefore a=-\frac{1}{2}$ 또는 $a=\frac{1}{2}$

따라서 모든 실수 $a$의 값의 곱은

$\left(-\frac{1}{2}\right)\times\frac{1}{2}=-\frac{1}{4}$

❸

| 채점 기준 | 배점 |
|---|---|
| ❶ 함수 $g(f(x))$가 실수 전체의 집합에서 연속일 조건 구하기 | 30% |
| ❷ 조건을 이용하여 $a$를 포함한 식 세우기 | 40% |
| ❸ 지수방정식을 풀어 모든 $a$의 값의 곱 구하기 | 30% |

## 0360

답 18

조건 (가)의 $\lim_{x\to1}\frac{g(x)}{x-1}=0$에서 극한값이 존재하고 $x\to1$일 때,

(분모) $\to0$이므로 (분자) $\to0$이어야 한다.

즉, $\lim_{x\to1}g(x)=0$이므로 $g(1)=0$

$$\lim_{x\to1}\frac{g(x)}{x-1}=\lim_{x\to1}\frac{g(x)-g(1)}{x-1}=g'(1)=0$$

❶

한편, $g(x)=f(x)e^{-x}$이므로

$g'(x)=f'(x)e^{-x}-f(x)e^{-x}$

$g(1)=0$에서 $f(1)e^{-1}=0$이므로

$f(1)=0$

$g'(1)=0$에서 $f'(1)\times e^{-1}-f(1)\times e^{-1}=0$이므로

$f'(1)=0$

즉, $f(1)=f'(1)=0$이므로

$f(x)=a(x-1)^2$ ($a\neq0$인 상수) $\quad\cdots\cdots$ ㉠

❷

조건 (나)에서

$$\lim_{x\to0}\frac{g(2x)-f(2x)}{x}=\lim_{x\to0}\frac{f(2x)e^{-2x}-f(2x)}{x}$$
$$=\lim_{x\to0}\frac{f(2x)(e^{-2x}-1)}{x}$$
$$=\lim_{x\to0}f(2x)\times\lim_{x\to0}\left\{\frac{e^{-2x}-1}{-2x}\times(-2)\right\}$$
$$=-2f(0)=-4$$

이므로 $f(0)=2$

㉠에 $x=0$을 대입하면 $f(0)=a=2$이므로

$f(x)=2(x-1)^2$

$\therefore f(4)=2\times3^2=18$

❸

| 채점 기준 | 배점 |
|---|---|
| ❶ 조건 (가)를 이용하여 $g(1)$, $g'(1)$의 값 구하기 | 30% |
| ❷ 함수 $g'(x)$의 식을 이용하여 함수 $f(x)$의 식 나타내기 | 30% |
| ❸ 조건 (나)를 이용하여 함수 $f(x)$를 구하고 $f(4)$의 값 구하기 | 40% |

# 수능 녹인 변별력 문제

## 0361 답 ⑤

$\lim_{x\to0}\frac{\ln(1+bx)}{a^{x-1}+\frac{1}{c}}=\frac{8}{\ln 2}$에서 0이 아닌 극한값이 존재하고 $x\to0$일 때, (분자)$\to0$이므로 (분모)$\to0$이어야 한다.

즉, $\lim_{x\to0}\left(a^{x-1}+\frac{1}{c}\right)=0$이므로 $\frac{1}{a}+\frac{1}{c}=0$

$\therefore c=-a$

$$\lim_{x\to0}\frac{\ln(1+bx)}{a^{x-1}+\frac{1}{c}}=\lim_{x\to0}\frac{\ln(1+bx)}{\frac{1}{a}(a^x-1)}$$
$$=\lim_{x\to0}\left\{\frac{\ln(1+bx)}{bx}\times\frac{x}{a^x-1}\times ab\right\}$$
$$=1\times\frac{1}{\ln a}\times ab$$
$$=\frac{ab}{\ln a}=\frac{8}{\ln 2}$$

$a=2^n$ ($n$은 자연수)로 놓으면 $b=\frac{8n}{2^n}$

$n=1$일 때

$a=2,\ b=4,\ c=-2$

$n=2$일 때

$a=4,\ b=4,\ c=-4$

$n=3$일 때

$a=8,\ b=3,\ c=-8$

$n=4$일 때

$a=16,\ b=2,\ c=-16$

$n=5$일 때

$b=\frac{5}{4}$이므로 $b$는 정수가 아니다.

$n\ge6$일 때

$0<b<1$

따라서 세 정수 $a,\ b,\ c$에 대하여 $a+b-c$의 최댓값은

$16+2-(-16)=34$

## 0362 답 200

$$\lim_{x\to2}\{\log_4|f(x)|-\log_4|x^2-x-2|\}$$
$$=\lim_{x\to2}\log_4\left|\frac{f(x)}{(x-2)(x+1)}\right|$$
$$=\log_4\left\{\lim_{x\to2}\left|\frac{f(x)}{(x-2)(x+1)}\right|\right\}=\frac{3}{2}$$

이므로

$$\lim_{x\to2}\left|\frac{f(x)}{(x-2)(x+1)}\right|=4^{\frac{3}{2}}=8 \quad\cdots\cdots\ ㉠$$

㉠에서 극한값이 존재하고 $x\to2$일 때, (분모)$\to0$이므로 (분자)$\to0$이어야 한다.

즉, $\lim_{x\to2}|f(x)|=0$이므로 $f(2)=0$

$f(x)=(x-2)(x+a)$ ($a$는 상수)라 하고 이를 ㉠에 대입하면

$$\lim_{x\to2}\left|\frac{f(x)}{(x-2)(x+1)}\right|=\lim_{x\to2}\left|\frac{(x-2)(x+a)}{(x-2)(x+1)}\right|$$
$$=\lim_{x\to2}\left|\frac{x+a}{x+1}\right|$$
$$=\left|\frac{2+a}{3}\right|=8$$

(i) $\frac{2+a}{3}=8$일 때

$2+a=24$

즉, $a=22$이므로

$f(x)=(x-2)(x+22)$

$\therefore f(12)=10\times34=340$

(ii) $\frac{2+a}{3}=-8$일 때

$2+a=-24$

즉, $a=-26$이므로

$f(x)=(x-2)(x-26)$

$\therefore f(12)=10\times(-14)=-140$

(i), (ii)에서 $f(12)$의 최댓값과 최솟값의 합은

$340+(-140)=200$

## 0363 답 ②

두 곡선 $y=e^{x-1}$, $y=a^x$의 교점의 $x$좌표는

$e^{x-1}=a^x,\ \frac{e^x}{e}=a^x,\ e=\frac{e^x}{a^x}=\left(\frac{e}{a}\right)^x$

양변에 밑이 $e$인 자연로그를 취하면

$\ln e=\ln\left(\frac{e}{a}\right)^x,\ 1=x\ln\frac{e}{a}$

$x=\frac{1}{\ln\frac{e}{a}}$, 즉 $f(a)=\frac{1}{\ln\frac{e}{a}}$

$$\lim_{a\to e+}\frac{1}{(e-a)f(a)}=\lim_{a\to e+}\frac{1}{(e-a)\times\frac{1}{\ln\frac{e}{a}}}$$
$$=\lim_{a\to e+}\frac{\ln\frac{e}{a}}{e-a}$$

$a-e=t$로 놓으면 $a\to e+$일 때 $t\to0+$이므로

$$\lim_{a\to e+}\frac{\ln\frac{e}{a}}{e-a}=\lim_{t\to0+}\frac{\ln\frac{e}{t+e}}{-t}=\lim_{t\to0+}\ln\left(\frac{e}{t+e}\right)^{-\frac{1}{t}}$$
$$=\lim_{t\to0+}\ln\left(\frac{t+e}{e}\right)^{\frac{1}{t}}=\lim_{t\to0+}\ln\left(1+\frac{t}{e}\right)^{\frac{1}{t}}$$
$$=\lim_{t\to0+}\ln\left\{\left(1+\frac{t}{e}\right)^{\frac{e}{t}}\right\}^{\frac{1}{e}}$$
$$=\ln\left[\lim_{t\to0+}\left\{\left(1+\frac{t}{e}\right)^{\frac{e}{t}}\right\}^{\frac{1}{e}}\right]$$
$$=\ln e^{\frac{1}{e}}=\frac{1}{e}$$

## 0364

답 17

조건 ㈎의 $\lim_{x\to2}\frac{e^{x-2}-1}{f(x)-1}=\frac{1}{2}$에서 0이 아닌 극한값이 존재하고

$x\to2$일 때, (분자)$\to0$이므로 (분모)$\to0$이어야 한다.

즉, $\lim_{x\to2}\{f(x)-1\}=0$이므로 $\lim_{x\to2}f(x)=1$

함수 $f(x)$가 양의 실수 전체의 집합에서 미분가능하므로 $x=2$에서 미분가능하다.

따라서 함수 $f(x)$는 $x=2$에서 연속이므로

$f(2)=\lim_{x\to2}f(x)=1$

$$\lim_{x\to2}\frac{e^{x-2}-1}{f(x)-1}=\lim_{x\to2}\left\{\frac{e^{x-2}-1}{x-2}\times\frac{x-2}{f(x)-1}\right\}$$
$$=\lim_{x\to2}\left\{\frac{e^{x-2}-1}{x-2}\times\frac{x-2}{f(x)-f(2)}\right\}$$
$$=\lim_{x\to2}\frac{e^{x-2}-1}{x-2}\times\frac{1}{f'(2)}$$

$x-2=t$로 놓으면 $x\to2$일 때 $t\to0$이므로

$$\lim_{x\to2}\frac{e^{x-2}-1}{x-2}\times\frac{1}{f'(2)}=\lim_{t\to0}\frac{e^t-1}{t}\times\frac{1}{f'(2)}$$
$$=\frac{1}{f'(2)}=\frac{1}{2}$$

$\therefore f'(2)=2$

조건 ㈏에서 $f(x)g(x)=2\ln x$ …… ㉠

㉠의 양변에 $x=2$를 대입하면

$f(2)g(2)=2\ln2$이고 $f(2)=1$이므로

$g(2)=2\ln2$

㉠의 양변을 $x$에 대하여 미분하면

$f'(x)g(x)+f(x)g'(x)=\frac{2}{x}$

위의 식의 양변에 $x=2$를 대입하면

$f'(2)g(2)+f(2)g'(2)=1$

이때 $f(2)=1$, $f'(2)=2$, $g(2)=2\ln2$이므로

$4\ln2+g'(2)=1$

$\therefore g'(2)=1-4\ln2$

따라서 $a=1$, $b=-4$이므로

$a^2+b^2=1+16=17$

## 0365

답 ③

다음 그림과 같이 두 점 A, B에서 $y$축에 내린 수선의 발을 각각 H, I라 하자.

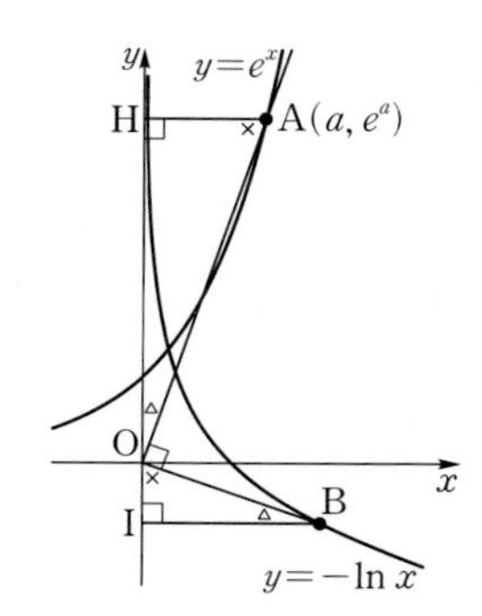


조건 ㈏에서 $\angle AOB=90°$이므로

두 직각삼각형 OAH, BOI에 대하여

$\angle HOA=\angle IBO$, $\angle OAH=\angle BOI$

즉, 두 직각삼각형 OAH, BOI는 서로 닮음이고

닮음비는 조건 ㈎에 의하여 $\overline{OA}:\overline{OB}=2:1$

점 A의 좌표를 $(a, e^a)$ $(a>0)$이라 하면

$\overline{BI}=\frac{\overline{OH}}{2}=\frac{e^a}{2}$

$\overline{OI}=\frac{\overline{AH}}{2}=\frac{a}{2}$

따라서 점 B의 좌표는 $\left(\frac{e^a}{2}, -\frac{a}{2}\right)$

이때 점 B는 곡선 $y=-\ln x$ 위의 점이므로

$-\frac{a}{2}=-\ln\frac{e^a}{2}$, $\ln\frac{e^a}{2}=\frac{a}{2}$

$\frac{e^a}{2}=e^{\frac{a}{2}}$, $e^{\frac{a}{2}}=2$

양변에 밑이 $e$인 자연로그를 취하면

$\frac{a}{2}=\ln2$에서 $a=2\ln2$

따라서 직선 OA의 기울기는

$\frac{e^a}{a}=\frac{4}{2\ln2}=\frac{2}{\ln2}$

## 0366

답 −6

$g(x)=a|x^2-1|$, $h_k(x)=|(x^k-1)e^{x+1}|$ ($k$는 7 이하의 자연수)라 하자.

두 함수 $g(x)$, $h_k(x)$는 모두 실수 전체의 집합에서 연속이므로 함수 $f(x)$는 실수 전체의 집합에서 연속이다.

함수 $f(x)=g(x)+\sum_{k=1}^{7}h_k(x)$가 $x=-1$에서 미분가능하려면

$x=-1$에서의 좌미분계수와 우미분계수가 같으면 된다.

즉, $\lim_{x\to-1-}f'(x)=\lim_{x\to-1+}f'(x)$이어야 한다.

$$g(x)=\begin{cases}a(x^2-1) & (x\le-1 \text{ 또는 } x\ge1)\\ a(1-x^2) & (-1<x<1)\end{cases}$$에서

$$g'(x)=\begin{cases}2ax & (x<-1 \text{ 또는 } x>1)\\ -2ax & (-1<x<1)\end{cases}$$이므로

$\lim_{x\to-1-}g'(x)=-2a$, $\lim_{x\to-1+}g'(x)=2a$

한편, $k$가 홀수이면

$$h_k(x)=\begin{cases}-(x^k-1)e^{x+1} & (x<1)\\ (x^k-1)e^{x+1} & (x\ge1)\end{cases}=\begin{cases}e(1-x^k)e^x & (x<1)\\ e(x^k-1)e^x & (x\ge1)\end{cases}$$에서

$$h_k'(x)=\begin{cases}e(1-kx^{k-1}-x^k)e^x & (x<1)\\ e(x^k+kx^{k-1}-1)e^x & (x>1)\end{cases}$$이므로 함수 $h_k(x)$는

$x\ne1$인 모든 실수에서 미분가능하다. 즉, 함수 $h_k(x)$는 $x=-1$에서 미분가능하다.

이때 $x=-1$에서의 미분계수를 $a_k$라 하면

$\lim_{x\to-1-}h_k'(x)=\lim_{x\to-1+}h_k'(x)=a_k$

$k$가 짝수이면

$$h_k(x)=\begin{cases}e(x^k-1)e^x & (x\le-1 \text{ 또는 } x\ge1)\\ e(1-x^k)e^x & (-1<x<1)\end{cases}$$에서

$$h_k'(x)=\begin{cases}e(x^k+kx^{k-1}-1)e^x & (x<-1 \text{ 또는 } x>1)\\ e(1-kx^{k-1}-x^k)e^x & (-1<x<1)\end{cases}$$이므로

$\lim_{x\to-1-}h_k'(x)=-k$, $\lim_{x\to-1+}h_k'(x)=k$

따라서

$$\lim_{x\to -1-} f'(x)=\lim_{x\to -1-}\left\{g'(x)+\sum_{k=1}^{7} h_k'(x)\right\}$$
$$=(-2a)+a_1+(-2)+a_3+(-4)+a_5+(-6)+a_7$$
$$\lim_{x\to -1+} f'(x)=\lim_{x\to -1+}\left\{g'(x)+\sum_{k=1}^{7} h_k'(x)\right\}$$
$$=2a+a_1+2+a_3+4+a_5+6+a_7$$

에서 $\lim_{x\to -1-} f'(x)=\lim_{x\to -1+} f'(x)$이므로

$-2a-12+a_1+a_3+a_5+a_7=2a+12+a_1+a_3+a_5+a_7$

$\therefore a=-6$

## 0367

답 ③

두 점 P, Q는 각각 $\mathrm{P}\left(k,\ e^{\frac{k}{2}}\right)$, $\mathrm{Q}\left(k,\ e^{\frac{k}{2}+3t}\right)$이므로

$\overline{\mathrm{PQ}}=e^{\frac{k}{2}+3t}-e^{\frac{k}{2}}$

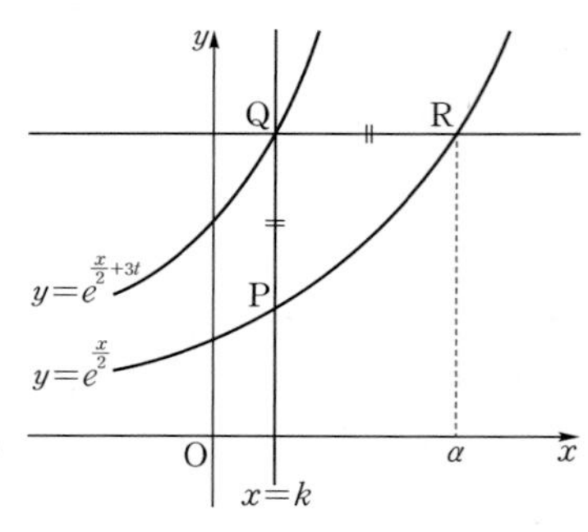


점 R의 $x$좌표를 $\alpha$라 하면 점 R는 곡선 $y=e^{\frac{x}{2}}$ 위의 점이므로

$\mathrm{R}\left(\alpha,\ e^{\frac{\alpha}{2}}\right)$

이때 두 점 Q, R의 $y$좌표가 같으므로

$e^{\frac{k}{2}+3t}=e^{\frac{\alpha}{2}}$

즉, $\frac{k}{2}+3t=\frac{\alpha}{2}$에서 $\alpha=k+6t$이므로

$\overline{\mathrm{QR}}=\alpha-k=(k+6t)-k=6t$

이때 $\overline{\mathrm{PQ}}=\overline{\mathrm{QR}}$이므로

$e^{\frac{k}{2}+3t}-e^{\frac{k}{2}}=6t$, $e^{\frac{k}{2}}(e^{3t}-1)=6t$

$e^{\frac{k}{2}}=\frac{6t}{e^{3t}-1}$, $\frac{k}{2}=\ln\frac{6t}{e^{3t}-1}$

$\therefore k=2\ln\frac{6t}{e^{3t}-1}$

$$\therefore \lim_{t\to 0+} f(t)=\lim_{t\to 0+} 2\ln\frac{6t}{e^{3t}-1}$$
$$=2\lim_{t\to 0+}\ln\left(\frac{3t}{e^{3t}-1}\times 2\right)$$
$$=2\ln 2=\ln 4$$

## 0368

답 ②

조건 (가)에서 $\lim_{x\to 1}\frac{\ln(3x-2)}{f(x)-e}=\frac{1}{2e}$ …… ㉠

㉠에서 0이 아닌 극한값이 존재하고 $x\to 1$일 때,

(분자)$\to 0$이므로 (분모)$\to 0$이어야 한다.

즉, $\lim_{x\to 1}\{f(x)-e\}=0$이므로 $\lim_{x\to 1} f(x)=e$

함수 $f(x)$가 미분가능하므로 $x=1$에서 미분가능하다.

따라서 함수 $f(x)$는 $x=1$에서 연속이므로

$f(1)=\lim_{x\to 1} f(x)=e$

이를 ㉠에 대입하면

$$\lim_{x\to 1}\frac{\ln(3x-2)}{f(x)-f(1)}=\lim_{x\to 1}\left\{\frac{\ln(3x-2)}{x-1}\times\frac{x-1}{f(x)-f(1)}\right\}=\frac{1}{2e}$$

$x-1=t$로 놓으면 $x\to 1$일 때 $t\to 0$이므로

$$\lim_{x\to 1}\frac{\ln(3x-2)}{x-1}=\lim_{t\to 0}\frac{\ln(1+3t)}{t}=\lim_{t\to 0}\left\{\frac{\ln(1+3t)}{3t}\times 3\right\}$$
$$=1\times 3=3$$

$\lim_{x\to 1}\frac{x-1}{f(x)-f(1)}=\frac{1}{f'(1)}$이므로

$\lim_{x\to 1}\frac{\ln(3x-2)}{f(x)-f(1)}=3\times\frac{1}{f'(1)}=\frac{1}{2e}$

$\therefore f'(1)=6e$

조건 (나)에서 $\lim_{x\to 1}\frac{f(x)g(x)-h(-1)e}{x-1}=6e$ …… ㉡

㉡에서 극한값이 존재하고 $x\to 1$일 때,

(분모)$\to 0$이므로 (분자)$\to 0$이어야 한다.

즉, $\lim_{x\to 1}\{f(x)g(x)-h(-1)e\}=0$이므로

$f(1)g(1)-h(-1)e=0$

$\therefore g(1)=h(-1)$ ($\because f(1)=e$) …… ㉢

㉢을 ㉡에 대입하면

$$\lim_{x\to 1}\frac{f(x)g(x)-f(1)g(1)}{x-1}=f'(1)g(1)+f(1)g'(1)$$
$$=6e\times g(1)+e\times g'(1)=6e$$

에서 $6g(1)+g'(1)=6$ …… ㉣

$f(x)\ln x+g(x)e^x=h(x)e^x$에서

양변에 $x=1$을 대입하면

$e\times 0+g(1)e=h(1)e$

$\therefore g(1)=h(1)$ …… ㉤

양변을 $x$에 대하여 미분한 후 $x=1$을 대입하면

$$f'(x)\ln x+\frac{f(x)}{x}+g'(x)e^x+g(x)e^x=h'(x)e^x+h(x)e^x$$

$$6e\times 0+\frac{e}{1}+\{g'(1)+g(1)\}e=\{h'(1)+h(1)\}e\ (\because f'(1)=6e)$$

에서

$1+g'(1)+g(1)=h'(1)+h(1)$ …… ㉥

㉢, ㉤에서 $h(-1)=h(1)=g(1)$

즉, 함수 $y=h(x)$의 그래프가 $y$축에 대하여 대칭이므로

$h(x)=x^2+a$ ($a$는 상수)라 하면

$h'(x)=2x$

㉤에서 $g(1)=h(1)=1+a$

㉥에서 $1+g'(1)+(1+a)=2+(1+a)$, 즉 $g'(1)=1$

㉣에서 $6(1+a)+1=6$ $\therefore a=-\frac{1}{6}$

따라서 $h(x)=x^2-\frac{1}{6}$이므로

$h(2)=4-\frac{1}{6}=\frac{23}{6}$

# 04 삼각함수의 미분



## 유형 01 삼각함수 $\csc\theta$, $\sec\theta$, $\cot\theta$

확인 문제

**1.** (1) $\frac{5}{3}$ (2) $-\frac{5}{4}$ (3) $-\frac{4}{3}$

**2.** (1) $\frac{2\sqrt{3}}{3}$, $2$, $\frac{\sqrt{3}}{3}$

(2) $-2$, $\frac{2\sqrt{3}}{3}$, $-\sqrt{3}$

(3) $2$, $\frac{2\sqrt{3}}{3}$, $\sqrt{3}$

(4) $\sqrt{2}$, $-\sqrt{2}$, $-1$

**1.** $\overline{OP}=\sqrt{(-4)^2+3^2}=5$이므로

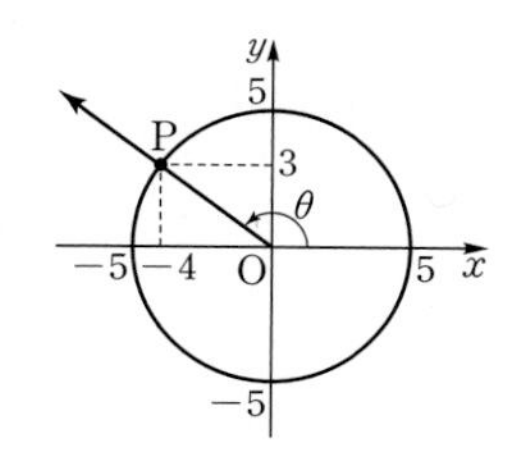


(1) $\csc\theta=\frac{5}{3}$

(2) $\sec\theta=\frac{5}{-4}=-\frac{5}{4}$

(3) $\cot\theta=\frac{-4}{3}=-\frac{4}{3}$

**2.** (1) $\csc 60^\circ=\frac{1}{\sin 60^\circ}=\frac{1}{\frac{\sqrt{3}}{2}}=\frac{2\sqrt{3}}{3}$

$\sec 60^\circ=\frac{1}{\cos 60^\circ}=\frac{1}{\frac{1}{2}}=2$

$\cot 60^\circ=\frac{1}{\tan 60^\circ}=\frac{1}{\sqrt{3}}=\frac{\sqrt{3}}{3}$

(2) $\csc 330^\circ=\frac{1}{\sin 330^\circ}=\frac{1}{\sin(360^\circ-30^\circ)}$

$=\frac{1}{-\sin 30^\circ}=\frac{1}{-\frac{1}{2}}=-2$

$\sec 330^\circ=\frac{1}{\cos 330^\circ}=\frac{1}{\cos(360^\circ-30^\circ)}$

$=\frac{1}{\cos 30^\circ}=\frac{1}{\frac{\sqrt{3}}{2}}=\frac{2\sqrt{3}}{3}$

$\cot 330^\circ=\frac{1}{\tan 330^\circ}=\frac{1}{\tan(360^\circ-30^\circ)}$

$=\frac{1}{-\tan 30^\circ}=\frac{1}{-\frac{\sqrt{3}}{3}}=-\sqrt{3}$

(3) $\csc\frac{\pi}{6}=\frac{1}{\sin\frac{\pi}{6}}=\frac{1}{\frac{1}{2}}=2$

$\sec\frac{\pi}{6}=\frac{1}{\cos\frac{\pi}{6}}=\frac{1}{\frac{\sqrt{3}}{2}}=\frac{2\sqrt{3}}{3}$

$\cot\frac{\pi}{6}=\frac{1}{\tan\frac{\pi}{6}}=\frac{1}{\frac{\sqrt{3}}{3}}=\sqrt{3}$

(4) $\csc\frac{3}{4}\pi=\frac{1}{\sin\frac{3}{4}\pi}=\frac{1}{\sin\left(\pi-\frac{\pi}{4}\right)}$

$=\frac{1}{\sin\frac{\pi}{4}}=\frac{1}{\frac{\sqrt{2}}{2}}=\sqrt{2}$

$\sec\frac{3}{4}\pi=\frac{1}{\cos\frac{3}{4}\pi}=\frac{1}{\cos\left(\pi-\frac{\pi}{4}\right)}$

$=\frac{1}{-\cos\frac{\pi}{4}}=\frac{1}{-\frac{\sqrt{2}}{2}}=-\sqrt{2}$

$\cot\frac{3}{4}\pi=\frac{1}{\tan\frac{3}{4}\pi}=\frac{1}{\tan\left(\pi-\frac{\pi}{4}\right)}$

$=\frac{1}{-\tan\frac{\pi}{4}}=\frac{1}{-1}=-1$

## 0369

답 ④

$\cos^2\theta=1-\sin^2\theta=1-\left(-\frac{4}{5}\right)^2=\frac{9}{25}$

이때 $\theta$가 제4사분면의 각이므로 $\cos\theta=\frac{3}{5}$

$\therefore \cot\theta=\frac{\cos\theta}{\sin\theta}=\frac{\frac{3}{5}}{-\frac{4}{5}}=-\frac{3}{4}$

$\sec\theta=\frac{1}{\cos\theta}=\frac{1}{\frac{3}{5}}=\frac{5}{3}$

$\therefore 4\cot\theta+3\sec\theta=4\times\left(-\frac{3}{4}\right)+3\times\frac{5}{3}=2$

## 0370

답 ③

$\overline{OP}=\sqrt{(-12)^2+(-5)^2}=13$이므로

$\csc\theta=-\frac{13}{5}$, $\sec\theta=-\frac{13}{12}$, $\cot\theta=\frac{12}{5}$

$\therefore \sec\theta\cot\theta+\csc\theta=\left(-\frac{13}{12}\right)\times\frac{12}{5}+\left(-\frac{13}{5}\right)=-\frac{26}{5}$

다른 풀이

$\sec\theta\cot\theta=\frac{1}{\cos\theta}\times\frac{\cos\theta}{\sin\theta}=\frac{1}{\sin\theta}=\csc\theta$이므로

$\sec\theta\cot\theta+\csc\theta=2\csc\theta=2\times\left(-\frac{13}{5}\right)=-\frac{26}{5}$

## 0371

답 ③

(ⅰ) $\csc\theta\sec\theta>0$에서 $\csc\theta$와 $\sec\theta$의 부호가 서로 같으므로

$\csc\theta>0$, $\sec\theta>0$ 또는 $\csc\theta<0$, $\sec\theta<0$

즉, $\theta$는 제1사분면 또는 제3사분면의 각이다.

(ⅱ) $\cos\theta\cot\theta<0$에서 $\cos\theta$와 $\cot\theta$의 부호가 서로 다르므로

$\cos\theta>0$, $\cot\theta<0$ 또는 $\cos\theta<0$, $\cot\theta>0$

즉, $\theta$는 제3사분면 또는 제4사분면의 각이다.

(ⅰ), (ⅱ)에서 $\theta$는 제3사분면의 각이다.

**Bible Says** 삼각함수의 값의 부호

삼각함수의 값의 부호는 각 $\theta$를 나타내는 동경이 위치한 사분면에 따라 다음과 같이 정해진다.

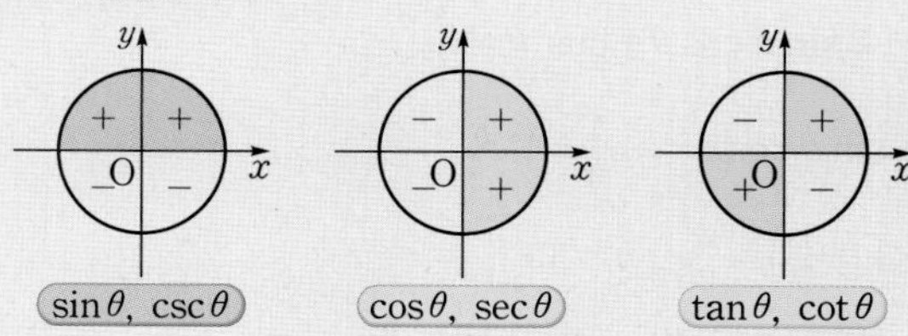

## 0372

답 ②

$\sin\theta-\cos\theta=\frac{1}{2}$의 양변을 제곱하면

$\sin^2\theta-2\sin\theta\cos\theta+\cos^2\theta=\frac{1}{4}$

$1-2\sin\theta\cos\theta=\frac{1}{4}$ $\quad\therefore \sin\theta\cos\theta=\frac{3}{8}$

$\therefore \sec\theta-\csc\theta=\frac{1}{\cos\theta}-\frac{1}{\sin\theta}$

$=\frac{\sin\theta-\cos\theta}{\sin\theta\cos\theta}=\frac{\frac{1}{2}}{\frac{3}{8}}=\frac{4}{3}$

## 0373

답 $\frac{\sqrt{3}}{3}$

$\tan\theta+\cot\theta=3$에서 $\frac{\sin\theta}{\cos\theta}+\frac{\cos\theta}{\sin\theta}=3$

$\frac{\sin^2\theta+\cos^2\theta}{\sin\theta\cos\theta}=3$, $\frac{1}{\sin\theta\cos\theta}=3$ $\quad\therefore \sin\theta\cos\theta=\frac{1}{3}$

…… ❶

$(\sin\theta-\cos\theta)^2=\sin^2\theta+\cos^2\theta-2\sin\theta\cos\theta$

$=1-2\times\frac{1}{3}=\frac{1}{3}$

$\therefore |\sin\theta-\cos\theta|=\frac{\sqrt{3}}{3}$

…… ❷

| 채점 기준 | 배점 |
|---|---|
| ❶ $\sin\theta\cos\theta$의 값 구하기 | 60% |
| ❷ $\lvert\sin\theta-\cos\theta\rvert$의 값 구하기 | 40% |

## 0374

답 $\sqrt{15}$

이차방정식의 근과 계수의 관계에 의하여

$\csc\theta+\sec\theta=-k$에서 $\frac{1}{\sin\theta}+\frac{1}{\cos\theta}=-k$ …… ㉠

$\csc\theta\sec\theta=-5$에서 $\frac{1}{\sin\theta\cos\theta}=-5$ …… ㉡

㉠, ㉡에서

$\frac{1}{\sin\theta}+\frac{1}{\cos\theta}=\frac{\sin\theta+\cos\theta}{\sin\theta\cos\theta}$

$=-5(\sin\theta+\cos\theta)=-k$

$\therefore \sin\theta+\cos\theta=\frac{k}{5}$

위의 식의 양변을 제곱하면

$\sin^2\theta+2\sin\theta\cos\theta+\cos^2\theta=\frac{k^2}{25}$

㉡에서 $\sin\theta\cos\theta=-\frac{1}{5}$이므로

$1+2\times\left(-\frac{1}{5}\right)=\frac{k^2}{25}$, $k^2=15$

$\therefore k=\sqrt{15}$ ($\because k>0$)

## 유형 02 삼각함수 사이의 관계

확인 문제 (1) $\frac{25}{16}$ (2) $\frac{25}{9}$

(1) $\sec^2\theta=1+\tan^2\theta=1+\left(-\frac{3}{4}\right)^2=1+\frac{9}{16}=\frac{25}{16}$

(2) $\cot\theta=\frac{1}{\tan\theta}=-\frac{4}{3}$이므로

$\csc^2\theta=1+\cot^2\theta=1+\left(-\frac{4}{3}\right)^2=1+\frac{16}{9}=\frac{25}{9}$

## 0375

답 ④

ㄱ. $\frac{\csc^2\theta-1}{\sec^2\theta-1}=\frac{1+\cot^2\theta-1}{1+\tan^2\theta-1}=\cot^4\theta$ (참)

ㄴ. $\frac{1}{1-\sin\theta}+\frac{1}{1+\sin\theta}=\frac{1+\sin\theta+1-\sin\theta}{1-\sin^2\theta}$

$=\frac{2}{\cos^2\theta}=2\sec^2\theta$ (거짓)

ㄷ. $\frac{\csc\theta}{\sec\theta-\tan\theta}+\frac{\csc\theta}{\sec\theta+\tan\theta}$

$=\frac{\csc\theta(\sec\theta+\tan\theta)+\csc\theta(\sec\theta-\tan\theta)}{\sec^2\theta-\tan^2\theta}$

$=\frac{2\csc\theta\sec\theta}{1+\tan^2\theta-\tan^2\theta}=2\csc\theta\sec\theta$ (참)

따라서 옳은 것은 ㄱ, ㄷ이다.

## 0376

답 ③

$\frac{1-\tan\theta}{1+\tan\theta}=2+\sqrt{3}$에서

$1-\tan\theta=(2+\sqrt{3})(1+\tan\theta)$

$(3+\sqrt{3})\tan\theta=-1-\sqrt{3}$

$\therefore \tan\theta=-\frac{1+\sqrt{3}}{3+\sqrt{3}}=-\frac{\sqrt{3}+1}{\sqrt{3}(\sqrt{3}+1)}=-\frac{\sqrt{3}}{3}$

$1+\tan^2\theta=\sec^2\theta$이므로

$\sec^2\theta=1+\left(-\frac{\sqrt{3}}{3}\right)^2=\frac{4}{3}$

이때 $\frac{3}{4}\pi<\theta<\pi$이므로

$\sec\theta=-\frac{2\sqrt{3}}{3}$

$\cot\theta=\frac{1}{\tan\theta}=-\sqrt{3}$이고 $1+\cot^2\theta=\csc^2\theta$이므로

$\csc^2\theta=1+(-\sqrt{3})^2=4$

$\therefore \sec\theta\csc^2\theta=-\frac{2\sqrt{3}}{3}\times 4=-\frac{8\sqrt{3}}{3}$

## 0377

답 ②

$\frac{1}{\csc\theta}\left(\frac{1}{\csc\theta-1}+\frac{1}{\csc\theta+1}\right)$

$=\frac{1}{\csc\theta}\times\frac{\csc\theta+1+\csc\theta-1}{\csc^2\theta-1}$

$=\frac{2}{\cot^2\theta}$

따라서 $\frac{2}{\cot^2\theta}=\frac{5}{2}$이므로 $\cot^2\theta=\frac{4}{5}$

이때 $\pi<\theta<\frac{3}{2}\pi$이므로 $\cot\theta=\frac{2}{\sqrt{5}}$

$\therefore \tan\theta=\frac{1}{\cot\theta}=\frac{\sqrt{5}}{2}$

$\therefore \sec^2\theta=1+\tan^2\theta=1+\left(\frac{\sqrt{5}}{2}\right)^2=\frac{9}{4}$

$\therefore \tan\theta+\sec^2\theta=\frac{\sqrt{5}}{2}+\frac{9}{4}=\frac{9+2\sqrt{5}}{4}$

## 유형 03 삼각함수의 덧셈정리

**확인 문제** (1) $\frac{\sqrt{6}-\sqrt{2}}{4}$ (2) $\frac{\sqrt{6}-\sqrt{2}}{4}$ (3) $-2-\sqrt{3}$ (4) $\frac{\sqrt{6}+\sqrt{2}}{4}$

(1) $\sin 15^\circ=\sin(45^\circ-30^\circ)$
$=\sin 45^\circ\cos 30^\circ-\cos 45^\circ\sin 30^\circ$
$=\frac{\sqrt{2}}{2}\times\frac{\sqrt{3}}{2}-\frac{\sqrt{2}}{2}\times\frac{1}{2}=\frac{\sqrt{6}-\sqrt{2}}{4}$

(2) $\cos 75^\circ=\cos(45^\circ+30^\circ)$
$=\cos 45^\circ\cos 30^\circ-\sin 45^\circ\sin 30^\circ$
$=\frac{\sqrt{2}}{2}\times\frac{\sqrt{3}}{2}-\frac{\sqrt{2}}{2}\times\frac{1}{2}=\frac{\sqrt{6}-\sqrt{2}}{4}$

(3) $\tan 105^\circ=\tan(60^\circ+45^\circ)=\frac{\tan 60^\circ+\tan 45^\circ}{1-\tan 60^\circ\tan 45^\circ}$
$=\frac{\sqrt{3}+1}{1-\sqrt{3}\times 1}=\frac{(\sqrt{3}+1)^2}{(1-\sqrt{3})(1+\sqrt{3})}$
$=-2-\sqrt{3}$

(4) $\sin\frac{5}{12}\pi=\sin\left(\frac{\pi}{4}+\frac{\pi}{6}\right)$
$=\sin\frac{\pi}{4}\cos\frac{\pi}{6}+\cos\frac{\pi}{4}\sin\frac{\pi}{6}$
$=\frac{\sqrt{2}}{2}\times\frac{\sqrt{3}}{2}+\frac{\sqrt{2}}{2}\times\frac{1}{2}=\frac{\sqrt{6}+\sqrt{2}}{4}$

## 0378

답 ⑤

$0<\alpha<\frac{\pi}{2}$, $\frac{\pi}{2}<\beta<\pi$에서 $\cos\alpha>0$, $\sin\beta>0$이므로

$\cos\alpha=\sqrt{1-\sin^2\alpha}=\sqrt{1-\left(\frac{1}{5}\right)^2}=\frac{2\sqrt{6}}{5}$

$\sin\beta=\sqrt{1-\cos^2\beta}=\sqrt{1-\left(-\frac{5}{7}\right)^2}=\frac{2\sqrt{6}}{7}$

$\therefore \sin(\alpha+\beta)=\sin\alpha\cos\beta+\cos\alpha\sin\beta$
$=\frac{1}{5}\times\left(-\frac{5}{7}\right)+\frac{2\sqrt{6}}{5}\times\frac{2\sqrt{6}}{7}$
$=\frac{-5+24}{35}=\frac{19}{35}$

## 0379

답 1

$2\cos\left(\theta-\frac{\pi}{6}\right)-\sin\theta$
$=2\left(\cos\theta\cos\frac{\pi}{6}+\sin\theta\sin\frac{\pi}{6}\right)-\sin\theta$
$=2\left(\cos\theta\times\frac{\sqrt{3}}{2}+\sin\theta\times\frac{1}{2}\right)-\sin\theta$
$=\sqrt{3}\cos\theta=\sqrt{3}\times\frac{\sqrt{3}}{3}=1$

## 0380

답 ③

$\tan\beta=\tan\{(\alpha+\beta)-\alpha\}$
$=\frac{\tan(\alpha+\beta)-\tan\alpha}{1+\tan(\alpha+\beta)\tan\alpha}$
$=\frac{2-\frac{2}{3}}{1+2\times\frac{2}{3}}=\frac{4}{7}$

다른 풀이

$\tan(\alpha+\beta)=\frac{\tan\alpha+\tan\beta}{1-\tan\alpha\tan\beta}$에 $\tan\alpha=\frac{2}{3}$, $\tan(\alpha+\beta)=2$를 대입하면

$2=\frac{\frac{2}{3}+\tan\beta}{1-\frac{2}{3}\tan\beta}$, $2-\frac{4}{3}\tan\beta=\frac{2}{3}+\tan\beta$

$\frac{7}{3}\tan\beta=\frac{4}{3}$ $\therefore \tan\beta=\frac{4}{7}$

## 0381

답 $\frac{\sqrt{2}}{2}$

$\sin 80^\circ\sin 125^\circ-\sin 10^\circ\sin 35^\circ$
$=\sin 80^\circ\sin(90^\circ+35^\circ)-\sin(90^\circ-80^\circ)\sin 35^\circ$
$=\sin 80^\circ\cos 35^\circ-\cos 80^\circ\sin 35^\circ$
$=\sin(80^\circ-35^\circ)$
$=\sin 45^\circ=\frac{\sqrt{2}}{2}$

## 0382

답 $\frac{1}{2}$

$0<\alpha-\beta<\frac{\pi}{2}$에서 $\cos(\alpha-\beta)>0$이므로

$\cos(\alpha-\beta)=\sqrt{1-\sin^2(\alpha-\beta)}$
$=\sqrt{1-\left(\frac{\sqrt{5}}{3}\right)^2}=\frac{2}{3}$

······ ❶

$\cos(\alpha-\beta)=\cos\alpha\cos\beta+\sin\alpha\sin\beta$이므로

$\frac{2}{3}=\frac{1}{6}+\sin\alpha\sin\beta$

$\therefore \sin\alpha\sin\beta=\frac{2}{3}-\frac{1}{6}=\frac{1}{2}$

······ ❷

| 채점 기준 | 배점 |
|---|---|
| ❶ $\cos(\alpha-\beta)$의 값 구하기 | 30% |
| ❷ $\sin\alpha\sin\beta$의 값 구하기 | 70% |

## 0383

답 ④

$\sin\alpha-\sin\beta=\frac{3}{5}$, $\cos\alpha-\cos\beta=\frac{4}{5}$의 양변을 각각 제곱하면

$\sin^2\alpha-2\sin\alpha\sin\beta+\sin^2\beta=\frac{9}{25}$ ······ ㉠

$\cos^2\alpha-2\cos\alpha\cos\beta+\cos^2\beta=\frac{16}{25}$ ······ ㉡

㉠+㉡을 하면

$2-2(\cos\alpha\cos\beta+\sin\alpha\sin\beta)=1$

$2-2\cos(\alpha-\beta)=1$

$\therefore \cos(\alpha-\beta)=\frac{1}{2}$

## 0384

답 $\frac{\pi}{4}$

$g\left(\frac{1}{4}\right)=\alpha$, $g\left(\frac{3}{5}\right)=\beta$라 하면 $f(\alpha)=\frac{1}{4}$, $f(\beta)=\frac{3}{5}$이므로

$\tan\alpha=\frac{1}{4}$, $\tan\beta=\frac{3}{5}$

$\therefore \tan(\alpha+\beta)=\frac{\tan\alpha+\tan\beta}{1-\tan\alpha\tan\beta}=\frac{\frac{1}{4}+\frac{3}{5}}{1-\frac{1}{4}\times\frac{3}{5}}=1$

이때 $0<\alpha<\frac{\pi}{2}$, $0<\beta<\frac{\pi}{2}$에서 $0<\alpha+\beta<\pi$이고

$\tan(\alpha+\beta)=1$이므로 $\alpha+\beta=\frac{\pi}{4}$

$\therefore g\left(\frac{1}{4}\right)+g\left(\frac{3}{5}\right)=\alpha+\beta=\frac{\pi}{4}$

## 0385

답 ④

$\frac{3}{2}\pi<\alpha<2\pi$에서 $\tan\alpha=-\frac{5}{12}$이므로

$\sin\alpha=-\frac{5}{13}$, $\cos\alpha=\frac{12}{13}$

$\therefore \sin(x+\alpha)=\sin x\cos\alpha+\cos x\sin\alpha$

$=\frac{12}{13}\sin x-\frac{5}{13}\cos x$

부등식 $\cos x\le\sin(x+\alpha)\le 2\cos x$에서

$\cos x\le\frac{12}{13}\sin x-\frac{5}{13}\cos x\le 2\cos x$

이때 $0\le x<\frac{\pi}{2}$에서 $\cos x>0$이므로 각 변을 $\cos x$로 나누면

$1\le\frac{12}{13}\tan x-\frac{5}{13}\le 2$

$13\le 12\tan x-5\le 26$, $18\le 12\tan x\le 31$

$\therefore \frac{3}{2}\le\tan x\le\frac{31}{12}$

따라서 $\tan x$의 최댓값은 $\frac{31}{12}$, 최솟값은 $\frac{3}{2}$이므로 구하는 합은

$\frac{31}{12}+\frac{3}{2}=\frac{49}{12}$

# 유형 04 삼각함수의 덧셈정리의 활용 - 방정식

## 0386

답 ①

이차방정식의 근과 계수의 관계에 의하여

$\tan\alpha+\tan\beta=-\frac{a}{3}$, $\tan\alpha\tan\beta=-\frac{4}{3}$이므로

$\tan(\alpha+\beta)=\frac{\tan\alpha+\tan\beta}{1-\tan\alpha\tan\beta}$

$=\frac{-\frac{a}{3}}{1-\left(-\frac{4}{3}\right)}=-\frac{a}{7}$

즉, $-\frac{a}{7}=2$이므로 $a=-14$

## 0387

답 26

이차방정식의 근과 계수의 관계에 의하여

$\tan\alpha+\tan\beta=5$, $\tan\alpha\tan\beta=2$이므로

$\tan(\alpha+\beta)=\frac{\tan\alpha+\tan\beta}{1-\tan\alpha\tan\beta}$

$=\frac{5}{1-2}=-5$

······································· ❶

$\therefore \sec^2(\alpha+\beta)=1+\tan^2(\alpha+\beta)$

$=1+(-5)^2=26$

······································· ❷

| 채점 기준 | 배점 |
|---|---|
| ❶ $\tan(\alpha+\beta)$의 값 구하기 | 70% |
| ❷ $\sec^2(\alpha+\beta)$의 값 구하기 | 30% |

## 0388

답 ②

주어진 이차방정식의 판별식을 $D$라 하면

$D=\sin^2\theta-4\cos\theta=(1-\cos^2\theta)-4\cos\theta\ge 0$

$\therefore \cos^2\theta+4\cos\theta-1\le 0$ ······ ㉠

이차방정식의 근과 계수의 관계에 의하여

$\tan\alpha+\tan\beta=-\sin\theta$, $\tan\alpha\tan\beta=\cos\theta$

$\therefore \tan(\alpha+\beta)=\frac{\tan\alpha+\tan\beta}{1-\tan\alpha\tan\beta}=\frac{-\sin\theta}{1-\cos\theta}$

즉, $\frac{-\sin\theta}{1-\cos\theta}=\frac{1}{4}$이므로 $1-\cos\theta=-4\sin\theta$

위의 식의 양변을 제곱하면

$1-2\cos\theta+\cos^2\theta=16\sin^2\theta$

$1-2\cos\theta+\cos^2\theta=16(1-\cos^2\theta)$

$17\cos^2\theta-2\cos\theta-15=0$, $(17\cos\theta+15)(\cos\theta-1)=0$

$\therefore \cos\theta=-\frac{15}{17}$ 또는 $\cos\theta=1$

이때 $\cos\theta=1$이면 ㉠을 만족시키지 않으므로

$\cos\theta=-\frac{15}{17}$

## 유형 05 삼각함수의 덧셈정리의 활용 - 두 직선이 이루는 각의 크기

### 0389

답 ②

두 직선 $y=3x-2$, $y=-x+4$가 $x$축의 양의 방향과 이루는 각의 크기를 각각 $\alpha$, $\beta$라 하면

$\tan\alpha=3$, $\tan\beta=-1$이므로

$$\tan\theta=|\tan(\alpha-\beta)|=\left|\frac{\tan\alpha-\tan\beta}{1+\tan\alpha\tan\beta}\right|$$

$$=\left|\frac{3-(-1)}{1+3\times(-1)}\right|=2$$

### 0390

답 ③

두 직선 $x-2y+2=0$, $3x-y=0$에서

$y=\frac{1}{2}x+1$, $y=3x$

두 직선이 $x$축의 양의 방향과 이루는 각의 크기를 각각 $\alpha$, $\beta$라 하면

$\tan\alpha=\frac{1}{2}$, $\tan\beta=3$이므로

$$\tan\theta=|\tan(\alpha-\beta)|=\left|\frac{\tan\alpha-\tan\beta}{1+\tan\alpha\tan\beta}\right|$$

$$=\left|\frac{\frac{1}{2}-3}{1+\frac{1}{2}\times3}\right|=1$$

이때 $0<\theta<\frac{\pi}{2}$이므로 $\theta=\frac{\pi}{4}$

$\therefore \cos\theta=\cos\frac{\pi}{4}=\frac{\sqrt{2}}{2}$

### 0391

답 4

두 직선 $ax-2y+4=0$, $x-3y+1=0$에서

$y=\frac{a}{2}x+2$, $y=\frac{1}{3}x+\frac{1}{3}$

두 직선이 $x$축의 양의 방향과 이루는 각의 크기를 각각 $\alpha$, $\beta$라 하면

$\tan\alpha=\frac{a}{2}$, $\tan\beta=\frac{1}{3}$

두 직선이 이루는 예각의 크기가 $\frac{\pi}{4}$이므로

$|\tan(\alpha-\beta)|=\tan\frac{\pi}{4}$

$\left|\frac{\tan\alpha-\tan\beta}{1+\tan\alpha\tan\beta}\right|=1$

$$\frac{\frac{a}{2}-\frac{1}{3}}{1+\frac{a}{2}\times\frac{1}{3}}=\pm1$$

$\frac{a}{2}-\frac{1}{3}=1+\frac{a}{6}$ 또는 $\frac{a}{2}-\frac{1}{3}=-1-\frac{a}{6}$

$\therefore a=4$ 또는 $a=-1$

이때 $a>0$이므로 $a=4$

### 0392

답 3

두 직선 $y=2x$, $y=\frac{1}{2}x$가 $x$축의 양의 방향과 이루는 각의 크기를 각각 $\alpha$, $\beta$라 하면

$\tan\alpha=2$, $\tan\beta=\frac{1}{2}$

$$\therefore \tan(\alpha-\beta)=\frac{\tan\alpha-\tan\beta}{1+\tan\alpha\tan\beta}=\frac{2-\frac{1}{2}}{1+2\times\frac{1}{2}}=\frac{3}{4}$$

따라서 $\sin(\alpha-\beta)=\frac{3}{5}$이므로 $\frac{\overline{AB}}{5}=\frac{3}{5}$에서

$\overline{AB}=5\times\frac{3}{5}=3$

### 0393

답 3

두 직선 $y=\frac{1}{2}x+1$, $y=ax-3$이 $x$축의 양의 방향과 이루는 각의 크기를 각각 $\alpha$, $\beta$라 하면

$\tan\alpha=\frac{1}{2}$, $\tan\beta=a$

이때 $\beta-\alpha=45°$이므로

$\tan(\beta-\alpha)=1$, $\frac{\tan\beta-\tan\alpha}{1+\tan\beta\tan\alpha}=1$

$\frac{a-\frac{1}{2}}{1+a\times\frac{1}{2}}=1$, $a-\frac{1}{2}=1+\frac{1}{2}a$

$\frac{1}{2}a=\frac{3}{2}$ $\quad\therefore a=3$

## 유형 06 삼각함수의 덧셈정리의 도형에의 활용

### 0394

답 $\frac{\sqrt{2}}{10}$

정사각형의 한 변의 길이를 $a$라 하면

$\overline{AB}=\sqrt{(2a)^2+a^2}=\sqrt{5}a$이므로

$\sin\alpha=\frac{a}{\sqrt{5}a}=\frac{\sqrt{5}}{5}$, $\cos\alpha=\frac{2a}{\sqrt{5}a}=\frac{2\sqrt{5}}{5}$

또한 $\overline{DB}=\sqrt{(3a)^2+a^2}=\sqrt{10}a$이므로

$\sin\beta=\frac{a}{\sqrt{10}a}=\frac{\sqrt{10}}{10}$, $\cos\beta=\frac{3a}{\sqrt{10}a}=\frac{3\sqrt{10}}{10}$

$$\therefore \sin(\alpha-\beta)=\sin\alpha\cos\beta-\cos\alpha\sin\beta$$

$$=\frac{\sqrt{5}}{5}\times\frac{3\sqrt{10}}{10}-\frac{2\sqrt{5}}{5}\times\frac{\sqrt{10}}{10}$$

$$=\frac{3\sqrt{2}}{10}-\frac{2\sqrt{2}}{10}=\frac{\sqrt{2}}{10}$$

## 0395

답 ③

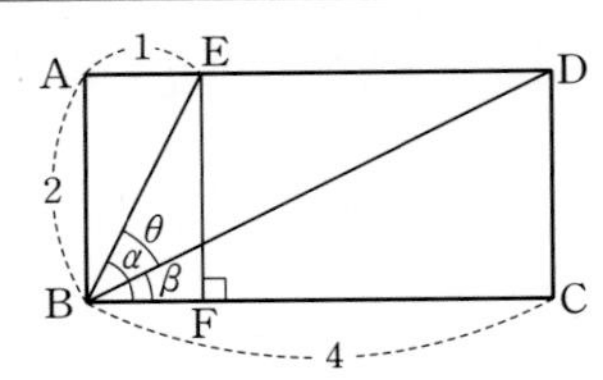


점 E는 선분 AD를 1 : 3으로 내분하는 점이므로 $\overline{AE}=1$

$\angle EBC=\alpha$, $\angle DBC=\beta$라 하고 점 E에서 선분 BC에 내린 수선의 발을 F라 하면

직각삼각형 BEF에서 $\tan\alpha=\frac{2}{1}=2$

직각삼각형 BCD에서 $\tan\beta=\frac{2}{4}=\frac{1}{2}$

$\therefore \tan\theta=\tan(\alpha-\beta)=\frac{\tan\alpha-\tan\beta}{1+\tan\alpha\tan\beta}$

$=\frac{2-\frac{1}{2}}{1+2\times\frac{1}{2}}=\frac{3}{4}$

## 0396

답 11.5 m

오른쪽 그림과 같이 사람의 눈이 있는 지점을 A, 탑의 꼭대기와 밑부분을 각각 B, C라 하고 점 A에서 선분 BC에 내린 수선의 발을 D라 하자.

직각삼각형 ADC에서

$\tan\left(\theta-\frac{\pi}{4}\right)=\frac{1.5}{6}=\frac{1}{4}$이므로

$\tan\left(\theta-\frac{\pi}{4}\right)=\frac{\tan\theta-\tan\frac{\pi}{4}}{1+\tan\theta\tan\frac{\pi}{4}}$

$=\frac{\tan\theta-1}{1+\tan\theta}=\frac{1}{4}$

$4\tan\theta-4=1+\tan\theta$, $3\tan\theta=5$

$\therefore \tan\theta=\frac{5}{3}$

❶

직각삼각형 ADB에서 $\tan\theta=\frac{\overline{BD}}{6}=\frac{5}{3}$이므로

$\overline{BD}=10$ m

따라서 탑의 높이는

$\overline{BD}+\overline{CD}=10+1.5=11.5$(m)

❷

| 채점 기준 | 배점 |
|---|---|
| ❶ tan θ의 값 구하기 | 70% |
| ❷ 탑의 높이 구하기 | 30% |

## 0397

답 ③

오른쪽 그림과 같이 두 선분 AD, BC를 그으면 $\overline{AB}$가 반원의 지름이므로 원주각의 성질에 의하여

$\angle ACB=\angle ADB=\frac{\pi}{2}$

$\angle CAB=\alpha$, $\angle DBA=\beta$라 하면 두 직각삼각형 CAB, DAB에서

$\cos\alpha=\frac{2}{2\sqrt{5}}=\frac{\sqrt{5}}{5}$,

$\cos\beta=\frac{2\sqrt{2}}{2\sqrt{5}}=\frac{\sqrt{10}}{5}$

$\therefore \sin\alpha=\sqrt{1-\cos^2\alpha}=\sqrt{1-\left(\frac{\sqrt{5}}{5}\right)^2}=\frac{2\sqrt{5}}{5}$,

$\sin\beta=\sqrt{1-\cos^2\beta}=\sqrt{1-\left(\frac{\sqrt{10}}{5}\right)^2}=\frac{\sqrt{15}}{5}$

삼각형 PAB에서 $\theta=\pi-(\alpha+\beta)$이므로

$\cos\theta=\cos\{\pi-(\alpha+\beta)\}=-\cos(\alpha+\beta)$

$=-(\cos\alpha\cos\beta-\sin\alpha\sin\beta)$

$=-\left(\frac{\sqrt{5}}{5}\times\frac{\sqrt{10}}{5}-\frac{2\sqrt{5}}{5}\times\frac{\sqrt{15}}{5}\right)$

$=\frac{2\sqrt{3}-\sqrt{2}}{5}$

## 0398

답 ⑤

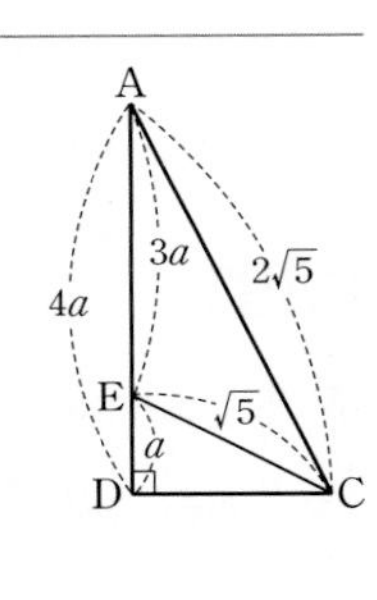


오른쪽 그림과 같이 선분 AD를 3 : 1로 내분하는 점이 E이므로 $\overline{DE}=a$라 하면

$\overline{AD}=4a$

두 직각삼각형 CDE, ACD에서

피타고라스 정리에 의하여

$\overline{CD}=\sqrt{5-a^2}=\sqrt{(2\sqrt{5})^2-(4a)^2}$

즉, $5-a^2=20-16a^2$에서

$15a^2=15$, $a^2=1$ $\quad\therefore a=1$ ($\because a>0$)

$\overline{AD}=4$이므로 직각삼각형 ABD에서 피타고라스 정리에 의하여

$\overline{BD}=\sqrt{5^2-4^2}=3$

$\therefore \sin\alpha=\frac{4}{5}$, $\cos\alpha=\frac{3}{5}$

또한 직각삼각형 CDE에서

$\overline{CD}=\sqrt{(\sqrt{5})^2-1^2}=2$이므로

$\sin\beta=\frac{1}{\sqrt{5}}=\frac{\sqrt{5}}{5}$, $\cos\beta=\frac{2}{\sqrt{5}}=\frac{2\sqrt{5}}{5}$

$\therefore \cos(\alpha-\beta)=\cos\alpha\cos\beta+\sin\alpha\sin\beta$

$=\frac{3}{5}\times\frac{2\sqrt{5}}{5}+\frac{4}{5}\times\frac{\sqrt{5}}{5}$

$=\frac{2\sqrt{5}}{5}$

## 0399

답 $2\sqrt{2}$

$\angle APO=\alpha$, $\angle BPO=\beta$라 하면 $\theta=\beta-\alpha$

두 직각삼각형 AOP, BOP에서 $\tan\alpha=\frac{1}{a}$, $\tan\beta=\frac{2}{a}$

$$\therefore \tan\theta=\tan(\beta-\alpha)=\frac{\tan\beta-\tan\alpha}{1+\tan\beta\tan\alpha}$$

$$=\frac{\frac{2}{a}-\frac{1}{a}}{1+\frac{2}{a}\times\frac{1}{a}}=\frac{\frac{1}{a}}{1+\frac{2}{a^2}}$$

$$=\frac{a}{a^2+2}$$

$$\therefore \cot\theta=\frac{1}{\tan\theta}=\frac{a^2+2}{a}=a+\frac{2}{a}$$

이때 $a>0$이므로 산술평균과 기하평균의 관계에 의하여

$$a+\frac{2}{a}\ge 2\sqrt{a\times\frac{2}{a}}=2\sqrt{2}$$

$\left(\text{단, 등호는 } a=\frac{2}{a}\text{, 즉 } a=\sqrt{2}\text{일 때 성립한다.}\right)$

따라서 $\cot\theta$의 최솟값은 $2\sqrt{2}$이다.

**Bible Says 산술평균과 기하평균의 관계**

$a>0$, $b>0$일 때,

$\frac{a+b}{2}\ge\sqrt{ab}$ (단, 등호는 $a=b$일 때 성립한다.)

### 유형 07 배각의 공식

확인 문제 (1) $\frac{24}{25}$ (2) $\frac{7}{25}$ (3) $\frac{24}{7}$

$\pi<\alpha<\frac{3}{2}\pi$에서 $\cos\alpha<0$이므로

$$\cos\alpha=-\sqrt{1-\sin^2\alpha}=-\sqrt{1-\left(-\frac{3}{5}\right)^2}=-\frac{4}{5}$$

$$\tan\alpha=\frac{\sin\alpha}{\cos\alpha}=\frac{-\frac{3}{5}}{-\frac{4}{5}}=\frac{3}{4}$$

(1) $\sin 2\alpha=2\sin\alpha\cos\alpha$

$$=2\times\left(-\frac{3}{5}\right)\times\left(-\frac{4}{5}\right)=\frac{24}{25}$$

(2) $\cos 2\alpha=\cos^2\alpha-\sin^2\alpha$

$$=\left(-\frac{4}{5}\right)^2-\left(-\frac{3}{5}\right)^2=\frac{7}{25}$$

(3) $\tan 2\alpha=\frac{2\tan\alpha}{1-\tan^2\alpha}=\frac{2\times\frac{3}{4}}{1-\left(\frac{3}{4}\right)^2}=\frac{24}{7}$

## 0400

답 $-\frac{5}{9}$

$\sin\theta+\cos\theta=\frac{2}{3}$의 양변을 제곱하면

$$\sin^2\theta+2\sin\theta\cos\theta+\cos^2\theta=\frac{4}{9}$$

$$1+2\sin\theta\cos\theta=\frac{4}{9}$$

$$\therefore 2\sin\theta\cos\theta=-\frac{5}{9}$$

$$\therefore \sin 2\theta=2\sin\theta\cos\theta=-\frac{5}{9}$$

## 0401

답 ①

$\sin\theta-3\cos\theta=0$에서

$\frac{\sin\theta}{\cos\theta}=3$ $\quad\therefore \tan\theta=3$

$$\therefore \tan 2\theta=\frac{2\tan\theta}{1-\tan^2\theta}=\frac{2\times 3}{1-3^2}=-\frac{3}{4}$$

## 0402

답 $\frac{7}{5}$

$0<\theta<\frac{\pi}{2}$에서 $\sin\theta>0$이므로

$$\sin\theta=\sqrt{1-\cos^2\theta}=\sqrt{1-\left(\frac{\sqrt{10}}{10}\right)^2}=\frac{3\sqrt{10}}{10}$$

$\therefore \sin 2\theta-\cos 2\theta$

$$=2\sin\theta\cos\theta-(2\cos^2\theta-1)$$

$$=2\times\frac{3\sqrt{10}}{10}\times\frac{\sqrt{10}}{10}-\left\{2\times\left(\frac{\sqrt{10}}{10}\right)^2-1\right\}$$

$$=\frac{3}{5}-\left(-\frac{4}{5}\right)=\frac{7}{5}$$

## 0403

답 8

$f(x)=\cos 2x+4\sin x+3$

$$=(1-2\sin^2 x)+4\sin x+3$$

$$=-2\sin^2 x+4\sin x+4$$

$$=-2(\sin x-1)^2+6$$

이때 $-1\le\sin x\le 1$이므로 함수 $f(x)$는 $\sin x=1$일 때 최댓값 6, $\sin x=-1$일 때 최솟값 $-2$를 갖는다.

따라서 $M=6$, $m=-2$이므로

$M-m=6-(-2)=8$

### 유형 08 배각의 공식의 활용

## 0404

답 $\frac{8}{15}$

직선 $y=\frac{1}{4}x$가 $x$축의 양의 방향과 이루는 각의 크기를 $\theta$라 하면

직선 $y=mx$가 $x$축의 양의 방향과 이루는 각의 크기는 $2\theta$이므로

$\tan\theta=\frac{1}{4}$, $\tan 2\theta=m$

$\therefore m=\tan 2\theta=\frac{2\tan\theta}{1-\tan^2\theta}$

$=\frac{2\times\frac{1}{4}}{1-\left(\frac{1}{4}\right)^2}=\frac{8}{15}$

## 0405

답 ②

직선 $y=\frac{24}{7}x$와 $x$축의 양의 방향이 이루는 각의 크기를 $2\theta$라 하면

$\tan 2\theta=\frac{2\tan\theta}{1-\tan^2\theta}=\frac{24}{7}$

$24(1-\tan^2\theta)=14\tan\theta$

$12\tan^2\theta+7\tan\theta-12=0$

$(3\tan\theta+4)(4\tan\theta-3)=0$

$\therefore \tan\theta=\frac{3}{4}$ ($\because \tan\theta>0$)

원의 반지름의 길이를 $r$라 하면 오른쪽 그림에서

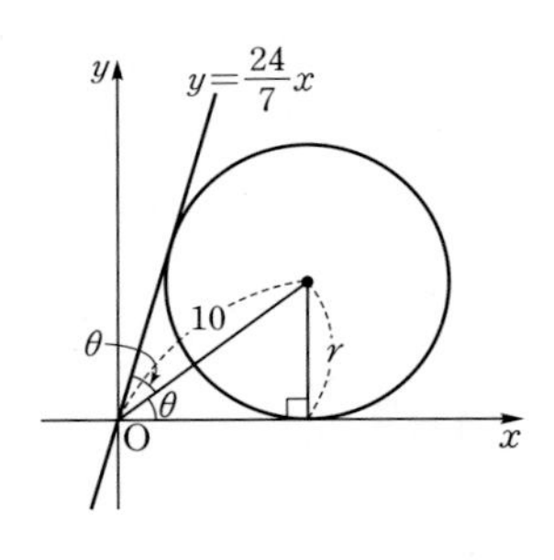


$\tan\theta=\frac{r}{\sqrt{100-r^2}}$

이므로

$\frac{3}{4}=\frac{r}{\sqrt{100-r^2}}$

$4r=3\sqrt{100-r^2}$

$16r^2=900-9r^2$

$25r^2=900$, $r^2=36$

$\therefore r=6$ ($\because r>0$)

## 0406

답 $\frac{2\sqrt{5}}{5}$

$\overline{BF}=\overline{AB}=5$, $\overline{BC}=4$이고 삼각형 FBC는 직각삼각형이므로

$\overline{FC}=\sqrt{5^2-4^2}=3$

$\therefore \sin(\angle FBC)=\frac{\overline{FC}}{\overline{BF}}=\frac{3}{5}$

한편, $\angle ABE=\theta$이므로 $\angle FBC=\frac{\pi}{2}-2\theta$

$\sin(\angle FBC)=\sin\left(\frac{\pi}{2}-2\theta\right)=\cos 2\theta$

$=2\cos^2\theta-1=\frac{3}{5}$

$\therefore \cos^2\theta=\frac{4}{5}$

$\therefore \cos\theta=\frac{2\sqrt{5}}{5}$ $\left(\because 0<\theta<\frac{\pi}{2}\right)$

## 0407

답 ④

오른쪽 그림과 같이 점 D에서 선분 AB에 내린 수선의 발을 E, $\overline{OA}=\overline{OB}=4a$라 하면

$\overline{OD}=\overline{OA}\cos\frac{\pi}{3}=4a\times\frac{1}{2}=2a$

$\overline{OE}=\overline{OD}\cos\frac{\pi}{3}=2a\times\frac{1}{2}=a$

$\overline{DE}=\overline{OD}\sin\frac{\pi}{3}=2a\times\frac{\sqrt{3}}{2}=\sqrt{3}a$

직각삼각형 BDE에서

$\overline{BE}=\overline{OB}+\overline{OE}=4a+a=5a$이므로

$\overline{BD}=\sqrt{\overline{BE}^2+\overline{DE}^2}=\sqrt{(5a)^2+(\sqrt{3}a)^2}=\sqrt{28a^2}=2\sqrt{7}a$

$\sin\theta=\frac{\overline{DE}}{\overline{BD}}=\frac{\sqrt{3}a}{2\sqrt{7}a}=\frac{\sqrt{21}}{14}$,

$\cos\theta=\frac{\overline{BE}}{\overline{BD}}=\frac{5a}{2\sqrt{7}a}=\frac{5\sqrt{7}}{14}$

$\therefore \sin 2\theta=2\sin\theta\cos\theta=2\times\frac{\sqrt{21}}{14}\times\frac{5\sqrt{7}}{14}=\frac{5\sqrt{3}}{14}$

### 유형 09 삼각함수의 합성

확인 문제 $2\sin\left(\theta+\frac{2}{3}\pi\right)$

$\sqrt{(-1)^2+(\sqrt{3})^2}=2$이므로

$-\sin\theta+\sqrt{3}\cos\theta=2\left\{\sin\theta\times\left(-\frac{1}{2}\right)+\cos\theta\times\frac{\sqrt{3}}{2}\right\}$

$=2\left(\sin\theta\cos\frac{2}{3}\pi+\cos\theta\sin\frac{2}{3}\pi\right)$

$=2\sin\left(\theta+\frac{2}{3}\pi\right)$

## 0408

답 ①

$y=\cos x+2\sin\left(x+\frac{\pi}{6}\right)+1$

$=\cos x+2\left(\sin x\cos\frac{\pi}{6}+\cos x\sin\frac{\pi}{6}\right)+1$

$=\cos x+\sqrt{3}\sin x+\cos x+1$

$=\sqrt{3}\sin x+2\cos x+1$

$=\sqrt{7}\left(\sin x\times\frac{\sqrt{3}}{\sqrt{7}}+\cos x\times\frac{2}{\sqrt{7}}\right)+1$

$=\sqrt{7}\sin(x+\alpha)+1$ $\left(\text{단, } \sin\alpha=\frac{2}{\sqrt{7}},\ \cos\alpha=\frac{\sqrt{3}}{\sqrt{7}}\right)$

이때 $-1\le\sin(x+\alpha)\le1$이므로

$-\sqrt{7}+1\le\sqrt{7}\sin(x+\alpha)+1\le\sqrt{7}+1$

따라서 $M=\sqrt{7}+1$, $m=-\sqrt{7}+1$이므로

$Mm=(\sqrt{7}+1)(-\sqrt{7}+1)=-6$

## 0409

답 ②

$3\sin\theta+4\cos\theta=5\left(\sin\theta\times\frac{3}{5}+\cos\theta\times\frac{4}{5}\right)$

$=5\sin(\theta+\alpha)\left(\text{단, }\sin\alpha=\frac{4}{5},\ \cos\alpha=\frac{3}{5}\right)$

$\therefore r=5$

이때 $\tan\alpha=\frac{\sin\alpha}{\cos\alpha}=\frac{\frac{4}{5}}{\frac{3}{5}}=\frac{4}{3}$이므로

$r\tan\alpha=5\times\frac{4}{3}=\frac{20}{3}$

## 0410

답 ②

$y=\sqrt{5}\sin x-2\cos x+4$

$=3\left(\sin x\times\frac{\sqrt{5}}{3}-\cos x\times\frac{2}{3}\right)+4$

$=3\sin(x-\alpha)+4\left(\text{단, }\sin\alpha=\frac{2}{3},\ \cos\alpha=\frac{\sqrt{5}}{3}\right)$

ㄱ. 함수의 주기는 $2\pi$이다. (참)

ㄴ. $-1\le\sin(x-\alpha)\le1$이므로

$-3\le3\sin(x-\alpha)\le3$

$\therefore 1\le3\sin(x-\alpha)+4\le7$

따라서 최댓값은 7이다. (참)

ㄷ. ㄴ에 의하여 최솟값은 1이다. (거짓)

따라서 옳은 것은 ㄱ, ㄴ이다.

## 0411

답 12

$f(x)=a\sin x+\sqrt{11}\cos x-1$

$=\sqrt{a^2+11}\left(\frac{a}{\sqrt{a^2+11}}\sin x+\frac{\sqrt{11}}{\sqrt{a^2+11}}\cos x\right)-1$

$=\sqrt{a^2+11}\sin(x+\alpha)-1$

$\left(\text{단, }\sin\alpha=\frac{\sqrt{11}}{\sqrt{a^2+11}},\ \cos\alpha=\frac{a}{\sqrt{a^2+11}}\right)$

❶

이때 $-1\le\sin(x+\alpha)\le1$이므로

$-\sqrt{a^2+11}-1\le\sqrt{a^2+11}\sin(x+\alpha)-1\le\sqrt{a^2+11}-1$

함수 $f(x)$의 최댓값이 5이므로

$\sqrt{a^2+11}-1=5,\ \sqrt{a^2+11}=6$

$a^2+11=36,\ a^2=25$

$\therefore a=5\ (\because a>0)$

❷

따라서 함수 $f(x)$의 최솟값 $b$는

$b=-\sqrt{5^2+11}-1=-7$

$\therefore a-b=5-(-7)=12$

❸

| 채점 기준 | 배점 |
|---|---|
| ❶ 삼각함수의 합성을 이용하여 나타내기 | 40% |
| ❷ $a$의 값 구하기 | 40% |
| ❸ $a-b$의 값 구하기 | 20% |

## 0412

답 $\frac{1}{2}$

$f(x)=3\sqrt{2}\sin x+4\cos\left(x+\frac{\pi}{4}\right)$

$=3\sqrt{2}\sin x+4\left(\cos x\cos\frac{\pi}{4}-\sin x\sin\frac{\pi}{4}\right)$

$=3\sqrt{2}\sin x+4\left(\cos x\times\frac{\sqrt{2}}{2}-\sin x\times\frac{\sqrt{2}}{2}\right)$

$=3\sqrt{2}\sin x+2\sqrt{2}\cos x-2\sqrt{2}\sin x$

$=\sqrt{2}\sin x+2\sqrt{2}\cos x$

$=\sqrt{10}\left(\sin x\times\frac{1}{\sqrt{5}}+\cos x\times\frac{2}{\sqrt{5}}\right)$

$=\sqrt{10}\sin(x+\alpha)\left(\text{단, }\sin\alpha=\frac{2}{\sqrt{5}},\ \cos\alpha=\frac{1}{\sqrt{5}}\right)$

함수 $f(x)$는 $\sin(x+\alpha)=1$일 때, 최댓값을 가지므로

$x+\alpha=\frac{\pi}{2},\ x=\frac{\pi}{2}-\alpha$

따라서 $\theta=\frac{\pi}{2}-\alpha$이므로

$\tan\theta=\tan\left(\frac{\pi}{2}-\alpha\right)=\cot\alpha$

$=\frac{\cos\alpha}{\sin\alpha}=\frac{\frac{1}{\sqrt{5}}}{\frac{2}{\sqrt{5}}}=\frac{1}{2}$

## 0413

답 $\sqrt{10}$

$\overline{AB}$가 반원의 지름이므로 $\angle APB=\frac{\pi}{2}$

직각삼각형 ABP에서 $\angle PAB=\theta$라 하면

$\overline{AP}=\cos\theta,\ \overline{PB}=\sin\theta$

$\therefore \overline{AP}+3\overline{PB}=\cos\theta+3\sin\theta$

$=\sqrt{10}\left(\frac{1}{\sqrt{10}}\times\cos\theta+\frac{3}{\sqrt{10}}\times\sin\theta\right)$

$=\sqrt{10}\sin(\theta+\alpha)$

$\left(\text{단, }\sin\alpha=\frac{1}{\sqrt{10}},\ \cos\alpha=\frac{3}{\sqrt{10}}\right)$

이때 $-1\le\sin(\theta+\alpha)\le1$이므로 구하는 최댓값은 $\sqrt{10}$이다.

## 0414

답 $\frac{1}{2}$

삼각형 ABD에서 코사인법칙에 의하여

$\overline{DB}^2=1^2+1^2-2\times1\times1\times\cos\theta$

$=2-2\cos\theta$

❶

따라서 정삼각형 BCD의 넓이는

$\frac{1}{2}\times\overline{CD}\times\overline{DB}\times\sin\frac{\pi}{3}=\frac{1}{2}\times\overline{DB}^2\times\sin\frac{\pi}{3}\ (\because \overline{BC}=\overline{CD}=\overline{DB})$

$=\frac{1}{2}\times(2-2\cos\theta)\times\sin\frac{\pi}{3}$

$=\frac{\sqrt{3}}{2}(1-\cos\theta)$

또한 삼각형 ABD의 넓이는 $\frac{1}{2}\times1\times1\times\sin\theta=\frac{1}{2}\sin\theta$이므로

(사각형 ABCD의 넓이)

=(삼각형 BCD의 넓이)+(삼각형 ABD의 넓이)

$=\frac{\sqrt{3}}{2}(1-\cos\theta)+\frac{1}{2}\sin\theta$

$=\frac{1}{2}\sin\theta-\frac{\sqrt{3}}{2}\cos\theta+\frac{\sqrt{3}}{2}$

$=\sin\left(\theta-\frac{\pi}{3}\right)+\frac{\sqrt{3}}{2}$

……… ❷

따라서 사각형 ABCD의 넓이는 $\theta-\frac{\pi}{3}=\frac{\pi}{2}$, 즉 $\theta=\frac{5}{6}\pi$일 때 최댓값을 가지므로

$\sin\theta=\sin\frac{5}{6}\pi=\sin\left(\pi-\frac{\pi}{6}\right)=\sin\frac{\pi}{6}=\frac{1}{2}$

……… ❸

| 채점 기준 | 배점 |
|---|---|
| ❶ 코사인법칙을 이용하여 $\overline{DB}^2$을 $\theta$로 나타내기 | 40% |
| ❷ 사각형 ABCD의 넓이 구하기 | 40% |
| ❸ 사각형 ABCD의 넓이가 최대일 때, $\sin\theta$의 값 구하기 | 20% |

Bible Says **코사인법칙**

삼각형 ABC에서

$a^2=b^2+c^2-2bc\cos A$

$b^2=c^2+a^2-2ca\cos B$

$c^2=a^2+b^2-2ab\cos C$

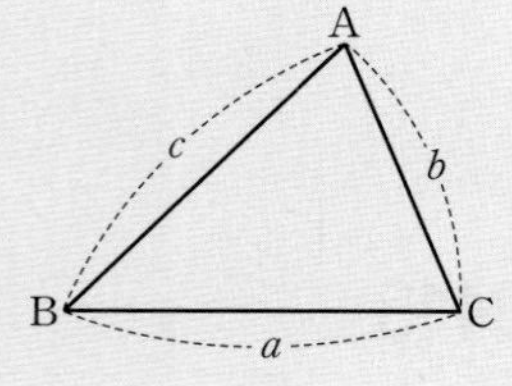


## 유형 10 삼각함수의 극한

확인 문제 (1) $\frac{\sqrt{3}}{2}$ (2) $\frac{\sqrt{3}}{6}$

(1) $\lim_{x\to\frac{\pi}{6}}\sin 2x=\sin\frac{\pi}{3}=\frac{\sqrt{3}}{2}$

(2) $\lim_{x\to\frac{\pi}{3}}\frac{\cos x}{\tan x}=\frac{\cos\frac{\pi}{3}}{\tan\frac{\pi}{3}}=\frac{\frac{1}{2}}{\sqrt{3}}=\frac{\sqrt{3}}{6}$

## 0415

답 ②

$$\lim_{x\to0}\frac{\sin^2 x}{1-\cos x}=\lim_{x\to0}\frac{1-\cos^2 x}{1-\cos x}$$
$$=\lim_{x\to0}\frac{(1-\cos x)(1+\cos x)}{1-\cos x}$$
$$=\lim_{x\to0}(1+\cos x)$$
$$=1+1=2$$

## 0416

답 ②

$$\lim_{x\to\frac{\pi}{3}}\frac{\tan x-\sin x}{\sec x}=\frac{\tan\frac{\pi}{3}-\sin\frac{\pi}{3}}{\sec\frac{\pi}{3}}$$
$$=\cos\frac{\pi}{3}\times\left(\tan\frac{\pi}{3}-\sin\frac{\pi}{3}\right)$$
$$=\frac{1}{2}\times\left(\sqrt{3}-\frac{\sqrt{3}}{2}\right)$$
$$=\frac{\sqrt{3}}{4}$$

## 0417

답 $\frac{\sqrt{2}}{2}$

$$\lim_{x\to\frac{\pi}{4}}\frac{\sin x-\cos x}{1-\cot x}=\lim_{x\to\frac{\pi}{4}}\frac{\sin x-\cos x}{1-\frac{\cos x}{\sin x}}$$
$$=\lim_{x\to\frac{\pi}{4}}\frac{\sin x-\cos x}{\frac{\sin x-\cos x}{\sin x}}$$
$$=\lim_{x\to\frac{\pi}{4}}\sin x$$
$$=\sin\frac{\pi}{4}=\frac{\sqrt{2}}{2}$$

## 0418

답 ④

$$\lim_{x\to0}\frac{\sec 2x-1}{\sec x-1}$$
$$=\lim_{x\to0}\frac{\frac{1}{\cos 2x}-1}{\frac{1}{\cos x}-1}=\lim_{x\to0}\frac{\frac{1-\cos 2x}{\cos 2x}}{\frac{1-\cos x}{\cos x}}$$
$$=\lim_{x\to0}\left(\frac{1-\cos 2x}{1-\cos x}\times\frac{\cos x}{\cos 2x}\right)$$
$$=\lim_{x\to0}\left\{\frac{1-(2\cos^2 x-1)}{1-\cos x}\times\frac{\cos x}{\cos 2x}\right\}$$
$$=\lim_{x\to0}\left\{\frac{2\times(1-\cos^2 x)}{1-\cos x}\times\frac{\cos x}{\cos 2x}\right\}$$
$$=\lim_{x\to0}\left\{\frac{(1-\cos x)(1+\cos x)}{1-\cos x}\times\frac{2\cos x}{\cos 2x}\right\}$$
$$=\lim_{x\to0}\left\{(1+\cos x)\times\frac{2\cos x}{\cos 2x}\right\}$$
$$=(1+1)\times\frac{2\times1}{1}=4$$

## 유형 11 $\lim_{x\to0}\frac{\sin x}{x}$ 꼴의 극한

확인 문제 (1) 3 (2) $\frac{1}{3}$

(1) $\lim_{x\to0}\frac{\sin 3x}{x}=\lim_{x\to0}\left(\frac{\sin 3x}{3x}\times3\right)=1\times3=3$

(2) $\lim_{x\to0}\frac{\sin 2x}{\sin 6x}=\lim_{x\to0}\left(\frac{\sin 2x}{2x}\times\frac{6x}{\sin 6x}\times\frac{2}{6}\right)=1\times1\times\frac{1}{3}=\frac{1}{3}$

### 0419

답 5

$$\lim_{x\to0}\frac{\sin 2x+\sin 3x}{\sin x}$$
$$=\lim_{x\to0}\left(\frac{\sin 2x}{\sin x}+\frac{\sin 3x}{\sin x}\right)$$
$$=\lim_{x\to0}\left(\frac{\sin 2x}{2x}\times\frac{x}{\sin x}\times2+\frac{\sin 3x}{3x}\times\frac{x}{\sin x}\times3\right)$$
$$=1\times1\times2+1\times1\times3=5$$

### 0420

답 ②

$$\lim_{x\to0}\frac{\sin(4x^3+2x^2+5x)}{3x^3-2x^2-5x}$$
$$=\lim_{x\to0}\left\{\frac{\sin(4x^3+2x^2+5x)}{4x^3+2x^2+5x}\times\frac{4x^3+2x^2+5x}{3x^3-2x^2-5x}\right\}$$
$$=\lim_{x\to0}\left\{\frac{\sin(4x^3+2x^2+5x)}{4x^3+2x^2+5x}\times\frac{4x^2+2x+5}{3x^2-2x-5}\right\}$$
$$=1\times(-1)=-1$$

### 0421

답 ③

$$\lim_{x\to0}\frac{\ln(1+3x)}{\sin 5x}=\lim_{x\to0}\left\{\frac{\ln(1+3x)}{3x}\times\frac{5x}{\sin 5x}\times\frac{3}{5}\right\}$$
$$=1\times1\times\frac{3}{5}=\frac{3}{5}$$

### 0422

답 ③

$x^\circ=\frac{\pi}{180}x$이므로

$$\lim_{x\to0}\frac{4\sin x^\circ}{x}=\lim_{x\to0}\frac{4\sin\frac{\pi}{180}x}{x}$$
$$=\lim_{x\to0}\left(\frac{\sin\frac{\pi}{180}x}{\frac{\pi}{180}x}\times\frac{\pi}{45}\right)$$
$$=1\times\frac{\pi}{45}=\frac{\pi}{45}$$

### 0423

답 2047

$$\lim_{x\to0}\frac{\sin x+\sin 2x+\sin 2^2x+\cdots+\sin 2^{10}x}{x}$$
$$=\lim_{x\to0}\left(\frac{\sin x}{x}+\frac{\sin 2x}{x}+\frac{\sin 2^2x}{x}+\cdots+\frac{\sin 2^{10}x}{x}\right)$$
$$=\lim_{x\to0}\left(\frac{\sin x}{x}+\frac{\sin 2x}{2x}\times2+\frac{\sin 2^2x}{2^2x}\times2^2+\cdots+\frac{\sin 2^{10}x}{2^{10}x}\times2^{10}\right)$$
$$=1+2+2^2+\cdots+2^{10}$$

└ 첫째항이 1, 공비가 2인 등비수열의 합이다.

$$=\frac{2^{11}-1}{2-1}=2047$$

## 유형 12 $\lim_{x\to0}\frac{\tan x}{x}$ 꼴의 극한

확인 문제 (1) $\frac{3}{5}$ (2) $\frac{4}{3}$

(1) $\lim_{x\to0}\frac{\tan 3x}{5x}=\lim_{x\to0}\left(\frac{\tan 3x}{3x}\times\frac{3}{5}\right)=1\times\frac{3}{5}=\frac{3}{5}$

(2) $\lim_{x\to0}\frac{\tan 4x}{\tan 3x}=\lim_{x\to0}\left(\frac{\tan 4x}{4x}\times\frac{3x}{\tan 3x}\times\frac{4}{3}\right)=1\times1\times\frac{4}{3}=\frac{4}{3}$

### 0424

답 $\frac{2}{5}$

$$\lim_{x\to0}\frac{\tan(\tan 2x)}{\tan 5x}$$
$$=\lim_{x\to0}\left\{\frac{\tan(\tan 2x)}{\tan 2x}\times\frac{5x}{\tan 5x}\times\frac{\tan 2x}{2x}\times\frac{2}{5}\right\}$$
$$=1\times1\times1\times\frac{2}{5}=\frac{2}{5}$$

### 0425

답 ④

$$\lim_{x\to0}\frac{\tan 3x}{\sin 2x\cos 2x}=\lim_{x\to0}\left(\frac{2x}{\sin 2x}\times\frac{\tan 3x}{3x}\times\frac{3}{2}\times\frac{1}{\cos 2x}\right)$$
$$=1\times1\times\frac{3}{2}\times1$$
$$=\frac{3}{2}$$

### 0426

답 ①

$$\lim_{x\to0}\frac{(2^x-1)(e^x-1)}{x\tan 3x}=\lim_{x\to0}\left(\frac{2^x-1}{x}\times\frac{e^x-1}{x}\times\frac{3x}{\tan 3x}\times\frac{1}{3}\right)$$
$$=\ln 2\times1\times1\times\frac{1}{3}=\frac{1}{3}\ln 2=\ln\sqrt[3]{2}$$

## 0427

답 $-2$

$$\lim_{x\to 0}\frac{\sin(\tan 2x)}{\tan f(x)}$$
$$=\lim_{x\to 0}\left\{\frac{f(x)}{\tan f(x)}\times\frac{\sin(\tan 2x)}{\tan 2x}\times\frac{\tan 2x}{2x}\times\frac{2x}{f(x)}\right\}$$
$$=\lim_{x\to 0}\left\{\frac{f(x)}{\tan f(x)}\times\frac{\sin(\tan 2x)}{\tan 2x}\times\frac{\tan 2x}{2x}\times\frac{2}{3x^2-1}\right\}$$
$$=1\times1\times1\times\frac{2}{0-1}=-2$$

### 유형 13 $\lim_{x\to 0}\frac{1-\cos x}{x}$ 꼴의 극한

## 0428

답 ⑤

$$\lim_{x\to 0}\frac{1-\cos 2x}{x^2}=\lim_{x\to 0}\frac{(1-\cos 2x)(1+\cos 2x)}{x^2(1+\cos 2x)}$$
$$=\lim_{x\to 0}\frac{\sin^2 2x}{x^2(1+\cos 2x)}$$
$$=\lim_{x\to 0}\left\{\left(\frac{\sin 2x}{2x}\right)^2\times\frac{4}{1+\cos 2x}\right\}$$
$$=1^2\times\frac{4}{2}=2$$

다른 풀이

유형 **07**의 배각의 공식 $\cos 2x=1-2\sin^2 x$를 이용하면 다음과 같이 풀 수도 있다.

$$\lim_{x\to 0}\frac{1-\cos 2x}{x^2}=\lim_{x\to 0}\frac{2\sin^2 x}{x^2}$$
$$=\lim_{x\to 0}\left\{2\times\left(\frac{\sin x}{x}\right)^2\right\}$$
$$=2\times1=2$$

## 0429

답 ④

$$\lim_{x\to 0}\frac{1-\cos 4x}{x\sin 3x}$$
$$=\lim_{x\to 0}\frac{(1-\cos 4x)(1+\cos 4x)}{x\sin 3x(1+\cos 4x)}$$
$$=\lim_{x\to 0}\frac{\sin^2 4x}{x\sin 3x(1+\cos 4x)}$$
$$=\lim_{x\to 0}\left\{\left(\frac{\sin 4x}{4x}\right)^2\times\frac{3x}{\sin 3x}\times\frac{16}{3}\times\frac{1}{1+\cos 4x}\right\}$$
$$=1^2\times1\times\frac{16}{3}\times\frac{1}{2}=\frac{8}{3}$$

다른 풀이

유형 **07**의 배각의 공식 $\cos 4x=1-2\sin^2 2x$를 이용하면 다음과 같이 풀 수도 있다.

$$\lim_{x\to 0}\frac{1-\cos 4x}{x\sin 3x}=\lim_{x\to 0}\frac{2\sin^2 2x}{x\sin 3x}$$
$$=\lim_{x\to 0}\left\{2\times\left(\frac{\sin 2x}{2x}\right)^2\times\frac{3x}{\sin 3x}\times\frac{4x}{3x}\right\}$$
$$=2\times1^2\times1\times\frac{4}{3}=\frac{8}{3}$$

## 0430

답 6

$$\lim_{x\to 0}\frac{1-\cos ax}{4x^2}=\lim_{x\to 0}\frac{(1-\cos ax)(1+\cos ax)}{4x^2(1+\cos ax)}$$
$$=\lim_{x\to 0}\frac{1-\cos^2 ax}{4x^2(1+\cos ax)}$$
$$=\lim_{x\to 0}\frac{\sin^2 ax}{4x^2(1+\cos ax)}$$
$$=\lim_{x\to 0}\left\{\left(\frac{\sin ax}{ax}\right)^2\times\frac{a^2}{4}\times\frac{1}{1+\cos ax}\right\}$$
$$=1^2\times\frac{a^2}{4}\times\frac{1}{2}=\frac{a^2}{8}$$

…… ❶

즉, $\frac{a^2}{8}=\frac{9}{2}$이므로 $a^2=36$

$\therefore a=6$ ($\because a>0$)

…… ❷

| 채점 기준 | 배점 |
|---|---|
| ❶ 주어진 식의 극한값을 $a$로 나타내기 | 70% |
| ❷ $a$의 값 구하기 | 30% |

## 0431

답 20

$$\lim_{x\to 0}\frac{f(x)}{1-\cos(x^2)}=\lim_{x\to 0}\frac{f(x)\{1+\cos(x^2)\}}{\{1-\cos(x^2)\}\{1+\cos(x^2)\}}$$
$$=\lim_{x\to 0}\frac{f(x)\{1+\cos(x^2)\}}{\sin^2(x^2)}$$
$$=\lim_{x\to 0}\left[\frac{(x^2)^2}{\sin^2(x^2)}\times\frac{f(x)}{x^4}\times\{1+\cos(x^2)\}\right]$$
$$=1^2\times\lim_{x\to 0}\frac{f(x)}{x^4}\times2$$
$$=2\lim_{x\to 0}\frac{f(x)}{x^4}=10$$

즉, $\lim_{x\to 0}\frac{f(x)}{x^4}=5$이므로 $a=4$, $b=5$

$\therefore ab=4\times5=20$

## 0432

답 8

$\lim_{x\to0} f(x)\left(1-\cos\frac{x}{2}\right)$

$=\lim_{x\to0}\frac{f(x)\left(1-\cos\frac{x}{2}\right)\left(1+\cos\frac{x}{2}\right)}{1+\cos\frac{x}{2}}$

$=\lim_{x\to0}\frac{f(x)\left(1-\cos^2\frac{x}{2}\right)}{1+\cos\frac{x}{2}}=\lim_{x\to0}\frac{f(x)\sin^2\frac{x}{2}}{1+\cos\frac{x}{2}}$

$=\lim_{x\to0}\left\{\frac{\sin^2\frac{x}{2}}{\left(\frac{x}{2}\right)^2}\times\left(\frac{x}{2}\right)^2 f(x)\times\frac{1}{1+\cos\frac{x}{2}}\right\}$

$=1^2\times\frac{1}{4}\lim_{x\to0} x^2f(x)\times\frac{1}{2}$

$=\frac{1}{8}\lim_{x\to0} x^2f(x)=1$

$\therefore \lim_{x\to0} x^2f(x)=8$

### 유형 14 치환을 이용한 삼각함수의 극한 - $x\to a\ (a\neq0)$일 때 $x-a=t$로 치환

## 0433

답 ④

$x-\pi=t$로 놓으면 $x=t+\pi$이고 $x\to\pi$일 때 $t\to0$이므로

$\lim_{x\to\pi}\frac{\sin x\cos x}{x-\pi}=\lim_{t\to0}\frac{\sin(t+\pi)\cos(t+\pi)}{t}$

$=\lim_{t\to0}\left\{\frac{-\sin t}{t}\times(-\cos t)\right\}$

$=(-1)\times(-1)=1$

## 0434

답 ④

$x-1=t$로 놓으면 $x=t+1$이고 $x\to1$일 때 $t\to0$이므로

$\lim_{x\to1}\frac{\sin(x-1)}{\ln x}=\lim_{t\to0}\frac{\sin t}{\ln(t+1)}$

$=\lim_{t\to0}\left\{\frac{\sin t}{t}\times\frac{t}{\ln(t+1)}\right\}$

$=1\times1=1$

## 0435

답 ③

$x-\frac{\pi}{4}=t$로 놓으면 $x=t+\frac{\pi}{4}$이고 $x\to\frac{\pi}{4}$일 때 $t\to0$이므로

$\lim_{x\to\frac{\pi}{4}}\frac{\tan(4x-\pi)}{x-\frac{\pi}{4}}=\lim_{t\to0}\frac{\tan 4t}{t}$

$=\lim_{t\to0}\left(\frac{\tan 4t}{4t}\times4\right)$

$=1\times4=4$

## 0436

답 2

$\sin x-\sqrt{3}\cos x=2\left(\sin x\times\frac{1}{2}-\cos x\times\frac{\sqrt{3}}{2}\right)$

$=2\left(\sin x\cos\frac{\pi}{3}-\cos x\sin\frac{\pi}{3}\right)$

$=2\sin\left(x-\frac{\pi}{3}\right)$

……❶

$x-\frac{\pi}{3}=t$로 놓으면 $x=t+\frac{\pi}{3}$이고

$x\to\frac{\pi}{3}$일 때 $t\to0$이므로

$\lim_{x\to\frac{\pi}{3}}\frac{\sin x-\sqrt{3}\cos x}{x-\frac{\pi}{3}}=\lim_{x\to\frac{\pi}{3}}\frac{2\sin\left(x-\frac{\pi}{3}\right)}{x-\frac{\pi}{3}}$

$=\lim_{t\to0}\frac{2\sin t}{t}$

$=2\times1=2$

……❷

| 채점 기준 | 배점 |
|---|---|
| ❶ 삼각함수의 합성을 이용하여 주어진 식을 간단히 나타내기 | 40% |
| ❷ 삼각함수의 극한값 구하기 | 60% |

### 유형 15 치환을 이용한 삼각함수의 극한 - $x\to\infty$일 때 $\frac{1}{x}=t$로 치환

## 0437

답 1

$\frac{1}{x}=t$로 놓으면 $x=\frac{1}{t}$이고 $x\to\infty$일 때 $t\to0$이므로

$\lim_{x\to\infty} x\sin\frac{1}{x}=\lim_{t\to0}\frac{1}{t}\sin t$

$=\lim_{t\to0}\frac{\sin t}{t}=1$

## 0438

답 6

$\frac{3}{x}=t$로 놓으면 $x=\frac{3}{t}$이고 $x\to\infty$일 때 $t\to0$이므로

$\lim_{x\to\infty} 2x\tan\frac{3}{x}=\lim_{t\to0}\left(6\times\frac{\tan t}{t}\right)$

$=6\times1=6$

## 0439

답 ①

$\frac{1}{2x}=t$로 놓으면 $x=\frac{1}{2t}$이고 $x\to\infty$일 때 $t\to0$이므로

$$\lim_{x\to\infty}\left(x^2-x^2\cos\frac{1}{2x}\right)=\lim_{t\to0}\left\{\left(\frac{1}{2t}\right)^2-\left(\frac{1}{2t}\right)^2\cos t\right\}$$
$$=\lim_{t\to0}\frac{1-\cos t}{4t^2}$$
$$=\lim_{t\to0}\frac{(1-\cos t)(1+\cos t)}{4t^2(1+\cos t)}$$
$$=\lim_{t\to0}\frac{1-\cos^2 t}{4t^2(1+\cos t)}$$
$$=\lim_{t\to0}\left(\frac{\sin^2 t}{t^2}\times\frac{1}{1+\cos t}\times\frac{1}{4}\right)$$
$$=1^2\times\frac{1}{2}\times\frac{1}{4}=\frac{1}{8}$$

## 0440

답 ③

$\frac{1}{x}=t$로 놓으면 $x=\frac{1}{t}$이고 $x\to\infty$일 때 $t\to0$이므로

$$\lim_{x\to\infty}\cot\frac{1}{x}\sin\left(\tan\frac{1}{x}\right)=\lim_{t\to0}\cot t\sin(\tan t)$$
$$=\lim_{t\to0}\frac{\sin(\tan t)}{\tan t}$$
$$=1$$

## 0441

답 1

$-\frac{1}{x}=t$로 놓으면 $x=-\frac{1}{t}$이고 $x\to-\infty$일 때 $t\to0$이므로

$$\lim_{x\to-\infty}\frac{1}{x^2}\csc\frac{1}{x}\cot\frac{1}{x}=\lim_{t\to0}t^2\csc(-t)\cot(-t)$$
$$=\lim_{t\to0}\left\{\frac{t}{\sin(-t)}\times\frac{t}{\tan(-t)}\right\}$$
$$=\lim_{t\to0}\left(\frac{t}{-\sin t}\times\frac{t}{-\tan t}\right)$$
$$=(-1)\times(-1)=1$$

### 유형 16 삼각함수의 극한에서 미정계수의 결정

## 0442

답 ④

$\lim_{x\to0}\frac{\ln(x+a)}{\sin 3x}=b$에서 극한값이 존재하고 $x\to0$일 때,

(분모)$\to0$이므로 (분자)$\to0$이어야 한다.

즉, $\lim_{x\to0}\ln(x+a)=0$이므로 $\ln(0+a)=0$에서 $a=1$

$$\therefore \lim_{x\to0}\frac{\ln(x+1)}{\sin 3x}=\lim_{x\to0}\left\{\frac{\ln(x+1)}{x}\times\frac{3x}{\sin 3x}\times\frac{1}{3}\right\}$$
$$=1\times1\times\frac{1}{3}$$
$$=b$$

$\therefore a+b=1+\frac{1}{3}=\frac{4}{3}$

## 0443

답 6

$\lim_{x\to0}\frac{\tan 3x}{\sqrt{ax+b}-1}=1$에서 0이 아닌 극한값이 존재하고 $x\to0$일 때,

(분자)$\to0$이므로 (분모)$\to0$이어야 한다.

즉, $\lim_{x\to0}(\sqrt{ax+b}-1)=0$이므로

$\sqrt{0+b}-1=0$에서 $b=1$

…… ❶

$$\therefore \lim_{x\to0}\frac{\tan 3x}{\sqrt{ax+1}-1}=\lim_{x\to0}\frac{\tan 3x(\sqrt{ax+1}+1)}{(\sqrt{ax+1}-1)(\sqrt{ax+1}+1)}$$
$$=\lim_{x\to0}\frac{\tan 3x(\sqrt{ax+1}+1)}{ax}$$
$$=\lim_{x\to0}\left\{\frac{\tan 3x}{3x}\times\frac{3(\sqrt{ax+1}+1)}{a}\right\}$$
$$=1\times\frac{3\times(1+1)}{a}=\frac{6}{a}$$

따라서 $\frac{6}{a}=1$이므로 $a=6$

…… ❷

$\therefore ab=6\times1=6$

…… ❸

| 채점 기준 | 배점 |
|---|---|
| ❶ $b$의 값 구하기 | 30% |
| ❷ $a$의 값 구하기 | 60% |
| ❸ $ab$의 값 구하기 | 10% |

## 0444

답 14

$\lim_{x\to0}\frac{\sin 7x}{2^{x+1}-a}=\frac{b}{2\ln 2}$에서 $b>0$이므로 0이 아닌 극한값이 존재하고 $x\to0$일 때, (분자)$\to0$이므로 (분모)$\to0$이어야 한다.

즉, $\lim_{x\to0}(2^{x+1}-a)=0$이므로 $2-a=0$에서 $a=2$

$a=2$를 주어진 식의 좌변에 대입하면

$$\lim_{x\to0}\frac{\sin 7x}{2^{x+1}-2}=\lim_{x\to0}\left(\frac{\sin 7x}{7x}\times\frac{x}{2^x-1}\times\frac{7}{2}\right)$$
$$=1\times\frac{1}{\ln 2}\times\frac{7}{2}$$
$$=\frac{7}{2\ln 2}$$

즉, $\frac{7}{2\ln 2}=\frac{b}{2\ln 2}$이므로 $b=7$

$\therefore ab=2\times7=14$

## 0445

답 ③

$f(x)=ax+b$ ($a\neq0$, $a$, $b$는 상수)라 하면

$\lim_{x\to-\pi}\frac{f(x)}{\sin(\pi+x)}=2$에서 극한값이 존재하고 $x\to-\pi$일 때,

(분모)$\to0$이므로 (분자)$\to0$이어야 한다.

즉, $\lim_{x\to-\pi}f(x)=\lim_{x\to-\pi}(ax+b)=0$이므로

$-a\pi+b=0 \qquad \therefore b=a\pi \qquad$ …… ㉠

$$\therefore \lim_{x\to-\pi}\frac{f(x)}{\sin(\pi+x)}=\lim_{x\to-\pi}\frac{a(x+\pi)}{\sin(\pi+x)}$$

이때 $x+\pi=t$로 놓으면 $x=t-\pi$이고 $x\to-\pi$일 때 $t\to0$이므로

$$\lim_{x\to-\pi}\frac{a(x+\pi)}{\sin(\pi+x)}=\lim_{t\to0}\left(a\times\frac{t}{\sin t}\right)=a\times1=a$$

$\therefore a=2$

$a=2$를 ㉠에 대입하면 $b=2\pi$

따라서 $f(x)=2x+2\pi$이므로

$f\left(\frac{\pi}{2}\right)=2\times\frac{\pi}{2}+2\pi=3\pi$

## 유형 17 삼각함수의 극한의 도형에의 활용

### 0446

답 ④

직각삼각형 POH에서 $\overline{OH}=\cos\theta$이므로

$\overline{BH}=\overline{OB}-\overline{OH}=1-\cos\theta$

$$\therefore \lim_{\theta\to0+}\frac{\overline{BH}}{\theta^2}=\lim_{\theta\to0+}\frac{1-\cos\theta}{\theta^2}$$
$$=\lim_{\theta\to0+}\frac{(1-\cos\theta)(1+\cos\theta)}{\theta^2(1+\cos\theta)}$$
$$=\lim_{\theta\to0+}\frac{\sin^2\theta}{\theta^2(1+\cos\theta)}$$
$$=\lim_{\theta\to0+}\left\{\left(\frac{\sin\theta}{\theta}\right)^2\times\frac{1}{1+\cos\theta}\right\}$$
$$=1^2\times\frac{1}{2}=\frac{1}{2}$$

### 0447

답 6

직각삼각형 ABC에서 $\overline{AC}=6\sin\theta$

$\angle HAC=\angle ABC=\theta$이므로 직각삼각형 ACH에서

$\overline{CH}=\overline{AC}\sin\theta=6\sin^2\theta$

$$\therefore \lim_{\theta\to0+}\frac{\overline{CH}}{\theta^2}=\lim_{\theta\to0+}\frac{6\sin^2\theta}{\theta^2}=\lim_{\theta\to0+}\left\{6\times\left(\frac{\sin\theta}{\theta}\right)^2\right\}$$
$$=6\times1^2=6$$

### 0448

답 2

직각삼각형 ABH에서 $\overline{AH}=2\sin\theta$, $\overline{BH}=2\cos\theta$

직각삼각형 ABC에서 $\overline{BC}=\frac{2}{\cos\theta}$이므로

$$\overline{HC}=\overline{BC}-\overline{BH}=\frac{2}{\cos\theta}-2\cos\theta$$
$$=\frac{2(1-\cos^2\theta)}{\cos\theta}$$
$$=\frac{2\sin^2\theta}{\cos\theta}$$

$$\therefore S(\theta)=\frac{1}{2}\times\frac{2\sin^2\theta}{\cos\theta}\times2\sin\theta$$
$$=\frac{2\sin^3\theta}{\cos\theta}$$

$$\therefore \lim_{\theta\to0+}\frac{S(\theta)}{\theta^3}=\lim_{\theta\to0+}\frac{2\sin^3\theta}{\theta^3\cos\theta}=\lim_{\theta\to0+}\left\{\left(\frac{\sin\theta}{\theta}\right)^3\times\frac{2}{\cos\theta}\right\}$$
$$=1^3\times2=2$$

### 0449

답 $\pi$

오른쪽 그림에서 $\sin\theta=\frac{r}{1-r}$이므로

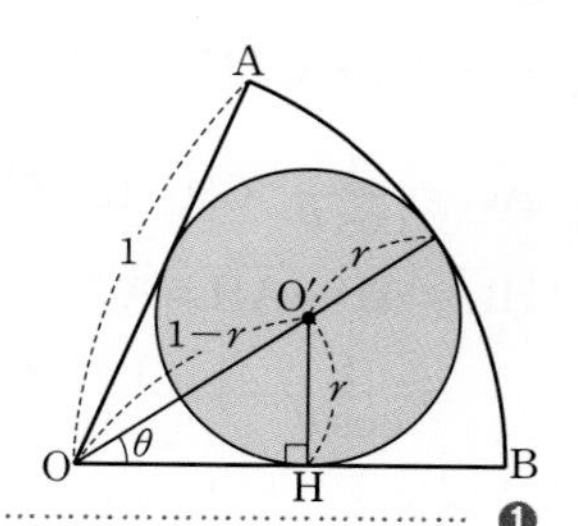


$(1-r)\sin\theta=r$

$r+r\sin\theta=\sin\theta$

$r(1+\sin\theta)=\sin\theta$

$\therefore r=\frac{\sin\theta}{1+\sin\theta}$

❶

$$\therefore S(\theta)=\pi\left(\frac{\sin\theta}{1+\sin\theta}\right)^2$$

❷

$$\therefore \lim_{\theta\to0+}\frac{S(\theta)}{\theta^2}=\lim_{\theta\to0+}\frac{\pi}{\theta^2}\left(\frac{\sin\theta}{1+\sin\theta}\right)^2$$
$$=\lim_{\theta\to0+}\frac{\pi\sin^2\theta}{\theta^2(1+2\sin\theta+\sin^2\theta)}$$
$$=\lim_{\theta\to0+}\left\{\left(\frac{\sin\theta}{\theta}\right)^2\times\frac{\pi}{1+2\sin\theta+\sin^2\theta}\right\}$$
$$=1^2\times\pi=\pi$$

❸

| 채점 기준 | 배점 |
|---|---|
| ❶ $r$를 $\theta$로 나타내기 | 40% |
| ❷ $S(\theta)$를 $\theta$로 나타내기 | 10% |
| ❸ 극한값 구하기 | 50% |

### 0450

답 $\frac{2}{3}$

삼각형 AOP는 이등변삼각형이므로

$\angle APO=\angle PAO=\theta$

$\therefore \angle POC=\angle APO+\angle PAO=\theta+\theta=2\theta$

또한 $\angle CPO=\angle APO=\theta$이므로

$\angle OCP=\pi-(\theta+2\theta)=\pi-3\theta$

삼각형 POC에서 사인법칙에 의하여

$\frac{\overline{PC}}{\sin2\theta}=\frac{\overline{OP}}{\sin(\pi-3\theta)}$, $\frac{\overline{PC}}{\sin2\theta}=\frac{1}{\sin3\theta}$

$\therefore \overline{PC}=\frac{\sin2\theta}{\sin3\theta}$

$$\therefore \lim_{\theta\to0+}\overline{PC}=\lim_{\theta\to0+}\frac{\sin2\theta}{\sin3\theta}$$
$$=\lim_{\theta\to0+}\left(\frac{\sin2\theta}{2\theta}\times\frac{3\theta}{\sin3\theta}\times\frac{2}{3}\right)$$
$$=1\times1\times\frac{2}{3}=\frac{2}{3}$$

**Bible Says 사인법칙**

삼각형 ABC에서

$$\frac{a}{\sin A}=\frac{b}{\sin B}=\frac{c}{\sin C}$$

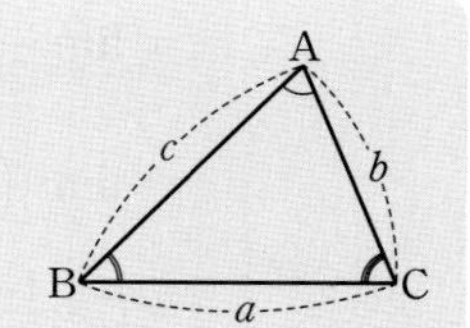

## 0451

답 ②

직각삼각형 CAH에서 $\overline{AH}=\frac{1}{2}\times2=1$,

$\overline{AC}=\frac{1}{\cos\theta}$, $\overline{CH}=\tan\theta$이므로

$\overline{HD}=\overline{AD}-\overline{AH}=\overline{AC}-\overline{AH}$

$=\frac{1}{\cos\theta}-1=\frac{1-\cos\theta}{\cos\theta}$

$\therefore S(\theta)=\frac{1}{2}\times\frac{1-\cos\theta}{\cos\theta}\times\tan\theta$

$=\frac{\tan\theta(1-\cos\theta)}{2\cos\theta}$

$\therefore \lim_{\theta\to0+}\frac{S(\theta)}{\theta^3}$

$=\lim_{\theta\to0+}\frac{\tan\theta(1-\cos\theta)}{2\theta^3\cos\theta}$

$=\lim_{\theta\to0+}\frac{\tan\theta(1-\cos\theta)(1+\cos\theta)}{2\theta^3\cos\theta(1+\cos\theta)}$

$=\lim_{\theta\to0+}\frac{\tan\theta\sin^2\theta}{2\theta^3\cos\theta(1+\cos\theta)}$

$=\lim_{\theta\to0+}\left\{\frac{\tan\theta}{\theta}\times\left(\frac{\sin\theta}{\theta}\right)^2\times\frac{1}{2\cos\theta(1+\cos\theta)}\right\}$

$=1\times1^2\times\frac{1}{4}=\frac{1}{4}$

## 0452

답 ①

직각삼각형 POH에서

$\overline{OP}=\overline{OB}=1$, $\overline{OH}=\overline{OP}\cos\theta=\cos\theta$이므로

$\overline{HA}=\overline{OA}-\overline{OH}=1-\cos\theta$

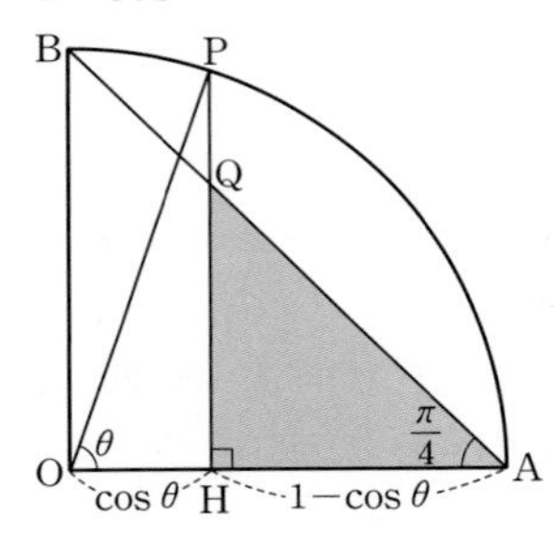


직각삼각형 ABO에서 $\overline{OA}=\overline{OB}$이므로

$\angle OAB=\angle OBA=\frac{\pi}{4}$

따라서 직각삼각형 AQH에서 $\overline{HA}=\overline{HQ}$

$\therefore S(\theta)=\frac{1}{2}\times\overline{HA}\times\overline{HQ}=\frac{1}{2}(1-\cos\theta)^2$

$\therefore \lim_{\theta\to0+}\frac{S(\theta)}{\theta^4}=\lim_{\theta\to0+}\frac{(1-\cos\theta)^2}{2\theta^4}$

$=\lim_{\theta\to0+}\frac{(1-\cos\theta)^2(1+\cos\theta)^2}{2\theta^4(1+\cos\theta)^2}$

$=\lim_{\theta\to0+}\frac{\{(1-\cos\theta)(1+\cos\theta)\}^2}{2\theta^4(1+\cos\theta)^2}$

$=\lim_{\theta\to0+}\frac{(\sin^2\theta)^2}{2\theta^4(1+\cos\theta)^2}$

$=\lim_{\theta\to0+}\left\{\left(\frac{\sin\theta}{\theta}\right)^4\times\frac{1}{2(1+\cos\theta)^2}\right\}$

$=1^4\times\frac{1}{8}=\frac{1}{8}$

### 유형 18 삼각함수의 연속

## 0453

답 ②

함수 $f(x)$가 $x=1$에서 연속이므로

$\lim_{x\to1}f(x)=f(1)$

$x-1=t$로 놓으면 $x=t+1$이고 $x\to1$일 때 $t\to0$이므로

$\lim_{x\to1}f(x)=\lim_{x\to1}\frac{\tan2(x-1)}{x-1}=\lim_{t\to0}\frac{\tan2t}{t}$

$=\lim_{t\to0}\left(\frac{\tan2t}{2t}\times2\right)=1\times2=2$

$\therefore a=2$

## 0454

답 ②

함수 $f(x)$가 $x=0$에서 연속이므로

$\lim_{x\to0-}f(x)=f(0)=\lim_{x\to0+}f(x)$

$f(0)=\cos0+1=2$이므로 $\lim_{x\to0-}f(x)=2$

$\therefore \lim_{x\to0-}f(x)=\lim_{x\to0-}\frac{1-\cos ax}{x\sin x}$

$=\lim_{x\to0-}\frac{(1-\cos ax)(1+\cos ax)}{x\sin x(1+\cos ax)}$

$=\lim_{x\to0-}\frac{\sin^2ax}{x\sin x(1+\cos ax)}$

$=\lim_{x\to0-}\left\{\left(\frac{\sin ax}{ax}\right)^2\times\frac{x}{\sin x}\times\frac{a^2}{1+\cos ax}\right\}$

$=1^2\times1\times\frac{a^2}{2}=\frac{a^2}{2}$

즉, $\frac{a^2}{2}=2$이므로 $a^2=4$

$\therefore a=2$ ($\because a>0$)

## 0455

답 6

$x\neq0$일 때, $f(x)=\frac{\sin ax}{e^{2x}-1}$

함수 $f(x)$가 $x=0$에서 연속이므로

$\lim_{x\to0}f(x)=f(0)=3$

$\therefore \lim_{x\to0}f(x)=\lim_{x\to0}\frac{\sin ax}{e^{2x}-1}$

$=\lim_{x\to0}\left(\frac{\sin ax}{ax}\times\frac{2x}{e^{2x}-1}\times\frac{a}{2}\right)$

$=1\times1\times\frac{a}{2}=\frac{a}{2}$

즉, $\frac{a}{2}=3$이므로 $a=6$

## 0456

답 ③

함수 $f(x)$가 $x=0$에서 연속이므로

$\lim_{x\to0-}f(x)=\lim_{x\to0+}f(x)=f(0)$

$\therefore \lim_{x\to0-}\frac{1-\cos x}{ax^2}=\lim_{x\to0+}\frac{e^x+\sin x+c}{x}=b$

$\lim_{x \to 0+} \frac{e^x+\sin x+c}{x}=b$에서 극한값이 존재하고 $x \to 0+$일 때,
(분모)$\to 0$이므로 (분자)$\to 0$이어야 한다.
즉, $\lim_{x \to 0+}(e^x+\sin x+c)=0$이므로
$1+c=0 \qquad \therefore c=-1$
$c=-1$을 $\lim_{x \to 0+} \frac{e^x+\sin x+c}{x}=b$의 좌변에 대입하면

$$\lim_{x \to 0+} \frac{e^x+\sin x-1}{x}=\lim_{x \to 0+}\left(\frac{e^x-1}{x}+\frac{\sin x}{x}\right)=1+1=2$$

$\therefore b=2$

$$\lim_{x \to 0-} \frac{1-\cos x}{ax^2}=\lim_{x \to 0-} \frac{(1-\cos x)(1+\cos x)}{ax^2(1+\cos x)}=\lim_{x \to 0-} \frac{\sin^2 x}{ax^2(1+\cos x)}=\lim_{x \to 0-}\left\{\frac{1}{a}\times\left(\frac{\sin x}{x}\right)^2\times\frac{1}{1+\cos x}\right\}=\frac{1}{a}\times 1^2\times\frac{1}{2}=\frac{1}{2a}$$

따라서 $\frac{1}{2a}=b=2$이므로
$a=\frac{1}{4}$
$\therefore a+b+c=\frac{1}{4}+2+(-1)=\frac{5}{4}$

## 유형 19 삼각함수의 도함수

확인 문제 (1) $y'=-3\sin x+\cos x$
(2) $y'=\cos^2 x-\sin^2 x$

(1) $y=3\cos x+\sin x$에서
$y'=-3\sin x+\cos x$
(2) $y=\sin x\cos x$에서
$y'=\cos x\times\cos x+\sin x\times(-\sin x)=\cos^2 x-\sin^2 x$

## 0457

답 ⑤

$f(x)=e^x(2\cos x+1)$에서
$f'(x)=e^x(2\cos x+1)+e^x\times(-2\sin x)=e^x(2\cos x-2\sin x+1)$
$\therefore f'(0)=1\times(2+1)=3$

## 0458

답 0

$f(x)=\sin 2x=2\sin x\cos x$에서
$f'(x)=2\{\cos x\times\cos x+\sin x\times(-\sin x)\}=2(\cos^2 x-\sin^2 x)$

$$\therefore f'\left(\frac{\pi}{4}\right)=2\times\left(\cos^2\frac{\pi}{4}-\sin^2\frac{\pi}{4}\right)=2\times\left\{\left(\frac{\sqrt{2}}{2}\right)^2-\left(\frac{\sqrt{2}}{2}\right)^2\right\}=2\times\left(\frac{1}{2}-\frac{1}{2}\right)=0$$

다른 풀이
합성함수의 미분법을 이용하면
$f'(x)=\cos 2x\times 2=2\cos 2x$
$\therefore f'\left(\frac{\pi}{4}\right)=2\cos\frac{\pi}{2}=0$

참고
합성함수의 미분법은 05. 여러 가지 미분법의 **유형 08**에서 자세히 살펴보도록 한다.

## 0459

답 1

$f(x)=e^x(a\sin x+b\cos x)$라 하면
곡선 $y=f(x)$가 점 $(0, 2)$를 지나므로
$f(0)=b=2$ ❶
점 $(0, 2)$에서의 접선의 기울기가 5이므로 $f'(0)=5$
$f'(x)=e^x(a\sin x+2\cos x)+e^x(a\cos x-2\sin x)$이므로
$f'(0)=2+a=5 \qquad \therefore a=3$ ❷
$\therefore a-b=3-2=1$ ❸

| 채점 기준 | 배점 |
|---|---|
| ❶ $b$의 값 구하기 | 30% |
| ❷ $a$의 값 구하기 | 50% |
| ❸ $a-b$의 값 구하기 | 20% |

## 0460

답 6

$f(x)=2\sin x+x\cos x$에서 $f(0)=0$
$f'(x)=2\cos x+\cos x-x\sin x=3\cos x-x\sin x$이므로
$f'(0)=3$
$h(x)=f(x)g(x)$에서
$h'(x)=f'(x)g(x)+f(x)g'(x)$이므로
$h'(0)=f'(0)g(0)+f(0)g'(0)=3\times 2+0\times g'(0)=6$

## 0461

답 ③

$f(x)=\sqrt{3}\sin x+\cos x$에서
$f'(x)=\sqrt{3}\cos x-\sin x$
$f'(\alpha)=0$에서
$\frac{\sin\alpha}{\cos\alpha}=\sqrt{3}$, $\tan\alpha=\sqrt{3}$
$-\pi<\alpha<\pi$이므로 $\alpha=-\frac{2}{3}\pi$ 또는 $\alpha=\frac{\pi}{3}$
따라서 모든 $\alpha$의 값의 합은 $-\frac{2}{3}\pi+\frac{\pi}{3}=-\frac{\pi}{3}$

다른 풀이 1

$f(x)=\sqrt{3}\sin x+\cos x$에서

$f'(x)=\sqrt{3}\cos x-\sin x$

$=2\left(\cos x\times\frac{\sqrt{3}}{2}-\sin x\times\frac{1}{2}\right)$

$=2\left(\cos x\cos\frac{\pi}{6}-\sin x\sin\frac{\pi}{6}\right)$ ← 삼각함수의 합성을 이용한다.

$=2\cos\left(x+\frac{\pi}{6}\right)$

$f'(\alpha)=0$이므로 $\cos\left(\alpha+\frac{\pi}{6}\right)=0$

이때 $-\pi<\alpha<\pi$에서 $-\frac{5}{6}\pi<\alpha+\frac{\pi}{6}<\frac{7}{6}\pi$이므로

$\alpha+\frac{\pi}{6}=-\frac{\pi}{2}$ 또는 $\alpha+\frac{\pi}{6}=\frac{\pi}{2}$

$\therefore\ \alpha=-\frac{2}{3}\pi$ 또는 $\alpha=\frac{\pi}{3}$

따라서 모든 $\alpha$의 값의 합은 $-\frac{2}{3}\pi+\frac{\pi}{3}=-\frac{\pi}{3}$

다른 풀이 2

$f'(\alpha)=\sqrt{3}\cos\alpha-\sin\alpha=0$에서 $\sin\alpha-\sqrt{3}\cos\alpha=0$이므로 삼각함수의 합성을 이용하면

$2\left(\frac{1}{2}\sin\alpha-\frac{\sqrt{3}}{2}\cos\alpha\right)=0$

$2\left(\sin\alpha\cos\frac{\pi}{3}-\cos\alpha\sin\frac{\pi}{3}\right)=0$

$2\sin\left(\alpha-\frac{\pi}{3}\right)=0$

$-\pi<\alpha<\pi$에서 $-\frac{4}{3}\pi<\alpha-\frac{\pi}{3}<\frac{2}{3}\pi$이므로

$\alpha-\frac{\pi}{3}=-\pi$ 또는 $\alpha-\frac{\pi}{3}=0$

$\therefore\ \alpha=-\frac{2}{3}\pi$ 또는 $\alpha=\frac{\pi}{3}$

따라서 모든 $\alpha$의 값의 합은

$-\frac{2}{3}\pi+\frac{\pi}{3}=-\frac{\pi}{3}$

## 0462

답 $-\frac{1}{2}$

$f(x)=\sin x$에서 $f'(x)=\cos x$

$x-\frac{\pi}{2}=t$로 놓으면 $x=\frac{\pi}{2}+t$이고 $x\to\frac{\pi}{2}$일 때 $t\to 0$이므로

$$\lim_{x\to\frac{\pi}{2}}\frac{f'(x)}{2x-\pi}=\lim_{x\to\frac{\pi}{2}}\frac{\cos x}{2x-\pi}=\lim_{t\to 0}\frac{\cos\left(\frac{\pi}{2}+t\right)}{2t}=\lim_{t\to 0}\frac{-\sin t}{2t}$$

$$=\lim_{t\to 0}\left\{\frac{\sin t}{t}\times\left(-\frac{1}{2}\right)\right\}$$

$$=1\times\left(-\frac{1}{2}\right)=-\frac{1}{2}$$

### 유형 20 삼각함수의 도함수 - 미분계수를 이용한 극한값의 계산

## 0463

답 ④

$f(x)=\sin x-2\cos x$에서 $f\left(\frac{\pi}{2}\right)=1$이므로

$$\lim_{x\to\frac{\pi}{2}}\frac{f(x)-1}{x-\frac{\pi}{2}}=\lim_{x\to\frac{\pi}{2}}\frac{f(x)-f\left(\frac{\pi}{2}\right)}{x-\frac{\pi}{2}}=f'\left(\frac{\pi}{2}\right)$$

이때 $f(x)=\sin x-2\cos x$에서

$f'(x)=\cos x+2\sin x$이므로

$f'\left(\frac{\pi}{2}\right)=0+2\times 1=2$

## 0464

답 ①

$$\lim_{h\to 0}\frac{f(\pi+2h)-f(\pi-h)}{h}$$

$$=\lim_{h\to 0}\frac{\{f(\pi+2h)-f(\pi)\}-\{f(\pi-h)-f(\pi)\}}{h}$$

$$=\lim_{h\to 0}\left\{\frac{f(\pi+2h)-f(\pi)}{2h}\times 2\right\}+\lim_{h\to 0}\frac{f(\pi-h)-f(\pi)}{-h}$$

$=2f'(\pi)+f'(\pi)=3f'(\pi)$

이때 $f(x)=(x^2+x)\cos x$에서

$f'(x)=(2x+1)\cos x-(x^2+x)\sin x$이므로

$3f'(\pi)=3\times\{(2\pi+1)\times(-1)\}=-6\pi-3$

## 0465

답 ①

$$\lim_{x\to 0}\frac{f(\pi+\sin x)-f(\pi)}{x}$$

$$=\lim_{x\to 0}\left\{\frac{f(\pi+\sin x)-f(\pi)}{\sin x}\times\frac{\sin x}{x}\right\}$$

$=f'(\pi)\times 1=f'(\pi)$

이때 $f(x)=x\sin x$에서

$f'(x)=\sin x+x\cos x$이므로

$f'(\pi)=0+\pi\times(-1)=-\pi$

### 유형 21 삼각함수의 미분가능성

## 0466

답 ③

함수 $f(x)$가 $x=0$에서 미분가능하면 $x=0$에서 연속이므로

$\lim_{x\to 0-}(\sin x+a)=\lim_{x\to 0+}(e^x+bx)=f(0)$

$\therefore\ a=1$

또한 $f'(x)=\begin{cases}\cos x & (x<0)\\ e^x+b & (x>0)\end{cases}$이고 $f'(0)$이 존재하므로

$\lim_{x\to 0-}\cos x=\lim_{x\to 0+}(e^x+b)$

$1=1+b\qquad\therefore\ b=0$

$\therefore\ a+b=1+0=1$

### 0467

답 ④

함수 $f(x)$가 실수 전체의 집합에서 미분가능하므로 $x=0$에서 미분가능하다.

즉, $x=0$에서 미분가능하면 $x=0$에서 연속이므로

$\lim_{x\to0-} a\sin x\cos x=\lim_{x\to0+}(x^2+bx+c)=f(0)$

$\therefore c=0$

또한 $f'(x)=\begin{cases} a(\cos^2 x-\sin^2 x) & (x<0) \\ 2x+b & (x>0) \end{cases}$이고

$f'(0)$이 존재하므로

$\lim_{x\to0-} a(\cos^2 x-\sin^2 x)=\lim_{x\to0+}(2x+b)$

$\therefore a=b$ ...... ㉠

이때 $f(1)=3$이므로

$1+b=3 \quad \therefore b=2$

㉠에 의하여 $a=b=2$

$\therefore a+b+c=2+2+0=4$

### 0468

답 ①

함수 $f(x)$가 모든 실수 $x$에서 미분가능하므로 $x=\pi$에서 미분가능하다.

즉, $x=\pi$에서 미분가능하면 $x=\pi$에서 연속이므로

$\lim_{x\to\pi-}(a\sin x+\cos x)=\lim_{x\to\pi+} b\cos x\ln x=f(\pi)$

$-1=-b\ln\pi \quad \therefore b=\frac{1}{\ln\pi}$

또한 $f'(x)=\begin{cases} a\cos x-\sin x & (x<\pi) \\ \frac{1}{\ln\pi}\left(-\sin x\ln x+\cos x\times\frac{1}{x}\right) & (x>\pi) \end{cases}$이고

$f'(\pi)$가 존재하므로

$\lim_{x\to\pi-}(a\cos x-\sin x)=\lim_{x\to\pi+}\frac{1}{\ln\pi}\left(-\sin x\ln x+\frac{1}{x}\cos x\right)$

$-a=\frac{1}{\ln\pi}\times\left(-\frac{1}{\pi}\right) \quad \therefore a=\frac{1}{\pi\ln\pi}$

$\therefore \frac{b}{a}=\frac{\frac{1}{\ln\pi}}{\frac{1}{\pi\ln\pi}}=\pi$

## PART B 내신 잡는 종합 문제

### 0469

답 ⑤

$\tan\theta=\frac{1}{3}$이므로 $\cot\theta=3$

$\therefore \csc^2\theta+\sec^2\theta=1+\cot^2\theta+1+\tan^2\theta$

$=1+3^2+1+\left(\frac{1}{3}\right)^2$

$=\frac{100}{9}$

### 0470

답 ④

$\lim_{x\to0}\frac{\sin 4x}{\ln(1+2x)}=\lim_{x\to0}\left\{\frac{\sin 4x}{4x}\times\frac{2x}{\ln(1+2x)}\times2\right\}$

$=1\times1\times2=2$

### 0471

답 $-1$

$f(x)=\lim_{h\to0}\frac{x\sin(x+h)-x\sin x}{h}$

$=x\lim_{h\to0}\frac{\sin(x+h)-\sin x}{h}$

$=x(\sin x)'=x\cos x$

이므로 $f'(x)=\cos x-x\sin x$

$\therefore f'(\pi)=\cos\pi-\pi\sin\pi=-1$

### 0472

답 ②

직선 $x-3y+2=0$에서 $y=\frac{1}{3}x+\frac{2}{3}$이므로

$\tan\theta=\frac{1}{3}$

또한 $\sec^2\theta=1+\tan^2\theta$이므로

$\sec^2\theta=1+\left(\frac{1}{3}\right)^2=\frac{10}{9}$

$\therefore \sec\theta=\frac{\sqrt{10}}{3}\ \left(\because 0<\theta<\frac{\pi}{2}\right)$

$\therefore \sec\theta\tan\theta=\frac{\sqrt{10}}{3}\times\frac{1}{3}=\frac{\sqrt{10}}{9}$

### 0473

답 ②

$\lim_{x\to0}\frac{\sin 2x-2\sin x}{x^3}=\lim_{x\to0}\frac{2\sin x\cos x-2\sin x}{x^3}$

$=\lim_{x\to0}\frac{2\sin x(\cos x-1)}{x^3}$

$=\lim_{x\to0}\frac{2\sin x(\cos x-1)(\cos x+1)}{x^3(\cos x+1)}$

$=\lim_{x\to0}\frac{-2\sin^3 x}{x^3(\cos x+1)}$

$=\lim_{x\to0}\left\{-2\times\left(\frac{\sin x}{x}\right)^3\times\frac{1}{\cos x+1}\right\}$

$=-2\times1^3\times\frac{1}{2}=-1$

## 0474

답 ③

$\lim_{x\to 0}\frac{\sqrt{ax+b}-2}{\sin 2x}=3$에서 극한값이 존재하고 $x\to 0$일 때,

(분모) $\to 0$이므로 (분자) $\to 0$이어야 한다.

즉, $\lim_{x\to 0}(\sqrt{ax+b}-2)=0$이므로

$\sqrt{b}-2=0 \qquad \therefore b=4$

$b=4$를 주어진 식의 좌변에 대입하면

$$\lim_{x\to 0}\frac{\sqrt{ax+4}-2}{\sin 2x}=\lim_{x\to 0}\frac{(\sqrt{ax+4}-2)(\sqrt{ax+4}+2)}{\sin 2x(\sqrt{ax+4}+2)}$$
$$=\lim_{x\to 0}\frac{ax}{\sin 2x(\sqrt{ax+4}+2)}$$
$$=\lim_{x\to 0}\left(\frac{2x}{\sin 2x}\times\frac{1}{\sqrt{ax+4}+2}\times\frac{a}{2}\right)$$
$$=1\times\frac{1}{4}\times\frac{a}{2}=\frac{a}{8}$$

즉, $\frac{a}{8}=3$이므로 $a=24$

$\therefore a-b=24-4=20$

## 0475

답 ①

$$y=\sqrt{3}\sin x+\cos x$$
$$=2\left(\sin x\times\frac{\sqrt{3}}{2}+\cos x\times\frac{1}{2}\right)$$
$$=2\left(\sin x\cos\frac{\pi}{6}+\cos x\sin\frac{\pi}{6}\right)$$
$$=2\sin\left(x+\frac{\pi}{6}\right)$$

이때 함수 $y=2\sin\left(x+\frac{\pi}{6}\right)$의 그래프는 함수 $y=2\sin x$의 그래프를 $x$축의 방향으로 $-\frac{\pi}{6}$만큼 평행이동한 것이므로

$a=2,\ b=-\frac{\pi}{6}$

$\therefore ab=2\times\left(-\frac{\pi}{6}\right)=-\frac{\pi}{3}$

## 0476

답 ②

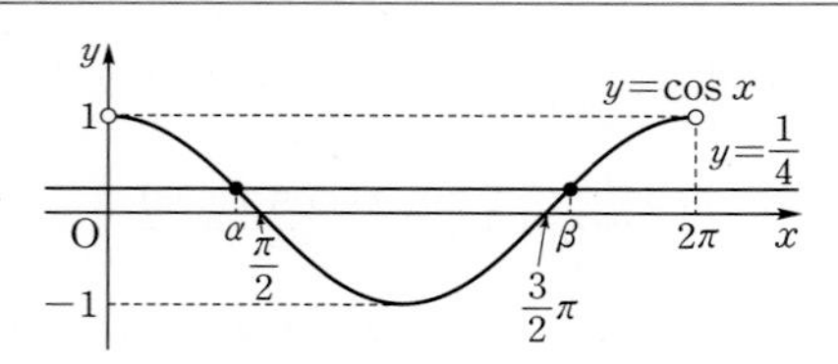


함수 $y=\cos x$의 그래프와 직선 $y=\frac{1}{4}$의 두 교점의 $x$좌표를 각각 $\alpha$, $\beta$라 하면

$0<\alpha<\beta<2\pi$, $\cos\alpha=\cos\beta=\frac{1}{4}$이므로

$0<\alpha<\frac{\pi}{2}$, $\frac{3}{2}\pi<\beta<2\pi$

따라서 $\sin\alpha=\sqrt{1-\left(\frac{1}{4}\right)^2}=\sqrt{\frac{15}{16}}=\frac{\sqrt{15}}{4}$,

$\sin\beta=-\sqrt{1-\left(\frac{1}{4}\right)^2}=-\sqrt{\frac{15}{16}}=-\frac{\sqrt{15}}{4}$이므로

$$\sin(\beta-\alpha)=\sin\beta\cos\alpha-\cos\beta\sin\alpha$$
$$=\left(-\frac{\sqrt{15}}{4}\right)\times\frac{1}{4}-\frac{1}{4}\times\frac{\sqrt{15}}{4}$$
$$=-\frac{\sqrt{15}}{8}$$

**참고**

$\frac{\alpha+\beta}{2}=\pi$에서 $\beta=2\pi-\alpha$이므로

$\sin(\beta-\alpha)=\sin(2\pi-2\alpha)=-\sin 2\alpha=-2\sin\alpha\cos\alpha$

를 이용하여 구할 수도 있다.

## 0477

답 ④

$x+2=t$로 놓으면 $x=t-2$이고 $x\to -2$일 때 $t\to 0$이므로

$$\lim_{x\to -2}\frac{x^2-4}{\tan\pi x}=\lim_{x\to -2}\frac{(x+2)(x-2)}{\tan\pi x}=\lim_{t\to 0}\frac{t(t-4)}{\tan\{\pi(t-2)\}}$$
$$=\lim_{t\to 0}\frac{t(t-4)}{\tan(-2\pi+\pi t)}=\lim_{t\to 0}\frac{t(t-4)}{\tan\pi t}$$
$$=\lim_{t\to 0}\left(\frac{\pi t}{\tan\pi t}\times\frac{t-4}{\pi}\right)$$
$$=1\times\left(-\frac{4}{\pi}\right)=-\frac{4}{\pi}$$

## 0478

답 ⑤

이차방정식의 근과 계수의 관계에 의하여

$\tan\alpha+\tan\beta=-a$, $\tan\alpha\tan\beta=-3a+1$이므로

$$\tan(\alpha+\beta)=\frac{\tan\alpha+\tan\beta}{1-\tan\alpha\tan\beta}$$
$$=\frac{-a}{1-(-3a+1)}=-\frac{1}{3}$$

$$\therefore \csc^2(\alpha+\beta)=1+\cot^2(\alpha+\beta)$$
$$=1+\left\{\frac{1}{\tan(\alpha+\beta)}\right\}^2$$
$$=1+(-3)^2=10$$

## 0479

답 ④

$$\lim_{x\to\infty}3x\cos\left(\frac{\pi}{2}-\frac{4}{x}\right)=\lim_{x\to\infty}3x\sin\frac{4}{x}$$

$\frac{4}{x}=t$로 놓으면 $x=\frac{4}{t}$이고 $x\to\infty$일 때 $t\to 0$이므로

$$\lim_{x\to\infty}3x\sin\frac{4}{x}=\lim_{t\to 0}\left(\frac{12}{t}\times\sin t\right)$$
$$=\lim_{t\to 0}\left(12\times\frac{\sin t}{t}\right)=12\times 1=12$$

## 0480

답 ⑤

함수 $f(x)$가 $x=\frac{\pi}{2}$에서 연속이므로 $\lim_{x\to\frac{\pi}{2}} f(x)=f\left(\frac{\pi}{2}\right)$이어야 한다.

이때

$$\lim_{x\to\frac{\pi}{2}} f(x)=\lim_{x\to\frac{\pi}{2}}(4\cos x\tan x+a)$$
$$=\lim_{x\to\frac{\pi}{2}}(4\sin x+a)=4+a$$

즉, $4+a=5a$이므로

$a=1$

$0\le x\le\pi$에서 $f(x)=4\sin x+1$이고 $0\le\sin x\le1$이므로

$1\le4\sin x+1\le5$

따라서 함수 $f(x)$의 최댓값은 5, 최솟값은 1이므로 구하는 합은

$5+1=6$

## 0481

답 $\frac{1}{2}$

$$\lim_{x\to a}\frac{\{f(x)\}^2-\{f(a)\}^2}{x-a}=\lim_{x\to a}\frac{\{f(x)-f(a)\}\{f(x)+f(a)\}}{x-a}$$
$$=\lim_{x\to a}\left[\frac{f(x)-f(a)}{x-a}\times\{f(x)+f(a)\}\right]$$
$$=2f'(a)f(a)$$

즉, $2f'(a)f(a)=1$이고,

$f(x)=\sin x+\cos x$에서 $f'(x)=\cos x-\sin x$이므로

$2(\cos a-\sin a)(\sin a+\cos a)=1$

$2(\cos^2 a-\sin^2 a)=1$, $2\cos 2a=1$

$\therefore \cos 2a=\frac{1}{2}$

## 0482

답 ③

$\cos 2x=2\cos^2 x-1$이므로 $2\cos 2x=3\cos x-1$에서

$2(2\cos^2 x-1)=3\cos x-1$

$4\cos^2 x-3\cos x-1=0$

$(4\cos x+1)(\cos x-1)=0$

$\therefore \cos x=-\frac{1}{4}$ 또는 $\cos x=1$

(i) $\cos x=-\frac{1}{4}$의 실근은 함수 $y=\cos x$ $(0\le x<2\pi)$의 그래프와 직선 $y=-\frac{1}{4}$의 교점의 $x$좌표이므로 2개이고, 두 교점은 직선 $x=\pi$를 기준으로 서로 대칭이다.

따라서 두 근 중 하나를 $x=\pi+\alpha$라 하면 다른 한 근은 $x=\pi-\alpha$이다.

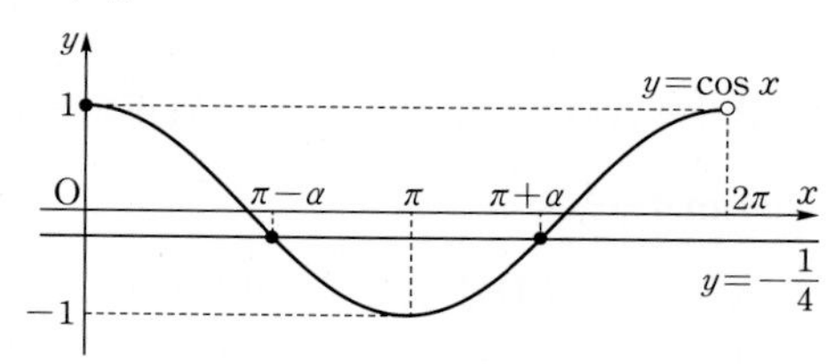


(ii) $\cos x=1$에서 $x=0$ ($\because 0\le x<2\pi$)

(i), (ii)에서 주어진 방정식의 모든 실근의 합은

$(\pi-\alpha)+(\pi+\alpha)+0=2\pi$

## 0483

답 ④

ㄱ. $$\lim_{x\to0}\frac{\cos x-1}{\sec^2 x-1}=\lim_{x\to0}\frac{\cos x-1}{\frac{1}{\cos^2 x}-1}=\lim_{x\to0}\frac{\cos x-1}{\frac{1-\cos^2 x}{\cos^2 x}}$$
$$=\lim_{x\to0}\frac{\cos x-1}{\frac{(1-\cos x)(1+\cos x)}{\cos^2 x}}$$
$$=\lim_{x\to0}\frac{-\cos^2 x}{1+\cos x}=\frac{-1}{1+1}=-\frac{1}{2}\text{ (참)}$$

ㄴ. $$\lim_{x\to0}\frac{1-\cos x}{1-\cos 3x}$$
$$=\lim_{x\to0}\frac{(1-\cos x)(1+\cos x)(1+\cos 3x)}{(1-\cos 3x)(1+\cos 3x)(1+\cos x)}$$
$$=\lim_{x\to0}\frac{\sin^2 x(1+\cos 3x)}{\sin^2 3x(1+\cos x)}$$
$$=\lim_{x\to0}\left\{\left(\frac{\sin x}{x}\right)^2\times\left(\frac{3x}{\sin 3x}\right)^2\times\frac{1}{9}\times\frac{1+\cos 3x}{1+\cos x}\right\}$$
$$=1^2\times1^2\times\frac{1}{9}\times\frac{1+1}{1+1}=\frac{1}{9}\text{ (거짓)}$$

ㄷ. $$\lim_{x\to0}\frac{\cos^4 x-1}{x^2}=\lim_{x\to0}\frac{(\cos^2 x-1)(\cos^2 x+1)}{x^2}$$
$$=\lim_{x\to0}\frac{-\sin^2 x(\cos^2 x+1)}{x^2}$$
$$=\lim_{x\to0}\left\{-\left(\frac{\sin x}{x}\right)^2\times(\cos^2 x+1)\right\}$$
$$=-1^2\times(1+1)=-2\text{ (참)}$$

따라서 옳은 것은 ㄱ, ㄷ이다.

다른 풀이

ㄱ. $$\lim_{x\to0}\frac{\cos x-1}{\sec^2 x-1}=\lim_{x\to0}\frac{\cos x-1}{\tan^2 x}$$
$$=\lim_{x\to0}\left\{\frac{x^2}{\tan^2 x}\times\frac{(\cos x-1)(\cos x+1)}{x^2(\cos x+1)}\right\}$$
$$=\lim_{x\to0}\left\{\frac{x^2}{\tan^2 x}\times\frac{\cos^2 x-1}{x^2(\cos x+1)}\right\}$$
$$=\lim_{x\to0}\left\{\frac{x^2}{\tan^2 x}\times\frac{-\sin^2 x}{x^2(\cos x+1)}\right\}$$
$$=\lim_{x\to0}\left\{\left(\frac{x}{\tan x}\right)^2\times\left(\frac{\sin x}{x}\right)^2\times\frac{-1}{\cos x+1}\right\}$$
$$=1^2\times1^2\times\left(-\frac{1}{2}\right)=-\frac{1}{2}\text{ (참)}$$

## 0484

답 ④

함수 $f(x)$가 모든 실수 $x$에서 미분가능하면 $x=0$에서 미분가능하므로 $x=0$에서 연속이다.

즉, $\lim_{x\to0-} e^{x+1}=\lim_{x\to0+}(a\sin x+b\cos x)=f(0)$

$\therefore b=e$

또한 $f'(x)=\begin{cases} e^{x+1} & (x<0) \\ a\cos x-e\sin x & (x>0)\end{cases}$이고

$f'(0)$이 존재하므로

$\lim_{x\to0-} e^{x+1}=\lim_{x\to0+}(a\cos x-e\sin x)$

$\therefore a=e$

$\therefore a+b=e+e=2e$

## 0485

답 1

주어진 식의 양변에 $x=0$을 대입하면

$0=3-a \qquad \therefore a=3$

$x\neq0$인 모든 실수 $x$에 대하여 $e^{3x}-1\neq0$이므로

$f(x)=\dfrac{3-3\cos x}{x(e^{3x}-1)}$

이때 함수 $f(x)$가 실수 전체의 집합에서 연속이므로 $x=0$에서도 연속이다.

$$\begin{aligned}\therefore f(0)&=\lim_{x\to0}f(x)\\&=\lim_{x\to0}\frac{3-3\cos x}{x(e^{3x}-1)}=\lim_{x\to0}\frac{3(1-\cos x)}{x(e^{3x}-1)}\\&=\lim_{x\to0}\frac{3(1-\cos x)(1+\cos x)}{x(e^{3x}-1)(1+\cos x)}\\&=\lim_{x\to0}\frac{3(1-\cos^2 x)}{x(e^{3x}-1)(1+\cos x)}\\&=\lim_{x\to0}\frac{3\sin^2 x}{x(e^{3x}-1)(1+\cos x)}\\&=\lim_{x\to0}\left\{3\times\left(\frac{\sin x}{x}\right)^2\times\frac{3x}{e^{3x}-1}\times\frac{1}{3(1+\cos x)}\right\}\\&=3\times1^2\times1\times\frac{1}{3\times2}=\frac{1}{2}\end{aligned}$$

$\therefore \dfrac{6f(0)}{a}=\dfrac{6\times\frac{1}{2}}{3}=1$

## 0486

답 $\dfrac{24}{7}$

오른쪽 그림과 같이 원 $C$ 위의 점 P에서의 접선이 $x$축과 만나는 점을 Q라 하고, $x$축 위의 점 Q보다 오른쪽에 놓인 한 점을 R라 하자.

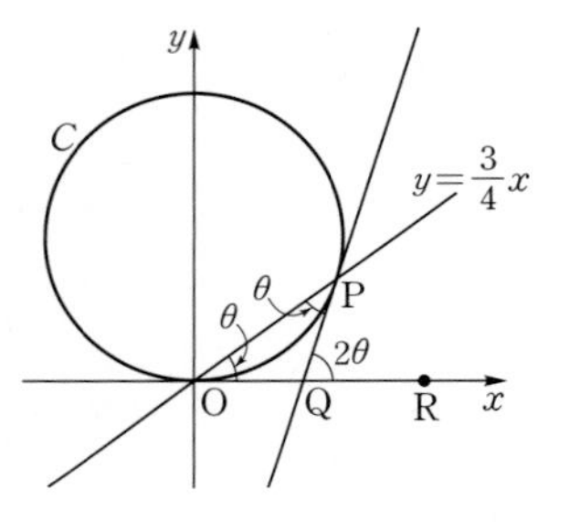


점 Q에서 원 $C$에 그은 두 접선 OQ, PQ에 대하여 $\overline{\text{OQ}}=\overline{\text{PQ}}$이므로 삼각형 OPQ에서 $\angle\text{POQ}=\theta$라 하면 $\angle\text{QPO}=\angle\text{POQ}=\theta$이고

$\angle\text{PQR}=\theta+\theta=2\theta$

이때 직선 OP의 기울기는 $\tan\theta$이므로

$\tan\theta=\dfrac{3}{4}$

따라서 원 $C$ 위의 점 P에서의 접선 PQ의 기울기는

$$\tan2\theta=\frac{2\tan\theta}{1-\tan^2\theta}=\frac{2\times\frac{3}{4}}{1-\left(\frac{3}{4}\right)^2}=\frac{24}{7}$$

## 0487

답 12

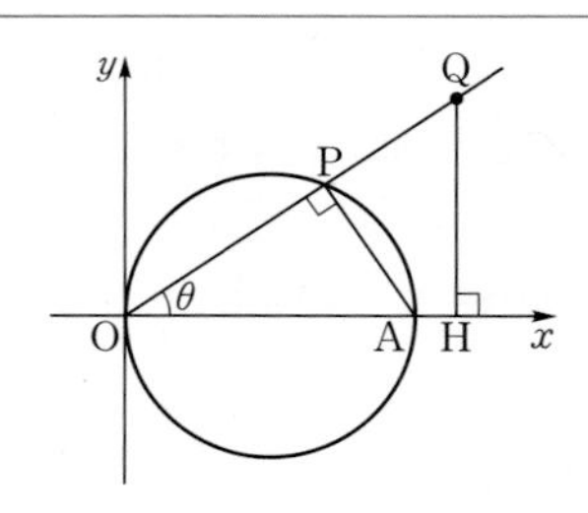


$\angle\text{OPA}$는 원의 지름 OA에 대한 원주각이므로 $\angle\text{OPA}=\dfrac{\pi}{2}$

$\overline{\text{OP}}=\overline{\text{OA}}\cos\theta=4\cos\theta$

이때 $\overline{\text{PQ}}=2$이므로

$\overline{\text{OQ}}=\overline{\text{OP}}+\overline{\text{PQ}}=4\cos\theta+2$

점 Q에서 $x$축에 내린 수선의 발을 H라 하면

$\overline{\text{OH}}=\overline{\text{OQ}}\cos\theta=(4\cos\theta+2)\cos\theta$,

$\overline{\text{QH}}=\overline{\text{OQ}}\sin\theta=(4\cos\theta+2)\sin\theta$

이므로

$f(\theta)=(4\cos\theta+2)\cos\theta$, $g(\theta)=(4\cos\theta+2)\sin\theta$

$$\begin{aligned}g'(\theta)&=(-4\sin\theta)\sin\theta+(4\cos\theta+2)\cos\theta\\&=-4\sin^2\theta+4\cos^2\theta+2\cos\theta\\&=8\cos^2\theta+2\cos\theta-4\ (\because \sin^2\theta=1-\cos^2\theta)\end{aligned}$$

$$\begin{aligned}\therefore h(\theta)&=f(\theta)+g'(\theta)\\&=(4\cos\theta+2)\cos\theta+8\cos^2\theta+2\cos\theta-4\\&=12\cos^2\theta+4\cos\theta-4\end{aligned}$$

이때 $\cos\theta=t$로 놓으면 $0\le\theta<\dfrac{\pi}{2}$에서 $0<t\le1$이고,

함수 $h(\theta)$를 $t$에 대한 함수로 나타내면

$y=12t^2+4t-4=12\left(t+\dfrac{1}{6}\right)^2-\dfrac{13}{3}$

따라서 $0<t\le1$에서 $h(\theta)$의 최댓값은

$t=1$, 즉 $\cos\theta=1$에서 $\theta=0$일 때 $12+4-4=12$이다.

## 0488

답 60

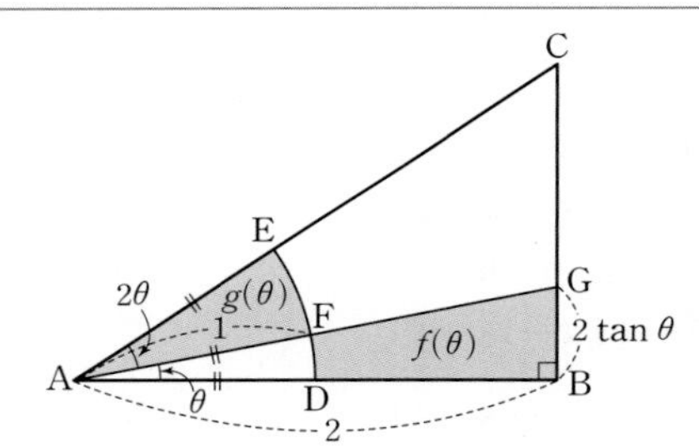


직각삼각형 ABG에서 $\angle\text{BAG}=\theta$, $\overline{\text{AB}}=2$이므로 $\overline{\text{BG}}=2\tan\theta$

따라서 삼각형 ABG의 넓이는

$\dfrac{1}{2}\times\overline{\text{AB}}\times\overline{\text{BG}}=\dfrac{1}{2}\times2\times2\tan\theta=2\tan\theta$

부채꼴 ADF는 중심각의 크기가 $\theta$이고 반지름의 길이가 1이므로

부채꼴 ADF의 넓이는

$\dfrac{1}{2}\times1^2\times\theta=\dfrac{1}{2}\theta$

$\therefore f(\theta)=$(삼각형 ABG의 넓이)$-$(부채꼴 ADF의 넓이)

$\qquad=2\tan\theta-\dfrac{1}{2}\theta$

호 DE의 삼등분점 중 점 D에 가까운 점이 F이므로

$\angle\text{DAF}:\angle\text{EAF}=1:2$에서 $\angle\text{EAF}=2\theta$

따라서 부채꼴 AFE의 넓이 $g(\theta)$는

$g(\theta)=\dfrac{1}{2}\times1^2\times2\theta=\theta$

$$\therefore 40\times\lim_{\theta\to0+}\frac{f(\theta)}{g(\theta)}=40\times\lim_{\theta\to0+}\frac{2\tan\theta-\frac{1}{2}\theta}{\theta}$$
$$=40\times\lim_{\theta\to0+}\left(\frac{2\tan\theta}{\theta}-\frac{1}{2}\right)$$
$$=40\times\left(2\times1-\frac{1}{2}\right)=60$$

## 0489

답 $-\frac{\sqrt{5}}{5}$

$0<\alpha<\frac{\pi}{2}$이고 $\sin\alpha=\frac{4}{5}$이므로

$\cos\alpha=\sqrt{1-\sin^2\alpha}=\sqrt{1-\left(\frac{4}{5}\right)^2}=\sqrt{\frac{9}{25}}=\frac{3}{5}$

…… ❶

삼각형 ROQ는 직각삼각형이므로 피타고라스 정리에 의하여

$\overline{RQ}=\sqrt{(\sqrt{5})^2-1^2}=2$

$\therefore \sin\beta=\frac{2}{\sqrt{5}}=\frac{2\sqrt{5}}{5}$, $\cos\beta=\frac{1}{\sqrt{5}}=\frac{\sqrt{5}}{5}$

…… ❷

$$\therefore \cos(\alpha+\beta)=\cos\alpha\cos\beta-\sin\alpha\sin\beta$$
$$=\frac{3}{5}\times\frac{\sqrt{5}}{5}-\frac{4}{5}\times\frac{2\sqrt{5}}{5}$$
$$=-\frac{\sqrt{5}}{5}$$

…… ❸

| 채점 기준 | 배점 |
|---|---|
| ❶ $\cos\alpha$의 값 구하기 | 20% |
| ❷ $\sin\beta$, $\cos\beta$의 값 구하기 | 30% |
| ❸ $\cos(\alpha+\beta)$의 값 구하기 | 50% |

## 0490

답 $\frac{12}{5}$

(삼각형 ABC의 넓이)

=(삼각형 ABD의 넓이)+(삼각형 ADC의 넓이)이고,

$\angle BAC=2\theta$이므로

$\overline{AD}=x$라 하면

$\frac{1}{2}\times2\times3\times\sin2\theta=\frac{1}{2}\times2\times x\times\sin\theta+\frac{1}{2}\times x\times3\times\sin\theta$

$3\sin2\theta=\frac{5}{2}x\sin\theta$ $\quad\therefore x=\frac{6\sin2\theta}{5\sin\theta}$

…… ❶

$$\therefore \lim_{\theta\to0+}\overline{AD}=\lim_{\theta\to0+}\frac{6\sin2\theta}{5\sin\theta}$$
$$=\lim_{\theta\to0+}\left(\frac{\sin2\theta}{2\theta}\times\frac{\theta}{\sin\theta}\times\frac{12}{5}\right)$$
$$=1\times1\times\frac{12}{5}=\frac{12}{5}$$

…… ❷

| 채점 기준 | 배점 |
|---|---|
| ❶ $\overline{AD}$의 길이를 $\theta$로 나타내기 | 50% |
| ❷ $\lim_{\theta\to0+}\overline{AD}$의 값 구하기 | 50% |

# PART C 수능 녹인 변별력 문제

## 0491

답 ⑤

점 P의 좌표를 $(t, 2-t^2)$이라 하면

$\overline{PH}=t$, $\overline{AH}=\overline{OA}-\overline{OH}=2-(2-t^2)=t^2$

이때 $\tan\theta_1=\frac{2}{3}$이므로 직각삼각형 AHP에서

$\tan\theta_1=\frac{\overline{AH}}{\overline{PH}}=\frac{t^2}{t}=t=\frac{2}{3}$

$\therefore \overline{PH}=\frac{2}{3}$, $\overline{AH}=\left(\frac{2}{3}\right)^2=\frac{4}{9}$

$\overline{OH}=\overline{OA}-\overline{AH}=2-\frac{4}{9}=\frac{14}{9}$이므로 직각삼각형 OHP에서

$\tan\theta_2=\frac{\overline{OH}}{\overline{PH}}=\frac{\frac{14}{9}}{\frac{2}{3}}=\frac{7}{3}$

$$\therefore \tan(\theta_2-\theta_1)=\frac{\tan\theta_2-\tan\theta_1}{1+\tan\theta_2\tan\theta_1}$$
$$=\frac{\frac{7}{3}-\frac{2}{3}}{1+\frac{7}{3}\times\frac{2}{3}}=\frac{15}{23}$$

## 0492

답 5

$\alpha$, $\beta$, $\gamma$가 삼각형 ABC의 세 내각의 크기이므로

$\alpha+\beta+\gamma=\pi$ …… ㉠

$\alpha$, $\beta$, $\gamma$가 이 순서대로 등차수열을 이루므로

$\beta=\frac{\alpha+\gamma}{2}$ $\quad\therefore \alpha+\gamma=2\beta$ …… ㉡

㉡을 ㉠에 대입하면

$3\beta=\pi$ $\quad\therefore \beta=\frac{\pi}{3}$

즉, $\alpha+\frac{\pi}{3}+\gamma=\pi$에서 $\alpha+\gamma=\frac{2}{3}\pi$이므로

$\cos(\alpha+\gamma)=\cos\frac{2}{3}\pi=\cos\left(\pi-\frac{\pi}{3}\right)=-\cos\frac{\pi}{3}=-\frac{1}{2}$

삼각함수의 덧셈정리에 의하여

$\cos(\alpha+\gamma)=\cos\alpha\cos\gamma-\sin\alpha\sin\gamma=-\frac{1}{2}$ …… ㉢

한편, $\cos\alpha$, $2\cos\beta$, $8\cos\gamma$가 이 순서대로 등비수열을 이루므로

$(2\cos\beta)^2=8\cos\alpha\cos\gamma$

이때 $\beta=\frac{\pi}{3}$이므로 $\cos\beta=\cos\frac{\pi}{3}=\frac{1}{2}$

$\left(2\times\frac{1}{2}\right)^2=8\cos\alpha\cos\gamma$

$\therefore \cos\alpha\cos\gamma=\frac{1}{8}$ …… ㉣

㉣을 ㉢에 대입하면

$\frac{1}{8}-\sin\alpha\sin\gamma=-\frac{1}{2}$

$\sin\alpha\sin\gamma=\frac{1}{8}+\frac{1}{2}=\frac{5}{8}$

$\therefore \tan\alpha\tan\gamma=\frac{\sin\alpha\sin\gamma}{\cos\alpha\cos\gamma}=\frac{\frac{5}{8}}{\frac{1}{8}}=5$

## 0493

답 15

$g(x)=f(x)\sin x$에서 $\frac{g(x)}{x^2}=\frac{f(x)}{x^2}\times\sin x$이므로

조건 (가)에서 $\lim_{x\to\infty}\frac{f(x)}{x^2}=0$이다.

즉, $f(x)$는 일차 이하의 다항함수이다.

$f(x)=ax+b$ ($a$, $b$는 상수)로 놓으면

$g(x)=(ax+b)\sin x$에서

$g'(x)=a\sin x+(ax+b)\cos x$

조건 (나)에서 $\lim_{x\to0}\frac{a\sin x+(ax+b)\cos x}{x}=10$ …… ㉠

㉠에서 극한값이 존재하고 $x\to0$일 때,

(분모)$\to0$이므로 (분자)$\to0$이어야 한다.

즉, $\lim_{x\to0}\{a\sin x+(ax+b)\cos x\}=0$이므로 $b=0$

$b=0$을 ㉠의 좌변에 대입하면

$$\lim_{x\to0}\frac{a\sin x+ax\cos x}{x}=\lim_{x\to0}\left(a\times\frac{\sin x}{x}+a\cos x\right)$$
$$=a\times1+a\times1$$
$$=2a$$

$2a=10$이므로 $a=5$

따라서 $f(x)=5x$이므로

$f(3)=5\times3=15$

## 0494

답 ①

$y'=e^x$이므로 곡선 $y=e^x$ 위의 두 점 $A(t, e^t)$, $B(-t, e^{-t})$에서의 접선 $l$, $m$의 기울기는 각각 $e^t$, $e^{-t}$이다.

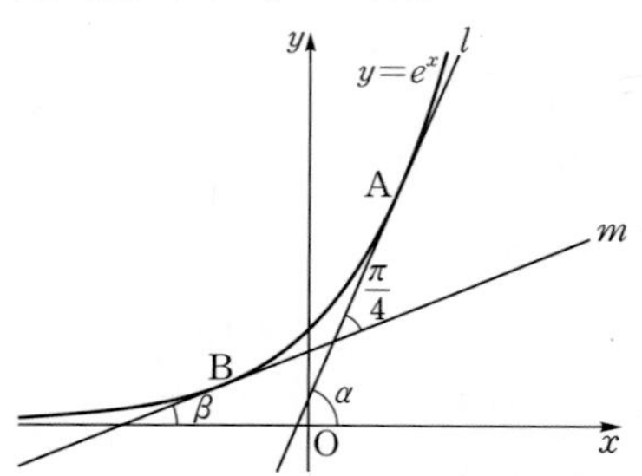


두 직선 $l$, $m$이 $x$축의 양의 방향과 이루는 각의 크기를 각각 $\alpha$, $\beta$ $(\alpha>\beta)$라 하면

$\tan\alpha=e^t$, $\tan\beta=e^{-t}$

이때 두 직선 $l$, $m$이 이루는 예각의 크기가 $\frac{\pi}{4}$이므로 삼각함수의 덧셈정리에 의하여

$$\tan\frac{\pi}{4}=\tan(\alpha-\beta)\ (\because \alpha>\beta)$$
$$=\frac{\tan\alpha-\tan\beta}{1+\tan\alpha\tan\beta}$$
$$=\frac{e^t-e^{-t}}{1+e^te^{-t}}=1$$

$e^t-e^{-t}=2$

양변에 $e^t$을 곱하여 정리하면

$e^{2t}-2e^t-1=0$

$\therefore e^t=-(-1)\pm\sqrt{(-1)^2-(-1)}=1\pm\sqrt{2}$

이때 $e^t>0$이므로 $e^t=1+\sqrt{2}$

$\therefore t=\ln(1+\sqrt{2})$

따라서 두 점 A, B를 지나는 직선의 기울기는

$$\frac{e^t-e^{-t}}{t-(-t)}=\frac{2}{2t}=\frac{1}{t}=\frac{1}{\ln(1+\sqrt{2})}$$

## 0495

답 ③

$0<x<\pi$일 때, $-1<\cos x<1$이므로

$f(x)=\frac{1}{1-\cos x}$

$\lim_{x\to0}(ax^2+b)f(x)=6$에서

$\lim_{x\to0}\frac{ax^2+b}{1-\cos x}=6$ …… ㉠

㉠에서 극한값이 존재하고 $x\to0$일 때,

(분모)$\to0$이므로 (분자)$\to0$이어야 한다.

즉, $\lim_{x\to0}(ax^2+b)=0$이므로 $b=0$

$b=0$을 ㉠의 좌변에 대입하면

$$\lim_{x\to0}\frac{ax^2}{1-\cos x}=\lim_{x\to0}\frac{ax^2(1+\cos x)}{(1-\cos x)(1+\cos x)}$$
$$=\lim_{x\to0}\frac{ax^2(1+\cos x)}{\sin^2 x}$$
$$=\lim_{x\to0}\left\{a\times\left(\frac{x}{\sin x}\right)^2\times(1+\cos x)\right\}$$
$$=a\times1^2\times2=2a$$

$2a=6$이므로 $a=3$

$\therefore a+b=3+0=3$

**참고**

$f(x)$는 첫째항이 1, 공비가 $\cos x$인 등비급수이다.

## 0496

답 4

$x-\frac{\pi}{2}=t$로 놓으면 $x=\frac{\pi}{2}+t$이고 $x\to\frac{\pi}{2}$일 때 $t\to0$이므로

$$\lim_{x\to\frac{\pi}{2}}\frac{(e^{\cos x}-1)\ln(\sin^2 x)}{\left(x-\frac{\pi}{2}\right)^n}$$
$$=\lim_{t\to0}\frac{\left\{e^{\cos\left(\frac{\pi}{2}+t\right)}-1\right\}\ln\left\{\sin^2\left(\frac{\pi}{2}+t\right)\right\}}{t^n}$$
$$=\lim_{t\to0}\frac{(e^{-\sin t}-1)\ln(\cos^2 t)}{t^n}$$
$$=\lim_{t\to0}\left\{\frac{e^{-\sin t}-1}{-\sin t}\times\frac{\ln(1-\sin^2 t)}{-\sin^2 t}\times\left(\frac{\sin t}{t}\right)^3\times\frac{1}{t^{n-3}}\right\}$$

이때

$\lim_{t\to 0}\frac{e^{-\sin t}-1}{-\sin t}=1$, $\lim_{t\to 0}\frac{\ln(1-\sin^2 t)}{-\sin^2 t}=1$, $\lim_{t\to 0}\frac{\sin t}{t}=1$

이므로 주어진 식이 0이 아닌 값 $a$에 수렴하려면

$n-3=0 \quad \therefore n=3$

$\therefore a=1\times1\times1^3\times1=1$

$\therefore a+n=1+3=4$

## 0497

답 ②

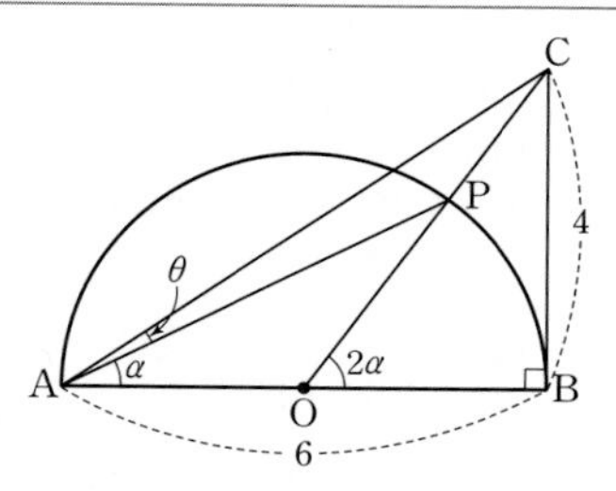


$\angle\text{PAB}=\alpha$라 하면 $\angle\text{POB}=2\alpha$

직각삼각형 OBC에서 $\tan 2\alpha=\frac{\overline{\text{BC}}}{\overline{\text{OB}}}=\frac{4}{3}$이므로

$\frac{2\tan\alpha}{1-\tan^2\alpha}=\frac{4}{3}$에서

$4-4\tan^2\alpha=6\tan\alpha$, $2\tan^2\alpha+3\tan\alpha-2=0$

$(2\tan\alpha-1)(\tan\alpha+2)=0$

$\therefore \tan\alpha=\frac{1}{2}$ ($\because \tan\alpha>0$)

$0<2\alpha<\frac{\pi}{2}$에서 $0<\alpha<\frac{\pi}{4}$ $\therefore \tan\alpha>0$

또한 직각삼각형 ABC에서

$\tan(\alpha+\theta)=\frac{\overline{\text{BC}}}{\overline{\text{AB}}}=\frac{4}{6}=\frac{2}{3}$이므로

$$\tan\theta=\tan\{(\alpha+\theta)-\alpha\}$$
$$=\frac{\tan(\alpha+\theta)-\tan\alpha}{1+\tan(\alpha+\theta)\tan\alpha}$$
$$=\frac{\frac{2}{3}-\frac{1}{2}}{1+\frac{2}{3}\times\frac{1}{2}}=\frac{1}{8}$$

## 0498

답 ④

조건 (가)에서 함수 $f(x)$가 모든 실수 $x$에 대하여 $f(x)=f(x+\pi)$이고 $f(x)$가 실수 전체의 집합에서 연속인 함수이므로

$\lim_{x\to 0+}f(x)=\lim_{x\to\pi-}f(x)$가 성립한다.

$\lim_{x\to 0+}f(x)=\lim_{x\to 0+}\left(\frac{a}{\pi}x-1\right)=-1$

$\lim_{x\to\pi-}f(x)=\lim_{x\to\pi-}\frac{\sin bx}{x-\pi}$에서 극한값이 존재하고 $x\to\pi-$일 때, (분모)$\to0$이므로 (분자)$\to0$이어야 한다.

즉, $\lim_{x\to\pi-}\sin bx=0$이므로 $\sin b\pi=0$ ...... ㉠

$x-\pi=t$로 놓으면 $x=t+\pi$이고 $x\to\pi-$일 때 $t\to0-$이므로

$$\lim_{x\to\pi-}\frac{\sin bx}{x-\pi}=\lim_{t\to0-}\frac{\sin(bt+b\pi)}{t}$$
$$=\lim_{t\to0-}\frac{\sin bt\cos b\pi+\cos bt\sin b\pi}{t}$$
$$=\lim_{t\to0-}\left(\frac{\sin bt}{t}\times\cos b\pi\right)\ (\because ㉠)$$
$$=\lim_{t\to0-}\left(\frac{\sin bt}{bt}\times b\cos b\pi\right)$$
$$=1\times b\cos b\pi$$
$$=b\cos b\pi$$

$\lim_{x\to\pi-}f(x)=-1$이므로 $b\cos b\pi=-1$ ...... ㉡

한편, ㉠에서 $\sin b\pi=0$이므로

$\cos b\pi=1$ 또는 $\cos b\pi=-1$

이때 $b>0$이므로 ㉡에서 $\cos b\pi<0$

$\therefore \cos b\pi=-1$

이 식을 ㉡에 대입하면 $b=1$

함수 $f(x)$가 $x=\frac{\pi}{2}$에서 연속이므로

$\lim_{x\to\frac{\pi}{2}-}f(x)=\lim_{x\to\frac{\pi}{2}+}f(x)$

$\lim_{x\to\frac{\pi}{2}-}f(x)=\lim_{x\to\frac{\pi}{2}-}\left(\frac{a}{\pi}x-1\right)=\frac{a}{2}-1$

$\lim_{x\to\frac{\pi}{2}+}f(x)=\lim_{x\to\frac{\pi}{2}+}\frac{\sin bx}{x-\pi}=\lim_{x\to\frac{\pi}{2}+}\frac{\sin x}{x-\pi}=\frac{\sin\frac{\pi}{2}}{-\frac{\pi}{2}}=-\frac{2}{\pi}$

즉, $\frac{a}{2}-1=-\frac{2}{\pi}$이므로 $a=2-\frac{4}{\pi}$

$\therefore ab=\left(2-\frac{4}{\pi}\right)\times1=2-\frac{4}{\pi}$

## 0499

답 80

삼각형 ABC가 정삼각형이고 호 BC에 대한 원주각의 크기는 항상 같으므로

$\angle\text{BPC}=\angle\text{BAC}=\frac{\pi}{3}$

삼각형 PBC에서 사인법칙에 의하여

$\frac{\overline{\text{BC}}}{\sin\frac{\pi}{3}}=\frac{\overline{\text{PC}}}{\sin\theta}$

$\therefore \overline{\text{PC}}=\frac{2\sqrt{3}}{\frac{\sqrt{3}}{2}}\times\sin\theta=4\sin\theta$

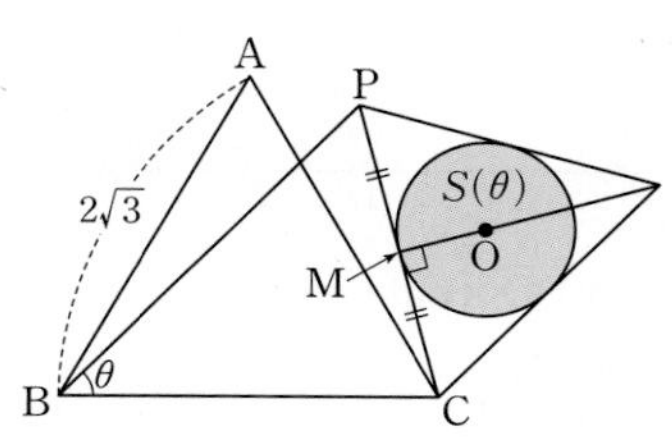


선분 PC의 중점을 M이라 하고 선분 PC를 한 변으로 하는 정삼각형에 내접하는 원의 중심을 O라 하자.

이때 점 O는 정삼각형의 무게중심과 일치하므로 이 원의 반지름의 길이 $\overline{OM}$은

$\overline{OM}$=(한 변의 길이가 $\overline{PC}$인 정삼각형의 높이)$\times\frac{1}{3}$

$=\frac{\sqrt{3}}{2}\times\overline{PC}\times\frac{1}{3}$

$=\frac{\sqrt{3}}{2}\times 4\sin\theta\times\frac{1}{3}$

$=\frac{2\sqrt{3}}{3}\sin\theta$

$\therefore S(\theta)=\pi\times\overline{OM}^2=\frac{4\pi\sin^2\theta}{3}$

$\therefore \lim_{\theta\to0+}\frac{S(\theta)}{\theta^2}=\lim_{\theta\to0+}\frac{4\pi\sin^2\theta}{3\theta^2}$

$=\lim_{\theta\to0+}\left\{\left(\frac{\sin\theta}{\theta}\right)^2\times\frac{4}{3}\pi\right\}$

$=1^2\times\frac{4}{3}\pi=\frac{4}{3}\pi$

따라서 $a=\frac{4}{3}$이므로

$60a=60\times\frac{4}{3}=80$

## 0500

답 ④

삼각형 OPA는 이등변삼각형이므로 점 O에서 선분 PA에 내린 수선의 발을 H라 하면 직각삼각형 OHP에서

$\overline{PH}=\overline{OP}\sin\frac{\theta}{2}=\sin\frac{\theta}{2}$

$\therefore \overline{PA}=2\overline{PH}=2\sin\frac{\theta}{2}$

두 이등변삼각형 OPA, PAD의 각각의 밑각의 크기가 $\frac{\pi}{2}-\frac{\theta}{2}$이므로 이 두 이등변삼각형은 서로 닮음이다.

$\therefore \angle DPA=\angle AOP=\theta$

또한 원주각과 중심각 사이의 관계에 의하여

$\angle PCA=\frac{1}{2}\angle POA=\frac{\theta}{2}$

이므로 이등변삼각형 PCA에서

$\angle CPA=\pi-\left(\frac{\theta}{2}+\frac{\theta}{2}\right)=\pi-\theta$

$\therefore \angle CPD=\angle CPA-\angle DPA=\pi-\theta-\theta=\pi-2\theta$

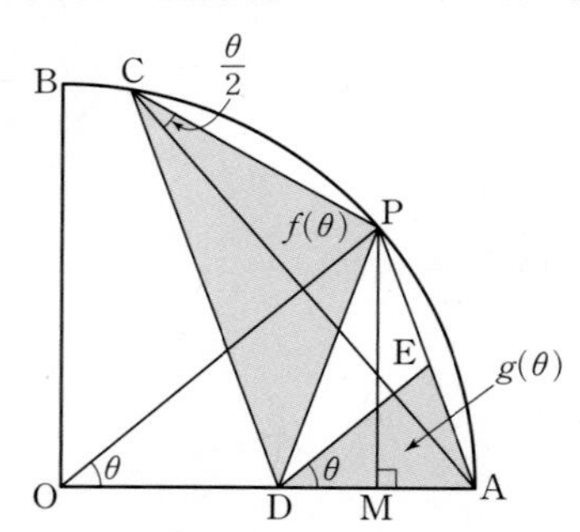


$\therefore f(\theta)=\frac{1}{2}\times\overline{PC}\times\overline{PD}\times\sin(\pi-2\theta)$

$=\frac{1}{2}\times\left(2\sin\frac{\theta}{2}\right)^2\times\sin(\pi-2\theta)$ ($\because \overline{PC}=\overline{PD}=\overline{PA}$)

$=2\sin^2\frac{\theta}{2}\sin 2\theta$

한편, $\overline{OP}/\!/\overline{DE}$이므로 $\angle DEA=\angle OPA=\angle OAP$

따라서 삼각형 DEA는 $\overline{DE}=\overline{DA}$인 이등변삼각형이다.

점 P에서 선분 AD에 내린 수선의 발을 M이라 하면 직각삼각형 PMA에서

$\overline{MA}=\overline{PA}\sin\frac{\theta}{2}=2\sin^2\frac{\theta}{2}$

$\therefore \overline{DA}=2\overline{MA}=4\sin^2\frac{\theta}{2}=\overline{DE}$

또한 $\overline{OP}/\!/\overline{DE}$에서 $\angle EDA=\angle POA=\theta$이므로

$g(\theta)=\frac{1}{2}\times\overline{DA}\times\overline{DE}\times\sin\theta$

$=\frac{1}{2}\times\left(4\sin^2\frac{\theta}{2}\right)^2\times\sin\theta$

$=8\sin^4\frac{\theta}{2}\sin\theta$

$\therefore \lim_{\theta\to0+}\frac{g(\theta)}{\theta^2\times f(\theta)}=\lim_{\theta\to0+}\frac{8\sin^4\frac{\theta}{2}\sin\theta}{\theta^2\times2\sin^2\frac{\theta}{2}\sin 2\theta}$

$=\lim_{\theta\to0+}\frac{4\sin^2\frac{\theta}{2}\sin\theta}{\theta^2\times\sin 2\theta}$

$=\lim_{\theta\to0+}\left\{\left(\frac{\sin\frac{\theta}{2}}{\frac{\theta}{2}}\right)^2\times\frac{\frac{\sin\theta}{\theta}}{\frac{\sin 2\theta}{2\theta}\times2}\right\}$

$=1^2\times\frac{1}{1\times2}=\frac{1}{2}$

## 0501

답 6

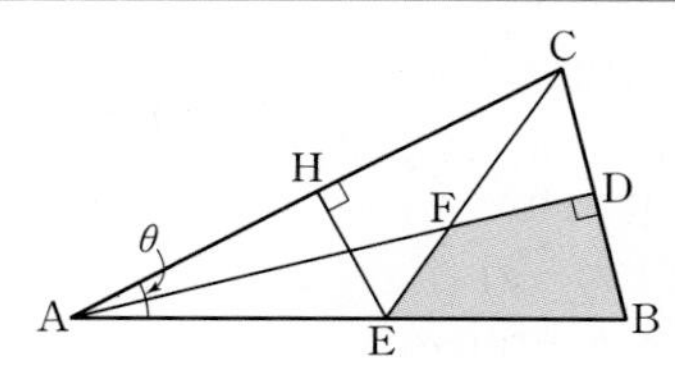


삼각형 ABC는 $\overline{AB}=\overline{AC}=6$인 이등변삼각형이므로 직선 AD는 선분 BC를 수직이등분한다.

$\therefore$ (삼각형 ABD의 넓이)$=\frac{1}{2}\times$(삼각형 ABC의 넓이)

$=\frac{1}{2}\times\left(\frac{1}{2}\times6\times6\times\sin\theta\right)$

$=9\sin\theta$

$\angle ACE=\angle CAE$에서 삼각형 AEC는 $\overline{AE}=\overline{CE}$인 이등변삼각형이므로 점 E에서 선분 AC에 내린 수선의 발을 H라 하면

$\overline{AH}=\frac{1}{2}\times\overline{AC}=3$, $\overline{EH}=\overline{AH}\times\tan\theta=3\tan\theta$

$\therefore$ (삼각형 AEC의 넓이)$=\frac{1}{2}\times\overline{AC}\times\overline{EH}$

$=\frac{1}{2}\times6\times3\tan\theta=9\tan\theta$

한편, $\overline{AE}=\overline{CE}=\frac{3}{\cos\theta}$이고 삼각형 AEC에서 선분 AF는 $\angle CAE$의 이등분선이므로

$\overline{AC}:\overline{AE}=\overline{CF}:\overline{FE}$이다.

즉, $\overline{CF}:\overline{FE}=6:\frac{3}{\cos\theta}=2\cos\theta:1$이므로

$$(\text{삼각형 AEF의 넓이})=(\text{삼각형 AEC의 넓이})\times\frac{1}{2\cos\theta+1}$$
$$=\frac{9\tan\theta}{2\cos\theta+1}$$

따라서 사각형 EBDF의 넓이 $S(\theta)$는

$$S(\theta)=(\text{삼각형 ABD의 넓이})-(\text{삼각형 AEF의 넓이})$$
$$=9\sin\theta-\frac{9\tan\theta}{2\cos\theta+1}$$

$$\therefore \lim_{\theta\to0+}\frac{S(\theta)}{\theta}=\lim_{\theta\to0+}\left\{\frac{9\sin\theta}{\theta}-\frac{9\tan\theta}{\theta(2\cos\theta+1)}\right\}$$
$$=\lim_{\theta\to0+}\left(9\times\frac{\sin\theta}{\theta}-\frac{9}{2\cos\theta+1}\times\frac{\tan\theta}{\theta}\right)$$
$$=9\times1-\frac{9}{3}\times1=9-3=6$$

## 0502

답 3

$f(x)=\begin{cases}\cos x & (0\le x\le 2\pi)\\ 2-\cos x & (2\pi<x\le 4\pi)\end{cases}$ 에서

$\lim_{x\to2\pi-}f(x)=\lim_{x\to2\pi-}\cos x=1$

$\lim_{x\to2\pi+}f(x)=\lim_{x\to2\pi+}(2-\cos x)=1$

$f(2\pi)=\cos 2\pi=1$

이므로 함수 $f(x)$는 $x=2\pi$에서 연속이다.

또한 $f'(x)=\begin{cases}-\sin x & (0<x<2\pi)\\ \sin x & (2\pi<x<4\pi)\end{cases}$ 에서

$\lim_{x\to2\pi-}f'(x)=\lim_{x\to2\pi-}(-\sin x)=0$

$\lim_{x\to2\pi+}f'(x)=\lim_{x\to2\pi+}\sin x=0$

이므로 함수 $f(x)$는 $x=2\pi$에서 미분가능하다.

즉, 함수 $f(x)$는 $0<x<4\pi$에서 미분가능하다.

이때 함수 $f(x)$의 식을 이용하여 함수 $y=kf(x)$의 그래프를 그리면 다음 그림과 같다.

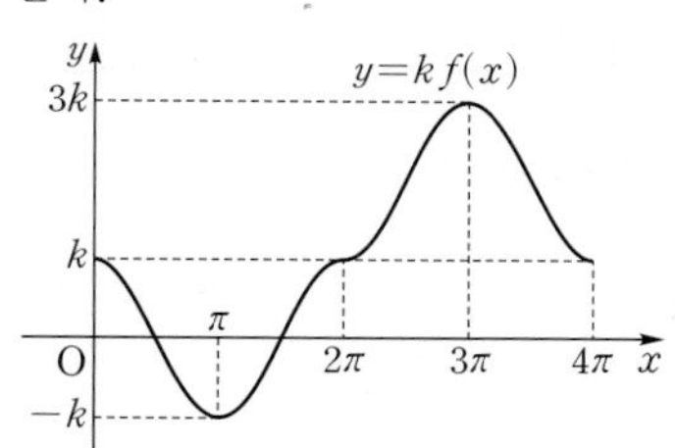


함수 $y=|kf(x)-t|$의 그래프는 함수 $y=kf(x)$의 그래프를 $y$축의 방향으로 $-t$만큼 평행이동시킨 후 $x$축보다 아래에 위치한 부분을 $x$축에 대하여 대칭이동시킨 것이므로 다음과 같이 나누어 생각해 볼 수 있다.

(i) $t\le -k$일 때

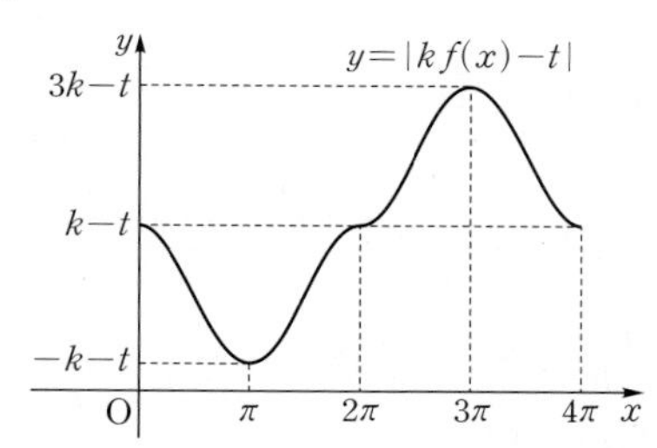


구간 $(0,\ 4\pi)$에서 함수 $|kf(x)-t|$는 미분가능하므로

$g(t)=0$

(ii) $-k<t<k$일 때

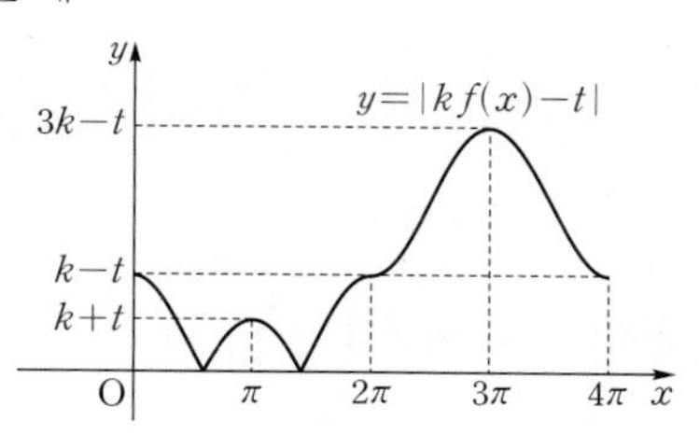


구간 $(0,\ 4\pi)$에서 함수 $|kf(x)-t|$가 미분가능하지 않은 실수 $x$의 개수는 2이므로

$g(t)=2$

(iii) $t=k$일 때

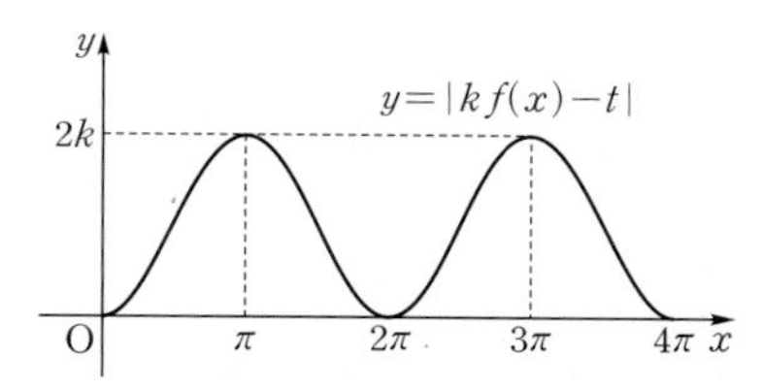


구간 $(0,\ 4\pi)$에서 함수 $|kf(x)-t|$는 미분가능하므로

$g(t)=0$

(iv) $k<t<3k$일 때

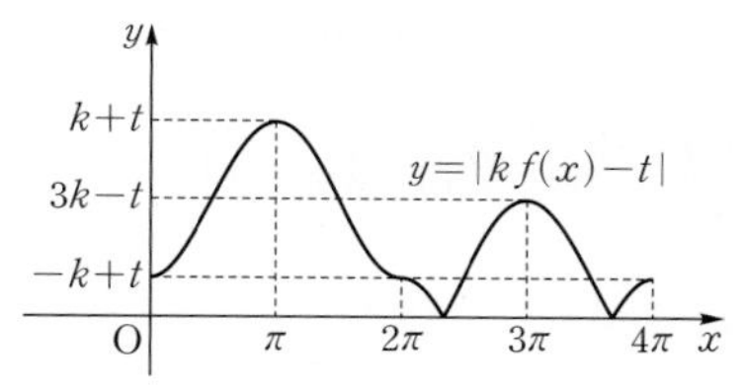


구간 $(0,\ 4\pi)$에서 함수 $|kf(x)-t|$가 미분가능하지 않은 실수 $x$의 개수는 2이므로

$g(t)=2$

(v) $t\ge 3k$일 때

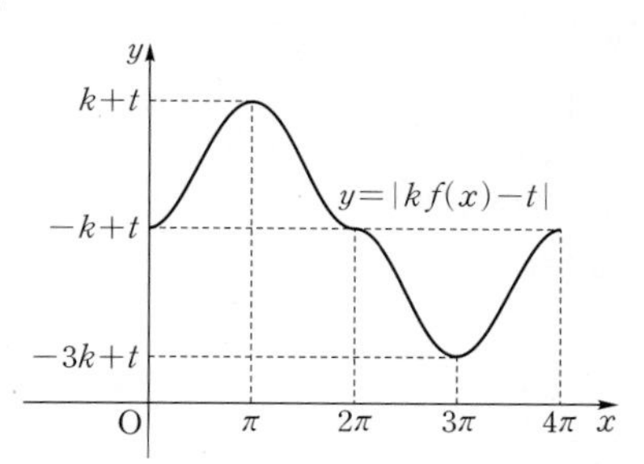


구간 $(0,\ 4\pi)$에서 함수 $|kf(x)-t|$는 미분가능하므로

$g(t)=0$

(i)~(v)에서 $g(t)=2$를 만족시키는 실수 $t$의 값의 범위는

$-k<t<k$ 또는 $k<t<3k$

이때 $k$가 자연수이고, 주어진 조건을 만족시키는 정수 $t$의 개수는 10이므로

$2k-1+2k-1=4k-2=10$

$\therefore k=3$

# 05 여러 가지 미분법

## 유형 01 함수의 몫의 미분법 $\frac{1}{g(x)}$ 꼴

확인 문제 (1) $y'=-\frac{2}{(2x+3)^2}$ (2) $y'=\frac{e^x}{(e^x-3)^2}$

(1) $y=\frac{1}{2x+3}$에서 $y'=-\frac{(2x+3)'}{(2x+3)^2}=-\frac{2}{(2x+3)^2}$

(2) $y=-\frac{1}{e^x-3}$에서 $y'=\frac{(e^x-3)'}{(e^x-3)^2}=\frac{e^x}{(e^x-3)^2}$

### 0503

답 ⑤

$f(1)=2$이므로

$\lim_{h\to0}\frac{f(1+h)-2}{h}=\lim_{h\to0}\frac{f(1+h)-f(1)}{h}=f'(1)$

$f(x)=x^2-\frac{1}{x^2-2}$에서 $f'(x)=2x+\frac{2x}{(x^2-2)^2}$

$\therefore \lim_{h\to0}\frac{f(1+h)-2}{h}=f'(1)=2+2=4$

### 0504

답 ①

$\lim_{h\to0}\frac{f(a+h)-f(a)}{h}=f'(a)=-\frac{1}{4}$

$f(x)=\frac{1}{x-2}$에서 $f'(x)=-\frac{1}{(x-2)^2}$이므로

$f'(a)=-\frac{1}{(a-2)^2}=-\frac{1}{4}$

$(a-2)^2=4$, $a-2=\pm2$

$\therefore a=4$ ($\because a>0$)

### 0505

답 4

$f(x)=\frac{1}{kx^2+2x}$에서 $f'(x)=-\frac{2kx+2}{(kx^2+2x)^2}$

이때 $f'(-1)=\frac{3}{2}$이므로

$-\frac{-2k+2}{(k-2)^2}=\frac{3}{2}$, $-2(-2k+2)=3(k-2)^2$

$3k^2-16k+16=0$, $(3k-4)(k-4)=0$

$\therefore k=4$ ($\because$ $k$는 정수)

### 0506

답 7

$g(x)=\frac{1}{e^xf(x)+1}$에서

$g'(x)=-\frac{e^xf(x)+e^xf'(x)}{\{e^xf(x)+1\}^2}=-\frac{e^x\{f(x)+f'(x)\}}{\{e^xf(x)+1\}^2}$

이므로

$g'(0)=-\frac{e^0\{f(0)+f'(0)\}}{\{e^0f(0)+1\}^2}=-\frac{f(0)+f'(0)}{\{f(0)+1\}^2}$

이때 $f(0)=2$, $g'(0)=-1$이므로

$-1=-\frac{2+f'(0)}{3^2}$ $\therefore f'(0)=7$

## 유형 02 함수의 몫의 미분법 $\frac{f(x)}{g(x)}$ 꼴

확인 문제 (1) $y'=\frac{-x^2+1}{(x^2+1)^2}$ (2) $y'=-\frac{e^x}{(e^x-1)^2}$

(1) $y=\frac{x}{x^2+1}$에서

$y'=\frac{(x)'(x^2+1)-x(x^2+1)'}{(x^2+1)^2}$

$=\frac{1\times(x^2+1)-x\times2x}{(x^2+1)^2}=\frac{-x^2+1}{(x^2+1)^2}$

(2) $y=\frac{e^x}{e^x-1}$에서

$y'=\frac{(e^x)'(e^x-1)-e^x(e^x-1)'}{(e^x-1)^2}$

$=\frac{e^x(e^x-1)-e^x\times e^x}{(e^x-1)^2}=-\frac{e^x}{(e^x-1)^2}$

### 0507

답 ②

$f(2)=2$이므로

$\lim_{x\to2}\frac{f(x)-2}{x^2-4}=\lim_{x\to2}\left\{\frac{f(x)-f(2)}{x-2}\times\frac{1}{x+2}\right\}$

$=\frac{1}{4}f'(2)$

$f(x)=\frac{3x}{2x-1}$에서

$f'(x)=\frac{3(2x-1)-3x\times2}{(2x-1)^2}=\frac{-3}{(2x-1)^2}$

$\therefore \lim_{x\to2}\frac{f(x)-2}{x^2-4}=\frac{1}{4}f'(2)=\frac{1}{4}\times\left(-\frac{1}{3}\right)=-\frac{1}{12}$

### 0508

답 $-2$

$\lim_{h\to0}\frac{f(\pi+h)-f(\pi-h)}{h}$

$=\lim_{h\to0}\frac{f(\pi+h)-f(\pi)-f(\pi-h)+f(\pi)}{h}$

$=\lim_{h\to0}\frac{f(\pi+h)-f(\pi)}{h}+\lim_{h\to0}\frac{f(\pi-h)-f(\pi)}{-h}$

$=f'(\pi)+f'(\pi)=2f'(\pi)$

$f(x)=\frac{\sin x}{\sin x-\cos x}$에서

$$f'(x)=\frac{\cos x(\sin x-\cos x)-\sin x(\cos x+\sin x)}{(\sin x-\cos x)^2}$$
$$=\frac{-\cos^2 x-\sin^2 x}{(\sin x-\cos x)^2}$$
$$=\frac{-1}{(\sin x-\cos x)^2}$$
$$\therefore \lim_{h\to 0}\frac{f(\pi+h)-f(\pi-h)}{h}=2f'(\pi)$$
$$=2\times\frac{-1}{\{0-(-1)\}^2}$$
$$=-2$$

## 0509

답 ③

$g(x)=\dfrac{f(x)}{e^{x-1}-\ln x}$에서

$$g'(x)=\frac{f'(x)(e^{x-1}-\ln x)-f(x)\left(e^{x-1}-\frac{1}{x}\right)}{(e^{x-1}-\ln x)^2}$$
$$\therefore g'(1)=\frac{f'(1)(e^0-\ln 1)-f(1)(e^0-1)}{(e^0-\ln 1)^2}$$
$$=f'(1)$$

## 0510

답 16

$f(x)=\dfrac{x}{x^2+x+8}$에서

$$f'(x)=\frac{1\times(x^2+x+8)-x(2x+1)}{(x^2+x+8)^2}$$
$$=\frac{-x^2+8}{(x^2+x+8)^2}$$

$f'(x)>0$에서 $-x^2+8>0$ ($\because (x^2+x+8)^2>0$)

$x^2-8<0$, $(x+2\sqrt{2})(x-2\sqrt{2})<0$

$\therefore -2\sqrt{2}<x<2\sqrt{2}$

따라서 $\alpha=-2\sqrt{2}$, $\beta=2\sqrt{2}$이므로

$\alpha^2+\beta^2=8+8=16$

## 0511

답 17

$f(x)=\dfrac{ax^2-bx}{2x+3}$에서

$$f'(x)=\frac{(2ax-b)(2x+3)-(ax^2-bx)\times 2}{(2x+3)^2}$$
$$=\frac{2ax^2+6ax-3b}{(2x+3)^2}$$

이때 $f'(0)=-2$이므로 $\dfrac{-3b}{3^2}=-2$

$\therefore b=6$

........ ❶

즉, $f(x)=\dfrac{ax^2-6x}{2x+3}$이고 $f(1)=1$이므로

$\dfrac{a-6}{5}=1$ $\quad\therefore a=11$

........ ❷

따라서 $f(x)=\dfrac{11x^2-6x}{2x+3}$이므로

$f(-1)=\dfrac{11-(-6)}{-2+3}=17$

........ ❸

| 채점 기준 | 배점 |
|---|---|
| ❶ $b$의 값 구하기 | 50% |
| ❷ $a$의 값 구하기 | 30% |
| ❸ $f(-1)$의 값 구하기 | 20% |

## 0512

답 ④

$$f(x)=1+e^{-\ln x}+e^{-2\ln x}+\cdots+e^{-n\ln x}+\cdots$$
$$=1+x^{-\ln e}+x^{-2\ln e}+\cdots+x^{-n\ln e}+\cdots$$
$$=1+\frac{1}{x}+\frac{1}{x^2}+\cdots+\frac{1}{x^n}+\cdots$$

$x>1$에서 $0<\dfrac{1}{x}<1$이므로

$$f(x)=\frac{1}{1-\frac{1}{x}}=\frac{x}{x-1}$$
$$f'(x)=\frac{1\times(x-1)-x\times 1}{(x-1)^2}=-\frac{1}{(x-1)^2}$$

$\therefore f(2)+f'(2)=2+(-1)=1$

### 유형 03 $y=x^n$ ($n$은 정수)의 도함수

확인 문제 (1) $y'=-\dfrac{2}{x^3}$ (2) $y'=-\dfrac{12}{x^4}$

(1) $y=x^{-2}$에서 $y'=-2x^{-3}=-\dfrac{2}{x^3}$

(2) $y=\dfrac{4}{x^3}=4x^{-3}$이므로 $y'=4\times(-3)x^{-4}=-\dfrac{12}{x^4}$

다른 풀이

(2) $y'=-\dfrac{4\times 3x^2}{(x^3)^2}=-\dfrac{12}{x^4}$

## 0513

답 ②

$$f(x)=\frac{1}{x}-\frac{1}{x^2}+\frac{1}{x^3}-\cdots+\frac{1}{x^9}-\frac{1}{x^{10}}$$
$$=x^{-1}-x^{-2}+x^{-3}-\cdots+x^{-9}-x^{-10}$$

이므로

$$f'(x)=-x^{-2}-(-2)x^{-3}-3x^{-4}-\cdots-9x^{-10}-(-10)x^{-11}$$
$$=-x^{-2}+2x^{-3}-3x^{-4}+\cdots-9x^{-10}+10x^{-11}$$
$$\therefore f'(1)=(-1+2)+(-3+4)+\cdots+(-9+10)$$
$$=1+1+1+1+1=5$$

## 0514

답 $-6$

$$f(x)=\frac{(x-1)(x+1)(x^4+x^2+1)}{x^4}$$
$$=\frac{(x^2-1)(x^4+x^2+1)}{x^4}$$
$$=\frac{x^6-1}{x^4}=x^2-x^{-4}$$

이므로

$$f'(x)=2x+4x^{-5}=2x+\frac{4}{x^5}$$

따라서 $x=-1$에서의 미분계수는

$$f'(-1)=-2-4=-6$$

## 0515

답 11

$f(x)=\frac{x^5+5x^3-3x}{x^2}=x^3+5x-3x^{-1}$이므로

$$f'(x)=3x^2+5+3x^{-2}=3x^2+\frac{3}{x^2}+5$$

이때 $x^2>0$이므로 산술평균과 기하평균의 관계에 의하여

$$f'(x)=3x^2+\frac{3}{x^2}+5\geq 2\sqrt{3x^2\times\frac{3}{x^2}}+5=11$$

$\left(\text{단, 등호는 } 3x^2=\frac{3}{x^2}\text{일 때 성립한다.}\right)$

따라서 $f'(x)$의 최솟값은 11이다.

### 유형 04 삼각함수의 도함수

## 0516

답 ③

$f(x)=\frac{1+\csc x}{\cot x}=\frac{1}{\cot x}+\frac{\csc x}{\cot x}=\tan x+\sec x$이므로

$$f'(x)=\sec^2 x+\sec x\tan x$$

$$\therefore f'\left(-\frac{\pi}{3}\right)f'\left(\frac{\pi}{3}\right)$$
$$=\left\{\sec^2\left(-\frac{\pi}{3}\right)+\sec\left(-\frac{\pi}{3}\right)\tan\left(-\frac{\pi}{3}\right)\right\}\times\left(\sec^2\frac{\pi}{3}+\sec\frac{\pi}{3}\tan\frac{\pi}{3}\right)$$
$$=\{2^2+2\times(-\sqrt{3})\}(2^2+2\times\sqrt{3})$$
$$=(4-2\sqrt{3})(4+2\sqrt{3})$$
$$=16-12=4$$

## 0517

답 ⑤

$f(x)=\csc x-\sqrt{3}\cot x$에서

$$f'(x)=-\csc x\cot x-\sqrt{3}\times(-\csc^2 x)$$
$$=-\csc x\cot x+\sqrt{3}\csc^2 x$$

따라서 구하는 접선의 기울기는

$$f'\left(\frac{\pi}{6}\right)=-\csc\frac{\pi}{6}\cot\frac{\pi}{6}+\sqrt{3}\csc^2\frac{\pi}{6}$$
$$=-2\times\sqrt{3}+\sqrt{3}\times 2^2=2\sqrt{3}$$

## 0518

답 $-16$

$f(x)=\sin x\cos x$에서

$f'(x)=\cos^2 x-\sin^2 x$이므로

$$g(x)=\frac{\cos^2 x-\sin^2 x}{\sin x\cos x}=\cot x-\tan x$$

$g'(x)=-\csc^2 x-\sec^2 x$이므로

$$3g'\left(\frac{\pi}{6}\right)=3\times\left(-4-\frac{4}{3}\right)=-16$$

## 0519

답 ③

$f\left(\frac{\pi}{4}\right)=\frac{\tan\frac{\pi}{4}-1}{\sin\frac{\pi}{4}}=0$이므로

$$\lim_{x\to\frac{\pi}{4}}\frac{4f(x)}{4x-\pi}=\lim_{x\to\frac{\pi}{4}}\frac{4\left\{f(x)-f\left(\frac{\pi}{4}\right)\right\}}{4\left(x-\frac{\pi}{4}\right)}$$
$$=\lim_{x\to\frac{\pi}{4}}\frac{f(x)-f\left(\frac{\pi}{4}\right)}{x-\frac{\pi}{4}}$$
$$=f'\left(\frac{\pi}{4}\right)$$

$f(x)=\frac{\tan x-1}{\sin x}$에서

$$f'(x)=\frac{\sec^2 x\sin x-(\tan x-1)\cos x}{\sin^2 x}$$
$$=\frac{\sec^2 x\sin x-\sin x+\cos x}{\sin^2 x}$$

$$\therefore \lim_{x\to\frac{\pi}{4}}\frac{4f(x)}{4x-\pi}=f'\left(\frac{\pi}{4}\right)$$
$$=\frac{\sec^2\frac{\pi}{4}\sin\frac{\pi}{4}-\sin\frac{\pi}{4}+\cos\frac{\pi}{4}}{\sin^2\frac{\pi}{4}}$$
$$=\frac{(\sqrt{2})^2\times\frac{\sqrt{2}}{2}-\frac{\sqrt{2}}{2}+\frac{\sqrt{2}}{2}}{\left(\frac{\sqrt{2}}{2}\right)^2}$$
$$=2\sqrt{2}$$

## 0520

답 2

함수 $f(x)$가 $x=0$에서 미분가능하면 $x=0$에서 연속이므로

$$\lim_{x\to 0-}f(x)=\lim_{x\to 0+}f(x)=f(0)$$
$$\therefore \lim_{x\to 0-}(\sec x+e^x)=\lim_{x\to 0+}(ax+b)=b$$
$$\therefore b=\sec 0+e^0=1+1=2$$

..................................................... ❶

또한 $f'(x)=\begin{cases}\sec x\tan x+e^x & (x<0)\\ a & (x>0)\end{cases}$이고

$f'(0)$이 존재하므로

$$\lim_{x\to 0-}(\sec x\tan x+e^x)=\lim_{x\to 0+}a$$
$$\therefore a=e^0=1$$

..................................................... ❷

$\therefore ab=1\times2=2$ ······ ❸

| 채점 기준 | 배점 |
|---|---|
| ❶ $b$의 값 구하기 | 40% |
| ❷ $a$의 값 구하기 | 50% |
| ❸ $ab$의 값 구하기 | 10% |

이므로 $f'(0)=\frac{-6}{(-4)^2}=-\frac{3}{8}$ ······ ❷

$\therefore h'(-1)=-f'(0)=-\left(-\frac{3}{8}\right)=\frac{3}{8}$ ······ ❸

| 채점 기준 | 배점 |
|---|---|
| ❶ $g(-1)$, $g'(-1)$의 값 구하기 | 30% |
| ❷ $f'(0)$의 값 구하기 | 50% |
| ❸ $h'(-1)$의 값 구하기 | 20% |

## 유형 05 합성함수의 미분법

### 0521 답 ④

$(f\circ g)(x)=3x^5-2x^2$의 양변을 $x$에 대하여 미분하면

$f'(g(x))g'(x)=15x^4-4x$ ······ ㉠

$g(x)=17$이면 $x^4+1=17$, $x^4=16$

$\therefore x=2\ (\because x>0)$

$x=2$를 ㉠에 대입하면

$f'(g(2))g'(2)=15\times2^4-4\times2$

$f'(17)g'(2)=232$

이때 $g'(x)=4x^3$이므로 $g'(2)=4\times2^3=32$

즉, $f'(17)\times32=232$이므로

$f'(17)=\frac{29}{4}$

### 0522 답 ④

$f(g(x))=3x+2$에서

$f(g(1))=3\times1+2=5$

이때 $g(1)=3$이므로 $f(3)=5$

한편, $f'(g(x))g'(x)=3$이므로

$f'(g(1))g'(1)=3$

$f'(3)\times1=3$ $\therefore f'(3)=3$

$\therefore f(3)+f'(3)=5+3=8$

### 0523 답 $\frac{3}{8}$

$g(x)=x^2+x$에서 $g(-1)=1-1=0$이고,

$g'(x)=2x+1$에서 $g'(-1)=-2+1=-1$ ······ ❶

$h(x)=(f\circ g)(x)=f(g(x))$에서

$h'(x)=f'(g(x))g'(x)$이므로

$h'(-1)=f'(g(-1))g'(-1)=-f'(0)$

$f(x)=\frac{x+1}{x^2+2x-4}$에서

$$f'(x)=\frac{1\times(x^2+2x-4)-(x+1)(2x+2)}{(x^2+2x-4)^2}=\frac{-x^2-2x-6}{(x^2+2x-4)^2}$$

### 0524 답 ⑤

$\lim_{x\to1}\frac{g(x)+1}{x-1}=2$에서 극한값이 존재하고 $x\to1$일 때,

(분모)$\to0$이므로 (분자)$\to0$이어야 한다.

즉, $\lim_{x\to1}\{g(x)+1\}=0$이므로 $g(1)=-1$

$\lim_{x\to1}\frac{g(x)+1}{x-1}=\lim_{x\to1}\frac{g(x)-g(1)}{x-1}=g'(1)$이므로

$g'(1)=2$

$\lim_{x\to1}\frac{h(x)-2}{x-1}=12$에서 극한값이 존재하고 $x\to1$일 때,

(분모)$\to0$이므로 (분자)$\to0$이어야 한다.

즉, $\lim_{x\to1}\{h(x)-2\}=0$이므로 $h(1)=2$

$\lim_{x\to1}\frac{h(x)-2}{x-1}=\lim_{x\to1}\frac{h(x)-h(1)}{x-1}=h'(1)$이므로

$h'(1)=12$

$h(x)=(f\circ g)(x)=f(g(x))$에서

$h'(x)=f'(g(x))g'(x)$이므로

$h(1)=2$에서 $f(g(1))=2$ $\therefore f(-1)=2$

$h'(1)=12$에서

$f'(g(1))g'(1)=12$, $f'(-1)\times2=12$

$\therefore f'(-1)=6$

$\therefore f(-1)+f'(-1)=2+6=8$

### 0525 답 $-5$

조건 (가)의 $\lim_{x\to3}\frac{f(x)-1}{x^2-9}=-1$에서 극한값이 존재하고 $x\to3$일 때, (분모)$\to0$이므로 (분자)$\to0$이어야 한다.

즉, $\lim_{x\to3}\{f(x)-1\}=0$이므로 $f(3)=1$

$$\therefore \lim_{x\to3}\frac{f(x)-1}{x^2-9}=\lim_{x\to3}\left\{\frac{f(x)-f(3)}{x-3}\times\frac{1}{x+3}\right\}=f'(3)\times\frac{1}{6}=-1$$

$\therefore f'(3)=-6$

조건 (나)에서

$g(f(x))=2x-1$ ······ ㉠

㉠의 양변에 $x=3$을 대입하면

$g(f(3))=6-1=5$

$\therefore g(1)=5$ ($\because f(3)=1$)

㉠의 양변을 $x$에 대하여 미분하면

$g'(f(x))f'(x)=2$ ⋯⋯ ㉡

㉡의 양변에 $x=3$을 대입하면

$g'(f(3))f'(3)=2$

$g'(1)\times(-6)=2$ ($\because f(3)=1,\ f'(3)=-6$)

$\therefore g'(1)=-\frac{1}{3}$

$\therefore 3g(1)g'(1)=3\times5\times\left(-\frac{1}{3}\right)=-5$

## 0526

답 $\frac{1}{32}$

$\lim_{x\to1}\frac{x-1}{f(x)-2}=2$에서 0이 아닌 극한값이 존재하고 $x\to1$일 때, (분자)$\to0$이므로 (분모)$\to0$이어야 한다.

즉, $\lim_{x\to1}\{f(x)-2\}=0$이므로 $f(1)=2$

$$\lim_{x\to1}\frac{x-1}{f(x)-2}=\lim_{x\to1}\frac{x-1}{f(x)-f((1)}$$

$$=\lim_{x\to1}\frac{1}{\frac{f(x)-f(1)}{x-1}}=\frac{1}{f'(1)}$$

이므로 $\frac{1}{f'(1)}=2$ $\therefore f'(1)=\frac{1}{2}$

…… ❶

$\lim_{x\to2}\frac{x-2}{f(x)}=4$에서 0이 아닌 극한값이 존재하고 $x\to2$일 때, (분자)$\to0$이므로 (분모)$\to0$이어야 한다.

즉, $\lim_{x\to2}f(x)=0$이므로 $f(2)=0$

$$\lim_{x\to2}\frac{x-2}{f(x)}=\lim_{x\to2}\frac{x-2}{f(x)-f(2)}$$

$$=\lim_{x\to2}\frac{1}{\frac{f(x)-f(2)}{x-2}}=\frac{1}{f'(2)}$$

이므로 $\frac{1}{f'(2)}=4$ $\therefore f'(2)=\frac{1}{4}$

…… ❷

한편, $g(x)=f(f(x))$라 하면 $g(1)=f(f(1))=f(2)=0$이므로

$$\lim_{x\to1}\frac{f(f(x))}{x^2+2x-3}=\lim_{x\to1}\frac{g(x)}{(x-1)(x+3)}$$

$$=\lim_{x\to1}\left\{\frac{g(x)-g(1)}{x-1}\times\frac{1}{x+3}\right\}$$

$$=g'(1)\times\frac{1}{4}$$

$$=\frac{1}{4}f'(f(1))f'(1)\ (\because g'(x)=f'(f(x))f'(x))$$

$$=\frac{1}{4}\times f'(2)\times\frac{1}{2}$$

$$=\frac{1}{4}\times\frac{1}{4}\times\frac{1}{2}=\frac{1}{32}$$

…… ❸

| 채점 기준 | 배점 |
|---|---|
| ❶ $f'(1)$의 값 구하기 | 30% |
| ❷ $f'(2)$의 값 구하기 | 30% |
| ❸ $\lim_{x\to1}\frac{f(f(x))}{x^2+2x-3}$의 값 구하기 | 40% |

## 유형 06 합성함수의 미분법 - 유리함수

확인 문제 (1) $y'=8(2x-1)^3$ (2) $y'=-\frac{8}{(2x-1)^5}$

(1) $y=(2x-1)^4$에서

$y'=4(2x-1)^3(2x-1)'=4(2x-1)^3\times2$

$=8(2x-1)^3$

(2) $y=\frac{1}{(2x-1)^4}=(2x-1)^{-4}$이므로

$y'=-4(2x-1)^{-5}(2x-1)'=-4(2x-1)^{-5}\times2$

$=-\frac{8}{(2x-1)^5}$

다른 풀이

(2) $y=\frac{1}{(2x-1)^4}=\left(\frac{1}{2x-1}\right)^4$이므로

$y'=4\left(\frac{1}{2x-1}\right)^3\times\left(\frac{1}{2x-1}\right)'=4\left(\frac{1}{2x-1}\right)^3\times\left\{-\frac{2}{(2x-1)^2}\right\}$

$=-\frac{8}{(2x-1)^5}$

## 0527

답 7

$\lim_{x\to2}\frac{f(x)-1}{x-2}=\frac{q}{p}$에서 극한값이 존재하고 $x\to2$일 때, (분모)$\to0$이므로 (분자)$\to0$이어야 한다.

즉, $\lim_{x\to2}\{f(x)-1\}=0$이므로 $f(2)=1$

$\therefore \lim_{x\to2}\frac{f(x)-1}{x-2}=\lim_{x\to2}\frac{f(x)-f(2)}{x-2}=f'(2)$

$f(x)=\left(\frac{x^3+1}{2x^2+1}\right)^3$에서

$$f'(x)=3\left(\frac{x^3+1}{2x^2+1}\right)^2\times\frac{3x^2(2x^2+1)-(x^3+1)\times4x}{(2x^2+1)^2}$$

$$=3\left(\frac{x^3+1}{2x^2+1}\right)^2\times\frac{2x^4+3x^2-4x}{(2x^2+1)^2}$$

이므로

$\lim_{x\to2}\frac{f(x)-1}{x-2}=f'(2)=3\times1^2\times\frac{36}{9^2}=\frac{4}{3}$

따라서 $p=3,\ q=4$이므로

$p+q=3+4=7$

## 0528

답 135

$g(x)=x^3\{f(x)\}^4$에서

$g'(x)=3x^2\{f(x)\}^4+x^3\times4\{f(x)\}^3f'(x)$

$=x^2\{f(x)\}^3\{3f(x)+4xf'(x)\}$

$\therefore g'(1)=\{f(1)\}^3\{3f(1)+4f'(1)\}$

$=3^3\times\{3\times3+4\times(-1)\}$

$=135$

## 0529 답 ②

$\lim_{h\to 0}\frac{f(4+2h)-f(4-h)}{3h}$

$=\lim_{h\to 0}\frac{f(4+2h)-f(4)-f(4-h)+f(4)}{3h}$

$=\lim_{h\to 0}\frac{f(4+2h)-f(4)}{3h}+\lim_{h\to 0}\frac{f(4-h)-f(4)}{-3h}$

$=\lim_{h\to 0}\frac{f(4+2h)-f(4)}{2h}\times\frac{2}{3}+\lim_{h\to 0}\frac{f(4-h)-f(4)}{-h}\times\frac{1}{3}$

$=\frac{2}{3}f'(4)+\frac{1}{3}f'(4)=f'(4)$

$f(x)=(a-x)^4$에서

$f'(x)=4(a-x)^3\times(-1)=-4(a-x)^3$

이때 $f'(1)=-32$이므로

$-4(a-1)^3=-32$

$(a-1)^3=8,\ a^3-3a^2+3a-9=0$

$(a^2+3)(a-3)=0$

$\therefore a=3$ ($\because a$는 실수)

따라서 $f'(x)=-4(3-x)^3$이므로

$\lim_{h\to 0}\frac{f(4+2h)-f(4-h)}{3h}=f'(4)=-4\times(-1)^3=4$

## 유형 07 합성함수의 미분법 - 지수함수

확인 문제 (1) $y'=2e^{2x+3}$
(2) $y'=3^{x^2-2x}(2x-2)\ln 3$
(3) $y'=\frac{1-3x}{e^{3x}}$

(1) $y=e^{2x+3}$에서

$y'=e^{2x+3}\times(2x+3)'=2e^{2x+3}$

(2) $y=3^{x^2-2x}$에서

$y'=3^{x^2-2x}\times\ln 3\times(x^2-2x)'=3^{x^2-2x}(2x-2)\ln 3$

(3) $y=\frac{x}{e^{3x}}$에서

$y'=\frac{1\times e^{3x}-x\times 3e^{3x}}{(e^{3x})^2}=\frac{1-3x}{e^{3x}}$

다른 풀이

(3) $y=\frac{x}{e^{3x}}=xe^{-3x}$이므로

$y'=e^{-3x}+x\times(-3e^{-3x})=(1-3x)e^{-3x}$

$=\frac{1-3x}{e^{3x}}$

## 0530 답 ②

$h(x)=g(f(x))$라 하면 $h(x)=e^{x^2+3x+2}$이므로

$h(-2)=e^0=1$

$\therefore \lim_{x\to -2}\frac{g(f(x))-1}{x+2}=\lim_{x\to -2}\frac{h(x)-h(-2)}{x-(-2)}=h'(-2)$

이때 $h'(x)=(2x+3)e^{x^2+3x+2}$이므로

$\lim_{x\to -2}\frac{g(f(x))-1}{x+2}=h'(-2)=-e^0=-1$

## 0531 답 ⑤

$f(x)=(3^{x+1}-1)^3$에서

$f'(x)=3(3^{x+1}-1)^2\times 3^{x+1}\times\ln 3\times 1$

$=\ln 3\times 3^{x+2}(3^{x+1}-1)^2$

따라서 구하는 접선의 기울기는

$f'(0)=\ln 3\times 9\times 4=36\ln 3$

## 0532 답 ②

$g(x)=\frac{f(x)}{(e^{x^2+2x}+1)^5}$에서

$g'(x)$

$=\frac{f'(x)(e^{x^2+2x}+1)^5-f(x)\times 5(e^{x^2+2x}+1)^4\times e^{x^2+2x}\times(2x+2)}{\{(e^{x^2+2x}+1)^5\}^2}$

$=\frac{(e^{x^2+2x}+1)^4\{(e^{x^2+2x}+1)f'(x)-10(x+1)e^{x^2+2x}f(x)\}}{(e^{x^2+2x}+1)^{10}}$

$=\frac{(e^{x^2+2x}+1)f'(x)-10(x+1)e^{x^2+2x}f(x)}{(e^{x^2+2x}+1)^6}$

$\therefore g'(0)=\frac{2f'(0)-10f(0)}{2^6}=\frac{f'(0)-5f(0)}{2^5}$

$=\frac{8}{32}=\frac{1}{4}$

## 0533 답 15

이차함수 $f(x)$를 $f(x)=ax^2+bx+c$ ($a$, $b$, $c$는 상수, $a\neq 0$)이라 하자.

❶

조건 (가)에서 $f(0)=6$이므로

$c=6$ …… ㉠

조건 (나)에서 $g(2)=1$이므로

$e^{f(2)}=1 \quad \therefore f(2)=0$

$\therefore 4a+2b+c=0$ …… ㉡

$g(x)=\frac{e^{f(x)}}{x-1}$에서

$g'(x)=\frac{f'(x)e^{f(x)}\times(x-1)-e^{f(x)}\times 1}{(x-1)^2}$

$=\frac{e^{f(x)}\{f'(x)(x-1)-1\}}{(x-1)^2}$

조건 (나)에서 $g'(2)=0$이므로

$e^{f(2)}\{f'(2)-1\}=0 \quad \therefore f'(2)=1$

$f'(x)=2ax+b$이므로 $f'(2)=1$에서

$4a+b=1$ …… ㉢

㉠, ㉡, ㉢을 연립하여 풀면

$a=2,\ b=-7,\ c=6$

$\therefore f(x)=2x^2-7x+6$

❷

$\therefore f(-1)=2+7+6=15$

❸

| 채점 기준 | 배점 |
|---|---|
| ❶ 이차함수 $f(x)$를 $f(x)=ax^2+bx+c$로 놓기 | 20% |
| ❷ 조건 (가), (나)를 이용하여 $f(x)$ 구하기 | 70% |
| ❸ $f(-1)$의 값 구하기 | 10% |

**유형 08 합성함수의 미분법 - 삼각함수**

확인 문제 (1) $y'=e^x\cos e^x$
(2) $y'=-\sin x\cos(\cos x)$

(1) $y=\sin e^x$에서
$y'=\cos e^x\times(e^x)'=e^x\cos e^x$
(2) $y=\sin(\cos x)$에서
$y'=\cos(\cos x)\times(\cos x)'=-\sin x\cos(\cos x)$

## 0534

답 ②

$g(x)=(f\circ f)(x)=f(f(x))$이므로
$g'(x)=f'(f(x))f'(x)$

$f(x)=\frac{x}{2}+\sin 2x$에서 $f'(x)=\frac{1}{2}+2\cos 2x$이므로

$f\left(\frac{\pi}{2}\right)=\frac{\pi}{4}+\sin\pi=\frac{\pi}{4}$

$f'\left(\frac{\pi}{2}\right)=\frac{1}{2}+2\cos\pi=\frac{1}{2}-2=-\frac{3}{2}$

$$\begin{aligned}\therefore g'\left(\frac{\pi}{2}\right)&=f'\left(f\left(\frac{\pi}{2}\right)\right)f'\left(\frac{\pi}{2}\right)\\&=f'\left(\frac{\pi}{4}\right)\times\left(-\frac{3}{2}\right)\\&=\left(\frac{1}{2}+2\cos\frac{\pi}{2}\right)\times\left(-\frac{3}{2}\right)\\&=\frac{1}{2}\times\left(-\frac{3}{2}\right)=-\frac{3}{4}\end{aligned}$$

## 0535

답 ①

$$\begin{aligned}&\lim_{h\to0}\frac{f(\pi+h)-f(\pi-h)}{h}\\&=\lim_{h\to0}\frac{f(\pi+h)-f(\pi)-f(\pi-h)+f(\pi)}{h}\\&=\lim_{h\to0}\frac{f(\pi+h)-f(\pi)}{h}+\lim_{h\to0}\frac{f(\pi-h)-f(\pi)}{-h}\\&=f'(\pi)+f'(\pi)=2f'(\pi)\end{aligned}$$

이때 $f(x)=\tan 2x+3\sin x$에서
$f'(x)=2\sec^2 2x+3\cos x$이므로

$$\begin{aligned}\lim_{h\to0}\frac{f(\pi+h)-f(\pi-h)}{h}&=2f'(\pi)\\&=2(2\sec^2 2\pi+3\cos\pi)\\&=2\{2\times1^2+3\times(-1)\}\\&=-2\end{aligned}$$

## 0536

답 $\sqrt{3}$

$f(x)=-\cos^4\left(2x-\frac{\pi}{3}\right)$에서

$$\begin{aligned}f'(x)&=-4\cos^3\left(2x-\frac{\pi}{3}\right)\times\left\{\cos\left(2x-\frac{\pi}{3}\right)\right\}'\\&=-4\cos^3\left(2x-\frac{\pi}{3}\right)\times\left\{-\sin\left(2x-\frac{\pi}{3}\right)\right\}\times2\\&=8\cos^3\left(2x-\frac{\pi}{3}\right)\sin\left(2x-\frac{\pi}{3}\right)\end{aligned}$$

$$\begin{aligned}\therefore 2f'\left(\frac{\pi}{3}\right)&=2\times8\cos^3\frac{\pi}{3}\sin\frac{\pi}{3}\\&=2\times8\times\left(\frac{1}{2}\right)^3\times\frac{\sqrt{3}}{2}=\sqrt{3}\end{aligned}$$

## 0537

답 36

$g(x)=\frac{\sin f(x)}{\sin f(x)+1}$에서

$$\begin{aligned}g'(x)&=\frac{\{\sin f(x)\}'\{\sin f(x)+1\}-\sin f(x)\{\sin f(x)+1\}'}{\{\sin f(x)+1\}^2}\\&=\frac{\cos f(x)\times f'(x)\{\sin f(x)+1\}-\sin f(x)\cos f(x)\times f'(x)}{\{\sin f(x)+1\}^2}\\&=\frac{\cos f(x)\times f'(x)}{\{\sin f(x)+1\}^2}\end{aligned}$$

곡선 $y=g(x)$ 위의 점 $(0, g(0))$에서의 접선의 기울기는

$$\begin{aligned}g'(0)&=\frac{\cos f(0)\times f'(0)}{\{\sin f(0)+1\}^2}\\&=\frac{\cos\frac{\pi}{6}\times2}{\left(\sin\frac{\pi}{6}+1\right)^2}\\&=\frac{\frac{\sqrt{3}}{2}\times2}{\left(\frac{1}{2}+1\right)^2}\\&=\frac{4\sqrt{3}}{9}\end{aligned}$$

따라서 $p=9$, $q=4$이므로
$pq=9\times4=36$

**유형 09 합성함수의 미분법 $f(g(x))=h(x)$ 꼴**

## 0538

답 ③

$f(3x+2)=x^3-3x+1$의 양변을 $x$에 대하여 미분하면
$f'(3x+2)\times3=3x^2-3$
$\therefore f'(3x+2)=x^2-1$

$3x+2=-1$에서 $x=-1$이므로
위의 식의 양변에 $x=-1$을 대입하면
$f'(-1)=1-1=0$

## 0539

답 2

$f(2x-3)=g(x^2)$의 양변을 $x$에 대하여 미분하면
$f'(2x-3)\times 2=g'(x^2)\times 2x$
$\therefore f'(2x-3)=xg'(x^2)$
$2x-3=1$에서 $x=2$이므로
위의 식의 양변에 $x=2$를 대입하면
$f'(1)=2g'(4)$
이때 $f'(1)=4$이므로 $4=2g'(4)$
$\therefore g'(4)=2$

## 0540

답 ④

$f(x^3+x)=e^x$의 양변을 $x$에 대하여 미분하면
$f'(x^3+x)\times(3x^2+1)=e^x$
$\therefore f'(x^3+x)=\dfrac{e^x}{3x^2+1}$ ...... ㉠
$x^3+x=2$에서 $(x-1)(x^2+x+2)=0$
이때 $x$는 실수이므로 $x=1$
㉠의 양변에 $x=1$을 대입하면
$f'(2)=\dfrac{e}{4}$

## 0541

답 $-\sqrt{3}$

$f(\cos x)=\sin 3x+\tan x$의 양변을 $x$에 대하여 미분하면
$f'(\cos x)\times(-\sin x)=3\cos 3x+\sec^2 x$ ...... ㉠
................................................................ ❶
$0<x<\dfrac{\pi}{2}$에서 $\cos x=\dfrac{1}{2}$이면 $x=\dfrac{\pi}{3}$이다.
................................................................ ❷
㉠의 양변에 $x=\dfrac{\pi}{3}$를 대입하면
$f'\left(\cos\dfrac{\pi}{3}\right)\times\left(-\sin\dfrac{\pi}{3}\right)=3\cos\pi+\sec^2\dfrac{\pi}{3}$
$f'\left(\dfrac{1}{2}\right)\times\left(-\dfrac{\sqrt{3}}{2}\right)=3\times(-1)+4=1$
$\therefore \dfrac{3}{2}f'\left(\dfrac{1}{2}\right)=\dfrac{3}{2}\times1\times\left(-\dfrac{2}{\sqrt{3}}\right)=-\sqrt{3}$
................................................................ ❸

| 채점 기준 | 배점 |
|---|---|
| ❶ 주어진 식 미분하기 | 30% |
| ❷ $\cos x=\frac{1}{2}$인 $x$의 값 구하기 | 30% |
| ❸ $\frac{3}{2}f'\left(\frac{1}{2}\right)$의 값 구하기 | 40% |

## 유형 10 로그함수의 도함수

확인 문제 (1) $y'=\dfrac{1}{x}$ (2) $y'=\dfrac{1}{x\ln 2}$

(1) $y=\ln 2x$에서 $y'=\dfrac{(2x)'}{2x}=\dfrac{2}{2x}=\dfrac{1}{x}$
(2) $y=\log_2 3x$에서 $y'=\dfrac{(3x)'}{3x\ln 2}=\dfrac{3}{3x\ln 2}=\dfrac{1}{x\ln 2}$

## 0542

답 5

$\lim\limits_{h\to0}\dfrac{f(4h)-f(-h)}{h}$
$=\lim\limits_{h\to0}\dfrac{f(4h)-f(0)-f(-h)+f(0)}{h}$
$=\lim\limits_{h\to0}\dfrac{f(4h)-f(0)}{4h}\times4+\lim\limits_{h\to0}\dfrac{f(-h)-f(0)}{-h}$
$=4f'(0)+f'(0)=5f'(0)$
$f(x)=\ln|\tan x+\sec x|$에서
$f'(x)=\dfrac{\sec^2 x+\sec x\tan x}{\tan x+\sec x}$
$=\dfrac{\sec x(\sec x+\tan x)}{\sec x+\tan x}$
$=\sec x$
$\therefore \lim\limits_{h\to0}\dfrac{f(4h)-f(-h)}{h}=5f'(0)=5\sec 0=5$

## 0543

답 ③

$f(x)=\log_3(x^2+2x)$에서 $f'(x)=\dfrac{2x+2}{(x^2+2x)\ln 3}$
따라서 $x=1$에서의 미분계수는
$f'(1)=\dfrac{2+2}{(1+2)\ln 3}=\dfrac{4}{3\ln 3}$

## 0544

답 ③

$\lim\limits_{x\to0}\dfrac{f(x)}{x}=2$에서 극한값이 존재하고 $x\to0$일 때,
(분모)$\to0$이므로 (분자)$\to0$이어야 한다.
즉, $\lim\limits_{x\to0}f(x)=0$이므로 $f(0)=0$
$\ln b=0$ $\therefore b=e^0=1$
한편, $\lim\limits_{x\to0}\dfrac{f(x)}{x}=f'(0)$이므로
$f'(0)=2$ ...... ㉠
이때 $f(x)=\ln(ax+1)$에서 $f'(x)=\dfrac{a}{ax+1}$이므로
$f'(0)=a$ ...... ㉡
㉠, ㉡에서 $a=2$
따라서 $f(x)=\ln(2x+1)$이므로
$f(2)=\ln(2\times2+1)=\ln 5$

## 0545

답 ⑤

$f(x)=\ln(\cos^2 3x)-\ln(\sin 3x)$에서

$$f'(x)=\frac{2\cos 3x\times(-3\sin 3x)}{\cos^2 3x}-\frac{3\cos 3x}{\sin 3x}$$
$$=\frac{-6\sin 3x}{\cos 3x}-\frac{3\cos 3x}{\sin 3x}$$
$$=-6\tan 3x-3\cot 3x$$
$$\therefore f'\left(\frac{\pi}{4}\right)=-6\tan\frac{3}{4}\pi-3\cot\frac{3}{4}\pi$$
$$=-6\times(-1)-3\times(-1)=9$$

## 0546

답 199

$f(x)=\ln(x^2+x)$에서 $f'(x)=\dfrac{2x+1}{x^2+x}$이므로

$$f'(n)=\frac{2n+1}{n^2+n}$$

❶

$$\sum_{n=1}^{99}\frac{f'(n)}{2n+1}=\sum_{n=1}^{99}\frac{\frac{2n+1}{n^2+n}}{2n+1}=\sum_{n=1}^{99}\frac{1}{n^2+n}$$
$$=\sum_{n=1}^{99}\frac{1}{n(n+1)}=\sum_{n=1}^{99}\left(\frac{1}{n}-\frac{1}{n+1}\right)$$
$$=\left(1-\frac{1}{2}\right)+\left(\frac{1}{2}-\frac{1}{3}\right)+\cdots+\left(\frac{1}{99}-\frac{1}{100}\right)$$
$$=1-\frac{1}{100}=\frac{99}{100}$$

$\therefore p=100,\ q=99$

❷

$\therefore p+q=100+99=199$

❸

| 채점 기준 | 배점 |
|---|---|
| ❶ $f'(n)$ 구하기 | 40% |
| ❷ 부분분수의 합을 이용하여 정리한 후 $p$, $q$의 값 구하기 | 50% |
| ❸ $p+q$의 값 구하기 | 10% |

## 0547

답 ③

$f(x)=\ln(2^x+4^x+8^x+16^x)$이라 하면

$f(0)=\ln(1+1+1+1)=\ln 4$이므로

$$\lim_{x\to 0}\frac{1}{x}\ln\frac{2^x+4^x+8^x+16^x}{4}$$
$$=\lim_{x\to 0}\frac{\ln(2^x+4^x+8^x+16^x)-\ln 4}{x}$$

$\ln\dfrac{a}{b}=\ln a-\ln b$

$$=\lim_{x\to 0}\frac{f(x)-f(0)}{x}=f'(0)$$

한편, $f'(x)=\dfrac{2^x\ln 2+4^x\ln 4+8^x\ln 8+16^x\ln 16}{2^x+4^x+8^x+16^x}$이므로

$$f'(0)=\frac{\ln 2+\ln 4+\ln 8+\ln 16}{1+1+1+1}$$
$$=\frac{\ln 2+2\ln 2+3\ln 2+4\ln 2}{4}$$
$$=\frac{10\ln 2}{4}=\frac{5}{2}\ln 2$$

$\therefore a=\dfrac{5}{2}$

### 유형 11 로그함수의 도함수의 활용 $y=\dfrac{f(x)}{g(x)}$ 꼴

## 0548

답 $-20$

$f(x)=\dfrac{(x+1)^5}{x^2(x-1)^4}$의 양변의 절댓값에 자연로그를 취하면

$$\ln|f(x)|=\ln\left|\frac{(x+1)^5}{x^2(x-1)^4}\right|$$
$$=\ln|(x+1)^5|-\ln|x^2|-\ln|(x-1)^4|$$
$$=5\ln|x+1|-2\ln|x|-4\ln|x-1|$$

위의 식의 양변을 $x$에 대하여 미분하면

$$\frac{f'(x)}{f(x)}=\frac{5}{x+1}-\frac{2}{x}-\frac{4}{x-1}$$
$$\therefore f'(x)=f(x)\left(\frac{5}{x+1}-\frac{2}{x}-\frac{4}{x-1}\right)$$

이때 $f(2)=\dfrac{3^5}{2^2\times 1^4}=\dfrac{3^5}{2^2}$이므로

$$f'(2)=f(2)\left(\frac{5}{3}-\frac{2}{2}-\frac{4}{1}\right)=\frac{3^5}{2^2}\times\left(-\frac{10}{3}\right)$$
$$=\frac{3^4\times(-5)}{2}$$

따라서 $a=4,\ b=-5$이므로

$ab=4\times(-5)=-20$

## 0549

답 ①

$$f(x)=\frac{(x^2+2x-3)^2}{(x^2-1)^3}=\frac{(x-1)^2(x+3)^2}{(x-1)^3(x+1)^3}$$
$$=\frac{(x+3)^2}{(x-1)(x+1)^3}$$

위의 식의 양변의 절댓값에 자연로그를 취하면

$$\ln|f(x)|=\ln\left|\frac{(x+3)^2}{(x-1)(x+1)^3}\right|$$
$$=\ln|(x+3)^2|-\ln|x-1|-\ln|(x+1)^3|$$
$$=2\ln|x+3|-\ln|x-1|-3\ln|x+1|$$

위의 식의 양변을 $x$에 대하여 미분하면

$$\frac{f'(x)}{f(x)}=\frac{2}{x+3}-\frac{1}{x-1}-\frac{3}{x+1}$$
$$f'(x)=f(x)\left(\frac{2}{x+3}-\frac{1}{x-1}-\frac{3}{x+1}\right)$$

따라서 $g(x)=\frac{2}{x+3}-\frac{1}{x-1}-\frac{3}{x+1}$이므로

$g(-2)=\frac{2}{1}-\frac{1}{-3}-\frac{3}{-1}=\frac{16}{3}$

## 0550

답 14

$f(x)=\frac{(1-\cos x)^4}{(1+\cos x)^3}$의 양변의 절댓값에 자연로그를 취하면

$$\begin{aligned}\ln|f(x)|&=\ln\left|\frac{(1-\cos x)^4}{(1+\cos x)^3}\right|\\&=\ln|(1-\cos x)^4|-\ln|(1+\cos x)^3|\\&=4\ln|1-\cos x|-3\ln|1+\cos x|\end{aligned}$$

위의 식의 양변을 $x$에 대하여 미분하면

$$\begin{aligned}\frac{f'(x)}{f(x)}&=\frac{4\sin x}{1-\cos x}-\frac{3\times(-\sin x)}{1+\cos x}\\&=\frac{4\sin x}{1-\cos x}+\frac{3\sin x}{1+\cos x}\end{aligned}$$

❶

즉, $g(x)=\frac{4\sin x}{1-\cos x}+\frac{3\sin x}{1+\cos x}$이므로

$$\begin{aligned}g\left(\frac{\pi}{6}\right)&=\frac{4\sin\frac{\pi}{6}}{1-\cos\frac{\pi}{6}}+\frac{3\sin\frac{\pi}{6}}{1+\cos\frac{\pi}{6}}\\&=\frac{4\times\frac{1}{2}}{1-\frac{\sqrt{3}}{2}}+\frac{3\times\frac{1}{2}}{1+\frac{\sqrt{3}}{2}}\\&=\frac{4}{2-\sqrt{3}}+\frac{3}{2+\sqrt{3}}\\&=\frac{4(2+\sqrt{3})+3(2-\sqrt{3})}{(2-\sqrt{3})(2+\sqrt{3})}\\&=8+4\sqrt{3}+6-3\sqrt{3}=14+\sqrt{3}\end{aligned}$$

$\therefore a=14,\ b=1$

❷

$\therefore ab=14\times1=14$

❸

| 채점 기준 | 배점 |
|---|---|
| ❶ 주어진 식의 양변의 절댓값에 자연로그를 취한 후 미분하여 $\frac{f'(x)}{f(x)}$ 구하기 | 60% |
| ❷ $g\left(\frac{\pi}{6}\right)$의 값을 구하여 $a$, $b$의 값 구하기 | 30% |
| ❸ $ab$의 값 구하기 | 10% |

## 0551

답 39

$f(x)=(1+e^x)(1+e^{2x})(1+e^{3x})\cdots(1+e^{12x})$의 양변의 절댓값에 자연로그를 취하면

$$\begin{aligned}&\ln|f(x)|\\&=\ln|(1+e^x)(1+e^{2x})(1+e^{3x})\cdots(1+e^{12x})|\\&=\ln(1+e^x)+\ln(1+e^{2x})+\ln(1+e^{3x})+\cdots+\ln(1+e^{12x})\end{aligned}$$

위의 식의 양변을 $x$에 대하여 미분하면

$$\frac{f'(x)}{f(x)}=\frac{e^x}{1+e^x}+\frac{2e^{2x}}{1+e^{2x}}+\frac{3e^{3x}}{1+e^{3x}}+\cdots+\frac{12e^{12x}}{1+e^{12x}}$$

$$\begin{aligned}\therefore \lim_{x\to0}\frac{f'(x)}{f(x)}&=\frac{1}{1+1}+\frac{2}{1+1}+\frac{3}{1+1}+\cdots+\frac{12}{1+1}\\&=\frac{1}{2}(1+2+3+\cdots+12)\\&=\frac{1}{2}\times\frac{12\times13}{2}=39\end{aligned}$$

### 유형 12 로그함수의 도함수의 활용 $y=\{f(x)\}^{g(x)}$ 꼴

## 0552

답 ⑤

$f(x)=x^x$의 양변에 자연로그를 취하면

$\ln f(x)=\ln x^x=x\ln x$

위의 식의 양변을 $x$에 대하여 미분하면

$\frac{f'(x)}{f(x)}=\ln x+x\times\frac{1}{x}=\ln x+1$

$\therefore f'(x)=f(x)(\ln x+1)$

이때 $f(e)=e^e$이므로

$f'(e)=f(e)(\ln e+1)=2e^e$

## 0553

답 ②

$f(x)=x^{\ln x}$의 양변에 자연로그를 취하면

$\ln f(x)=\ln x^{\ln x}=(\ln x)^2$

위의 식의 양변을 $x$에 대하여 미분하면

$\frac{f'(x)}{f(x)}=2\ln x\times\frac{1}{x}=\frac{2\ln x}{x}$

$\therefore f'(x)=\frac{2\ln x}{x}f(x)$

이때 $f(e)=e^{\ln e}=e$이므로

$f'(e)=\frac{2\ln e}{e}f(e)=\frac{2}{e}\times e=2$

## 0554

답 ③

$f\left(\frac{\pi}{4}\right)=\left(\frac{\pi}{4}\right)^{\tan\frac{\pi}{4}}=\frac{\pi}{4}$이므로

$$\lim_{x\to\frac{\pi}{4}}\frac{f(x)-\frac{\pi}{4}}{x-\frac{\pi}{4}}=\lim_{x\to\frac{\pi}{4}}\frac{f(x)-f\left(\frac{\pi}{4}\right)}{x-\frac{\pi}{4}}=f'\left(\frac{\pi}{4}\right)$$

$f(x)=x^{\tan x}$의 양변에 자연로그를 취하면

$\ln f(x)=\ln x^{\tan x}=\tan x\ln x$

위의 식의 양변을 $x$에 대하여 미분하면

$\frac{f'(x)}{f(x)}=\sec^2 x\ln x+\tan x\times\frac{1}{x}=\sec^2 x\ln x+\frac{\tan x}{x}$

이므로 $f'(x)=f(x)\left(\sec^2 x\ln x+\frac{\tan x}{x}\right)$

$\therefore \lim_{x\to\frac{\pi}{4}} \dfrac{f(x)-\frac{\pi}{4}}{x-\frac{\pi}{4}} = f'\left(\frac{\pi}{4}\right)$

$= f\left(\frac{\pi}{4}\right)\left(\sec^2\frac{\pi}{4}\ \ln\frac{\pi}{4} + \dfrac{\tan\frac{\pi}{4}}{\frac{\pi}{4}}\right)$

$= \frac{\pi}{4}\left(2\ln\frac{\pi}{4} + \frac{4}{\pi}\right) = \frac{\pi}{2}\ln\frac{\pi}{4} + 1$

**유형 13** $y=x^\alpha$ ($\alpha$는 실수)의 도함수

확인 문제 (1) $y'=\sqrt{2}x^{\sqrt{2}-1}$ (2) $y'=\dfrac{1}{2\sqrt{x}}$

(1) $y=x^{\sqrt{2}}$에서 $y'=\sqrt{2}x^{\sqrt{2}-1}$

(2) $y=\sqrt{x}=x^{\frac{1}{2}}$이므로

$y'=\frac{1}{2}\times x^{\frac{1}{2}-1}=\frac{1}{2}\times x^{-\frac{1}{2}}=\dfrac{1}{2\sqrt{x}}$

## 0555

답 1

$h(x)=(f\circ g)(x)=f(g(x))$에서

$h'(x)=f'(g(x))g'(x)$

$g(x)=\sqrt{(2x+1)^3}=(2x+1)^{\frac{3}{2}}$이므로

$g'(x)=\frac{3}{2}\times(2x+1)^{\frac{1}{2}}\times 2=3(2x+1)^{\frac{1}{2}}$

이때 $g(0)=1$, $g'(0)=3$이고, $h'(0)=3$이므로

$f'(g(0))g'(0)=3$

$f'(1)\times 3=3$

$\therefore f'(1)=1$

## 0556

답 ①

함수 $y=f(x)$의 그래프 위의 점 $(2, f(2))$에서의 접선의 기울기가 2이므로

$f'(2)=2$

$y=f(\sqrt{x})$에서 $y'=f'(\sqrt{x})\times\dfrac{1}{2\sqrt{x}}=\dfrac{f'(\sqrt{x})}{2\sqrt{x}}$이므로

함수 $y=f(\sqrt{x})$의 $x=4$에서의 미분계수는

$\dfrac{f'(\sqrt{4})}{2\sqrt{4}}=\dfrac{f'(2)}{4}=\dfrac{2}{4}=\dfrac{1}{2}$

## 0557

답 ③

$\lim_{h\to 0}\dfrac{f(2+3h)-f(2-3h)}{h}$

$=\lim_{h\to 0}\dfrac{f(2+3h)-f(2)-f(2-3h)+f(2)}{h}$

$=\lim_{h\to 0}\dfrac{f(2+3h)-f(2)}{h}+\lim_{h\to 0}\dfrac{f(2-3h)-f(2)}{-h}$

$=\lim_{h\to 0}\dfrac{f(2+3h)-f(2)}{3h}\times 3+\lim_{h\to 0}\dfrac{f(2-3h)-f(2)}{-3h}\times 3$

$=3f'(2)+3f'(2)=6f'(2)$

$f(x)=\sqrt[3]{x^3+x^2-2x}=(x^3+x^2-2x)^{\frac{1}{3}}$이므로

$f'(x)=\frac{1}{3}(x^3+x^2-2x)^{-\frac{2}{3}}\times(3x^2+2x-2)$

$=\frac{1}{3}(3x^2+2x-2)(x^3+x^2-2x)^{-\frac{2}{3}}$

$\therefore \lim_{h\to 0}\dfrac{f(2+3h)-f(2-3h)}{h}=6f'(2)$

$=6\times\frac{1}{3}\times 14\times(2^3)^{-\frac{2}{3}}$

$=2\times 14\times\frac{1}{4}=7$

## 0558

답 4

$f(x)=(x-\sqrt{x^3+a})^4$에서

$f'(x)=4(x-\sqrt{x^3+a})^3\times\left(1-\dfrac{3x^2}{2\sqrt{x^3+a}}\right)$

$f'(0)=-4$이므로

$4\times(-\sqrt{a})^3\times 1=-4$, $(-\sqrt{a})^3=-1$

$\therefore a=1$

............ ❶

따라서 $f'(x)=4(x-\sqrt{x^3+1})^3\times\left(1-\dfrac{3x^2}{2\sqrt{x^3+1}}\right)$이므로

............ ❷

$f'(2)=4\times(2-\sqrt{9})^3\times\left(1-\dfrac{12}{2\sqrt{9}}\right)$

$=4\times(-1)\times(-1)=4$

............ ❸

| 채점 기준 | 배점 |
|---|---|
| ❶ $a$의 값 구하기 | 60% |
| ❷ $f'(x)$의 식 구하기 | 20% |
| ❸ $f'(2)$의 값 구하기 | 20% |

**유형 14** 매개변수로 나타낸 함수의 미분법

확인 문제 $\dfrac{dy}{dx}=2t$

$x=t+1$, $y=t^2$에서 $\dfrac{dx}{dt}=1$, $\dfrac{dy}{dt}=2t$이므로

$\dfrac{dy}{dx}=\dfrac{\frac{dy}{dt}}{\frac{dx}{dt}}=\dfrac{2t}{1}=2t$

## 0559

답 ③

$x=2\tan\theta$, $y=2\sec\theta$에서

$\dfrac{dx}{d\theta}=2\sec^2\theta$, $\dfrac{dy}{d\theta}=2\sec\theta\tan\theta$이므로

$\dfrac{dy}{dx}=\dfrac{\frac{dy}{d\theta}}{\frac{dx}{d\theta}}=\dfrac{2\sec\theta\tan\theta}{2\sec^2\theta}=\dfrac{\tan\theta}{\sec\theta}$

이때 점 $(2\sqrt{3},\ 4)$가 곡선 위의 점이므로

$2\tan\theta=2\sqrt{3}$에서 $\tan\theta=\sqrt{3}$

$2\sec\theta=4$에서 $\sec\theta=2$

따라서 점 $(2\sqrt{3},\ 4)$에서의 접선의 기울기는

$\dfrac{\tan\theta}{\sec\theta}=\dfrac{\sqrt{3}}{2}$

## 0560

답 ②

$x=e^t+\cos t,\ y=\sin t$에서

$\dfrac{dx}{dt}=e^t-\sin t,\ \dfrac{dy}{dt}=\cos t$이므로

$$\frac{dy}{dx}=\frac{\frac{dy}{dt}}{\frac{dx}{dt}}=\frac{\cos t}{e^t-\sin t}$$

따라서 $t=0$일 때, $\dfrac{dy}{dx}$의 값은

$\dfrac{\cos 0}{e^0-\sin 0}=\dfrac{1}{1}=1$

## 0561

답 4

$x=2\sqrt{t}+1,\ y=\ln\sqrt{t}$에서

$\dfrac{dx}{dt}=\dfrac{1}{\sqrt{t}},\ \dfrac{dy}{dt}=\dfrac{1}{2t}$이므로

$$\frac{dy}{dx}=\frac{\frac{dy}{dt}}{\frac{dx}{dt}}=\frac{\sqrt{t}}{2t}=\frac{1}{2\sqrt{t}}$$

이때 $t=k$일 때, $\dfrac{dy}{dx}$의 값이 $\dfrac{1}{4}$이므로

$\dfrac{1}{2\sqrt{k}}=\dfrac{1}{4},\ 2\sqrt{k}=4$

$\sqrt{k}=2\qquad \therefore k=4$

다른 풀이

$x=2\sqrt{t}+1,\ y=\ln\sqrt{t}$에서

$x-1=2\sqrt{t},\ \sqrt{t}=\dfrac{x-1}{2}$이므로

$y=\ln\dfrac{x-1}{2}$ ← $\ln(x-1)-\ln 2$

$\therefore \dfrac{dy}{dx}=\dfrac{1}{x-1}$

$t=k$일 때, $\dfrac{dy}{dx}$의 값이 $\dfrac{1}{4}$이므로

$\dfrac{1}{x-1}=\dfrac{1}{4}\qquad \therefore x=5$

이를 $x-1=2\sqrt{k}$에 대입하면

$4=2\sqrt{k},\ 2=\sqrt{k}$

$\therefore k=4$

## 0562

답 ⑤

$x=\ln t+t,\ y=-t^3+3t$에서

$\dfrac{dx}{dt}=\dfrac{1}{t}+1,\ \dfrac{dy}{dt}=-3t^2+3$이므로

$$\frac{dy}{dx}=\frac{\frac{dy}{dt}}{\frac{dx}{dt}}=\frac{-3t^2+3}{\frac{1}{t}+1}=\frac{-3t(t+1)(t-1)}{1+t}$$

$$=-3t(t-1)=-3t^2+3t=-3\left(t-\frac{1}{2}\right)^2+\frac{3}{4}$$

이때 $t>0$이므로 $t=\dfrac{1}{2}$에서 최댓값을 갖는다.

$\therefore a=\dfrac{1}{2}$

## 0563

답 ②

$x=-t^2-2at,\ y=t^3+2at^2-3at$에서

$\dfrac{dx}{dt}=-2t-2a,\ \dfrac{dy}{dt}=3t^2+4at-3a$이므로

$$\frac{dy}{dx}=\frac{\frac{dy}{dt}}{\frac{dx}{dt}}=\frac{3t^2+4at-3a}{-2t-2a}$$

이때 $t=1$일 때의 점 P에서의 접선의 기울기는

$\dfrac{3+4a-3a}{-2-2a}=\dfrac{a+3}{-2a-2}$

이 접선이 $x$축의 양의 방향과 이루는 각의 크기가 $\dfrac{\pi}{4}$이므로

$\dfrac{a+3}{-2a-2}=\tan\dfrac{\pi}{4},\ \dfrac{a+3}{-2a-2}=1$

$a+3=-2a-2$

$3a=-5\qquad \therefore a=-\dfrac{5}{3}$

## 0564

답 2

$x=3\ln t,\ y=\ln(2t^a-1)$에서

$\dfrac{dx}{dt}=\dfrac{3}{t},\ \dfrac{dy}{dt}=\dfrac{2at^{a-1}}{2t^a-1}$이므로 ······ ❶

$$\frac{dy}{dx}=\frac{\frac{dy}{dt}}{\frac{dx}{dt}}=\frac{\frac{2at^{a-1}}{2t^a-1}}{\frac{3}{t}}=\frac{2at^a}{6t^a-3}$$

······ ❷

$\displaystyle\lim_{t\to\infty}\frac{dy}{dx}=\frac{2}{3}$에서 0이 아닌 극한값이 존재하므로 $a\neq 0$이고,

$a$가 음의 정수이면 $\displaystyle\lim_{t\to\infty}\frac{dy}{dx}=\frac{0}{-3}=0$이 되어 모순이다.

따라서 $a$는 양의 정수이고

$\displaystyle\lim_{t\to\infty}\frac{dy}{dx}=\frac{2a}{6}=\frac{2}{3}$

$\therefore a=2$

······ ❸

| 채점 기준 | 배점 |
|---|---|
| ❶ $\dfrac{dx}{dt},\ \dfrac{dy}{dt}$ 구하기 | 30% |
| ❷ $\dfrac{dy}{dx}$ 구하기 | 20% |
| ❸ $a$의 값 구하기 | 50% |

## 유형 15 음함수의 미분법

확인 문제 $\frac{dy}{dx}=-\frac{x}{y}$ (단, $y\neq 0$)

$x^2+y^2=1$의 양변을 $x$에 대하여 미분하면

$2x+2y\frac{dy}{dx}=0 \quad \therefore \frac{dy}{dx}=-\frac{x}{y}$ (단, $y\neq 0$)

## 0565

답 ⑤

$e^{-2x}\ln y=3$에서 $\ln y=3e^{2x}$이고, 양변을 $x$에 대하여 미분하면

$\frac{1}{y}\times\frac{dy}{dx}=6e^{2x} \quad \therefore \frac{dy}{dx}=6e^{2x}y$

위의 식에 $x=0$, $y=e^3$을 대입하면

$\frac{dy}{dx}=6e^0e^3=6e^3$

따라서 구하는 접선의 기울기는 $6e^3$이다.

## 0566

답 $-1$

$3x^2-xy+y^3=3x$의 양변을 $x$에 대하여 미분하면

$6x-y-x\times\frac{dy}{dx}+3y^2\times\frac{dy}{dx}=3$

$(-x+3y^2)\frac{dy}{dx}=3-6x+y$

$\therefore \frac{dy}{dx}=\frac{3-6x+y}{-x+3y^2}$ (단, $-x+3y^2\neq 0$) …… ㉠

한편, $3x^2-xy+y^3=3x$에서 $x=1$일 때 $3-y+y^3=3$

$y(y+1)(y-1)=0$

$\therefore y=1$ ($\because y>0$)

㉠에 $x=1$, $y=1$을 대입하면

$\frac{dy}{dx}=\frac{3-6+1}{-1+3}=-1$

따라서 $x=1$일 때의 $\frac{dy}{dx}$의 값은 $-1$이다.

## 0567

답 ④

$\pi x=\cos y+x\sin y$의 양변을 $x$에 대하여 미분하면

$\pi=-\sin y\times\frac{dy}{dx}+\sin y+x\cos y\times\frac{dy}{dx}$

$(\sin y-x\cos y)\frac{dy}{dx}=\sin y-\pi$

$\therefore \frac{dy}{dx}=\frac{\sin y-\pi}{\sin y-x\cos y}$ (단, $\sin y-x\cos y\neq 0$)

위의 식에 $x=0$, $y=\frac{\pi}{2}$를 대입하면

$\frac{dy}{dx}=\frac{\sin\frac{\pi}{2}-\pi}{\sin\frac{\pi}{2}-0\times\cos\frac{\pi}{2}}=1-\pi$

따라서 곡선 위의 점 $\left(0, \frac{\pi}{2}\right)$에서의 접선의 기울기는 $1-\pi$이다.

## 0568

답 3

곡선 $ae^x+bxe^y=y$가 점 $(0, 1)$을 지나므로

$ae^0=1 \quad \therefore a=1$

…… ❶

$e^x+bxe^y=y$의 양변을 $x$에 대하여 미분하면

$e^x+be^y+bxe^y\times\frac{dy}{dx}=\frac{dy}{dx}$

$(1-bxe^y)\frac{dy}{dx}=e^x+be^y$

$\therefore \frac{dy}{dx}=\frac{e^x+be^y}{1-bxe^y}$ (단, $1-bxe^y\neq 0$)

…… ❷

위의 식에 $x=0$, $y=1$을 대입하면

$\frac{dy}{dx}=\frac{e^0+be^1}{1}=1+be$

이때 $1+be=1+2e$이므로 $b=2$

…… ❸

$\therefore a+b=1+2=3$

…… ❹

| 채점 기준 | 배점 |
|---|---|
| ❶ $a$의 값 구하기 | 20% |
| ❷ $\frac{dy}{dx}$ 구하기 | 40% |
| ❸ $b$의 값 구하기 | 30% |
| ❹ $a+b$의 값 구하기 | 10% |

## 0569

답 4

점 $(a, 0)$이 곡선 $x^3-y^3=e^{xy}$ 위의 점이므로

$a^3=e^0$, $a^3=1 \quad \therefore a=1$

$x^3-y^3=e^{xy}$의 양변을 $x$에 대하여 미분하면

$3x^2-3y^2\times\frac{dy}{dx}=e^{xy}\left(y+x\times\frac{dy}{dx}\right)$

$(xe^{xy}+3y^2)\frac{dy}{dx}=3x^2-ye^{xy}$

$\therefore \frac{dy}{dx}=\frac{3x^2-ye^{xy}}{xe^{xy}+3y^2}$ (단, $xe^{xy}+3y^2\neq 0$)

주어진 곡선 위의 점 $(a, 0)$에서의 접선의 기울기가 $b$이므로 위의 식에 $x=a=1$, $y=0$을 대입하면

$\frac{dy}{dx}=\frac{3}{e^0}=b \quad \therefore b=3$

$\therefore a+b=1+3=4$

## 유형 16 역함수의 미분법

확인 문제 $\frac{dy}{dx}=\frac{1}{2y-3}$

$x=y^2-3y$의 양변을 $y$에 대하여 미분하면

$\frac{dx}{dy}=2y-3 \quad \therefore \frac{dy}{dx}=\frac{1}{\frac{dx}{dy}}=\frac{1}{2y-3}$

## 0570

답 ①

$x=y^3+y+1$의 양변을 $y$에 대하여 미분하면

$\frac{dx}{dy}=3y^2+1$

$\therefore \frac{dy}{dx}=\frac{1}{\frac{dx}{dy}}=\frac{1}{3y^2+1}$ …… ㉠

$x=y^3+y+1$에서 $x=-1$일 때 $-1=y^3+y+1$

$y^3+y+2=0$, $(y+1)(y^2-y+2)=0$

$\therefore y=-1$

㉠에 $y=-1$을 대입하면

$\frac{dy}{dx}=\frac{1}{3\times(-1)^2+1}=\frac{1}{4}$

따라서 $x=-1$일 때의 $\frac{dy}{dx}$의 값은 $\frac{1}{4}$이다.

## 0571

답 ②

점 $(1, a)$가 곡선 $x=\ln y^2+1$ 위의 점이므로 $1=2\ln a+1$

$2\ln a=0$ $\therefore a=1$

$x=\ln y^2+1$의 양변을 $y$에 대하여 미분하면

$\frac{dx}{dy}=\frac{2}{y}$

$\therefore \frac{dy}{dx}=\frac{1}{\frac{dx}{dy}}=\frac{y}{2}$

즉, 점 $(1, 1)$에서의 접선의 기울기는

$\frac{dy}{dx}=\frac{1}{2}$

따라서 $m=\frac{1}{2}$이므로

$a+m=1+\frac{1}{2}=\frac{3}{2}$

## 0572

답 $\frac{1}{6}$

$x=\tan^3 y$의 양변을 $y$에 대하여 미분하면

$\frac{dx}{dy}=3\tan^2 y\sec^2 y$

$\therefore \frac{dy}{dx}=\frac{1}{\frac{dx}{dy}}=\frac{1}{3\tan^2 y\sec^2 y}$ …… ㉠

…… ❶

$x=\tan^3 y$에서 $x=1$일 때 $1=\tan^3 y$

$\tan y=1$ $\therefore y=\frac{\pi}{4}$

…… ❷

㉠에 $y=\frac{\pi}{4}$를 대입하면

$\frac{dy}{dx}=\frac{1}{3\tan^2\frac{\pi}{4}\sec^2\frac{\pi}{4}}=\frac{1}{3\left(\tan\frac{\pi}{4}\sec\frac{\pi}{4}\right)^2}=\frac{1}{3\times 2}=\frac{1}{6}$

따라서 $x=1$일 때의 $\frac{dy}{dx}$의 값은 $\frac{1}{6}$이다.

…… ❸

| 채점 기준 | 배점 |
|---|---|
| ❶ $\frac{dy}{dx}$ 구하기 | 40% |
| ❷ $x=1$일 때의 $y$의 값 구하기 | 30% |
| ❸ $x=1$일 때의 $\frac{dy}{dx}$의 값 구하기 | 30% |

### 유형 17 역함수의 미분법의 활용

## 0573

답 ①

$h(x)=\{g(x)\}^2$에서 $h'(x)=2g(x)g'(x)$이므로

$h'(3)=2g(3)g'(3)$

$g(3)=a$라 하면 $f(a)=3$이므로

$\frac{a^2-4}{a}=3$, $a^2-3a-4=0$

$(a+1)(a-4)=0$ $\therefore a=4$ ($\because a>0$)

즉, $g(3)=4$이고 $f(x)=\frac{x^2-4}{x}$에서

$f'(x)=\frac{2x\times x-(x^2-4)}{x^2}=\frac{x^2+4}{x^2}$이므로

$f'(4)=\frac{4^2+4}{4^2}=\frac{5}{4}$

따라서 $g'(3)=\frac{1}{f'(g(3))}=\frac{1}{f'(4)}=\frac{4}{5}$이므로

$h'(3)=2g(3)g'(3)$

$=2\times 4\times\frac{4}{5}=\frac{32}{5}$

## 0574

답 2

$g(2)=a$라 하면 $f(a)=2$이므로

$a^3+4a+2=2$, $a^3+4a=0$

$a(a^2+4)=0$ $\therefore a=0$

즉, $g(2)=0$이고

$f(x)=x^3+4x+2$에서 $f'(x)=3x^2+4$이므로

$f'(0)=4$

따라서 $g'(2)=\frac{1}{f'(g(2))}=\frac{1}{f'(0)}=\frac{1}{4}$이므로

$8g'(2)=8\times\frac{1}{4}=2$

## 0575

답 ①

$\lim_{h\to 0}\frac{g(3e+h)-g(3e-h)}{h}$

$=\lim_{h\to 0}\frac{g(3e+h)-g(3e)-g(3e-h)+g(3e)}{h}$

$=\lim_{h\to 0}\frac{g(3e+h)-g(3e)}{h}+\lim_{h\to 0}\frac{g(3e-h)-g(3e)}{-h}$

$=g'(3e)+g'(3e)=2g'(3e)$

함수 $f(x)=3x\ln x$의 그래프가 점 $(e, 3e)$를 지나므로

$f(e)=3e$에서 $g(3e)=e$

한편, $g'(3e)=\frac{1}{f'(g(3e))}=\frac{1}{f'(e)}$이고

$f(x)=3x\ln x$에서

$f'(x)=3\ln x+3x\times\frac{1}{x}=3\ln x+3$이므로

$f'(e)=3\ln e+3=6$

$\therefore \lim_{h\to0}\frac{g(3e+h)-g(3e-h)}{h}=2g'(3e)=\frac{2}{f'(e)}=\frac{2}{6}=\frac{1}{3}$

## 0576

답 ②

함수 $f(x)$의 역함수가 $g(x)$이므로 $g(f(x))=x$

위의 식의 양변을 $x$에 대하여 미분하면

$g'(f(x))f'(x)=1$

$\therefore g'(f(x))=\frac{1}{f'(x)}$

곡선 $y=g(x)$가 점 $(2, 0)$을 지나므로

$g(2)=0$에서 $f(0)=2$

$e^0+k\cos 0=2$, $1+k=2$ $\quad\therefore k=1$

$\therefore f(x)=e^{4x}+x+\cos x$

따라서 $f'(x)=4e^{4x}+1-\sin x$이므로

$f'(0)=4e^0+1-\sin 0=5$

$\therefore g'(f(0))=\frac{1}{f'(0)}=\frac{1}{5}$

## 0577

답 ②

$\lim_{x\to2}\frac{f(x)-2}{x-2}=\frac{1}{3}$에서 극한값이 존재하고 $x\to2$일 때,

(분모)$\to0$이므로 (분자)$\to0$이어야 한다.

즉, $\lim_{x\to2}\{f(x)-2\}=0$이므로 $f(2)=2$

$\lim_{x\to2}\frac{f(x)-2}{x-2}=\lim_{x\to2}\frac{f(x)-f(2)}{x-2}=f'(2)$

이므로 $f'(2)=\frac{1}{3}$

이때 $f(2)=2$에서 $g(2)=2$이므로

$g'(2)=\frac{1}{f'(g(2))}=\frac{1}{f'(2)}=3$

한편, $h(x)=\frac{g(x)}{f(x)}$에서

$h'(x)=\frac{g'(x)f(x)-g(x)f'(x)}{\{f(x)\}^2}$이므로

$h'(2)=\frac{g'(2)f(2)-g(2)f'(2)}{\{f(2)\}^2}=\frac{3\times2-2\times\frac{1}{3}}{2^2}=\frac{4}{3}$

### 유형 18 이계도함수

확인 문제 (1) $y''=6x$ (2) $y''=-\frac{1}{x^2}$

(1) $y=x^3-2x$에서 $y'=3x^2-2$이므로 $y''=6x$

(2) $y=\ln 2x$에서 $y'=\frac{2}{2x}=\frac{1}{x}$이므로 $y''=-\frac{1}{x^2}$

## 0578

답 ①

$f(x)=6x\ln x-x^3$에서

$f'(x)=6\ln x+6x\times\frac{1}{x}-3x^2$

$=6\ln x-3x^2+6$

$f''(x)=\frac{6}{x}-6x$

이때 $\lim_{x\to a}\frac{f'(x)-f'(a)}{x-a}=0$에서 $f''(a)=0$이므로

$\frac{6}{a}-6a=0$, $6a^2=6$

$a^2=1$ $\quad\therefore a=1\ (\because a>0)$

## 0579

답 ①

$f(x)=e^{2x}\sin x$에서

$f'(x)=2e^{2x}\sin x+e^{2x}\cos x=e^{2x}(2\sin x+\cos x)$

$f''(x)=2e^{2x}(2\sin x+\cos x)+e^{2x}(2\cos x-\sin x)$

$=e^{2x}(3\sin x+4\cos x)$

방정식 $f(x)=f''(x)$의 해가 $\alpha$이므로

$e^{2\alpha}\sin\alpha=e^{2\alpha}(3\sin\alpha+4\cos\alpha)$

이때 $e^{2\alpha}>0$이므로 양변을 $e^{2\alpha}$으로 나누면

$\sin\alpha=3\sin\alpha+4\cos\alpha$

$2\sin\alpha=-4\cos\alpha$

$\frac{\sin\alpha}{\cos\alpha}=-2$ $\quad\therefore \tan\alpha=-2$

## 0580

답 $-2$

$f(x)=(ax^2+bx)e^x$에서

$f'(x)=(2ax+b)e^x+(ax^2+bx)e^x$

$=\{ax^2+(2a+b)x+b\}e^x$

$f'(0)=2$이므로 $b=2$

…… ❶

$f''(x)=(2ax+2a+b)e^x+\{ax^2+(2a+b)x+b\}e^x$

$=\{ax^2+(4a+b)x+2a+2b\}e^x$

$f''(0)=2$이므로 $2a+2b=2$

$2a+4=2\ (\because b=2)$ $\quad\therefore a=-1$

…… ❷

$\therefore ab=(-1)\times2=-2$

…… ❸

| 채점 기준 | 배점 |
|---|---|
| ❶ $b$의 값 구하기 | 45% |
| ❷ $a$의 값 구하기 | 45% |
| ❸ $ab$의 값 구하기 | 10% |

## 0581

답 1

조건 (가)의 $g(x)=f'(f(x))$의 양변을 $x$에 대하여 미분하면

$g'(x)=f''(f(x))f'(x)$

위의 식에 $x=1$을 대입하면

$g'(1)=f''(f(1))f'(1)$ …… ㉠

조건 (나)의 $\lim_{x\to1}\frac{f(x)-2}{x-1}=4$에서 극한값이 존재하고 $x\to1$일 때, (분모)$\to0$이므로 (분자)$\to0$이어야 한다.

즉, $\lim_{x\to1}\{f(x)-2\}=0$이므로 $f(1)=2$

$\therefore \lim_{x\to1}\frac{f(x)-2}{x-1}=\lim_{x\to1}\frac{f(x)-f(1)}{x-1}=f'(1)=4$

조건 (다)의 $g'(1)=4$에서

$4=f''(2)\times4$ ($\because$ ㉠) $\therefore f''(2)=1$

PART B 내신 잡는 종합 문제

## 0582

답 ④

$g(x)=\frac{1}{xf(x)-f(x)+x}$에서

$g'(x)=-\frac{f(x)+xf'(x)-f'(x)+1}{\{xf(x)-f(x)+x\}^2}$이므로

$$g'(1)=-\frac{f(1)+f'(1)-f'(1)+1}{\{f(1)-f(1)+1\}^2}$$
$$=-f(1)-1=-(-3)-1$$
$$=2$$

## 0583

답 ④

점 $(1, f(1))$에서의 접선의 기울기가 $e$이므로

$f'(1)=e$

$g(x)=f(\ln x)$라 하면

$g'(x)=f'(\ln x)\times\frac{1}{x}=\frac{1}{x}f'(\ln x)$

함수 $y=f(\ln x)$의 $x=e$에서의 미분계수는 $g'(e)$이므로

$g'(e)=\frac{1}{e}f'(\ln e)=\frac{1}{e}f'(1)=\frac{1}{e}\times e=1$

## 0584

답 ③

$f(g(x))=3^{3x}$의 양변을 $x$에 대하여 미분하면

$f'(g(x))g'(x)=3^{3x}\times\ln3\times3=3^{3x+1}\ln3$

$g(x)=3^{x+1}$에서 $g'(x)=3^{x+1}\ln3$이므로

$f'(g(x))=\frac{3^{3x+1}\ln3}{g'(x)}=\frac{3^{3x+1}\ln3}{3^{x+1}\ln3}=3^{2x}$

위의 식의 양변에 $x=1$을 대입하면

$f'(g(1))=3^2=9$

$\therefore f'(9)=9$ ($\because g(1)=9$)

## 0585

답 4

$f(x)=x+x^2+x^3+\cdots+x^n=\sum_{k=1}^{n}x^k$이고

함수 $f(x)$의 정의역이 $\{x|0<x<1\}$이므로

$g(x)=\lim_{n\to\infty}f(x)=\lim_{n\to\infty}\sum_{k=1}^{n}x^k=\frac{x}{1-x}$

이때 $g'(x)=\frac{(1-x)-x\times(-1)}{(1-x)^2}=\frac{1}{(1-x)^2}$이므로

$g'\left(\frac{1}{2}\right)=\frac{1}{\left(1-\frac{1}{2}\right)^2}=4$

## 0586

답 ①

$y^3-xy-\ln(5-x^2)=-1$의 양변을 $x$에 대하여 미분하면

$3y^2\times\frac{dy}{dx}-y-x\times\frac{dy}{dx}-\frac{-2x}{5-x^2}=0$

$(3y^2-x)\frac{dy}{dx}=y-\frac{2x}{5-x^2}$

$\therefore \frac{dy}{dx}=\left(y-\frac{2x}{5-x^2}\right)\times\frac{1}{3y^2-x}$ (단, $3y^2-x\neq0$, $x^2<5$)

위의 식에 $x=2$, $y=1$을 대입하면

$\frac{dy}{dx}=\left(1-\frac{4}{5-4}\right)\times\frac{1}{3-2}=-3$

따라서 구하는 접선의 기울기는 $-3$이다.

## 0587

답 ③

$f(x)=e^x\tan x$에서

$$f'(x)=e^x\tan x+e^x\sec^2 x$$
$$=e^x\tan x+e^x(1+\tan^2 x)$$
$$=e^x(\tan^2 x+\tan x+1)$$

이때 $f(a)=\frac{2}{7}f'(a)$이므로

$e^a\tan a=\frac{2}{7}e^a(\tan^2 a+\tan a+1)$

$e^a>0$이므로 양변을 $e^a$으로 나누면

$\tan a=\frac{2}{7}(\tan^2 a+\tan a+1)$

$2\tan^2 a-5\tan a+2=0$

$(2\tan a-1)(\tan a-2)=0$

$\therefore \tan a=\frac{1}{2}$ 또는 $\tan a=2$

$\tan a=\frac{1}{2}$일 때, $\cot a=2$

$\tan a=2$일 때, $\cot a=\frac{1}{2}$

따라서 모든 $\cot a$의 값의 합은

$2+\frac{1}{2}=\frac{5}{2}$

## 0588 답 8

$h(x)=f(g(x))$에서 $h'(x)=f'(g(x))g'(x)$

$f'(1)=2$, $g(1)=1$, $h'(1)=-6$이므로

$h'(1)=f'(g(1))g'(1)=f'(1)g'(1)=2g'(1)=-6$

$\therefore g'(1)=-3$

$y=f\left(\frac{x}{g(x)}\right)$에서

$$y'=f'\left(\frac{x}{g(x)}\right)\times\left\{\frac{x}{g(x)}\right\}'$$
$$=f'\left(\frac{x}{g(x)}\right)\times\frac{g(x)-xg'(x)}{\{g(x)\}^2}$$

따라서 구하는 접선의 기울기는

$$f'\left(\frac{1}{g(1)}\right)\times\frac{g(1)-g'(1)}{\{g(1)\}^2}=f'(1)\times\frac{1-(-3)}{1^2}$$
$$=2\times4=8$$

## 0589 답 ②

$g(x)=\frac{f(x)}{e^{x-2}}$에서

$$g'(x)=\frac{f'(x)e^{x-2}-f(x)e^{x-2}}{(e^{x-2})^2}=\frac{f'(x)-f(x)}{e^{x-2}}$$

$\lim_{x\to2}\frac{f(x)-3}{x-2}=5$에서 극한값이 존재하고 $x\to2$일 때,

(분모)$\to0$이므로 (분자)$\to0$이어야 한다.

즉, $\lim_{x\to2}\{f(x)-3\}=0$이므로 $f(2)=3$

$\lim_{x\to2}\frac{f(x)-3}{x-2}=\lim_{x\to2}\frac{f(x)-f(2)}{x-2}=f'(2)$이므로

$f'(2)=5$

$\therefore g'(2)=\frac{f'(2)-f(2)}{e^0}=5-3=2$

## 0590 답 33

$x=t+2\ln t$, $y=t^3-12t$에서

$\frac{dx}{dt}=1+\frac{2}{t}$, $\frac{dy}{dt}=3t^2-12$이므로

$$m(t)=\frac{dy}{dx}=\frac{\frac{dy}{dt}}{\frac{dx}{dt}}=\frac{3t^2-12}{1+\frac{2}{t}}=\frac{3(t+2)(t-2)}{\frac{t+2}{t}}$$
$$=3t(t-2)=3(t-1)^2-3$$

이때 $t>0$이므로 $t=1$일 때, $m(t)$의 최솟값은 $-3$이다.

$\therefore c=-3$

$t=1$일 때, $x=1+2\ln1=1$, $y=1^3-12\times1=-11$이므로

$a=1$, $b=-11$

$\therefore abc=1\times(-11)\times(-3)=33$

## 0591 답 ③

$g(x)=x^{\ln f(x)}=x^{\ln x^{\ln x}}=x^{(\ln x)^2}$의 양변에 자연로그를 취하면

$\ln g(x)=\ln x^{(\ln x)^2}=(\ln x)^2\ln x=(\ln x)^3$

위의 식의 양변을 $x$에 대하여 미분하면

$\frac{g'(x)}{g(x)}=3(\ln x)^2\times\frac{1}{x}=\frac{3(\ln x)^2}{x}$

$\therefore g'(x)=\frac{3(\ln x)^2}{x}\times g(x)$

이때 $g(e)=e^{(\ln e)^2}=e$이므로

$g'(e)=\frac{3(\ln e)^2}{e}\times g(e)=\frac{3}{e}\times e=3$

## 0592 답 12

$\lim_{x\to-1}\frac{f(x)}{x+1}=3$에서 극한값이 존재하고 $x\to-1$일 때,

(분모)$\to0$이므로 (분자)$\to0$이어야 한다.

즉, $\lim_{x\to-1}f(x)=0$이므로 $f(-1)=0$

$\lim_{x\to-1}\frac{f(x)}{x+1}=\lim_{x\to-1}\frac{f(x)-f(-1)}{x-(-1)}=f'(-1)$이므로

$f'(-1)=3$

한편, $g(x)=f(f(x))$라 하면 $g'(x)=f'(f(x))f'(x)$이고

$g(-1)=f(f(-1))=f(0)=0$이므로

$$\lim_{x\to-1}\frac{f(f(x))}{x+1}=\lim_{x\to-1}\frac{g(x)}{x+1}=\lim_{x\to-1}\frac{g(x)-g(-1)}{x-(-1)}$$
$$=g'(-1)=f'(f(-1))f'(-1)$$
$$=f'(0)\times3=4\times3\ (\because f'(0)=4)$$
$$=12$$

## 0593 답 ④

조건 (가)에서

$$\lim_{h\to0}\frac{g(2+4h)-g(2)}{h}=\lim_{h\to0}\frac{g(2+4h)-g(2)}{4h}\times4=4g'(2)$$

이고, $4g'(2)=8$이므로 $g'(2)=2$

$\{(f\circ g)(x)\}'=\{f(g(x))\}'=f'(g(x))g'(x)$이고

조건 (나)에서 $f'(g(2))g'(2)=10$이므로

$f'(g(2))\times2=10$

$\therefore f'(g(2))=5$

이때 $f(x)=\frac{2^x}{\ln2}$에서 $f'(x)=\frac{2^x\ln2}{\ln2}=2^x$이므로

$f'(g(2))=2^{g(2)}=5$

$\therefore g(2)=\log_2 5$

## 0594

답 ②

$x=\sqrt{y^3+1}+y$의 양변을 $y$에 대하여 미분하면

$$\frac{dx}{dy}=\frac{3y^2}{2\sqrt{y^3+1}}+1=\frac{3y^2+2\sqrt{y^3+1}}{2\sqrt{y^3+1}}$$

$$\therefore \frac{dy}{dx}=\frac{2\sqrt{y^3+1}}{3y^2+2\sqrt{y^3+1}} \quad \cdots\cdots ㉠$$

$x=\sqrt{y^3+1}+y$에 $x=5$를 대입하면

$5=\sqrt{y^3+1}+y$

$5-y=\sqrt{y^3+1}$, $y^3-y^2+10y-24=0$

$(y-2)(y^2+y+12)=0$

$\therefore y=2$

㉠에 $y=2$를 대입하면

$$\frac{dy}{dx}=\frac{2\sqrt{2^3+1}}{3\times2^2+2\sqrt{2^3+1}}=\frac{6}{12+6}=\frac{1}{3}$$

따라서 구하는 접선의 기울기는 $\frac{1}{3}$이다.

## 0595

답 ③

$f(x)=\ln(e^x+e^{2x}+e^{3x}+\cdots+e^{nx})$이라 하면

$$\lim_{x\to0}\frac{1}{x}\ln\frac{e^x+e^{2x}+e^{3x}+\cdots+e^{nx}}{n}$$

$$=\lim_{x\to0}\frac{\ln(e^x+e^{2x}+e^{3x}+\cdots+e^{nx})-\ln n}{x}$$

$$=\lim_{x\to0}\frac{f(x)-f(0)}{x}$$

$=f'(0)=5$

$$f'(x)=\frac{e^x+2e^{2x}+3e^{3x}+\cdots+ne^{nx}}{e^x+e^{2x}+e^{3x}+\cdots+e^{nx}}$$이므로

$$f'(0)=\frac{1+2+3+\cdots+n}{n}=\frac{\frac{n(n+1)}{2}}{n}=\frac{n+1}{2}$$

따라서 $\frac{n+1}{2}=5$이므로

$n+1=10 \qquad \therefore n=9$

## 0596

답 ④

$f(x)=\sin(x+\alpha)+2\cos(x+\alpha)$에서

$f'(x)=\cos(x+\alpha)-2\sin(x+\alpha)$이고, $f'\left(\frac{\pi}{4}\right)=0$이므로

$$\cos\left(\frac{\pi}{4}+\alpha\right)-2\sin\left(\frac{\pi}{4}+\alpha\right)=0$$

$$\cos\left(\frac{\pi}{4}+\alpha\right)=2\sin\left(\frac{\pi}{4}+\alpha\right)$$

$$\therefore \tan\left(\frac{\pi}{4}+\alpha\right)=\frac{1}{2}$$

삼각함수의 덧셈정리에 의하여

$$\tan\left(\frac{\pi}{4}+\alpha\right)=\frac{\tan\frac{\pi}{4}+\tan\alpha}{1-\tan\frac{\pi}{4}\tan\alpha}=\frac{1+\tan\alpha}{1-\tan\alpha}$$

이므로

$$\frac{1+\tan\alpha}{1-\tan\alpha}=\frac{1}{2}$$

$2+2\tan\alpha=1-\tan\alpha$, $3\tan\alpha=-1$

$$\therefore \tan\alpha=-\frac{1}{3}$$

**Bible Says 삼각함수의 덧셈정리**

(1) $\tan(\alpha+\beta)=\frac{\tan\alpha+\tan\beta}{1-\tan\alpha\tan\beta}$

(2) $\tan(\alpha-\beta)=\frac{\tan\alpha-\tan\beta}{1+\tan\alpha\tan\beta}$

## 0597

답 ⑤

$g(x)=\{f(x)\}^2$에서

$g'(x)=2f(x)f'(x)$

$$=2\times\ln(x+2)\times\frac{1}{x+2}$$

$$=\frac{2\ln(x+2)}{x+2}$$

이므로 $g'(-1)=0$

$$\therefore \lim_{x\to-1}\frac{g'(x)}{x+1}=\lim_{x\to-1}\frac{g'(x)-g'(-1)}{x-(-1)}=g''(-1)$$

이때

$$g''(x)=\frac{\frac{2}{x+2}\times(x+2)-2\ln(x+2)\times1}{(x+2)^2}$$

$$=\frac{2-2\ln(x+2)}{(x+2)^2}$$

$$\therefore \lim_{x\to-1}\frac{g'(x)}{x+1}=g''(-1)=\frac{2-2\ln(-1+2)}{(-1+2)^2}=2$$

## 0598

답 $\frac{1}{4}$

$g'(n^3+3n^2+5)=g'(f(n))$이고, 함수 $f(x)$의 역함수가 $g(x)$이므로

$$g'(x)=\frac{1}{f'(g(x))}$$에서

$$g'(f(n))=\frac{1}{f'(g(f(n)))}=\frac{1}{f'(n)}$$

$f(x)=x^3+3x^2+5$에서

$f'(x)=3x^2+6x=3x(x+2)$

$$\therefore \sum_{n=1}^{\infty}g'(n^3+3n^2+5)$$

$$=\sum_{n=1}^{\infty}\frac{1}{f'(n)}=\sum_{n=1}^{\infty}\frac{1}{3n(n+2)}=\frac{1}{3}\sum_{n=1}^{\infty}\frac{1}{n(n+2)}$$

$$=\frac{1}{6}\sum_{n=1}^{\infty}\left(\frac{1}{n}-\frac{1}{n+2}\right)=\frac{1}{6}\lim_{n\to\infty}\sum_{k=1}^{n}\left(\frac{1}{k}-\frac{1}{k+2}\right)$$

$$=\frac{1}{6}\lim_{n\to\infty}\left\{\left(1-\frac{1}{3}\right)+\left(\frac{1}{2}-\frac{1}{4}\right)+\left(\frac{1}{3}-\frac{1}{5}\right)+\cdots+\left(\frac{1}{n-1}-\frac{1}{n+1}\right)+\left(\frac{1}{n}-\frac{1}{n+2}\right)\right\}$$

$$=\frac{1}{6}\lim_{n\to\infty}\left(1+\frac{1}{2}-\frac{1}{n+1}-\frac{1}{n+2}\right)$$

$$=\frac{1}{6}\times\frac{3}{2}=\frac{1}{4}$$

## 0599

답 3

조건 ㈏의 $\lim_{x \to 2} \frac{f'(f(x))-2}{x-2}=6$에서 극한값이 존재하고

$x \to 2$일 때, (분모)$\to 0$이므로 (분자)$\to 0$이어야 한다.

즉, $\lim_{x \to 2}\{f'(f(x))-2\}=0$이므로 $f'(f(2))=2$

$$\therefore \lim_{x \to 2} \frac{f'(f(x))-2}{x-2}$$
$$=\lim_{x \to 2} \frac{f'(f(x))-f'(f(2))}{x-2}$$
$$=\lim_{x \to 2} \left\{\frac{f'(f(x))-f'(f(2))}{f(x)-f(2)} \times \frac{f(x)-f(2)}{x-2}\right\}$$
$$=f''(f(2)) \times f'(2)$$
$$=f''(4) \times 2 \ (\because \text{ 조건 ㈎에서 } f(2)=4,\ f'(2)=2)$$
$$=2f''(4)$$

이때 $2f''(4)=6$이므로

$f''(4)=3$

## 0600

답 2

$$g(x)=\frac{f(x)+1}{\cos^2\left(\frac{\pi}{2}x\right)+1}\text{에서}$$

$$g'(x)=\frac{f'(x)\left\{\cos^2\left(\frac{\pi}{2}x\right)+1\right\}-\{f(x)+1\}\cos\left(\frac{\pi}{2}x\right)\left\{-\pi\sin\left(\frac{\pi}{2}x\right)\right\}}{\left\{\cos^2\left(\frac{\pi}{2}x\right)+1\right\}^2}$$

…… ㉠

조건 ㈎의 양변을 $x$에 대하여 미분하면

$-g'(-x)=-g'(x)$, 즉 $g'(-x)=g'(x)$ …… ㉡

조건 ㈎에서 모든 실수 $x$에 대하여 $g(x)=-g(-x)$이므로

$$\frac{f(x)+1}{\cos^2\left(\frac{\pi}{2}x\right)+1}=-\frac{f(-x)+1}{\cos^2\left(-\frac{\pi}{2}x\right)+1}$$

$f(x)+1=-f(-x)-1$

즉, $f(x)+f(-x)=-2$ …… ㉢

㉢의 좌변에 $x=0$을 대입하면

$f(0)+f(0)=-2$에서

$f(0)=-1$

조건 ㈏에서

$f(-1)=f(0)+2=-1+2=1$

㉢의 좌변에 $x=1$을 대입하면

$f(1)+f(-1)=-2$에서

$f(1)=-3$

㉡에서 $g'(1)=g'(-1)$이고 ㉠에서 $g'(-1)=f'(-1)$이므로

$g'(1)=f'(-1)$

조건 ㈐에서

$f'(-1)=f(1)+5=-3+5=2$

이므로

$g'(1)=2$

## 0601

답 ②

$x=y^2$을 $4x^2-3xy+y^2-2=0$에 대입하면

$4y^4-3y^3+y^2-2=0$

$(y-1)(4y^3+y^2+2y+2)=0$

이때 $y>0$이므로 $y=1$

$y=1$을 $x=y^2$에 대입하면 $x=1$

즉, 제1사분면에서의 두 곡선의 교점 P의 좌표는 $(1, 1)$이다.

$x-y^2=0$의 양변을 $x$에 대하여 미분하면

$1-2y \times \frac{dy}{dx}=0 \qquad \therefore \frac{dy}{dx}=\frac{1}{2y}$ (단, $y \neq 0$)

곡선 $x-y^2=0$ 위의 점 P$(1, 1)$에서의 접선 $l_1$이 $x$축의 양의 방향과 이루는 각의 크기를 $\alpha$라 하면

$\tan\alpha=\frac{1}{2}$

$4x^2-3xy+y^2=2$의 양변을 $x$에 대하여 미분하면

$8x-3y-3x \times \frac{dy}{dx}+2y \times \frac{dy}{dx}=0$, $(3x-2y)\frac{dy}{dx}=8x-3y$

$\therefore \frac{dy}{dx}=\frac{8x-3y}{3x-2y}$ (단, $3x-2y \neq 0$)

곡선 $4x^2-3xy+y^2=2$ 위의 점 P$(1, 1)$에서의 접선 $l_2$가 $x$축의 양의 방향과 이루는 각의 크기를 $\beta$라 하면

$\tan\beta=\frac{8-3}{3-2}=5$

이때 $\theta=\beta-\alpha$이므로

$$\tan\theta=|\tan(\beta-\alpha)|=\left|\frac{\tan\beta-\tan\alpha}{1+\tan\beta\tan\alpha}\right|$$
$$=\left|\frac{5-\frac{1}{2}}{1+5\times\frac{1}{2}}\right|=\frac{9}{7}$$

**참고**

$4y^4-3y^3+y^2-2=0$에서

$(y-1)(4y^3+y^2+2y+2)=0$

$g(y)=4y^3+y^2+2y+2$라 하면

$g'(y)=12y^2+2y+2>0$이므로 함수 $g(y)$는 증가함수이고,

$g(0)=2$이다.

따라서 방정식 $4y^3+y^2+2y+2=0$은 $y<0$인 한 실근을 갖는다.

## 0602

답 51

$x=t+t^3+t^5+\cdots+t^{99}$, $y=t^2+t^4+t^6+\cdots+t^{100}$에서

$\frac{dx}{dt}=1+3t^2+5t^4+\cdots+99t^{98}$

$\frac{dy}{dt}=2t+4t^3+6t^5+\cdots+100t^{99}$

이므로

…… ❶

$$\frac{dy}{dx}=\frac{\frac{dy}{dt}}{\frac{dx}{dt}}=\frac{2t+4t^3+6t^5+\cdots+100t^{99}}{1+3t^2+5t^4+\cdots+99t^{98}}$$

…… ❷

$$\therefore \lim_{t\to1}\frac{dy}{dx}=\lim_{t\to1}\frac{2t+4t^3+6t^5+\cdots+100t^{99}}{1+3t^2+5t^4+\cdots+99t^{98}}$$

$$=\frac{2+4+6+\cdots+100}{1+3+5+\cdots+99}$$

$$=\frac{\frac{50(2+100)}{2}}{\frac{50(1+99)}{2}}=\frac{51}{50}$$

$$\therefore 50\lim_{t\to1}\frac{dy}{dx}=50\times\frac{51}{50}=51$$

……………………………………………… ❸

| 채점 기준 | 배점 |
|---|---|
| ❶ $\frac{dx}{dt}$, $\frac{dy}{dt}$ 구하기 | 30% |
| ❷ $\frac{dy}{dx}$ 구하기 | 20% |
| ❸ $50\lim_{t\to1}\frac{dy}{dx}$의 값 구하기 | 50% |

## 0603

답 5

곡선 $y=f(x)$가 점 $(4, 1)$을 지나므로 $f(4)=1$

곡선 $y=f(x)$ 위의 점 $(4, 1)$에서의 접선의 기울기가 1이므로

$f'(4)=1$

함수 $f(2x)$의 역함수가 $g(x)$이므로

$g(f(2x))=x$ …… ㉠

㉠에 $x=2$를 대입하면

$g(f(4))=2$ $\therefore g(1)=2$

즉, 곡선 $y=g(x)$는 점 $(1, 2)$를 지나므로

$a=2$

……………………………………………… ❶

㉠의 양변을 $x$에 대하여 미분하면

$g'(f(2x))f'(2x)\times2=1$

위의 식에 $x=2$를 대입하면

$g'(f(4))f'(4)\times2=1$

$g'(1)\times1\times2=1$

$\therefore g'(1)=\frac{1}{2}$

따라서 곡선 $y=g(x)$ 위의 점 $(1, 2)$에서의 접선의 기울기는 $\frac{1}{2}$이므로

$b=\frac{1}{2}$

……………………………………………… ❷

$\therefore 5ab=5\times2\times\frac{1}{2}=5$

……………………………………………… ❸

| 채점 기준 | 배점 |
|---|---|
| ❶ $a$의 값 구하기 | 50% |
| ❷ $b$의 값 구하기 | 40% |
| ❸ $5ab$의 값 구하기 | 10% |

다른 풀이

곡선 $y=f(x)$가 점 $(4, 1)$을 지나므로 $f(4)=1$

곡선 $y=f(x)$ 위의 점 $(4, 1)$에서의 접선의 기울기가 1이므로

$f'(4)=1$

곡선 $y=g(x)$가 점 $(1, a)$를 지나고, $g(x)$는 함수 $f(2x)$의 역함수이므로

$g(1)=a$, $f(2a)=1$

이때 함수 $f(x)$가 실수 전체의 집합에서 증가하고 미분가능하므로

$f(2a)=1 \Longleftrightarrow f(4)=1$

즉, $2a=4$이므로 $a=2$

따라서 곡선 $y=g(x)$ 위의 점 $(1, 2)$에서의 접선의 기울기 $b$는

$$b=g'(1)=\frac{1}{(2x)'f'(2\times2)}=\frac{1}{2f'(4)}=\frac{1}{2\times1}=\frac{1}{2}$$

$\therefore 5ab=5\times2\times\frac{1}{2}=5$

**Bible Says 합성함수의 미분법 – 역함수**

함수 $f(h(x))$의 역함수가 $g(x)$이고 $g(b)=a$이면

$g'(b)=\frac{1}{h'(a)f'(h(a))}$ (단, $f'(h(a))\neq0$, $h'(a)\neq0$)

**참고**

함수 $f(x)$의 역함수가 $g(x)$이고 $g(b)=a$이면

$g'(b)=\frac{1}{f'(a)}$ (단, $f'(a)\neq0$)

이다. 그런데 문제에서와 같이 합성함수 $f(h(x))$의 역함수가 $g(x)$이고 $g(b)=a$이면

$g'(b)=\frac{1}{h'(a)f'(h(a))}$ (단, $f'(h(a))\neq0$, $h'(a)\neq0$)

으로 합성함수의 미분을 하면 된다.

# PART C 수능 녹인 변별력 문제

## 0604

답 ①

$f(x)=\frac{(\ln x+1)^3}{(\ln x)^2(\ln x-2)}$의 양변의 절댓값에 자연로그를 취하면

$$\ln|f(x)|=\ln\left|\frac{(\ln x+1)^3}{(\ln x)^2(\ln x-2)}\right|$$

$$=\ln|(\ln x+1)^3|-\ln|(\ln x)^2|-\ln|\ln x-2|$$

$$=3\ln|\ln x+1|-2\ln|\ln x|-\ln|\ln x-2|$$

위의 식의 양변을 $x$에 대하여 미분하면

$$\frac{f'(x)}{f(x)}=\frac{3\times\frac{1}{x}}{\ln x+1}-\frac{2\times\frac{1}{x}}{\ln x}-\frac{\frac{1}{x}}{\ln x-2}$$

$$=\frac{1}{x}\left(\frac{3}{\ln x+1}-\frac{2}{\ln x}-\frac{1}{\ln x-2}\right)$$

$$\therefore \frac{f'(e)}{f(e)}=\frac{1}{e}\left(\frac{3}{\ln e+1}-\frac{2}{\ln e}-\frac{1}{\ln e-2}\right)$$

$$=\frac{1}{e}\left(\frac{3}{2}-\frac{2}{1}-\frac{1}{-1}\right)=\frac{1}{e}\times\frac{1}{2}=\frac{1}{2e}$$

## 0605

답 ②

$e^{f(x)}=\sqrt{\dfrac{1-\cos x}{1+\cos x}}$의 양변에 자연로그를 취하면

$f(x)=\ln\sqrt{\dfrac{1-\cos x}{1+\cos x}}$

$=\dfrac{1}{2}\{\ln(1-\cos x)-\ln(1+\cos x)\}$

위의 식의 양변을 $x$에 대하여 미분하면

$f'(x)=\dfrac{1}{2}\left(\dfrac{\sin x}{1-\cos x}-\dfrac{-\sin x}{1+\cos x}\right)$

$=\dfrac{1}{2}\left(\dfrac{\sin x}{1-\cos x}+\dfrac{\sin x}{1+\cos x}\right)$

$=\dfrac{1}{2}\times\dfrac{2\sin x}{1-\cos^2 x}=\dfrac{\sin x}{\sin^2 x}$

$=\dfrac{1}{\sin x}=\csc x$

$f''(x)=-\csc x\cot x$이므로

$f''\left(\dfrac{\pi}{4}\right)=-\csc\dfrac{\pi}{4}\cot\dfrac{\pi}{4}=-\sqrt{2}\times1=-\sqrt{2}$

## 0606

답 ②

$\lim_{h\to0}\dfrac{f(e+2h)-\ln2-4}{h}=\dfrac{2}{e}$에서 극한값이 존재하고 $h\to0$일 때, (분모)$\to0$이므로 (분자)$\to0$이어야 한다.

즉, $\lim_{h\to0}\{f(e+2h)-\ln2-4\}=0$이므로

$f(e)=\ln2+4$ ······ ㉠

$\lim_{h\to0}\dfrac{f(e+2h)-\ln2-4}{h}=\lim_{h\to0}\dfrac{f(e+2h)-f(e)}{h}$

$=\lim_{h\to0}\dfrac{f(e+2h)-f(e)}{2h}\times2$

$=2f'(e)$

이므로 $2f'(e)=\dfrac{2}{e}$

$\therefore f'(e)=\dfrac{1}{e}$

$f(x)=\ln(ax+b)+c$에서 $f'(x)=\dfrac{a}{ax+b}$이므로

$f'(e)=\dfrac{1}{e}$에서

$\dfrac{a}{ae+b}=\dfrac{1}{e}$, $ae=ae+b$

$\therefore b=0$ $\quad\therefore f(x)=\ln ax+c$

$f(e)=\ln ae+c=\ln a+\ln e+c$

$=\ln a+c+1=\ln2+4$ ($\because$ ㉠)

즉, $\ln a=\ln2$, $c+1=4$이므로

$a=2$, $c=3$ ($\because a$, $c$는 정수)

따라서 $f(x)=\ln2x+3$이므로

$f(1)=\ln2+3$

## 0607

답 ②

삼각형 ABC에 내접하는 원의 중심을 O라 하고, 점 O에서 변 BC에 내린 수선의 발을 H라 하면 점 O는 삼각형 ABC의 내심이므로

$\angle\text{OBH}=\dfrac{1}{2}\angle\text{ABH}=\dfrac{\pi}{6}$

$\angle\text{OCH}=\dfrac{1}{2}\angle\text{ACH}=\theta$

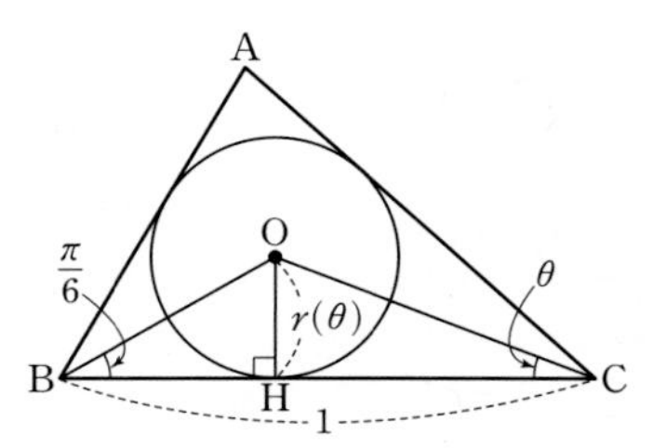


직각삼각형 OBH에서 $\dfrac{\overline{\text{OH}}}{\overline{\text{BH}}}=\tan\dfrac{\pi}{6}$, 즉 $\dfrac{r(\theta)}{\overline{\text{BH}}}=\dfrac{1}{\sqrt{3}}$이므로

$\overline{\text{BH}}=\sqrt{3}r(\theta)$

직각삼각형 OHC에서 $\dfrac{\overline{\text{OH}}}{\overline{\text{CH}}}=\tan\theta$, 즉 $\dfrac{r(\theta)}{\overline{\text{CH}}}=\tan\theta$이므로

$\overline{\text{CH}}=\dfrac{r(\theta)}{\tan\theta}$

이때 $\overline{\text{BH}}+\overline{\text{CH}}=\overline{\text{BC}}$이므로

$\sqrt{3}r(\theta)+\dfrac{r(\theta)}{\tan\theta}=1$

$r(\theta)\times\dfrac{\sqrt{3}\tan\theta+1}{\tan\theta}=1$

$\therefore r(\theta)=\dfrac{\tan\theta}{\sqrt{3}\tan\theta+1}$

$h(\theta)=\dfrac{r(\theta)}{\tan\theta}=\dfrac{1}{\sqrt{3}\tan\theta+1}$에서

$h'(\theta)=-\dfrac{\sqrt{3}\sec^2\theta}{(\sqrt{3}\tan\theta+1)^2}$

$\therefore h'\left(\dfrac{\pi}{6}\right)=-\dfrac{\sqrt{3}\times\left(\dfrac{2}{\sqrt{3}}\right)^2}{\left(\sqrt{3}\times\dfrac{1}{\sqrt{3}}+1\right)^2}=-\dfrac{\sqrt{3}}{3}$

## 0608

답 7

$\dfrac{1}{n}=h$로 놓으면 $n\to\infty$일 때 $h\to0$이므로

$\lim_{n\to\infty}n\left\{g\left(1+\dfrac{2}{n}\right)-g\left(1-\dfrac{2}{n}\right)\right\}$

$=\lim_{h\to0}\dfrac{g(1+2h)-g(1-2h)}{h}$

$=\lim_{h\to0}\dfrac{g(1+2h)-g(1)-g(1-2h)+g(1)}{h}$

$=\lim_{h\to0}\dfrac{g(1+2h)-g(1)}{2h}\times2+\lim_{h\to0}\dfrac{g(1-2h)-g(1)}{-2h}\times2$

$=2g'(1)+2g'(1)=4g'(1)$

$g(1)=k$라 하면 $f(k)=1$이므로
$k^3-k^2+2k-7=1$
$k^3-k^2+2k-8=0$, $(k-2)(k^2+k+4)=0$
즉, $k=2$이므로 $g(1)=2$

$\therefore g'(1)=\frac{1}{f'(g(1))}=\frac{1}{f'(2)}$

$f(x)=x^3-x^2+2x-7$에서 $f'(x)=3x^2-2x+2$이므로
$f'(2)=12-4+2=10$

$\therefore \lim_{n\to\infty} n\left\{g\left(1+\frac{2}{n}\right)-g\left(1-\frac{2}{n}\right)\right\}=4g'(1)$

$=\frac{4}{f'(2)}=\frac{4}{10}=\frac{2}{5}$

따라서 $p=5$, $q=2$이므로
$p+q=5+2=7$

## 0609

답 ⑤

$x=\cos^2\theta\sin\theta$, $y=\sin^3\theta$에서

$\frac{dx}{d\theta}=2\cos\theta\times(-\sin\theta)\times\sin\theta+\cos^2\theta\times\cos\theta$
$=-2\cos\theta\sin^2\theta+\cos^3\theta$
$=-2\cos\theta(1-\cos^2\theta)+\cos^3\theta$
$=3\cos^3\theta-2\cos\theta$
$=\cos\theta(3\cos^2\theta-2)$

$\frac{dy}{d\theta}=3\sin^2\theta\cos\theta=3(1-\cos^2\theta)\cos\theta$
$=3\cos\theta(1-\cos^2\theta)$

이므로

$$\frac{dy}{dx}=\frac{\frac{dy}{d\theta}}{\frac{dx}{d\theta}}=\frac{3\cos\theta(1-\cos^2\theta)}{\cos\theta(3\cos^2\theta-2)}=\frac{3(1-\cos^2\theta)}{3\cos^2\theta-2}$$

이때 곡선 위의 점 $(a, b)$에서의 접선의 기울기가 $-\frac{9}{5}$이므로

$\frac{3(1-\cos^2\theta)}{3\cos^2\theta-2}=-\frac{9}{5}$에서

$5-5\cos^2\theta=6-9\cos^2\theta$, $4\cos^2\theta=1$ $\quad\therefore \cos^2\theta=\frac{1}{4}$

이때 $0<\theta<\pi$이므로

$\sin\theta=\sqrt{1-\cos^2\theta}=\sqrt{1-\frac{1}{4}}=\frac{\sqrt{3}}{2}$

$a=\cos^2\theta\sin\theta=\frac{1}{4}\times\frac{\sqrt{3}}{2}=\frac{\sqrt{3}}{8}$

$b=\sin^3\theta=\left(\frac{\sqrt{3}}{2}\right)^3=\frac{3\sqrt{3}}{8}$

$\therefore a+b=\frac{\sqrt{3}}{8}+\frac{3\sqrt{3}}{8}=\frac{\sqrt{3}}{2}$

## 0610

답 ②

두 점 $(\alpha, k)$, $(\beta, k)$가 곡선 $x^2+xy+3y^2=11$ 위의 점이므로
$\alpha^2+\alpha k+3k^2-11=0$, $\beta^2+\beta k+3k^2-11=0$

즉, $\alpha$, $\beta$는 $x$에 대한 이차방정식 $x^2+kx+3k^2-11=0$의 두 실근이므로 이차방정식의 근과 계수의 관계에 의하여
$\alpha+\beta=-k$, $\alpha\beta=3k^2-11$ $\quad\cdots\cdots$ ㉠

$x^2+xy+3y^2=11$의 양변을 $x$에 대하여 미분하면

$2x+y+x\times\frac{dy}{dx}+6y\times\frac{dy}{dx}=0$

$(x+6y)\frac{dy}{dx}=-2x-y$

$\therefore \frac{dy}{dx}=-\frac{2x+y}{x+6y}$ (단, $x+6y\neq0$)

따라서 곡선 $x^2+xy+3y^2=11$ 위의 두 점 $(\alpha, k)$, $(\beta, k)$에서의 접선의 기울기는 각각 $-\frac{2\alpha+k}{\alpha+6k}$, $-\frac{2\beta+k}{\beta+6k}$이고,

두 접선이 서로 수직이므로

$\left(-\frac{2\alpha+k}{\alpha+6k}\right)\times\left(-\frac{2\beta+k}{\beta+6k}\right)=-1$

$(2\alpha+k)(2\beta+k)=-(\alpha+6k)(\beta+6k)$
$5\alpha\beta+8(\alpha+\beta)k+37k^2=0$

위의 식에 ㉠을 대입하면
$5(3k^2-11)+8\times(-k)\times k+37k^2=0$

$44k^2=55$, $k^2=\frac{5}{4}$ $\quad\therefore k=\frac{\sqrt{5}}{2}$ $(\because 0\le k<2)$

$\therefore \alpha+\beta=-k=-\frac{\sqrt{5}}{2}$

## 0611

답 ③

$\lim_{x\to-2}\frac{g(x)}{x+2}=b$에서 극한값이 존재하고 $x\to-2$일 때, (분모)$\to0$이므로 (분자)$\to0$이어야 한다.

즉, $\lim_{x\to-2}g(x)=0$이므로 $g(-2)=0$ $\quad\cdots\cdots$ ㉠

$\lim_{x\to-2}\frac{g(x)}{x+2}=\lim_{x\to-2}\frac{g(x)-g(-2)}{x-(-2)}=g'(-2)$이므로

$g'(-2)=b$ $\quad\cdots\cdots$ ㉡

㉠에서 $g(-2)=0$이면 $f(0)=-2$이므로

$f(0)=\ln\left(\frac{\sec0+\tan0}{a}\right)=-2$

$\ln\frac{1}{a}=-2$, $\ln a=2$

$\therefore a=e^2$

한편,

$f(x)=\ln\left(\frac{\sec x+\tan x}{e^2}\right)$
$=\ln(\sec x+\tan x)-\ln e^2$
$=\ln(\sec x+\tan x)-2$

이므로

$f'(x)=\frac{\sec x\tan x+\sec^2x}{\sec x+\tan x}=\sec x$

㉡에서 $g'(-2)=b$이므로

$b=g'(-2)=\frac{1}{f'(g(-2))}=\frac{1}{f'(0)}=\frac{1}{\sec0}=1$

$\therefore ab=e^2\times1=e^2$

## 0612

답 ②

함수 $g(x)$가 실수 전체의 집합에서 미분가능하므로 $g(x)$는 실수 전체의 집합에서 연속이다.

즉, 함수 $g(x)$가 $x=b$에서 연속이므로

$\lim_{x \to b-} g(x) = \lim_{x \to b+} g(x) = g(b)$에서

$\lim_{x \to b+} \{f(x)-a\}=0$, $f(b)-a=0$

$\therefore f(b)=a$

또한 $g'(x)=\begin{cases} 0 & (x<b) \\ f'(x) & (x>b) \end{cases}$이고 함수 $g(x)$가 $x=b$에서 미분가능하므로

$\lim_{x \to b-} g'(x) = \lim_{x \to b+} g'(x)$에서

$\lim_{x \to b+} f'(x)=0$

$\therefore f'(b)=0$ …… ㉠

한편, $f(x)=xe^{-x^2+1}$에서

$f'(x)=e^{-x^2+1}+x\times e^{-x^2+1}\times(-2x)$

$\quad=(1-2x^2)e^{-x^2+1}$

이므로 $(1-2b^2)e^{-b^2+1}=0$ ($\because$ ㉠)

이때 $e^{-b^2+1}>0$이므로 $1-2b^2=0$

$\therefore b=\frac{1}{\sqrt{2}}$ ($\because b>0$)

$\therefore a=f(b)=f\left(\frac{1}{\sqrt{2}}\right)=\frac{1}{\sqrt{2}}e^{-\frac{1}{2}+1}=\frac{\sqrt{e}}{\sqrt{2}}$

$\therefore ab=\frac{\sqrt{e}}{\sqrt{2}}\times\frac{1}{\sqrt{2}}=\frac{\sqrt{e}}{2}$

## 0613

답 ④

함수 $f(x)$가 실수 전체의 집합에서 미분가능하므로 $f(x)$는 실수 전체의 집합에서 연속이다.

즉, 함수 $f(x)$가 $x=0$에서 연속이므로

조건 ㈎에서 $\lim_{x \to 0+} f(x) = \lim_{x \to 0+} (axe^{2x}+bx^2)=0$

$\therefore f(0)=0$ …… ㉠

조건 ㈏에서 $x_1<x_2<0$인 임의의 두 실수 $x_1$, $x_2$에 대하여

$\frac{f(x_2)-f(x_1)}{x_2-x_1}=3$이므로

$f'(x_1)=\lim_{x_2 \to x_1}\frac{f(x_2)-f(x_1)}{x_2-x_1}=\lim_{x_2 \to x_1} 3=3$

즉, $x<0$인 모든 실수 $x$에 대하여 $f'(x)=3$이므로

$f(x)=\int 3\,dx=3x+C$ ($C$는 적분상수)

이때 함수 $f(x)$는 $x=0$에서 연속이므로 ㉠에 의하여

$\lim_{x \to 0-} f(x) = \lim_{x \to 0-} (3x+C)=C=0$

따라서 $x<0$일 때 $f(x)=3x$이므로

$f(x)=\begin{cases} 3x & (x<0) \\ axe^{2x}+bx^2 & (x\geq 0) \end{cases}$

$\therefore f'(x)=\begin{cases} 3 & (x<0) \\ ae^{2x}+2axe^{2x}+2bx & (x>0) \end{cases}$

함수 $f(x)$가 $x=0$에서 미분가능하므로

$\lim_{x \to 0+} f'(x) = \lim_{x \to 0+} (ae^{2x}+2axe^{2x}+2bx)=a$

$\lim_{x \to 0-} f'(x) = \lim_{x \to 0-} 3=3$

$\therefore a=3$

한편, $x\geq 0$일 때 $f(x)=3xe^{2x}+bx^2$이므로

$f\left(\frac{1}{2}\right)=\frac{3}{2}e+\frac{1}{4}b=2e$에서 $\frac{1}{4}b=\frac{1}{2}e$

$\therefore b=2e$

$\therefore f'\left(\frac{1}{2}\right)=3e+3e+2e=8e$

**참고**

미분계수의 정의를 이용하여 $a$, $b$의 값을 구할 수도 있다.

함수 $f(x)$가 $x=0$에서 미분가능하므로

$\lim_{x \to 0+}\frac{f(x)-f(0)}{x-0}=\lim_{x \to 0-}\frac{f(x)-f(0)}{x-0}$이어야 한다.

$\lim_{x \to 0+}\frac{f(x)-f(0)}{x-0}=\lim_{x \to 0+}\frac{axe^{2x}+bx^2}{x}$

$\quad=\lim_{x \to 0+}(ae^{2x}+bx)=a$

$\lim_{x \to 0-}\frac{f(x)-f(0)}{x-0}=\lim_{x \to 0-}\frac{3x}{x}=3$

에서 $a=3$

따라서 $f\left(\frac{1}{2}\right)=\frac{e}{2}a+\frac{1}{4}b=2e$에서 $b=2e$

## 0614

답 5

조건 ㈏의 $g(x)=\left(\sin\frac{\pi}{2}x+\ln x+3\right)f(x)$에서

$g'(x)=\left(\frac{\pi}{2}\cos\frac{\pi}{2}x+\frac{1}{x}\right)f(x)+\left(\sin\frac{\pi}{2}x+\ln x+3\right)f'(x)$

이므로

$g'(1)=f(1)+4f'(1)$ …… ㉠

조건 ㈎에서 $\ln x+1\leq f(x)\leq e^{x-1}$ …… ㉡

㉡에 $x=1$을 대입하면

$1\leq f(1)\leq 1$ $\quad\therefore f(1)=1$

㉡에서 $\ln x\leq f(x)-1\leq e^{x-1}-1$

$\therefore \ln x\leq f(x)-f(1)\leq e^{x-1}-1$ …… ㉢

(i) $0<x<1$일 때

$x-1<0$이므로 ㉢에서

$\frac{\ln x}{x-1}\geq\frac{f(x)-f(1)}{x-1}\geq\frac{e^{x-1}-1}{x-1}$

$\lim_{x \to 1-}\frac{\ln x}{x-1}\geq\lim_{x \to 1-}\frac{f(x)-f(1)}{x-1}\geq\lim_{x \to 1-}\frac{e^{x-1}-1}{x-1}$

$x-1=t$로 놓으면 $x\to 1-$일 때 $t\to 0-$이므로

$\lim_{x \to 1-}\frac{\ln x}{x-1}=\lim_{t \to 0-}\frac{\ln(1+t)}{t}=1$

$\lim_{x \to 1-}\frac{e^{x-1}-1}{x-1}=\lim_{t \to 0-}\frac{e^t-1}{t}=1$

함수의 극한의 대소 관계에 의하여

$\lim_{x \to 1-}\frac{f(x)-f(1)}{x-1}=1$

(ⅱ) $x>1$일 때

$x-1>0$이므로 ㉢에서

$\frac{\ln x}{x-1} \le \frac{f(x)-f(1)}{x-1} \le \frac{e^{x-1}-1}{x-1}$

$\lim_{x\to1+}\frac{\ln x}{x-1} \le \lim_{x\to1+}\frac{f(x)-f(1)}{x-1} \le \lim_{x\to1+}\frac{e^{x-1}-1}{x-1}$

$x-1=t$로 놓으면 $x\to1+$일 때 $t\to0+$이므로

$\lim_{x\to1+}\frac{\ln x}{x-1}=\lim_{t\to0+}\frac{\ln(1+t)}{t}=1$

$\lim_{x\to1+}\frac{e^{x-1}-1}{x-1}=\lim_{t\to0+}\frac{e^t-1}{t}=1$

함수의 극한의 대소 관계에 의하여

$\lim_{x\to1+}\frac{f(x)-f(1)}{x-1}=1$

(ⅰ), (ⅱ)에서 $f'(1)=\lim_{x\to1}\frac{f(x)-f(1)}{x-1}=1$

㉠에서 $g'(1)=f(1)+4f'(1)=1+4\times1=5$

## 0615

답 ④

조건 (가)에서 $f(1)=e$이므로

$f(x)=(x^2+ax+b)e^x$에서

$f(1)=(1+a+b)e=e$

$1+a+b=1 \quad \therefore a+b=0 \quad \cdots\cdots$ ㉠

또한 $f'(1)=e$이므로

$f'(x)=(2x+a)e^x+(x^2+ax+b)e^x$

$=\{x^2+(a+2)x+(a+b)\}e^x$

에서 $f'(1)=\{1+(a+2)+(a+b)\}e=e$

$1+(a+2)+(a+b)=1$

$\therefore 2a+b=-2 \quad \cdots\cdots$ ㉡

㉠, ㉡을 연립하여 풀면

$a=-2,\ b=2$

$\therefore f(x)=(x^2-2x+2)e^x$

$f'(x)=(2x-2)e^x+(x^2-2x+2)e^x$

$=x^2e^x$

이때 모든 실수 $x$에 대하여 $f'(x)\ge0$이므로 함수 $f(x)$는 역함수가 존재한다.

$f(1)=e$에서 $f^{-1}(e)=1$이므로 역함수의 미분법에 의하여

$(f^{-1})'(e)=\frac{1}{f'(f^{-1}(e))}=\frac{1}{f'(1)}=\frac{1}{e}$

조건 (나)에서 $g(f(x))=f'(x) \quad \cdots\cdots$ ㉢

㉢의 양변에 $x=1$을 대입하면

$g(f(1))=f'(1)$

$\therefore g(e)=e$

㉢의 양변을 $x$에 대하여 미분하면

$g'(f(x))f'(x)=f''(x)$

위의 식에 $x=1$을 대입하면

$g'(f(1))f'(1)=f''(1)$에서

$g'(e)\times e=f''(1) \quad \cdots\cdots$ ㉣

이때 $f'(x)=x^2e^x$에서

$f''(x)=2xe^x+x^2e^x=(x^2+2x)e^x$이므로

$f''(1)=3e$

이를 ㉣에 대입하면 $g'(e)\times e=3e$이므로

$g'(e)=3$

$h(x)=f^{-1}(x)g(x)$에서

$h'(x)=(f^{-1})'(x)g(x)+f^{-1}(x)g'(x)$이므로

$h'(e)=(f^{-1})'(e)g(e)+f^{-1}(e)g'(e)$

$=\frac{1}{e}\times e+1\times3$

$=1+3=4$

유형별 문제

# 06 도함수의 활용(1)

## 유형 01 곡선 위의 점에서의 접선의 방정식

확인 문제 (1) $y=-\frac{3}{2}x+\frac{5}{2}$ (2) $y=x-\frac{\pi}{6}+\frac{\sqrt{3}}{2}$

(1) $f(x)=\frac{1}{x\sqrt{x}}=x^{-\frac{3}{2}}$이라 하면

$f'(x)=-\frac{3}{2}x^{-\frac{5}{2}}=-\frac{3}{2x^2\sqrt{x}}$

이때 $f'(1)=-\frac{3}{2}$이므로

곡선 $y=\frac{1}{x\sqrt{x}}$ 위의 점 $(1,\ 1)$에서의 접선의 방정식은

$y-1=-\frac{3}{2}(x-1)$ $\quad\therefore y=-\frac{3}{2}x+\frac{5}{2}$

(2) $f(x)=\sin 2x$라 하면 $f'(x)=2\cos 2x$

이때 $f'\left(\frac{\pi}{6}\right)=2\cos\frac{\pi}{3}=2\times\frac{1}{2}=1$이므로

곡선 $y=\sin 2x$ 위의 점 $\left(\frac{\pi}{6},\ \frac{\sqrt{3}}{2}\right)$에서의 접선의 방정식은

$y-\frac{\sqrt{3}}{2}=x-\frac{\pi}{6}$ $\quad\therefore y=x-\frac{\pi}{6}+\frac{\sqrt{3}}{2}$

### 0616 답 ④

$f(x)=e^{x^2-3x}$이라 하면

$f'(x)=e^{x^2-3x}\times(2x-3)=(2x-3)e^{x^2-3x}$

이때 $f'(3)=(6-3)\times e^0=3$이므로

곡선 $y=f(x)$ 위의 점 $(3,\ 1)$에서의 접선의 방정식은

$y-1=3(x-3)$ $\quad\therefore y=3x-8$

따라서 $m=3,\ n=-8$이므로

$mn=3\times(-8)=-24$

### 0617 답 ③

$f(x)=\frac{3x-1}{x^2+1}$이라 하면

$f'(x)=\frac{3(x^2+1)-(3x-1)\times 2x}{(x^2+1)^2}=\frac{-3x^2+2x+3}{(x^2+1)^2}$

이때 $f'(1)=\frac{-3+2+3}{(1+1)^2}=\frac{1}{2}$이므로

곡선 $y=f(x)$ 위의 점 $(1,\ 1)$에서의 접선의 방정식은

$y-1=\frac{1}{2}(x-1)$ $\quad\therefore y=\frac{1}{2}x+\frac{1}{2}$

### 0618 답 ①

$f(x)=\tan 2x+\frac{\pi}{2}$에서

$f'(x)=2\sec^2 2x$

이때 $f\left(\frac{\pi}{8}\right)=\tan\frac{\pi}{4}+\frac{\pi}{2}=1+\frac{\pi}{2}$이고,

$f'\left(\frac{\pi}{8}\right)=2\sec^2\frac{\pi}{4}=2\times(\sqrt{2})^2=4$이므로

함수 $y=f(x)$의 그래프 위의 점 $\left(\frac{\pi}{8},\ f\left(\frac{\pi}{8}\right)\right)$에서의 접선의 방정식은

$y-\left(1+\frac{\pi}{2}\right)=4\left(x-\frac{\pi}{8}\right)$ $\quad\therefore y=4x+1$

따라서 접선의 $x$절편은 $-\frac{1}{4}$, $y$절편은 1이므로 구하는 도형의 넓이는

$\frac{1}{2}\times\left|-\frac{1}{4}\right|\times|1|=\frac{1}{8}$

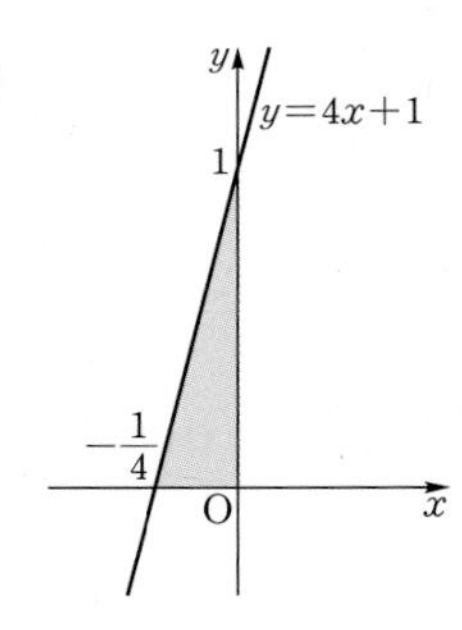


### 0619 답 ①

$f(x)=e^{\sin 2x}-x\cos x$에서

$f'(x)=e^{\sin 2x}\times 2\cos 2x-\cos x+x\sin x$
$\quad=2e^{\sin 2x}\cos 2x-\cos x+x\sin x$

이때 $f(\pi)=e^{\sin 2\pi}-\pi\cos\pi=\pi+1$이고,

$f'(\pi)=2e^{\sin 2\pi}\cos 2\pi-\cos\pi+\pi\sin\pi=2-(-1)+0=3$이므로

곡선 $y=f(x)$ 위의 점 $(\pi,\ f(\pi))$에서의 접선의 방정식은

$y-(\pi+1)=3(x-\pi)$

위의 식에 $y=0$을 대입하면

$-\pi-1=3(x-\pi)$ $\quad\therefore x=\frac{2\pi-1}{3}$

따라서 구하는 접선의 $x$절편은 $\frac{2\pi-1}{3}$이다.

### 0620 답 72

$f(x)=\sqrt{x^2+sx+t}$라 하면 $x=1$인 점에서의 접선의 방정식은

$y-f(1)=f'(1)(x-1)$에서 $y=f'(1)x-f'(1)+f(1)$

이때 $2x+y-3=0$, 즉 $y=-2x+3$이므로 — 두 방정식이 같다.

$f'(1)=-2,\ -f'(1)+f(1)=3$

$\therefore f(1)=3+f'(1)=3+(-2)=1$

$f(1)=1$에서 $\sqrt{1+s+t}=1,\ 1+s+t=1$

$\therefore t=-s$ $\quad\cdots\cdots$ ㉠

……… ❶

㉠에 의하여 $f(x)=\sqrt{x^2+sx-s}$이므로

$f'(x)=\frac{2x+s}{2\sqrt{x^2+sx-s}}$

$f'(1)=\frac{2+s}{2}=-2$에서 $s+2=-4$

$\therefore s=-6$

이를 ㉠에 대입하면 $t=6$

……… ❷

$\therefore s^2+t^2=(-6)^2+6^2=72$

……… ❸

| 채점 기준 | 배점 |
| --- | --- |
| ❶ $f(1)$을 이용하여 $s$와 $t$ 사이의 관계식 구하기 | 45% |
| ❷ $f'(1)$을 이용하여 $s$와 $t$의 값 구하기 | 45% |
| ❸ $s^2+t^2$의 값 구하기 | 10% |

## 0621

답 9

$f(x)=\ln x$라 하면 $f'(x)=\frac{1}{x}$이므로

점 $(t, \ln t)$에서의 접선 $l$의 기울기는 $f'(t)=\frac{1}{t}$

점 $\left(\frac{4}{5}, \ln\frac{4}{5}\right)$에서의 접선 $m$의 기울기는 $f'\left(\frac{4}{5}\right)=\frac{5}{4}$

두 접선 $l$, $m$이 $x$축의 양의 방향과 이루는 각의 크기를 각각 $\theta_1$, $\theta_2$라 하면

$\tan\theta_1=\frac{1}{t}$, $\tan\theta_2=\frac{5}{4}$

이때 두 접선 $l$과 $m$이 이루는 예각의 크기가 $\frac{\pi}{4}$이므로

$\theta_2-\theta_1=\frac{\pi}{4}$ $\left(\because t>\frac{4}{5}\right)$

따라서 삼각함수의 덧셈정리에 의하여

$\tan(\theta_2-\theta_1)=\tan\frac{\pi}{4}$에서

$\frac{\tan\theta_2-\tan\theta_1}{1+\tan\theta_2\tan\theta_1}=1$, $\frac{\frac{5}{4}-\frac{1}{t}}{1+\frac{5}{4}\times\frac{1}{t}}=1$

$\frac{5t-4}{4t+5}=1$, $5t-4=4t+5$

$\therefore t=9$

**Bible Says 삼각함수의 덧셈정리 – 탄젠트함수**

$\tan(\alpha+\beta)=\frac{\tan\alpha+\tan\beta}{1-\tan\alpha\tan\beta}$, $\tan(\alpha-\beta)=\frac{\tan\alpha-\tan\beta}{1+\tan\alpha\tan\beta}$

### 유형 02 접선에 수직인 직선의 방정식

확인 문제 $y=-2x+6+\ln 2$

$f(x)=\ln(x-1)$이라 하면 $f'(x)=\frac{1}{x-1}$이므로

$f'(3)=\frac{1}{2}$

즉, 곡선 $y=f(x)$ 위의 점 $(3, \ln 2)$에서의 접선의 기울기가 $\frac{1}{2}$이므로 이 접선에 수직인 직선의 기울기는 $-2$이다.
따라서 구하는 직선의 방정식은
$y-\ln 2=-2(x-3)$ $\quad\therefore y=-2x+6+\ln 2$

## 0622

답 ④

$f(x)=x+\frac{2x}{x^3-2x}$에서

$f'(x)=1+\frac{2(x^3-2x)-2x(3x^2-2)}{(x^3-2x)^2}$이므로

$f'(2)=1+\frac{2\times(8-4)-4\times(12-2)}{(8-4)^2}=-1$

즉, 곡선 $y=f(x)$ 위의 점 $(2, 3)$에서의 접선의 기울기가 $-1$이므로 이 접선에 수직인 직선의 기울기는 1이다.
따라서 구하는 직선의 방정식은
$y-3=x-2$ $\quad\therefore y=x+1$
즉, $m=1$, $n=1$이므로
$m+n=1+1=2$

## 0623

답 2

$f(x)=e^{2x}$이라 하면 $f'(x)=2e^{2x}$이므로
$f'(0)=2$
즉, 곡선 $y=f(x)$ 위의 점 $(0, 1)$에서의 접선의 기울기가 2이므로 이 접선에 수직인 직선의 기울기는 $-\frac{1}{2}$이다.
이때 이 직선이 점 $(4, 0)$을 지나므로 구하는 직선의 방정식은
$y=-\frac{1}{2}(x-4)$ $\quad\therefore y=-\frac{1}{2}x+2$
따라서 구하는 직선의 $y$절편은 2이다.

## 0624

답 ④

$f(x)=\sqrt{1+\cos\frac{\pi}{2}x}$라 하면 점 $(1, p)$가 곡선 $y=f(x)$ 위의 점이므로

$p=f(1)=\sqrt{1+\cos\frac{\pi}{2}}=1$

$f'(x)=\frac{1}{2\sqrt{1+\cos\frac{\pi}{2}x}}\times\left(-\sin\frac{\pi}{2}x\right)\times\frac{\pi}{2}=\frac{-\frac{\pi}{2}\sin\frac{\pi}{2}x}{2\sqrt{1+\cos\frac{\pi}{2}x}}$

이므로 $f'(1)=\frac{-\frac{\pi}{2}\sin\frac{\pi}{2}}{2\sqrt{1+\cos\frac{\pi}{2}}}=-\frac{\pi}{4}$

즉, 곡선 $y=f(x)$ 위의 점 $(1, 1)$에서의 접선의 기울기가 $-\frac{\pi}{4}$이므로 이 접선에 수직인 직선의 기울기는 $\frac{4}{\pi}$이다.

따라서 직선의 방정식은 $y-1=\frac{4}{\pi}(x-1)$이므로

$y=\frac{4}{\pi}x-\frac{4}{\pi}+1$

이때 이 직선이 점 $(q, 0)$을 지나므로

$0=\frac{4}{\pi}q-\frac{4}{\pi}+1$, $\frac{4}{\pi}q=\frac{4}{\pi}-1$

$\therefore q=1-\frac{\pi}{4}$

$\therefore p-q=1-\left(1-\frac{\pi}{4}\right)=\frac{\pi}{4}$

## 0625

답 10

$g(x)=\sin 3x$라 하면 $g'(x)=3\cos 3x$이므로

$g'(\theta)=3\cos 3\theta$

즉, 곡선 $y=g(x)$ 위의 점 $(\theta, \sin 3\theta)$에서의 접선의 기울기가

$3\cos 3\theta$이므로 이 접선에 수직인 직선의 기울기는 $-\frac{1}{3\cos 3\theta}$이다.

따라서 직선의 방정식은 $y-\sin 3\theta=-\frac{1}{3\cos 3\theta}(x-\theta)$

위의 식에 $y=0$을 대입하면 $-\sin 3\theta=-\frac{1}{3\cos 3\theta}(x-\theta)$

$\therefore x=3\sin 3\theta\cos 3\theta+\theta$

즉, $f(\theta)=3\sin 3\theta\cos 3\theta+\theta$이므로

$$\lim_{\theta\to 0}\frac{f(\theta)}{\theta}=\lim_{\theta\to 0}\frac{3\sin 3\theta\cos 3\theta+\theta}{\theta}$$
$$=\lim_{\theta\to 0}\left(\frac{\sin 3\theta}{3\theta}\times\cos 3\theta\times 9+1\right)$$
$$=1\times 1\times 9+1=10$$

### 유형 03 기울기가 주어진 접선의 방정식

확인 문제 $y=\frac{1}{4}x-\frac{1}{2}$

$f(x)=\frac{x-2}{x+2}$라 하면 $f'(x)=\frac{x+2-(x-2)}{(x+2)^2}=\frac{4}{(x+2)^2}$

이때 곡선 $y=f(x)$와 기울기가 $\frac{1}{4}$인 직선이 접하는 접점의 좌표를

$(t, f(t))$라 하면 $f'(t)=\frac{1}{4}$에서

$\frac{4}{(t+2)^2}=\frac{1}{4}$, $(t+2)^2=16$

$t+2=\pm 4 \qquad \therefore t=2\ (\because t>-2)$

$\therefore f(2)=0$

따라서 접점의 좌표가 $(2, 0)$이므로 구하는 접선의 방정식은

$y=\frac{1}{4}(x-2)$

$\therefore y=\frac{1}{4}x-\frac{1}{2}$

## 0626

답 ②

$f(x)=x+e^x$이라 하면 $f'(x)=1+e^x$

이때 곡선 $y=f(x)$와 직선 $y=2x+3$에 평행한 직선이 접하는 접점의 좌표를 $(t, f(t))$라 하면 $f'(t)=2$에서

$1+e^t=2$, $e^t=1$

$\therefore t=0$, $f(0)=1$

즉, 접점의 좌표가 $(0, 1)$이므로 접선의 방정식은

$y=2x+1$

위의 식에 $y=0$을 대입하면

$2x+1=0 \qquad \therefore x=-\frac{1}{2}$

따라서 구하는 직선의 $x$절편은 $-\frac{1}{2}$이다.

## 0627

답 ⑤

$f(x)=2\sqrt{x+2}$라 하면 $f'(x)=\frac{2}{2\sqrt{x+2}}=\frac{1}{\sqrt{x+2}}$

이때 곡선 $y=f(x)$와 직선 $y=x+2$에 평행한 직선이 접하는 접점의 좌표를 $(t, f(t))$라 하면 $f'(t)=1$에서

$\frac{1}{\sqrt{t+2}}=1$, $\sqrt{t+2}=1$, $t+2=1$

$\therefore t=-1$, $f(-1)=2\sqrt{-1+2}=2$

따라서 접점의 좌표가 $(-1, 2)$이므로 접선의 방정식은

$y-2=x-(-1) \qquad \therefore y=x+3$

이 직선이 점 $(2, k)$를 지나므로

$k=2+3=5 \qquad \therefore 3k=15$

## 0628

답 ①

$f(x)=3x\ln x-bx$라 하면 $f'(x)=3\ln x+3-b$

직선 $y=3x+a$가 곡선 $y=f(x)$에 접하는 접점의 $x$좌표가 $e$이므로 $f'(e)=3$에서

$3\ln e+3-b=3 \qquad \therefore b=3$

즉, $f(x)=3x\ln x-3x$이므로 접점의 $y$좌표는

$f(e)=3e\ln e-3e=0$

따라서 직선 $y=3x+a$가 점 $(e, 0)$을 지나므로

$0=3e+a \qquad \therefore a=-3e$

$\therefore ab=-3e\times 3=-9e$

## 0629

답 32

$f(x)=\ln(x-7)$이라 하면 $f'(x)=\frac{1}{x-7}$

이때 곡선 $y=f(x)$와 기울기가 1인 직선이 $x=k$인 점에서 접한다고 하면 $f'(k)=1$에서

$\frac{1}{k-7}=1$

$\therefore k=8$, $f(8)=\ln(8-7)=0$

즉, 접점의 좌표가 $(8, 0)$이므로 접선의 방정식은

$y=x-8$

따라서 $A(8, 0)$, $B(0, -8)$이므로

구하는 삼각형 AOB의 넓이는

$\frac{1}{2}\times\overline{OA}\times\overline{OB}=\frac{1}{2}\times 8\times 8=32$

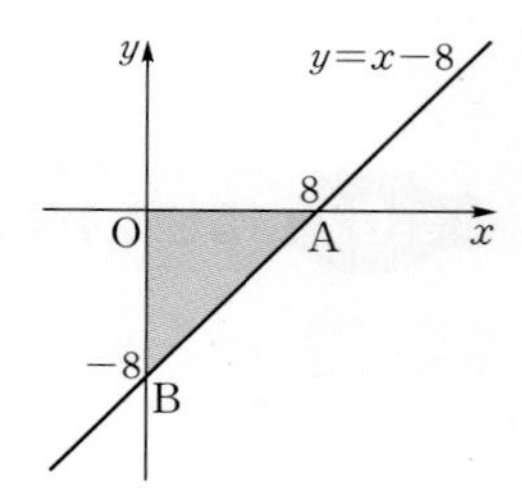


## 0630

답 ④

$f(x)=-x^2+6x-2\ln x$에서

$f'(x)=-2x+6-\frac{2}{x}=-2\left(x+\frac{1}{x}\right)+6$

$x>0$이므로 산술평균과 기하평균의 관계에 의하여

$x+\frac{1}{x}\geq 2\sqrt{x\times\frac{1}{x}}=2$

이때 등호는 $x=\frac{1}{x}$일 때 성립하므로

$x=1$ ($\because x>0$)

즉, $f'(x)$가 $x=1$일 때 최댓값 2를 갖고

$f(1)=-1+6=5$이므로 구하는 접선의 방정식은

$y-5=2(x-1)$ $\therefore y=2x+3$

따라서 $g(x)=2x+3$이므로

$g(2)=2\times 2+3=7$

## 유형 04 곡선 밖의 한 점에서 그은 접선의 방정식

확인 문제 $y=-x+3$

$f(x)=\frac{2}{\sqrt{x}}=2x^{-\frac{1}{2}}$이라 하면

$f'(x)=2\times\left(-\frac{1}{2}\right)\times x^{-\frac{3}{2}}=-\frac{1}{x\sqrt{x}}$

점 $(0, 3)$에서 곡선 $y=f(x)$에 그은 접선의 접점의 좌표를 $\left(t, \frac{2}{\sqrt{t}}\right)$라 하면 접선의 방정식은

$y-\frac{2}{\sqrt{t}}=-\frac{1}{t\sqrt{t}}(x-t)$에서

$y=-\frac{1}{t\sqrt{t}}x+\frac{3}{\sqrt{t}}$ …… ㉠

직선 ㉠이 점 $(0, 3)$을 지나므로

$3=\frac{3}{\sqrt{t}}$, $\sqrt{t}=1$

$\therefore t=1$

이를 ㉠에 대입하면

$y=-x+3$

## 0631

답 ①

$f(x)=\frac{e^{-x}}{x}$이라 하면

$f'(x)=\frac{-e^{-x}\times x-e^{-x}}{x^2}=\frac{(-x-1)e^{-x}}{x^2}$

원점에서 곡선 $y=f(x)$에 그은 접선의 접점의 좌표를 $\left(t, \frac{e^{-t}}{t}\right)$이라 하면 접선의 방정식은

$y-\frac{e^{-t}}{t}=\frac{(-t-1)e^{-t}}{t^2}(x-t)$에서

$y=\frac{(-t-1)e^{-t}}{t^2}x+\frac{(t+2)e^{-t}}{t}$ …… ㉠

직선 ㉠이 원점을 지나므로 $\frac{(t+2)e^{-t}}{t}=0$

$\therefore t=-2$ ($\because e^{-t}>0$)

이를 ㉠에 대입하면 $y=\frac{e^2}{4}x$

이 직선이 점 $(-4, k)$를 지나므로

$k=\frac{e^2}{4}\times(-4)=-e^2$

## 0632

답 ②

$f(x)=x\ln x$라 하면 $f'(x)=\ln x+x\times\frac{1}{x}=\ln x+1$

점 $(0, -2)$에서 곡선 $y=f(x)$에 그은 접선의 접점의 좌표를 $(t, t\ln t)$라 하면 접선의 방정식은

$y-t\ln t=(\ln t+1)(x-t)$에서

$y=(\ln t+1)x-t$ …… ㉠

직선 ㉠이 점 $(0, -2)$를 지나므로

$-2=-t$ $\therefore t=2$

이를 ㉠에 대입하면

$y=(\ln 2+1)x-2$

위의 식에 $y=0$을 대입하면

$(\ln 2+1)x-2=0$ $\therefore x=\frac{2}{\ln 2+1}=\frac{2}{\ln 2e}$

따라서 구하는 접선의 $x$절편은 $\frac{2}{\ln 2e}$이다.

## 0633

답 ④

$y=e^{x+2}$에서 $x+2=\ln y$이므로 $x=\ln y-2$

즉, 두 곡선 $y=e^{x+2}$, $y=\ln x-2$는 직선 $y=x$에 대하여 대칭이므로 두 점 A, B도 직선 $y=x$에 대하여 대칭이다.

한편, $f(x)=e^{x+2}$이라 하면 $f'(x)=e^{x+2}$

이때 원점에서 곡선 $y=f(x)$에 그은 접선의 접점의 좌표를 $(t, e^{t+2})$이라 하면 접선의 방정식은

$y-e^{t+2}=e^{t+2}(x-t)$에서

$y=e^{t+2}x+(1-t)e^{t+2}$ …… ㉠

직선 ㉠이 원점을 지나므로 $(1-t)e^{t+2}=0$

$\therefore t=1$ ($\because e^{t+2}>0$)

따라서 $A(1, e^3)$, $B(e^3, 1)$이므로

$\overline{AB}=\sqrt{(e^3-1)^2+(1-e^3)^2}=\sqrt{2}(e^3-1)$

## 0634

답 ①

$f(x)=e^{x-k}$이라 하면 $f'(x)=e^{x-k}$

점 $(1, 0)$에서 곡선 $y=f(x)$에 그은 접선의 접점의 좌표를 $(t, e^{t-k})$이라 하면 접선의 방정식은

$y-e^{t-k}=e^{t-k}(x-t)$에서

$y=e^{t-k}x+(1-t)e^{t-k}$ …… ㉠

직선 ㉠이 점 $(1, 0)$을 지나므로

$e^{t-k}+(1-t)e^{t-k}=0$, $(2-t)e^{t-k}=0$

$\therefore t=2$ ($\because e^{t-k}>0$)

이를 ㉠에 대입하면 $y=e^{2-k}x-e^{2-k}$

이 직선이 점 $(4, 6)$을 지나므로

$4e^{2-k}-e^{2-k}=6$, $e^{2-k}=2$

$2-k=\ln 2$ $\therefore k=2-\ln 2$

## 0635

답 31

$f(x)=\sqrt{x^2-5}$라 하면

$f'(x)=\frac{1}{2\sqrt{x^2-5}}\times 2x=\frac{x}{\sqrt{x^2-5}}$

점 $\left(0, -\frac{5}{2}\right)$에서 곡선 $y=f(x)$에 그은 접선의 접점의 좌표를 $(t, \sqrt{t^2-5})$라 하면 접선의 방정식은

$y-\sqrt{t^2-5}=\frac{t}{\sqrt{t^2-5}}(x-t)$에서

$y=\frac{t}{\sqrt{t^2-5}}x-\frac{t^2}{\sqrt{t^2-5}}+\sqrt{t^2-5}$

$\therefore y=\frac{t}{\sqrt{t^2-5}}x-\frac{5}{\sqrt{t^2-5}}$ …… ㉠

……… ❶

직선 ㉠이 점 $\left(0, -\frac{5}{2}\right)$를 지나므로

$-\frac{5}{\sqrt{t^2-5}}=-\frac{5}{2}$, $\sqrt{t^2-5}=2$

$t^2-5=4$, $t^2=9$

$\therefore t=-3$ 또는 $t=3$

……… ❷

$t=-3$을 ㉠에 대입하면 $y=-\frac{3}{2}x-\frac{5}{2}$

이 직선의 $x$절편은 $-\frac{3}{2}x-\frac{5}{2}=0$에서 $x=-\frac{5}{3}$

$t=3$을 ㉠에 대입하면 $y=\frac{3}{2}x-\frac{5}{2}$

이 직선의 $x$절편은 $\frac{3}{2}x-\frac{5}{2}=0$에서 $x=\frac{5}{3}$

따라서 구하는 도형의 넓이는

$\frac{1}{2}\times\left\{\frac{5}{3}-\left(-\frac{5}{3}\right)\right\}\times\left|-\frac{5}{2}\right|$

$=\frac{1}{2}\times\frac{10}{3}\times\frac{5}{2}=\frac{25}{6}$

이므로 $p=6$, $q=25$

$\therefore p+q=6+25=31$

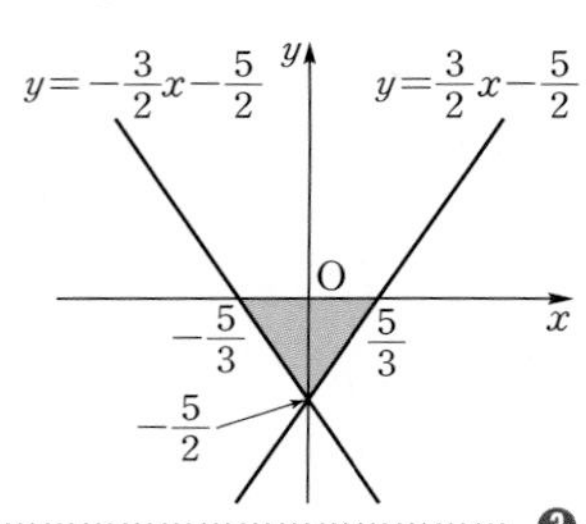


……… ❸

| 채점 기준 | 배점 |
|---|---|
| ❶ 접점의 좌표를 $(t, f(t))$로 놓고 접선의 방정식 세우기 | 30% |
| ❷ 접선이 지나는 점의 좌표를 대입하여 $t$의 값 구하기 | 30% |
| ❸ 도형의 넓이를 구하고 $p+q$의 값 구하기 | 40% |

## 유형 05 접선의 개수

### 0636

답 ①

$f(x)=xe^x$이라 하면 $f'(x)=e^x+xe^x=(x+1)e^x$

점 $(k, 0)$에서 곡선 $y=f(x)$에 그은 접선의 접점의 좌표를 $(t, te^t)$이라 하면 접선의 방정식은

$y-te^t=(t+1)e^t(x-t)$에서

$y=(t+1)e^tx-t^2e^t$

이 직선이 점 $(k, 0)$을 지나므로 $0=(t+1)e^tk-t^2e^t$

$t^2-kt-k=0$ ($\because e^t>0$) …… ㉠

이때 점 $(k, 0)$에서 곡선 $y=f(x)$에 오직 하나의 접선을 그을 수 있으려면 이차방정식 ㉠이 중근을 가져야 한다.

즉, 이차방정식 ㉠의 판별식을 $D$라 할 때 $D=0$이어야 하므로

$D=(-k)^2-4\times1\times(-k)=0$, $k(k+4)=0$

$\therefore k=-4$ ($\because k\neq0$)

### 0637

답 2

$f(x)=\frac{2}{x^2+1}$라 하면 $f'(x)=-\frac{4x}{(x^2+1)^2}$

점 $(0, 1)$에서 곡선 $y=f(x)$에 그은 접선의 접점의 좌표를 $\left(t, \frac{2}{t^2+1}\right)$라 하면 접선의 방정식은

$y-\frac{2}{t^2+1}=-\frac{4t}{(t^2+1)^2}(x-t)$에서

$y=-\frac{4t}{(t^2+1)^2}x+\frac{6t^2+2}{(t^2+1)^2}$

이 직선이 점 $(0, 1)$을 지나므로 $\frac{6t^2+2}{(t^2+1)^2}=1$

$(t^2+1)^2-6(t^2+1)+4=0$ …… ㉠

이때 $t^2+1=X$라 하면 $X^2-6X+4=0$

$\therefore X=3+\sqrt{5}$ ($\because X\geq1$)

즉, $t^2+1=3+\sqrt{5}$, $t^2=2+\sqrt{5}$

위의 식을 만족시키는 실수 $t$의 값이 2개이므로 방정식 ㉠은 서로 다른 두 실근을 갖는다.

따라서 구하는 접선의 개수는 2이다.

### 0638

답 3

$f(x)=(x+k)e^{-2x}$이라 하면

$f'(x)=e^{-2x}-(x+k)\times2e^{-2x}=(1-2x-2k)e^{-2x}$

원점에서 곡선 $y=f(x)$에 그은 접선의 접점의 좌표를 $(t, (t+k)e^{-2t})$이라 하면 접선의 방정식은

$y-(t+k)e^{-2t}=(1-2t-2k)e^{-2t}(x-t)$에서

$y=(1-2t-2k)e^{-2t}x+(2t^2+2kt+k)e^{-2t}$

이 직선이 원점을 지나므로

$(2t^2+2kt+k)e^{-2t}=0$

$\therefore 2t^2+2kt+k=0$ ($\because e^{-2t}>0$) …… ㉠

이때 원점에서 곡선 $y=f(x)$에 2개의 접선을 그을 수 있으려면 이차방정식 ㉠이 서로 다른 두 실근을 가져야 한다.

즉, 이차방정식 ㉠의 판별식을 $D$라 할 때 $D>0$이어야 하므로

$\frac{D}{4}=k^2-2k>0$, $k(k-2)>0$

$\therefore k<0$ 또는 $k>2$

따라서 구하는 자연수 $k$의 최솟값은 3이다.

## 유형 06 공통인 접선

### 0639

답 ①

$f(x)=x\ln x$, $g(x)=a\sqrt{x}$라 하면

$f'(x)=\ln x+x\times\frac{1}{x}=\ln x+1$, $g'(x)=\frac{a}{2\sqrt{x}}$

두 곡선 $y=f(x)$, $y=g(x)$가 $x=t$인 점에서 접한다고 하면 이 점에서의 접선이 일치하므로

$f(t)=g(t)$에서 $t\ln t=a\sqrt{t}$

$\therefore a=\sqrt{t}\ln t$ …… ㉠

$f'(t)=g'(t)$에서 $\ln t+1=\frac{a}{2\sqrt{t}}$

$\ln t+1=\frac{\sqrt{t}\ln t}{2\sqrt{t}}$ ($\because$ ㉠), $\ln t+1=\frac{1}{2}\ln t$

$\ln t=-2$ $\therefore t=e^{-2}$

이를 ㉠에 대입하면

$a=\sqrt{e^{-2}}\ln e^{-2}=-2e^{-1}=-\frac{2}{e}$

## 0640

답 ①

$f(x)=\frac{k}{x^2}$, $g(x)=xe^x$이라 하면

$f'(x)=-\frac{2k}{x^3}$, $g'(x)=(x+1)e^x$

두 곡선 $y=f(x)$, $y=g(x)$의 교점의 $x$좌표를 $t$라 하면 이 점에서의 접선이 서로 일치하므로

$f(t)=g(t)$에서 $\frac{k}{t^2}=te^t$

$\therefore k=t^3e^t$ …… ㉠

$f'(t)=g'(t)$에서 $-\frac{2k}{t^3}=(t+1)e^t$

$-\frac{2t^3e^t}{t^3}=(t+1)e^t$ ($\because$ ㉠)

$t+1=-2$ ($\because e^t>0$) $\therefore t=-3$

이를 ㉠에 대입하면

$k=(-3)^3e^{-3}=-\frac{27}{e^3}$

## 0641

답 2

$f(x)=\frac{px^2+q}{x}$, $g(x)=\ln x$라 하면

$f'(x)=\frac{2px^2-px^2-q}{x^2}=\frac{px^2-q}{x^2}$, $g'(x)=\frac{1}{x}$

두 곡선 $y=f(x)$, $y=g(x)$가 $x=e^3$인 점에서 만나고 이 점에서의 접선의 기울기가 서로 같으므로

$f(e^3)=g(e^3)$에서 $\frac{pe^6+q}{e^3}=\ln e^3$

$\therefore pe^6+q=3e^3$ …… ㉠

$f'(e^3)=g'(e^3)$에서 $\frac{pe^6-q}{e^6}=\frac{1}{e^3}$

$\therefore pe^6-q=e^3$ …… ㉡

㉠+㉡을 하면 $2pe^6=4e^3$ $\therefore p=2e^{-3}$

$p=2e^{-3}$을 ㉠에 대입하면

$2e^{-3}\times e^6+q=3e^3$ $\therefore q=e^3$

$\therefore pq=2e^{-3}\times e^3=2$

## 0642

답 23

$f(x)=7\cos x$, $g(x)=a-\sin 2x$라 하면

$f'(x)=-7\sin x$, $g'(x)=-2\cos 2x$

두 곡선 $y=f(x)$, $y=g(x)$가 $x=t$인 점에서 접한다고 하면

$f(t)=g(t)$에서 $7\cos t=a-\sin 2t$

$\therefore a=7\cos t+\sin 2t$ …… ㉠

$f'(t)=g'(t)$에서 $-7\sin t=-2\cos 2t$

$7\sin t=2\cos 2t$, $7\sin t=2-4\sin^2 t$

$4\sin^2 t+7\sin t-2=0$, $(4\sin t-1)(\sin t+2)=0$

$\sin t=\frac{1}{4}$ ($\because -1\le\sin t\le 1$)

$\therefore \cos t=\pm\sqrt{1-\left(\frac{1}{4}\right)^2}=\pm\frac{\sqrt{15}}{4}$

이때 ㉠에서 $a=7\cos t+\sin 2t=7\cos t+2\sin t\cos t$이고, $a>0$이므로

$\cos t=\frac{\sqrt{15}}{4}$

즉, $\sin t=\frac{1}{4}$, $\cos t=\frac{\sqrt{15}}{4}$를 대입하면

$a=\frac{7\sqrt{15}}{4}+2\times\frac{1}{4}\times\frac{\sqrt{15}}{4}=\frac{15\sqrt{15}}{8}$

따라서 $p=8$, $q=15$이므로

$p+q=8+15=23$

### 유형 07 역함수의 그래프의 접선의 방정식

## 0643

답 ③

$g(e^2)=k$라 하면 $f(k)=e^2$이므로

$(k-1)e^k=e^2$ $\therefore k=2$

$f(x)=(x-1)e^x$에서 $f'(x)=e^x+(x-1)e^x=xe^x$이므로

$g'(e^2)=\frac{1}{f'(2)}=\frac{1}{2e^2}$

즉, 곡선 $y=g(x)$ 위의 점 $(e^2, 2)$에서의 접선의 방정식은

$y-2=\frac{1}{2e^2}(x-e^2)$에서 $y=\frac{1}{2e^2}x+\frac{3}{2}$

위의 식에 $y=0$을 대입하면

$\frac{1}{2e^2}x+\frac{3}{2}=0$ $\therefore x=-3e^2$

따라서 접선의 $x$절편은 $-3e^2$, $y$절편은 $\frac{3}{2}$이므로 구하는 도형의 넓이는

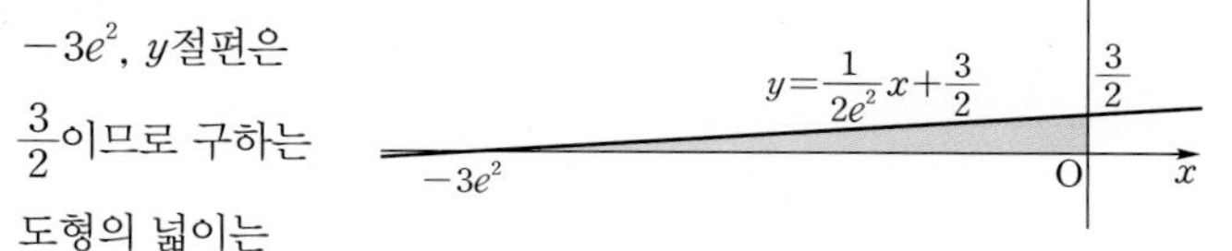


$\frac{1}{2}\times|-3e^2|\times\left|\frac{3}{2}\right|=\frac{9}{4}e^2$

## 0644

답 ③

$g(4)=k$에서 $f(k)=4$이므로

$2\sin k+3=4$, $\sin k=\frac{1}{2}$

$\therefore k=\frac{\pi}{6}$ $\left(\because 0\le k\le\frac{\pi}{2}\right)$

$f(x)=2\sin x+3$에서 $f'(x)=2\cos x$이므로

$g'(4)=\frac{1}{f'\left(\frac{\pi}{6}\right)}=\frac{1}{2\cos\frac{\pi}{6}}=\frac{1}{\sqrt{3}}$

따라서 곡선 $y=g(x)$ 위의 점 $\left(4, \frac{\pi}{6}\right)$에서의 접선의 방정식은

$y-\frac{\pi}{6}=\frac{1}{\sqrt{3}}(x-4)$에서 $y=\frac{1}{\sqrt{3}}x-\frac{4}{\sqrt{3}}+\frac{\pi}{6}$

즉, $k=\frac{\pi}{6}$, $a=\frac{1}{\sqrt{3}}$, $b=-\frac{4}{\sqrt{3}}+\frac{\pi}{6}$이므로

$k+a-b=\frac{\pi}{6}+\frac{1}{\sqrt{3}}-\left(-\frac{4}{\sqrt{3}}+\frac{\pi}{6}\right)=\frac{5}{\sqrt{3}}=\frac{5\sqrt{3}}{3}$

## 0645

답 2

$f(x)=\frac{x+\ln x}{x}=1+\frac{\ln x}{x}$에서

$f'(x)=\frac{\frac{1}{x}\times x-\ln x}{x^2}=\frac{1-\ln x}{x^2}$

두 함수 $f(x)$, $g(x)$가 역함수 관계이므로 두 곡선 $y=f(x)$, $y=g(x)$는 직선 $y=x$에 대하여 대칭이다.

이때 두 곡선 $y=f(x)$, $y=g(x)$가 접하므로 접점 $(a, b)$에서의 접선은 직선 $y=x$이다.

즉, 점 $(a, b)$가 직선 $y=x$ 위의 점이므로 $a=b$

……… ❶

$f(a)=a$에서 $1+\frac{\ln a}{a}=a$

$\therefore \ln a=a(a-1)$ …… ㉠

$f'(a)=1$에서 $\frac{1-\ln a}{a^2}=1$

$1-a(a-1)=a^2$ ($\because$ ㉠)

$1-a^2+a=a^2$, $2a^2-a-1=0$

……… ❷

$(2a+1)(a-1)=0$

$\therefore a=-\frac{1}{2}$ 또는 $a=1$

이때 $a>0$이므로 $a=1$, $b=1$

$\therefore a+b=1+1=2$

……… ❸

| 채점 기준 | 배점 |
|---|---|
| ❶ $a$와 $b$ 사이의 관계식 구하기 | 40% |
| ❷ $a$에 대한 이차방정식 세우기 | 30% |
| ❸ $a+b$의 값 구하기 | 30% |

## 0646

답 8

조건 (나)의 $\lim_{x\to 0}\frac{f(x)+2}{\sin 2x}=\frac{1}{4}$에서 극한값이 존재하고 $x\to 0$일 때, (분모)$\to 0$이므로 (분자)$\to 0$이어야 한다.

즉, $\lim_{x\to 0}\{f(x)+2\}=0$이므로 $f(0)=-2$

$$\lim_{x\to 0}\frac{f(x)+2}{\sin 2x}=\lim_{x\to 0}\frac{f(x)-f(0)}{\sin 2x}$$
$$=\lim_{x\to 0}\left\{\frac{f(x)-f(0)}{x}\times\frac{2x}{\sin 2x}\times\frac{1}{2}\right\}$$
$$=f'(0)\times 1\times\frac{1}{2}=\frac{1}{4}$$

이므로 $f'(0)=\frac{1}{2}$

이때 함수 $g(x)$는 $f(x)$의 역함수이므로

$g(-2)=0$, $g'(-2)=\frac{1}{f'(0)}=\frac{1}{\frac{1}{2}}=2$

따라서 곡선 $y=g(x)$ 위의 점 $(-2, 0)$에서의 접선의 방정식은

$y=2(x+2)$  $\therefore y=2x+4$

즉, $m=2$, $n=4$이므로 $mn=2\times 4=8$

### 유형 08 매개변수로 나타낸 곡선의 접선의 방정식

## 0647

답 ②

$x=\theta+\sin\theta$, $y=\theta-\cos\theta$를 각각 $\theta$에 대하여 미분하면

$\frac{dx}{d\theta}=1+\cos\theta$, $\frac{dy}{d\theta}=1+\sin\theta$이므로

$$\frac{dy}{dx}=\frac{\frac{dy}{d\theta}}{\frac{dx}{d\theta}}=\frac{1+\sin\theta}{1+\cos\theta}$$

$\theta=\frac{\pi}{2}$일 때 $x=\frac{\pi}{2}+1$, $y=\frac{\pi}{2}$

$\frac{dy}{dx}=\frac{1+1}{1}=2$

이므로 접선의 방정식은

$y-\frac{\pi}{2}=2\left(x-\frac{\pi}{2}-1\right)$  $\therefore y=2x-\frac{\pi}{2}-2$

따라서 $a=2$, $b=-\frac{\pi}{2}-2$이므로

$a+b=2+\left(-\frac{\pi}{2}-2\right)=-\frac{\pi}{2}$

## 0648

답 ②

$x=e^t+2t$, $y=e^{-t}+3t$를 각각 $t$에 대하여 미분하면

$\frac{dx}{dt}=e^t+2$, $\frac{dy}{dt}=-e^{-t}+3$이므로

$$\frac{dy}{dx}=\frac{\frac{dy}{dt}}{\frac{dx}{dt}}=\frac{-e^{-t}+3}{e^t+2}$$

$t=0$일 때 $x=e^0=1$, $y=e^0=1$

$\frac{dy}{dx}=\frac{-e^0+3}{e^0+2}=\frac{2}{3}$

이므로 접선의 방정식은

$y-1=\frac{2}{3}(x-1)$  $\therefore y=\frac{2}{3}x+\frac{1}{3}$

이 직선이 점 $(10, a)$를 지나므로

$a=\frac{2}{3}\times 10+\frac{1}{3}=\frac{21}{3}=7$

## 0649

답 $-1$

$x=2t^2-2$, $y=2t^3+1$을 각각 $t$에 대하여 미분하면

$\frac{dx}{dt}=4t$, $\frac{dy}{dt}=6t^2$이므로

$$\frac{dy}{dx}=\frac{\frac{dy}{dt}}{\frac{dx}{dt}}=\frac{6t^2}{4t}=\frac{3}{2}t\ (\text{단, } t\neq0)$$

❶

$t=a$에 대응하는 점에서의 접선의 기울기가 3이므로

$\frac{3}{2}a=3$에서 $a=2$

❷

즉, $t=2$일 때

$x=6,\ y=17$이므로 접선의 방정식은

$y-17=3(x-6)\qquad \therefore y=3x-1$

따라서 구하는 접선의 $y$절편은 $-1$이다.

❸

| 채점 기준 | 배점 |
|---|---|
| ❶ $\frac{dy}{dx}$를 $t$에 대한 식으로 나타내기 | 40% |
| ❷ 접선의 기울기가 3이 되도록 하는 $a$의 값 구하기 | 30% |
| ❸ 접선의 방정식을 구하고 이를 이용하여 $y$절편 구하기 | 30% |

## 0650

답 ④

$x=e^t+t\ln t,\ y=e^{3t}-3t$를 각각 $t$에 대하여 미분하면

$\frac{dx}{dt}=e^t+\ln t+1,\ \frac{dy}{dt}=3e^{3t}-3$이므로

$$\frac{dy}{dx}=\frac{\frac{dy}{dt}}{\frac{dx}{dt}}=\frac{3e^{3t}-3}{e^t+\ln t+1}$$

$t=1$일 때 $x=e,\ y=e^3-3$

$\frac{dy}{dx}=\frac{3e^3-3}{e+1}$

이므로 접선의 방정식은

$y-(e^3-3)=\frac{3e^3-3}{e+1}(x-e)$

$\therefore y=\frac{3e^3-3}{e+1}x-\frac{(3e^3-3)e}{e+1}+e^3-3$

따라서 $a=\frac{3e^3-3}{e+1},\ b=-\frac{(3e^3-3)e}{e+1}+e^3-3$이므로

$$\begin{aligned}a-b&=\frac{3e^3-3}{e+1}+\frac{(3e^3-3)e}{e+1}-e^3+3\\&=\frac{(3e^3-3)(1+e)}{e+1}-e^3+3\\&=3e^3-3-e^3+3=2e^3\end{aligned}$$

## 0651

답 ②

$x=2\sin t,\ y=\cos t$를 각각 $t$에 대하여 미분하면

$\frac{dx}{dt}=2\cos t,\ \frac{dy}{dt}=-\sin t$이므로

$$\frac{dy}{dx}=\frac{\frac{dy}{dt}}{\frac{dx}{dt}}=\frac{-\sin t}{2\cos t}=-\frac{1}{2}\tan t\ (\text{단, } \cos t\neq0)$$

점 $(a,\ b)$에서의 접선의 기울기가 $-\frac{1}{2}$이므로

$-\frac{1}{2}\tan t=-\frac{1}{2},\ \tan t=1$

이때 점 $(a,\ b)$는 제1사분면 위의 점이므로 $t=\frac{\pi}{4}$

즉, $t=\frac{\pi}{4}$일 때

$a=2\sin\frac{\pi}{4}=\sqrt{2},\ b=\cos\frac{\pi}{4}=\frac{\sqrt{2}}{2}$이므로

점 $\left(\sqrt{2},\ \frac{\sqrt{2}}{2}\right)$에서의 접선의 방정식은

$y-\frac{\sqrt{2}}{2}=-\frac{1}{2}(x-\sqrt{2})\qquad \therefore y=-\frac{1}{2}x+\sqrt{2}$

따라서 $A(2\sqrt{2},\ 0),\ B(0,\ \sqrt{2})$이므로 구하는 삼각형 OAB의 넓이는

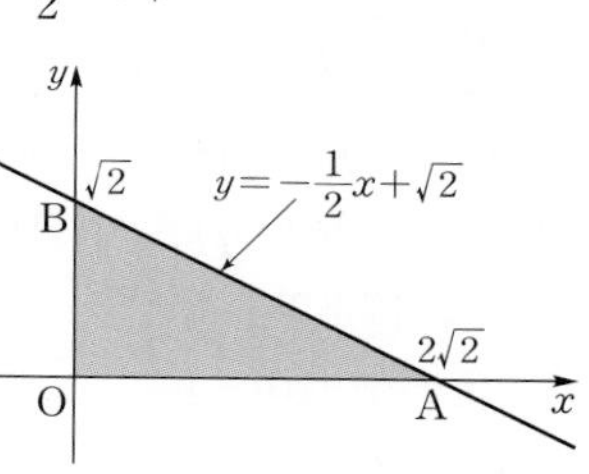


$\frac{1}{2}\times\overline{OA}\times\overline{OB}$

$=\frac{1}{2}\times2\sqrt{2}\times\sqrt{2}=2$

### 유형 09 음함수로 나타낸 곡선의 접선의 방정식

## 0652

답 ③

$x^3-y^3-4xy-8=0$의 양변을 $x$에 대하여 미분하면

$3x^2-3y^2\times\frac{dy}{dx}-4y-4x\times\frac{dy}{dx}=0$

$(4x+3y^2)\times\frac{dy}{dx}=3x^2-4y$

$\therefore \frac{dy}{dx}=\frac{3x^2-4y}{4x+3y^2}\ (\text{단, } 4x+3y^2\neq0)$

주어진 곡선 위의 점 $(0,\ -2)$에서의 접선의 기울기는

$\frac{3\times0^2-4\times(-2)}{4\times0+3\times(-2)^2}=\frac{8}{12}=\frac{2}{3}$이므로 접선의 방정식은

$y-(-2)=\frac{2}{3}(x-0)\qquad \therefore y=\frac{2}{3}x-2$

따라서 구하는 접선의 $x$절편은

$\frac{2}{3}x-2=0$에서 $x=3$

## 0653

답 ⑤

$e^y\ln x=2y+1$의 양변을 $x$에 대하여 미분하면

$e^y\times\ln x\times\frac{dy}{dx}+e^y\times\frac{1}{x}=2\times\frac{dy}{dx}$

$\therefore \frac{dy}{dx}=-\frac{e^y}{x(e^y\ln x-2)}\ (\text{단, } x(e^y\ln x-2)\neq0)$

주어진 곡선 위의 점 $(e,\ 0)$에서의 접선의 기울기는

$-\frac{1}{e(1-2)}=\frac{1}{e}$이므로 접선의 방정식은

$y=\frac{1}{e}(x-e)\qquad \therefore y=\frac{1}{e}x-1$

따라서 $a=\frac{1}{e},\ b=-1$이므로

$ab=-\frac{1}{e}$

## 0654

답 14

곡선 $\sqrt{x}+\sqrt{y}=6$이 점 $(p, 16)$을 지나므로

$\sqrt{p}+\sqrt{16}=6$, $\sqrt{p}=2$ $\quad\therefore p=4$

$\sqrt{x}+\sqrt{y}=6$의 양변을 $x$에 대하여 미분하면

$\frac{1}{2\sqrt{x}}+\frac{1}{2\sqrt{y}}\times\frac{dy}{dx}=0$ $\quad\therefore \frac{dy}{dx}=-\frac{\sqrt{y}}{\sqrt{x}}$ (단, $x\neq0$)

주어진 곡선 위의 점 $(4, 16)$에서의 접선의 기울기는

$-\frac{\sqrt{16}}{\sqrt{4}}=-2$이므로 접선의 방정식은

$y-16=-2(x-4)$ $\quad\therefore y=-2x+24$

이 직선이 점 $(7, q)$를 지나므로

$q=-2\times7+24=10$

$\therefore p+q=4+10=14$

## 0655

답 41

$\frac{x^2}{y}+\frac{y^2}{x}=\frac{9}{2}$에서 $2x^3+2y^3-9xy=0$

위의 식의 양변을 $x$에 대하여 미분하면

$6x^2+6y^2\times\frac{dy}{dx}-9y-9x\times\frac{dy}{dx}=0$

$(9x-6y^2)\times\frac{dy}{dx}=6x^2-9y$

$\therefore \frac{dy}{dx}=\frac{6x^2-9y}{9x-6y^2}=\frac{2x^2-3y}{3x-2y^2}$ (단, $3x-2y^2\neq0$)

주어진 곡선 위의 점 $\mathrm{P}(2, 1)$에서의 접선 $l_1$의 기울기는

$\frac{2\times2^2-3\times1}{3\times2-2\times1^2}=\frac{5}{4}$

이므로 직선 $l_1$의 방정식은

$y-1=\frac{5}{4}(x-2)$ $\quad\therefore y=\frac{5}{4}x-\frac{3}{2}$

또한 직선 $l_1$에 수직인 직선 $l_2$의 기울기는 $-\frac{4}{5}$이므로 직선 $l_2$의 방정식은

$y-1=-\frac{4}{5}(x-2)$ $\quad\therefore y=-\frac{4}{5}x+\frac{13}{5}$

두 직선 $l_1$, $l_2$가 $y$축과 만나는 점의 좌표가 각각 $\left(0, -\frac{3}{2}\right)$, $\left(0, \frac{13}{5}\right)$이므로 구하는 넓이 $S$는

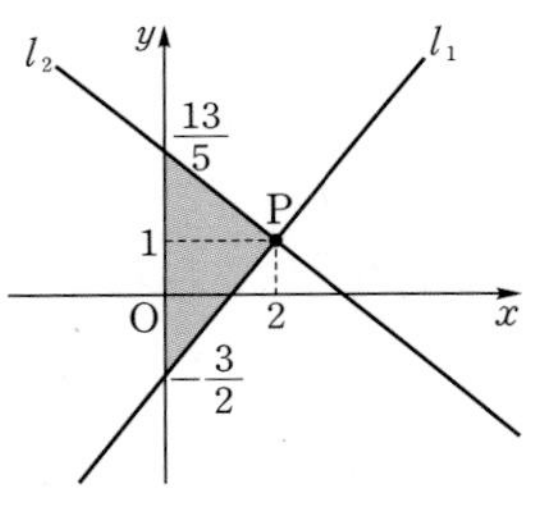


$S=\frac{1}{2}\times\left\{\frac{13}{5}-\left(-\frac{3}{2}\right)\right\}\times2=\frac{41}{10}$

$\therefore 10S=41$

## 0656

답 1

$x^2+2ye^x-y^2=-n^2+2n$의 양변을 $x$에 대하여 미분하면

$2x+2e^x\times\frac{dy}{dx}+2ye^x-2y\times\frac{dy}{dx}=0$

$(2e^x-2y)\times\frac{dy}{dx}=-(2x+2ye^x)$

$\therefore \frac{dy}{dx}=-\frac{2x+2ye^x}{2e^x-2y}=-\frac{x+ye^x}{e^x-y}$ (단, $e^x-y\neq0$)

………… ❶

주어진 곡선 위의 점 $(0, n)$에서의 접선의 기울기는

$-\frac{0+n\times e^0}{e^0-n}=-\frac{n}{1-n}=\frac{n}{n-1}$이므로 접선의 방정식은

$y=\frac{n}{n-1}x+n$

위의 식에 $y=0$을 대입하면

$\frac{n}{n-1}x+n=0$에서 $x=1-n$

$\therefore f(n)=1-n$

………… ❷

$\lim_{n\to\infty}\{1-f(n)\}\sin\frac{1}{n}=\lim_{n\to\infty}n\sin\frac{1}{n}$

이때 $\frac{1}{n}=h$라 하면 $n\to\infty$일 때 $h\to0+$이므로

$\lim_{n\to\infty}n\sin\frac{1}{n}=\lim_{h\to0+}\frac{\sin h}{h}=1$

………… ❸

| 채점 기준 | 배점 |
| --- | --- |
| ❶ 음함수의 미분법을 이용하여 $\frac{dy}{dx}$ 구하기 | 30% |
| ❷ 점 $(0, n)$에서의 접선의 $x$절편 $f(n)$ 구하기 | 40% |
| ❸ $f(n)$의 식을 이용하여 주어진 극한값 구하기 | 30% |

### 유형 10 접선의 방정식의 활용

## 0657

답 ④

직선 PQ의 방정식은

$y=\frac{-4-0}{0-2}x-4$, 즉 $y=2x-4$

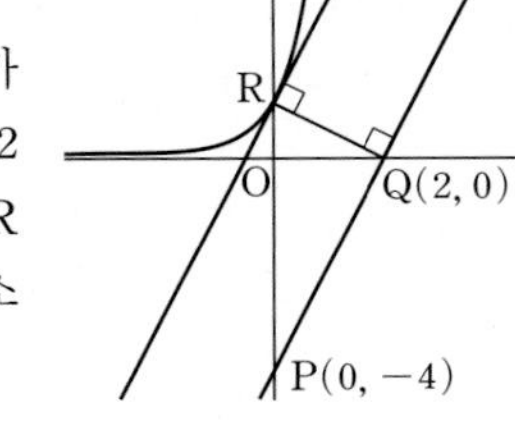


이므로 오른쪽 그림과 같이 점 R가 곡선 $y=e^{2x}$에 접하는 기울기가 2인 직선의 접점일 때, 삼각형 PQR의 높이가 최소가 되어 넓이가 최소가 된다.

$y=e^{2x}$에서 $y'=2e^{2x}$이므로

$2e^{2x}=2$에서 $x=0$, $y=e^0=1$

즉, 점 $\mathrm{R}(0, 1)$과 직선 $y=2x-4$, 즉 $2x-y-4=0$ 사이의 거리는

$\frac{|-1-4|}{\sqrt{2^2+(-1)^2}}=\sqrt{5}$

이때 $\overline{\mathrm{PQ}}=\sqrt{(0-2)^2+(-4-0)^2}=2\sqrt{5}$이므로

구하는 삼각형 PQR의 넓이의 최솟값은

$\frac{1}{2}\times2\sqrt{5}\times\sqrt{5}=5$

## 0658

답 ③

삼각형 PQR의 넓이는 점 R에서의 접선이 직선 PQ와 평행할 때 최대가 된다.

$f(x)=2\ln x$라 하면 $f'(x)=\frac{2}{x}$이므로

점 R에서의 접선의 기울기는 $f'(t)=\frac{2}{t}$

두 점 P(1, 0), Q($e$, 2)를 지나는 직선의 기울기는 $\frac{2}{e-1}$이므로

$\frac{2}{t}=\frac{2}{e-1}$ $\quad\therefore t=e-1$

## 0659

답 4

$y=e^{x-3}$에서 $x-3=\ln y$

$x=\ln y+3$

$x$와 $y$를 서로 바꾸면

$y=\ln x+3$

즉, 두 함수 $y=\ln x+3$, $y=e^{x-3}$은 서로 역함수 관계이므로 두 곡선은 직선 $y=x$에 대하여 대칭이다.

이때 직선 $y=-x+k$는 직선 $y=x$와 수직이므로 직선 $y=-x+k$가 두 곡선 $y=\ln x+3$, $y=e^{x-3}$과 각각 만나는 두 점 사이의 거리가 최대가 되려면 이 두 점에서의 각 곡선의 접선의 기울기가 1이어야 한다.

$y=e^{x-3}$에서 $y'=e^{x-3}$이므로 $e^{x-3}=1$에서 $x=3$

따라서 직선 $y=-x+k$와 곡선 $y=e^{x-3}$의 교점의 좌표는

(3, 1)

직선 $y=-x+k$가 점 (3, 1)을 지나므로

$1=-3+k$ $\quad\therefore k=4$

**Bible Says 역함수 구하기**

함수 $y=f(x)$의 역함수는 다음과 같은 순서로 구한다.

❶ 주어진 함수 $y=f(x)$가 일대일대응인지 확인한다.

❷ $y=f(x)$를 $x$에 대하여 정리한 후, $x=f^{-1}(y)$ 꼴로 나타낸다.

❸ $x$와 $y$를 서로 바꾸어 $y=f^{-1}(x)$로 나타낸다.

## 0660

답 $\frac{3\sqrt{2}}{8}$

$f(x)=\sin x$라 하면 $f'(x)=\cos x$

곡선 $y=f(x)$ 위의 점 P($t$, $\sin t$)에서의 접선의 방정식은

$y-\sin t=\cos t(x-t)$에서

$y=x\cos t-t\cos t+\sin t$

$y=0$일 때 $x\cos t=t\cos t-\sin t$에서

$x=t-\tan t$ $\quad\therefore$ A($t-\tan t$, 0)

..................... ❶

C($a$, 0)이라 하면 직선 PC의 기울기는 $\frac{\sin t}{t-a}$이고, 직선 PA의 기울기는 $\cos t$이므로 $\frac{\sin t}{t-a}\times\cos t=-1$에서

$a=t+\sin t\cos t$ $\quad\therefore$ C($t+\sin t\cos t$, 0)

$\overline{BC}=\sin t\cos t=\frac{1}{2}\sin 2t$이고, $0<2t<\pi$이므로

$\overline{BC}$는 $2t=\frac{\pi}{2}$, 즉 $t=\frac{\pi}{4}$일 때 최대가 된다.

..................... ❷

이때 $\overline{AC}=\sin\frac{\pi}{4}\cos\frac{\pi}{4}+\tan\frac{\pi}{4}=\frac{\sqrt{2}}{2}\times\frac{\sqrt{2}}{2}+1=\frac{3}{2}$,

$\overline{PB}=\sin\frac{\pi}{4}=\frac{\sqrt{2}}{2}$이므로 구하는 삼각형 PAC의 넓이는

$\frac{1}{2}\times\frac{3}{2}\times\frac{\sqrt{2}}{2}=\frac{3\sqrt{2}}{8}$

..................... ❸

| 채점 기준 | 배점 |
|---|---|
| ❶ 점 A의 좌표를 $t$로 나타내기 | 30% |
| ❷ $\overline{BC}$가 최대가 되도록 하는 $t$의 값 구하기 | 40% |
| ❸ 삼각형 PAC의 넓이 구하기 | 30% |

### 유형 11 함수의 증가와 감소

## 0661

답 ②

$f(x)=\frac{x-1}{x^2+3}$이라 하면

$f'(x)=\frac{x^2+3-(x-1)\times 2x}{(x^2+3)^2}=\frac{-x^2+2x+3}{(x^2+3)^2}$

$=\frac{-(x+1)(x-3)}{(x^2+3)^2}$

$f'(x)=0$에서 $x=-1$ 또는 $x=3$

함수 $f(x)$의 증가와 감소를 표로 나타내면 다음과 같다.

| $x$ | $\cdots$ | $-1$ | $\cdots$ | 3 | $\cdots$ |
|---|---|---|---|---|---|
| $f'(x)$ | $-$ | 0 | $+$ | 0 | $-$ |
| $f(x)$ | ↘ | | ↗ | | ↘ |

따라서 함수 $f(x)$는 구간 $[-1, 3]$에서 증가하므로 구하는 $x$의 값의 범위는

$-1\le x\le 3$

## 0662

답 ⑤

$f(x)=x^2-3x-\ln x^2$이라 하면 진수의 조건에 의하여 $x\neq0$이고,

$f'(x)=2x-3-\frac{2x}{x^2}=\frac{2x^2-3x-2}{x}=\frac{(2x+1)(x-2)}{x}$

$f'(x)=0$에서 $x=-\frac{1}{2}$ 또는 $x=2$

함수 $f(x)$의 증가와 감소를 표로 나타내면 다음과 같다.

| $x$ | $\cdots$ | $-\frac{1}{2}$ | $\cdots$ | (0) | $\cdots$ | 2 | $\cdots$ |
|---|---|---|---|---|---|---|---|
| $f'(x)$ | $-$ | 0 | $+$ | | $-$ | 0 | $+$ |
| $f(x)$ | ↘ | | ↗ | | ↘ | | ↗ |

따라서 함수 $f(x)$는 구간 $\left(-\infty, -\frac{1}{2}\right]$, $(0, 2]$에서 감소하므로 감소하는 구간에 속하는 $x$의 값이 아닌 것은 ⑤이다.

## 0663

답 ④

$f(x)=x+2\cos x$에서

$f'(x)=1-2\sin x$

$f'(x)=0$에서 $\sin x=\frac{1}{2}$

$\therefore x=\frac{\pi}{6}$ 또는 $x=\frac{5}{6}\pi$ ($\because 0<x<2\pi$)

$0<x<2\pi$에서 함수 $f(x)$의 증가와 감소를 표로 나타내면 다음과 같다.

| $x$ | $(0)$ | $\cdots$ | $\frac{\pi}{6}$ | $\cdots$ | $\frac{5}{6}\pi$ | $\cdots$ | $(2\pi)$ |
|---|---|---|---|---|---|---|---|
| $f'(x)$ | | $+$ | 0 | $-$ | 0 | $+$ | |
| $f(x)$ | | ↗ | | ↘ | | ↗ | |

따라서 함수 $f(x)$는 구간 $\left[\frac{\pi}{6}, \frac{5}{6}\pi\right]$에서 감소하므로

$\alpha=\frac{\pi}{6}$, $\beta=\frac{5}{6}\pi$

$\therefore \beta-\alpha=\frac{5}{6}\pi-\frac{\pi}{6}=\frac{2}{3}\pi$

## 0664

답 2

$f(x)=\frac{e^x}{2x^2+1}$에서

$f'(x)=\frac{e^x(2x^2+1)-4xe^x}{(2x^2+1)^2}=\frac{(2x^2-4x+1)e^x}{(2x^2+1)^2}$

$f'(x)=0$에서 $2x^2-4x+1=0$ ($\because e^x>0$)

함수 $f(x)$가 감소하는 $x$의 값의 범위가 $\alpha\le x\le\beta$이므로 $\alpha$, $\beta$는 이차방정식 $2x^2-4x+1=0$의 두 근이다.

따라서 이차방정식의 근과 계수의 관계에 의하여

$\alpha+\beta=\frac{4}{2}=2$

### 유형 12 실수 전체의 집합에서 함수가 증가 또는 감소할 조건

## 0665

답 1

$f(x)=x-\ln(x^2+a)$에서 진수의 조건에 의하여 $x^2+a>0$

위의 부등식이 모든 실수 $x$에 대하여 성립하므로

$a>0$ ⋯⋯ ㉠

$f'(x)=1-\frac{2x}{x^2+a}=\frac{x^2-2x+a}{x^2+a}$

함수 $f(x)$가 실수 전체의 집합에서 증가하려면 모든 실수 $x$에 대하여 $f'(x)\ge0$이어야 하므로

$x^2-2x+a\ge0$ ($\because x^2+a>0$)

이 이차부등식이 모든 실수 $x$에 대하여 성립하려면 이차방정식 $x^2-2x+a=0$의 판별식을 $D$라 할 때 $D\le0$이어야 한다.

$\frac{D}{4}=(-1)^2-a\le0$에서 $a\ge1$ ⋯⋯ ㉡

㉠, ㉡에서 $a\ge1$

따라서 구하는 양수 $a$의 최솟값은 1이다.

## 0666

답 ①

$f(x)=(x^2+2ax+11)e^x$에서

$f'(x)=(2x+2a)e^x+(x^2+2ax+11)e^x$

$=\{x^2+2(a+1)x+2a+11\}e^x$

함수 $f(x)$가 실수 전체의 집합에서 증가하려면 모든 실수 $x$에 대하여 $f'(x)\ge0$이어야 하므로

$x^2+2(a+1)x+2a+11\ge0$ ($\because e^x>0$)

이 이차부등식이 모든 실수 $x$에 대하여 성립하려면 이차방정식 $x^2+2(a+1)x+2a+11=0$의 판별식을 $D$라 할 때 $D\le0$이어야 한다.

$\frac{D}{4}=(a+1)^2-(2a+11)\le0$에서 $a^2-10\le0$

$\therefore -\sqrt{10}\le a\le\sqrt{10}$

따라서 구하는 자연수 $a$의 최댓값은 3이다.

## 0667

답 5

$f(x)=a\cos x-2x$에서 $f'(x)=-a\sin x-2$

함수 $f(x)$가 실수 전체의 집합에서 감소하려면 모든 실수 $x$에 대하여 $f'(x)\le0$이어야 하므로

$a\sin x\ge-2$ ⋯⋯ ㉠

이때 $-1\le\sin x\le1$에서 $-|a|\le a\sin x\le|a|$이므로

㉠이 모든 실수 $x$에 대하여 성립하려면

$|a|\le2$ $\therefore -2\le a\le2$

따라서 구하는 정수 $a$는 $-2$, $-1$, 0, 1, 2의 5개이다.

## 0668

답 3

$f(x)=(x+a)e^{x^2}$에서

$f'(x)=e^{x^2}+(x+a)e^{x^2}\times2x=(2x^2+2ax+1)e^{x^2}$

함수 $f(x)$가 역함수를 가지려면 실수 전체의 집합에서 증가하거나 감소해야 한다.

즉, 모든 실수 $x$에 대하여 $f'(x)\ge0$ 또는 $f'(x)\le0$이어야 하는데 $\lim_{x\to\infty}f'(x)=\infty$이므로 $f'(x)\ge0$이어야 한다.

$(2x^2+2ax+1)e^{x^2}\ge0$에서 $2x^2+2ax+1\ge0$ ($\because e^{x^2}>0$)

이 이차부등식이 모든 실수 $x$에 대하여 성립하려면 이차방정식 $2x^2+2ax+1=0$의 판별식을 $D$라 할 때 $D\le0$이어야 한다.

$\frac{D}{4}=a^2-2\le0$ $\therefore -\sqrt{2}\le a\le\sqrt{2}$

따라서 구하는 정수 $a$는 $-1$, 0, 1의 3개이다.

### 유형 13 주어진 구간에서 함수가 증가 또는 감소할 조건

## 0669

답 ①

$f(x)=(ax^2-3)e^x$에서

$f'(x)=2axe^x+(ax^2-3)e^x=(ax^2+2ax-3)e^x$

함수 $f(x)$가 구간 $(-1, 1)$에서 감소하려면 이 구간에서 $f'(x)\le0$이어야 하므로

$ax^2+2ax-3\le0$ ($\because e^x>0$)

이때 $g(x)=ax^2+2ax-3\ (a>0)$이라 하면
$g(x)=a(x+1)^2-a-3$
이므로 함수 $y=g(x)$의 그래프는 오른쪽 그림과 같다.

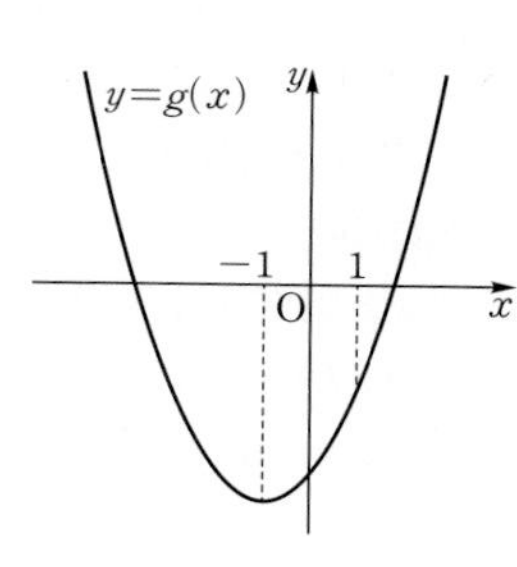


(i) $g(-1)\le 0$에서 $-a-3\le 0$
$\therefore a\ge -3$
(ii) $g(1)\le 0$에서 $4a-a-3\le 0$
$\therefore a\le 1$
(i), (ii)에서 $-3\le a\le 1$
그런데 $a>0$이므로 $0<a\le 1$

## 0670

답 6

$f(x)=\dfrac{x^2+3x+a}{x^2+2}$에서

$f'(x)=\dfrac{(2x+3)(x^2+2)-(x^2+3x+a)\times 2x}{(x^2+2)^2}$

$=\dfrac{-3x^2+2(2-a)x+6}{(x^2+2)^2}$

함수 $f(x)$가 구간 $(-1,\ 1)$에서 증가하려면 이 구간에서 $f'(x)\ge 0$이어야 하므로
$-3x^2+2(2-a)x+6\ge 0\ (\because x^2+2>0)$
이때 $g(x)=-3x^2+2(2-a)x+6$이라 하면
$g(-1)=-3-2(2-a)+6\ge 0$에서
$-1+2a\ge 0 \quad \therefore a\ge \dfrac{1}{2}$ ...... ㉠
$g(1)=-3+2(2-a)+6\ge 0$에서
$7-2a\ge 0 \quad \therefore a\le \dfrac{7}{2}$ ...... ㉡
㉠, ㉡에서 $\dfrac{1}{2}\le a\le \dfrac{7}{2}$
따라서 정수 $a$는 1, 2, 3이므로 구하는 합은
$1+2+3=6$

## 0671

답 $-7e^3$

$f(x)=x^2\ln x+ax$에서 진수의 조건에 의하여 $x>0$이고
$f'(x)=2x\ln x+x+a$
.................... ❶
함수 $f(x)$가 구간 $(e,\ e^3)$에서 감소하려면 이 구간에서 $f'(x)\le 0$이어야 한다.
.................... ❷
$2x\ln x+x+a\le 0$에서 $g(x)=2x\ln x+x+a$라 하면
$g'(x)=2\ln x+3$
이때 구간 $(e,\ e^3)$에서 $g'(x)>0$이므로 $g(x)$는 이 구간에서 증가한다.
즉, 구간 $(e,\ e^3)$에서 $g(x)\le 0$이려면 $g(e^3)\le 0$이어야 하므로
$2e^3\ln e^3+e^3+a\le 0 \quad \therefore a\le -7e^3$
따라서 구하는 실수 $a$의 최댓값은 $-7e^3$이다.
.................... ❸

| 채점 기준 | 배점 |
|---|---|
| ❶ $f'(x)$ 구하기 | 20% |
| ❷ 구간 $(e,\ e^3)$에서 함수 $f(x)$가 감소할 조건 구하기 | 30% |
| ❸ 실수 $a$의 최댓값 구하기 | 50% |

## 0672

답 $-2$

$f(x)=\dfrac{a+2\sin x}{x^2}$에서

$f'(x)=\dfrac{2x^2\cos x-(a+2\sin x)\times 2x}{x^4}$

$=\dfrac{2x(x\cos x-a-2\sin x)}{x^4}$

함수 $f(x)$가 $0<x\le\dfrac{\pi}{2}$에서 증가하려면 이 구간에서 $f'(x)\ge 0$이어야 하므로
$x\cos x-a-2\sin x\ge 0\ \left(\because 0<x\le\dfrac{\pi}{2}\right)$
$x\cos x-2\sin x\ge a$
$g(x)=x\cos x-2\sin x$라 하면
$g'(x)=\cos x-x\sin x-2\cos x=-x\sin x-\cos x$
$0<x\le\dfrac{\pi}{2}$에서 $g'(x)<0$이므로 $g(x)$는 이 구간에서 감소한다.
즉, $0<x\le\dfrac{\pi}{2}$에서 $g(x)$는 $x=\dfrac{\pi}{2}$일 때 최솟값을 가지므로
$g\left(\dfrac{\pi}{2}\right)\ge a$에서 $\dfrac{\pi}{2}\cos\dfrac{\pi}{2}-2\sin\dfrac{\pi}{2}\ge a \quad \therefore a\le -2$
따라서 구하는 실수 $a$의 최댓값은 $-2$이다.

### 유형 14 유리함수의 극대·극소

## 0673

답 ⑤

$f(x)=ax+1+\dfrac{b}{x-2}$에서 $f'(x)=a-\dfrac{b}{(x-2)^2}$
함수 $f(x)$가 $x=0$에서 극댓값 $-1$을 가지므로
$f(0)=-1$에서 $1-\dfrac{b}{2}=-1$
$\therefore b=4$
$f'(0)=0$에서 $a-\dfrac{b}{4}=0$
$\therefore a=1\ (\because b=4)$
$\therefore f(x)=x+1+\dfrac{4}{x-2},\ f'(x)=1-\dfrac{4}{(x-2)^2}$
$f'(x)=0$에서 $(x-2)^2=4$
$x^2-4x=0,\ x(x-4)=0$
$\therefore x=0$ 또는 $x=4$
함수 $f(x)$의 증가와 감소를 표로 나타내면 다음과 같다.

| $x$ | $\cdots$ | 0 | $\cdots$ | (2) | $\cdots$ | 4 | $\cdots$ |
|---|---|---|---|---|---|---|---|
| $f'(x)$ | + | 0 | − | | − | 0 | + |
| $f(x)$ | ↗ | 극대 | ↘ | | ↘ | 극소 | ↗ |

함수 $f(x)$는 $x=4$에서 극소이므로 구하는 극솟값은

$f(4)=4+1+\frac{4}{4-2}=7$

## 0674

답 ⑤

$f(x)=x+\frac{1}{x}$에서 $f'(x)=1-\frac{1}{x^2}$

$f'(x)=0$에서 $x^2=1$

$\therefore x=-1$ 또는 $x=1$

함수 $f(x)$의 증가와 감소를 표로 나타내면 다음과 같다.

| $x$ | $\cdots$ | $-1$ | $\cdots$ | $(0)$ | $\cdots$ | $1$ | $\cdots$ |
|---|---|---|---|---|---|---|---|
| $f'(x)$ | $+$ | 0 | $-$ | | $-$ | 0 | $+$ |
| $f(x)$ | ↗ | 극대 | ↘ | | ↘ | 극소 | ↗ |

함수 $f(x)$는 $x=-1$에서 극대, $x=1$에서 극소이므로

$a=f(-1)=-1+\frac{1}{-1}=-2$

$b=f(1)=1+\frac{1}{1}=2$

$\therefore a-b=-2-2=-4$

## 0675

답 ③

$f(x)=\frac{x-1}{x^2-x+1}$에서

$f'(x)=\frac{1\times(x^2-x+1)-(x-1)(2x-1)}{(x^2-x+1)^2}$

$=\frac{-x^2+2x}{(x^2-x+1)^2}=\frac{-x(x-2)}{(x^2-x+1)^2}$

$f'(x)=0$에서 $x=0$ 또는 $x=2$

함수 $f(x)$의 증가와 감소를 표로 나타내면 다음과 같다.

| $x$ | $\cdots$ | 0 | $\cdots$ | 2 | $\cdots$ |
|---|---|---|---|---|---|
| $f'(x)$ | $-$ | 0 | $+$ | 0 | $-$ |
| $f(x)$ | ↘ | 극소 | ↗ | 극대 | ↘ |

함수 $f(x)$는 $x=2$에서 극대, $x=0$에서 극소이므로

극댓값은 $f(2)=\frac{2-1}{4-2+1}=\frac{1}{3}$

극솟값은 $f(0)=\frac{0-1}{0-0+1}=-1$

따라서 구하는 극댓값과 극솟값의 합은

$\frac{1}{3}+(-1)=-\frac{2}{3}$

## 0676

답 $-20$

$f(x)=\frac{ax^2+bx+6}{x+3}$에서

$f'(x)=\frac{(2ax+b)(x+3)-(ax^2+bx+6)}{(x+3)^2}$

$=\frac{ax^2+6ax+3b-6}{(x+3)^2}$

함수 $f(x)$가 $x=-2$에서 극댓값 10을 가지므로

$f(-2)=10$에서 $4a-2b+6=10$

$\therefore 2a-b=2$ $\cdots\cdots$ ㉠

$f'(-2)=0$에서 $4a-12a+3b-6=0$

$\therefore 8a-3b=-6$ $\cdots\cdots$ ㉡

㉠, ㉡을 연립하여 풀면

$a=-6$, $b=-14$

$\therefore a+b=-6+(-14)=-20$

### 유형 15 무리함수의 극대 · 극소

## 0677

답 ④

$f(x)=1+x\sqrt{4-x^2}$에서 $4-x^2\geq 0$이므로

$-2\leq x\leq 2$

$f'(x)=\sqrt{4-x^2}-\frac{x^2}{\sqrt{4-x^2}}=\frac{4-2x^2}{\sqrt{4-x^2}}$

$f'(x)=0$에서 $x^2=2$

$\therefore x=-\sqrt{2}$ 또는 $x=\sqrt{2}$

$-2\leq x\leq 2$에서 함수 $f(x)$의 증가와 감소를 표로 나타내면 다음과 같다.

| $x$ | $-2$ | $\cdots$ | $-\sqrt{2}$ | $\cdots$ | $\sqrt{2}$ | $\cdots$ | 2 |
|---|---|---|---|---|---|---|---|
| $f'(x)$ | | $-$ | 0 | $+$ | 0 | $-$ | |
| $f(x)$ | | ↘ | 극소 | ↗ | 극대 | ↘ | |

함수 $f(x)$는 $x=\sqrt{2}$에서 극대, $x=-\sqrt{2}$에서 극소이므로

$M=f(\sqrt{2})=1+\sqrt{2}\times\sqrt{4-2}=3$

$m=f(-\sqrt{2})=1-\sqrt{2}\times\sqrt{4-2}=-1$

$\therefore M^2+m^2=3^2+(-1)^2=10$

## 0678

답 5

$f(x)=x+1+\frac{2}{\sqrt{x}}$에서 $x>0$이고

$f'(x)=1-\frac{1}{x\sqrt{x}}$

$f'(x)=0$에서 $x\sqrt{x}=1$

$(\sqrt{x})^3=1$ $\quad\therefore x=1$

$x>0$에서 함수 $f(x)$의 증가와 감소를 표로 나타내면 다음과 같다.

| $x$ | $(0)$ | $\cdots$ | 1 | $\cdots$ |
|---|---|---|---|---|
| $f'(x)$ | | $-$ | 0 | $+$ |
| $f(x)$ | | ↘ | 극소 | ↗ |

함수 $f(x)$는 $x=1$에서 극솟값

$f(1)=1+1+2=4$

를 가지므로 $a=1$, $b=4$

$\therefore a+b=1+4=5$

## 0679

답 4

$f(x)=\sqrt{x+3}+\sqrt{5-x}$에서 $x+3\geq0$, $5-x\geq0$

$\therefore -3\leq x\leq 5$

…… ❶

$f'(x)=\dfrac{1}{2\sqrt{x+3}}-\dfrac{1}{2\sqrt{5-x}}=\dfrac{\sqrt{5-x}-\sqrt{x+3}}{2\sqrt{(x+3)(5-x)}}$

$f'(x)=0$에서 $5-x=x+3$

$2x=2 \qquad \therefore x=1$

…… ❷

$-3\leq x\leq 5$에서 함수 $f(x)$의 증가와 감소를 표로 나타내면 다음과 같다.

| $x$ | $-3$ | $\cdots$ | $1$ | $\cdots$ | $5$ |
|---|---|---|---|---|---|
| $f'(x)$ | | $+$ | $0$ | $-$ | |
| $f(x)$ | | ↗ | 극대 | ↘ | |

함수 $f(x)$는 $x=1$에서 극대이므로 구하는 극댓값은

$f(1)=\sqrt{4}+\sqrt{4}=4$

…… ❸

| 채점 기준 | 배점 |
|---|---|
| ❶ 함수 $f(x)$의 정의역 구하기 | 20% |
| ❷ $f'(x)=0$을 만족시키는 $x$의 값 구하기 | 40% |
| ❸ 함수 $f(x)$의 극댓값 구하기 | 40% |

## 0680

답 ④

$f(x)=\dfrac{x-1}{x\sqrt{x+2}}=\left(1-\dfrac{1}{x}\right)\times\dfrac{1}{\sqrt{x+2}}$에서

$x+2>0$이고 $x\neq0$이므로

$-2<x<0$ 또는 $x>0$

$$f'(x)=\frac{1}{x^2}\times\frac{1}{\sqrt{x+2}}+\frac{x-1}{x}\times\left\{-\frac{1}{2(x+2)\sqrt{x+2}}\right\}$$

$$=\frac{1}{x^2\sqrt{x+2}}-\frac{x-1}{2x(x+2)\sqrt{x+2}}$$

$$=\frac{2(x+2)-x(x-1)}{2x^2(x+2)\sqrt{x+2}}$$

$$=\frac{-x^2+3x+4}{2x^2(x+2)\sqrt{x+2}}=\frac{-(x+1)(x-4)}{2x^2(x+2)\sqrt{x+2}}$$

$f'(x)=0$에서 $x=-1$ 또는 $x=4$

$-2<x<0$ 또는 $x>0$에서 함수 $f(x)$의 증가와 감소를 표로 나타내면 다음과 같다.

| $x$ | $(-2)$ | $\cdots$ | $-1$ | $\cdots$ | $(0)$ | $\cdots$ | $4$ | $\cdots$ |
|---|---|---|---|---|---|---|---|---|
| $f'(x)$ | | $-$ | $0$ | $+$ | | $+$ | $0$ | $-$ |
| $f(x)$ | | ↘ | 극소 | ↗ | | ↗ | 극대 | ↘ |

함수 $f(x)$는 $x=4$에서 극대, $x=-1$에서 극소이므로

$M=f(4)=\dfrac{4-1}{4\sqrt{4+2}}=\dfrac{3}{4\sqrt{6}}=\dfrac{\sqrt{6}}{8}$

$m=f(-1)=\dfrac{-1-1}{-\sqrt{-1+2}}=2$

$\therefore Mm=\dfrac{\sqrt{6}}{8}\times2=\dfrac{\sqrt{6}}{4}$

### 유형 16 지수함수의 극대·극소

## 0681

답 ⑤

$f(x)=(x^2-x+1)e^x$에서

$f'(x)=(2x-1)e^x+(x^2-x+1)e^x=(x^2+x)e^x$

$\qquad =x(x+1)e^x$

$f'(x)=0$에서 $x=-1$ 또는 $x=0$ ($\because e^x>0$)

함수 $f(x)$의 증가와 감소를 표로 나타내면 다음과 같다.

| $x$ | $\cdots$ | $-1$ | $\cdots$ | $0$ | $\cdots$ |
|---|---|---|---|---|---|
| $f'(x)$ | $+$ | $0$ | $-$ | $0$ | $+$ |
| $f(x)$ | ↗ | 극대 | ↘ | 극소 | ↗ |

즉, 함수 $f(x)$는 $x=-1$에서 극대, $x=0$에서 극소이므로

극댓값은 $f(-1)=(1+1+1)e^{-1}=3e^{-1}$

극솟값은 $f(0)=e^0=1$

따라서 구하는 모든 극값의 합은

$3e^{-1}+1=\dfrac{e+3}{e}$

## 0682

답 ④

$f(x)=(x^2-3)e^{-x}$에서

$f'(x)=2xe^{-x}-(x^2-3)e^{-x}=-(x^2-2x-3)e^{-x}$

$\qquad =-(x+1)(x-3)e^{-x}$

$f'(x)=0$에서 $x=-1$ 또는 $x=3$ ($\because e^{-x}>0$)

함수 $f(x)$의 증가와 감소를 표로 나타내면 다음과 같다.

| $x$ | $\cdots$ | $-1$ | $\cdots$ | $3$ | $\cdots$ |
|---|---|---|---|---|---|
| $f'(x)$ | $-$ | $0$ | $+$ | $0$ | $-$ |
| $f(x)$ | ↘ | 극소 | ↗ | 극대 | ↘ |

함수 $f(x)$는 $x=3$에서 극대, $x=-1$에서 극소이므로

$a=f(3)=6e^{-3}$, $b=f(-1)=-2e$

$\therefore a\times b=6e^{-3}\times(-2e)=-\dfrac{12}{e^2}$

## 0683

답 1

$f(x)=xe^{2x}-(2x+a)e^x$에서

$f'(x)=e^{2x}+2xe^{2x}-2e^x-(2x+a)e^x$

$\qquad =(2x+1)e^{2x}-(2x+a+2)e^x$

함수 $f(x)$가 $x=-\dfrac{1}{2}$에서 극댓값을 가지므로

$f'\left(-\dfrac{1}{2}\right)=0$에서 $(-1+1)e^{-1}-(-1+a+2)e^{-\frac{1}{2}}=0$

$(a+1)e^{-\frac{1}{2}}=0 \qquad \therefore a=-1$

…… ❶

즉, $f(x)=xe^{2x}-(2x-1)e^x$이므로

$f'(x)=(2x+1)e^{2x}-(2x+1)e^x$

$\qquad =(2x+1)(e^{2x}-e^x)=(2x+1)e^x(e^x-1)$

$f'(x)=0$에서 $2x=-1$ 또는 $e^x=1$ ($\because e^x>0$)

$\therefore x=-\dfrac{1}{2}$ 또는 $x=0$

…… ❷

함수 $f(x)$의 증가와 감소를 표로 나타내면 다음과 같다.

| $x$ | $\cdots$ | $-\frac{1}{2}$ | $\cdots$ | $0$ | $\cdots$ |
|---|---|---|---|---|---|
| $f'(x)$ | $+$ | $0$ | $-$ | $0$ | $+$ |
| $f(x)$ | ↗ | 극대 | ↘ | 극소 | ↗ |

함수 $f(x)$는 $x=0$에서 극소이므로 구하는 극솟값은

$f(0)=0\times e^{0}-(0-1)\times e^{0}=1$

…… ❸

| 채점 기준 | 배점 |
|---|---|
| ❶ 극댓값을 이용하여 $a$의 값 구하기 | 40% |
| ❷ $f'(x)=0$을 만족시키는 $x$의 값 구하기 | 30% |
| ❸ 극솟값 구하기 | 30% |

## 0684

답 $-6$

$f(x)=e^{2x}+ae^{x}+2x$에서

$f'(x)=2e^{2x}+ae^{x}+2$

함수 $f(x)$는 극댓값과 극솟값을 가지므로 $f'(x)=0$은 서로 다른 두 실근을 갖는다.

방정식 $2e^{2x}+ae^{x}+2=0$의 두 실근을 $\alpha$, $\beta$라 하자.

$e^{x}=t\ (t>0)$으로 놓으면 이차방정식 $2t^{2}+at+2=0$의 두 근은 $e^{\alpha}$, $e^{\beta}$이므로 이차방정식의 근과 계수의 관계에 의하여

$e^{\alpha}+e^{\beta}=-\frac{a}{2}$

$e^{\alpha}\times e^{\beta}=1$

즉, $e^{\alpha+\beta}=1$이므로 $\alpha+\beta=0$

한편, 극댓값과 극솟값의 합이 $-11$이므로

$f(\alpha)+f(\beta)=-11$에서

$(e^{2\alpha}+ae^{\alpha}+2\alpha)+(e^{2\beta}+ae^{\beta}+2\beta)=-11$

$(e^{2\alpha}+e^{2\beta})+a(e^{\alpha}+e^{\beta})+2(\alpha+\beta)=-11$

$(e^{\alpha}+e^{\beta})^{2}-2e^{\alpha+\beta}+a(e^{\alpha}+e^{\beta})+2(\alpha+\beta)=-11$

$\left(-\frac{a}{2}\right)^{2}-2\times1+a\times\left(-\frac{a}{2}\right)+2\times0=-11$

$-\frac{a^{2}}{4}=-9$, $a^{2}=36$

$\therefore a=-6$ 또는 $a=6$

그런데 $e^{\alpha}+e^{\beta}>0$에서 $-\frac{a}{2}>0$, 즉 $a<0$이므로

$a=-6$

## 0685

답 ①

$f(x)=(x^{2}+x)e^{x}$에서

$f'(x)=(2x+1)e^{x}+(x^{2}+x)e^{x}=(x^{2}+3x+1)e^{x}$

곡선 $y=f(x)$ 위의 점 $(t,\ t^{2}e^{t}+te^{t})$에서의 접선의 방정식은

$y-(t^{2}e^{t}+te^{t})=(t^{2}+3t+1)e^{t}(x-t)$에서

$y=(t^{2}+3t+1)e^{t}x-(t^{3}+2t^{2})e^{t}$

이 직선의 $y$절편은 $(-t^{3}-2t^{2})e^{t}$이므로

$g(t)=(-t^{3}-2t^{2})e^{t}$

$g'(t)=(-3t^{2}-4t)e^{t}+(-t^{3}-2t^{2})e^{t}=(-t^{3}-5t^{2}-4t)e^{t}$

$=-t(t+1)(t+4)e^{t}$

$g'(t)=0$에서 $t=-4$ 또는 $t=-1$ 또는 $t=0$

함수 $g(t)$의 증가와 감소를 표로 나타내면 다음과 같다.

| $t$ | $\cdots$ | $-4$ | $\cdots$ | $-1$ | $\cdots$ | $0$ | $\cdots$ |
|---|---|---|---|---|---|---|---|
| $g'(t)$ | $+$ | $0$ | $-$ | $0$ | $+$ | $0$ | $-$ |
| $g(t)$ | ↗ | 극대 | ↘ | 극소 | ↗ | 극대 | ↘ |

함수 $g(t)$는 $t=-1$에서 극소이므로 구하는 극솟값은

$g(-1)=\{-(-1)^{3}-2\times(-1)^{2}\}e^{-1}=-e^{-1}$

# 유형 17 로그함수의 극대 · 극소

## 0686

답 ③

$f(x)=\frac{(e\ln x)^{2}}{x}$에서 로그의 진수의 조건에 의하여 $x>0$

$f'(x)=\frac{2e^{2}\ln x\times\frac{1}{x}\times x-e^{2}(\ln x)^{2}}{x^{2}}=\frac{e^{2}\ln x(2-\ln x)}{x^{2}}$

$f'(x)=0$에서 $\ln x=0$ 또는 $\ln x=2$

$\therefore x=1$ 또는 $x=e^{2}$

$x>0$에서 함수 $f(x)$의 증가와 감소를 표로 나타내면 다음과 같다.

| $x$ | $(0)$ | $\cdots$ | $1$ | $\cdots$ | $e^{2}$ | $\cdots$ |
|---|---|---|---|---|---|---|
| $f'(x)$ | | $-$ | $0$ | $+$ | $0$ | $-$ |
| $f(x)$ | | ↘ | 극소 | ↗ | 극대 | ↘ |

함수 $f(x)$는 $x=e^{2}$에서 극대, $x=1$에서 극소이므로

극댓값은 $f(e^{2})=\frac{(e\ln e^{2})^{2}}{e^{2}}=\frac{e^{2}(\ln e^{2})^{2}}{e^{2}}=4$

극솟값은 $f(1)=\frac{(e\ln 1)^{2}}{1}=0$

따라서 구하는 모든 극값의 합은

$4+0=4$

## 0687

답 ④

$f(x)=\frac{x}{\ln x}$에서 로그의 진수의 조건에 의하여

$x>0$, $x\neq1$ …… ㉠

$f'(x)=\frac{\ln x-x\times\frac{1}{x}}{(\ln x)^{2}}=\frac{\ln x-1}{(\ln x)^{2}}$

$f'(x)=0$에서 $\ln x=1$

$\therefore x=e$

㉠의 구간에서 함수 $f(x)$의 증가와 감소를 표로 나타내면 다음과 같다.

| $x$ | $(0)$ | $\cdots$ | $(1)$ | $\cdots$ | $e$ | $\cdots$ |
|---|---|---|---|---|---|---|
| $f'(x)$ | | $-$ | | $-$ | $0$ | $+$ |
| $f(x)$ | | ↘ | | ↘ | 극소 | ↗ |

함수 $f(x)$는 $x=e$에서 극소이므로 구하는 극솟값은

$f(e)=\frac{e}{\ln e}=e$

## 0688

답 ④

$f(x)=ax\ln x$에서 로그의 진수의 조건에 의하여 $x>0$

$f'(x)=a\ln x+ax\times\frac{1}{x}=a(\ln x+1)$

$f'(x)=0$에서 $\ln x=-1$ ($\because a\neq 0$) $\therefore x=e^{-1}$

$a<0$이면 함수 $f(x)$는

$x<e^{-1}$에서 $f'(x)>0$, $x>e^{-1}$에서 $f'(x)<0$이므로

$x=e^{-1}$에서 극대이고, 극솟값을 갖지 않으므로 모순이다.

$a>0$이면 함수 $f(x)$는

$x<e^{-1}$에서 $f'(x)<0$, $x>e^{-1}$에서 $f'(x)>0$이므로

$x=e^{-1}$에서 극소이고, 그 값이 $-1$이므로

$f(e^{-1})=-1$에서 $ae^{-1}\ln e^{-1}=-1$

$-\frac{1}{e}a=-1$ $\therefore a=e$

## 0689

답 10

$f(x)=\ln x^4+\frac{a}{x}+bx$에서 로그의 진수의 조건에 의하여 $x\neq 0$

$f'(x)=\frac{4}{x}-\frac{a}{x^2}+b=\frac{bx^2+4x-a}{x^2}$

함수 $f(x)$가 $x=1$에서 극솟값 2를 가지므로

$f(1)=2$에서 $a+b=2$ …… ㉠

$f'(1)=0$에서 $b+4-a=0$

$\therefore a-b=4$ …… ㉡

㉠, ㉡을 연립하여 풀면 $a=3$, $b=-1$

$\therefore a^2+b^2=3^2+(-1)^2=10$

### 유형 18 삼각함수의 극대·극소

## 0690

답 ④

$f(x)=a\cos x+b\sin x+x$에서

$f'(x)=-a\sin x+b\cos x+1$

함수 $f(x)$가 $x=\frac{\pi}{3}$와 $x=\pi$에서 극값을 가지므로

$f'\left(\frac{\pi}{3}\right)=0$에서 $-a\sin\frac{\pi}{3}+b\cos\frac{\pi}{3}+1=0$

$-\frac{\sqrt{3}}{2}a+\frac{1}{2}b+1=0$

$\therefore \sqrt{3}a-b=2$ …… ㉠

$f'(\pi)=0$에서 $-a\sin\pi+b\cos\pi+1=0$

$-b+1=0$ $\therefore b=1$

이를 ㉠에 대입하면 $a=\sqrt{3}$

$\therefore f(x)=\sqrt{3}\cos x+\sin x+x$, $f'(x)=-\sqrt{3}\sin x+\cos x+1$

구간 $(0, 2\pi)$에서 함수 $f(x)$의 증가와 감소를 표로 나타내면 다음과 같다.

| $x$ | $(0)$ | $\cdots$ | $\frac{\pi}{3}$ | $\cdots$ | $\pi$ | $\cdots$ | $(2\pi)$ |
|---|---|---|---|---|---|---|---|
| $f'(x)$ | | $+$ | 0 | $-$ | 0 | $+$ | |
| $f(x)$ | | ↗ | 극대 | ↘ | 극소 | ↗ | |

함수 $f(x)$는 $x=\frac{\pi}{3}$에서 극대, $x=\pi$에서 극소이므로

$M=f\left(\frac{\pi}{3}\right)=\frac{\sqrt{3}}{2}+\frac{\sqrt{3}}{2}+\frac{\pi}{3}=\sqrt{3}+\frac{\pi}{3}$

$m=f(\pi)=-\sqrt{3}+\pi$

$\therefore 3M-m=3\left(\sqrt{3}+\frac{\pi}{3}\right)-(-\sqrt{3}+\pi)=4\sqrt{3}$

## 0691

답 $2\pi$

$f(x)=x+2\sin x$에서 $f'(x)=1+2\cos x$

$f'(x)=0$에서 $\cos x=-\frac{1}{2}$

$\therefore x=\frac{2}{3}\pi$ 또는 $x=\frac{4}{3}\pi$ ($\because 0\leq x\leq 2\pi$)

$0\leq x\leq 2\pi$에서 함수 $f(x)$의 증가와 감소를 표로 나타내면 다음과 같다.

| $x$ | 0 | $\cdots$ | $\frac{2}{3}\pi$ | $\cdots$ | $\frac{4}{3}\pi$ | $\cdots$ | $2\pi$ |
|---|---|---|---|---|---|---|---|
| $f'(x)$ | | $+$ | 0 | $-$ | 0 | $+$ | |
| $f(x)$ | | ↗ | 극대 | ↘ | 극소 | ↗ | |

함수 $f(x)$는 $x=\frac{2}{3}\pi$에서 극대, $x=\frac{4}{3}\pi$에서 극소이므로

극댓값은 $f\left(\frac{2}{3}\pi\right)=\frac{2}{3}\pi+2\sin\frac{2}{3}\pi=\frac{2}{3}\pi+\sqrt{3}$

극솟값은 $f\left(\frac{4}{3}\pi\right)=\frac{4}{3}\pi+2\sin\frac{4}{3}\pi=\frac{4}{3}\pi-\sqrt{3}$

따라서 구하는 극댓값과 극솟값의 합은

$\left(\frac{2}{3}\pi+\sqrt{3}\right)+\left(\frac{4}{3}\pi-\sqrt{3}\right)=2\pi$

## 0692

답 ②

$f(x)=e^{-x}\sin x$에서

$f'(x)=-e^{-x}\sin x+e^{-x}\cos x$

$=(\cos x-\sin x)e^{-x}$

$f'(x)=0$에서 $\cos x=\sin x$ ($\because e^{-x}>0$)

$\tan x=1$

$\therefore x=\frac{\pi}{4}$ 또는 $x=\frac{5}{4}\pi$ ($\because 0\leq x\leq 2\pi$)

$0\leq x\leq 2\pi$에서 함수 $f(x)$의 증가와 감소를 표로 나타내면 다음과 같다.

| $x$ | 0 | $\cdots$ | $\frac{\pi}{4}$ | $\cdots$ | $\frac{5}{4}\pi$ | $\cdots$ | $2\pi$ |
|---|---|---|---|---|---|---|---|
| $f'(x)$ | | $+$ | 0 | $-$ | 0 | $+$ | |
| $f(x)$ | | ↗ | 극대 | ↘ | 극소 | ↗ | |

함수 $f(x)$는 $x=\frac{\pi}{4}$에서 극대, $x=\frac{5}{4}\pi$에서 극소이므로

$M=f\left(\frac{\pi}{4}\right)=e^{-\frac{\pi}{4}}\sin\frac{\pi}{4}=\frac{\sqrt{2}}{2}e^{-\frac{\pi}{4}}$

$m=f\left(\frac{5}{4}\pi\right)=e^{-\frac{5}{4}\pi}\sin\frac{5}{4}\pi=-\frac{\sqrt{2}}{2}e^{-\frac{5}{4}\pi}$

$\therefore \frac{m}{M}=\frac{-\frac{\sqrt{2}}{2}e^{-\frac{5}{4}\pi}}{\frac{\sqrt{2}}{2}e^{-\frac{\pi}{4}}}=-e^{-\pi}=-\frac{1}{e^{\pi}}$

## 0693

답 ③

$f(x)=a\sin^2 x\cos x$에서

$f'(x)=2a\sin x\cos^2 x-a\sin^3 x$

$=a\sin x(2\cos^2 x-\sin^2 x)$

$=a\sin x(2-3\sin^2 x)$ ($\because \sin^2 x+\cos^2 x=1$)

이때 $0<x<\pi$에서 $\sin x>0$이므로

$f'(x)=0$에서 $\sin^2 x=\frac{2}{3}$ ($\because a>0$)

$\therefore \sin x=\frac{\sqrt{6}}{3}$ ($\because 0<x<\pi$에서 $\sin x>0$)

구간 $(0, \pi)$에 속하는 $\alpha, \beta$ ($\alpha<\beta$)에 대하여

$\sin\alpha=\frac{\sqrt{6}}{3}$, $\sin\beta=\frac{\sqrt{6}}{3}$이라 하면

$\cos\alpha=\sqrt{1-\left(\frac{\sqrt{6}}{3}\right)^2}=\frac{\sqrt{3}}{3}$

$\cos\beta=-\sqrt{1-\left(\frac{\sqrt{6}}{3}\right)^2}=-\frac{\sqrt{3}}{3}$

곡선 $y=\sin x$는 직선 $x=\frac{\pi}{2}$에 대하여 대칭이므로

$0<x<\pi$에서 함수 $f(x)$의 증가와 감소를 표로 나타내면 다음과 같다. ($\because a>0$)

| $x$ | $(0)$ | $\cdots$ | $\alpha$ | $\cdots$ | $\beta$ | $\cdots$ | $(\pi)$ |
|---|---|---|---|---|---|---|---|
| $f'(x)$ | | $+$ | 0 | $-$ | 0 | $+$ | |
| $f(x)$ | | ↗ | 극대 | ↘ | 극소 | ↗ | |

함수 $f(x)$의 극솟값이 $-\frac{2}{3}$이므로

$f(\beta)=-\frac{2}{3}$에서 $a\sin^2\beta\cos\beta=-\frac{2}{3}$

$a\times\left(\frac{\sqrt{6}}{3}\right)^2\times\left(-\frac{\sqrt{3}}{3}\right)=-\frac{2}{3}$

$\therefore a=\sqrt{3}$

따라서 함수 $f(x)=\sqrt{3}\sin^2 x\cos x$이므로 $f(x)$의 극댓값은

$f(\alpha)=\sqrt{3}\sin^2\alpha\cos\alpha$

$=\sqrt{3}\times\left(\frac{\sqrt{6}}{3}\right)^2\times\frac{\sqrt{3}}{3}=\frac{2}{3}$

### 유형 19 극값을 가질 조건 - 판별식을 이용하는 경우

## 0694

답 $-3$

$f(x)=\frac{x+a}{x^2-3x+2}$에서 $x^2-3x+2\neq0$이므로

$(x-1)(x-2)\neq0$

$\therefore x\neq1, x\neq2$

$f'(x)=\frac{x^2-3x+2-(x+a)(2x-3)}{(x^2-3x+2)^2}=-\frac{x^2+2ax-2-3a}{(x^2-3x+2)^2}$

함수 $f(x)$가 극값을 갖지 않으려면

$g(x)=x^2+2ax-2-3a$라 할 때, 이차방정식 $g(x)=0$이 중근 또는 허근을 갖거나 이차방정식 $x^2-3x+2=0$과 일치해야 한다.

(i) 이차방정식 $g(x)=0$이 중근 또는 허근을 가질 때

판별식을 $D$라 하면 $D\leq0$이어야 하므로

$\frac{D}{4}=a^2-(-2-3a)\leq0$, $a^2+3a+2\leq0$

$(a+2)(a+1)\leq0$

$\therefore -2\leq a\leq-1$

(ii) 이차방정식 $g(x)=0$이 이차방정식 $x^2-3x+2=0$과 일치할 때

$2a=-3$, $-2-3a=2$

위의 두 식을 동시에 만족시키는 $a$의 값은 존재하지 않는다.

(i), (ii)에서 $-2\leq a\leq-1$

따라서 정수 $a$는 $-2$, $-1$이므로 구하는 합은

$(-2)+(-1)=-3$

## 0695

답 3

$f(x)=(x^2+ax+3)e^x$에서

$f'(x)=(2x+a)e^x+(x^2+ax+3)e^x=\{x^2+(a+2)x+a+3\}e^x$

함수 $f(x)$가 극값을 가지려면 이차방정식

$x^2+(a+2)x+a+3=0$이 서로 다른 두 실근을 가져야 하므로 이 이차방정식의 판별식을 $D$라 할 때 $D>0$이어야 한다.

$D=(a+2)^2-4(a+3)>0$, $a^2-8>0$

$(a+2\sqrt{2})(a-2\sqrt{2})>0$

$\therefore a<-2\sqrt{2}$ 또는 $a>2\sqrt{2}$

따라서 구하는 자연수 $a$의 최솟값은 3이다.

## 0696

답 ②

$f(x)=\ln(x^2+1)-2ax$에서

$f'(x)=\frac{2x}{x^2+1}-2a=\frac{-2ax^2+2x-2a}{x^2+1}$

함수 $f(x)$가 극값을 갖지 않으려면 이차방정식

$-2ax^2+2x-2a=0$이 중근 또는 허근을 가져야 하므로 이 이차방정식의 판별식을 $D$라 할 때 $D\leq0$이어야 한다.

$\frac{D}{4}=1-(-2a)\times(-2a)\leq0$, $4a^2-1\geq0$

$(2a+1)(2a-1)\geq0$

$\therefore a\geq\frac{1}{2}$ ($\because a>0$)

따라서 구하는 양수 $a$의 최솟값은 $\frac{1}{2}$이다.

## 0697

답 ②

$f(x)=\sin^3 x-a\cos^2 x+a\sin x+a$에서

$\sin x=t$, $f(x)=g(t)$라 하면 $-\frac{\pi}{2}<x<\frac{\pi}{2}$에서 $-1<t<1$이고,

$\cos^2 x=1-\sin^2 x=1-t^2$이므로

$g(t)=t^3-a(1-t^2)+at+a$

$=t^3+at^2+at$ ······ ㉠

$g'(t)=3t^2+2at+a$

㉠이 $-1<t<1$에서 극댓값과 극솟값을 모두 가지려면
이차방정식 $g'(t)=0$이 이 구간에서 서로 다른 두 실근을 가져야 한다.
즉, 함수 $y=g'(t)$의 그래프가 오른쪽 그림과 같아야 한다.

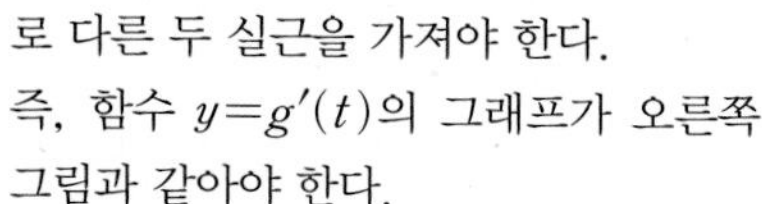

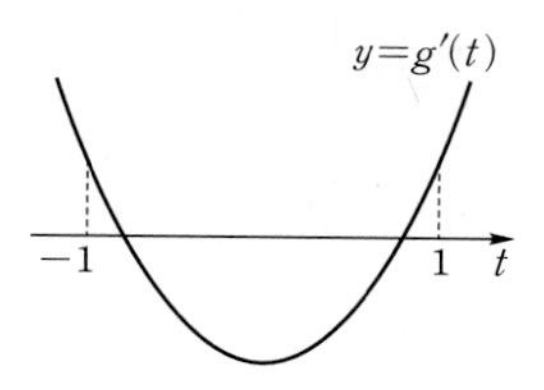


(i) 이차방정식 $g'(t)=0$의 판별식을 $D$라 하면

$\frac{D}{4}=a^2-3a>0$, $a(a-3)>0$

$\therefore a<0$ 또는 $a>3$

(ii) 함수 $y=g'(t)$의 그래프의 축의 방정식은 $t=-\frac{a}{3}$이므로

$-1<-\frac{a}{3}<1$

$\therefore -3<a<3$

(iii) $g'(-1)=3-a>0$에서

$a<3$

(iv) $g'(1)=3+3a>0$에서

$a>-1$

(i)~(iv)에서 $-1<a<0$

## 유형 20 극값을 가질 조건 - 판별식을 이용하지 않는 경우

### 0698

답 ④

$f(x)=ax-2\sin x+1$에서 $f'(x)=a-2\cos x$
함수 $f(x)$가 극값을 갖지 않으려면 모든 실수 $x$에 대하여
$f'(x)\le 0$ 또는 $f'(x)\ge 0$이어야 한다. 즉,

$\cos x\ge\frac{a}{2}$ 또는 $\cos x\le\frac{a}{2}$ ...... ㉠

이때 $-1\le\cos x\le 1$이므로 ㉠이 모든 실수 $x$에 대하여 성립하려면

$\frac{a}{2}\le -1$ 또는 $\frac{a}{2}\ge 1$

$\therefore a\le -2$ 또는 $a\ge 2$

### 0699

답 3

$f(x)=(x^3+a)e^{-x}$에서
$f'(x)=3x^2e^{-x}-(x^3+a)e^{-x}=(-x^3+3x^2-a)e^{-x}$
함수 $f(x)$가 극댓값과 극솟값을 모두 가지려면 방정식
$-x^3+3x^2-a=0$이 서로 다른 세 실근을 가져야 한다.

.................................................. ❶

$g(x)=-x^3+3x^2-a$라 하면
$g'(x)=-3x^2+6x$
$g'(x)=0$에서 $-3x(x-2)=0$
$\therefore x=0$ 또는 $x=2$
방정식 $g(x)=0$이 서로 다른 세 실근을 가지려면 $g(0)g(2)<0$이어야 하므로
$-a(-8+12-a)<0$
$a(a-4)<0$
$\therefore 0<a<4$

.................................................. ❷

따라서 구하는 정수 $a$는 1, 2, 3의 3개이다.

.................................................. ❸

| 채점 기준 | 배점 |
|---|---|
| ❶ $f(x)$가 극댓값과 극솟값을 모두 가질 조건 알기 | 30% |
| ❷ $a$의 값의 범위 구하기 | 50% |
| ❸ 정수 $a$의 개수 구하기 | 20% |

**Bible Says 삼차방정식의 근의 판별**

삼차함수 $f(x)$가 극댓값과 극솟값을 모두 가질 때, (극댓값)×(극솟값)$<0$이면 다음 그림과 같이 함수 $y=f(x)$의 그래프는 $x$축과 서로 다른 세 점에서 만나므로 삼차방정식 $f(x)=0$은 서로 다른 세 실근을 갖는다.

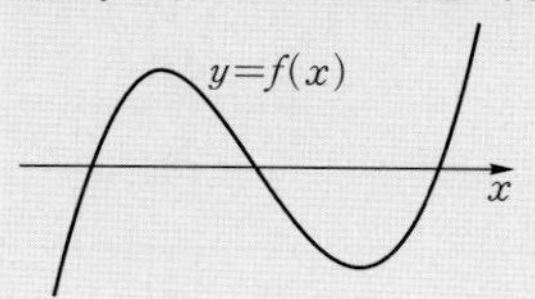


### 0700

답 ③

$f(x)=x^2-3x+\frac{k}{x}$에서

$f'(x)=2x-3-\frac{k}{x^2}=\frac{2x^3-3x^2-k}{x^2}$

$x>0$에서 함수 $f(x)$가 극댓값과 극솟값을 모두 가지려면 $x>0$에서 방정식 $2x^3-3x^2-k=0$이 서로 다른 두 개 이상의 실근을 갖고 그 실근 $x$의 값의 좌우에서 $2x^3-3x^2-k$의 부호가 바뀌어야 한다.
$g(x)=2x^3-3x^2-k$라 하면
$g'(x)=6x^2-6x=6x(x-1)$
$g'(x)=0$에서 $x=1$ ($\because x>0$)
$x>0$에서 함수 $g(x)$의 증가와 감소를 표로 나타내면 다음과 같다.

| $x$ | (0) | ⋯ | 1 | ⋯ |
|---|---|---|---|---|
| $g'(x)$ | | $-$ | 0 | $+$ |
| $g(x)$ | | ↘ | 극소 | ↗ |

따라서 함수 $y=g(x)$의 그래프는 다음 그림과 같다.

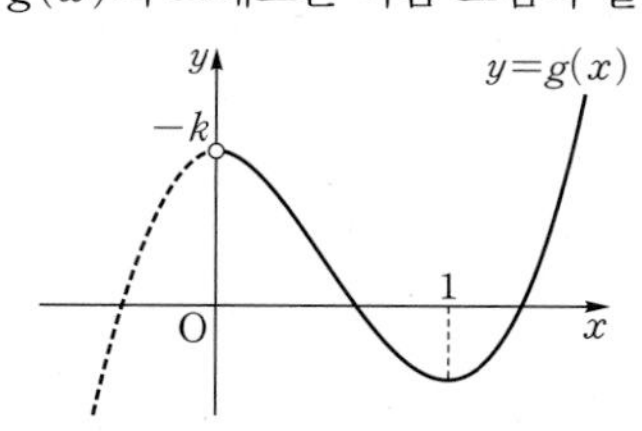


즉, $x>0$에서 $g(x)$의 부호가 바뀌는 $x$의 값이 2개 존재하려면
$g(0)>0$, $g(1)<0$이어야 한다.
$g(0)>0$에서 $-k>0$
$\therefore k<0$ ...... ㉠
$g(1)<0$에서 $2-3-k<0$
$\therefore k>-1$ ...... ㉡
㉠, ㉡에서
$-1<k<0$

## 0701

답 ①

$f(x)=\ln(x-3)+1$이라 하면 $f'(x)=\frac{1}{x-3}$

곡선 $y=f(x)$ 위의 점 $(4, 1)$에서의 접선의 기울기는

$f'(4)=\frac{1}{4-3}=1$이므로 접선의 방정식은

$y-1=1\times(x-4) \quad \therefore y=x-3$

따라서 $a=1$, $b=-3$이므로

$a+b=1+(-3)=-2$

## 0702

답 ①

$f(x)=\frac{x^2-6}{6x}-\frac{5}{6}\ln x=\frac{x}{6}-\frac{1}{x}-\frac{5}{6}\ln x$에서

$f'(x)=\frac{1}{6}+\frac{1}{x^2}-\frac{5}{6x}=\frac{x^2-5x+6}{6x^2}=\frac{(x-2)(x-3)}{6x^2}$

$f'(x)=0$에서 $x=2$ 또는 $x=3$

$x>0$에서 함수 $f(x)$의 증가와 감소를 표로 나타내면 다음과 같다.

| $x$ | $(0)$ | $\cdots$ | $2$ | $\cdots$ | $3$ | $\cdots$ |
|---|---|---|---|---|---|---|
| $f'(x)$ | | $+$ | $0$ | $-$ | $0$ | $+$ |
| $f(x)$ | | ↗ | 극대 | ↘ | 극소 | ↗ |

함수 $f(x)$는 $x=2$에서 극대, $x=3$에서 극소이므로

$M=f(2)=\frac{4-6}{12}-\frac{5}{6}\ln 2=-\frac{1}{6}-\frac{5}{6}\ln 2$

$m=f(3)=\frac{9-6}{18}-\frac{5}{6}\ln 3=\frac{1}{6}-\frac{5}{6}\ln 3$

$\therefore M+m=\left(-\frac{1}{6}-\frac{5}{6}\ln 2\right)+\left(\frac{1}{6}-\frac{5}{6}\ln 3\right)$

$=-\frac{5}{6}(\ln 2+\ln 3)=-\frac{5}{6}\ln 6$

## 0703

답 ④

$f(x)=x^2-2a\ln x$에서 로그의 진수의 조건에 의하여 $x>0$

$f'(x)=2x-\frac{2a}{x}=\frac{2x^2-2a}{x}$

$f'(x)=0$에서 $x^2=a$

$\therefore x=\sqrt{a}\ (\because x>0)$

$x>0$에서 함수 $f(x)$의 증가와 감소를 표로 나타내면 다음과 같다.

| $x$ | $(0)$ | $\cdots$ | $\sqrt{a}$ | $\cdots$ |
|---|---|---|---|---|
| $f'(x)$ | | $-$ | $0$ | $+$ |
| $f(x)$ | | ↘ | 극소 | ↗ |

함수 $f(x)$는 $x=\sqrt{a}$에서 극솟값 0을 가지므로

$f(\sqrt{a})=0$에서 $(\sqrt{a})^2-2a\ln\sqrt{a}=0$

$2a\ln\sqrt{a}=a$, $\ln\sqrt{a}=\frac{1}{2}$, $\sqrt{a}=e^{\frac{1}{2}}$

$\therefore a=e$

## 0704

답 10

$f(x)=3x+\frac{2x}{x^2-x}$에서

$f'(x)=3+\frac{2(x^2-x)-2x(2x-1)}{(x^2-x)^2}$

$f'(2)=3+\frac{2\times(4-2)-4\times(4-1)}{(4-2)^2}=1$

즉, 곡선 $y=f(x)$ 위의 점 $(2, 8)$에서의 접선의 기울기가 1이므로 이 접선에 수직인 직선의 기울기는 $-1$이다.

따라서 구하는 직선의 방정식은

$y-8=-(x-2) \quad \therefore y=-x+10$

즉, 구하는 직선의 $y$절편은 10이다.

## 0705

답 ④

$f(x)=ax+\ln(x^2+1)$에서

$f'(x)=a+\frac{2x}{x^2+1}=\frac{ax^2+2x+a}{x^2+1}$

함수 $f(x)$가 실수 전체의 집합에서 증가하려면 모든 실수 $x$에 대하여 $f'(x)\geq 0$이어야 하므로

$ax^2+2x+a\geq 0\ (\because x^2+1>0)$

$\therefore a>0 \quad \cdots\cdots$ ㉠

이 이차부등식이 모든 실수 $x$에 대하여 성립하려면 이차방정식 $ax^2+2x+a=0$의 판별식을 $D$라 할 때 $D\leq 0$이어야 한다.

$\frac{D}{4}=1-a^2\leq 0$, $(a+1)(a-1)\geq 0$

$\therefore a\leq -1$ 또는 $a\geq 1 \quad \cdots\cdots$ ㉡

㉠, ㉡에서 $a\geq 1$

따라서 구하는 실수 $a$의 최솟값은 1이다.

## 0706

답 ②

$f(x)=\tan(\pi x^2+ax)$에서

$f'(x)=(2\pi x+a)\sec^2(\pi x^2+ax)$

함수 $f(x)$가 $x=\frac{1}{2}$에서 극솟값을 가지므로

$f'\left(\frac{1}{2}\right)=0$에서 $(\pi+a)\sec^2\left(\frac{\pi}{4}+\frac{a}{2}\right)=0$

이때 $\sec^2\left(\frac{\pi}{4}+\frac{a}{2}\right)\neq 0$이므로 $a=-\pi$

따라서 함수 $f(x)$의 극솟값 $k$는

$k=f\left(\frac{1}{2}\right)=\tan\left(\frac{\pi}{4}-\frac{\pi}{2}\right)=\tan\left(-\frac{\pi}{4}\right)$

$=-\tan\frac{\pi}{4}=-1$

## 0707

답 130

곡선 $3\sqrt{x}+\sqrt{y}=11$이 점 $(a, 4)$를 지나므로

$3\sqrt{a}+\sqrt{4}=11$, $3\sqrt{a}=11-2=9 \quad \therefore a=9$

$3\sqrt{x}+\sqrt{y}=11$의 양변을 $x$에 대하여 미분하면

$\frac{3}{2\sqrt{x}}+\frac{1}{2\sqrt{y}}\times\frac{dy}{dx}=0 \quad \therefore \frac{dy}{dx}=-\frac{3\sqrt{y}}{\sqrt{x}}$ (단, $x\neq 0$)

주어진 곡선 위의 점 (9, 4)에서의 접선의 기울기는 $-\frac{3\sqrt{4}}{\sqrt{9}}=-2$이므로 접선의 방정식은

$y-4=-2(x-9)$ $\quad \therefore y=-2x+22$

따라서 접선의 $x$절편은 11, $y$절편은 22이므로 구하는 도형의 넓이 $S$는

$S=\frac{1}{2}\times 11\times 22=121$

$\therefore a+S=9+121=130$

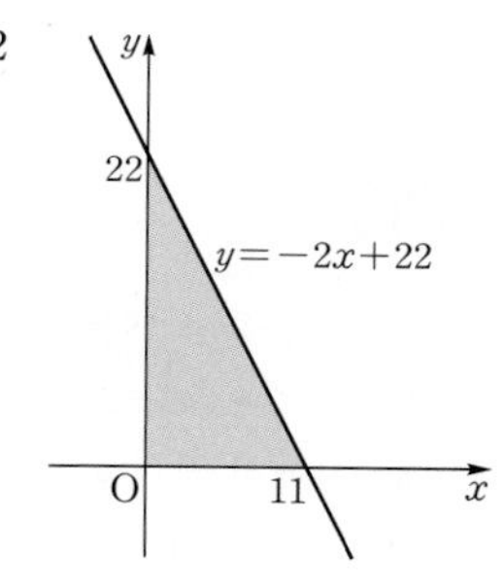


## 0708

답 ③

$f(x)=e^{x+1}(x^2+3x+1)$에서

$f'(x)=e^{x+1}(x^2+3x+1)+e^{x+1}(2x+3)$
$\quad =e^{x+1}(x^2+5x+4)$

함수 $f(x)$가 감소하는 $x$의 값의 범위는

$f'(x)\le 0$에서 $x^2+5x+4\le 0$ ($\because e^{x+1}>0$)

$(x+4)(x+1)\le 0$ $\quad \therefore -4\le x\le -1$

함수 $f(x)$는 구간 $[-4, -1]$에서 감소하므로 $-4\le a<b\le -1$

따라서 $b-a\le -1-(-4)=3$이므로 $b-a$의 최댓값은 3이다.

## 0709

답 ③

$f(x)=\ln(4x+6)$, $g(x)=a-\ln x$라 하면

로그의 진수의 조건에 의하여 $x>0$

$f'(x)=\frac{4}{4x+6}=\frac{2}{2x+3}$, $g'(x)=-\frac{1}{x}$

두 곡선 $y=f(x)$, $y=g(x)$의 교점 P의 $x$좌표를 $p$라 하면

$f(p)=g(p)$에서 $\ln(4p+6)=a-\ln p$ $\quad \cdots\cdots$ ㉠

두 곡선에 접하는 두 직선이 서로 수직이므로

$f'(p)\times g'(p)=-1$에서

$\frac{2}{2p+3}\times\left(-\frac{1}{p}\right)=-1$

$2p^2+3p-2=0$, $(p+2)(2p-1)=0$

$\therefore p=\frac{1}{2}$ ($\because p>0$) $\quad \cdots\cdots$ ㉡

㉠에서 $a=\ln\{p(4p+6)\}$이므로 ㉡을 대입하면

$a=\ln\{p(4p+6)\}=\ln\left\{\frac{1}{2}\times\left(4\times\frac{1}{2}+6\right)\right\}=\ln 4=2\ln 2$

## 0710

답 ④

$f(x)=\frac{a}{x+\sqrt{2-x}}$에서

$f'(x)=-\frac{a\left(1-\frac{1}{2\sqrt{2-x}}\right)}{(x+\sqrt{2-x})^2}=-\frac{a(2\sqrt{2-x}-1)}{2\sqrt{2-x}(x+\sqrt{2-x})^2}$

$f'(x)=0$에서 $2\sqrt{2-x}=1$ ($\because a>0$)

$2-x=\frac{1}{4}$ $\quad \therefore x=\frac{7}{4}$

$a>0$이므로 $0\le x\le 2$에서 함수 $f(x)$의 증가와 감소를 표로 나타내면 다음과 같다.

| $x$ | 0 | $\cdots$ | $\frac{7}{4}$ | $\cdots$ | 2 |
|---|---|---|---|---|---|
| $f'(x)$ | | $-$ | 0 | $+$ | |
| $f(x)$ | | ↘ | 극소 | ↗ | |

함수 $f(x)$는 $x=\frac{7}{4}$에서 극솟값 4를 가지므로

$f\left(\frac{7}{4}\right)=4$에서 $\frac{a}{\frac{7}{4}+\frac{1}{2}}=4$

$\frac{4}{9}a=4$ $\quad \therefore a=9$

따라서 $f(x)=\frac{9}{x+\sqrt{2-x}}$이므로 $f(1)=\frac{9}{1+1}=\frac{9}{2}$

## 0711

답 ②

$f(x)=\ln(1+4x^2)+ax$에서

$f'(x)=\frac{8x}{1+4x^2}+a=\frac{4ax^2+8x+a}{1+4x^2}$

함수 $f(x)$가 극값을 갖지 않으려면 이차방정식 $4ax^2+8x+a=0$이 중근 또는 허근을 가져야 한다.

즉, 이 이차방정식의 판별식을 $D$라 할 때 $D\le 0$이어야 하므로

$\frac{D}{4}=4^2-4a\times a\le 0$

$16-4a^2\le 0$, $a^2-4\ge 0$

$(a+2)(a-2)\ge 0$ $\quad \therefore a\ge 2$ ($\because a>0$)

따라서 구하는 양수 $a$의 최솟값은 2이다.

## 0712

답 ②

$f(x)=e^x$, $g(x)=2\sqrt{x-k}$라 하면

$f'(x)=e^x$이므로 곡선 $y=f(x)$ 위의 점 $(1, e)$에서의 접선의 방정식은

$y-e=e(x-1)$ $\quad \therefore y=ex$

한편, $g'(x)=\frac{1}{\sqrt{x-k}}$이므로 직선 $y=ex$가 곡선 $y=g(x)$와 접하는 점의 좌표를 $(a, ea)$라 하면

$g(a)=ea$에서 $2\sqrt{a-k}=ea$

$\therefore \sqrt{a-k}=\frac{ea}{2}$ $\quad \cdots\cdots$ ㉠

$g'(a)=e$에서 $\frac{1}{\sqrt{a-k}}=e$ $\quad \cdots\cdots$ ㉡

㉠을 ㉡에 대입하면 $\frac{2}{ea}=e$ $\quad \therefore a=\frac{2}{e^2}$

이를 ㉠에 대입하면 $\sqrt{\frac{2}{e^2}-k}=\frac{e}{2}\times\frac{2}{e^2}$

$\frac{2}{e^2}-k=\frac{1}{e^2}$ $\quad \therefore k=\frac{1}{e^2}$

## 0713
답 ①

$f(x)=\dfrac{x+1}{x^2+a}$에서

$f'(x)=\dfrac{1\times(x^2+a)-(x+1)\times 2x}{(x^2+a)^2}=\dfrac{-x^2-2x+a}{(x^2+a)^2}$

함수 $f(x)$가 $x=-3$에서 극솟값을 가지므로

$f'(-3)=0$에서 $\dfrac{-(-3)^2-2\times(-3)+a}{(9+a)^2}=0$

$-9+6+a=0 \qquad \therefore a=3$

$f'(x)=-\dfrac{x^2+2x-3}{(x^2+3)^2}=-\dfrac{(x+3)(x-1)}{(x^2+3)^2}$

$f'(x)=0$에서 $x=-3$ 또는 $x=1$

함수 $f(x)$의 증가와 감소를 표로 나타내면 다음과 같다.

| $x$ | $\cdots$ | $-3$ | $\cdots$ | $1$ | $\cdots$ |
|---|---|---|---|---|---|
| $f'(x)$ | $-$ | 0 | $+$ | 0 | $-$ |
| $f(x)$ | ↘ | 극소 | ↗ | 극대 | ↘ |

따라서 함수 $f(x)$는 $x=1$에서 극대이므로 구하는 극댓값은

$f(1)=\dfrac{1+1}{1+3}=\dfrac{1}{2}$

## 0714
답 1

$f(x)=e^{x-1}$이라 하면 $f'(x)=e^{x-1}$

점 $(n\ln 2,\ 0)$에서 곡선 $y=f(x)$에 그은 접선의 접점의 좌표를 $(t,\ e^{t-1})$이라 하면 접선의 방정식은

$y-e^{t-1}=e^{t-1}(x-t) \qquad \therefore y=e^{t-1}(x-t+1)$

이 직선이 점 $(n\ln 2,\ 0)$을 지나므로

$0=e^{t-1}(n\ln 2-t+1)$

$n\ln 2-t+1=0\ (\because e^{t-1}>0)$

$\therefore t=1+n\ln 2$

따라서 점 $(n\ln 2,\ 0)$에서 곡선 $y=e^{x-1}$에 그은 접선의 접점의 $y$좌표는

$a_n=e^{1+n\ln 2-1}=e^{n\ln 2}=2^n$

$\therefore \displaystyle\sum_{n=1}^{\infty}\frac{1}{a_n}=\sum_{n=1}^{\infty}\frac{1}{2^n}=\frac{\frac{1}{2}}{1-\frac{1}{2}}=1$

## 0715
답 ②

$x=t^2+t+2,\ y=-6t$를 각각 $t$에 대하여 미분하면

$\dfrac{dx}{dt}=2t+1,\ \dfrac{dy}{dt}=-6$이므로

$\dfrac{dy}{dx}=\dfrac{\frac{dy}{dt}}{\frac{dx}{dt}}=-\dfrac{6}{2t+1}\ \left(단,\ t\neq-\dfrac{1}{2}\right)$

$t=a$에 대응하는 점에서의 접선이 직선 $y=-2x+7$과 평행하므로

$t=a$일 때 $\dfrac{dy}{dx}=-2$에서 $-\dfrac{6}{2a+1}=-2$

$2a+1=3 \qquad \therefore a=1$

$t=1$일 때 $x=4,\ y=-6$

따라서 점 $(4,\ -6)$을 지나고 기울기가 $-2$인 직선의 방정식은

$y+6=-2(x-4) \qquad \therefore y=-2x+2$

이 직선이 점 $(2,\ b)$를 지나므로

$b=-4+2=-2$

$\therefore a+b=1+(-2)=-1$

## 0716
답 ①

$f(x)=(x+2)e^{-x}$이라 하면

$f'(x)=e^{-x}-(x+2)e^{-x}=-(x+1)e^{-x}$

점 $(k,\ 0)$에서 곡선 $y=f(x)$에 그은 접선의 접점의 좌표를 $(t,\ (t+2)e^{-t})$이라 하면 접선의 방정식은

$y-(t+2)e^{-t}=-(t+1)e^{-t}(x-t)$에서

$y=-(t+1)e^{-t}x+(t^2+2t+2)e^{-t}$

이 직선이 점 $(k,\ 0)$을 지나므로

$-(t+1)e^{-t}k+(t^2+2t+2)e^{-t}=0$

$\therefore k=\dfrac{t^2+2t+2}{t+1} \qquad \cdots\cdots ㉠$

점 $(k,\ 0)$에서 곡선 $y=f(x)$에 두 개의 접선을 그을 수 있으려면 방정식 ㉠이 서로 다른 두 실근을 가져야 한다.

$g(t)=\dfrac{t^2+2t+2}{t+1}$라 하면

$g'(t)=\dfrac{(2t+2)(t+1)-(t^2+2t+2)}{(t+1)^2}$

$=\dfrac{t^2+2t}{(t+1)^2}=\dfrac{t(t+2)}{(t+1)^2}$

$g'(t)=0$에서 $t=-2$ 또는 $t=0$

함수 $g(t)$의 증가와 감소를 표로 나타내면 다음과 같다.

| $t$ | $\cdots$ | $-2$ | $\cdots$ | $(-1)$ | $\cdots$ | $0$ | $\cdots$ |
|---|---|---|---|---|---|---|---|
| $g'(t)$ | $+$ | 0 | $-$ | | $-$ | 0 | $+$ |
| $g(t)$ | ↗ | 극대 | ↘ | | ↘ | 극소 | ↗ |

함수 $g(t)$가 $t=-2$에서 극댓값 $g(-2)=-2$, $t=0$에서 극솟값 $g(0)=2$를 가지므로 함수 $y=g(t)$의 그래프는 오른쪽 그림과 같다.

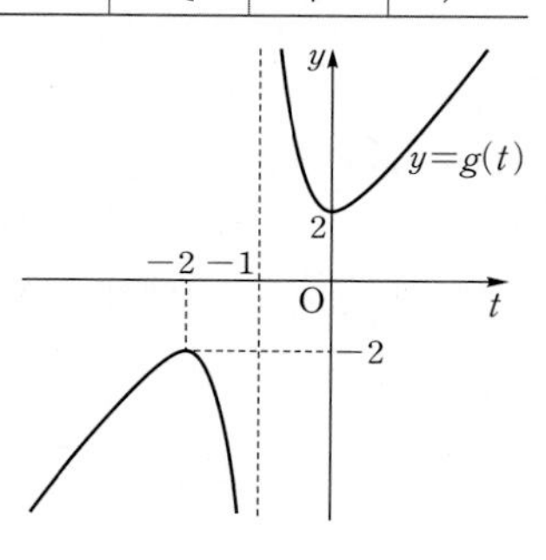


이때 방정식 ㉠이 서로 다른 두 실근을 가지려면 곡선 $y=g(t)$와 직선 $y=k$의 교점의 개수가 2이어야 하므로 구하는 $k$의 값의 범위는

$k<-2$ 또는 $k>2$

**참고**

함수의 그래프를 이용한 방정식의 실근의 개수는 07. 도함수의 활용(2)에서 상세히 다룬다.

## 0717
답 3

$f(x)=\dfrac{x^2-2x+a}{x^2+1}$에서

$f'(x)=\dfrac{(2x-2)(x^2+1)-(x^2-2x+a)\times 2x}{(x^2+1)^2}$

$=\dfrac{2x^2+2(1-a)x-2}{(x^2+1)^2}$

함수 $f(x)$가 구간 $(1, 2)$에서 감소하려면 이 구간에서 $f'(x)\le 0$ 이어야 하므로

$2x^2+2(1-a)x-2\le 0$ ($\because (x^2+1)^2>0$)

이때 $g(x)=2x^2+2(1-a)x-2$라 하면

$g(1)=2+2(1-a)-2\le 0$에서

$2-2a\le 0 \quad \therefore a\ge 1 \quad \cdots\cdots$ ㉠

$g(2)=8+4(1-a)-2\le 0$에서

$10-4a\le 0 \quad \therefore a\ge \frac{5}{2} \quad \cdots\cdots$ ㉡

㉠, ㉡에서 $a\ge \frac{5}{2}$

따라서 구하는 정수 $a$의 최솟값은 3이다.

## 0718

답 9

$\lim_{x\to 2}\frac{f(x)-3}{x-2}=\frac{1}{2}$에서 극한값이 존재하고 $x\to 2$일 때,

(분모)$\to 0$이므로 (분자)$\to 0$이어야 한다.

즉, $\lim_{x\to 2}\{f(x)-3\}=0$이므로 $f(2)=3$

$\lim_{x\to 2}\frac{f(x)-3}{x-2}=\lim_{x\to 2}\frac{f(x)-f(2)}{x-2}=f'(2)=\frac{1}{2}$

함수 $g(x)$는 $f(x)$의 역함수이므로 $g(3)=2$

이때 곡선 $y=g(x)$가 점 $(a, 2)$를 지나고 함수 $g(x)$는 일대일대응이므로

$a=3$

$g'(3)=\frac{1}{f'(g(3))}=\frac{1}{f'(2)}=2$

따라서 곡선 $y=g(x)$ 위의 점 $(3, 2)$에서의 접선의 방정식은

$y-2=2(x-3) \quad \therefore y=2x-4$

이 직선이 점 $(5, b)$를 지나므로

$b=2\times 5-4=6$

$\therefore a+b=3+6=9$

**참고**

미분가능한 함수 $f(x)$에 대하여 $\lim_{x\to a}\frac{f(x)-b}{x-a}=c$일 때

$f(a)=b,\ f'(a)=c$

## 0719

답 ①

$f(x)=\frac{\sin 2x}{e^x}$에서

$f'(x)=\frac{2e^x\cos 2x-e^x\sin 2x}{(e^x)^2}$

$=\frac{2\cos 2x-\sin 2x}{e^x}$

$f'(x)=0$에서 $2\cos 2x-\sin 2x=0$

$\therefore 2\cos 2x=\sin 2x \quad \cdots\cdots$ ㉠

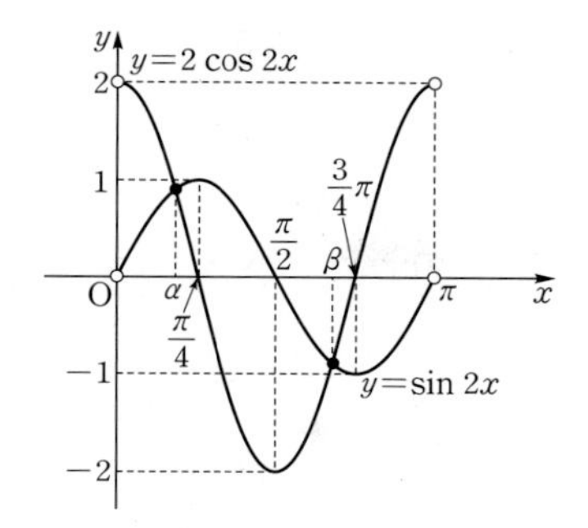


위의 그림에서 방정식 ㉠의 두 실근을 $\alpha$, $\beta$ $\left(0<\alpha<\frac{\pi}{2}<\beta<\pi\right)$라 하고 $0<x<\pi$에서 함수 $f(x)$의 증가와 감소를 표로 나타내면 다음과 같다.

| $x$ | $(0)$ | $\cdots$ | $\alpha$ | $\cdots$ | $\beta$ | $\cdots$ | $(\pi)$ |
|---|---|---|---|---|---|---|---|
| $f'(x)$ | | + | 0 | − | 0 | + | |
| $f(x)$ | | ↗ | 극대 | ↘ | 극소 | ↗ | |

함수 $f(x)$는 $x=\alpha$에서 극대이므로 $k=\alpha$

$2\cos 2k=\sin 2k$에서 $2(\cos^2 k-\sin^2 k)=2\sin k\cos k$

$\sin^2 k+\sin k\cos k-\cos^2 k=0$

$\left(\frac{\sin k}{\cos k}\right)^2+\frac{\sin k}{\cos k}-1=0,\ \tan^2 k+\tan k-1=0$

$\therefore \tan k=\frac{-1+\sqrt{5}}{2}$ $\left(\because 0<k<\frac{\pi}{2}\right)$

## 0720

답 26

원 $x^2+y^2=1$의 중심을 O라 하자.

선분 OP의 길이는 원 $x^2+y^2=1$의 반지름의 길이 1로 일정하므로 선분 PQ의 길이가 최소가 되려면 다음 그림과 같이 점 P는 원 $x^2+y^2=1$과 선분 OQ의 교점이고 원 위의 점 P에서의 접선의 기울기와 곡선 $y=\sqrt{x}-3$ 위의 점 Q에서의 접선의 기울기가 같아야 한다.

따라서 곡선 $y=\sqrt{x}-3$ 위의 점 Q에서의 접선과 직선 OQ는 서로 수직이어야 한다.

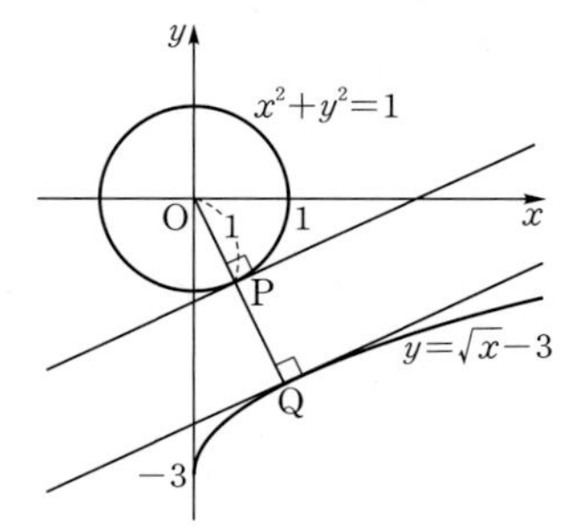


점 Q의 좌표를 $(t, \sqrt{t}-3)$이라 하면

$y=\sqrt{x}-3$에서 $y'=\frac{1}{2\sqrt{x}}$이므로

점 Q에서의 접선의 기울기는 $\frac{1}{2\sqrt{t}}$이고

직선 OQ의 기울기는 $\frac{\sqrt{t}-3}{t}$이므로

$\frac{1}{2\sqrt{t}}\times\frac{\sqrt{t}-3}{t}=-1$에서

$2(\sqrt{t})^3+\sqrt{t}-3=0,\ (\sqrt{t}-1)(2t+2\sqrt{t}+3)=0$

$\sqrt{t}=1$ ($\because 2t+2\sqrt{t}+3>0$) $\quad \therefore t=1$

즉, $Q(1, -2)$이므로

$\overline{\mathrm{PQ}} \geq \overline{\mathrm{OQ}}-1=\sqrt{1^2+(-2)^2}-1=\sqrt{5}-1$

따라서 $a=5$, $b=1$이므로

$a^2+b^2=5^2+1^2=26$

## 0721

답 ⑤

$f(x)=x-k\sin x$에서 $f'(x)=1-k\cos x$

ㄱ. $k=1$일 때 $f'(x)=1-\cos x$

$0<x<2\pi$에서 $-1\leq \cos x<1$

$\therefore 0<1-\cos x\leq 2$

즉, $f'(x)>0$이므로 $f(x)$는 증가하는 함수이다. (참)

ㄴ. $0<x<2\pi$에서 $-k<-k\cos x\leq k$이므로

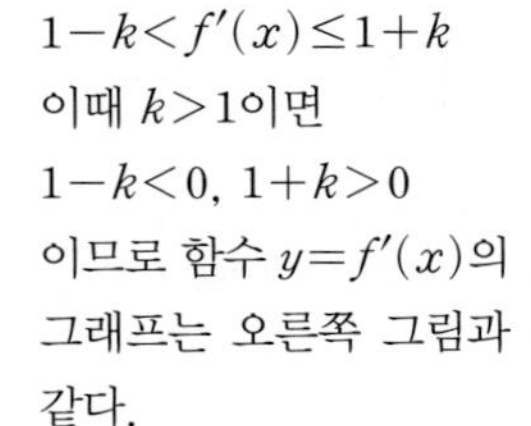

$1-k<f'(x)\leq 1+k$

이때 $k>1$이면

$1-k<0$, $1+k>0$

이므로 함수 $y=f'(x)$의 그래프는 오른쪽 그림과 같다.

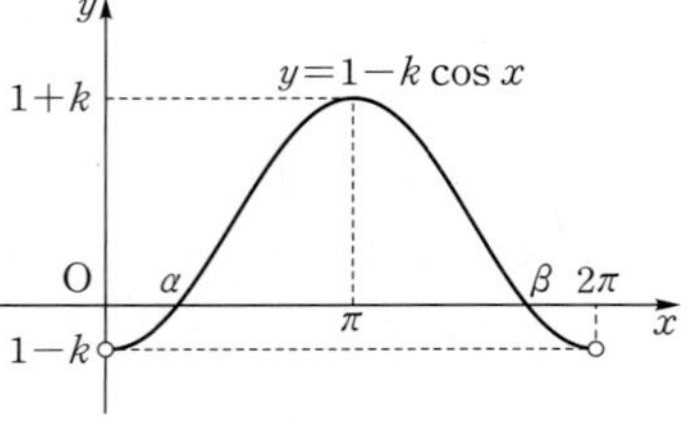


즉, 함수 $f(x)$는 극댓값과 극솟값이 모두 존재한다. (참)

ㄷ. ㄴ에 의하여 함수 $f(x)$가 극댓값과 극솟값을 가지려면

$1-k<0<1+k$, 즉 $k>1$이고

$f'(x)=0$의 두 실근을 $\alpha$, $\beta$ $(\alpha<\beta)$라 하면

함수 $y=f'(x)$의 그래프는 직선 $x=\pi$에 대하여 대칭이므로

$\dfrac{\alpha+\beta}{2}=\pi$에서 $\beta=2\pi-\alpha$

함수 $f(x)$는 $x=\alpha$에서 극소이므로

$f(\alpha)=\alpha-k\sin\alpha=2$에서 $k=\dfrac{\alpha-2}{\sin\alpha}$

함수 $f(x)$는 $x=\beta$에서 극대이므로

$$f(\beta)=\beta-k\sin\beta=2\pi-\alpha-\frac{\alpha-2}{\sin\alpha}\times\sin(2\pi-\alpha)$$

$$=2\pi-\alpha+\frac{\alpha-2}{\sin\alpha}\times\sin\alpha$$

$$=2\pi-\alpha+\alpha-2=2\pi-2 \text{ (참)}$$

따라서 옳은 것은 ㄱ, ㄴ, ㄷ이다.

## 0722

답 770

$f(x)=\dfrac{1}{n^2}\ln x$라 하고, 접점의 좌표를 $\mathrm{A}_n\left(t, \dfrac{1}{n^2}\ln t\right)$라 하면

$f'(x)=\dfrac{1}{n^2x}$이므로 접선의 방정식은

$y-\dfrac{1}{n^2}\ln t=\dfrac{1}{n^2t}(x-t)$에서

$y=\dfrac{1}{n^2t}x+\dfrac{\ln t-1}{n^2}$

❶

이 직선이 원점을 지나므로

$\dfrac{\ln t-1}{n^2}=0$에서 $\ln t=1$

$\therefore t=e$

즉, $\mathrm{A}_n\left(e, \dfrac{1}{n^2}\right)$, $\mathrm{B}_n(e, 0)$이므로

$\overline{\mathrm{OB}_n}=e$, $\overline{\mathrm{A}_n\mathrm{B}_n}=\dfrac{1}{n^2}$

❷

따라서 삼각형 $\mathrm{OB}_n\mathrm{A}_n$의 넓이 $S_n$은

$$S_n=\frac{1}{2}\times\overline{\mathrm{OB}_n}\times\overline{\mathrm{A}_n\mathrm{B}_n}=\frac{1}{2}\times e\times\frac{1}{n^2}=\frac{e}{2n^2}$$

$$\therefore \sum_{n=1}^{10}\frac{e}{S_n}=\sum_{n=1}^{10}2n^2=2\sum_{n=1}^{10}n^2$$

$$=2\times\frac{10\times 11\times 21}{6}=770$$

❸

| 채점 기준 | 배점 |
|---|---|
| ❶ 점 $\mathrm{A}_n$에서의 접선의 방정식 구하기 | 30% |
| ❷ $\overline{\mathrm{OB}_n}$, $\overline{\mathrm{A}_n\mathrm{B}_n}$을 $n$에 대한 식으로 나타내기 | 40% |
| ❸ $\sum_{n=1}^{10}\frac{e}{S_n}$의 값 구하기 | 30% |

## 0723

답 35

$2x^2-y=0$에서 $y=2x^2$을 $3xy+y^2=2x+2y+4$에 대입하면

$3x\times 2x^2+(2x^2)^2=2x+2\times 2x^2+4$

$4x^4+6x^3-4x^2-2x-4=0$

$2x^4+3x^3-2x^2-x-2=0$

$(x+2)(x-1)(2x^2+x+1)=0$

$\therefore x=-2$ 또는 $x=1$ $\left(\because 2x^2+x+1=2\left(x+\dfrac{1}{4}\right)^2+\dfrac{7}{8}>0\right)$

즉, 제1사분면 위의 점 P의 좌표는 $(1, 2)$이다.

❶

$2x^2-y=0$에서 $4x-\dfrac{dy}{dx}=0$ $\quad\therefore \dfrac{dy}{dx}=4x$

이 곡선 위의 점 $\mathrm{P}(1, 2)$에서의 접선의 기울기는 4이다.

$3xy+y^2=2x+2y+4$에서 $3y+3x\times\dfrac{dy}{dx}+2y\times\dfrac{dy}{dx}=2+2\times\dfrac{dy}{dx}$

$(3x+2y-2)\dfrac{dy}{dx}=2-3y$ $\quad\therefore \dfrac{dy}{dx}=\dfrac{2-3y}{3x+2y-2}$

이 곡선 위의 점 $\mathrm{P}(1, 2)$에서의 접선의 기울기는

$\dfrac{2-6}{3+4-2}=-\dfrac{4}{5}$

한편, 두 직선 $l_1$, $l_2$가 $x$축의 양의 방향과 이루는 각의 크기를 각각 $\alpha$, $\beta$라 하면 $\tan\alpha=4$, $\tan\beta=-\dfrac{4}{5}$

❷

$$\therefore \tan\theta=|\tan(\alpha-\beta)|=\left|\frac{\tan\alpha-\tan\beta}{1+\tan\alpha\tan\beta}\right|$$

$$=\left|\frac{4+\frac{4}{5}}{1+4\times\left(-\frac{4}{5}\right)}\right|=\frac{24}{11}$$

따라서 $p=11$, $q=24$이므로

$p+q=11+24=35$

❸

| 채점 기준 | 배점 |
|---|---|
| ❶ 점 P의 좌표 구하기 | 30% |
| ❷ 두 직선 $l_1$, $l_2$의 기울기 구하기 | 40% |
| ❸ $\tan\theta$의 값을 구하여 $p+q$의 값 구하기 | 30% |

## 0724

답 ③

$f(x)=\ln x$, $g(x)=ax^3$이라 하면

$f'(x)=\frac{1}{x}$, $g'(x)=3ax^2$

이때 두 곡선 $y=f(x)$, $y=g(x)$가 한 점에서만 만나려면 두 곡선이 접해야 한다.

두 곡선 $y=f(x)$, $y=g(x)$의 교점의 $x$좌표를 $t$ $(t>0)$이라 하면

$f(t)=g(t)$에서

$\ln t=at^3$ ...... ㉠

$f'(t)=g'(t)$에서

$\frac{1}{t}=3at^2$ ...... ㉡

㉡에서 $3at^3=1$이므로 ㉠에서

$\ln t=\frac{1}{3}$ $\quad\therefore t=e^{\frac{1}{3}}$

$\therefore a=\frac{1}{3t^3}=\frac{1}{3e}$

## 0725

답 6

$f(x)=\sin \pi x$에서 $f'(x)=\pi \cos \pi x$이므로

$g(x)=f(f(x))$에서

$g'(x)=f'(f(x))f'(x)$

$=\pi \cos(\pi \sin \pi x)\times(\pi \cos \pi x)$

$=\pi^2 \cos(\pi \sin \pi x)\times \cos \pi x$

$g'(x)=0$에서 $\cos(\pi \sin \pi x)=0$ 또는 $\cos \pi x=0$

(i) $\cos \pi x=0$일 때

$0<x<2$이므로 $x=\frac{1}{2}$ 또는 $x=\frac{3}{2}$

(ii) $\cos(\pi \sin \pi x)=0$일 때

$-1\le \sin \pi x\le 1$이므로 $\pi \sin \pi x=-\frac{\pi}{2}$ 또는 $\pi \sin \pi x=\frac{\pi}{2}$

$\sin \pi x=-\frac{1}{2}$ 또는 $\sin \pi x=\frac{1}{2}$

$0<x<2$이므로 $x=\frac{1}{6}$ 또는 $x=\frac{5}{6}$ 또는 $x=\frac{7}{6}$ 또는 $x=\frac{11}{6}$

$0<x<2$에서 함수 $g(x)$의 증가와 감소를 표로 나타내면 다음과 같다.

| $x$ | (0) | $\cdots$ | $\frac{1}{6}$ | $\cdots$ | $\frac{1}{2}$ | $\cdots$ | $\frac{5}{6}$ | $\cdots$ | $\frac{7}{6}$ | $\cdots$ | $\frac{3}{2}$ | $\cdots$ | $\frac{11}{6}$ | $\cdots$ | (2) |
|---|---|---|---|---|---|---|---|---|---|---|---|---|---|---|---|
| $g'(x)$ | | + | 0 | − | 0 | + | 0 | − | 0 | + | 0 | − | 0 | + | |
| $g(x)$ | | ↗ | 극대 | ↘ | 극소 | ↗ | 극대 | ↘ | 극소 | ↗ | 극대 | ↘ | 극소 | ↗ | |

따라서 $g'(x)=0$을 만족시키는 $x$는 6개이고 이 모든 $x$의 값의 좌우에서 $g'(x)$의 부호가 바뀌므로 함수 $g(x)$가 구간 $(0, 2)$에서 극값을 갖는 $x$의 값의 개수는 6이다.

## 0726

답 ③

$y=\sin x$에서 $y'=\cos x$이므로 곡선 $y=\sin x$ 위의 점 $\mathrm{P}(t, \sin t)$에서의 접선의 기울기는 $\cos t$이다.

이때 점 P에서의 접선과 점 P를 지나고 기울기가 $-1$인 직선이 이루는 예각의 크기가 $\theta$이므로

$\tan\theta=\left|\frac{\cos t-(-1)}{1+\cos t\times(-1)}\right|=\left|\frac{\cos t+1}{1-\cos t}\right|$

$=\frac{\cos t+1}{1-\cos t}$ $(\because 0<t<\pi)$

따라서

$$\lim_{t\to\pi-}\frac{\tan\theta}{(\pi-t)^2}=\lim_{t\to\pi-}\frac{\frac{\cos t+1}{1-\cos t}}{(\pi-t)^2}=\lim_{t\to\pi-}\frac{\cos t+1}{(\pi-t)^2(1-\cos t)}$$

에서 $\pi-t=x$라 하면 $t\to\pi-$일 때 $x\to0+$이므로

$$\lim_{t\to\pi-}\frac{\cos t+1}{(\pi-t)^2(1-\cos t)}$$

$$=\lim_{x\to0+}\frac{1-\cos x}{x^2(1+\cos x)}\ (\because \cos t=\cos(\pi-x)=-\cos x)$$

$$=\lim_{x\to0+}\frac{(1-\cos x)(1+\cos x)}{x^2(1+\cos x)(1+\cos x)}$$

$$=\lim_{x\to0+}\frac{\sin^2 x}{x^2(1+\cos x)^2}$$

$$=\lim_{x\to0+}\left\{\left(\frac{\sin x}{x}\right)^2\times\frac{1}{(1+\cos x)^2}\right\}$$

$$=1^2\times\frac{1}{2^2}=\frac{1}{4}$$

## 0727

답 11

함수 $f(x)$의 역함수가 존재하려면 $f(x)$는 일대일대응이어야 하므로 실수 전체의 집합에서 증가하거나 감소해야 한다.

즉, 모든 실수 $x$에 대하여

$f'(x)=5-a\sin ax\ge0$ 또는 $f'(x)=5-a\sin ax\le0$

이어야 한다.

(i) $a$가 음의 정수일 때

$5+a\le5-a\sin ax\le5-a$이므로

$5+a\le f'(x)\le5-a$

$f'(x)\ge0$이려면 $5+a\ge0$이어야 하므로 $a\ge-5$

$f'(x)\le0$이려면 $5-a\le0$이어야 하므로 $a\ge5$

이때 $a$는 음의 정수이므로 $-5$, $-4$, $-3$, $-2$, $-1$의 5개이다.

(ii) $a=0$일 때

$f'(x)=5>0$이므로 함수 $f(x)$의 역함수가 존재한다.

(iii) $a$가 양의 정수일 때

$5-a\le5-a\sin ax\le5+a$이므로

$5-a\le f'(x)\le5+a$

$f'(x)\ge0$이려면 $5-a\ge0$이어야 하므로 $a\le5$

$f'(x)\le0$이려면 $5+a\le0$이어야 하므로 $a\le-5$

이때 $a$는 양의 정수이므로 1, 2, 3, 4, 5의 5개이다.

(i)~(iii)에서 구하는 정수 $a$의 개수는

$5+1+5=11$

## 0728

답 ②

$g(x)=e^{2x}$이라 하면 $g'(x)=2e^{2x}$

점 $(0,\ k)$에서 곡선 $y=g(x)$에 그은 접선의 접점의 좌표를 $(t,\ e^{2t})$ $(t>0)$이라 하자.

곡선 $y=g(x)$ 위의 점 $(t,\ e^{2t})$에서의 접선의 기울기는

$f(k)=2e^{2t}$ …… ㉠

이때 $f(k)$는 두 점 $(0,\ k)$, $(t,\ e^{2t})$을 지나는 직선의 기울기와 같으므로

$2e^{2t}=\dfrac{e^{2t}-k}{t}$

$\therefore k=e^{2t}-2te^{2t}$ …… ㉡

㉡을 ㉠에 대입하면

$f(e^{2t}-2te^{2t})=2e^{2t}$

위의 식의 양변을 $t$에 대하여 미분하면

$f'(e^{2t}-2te^{2t})\times(2e^{2t}-2e^{2t}-4te^{2t})=4e^{2t}$

$f'(e^{2t}-2te^{2t})=-\dfrac{1}{t}$

위의 식의 양변에 $t=1$을 대입하면

$f'(-e^{2})=-1$

## 0729

답 45

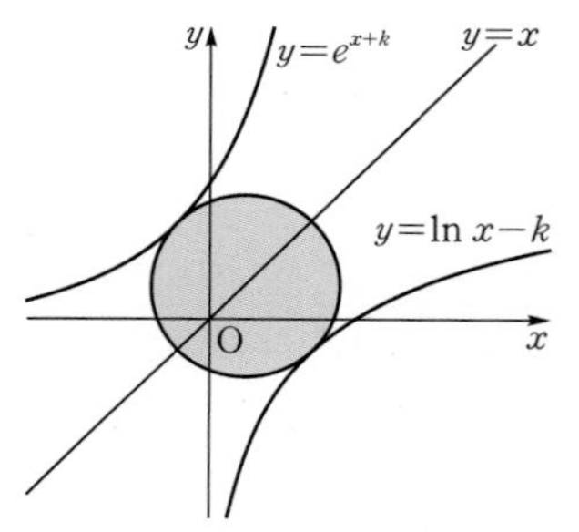


위의 그림과 같이 두 함수 $y=e^{x+k}$, $y=\ln x-k$는 서로 역함수 관계이므로 두 곡선은 직선 $y=x$에 대하여 대칭이다.

이때 두 곡선 $y=e^{x+k}$, $y=\ln x-k$에 동시에 접하는 원의 넓이가 최소가 되려면 원과 각각의 곡선이 접하는 접점에서의 접선이 직선 $y=x$와 평행해야 한다.

즉, 접점에서의 접선의 기울기가 1이어야 한다.

$f(x)=e^{x+k}$이라 하면 $f'(x)=e^{x+k}$

접점의 좌표를 $(t,\ e^{t+k})$이라 하면 $f'(t)=1$에서 $t=-k$이므로 접점의 좌표는 $(-k,\ 1)$

원의 반지름의 길이는 접점 $(-k,\ 1)$과 직선 $y=x$, 즉 $x-y=0$ 사이의 거리와 같으므로

$\dfrac{|-k-1|}{\sqrt{1^2+(-1)^2}}=\dfrac{k+1}{\sqrt{2}}$

따라서 구하는 원의 넓이의 최솟값은

$f(k)=\dfrac{(k+1)^2}{2}\pi$

$\therefore \dfrac{1}{\pi}\sum_{k=1}^{5}f(k)=\sum_{k=1}^{5}\dfrac{(k+1)^2}{2}=\sum_{k=1}^{6}\dfrac{1}{2}k^2-\dfrac{1}{2}$

$=\dfrac{1}{2}\times\dfrac{6\times7\times13}{6}-\dfrac{1}{2}=45$

## 0730

답 ①

$a=-1$일 때 구간 $[0,\ 2)$에서 $f(x)=\dfrac{(x+1)^2}{x+1}=x+1$이므로 $x=0$에서 극댓값을 갖지 않는다.

즉, 조건을 만족시키지 않으므로 $a\neq-1$이다.

$f(x)=\dfrac{(x-a)^2}{x+1}$에서

$$f'(x)=\frac{2(x-a)(x+1)-(x-a)^2}{(x+1)^2}=\frac{(x-a)\{2(x+1)-(x-a)\}}{(x+1)^2}=\frac{(x-a)(x+2+a)}{(x+1)^2}$$

$f'(x)=0$에서 $x=a$ 또는 $x=-a-2$

(i) $a<-a-2$일 때

$a<-a-2$에서 $a<-1$이고,

$x=-a-2$의 좌우에서 $f'(x)$의 부호가 음에서 양으로 바뀌므로 $f(x)$는 $x=-a-2$에서 극솟값을 갖는다.

함수 $f(x)$는 $x=0$에서 극댓값을 가지므로 구간 $(0,\ 2)$에서 극솟값을 갖는다.

즉, $0<-a-2<2$, $-4<a<-2$이므로

$a=-3$ ($\because$ $a$는 정수)

(ii) $a>-a-2$일 때

$a>-a-2$에서 $a>-1$이고,

$x=a$의 좌우에서 $f'(x)$의 부호가 음에서 양으로 바뀌므로 $f(x)$는 $x=a$에서 극솟값을 갖는다.

함수 $f(x)$는 $x=0$에서 극댓값을 가지므로 구간 $(0,\ 2)$에서 극솟값을 갖는다.

즉, $0<a<2$이므로

$a=1$ ($\because$ $a$는 정수)

(i), (ii)에서 주어진 조건을 만족시키는 정수 $a$의 값은 $-3$, $1$이므로 구하는 모든 정수 $a$의 값의 곱은 $(-3)\times1=-3$

**참고**

$a=-3$, $a=1$일 때 함수 $y=f(x)$의 그래프를 그려서 $f(x)$가 문제의 조건을 만족시키는지 확인한다.

$a=-3$일 때, $0\le x<2$에서 $f(x)=\dfrac{(x+3)^2}{x+1}$이므로 함수 $y=f(x)$의 그래프는 다음 그림과 같다.

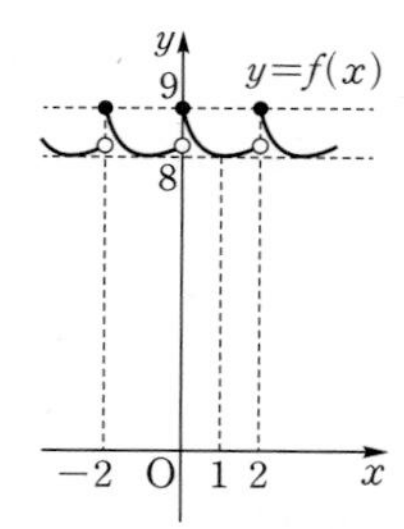


따라서 함수 $f(x)$는 $x=0$에서 극댓값 9, $x=1$에서 극솟값 8을 갖는다.

$a=1$일 때, $0\le x<2$에서 $f(x)=\dfrac{(x-1)^2}{x+1}$이므로 함수 $y=f(x)$의 그래프는 다음 그림과 같다.

따라서 함수 $f(x)$는 $x=0$에서 극댓값 1, $x=1$에서 극솟값 0을 갖는다.

## 0731

답 ③

조건 (나)에서 $0\le x\le 2$일 때, 부등식 $f(x)\le g(x)$가 성립하려면 $0\le x\le 2$에서 직선 $y=g(x)$가 곡선 $y=f(x)$의 위쪽에 위치해야 한다.

이때 조건 (가)에서 $f(1)=g(1)$이므로 다음 그림과 같이 직선 $y=g(x)$는 점 $\left(1, \frac{\sqrt{2}}{2}\pi\right)$에서 곡선 $y=f(x)$에 접해야 한다.

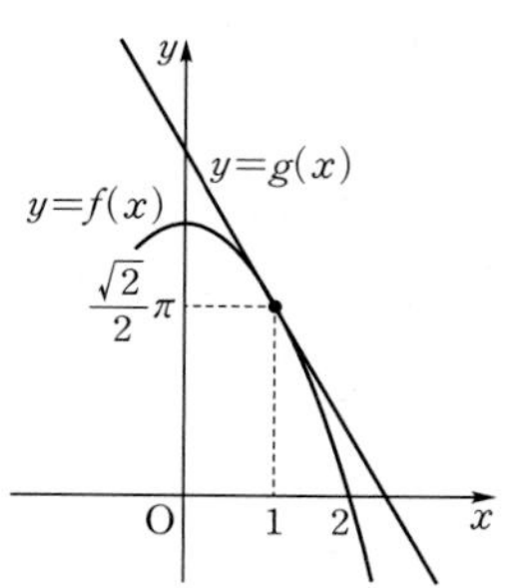


$f(x)=\pi\cos\frac{\pi}{4}x$에서 $f'(x)=-\frac{\pi^2}{4}\sin\frac{\pi}{4}x$이므로

$g'(1)=f'(1)=-\frac{\pi^2}{4}\times\frac{\sqrt{2}}{2}=-\frac{\sqrt{2}}{8}\pi^2$

기울기가 $-\frac{\sqrt{2}}{8}\pi^2$이고 점 $\left(1, \frac{\sqrt{2}}{2}\pi\right)$를 지나는 직선의 방정식은

$y-\frac{\sqrt{2}}{2}\pi=-\frac{\sqrt{2}}{8}\pi^2(x-1)$에서 $y=-\frac{\sqrt{2}}{8}\pi^2(x-1)+\frac{\sqrt{2}}{2}\pi$

따라서 $g(x)=-\frac{\sqrt{2}}{8}\pi^2(x-1)+\frac{\sqrt{2}}{2}\pi$이므로

$g(2)=-\frac{\sqrt{2}}{8}\pi^2+\frac{\sqrt{2}}{2}\pi$

## 0732

답 41

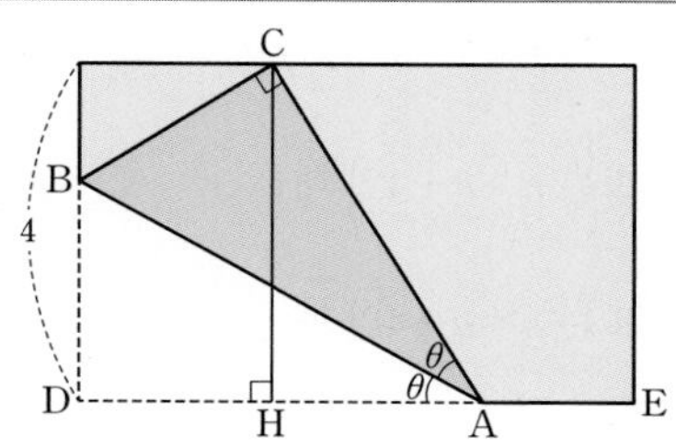


위의 그림과 같이 점 C에서 선분 DE에 내린 수선의 발을 H라 하면

직각삼각형 ACH에서 $\sin 2\theta=\frac{4}{\overline{AC}}$

$\overline{AC}=\frac{4}{\sin 2\theta}$

$\overline{BC}=\overline{AC}\tan\theta=\frac{4\tan\theta}{\sin 2\theta}$

즉, 삼각형 ACB의 넓이 $f(\theta)$는

$f(\theta)=\frac{1}{2}\times\frac{4}{\sin 2\theta}\times\frac{4\tan\theta}{\sin 2\theta}=\frac{8\tan\theta}{(\sin 2\theta)^2}$

$\therefore \frac{1}{f(\theta)}=\frac{(\sin 2\theta)^2}{8\tan\theta}=\frac{1}{8}\times\frac{\cos\theta\,(\sin 2\theta)^2}{\sin\theta}$

$=\frac{1}{8}\times\frac{\cos\theta\times(2\sin\theta\cos\theta)^2}{\sin\theta}=\frac{1}{2}\cos^3\theta\sin\theta$

위의 식의 양변을 $\theta$에 대하여 미분하면

$\left\{\frac{1}{f(\theta)}\right\}'=-\frac{3}{2}\cos^2\theta\sin^2\theta+\frac{1}{2}\cos^4\theta$

$=-\frac{1}{2}\cos^2\theta(3\sin^2\theta-\cos^2\theta)$

$=-\frac{1}{2}\cos^2\theta(4\sin^2\theta-1)$

$\left\{\frac{1}{f(\theta)}\right\}'=0$에서 $\cos\theta=0$ 또는 $\sin\theta=-\frac{1}{2}$ 또는 $\sin\theta=\frac{1}{2}$

이때 $0<\theta<\frac{\pi}{4}$이므로 $\sin\theta=\frac{1}{2}$에서 $\theta=\frac{\pi}{6}$

| $\theta$ | $(0)$ | $\cdots$ | $\frac{\pi}{6}$ | $\cdots$ | $\left(\frac{\pi}{4}\right)$ |
|---|---|---|---|---|---|
| $\left\{\frac{1}{f(\theta)}\right\}'$ | | $+$ | 0 | $-$ | |
| $\frac{1}{f(\theta)}$ | | ↗ | 극대 | ↘ | |

함수 $\frac{1}{f(\theta)}$은 $\theta=\frac{\pi}{6}$에서 극댓값을 가지므로

$f(\alpha)=f\left(\frac{\pi}{6}\right)=8\tan\frac{\pi}{6}\times\frac{1}{\left(\sin\frac{\pi}{3}\right)^2}=8\times\frac{1}{\sqrt{3}}\times\frac{1}{\left(\frac{\sqrt{3}}{2}\right)^2}$

$=\frac{32}{3\sqrt{3}}=\frac{32\sqrt{3}}{9}$

따라서 $p=9$, $q=32$이므로

$p+q=9+32=41$

## 0733

답 9

이차함수 $f(x)$가 최솟값 0을 가지므로 $f(x)=a(x-b)^2$ $(a>0)$이라 하자.

$g(x)=e^xf(x)=ae^x(x-b)^2$이라 하면

$g'(x)=ae^x(x-b)^2+2ae^x(x-b)$

$=ae^x(x-b)(x-b+2)$

$g'(x)=0$에서 $x=b-2$ 또는 $x=b$ ($\because a>0$)

조건 (가)에서 함수 $g(x)$는 $x=0$에서 극댓값을 가지므로

$b-2=0$ $\quad\therefore b=2$

$h(x)=\frac{f(x)}{x}=\frac{a(x-2)^2}{x}$이라 하면

$h'(x)=\frac{2ax(x-2)-a(x-2)^2}{x^2}=\frac{a(x+2)(x-2)}{x^2}$

$h'(x)=0$에서 $x=-2$ 또는 $x=2$

함수 $h(x)$의 증가와 감소를 표로 나타내면 다음과 같다.

| $x$ | $\cdots$ | $-2$ | $\cdots$ | $(0)$ | $\cdots$ | 2 | $\cdots$ |
|---|---|---|---|---|---|---|---|
| $h'(x)$ | $+$ | 0 | $-$ | | $-$ | 0 | $+$ |
| $h(x)$ | ↗ | 극대 | ↘ | | ↘ | 극소 | ↗ |

함수 $h(x)$가 $x=-2$에서 극대이므로 극댓값은

$h(-2)=\frac{16a}{-2}=-8$ $\quad\therefore a=1$

따라서 $f(x)=(x-2)^2$이므로

$f(5)=3^2=9$

**참고**

$b=0$이면 $f(x)=ax^2$이므로

$h(x)=\frac{f(x)}{x}=\frac{ax^2}{x}=ax$ $(x\ne 0)$이다.

이때 조건 (나)에 모순이므로 $b=2$이다.

## 0734

답 ②

$f(x)=\sqrt{3}\ln x$에서 $f'(x)=\frac{\sqrt{3}}{x}$

다음 그림과 같이 곡선 $y=f(x)$ 위의 두 점 $\mathrm{A}(\alpha, f(\alpha))$, $\mathrm{B}(\beta, f(\beta))$ $(\alpha<\beta)$에서의 접선 $m$, $n$이 $x$축의 양의 방향과 이루는 각의 크기를 각각 $\theta_1$, $\theta_2$ $(0<\theta_2<\theta_1)$이라 하면

$\tan\theta_1=\frac{\sqrt{3}}{\alpha}$, $\tan\theta_2=\frac{\sqrt{3}}{\beta}$

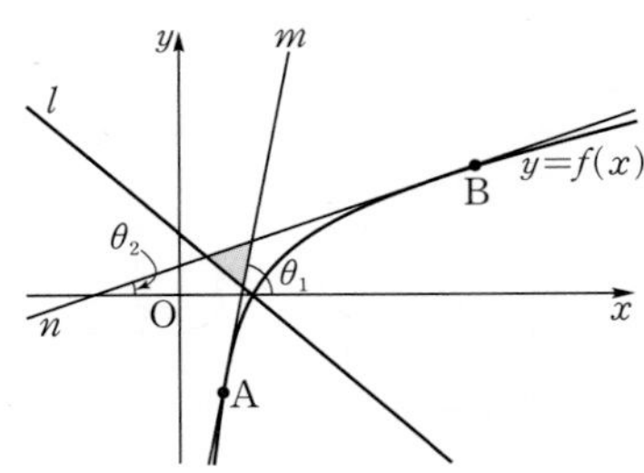


직선 $l$의 방정식은 $\sqrt{3}x+2y-\sqrt{3}=0$에서 $y=-\frac{\sqrt{3}}{2}x+\frac{\sqrt{3}}{2}$

한편, 세 직선 $l$, $m$, $n$으로 둘러싸인 삼각형이 정삼각형이므로 두 직선 $l$, $m$이 이루는 각의 크기는 $60°$이다.

즉, $\tan(60°+\theta_1)=-\frac{\sqrt{3}}{2}$에서

$$\tan(60°+\theta_1)=\frac{\tan 60°+\tan\theta_1}{1-\tan 60°\times\tan\theta_1}=\frac{\sqrt{3}+\frac{\sqrt{3}}{\alpha}}{1-\sqrt{3}\times\frac{\sqrt{3}}{\alpha}}=-\frac{\sqrt{3}}{2}$$

$\sqrt{3}+\frac{\sqrt{3}}{\alpha}=-\frac{\sqrt{3}}{2}+\frac{3\sqrt{3}}{2\alpha}$, $\frac{\sqrt{3}}{2\alpha}=\frac{3\sqrt{3}}{2}$

$\therefore \alpha=\frac{1}{3}$

두 직선 $m$, $n$이 이루는 각의 크기는 $60°$이므로 $\theta_1-\theta_2=60°$

$$\tan(\theta_1-\theta_2)=\frac{\tan\theta_1-\tan\theta_2}{1+\tan\theta_1\times\tan\theta_2}=\frac{\frac{\sqrt{3}}{\alpha}-\frac{\sqrt{3}}{\beta}}{1+\frac{\sqrt{3}}{\alpha}\times\frac{\sqrt{3}}{\beta}}=\sqrt{3}$$

$3\sqrt{3}-\frac{\sqrt{3}}{\beta}=\sqrt{3}+\frac{9\sqrt{3}}{\beta}$ $\left(\because \alpha=\frac{1}{3}\right)$

$\frac{10\sqrt{3}}{\beta}=2\sqrt{3}$ $\quad\therefore \beta=5$

$\therefore \frac{\beta}{\alpha}=\frac{5}{\frac{1}{3}}=15$

## 0735

답 17

$f(x)=t(\ln x)^2-x^2$에서

$f'(x)=\frac{2t\ln x}{x}-2x=\frac{2t\ln x-2x^2}{x}$

이때 함수 $f(x)$가 $x=k$, 즉 $x=g(t)$에서 극대이므로

$f'(g(t))=\frac{2t\ln g(t)-2\{g(t)\}^2}{g(t)}=0$에서

$2t\ln g(t)-2\{g(t)\}^2=0$

$\therefore t\ln g(t)=\{g(t)\}^2$ $\quad\cdots\cdots$ ㉠

또한 $g(t)$는 미분가능한 함수이므로 ㉠의 양변을 $t$에 대하여 미분하면

$\ln g(t)+t\times\frac{g'(t)}{g(t)}=2g(t)g'(t)$ $\quad\cdots\cdots$ ㉡

$g(\alpha)=e^2$이므로 ㉠에 $t=\alpha$를 대입하면

$\alpha\ln e^2=(e^2)^2$, $2\alpha=e^4$ $\quad\therefore \alpha=\frac{e^4}{2}$

㉡에 $t=\alpha$를 대입하면

$\ln e^2+\frac{e^4}{2}\times\frac{g'(\alpha)}{e^2}=2e^2g'(\alpha)$, $2+\frac{e^2g'(\alpha)}{2}=2e^2g'(\alpha)$

$\frac{3e^2g'(\alpha)}{2}=2$ $\quad\therefore g'(\alpha)=\frac{4}{3e^2}$

$\therefore \alpha\times\{g'(\alpha)\}^2=\frac{e^4}{2}\times\frac{16}{9e^4}=\frac{8}{9}$

따라서 $p=9$, $q=8$이므로

$p+q=9+8=17$

## 0736

답 ③

점 $(a, 0)$에서 곡선 $y=(x-n)e^x$에 그은 접선의 접점의 좌표를 $(t, (t-n)e^t)$이라 하자.

$y=(x-n)e^x$에서 $y'=(x-n+1)e^x$이므로

곡선 위의 점 $(t, (t-n)e^t)$에서의 접선의 방정식은

$y-(t-n)e^t=(t-n+1)e^t(x-t)$에서

$y=(t-n+1)e^t(x-t)+(t-n)e^t$

이 직선이 점 $(a, 0)$을 지나므로

$0=(t-n+1)e^t(a-t)+(t-n)e^t$

$(t-n+1)(a-t)+(t-n)=0$

$\therefore t^2-(n+a)t+an+n-a=0$ $\quad\cdots\cdots$ ㉠

$t$에 대한 이차방정식 ㉠을 만족시키는 실수 $t$의 개수는 곡선 밖의 점에서 곡선에 그은 접점의 개수, 즉 접선의 개수 $f(n)$이므로

$t$에 대한 이차방정식 ㉠의 판별식을 $D$라 하면

$D=(n+a)^2-4(an+n-a)$

$\quad=n^2+2an+a^2-4an-4n+4a$

$\quad=(n-a)^2-4(n-a)$

$\quad=(n-a)(n-a-4)$

에서

$D>0$, 즉 $n<a$ 또는 $n>a+4$일 때

$f(n)=2$

$D=0$, 즉 $n=a$ 또는 $n=a+4$일 때

$f(n)=1$

$D<0$, 즉 $a<n<a+4$일 때

$f(n)=0$

ㄱ. $a=0$, $n=4$이면 $n=a+4$이므로 $f(4)=1$ (참)

ㄴ. 정수 $a$의 값에 관계없이 $f(n)=1$인 정수 $n$의 개수는 2이다. (거짓)

ㄷ. $\sum_{n=1}^{5} f(n)=5$인 경우는 다음과 같이 두 가지이다.

(i) $f(1)=f(2)=2$, $f(3)=1$, $f(4)=f(5)=0$인 경우

$a=3$

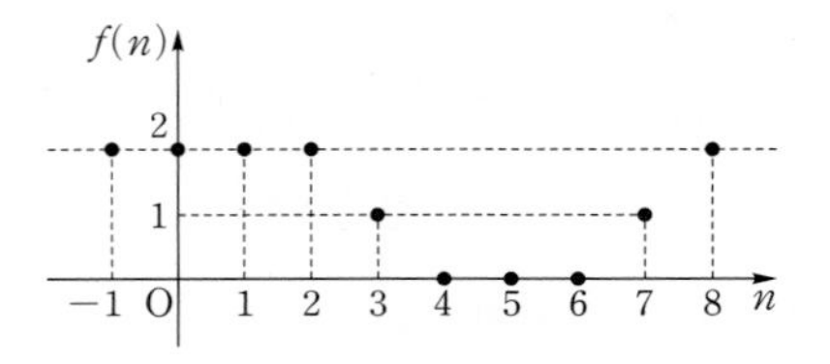

(ii) $f(1)=f(2)=0$, $f(3)=1$, $f(4)=f(5)=2$인 경우

$3=a+4 \quad \therefore a=-1$

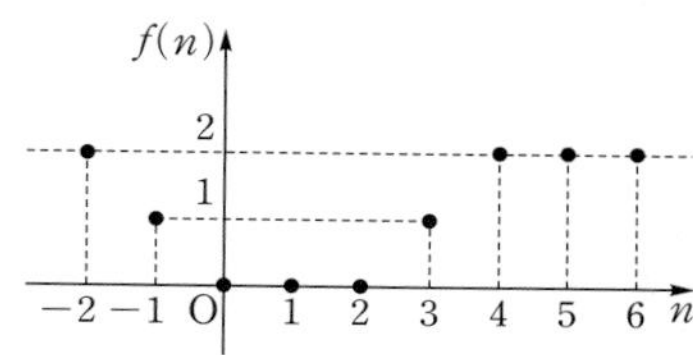

(i), (ii)에서 $a=-1$ 또는 $a=3$ (참)

따라서 옳은 것은 ㄱ, ㄷ이다.

## 0737

답 ⑤

$g(x)=f(e(\ln x)^4)$에서

$g'(x)=f'(e(\ln x)^4)\times 4e(\ln x)^3\times\frac{1}{x}$

또한 $g(e)=f(e(\ln e)^4)=f(e)$이므로

$g(e)=f(e)=k$라 하면 $\cdots\cdots$ ㉠

$g'(e)=f'(e(\ln e)^4)\times 4e(\ln e)^3\times\frac{1}{e}=4f'(e)$

즉, $m_1=f'(e)$, $m_2=4f'(e)$이므로 $m_1m_2=1$에서

$4\{f'(e)\}^2=1$

$\therefore f'(e)=-\frac{1}{2}$, $g'(e)=-2$ 또는 $f'(e)=\frac{1}{2}$, $g'(e)=2$

(i) $f'(e)=\frac{1}{2}$, $g'(e)=2$일 때

두 직선 $l_1$, $l_2$의 방정식은

$l_1: y-k=\frac{1}{2}(x-e) \quad \therefore y=\frac{1}{2}x-\frac{e}{2}+k$

$l_2: y-k=2(x-e) \quad \therefore y=2x-2e+k$

㉠에 의하여 두 직선 $l_1$, $l_2$의 교점의 좌표는 $(e, k)$이고,

$y$절편은 각각 $-\frac{e}{2}+k$, $-2e+k$이므로 구하는 삼각형의 넓이는

$\frac{1}{2}\times e\times\left|\left(-\frac{e}{2}+k\right)-(-2e+k)\right|=\frac{3}{4}e^2$

(ii) $f'(e)=-\frac{1}{2}$, $g'(e)=-2$일 때

두 직선 $l_1$, $l_2$의 방정식은

$l_1: y-k=-\frac{1}{2}(x-e) \quad \therefore y=-\frac{1}{2}x+\frac{e}{2}+k$

$l_2: y-k=-2(x-e) \quad \therefore y=-2x+2e+k$

㉠에 의하여 두 직선 $l_1$, $l_2$의 교점의 좌표는 $(e, k)$이고,

$y$절편은 각각 $\frac{e}{2}+k$, $2e+k$이므로 구하는 삼각형의 넓이는

$\frac{1}{2}\times e\times\left|(2e+k)-\left(\frac{e}{2}+k\right)\right|=\frac{3}{4}e^2$

(i), (ii)에서 구하는 삼각형의 넓이는 $\frac{3}{4}e^2$이다.

## 0738

답 ⑤

ㄱ. $f(x)=e^x\cos x$라 하면 $f'(x)=e^x(\cos x-\sin x)$

$0<x<\frac{\pi}{4}$일 때 $f'(x)>0$, 즉 함수 $f(x)$는 증가하므로

$e^a\cos a<e^b\cos b \quad \therefore \frac{e^a}{\cos b}<\frac{e^b}{\cos a}$ (참)

ㄴ. $g(x)=\tan x-x$라 하면 $g'(x)=\sec^2 x-1=\tan^2 x$

$0<x<\frac{\pi}{2}$일 때 $g'(x)>0$, 즉 함수 $g(x)$는 증가하므로

$\tan a-a<\tan b-b$ (참)

ㄷ. $h(x)=\frac{\sin x}{x}$라 하면 $h'(x)=\frac{x\cos x-\sin x}{x^2}$

$0<x<\pi$에서 $h'(x)>0$이라 하면

$x\cos x>\sin x$ ($\because x^2>0$)

(i) $0<x<\frac{\pi}{2}$일 때

$\cos x>0$, $\sin x>0$이므로

$x>\frac{\sin x}{\cos x} \quad \therefore x>\tan x$

이때 주어진 범위에서 두 함수 $y=x$와 $y=\tan x$의 그래프는 오른쪽 그림과 같으므로 모순이다.

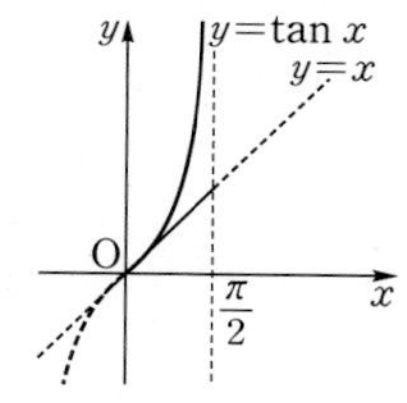

(ii) $\frac{\pi}{2}<x<\pi$일 때

$\cos x<0$, $\sin x>0$이므로

$x<\frac{\sin x}{\cos x} \quad \therefore x<\tan x$

이때 주어진 범위에서 두 함수 $y=x$와 $y=\tan x$의 그래프는 오른쪽 그림과 같으므로 모순이다.

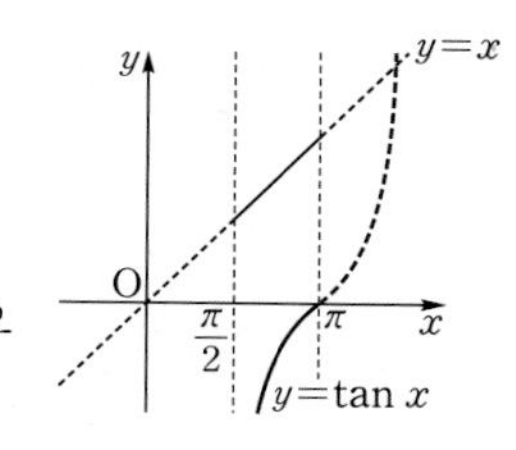

(iii) $x=\frac{\pi}{2}$일 때

$$h'\left(\frac{\pi}{2}\right)=\frac{\frac{\pi}{2}\cos\frac{\pi}{2}-\sin\frac{\pi}{2}}{\left(\frac{\pi}{2}\right)^2}=\frac{0-1}{\frac{\pi^2}{4}}=-\frac{4}{\pi^2}<0$$

(i)~(iii)에서 $0<x<\pi$일 때 $h'(x)<0$이므로

함수 $h(x)$는 감소한다.

즉, $\frac{\sin a}{a}>\frac{\sin b}{b}$이므로

$b\sin a>a\sin b$ (참)

따라서 옳은 것은 ㄱ, ㄴ, ㄷ이다.

## 0739

답 ②

$g(x)=3f(x)+4\cos f(x)$에서

$g'(x)=3f'(x)-4f'(x)\sin f(x)$

$=f'(x)\{3-4\sin f(x)\}$

$g'(x)=0$에서 $f'(x)=0$ 또는 $3-4\sin f(x)=0 \quad \cdots\cdots$ ㉠

즉, ㉠을 만족시키면서 $g'(x)$의 값의 부호가 음에서 양으로 바뀌는 $x$의 값에서 $g(x)$는 극소이다.

(i) $f'(x)=0$인 경우

$f(x)=6\pi(x-1)^2$에서 $f'(x)=12\pi(x-1)$이므로

$x=1$일 때 $f'(x)=0$이다.

이때 $x=1$의 좌우에서 $f'(x)$의 값의 부호는 음에서 양으로 바뀌고, $x\to1$일 때 $f(x)\to0+$이므로 $3-4\sin f(x)$의 값의 부호는 양이다.

즉, $g'(x)=f'(x)\{3-4\sin f(x)\}$의 값의 부호는 음에서 양으로 바뀌므로 $g(x)$는 $x=1$에서 극소이다.

(ⅱ) $3-4\sin f(x)=0$인 경우

$3-4\sin f(x)=0$, 즉 $\sin f(x)=\frac{3}{4}$을 만족시키는 $x$의 값은 곡선 $y=\sin f(x)$와 직선 $y=\frac{3}{4}$의 교점의 $x$좌표이다.

$f(x)=t$라 하면 $0<x<2$에서 $0\le t<6\pi$이고,
이차함수 $y=f(x)$의 그래프는 직선 $x=1$에 대하여 대칭이므로 곡선 $y=\sin t$와 직선 $y=\frac{3}{4}$의 교점의 $t$좌표를 작은 수부터 차례대로

$t_1$, $t_2$, $t_3$, $t_4$, $t_5$, $t_6$

이라 하면 이 값에 대응하는 $x$의 값은 직선 $x=1$에 대하여 대칭인 위치에 2개씩 존재한다.

즉, $\sin f(x)=\frac{3}{4}$을 만족시키는 $x$의 값의 개수는 12이다.

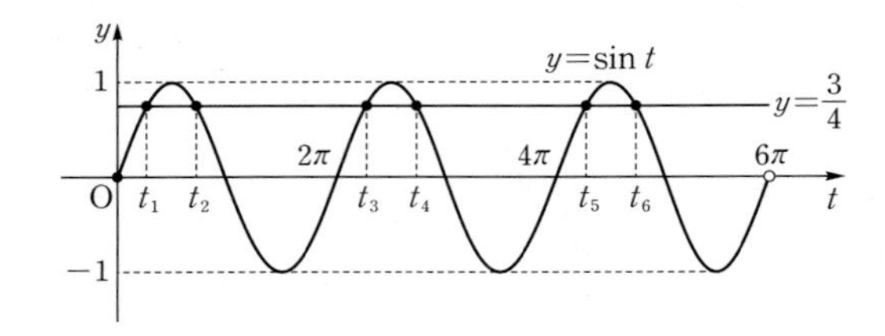


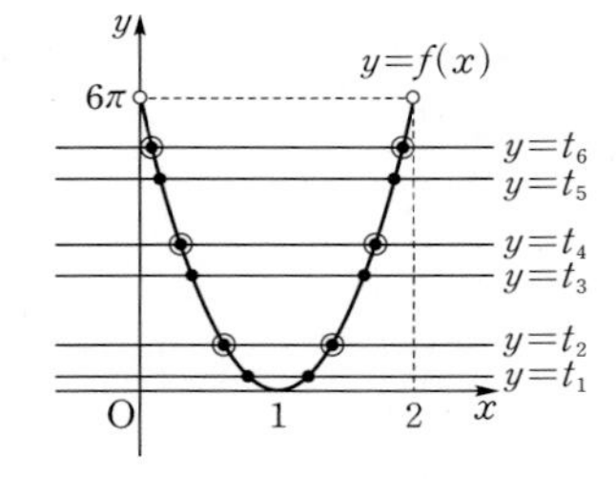


이때 곡선 $y=\sin t$가 직선 $y=\frac{3}{4}$보다 위쪽에 있는 범위에서 $3-4\sin t$의 값의 부호는 음이고, 아래쪽에 있는 범위에서 $3-4\sin t$의 값의 부호는 양이므로

ⓐ 구간 $(1, 2)$에서 $f(x)=t_2$, $t_4$, $t_6$을 만족시키는 $x$의 값의 좌우에서 $3-4\sin f(x)$의 값의 부호는 음에서 양으로 바뀌고, 이 구간에서 $f'(x)$의 값의 부호는 양이다.
즉, $g'(x)=f'(x)\{3-4\sin f(x)\}$의 값의 부호는 음에서 양으로 바뀌므로 $g(x)$는 이 3개의 값에서 극소이다.

ⓑ 구간 $(0, 1)$에서는 ⓐ와는 반대로 $f(x)=t_2$, $t_4$, $t_6$을 만족시키는 $x$의 값의 좌우에서 $3-4\sin f(x)$의 값의 부호는 양에서 음으로 바뀌고, 이 구간에서 $f'(x)$의 값의 부호는 음이다.
즉, $g'(x)=f'(x)\{3-4\sin f(x)\}$의 값의 부호는 음에서 양으로 바뀌므로 $g(x)$는 이 3개의 값에서 극소이다.

따라서 $g(x)$가 극소가 되는 $x$의 개수는 6이다.

(ⅰ), (ⅱ)에서 함수 $g(x)$가 $0<x<2$에서 극소가 되는 $x$의 개수는

$1+6=7$

**참고**

(ⅱ)에서 $x$의 값이 $0\to1\to2$로 변할 때 $t$의 값은 $6\pi\to0\to6\pi$로 변하는 것에 주의한다.

# 07 도함수의 활용(2)

## 유형 01 곡선의 오목과 볼록

**확인 문제** 구간 $\left(-\infty, \frac{2}{3}\right)$에서 위로 볼록, 구간 $\left(\frac{2}{3}, \infty\right)$에서 아래로 볼록

$f(x)=x^3-2x^2$이라 하면
$f'(x)=3x^2-4x$, $f''(x)=6x-4$
$f''(x)=0$에서 $x=\frac{2}{3}$
이때 $x<\frac{2}{3}$에서 $f''(x)<0$, $x>\frac{2}{3}$에서 $f''(x)>0$이므로 곡선 $y=f(x)$는 구간 $\left(-\infty, \frac{2}{3}\right)$에서 위로 볼록하고, 구간 $\left(\frac{2}{3}, \infty\right)$에서 아래로 볼록하다.

### 0740
답 ④

$f(x)=\frac{x^2-x}{e^x}=(x^2-x)e^{-x}$에서
$f'(x)=(2x-1)e^{-x}-(x^2-x)e^{-x}=(-x^2+3x-1)e^{-x}$
$f''(x)=(-2x+3)e^{-x}-(-x^2+3x-1)e^{-x}$
$=(x^2-5x+4)e^{-x}$
곡선 $y=f(x)$가 위로 볼록하려면 $f''(x)<0$이어야 하므로
$x^2-5x+4<0$ ($\because e^{-x}>0$)
$(x-1)(x-4)<0$ $\therefore 1<x<4$
따라서 곡선 $y=f(x)$가 위로 볼록한 구간은 $(1, 4)$이다.

### 0741
답 ②

$f(x)=x+2\cos x$라 하면
$f'(x)=1-2\sin x$
$f''(x)=-2\cos x$
곡선 $y=f(x)$가 아래로 볼록하려면 $f''(x)>0$이어야 하므로
$\cos x<0$
$\therefore \frac{\pi}{2}<x<\frac{3}{2}\pi$ ($\because 0<x<2\pi$)
따라서 곡선 $y=f(x)$가 아래로 볼록한 구간은 $\left(\frac{\pi}{2}, \frac{3}{2}\pi\right)$이다.

### 0742
답 ④

$f(x)=x^4-2x^3-36x^2+6x+12$라 하면
$f'(x)=4x^3-6x^2-72x+6$
$f''(x)=12x^2-12x-72=12(x+2)(x-3)$
곡선 $y=f(x)$가 위로 볼록하려면 $f''(x)<0$이어야 하므로
$-2<x<3$
따라서 곡선 $y=f(x)$가 위로 볼록한 구간은 $(-2, 3)$이다.

### 0743
답 ①

$f(x)=x^2(\ln x-1)$이라 하면 로그의 진수 조건에 의하여
$x>0$ …… ㉠
$f'(x)=2x(\ln x-1)+x^2\times\frac{1}{x}=2x\ln x-x$
$f''(x)=2\ln x+2x\times\frac{1}{x}-1=2\ln x+1$
곡선 $y=f(x)$가 위로 볼록하려면 $f''(x)<0$이어야 하므로
$\ln x<-\frac{1}{2}$
$\therefore x<\frac{\sqrt{e}}{e}$ …… ㉡
㉠, ㉡에서 $0<x<\frac{\sqrt{e}}{e}$

### 0744
답 0

$f(x)=\frac{-2}{x^2+3}$라 하면
$f'(x)=\frac{-2x\times(-2)}{(x^2+3)^2}=\frac{4x}{(x^2+3)^2}$
$f''(x)=\frac{4(x^2+3)^2-4x\times2(x^2+3)\times2x}{(x^2+3)^4}$
$=\frac{-12x^2+12}{(x^2+3)^3}=\frac{-12(x+1)(x-1)}{(x^2+3)^3}$
…… ❶
곡선 $y=f(x)$가 아래로 볼록하려면 $f''(x)>0$이어야 하므로
$(x+1)(x-1)<0$ ($\because x^2+3>0$)
$\therefore -1<x<1$
…… ❷
따라서 곡선 $y=f(x)$가 아래로 볼록한 구간에 속하는 정수 $x$의 값은 0이다.
…… ❸

| 채점 기준 | 배점 |
|---|---|
| ❶ $f''(x)$ 구하기 | 40% |
| ❷ $f''(x)>0$인 $x$의 값의 범위 구하기 | 40% |
| ❸ 아래로 볼록한 구간에 속하는 정수 $x$의 값 구하기 | 20% |

### 0745
답 2

$f(x)=\ln(x^2+2x+2)$에서 $f'(x)=\frac{2x+2}{x^2+2x+2}$
$f''(x)=\frac{2(x^2+2x+2)-(2x+2)(2x+2)}{(x^2+2x+2)^2}$
$=\frac{-2x^2-4x}{(x^2+2x+2)^2}=\frac{-2x(x+2)}{(x^2+2x+2)^2}$
함수 $f(x)$가 구간 $(a, b)$에 속하는 임의의 두 실수 $x_1$, $x_2$ ($x_1<x_2$)에 대하여 $\frac{f(x_1)+f(x_2)}{2}>f\left(\frac{x_1+x_2}{2}\right)$를 만족시키려면
$a<x_1<x_2<b$일 때 곡선 $y=f(x)$가 아래로 볼록해야 한다.
즉, $f''(x)>0$이어야 하므로
$x(x+2)<0$ ($\because (x^2+2x+2)^2>0$) $\therefore -2<x<0$

따라서 곡선 $y=f(x)$는 구간 $(-2, 0)$에서 아래로 볼록하므로 $b-a$의 최댓값은

$0-(-2)=2$

참고

함수 $f(x)$가 구간 $(a, b)$에 속하는 임의의 두 실수 $x_1, x_2$ $(x_1<x_2)$에 대하여 $\frac{f(x_1)+f(x_2)}{2}>f\left(\frac{x_1+x_2}{2}\right)$를 만족시키면 곡선 $y=f(x)$는 이 구간에서 아래로 볼록하다.

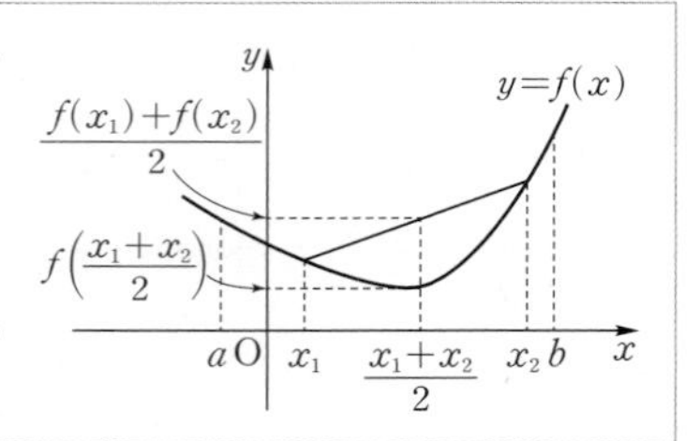


유형 02 변곡점

확인 문제 $-3, 1$

$f(x)=x^4+4x^3-18x^2+1$이라 하면

$f'(x)=4x^3+12x^2-36x$

$f''(x)=12x^2+24x-36=12(x+3)(x-1)$

$f''(x)=0$에서 $x=-3$ 또는 $x=1$

이때 $x<-3$에서 $f''(x)>0$, $-3<x<1$에서 $f''(x)<0$, $x>1$에서 $f''(x)>0$이므로 변곡점의 $x$좌표는 $-3, 1$이다.

## 0746

답 ①

$f(x)=x(\ln x)^2$에서 로그의 진수 조건에 의하여

$x>0$

$f'(x)=(\ln x)^2+x\times 2\ln x\times\frac{1}{x}$

$=(\ln x)^2+2\ln x$

$f''(x)=2\ln x\times\frac{1}{x}+2\times\frac{1}{x}$

$=\frac{2\ln x+2}{x}=\frac{2(\ln x+1)}{x}$

$f''(x)=0$에서 $\ln x=-1$

$\therefore x=e^{-1}$

이때 $x=e^{-1}$의 좌우에서 $f''(x)$의 부호가 바뀌므로 곡선 $y=f(x)$는 $x=e^{-1}$에서 변곡점을 갖는다.

따라서 구하는 접선의 기울기는

$f'(e^{-1})=(\ln e^{-1})^2+2\ln e^{-1}=1-2=-1$

## 0747

답 5

$f(x)=x^3-3x^2+6$이라 하면 $f'(x)=3x^2-6x$

$f''(x)=6x-6=6(x-1)$

$f''(x)=0$에서 $x=1$

이때 $x=1$의 좌우에서 $f''(x)$의 부호가 바뀌므로 변곡점의 좌표는 $(1, 4)$

따라서 $a=1$, $b=4$이므로

$a+b=1+4=5$

## 0748

답 ④

$f(x)=2x^2e^x$에서

$f'(x)=4xe^x+2x^2e^x=(4x+2x^2)e^x$

$f''(x)=(4+4x)e^x+(4x+2x^2)e^x$

$=(2x^2+8x+4)e^x=2(x^2+4x+2)e^x$

$f''(x)=0$에서 $x^2+4x+2=0$ ($\because e^x>0$)

$\therefore x=-2-\sqrt{2}$ 또는 $x=-2+\sqrt{2}$

이때 $x=-2-\sqrt{2}$, $x=-2+\sqrt{2}$의 좌우에서 $f''(x)$의 부호가 바뀌므로 모든 변곡점의 $x$좌표의 곱은

$(-2-\sqrt{2})(-2+\sqrt{2})=4-2=2$

## 0749

답 ③

$f(x)=\frac{1}{2}x^2+2\sin x$라 하면 $f'(x)=x+2\cos x$

$f''(x)=1-2\sin x$

$f''(x)=0$에서 $\sin x=\frac{1}{2}$

$\therefore x=\frac{\pi}{6}$ 또는 $x=\frac{5}{6}\pi$ ($\because 0<x<2\pi$)

이때 $x=\frac{\pi}{6}$, $x=\frac{5}{6}\pi$의 좌우에서 $f''(x)$의 부호가 바뀌므로 곡선 $y=f(x)$는 $x=\frac{\pi}{6}$, $x=\frac{5}{6}\pi$에서 변곡점을 갖는다.

$\therefore |\alpha-\beta|=\left|\frac{\pi}{6}-\frac{5}{6}\pi\right|=\frac{2}{3}\pi$

## 0750

답 7

$f(x)=\frac{x^2-1}{x^2+3}$이라 하면

$f'(x)=\frac{2x(x^2+3)-(x^2-1)\times 2x}{(x^2+3)^2}=\frac{8x}{(x^2+3)^2}$

$f''(x)=\frac{8(x^2+3)^2-8x\times 2(x^2+3)\times 2x}{(x^2+3)^4}$

$=\frac{-24x^2+24}{(x^2+3)^3}=\frac{-24(x+1)(x-1)}{(x^2+3)^3}$

❶

$f''(x)=0$에서 $x=-1$ 또는 $x=1$ ($\because x^2+3>0$)

이때 $x=-1$, $x=1$의 좌우에서 $f''(x)$의 부호가 바뀌므로 변곡점의 좌표는 $(-1, 0)$, $(1, 0)$

❷

변곡점에서의 두 접선의 기울기는 각각 $f'(-1)=-\frac{1}{2}$, $f'(1)=\frac{1}{2}$

이므로 이 두 접선이 $x$축의 양의 방향과 이루는 각의 크기를 각각 $\alpha$, $\beta$라 하면

$\tan\alpha=-\frac{1}{2}$, $\tan\beta=\frac{1}{2}$

$\therefore \tan\theta=|\tan(\alpha-\beta)|=\left|\frac{\tan\alpha-\tan\beta}{1+\tan\alpha\tan\beta}\right|$

$=\left|\frac{-\frac{1}{2}-\frac{1}{2}}{1+\left(-\frac{1}{2}\right)\times\frac{1}{2}}\right|=\frac{4}{3}$

따라서 $p=3$, $q=4$이므로

$p+q=3+4=7$

❸

| 채점 기준 | 배점 |
| --- | --- |
| ❶ $f''(x)$ 구하기 | 20% |
| ❷ 변곡점의 좌표 구하기 | 40% |
| ❸ $\tan\theta$의 값을 구한 후 $p+q$의 값 구하기 | 40% |

Bible Says **삼각함수의 덧셈정리 – 탄젠트**

(1) $\tan(\alpha+\beta)=\dfrac{\tan\alpha+\tan\beta}{1-\tan\alpha\tan\beta}$

(2) $\tan(\alpha-\beta)=\dfrac{\tan\alpha-\tan\beta}{1+\tan\alpha\tan\beta}$

## 0751

답 ②

$f(x)=\ln(x^2+1)^2=2\ln(x^2+1)$이라 하면

$f'(x)=\dfrac{2}{x^2+1}\times 2x=\dfrac{4x}{x^2+1}$

$f''(x)=\dfrac{4(x^2+1)-4x\times 2x}{(x^2+1)^2}$

$=\dfrac{-4x^2+4}{(x^2+1)^2}=\dfrac{-4(x+1)(x-1)}{(x^2+1)^2}$

$f''(x)=0$에서 $x=-1$ 또는 $x=1$

이때 $x=-1$, $x=1$의 좌우에서 $f''(x)$의 부호가 바뀌므로 곡선 $y=f(x)$는 $x=-1$, $x=1$에서 변곡점을 갖는다.

한편, $f'(1)=\dfrac{4\times 1}{1^2+1}=2$이므로 곡선 $y=f(x)$ 위의 점 $(1, 2\ln 2)$에서의 접선 $l$의 방정식은

$y-2\ln 2=2(x-1)$

$\therefore y=2x-2+2\ln 2$

따라서 접선 $l$의 $y$절편은 $-2+2\ln 2$이므로

$k=2$

## 0752

답 41

$f(x)=\sin^n x$라 하면

$f'(x)=n\sin^{n-1}x\cos x$

$f''(x)=n(n-1)\sin^{n-2}x\cos^2 x+n\sin^{n-1}x\times(-\sin x)$

$=n(n-1)\sin^{n-2}x(1-\sin^2 x)-n\sin^n x$

$=\{(n^2-n)-n^2\sin^2 x\}\sin^{n-2}x$

$f''(x)=0$에서

$(n^2-n)-n^2\sin^2 x=0$ $\left(\because 0<x<\dfrac{\pi}{2}\text{에서 } 0<\sin x<1\right)$

$\sin^2 x=\dfrac{n^2-n}{n^2}$

$\therefore \sin x=\sqrt{\dfrac{n^2-n}{n^2}}=\sqrt{\dfrac{n-1}{n}}$

위의 식을 만족시키는 실수 $x$의 값을 $\alpha_n$이라 하면 $\sin\alpha_n=\dfrac{\sqrt{n-1}}{\sqrt{n}}$이고, 이때 $x=\alpha_n$의 좌우에서 $f''(x)$의 부호가 바뀌므로 곡선 $y=f(x)$의 변곡점의 좌표는 $(\alpha_n, f(\alpha_n))$

$\therefore a_n=f(\alpha_n)=\sin^n\alpha_n=\left(\dfrac{\sqrt{n-1}}{\sqrt{n}}\right)^n$

$\therefore a_2\times a_4=\left(\dfrac{1}{\sqrt{2}}\right)^2\times\left(\dfrac{\sqrt{3}}{2}\right)^4=\dfrac{1}{2}\times\dfrac{9}{16}=\dfrac{9}{32}$

따라서 $p=32$, $q=9$이므로

$p+q=32+9=41$

### 유형 03 변곡점을 이용한 미정계수의 결정

## 0753

답 ④

$f(x)=xe^x+ax^2+bx$에서

$f'(x)=e^x+xe^x+2ax+b=(x+1)e^x+2ax+b$

$f''(x)=e^x+(x+1)e^x+2a=(x+2)e^x+2a$

함수 $f(x)$가 $x=0$에서 극소이므로

$f'(0)=0$에서 $1+b=0$ $\quad\therefore b=-1$

또한 곡선 $y=f(x)$의 변곡점의 $x$좌표가 $-2$이므로

$f''(-2)=0$에서 $a=0$

$\therefore a+b=0+(-1)=-1$

## 0754

답 3

$f(x)=a\cos x+b\sin x+cx$에서

$f'(x)=-a\sin x+b\cos x+c$

$f''(x)=-a\cos x-b\sin x$

함수 $f(x)$가 $x=\dfrac{2}{3}\pi$에서 극대이므로

$f'\left(\dfrac{2}{3}\pi\right)=0$에서 $-\dfrac{\sqrt{3}}{2}a-\dfrac{1}{2}b+c=0$ ...... ㉠

또한 곡선 $y=f(x)$의 변곡점의 좌표가 $(\pi, \pi)$이므로

$f(\pi)=\pi$에서 $-a+\pi c=\pi$ ...... ㉡

$f''(\pi)=0$에서 $a=0$

이를 ㉠, ㉡에 대입하여 풀면

$b=2$, $c=1$

$\therefore a+b+c=0+2+1=3$

## 0755

답 96

$f(x)=\dfrac{2}{x^2+b}$라 하면

$f'(x)=\dfrac{-2\times 2x}{(x^2+b)^2}=\dfrac{-4x}{(x^2+b)^2}$

$f''(x)=\dfrac{-4(x^2+b)^2-(-4x)\times 2(x^2+b)\times 2x}{(x^2+b)^4}=\dfrac{12x^2-4b}{(x^2+b)^3}$

점 $(2, a)$가 곡선 $y=f(x)$의 변곡점이므로

$f(2)=a$에서 $\dfrac{2}{4+b}=a$ ...... ㉠

$f''(2)=0$에서 $\dfrac{48-4b}{(4+b)^3}=0$ $\quad\therefore b=12$

이를 ㉠에 대입하면 $a=\dfrac{1}{8}$

$\therefore \dfrac{b}{a}=\dfrac{12}{\frac{1}{8}}=96$

## 유형 04 변곡점을 가질 조건

### 0756

답 ④

$f(x)=ax^2+x+2\cos x$에서

$f'(x)=2ax+1-2\sin x$

$f''(x)=2a-2\cos x$

곡선 $y=f(x)$가 변곡점을 가지려면 방정식 $f''(x)=0$이 실근을 갖고, 이 실근의 좌우에서 $f''(x)$의 부호가 바뀌어야 한다.

$f''(x)=0$에서 $\cos x=a$

이때 $-1\le\cos x\le1$이므로 $-1\le a\le1$이다.

$a=-1$이면 $f''(x)=-2-2\cos x\le0$

$a=1$이면 $f''(x)=2-2\cos x\ge0$

즉, $a=-1$ 또는 $a=1$이면 $f''(x)=0$을 만족시키는 $x$의 값의 좌우에서 $f''(x)$의 부호가 바뀌지 않으므로 변곡점이 될 수 없다.

따라서 구하는 실수 $a$의 값의 범위는

$-1<a<1$

다른 풀이

$f(x)=ax^2+x+2\cos x$에서

$f'(x)=2ax+1-2\sin x$

$f''(x)=2a-2\cos x$

$f''(x)=0$에서 $\cos x=a$

곡선 $y=f(x)$가 변곡점을 가지려면 다음 그림과 같이 곡선 $y=\cos x$와 직선 $y=a$가 접하지 않고 만나야 하므로

$-1<a<1$

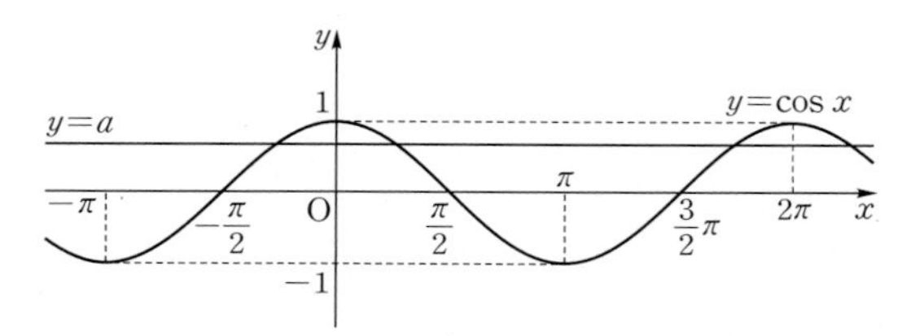


### 0757

답 $-8$

$f(x)=x^4+ax^3-3ax^2-5$라 하면

$f'(x)=4x^3+3ax^2-6ax$

$f''(x)=12x^2+6ax-6a$

곡선 $y=f(x)$가 변곡점을 갖지 않으려면 모든 실수 $x$에 대하여 $f''(x)\ge0$이어야 한다.

즉, 이차방정식 $f''(x)=0$의 판별식을 $D$라 하면 $D\le0$이어야 하므로

$\frac{D}{4}=(3a)^2-12\times(-6a)\le0$, $9a^2+72a\le0$

$9a(a+8)\le0$ $\therefore -8\le a\le0$

따라서 구하는 실수 $a$의 최솟값은 $-8$이다.

### 0758

답 5

$f(x)=x^2+n\sin x$에서

$f'(x)=2x+n\cos x$

$f''(x)=2-n\sin x$

…… ❶

(i) $n=0$일 때

$f''(x)=2>0$이므로 곡선 $y=f(x)$는 변곡점을 갖지 않는다.

(ii) $n\ne0$일 때

$f''(x)=0$에서 $n\sin x=2$ $\therefore \sin x=\frac{2}{n}$

곡선 $y=f(x)$가 변곡점을 갖지 않으려면 곡선 $y=\sin x$와 직선 $y=\frac{2}{n}$가 접하거나 만나지 않아야 한다.

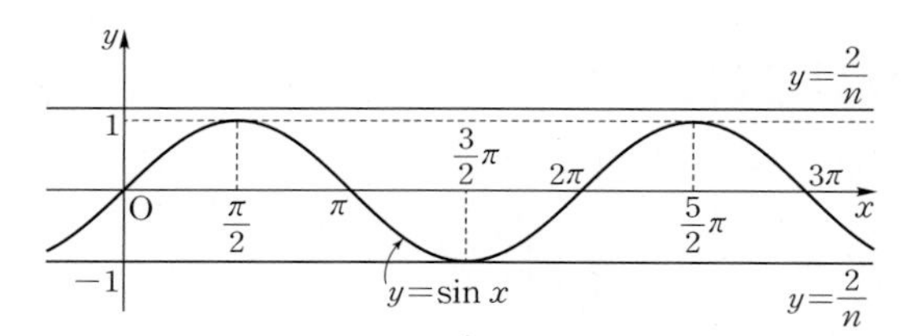


즉, $\left|\frac{2}{n}\right|\ge1$에서 $|n|\le2$

$\therefore -2\le n<0$ 또는 $0<n\le2$

…… ❷

(i), (ii)에서 구하는 정수 $n$은 $-2$, $-1$, $0$, $1$, $2$의 5개이다.

…… ❸

| 채점 기준 | 배점 |
|---|---|
| ❶ $f''(x)$ 구하기 | 30% |
| ❷ 변곡점을 갖지 않는 $n$의 값의 범위 구하기 | 50% |
| ❸ 정수 $n$의 개수 구하기 | 20% |

참고

곡선 $y=f(x)$가 변곡점을 갖지 않으려면 방정식 $f''(x)=0$이 실근을 갖지 않거나 $f''(x)=0$을 만족시키는 $x$의 값의 좌우에서 $f''(x)$의 부호가 바뀌지 않아야 한다.

(ii)에서 방정식 $f''(x)=0$, 즉 $\sin x=\frac{2}{n}$가 실근을 갖지 않으려면 곡선 $y=\sin x$와 직선 $y=\frac{2}{n}$가 만나지 않으면 된다.

특히, $n=-2$ 또는 $n=2$일 때 $f''(x)\ge0$이다.

즉, $f''(x)=0$을 만족시키는 $x$의 값의 좌우에서 $f''(x)$의 부호가 바뀌지 않으므로 곡선 $y=f(x)$가 변곡점을 갖지 않음을 알 수 있다.

## 유형 05 도함수의 그래프를 이용한 함수의 이해

### 0759

답 ⑤

ㄱ. $f'(c)=0$이고 $x=c$의 좌우에서 $f'(x)$의 부호가 양에서 음으로 바뀌므로 함수 $f(x)$는 $x=c$에서 극댓값을 갖는다. (참)

ㄴ. $f''(b)=f''(d)=0$이고 $x=b$, $x=d$의 좌우에서 $f''(x)$의 부호가 바뀌므로 곡선 $y=f(x)$는 $x=b$, $x=d$에서 변곡점을 갖는다. 즉, 변곡점의 개수는 2이다. (참)

ㄷ. 함수 $f'(x)$는 구간 $(b, d)$에서 감소하므로 이 구간에서 $f''(x)<0$

즉, 구간 $(b, d)$에서 곡선 $y=f(x)$는 위로 볼록하다. (참)

따라서 옳은 것은 ㄱ, ㄴ, ㄷ이다.

## 0760

답 ④

오른쪽 그림과 같이 $a$, $b$, $c$, $d$, $e$를 정하고 $f''(x)$의 부호를 조사하여 표로 나타내면 다음과 같다.

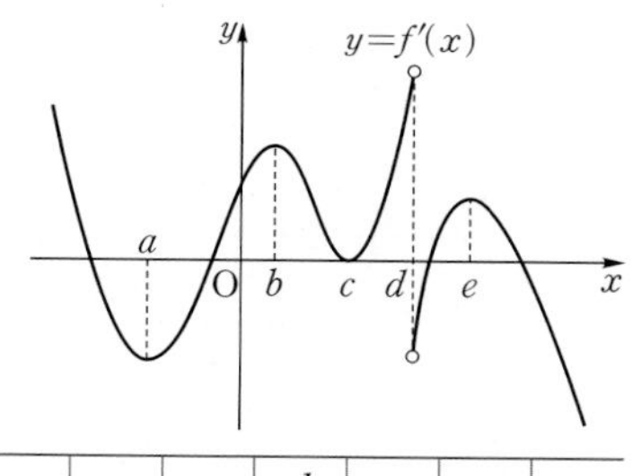


| $x$ | $\cdots$ | $a$ | $\cdots$ | $b$ | $\cdots$ | $c$ | $\cdots$ | $d$ | $\cdots$ | $e$ | $\cdots$ |
|---|---|---|---|---|---|---|---|---|---|---|---|
| $f''(x)$ | $-$ | 0 | $+$ | 0 | $-$ | 0 | $+$ | | $+$ | 0 | $-$ |

$x=a$, $x=b$, $x=c$, $x=e$의 좌우에서 $f''(x)$의 부호가 바뀌므로 곡선 $y=f(x)$의 변곡점의 개수는 4이다.

## 0761

답 ③

$f''(x)$의 부호를 조사하여 표로 나타내면 다음과 같다.

| $x$ | $\cdots$ | $a$ | $\cdots$ | $b$ | $\cdots$ | $c$ | $\cdots$ | $d$ | $\cdots$ |
|---|---|---|---|---|---|---|---|---|---|
| $f''(x)$ | $+$ | $+$ | $+$ | 0 | $-$ | 0 | $+$ | $+$ | $+$ |

$f''(x)<0$인 구간에서 곡선 $y=f(x)$가 위로 볼록하므로 구하는 구간은 ③ $(b, c)$이다.

## 0762

답 ④

$h(x)=f(x)-g(x)$에서

$h'(x)=f'(x)-g'(x)$

$h''(x)=f''(x)-g''(x)$

주어진 그림에서 $h'(x)$의 부호를 조사하여 표로 나타내면 다음과 같다.

| $x$ | $\cdots$ | $a$ | $\cdots$ | $b$ | $\cdots$ | $c$ | $\cdots$ | $d$ | $\cdots$ | $e$ | $\cdots$ |
|---|---|---|---|---|---|---|---|---|---|---|---|
| $h'(x)$ | $-$ | $-$ | $-$ | 0 | $+$ | 0 | $-$ | 0 | $+$ | $+$ | $+$ |

따라서 곡선 $y=h'(x)$는 다음 그림과 같다.

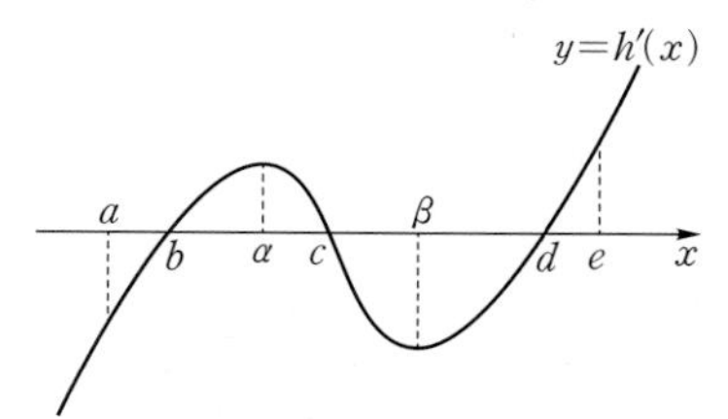


$h''(x)$의 값은 곡선 $y=h'(x)$ 위의 점에서의 접선의 기울기이므로

$x<\alpha$에서 $h''(x)>0$

$\alpha<x<\beta$에서 $h''(x)<0$

$x>\beta$에서 $h''(x)>0$

즉, 곡선 $y=h(x)$가 위로 볼록한 구간은 $(\alpha, \beta)$이므로 이 구간에 속하는 $x$의 값은 $c$이다.

## 0763

답 ②

ㄱ. $x=-1$, $x=2$의 좌우에서 $f'(x)$의 부호가 바뀌므로 함수 $f(x)$는 $x=-1$, $x=2$에서 극값을 갖는다.
즉, 함수 $f(x)$가 극값을 갖는 $x$의 값은 2개이다. (참)

ㄴ. $f''(0)=f''(1)=f''(3)=0$이고 $x=0$, $x=1$, $x=3$의 좌우에서 $f''(x)$의 부호가 바뀌므로 곡선 $y=f(x)$는 $x=0$, $x=1$, $x=3$에서 변곡점을 갖는다. 즉, 변곡점은 3개이다. (참)

ㄷ. $-1<x<0$일 때 $f''(x)>0$이므로 구간 $(-1, 0)$에서 곡선 $y=f(x)$는 아래로 볼록하다. (거짓)

따라서 옳은 것은 ㄱ, ㄴ이다.

# 유형 06 함수의 그래프

## 0764

답 ④

$f(x)=x\ln x$에서 로그의 진수 조건에 의하여 $x>0$

$f'(x)=\ln x+x\times\frac{1}{x}=\ln x+1$

$f''(x)=\frac{1}{x}$

$f'(x)=0$에서 $\ln x=-1$ $\quad\therefore x=e^{-1}=\frac{1}{e}$

$x>0$에서 함수 $f(x)$의 증가와 감소, 오목과 볼록을 표로 나타내면 다음과 같다.

| $x$ | $(0)$ | $\cdots$ | $\frac{1}{e}$ | $\cdots$ |
|---|---|---|---|---|
| $f'(x)$ | | $-$ | 0 | $+$ |
| $f''(x)$ | | $+$ | $+$ | $+$ |
| $f(x)$ | | ↘ | $-\frac{1}{e}$ | ↗ |

또한 $\lim_{x\to0+}f(x)=0$, $\lim_{x\to\infty}f(x)=\infty$이므로 함수 $y=f(x)$의 그래프는 다음 그림과 같다.

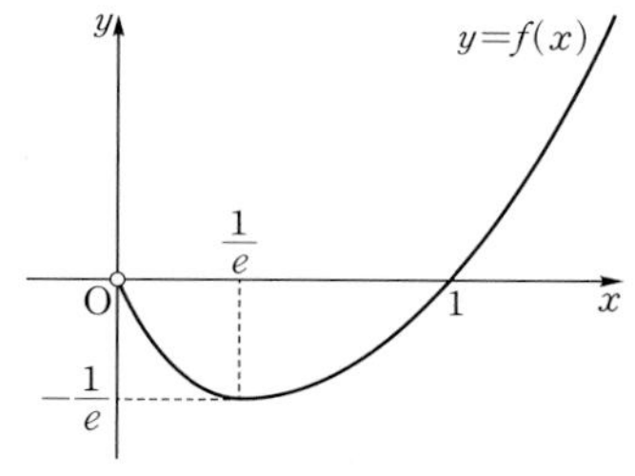


① $x>0$이므로 정의역은 $\{x|x>0\}$이다. (거짓)

② $x=\frac{1}{e}$의 좌우에서 $f'(x)$의 부호가 음에서 양으로 바뀌므로 함수 $f(x)$는 $x=\frac{1}{e}$에서 극솟값 $f\left(\frac{1}{e}\right)=-\frac{1}{e}$을 갖는다. (거짓)

③ $f''(x)=\frac{1}{x}$이므로 $x>0$에서 $f''(x)>0$
즉, 곡선 $y=f(x)$는 변곡점을 갖지 않는다. (거짓)

④ ③에서 곡선 $y=f(x)$는 구간 $(1, \infty)$에서 아래로 볼록하다. (참)

⑤ $\lim_{x\to0+}f(x)=0$, $\lim_{x\to\infty}f(x)=\infty$이다. (거짓)

따라서 옳은 것은 ④이다.

## 0765

답 ⑤

$f(x)=xe^{-x^2}$이라 하면

$f'(x)=e^{-x^2}+x\times e^{-x^2}\times(-2x)=(1-2x^2)e^{-x^2}$

$=(1-\sqrt{2}x)(1+\sqrt{2}x)e^{-x^2}$

$f''(x)=-4x\times e^{-x^2}+(1-2x^2)\times e^{-x^2}\times(-2x)$

$\quad=(4x^3-6x)e^{-x^2}=2x(\sqrt{2}x+\sqrt{3})(\sqrt{2}x-\sqrt{3})e^{-x^2}$

$f'(x)=0$에서 $x=-\frac{\sqrt{2}}{2}$ 또는 $x=\frac{\sqrt{2}}{2}$ $(\because e^{-x^2}>0)$

$f''(x)=0$에서 $x=-\frac{\sqrt{6}}{2}$ 또는 $x=0$ 또는 $x=\frac{\sqrt{6}}{2}$

함수 $f(x)$의 증가와 감소, 오목과 볼록을 표로 나타내면 다음과 같다.

| $x$ | $\cdots$ | $-\frac{\sqrt{6}}{2}$ | $\cdots$ | $-\frac{\sqrt{2}}{2}$ | $\cdots$ | $0$ | $\cdots$ | $\frac{\sqrt{2}}{2}$ | $\cdots$ | $\frac{\sqrt{6}}{2}$ | $\cdots$ |
|---|---|---|---|---|---|---|---|---|---|---|---|
| $f'(x)$ | $-$ | $-$ | $-$ | $0$ | $+$ | $+$ | $+$ | $0$ | $-$ | $-$ | $-$ |
| $f''(x)$ | $-$ | $0$ | $+$ | $+$ | $+$ | $0$ | $-$ | $-$ | $-$ | $0$ | $+$ |
| $f(x)$ | ↘ | $-\frac{\sqrt{6}}{2\sqrt{e^3}}$ | ↘ | $-\frac{\sqrt{2}}{2\sqrt{e}}$ | ↗ | $0$ | ↗ | $\frac{\sqrt{2}}{2\sqrt{e}}$ | ↘ | $\frac{\sqrt{6}}{2\sqrt{e^3}}$ | ↘ |

또한 $\lim_{x\to\infty}f(x)=0$, $\lim_{x\to-\infty}f(x)=0$이므로 함수 $y=f(x)$의 그래프는 다음 그림과 같다.

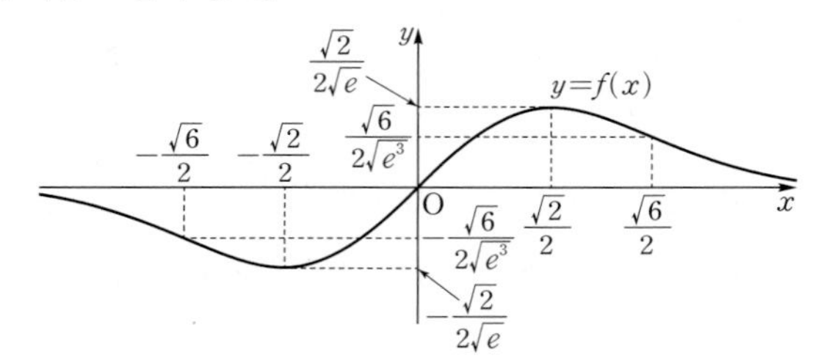


① $\lim_{x\to\infty}xe^{-x^2}=0$이므로 점근선은 직선 $y=0$이다. (거짓)

② 구간 $(0, 1)$에서 $f''(x)<0$이므로 위로 볼록하다. (거짓)

③ 구간 $\left(-1, -\frac{\sqrt{2}}{2}\right)$에서 $f'(x)<0$이므로 감소한다. (거짓)

④ $x=\frac{\sqrt{2}}{2}$에서 극대이다. (거짓)

⑤ 변곡점은 $\left(-\frac{\sqrt{6}}{2}, -\frac{\sqrt{6}}{2\sqrt{e^3}}\right)$, $(0, 0)$, $\left(\frac{\sqrt{6}}{2}, \frac{\sqrt{6}}{2\sqrt{e^3}}\right)$의 3개이다. (참)

따라서 옳은 것은 ⑤이다.

## 0766

답 ⑤

$f(x)=\frac{x}{x^2+1}$에서

$f'(x)=\frac{(x^2+1)-x\times 2x}{(x^2+1)^2}=\frac{1-x^2}{(x^2+1)^2}=\frac{(1+x)(1-x)}{(x^2+1)^2}$

$f''(x)=\frac{-2x(x^2+1)^2-(1-x^2)\times 2(x^2+1)\times 2x}{(x^2+1)^4}$

$\quad=\frac{2x^3-6x}{(x^2+1)^3}=\frac{2x(x+\sqrt{3})(x-\sqrt{3})}{(x^2+1)^3}$

$f'(x)=0$에서 $x=-1$ 또는 $x=1$

$f''(x)=0$에서 $x=-\sqrt{3}$ 또는 $x=0$ 또는 $x=\sqrt{3}$

함수 $f(x)$의 증가와 감소, 오목과 볼록을 표로 나타내면 다음과 같다.

| $x$ | $\cdots$ | $-\sqrt{3}$ | $\cdots$ | $-1$ | $\cdots$ | $0$ | $\cdots$ | $1$ | $\cdots$ | $\sqrt{3}$ | $\cdots$ |
|---|---|---|---|---|---|---|---|---|---|---|---|
| $f'(x)$ | $-$ | $-$ | $-$ | $0$ | $+$ | $+$ | $+$ | $0$ | $-$ | $-$ | $-$ |
| $f''(x)$ | $-$ | $0$ | $+$ | $+$ | $+$ | $0$ | $-$ | $-$ | $-$ | $0$ | $+$ |
| $f(x)$ | ↘ | $-\frac{\sqrt{3}}{4}$ | ↘ | $-\frac{1}{2}$ | ↗ | $0$ | ↗ | $\frac{1}{2}$ | ↘ | $\frac{\sqrt{3}}{4}$ | ↘ |

또한 $\lim_{x\to\infty}f(x)=0$, $\lim_{x\to-\infty}f(x)=0$이므로 함수 $y=f(x)$의 그래프는 다음 그림과 같다.

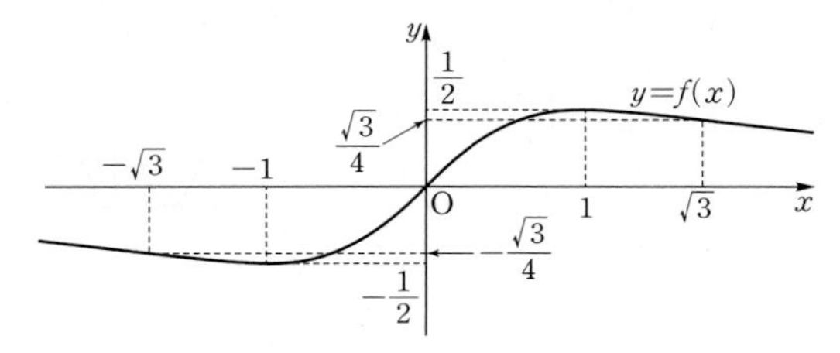


ㄱ. 함수 $f(x)$는 $x=1$에서 극댓값 $f(1)=\frac{1}{2}$을 갖는다. (참)

ㄴ. $-1<x<0$에서 $f''(x)>0$이므로 곡선 $y=f(x)$는 구간 $(-1, 0)$에서 아래로 볼록하다. (참)

ㄷ. 곡선 $y=f(x)$의 변곡점은 $\left(-\sqrt{3}, -\frac{\sqrt{3}}{4}\right)$, $(0, 0)$, $\left(\sqrt{3}, \frac{\sqrt{3}}{4}\right)$의 3개이다. (참)

따라서 옳은 것은 ㄱ, ㄴ, ㄷ이다.

## 0767

답 ②

$f(x)=x-2\sin x$에서

$f'(x)=1-2\cos x$

$f''(x)=2\sin x$

$0<x<2\pi$일 때, $f'(x)=0$에서 $\cos x=\frac{1}{2}$

$\therefore x=\frac{\pi}{3}$ 또는 $x=\frac{5}{3}\pi$

$f''(x)=0$에서 $\sin x=0$

$\therefore x=\pi$

$0<x<2\pi$에서 함수 $f(x)$의 증가와 감소, 오목과 볼록을 표로 나타내면 다음과 같다.

| $x$ | $(0)$ | $\cdots$ | $\frac{\pi}{3}$ | $\cdots$ | $\pi$ | $\cdots$ | $\frac{5}{3}\pi$ | $\cdots$ | $(2\pi)$ |
|---|---|---|---|---|---|---|---|---|---|
| $f'(x)$ | | $-$ | $0$ | $+$ | $+$ | $+$ | $0$ | $-$ | |
| $f''(x)$ | | $+$ | $+$ | $+$ | $0$ | $-$ | $-$ | $-$ | |
| $f(x)$ | | ↘ | $\frac{\pi}{3}-\sqrt{3}$ | ↗ | $\pi$ | ↗ | $\frac{5}{3}\pi+\sqrt{3}$ | ↘ | |

또한 $\lim_{x\to 0+}f(x)=0$, $\lim_{x\to 2\pi-}f(x)=2\pi$이므로 함수 $y=f(x)$의 그래프는 다음 그림과 같다.

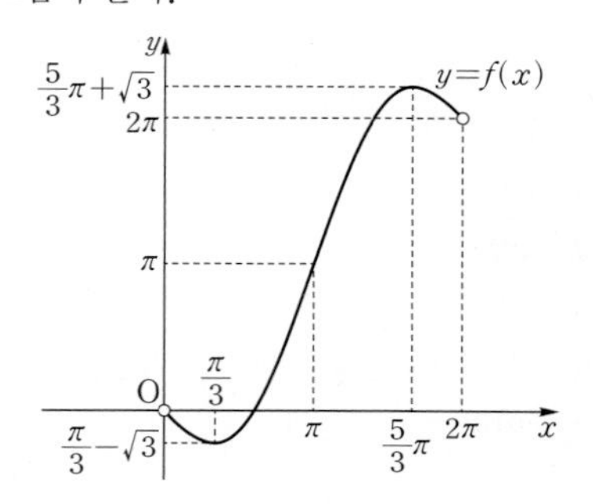


ㄱ. $0<x<\pi$에서 $f''(x)>0$이므로 곡선 $y=f(x)$는 구간 $(0, \pi)$에서 아래로 볼록하다. (참)

ㄴ. 점 $(\pi, \pi)$는 곡선 $y=f(x)$의 변곡점이다. (참)

ㄷ. 함수 $f(x)$는 $x=\frac{5}{3}\pi$에서 극대, $x=\frac{\pi}{3}$에서 극소이므로 극댓값과 극솟값의 차는

$$f\left(\frac{5}{3}\pi\right)-f\left(\frac{\pi}{3}\right)=\left(\frac{5}{3}\pi+\sqrt{3}\right)-\left(\frac{\pi}{3}-\sqrt{3}\right)=\frac{4}{3}\pi+2\sqrt{3}\ (거짓)$$

따라서 옳은 것은 ㄱ, ㄴ이다.

## 0768

답 ④

$f(x)=(\ln x)^2$에서 로그의 진수 조건에 의하여 $x>0$

$f'(x)=2\ln x\times\frac{1}{x}=\frac{2\ln x}{x}$

$f''(x)=\frac{\frac{2}{x}\times x-2\ln x}{x^2}=\frac{2(1-\ln x)}{x^2}$

$f'(x)=0$에서 $\ln x=0 \quad \therefore x=1$

$f''(x)=0$에서 $1-\ln x=0 \quad \therefore x=e$

$x>0$에서 함수 $f(x)$의 증가와 감소, 오목과 볼록을 표로 나타내면 다음과 같다.

| $x$ | (0) | $\cdots$ | 1 | $\cdots$ | $e$ | $\cdots$ |
|---|---|---|---|---|---|---|
| $f'(x)$ | | $-$ | 0 | $+$ | $+$ | $+$ |
| $f''(x)$ | | $+$ | $+$ | $+$ | 0 | $-$ |
| $f(x)$ | | ↘ | 0 | ↗ | 1 | ↗ |

또한 $\lim_{x\to0+}f(x)=\infty$, $\lim_{x\to\infty}f(x)=\infty$이므로 함수 $y=f(x)$의 그래프는 다음 그림과 같다.

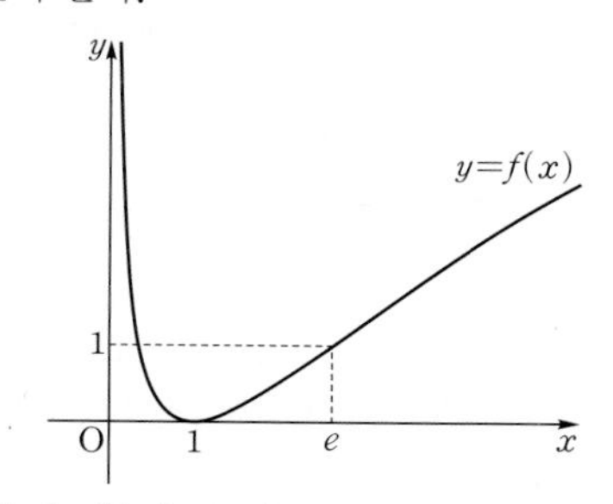


ㄱ. $0<x<1$일 때 $f'(x)<0$이므로 구간 $(0, 1)$에서 함수 $f(x)$는 감소한다. (참)

ㄴ. $x>e$일 때 $f''(x)<0$이므로 구간 $(e, \infty)$에서 곡선 $y=f(x)$는 위로 볼록하다. (거짓)

ㄷ. 함수 $f(x)$의 극솟값은 $f(1)=0$이므로 $A(1, 0)$이다.
곡선 $y=f(x)$는 $x=e$에서 변곡점을 가지므로 $f(e)=1$에서 $B(e, 1)$이다.
즉, 삼각형 OAB의 넓이는 $\frac{1}{2}\times1\times1=\frac{1}{2}$이다. (참)

따라서 옳은 것은 ㄱ, ㄷ이다.

### 유형 07 유리함수의 최대·최소

## 0769

답 1

$f(x)=\frac{2x+3}{x^2+4}$에서

$f'(x)=\frac{2(x^2+4)-(2x+3)\times2x}{(x^2+4)^2}$

$=\frac{-2x^2-6x+8}{(x^2+4)^2}=\frac{-2(x+4)(x-1)}{(x^2+4)^2}$

$f'(x)=0$에서 $x=1\ (\because x>0)$

$x>0$에서 함수 $f(x)$의 증가와 감소를 표로 나타내면 다음과 같다.

| $x$ | (0) | $\cdots$ | 1 | $\cdots$ |
|---|---|---|---|---|
| $f'(x)$ | | $+$ | 0 | $-$ |
| $f(x)$ | | ↗ | 1 | ↘ |

따라서 함수 $f(x)$는 $x=1$에서 최댓값 1을 갖는다.

## 0770

답 2

$f(x)=\frac{3x}{x^2-x+1}$라 하면

$f'(x)=\frac{3(x^2-x+1)-3x(2x-1)}{(x^2-x+1)^2}$

$=\frac{-3x^2+3}{(x^2-x+1)^2}=\frac{-3(x+1)(x-1)}{(x^2-x+1)^2}$

$f'(x)=0$에서 $x=-1$ 또는 $x=1$

함수 $f(x)$의 증가와 감소를 표로 나타내면 다음과 같다.

| $x$ | $\cdots$ | $-1$ | $\cdots$ | 1 | $\cdots$ |
|---|---|---|---|---|---|
| $f'(x)$ | $-$ | 0 | $+$ | 0 | $-$ |
| $f(x)$ | ↘ | $-1$ | ↗ | 3 | ↘ |

또한 $\lim_{x\to-\infty}f(x)=0$, $\lim_{x\to\infty}f(x)=0$이므로 함수 $f(x)$는 $x=1$에서 최댓값 3, $x=-1$에서 최솟값 $-1$을 갖는다.

따라서 구하는 최댓값과 최솟값의 합은

$3+(-1)=2$

참고

함수 $y=f(x)$의 그래프는 다음 그림과 같다.

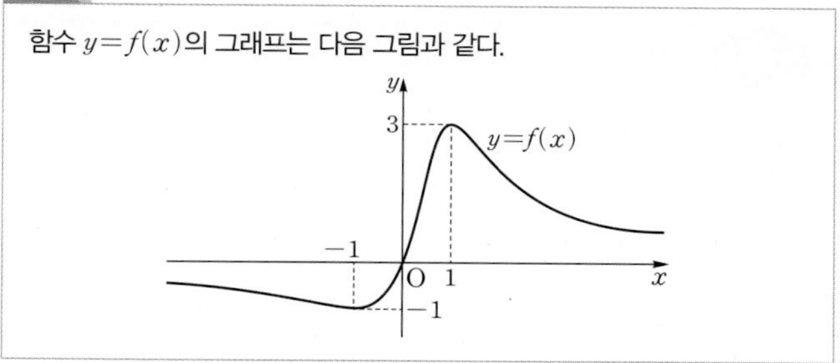


## 0771

답 4

$f(x)=\frac{4x-k}{x^2+1}$에서

$f'(x)=\frac{4(x^2+1)-(4x-k)\times2x}{(x^2+1)^2}$

$=\frac{-4x^2+2kx+4}{(x^2+1)^2}=\frac{-2(2x^2-kx-2)}{(x^2+1)^2}$

$f'(x)=0$에서

$2x^2-kx-2=0 \quad \cdots\cdots$ ㉠

이때 함수 $f(x)$가 극솟값을 가지므로 이차방정식 ㉠이 서로 다른 두 실근을 가져야 한다.

이차방정식 ㉠의 서로 다른 두 실근을 $\alpha$, $\beta$ $(\alpha<\beta)$라 하면 함수 $f(x)$는 $x=\alpha$에서 극솟값 $-1$을 가지므로

$f'(\alpha)=0$에서 $2\alpha^2-k\alpha-2=0 \quad \cdots\cdots$ ㉡

$f(\alpha)=-1$에서 $\frac{4\alpha-k}{\alpha^2+1}=-1$, $4\alpha-k=-\alpha^2-1$

$\therefore k=\alpha^2+4\alpha+1 \quad \cdots\cdots$ ㉢

❶

㉢을 ㉡에 대입하면 $2\alpha^2-(\alpha^2+4\alpha+1)\alpha-2=0$

$\alpha^3+2\alpha^2+\alpha+2=0$, $(\alpha+2)(\alpha^2+1)=0$ $\quad\therefore \alpha=-2$

이를 ㉢에 대입하면 $k=-3$

따라서 $f(x)=\frac{4x+3}{x^2+1}$, $f'(x)=\frac{-4x^2-6x+4}{(x^2+1)^2}$이므로

$f'(x)=0$에서 $2x^2+3x-2=0$, $(x+2)(2x-1)=0$

$\therefore x=-2$ 또는 $x=\frac{1}{2}$

…… ❷

구간 $[-3, 3]$에서 함수 $f(x)$의 증가와 감소를 표로 나타내면 다음과 같다.

| $x$ | $-3$ | $\cdots$ | $-2$ | $\cdots$ | $\frac{1}{2}$ | $\cdots$ | $3$ |
|---|---|---|---|---|---|---|---|
| $f'(x)$ | | $-$ | $0$ | $+$ | $0$ | $-$ | |
| $f(x)$ | $-\frac{9}{10}$ | ↘ | $-1$ | ↗ | $4$ | ↘ | $\frac{3}{2}$ |

따라서 함수 $f(x)$는 $x=\frac{1}{2}$에서 최댓값 4를 갖는다.

…… ❸

| 채점 기준 | 배점 |
|---|---|
| ❶ $k$에 대한 식 세우기 | 40% |
| ❷ $f'(x)=0$을 만족시키는 $x$의 값 구하기 | 30% |
| ❸ 함수 $f(x)$의 최댓값 구하기 | 30% |

## 유형 08 무리함수의 최대·최소

### 0772

답 ⑤

$f(x)=x^3\sqrt{12-x^2}$이라 하면

$12-x^2\ge0$에서 $-2\sqrt{3}\le x\le2\sqrt{3}$

$$f'(x)=3x^2\sqrt{12-x^2}+x^3\times\frac{-x}{\sqrt{12-x^2}}$$
$$=\frac{3x^2(12-x^2)-x^4}{\sqrt{12-x^2}}=\frac{-4x^4+36x^2}{\sqrt{12-x^2}}$$
$$=\frac{-4x^2(x+3)(x-3)}{\sqrt{12-x^2}}$$

$f'(x)=0$에서 $x=-3$ 또는 $x=0$ 또는 $x=3$

$-2\sqrt{3}\le x\le2\sqrt{3}$에서 함수 $f(x)$의 증가와 감소를 표로 나타내면 다음과 같다.

| $x$ | $-2\sqrt{3}$ | $\cdots$ | $-3$ | $\cdots$ | $0$ | $\cdots$ | $3$ | $\cdots$ | $2\sqrt{3}$ |
|---|---|---|---|---|---|---|---|---|---|
| $f'(x)$ | | $-$ | $0$ | $+$ | $0$ | $+$ | $0$ | $-$ | |
| $f(x)$ | $0$ | ↘ | $-27\sqrt{3}$ | ↗ | $0$ | ↗ | $27\sqrt{3}$ | ↘ | $0$ |

함수 $f(x)$는 $x=3$에서 최댓값 $M=27\sqrt{3}$, $x=-3$에서 최솟값 $m=-27\sqrt{3}$을 가지므로

$M-m=27\sqrt{3}-(-27\sqrt{3})=54\sqrt{3}$

### 0773

답 2

$f(x)=x+\sqrt{2-x^2}$이라 하면

$2-x^2\ge0$에서 $-\sqrt{2}\le x\le\sqrt{2}$

$$f'(x)=1+\frac{-x}{\sqrt{2-x^2}}=\frac{\sqrt{2-x^2}-x}{\sqrt{2-x^2}}$$

$f'(x)=0$에서 $\sqrt{2-x^2}=x$

$x^2-1=0$, $(x+1)(x-1)=0$

$\therefore x=1$ ($\because \sqrt{2-x^2}\ge0$이므로 $x\ge0$)

$-\sqrt{2}\le x\le\sqrt{2}$에서 함수 $f(x)$의 증가와 감소를 표로 나타내면 다음과 같다.

| $x$ | $-\sqrt{2}$ | $\cdots$ | $1$ | $\cdots$ | $\sqrt{2}$ |
|---|---|---|---|---|---|
| $f'(x)$ | | $+$ | $0$ | $-$ | |
| $f(x)$ | $-\sqrt{2}$ | ↗ | $2$ | ↘ | $\sqrt{2}$ |

따라서 함수 $f(x)$는 $x=1$에서 최댓값 2를 갖는다.

### 0774

답 ④

$f(x)=\frac{1}{\sqrt{1+2x^2}}$에서

$$f'(x)=-\frac{2x}{(1+2x^2)\sqrt{1+2x^2}}$$

$f'(x)=0$에서 $x=0$

구간 $[-1, 3]$에서 함수 $f(x)$의 증가와 감소를 표로 나타내면 다음과 같다.

| $x$ | $-1$ | $\cdots$ | $0$ | $\cdots$ | $3$ |
|---|---|---|---|---|---|
| $f'(x)$ | | $+$ | $0$ | $-$ | |
| $f(x)$ | $\frac{1}{\sqrt{3}}$ | ↗ | $1$ | ↘ | $\frac{1}{\sqrt{19}}$ |

함수 $f(x)$는 $x=0$에서 최댓값 $M=1$, $x=3$에서 최솟값 $m=\frac{1}{\sqrt{19}}$을 가지므로

$M^2+m^2=1+\frac{1}{19}=\frac{20}{19}$

### 0775

답 ③

$f(x)=\sqrt{3-x}+\sqrt{2x+6}$이라 하면

$3-x\ge0$, $2x+6\ge0$에서 $x\le3$, $x\ge-3$이므로

$-3\le x\le3$

$$f'(x)=\frac{-1}{2\sqrt{3-x}}+\frac{1}{\sqrt{2x+6}}=\frac{-\sqrt{2x+6}+2\sqrt{3-x}}{2\sqrt{3-x}\sqrt{2x+6}}$$

$f'(x)=0$에서 $\sqrt{2x+6}=2\sqrt{3-x}$

$2x+6=4(3-x)$, $6x=6$

$\therefore x=1$

$-3\le x\le3$에서 함수 $f(x)$의 증가와 감소를 표로 나타내면 다음과 같다.

| $x$ | $-3$ | $\cdots$ | $1$ | $\cdots$ | $3$ |
|---|---|---|---|---|---|
| $f'(x)$ | | $+$ | $0$ | $-$ | |
| $f(x)$ | $\sqrt{6}$ | ↗ | $3\sqrt{2}$ | ↘ | $2\sqrt{3}$ |

함수 $f(x)$는 $x=1$에서 최댓값 $3\sqrt{2}$, $x=-3$에서 최솟값 $\sqrt{6}$을 가지므로 구하는 최댓값과 최솟값의 곱은

$3\sqrt{2}\times\sqrt{6}=6\sqrt{3}$

## 0776

답 ④

$f(x)=x\sqrt{2x+a}$에서

$f'(x)=\sqrt{2x+a}+x\times\frac{1}{\sqrt{2x+a}}=\frac{3x+a}{\sqrt{2x+a}}$

$f'(x)=0$에서 $x=-\frac{a}{3}$

$-\frac{a}{2}\le x\le\frac{a}{2}$에서 함수 $f(x)$의 증가와 감소를 표로 나타내면 다음과 같다.

| $x$ | $-\frac{a}{2}$ | $\cdots$ | $-\frac{a}{3}$ | $\cdots$ | $\frac{a}{2}$ |
|---|---|---|---|---|---|
| $f'(x)$ | | $-$ | 0 | $+$ | |
| $f(x)$ | 0 | ↘ | $-\frac{a}{3}\sqrt{\frac{a}{3}}$ | ↗ | $\frac{a\sqrt{2a}}{2}$ |

함수 $f(x)$는 $x=-\frac{a}{3}$에서 최솟값 $-\frac{a}{3}\sqrt{\frac{a}{3}}$를 가지므로

$-\frac{a}{3}\sqrt{\frac{a}{3}}=-8$에서 $\left(\sqrt{\frac{a}{3}}\right)^3=2^3$

$\sqrt{\frac{a}{3}}=2$, $\frac{a}{3}=4$ $\quad\therefore a=12$

따라서 함수 $f(x)=x\sqrt{2x+12}$의 최댓값은

$f\left(\frac{a}{2}\right)=f(6)=6\times\sqrt{12+12}=12\sqrt{6}$

### 유형 09 지수함수의 최대 · 최소

## 0777

답 51

$f(x)=e^{2x}-4e^x-6x$에서

$f'(x)=2e^{2x}-4e^x-6=2(e^x+1)(e^x-3)$

$f'(x)=0$에서 $e^x=3$ ($\because e^x>0$) $\quad\therefore x=\ln 3$

구간 $[0, 2\ln 3]$에서 함수 $f(x)$의 증가와 감소를 표로 나타내면 다음과 같다.

| $x$ | 0 | $\cdots$ | $\ln 3$ | $\cdots$ | $2\ln 3$ |
|---|---|---|---|---|---|
| $f'(x)$ | | $-$ | 0 | $+$ | |
| $f(x)$ | $-3$ | ↘ | $-3-6\ln 3$ | ↗ | $45-12\ln 3$ |

함수 $f(x)$는 $x=2\ln 3$에서 최댓값 $M=45-12\ln 3$, $x=\ln 3$에서 최솟값 $m=-3-6\ln 3$을 가지므로

$M-2m=45-12\ln 3-2(-3-6\ln 3)=51$

## 0778

답 ④

$f(x)=\frac{e^x}{x^2}$에서

$f'(x)=\frac{e^x\times x^2-e^x\times 2x}{x^4}=\frac{(x-2)e^x}{x^3}$

$f'(x)=0$에서 $x=2$

$x>0$에서 함수 $f(x)$의 증가와 감소를 표로 나타내면 다음과 같다.

| $x$ | (0) | $\cdots$ | 2 | $\cdots$ |
|---|---|---|---|---|
| $f'(x)$ | | $-$ | 0 | $+$ |
| $f(x)$ | | ↘ | $\frac{e^2}{4}$ | ↗ |

따라서 함수 $f(x)$는 $x=2$에서 최솟값 $\frac{e^2}{4}$을 갖는다.

## 0779

답 10

$f(x)=(x^2+1)e^x$에서

$f'(x)=2xe^x+(x^2+1)e^x=(x^2+2x+1)e^x=(x+1)^2e^x$

$f'(x)=0$에서 $x=-1$ ($\because e^x>0$)

…… ❶

구간 $[-2, 1]$에서 함수 $f(x)$의 증가와 감소를 표로 나타내면 다음과 같다.

| $x$ | $-2$ | $\cdots$ | $-1$ | $\cdots$ | 1 |
|---|---|---|---|---|---|
| $f'(x)$ | | $+$ | 0 | $+$ | |
| $f(x)$ | $5e^{-2}$ | ↗ | $2e^{-1}$ | ↗ | $2e$ |

함수 $f(x)$는 $x=1$에서 최댓값 $M=2e$, $x=-2$에서 최솟값 $m=5e^{-2}$을 가지므로

$eMm=e\times 2e\times 5e^{-2}=10$

…… ❷

| 채점 기준 | 배점 |
|---|---|
| ❶ $f'(x)=0$을 만족시키는 $x$의 값 구하기 | 40% |
| ❷ $eMm$의 값 구하기 | 60% |

## 0780

답 ①

$f(x)=x^2e^{-x}+k$에서

$f'(x)=2xe^{-x}-x^2e^{-x}=-x(x-2)e^{-x}$

$f'(x)=0$에서 $x=2$ ($\because x>0$)

$x>0$에서 함수 $f(x)$의 증가와 감소를 표로 나타내면 다음과 같다.

| $x$ | (0) | $\cdots$ | 2 | $\cdots$ |
|---|---|---|---|---|
| $f'(x)$ | | $+$ | 0 | $-$ |
| $f(x)$ | | ↗ | $\frac{4}{e^2}+k$ | ↘ |

함수 $f(x)$는 $x=2$에서 최댓값 $\frac{4}{e^2}+k$를 가지므로

$\frac{4}{e^2}+k=0$에서 $k=-\frac{4}{e^2}$

### 유형 10 로그함수의 최대 · 최소

## 0781

답 ③

$f(x)=x\ln x-2x$에서

$f'(x)=\ln x+x\times\frac{1}{x}-2=\ln x-1$

$f'(x)=0$에서 $x=e$

$1\le x\le e^2$에서 함수 $f(x)$의 증가와 감소를 표로 나타내면 다음과 같다.

| $x$ | 1 | $\cdots$ | $e$ | $\cdots$ | $e^2$ |
|---|---|---|---|---|---|
| $f'(x)$ | | $-$ | 0 | $+$ | |
| $f(x)$ | $-2$ | ↘ | $-e$ | ↗ | 0 |

함수 $f(x)$는 $x=e^2$에서 최댓값 $M=0$, $x=e$에서 최솟값 $m=-e$를 가지므로

$M-m=0-(-e)=e$

## 0782

답 ②

$f(x)=\frac{\ln x^2}{x^2}=\frac{2\ln x}{x^2}$에서

$f'(x)=\frac{\frac{2}{x}\times x^2-2\ln x\times 2x}{x^4}=\frac{2-4\ln x}{x^3}=\frac{2(1-2\ln x)}{x^3}$

$f'(x)=0$에서 $\ln x=\frac{1}{2}$

$\therefore x=\sqrt{e}$

구간 $[1, e]$에서 함수 $f(x)$의 증가와 감소를 표로 나타내면 다음과 같다.

| $x$ | 1 | $\cdots$ | $\sqrt{e}$ | $\cdots$ | $e$ |
|---|---|---|---|---|---|
| $f'(x)$ | | + | 0 | − | |
| $f(x)$ | 0 | ↗ | $\frac{1}{e}$ | ↘ | $\frac{2}{e^2}$ |

함수 $f(x)$는 $x=\sqrt{e}$에서 최댓값 $M=\frac{1}{e}$, $x=1$에서 최솟값 $m=0$을 가지므로

$M+m=\frac{1}{e}+0=\frac{1}{e}$

## 0783

답 16

$f(x)=\ln x+\ln(8-x)$에서 로그의 진수 조건에 의하여

$0<x<8$

$f'(x)=\frac{1}{x}-\frac{1}{8-x}=\frac{8-2x}{x(8-x)}=\frac{-2(x-4)}{x(8-x)}$

$f'(x)=0$에서 $x=4$

$0<x<8$에서 함수 $f(x)$의 증가와 감소를 표로 나타내면 다음과 같다.

| $x$ | (0) | $\cdots$ | 4 | $\cdots$ | (8) |
|---|---|---|---|---|---|
| $f'(x)$ | | + | 0 | − | |
| $f(x)$ | | ↗ | $\ln 16$ | ↘ | |

함수 $f(x)$는 $x=4$에서 최댓값 $\ln 16$을 가지므로

$M=16$

## 0784

답 4

$f(x)=\ln x+\frac{a}{x}$에서 로그의 진수 조건에 의하여 $x>0$

$f'(x)=\frac{1}{x}-\frac{a}{x^2}=\frac{x-a}{x^2}$

$f'(x)=0$에서 $x=a$

$x>0$에서 함수 $f(x)$의 증가와 감소를 표로 나타내면 다음과 같다.

| $x$ | (0) | $\cdots$ | $a$ | $\cdots$ |
|---|---|---|---|---|
| $f'(x)$ | | − | 0 | + |
| $f(x)$ | | ↘ | $\ln a+1$ | ↗ |

함수 $f(x)$는 $x=a$에서 극소이면서 최소이므로

$a=4$

이때 $f(1)=\ln 1+a$이므로

$f(1)=4$

## 0785

답 ④

$f(x)=x(\ln ax)^2$에서

$f'(x)=(\ln ax)^2+x\times 2\ln ax\times\frac{a}{ax}=(\ln ax)^2+2\ln ax$

$f''(x)=2\ln ax\times\frac{a}{ax}+2\times\frac{a}{ax}=\frac{2(\ln ax+1)}{x}$

이때 $0<x_1<1<x_2$인 모든 실수 $x_1$, $x_2$에 대하여 $f''(x_1)f''(x_2)<0$을 만족시키므로 방정식 $f''(x)=0$은 $x=1$을 근으로 갖는다.

즉, $f''(1)=0$에서 $2(\ln a+1)=0$

$\therefore a=\frac{1}{e}$

따라서 $f'(x)=\left(\ln\frac{x}{e}\right)^2+2\ln\frac{x}{e}=\left(\ln\frac{x}{e}\right)\left(\ln\frac{x}{e}+2\right)$이므로

$f'(x)=0$에서 $x=\frac{1}{e}$ 또는 $x=e$ $\left(\because \frac{1}{e^3}\le x\le e\right)$

구간 $\left[\frac{1}{e^3}, e\right]$에서 함수 $f(x)$의 증가와 감소를 표로 나타내면 다음과 같다.

| $x$ | $\frac{1}{e^3}$ | $\cdots$ | $\frac{1}{e}$ | $\cdots$ | $e$ |
|---|---|---|---|---|---|
| $f'(x)$ | | + | 0 | − | |
| $f(x)$ | $\frac{16}{e^3}$ | ↗ | $\frac{4}{e}$ | ↘ | 0 |

함수 $f(x)$는 $x=\frac{1}{e}$에서 최댓값 $\frac{4}{e}$, $x=e$에서 최솟값 0을 가지므로 구하는 최댓값과 최솟값의 합은

$\frac{4}{e}+0=\frac{4}{e}$

### 유형 11 삼각함수의 최대·최소

## 0786

답 ③

$f(x)=\sin x-x\cos x$에서

$f'(x)=\cos x-\cos x+x\sin x=x\sin x$

$f'(x)=0$에서 $x=0$ 또는 $x=\pi$ 또는 $x=2\pi$ $(\because 0\le x\le 2\pi)$

구간 $[0, 2\pi]$에서 함수 $f(x)$의 증가와 감소를 표로 나타내면 다음과 같다.

| $x$ | 0 | $\cdots$ | $\pi$ | $\cdots$ | $2\pi$ |
|---|---|---|---|---|---|
| $f'(x)$ | | + | 0 | − | |
| $f(x)$ | 0 | ↗ | $\pi$ | ↘ | $-2\pi$ |

함수 $f(x)$는 $x=\pi$에서 최댓값 $M=\pi$, $x=2\pi$에서 최솟값 $m=-2\pi$를 가지므로

$M-m=\pi-(-2\pi)=3\pi$

## 0787

답 ④

$f(x)=\sin x+\sin 2x\cos x$에서

$f'(x)=\cos x+2\cos 2x\cos x-\sin 2x\sin x$

$=\cos x+2(1-2\sin^2 x)\cos x-2\sin^2 x\cos x$

$=3\cos x(1-2\sin^2 x)$

$f'(x)=0$에서 $\cos x=0$ 또는 $\sin x=-\frac{\sqrt{2}}{2}$ 또는 $\sin x=\frac{\sqrt{2}}{2}$

$\therefore x=\frac{\pi}{4}$ 또는 $x=\frac{\pi}{2}$ $\left(\because 0\le x\le\frac{\pi}{2}\right)$

구간 $\left[0, \frac{\pi}{2}\right]$에서 함수 $f(x)$의 증가와 감소를 표로 나타내면 다음과 같다.

| $x$ | 0 | … | $\frac{\pi}{4}$ | … | $\frac{\pi}{2}$ |
|---|---|---|---|---|---|
| $f'(x)$ | | + | 0 | − | |
| $f(x)$ | 0 | ↗ | $\sqrt{2}$ | ↘ | 1 |

따라서 함수 $f(x)$는 $x=\frac{\pi}{4}$에서 최댓값 $\sqrt{2}$를 갖는다.

## 0788

답 $-e^{-\pi}$

$f(x)=e^x\sin x$에서

$f'(x)=e^x\sin x+e^x\cos x=e^x(\sin x+\cos x)$

$f'(x)=0$에서 $\sin x=-\cos x$ ($\because e^x>0$)

$\tan x=-1$

$\therefore x=\frac{3}{4}\pi$ 또는 $x=\frac{7}{4}\pi$ ($\because 0\le x\le 2\pi$)

…… ❶

$0\le x\le 2\pi$에서 함수 $f(x)$의 증가와 감소를 표로 나타내면 다음과 같다.

| $x$ | 0 | … | $\frac{3}{4}\pi$ | … | $\frac{7}{4}\pi$ | … | $2\pi$ |
|---|---|---|---|---|---|---|---|
| $f'(x)$ | | + | 0 | − | 0 | + | |
| $f(x)$ | 0 | ↗ | $\frac{\sqrt{2}}{2}e^{\frac{3}{4}\pi}$ | ↘ | $-\frac{\sqrt{2}}{2}e^{\frac{7}{4}\pi}$ | ↗ | 0 |

함수 $f(x)$는 $x=\frac{3}{4}\pi$에서 최댓값 $M=\frac{\sqrt{2}}{2}e^{\frac{3}{4}\pi}$, $x=\frac{7}{4}\pi$에서 최솟값 $m=-\frac{\sqrt{2}}{2}e^{\frac{7}{4}\pi}$을 가지므로

$$\frac{M}{m}=\frac{\frac{\sqrt{2}}{2}e^{\frac{3}{4}\pi}}{-\frac{\sqrt{2}}{2}e^{\frac{7}{4}\pi}}=-e^{\frac{3}{4}\pi-\frac{7}{4}\pi}=-e^{-\pi}$$

…… ❷

| 채점 기준 | 배점 |
|---|---|
| ❶ $f'(x)=0$을 만족시키는 $x$의 값 구하기 | 50% |
| ❷ $\frac{M}{m}$의 값 구하기 | 50% |

## 0789

답 2

$f(x)=\frac{\cos x}{2+\sin x}$에서

$f'(x)=\frac{-\sin x(2+\sin x)-\cos^2 x}{(2+\sin x)^2}=\frac{-2\sin x-1}{(2+\sin x)^2}$

$f'(x)=0$에서 $\sin x=-\frac{1}{2}$

$\therefore x=\frac{7}{6}\pi$ 또는 $x=\frac{11}{6}\pi$ ($\because 0\le x\le 2\pi$)

$0\le x\le 2\pi$에서 함수 $f(x)$의 증가와 감소를 표로 나타내면 다음과 같다.

| $x$ | 0 | … | $\frac{7}{6}\pi$ | … | $\frac{11}{6}\pi$ | … | $2\pi$ |
|---|---|---|---|---|---|---|---|
| $f'(x)$ | | − | 0 | + | 0 | − | |
| $f(x)$ | $\frac{1}{2}$ | ↘ | $-\frac{\sqrt{3}}{3}$ | ↗ | $\frac{\sqrt{3}}{3}$ | ↘ | $\frac{1}{2}$ |

함수 $f(x)$는 $x=\frac{11}{6}\pi$에서 최댓값 $M=\frac{\sqrt{3}}{3}$, $x=\frac{7}{6}\pi$에서 최솟값 $m=-\frac{\sqrt{3}}{3}$을 가지므로

$3(M^2+m^2)=3\left(\frac{1}{3}+\frac{1}{3}\right)=2$

### 유형 12 치환을 이용한 함수의 최대·최소

## 0790

답 ③

$f(x)=(\ln x)^3+3(\ln x)^2-\ln x^9$

$=(\ln x)^3+3(\ln x)^2-9\ln x$

$\ln x=t$로 놓으면 $\frac{1}{e^4}\le x\le e^2$에서 $-4\le t\le 2$이고, $f(x)$를 $t$에 대한 함수 $g(t)$로 나타내면

$g(t)=t^3+3t^2-9t$

$g'(t)=3t^2+6t-9=3(t+3)(t-1)$

$g'(t)=0$에서 $t=-3$ 또는 $t=1$

$-4\le t\le 2$에서 함수 $g(t)$의 증가와 감소를 표로 나타내면 다음과 같다.

| $t$ | −4 | … | −3 | … | 1 | … | 2 |
|---|---|---|---|---|---|---|---|
| $g'(t)$ | | + | 0 | − | 0 | + | |
| $g(t)$ | 20 | ↗ | 27 | ↘ | −5 | ↗ | 2 |

함수 $g(t)$는 $t=-3$에서 최댓값 27을 갖는다.

즉, 함수 $f(x)$는 $x=e^{-3}$에서 최댓값 27을 가지므로

$p=e^{-3}$, $q=27$

$\therefore \frac{q}{p}=27e^3$

## 0791

답 ②

$f(x)=e^{3x}+e^{2x}-e^x$에서 $e^x=t$로 놓으면 $t>0$이고, $f(x)$를 $t$에 대한 함수 $g(t)$로 나타내면

$g(t)=t^3+t^2-t$

$g'(t)=3t^2+2t-1=(t+1)(3t-1)$

$g'(t)=0$에서 $t=\frac{1}{3}$ ($\because t>0$)

$t>0$에서 함수 $g(t)$의 증가와 감소를 표로 나타내면 다음과 같다.

| $t$ | $(0)$ | $\cdots$ | $\frac{1}{3}$ | $\cdots$ |
|---|---|---|---|---|
| $g'(t)$ | | $-$ | $0$ | $+$ |
| $g(t)$ | | ↘ | $-\frac{5}{27}$ | ↗ |

따라서 함수 $g(t)$는 $t=\frac{1}{3}$에서 최솟값 $-\frac{5}{27}$를 갖는다.

## 0792

답 0

$f(x)=2\sin^3 x+2\cos^2 x+a$
$=2\sin^3 x+2(1-\sin^2 x)+a$
$=2\sin^3 x-2\sin^2 x+a+2$

$\sin x=t$로 놓으면 $-1\le\sin x\le 1$이므로 $-1\le t\le 1$이고, $f(x)$를 $t$에 대한 함수 $g(t)$로 나타내면

$g(t)=2t^3-2t^2+a+2$

$g'(t)=6t^2-4t=2t(3t-2)$

$g'(t)=0$에서 $t=0$ 또는 $t=\frac{2}{3}$

$-1\le t\le 1$에서 함수 $g(t)$의 증가와 감소를 표로 나타내면 다음과 같다.

| $t$ | $-1$ | $\cdots$ | $0$ | $\cdots$ | $\frac{2}{3}$ | $\cdots$ | $1$ |
|---|---|---|---|---|---|---|---|
| $g'(t)$ | | $+$ | $0$ | $-$ | $0$ | $+$ | |
| $g(t)$ | $a-2$ | ↗ | $a+2$ | ↘ | $a+\frac{46}{27}$ | ↗ | $a+2$ |

함수 $g(t)$는 $t=0$ 또는 $t=1$일 때 최댓값 $a+2$를 가지므로

$a+2=4$에서 $a=2$

따라서 함수 $g(t)$의 최솟값은

$g(-1)=a-2=2-2=0$

## 0793

답 $-112$

$g(x)=\sqrt{3}\sin x+\cos x=2\sin\left(x+\frac{\pi}{6}\right)$이므로

$g(x)=t$로 놓으면 $-2\le t\le 2$이고

$(f\circ g)(x)=f(g(x))=f(t)=2t^3-3t^2$

$f'(t)=6t^2-6t=6t(t-1)$

$f'(t)=0$에서 $t=0$ 또는 $t=1$

$-2\le t\le 2$에서 함수 $f(t)$의 증가와 감소를 표로 나타내면 다음과 같다.

| $t$ | $-2$ | $\cdots$ | $0$ | $\cdots$ | $1$ | $\cdots$ | $2$ |
|---|---|---|---|---|---|---|---|
| $f'(t)$ | | $+$ | $0$ | $-$ | $0$ | $+$ | |
| $f(t)$ | $-28$ | ↗ | $0$ | ↘ | $-1$ | ↗ | $4$ |

함수 $f(t)$는 $t=2$에서 최댓값 4, $t=-2$에서 최솟값 $-28$을 가지므로 구하는 최댓값과 최솟값의 곱은

$4\times(-28)=-112$

**Bible Says 삼각함수의 합성**

(1) $a\sin\theta+b\cos\theta=\sqrt{a^2+b^2}\sin(\theta+\alpha)$

$\left(\text{단, }\sin\alpha=\frac{b}{\sqrt{a^2+b^2}},\ \cos\alpha=\frac{a}{\sqrt{a^2+b^2}}\right)$

(2) $a\sin\theta+b\cos\theta=\sqrt{a^2+b^2}\cos(\theta-\beta)$

$\left(\text{단, }\cos\beta=\frac{b}{\sqrt{a^2+b^2}},\ \sin\beta=\frac{a}{\sqrt{a^2+b^2}}\right)$

**참고**

$g(x)=\sqrt{3}\sin x+\cos x$에서 $g'(x)=\sqrt{3}\cos x-\sin x$

$g'(x)=0$에서 $\sqrt{3}\cos x=\sin x$

$\tan x=\sqrt{3}$ ⋯⋯ ㉠

이때 $\sin x$, $\cos x$는 주기가 $2\pi$인 주기함수이므로 $0\le x\le 2\pi$라 하면 ㉠을 만족시키는 $x$의 값은

$x=\frac{\pi}{3}$ 또는 $x=\frac{4}{3}\pi$

$0\le x\le 2\pi$에서 함수 $g(x)$의 증가와 감소를 표로 나타내면 다음과 같다.

| $x$ | $0$ | $\cdots$ | $\frac{\pi}{3}$ | $\cdots$ | $\frac{4}{3}\pi$ | $\cdots$ | $2\pi$ |
|---|---|---|---|---|---|---|---|
| $g'(x)$ | | $+$ | $0$ | $-$ | $0$ | $+$ | |
| $g(x)$ | $1$ | ↗ | $2$ | ↘ | $-2$ | ↗ | $1$ |

즉, $g(x)=t$로 놓으면 모든 실수 $x$에 대하여 $-2\le t\le 2$이다.

# 유형 13 함수의 최대·최소의 활용

## 0794

답 $\sqrt{2}$

곡선 $y=f(x)$ 위의 점 A의 좌표를 $\left(t,\ \frac{4}{t^2+2}\right)(t>0)$이라 하고 점 A에서 $x$축에 내린 수선의 발을 H라 하면

$\overline{OH}=t$, $\overline{AH}=\frac{4}{t^2+2}$

삼각형 AOB는 $\overline{OA}=\overline{AB}$인 이등변삼각형이므로

$\overline{OB}=2\overline{OH}=2t$

삼각형 AOB의 넓이를 $S(t)$라 하면

$S(t)=\frac{1}{2}\times\overline{OB}\times\overline{AH}=\frac{1}{2}\times 2t\times\frac{4}{t^2+2}=\frac{4t}{t^2+2}$

$S'(t)=\frac{4(t^2+2)-4t\times 2t}{(t^2+2)^2}=\frac{-4t^2+8}{(t^2+2)^2}=\frac{-4(t+\sqrt{2})(t-\sqrt{2})}{(t^2+2)^2}$

$S'(t)=0$에서 $t=\sqrt{2}$ ($\because t>0$)

$t>0$에서 함수 $S(t)$의 증가와 감소를 표로 나타내면 다음과 같다.

| $t$ | $(0)$ | $\cdots$ | $\sqrt{2}$ | $\cdots$ |
|---|---|---|---|---|
| $S'(t)$ | | $+$ | $0$ | $-$ |
| $S(t)$ | | ↗ | $\sqrt{2}$ | ↘ |

함수 $S(t)$는 $t=\sqrt{2}$에서 최댓값 $\sqrt{2}$를 가지므로 구하는 넓이의 최댓값은 $\sqrt{2}$이다.

## 0795

답 $\frac{1}{e}$

$f(x)=e^{-2x}$에서 $f'(x)=-2e^{-2x}$

곡선 $y=f(x)$ 위의 점 P의 좌표를 $(t,\ e^{-2t})$ $(t>0)$이라 하면

점 P에서의 접선의 방정식은 $y-e^{-2t}=-2e^{-2t}(x-t)$이므로

$\therefore y=-2e^{-2t}x+(2t+1)e^{-2t}$

이 직선의 $x$절편은 $\frac{2t+1}{2}$, $y$절편은 $(2t+1)e^{-2t}$이므로 삼각형 OQR의 넓이를 $S(t)$라 하면

$S(t)=\frac{1}{2}\times\frac{2t+1}{2}\times(2t+1)e^{-2t}$

$\quad=\frac{1}{4}(2t+1)^2e^{-2t}=\left(t^2+t+\frac{1}{4}\right)e^{-2t}$

$S'(t)=(2t+1)e^{-2t}-2\left(t^2+t+\frac{1}{4}\right)e^{-2t}$

$\quad=\left(-2t^2+\frac{1}{2}\right)e^{-2t}$

$S'(t)=0$에서 $2t^2-\frac{1}{2}=0$, $t^2=\frac{1}{4}$

$\therefore t=\frac{1}{2}\ (\because t>0)$

$t>0$에서 함수 $S(t)$의 증가와 감소를 표로 나타내면 다음과 같다.

| $t$ | $(0)$ | $\cdots$ | $\frac{1}{2}$ | $\cdots$ |
|---|---|---|---|---|
| $S'(t)$ | | $+$ | $0$ | $-$ |
| $S(t)$ | | ↗ | $\frac{1}{e}$ | ↘ |

함수 $S(t)$는 $t=\frac{1}{2}$에서 최댓값 $\frac{1}{e}$을 가지므로 구하는 넓이의 최댓값은 $\frac{1}{e}$이다.

## 0796

답 ④

부채꼴의 반지름의 길이를 $r$, 원뿔 모양의 그릇의 밑면의 반지름의 길이를 $x$라 하면

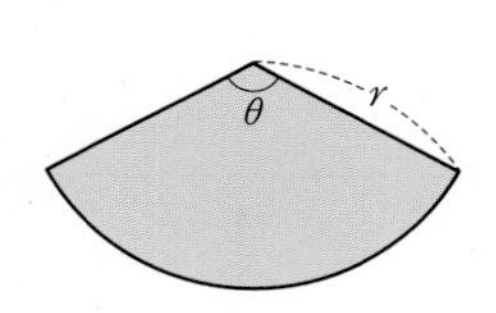

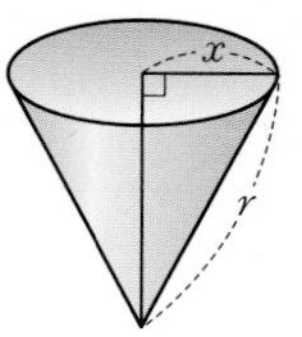

부채꼴의 넓이가 6이므로 $\frac{1}{2}r^2\theta=6$ $\qquad\therefore r=\frac{2\sqrt{3}}{\sqrt{\theta}}$

부채꼴의 호의 길이 $r\theta$는 원뿔 모양의 그릇의 밑면의 둘레의 길이 $2\pi x$와 같으므로

$r\theta=2\pi x \qquad \therefore x=\frac{r\theta}{2\pi}=\frac{\sqrt{3\theta}}{\pi}$

원뿔 모양의 그릇의 높이는

$\sqrt{r^2-x^2}=\sqrt{\left(\frac{2\sqrt{3}}{\sqrt{\theta}}\right)^2-\left(\frac{\sqrt{3\theta}}{\pi}\right)^2}=\sqrt{\frac{12}{\theta}-\frac{3\theta}{\pi^2}}$

따라서 원뿔 모양의 그릇의 부피는

$\frac{1}{3}\times\pi x^2\times\sqrt{\frac{12}{\theta}-\frac{3\theta}{\pi^2}}=\frac{\theta}{\pi}\sqrt{\frac{12}{\theta}-\frac{3\theta}{\pi^2}}=\frac{1}{\pi}\sqrt{12\theta-\frac{3\theta^3}{\pi^2}}$

이때 $f(\theta)=12\theta-\frac{3\theta^3}{\pi^2}$이라 하면 그릇의 부피는 $f(\theta)$가 최대일 때 최대가 된다.

$f'(\theta)=12-\frac{9\theta^2}{\pi^2}$이므로

$f'(\theta)=0$에서 $\theta^2=\frac{4}{3}\pi^2$

$\therefore \theta=\frac{2\sqrt{3}}{3}\pi$

$0<\theta<2\pi$에서 함수 $f(\theta)$의 증가와 감소를 표로 나타내면 다음과 같다.

| $\theta$ | $(0)$ | $\cdots$ | $\frac{2\sqrt{3}}{3}\pi$ | $\cdots$ | $(2\pi)$ |
|---|---|---|---|---|---|
| $f'(\theta)$ | | $+$ | $0$ | $-$ | |
| $f(\theta)$ | | ↗ | 극대 | ↘ | |

함수 $f(\theta)$는 $\theta=\frac{2\sqrt{3}}{3}\pi$에서 극대이면서 최대이므로 구하는 $\theta$의 값은 $\frac{2\sqrt{3}}{3}\pi$이다.

## 0797

답 72억 원

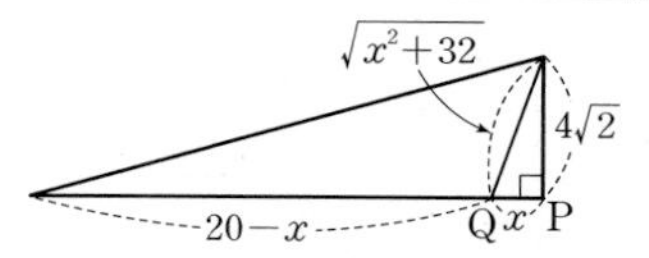


$\overline{PQ}=x$ km, 건설 비용을 $A(x)$(억 원)이라 하면

$A(x)=6\sqrt{x^2+32}+2(20-x)$

❶

$A'(x)=\frac{6x}{\sqrt{x^2+32}}-2$

$A'(x)=0$에서

$\frac{6x}{\sqrt{x^2+32}}=2$, $6x=2\sqrt{x^2+32}$

$9x^2=x^2+32$, $x^2=4$

$\therefore x=2\ (\because x>0)$

$x>0$에서 함수 $A(x)$의 증가와 감소를 표로 나타내면 다음과 같다.

| $x$ | $(0)$ | $\cdots$ | $2$ | $\cdots$ |
|---|---|---|---|---|
| $A'(x)$ | | $-$ | $0$ | $+$ |
| $A(x)$ | | ↘ | 극소 | ↗ |

따라서 함수 $A(x)$는 $x=2$에서 극소이면서 최소이므로 건설 비용의 최솟값은

$6\sqrt{2^2+32}+2(20-2)=72$(억 원)

❷

| 채점 기준 | 배점 |
|---|---|
| ❶ $\overline{PQ}=x$ km로 놓고 건설 비용에 대한 함수식 $A(x)$ 구하기 | 40% |
| ❷ 함수 $A(x)$가 최소가 되는 $x$의 값을 구하여 건설 비용의 최솟값 구하기 | 60% |

## 0798

답 $\sqrt{3}$

$\overline{AB}/\!/\overline{CD}$이므로 $\angle ODC=\theta$이고, $\overline{OC}=\overline{OD}$이므로

$\angle OCD=\angle ODC=\theta$

즉, $\angle COD=\pi-2\theta$, $\angle BOC=\theta$이므로 사각형 ABCD의 넓이를 $S(\theta)$라 하면

$S(\theta)=$(삼각형 OAD의 넓이)+(삼각형 OCD의 넓이)
+(삼각형 OBC의 넓이)

$\quad=\frac{1}{2}\sin\theta+\frac{1}{2}\sin(\pi-2\theta)+\frac{1}{2}\sin\theta$

$\quad=\sin\theta+\frac{1}{2}\sin2\theta=\sin\theta+\sin\theta\cos\theta$

$\quad=\sin\theta(1+\cos\theta)$

$S'(\theta)=\cos\theta(1+\cos\theta)-\sin^2\theta$

$=\cos\theta+\cos^2\theta-\sin^2\theta$

$=2\cos^2\theta+\cos\theta-1$ ($\because \sin^2\theta=1-\cos^2\theta$)

$=(\cos\theta+1)(2\cos\theta-1)$

$S'(\theta)=0$에서 $\cos\theta=\frac{1}{2}$ $\left(\because 0<\theta<\frac{\pi}{2}\text{에서 } 0<\cos\theta<1\right)$

$\therefore \theta=\frac{\pi}{3}$

$0<\theta<\frac{\pi}{2}$에서 함수 $S(\theta)$의 증가와 감소를 표로 나타내면 다음과 같다.

| $\theta$ | (0) | $\cdots$ | $\frac{\pi}{3}$ | $\cdots$ | $\left(\frac{\pi}{2}\right)$ |
|---|---|---|---|---|---|
| $S'(\theta)$ | | + | 0 | − | |
| $S(\theta)$ | | ↗ | $\frac{3\sqrt{3}}{4}$ | ↘ | |

함수 $S(\theta)$는 $\theta=\frac{\pi}{3}$에서 최댓값 $\frac{3\sqrt{3}}{4}$을 가지므로

$k=\frac{1}{3}$, $M=\frac{3\sqrt{3}}{4}$

$\therefore 4kM=4\times\frac{1}{3}\times\frac{3\sqrt{3}}{4}=\sqrt{3}$

**참고**

오른쪽 그림과 같이 점 C에서 선분 AB에 내린 수선의 발을 H라 하면 $\overline{CH}=\sin\theta$, $\overline{OH}=\cos\theta$이므로 $\overline{DC}=2\cos\theta$

따라서 사각형 ABCD의 넓이 $S(\theta)$는

$S(\theta)=\frac{1}{2}\times(2+2\cos\theta)\times\sin\theta$

$=(1+\cos\theta)\sin\theta$

로도 구할 수 있다.

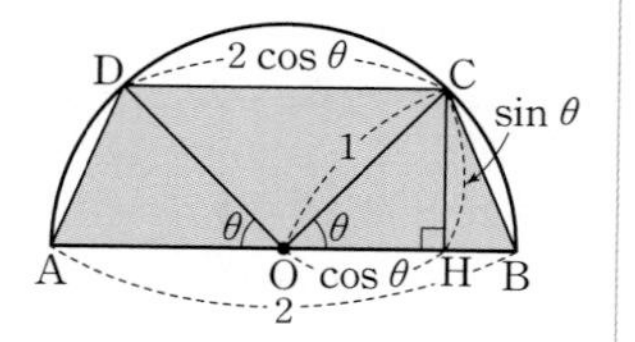


## 0799

답 ②

오른쪽 그림과 같이 $\theta$ $\left(0<\theta<\frac{\pi}{2}\right)$를 정하고 두 부분의 넓이를 $S_1$, $S_2$라 하면

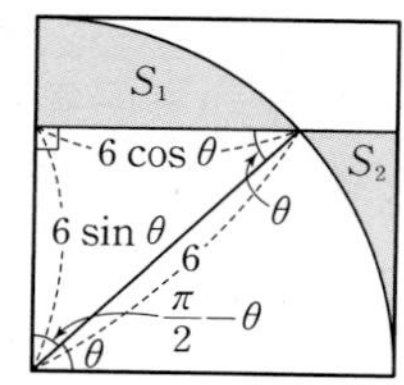


$S_1=\frac{1}{2}\times6^2\times\left(\frac{\pi}{2}-\theta\right)-\frac{1}{2}\times6\sin\theta\times6\cos\theta$

$=9\pi-18\theta-18\sin\theta\cos\theta$

$=9\pi-18\theta-9\sin2\theta$

$S_2=6\times6\sin\theta-\frac{1}{2}\times6\sin\theta\times6\cos\theta-\frac{1}{2}\times6^2\times\theta$

$=36\sin\theta-18\sin\theta\cos\theta-18\theta$

$=36\sin\theta-9\sin2\theta-18\theta$

$f(\theta)=S_1+S_2$라 하면

$f(\theta)=9\pi-18\sin2\theta+36\sin\theta-36\theta$

$f'(\theta)=-36\cos2\theta+36\cos\theta-36$

$=-72\cos^2\theta+36+36\cos\theta-36$

$=-72\cos^2\theta+36\cos\theta$

$=-36\cos\theta(2\cos\theta-1)$

$f'(\theta)=0$에서 $\cos\theta=\frac{1}{2}$

$\therefore \theta=\frac{\pi}{3}$ $\left(\because 0<\theta<\frac{\pi}{2}\right)$

$0<\theta<\frac{\pi}{2}$에서 함수 $f(\theta)$의 증가와 감소를 표로 나타내면 다음과 같다.

| $\theta$ | (0) | $\cdots$ | $\frac{\pi}{3}$ | $\cdots$ | $\left(\frac{\pi}{2}\right)$ |
|---|---|---|---|---|---|
| $f'(\theta)$ | | − | 0 | + | |
| $f(\theta)$ | | ↘ | 극소 | ↗ | |

함수 $f(\theta)$는 $\theta=\frac{\pi}{3}$에서 극소이면서 최소이므로 구하는 넓이의 최솟값은

$f\left(\frac{\pi}{3}\right)=9\pi-18\sin\frac{2}{3}\pi+36\sin\frac{\pi}{3}-12\pi=9\sqrt{3}-3\pi$

### 유형 14 방정식 $f(x)=k$의 실근의 개수

## 0800

답 8

$\ln x-x+10=n$에서 $\ln x-x=n-10$

$f(x)=\ln x-x$라 하면 로그의 진수 조건에 의하여 $x>0$

$f'(x)=\frac{1}{x}-1$

$f'(x)=0$에서 $x=1$

$x>0$에서 함수 $f(x)$의 증가와 감소를 표로 나타내면 다음과 같다.

| $x$ | (0) | $\cdots$ | 1 | $\cdots$ |
|---|---|---|---|---|
| $f'(x)$ | | + | 0 | − |
| $f(x)$ | | ↗ | −1 | ↘ |

또한 $\lim_{x\to0+}f(x)=-\infty$, $\lim_{x\to\infty}f(x)=-\infty$이므로 함수 $y=f(x)$의 그래프는 오른쪽 그림과 같다.

방정식 $f(x)=n-10$이 서로 다른 두 실근을 가지려면 곡선 $y=f(x)$와 직선 $y=n-10$이 서로 다른 두 점에서 만나야 하므로

$n-10<-1$ $\quad\therefore n<9$

따라서 구하는 자연수 $n$은 1, 2, 3, $\cdots$, 8의 8개이다.

## 0801

답 1

$f(x)=2\sqrt{x+1}-x$라 하면 $x\ge-1$

$f'(x)=\frac{1}{\sqrt{x+1}}-1=\frac{1-\sqrt{x+1}}{\sqrt{x+1}}$

$f'(x)=0$에서 $\sqrt{x+1}=1$ $\quad\therefore x=0$

$x\ge-1$에서 함수 $f(x)$의 증가와 감소를 표로 나타내면 다음과 같다.

| $x$ | −1 | $\cdots$ | 0 | $\cdots$ |
|---|---|---|---|---|
| $f'(x)$ | | + | 0 | − |
| $f(x)$ | 1 | ↗ | 2 | ↘ |

또한 $\lim_{x\to\infty} f(x)=-\infty$이므로 함수 $y=f(x)$의 그래프는 오른쪽 그림과 같다.

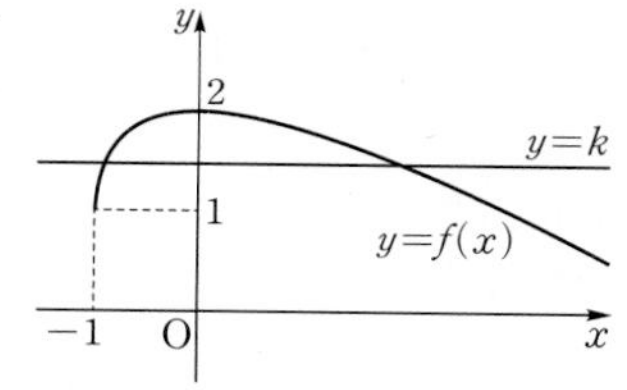


방정식 $f(x)=k$가 서로 다른 두 실근을 가지려면 곡선 $y=f(x)$와 직선 $y=k$가 서로 다른 두 점에서 만나야 하므로 $1\le k<2$

따라서 구하는 실수 $k$의 최솟값은 1이다.

## 0802

답 ②

$\frac{(\ln x)^2}{x^2}-k=0$에서 $\frac{(\ln x)^2}{x^2}=k$

$f(x)=\frac{(\ln x)^2}{x^2}$이라 하면 로그의 진수 조건에 의하여 $x>0$

$f'(x)=\frac{2\ln x\times\frac{1}{x}\times x^2-(\ln x)^2\times 2x}{x^4}=\frac{2\ln x(1-\ln x)}{x^3}$

$f'(x)=0$에서 $\ln x=0$ 또는 $\ln x=1$ $\quad\therefore x=1$ 또는 $x=e$

$x>0$에서 함수 $f(x)$의 증가와 감소를 표로 나타내면 다음과 같다.

| $x$ | (0) | $\cdots$ | 1 | $\cdots$ | $e$ | $\cdots$ |
|---|---|---|---|---|---|---|
| $f'(x)$ | | $-$ | 0 | $+$ | 0 | $-$ |
| $f(x)$ | | ↘ | 0 | ↗ | $e^{-2}$ | ↘ |

또한 $\lim_{x\to0+} f(x)=\infty$, $\lim_{x\to\infty} f(x)=0$이므로 함수 $y=f(x)$의 그래프는 오른쪽 그림과 같다.

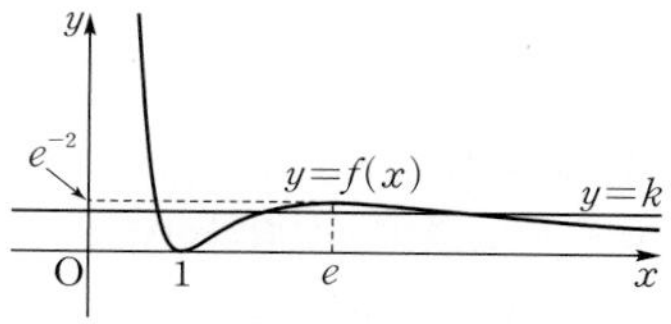


방정식 $f(x)=k$가 서로 다른 세 실근을 가지려면 곡선 $y=f(x)$와 직선 $y=k$가 서로 다른 세 점에서 만나야 하므로

$0<k<e^{-2}$

## 0803

답 3

$g(x)=e^x(\sin x-\cos x)$ $(0\le x\le 2\pi)$라 하면

$g'(x)=e^x(\sin x-\cos x)+e^x(\cos x+\sin x)=2e^x\sin x$

$g'(x)=0$에서 $\sin x=0$ ($\because e^x>0$)

$\therefore x=0$ 또는 $x=\pi$ 또는 $x=2\pi$ ($\because 0\le x\le 2\pi$)

$0\le x\le 2\pi$에서 함수 $g(x)$의 증가와 감소를 표로 나타내면 다음과 같다.

| $x$ | 0 | $\cdots$ | $\pi$ | $\cdots$ | $2\pi$ |
|---|---|---|---|---|---|
| $g'(x)$ | | $+$ | 0 | $-$ | |
| $g(x)$ | $-1$ | ↗ | $e^{\pi}$ | ↘ | $-e^{2\pi}$ |

$0\le x\le 2\pi$에서 함수 $y=g(x)$의 그래프는 다음 그림과 같다.

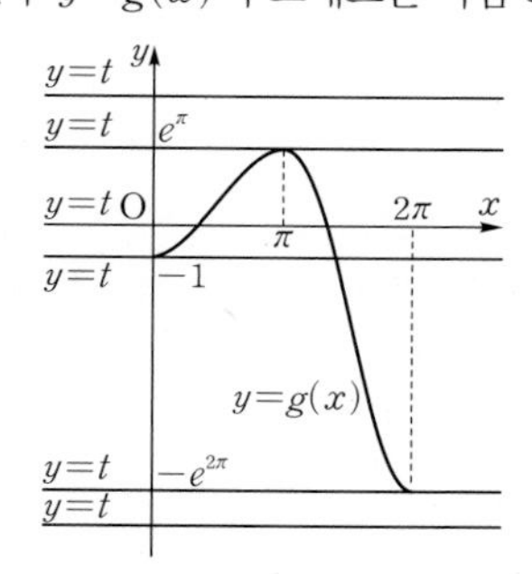


방정식 $g(x)=t$의 서로 다른 실근의 개수는 곡선 $y=g(x)$와 직선 $y=t$의 서로 다른 교점의 개수와 같으므로

$$f(t)=\begin{cases}0\ (t<-e^{2\pi}\text{ 또는 }t>e^{\pi})\\1\ (-e^{2\pi}\le t<-1\text{ 또는 }t=e^{\pi})\\2\ (-1\le t<e^{\pi})\end{cases}$$

따라서 함수 $f(t)$는 $t=-e^{2\pi}$, $t=-1$, $t=e^{\pi}$에서 불연속이므로 구하는 실수 $t$의 개수는 3이다.

**참고**

함수 $y=f(t)$의 그래프는 다음 그림과 같다.

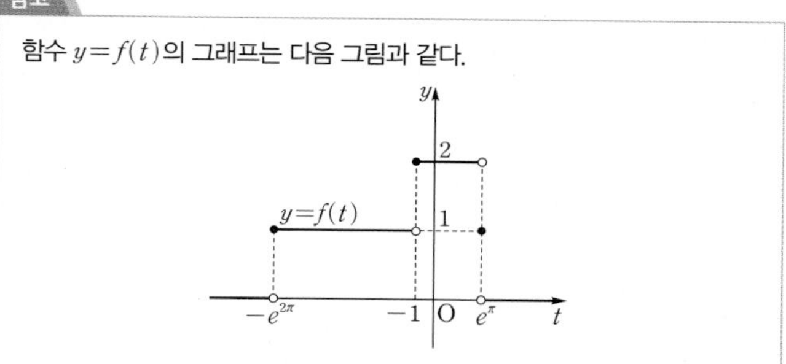


## 유형 15 방정식 $f(x)=g(x)$의 실근의 개수

## 0804

답 ①

방정식 $\ln x=kx$가 서로 다른 두 실근을 가지려면 오른쪽 그림과 같이 곡선 $y=\ln x$와 직선 $y=kx$가 서로 다른 두 점에서 만나야 한다.

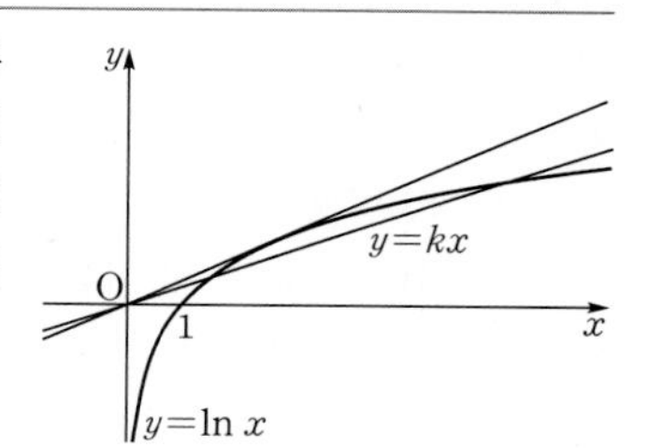


$f(x)=\ln x$, $g(x)=kx$라 하면

$f'(x)=\frac{1}{x}$, $g'(x)=k$

곡선 $y=f(x)$와 직선 $y=g(x)$가 접할 때의 접점의 $x$좌표를 $t$ $(t>0)$이라 하면

$f(t)=g(t)$에서 $\ln t=kt$ $\quad\cdots\cdots$ ㉠

$f'(t)=g'(t)$에서 $\frac{1}{t}=k$ $\quad\cdots\cdots$ ㉡

㉡을 ㉠에 대입하면 $\ln t=1$ $\quad\therefore t=e$

이를 ㉡에 대입하면 $k=\frac{1}{e}$

따라서 곡선 $y=f(x)$와 직선 $y=g(x)$가 서로 다른 두 점에서 만나도록 하는 실수 $k$의 값의 범위는

$0<k<\frac{1}{e}$

다른 풀이

$\ln x=kx$에서 로그의 진수 조건에 의하여 $x>0$이므로 $\frac{\ln x}{x}=k$

$f(x)=\frac{\ln x}{x}$라 하면

$f'(x)=\frac{\frac{1}{x}\times x-\ln x}{x^2}=\frac{1-\ln x}{x^2}$

$f'(x)=0$에서 $\ln x=1$ $\quad\therefore x=e$

$x>0$에서 함수 $f(x)$의 증가와 감소를 표로 나타내면 다음과 같다.

| $x$ | $(0)$ | $\cdots$ | $e$ | $\cdots$ |
|---|---|---|---|---|
| $f'(x)$ | | $+$ | $0$ | $-$ |
| $f(x)$ | | ↗ | $\frac{1}{e}$ | ↘ |

또한 $\lim_{x \to 0+} f(x)=-\infty$,

$\lim_{x \to \infty} f(x)=0$이므로 함수

$y=f(x)$의 그래프는 오른쪽 그림과 같다.

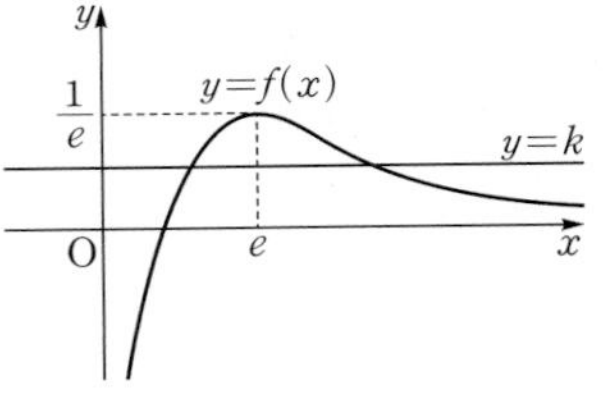


방정식 $f(x)=k$가 서로 다른 두 실근을 가지려면 곡선 $y=f(x)$와 직선 $y=k$가 서로 다른 두 점에서 만나야 하므로

$0<k<\frac{1}{e}$

## 0805

답 ⑤

$-\frac{\pi}{3} \le x \le \frac{\pi}{3}$에서 방정식

$\sin 3x=kx$가 서로 다른 세 실근을 가지려면 오른쪽 그림과 같이 곡선 $y=\sin 3x$와 직선 $y=kx$가 서로 다른 세 점에서 만나야 한다.

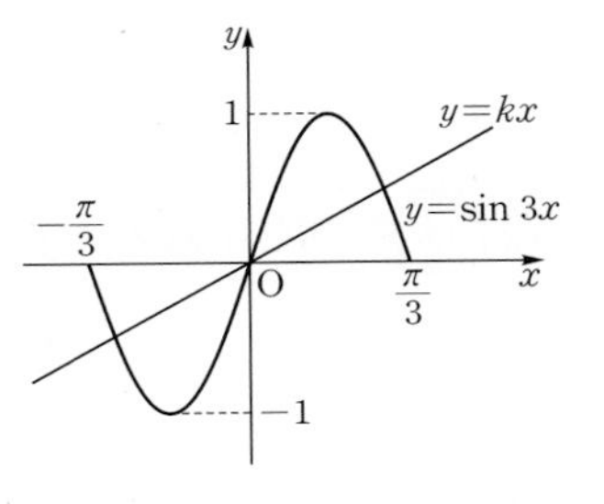


$f(x)=\sin 3x$라 하면

$f'(x)=3\cos 3x$

곡선 $y=f(x)$ 위의 점 $(0,\ 0)$에서의 접선의 기울기는 $f'(0)=3$이므로 접선의 방정식은 $y=3x$

따라서 곡선 $y=\sin 3x$와 직선 $y=kx$가 서로 다른 세 점에서 만나려면 $0 \le k<3$이므로 $k$의 값이 될 수 없는 것은 3이다.

## 0806

답 ③

방정식 $e^x=k\sqrt{x+1}$이 실근을 갖지 않으려면 곡선 $y=e^x$과 곡선 $y=k\sqrt{x+1}$이 만나지 않아야 한다.

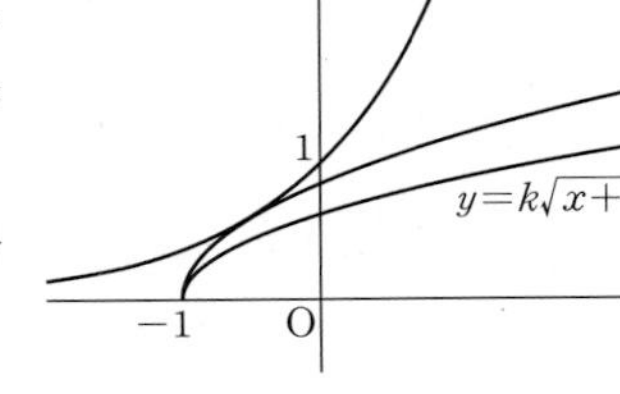


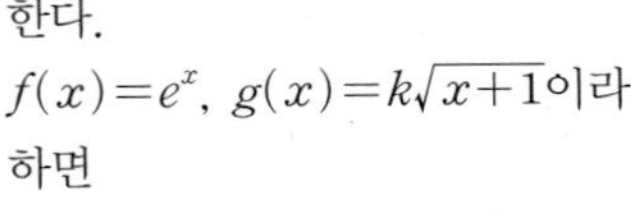

$f(x)=e^x$, $g(x)=k\sqrt{x+1}$이라 하면

$f'(x)=e^x$, $g'(x)=\frac{k}{2\sqrt{x+1}}$

두 곡선 $y=f(x)$, $y=g(x)$가 접할 때의 접점의 $x$좌표를 $t$라 하면

$f(t)=g(t)$에서 $e^t=k\sqrt{t+1}$ ...... ㉠

$f'(t)=g'(t)$에서 $e^t=\frac{k}{2\sqrt{t+1}}$ ...... ㉡

㉠, ㉡에서 $k\sqrt{t+1}=\frac{k}{2\sqrt{t+1}}$

$2(t+1)=1$, $t+1=\frac{1}{2}$

$\therefore t=-\frac{1}{2}$

$t=-\frac{1}{2}$을 ㉠에 대입하면

$\frac{1}{\sqrt{e}}=\frac{k}{\sqrt{2}}$ $\quad\therefore k=\sqrt{\frac{2}{e}}$

따라서 곡선 $y=e^x$과 곡선 $y=k\sqrt{x+1}$이 만나지 않으려면

$k<\sqrt{\frac{2}{e}}$ $\quad\therefore \alpha=\sqrt{\frac{2}{e}}$

### 유형 16 주어진 구간에서 성립하는 부등식 $f(x) \ge a$ 꼴

## 0807

답 $k \le 1$

$e^x-x \ge k$에서 $e^x-x-k \ge 0$

$f(x)=e^x-x-k$라 하면

$f'(x)=e^x-1$

$f'(x)=0$에서 $x=0$

함수 $f(x)$의 증가와 감소를 표로 나타내면 다음과 같다.

| $x$ | $\cdots$ | $0$ | $\cdots$ |
|---|---|---|---|
| $f'(x)$ | $-$ | $0$ | $+$ |
| $f(x)$ | ↘ | $1-k$ | ↗ |

함수 $f(x)$는 $x=0$에서 최솟값 $1-k$를 가지므로 모든 실수 $x$에 대하여 $f(x) \ge 0$이 성립하려면

$1-k \ge 0$ $\quad\therefore k \le 1$

## 0808

답 $-2$

$(\ln x)^2-2\ln x>a$에서 $(\ln x)^2-2\ln x-a>0$

$f(x)=(\ln x)^2-2\ln x-a$라 하면

$f'(x)=2\ln x \times \frac{1}{x}-\frac{2}{x}=\frac{2\ln x-2}{x}=\frac{2(\ln x-1)}{x}$

$f'(x)=0$에서 $\ln x=1$ $\quad\therefore x=e$

$x>0$에서 함수 $f(x)$의 증가와 감소를 표로 나타내면 다음과 같다.

| $x$ | $(0)$ | $\cdots$ | $e$ | $\cdots$ |
|---|---|---|---|---|
| $f'(x)$ | | $-$ | $0$ | $+$ |
| $f(x)$ | | ↘ | $-1-a$ | ↗ |

함수 $f(x)$는 $x=e$에서 최솟값 $-1-a$를 가지므로 $x>0$일 때 $f(x)>0$이 성립하려면

$-1-a>0$ $\quad\therefore a<-1$

따라서 구하는 정수 $a$의 최댓값은 $-2$이다.

## 0809

답 ②

$2\ln(x-1)-x \le k$에서 $2\ln(x-1)-x-k \le 0$

$f(x)=2\ln(x-1)-x-k$라 하면

$f'(x)=\frac{2}{x-1}-1=\frac{-x+3}{x-1}$

$f'(x)=0$에서 $x=3$

$x>1$에서 함수 $f(x)$의 증가와 감소를 표로 나타내면 다음과 같다.

| $x$ | (1) | $\cdots$ | 3 | $\cdots$ |
|---|---|---|---|---|
| $f'(x)$ | | + | 0 | − |
| $f(x)$ | | ↗ | $2\ln 2-3-k$ | ↘ |

함수 $f(x)$는 $x=3$에서 최댓값 $2\ln 2-3-k$를 가지므로 $x>1$일 때 $f(x)\le 0$이 성립하려면

$2\ln 2-3-k\le 0 \qquad \therefore k\ge 2\ln 2-3$

따라서 구하는 실수 $k$의 최솟값은 $2\ln 2-3$이다.

## 0810

답 ②

$2\sin 2x+4\sin x\le a$에서 $2\sin 2x+4\sin x-a\le 0$

$f(x)=2\sin 2x+4\sin x-a$라 하면

$f'(x)=4\cos 2x+4\cos x$

$=8\cos^2 x+4\cos x-4$

$=4(\cos x+1)(2\cos x-1)$

$f'(x)=0$에서 $\cos x=-1$ 또는 $\cos x=\frac{1}{2}$

$\therefore x=\pi$ 또는 $x=\frac{\pi}{3}$ 또는 $x=\frac{5}{3}\pi$ ($\because 0\le x\le 2\pi$)

$0\le x\le 2\pi$에서 함수 $f(x)$의 증가와 감소를 표로 나타내면 다음과 같다.

| $x$ | 0 | $\cdots$ | $\frac{\pi}{3}$ | $\cdots$ | $\pi$ | $\cdots$ | $\frac{5}{3}\pi$ | $\cdots$ | $2\pi$ |
|---|---|---|---|---|---|---|---|---|---|
| $f'(x)$ | | + | 0 | − | 0 | − | 0 | + | |
| $f(x)$ | $-a$ | ↗ | $3\sqrt{3}-a$ | ↘ | $-a$ | ↘ | $-3\sqrt{3}-a$ | ↗ | $-a$ |

함수 $f(x)$는 $x=\frac{\pi}{3}$에서 최댓값 $3\sqrt{3}-a$를 가지므로 $0\le x\le 2\pi$에서 $f(x)\le 0$이 성립하려면

$3\sqrt{3}-a\le 0 \qquad \therefore a\ge 3\sqrt{3}$

따라서 구하는 실수 $a$의 최솟값은 $3\sqrt{3}$이다.

## 0811

답 2

$x+2-2e^{2x}\le k$에서 $x+2-2e^{2x}-k\le 0$

$f(x)=x+2-2e^{2x}-k$라 하면

$f'(x)=1-4e^{2x}$

$f'(x)=0$에서 $e^{2x}=\frac{1}{4}$, $e^{x}=\frac{1}{2}$ ($\because e^{x}>0$)

$\therefore x=-\ln 2$

함수 $f(x)$의 증가와 감소를 표로 나타내면 다음과 같다.

| $x$ | $\cdots$ | $-\ln 2$ | $\cdots$ |
|---|---|---|---|
| $f'(x)$ | + | 0 | − |
| $f(x)$ | ↗ | $\frac{3}{2}-\ln 2-k$ | ↘ |

함수 $f(x)$는 $x=-\ln 2$에서 최댓값 $\frac{3}{2}-\ln 2-k$를 가지므로 모든 실수 $x$에 대하여 $f(x)\le 0$이 성립하려면

$\frac{3}{2}-\ln 2-k\le 0 \qquad \therefore k\ge \frac{3}{2}-\ln 2$

따라서 실수 $k$의 최솟값은 $\frac{3}{2}-\ln 2$이므로

$a=\frac{3}{2}$, $b=-1$

$\therefore 2a+b=3+(-1)=2$

## 0812

답 2

$2e^{x}-x^2-2x\ge k$에서 $2e^{x}-x^2-2x-k\ge 0$

$f(x)=2e^{x}-x^2-2x-k$라 하면

$f'(x)=2e^{x}-2x-2$

$f''(x)=2e^{x}-2$

$x\ge 0$에서 $f''(x)\ge 0$이므로 $f'(x)$는 $x\ge 0$에서 증가하는 함수이다.

…… ❶

이때 $f'(0)=0$이므로 $x\ge 0$에서 $f'(x)\ge 0$이다.

즉, $f(x)$는 $x\ge 0$에서 증가하는 함수이다.

…… ❷

$x\ge 0$일 때 $f(x)\ge 0$이 성립하려면

$f(0)=2-k\ge 0 \qquad \therefore k\le 2$

따라서 구하는 실수 $k$의 최댓값은 2이다.

…… ❸

| 채점 기준 | 배점 |
|---|---|
| ❶ $x\ge 0$에서 $f'(x)$가 증가하는 함수임을 알기 | 40% |
| ❷ $x\ge 0$에서 $f(x)$가 증가하는 함수임을 알기 | 30% |
| ❸ 실수 $k$의 최댓값 구하기 | 30% |

### 유형 17 주어진 구간에서 성립하는 부등식 $f(x)\ge g(x)$ 꼴

## 0813

답 ④

$x>0$에서 $kx^2>\ln x$가 성립하려면 오른쪽 그림과 같이 곡선 $y=kx^2$이 곡선 $y=\ln x$보다 항상 위쪽에 있어야 한다.

$f(x)=kx^2$, $g(x)=\ln x$라 하면

$f'(x)=2kx$, $g'(x)=\frac{1}{x}$

두 곡선 $y=f(x)$, $y=g(x)$가 접할 때의 접점의 $x$좌표를 $t$라 하면

$f(t)=g(t)$에서 $kt^2=\ln t$ …… ㉠

$f'(t)=g'(t)$에서 $2kt=\frac{1}{t} \qquad \therefore k=\frac{1}{2t^2}$ …… ㉡

㉡을 ㉠에 대입하면

$\frac{1}{2}=\ln t \qquad \therefore t=\sqrt{e}$

이를 ㉡에 대입하면 $k=\frac{1}{2e}$

이때 곡선 $y=f(x)$가 곡선 $y=g(x)$보다 항상 위쪽에 있으려면

$k>\frac{1}{2e}$

따라서 구하는 정수 $k$의 최솟값은 1이다.

다른 풀이

$kx^2>\ln x$에서 $\frac{\ln x}{x^2}<k$ ($\because x>0$)

$f(x)=\frac{\ln x}{x^2}$라 하면

$f'(x)=\frac{\frac{1}{x}\times x^2-\ln x\times 2x}{x^4}=\frac{1-2\ln x}{x^3}$

$f'(x)=0$에서 $\ln x=\frac{1}{2}$ $\quad\therefore x=\sqrt{e}$

$x>0$에서 함수 $f(x)$의 증가와 감소를 표로 나타내면 다음과 같다.

| $x$ | $(0)$ | $\cdots$ | $\sqrt{e}$ | $\cdots$ |
|---|---|---|---|---|
| $f'(x)$ | | $+$ | $0$ | $-$ |
| $f(x)$ | | ↗ | $\frac{1}{2e}$ | ↘ |

함수 $f(x)$는 $x=\sqrt{e}$에서 최댓값 $\frac{1}{2e}$을 가지므로 $x>0$일 때

$f(x)<k$가 성립하려면 $k>\frac{1}{2e}$

따라서 구하는 정수 $k$의 최솟값은 1이다.

## 0814

답 1

$0<x<\pi$에서 $\sin x<kx$가 성립하려면 오른쪽 그림과 같이 곡선 $y=\sin x$가 직선 $y=kx$보다 항상 아래쪽에 있어야 한다.

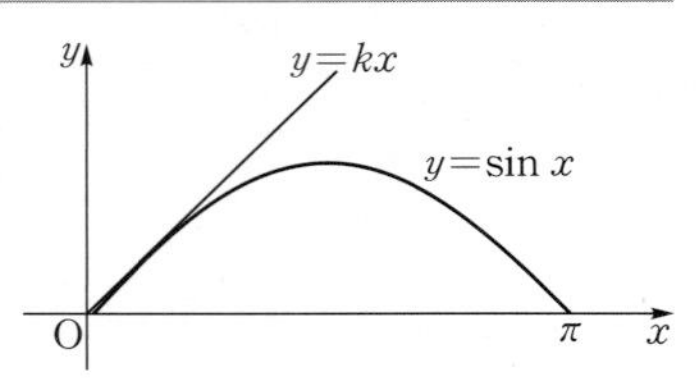


$f(x)=\sin x$라 하면

$f'(x)=\cos x$

곡선 $y=f(x)$ 위의 점 $(0,\ 0)$에서의 접선의 기울기는 $f'(0)=1$이므로 접선의 방정식은

$y=x$

따라서 $0<x<\pi$에서 곡선 $y=f(x)$가 직선 $y=kx$보다 항상 아래쪽에 있으려면

$k\geq 1$

따라서 구하는 실수 $k$의 최솟값은 1이다.

## 0815

답 ①

모든 실수 $x$에 대하여 $f(x)\geq g(x)$가 성립하려면 오른쪽 그림과 같이 곡선 $y=f(x)$가 직선 $y=g(x)$보다 위쪽에 있거나 곡선과 직선이 접해야 한다.

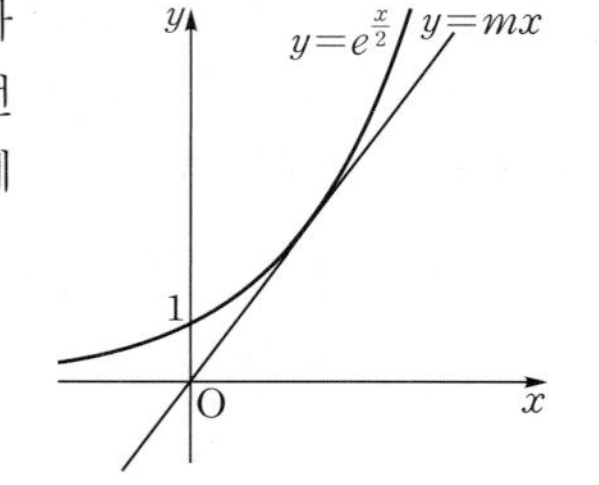


$f(x)=e^{\frac{x}{2}}$, $g(x)=mx$에서

$f'(x)=\frac{1}{2}e^{\frac{x}{2}}$, $g'(x)=m$

곡선 $y=f(x)$와 직선 $y=g(x)$가 접할 때의 접점의 $x$좌표를 $t$라 하면

$f(t)=g(t)$에서 $e^{\frac{t}{2}}=mt$ $\quad\cdots\cdots$ ㉠

$f'(t)=g'(t)$에서 $\frac{1}{2}e^{\frac{t}{2}}=m$ $\quad\cdots\cdots$ ㉡

㉡을 ㉠에 대입하면

$2m=mt$ $\quad\therefore t=2$

이를 ㉡에 대입하면 $m=\frac{e}{2}$

이때 곡선 $y=f(x)$가 직선 $y=g(x)$보다 위쪽에 있거나 곡선과 직선이 접하려면

$0<m\leq\frac{e}{2}$ $(\because m>0)$

따라서 구하는 양수 $m$의 최댓값은 $\frac{e}{2}$이다.

**다른 풀이**

$f(x)\geq g(x)$에서 $f(x)-g(x)\geq 0$

$h(x)=f(x)-g(x)$라 하면

$h(x)=e^{\frac{x}{2}}-mx$

$h'(x)=\frac{1}{2}e^{\frac{x}{2}}-m$

$h'(x)=0$에서 $\frac{x}{2}=\ln 2m$ $\quad\therefore x=2\ln 2m$

함수 $h(x)$의 증가와 감소를 표로 나타내면 다음과 같다.

| $x$ | $\cdots$ | $2\ln 2m$ | $\cdots$ |
|---|---|---|---|
| $h'(x)$ | $-$ | $0$ | $+$ |
| $h(x)$ | ↘ | $2m-2m\ln 2m$ | ↗ |

함수 $h(x)$는 $x=2\ln 2m$에서 최솟값 $2m-2m\ln 2m$을 가지므로 모든 실수 $x$에 대하여 $h(x)\geq 0$이 성립하려면

$2m-2m\ln 2m\geq 0$, $\ln 2m\leq 1$ $(\because m>0)$

$\therefore 0<m\leq\frac{e}{2}$

따라서 구하는 양수 $m$의 최댓값은 $\frac{e}{2}$이다.

## 유형 18 직선 운동에서의 속도와 가속도

확인 문제 (1) $3e^{-3}$ (2) $-9e^{-3}$

$f(t)=1-e^{-3t}$이라 하고, 점 P의 시각 $t$에서의 속도를 $v$, 가속도를 $a$라 하면

$v=f'(t)=3e^{-3t}$, $a=f''(t)=-9e^{-3t}$

(1) $t=1$에서의 점 P의 속도는

$f'(1)=3e^{-3}$

(2) $t=1$에서의 점 P의 가속도는

$f''(1)=-9e^{-3}$

## 0816

답 3

$f(t)=p\sin\pi t+q\cos\pi t$라 하고, 점 P의 시각 $t$에서의 속도를 $v$, 가속도를 $a$라 하면

$v=f'(t)=p\pi\cos\pi t-q\pi\sin\pi t$

$a=f''(t)=-p\pi^2\sin\pi t-q\pi^2\cos\pi t$

점 P의 $t=3$에서의 속도가 $-\pi$, 가속도가 $2\pi^2$이므로

$f'(3)=-\pi$에서 $-p\pi=-\pi$

$\therefore p=1$

$f''(3)=2\pi^2$에서 $q\pi^2=2\pi^2$

$\therefore q=2$

$\therefore p+q=1+2=3$

## 0817

답 ②

$x(t)=\ln(t^2+4)-1$이므로 점 P의 시각 $t$에서의 속도를 $v$, 가속도를 $a$라 하면

$v=x'(t)=\frac{2t}{t^2+4}$

$a=x''(t)=\frac{2(t^2+4)-2t\times 2t}{(t^2+4)^2}$

$=\frac{-2t^2+8}{(t^2+4)^2}=\frac{-2(t+2)(t-2)}{(t^2+4)^2}$

이때 가속도가 0이 되는 시각은

$x''(t)=0$에서 $t=2$ ($\because t\geq 0$)

따라서 점 P의 가속도가 0인 시각 $t=2$에서의 점 P의 속도는

$x'(2)=\frac{2\times 2}{2^2+4}=\frac{1}{2}$

## 0818

답 $-e^2$

$x(t)=(t^2-3t+1)e^t$이므로 점 P의 시각 $t$에서의 속도를 $v$라 하면

$v=x'(t)=(2t-3)e^t+(t^2-3t+1)e^t$

$=(t^2-t-2)e^t=(t+1)(t-2)e^t$

…… ❶

점 P가 운동 방향을 바꿀 때의 속도는 0이므로

$x'(t)=0$에서 $t=2$ ($\because t\geq 0$, $e^t>0$)

…… ❷

따라서 점 P는 $t=2$일 때 운동 방향이 바뀌므로 구하는 점 P의 위치는

$x(2)=(4-6+1)e^2=-e^2$

…… ❸

| 채점 기준 | 배점 |
|---|---|
| ❶ 점 P의 시각 $t$에서의 속도 $v$ 구하기 | 30% |
| ❷ 점 P가 운동 방향을 바꾸는 시각 $t$ 구하기 | 40% |
| ❸ 점 P의 위치 구하기 | 30% |

## 0819

답 ③

$x_1(t)=e^t$, $x_2(t)=kt^2$이므로 시각 $t$에서의 두 점 P, Q의 속도는

$x_1'(t)=e^t$, $x_2'(t)=2kt$

두 점 P, Q의 속도가 같아지려면 $x_1'(t)=x_2'(t)$에서

$e^t=2kt \quad \therefore \frac{e^t}{t}=2k$ ($\because t>0$) …… ㉠

두 점 P, Q의 속도가 같아지는 순간이 두 번 존재하려면 방정식 ㉠이 서로 다른 두 양의 실근을 가져야 한다.

$f(t)=\frac{e^t}{t}$이라 하면

$f'(t)=\frac{e^t t-e^t}{t^2}=\frac{e^t(t-1)}{t^2}$

$f'(t)=0$에서 $t=1$ ($\because e^t>0$)

$t>0$에서 함수 $f(t)$의 증가와 감소를 표로 나타내면 다음과 같다.

| $t$ | (0) | $\cdots$ | 1 | $\cdots$ |
|---|---|---|---|---|
| $f'(t)$ | | $-$ | 0 | $+$ |
| $f(t)$ | | ↘ | $e$ | ↗ |

또한 $\lim_{t\to 0+}f(t)=\infty$, $\lim_{t\to\infty}f(t)=\infty$이므로 함수 $y=f(t)$의 그래프는 오른쪽 그림과 같다.

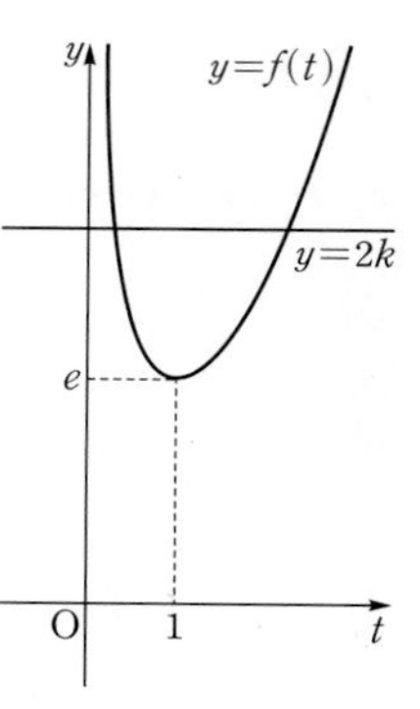


방정식 ㉠이 서로 다른 두 양의 실근을 가지려면 $t>0$일 때, 곡선 $y=f(t)$와 직선 $y=2k$가 서로 다른 두 점에서 만나야 하므로

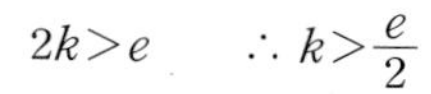

$2k>e \quad \therefore k>\frac{e}{2}$

### 유형 19 평면 운동에서의 속도

확인 문제 (1) $\left(\frac{1}{2}, -\frac{\sqrt{3}}{2}\right)$ (2) 1

$x=\sin t$, $y=\cos t$에서

$\frac{dx}{dt}=\cos t$, $\frac{dy}{dt}=-\sin t$

(1) $t=\frac{\pi}{3}$에서의 점 P의 속도는

$\left(\cos\frac{\pi}{3}, -\sin\frac{\pi}{3}\right)=\left(\frac{1}{2}, -\frac{\sqrt{3}}{2}\right)$

(2) $t=\frac{\pi}{3}$에서의 점 P의 속력은

$\sqrt{\left(\frac{1}{2}\right)^2+\left(-\frac{\sqrt{3}}{2}\right)^2}=1$

## 0820

답 ⑤

$x=2(t-1)$, $y=t^2$에서

$\frac{dx}{dt}=2$, $\frac{dy}{dt}=2t$

시각 $t=2\sqrt{2}$에서의 점 P의 속도는

$(2, 4\sqrt{2})$

따라서 시각 $t=2\sqrt{2}$에서의 점 P의 속력은

$\sqrt{2^2+(4\sqrt{2})^2}=\sqrt{36}=6$

## 0821

답 ③

$x=e^{at}$, $y=e^{bt}$에서

$\frac{dx}{dt}=ae^{at}$, $\frac{dy}{dt}=be^{bt}$

시각 $t$에서의 점 P의 속도는

$(ae^{at}, be^{bt})$

시각 $t=\ln\sqrt{2}$에서의 점 P의 속도가 $(\sqrt{2}, 4)$이므로

$ae^{a\ln\sqrt{2}}=\sqrt{2}$, $be^{b\ln\sqrt{2}}=4$

$a\times(\sqrt{2})^a=\sqrt{2}$, $b\times(\sqrt{2})^b=4$

따라서 $a=1$, $b=2$이므로

$a+b=1+2=3$

## 0822

답 ③

$x=t+\sin t\cos t$, $y=\tan t$에서

$\frac{dx}{dt}=1+\cos^2 t-\sin^2 t=2\cos^2 t$ ($\because \sin^2 t=1-\cos^2 t$)

$\frac{dy}{dt}=\sec^2 t=\frac{1}{\cos^2 t}$

시각 $t$에서의 점 P의 속력은

$\sqrt{\left(\frac{dx}{dt}\right)^2+\left(\frac{dy}{dt}\right)^2}=\sqrt{(2\cos^2 t)^2+\left(\frac{1}{\cos^2 t}\right)^2}$

$=\sqrt{4\cos^4 t+\frac{1}{\cos^4 t}}$

이때 $\cos^4 t>0$이므로 산술평균과 기하평균의 관계에 의하여

$4\cos^4 t+\frac{1}{\cos^4 t}\geq 2\sqrt{4\cos^4 t\times\frac{1}{\cos^4 t}}=4$

(단, 등호는 $4\cos^4 t=\frac{1}{\cos^4 t}$일 때 성립한다.)

따라서 점 P의 속력의 최솟값은 $\sqrt{4}=2$이다.

## 0823

답 1

$x=4t$, $y=\frac{1}{2}(t+1)^2-4\ln(t+1)$에서

$\frac{dx}{dt}=4$, $\frac{dy}{dt}=(t+1)-\frac{4}{t+1}$

시각 $t$에서의 점 P의 속력은

$\sqrt{\left(\frac{dx}{dt}\right)^2+\left(\frac{dy}{dt}\right)^2}=\sqrt{4^2+\left\{(t+1)-\frac{4}{t+1}\right\}^2}$

$=\sqrt{(t+1)^2+\frac{16}{(t+1)^2}+8}$

이때 $(t+1)^2>0$이므로 산술평균과 기하평균의 관계에 의하여

$\sqrt{(t+1)^2+\frac{16}{(t+1)^2}+8}\geq\sqrt{2\sqrt{(t+1)^2\times\frac{16}{(t+1)^2}}+8}$

$=\sqrt{16}=4$

단, 등호는 $(t+1)^2=\frac{16}{(t+1)^2}$일 때 성립하므로

$(t+1)^4=16$에서 $t+1=2$ ($\because t+1>0$)

$\therefore t=1$

따라서 점 P의 속력이 최소가 되는 시각은 $t=1$이다.

### 유형 20 평면 운동에서의 가속도

확인 문제 (1) $(-e, e)$ (2) $\sqrt{2}e$

$x=1-e^t$, $y=1+e^t$에서

$\frac{dx}{dt}=-e^t$, $\frac{dy}{dt}=e^t$

$\frac{d^2x}{dt^2}=-e^t$, $\frac{d^2y}{dt^2}=e^t$

(1) $t=1$에서의 점 P의 가속도는

$(-e^1, e^1)=(-e, e)$

(2) $t=1$에서의 점 P의 가속도의 크기는

$\sqrt{(-e)^2+e^2}=\sqrt{2}e$

## 0824

답 ②

$x=t^2+at$, $y=at^2-4t$에서

$\frac{dx}{dt}=2t+a$, $\frac{dy}{dt}=2at-4$

시각 $t$에서의 점 P의 속력은

$\sqrt{\left(\frac{dx}{dt}\right)^2+\left(\frac{dy}{dt}\right)^2}=\sqrt{(2t+a)^2+(2at-4)^2}$

$=\sqrt{(4a^2+4)t^2-12at+a^2+16}$

시각 $t=2$에서의 점 P의 속력이 $2\sqrt{13}$이므로

$\sqrt{4(4a^2+4)-24a+a^2+16}=2\sqrt{13}$

$17a^2-24a+32=52$, $17a^2-24a-20=0$

$(17a+10)(a-2)=0$ $\therefore a=2$ ($\because a>0$)

$\frac{dx}{dt}=2t+2$, $\frac{dy}{dt}=4t-4$이므로

$\frac{d^2x}{dt^2}=2$, $\frac{d^2y}{dt^2}=4$

따라서 시각 $t=2$에서의 점 P의 가속도의 크기는

$\sqrt{\left(\frac{d^2x}{dt^2}\right)^2+\left(\frac{d^2y}{dt^2}\right)^2}=\sqrt{4+16}=2\sqrt{5}$

## 0825

답 ④

$x=e^t\cos t$, $y=e^t\sin t$에서

$\frac{dx}{dt}=e^t\cos t-e^t\sin t=e^t(\cos t-\sin t)$

$\frac{dy}{dt}=e^t\sin t+e^t\cos t=e^t(\sin t+\cos t)$

$\frac{d^2x}{dt^2}=e^t(\cos t-\sin t)+e^t(-\sin t-\cos t)=-2e^t\sin t$

$\frac{d^2y}{dt^2}=e^t(\sin t+\cos t)+e^t(\cos t-\sin t)=2e^t\cos t$

시각 $t$에서의 점 P의 가속도의 크기는

$\sqrt{\left(\frac{d^2x}{dt^2}\right)^2+\left(\frac{d^2y}{dt^2}\right)^2}=\sqrt{(-2e^t\sin t)^2+(2e^t\cos t)^2}$

$=\sqrt{4e^{2t}(\sin^2 t+\cos^2 t)}$

$=2e^t$ ($\because 2e^t>0$)

따라서 시각 $t=3$에서의 점 P의 가속도의 크기는 $2e^3$이다.

## 0826

답 3

$x=at^2+a\sin t$, $y=a\cos t$에서

$\frac{dx}{dt}=2at+a\cos t$, $\frac{dy}{dt}=-a\sin t$

$\frac{d^2x}{dt^2}=2a-a\sin t$, $\frac{d^2y}{dt^2}=-a\cos t$

❶

시각 $t$에서의 점 P의 가속도의 크기는

$\sqrt{\left(\frac{d^2x}{dt^2}\right)^2+\left(\frac{d^2y}{dt^2}\right)^2}=\sqrt{(2a-a\sin t)^2+(-a\cos t)^2}$

$=\sqrt{4a^2-4a^2\sin t+a^2\sin^2 t+a^2\cos^2 t}$

$=\sqrt{5a^2-4a^2\sin t}$

❷

시각 $t=\frac{\pi}{6}$에서의 점 P의 가속도의 크기가 $3\sqrt{3}$이므로

$\sqrt{3a^2}=3\sqrt{3}$ $\therefore a=3$ ($\because a>0$)

…… ❸

| 채점 기준 | 배점 |
|---|---|
| ❶ $\frac{d^2x}{dt^2}$, $\frac{d^2y}{dt^2}$ 구하기 | 30% |
| ❷ 시각 $t$에서의 점 P의 가속도의 크기 구하기 | 40% |
| ❸ 양수 $a$의 값 구하기 | 30% |

## 0827

답 4

$x=1-\cos 4t$, $y=\frac{1}{4}\sin 4t$에서

$\frac{dx}{dt}=4\sin 4t$, $\frac{dy}{dt}=\cos 4t$

$\frac{d^2x}{dt^2}=16\cos 4t$, $\frac{d^2y}{dt^2}=-4\sin 4t$

시각 $t$에서의 점 P의 속력은

$$\sqrt{\left(\frac{dx}{dt}\right)^2+\left(\frac{dy}{dt}\right)^2}=\sqrt{(4\sin 4t)^2+(\cos 4t)^2}$$
$$=\sqrt{16\sin^2 4t+\cos^2 4t}$$
$$=\sqrt{15\sin^2 4t+1}$$

즉, $\sin^2 4t=1$일 때 점 P의 속력이 최대이고, 이때 $\cos^2 4t=0$이다.

시각 $t$에서의 점 P의 가속도의 크기는

$$\sqrt{\left(\frac{d^2x}{dt^2}\right)^2+\left(\frac{d^2y}{dt^2}\right)^2}=\sqrt{(16\cos 4t)^2+(-4\sin 4t)^2}$$
$$=\sqrt{256\cos^2 4t+16\sin^2 4t}$$

따라서 점 P의 속력이 최대인 시각에서의 가속도의 크기는

$\sqrt{0+16}=4$

## 0828

답 ③

점 P가 3초 동안 반지름의 길이가 2인 원 위를 1회전하므로 $t$초 후 점 P의 동경과 $x$축의 양의 방향이 이루는 각의 크기는

$\frac{\pi}{2}+\frac{2\pi t}{3}$

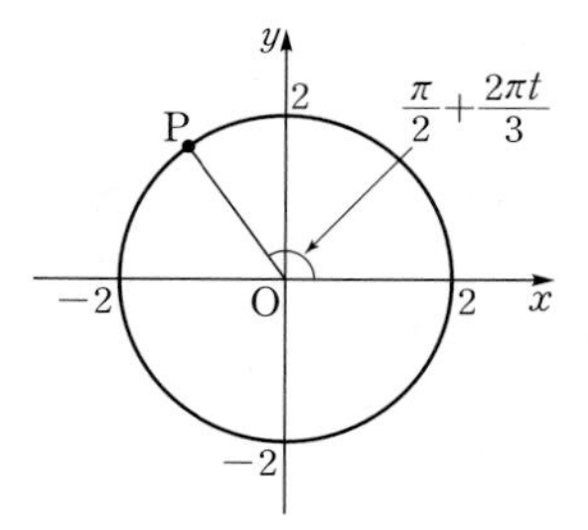


출발한 지 $t$초 후의 점 P의 좌표는

$\left(2\cos\left(\frac{\pi}{2}+\frac{2\pi t}{3}\right), 2\sin\left(\frac{\pi}{2}+\frac{2\pi t}{3}\right)\right)$

즉, $x=-2\sin\frac{2\pi t}{3}$, $y=2\cos\frac{2\pi t}{3}$이므로

$\frac{dx}{dt}=-\frac{4}{3}\pi\cos\frac{2\pi t}{3}$, $\frac{dy}{dt}=-\frac{4}{3}\pi\sin\frac{2\pi t}{3}$

$\frac{d^2x}{dt^2}=\frac{8}{9}\pi^2\sin\frac{2\pi t}{3}$, $\frac{d^2y}{dt^2}=-\frac{8}{9}\pi^2\cos\frac{2\pi t}{3}$

시각 $t$에서의 점 P의 가속도의 크기는

$$\sqrt{\left(\frac{d^2x}{dt^2}\right)^2+\left(\frac{d^2y}{dt^2}\right)^2}=\sqrt{\left(\frac{8}{9}\pi^2\sin\frac{2\pi t}{3}\right)^2+\left(-\frac{8}{9}\pi^2\cos\frac{2\pi t}{3}\right)^2}$$
$$=\sqrt{\frac{64}{81}\pi^4\left(\sin^2\frac{2\pi t}{3}+\cos^2\frac{2\pi t}{3}\right)}=\frac{8}{9}\pi^2$$

따라서 점 P가 출발한 지 1초 후의 가속도의 크기는 $\frac{8}{9}\pi^2$이다.

# PART B 내신 잡는 종합 문제

## 0829

답 ③

$f(x)=\ln x-4x$라 하면 로그의 진수 조건에 의하여 $x>0$

$f'(x)=\frac{1}{x}-4$

$f'(x)=0$에서 $x=\frac{1}{4}$

$x>0$에서 함수 $f(x)$의 증가와 감소를 표로 나타내면 다음과 같다.

| $x$ | (0) | $\cdots$ | $\frac{1}{4}$ | $\cdots$ |
|---|---|---|---|---|
| $f'(x)$ | | + | 0 | − |
| $f(x)$ | | ↗ | $-2\ln 2-1$ | ↘ |

또한 $\lim_{x\to 0+} f(x)=-\infty$, $\lim_{x\to\infty} f(x)=-\infty$이므로 함수 $y=f(x)$의 그래프는 오른쪽 그림과 같다.

방정식 $f(x)=-3$의 서로 다른 실근의 개수는 곡선 $y=f(x)$와 직선 $y=-3$의 서로 다른 교점의 개수와 같으므로 방정식의 서로 다른 실근의 개수는 2이다.

## 0830

답 ②

$f(x)=2\sqrt{x}+\frac{1}{x}+k$에서 $x>0$

$f'(x)=\frac{1}{\sqrt{x}}-\frac{1}{x^2}$

$f'(x)=0$에서 $\frac{1}{\sqrt{x}}=\frac{1}{x^2}$

$\frac{1}{x}=\frac{1}{x^4}$, $x^3=1$ $\therefore x=1$ ($\because x>0$)

$x>0$에서 함수 $f(x)$의 증가와 감소를 표로 나타내면 다음과 같다.

| $x$ | (0) | $\cdots$ | 1 | $\cdots$ |
|---|---|---|---|---|
| $f'(x)$ | | − | 0 | + |
| $f(x)$ | | ↘ | $3+k$ | ↗ |

함수 $f(x)$는 $x=1$에서 최솟값 $3+k$를 가지므로

$3+k=5$ $\therefore k=2$

## 0831

답 ④

$f(x)=ax^2-2\sin 2x$라 하면

$f'(x)=2ax-4\cos 2x$

$f''(x)=2a+8\sin 2x$

$f''(x)=0$에서 $\sin 2x=-\frac{a}{4}$

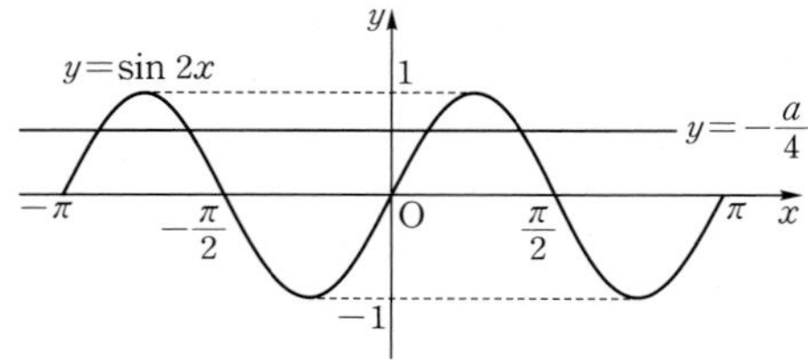


곡선 $y=f(x)$가 변곡점을 가지려면 위의 그림과 같이 곡선 $y=\sin 2x$와 직선 $y=-\frac{a}{4}$가 접하지 않으면서 만나야 하므로

$-1<-\frac{a}{4}<1$에서 $-4<a<4$

따라서 구하는 정수 $a$는 $-3$, $-2$, $-1$, 0, 1, 2, 3의 7개이다.

## 0832

답 $-3$

$x(t)=2\cos t-\cos^2 t$이므로 점 P의 시각 $t$에서의 속도를 $v$라 하면

$v=x'(t)=-2\sin t+2\cos t\sin t=2\sin t(\cos t-1)$

점 P가 운동 방향을 바꿀 때의 속도는 0이므로

$x'(t)=0$에서 $\sin t=0$ 또는 $\cos t=1$

$\therefore t=0$ 또는 $t=\pi$ $\left(\because 0\le t\le\frac{3}{2}\pi\right)$

따라서 점 P는 $t=\pi$일 때 운동 방향이 바뀌므로 구하는 점 P의 위치는

$x(\pi)=2\cos\pi-\cos^2\pi=-2-1=-3$

## 0833

답 ⑤

$f(x)=ax^2-bx+\ln x$에서

$f'(x)=2ax-b+\frac{1}{x}$, $f''(x)=2a-\frac{1}{x^2}$

함수 $f(x)$가 $x=1$에서 극값을 가지므로

$f'(1)=0$에서 $2a-b+1=0$ …… ㉠

곡선 $y=f(x)$의 변곡점의 $x$좌표가 2이므로

$f''(2)=0$에서 $2a-\frac{1}{4}=0$ $\therefore a=\frac{1}{8}$

이를 ㉠에 대입하면 $\frac{1}{4}-b+1=0$ $\therefore b=\frac{5}{4}$

$\therefore \frac{b}{a}=8\times\frac{5}{4}=10$

## 0834

답 11

$f(x)=x^4+ax^3+12x^2-16x-10$이라 하면

$f'(x)=4x^3+3ax^2+24x-16$

$f''(x)=12x^2+6ax+24$

구간 $(-\infty, \infty)$에서 곡선 $y=f(x)$가 아래로 볼록하려면 모든 실수 $x$에 대하여 $f''(x)>0$이어야 한다.

즉, 이차방정식 $f''(x)=0$의 판별식을 $D$라 하면 $D<0$이어야 하므로

$\frac{D}{4}=(3a)^2-12\times 24<0$, $a^2-32<0$

$\therefore -4\sqrt{2}<a<4\sqrt{2}$

따라서 구하는 정수 $a$는 $-5$, $-4$, $-3$, $\cdots$, 4, 5의 11개이다.

## 0835

답 ④

$f(x)=\sin x(\cos x+1)$에서

$f'(x)=\cos x(\cos x+1)+\sin x\times(-\sin x)$

$=2\cos^2 x+\cos x-1$ ($\because \sin^2 x=1-\cos^2 x$)

$=(\cos x+1)(2\cos x-1)$

$f'(x)=0$에서 $\cos x=-1$ 또는 $\cos x=\frac{1}{2}$

$\therefore x=\frac{\pi}{3}$ 또는 $x=\pi$ ($\because 0\le x\le\pi$)

$0\le x\le\pi$에서 함수 $f(x)$의 증가와 감소를 표로 나타내면 다음과 같다.

| $x$ | 0 | $\cdots$ | $\frac{\pi}{3}$ | $\cdots$ | $\pi$ |
|---|---|---|---|---|---|
| $f'(x)$ | | + | 0 | − | |
| $f(x)$ | 0 | ↗ | $\frac{3\sqrt{3}}{4}$ | ↘ | 0 |

함수 $f(x)$는 $x=\frac{\pi}{3}$에서 최댓값 $\frac{3\sqrt{3}}{4}$, $x=0$ 또는 $x=\pi$에서 최솟값 0을 가지므로 구하는 최댓값과 최솟값의 합은

$\frac{3\sqrt{3}}{4}+0=\frac{3\sqrt{3}}{4}$

## 0836

답 ①

$f(x)=xe^{-2x}$이라 하면

$f'(x)=e^{-2x}-2xe^{-2x}=(1-2x)e^{-2x}$

$f''(x)=-2e^{-2x}-2(1-2x)e^{-2x}=(4x-4)e^{-2x}$

$f''(x)=0$에서 $x=1$

이때 $x=1$의 좌우에서 $f''(x)$의 부호가 바뀌므로 곡선 $y=f(x)$의 변곡점은 $\mathrm{A}(1, e^{-2})$이다.

$f'(1)=-e^{-2}$이므로 곡선 $y=f(x)$ 위의 점 A에서의 접선의 방정식은

$y-e^{-2}=-e^{-2}(x-1)$

$\therefore y=-e^{-2}(x-2)$

따라서 $\mathrm{B}(2, 0)$이므로 삼각형 OAB의 넓이는

$\frac{1}{2}\times 2\times e^{-2}=e^{-2}$

## 0837

답 $2\sqrt{65}$

$e^t=2$에서 $t=\ln 2$

즉, 점 P의 위치가 $(2, 4+8\ln 2)$일 때의 시각은 $\ln 2$이다.

$\frac{dx}{dt}=e^t$, $\frac{dy}{dt}=2e^{2t}+8$에서

$\frac{d^2x}{dt^2}=e^t$, $\frac{d^2y}{dt^2}=4e^{2t}$

이므로 점 P의 시각 $t$에서의 가속도는

$(e^t,\ 4e^{2t})$

따라서 $t=\ln 2$에서의 점 P의 가속도는 $(2,\ 16)$이므로 가속도의 크기는

$\sqrt{2^2+16^2}=\sqrt{260}=2\sqrt{65}$

## 0838

답 ②

$\ln x=t$로 놓으면 $1\le x\le e^3$에서 $0\le t\le 3$

함수 $f(x)$를 $t$에 대한 함수 $g(t)$로 나타내면

$g(t)=t^3-3t^2+3$

$g'(t)=3t^2-6t=3t(t-2)$

$g'(t)=0$에서 $t=0$ 또는 $t=2$ $(\because\ 0\le t\le 3)$

$0\le t\le 3$에서 함수 $g(t)$의 증가와 감소를 표로 나타내면 다음과 같다.

| $t$ | 0 | $\cdots$ | 2 | $\cdots$ | 3 |
|---|---|---|---|---|---|
| $g'(t)$ | | $-$ | 0 | $+$ | |
| $g(t)$ | 3 | ↘ | $-1$ | ↗ | 3 |

함수 $g(t)$는 $t=0$ 또는 $t=3$에서 최댓값 3, $t=2$에서 최솟값 $-1$을 가지므로 구하는 최댓값과 최솟값의 합은

$3+(-1)=2$

## 0839

답 ⑤

직사각형이 곡선 $y=e^{-x^2}$과 제1사분면에서 만나는 점의 $x$좌표를 $t\ (t>0)$, 직사각형의 넓이를 $S(t)$라 하면

$S(t)=2te^{-t^2}$

$S'(t)=2e^{-t^2}-4t^2e^{-t^2}=2(1-2t^2)e^{-t^2}$

$S'(t)=0$에서 $1=2t^2$ $(\because\ e^{-t^2}>0)$

$\therefore\ t=\frac{\sqrt{2}}{2}$ $(\because\ t>0)$

$t>0$에서 함수 $S(t)$의 증가와 감소를 표로 나타내면 다음과 같다.

| $t$ | $(0)$ | $\cdots$ | $\frac{\sqrt{2}}{2}$ | $\cdots$ |
|---|---|---|---|---|
| $S'(t)$ | | $+$ | 0 | $-$ |
| $S(t)$ | | ↗ | $\frac{\sqrt{2e}}{e}$ | ↘ |

함수 $S(t)$는 $t=\frac{\sqrt{2}}{2}$에서 최댓값 $\frac{\sqrt{2e}}{e}$를 가지므로 구하는 넓이의 최댓값은 $\frac{\sqrt{2e}}{e}$이다.

## 0840

답 ④

$f(x)=e^x,\ g(x)=k\sin x$에서

$f'(x)=e^x,\ g'(x)=k\cos x$

방정식 $f(x)=g(x)$의 서로 다른 양의 실근의 개수가 3이려면 $x>0$일 때 두 곡선 $y=f(x),\ y=g(x)$가 서로 다른 세 점에서 만나야 한다.

따라서 다음 그림과 같이 두 곡선 $y=f(x),\ y=g(x)$가 접해야 하고, 이때의 접점의 $x$좌표를 $t$라 하면 $2\pi<t<\frac{5\pi}{2}$이어야 한다.

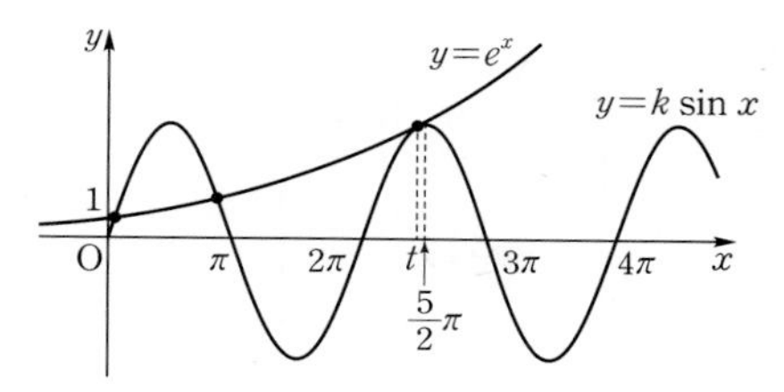


두 곡선 $y=f(x),\ y=g(x)$가 $x=t$일 때 접하므로

$f(t)=g(t)$에서 $e^t=k\sin t$ ······ ㉠

$f'(t)=g'(t)$에서 $e^t=k\cos t$ ······ ㉡

㉠, ㉡에서 $\cos t=\sin t$

$\therefore\ t=\frac{9\pi}{4}$ $\left(\because\ 2\pi<t<\frac{5\pi}{2}\right)$

이를 ㉠에 대입하면

$k=\frac{e^{\frac{9\pi}{4}}}{\sin\frac{9\pi}{4}}=\frac{e^{\frac{9\pi}{4}}}{\frac{\sqrt{2}}{2}}=\sqrt{2}e^{\frac{9\pi}{4}}$

다른 풀이

$f(x)=g(x)$에서 $e^x=k\sin x$

$\frac{\sin x}{e^x}=\frac{1}{k}$ $(\because\ k>0)$

$h(x)=\frac{\sin x}{e^x}$라 하면

$h'(x)=\frac{\cos x\times e^x-\sin x\times e^x}{(e^x)^2}=\frac{\cos x-\sin x}{e^x}$

$h'(x)=0$에서 $\cos x=\sin x,\ \tan x=1$

$\therefore\ x=\frac{\pi}{4},\ \frac{5}{4}\pi,\ \frac{9}{4}\pi,\ \cdots$

$x>0$에서 함수 $h(x)$의 증가와 감소를 표로 나타내면 다음과 같다.

| $x$ | $(0)$ | $\cdots$ | $\frac{\pi}{4}$ | $\cdots$ | $\frac{5}{4}\pi$ | $\cdots$ | $\frac{9}{4}\pi$ | $\cdots$ |
|---|---|---|---|---|---|---|---|---|
| $h'(x)$ | | $+$ | 0 | $-$ | 0 | $+$ | 0 | $-$ |
| $h(x)$ | | ↗ | $\frac{1}{\sqrt{2}e^{\frac{\pi}{4}}}$ | ↘ | $-\frac{1}{\sqrt{2}e^{\frac{5}{4}\pi}}$ | ↗ | $\frac{1}{\sqrt{2}e^{\frac{9}{4}\pi}}$ | ↘ |

따라서 곡선 $y=h(x)$는 다음 그림과 같다.

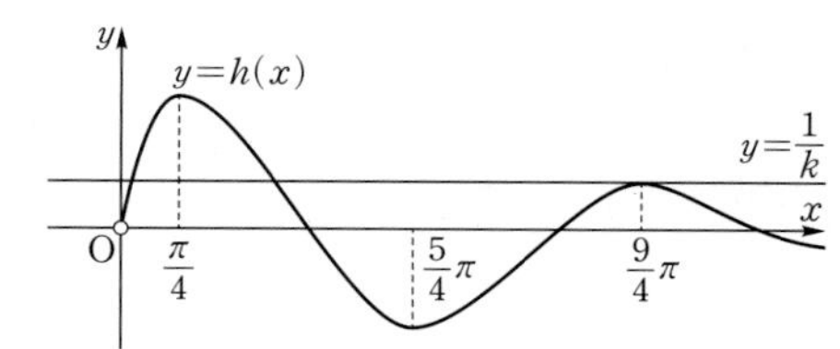


방정식 $f(x)=g(x)$의 서로 다른 양의 실근의 개수가 3이려면 위의 그림과 같이 직선 $y=\frac{1}{k}$이 $x=\frac{9}{4}\pi$에서 곡선 $y=h(x)$와 접해야 한다.

즉, $\frac{1}{k}=\frac{1}{\sqrt{2}e^{\frac{9}{4}\pi}}$에서 $k=\sqrt{2}e^{\frac{9}{4}\pi}$

## 0841

답 ①

$f(x)\ge g(x)$에서 $e^x-1\ge ax^2-x$

$e^x+x-1\ge ax^2,\ \frac{e^x+x-1}{x^2}\ge a$ $(\because\ x^2>0)$

$h(x)=\frac{e^x+x-1}{x^2}$이라 하면

$h'(x)=\frac{(e^x+1)x^2-(e^x+x-1)\times 2x}{(x^2)^2}=\frac{(e^x-1)(x-2)}{x^3}$

$h'(x)=0$에서 $x=2$ ($\because x>0$)

$x>0$에서 함수 $h(x)$의 증가와 감소를 표로 나타내면 다음과 같다.

| $x$ | $(0)$ | $\cdots$ | $2$ | $\cdots$ |
|---|---|---|---|---|
| $h'(x)$ | | $-$ | $0$ | $+$ |
| $h(x)$ | | ↘ | $\frac{e^2+1}{4}$ | ↗ |

함수 $h(x)$는 $x=2$에서 최솟값 $\frac{e^2+1}{4}$을 가지므로 $x>0$인 모든 실수 $x$에 대하여 $h(x)\geq a$가 성립하려면 $a\leq\frac{e^2+1}{4}$

따라서 구하는 실수 $a$의 최댓값은 $\frac{e^2+1}{4}$이다.

## 0842

답 ②

$f(x)=e^x\sin x+e^{-x}\cos x$에서

$f'(x)=e^x\sin x+e^x\cos x-e^{-x}\cos x-e^{-x}\sin x$

$=(e^x-e^{-x})\sin x+(e^x-e^{-x})\cos x$

$=(e^x-e^{-x})(\sin x+\cos x)$

$f'(x)=0$에서 $e^x=e^{-x}$ 또는 $\sin x=-\cos x$이므로

$e^{2x}=1$ 또는 $\tan x=-1$

$\therefore x=0$ 또는 $x=\frac{3}{4}\pi$ ($\because 0\leq x\leq\pi$)

구간 $[0, \pi]$에서 함수 $f(x)$의 증가와 감소를 표로 나타내면 다음과 같다.

| $x$ | $0$ | $\cdots$ | $\frac{3}{4}\pi$ | $\cdots$ | $\pi$ |
|---|---|---|---|---|---|
| $f'(x)$ | | $+$ | $0$ | $-$ | |
| $f(x)$ | $1$ | ↗ | 극대 | ↘ | $-e^{-\pi}$ |

함수 $f(x)$는 $x=\frac{3}{4}\pi$에서 극대이면서 최대이므로 구하는 최댓값은

$f\left(\frac{3}{4}\pi\right)=\frac{\sqrt{2}}{2}e^{\frac{3}{4}\pi}-\frac{\sqrt{2}}{2}e^{-\frac{3}{4}\pi}=\frac{\sqrt{2}}{2}(e^{\frac{3}{4}\pi}-e^{-\frac{3}{4}\pi})$

따라서 $a=\frac{1}{2}$, $b=\frac{3}{4}$이므로

$ab=\frac{1}{2}\times\frac{3}{4}=\frac{3}{8}$

## 0843

답 ③

$f(x)=x^ne^{-x}$에서

$f'(x)=nx^{n-1}e^{-x}-x^ne^{-x}=x^{n-1}e^{-x}(n-x)$

ㄱ. $f\left(\frac{n}{2}\right)=\left(\frac{n}{2}\right)^ne^{-\frac{n}{2}}$

$f'\left(\frac{n}{2}\right)=\left(\frac{n}{2}\right)^{n-1}e^{-\frac{n}{2}}\times\frac{n}{2}=\left(\frac{n}{2}\right)^ne^{-\frac{n}{2}}$

$\therefore f\left(\frac{n}{2}\right)=f'\left(\frac{n}{2}\right)$ (참)

ㄴ. $f'(x)=0$에서 $x=0$ 또는 $x=n$ ($\because e^{-x}>0$)

함수 $f(x)$의 증가와 감소를 표로 나타내면 다음과 같다.

(i) $n$이 홀수일 때

| $x$ | $\cdots$ | $0$ | $\cdots$ | $n$ | $\cdots$ |
|---|---|---|---|---|---|
| $f'(x)$ | $+$ | $0$ | $+$ | $0$ | $-$ |
| $f(x)$ | ↗ | | ↗ | 극대 | ↘ |

(ii) $n$이 짝수일 때

| $x$ | $\cdots$ | $0$ | $\cdots$ | $n$ | $\cdots$ |
|---|---|---|---|---|---|
| $f'(x)$ | $-$ | $0$ | $+$ | $0$ | $-$ |
| $f(x)$ | ↘ | 극소 | ↗ | 극대 | ↘ |

(i), (ii)에서 함수 $f(x)$는 $x=n$에서 극댓값을 갖는다. (참)

ㄷ. $f'(x)=x^{n-1}e^{-x}(n-x)=(nx^{n-1}-x^n)e^{-x}$에서

$f''(x)=\{n(n-1)x^{n-2}-nx^{n-1}\}e^{-x}-(nx^{n-1}-x^n)e^{-x}$

$=e^{-x}x^{n-2}\{x^2-2nx+n(n-1)\}$

(i) $n$이 홀수일 때

$x=0$의 좌우에서 $f''(x)$의 부호가 음에서 양으로 바뀌므로 점 $(0, 0)$은 곡선 $y=f(x)$의 변곡점이다.

(ii) $n$이 짝수일 때

$x=0$의 좌우에서 $f''(x)$의 부호가 바뀌지 않는다.

(i), (ii)에서 점 $(0, 0)$이 항상 곡선 $y=f(x)$의 변곡점인 것은 아니다. (거짓)

따라서 옳은 것은 ㄱ, ㄴ이다.

## 0844

답 ③

주어진 그래프로부터 $f'(x)=0$에서 $x=a$ 또는 $x=b$ 또는 $x=d$

$f''(x)=0$에서 $x=0$ 또는 $x=c$

함수 $f(x)$의 증가와 감소, 오목과 볼록을 표로 나타내면 다음과 같다.

| $x$ | $\cdots$ | $a$ | $\cdots$ | $0$ | $\cdots$ | $b$ | $\cdots$ | $c$ | $\cdots$ | $d$ | $\cdots$ |
|---|---|---|---|---|---|---|---|---|---|---|---|
| $f'(x)$ | $-$ | $0$ | $+$ | $+$ | $+$ | $0$ | $-$ | $-$ | $-$ | $0$ | $+$ |
| $f''(x)$ | $+$ | $+$ | $+$ | $0$ | $-$ | $-$ | $-$ | $0$ | $+$ | $+$ | $+$ |
| $f(x)$ | ↘ | 극소 | ↗ | 변곡점 | ↗ | 극대 | ↘ | 변곡점 | ↘ | 극소 | ↗ |

$f(0)=f(d)=0$이므로 곡선 $y=f(x)$의 개형은 다음 그림과 같다.

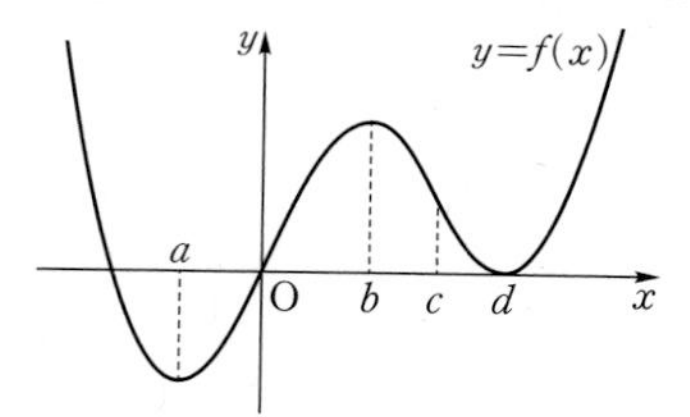


ㄱ. 함수 $f(x)$는 $x=a$, $x=d$에서 극소이므로 함수 $f(x)$가 극솟값을 갖는 $x$의 개수는 2이다. (참)

ㄴ. 함수 $f(x)$는 구간 $(0, c)$에서 $f''(x)<0$이므로 곡선 $y=f(x)$는 이 구간에서 위로 볼록하다.

즉, $0<x_1<x_2<c$인 임의의 실수 $x_1$, $x_2$에 대하여

$f\left(\frac{x_1+x_2}{2}\right)>\frac{f(x_1)+f(x_2)}{2}$이다. (거짓)

ㄷ. 점 $(c, f(c))$는 곡선 $y=f(x)$의 변곡점이고 위의 그림에서 $f(c)>0$이다. (참)

따라서 옳은 것은 ㄱ, ㄷ이다.

## 0845

답 ④

$f(x)=2e^{-x}$이라 하면 $f'(x)=-2e^{-x}$

곡선 $y=f(x)$ 위의 점 $\mathrm{P}(t, 2e^{-t})$에서의 접선의 방정식은

$y-2e^{-t}=-2e^{-t}(x-t)$ $\quad\therefore y=-2e^{-t}(x-t)+2e^{-t}$

이 직선의 $y$절편은 위의 식에 $x=0$을 대입하면

$y=2te^{-t}+2e^{-t}=2e^{-t}(t+1)$

$\therefore$ B$(0,\ 2e^{-t}(t+1))$

점 A는 점 P에서 $y$축에 내린 수선의 발이므로

A$(0,\ 2e^{-t})$

$\therefore \overline{AB}=\overline{OB}-\overline{OA}=2e^{-t}(t+1)-2e^{-t}=2te^{-t}$

$\overline{AP}=t$이므로 삼각형 APB의 넓이를 $S(t)$라 하면

$S(t)=\frac{1}{2}\times\overline{AB}\times\overline{AP}=\frac{1}{2}\times 2te^{-t}\times t=t^2e^{-t}$

$S'(t)=2te^{-t}-t^2e^{-t}=(2t-t^2)e^{-t}=-t(t-2)e^{-t}$

$S'(t)=0$에서 $t=2$ ($\because t>0$)

$t>0$에서 함수 $S(t)$의 증가와 감소를 표로 나타내면 다음과 같다.

| $t$ | (0) | $\cdots$ | 2 | $\cdots$ |
|---|---|---|---|---|
| $S'(t)$ | | + | 0 | − |
| $S(t)$ | | ↗ | 극대 | ↘ |

함수 $S(t)$는 $t=2$에서 극대이면서 최대이므로 삼각형 APB의 넓이가 최대가 되도록 하는 $t$의 값은 2이다.

## 0846

답 ⑤

$f(x)=\frac{\ln x}{x^n}=x^{-n}\ln x$에서

$f'(x)=-nx^{-n-1}\ln x+x^{-n-1}=x^{-n-1}(-n\ln x+1)$

$f''(x)=(-n-1)x^{-n-2}(-n\ln x+1)-nx^{-n-2}$

$\quad=x^{-n-2}\{(n^2+n)\ln x-2n-1\}$

$f'(x)=0$에서 $-n\ln x+1=0$ ($\because x>0$에서 $x^{-n-1}>0$)

$\ln x=\frac{1}{n}\qquad\therefore x=e^{\frac{1}{n}}$

$f''(x)=0$에서 $(n^2+n)\ln x-2n-1=0$ ($\because x>0$에서 $x^{-n-2}>0$)

$\ln x=\frac{2n+1}{n^2+n}\qquad\therefore x=e^{\frac{2n+1}{n^2+n}}$

$x>0$에서 함수 $f(x)$의 증가와 감소, 오목과 볼록을 표로 나타내면 다음과 같다.

| $x$ | (0) | $\cdots$ | $e^{\frac{1}{n}}$ | $\cdots$ | $e^{\frac{2n+1}{n^2+n}}$ | $\cdots$ |
|---|---|---|---|---|---|---|
| $f'(x)$ | | + | 0 | − | − | − |
| $f''(x)$ | | − | − | − | 0 | + |
| $f(x)$ | | ↗(위로 볼록) | 극대 | ↘(위로 볼록) | 변곡점 | ↘(아래로 볼록) |

또한 $\lim_{x\to 0+}f(x)=-\infty$, $\lim_{x\to\infty}f(x)=0$이므로 함수 $y=f(x)$의 그래프는 다음 그림과 같다.

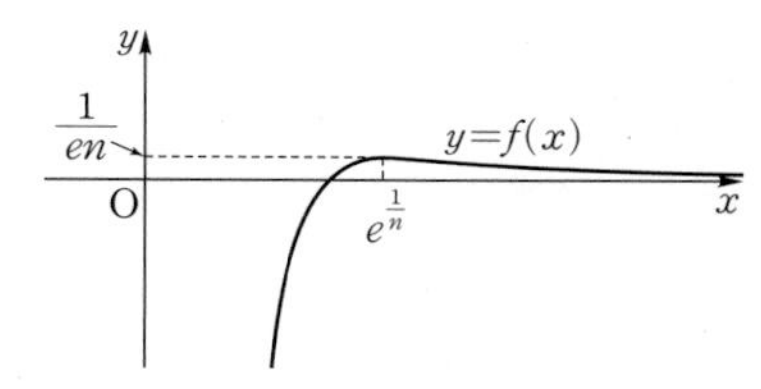


ㄱ. 함수 $f(x)$는 $x=e^{\frac{1}{n}}$에서 최댓값을 갖는다. (참)

ㄴ. $n=2$일 때 $0<x<e^{\frac{5}{6}}$에서 $f''(x)<0$이므로

곡선 $y=f(x)$는 $0<x<\sqrt{e}$에서 위로 볼록하다. (참)

ㄷ. 위의 그래프에서 모든 자연수 $n$에 대하여 함수 $f(x)$의 치역은

$\left\{y\,\middle|\,y\le\frac{1}{en}\right\}$이다. (참)

따라서 옳은 것은 ㄱ, ㄴ, ㄷ이다.

## 0847

답 ①

$f(x)=(x^2-3x+1)e^x$에서

$f'(x)=(2x-3)e^x+(x^2-3x+1)e^x$

$\quad=(x^2-x-2)e^x=(x+1)(x-2)e^x$

$f'(x)=0$에서 $x=-1$ 또는 $x=2$ ($\because e^x>0$)

함수 $f(x)$의 증가와 감소를 표로 나타내면 다음과 같다.

| $x$ | $\cdots$ | −1 | $\cdots$ | 2 | $\cdots$ |
|---|---|---|---|---|---|
| $f'(x)$ | + | 0 | − | 0 | + |
| $f(x)$ | ↗ | $5e^{-1}$ | ↘ | $-e^2$ | ↗ |

또한 $\lim_{x\to-\infty}f(x)=0$, $\lim_{x\to\infty}f(x)=\infty$이므로 함수 $y=f(x)$의 그래프는 다음 그림과 같다.

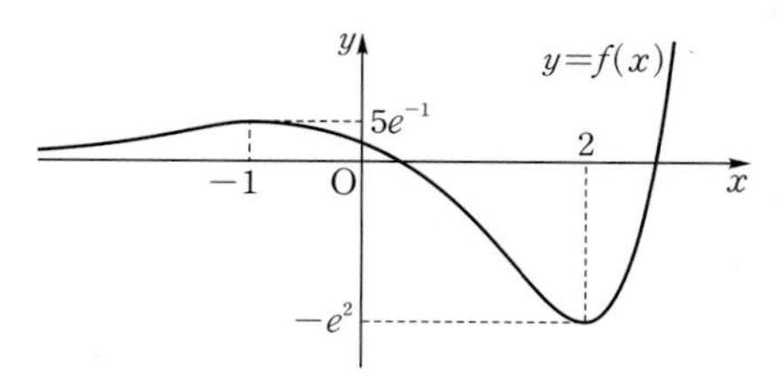


함수 $g(x)=|f(x)-k|$가 실수 전체의 집합에서 미분가능하려면 모든 실수 $x$에 대하여 $f(x)-k\ge0$, 즉 $f(x)\ge k$이어야 한다.

이때 함수 $f(x)$의 최솟값이 $-e^2$이므로 $k\le -e^2$

따라서 구하는 실수 $k$의 최댓값은 $-e^2$이다.

## 0848

답 12

$(x+2)^2e^{-x}=k$에서

$f(x)=(x+2)^2e^{-x}$이라 하면

$f'(x)=2(x+2)e^{-x}-(x+2)^2e^{-x}$

$\quad=(-x^2-2x)e^{-x}=-x(x+2)e^{-x}$

$f'(x)=0$에서 $x=-2$ 또는 $x=0$ ($\because e^{-x}>0$)

함수 $f(x)$의 증가와 감소를 표로 나타내면 다음과 같다.

| $x$ | $\cdots$ | −2 | $\cdots$ | 0 | $\cdots$ |
|---|---|---|---|---|---|
| $f'(x)$ | − | 0 | + | 0 | − |
| $f(x)$ | ↘ | 0 | ↗ | 4 | ↘ |

또한 $\lim_{x\to\infty}f(x)=0$, $\lim_{x\to-\infty}f(x)=\infty$이므로 함수 $y=f(x)$의 그래프는 다음 그림과 같다.

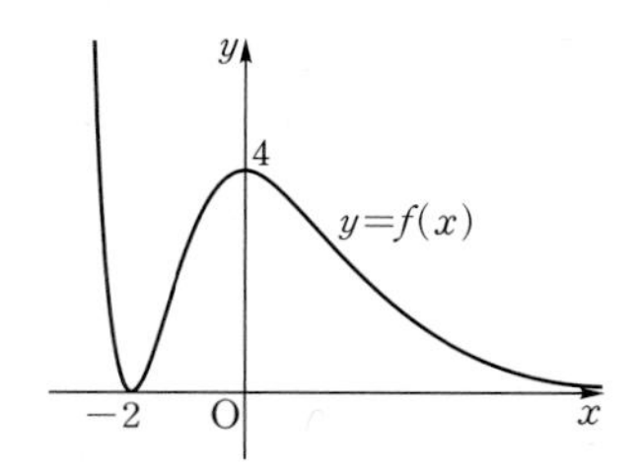


❶

방정식 $f(x)=k$의 서로 다른 실근의 개수는 곡선 $y=f(x)$와 직선 $y=k$의 서로 다른 교점의 개수와 같으므로

$$a_k=\begin{cases}3 & (1\le k\le 3)\\ 2 & (k=4)\\ 1 & (k\ge 5)\end{cases}$$

$\therefore \sum_{k=1}^{5}a_k=3+3+3+2+1=12$

❷

| 채점 기준 | 배점 |
|---|---|
| ❶ $f(x)=(x+2)^2e^{-x}$으로 놓고 함수 $y=f(x)$의 그래프 그리기 | 50% |
| ❷ 함수 $y=f(x)$의 그래프를 이용하여 방정식의 실근의 개수를 구하고 $\sum_{k=1}^{5} a_k$의 값 구하기 | 50% |

## 0849

답 105

$\frac{\ln x^n}{x^2} \le k$에서 $\frac{n \ln x}{x^2} \le k$

$g(x)=\frac{n \ln x}{x^2}$라 하면

$$g'(x)=\frac{\frac{n}{x}\times x^2-n\ln x \times 2x}{(x^2)^2}=\frac{n-2n\ln x}{x^3}=\frac{n(1-2\ln x)}{x^3}$$

$g'(x)=0$에서 $1=2\ln x$

$\ln x=\frac{1}{2}$ $\therefore x=\sqrt{e}$

❶

$x>0$에서 함수 $g(x)$의 증가와 감소를 표로 나타내면 다음과 같다.

| $x$ | $(0)$ | $\cdots$ | $\sqrt{e}$ | $\cdots$ |
|---|---|---|---|---|
| $g'(x)$ | | $+$ | $0$ | $-$ |
| $g(x)$ | | ↗ | $\frac{n}{2e}$ | ↘ |

함수 $g(x)$는 $x=\sqrt{e}$에서 최댓값 $\frac{n}{2e}$을 가지므로 $x>0$일 때

$g(x)\le k$가 성립하려면 $k \ge \frac{n}{2e}$

따라서 양수 $k$의 최솟값은

$f(n)=\frac{n}{2e}$

❷

$\therefore e\sum_{n=1}^{20} f(n)=e\sum_{n=1}^{20}\frac{n}{2e}=\frac{1}{2}\sum_{n=1}^{20} n=\frac{1}{2}\times\frac{20\times 21}{2}=105$

❸

| 채점 기준 | 배점 |
|---|---|
| ❶ $g(x)=\frac{n\ln x}{x^2}$로 놓고 $g'(x)=0$의 근 구하기 | 30% |
| ❷ 양수 $k$의 최솟값 $f(n)$ 구하기 | 40% |
| ❸ $e\sum_{n=1}^{20} f(n)$의 값 구하기 | 30% |

# PART C 수능 녹인 변별력 문제

## 0850

답 ②

임의의 두 실수 $x_1$, $x_2$에 대하여 $f(x_1)\le g(x_2)$가 성립하려면 $f(x)$의 최댓값이 $g(x)$의 최솟값보다 작거나 같아야 한다. …… ㉠

$-1\le \sin x \le 1$이므로 함수 $f(x)=\sin x+k$의 최댓값은 $k+1$이다.

$g(x)=xe^{2x}$에서

$g'(x)=e^{2x}+2xe^{2x}=e^{2x}(2x+1)$

$g'(x)=0$에서 $x=-\frac{1}{2}$

함수 $g(x)$의 증가와 감소를 표로 나타내면 다음과 같다.

| $x$ | $\cdots$ | $-\frac{1}{2}$ | $\cdots$ |
|---|---|---|---|
| $g'(x)$ | $-$ | $0$ | $+$ |
| $g(x)$ | ↘ | 극소 | ↗ |

함수 $g(x)$는 $x=-\frac{1}{2}$에서 극소이면서 최소이므로 최솟값은

$g\left(-\frac{1}{2}\right)=-\frac{1}{2e}$

따라서 ㉠을 만족시키려면 $k+1\le -\frac{1}{2e}$

$\therefore k\le -\frac{1}{2e}-1$

따라서 구하는 실수 $k$의 최댓값은 $-\frac{1}{2e}-1$이다.

## 0851

답 107

$f(x)=e^{-x}(\cos x-\sin x)$에서

$f'(x)=-e^{-x}(\cos x-\sin x)+e^{-x}(-\sin x-\cos x)$

$=-2e^{-x}\cos x$

$f''(x)=2e^{-x}(\cos x+\sin x)$

$f'(x)=0$에서 $\cos x=0$ ($\because e^{-x}>0$)

$\therefore x=\frac{\pi}{2}, \frac{3}{2}\pi, \frac{5}{2}\pi, \frac{7}{2}\pi, \cdots$

이때 자연수 $n$에 대하여 $x=\frac{4n-3}{2}\pi$의 좌우에서 $f'(x)$의 부호가 음에서 양으로 바뀌고, $x=\frac{4n-1}{2}\pi$의 좌우에서 $f'(x)$의 부호가 양에서 음으로 바뀌므로 함수 $f(x)$는 $x=\frac{4n-1}{2}\pi$에서 극댓값을 갖는다.

$\therefore a_n=\frac{4n-1}{2}\pi$

$f''(x)=0$에서 $\cos x=-\sin x$, $\tan x=-1$

$\therefore x=\frac{3}{4}\pi, \frac{7}{4}\pi, \frac{11}{4}\pi, \cdots$

이때 $x=\frac{4n-1}{4}\pi$의 좌우에서 $f''(x)$의 부호가 바뀌므로 곡선 $y=f(x)$는 $x=\frac{4n-1}{4}\pi$에서 변곡점을 갖는다.

$\therefore b_n=\frac{4n-1}{4}\pi$

$$\therefore \frac{1}{\pi}\sum_{n=1}^{10}(a_n-b_n)=\frac{1}{\pi}\sum_{n=1}^{10}\left(n-\frac{1}{4}\right)\pi$$
$$=\sum_{n=1}^{10}\left(n-\frac{1}{4}\right)$$
$$=\frac{10\times 11}{2}-\frac{1}{4}\times 10=\frac{105}{2}$$

따라서 $p=2$, $q=105$이므로

$p+q=2+105=107$

# 0852

답 ④

$x_1(t)=t\ln t$, $x_2(t)=kt^3$이므로
시각 $t$에서의 두 점 P, Q의 속도는
$x_1'(t)=\ln t+1$, $x_2'(t)=3kt^2$
두 점 P, Q의 속도가 같아지려면 $x_1'(t)=x_2'(t)$에서

$\ln t+1=3kt^2$ $\quad\therefore \dfrac{\ln t+1}{3t^2}=k\ (\because t>0)$ $\quad\cdots\cdots$ ㉠

두 점 P, Q의 속도가 같아지는 순간이 두 번 존재하려면 방정식 ㉠이 서로 다른 두 양의 실근을 가져야 한다.

$f(t)=\dfrac{\ln t+1}{3t^2}$이라 하면

$$f'(t)=\frac{\frac{1}{t}\times 3t^2-(\ln t+1)\times 6t}{(3t^2)^2}=\frac{-1-2\ln t}{3t^3}$$

$f'(t)=0$에서 $-2\ln t=1$, $\ln t=-\dfrac{1}{2}$

$\therefore t=e^{-\frac{1}{2}}$

$t>0$에서 함수 $f(t)$의 증가와 감소를 표로 나타내면 다음과 같다.

| $t$ | $(0)$ | $\cdots$ | $e^{-\frac{1}{2}}$ | $\cdots$ |
|---|---|---|---|---|
| $f'(t)$ | | $+$ | $0$ | $-$ |
| $f(t)$ | | ↗ | $\frac{e}{6}$ | ↘ |

또한 $\lim\limits_{t\to 0+}f(t)=-\infty$, $\lim\limits_{t\to\infty}f(t)=0$이므로 함수 $y=f(t)$의 그래프는 다음 그림과 같다.

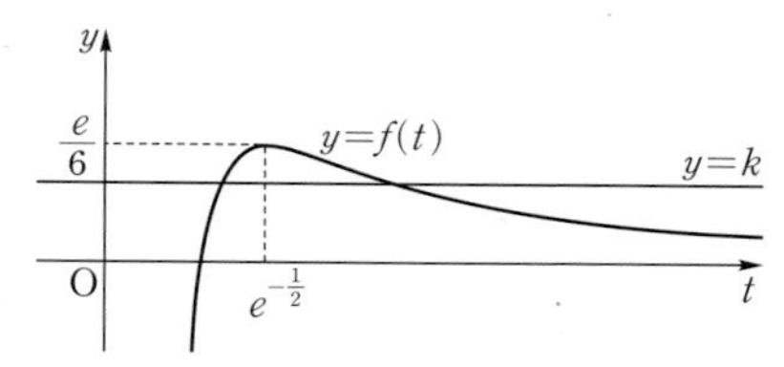


방정식 ㉠이 서로 다른 두 양의 실근을 가지려면 $t>0$에서 곡선 $y=f(t)$와 직선 $y=k$가 서로 다른 두 점에서 만나야 하므로

$0<k<\dfrac{e}{6}$

# 0853

답 ③

$f'(x)=0$이 되는 $x$의 값을 $a$, $b$ $(a<0<b)$라 하고 함수 $y=f'(x)$의 그래프를 이용하여 함수 $f(x)$의 증가와 감소, 오목과 볼록을 표로 나타내면 다음과 같다.

| $x$ | $\cdots$ | $a$ | $\cdots$ | $\alpha$ | $\cdots$ | $\beta$ | $\cdots$ | $\gamma$ | $\cdots$ | $b$ | $\cdots$ |
|---|---|---|---|---|---|---|---|---|---|---|---|
| $f'(x)$ | $-$ | $0$ | $+$ | $+$ | $+$ | $0$ | $+$ | $+$ | $+$ | $0$ | $-$ |
| $f''(x)$ | $+$ | $+$ | $+$ | $0$ | $-$ | $0$ | $+$ | $0$ | $-$ | $-$ | $-$ |
| $f(x)$ | ↘ | 극소 | ⤴ | 변곡점 | ↗ | 변곡점 | ⤴ | 변곡점 | ↗ | 극대 | ↘ |

ㄱ. 곡선 $y=f(x)$는 $x=\alpha$, $x=\beta$, $x=\gamma$에서 변곡점을 가지므로 변곡점의 개수는 3이다. (참)

ㄴ. $\alpha<x<\beta$에서 $f''(x)<0$이므로 곡선 $y=f(x)$는 이 구간에서 위로 볼록하다.
즉, $\alpha<x_1<x_2<\beta$인 임의의 두 실수 $x_1$, $x_2$에 대하여
$f\left(\dfrac{x_1+x_2}{2}\right)>\dfrac{f(x_1)+f(x_2)}{2}$이다. (거짓)

ㄷ. $f(0)=0$이면 함수 $y=f(x)$의 그래프의 개형은 다음 그림과 같다.

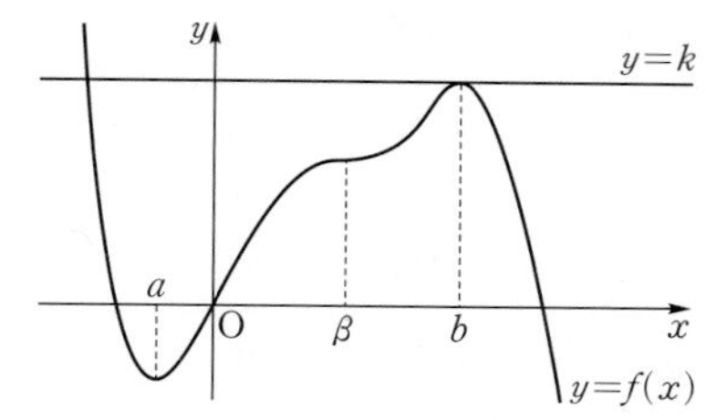


양의 실수 $k$에 대하여 방정식 $f(x)=k$가 서로 다른 두 실근을 가지려면 곡선 $y=f(x)$와 직선 $y=k$가 서로 다른 두 점에서 만나야 하므로 함수 $f(x)$의 극댓값은 $k$이다. (참)

따라서 옳은 것은 ㄱ, ㄷ이다.

# 0854

답 3

주어진 두 방정식이 모두 실근을 갖지 않으려면 직선 $y=kx$가 두 곡선 $y=\ln 3x$, $y=e^x$과 모두 만나지 않아야 한다.

(i) 직선 $y=kx$가 곡선 $y=\ln 3x$와 접할 때

$y=\ln 3x$에서 $y'=\dfrac{1}{x}$이므로 곡선 $y=\ln 3x$ 위의 점 $(t, \ln 3t)$에서의 접선의 방정식은

$y-\ln 3t=\dfrac{1}{t}(x-t)$ $\quad\cdots\cdots$ ㉠

이 직선이 원점을 지나므로

$-\ln 3t=\dfrac{1}{t}\times(-t)$, $\ln 3t=1$ $\quad\therefore t=\dfrac{e}{3}$

이를 ㉠에 대입하면 $y=\dfrac{3}{e}x$

(ii) 직선 $y=kx$가 곡선 $y=e^x$과 접할 때

$y=e^x$에서 $y'=e^x$이므로 곡선 $y=e^x$ 위의 점 $(p, e^p)$에서의 접선의 방정식은

$y-e^p=e^p(x-p)$ $\quad\cdots\cdots$ ㉡

이 직선이 원점을 지나므로

$-e^p=e^p\times(-p)$ $\quad\therefore p=1$

이를 ㉡에 대입하면 $y=ex$

(i), (ii)에서 구하는 실수 $k$의 값의 범위는 $\dfrac{3}{e}<k<e$

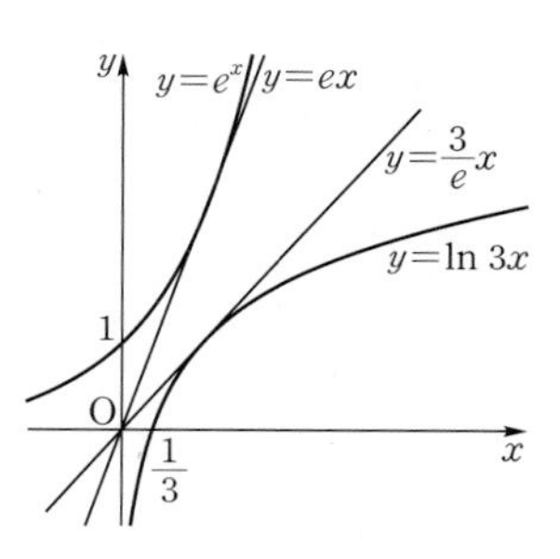


따라서 $a=\dfrac{3}{e}$, $b=e$이므로

$ab=\dfrac{3}{e}\times e=3$

# 0855

답 1

$f(x)=\dfrac{1+2\ln x}{x}$에서

$$f'(x)=\frac{\frac{2}{x}\times x-(1+2\ln x)}{x^2}=\frac{1-2\ln x}{x^2}$$

$f'(x)=0$에서 $\ln x=\dfrac{1}{2}$

$\therefore x=\sqrt{e}$

$x>0$에서 함수 $f(x)$의 증가와 감소를 표로 나타내면 다음과 같다.

| $x$ | $(0)$ | $\cdots$ | $\sqrt{e}$ | $\cdots$ |
|---|---|---|---|---|
| $f'(x)$ | | $+$ | $0$ | $-$ |
| $f(x)$ | | $\nearrow$ | $\frac{2}{\sqrt{e}}$ | $\searrow$ |

또한 $\lim_{x\to 0+} f(x)=-\infty$, $\lim_{x\to\infty} f(x)=0$ 이므로 함수 $y=f(x)$의 그래프는 오른쪽 그림과 같다. 방정식 $f(x)=f(t)$의 서로 다른 실근의 개수는 곡선 $y=f(x)$와 직선 $y=f(t)$의 서로 다른 교점의 개수와 같으므로

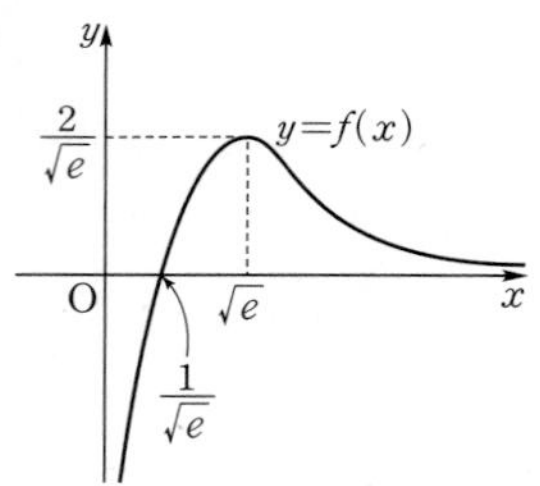


$$g(t)=\begin{cases} 1 & \left(0<t\le\frac{1}{\sqrt{e}} \text{ 또는 } t=\sqrt{e}\right) \\ 2 & \left(\frac{1}{\sqrt{e}}<t<\sqrt{e} \text{ 또는 } t>\sqrt{e}\right) \end{cases}$$

따라서 함수 $g(t)$는 $t=\frac{1}{\sqrt{e}}$과 $t=\sqrt{e}$에서 불연속이므로 구하는 모든 양수 $t$의 값의 곱은

$\frac{1}{\sqrt{e}}\times\sqrt{e}=1$

## 0856

답 ④

반원의 중심을 O라 하고 다음 그림과 같이 색종이를 접었을 때 호 AP와 선분 AB의 교점을 Q, 접힌 색종이를 다시 폈을 때 점 Q가 호 AB 위에 있게 되는 점을 Q′이라 하자.

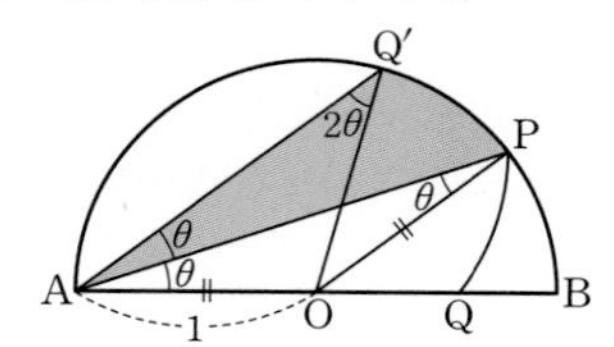


도형 APQ와 도형 APQ′은 합동이므로 $S(\theta)$는 호 AP와 현 AP로 둘러싸인 도형의 넓이에서 호 AQ′과 현 AQ′으로 둘러싸인 도형의 넓이를 뺀 것과 같다.

$$S(\theta)=\frac{1}{2}\{1^2\times(\pi-2\theta)-1^2\times\sin(\pi-2\theta)\}$$
$$-\frac{1}{2}\{1^2\times(\pi-4\theta)-1^2\times\sin(\pi-4\theta)\}$$
$$=\frac{1}{2}(\pi-2\theta-\sin 2\theta)-\frac{1}{2}(\pi-4\theta-\sin 4\theta)$$
$$=\frac{1}{2}(2\theta-\sin 2\theta+\sin 4\theta)$$
$$=\frac{1}{2}\sin 4\theta-\frac{1}{2}\sin 2\theta+\theta$$

$$S'(\theta)=2\cos 4\theta-\cos 2\theta+1$$
$$=2(2\cos^2 2\theta-1)-\cos 2\theta+1$$
$$=4\cos^2 2\theta-\cos 2\theta-1$$

$\cos 2\theta=t$로 놓으면 $0<\theta<\frac{\pi}{4}$에서 $0<\cos 2\theta<1$이므로 $0<t<1$이고, $S'(\theta)$를 $t$에 대한 함수로 나타내면

$S'(\theta)=4t^2-t-1$

$S'(\theta)=0$에서 $t=\frac{1+\sqrt{17}}{8}$ ($\because 0<t<1$)

즉, $\cos 2\theta=\frac{1+\sqrt{17}}{8}$인 $\theta$에서 $S'(\theta)=0$이다.

$\cos 2\theta=\frac{1+\sqrt{17}}{8}$을 만족시키는 $\theta$를 $\theta_1$이라 하면 $\theta<\theta_1$일 때 $S'(\theta)>0$이고, $\theta>\theta_1$일 때 $S'(\theta)<0$이므로 $S(\theta)$는 $\theta=\theta_1$에서 극대이면서 최댓값을 갖는다.

따라서 $\alpha=\theta_1$이고 $\cos 2\alpha=\cos 2\theta_1=\frac{1+\sqrt{17}}{8}$

참고

호 AP와 현 AP로 둘러싸인 도형의 넓이는 부채꼴 OPA의 넓이에서 삼각형 OPA의 넓이를 뺀 것과 같고, 호 AQ′과 현 AQ′으로 둘러싸인 도형의 넓이는 부채꼴 OQ′A의 넓이에서 삼각형 OQ′A의 넓이를 뺀 것과 같다.

## 0857

답 ①

$f(x)=\begin{cases} x^2+2x & (x\le 0) \\ 2xe^{-x} & (x>0) \end{cases}$에서

$f'(x)=\begin{cases} 2x+2 & (x\le 0) \\ 2(1-x)e^{-x} & (x>0) \end{cases}$

$f'(x)=0$에서 $x=-1$ 또는 $x=1$

함수 $f(x)$의 증가와 감소를 표로 나타내면 다음과 같다.

| $x$ | $\cdots$ | $-1$ | $\cdots$ | $1$ | $\cdots$ |
|---|---|---|---|---|---|
| $f'(x)$ | $-$ | $0$ | $+$ | $0$ | $-$ |
| $f(x)$ | $\searrow$ | $-1$ | $\nearrow$ | $2e^{-1}$ | $\searrow$ |

또한 $\lim_{x\to\infty} 2xe^{-x}=0$이므로 함수 $y=f(x)$의 그래프는 다음 그림과 같다.

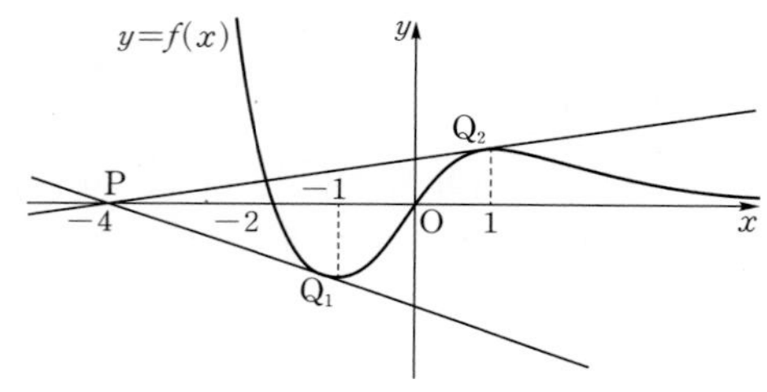


한편, 점 P$(-4, 0)$과 곡선 $y=f(x)$ $(x\ge -2)$ 위의 한 점을 이은 직선의 기울기는 곡선 $y=x^2+2x$와 접할 때 기울기가 최소가 되고, 곡선 $y=2xe^{-x}$과 접할 때 기울기가 최대가 된다.

(i) 곡선 $y=x^2+2x$와 점 $Q_1$에서 접할 때

접점의 좌표를 $Q_1(t, t^2+2t)$라 하면 접선의 방정식은

$y-t^2-2t=(2t+2)(x-t)$

이 직선이 점 P$(-4, 0)$을 지나므로

$-t^2-2t=(2t+2)(-4-t)$, $t^2+8t+8=0$

$\therefore t=-4\pm 2\sqrt{2}$

이때 $t>-2$이므로 $t=-4+2\sqrt{2}$

$\therefore m=f'(-4+2\sqrt{2})=-6+4\sqrt{2}$

(ii) 곡선 $y=2xe^{-x}$과 점 $Q_2$에서 접할 때

접점의 좌표를 $Q_2(t, 2te^{-t})$이라 하면 접선의 방정식은

$y-2te^{-t}=2(1-t)e^{-t}(x-t)$

이 직선이 점 P$(-4, 0)$을 지나므로

$-2te^{-t}=2(1-t)e^{-t}(-4-t)$, $(t^2+4t-4)e^{-t}=0$

$\therefore t=-2\pm 2\sqrt{2}$ ($\because e^{-t}>0$)

이때 $t>-2$이므로 $t=-2+2\sqrt{2}$

$\therefore M=f'(-2+2\sqrt{2})=2(3-2\sqrt{2})e^{2-2\sqrt{2}}$

(i), (ii)에서 $\dfrac{M}{m}=-e^{2-2\sqrt{2}}$이므로

$\ln\left|\dfrac{M}{m}\right|=2-2\sqrt{2}$

## 0858

답 ④

$f(x)=e^{x+1}\{x^2+(n-2)x-n+3\}+ax$에서

$f'(x)=e^{x+1}\{x^2+(n-2)x-n+3\}+e^{x+1}(2x+n-2)+a$

$\quad=e^{x+1}(x^2+nx+1)+a$

함수 $f(x)$가 역함수를 가지려면 함수 $f(x)$가 실수 전체의 집합에서 증가하거나 실수 전체의 집합에서 감소해야 한다.

이때 $\lim_{x\to\infty}f(x)=\infty$이므로 모든 실수 $x$에 대하여 $f'(x)\ge0$이어야 한다.

$f''(x)=e^{x+1}(x^2+nx+1)+e^{x+1}(2x+n)$

$\quad=e^{x+1}\{x^2+(n+2)x+n+1\}$

$\quad=e^{x+1}(x+n+1)(x+1)$

$f''(x)=0$에서 $x=-n-1$ 또는 $x=-1$

함수 $f'(x)$의 증가와 감소를 표로 나타내면 다음과 같다.

| $x$ | $\cdots$ | $-n-1$ | $\cdots$ | $-1$ | $\cdots$ |
|---|---|---|---|---|---|
| $f''(x)$ | $+$ | 0 | $-$ | 0 | $+$ |
| $f'(x)$ | ↗ | 극대 | ↘ | 극소 | ↗ |

또한 $\lim_{x\to-\infty}f'(x)=a$, $\lim_{x\to\infty}f'(x)=\infty$이므로 함수 $y=f'(x)$의 그래프는 다음 그림과 같다.

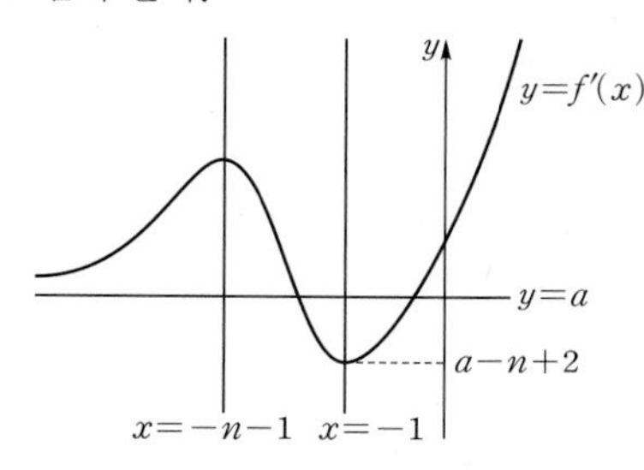


함수 $f'(x)$는 $x=-1$에서 극소이면서 최솟값 $f'(-1)=a-n+2$를 갖는다.

이때 모든 실수 $x$에 대하여 $f'(x)\ge0$이려면

$a-n+2\ge0 \qquad \therefore a\ge n-2$

따라서 $g(n)=n-2$이므로 $1\le g(n)\le8$에서

$1\le n-2\le8 \qquad \therefore 3\le n\le10$

즉, 구하는 모든 자연수 $n$의 값의 합은

$3+4+5+\cdots+10=52$

**Bible Says 역함수의 존재 조건**

미분가능한 함수 $f(x)$가 역함수가 존재하려면 일대일대응이어야 하므로 실수 전체의 집합에서 증가하거나 감소해야 한다.
즉, 모든 실수 $x$에서 $f'(x)\ge0$이거나 $f'(x)\le0$이어야 한다.

## 0859

답 ②

$f(x)=(\ln x)^n$에서 로그의 진수 조건에 의하여 $x>0$

$f'(x)=n(\ln x)^{n-1}\times\dfrac{1}{x}$

(i) $n=1$일 때

$f'(x)=\dfrac{1}{x}$이므로 $f''(x)=-\dfrac{1}{x^2}$

(ii) $n\ne1$일 때

$f''(x)=n(n-1)(\ln x)^{n-2}\times\dfrac{1}{x}\times\dfrac{1}{x}+n(\ln x)^{n-1}\times\left(-\dfrac{1}{x^2}\right)$

$\quad=\dfrac{n(\ln x)^{n-2}(n-1-\ln x)}{x^2}$

$f'(x)=0$에서 $\ln x=0 \qquad \therefore x=1$

$f''(x)=0$에서 $\ln x=0$ 또는 $\ln x=n-1$

$\therefore x=1$ 또는 $x=e^{n-1}$

ㄱ. $n=2m$ ($m$은 자연수)일 때

$x>0$에서 함수 $f(x)$의 증가와 감소를 표로 나타내면 다음과 같다.

| $x$ | (0) | $\cdots$ | 1 | $\cdots$ |
|---|---|---|---|---|
| $f'(x)$ | | $-$ | 0 | $+$ |
| $f(x)$ | | ↘ | 극소 | ↗ |

따라서 $n$이 짝수이면 함수 $f(x)$는 $x=1$에서 극솟값을 갖는다. (참)

ㄴ. (i) $n=1$일 때

$x>0$에서 $f'(x)=\dfrac{1}{x}>0$이므로 함수 $f(x)$는 $x>0$에서 증가하고 함수의 그래프는 오른쪽 그림과 같다.

(ii) $n=2m+1$ ($m$은 자연수)일 때

$x>0$에서 함수 $f(x)$의 증가와 감소를 표로 나타내면 다음과 같다.

| $x$ | (0) | $\cdots$ | 1 | $\cdots$ |
|---|---|---|---|---|
| $f'(x)$ | | $+$ | 0 | $+$ |
| $f(x)$ | | ↗ | | ↗ |

또한 $\lim_{x\to0+}f(x)=-\infty$, $\lim_{x\to\infty}f(x)=\infty$이므로 함수 $y=f(x)$의 그래프는 오른쪽 그림과 같다.

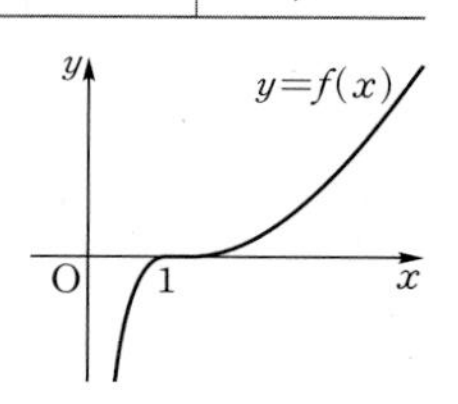


(i), (ii)에서 방정식 $f(x)=f(k)$의 실근의 개수는 곡선 $y=f(x)$와 직선 $y=f(k)$의 교점의 개수와 같으므로 모든 양의 실수 $k$에 대하여 주어진 방정식의 실근의 개수는 1이다. (참)

ㄷ. $n=2m$ ($m$은 자연수)일 때

$x=1$의 좌우에서 $f''(x)$의 부호가 바뀌지 않고 $x=e^{n-1}$의 좌우에서만 $f''(x)$의 부호가 바뀌므로 곡선 $y=f(x)$의 변곡점의 개수는 1이다. (거짓)

따라서 옳은 것은 ㄱ, ㄴ이다.

## 0860

답 $-2e$

$f(x)=(ax^3-2ax^2)e^{-x}$이라 하면

$f'(x)=(3ax^2-4ax)e^{-x}-(ax^3-2ax^2)e^{-x}$

$\quad=(-ax^3+5ax^2-4ax)e^{-x}$

$\quad=-ax(x-1)(x-4)e^{-x}$

$f'(x)=0$에서 $x=0$ 또는 $x=1$ 또는 $x=4$ ($\because e^{-x}>0$)

(i) $a>0$일 때 함수 $f(x)$의 증가와 감소를 표로 나타내면 다음과 같다.

| $x$ | $\cdots$ | $0$ | $\cdots$ | $1$ | $\cdots$ | $4$ | $\cdots$ |
|---|---|---|---|---|---|---|---|
| $f'(x)$ | $+$ | $0$ | $-$ | $0$ | $+$ | $0$ | $-$ |
| $f(x)$ | ↗ | $0$ | ↘ | $-ae^{-1}$ | ↗ | $32ae^{-4}$ | ↘ |

또한 $\lim_{x\to-\infty} f(x)=-\infty$, $\lim_{x\to\infty} f(x)=0$이므로 함수 $y=f(x)$의 그래프의 개형은 다음 그림과 같다.

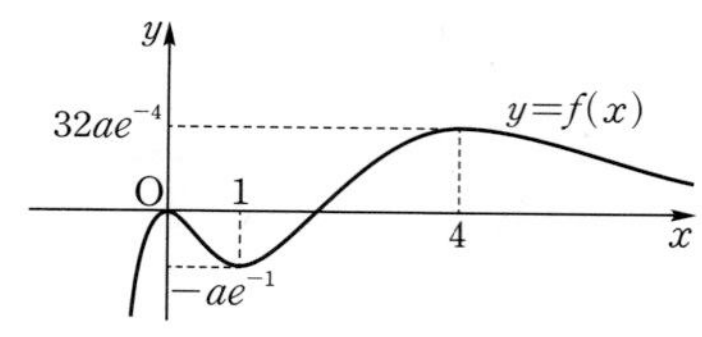


방정식 $f(x)=k$가 서로 다른 세 실근을 가지려면 곡선 $y=f(x)$와 직선 $y=k$가 서로 다른 세 점에서 만나야 하므로
$-ae^{-1}<k<0$
이 범위가 $0<k<2$와 일치할 수 없으므로 주어진 조건을 만족시키지 않는다.

(ii) $a<0$일 때 함수 $f(x)$의 증가와 감소를 표로 나타내면 다음과 같다.

| $x$ | $\cdots$ | $0$ | $\cdots$ | $1$ | $\cdots$ | $4$ | $\cdots$ |
|---|---|---|---|---|---|---|---|
| $f'(x)$ | $-$ | $0$ | $+$ | $0$ | $-$ | $0$ | $+$ |
| $f(x)$ | ↘ | $0$ | ↗ | $-ae^{-1}$ | ↘ | $32ae^{-4}$ | ↗ |

또한 $\lim_{x\to-\infty} f(x)=\infty$, $\lim_{x\to\infty} f(x)=0$이므로 함수 $y=f(x)$의 그래프의 개형은 다음 그림과 같다.

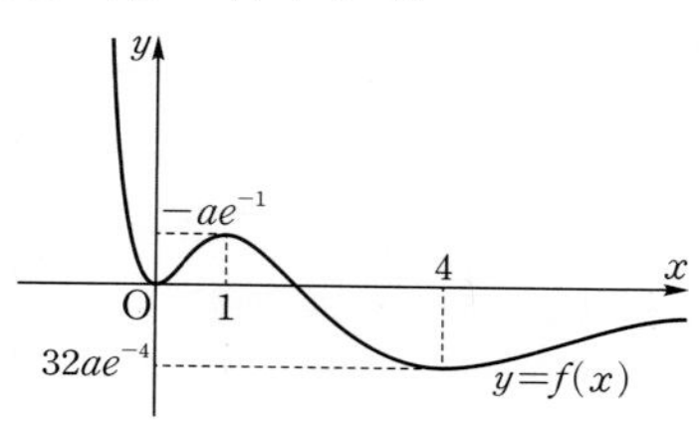


곡선 $y=f(x)$와 직선 $y=k$가 서로 다른 세 점에서 만나려면
$0<k<-ae^{-1}$
이 범위가 $0<k<2$와 일치해야 하므로
$-ae^{-1}=2$ $\quad\therefore a=-2e$

(i), (ii)에서 $a=-2e$

## 0861

답 ⑤

함수 $f(x)$가 최고차항의 계수가 $\frac{1}{2}$인 삼차함수이므로 $f(k)=0$을 만족시키는 실수 $k$가 적어도 하나 존재한다.

$g(x)=\begin{cases} \ln|f(x)| & (f(x)\neq 0) \\ 1 & (f(x)=0) \end{cases}$에서 $g(k)=1$이고,

$\lim_{x\to k} g(x)=-\infty$이므로 함수 $g(x)$는 $x=k$에서 불연속이다.

조건 (가)에서 함수 $g(x)$는 $x\neq 1$인 모든 실수 $x$에서 연속이므로 $f(k)=0$을 만족시키는 실수 $k$는 1로 유일하게 존재한다.

즉, 방정식 $f(x)=0$의 실근은 1뿐이다. ...... ㉠

이때 함수 $f(x)$는 최고차항의 계수가 $\frac{1}{2}$인 삼차함수이므로 ㉠에서 $f(2)>0$

한편, $g'(x)=\frac{f'(x)}{f(x)}$ $(f(x)\neq 0)$이고 조건 (나)에서 함수 $g(x)$가 $x=2$에서 극대이므로 함수 $f(x)$도 $x=2$에서 극대이다. ...... ㉡

㉠, ㉡에서 가능한 함수 $y=f(x)$의 그래프의 개형은 다음 그림과 같다.

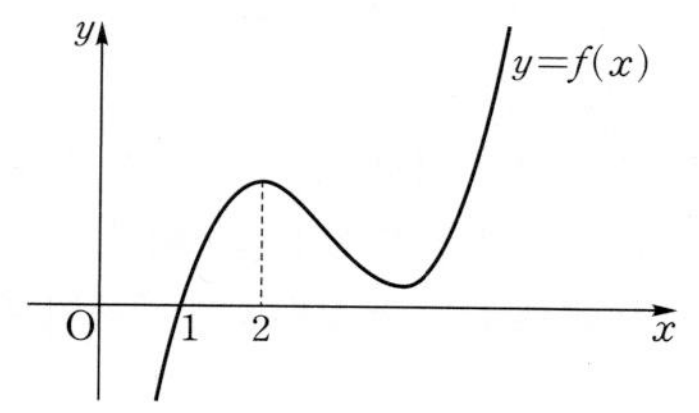


조건 (나)에서 함수 $g(x)$는 $x=2$에서 극대이고 함수 $|g(x)|$는 $x=2$에서 극소이므로 $g(2)\leq 0$이다.

$\ln|f(2)|\leq 0$에서 $0<|f(2)|\leq 1$ ...... ㉢

조건 (다)에서 방정식 $g(x)=0$의 서로 다른 실근의 개수가 3이므로 방정식 $\ln|f(x)|=0$, 즉 $|f(x)|=1$의 서로 다른 실근의 개수가 3이다.

즉, 함수 $f(x)$의 극댓값 또는 극솟값이 1이어야 한다.

이때 ㉢에서 함수 $f(x)$의 극댓값이 1이어야 하므로
$f(2)=1$ ...... ㉣

㉠에서 $f(1)=0$, ㉡에서 $f'(2)=0$, ㉣에서 $f(2)=1$이므로

$f(x)=\frac{1}{2}(x-1)(x^2+ax+b)$ ($a$, $b$는 상수)라 하면

$f'(x)=\frac{1}{2}(x^2+ax+b)+\frac{1}{2}(x-1)(2x+a)$

$f'(2)=\frac{1}{2}(3a+b+8)=0$에서 $b=-3a-8$이므로

$f(x)=\frac{1}{2}(x-1)(x^2+ax-3a-8)$

또한 $f(2)=-\frac{1}{2}a-2=1$에서 $a=-6$이므로

$f(x)=\frac{1}{2}(x-1)(x^2-6x+10)$, $f'(x)=\frac{1}{2}(3x-8)(x-2)$

따라서 함수 $f(x)$는 $x=\frac{8}{3}$에서 극솟값을 갖고, 마찬가지로 함수 $g(x)$도 $x=\frac{8}{3}$에서 극솟값을 갖는다.

$\therefore g\left(\frac{8}{3}\right)=\ln\left|f\left(\frac{8}{3}\right)\right|=\ln\frac{25}{27}$

**참고**

두 함수 $y=f(x)$, $y=g(x)$의 그래프는 다음 그림과 같다.

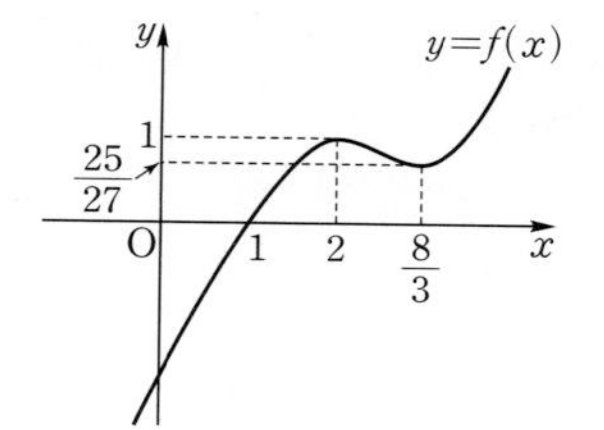


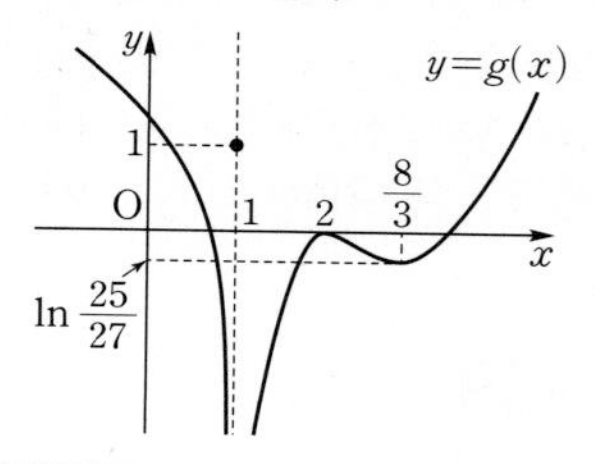

# 적분법

유형별 문제

## 08 여러 가지 적분법

### 유형 01 함수 $y=x^n$ ($n$은 실수)의 부정적분

확인 문제 (1) $\frac{4}{7}x\sqrt[4]{x^3}+C$ (2) $x+2\ln|x|-\frac{1}{2x^2}+C$ (3) $\frac{2}{5}x^2\sqrt{x}-6\sqrt{x}+C$

(1) $\int\sqrt[4]{x^3}\,dx=\int x^{\frac{3}{4}}dx=\frac{4}{7}x^{\frac{7}{4}}+C=\frac{4}{7}x\sqrt[4]{x^3}+C$

(2) $\int\frac{x^3+2x^2+1}{x^3}dx=\int\left(1+\frac{2}{x}+\frac{1}{x^3}\right)dx$

$=\int\left(1+\frac{2}{x}+x^{-3}\right)dx$

$=x+2\ln|x|-\frac{1}{2}x^{-2}+C$

$=x+2\ln|x|-\frac{1}{2x^2}+C$

(3) $\int\frac{x^2-3}{\sqrt{x}}dx=\int\left(x^{\frac{3}{2}}-3x^{-\frac{1}{2}}\right)dx$

$=\frac{2}{5}x^{\frac{5}{2}}-6x^{\frac{1}{2}}+C$

$=\frac{2}{5}x^2\sqrt{x}-6\sqrt{x}+C$

### 0862

답 ②

$f(x)=\int\frac{(\sqrt{x}-1)^2}{x}dx=\int\frac{x-2\sqrt{x}+1}{x}dx$

$=\int\left(1-2x^{-\frac{1}{2}}+\frac{1}{x}\right)dx=x-2\times2x^{\frac{1}{2}}+\ln|x|+C$

$=x-4\sqrt{x}+\ln|x|+C$

$f(1)=1$이므로 $1-4+C=1$

$\therefore C=4$

따라서 $f(x)=x-4\sqrt{x}+\ln|x|+4$이므로

$f(4)=4-8+\ln 4+4=2\ln 2$

### 0863

답 ②

$F(x)=\int f(x)\,dx=\int\frac{x-4}{\sqrt{x}+2}dx=\int\frac{(\sqrt{x}+2)(\sqrt{x}-2)}{\sqrt{x}+2}dx$

$=\int(\sqrt{x}-2)\,dx=\int\left(x^{\frac{1}{2}}-2\right)dx$

$=\frac{2}{3}x^{\frac{3}{2}}-2x+C=\frac{2}{3}x\sqrt{x}-2x+C$

$\therefore F(9)-F(1)=\left(\frac{2}{3}\times9\sqrt{9}-18+C\right)-\left(\frac{2}{3}\times1\sqrt{1}-2+C\right)$

$=\frac{4}{3}$

### 0864

답 ⑤

$f(x)=\int f'(x)\,dx=\int\frac{(x-1)^2-5}{x^2}dx$

$=\int\frac{x^2-2x-4}{x^2}dx=\int\left(1-\frac{2}{x}-4x^{-2}\right)dx$

$=x-2\ln|x|+4x^{-1}+C$

$=x-2\ln|x|+\frac{4}{x}+C$

$f(2)=4$이므로 $2-2\ln 2+2+C=4$

$\therefore C=2\ln 2$

따라서 $f(x)=x-2\ln|x|+\frac{4}{x}+2\ln 2$이므로

$f(1)=1+4+2\ln 2=5+2\ln 2$

### 0865

답 8

$f(x)=\int\frac{2x^5+1}{x^2}dx=\int(2x^3+x^{-2})\,dx$

$=\frac{1}{2}x^4-x^{-1}+C=\frac{1}{2}x^4-\frac{1}{x}+C$

곡선 $y=f(x)$가 점 $(1, 0)$을 지나므로

$f(1)=0$에서 $\frac{1}{2}-1+C=0$

$\therefore C=\frac{1}{2}$

따라서 $f(x)=\frac{1}{2}x^4-\frac{1}{x}+\frac{1}{2}$이므로

$f(2)=8-\frac{1}{2}+\frac{1}{2}=8$

### 0866

답 ③

$f'(x)=\begin{cases}\frac{1}{x^2} & (x<-1)\\ 3x^2+1 & (x>-1)\end{cases}$에서

$f(x)=\begin{cases}-\frac{1}{x}+C_1 & (x<-1)\\ x^3+x+C_2 & (x>-1)\end{cases}$

$f(-2)=\frac{1}{2}$이므로 $\frac{1}{2}+C_1=\frac{1}{2}$

$\therefore C_1=0$

한편, 함수 $f(x)$는 연속함수이므로 $x=-1$에서 연속이다.

즉, $\lim_{x\to-1-}f(x)=\lim_{x\to-1+}f(x)=f(-1)$이어야 하므로

$\lim_{x\to-1-}f(x)=\lim_{x\to-1-}\left(-\frac{1}{x}\right)=1$

$\lim_{x\to-1+}f(x)=\lim_{x\to-1+}(x^3+x+C_2)=-2+C_2$

에서

$-2+C_2=1$ $\therefore C_2=3$

따라서 $f(x)=\begin{cases}-\frac{1}{x} & (x<-1)\\ x^3+x+3 & (x\ge-1)\end{cases}$이므로

$f(0)=3$

**Bible Says** 함수의 연속

함수 $f(x)$가 실수 $a$에 대하여 다음 조건을 모두 만족시킬 때, $x=a$에서 연속이다.
(1) 함숫값 $f(a)$가 존재한다.
(2) 극한값 $\lim_{x \to a} f(x)$가 존재한다.
(3) $\lim_{x \to a} f(x)=f(a)$

## 유형 02 밑이 $e$인 지수함수의 부정적분

### 0867

답 ③

$$f(x)=\int \frac{e^{2x}-1}{e^x+1}dx=\int \frac{(e^x+1)(e^x-1)}{e^x+1}dx$$
$$=\int (e^x-1)dx=e^x-x+C$$

$f(0)=4$이므로 $1+C=4$

$\therefore C=3$

따라서 $f(x)=e^x-x+3$이므로

$f(2)=e^2-2+3=e^2+1$

### 0868

답 ⑤

$$f(x)=\int (e^x+2)^2dx-\int (e^x-2)^2dx$$
$$=\int (e^{2x}+4e^x+4)dx-\int (e^{2x}-4e^x+4)dx$$
$$=\int 8e^x dx=8e^x+C$$

$f(0)=10$이므로 $8+C=10$

$\therefore C=2$

따라서 $f(x)=8e^x+2$이므로

$f(1)=8e+2$

### 0869

답 ②

$$f(x)=\int f'(x)dx=\int (e^x-4x)dx=e^x-2x^2+C_1$$

$f(0)=2$이므로 $1+C_1=2$

$\therefore C_1=1$

따라서 $f(x)=e^x-2x^2+1$이므로

$$F(x)=\int f(x)dx=\int (e^x-2x^2+1)dx$$
$$=e^x-\frac{2}{3}x^3+x+C$$
$$\therefore F(1)-F(0)=\left(e-\frac{2}{3}+1+C\right)-(1+C)$$
$$=e-\frac{2}{3}$$

### 0870

답 1

$\lim_{h \to 0}\frac{f(x+h)-f(x)}{h}=e^{x+1}+2x$이므로

$f'(x)=e^{x+1}+2x$

······ ❶

$$f(x)=\int f'(x)dx=\int (e^{x+1}+2x)dx$$
$$=e\int e^x dx+\int 2x\,dx=e^{x+1}+x^2+C$$

······ ❷

$f(0)=e-e^2$이므로 $e+C=e-e^2$

$\therefore C=-e^2$

따라서 $f(x)=e^{x+1}+x^2-e^2$이므로

$f(1)=e^2+1-e^2=1$

······ ❸

| 채점 기준 | 배점 |
|---|---|
| ❶ 함수 $f(x)$의 도함수 구하기 | 20% |
| ❷ $f(x)$를 적분상수를 포함한 식으로 나타내기 | 40% |
| ❸ $f(x)$의 식을 이용하여 $f(1)$의 값 구하기 | 40% |

### 0871

답 ①

$y=\ln x+2$로 놓으면

$y-2=\ln x \quad \therefore x=e^{y-2}$

$x$와 $y$를 서로 바꾸면 $y=e^{x-2}$

따라서 $g(x)=e^{x-2}$이므로

$$\int g(x)dx=\int e^{x-2}dx=e^{-2}\int e^x dx=e^{-2}\times e^x+C$$

$\therefore a=e^{-2}$

다른 풀이

$\int g(x)dx=ae^x+C$의 양변을 미분하면

$g(x)=ae^x$

$y=ae^x$으로 놓으면

$e^x=\frac{y}{a} \quad \therefore x=\ln\frac{y}{a}=\ln y-\ln a$

$x$와 $y$를 서로 바꾸면

$y=\ln x-\ln a$

함수 $\ln x+2=\ln x-\ln a$이므로

$-\ln a=2 \quad \therefore a=e^{-2}$

**Bible Says** 역함수 구하기

함수 $y=f(x)$의 역함수는 다음과 같은 순서로 구한다.
❶ 주어진 함수 $y=f(x)$가 일대일대응인지 확인한다.
❷ $y=f(x)$를 $x$에 대하여 정리한 후, $x=f^{-1}(y)$ 꼴로 나타낸다.
❸ $x$와 $y$를 서로 바꾸어 $y=f^{-1}(x)$로 나타낸다.

## 유형 03 밑이 $e$가 아닌 지수함수의 부정적분

### 0872

답 ③

$$\int \frac{8^x+1}{2^x+1}dx=\int \frac{(2^x+1)(2^{2x}-2^x+1)}{2^x+1}dx$$
$$=\int (4^x-2^x+1)\,dx$$
$$=\frac{4^x}{\ln 4}-\frac{2^x}{\ln 2}+x+C$$
$$=\frac{4^x}{2\ln 2}-\frac{2^x}{\ln 2}+x+C$$

따라서 $a=2\ln 2$, $b=-\ln 2$이므로

$a+b=2\ln 2+(-\ln 2)=\ln 2$

### 0873

답 3

$f(x)=\int f'(x)\,dx=\int 4^x \ln 4\,dx=4^x+C$

$f(0)=1$이므로 $1+C=1$

$\therefore C=0$

따라서 $f(x)=4^x$이므로

$$\sum_{n=1}^{\infty}\frac{9}{f(n)}=\sum_{n=1}^{\infty}\frac{9}{4^n}=\frac{\frac{9}{4}}{1-\frac{1}{4}}=3$$

### 0874

답 ④

$$f(x)=\int 3^x(3^x+2)\,dx=\int (9^x+2\times 3^x)\,dx$$
$$=\int 9^x dx+2\int 3^x dx$$
$$=\frac{9^x}{\ln 9}+\frac{2\times 3^x}{\ln 3}+C=\frac{9^x}{2\ln 3}+\frac{2\times 3^x}{\ln 3}+C$$

$f(0)=\frac{5}{2\ln 3}$이므로

$\frac{1}{2\ln 3}+\frac{2}{\ln 3}+C=\frac{5}{2\ln 3}$

$\therefore C=0$

따라서 $f(x)=\frac{9^x}{2\ln 3}+\frac{2\times 3^x}{\ln 3}$이므로

$f(1)=\frac{9}{2\ln 3}+\frac{6}{\ln 3}=\frac{21}{2\ln 3}$

### 0875

답 ④

$\lim_{x\to 0}\frac{f(x)}{x}=3k$에서 극한값이 존재하고 $x\to 0$일 때,

(분모)$\to 0$이므로 (분자)$\to 0$이어야 한다.

즉, $\lim_{x\to 0}f(x)=0$이므로 $f(0)=0$

$\therefore \lim_{x\to 0}\frac{f(x)}{x}=\lim_{x\to 0}\frac{f(x)-f(0)}{x-0}=f'(0)=3k$

$f'(x)=2^{x+1}+k$에서 $f'(0)=2+k$이므로

$2+k=3k$, $2k=2$

$\therefore k=1$

즉, $f'(x)=2^{x+1}+1$이므로

$$f(x)=\int f'(x)\,dx=\int (2^{x+1}+1)\,dx$$
$$=2\int 2^x dx+\int 1\,dx$$
$$=\frac{2^{x+1}}{\ln 2}+x+C$$

이때 $f(0)=0$이므로 $\frac{2}{\ln 2}+C=0$

$\therefore C=-\frac{2}{\ln 2}$

따라서 $f(x)=\frac{2^{x+1}}{\ln 2}+x-\frac{2}{\ln 2}$이므로

$f(3)=\frac{2^4}{\ln 2}+3-\frac{2}{\ln 2}=3+\frac{14}{\ln 2}$

**참고**

함수 $f(x)$가 $x=a$에서 미분가능할 때, $\lim_{x\to a}\frac{f(x)-b}{x-a}=c$이면 $f(a)=b$, $f'(a)=c$이다.

## 유형 04 삼각함수의 부정적분

**확인 문제** (1) $-\cos x-\sin x+C$ (2) $-\cot x-2x+C$

(1) $\int (1-\cot x)\sin x\,dx=\int \left(\sin x-\frac{\cos x}{\sin x}\times \sin x\right)dx$
$$=\int (\sin x-\cos x)\,dx$$
$$=-\cos x-\sin x+C$$

(2) $1+\cot^2 x=\csc^2 x$이므로 $\cot^2 x=\csc^2 x-1$

$\therefore \int (\cot^2 x-1)\,dx=\int (\csc^2 x-2)\,dx$
$$=-\cot x-2x+C$$

### 0876

답 ④

$$f(x)=\int \frac{\cos^2 x}{1+\sin x}dx$$
$$=\int \frac{1-\sin^2 x}{1+\sin x}dx$$
$$=\int \frac{(1+\sin x)(1-\sin x)}{1+\sin x}dx$$
$$=\int (1-\sin x)\,dx$$
$$=x+\cos x+C$$

$f(0)=5$이므로 $1+C=5$

$\therefore C=4$

따라서 $f(x)=x+\cos x+4$이므로

$f(\pi)=\pi+\cos\pi+4=\pi+3$

## 0877

답 ③

$$f(x)=\int(\tan x+\cot x)^2\,dx$$
$$=\int(\tan^2 x+2+\cot^2 x)\,dx$$
$$=\int\{(\sec^2 x-1)+2+(\csc^2 x-1)\}\,dx$$
$$=\int(\sec^2 x+\csc^2 x)\,dx$$
$$=\tan x-\cot x+C$$
$$\therefore f\left(\frac{\pi}{3}\right)-f\left(\frac{\pi}{6}\right)=\left(\sqrt{3}-\frac{\sqrt{3}}{3}+C\right)-\left(\frac{\sqrt{3}}{3}-\sqrt{3}+C\right)$$
$$=\frac{4\sqrt{3}}{3}$$

## 0878

답 ⑤

곡선 $y=f(x)$ 위의 점 $(x, f(x))$에서의 접선의 기울기가 $\left(\sin\frac{x}{2}+\cos\frac{x}{2}\right)^2$이므로

$$f'(x)=\left(\sin\frac{x}{2}+\cos\frac{x}{2}\right)^2$$
$$=\sin^2\frac{x}{2}+\cos^2\frac{x}{2}+2\sin\frac{x}{2}\cos\frac{x}{2}$$
$$=1+2\sin\frac{x}{2}\cos\frac{x}{2}$$
$$=1+\sin x$$
$$\therefore f(x)=\int f'(x)\,dx=\int(1+\sin x)\,dx=x-\cos x+C$$

곡선 $y=f(x)$가 점 $(0, 2)$를 지나므로

$f(0)=2$에서 $-1+C=2$

$\therefore C=3$

$\therefore f(x)=x-\cos x+3$

곡선 $y=f(x)$가 점 $(\pi, a)$를 지나므로

$a=f(\pi)=\pi-\cos\pi+3=\pi+4$

**Bible Says** **배각의 공식**

(1) $\sin 2x=2\sin x\cos x$

(2) $\cos 2x=\cos^2 x-\sin^2 x=2\cos^2 x-1=1-2\sin^2 x$

(3) $\tan 2x=\frac{2\tan x}{1-\tan^2 x}$

## 0879

답 $-4$

$$f(x)=\int\frac{1-\sin x}{1+\sin x}\,dx=\int\frac{(1-\sin x)(1-\sin x)}{(1+\sin x)(1-\sin x)}\,dx$$
$$=\int\frac{1-2\sin x+\sin^2 x}{1-\sin^2 x}\,dx$$
$$=\int\frac{1-2\sin x+1-\cos^2 x}{\cos^2 x}\,dx$$
$$=\int(\sec^2 x-2\sec x\tan x+\sec^2 x-1)\,dx$$
$$=\int(2\sec^2 x-2\sec x\tan x-1)\,dx$$
$$=2\tan x-2\sec x-x+C$$

$f(\pi)=-\pi$이므로 $2-\pi+C=-\pi$

$\therefore C=-2$

따라서 $f(x)=2\tan x-2\sec x-x-2$이므로

$f(0)=-2-2=-4$

## 0880

답 2

$$f'(x)=\int f''(x)\,dx=\int(e^x+3\cos x)\,dx$$
$$=e^x+3\sin x+C_1$$

$f'(0)=1$이므로 $1+C_1=1$

$\therefore C_1=0$

즉, $f'(x)=e^x+3\sin x$이므로

❶

$$f(x)=\int f'(x)\,dx=\int(e^x+3\sin x)\,dx$$
$$=e^x-3\cos x+C_2$$

❷

$f(0)=2$이므로 $1-3+C_2=2$

$\therefore C_2=4$

따라서 $f(x)=e^x-3\cos x+4$이므로

$f\left(\frac{\pi}{2}\right)=e^{\frac{\pi}{2}}+4$

$\therefore a=\frac{1}{2},\ b=4$

$\therefore ab=\frac{1}{2}\times4=2$

❸

| 채점 기준 | 배점 |
|---|---|
| ❶ 함수 $f(x)$의 도함수 구하기 | 30% |
| ❷ $f(x)$를 적분상수를 포함한 식으로 나타내기 | 30% |
| ❸ $f(x)$의 식을 이용하여 $ab$의 값 구하기 | 40% |

### 유형 05 치환적분법 - 유리함수

## 0881

답 63

$x^2+2=t$로 놓으면 $2x=\frac{dt}{dx}$이므로

$$f(x)=\int2x(x^2+2)^3\,dx$$
$$=\int t^3\,dt=\frac{1}{4}t^4+C$$
$$=\frac{1}{4}(x^2+2)^4+C$$

$f(0)=3$이므로 $4+C=3$

$\therefore C=-1$

따라서 $f(x)=\frac{1}{4}(x^2+2)^4-1$이므로

$f(\sqrt{2})=4^3-1=63$

## 0882
답 ③

$2x+3=t$로 놓으면 $2=\frac{dt}{dx}$이므로

$\int(2x+3)^5 dx=\int\frac{1}{2}t^5 dt=\frac{1}{12}t^6+C$

$=\frac{1}{12}(2x+3)^6+C$

따라서 $a=12$, $b=6$이므로

$a+b=12+6=18$

## 0883
답 ②

$-2x+6=t$로 놓으면 $-2=\frac{dt}{dx}$이므로

$f(x)=\int f'(x)\,dx=\int\frac{1}{(-2x+6)^2}dx$

$=\int\frac{1}{t^2}\times\left(-\frac{1}{2}\right)dt=-\frac{1}{2}\int t^{-2}dt$

$=\frac{1}{2}t^{-1}+C=\frac{1}{2t}+C$

$=\frac{1}{-4x+12}+C$

$f(2)=1$이므로 $\frac{1}{4}+C=1$

$\therefore C=\frac{3}{4}$

따라서 $f(x)=\frac{1}{-4x+12}+\frac{3}{4}$이므로

$f(4)=-\frac{1}{4}+\frac{3}{4}=\frac{1}{2}$

## 0884
답 ①

$x-2=t$로 놓으면 $1=\frac{dt}{dx}$이므로

$f(x)=\int\frac{x-1}{(x-2)^3}dx=\int\frac{t+1}{t^3}dt$

$=\int\left(\frac{1}{t^2}+\frac{1}{t^3}\right)dt=-\frac{1}{t}-\frac{1}{2t^2}+C$

$=-\frac{1}{x-2}-\frac{1}{2(x-2)^2}+C$

$f(1)=1$이므로 $1-\frac{1}{2}+C=1$

$\therefore C=\frac{1}{2}$

따라서 $f(x)=-\frac{1}{x-2}-\frac{1}{2(x-2)^2}+\frac{1}{2}$이므로

$f(3)=-1-\frac{1}{2}+\frac{1}{2}=-1$

### 유형 06 치환적분법 - 무리함수

## 0885
답 ①

$x^2+2=t$로 놓으면 $2x=\frac{dt}{dx}$이므로

$\int 2x\sqrt{x^2+2}\,dx=\int\sqrt{t}\,dt=\int t^{\frac{1}{2}}dt$

$=\frac{2}{3}t^{\frac{3}{2}}+C=\frac{2}{3}(x^2+2)^{\frac{3}{2}}+C$

## 0886
답 ③

$1-x^2=t$로 놓으면 $-2x=\frac{dt}{dx}$이므로

$f(x)=\int\frac{4x}{\sqrt{1-x^2}}dx=\int\frac{1}{\sqrt{t}}\times(-2)\,dt$

$=-2\int t^{-\frac{1}{2}}dt=-2\times 2t^{\frac{1}{2}}+C$

$=-4\sqrt{t}+C=-4\sqrt{1-x^2}+C$

$f(0)=-2$이므로 $-4+C=-2$

$\therefore C=2$

따라서 $f(x)=-4\sqrt{1-x^2}+2$이므로

$f\left(\frac{1}{2}\right)=-4\sqrt{1-\frac{1}{4}}+2=-2\sqrt{3}+2$

## 0887
답 ⑤

$\sqrt{x-1}f'(x)=3x-4$에서 $f'(x)=\frac{3x-4}{\sqrt{x-1}}$

$x-1=t$로 놓으면 $1=\frac{dt}{dx}$이므로

$f(x)=\int f'(x)\,dx=\int\frac{3x-4}{\sqrt{x-1}}dx$

$=\int\frac{3t-1}{\sqrt{t}}dt=\int\left(3t^{\frac{1}{2}}-t^{-\frac{1}{2}}\right)dt$

$=2t^{\frac{3}{2}}-2t^{\frac{1}{2}}+C=2(x-1)^{\frac{3}{2}}-2(x-1)^{\frac{1}{2}}+C$

$f(5)=2\times 4^{\frac{3}{2}}-2\times 4^{\frac{1}{2}}+C=16-4+C=12+C$

$f(2)=2-2+C=C$

$\therefore f(5)-f(2)=(12+C)-C=12$

## 0888
답 ②

$x^2-4x+6=t$로 놓으면 $2x-4=\frac{dt}{dx}$이므로

$f(x)=\int\frac{x-2}{\sqrt{x^2-4x+6}}dx=\int\frac{1}{\sqrt{t}}\times\frac{1}{2}dt$

$=\frac{1}{2}\int t^{-\frac{1}{2}}dt=\frac{1}{2}\times 2t^{\frac{1}{2}}+C=\sqrt{t}+C$

$=\sqrt{x^2-4x+6}+C=\sqrt{(x-2)^2+2}+C$

따라서 $1\le x\le 4$에서 함수 $f(x)$는 $x=4$일 때 최댓값, $x=2$일 때 최솟값을 가지므로

$M-m=f(4)-f(2)=\sqrt{6}+C-(\sqrt{2}+C)$

$=\sqrt{6}-\sqrt{2}$

**Bible Says** 제한된 범위에서 이차함수의 최대 · 최소

$m\le x\le n$에서 이차함수 $f(x)=a(x-p)^2+q$는
(1) $m\le p\le n$일 때
$f(m)$, $f(n)$, $q$ 중 가장 큰 값이 최댓값, 가장 작은 값이 최솟값이다.
(2) $p<m$ 또는 $p>n$일 때
$f(m)$, $f(n)$ 중 큰 값이 최댓값, 작은 값이 최솟값이다.

## 유형 07 치환적분법 - 지수함수

### 0889

답 68

$e^x+2=t$로 놓으면 $e^x=\frac{dt}{dx}$이므로

$f(x)=\int(e^x+2)^2e^x\,dx=\int t^2\,dt$
$=\frac{1}{3}t^3+C=\frac{1}{3}(e^x+2)^3+C$

$f(0)=5$이므로 $9+C=5$
$\therefore C=-4$
따라서 $f(x)=\frac{1}{3}(e^x+2)^3-4$이므로

$f(\ln 4)=\frac{1}{3}\times 6^3-4$
$=72-4=68$

### 0890

답 ④

$x^2-3x=t$로 놓으면 $2x-3=\frac{dt}{dx}$이므로

$f(x)=\int f'(x)\,dx=\int(2x-3)e^{x^2-3x}\,dx$
$=\int e^t\,dt=e^t+C$
$=e^{x^2-3x}+C$

$f(0)=2$이므로 $1+C=2$
$\therefore C=1$
따라서 $f(x)=e^{x^2-3x}+1$이므로
$f(4)=e^4+1$

### 0891

답 10

$e^x+3=t$로 놓으면 $e^x=\frac{dt}{dx}$이므로

$f(x)=\int\frac{2e^x}{\sqrt{e^x+3}}\,dx=\int\frac{2}{\sqrt{t}}\,dt$
$=2\int t^{-\frac{1}{2}}\,dt=4t^{\frac{1}{2}}+C$
$=4\sqrt{e^x+3}+C$

$f(0)=6$이므로 $8+C=6$
$\therefore C=-2$
따라서 $f(x)=4\sqrt{e^x+3}-2$이므로
$f(\ln 6)=4\sqrt{6+3}-2=10$

### 0892

답 ④

$\lim_{h\to 0}\frac{f(x+h)-f(x-h)}{h}$
$=\lim_{h\to 0}\frac{f(x+h)-f(x)-\{f(x-h)-f(x)\}}{h}$
$=\lim_{h\to 0}\frac{f(x+h)-f(x)}{h}+\lim_{h\to 0}\frac{f(x-h)-f(x)}{-h}$
$=f'(x)+f'(x)=2f'(x)=8xe^{x^2}$
이므로
$f'(x)=4xe^{x^2}$

$x^2=t$로 놓으면 $2x=\frac{dt}{dx}$이므로

$f(x)=\int f'(x)\,dx=\int 4xe^{x^2}\,dx$
$=\int 2e^t\,dt=2\int e^t\,dt$
$=2e^t+C=2e^{x^2}+C$

$\therefore f(1)-f(0)=(2e+C)-(2+C)=2(e-1)$

## 유형 08 치환적분법 - 로그함수

### 0893

답 ②

$\ln x=t$로 놓으면 $\frac{1}{x}=\frac{dt}{dx}$이므로

$f(x)=\int\frac{(\ln x)^2}{2x}\,dx=\int\frac{1}{2}t^2\,dt$
$=\frac{1}{6}t^3+C=\frac{1}{6}(\ln x)^3+C$

$f(1)=2$이므로 $C=2$
따라서 $f(x)=\frac{1}{6}(\ln x)^3+2$이므로
$f(e)=\frac{1}{6}+2=\frac{13}{6}$

### 0894

답 6

$\ln x+3=t$로 놓으면 $\frac{1}{x}=\frac{dt}{dx}$이므로

$f(x)=\int f'(x)\,dx=\int\frac{1}{x\sqrt{\ln x+3}}\,dx$
$=\int\frac{1}{\sqrt{t}}\,dt=\int t^{-\frac{1}{2}}\,dt$
$=2t^{\frac{1}{2}}+C=2\sqrt{\ln x+3}+C$

$f(e)=4$이므로 $4+C=4$
$\therefore C=0$
따라서 $f(x)=2\sqrt{\ln x+3}$이므로
$f(e^6)=2\sqrt{6+3}=6$

## 0895

답 6

$(x^2+1)f'(x)=12x\ln(x^2+1)$에서

$f'(x)=\dfrac{12x\ln(x^2+1)}{x^2+1}$ ……… ❶

$\ln(x^2+1)=t$로 놓으면 $\dfrac{2x}{x^2+1}=\dfrac{dt}{dx}$이므로

$f(x)=\int f'(x)\,dx=\int\dfrac{12x\ln(x^2+1)}{x^2+1}\,dx=\int 6t\,dt$

$=3t^2+C=3\{\ln(x^2+1)\}^2+C$ ……… ❷

$f(0)=3$이므로 $C=3$

따라서 $f(x)=3\{\ln(x^2+1)\}^2+3$이므로

$f(\sqrt{e-1})=3\times1^2+3=6$ ……… ❸

| 채점 기준 | 배점 |
|---|---|
| ❶ 함수 $f(x)$의 도함수 구하기 | 30% |
| ❷ $f(x)$를 적분상수를 포함한 식으로 나타내기 | 30% |
| ❸ $f(x)$의 식을 이용하여 $f(\sqrt{e-1})$의 값 구하기 | 40% |

**참고**

미분가능한 함수 $f(x)$에 대하여 $y=\ln|f(x)|$이면

$y'=\dfrac{f'(x)}{f(x)}$ (단, $f(x)\neq0$)

## 0896

답 ②

$F(x)=xf(x)-4x\ln x$의 양변을 $x$에 대하여 미분하면

$f(x)=f(x)+xf'(x)-4\ln x-4$

$xf'(x)=4\ln x+4$

$\therefore f'(x)=\dfrac{4\ln x+4}{x}$

$\ln x=t$로 놓으면 $\dfrac{1}{x}=\dfrac{dt}{dx}$이므로

$f(x)=\int f'(x)\,dx=\int\dfrac{4\ln x+4}{x}\,dx=\int(4t+4)\,dt$

$=2t^2+4t+C=2(\ln x)^2+4\ln x+C$

$f(e^2)=10$이므로 $8+8+C=10$

$\therefore C=-6$

따라서 $f(x)=2(\ln x)^2+4\ln x-6$이므로

$f(x)=0$에서 $2(\ln x)^2+4\ln x-6=0$

$2(\ln x+3)(\ln x-1)=0$

$\ln x=-3$ 또는 $\ln x=1$

$\therefore x=e^{-3}$ 또는 $x=e$

따라서 주어진 방정식을 만족시키는 모든 $x$의 값의 곱은

$e^{-3}\times e=e^{-2}=\dfrac{1}{e^2}$

**Bible Says** 곱의 미분법

미분가능한 두 함수 $f(x)$, $g(x)$에 대하여

$\{f(x)g(x)\}'=f'(x)g(x)+f(x)g'(x)$

**참고**

$f'(x)=\dfrac{4\ln x+4}{x}$에서 $\ln x+1=t$로 놓으면 $\dfrac{1}{x}=\dfrac{dt}{dx}$이므로

$f(x)=\int f'(x)\,dx=\int\dfrac{4\ln x+4}{x}\,dx=\int 4t\,dt$

$=2t^2+C=2(\ln x+1)^2+C$

### 유형 09 치환적분법 - $\sin ax$, $\cos ax$ 꼴

## 0897

답 ②

$f(x)=\int(2\cos^2x-2)\,dx=\int\{(2\cos^2x-1)-1\}\,dx$

$=\int(\cos2x-1)\,dx=\dfrac{1}{2}\sin2x-x+C$

$f(\pi)=-\pi$이므로 $-\pi+C=-\pi$

$\therefore C=0$

따라서 $f(x)=\dfrac{1}{2}\sin2x-x$이므로

$f\left(\dfrac{\pi}{2}\right)=-\dfrac{\pi}{2}$

## 0898

답 3

$\ln x=t$로 놓으면 $\dfrac{1}{x}=\dfrac{dt}{dx}$이므로

$f(x)=\int\dfrac{\sin(\ln x)}{x}\,dx=\int\sin t\,dt$

$=-\cos t+C=-\cos(\ln x)+C$

$f(1)=1$이므로 $-1+C=1$

$\therefore C=2$

따라서 $f(x)=-\cos(\ln x)+2$이므로

$f(e^\pi)=-\cos\pi+2=1+2=3$

## 0899

답 ②

$f(x)=\int\sin2x\sin^2x\,dx+\int2\cos^3x\sin x\,dx$

$=\int\sin2x\sin^2x\,dx+\int\sin2x\cos^2x\,dx$

$=\int\sin2x(\sin^2x+\cos^2x)\,dx$

$=\int\sin2x\,dx=-\dfrac{1}{2}\cos2x+C$

$f\left(\dfrac{\pi}{2}\right)=-\dfrac{1}{2}$이므로 $\dfrac{1}{2}+C=-\dfrac{1}{2}$

$\therefore C=-1$

따라서 $f(x)=-\dfrac{1}{2}\cos2x-1$이므로

$f(\pi)=-\dfrac{1}{2}-1=-\dfrac{3}{2}$

## 0900

답 ⑤

$f'(x)=\sin 2x-\cos x=2\sin x\cos x-\cos x$
$=\cos x(2\sin x-1)$

$f'(x)=0$에서 $\cos x=0$ 또는 $\sin x=\frac{1}{2}$

$\therefore x=\frac{\pi}{6}$ 또는 $x=\frac{\pi}{2}$ 또는 $x=\frac{5}{6}\pi$ ($\because 0<x<\pi$)

$0<x<\pi$에서 함수 $f(x)$의 증가와 감소를 표로 나타내면 다음과 같다.

| $x$ | $(0)$ | $\cdots$ | $\frac{\pi}{6}$ | $\cdots$ | $\frac{\pi}{2}$ | $\cdots$ | $\frac{5}{6}\pi$ | $\cdots$ | $(\pi)$ |
|---|---|---|---|---|---|---|---|---|---|
| $f'(x)$ | | $-$ | 0 | $+$ | 0 | $-$ | 0 | $+$ | |
| $f(x)$ | | ↘ | 극소 | ↗ | 극대 | ↘ | 극소 | ↗ | |

따라서 함수 $f(x)$는 $x=\frac{\pi}{2}$에서 극댓값, $x=\frac{\pi}{6}$ 또는 $x=\frac{5}{6}\pi$에서 극솟값을 갖는다.

$f(x)=\int f'(x)\,dx=\int(\sin 2x-\cos x)\,dx$
$=-\frac{1}{2}\cos 2x-\sin x+C$

이때 함수 $f(x)$의 극댓값이 1이므로

$f\left(\frac{\pi}{2}\right)=1$에서 $\frac{1}{2}-1+C=1$

$\therefore C=\frac{3}{2}$

따라서 $f(x)=-\frac{1}{2}\cos 2x-\sin x+\frac{3}{2}$이므로 $f(x)$의 극솟값은

$f\left(\frac{\pi}{6}\right)=f\left(\frac{5}{6}\pi\right)=-\frac{1}{4}-\frac{1}{2}+\frac{3}{2}=\frac{3}{4}$

**Bible Says 함수의 극대 · 극소의 판정**

미분가능한 함수 $f(x)$에 대하여 $f'(a)=0$일 때 $x=a$의 좌우에서
(1) $f'(x)$의 부호가 양에서 음으로 바뀌면 $f(x)$는 $x=a$에서 극대이고, 극댓값은 $f(a)$이다.
(2) $f'(x)$의 부호가 음에서 양으로 바뀌면 $f(x)$는 $x=a$에서 극소이고, 극솟값은 $f(a)$이다.

### 유형 10 치환적분법 – 삼각함수

## 0901

답 ⑤

$f(x)=\int\frac{\cos^3 x}{1+\sin x}dx=\int\frac{(1-\sin^2 x)\cos x}{1+\sin x}dx$
$=\int\frac{(1+\sin x)(1-\sin x)\cos x}{1+\sin x}dx$
$=\int(1-\sin x)\cos x\,dx$

$1-\sin x=t$로 놓으면 $-\cos x=\frac{dt}{dx}$이므로

$f(x)=\int(1-\sin x)\cos x\,dx=\int t\times(-1)\,dt$
$=-\frac{1}{2}t^2+C=-\frac{1}{2}(1-\sin x)^2+C$

$f(0)=0$이므로 $-\frac{1}{2}+C=0$

$\therefore C=\frac{1}{2}$

따라서 $f(x)=-\frac{1}{2}(1-\sin x)^2+\frac{1}{2}$이므로

$f\left(\frac{\pi}{6}\right)=-\frac{1}{2}\times\left(\frac{1}{2}\right)^2+\frac{1}{2}=\frac{3}{8}$

## 0902

답 ②

$1+\tan x=t$로 놓으면 $\sec^2 x=\frac{dt}{dx}$이므로

$\int(1+\tan x)^2\sec^2 x\,dx=\int t^2\,dt=\frac{1}{3}t^3+C$
$=\frac{1}{3}(1+\tan x)^3+C$

## 0903

답 ④

$f(x)=\int f'(x)\,dx=\int\cos^3 x\,dx$
$=\int(1-\sin^2 x)\cos x\,dx$

$\sin x=t$로 놓으면 $\cos x=\frac{dt}{dx}$이므로

$f(x)=\int(1-\sin^2 x)\cos x\,dx$
$=\int(1-t^2)\,dt=t-\frac{1}{3}t^3+C$
$=\sin x-\frac{1}{3}\sin^3 x+C$

$f(\pi)=1$이므로 $C=1$

따라서 $f(x)=\sin x-\frac{1}{3}\sin^3 x+1$이므로

$f\left(\frac{\pi}{2}\right)=1-\frac{1}{3}+1=\frac{5}{3}$

## 0904

답 29

$f(x)=\int\cos 2x\sin x\,dx=\int(2\cos^2 x-1)\sin x\,dx$

$\cos x=t$로 놓으면 $-\sin x=\frac{dt}{dx}$이므로

$f(x)=\int(2\cos^2 x-1)\sin x\,dx=\int(2t^2-1)\times(-1)\,dt$
$=-\frac{2}{3}t^3+t+C=-\frac{2}{3}\cos^3 x+\cos x+C$

❶

$f(0)=\frac{4}{3}$이므로 $-\frac{2}{3}+1+C=\frac{4}{3}$

$\therefore C=1$

즉, $f(x)=-\frac{2}{3}\cos^3 x+\cos x+1$이므로

$f\left(\frac{\pi}{3}\right)=-\frac{2}{3}\times\left(\frac{1}{2}\right)^3+\frac{1}{2}+1=-\frac{1}{12}+\frac{3}{2}=\frac{17}{12}$

따라서 $p=12$, $q=17$이므로

$p+q=12+17=29$

❷

| 채점 기준 | 배점 |
|---|---|
| ❶ $f(x)$를 적분상수를 포함한 식으로 나타내기 | 50% |
| ❷ $f(x)$의 식을 이용하여 $p+q$의 값 구하기 | 50% |

## 유형 11 $\frac{f'(x)}{f(x)}$ 꼴의 치환적분법

### 0905

답 ⑤

$(x^4+x^2+1)'=4x^3+2x$이므로

$f(x)=\int \frac{4x^3+2x}{x^4+x^2+1}dx=\int \frac{(x^4+x^2+1)'}{x^4+x^2+1}dx$

$=\ln(x^4+x^2+1)+C$ ($\because x^4+x^2+1>0$)

$f(0)=2$이므로 $C=2$

따라서 $f(x)=\ln(x^4+x^2+1)+2$이므로

$f(1)=\ln 3+2$

### 0906

답 ③

$(\ln x)'=\frac{1}{x}$이므로

$f(x)=\int \frac{2}{x\ln x}dx=\int \frac{2(\ln x)'}{\ln x}dx=2\ln|\ln x|+C$

$f(e)=1$이므로 $2\ln 1+C=1$

$\therefore C=1$

따라서 $f(x)=2\ln|\ln x|+1$이므로

$f(e^2)=2\ln 2+1$

### 0907

답 ③

$f'(x)=f(x)-2$에서 $f(x)>2$이므로

$\frac{f'(x)}{f(x)-2}=1$

$\int \frac{f'(x)}{f(x)-2}dx=\int 1dx$

$\ln\{f(x)-2\}=x+C$ ($\because f(x)>2$)

$f(x)-2=e^{x+C}$

$\therefore f(x)=e^{x+C}+2$

$f(1)=3$이므로 $e^{1+C}+2=3$

$e^{1+C}=1$, $1+C=0$

$\therefore C=-1$

따라서 $f(x)=e^{x-1}+2$이므로

$f(2)=e+2$

### 0908

답 ②

$\frac{f'(x)}{f(x)}=\tan x=\frac{\sin x}{\cos x}=\frac{-(\cos x)'}{\cos x}$이므로

$\int \frac{f'(x)}{f(x)}dx=-\int \frac{(\cos x)'}{\cos x}dx$

$\ln|f(x)|=-\ln|\cos x|+C$

$f(0)=e$이므로

$\ln|f(0)|=-\ln|\cos 0|+C$

$\ln e=-\ln 1+C$

$\therefore C=1$

$\therefore \ln|f(x)|=-\ln|\cos x|+1=\ln\frac{e}{|\cos x|}$

이때 $-\frac{\pi}{2}<x<\frac{\pi}{2}$에서 $\cos x>0$이므로

$|f(x)|=\frac{e}{|\cos x|}=\frac{e}{\cos x}$

이고, $\frac{e}{\cos x}>0$이므로 $f(x)>0$

따라서 $f(x)=\frac{e}{\cos x}$이므로

$f\left(\frac{\pi}{6}\right)=\frac{e}{\cos\frac{\pi}{6}}=\frac{2\sqrt{3}}{3}e$

### 0909

답 ④

모든 양의 실수 $x$에 대하여 $f(x)>0$이고 $F(x)=\left(x+\frac{1}{x}\right)f(x)$이므로

$\frac{f(x)}{F(x)}=\frac{1}{x+\frac{1}{x}}=\frac{x}{x^2+1}$

$F'(x)=f(x)$이므로

$\frac{F'(x)}{F(x)}=\frac{x}{x^2+1}$

이때 $(x^2+1)'=2x$이므로

$\int \frac{F'(x)}{F(x)}dx=\int \frac{x}{x^2+1}dx$

$\ln|F(x)|=\frac{1}{2}\int \frac{2x}{x^2+1}dx=\frac{1}{2}\int \frac{(x^2+1)'}{x^2+1}dx$

$=\frac{1}{2}\ln(x^2+1)+C$ ($\because x^2+1>0$)

$=\ln\sqrt{x^2+1}+\ln e^C$

$=\ln\{\sqrt{x^2+1}\times e^C\}$

한편, $x>0$이므로 $\frac{1}{x}>0$

산술평균과 기하평균의 관계에 의하여

$x+\frac{1}{x}\geq 2\sqrt{x\times\frac{1}{x}}=2>0$

$f(x)>0$이고 $x+\frac{1}{x}>0$이므로 $F(x)=\left(x+\frac{1}{x}\right)f(x)>0$

즉, $|F(x)|=F(x)=\sqrt{x^2+1}\times e^C$이므로

$f(x)=F'(x)=\frac{2x}{2\sqrt{x^2+1}}\times e^C=\frac{e^C x}{\sqrt{x^2+1}}$

$f(1)=\sqrt{2}$이므로 $\frac{e^C}{\sqrt{2}}=\sqrt{2}$

$\therefore e^C=2$

따라서 $f(x)=\frac{2x}{\sqrt{x^2+1}}$이므로

$f(2)=\frac{4}{\sqrt{5}}=\frac{4\sqrt{5}}{5}$

## 유형 12 유리함수의 부정적분 - (분자의 차수)≥(분모의 차수)

### 0910

답 12

$f(x)=\int \frac{2x^2+x+1}{x-1}dx$

$=\int \frac{2x(x-1)+3(x-1)+4}{x-1}dx$

$=\int \left(2x+3+\frac{4}{x-1}\right)dx$

$=x^2+3x+4\ln|x-1|+C$

$f(0)=2$이므로 $C=2$

따라서 $f(x)=x^2+3x+4\ln|x-1|+2$이므로

$f(2)=4+6+2=12$

### 0911

답 ④

$f(x)=\int f'(x)\,dx=\int \frac{6-x}{x+2}dx$

$=\int \frac{-(x+2)+8}{x+2}dx=\int\left(-1+\frac{8}{x+2}\right)dx$

$=-x+8\ln|x+2|+C$

$f(-1)=1$이므로 $1+C=1$

$\therefore C=0$

따라서 $f(x)=-x+8\ln|x+2|$이므로

$f(0)=8\ln 2$

### 0912

답 ③

$y=\frac{-x-3}{x-2}$으로 놓으면 $xy-2y=-x-3$

$x(y+1)=2y-3$

$\therefore x=\frac{2y-3}{y+1}$

$x$와 $y$를 서로 바꾸면 $y=\frac{2x-3}{x+1}$

따라서 $g(x)=\frac{2x-3}{x+1}$이므로

$h(x)=\int g(x)\,dx=\int \frac{2x-3}{x+1}dx$

$=\int \frac{2(x+1)-5}{x+1}dx=\int\left(2-\frac{5}{x+1}\right)dx$

$=2x-5\ln|x+1|+C$

$\therefore h(3)-h(1)=(6-5\ln 4+C)-(2-5\ln 2+C)$

$=4-5\ln 2$

## 유형 13 유리함수의 부정적분 - (분자의 차수)<(분모의 차수)

### 0913

답 3

$\frac{x-3}{x^2-3x+2}=\frac{x-3}{(x-1)(x-2)}=\frac{A}{x-1}+\frac{B}{x-2}$로 놓으면

$\frac{A}{x-1}+\frac{B}{x-2}=\frac{(A+B)x-2A-B}{(x-1)(x-2)}$이므로

$x-3=(A+B)x-2A-B$

위의 등식은 $x$에 대한 항등식이므로

$A+B=1,\ -2A-B=-3$

위의 두 식을 연립하여 풀면

$A=2,\ B=-1$

$\therefore \int \frac{x-3}{x^2-3x+2}dx=\int\left(\frac{2}{x-1}-\frac{1}{x-2}\right)dx$

$=2\ln|x-1|-\ln|x-2|+C$

$=\ln\left|\frac{(x-1)^2}{x-2}\right|+C$

따라서 $a=1,\ b=2$이므로

$a+b=1+2=3$

### 0914

답 ①

$\int \frac{2}{x^2-6x+8}dx=\int \frac{2}{(x-4)(x-2)}dx$

$=\int\left(\frac{1}{x-4}-\frac{1}{x-2}\right)dx$

$=\ln|x-4|-\ln|x-2|+C$

$=\ln\left|\frac{x-4}{x-2}\right|+C$

### 0915

답 ②

함수 $y=f(x)$의 그래프 위의 점 $(x,\ f(x))$에서의 접선의 기울기가 $\frac{4}{x^2-4}$이므로 $f'(x)=\frac{4}{x^2-4}$

$f(x)=\int f'(x)\,dx=\int \frac{4}{x^2-4}dx$

$=\int \frac{4}{(x-2)(x+2)}dx=\int\left(\frac{1}{x-2}-\frac{1}{x+2}\right)dx$

$=\ln|x-2|-\ln|x+2|+C=\ln\left|\frac{x-2}{x+2}\right|+C$

함수 $y=f(x)$의 그래프가 원점을 지나므로

$f(0)=0$에서 $C=0$

$\therefore f(x)=\ln\left|\frac{x-2}{x+2}\right|$

함수 $y=f(x)$의 그래프가 점 $(4,\ a)$를 지나므로

$a=f(4)=\ln\frac{1}{3}=-\ln 3$

## 0916

답 3 ln 3

$\frac{3x-5}{x^2-2x-3}=\frac{3x-5}{(x+1)(x-3)}=\frac{A}{x+1}+\frac{B}{x-3}$로 놓으면

$\frac{A}{x+1}+\frac{B}{x-3}=\frac{(A+B)x-3A+B}{(x+1)(x-3)}$이므로

$3x-5=(A+B)x-3A+B$

위의 등식은 $x$에 대한 항등식이므로

$A+B=3$, $-3A+B=-5$

위의 두 식을 연립하여 풀면

$A=2$, $B=1$

$\therefore f(x)=\int \frac{3x-5}{x^2-2x-3}dx=\int\left(\frac{2}{x+1}+\frac{1}{x-3}\right)dx$

$=2\ln|x+1|+\ln|x-3|+C$

$f(0)=2\ln 3$이므로 $\ln 3+C=2\ln 3$

$\therefore C=\ln 3$

따라서 $f(x)=2\ln|x+1|+\ln|x-3|+\ln 3$이므로

$f(2)=2\ln 3+\ln 3=3\ln 3$

### 유형 14 부분적분법

## 0917

답 $3e^2$

$u(x)=x+2$, $v'(x)=e^x$으로 놓으면

$u'(x)=1$, $v(x)=e^x$이므로

$f(x)=\int(x+2)e^x dx=(x+2)e^x-\int e^x dx$

$=(x+2)e^x-e^x+C$

$=(x+1)e^x+C$

$f(0)=1$이므로

$1+C=1$

$\therefore C=0$

따라서 $f(x)=(x+1)e^x$이므로

$f(2)=3e^2$

## 0918

답 $-\frac{\pi}{2}$

$u(x)=x$, $v'(x)=\sin 2x$로 놓으면

$u'(x)=1$, $v(x)=-\frac{1}{2}\cos 2x$이므로

$f(x)=\int x\sin 2x\,dx$

$=-\frac{1}{2}x\cos 2x+\int\frac{1}{2}\cos 2x\,dx$

$=-\frac{1}{2}x\cos 2x+\frac{1}{4}\sin 2x+C$

$f(0)=0$이므로 $C=0$

따라서 $f(x)=-\frac{1}{2}x\cos 2x+\frac{1}{4}\sin 2x$이므로

$f(\pi)=-\frac{1}{2}\pi\cos 2\pi+\frac{1}{4}\sin 2\pi=-\frac{\pi}{2}$

## 0919

답 ③

함수 $f(x)$의 한 부정적분이 $F(x)$이므로

$F(x)=\int f(x)dx=\int x^2\ln x\,dx$

$u(x)=\ln x$, $v'(x)=x^2$으로 놓으면

$u'(x)=\frac{1}{x}$, $v(x)=\frac{1}{3}x^3$이므로

$F(x)=\int x^2\ln x\,dx=\frac{1}{3}x^3\ln x-\int\frac{1}{3}x^2dx$

$=\frac{1}{3}x^3\ln x-\frac{1}{9}x^3+C$

$F(e)=\frac{2}{9}e^3$이므로 $\frac{1}{3}e^3-\frac{1}{9}e^3+C=\frac{2}{9}e^3$

$\therefore C=0$

따라서 $F(x)=\frac{1}{3}x^3\ln x-\frac{1}{9}x^3$이므로

$F(e^2)=\frac{2}{3}e^6-\frac{1}{9}e^6=\frac{5}{9}e^6$

## 0920

답 ④

$\int f(x)dx=xf(x)+2x^2e^{-x}$의 양변을 $x$에 대하여 미분하면

$f(x)=f(x)+xf'(x)+4xe^{-x}-2x^2e^{-x}$

$xf'(x)=(2x^2-4x)e^{-x}$

$\therefore f'(x)=(2x-4)e^{-x}$

$f(x)=\int f'(x)dx=\int(2x-4)e^{-x}dx$

$u(x)=2x-4$, $v'(x)=e^{-x}$으로 놓으면

$u'(x)=2$, $v(x)=-e^{-x}$이므로

$f(x)=\int(2x-4)e^{-x}dx=(4-2x)e^{-x}+\int 2e^{-x}dx$

$=(4-2x)e^{-x}-2e^{-x}+C$

$=2(1-x)e^{-x}+C$

$f(1)=0$이므로 $C=0$

따라서 $f(x)=2(1-x)e^{-x}$이므로

$f(-2)=2\times3\times e^2=6e^2$

## 0921

답 1

$y=e^{2x}-2$로 놓으면

$y+2=e^{2x}$, $2x=\ln(y+2)$

$x=\frac{1}{2}\ln(y+2)$

$x$와 $y$를 서로 바꾸면

$y=\frac{1}{2}\ln(x+2)$

즉, $f^{-1}(x)=\frac{1}{2}\ln(x+2)$이므로

……… ❶

$g(x)=\int f^{-1}(x)dx=\frac{1}{2}\int\ln(x+2)dx$

$u(x)=\ln(x+2)$, $v'(x)=1$로 놓으면

$u'(x)=\frac{1}{x+2}$, $v(x)=x+2$이므로

$g(x)=\frac{1}{2}\int \ln(x+2)\,dx=\frac{1}{2}(x+2)\ln(x+2)-\frac{1}{2}\int 1\,dx$

$=\frac{1}{2}(x+2)\ln(x+2)-\frac{1}{2}x+C$

........................................ ❷

$g(-1)=\frac{1}{2}$이므로 $\frac{1}{2}+C=\frac{1}{2}$

$\therefore C=0$

따라서 $g(x)=\frac{1}{2}(x+2)\ln(x+2)-\frac{1}{2}x$이므로

$g(e-2)=\frac{1}{2}e-\frac{1}{2}(e-2)=1$

........................................ ❸

| 채점 기준 | 배점 |
|---|---|
| ❶ 함수 $f(x)$의 역함수 구하기 | 30% |
| ❷ $g(x)$를 적분상수를 포함한 식으로 나타내기 | 40% |
| ❸ $g(x)$의 식을 이용하여 $g(e-2)$의 값 구하기 | 30% |

## 0922

답 ②

모든 양수 $x$에 대하여 $f(x)>0$에서 $f(2x)>0$이고

$f'(2x)=\frac{f(2x)\ln x}{x^2}$이므로 $\frac{f'(2x)}{f(2x)}=\frac{\ln x}{x^2}$

$\int \frac{f'(2x)}{f(2x)}\,dx=\int \frac{\ln x}{x^2}\,dx$

$u(x)=\ln x$, $v'(x)=\frac{1}{x^2}$로 놓으면

$u'(x)=\frac{1}{x}$, $v(x)=-\frac{1}{x}$이므로

$\int \frac{f'(2x)}{f(2x)}\,dx=-\frac{1}{x}\ln x+\int \frac{1}{x^2}\,dx$

$\frac{1}{2}\ln|f(2x)|=-\frac{1}{x}\ln x-\frac{1}{x}+C$

$\ln f(2x)=-\frac{2}{x}\ln x-\frac{2}{x}+2C$

$f(2)=1$에서 $\ln f(2)=0$이므로 위 식의 양변에 $x=1$을 대입하면

$-2+2C=0$ $\quad\therefore C=1$

따라서 $\ln f(2x)=-\frac{2}{x}\ln x-\frac{2}{x}+2$이므로

$\ln f(4)=-\ln 2-1+2=1-\ln 2$

### 유형 15 부분적분법 – 여러 번 적용하는 경우

## 0923

답 $7\pi$

$u_1(x)=x^2$, $v_1'(x)=\cos x$로 놓으면

$u_1'(x)=2x$, $v_1(x)=\sin x$이므로

$f(x)=\int x^2\cos x\,dx$

$=x^2\sin x-2\int x\sin x\,dx$ ...... ㉠

$\int x\sin x\,dx$에서 $u_2(x)=x$, $v_2'(x)=\sin x$로 놓으면

$u_2'(x)=1$, $v_2(x)=-\cos x$이므로

$\int x\sin x\,dx=-x\cos x+\int \cos x\,dx$

$=-x\cos x+\sin x+C_1$ ...... ㉡

㉡을 ㉠에 대입하면

$f(x)=x^2\sin x-2(-x\cos x+\sin x+C_1)$

$=(x^2-2)\sin x+2x\cos x+C$

$f(\pi)=\pi$이므로 $-2\pi+C=\pi$

$\therefore C=3\pi$

따라서 $f(x)=(x^2-2)\sin x+2x\cos x+3\pi$이므로

$f(2\pi)=4\pi+3\pi=7\pi$

## 0924

답 ①

$u_1(x)=(\ln x)^2$, $v_1'(x)=4x$로 놓으면

$u_1'(x)=\frac{2}{x}\ln x$, $v_1(x)=2x^2$이므로

$f(x)=\int 4x(\ln x)^2\,dx$

$=2x^2(\ln x)^2-\int 4x\ln x\,dx$ ...... ㉠

$\int x\ln x\,dx$에서 $u_2(x)=\ln x$, $v_2'(x)=x$로 놓으면

$u_2'(x)=\frac{1}{x}$, $v_2(x)=\frac{1}{2}x^2$이므로

$\int x\ln x\,dx=\frac{1}{2}x^2\ln x-\int \frac{1}{2}x\,dx$

$=\frac{1}{2}x^2\ln x-\frac{1}{4}x^2+C_1$ ...... ㉡

㉡을 ㉠에 대입하면

$f(x)=2x^2(\ln x)^2-2x^2\ln x+x^2+C$

$\therefore f(e)-f(1)=(2e^2-2e^2+e^2+C)-(1+C)$

$=e^2-1$

## 0925

답 1

함수 $y=f(x)$의 그래프 위의 점 $(x, f(x))$에서의 접선의 기울기가 $e^x\sin 2x$이므로

$f'(x)=e^x\sin 2x$

$f(x)=\int f'(x)\,dx=\int e^x\sin 2x\,dx$

$u_1(x)=\sin 2x$, $v_1'(x)=e^x$으로 놓으면

$u_1'(x)=2\cos 2x$, $v_1(x)=e^x$이므로

$f(x)=\int e^x\sin 2x\,dx$

$=e^x\sin 2x-2\int e^x\cos 2x\,dx$ ...... ㉠

$\int e^x \cos 2x\,dx$에서 $u_2(x)=\cos 2x$, $v_2'(x)=e^x$으로 놓으면

$u_2'(x)=-2\sin 2x$, $v_2(x)=e^x$이므로

$$\int e^x \cos 2x\,dx=e^x\cos 2x+2\int e^x \sin 2x\,dx$$

$$=e^x\cos 2x+2f(x)+C_1 \quad \cdots\cdots ㉡$$

㉡을 ㉠에 대입하면

$f(x)=e^x\sin 2x-2\{e^x\cos 2x+2f(x)+C_1\}$

$5f(x)=e^x(\sin 2x-2\cos 2x)-2C_1$

$\therefore f(x)=\frac{1}{5}e^x(\sin 2x-2\cos 2x)+C$

함수 $y=f(x)$의 그래프가 점 $(0, 1)$을 지나므로

$f(0)=1$에서 $-\frac{2}{5}+C=1$

$\therefore C=\frac{7}{5}$

따라서 $f(x)=\frac{1}{5}e^x(\sin 2x-2\cos 2x)+\frac{7}{5}$이므로

$f(\pi)=\frac{1}{5}e^\pi\times(-2)+\frac{7}{5}=-\frac{2}{5}e^\pi+\frac{7}{5}$

즉, $a=-\frac{2}{5}$, $b=\frac{7}{5}$이므로

$a+b=-\frac{2}{5}+\frac{7}{5}=1$

## PART B 내신 잡는 종합 문제

### 0926

답 3

곡선 $y=f(x)$ 위의 점 $(x, f(x))$에서의 접선의 기울기가

$2^x\ln 2-2$이므로

$f'(x)=2^x\ln 2-2$

$f(x)=\int f'(x)\,dx=\int(2^x\ln 2-2)\,dx$

$=2^x-2x+C$

곡선 $y=f(x)$가 점 $(0, 4)$를 지나므로

$f(0)=4$에서 $1+C=4$

$\therefore C=3$

따라서 $f(x)=2^x-2x+3$이므로

$f(1)=2-2+3=3$

### 0927

답 4

$2x+5=t$로 놓으면 $2=\frac{dt}{dx}$이므로

$$f(x)=\int\frac{4x-2}{(2x+5)^3}\,dx=\int\frac{2x-1}{(2x+5)^3}\times 2\,dx$$

$$=\int\frac{t-6}{t^3}\,dt=\int\left(\frac{1}{t^2}-\frac{6}{t^3}\right)dt$$

$$=-\frac{1}{t}+\frac{3}{t^2}+C$$

$$=-\frac{1}{2x+5}+\frac{3}{(2x+5)^2}+C$$

$f(-2)=2$이므로 $-1+3+C=2$

$\therefore C=0$

따라서 $f(x)=-\frac{1}{2x+5}+\frac{3}{(2x+5)^2}$이므로

$f(-3)=1+3=4$

### 0928

답 2

$f(x)=\int\sin^3 x\,dx=\int(1-\cos^2 x)\sin x\,dx$

$\cos x=t$로 놓으면 $-\sin x=\frac{dt}{dx}$이므로

$$f(x)=\int(1-\cos^2 x)\sin x\,dx$$

$$=\int(1-t^2)\times(-1)\,dt=-t+\frac{1}{3}t^3+C$$

$$=-\cos x+\frac{1}{3}\cos^3 x+C$$

$f(0)=\frac{2}{3}$이므로 $-1+\frac{1}{3}+C=\frac{2}{3}$

$\therefore C=\frac{4}{3}$

따라서 $f(x)=-\cos x+\frac{1}{3}\cos^3 x+\frac{4}{3}$이므로

$f(\pi)=1-\frac{1}{3}+\frac{4}{3}=2$

### 0929

답 ①

$$f(x)=\int\frac{4}{4x^2-1}\,dx=\int\frac{4}{(2x-1)(2x+1)}\,dx$$

$$=\int\left(\frac{2}{2x-1}-\frac{2}{2x+1}\right)dx$$

$$=\ln|2x-1|-\ln|2x+1|+C$$

$f(0)=0$이므로 $C=0$

따라서 $f(x)=\ln|2x-1|-\ln|2x+1|$이므로

$$\sum_{k=1}^{5}f(k)=(\ln 1-\ln 3)+(\ln 3-\ln 5)+\cdots+(\ln 9-\ln 11)$$

$$=\ln 1-\ln 11=-\ln 11$$

**참고**

$f(x)=\ln|2x-1|-\ln|2x+1|=\ln\left|\frac{2x-1}{2x+1}\right|$이므로

$$\sum_{k=1}^{5}f(k)=\ln\frac{1}{3}+\ln\frac{3}{5}+\cdots+\ln\frac{9}{11}$$

$$=\ln\left(\frac{1}{3}\times\frac{3}{5}\times\cdots\times\frac{9}{11}\right)=\ln\frac{1}{11}$$

$$=-\ln 11$$

## 0930

답 ⑤

$f'(x)=\begin{cases} e^{x-1} & (x\le 1) \\ \frac{1}{x} & (x>1) \end{cases}$이므로

$f(x)=\begin{cases} e^{x-1}+C_1 & (x\le 1) \\ \ln x+C_2 & (x>1) \end{cases}$

함수 $f(x)$가 모든 실수에서 연속이므로 $x=1$에서 연속이다.

즉, $\lim_{x\to 1-} f(x)=\lim_{x\to 1+} f(x)=f(1)$이어야 하므로

$\lim_{x\to 1-} f(x)=\lim_{x\to 1-} (e^{x-1}+C_1)=1+C_1$

$\lim_{x\to 1+} f(x)=\lim_{x\to 1+} (\ln x+C_2)=C_2$

$f(1)=e^{1-1}+C_1=1+C_1$

에서 $C_2=1+C_1$ …… ㉠

또한 $f(-1)=e+\frac{1}{e^2}$이므로

$e^{-2}+C_1=e+\frac{1}{e^2}$에서 $C_1=e$

이를 ㉠에 대입하면 $C_2=e+1$

따라서 $f(x)=\begin{cases} e^{x-1}+e & (x\le 1) \\ \ln x+e+1 & (x>1) \end{cases}$이므로

$f(e)=\ln e+e+1=e+2$

**Bible Says 함수의 연속**

함수 $f(x)$가 실수 $a$에 대하여 다음 조건을 모두 만족시킬 때, $x=a$에서 연속이다.

(1) 함숫값 $f(a)$가 존재한다.

(2) 극한값 $\lim_{x\to a} f(x)$가 존재한다.

(3) $\lim_{x\to a} f(x)=f(a)$

## 0931

답 ②

$\lim_{h\to 0}\frac{f(x+h)-f(x)}{h}=f'(x)$이므로

$f'(x)=\frac{x-4}{2\sqrt{x+2}}$

$\sqrt{x+2}=t$로 놓으면 $x+2=t^2$에서 $x=t^2-2$이고

$1=2t\times\frac{dt}{dx}$이므로

$f(x)=\int f'(x)\,dx=\int \frac{x-4}{2\sqrt{x+2}}\,dx$

$=\int \frac{t^2-6}{2t}\times 2t\,dt=\int (t^2-6)\,dt$

$=\frac{1}{3}t^3-6t+C$

$=\frac{1}{3}(x+2)\sqrt{x+2}-6\sqrt{x+2}+C$

$f(-1)=1$이므로 $\frac{1}{3}-6+C=1$

$\therefore C=\frac{20}{3}$

따라서 $f(x)=\frac{1}{3}(x+2)\sqrt{x+2}-6\sqrt{x+2}+\frac{20}{3}$이므로

$f(2)=\frac{1}{3}\times 4\times 2-6\times 2+\frac{20}{3}=\frac{8}{3}-12+\frac{20}{3}=-\frac{8}{3}$

## 0932

답 10

$xf'(x)=2\ln\sqrt{x}$에서 $f'(x)=\frac{2\ln\sqrt{x}}{x}$

$f(x)=\int f'(x)\,dx=\int \frac{2\ln\sqrt{x}}{x}\,dx$

$=\int \frac{\ln x}{x}\,dx$

$\ln x=t$로 놓으면 $\frac{1}{x}=\frac{dt}{dx}$이므로

$f(x)=\int \frac{\ln x}{x}\,dx=\int t\,dt=\frac{1}{2}t^2+C$

$=\frac{1}{2}(\ln x)^2+C$

$f(1)=2$이므로 $C=2$

따라서 $f(x)=\frac{1}{2}(\ln x)^2+2$이므로

$f(e^4)=\frac{1}{2}\times 4^2+2=8+2=10$

## 0933

답 9

$\frac{f(x)}{x}+f'(x)=\frac{x-4}{x\sqrt{x}+2x}$에서

$f(x)+xf'(x)=\frac{x-4}{\sqrt{x}+2}=\sqrt{x}-2$

$\{xf(x)\}'=f(x)+xf'(x)$이므로

$xf(x)=\int \{xf(x)\}'\,dx=\int (\sqrt{x}-2)\,dx$

$=\frac{2}{3}x\sqrt{x}-2x+C$

$f(1)=-\frac{4}{3}$이므로 $\frac{2}{3}-2+C=-\frac{4}{3}$

$\therefore C=0$

따라서 $xf(x)=\frac{2}{3}x\sqrt{x}-2x$이므로

$f(x)=\frac{2}{3}\sqrt{x}-2$

$f(x)=0$에서 $\frac{2}{3}\sqrt{x}-2=0$

$\sqrt{x}=3 \qquad \therefore x=9$

## 0934

답 ⑤

$f(x)=\int \frac{2\sin^2 x}{1-\cos x}\,dx=\int \frac{2(1-\cos^2 x)}{1-\cos x}\,dx$

$=\int 2(1+\cos x)\,dx$

$=2x+2\sin x+C$

$f(x)\le 2x$에서 $2\sin x+C\le 0$

$2\sin x\le -C$

위의 부등식을 만족시키는 실수 $x$가 존재하려면

$-C\ge -2 \qquad \therefore C\le 2$

이때 $f\left(\frac{\pi}{2}\right)=\pi+2+C$이므로

$f\left(\frac{\pi}{2}\right)\le\pi+4$

따라서 구하는 $f\left(\frac{\pi}{2}\right)$의 최댓값은 $\pi+4$이다.

## 0935

답 ⑤

$f(x)=\int e^x dx=e^x+C_1$

$f(0)=0$이므로 $1+C_1=0$에서 $C_1=-1$

$\therefore f(x)=e^x-1$

$g(x)=\int xe^{x^2}dx$에서 $x^2=t$로 놓으면 $2x=\frac{dt}{dx}$이므로

$g(x)=\int xe^{x^2}dx=\int\frac{1}{2}e^t dt=\frac{1}{2}e^t+C_2$

$=\frac{1}{2}e^{x^2}+C_2$

$g(0)=0$이므로 $\frac{1}{2}+C_2=0$에서 $C_2=-\frac{1}{2}$

$\therefore g(x)=\frac{1}{2}e^{x^2}-\frac{1}{2}$

$h(x)=\int x^2e^{x^3}dx$에서 $x^3=s$로 놓으면 $3x^2=\frac{ds}{dx}$이므로

$h(x)=\int x^2e^{x^3}dx=\int\frac{1}{3}e^s ds=\frac{1}{3}e^s+C_3$

$=\frac{1}{3}e^{x^3}+C_3$

$h(0)=0$이므로 $\frac{1}{3}+C_3=0$에서 $C_3=-\frac{1}{3}$

$\therefore h(x)=\frac{1}{3}e^{x^3}-\frac{1}{3}$

따라서 $f(1)=e-1$, $g(1)=\frac{1}{2}(e-1)$, $h(1)=\frac{1}{3}(e-1)$이므로 세 값의 대소 관계는 $h(1)<g(1)<f(1)$이다.

## 0936

답 ③

$f(x)=\int x\cos x\,dx$에서 $u(x)=x$, $v'(x)=\cos x$로 놓으면

$u'(x)=1$, $v(x)=\sin x$이므로

$f(x)=\int x\cos x\,dx=x\sin x-\int\sin x\,dx$

$=x\sin x+\cos x+C_1$

$f(0)=1$이므로 $1+C_1=1$

$\therefore C_1=0$

따라서

$f(x)=x\sin x+\cos x$, $f'(x)=x\cos x$

이므로

$g(x)=\int e^{f(x)}x\cos x\,dx=\int e^{f(x)}f'(x)\,dx$

$f(x)=t$로 놓으면 $f'(x)=\frac{dt}{dx}$이므로

$g(x)=\int e^{f(x)}f'(x)\,dx=\int e^t dt=e^t+C=e^{f(x)}+C$

$g(0)=0$이므로 $e+C=0$

$\therefore C=-e$

따라서 $g(x)=e^{f(x)}-e$이므로

$g(2\pi)=e^{f(2\pi)}-e$

$=e^{2\pi\sin 2\pi+\cos 2\pi}-e$

$=e-e=0$

다른 풀이

합성함수의 미분법을 이용하여 $g(x)$를 구할 수도 있다.

$\{e^{f(x)}\}'=e^{f(x)}f'(x)$이므로

$g(x)=\int e^{f(x)}f'(x)\,dx=\int\{e^{f(x)}\}'\,dx$

$=e^{f(x)}+C$

$g(0)=0$이므로 $e+C=0$

$\therefore C=-e$

따라서 $g(x)=e^{f(x)}-e$이므로

$g(2\pi)=e^{f(2\pi)}-e$

$=e^{2\pi\sin 2\pi+\cos 2\pi}-e$

$=e-e=0$

## 0937

답 ④

$f(g(x))=g(f(x))=x$이므로 $g(x)=f^{-1}(x)$

$y=\frac{3x-5}{x-1}$로 놓으면 $xy-y=3x-5$

$x(y-3)=y-5$

$\therefore x=\frac{y-5}{y-3}$

$x$와 $y$를 서로 바꾸면 $y=\frac{x-5}{x-3}$

따라서 $g(x)=\frac{x-5}{x-3}$이므로

$h(x)=\int g(x)\,dx=\int\frac{x-5}{x-3}\,dx$

$=\int\left(1-\frac{2}{x-3}\right)dx$

$=x-2\ln|x-3|+C$

$\therefore h(7)-h(1)=(7-2\ln 4+C)-(1-2\ln 2+C)$

$=6-2\ln 2$

## 0938

답 ⑤

$u_1(x)=(\ln x)^2$, $v_1'(x)=3x^2$으로 놓으면

$u_1'(x)=\frac{2}{x}\ln x$, $v_1(x)=x^3$이므로

$f(x)=\int f'(x)\,dx=\int 3x^2(\ln x)^2\,dx$

$=x^3(\ln x)^2-\int 2x^2\ln x\,dx$ …… ㉠

$\int x^2\ln x\,dx$에서 $u_2(x)=\ln x$, $v_2'(x)=x^2$으로 놓으면

$u_2'(x)=\frac{1}{x}$, $v_2(x)=\frac{1}{3}x^3$이므로

$$\int x^2 \ln x\,dx=\frac{1}{3}x^3 \ln x-\int \frac{1}{3}x^2\,dx$$
$$=\frac{1}{3}x^3 \ln x-\frac{1}{9}x^3+C_1 \quad \cdots\cdots ㉡$$
㉡을 ㉠에 대입하면
$$f(x)=x^3(\ln x)^2-\frac{2}{3}x^3 \ln x+\frac{2}{9}x^3+C$$
$f(1)=\frac{2}{9}$이므로 $\frac{2}{9}+C=\frac{2}{9}$

$\therefore C=0$

따라서 $f(x)=x^3(\ln x)^2-\frac{2}{3}x^3 \ln x+\frac{2}{9}x^3$이므로
$$f(e)=e^3-\frac{2}{3}e^3+\frac{2}{9}e^3=\frac{5}{9}e^3$$

## 0939

답 ①

$T(t)-20=x$로 놓으면 $T'(t)=\frac{dx}{dt}$이므로
$$\int \frac{T'(t)}{T(t)-20}\,dt=\int \frac{1}{x}\,dx=\ln|x|+C_1$$
$$=\ln|T(t)-20|+C_1$$
$\therefore \ln|T(t)-20|=kt+C_2 \quad \cdots\cdots ㉠$

㉠의 양변에 $t=0$을 대입하면

$\ln|T(0)-20|=C_2$

이때 $T(0)=100$이므로 $C_2=\ln 80 \quad \cdots\cdots ㉡$

㉠의 양변에 $t=3$을 대입하면

$\ln|T(3)-20|=3k+C_2$

이때 $T(3)=60$이므로 $3k+C_2=\ln 40$

㉡을 위의 식에 대입하면
$$3k=\ln 40-\ln 80=\ln\frac{1}{2}=-\ln 2$$
$$\therefore k=-\frac{\ln 2}{3}$$

## 0940

답 ③

$\{f(x)g(x)\}'=f'(x)g(x)+f(x)g'(x)$이고

조건 (가)에서 $f'(x)g(x)+f(x)g'(x)=h(x)$이므로
$$f(x)g(x)=\int\{f(x)g(x)\}'\,dx=\int h(x)\,dx$$
$f(x)=x$, $h(x)=\ln x$를 위의 식에 대입하면
$$xg(x)=\int \ln x\,dx$$
$u(x)=\ln x$, $v'(x)=1$로 놓으면

$u'(x)=\frac{1}{x}$, $v(x)=x$이므로
$$xg(x)=\int \ln x\,dx=x\ln x-\int 1\,dx$$
$$=x\ln x-x+C$$
조건 (나)에서 $g(1)=-1$이므로 위의 식의 양변에 $x=1$을 대입하면

$-1=-1+C \qquad \therefore C=0$

따라서 $xg(x)=x\ln x-x$이므로

$g(x)=\ln x-1$ ($\because x>0$)

$\therefore g(e)=\ln e-1=1-1=0$

## 0941

답 ③

$f'(x)=\frac{1}{1-e^x}$이므로
$$f(x)=\int f'(x)\,dx=\int \frac{1}{1-e^x}\,dx$$
$1-e^x=t$로 놓으면 $-e^x=\frac{dt}{dx}$이므로
$$f(x)=\int \frac{1}{1-e^x}\,dx=\int \frac{1}{t}\times\frac{1}{t-1}\,dt$$
$$=\int\left(\frac{1}{t-1}-\frac{1}{t}\right)dt=\ln|t-1|-\ln|t|+C$$
$$=\ln\left|\frac{t-1}{t}\right|+C=\ln\left|\frac{-e^x}{1-e^x}\right|+C$$
$$=\ln\left|\frac{e^x}{e^x-1}\right|+C$$
$f(1)=0$이므로 $\ln\left|\frac{e}{e-1}\right|+C=0$

$\therefore C=\ln\frac{e-1}{e}$

따라서 $f(x)=\ln\left|\frac{e^x}{e^x-1}\right|+\ln\frac{e-1}{e}$이므로
$$f(2)=\ln\left|\frac{e^2}{e^2-1}\right|+\ln\frac{e-1}{e}$$
$$=\ln\left\{\frac{e^2}{(e+1)(e-1)}\times\frac{e-1}{e}\right\}=\ln\frac{e}{e+1}$$

## 0942

답 ②

조건 (나)의 $f(x)+xf'(x)=x\cos x$에서

$\{xf(x)\}'=f(x)+xf'(x)$이므로

$\{xf(x)\}'=x\cos x$
$$xf(x)=\int\{xf(x)\}'\,dx=\int x\cos x\,dx$$
$u(x)=x$, $v'(x)=\cos x$로 놓으면

$u'(x)=1$, $v(x)=\sin x$이므로
$$xf(x)=\int x\cos x\,dx=x\sin x-\int \sin x\,dx$$
$$=x\sin x+\cos x+C$$
조건 (가)에서 $f\left(\frac{\pi}{2}\right)=1$이므로 위의 식의 양변에 $x=\frac{\pi}{2}$를 대입하면

$\frac{\pi}{2}f\left(\frac{\pi}{2}\right)=\frac{\pi}{2}\sin\frac{\pi}{2}+\cos\frac{\pi}{2}+C$에서

$\frac{\pi}{2}=\frac{\pi}{2}+C \qquad \therefore C=0$

따라서 $xf(x)=x\sin x+\cos x$이므로

$f(x)=\sin x+\frac{\cos x}{x}$ ($\because x>0$)

$\therefore f(\pi)=\sin\pi+\frac{\cos\pi}{\pi}=-\frac{1}{\pi}$

## 0943

답 17

조건 ㈎에서 $\frac{d}{dx}\int f'(x)\,dx=\cos 2x+2a$이므로

$f'(x)=\cos 2x+2a$

$f(x)=\int f'(x)\,dx=\int(\cos 2x+2a)\,dx$

$=\frac{1}{2}\sin 2x+2ax+C$

조건 ㈏의 $\lim_{x\to\pi}\frac{f(x)}{x-\pi}=-1$에서 극한값이 존재하고 $x\to\pi$일 때,

(분모)→0이므로 (분자)→0이어야 한다.

즉, $\lim_{x\to\pi}f(x)=0$이므로 $f(\pi)=0$에서

$2a\pi+C=0 \quad \therefore C=-2a\pi \quad \cdots\cdots$ ㉠

$\lim_{x\to\pi}\frac{f(x)}{x-\pi}=\lim_{x\to\pi}\frac{f(x)-f(\pi)}{x-\pi}=f'(\pi)=-1$

$f'(x)=\cos 2x+2a$에서 $f'(\pi)=1+2a$이므로

$1+2a=-1,\ 2a=-2 \quad \therefore a=-1$

이를 ㉠에 대입하면 $C=2\pi$

따라서 $f(x)=\frac{1}{2}\sin 2x-2x+2\pi$이므로

$f(a\pi)=f(-\pi)=2\pi+2\pi=4\pi$

$\therefore b=4$

$\therefore a^2+b^2=(-1)^2+4^2=17$

**참고**

함수 $f(x)$가 $x=a$에서 미분가능할 때, $\lim_{x\to a}\frac{f(x)-b}{x-a}=c$이면 $f(a)=b,\ f'(a)=c$이다.

## 0944

답 $2\sqrt{3}$

$x^2+1=t$로 놓으면 $2x=\frac{dt}{dx}$이므로

$f(x)=\int\frac{2x}{\sqrt{x^2+1}}\,dx=\int\frac{1}{\sqrt{t}}\,dt$

$=\int t^{-\frac{1}{2}}\,dt=2t^{\frac{1}{2}}+C$

$=2\sqrt{x^2+1}+C$

........................................ ❶

곡선 $y=f(x)$가 점 $(0,\ 2)$를 지나므로

$f(0)=2$에서 $2+C=2$

$\therefore C=0$

$\therefore f(x)=2\sqrt{x^2+1}$

........................................ ❷

곡선 $y=f(x)$와 직선 $y=4$가 만나는 점의 $x$좌표는

$f(x)=4$에서

$2\sqrt{x^2+1}=4,\ \sqrt{x^2+1}=2$

$x^2+1=4,\ x^2=3$

$\therefore x=-\sqrt{3}$ 또는 $x=\sqrt{3}$

따라서 두 점 A, B의 좌표는 $(-\sqrt{3},\ 4)$, $(\sqrt{3},\ 4)$이므로

$\overline{AB}=2\sqrt{3}$

........................................ ❸

| 채점 기준 | 배점 |
|---|---|
| ❶ $f(x)$를 적분상수를 포함한 식으로 나타내기 | 30% |
| ❷ 주어진 조건을 이용하여 $f(x)$ 구하기 | 30% |
| ❸ 선분 AB의 길이 구하기 | 40% |

## 0945

답 3

함수 $f(x)$는 양의 실수 전체의 집합에서 미분가능하고 $\frac{1}{x}>0$이므로

$\lim_{h\to 0}\frac{f\left(\frac{1}{x}-h\right)-f\left(\frac{1}{x}\right)}{h}=-\lim_{h\to 0}\frac{f\left(\frac{1}{x}-h\right)-f\left(\frac{1}{x}\right)}{-h}$

$=-f'\left(\frac{1}{x}\right)=\frac{\ln x}{x}$

$\frac{1}{x}=t\ (t>0)$으로 놓으면

$-f'(t)=t\ln\frac{1}{t}=-t\ln t$

$f'(t)=t\ln t$

........................................ ❶

$f(t)=\int f'(t)\,dt=\int t\ln t\,dt$

$u(t)=\ln t,\ v'(t)=t$로 놓으면

$u'(t)=\frac{1}{t},\ v(t)=\frac{1}{2}t^2$이므로

$f(t)=\int t\ln t\,dt$

$=\frac{1}{2}t^2\ln t-\int\frac{1}{2}t\,dt$

$=\frac{1}{2}t^2\ln t-\frac{1}{4}t^2+C$

........................................ ❷

$f(1)=1$이므로 $-\frac{1}{4}+C=1$

$\therefore C=\frac{5}{4}$

따라서 $f(t)=\frac{1}{2}t^2\ln t-\frac{1}{4}t^2+\frac{5}{4}$이므로

$f(e)=\frac{1}{2}e^2-\frac{1}{4}e^2+\frac{5}{4}$

$=\frac{1}{4}e^2+\frac{5}{4}$

즉, $p=\frac{1}{4},\ q=\frac{5}{4}$이므로

$2(p+q)=2\times\left(\frac{1}{4}+\frac{5}{4}\right)=3$

........................................ ❸

| 채점 기준 | 배점 |
|---|---|
| ❶ 함수 $f(x)$의 도함수 구하기 | 30% |
| ❷ 부분적분법을 이용하여 $f(x)$를 적분상수를 포함한 식으로 나타내기 | 40% |
| ❸ $f(x)$의 식을 이용하여 $2(p+q)$의 값 구하기 | 30% |

# 수능 녹인 변별력 문제

## 0946

답 ⑤

주어진 식의 좌변에서 $\lim_{h\to 0}\frac{f(x+h)-f(x)}{h}=f'(x)$

주어진 식의 우변에서 $\lim_{n\to\infty}\sum_{k=1}^{n}\left(\frac{1}{x+1}\right)^{k-1}$의 값은 첫째항이 1이고 공비가 $\frac{1}{x+1}$인 등비급수의 합과 같다.

또한 $x>0$일 때, $0<\frac{1}{x+1}<1$이므로

$f'(x)=\frac{1}{1-\frac{1}{x+1}}=\frac{x+1}{x}=1+\frac{1}{x}$

$f(x)=\int f'(x)\,dx=\int\left(1+\frac{1}{x}\right)dx$

$=x+\ln x+C$

$f(1)=3$이므로 $1+C=3$

$\therefore C=2$

따라서 $f(x)=x+\ln x+2$이므로

$f(9)=9+\ln 9+2=11+2\ln 3$

## 0947

답 ④

$f(x)=\int f'(x)\,dx=\int(\cos x-2\sin x\cos x)\,dx$

$=\int\cos x(1-2\sin x)\,dx$

$\sin x=t$로 놓으면 $\cos x=\frac{dt}{dx}$이므로

$f(x)=\int\cos x(1-2\sin x)\,dx$

$=\int(1-2t)\,dt=-t^2+t+C$

$=-\sin^2 x+\sin x+C$

$f(0)=1$이므로 $C=1$

$\therefore f(x)=-\sin^2 x+\sin x+1$

즉, 함수 $f(x)$는

$y=-t^2+t+1=-\left(t-\frac{1}{2}\right)^2+\frac{5}{4}$ (단, $-1\le t\le 1$)

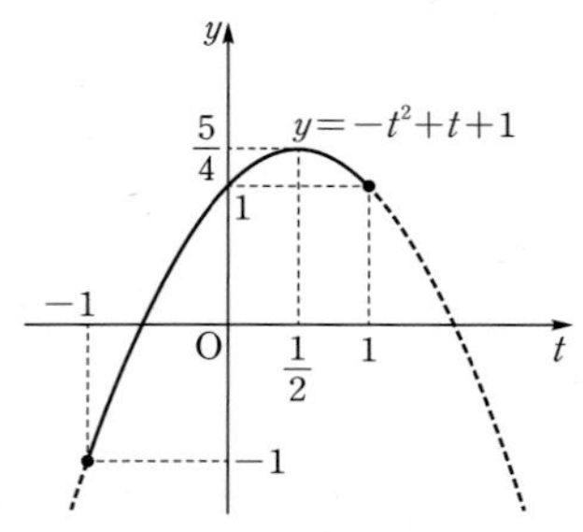


따라서 함수 $f(x)$는 $t=\frac{1}{2}$일 때 최댓값 $M=\frac{5}{4}$, $t=-1$일 때 최솟값 $m=-1$을 가지므로

$M+m=\frac{5}{4}+(-1)=\frac{1}{4}$

**Bible Says** 제한된 범위에서 이차함수의 최대 · 최소

$m\le x\le n$에서 이차함수 $f(x)=a(x-p)^2+q$는

(1) $m\le p\le n$일 때
$f(m)$, $f(n)$, $q$ 중 가장 큰 값이 최댓값, 가장 작은 값이 최솟값이다.

(2) $p<m$ 또는 $p>n$일 때
$f(m)$, $f(n)$ 중 큰 값이 최댓값, 작은 값이 최솟값이다.

## 0948

답 ④

$g(x)=\int f\left(\frac{1}{x}\right)dx=\int\frac{e^{\frac{1}{x}}}{x^3}\,dx$

$\frac{1}{x}=t$로 놓으면 $-\frac{1}{x^2}=\frac{dt}{dx}$이므로

$g(x)=\int\frac{e^{\frac{1}{x}}}{x^3}\,dx=-\int te^t\,dt$

$u(t)=t$, $v'(t)=e^t$으로 놓으면

$u'(t)=1$, $v(t)=e^t$이므로

$g(x)=-\int te^t\,dt=-te^t+\int e^t\,dt$

$=-te^t+e^t+C$

$=-\frac{1}{x}e^{\frac{1}{x}}+e^{\frac{1}{x}}+C$

$g(1)=1$이므로 $-e+e+C=1$

$\therefore C=1$

따라서 $g(x)=-\frac{1}{x}e^{\frac{1}{x}}+e^{\frac{1}{x}}+1$이므로

$g(2)=-\frac{1}{2}e^{\frac{1}{2}}+e^{\frac{1}{2}}+1=1+\frac{1}{2}\sqrt{e}$

## 0949

답 ②

$f(x)=\int f'(x)\,dx=\int\left(2-\frac{3}{x^2}\right)dx$

$=2x+\frac{3}{x}+C_1$

$f(1)=5$이므로 $5+C_1=5$

$\therefore C_1=0$

$\therefore f(x)=2x+\frac{3}{x}$

조건 (가)에서 $x<0$인 모든 실수 $x$에 대하여

$g'(x)=f'(-x)=2-\frac{3}{x^2}$이므로

$g(x)=\int g'(x)\,dx=\int\left(2-\frac{3}{x^2}\right)dx$

$=2x+\frac{3}{x}+C_2$

조건 (나)에서 $f(2)+g(-2)=9$이므로

$\left(4+\frac{3}{2}\right)+\left(-4-\frac{3}{2}+C_2\right)=9$

$\therefore C_2=9$

따라서 $g(x)=2x+\frac{3}{x}+9$이므로

$g(-3)=-6-1+9=2$

## 0950

답 3

조건 (가)의 $\lim_{x \to 2}\frac{f(x)-4}{x-2}=2$에서 극한값이 존재하고 $x \to 2$일 때, (분모)$\to 0$이므로 (분자)$\to 0$이어야 한다.

즉, $\lim_{x \to 2}\{f(x)-4\}=0$이므로 $f(2)=4$

$\lim_{x \to 2}\frac{f(x)-4}{x-2}=\lim_{x \to 2}\frac{f(x)-f(2)}{x-2}=f'(2)=2$

한편, $g(x)=\int xf''(x)\,dx$에서

$u(x)=x$, $v'(x)=f''(x)$로 놓으면

$u'(x)=1$, $v(x)=f'(x)$이므로

$g(x)=\int xf''(x)\,dx$

$\quad =xf'(x)-\int f'(x)\,dx$

$\quad =xf'(x)-f(x)+C$

조건 (나)에서 $g(2)=8$이므로

$2f'(2)-f(2)+C=8$

$4-4+C=8$

$\therefore C=8$

따라서 $g(x)=xf'(x)-f(x)+8$이므로

$g(4)=4f'(4)-f(4)+8$

$4f'(4)=f(4)+g(4)-8=20-8=12$

$\therefore f'(4)=3$

## 0951

답 ④

함수 $f(x)$의 역함수가 $g(x)$이므로

$g(f(x))=x$

위의 식의 양변을 $x$에 대하여 미분하면

$g'(f(x))f'(x)=1$ $\quad \cdots\cdots$ ㉠

조건 (나)에서 $g'(f(x))\neq 0$이므로

㉠에서 $g'(f(x))=\frac{1}{f'(x)}$

위의 식을 조건 (나)의 식에 대입하면

$f(x)g'(f(x))=\frac{f(x)}{f'(x)}=\frac{1}{x^2+1}$

$\therefore \frac{f'(x)}{f(x)}=x^2+1$

위의 식의 양변을 $x$에 대하여 적분하면

$\ln|f(x)|=\frac{1}{3}x^3+x+C$

$\therefore |f(x)|=e^{\frac{1}{3}x^3+x+C}$

조건 (가)에서 $f(0)=1>0$이고, 함수 $f(x)$는 실수 전체의 집합에서 미분가능하므로

$f(x)=e^{\frac{1}{3}x^3+x+C}$

위의 식에 $x=0$을 대입하면

$f(0)=e^C=1$ ($\because$ 조건 (가))

$\therefore C=0$

따라서 $f(x)=e^{\frac{1}{3}x^3+x}$이므로

$f(3)=e^{\frac{1}{3}\times 3^3+3}=e^{12}$

## 0952

답 2

$f(x)=\int f'(x)\,dx=\int \frac{1-2f'\left(\frac{1}{x}\right)}{x^2}dx$

$\frac{1}{x}=t$로 놓으면 $-\frac{1}{x^2}=\frac{dt}{dx}$이므로

$f(x)=\int \frac{1-2f'\left(\frac{1}{x}\right)}{x^2}dx$

$\quad =\int\{2f'(t)-1\}\,dt$

$\quad =2f(t)-t+C$

$\quad =2f\left(\frac{1}{x}\right)-\frac{1}{x}+C$

$f(-1)=0$이므로 $2f(-1)+1+C=0$

$\therefore C=-1$

따라서 $f(x)=2f\left(\frac{1}{x}\right)-\frac{1}{x}-1$이므로

$f(1)=2f(1)-1-1$

$\therefore f(1)=2$

다른 풀이

$f'(x)=\frac{1-2f'\left(\frac{1}{x}\right)}{x^2}$에서

$x^2f'(x)+2f'\left(\frac{1}{x}\right)=1$ $\quad \cdots\cdots$ ㉠

이때 $x$에 $\frac{1}{x}$을 대입하면

$\frac{1}{x^2}f'\left(\frac{1}{x}\right)+2f'(x)=1$ $\quad \cdots\cdots$ ㉡

$2\times$㉡$-\frac{1}{x^2}\times$㉠을 하면

$3f'(x)=2-\frac{1}{x^2}$ $\quad \therefore f'(x)=\frac{2}{3}-\frac{1}{3x^2}$

$f(x)=\int f'(x)\,dx=\int\left(\frac{2}{3}-\frac{1}{3x^2}\right)dx=\frac{2}{3}x+\frac{1}{3x}+C$

$f(-1)=0$이므로 $-\frac{2}{3}-\frac{1}{3}+C=0$ $\quad \therefore C=1$

따라서 $f(x)=\frac{2}{3}x+\frac{1}{3x}+1$이므로

$f(1)=\frac{2}{3}+\frac{1}{3}+1=2$

## 0953

답 ⑤

$f(x)-xf'(x)=x-x\ln x$ $\quad \cdots\cdots$ ㉠

㉠의 양변을 $x^2$으로 나누면

$\frac{f(x)-xf'(x)}{x^2}=\frac{x-x\ln x}{x^2}$

$\frac{xf'(x)-f(x)}{x^2}=-\frac{1}{x}+\frac{\ln x}{x}$이므로

$\left\{\frac{f(x)}{x}\right\}'=-\frac{1}{x}+\frac{\ln x}{x}$

$\therefore \frac{f(x)}{x}=\int\left(-\frac{1}{x}+\frac{\ln x}{x}\right)dx$

$\ln x=t$로 놓으면 $\frac{1}{x}=\frac{dt}{dx}$이므로

$\int \frac{\ln x}{x}dx=\int t\,dt=\frac{1}{2}t^2+C_1$

$=\frac{1}{2}(\ln x)^2+C_1$

$\therefore \frac{f(x)}{x}=\int\left(-\frac{1}{x}+\frac{\ln x}{x}\right)dx$

$=-\ln x+\frac{1}{2}(\ln x)^2+C$

$f(1)=2$이므로 $\frac{f(1)}{1}=C$

$\therefore C=2$

따라서 $\frac{f(x)}{x}=-\ln x+\frac{1}{2}(\ln x)^2+2$에서

$f(x)=-x\ln x+\frac{1}{2}x(\ln x)^2+2x$이므로

$f(e)=-e\ln e+\frac{1}{2}e(\ln e)^2+2e$

$=-e+\frac{e}{2}+2e=\frac{3}{2}e$

㉠의 양변에 $x=e$를 대입하면

$f(e)-ef'(e)=e-e\ln e$

$f(e)-ef'(e)=0$

이때 $f(e)=\frac{3}{2}e$이므로

$f'(e)=\frac{f(e)}{e}=\frac{3}{2}$

$\therefore f(e)f'(e)=\frac{3}{2}e\times\frac{3}{2}=\frac{9}{4}e$

**Bible Says 몫의 미분법**

미분가능한 두 함수 $f(x)$, $g(x)$ $(g(x)\neq 0)$에 대하여

$\left\{\frac{f(x)}{g(x)}\right\}'=\frac{f'(x)g(x)-f(x)g'(x)}{\{g(x)\}^2}$

## 0954

답 ①

조건 ㈎에서 $g(x)>0$이므로 조건 ㈏의 식의 양변에 $\frac{1}{\{g(x)\}^2}$을 곱하면

$\frac{f'(x)g(x)-f(x)g'(x)}{\{g(x)\}^2}=\frac{f(x)}{g(x)}$

$\left\{\frac{f(x)}{g(x)}\right\}'=\frac{f(x)}{g(x)}$

조건 ㈎에서 $\frac{f(x)}{g(x)}>0$이므로

$\frac{\left\{\frac{f(x)}{g(x)}\right\}'}{\frac{f(x)}{g(x)}}=1$

위의 식의 양변을 $x$에 대하여 적분하면

$\ln\frac{f(x)}{g(x)}=x+C$ ...... ㉠

이때 $\frac{f(1)}{g(1)}=1$이므로 ㉠의 양변에 $x=1$을 대입하면

$\ln\frac{f(1)}{g(1)}=1+C$

따라서 $\ln 1=1+C$이므로

$C=-1$

즉, $\ln\frac{f(x)}{g(x)}=x-1$에서

$\frac{f(x)}{g(x)}=e^{x-1}$

따라서 $\frac{g(x)}{f(x)}=\frac{1}{e^{x-1}}$이므로

$\sum_{n=1}^{\infty}\frac{g(n)}{f(n)}=\lim_{n\to\infty}\sum_{k=1}^{n}\frac{g(k)}{f(k)}$

$=\lim_{n\to\infty}\sum_{k=1}^{n}\frac{1}{e^{k-1}}$ — 첫째항이 1, 공비가 $\frac{1}{e}$인 등비급수이다.

$=\frac{1}{1-\frac{1}{e}}=\frac{e}{e-1}$

## 0955

답 ③

$f(x)=\int(a^2-1)3^x dx=\frac{(a^2-1)3^x}{\ln 3}+C$

$f(1)=0$이므로 $\frac{3(a^2-1)}{\ln 3}+C=0$

$\therefore C=-\frac{3(a^2-1)}{\ln 3}$

$\therefore f(x)=\frac{(3^x-3)(a^2-1)}{\ln 3}$

(i) $a^2-1=0$, 즉 $a=-1$ 또는 $a=1$일 때

$f(x)=0$이므로 조건을 만족시키지 않는다.

(ii) $a^2-1>0$, 즉 $a<-1$ 또는 $a>1$일 때

함수 $f(x)$가 증가함수이므로 닫힌구간 $[0, 2]$에서 $f(x)$의 최댓값은 $f(2)=\frac{1}{\ln 3}$에서

$\frac{6(a^2-1)}{\ln 3}=\frac{1}{\ln 3}$

$a^2-1=\frac{1}{6}$, $a^2=\frac{7}{6}$ ...... ㉠

$f(x)$의 최솟값은 $f(0)=-\frac{3}{\ln 3}$에서

$-\frac{2(a^2-1)}{\ln 3}=-\frac{3}{\ln 3}$

$a^2-1=\frac{3}{2}$, $a^2=\frac{5}{2}$ ...... ㉡

㉠, ㉡을 동시에 만족시키는 $a$의 값이 존재하지 않는다.

(iii) $a^2-1<0$, 즉 $-1<a<1$일 때

함수 $f(x)$가 감소함수이므로 닫힌구간 $[0, 2]$에서 $f(x)$의 최댓값은 $f(0)=\frac{1}{\ln 3}$에서

$-\frac{2(a^2-1)}{\ln 3}=\frac{1}{\ln 3}$

$a^2-1=-\frac{1}{2}$, $a^2=\frac{1}{2}$ ...... ㉢

$f(x)$의 최솟값은 $f(2)=-\frac{3}{\ln 3}$에서

$\frac{6(a^2-1)}{\ln 3}=-\frac{3}{\ln 3}$

$a^2-1=-\frac{1}{2}$, $a^2=\frac{1}{2}$ ...... ㉣

㉢, ㉣에서 $a^2=\frac{1}{2}$

(i)~(iii)에서 $a^2=\frac{1}{2}$이므로

$f(x)=-\frac{3^x-3}{2\ln 3}$

$\therefore f(3)=-\frac{3^3-3}{2\ln 3}=-\frac{12}{\ln 3}$

참고

미분과 적분의 관계를 이용하여 관계식을 구할 수도 있다.

$\left[\frac{2}{3}\{f(x)\}^3\right]'=2\{f(x)\}^2\times f'(x)$,

$\left[\frac{1}{6}\{f(2x+1)\}^3\right]'=\frac{1}{2}\{f(2x+1)\}^2\times 2f'(2x+1)$

$=\{f(2x+1)\}^2\times f'(2x+1)$

이때 적분은 미분의 역연산이므로

$\frac{2}{3}\{f(x)\}^3=\frac{1}{6}\{f(2x+1)\}^3+C$

$\therefore 4\{f(x)\}^3=\{f(2x+1)\}^3+6C$

## 0956

답 ④

조건 (가)의 $2\{f(x)\}^2f'(x)=\{f(2x+1)\}^2f'(2x+1)$에서

$\int 2\{f(x)\}^2f'(x)\,dx=\int \{f(2x+1)\}^2f'(2x+1)\,dx$ …… ㉠

㉠의 좌변에서 $f(x)=t$로 놓으면 $f'(x)=\frac{dt}{dx}$이므로

$\int 2\{f(x)\}^2f'(x)\,dx=\int 2t^2\,dt=\frac{2}{3}t^3+C_1$

$=\frac{2}{3}\{f(x)\}^3+C_1$

㉠의 우변에서 $2x+1=s$로 놓으면 $2=\frac{ds}{dx}$이므로

$\int \{f(2x+1)\}^2f'(2x+1)\,dx=\frac{1}{2}\int \{f(s)\}^2f'(s)ds$

$=\frac{1}{6}\{f(s)\}^3+C_2$

$=\frac{1}{6}\{f(2x+1)\}^3+C_2$

즉, $\frac{2}{3}\{f(x)\}^3=\frac{1}{6}\{f(2x+1)\}^3+C$이므로

$4\{f(x)\}^3=\{f(2x+1)\}^3+6C$ …… ㉡

㉡의 양변에 $x=-\frac{1}{8}$을 대입하면

$4\times 1^3=\left\{f\left(\frac{3}{4}\right)\right\}^3+6C$ ($\because$ 조건 (나)에서 $f\left(-\frac{1}{8}\right)=1$)

$\therefore \left\{f\left(\frac{3}{4}\right)\right\}^3=4-6C$

㉡의 양변에 $x=\frac{3}{4}$을 대입하면

$4(4-6C)=\left\{f\left(\frac{5}{2}\right)\right\}^3+6C$

$\therefore \left\{f\left(\frac{5}{2}\right)\right\}^3=16-30C$

㉡의 양변에 $x=\frac{5}{2}$를 대입하면

$4(16-30C)=2^3+6C$ ($\because$ 조건 (나)에서 $f(6)=2$)

$\therefore C=\frac{4}{9}$

따라서 $4\{f(x)\}^3=\{f(2x+1)\}^3+\frac{8}{3}$이므로 이 식의 양변에

$x=-1$을 대입하면

$4\{f(-1)\}^3=\{f(-1)\}^3+\frac{8}{3}$

$\{f(-1)\}^3=\frac{8}{9}$

$\therefore f(-1)=\frac{2\sqrt[3]{3}}{3}$

## 0957

답 13

$f(x)=\int f'(x)\,dx=\int e^x\sin x\,dx$

$u_1(x)=\sin x$, $v_1'(x)=e^x$으로 놓으면

$u_1'(x)=\cos x$, $v_1(x)=e^x$이므로

$f(x)=\int e^x\sin x\,dx=e^x\sin x-\int e^x\cos x\,dx$ …… ㉠

$\int e^x\cos x\,dx$에서 $u_2(x)=\cos x$, $v_2'(x)=e^x$으로 놓으면

$u_2'(x)=-\sin x$, $v_2(x)=e^x$이므로

$\int e^x\cos x\,dx=e^x\cos x+\int e^x\sin x\,dx$ …… ㉡

㉠에 ㉡을 대입하면

$2\int e^x\sin x\,dx=e^x(\sin x-\cos x)$

즉, $\int e^x\sin x\,dx=\frac{1}{2}e^x(\sin x-\cos x)$이므로

$f(x)=\frac{1}{2}e^x(\sin x-\cos x)+C$

이때 $f\left(\frac{\pi}{4}\right)=1$이므로 $C=1$

따라서 $f(x)=\frac{1}{2}e^x(\sin x-\cos x)+1$이므로

$f(x)=1$에서 $\frac{1}{2}e^x(\sin x-\cos x)+1=1$

$\sin x-\cos x=0$, $\tan x=1$

$\therefore x=\frac{\pi}{4}, \frac{5}{4}\pi, \frac{9}{4}\pi, \cdots$

$\therefore a_n=n\pi-\frac{3}{4}\pi$ (단, $n$은 자연수)

$\sum_{n=1}^{2p}a_n=\sum_{n=1}^{2p}\left(n\pi-\frac{3}{4}\pi\right)$

$=\frac{2p(2p+1)}{2}\pi-\frac{3}{4}\pi\times 2p$

$=\left(2p^2-\frac{1}{2}p\right)\pi=30\pi$

에서 $2p^2-\frac{1}{2}p-30=0$

$4p^2-p-60=0$, $(4p+15)(p-4)=0$

$p$는 자연수이므로 $p=4$

따라서 $a_p=a_4=4\pi-\frac{3}{4}\pi=\frac{13}{4}\pi$이므로

$\frac{p\times a_p}{\pi}=\frac{4\times\frac{13}{4}\pi}{\pi}=13$

# 09 정적분

## 유형 01 유리함수, 무리함수의 정적분

확인 문제 (1) 38 (2) 4

(1) $\int_4^9 3\sqrt{x}\,dx=\int_4^9 3x^{\frac{1}{2}}\,dx=\left[2x^{\frac{3}{2}}\right]_4^9=54-16=38$

(2) $\int_1^{e^2}\frac{2}{x}\,dx=\left[2\ln|x|\right]_1^{e^2}=2\ln e^2-2\ln 1=4$

### 0958

답 ③

$$\int_2^8\frac{x-1}{x+1}\,dx=\int_2^8\left(1-\frac{2}{x+1}\right)dx$$
$$=\left[x-2\ln|x+1|\right]_2^8$$
$$=8-2\ln 9-(2-2\ln 3)$$
$$=8-4\ln 3-2+2\ln 3$$
$$=6-2\ln 3$$

### 0959

답 ⑤

$$\int_1^4\frac{(\sqrt{x}+2)^2}{x}\,dx=\int_1^4\frac{x+4\sqrt{x}+4}{x}\,dx$$
$$=\int_1^4\left(1+\frac{4}{\sqrt{x}}+\frac{4}{x}\right)dx$$
$$=\left[x+8\sqrt{x}+4\ln|x|\right]_1^4$$
$$=4+16+4\ln 4-(1+8)$$
$$=11+8\ln 2$$

### 0960

답 0

$f'(x)=\frac{2}{x^3}$이므로

$f(x)=\int f'(x)\,dx=\int\frac{2}{x^3}\,dx=\int 2x^{-3}\,dx=-x^{-2}+C$

$f(1)=-\frac{1}{2}$이므로 $-1+C=-\frac{1}{2}$

$\therefore C=\frac{1}{2}$

따라서 $f(x)=-x^{-2}+\frac{1}{2}$이므로

............ ❶

$$\int_1^2 f(x)\,dx=\int_1^2\left(-x^{-2}+\frac{1}{2}\right)dx=\left[x^{-1}+\frac{1}{2}x\right]_1^2$$
$$=\frac{1}{2}+1-\left(1+\frac{1}{2}\right)=0$$

............ ❷

| 채점 기준 | 배점 |
|---|---|
| ❶ 함수 $f(x)$ 구하기 | 50% |
| ❷ $\int_1^2 f(x)\,dx$의 값 구하기 | 50% |

**Bible Says 부정적분**

함수 $f(x)$의 한 부정적분을 $F(x)$라 하면 $f(x)$의 모든 부정적분을 $F(x)+C$ ($C$는 상수)

꼴로 나타낼 수 있고, 이것을 기호로 $\int f(x)\,dx$와 같이 나타낸다.

즉, $F'(x)=f(x)$일 때,

$\int f(x)\,dx=F(x)+C$ ($C$는 상수)

이때 $C$를 적분상수라 한다.

### 0961

답 $\frac{3}{2}$

$$\int_0^1\frac{2}{x^2+4x+3}\,dx=\int_0^1\frac{2}{(x+1)(x+3)}\,dx$$
$$=\int_0^1\left(\frac{1}{x+1}-\frac{1}{x+3}\right)dx$$
$$=\left[\ln|x+1|-\ln|x+3|\right]_0^1$$
$$=\ln 2-\ln 4-(-\ln 3)$$
$$=-\ln 2+\ln 3=\ln\frac{3}{2}=\ln k$$

$\therefore k=\frac{3}{2}$

### 0962

답 ③

$$\int_2^3\frac{4x^2-2x+1}{x-1}\,dx+\int_2^3\frac{2x}{1-x}\,dx$$
$$=\int_2^3\frac{4x^2-2x+1}{x-1}\,dx-\int_2^3\frac{2x}{x-1}\,dx$$
$$=\int_2^3\frac{4x^2-4x+1}{x-1}\,dx=\int_2^3\frac{4x(x-1)+1}{x-1}\,dx$$
$$=\int_2^3\left(4x+\frac{1}{x-1}\right)dx=\left[2x^2+\ln|x-1|\right]_2^3$$
$$=18+\ln 2-8=10+\ln 2$$

### 0963

답 ⑤

$F(x)=xf(x)-4x+\ln x$의 양변을 $x$에 대하여 미분하면

$f(x)=f(x)+xf'(x)-4+\frac{1}{x}$

$xf'(x)=4-\frac{1}{x}$

$\therefore f'(x)=\frac{4}{x}-\frac{1}{x^2}$

$$\therefore \int_1^2 f'(x)\,dx=\int_1^2\left(\frac{4}{x}-\frac{1}{x^2}\right)dx$$
$$=\left[4\ln|x|+\frac{1}{x}\right]_1^2$$
$$=4\ln 2+\frac{1}{2}-1=4\ln 2-\frac{1}{2}$$

## 유형 02 지수함수의 정적분

확인 문제 (1) 4 (2) $\frac{2}{\ln 2}$

(1) $\int_0^{\ln 3} e^{2x}\,dx=\left[\frac{1}{2}e^{2x}\right]_0^{\ln 3}=\frac{1}{2}e^{2\ln 3}-\frac{1}{2}e^0=\frac{9}{2}-\frac{1}{2}=4$

(2) $\int_1^2 2^x\,dx=\left[\frac{2^x}{\ln 2}\right]_1^2=\frac{4}{\ln 2}-\frac{2}{\ln 2}=\frac{2}{\ln 2}$

### 0964

답 ③

$$\int_0^{\ln 2}\frac{(e^x+1)^2-2e^x}{e^x}\,dx=\int_0^{\ln 2}\frac{e^{2x}+1}{e^x}\,dx$$
$$=\int_0^{\ln 2}(e^x+e^{-x})\,dx$$
$$=\left[e^x-e^{-x}\right]_0^{\ln 2}$$
$$=2-\frac{1}{2}-(1-1)=\frac{3}{2}$$

### 0965

답 ③

$$\int_0^2\sqrt{4^x-2^{x+1}+1}\,dx=\int_0^2\sqrt{(2^x-1)^2}\,dx$$
$$=\int_0^2(2^x-1)\,dx$$
$$=\left[\frac{2^x}{\ln 2}-x\right]_0^2$$
$$=\frac{4}{\ln 2}-2-\frac{1}{\ln 2}=\frac{3}{\ln 2}-2$$

### 0966

답 $\ln 2-1$

$$\int_0^{\ln 2}\frac{1}{e^x+1}\,dx+\int_{\ln 2}^0\frac{e^{2t}}{e^t+1}\,dt$$
$$=\int_0^{\ln 2}\frac{1}{e^x+1}\,dx-\int_0^{\ln 2}\frac{e^{2x}}{e^x+1}\,dx$$
$$=\int_0^{\ln 2}\frac{1-e^{2x}}{e^x+1}\,dx=\int_0^{\ln 2}\frac{(1+e^x)(1-e^x)}{e^x+1}\,dx$$
$$=\int_0^{\ln 2}(1-e^x)\,dx=\left[x-e^x\right]_0^{\ln 2}$$
$$=(\ln 2-2)-(-1)=\ln 2-1$$

### 0967

답 ③

$$\int_0^1\frac{8^x}{2^x+1}\,dx-\int_1^0\frac{1}{2^x+1}\,dx$$
$$=\int_0^1\frac{8^x}{2^x+1}\,dx+\int_0^1\frac{1}{2^x+1}\,dx$$
$$=\int_0^1\frac{8^x+1}{2^x+1}\,dx=\int_0^1\frac{(2^x+1)(4^x-2^x+1)}{2^x+1}\,dx$$
$$=\int_0^1(4^x-2^x+1)\,dx=\left[\frac{4^x}{\ln 4}-\frac{2^x}{\ln 2}+x\right]_0^1$$
$$=\frac{4}{\ln 4}-\frac{2}{\ln 2}+1-\left(\frac{1}{\ln 4}-\frac{1}{\ln 2}\right)$$
$$=\frac{1}{2\ln 2}+1$$

따라서 $a=\frac{1}{2}$, $b=1$이므로

$a+b=\frac{1}{2}+1=\frac{3}{2}$

## 유형 03 삼각함수의 정적분

확인 문제 (1) 1 (2) 1

(1) $\int_0^{\frac{\pi}{2}}\sin 2x\,dx=\left[-\frac{1}{2}\cos 2x\right]_0^{\frac{\pi}{2}}=\frac{1}{2}-\left(-\frac{1}{2}\right)=1$

(2) $\int_0^{\frac{\pi}{4}}\sec^2 x\,dx=\left[\tan x\right]_0^{\frac{\pi}{4}}=1-0=1$

### 0968

답 ①

$$\int_0^{\frac{\pi}{2}}\frac{2\sin^2 x}{1+\cos x}\,dx=\int_0^{\frac{\pi}{2}}\frac{2(1-\cos^2 x)}{1+\cos x}\,dx$$
$$=\int_0^{\frac{\pi}{2}}\frac{2(1+\cos x)(1-\cos x)}{1+\cos x}\,dx$$
$$=\int_0^{\frac{\pi}{2}}2(1-\cos x)\,dx$$
$$=\left[2x-2\sin x\right]_0^{\frac{\pi}{2}}=\pi-2$$

### 0969

답 ④

$$\int_0^{\frac{\pi}{3}}\tan x\cos x\,dx=\int_0^{\frac{\pi}{3}}\frac{\sin x}{\cos x}\times\cos x\,dx$$
$$=\int_0^{\frac{\pi}{3}}\sin x\,dx=\left[-\cos x\right]_0^{\frac{\pi}{3}}$$
$$=-\frac{1}{2}-(-1)=\frac{1}{2}$$

### 0970

답 ①

$$\int_{\frac{\pi}{4}}^{\frac{\pi}{3}}\frac{\sec^4 x}{1+\tan^2 x}\,dx=\int_{\frac{\pi}{4}}^{\frac{\pi}{3}}\frac{\sec^2 x(1+\tan^2 x)}{\sec^2 x}\,dx$$
$$=\int_{\frac{\pi}{4}}^{\frac{\pi}{3}}\sec^2 x\,dx=\left[\tan x\right]_{\frac{\pi}{4}}^{\frac{\pi}{3}}$$
$$=\sqrt{3}-1$$

### 0971

답 $-2$

$$\int_0^{\frac{\pi}{2}}\left(\sin\frac{x}{2}-\cos\frac{x}{2}\right)^2dx-\int_0^{\frac{\pi}{2}}\left(\sin\frac{t}{2}+\cos\frac{t}{2}\right)^2dt$$
$$=\int_0^{\frac{\pi}{2}}\left(\sin^2\frac{x}{2}-2\sin\frac{x}{2}\cos\frac{x}{2}+\cos^2\frac{x}{2}\right)dx$$
$$-\int_0^{\frac{\pi}{2}}\left(\sin^2\frac{t}{2}+2\sin\frac{t}{2}\cos\frac{t}{2}+\cos^2\frac{t}{2}\right)dt$$
$$=\int_0^{\frac{\pi}{2}}\left(-4\sin\frac{x}{2}\cos\frac{x}{2}\right)dx=\int_0^{\frac{\pi}{2}}(-2\sin x)\,dx$$
$$=\left[2\cos x\right]_0^{\frac{\pi}{2}}=-2$$

**Bible Says** 배각의 공식

(1) $\sin 2x=2\sin x\cos x$
(2) $\cos 2x=\cos^2 x-\sin^2 x=2\cos^2 x-1=1-2\sin^2 x$
(3) $\tan 2x=\dfrac{2\tan x}{1-\tan^2 x}$

## 0972

답 3

$$\int_0^{\frac{\pi}{4}} \frac{1-\cos^2 x}{1-\sin^2 x}\,dx=\int_0^{\frac{\pi}{4}} \frac{\sin^2 x}{\cos^2 x}\,dx$$
$$=\int_0^{\frac{\pi}{4}} \tan^2 x\,dx$$
$$=\int_0^{\frac{\pi}{4}} (\sec^2 x-1)\,dx$$
$$=\Big[\tan x-x\Big]_0^{\frac{\pi}{4}}=1-\frac{\pi}{4}$$

따라서 $a=1$, $b=-\dfrac{1}{4}$이므로

$4(a+b)=4\times\left(1-\dfrac{1}{4}\right)=3$

## 유형 04 구간에 따라 다르게 정의된 함수의 정적분

## 0973

답 ②

$|e^x-1|=\begin{cases} -e^x+1 & (x<0) \\ e^x-1 & (x\ge 0)\end{cases}$이므로

$$\int_{-\ln 3}^{\ln 3} |e^x-1|\,dx=\int_{-\ln 3}^{0}(-e^x+1)\,dx+\int_0^{\ln 3}(e^x-1)\,dx$$
$$=\Big[-e^x+x\Big]_{-\ln 3}^{0}+\Big[e^x-x\Big]_0^{\ln 3}$$
$$=\left(-1+\frac{1}{3}+\ln 3\right)+(3-\ln 3-1)=\frac{4}{3}$$

## 0974

답 ③

$$\int_{-1}^{2\pi} f(x)\,dx=\int_{-1}^{0}(e^{-x}+1)\,dx+\int_0^{2\pi} 2\cos x\,dx$$
$$=\Big[-e^{-x}+x\Big]_{-1}^{0}+\Big[2\sin x\Big]_0^{2\pi}$$
$$=-1-(-e-1)=e$$

## 0975

답 $2\sqrt{2}-2$

$\sin x-\cos x=0$에서 $\sin x=\cos x$

$\tan x=1 \qquad \therefore x=\dfrac{\pi}{4}\ \left(\because 0\le x\le\dfrac{\pi}{2}\right)$

따라서 $|\sin x-\cos x|=\begin{cases} \cos x-\sin x & \left(0\le x<\dfrac{\pi}{4}\right) \\ \sin x-\cos x & \left(\dfrac{\pi}{4}\le x\le\dfrac{\pi}{2}\right)\end{cases}$이므로

$$\int_0^{\frac{\pi}{2}} |\sin x-\cos x|\,dx$$
$$=\int_0^{\frac{\pi}{4}}(\cos x-\sin x)\,dx+\int_{\frac{\pi}{4}}^{\frac{\pi}{2}}(\sin x-\cos x)\,dx$$
$$=\Big[\sin x+\cos x\Big]_0^{\frac{\pi}{4}}+\Big[-\cos x-\sin x\Big]_{\frac{\pi}{4}}^{\frac{\pi}{2}}$$
$$=\sqrt{2}-1+(-1)-(-\sqrt{2})$$
$$=2\sqrt{2}-2$$

## 0976

답 6

$\sqrt{|2-x|}=\begin{cases} \sqrt{2-x} & (x<2) \\ \sqrt{x-2} & (x\ge 2)\end{cases}$이므로

$$\int_1^6 \sqrt{|2-x|}\,dx=\int_1^2 \sqrt{2-x}\,dx+\int_2^6 \sqrt{x-2}\,dx$$
$$=\Big[-\frac{2}{3}(2-x)^{\frac{3}{2}}\Big]_1^2+\Big[\frac{2}{3}(x-2)^{\frac{3}{2}}\Big]_2^6$$
$$=\frac{2}{3}+\frac{16}{3}=6$$

## 0977

답 $2\pi+4$

함수 $f(x)$가 실수 전체의 집합에서 연속이므로 $x=0$에서 연속이다.

즉, $\lim\limits_{x\to 0-} f(x)=\lim\limits_{x\to 0+} f(x)=f(0)$이어야 하므로

$\lim\limits_{x\to 0-} f(x)=\lim\limits_{x\to 0-} 2\cos x=2$

$\lim\limits_{x\to 0+} f(x)=\lim\limits_{x\to 0+} (2\sin x+k)=k$

$f(0)=k$

에서 $k=2$

…… ❶

따라서 $f(x)=\begin{cases} 2\cos x & (x<0) \\ 2\sin x+2 & (x\ge 0)\end{cases}$이므로

$$\int_{-\pi}^{\pi} f(x)\,dx=\int_{-\pi}^{0} 2\cos x\,dx+\int_0^{\pi}(2\sin x+2)\,dx$$
$$=\Big[2\sin x\Big]_{-\pi}^{0}+\Big[-2\cos x+2x\Big]_0^{\pi}$$
$$=2+2\pi-(-2)=2\pi+4$$

…… ❷

| 채점 기준 | 배점 |
|---|---|
| ❶ $f(x)$가 연속임을 이용하여 상수 $k$의 값 구하기 | 40% |
| ❷ $f(x)$의 식을 이용하여 $\int_{-\pi}^{\pi} f(x)\,dx$의 값 구하기 | 60% |

**Bible Says** 함수의 연속

함수 $f(x)$가 실수 $a$에 대하여 다음 조건을 모두 만족시킬 때, $x=a$에서 연속이다.
(1) 함숫값 $f(a)$가 존재한다.
(2) 극한값 $\lim\limits_{x\to a} f(x)$가 존재한다.
(3) $\lim\limits_{x\to a} f(x)=f(a)$

## 0978 답 ⑤

$f'(x)=\begin{cases} e^{x-1} & (x\le 1) \\ 2x-1 & (x>1) \end{cases}$에서

$f(x)=\begin{cases} e^{x-1}+C_1 & (x\le 1) \\ x^2-x+C_2 & (x>1) \end{cases}$

함수 $f(x)$가 실수 전체의 집합에서 미분가능하므로 실수 전체의 집합에서 연속이고, $x=1$에서 연속이다.

즉, $\lim_{x\to 1-} f(x)=\lim_{x\to 1+} f(x)=f(1)$이어야 하므로

$\lim_{x\to 1-} f(x)=\lim_{x\to 1-} (e^{x-1}+C_1)=1+C_1$

$\lim_{x\to 1+} f(x)=\lim_{x\to 1+} (x^2-x+C_2)=C_2$

$f(1)=1+C_1$

에서 $1+C_1=C_2$ …… ㉠

이때 $f(2)=2$이므로 $C_2=0$

이를 ㉠에 대입하면 $C_1=-1$

따라서 $f(x)=\begin{cases} e^{x-1}-1 & (x\le 1) \\ x^2-x & (x>1) \end{cases}$이므로

$$\int_0^2 f(x)\,dx=\int_0^1 (e^{x-1}-1)\,dx+\int_1^2 (x^2-x)\,dx$$
$$=\Big[e^{x-1}-x\Big]_0^1+\Big[\frac{1}{3}x^3-\frac{1}{2}x^2\Big]_1^2$$
$$=-e^{-1}+\frac{8}{3}-2-\left(\frac{1}{3}-\frac{1}{2}\right)$$
$$=-\frac{1}{e}+\frac{5}{6}$$

### 유형 05 우함수와 기함수의 정적분

## 0979 답 2

$f(x)=x^2\sin x$, $g(x)=\cos x$, $h(x)=2x$라 하면

$f(-x)=(-x)^2\sin(-x)=-x^2\sin x=-f(x)$

$g(-x)=\cos(-x)=\cos x=g(x)$

$h(-x)=-2x=-h(x)$

에서 $g(x)$는 우함수, $f(x)$와 $h(x)$는 기함수이므로

$$\int_{-\frac{\pi}{2}}^{\frac{\pi}{2}} (x^2\sin x+\cos x+2x)\,dx=2\int_0^{\frac{\pi}{2}} \cos x\,dx$$
$$=2\Big[\sin x\Big]_0^{\frac{\pi}{2}}=2\times 1=2$$

## 0980 답 ③

$f(x)=2^x+2^{-x}$, $g(x)=5^x-5^{-x}$이라 하면

$f(-x)=2^{-x}+2^x=f(x)$

$g(-x)=5^{-x}-5^x=-(5^x-5^{-x})=-g(x)$

에서 $f(x)$는 우함수, $g(x)$는 기함수이므로

$$\int_{-1}^{1} (2^x+5^x+2^{-x}-5^{-x})\,dx=2\int_0^1 (2^x+2^{-x})\,dx$$
$$=2\Big[\frac{2^x}{\ln 2}-\frac{2^{-x}}{\ln 2}\Big]_0^1$$
$$=2\times\frac{3}{2\ln 2}=\frac{3}{\ln 2}$$

## 0981 답 32

$f(-x)=f(x)$이므로 $f(x)$는 우함수이고,

$g(x)=f(x)\tan x$라 하면

$g(-x)=f(-x)\tan(-x)=-f(x)\tan x=-g(x)$

에서 $g(x)$는 기함수이므로

$$\int_{-\frac{\pi}{3}}^{\frac{\pi}{3}} (\tan x+2)f(x)\,dx=\int_{-\frac{\pi}{3}}^{\frac{\pi}{3}} f(x)\tan x\,dx+2\int_{-\frac{\pi}{3}}^{\frac{\pi}{3}} f(x)\,dx$$
$$=0+4\int_0^{\frac{\pi}{3}} f(x)\,dx$$
$$=4\times 8=32$$

## 0982 답 ①

ㄱ. $\sin f(-x)=\sin\{-f(x)\}=-\sin f(x)$에서

$\sin f(x)$는 기함수이므로 $\int_{-\frac{\pi}{2}}^{\frac{\pi}{2}} \sin f(x)\,dx=0$

ㄴ. $\cos f(-x)=\cos\{-f(x)\}=\cos f(x)$에서

$\cos f(x)$는 우함수이므로

$$\int_{-\pi}^{\pi} \cos f(x)\,dx=2\int_0^{\pi} \cos f(x)\,dx$$

즉, 정적분의 값이 0이 아닐 수도 있다.

ㄷ. $f(-x)\sin(-x)=-f(x)\times(-\sin x)=f(x)\sin x$에서

$f(x)\sin x$는 우함수이므로

$$\int_{-\frac{\pi}{2}}^{\frac{\pi}{2}} f(x)\sin x\,dx=2\int_0^{\frac{\pi}{2}} f(x)\sin x\,dx$$

즉, 정적분의 값이 0이 아닐 수도 있다.

따라서 정적분의 값이 항상 0인 것은 ㄱ이다.

**참고**

함수 $f(x)$가 우함수일 때, $\int_{-a}^{a} f(x)\,dx=0$인 경우도 존재한다.

### 유형 06 주기함수의 정적분

## 0983 답 6

$y=|\sin 2x|$는 주기가 $\frac{\pi}{2}$인 주기함수이므로

$$\int_0^{\frac{\pi}{2}} |\sin 2x|\,dx=\int_{\frac{\pi}{2}}^{\pi} |\sin 2x|\,dx$$
$$=\int_{\pi}^{\frac{3}{2}\pi} |\sin 2x|\,dx=\int_{\frac{3}{2}\pi}^{2\pi} |\sin 2x|\,dx$$
$$=\int_{2\pi}^{\frac{5}{2}\pi} |\sin 2x|\,dx=\int_{\frac{5}{2}\pi}^{3\pi} |\sin 2x|\,dx$$

$$\therefore \int_0^{3\pi} |\sin 2x|\,dx=6\int_0^{\frac{\pi}{2}} |\sin 2x|\,dx$$
$$=6\int_0^{\frac{\pi}{2}} \sin 2x\,dx$$
$$=6\Big[-\frac{1}{2}\cos 2x\Big]_0^{\frac{\pi}{2}}=6\times\left(\frac{1}{2}+\frac{1}{2}\right)=6$$

## 0984

답 ③

$y=|\cos \pi x|$는 주기가 1인 주기함수이고

$|\cos(-\pi x)|=|\cos \pi x|$에서 $y=|\cos \pi x|$는 우함수이므로

$$\int_a^{a+1}|\cos \pi x|\,dx=\int_0^1|\cos \pi x|\,dx=\int_{-\frac{1}{2}}^{\frac{1}{2}}|\cos \pi x|\,dx$$
$$=2\int_0^{\frac{1}{2}}\cos \pi x\,dx$$
$$=2\left[\frac{1}{\pi}\sin \pi x\right]_0^{\frac{1}{2}}$$
$$=2\times\frac{1}{\pi}=\frac{2}{\pi}$$

## 0985

답 5

조건 (가)에서 $-\frac{\pi}{4}\le x\le\frac{\pi}{4}$일 때, $f(x)=\sec^2 x$이므로

$f(-x)=\sec^2(-x)=\sec^2 x=f(x)$

조건 (나)에서 함수 $f(x)$는 주기가 $\frac{\pi}{2}$인 주기함수이므로

$$\int_{-\pi}^{\frac{\pi}{4}}f(x)\,dx$$
$$=\int_{-\pi}^{-\frac{3}{4}\pi}f(x)\,dx+\int_{-\frac{3}{4}\pi}^{-\frac{\pi}{4}}f(x)\,dx+\int_{-\frac{\pi}{4}}^{\frac{\pi}{4}}f(x)\,dx$$
$$=\int_0^{\frac{\pi}{4}}f(x)\,dx+\int_{-\frac{\pi}{4}}^{\frac{\pi}{4}}f(x)\,dx+\int_{-\frac{\pi}{4}}^{\frac{\pi}{4}}f(x)\,dx$$
$$=\int_0^{\frac{\pi}{4}}f(x)\,dx+4\int_0^{\frac{\pi}{4}}f(x)\,dx\ (\because f(x)\text{는 우함수})$$
$$=5\int_0^{\frac{\pi}{4}}f(x)\,dx=5\int_0^{\frac{\pi}{4}}\sec^2 x\,dx$$
$$=5\Big[\tan x\Big]_0^{\frac{\pi}{4}}=5$$

### 유형 07 치환적분법을 이용한 정적분 - 유리함수, 무리함수

## 0986

답 ②

$x^2+2x+3=t$로 놓으면 $2x+2=\frac{dt}{dx}$이고

$x=-1$일 때 $t=2$, $x=1$일 때 $t=6$이므로

$$\int_{-1}^{1}\frac{x+1}{x^2+2x+3}\,dx=\int_2^6\frac{1}{t}\times\frac{1}{2}\,dt=\int_2^6\frac{1}{2t}\,dt$$
$$=\left[\frac{1}{2}\ln|t|\right]_2^6=\frac{1}{2}(\ln 6-\ln 2)$$
$$=\frac{1}{2}\ln 3$$

다른 풀이

$$\int_{-1}^{1}\frac{x+1}{x^2+2x+3}\,dx=\frac{1}{2}\int_{-1}^{1}\frac{(x^2+2x+3)'}{x^2+2x+3}\,dx$$
$$=\frac{1}{2}\Big[\ln(x^2+2x+3)\Big]_{-1}^{1}$$
$$=\frac{1}{2}(\ln 6-\ln 2)=\frac{1}{2}\ln 3$$

## 0987

답 20

$2x^2+1=t$로 놓으면 $4x=\frac{dt}{dx}$이고

$x=0$일 때 $t=1$, $x=1$일 때 $t=3$이므로

$$\int_0^1 4x(2x^2+1)^3\,dx=\int_1^3 t^3\,dt=\left[\frac{1}{4}t^4\right]_1^3=\frac{1}{4}\times(81-1)=20$$

## 0988

답 ②

$x^2-1=t$로 놓으면 $2x=\frac{dt}{dx}$이고

$x=1$일 때 $t=0$, $x=\sqrt{2}$일 때 $t=1$이므로

$$\int_1^{\sqrt{2}}x^3\sqrt{x^2-1}\,dx=\int_0^1(t+1)\sqrt{t}\times\frac{1}{2}\,dt$$
$$=\frac{1}{2}\int_0^1\left(t^{\frac{3}{2}}+t^{\frac{1}{2}}\right)dt$$
$$=\frac{1}{2}\left[\frac{2}{5}t^{\frac{5}{2}}+\frac{2}{3}t^{\frac{3}{2}}\right]_0^1$$
$$=\frac{1}{2}\times\left(\frac{2}{5}+\frac{2}{3}\right)=\frac{1}{2}\times\frac{16}{15}=\frac{8}{15}$$

다른 풀이

$\sqrt{x^2-1}=t$로 놓으면 $x^2-1=t^2$에서 $2x=2t\times\frac{dt}{dx}$, 즉 $x=t\times\frac{dt}{dx}$

이고 $x=1$일 때 $t=0$, $x=\sqrt{2}$일 때 $t=1$이므로

$$\int_1^{\sqrt{2}}x^3\sqrt{x^2-1}\,dx=\int_0^1(t^2+1)\times t\times t\,dt$$
$$=\int_0^1(t^4+t^2)\,dt$$
$$=\left[\frac{1}{5}t^5+\frac{1}{3}t^3\right]_0^1=\frac{1}{5}+\frac{1}{3}=\frac{8}{15}$$

## 0989

답 37

$x+1=t$로 놓으면 $1=\frac{dt}{dx}$이고

$x=0$일 때 $t=1$, $x=3$일 때 $t=4$이므로

$$\int_0^3\frac{x^2-x+2}{\sqrt{x+1}}\,dx=\int_1^4\frac{(t-1)^2-(t-1)+2}{\sqrt{t}}\,dt$$
$$=\int_1^4\frac{t^2-3t+4}{\sqrt{t}}\,dt$$
$$=\int_1^4\left(t^{\frac{3}{2}}-3t^{\frac{1}{2}}+4t^{-\frac{1}{2}}\right)dt$$
$$=\left[\frac{2}{5}t^{\frac{5}{2}}-2t^{\frac{3}{2}}+8t^{\frac{1}{2}}\right]_1^4$$
$$=\frac{64}{5}-16+16-\left(\frac{2}{5}-2+8\right)=\frac{32}{5}$$

따라서 $p=5$, $q=32$이므로

$p+q=5+32=37$

## 0990

답 ③

$\sqrt{x-3}=t$로 놓으면 $x-3=t^2$에서 $x=t^2+3$이므로

$1=2t\times\dfrac{dt}{dx}$

또한 $x=7$일 때 $t=2$, $x=19$일 때 $t=4$이므로

$$\int_7^{19}\frac{1}{(x-4)\sqrt{x-3}}dx=\int_2^4\frac{1}{t^2-1}\times\frac{1}{t}\times2t\,dt$$
$$=\int_2^4\frac{2}{t^2-1}dt$$
$$=\int_2^4\frac{2}{(t-1)(t+1)}dt$$
$$=\int_2^4\left(\frac{1}{t-1}-\frac{1}{t+1}\right)dt$$
$$=\Big[\ln|t-1|-\ln|t+1|\Big]_2^4$$
$$=\ln3-\ln5+\ln3$$
$$=\ln\frac{9}{5}$$

유형 08 치환적분법을 이용한 정적분 - 지수함수, 로그함수

## 0991

답 ③

$\ln x=t$로 놓으면 $\dfrac{1}{x}=\dfrac{dt}{dx}$이고

$x=e$일 때 $t=1$, $x=e^2$일 때 $t=2$이므로

$$\int_e^{e^2}\frac{1}{x\ln x}dx=\int_1^2\frac{1}{t}dt=\Big[\ln|t|\Big]_1^2=\ln2$$

## 0992

답 ①

$x^2-1=t$로 놓으면 $2x=\dfrac{dt}{dx}$이고

$x=0$일 때 $t=-1$, $x=1$일 때 $t=0$이므로

$$\int_0^1 xe^{x^2-1}dx=\int_{-1}^0 e^t\times\frac{1}{2}dt$$
$$=\left[\frac{1}{2}e^t\right]_{-1}^0=\frac{1}{2}\left(1-\frac{1}{e}\right)$$

## 0993

답 ③

$$\int_1^e\left(\frac{3}{x}+\frac{2}{x^2}\right)\ln x\,dx-\int_1^e\frac{2}{x^2}\ln x\,dx=\int_1^e\frac{3}{x}\ln x\,dx$$

$\ln x=t$로 놓으면 $\dfrac{1}{x}=\dfrac{dt}{dx}$이고

$x=1$일 때 $t=0$, $x=e$일 때 $t=1$이므로

$$\int_1^e\frac{3}{x}\ln x\,dx=\int_0^1 3t\,dt=\left[\frac{3}{2}t^2\right]_0^1=\frac{3}{2}$$

## 0994

답 1

$$\int_{-1}^0\frac{e^x}{e^{-x}+e^x}dx+\int_0^1\frac{e^x}{e^{-x}+e^x}dx=\int_{-1}^1\frac{e^x}{e^{-x}+e^x}dx$$
$$=\int_{-1}^1\frac{e^{2x}}{e^{2x}+1}dx$$

$e^{2x}+1=t$로 놓으면 $2e^{2x}=\dfrac{dt}{dx}$이고

$x=-1$일 때 $t=e^{-2}+1$, $x=1$일 때 $t=e^2+1$이므로

$$\int_{-1}^1\frac{e^{2x}}{e^{2x}+1}dx=\int_{e^{-2}+1}^{e^2+1}\frac{1}{t}\times\frac{1}{2}dt$$
$$=\left[\frac{1}{2}\ln|t|\right]_{e^{-2}+1}^{e^2+1}$$
$$=\frac{1}{2}\ln(e^2+1)-\frac{1}{2}\ln(e^{-2}+1)$$
$$=\frac{1}{2}\ln\frac{e^2+1}{e^{-2}+1}$$
$$=\frac{1}{2}\ln e^2$$
$$=\frac{1}{2}\times2=1$$

## 0995

답 3

$a_n=\displaystyle\int_e^{e^n}\frac{\ln x}{x}dx$에서

$\ln x=t$로 놓으면 $\dfrac{1}{x}=\dfrac{dt}{dx}$이고

$x=e$일 때 $t=1$, $x=e^n$일 때 $t=n$이므로

$$a_n=\int_e^{e^n}\frac{\ln x}{x}dx=\int_1^n t\,dt$$
$$=\left[\frac{1}{2}t^2\right]_1^n=\frac{1}{2}(n^2-1)$$
$$=\frac{1}{2}(n-1)(n+1)$$

❶

$$\therefore\ \sum_{n=2}^{\infty}\frac{2}{a_n}=\lim_{n\to\infty}\sum_{k=2}^{n}\frac{2}{a_k}$$
$$=\lim_{n\to\infty}\sum_{k=2}^{n}\frac{4}{(k-1)(k+1)}$$
$$=2\lim_{n\to\infty}\sum_{k=2}^{n}\left(\frac{1}{k-1}-\frac{1}{k+1}\right)$$
$$=2\lim_{n\to\infty}\left\{\left(\frac{1}{1}-\frac{1}{3}\right)+\left(\frac{1}{2}-\frac{1}{4}\right)+\left(\frac{1}{3}-\frac{1}{5}\right)+\cdots+\left(\frac{1}{n-2}-\frac{1}{n}\right)+\left(\frac{1}{n-1}-\frac{1}{n+1}\right)\right\}$$
$$=2\lim_{n\to\infty}\left(1+\frac{1}{2}-\frac{1}{n}-\frac{1}{n+1}\right)$$
$$=2\times\frac{3}{2}=3$$

❷

| 채점 기준 | 배점 |
|---|---|
| ❶ 치환적분법을 이용하여 $a_n$ 구하기 | 50% |
| ❷ $\sum_{n=2}^{\infty}\frac{2}{a_n}$의 값 구하기 | 50% |

## 유형 09 치환적분법을 이용한 정적분 - 삼각함수

### 0996

답 2 ln 2

$1+\cos x=t$로 놓으면 $-\sin x=\frac{dt}{dx}$이고

$x=0$일 때 $t=2$, $x=\frac{\pi}{2}$일 때 $t=1$이므로

$$\int_0^{\frac{\pi}{2}} \frac{2\sin x}{1+\cos x}\,dx=\int_2^1 \frac{1}{t}\times(-2)\,dt$$
$$=\int_1^2 \frac{2}{t}\,dt$$
$$=\Big[2\ln|t|\Big]_1^2=2\ln 2$$

### 0997

답 ③

$$\int_0^{\frac{\pi}{2}} \sin 2x(\sin x-2)\,dx=\int_0^{\frac{\pi}{2}} 2\sin x\cos x(\sin x-2)\,dx$$

$\sin x=t$로 놓으면 $\cos x=\frac{dt}{dx}$이고

$x=0$일 때 $t=0$, $x=\frac{\pi}{2}$일 때 $t=1$이므로

$$\int_0^{\frac{\pi}{2}} 2\sin x\cos x(\sin x-2)\,dx=\int_0^1 2t(t-2)\,dt$$
$$=\int_0^1 (2t^2-4t)\,dt$$
$$=\Big[\frac{2}{3}t^3-2t^2\Big]_0^1$$
$$=\frac{2}{3}-2=-\frac{4}{3}$$

### 0998

답 6

$\sin x=t$로 놓으면 $\cos x=\frac{dt}{dx}$이고

$x=\frac{\pi}{6}$일 때 $t=\frac{1}{2}$, $x=\frac{\pi}{2}$일 때 $t=1$이므로

$$\int_{\frac{\pi}{6}}^{\frac{\pi}{2}} f'(\sin x)\cos x\,dx=\int_{\frac{1}{2}}^1 f'(t)\,dt=\Big[f(t)\Big]_{\frac{1}{2}}^1$$
$$=f(1)-f\left(\frac{1}{2}\right)$$
$$=9-3=6$$

### 0999

답 230

$\cos x=t$로 놓으면 $-\sin x=\frac{dt}{dx}$이고

$x=0$일 때 $t=1$, $x=\frac{\pi}{2}$일 때 $t=0$이므로

$$a_n=\int_0^{\frac{\pi}{2}} \cos^n x\sin x\,dx=\int_1^0 t^n\times(-1)\,dt=\int_0^1 t^n\,dt$$
$$=\Big[\frac{1}{n+1}t^{n+1}\Big]_0^1=\frac{1}{n+1}$$

$$\therefore \sum_{n=1}^{20}\frac{1}{a_n}=\sum_{n=1}^{20}(n+1)=\frac{20\times21}{2}+20=230$$

## 유형 10 치환적분법을 이용한 정적분 $f(ax+b)$ 꼴

### 1000

답 5

$3x+4=t$로 놓으면 $3=\frac{dt}{dx}$이고

$x=-1$일 때 $t=1$, $x=1$일 때 $t=7$이므로

$$\int_{-1}^1 f(3x+4)\,dx=\int_1^7 \frac{1}{3}f(t)\,dt=\frac{1}{3}\times15=5$$

### 1001

답 4

$f(x)=t$로 놓으면 $f'(x)=\frac{dt}{dx}$이고

$x=0$일 때 $t=f(0)=1$, $x=3$일 때 $t=f(3)$이므로

$$\int_0^3 \{f(x)\}^2f'(x)\,dx=\int_1^{f(3)} t^2\,dt=\Big[\frac{1}{3}t^3\Big]_1^{f(3)}$$
$$=\frac{1}{3}\{f(3)\}^3-\frac{1}{3}=21$$

에서 $\{f(3)\}^3=64$ $\quad\therefore f(3)=4$

### 1002

답 ⑤

$$\int_0^1 \{f(x)+f(1-x)\}\,dx=\int_0^1 f(x)\,dx+\int_0^1 f(1-x)\,dx$$

$\int_0^1 f(1-x)\,dx$에서 $1-x=t$로 놓으면 $-1=\frac{dt}{dx}$이고

$x=0$일 때 $t=1$, $x=1$일 때 $t=0$이므로

$$\int_0^1 f(1-x)\,dx=\int_1^0 f(t)\times(-1)\,dt=\int_0^1 f(t)\,dt$$

$$\therefore \int_0^1 \{f(x)+f(1-x)\}\,dx=\int_0^1 f(x)\,dx+\int_0^1 f(x)\,dx$$
$$=2\int_0^1 f(x)\,dx$$
$$=2(e-1)$$

## 유형 11 삼각함수를 이용한 치환적분법

### 1003

답 ③

$x=2\sin\theta\left(-\frac{\pi}{2}\le\theta\le\frac{\pi}{2}\right)$로 놓으면 $1=2\cos\theta\times\frac{d\theta}{dx}$이고

$x=0$일 때 $\theta=0$, $x=\sqrt{3}$일 때 $\theta=\frac{\pi}{3}$이므로

$$\int_0^{\sqrt{3}} \sqrt{4-x^2}\,dx=\int_0^{\frac{\pi}{3}} \sqrt{4-4\sin^2\theta}\times2\cos\theta\,d\theta$$
$$=\int_0^{\frac{\pi}{3}} 4\cos^2\theta\,d\theta=\int_0^{\frac{\pi}{3}} 2(1+\cos2\theta)\,d\theta$$
$$=\Big[2\theta+\sin2\theta\Big]_0^{\frac{\pi}{3}}=\frac{2}{3}\pi+\frac{\sqrt{3}}{2}$$

## 1004

답 ③

$x=\frac{1}{4}\sin\theta\left(-\frac{\pi}{2}<\theta<\frac{\pi}{2}\right)$로 놓으면 $1=\frac{1}{4}\cos\theta\times\frac{d\theta}{dx}$이고

$x=0$일 때 $\theta=0$, $x=\frac{1}{8}$일 때 $\theta=\frac{\pi}{6}$이므로

$$\int_0^{\frac{1}{8}}\frac{1}{\sqrt{1-16x^2}}\,dx=\int_0^{\frac{\pi}{6}}\frac{1}{\sqrt{1-\sin^2\theta}}\times\frac{1}{4}\cos\theta\,d\theta$$
$$=\int_0^{\frac{\pi}{6}}\frac{1}{4}\,d\theta=\left[\frac{1}{4}\theta\right]_0^{\frac{\pi}{6}}=\frac{\pi}{24}$$

## 1005

답 2

$x=a\tan\theta\left(-\frac{\pi}{2}<\theta<\frac{\pi}{2}\right)$로 놓으면 $1=a\sec^2\theta\times\frac{d\theta}{dx}$이고

$x=0$일 때 $\theta=0$, $x=a$일 때 $\theta=\frac{\pi}{4}$이므로

$$\int_0^{a}\frac{1}{x^2+a^2}\,dx=\int_0^{\frac{\pi}{4}}\frac{a\sec^2\theta}{a^2\tan^2\theta+a^2}\,d\theta=\int_0^{\frac{\pi}{4}}\frac{a\sec^2\theta}{a^2\sec^2\theta}\,d\theta$$
$$=\int_0^{\frac{\pi}{4}}\frac{1}{a}\,d\theta=\left[\frac{1}{a}\theta\right]_0^{\frac{\pi}{4}}=\frac{\pi}{4a}=\frac{\pi}{8}$$

$\therefore a=2$

### 유형 12 부분적분법을 이용한 정적분

## 1006

답 ③

$u(x)=x-1$, $v'(x)=e^x$으로 놓으면

$u'(x)=1$, $v(x)=e^x$이므로

$$\int_1^2(x-1)e^x\,dx=\Big[(x-1)e^x\Big]_1^2-\int_1^2 e^x\,dx$$
$$=e^2-\Big[e^x\Big]_1^2=e^2-(e^2-e)=e$$

## 1007

답 2

$$\int_0^{\pi}x\cos(\pi-x)\,dx=\int_0^{\pi}x\times(-\cos x)\,dx$$
$$=-\int_0^{\pi}x\cos x\,dx$$

$u(x)=x$, $v'(x)=\cos x$로 놓으면

$u'(x)=1$, $v(x)=\sin x$이므로

$$\int_0^{\pi}x\cos x\,dx=\Big[x\sin x\Big]_0^{\pi}-\int_0^{\pi}\sin x\,dx$$
$$=-\Big[-\cos x\Big]_0^{\pi}=-1-1=-2$$

$$\therefore \int_0^{\pi}x\cos(\pi-x)\,dx=-\int_0^{\pi}x\cos x\,dx=2$$

## 1008

답 ②

$$\int_1^{e^2}\frac{\ln x-2}{x^2}\,dx=\int_1^{e^2}\frac{\ln x}{x^2}\,dx-\int_1^{e^2}\frac{2}{x^2}\,dx$$

$u(x)=\ln x$, $v'(x)=\frac{1}{x^2}$로 놓으면

$u'(x)=\frac{1}{x}$, $v(x)=-\frac{1}{x}$이므로

$$\int_1^{e^2}\frac{\ln x}{x^2}\,dx=\left[-\frac{1}{x}\ln x\right]_1^{e^2}-\int_1^{e^2}\left(-\frac{1}{x^2}\right)dx$$
$$=-\frac{2}{e^2}+\int_1^{e^2}\frac{1}{x^2}\,dx$$

$$\therefore \int_1^{e^2}\frac{\ln x-2}{x^2}\,dx=-\frac{2}{e^2}+\int_1^{e^2}\frac{1}{x^2}\,dx-\int_1^{e^2}\frac{2}{x^2}\,dx$$
$$=-\frac{2}{e^2}-\int_1^{e^2}\frac{1}{x^2}\,dx=-\frac{2}{e^2}+\left[\frac{1}{x}\right]_1^{e^2}$$
$$=-\frac{2}{e^2}+\frac{1}{e^2}-1=-\frac{1}{e^2}-1$$

## 1009

답 ④

$\ln x=t$로 놓으면 $\frac{1}{x}=\frac{dt}{dx}$이고

$x=e$일 때 $t=1$, $x=e^4$일 때 $t=4$이므로

$$\int_e^{e^4}\frac{\ln(\ln x)}{x(\ln x)^2}\,dx=\int_1^4\frac{\ln t}{t^2}\,dt$$

$u(t)=\ln t$, $v'(t)=\frac{1}{t^2}$로 놓으면

$u'(t)=\frac{1}{t}$, $v(t)=-\frac{1}{t}$이므로

$$\int_1^4\frac{\ln t}{t^2}\,dt=\left[-\frac{\ln t}{t}\right]_1^4-\int_1^4\left(-\frac{1}{t^2}\right)dt$$
$$=-\frac{\ln 4}{4}-\left[\frac{1}{t}\right]_1^4=\frac{3}{4}-\frac{1}{2}\ln 2$$

## 1010

답 ①

$f(x)=\begin{cases}1 & (0\le x\le 1)\\ -x+2 & (1<x\le 2)\end{cases}$이므로

$$\int_0^2 e^x f(x)\,dx=\int_0^1 e^x\,dx+\int_1^2(-x+2)e^x\,dx$$
$$=\Big[e^x\Big]_0^1+\Big[2e^x\Big]_1^2-\int_1^2 xe^x\,dx$$
$$=e-1+2e^2-2e-\int_1^2 xe^x\,dx \quad \cdots\cdots ㉠$$

$\int_1^2 xe^x\,dx$에서 $u(x)=x$, $v'(x)=e^x$으로 놓으면

$u'(x)=1$, $v(x)=e^x$이므로

$$\int_1^2 xe^x\,dx=\Big[xe^x\Big]_1^2-\int_1^2 e^x\,dx$$
$$=2e^2-e-\Big[e^x\Big]_1^2$$
$$=2e^2-e-(e^2-e)=e^2$$

이를 ㉠에 대입하면

$$\int_0^2 e^x f(x)\,dx=e^2-e-1$$

## 1011

답 ⑤

조건 (가)에서 $x_1<x_2$일 때 $f(x_1)>f(x_2)$이므로 $f(x)$는 감소하는 함수이다.

조건 (나)에서 $-1\le x\le 3$일 때 함수 $f(x)$의 최댓값이 1, 최솟값이 $-2$이므로

$f(-1)=1$, $f(3)=-2$

$\int_{-2}^{1} f^{-1}(x)\,dx$에서 $f^{-1}(x)=t$로 놓으면

$x=f(t)$에서 $1=f'(t)\times\dfrac{dt}{dx}$이고

$x=-2$일 때 $t=3$, $x=1$일 때 $t=-1$이므로

$\int_{-2}^{1} f^{-1}(x)\,dx=\int_{3}^{-1} tf'(t)\,dt$

$u(t)=t$, $v'(t)=f'(t)$로 놓으면

$u'(t)=1$, $v(t)=f(t)$이므로

$$\begin{aligned}\int_{3}^{-1} tf'(t)\,dt&=\Big[tf(t)\Big]_{3}^{-1}-\int_{3}^{-1} f(t)\,dt\\&=-f(-1)-3f(3)+\int_{-1}^{3} f(t)\,dt\\&=-1-3\times(-2)+3=8\end{aligned}$$

**Bible Says** **함수의 최대, 최소**

함수 $f(x)$가 닫힌구간 $[a, b]$에서 연속이면 극댓값, 극솟값, $f(a)$, $f(b)$ 중에서 가장 큰 값이 최댓값, 가장 작은 값이 최솟값이다.

### 유형 13 부분적분법을 이용한 정적분 - 여러 번 적용하는 경우

## 1012

답 1

$u_1(x)=\sin x$, $v_1'(x)=e^x$으로 놓으면

$u_1'(x)=\cos x$, $v_1(x)=e^x$이므로

$$\begin{aligned}\int_0^{\pi} e^x\sin x\,dx&=\Big[e^x\sin x\Big]_0^{\pi}-\int_0^{\pi} e^x\cos x\,dx\\&=-\int_0^{\pi} e^x\cos x\,dx \quad\cdots\cdots\ ㉠\end{aligned}$$

$\int_0^{\pi} e^x\cos x\,dx$에서 $u_2(x)=\cos x$, $v_2'(x)=e^x$으로 놓으면

$u_2'(x)=-\sin x$, $v_2(x)=e^x$이므로

$$\begin{aligned}\int_0^{\pi} e^x\cos x\,dx&=\Big[e^x\cos x\Big]_0^{\pi}-\int_0^{\pi}(-e^x\sin x)\,dx\\&=-e^{\pi}-1+\int_0^{\pi} e^x\sin x\,dx\end{aligned}$$

이를 ㉠에 대입하면

$2\int_0^{\pi} e^x\sin x\,dx=e^{\pi}+1$

$\therefore \int_0^{\pi} e^x\sin x\,dx=\dfrac{1}{2}e^{\pi}+\dfrac{1}{2}$

따라서 $a=\dfrac{1}{2}$, $b=\dfrac{1}{2}$이므로

$a+b=\dfrac{1}{2}+\dfrac{1}{2}=1$

## 1013

답 ①

$u_1(x)=x^2$, $v_1'(x)=\cos x$로 놓으면

$u_1'(x)=2x$, $v_1(x)=\sin x$이므로

$$\begin{aligned}\int_0^{\frac{\pi}{2}} x^2\cos x\,dx&=\Big[x^2\sin x\Big]_0^{\frac{\pi}{2}}-\int_0^{\frac{\pi}{2}} 2x\sin x\,dx\\&=\frac{\pi^2}{4}-2\int_0^{\frac{\pi}{2}} x\sin x\,dx\end{aligned}$$

$\int_0^{\frac{\pi}{2}} x\sin x\,dx$에서 $u_2(x)=x$, $v_2'(x)=\sin x$로 놓으면

$u_2'(x)=1$, $v_2(x)=-\cos x$이므로

$$\begin{aligned}\int_0^{\frac{\pi}{2}} x\sin x\,dx&=\Big[-x\cos x\Big]_0^{\frac{\pi}{2}}-\int_0^{\frac{\pi}{2}}(-\cos x)\,dx\\&=-\Big[-\sin x\Big]_0^{\frac{\pi}{2}}=1\end{aligned}$$

$\therefore \int_0^{\frac{\pi}{2}} x^2\cos x\,dx=\dfrac{\pi^2}{4}-2\int_0^{\frac{\pi}{2}} x\sin x\,dx=\dfrac{\pi^2}{4}-2$

## 1014

답 $-24$

$\int_0^1 (x+1)^2e^x\,dx+\int_0^1 (x-1)^2e^x\,dx=\int_0^1 (2x^2+2)e^x\,dx$

$u_1(x)=2x^2+2$, $v_1'(x)=e^x$으로 놓으면

$u_1'(x)=4x$, $v_1(x)=e^x$이므로

$$\begin{aligned}\int_0^1 (2x^2+2)e^x\,dx&=\Big[(2x^2+2)e^x\Big]_0^1-\int_0^1 4xe^x\,dx\\&=4e-2-4\int_0^1 xe^x\,dx\end{aligned}$$

$\int_0^1 xe^x\,dx$에서 $u_2(x)=x$, $v_2'(x)=e^x$으로 놓으면

$u_2'(x)=1$, $v_2(x)=e^x$이므로

$\int_0^1 xe^x\,dx=\Big[xe^x\Big]_0^1-\int_0^1 e^x\,dx=e-\Big[e^x\Big]_0^1=e-(e-1)=1$

$\therefore \int_0^1 (2x^2+2)e^x\,dx=4e-2-4\int_0^1 xe^x\,dx=4e-2-4=4e-6$

따라서 $a=4$, $b=-6$이므로

$ab=4\times(-6)=-24$

### 유형 14 아래끝, 위끝이 상수인 정적분을 포함한 등식

## 1015

답 1

$f(x)=e^x+\int_0^2 f(t)\,dt$에서

$\int_0^2 f(t)\,dt=k$ ($k$는 상수) $\quad\cdots\cdots\ ㉠$

로 놓으면 $f(x)=e^x+k$

이를 ㉠에 대입하면

$\int_0^2 (e^t+k)\,dt=\Big[e^t+kt\Big]_0^2=e^2+2k-1=k$

$\therefore k=-e^2+1$

따라서 $f(x)=e^x-e^2+1$이므로

$f(2)=e^2-e^2+1=1$

## 1016

답 ②

$f(x)=x+\frac{2}{x}+\int_1^3 f(t)\,dt$에서

$\int_1^3 f(t)\,dt=k$ ($k$는 상수) …… ㉠

로 놓으면 $f(x)=x+\frac{2}{x}+k$

이를 ㉠에 대입하면

$$\int_1^3\left(t+\frac{2}{t}+k\right)dt=\left[\frac{1}{2}t^2+2\ln|t|+kt\right]_1^3$$
$$=\frac{9}{2}+2\ln 3+3k-\left(\frac{1}{2}+k\right)$$
$$=4+2\ln 3+2k=k$$

$\therefore k=-4-2\ln 3$

따라서 $f(x)=x+\frac{2}{x}-4-2\ln 3$이므로

$f(1)=1+2-4-2\ln 3=-1-2\ln 3$

## 1017

답 $2\ln 2$

$f(x)=\ln x+\int_1^e f'(t)\,dt$의 양변을 $x$에 대하여 미분하면

$f'(x)=\frac{1}{x}$

$\therefore \int_1^e f'(t)\,dt=\int_1^e \frac{1}{t}\,dt=\left[\ln|t|\right]_1^e=1$

…… ❶

따라서 $f(x)=\ln x+1$이므로

$$\int_1^2 f(x)\,dx=\int_1^2(\ln x+1)\,dx=\int_1^2\ln x\,dx+\int_1^2 1\,dx$$
$$=\int_1^2\ln x\,dx+\left[x\right]_1^2=\int_1^2\ln x\,dx+1$$

$\int_1^2\ln x\,dx$에서 $u(x)=\ln x$, $v'(x)=1$로 놓으면

$u'(x)=\frac{1}{x}$, $v(x)=x$이므로

$$\int_1^2\ln x\,dx=\left[x\ln x\right]_1^2-\int_1^2 1\,dx$$
$$=2\ln 2-\left[x\right]_1^2=2\ln 2-1$$

$\therefore \int_1^2 f(x)\,dx=\int_1^2\ln x\,dx+1=2\ln 2$

…… ❷

| 채점 기준 | 배점 |
|---|---|
| ❶ 주어진 식의 양변을 $x$에 대하여 미분하여 $f'(x)$의 식을 구한 후 $\int_1^e f'(t)\,dt$의 값 구하기 | 40% |
| ❷ 부분적분법을 이용하여 $\int_1^2 f(x)\,dx$의 값 구하기 | 60% |

## 1018

답 ②

$f(x)=\cos x+\int_0^\pi tf(t)\,dt$에서

$\int_0^\pi tf(t)\,dt=k$ ($k$는 상수) …… ㉠

로 놓으면 $f(x)=\cos x+k$

이를 ㉠에 대입하면

$$\int_0^\pi t(\cos t+k)\,dt=\int_0^\pi t\cos t\,dt+\int_0^\pi kt\,dt$$
$$=\int_0^\pi t\cos t\,dt+\left[\frac{1}{2}kt^2\right]_0^\pi$$
$$=\int_0^\pi t\cos t\,dt+\frac{1}{2}k\pi^2=k \quad \cdots\cdots ㉡$$

$\int_0^\pi t\cos t\,dt$에서 $u(t)=t$, $v'(t)=\cos t$로 놓으면

$u'(t)=1$, $v(t)=\sin t$이므로

$$\int_0^\pi t\cos t\,dt=\left[t\sin t\right]_0^\pi-\int_0^\pi\sin t\,dt$$
$$=-\left[-\cos t\right]_0^\pi=-2$$

이를 ㉡에 대입하면

$\int_0^\pi t(\cos t+k)\,dt=\frac{1}{2}k\pi^2-2=k$

에서 $k\left(\frac{\pi^2}{2}-1\right)=2$, $k=\frac{4}{\pi^2-2}$

$\therefore \int_0^\pi xf(x)\,dx=k=\frac{4}{\pi^2-2}$

## 1019

답 $\frac{1}{2}$

$f(x)=\ln\frac{x}{e}+\int_1^e tf(t)\,dt$에서

$\int_1^e tf(t)\,dt=k$ ($k$는 상수) …… ㉠

로 놓으면 $f(x)=\ln\frac{x}{e}+k$

이를 ㉠에 대입하면

$\int_1^e t\left(\ln\frac{t}{e}+k\right)dt=k$

$u(t)=\ln\frac{t}{e}+k$, $v'(t)=t$로 놓으면

$u'(t)=\frac{1}{t}$, $v(t)=\frac{1}{2}t^2$이므로

$$\int_1^e t\left(\ln\frac{t}{e}+k\right)dt=\left[\frac{1}{2}t^2\left(\ln\frac{t}{e}+k\right)\right]_1^e-\int_1^e\frac{1}{2}t\,dt$$
$$=\frac{1}{2}ke^2-\frac{1}{2}(k-1)-\left[\frac{1}{4}t^2\right]_1^e$$
$$=\left\{\frac{1}{2}k(e^2-1)+\frac{1}{2}\right\}-\frac{1}{4}(e^2-1)=k$$

에서 $\frac{1}{2}k(e^2-3)=\frac{1}{4}(e^2-3)$ $\quad\therefore k=\frac{1}{2}$

따라서 $f(x)=\ln\frac{x}{e}+\frac{1}{2}$이므로

$f(e)=\ln 1+\frac{1}{2}=\frac{1}{2}$

### 유형 15 아래끝 또는 위끝에 변수가 있는 정적분을 포함한 등식

## 1020

답 3

$\int_\pi^x f(t)\,dt=x\sin x+kx-2\pi$ …… ㉠

㉠의 양변에 $x=\pi$를 대입하면

$0=k\pi-2\pi \quad \therefore k=2$

㉠의 양변을 $x$에 대하여 미분하면

$f(x)=\sin x+x\cos x+2$

$\therefore f\left(\frac{\pi}{2}\right)=1+2=3$

## 1021

답 ②

$\int_1^x f(t)\,dt=x^2-a\sqrt{x} \quad \cdots\cdots$ ㉠

㉠의 양변에 $x=1$을 대입하면

$0=1-a \quad \therefore a=1$

㉠에 $a=1$을 대입하면

$\int_1^x f(t)\,dt=x^2-\sqrt{x}$

위의 식의 양변을 $x$에 대하여 미분하면

$f(x)=2x-\frac{1}{2\sqrt{x}}$

$\therefore f(1)=2-\frac{1}{2}=\frac{3}{2}$

## 1022

답 4

$f(x)=e^{2x}-2x-\int_0^x f'(t)e^t\,dt$의 양변을 $x$에 대하여 미분하면

$f'(x)=2e^{2x}-2-f'(x)e^x$

$f'(x)(1+e^x)=2(e^x+1)(e^x-1)$

$\therefore f'(x)=2(e^x-1)$

$\therefore f'(\ln 3)=2(e^{\ln 3}-1)=2\times(3-1)=4$

## 1023

답 ②

$\int_1^x ef(t)\,dt=\frac{1}{2}e^{2x-2}-ax \quad \cdots\cdots$ ㉠

㉠의 양변에 $x=1$을 대입하면

$0=\frac{1}{2}-a \quad \therefore a=\frac{1}{2}$

㉠의 양변을 $x$에 대하여 미분하면

$ef(x)=e^{2x-2}-\frac{1}{2}$

따라서 $f(x)=e^{2x-3}-\frac{1}{2e}$이므로

$f(2a)=f(1)=\frac{1}{e}-\frac{1}{2e}=\frac{1}{2e}$

## 1024

답 3

$xf(x)=2x\ln x+\int_1^x f(t)\,dt \quad \cdots\cdots$ ㉠

㉠의 양변에 $x=1$을 대입하면 $f(1)=0$

㉠의 양변을 $x$에 대하여 미분하면

$f(x)+xf'(x)=2\ln x+2+f(x)$

$f'(x)=\frac{2(\ln x+1)}{x}$

❶

$f(x)=\int f'(x)\,dx=\int \frac{2(\ln x+1)}{x}\,dx$

$\ln x+1=t$로 놓으면 $\frac{1}{x}=\frac{dt}{dx}$이므로

$f(x)=\int \frac{2(\ln x+1)}{x}\,dx=\int 2t\,dt=t^2+C=(\ln x+1)^2+C$

$f(1)=0$이므로 $1+C=0 \quad \therefore C=-1$

따라서 $f(x)=(\ln x+1)^2-1$이므로

$f(e)=4-1=3$

❷

| 채점 기준 | 배점 |
|---|---|
| ❶ $f(1)$의 값과 $f'(x)$ 구하기 | 40% |
| ❷ 치환적분법을 이용하여 $f(x)$를 구하고 $f(e)$의 값 구하기 | 60% |

**Bible Says** 곱의 미분법

미분가능한 두 함수 $f(x)$, $g(x)$에 대하여

$\{f(x)g(x)\}'=f'(x)g(x)+f(x)g'(x)$

**유형 16 아래끝 또는 위끝, 피적분함수에 변수가 있는 정적분을 포함한 등식**

## 1025

답 2

$\int_1^x (x-t)f(t)\,dt=2x\ln x+ax+2$에서

$x\int_1^x f(t)\,dt-\int_1^x tf(t)\,dt=2x\ln x+ax+2$

위의 식의 양변을 $x$에 대하여 미분하면

$\int_1^x f(t)\,dt+xf(x)-xf(x)=2\ln x+2+a$

$\int_1^x f(t)\,dt=2\ln x+2+a$

위의 식의 양변을 $x$에 대하여 미분하면

$f(x)=\frac{2}{x} \quad \therefore f(1)=2$

## 1026

답 $-2$

$\int_0^x (x-t)f(t)\,dt=x\sin x$에서

$x\int_0^x f(t)\,dt-\int_0^x tf(t)\,dt=x\sin x$

위의 식의 양변을 $x$에 대하여 미분하면

$\int_0^x f(t)\,dt+xf(x)-xf(x)=\sin x+x\cos x$

$\int_0^x f(t)\,dt=\sin x+x\cos x$

위의 식의 양변을 $x$에 대하여 미분하면

$f(x)=\cos x+\cos x-x\sin x=2\cos x-x\sin x$

$\therefore f(\pi)=-2$

## 1027

답 ②

$\int_0^x (x-t)f(t)\,dt=\ln(x^2+x+1)+ax+b$에서

$x\int_0^x f(t)\,dt-\int_0^x tf(t)\,dt=\ln(x^2+x+1)+ax+b$ ...... ㉠

㉠의 양변에 $x=0$을 대입하면 $b=0$

㉠의 양변을 $x$에 대하여 미분하면

$\int_0^x f(t)\,dt+xf(x)-xf(x)=\frac{2x+1}{x^2+x+1}+a$

$\int_0^x f(t)\,dt=\frac{2x+1}{x^2+x+1}+a$

위의 식의 양변에 $x=0$을 대입하면

$0=1+a$ $\therefore a=-1$

$\therefore a+b=-1+0=-1$

## 1028

답 ②

$\int_1^x (x+t)f(t)\,dt=e^x\ln x$에서

$x\int_1^x f(t)\,dt+\int_1^x tf(t)\,dt=e^x\ln x$

위의 식의 양변을 $x$에 대하여 미분하면

$\int_1^x f(t)\,dt+xf(x)+xf(x)=e^x\ln x+\frac{e^x}{x}$

$\int_1^x f(t)\,dt+2xf(x)=e^x\ln x+\frac{e^x}{x}$

위의 식의 양변에 $x=1$을 대입하면

$2f(1)=e$ $\therefore f(1)=\frac{e}{2}$

## 1029

답 8

$x-t=s$로 놓으면 $-1=\frac{ds}{dt}$이고

$t=0$일 때 $s=x$, $t=x$일 때 $s=0$이므로

$$\int_0^x tf(x-t)\,dt=\int_x^0 (x-s)f(s)\times(-1)\,ds$$
$$=\int_0^x (x-s)f(s)\,ds$$
$$=x\int_0^x f(s)\,ds-\int_0^x sf(s)\,ds$$

$\therefore x\int_0^x f(s)\,ds-\int_0^x sf(s)\,ds=-2\sin 2x+ax$

위의 식의 양변을 $x$에 대하여 미분하면

$\int_0^x f(s)\,ds+xf(x)-xf(x)=-4\cos 2x+a$

$\int_0^x f(s)\,ds=-4\cos 2x+a$ ...... ㉠

㉠의 양변에 $x=0$을 대입하면

$0=-4+a$ $\therefore a=4$

㉠의 양변을 $x$에 대하여 미분하면

$f(x)=8\sin 2x$

$\therefore f\left(\frac{\pi}{a}\right)=f\left(\frac{\pi}{4}\right)=8\sin\frac{\pi}{2}=8$

### 유형 17 정적분으로 정의된 함수의 극대, 극소

## 1030

답 ⑤

$f(x)=\int_0^x (2\sin t-1)\,dt$의 양변을 $x$에 대하여 미분하면

$f'(x)=2\sin x-1$

$f'(x)=0$에서 $\sin x=\frac{1}{2}$

$\therefore x=\frac{\pi}{6}$ 또는 $x=\frac{5}{6}\pi$ ($\because 0<x<2\pi$)

$0<x<2\pi$에서 함수 $f(x)$의 증가와 감소를 표로 나타내면 다음과 같다.

| $x$ | $(0)$ | $\cdots$ | $\frac{\pi}{6}$ | $\cdots$ | $\frac{5}{6}\pi$ | $\cdots$ | $(2\pi)$ |
|---|---|---|---|---|---|---|---|
| $f'(x)$ | | $-$ | 0 | $+$ | 0 | $-$ | |
| $f(x)$ | | ↘ | 극소 | ↗ | 극대 | ↘ | |

따라서 함수 $f(x)$는 $x=\frac{5}{6}\pi$에서 극대, $x=\frac{\pi}{6}$에서 극소이므로

$$M=f\left(\frac{5}{6}\pi\right)=\int_0^{\frac{5}{6}\pi}(2\sin t-1)\,dt=\Big[-2\cos t-t\Big]_0^{\frac{5}{6}\pi}$$
$$=-2\cos\frac{5}{6}\pi-\frac{5}{6}\pi-(-2)$$
$$=\sqrt{3}-\frac{5}{6}\pi+2$$

$$m=f\left(\frac{\pi}{6}\right)=\int_0^{\frac{\pi}{6}}(2\sin t-1)\,dt=\Big[-2\cos t-t\Big]_0^{\frac{\pi}{6}}$$
$$=-2\cos\frac{\pi}{6}-\frac{\pi}{6}-(-2)$$
$$=-\sqrt{3}-\frac{\pi}{6}+2$$

$\therefore M+m=\sqrt{3}-\frac{5}{6}\pi+2-\sqrt{3}-\frac{\pi}{6}+2=4-\pi$

## 1031

답 ②

$f(x)=\int_1^x \frac{t^2-4}{t}\,dt$의 양변을 $x$에 대하여 미분하면

$f'(x)=\frac{x^2-4}{x}=\frac{(x+2)(x-2)}{x}$

$f'(x)=0$에서 $x=2$ ($\because x>0$)

$x>0$에서 함수 $f(x)$의 증가와 감소를 표로 나타내면 다음과 같다.

| $x$ | $(0)$ | $\cdots$ | 2 | $\cdots$ |
|---|---|---|---|---|
| $f'(x)$ | | $-$ | 0 | $+$ |
| $f(x)$ | | ↘ | 극소 | ↗ |

따라서 함수 $f(x)$는 $x=2$에서 극소이므로 극솟값은

$$f(2)=\int_1^2 \frac{t^2-4}{t}\,dt=\int_1^2\left(t-\frac{4}{t}\right)dt$$
$$=\Big[\frac{1}{2}t^2-4\ln|t|\Big]_1^2=\frac{3}{2}-4\ln 2$$

## 1032

답 10

$f(x)=\int_1^x (2-\ln t)\,dt$의 양변을 $x$에 대하여 미분하면

$f'(x)=2-\ln x$

$f'(x)=0$에서 $\ln x=2$

$\therefore x=e^2$

$x>1$에서 함수 $f(x)$의 증가와 감소를 표로 나타내면 다음과 같다.

| $x$ | (1) | $\cdots$ | $e^2$ | $\cdots$ |
|---|---|---|---|---|
| $f'(x)$ | | + | 0 | − |
| $f(x)$ | | ↗ | 극대 | ↘ |

따라서 함수 $f(x)$는 $x=e^2$에서 극대이므로 극댓값은

$f(e^2)=\int_1^{e^2} (2-\ln t)\,dt$

……… ❶

$u(t)=2-\ln t$, $v'(t)=1$로 놓으면

$u'(t)=-\frac{1}{t}$, $v(t)=t$이므로

$$f(e^2)=\int_1^{e^2} (2-\ln t)\,dt$$
$$=\Big[t(2-\ln t)\Big]_1^{e^2}-\int_1^{e^2}(-1)\,dt$$
$$=-2-\Big[-t\Big]_1^{e^2}=-2-(-e^2+1)$$
$$=e^2-3$$

따라서 $a=1$, $b=-3$이므로

$a^2+b^2=1+9=10$

……… ❷

| 채점 기준 | 배점 |
|---|---|
| ❶ 함수 $f(x)$의 극댓값을 정적분으로 나타내기 | 50% |
| ❷ 부분적분법을 이용하여 극댓값을 구하고 $a^2+b^2$의 값 구하기 | 50% |

### 유형 18 정적분으로 정의된 함수의 최대, 최소

## 1033

답 ②

$f(x)=\int_0^x \cos t(2\sin t-1)\,dt$의 양변을 $x$에 대하여 미분하면

$f'(x)=\cos x(2\sin x-1)$

$f'(x)=0$에서 $\cos x=0$ 또는 $\sin x=\frac{1}{2}$

$\therefore x=\frac{\pi}{6}$ 또는 $x=\frac{\pi}{2}$ 또는 $x=\frac{5}{6}\pi$ ($\because 0<x<\pi$)

$0<x<\pi$에서 함수 $f(x)$의 증가와 감소를 표로 나타내면 다음과 같다.

| $x$ | (0) | $\cdots$ | $\frac{\pi}{6}$ | $\cdots$ | $\frac{\pi}{2}$ | $\cdots$ | $\frac{5}{6}\pi$ | $\cdots$ | ($\pi$) |
|---|---|---|---|---|---|---|---|---|---|
| $f'(x)$ | | − | 0 | + | 0 | − | 0 | + | |
| $f(x)$ | | ↘ | 극소 | ↗ | 극대 | ↘ | 극소 | ↗ | |

즉, 함수 $f(x)$는 $x=\frac{\pi}{6}$ 또는 $x=\frac{5}{6}\pi$에서 극소이므로

$$f\left(\frac{\pi}{6}\right)=\int_0^{\frac{\pi}{6}} \cos t(2\sin t-1)\,dt$$
$$=\int_0^{\frac{\pi}{6}} (2\sin t\cos t-\cos t)\,dt$$
$$=\int_0^{\frac{\pi}{6}} (\sin 2t-\cos t)\,dt$$
$$=\Big[-\frac{1}{2}\cos 2t-\sin t\Big]_0^{\frac{\pi}{6}}$$
$$=-\frac{1}{2}\cos\frac{\pi}{3}-\sin\frac{\pi}{6}-\left(-\frac{1}{2}\right)$$
$$=-\frac{1}{4}-\frac{1}{2}+\frac{1}{2}=-\frac{1}{4}$$

$$f\left(\frac{5}{6}\pi\right)=\int_0^{\frac{5}{6}\pi} \cos t(2\sin t-1)\,dt$$
$$=\int_0^{\frac{5}{6}\pi} (2\sin t\cos t-\cos t)\,dt$$
$$=\int_0^{\frac{5}{6}\pi} (\sin 2t-\cos t)\,dt$$
$$=\Big[-\frac{1}{2}\cos 2t-\sin t\Big]_0^{\frac{5}{6}\pi}$$
$$=-\frac{1}{2}\cos\frac{5}{3}\pi-\sin\frac{5}{6}\pi-\left(-\frac{1}{2}\right)$$
$$=-\frac{1}{4}-\frac{1}{2}+\frac{1}{2}=-\frac{1}{4}$$

따라서 함수 $f(x)$는 $x=\frac{\pi}{6}$ 또는 $x=\frac{5}{6}\pi$일 때 최솟값 $-\frac{1}{4}$을 갖는다.

## 1034

답 ③

$f(x)=\int_0^x \frac{2t-1}{t^2-t+1}\,dt$의 양변을 $x$에 대하여 미분하면

$f'(x)=\frac{2x-1}{x^2-x+1}$

$f'(x)=0$에서 $2x=1$ ($\because x^2-x+1>0$)

$\therefore x=\frac{1}{2}$

함수 $f(x)$의 증가와 감소를 표로 나타내면 다음과 같다.

| $x$ | $\cdots$ | $\frac{1}{2}$ | $\cdots$ |
|---|---|---|---|
| $f'(x)$ | − | 0 | + |
| $f(x)$ | ↘ | 극소 | ↗ |

따라서 함수 $f(x)$는 $x=\frac{1}{2}$에서 극소이면서 최소이므로 구하는 최솟값은

$$f\left(\frac{1}{2}\right)=\int_0^{\frac{1}{2}} \frac{2t-1}{t^2-t+1}\,dt=\int_0^{\frac{1}{2}} \frac{(t^2-t+1)'}{t^2-t+1}\,dt$$
$$=\Big[\ln|t^2-t+1|\Big]_0^{\frac{1}{2}}=\ln\frac{3}{4}$$

## 1035

답 $-48$

$f(x)=\int_0^x t(1-\sqrt{t})\,dt$의 양변을 $x$에 대하여 미분하면

$f'(x)=x(1-\sqrt{x})$

$f'(x)=0$에서 $x=0$ 또는 $x=1$

$0\le x\le 4$에서 함수 $f(x)$의 증가와 감소를 표로 나타내면 다음과 같다.

| $x$ | 0 | $\cdots$ | 1 | $\cdots$ | 4 |
|---|---|---|---|---|---|
| $f'(x)$ | | $+$ | 0 | $-$ | |
| $f(x)$ | | ↗ | 극대 | ↘ | |

$f(0)=\int_0^0 t(1-\sqrt{t})\,dt=0$

$f(1)=\int_0^1 t(1-\sqrt{t})\,dt=\int_0^1 \left(t-t^{\frac{3}{2}}\right)dt$

$=\left[\frac{1}{2}t^2-\frac{2}{5}t^{\frac{5}{2}}\right]_0^1=\frac{1}{2}-\frac{2}{5}=\frac{1}{10}$

$f(4)=\int_0^4 t(1-\sqrt{t})\,dt=\int_0^4 \left(t-t^{\frac{3}{2}}\right)dt$

$=\left[\frac{1}{2}t^2-\frac{2}{5}t^{\frac{5}{2}}\right]_0^4=8-\frac{64}{5}=-\frac{24}{5}$

따라서 함수 $f(x)$의 최댓값은 $M=f(1)=\frac{1}{10}$, 최솟값은

$m=f(4)=-\frac{24}{5}$이므로

$\frac{m}{M}=-\frac{24}{5}\times 10=-48$

### 유형 19 정적분으로 정의된 함수의 극한 $\lim_{x\to 0}\frac{1}{x}\int_a^{x+a} f(t)\,dt$ 꼴

## 1036

답 ②

함수 $f(x)$의 한 부정적분을 $F(x)$라 하면

$\lim_{x\to 0}\frac{1}{x}\int_\pi^{x+\pi} f(t)\,dt=\lim_{x\to 0}\frac{F(x+\pi)-F(\pi)}{x}$

$=F'(\pi)=f(\pi)$

$=\pi\cos\pi+1=1-\pi$

## 1037

답 $4e$

$f(x)=2x\ln x$라 하고 함수 $f(x)$의 한 부정적분을 $F(x)$라 하면

$\lim_{h\to 0}\frac{1}{h}\int_{e-h}^{e+h} 2x\ln x\,dx$

$=\lim_{h\to 0}\frac{1}{h}\int_{e-h}^{e+h} f(x)\,dx$

$=\lim_{h\to 0}\frac{F(e+h)-F(e-h)}{h}$

$=\lim_{h\to 0}\frac{F(e+h)-F(e)-\{F(e-h)-F(e)\}}{h}$

$=\lim_{h\to 0}\left\{\frac{F(e+h)-F(e)}{h}+\frac{F(e-h)-F(e)}{-h}\right\}$

$=F'(e)+F'(e)=2F'(e)$

$=2f(e)=2\times 2e=4e$

## 1038

답 ⑤

함수 $f(x)$의 한 부정적분을 $F(x)$라 하면

$\lim_{x\to 0}\left\{\frac{x^2+1}{x}\int_1^{x+1} f(t)\,dt\right\}$

$=\lim_{x\to 0}\left[\frac{x^2+1}{x}\{F(x+1)-F(1)\}\right]$

$=\lim_{x\to 0}\left\{(x^2+1)\times\frac{F(x+1)-F(1)}{x}\right\}$

$=1\times F'(1)=f(1)=3$

이때 $f(1)=a\cos\pi=-a$이므로

$-a=3\quad\therefore a=-3$

따라서 $f(x)=-3\cos(\pi x^2)$이므로

$f(a)=f(-3)=-3\cos 9\pi=3$

### 유형 20 정적분으로 정의된 함수의 극한 $\lim_{x\to a}\frac{1}{x-a}\int_a^x f(t)\,dt$ 꼴

## 1039

답 ①

$f(t)=\left(\sin\frac{\pi}{2}t+\cos 2\pi t\right)^2$이라 하고 함수 $f(t)$의 한 부정적분을 $F(t)$라 하면

$\lim_{x\to 2}\frac{1}{x-2}\int_2^x \left(\sin\frac{\pi}{2}t+\cos 2\pi t\right)^2 dt=\lim_{x\to 2}\frac{1}{x-2}\int_2^x f(t)\,dt$

$=\lim_{x\to 2}\frac{F(x)-F(2)}{x-2}$

$=F'(2)=f(2)$

$=(0+1)^2=1$

## 1040

답 ①

함수 $f(x)$의 한 부정적분을 $F(x)$라 하면

$\lim_{x\to 2}\frac{1}{x-2}\int_x^2 f(t)\,dt=-\lim_{x\to 2}\frac{1}{x-2}\int_2^x f(t)\,dt$

$=-\lim_{x\to 2}\frac{F(x)-F(2)}{x-2}$

$=-F'(2)=-f(2)$

$=-e^2\cos 2\pi=-e^2$

## 1041

답 14

함수 $f(x)$의 한 부정적분을 $F(x)$라 하면

$\lim_{x\to 1}\frac{1}{x-1}\int_1^{x^2} f(t)\,dt=\lim_{x\to 1}\frac{F(x^2)-F(1)}{x-1}$

$=\lim_{x\to 1}\left\{\frac{F(x^2)-F(1)}{x^2-1}\times(x+1)\right\}$

$=2F'(1)=2f(1)$

$=2\times(5+2)=14$

1권

## PART B 내신 잡는 종합 문제

### 1042

답 4

$$\int_2^a \left(\frac{2}{x}+\frac{1}{x-1}\right)dx=\Big[2\ln|x|+\ln|x-1|\Big]_2^a$$
$$=\Big[\ln x^2(x-1)\Big]_2^a$$
$$=\ln a^2(a-1)-\ln 4$$
$$=\ln\frac{a^2(a-1)}{4}=\ln 12$$

에서 $a^2(a-1)=48$

$a^3-a^2-48=0$, $(a-4)(a^2+3a+12)=0$

$\therefore a=4\ (\because a^2+3a+12>0)$

### 1043

답 ③

$x^2+1=t$로 놓으면 $2x=\frac{dt}{dx}$이고

$x=0$일 때 $t=1$, $x=\sqrt{3}$일 때 $t=4$이므로

$$\int_0^{\sqrt{3}} 2x\sqrt{x^2+1}\,dx=\int_1^4\sqrt{t}\,dt=\Big[\frac{2}{3}t\sqrt{t}\Big]_1^4$$
$$=\frac{16}{3}-\frac{2}{3}=\frac{14}{3}$$

### 1044

답 ③

$\sqrt{x}+1=t$로 놓으면 $\sqrt{x}=t-1$에서 $x=t^2-2t+1$이고

$1=(2t-2)\times\frac{dt}{dx}$

$x=0$일 때 $t=1$, $x=4$일 때 $t=3$이므로

$$\int_0^4\frac{1}{\sqrt{x}+1}\,dx=\int_1^3\frac{2t-2}{t}\,dt=\int_1^3\left(2-\frac{2}{t}\right)dt$$
$$=\Big[2t-2\ln|t|\Big]_1^3=6-2\ln 3-2$$
$$=4-2\ln 3$$

### 1045

답 $\pi$

$$\int_0^{\frac{\pi}{2}}(\sin x+\cos x)^2\,dx-\int_{\frac{\pi}{2}}^0(\cos t-\sin t)^2\,dt$$
$$=\int_0^{\frac{\pi}{2}}(\sin x+\cos x)^2\,dx+\int_0^{\frac{\pi}{2}}(\cos x-\sin x)^2\,dx$$
$$=\int_0^{\frac{\pi}{2}}2\,dx=\Big[2x\Big]_0^{\frac{\pi}{2}}=\pi$$

### 1046

답 ④

$$\lim_{x\to1}\frac{1}{x-1}\int_1^x(x-3t)f'(t)\,dt$$
$$=\lim_{x\to1}\frac{x}{x-1}\int_1^x f'(t)\,dt-\lim_{x\to1}\frac{3}{x-1}\int_1^x tf'(t)\,dt$$
$$=\lim_{x\to1}x\times\lim_{x\to1}\frac{1}{x-1}\int_1^x f'(t)\,dt-3\lim_{x\to1}\frac{1}{x-1}\int_1^x tf'(t)\,dt$$
$$=f'(1)-3f'(1)=-2f'(1)$$

$f(x)=2\sin\pi x$에서 $f'(x)=2\pi\cos\pi x$이므로

$f'(1)=2\pi\cos\pi=-2\pi$

$$\therefore \lim_{x\to1}\frac{1}{x-1}\int_1^x(x-3t)f'(t)\,dt=-2f'(1)=4\pi$$

### 1047

답 ②

$u_1(x)=x^2$, $v_1'(x)=\sin 2x$로 놓으면

$u_1'(x)=2x$, $v_1(x)=-\frac{1}{2}\cos 2x$이므로

$$\int_0^{\frac{\pi}{2}}x^2\sin 2x\,dx=\Big[-\frac{1}{2}x^2\cos 2x\Big]_0^{\frac{\pi}{2}}-\int_0^{\frac{\pi}{2}}(-x\cos 2x)\,dx$$
$$=\frac{\pi^2}{8}+\int_0^{\frac{\pi}{2}}x\cos 2x\,dx$$

$\int_0^{\frac{\pi}{2}}x\cos 2x\,dx$에서 $u_2(x)=x$, $v_2'(x)=\cos 2x$로 놓으면

$u_2'(x)=1$, $v_2(x)=\frac{1}{2}\sin 2x$이므로

$$\int_0^{\frac{\pi}{2}}x\cos 2x\,dx=\Big[\frac{1}{2}x\sin 2x\Big]_0^{\frac{\pi}{2}}-\int_0^{\frac{\pi}{2}}\frac{1}{2}\sin 2x\,dx$$
$$=\Big[\frac{1}{4}\cos 2x\Big]_0^{\frac{\pi}{2}}=-\frac{1}{2}$$

$$\therefore \int_0^{\frac{\pi}{2}}x^2\sin 2x\,dx=\frac{\pi^2}{8}-\frac{1}{2}$$

### 1048

답 ③

$f(x)=x\sin x$, $g(x)=x^2\tan x$라 하면

$f(-x)=-x\sin(-x)$

$\quad=x\sin x=f(x)$

$g(-x)=(-x)^2\tan(-x)$

$\quad=-x^2\tan x=-g(x)$

에서 $f(x)$는 우함수, $g(x)$는 기함수이므로

$$\int_{-\frac{\pi}{3}}^{\frac{\pi}{3}}(x\sin x+x^2\tan x)\,dx$$
$$=\int_{-\frac{\pi}{3}}^{\frac{\pi}{3}}x\sin x\,dx+\int_{-\frac{\pi}{3}}^{\frac{\pi}{3}}x^2\tan x\,dx$$
$$=2\int_0^{\frac{\pi}{3}}x\sin x\,dx$$

$u(x)=x$, $v'(x)=\sin x$로 놓으면

$u'(x)=1$, $v(x)=-\cos x$이므로

$$2\int_0^{\frac{\pi}{3}}x\sin x\,dx=2\Big[-x\cos x\Big]_0^{\frac{\pi}{3}}-2\int_0^{\frac{\pi}{3}}(-\cos x)\,dx$$
$$=2\left(-\frac{\pi}{3}\cos\frac{\pi}{3}\right)-2\Big[-\sin x\Big]_0^{\frac{\pi}{3}}$$
$$=-\frac{\pi}{3}-2\times\left(-\frac{\sqrt{3}}{2}\right)=-\frac{\pi}{3}+\sqrt{3}$$

## 1049

답 ②

$x+2=t$로 놓으면 $1=\frac{dt}{dx}$이고

$x=0$일 때 $t=2$, $x=2$일 때 $t=4$이므로

$\int_0^2 e^x f(x+2)\,dx=\int_2^4 e^{t-2}f(t)\,dt$

이때 $2\le t\le 4$에서 $f(t)=2$이므로

$\int_2^4 e^{t-2}f(t)\,dt=\int_2^4 2e^{t-2}\,dt=\Big[2e^{t-2}\Big]_2^4=2(e^2-1)$

다른 풀이

$f(x)=\begin{cases}-x+4 & (0\le x\le 2)\\ 2 & (2\le x\le 4)\end{cases}$에서

$f(x+2)=\begin{cases}-x+2 & (-2\le x\le 0)\\ 2 & (0\le x\le 2)\end{cases}$이므로

$\int_0^2 e^x f(x+2)\,dx=\int_0^2 2e^x\,dx=\Big[2e^x\Big]_0^2=2(e^2-1)$

## 1050

답 ④

$f(x)=e^{x^2}+\int_0^1 tf(t)\,dt$에서

$\int_0^1 tf(t)\,dt=k$ ($k$는 상수) …… ㉠

로 놓으면 $f(x)=e^{x^2}+k$

이를 ㉠에 대입하면

$\int_0^1 t(e^{t^2}+k)\,dt=\int_0^1 te^{t^2}\,dt+\int_0^1 kt\,dt$

$=\int_0^1 te^{t^2}\,dt+\Big[\frac{1}{2}kt^2\Big]_0^1$

$=\int_0^1 te^{t^2}\,dt+\frac{1}{2}k=k$ …… ㉡

$\int_0^1 te^{t^2}\,dt$에서 $t^2=s$로 놓으면 $2t=\frac{ds}{dt}$이고

$t=0$일 때 $s=0$, $t=1$일 때 $s=1$이므로

$\int_0^1 te^{t^2}\,dt=\int_0^1 \frac{1}{2}e^s\,ds=\Big[\frac{1}{2}e^s\Big]_0^1=\frac{1}{2}e-\frac{1}{2}$

이를 ㉡에 대입하면

$\int_0^1 t(e^{t^2}+k)\,dt=\frac{1}{2}e-\frac{1}{2}+\frac{1}{2}k=k$

에서 $k=e-1$

$\therefore \int_0^1 xf(x)\,dx=k=e-1$

## 1051

답 ③

조건 (가)에서 $-2\le x\le 2$일 때, $f(x)=e^x+e^{-x}$이므로

$f(-x)=e^{-x}+e^{-(-x)}=e^x+e^{-x}=f(x)$

조건 (나)에서 $f(x)$는 주기가 4인 주기함수이므로

$\int_{-1}^7 f(x)\,dx=\int_{-1}^2 f(x)\,dx+\int_2^6 f(x)\,dx+\int_6^7 f(x)\,dx$

$=\int_{-1}^2 f(x)\,dx+\int_{-2}^2 f(x)\,dx+\int_{-2}^{-1} f(x)\,dx$

$=2\int_{-2}^2 f(x)\,dx=4\int_0^2 f(x)\,dx$ ($\because$ $f(x)$는 우함수)

$=4\int_0^2 (e^x+e^{-x})\,dx=4\Big[e^x-e^{-x}\Big]_0^2=4\left(e^2-\frac{1}{e^2}\right)$

## 1052

답 ④

$\int_{\frac{1}{e}}^e |\ln x|\,dx=\int_{\frac{1}{e}}^1 (-\ln x)\,dx+\int_1^e \ln x\,dx$

$=-\int_{\frac{1}{e}}^1 \ln x\,dx+\int_1^e \ln x\,dx$

$u(x)=\ln x$, $v'(x)=1$로 놓으면

$u'(x)=\frac{1}{x}$, $v(x)=x$이므로

$-\int_{\frac{1}{e}}^1 \ln x\,dx+\int_1^e \ln x\,dx$

$=-\left(\Big[x\ln x\Big]_{\frac{1}{e}}^1-\int_{\frac{1}{e}}^1 1\,dx\right)+\left(\Big[x\ln x\Big]_1^e-\int_1^e 1\,dx\right)$

$=-\Big[x\ln x-x\Big]_{\frac{1}{e}}^1+\Big[x\ln x-x\Big]_1^e$

$=-\left(-1-\frac{1}{e}\ln\frac{1}{e}+\frac{1}{e}\right)+(e\ln e-e+1)$

$=-\left(-1+\frac{1}{e}+\frac{1}{e}\right)+(e-e+1)$

$=2-\frac{2}{e}$

## 1053

답 ③

$\int_{e^2}^e f(x)\,dx-\int_{e^3}^e f(x)\,dx+\int_1^{e^2} f(x)\,dx$

$=\int_{e^2}^e f(x)\,dx+\int_e^{e^3} f(x)\,dx+\int_1^{e^2} f(x)\,dx$

$=\int_{e^2}^{e^3} f(x)\,dx+\int_1^{e^2} f(x)\,dx$

$=\int_1^{e^3} f(x)\,dx=\int_1^{e^3} \frac{\sqrt{\ln x}}{x}\,dx$

$\ln x=t$로 놓으면 $\frac{1}{x}=\frac{dt}{dx}$이고

$x=1$일 때 $t=0$, $x=e^3$일 때 $t=3$이므로

$\int_1^{e^3} \frac{\sqrt{\ln x}}{x}\,dx=\int_0^3 \sqrt{t}\,dt=\int_0^3 t^{\frac{1}{2}}\,dt$

$=\Big[\frac{2}{3}t^{\frac{3}{2}}\Big]_0^3=2\sqrt{3}$

## 1054

답 ④

$\frac{d}{dx}\int_x^{x+h} f(t)\,dt=f(x+h)-f(x)$이므로

$\lim_{h\to 0}\frac{1}{h}\left\{\frac{d}{dx}\int_x^{x+h} f(t)\,dt\right\}=\lim_{h\to 0}\frac{f(x+h)-f(x)}{h}=f'(x)$

즉, $f'(x)=\tan x$이므로

$f(x)=\int f'(x)\,dx=\int \tan x\,dx=\int \frac{\sin x}{\cos x}\,dx$

$=-\int \frac{-\sin x}{\cos x}\,dx=-\int \frac{(\cos x)'}{\cos x}\,dx$

$=-\ln|\cos x|+C$

$f(0)=0$이므로 $C=0$

$\therefore f(x)=-\ln(\cos x)$ $\left(\because -\frac{\pi}{2}<x<\frac{\pi}{2}\right)$

$\therefore f\left(\frac{\pi}{3}\right)=-\ln\frac{1}{2}=\ln 2$

## 1055

답 2

$\int_0^1 xf'(x)\,dx=2$에서 $u(x)=x$, $v'(x)=f'(x)$로 놓으면

$u'(x)=1$, $v(x)=f(x)$이므로

$$\int_0^1 xf'(x)\,dx=\Big[xf(x)\Big]_0^1-\int_0^1 f(x)\,dx$$
$$=f(1)-\int_0^1 f(x)\,dx$$
$$=3-\int_0^1 f(x)\,dx=2$$

$\therefore \int_0^1 f(x)\,dx=1$

이때 함수 $f(x)$가 모든 실수 $x$에 대하여 $f(-x)=f(x)$이므로

$f(x)$는 우함수이다.

$\therefore \int_{-1}^1 f(x)\,dx=2\int_0^1 f(x)\,dx=2\times1=2$

## 1056

답 ②

$\int_{e^2}^{e^3}\frac{a+\ln x}{x}\,dx$에서 $\ln x=t$로 놓으면 $\frac{1}{x}=\frac{dt}{dx}$이고

$x=e^2$일 때 $t=2$, $x=e^3$일 때 $t=3$이므로

$$\int_{e^2}^{e^3}\frac{a+\ln x}{x}\,dx=\int_2^3(a+t)\,dt$$
$$=\Big[at+\frac{1}{2}t^2\Big]_2^3$$
$$=\Big(3a+\frac{9}{2}\Big)-(2a+2)$$
$$=a+\frac{5}{2} \quad\cdots\cdots ㉠$$

$\int_0^{\frac{\pi}{2}}(1+\sin x)\cos x\,dx$에서 $\sin x=s$로 놓으면

$\cos x=\frac{ds}{dx}$이고 $x=0$일 때 $s=0$, $x=\frac{\pi}{2}$일 때 $s=1$이므로

$$\int_0^{\frac{\pi}{2}}(1+\sin x)\cos x\,dx=\int_0^1(1+s)\,ds$$
$$=\Big[s+\frac{1}{2}s^2\Big]_0^1=\frac{3}{2} \quad\cdots\cdots ㉡$$

㉠과 ㉡이 같아야 하므로

$a+\frac{5}{2}=\frac{3}{2} \quad \therefore a=-1$

## 1057

답 30

$\int_0^4 xf(x)f'(x)\,dx$에서

$u(x)=x$, $v'(x)=f(x)f'(x)$로 놓으면

$u'(x)=1$, $v(x)=\frac{1}{2}\{f(x)\}^2$이므로

$$\int_0^4 xf(x)f'(x)\,dx=\Big[\frac{1}{2}x\{f(x)\}^2\Big]_0^4-\frac{1}{2}\int_0^4\{f(x)\}^2\,dx$$
$$=2\{f(4)\}^2-\frac{1}{2}\int_0^4\{f(x)\}^2\,dx$$
$$=50-\frac{1}{2}\int_0^4\{f(x)\}^2\,dx\ (\because f(4)=5)$$

한편, $\int_0^2 x\{f(x^2)\}^2\,dx=20$에서

$x^2=t$로 놓으면 $2x=\frac{dt}{dx}$이고

$x=0$일 때 $t=0$, $x=2$일 때 $t=4$이므로

$$\int_0^2 x\{f(x^2)\}^2\,dx=\frac{1}{2}\int_0^4\{f(t)\}^2\,dt=20$$

$\therefore \int_0^4\{f(t)\}^2\,dt=40$

$$\therefore \int_0^4 xf(x)f'(x)\,dx=50-\frac{1}{2}\int_0^4\{f(x)\}^2\,dx$$
$$=50-20=30$$

**참고**

미분가능한 함수 $f(x)$에 대하여 함수 $y=\{f(x)\}^2$의 도함수가

$y'=2f(x)f'(x)$이므로

$\int f(x)f'(x)\,dx=\frac{1}{2}\{f(x)\}^2+C$ ($C$는 적분상수)이다.

## 1058

답 3

$x-t=s$로 놓으면 $-1=\frac{ds}{dt}$이고

$t=0$일 때 $s=x$, $t=x$일 때 $s=0$이므로

$$F(x)=\int_0^x tf(x-t)\,dt$$
$$=\int_x^0(x-s)f(s)\times(-1)\,ds$$
$$=\int_0^x(x-s)f(s)\,ds$$
$$=x\int_0^x f(s)\,ds-\int_0^x sf(s)\,ds$$

위의 식의 양변을 $x$에 대하여 미분하면

$$F'(x)=\int_0^x f(s)\,ds+xf(x)-xf(x)$$
$$=\int_0^x f(s)\,ds=\int_0^x 2e^{2s}\,ds$$
$$=\Big[e^{2s}\Big]_0^x=e^{2x}-1$$

$\therefore F'(\ln 2)=e^{2\ln 2}-1=4-1=3$

## 1059

답 ③

$f(x)=\int_0^x(a-t)e^t\,dt$의 양변을 $x$에 대하여 미분하면

$f'(x)=(a-x)e^x$

함수 $f(x)$가 $x=2$에서 극값을 가지므로

$f'(2)=0$에서 $(a-2)e^2=0$

$\therefore a=2$

따라서 $f(x)=\int_0^x(2-t)e^t\,dt$이므로

$b=f(2)=\int_0^2(2-t)e^t\,dt$

$u(t)=2-t$, $v'(t)=e^t$으로 놓으면
$u'(t)=-1$, $v(t)=e^t$이므로

$$\int_0^2 (2-t)e^t\,dt=\Big[(2-t)e^t\Big]_0^2-\int_0^2(-e^t)\,dt=-2-\Big[-e^t\Big]_0^2$$
$$=-2-(-e^2+1)=e^2-3$$

$\therefore a+b=2+e^2-3=e^2-1$

## 1060

답 4

$$\int_{-1}^1 f(x)\,dx=\int_{-1}^0 f(x)\,dx+\int_0^1 f(x)\,dx$$

$\int_{-1}^0 f(x)\,dx$에서 $-x=t$로 놓으면 $-1=\frac{dt}{dx}$이고
$x=-1$일 때 $t=1$, $x=0$일 때 $t=0$이므로

$$\int_{-1}^0 f(x)\,dx=\int_1^0 f(-t)\times(-1)\,dt$$
$$=\int_0^1 f(-t)\,dt$$

$$\therefore \int_{-1}^1 f(x)\,dx=\int_0^1 f(-x)\,dx+\int_0^1 f(x)\,dx$$
$$=\int_0^1\{f(x)+f(-x)\}\,dx$$
$$=\int_0^1 \sin\frac{\pi}{2}x\,dx=\Big[-\frac{2}{\pi}\cos\frac{\pi}{2}x\Big]_0^1$$
$$=\frac{2}{\pi}=\frac{a}{\pi}$$

따라서 $a=2$이므로
$a^2=4$

## 1061

답 ③

$f(x)=\int_0^x \frac{1}{1+t^4}\,dt$ ...... ㉠

㉠의 양변을 $x$에 대하여 미분하면

$f'(x)=\frac{1}{1+x^4}$

㉠의 양변에 $x=0$을 대입하면
$f(0)=0$

$\int_0^a \frac{e^{f(x)}}{1+x^4}\,dx=\int_0^a e^{f(x)}f'(x)\,dx$에서

$f(x)=t$로 놓으면 $f'(x)=\frac{dt}{dx}$이고
$x=0$일 때 $t=f(0)=0$, $x=a$일 때 $t=f(a)=3$이므로

$$\int_0^a \frac{e^{f(x)}}{1+x^4}\,dx=\int_0^3 e^t\,dt=\Big[e^t\Big]_0^3=e^3-1$$

## 1062

답 $\pi^2+4$

$$f(x)=\int_0^x (x^2-t^2)\sin t\,dt$$
$$=x^2\int_0^x \sin t\,dt-\int_0^x t^2\sin t\,dt \quad \cdots\cdots ㉠$$

㉠의 양변을 $x$에 대하여 미분하면

$$f'(x)=2x\int_0^x \sin t\,dt+x^2\sin x-x^2\sin x$$
$$=2x\int_0^x \sin t\,dt=2x\Big[-\cos t\Big]_0^x=-2x\cos x+2x$$

.................................................. ❶

$$f(x)=\int f'(x)\,dx=\int(-2x\cos x+2x)\,dx$$
$$=-2\int x\cos x\,dx+x^2+C_1$$

$u(x)=x$, $v'(x)=\cos x$로 놓으면
$u'(x)=1$, $v(x)=\sin x$이므로

$$\int x\cos x\,dx=x\sin x-\int \sin x\,dx$$
$$=x\sin x+\cos x+C_2$$
$$\therefore f(x)=-2\int x\cos x\,dx+x^2+C_1$$
$$=-2x\sin x-2\cos x+x^2+C$$

.................................................. ❷

㉠의 양변에 $x=0$을 대입하면 $f(0)=0$이므로 $-2+C=0$
$\therefore C=2$
따라서 $f(x)=-2x\sin x-2\cos x+x^2+2$이므로
$f(\pi)=-2\pi\sin\pi-2\cos\pi+\pi^2+2=\pi^2+4$

.................................................. ❸

| 채점 기준 | 배점 |
|---|---|
| ❶ 주어진 식을 미분하여 $f'(x)$ 구하기 | 30% |
| ❷ 부분적분법을 이용하여 $f(x)$를 적분상수를 포함한 식으로 나타내기 | 40% |
| ❸ $f(0)=0$임을 이용하여 $f(x)$를 구하고 $f(\pi)$의 값 구하기 | 30% |

## 1063

답 $\ln 2$

$f(x)=\ln x-x\int_1^e \frac{f(t)}{t}\,dt$에서

$\int_1^e \frac{f(t)}{t}\,dt=k$ ($k$는 상수) ...... ㉠

로 놓으면 $f(x)=\ln x-kx$
이를 ㉠에 대입하면

$$\int_1^e \frac{f(t)}{t}\,dt=\int_1^e\Big(\frac{\ln t}{t}-k\Big)\,dt=\int_1^e \frac{\ln t}{t}\,dt-\Big[kt\Big]_1^e$$
$$=\int_1^e \frac{\ln t}{t}\,dt-k(e-1)=k$$

.................................................. ❶

$\int_1^e \frac{\ln t}{t}\,dt$에서 $\ln t=s$로 놓으면 $\frac{1}{t}=\frac{ds}{dt}$이고
$t=1$일 때 $s=0$, $t=e$일 때 $s=1$이므로

$$\int_1^e \frac{\ln t}{t}\,dt=\int_0^1 s\,ds=\Big[\frac{1}{2}s^2\Big]_0^1=\frac{1}{2}$$
$$\therefore \int_1^e \frac{f(t)}{t}\,dt=\frac{1}{2}-k(e-1)=k$$

$ke=\frac{1}{2}$ $\quad\therefore k=\frac{1}{2e}$

.................................................. ❷

따라서 $f(x)=\ln x-\frac{x}{2e}$이므로

$f'(x)=\frac{1}{x}-\frac{1}{2e}$

$f'(x)=0$에서 $\frac{1}{x}=\frac{1}{2e}$

$\therefore x=2e$

$x>0$에서 함수 $f(x)$의 증가와 감소를 표로 나타내면 다음과 같다.

| $x$ | $(0)$ | $\cdots$ | $2e$ | $\cdots$ |
|---|---|---|---|---|
| $f'(x)$ | | $+$ | $0$ | $-$ |
| $f(x)$ | | ↗ | 극대 | ↘ |

따라서 함수 $f(x)$는 $x=2e$에서 극대이면서 최대이므로 구하는 최댓값은

$f(2e)=\ln 2e-\frac{2e}{2e}=\ln 2+1-1=\ln 2$

…… ❸

| 채점 기준 | 배점 |
|---|---|
| ❶ $\int_1^e \frac{f(t)}{t}\,dt=k$로 놓고 식 세우기 | 30% |
| ❷ 치환적분법을 이용하여 상수 $k$의 값 구하기 | 40% |
| ❸ 함수 $f(x)$의 최댓값 구하기 | 30% |

PART C 수능 녹인 변별력 문제

## 1064

답 ①

$x^2=t$로 놓으면 $2x=\frac{dt}{dx}$이고

$x=1$일 때 $t=1$, $x=2$일 때 $t=4$이므로

$$\int_1^2 \frac{f(x^2)}{x}\,dx=\int_1^2 \frac{f(x^2)}{x^2}\times x\,dx=\int_1^4 \frac{f(t)}{2t}\,dt$$
$$=\int_1^2 \frac{4-2t}{2t}\,dt+\int_2^4 \frac{t-2}{2t}\,dt$$
$$=\int_1^2\left(\frac{2}{t}-1\right)dt+\int_2^4\left(\frac{1}{2}-\frac{1}{t}\right)dt$$
$$=\Big[2\ln|t|-t\Big]_1^2+\Big[\frac{1}{2}t-\ln|t|\Big]_2^4$$
$$=2\ln 2-2-(-1)+(2-\ln 4)-(1-\ln 2)$$
$$=\ln 2$$

## 1065

답 ②

$$f(t)=\int_0^1 (e^x-tx)^2\,dx=\int_0^1 (e^{2x}-2te^x x+t^2x^2)\,dx$$
$$=\int_0^1 e^{2x}\,dx-2t\int_0^1 xe^x\,dx+t^2\int_0^1 x^2\,dx$$
$$=\Big[\frac{1}{2}e^{2x}\Big]_0^1+t^2\Big[\frac{1}{3}x^3\Big]_0^1-2t\int_0^1 xe^x\,dx$$
$$=\frac{1}{2}e^2-\frac{1}{2}+\frac{1}{3}t^2-2t\int_0^1 xe^x\,dx \qquad \cdots\cdots ㉠$$

$\int_0^1 xe^x\,dx$에서 $u(x)=x$, $v'(x)=e^x$으로 놓으면

$u'(x)=1$, $v(x)=e^x$이므로

$$\int_0^1 xe^x\,dx=\Big[xe^x\Big]_0^1-\int_0^1 e^x\,dx$$
$$=e-\Big[e^x\Big]_0^1=e-(e-1)=1$$

이를 ㉠에 대입하면

$f(t)=\frac{1}{3}t^2-2t+\frac{1}{2}e^2-\frac{1}{2}=\frac{1}{3}(t-3)^2+\frac{1}{2}e^2-\frac{7}{2}$

따라서 함수 $f(t)$는 $t=3$에서 최소이므로 구하는 최솟값은

$f(3)=\frac{1}{2}e^2-\frac{7}{2}$

**참고**

$f(t)=\int_0^1(e^x-tx)^2\,dx$에서 적분변수가 $t$가 아닌 $x$임에 주의하여 정적분으로 정의된 식을 정리한다.

## 1066

답 ③

$$g(x)=\int_1^x (e^x-e^t)f(t)\,dt$$
$$=e^x\int_1^x f(t)\,dt-\int_1^x e^t f(t)\,dt$$

위의 식의 양변을 $x$에 대하여 미분하면

$$g'(x)=e^x\int_1^x f(t)\,dt+e^xf(x)-e^xf(x)$$
$$=e^x\int_1^x f(t)\,dt$$

함수 $g(x)$의 역함수가 존재하려면 $g(x)$가 실수 전체의 집합에서 감소하거나 증가해야 한다.

즉, 모든 실수 $x$에 대하여 $g'(x)\le 0$ 또는 $g'(x)\ge 0$이어야 하므로

$h(x)=\int_1^x f(t)\,dt$라 하면

$e^xh(x)\le 0$ 또는 $e^xh(x)\ge 0$

$\therefore h(x)\le 0$ 또는 $h(x)\ge 0$

이때 $h(1)=0$이고 $h(x)$는 이차함수이므로

$h(x)=k(x-1)^2$ ($k\ne 0$인 상수)라 하면

$h'(x)=f(x)=2k(x-1)$

$\therefore \frac{f(7)}{f(3)}=\frac{12k}{4k}=3$

## 1067

답 ②

$2f(x)+\frac{1}{x^2}f\left(\frac{1}{x}\right)=\frac{1}{x}+\frac{1}{x^2}$이므로

$$\int_{\frac{1}{2}}^2\left\{2f(x)+\frac{1}{x^2}f\left(\frac{1}{x}\right)\right\}dx=\int_{\frac{1}{2}}^2\left(\frac{1}{x}+\frac{1}{x^2}\right)dx \qquad \cdots\cdots ㉠$$

$$\int_{\frac{1}{2}}^2\left(\frac{1}{x}+\frac{1}{x^2}\right)dx=\Big[\ln|x|-\frac{1}{x}\Big]_{\frac{1}{2}}^2$$
$$=\left(\ln 2-\frac{1}{2}\right)-(-\ln 2-2)$$
$$=2\ln 2+\frac{3}{2} \qquad \cdots\cdots ㉡$$

$\int_{\frac{1}{2}}^{2} \frac{1}{x^2} f\left(\frac{1}{x}\right) dx$에서 $\frac{1}{x}=t$로 놓으면 $-\frac{1}{x^2}=\frac{dt}{dx}$이고

$x=\frac{1}{2}$일 때 $t=2$, $x=2$일 때 $t=\frac{1}{2}$이므로

$$\int_{\frac{1}{2}}^{2} \frac{1}{x^2} f\left(\frac{1}{x}\right) dx = \int_{2}^{\frac{1}{2}} f(t) \times (-1)\, dt$$

$$= \int_{\frac{1}{2}}^{2} f(x)\, dx \quad \cdots\cdots ㉢$$

㉠에 ㉡, ㉢을 대입하면

$$\int_{\frac{1}{2}}^{2} 2f(x)\, dx + \int_{\frac{1}{2}}^{2} f(x)\, dx = 2\ln 2 + \frac{3}{2}$$

$$3\int_{\frac{1}{2}}^{2} f(x)\, dx = 2\ln 2 + \frac{3}{2}$$

$$\therefore \int_{\frac{1}{2}}^{2} f(x)\, dx = \frac{2\ln 2}{3} + \frac{1}{2}$$

## 1068

답 9

$$f(x)+3=\int_{x}^{x+1} f(t)\, dt \quad \cdots\cdots ㉠$$

㉠의 양변을 $x$에 대하여 미분하면

$f'(x)=f(x+1)-f(x)$

$$\int_0^1 xf(x+1)\, dx = \int_0^1 x\{f(x)+f'(x)\}\, dx$$

$$= \int_0^1 xf(x)\, dx + \int_0^1 xf'(x)\, dx$$

$\int_0^1 xf'(x)\, dx$에서 $u(x)=x$, $v'(x)=f'(x)$로 놓으면

$u'(x)=1$, $v(x)=f(x)$이므로

$$\int_0^1 xf'(x)\, dx = \Big[xf(x)\Big]_0^1 - \int_0^1 f(x)\, dx$$

$$= f(1) - \int_0^1 f(x)\, dx$$

$$\therefore \int_0^1 xf(x+1)\, dx = \int_0^1 xf(x)\, dx + f(1) - \int_0^1 f(x)\, dx$$

$$= f(1) + \int_0^1 (x-1)f(x)\, dx$$

이때 $\int_0^1 (x-1)f(x)\, dx=-1$, $\int_0^1 xf(x+1)\, dx=5$이므로

$5=f(1)-1 \qquad \therefore f(1)=6$

㉠의 양변에 $x=1$을 대입하면

$$\int_1^2 f(t)\, dt = \int_1^2 f(x)\, dx = f(1)+3 = 6+3 = 9$$

## 1069

답 ④

조건 ㈎에서 $e^x=t$로 놓으면

$e^x=\frac{dt}{dx}$이고 $x=0$일 때 $t=1$, $x=1$일 때 $t=e$이므로

$$\int_0^1 f'(e^x)\, dx = \int_1^e \frac{f'(t)}{t}\, dt = 2$$

조건 ㈏에서 $u(x)=f(x)$, $v'(x)=\frac{1}{x^2}$로 놓으면

$u'(x)=f'(x)$, $v(x)=-\frac{1}{x}$이므로

$$\int_1^e \frac{f(x)}{x^2}\, dx = \left[-\frac{f(x)}{x}\right]_1^e - \int_1^e \left\{-\frac{1}{x} \times f'(x)\right\} dx$$

$$= -\frac{f(e)}{e} + f(1) + \int_1^e \frac{f'(x)}{x}\, dx$$

$$= -\frac{f(e)}{e} + e + 2 = e$$

$\therefore f(e)=2e$

## 1070

답 ④

$x>0$인 모든 실수 $x$에 대하여 $0\le f(x)\le 1$이므로

$1\le x\le e$일 때

$-\ln x \le f(x)-\ln x \le 1-\ln x$

이때 $\ln x=1-\ln x$에서 $2\ln x=1$

$\therefore x=\sqrt{e}$

즉, $1\le x\le\sqrt{e}$일 때 $\ln x\le 1-\ln x$이고

$\sqrt{e}\le x\le e$일 때 $\ln x\ge 1-\ln x$이므로

$\int_1^e g(x)\, dx$가 최대가 되도록 하는 $g(x)$는

$$g(x)=\begin{cases} 1-\ln x & (1\le x<\sqrt{e}) \\ \ln x & (\sqrt{e}\le x\le e) \end{cases}$$

따라서 구하는 최댓값은

$$\int_1^e g(x)\, dx = \int_1^{\sqrt{e}} (1-\ln x)\, dx + \int_{\sqrt{e}}^e \ln x\, dx$$

$$= \Big[x - x\ln x\Big]_1^{\sqrt{e}} + \int_1^{\sqrt{e}} 1\, dx + \Big[x\ln x\Big]_{\sqrt{e}}^e - \int_{\sqrt{e}}^e 1\, dx$$

$$= \sqrt{e} - \frac{\sqrt{e}}{2} - 1 + \Big[x\Big]_1^{\sqrt{e}} + e - \frac{\sqrt{e}}{2} - \Big[x\Big]_{\sqrt{e}}^e$$

$$= \frac{\sqrt{e}}{2} - 1 + \sqrt{e} - 1 + e - \frac{\sqrt{e}}{2} - e + \sqrt{e}$$

$$= 2\sqrt{e} - 2$$

## 1071

답 ①

$$f(x)=\frac{\pi}{2}\int_1^{x+1} f(t)\, dt \quad \cdots\cdots ㉠$$

㉠의 양변을 $x$에 대하여 미분하면

$f'(x)=\frac{\pi}{2}f(x+1)$이므로

$f(x+1)=\frac{2}{\pi}f'(x)$

$$\therefore \pi^2\int_0^1 xf(x+1)\, dx = \pi^2\int_0^1 \left\{x\times\frac{2}{\pi}f'(x)\right\} dx$$

$$= 2\pi\int_0^1 xf'(x)\, dx$$

$$= 2\pi\left\{\Big[xf(x)\Big]_0^1 - \int_0^1 f(x)\, dx\right\}$$

$$= 2\pi\left\{f(1) - \int_0^1 f(x)\, dx\right\}$$

한편, ㉠의 양변에 $x=-1$을 대입하면

$$f(-1)=\frac{\pi}{2}\int_1^0 f(t)\, dt = -\frac{\pi}{2}\int_0^1 f(t)\, dt$$

함수 $y=f(x)$의 그래프가 원점에 대하여 대칭이므로

$f(-1)=-f(1)=-1$

즉, $-\frac{\pi}{2}\int_0^1 f(t)\,dt=-1$이므로

$\int_0^1 f(t)\,dt=\frac{2}{\pi}$

$\therefore \pi^2\int_0^1 xf(x+1)\,dx=2\pi\left\{f(1)-\int_0^1 f(x)\,dx\right\}$

$=2\pi\left(1-\frac{2}{\pi}\right)=2(\pi-2)$

## 1072

답 ③

조건 (가)에서 $f(x)>0$, $g(x)>0$이므로

$f(x)g(x)>0$

따라서 조건 (나)의 $f'(x)g(x)-f(x)g'(x)=f(x)g(x)$의 양변에

$\frac{1}{f(x)g(x)}$을 곱하면

$\frac{f'(x)}{f(x)}-\frac{g'(x)}{g(x)}=1$

위의 식의 양변을 $x$에 대하여 적분하면

$\ln|f(x)|-\ln|g(x)|=x+C$

$\ln\left|\frac{f(x)}{g(x)}\right|=x+C$

$\frac{f(1)}{g(1)}=1$이므로 $0=1+C$에서 $C=-1$

따라서 $\ln\left|\frac{f(x)}{g(x)}\right|=x-1$이므로

$\frac{f(x)}{g(x)}=e^{x-1}$

$\therefore \int_0^2 \frac{f(x)}{g(x)}\,dx=\int_0^2 e^{x-1}\,dx=\left[e^{x-1}\right]_0^2=e-\frac{1}{e}$

## 1073

답 ①

$f(x)=\int_{\frac{\sqrt{3}}{3}x}^{x}\sqrt{1-t^2}\,dt$의 양변을 $x$에 대하여 미분하면

$f'(x)=\sqrt{1-x^2}-\frac{\sqrt{3}}{3}\times\sqrt{1-\left(\frac{\sqrt{3}}{3}x\right)^2}$

$=\sqrt{1-x^2}-\frac{\sqrt{3}}{3}\times\sqrt{1-\frac{1}{3}x^2}$

이므로 $f'(x)=0$에서

$\sqrt{1-x^2}=\frac{\sqrt{3}}{3}\times\sqrt{1-\frac{1}{3}x^2}$

$1-x^2=\frac{1}{3}\left(1-\frac{1}{3}x^2\right)$, $x^2=\frac{3}{4}$

$\therefore x=\frac{\sqrt{3}}{2}$ ($\because 0\le x\le 1$)

$0\le x\le 1$에서 함수 $f(x)$의 증가와 감소를 표로 나타내면 다음과 같다.

| $x$ | 0 | $\cdots$ | $\frac{\sqrt{3}}{2}$ | $\cdots$ | 1 |
|---|---|---|---|---|---|
| $f'(x)$ | | + | 0 | − | |
| $f(x)$ | | ↗ | 극대 | ↘ | |

즉, 함수 $f(x)$는 $x=\frac{\sqrt{3}}{2}$에서 극대이면서 최대이므로 구하는 최댓값은

$f\left(\frac{\sqrt{3}}{2}\right)=\int_{\frac{1}{2}}^{\frac{\sqrt{3}}{2}}\sqrt{1-t^2}\,dt$

$t=\sin\theta\left(-\frac{\pi}{2}\le\theta\le\frac{\pi}{2}\right)$로 놓으면 $1=\cos\theta\times\frac{d\theta}{dt}$이고

$t=\frac{1}{2}$일 때 $\theta=\frac{\pi}{6}$, $t=\frac{\sqrt{3}}{2}$일 때 $\theta=\frac{\pi}{3}$이므로

$f\left(\frac{\sqrt{3}}{2}\right)=\int_{\frac{1}{2}}^{\frac{\sqrt{3}}{2}}\sqrt{1-t^2}\,dt=\int_{\frac{\pi}{6}}^{\frac{\pi}{3}}\sqrt{1-\sin^2\theta}\times\cos\theta\,d\theta$

$=\int_{\frac{\pi}{6}}^{\frac{\pi}{3}}\cos^2\theta\,d\theta=\int_{\frac{\pi}{6}}^{\frac{\pi}{3}}\frac{1+\cos 2\theta}{2}\,d\theta$

$=\left[\frac{1}{2}\theta+\frac{1}{4}\sin 2\theta\right]_{\frac{\pi}{6}}^{\frac{\pi}{3}}$

$=\frac{\pi}{6}+\frac{1}{4}\times\frac{\sqrt{3}}{2}-\left(\frac{\pi}{12}+\frac{1}{4}\times\frac{\sqrt{3}}{2}\right)$

$=\frac{\pi}{12}$

## 1074

답 ⑤

$\cos x\le 0$일 때 $f(x)=\cos x-\cos x=0$이므로 방정식 $f(x)=1$을 만족시키는 실수 $x$가 존재하지 않는다.

따라서 $\cos x>0$일 때 $f(x)=\cos x+\cos x=2\cos x$이므로

$f(x)=1$에서 $2\cos x=1$, $\cos x=\frac{1}{2}$

$\therefore x=\frac{\pi}{3}, \frac{5}{3}\pi, \frac{7}{3}\pi, \cdots$

즉, $a_1=\frac{\pi}{3}$, $a_3=\frac{7}{3}\pi$이므로

$\int_{a_1}^{a_3} f(x)\,dx=\int_{\frac{\pi}{3}}^{\frac{7}{3}\pi}(\cos x+|\cos x|)\,dx$

$=\int_{\frac{\pi}{3}}^{\frac{\pi}{2}}2\cos x\,dx+\int_{\frac{\pi}{2}}^{\frac{3}{2}\pi}0\,dx+\int_{\frac{3}{2}\pi}^{\frac{7}{3}\pi}2\cos x\,dx$

$=\left[2\sin x\right]_{\frac{\pi}{3}}^{\frac{\pi}{2}}+0+\left[2\sin x\right]_{\frac{3}{2}\pi}^{\frac{7}{3}\pi}$

$=2-\sqrt{3}+\sqrt{3}-(-2)$

$=4$

## 1075

답 ③

조건 (나)의 $g(x)=\frac{4}{e^4}\int_1^x e^{t^2}f(t)\,dt$의 양변에 $x=2$를 대입하면

$g(2)=\frac{4}{e^4}\int_1^2 e^{t^2}f(t)\,dt=\frac{2}{e^4}\int_1^2\left\{2te^{t^2}\times\frac{f(t)}{t}\right\}dt$

이때 조건 (가)에서 $\left(\frac{f(x)}{x}\right)'=x^2e^{-x^2}$이고 $(e^{t^2})'=2te^{t^2}$이므로

$\int_1^2\left\{2te^{t^2}\times\frac{f(t)}{t}\right\}dt=\left[e^{t^2}\times\frac{f(t)}{t}\right]_1^2-\int_1^2(e^{t^2}\times t^2e^{-t^2})\,dt$

$=\left\{\frac{e^4f(2)}{2}-1\right\}-\int_1^2 t^2\,dt\left(\because f(1)=\frac{1}{e}\right)$

$=\frac{e^4f(2)}{2}-1-\left[\frac{1}{3}t^3\right]_1^2$

$=\frac{e^4f(2)}{2}-\frac{10}{3}$

따라서 $g(2)=\frac{2}{e^4}\left\{\frac{e^4f(2)}{2}-\frac{10}{3}\right\}=f(2)-\frac{20}{3e^4}$이므로

$f(2)-g(2)=\frac{20}{3e^4}$

## 1076

답 ②

$f(x)=\int_{1}^{x}\frac{1}{e^t}\,dt$ …… ㉠

㉠의 양변에 $x=1$을 대입하면

$f(1)=0$

㉠의 양변을 $x$에 대하여 미분하면

$f'(x)=\frac{1}{e^x}$

$\int_{1}^{a}\frac{\ln\{1+f(x)\}}{e^x}\,dx=1$에서 $1+f(x)=t$로 놓으면

$f'(x)=\frac{dt}{dx}$, 즉 $\frac{1}{e^x}=\frac{dt}{dx}$이고

$x=1$일 때 $t=1+f(1)=1$, $x=a$일 때 $t=1+f(a)$이므로

$\int_{1}^{a}\frac{\ln\{1+f(x)\}}{e^x}\,dx=\int_{1}^{1+f(a)}\ln t\,dt$

$u(t)=\ln t$, $v'(t)=1$로 놓으면

$u'(t)=\frac{1}{t}$, $v(t)=t$이므로

$$\begin{aligned}\int_{1}^{1+f(a)}\ln t\,dt&=\Big[t\ln t\Big]_{1}^{1+f(a)}-\int_{1}^{1+f(a)}1\,dt\\&=\{1+f(a)\}\ln\{1+f(a)\}-\Big[t\Big]_{1}^{1+f(a)}\\&=\{1+f(a)\}\ln\{1+f(a)\}-f(a)=1\end{aligned}$$

에서

$\{1+f(a)\}[\ln\{1+f(a)\}-1]=0$

이때 ㉠에서 $f(a)>0$, 즉 $1+f(a)>0$이므로

$\ln\{1+f(a)\}-1=0$, $1+f(a)=e$

$\therefore f(a)=e-1$

## 1077

답 4

$\int_{-a}^{a}\ln f(x)\,dx=\int_{-a}^{0}\ln f(x)\,dx+\int_{0}^{a}\ln f(x)\,dx$ …… ㉠

$\int_{-a}^{0}\ln f(x)\,dx$에서 $-x=t$로 놓으면 $-1=\frac{dt}{dx}$이고

$x=-a$일 때 $t=a$, $x=0$일 때 $t=0$이므로

$\int_{-a}^{0}\ln f(x)\,dx=\int_{a}^{0}\ln f(-t)\times(-1)\,dt=\int_{0}^{a}\ln f(-t)\,dt$

이를 ㉠에 대입하면

$$\begin{aligned}\int_{-a}^{a}\ln f(x)\,dx&=\int_{0}^{a}\ln f(-x)\,dx+\int_{0}^{a}\ln f(x)\,dx\\&=\int_{0}^{a}\{\ln f(-x)+\ln f(x)\}\,dx\\&=\int_{0}^{a}\ln f(-x)f(x)\,dx\\&=\int_{0}^{a}\ln e^{2x}\,dx\\&=\int_{0}^{a}2x\,dx\\&=\Big[x^2\Big]_{0}^{a}=a^2=16\end{aligned}$$

$\therefore a=4$ ($\because a>0$)

## 1078

답 14

조건 (가)에서

$$\begin{aligned}\int_{0}^{\frac{\pi}{a}}f(x)\,dx&=\int_{0}^{\frac{\pi}{a}}\sin(ax)\,dx\\&=\Big[-\frac{1}{a}\cos(ax)\Big]_{0}^{\frac{\pi}{a}}=\frac{2}{a}\geq\frac{1}{2}\end{aligned}$$

이므로

$0<a\leq4$ …… ㉠

조건 (나)에서

$\int_{0}^{3\pi}\{|f(x)+t|-|f(x)-t|\}\,dx=0$

이므로

$g(x)=|f(x)+t|-|f(x)-t|$

라 하면

$\int_{0}^{3\pi}g(x)\,dx=0$ …… ㉡

또한

$$g(x)=\begin{cases}-2t & (-1\leq\sin(ax)<-t)\\2\sin(ax) & (-t\leq\sin(ax)<t)\\2t & (t\leq\sin(ax)\leq1)\end{cases}$$

이고 함수 $f(x)=\sin(ax)$의 주기가 $\frac{2\pi}{a}$이므로 함수 $y=g(x)$의 그래프는 다음 그림과 같다.

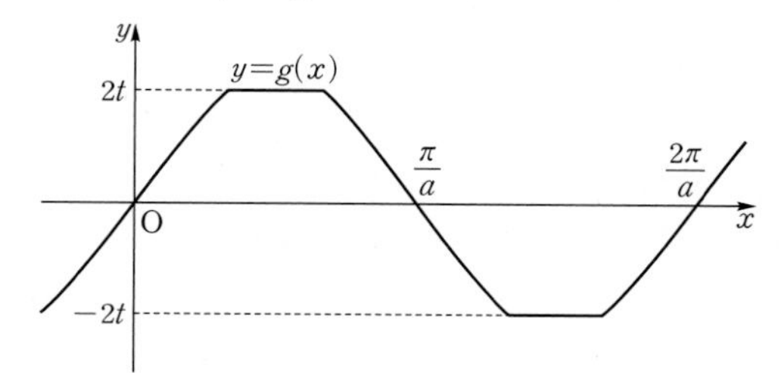


이때 함수 $g(x)$의 주기가 $\frac{2\pi}{a}$이고 $\int_{0}^{\frac{2\pi}{a}}g(x)\,dx=0$이므로 ㉡에 의하여 $3\pi=\frac{2\pi}{a}\times n$ ($n$은 자연수), 즉 $a=\frac{2}{3}n$이어야 한다.

㉠에서 $0<\frac{2}{3}n\leq4$이므로

$0<n\leq6$

따라서 자연수 $n$의 값은 1, 2, 3, 4, 5, 6이고 이에 대응하는 실수 $a$의 값은 각각 $\frac{2}{3}$, $\frac{4}{3}$, 2, $\frac{8}{3}$, $\frac{10}{3}$, 4이므로 그 합은

$\frac{2}{3}+\frac{4}{3}+2+\frac{8}{3}+\frac{10}{3}+4=14$

## 1079

답 49

함수 $f(x)$가 닫힌구간 $[0, 1]$에서 증가하고

$\int_{0}^{1}f(x)\,dx<\int_{0}^{1}|f(x)|\,dx$이므로 $f(x)=0$을 만족시키는 실수 $x$가 구간 $(0, 1)$에 단 하나 존재한다.

이를 만족시키는 실수 $x$의 값을 $\alpha$ $(0<\alpha<1)$이라 하면

$$\int_0^1 f(x)\,dx=8$$

에서

$$\int_0^\alpha f(x)\,dx+\int_\alpha^1 f(x)\,dx=8 \quad \cdots\cdots ㉠$$

$$\int_0^1 |f(x)|\,dx=10$$

에서

$$-\int_0^\alpha f(x)\,dx+\int_\alpha^1 f(x)\,dx=10 \quad \cdots\cdots ㉡$$

㉠, ㉡을 연립하여 풀면

$$\int_0^\alpha f(x)\,dx=-1,\ \int_\alpha^1 f(x)\,dx=9$$

한편, $F(x)=\int_0^x |f(t)|\,dt$에서 $0\le x<\alpha$일 때

$$F(x)=-\int_0^x f(t)\,dt$$

위의 식의 양변을 $x$에 대하여 미분하면

$F'(x)=-f(x)$

$\alpha\le x\le 1$일 때

$$F(x)=-\int_0^\alpha f(t)\,dt+\int_\alpha^x f(t)\,dt=1+\int_\alpha^x f(t)\,dt$$

위의 식의 양변을 $x$에 대하여 미분하면

$F'(x)=f(x)$

따라서 $0\le x\le 1$에서

$$F'(x)=\begin{cases}-f(x) & (0\le x<\alpha)\\ f(x) & (\alpha\le x\le 1)\end{cases}$$

$$\int_0^1 f(x)F(x)\,dx=\int_0^\alpha f(x)F(x)\,dx+\int_\alpha^1 f(x)F(x)\,dx$$

$F(x)=s$로 놓으면 $F'(x)=\dfrac{ds}{dx}$이고

$x=0$일 때, $s=F(0)=-\int_0^0 f(t)\,dt=0$

$x=\alpha$일 때, $s=F(\alpha)=1+\int_\alpha^\alpha f(t)\,dt=1$

$x=1$일 때, $s=F(1)=1+\int_\alpha^1 f(t)\,dt=10$

이므로

$$\int_0^\alpha f(x)F(x)\,dx+\int_\alpha^1 f(x)F(x)\,dx$$
$$=-\int_0^\alpha F'(x)F(x)\,dx+\int_\alpha^1 F'(x)F(x)\,dx$$
$$=-\int_0^1 s\,ds+\int_1^{10} s\,ds$$
$$=-\left[\frac{1}{2}s^2\right]_0^1+\left[\frac{1}{2}s^2\right]_1^{10}$$
$$=-\frac{1}{2}+\frac{99}{2}=49$$

# 10 정적분의 활용

## 유형 01 정적분과 급수의 관계(1)

확인 문제 $\frac{1}{3}$

$$\lim_{n\to\infty}\frac{1}{n}\sum_{k=1}^{n}\left(\frac{k}{n}\right)^2=\int_0^1 x^2\,dx=\left[\frac{1}{3}x^3\right]_0^1=\frac{1}{3}$$

### 1080

답 ④

$$\lim_{n\to\infty}\sum_{k=1}^{n}\frac{4}{n}\left(1+\frac{2k}{n}\right)^3=2\lim_{n\to\infty}\sum_{k=1}^{n}\left(1+\frac{2k}{n}\right)^3\frac{2}{n}$$

$$=2\int_1^3 x^3\,dx=2\left[\frac{1}{4}x^4\right]_1^3$$

└ $a=1$, $b=3$으로 놓으면 $\Delta x=\frac{2}{n}$, $x_k=1+\frac{2k}{n}$

$$=2\left(\frac{81}{4}-\frac{1}{4}\right)=2\times 20=40$$

### 1081

답 ④

$$\lim_{n\to\infty}\sum_{k=1}^{n}\frac{2}{n}f\left(3+\frac{k}{n}\right)=2\lim_{n\to\infty}\sum_{k=1}^{n}f\left(3+\frac{k}{n}\right)\frac{1}{n}=2\int_3^4 f(x)\,dx$$

**참고**

$$\lim_{n\to\infty}\sum_{k=1}^{n}\frac{2}{n}f\left(3+\frac{k}{n}\right)=2\lim_{n\to\infty}\sum_{k=1}^{n}\frac{1}{n}f\left(3+\frac{k}{n}\right)=2\int_0^1 f(3+x)\,dx=2\int_3^4 f(x)\,dx$$

### 1082

답 ③

$$\lim_{n\to\infty}\frac{1}{n}\sum_{k=1}^{n}\sqrt{1+\frac{3k}{n}}=\frac{1}{3}\lim_{n\to\infty}\sum_{k=1}^{n}\frac{3}{n}\sqrt{1+\frac{3k}{n}}$$

$$=\frac{1}{3}\int_1^4\sqrt{x}\,dx=\frac{1}{3}\left[\frac{2}{3}x\sqrt{x}\right]_1^4$$

$$=\frac{1}{3}\left(\frac{16}{3}-\frac{2}{3}\right)=\frac{1}{3}\times\frac{14}{3}=\frac{14}{9}$$

### 1083

답 ①

$$\lim_{n\to\infty}\sum_{k=1}^{n}\frac{\pi}{n}f\left(\frac{3k\pi}{2n}\right)=\frac{2}{3}\lim_{n\to\infty}\sum_{k=1}^{n}\frac{3\pi}{2n}f\left(\frac{3k\pi}{2n}\right)$$

$$=\frac{2}{3}\int_0^{\frac{3}{2}\pi}f(x)\,dx=\frac{2}{3}\int_0^{\frac{3}{2}\pi}\sin 2x\,dx$$

$$=\frac{2}{3}\left[-\frac{1}{2}\cos 2x\right]_0^{\frac{3}{2}\pi}$$

$$=\frac{2}{3}\left\{\frac{1}{2}-\left(-\frac{1}{2}\right)\right\}=\frac{2}{3}$$

### 1084

답 ①

$$\lim_{n\to\infty}\sum_{k=1}^{n}\frac{1}{n+k}f\left(\frac{k}{n}\right)=\lim_{n\to\infty}\sum_{k=1}^{n}\frac{1}{1+\frac{k}{n}}f\left(\frac{k}{n}\right)\frac{1}{n}$$

$$=\int_0^1\frac{1}{1+x}f(x)\,dx$$

$$=\int_0^1\frac{4x^4+4x^3}{1+x}\,dx$$

$$=\int_0^1\frac{4x^3(x+1)}{1+x}\,dx$$

$$=\int_0^1 4x^3\,dx=\left[x^4\right]_0^1=1$$

### 1085

답 $-e^2+e$

$a=\lim_{n\to\infty}\sum_{k=1}^{n}\frac{2}{n}f\left(1+\frac{k}{n}\right)$라 하면 $f(x)=e^x+a$이고

$$a=\lim_{n\to\infty}\sum_{k=1}^{n}f\left(1+\frac{k}{n}\right)\frac{2}{n}$$

$$=2\lim_{n\to\infty}\sum_{k=1}^{n}f\left(1+\frac{k}{n}\right)\frac{1}{n}$$

$$=2\int_1^2 f(x)\,dx=2\int_1^2(e^x+a)\,dx$$

$$=2\left[e^x+ax\right]_1^2=2(e^2-e+a)$$

이므로

$0=2(e^2-e)+a$ $\therefore a=-2e^2+2e$ ……❶

이때 $\int_0^1 f(x+1)\,dx$에서 $x+1=t$로 놓으면

$1=\frac{dt}{dx}$이고 $x=0$일 때 $t=1$, $x=1$일 때 $t=2$이므로

$$\int_0^1 f(x+1)\,dx=\int_1^2 f(t)\,dt=\frac{1}{2}a=-e^2+e$$

……❷

| 채점 기준 | 배점 |
|---|---|
| ❶ $\lim_{n\to\infty}\sum_{k=1}^{n}\frac{2}{n}f\left(1+\frac{k}{n}\right)$의 값 구하기 | 50% |
| ❷ $\int_0^1 f(x+1)\,dx$의 값 구하기 | 50% |

**참고**

$f(x)=e^x+a$에서 $f(t)=e^t+a$이므로

$a=2\int_1^2 f(x)\,dx=2\int_1^2 f(t)\,dt$

$\therefore \int_1^2 f(t)\,dt=\frac{1}{2}a$

**다른 풀이**

$f(x)=e^x+\lim_{n\to\infty}\sum_{k=1}^{n}\frac{2}{n}f\left(1+\frac{k}{n}\right)$에서

$\lim_{n\to\infty}\sum_{k=1}^{n}\frac{2}{n}f\left(1+\frac{k}{n}\right)=2\lim_{n\to\infty}\sum_{k=1}^{n}\frac{1}{n}f\left(1+\frac{k}{n}\right)=2\int_0^1 f(1+x)\,dx$

이므로 $f(x)=e^x+2\int_0^1 f(x+1)\,dx$

이때 $\int_0^1 f(x+1)\,dx=k$라 하면 $f(x)=e^x+2k$이고

$f(x+1)=e^{x+1}+2k$이므로

$$\int_0^1 f(x+1)\,dx=\int_0^1 (e^{x+1}+2k)\,dx=\left[e^{x+1}+2kx\right]_0^1$$
$$=e^2+2k-e=k$$

$\therefore k=-e^2+e$

유형 02 정적분과 급수의 관계(2)

확인 문제 $e-1$

$$\lim_{n\to\infty}\frac{1}{n}(\sqrt[n]{e}+\sqrt[n]{e^2}+\sqrt[n]{e^3}+\cdots+\sqrt[n]{e^n})$$
$$=\lim_{n\to\infty}\frac{1}{n}\left(e^{\frac{1}{n}}+e^{\frac{2}{n}}+e^{\frac{3}{n}}+\cdots+e^{\frac{n}{n}}\right)=\lim_{n\to\infty}\frac{1}{n}\sum_{k=1}^{n}e^{\frac{k}{n}}$$
$$=\int_0^1 e^x\,dx=\left[e^x\right]_0^1=e-1$$

## 1086

답 ④

$$\lim_{n\to\infty}\frac{6}{n}\left\{\left(1+\frac{2}{n}\right)^2+\left(1+\frac{4}{n}\right)^2+\cdots+\left(1+\frac{2n}{n}\right)^2\right\}$$
$$=\lim_{n\to\infty}\sum_{k=1}^{n}\frac{6}{n}\left(1+\frac{2k}{n}\right)^2=3\lim_{n\to\infty}\sum_{k=1}^{n}\frac{2}{n}\left(1+\frac{2k}{n}\right)^2$$
$$=3\int_1^3 x^2\,dx=3\left[\frac{1}{3}x^3\right]_1^3$$
$$=3\left(9-\frac{1}{3}\right)=26$$

## 1087

답 2

$$\lim_{n\to\infty}\frac{1}{n^3}\left\{f\left(\frac{1}{n}\right)+2^2f\left(\frac{2}{n}\right)+\cdots+n^2f\left(\frac{n}{n}\right)\right\}$$
$$=\lim_{n\to\infty}\sum_{k=1}^{n}\frac{k^2}{n^3}f\left(\frac{k}{n}\right)=\lim_{n\to\infty}\sum_{k=1}^{n}\left(\frac{k}{n}\right)^2 f\left(\frac{k}{n}\right)\frac{1}{n}$$
$$=\int_0^1 x^2f(x)\,dx=\int_0^1 x^2(4x+3)\,dx$$
$$=\int_0^1 (4x^3+3x^2)\,dx=\left[x^4+x^3\right]_0^1=2$$

## 1088

답 ④

$$\lim_{n\to\infty}\frac{1}{n}\left(\sqrt{\frac{2n}{2n+1}}+\sqrt{\frac{2n}{2n+2}}+\cdots+\sqrt{\frac{2n}{2n+n}}\right)$$
$$=\lim_{n\to\infty}\frac{1}{n}\sum_{k=1}^{n}\sqrt{\frac{2n}{2n+k}}=\lim_{n\to\infty}\frac{1}{n}\sum_{k=1}^{n}\sqrt{\frac{1}{1+\frac{k}{2n}}}$$
$$=2\lim_{n\to\infty}\frac{1}{2n}\sum_{k=1}^{n}\sqrt{\frac{1}{1+\frac{k}{2n}}}$$
$$=2\int_1^{\frac{3}{2}}\sqrt{\frac{1}{x}}\,dx=2\int_1^{\frac{3}{2}}x^{-\frac{1}{2}}\,dx$$
$$=2\left[2x^{\frac{1}{2}}\right]_1^{\frac{3}{2}}=2(\sqrt{6}-2)$$

## 1089

답 ③

ㄱ. $\lim_{n\to\infty}\sum_{k=1}^{n}\frac{1}{n}\cos\frac{k\pi}{n}$

$$=\frac{1}{\pi}\lim_{n\to\infty}\sum_{k=1}^{n}\frac{\pi}{n}\cos\frac{k\pi}{n}$$
$$=\frac{1}{\pi}\int_0^{\pi}\cos x\,dx$$
$$=\frac{1}{\pi}\left[\sin x\right]_0^{\pi}$$
$$=\frac{1}{\pi}(0-0)=0$$ (참)

ㄴ. $\lim_{n\to\infty}\sum_{k=1}^{n}\left(\frac{n+3k}{n}\right)^2\frac{6}{n}$

$$=2\lim_{n\to\infty}\sum_{k=1}^{n}\left(1+\frac{3k}{n}\right)^2\frac{3}{n}$$
$$=2\int_1^4 x^2\,dx=2\left[\frac{1}{3}x^3\right]_1^4$$
$$=2\left(\frac{64}{3}-\frac{1}{3}\right)=42$$ (거짓)

ㄷ. $\lim_{n\to\infty}\left(\frac{1}{n+1}+\frac{1}{n+2}+\frac{1}{n+3}+\cdots+\frac{1}{2n}\right)$

$$=\lim_{n\to\infty}\sum_{k=1}^{n}\frac{1}{n+k}$$
$$=\lim_{n\to\infty}\frac{1}{n}\sum_{k=1}^{n}\frac{1}{1+\frac{k}{n}}$$
$$=\int_1^2\frac{1}{x}\,dx$$
$$=\left[\ln|x|\right]_1^2$$
$$=\ln 2$$ (참)

따라서 옳은 것은 ㄱ, ㄷ이다.

유형 03 정적분과 급수의 활용

## 1090

답 ②

점 $A_1, A_2, \cdots, A_{n-1}$이 $x$축 위의 구간 $[0, 2]$를 $n$등분하므로

$A_k\left(\frac{2k}{n}, 0\right)$

점 $B_k$는 $x$좌표가 $\frac{2k}{n}$이고 곡선 $y=e^x$ 위의 점이므로

$B_k\left(\frac{2k}{n}, e^{\frac{2k}{n}}\right)$

$\therefore \overline{A_kB_k}=e^{\frac{2k}{n}}$

$$\therefore \lim_{n\to\infty}\frac{1}{n}\sum_{k=1}^{n-1}\overline{A_kB_k}=\lim_{n\to\infty}\frac{1}{n}\sum_{k=1}^{n-1}e^{\frac{2k}{n}}$$
$$=\frac{1}{2}\lim_{n\to\infty}\sum_{k=1}^{n-1}e^{\frac{2k}{n}}\times\frac{2}{n}$$
$$=\frac{1}{2}\int_0^2 e^x\,dx$$
$$=\frac{1}{2}\left[e^x\right]_0^2=\frac{1}{2}(e^2-1)$$

## 1091

답 ①

호 AB를 $2n$등분하므로 $1\le k\le n$인 자연수 $k$에 대하여

$\angle P_kOP_{k+1}=\dfrac{\pi}{2}\times\dfrac{1}{2n}=\dfrac{\pi}{4n}$

따라서 삼각형 $OP_{n-k}P_{n+k}$에서

$\angle P_{n-k}OP_{n+k}=\dfrac{\pi}{4n}\times 2k=\dfrac{k\pi}{2n}$이므로

$S_k=\dfrac{1}{2}\times1\times1\times\sin\dfrac{k\pi}{2n}=\dfrac{1}{2}\sin\dfrac{k\pi}{2n}$

$$\therefore \lim_{n\to\infty}\frac{1}{n}\sum_{k=1}^{n}S_k=\lim_{n\to\infty}\sum_{k=1}^{n}\left(\frac{1}{n}\times\frac{1}{2}\sin\frac{k\pi}{2n}\right)$$
$$=\frac{1}{\pi}\lim_{n\to\infty}\sum_{k=1}^{n}\left(\frac{\pi}{2n}\sin\frac{k\pi}{2n}\right)$$
$$=\frac{1}{\pi}\int_0^{\frac{\pi}{2}}\sin x\,dx=\frac{1}{\pi}\Big[-\cos x\Big]_0^{\frac{\pi}{2}}$$
$$=\frac{1}{\pi}\{0-(-1)\}=\frac{1}{\pi}$$

## 1092

답 ①

반원의 중심을 O라 하면 $\angle AOC_k=\dfrac{k\pi}{n}$이므로

삼각형 $AOC_k$의 넓이는

$\dfrac{1}{2}\times2\times2\times\sin\dfrac{k\pi}{n}=2\sin\dfrac{k\pi}{n}$

부채꼴 $AOC_k$의 넓이는

$\dfrac{1}{2}\times2^2\times\dfrac{k\pi}{n}=\dfrac{2k\pi}{n}$ — 반지름의 길이가 $r$, 중심각의 크기가 $\theta$인 부채꼴의 넓이는 $\frac{1}{2}r^2\theta$

$\therefore S_k=$(부채꼴 $AOC_k$의 넓이)$-$(삼각형 $AOC_k$의 넓이)

$=\dfrac{2k\pi}{n}-2\sin\dfrac{k\pi}{n}$

$$\therefore \lim_{n\to\infty}\frac{1}{n}\sum_{k=1}^{n-1}S_k=\lim_{n\to\infty}\frac{1}{n}\sum_{k=1}^{n-1}\left(\frac{2k\pi}{n}-2\sin\frac{k\pi}{n}\right)$$
$$=\frac{2}{\pi}\lim_{n\to\infty}\sum_{k=1}^{n-1}\left(\frac{k\pi}{n}-\sin\frac{k\pi}{n}\right)\frac{\pi}{n}$$
$$=\frac{2}{\pi}\int_0^{\pi}(x-\sin x)\,dx$$
$$=\frac{2}{\pi}\left[\frac{1}{2}x^2+\cos x\right]_0^{\pi}$$
$$=\frac{2}{\pi}\left\{\left(\frac{\pi^2}{2}-1\right)-1\right\}=\pi-\frac{4}{\pi}$$

### 유형 04 곡선과 $x$축 사이의 넓이

## 1093

답 ③

구하는 부분의 넓이는

$$\int_0^{\ln 2}e^{2x}\,dx=\left[\frac{1}{2}e^{2x}\right]_0^{\ln 2}$$
$$=\frac{1}{2}(e^{2\ln 2}-e^0)$$
$$=\frac{1}{2}(4-1)=\frac{3}{2}$$

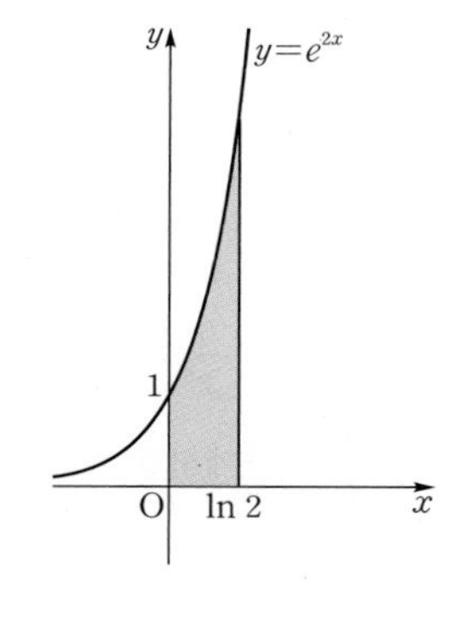


## 1094

답 2

곡선 $y=a\sqrt{x+4}$와 $x$축의 교점의 $x$좌표는

$a\sqrt{x+4}=0$에서 $x=-4$

따라서 구하는 부분의 넓이는

$$\int_{-4}^{5}a\sqrt{x+4}\,dx$$
$$=\left[\frac{2}{3}a(x+4)^{\frac{3}{2}}\right]_{-4}^{5}$$
$$=\frac{2}{3}a\times9^{\frac{3}{2}}=18a=36$$

$\therefore a=2$

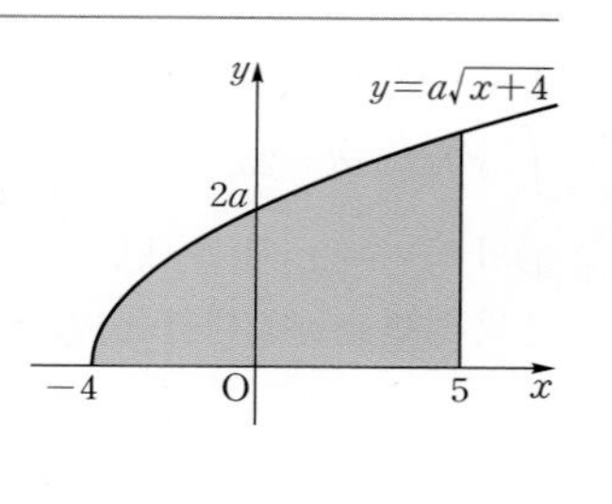


## 1095

답 182

$0\le x\le\pi$에서 함수 $y=n\cos x$의 그래프는 점 $\left(\dfrac{\pi}{2},\ 0\right)$에 대하여 대칭이므로 구하는 부분의 넓이 $a_n$은

$$a_n=\int_0^{\pi}|n\cos x|\,dx$$
$$=2n\int_0^{\frac{\pi}{2}}\cos x\,dx$$
$$=2n\Big[\sin x\Big]_0^{\frac{\pi}{2}}=2n(1-0)=2n$$

$\therefore \displaystyle\sum_{k=1}^{6}ka_k=\sum_{k=1}^{6}2k^2=2\times\frac{6\times7\times13}{6}=182$ — $\displaystyle\sum_{k=1}^{n}k^2=\frac{n(n+1)(2n+1)}{6}$

**참고**

닫힌구간 $[a,\ b]$에서 $f(x)$의 값이 양수인 경우와 음수인 경우가 모두 있을 때에는 $f(x)$의 값이 양수인 구간과 음수인 구간으로 나누어 다음과 같이 넓이를 구할 수 있다.

$$\int_0^{\pi}|n\cos x|\,dx=\int_0^{\frac{\pi}{2}}n\cos x\,dx+\int_{\frac{\pi}{2}}^{\pi}(-n\cos x)\,dx$$
$$=n\Big[\sin x\Big]_0^{\frac{\pi}{2}}-n\Big[\sin x\Big]_{\frac{\pi}{2}}^{\pi}$$
$$=n(1-0)-n(0-1)$$
$$=2n$$

하지만 이 문제의 경우 함수 $y=n\cos x$의 그래프는 점 $\left(\dfrac{\pi}{2},\ 0\right)$에 대하여 대칭이므로 본풀이와 같이 구하는 것이 훨씬 효율적이다.

## 1096

답 ②

모든 실수 $x$에 대하여 $f(x)>0$이므로 $f(2x+1)>0$

따라서 구하는 부분의 넓이는

$$\int_1^2 f(2x+1)\,dx$$

$2x+1=t$로 놓으면 $2=\dfrac{dt}{dx}$이고

$x=1$일 때 $t=3$, $x=2$일 때 $t=5$이므로

$$\int_1^2 f(2x+1)\,dx=\frac{1}{2}\int_3^5 f(t)\,dt=\frac{1}{2}\times36=18$$

**참고**

$f(ax+b)$ 꼴을 포함한 함수의 정적분은 $ax+b=t$로 놓고 치환적분법을 이용하여 구한다.

## 1097

답 $-12$

조건 ㈎에서

$\int_0^x e^t f(t)\,dt=2x^2+ax+b$ …… ㉠

㉠의 양변에 $x=0$을 대입하면 $b=0$

㉠의 양변을 $x$에 대하여 미분하면 $e^x f(x)=4x+a$

$f(x)=\frac{4x+a}{e^x}$ ($\because e^x>0$)

$f'(x)=\frac{4e^x-(4x+a)e^x}{e^{2x}}=-\frac{4x+a-4}{e^x}$

조건 ㈏에서 함수 $f(x)$가 $x=0$에서 극값을 가지므로

$f'(0)=0$에서 $-a+4=0$

$\therefore a=4$ $\quad\therefore f(x)=(4x+4)e^{-x}$

…… ❶

$-1\le x\le 2$에서 $f(x)\ge 0$이므로 구하는 부분의 넓이는

$\int_{-1}^2 (4x+4)e^{-x}\,dx$

$u(x)=4x+4$, $v'(x)=e^{-x}$으로 놓으면

$u'(x)=4$, $v(x)=-e^{-x}$이므로

$$\int_{-1}^2 (4x+4)e^{-x}\,dx=\Big[-(4x+4)e^{-x}\Big]_{-1}^2-\int_{-1}^2(-4e^{-x})\,dx$$
$$=-12e^{-2}-\Big[4e^{-x}\Big]_{-1}^2=-12e^{-2}-4e^{-2}+4e$$
$$=-\frac{16}{e^2}+4e$$

…… ❷

따라서 $m=-16$, $n=4$이므로

$m+n=-16+4=-12$

…… ❸

| 채점 기준 | 배점 |
|---|---|
| ❶ $f(x)$의 식 구하기 | 50% |
| ❷ 부분적분법을 이용하여 도형의 넓이 구하기 | 40% |
| ❸ $m+n$의 값 구하기 | 10% |

**Bible Says** 몫의 미분법

미분가능한 두 함수 $f(x)$, $g(x)$ $(g(x)\ne 0)$에 대하여

(1) $y=\frac{1}{g(x)}$이면 $y'=-\frac{g'(x)}{\{g(x)\}^2}$

(2) $y=\frac{f(x)}{g(x)}$이면 $y'=\frac{f'(x)g(x)-f(x)g'(x)}{\{g(x)\}^2}$

### 유형 05 곡선과 $y$축 사이의 넓이

## 1098

답 ②

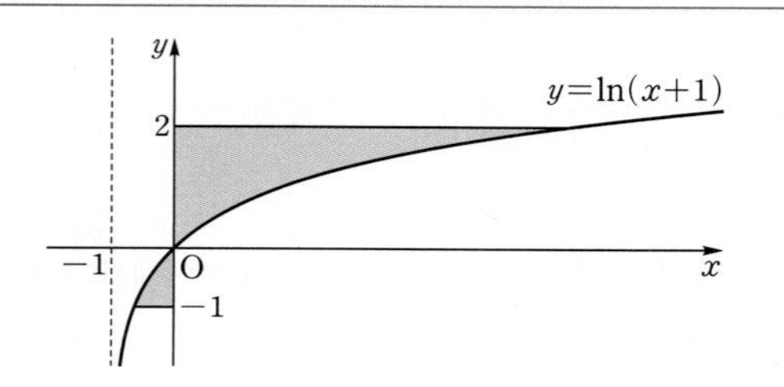


$y=\ln(x+1)$에서 $e^y=x+1$

$\therefore x=e^y-1$

따라서 구하는 부분의 넓이는

$$\int_{-1}^2 |x|\,dy=\int_{-1}^2|e^y-1|\,dy$$
$$=\int_{-1}^0(-e^y+1)\,dy+\int_0^2(e^y-1)\,dy$$
$$=\Big[-e^y+y\Big]_{-1}^0+\Big[e^y-y\Big]_0^2$$
$$=-1-(-e^{-1}-1)+(e^2-2)-1$$
$$=\frac{1}{e}+e^2-3$$

**참고**

닫힌구간 $[-1, 2]$에서 $e^y-1$의 값이 양수인 경우와 음수인 경우가 모두 존재하므로 $e^y-1$의 값이 양수인 구간과 음수인 구간으로 나누어 넓이를 구한다.

## 1099

답 ③

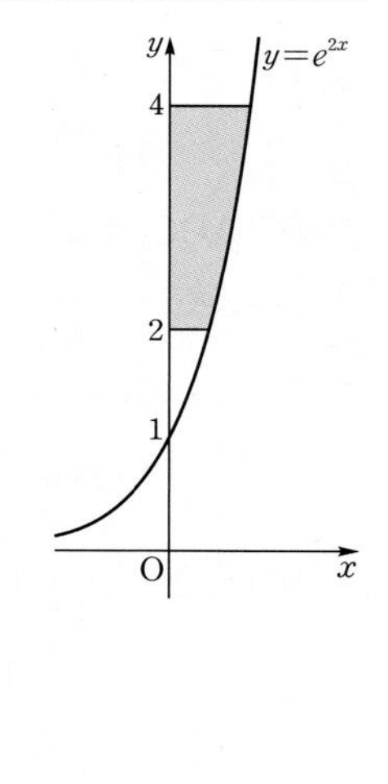


$y=e^{2x}$에서 $x=\frac{1}{2}\ln y$

따라서 구하는 부분의 넓이는

$\int_2^4 \frac{1}{2}\ln y\,dy$

$u(y)=\ln y$, $v'(y)=\frac{1}{2}$로 놓으면

$u'(y)=\frac{1}{y}$, $v(y)=\frac{1}{2}y$이므로

$$\int_2^4\frac{1}{2}\ln y\,dy=\Big[\frac{1}{2}y\ln y\Big]_2^4-\int_2^4\frac{1}{2}\,dy$$
$$=2\ln 4-\ln 2-\Big[\frac{1}{2}y\Big]_2^4$$
$$=4\ln 2-\ln 2-\frac{1}{2}(4-2)$$
$$=3\ln 2-1$$

## 1100

답 1

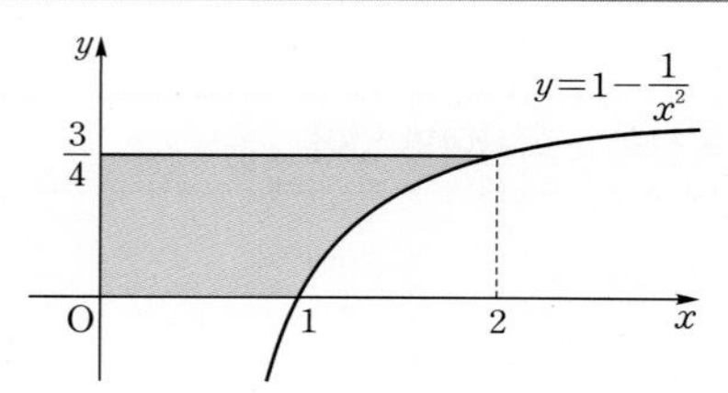


곡선 $y=1-\frac{1}{x^2}$과 $x$축의 교점의 $x$좌표는

$1-\frac{1}{x^2}=0$에서 $x^2=1$

$\therefore x=1$ ($\because x>0$)

곡선 $y=1-\frac{1}{x^2}$과 직선 $y=\frac{3}{4}$의 교점의 $x$좌표는

$1-\frac{1}{x^2}=\frac{3}{4}$에서 $x^2=4$

$\therefore x=2$ ($\because x>0$)

따라서 구하는 부분의 넓이는 가로, 세로의 길이가 각각 2, $\frac{3}{4}$인 직사각형의 넓이에서 곡선 $y=1-\frac{1}{x^2}$과 $x$축 및 직선 $x=2$로 둘러싸인 부분의 넓이를 뺀 것과 같으므로

$$2\times\frac{3}{4}-\int_1^2\left(1-\frac{1}{x^2}\right)dx=\frac{3}{2}-\left[x+\frac{1}{x}\right]_1^2=\frac{3}{2}-\frac{1}{2}=1$$

다른 풀이

$y=1-\frac{1}{x^2}$에서 $x^2=\frac{1}{1-y}$

$\therefore x=\frac{1}{\sqrt{1-y}}$ ($\because x>0$)

따라서 구하는 부분의 넓이는

$$\int_0^{\frac{3}{4}}\frac{1}{\sqrt{1-y}}dy=\left[-2\sqrt{1-y}\right]_0^{\frac{3}{4}}=-2\times\sqrt{\frac{1}{4}}+2\times1=1$$

## 1101

답 $-5$

곡선 $y=\tan x$와 직선 $y=1$의 교점의 $x$좌표는

$\tan x=1$에서 $x=\frac{\pi}{4}$ $\left(\because -\frac{\pi}{2}<x<\frac{\pi}{2}\right)$

따라서 구하는 부분의 넓이 $S$는 가로, 세로의 길이가 각각 $\frac{\pi}{4}$, 1인 직사각형의 넓이에서 곡선 $y=\tan x$와 $x$축 및 직선 $x=\frac{\pi}{4}$로 둘러싸인 부분의 넓이를 뺀 것과 같으므로

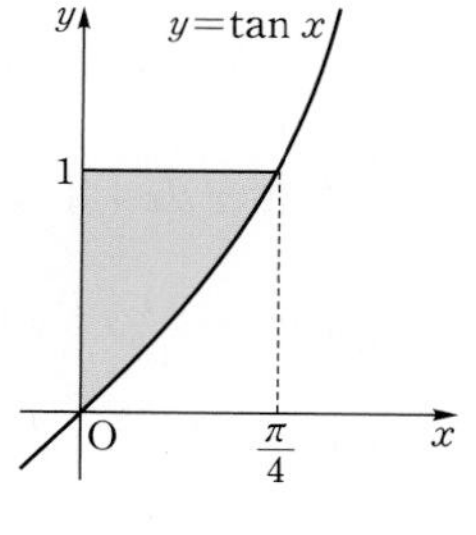


$$S=\frac{\pi}{4}\times1-\int_0^{\frac{\pi}{4}}\tan x\,dx$$
$$=\frac{\pi}{4}-\int_0^{\frac{\pi}{4}}\frac{\sin x}{\cos x}dx=\frac{\pi}{4}+\int_0^{\frac{\pi}{4}}\frac{(\cos x)'}{\cos x}dx$$
$$=\frac{\pi}{4}+\left[\ln|\cos x|\right]_0^{\frac{\pi}{4}}=\frac{\pi}{4}-\frac{1}{2}\ln 2$$

따라서 $a=\frac{1}{4}$, $b=-\frac{1}{2}$이므로

$40ab=40\times\frac{1}{4}\times\left(-\frac{1}{2}\right)=-5$

## 1102

답 ⑤

구하는 부분의 넓이는 가로, 세로의 길이가 각각 1, $e$인 직사각형의 넓이에서 곡선 $y=xe^x$과 $x$축 및 직선 $x=1$로 둘러싸인 부분의 넓이를 뺀 것과 같으므로

$e-\int_0^1 xe^x\,dx$ …… ㉠

$u(x)=x$, $v'(x)=e^x$으로 놓으면

$u'(x)=1$, $v(x)=e^x$이므로

$$\int_0^1 xe^x\,dx=\left[xe^x\right]_0^1-\int_0^1 e^x\,dx$$
$$=e-\left[e^x\right]_0^1=e-(e-1)=1$$

이를 ㉠에 대입하면 $e-1$

따라서 구하는 부분의 넓이는 $e-1$이다.

# 유형 06 곡선과 직선 사이의 넓이

## 1103

답 ⑤

곡선 $y=2\sqrt{x}$와 직선 $y=x$의 교점의 $x$좌표는

$2\sqrt{x}=x$에서 $x^2-4x=0$

$x(x-4)=0$ $\therefore x=0$ 또는 $x=4$

따라서 구하는 부분의 넓이는

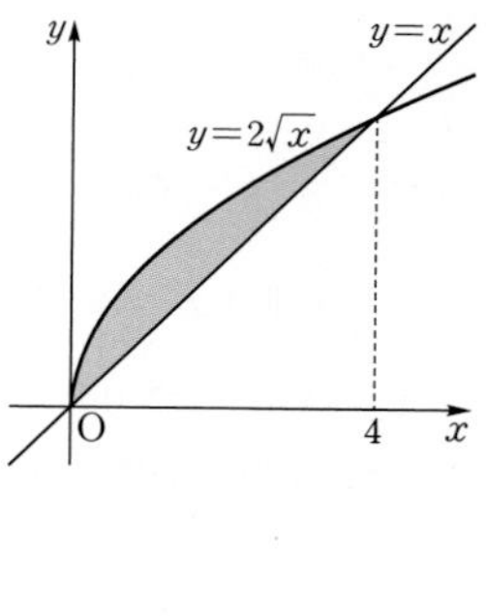


$$\int_0^4(2\sqrt{x}-x)\,dx=\int_0^4\left(2x^{\frac{1}{2}}-x\right)dx$$
$$=\left[\frac{4}{3}x^{\frac{3}{2}}-\frac{1}{2}x^2\right]_0^4$$
$$=\frac{4}{3}\times8-\frac{1}{2}\times16=\frac{32}{3}-8=\frac{8}{3}$$

## 1104

답 18

구하는 부분의 넓이는

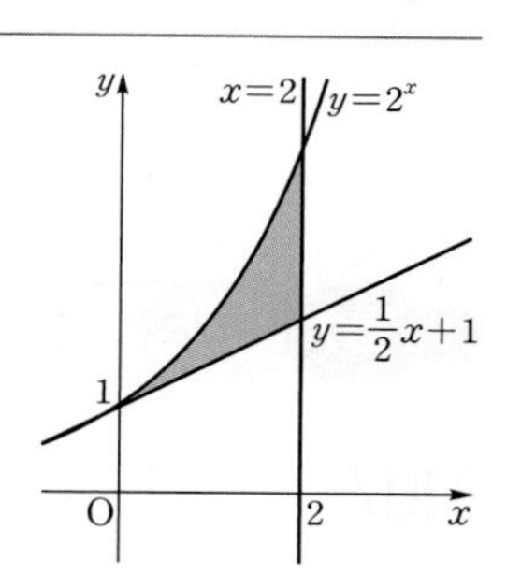


$$\int_0^2\left\{2^x-\left(\frac{1}{2}x+1\right)\right\}dx$$
$$=\left[\frac{2^x}{\ln 2}-\frac{1}{4}x^2-x\right]_0^2$$
$$=\left(\frac{4}{\ln 2}-1-2\right)-\frac{1}{\ln 2}$$
$$=\frac{3}{\ln 2}-3$$

따라서 $p=3$, $q=-3$이므로

$p^2+q^2=9+9=18$

## 1105

답 ①

$y=\ln x$에서 $x=e^y$

$y=\frac{1}{2}x$에서 $x=2y$

따라서 구하는 부분의 넓이는

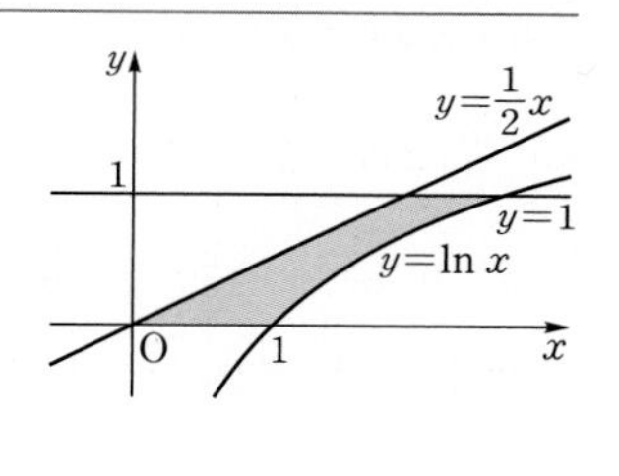


$$\int_0^1(e^y-2y)\,dy=\left[e^y-y^2\right]_0^1$$
$$=e-1-1=e-2$$

참고

$y$에 대하여 적분하므로 {(오른쪽의 식)−(왼쪽의 식)}을 세워서 정적분의 값을 계산하였다.

다른 풀이

곡선 $y=\ln x$와 직선 $y=1$의 교점의 $x$좌표는

$\ln x=1$에서 $x=e$

두 직선 $y=\frac{1}{2}x$와 $y=1$의 교점의 $x$좌표는

$\frac{1}{2}x=1$에서 $x=2$

따라서 구하는 부분의 넓이는

$$\frac{1}{2}\{e+(e-2)\}\times1-\int_1^e\ln x\,dx$$
$$=(e-1)-\left[x\ln x-x\right]_1^e$$
$$=(e-1)-\{e-e-(-1)\}=e-2$$

## 1106

답 ①

곡선 $y=\frac{1}{x}$과 두 직선 $y=2x$, $y=\frac{1}{2}x$의 교점의 $x$좌표는

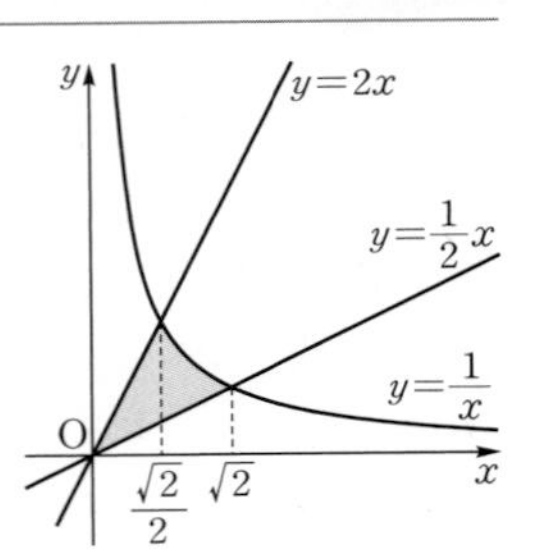


$\frac{1}{x}=2x$에서 $x^2=\frac{1}{2}$

$\therefore x=\frac{\sqrt{2}}{2}$ ($\because x>0$)

$\frac{1}{x}=\frac{1}{2}x$에서 $x^2=2$

$\therefore x=\sqrt{2}$ ($\because x>0$)

따라서 구하는 부분의 넓이는

$$\int_0^{\frac{\sqrt{2}}{2}} 2x\,dx+\int_{\frac{\sqrt{2}}{2}}^{\sqrt{2}} \frac{1}{x}\,dx-\int_0^{\sqrt{2}} \frac{1}{2}x\,dx$$

$$=\Big[x^2\Big]_0^{\frac{\sqrt{2}}{2}}+\Big[\ln|x|\Big]_{\frac{\sqrt{2}}{2}}^{\sqrt{2}}-\Big[\frac{1}{4}x^2\Big]_0^{\sqrt{2}}$$

$$=\frac{1}{2}+\frac{1}{2}\ln 2+\frac{1}{2}\ln 2-\frac{1}{2}=\ln 2$$

### 유형 07 두 곡선 사이의 넓이

## 1107

답 ⑤

두 곡선 $y=\sin x$, $y=\sin\frac{x}{2}$의 교점의 $x$좌표는 $\sin x=\sin\frac{x}{2}$에서

$2\sin\frac{x}{2}\cos\frac{x}{2}=\sin\frac{x}{2}$

$\sin\frac{x}{2}\left(2\cos\frac{x}{2}-1\right)=0$ $\quad\therefore \sin\frac{x}{2}=0$ 또는 $\cos\frac{x}{2}=\frac{1}{2}$

$\therefore x=0$ 또는 $x=\frac{2}{3}\pi$ ($\because 0\le x\le\pi$)

따라서 구하는 부분의 넓이는

$$\int_0^{\frac{2}{3}\pi}\left(\sin x-\sin\frac{x}{2}\right)dx+\int_{\frac{2}{3}\pi}^{\pi}\left(\sin\frac{x}{2}-\sin x\right)dx$$

$$=\Big[-\cos x+2\cos\frac{x}{2}\Big]_0^{\frac{2}{3}\pi}+\Big[-2\cos\frac{x}{2}+\cos x\Big]_{\frac{2}{3}\pi}^{\pi}$$

$$=\frac{1}{2}+1-1+\left\{-1-\left(-1-\frac{1}{2}\right)\right\}=1$$

## 1108

답 ②

두 곡선 $y=x^2$, $y=\sqrt{x}$의 교점의 $x$좌표는 $x^2=\sqrt{x}$에서 $x^4=x$

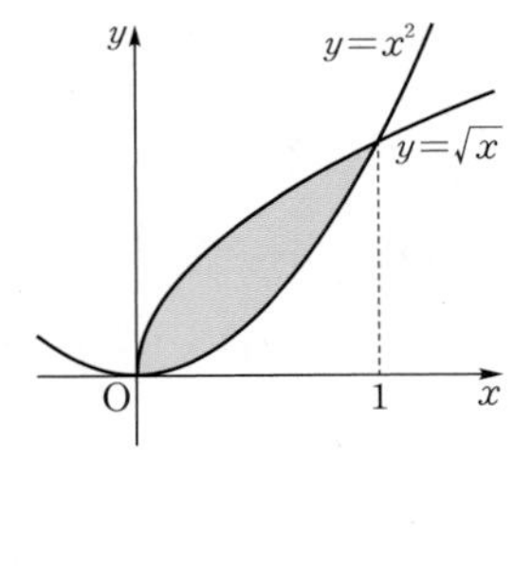


$x(x-1)(x^2+x+1)=0$

$\therefore x=0$ 또는 $x=1$ ($\because x$는 실수)

따라서 구하는 부분의 넓이는

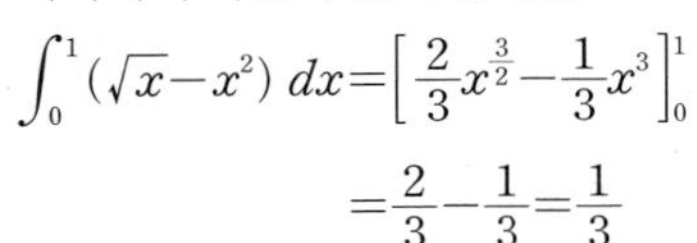

$$\int_0^1(\sqrt{x}-x^2)\,dx=\Big[\frac{2}{3}x^{\frac{3}{2}}-\frac{1}{3}x^3\Big]_0^1$$

$$=\frac{2}{3}-\frac{1}{3}=\frac{1}{3}$$

## 1109

답 ④

$y=\ln\sqrt{x}=\frac{1}{2}\ln x$에서

$\ln x=2y$

$\therefore x=e^{2y}$

$y=\ln x$에서

$x=e^y$

따라서 구하는 부분의 넓이는

$$\int_0^{\ln 2}(e^{2y}-e^y)\,dy=\Big[\frac{1}{2}e^{2y}-e^y\Big]_0^{\ln 2}$$

$$=\left(\frac{1}{2}e^{2\ln 2}-e^{\ln 2}\right)-\left(\frac{1}{2}-1\right)$$

$$=(2-2)-\left(-\frac{1}{2}\right)=\frac{1}{2}$$

**다른 풀이**

두 곡선 $y=\ln\sqrt{x}$, $y=\ln x$와 직선 $y=\ln 2$의 교점의 $x$좌표는

$\ln\sqrt{x}=\ln 2$에서

$x=4$

$\ln x=\ln 2$에서

$x=2$

따라서 구하는 부분의 넓이는

$$\int_1^2(\ln x-\ln\sqrt{x})\,dx+\int_2^4(\ln 2-\ln\sqrt{x})\,dx$$

$$=\int_1^2\frac{1}{2}\ln x\,dx+\int_2^4\ln 2\,dx-\int_2^4\frac{1}{2}\ln x\,dx$$

$$=\Big[\frac{1}{2}x\ln x-\frac{1}{2}x\Big]_1^2+\Big[\ln 2\times x\Big]_2^4-\Big[\frac{1}{2}x\ln x-\frac{1}{2}x\Big]_2^4$$

$$=\ln 2-1-\left(-\frac{1}{2}\right)+2\ln 2-\{2\ln 4-2-(\ln 2-1)\}$$

$$=3\ln 2-\frac{1}{2}-3\ln 2+1=\frac{1}{2}$$

**참고**

두 연속함수 $f(y)$, $g(y)$에 대하여 두 곡선 $x=f(y)$, $x=g(y)$ 및 두 직선 $y=c$, $y=d$로 둘러싸인 부분의 넓이 $S$는

$$S=\int_c^d|f(y)-g(y)|\,dy$$

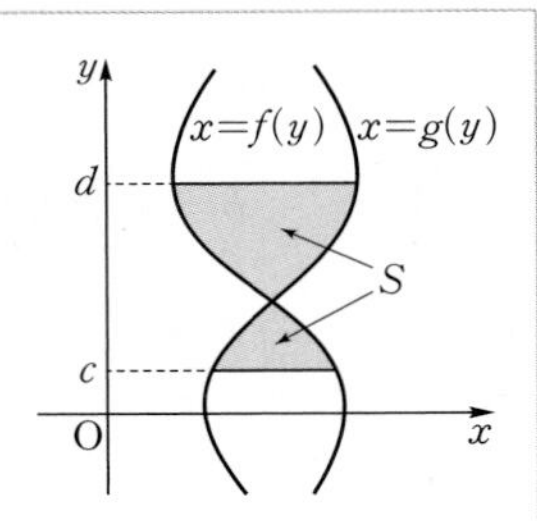


## 1110

답 ②

구하는 부분의 넓이는

$$\int_0^1\left\{\left|\sin\frac{\pi}{2}x\right|-(2^x-1)\right\}dx$$

$$=\int_0^1\left(\sin\frac{\pi}{2}x-2^x+1\right)dx$$

$$=\Big[-\frac{2}{\pi}\cos\frac{\pi}{2}x-\frac{2^x}{\ln 2}+x\Big]_0^1$$

$$=\left(-\frac{2}{\ln 2}+1\right)-\left(-\frac{2}{\pi}-\frac{1}{\ln 2}\right)$$

$$=\frac{2}{\pi}-\frac{1}{\ln 2}+1$$

## 1111
답 5

두 곡선 $y=f(x)$, $y=g(x)$의 교점 중 원점이 아닌 점의 $x$좌표를 $t$라 하면

$4\sin t=\tan t$에서

$4\sin t=\frac{\sin t}{\cos t}$

$\sin t\left(4-\frac{1}{\cos t}\right)=0$

$\therefore \cos t=\frac{1}{4}$ ($\because t\neq 0$) …… ㉠

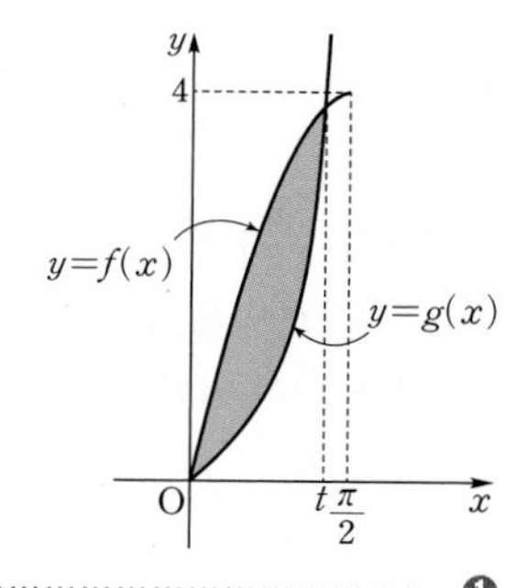


…… ❶

이때 두 곡선 $y=f(x)$, $y=g(x)$로 둘러싸인 부분의 넓이는

$\int_0^t (4\sin x-\tan x)\,dx$

$=4\int_0^t \sin x\,dx-\int_0^t \tan x\,dx$

$=4\int_0^t \sin x\,dx-\int_0^t \frac{\sin x}{\cos x}\,dx$

$=4\int_0^t \sin x\,dx+\int_0^t \frac{(\cos x)'}{\cos x}\,dx$

$=4\Big[-\cos x\Big]_0^t+\Big[\ln|\cos x|\Big]_0^t$

$=4(-\cos t+1)+\ln|\cos t|$

$=4\left(-\frac{1}{4}+1\right)+\ln\frac{1}{4}$ ($\because$ ㉠)

$=3-2\ln 2$

…… ❷

따라서 $a=3$, $b=-2$이므로

$a-b=3-(-2)=5$

…… ❸

| 채점 기준 | 배점 |
|---|---|
| ❶ 두 곡선의 교점의 $x$좌표를 $t$라 하고 $t$에 대한 식으로 나타내기 | 50% |
| ❷ 두 곡선으로 둘러싸인 부분의 넓이 구하기 | 40% |
| ❸ $a-b$의 값 구하기 | 10% |

### 유형 08 곡선과 접선으로 둘러싸인 부분의 넓이

## 1112
답 ②

$y=2\sqrt{x}+1$에서

$y'=\frac{2}{2\sqrt{x}}=\frac{1}{\sqrt{x}}$

점 $(1, 3)$에서의 접선의 기울기는

$\frac{1}{\sqrt{1}}=1$이므로 접선의 방정식은

$y-3=x-1$  $\therefore y=x+2$

따라서 구하는 부분의 넓이는

$\int_0^1 \{(x+2)-(2\sqrt{x}+1)\}\,dx$

$=\left[\frac{1}{2}x^2-\frac{4}{3}x^{\frac{3}{2}}+x\right]_0^1=\frac{1}{2}-\frac{4}{3}+1=\frac{1}{6}$

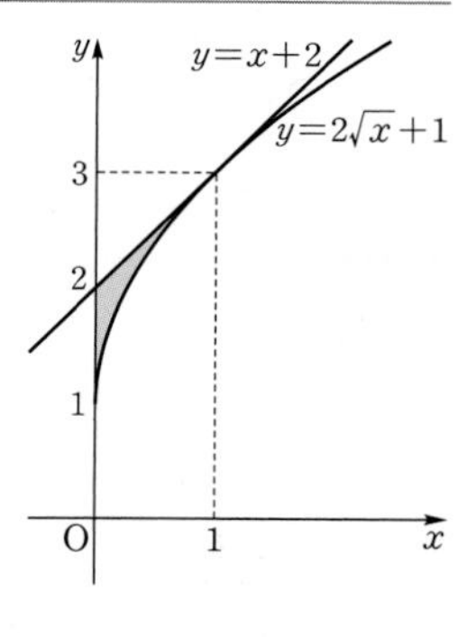


## 1113
답 ①

$y=e^x+1$에서 $y'=e^x$

곡선 $y=e^x+1$과 기울기가 $e$인 직선이 접하는 접점의 좌표를 $(t, e^t+1)$이라 하면

$e^t=e$에서 $t=1$

따라서 접선의 방정식은

$y-(e+1)=e(x-1)$

$\therefore y=ex+1$

즉, 구하는 부분의 넓이는

$\int_0^1 \{(e^x+1)-(ex+1)\}\,dx$

$=\int_0^1 (e^x-ex)\,dx$

$=\left[e^x-\frac{e}{2}x^2\right]_0^1=\frac{1}{2}e-1$

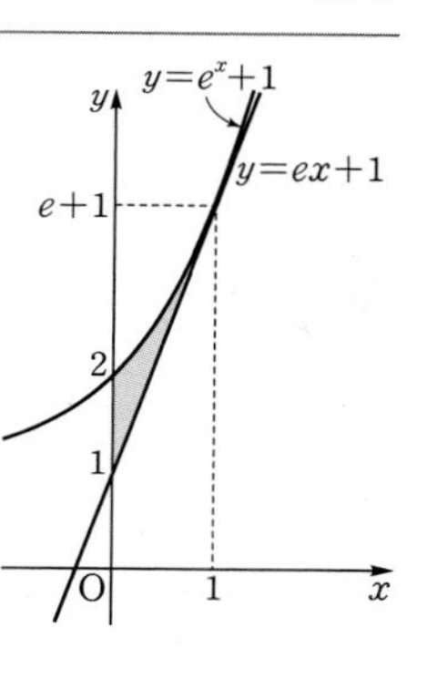


## 1114
답 ②

$y=\ln x$에서 $y'=\frac{1}{x}$

접점의 좌표를 $(t, \ln t)$라 하면 접선의 방정식은

$y=\frac{1}{t}(x-t)+\ln t$ …… ㉠

이 직선이 원점을 지나므로

$0=-1+\ln t$에서 $t=e$

이를 ㉠에 대입하면

$y=\frac{1}{e}(x-e)+1$

$\therefore y=\frac{1}{e}x$

이때 $y=\ln x$에서 $x=e^y$

$y=\frac{1}{e}x$에서 $x=ey$

따라서 구하는 부분의 넓이는

$\int_0^1 (e^y-ey)\,dy=\left[e^y-\frac{e}{2}y^2\right]_0^1$

$=e-\frac{e}{2}-1=\frac{1}{2}e-1$

즉, $a=\frac{1}{2}$, $b=-1$이므로

$a+b=\frac{1}{2}+(-1)=-\frac{1}{2}$

다른 풀이

주어진 범위의 직각삼각형의 넓이에서 $x$의 값의 범위를 정하여 $x$에 대하여 적분한 값을 빼는 방법을 이용해 보자.

구하는 부분의 넓이는

$\frac{1}{2}\times e\times 1-\int_1^e \ln x\,dx$ …… ㉠

$u(x)=\ln x$, $v'(x)=1$로 놓으면

$u'(x)=\frac{1}{x}$, $v(x)=x$이므로

$$\int_1^e \ln x\,dx = \Big[x\ln x\Big]_1^e - \int_1^e 1\,dx$$
$$= e - \Big[x\Big]_1^e = e-(e-1) = 1$$

이를 ㉠에 대입하면

$\frac{1}{2}e - 1$

즉, $a=\frac{1}{2}$, $b=-1$이므로

$a+b=\frac{1}{2}+(-1)=-\frac{1}{2}$

## 유형 09 두 부분의 넓이가 같을 조건

### 1115

답 ④

$\int_0^{\frac{\pi}{2}} (2\sin x - a)\,dx = 0$이므로

$\Big[-2\cos x - ax\Big]_0^{\frac{\pi}{2}} = 0$

$-\frac{\pi}{2}a - (-2) = 0$

$\therefore a = \frac{4}{\pi}$

### 1116

답 ⑤

$\int_0^a (\sqrt{x} - x)\,dx = 0$이므로

$\Big[\frac{2}{3}x\sqrt{x} - \frac{1}{2}x^2\Big]_0^a = 0$, $\frac{2}{3}a\sqrt{a} - \frac{1}{2}a^2 = 0$

$\frac{2}{3}a\sqrt{a} = \frac{1}{2}a^2$, $\frac{4}{9}a^3 = \frac{1}{4}a^4$

$16a^3 = 9a^4$, $a^3(9a-16)=0$

$\therefore a = \frac{16}{9}$ ($\because a>1$)

### 1117

답 7

$0\le x\le 2$에서 곡선 $y=f(x)$와 $x$축 및 직선 $x=2$로 둘러싸인 두 부분의 넓이가 같으므로

$\int_0^2 f(x)\,dx = 0$

$\int_0^2 (2x+3)f'(x)\,dx$에서

$u(x)=2x+3$, $v'(x)=f'(x)$로 놓으면

$u'(x)=2$, $v(x)=f(x)$이므로

$$\int_0^2 (2x+3)f'(x)\,dx = \Big[(2x+3)f(x)\Big]_0^2 - \int_0^2 2f(x)\,dx$$
$$= \{7f(2)-3f(0)\} - 0$$
$$= 7\times 1 - 3\times 0 = 7$$

## 유형 10 두 곡선 사이의 넓이의 활용 - 이등분

### 1118

답 ⑤

곡선 $y=\frac{1}{x+1}$과 $x$축, $y$축 및 직선 $x=3$으로 둘러싸인 부분의 넓이를 $S_1$이라 하면

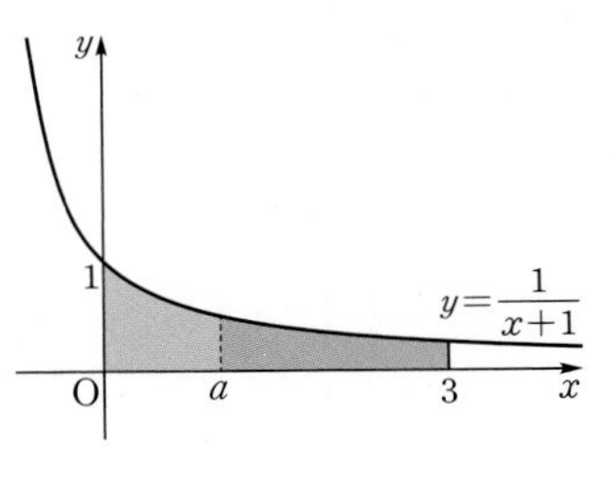


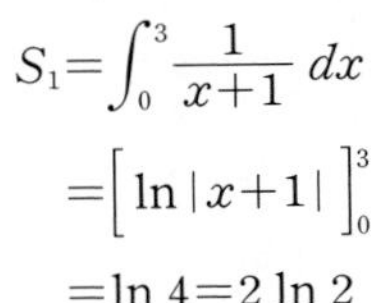

$S_1 = \int_0^3 \frac{1}{x+1}\,dx$

$= \Big[\ln|x+1|\Big]_0^3$

$= \ln 4 = 2\ln 2$

곡선 $y=\frac{1}{x+1}$과 $x$축, $y$축 및 직선 $x=a$로 둘러싸인 부분의 넓이를 $S_2$라 하면

$S_2 = \int_0^a \frac{1}{x+1}\,dx = \Big[\ln|x+1|\Big]_0^a$

$= \ln(a+1)$

이때 $S_1 = 2S_2$이므로

$2\ln 2 = 2\ln(a+1)$, $a+1=2$

$\therefore a=1$

### 1119

답 ⑤

곡선 $y=e^{2x}$과 $x$축 및 두 직선 $x=0$, $x=\ln 2$로 둘러싸인 부분의 넓이를 $S_1$이라 하면

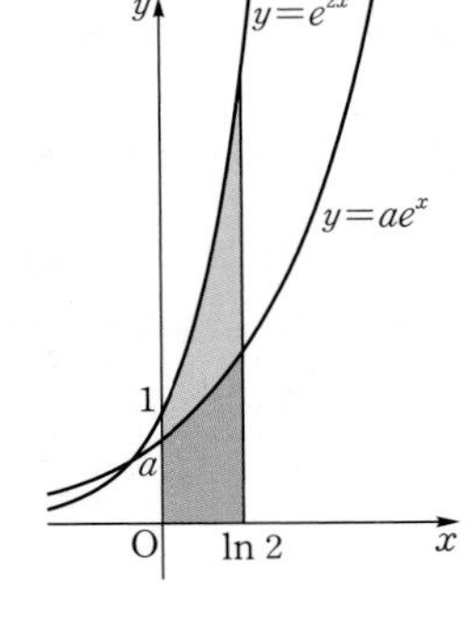


$S_1 = \int_0^{\ln 2} e^{2x}\,dx = \Big[\frac{1}{2}e^{2x}\Big]_0^{\ln 2}$

$= \frac{1}{2}(4-1) = \frac{3}{2}$

곡선 $y=ae^x$과 $x$축 및 두 직선 $x=0$, $x=\ln 2$로 둘러싸인 부분의 넓이를 $S_2$라 하면

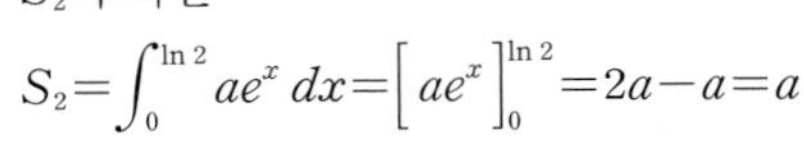

$S_2 = \int_0^{\ln 2} ae^x\,dx = \Big[ae^x\Big]_0^{\ln 2} = 2a - a = a$

이때 $S_1 = 2S_2$이므로

$\frac{3}{2} = 2a$

$\therefore a = \frac{3}{4}$

### 1120

답 ②

곡선 $y=\sqrt{x}$와 $x$축 및 직선 $x=2$로 둘러싸인 부분의 넓이를 $S_1$이라 하면

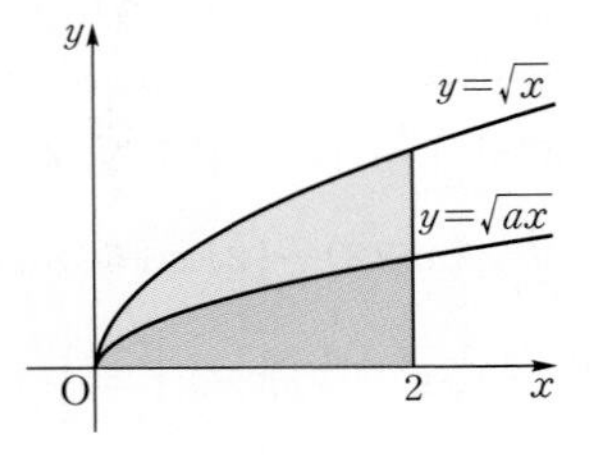


$S_1 = \int_0^2 \sqrt{x}\,dx = \Big[\frac{2}{3}x^{\frac{3}{2}}\Big]_0^2 = \frac{4\sqrt{2}}{3}$

곡선 $y=\sqrt{ax}$와 $x$축 및 직선 $x=2$로 둘러싸인 부분의 넓이를 $S_2$라 하면

$S_2=\int_0^2 \sqrt{ax}\,dx=\left[\frac{2}{3}\sqrt{a}x^{\frac{3}{2}}\right]_0^2=\frac{4\sqrt{2a}}{3}$

이때 $S_1=2S_2$이므로

$\frac{4\sqrt{2}}{3}=\frac{8\sqrt{2a}}{3}$, $2\sqrt{a}=1$

$4a=1$

$\therefore a=\frac{1}{4}$

## 1121

답 3

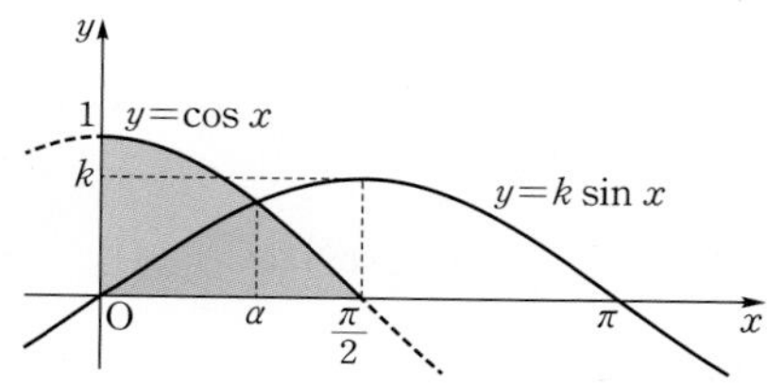


두 곡선 $y=\cos x$, $y=k\sin x$의 교점의 $x$좌표를 $\alpha$라 하면

$\cos\alpha=k\sin\alpha$에서 $\tan\alpha=\frac{1}{k}$

이때 $0<\alpha<\frac{\pi}{2}$이므로

$\sin\alpha=\frac{1}{\sqrt{k^2+1}}$, $\cos\alpha=\frac{k}{\sqrt{k^2+1}}$ …… ㉠

곡선 $y=\cos x$와 $x$축 및 $y$축으로 둘러싸인 부분의 넓이를 $S_1$이라 하면

$S_1=\int_0^{\frac{\pi}{2}}\cos x\,dx=\left[\sin x\right]_0^{\frac{\pi}{2}}=1$

…… ❶

두 곡선 $y=\cos x$, $y=k\sin x$와 $y$축으로 둘러싸인 부분의 넓이를 $S_2$라 하면

$S_2=\int_0^{\alpha}(\cos x-k\sin x)\,dx=\left[\sin x+k\cos x\right]_0^{\alpha}$

$=\sin\alpha+k\cos\alpha-k$

…… ❷

이때 $S_1=2S_2$이므로

$1=2(\sin\alpha+k\cos\alpha-k)$

$2\sin\alpha+2k\cos\alpha=2k+1$ …… ㉡

㉠을 ㉡에 대입하면

$\frac{2}{\sqrt{k^2+1}}+\frac{2k^2}{\sqrt{k^2+1}}=2k+1$

$\frac{2(k^2+1)}{\sqrt{k^2+1}}=2k+1$, $2\sqrt{k^2+1}=2k+1$

$4(k^2+1)=4k^2+4k+1$, $4k+1=4$

$\therefore 4k=3$

…… ❸

| 채점 기준 | 배점 |
|---|---|
| ❶ 곡선 $y=\cos x$와 $x$축 및 $y$축으로 둘러싸인 부분의 넓이 구하기 | 40% |
| ❷ 두 곡선 $y=\cos x$, $y=k\sin x$와 $y$축으로 둘러싸인 부분의 넓이를 $k$에 대한 식으로 나타내기 | 30% |
| ❸ $4k$의 값 구하기 | 30% |

### 유형 11 함수와 그 역함수의 정적분

## 1122

답 ④

두 곡선 $y=f(x)$, $y=g(x)$는 직선 $y=x$에 대하여 대칭이므로 두 곡선의 교점의 $x$좌표는 곡선 $y=f(x)$와 직선 $y=x$의 교점의 $x$좌표와 같다.

즉, $\sqrt{4x-3}=x$에서 $4x-3=x^2$

$x^2-4x+3=0$, $(x-1)(x-3)=0$ $\therefore x=1$ 또는 $x=3$

따라서 오른쪽 그림에서 두 곡선 $y=f(x)$, $y=g(x)$로 둘러싸인 부분의 넓이는 곡선 $y=f(x)$와 직선 $y=x$로 둘러싸인 부분의 넓이의 2배와 같으므로 구하는 부분의 넓이는

$2\int_1^3(\sqrt{4x-3}-x)\,dx$

$=2\left[\frac{1}{6}(4x-3)^{\frac{3}{2}}-\frac{1}{2}x^2\right]_1^3$

$=2\left\{\left(\frac{9}{2}-\frac{9}{2}\right)-\left(\frac{1}{6}-\frac{1}{2}\right)\right\}=2\times\frac{1}{3}=\frac{2}{3}$

**참고**

$\int\sqrt{4x-3}\,dx$에서 $4x-3=t$로 치환하면 $4=\frac{dt}{dx}$이므로

$\int\sqrt{4x-3}\,dx=\int\frac{1}{4}\sqrt{t}\,dt=\frac{1}{6}t^{\frac{3}{2}}+C=\frac{1}{6}(4x-3)^{\frac{3}{2}}+C$

## 1123

답 ln 2

두 곡선 $y=f(x)$, $y=g(x)$는 직선 $y=x$에 대하여 대칭이다.

따라서 오른쪽 그림에서 $A=B$이므로

$\int_0^{\ln 2}f(x)\,dx+\int_0^1 g(x)\,dx$

$=C+B=C+A$

$=\ln 2\times 1=\ln 2$

다른 풀이

$\int_0^{\ln 2}f(x)\,dx+\int_0^1 g(x)\,dx=\ln 2\times 1-0\times 0=\ln 2$

## 1124

답 6

두 곡선 $y=f(x)$, $y=g(x)$는 직선 $y=x$에 대하여 대칭이다.

따라서 오른쪽 그림에서 $A=B$이므로

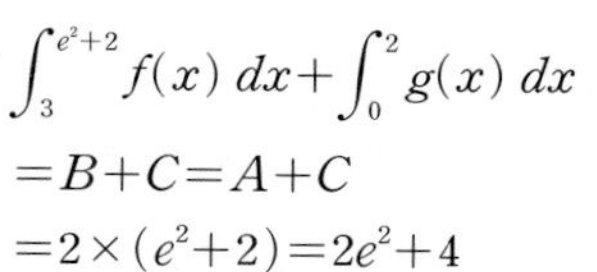

$\int_3^{e^2+2}f(x)\,dx+\int_0^2 g(x)\,dx$

$=B+C=A+C$

$=2\times(e^2+2)=2e^2+4$

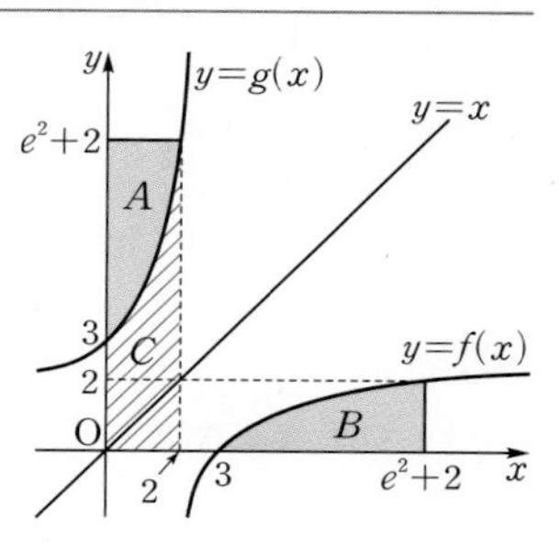

즉, $a=2$, $b=4$이므로
$a+b=2+4=6$

다른 풀이

$$\int_3^{e^2+2} f(x)\,dx+\int_0^2 g(x)\,dx=(e^2+2)\times 2-3\times 0$$
$$=2e^2+4=ae^2+b$$

따라서 $a=2$, $b=4$이므로
$a+b=2+4=6$

## 1125

답 ④

두 곡선 $y=f(x)$, $y=g(x)$는 직선 $y=x$에 대하여 대칭이다.
따라서 오른쪽 그림에서 $A=B$이므로

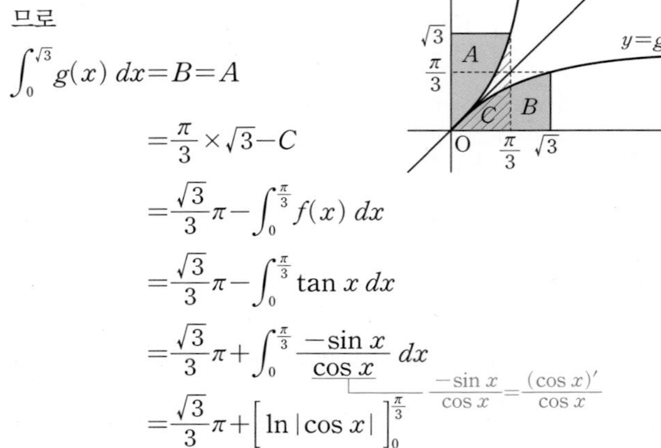


$$\int_0^{\sqrt{3}} g(x)\,dx=B=A$$
$$=\frac{\pi}{3}\times\sqrt{3}-C$$
$$=\frac{\sqrt{3}}{3}\pi-\int_0^{\frac{\pi}{3}} f(x)\,dx$$
$$=\frac{\sqrt{3}}{3}\pi-\int_0^{\frac{\pi}{3}} \tan x\,dx$$
$$=\frac{\sqrt{3}}{3}\pi+\int_0^{\frac{\pi}{3}} \frac{-\sin x}{\cos x}\,dx \quad \left(\frac{-\sin x}{\cos x}=\frac{(\cos x)'}{\cos x}\right)$$
$$=\frac{\sqrt{3}}{3}\pi+\Big[\ln|\cos x|\Big]_0^{\frac{\pi}{3}}$$
$$=\frac{\sqrt{3}}{3}\pi-\ln 2$$

### 유형 12 입체도형의 부피 - 단면이 밑면과 평행한 경우

## 1126

답 ④

구하는 입체도형의 부피는
$$\int_0^{12}\sqrt{2x+1}\,dx=\Big[\frac{1}{3}(2x+1)^{\frac{3}{2}}\Big]_0^{12}=\frac{125}{3}-\frac{1}{3}=\frac{124}{3}$$

## 1127

답 ③

구하는 입체도형의 부피는
$$\int_0^4 \ln(x+1)\,dx$$
$u(x)=\ln(x+1)$, $v'(x)=1$로 놓으면
$u'(x)=\frac{1}{x+1}$, $v(x)=x+1$이므로
$$\int_0^4 \ln(x+1)\,dx=\Big[(x+1)\ln(x+1)\Big]_0^4-\int_0^4 1\,dx$$
$$=5\ln 5-\Big[x\Big]_0^4=5\ln 5-4$$

참고

$v(x)=x$로 놓고 계산하는 것이 일반적이지만 $u'(x)v(x)=1$이 될 수 있도록 $v(x)=x+1$로 놓으면 보다 빠르게 계산할 수 있다.

## 1128

답 $12\pi$

높이가 $x$일 때 단면의 넓이는 $(e^x)^2\pi=\pi e^{2x}$
따라서 구하는 입체도형의 부피는
$$\int_0^{\ln 5}\pi e^{2x}\,dx=\Big[\frac{\pi}{2}e^{2x}\Big]_0^{\ln 5}=\frac{\pi}{2}e^{2\ln 5}-\frac{\pi}{2}=\frac{25}{2}\pi-\frac{\pi}{2}=12\pi$$

## 1129

답 8

깊이가 $x$일 때 수면의 넓이는
$$\frac{1}{2}\times\pi\times\left(\sqrt{x\sin\frac{\pi}{4}x}\right)^2=\frac{1}{2}\pi x\sin\frac{\pi}{4}x$$
따라서 구하는 물의 부피는
$$\int_0^4\frac{1}{2}\pi x\sin\frac{\pi}{4}x\,dx$$
❶

$u(x)=\frac{1}{2}\pi x$, $v'(x)=\sin\frac{\pi}{4}x$로 놓으면
$u'(x)=\frac{1}{2}\pi$, $v(x)=-\frac{4}{\pi}\cos\frac{\pi}{4}x$이므로
$$\int_0^4\frac{1}{2}\pi x\sin\frac{\pi}{4}x\,dx$$
$$=\Big[-2x\cos\frac{\pi}{4}x\Big]_0^4-\int_0^4\left(-2\cos\frac{\pi}{4}x\right)dx$$
$$=-8\cos\pi-\Big[-\frac{8}{\pi}\sin\frac{\pi}{4}x\Big]_0^4=8$$
❷

| 채점 기준 | 배점 |
|---|---|
| ❶ 물의 부피를 정적분으로 나타내기 | 50% |
| ❷ 부분적분법을 이용하여 부피 구하기 | 50% |

### 유형 13 입체도형의 부피 - 단면이 밑면과 수직인 경우

## 1130

답 ⑤

점 $(x, 0)$을 지나고 $x$축에 수직인 평면으로 자른 단면의 넓이를 $S(x)$라 하면
$$S(x)=\frac{\sqrt{3}}{4}\times(\sqrt{\sin x})^2=\frac{\sqrt{3}}{4}\sin x$$
따라서 구하는 입체도형의 부피는
$$\int_0^{\pi}S(x)\,dx=\int_0^{\pi}\frac{\sqrt{3}}{4}\sin x\,dx$$
$$=\Big[-\frac{\sqrt{3}}{4}\cos x\Big]_0^{\pi}=\frac{\sqrt{3}}{2}$$

## 1131

답 $\pi$

곡선 $y=e^x$ 위의 점 P의 좌표가 $(x, e^x)$이므로
$\overline{\text{PH}}=e^x$

선분 PH를 지름으로 하는 반원의 넓이를 $S(x)$라 하면

$S(x)=\frac{\pi}{2}\times\left(\frac{1}{2}\overline{\mathrm{PH}}\right)^2=\frac{\pi}{2}\times\left(\frac{1}{2}e^x\right)^2=\frac{\pi}{8}e^{2x}$

따라서 구하는 입체도형의 부피 $V$는

$V=\int_0^{\ln 3}S(x)\,dx=\int_0^{\ln 3}\frac{\pi}{8}e^{2x}\,dx$

$=\frac{\pi}{8}\left[\frac{1}{2}e^{2x}\right]_0^{\ln 3}=\frac{\pi}{8}\left(\frac{1}{2}e^{2\ln 3}-\frac{1}{2}\right)$

$=\frac{\pi}{8}\left(\frac{9}{2}-\frac{1}{2}\right)=\frac{\pi}{2}$

$\therefore 2V=2\times\frac{\pi}{2}=\pi$

## 1132

답 ③

입체도형을 $x$축에 수직인 평면으로 자른 단면은 한 변의 길이가 $\sqrt{\frac{kx}{2x^2+1}}$인 정사각형이므로 단면의 넓이를 $S(x)$라 하면

$S(x)=\left(\sqrt{\frac{kx}{2x^2+1}}\right)^2=\frac{kx}{2x^2+1}$

따라서 구하는 입체도형의 부피는

$\int_1^2 S(x)\,dx=\int_1^2\frac{kx}{2x^2+1}\,dx$

$2x^2+1=t$로 놓으면 $4x=\frac{dt}{dx}$이고

$x=1$일 때 $t=3$, $x=2$일 때 $t=9$이므로

$\int_1^2\frac{kx}{2x^2+1}\,dx=\frac{k}{4}\int_3^9\frac{1}{t}\,dt$

$=\frac{k}{4}\Big[\ln|t|\Big]_3^9$

$=\frac{k}{4}(\ln 9-\ln 3)$

$=\frac{k}{4}\ln 3=2\ln 3$

에서 $\frac{k}{4}=2$ $\quad\therefore k=8$

## 1133

답 ⑤

$x$좌표가 $t$일 때 단면인 정사각형의 넓이는 $t\ln t$이므로 구하는 입체도형의 부피는

$\int_1^e t\ln t\,dt$

$u(t)=\ln t$, $v'(t)=t$로 놓으면

$u'(t)=\frac{1}{t}$, $v(t)=\frac{1}{2}t^2$이므로

$\int_1^e t\ln t\,dt=\left[\frac{t^2}{2}\ln t\right]_1^e-\int_1^e\frac{t}{2}\,dt$

$=\frac{e^2}{2}-\left[\frac{t^2}{4}\right]_1^e=\frac{e^2}{2}-\left(\frac{e^2}{4}-\frac{1}{4}\right)=\frac{e^2+1}{4}$

## 1134

답 19

오른쪽 그림과 같이 원기둥의 밑면의 중심을 원점, 밑면의 지름을 $x$축으로 잡고, $x$축 위의 점 $\mathrm{P}(x,\,0)$을 지나면서 $x$축에 수직인 평면으로 입체도형을 자른 단면을 삼각형 PQR라 하면

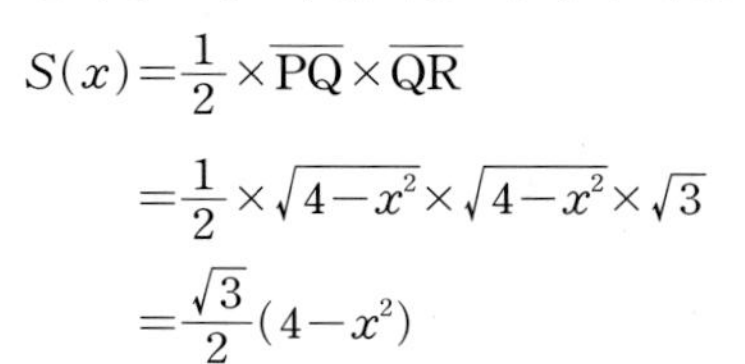


$\overline{\mathrm{PQ}}=\sqrt{\overline{\mathrm{OQ}}^2-\overline{\mathrm{OP}}^2}=\sqrt{4-x^2}$

$\overline{\mathrm{QR}}=\overline{\mathrm{PQ}}\tan 60°=\sqrt{4-x^2}\times\sqrt{3}$

삼각형 PQR의 넓이를 $S(x)$라 하면

$S(x)=\frac{1}{2}\times\overline{\mathrm{PQ}}\times\overline{\mathrm{QR}}$

$=\frac{1}{2}\times\sqrt{4-x^2}\times\sqrt{4-x^2}\times\sqrt{3}$

$=\frac{\sqrt{3}}{2}(4-x^2)$

······································································ ❶

따라서 구하는 입체도형의 부피는

$\int_{-2}^2 S(x)\,dx=\int_{-2}^2\frac{\sqrt{3}}{2}(4-x^2)\,dx$

$=2\times\frac{\sqrt{3}}{2}\int_0^2(4-x^2)\,dx$

$=\sqrt{3}\left[4x-\frac{1}{3}x^3\right]_0^2=\frac{16}{3}\sqrt{3}$

즉, $p=3$, $q=16$이므로

$p+q=3+16=19$

······································································ ❷

| 채점 기준 | 배점 |
|---|---|
| ❶ 입체도형의 단면의 넓이를 식으로 나타내기 | 50% |
| ❷ 입체도형의 부피를 구하여 $p+q$의 값 구하기 | 50% |

### 유형 14 직선 위에서 점이 움직인 거리

확인 문제 (1) $\frac{4}{3}$ (2) $\frac{28}{3}$ (3) $\frac{28}{3}$

(1) $t=0$에서의 위치가 0이므로

$\int_0^1 2\sqrt{t}\,dt=\left[\frac{4}{3}t^{\frac{3}{2}}\right]_0^1=\frac{4}{3}$

(2) $\int_1^4 2\sqrt{t}\,dt=\left[\frac{4}{3}t^{\frac{3}{2}}\right]_1^4=\frac{4}{3}\left(4^{\frac{3}{2}}-1\right)=\frac{28}{3}$

(3) $\int_1^4|2\sqrt{t}|\,dt=\int_1^4 2\sqrt{t}\,dt=\frac{28}{3}$

## 1135

답 ④

시각 $t=1$에서 $t=3$까지 점 P가 움직인 거리는

$\int_1^3|v(t)|\,dt=\int_1^3\left|\frac{2t}{t^2+1}\right|\,dt=\int_1^3\frac{2t}{t^2+1}\,dt$

$=\Big[\ln|t^2+1|\Big]_1^3$

$=\ln 10-\ln 2=\ln 5$

**참고**

$$\int \frac{f'(x)}{f(x)}\,dx=\ln|f(x)|+C$$

## 1136

답 3

$t=a\ (0<a<8)$일 때 점 P의 위치는

$$0+\int_0^a v(t)\,dt=\int_0^a \sin \pi t\,dt$$
$$=\left[-\frac{1}{\pi}\cos \pi t\right]_0^a$$
$$=-\frac{1}{\pi}\cos a\pi+\frac{1}{\pi}$$

점 P가 원점을 지나려면

$-\frac{1}{\pi}\cos a\pi+\frac{1}{\pi}=0$에서 $\cos a\pi=1$

$\therefore a=2,\ 4,\ 6$

따라서 점 P는 원점을 3번 지나므로 구하는 횟수는 3이다.

**참고**

다음 그림과 같이 $v(t)=\sin \pi t$는 $\int_0^1 v(t)\,dt=-\int_1^2 v(t)\,dt$이므로 점 P는 2초마다 원점을 지난다.

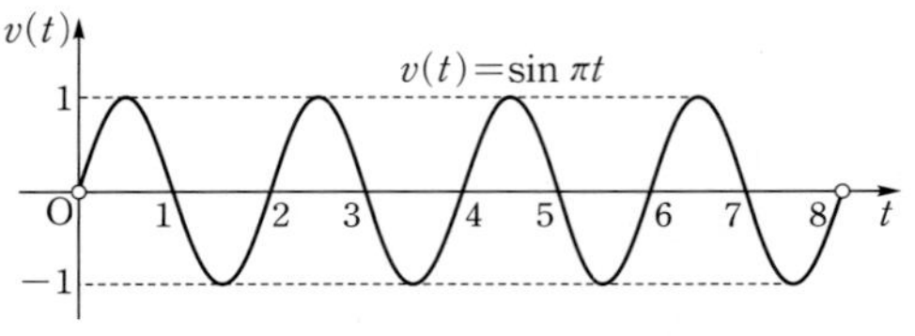


## 1137

답 ①

운동 방향을 바꾸는 순간의 속도는 0이므로

$v(t)=0$에서 $\sin 2t-\cos t=0$

$2\sin t\cos t-\cos t=0,\ \cos t(2\sin t-1)=0$

$\therefore \cos t=0$ 또는 $\sin t=\frac{1}{2}$

$\therefore t=\frac{\pi}{6}$ 또는 $t=\frac{\pi}{2}$ 또는 $t=\frac{5}{6}\pi\ \cdots$

따라서 점 P가 처음으로 운동 방향을 바꾸는 시각은 $t=\frac{\pi}{6}$이므로 구하는 거리는

$$\int_0^{\frac{\pi}{6}}|v(t)|\,dt=\int_0^{\frac{\pi}{6}}|\sin 2t-\cos t|\,dt$$
$$=\int_0^{\frac{\pi}{6}}(-\sin 2t+\cos t)\,dt$$
$$=\left[\frac{1}{2}\cos 2t+\sin t\right]_0^{\frac{\pi}{6}}$$
$$=\frac{1}{2}\cos\frac{\pi}{3}+\sin\frac{\pi}{6}-\frac{1}{2}$$
$$=\frac{1}{4}+\frac{1}{2}-\frac{1}{2}=\frac{1}{4}$$

## 1138

답 ⑤

점 P의 시각 $t=0$에서의 위치를 $a$라 하자.

$t=\ln 2$에서 점 P의 위치가 5이므로

$$a+\int_0^{\ln 2} v(t)\,dt=a+\int_0^{\ln 2}(e^t-e^{-t})\,dt$$
$$=a+\left[e^t+e^{-t}\right]_0^{\ln 2}=a+\frac{1}{2}=5$$

$\therefore a=\frac{9}{2}$

## 1139

답 $\pi$

시각 $t\ (t\ge 0)$에서의 두 점 P, Q의 위치를 각각 $x_1,\ x_2$라 하면

$$x_1=0+\int_0^t v_1(t)\,dt=\int_0^t \cos t\,dt=\left[\sin t\right]_0^t=\sin t$$

$$x_2=0+\int_0^t v_2(t)\,dt=\int_0^t 2\cos 2t\,dt=\left[\sin 2t\right]_0^t=\sin 2t$$

두 점 P, Q가 출발 후 다시 만나려면 $x_1=x_2$이어야 하므로

$\sin t=\sin 2t$에서 $2\sin t\cos t-\sin t=0$

$\sin t(2\cos t-1)=0\qquad \therefore \sin t=0$ 또는 $\cos t=\frac{1}{2}$

$\therefore t=\frac{\pi}{3},\ \pi,\ \frac{5}{3}\pi,\ 2\pi,\ \cdots$

따라서 두 점 P, Q가 출발 후 처음으로 다시 만나는 시각은

$t=\frac{\pi}{3}$이므로 $a=\frac{\pi}{3}$

$\therefore 3a=3\times\frac{\pi}{3}=\pi$

### 유형 15 좌표평면 위에서 점이 움직인 거리

확인 문제 $\sqrt{5}$

$\frac{dx}{dt}=4t,\ \frac{dy}{dt}=2t$이므로 점 P의 속력은

$$\sqrt{\left(\frac{dx}{dt}\right)^2+\left(\frac{dy}{dt}\right)^2}=\sqrt{(4t)^2+(2t)^2}=2\sqrt{5}t$$

따라서 $t=0$에서 $t=1$까지 점 P가 움직인 거리는

$$\int_0^1 2\sqrt{5}t\,dt=\left[\sqrt{5}t^2\right]_0^1=\sqrt{5}$$

## 1140

답 ⑤

$\frac{dx}{dt}=-2\sin t-\cos t,\ \frac{dy}{dt}=2\cos t-\sin t$이므로 점 P의 속력은

$$\sqrt{\left(\frac{dx}{dt}\right)^2+\left(\frac{dy}{dt}\right)^2}=\sqrt{(-2\sin t-\cos t)^2+(2\cos t-\sin t)^2}$$
$$=\sqrt{5\sin^2 t+5\cos^2 t}=\sqrt{5}$$

따라서 $t=0$에서 $t=4$까지 점 P가 움직인 거리는

$$\int_0^4 \sqrt{5}\,dt=\left[\sqrt{5}t\right]_0^4=4\sqrt{5}$$

## 1141

답 ④

$\frac{dx}{dt}=e^t-k,\ \frac{dy}{dt}=2\sqrt{k}e^{\frac{t}{2}}$이므로 점 P의 속력은

$$\sqrt{\left(\frac{dx}{dt}\right)^2+\left(\frac{dy}{dt}\right)^2}=\sqrt{(e^t-k)^2+(2\sqrt{k}e^{\frac{t}{2}})^2}$$
$$=\sqrt{e^{2t}+2ke^t+k^2}=\sqrt{(e^t+k)^2}$$
$$=|e^t+k|=e^t+k\ (\because k>0)$$

$t=2$에서 $t=3$까지 점 P가 움직인 거리는 $e^3$이므로

$$\int_2^3 (e^t+k)\,dt=\Big[e^t+kt\Big]_2^3=(e^3+3k)-(e^2+2k)$$
$$=e^3-e^2+k=e^3$$

$\therefore k=e^2$

## 1142

답 40

$\frac{dx}{dt}=5(1-\cos t)$, $\frac{dy}{dt}=5\sin t$이므로 점 P의 속력은

$$\sqrt{\left(\frac{dx}{dt}\right)^2+\left(\frac{dy}{dt}\right)^2}=\sqrt{\{5(1-\cos t)\}^2+(5\sin t)^2}$$
$$=\sqrt{25-50\cos t+25\cos^2 t+25\sin^2 t}$$
$$=\sqrt{50(1-\cos t)}$$

점 P가 출발 후 처음으로 속력이 0이 되는 때는

$\sqrt{50(1-\cos t)}=0$에서 $\cos t=1$

$\therefore t=2\pi$

따라서 $t=0$에서 $t=2\pi$까지 점 P가 움직인 거리는

$$\int_0^{2\pi}\sqrt{50(1-\cos t)}\,dt=\int_0^{2\pi}\sqrt{50\left\{1-\cos\left(\frac{t}{2}+\frac{t}{2}\right)\right\}}\,dt$$
$$=\int_0^{2\pi}\sqrt{50\left(1-\cos^2\frac{t}{2}+\sin^2\frac{t}{2}\right)}\,dt$$
$$=\int_0^{2\pi}\sqrt{100\sin^2\frac{t}{2}}\,dt$$
$$=\int_0^{2\pi}\left|10\sin\frac{t}{2}\right|dt$$
$$=\int_0^{2\pi}10\sin\frac{t}{2}\,dt\ \left(\because \sin\frac{t}{2}\ge 0\right)$$
$$=\left[-20\cos\frac{t}{2}\right]_0^{2\pi}=20-(-20)=40$$

## 1143

답 ①

곡선 $y=x^2$과 직선 $y=t^2x-\frac{\ln t}{8}$가 만나는 서로 다른 두 점의 좌표를 $(\alpha, \alpha^2)$, $(\beta, \beta^2)$이라 하면 점 P의 위치는 두 점을 잇는 선분의 중점이므로 점 P의 좌표는

$$\left(\frac{\alpha+\beta}{2},\ \frac{\alpha^2+\beta^2}{2}\right)$$

이때 $\alpha$, $\beta$는 방정식 $x^2=t^2x-\frac{\ln t}{8}$, 즉 이차방정식

$x^2-t^2x+\frac{\ln t}{8}=0$의 서로 다른 두 실근이므로 이차방정식의 근과 계수의 관계에 의하여

$\alpha+\beta=t^2$, $\alpha\beta=\frac{\ln t}{8}$

$\therefore \alpha^2+\beta^2=(\alpha+\beta)^2-2\alpha\beta=t^4-\frac{\ln t}{4}$

즉, 시각 $t\ (t>0)$에서의 점 P의 위치는 $\left(\frac{t^2}{2},\ \frac{t^4}{2}-\frac{\ln t}{8}\right)$이므로

$\frac{dx}{dt}=t$, $\frac{dy}{dt}=2t^3-\frac{1}{8t}$

따라서 시각 $t=1$에서 $t=e$까지 점 P가 움직인 거리는

$$\int_1^e\sqrt{\left(\frac{dx}{dt}\right)^2+\left(\frac{dy}{dt}\right)^2}\,dt=\int_1^e\sqrt{t^2+\left(2t^3-\frac{1}{8t}\right)^2}\,dt$$
$$=\int_1^e\sqrt{4t^6+\frac{1}{2}t^2+\frac{1}{64t^2}}\,dt$$
$$=\int_1^e\sqrt{\left(2t^3+\frac{1}{8t}\right)^2}\,dt$$
$$=\int_1^e\left|2t^3+\frac{1}{8t}\right|dt$$
$$=\int_1^e\left(2t^3+\frac{1}{8t}\right)dt\ \left(\because 2t^3+\frac{1}{8t}>0\right)$$
$$=\left[\frac{1}{2}t^4+\frac{\ln|t|}{8}\right]_1^e$$
$$=\frac{e^4}{2}+\frac{1}{8}-\frac{1}{2}=\frac{e^4}{2}-\frac{3}{8}$$

## 유형 16 곡선의 길이

확인 문제 (1) $e-\frac{1}{e}$ (2) $9\sqrt{5}$

(1) $\frac{dy}{dx}=\frac{1}{2}e^{\frac{x}{2}}-\frac{1}{2}e^{-\frac{x}{2}}=\frac{1}{2}(e^{\frac{x}{2}}-e^{-\frac{x}{2}})$이므로 구하는 곡선의 길이는

$$\int_0^2\sqrt{1+\left(\frac{dy}{dx}\right)^2}\,dx=\int_0^2\sqrt{1+\frac{1}{4}(e^{\frac{x}{2}}-e^{-\frac{x}{2}})^2}\,dx$$
$$=\int_0^2\sqrt{\frac{1}{4}(e^{\frac{x}{2}}+e^{-\frac{x}{2}})^2}\,dx$$
$$=\int_0^2\frac{1}{2}(e^{\frac{x}{2}}+e^{-\frac{x}{2}})dx=\frac{1}{2}\left[2e^{\frac{x}{2}}-2e^{-\frac{x}{2}}\right]_0^2$$
$$=\frac{1}{2}\left\{\left(2e-\frac{2}{e}\right)-(2-2)\right\}=e-\frac{1}{e}$$

(2) $\frac{dx}{dt}=4t$, $\frac{dy}{dt}=-2t$이므로 구하는 곡선의 길이는

$$\int_0^3\sqrt{\left(\frac{dx}{dt}\right)^2+\left(\frac{dy}{dt}\right)^2}\,dt=\int_0^3\sqrt{(4t)^2+(-2t)^2}\,dt$$
$$=\int_0^3\sqrt{20t^2}\,dt=\int_0^3 2\sqrt{5}t\,dt$$
$$=\Big[\sqrt{5}t^2\Big]_0^3=9\sqrt{5}$$

## 1144

답 ④

$\frac{dx}{dt}=2\sin t$, $\frac{dy}{dt}=2(1+\cos t)$이므로 구하는 곡선의 길이는

$$\int_0^\pi\sqrt{\left(\frac{dx}{dt}\right)^2+\left(\frac{dy}{dt}\right)^2}\,dt$$
$$=\int_0^\pi\sqrt{(2\sin t)^2+(2+2\cos t)^2}\,dt$$
$$=\int_0^\pi\sqrt{4\sin^2 t+4\cos^2 t+8\cos t+4}\,dt$$
$$=\int_0^\pi\sqrt{8+8\cos t}\,dt=\int_0^\pi\sqrt{16\cos^2\frac{t}{2}}\,dt$$
$$=\int_0^\pi\left|4\cos\frac{t}{2}\right|dt=\int_0^\pi 4\cos\frac{t}{2}\,dt\ \left(\because 4\cos\frac{t}{2}\ge 0\right)$$
$$=\left[8\sin\frac{t}{2}\right]_0^\pi=8$$

## 1145

답 12

$f(x)=\int_0^x t\sqrt{t^2+2}\,dt$에서 $f'(x)=x\sqrt{x^2+2}$

따라서 $x=0$에서 $x=3$까지 곡선 $y=f(x)$의 길이는

$$\int_0^3 \sqrt{1+\{f'(x)\}^2}\,dx=\int_0^3 \sqrt{1+(x\sqrt{x^2+2})^2}\,dx$$
$$=\int_0^3 \sqrt{x^4+2x^2+1}\,dx$$
$$=\int_0^3 \sqrt{(x^2+1)^2}\,dx$$
$$=\int_0^3 |x^2+1|\,dx$$
$$=\int_0^3 (x^2+1)\,dx\ (\because x^2+1>0)$$
$$=\left[\frac{1}{3}x^3+x\right]_0^3=9+3=12$$

## 1146

답 ①

$\frac{dx}{dt}=\frac{1}{t}$, $\frac{dy}{dt}=\frac{1}{2}\left(1-\frac{1}{t^2}\right)$이므로 구하는 곡선의 길이는

$$\int_1^e \sqrt{\left(\frac{dx}{dt}\right)^2+\left(\frac{dy}{dt}\right)^2}\,dt=\int_1^e \sqrt{\left(\frac{1}{t}\right)^2+\frac{1}{4}\left(1-\frac{1}{t^2}\right)^2}\,dt$$
$$=\int_1^e \sqrt{\frac{1}{4}\left(1+\frac{1}{t^2}\right)^2}\,dt$$
$$=\int_1^e \left|\frac{1}{2}\left(1+\frac{1}{t^2}\right)\right|\,dt$$
$$=\int_1^e \frac{1}{2}\left(1+\frac{1}{t^2}\right)dt\ \left(\because 1+\frac{1}{t^2}>0\right)$$
$$=\frac{1}{2}\left[t-\frac{1}{t}\right]_1^e=\frac{1}{2}\left(e-\frac{1}{e}\right)$$

## 1147

답 ⑤

$y=\frac{1}{8}e^{2x}+\frac{1}{2}e^{-2x}$에서 $\frac{dy}{dx}=\frac{1}{4}e^{2x}-e^{-2x}$

따라서 구하는 곡선의 길이는

$$\int_0^{\ln 2} \sqrt{1+\left(\frac{dy}{dx}\right)^2}\,dx=\int_0^{\ln 2} \sqrt{1+\left(\frac{1}{4}e^{2x}-e^{-2x}\right)^2}\,dx$$
$$=\int_0^{\ln 2} \sqrt{\left(\frac{1}{4}e^{2x}+e^{-2x}\right)^2}\,dx$$
$$=\int_0^{\ln 2} \left|\frac{1}{4}e^{2x}+e^{-2x}\right|\,dx$$
$$=\int_0^{\ln 2} \left(\frac{1}{4}e^{2x}+e^{-2x}\right)dx$$
$$\left(\because \frac{1}{4}e^{2x}+e^{-2x}>0\right)$$
$$=\left[\frac{1}{8}e^{2x}-\frac{1}{2}e^{-2x}\right]_0^{\ln 2}$$
$$=\left(\frac{1}{8}\times 4-\frac{1}{2}\times\frac{1}{4}\right)-\left(\frac{1}{8}-\frac{1}{2}\right)=\frac{3}{4}$$

## 1148

답 ③

구하는 곡선의 길이는

$$\int_1^3 \sqrt{1+\{f'(x)\}^2}\,dx=\int_1^3 \sqrt{1+\left(x-\frac{1}{4x}\right)^2}\,dx$$
$$=\int_1^3 \sqrt{x^2+\frac{1}{16x^2}+\frac{1}{2}}\,dx$$
$$=\int_1^3 \sqrt{\left(x+\frac{1}{4x}\right)^2}\,dx$$
$$=\int_1^3 \left|x+\frac{1}{4x}\right|\,dx$$
$$=\int_1^3 \left(x+\frac{1}{4x}\right)dx\ \left(\because x+\frac{1}{4x}>0\right)$$
$$=\left[\frac{1}{2}x^2+\frac{1}{4}\ln|x|\right]_1^3$$
$$=\frac{9}{2}+\frac{1}{4}\ln 3-\frac{1}{2}=4+\frac{1}{4}\ln 3$$

## 1149

답 16

조건 (나)에서

$\{f(x)\}^2-\{f'(x)\}^2=6f(x)-8$

$\{f'(x)\}^2=\{f(x)\}^2-6f(x)+8$

$x=0$에서 $x=2$까지 곡선 $y=f(x)$의 길이가 10이므로

$$\int_0^2 \sqrt{1+\{f'(x)\}^2}\,dx=\int_0^2 \sqrt{\{f(x)\}^2-6f(x)+9}\,dx$$
$$=\int_0^2 \sqrt{\{f(x)-3\}^2}\,dx=\int_0^2 |f(x)-3|\,dx$$
$$=\int_0^2 \{f(x)-3\}\,dx$$
$$(\because \text{조건 (가)에서 } f(x)\ge 3)$$
$$=\int_0^2 f(x)\,dx-\left[3x\right]_0^2$$
$$=\int_0^2 f(x)\,dx-6=10$$

$\therefore \int_0^2 f(x)\,dx=16$

# PART B 내신 잡는 종합 문제

## 1150

답 ⑤

$y=\ln x+1$에서 $\ln x=y-1$

$\therefore x=e^{y-1}$

따라서 구하는 부분의 넓이는

$$\int_a^2 |x|\,dy=\int_a^2 |e^{y-1}|\,dy$$
$$=\int_a^2 e^{y-1}\,dy=\left[e^{y-1}\right]_a^2$$
$$=e-e^{a-1}=e-1$$

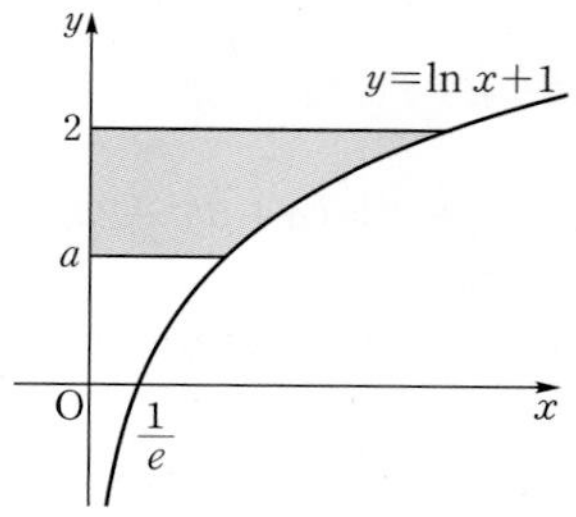

에서 $e^{a-1}=1$, $a-1=0$

$\therefore a=1$

## 1151

답 8

$\lim_{n\to\infty}\frac{1}{n}\left\{f\left(\frac{\pi}{2n}\right)+f\left(\frac{2\pi}{2n}\right)+\cdots+f\left(\frac{n\pi}{2n}\right)\right\}$

$=\lim_{n\to\infty}\sum_{k=1}^{n}\frac{1}{n}f\left(\frac{k\pi}{2n}\right)=\frac{2}{\pi}\lim_{n\to\infty}\sum_{k=1}^{n}\frac{\pi}{2n}f\left(\frac{k\pi}{2n}\right)$

$=\frac{2}{\pi}\int_0^{\frac{\pi}{2}}f(x)\,dx=\frac{2}{\pi}\int_0^{\frac{\pi}{2}}a\cos x\,dx$

$=\frac{2}{\pi}\left[a\sin x\right]_0^{\frac{\pi}{2}}=\frac{2a}{\pi}=\frac{16}{\pi}$

에서 $a=8$

## 1152

답 ④

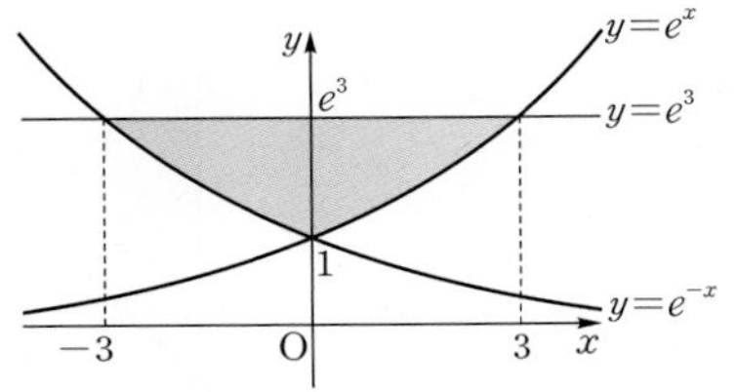


두 곡선 $y=e^x$, $y=e^{-x}$과 직선 $y=e^3$의 교점의 $x$좌표는

$e^x=e^3$에서 $x=3$, $e^{-x}=e^3$에서 $x=-3$

따라서 구하는 부분의 넓이는

$\int_{-3}^{0}(e^3-e^{-x})\,dx+\int_0^3(e^3-e^x)\,dx=2\int_0^3(e^3-e^x)\,dx$

$=2\left[e^3x-e^x\right]_0^3$

$=2(2e^3+1)=4e^3+2$

## 1153

답 ②

$0\le x\le\frac{\pi}{2}$일 때 $\cos^2 x\sin x\ge0$이므로

곡선 $y=\cos^2 x\sin x$와 $x$축으로 둘러싸인 부분의 넓이는

$\int_0^{\frac{\pi}{2}}|\cos^2 x\sin x|\,dx=\int_0^{\frac{\pi}{2}}\cos^2 x\sin x\,dx$

$\cos x=t$로 놓으면 $-\sin x=\frac{dt}{dx}$이고

$x=0$일 때 $t=1$, $x=\frac{\pi}{2}$일 때 $t=0$이므로

$\int_0^{\frac{\pi}{2}}\cos^2 x\sin x\,dx=\int_1^0(-t^2)\,dt=\int_0^1 t^2\,dt$

$=\left[\frac{1}{3}t^3\right]_0^1=\frac{1}{3}$

## 1154

답 3

시각 $t=0$에서 $t=a$까지 점 P가 움직인 거리는

$\int_0^a|v(t)|\,dt=\int_0^a|\cos\pi t|\,dt=\frac{6}{\pi}$

이때

$\int_0^{\frac{1}{2}}|\cos\pi t|\,dt=\int_0^{\frac{1}{2}}\cos\pi t\,dt=\left[\frac{1}{\pi}\sin\pi t\right]_0^{\frac{1}{2}}=\frac{1}{\pi}$

이고 $\frac{6}{\pi}=\frac{1}{\pi}\times6$이므로

$\int_0^a|\cos\pi t|\,dt$

$=\int_0^{\frac{1}{2}}|\cos\pi t|\,dt+\int_{\frac{1}{2}}^{1}|\cos\pi t|\,dt+\cdots+\int_{\frac{5}{2}}^{3}|\cos\pi t|\,dt$

$=\int_0^3|\cos\pi t|\,dt$

$\therefore a=3$

## 1155

답 ①

$\frac{dx}{d\theta}=\frac{\theta\sin\theta}{2}$, $\frac{dy}{d\theta}=\frac{\theta\cos\theta}{2}$이므로 구하는 곡선의 길이는

$\int_0^{2\pi}\sqrt{\left(\frac{dx}{d\theta}\right)^2+\left(\frac{dy}{d\theta}\right)^2}\,d\theta=\int_0^{2\pi}\sqrt{\left(\frac{\theta\sin\theta}{2}\right)^2+\left(\frac{\theta\cos\theta}{2}\right)^2}\,d\theta$

$=\int_0^{2\pi}\sqrt{\frac{1}{4}\theta^2}\,d\theta=\int_0^{2\pi}\left|\frac{1}{2}\theta\right|\,d\theta$

$=\int_0^{2\pi}\frac{1}{2}\theta\,d\theta\ \left(\because \frac{1}{2}\theta\ge0\right)$

$=\left[\frac{1}{4}\theta^2\right]_0^{2\pi}=\pi^2$

## 1156

답 ④

$\frac{dx}{dt}=e^t(\sin t+\cos t)$, $\frac{dy}{dt}=e^t(\cos t-\sin t)$이므로 점 P의 속력은

$\sqrt{\left(\frac{dx}{dt}\right)^2+\left(\frac{dy}{dt}\right)^2}=\sqrt{\{e^t(\sin t+\cos t)\}^2+\{e^t(\cos t-\sin t)\}^2}$

$=\sqrt{e^{2t}(2\sin^2 t+2\cos^2 t)}=\sqrt{2}e^t\ (\because e^t>0)$

따라서 $t=0$에서 $t=2\ln 2$까지 점 P가 움직인 거리는

$\int_0^{2\ln 2}\sqrt{2}e^t\,dt=\left[\sqrt{2}e^t\right]_0^{2\ln 2}=\sqrt{2}e^{\ln 4}-\sqrt{2}=3\sqrt{2}$

## 1157

답 2 ln 2

구하는 물의 부피는

$\int_0^3\frac{2x}{x^2+3}\,dx=\int_0^3\frac{(x^2+3)'}{x^2+3}\,dx$

$=\left[\ln(x^2+3)\right]_0^3$

$=\ln 12-\ln 3=\ln 4=2\ln 2$

## 1158

답 ④

곡선 $y=a\sqrt{x}$와 직선 $y=x$의 교점의 $x$좌표는 $a\sqrt{x}=x$에서

$x^2-a^2x=0$, $x(x-a^2)=0$

$\therefore x=0$ 또는 $x=a^2$

따라서 구하는 부분의 넓이는

$$\int_0^{a^2}(a\sqrt{x}-x)\,dx$$

$$=\left[\frac{2}{3}ax^{\frac{3}{2}}-\frac{1}{2}x^2\right]_0^{a^2}=\frac{2}{3}a^4-\frac{1}{2}a^4$$

$$=\frac{1}{6}a^4=\frac{2}{3}$$

에서 $a^4=4$, $a^2=2$

$\therefore a=\sqrt{2}$ ($\because a>0$)

## 1159

답 ⑤

$$\lim_{n\to\infty}\frac{1}{n}\sum_{k=1}^{n}f\left(m+\frac{k}{n}\right)=\int_m^{m+1}f(x)\,dx<0$$

이때 $-3\le x\le 0$ 또는 $2\le x\le 6$에서 $f(x)\le 0$

$m$이 정수이므로 $\int_m^{m+1}f(x)\,dx<0$을 만족시키는 정수 $m$은

$-3$, $-2$, $-1$, $2$, $3$, $4$, $5$의 7개이다.

## 1160

답 ①

곡선 $y=\sin \pi x$와 직선 $l$ 및 $x$축으로 둘러싸인 부분의 넓이를 $S$라 하면 $S_1=S_2$이므로 $S_1+S=S_2+S$이다.

즉, $\int_0^1 \sin \pi x\,dx=\frac{1}{2}\times 1\times a$에서

$$\left[-\frac{1}{\pi}\cos \pi x\right]_0^1=\frac{2}{\pi}=\frac{1}{2}a$$

$$\therefore a=\frac{4}{\pi}$$

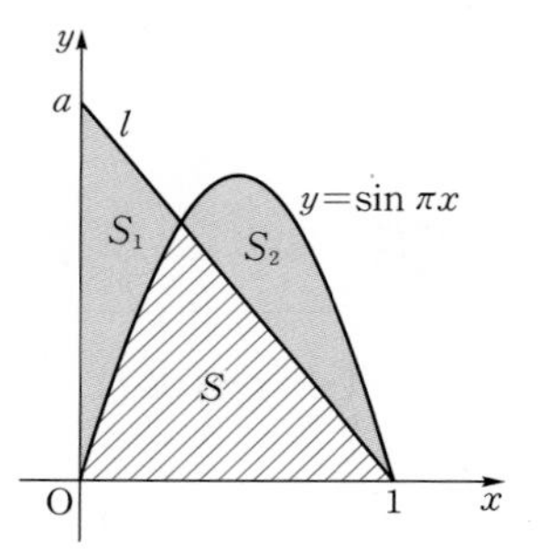


## 1161

답 ②

입체도형을 $x$축에 수직인 평면으로 자른 단면은 한 변의 길이가 $\frac{1}{\sqrt{x}}+1$인 정사각형이므로 단면의 넓이를 $S(x)$라 하면

$$S(x)=\left(\frac{1}{\sqrt{x}}+1\right)^2=\frac{1}{x}+\frac{2}{\sqrt{x}}+1$$

따라서 구하는 입체도형의 부피는

$$\int_1^e S(x)\,dx=\int_1^e\left(\frac{1}{x}+\frac{2}{\sqrt{x}}+1\right)dx=\left[\ln|x|+4\sqrt{x}+x\right]_1^e$$

$$=(\ln e+4\sqrt{e}+e)-(\ln 1+4\sqrt{1}+1)$$

$$=(1+4\sqrt{e}+e)-(0+4+1)$$

$$=e+4\sqrt{e}-4$$

## 1162

답 ③

ㄱ. $\lim_{n\to\infty}\sum_{k=1}^{n}\frac{2k^3}{n^4}=2\lim_{n\to\infty}\sum_{k=1}^{n}\left(\frac{k}{n}\right)^3\frac{1}{n}=2\int_0^1 x^3\,dx$

$=2\left[\frac{1}{4}x^4\right]_0^1=2\times\frac{1}{4}=\frac{1}{2}$ (참)

ㄴ. $\lim_{n\to\infty}\frac{1}{n}\sum_{k=1}^{n}\sqrt[n]{2^k}=\lim_{n\to\infty}\frac{1}{n}\sum_{k=1}^{n}2^{\frac{k}{n}}=\int_0^1 2^x\,dx$

$=\left[\frac{2^x}{\ln 2}\right]_0^1=\frac{1}{\ln 2}$ (거짓)

ㄷ. $\lim_{n\to\infty}\frac{\pi}{n}\sum_{k=1}^{n}\sin\left(\frac{\pi}{3}+\frac{k\pi}{3n}\right)=3\lim_{n\to\infty}\frac{\pi}{3n}\sum_{k=1}^{n}\sin\left(\frac{\pi}{3}+\frac{k\pi}{3n}\right)$

$=3\int_{\frac{\pi}{3}}^{\frac{2}{3}\pi}\sin x\,dx=3\left[-\cos x\right]_{\frac{\pi}{3}}^{\frac{2}{3}\pi}$

$=3\left\{\frac{1}{2}-\left(-\frac{1}{2}\right)\right\}=3$ (참)

따라서 옳은 것은 ㄱ, ㄷ이다.

## 1163

답 ①

$$\lim_{n\to\infty}\frac{1}{n}\sum_{k=1}^{n}g\left(\frac{k}{n}\right)=\int_0^1 g(x)\,dx$$

두 곡선 $y=f(x)$, $y=g(x)$는 직선 $y=x$에 대하여 대칭이다.

따라서 오른쪽 그림에서 $A=B$이므로

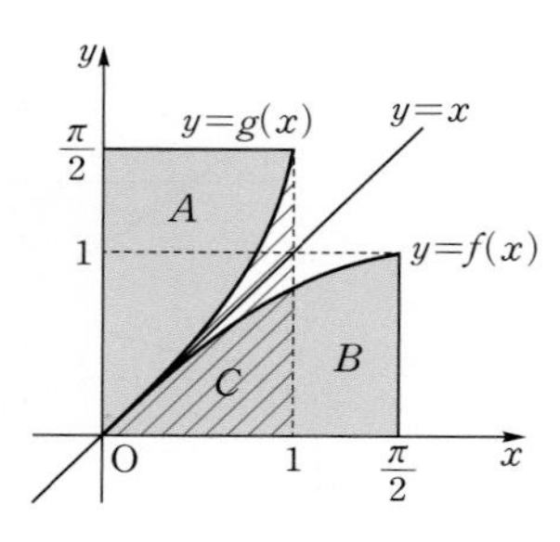


$$\int_0^1 g(x)\,dx=C$$

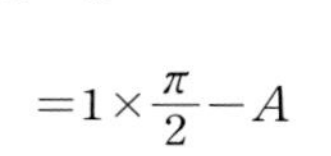

$$=1\times\frac{\pi}{2}-A$$

$$=\frac{\pi}{2}-B$$

$$=\frac{\pi}{2}-\int_0^{\frac{\pi}{2}}f(x)\,dx$$

$$=\frac{\pi}{2}-\int_0^{\frac{\pi}{2}}\sin x\,dx$$

$$=\frac{\pi}{2}-\left[-\cos x\right]_0^{\frac{\pi}{2}}$$

$$=\frac{\pi}{2}-1$$

## 1164

답 ③

$x_k=1+\frac{k}{n}$이므로 $f(x_k)=e^{1+\frac{k}{n}}$

$$\therefore A_k=\frac{1}{2}\left(1+\frac{k}{n}\right)e^{1+\frac{k}{n}}$$

$$\therefore \lim_{n\to\infty}\frac{1}{n}\sum_{k=1}^{n}A_k=\lim_{n\to\infty}\frac{1}{n}\sum_{k=1}^{n}\frac{1}{2}\left(1+\frac{k}{n}\right)e^{1+\frac{k}{n}}$$

$$=\frac{1}{2}\lim_{n\to\infty}\sum_{k=1}^{n}\left(1+\frac{k}{n}\right)e^{1+\frac{k}{n}}\times\frac{1}{n}$$

$$=\frac{1}{2}\int_1^2 xe^x\,dx$$

$u(x)=x$, $v'(x)=e^x$으로 놓으면

$u'(x)=1$, $v(x)=e^x$이므로

$$\frac{1}{2}\int_1^2 xe^x\,dx=\frac{1}{2}\left(\left[xe^x\right]_1^2-\int_1^2 e^x\,dx\right)$$
$$=\frac{1}{2}\left\{(2e^2-e)-\left[e^x\right]_1^2\right\}$$
$$=\frac{1}{2}\{(2e^2-e)-(e^2-e)\}=\frac{1}{2}e^2$$

## 1165

답 50

$y=k\ln x$에서 $y'=\frac{k}{x}$

접점의 좌표를 $(t,\ k\ln t)$라 하면 곡선 $y=k\ln x$ 위의 점 $(t,\ k\ln t)$에서의 접선의 기울기는 $\frac{k}{t}$이므로 접선의 방정식은

$y=\frac{k}{t}(x-t)+k\ln t$ $\quad\therefore y=\frac{k}{t}x-k+k\ln t$

위의 직선이 직선 $y=x$와 일치하므로

$\frac{k}{t}=1,\ -k+k\ln t=0$

$k=k\ln t$에서 $t=e$ ($\because k>0$)

$t=e$를 $\frac{k}{t}=1$에 대입하여 정리하면 $k=e$

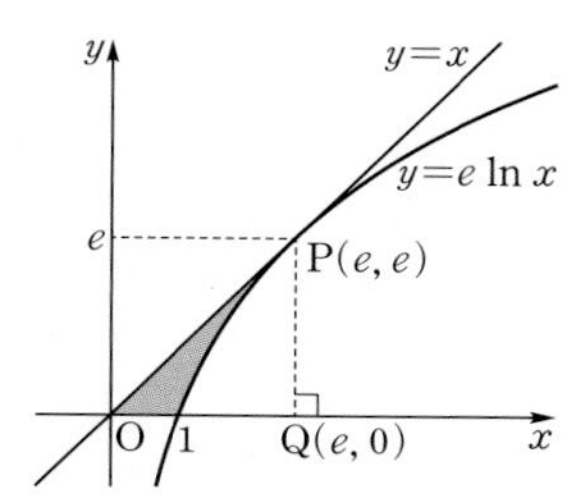


이때 곡선 $y=e\ln x$와 직선 $y=x$의 접점을 P, 점 P에서 $x$축에 내린 수선의 발을 Q라 하면

$\mathrm{P}(e,\ e),\ \mathrm{Q}(e,\ 0)$

곡선 $y=e\ln x$와 직선 $y=x$ 및 $x$축으로 둘러싸인 부분은 위의 그림의 색칠된 부분과 같으므로 구하는 넓이는

(삼각형 OQP의 넓이)$-\int_1^e e\ln x\,dx$

$=\frac{1}{2}e^2-\int_1^e e\ln x\,dx$ $\quad\cdots\cdots$ ㉠

$u(x)=\ln x,\ v'(x)=e$로 놓으면

$u'(x)=\frac{1}{x},\ v(x)=ex$이므로

$$\int_1^e e\ln x\,dx=\left[ex\ln x\right]_1^e-\int_1^e e\,dx$$
$$=e^2-\left[ex\right]_1^e$$
$$=e^2-(e^2-e)=e$$

이를 ㉠에 대입하면

$\frac{1}{2}e^2-e$

따라서 $a=\frac{1}{2},\ b=1$이므로

$100ab=100\times\frac{1}{2}\times1=50$

**Bible Says 곡선 위의 점에서의 접선의 방정식**

곡선 $y=f(x)$ 위의 점 $(t,\ f(t))$에서의 접선의 방정식은
$y-f(t)=f'(t)(x-t)$

## 1166

답 ③

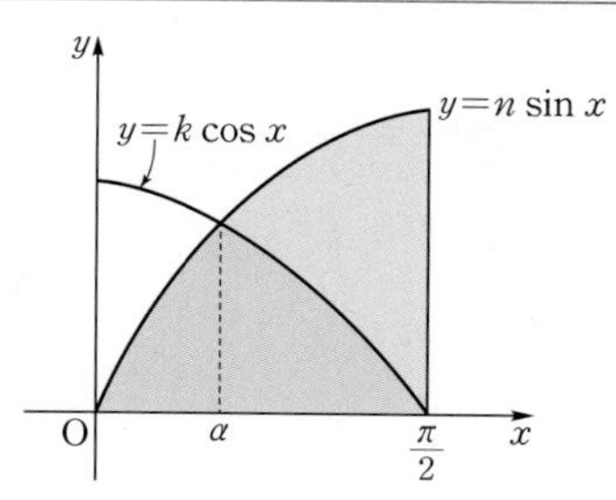


두 곡선 $y=n\sin x,\ y=k\cos x$의 교점의 $x$좌표를 $\alpha$라 하면

$n\sin\alpha=k\cos\alpha$에서 $\frac{\sin\alpha}{\cos\alpha}=\frac{k}{n}$

$\therefore \tan\alpha=\frac{k}{n}$

이때 $0<\alpha<\frac{\pi}{2}$이므로

$\sin\alpha=\frac{k}{\sqrt{n^2+k^2}},\ \cos\alpha=\frac{n}{\sqrt{n^2+k^2}}$ $\quad\cdots\cdots$ ㉠

곡선 $y=n\sin x$와 $x$축 및 직선 $x=\frac{\pi}{2}$로 둘러싸인 부분의 넓이를 $S_1$이라 하면

$S_1=\int_0^{\frac{\pi}{2}} n\sin x\,dx=\left[-n\cos x\right]_0^{\frac{\pi}{2}}=n$

두 곡선 $y=n\sin x,\ y=k\cos x$와 직선 $x=\frac{\pi}{2}$로 둘러싸인 부분의 넓이를 $S_2$라 하면

$$S_2=\int_\alpha^{\frac{\pi}{2}}(n\sin x-k\cos x)\,dx$$
$$=\left[-n\cos x-k\sin x\right]_\alpha^{\frac{\pi}{2}}$$
$$=-k-(-n\cos\alpha-k\sin\alpha)$$
$$=-k+n\cos\alpha+k\sin\alpha$$

이때 $S_1=2S_2$이므로

$n=-2k+2n\cos\alpha+2k\sin\alpha$

$n\cos\alpha+k\sin\alpha=\frac{n}{2}+k$ $\quad\cdots\cdots$ ㉡

㉠을 ㉡에 대입하면

$\frac{n^2+k^2}{\sqrt{n^2+k^2}}=\frac{n}{2}+k$에서 $\sqrt{n^2+k^2}=\frac{n}{2}+k$

$n^2+k^2=\frac{n^2}{4}+nk+k^2$

$nk=\frac{3}{4}n^2$

이때 $n$은 자연수이므로 $k=\frac{3}{4}n$

따라서 $f(n)=\frac{3}{4}n$이므로

$\sum_{n=1}^{8}f(n)=\sum_{n=1}^{8}\frac{3}{4}n=\frac{3}{4}\times\frac{8\times9}{2}=27$

## 1167

답 10

구하는 부분의 넓이는

$\int_0^{\sqrt{e}} \frac{1}{e}x^2\,dx - \int_1^{\sqrt{e}} 2\ln x\,dx$

$= \left[\frac{1}{3e}x^3\right]_0^{\sqrt{e}} - \int_1^{\sqrt{e}} 2\ln x\,dx$

$= \frac{\sqrt{e}}{3} - \int_1^{\sqrt{e}} 2\ln x\,dx$ ...... ㉠

...... ❶

$u(x)=\ln x$, $v'(x)=2$로 놓으면

$u'(x)=\frac{1}{x}$, $v(x)=2x$이므로

$\int_1^{\sqrt{e}} 2\ln x\,dx = \left[2x\ln x\right]_1^{\sqrt{e}} - \int_1^{\sqrt{e}} 2\,dx$

$= \sqrt{e} - \left[2x\right]_1^{\sqrt{e}}$

$= \sqrt{e} - (2\sqrt{e}-2) = 2-\sqrt{e}$

이를 ㉠에 대입하면

$\frac{\sqrt{e}}{3} - (2-\sqrt{e}) = \frac{4}{3}\sqrt{e} - 2$

...... ❷

따라서 $a=\frac{4}{3}$, $b=-2$이므로

$3(a-b) = 3\times\frac{10}{3} = 10$

...... ❸

| 채점 기준 | 배점 |
|---|---|
| ❶ 구하는 부분의 넓이에 대한 식 세우기 | 20% |
| ❷ 부분적분법을 이용하여 넓이 구하기 | 70% |
| ❸ $3(a-b)$의 값 구하기 | 10% |

## 1168

답 2

$\int_0^4 f'(\sqrt{x})\,dx$에서

$\sqrt{x}=t$로 놓으면 $\frac{1}{2\sqrt{x}} = \frac{dt}{dx}$이고

$x=0$일 때 $t=0$, $x=4$일 때 $t=2$이므로

$\int_0^4 f'(\sqrt{x})\,dx = \int_0^2 2tf'(t)\,dt$

...... ❶

$u(t)=2t$, $v'(t)=f'(t)$로 놓으면

$u'(t)=2$, $v(t)=f(t)$이므로

$\int_0^2 2tf'(t)\,dt = \left[2tf(t)\right]_0^2 - \int_0^2 2f(t)\,dt$

$= 4f(2) - 2\int_0^2 f(t)\,dt$

...... ❷

이때 조건 ㈎에서 $f(0)=0$, $f(2)=2$이고 함수 $f(x)$가 실수 전체의 집합에서 증가하므로 조건 ㈏에서

$\int_0^2 f(x)\,dx = 3$

$\therefore \int_0^4 f'(\sqrt{x})\,dx = 4f(2) - 2\int_0^2 f(t)\,dt$

$= 4\times2 - 2\times3 = 8-6 = 2$

...... ❸

| 채점 기준 | 배점 |
|---|---|
| ❶ 치환적분법을 이용하여 $\int_0^4 f'(\sqrt{x})\,dx$ 간단히 하기 | 30% |
| ❷ 부분적분법을 이용하여 식 정리하기 | 30% |
| ❸ 조건 ㈎, ㈏를 이용하여 $\int_0^4 f'(\sqrt{x})\,dx$의 값 구하기 | 40% |

# PART C 수능 녹인 변별력 문제

## 1169

답 96

$f(x) = \int_0^x (a-t)e^t\,dt$의 양변을 $x$에 대하여 미분하면

$f'(x) = (a-x)e^x$

$f'(a)=0$이고 $x=a$의 좌우에서 $f'(x)$의 부호가 양에서 음으로 바뀌므로 함수 $f(x)$는 $x=a$에서 극대이면서 최대이다.

즉, 함수 $f(x)$는 $x=a$에서 최댓값 32를 가지므로

$f(a) = \int_0^a (a-t)e^t\,dt = 32$

$u(t)=a-t$, $v'(t)=e^t$으로 놓으면

$u'(t)=-1$, $v(t)=e^t$이므로

$\int_0^a (a-t)e^t\,dt = \left[(a-t)e^t\right]_0^a - \int_0^a (-e^t)\,dt$

$= -a + \left[e^t\right]_0^a = -a + e^a - 1 = 32$

$\therefore e^a - a = 33$ ...... ㉠

따라서 곡선 $y=3e^x$과 두 직선 $x=a$, $y=3$으로 둘러싸인 부분의 넓이는

$\int_0^a |3e^x-3|\,dx = \int_0^a (3e^x-3)\,dx$ ($\because 3e^x-3\geq0$)

$= \left[3e^x-3x\right]_0^a = 3(e^a-a)-3$

$= 3\times33-3$ ($\because$ ㉠)

$= 96$

## 1170

답 ②

$A=B$이므로

$\int_0^{\frac{\pi}{2}} (\sin 2x\cos x - ax)\,dx = 0$ ...... ㉠

㉠의 좌변에서

$\int_0^{\frac{\pi}{2}} \sin 2x\cos x\,dx = \int_0^{\frac{\pi}{2}} 2\sin x\cos^2 x\,dx$

$\cos x=t$로 놓으면 $-\sin x=\frac{dt}{dx}$이고

$x=0$일 때 $t=1$, $x=\frac{\pi}{2}$일 때 $t=0$이므로

$$\int_0^{\frac{\pi}{2}} 2\sin x\cos^2 x\,dx=\int_1^0 (-2t^2)\,dt$$
$$=\int_0^1 2t^2\,dt=\left[\frac{2}{3}t^3\right]_0^1=\frac{2}{3}$$

즉, $\int_0^{\frac{\pi}{2}} \sin 2x\cos x\,dx=\frac{2}{3}$이므로 ㉠에서

$$\int_0^{\frac{\pi}{2}} (\sin 2x\cos x-ax)\,dx$$
$$=\int_0^{\frac{\pi}{2}} \sin 2x\cos x\,dx-\int_0^{\frac{\pi}{2}} ax\,dx$$
$$=\frac{2}{3}-\left[\frac{a}{2}x^2\right]_0^{\frac{\pi}{2}}=\frac{2}{3}-\frac{a\pi^2}{8}=0$$
$$\therefore a=\frac{2}{3}\times\frac{8}{\pi^2}=\frac{16}{3\pi^2}$$

## 1171

답 ①

입체도형을 $x$축에 수직인 평면으로 자른 단면은 한 변의 길이가

$f(x)-\{-f(x)\}=2f(x)$

이고 이때 단면은 정사각형이므로 단면의 넓이를 $S(x)$라 하면

$S(x)=\{2f(x)\}^2=(2\sqrt{x\sin x^2})^2=4x\sin x^2$

따라서 입체도형의 부피는

$$\int_{\frac{\sqrt{\pi}}{2}}^{\frac{\sqrt{3\pi}}{2}} S(x)dx=\int_{\frac{\sqrt{\pi}}{2}}^{\frac{\sqrt{3\pi}}{2}} 4x\sin x^2 dx$$

$x^2=t$라 하면 $2x\,dx=dt$이고

$x=\frac{\sqrt{\pi}}{2}$일 때 $t=\frac{\pi}{4}$, $x=\frac{\sqrt{3\pi}}{2}$일 때 $t=\frac{3}{4}\pi$이므로

$$\int_{\frac{\sqrt{\pi}}{2}}^{\frac{\sqrt{3\pi}}{2}} 4x\sin x^2 dx=\int_{\frac{\pi}{4}}^{\frac{3}{4}\pi} 2\sin t\,dt=\Big[-2\cos t\Big]_{\frac{\pi}{4}}^{\frac{3}{4}\pi}$$
$$=-2\cos\frac{3}{4}\pi+2\cos\frac{\pi}{4}$$
$$=-2\times\left(-\frac{\sqrt{2}}{2}\right)+2\times\frac{\sqrt{2}}{2}=2\sqrt{2}$$

## 1172

답 ③

조건 (가)에서 $f(x)>0$, $g(x)>0$이므로 조건 (나)의 식의 양변에

$\frac{1}{f(x)g(x)}$을 곱하면

$$\frac{f'(x)}{f(x)}-\frac{g'(x)}{g(x)}=2$$

위의 식의 양변을 $x$에 대하여 적분하면

$\ln|f(x)|-\ln|g(x)|=2x+C$

$\ln\left|\frac{f(x)}{g(x)}\right|=2x+C$

위의 식의 양변에 $x=0$을 대입하면

$\ln\left|\frac{f(0)}{g(0)}\right|=C$

이때 $f(0)=g(0)$에서 $\frac{f(0)}{g(0)}=1$이므로 $C=0$

따라서 $\ln\left|\frac{f(x)}{g(x)}\right|=2x$에서 $f(x)>0$, $g(x)>0$이므로

$\frac{f(x)}{g(x)}=e^{2x}$

$$\therefore \lim_{n\to\infty}\frac{1}{n}\sum_{k=1}^{n}\left\{\frac{f(k)}{g(k)}\right\}^{\frac{1}{n}}=\lim_{n\to\infty}\frac{1}{n}\sum_{k=1}^{n}e^{\frac{2k}{n}}$$
$$=\frac{1}{2}\lim_{n\to\infty}\sum_{k=1}^{n}e^{\frac{2k}{n}}\times\frac{2}{n}$$
$$=\frac{1}{2}\int_0^2 e^x\,dx$$
$$=\frac{1}{2}\Big[e^x\Big]_0^2=\frac{1}{2}(e^2-1)$$

## 1173

답 4

$x=0$에서 $x=t$까지 곡선 $y=f(x)$의 길이는

$g(t)=\int_0^t\sqrt{1+\{f'(x)\}^2}\,dx$

위의 식의 양변을 $t$에 대하여 미분하면

$g'(t)=\sqrt{1+\{f'(t)\}^2}$

이때 $g'(t)=\sqrt{t^4-2t^3+t^2+1}$이므로

$\sqrt{1+\{f'(t)\}^2}=\sqrt{t^4-2t^3+t^2+1}$

$\{f'(t)\}^2=t^4-2t^3+t^2$, $\{f'(t)\}^2=\{t(t-1)\}^2$

$|f'(t)|=|t(t-1)|$

이때 $f(0)=3$이고, $f(2)$가 최대이려면 $0\le t\le 2$일 때, $f'(t)\ge 0$이어야 하므로

$$f'(t)=\begin{cases}-t(t-1) & (0\le t\le 1)\\ t(t-1) & (1\le t\le 2)\end{cases}$$

따라서 $f(2)$의 최댓값은

$$f(2)=f(0)+\int_0^2 f'(t)\,dt$$
$$=3+\int_0^1(-t^2+t)\,dt+\int_1^2(t^2-t)\,dt$$
$$=3+\left[-\frac{1}{3}t^3+\frac{1}{2}t^2\right]_0^1+\left[\frac{1}{3}t^3-\frac{1}{2}t^2\right]_1^2$$
$$=3+\frac{1}{6}+\frac{5}{6}=4$$

## 1174

답 ⑤

$x=t+2\cos t$, $y=\sqrt{3}\sin t$에서

$\frac{dx}{dt}=1-2\sin t$, $\frac{dy}{dt}=\sqrt{3}\cos t$

따라서 점 P의 속도는

$(1-2\sin t, \sqrt{3}\cos t)$ …… ㉠

ㄱ. ㉠에 $t=\frac{\pi}{2}$를 대입하면 점 P의 속도는

$\left(1-2\sin\frac{\pi}{2}, \sqrt{3}\cos\frac{\pi}{2}\right)$, 즉 $(-1, 0)$ (참)

ㄴ. 점 P의 시각 $t$에서의 속도의 크기는 ㉠에 의하여

$\sqrt{(1-2\sin t)^2+(\sqrt{3}\cos t)^2}$

$=\sqrt{4\sin^2 t-4\sin t+1+3\cos^2 t}$

$=\sqrt{3(\sin^2 t+\cos^2 t)+\sin^2 t-4\sin t+1}$

$=\sqrt{\sin^2 t-4\sin t+4}$

$=\sqrt{(\sin t-2)^2}$

$=|\sin t-2|$

$0\le t\le 2\pi$에서 $-1\le \sin t\le 1$이므로

$-3\le \sin t-2\le -1$

$\therefore 1\le |\sin t-2|\le 3$

따라서 점 P의 속도의 크기의 최솟값은 1이다. (참)

ㄷ. 점 P가 $t=\pi$에서 $t=2\pi$까지 움직인 거리는 ㄴ에서

$\int_{\pi}^{2\pi}\sqrt{(1-2\sin t)^2+(\sqrt{3}\cos t)^2}\,dt$

$=\int_{\pi}^{2\pi}|\sin t-2|\,dt$

$=\int_{\pi}^{2\pi}(2-\sin t)\,dt$ ($\because \sin t-2<0$)

$=\Big[2t+\cos t\Big]_{\pi}^{2\pi}$

$=(4\pi+\cos 2\pi)-(2\pi+\cos\pi)$

$=2\pi+2$ (참)

따라서 옳은 것은 ㄱ, ㄴ, ㄷ이다.

## 1175

답 ②

$f(x)=\sin x$에서 $f'(x)=\cos x$

함수 $f(x)=\sin x$의 그래프 위의 점 $\mathrm{P}(a, \sin a)$에서의 접선의 기울기는 $f'(a)=\cos a$이므로 접선 $l$의 방정식은

$y=\cos a(x-a)+\sin a$

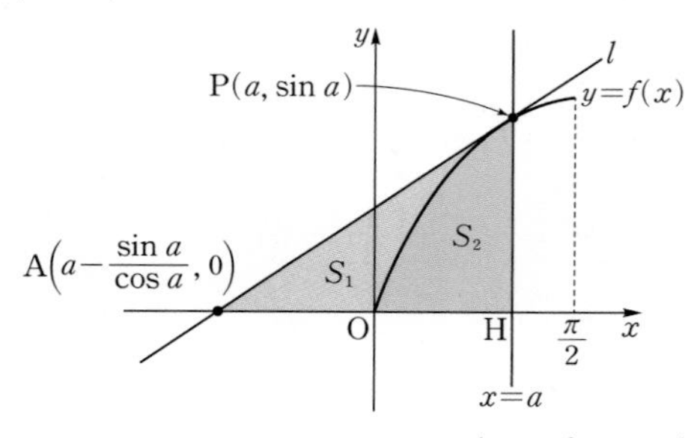


직선 $l$이 $x$축과 만나는 점을 A라 하면 $\mathrm{A}\left(a-\dfrac{\sin a}{\cos a}, 0\right)$

점 P에서 $x$축에 내린 수선의 발을 H라 하면 $\mathrm{H}(a, 0)$

곡선 $y=f(x)$와 $x$축 및 직선 $l$로 둘러싸인 부분의 넓이를 $S_1$, 곡선 $y=f(x)$와 $x$축 및 직선 $x=a$로 둘러싸인 부분의 넓이를 $S_2$라 하면 $S_1=S_2$이므로

$S_1+S_2=2S_2$

이때

$S_1+S_2=$(삼각형 PAH의 넓이)$=\dfrac{1}{2}\times\dfrac{\sin a}{\cos a}\times\sin a=\dfrac{\sin^2 a}{2\cos a}$

$S_2=\int_0^a \sin x\,dx=\Big[-\cos x\Big]_0^a=-\cos a+1$

이므로 $\dfrac{\sin^2 a}{2\cos a}=-2\cos a+2$

$1-\cos^2 a=-4\cos^2 a+4\cos a$, $3\cos^2 a-4\cos a+1=0$

$(3\cos a-1)(\cos a-1)=0$

$\therefore \cos a=\dfrac{1}{3}$ 또는 $\cos a=1$

이때 $0<a<\dfrac{\pi}{2}$이므로 $\cos a=\dfrac{1}{3}$

## 1176

답 0

$f'(x)=\dfrac{1}{4}\left(2x-\dfrac{2}{x}\right)=\dfrac{1}{2}\left(x-\dfrac{1}{x}\right)$이므로

$x=t$에서 $x=t+1$까지의 곡선 $y=f(x)$의 길이를 $l(t)$라 하면

$l(t)=\int_t^{t+1}\sqrt{1+\{f'(x)\}^2}\,dx$

$=\int_t^{t+1}\sqrt{1+\dfrac{1}{4}\left(x-\dfrac{1}{x}\right)^2}\,dx$

$=\int_t^{t+1}\sqrt{\dfrac{1}{4}\left(x+\dfrac{1}{x}\right)^2}\,dx=\int_t^{t+1}\left|\dfrac{1}{2}\left(x+\dfrac{1}{x}\right)\right|dx$

$=\int_t^{t+1}\dfrac{1}{2}\left(x+\dfrac{1}{x}\right)dx$ $\left(\because x+\dfrac{1}{x}>0\right)$

$=\dfrac{1}{2}\left[\dfrac{1}{2}x^2+\ln|x|\right]_t^{t+1}$

$=\dfrac{1}{2}\left\{\dfrac{1}{2}(t+1)^2+\ln(t+1)-\dfrac{1}{2}t^2-\ln t\right\}$

$=\dfrac{1}{2}\left\{t+\dfrac{1}{2}+\ln(t+1)-\ln t\right\}$

$l'(t)=\dfrac{1}{2}\left(1+\dfrac{1}{t+1}-\dfrac{1}{t}\right)=\dfrac{1}{2}-\dfrac{1}{2t(t+1)}=\dfrac{t^2+t-1}{2t(t+1)}$

$l'(t)=0$에서 $t^2+t-1=0$

$\therefore t=\dfrac{-1+\sqrt{5}}{2}$ ($\because t>0$)

$t>0$에서 함수 $l(t)$의 증가와 감소를 표로 나타내면 다음과 같다.

| $t$ | (0) | … | $\frac{-1+\sqrt{5}}{2}$ | … |
|---|---|---|---|---|
| $l'(t)$ | | $-$ | 0 | $+$ |
| $l(t)$ | | ↘ | 극소 | ↗ |

함수 $l(t)$는 $t=\dfrac{-1+\sqrt{5}}{2}$에서 극소이면서 최소이므로

$m=-\dfrac{1}{2}$, $n=\dfrac{1}{2}$

$\therefore m+n=-\dfrac{1}{2}+\dfrac{1}{2}=0$

## 1177

답 28

$\int_1^{16} f'(\sqrt{x})\,dx$에서

$\sqrt{x}=t$로 놓으면 $\dfrac{1}{2\sqrt{x}}=\dfrac{dt}{dx}$, 즉 $\dfrac{1}{2t}=\dfrac{dt}{dx}$이고

$x=1$일 때 $t=1$, $x=16$일 때 $t=4$이므로

$\int_1^{16} f'(\sqrt{x})\,dx=\int_1^4 2tf'(t)\,dt$

$\int_1^4 2tf'(t)\,dt$에서

$u(t)=2t$, $v'(t)=f'(t)$로 놓으면

$u'(t)=2$, $v(t)=f(t)$이므로

$\int_1^4 2tf'(t)\,dt=\Big[2tf(t)\Big]_1^4-\int_1^4 2f(t)\,dt$

$=8f(4)-2f(1)-2\int_1^4 f(t)\,dt$

$=8\times4-2\times1-2\times8=14$ ($\because$ 조건 (가), (나))

한편, $\int_1^{16}\frac{g(\sqrt{x})}{\sqrt{x}}\,dx$에서

$\sqrt{x}=s$로 놓으면 $\frac{1}{2\sqrt{x}}=\frac{ds}{dx}$이고

$x=1$일 때 $s=1$, $x=16$일 때 $s=4$이므로

$\int_1^{16}\frac{g(\sqrt{x})}{\sqrt{x}}\,dx=\int_1^4 2g(s)\,ds=2\int_1^4 g(s)\,ds$

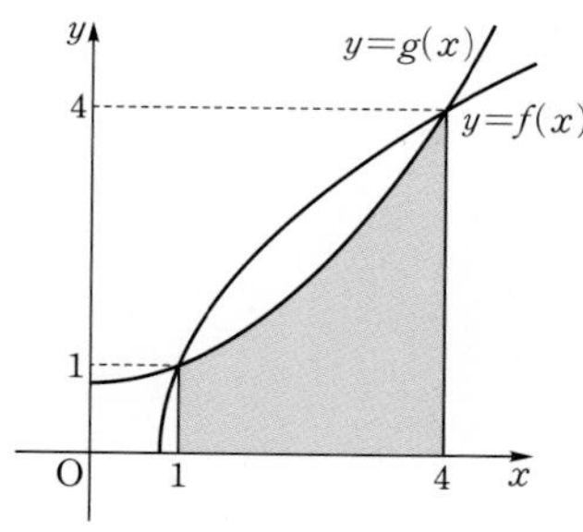


이때 위의 그림에서

$\int_1^4 g(s)\,ds=4\times4-1\times1-\int_1^4 f(s)\,ds$

$=15-8=7$ ($\because$ 조건 (가), (나))

$\therefore \int_1^{16}\frac{g(\sqrt{x})}{\sqrt{x}}\,dx=2\int_1^4 g(s)\,ds=2\times7=14$

$\therefore \int_1^{16}\left\{f'(\sqrt{x})+\frac{g(\sqrt{x})}{\sqrt{x}}\right\}dx=14+14=28$

## 1178

답 ②

$f(x)=x+\sin 2x$에서 $f'(x)=1+2\cos 2x$

$f'(x)=0$에서 $\cos 2x=-\frac{1}{2}$ $\quad\therefore x=\frac{\pi}{3}$ 또는 $x=\frac{2}{3}\pi$

$0\le x\le\pi$에서 함수 $f(x)$의 증가와 감소를 표로 나타내면 다음과 같다.

| $x$ | 0 | $\cdots$ | $\frac{\pi}{3}$ | $\cdots$ | $\frac{2}{3}\pi$ | $\cdots$ | $\pi$ |
|---|---|---|---|---|---|---|---|
| $f'(x)$ | | + | 0 | − | 0 | + | |
| $f(x)$ | 0 | ↗ | $\frac{\pi}{3}+\frac{\sqrt{3}}{2}$ | ↘ | $\frac{2}{3}\pi-\frac{\sqrt{3}}{2}$ | ↗ | $\pi$ |

즉, 함수 $y=f(x)$의 그래프는 다음 그림과 같다.

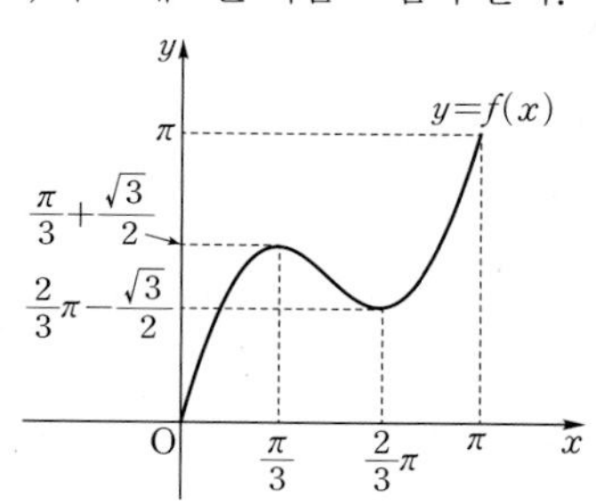


한편, 곡선 $y=f(x)$ 위의 점 $(t, f(t))$에서의 접선의 기울기가 $1+2\cos 2t$이므로 접선의 방정식은

$y=(1+2\cos 2t)x+\sin 2t-2t\cos 2t$ $\quad\cdots\cdots$ ㉠

$\therefore g(t)=\sin 2t-2t\cos 2t$

$g'(t)=2\cos 2t-2\cos 2t+4t\sin 2t=4t\sin 2t$

$g'(t)=0$에서 $4t\sin 2t=0$

$\therefore t=\frac{\pi}{2}$ ($\because 0<t<\pi$)

$0<t<\pi$에서 함수 $g(t)$의 증가와 감소를 표로 나타내면 다음과 같다.

| $t$ | $(0)$ | $\cdots$ | $\frac{\pi}{2}$ | $\cdots$ | $(\pi)$ |
|---|---|---|---|---|---|
| $g'(t)$ | | + | 0 | − | |
| $g(t)$ | | ↗ | 극대 | ↘ | |

함수 $g(t)$는 $t=\frac{\pi}{2}$에서 극대이면서 최대이므로 $a=\frac{\pi}{2}$

$t=\frac{\pi}{2}$를 ㉠에 대입하면

$y=(1+2\cos\pi)x+\sin\pi-\pi\cos\pi$

$\therefore y=-x+\pi$

따라서 구하는 부분의 넓이는

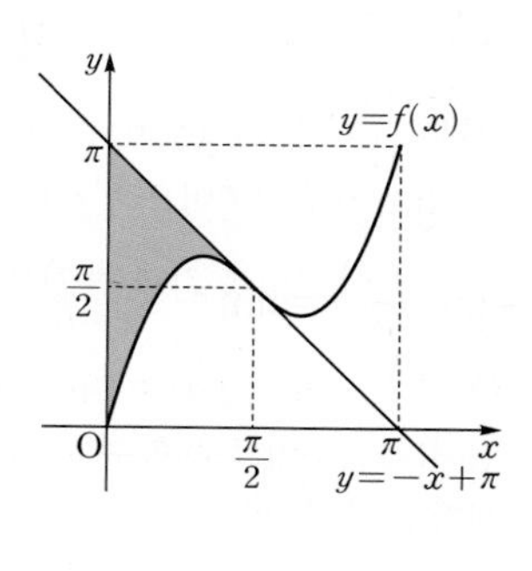


$\int_0^{\frac{\pi}{2}}\{-x+\pi-f(x)\}dx$

$=\int_0^{\frac{\pi}{2}}\{-x+\pi-(x+\sin 2x)\}dx$

$=\int_0^{\frac{\pi}{2}}(-2x-\sin 2x+\pi)dx$

$=\left[-x^2+\frac{1}{2}\cos 2x+\pi x\right]_0^{\frac{\pi}{2}}$

$=-\frac{\pi^2}{4}-\frac{1}{2}+\frac{\pi^2}{2}-\frac{1}{2}$

$=\frac{\pi^2}{4}-1$

## 1179

답 ④

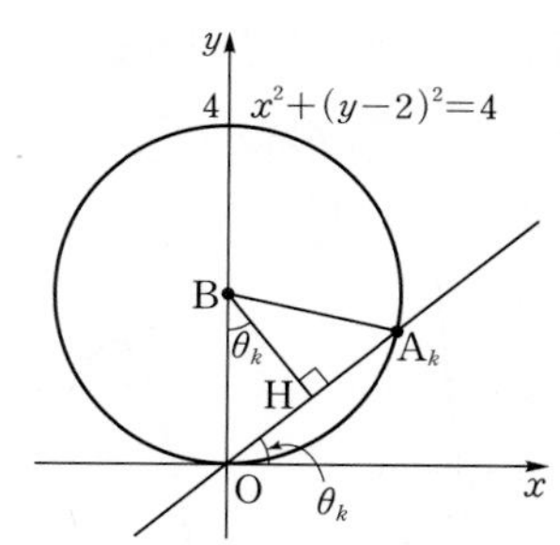


원 $x^2+(y-2)^2=4$의 중심을 B라 하고 원의 중심에서 직선 $OA_k$에 내린 수선의 발을 H라 하자.

직각삼각형 OHB에서 $\angle HOB=\frac{\pi}{2}-\theta_k$이므로

$\angle OBH=\theta_k=\frac{k\pi}{2n}$

삼각형 $OA_kB$는 $\overline{OB}=\overline{A_kB}=2$인 이등변삼각형이므로

$\overline{OH}=2\sin\theta_k=2\sin\frac{k\pi}{2n}$

$\therefore \overline{\mathrm{OA}_k}=2\overline{\mathrm{OH}}=4\sin\dfrac{k\pi}{2n}$

$$\therefore \lim_{n\to\infty}\frac{1}{n}\sum_{k=1}^{n-1}\overline{\mathrm{OA}_k}=\lim_{n\to\infty}\frac{4}{n}\sum_{k=1}^{n-1}\sin\frac{k\pi}{2n}$$

$$=\frac{8}{\pi}\lim_{n\to\infty}\frac{\pi}{2n}\sum_{k=1}^{n-1}\sin\frac{k\pi}{2n}$$

$$=\frac{8}{\pi}\int_0^{\frac{\pi}{2}}\sin x\,dx$$

$$=\frac{8}{\pi}\Big[-\cos x\Big]_0^{\frac{\pi}{2}}$$

$$=\frac{8}{\pi}\times 1=\frac{8}{\pi}$$

## 1180

답 6

조건 ㈎의 $\lim\limits_{x\to 0}\dfrac{f(x)}{x}=0$에서 극한값이 존재하고 $x\longrightarrow 0$일 때,

(분모)$\longrightarrow 0$이므로 (분자)$\longrightarrow 0$이어야 한다.

즉, $\lim\limits_{x\to 0}f(x)=0$이므로 $f(0)=0$

$$\lim_{x\to 0}\frac{f(x)}{x}=\lim_{x\to 0}\frac{f(x)-f(0)}{x-0}=f'(0)=0$$

즉, $f(0)=0$, $f'(0)=0$이고 함수 $f(x)$는 최고차항의 계수가 양수인 삼차함수이므로 함수 $y=f(x)$의 그래프는 다음과 같이 나누어 생각해 볼 수 있다.

(i) 함수 $f(x)$가 극값을 갖지 않는 경우

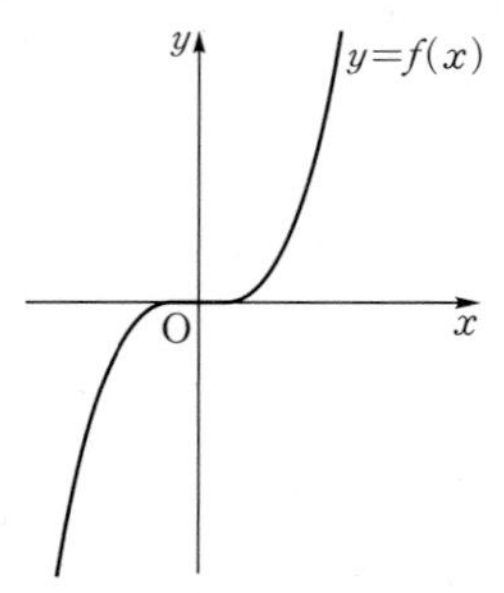


$k\geq 0$인 모든 실수 $k$에 대하여 $\displaystyle\int_0^k|f(x)|\,dx=\left|\int_0^k f(x)\,dx\right|$가 성립하므로 조건 ㈏를 만족시키지 않는다.

(ii) 함수 $f(x)$가 극값을 갖는 경우

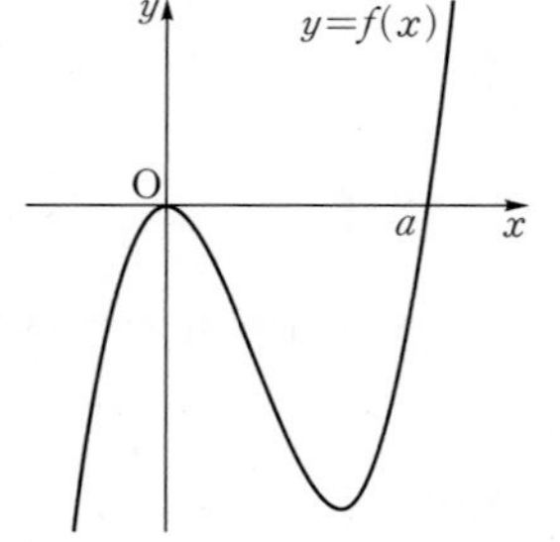


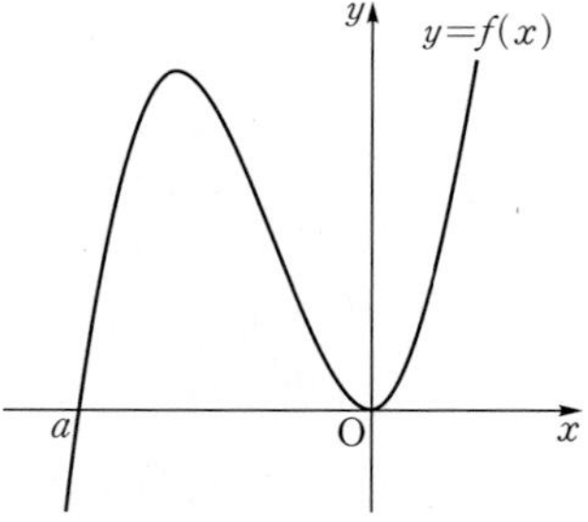


함수 $y=f(x)$의 그래프가 $x$축과 만나는 점 중 원점이 아닌 점의 $x$좌표를 $a$라 하자.

$\displaystyle\int_0^k|f(x)|\,dx=\left|\int_0^k f(x)\,dx\right|$를 만족시키는 실수 $k$의 최댓값이 4이려면 위의 왼쪽 그림에서 $a=4$이어야 한다.

한편, $\displaystyle\lim_{n\to\infty}\sum_{k=1}^{n}f\left(m+\frac{k}{n}\right)\frac{1}{n}<0$에서 $\displaystyle\int_m^{m+1}f(x)\,dx<0$이고

(i), (ii)에서 $\displaystyle\int_m^{m+1}f(x)\,dx<0$을 만족시키는 자연수 $m$은 1, 2, 3이므로 구하는 합은

$1+2+3=6$

# 수학의 바이블

## 유형 ON

2권

정답과 풀이

# 미적분

# 수열의 극한

유형별 유사문제

## 01 수열의 극한

### 유형 01 수열의 수렴과 발산

**0001** 답 ③

① $n$의 값이 한없이 커지면 $\left(-\frac{7}{6}\right)^n$의 값은 음수와 양수가 교대로 되면서 그 절댓값이 한없이 커지므로 수열 $\left\{\left(-\frac{7}{6}\right)^n\right\}$은 발산(진동)한다.

② $n$의 값이 한없이 커지면 $\frac{1}{(-3)^n}$의 값은 0에 한없이 가까워지므로 수열 $\left\{2+\frac{1}{(-3)^n}\right\}$은 2에 수렴한다.

③ $\cos n\pi$에 $n=1, 2, 3, 4, \cdots$를 차례대로 대입하면
$-1, 1, -1, 1, \cdots$
즉, $n$의 값이 한없이 커지면 $\cos n\pi$의 값은 $-1$과 1이 교대로 나타나므로 수열 $\{\cos n\pi\}$는 발산(진동)한다.

④ $n$의 값이 한없이 커지면 $\frac{5n-2}{n}=5-\frac{2}{n}$의 값은 5에 한없이 가까워지므로 수열 $\left\{\frac{5n-2}{n}\right\}$는 5에 수렴한다.

⑤ $\log\frac{1}{n}=-\log n$에 $n=1, 2, 3, 4, \cdots$를 차례대로 대입하면
$0, -\log 2, -\log 3, -\log 4, \cdots$
즉, $n$의 값이 한없이 커지면 $\log\frac{1}{n}$의 값은 음수이면서 그 절댓값이 한없이 커지므로 수열 $\left\{\log\frac{1}{n}\right\}$은 음의 무한대로 발산한다.

따라서 옳지 않은 것은 ③이다.

**0002** 답 12

$n$의 값이 한없이 커지면 $\frac{3n}{n+5}$의 값은 3에 한없이 가까워지므로 수열 $\left\{\frac{3n}{n+5}\right\}$은 3에 수렴한다.

$\therefore x=3$

$\tan\left(n\pi+\frac{\pi}{3}\right)$에 $n=1, 2, 3, 4, \cdots$를 차례대로 대입하면

$\sqrt{3}, \sqrt{3}, \sqrt{3}, \sqrt{3}, \cdots$

즉, 수열 $\left\{\tan\left(n\pi+\frac{\pi}{3}\right)\right\}$는 $\sqrt{3}$에 수렴한다.

$\therefore y=\sqrt{3}$

$\therefore x^2+y^2=9+3=12$

**0003** 답 ㄱ, ㄹ

ㄱ. $n$의 값이 한없이 커지면 $\frac{3}{n^3}$의 값은 0에 한없이 가까워지므로 수열 $\left\{3-\frac{3}{n^3}\right\}$은 3에 수렴한다.

ㄴ. $\frac{1+(-1)^n}{2}$에 $n=1, 2, 3, 4, \cdots$를 차례대로 대입하면
$0, 1, 0, 1, \cdots$
즉, 수열 $\left\{\frac{1+(-1)^n}{2}\right\}$은 발산(진동)한다.

ㄷ. $n$의 값이 한없이 커지면 $\frac{7-3n^2}{n}=\frac{7}{n}-3n$의 값은 음수이면서 그 절댓값이 한없이 커지므로 수열 $\left\{\frac{7-3n^2}{n}\right\}$은 음의 무한대로 발산한다.

ㄹ. $n$의 값이 한없이 커지면 $\frac{(-1)^n}{\log 3n}$의 값은 0에 한없이 가까워지므로 수열 $\left\{1+\frac{(-1)^n}{\log 3n}\right\}$은 1에 수렴한다.

따라서 수렴하는 수열은 ㄱ, ㄹ이다.

### 유형 02 수열의 극한에 대한 기본 성질

**0004** 답 $-3$

$$\lim_{n\to\infty}\frac{4a_n-b_n}{2a_n^2-3}=\frac{4\lim\limits_{n\to\infty}a_n-\lim\limits_{n\to\infty}b_n}{2\lim\limits_{n\to\infty}a_n\times\lim\limits_{n\to\infty}a_n-3}=\frac{4\times(-2)-7}{2\times(-2)\times(-2)-3}=-3$$

**0005** 답 $-4$

$\lim\limits_{n\to\infty}a_n=\lim\limits_{n\to\infty}\left(\frac{1}{n}+1\right)=1$

$\lim\limits_{n\to\infty}b_n=\lim\limits_{n\to\infty}\left\{\frac{5}{(n+1)(n+2)}-3\right\}=-3$

$$\therefore \lim_{n\to\infty}(3a_n-1)(b_n+1)=\lim_{n\to\infty}(3a_n-1)\times\lim_{n\to\infty}(b_n+1)=\left(3\lim_{n\to\infty}a_n-1\right)\times\left(\lim_{n\to\infty}b_n+1\right)=(3\times1-1)\times(-3+1)=-4$$

**0006** 답 2

$\lim\limits_{n\to\infty}(5-a_n)=2$에서 $\lim\limits_{n\to\infty}a_n=3$

$\lim\limits_{n\to\infty}(a_n+2b_n)=7$에서 $\lim\limits_{n\to\infty}a_n+2\lim\limits_{n\to\infty}b_n=7$이므로

$3+2\lim\limits_{n\to\infty}b_n=7$, $2\lim\limits_{n\to\infty}b_n=4$ $\quad\therefore \lim\limits_{n\to\infty}b_n=2$

$$\therefore \lim_{n\to\infty}\frac{a_n+1}{b_n}=\frac{\lim\limits_{n\to\infty}a_n+1}{\lim\limits_{n\to\infty}b_n}=\frac{3+1}{2}=2$$

## 0007

답 15

$\lim_{n\to\infty}(a_n^2-a_nb_n+b_n^2)$

$=\lim_{n\to\infty}\{(a_n+b_n)^2-3a_nb_n\}$

$=\lim_{n\to\infty}(a_n+b_n)\times\lim_{n\to\infty}(a_n+b_n)-3\lim_{n\to\infty}a_nb_n$

$=3\times3-3\times(-2)=15$

## 0008

답 ①

두 수열 $\{a_n\}$, $\{b_n\}$이 각각 수렴하므로 $\lim_{n\to\infty}a_n=\alpha$,

$\lim_{n\to\infty}b_n=\beta$ ($\alpha$, $\beta$는 실수)로 놓으면

$\lim_{n\to\infty}(a_n-b_n)=8$에서 $\lim_{n\to\infty}a_n-\lim_{n\to\infty}b_n=8$이므로

$\alpha-\beta=8$ ...... ㉠

$\lim_{n\to\infty}(2a_n+b_n)=1$에서 $2\lim_{n\to\infty}a_n+\lim_{n\to\infty}b_n=1$이므로

$2\alpha+\beta=1$ ...... ㉡

㉠, ㉡을 연립하여 풀면 $\alpha=3$, $\beta=-5$

$\therefore \lim_{n\to\infty}(a_n+b_n)=\lim_{n\to\infty}a_n+\lim_{n\to\infty}b_n=3+(-5)=-2$

### 유형 03 $\lim_{n\to\infty}a_n=\lim_{n\to\infty}a_{n+1}=\alpha$의 이용

## 0009

답 9

수열 $\{a_n\}$이 수렴하므로 $\lim_{n\to\infty}a_n=\alpha$ ($\alpha$는 실수)로 놓으면

$\lim_{n\to\infty}a_{n+1}=\alpha$

$\lim_{n\to\infty}\frac{2a_{n+1}+3}{a_n-3}=5$에서 $\frac{2\alpha+3}{\alpha-3}=5$

$2\alpha+3=5\alpha-15$, $3\alpha=18$

$\therefore \alpha=6$

$\therefore \lim_{n\to\infty}(a_n+3)=6+3=9$

## 0010

답 3

수열 $\{a_n\}$이 0이 아닌 실수에 수렴하므로 $\lim_{n\to\infty}a_n=\alpha$ ($\alpha\neq0$)으로 놓으면

$\lim_{n\to\infty}a_{n+1}=\alpha$

$\frac{9}{a_{n+1}}=6-a_n$에서 $\lim_{n\to\infty}\frac{9}{a_{n+1}}=\lim_{n\to\infty}(6-a_n)$이므로

$\frac{9}{\alpha}=6-\alpha$, $9=6\alpha-\alpha^2$

$\alpha^2-6\alpha+9=0$, $(\alpha-3)^2=0$

$\therefore \alpha=3$

$\therefore \lim_{n\to\infty}a_n=3$

## 0011

답 ⑤

수열 $\{a_n\}$이 수렴하므로 $\lim_{n\to\infty}a_n=\alpha$ ($\alpha$는 실수)로 놓으면

$\lim_{n\to\infty}a_{n-1}=\lim_{n\to\infty}a_{n+1}=\alpha$

$\lim_{n\to\infty}a_{n-1}^2-\lim_{n\to\infty}a_{n+1}-1=0$에서 $\alpha^2-\alpha-1=0$

$\therefore \alpha=\frac{1+\sqrt{5}}{2}$ 또는 $\alpha=\frac{1-\sqrt{5}}{2}$

이때 모든 자연수 $n$에 대하여 $a_n\geq0$이므로

$\alpha=\frac{1+\sqrt{5}}{2}$

## 0012

답 ⑤

이차방정식 $x^2+a_nx+a_{2n}+15=0$이 중근을 가지므로

이 이차방정식의 판별식을 $D$라 하면

$D=a_n^2-4(a_{2n}+15)=0$

$\therefore a_n^2-4a_{2n}-60=0$

즉, $\lim_{n\to\infty}(a_n^2-4a_{2n}-60)=0$이고 수열 $\{a_n\}$이 수렴하므로

$\lim_{n\to\infty}a_n=\lim_{n\to\infty}a_{2n}=\alpha$ ($\alpha$는 실수)로 놓으면

$\alpha^2-4\alpha-60=0$, $(\alpha+6)(\alpha-10)=0$

$\therefore \alpha=-6$ 또는 $\alpha=10$

이때 수열 $\{a_n\}$의 모든 항이 양수이므로 $\alpha=10$

$\therefore \lim_{n\to\infty}\sqrt{a_n-1}=\sqrt{9}=3$

### 유형 04 $\frac{\infty}{\infty}$ 꼴의 극한

## 0013

답 4

조건 (가)에서

$$\lim_{n\to\infty}\frac{(n+1)^2-(n+3)^2}{2n+1}=\lim_{n\to\infty}\frac{-4n-8}{2n+1}=\lim_{n\to\infty}\frac{-4-\frac{8}{n}}{2+\frac{1}{n}}=-2$$

$\therefore a=-2$

조건 (나)에서

$$\lim_{n\to\infty}\frac{\sqrt{n^2+3n}+5n}{\sqrt{n^2+1}}=\lim_{n\to\infty}\frac{\sqrt{1+\frac{3}{n}}+5}{\sqrt{1+\frac{1}{n^2}}}=6$$

$\therefore b=6$

$\therefore a+b=-2+6=4$

## 0014

답 6

$$\lim_{n\to\infty}\frac{2n^2+5}{n^2+1}=\lim_{n\to\infty}\frac{2+\frac{5}{n^2}}{1+\frac{1}{n^2}}=2$$

$$\lim_{n\to\infty}\frac{\frac{3}{n}+\frac{2}{n^3}}{\frac{1}{n}+\frac{4}{n^2}}=\lim_{n\to\infty}\frac{\left(\frac{3}{n}+\frac{2}{n^3}\right)\times n}{\left(\frac{1}{n}+\frac{4}{n^2}\right)\times n}=\lim_{n\to\infty}\frac{3+\frac{2}{n^2}}{1+\frac{4}{n}}=3$$

$$\therefore \lim_{n\to\infty}\frac{2n^2+5}{n^2+1}\times\lim_{n\to\infty}\frac{\frac{3}{n}+\frac{2}{n^3}}{\frac{1}{n}+\frac{4}{n^2}}=2\times3=6$$

## 0015

답 2

$a_n+a_{n+1}=n^2+5$ …… ㉠

$a_{n+1}+a_{n+2}=(n+1)^2+5$ …… ㉡

㉡−㉠을 하면

$a_{n+2}-a_n=(n+1)^2+5-(n^2+5)=2n+1$

$\therefore \lim_{n\to\infty}\frac{a_{n+2}-a_n}{n+3}=\lim_{n\to\infty}\frac{2n+1}{n+3}$

$=\lim_{n\to\infty}\frac{2+\frac{1}{n}}{1+\frac{3}{n}}=2$

## 0016

답 ①

$n\ge 2$일 때

$a_n=S_n-S_{n-1}$

$=3n^2+n-\{3(n-1)^2+(n-1)\}$

$=6n-2$

$\therefore \lim_{n\to\infty}\frac{S_n}{a_na_{n+1}}=\lim_{n\to\infty}\frac{3n^2+n}{(6n-2)\{6(n+1)-2\}}$

$=\lim_{n\to\infty}\frac{3n^2+n}{(6n-2)(6n+4)}$

$=\lim_{n\to\infty}\frac{3n^2+n}{36n^2+12n-8}$

$=\lim_{n\to\infty}\frac{3+\frac{1}{n}}{36+\frac{12}{n}-\frac{8}{n^2}}=\frac{1}{12}$

## 0017

답 $\frac{16}{5}$

이차방정식 $x^2+4nx+3=0$의 두 실근이 $\alpha_n$, $\beta_n$이므로 이차방정식의 근과 계수의 관계에 의하여

$\alpha_n+\beta_n=-4n$, $\alpha_n\beta_n=3$

$\therefore \alpha_n{}^2+\beta_n{}^2=(\alpha_n+\beta_n)^2-2\alpha_n\beta_n$

$=(-4n)^2-2\times 3=16n^2-6$

이때 $f(n)=n^2+4n\times n+3=5n^2+3$이므로

$\lim_{n\to\infty}\frac{\alpha_n{}^2+\beta_n{}^2}{f(n)}=\lim_{n\to\infty}\frac{16n^2-6}{5n^2+3}=\lim_{n\to\infty}\frac{16-\frac{6}{n^2}}{5+\frac{3}{n^2}}=\frac{16}{5}$

### 유형 05 $\frac{\infty}{\infty}$ 꼴의 극한 - 합 또는 곱

## 0018

답 ②

$5+7+9+\cdots+(2n+3)=\sum_{k=1}^{n}(2k+3)$

$=2\times\frac{n(n+1)}{2}+3n=n^2+4n$

$1+2+3+\cdots+n=\frac{n(n+1)}{2}=\frac{n^2+n}{2}$

$\therefore \lim_{n\to\infty}\frac{5+7+9+\cdots+(2n+3)}{1+2+3+\cdots+n}=\lim_{n\to\infty}\frac{n^2+4n}{\frac{n^2+n}{2}}$

$=\lim_{n\to\infty}\frac{2n^2+8n}{n^2+n}$

$=\lim_{n\to\infty}\frac{2+\frac{8}{n}}{1+\frac{1}{n}}=2$

## 0019

답 $\frac{2}{9}$

$1^2+2^2+3^2+\cdots+n^2=\sum_{k=1}^{n}k^2=\frac{n(n+1)(2n+1)}{6}$

$n(3+6+9+\cdots+3n)=3n(1+2+3+\cdots+n)$

$=3n\times\frac{n(n+1)}{2}=\frac{3n^2(n+1)}{2}$

$\therefore \lim_{n\to\infty}\frac{1^2+2^2+3^2+\cdots+n^2}{n(3+6+9+\cdots+3n)}$

$=\lim_{n\to\infty}\left\{\frac{n(n+1)(2n+1)}{6}\times\frac{2}{3n^2(n+1)}\right\}$

$=\lim_{n\to\infty}\frac{2n+1}{9n}$

$=\lim_{n\to\infty}\frac{2+\frac{1}{n}}{9}=\frac{2}{9}$

## 0020

답 ④

$a_n=\left(1+\frac{1}{2}\right)\left(1+\frac{1}{3}\right)\left(1+\frac{1}{4}\right)\cdots\left(1+\frac{1}{n}\right)$

$=\frac{3}{2}\times\frac{4}{3}\times\frac{5}{4}\times\cdots\times\frac{n+1}{n}=\frac{n+1}{2}$

$b_n=1^3+2^3+3^3+\cdots+n^3$

$=\sum_{k=1}^{n}k^3=\left\{\frac{n(n+1)}{2}\right\}^2=\frac{n^2(n+1)^2}{4}$

$\therefore \lim_{n\to\infty}\frac{b_n}{a_n{}^4}=\lim_{n\to\infty}\left\{\frac{n^2(n+1)^2}{4}\times\frac{16}{(n+1)^4}\right\}$

$=\lim_{n\to\infty}\frac{4n^2}{(n+1)^2}$

$=\lim_{n\to\infty}\frac{4}{\left(1+\frac{1}{n}\right)^2}=4$

## 0021

답 3

$1+3+5+\cdots+(2n-1)=\sum_{k=1}^{n}(2k-1)$

$=2\times\frac{n(n+1)}{2}-n$

$=n^2$

$1\times2+2\times3+3\times4+\cdots+n(n+1)$

$=\sum_{k=1}^{n}k(k+1)=\sum_{k=1}^{n}(k^2+k)$

$=\frac{n(n+1)(2n+1)}{6}+\frac{n(n+1)}{2}$

$=\frac{n(n+1)(n+2)}{3}$

$\therefore \lim_{n\to\infty}nf(n)=\lim_{n\to\infty}\frac{3n^3}{n(n+1)(n+2)}$

$=\lim_{n\to\infty}\frac{3}{\left(1+\frac{1}{n}\right)\left(1+\frac{2}{n}\right)}=3$

## 0024

답 2

$a_1+a_2+a_3+\cdots+a_n$

$=\log_5\frac{1}{3}+\log_5\frac{2}{4}+\log_5\frac{3}{5}+\cdots+\log_5\frac{n}{n+2}$

$=\log_5\left(\frac{1}{3}\times\frac{2}{4}\times\frac{3}{5}\times\frac{4}{6}\times\cdots\times\frac{n-1}{n+1}\times\frac{n}{n+2}\right)$

$=\log_5\frac{2}{(n+1)(n+2)}$

$\therefore \lim_{n\to\infty}(n^2\times5^{a_1+a_2+a_3+\cdots+a_n})$

$=\lim_{n\to\infty}\left\{n^2\times5^{\log_5\frac{2}{(n+1)(n+2)}}\right\}$

$=\lim_{n\to\infty}\frac{2n^2}{(n+1)(n+2)}$

$=\lim_{n\to\infty}\frac{2}{\left(1+\frac{1}{n}\right)\left(1+\frac{2}{n}\right)}=2$

### 유형 06 $\frac{\infty}{\infty}$ 꼴의 극한 - 로그를 포함한 식

## 0022

답 2

$\log_3(3n-1)+\log_3(3n+1)-2\log_3(n+2)$

$=\log_3\frac{(3n-1)(3n+1)}{(n+2)^2}$

$=\log_3\frac{9n^2-1}{n^2+4n+4}$

$\therefore \lim_{n\to\infty}\{\log_3(3n-1)+\log_3(3n+1)-2\log_3(n+2)\}$

$=\lim_{n\to\infty}\log_3\frac{9n^2-1}{n^2+4n+4}$

$=\log_3\left(\lim_{n\to\infty}\frac{9n^2-1}{n^2+4n+4}\right)$

$=\log_3\left(\lim_{n\to\infty}\frac{9-\frac{1}{n^2}}{1+\frac{4}{n}+\frac{4}{n^2}}\right)$

$=\log_3 9=\log_3 3^2=2$

## 0023

답 ③

$\lim_{n\to\infty}(\log_4\sqrt{6n^2-n+1}-\log_4\sqrt{3n^2+4})$

$=\lim_{n\to\infty}\log_4\frac{\sqrt{6n^2-n+1}}{\sqrt{3n^2+4}}$

$=\log_4\left(\lim_{n\to\infty}\frac{\sqrt{6n^2-n+1}}{\sqrt{3n^2+4}}\right)$

$=\log_4\left(\lim_{n\to\infty}\frac{\sqrt{6-\frac{1}{n}+\frac{1}{n^2}}}{\sqrt{3+\frac{4}{n^2}}}\right)$

$=\log_4\sqrt{2}=\log_{2^2}2^{\frac{1}{2}}=\frac{1}{2}\times\frac{1}{2}=\frac{1}{4}$

### 유형 07 $\frac{\infty}{\infty}$ 꼴의 극한 - 미정계수의 결정

## 0025

답 12

$b\neq0$이면 $\lim_{n\to\infty}\frac{(an+2)^2}{bn^3+3n^2}=0$이므로 $b=0$

$\therefore \lim_{n\to\infty}\frac{(an+2)^2}{bn^3+3n^2}=\lim_{n\to\infty}\frac{a^2n^2+4an+4}{3n^2}$

$=\lim_{n\to\infty}\frac{a^2+\frac{4a}{n}+\frac{4}{n^2}}{3}=\frac{a^2}{3}$

따라서 $\frac{a^2}{3}=4$이므로 $a^2=12$

$\therefore a^2+b^2=12+0=12$

## 0026

답 ④

$a-1\neq0$, 즉 $a\neq1$이면

$\lim_{n\to\infty}\frac{(a-1)n^2+bn+3}{\sqrt{9n^2+1}}=\infty$ (또는 $-\infty$)이므로 $a=1$

$\therefore \lim_{n\to\infty}\frac{(a-1)n^2+bn+3}{\sqrt{9n^2+1}}=\lim_{n\to\infty}\frac{bn+3}{\sqrt{9n^2+1}}$

$=\lim_{n\to\infty}\frac{b+\frac{3}{n}}{\sqrt{9+\frac{1}{n^2}}}=\frac{b}{3}$

따라서 $\frac{b}{3}=2$이므로 $b=6$

$\therefore a+b=1+6=7$

## 0027

답 $3\sqrt{3}$

$a\neq0$이면 $\lim_{n\to\infty}\frac{\sqrt{36n^2-n+5}}{an^2+2n-3}=0$이므로

$a=0$

$$\therefore \lim_{n\to\infty}\frac{\sqrt{36n^2-n+5}}{an^2+2n-3}=\lim_{n\to\infty}\frac{\sqrt{36n^2-n+5}}{2n-3}=\lim_{n\to\infty}\frac{\sqrt{36-\frac{1}{n}+\frac{5}{n^2}}}{2-\frac{3}{n}}=\frac{6}{2}=3$$

$\therefore b=3$

$$\therefore \lim_{n\to\infty}\frac{(a+9)n+1}{\sqrt{bn^2-n}}=\lim_{n\to\infty}\frac{9n+1}{\sqrt{3n^2-n}}=\lim_{n\to\infty}\frac{9+\frac{1}{n}}{\sqrt{3-\frac{1}{n}}}=\frac{9}{\sqrt{3}}=3\sqrt{3}$$

## 0028

답 ④

$b\neq0$이므로

$\lim_{n\to\infty}\frac{(a^2-2a-3)n^2+(a-3)n+1}{bn+2}=1$이려면

$a^2-2a-3=0$, $a-3\neq0$

$a^2-2a-3=(a+1)(a-3)=0$

$\therefore a=-1$ 또는 $a=3$

이때 $a-3\neq0$에서 $a\neq3$이므로

$a=-1$

$$\therefore \lim_{n\to\infty}\frac{(a^2-2a-3)n^2+(a-3)n+1}{bn+2}=\lim_{n\to\infty}\frac{-4n+1}{bn+2}=\lim_{n\to\infty}\frac{-4+\frac{1}{n}}{b+\frac{2}{n}}=-\frac{4}{b}$$

따라서 $-\frac{4}{b}=1$이므로

$b=-4$

$$\therefore \lim_{n\to\infty}\frac{2an^2-n+3}{(bn+1)^2}=\lim_{n\to\infty}\frac{-2n^2-n+3}{(-4n+1)^2}=\lim_{n\to\infty}\frac{-2-\frac{1}{n}+\frac{3}{n^2}}{\left(-4+\frac{1}{n}\right)^2}=\frac{-2}{16}=-\frac{1}{8}$$

## 유형 08 $\infty-\infty$ 꼴의 극한

## 0029

답 ③

$$\lim_{n\to\infty}(3n-\sqrt{9n^2-5n})=\lim_{n\to\infty}\frac{(3n-\sqrt{9n^2-5n})(3n+\sqrt{9n^2-5n})}{3n+\sqrt{9n^2-5n}}=\lim_{n\to\infty}\frac{5n}{3n+\sqrt{9n^2-5n}}=\lim_{n\to\infty}\frac{5}{3+\sqrt{9-\frac{5}{n}}}=\frac{5}{3+3}=\frac{5}{6}$$

## 0030

답 $\sqrt{3}$

$a_n=2+(n-1)\times3=3n-1$이므로

$a_{n+2}=3(n+2)-1=3n+5$

$$\therefore \lim_{n\to\infty}\sqrt{n}(\sqrt{a_{n+2}}-\sqrt{a_n})=\lim_{n\to\infty}\sqrt{n}(\sqrt{3n+5}-\sqrt{3n-1})=\lim_{n\to\infty}\frac{\sqrt{n}(\sqrt{3n+5}-\sqrt{3n-1})(\sqrt{3n+5}+\sqrt{3n-1})}{\sqrt{3n+5}+\sqrt{3n-1}}=\lim_{n\to\infty}\frac{6\sqrt{n}}{\sqrt{3n+5}+\sqrt{3n-1}}=\lim_{n\to\infty}\frac{6}{\sqrt{3+\frac{5}{n}}+\sqrt{3-\frac{1}{n}}}=\frac{6}{\sqrt{3}+\sqrt{3}}=\sqrt{3}$$

## 0031

답 ④

이차방정식 $x^2-2nx+5n-7=0$의 두 실근은

$x=-(-n)\pm\sqrt{(-n)^2-(5n-7)}=n\pm\sqrt{n^2-5n+7}$

이때 $\alpha_n<\beta_n$이므로 $\alpha_n=n-\sqrt{n^2-5n+7}$

$$\therefore \lim_{n\to\infty}\alpha_n=\lim_{n\to\infty}(n-\sqrt{n^2-5n+7})=\lim_{n\to\infty}\frac{(n-\sqrt{n^2-5n+7})(n+\sqrt{n^2-5n+7})}{n+\sqrt{n^2-5n+7}}=\lim_{n\to\infty}\frac{5n-7}{n+\sqrt{n^2-5n+7}}=\lim_{n\to\infty}\frac{5-\frac{7}{n}}{1+\sqrt{1-\frac{5}{n}+\frac{7}{n^2}}}=\frac{5}{1+1}=\frac{5}{2}$$

## 0032

답 $\frac{5}{8}$

$\sqrt{(4n)^2}<\sqrt{16n^2+5n+1}<\sqrt{(4n+1)^2}$이므로

$4n<\sqrt{16n^2+5n+1}<4n+1$

$\therefore a_n=4n$

$\therefore \lim_{n\to\infty}(\sqrt{16n^2+5n+1}-a_n)$

$=\lim_{n\to\infty}(\sqrt{16n^2+5n+1}-4n)$

$=\lim_{n\to\infty}\frac{(\sqrt{16n^2+5n+1}-4n)(\sqrt{16n^2+5n+1}+4n)}{\sqrt{16n^2+5n+1}+4n}$

$=\lim_{n\to\infty}\frac{5n+1}{\sqrt{16n^2+5n+1}+4n}=\lim_{n\to\infty}\frac{5+\frac{1}{n}}{\sqrt{16+\frac{5}{n}+\frac{1}{n^2}}+4}$

$=\frac{5}{4+4}=\frac{5}{8}$

## 0033

답 1

$n\geq 2$일 때

$a_n=S_n-S_{n-1}=2n^2-2(n-1)^2=4n-2$

이때 $a_1=S_1=2$이므로 $a_n=4n-2\ (n\geq 1)$

$a_{2k}=4\times 2k-2=8k-2$이므로

$a_2+a_4+a_6+\cdots+a_{2n}=\sum_{k=1}^{n}a_{2k}=\sum_{k=1}^{n}(8k-2)$

$=8\times\frac{n(n+1)}{2}-2n$

$=4n^2+2n$

$a_{2k-1}=4\times(2k-1)-2=8k-6$이므로

$a_1+a_3+a_5+\cdots+a_{2n-1}=\sum_{k=1}^{n}a_{2k-1}=\sum_{k=1}^{n}(8k-6)$

$=8\times\frac{n(n+1)}{2}-6n$

$=4n^2-2n$

$\therefore \lim_{n\to\infty}(\sqrt{a_2+a_4+a_6+\cdots+a_{2n}}-\sqrt{a_1+a_3+a_5+\cdots+a_{2n-1}})$

$=\lim_{n\to\infty}(\sqrt{4n^2+2n}-\sqrt{4n^2-2n})$

$=\lim_{n\to\infty}\frac{(\sqrt{4n^2+2n}-\sqrt{4n^2-2n})(\sqrt{4n^2+2n}+\sqrt{4n^2-2n})}{\sqrt{4n^2+2n}+\sqrt{4n^2-2n}}$

$=\lim_{n\to\infty}\frac{4n}{\sqrt{4n^2+2n}+\sqrt{4n^2-2n}}=\lim_{n\to\infty}\frac{4}{\sqrt{4+\frac{2}{n}}+\sqrt{4-\frac{2}{n}}}$

$=\frac{4}{2+2}=1$

**유형 09** ∞−∞ 꼴의 극한 - 분수 꼴

## 0034

답 $4\sqrt{2}$

$\lim_{n\to\infty}\frac{2}{\sqrt{2n^2+n}-\sqrt{2n^2-1}}$

$=\lim_{n\to\infty}\frac{2(\sqrt{2n^2+n}+\sqrt{2n^2-1})}{(\sqrt{2n^2+n}-\sqrt{2n^2-1})(\sqrt{2n^2+n}+\sqrt{2n^2-1})}$

$=\lim_{n\to\infty}\frac{2(\sqrt{2n^2+n}+\sqrt{2n^2-1})}{n+1}=\lim_{n\to\infty}\frac{2\left(\sqrt{2+\frac{1}{n}}+\sqrt{2-\frac{1}{n^2}}\right)}{1+\frac{1}{n}}$

$=2(\sqrt{2}+\sqrt{2})=4\sqrt{2}$

## 0035

답 ④

주어진 수열의 일반항을 $a_n$이라 하면

$a_n=\frac{1}{\sqrt{n(n+1)}-(n+2)}=\frac{1}{\sqrt{n^2+n}-(n+2)}$

$\therefore \lim_{n\to\infty}a_n=\lim_{n\to\infty}\frac{1}{\sqrt{n^2+n}-(n+2)}$

$=\lim_{n\to\infty}\frac{\sqrt{n^2+n}+(n+2)}{\{\sqrt{n^2+n}-(n+2)\}\{\sqrt{n^2+n}+(n+2)\}}$

$=\lim_{n\to\infty}\frac{\sqrt{n^2+n}+(n+2)}{-3n-4}$

$=\lim_{n\to\infty}\frac{\sqrt{1+\frac{1}{n}}+\left(1+\frac{2}{n}\right)}{-3-\frac{4}{n}}$

$=\frac{1+1}{-3}=-\frac{2}{3}$

## 0036

답 ①

이차방정식의 근과 계수의 관계에 의하여

$\alpha_n+\beta_n=1,\ \alpha_n\beta_n=2n-\sqrt{4n^2+3n}$

$\therefore \lim_{n\to\infty}\left(\frac{1}{\alpha_n}+\frac{1}{\beta_n}\right)$

$=\lim_{n\to\infty}\frac{\alpha_n+\beta_n}{\alpha_n\beta_n}$

$=\lim_{n\to\infty}\frac{1}{2n-\sqrt{4n^2+3n}}$

$=\lim_{n\to\infty}\frac{2n+\sqrt{4n^2+3n}}{(2n-\sqrt{4n^2+3n})(2n+\sqrt{4n^2+3n})}$

$=\lim_{n\to\infty}\frac{2n+\sqrt{4n^2+3n}}{-3n}$

$=\lim_{n\to\infty}\frac{2+\sqrt{4+\frac{3}{n}}}{-3}$

$=\frac{2+2}{-3}=-\frac{4}{3}$

## 0037

답 ②

$\lim_{n\to\infty}\frac{\sqrt{n^2+53}-n}{n-\sqrt{n^2+52}}$

$=\lim_{n\to\infty}\frac{(\sqrt{n^2+53}-n)(\sqrt{n^2+53}+n)(n+\sqrt{n^2+52})}{(n-\sqrt{n^2+52})(n+\sqrt{n^2+52})(\sqrt{n^2+53}+n)}$

$=\lim_{n\to\infty}\frac{53(n+\sqrt{n^2+52})}{-52(\sqrt{n^2+53}+n)}$

$=\lim_{n\to\infty}\frac{53\left(1+\sqrt{1+\frac{52}{n^2}}\right)}{-52\left(\sqrt{1+\frac{53}{n^2}}+1\right)}=\frac{53(1+1)}{-52(1+1)}=-\frac{53}{52}$

## 유형 10 $\infty-\infty$ 꼴의 극한 - 미정계수의 결정

### 0038

답 2

$$\lim_{n\to\infty}\frac{1}{\sqrt{4n^2+3an}-2n+a}$$
$$=\lim_{n\to\infty}\frac{\sqrt{4n^2+3an}+(2n-a)}{\{\sqrt{4n^2+3an}-(2n-a)\}\{\sqrt{4n^2+3an}+(2n-a)\}}$$
$$=\lim_{n\to\infty}\frac{\sqrt{4n^2+3an}+(2n-a)}{7an-a^2}$$
$$=\lim_{n\to\infty}\frac{\sqrt{4+\frac{3a}{n}}+\left(2-\frac{a}{n}\right)}{7a-\frac{a^2}{n}}=\frac{2+2}{7a}=\frac{4}{7a}$$

따라서 $\frac{4}{7a}=\frac{2}{7}$이므로 $a=2$

### 0039

답 ④

$b\le0$이면 $\lim_{n\to\infty}\{\sqrt{n^2+an}-(bn-3)\}=\infty$이므로 $b>0$

$$\lim_{n\to\infty}\{\sqrt{n^2+an}-(bn-3)\}$$
$$=\lim_{n\to\infty}\frac{\{\sqrt{n^2+an}-(bn-3)\}\{\sqrt{n^2+an}+(bn-3)\}}{\sqrt{n^2+an}+(bn-3)}$$
$$=\lim_{n\to\infty}\frac{(1-b^2)n^2+(a+6b)n-9}{\sqrt{n^2+an}+bn-3}$$
$$=\lim_{n\to\infty}\frac{(1-b^2)n+(a+6b)-\frac{9}{n}}{\sqrt{1+\frac{a}{n}}+b-\frac{3}{n}}$$

위 식의 극한값이 4이므로

$1-b^2=0$, $\frac{a+6b}{1+b}=4$

두 식을 연립하여 풀면

$a=2$, $b=1$ ($\because b>0$)

$\therefore ab=2\times1=2$

### 0040

답 6

$$\lim_{n\to\infty}(\sqrt{3n^2+an+2}-\sqrt{bn^2-3n+1})$$
$$=\lim_{n\to\infty}\frac{(\sqrt{3n^2+an+2}-\sqrt{bn^2-3n+1})(\sqrt{3n^2+an+2}+\sqrt{bn^2-3n+1})}{\sqrt{3n^2+an+2}+\sqrt{bn^2-3n+1}}$$
$$=\lim_{n\to\infty}\frac{(3-b)n^2+(a+3)n+1}{\sqrt{3n^2+an+2}+\sqrt{bn^2-3n+1}}$$
$$=\lim_{n\to\infty}\frac{(3-b)n+(a+3)+\frac{1}{n}}{\sqrt{3+\frac{a}{n}+\frac{2}{n^2}}+\sqrt{b-\frac{3}{n}+\frac{1}{n^2}}}$$

위 식의 극한값이 $\sqrt{3}$이므로

$3-b=0$, $\frac{a+3}{\sqrt{3}+\sqrt{b}}=\sqrt{3}$

두 식을 연립하여 풀면

$a=3$, $b=3$

$\therefore a+b=3+3=6$

### 0041

답 ④

$$\lim_{n\to\infty}\frac{\sqrt{an+3}}{an(\sqrt{n+4}-\sqrt{n-1})}$$
$$=\lim_{n\to\infty}\frac{\sqrt{an+3}(\sqrt{n+4}+\sqrt{n-1})}{an(\sqrt{n+4}-\sqrt{n-1})(\sqrt{n+4}+\sqrt{n-1})}$$
$$=\lim_{n\to\infty}\frac{\sqrt{an+3}(\sqrt{n+4}+\sqrt{n-1})}{5an}$$
$$=\lim_{n\to\infty}\frac{\sqrt{a+\frac{3}{n}}\left(\sqrt{1+\frac{4}{n}}+\sqrt{1-\frac{1}{n}}\right)}{5a}=\frac{2\sqrt{a}}{5a}$$

따라서 $\frac{2\sqrt{a}}{5a}=\frac{1}{5}$이므로

$a=2\sqrt{a}$, $a^2-4a=0$

$a(a-4)=0$ $\quad\therefore a=4$ ($\because a\ne0$)

### 0042

답 2

$k\ge0$이면 $\lim_{n\to\infty}a_n=\infty$이므로 $k<0$

$$\therefore \lim_{n\to\infty}a_n$$
$$=\lim_{n\to\infty}\{\sqrt{(2n+1)(2n+3)}+kn\}$$
$$=\lim_{n\to\infty}\frac{\{\sqrt{(2n+1)(2n+3)}+kn\}\{\sqrt{(2n+1)(2n+3)}-kn\}}{\sqrt{(2n+1)(2n+3)}-kn}$$
$$=\lim_{n\to\infty}\frac{(4-k^2)n^2+8n+3}{\sqrt{(2n+1)(2n+3)}-kn}$$
$$=\lim_{n\to\infty}\frac{(4-k^2)n+8+\frac{3}{n}}{\sqrt{\left(2+\frac{1}{n}\right)\left(2+\frac{3}{n}\right)}-k}$$

이때 극한값이 존재하므로 $4-k^2=0$, $k^2=4$

$\therefore k=-2$ ($\because k<0$)

$$\therefore \lim_{n\to\infty}a_n=\lim_{n\to\infty}\frac{8+\frac{3}{n}}{\sqrt{\left(2+\frac{1}{n}\right)\left(2+\frac{3}{n}\right)}+2}$$
$$=\frac{8}{2+2}=2$$

## 유형 11 일반항 $a_n$을 포함한 식의 극한값

### 0043

답 12

$(2n+5)a_n=b_n$으로 놓으면 $a_n=\frac{b_n}{2n+5}$

이때 $\lim_{n\to\infty}b_n=4$이므로

$$\lim_{n\to\infty}(6n-1)a_n=\lim_{n\to\infty}\left\{(6n-1)\times\frac{b_n}{2n+5}\right\}$$
$$=\lim_{n\to\infty}\frac{6n-1}{2n+5}\times\lim_{n\to\infty}b_n$$
$$=\lim_{n\to\infty}\frac{6-\frac{1}{n}}{2+\frac{5}{n}}\times\lim_{n\to\infty}b_n$$
$$=3\times4=12$$

## 0044

답 ③

$\frac{5-3a_n}{a_n+1}=b_n$으로 놓으면

$5-3a_n=a_nb_n+b_n$, $(b_n+3)a_n=5-b_n$

$\therefore a_n=\frac{5-b_n}{b_n+3}$

이때 $\lim_{n\to\infty} b_n=-1$이므로

$\lim_{n\to\infty} a_n=\lim_{n\to\infty}\frac{5-b_n}{b_n+3}=\frac{5-(-1)}{-1+3}=3$

## 0045

답 $\frac{1}{3}$

$\frac{a_n}{n}=b_n$으로 놓으면 $a_n=nb_n$

이때 $\lim_{n\to\infty} b_n=2$이므로

$$\lim_{n\to\infty}\frac{2a_n-3n}{a_n+n}=\lim_{n\to\infty}\frac{2nb_n-3n}{nb_n+n}$$

$$=\lim_{n\to\infty}\frac{2b_n-3}{b_n+1}=\frac{2\times2-3}{2+1}=\frac{1}{3}$$

다른 풀이

$$\lim_{n\to\infty}\frac{2a_n-3n}{a_n+n}=\lim_{n\to\infty}\frac{2\times\frac{a_n}{n}-3}{\frac{a_n}{n}+1}=\frac{2\times2-3}{2+1}=\frac{1}{3}$$

## 0046

답 $\frac{1}{15}$

$(n^2+n-1)a_n=b_n$으로 놓으면 $a_n=\frac{b_n}{n^2+n-1}$

이때 $\lim_{n\to\infty} b_n=3$이므로

$$\lim_{n\to\infty}\frac{1}{(5n^2+2)a_n}=\lim_{n\to\infty}\left(\frac{n^2+n-1}{5n^2+2}\times\frac{1}{b_n}\right)$$

$$=\lim_{n\to\infty}\frac{1+\frac{1}{n}-\frac{1}{n^2}}{5+\frac{2}{n^2}}\times\lim_{n\to\infty}\frac{1}{b_n}$$

$$=\frac{1}{5}\times\frac{1}{3}=\frac{1}{15}$$

### 유형 12 일반항 $a_n$을 포함한 식의 극한값 - 식의 변형

## 0047

답 30

$\frac{a_n}{4n-1}=c_n$으로 놓으면 $a_n=(4n-1)c_n$

$\frac{b_n}{3n+4}=d_n$으로 놓으면 $b_n=(3n+4)d_n$

이때 $\lim_{n\to\infty} c_n=5$, $\lim_{n\to\infty} d_n=2$이므로

$$\lim_{n\to\infty}\frac{a_nb_n}{(2n+1)^2}=\lim_{n\to\infty}\frac{(4n-1)c_n\times(3n+4)d_n}{(2n+1)^2}$$

$$=\lim_{n\to\infty}\frac{(4n-1)(3n+4)}{4n^2+4n+1}\times\lim_{n\to\infty}c_n\times\lim_{n\to\infty}d_n$$

$$=\lim_{n\to\infty}\frac{\left(4-\frac{1}{n}\right)\left(3+\frac{4}{n}\right)}{4+\frac{4}{n}+\frac{1}{n^2}}\times\lim_{n\to\infty}c_n\times\lim_{n\to\infty}d_n$$

$$=\frac{12}{4}\times5\times2=30$$

다른 풀이

$$\lim_{n\to\infty}\frac{a_nb_n}{(2n+1)^2}$$

$$=\lim_{n\to\infty}\left\{\frac{a_n}{4n-1}\times\frac{b_n}{3n+4}\times\frac{(4n-1)(3n+4)}{(2n+1)^2}\right\}$$

$$=\lim_{n\to\infty}\frac{a_n}{4n-1}\times\lim_{n\to\infty}\frac{b_n}{3n+4}\times\lim_{n\to\infty}\frac{12n^2+13n-4}{4n^2+4n+1}$$

$$=5\times2\times\frac{12}{4}=30$$

## 0048

답 ④

$(2n+5)a_n=c_n$으로 놓으면 $a_n=\frac{c_n}{2n+5}$

$(n^3-1)b_n=d_n$으로 놓으면 $b_n=\frac{d_n}{n^3-1}$

이때 $\lim_{n\to\infty} c_n=6$, $\lim_{n\to\infty} d_n=3$이므로

$$\lim_{n\to\infty}\frac{(4n^2-1)b_n}{a_n}=\lim_{n\to\infty}\frac{(4n^2-1)(2n+5)d_n}{(n^3-1)c_n}$$

$$=\lim_{n\to\infty}\frac{\left(4-\frac{1}{n^2}\right)\left(2+\frac{5}{n}\right)}{1-\frac{1}{n^3}}\times\frac{\lim_{n\to\infty}d_n}{\lim_{n\to\infty}c_n}$$

$$=8\times\frac{3}{6}=4$$

## 0049

답 $-4$

$a_n+b_n=c_n$으로 놓으면 $b_n=-a_n+c_n$

이때 $\lim_{n\to\infty} a_n=\infty$에서 $\lim_{n\to\infty}\frac{1}{a_n}=0$이고, $\lim_{n\to\infty} c_n=3$이므로

$$\lim_{n\to\infty}\frac{3a_n-b_n}{a_n+2b_n}=\lim_{n\to\infty}\frac{3a_n-(-a_n+c_n)}{a_n+2(-a_n+c_n)}$$

$$=\lim_{n\to\infty}\frac{4a_n-c_n}{-a_n+2c_n}$$

$$=\lim_{n\to\infty}\frac{4-c_n\times\frac{1}{a_n}}{-1+2\times c_n\times\frac{1}{a_n}}=-4$$

다른 풀이

$\lim_{n\to\infty} a_n=\infty$에서 $\lim_{n\to\infty}\frac{1}{a_n}=0$이고, $\lim_{n\to\infty}(a_n+b_n)=3$이므로

$\lim_{n\to\infty}\left\{\frac{1}{a_n}\times(a_n+b_n)\right\}=0$

즉, $\lim_{n\to\infty}\left(1+\frac{b_n}{a_n}\right)=0$이므로 $\lim_{n\to\infty}\frac{b_n}{a_n}=-1$

$$\therefore \lim_{n\to\infty}\frac{3a_n-b_n}{a_n+2b_n}=\lim_{n\to\infty}\frac{3-\frac{b_n}{a_n}}{1+2\times\frac{b_n}{a_n}}=\frac{3-(-1)}{1+2\times(-1)}=-4$$

## 유형 13 수열의 극한의 대소 관계

### 0050

답 ③

$\frac{3n}{n^2+2}<a_n<\frac{3n+5}{n^2+2}$이므로

$\frac{3n^2}{n^2+2}<na_n<\frac{3n^2+5n}{n^2+2}$

이때 $\lim_{n\to\infty}\frac{3n^2}{n^2+2}=\lim_{n\to\infty}\frac{3n^2+5n}{n^2+2}=3$이므로

$\lim_{n\to\infty}na_n=3$

### 0051

답 2

$\sqrt{4n^2-3n+1}<(n+3)a_n<\sqrt{4n^2+5n}$에서

$\frac{\sqrt{4n^2-3n+1}}{n+3}<a_n<\frac{\sqrt{4n^2+5n}}{n+3}$

이때 $\lim_{n\to\infty}\frac{\sqrt{4n^2-3n+1}}{n+3}=\lim_{n\to\infty}\frac{\sqrt{4n^2+5n}}{n+3}=2$이므로

$\lim_{n\to\infty}a_n=2$

### 0052

답 ⑤

$|a_n-6n|\le5$에서 $-5\le a_n-6n\le5$

$6n-5\le a_n\le6n+5$

$\therefore\ \frac{6n-5}{3n}\le\frac{a_n}{3n}\le\frac{6n+5}{3n}$

이때 $\lim_{n\to\infty}\frac{6n-5}{3n}=\lim_{n\to\infty}\frac{6n+5}{3n}=2$이므로

$\lim_{n\to\infty}\frac{a_n}{3n}=2$

### 0053

답 2

$1+2\log_2 n<\log_2 a_n<1+2\log_2(n+1)$에서

$\log_2 2+\log_2 n^2<\log_2 a_n<\log_2 2+\log_2(n+1)^2$이므로

$\log_2 2n^2<\log_2 a_n<\log_2 2(n+1)^2$

$\therefore\ 2n^2<a_n<2n^2+4n+2$

$\therefore\ \frac{2n^2}{n^2+n}<\frac{a_n}{n^2+n}<\frac{2n^2+4n+2}{n^2+n}$

이때 $\lim_{n\to\infty}\frac{2n^2}{n^2+n}=\lim_{n\to\infty}\frac{2n^2+4n+2}{n^2+n}=2$이므로

$\lim_{n\to\infty}\frac{a_n}{n^2+n}=2$

### 0054

답 $\frac{1}{2}$

이차방정식 $x^2-2(n+3)x+a_n=0$의 판별식을 $D_1$이라 하면

$\frac{D_1}{4}=\{-(n+3)\}^2-a_n>0$

$\therefore\ a_n<(n+3)^2$ …… ㉠

이차방정식 $x^2-2nx+a_n=0$의 판별식을 $D_2$라 하면

$\frac{D_2}{4}=(-n)^2-a_n<0$

$\therefore\ a_n>n^2$ …… ㉡

㉠, ㉡에 의하여 $n^2<a_n<(n+3)^2$

$\therefore\ \frac{n^2}{2n^2+3n}<\frac{a_n}{2n^2+3n}<\frac{n^2+6n+9}{2n^2+3n}$

이때 $\lim_{n\to\infty}\frac{n^2}{2n^2+3n}=\lim_{n\to\infty}\frac{n^2+6n+9}{2n^2+3n}=\frac{1}{2}$이므로

$\lim_{n\to\infty}\frac{a_n}{2n^2+3n}=\frac{1}{2}$

### 0055

답 2

조건 (가)에서

$7-\frac{1}{n}<3a_n+b_n<7+\frac{1}{n}$ …… ㉠

조건 (나)에서

$3-\frac{1}{n}<2a_n-b_n<3+\frac{1}{n}$ …… ㉡

㉠+㉡을 하면

$\left(7-\frac{1}{n}\right)+\left(3-\frac{1}{n}\right)<5a_n<\left(7+\frac{1}{n}\right)+\left(3+\frac{1}{n}\right)$이므로

$10-\frac{2}{n}<5a_n<10+\frac{2}{n}$

$\therefore\ 2-\frac{2}{5n}<a_n<2+\frac{2}{5n}$

이때 $\lim_{n\to\infty}\left(2-\frac{2}{5n}\right)=\lim_{n\to\infty}\left(2+\frac{2}{5n}\right)=2$이므로

$\lim_{n\to\infty}a_n=2$

## 유형 14 수열의 극한의 대소 관계 - 삼각함수를 포함한 수열

### 0056

답 0

$-1\le\sin n\theta\le1$이므로

$-\frac{1+n}{n^2+1}\le\frac{(1+n)\sin n\theta}{n^2+1}\le\frac{1+n}{n^2+1}$

이때 $\lim_{n\to\infty}\left(-\frac{1+n}{n^2+1}\right)=\lim_{n\to\infty}\frac{1+n}{n^2+1}=0$이므로

$\lim_{n\to\infty}\frac{(1+n)\sin n\theta}{n^2+1}=0$

### 0057

답 ③

$-1\le\cos n\theta\le1$이므로

$-\frac{1}{n^3}\le\frac{\cos n\theta}{n^3}\le\frac{1}{n^3}$

이때 $\lim_{n\to\infty}\left(-\frac{1}{n^3}\right)=\lim_{n\to\infty}\frac{1}{n^3}=0$이므로 $\lim_{n\to\infty}\frac{\cos n\theta}{n^3}=0$

$\therefore\ \lim_{n\to\infty}\frac{\cos n\theta-n^3}{2n^3+n}=\lim_{n\to\infty}\frac{\frac{\cos n\theta}{n^3}-1}{2+\frac{1}{n^2}}=-\frac{1}{2}$

## 유형 15 수열의 극한에 대한 진위 판단

### 0058

답 ③

ㄱ. $\lim_{n\to\infty} a_n=\infty$, $\lim_{n\to\infty}(a_n-b_n)=\alpha$ ($\alpha$는 실수)이면

$\lim_{n\to\infty}\frac{a_n-b_n}{a_n}=\lim_{n\to\infty}\left(1-\frac{b_n}{a_n}\right)=0$

$\therefore \lim_{n\to\infty}\frac{b_n}{a_n}=1$ (참)

ㄴ. $\lim_{n\to\infty} a_n=\alpha$, $\lim_{n\to\infty}(a_n-b_n)=\beta$ ($\alpha$, $\beta$는 실수)로 놓으면

$\lim_{n\to\infty} b_n=\lim_{n\to\infty}\{a_n-(a_n-b_n)\}$

$=\lim_{n\to\infty} a_n-\lim_{n\to\infty}(a_n-b_n)$

$=\alpha-\beta$

이므로 수열 $\{b_n\}$은 수렴한다. (참)

ㄷ. [반례] $a_n=(-1)^n+2$, $b_n=4$

이면 $0<a_n<b_n$이고 $\lim_{n\to\infty} b_n=4$이지만 수열 $\{a_n\}$은 발산(진동)한다. (거짓)

따라서 옳은 것은 ㄱ, ㄴ이다.

### 0059

답 ②

ㄱ. [반례] $a_n=n^2$, $b_n=\frac{1}{n}$

이면 $\lim_{n\to\infty} a_n=\infty$, $\lim_{n\to\infty} b_n=0$이지만 $\lim_{n\to\infty} a_nb_n=\lim_{n\to\infty} n=\infty$ (거짓)

ㄴ. [반례] $a_n=(-1)^n$

이면 $\lim_{n\to\infty} a_{2n}=1$, $\lim_{n\to\infty} a_{2n-1}=-1$

즉, 두 수열 $\{a_{2n}\}$, $\{a_{2n-1}\}$이 모두 수렴하지만 수열 $\{a_n\}$은 발산(진동)한다. (거짓)

ㄷ. $\lim_{n\to\infty} a_{2n}=1$에서 $n$ 대신 $2n$을 대입하면 $\lim_{2n\to\infty} a_{4n}=1$

이때 $2n\to\infty$이면 $n\to\infty$이므로 $\lim_{n\to\infty} a_{4n}=1$ (참)

ㄹ. [반례] $a_n=\frac{1}{n}$, $b_n=n$

이면 $\lim_{n\to\infty} a_nb_n=\lim_{n\to\infty} 1=1$이므로 수열 $\{a_nb_n\}$은 수렴하지만 수열 $\{b_n\}$은 발산한다. (거짓)

따라서 옳은 것은 ㄷ이다.

### 0060

답 ②

ㄱ. [반례] $a_n=\frac{1}{n}$, $b_n=\frac{2}{n}$

이면 $\lim_{n\to\infty} a_n=\lim_{n\to\infty} b_n=0$이지만 $a_n\neq b_n$이다. (거짓)

ㄴ. [반례] $a_n=(-1)^n$

이면 $\lim_{n\to\infty} a_n^2=1$이지만 수열 $\{a_n\}$은 발산(진동)한다. (거짓)

ㄷ. [반례] $a_n=n$, $b_n=-n$

이면 $\lim_{n\to\infty} a_n=\infty$, $\lim_{n\to\infty} b_n=-\infty$이지만

$\lim_{n\to\infty}(a_n+b_n)=\lim_{n\to\infty}(n-n)=0$ (거짓)

ㄹ. 주어진 명제의 대우 '수열 $\{|a_n|\}$이 수렴하면 수열 $\{a_n^2\}$도 수렴한다.'가 참이면 주어진 명제도 참이다.

수열 $\{|a_n|\}$이 수렴, 즉 $\lim_{n\to\infty}|a_n|=\alpha$ ($\alpha$는 실수)로 놓으면

$\lim_{n\to\infty} a_n^2=\lim_{n\to\infty}|a_n|^2=\lim_{n\to\infty}|a_n|\times\lim_{n\to\infty}|a_n|$

$=\alpha^2$

이므로 수열 $\{a_n^2\}$도 수렴한다. (참)

따라서 옳은 것은 ㄹ이다.

## 유형 16 등비수열의 극한

### 0061

답 4

$$\lim_{n\to\infty}\frac{4^{n+2}-3^{n+1}}{4^{n+1}+3^n}=\lim_{n\to\infty}\frac{16-3\times\left(\frac{3}{4}\right)^n}{4+\left(\frac{3}{4}\right)^n}=\frac{16}{4}=4$$

### 0062

답 2

$$\lim_{n\to\infty}\frac{5^{n+k}}{3^{n+1}-5^n}=\lim_{n\to\infty}\frac{5^k}{3\times\left(\frac{3}{5}\right)^n-1}=-5^k$$

따라서 $-5^k=-25$이므로 $k=2$

### 0063

답 6

$\lim_{n\to\infty} a_n=\alpha$ ($\alpha$는 실수)로 놓으면

$$\lim_{n\to\infty}\frac{3^{n+1}\times a_n-2^{n+1}}{3^{n+1}+3^n\times a_n}=\lim_{n\to\infty}\frac{3a_n-2\times\left(\frac{2}{3}\right)^n}{3+a_n}=\frac{3\alpha}{3+\alpha}$$

따라서 $\frac{3\alpha}{3+\alpha}=2$이므로 $3\alpha=6+2\alpha$

$\therefore \alpha=6$

### 0064

답 ④

$\lim_{n\to\infty}(\sqrt{9^n+3^n}-\sqrt{9^n-3^{n+1}})$

$=\lim_{n\to\infty}\frac{(\sqrt{9^n+3^n}-\sqrt{9^n-3^{n+1}})(\sqrt{9^n+3^n}+\sqrt{9^n-3^{n+1}})}{\sqrt{9^n+3^n}+\sqrt{9^n-3^{n+1}}}$

$=\lim_{n\to\infty}\frac{3^n+3^{n+1}}{\sqrt{9^n+3^n}+\sqrt{9^n-3^{n+1}}}$

$=\lim_{n\to\infty}\frac{1+3}{\sqrt{1+\left(\frac{1}{3}\right)^n}+\sqrt{1-3\times\left(\frac{1}{3}\right)^n}}=\frac{4}{1+1}=2$

## 0065

답 ②

$x^2-6x+7=0$에서 $x=3\pm\sqrt{2}$

$\therefore \alpha=3+\sqrt{2},\ \beta=3-\sqrt{2}\ (\because \alpha>\beta)$

이때 $0<\beta<\alpha$이므로 $0<\frac{\beta}{\alpha}<1$

$\therefore \lim_{n\to\infty}\left(\frac{\beta}{\alpha}\right)^n=0$

$\therefore \lim_{n\to\infty}\frac{\alpha^{n+2}+\beta^{n+2}}{\alpha^n+\beta^n}=\lim_{n\to\infty}\frac{\alpha^2+\beta^2\times\left(\frac{\beta}{\alpha}\right)^n}{1+\left(\frac{\beta}{\alpha}\right)^n}=\alpha^2$

## 0066

답 ①

$3x^{n+2}-4x+1$을 $x-3$으로 나누었을 때의 나머지 $a_n$은

$a_n=3\times3^{n+2}-4\times3+1=3^{n+3}-11$

$3x^{n+2}-4x+1$을 $x-4$로 나누었을 때의 나머지 $b_n$은

$b_n=3\times4^{n+2}-4\times4+1=3\times4^{n+2}-15$

$\therefore \lim_{n\to\infty}\frac{a_n-b_n}{4^{n+1}-3}=\lim_{n\to\infty}\frac{3^{n+3}-3\times4^{n+2}+4}{4^{n+1}-3}$

$=\lim_{n\to\infty}\frac{9\times\left(\frac{3}{4}\right)^{n+1}-3\times4+\left(\frac{1}{4}\right)^n}{1-3\times\left(\frac{1}{4}\right)^{n+1}}$

$=-12$

### 유형 17 등비수열의 극한 - 수열의 합

## 0067

답 ④

$n\geq2$일 때

$a_n=S_n-S_{n-1}$

$=(2n-1)\times5^n-\{2(n-1)-1\}\times5^{n-1}$

$=(10n-5)\times5^{n-1}-(2n-3)\times5^{n-1}$

$=2(4n-1)\times5^{n-1}$

$\therefore \lim_{n\to\infty}\frac{a_n}{S_n}=\lim_{n\to\infty}\frac{2(4n-1)\times5^{n-1}}{(2n-1)\times5^n}$

$=\lim_{n\to\infty}\frac{2(4n-1)}{(2n-1)\times5}=\lim_{n\to\infty}\frac{8n-2}{10n-5}$

$=\frac{8}{10}=\frac{4}{5}$

## 0068

답 ②

$n\geq2$일 때

$a_n=S_n-S_{n-1}$

$=4^n-2-(4^{n-1}-2)$

$=4\times4^{n-1}-4^{n-1}=3\times4^{n-1}$

$\therefore \lim_{n\to\infty}\frac{a_n+S_n}{a_{n+2}+3^n}=\lim_{n\to\infty}\frac{3\times4^{n-1}+4^n-2}{3\times4^{n+1}+3^n}$

$=\lim_{n\to\infty}\frac{\frac{3}{4}+1-2\times\left(\frac{1}{4}\right)^n}{3\times4+\left(\frac{3}{4}\right)^n}$

$=\frac{\frac{7}{4}}{12}=\frac{7}{48}$

## 0069

답 $\frac{1}{3}$

등비수열 $\{a_n\}$의 공비를 $r$ ($r$는 실수)라 하면

$a_1+a_2+a_3=a_1+a_1r+a_1r^2=9$

$\therefore a_1(1+r+r^2)=9$ …… ㉠

$a_4+a_5+a_6=a_1r^3+a_1r^4+a_1r^5=-72$

$\therefore a_1r^3(1+r+r^2)=-72$ …… ㉡

㉡÷㉠을 하면 $r^3=-8$ $\therefore r=-2\ (\because r$는 실수)

$r=-2$를 ㉠에 대입하면

$a_1(1-2+4)=9,\ 3a_1=9$ $\therefore a_1=3$

$\therefore a_n=3\times(-2)^{n-1}$

$\therefore a_{2n+1}=3\times(-2)^{2n}=3\times4^n$

이때 $S_n=\frac{3\{1-(-2)^n\}}{1-(-2)}=1-(-2)^n$이므로

$S_n^{\ 2}=\{1-(-2)^n\}^2=4^n-2\times(-2)^n+1$

$\therefore \lim_{n\to\infty}\frac{S_n^{\ 2}}{a_{2n+1}}=\lim_{n\to\infty}\frac{4^n-2\times(-2)^n+1}{3\times4^n}$

$=\lim_{n\to\infty}\frac{1-2\times\left(-\frac{1}{2}\right)^n+\left(\frac{1}{4}\right)^n}{3}=\frac{1}{3}$

### 유형 18 등비수열의 수렴 조건

## 0070

답 ①

등비수열 $\{(\log x)^n\}$의 공비는 $\log x$이므로

이 수열이 수렴하려면 $-1<\log x\leq1$

$\therefore \frac{1}{10}<x\leq10$ …… ㉠

등비수열 $\left\{\left(\frac{x+1}{5}\right)^{n+1}\right\}$의 공비는 $\frac{x+1}{5}$이므로

이 수열이 수렴하려면 $-1<\frac{x+1}{5}\leq1$

$-5<x+1\leq5$

$\therefore -6<x\leq4$ …… ㉡

㉠, ㉡의 공통범위를 구하면 $\frac{1}{10}<x\leq4$

따라서 구하는 자연수 $x$는 1, 2, 3, 4의 4개이다.

## 0071
답 ④

공비가 $2\cos x$이므로 주어진 등비수열이 수렴하려면

$-1<2\cos x\le 1$이어야 한다.

$\therefore -\frac{1}{2}<\cos x\le\frac{1}{2}$

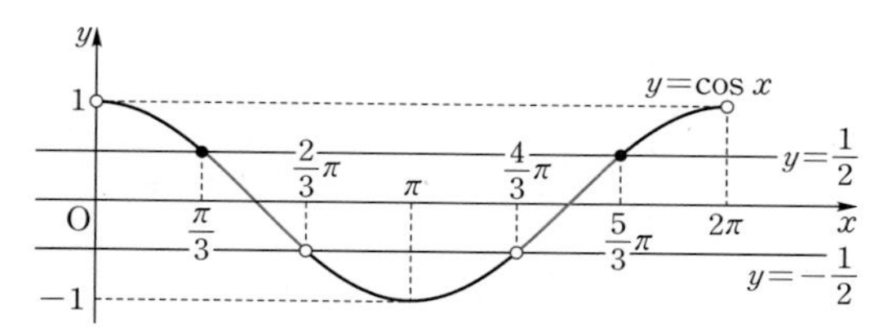


따라서 $\frac{\pi}{3}\le x<\frac{2}{3}\pi$ 또는 $\frac{4}{3}\pi<x\le\frac{5}{3}\pi$이므로

$a=3,\ b=2,\ c=4,\ d=5$이다.

$\therefore a+b+c+d=3+2+4+5=14$

## 0072
답 ㄱ, ㄴ, ㄷ

등비수열 $\{r^{2n}\}$이 수렴하므로 $0\le r^2\le 1$

$\therefore -1\le r\le 1$

ㄱ. $-1\le r\le 1$에서 $-\frac{1}{2}\le\frac{r}{2}\le\frac{1}{2}$이므로 수열 $\left\{\left(\frac{r}{2}\right)^n\right\}$은 수렴한다.

ㄴ. $-1\le r\le 1$에서 $1\le r+2\le 3$

$\therefore \frac{1}{3}\le\frac{r+2}{3}\le 1$

즉, 수열 $\left\{\left(\frac{r+2}{3}\right)^n\right\}$은 수렴한다.

ㄷ. $-1\le r\le 1$에서 $0\le 1-r\le 2$

$\therefore 0\le\frac{1-r}{2}\le 1$

즉, 수열 $\left\{\left(\frac{1-r}{2}\right)^n\right\}$은 수렴한다.

ㄹ. $-1\le r\le 1$에서 $-3\le 3r\le 3$

$-4\le 3r-1\le 2$

$\therefore -1\le\frac{3r-1}{4}\le\frac{1}{2}$

이때 $\frac{3r-1}{4}=-1$, 즉 $r=-1$이면 수열 $\left\{\left(\frac{3r-1}{4}\right)^n\right\}$은 발산(진동)한다.

따라서 항상 수렴하는 수열은 ㄱ, ㄴ, ㄷ이다.

## 0073
답 5

$$\lim_{n\to\infty}\frac{3^n+a^{2n}}{2^n+7^n}=\lim_{n\to\infty}\frac{\left(\frac{3}{7}\right)^n+\left(\frac{a^2}{7}\right)^n}{\left(\frac{2}{7}\right)^n+1}$$

이므로 주어진 수열이 수렴하려면 $-1<\frac{a^2}{7}\le 1$이어야 한다.

$-7<a^2\le 7\qquad \therefore -\sqrt{7}\le a\le\sqrt{7}$

따라서 주어진 수열이 수렴하도록 하는 정수 $a$는 $-2,\ -1,\ 0,\ 1,\ 2$의 5개이다.

## 0074
답 ⑤

공비가 $\frac{x^2-5x-7}{7}$이므로 주어진 등비수열이 수렴하려면

$-1<\frac{x^2-5x-7}{7}\le 1$이어야 한다.

(i) $-1<\frac{x^2-5x-7}{7}$, 즉 $x^2-5x>0$일 때

$x(x-5)>0\qquad \therefore x<0$ 또는 $x>5$

(ii) $\frac{x^2-5x-7}{7}\le 1$, 즉 $x^2-5x-14\le 0$일 때

$(x+2)(x-7)\le 0\qquad \therefore -2\le x\le 7$

(i), (ii)에서 $-2\le x<0$ 또는 $5<x\le 7$

따라서 주어진 등비수열이 수렴하도록 하는 정수 $x$는 $-2,\ -1,\ 6,\ 7$이므로 구하는 합은

$-2+(-1)+6+7=10$

## 0075
답 ④

주어진 수열은 첫째항이 $(x+4)\left(\frac{2-x}{3}\right)^2$, 공비가 $\left(\frac{2-x}{3}\right)^2$이므로 이 등비수열이 수렴하려면

$(x+4)\left(\frac{2-x}{3}\right)^2=0$ 또는 $-1<\left(\frac{2-x}{3}\right)^2\le 1$

$\therefore x+4=0$ 또는 $-1<\left(\frac{2-x}{3}\right)^2\le 1$

$x+4=0$에서 $x=-4\qquad\cdots\cdots$ ㉠

$-1<\left(\frac{2-x}{3}\right)^2\le 1$에서

(i) $-1<\left(\frac{2-x}{3}\right)^2$, 즉 $x^2-4x+13>0$일 때

$(x-2)^2+9>0$이므로 모든 실수 $x$에 대하여 성립한다.

(ii) $\left(\frac{2-x}{3}\right)^2\le 1$, 즉 $x^2-4x-5\le 0$일 때

$(x+1)(x-5)\le 0\qquad \therefore -1\le x\le 5$

(i), (ii)에서 $-1\le x\le 5\qquad\cdots\cdots$ ㉡

㉠, ㉡에서 주어진 등비수열이 수렴하도록 하는 정수 $x$는 $-4,\ -1,\ 0,\ 1,\ 2,\ 3,\ 4,\ 5$의 8개이다.

### 유형 19 $r^n$을 포함한 수열의 극한

## 0076
답 4

(i) $|r|<1$일 때, $\lim_{n\to\infty}r^{n+1}=\lim_{n\to\infty}r^{2n}=0$이므로

$$a=\lim_{n\to\infty}\frac{2r^{2n}+3}{r^{2n}+r^{n+1}-1}=-3$$

(ii) $r=1$일 때, $\lim_{n\to\infty}r^{n+1}=\lim_{n\to\infty}r^{2n}=1$이므로

$$b=\lim_{n\to\infty}\frac{2r^{2n}+3}{r^{2n}+r^{n+1}-1}=\frac{2+3}{1+1-1}=5$$

(iii) $|r|>1$일 때, $\lim_{n\to\infty} r^{2n}=\infty$이므로

$$c=\lim_{n\to\infty}\frac{2r^{2n}+3}{r^{2n}+r^{n+1}-1}=\lim_{n\to\infty}\frac{2+\frac{3}{r^{2n}}}{1+\frac{1}{r^{n-1}}-\frac{1}{r^{2n}}}=2$$

(i)~(iii)에서 $a+b+c=-3+5+2=4$

## 0077

답 $-3$

(i) $|r|<1$일 때, $\lim_{n\to\infty} r^n=\lim_{n\to\infty} r^{n+2}=0$이므로

$$\lim_{n\to\infty}\frac{r^{n+2}-r^n+4}{r^n+1}=4\neq 2$$

(ii) $r=1$일 때, $\lim_{n\to\infty} r^n=\lim_{n\to\infty} r^{n+2}=1$이므로

$$\lim_{n\to\infty}\frac{r^{n+2}-r^n+4}{r^n+1}=\frac{1-1+4}{1+1}=2$$

(iii) $|r|>1$일 때, $\lim_{n\to\infty}|r^n|=\infty$이므로

$$\lim_{n\to\infty}\frac{r^{n+2}-r^n+4}{r^n+1}=\lim_{n\to\infty}\frac{r^2-1+\frac{4}{r^n}}{1+\frac{1}{r^n}}=r^2-1$$

즉, $r^2-1=2$이므로 $r^2=3$ $\quad\therefore r=\pm\sqrt{3}$

(i)~(iii)에서 구하는 모든 실수 $r$의 값의 곱은

$1\times\sqrt{3}\times(-\sqrt{3})=-3$

## 0078

답 ①

(i) $|r|<6$일 때, $\lim_{n\to\infty}\left(\frac{r}{6}\right)^n=0$이므로

$$\lim_{n\to\infty}\frac{6^n-r^n}{6^n+r^n}=\lim_{n\to\infty}\frac{1-\left(\frac{r}{6}\right)^n}{1+\left(\frac{r}{6}\right)^n}=1$$

(ii) $r=6$일 때, $\lim_{n\to\infty}\frac{6^n-r^n}{6^n+r^n}=0$

(iii) $|r|>6$일 때, $\lim_{n\to\infty}\left(\frac{6}{r}\right)^n=0$이므로

$$\lim_{n\to\infty}\frac{6^n-r^n}{6^n+r^n}=\lim_{n\to\infty}\frac{\left(\frac{6}{r}\right)^n-1}{\left(\frac{6}{r}\right)^n+1}=-1$$

(i)~(iii)에서 $\lim_{n\to\infty}\frac{6^n-r^n}{6^n+r^n}=1$을 만족시키는 $r$의 값의 범위는 $|r|<6$이므로 구하는 정수 $r$는 $-5, -4, -3, \cdots, 4, 5$의 11개이다.

## 0079

답 4

(i) $0<\frac{m}{4}<1$, 즉 $0<m<4$일 때, $\lim_{n\to\infty}\left(\frac{m}{4}\right)^n=\lim_{n\to\infty}\left(\frac{m}{4}\right)^{n+1}=0$

이므로

$$\lim_{n\to\infty}\frac{2\times\left(\frac{m}{4}\right)^{n+1}+4}{\left(\frac{m}{4}\right)^n+1}=4$$

(ii) $\frac{m}{4}=1$, 즉 $m=4$일 때

$$\lim_{n\to\infty}\frac{2\times\left(\frac{m}{4}\right)^{n+1}+4}{\left(\frac{m}{4}\right)^n+1}=\frac{2+4}{1+1}=3\neq 4$$

(iii) $\frac{m}{4}>1$, 즉 $m>4$일 때, $\lim_{n\to\infty}\left(\frac{m}{4}\right)^n=\infty$이므로

$$\lim_{n\to\infty}\frac{2\times\left(\frac{m}{4}\right)^{n+1}+4}{\left(\frac{m}{4}\right)^n+1}=\lim_{n\to\infty}\frac{2\times\frac{m}{4}+\frac{4}{\left(\frac{m}{4}\right)^n}}{1+\frac{1}{\left(\frac{m}{4}\right)^n}}=\frac{m}{2}$$

$\frac{m}{2}=4$에서 $m=8$

(i)~(iii)에서 $\lim_{n\to\infty}\frac{2\times\left(\frac{m}{4}\right)^{n+1}+4}{\left(\frac{m}{4}\right)^n+1}=4$가 되도록 하는 자연수 $m$은 1, 2, 3, 8의 4개이다.

### 유형 20 $x^n$을 포함한 극한으로 정의된 함수

## 0080

답 14

(i) $|x|<1$일 때, $\lim_{n\to\infty}x^{2n}=\lim_{n\to\infty}x^{2n+1}=0$이므로

$$f(x)=\lim_{n\to\infty}\frac{x^{2n+1}+5x^{2n}+2}{x^{2n}+1}=2$$

(ii) $x=1$일 때, $\lim_{n\to\infty}x^{2n}=\lim_{n\to\infty}x^{2n+1}=1$이므로

$$f(x)=\lim_{n\to\infty}\frac{x^{2n+1}+5x^{2n}+2}{x^{2n}+1}=\frac{1+5+2}{1+1}=4$$

(iii) $|x|>1$일 때, $\lim_{n\to\infty}x^{2n}=\infty$이므로

$$f(x)=\lim_{n\to\infty}\frac{x^{2n+1}+5x^{2n}+2}{x^{2n}+1}=\lim_{n\to\infty}\frac{x+5+\frac{2}{x^{2n}}}{1+\frac{1}{x^{2n}}}=x+5$$

(iv) $x=-1$일 때, $\lim_{n\to\infty}x^{2n}=1$, $\lim_{n\to\infty}x^{2n+1}=-1$이므로

$$f(x)=\lim_{n\to\infty}\frac{x^{2n+1}+5x^{2n}+2}{x^{2n}+1}=\frac{-1+5+2}{1+1}=3$$

(i)~(iv)에서

$$f(x)=\begin{cases}2 & (|x|<1)\\ 4 & (x=1)\\ x+5 & (|x|>1)\\ 3 & (x=-1)\end{cases}$$

$$\therefore f(-1)+f(1)+(f\circ f)\left(\frac{1}{3}\right)=f(-1)+f(1)+f(2)=3+4+(2+5)=14$$

## 0081

답 ⑤

(i) $-\frac{1}{2}\leq x<1$일 때, $\lim_{n\to\infty}x^n=\lim_{n\to\infty}x^{n+2}=0$이므로

$$y=\lim_{n\to\infty}\frac{x^{n+2}+x+1}{x^n+1}=x+1$$

(ii) $x=1$일 때, $\lim_{n\to\infty}x^n=\lim_{n\to\infty}x^{n+2}=1$이므로

$$y=\lim_{n\to\infty}\frac{x^{n+2}+x+1}{x^n+1}=\frac{1+1+1}{1+1}=\frac{3}{2}$$

(iii) $1<x\le 2$일 때, $\lim_{n\to\infty} x^n=\infty$이므로

$$y=\lim_{n\to\infty}\frac{x^{n+2}+x+1}{x^n+1}=\lim_{n\to\infty}\frac{x^2+\frac{1}{x^{n-1}}+\frac{1}{x^n}}{1+\frac{1}{x^n}}=x^2$$

(i)~(iii)에서 주어진 함수 $y=f(x)$의 그래프는 오른쪽 그림과 같으므로 치역은 $\left\{y \,\middle|\, \frac{1}{2}\le y\le 4\right\}$

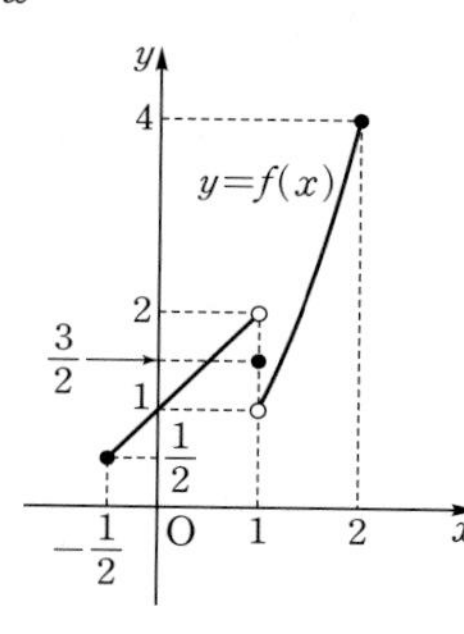


## 0082

답 205

(i) $0<x<1$일 때, $\lim_{n\to\infty} x^n=\lim_{n\to\infty} x^{n+1}=0$이므로

$$f(x)=\lim_{n\to\infty}\frac{x^{n+1}-3}{x^n+1}=-3$$

(ii) $x=1$일 때, $\lim_{n\to\infty} x^n=\lim_{n\to\infty} x^{n+1}=1$이므로

$$f(x)=\lim_{n\to\infty}\frac{x^{n+1}-3}{x^n+1}=\frac{1-3}{1+1}=-1$$

(iii) $x>1$일 때, $\lim_{n\to\infty} x^n=\infty$이므로

$$f(x)=\lim_{n\to\infty}\frac{x^{n+1}-3}{x^n+1}=\lim_{n\to\infty}\frac{x-\frac{3}{x^n}}{1+\frac{1}{x^n}}=x$$

(i)~(iii)에서

$$f\left(\frac{1}{2}\right)+f(1)+f(2)+f(3)+\cdots+f(20)$$
$$=-3+(-1)+2+3+4+\cdots+20$$
$$=-4+\frac{19\times(2+20)}{2}=205$$

**유형 21 수열의 극한의 활용 - 그래프**

## 0083

답 9

직선 $y=3nx$와 직선 $P_nQ_n$이 서로 수직이므로 직선 $P_nQ_n$의 기울기를 $m$이라 하면

$3n\times m=-1 \qquad \therefore m=-\frac{1}{3n}$

즉, 직선 $P_nQ_n$은 기울기가 $-\frac{1}{3n}$이고 점 $P_n(n,\ 3n^2)$을 지나므로 직선의 방정식은

$y=-\frac{1}{3n}(x-n)+3n^2 \qquad \cdots\cdots$ ㉠

㉠에 $y=0$을 대입하면 $0=-\frac{1}{3n}(x-n)+3n^2$

$x-n=9n^3 \qquad \therefore x=9n^3+n$

따라서 점 $Q_n$의 좌표는 $(9n^3+n,\ 0)$이므로

$l_n=\overline{OQ_n}=9n^3+n$

$$\therefore \lim_{n\to\infty}\frac{l_n}{n^3+1}=\lim_{n\to\infty}\frac{9n^3+n}{n^3+1}=\lim_{n\to\infty}\frac{9+\frac{1}{n^2}}{1+\frac{1}{n^3}}=9$$

## 0084

답 2

원점을 지나고 기울기가 $a_n$인 직선의 방정식은 $y=a_nx$, 즉 $a_nx-y=0$이다.

원 $C_n$이 $y$축에 접하고 중심의 좌표가 $(n,\ n^2)$이므로 원 $C_n$의 반지름의 길이는 $n$이다.

이때 원 $C_n$이 직선 $a_nx-y=0$에 접하므로 점 $P_n(n,\ n^2)$과 직선 $a_nx-y=0$ 사이의 거리는 원의 반지름의 길이와 같다.

즉, $\frac{|a_nn-n^2|}{\sqrt{a_n^2+1}}=n$이므로

$\frac{|a_n-n|}{\sqrt{a_n^2+1}}=1,\ |a_n-n|=\sqrt{a_n^2+1}$

$a_n^2-2na_n+n^2=a_n^2+1$

$2na_n=n^2-1 \qquad \therefore a_n=\frac{n^2-1}{2n}$

$$\therefore \lim_{n\to\infty}\frac{4a_n}{n+1}=\lim_{n\to\infty}\frac{2n^2-2}{n^2+n}=\lim_{n\to\infty}\frac{2-\frac{2}{n^2}}{1+\frac{1}{n}}=2$$

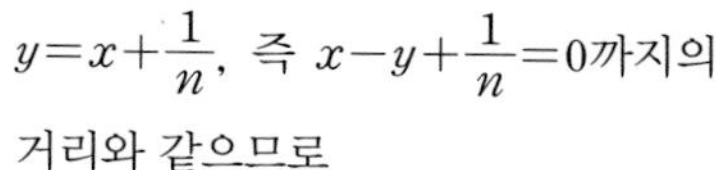


**점과 직선 사이의 거리**

점 $(x_1,\ y_1)$과 직선 $ax+by+c=0$ 사이의 거리는 $\frac{|ax_1+by_1+c|}{\sqrt{a^2+b^2}}$

## 0085

답 $\sqrt{2}$

오른쪽 그림과 같이 점 O에서 현 $A_nB_n$에 내린 수선의 발을 $H_n$이라 하면

$\overline{A_nH_n}=\overline{B_nH_n} \qquad \cdots\cdots$ ㉠

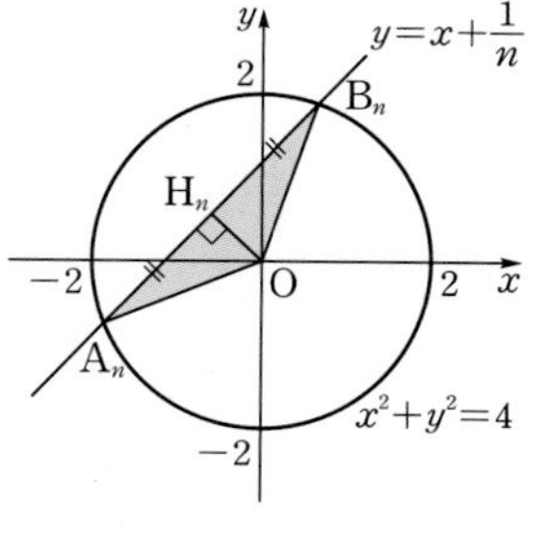


선분 $OH_n$의 길이는 원점에서 직선 $y=x+\frac{1}{n}$, 즉 $x-y+\frac{1}{n}=0$까지의 거리와 같으므로

$$\overline{OH_n}=\frac{\left|\frac{1}{n}\right|}{\sqrt{1+1}}=\frac{1}{\sqrt{2}n}$$

직각삼각형 $A_nOH_n$에서 피타고라스 정리에 의하여

$\overline{A_nH_n}=\sqrt{\overline{OA_n}^2-\overline{OH_n}^2}=\sqrt{4-\frac{1}{2n^2}}$

$\overline{A_nB_n}=2\overline{A_nH_n}=2\sqrt{4-\frac{1}{2n^2}}$ ($\because$ ㉠)

$\therefore S_n=\frac{1}{2}\times\overline{A_nB_n}\times\overline{OH_n}=\frac{1}{2}\times 2\sqrt{4-\frac{1}{2n^2}}\times\frac{1}{\sqrt{2}n}$

$=\frac{1}{n}\sqrt{2-\frac{1}{4n^2}}$

$\therefore \lim_{n\to\infty} nS_n=\lim_{n\to\infty}\sqrt{2-\frac{1}{4n^2}}=\sqrt{2}$

## 0086

답 18

두 점 $P_n$, $Q_n$은 직선 $y=\frac{1}{n}x+3$ 위의 점이므로 두 점 $P_n$, $Q_n$의 $x$좌표를 각각 $\alpha_n$, $\beta_n$이라 하면

$P_n\left(\alpha_n, \frac{\alpha_n}{n}+3\right)$, $Q_n\left(\beta_n, \frac{\beta_n}{n}+3\right)$

이때 $\alpha_n$, $\beta_n$은 방정식 $x^2-\left(3+\frac{2}{n}\right)x+\frac{5}{n}=\frac{1}{n}x+3$, 즉

$x^2-\left(3+\frac{3}{n}\right)x+\frac{5}{n}-3=0$의 두 실근이므로 이차방정식의 근과 계수의 관계에 의하여

$\alpha_n+\beta_n=3+\frac{3}{n}$ ...... ㉠

삼각형 $OP_nQ_n$의 무게중심의 $y$좌표 $a_n$은

$$a_n=\frac{1}{3}\left\{0+\left(\frac{\alpha_n}{n}+3\right)+\left(\frac{\beta_n}{n}+3\right)\right\}$$

$$=\frac{1}{3}\left(\frac{\alpha_n+\beta_n}{n}+6\right)=\frac{1}{3}\left(\frac{3+\frac{3}{n}}{n}+6\right)\ (\because ㉠)$$

$$=\frac{1}{3}\left(\frac{3}{n}+\frac{3}{n^2}+6\right)=\frac{1}{n}+\frac{1}{n^2}+2$$

$$\therefore 9\lim_{n\to\infty}a_n=9\lim_{n\to\infty}\left(\frac{1}{n}+\frac{1}{n^2}+2\right)=9\times 2=18$$

## 0087

답 $\frac{1}{5}$

$\log_3 x=n$에서 $x=3^n$이므로

$A_n(3^n, n)$

$\log_5 x-1=n$에서 $x=5^{n+1}$이므로

$B_n(5^{n+1}, n)$

$\therefore \overline{A_nB_n}=5^{n+1}-3^n$

따라서 $a_n=\frac{1}{2}\times\overline{A_nB_n}\times n=\frac{1}{2}n(5^{n+1}-3^n)$이므로

$$\lim_{n\to\infty}\frac{a_n}{a_{n+1}}=\lim_{n\to\infty}\frac{\frac{1}{2}n(5^{n+1}-3^n)}{\frac{1}{2}(n+1)(5^{n+2}-3^{n+1})}$$

$$=\lim_{n\to\infty}\frac{n}{n+1}\times\lim_{n\to\infty}\frac{5^{n+1}-3^n}{5^{n+2}-3^{n+1}}$$

$$=\lim_{n\to\infty}\frac{1}{1+\frac{1}{n}}\times\lim_{n\to\infty}\frac{5-\left(\frac{3}{5}\right)^n}{25-3\times\left(\frac{3}{5}\right)^n}=1\times\frac{5}{25}=\frac{1}{5}$$

## 0088

답 ①

$y=2x^2$에서 $y'=4x$이므로 직선과 곡선의 접점의 좌표를 $(a, 2a^2)$이라 하면 직선의 기울기는 $4a$이다.

이때 $4a=n$에서 $a=\frac{n}{4}$

즉, 기울기가 $n$일 때 접점의 좌표가 $\left(\frac{n}{4}, \frac{n^2}{8}\right)$이므로 직선의 방정식은

$y=n\left(x-\frac{n}{4}\right)+\frac{n^2}{8}$ $\quad\therefore y=nx-\frac{n^2}{8}$

$P_n\left(\frac{n}{8}, 0\right)$, $Q_n\left(0, -\frac{n^2}{8}\right)$이므로

$$l_n=\overline{P_nQ_n}=\sqrt{\frac{n^2}{64}+\frac{n^4}{64}}=\frac{n\sqrt{n^2+1}}{8}$$

$$\therefore \lim_{n\to\infty}\left(l_n-\frac{n^2}{8}\right)=\lim_{n\to\infty}\frac{n\sqrt{n^2+1}-n^2}{8}$$

$$=\lim_{n\to\infty}\frac{n^2(n^2+1)-n^4}{8(n\sqrt{n^2+1}+n^2)}$$

$$=\lim_{n\to\infty}\frac{n}{8(\sqrt{n^2+1}+n)}$$

$$=\lim_{n\to\infty}\frac{1}{8\left(\sqrt{1+\frac{1}{n^2}}+1\right)}=\frac{1}{8(1+1)}=\frac{1}{16}$$

### 유형 22 수열의 극한의 활용 - 도형

## 0089

답 3

$a_1=1+3$, $a_2=1+3+5$, $a_3=1+3+5+7$, $\cdots$에서

$$a_n=1+3+5+7+\cdots+(2n+1)=\sum_{k=1}^{n+1}(2k-1)$$

$$=2\times\frac{(n+1)(n+2)}{2}-(n+1)=n^2+2n+1$$

$b_1=2\times(1\times 2)$, $b_2=2\times(2\times 3)$, $b_3=2\times(3\times 4)$, $\cdots$에서

$b_n=2\times n\times(n+1)=2n^2+2n$

$$\therefore \lim_{n\to\infty}\frac{a_n+b_n}{n^2}=\lim_{n\to\infty}\frac{n^2+2n+1+2n^2+2n}{n^2}$$

$$=\lim_{n\to\infty}\frac{3n^2+4n+1}{n^2}=\lim_{n\to\infty}\frac{3+\frac{4}{n}+\frac{1}{n^2}}{1}=3$$

## 0090

답 4

직사각형 $OC_nB_nA$의 가로의 길이가 $n$이므로

$\overline{OC_n}=n$

직각삼각형 $OC_nA$에서 피타고라스 정리에 의하여

$\overline{AC_n}=\sqrt{24^2+n^2}$

대각선 $AC_n$과 선분 $B_1C_1$의 교점이 $D_n$이고

$\triangle AB_1D_n \backsim \triangle AB_nC_n$ (AA 닮음)이므로

$\overline{AB_1}:\overline{AB_n}=\overline{B_1D_n}:\overline{B_nC_n}$

$1:n=\overline{B_1D_n}:24$ $\quad\therefore \overline{B_1D_n}=\frac{24}{n}$

$$\therefore \lim_{n\to\infty}\frac{\overline{AC_n}-\overline{OC_n}}{3\overline{B_1D_n}}=\lim_{n\to\infty}\frac{\sqrt{24^2+n^2}-n}{3\times\frac{24}{n}}$$

$$=\lim_{n\to\infty}\frac{(\sqrt{24^2+n^2}-n)(\sqrt{24^2+n^2}+n)}{3\times\frac{24}{n}(\sqrt{24^2+n^2}+n)}$$

$$=\lim_{n\to\infty}\frac{24^2}{3\times\frac{24}{n}(\sqrt{24^2+n^2}+n)}$$

$$=\lim_{n\to\infty}\frac{8n}{\sqrt{24^2+n^2}+n}$$

$$=\lim_{n\to\infty}\frac{8}{\sqrt{\frac{24^2}{n^2}+1}+1}=\frac{8}{1+1}=4$$

 기출&기출변형 문제

## 0091

답 16

$$\lim_{n\to\infty}\frac{2n^3a_n}{b_n+2}$$

$$=\lim_{n\to\infty}\left\{(n^2+3)a_n\times\frac{n}{b_n+2}\times\frac{2n^2}{n^2+3}\right\}$$

$$=\lim_{n\to\infty}\{(n^2+3)a_n\}\times\lim_{n\to\infty}\frac{n}{b_n+2}\times\lim_{n\to\infty}\frac{2n^2}{n^2+3}$$

$$=\lim_{n\to\infty}\{(n^2+3)a_n\}\times\lim_{n\to\infty}\frac{1}{\frac{b_n+2}{n}}\times\lim_{n\to\infty}\frac{2}{1+\frac{3}{n^2}}$$

$$=2\times4\times2=16$$

**짝기출**

두 수열 $\{a_n\}$, $\{b_n\}$이

$$\lim_{n\to\infty}n^2a_n=3,\ \lim_{n\to\infty}\frac{b_n}{n}=5$$

를 만족시킬 때, $\lim_{n\to\infty}na_n(b_n+2n)$의 값을 구하시오.

답 21

## 0092

답 ⑤

수열 $\left\{(x^2-4x-5)\left(\frac{x^2+2x}{15}\right)^n\right\}$은

첫째항이 $(x^2-4x-5)\frac{x^2+2x}{15}$이고, 공비가 $\frac{x^2+2x}{15}$이므로

이 등비수열이 수렴하려면

$(x^2-4x-5)\frac{x^2+2x}{15}=0$ 또는 $-1<\frac{x^2+2x}{15}\le1$

$\therefore x^2-4x-5=0$ 또는 $-1<\frac{x^2+2x}{15}\le1$

$x^2-4x-5=0$에서 $(x+1)(x-5)=0$

$\therefore x=-1$ 또는 $x=5$ …… ㉠

$-1<\frac{x^2+2x}{15}\le1$에서

(i) $-1<\frac{x^2+2x}{15}$, 즉 $x^2+2x+15>0$일 때

$(x+1)^2+14>0$이므로 모든 실수 $x$에 대하여 성립한다.

(ii) $\frac{x^2+2x}{15}\le1$, 즉 $x^2+2x-15\le0$일 때

$(x+5)(x-3)\le0$ $\therefore -5\le x\le3$

(i), (ii)에서 $-5\le x\le3$ …… ㉡

㉠, ㉡에서 주어진 등비수열이 수렴하도록 하는 정수 $x$는 $-5$, $-4$, $-3$, $-2$, $-1$, $0$, $1$, $2$, $3$, $5$의 10개이다.

**짝기출**

수열 $\{a_n\}$의 일반항이

$$a_n=\left(\frac{x^2-4x}{5}\right)^n$$

일 때, 수열 $\{a_n\}$이 수렴하도록 하는 모든 정수 $x$의 개수는?

① 7 ② 8 ③ 9 ④ 10 ⑤ 11

답 ①

## 0093

답 ③

이차방정식 $a_nx^2+2a_{n+1}x+a_{n+2}=0$의 두 근이 $-1$, $b_n$이므로 이차방정식의 근과 계수의 관계에 의하여

$-1+b_n=-\frac{2a_{n+1}}{a_n}$

$\therefore b_n=1-\frac{2a_{n+1}}{a_n}$ …… ㉠

$-1\times b_n=\frac{a_{n+2}}{a_n}$

$\therefore b_n=-\frac{a_{n+2}}{a_n}$ …… ㉡

㉠, ㉡에서

$1-\frac{2a_{n+1}}{a_n}=-\frac{a_{n+2}}{a_n}$, $a_n-2a_{n+1}=-a_{n+2}$

$\therefore a_n+a_{n+2}=2a_{n+1}$

따라서 수열 $\{a_n\}$은 등차수열이므로 첫째항을 $a$, 공차를 $d$라 하면 ㉡에서

$b_n=-\frac{a_{n+2}}{a_n}=-\frac{a+(n+1)d}{a+(n-1)d}$

$\therefore \lim_{n\to\infty}b_n=\lim_{n\to\infty}\left\{-\frac{a+(n+1)d}{a+(n-1)d}\right\}=-\frac{d}{d}=-1$

## 0094

답 ③

모든 자연수 $n$에 대하여 $a_{n+1}-a_n=3$이므로

$a_{n+1}=a_n+3$

따라서 수열 $\{a_n\}$은 첫째항이 1이고 공차가 3인 등차수열이다.

$\therefore a_n=1+(n-1)\times3=3n-2$

수열 $\left\{\frac{1}{b_n}\right\}$의 첫째항부터 제$n$항까지의 합을 $S_n$이라 하면

$S_n=\sum_{k=1}^{n}\frac{1}{b_k}=n^2$이므로

$\frac{1}{b_n}=S_n-S_{n-1}$

$=n^2-(n-1)^2=2n-1\ (n\ge2)$

이때 $\frac{1}{b_1}=S_1=1$이므로

$\frac{1}{b_n}=2n-1\ (n\ge1)$

$\therefore b_n=\frac{1}{2n-1}$

$\therefore \lim_{n\to\infty}a_nb_n=\lim_{n\to\infty}\left\{(3n-2)\times\frac{1}{2n-1}\right\}$

$=\lim_{n\to\infty}\frac{3n-2}{2n-1}$

$=\frac{3}{2}$

## 0095

답 240

$b\le0$이면 $\lim_{n\to\infty}(\sqrt{an^2+5n+1}-bn)=\infty$이므로

$b>0$

$\lim_{n\to\infty}(\sqrt{an^2+5n+1}-bn)$

$=\lim_{n\to\infty}\frac{(\sqrt{an^2+5n+1}-bn)(\sqrt{an^2+5n+1}+bn)}{\sqrt{an^2+5n+1}+bn}$

$=\lim_{n\to\infty}\frac{an^2+5n+1-b^2n^2}{\sqrt{an^2+5n+1}+bn}$

$=\lim_{n\to\infty}\frac{(a-b^2)n^2+5n+1}{\sqrt{an^2+5n+1}+bn}$

$=\lim_{n\to\infty}\frac{(a-b^2)n+5+\frac{1}{n}}{\sqrt{a+\frac{5}{n}+\frac{1}{n^2}}+b}$

위 식의 극한값이 $\frac{1}{6}$이므로

$a-b^2=0$, $\frac{5}{\sqrt{a}+b}=\frac{1}{6}$

두 식을 연립하여 풀면

$\frac{5}{\sqrt{b^2}+b}=\frac{5}{|b|+b}=\frac{5}{2b}=\frac{1}{6}$ ($\because b>0$)

$\therefore b=15$

따라서 $a=b^2=225$, $b=15$이므로

$a+b=225+15=240$

**짝기출**

양수 $a$와 실수 $b$에 대하여

$\lim_{n\to\infty}(\sqrt{an^2+4n}-bn)=\frac{1}{5}$

일 때, $a+b$의 값을 구하시오.

답 110

## 0096

답 ①

$a_n^2<4na_n+n-4n^2$의 양변을 $n^2$으로 나누면

$\frac{a_n^2}{n^2}<\frac{4na_n+n-4n^2}{n^2}$

$\frac{a_n^2}{n^2}-\frac{4a_n}{n}+4<\frac{1}{n}$

$\left(\frac{a_n}{n}-2\right)^2<\frac{1}{n}$

$-\frac{1}{\sqrt{n}}<\frac{a_n}{n}-2<\frac{1}{\sqrt{n}}$

$2-\frac{1}{\sqrt{n}}<\frac{a_n}{n}<2+\frac{1}{\sqrt{n}}$

이때 $\lim_{n\to\infty}\left(2-\frac{1}{\sqrt{n}}\right)=\lim_{n\to\infty}\left(2+\frac{1}{\sqrt{n}}\right)=2$이므로

$\lim_{n\to\infty}\frac{a_n}{n}=2$

$\therefore \lim_{n\to\infty}\frac{a_n+3n}{2n+4}=\lim_{n\to\infty}\frac{\frac{a_n}{n}+3}{2+\frac{4}{n}}$

$=\frac{2+3}{2}=\frac{5}{2}$

## 0097

답 5

(i) $\left|\frac{x}{3}\right|<1$, 즉 $|x|<3$일 때

$\lim_{n\to\infty}\left(\frac{x}{3}\right)^{2n}=\lim_{n\to\infty}\left(\frac{x}{3}\right)^{2n+1}=0$이므로

$f(x)=\lim_{n\to\infty}\frac{2\times\left(\frac{x}{3}\right)^{2n+1}-1}{\left(\frac{x}{3}\right)^{2n}+2}=-\frac{1}{2}$

즉, $f(k)=-\frac{1}{2}$을 만족시키는 정수 $k$는 $-2$, $-1$, 0, 1, 2의 5개이다.

(ii) $\frac{x}{3}=1$, 즉 $x=3$일 때

$\lim_{n\to\infty}\left(\frac{x}{3}\right)^{2n}=\lim_{n\to\infty}\left(\frac{x}{3}\right)^{2n+1}=1$이므로

$f(x)=\lim_{n\to\infty}\frac{2\times\left(\frac{x}{3}\right)^{2n+1}-1}{\left(\frac{x}{3}\right)^{2n}+2}$

$=\frac{2\times1-1}{1+2}=\frac{1}{3}\neq-\frac{1}{2}$

(iii) $\left|\frac{x}{3}\right|>1$, 즉 $|x|>3$일 때

$\lim_{n\to\infty}\left(\frac{3}{x}\right)^{2n}=0$이므로

$f(x)=\lim_{n\to\infty}\frac{2\times\left(\frac{x}{3}\right)^{2n+1}-1}{\left(\frac{x}{3}\right)^{2n}+2}$

$=\lim_{n\to\infty}\frac{2\times\frac{x}{3}-\left(\frac{3}{x}\right)^{2n}}{1+2\times\left(\frac{3}{x}\right)^{2n}}$

$=\frac{2}{3}x$

$\frac{2}{3}x=-\frac{1}{2}$에서 $x=-\frac{3}{4}$

그런데 $x=-\frac{3}{4}$은 $|x|>3$인 범위에 속하지 않는다.

(iv) $\frac{x}{3}=-1$, 즉 $x=-3$일 때

$\lim_{n\to\infty}\left(\frac{x}{3}\right)^{2n}=1$, $\lim_{n\to\infty}\left(\frac{x}{3}\right)^{2n+1}=-1$이므로

$f(x)=\lim_{n\to\infty}\frac{2\times\left(\frac{x}{3}\right)^{2n+1}-1}{\left(\frac{x}{3}\right)^{2n}+2}$

$=\frac{2\times(-1)-1}{1+2}=-1\neq-\frac{1}{2}$

(i)~(iv)에서 $f(k)=-\frac{1}{2}$을 만족시키는 정수 $k$는 5개이다.

**짝기출**

함수

$f(x)=\lim_{n\to\infty}\frac{3\times\left(\frac{x}{2}\right)^{2n+1}-1}{\left(\frac{x}{2}\right)^{2n}+1}$

에 대하여 $f(k)=k$를 만족시키는 모든 실수 $k$의 값의 합은?

① $-6$ ② $-5$ ③ $-4$ ④ $-3$ ⑤ $-2$

답 ④

## 0098

답 $-160$

등비수열 $\{a_n\}$의 첫째항을 $a$, 공비를 $r$라 하면

조건 (가)에서 $a_1 \times a_2 \times a_3 \times \cdots \times a_9 = 2^9$이므로

$a \times ar \times ar^2 \times \cdots \times ar^8 = a^9 r^{36} = (ar^4)^9 = 2^9$

$\therefore ar^4 = 2$ ...... ㉠

두 조건 (가), (나)의 두 식을 변끼리 곱하면

$a_1 \times a_2 \times a_3 \times \cdots \times a_{19} = 2^9 \times 2^{105} = 2^{114}$이므로

$a \times ar \times ar^2 \times \cdots \times ar^{18} = a^{19} r^{171} = (ar^9)^{19} = (2^6)^{19}$

$\therefore ar^9 = 2^6$ ...... ㉡

㉡÷㉠을 하면 $r^5 = 2^5$ $\therefore r = 2$

㉠에 $r=2$를 대입하면

$16a = 2$ $\therefore a = \frac{1}{8}$

$\therefore a_n = ar^{n-1} = \frac{1}{8} \times 2^{n-1} = 2^{n-4}$

$$\therefore \lim_{n\to\infty} \frac{10^{n+1}+3^n a_n}{3^{n+1}-5^n a_n} = \lim_{n\to\infty} \frac{10^{n+1}+3^n \times 2^{n-4}}{3^{n+1}-5^n \times 2^{n-4}}$$

$$= \lim_{n\to\infty} \frac{10^{n+1}+2^{-4}\times 6^n}{3^{n+1}-2^{-4}\times 10^n}$$

$$= \lim_{n\to\infty} \frac{10+\frac{1}{16}\times\left(\frac{3}{5}\right)^n}{3\times\left(\frac{3}{10}\right)^n-\frac{1}{16}}$$

$$= \frac{10}{-\frac{1}{16}} = -160$$

**짝기출**

첫째항이 3이고 공비가 3인 등비수열 $\{a_n\}$에 대하여 $\lim_{n\to\infty} \frac{3^{n+1}-7}{a_n}$의 값은?

① 1 ② 2 ③ 3 ④ 4 ⑤ 5

답 ③

## 0099

답 16

점 $\mathrm{P}_n$은 직선 $x=4^n$과 곡선 $y=\sqrt{x}$의 교점이므로

$\mathrm{P}_n(4^n, 2^n)$

또한 점 $\mathrm{P}_{n+1}$은 직선 $x=4^{n+1}$과 곡선 $y=\sqrt{x}$의 교점이므로

$\mathrm{P}_{n+1}(4^{n+1}, 2^{n+1})$

$L_n$은 두 점 $\mathrm{P}_n$, $\mathrm{P}_{n+1}$ 사이의 거리이므로

$L_n = \sqrt{(4^{n+1}-4^n)^2+(2^{n+1}-2^n)^2}$

$= \sqrt{(3\times 4^n)^2+(2^n)^2}$

$= \sqrt{9\times 16^n+4^n}$

$$\therefore \lim_{n\to\infty}\left(\frac{L_{n+1}}{L_n}\right)^2 = \lim_{n\to\infty}\left(\frac{\sqrt{9\times 16^{n+1}+4^{n+1}}}{\sqrt{9\times 16^n+4^n}}\right)^2$$

$$= \lim_{n\to\infty}\frac{9\times 16^{n+1}+4^{n+1}}{9\times 16^n+4^n}$$

$$= \lim_{n\to\infty}\frac{9\times 16+4\times\left(\frac{1}{4}\right)^n}{9+\left(\frac{1}{4}\right)^n}$$

$$= \frac{9\times 16}{9} = 16$$

## 0100

답 ⑤

(i) $|x|<1$, 즉 $-1<x<1$일 때

$\lim_{n\to\infty} x^{2n} = \lim_{n\to\infty} x^{2n+1} = 0$이므로

$$f(x) = \lim_{n\to\infty}\frac{x^{2n+1}+ax^2+bx-2}{x^{2n}+1} = ax^2+bx-2$$

(ii) $x=1$일 때

$\lim_{n\to\infty} x^{2n} = \lim_{n\to\infty} x^{2n+1} = 1$이므로

$$f(x) = \lim_{n\to\infty}\frac{x^{2n+1}+ax^2+bx-2}{x^{2n}+1} = \frac{1+a+b-2}{1+1} = \frac{a+b-1}{2}$$

(iii) $|x|>1$, 즉 $x<-1$ 또는 $x>1$일 때

$\lim_{n\to\infty} x^{2n} = \infty$이므로

$$f(x) = \lim_{n\to\infty}\frac{x^{2n+1}+ax^2+bx-2}{x^{2n}+1} = \lim_{n\to\infty}\frac{x+\frac{a}{x^{2n-2}}+\frac{b}{x^{2n-1}}-\frac{2}{x^{2n}}}{1+\frac{1}{x^{2n}}} = x$$

(iv) $x=-1$일 때

$\lim_{n\to\infty} x^{2n} = 1$, $\lim_{n\to\infty} x^{2n+1} = -1$이므로

$$f(x) = \lim_{n\to\infty}\frac{x^{2n+1}+ax^2+bx-2}{x^{2n}+1} = \frac{-1+a-b-2}{1+1} = \frac{a-b-3}{2}$$

(i)~(iv)에서

$$f(x) = \begin{cases} ax^2+bx-2 & (|x|<1) \\ \frac{a+b-1}{2} & (x=1) \\ x & (|x|>1) \\ \frac{a-b-3}{2} & (x=-1) \end{cases}$$

함수 $f(x)$가 실수 전체의 집합에서 연속이므로 $x=-1$, $x=1$에서도 연속이어야 한다.

ⓐ $\lim_{x\to -1-} f(x) = \lim_{x\to -1+} f(x) = f(-1)$에서

$-1 = a-b-2 = \frac{a-b-3}{2}$

$\therefore a-b=1$ ...... ㉠

ⓑ $\lim_{x\to 1-} f(x) = \lim_{x\to 1+} f(x) = f(1)$에서

$a+b-2 = 1 = \frac{a+b-1}{2}$

$\therefore a+b=3$ ...... ㉡

㉠, ㉡을 연립하여 풀면 $a=2$, $b=1$

$\therefore ab = 2\times 1 = 2$

## 0101

답 $\frac{12}{5}$

조건 (가)에서

$a_1+a_2+a_3 = 1+3+4 = 8$

조건 (나)에서

$a_4=3a_1$, $a_5=3a_2$, $a_6=3a_3$이므로

$a_4+a_5+a_6=3(a_1+a_2+a_3)=3\times 8$

또한 $a_7=3a_4=3^2a_1$, $a_8=3a_5=3^2a_2$, $a_9=3a_6=3^2a_3$

이므로

$a_7+a_8+a_9=3^2(a_1+a_2+a_3)=3^2\times 8$

$\vdots$

$\therefore a_{3n-2}+a_{3n-1}+a_{3n}=3^{n-1}(a_1+a_2+a_3)$

$=3^{n-1}\times 8\ (n=1, 2, 3, \cdots)$

$$\begin{aligned}\therefore T_n&=\sum_{k=1}^{3n}a_k\\&=(a_1+a_2+a_3)+(a_4+a_5+a_6)+(a_7+a_8+a_9)\\&\quad+\cdots+(a_{3n-2}+a_{3n-1}+a_{3n})\\&=8+3\times 8+3^2\times 8+\cdots+3^{n-1}\times 8\\&=\frac{8(3^n-1)}{3-1}=4\times 3^n-4\end{aligned}$$

이때 조건 (가)에서 $a_1+a_3=1+4=5$

조건 (나)에서

$a_4+a_6=3(a_1+a_3)=3\times 5$

$a_7+a_9=3(a_4+a_6)=3^2(a_1+a_3)=3^2\times 5$

$\vdots$

$\therefore a_{3n-2}+a_{3n}=3^{n-1}\times 5$

$$\begin{aligned}\therefore \lim_{n\to\infty}\frac{T_n}{a_{3n-2}+a_{3n}}&=\lim_{n\to\infty}\frac{4\times 3^n-4}{3^{n-1}\times 5}\\&=\lim_{n\to\infty}\left\{\frac{12}{5}-\frac{4}{5}\times\left(\frac{1}{3}\right)^{n-1}\right\}=\frac{12}{5}\end{aligned}$$

**짝기출**

모든 항이 양수인 수열 $\{a_n\}$이 모든 자연수 $n$에 대하여

$a_{n+1}=a_1a_n$

을 만족시킨다. $\lim_{n\to\infty}\frac{3a_{n+3}-5}{2a_n+1}=12$일 때, $a_1$의 값은?

① $\frac{1}{2}$ ② 1 ③ $\frac{3}{2}$ ④ 2 ⑤ $\frac{5}{2}$

답 ④

## 0102

답 ①

(가)에서 $A_1(0, 0)$이고,

(나)에서 $n$이 홀수이면 $A_{n+1}$은 점 $A_n$을 $x$축의 방향으로 $a$만큼 평행이동한 점이므로 $A_2(0+a, 0)$, 즉 $A_2(a, 0)$

(다)에서 $n$이 짝수이면 $A_{n+1}$은 점 $A_n$을 $y$축의 방향으로 $a+1$만큼 평행이동한 점이므로 $A_3(a, 0+a+1)$, 즉 $A_3(a, a+1)$

(나)에 의하여 점 $A_4$의 좌표는 $(2a, a+1)$,

(다)에 의하여 점 $A_5$의 좌표는 $(2a, 2(a+1))$,

(나)에 의하여 점 $A_6$의 좌표는 $(3a, 2(a+1))$,

(다)에 의하여 점 $A_7$의 좌표는 $(3a, 3(a+1))$

$\vdots$

자연수 $n$에 대하여 점 $A_{2n}$의 좌표는 $(na, (n-1)(a+1))$

$$\begin{aligned}\overline{A_1A_{2n}}&=\sqrt{a^2n^2+(n-1)^2(a+1)^2}\\&=\sqrt{(2a^2+2a+1)n^2-(2a^2+4a+2)n+a^2+2a+1}\end{aligned}$$

이므로

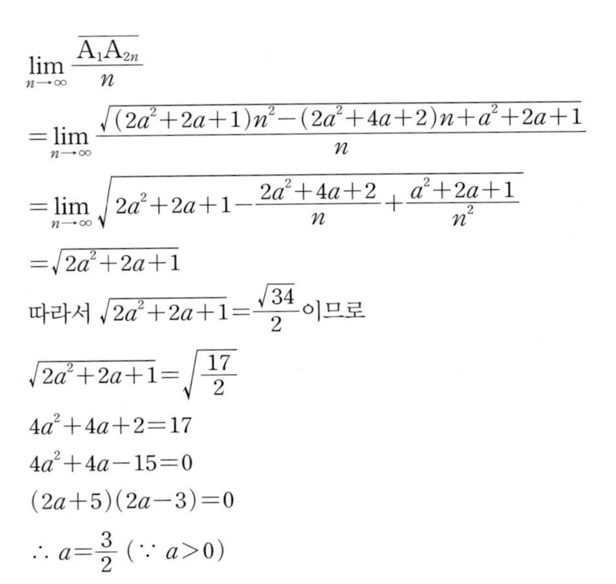

$$\begin{aligned}&\lim_{n\to\infty}\frac{\overline{A_1A_{2n}}}{n}\\&=\lim_{n\to\infty}\frac{\sqrt{(2a^2+2a+1)n^2-(2a^2+4a+2)n+a^2+2a+1}}{n}\\&=\lim_{n\to\infty}\sqrt{2a^2+2a+1-\frac{2a^2+4a+2}{n}+\frac{a^2+2a+1}{n^2}}\\&=\sqrt{2a^2+2a+1}\end{aligned}$$

따라서 $\sqrt{2a^2+2a+1}=\frac{\sqrt{34}}{2}$이므로

$\sqrt{2a^2+2a+1}=\sqrt{\frac{17}{2}}$

$4a^2+4a+2=17$

$4a^2+4a-15=0$

$(2a+5)(2a-3)=0$

$\therefore a=\frac{3}{2}\ (\because a>0)$

# 02 급수

## 유형 01 급수의 합

### 0103

답 ②

$S_n=\frac{6n^2+5n-4}{3n^2+2n}$이므로

$\sum_{n=1}^{\infty}a_n=\lim_{n\to\infty}S_n=\lim_{n\to\infty}\frac{6n^2+5n-4}{3n^2+2n}$

$=\lim_{n\to\infty}\frac{6+\frac{5}{n}-\frac{4}{n^2}}{3+\frac{2}{n}}=\frac{6}{3}=2$

### 0104

답 3

$S_n=\frac{3n^2-4}{(n-1)(n+2)}$이므로

$\sum_{n=1}^{\infty}a_n=\lim_{n\to\infty}S_n=\lim_{n\to\infty}\frac{3n^2-4}{(n-1)(n+2)}$

$=\lim_{n\to\infty}\frac{3-\frac{4}{n^2}}{\left(1-\frac{1}{n}\right)\left(1+\frac{2}{n}\right)}=\frac{3}{1}=3$

### 0105

답 4

$1+2+3+\cdots+n=\frac{n(n+1)}{2}$,

$1+2+3+\cdots+2n=\frac{2n(2n+1)}{2}=n(2n+1)$

이므로

$S_n=\frac{1+2+3+\cdots+2n}{1+2+3+\cdots+n}=\frac{n(2n+1)}{\frac{n(n+1)}{2}}=\frac{2(2n+1)}{n+1}$

$\therefore \sum_{n=1}^{\infty}a_n=\lim_{n\to\infty}S_n=\lim_{n\to\infty}\frac{2(2n+1)}{n+1}$

$=\lim_{n\to\infty}\frac{2\left(2+\frac{1}{n}\right)}{1+\frac{1}{n}}=\frac{4}{1}=4$

## 유형 02 부분분수를 이용하는 급수

### 0106

답 9

주어진 급수의 제$n$항까지의 부분합을 $S_n$이라 하면

$S_n=\sum_{k=1}^{n}\frac{12}{k(k+2)}=6\sum_{k=1}^{n}\left(\frac{1}{k}-\frac{1}{k+2}\right)$

$=6\left\{\left(1-\frac{1}{3}\right)+\left(\frac{1}{2}-\frac{1}{4}\right)+\left(\frac{1}{3}-\frac{1}{5}\right)+\cdots+\left(\frac{1}{n-1}-\frac{1}{n+1}\right)+\left(\frac{1}{n}-\frac{1}{n+2}\right)\right\}$

$=6\left(1+\frac{1}{2}-\frac{1}{n+1}-\frac{1}{n+2}\right)$

$\therefore \sum_{n=1}^{\infty}\frac{12}{n(n+2)}=\lim_{n\to\infty}S_n=\lim_{n\to\infty}6\left(1+\frac{1}{2}-\frac{1}{n+1}-\frac{1}{n+2}\right)$

$=6\times\frac{3}{2}=9$

### 0107

답 ②

주어진 급수의 제$n$항을 $a_n$이라 하면

$a_n=\frac{1}{2+4+6+\cdots+2n}$

$=\frac{1}{2}\times\frac{1}{1+2+3+\cdots+n}$

$=\frac{1}{2}\times\frac{2}{n(n+1)}=\frac{1}{n(n+1)}$

주어진 급수의 제$n$항까지의 부분합을 $S_n$이라 하면

$S_n=\sum_{k=1}^{n}a_k=\sum_{k=1}^{n}\frac{1}{k(k+1)}$

$=\sum_{k=1}^{n}\left(\frac{1}{k}-\frac{1}{k+1}\right)$

$=\left(1-\frac{1}{2}\right)+\left(\frac{1}{2}-\frac{1}{3}\right)+\cdots+\left(\frac{1}{n}-\frac{1}{n+1}\right)$

$=1-\frac{1}{n+1}$

따라서 주어진 급수의 합은

$\lim_{n\to\infty}S_n=\lim_{n\to\infty}\left(1-\frac{1}{n+1}\right)=1$

### 0108

답 ③

급수 $\sum_{n=1}^{\infty}a_n$의 제$n$항까지의 부분합을 $S_n$이라 하면

$S_n=\sum_{k=1}^{n}\frac{4}{k(k+1)}=4\sum_{k=1}^{n}\left(\frac{1}{k}-\frac{1}{k+1}\right)$

$=4\left\{\left(1-\frac{1}{2}\right)+\left(\frac{1}{2}-\frac{1}{3}\right)+\left(\frac{1}{3}-\frac{1}{4}\right)+\cdots+\left(\frac{1}{n-1}-\frac{1}{n}\right)+\left(\frac{1}{n}-\frac{1}{n+1}\right)\right\}$

$=4\left(1-\frac{1}{n+1}\right)$

$\therefore \sum_{n=1}^{\infty}a_n=\lim_{n\to\infty}S_n=\lim_{n\to\infty}4\left(1-\frac{1}{n+1}\right)$

$=4$

급수 $\sum_{n=1}^{\infty} b_n$의 제$n$항까지의 부분합을 $S_n'$이라 하면

$b_n=\frac{4}{(n+2)(n+3)}$이므로

$$S_n'=\sum_{k=1}^{n}\frac{4}{(k+2)(k+3)}=4\sum_{k=1}^{n}\left(\frac{1}{k+2}-\frac{1}{k+3}\right)$$
$$=4\left\{\left(\frac{1}{3}-\frac{1}{4}\right)+\left(\frac{1}{4}-\frac{1}{5}\right)+\left(\frac{1}{5}-\frac{1}{6}\right)+\cdots+\left(\frac{1}{n+1}-\frac{1}{n+2}\right)+\left(\frac{1}{n+2}-\frac{1}{n+3}\right)\right\}$$
$$=4\left(\frac{1}{3}-\frac{1}{n+3}\right)$$

$$\therefore \sum_{n=1}^{\infty} b_n=\lim_{n\to\infty} S_n'=\lim_{n\to\infty} 4\left(\frac{1}{3}-\frac{1}{n+3}\right)=\frac{4}{3}$$

$$\therefore \frac{\sum_{n=1}^{\infty} a_n}{\sum_{n=1}^{\infty} b_n}=\frac{4}{\frac{4}{3}}=3$$

**참고**

두 급수 $\sum_{n=1}^{\infty} a_n$, $\sum_{n=1}^{\infty} b_n$이 수렴할 때,

$\sum_{n=1}^{\infty}\frac{a_n}{b_n}\neq\frac{\sum_{n=1}^{\infty} a_n}{\sum_{n=1}^{\infty} b_n}\left(\sum_{n=1}^{\infty} b_n\neq 0\right)$임에 주의한다.

급수의 성질과 진위 판단은 유형 07, 유형 08에서 자세히 살펴보도록 한다.

## 0109

답 ④

등차수열 $\{a_n\}$의 공차를 $d$라 하자.

$a_2=5$, $a_5=11$이므로 $a_5=a_2+3d$에서

$11=5+3d$, $3d=6$

$\therefore d=2$

$a_1=a_2-d=5-2=3$이므로

$$S_n=\frac{n\{2\times3+(n-1)\times2\}}{2}=n^2+2n$$

$$\therefore \sum_{k=1}^{n}\frac{1}{S_k}=\sum_{k=1}^{n}\frac{1}{k(k+2)}$$
$$=\frac{1}{2}\sum_{k=1}^{n}\left(\frac{1}{k}-\frac{1}{k+2}\right)$$
$$=\frac{1}{2}\left\{\left(1-\frac{1}{3}\right)+\left(\frac{1}{2}-\frac{1}{4}\right)+\left(\frac{1}{3}-\frac{1}{5}\right)+\cdots+\left(\frac{1}{n-1}-\frac{1}{n+1}\right)+\left(\frac{1}{n}-\frac{1}{n+2}\right)\right\}$$
$$=\frac{1}{2}\left(1+\frac{1}{2}-\frac{1}{n+1}-\frac{1}{n+2}\right)$$

$$\therefore \lim_{n\to\infty}\sum_{k=1}^{n}\frac{1}{S_k}=\lim_{n\to\infty}\frac{1}{2}\left(1+\frac{1}{2}-\frac{1}{n+1}-\frac{1}{n+2}\right)=\frac{1}{2}\times\frac{3}{2}=\frac{3}{4}$$

**참고**

공차가 $d$인 등차수열 $\{a_n\}$의 첫째항부터 제$n$항까지의 합을 $S_n$이라 하면

$S_n=\frac{n\{2a_1+(n-1)d\}}{2}$이다.

## 유형 03 로그를 포함한 급수

## 0110

답 $-\frac{1}{2}$

$$\sum_{n=2}^{\infty}\log_4\left(1-\frac{1}{a_n}\right)=\sum_{n=2}^{\infty}\log_4\left(1-\frac{1}{n^2}\right)$$
$$=\sum_{n=1}^{\infty}\log_4\left\{1-\frac{1}{(n+1)^2}\right\}$$
$$=\sum_{n=1}^{\infty}\log_4\frac{n(n+2)}{(n+1)^2}$$

급수 $\sum_{n=1}^{\infty}\log_4\frac{n(n+2)}{(n+1)^2}$의 제$n$항까지의 부분합을 $S_n$이라 하면

$$S_n=\sum_{k=1}^{n}\log_4\frac{k(k+2)}{(k+1)^2}$$
$$=\sum_{k=1}^{n}\log_4\left(\frac{k}{k+1}\times\frac{k+2}{k+1}\right)$$
$$=\log_4\left(\frac{1}{2}\times\frac{3}{2}\right)+\log_4\left(\frac{2}{3}\times\frac{4}{3}\right)+\log_4\left(\frac{3}{4}\times\frac{5}{4}\right)+\cdots+\log_4\left(\frac{n}{n+1}\times\frac{n+2}{n+1}\right)$$
$$=\log_4\left\{\left(\frac{1}{2}\times\frac{3}{2}\right)\times\left(\frac{2}{3}\times\frac{4}{3}\right)\times\left(\frac{3}{4}\times\frac{5}{4}\right)\times\cdots\times\left(\frac{n}{n+1}\times\frac{n+2}{n+1}\right)\right\}$$
$$=\log_4\frac{n+2}{2(n+1)}$$

$$\therefore \sum_{n=2}^{\infty}\log_4\left(1-\frac{1}{a_n}\right)=\lim_{n\to\infty}S_n$$
$$=\lim_{n\to\infty}\left\{\log_4\frac{n+2}{2(n+1)}\right\}$$
$$=\log_4\frac{1}{2}=-\frac{1}{2}$$

**Bible Says 로그의 성질**

$a>0$, $a\neq1$, $M>0$, $N>0$일 때

(1) $\log_a 1=0$, $\log_a a=1$

(2) $\log_a MN=\log_a M+\log_a N$

(3) $\log_a\frac{M}{N}=\log_a M-\log_a N$

(4) $\log_a M^k=k\log_a M$ (단, $k$는 실수)

## 0111

답 ③

주어진 급수의 제$n$항까지의 부분합을 $S_n$이라 하면

$$S_n=\sum_{k=1}^{n}\log_5 a_k$$
$$=\log_5 a_1+\log_5 a_2+\log_5 a_3+\cdots+\log_5 a_n$$
$$=\log_5 a_1a_2a_3\cdots a_n$$
$$=\log_5\frac{pn-2}{n+1}$$

$$\therefore \sum_{n=1}^{\infty}\log_5 a_n=\lim_{n\to\infty}S_n=\lim_{n\to\infty}\log_5\frac{pn-2}{n+1}=\log_5 p$$

따라서 $\log_5 p=2$이므로 $p=5^2=25$

## 0112

답 ④

주어진 급수의 제$n$항까지의 부분합을 $S_n$이라 하면

$$S_n=\sum_{k=1}^{n}\{\log_{2k}\sqrt{2}-\log_{2(k+1)}\sqrt{2}\}$$
$$=(\log_2\sqrt{2}-\log_4\sqrt{2})+(\log_4\sqrt{2}-\log_6\sqrt{2})+\cdots+\{\log_{2n}\sqrt{2}-\log_{2(n+1)}\sqrt{2}\}$$
$$=\log_2\sqrt{2}-\log_{2(n+1)}\sqrt{2}$$
$$=\frac{1}{2}-\frac{1}{\log_{\sqrt{2}}2(n+1)}$$

$$\therefore \sum_{n=1}^{\infty}\{\log_{2n}\sqrt{2}-\log_{2(n+1)}\sqrt{2}\}=\lim_{n\to\infty}S_n=\lim_{n\to\infty}\left\{\frac{1}{2}-\frac{1}{\log_{\sqrt{2}}2(n+1)}\right\}=\frac{1}{2}$$

다른 풀이

주어진 급수의 제$n$항까지의 부분합을 $S_n$이라 하면

$$S_n=\sum_{k=1}^{n}\left\{\frac{1}{\log_{\sqrt{2}}2k}-\frac{1}{\log_{\sqrt{2}}2(k+1)}\right\}$$
$$=\left(\frac{1}{\log_{\sqrt{2}}2}-\frac{1}{\log_{\sqrt{2}}4}\right)+\left(\frac{1}{\log_{\sqrt{2}}4}-\frac{1}{\log_{\sqrt{2}}6}\right)+\cdots+\left\{\frac{1}{\log_{\sqrt{2}}2n}-\frac{1}{\log_{\sqrt{2}}2(n+1)}\right\}$$
$$=\frac{1}{\log_{\sqrt{2}}2}-\frac{1}{\log_{\sqrt{2}}2(n+1)}$$

$$\therefore \sum_{n=1}^{\infty}\{\log_{2n}\sqrt{2}-\log_{2(n+1)}\sqrt{2}\}=\lim_{n\to\infty}S_n=\lim_{n\to\infty}\left\{\frac{1}{\log_{\sqrt{2}}2}-\frac{1}{\log_{\sqrt{2}}2(n+1)}\right\}=\frac{1}{\log_{\sqrt{2}}2}=\log_2\sqrt{2}=\frac{1}{2}$$

참고

$a>0$, $a\neq1$, $b>0$, $c>0$, $c\neq1$일 때, $\log_a b=\dfrac{\log_c b}{\log_c a}$이다.

유형 04 항의 부호가 교대로 바뀌는 급수

## 0113

답 0

주어진 급수의 제$n$항까지의 부분합을 $S_n$이라 하면

$S_1=\frac{1}{2}$, $S_2=0$, $S_3=\frac{1}{3}$, $S_4=0$, $S_5=\frac{1}{4}$, $\cdots$이므로

$S_{2n-1}=\frac{1}{n+1}$, $S_{2n}=0$

따라서 $\lim_{n\to\infty}S_{2n-1}=\lim_{n\to\infty}\frac{1}{n+1}=0$, $\lim_{n\to\infty}S_{2n}=0$이므로 주어진 급수의 합은 0이다.

## 0114

답 ④

주어진 급수의 제$n$항까지의 부분합을 $S_n$이라 하자.

① $S_1=2$, $S_2=0$, $S_3=2$, $S_4=0$, $\cdots$이므로

$S_{2n-1}=2$, $S_{2n}=0$

즉, $\lim_{n\to\infty}S_{2n-1}=2$, $\lim_{n\to\infty}S_{2n}=0$이므로 주어진 급수는 발산한다.

② $$S_{2n-1}=(1^2-3^2)+(5^2-7^2)+(9^2-11^2)+\cdots+\{(4n-7)^2-(4n-5)^2\}+(4n-3)^2$$
$$=-2(1+3)-2(5+7)-2(9+11)-\cdots-2\{(4n-7)+(4n-5)\}+(4n-3)^2$$
$$=-2\times\{1+3+5+\cdots+(4n-5)\}+(4n-3)^2$$
$$=-2\times\frac{(2n-2)\{1+(4n-5)\}}{2}+(4n-3)^2$$
$$=8n^2-8n+1$$

이고 $\lim_{n\to\infty}(8n^2-8n+1)=\infty$이므로 수열 $\{S_{2n-1}\}$은 발산한다.

즉, 주어진 급수는 발산한다.

③ $$S_{2n-1}=\left(\frac{1}{2}-\frac{1}{2}\right)+\left(\frac{2}{3}-\frac{2}{3}\right)+\left(\frac{3}{4}-\frac{3}{4}\right)+\cdots+\left(\frac{n-1}{n}-\frac{n-1}{n}\right)+\frac{n}{n+1}$$
$$=\frac{n}{n+1}$$

이므로 $\lim_{n\to\infty}S_{2n-1}=\lim_{n\to\infty}\frac{n}{n+1}=1$

$$S_{2n}=\left(\frac{1}{2}-\frac{1}{2}\right)+\left(\frac{2}{3}-\frac{2}{3}\right)+\left(\frac{3}{4}-\frac{3}{4}\right)+\cdots+\left(\frac{n}{n+1}-\frac{n}{n+1}\right)$$
$$=0$$

이므로 $\lim_{n\to\infty}S_{2n}=0$

즉, $\lim_{n\to\infty}S_{2n-1}\neq\lim_{n\to\infty}S_{2n}$이므로 주어진 급수는 발산한다.

④ $S_{2n-1}$
$$=\left(-\sin\frac{\pi}{2}+\sin\frac{\pi}{2}\right)+\left(-\sin\frac{\pi}{4}+\sin\frac{\pi}{4}\right)+\left(-\sin\frac{\pi}{8}+\sin\frac{\pi}{8}\right)+\cdots+\left(-\sin\frac{\pi}{2^{n-1}}+\sin\frac{\pi}{2^{n-1}}\right)-\sin\frac{\pi}{2^n}$$
$$=-\sin\frac{\pi}{2^n}$$

이므로 $\lim_{n\to\infty}S_{2n-1}=\lim_{n\to\infty}\left(-\sin\frac{\pi}{2^n}\right)=-\sin 0=0$

$S_{2n}$
$$=\left(-\sin\frac{\pi}{2}+\sin\frac{\pi}{2}\right)+\left(-\sin\frac{\pi}{4}+\sin\frac{\pi}{4}\right)+\left(-\sin\frac{\pi}{8}+\sin\frac{\pi}{8}\right)+\cdots+\left(-\sin\frac{\pi}{2^n}+\sin\frac{\pi}{2^n}\right)$$
$$=0$$

이므로 $\lim_{n\to\infty}S_{2n}=0$

즉, $\lim_{n\to\infty}S_{2n-1}=\lim_{n\to\infty}S_{2n}=0$이므로 주어진 급수는 수렴한다.

⑤ $S_{2n-1}$
$$=(2-4)+(6-8)+(10-12)+\cdots+\{(4n-6)-(4n-4)\}+(4n-2)$$
$$=-2(n-1)+(4n-2)=2n$$

이고 $\lim_{n\to\infty}2n=\infty$이므로 수열 $\{S_{2n-1}\}$은 발산한다.

즉, 주어진 급수는 발산한다.

따라서 수렴하는 급수는 ④이다.

2 권

## 0115

답 ④

주어진 급수의 제$n$항까지의 부분합을 $S_n$이라 하면

$S_1=a_1$, $S_2=a_1-a_2$, $S_3=a_1$, $S_4=a_1-a_3$, $\cdots$이므로

$S_{2n-1}=a_1$, $S_{2n}=a_1-a_{n+1}$

이때 주어진 급수가 수렴하려면 $\lim_{n\to\infty} S_{2n-1}=\lim_{n\to\infty} S_{2n}$이어야 하므로

$\lim_{n\to\infty} a_1=\lim_{n\to\infty}(a_1-a_{n+1})$에서 $\lim_{n\to\infty} a_{n+1}=0$이어야 한다.

즉, $\lim_{n\to\infty} a_n=0$이어야 한다.

ㄱ. $\lim_{n\to\infty} a_n=\lim_{n\to\infty}\frac{2n}{3n^2+n}=0$

ㄴ. $$\begin{aligned}\lim_{n\to\infty} a_n&=\lim_{n\to\infty}(\sqrt{2n^2+n}-\sqrt{2n^2})\\&=\lim_{n\to\infty}\frac{(2n^2+n)-2n^2}{\sqrt{2n^2+n}+\sqrt{2n^2}}\\&=\lim_{n\to\infty}\frac{n}{\sqrt{2n^2+n}+\sqrt{2n^2}}\\&=\lim_{n\to\infty}\frac{1}{\sqrt{2+\frac{1}{n}}+\sqrt{2}}\\&=\frac{1}{2\sqrt{2}}=\frac{\sqrt{2}}{4}\neq 0\end{aligned}$$

ㄷ. $\lim_{n\to\infty} a_n=\lim_{n\to\infty}\log\frac{(n+2)^2}{(n+1)(n+3)}=\log 1=0$

따라서 주어진 급수가 수렴하도록 하는 수열은 ㄱ, ㄷ이다.

### 유형 05 급수와 수열의 극한값 사이의 관계

## 0116

답 10

급수 $\sum_{n=1}^{\infty}(2a_n-k)$가 수렴하므로 $\lim_{n\to\infty}(2a_n-k)=0$

$$\begin{aligned}\therefore \lim_{n\to\infty} a_n&=\lim_{n\to\infty}\left\{\frac{1}{2}(2a_n-k)+\frac{k}{2}\right\}\\&=\frac{1}{2}\lim_{n\to\infty}(2a_n-k)+\lim_{n\to\infty}\frac{k}{2}\\&=\frac{1}{2}\times 0+\frac{k}{2}=\frac{k}{2}\end{aligned}$$

따라서 $\frac{k}{2}=5$이므로 $k=10$

**Bible Says** 급수와 수열의 극한값 사이의 관계

급수 $\sum_{n=1}^{\infty}(a_n-k)$가 수렴하면 $\lim_{n\to\infty}(a_n-k)=0$이므로 $\lim_{n\to\infty} a_n=k$이다.

## 0117

답 ④

급수 $\sum_{n=1}^{\infty}a_n$이 수렴하므로 $\lim_{n\to\infty} a_n=0$

$$\begin{aligned}\therefore \lim_{n\to\infty}\frac{a_n-4n^2+3}{2a_n-n^2-5n}&=\lim_{n\to\infty}\frac{\frac{a_n}{n^2}-4+\frac{3}{n^2}}{\frac{2a_n}{n^2}-1-\frac{5}{n}}\\&=\frac{0-4+0}{0-1-0}=4\end{aligned}$$

## 0118

답 10

$\lim_{n\to\infty} S_n$, 즉 급수 $\sum_{n=1}^{\infty}a_n$이 수렴하므로 $\lim_{n\to\infty} a_n=0$

$$\begin{aligned}\therefore \lim_{n\to\infty}(2S_n+3a_n)&=2\lim_{n\to\infty} S_n+3\lim_{n\to\infty} a_n\\&=2\times 5+3\times 0=10\end{aligned}$$

## 0119

답 ③

급수 $\sum_{n=1}^{\infty}a_n$이 수렴하므로 $\lim_{n\to\infty} a_n=0$

$\therefore \lim_{n\to\infty} a_{2n}=\lim_{n\to\infty} a_n=0$

또한 급수 $\sum_{n=1}^{\infty}a_n$의 제$n$항까지의 부분합을 $S_n$이라 하면

$\lim_{n\to\infty} S_n=\sum_{n=1}^{\infty}a_n=25$

$\therefore \lim_{n\to\infty} S_{2n}=\lim_{n\to\infty} S_n=25$

$$\begin{aligned}\therefore &\lim_{n\to\infty}\frac{a_1+a_2+a_3+\cdots+a_{2n-1}+15a_{2n}}{a_1+a_2+a_3+\cdots+a_{n-1}+5a_n}\\&=\lim_{n\to\infty}\frac{S_{2n}+14a_{2n}}{S_n+4a_n}\\&=\frac{25+14\times 0}{25+4\times 0}=1\end{aligned}$$

## 0120

답 3

급수 $\sum_{n=1}^{\infty}(a_n+2)$가 수렴하므로 $\lim_{n\to\infty}(a_n+2)=0$

따라서 $\lim_{n\to\infty} a_n=-2$이므로

$\lim_{n\to\infty}(2a_n+7)=2\lim_{n\to\infty} a_n+\lim_{n\to\infty} 7=2\times(-2)+7=3$

## 0121

답 14

급수 $\sum_{n=1}^{\infty}\frac{2a_n-b_n}{a_n+b_n}$이 수렴하므로 $\lim_{n\to\infty}\frac{2a_n-b_n}{a_n+b_n}=0$

$\lim_{n\to\infty}\frac{2a_n-b_n}{a_n+b_n}=\lim_{n\to\infty}\left(2-\frac{3b_n}{a_n+b_n}\right)=0$에서 $\lim_{n\to\infty}\frac{b_n}{a_n+b_n}=\frac{2}{3}$

또한 $\lim_{n\to\infty}\frac{a_n+b_n}{b_n}=\lim_{n\to\infty}\left(\frac{a_n}{b_n}+1\right)=\frac{3}{2}$이므로

$\lim_{n\to\infty}\frac{a_n}{b_n}=\frac{1}{2}$

$\therefore \lim_{n\to\infty}\frac{b_n}{a_n}=2$

이때 $\lim_{n\to\infty} a_n=7$이므로

$$\begin{aligned}\lim_{n\to\infty} b_n&=\lim_{n\to\infty}\left(\frac{b_n}{a_n}\times a_n\right)\\&=\lim_{n\to\infty}\frac{b_n}{a_n}\times\lim_{n\to\infty} a_n\\&=2\times 7=14\end{aligned}$$

## 유형 06 급수의 수렴과 발산

### 0122

답 ③

① $\lim_{n\to\infty}\frac{n}{3n-2}=\frac{1}{3}\neq0$이므로 주어진 급수는 발산한다.

② $\lim_{n\to\infty}(\sqrt{n+1}-\sqrt{n})=\lim_{n\to\infty}\frac{(n+1)-n}{\sqrt{n+1}+\sqrt{n}}$

$=\lim_{n\to\infty}\frac{1}{\sqrt{n+1}+\sqrt{n}}=0$

이므로 주어진 급수가 수렴하는지 파악하려면 이 급수의 부분합을 살펴야 한다.

주어진 급수의 제$n$항까지의 부분합을 $S_n$이라 하면

$S_n=\sum_{k=1}^{n}(\sqrt{k+1}-\sqrt{k})$

$=(\sqrt{2}-\sqrt{1})+(\sqrt{3}-\sqrt{2})+(\sqrt{4}-\sqrt{3})+\cdots+(\sqrt{n+1}-\sqrt{n})$

$=\sqrt{n+1}-1$

즉, $\lim_{n\to\infty}S_n=\lim_{n\to\infty}(\sqrt{n+1}-1)=\infty$이므로 주어진 급수는 발산한다.

③ 주어진 급수의 제$n$항을 $a_n$이라 하면

$a_n=\log\frac{n(n+2)}{(n+1)^2}$

$\lim_{n\to\infty}a_n=\lim_{n\to\infty}\log\frac{n(n+2)}{(n+1)^2}=\log 1=0$

이므로 주어진 급수가 수렴하는지 파악하려면 이 급수의 부분합을 살펴야 한다.

주어진 급수의 제$n$항까지의 부분합을 $S_n$이라 하면

$S_n=\log\frac{1\times3}{2^2}+\log\frac{2\times4}{3^2}+\log\frac{3\times5}{4^2}+\cdots+\log\frac{n(n+2)}{(n+1)^2}$

$=\log\left\{\frac{1\times3}{2^2}\times\frac{2\times4}{3^2}\times\frac{3\times5}{4^2}\times\cdots\times\frac{n(n+2)}{(n+1)^2}\right\}$

$=\log\frac{n+2}{2(n+1)}$

즉, $\lim_{n\to\infty}S_n=\lim_{n\to\infty}\log\frac{n+2}{2(n+1)}=\log\frac{1}{2}=-\log 2$

이므로 주어진 급수는 수렴한다.

④ $\lim_{n\to\infty}\{\log(n+1)-\log n\}=\lim_{n\to\infty}\log\frac{n+1}{n}=\log 1=0$

이므로 주어진 급수가 수렴하는지 파악하려면 이 급수의 부분합을 살펴야 한다.

주어진 급수의 제$n$항까지의 부분합을 $S_n$이라 하면

$S_n=\sum_{k=1}^{n}\{\log(k+1)-\log k\}$

$=\sum_{k=1}^{n}\log\frac{k+1}{k}$

$=\log\frac{2}{1}+\log\frac{3}{2}+\log\frac{4}{3}+\cdots+\log\frac{n+1}{n}$

$=\log\left(\frac{2}{1}\times\frac{3}{2}\times\frac{4}{3}\times\cdots\times\frac{n+1}{n}\right)$

$=\log(n+1)$

즉, $\lim_{n\to\infty}S_n=\lim_{n\to\infty}\log(n+1)=\infty$이므로 주어진 급수는 발산한다.

⑤ 주어진 급수의 제$n$항을 $a_n$이라 하면

$a_n=(-1)^{n-1}\times n$

즉, 수열 $\{a_n\}$은 발산하므로 주어진 급수는 발산한다.

따라서 주어진 급수 중 수렴하는 것은 ③이다.

### 0123

답 ②

ㄱ. $\lim_{n\to\infty}\frac{3n^2-2}{2n^2+n}=\frac{3}{2}\neq0$이므로 주어진 급수는 발산한다.

ㄴ. $\lim_{n\to\infty}\frac{1}{(n+2)(n+3)}=0$이므로 주어진 급수가 수렴하는지 파악하려면 이 급수의 부분합을 살펴야 한다.

주어진 급수의 제$n$항까지의 부분합을 $S_n$이라 하면

$S_n=\sum_{k=1}^{n}\frac{1}{(k+2)(k+3)}$

$=\sum_{k=1}^{n}\left(\frac{1}{k+2}-\frac{1}{k+3}\right)$

$=\left(\frac{1}{3}-\frac{1}{4}\right)+\left(\frac{1}{4}-\frac{1}{5}\right)+\left(\frac{1}{5}-\frac{1}{6}\right)+\cdots+\left(\frac{1}{n+2}-\frac{1}{n+3}\right)$

$=\frac{1}{3}-\frac{1}{n+3}$

즉, $\lim_{n\to\infty}S_n=\lim_{n\to\infty}\left(\frac{1}{3}-\frac{1}{n+3}\right)=\frac{1}{3}$이므로 주어진 급수는 수렴한다.

ㄷ. $\lim_{n\to\infty}(\sqrt{2n+2}-\sqrt{2n})=\lim_{n\to\infty}\frac{2}{\sqrt{2n+2}+\sqrt{2n}}=0$이므로 주어진 급수가 수렴하는지 파악하려면 이 급수의 부분합을 살펴야 한다.

주어진 급수의 제$n$항까지의 부분합을 $S_n$이라 하면

$S_n=\sum_{k=1}^{n}(\sqrt{2k+2}-\sqrt{2k})$

$=(\sqrt{4}-\sqrt{2})+(\sqrt{6}-\sqrt{4})+(\sqrt{8}-\sqrt{6})+\cdots+(\sqrt{2n+2}-\sqrt{2n})$

$=\sqrt{2n+2}-\sqrt{2}$

즉, $\lim_{n\to\infty}S_n=\lim_{n\to\infty}(\sqrt{2n+2}-\sqrt{2})=\infty$이므로 주어진 급수는 발산한다.

ㄹ. $\lim_{n\to\infty}\frac{\sqrt{n}}{\sqrt{n}+\sqrt{n+2}}=\frac{1}{2}\neq0$이므로 주어진 급수는 발산한다.

따라서 수렴하는 급수의 개수는 1이다.

### 0124

답 ⑤

ㄱ. $\lim_{n\to\infty}(2n-7)\neq0$이므로 주어진 급수는 발산한다.

ㄴ. $\lim_{n\to\infty}\left(2-\frac{1}{n+1}\right)=2\neq0$이므로 주어진 급수는 발산한다.

ㄷ. $\sum_{n=2}^{\infty}\log\frac{n-1}{n+1}=\sum_{n=1}^{\infty}\log\frac{n}{n+2}$이고

$\lim_{n\to\infty}\log\frac{n}{n+2}=\log 1=0$이므로 주어진 급수가 수렴하는지 파악하려면 이 급수의 부분합을 살펴야 한다.

주어진 급수의 제$n$항까지의 부분합을 $S_n$이라 하면

$S_n=\sum_{k=1}^{n}\log\frac{k}{k+2}$

$=\log\frac{1}{3}+\log\frac{2}{4}+\log\frac{3}{5}+\cdots+\log\frac{n-1}{n+1}+\log\frac{n}{n+2}$

$=\log\left(\frac{1}{3}\times\frac{2}{4}\times\frac{3}{5}\times\cdots\times\frac{n-1}{n+1}\times\frac{n}{n+2}\right)$

$=\log\frac{1\times2}{(n+1)(n+2)}$

즉, $\lim_{n\to\infty} S_n = \lim_{n\to\infty} \log \frac{2}{(n+1)(n+2)} = -\infty$이므로 주어진 급수는 발산한다.

따라서 발산하는 급수는 ㄱ, ㄴ, ㄷ이다.

## 유형 07 급수의 성질

### 0125

답 25

두 급수 $\sum_{n=1}^{\infty} a_n$, $\sum_{n=1}^{\infty} b_n$이 모두 수렴하므로

$\sum_{n=1}^{\infty} (2a_n+3b_n) = 2\sum_{n=1}^{\infty} a_n + 3\sum_{n=1}^{\infty} b_n = 9$에서

$2\alpha+3\beta=9$ …… ㉠

$\sum_{n=1}^{\infty} (4a_n+9b_n) = 4\sum_{n=1}^{\infty} a_n + 9\sum_{n=1}^{\infty} b_n = 20$에서

$4\alpha+9\beta=20$ …… ㉡

㉠, ㉡을 연립하여 풀면

$\alpha=\frac{7}{2}$, $\beta=\frac{2}{3}$

$\therefore 6(\alpha+\beta) = 6\times\left(\frac{7}{2}+\frac{2}{3}\right) = 25$

### 0126

답 ①

$\sum_{n=1}^{\infty} (4a_n+2b_n) = 22$, $\sum_{n=1}^{\infty} b_n = 5$이므로

$$\begin{aligned}\sum_{n=1}^{\infty} 4a_n &= \sum_{n=1}^{\infty} \{(4a_n+2b_n)-2b_n\}\\ &= \sum_{n=1}^{\infty} (4a_n+2b_n) - 2\sum_{n=1}^{\infty} b_n\\ &= 22-2\times5=12\end{aligned}$$

$\therefore \sum_{n=1}^{\infty} a_n = \frac{1}{4}\sum_{n=1}^{\infty} 4a_n = \frac{1}{4}\times12=3$

### 0127

답 10

$a_n - \frac{4}{n(n+2)} = b_n$으로 놓으면

$a_n = b_n + \frac{4}{n(n+2)}$

이때 $\sum_{n=1}^{\infty} b_n = 7$이고 급수 $\sum_{n=1}^{\infty} \frac{4}{n(n+2)}$의 제$n$항까지의 부분합을 $S_n$이라 하면

$$\begin{aligned}S_n &= \sum_{k=1}^{n} \frac{4}{k(k+2)}\\ &= 2\sum_{k=1}^{n} \left(\frac{1}{k}-\frac{1}{k+2}\right)\\ &= 2\left\{\left(1-\frac{1}{3}\right)+\left(\frac{1}{2}-\frac{1}{4}\right)+\left(\frac{1}{3}-\frac{1}{5}\right) +\cdots+\left(\frac{1}{n-1}-\frac{1}{n+1}\right)+\left(\frac{1}{n}-\frac{1}{n+2}\right)\right\}\\ &= 2\left(1+\frac{1}{2}-\frac{1}{n+1}-\frac{1}{n+2}\right)\end{aligned}$$

$$\begin{aligned}\therefore \sum_{n=1}^{\infty} \frac{4}{n(n+2)} &= \lim_{n\to\infty} S_n\\ &= \lim_{n\to\infty} 2\left(1+\frac{1}{2}-\frac{1}{n+1}-\frac{1}{n+2}\right)=3\end{aligned}$$

$$\begin{aligned}\therefore \sum_{n=1}^{\infty} a_n &= \sum_{n=1}^{\infty} \left\{b_n+\frac{4}{n(n+2)}\right\}\\ &= \sum_{n=1}^{\infty} b_n + \sum_{n=1}^{\infty} \frac{4}{n(n+2)} = 7+3=10\end{aligned}$$

### 0128

답 14

$S_n = \frac{3n}{2n+1}$에서

$\lim_{n\to\infty} S_n = \lim_{n\to\infty} \frac{3n}{2n+1} = \frac{3}{2}$이므로

$\sum_{n=1}^{\infty} a_n = \lim_{n\to\infty} S_n = \frac{3}{2}$

이때 $S_n = \frac{3n}{2n+1}$의 양변에 $n=2$를 대입하면

$a_1+a_2 = S_2 = \frac{6}{5}$

$\sum_{n=1}^{\infty} a_{n+2} = \sum_{n=3}^{\infty} a_n = \sum_{n=1}^{\infty} a_n - (a_1+a_2) = \frac{3}{2}-\frac{6}{5} = \frac{3}{10}$

$\therefore \sum_{n=1}^{\infty} (a_n+a_{n+2}) = \sum_{n=1}^{\infty} a_n + \sum_{n=1}^{\infty} a_{n+2} = \frac{3}{2}+\frac{3}{10} = \frac{18}{10} = \frac{9}{5}$

따라서 $p=5$, $q=9$이므로

$p+q=5+9=14$

## 유형 08 급수의 성질의 진위 판단

### 0129

답 ②

ㄱ. $\lim_{n\to\infty} (a_n+b_n) = \lim_{n\to\infty} \frac{1}{\sqrt{n+1}+\sqrt{n}} = 0$ (참)

ㄴ. $\lim_{n\to\infty} a_n = \alpha$ ($\alpha$는 실수)로 놓으면 ㄱ에 의하여

$$\begin{aligned}\lim_{n\to\infty} b_n &= \lim_{n\to\infty} \{(a_n+b_n)-a_n\}\\ &= \lim_{n\to\infty} (a_n+b_n) - \lim_{n\to\infty} a_n\\ &= 0-\alpha=-\alpha\end{aligned}$$

즉, 수열 $\{a_n\}$이 수렴하면 수열 $\{b_n\}$도 수렴한다. (참)

ㄷ. [반례] $a_n=0$, $b_n = \frac{1}{\sqrt{n+1}+\sqrt{n}} = \sqrt{n+1}-\sqrt{n}$

이면 $\sum_{n=1}^{\infty} a_n = 0$,

$$\begin{aligned}\sum_{k=1}^{n} b_k &= \sum_{k=1}^{n} (\sqrt{k+1}-\sqrt{k})\\ &= (\sqrt{2}-\sqrt{1})+(\sqrt{3}-\sqrt{2})+(\sqrt{4}-\sqrt{3}) +\cdots+(\sqrt{n+1}-\sqrt{n})\\ &= \sqrt{n+1}-1\end{aligned}$$

이므로 $\lim_{n\to\infty} (\sqrt{n+1}-1) = \infty$

즉, $\sum_{n=1}^{\infty} a_n$은 수렴하지만 $\sum_{n=1}^{\infty} b_n$은 발산한다. (거짓)

따라서 옳은 것은 ㄱ, ㄴ이다.

## 0130

답 ④

① [반례] $a_n=b_n=1$

이면 $\lim_{n\to\infty} a_n=\lim_{n\to\infty} b_n=1$이지만

$\lim_{n\to\infty}(a_n+b_n)=\lim_{n\to\infty}a_n+\lim_{n\to\infty}b_n=1+1=2\neq0$

이므로 $\sum_{n=1}^{\infty}(a_n+b_n)$은 발산한다. (거짓)

② [반례] $a_n=\begin{cases}0 & (n\text{은 홀수})\\ n & (n\text{은 짝수})\end{cases}$, $b_n=\begin{cases}n & (n\text{은 홀수})\\ 0 & (n\text{은 짝수})\end{cases}$

이면 $\sum_{n=1}^{\infty}a_nb_n=\sum_{n=1}^{\infty}0=0$이지만 $\sum_{n=1}^{\infty}a_n$과 $\sum_{n=1}^{\infty}b_n$은 모두 발산한다.

(거짓)

③ [반례] $a_n=0$, $b_n=n$

이면 $\sum_{n=1}^{\infty}a_nb_n=0$이고 $\lim_{n\to\infty}a_n=0$이지만 $\lim_{n\to\infty}b_n=\infty\neq0$이다.

(거짓)

④ $\sum_{n=1}^{\infty}a_n^2$이 수렴하면 $\lim_{n\to\infty}a_n^2=0$이므로

$\lim_{n\to\infty}|a_n|=\lim_{n\to\infty}\sqrt{a_n^2}=0$에서 $\lim_{n\to\infty}a_n=0$이다. (참)

⑤ [반례] $a_n=0$, $b_n=n$

이면 $\sum_{n=1}^{\infty}a_n=0$, $\sum_{n=1}^{\infty}a_nb_n=0$이므로 $\sum_{n=1}^{\infty}a_n$, $\sum_{n=1}^{\infty}a_nb_n$이 수렴하지만 $\lim_{n\to\infty}b_n=\infty\neq0$이므로 $\sum_{n=1}^{\infty}b_n$은 발산한다. (거짓)

따라서 옳은 것은 ④이다.

## 0131

답 ②

ㄱ. [반례] $a_n=(-1)^n$, $b_n=(-1)^{n-1}$

이면 $a_n+b_n=0$이므로 급수 $\sum_{n=1}^{\infty}(a_n+b_n)$은 수렴하지만 두 수열 $\{a_n\}$, $\{b_n\}$은 모두 발산한다. (거짓)

ㄴ. $\sum_{n=1}^{\infty}(a_n-2b_n)^2=\sum_{n=1}^{\infty}(a_n^2-4a_nb_n+4b_n^2)$

$=\sum_{n=1}^{\infty}a_n^2-4\sum_{n=1}^{\infty}a_nb_n+4\sum_{n=1}^{\infty}b_n^2$

$=\alpha-4\beta+4\beta=\alpha$ (참)

ㄷ. [반례] $a_n=n$, $b_n=0$

이면 수열 $\{b_n\}$과 급수 $\sum_{n=1}^{\infty}a_nb_n$이 모두 수렴하지만

$\lim_{n\to\infty}a_n=\lim_{n\to\infty}n=\infty$이므로 수열 $\{a_n\}$은 발산한다. (거짓)

따라서 옳은 것은 ㄴ이다.

### 유형 09 급수의 활용

## 0132

답 ①

$3x-4y+1=0$에서 $y=\frac{3}{4}x+\frac{1}{4}$

$y$좌표가 자연수이려면 $x$좌표가 4로 나누었을 때의 나머지가 1인 자연수이어야 한다.

$x=4(n-1)+1=4n-3$ ($n$은 자연수)로 놓으면 $y=3n-2$이므로

$a_n=4n-3$, $b_n=3n-2$

급수 $\sum_{n=1}^{\infty}\frac{1}{(a_n+3)(b_n+5)}=\sum_{n=1}^{\infty}\frac{1}{12n(n+1)}$의 제$n$항까지의 부분합을 $S_n$이라 하면

$S_n=\sum_{k=1}^{n}\frac{1}{12k(k+1)}$

$=\frac{1}{12}\sum_{k=1}^{n}\left(\frac{1}{k}-\frac{1}{k+1}\right)$

$=\frac{1}{12}\left\{\left(1-\frac{1}{2}\right)+\left(\frac{1}{2}-\frac{1}{3}\right)+\left(\frac{1}{3}-\frac{1}{4}\right)+\cdots+\left(\frac{1}{n}-\frac{1}{n+1}\right)\right\}$

$=\frac{1}{12}\left(1-\frac{1}{n+1}\right)$

$\therefore \sum_{n=1}^{\infty}\frac{1}{(a_n+3)(b_n+5)}=\lim_{n\to\infty}S_n=\lim_{n\to\infty}\frac{1}{12}\left(1-\frac{1}{n+1}\right)=\frac{1}{12}$

## 0133

답 ④

점 $A_n$의 좌표는 $(n, \sqrt{n})$이므로

$\overline{A_nA_{4n}}^2=(4n-n)^2+(2\sqrt{n}-\sqrt{n})^2$

$=9n^2+n$

이때

$\frac{1}{\overline{A_nA_{4n}}^2+8n}=\frac{1}{9n^2+n+8n}=\frac{1}{9(n^2+n)}=\frac{1}{9n(n+1)}$

이므로 급수 $\sum_{n=1}^{\infty}\frac{1}{\overline{A_nA_{4n}}^2+8n}$의 제$n$항까지의 부분합을 $S_n$이라 하면

$S_n=\sum_{k=1}^{n}\frac{1}{\overline{A_kA_{4k}}^2+8k}$

$=\sum_{k=1}^{n}\frac{1}{9k(k+1)}$

$=\frac{1}{9}\sum_{k=1}^{n}\left(\frac{1}{k}-\frac{1}{k+1}\right)$

$=\frac{1}{9}\left\{\left(1-\frac{1}{2}\right)+\left(\frac{1}{2}-\frac{1}{3}\right)+\left(\frac{1}{3}-\frac{1}{4}\right)+\cdots+\left(\frac{1}{n}-\frac{1}{n+1}\right)\right\}$

$=\frac{1}{9}\left(1-\frac{1}{n+1}\right)$

$\therefore \sum_{n=1}^{\infty}\frac{1}{\overline{A_nA_{4n}}^2+8n}=\lim_{n\to\infty}S_n=\lim_{n\to\infty}\frac{1}{9}\left(1-\frac{1}{n+1}\right)=\frac{1}{9}$

## 0134

답 ③

직선 $nx+(n+2)y=n+1$의 $x$절편이 $\frac{n+1}{n}$, $y$절편이 $\frac{n+1}{n+2}$이므로

$a_n=\frac{1}{2}\times\frac{n+1}{n}\times\frac{n+1}{n+2}$

급수 $\sum_{n=1}^{\infty}\log_2 2a_n$의 제$n$항까지의 부분합을 $S_n$이라 하면

$S_n=\sum_{k=1}^{n}\log_2 2a_k$

$=\sum_{k=1}^{n}\log_2\left(\frac{k+1}{k}\times\frac{k+1}{k+2}\right)$

$=\log_2\left(\frac{2}{1}\times\frac{2}{3}\right)+\log_2\left(\frac{3}{2}\times\frac{3}{4}\right)+\log_2\left(\frac{4}{3}\times\frac{4}{5}\right)$

$+\cdots+\log_2\left(\frac{n+1}{n}\times\frac{n+1}{n+2}\right)$

$=\log_2\left(\frac{2}{1}\times\frac{2}{3}\times\frac{3}{2}\times\frac{3}{4}\times\frac{4}{3}\times\frac{4}{5}\times\cdots\times\frac{n+1}{n}\times\frac{n+1}{n+2}\right)$

$=\log_2\frac{2(n+1)}{n+2}$

$\therefore \sum_{n=1}^{\infty}\log_2 2a_n=\lim_{n\to\infty}S_n=\lim_{n\to\infty}\log_2\frac{2(n+1)}{n+2}=\log_2 2=1$

## 유형 10 등비급수의 합

### 0135 답 ②

$\sum_{n=1}^{\infty}\frac{2^n-3^{n+2}}{6^{n+1}}=\sum_{n=1}^{\infty}\frac{2^n-9\times 3^n}{6\times 6^n}$

$=\sum_{n=1}^{\infty}\left\{\frac{1}{6}\times\left(\frac{1}{3}\right)^n-\frac{3}{2}\times\left(\frac{1}{2}\right)^n\right\}$

$=\frac{1}{6}\sum_{n=1}^{\infty}\left(\frac{1}{3}\right)^n-\frac{3}{2}\sum_{n=1}^{\infty}\left(\frac{1}{2}\right)^n$

$=\frac{1}{6}\times\frac{\frac{1}{3}}{1-\frac{1}{3}}-\frac{3}{2}\times\frac{\frac{1}{2}}{1-\frac{1}{2}}$

$=\frac{1}{6}\times\frac{1}{2}-\frac{3}{2}\times 1=-\frac{17}{12}$

### 0136 답 ⑤

$\sum_{n=1}^{\infty}\left(-\frac{1}{3}\right)^n\sin\frac{n\pi}{2}$

$=\left(-\frac{1}{3}\right)\sin\frac{\pi}{2}+\left(-\frac{1}{3}\right)^2\sin\pi+\left(-\frac{1}{3}\right)^3\sin\frac{3}{2}\pi+\cdots$

$=\left(-\frac{1}{3}\right)+0+\frac{1}{3^3}+0+\left(-\frac{1}{3^5}\right)+\cdots$

$=-\frac{1}{3}+\frac{1}{3^3}-\frac{1}{3^5}+\cdots$

$=\sum_{n=1}^{\infty}\left\{\left(-\frac{1}{3}\right)\times\left(-\frac{1}{3^2}\right)^{n-1}\right\}=\frac{-\frac{1}{3}}{1-\left(-\frac{1}{3^2}\right)}=-\frac{3}{10}$

### 0137 답 1

$f(x)=(x+1)^n$이라 하면 $a_n=f\left(-\frac{1}{2}\right)=\left(\frac{1}{2}\right)^n$이므로

$\sum_{n=1}^{\infty}a_n=\sum_{n=1}^{\infty}\left(\frac{1}{2}\right)^n=\frac{\frac{1}{2}}{1-\frac{1}{2}}=1$

### 0138 답 ④

$x^n=(-3)^{n-1}$에서

(i) $n=2k$ $(k=1, 2, 3, \cdots)$일 때

$x^n=(-3)^{2k-1}=-3^{2k-1}<0$

이때 $n$은 짝수이므로 실근의 개수는 0이다.

$\therefore a_{2k}=0$

(ii) $n=2k+1$ $(k=1, 2, 3, \cdots)$일 때

$x^n=(-3)^{2k}=3^{2k}>0$

이때 $n$은 홀수이므로 실근의 개수는 1이다.

$\therefore a_{2k+1}=1$

(i), (ii)에서 $a_n=\begin{cases}0 & (n=2k)\\ 1 & (n=2k+1)\end{cases}$ $(k=1, 2, 3, \cdots)$이므로

$\sum_{n=2}^{\infty}\frac{a_n}{2^n}=\frac{a_2}{2^2}+\frac{a_3}{2^3}+\frac{a_4}{2^4}+\frac{a_5}{2^5}+\cdots$

$=\frac{1}{2^3}+\frac{1}{2^5}+\frac{1}{2^7}+\cdots=\frac{\frac{1}{8}}{1-\frac{1}{4}}=\frac{1}{6}$

### 0139 답 ①

등비수열 $\{a_n\}$의 첫째항을 $a$, 공비를 $r$라 하면

$a_n=ar^{n-1}$

$a=0$이면 $\lim_{n\to\infty}\frac{a_n}{6^{n-1}+3^n}=\lim_{n\to\infty}\frac{0}{6^{n-1}+3^n}=0\neq 15$

즉, $a\neq 0$이다.

$\lim_{n\to\infty}\frac{a_n}{6^{n-1}+3^n}=\lim_{n\to\infty}\frac{ar^{n-1}}{6^{n-1}+3^n}=15$ …… ㉠

(i) $|r|<6$일 때 $\left|\frac{r}{6}\right|<1$, $0<\frac{1}{2}<1$이므로 ㉠에서

$\lim_{n\to\infty}\frac{a\times\left(\frac{r}{6}\right)^{n-1}}{1+3\times\left(\frac{1}{2}\right)^{n-1}}=\frac{0}{1+0}=0$

즉, ㉠을 만족시키지 않는다.

(ii) $r=-6$일 때 $\frac{r}{6}=-1$, $0<\frac{1}{2}<1$이므로 ㉠에서

$\lim_{n\to\infty}\frac{a\times(-1)^{n-1}}{1+3\times\left(\frac{1}{2}\right)^{n-1}}$은 발산(진동)한다.

즉, ㉠을 만족시키지 않는다.

(iii) $r=6$일 때 $\frac{r}{6}=1$, $0<\frac{1}{2}<1$이므로 ㉠에서

$\lim_{n\to\infty}\frac{a}{1+3\times\left(\frac{1}{2}\right)^{n-1}}=\frac{a}{1}=a$

즉, ㉠에서 $a=15$

(iv) $|r|>6$일 때 $0<\left|\frac{6}{r}\right|<1$, $0<\left|\frac{3}{r}\right|<1$이므로 ㉠에서

$\lim_{n\to\infty}\frac{a}{\left(\frac{6}{r}\right)^{n-1}+3\times\left(\frac{3}{r}\right)^{n-1}}=\infty$

즉, ㉠을 만족시키지 않는다.

(i)～(iv)에서 $r=6$, $a=15$이므로 수열 $\{a_n\}$은 첫째항이 15이고 공비가 6인 등비수열이다.

따라서 $a_n=15\times6^{n-1}$이므로

$$\sum_{n=1}^{\infty}\frac{1}{a_n}=\sum_{n=1}^{\infty}\frac{1}{15\times6^{n-1}}=\sum_{n=1}^{\infty}\left\{\frac{1}{15}\times\left(\frac{1}{6}\right)^{n-1}\right\}$$

$$=\frac{\frac{1}{15}}{1-\frac{1}{6}}=\frac{2}{25}$$

## 유형 11 합이 주어진 등비급수

### 0140

답 18

등비수열 $\{a_n\}$의 첫째항을 $a$, 공비를 $r$라 하면

$a_2=ar=4$ $\qquad\therefore a=\frac{4}{r}$

또한 급수 $\sum_{n=1}^{\infty}a_n$은 수렴하므로 $|r|<1$

즉, $\sum_{n=1}^{\infty}a_n=\frac{a}{1-r}=\frac{\frac{4}{r}}{1-r}=18$이므로

$\frac{4}{r}=18(1-r)$에서 $2=9r(1-r)$

$9r^2-9r+2=0$, $(3r-1)(3r-2)=0$

$\therefore r=\frac{1}{3}$ 또는 $r=\frac{2}{3}$

$a_2=b_2$, $\sum_{n=1}^{\infty}a_n=\sum_{n=1}^{\infty}b_n$이고 $a_1\neq b_1$이므로

수열 $\{a_n\}$의 공비가 $\frac{1}{3}$이면 수열 $\{b_n\}$의 공비는 $\frac{2}{3}$이고 수열 $\{a_n\}$의 공비가 $\frac{2}{3}$이면 수열 $\{b_n\}$의 공비는 $\frac{1}{3}$이다.

$a_2=b_2=4$이므로

$a_1=12$이면 $b_1=6$이고 $a_1=6$이면 $b_1=12$

$\therefore a_1+b_1=18$

### 0141

답 14

$x-\frac{1}{2}x^2+\frac{1}{4}x^3-\frac{1}{8}x^4+\cdots$은 첫째항이 $x$이고 공비가 $-\frac{1}{2}x$인 등비급수의 합이다.

이때 급수 $x-\frac{1}{2}x^2+\frac{1}{4}x^3-\frac{1}{8}x^4+\cdots$은 수렴하므로 $\left|-\frac{1}{2}x\right|<1$이고

$x-\frac{1}{2}x^2+\frac{1}{4}x^3-\frac{1}{8}x^4+\cdots=\frac{x}{1-\left(-\frac{1}{2}x\right)}=\frac{7}{11}$에서

$11x=7\left(1+\frac{1}{2}x\right)$, $15x=14$

$\therefore x=\frac{14}{15}$

한편, $x+x^2+x^3+\cdots$은 첫째항과 공비가 모두 $x$인 등비급수의 합이므로

$$x+x^2+x^3+\cdots=\frac{x}{1-x}=\frac{\frac{14}{15}}{1-\frac{14}{15}}=14$$

### 0142

답 64

$\sin x+\sin^3x+\sin^5x+\cdots$는 첫째항이 $\sin x$이고 공비가 $\sin^2x$인 등비급수의 합이다.

이때 급수 $\sin x+\sin^3x+\sin^5x+\cdots$가 수렴하므로 $\sin^2x<1$이고

$\sin x+\sin^3x+\sin^5x+\cdots=\frac{\sin x}{1-\sin^2x}=\frac{15}{16}$에서

$16\sin x=15(1-\sin^2x)$, $15\sin^2x+16\sin x-15=0$

$(5\sin x-3)(3\sin x+5)=0$ $\qquad\therefore \sin x=\frac{3}{5}$ ($\because |\sin x|<1$)

$\therefore 100\cos^2x=100(1-\sin^2x)=100\left(1-\frac{9}{25}\right)=64$

### 0143

답 ④

등비수열 $\{a_n\}$의 공비를 $r$ $(r>0)$이라 하면

$a_1a_2=1$에서 $a_1^{\,2}r=1$이므로

$r=\frac{1}{a_1^{\,2}}$ $\qquad\cdots\cdots$ ㉠

한편, 등비급수 $\sum_{n=1}^{\infty}a_n$이 수렴하므로 $0<r<1$

$$\sum_{n=1}^{\infty}a_n=\frac{a_1}{1-r}=\frac{a_1}{1-\frac{1}{a_1^{\,2}}}=\frac{a_1^{\,3}}{a_1^{\,2}-1}=\frac{8}{3}$$

에서 $3a_1^{\,3}=8(a_1^{\,2}-1)$, $3a_1^{\,3}-8a_1^{\,2}+8=0$

$(a_1-2)(3a_1^{\,2}-2a_1-4)=0$

$\therefore a_1=2$ 또는 $a_1=\frac{1\pm\sqrt{13}}{3}$

이때 $a_1$은 자연수이므로 $a_1=2$이고 이를 ㉠에 대입하면

$r=\frac{1}{4}$

따라서 수열 $\{a_n^{\,2}\}$은 첫째항이 $2^2=4$이고 공비가 $\left(\frac{1}{4}\right)^2=\frac{1}{16}$인 등비수열이므로

$$\sum_{n=1}^{\infty}a_n^{\,2}=\frac{4}{1-\frac{1}{16}}=\frac{64}{15}$$

### 0144

답 ③

등비수열 $\{a_n\}$의 첫째항을 $a$, 공비를 $r$라 하면

$a_{2n-1}=ar^{2n-2}$, $a_{2n}=ar^{2n-1}$이므로

$a_{2n-1}-a_{2n}=ar^{2n-2}-ar^{2n-1}=ar^{2n-2}(1-r)$

따라서 수열 $\{a_{2n-1}-a_{2n}\}$은 첫째항이 $a(1-r)$이고 공비가 $r^2$인 등비수열이다.

이때 급수 $\sum_{n=1}^{\infty}(a_{2n-1}-a_{2n})$은 수렴하므로 $|r^2|<1$ $\qquad\cdots\cdots$ ㉠

$$\therefore \sum_{n=1}^{\infty}(a_{2n-1}-a_{2n})=\frac{a(1-r)}{1-r^2}=\frac{a(1-r)}{(1+r)(1-r)}=\frac{a}{1+r}=4 \qquad\cdots\cdots ㉡$$

한편, 수열 $\{a_n^{\,2}\}$은 첫째항이 $a^2$이고 공비가 $r^2$인 등비수열이므로 ㉠에 의하여

$$\sum_{n=1}^{\infty} a_n^{\,2}=\frac{a^2}{1-r^2}=\frac{a}{1+r}\times\frac{a}{1-r}$$
$$=4\times\frac{a}{1-r}\ (\because ㉡)$$
$$=12$$

$\therefore \frac{a}{1-r}=3$ …… ㉢

㉠에 의하여 $|r|<1$이므로 ㉢에 의하여

$$\sum_{n=1}^{\infty} a_n=\frac{a}{1-r}=3$$

**참고**

㉡에서 $a=4+4r$이고 ㉢에서 $a=3-3r$이므로 $4+4r=3-3r$에서 $r=-\frac{1}{7}$이다. 이를 다시 ㉡에 대입하면 $a=\frac{24}{7}$이다.

즉, 수열 $\{a_n\}$은 첫째항이 $\frac{24}{7}$이고 공비가 $-\frac{1}{7}$인 등비수열이다.

## 유형 12 등비급수의 수렴 조건

### 0145

답 6

급수 $\sum_{n=1}^{\infty}\left(\frac{2x-3}{5}\right)^{n-1}$이 수렴하려면 $\left|\frac{2x-3}{5}\right|<1$이어야 하므로

$-1<\frac{2x-3}{5}<1$에서

$-5<2x-3<5,\ -2<2x<8$

$\therefore -1<x<4$

따라서 급수 $\sum_{n=1}^{\infty}\left(\frac{2x-3}{5}\right)^{n-1}$이 수렴하도록 하는 정수 $x$는 0, 1, 2, 3이므로 구하는 합은

$1+2+3=6$

### 0146

답 ④

급수 $\sum_{n=1}^{\infty}\left(\frac{1}{4}\log_2 x^2-3\right)^n$이 수렴하려면 $\left|\frac{1}{4}\log_2 x^2-3\right|<1$이어야 하므로 $-1<\frac{1}{4}\log_2 x^2-3<1$에서

$2<\frac{1}{2}\log_2|x|<4,\ 4<\log_2|x|<8$

$2^4<|x|<2^8$

$\therefore -256<x<-16$ 또는 $16<x<256$

따라서 급수 $\sum_{n=1}^{\infty}\left(\frac{1}{4}\log_2 x^2-3\right)^n$이 수렴하도록 하는 정수 $x$의 개수는

$2\times 239=478$

**주의** $x$의 값의 범위를 구할 때 사용되지는 않았지만 로그의 정의에 의하여 $x\neq 0$임을 잊지 않도록 한다.

### 0147

답 $\frac{2}{3}\pi$

급수 $\sum_{n=1}^{\infty}\left(-\frac{2\sqrt{3}}{3}\sin\theta\right)^{n+1}$이 수렴하려면 $\left|-\frac{2\sqrt{3}}{3}\sin\theta\right|<1$이어야 하므로 $-1<-\frac{2\sqrt{3}}{3}\sin\theta<1$에서

$-\frac{\sqrt{3}}{2}<\sin\theta<\frac{\sqrt{3}}{2}$ $\quad\therefore -\frac{\pi}{3}<\theta<\frac{\pi}{3}\ \left(\because -\frac{\pi}{2}<\theta<\frac{\pi}{2}\right)$

따라서 $\alpha=-\frac{\pi}{3},\ \beta=\frac{\pi}{3}$이므로

$\beta-\alpha=\frac{\pi}{3}-\left(-\frac{\pi}{3}\right)=\frac{2}{3}\pi$

### 0148

답 ④

수열 $\left\{\left(\frac{3x+1}{5}\right)^n\right\}$은 공비가 $\frac{3x+1}{5}$인 등비수열이므로 이 수열이 수렴하려면 $-1<\frac{3x+1}{5}\le 1$이어야 한다.

$-1<\frac{3x+1}{5}\le 1$에서 $-5<3x+1\le 5$

$-6<3x\le 4$ $\quad\therefore -2<x\le\frac{4}{3}$ …… ㉠

한편, 급수 $\sum_{n=1}^{\infty}(3x-4)^n$이 수렴하려면 $|3x-4|<1$이어야 한다.

$-1<3x-4<1$에서 $3<3x<5$

$\therefore 1<x<\frac{5}{3}$ …… ㉡

수열 $\left\{\left(\frac{3x+1}{5}\right)^n\right\}$과 급수 $\sum_{n=1}^{\infty}(3x-4)^n$이 모두 수렴하기 위해서는 ㉠, ㉡을 동시에 만족시켜야 하므로 구하는 $x$의 값의 범위는

$1<x\le\frac{4}{3}$

## 유형 13 등비급수의 수렴 여부 판단

### 0149

답 ②

두 급수 $\sum_{n=1}^{\infty}a^n,\ \sum_{n=1}^{\infty}b^n$이 수렴하므로

$-1<a<1,\ -1<b<1$ …… ㉠

ㄱ. $\sum_{n=1}^{\infty}(ab)^n$은 공비가 $ab$인 등비급수이고 ㉠에서 $-1<ab<1$이므로 주어진 급수는 수렴한다.

ㄴ. [반례] $\sum_{n=1}^{\infty}\left(\frac{b}{a}\right)^n$은 공비가 $\frac{b}{a}$인 등비급수이고 $a=\frac{1}{2},\ b=\frac{2}{3}$이면 $\frac{b}{a}=\frac{4}{3}>1$이므로 주어진 급수는 발산한다.

ㄷ. $\sum_{n=1}^{\infty}(a-b)^n$은 공비가 $a-b$인 등비급수이고 ㉠에서 $-2<a-b<2$이므로 주어진 급수는 항상 수렴한다고 할 수 없다.

ㄹ. $\sum_{n=1}^{\infty}(|a|-|b|)^n$은 공비가 $|a|-|b|$인 등비급수이고 ㉠에서 $0\le|a|<1,\ 0\le|b|<1$이므로 $-1<|a|-|b|<1$이다. 즉, 주어진 급수는 수렴한다.

따라서 항상 수렴하는 급수는 ㄱ, ㄹ이다.

## 0150

답 ③

등비수열 $\{a_n\}$의 첫째항을 $a$, 공비를 $r$라 하자.

ㄱ. $\sum_{n=1}^{\infty} a_{2n}$이 수렴하면 $ar=0$ 또는 $|r^2|<1$

즉, $a=0$ 또는 $|r|<1$이므로 $\sum_{n=1}^{\infty} a_{2n}$이 수렴하면 $\sum_{n=1}^{\infty} a_n$도 수렴한다. (참)

ㄴ. $\sum_{n=1}^{\infty} a_{2n}$이 발산하면 $ar\neq0$이고 $|r^2|\geq1$

즉, $a\neq0$이고 $|r|\geq1$이므로 $\sum_{n=1}^{\infty} a_{2n}$이 발산하면 $\sum_{n=1}^{\infty} a_n$도 발산한다. (참)

ㄷ. $\sum_{n=1}^{\infty}\left(a_n+\frac{1}{2}\right)$이 수렴하면 $\lim_{n\to\infty}\left(a_n+\frac{1}{2}\right)=0$에서

$\lim_{n\to\infty} a_n=-\frac{1}{2}\neq0$이므로 $\sum_{n=1}^{\infty} a_n$은 발산한다. (거짓)

따라서 옳은 것은 ㄱ, ㄴ이다.

## 0151

답 ③

등비수열 $\{a_n\}$의 첫째항을 $a$, 공비를 $r_1$이라 하고, 등비수열 $\{b_n\}$의 첫째항을 $b$, 공비를 $r_2$라 하자.

ㄱ. 수열 $\{a_nb_n\}$은 첫째항이 $ab$, 공비가 $r_1r_2$인 등비수열이므로

$\sum_{n=1}^{\infty} a_nb_n$이 수렴하면 $ab=0$ 또는 $|r_1r_2|<1$

(i) $ab=0$일 때, $a=0$ 또는 $b=0$

(ii) $|r_1r_2|<1$일 때

$|r_1|\geq1$이고 $|r_2|\geq1$이면 $|r_1r_2|=|r_1|\times|r_2|$에서

$|r_1r_2|<1$을 만족시킬 수 없으므로 $|r_1r_2|<1$이려면

$|r_1|<1$ 또는 $|r_2|<1$이어야 한다.

(i), (ii)에서 $\sum_{n=1}^{\infty} a_n$과 $\sum_{n=1}^{\infty} b_n$ 중 적어도 하나는 수렴한다. (참)

ㄴ. $\sum_{n=1}^{\infty} a_n$과 $\sum_{n=1}^{\infty} b_n$이 모두 발산하면

$a\neq0$이고 $|r_1|\geq1$, $b\neq0$이고 $|r_2|\geq1$ …… ㉠

이때 수열 $\{a_nb_n\}$은 첫째항이 $ab$, 공비가 $r_1r_2$인 등비수열이므로 ㉠에서 $ab\neq0$이고 $|r_1r_2|\geq1$이다.

즉, $\sum_{n=1}^{\infty} a_n$과 $\sum_{n=1}^{\infty} b_n$이 모두 발산하면 $\sum_{n=1}^{\infty} a_nb_n$도 발산한다. (참)

ㄷ. [반례] $a_n=\left(\frac{1}{2}\right)^{n-1}$, $b_n=-\left(\frac{1}{2}\right)^{n-1}$

이면 $\sum_{n=1}^{\infty} a_n=\sum_{n=1}^{\infty}\left(\frac{1}{2}\right)^{n-1}=\frac{1}{1-\frac{1}{2}}=2$

$\sum_{n=1}^{\infty} b_n=\sum_{n=1}^{\infty}\left\{-\left(\frac{1}{2}\right)^{n-1}\right\}=-\frac{1}{1-\frac{1}{2}}=-2$

$\therefore k=2$

한편, $a_nb_n=-\left(\frac{1}{4}\right)^{n-1}$이므로

$\sum_{n=1}^{\infty} a_nb_n=\sum_{n=1}^{\infty}\left\{-\left(\frac{1}{4}\right)^{n-1}\right\}=-\frac{1}{1-\frac{1}{4}}=-\frac{4}{3}$

즉, $\sum_{n=1}^{\infty} a_nb_n\neq-k^2$이다. (거짓)

따라서 옳은 것은 ㄱ, ㄴ이다.

### 유형 14 $S_n$과 $a_n$ 사이의 관계를 이용하는 급수

## 0152

답 ①

(i) $n=1$일 때, $a_1=S_1=2$

(ii) $n\geq2$일 때

$$\begin{aligned}a_n&=S_n-S_{n-1}\\&=2n^2-2(n-1)^2\\&=4n-2 \quad \cdots\cdots ㉠\end{aligned}$$

이때 $a_1=2$는 $n=1$을 ㉠에 대입한 값과 같으므로

$a_n=4n-2\ (n\geq1)$

$$\begin{aligned}\therefore \sum_{n=1}^{\infty}\frac{1}{a_na_{n+1}}&=\sum_{n=1}^{\infty}\frac{1}{(4n-2)(4n+2)}\\&=\lim_{n\to\infty}\sum_{k=1}^{n}\frac{1}{(4k-2)(4k+2)}\\&=\lim_{n\to\infty}\frac{1}{4}\sum_{k=1}^{n}\left(\frac{1}{4k-2}-\frac{1}{4k+2}\right)\\&=\lim_{n\to\infty}\frac{1}{4}\left\{\left(\frac{1}{2}-\frac{1}{6}\right)+\left(\frac{1}{6}-\frac{1}{10}\right)+\left(\frac{1}{10}-\frac{1}{14}\right)+\cdots+\left(\frac{1}{4n-2}-\frac{1}{4n+2}\right)\right\}\\&=\lim_{n\to\infty}\frac{1}{4}\left(\frac{1}{2}-\frac{1}{4n+2}\right)=\frac{1}{8}\end{aligned}$$

## 0153

답 ③

$\log_3(S_n-2)=-n+1$에서 $S_n-2=3^{-n+1}$

$\therefore S_n=\left(\frac{1}{3}\right)^{n-1}+2$

$$\begin{aligned}\therefore a_n&=S_n-S_{n-1}\\&=\left\{\left(\frac{1}{3}\right)^{n-1}+2\right\}-\left\{\left(\frac{1}{3}\right)^{n-2}+2\right\}\\&=-2\times\left(\frac{1}{3}\right)^{n-1}\ (n\geq2)\end{aligned}$$

따라서 수열 $\{a_{2n}\}$은 첫째항이 $-2\times\frac{1}{3}=-\frac{2}{3}$이고 공비가 $\left(\frac{1}{3}\right)^2=\frac{1}{9}$인 등비수열이므로

$$\sum_{n=1}^{\infty} a_{2n}=\sum_{n=1}^{\infty}\left\{\left(-\frac{2}{3}\right)\times\left(\frac{1}{9}\right)^{n-1}\right\}=\frac{-\frac{2}{3}}{1-\frac{1}{9}}=-\frac{3}{4}$$

## 0154

답 ③

$S_n=a_1+2a_2+2^2a_3+\cdots+2^{n-1}a_n=5n$이라 하자.

(i) $n=1$일 때, $a_1=S_1=5$

(ii) $n\geq2$일 때

$$\begin{aligned}2^{n-1}a_n&=S_n-S_{n-1}\\&=5n-5(n-1)=5\end{aligned}$$

$\therefore a_n=\frac{5}{2^{n-1}}$ …… ㉠

이때 $a_1=5$는 $n=1$을 ㉠에 대입한 값과 같으므로

$a_n=\frac{5}{2^{n-1}}\ (n\geq1)$

따라서 수열 $\{a_n\}$은 첫째항이 5이고 공비가 $\frac{1}{2}$인 등비수열이므로

$$\sum_{n=1}^{\infty} a_n = \frac{5}{1-\frac{1}{2}} = 10$$

## 유형 15 순환소수와 등비급수

### 0155

답 ①

$0.\dot{3}=\frac{1}{3}$, $0.\dot{2}=\frac{2}{9}$이므로 주어진 등비급수의 공비를 $r$라 하면

$$r=\frac{0.\dot{2}}{0.\dot{3}}=\frac{\frac{2}{9}}{\frac{1}{3}}=\frac{2}{3}$$

이때 이 급수의 제2항이 $\frac{1}{3}$이므로 첫째항은

$$\frac{1}{3}\times\frac{1}{r}=\frac{1}{3}\times\frac{3}{2}=\frac{1}{2}$$

따라서 구하는 등비급수의 합은

$$\frac{\frac{1}{2}}{1-\frac{2}{3}}=\frac{3}{2}$$

### 0156

답 3

$\frac{17}{99}=0.\dot{1}\dot{7}$이므로

$$a_n=\begin{cases}1 & (n\text{은 홀수})\\ 7 & (n\text{은 짝수})\end{cases}$$

$$\begin{aligned}\therefore \frac{a_1}{2}+\frac{a_2}{2^2}+\frac{a_3}{2^3}+\frac{a_4}{2^4}+\cdots &=\frac{1}{2}+\frac{7}{2^2}+\frac{1}{2^3}+\frac{7}{2^4}+\frac{1}{2^5}+\frac{7}{2^6}+\cdots\\ &=\left(\frac{1}{2}+\frac{1}{2^3}+\frac{1}{2^5}+\cdots\right)+\left(\frac{7}{2^2}+\frac{7}{2^4}+\frac{7}{2^6}+\cdots\right)\\ &=\frac{\frac{1}{2}}{1-\frac{1}{2^2}}+\frac{\frac{7}{2^2}}{1-\frac{1}{2^2}}=\frac{2}{3}+\frac{7}{3}=3\end{aligned}$$

### 0157

답 ④

$$a_n=\frac{2\times10^{2n-1}}{10^{2n}}+\frac{2\times10^{2n-1}}{10^{4n}}+\frac{2\times10^{2n-1}}{10^{6n}}+\cdots=\frac{\frac{2\times10^{2n-1}}{10^{2n}}}{1-\frac{1}{10^{2n}}}=\frac{2\times10^{2n-1}}{10^{2n}-1}$$

이므로

$$\begin{aligned}\frac{1}{a_{n+1}}-\frac{1}{a_n}&=\frac{10^{2n+2}-1}{2\times10^{2n+1}}-\frac{10^{2n}-1}{2\times10^{2n-1}}\\ &=\frac{(10^{2n+2}-1)-(10^{2n+2}-100)}{2\times10^{2n+1}}=\frac{99}{2\times10^{2n+1}}\end{aligned}$$

따라서 수열 $\left\{\frac{1}{a_{n+1}}-\frac{1}{a_n}\right\}$은 첫째항이 $\frac{99}{2000}$이고 공비가 $\frac{1}{100}$인 등비수열이므로

$$\sum_{n=1}^{\infty}\left(\frac{1}{a_{n+1}}-\frac{1}{a_n}\right)=\frac{\frac{99}{2000}}{1-\frac{1}{100}}=\frac{1}{20}$$

**참고**

$a_1=0.\dot{2}\dot{0}=\frac{20}{99}=\frac{2\times10}{10^2-1}$

$a_2=0.\dot{2}00\dot{0}=\frac{2000}{9999}=\frac{2\times10^3}{10^4-1}$

$a_3=0.\dot{2}0000\dot{0}=\frac{200000}{999999}=\frac{2\times10^5}{10^6-1}$

⋮

$a_n=\frac{2\times10^{2n-1}}{10^{2n}-1}$

을 이용하여 급수의 합을 구할 수도 있다.

## 유형 16 등비급수의 활용 - 좌표

### 0158

답 ②

$y=2^{n-1}x^2$에서 $y'=2^{n-1}\times2x=2^nx$이므로 포물선 $y=2^{n-1}x^2$ 위의 점 $(1, 2^{n-1})$에서의 접선의 방정식은

$y=2^n(x-1)+2^{n-1}=2^nx-2^{n-1}$

이 직선이 $y$축과 만나는 점의 좌표는 $(0, -2^{n-1})$이므로

$a_n=-2^{n-1}$ $\quad\therefore \frac{1}{a_n}=-\frac{1}{2^{n-1}}$

따라서 급수 $\sum_{n=1}^{\infty}\frac{1}{a_n}$은 $\frac{1}{a_1}=-1$이고 공비가 $\frac{1}{2}$인 등비급수이므로

$$\sum_{n=1}^{\infty}\frac{1}{a_n}=\frac{-1}{1-\frac{1}{2}}=-2$$

### 0159

답 4

점 $\mathrm{P}_n$이 한없이 가까워지는 점의 $x$좌표와 $y$좌표를 각각 구하면

$$\begin{aligned}a&=\overline{\mathrm{OP_1}}+\overline{\mathrm{P_2P_3}}+\overline{\mathrm{P_4P_5}}+\cdots\\ &=3+3\times\left(\frac{1}{4}\right)^2+3\times\left(\frac{1}{4}\right)^4+\cdots\\ &=\frac{3}{1-\frac{1}{16}}=\frac{16}{5}\end{aligned}$$

$$\begin{aligned}b&=\overline{\mathrm{P_1P_2}}+\overline{\mathrm{P_3P_4}}+\overline{\mathrm{P_5P_6}}+\cdots\\ &=3\times\frac{1}{4}+3\times\left(\frac{1}{4}\right)^3+3\times\left(\frac{1}{4}\right)^5+\cdots\\ &=\frac{\frac{3}{4}}{1-\frac{1}{16}}=\frac{4}{5}\end{aligned}$$

$$\therefore a+b=\frac{16}{5}+\frac{4}{5}=4$$

## 0160

답 ③

점 $P_n$이 점 $(a, b)$에 한없이 가까워지므로

$a=\overline{OP_1}\cos 45°-\overline{P_1P_2}\cos 45°+\overline{P_2P_3}\cos 45°-\cdots$

$=2\times\frac{\sqrt{2}}{2}-1\times\frac{\sqrt{2}}{2}+\frac{1}{2}\times\frac{\sqrt{2}}{2}-\cdots$

$=\frac{\sqrt{2}}{1-\left(-\frac{1}{2}\right)}=\frac{2\sqrt{2}}{3}$

$b=\overline{OP_1}\sin 45°+\overline{P_1P_2}\sin 45°+\overline{P_2P_3}\sin 45°+\cdots$

$=2\times\frac{\sqrt{2}}{2}+1\times\frac{\sqrt{2}}{2}+\frac{1}{2}\times\frac{\sqrt{2}}{2}+\cdots$

$=\frac{\sqrt{2}}{1-\frac{1}{2}}=2\sqrt{2}$

$\therefore a+b=\frac{2\sqrt{2}}{3}+2\sqrt{2}=\frac{8\sqrt{2}}{3}$

## 0161

답 $\frac{10}{7}$

점 $P_n$이 한없이 가까워지는 점의 $x$좌표는

$\overline{OP_1}-\overline{P_1P_2}\cos 60°-\overline{P_2P_3}\cos 60°+\overline{P_3P_4}-\overline{P_4P_5}\cos 60°-\overline{P_5P_6}\cos 60°+\overline{P_6P_7}-\cdots$

$=2-2\times\frac{1}{2}\times\frac{1}{2}-2\times\left(\frac{1}{2}\right)^2\times\frac{1}{2}+2\times\left(\frac{1}{2}\right)^3-2\times\left(\frac{1}{2}\right)^4\times\frac{1}{2}-2\times\left(\frac{1}{2}\right)^5\times\frac{1}{2}+2\times\left(\frac{1}{2}\right)^6-\cdots$

$=\left\{2+2\times\left(\frac{1}{2}\right)^3+2\times\left(\frac{1}{2}\right)^6+\cdots\right\}-\left\{\frac{1}{2}+\left(\frac{1}{2}\right)^4+\cdots\right\}-\left\{\left(\frac{1}{2}\right)^2+\left(\frac{1}{2}\right)^5+\cdots\right\}$

$=\frac{2}{1-\frac{1}{8}}-\frac{\frac{1}{2}}{1-\frac{1}{8}}-\frac{\frac{1}{4}}{1-\frac{1}{8}}=\frac{16}{7}-\frac{8}{14}-\frac{8}{28}=\frac{10}{7}$

### 유형 17 등비급수의 활용 - 선분의 길이

## 0162

답 6

$S_0$은 길이가 1인 선분 3개로 만들어진 '⊔' 모양의 도형이므로

$l_0=3$

$S_1$은 도형 $S_0$에 길이가 $\frac{1}{4}$인 선분 3개로 만들어진 '⊔' 모양의 도형 2개를 붙여서 만든 도형이므로

$l_1=l_0+2\times3\times\frac{1}{4}=l_0+3\times\frac{1}{2}$

$S_2$는 도형 $S_1$에 길이가 $\left(\frac{1}{4}\right)^2$인 선분 3개로 만들어진 '⊔' 모양의 도형 $2^2$개를 붙여서 만든 도형이므로

$l_2=l_1+2^2\times3\times\left(\frac{1}{4}\right)^2=l_1+3\times\left(\frac{1}{2}\right)^2$

같은 과정을 반복하므로

$l_n=l_{n-1}+3\times\left(\frac{1}{2}\right)^n$

$=\left\{l_{n-2}+3\times\left(\frac{1}{2}\right)^{n-1}\right\}+3\times\left(\frac{1}{2}\right)^n$

$\vdots$

$=l_0+3\times\left(\frac{1}{2}\right)^1+3\times\left(\frac{1}{2}\right)^2+\cdots+3\times\left(\frac{1}{2}\right)^n$

$=3+3\times\left(\frac{1}{2}\right)^1+3\times\left(\frac{1}{2}\right)^2+\cdots+3\times\left(\frac{1}{2}\right)^n$

$=\sum_{k=1}^{n+1}\left\{3\times\left(\frac{1}{2}\right)^{k-1}\right\}$

$\therefore \lim_{n\to\infty}l_n=\lim_{n\to\infty}\sum_{k=1}^{n+1}\left\{3\times\left(\frac{1}{2}\right)^{k-1}\right\}=\frac{3}{1-\frac{1}{2}}=6$

## 0163

답 $3\sqrt{5}$

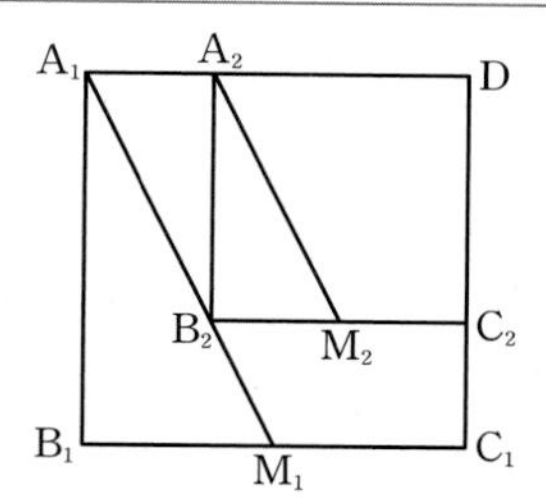


정사각형 $A_1B_1C_1D$의 한 변의 길이는 2이므로 직각삼각형 $A_1B_1M_1$에서

$\overline{A_1M_1}=\sqrt{\overline{A_1B_1}^2+\overline{B_1M_1}^2}=\sqrt{2^2+1^2}=\sqrt{5}$

한편, 두 선분 $A_1B_1$과 $A_2B_2$는 서로 평행하므로 두 직각삼각형 $A_1B_1M_1$과 $B_2A_2A_1$은 서로 닮음이다.

이때 $\overline{A_1B_1}:\overline{B_1M_1}=2:1$이므로 $\overline{A_1A_2}:\overline{A_2B_2}=1:2$

또한 정사각형 $A_2B_2C_2D$에서 $\overline{A_2D}=\overline{A_2B_2}$이므로 점 $A_2$는 선분 $A_1D$를 $1:2$로 내분하는 점이다.

즉, 두 정사각형 $A_1B_1C_1D$와 $A_2B_2C_2D$의 닮음비는 $3:2$, 즉 $1:\frac{2}{3}$이다.

같은 과정을 반복하면 모든 자연수 $n$에 대하여 두 정사각형 $A_nB_nC_nD$와 $A_{n+1}B_{n+1}C_{n+1}D$의 닮음비는 $1:\frac{2}{3}$이므로 두 선분 $A_nM_n$과 $A_{n+1}M_{n+1}$의 길이의 비는 $1:\frac{2}{3}$이다.

따라서 수열 $\{\overline{A_nM_n}\}$은 첫째항이 $\sqrt{5}$이고 공비가 $\frac{2}{3}$인 등비수열이므로

$\sum_{n=1}^{\infty}\overline{A_nM_n}=\frac{\sqrt{5}}{1-\frac{2}{3}}=3\sqrt{5}$

## 0164

답 ①

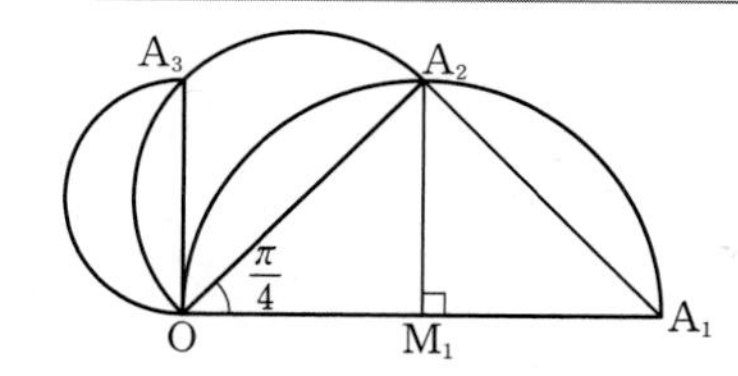

$\angle A_1OA_2=\frac{\pi}{4}$이므로 선분 $OA_1$의 중점을 $M_1$이라 하면 원주각과 중심각의 관계에 의하여 $\angle A_1M_1A_2=\frac{\pi}{2}$

이때 $\overline{M_1A_1}=\frac{1}{2}\overline{OA_1}=\frac{1}{2}$이므로

$l_1=\overline{M_1A_1}\times\frac{\pi}{2}=\frac{\pi}{4}$

한편, 직각삼각형 $A_1A_2O$에서

$\overline{OA_2}=\overline{OA_1}\times\cos\frac{\pi}{4}=\frac{\sqrt{2}}{2}$

즉, 선분 $OA_1$을 지름으로 하는 반원과 선분 $OA_2$를 지름으로 하는 반원의 닮음비는 $\overline{OA_1}:\overline{OA_2}=1:\frac{\sqrt{2}}{2}$이다.

같은 과정을 반복하면 모든 자연수 $n$에 대하여 선분 $OA_n$을 지름으로 하는 반원과 선분 $OA_{n+1}$을 지름으로 하는 반원의 닮음비는 $1:\frac{\sqrt{2}}{2}$이므로 $l_n:l_{n+1}=1:\frac{\sqrt{2}}{2}$이다.

따라서 수열 $\{l_n\}$은 첫째항이 $\frac{\pi}{4}$이고 공비가 $\frac{\sqrt{2}}{2}$인 등비수열이므로

$$\sum_{n=1}^{\infty}l_n=\frac{\frac{\pi}{4}}{1-\frac{\sqrt{2}}{2}}=\frac{\pi}{2(2-\sqrt{2})}=\frac{(2+\sqrt{2})\pi}{4}$$

## 유형 18 등비급수의 활용 - 둘레의 길이

### 0165

답 12

정삼각형 ABC에서 $\overline{AB}=4$이고 두 선분 BC와 AC의 중점이 각각 $A_1$, $B_1$이므로

$\overline{A_1B_1}=2$ $\quad\therefore l_1=2\times3=6$

정삼각형 $B_1A_1C$에서 $\overline{A_1B_1}=2$이고 두 선분 $A_1C$와 $B_1C$의 중점이 각각 $A_2$, $B_2$이므로

$\overline{A_2B_2}=1$

두 삼각형 $B_1A_1C_1$과 $B_2A_2C_2$의 닮음비는 $\overline{A_1B_1}:\overline{A_2B_2}=2:1$, 즉 $1:\frac{1}{2}$이므로 $l_1:l_2=1:\frac{1}{2}$이다.

같은 과정을 반복하면 두 삼각형 $A_nB_nC_n$과 $A_{n+1}B_{n+1}C_{n+1}$의 닮음비는 $1:\frac{1}{2}$이므로 $l_n:l_{n+1}=1:\frac{1}{2}$이다.

따라서 수열 $\{l_n\}$은 첫째항이 6이고 공비가 $\frac{1}{2}$인 등비수열이므로

$$\sum_{n=1}^{\infty}l_n=\frac{6}{1-\frac{1}{2}}=12$$

### 0166

답 ③

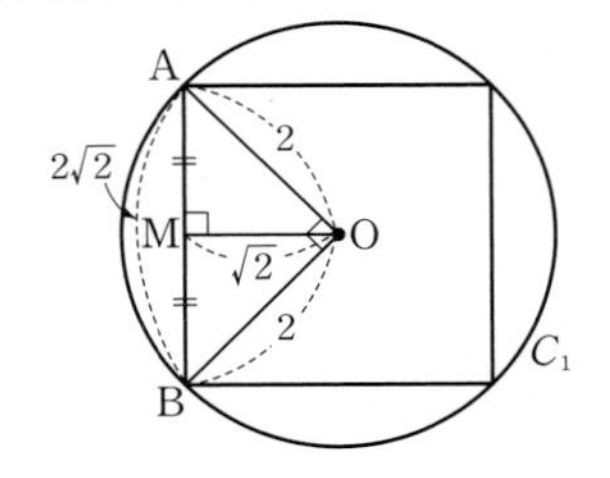


원 $C_n$의 둘레의 길이를 $l_n$이라 하자.

원 $C_1$의 반지름의 길이는 2이므로

$l_1=2\pi\times2=4\pi$

한편, 원 $C_1$의 중심을 O라 하고 내접하는 정사각형의 이웃하는 두 꼭짓점을 각각 A, B라 하자.

이때 삼각형 OAB는 $\overline{OA}=\overline{OB}=2$인 직각이등변삼각형이므로

$\overline{AB}=2\sqrt{2}$

또한 선분 AB의 중점을 M이라 하면 $\overline{OM}=\frac{1}{2}\times\overline{AB}=\sqrt{2}$

따라서 원 $C_2$의 반지름의 길이는 $\overline{OM}=\sqrt{2}$

두 원 $C_1$과 $C_2$의 닮음비는 $2:\sqrt{2}$, 즉 $1:\frac{\sqrt{2}}{2}$이므로

$l_1:l_2=1:\frac{\sqrt{2}}{2}$이다.

같은 과정을 반복하면 두 원 $C_n$과 $C_{n+1}$의 닮음비는 $1:\frac{\sqrt{2}}{2}$이므로

$l_n:l_{n+1}=1:\frac{\sqrt{2}}{2}$이다.

따라서 수열 $\{l_n\}$은 첫째항이 $4\pi$이고 공비가 $\frac{\sqrt{2}}{2}$인 등비수열이므로

$$\sum_{n=1}^{\infty}l_n=\frac{4\pi}{1-\frac{\sqrt{2}}{2}}=\frac{8\pi}{2-\sqrt{2}}=4(2+\sqrt{2})\pi$$

### 0167

답 12

$A_1(2, 1)$, $B_1(2, 0)$이므로 정사각형 $T_1$의 한 변의 길이는

$\overline{A_1B_1}=1$ $\quad\therefore l_1=4\overline{A_1B_1}=4\times1=4$

$A_n\left(x_n, \frac{1}{2}x_n\right)$이라 하자.

$A_2\left(x_2, \frac{1}{2}x_2\right)$, $B_2(x_2, 0)$에서 $\overline{A_2B_2}=\overline{B_2B_1}$이므로

$\frac{1}{2}x_2=2-x_2$ $\quad\therefore x_2=\frac{4}{3}$

따라서 정사각형 $T_2$의 한 변의 길이가 $\overline{A_2B_2}=\frac{2}{3}$이므로 두 정사각형 $T_1$과 $T_2$의 닮음비는 $1:\frac{2}{3}$이다.

같은 과정을 반복하면 두 정사각형 $T_n$과 $T_{n+1}$의 닮음비는 $1:\frac{2}{3}$이므로 $l_n:l_{n+1}=1:\frac{2}{3}$이다.

따라서 수열 $\{l_n\}$은 첫째항이 4이고 공비가 $\frac{2}{3}$인 등비수열이므로

$$\sum_{n=1}^{\infty}l_n=\frac{4}{1-\frac{2}{3}}=12$$

## 유형 19 등비급수의 활용 - 넓이

### 0168

답 ③

그림 $R_1$에서 큰 정삼각형의 한 변의 길이는 4이므로 4개로 나누어진 정삼각형의 한 변의 길이는 2이다.

$\therefore S_1=\frac{\sqrt{3}}{4}\times2^2=\sqrt{3}$

한편, 그림 $R_1$에서 색칠되지 않은 3개의 정삼각형의 한 변의 길이는 모두 2이므로 이 정삼각형 중 1개를 4개의 정삼각형으로 나누었을 때, 나누어진 정삼각형의 한 변의 길이는 1이다.
따라서 그림 $R_1$에서 색칠된 정삼각형과 그림 $R_2$에서 새로 색칠된 정삼각형의 닮음비는 $2:1$, 즉 $1:\frac{1}{2}$이므로 넓이의 비는 $1:\frac{1}{4}$이다.
같은 과정을 반복하면 두 그림 $R_n$과 $R_{n+1}$에 각각 새로 색칠된 부분의 넓이의 비는 $1:\frac{1}{4}$이다.

따라서 $S_n$은 첫째항이 $\sqrt{3}$이고 공비가 $\frac{1}{4}$인 등비수열의 첫째항부터 제$n$항까지의 합이므로

$$\lim_{n\to\infty} S_n=\frac{\sqrt{3}}{1-\frac{1}{4}}=\frac{4\sqrt{3}}{3}$$

## 0169

답 ①

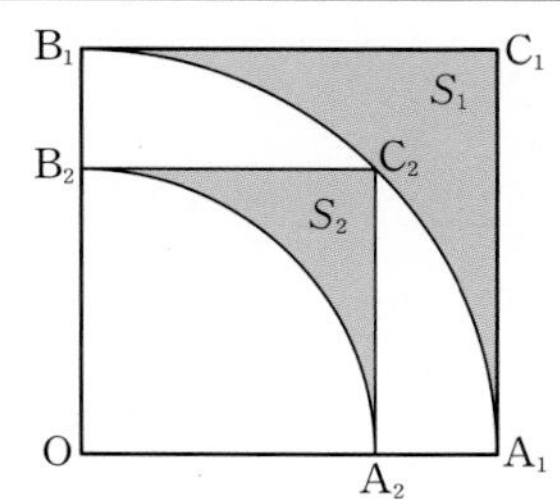


$\overline{OA_1}=\overline{A_1C_1}=\frac{\sqrt{2}}{2}\times 6=3\sqrt{2}$

사각형 $OA_nC_nB_n$에서 이 사각형에 내접하는 사분원을 제외하고 색칠된 부분의 넓이를 $S_n$이라 하면

$S_1=(3\sqrt{2})^2-\frac{1}{4}\pi\times(3\sqrt{2})^2=18-\frac{9}{2}\pi$

이때 $\overline{OA_2}=\frac{\sqrt{2}}{2}\overline{OC_2}=\frac{\sqrt{2}}{2}\overline{OA_1}=3$

두 정사각형 $OA_1C_1B_1$과 $OA_2C_2B_2$의 닮음비는

$\overline{OA_1}:\overline{OA_2}=3\sqrt{2}:3$, 즉 $1:\frac{\sqrt{2}}{2}$이므로 1번째와 2번째에 새로 색칠된 부분의 넓이의 비, 즉 $S_1:S_2=1:\frac{1}{2}$이다.

같은 과정을 반복하면 $n$번째와 $(n+1)$번째에 새로 색칠된 부분의 넓이의 비, 즉 $S_n:S_{n+1}=1:\frac{1}{2}$이다.

따라서 수열 $\{S_n\}$은 첫째항이 $18-\frac{9}{2}\pi$이고 공비가 $\frac{1}{2}$인 등비수열이므로 구하는 색칠된 부분의 넓이의 합은

$$\sum_{n=1}^{\infty} S_n=\frac{18-\frac{9}{2}\pi}{1-\frac{1}{2}}=36-9\pi$$

## 0170

답 ①

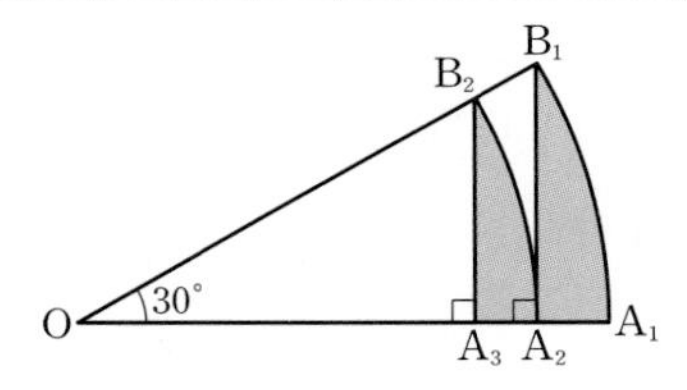


부채꼴 $OA_1B_1$의 넓이는 $\frac{1}{2}\times 1^2\times\frac{\pi}{6}=\frac{\pi}{12}$

또한 직각삼각형 $OA_2B_1$에서

$\angle A_2OB_1=\frac{\pi}{6}$이므로

$\overline{OA_2}=\overline{OB_1}\times\cos\frac{\pi}{6}=\frac{\sqrt{3}}{2}$

$\overline{A_2B_1}=\overline{OB_1}\times\sin\frac{\pi}{6}=\frac{1}{2}$

따라서 삼각형 $OA_2B_1$의 넓이는

$\frac{1}{2}\times\overline{OA_2}\times\overline{B_1A_2}=\frac{1}{2}\times\frac{\sqrt{3}}{2}\times\frac{1}{2}=\frac{\sqrt{3}}{8}$

$\therefore S_1=\frac{\pi}{12}-\frac{\sqrt{3}}{8}=\frac{2\pi-3\sqrt{3}}{24}$

한편, 두 부채꼴 $OA_1B_1$과 $OA_2B_2$의 닮음비는

$\overline{OA_1}:\overline{OA_2}=1:\frac{\sqrt{3}}{2}$이므로 넓이의 비는 $1:\frac{3}{4}$이다.

같은 과정을 반복하므로 두 그림 $R_n$과 $R_{n+1}$에 각각 새로 색칠된 부분의 넓이의 비도 $1:\frac{3}{4}$이다.

따라서 $S_n$은 첫째항이 $\frac{2\pi-3\sqrt{3}}{24}$이고 공비가 $\frac{3}{4}$인 등비수열의 첫째항부터 제$n$항까지의 합이므로

$$\lim_{n\to\infty} S_n=\frac{\frac{2\pi-3\sqrt{3}}{24}}{1-\frac{3}{4}}=\frac{2\pi-3\sqrt{3}}{6}$$

## 0171

답 ①

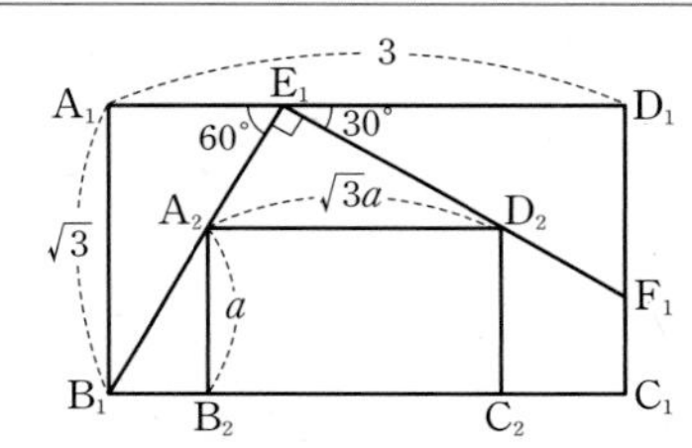


$\overline{A_1E_1}=1$, $\overline{D_1F_1}=\frac{2\sqrt{3}}{3}$이므로

$S_1=\frac{1}{2}\times\sqrt{3}\times 1+\frac{1}{2}\times 2\times\frac{2\sqrt{3}}{3}=\frac{7\sqrt{3}}{6}$

한편, $\angle A_1E_1B_1=60^\circ$, $\angle D_1E_1F_1=30^\circ$이므로

$\angle E_1A_2D_2=60^\circ$, $\angle E_1D_2A_2=30^\circ$, $\angle A_2E_1D_2=90^\circ$

직사각형 $A_2B_2C_2D_2$에서 $\overline{A_2B_2}=a$라 하면

$\overline{A_2D_2}=\sqrt{3}a$, $\overline{B_1A_2}=\frac{2}{\sqrt{3}}a$, $\overline{A_2E_1}=\frac{\sqrt{3}}{2}a$

삼각형 $A_1B_1E_1$에서 $\overline{B_1E_1}=2$이므로

$\overline{B_1A_2}+\overline{A_2E_1}=\overline{B_1E_1}$에서

$\frac{2}{\sqrt{3}}a+\frac{\sqrt{3}}{2}a=2$, $\frac{7\sqrt{3}}{6}a=2$

$\therefore a=\frac{12}{7\sqrt{3}}=\frac{4\sqrt{3}}{7}$

두 직사각형 $A_1B_1C_1D_1$과 $A_2B_2C_2D_2$의 닮음비는

$\overline{A_1B_1}:\overline{A_2B_2}=\sqrt{3}:\frac{4\sqrt{3}}{7}$, 즉 $1:\frac{4}{7}$이므로 두 그림 $R_1$과 $R_2$에 각각 새로 색칠된 도형의 닮음비는 $1:\frac{4}{7}$이고 넓이의 비는 $1:\frac{16}{49}$이다.

같은 과정을 반복하면 두 그림 $R_n$과 $R_{n+1}$에 각각 새로 색칠된 부분의 넓이의 비도 $1:\frac{16}{49}$이다.

따라서 $S_n$은 첫째항이 $\frac{7\sqrt{3}}{6}$이고 공비가 $\frac{16}{49}$인 등비수열의 첫째항부터 제$n$항까지의 합이므로

$$\lim_{n\to\infty} S_n=\frac{\frac{7\sqrt{3}}{6}}{1-\frac{16}{49}}=\frac{343\sqrt{3}}{198}$$

## 유형 20 등비급수의 실생활에의 활용

### 0172

답 ②

$a_1=100\times1.2\times0.3=36$

$a_2=\{100\times1.2\times(1-0.3)\}\times1.2\times0.3$
$=(100\times1.2\times0.3)\times1.2\times0.7$
$=36\times\frac{84}{100}$

$a_3=[\{100\times1.2\times(1-0.3)\}\times1.2\times(1-0.3)]\times1.2\times0.3$
$=(100\times1.2\times0.3)\times(1.2\times0.7)^2$
$=36\times\left(\frac{84}{100}\right)^2$

⋮

따라서 수열 $\{a_n\}$은 첫째항이 36이고 공비가 $\frac{84}{100}$인 등비수열이므로

$$\sum_{n=1}^{\infty} a_n=\frac{36}{1-\frac{84}{100}}=225$$

### 0173

답 18 m

한 번 튀어 오를 때마다 공이 움직인 거리는

$9,\ \left(9\times\frac{1}{3}\right)\times2,\ \left(9\times\frac{1}{3}\times\frac{1}{3}\right)\times2,\ \cdots$

따라서 공이 멈출 때까지 움직인 거리는

$$9+18\times\frac{1}{3}+18\times\left(\frac{1}{3}\right)^2+\cdots=9+\frac{18\times\frac{1}{3}}{1-\frac{1}{3}}=18(\text{m})$$

### 0174

답 ①

새 배터리를 장착한 전기차의 주행 가능한 거리가 600 km이므로 $a_1=600$이라 하고, $n$번째 완충 시 주행 가능한 거리를 $a_{n+1}$ km라 하면

$a_2=600\times\left(1-\frac{2}{10^3}\right)$

$a_3=600\times\left(1-\frac{2}{10^3}\right)^2$

⋮

$a_n=600\times\left(1-\frac{2}{10^3}\right)^{n-1}$ (단, $n\geq2$) ...... ㉠

이때 $a_1=600$은 ㉠에 $n=1$을 대입한 값과 같으므로

$a_n=600\times\left(1-\frac{2}{10^3}\right)^{n-1}$ (단, $n\geq1$)

즉, 수열 $\{a_n\}$은 첫째항이 600이고 공비가 $1-\frac{2}{10^3}$인 등비수열이므로

$$\sum_{n=1}^{\infty} a_n=\sum_{n=1}^{\infty}\left\{600\times\left(1-\frac{2}{10^3}\right)^{n-1}\right\}=\frac{600}{1-\left(1-\frac{2}{10^3}\right)}=300000$$

따라서 이 배터리를 장착한 자동차로 완충과 방전을 한없이 반복하여 갈 수 있는 거리는 300000 km이다.

# PART B′ 기출&기출변형 문제

### 0175

답 3

급수 $\sum_{n=1}^{\infty}\frac{a_n}{n^2}$이 수렴하므로 $\lim_{n\to\infty}\frac{a_n}{n^2}=0$

$$\therefore \lim_{n\to\infty}\frac{2a_n+3n^2+4n}{n^2+5n}=\lim_{n\to\infty}\frac{2\times\frac{a_n}{n^2}+3+\frac{4}{n}}{1+\frac{5}{n}}$$
$$=\frac{2\times0+3+0}{1+0}=3$$

**짝기출**

수열 $\{a_n\}$에 대하여 급수 $\sum_{n=1}^{\infty}\frac{a_n}{n}$이 수렴할 때, $\lim_{n\to\infty}\frac{a_n+9n}{n}$의 값을 구하시오.

답 9

### 0176

답 ⑤

$a_1=2$이고, 모든 자연수 $n$에 대하여 $3a_{n+1}=5a_n$이므로

$a_{n+1}=\frac{5}{3}a_n$, 즉 수열 $\{a_n\}$은 첫째항이 2이고 공비가 $\frac{5}{3}$인 등비수열이다.

따라서 수열 $\left\{\frac{8}{a_n}\right\}$은 첫째항이 4이고 공비가 $\frac{1}{\frac{5}{3}}=\frac{3}{5}$인 등비수열이므로

$$\sum_{n=1}^{\infty}\frac{8}{a_n}=\frac{4}{1-\frac{3}{5}}=10$$

**짝기출**

수열 $\{a_n\}$이 $a_1=1$이고 $2a_{n+1}=7a_n\ (n\geq1)$을 만족시킬 때, 급수 $\sum_{n=1}^{\infty}\frac{10}{a_n}$의 값은?

① 11 ② 12 ③ 13 ④ 14 ⑤ 15

답 ④

## 0177

답 ①

급수 $\sum_{n=1}^{\infty}(9a_n-k)$가 수렴하므로 $\lim_{n\to\infty}(9a_n-k)=0$

$\therefore r=\lim_{n\to\infty}a_n=\frac{k}{9}$ ······ ㉠

(i) $k<9$일 때 $0<\frac{k}{9}<1$, 즉 $0<r<1$이므로

$\lim_{n\to\infty}\frac{r^{n+1}-1}{r^n+1}=\frac{-1}{1}=-1$

이때 주어진 조건에서 $\lim_{n\to\infty}\frac{r^{n+1}-1}{r^n+1}=\frac{10}{9}$이므로 모순이다.

(ii) $k=9$일 때 $\frac{k}{9}=1$, 즉 $r=1$이므로

$\lim_{n\to\infty}\frac{r^{n+1}-1}{r^n+1}=\frac{1-1}{1+1}=0$

이때 주어진 조건에서 $\lim_{n\to\infty}\frac{r^{n+1}-1}{r^n+1}=\frac{10}{9}$이므로 모순이다.

(iii) $k>9$일 때 $\frac{k}{9}>1$, 즉 $r>1$이므로

$\lim_{n\to\infty}\frac{r^{n+1}-1}{r^n+1}=\lim_{n\to\infty}\frac{r-\frac{1}{r^n}}{1+\frac{1}{r^n}}=r$

이때 주어진 조건에서 $\lim_{n\to\infty}\frac{r^{n+1}-1}{r^n+1}=\frac{10}{9}$이므로 $r=\frac{10}{9}$

(i)~(iii)에서 $r=\frac{10}{9}$이므로 ㉠에서 $k=10$이다.

**짝기출**

수열 $\{a_n\}$이 $\sum_{n=1}^{\infty}(2a_n-3)=2$를 만족시킨다. $\lim_{n\to\infty}a_n=r$일 때, $\lim_{n\to\infty}\frac{r^{n+2}-1}{r^n+1}$의 값은?

① $\frac{7}{4}$ ② 2 ③ $\frac{9}{4}$ ④ $\frac{5}{2}$ ⑤ $\frac{11}{4}$

답 ③

## 0178

답 ①

$a_na_{n+1}+a_{n+1}=ka_n^2+ka_n$에서

$(a_n+1)a_{n+1}=ka_n(a_n+1)$

$a_n+1\neq0$이므로 양변을 $a_n+1$로 나누면

$a_{n+1}=ka_n$

따라서 수열 $\{a_n\}$은 첫째항이 $a_1=k$이고 공비가 $k$인 등비수열이므로

$a_n=k\times k^{n-1}=k^n$ $(n\geq1)$

이때 $0<k<1$이므로 등비급수는 수렴하고 그 합이 $\sum_{n=1}^{\infty}a_n=5$이므로

$\frac{k}{1-k}=5$, $5-5k=k$

$\therefore k=\frac{5}{6}$

## 0179

답 ④

첫째항이 1인 등차수열 $\{a_n\}$의 공차를 $d$라 하면

$a_n=1+(n-1)d$ ······ ㉠

한편, 급수 $\sum_{n=1}^{\infty}\left(\frac{a_n}{n}-\frac{2n+5}{n+3}\right)$가 수렴하므로

$\lim_{n\to\infty}\left(\frac{a_n}{n}-\frac{2n+5}{n+3}\right)=0$에서

$$\begin{aligned}\lim_{n\to\infty}\frac{a_n}{n}&=\lim_{n\to\infty}\left\{\left(\frac{a_n}{n}-\frac{2n+5}{n+3}\right)+\frac{2n+5}{n+3}\right\}\\&=\lim_{n\to\infty}\left(\frac{a_n}{n}-\frac{2n+5}{n+3}\right)+\lim_{n\to\infty}\frac{2n+5}{n+3}\\&=0+2=2\end{aligned}$$

위의 식에 ㉠을 대입하면

$\lim_{n\to\infty}\frac{a_n}{n}=\lim_{n\to\infty}\frac{1+(n-1)d}{n}=d=2$

이를 다시 ㉠에 대입하면

$a_n=1+2(n-1)=2n-1$

급수 $\sum_{n=1}^{\infty}\left(\frac{a_n}{n}-\frac{2n+5}{n+3}\right)$, 즉 $\sum_{n=1}^{\infty}\left(\frac{2n-1}{n}-\frac{2n+5}{n+3}\right)$의 제$n$항까지의 부분합을 $S_n$이라 하면

$$\begin{aligned}S_n&=\sum_{k=1}^{n}\left(\frac{2k-1}{k}-\frac{2k+5}{k+3}\right)\\&=\sum_{k=1}^{n}\left\{\left(2-\frac{1}{k}\right)-\left(2-\frac{1}{k+3}\right)\right\}\\&=\sum_{k=1}^{n}\left(-\frac{1}{k}+\frac{1}{k+3}\right)\\&=\left(-1+\frac{1}{4}\right)+\left(-\frac{1}{2}+\frac{1}{5}\right)+\left(-\frac{1}{3}+\frac{1}{6}\right)+\left(-\frac{1}{4}+\frac{1}{7}\right)\\&\quad+\cdots+\left(-\frac{1}{n}+\frac{1}{n+3}\right)\\&=-1-\frac{1}{2}-\frac{1}{3}+\frac{1}{n+1}+\frac{1}{n+2}+\frac{1}{n+3}\end{aligned}$$

$$\begin{aligned}\therefore S&=\sum_{n=1}^{\infty}\left(\frac{a_n}{n}-\frac{2n+5}{n+3}\right)\\&=\lim_{n\to\infty}S_n\\&=\lim_{n\to\infty}\left(-1-\frac{1}{2}-\frac{1}{3}+\frac{1}{n+1}+\frac{1}{n+2}+\frac{1}{n+3}\right)\\&=-1-\frac{1}{2}-\frac{1}{3}=-\frac{11}{6}\end{aligned}$$

**짝기출**

첫째항이 4인 등차수열 $\{a_n\}$에 대하여 급수

$\sum_{n=1}^{\infty}\left(\frac{a_n}{n}-\frac{3n+7}{n+2}\right)$

이 실수 $S$에 수렴할 때, $S$의 값은?

① $\frac{1}{2}$ ② 1 ③ $\frac{3}{2}$ ④ 2 ⑤ $\frac{5}{2}$

답 ③

## 0180

답 ②

$1+3+3^2+\cdots+3^{n-1}<a_n<\frac{3^n+1}{2}$에서

$\frac{3^n-1}{3-1}<a_n<\frac{3^n+1}{2}$, $3^n-1<2a_n<3^n+1$

$1-\frac{1}{3^n}<\frac{2a_n}{3^n}<1+\frac{1}{3^n}$

$\therefore \frac{1}{2}-\frac{1}{2\times3^n}<\frac{a_n}{3^n}<\frac{1}{2}+\frac{1}{2\times3^n}$

이때 $\lim_{n\to\infty}\left(\frac{1}{2}-\frac{1}{2\times3^n}\right)=\frac{1}{2}$, $\lim_{n\to\infty}\left(\frac{1}{2}+\frac{1}{2\times3^n}\right)=\frac{1}{2}$이므로 수열의 극한의 대소 관계에 의하여 $\lim_{n\to\infty}\frac{a_n}{3^n}=\frac{1}{2}$이다.

한편, $\frac{2n-3}{n+1}<\sum_{k=1}^{n}b_k<\frac{2n+1}{n}$에서

$\lim_{n\to\infty}\frac{2n-3}{n+1}=2$, $\lim_{n\to\infty}\frac{2n+1}{n}=2$이므로 수열의 극한의 대소 관계에 의하여 $\lim_{n\to\infty}\sum_{k=1}^{n}b_k=\sum_{n=1}^{\infty}b_n=2$이다.

즉, 급수 $\sum_{n=1}^{\infty}b_n$은 수렴하므로 $\lim_{n\to\infty}b_n=0$이다.

$$\therefore \lim_{n\to\infty}\frac{9^{n+2}-2}{3^{n+1}a_n+4^nb_n}=\lim_{n\to\infty}\frac{81\times9^n-2}{3\times9^n\times\frac{a_n}{3^n}+4^nb_n}$$
$$=\lim_{n\to\infty}\frac{81-\frac{2}{9^n}}{3\times\frac{a_n}{3^n}+\left(\frac{4}{9}\right)^n\times b_n}$$
$$=\frac{81-0}{3\times\frac{1}{2}+0\times0}=54$$

짝기출

두 수열 $\{a_n\}$, $\{b_n\}$이 모든 자연수 $n$에 대하여

$1+2+2^2+\cdots+2^{n-1}<a_n<2^n$

$\frac{3n-1}{n+1}<\sum_{k=1}^{n}b_k<\frac{3n+1}{n}$

을 만족시킬 때, $\lim_{n\to\infty}\frac{8^n-1}{4^{n-1}a_n+8^{n+1}b_n}$의 값은?

① 1 ② 2 ③ 4 ④ 8 ⑤ 16

답 ③

## 0181 답 ⑤

$\sum_{k=1}^{n}\frac{a_k}{k}=\frac{1}{2}n^2+\frac{3}{2}n$에서 $a_1=2$이고

$n\geq2$일 때

$$\frac{a_n}{n}=\sum_{k=1}^{n}\frac{a_k}{k}-\sum_{k=1}^{n-1}\frac{a_k}{k}$$
$$=\left(\frac{1}{2}n^2+\frac{3}{2}n\right)-\left\{\frac{1}{2}(n-1)^2+\frac{3}{2}(n-1)\right\}$$
$$=n+1$$

$\therefore a_n=n(n+1)\ (n\geq2)$ …… ㉠

이때 $a_1=2$는 ㉠에 $n=1$을 대입한 값과 같으므로

$a_n=n(n+1)\ (n\geq1)$

이때 급수 $\sum_{n=1}^{\infty}\frac{1}{a_n}$의 제$n$항까지의 부분합을 $S_n$이라 하면

$$S_n=\sum_{k=1}^{n}\frac{1}{a_k}=\sum_{k=1}^{n}\frac{1}{k(k+1)}$$
$$=\sum_{k=1}^{n}\left(\frac{1}{k}-\frac{1}{k+1}\right)$$
$$=\left(1-\frac{1}{2}\right)+\left(\frac{1}{2}-\frac{1}{3}\right)+\left(\frac{1}{3}-\frac{1}{4}\right)+\cdots+\left(\frac{1}{n}-\frac{1}{n+1}\right)$$
$$=1-\frac{1}{n+1}$$

$\therefore \sum_{n=1}^{\infty}\frac{1}{a_n}=\lim_{n\to\infty}S_n=\lim_{n\to\infty}\left(1-\frac{1}{n+1}\right)=1$

짝기출

수열 $\{a_n\}$이 $\sum_{k=1}^{n}\frac{a_k}{k}=n^2+3n$을 만족시킬 때, $\sum_{n=1}^{\infty}\frac{1}{a_n}$의 값은?

① $\frac{1}{3}$ ② $\frac{1}{2}$ ③ $\frac{2}{3}$ ④ $\frac{5}{6}$ ⑤ 1

답 ②

## 0182 답 8

$a_1=\frac{1}{4}$, 즉 수열 $\{a_n\}$의 첫째항의 값이 주어졌으므로

$a_na_{n+1}=4^n$에서 $n$에 1부터 차례대로 자연수를 대입하면

$n=1$일 때 $a_1a_2=4^1$ $\therefore a_2=4^2$

$n=2$일 때 $a_2a_3=4^2$ $\therefore a_3=1$

$n=3$일 때 $a_3a_4=4^3$ $\therefore a_4=4^3$

$n=4$일 때 $a_4a_5=4^4$ $\therefore a_5=4$

$n=5$일 때 $a_5a_6=4^5$ $\therefore a_6=4^4$

⋮

따라서 수열 $\{a_{2n}\}$은 첫째항이 $4^2=16$이고 공비가 4인 등비수열이므로 수열 $\left\{\frac{96}{a_{2n}}\right\}$은 첫째항이 6이고 공비가 $\frac{1}{4}$인 등비수열이다.

$\therefore \sum_{n=1}^{\infty}\frac{96}{a_{2n}}=\frac{6}{1-\frac{1}{4}}=8$

짝기출

수열 $\{a_n\}$이 $a_1=\frac{1}{8}$이고,

$a_na_{n+1}=2^n\ (n\geq1)$

을 만족시킬 때, $\sum_{n=1}^{\infty}\frac{1}{a_{2n-1}}$의 값을 구하시오.

답 16

## 0183 답 ③

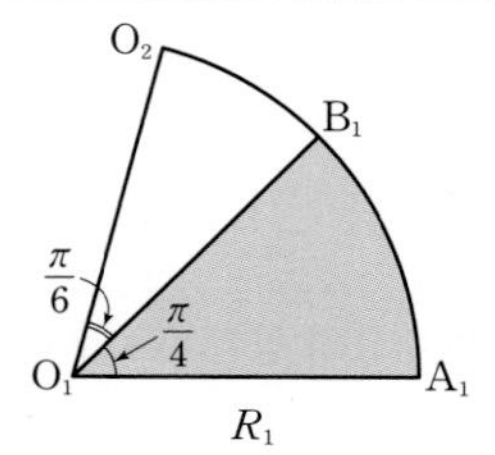

그림 $R_1$에서 부채꼴 $O_1A_1B_1$의 넓이 $S_1$은

$S_1=\frac{1}{2}\times1^2\times\frac{\pi}{4}=\frac{\pi}{8}$

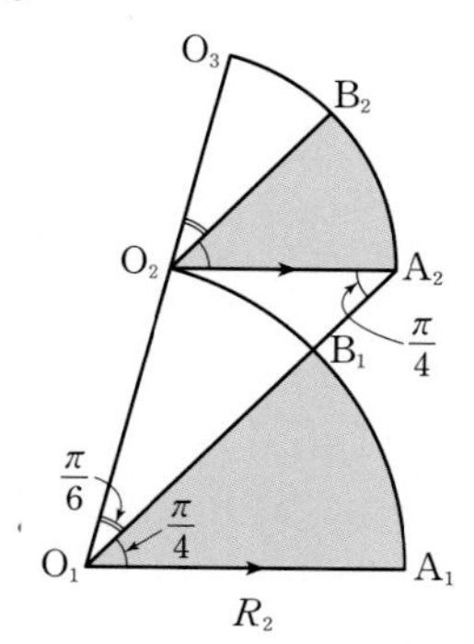

$R_2$

그림 $R_2$의 삼각형 $O_1A_2O_2$에서 사인법칙에 의하여

$$\frac{\overline{O_1O_2}}{\sin(\angle O_1A_2O_2)}=\frac{\overline{O_2A_2}}{\sin(\angle O_2O_1A_2)}$$

$$\frac{1}{\sin\frac{\pi}{4}}=\frac{\overline{O_2A_2}}{\sin\frac{\pi}{6}}$$

$$\therefore \overline{O_2A_2}=\frac{\sin\frac{\pi}{6}}{\sin\frac{\pi}{4}}=\frac{\frac{1}{2}}{\frac{\sqrt{2}}{2}}=\frac{1}{\sqrt{2}}$$

그림 $R_1$에 색칠된 부채꼴과 $R_2$에 새로 색칠된 부채꼴의 반지름의 길이의 비는 $\overline{O_1A_1}:\overline{O_2A_2}=1:\frac{1}{\sqrt{2}}$이므로 넓이의 비는 $1:\frac{1}{2}$이다.

같은 과정을 반복하면 두 그림 $R_n$과 $R_{n+1}$에 새로 색칠된 부채꼴의 넓이의 비도 $1:\frac{1}{2}$이다.

따라서 $S_n$은 첫째항이 $\frac{\pi}{8}$이고 공비가 $\frac{1}{2}$인 등비수열의 첫째항부터 제$n$항까지의 합이므로

$$\lim_{n\to\infty}S_n=\frac{\frac{\pi}{8}}{1-\frac{1}{2}}=\frac{\pi}{4}$$

## 0184

답 ①

조건 ㈏에서 $a_nx^2-a_{n+1}x$가 $x-n$으로 나누어떨어지므로

$a_n\times n^2-a_{n+1}\times n=0$

$na_n-a_{n+1}=0 \quad \therefore a_{n+1}=na_n$

따라서

$a_{n+2}=(n+1)a_{n+1}=n(n+1)a_n$

이므로

$$\frac{a_n}{a_{n+2}}=\frac{1}{n(n+1)}$$

이때 $\sum_{n=1}^{\infty}\frac{a_n}{a_{n+2}}=\sum_{n=1}^{\infty}\frac{1}{n(n+1)}$의 제$n$항까지의 부분합을 $S_n$이라 하면

$$S_n=\sum_{k=1}^{n}\frac{1}{k(k+1)}=\sum_{k=1}^{n}\left(\frac{1}{k}-\frac{1}{k+1}\right)$$
$$=\left(1-\frac{1}{2}\right)+\left(\frac{1}{2}-\frac{1}{3}\right)+\left(\frac{1}{3}-\frac{1}{4}\right)+\cdots+\left(\frac{1}{n}-\frac{1}{n+1}\right)$$
$$=1-\frac{1}{n+1}$$

$$\therefore \sum_{n=1}^{\infty}\frac{a_n}{a_{n+2}}=\lim_{n\to\infty}S_n=\lim_{n\to\infty}\left(1-\frac{1}{n+1}\right)=1$$

**짝기출**

모든 자연수 $n$에 대하여 수열 $\{a_n\}$은 다음 두 조건을 만족시킨다. 이때 $\sum_{n=1}^{\infty}a_n$의 값은?

> ㈎ $a_n\neq0$
> ㈏ $x$에 대한 다항식 $a_nx^2+a_nx+2$를 $x-n$으로 나눈 나머지가 20이다.

① 10 ② 12 ③ 14 ④ 16 ⑤ 18

답 ⑤

## 0185

답 ④

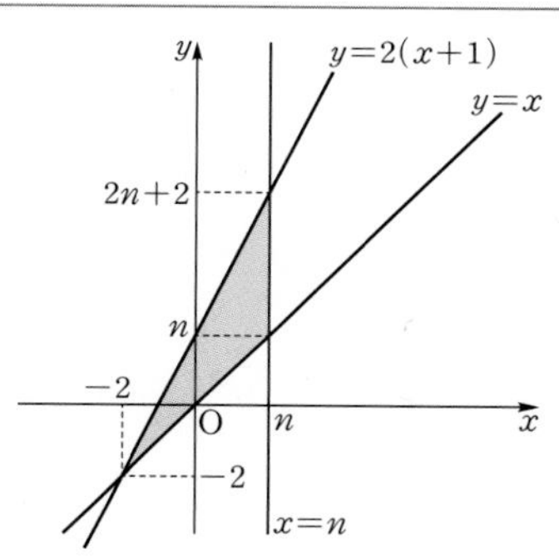


두 직선 $x=n$, $y=x$의 교점의 $y$좌표는 $n$이고 두 직선 $x=n$, $y=2(x+1)$의 교점의 $y$좌표는 $2(n+1)=2n+2$이다.

또한 두 직선 $y=x$, $y=2(x+1)$의 교점의 $x$좌표는

$x=2(x+1)$에서 $x=2x+2$

$\therefore x=-2$

따라서 두 직선 $y=x$, $y=2(x+1)$의 교점의 좌표는 $(-2, -2)$이므로

$$S_n=\frac{1}{2}\times(n+2)\times(n+2)=\frac{1}{2}(n+2)^2$$

이때 $\sum_{n=1}^{\infty}\frac{2n+5}{S_nS_{n+1}}=\sum_{n=1}^{\infty}\frac{4(2n+5)}{(n+2)^2(n+3)^2}$의 제$n$항까지의 부분합을 $T_n$이라 하면

$$T_n=\sum_{k=1}^{n}\frac{4(2k+5)}{(k+2)^2(k+3)^2}$$
$$=4\sum_{k=1}^{n}\left\{\frac{1}{(k+2)^2}-\frac{1}{(k+3)^2}\right\}$$
$$=4\left[\left(\frac{1}{3^2}-\frac{1}{4^2}\right)+\left(\frac{1}{4^2}-\frac{1}{5^2}\right)+\left(\frac{1}{5^2}-\frac{1}{6^2}\right)+\cdots+\left\{\frac{1}{(n+2)^2}-\frac{1}{(n+3)^2}\right\}\right]$$
$$=4\left\{\frac{1}{3^2}-\frac{1}{(n+3)^2}\right\}$$

$$\therefore \sum_{n=1}^{\infty}\frac{2n+5}{S_nS_{n+1}}=\lim_{n\to\infty}T_n=\lim_{n\to\infty}4\left\{\frac{1}{3^2}-\frac{1}{(n+3)^2}\right\}=\frac{4}{9}$$

짝기출

좌표평면에서 자연수 $n$에 대하여 네 직선 $x=1$, $x=n+1$, $y=x$, $y=2x$로 둘러싸인 사각형의 넓이를 $S_n$이라 할 때, $\sum_{n=1}^{\infty} \frac{1}{S_n}$의 값은?

① $\frac{1}{2}$ ② 1 ③ $\frac{3}{2}$ ④ 2 ⑤ $\frac{5}{2}$

답 ③

## 0186

답 ②

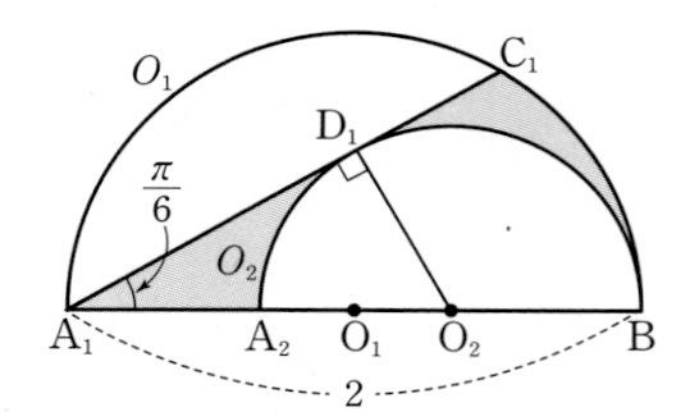


반원 $O_1$, $O_2$의 중심을 각각 $O_1$, $O_2$라 하자.

$\angle O_2A_1D_1=\frac{\pi}{6}$이므로 직각삼각형 $O_2A_1D_1$에서

$\overline{A_1O_2} : \overline{O_2D_1}=2 : 1$

$2-\overline{O_2D_1}=2\overline{O_2D_1}$, $3\overline{O_2D_1}=2$

$\therefore \overline{O_2D_1}=\frac{2}{3}$

따라서 반원 $O_2$의 넓이는

$\frac{1}{2}\times\overline{O_2D_1}^2\times\pi=\frac{1}{2}\times\left(\frac{2}{3}\right)^2\times\pi=\frac{2}{9}\pi$

$\angle A_1O_1C_1=\frac{2}{3}\pi$, $\overline{A_1O_1}=\overline{C_1O_1}=1$이므로 삼각형 $A_1O_1C_1$의 넓이는

$\frac{1}{2}\times\overline{A_1O_1}\times\overline{C_1O_1}\times\sin\frac{2}{3}\pi=\frac{1}{2}\times1\times1\times\frac{\sqrt{3}}{2}=\frac{\sqrt{3}}{4}$

또한 $\angle BO_1C_1=\frac{\pi}{3}$, $\overline{C_1O_1}=\overline{BO_1}=1$이므로 부채꼴 $O_1BC_1$의 넓이는

$\frac{1}{2}\times1^2\times\frac{\pi}{3}=\frac{\pi}{6}$

$\therefore S_1=$(삼각형 $A_1O_1C_1$의 넓이)$+$(부채꼴 $O_1BC_1$의 넓이)
$-$(반원 $O_2$의 넓이)

$=\frac{\sqrt{3}}{4}+\frac{\pi}{6}-\frac{2}{9}\pi$

$=\frac{\sqrt{3}}{4}-\frac{\pi}{18}$

한편, 두 반원 $O_1$과 $O_2$의 닮음비가 $\overline{A_1O_1} : \overline{O_2D_1}=1 : \frac{2}{3}$이므로 넓이의 비는 $1 : \frac{4}{9}$이다.

같은 과정을 반복하면 두 그림 $R_n$과 $R_{n+1}$에 새로 색칠된 부분의 넓이의 비도 $1 : \frac{4}{9}$이다.

따라서 $S_n$은 첫째항이 $\frac{\sqrt{3}}{4}-\frac{\pi}{18}$이고 공비가 $\frac{4}{9}$인 등비수열의 첫째항부터 제$n$항까지의 합이므로

$\lim_{n\to\infty} S_n=\frac{\frac{\sqrt{3}}{4}-\frac{\pi}{18}}{1-\frac{4}{9}}=\frac{9\sqrt{3}-2\pi}{20}$

# 미분법

유형별 유사문제

## PART A′ 03 지수함수와 로그함수의 미분

### 유형 01 지수함수의 극한

**0187** 답 ⑤

$$\lim_{x\to\infty}\frac{2^{3x+1}+5^x}{8^{x-1}-5^x}=\lim_{x\to\infty}\frac{2+\left(\frac{5}{8}\right)^x}{\frac{1}{8}-\left(\frac{5}{8}\right)^x}=\frac{2+0}{\frac{1}{8}-0}=16$$

**0188** 답 ①

$$\lim_{x\to0+}\frac{7^{\frac{1}{x}}}{7^{\frac{1}{x}}-7^{-\frac{1}{x}}}=\lim_{x\to0+}\frac{1}{1-7^{-\frac{2}{x}}}=\frac{1}{1-0}=1$$

**0189** 답 8

$$\lim_{x\to\infty}\frac{a\times2^{2x-3}-7}{4^{x-1}+5}=\lim_{x\to\infty}\frac{\frac{a}{8}-\frac{7}{4^x}}{\frac{1}{4}+\frac{5}{4^x}}=\frac{\frac{a}{8}-0}{\frac{1}{4}+0}=\frac{a}{2}$$

따라서 $\frac{a}{2}=4$이므로 $a=8$

**0190** 답 ②

$-x=t$로 놓으면 $x\to-\infty$일 때 $t\to\infty$이므로

$$\lim_{x\to-\infty}\frac{5^{x+1}+2x^2-8}{5^x+x^2}=\lim_{t\to\infty}\frac{5^{-t+1}+2t^2-8}{5^{-t}+t^2}=\lim_{t\to\infty}\frac{\frac{5}{5^t}+2t^2-8}{\frac{1}{5^t}+t^2}$$

$$=\lim_{t\to\infty}\frac{\frac{5}{5^t\times t^2}+2-\frac{8}{t^2}}{\frac{1}{5^t\times t^2}+1}=\frac{0+2-0}{0+1}=2$$

### 유형 02 로그함수의 극한

**0191** 답 ③

$$\lim_{x\to\infty}\{\log_2(4x+1)-\log_4(2x^2+7x)\}$$

$$=\lim_{x\to\infty}\{\log_4(4x+1)^2-\log_4(2x^2+7x)\}$$

$$=\lim_{x\to\infty}\log_4\frac{16x^2+8x+1}{2x^2+7x}=\log_4\left(\lim_{x\to\infty}\frac{16x^2+8x+1}{2x^2+7x}\right)$$

$$=\log_4 8=\log_{2^2}2^3=\frac{3}{2}$$

**0192** 답 ①

$$\lim_{x\to-\infty}(\log_3\sqrt{x^2+9x}-\log_3 3|x|)$$

$$=\lim_{x\to-\infty}\log_3\frac{\sqrt{x^2+9x}}{3|x|}$$

$$=\lim_{x\to-\infty}\log_3\sqrt{\frac{x^2+9x}{9x^2}}$$

$$=\log_3\left(\lim_{x\to-\infty}\sqrt{\frac{1}{9}+\frac{1}{x}}\right)$$

$$=\log_3\sqrt{\frac{1}{9}+0}=-1$$

**0193** 답 ⑤

$$\lim_{x\to0+}\frac{\log_5\frac{9}{x^2}}{\log_5\left(\frac{6}{x^a}+7\right)}=\lim_{x\to0+}\frac{\log_5 9-\log_5 x^2}{\log_5(6+7x^a)-\log_5 x^a}$$

$$=\lim_{x\to0+}\frac{\log_5 9-2\log_5 x}{\log_5(6+7x^a)-a\log_5 x}$$

$$=\lim_{x\to0+}\frac{\frac{\log_5 9}{\log_5 x}-2}{\frac{\log_5(6+7x^a)}{\log_5 x}-a}$$

$$=\frac{0-2}{0-a}=\frac{2}{a}$$

따라서 $\frac{2}{a}=6$이므로 $a=\frac{1}{3}$

다른 풀이

$\frac{1}{x}=t$로 놓으면 $x\to0+$일 때 $t\to\infty$이므로

$$\lim_{x\to0+}\frac{\log_5\frac{9}{x^2}}{\log_5\left(\frac{6}{x^a}+7\right)}=\lim_{t\to\infty}\frac{\log_5 9t^2}{\log_5(6t^a+7)}$$

$$=\lim_{t\to\infty}\frac{\log_5 9t^2}{\log_5 t^a\left(6+\frac{7}{t^a}\right)}$$

$$=\lim_{t\to\infty}\frac{\log_5 t^2+\log_5 9}{\log_5 t^a+\log_5\left(6+\frac{7}{t^a}\right)}$$

$$=\lim_{t\to\infty}\frac{2\log_5 t+\log_5 9}{a\log_5 t+\log_5\left(6+\frac{7}{t^a}\right)}$$

$$=\lim_{t\to\infty}\frac{2+\frac{\log_5 9}{\log_5 t}}{a+\frac{\log_5\left(6+\frac{7}{t^a}\right)}{\log_5 t}}$$

$$=\frac{2+0}{a+0}=\frac{2}{a}$$

따라서 $\frac{2}{a}=6$이므로 $a=\frac{1}{3}$

## 0194

답 8

$\lim_{x\to\infty}\frac{1}{x}\log_3(a^x+9^x)=\lim_{x\to\infty}\log_3(a^x+9^x)^{\frac{1}{x}}$에서

(i) $2\le a\le 9$일 때

$$\lim_{x\to\infty}\log_3\left[9^x\left\{\left(\frac{a}{9}\right)^x+1\right\}\right]^{\frac{1}{x}}$$
$$=\lim_{x\to\infty}\log_3 9\left\{\left(\frac{a}{9}\right)^x+1\right\}^{\frac{1}{x}}$$
$$=\log_3\left[\lim_{x\to\infty}9\left\{\left(\frac{a}{9}\right)^x+1\right\}^{\frac{1}{x}}\right]$$
$$=\log_3(9\times1)=\log_3 3^2=2$$

(ii) $a\ge10$일 때

$$\lim_{x\to\infty}\log_3\left[a^x\left\{1+\left(\frac{9}{a}\right)^x\right\}\right]^{\frac{1}{x}}$$
$$=\lim_{x\to\infty}\log_3 a\left\{1+\left(\frac{9}{a}\right)^x\right\}^{\frac{1}{x}}$$
$$=\log_3\left[\lim_{x\to\infty}a\left\{1+\left(\frac{9}{a}\right)^x\right\}^{\frac{1}{x}}\right]$$
$$=\log_3(a\times1)=\log_3 a$$

이때 $a\ge10$에서 $\log_3 a=2$를 만족시키는 자연수 $a$의 값은 존재하지 않는다.

(i), (ii)에서 주어진 조건을 만족시키는 2 이상의 모든 자연수 $a$는 2, 3, 4, 5, 6, 7, 8, 9의 8개이다.

### 유형 03 $\lim_{x\to0}(1+x)^{\frac{1}{x}}$ 꼴의 극한

## 0195

답 ①

$$\lim_{x\to0}(1+6x)^{\frac{1}{2x}}+\lim_{x\to0}\left(1-\frac{x}{4}\right)^{\frac{2}{x}}$$
$$=\lim_{x\to0}\left\{(1+6x)^{\frac{1}{6x}}\right\}^3+\lim_{x\to0}\left\{\left(1-\frac{x}{4}\right)^{-\frac{4}{x}}\right\}^{-\frac{1}{2}}$$
$$=e^3+e^{-\frac{1}{2}}=e^3+\frac{1}{\sqrt{e}}$$

## 0196

답 ④

$x+1=t$로 놓으면 $x\to-1$일 때 $t\to0$이므로

$$\lim_{x\to-1}(x+2)^{\frac{5}{x+1}}=\lim_{t\to0}(1+t)^{\frac{5}{t}}=\lim_{t\to0}\left\{(1+t)^{\frac{1}{t}}\right\}^5=e^5$$

## 0197

답 ③

$$\lim_{x\to0}(12x^2+8x+1)^{\frac{1}{3x}}=\lim_{x\to0}\{(1+6x)(1+2x)\}^{\frac{1}{3x}}$$
$$=\lim_{x\to0}\left\{(1+6x)^{\frac{1}{3x}}(1+2x)^{\frac{1}{3x}}\right\}$$
$$=\lim_{x\to0}\left[\left\{(1+6x)^{\frac{1}{6x}}\right\}^2\left\{(1+2x)^{\frac{1}{2x}}\right\}^{\frac{2}{3}}\right]$$
$$=e^2\times e^{\frac{2}{3}}=e^{2+\frac{2}{3}}=e^{\frac{8}{3}}$$

따라서 $e^{\frac{8}{3}}=e^a$이므로 $a=\frac{8}{3}$

### 유형 04 $\lim_{x\to\infty}\left(1+\frac{1}{x}\right)^x$ 꼴의 극한

## 0198

답 ⑤

$$\lim_{x\to\infty}\left(1+\frac{3}{x}\right)^{2x+1}=\lim_{x\to\infty}\left\{\left(1+\frac{3}{x}\right)^{2x}\left(1+\frac{3}{x}\right)\right\}$$
$$=\lim_{x\to\infty}\left[\left\{\left(1+\frac{3}{x}\right)^{\frac{x}{3}}\right\}^6\left(1+\frac{3}{x}\right)\right]$$
$$=e^6\times1=e^6$$

## 0199

답 ③

$$\lim_{x\to\infty}\left(1-\frac{1}{7x}\right)^{\frac{x}{a}}=\lim_{x\to\infty}\left\{\left(1-\frac{1}{7x}\right)^{-7x}\right\}^{-\frac{1}{7a}}=e^{-\frac{1}{7a}}$$

따라서 $e^{-\frac{1}{7a}}=e^2$이므로 $-\frac{1}{7a}=2$

$\therefore a=-\frac{1}{14}$

## 0200

답 ①

$$\lim_{x\to\infty}\left(\frac{x-a}{x+a}\right)^x=\lim_{x\to\infty}\left(\frac{1-\frac{a}{x}}{1+\frac{a}{x}}\right)^x=\lim_{x\to\infty}\frac{\left(1-\frac{a}{x}\right)^x}{\left(1+\frac{a}{x}\right)^x}$$
$$=\lim_{x\to\infty}\frac{\left\{\left(1-\frac{a}{x}\right)^{-\frac{x}{a}}\right\}^{-a}}{\left\{\left(1+\frac{a}{x}\right)^{\frac{x}{a}}\right\}^{a}}=\frac{e^{-a}}{e^a}$$
$$=e^{-a-a}=e^{-2a}$$

따라서 $e^{-2a}=e^{20}$이므로 $-2a=20$

$\therefore a=-10$

### 유형 05 $\lim_{x\to0}\frac{\ln(1+x)}{x}$ 꼴의 극한

## 0201

답 ②

$$\lim_{x\to0}\frac{\ln(1+8x)+2x}{5x}=\lim_{x\to0}\left\{\frac{\ln(1+8x)}{5x}+\frac{2}{5}\right\}$$
$$=\lim_{x\to0}\left\{\frac{\ln(1+8x)}{8x}\times\frac{8}{5}+\frac{2}{5}\right\}$$
$$=1\times\frac{8}{5}+\frac{2}{5}=2$$

## 0202

답 ①

$$\lim_{x\to0}\frac{\ln(1+4x)}{\ln(1+ax)}=\lim_{x\to0}\frac{\frac{\ln(1+4x)}{4x}\times4}{\frac{\ln(1+ax)}{ax}\times a}$$

$$=\frac{1\times4}{1\times a}=\frac{4}{a}$$

따라서 $\frac{4}{a}=12$이므로 $a=\frac{1}{3}$

## 0203

답 ④

$$\lim_{x\to0}\frac{\ln(x+1)}{\sqrt{x+16}-4}$$

$$=\lim_{x\to0}\left\{\frac{\ln(x+1)}{x}\times\frac{x}{\sqrt{x+16}-4}\right\}$$

$$=\lim_{x\to0}\left\{\frac{\ln(x+1)}{x}\times\frac{x(\sqrt{x+16}+4)}{(\sqrt{x+16}-4)(\sqrt{x+16}+4)}\right\}$$

$$=\lim_{x\to0}\left\{\frac{\ln(x+1)}{x}\times\frac{x(\sqrt{x+16}+4)}{x+16-16}\right\}$$

$$=\lim_{x\to0}\left\{\frac{\ln(x+1)}{x}\times(\sqrt{x+16}+4)\right\}$$

$$=1\times(\sqrt{16}+4)=8$$

## 0204

답 ③

$y=2-e^{-2x}$으로 놓으면

$e^{-2x}=2-y$

$-2x=\ln(2-y)$

$\therefore x=-\frac{1}{2}\ln(2-y)$

$x$와 $y$를 서로 바꾸면

$y=-\frac{1}{2}\ln(2-x)$

따라서 $g(x)=-\frac{1}{2}\ln(2-x)$이므로

$$\lim_{x\to1}\frac{g(x)}{x-1}=\lim_{x\to1}\frac{\ln(2-x)}{-2(x-1)}$$

$x-1=t$로 놓으면 $x\to1$일 때 $t\to0$이므로

$$\lim_{x\to1}\frac{\ln(2-x)}{-2(x-1)}=\lim_{t\to0}\frac{\ln(1-t)}{-2t}=\lim_{t\to0}\left\{\frac{\ln(1-t)}{-t}\times\frac{1}{2}\right\}$$

$$=1\times\frac{1}{2}=\frac{1}{2}$$

**Bible Says 역함수 구하기**

함수 $y=f(x)$의 역함수는 다음과 같은 순서로 구한다.

❶ 주어진 함수 $y=f(x)$가 일대일대응인지 확인한다.

❷ $y=f(x)$를 $x$에 대하여 정리한 후, $x=f^{-1}(y)$ 꼴로 나타낸다.

❸ $x$와 $y$를 서로 바꾸어 $y=f^{-1}(x)$로 나타낸다.

### 유형 06 $\lim_{x\to0}\frac{\log_a(1+x)}{x}$ 꼴의 극한

## 0205

답 ④

$$\lim_{x\to0}\frac{\log_9(1+ax)}{x}=\lim_{x\to0}\left\{\frac{\log_9(1+ax)}{ax}\times a\right\}$$

$$=\frac{1}{\ln 9}\times a=\frac{a}{2\ln 3}$$

따라서 $\frac{a}{2\ln 3}=\frac{1}{2}$이므로 $a=\ln 3$

## 0206

답 ④

$$\lim_{x\to0}\left\{\frac{\log_2(2+x)}{x}-\frac{1}{x}\right\}=\lim_{x\to0}\frac{\log_2(2+x)-1}{x}$$

$$=\lim_{x\to0}\frac{\log_2(2+x)-\log_2 2}{x}$$

$$=\lim_{x\to0}\frac{\log_2\left(1+\frac{x}{2}\right)}{x}$$

$$=\lim_{x\to0}\left\{\frac{\log_2\left(1+\frac{x}{2}\right)}{\frac{x}{2}}\times\frac{1}{2}\right\}$$

$$=\frac{1}{\ln 2}\times\frac{1}{2}=\frac{1}{2\ln 2}$$

## 0207

답 ①

$\frac{1}{x^2}=t$로 놓으면 $x\to-\infty$일 때 $t\to0+$이므로

$$\lim_{x\to-\infty}x^2\left\{\log_3\left(9+\frac{1}{x^2}\right)-2\right\}$$

$$=\lim_{t\to0+}\frac{\log_3(9+t)-2}{t}=\lim_{t\to0+}\frac{\log_3(9+t)-\log_3 9}{t}$$

$$=\lim_{t\to0+}\frac{\log_3\left(1+\frac{t}{9}\right)}{t}=\lim_{t\to0+}\left\{\frac{\log_3\left(1+\frac{t}{9}\right)}{\frac{t}{9}}\times\frac{1}{9}\right\}$$

$$=\frac{1}{\ln 3}\times\frac{1}{9}=\frac{1}{9\ln 3}$$

### 유형 07 $\lim_{x\to0}\frac{e^x-1}{x}$ 꼴의 극한

## 0208

답 ③

$$\lim_{x\to0}\frac{e^{2x}-\frac{1}{e^x}}{x}=\lim_{x\to0}\frac{e^{2x}-e^{-x}}{x}$$

$$=\lim_{x\to0}\frac{e^{2x}-1-e^{-x}+1}{x}$$

$$=\lim_{x\to0}\left(\frac{e^{2x}-1}{2x}\times2+\frac{e^{-x}-1}{-x}\right)$$

$$=1\times2+1=3$$

## 0209

답 8

$x+1=t$로 놓으면 $x \to -1$일 때 $t \to 0$이므로

$$\lim_{x \to -1} \frac{e^{x+1}+7x+6}{x+1} = \lim_{t \to 0} \frac{e^t+7t-1}{t}$$
$$= \lim_{t \to 0} \left( \frac{e^t-1}{t} + 7 \right)$$
$$= 1+7=8$$

## 0210

답 ②

$$\lim_{x \to 0} \frac{1-e^{ax}}{e^{ax} \ln(1+a^2x)} = \lim_{x \to 0} \frac{e^{-ax}-1}{\ln(1+a^2x)}$$
$$= \lim_{x \to 0} \left\{ \frac{e^{-ax}-1}{-ax} \times \frac{a^2x}{\ln(1+a^2x)} \times \left(-\frac{1}{a}\right) \right\}$$
$$= 1 \times 1 \times \left(-\frac{1}{a}\right) = -\frac{1}{a}$$

따라서 $-\frac{1}{a}=8$이므로 $a=-\frac{1}{8}$

### 유형 08 $\lim_{x \to 0} \frac{a^x-1}{x}$ 꼴의 극한

## 0211

답 ③

$$\lim_{x \to 0} \frac{4^x+2^x+x^2-2}{x} = \lim_{x \to 0} \left( \frac{4^x-1+2^x-1}{x} + x \right)$$
$$= \lim_{x \to 0} \left( \frac{4^x-1}{x} + \frac{2^x-1}{x} + x \right)$$
$$= \ln 4 + \ln 2 + 0$$
$$= 3 \ln 2$$

## 0212

답 ④

$\frac{1}{2x}=t$로 놓으면 $x \to \infty$일 때 $t \to 0+$이므로

$$\lim_{x \to \infty} 2x(5^{\frac{1}{2x}}-1) = \lim_{x \to \infty} \frac{5^{\frac{1}{2x}}-1}{\frac{1}{2x}} = \lim_{t \to 0+} \frac{5^t-1}{t} = \ln 5$$

## 0213

답 5

$$\lim_{x \to 0} \frac{f(x)}{g(x)} = \lim_{x \to 0} \left\{ \frac{2^{ax}-1}{ax} \times \frac{bx}{\ln(1+bx)} \times \frac{a}{b} \right\}$$
$$= \ln 2 \times 1 \times \frac{a}{b}$$
$$= \frac{a}{b} \ln 2$$

즉, $\frac{a}{b} \ln 2 = 2 \ln 2$이므로 $\frac{a}{b}=2$

$\therefore a=2b$

따라서 주어진 조건을 만족시키는 10 이하의 두 자연수 $a$, $b$의 순서쌍 $(a, b)$는 $(2, 1)$, $(4, 2)$, $(6, 3)$, $(8, 4)$, $(10, 5)$의 5개이다.

### 유형 09 지수·로그함수의 극한에서 미정계수의 결정

## 0214

답 11

$\lim_{x \to 0} \frac{\ln(1+ax)}{e^{4x}+b}=3$에서 0이 아닌 극한값이 존재하고 $x \to 0$일 때, (분자)$\to 0$이므로 (분모)$\to 0$이어야 한다.

즉, $\lim_{x \to 0}(e^{4x}+b)=0$이므로 $1+b=0$

$\therefore b=-1$

$$\lim_{x \to 0} \frac{\ln(1+ax)}{e^{4x}-1} = \lim_{x \to 0} \left\{ \frac{\ln(1+ax)}{ax} \times \frac{4x}{e^{4x}-1} \times \frac{a}{4} \right\}$$
$$= 1 \times 1 \times \frac{a}{4} = \frac{a}{4}$$

따라서 $\frac{a}{4}=3$이므로 $a=12$

$\therefore a+b=12+(-1)=11$

## 0215

답 ③

$\lim_{x \to 0} \frac{f(x)}{x}=3$에서 극한값이 존재하고 $x \to 0$일 때, (분모)$\to 0$이므로 (분자)$\to 0$이어야 한다.

즉, $\lim_{x \to 0} f(x)=0$에서 $\lim_{x \to 0} \ln(ax+b)=0$이므로

$\ln b=0 \qquad \therefore b=1$

$$\lim_{x \to 0} \frac{f(x)}{x} = \lim_{x \to 0} \frac{\ln(ax+1)}{x}$$
$$= \lim_{x \to 0} \left\{ \frac{\ln(ax+1)}{ax} \times a \right\}$$
$$= 1 \times a = a$$

따라서 $a=3$이므로 $f(x)=\ln(3x+1)$

$\therefore f(5)=\ln 16=4 \ln 2$

## 0216

답 19

$\lim_{x \to 0} \frac{e^{ax}+e^{bx}+e^{7x}+b}{x}=20$에서 극한값이 존재하고 $x \to 0$일 때, (분모)$\to 0$이므로 (분자)$\to 0$이어야 한다.

즉, $\lim_{x \to 0}(e^{ax}+e^{bx}+e^{7x}+b)=0$이므로

$3+b=0 \qquad \therefore b=-3$

$$\lim_{x \to 0} \frac{e^{ax}+e^{-3x}+e^{7x}-3}{x}$$
$$= \lim_{x \to 0} \left( \frac{e^{ax}-1}{x} + \frac{e^{-3x}-1}{x} + \frac{e^{7x}-1}{x} \right)$$
$$= \lim_{x \to 0} \left\{ \frac{e^{ax}-1}{ax} \times a + \frac{e^{-3x}-1}{-3x} \times (-3) + \frac{e^{7x}-1}{7x} \times 7 \right\}$$
$$= 1 \times a + 1 \times (-3) + 1 \times 7$$
$$= a+4$$

따라서 $a+4=20$이므로 $a=16$

$\therefore a-b=16-(-3)=19$

## 0217

답 25

$\lim_{x \to 2} \frac{e^{x-2}-f(x)}{x-2}=6$에서 극한값이 존재하고 $x \to 2$일 때,

(분모)$\to 0$이므로 (분자)$\to 0$이어야 한다.

즉, $\lim_{x \to 2} \{e^{x-2}-f(x)\}=0$이므로 $f(2)=1$

$f(x)=(x-2)(x-a)+1$ ($a$는 상수)라 하자.

$x-2=t$로 놓으면 $x \to 2$일 때 $t \to 0$이므로

$$\begin{aligned}\lim_{x \to 2} \frac{e^{x-2}-f(x)}{x-2} &= \lim_{x \to 2} \frac{e^{x-2}-1-(x-2)(x-a)}{x-2} \\ &= \lim_{x \to 2} \left\{ \frac{e^{x-2}-1}{x-2} - \frac{(x-2)(x-a)}{x-2} \right\} \\ &= \lim_{t \to 0} \frac{e^t-1}{t} + \lim_{x \to 2}(a-x) \\ &= 1+(a-2)=a-1\end{aligned}$$

따라서 $a-1=6$이므로

$a=7$

$f(x)=(x-2)(x-7)+1$이므로

$f(-1)=-3\times(-8)+1=25$

### 유형 10 지수·로그함수의 극한의 도형에의 활용

## 0218

답 4

삼각형 OAP의 넓이 $S(t)$는

$S(t)=\frac{1}{2}\times a \times \ln(6t+1)=\frac{a}{2}\ln(6t+1)$

$$\begin{aligned}\therefore \lim_{t \to 0+} \frac{S(t)}{t} &= \lim_{t \to 0+} \left\{ \frac{\ln(6t+1)}{6t} \times 3a \right\} \\ &= 1 \times 3a = 3a\end{aligned}$$

따라서 $3a=12$이므로

$a=4$

## 0219

답 ①

점 P의 $x$좌표는 $8^x=t$에서 $x=\log_8 t$

점 Q의 $x$좌표는 $2^x=t$에서 $x=\log_2 t$

$\therefore \overline{PQ}=\log_2 t-\log_8 t=\log_2 t-\frac{1}{3}\log_2 t=\frac{2}{3}\log_2 t$

$t-1=k$로 놓으면 $t \to 1+$일 때 $k \to 0+$이므로

$$\begin{aligned}\lim_{t \to 1+} \frac{\overline{PQ}}{t-1} &= \lim_{k \to 0+} \frac{\frac{2}{3}\log_2(1+k)}{k} \\ &= \lim_{k \to 0+} \left\{ \frac{\log_2(1+k)}{k} \times \frac{2}{3} \right\} \\ &= \frac{1}{\ln 2} \times \frac{2}{3} = \frac{2}{3\ln 2}\end{aligned}$$

## 0220

답 65

직선 OP의 기울기가 $\frac{f(t)}{t}$이므로 점 P$(t, f(t))$를 지나고 직선 OP에 수직인 직선 AP의 방정식은

$y=-\frac{t}{f(t)}(x-t)+f(t)$

$\therefore y=-\frac{t}{\ln(1+5t)}(x-t)+\ln(1+5t)$

이 직선이 점 A를 지나므로 점 A의 $x$좌표를 $a$라 하면

$\frac{t}{\ln(1+5t)}a=\frac{t^2}{\ln(1+5t)}+\ln(1+5t)$에서

$a=t+\frac{\{\ln(1+5t)\}^2}{t}$

따라서 삼각형 OAP의 넓이 $S(t)$는

$$\begin{aligned}S(t) &= \frac{1}{2}\times a \times \ln(1+5t) \\ &= \frac{t\ln(1+5t)}{2}+\frac{\{\ln(1+5t)\}^3}{2t}\end{aligned}$$

$$\begin{aligned}&\therefore \lim_{t \to 0+} \frac{S(t)}{t^2} \\ &= \lim_{t \to 0+} \left[ \frac{\ln(1+5t)}{2t} + \frac{\{\ln(1+5t)\}^3}{2t^3} \right] \\ &= \lim_{t \to 0+} \left[ \frac{\ln(1+5t)}{5t} \times \frac{5}{2} + \frac{\{\ln(1+5t)\}^3}{125t^3} \times \frac{125}{2} \right] \\ &= \lim_{t \to 0+} \left[ \frac{\ln(1+5t)}{5t} \times \frac{5}{2} + \left\{ \frac{\ln(1+5t)}{5t} \right\}^3 \times \frac{125}{2} \right] \\ &= 1\times\frac{5}{2}+1\times\frac{125}{2} \\ &= \frac{130}{2}=65\end{aligned}$$

### 유형 11 지수·로그함수의 연속

## 0221

답 ②

함수 $f(x)=\begin{cases} \frac{\ln(6x+a)}{x} & (x \neq 0) \\ b & (x=0) \end{cases}$이 $x=0$에서 연속이므로

$\lim_{x \to 0} f(x)=f(0)$, 즉 $\lim_{x \to 0} \frac{\ln(6x+a)}{x}=b$ ...... ㉠

㉠에서 극한값이 존재하고 $x \to 0$일 때,

(분모)$\to 0$이므로 (분자)$\to 0$이어야 한다.

즉, $\lim_{x \to 0} \ln(6x+a)=0$이므로

$\ln a=0$에서 $a=1$

$a=1$을 ㉠에 대입하면

$$\begin{aligned}\lim_{x \to 0} \frac{\ln(6x+1)}{x} &= \lim_{x \to 0} \left\{ \frac{\ln(6x+1)}{6x} \times 6 \right\} \\ &= 1\times 6=6=b\end{aligned}$$

$\therefore a+b=1+6=7$

## 0222

답 ②

함수 $f(x)$가 $x=0$에서 연속이므로 $\lim_{x\to 0} f(x)=f(0)$에서

$\lim_{x\to 0}\frac{-2x^2+4x+a}{\ln(1+x)}=f(0)$ …… ㉠

㉠에서 극한값이 존재하고 $x \to 0$일 때,

(분모)$\to 0$이므로 (분자)$\to 0$이어야 한다.

즉, $\lim_{x\to 0}(-2x^2+4x+a)=0$이므로 $a=0$

$\therefore f(a)=f(0)$

$=\lim_{x\to 0}\frac{-2x^2+4x}{\ln(1+x)}$ ($\because$ ㉠)

$=\lim_{x\to 0}\left\{\frac{x}{\ln(1+x)}\times(-2x+4)\right\}$

$=1\times 4=4$

## 0223

답 ①

함수 $f(x)=\begin{cases}\frac{e^{ax}-1}{2x} & (x<0)\\ e^x-5 & (x\geq 0)\end{cases}$이 실수 전체의 집합에서 연속이므로 $x=0$에서 연속이다.

즉, $\lim_{x\to 0-} f(x)=\lim_{x\to 0+} f(x)=f(0)$이어야 하므로

$\lim_{x\to 0-} f(x)=\lim_{x\to 0-}\frac{e^{ax}-1}{2x}=\lim_{x\to 0-}\left(\frac{e^{ax}-1}{ax}\times\frac{a}{2}\right)=1\times\frac{a}{2}=\frac{a}{2}$

$\lim_{x\to 0+} f(x)=\lim_{x\to 0+}(e^x-5)=1-5=-4$

$f(0)=1-5=-4$

에서 $\frac{a}{2}=-4$

$\therefore a=-8$

## 0224

답 ④

$(x-1)f(x)=\ln(8x-7)$에서

$x\neq 1$일 때, $f(x)=\frac{\ln(8x-7)}{x-1}$

함수 $f(x)$가 구간 $\left(\frac{7}{8}, \infty\right)$에서 연속이므로 $x=1$에서 연속이다.

즉, $\lim_{x\to 1} f(x)=f(1)$이어야 하므로

$f(1)=\lim_{x\to 1}\frac{\ln(8x-7)}{x-1}$

$x-1=t$로 놓으면 $x\to 1$일 때 $t\to 0$이므로

$\lim_{x\to 1}\frac{\ln(8x-7)}{x-1}=\lim_{t\to 0}\frac{\ln(1+8t)}{t}$

$=\lim_{t\to 0}\left\{\frac{\ln(1+8t)}{8t}\times 8\right\}$

$=1\times 8=8$

# 유형 12 지수함수의 도함수

## 0225

답 ①

$f(x)=2e^x+x^2-4x$에서

$f'(x)=2e^x+2x-4$

$\therefore f'(0)=2+0-4=-2$

## 0226

답 ⑤

$f(x)=e^x(5x+7)$에서

$f'(x)=e^x\times(5x+7)+e^x\times 5=(5x+12)e^x$

$\therefore f'(1)=17e$

## 0227

답 ③

$f(x)=(ax-3)e^x$에서

$f'(x)=a\times e^x+(ax-3)\times e^x=(ax+a-3)e^x$

$f'(-2)=(-a-3)e^{-2}=\frac{-a-3}{e^2}$

따라서 $\frac{-a-3}{e^2}=\frac{6}{e^2}$이므로

$-a-3=6$ $\therefore a=-9$

## 0228

답 ③

$f(x)=2^{x+\log_2 3}=2^x\times 2^{\log_2 3}=3\times 2^x$에서

$f'(x)=3\times 2^x\ln 2$

따라서 곡선 $y=f(x)$ 위의 점 $(2, f(2))$에서의 접선의 기울기는

$f'(2)=12\ln 2$

# 유형 13 로그함수의 도함수

## 0229

답 4

$f(x)=9+12\ln x$에서

$f'(x)=\frac{12}{x}$

$\therefore f'(3)=4$

## 0230

답 ③

$f(x)=x^3\ln x$라 하면

$f'(x)=3x^2\times\ln x+x^3\times\frac{1}{x}$

$=3x^2\ln x+x^2$

따라서 곡선 $y=f(x)$ 위의 점 $(1, 0)$에서의 접선의 기울기는

$f'(1)=3\times 1\times 0+1=1$

## 0231

답 ②

$f(x)=\log_5 \frac{1}{x}-\log_{25} \frac{1}{x}$

$=\log_5 \frac{1}{x}-\frac{1}{2}\log_5 \frac{1}{x}$

$=\frac{1}{2}\log_5 \frac{1}{x}=-\frac{1}{2}\log_5 x$

에서

$f'(x)=-\frac{1}{2x\ln 5}$

$\therefore f'(2)=-\frac{1}{4\ln 5}$

다른 풀이

$f(x)=\log_5 \frac{1}{x}-\log_{25} \frac{1}{x}$

$=-\log_5 x+\log_{25} x$

에서

$f'(x)=-\frac{1}{x\ln 5}+\frac{1}{x\ln 25}$

$\therefore f'(2)=-\frac{1}{2\ln 5}+\frac{1}{2\ln 25}=-\frac{1}{2\ln 5}+\frac{1}{4\ln 5}=-\frac{1}{4\ln 5}$

## 0232

답 ②

$f(x)=\log_2 x$에서 $f'(x)=\frac{1}{x\ln 2}$

$\lim_{h\to 0}\frac{h}{f(a+h)-f(a-h)}$

$=\lim_{h\to 0}\frac{1}{\frac{f(a+h)-f(a)-\{f(a-h)-f(a)\}}{h}}$

$=\lim_{h\to 0}\frac{1}{\frac{f(a+h)-f(a)}{h}+\frac{f(a-h)-f(a)}{-h}}$

$=\frac{1}{f'(a)+f'(a)}=\frac{1}{2f'(a)}$

$=\frac{a}{2}\ln 2=\ln 2^{\frac{a}{2}}$

따라서 $\ln 2^{\frac{a}{2}}=\ln 64$이므로

$2^{\frac{a}{2}}=2^6$

$\frac{a}{2}=6 \qquad \therefore a=12$

### 유형 14 지수·로그함수의 미분가능성

## 0233

답 ④

함수 $f(x)=\begin{cases} ax+b & (x<1) \\ 5+x\ln x & (x\ge 1)\end{cases}$이 $x=1$에서 미분가능하므로 $x=1$에서 연속이다.

즉, $\lim_{x\to 1-}f(x)=\lim_{x\to 1+}f(x)=f(1)$이어야 하므로

$\lim_{x\to 1-}f(x)=\lim_{x\to 1-}(ax+b)=a+b$

$\lim_{x\to 1+}f(x)=\lim_{x\to 1+}(5+x\ln x)=5+0=5$

$f(1)=5$

에서 $a+b=5$ ...... ㉠

또한 함수 $f(x)$의 $x=1$에서의 좌미분계수, 우미분계수가 같아야 한다.

즉, $\lim_{x\to 1-}f'(x)=\lim_{x\to 1+}f'(x)$이어야 하므로

$f'(x)=\begin{cases} a & (x<1) \\ \ln x+1 & (x>1)\end{cases}$에서 $a=1$

이를 ㉠에 대입하면 $b=4$

따라서 $f(x)=\begin{cases} x+4 & (x<1) \\ 5+x\ln x & (x\ge 1)\end{cases}$이므로

$f(-1)=-1+4=3$

참고

미분계수의 정의를 이용하여 $a$의 값을 구할 수도 있다.

함수 $f(x)=\begin{cases} ax+b & (x<1) \\ 5+x\ln x & (x\ge 1)\end{cases}$이 $x=1$에서 미분가능하므로 함수 $f(x)$의 $x=1$에서의 좌미분계수, 우미분계수가 같아야 한다.

$\lim_{x\to 1-}\frac{f(x)-f(1)}{x-1}=\lim_{x\to 1-}\frac{ax+b-(a+b)}{x-1}$

$=\lim_{x\to 1-}\frac{a(x-1)}{x-1}=a$

$\lim_{x\to 1+}\frac{f(x)-f(1)}{x-1}=\lim_{x\to 1+}\frac{5+x\ln x-5}{x-1}$

$=\lim_{x\to 1+}\frac{x\ln x}{x-1}$

$x-1=t$로 놓으면 $x\to 1+$일 때 $t\to 0+$이므로

$\lim_{x\to 1+}\frac{x\ln x}{x-1}=\lim_{t\to 0+}\frac{(t+1)\ln(t+1)}{t}=1\times 1=1$

$\therefore a=1$

Bible Says **구간으로 나누어 정의된 함수의 미분가능성**

미분가능한 두 함수 $f(x)$, $g(x)$에 대하여

함수 $h(x)=\begin{cases} f(x) & (x<a) \\ g(x) & (x\ge a)\end{cases}$가 $x=a$에서 미분가능하면

(1) 함수 $h(x)$는 $x=a$에서 연속이다.

➡ $\lim_{x\to a-}f(x)=\lim_{x\to a+}g(x)=g(a)$

(2) 함수 $h(x)$는 $x=a$에서 미분계수가 존재한다.

➡ $f'(a)=g'(a)$

[방법1] 도함수를 이용

$h'(x)=\begin{cases} f'(x) & (x<a) \\ g'(x) & (x>a)\end{cases}$에서 $f'(a)=g'(a)$

임을 보인다.

[방법2] 미분계수의 정의를 이용

$\lim_{x\to a-}\frac{f(x)-f(a)}{x-a}=\lim_{x\to a+}\frac{g(x)-g(a)}{x-a}$

임을 보인다.

## 0234

답 ⑤

$f(0)=0$이므로 $f(x)=ax^2+bx$ ($a$, $b$는 상수, $a\neq 0$)이라 하자.

함수 $g(x)=\begin{cases} ax^2+bx & (x\le -1) \\ e^{x+1}-7x & (x>-1)\end{cases}$은 $x=-1$에서 미분가능하므로 $x=-1$에서 연속이다.

즉, $\lim_{x\to -1-}g(x)=\lim_{x\to -1+}g(x)=g(-1)$이어야 하므로

$\lim_{x\to -1-}g(x)=\lim_{x\to -1-}(ax^2+bx)=a-b$

$\lim_{x\to-1+} g(x)=\lim_{x\to-1+}(e^{x+1}-7x)=1+7=8$

$g(-1)=a-b$

에서 $a-b=8$ ······ ㉠

또한 함수 $g(x)$의 $x=-1$에서의 좌미분계수, 우미분계수가 같아야 한다.

즉, $\lim_{x\to-1-} g'(x)=\lim_{x\to-1+} g'(x)$이어야 하므로

$g'(x)=\begin{cases} 2ax+b & (x<-1) \\ e^{x+1}-7 & (x>-1) \end{cases}$에서

$-2a+b=-6$ ······ ㉡

㉠, ㉡을 연립하여 풀면 $a=-2$, $b=-10$

따라서 $f(x)=-2x^2-10x$이므로

$f(-3)=-2\times9+30=12$

## 0235

답 ①

함수 $f(x)=\begin{cases} 2x+b & (x\le1) \\ \log_a x & (x>1) \end{cases}$이 실수 전체의 집합에서 미분가능하므로 $x=1$에서 미분가능하다.

따라서 함수 $f(x)$는 $x=1$에서 연속이므로

$\lim_{x\to1-} f(x)=\lim_{x\to1+} f(x)=f(1)$이어야 한다.

$\lim_{x\to1-} f(x)=\lim_{x\to1-}(2x+b)=2+b$

$\lim_{x\to1+} f(x)=\lim_{x\to1+}\log_a x=0$

$f(1)=2+b$

에서 $2+b=0$ $\therefore b=-2$

또한 함수 $f(x)$의 $x=1$에서의 좌미분계수, 우미분계수가 같아야 한다.

즉, $\lim_{x\to1-} f'(x)=\lim_{x\to1+} f'(x)$이어야 하므로

$f'(x)=\begin{cases} 2 & (x<1) \\ \dfrac{1}{x\ln a} & (x>1) \end{cases}$에서

$\dfrac{1}{\ln a}=2$ $\therefore a=e^{\frac{1}{2}}=\sqrt{e}$

$\therefore ab=\sqrt{e}\times(-2)=-2\sqrt{e}$

# PART B 기출&기출변형 문제

## 0236

답 ②

$\lim_{x\to0}\dfrac{(a+12)^x-a^{2x}}{x}=\lim_{x\to0}\left\{\dfrac{(a+12)^x-1}{x}-\dfrac{a^{2x}-1}{x}\right\}$

$=\lim_{x\to0}\left\{\dfrac{(a+12)^x-1}{x}-\dfrac{a^{2x}-1}{2x}\times2\right\}$

$=\ln(a+12)-2\ln a$

$=\ln\dfrac{a+12}{a^2}$

따라서 $\ln\dfrac{a+12}{a^2}=\ln 6$이므로 $\dfrac{a+12}{a^2}=6$

$6a^2-a-12=0$, $(2a-3)(3a+4)=0$

$\therefore a=\dfrac{3}{2}$ ($\because a>0$)

짝기출

양수 $a$가 $\lim_{x\to0}\dfrac{(a+12)^x-a^x}{x}=\ln 3$을 만족시킬 때, $a$의 값은?

① 2 ② 3 ③ 4 ④ 5 ⑤ 6

답 ⑤

## 0237

답 ①

$y=\log_4(x+5)$로 놓으면

$x+5=4^y$

$\therefore x=4^y-5$

$x$와 $y$를 서로 바꾸면

$y=4^x-5$

따라서 $g(x)=4^x-5$이므로

$\lim_{x\to0}\dfrac{f(x-4)}{g(x)+4}=\lim_{x\to0}\dfrac{\log_4(x+1)}{4^x-1}$

$=\lim_{x\to0}\left\{\dfrac{\log_4(x+1)}{x}\times\dfrac{x}{4^x-1}\right\}$

$=\dfrac{1}{\ln 4}\times\dfrac{1}{\ln 4}=\dfrac{1}{4(\ln 2)^2}$

짝기출

$\lim_{x\to0}\dfrac{\ln(1+5x)}{e^{2x}-1}$의 값은?

① 1 ② $\dfrac{3}{2}$ ③ 2 ④ $\dfrac{5}{2}$ ⑤ 3

답 ④

## 0238

답 ⑤

$g(x)=t$로 놓으면 $x\to2+$일 때 $t\to2+$이므로

$\lim_{x\to2+} f(g(x))=\lim_{t\to2+} f(t)=\lim_{t\to2+} e^t=e^2$

$f(x)=s$로 놓으면 $x\to0+$일 때 $\ln(x+1)\to0+$, 즉 $s\to0+$이므로

$\lim_{x\to0+} g(f(x))=\lim_{s\to0+} g(s)=2$

$\therefore \lim_{x\to2+} f(g(x))+\lim_{x\to0+} g(f(x))=e^2+2$

## 0239

답 ⑤

함수 $f(x)$는 $x\neq1$인 실수에서 연속이고, 함수 $g(x)$는 실수 전체의 집합에서 연속이므로 합성함수 $(g\circ f)(x)$가 실수 전체의 집합에서 연속이려면 $x=1$에서 연속이면 된다.

즉, $\lim_{x\to1-} g(f(x))=\lim_{x\to1+} g(f(x))=g(f(1))$이어야 한다.

$f(x)=t$로 놓으면 $x \to 1-$일 때

(i) $a>0$인 경우 $t \to a-$이므로

$\lim_{x \to 1-} g(f(x))=\lim_{t \to a-} g(t)=2^a+2^{-a}$

(ii) $a=0$인 경우 $t=a$이므로

$\lim_{x \to 1-} g(f(x))=g(a)=2^a+2^{-a}$

(iii) $a<0$인 경우 $t \to a+$이므로

$\lim_{x \to 1-} g(f(x))=\lim_{t \to a+} g(t)=2^a+2^{-a}$

(i)~(iii)에서

$\lim_{x \to 1-} g(f(x))=2^a+2^{-a}$

$x \to 1+$일 때 $t \to 1-$이므로

$\lim_{x \to 1+} g(f(x))=\lim_{t \to 1-} g(t)=2^1+2^{-1}=2+\frac{1}{2}=\frac{5}{2}$

$g(f(1))=g(1)=2^1+2^{-1}=2+\frac{1}{2}=\frac{5}{2}$

에서 $2^a+2^{-a}=\frac{5}{2}$

$2^a=s\ (s>0)$으로 놓으면

$s+\frac{1}{s}=\frac{5}{2}$, $2s^2-5s+2=0$

$(2s-1)(s-2)=0$

$\therefore s=\frac{1}{2}$ 또는 $s=2$

$2^a=\frac{1}{2}$ 또는 $2^a=2$이므로

$a=-1$ 또는 $a=1$

따라서 모든 실수 $a$의 값의 곱은

$(-1)\times 1=-1$

**참고**

위의 문제에서는 $g(x)$가 연속함수이므로 $a$의 값에 관계없이 $\lim_{x \to 1-} g(f(x))$의 값이 존재함을 알 수 있지만 함수 $g(x)$가 불연속인 경우가 출제될 수도 있으므로 평소에도 $a$의 값의 범위를 나누어 생각하도록 하자.

## 0240

답 ③

ㄱ. $f(x)=2x^2+3x$이면

$\lim_{x \to 0} \frac{\ln\{1+f(x)\}}{x}=\lim_{x \to 0}\left[\frac{\ln\{1+f(x)\}}{f(x)}\times\frac{f(x)}{x}\right]$

$f(x)=t$로 놓으면 $x \to 0$일 때 $t \to 0$이므로

$\lim_{x \to 0} \frac{\ln\{1+f(x)\}}{f(x)}=\lim_{t \to 0}\frac{\ln(1+t)}{t}=1$

$\lim_{x \to 0}\frac{f(x)}{x}=\lim_{x \to 0}\frac{x(2x+3)}{x}=\lim_{x \to 0}(2x+3)=3$

$\therefore \lim_{x \to 0}\frac{\ln\{1+f(x)\}}{x}=1\times 3=3$ (참)

ㄴ. $\lim_{x \to 0}\frac{\ln(1+x)}{f(x)}=1$이면

$\lim_{x \to 0}\frac{\log_2(1+x)}{f(x)}$

$=\lim_{x \to 0}\left\{\frac{\log_2(1+x)}{x}\times\frac{\ln(1+x)}{f(x)}\times\frac{x}{\ln(1+x)}\right\}$

$=\frac{1}{\ln 2}\times 1\times 1=\frac{1}{\ln 2}$ (참)

ㄷ. [반례] $f(x)=|x|$

이면 $\lim_{x \to 0} f(x)=0$이지만

$\lim_{x \to 0-}\frac{\ln\{1+f(x)\}}{x}=\lim_{x \to 0-}\frac{\ln(1-x)}{x}$

$=\lim_{x \to 0-}\left\{\frac{\ln(1-x)}{-x}\times(-1)\right\}$

$=1\times(-1)=-1$

$\lim_{x \to 0+}\frac{\ln\{1+f(x)\}}{x}=\lim_{x \to 0+}\frac{\ln(1+x)}{x}=1$

즉, $\lim_{x \to 0-}\frac{\ln\{1+f(x)\}}{x}\neq\lim_{x \to 0+}\frac{\ln\{1+f(x)\}}{x}$이므로

$\lim_{x \to 0}\frac{\ln\{1+f(x)\}}{x}$가 존재하지 않는다. (거짓)

따라서 옳은 것은 ㄱ, ㄴ이다.

**짝기출**

함수 $f(x)$에 대하여 보기에서 옳은 것만을 있는 대로 고른 것은?

**보기**

ㄱ. $f(x)=x^2$이면 $\lim_{x \to 0}\frac{e^{f(x)}-1}{x}=0$이다.

ㄴ. $\lim_{x \to 0}\frac{e^x-1}{f(x)}=1$이면 $\lim_{x \to 0}\frac{3^x-1}{f(x)}=\ln 3$이다.

ㄷ. $\lim_{x \to 0} f(x)=0$이면 $\lim_{x \to 0}\frac{e^{f(x)}-1}{x}$이 존재한다.

① ㄱ ② ㄷ ③ ㄱ, ㄴ ④ ㄴ, ㄷ ⑤ ㄱ, ㄴ, ㄷ

답 ③

## 0241

답 ②

두 점 A, B는 각각 A$(t, \ln t)$, B$(t, -\ln t)$이므로

$\overline{AB}=2\ln t$

삼각형 AQB의 넓이가 1이 되려면

$\frac{1}{2}\times\overline{PQ}\times\overline{AB}=1$, $\frac{1}{2}\times f(t)\times 2\ln t=1$

$\therefore f(t)=\frac{1}{\ln t}$

$\lim_{t \to 1+}(t-1)f(t)=\lim_{t \to 1+}\frac{t-1}{\ln t}$

$t-1=s$로 놓으면 $t \to 1+$일 때 $s \to 0+$이므로

$\lim_{t \to 1+}\frac{t-1}{\ln t}=\lim_{s \to 0+}\frac{s}{\ln(s+1)}=1$

## 0242

답 3

원 $C$가 $y$축에 접하는 점을 H라 하면 $r(t)=\overline{PH}=t$

원점 O를 지나고 원 $C$에 접하는 직선의 방정식은 $y=m(t)x$

점 P에서 이 직선까지의 거리는 원 $C$의 반지름의 길이와 같으므로

$t=\frac{|t\times m(t)-te^t|}{\sqrt{\{m(t)\}^2+1}}$

$|m(t)-e^t|=\sqrt{\{m(t)\}^2+1}$

$\{m(t)-e^t\}^2=\{m(t)\}^2+1$

$\{m(t)\}^2-2e^t m(t)+e^{2t}=\{m(t)\}^2+1$

$e^t\times m(t)=\frac{e^{2t}-1}{2}$

$$\therefore \lim_{t\to 0+}\frac{4r(t)-e^t\times m(t)}{t}=\lim_{t\to 0+}\frac{4t-\frac{e^{2t}-1}{2}}{t}$$

$$=\lim_{t\to 0+}\left(4-\frac{e^{2t}-1}{2t}\right)$$

$$=4-1=3$$

## 0243

답 ④

함수 $f(x)$가 실수 전체의 집합에서 연속이므로 $x=1$에서 연속이다.

즉, $\lim_{x\to 1-}f(x)=\lim_{x\to 1+}f(x)=f(1)$이어야 하므로

$\lim_{x\to 1-}f(x)=\lim_{x\to 1-}(3ax+b)=3a+b$

$\lim_{x\to 1+}f(x)=\lim_{x\to 1+}\{(7a+6)x-4\}=7a+2$

$f(1)=7a+2$

에서 $3a+b=7a+2$

$\therefore b=4a+2$ ...... ㉠

또한 함수 $f(x)-g(x)$의 $x=1$에서의 미분계수가 0이 되려면

$\lim_{x\to 1-}f'(x)=\lim_{x\to 1-}g'(x)$ ...... ㉡

$\lim_{x\to 1+}f'(x)=\lim_{x\to 1+}g'(x)$ ...... ㉢

$f'(x)=\begin{cases}3a & (x<1)\\ 7a+6 & (x>1)\end{cases}$에서

$\lim_{x\to 1-}f'(x)=3a$, $\lim_{x\to 1+}f'(x)=7a+6$

한편, $x<1$일 때

$g(x)=\frac{c}{e}(x^2-3x+2)e^x$이므로

$g'(x)=\frac{c}{e}\{(2x-3)e^x+(x^2-3x+2)e^x\}$

$\quad=c(x^2-x-1)e^{x-1}$

$\therefore \lim_{x\to 1-}g'(x)=-c$

$1<x<2$일 때

$g(x)=-\frac{c}{e}(x^2-3x+2)e^x$이므로

$g'(x)=-\frac{c}{e}\{(2x-3)e^x+(x^2-3x+2)e^x\}$

$\quad=c(1+x-x^2)e^{x-1}$

$\therefore \lim_{x\to 1+}g'(x)=c$

이를 ㉡에 대입하면 $3a=-c$

이를 ㉢에 대입하면 $7a+6=c$

위의 두 식을 연립하여 풀면

$a=-\frac{3}{5}$, $c=\frac{9}{5}$

이를 ㉠에 대입하면 $b=-\frac{2}{5}$

$\therefore a+b+c=-\frac{3}{5}+\left(-\frac{2}{5}\right)+\frac{9}{5}=\frac{4}{5}$

**짝기출**

이차항의 계수가 1인 이차함수 $f(x)$와 함수

$$g(x)=\begin{cases}\frac{1}{\ln(x+1)} & (x\neq 0)\\ 8 & (x=0)\end{cases}$$

에 대하여 함수 $f(x)g(x)$가 구간 $(-1, \infty)$에서 연속일 때, $f(3)$의 값은?

① 6 ② 9 ③ 12 ④ 15 ⑤ 18

답 ②

# 04 삼각함수의 미분

## 유형 01 삼각함수 $\csc\theta$, $\sec\theta$, $\cot\theta$

### 0244

답 ⑤

$\sin^2\theta=1-\cos^2\theta=1-\left(-\frac{2}{3}\right)^2=\frac{5}{9}$

이때 $\theta$가 제3사분면의 각이므로

$\sin\theta=-\frac{\sqrt{5}}{3}$

$\therefore \cot\theta=\frac{\cos\theta}{\sin\theta}=\frac{-\frac{2}{3}}{-\frac{\sqrt{5}}{3}}=\frac{2}{\sqrt{5}}=\frac{2\sqrt{5}}{5}$

$\csc\theta=\frac{1}{\sin\theta}=\frac{1}{-\frac{\sqrt{5}}{3}}=-\frac{3}{\sqrt{5}}=-\frac{3\sqrt{5}}{5}$

$\therefore \cot\theta-\csc\theta=\frac{2\sqrt{5}}{5}-\left(-\frac{3\sqrt{5}}{5}\right)=\sqrt{5}$

### 0245

답 ⑤

$\overline{OP}=\sqrt{(-6)^2+8^2}=10$이므로

$\cos\theta=-\frac{6}{10}=-\frac{3}{5}$

$\therefore \csc\left(\frac{3}{2}\pi+\theta\right)=\frac{1}{\sin\left(\frac{3}{2}\pi+\theta\right)}=\frac{1}{-\cos\theta}$

$=\frac{1}{-\left(-\frac{3}{5}\right)}=\frac{5}{3}$

### 0246

답 제4사분면

(i) $\sin\theta\sec\theta<0$에서 $\sin\theta$와 $\sec\theta$의 부호가 서로 다르므로
$\sin\theta>0$, $\sec\theta<0$ 또는 $\sin\theta<0$, $\sec\theta>0$
즉, $\theta$는 제2사분면 또는 제4사분면의 각이다.

(ii) $\cot\theta\csc\theta>0$에서 $\cot\theta$와 $\csc\theta$의 부호가 서로 같으므로
$\cot\theta>0$, $\csc\theta>0$ 또는 $\cot\theta<0$, $\csc\theta<0$
즉, $\theta$는 제1사분면 또는 제4사분면의 각이다.

(i), (ii)에서 $\theta$는 제4사분면의 각이다.

**Bible Says 삼각함수의 값의 부호**

삼각함수의 값의 부호는 각 $\theta$를 나타내는 동경이 위치한 사분면에 따라 다음과 같이 정해진다.

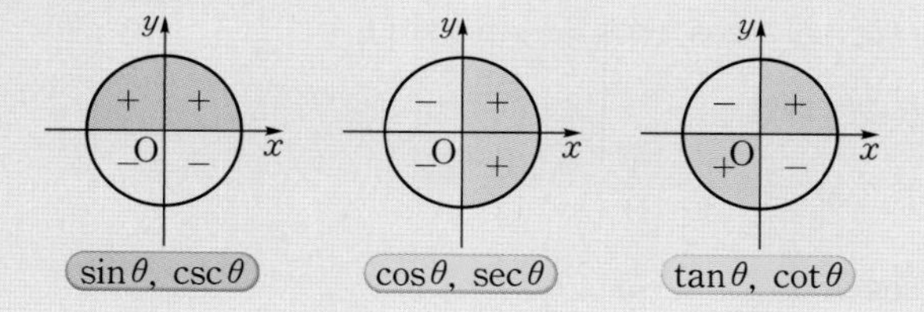


### 0247

답 4

$\sin\theta+\cos\theta=\frac{\sqrt{6}}{2}$의 양변을 제곱하면

$\sin^2\theta+2\sin\theta\cos\theta+\cos^2\theta=\frac{3}{2}$

$1+2\sin\theta\cos\theta=\frac{3}{2}$ $\quad\therefore \sin\theta\cos\theta=\frac{1}{4}$

$\therefore \tan\theta+\cot\theta=\frac{\sin\theta}{\cos\theta}+\frac{\cos\theta}{\sin\theta}=\frac{\sin^2\theta+\cos^2\theta}{\sin\theta\cos\theta}$

$=\frac{1}{\sin\theta\cos\theta}=\frac{1}{\frac{1}{4}}=4$

### 0248

답 ④

이차방정식의 근과 계수의 관계에 의하여

$\csc\theta+\sec\theta=-\frac{a}{3}$에서 $\frac{1}{\sin\theta}+\frac{1}{\cos\theta}=-\frac{a}{3}$ ...... ㉠

$\csc\theta\sec\theta=-\frac{8}{3}$에서 $\frac{1}{\sin\theta\cos\theta}=-\frac{8}{3}$ ...... ㉡

㉠, ㉡에서

$\frac{1}{\sin\theta}+\frac{1}{\cos\theta}=\frac{\sin\theta+\cos\theta}{\sin\theta\cos\theta}$

$=-\frac{8}{3}(\sin\theta+\cos\theta)=-\frac{a}{3}$

$\therefore \sin\theta+\cos\theta=\frac{a}{8}$

위의 식의 양변을 제곱하면

$\sin^2\theta+2\sin\theta\cos\theta+\cos^2\theta=\frac{a^2}{64}$

㉡에서 $\sin\theta\cos\theta=-\frac{3}{8}$이므로

$1+2\times\left(-\frac{3}{8}\right)=\frac{a^2}{64}$, $\frac{a^2}{64}=\frac{1}{4}$

$a^2=16$

$\therefore a=4$ ($\because a>0$)

## 유형 02 삼각함수 사이의 관계

### 0249

답 $\frac{1}{2}$

$\tan^2\theta=\sec^2\theta-1=\left(-\frac{5}{3}\right)^2-1=\frac{16}{9}$

이때 $\frac{\pi}{2}<\theta<\pi$이므로 $\tan\theta=-\frac{4}{3}$

$\therefore \cot\theta=\frac{1}{\tan\theta}=\frac{1}{-\frac{4}{3}}=-\frac{3}{4}$

$\csc^2\theta=1+\cot^2\theta=1+\left(-\frac{3}{4}\right)^2=\frac{25}{16}$

이때 $\frac{\pi}{2}<\theta<\pi$이므로 $\csc\theta=\frac{5}{4}$

$\therefore \cot\theta+\csc\theta=-\frac{3}{4}+\frac{5}{4}=\frac{1}{2}$

## 0250

답 ④

$\dfrac{1+\tan\theta}{1-\tan\theta}=\dfrac{11}{3}$에서

$3+3\tan\theta=11-11\tan\theta$

$14\tan\theta=8 \quad \therefore \tan\theta=\dfrac{4}{7}$

$\therefore \csc^2\theta=1+\cot^2\theta=1+\dfrac{1}{\tan^2\theta}=1+\left(\dfrac{7}{4}\right)^2=\dfrac{65}{16}$

이때 $0<\theta<\dfrac{\pi}{2}$이므로 $\csc\theta=\dfrac{\sqrt{65}}{4}$

## 0251

답 ⑤

ㄱ. $\tan\theta\sec\theta+\sec^2\theta=\dfrac{\sin\theta}{\cos\theta}\times\dfrac{1}{\cos\theta}+\dfrac{1}{\cos^2\theta}$

$=\dfrac{1+\sin\theta}{\cos^2\theta}=\dfrac{1+\sin\theta}{1-\sin^2\theta}$

$=\dfrac{1+\sin\theta}{(1+\sin\theta)(1-\sin\theta)}$

$=\dfrac{1}{1-\sin\theta}$ (참)

ㄴ. $\dfrac{\cot\theta}{1+\csc\theta}+\dfrac{1+\csc\theta}{\cot\theta}=\dfrac{\cot^2\theta+(1+\csc\theta)^2}{\cot\theta(1+\csc\theta)}$

$=\dfrac{\csc^2\theta-1+1+2\csc\theta+\csc^2\theta}{\cot\theta(1+\csc\theta)}$

$=\dfrac{2\csc^2\theta+2\csc\theta}{\cot\theta(1+\csc\theta)}$

$=\dfrac{2\csc\theta(1+\csc\theta)}{\cot\theta(1+\csc\theta)}$

$=\dfrac{2\csc\theta}{\cot\theta}=\dfrac{\dfrac{2}{\sin\theta}}{\dfrac{\cos\theta}{\sin\theta}}=\dfrac{2}{\cos\theta}$

$=2\sec\theta$ (참)

ㄷ. $\dfrac{\sin\theta}{\sec\theta+\tan\theta}+\dfrac{\sin\theta}{\sec\theta-\tan\theta}$

$=\dfrac{\sin\theta(\sec\theta-\tan\theta)+\sin\theta(\sec\theta+\tan\theta)}{(\sec\theta+\tan\theta)(\sec\theta-\tan\theta)}$

$=\dfrac{\sin\theta\sec\theta-\sin\theta\tan\theta+\sin\theta\sec\theta+\sin\theta\tan\theta}{\sec^2\theta-\tan^2\theta}$

$=\dfrac{2\sin\theta\sec\theta}{\sec^2\theta-\tan^2\theta}$

$=\dfrac{2\sin\theta\sec\theta}{1+\tan^2\theta-\tan^2\theta}$

$=2\sin\theta\sec\theta$

$=2\tan\theta$ (참)

따라서 옳은 것은 ㄱ, ㄴ, ㄷ이다.

### 유형 03 삼각함수의 덧셈정리

## 0252

답 ①

$0<\alpha<\dfrac{\pi}{2}$, $\dfrac{\pi}{2}<\beta<\pi$에서 $\cos\alpha>0$, $\cos\beta<0$이므로

$\cos\alpha=\sqrt{1-\sin^2\alpha}=\sqrt{1-\left(\dfrac{1}{2}\right)^2}=\sqrt{\dfrac{3}{4}}=\dfrac{\sqrt{3}}{2}$

$\cos\beta=-\sqrt{1-\sin^2\beta}=-\sqrt{1-\left(\dfrac{1}{3}\right)^2}=-\sqrt{\dfrac{8}{9}}=-\dfrac{2\sqrt{2}}{3}$

$\therefore \sin(\alpha-\beta)=\sin\alpha\cos\beta-\cos\alpha\sin\beta$

$=\dfrac{1}{2}\times\left(-\dfrac{2\sqrt{2}}{3}\right)-\dfrac{\sqrt{3}}{2}\times\dfrac{1}{3}$

$=\dfrac{-2\sqrt{2}-\sqrt{3}}{6}$

## 0253

답 ③

$\sin\alpha=\dfrac{3}{5}$에서 $\csc\alpha=\dfrac{1}{\dfrac{3}{5}}=\dfrac{5}{3}$이고

$\cot^2\alpha=\csc^2\alpha-1=\left(\dfrac{5}{3}\right)^2-1=\dfrac{16}{9}$이다.

이때 $0<\alpha<\dfrac{\pi}{2}$이므로 $\cot\alpha=\dfrac{4}{3}$

즉, $\tan\alpha=\dfrac{1}{\dfrac{4}{3}}=\dfrac{3}{4}$

한편, $\cos\beta=\dfrac{12}{13}$에서 $\sec\beta=\dfrac{1}{\dfrac{12}{13}}=\dfrac{13}{12}$이고

$\tan^2\beta=\sec^2\beta-1=\left(\dfrac{13}{12}\right)^2-1=\dfrac{25}{144}$이다.

이때 $0<\beta<\dfrac{\pi}{2}$이므로 $\tan\beta=\dfrac{5}{12}$

$\therefore \tan(\alpha-\beta)=\dfrac{\tan\alpha-\tan\beta}{1+\tan\alpha\tan\beta}=\dfrac{\dfrac{3}{4}-\dfrac{5}{12}}{1+\dfrac{3}{4}\times\dfrac{5}{12}}=\dfrac{16}{63}$

## 0254

답 ③

$\cot 50^\circ+\tan 25^\circ=\dfrac{\cos 50^\circ}{\sin 50^\circ}+\dfrac{\sin 25^\circ}{\cos 25^\circ}$

$=\dfrac{\cos 50^\circ\cos 25^\circ+\sin 50^\circ\sin 25^\circ}{\sin 50^\circ\cos 25^\circ}$

$=\dfrac{\cos(50^\circ-25^\circ)}{\sin 50^\circ\cos 25^\circ}$

$=\dfrac{\cos 25^\circ}{\sin 50^\circ\cos 25^\circ}$

$=\dfrac{1}{\sin 50^\circ}=\csc 50^\circ$

## 0255

답 ②

$\cos(\alpha+\beta)=\cos\alpha\cos\beta-\sin\alpha\sin\beta=\dfrac{1}{4}$ …… ㉠

$\cos(\alpha-\beta)=\cos\alpha\cos\beta+\sin\alpha\sin\beta=-\dfrac{1}{3}$ …… ㉡

㉠+㉡을 하면

$2\cos\alpha\cos\beta=\dfrac{1}{4}-\dfrac{1}{3}=-\dfrac{1}{12}$

$\therefore \cos\alpha\cos\beta=-\dfrac{1}{24}$

## 0256

답 $\frac{\sqrt{5}}{5}$

$\frac{\pi}{2}<\alpha+\beta<\pi$에서 $\cos(\alpha+\beta)<0$이므로

$$\cos(\alpha+\beta)=-\sqrt{1-\sin^2(\alpha+\beta)}=-\sqrt{1-\left(\frac{\sqrt{5}}{5}\right)^2}=-\frac{2\sqrt{5}}{5}$$

$\cos(\alpha+\beta)=\cos\alpha\cos\beta-\sin\alpha\sin\beta$이므로

$$-\frac{2\sqrt{5}}{5}=\cos\alpha\cos\beta-\frac{3\sqrt{5}}{5}$$

$$\therefore \cos\alpha\cos\beta=\frac{3\sqrt{5}}{5}-\frac{2\sqrt{5}}{5}=\frac{\sqrt{5}}{5}$$

## 0257

답 9

$4\cos\alpha=5\sin\alpha$에서

$\frac{\sin\alpha}{\cos\alpha}=\frac{4}{5}$이므로 $\tan\alpha=\frac{4}{5}$

이때 $\tan\beta=x$라 하면

$$\tan(\alpha-\beta)=\frac{\tan\alpha-\tan\beta}{1+\tan\alpha\tan\beta}=\frac{\frac{4}{5}-x}{1+\frac{4}{5}x}=\frac{\frac{4-5x}{5}}{\frac{5+4x}{5}}=\frac{4-5x}{5+4x}$$

즉, $\frac{4-5x}{5+4x}=-1$이므로

$4-5x=-5-4x \qquad \therefore x=9$

$\therefore \tan\beta=9$

## 0258

답 $\frac{56}{65}$

$g\left(\frac{5}{13}\right)=\alpha$, $g\left(\frac{3}{5}\right)=\beta$에서 $f(\alpha)=\frac{5}{13}$, $f(\beta)=\frac{3}{5}$이므로

$\sin\alpha=\frac{5}{13}$, $\sin\beta=\frac{3}{5}$

이때 $0<\alpha<\frac{\pi}{2}$, $0<\beta<\frac{\pi}{2}$에서

$\cos\alpha>0$, $\cos\beta>0$이므로

$$\cos\alpha=\sqrt{1-\sin^2\alpha}=\sqrt{1-\left(\frac{5}{13}\right)^2}=\sqrt{\frac{144}{169}}=\frac{12}{13}$$

$$\cos\beta=\sqrt{1-\sin^2\beta}=\sqrt{1-\left(\frac{3}{5}\right)^2}=\sqrt{\frac{16}{25}}=\frac{4}{5}$$

$$\therefore f(\alpha+\beta)=\sin(\alpha+\beta)=\sin\alpha\cos\beta+\cos\alpha\sin\beta=\frac{5}{13}\times\frac{4}{5}+\frac{12}{13}\times\frac{3}{5}=\frac{56}{65}$$

## 0259

답 ③

$\frac{\pi}{2}<\alpha<\pi$에서 $\cos\alpha<0$이므로

$$\cos\alpha=-\sqrt{1-\sin^2\alpha}=-\sqrt{1-\left(\frac{3}{5}\right)^2}=-\sqrt{\frac{16}{25}}=-\frac{4}{5}$$

$$\therefore \cos(x-\alpha)=\cos x\cos\alpha+\sin x\sin\alpha=\frac{3}{5}\sin x-\frac{4}{5}\cos x$$

부등식 $\sin x\le\cos(x-\alpha)\le 3\sin x$에서

$\sin x\le\frac{3}{5}\sin x-\frac{4}{5}\cos x\le 3\sin x$

이때 $\frac{\pi}{2}\le x<\pi$에서 $\sin x>0$이므로 각 변을 $\sin x$로 나누면

$1\le\frac{3}{5}-\frac{4}{5}\cot x\le 3$, $5\le 3-4\cot x\le 15$

$2\le -4\cot x\le 12$

$\therefore -3\le\cot x\le -\frac{1}{2}$

따라서 $\cot x$의 최댓값은 $-\frac{1}{2}$, 최솟값은 $-3$이므로 구하는 곱은

$-\frac{1}{2}\times(-3)=\frac{3}{2}$

### 유형 04 삼각함수의 덧셈정리의 활용 - 방정식

## 0260

답 7

이차방정식의 근과 계수의 관계에 의하여

$\tan\alpha+\tan\beta=\frac{a}{2}$, $\tan\alpha\tan\beta=\frac{3}{2}$이므로

$$\tan(\alpha+\beta)=\frac{\tan\alpha+\tan\beta}{1-\tan\alpha\tan\beta}=\frac{\frac{a}{2}}{1-\frac{3}{2}}=\frac{\frac{a}{2}}{-\frac{1}{2}}=-a$$

즉, $-a=-7$이므로 $a=7$

## 0261

답 ④

이차방정식의 근과 계수의 관계에 의하여

$\tan\alpha+\tan\beta=5$, $\tan\alpha\tan\beta=-1$이므로

$$\tan(\alpha+\beta)=\frac{\tan\alpha+\tan\beta}{1-\tan\alpha\tan\beta}=\frac{5}{1-(-1)}=\frac{5}{2}$$

이때 $\cot(\alpha+\beta)=\frac{1}{\tan(\alpha+\beta)}=\frac{1}{\frac{5}{2}}=\frac{2}{5}$이고

$\csc^2(\alpha+\beta)=1+\cot^2(\alpha+\beta)$이므로

$$\csc^2(\alpha+\beta)=1+\left(\frac{2}{5}\right)^2=\frac{29}{25}$$

## 0262
답 ②

이차방정식의 근과 계수의 관계에 의하여

$\tan\alpha+\tan\beta=3$, $\tan\alpha\tan\beta=2$이므로

$$\tan(\alpha+\beta)=\frac{\tan\alpha+\tan\beta}{1-\tan\alpha\tan\beta}=\frac{3}{1-2}=-3$$

이때 $0<\alpha<\frac{\pi}{2}$, $\pi<\beta<\frac{3}{2}\pi$에서 $\pi<\alpha+\beta<2\pi$이고

$\tan(\alpha+\beta)<0$에서 $\frac{3}{2}\pi<\alpha+\beta<2\pi$이므로

$\cos(\alpha+\beta)>0$ …… ㉠

$\sec^2(\alpha+\beta)=1+\tan^2(\alpha+\beta)=1+(-3)^2=10$이므로

$$\cos^2(\alpha+\beta)=\frac{1}{\sec^2(\alpha+\beta)}=\frac{1}{10}$$

㉠에서

$$\cos(\alpha+\beta)=\frac{\sqrt{10}}{10}$$

$$\therefore \cos\alpha\cos\beta-\sin\alpha\sin\beta=\cos(\alpha+\beta)=\frac{\sqrt{10}}{10}$$

### 유형 05 삼각함수의 덧셈정리의 활용 - 두 직선이 이루는 각의 크기

## 0263
답 ③

두 직선 $y=5x-2$, $y=-2x+3$이 $x$축의 양의 방향과 이루는 각의 크기를 각각 $\alpha$, $\beta$라 하면

$\tan\alpha=5$, $\tan\beta=-2$이므로

$$\tan\theta=|\tan(\alpha-\beta)|=\left|\frac{\tan\alpha-\tan\beta}{1+\tan\alpha\tan\beta}\right|=\left|\frac{5-(-2)}{1+5\times(-2)}\right|=\frac{7}{9}$$

## 0264
답 ①

두 직선 $x-3y+5=0$, $2x+y-1=0$에서

$y=\frac{1}{3}x+\frac{5}{3}$, $y=-2x+1$

두 직선이 $x$축의 양의 방향과 이루는 각의 크기를 각각 $\alpha$, $\beta$라 하면

$\tan\alpha=\frac{1}{3}$, $\tan\beta=-2$이므로

$$\tan\theta=|\tan(\alpha-\beta)|=\left|\frac{\tan\alpha-\tan\beta}{1+\tan\alpha\tan\beta}\right|=\left|\frac{\frac{1}{3}-(-2)}{1+\frac{1}{3}\times(-2)}\right|=7$$

$$\therefore \cot\theta=\frac{1}{\tan\theta}=\frac{1}{7}$$

## 0265
답 ④

직선 $y=4x$가 $x$축의 양의 방향과 이루는 예각의 크기를 $\theta$라 하면 $\tan\theta=4$이다.

한편, 두 직선 $y=x$, $y=mx$가 $x$축의 양의 방향과 이루는 각의 크기를 각각 $\alpha$, $\beta$라 하면 $\tan\alpha=1$, $\tan\beta=m$이다.

이때 직선 $y=4x$와 $x$축의 양의 방향이 이루는 예각의 크기가 두 직선 $y=x$, $y=mx$가 이루는 예각의 크기와 같으므로

$$\tan\theta=|\tan(\alpha-\beta)|=\left|\frac{\tan\alpha-\tan\beta}{1+\tan\alpha\tan\beta}\right|=\left|\frac{1-m}{1+m}\right|$$

즉, $\left|\frac{1-m}{1+m}\right|=4$이므로 $\frac{1-m}{1+m}=4$ 또는 $\frac{1-m}{1+m}=-4$

(i) $\frac{1-m}{1+m}=4$인 경우

$1-m=4m+4$, $5m=-3$ $\quad\therefore m=-\frac{3}{5}$

이때 $m<-1$이어야 하므로 주어진 조건을 만족시키지 않는다.

(ii) $\frac{1-m}{1+m}=-4$인 경우

$1-m=-4m-4$, $3m=-5$ $\quad\therefore m=-\frac{5}{3}$

(i), (ii)에서 $m=-\frac{5}{3}$

다른 풀이

세 직선 $y=4x$, $y=x$, $y=mx$가 $x$축의 양의 방향과 이루는 각의 크기를 각각 $\alpha$, $\beta$, $\gamma$라 하면

$\tan\alpha=4$, $\tan\beta=1$, $\tan\gamma=m$

이때 $m<-1$이므로 두 직선 $y=x$, $y=mx$가 이루는 예각의 크기는 $\gamma-\beta$

따라서 $\tan\alpha=\tan(\gamma-\beta)=\frac{\tan\gamma-\tan\beta}{1+\tan\gamma\tan\beta}$이므로 $4=\frac{m-1}{1+m}$

$4+4m=m-1$, $3m=-5$

$\therefore m=-\frac{5}{3}$

### 유형 06 삼각함수의 덧셈정리의 도형에의 활용

## 0266
답 ⑤

직각삼각형 ABC에서 $\overline{AC}=\sqrt{1^2+1^2}=\sqrt{2}$

직각삼각형 ACD에서 $\overline{CD}=\sqrt{(\sqrt{2})^2+1^2}=\sqrt{3}$

$\angle ACB=\alpha$, $\angle ACD=\beta$라 하면

$\sin\alpha=\frac{1}{\sqrt{2}}=\frac{\sqrt{2}}{2}$, $\cos\alpha=\frac{1}{\sqrt{2}}=\frac{\sqrt{2}}{2}$

$\sin\beta=\frac{1}{\sqrt{3}}=\frac{\sqrt{3}}{3}$, $\cos\beta=\frac{\sqrt{2}}{\sqrt{3}}=\frac{\sqrt{6}}{3}$

이때 $\theta=\alpha+\beta$이므로

$$\cos\theta=\cos(\alpha+\beta)=\cos\alpha\cos\beta-\sin\alpha\sin\beta=\frac{\sqrt{2}}{2}\times\frac{\sqrt{6}}{3}-\frac{\sqrt{2}}{2}\times\frac{\sqrt{3}}{3}=\frac{2\sqrt{3}-\sqrt{6}}{6}$$

## 0267

답 $\frac{13}{11}$

$\overline{AD}=3$이고 $\overline{AD}$를 $2:1$로 내분하는 점이 B이므로 $\overline{AB}=2$이다.

직각삼각형 ABC에서 $\angle CAB=\alpha$라 하면 $\tan\alpha=\frac{5}{2}$

직각삼각형 ADE에서 $\angle EAD=\beta$라 하면 $\tan\beta=\frac{1}{3}$

$\therefore \tan\theta=\tan(\alpha-\beta)=\frac{\tan\alpha-\tan\beta}{1+\tan\alpha\tan\beta}$

$=\frac{\frac{5}{2}-\frac{1}{3}}{1+\frac{5}{2}\times\frac{1}{3}}=\frac{13}{11}$

## 0268

답 ①

$\overline{BD}=x$라 하면 $\overline{CD}=6-x$

직각삼각형 ABD에서 $\overline{AD}^2=25-x^2$,

직각삼각형 ADC에서 $\overline{AD}^2=13-(6-x)^2$이므로

$25-x^2=13-(6-x)^2$

$25-x^2=-23+12x-x^2$

$12x=48 \qquad \therefore x=4$

$\therefore \overline{AD}=\sqrt{25-4^2}=\sqrt{9}=3$

직각삼각형 ABD에서 $\sin\alpha=\frac{3}{5}$, $\cos\alpha=\frac{4}{5}$

$\overline{CD}=6-4=2$이므로 직각삼각형 ADC에서

$\sin\beta=\frac{2}{\sqrt{13}}=\frac{2\sqrt{13}}{13}$, $\cos\beta=\frac{3}{\sqrt{13}}=\frac{3\sqrt{13}}{13}$

$\therefore \cos(\alpha-\beta)=\cos\alpha\cos\beta+\sin\alpha\sin\beta$

$=\frac{4}{5}\times\frac{3\sqrt{13}}{13}+\frac{3}{5}\times\frac{2\sqrt{13}}{13}$

$=\frac{18\sqrt{13}}{65}$

## 0269

답 10

$\angle APO=\alpha$, $\angle BPO=\beta$라 하면 $\theta=\beta-\alpha$

두 직각삼각형 AOP, BOP에서 $\tan\alpha=\frac{5}{a}$, $\tan\beta=\frac{20}{a}$

$\therefore \tan\theta=\tan(\beta-\alpha)=\frac{\tan\beta-\tan\alpha}{1+\tan\beta\tan\alpha}$

$=\frac{\frac{20}{a}-\frac{5}{a}}{1+\frac{20}{a}\times\frac{5}{a}}=\frac{\frac{15}{a}}{1+\frac{100}{a^2}}=\frac{15}{a+\frac{100}{a}}$

즉, $a+\frac{100}{a}$의 값이 최소가 되면 $\tan\theta$의 값이 최대가 된다.

이때 $a>0$이므로 산술평균과 기하평균의 관계에 의하여

$a+\frac{100}{a}\geq 2\sqrt{a\times\frac{100}{a}}=2\times10=20$

$\left(\text{단, 등호는 } a=\frac{100}{a}\text{, 즉 } a=10\text{일 때 성립한다.}\right)$

따라서 구하는 $a$의 값은 10이다.

## 유형 07 배각의 공식

## 0270

답 $\frac{16}{25}$

$\sin\theta-\cos\theta=\frac{3}{5}$의 양변을 제곱하면

$\sin^2\theta-2\sin\theta\cos\theta+\cos^2\theta=\frac{9}{25}$

$1-2\sin\theta\cos\theta=\frac{9}{25}$

$\therefore 2\sin\theta\cos\theta=\frac{16}{25}$

$\therefore \sin2\theta=2\sin\theta\cos\theta=\frac{16}{25}$

## 0271

답 ⑤

$2\cos\theta-\sin\theta=0$에서

$\frac{\sin\theta}{\cos\theta}=2 \qquad \therefore \tan\theta=2$

$\therefore \tan2\theta=\frac{2\tan\theta}{1-\tan^2\theta}=\frac{2\times2}{1-2^2}=-\frac{4}{3}$

$\therefore \cot2\theta=\frac{1}{\tan2\theta}=\frac{1}{-\frac{4}{3}}=-\frac{3}{4}$

## 0272

답 3

$\frac{3}{2}\pi<\theta<2\pi$에서 $\sin\theta<0$, $\cos\theta>0$이므로

$\sin\theta=-\frac{1}{3}$, $\cos\theta=\frac{2\sqrt{2}}{3}$

$\therefore \sin2\theta=2\sin\theta\cos\theta=2\times\left(-\frac{1}{3}\right)\times\frac{2\sqrt{2}}{3}=-\frac{4\sqrt{2}}{9}$

$\cos2\theta=2\cos^2\theta-1=2\times\left(\frac{2\sqrt{2}}{3}\right)^2-1=\frac{7}{9}$

$\therefore \sin2\theta+\cos2\theta=\left(-\frac{4\sqrt{2}}{9}\right)+\frac{7}{9}=\frac{7-4\sqrt{2}}{9}$

따라서 $a=7$, $b=-4$이므로

$a+b=7+(-4)=3$

## 유형 08 배각의 공식의 활용

## 0273

답 ③

직선 $y=mx$가 $x$축의 양의 방향과 이루는 각의 크기를 $\theta$라 하면

직선 $y=\frac{4}{3}x$가 $x$축의 양의 방향과 이루는 각의 크기는 $2\theta$이므로

$\tan\theta=m$, $\tan2\theta=\frac{4}{3}$

$\therefore \tan2\theta=\frac{2\tan\theta}{1-\tan^2\theta}=\frac{2m}{1-m^2}$

즉, $\frac{2m}{1-m^2}=\frac{4}{3}$에서

$2m^2+3m-2=0$, $(m+2)(2m-1)=0$

2권

$\therefore m=-2$ 또는 $m=\frac{1}{2}$

이때 $0<2\theta<\frac{\pi}{2}$에서 $0<\theta<\frac{\pi}{4}$이므로 $m>0$

$\therefore m=\frac{1}{2}$

## 0274

답 ①

$\angle BAD=\angle ABD=\theta$라 하면

직각삼각형 ABC에서 $\sin\theta=\frac{\overline{AC}}{\overline{AB}}=\frac{1}{5}$

$\cos\theta=\sqrt{1-\sin^2\theta}=\sqrt{1-\left(\frac{1}{5}\right)^2}=\sqrt{\frac{24}{25}}=\frac{2\sqrt{6}}{5}$

삼각형 ABD에서 $\angle BAD=\angle ABD=\theta$이므로

$\angle ADC=\theta+\theta=2\theta$

$\therefore \sin(\angle ADC)=\sin 2\theta=2\sin\theta\cos\theta$

$=2\times\frac{1}{5}\times\frac{2\sqrt{6}}{5}$

$=\frac{4\sqrt{6}}{25}$

## 0275

답 $12\sqrt{2}$ m

나무와 건물 사이의 거리를 $x$ m라 하면

$\overline{BD}=x$ m, $\overline{AD}=\overline{AC}-\overline{CD}=60-12=48$(m)

삼각형 BCD에서 $\tan\theta=\frac{\overline{CD}}{\overline{BD}}=\frac{12}{x}$

삼각형 ABD에서 $\tan 2\theta=\frac{\overline{AD}}{\overline{BD}}=\frac{48}{x}$

즉, $\tan 2\theta=\frac{2\tan\theta}{1-\tan^2\theta}$에서 $\frac{48}{x}=\frac{2\times\frac{12}{x}}{1-\left(\frac{12}{x}\right)^2}$

$\frac{1}{2}=1-\frac{144}{x^2}$, $x^2=288$

$\therefore x=\sqrt{288}=12\sqrt{2}$ ($\because x>0$)

따라서 나무와 건물 사이의 거리는 $12\sqrt{2}$ m이다.

### 유형 09 삼각함수의 합성

## 0276

답 $\frac{16}{3}$

$\sqrt{7}\sin\theta+3\cos\theta=4\left(\sin\theta\times\frac{\sqrt{7}}{4}+\cos\theta\times\frac{3}{4}\right)$

$=4\sin(\theta+\alpha)$ $\left(\text{단, } \sin\alpha=\frac{3}{4},\ \cos\alpha=\frac{\sqrt{7}}{4}\right)$

$\therefore r=4$

이때 $\csc\alpha=\frac{1}{\sin\alpha}=\frac{1}{\frac{3}{4}}=\frac{4}{3}$이므로

$r\csc\alpha=4\times\frac{4}{3}=\frac{16}{3}$

## 0277

답 ③

$f(x)=\sin x+\sqrt{3}\cos x-3$

$=2\left(\frac{1}{2}\sin x+\frac{\sqrt{3}}{2}\cos x\right)-3$

$=2\left(\sin x\cos\frac{\pi}{3}+\cos x\sin\frac{\pi}{3}\right)-3$

$=2\sin\left(x+\frac{\pi}{3}\right)-3$

ㄱ. 함수 $f(x)$의 주기는 $2\pi$이다. (참)

ㄴ. 함수 $y=f(x)$의 그래프는 함수 $y=2\sin x$의 그래프를 $x$축의 방향으로 $-\frac{\pi}{3}$만큼, $y$축의 방향으로 $-3$만큼 평행이동한 것이다. (거짓)

ㄷ. $-1\le\sin\left(x+\frac{\pi}{3}\right)\le1$이므로

$-5\le2\sin\left(x+\frac{\pi}{3}\right)-3\le-1$

즉, 함수 $f(x)$의 최솟값은 $-5$, 최댓값은 $-1$이다. (참)

따라서 옳은 것은 ㄱ, ㄷ이다.

## 0278

답 ②

$y=2\sin\left(x+\frac{\pi}{3}\right)+\sqrt{3}\cos x+2$

$=2\left(\sin x\cos\frac{\pi}{3}+\cos x\sin\frac{\pi}{3}\right)+\sqrt{3}\cos x+2$

$=2\left(\sin x\times\frac{1}{2}+\cos x\times\frac{\sqrt{3}}{2}\right)+\sqrt{3}\cos x+2$

$=\sin x+2\sqrt{3}\cos x+2$

$=\sqrt{13}\left(\sin x\times\frac{1}{\sqrt{13}}+\cos x\times\frac{2\sqrt{3}}{\sqrt{13}}\right)+2$

$=\sqrt{13}\sin(x+\alpha)+2$ $\left(\text{단, } \sin\alpha=\frac{2\sqrt{3}}{\sqrt{13}},\ \cos\alpha=\frac{1}{\sqrt{13}}\right)$

$-1\le\sin(x+\alpha)\le1$이므로

$-\sqrt{13}+2\le\sqrt{13}\sin(x+\alpha)+2\le\sqrt{13}+2$

따라서 $M=\sqrt{13}+2$, $m=-\sqrt{13}+2$이므로

$Mm=(\sqrt{13}+2)(-\sqrt{13}+2)=-13+4=-9$

## 0279

답 ⑤

$f(x)=\cos x+\sqrt{3}\sin x+3$

$=2\left(\frac{1}{2}\times\cos x+\frac{\sqrt{3}}{2}\times\sin x\right)+3$

$=2\left(\sin\frac{\pi}{6}\cos x+\cos\frac{\pi}{6}\sin x\right)+3$

$=2\sin\left(x+\frac{\pi}{6}\right)+3$

$-1\le\sin\left(x+\frac{\pi}{6}\right)\le1$이므로

$1\le2\sin\left(x+\frac{\pi}{6}\right)+3\le5$

따라서 함수 $f(x)$의 최댓값은 5이다.

함수 $f(x)$는 $\sin\left(x+\frac{\pi}{6}\right)=1$일 때 최댓값을 가지므로

$x+\frac{\pi}{6}=\frac{\pi}{2}$, $x=\frac{\pi}{2}-\frac{\pi}{6}=\frac{\pi}{3}$

$\therefore a=\frac{\pi}{3}$ $\quad\therefore a\times M=\frac{\pi}{3}\times 5=\frac{5}{3}\pi$

다른 풀이

$$f(x)=\cos x+\sqrt{3}\sin x+3$$
$$=2\left(\cos x\times\frac{1}{2}+\sin x\times\frac{\sqrt{3}}{2}\right)+3$$
$$=2\left(\cos x\cos\frac{\pi}{3}+\sin x\sin\frac{\pi}{3}\right)+3$$
$$=2\cos\left(x-\frac{\pi}{3}\right)+3$$

$-1\le\cos\left(x-\frac{\pi}{3}\right)\le 1$이므로

$1\le 2\cos\left(x-\frac{\pi}{3}\right)+3\le 5$

따라서 함수 $f(x)$의 최댓값은 5이다.

함수 $f(x)$는 $\cos\left(x-\frac{\pi}{3}\right)=1$일 때 최댓값을 가지므로

$x-\frac{\pi}{3}=0$ $\quad\therefore x=\frac{\pi}{3}$

$\therefore a=\frac{\pi}{3}$ $\quad\therefore a\times M=\frac{\pi}{3}\times 5=\frac{5}{3}\pi$

## 0280

답 $\sqrt{5}$

$\overline{AB}$가 반원의 지름이므로 $\angle APB=\frac{\pi}{2}$

직각삼각형 ABP에서 $\angle PBA=\theta$라 하면 $\overline{AB}=2$이므로

$\overline{AP}=2\sin\theta$, $\overline{BP}=2\cos\theta$

$$\therefore \overline{AP}+\frac{1}{2}\overline{BP}=2\sin\theta+\cos\theta$$
$$=\sqrt{5}\left(\sin\theta\times\frac{2}{\sqrt{5}}+\cos\theta\times\frac{1}{\sqrt{5}}\right)$$
$$=\sqrt{5}\sin(\theta+\alpha)\left(\text{단, }\sin\alpha=\frac{1}{\sqrt{5}},\ \cos\alpha=\frac{2}{\sqrt{5}}\right)$$

이때 $-1\le\sin(\theta+\alpha)\le 1$이므로 구하는 최댓값은 $\sqrt{5}$이다.

### 유형 10 삼각함수의 극한

## 0281

답 ④

$$\lim_{x\to\frac{\pi}{2}}\frac{1-\sin x}{\cos^2 x}=\lim_{x\to\frac{\pi}{2}}\frac{1-\sin x}{1-\sin^2 x}$$
$$=\lim_{x\to\frac{\pi}{2}}\frac{1-\sin x}{(1+\sin x)(1-\sin x)}$$
$$=\lim_{x\to\frac{\pi}{2}}\frac{1}{1+\sin x}=\frac{1}{1+\sin\frac{\pi}{2}}$$
$$=\frac{1}{1+1}=\frac{1}{2}$$

## 0282

답 ⑤

$$\lim_{x\to\frac{\pi}{6}}\frac{\cot^2 x}{\csc x-1}=\lim_{x\to\frac{\pi}{6}}\frac{\csc^2 x-1}{\csc x-1}$$
$$=\lim_{x\to\frac{\pi}{6}}\frac{(\csc x-1)(\csc x+1)}{\csc x-1}$$
$$=\lim_{x\to\frac{\pi}{6}}(\csc x+1)$$
$$=\csc\frac{\pi}{6}+1=\frac{1}{\sin\frac{\pi}{6}}+1$$
$$=\frac{1}{\frac{1}{2}}+1=2+1=3$$

## 0283

답 ②

$$\lim_{x\to\frac{3}{4}\pi}\frac{1-\tan^2 x}{\sin x+\cos x}=\lim_{x\to\frac{3}{4}\pi}\frac{1-\frac{\sin^2 x}{\cos^2 x}}{\sin x+\cos x}$$
$$=\lim_{x\to\frac{3}{4}\pi}\frac{\cos^2 x-\sin^2 x}{\cos^2 x(\sin x+\cos x)}$$
$$=\lim_{x\to\frac{3}{4}\pi}\frac{(\cos x+\sin x)(\cos x-\sin x)}{\cos^2 x(\sin x+\cos x)}$$
$$=\lim_{x\to\frac{3}{4}\pi}\frac{\cos x-\sin x}{\cos^2 x}$$
$$=\frac{\cos\frac{3}{4}\pi-\sin\frac{3}{4}\pi}{\cos^2\frac{3}{4}\pi}=\frac{-\frac{\sqrt{2}}{2}-\frac{\sqrt{2}}{2}}{\left(-\frac{\sqrt{2}}{2}\right)^2}$$
$$=\frac{-\sqrt{2}}{\frac{1}{2}}=-2\sqrt{2}$$

### 유형 11 $\lim_{x\to 0}\frac{\sin x}{x}$ 꼴의 극한

## 0284

답 ②

$$\lim_{x\to 0}\frac{\sin(\sin 4x)}{\sin 3x}$$
$$=\lim_{x\to 0}\left\{\frac{\sin(\sin 4x)}{\sin 4x}\times\frac{3x}{\sin 3x}\times\frac{\sin 4x}{4x}\times\frac{4}{3}\right\}$$
$$=1\times 1\times 1\times\frac{4}{3}=\frac{4}{3}$$

## 0285

답 ④

$$\lim_{x\to 0}\frac{x+e^x-1}{\sin 2x}$$
$$=\lim_{x\to 0}\left(\frac{x}{\sin 2x}+\frac{e^x-1}{\sin 2x}\right)$$
$$=\lim_{x\to 0}\left(\frac{2x}{\sin 2x}\times\frac{1}{2}+\frac{e^x-1}{x}\times\frac{2x}{\sin 2x}\times\frac{1}{2}\right)$$
$$=1\times\frac{1}{2}+1\times 1\times\frac{1}{2}=1$$

## 0286

답 $\frac{1}{9}$

$$\lim_{x\to0}\frac{xf(x)}{g(x)f(g(x))}=\lim_{x\to0}\frac{x\sin x}{3x\sin 3x}$$
$$=\lim_{x\to0}\left(\frac{1}{9}\times\frac{\sin x}{x}\times\frac{3x}{\sin 3x}\right)$$
$$=\frac{1}{9}\times1\times1=\frac{1}{9}$$

## 0287

답 ④

$$f(n)=\lim_{x\to0}\frac{x}{\sin x+\sin 2x+\cdots+\sin nx}$$
$$=\lim_{x\to0}\frac{1}{\frac{\sin x}{x}+\frac{\sin 2x}{x}+\cdots+\frac{\sin nx}{x}}$$
$$=\lim_{x\to0}\frac{1}{\frac{\sin x}{x}+\frac{\sin 2x}{2x}\times2+\cdots+\frac{\sin nx}{nx}\times n}$$
$$=\frac{1}{1+2+\cdots+n}=\frac{1}{\frac{n(n+1)}{2}}$$
$$=\frac{2}{n(n+1)}$$
$$\therefore \sum_{n=1}^{\infty}f(n)=\sum_{n=1}^{\infty}\frac{2}{n(n+1)}$$
$$=\lim_{n\to\infty}\sum_{k=1}^{n}\frac{2}{k(k+1)}$$
$$=\lim_{n\to\infty}\sum_{k=1}^{n}2\left(\frac{1}{k}-\frac{1}{k+1}\right)$$
$$=\lim_{n\to\infty}2\left\{\left(1-\frac{1}{2}\right)+\left(\frac{1}{2}-\frac{1}{3}\right)+\cdots+\left(\frac{1}{n}-\frac{1}{n+1}\right)\right\}$$
$$=\lim_{n\to\infty}2\left(1-\frac{1}{n+1}\right)$$
$$=2\times1=2$$

### 유형 12 $\lim_{x\to0}\frac{\tan x}{x}$ 꼴의 극한

## 0288

답 ②

$$\lim_{x\to0}\frac{2x}{\tan x+\tan 3x}=\lim_{x\to0}\frac{2}{\frac{\tan x}{x}+\frac{\tan 3x}{x}}$$
$$=\lim_{x\to0}\frac{2}{\frac{\tan x}{x}+\frac{\tan 3x}{3x}\times3}$$
$$=\frac{2}{1+1\times3}=\frac{1}{2}$$

## 0289

답 ③

$$\lim_{x\to0}\frac{k\tan 4x}{\ln(1+2x)}=\lim_{x\to0}\left\{\frac{\tan 4x}{4x}\times\frac{2x}{\ln(1+2x)}\times2k\right\}$$
$$=1\times1\times2k=2k$$

즉, $2k=6$이므로 $k=3$

## 0290

답 ④

$$\lim_{x\to0}\frac{\tan(x^2+4x)}{\sin(4x^2+x)}$$
$$=\lim_{x\to0}\left\{\frac{\tan(x^2+4x)}{x^2+4x}\times\frac{4x^2+x}{\sin(4x^2+x)}\times\frac{x^2+4x}{4x^2+x}\right\}$$
$$=\lim_{x\to0}\left\{\frac{\tan(x^2+4x)}{x^2+4x}\times\frac{4x^2+x}{\sin(4x^2+x)}\times\frac{x+4}{4x+1}\right\}$$
$$=1\times1\times4=4$$

### 유형 13 $\lim_{x\to0}\frac{1-\cos x}{x}$ 꼴의 극한

## 0291

답 ③

$$\lim_{x\to0}\frac{1-\cos x}{x^2}=\lim_{x\to0}\frac{(1-\cos x)(1+\cos x)}{x^2(1+\cos x)}$$
$$=\lim_{x\to0}\frac{\sin^2 x}{x^2(1+\cos x)}$$
$$=\lim_{x\to0}\left\{\left(\frac{\sin x}{x}\right)^2\times\frac{1}{1+\cos x}\right\}$$
$$=1^2\times\frac{1}{2}=\frac{1}{2}$$

## 0292

답 ①

$$\lim_{x\to0}\frac{3\cos^2 x-\cos x-2}{x^2}$$
$$=\lim_{x\to0}\frac{(\cos x-1)(3\cos x+2)}{x^2}$$
$$=\lim_{x\to0}\left\{\frac{(\cos x-1)(\cos x+1)}{x^2}\times\frac{3\cos x+2}{\cos x+1}\right\}$$
$$=\lim_{x\to0}\left(\frac{-\sin^2 x}{x^2}\times\frac{3\cos x+2}{\cos x+1}\right)$$
$$=\lim_{x\to0}\left\{(-1)\times\left(\frac{\sin x}{x}\right)^2\times\frac{3\cos x+2}{\cos x+1}\right\}$$
$$=(-1)\times1^2\times\frac{5}{2}=-\frac{5}{2}$$

## 0293

답 ②

$$\lim_{x\to0}\frac{\sin x-\tan x}{x^3}$$
$$=\lim_{x\to0}\frac{\sin x-\frac{\sin x}{\cos x}}{x^3}$$
$$=\lim_{x\to0}\frac{\sin x\cos x-\sin x}{x^3\cos x}$$
$$=\lim_{x\to0}\frac{\sin x(\cos x-1)}{x^3\cos x}$$
$$=\lim_{x\to0}\frac{\sin x(\cos x-1)(\cos x+1)}{x^3\cos x(\cos x+1)}$$
$$=\lim_{x\to0}\frac{-\sin^3 x}{x^3\cos x(\cos x+1)}$$
$$=\lim_{x\to0}\left\{(-1)\times\left(\frac{\sin x}{x}\right)^3\times\frac{1}{\cos x(\cos x+1)}\right\}$$
$$=(-1)\times1^3\times\frac{1}{1\times2}=-\frac{1}{2}$$

## 0294

답 9

$$\lim_{x\to0}\frac{f(x)}{1-\cos 3x}$$
$$=\lim_{x\to0}\frac{f(x)(1+\cos 3x)}{(1-\cos 3x)(1+\cos 3x)}$$
$$=\lim_{x\to0}\frac{f(x)(1+\cos 3x)}{1-\cos^2 3x}$$
$$=\lim_{x\to0}\frac{f(x)(1+\cos 3x)}{\sin^2 3x}$$
$$=\lim_{x\to0}\left\{\left(\frac{3x}{\sin 3x}\right)^2\times\frac{f(x)}{x^2}\times\frac{1+\cos 3x}{9}\right\}$$
$$=1^2\times\lim_{x\to0}\frac{f(x)}{x^2}\times\frac{2}{9}=\frac{2}{9}\lim_{x\to0}\frac{f(x)}{x^2}=2$$
$$\therefore \lim_{x\to0}\frac{f(x)}{x^2}=9$$

**유형 14** **치환을 이용한 삼각함수의 극한 – $x\to a\ (a\neq0)$일 때 $x-a=t$로 치환**

## 0295

답 ①

$x-3=t$로 놓으면 $x=t+3$이고 $x\to3$일 때 $t\to0$이므로

$$\lim_{x\to3}\frac{\sin\left(\cos\frac{\pi}{2}x\right)}{x-3}=\lim_{t\to0}\frac{\sin\left\{\cos\frac{\pi}{2}(t+3)\right\}}{t}$$
$$=\lim_{t\to0}\frac{\sin\left\{\cos\left(\frac{\pi}{2}t+\frac{3}{2}\pi\right)\right\}}{t}$$
$$=\lim_{t\to0}\frac{\sin\left(\sin\frac{\pi}{2}t\right)}{t}$$
$$=\lim_{t\to0}\left\{\frac{\sin\left(\sin\frac{\pi}{2}t\right)}{\sin\frac{\pi}{2}t}\times\frac{\sin\frac{\pi}{2}t}{\frac{\pi}{2}t}\times\frac{\pi}{2}\right\}$$
$$=1\times1\times\frac{\pi}{2}=\frac{\pi}{2}$$

## 0296

답 ①

$x-\frac{\pi}{2}=t$로 놓으면 $x=t+\frac{\pi}{2}$이고 $x\to\frac{\pi}{2}$일 때 $t\to0$이므로

$$\lim_{x\to\frac{\pi}{2}}2\left(x-\frac{\pi}{2}\right)\tan x=\lim_{t\to0}2t\tan\left(\frac{\pi}{2}+t\right)$$
$$=\lim_{t\to0}\left(2t\times\frac{1}{-\tan t}\right)$$
$$=\lim_{t\to0}\left\{(-2)\times\frac{t}{\tan t}\right\}$$
$$=(-2)\times1=-2$$

## 0297

답 ②

$x+\frac{\pi}{2}=t$로 놓으면 $x=t-\frac{\pi}{2}$이고 $x\to-\frac{\pi}{2}$일 때 $t\to0$이므로

$$\lim_{x\to-\frac{\pi}{2}}\frac{1+\sin x}{(2x+\pi)\cos x}=\lim_{t\to0}\frac{1+\sin\left(t-\frac{\pi}{2}\right)}{2t\cos\left(t-\frac{\pi}{2}\right)}$$
$$=\lim_{t\to0}\frac{1-\cos t}{2t\sin t}$$
$$=\lim_{t\to0}\frac{(1-\cos t)(1+\cos t)}{2t\sin t(1+\cos t)}$$
$$=\lim_{t\to0}\frac{\sin^2 t}{2t\sin t(1+\cos t)}$$
$$=\lim_{t\to0}\left\{\frac{\sin t}{t}\times\frac{1}{2(1+\cos t)}\right\}$$
$$=1\times\frac{1}{2\times2}=\frac{1}{4}$$

**유형 15** **치환을 이용한 삼각함수의 극한 – $x\to\infty$일 때 $\frac{1}{x}=t$로 치환**

## 0298

답 ④

$\frac{1}{x}=t$로 놓으면 $x=\frac{1}{t}$이고 $x\to\infty$일 때 $t\to0$이므로

$$\lim_{x\to\infty}\sin\frac{3}{x}\cot\frac{2}{x}=\lim_{t\to0}\sin 3t\cot 2t$$
$$=\lim_{t\to0}\frac{\sin 3t}{\tan 2t}$$
$$=\lim_{t\to0}\left(\frac{\sin 3t}{3t}\times\frac{2t}{\tan 2t}\times\frac{3}{2}\right)$$
$$=1\times1\times\frac{3}{2}=\frac{3}{2}$$

## 0299

답 ②

$x^\circ=\frac{\pi}{180}x$이므로

$\lim_{x\to\infty}x^\circ\tan\frac{2}{x}=\lim_{x\to\infty}\frac{\pi}{180}x\tan\frac{2}{x}$

이때 $\frac{1}{x}=t$로 놓으면 $x=\frac{1}{t}$이고 $x\to\infty$일 때 $t\to0$이므로

$$\begin{aligned}\lim_{x\to\infty}\frac{\pi}{180}x\tan\frac{2}{x}&=\lim_{t\to0}\left(\frac{\pi}{180}\times\frac{\tan 2t}{t}\right)\\&=\lim_{t\to0}\left(\frac{\pi}{90}\times\frac{\tan 2t}{2t}\right)\\&=\frac{\pi}{90}\times1=\frac{\pi}{90}\end{aligned}$$

## 0300

답 ③

$\frac{1}{2x+1}=t$로 놓으면 $x=\frac{1-t}{2t}$이고 $x\to\infty$일 때 $t\to0$이므로

$$\begin{aligned}\lim_{x\to\infty}x\sin\frac{1}{2x+1}&=\lim_{t\to0}\left(\frac{1-t}{2t}\times\sin t\right)\\&=\lim_{t\to0}\left(\frac{1-t}{2}\times\frac{\sin t}{t}\right)\\&=\frac{1}{2}\times1=\frac{1}{2}\end{aligned}$$

### 유형 16 삼각함수의 극한에서 미정계수의 결정

## 0301

답 ④

$\lim_{x\to0}\frac{x^2+ax+b}{\tan x}=4$에서 극한값이 존재하고 $x\to0$일 때,

(분모)$\to0$이므로 (분자)$\to0$이어야 한다.

즉, $\lim_{x\to0}(x^2+ax+b)=0$이므로 $b=0$

$$\begin{aligned}\therefore \lim_{x\to0}\frac{x^2+ax}{\tan x}&=\lim_{x\to0}\frac{x(x+a)}{\tan x}\\&=\lim_{x\to0}\left\{\frac{x}{\tan x}\times(x+a)\right\}\\&=1\times a=a\end{aligned}$$

$\therefore a=4$

$\therefore a+b=4+0=4$

## 0302

답 ④

$\lim_{x\to a}\frac{3^x-1}{2\sin(x-a)}=b\ln3$에서 극한값이 존재하고 $x\to a$일 때,

(분모)$\to0$이므로 (분자)$\to0$이어야 한다.

즉, $\lim_{x\to a}(3^x-1)=0$이므로

$3^a-1=0 \qquad \therefore a=0$

$$\begin{aligned}\therefore \lim_{x\to0}\frac{3^x-1}{2\sin x}&=\lim_{x\to0}\left(\frac{1}{2}\times\frac{3^x-1}{x}\times\frac{x}{\sin x}\right)\\&=\frac{1}{2}\times\ln3\times1=\frac{\ln3}{2}\end{aligned}$$

즉, $\frac{\ln3}{2}=b\ln3$이므로 $b=\frac{1}{2}$

$\therefore a+b=0+\frac{1}{2}=\frac{1}{2}$

## 0303

답 ②

$\lim_{x\to0}\frac{x^2}{a-b\cos x}=3$에서 0이 아닌 극한값이 존재하고 $x\to0$일 때,

(분자)$\to0$이므로 (분모)$\to0$이어야 한다.

즉, $\lim_{x\to0}(a-b\cos x)=0$이므로

$a-b=0 \qquad \therefore a=b$

$b=a$를 주어진 식의 좌변에 대입하면

$$\begin{aligned}\lim_{x\to0}\frac{x^2}{a-a\cos x}&=\lim_{x\to0}\frac{x^2}{a(1-\cos x)}\\&=\lim_{x\to0}\frac{x^2(1+\cos x)}{a(1-\cos x)(1+\cos x)}\\&=\lim_{x\to0}\frac{x^2(1+\cos x)}{a\sin^2 x}\\&=\lim_{x\to0}\left\{\frac{1}{a}\times\left(\frac{x}{\sin x}\right)^2\times(1+\cos x)\right\}\\&=\frac{1}{a}\times1^2\times2=\frac{2}{a}\end{aligned}$$

즉, $\frac{2}{a}=3$이므로 $a=\frac{2}{3}$, $b=\frac{2}{3}$

$\therefore ab=\frac{2}{3}\times\frac{2}{3}=\frac{4}{9}$

## 0304

답 4

$\lim_{x\to2}\frac{(x^2-4)\cos(x-2)+a}{\tan(x-2)}=b$에서 극한값이 존재하고

$x\to2$일 때, (분모)$\to0$이므로 (분자)$\to0$이어야 한다.

즉, $\lim_{x\to2}\{(x^2-4)\cos(x-2)+a\}=0$이므로 $a=0$

이때 $x-2=t$로 놓으면 $x=t+2$이고 $x\to2$일 때 $t\to0$이므로

$$\begin{aligned}&\lim_{x\to2}\frac{(x^2-4)\cos(x-2)}{\tan(x-2)}\\&=\lim_{x\to2}\frac{(x-2)(x+2)\cos(x-2)}{\tan(x-2)}\\&=\lim_{t\to0}\frac{t(t+4)\cos t}{\tan t}\\&=\lim_{t\to0}\left\{\frac{t}{\tan t}\times(t+4)\times\cos t\right\}\\&=1\times4\times1=4\end{aligned}$$

$\therefore b=4$

$\therefore a+b=0+4=4$

## 유형 17 삼각함수의 극한의 도형에의 활용

### 0305

답 $\frac{1}{3}$

사인법칙에 의하여 $\frac{\overline{AC}}{\sin\theta}=\frac{\overline{AB}}{\sin 3\theta}$

$\therefore \frac{\overline{AC}}{\overline{AB}}=\frac{\sin\theta}{\sin 3\theta}$

$\therefore \lim_{\theta\to0+}\frac{\overline{AC}}{\overline{AB}}=\lim_{\theta\to0+}\frac{\sin\theta}{\sin 3\theta}$

$=\lim_{\theta\to0+}\left(\frac{\sin\theta}{\theta}\times\frac{3\theta}{\sin 3\theta}\times\frac{1}{3}\right)$

$=1\times1\times\frac{1}{3}=\frac{1}{3}$

**Bible Says 사인법칙**

삼각형 ABC에서

$\frac{a}{\sin A}=\frac{b}{\sin B}=\frac{c}{\sin C}$

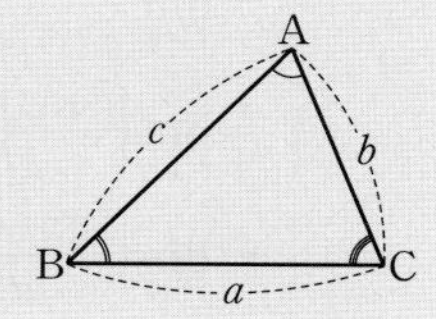


### 0306

답 3

$\angle HAC=\angle ABC=\theta$이므로

$\overline{AH}=3\sin\theta$에서

$\overline{CH}=3\sin\theta\tan\theta$

$\therefore \lim_{\theta\to0+}\frac{\overline{CH}}{\theta^2}=\lim_{\theta\to0+}\frac{3\sin\theta\tan\theta}{\theta^2}$

$=\lim_{\theta\to0+}\left(3\times\frac{\sin\theta}{\theta}\times\frac{\tan\theta}{\theta}\right)$

$=3\times1\times1=3$

다른 풀이

직각삼각형 ABC에서 $\overline{BC}=\frac{3}{\cos\theta}$

직각삼각형 ABH에서 $\overline{BH}=3\cos\theta$

따라서 $\overline{CH}=\overline{BC}-\overline{BH}=\frac{3}{\cos\theta}-3\cos\theta$이므로

$\lim_{\theta\to0+}\frac{\overline{CH}}{\theta^2}=\lim_{\theta\to0+}\frac{\frac{3}{\cos\theta}-3\cos\theta}{\theta^2}$

$=\lim_{\theta\to0+}\frac{3-3\cos^2\theta}{\theta^2\times\cos\theta}=\lim_{\theta\to0+}\frac{3(1-\cos^2\theta)}{\theta^2\times\cos\theta}$

$=\lim_{\theta\to0+}\frac{3\sin^2\theta}{\theta^2\times\cos\theta}$

$=\lim_{\theta\to0+}\left\{\left(\frac{\sin\theta}{\theta}\right)^2\times\frac{3}{\cos\theta}\right\}=1^2\times\frac{3}{1}=3$

### 0307

답 ②

$\angle ABD=\angle BAD=\theta$에서 삼각형 ABD는 이등변삼각형이므로

$\overline{AD}=\overline{BD}=5$

삼각형 ABD의 넓이는

$\frac{1}{2}\times5\times5\times\sin(\pi-2\theta)=\frac{25}{2}\sin 2\theta$

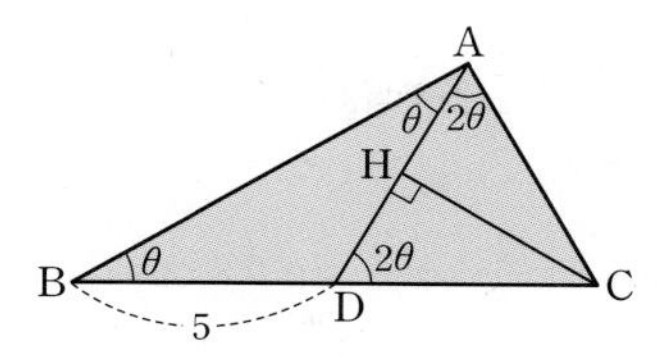


삼각형 ABD에서 $\angle ADC=\theta+\theta=2\theta$이고

점 C에서 선분 AD에 내린 수선의 발을 H라 하면

$\angle CAD=\angle CDA=2\theta$에서 삼각형 ADC는 이등변삼각형이므로

$\overline{CH}=\frac{5}{2}\tan 2\theta$

삼각형 ADC의 넓이는

$\frac{1}{2}\times5\times\frac{5}{2}\tan 2\theta=\frac{25}{4}\tan 2\theta$

따라서 삼각형 ABC의 넓이 $S(\theta)$는

$S(\theta)=\frac{25}{2}\sin 2\theta+\frac{25}{4}\tan 2\theta$

$\therefore \lim_{\theta\to0+}\frac{S(\theta)}{\theta}=\lim_{\theta\to0+}\left(\frac{25\sin 2\theta}{2\theta}+\frac{25\tan 2\theta}{4\theta}\right)$

$=\lim_{\theta\to0+}\left(25\times\frac{\sin 2\theta}{2\theta}+\frac{25}{2}\times\frac{\tan 2\theta}{2\theta}\right)$

$=25\times1+\frac{25}{2}\times1=\frac{75}{2}$

### 0308

답 1

삼각형 ABC가 이등변삼각형이므로 $\angle BAO=\frac{\theta}{2}$이고

직각삼각형 ABO에서 $\overline{OB}=2\sin\frac{\theta}{2}$이다.

이때 $\overline{OB}=\overline{OD}=\overline{OE}=\overline{OC}$이고 세 삼각형 ABC, ODB, OEC는 서로 닮음이므로 $\angle BOD=\angle COE=\theta$이다.

따라서 삼각형 OED의 넓이 $S(\theta)$는

$S(\theta)=\frac{1}{2}\times\left(2\sin\frac{\theta}{2}\right)^2\times\sin(\pi-2\theta)=2\sin^2\frac{\theta}{2}\sin 2\theta$

$\therefore \lim_{\theta\to0+}\frac{S(\theta)}{\theta^3}=\lim_{\theta\to0+}\frac{2\sin^2\frac{\theta}{2}\sin 2\theta}{\theta^3}$

$=\lim_{\theta\to0+}\left\{\left(\frac{\sin\frac{\theta}{2}}{\frac{\theta}{2}}\right)^2\times\frac{\sin 2\theta}{2\theta}\right\}$

$=1^2\times1=1$

**참고**

이등변삼각형 ABC에서 $\angle BAC=\theta$이므로

$\angle ABC=\angle ACB=\frac{\pi}{2}-\frac{\theta}{2}$이다.

이때 삼각형 ODB에서 $\angle OBD=\frac{\pi}{2}-\frac{\theta}{2}$이고 삼각형 ODB는 이등변삼각형이므로 $\angle ODB=\frac{\pi}{2}-\frac{\theta}{2}$이다.

따라서 삼각형 ABC와 삼각형 ODB는 AA 닮음이다.

같은 방법으로 삼각형 ABC와 삼각형 OEC도 AA 닮음이므로 세 삼각형 ABC, ODB, OEC는 서로 닮음이다.

## 0309

답 ④

부채꼴 OAB의 반지름의 길이를 $r$라 하면

삼각형 OAB의 넓이는 $\frac{1}{2}\times r^2\times\sin\theta$이고

삼각형 OHB의 넓이는

$\frac{1}{2}\times r\cos\theta\times r\sin\theta=\frac{1}{2}\times r^2\times\sin\theta\times\cos\theta$이므로

삼각형 BHA의 넓이 $S(\theta)$는

$$S(\theta)=\frac{1}{2}\times r^2\times\sin\theta-\frac{1}{2}\times r^2\times\sin\theta\times\cos\theta$$
$$=\frac{1}{2}r^2\sin\theta(1-\cos\theta)$$

한편, 호 AB의 길이는 $r\theta$이므로 부채꼴 OAB의 둘레의 길이는

$r+r+r\theta=10$

$2r+r\theta=10$, $r(2+\theta)=10$ $\quad\therefore r=\frac{10}{2+\theta}$

$$\therefore \lim_{\theta\to0+}\frac{S(\theta)}{\theta^3}$$
$$=\lim_{\theta\to0+}\frac{r^2\sin\theta(1-\cos\theta)}{2\theta^3}$$
$$=\lim_{\theta\to0+}\left\{\frac{50}{(2+\theta)^2}\times\frac{\sin\theta}{\theta}\times\frac{1-\cos\theta}{\theta^2}\right\}$$
$$=\lim_{\theta\to0+}\left\{\frac{50}{(2+\theta)^2}\times\frac{\sin\theta}{\theta}\times\frac{(1-\cos\theta)(1+\cos\theta)}{\theta^2(1+\cos\theta)}\right\}$$
$$=\lim_{\theta\to0+}\left\{\frac{50}{(2+\theta)^2}\times\frac{\sin\theta}{\theta}\times\frac{1-\cos^2\theta}{\theta^2(1+\cos\theta)}\right\}$$
$$=\lim_{\theta\to0+}\left\{\frac{50}{(2+\theta)^2}\times\frac{\sin^3\theta}{\theta^3}\times\frac{1}{1+\cos\theta}\right\}$$
$$=\frac{50}{4}\times1^3\times\frac{1}{2}=\frac{25}{4}$$

**참고**

$\overline{BH}=r\sin\theta$, $\overline{OH}=r\cos\theta$, $\overline{AH}=r-\overline{OH}=r-r\cos\theta=r(1-\cos\theta)$

이므로 삼각형 BHA의 넓이 $S(\theta)$는

$S(\theta)=\frac{1}{2}\times\overline{BH}\times\overline{AH}=\frac{1}{2}\times r\sin\theta\times r(1-\cos\theta)=\frac{1}{2}r^2\sin\theta(1-\cos\theta)$

로도 구할 수 있다.

### 유형 18 삼각함수의 연속

## 0310

답 ③

함수 $f(x)$가 $x=0$에서 연속이므로

$\lim_{x\to0}f(x)=f(0)$

$$\therefore \lim_{x\to0}f(x)=\lim_{x\to0}\frac{1-\cos2x}{x^2}$$
$$=\lim_{x\to0}\frac{(1-\cos2x)(1+\cos2x)}{x^2(1+\cos2x)}$$
$$=\lim_{x\to0}\frac{\sin^2 2x}{x^2(1+\cos2x)}$$
$$=\lim_{x\to0}\left\{\left(\frac{\sin2x}{2x}\right)^2\times\frac{4}{1+\cos2x}\right\}$$
$$=1^2\times\frac{4}{2}=2$$

$\therefore a=2$

**참고**

**유형 07**의 배각의 공식 $\cos2x=1-2\sin^2x$에서 $1-\cos2x=2\sin^2x$임을 이용하여 $\lim_{x\to0}f(x)$의 값을 구할 수도 있다.

## 0311

답 ⑤

$x\neq1$일 때, $f(x)=\frac{\sin(ax^2-a)}{x-1}$

함수 $f(x)$가 $x=1$에서 연속이므로

$\lim_{x\to1}f(x)=f(1)$

$x-1=t$로 놓으면 $x=t+1$이고 $x\to1$일 때 $t\to0$이므로

$$\lim_{x\to1}f(x)=\lim_{x\to1}\frac{\sin(ax^2-a)}{x-1}$$
$$=\lim_{t\to0}\frac{\sin(at^2+2at)}{t}$$
$$=\lim_{t\to0}\left\{\frac{\sin(at^2+2at)}{at^2+2at}\times\frac{at^2+2at}{t}\right\}$$
$$=\lim_{t\to0}\left\{\frac{\sin(at^2+2at)}{at^2+2at}\times(at+2a)\right\}$$
$$=1\times2a=2a$$

즉, $2a=6$이므로 $a=3$

## 0312

답 36

함수 $f(x)$가 $x=0$에서 연속이므로

$\lim_{x\to0-}f(x)=\lim_{x\to0+}f(x)=f(0)$

$$\therefore \lim_{x\to0-}\frac{(e^{ax}-1)\sin x}{4x^2}=\lim_{x\to0+}(2\cos x+1)=b$$

$$\lim_{x\to0-}\frac{(e^{ax}-1)\sin x}{4x^2}=\lim_{x\to0-}\left(\frac{a}{4}\times\frac{e^{ax}-1}{ax}\times\frac{\sin x}{x}\right)$$
$$=\frac{a}{4}\times1\times1=\frac{a}{4}$$

$\lim_{x\to0+}(2\cos x+1)=2\times1+1=3$

즉, $\frac{a}{4}=3=b$이므로 $a=12$, $b=3$

$\therefore ab=12\times3=36$

### 유형 19 삼각함수의 도함수

## 0313

답 ①

$f(x)=x^2\cos x+\sin x$에서

$f'(x)=2x\cos x-x^2\sin x+\cos x$이므로

$f'(\pi)=2\pi\cos\pi-\pi^2\sin\pi+\cos\pi$

$\quad=-2\pi-1$

## 0314
답 ③

$f(x)=\sin x+\sqrt{3}\cos x-4x$에서

$f'(x)=\cos x-\sqrt{3}\sin x-4$

$=2\left(\cos x\times\frac{1}{2}-\sin x\times\frac{\sqrt{3}}{2}\right)-4$

$=2\left(\cos x\cos\frac{\pi}{3}-\sin x\sin\frac{\pi}{3}\right)-4$

$=2\cos\left(x+\frac{\pi}{3}\right)-4$

삼각함수의 합성을 이용한다.

$f'(a)=-3$이므로 $2\cos\left(a+\frac{\pi}{3}\right)-4=-3$

즉, $\cos\left(a+\frac{\pi}{3}\right)=\frac{1}{2}$

이때 $\pi\le a\le\frac{3}{2}\pi$이므로 $a+\frac{\pi}{3}=\frac{5}{3}\pi$에서

$a=\frac{4}{3}\pi$

## 0315
답 $-2$

$f(x)=\sin x\cos x$에서

$f'(x)=\cos^2 x-\sin^2 x=\cos 2x$

$x-\frac{\pi}{4}=t$로 놓으면 $x=\frac{\pi}{4}+t$이고 $x\to\frac{\pi}{4}$일 때 $t\to0$이므로

$\lim_{x\to\frac{\pi}{4}}\frac{f'(x)}{x-\frac{\pi}{4}}=\lim_{x\to\frac{\pi}{4}}\frac{\cos 2x}{x-\frac{\pi}{4}}=\lim_{t\to0}\frac{\cos\left(\frac{\pi}{2}+2t\right)}{t}$

$=\lim_{t\to0}\frac{-\sin 2t}{t}=\lim_{t\to0}\left\{\frac{\sin 2t}{2t}\times(-2)\right\}$

$=1\times(-2)=-2$

## 0316
답 ①

$f(x)=a\sin x+b\cos x+1$에서

$f(\pi)=a\sin\pi+b\cos\pi+1=-b+1$

즉, $-b+1=5$에서 $b=-4$

$f(x)=a\sin x-4\cos x+1$에서 $f'(x)=a\cos x+4\sin x$이므로

$f'\left(\frac{\pi}{4}\right)=a\cos\frac{\pi}{4}+4\sin\frac{\pi}{4}=a\times\frac{\sqrt{2}}{2}+4\times\frac{\sqrt{2}}{2}=\frac{(a+4)\sqrt{2}}{2}$

즉, $\frac{(a+4)\sqrt{2}}{2}=3\sqrt{2}$에서 $a=2$

$\therefore a+b=2+(-4)=-2$

### 유형 20 삼각함수의 도함수 - 미분계수를 이용한 극한값의 계산

## 0317
답 ①

$f(x)=x^2\sin x$에서 $f(\pi)=0$이므로

$\lim_{x\to\pi}\frac{f(x)}{x-\pi}=\lim_{x\to\pi}\frac{f(x)-f(\pi)}{x-\pi}=f'(\pi)$

이때 $f(x)=x^2\sin x$에서

$f'(x)=2x\sin x+x^2\cos x$이므로

$f'(\pi)=\pi^2\times(-1)=-\pi^2$

## 0318
답 5

$\lim_{h\to0}\frac{f\left(\frac{\pi}{2}+2h\right)-f\left(\frac{\pi}{2}-3h\right)}{h}$

$=\lim_{h\to0}\frac{\left\{f\left(\frac{\pi}{2}+2h\right)-f\left(\frac{\pi}{2}\right)\right\}-\left\{f\left(\frac{\pi}{2}-3h\right)-f\left(\frac{\pi}{2}\right)\right\}}{h}$

$=\lim_{h\to0}\left\{\frac{f\left(\frac{\pi}{2}+2h\right)-f\left(\frac{\pi}{2}\right)}{2h}\times2\right\}$

$+\lim_{h\to0}\left\{\frac{f\left(\frac{\pi}{2}-3h\right)-f\left(\frac{\pi}{2}\right)}{-3h}\times3\right\}$

$=2f'\left(\frac{\pi}{2}\right)+3f'\left(\frac{\pi}{2}\right)=5f'\left(\frac{\pi}{2}\right)$

이때 $f(x)=2x\sin x+\cos x$에서

$f'(x)=2\sin x+2x\cos x-\sin x=\sin x+2x\cos x$이므로

$5f'\left(\frac{\pi}{2}\right)=5\times\left(\sin\frac{\pi}{2}+\pi\cos\frac{\pi}{2}\right)=5\times1=5$

## 0319
답 ②

$f(x)=(1+\cos x)\sin x$에서 $f(\pi)=(1+\cos\pi)\sin\pi=0$이므로

$\lim_{x\to0}\frac{f(\pi+\sin x)}{x}=\lim_{x\to0}\frac{f(\pi+\sin x)-f(\pi)}{x}$

$=\lim_{x\to0}\left\{\frac{f(\pi+\sin x)-f(\pi)}{\sin x}\times\frac{\sin x}{x}\right\}$

$=f'(\pi)\times1=f'(\pi)$

이때 $f(x)=(1+\cos x)\sin x$에서

$f'(x)=-\sin^2 x+(1+\cos x)\times\cos x=\cos^2 x-\sin^2 x+\cos x$

이므로

$f'(\pi)=(-1)^2-0^2+(-1)=0$

### 유형 21 삼각함수의 미분가능성

## 0320
답 ④

함수 $f(x)$가 $x=0$에서 미분가능하면 $x=0$에서 연속이므로

$\lim_{x\to0-}(a\sin x+b)=\lim_{x\to0+}(3x+2)=f(0)$

$\therefore b=2$

또한 $f'(x)=\begin{cases}a\cos x & (x<0)\\ 3 & (x>0)\end{cases}$이고 $f'(0)$이 존재하므로

$\lim_{x\to0-}a\cos x=\lim_{x\to0+}3$

$\therefore a=3$

$\therefore a+b=3+2=5$

## 0321
답 1

함수 $f(x)$가 $x=0$에서 미분가능하면 $x=0$에서 연속이므로

$\lim_{x\to0-}e^x\cos x=\lim_{x\to0+}(x^2+ax+b)=f(0)$

$\therefore b=1$

또한 $f'(x)=\begin{cases} e^x\cos x-e^x\sin x & (x<0) \\ 2x+a & (x>0) \end{cases}$이고 $f'(0)$이 존재하므로

$\lim_{x\to0-}(e^x\cos x-e^x\sin x)=\lim_{x\to0+}(2x+a)$

$1=0+a \quad \therefore a=1$

$\therefore ab=1\times1=1$

## 0322

답 $-2$

함수 $f(x)$가 실수 전체의 집합에서 미분가능하므로 $x=0$, $x=\pi$에서도 미분가능하다.

즉, $x=0$에서 미분가능하면 $x=0$에서 연속이므로

$\lim_{x\to0-}(e^x+a)=\lim_{x\to0+}(\sin x+bx)=f(0)$

$1+a=0 \quad \therefore a=-1$

함수 $f(x)$가 $x=\pi$에서 미분가능하면 $x=\pi$에서 연속이므로

$\lim_{x\to\pi-}(\sin x+bx)=\lim_{x\to\pi+}(cx+\pi)=f(\pi)$

$b\pi=c\pi+\pi \quad \therefore b=c+1$

또한 $f'(x)=\begin{cases} e^x & (x<0) \\ \cos x+b & (0<x<\pi) \\ c & (x>\pi) \end{cases}$이고 $f'(0)$이 존재하므로

$\lim_{x\to0-}e^x=\lim_{x\to0+}(\cos x+b)$

$1=1+b \quad \therefore b=0$

$\therefore c=b-1=-1$

$\therefore a+b+c=(-1)+0+(-1)=-2$

# PART B′ 기출 & 기출변형 문제

## 0323

답 ②

$\lim_{x\to\frac{\pi}{2}}\frac{f(x)-1}{x-\frac{\pi}{2}}=3$에서 극한값이 존재하고 $x\to\frac{\pi}{2}$일 때,

(분모)$\to0$이므로 (분자)$\to0$이어야 한다.

즉, $\lim_{x\to\frac{\pi}{2}}\{f(x)-1\}=0$이므로 $f\left(\frac{\pi}{2}\right)=1$에서

$\lim_{x\to\frac{\pi}{2}}\frac{f(x)-1}{x-\frac{\pi}{2}}=\lim_{x\to\frac{\pi}{2}}\frac{f(x)-f\left(\frac{\pi}{2}\right)}{x-\frac{\pi}{2}}=f'\left(\frac{\pi}{2}\right)=3$

이때 $f(x)=\sin x+a\cos x$에서

$f'(x)=\cos x-a\sin x$이므로

$f'\left(\frac{\pi}{2}\right)=\cos\frac{\pi}{2}-a\sin\frac{\pi}{2}=-a$

$\therefore a=-3$

따라서 $f(x)=\sin x-3\cos x$이므로

$f\left(\frac{\pi}{4}\right)=\sin\frac{\pi}{4}-3\cos\frac{\pi}{4}$

$=\frac{\sqrt{2}}{2}-3\times\frac{\sqrt{2}}{2}=-\sqrt{2}$

## 0324

답 ②

$f(x)=\sqrt{2}\sin\left(x+\frac{\pi}{4}\right)+k\sin x$

$=\sqrt{2}\left(\sin x\cos\frac{\pi}{4}+\cos x\sin\frac{\pi}{4}\right)+k\sin x$

$=\sqrt{2}\left(\sin x\times\frac{\sqrt{2}}{2}+\cos x\times\frac{\sqrt{2}}{2}\right)+k\sin x$

$=\sin x+\cos x+k\sin x$

$=(k+1)\sin x+\cos x$

$=\sqrt{(k+1)^2+1}\left\{\frac{k+1}{\sqrt{(k+1)^2+1}}\sin x+\frac{1}{\sqrt{(k+1)^2+1}}\cos x\right\}$

$=\sqrt{(k+1)^2+1}\sin(x+\alpha)$

$\left(\text{단, }\sin\alpha=\frac{1}{\sqrt{(k+1)^2+1}},\ \cos\alpha=\frac{k+1}{\sqrt{(k+1)^2+1}}\right)$

이때 $-1\le\sin(x+\alpha)\le1$이고 $f(x)$의 최댓값이 $\sqrt{10}$이므로

$\sqrt{(k+1)^2+1}=\sqrt{10}$, $(k+1)^2+1=10$

$(k+1)^2=9$, $k+1=\pm3$

$\therefore k=2\ (\because k>0)$

**짝기출**

함수 $f(x)=a\sin x+\sqrt{11}\cos x$의 최댓값이 6일 때, 양수 $a$의 값은?

① 1 ② 2 ③ 3 ④ 4 ⑤ 5

답 ⑤

## 0325

답 ①

$\lim_{x\to a}\frac{\log_5(1+x)}{2\tan(x-a)}=\frac{b}{\ln5}$에서 극한값이 존재하고 $x\to a$일 때,

(분모)$\to0$이므로 (분자)$\to0$이어야 한다.

즉, $\lim_{x\to a}\log_5(1+x)=0$이므로

$\log_5(1+a)=0 \quad \therefore a=0$

주어진 식의 좌변에 $a=0$을 대입하면

$\lim_{x\to0}\frac{\log_5(1+x)}{2\tan x}=\lim_{x\to0}\left\{\frac{\log_5(1+x)}{x}\times\frac{x}{\tan x}\times\frac{1}{2}\right\}$

$=\frac{1}{\ln5}\times1\times\frac{1}{2}=\frac{1}{2\ln5}$

즉, $\frac{1}{2\ln5}=\frac{b}{\ln5}$이므로 $b=\frac{1}{2}$

$\therefore a+b=\frac{1}{2}$

**짝기출**

$\lim_{x\to a}\frac{2^x-1}{3\sin(x-a)}=b\ln2$를 만족시키는 두 상수 $a$, $b$에 대하여 $a+b$의 값은?

① $\frac{1}{6}$ ② $\frac{1}{5}$ ③ $\frac{1}{4}$ ④ $\frac{1}{3}$ ⑤ $\frac{1}{2}$

답 ④

## 0326

답 ③

$\angle AOB=\theta$라 하면 $\angle AOC=2\theta$

$B(\sqrt{7},\ 3)$이므로 $\cos\theta=\frac{\sqrt{7}}{4}$, $\sin\theta=\frac{3}{4}$

이때

$\sin 2\theta=2\sin\theta\cos\theta=2\times\frac{3}{4}\times\frac{\sqrt{7}}{4}=\frac{3\sqrt{7}}{8}$

이므로 점 C의 $y$좌표는

$\overline{OC}\times\sin 2\theta=4\times\frac{3\sqrt{7}}{8}=\frac{3\sqrt{7}}{2}$

**짝기출**

그림과 같이 중심이 O이고 길이가 2인 선분 AB를 지름으로 하는 원 위의 두 점 P, Q가 $\angle POB=2\angle BOQ$, $3\overline{AP}=7\overline{BQ}$를 만족시킨다. $\angle BOQ=\theta$라 할 때, $90\cos\theta$의 값을 구하시오. $\left(\text{단, } 0<\theta<\frac{\pi}{2}\right)$

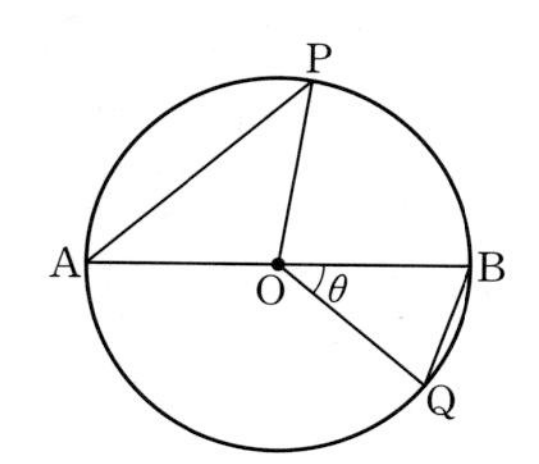


답 70

## 0327

답 ③

$\lim_{x\to 0} xf(x)=1$에서 $xf(x)=h(x)$라 하면

$f(x)=\frac{1}{x}h(x)\ (x\neq 0)$, $\lim_{x\to 0} h(x)=1$이므로

ㄱ. $\lim_{x\to 0} f(x)\sin x=\lim_{x\to 0}\frac{1}{x}h(x)\sin x$

$=\lim_{x\to 0}\left\{\frac{\sin x}{x}\times h(x)\right\}$

$=1\times 1=1$ (참)

ㄴ. $\lim_{x\to 0} f(x)\tan^2 x=\lim_{x\to 0}\frac{1}{x}h(x)\tan^2 x$

$=\lim_{x\to 0}\left\{\frac{\tan x}{x}\times h(x)\times\tan x\right\}$

$=1\times 1\times 0=0$ (거짓)

ㄷ. $\lim_{x\to 0} f(x)(e^x-1)=\lim_{x\to 0}\frac{1}{x}h(x)(e^x-1)$

$=\lim_{x\to 0}\left\{\frac{e^x-1}{x}\times h(x)\right\}$

$=1\times 1=1$ (참)

따라서 옳은 것은 ㄱ, ㄷ이다.

**짝기출**

함수 $f(x)$가 $\lim_{x\to 0}\frac{f(x)}{\ln(1+x)}=1$을 만족시킬 때, 보기에서 옳은 것만을 있는 대로 고른 것은?

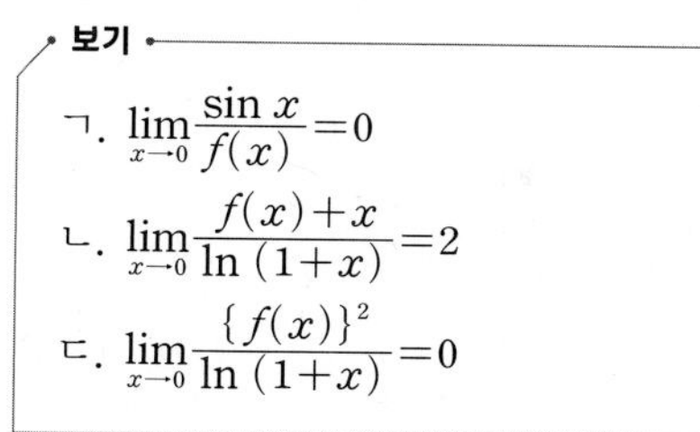
보기

ㄱ. $\lim_{x\to 0}\frac{\sin x}{f(x)}=0$

ㄴ. $\lim_{x\to 0}\frac{f(x)+x}{\ln(1+x)}=2$

ㄷ. $\lim_{x\to 0}\frac{\{f(x)\}^2}{\ln(1+x)}=0$

① ㄱ ② ㄴ ③ ㄷ ④ ㄴ, ㄷ ⑤ ㄱ, ㄴ, ㄷ

답 ④

## 0328

답 ⑤

주어진 식의 양변에 $x=0$을 대입하면

$(e^0-1)^2 f(0)=a-4\cos 0$

$0=a-4 \qquad \therefore a=4$

$x\neq 0$인 모든 실수 $x$에 대하여 $e^{2x}-1\neq 0$이므로

$f(x)=\frac{4-4\cos\frac{\pi}{2}x}{(e^{2x}-1)^2}$ (단, $x\neq 0$)

이때 함수 $f(x)$가 실수 전체의 집합에서 연속이므로 $x=0$에서도 연속이다.

$\therefore f(0)=\lim_{x\to 0} f(x)$

$=\lim_{x\to 0}\frac{4-4\cos\frac{\pi}{2}x}{(e^{2x}-1)^2}$

$=\lim_{x\to 0}\frac{4\left(1-\cos\frac{\pi}{2}x\right)}{(e^{2x}-1)^2}$

$=\lim_{x\to 0}\frac{4\left(1-\cos\frac{\pi}{2}x\right)\left(1+\cos\frac{\pi}{2}x\right)}{(e^{2x}-1)^2\left(1+\cos\frac{\pi}{2}x\right)}$

$=\lim_{x\to 0}\frac{4\left\{1-\cos^2\left(\frac{\pi}{2}x\right)\right\}}{(e^{2x}-1)^2\left(1+\cos\frac{\pi}{2}x\right)}$

$=\lim_{x\to 0}\frac{4\sin^2\left(\frac{\pi}{2}x\right)}{(e^{2x}-1)^2\left(1+\cos\frac{\pi}{2}x\right)}$

$=\lim_{x\to 0}\left\{\frac{(2x)^2}{(e^{2x}-1)^2}\times\frac{\sin^2\left(\frac{\pi}{2}x\right)}{\left(\frac{\pi}{2}x\right)^2}\times\left(\frac{\pi}{2}\right)^2\times\frac{1}{1+\cos\frac{\pi}{2}x}\right\}$

$=1^2\times 1^2\times\left(\frac{\pi}{2}\right)^2\times\frac{1}{2}$

$=\frac{\pi^2}{8}$

$\therefore a\times f(0)=4\times\frac{\pi^2}{8}=\frac{\pi^2}{2}$

## 0329

답 ③

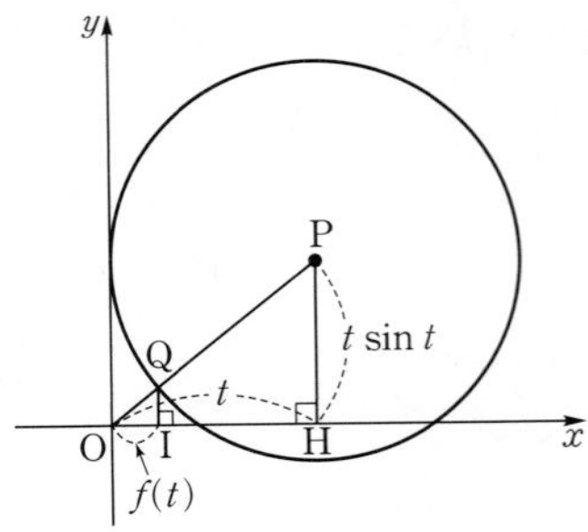


두 점 P, Q에서 $x$축에 내린 수선의 발을 각각 H, I라 하면

$\overline{OH}=t$, $\overline{OI}=f(t)$

점 P의 좌표가 $(t,\ t\sin t)$이므로

직각삼각형 OHP에서 피타고라스 정리에 의하여

$\overline{OP}=\sqrt{t^2+(t\sin t)^2}=t\sqrt{1+\sin^2 t}$ ($\because t>0$)

이때 점 P를 중심으로 하는 원이 $y$축에 접하고 이 원이 점 Q를 지나므로 원의 반지름의 길이 $\overline{PQ}$는

$\overline{PQ}=$(점 P의 $x$좌표)$=t$

$\therefore \overline{OQ}=\overline{OP}-\overline{PQ}$

$=t\sqrt{1+\sin^2 t}-t$

$=t(\sqrt{1+\sin^2 t}-1)$

두 직각삼각형 OHP, OIQ가 서로 닮음이므로

$\overline{OH}:\overline{OI}=\overline{OP}:\overline{OQ}$

즉, $t:f(t)=t\sqrt{1+\sin^2 t}:t(\sqrt{1+\sin^2 t}-1)$에서

$$f(t)=\frac{t(\sqrt{1+\sin^2 t}-1)}{\sqrt{1+\sin^2 t}}$$

$$\therefore \lim_{t\to 0+}\frac{f(t)}{t^3}=\lim_{t\to 0+}\frac{\sqrt{1+\sin^2 t}-1}{t^2\sqrt{1+\sin^2 t}}$$

$$=\lim_{t\to 0+}\frac{(\sqrt{1+\sin^2 t}-1)(\sqrt{1+\sin^2 t}+1)}{t^2\sqrt{1+\sin^2 t}(\sqrt{1+\sin^2 t}+1)}$$

$$=\lim_{t\to 0+}\frac{\sin^2 t}{t^2\sqrt{1+\sin^2 t}(\sqrt{1+\sin^2 t}+1)}$$

$$=\lim_{t\to 0+}\left\{\left(\frac{\sin t}{t}\right)^2\times\frac{1}{\sqrt{1+\sin^2 t}(\sqrt{1+\sin^2 t}+1)}\right\}$$

$$=1^2\times\frac{1}{1\times(1+1)}=\frac{1}{2}$$

## 0330

답 ②

$\angle OCD=\angle COA=\theta$, $\angle COD=2\theta$이므로

$\angle CDO=\pi-(\theta+2\theta)=\pi-3\theta$

삼각형 OCD에서 사인법칙에 의하여

$$\frac{\overline{CD}}{\sin 2\theta}=\frac{\overline{OC}}{\sin(\pi-3\theta)},\ \frac{\overline{CD}}{\sin 2\theta}=\frac{1}{\sin 3\theta}$$

$$\therefore \overline{CD}=\frac{\sin 2\theta}{\sin 3\theta}$$

$$\therefore f(\theta)=\frac{1}{2}\times\overline{CD}\times\overline{OC}\times\sin\theta$$

$$=\frac{1}{2}\times\frac{\sin 2\theta}{\sin 3\theta}\times 1\times\sin\theta=\frac{\sin 2\theta\sin\theta}{2\sin 3\theta}$$

$$\therefore \lim_{\theta\to 0+}\frac{f(\theta)}{\theta}=\lim_{\theta\to 0+}\frac{\sin 2\theta\sin\theta}{2\theta\sin 3\theta}$$

$$=\lim_{\theta\to 0+}\left(\frac{\sin 2\theta}{2\theta}\times\frac{\sin\theta}{\theta}\times\frac{3\theta}{\sin 3\theta}\times\frac{1}{3}\right)$$

$$=1\times 1\times 1\times\frac{1}{3}=\frac{1}{3}$$

**짝기출**

삼각형 ABC에서 $\overline{AB}=1$이고 $\angle A=\theta$, $\angle B=2\theta$이다.
변 AB 위의 점 D를 $\angle ACD=2\angle BCD$가 되도록 잡는다.
$\lim_{\theta\to 0+}\frac{\overline{CD}}{\theta}=a$일 때, $27a^2$의 값을 구하시오. $\left(\text{단, } 0<\theta<\frac{\pi}{4}\right)$

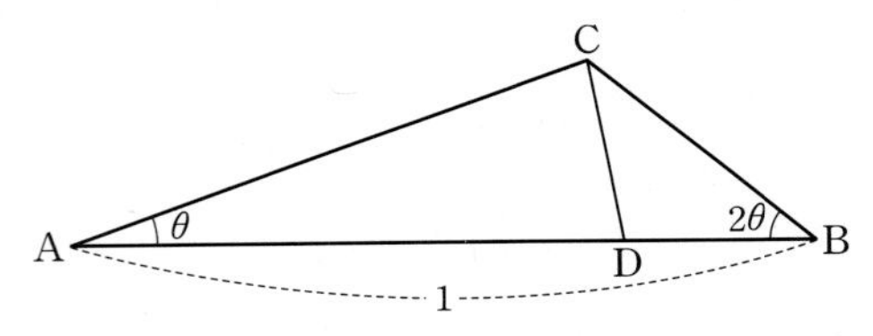


답 16

## 0331

답 16

조건 (나)에서

$$\lim_{x\to 0}\frac{f(x^2)}{(1-\cos x)^2}$$

$$=\lim_{x\to 0}\left\{\frac{f(x^2)}{x^4}\times\frac{x^4}{(1-\cos x)^2}\right\}$$

$$=\lim_{x\to 0}\left\{\frac{f(x^2)}{x^4}\times\frac{x^4(1+\cos x)^2}{(1-\cos x)^2(1+\cos x)^2}\right\}$$

$$=\lim_{x\to 0}\left\{\frac{f(x^2)}{x^4}\times\frac{x^4(1+\cos x)^2}{(1-\cos^2 x)^2}\right\}$$

$$=\lim_{x\to 0}\left\{\frac{f(x^2)}{x^4}\times\frac{x^4(1+\cos x)^2}{\sin^4 x}\right\}$$

$$=\lim_{x\to 0}\left\{\frac{f(x^2)}{x^4}\times\left(\frac{x}{\sin x}\right)^4\times(1+\cos x)^2\right\}$$

$$=\lim_{x\to 0}\frac{f(x^2)}{x^4}\times 1^4\times 2^2=8$$

이므로 $\lim_{x\to 0}\frac{f(x^2)}{x^4}=2$

이때 $x^2=t$로 놓으면 $x\to 0$일 때 $t\to 0+$이므로

$$\lim_{x\to 0}\frac{f(x^2)}{x^4}=\lim_{t\to 0+}\frac{f(t)}{t^2}=2$$

이차함수 $g(t)$에 대하여 $f(t)=t^2g(t)$라 하면

$$\lim_{t\to 0+}\frac{f(t)}{t^2}=\lim_{t\to 0+}\frac{t^2g(t)}{t^2}=\lim_{t\to 0+}g(t)=2$$

$\therefore g(0)=2$

따라서 $f(x)=x^2(ax^2+bx+2)$ ($a$, $b$는 상수, $a\neq0$)으로 놓을 수 있다.

한편, 조건 ㈎의 $\lim_{x\to1}\frac{f(x)-1}{x-1}=3$에서

$f(1)=1$, $f'(1)=3$

$f(1)=1$에서

$a+b+2=1 \quad \therefore a+b=-1 \quad \cdots\cdots ㉠$

$f'(x)=4ax^3+3bx^2+4x$이므로 $f'(1)=3$에서

$4a+3b+4=3 \quad \therefore 4a+3b=-1 \quad \cdots\cdots ㉡$

㉠, ㉡을 연립하여 풀면

$a=2$, $b=-3$

따라서 $f(x)=x^2(2x^2-3x+2)=2x^4-3x^3+2x^2$이므로

$f(2)=32-24+8=16$

**짝기출**

연속함수 $f(x)$가 $\lim_{x\to0}\frac{f(x)}{1-\cos(x^2)}=2$를 만족시킬 때,

$\lim_{x\to0}\frac{f(x)}{x^p}=q$이다. $p+q$의 값은? (단, $p>0$, $q>0$)

① 4 ② 5 ③ 6 ④ 7 ⑤ 8

답 ②

## 0332

답 ⑤

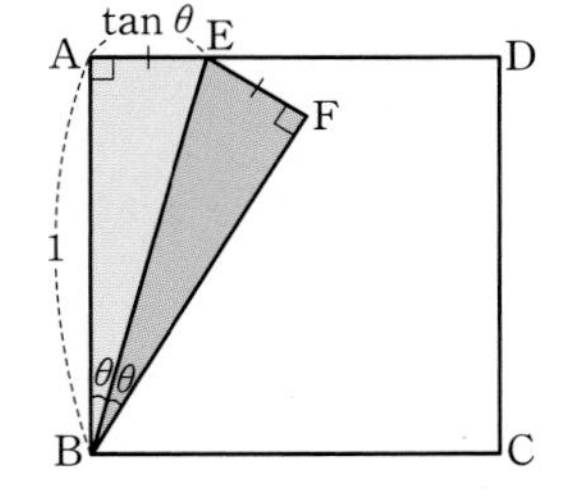


두 삼각형 ABE, FBE는 서로 합동이고 사각형 ABCD는 정사각형이므로

$\angle EAB=\angle EFB=\frac{\pi}{2}$

조건 ㈏에서 사각형 ABFE의 넓이가 $\frac{1}{3}$이고 두 삼각형 ABE, FBE의 넓이가 같으므로 삼각형 ABE의 넓이는 $\frac{1}{2}\times\frac{1}{3}=\frac{1}{6}$이다.

이때 $\angle ABE=\angle FBE=\theta$라 하면 직각삼각형 ABE에서

$\tan\theta=\frac{\overline{AE}}{\overline{AB}}$

$\therefore \overline{AE}=\overline{AB}\tan\theta=\tan\theta$

삼각형 ABE의 넓이는

$\frac{1}{2}\times\overline{AB}\times\overline{AE}=\frac{1}{2}\tan\theta$이므로

$\frac{1}{2}\tan\theta=\frac{1}{6}$

$\therefore \tan\theta=\frac{1}{3}$

따라서 삼각함수의 덧셈정리에 의하여

$\tan(\angle ABF)=\tan(\theta+\theta)=\frac{2\tan\theta}{1-\tan^2\theta}$

$=\frac{2\times\frac{1}{3}}{1-\left(\frac{1}{3}\right)^2}=\frac{\frac{2}{3}}{\frac{8}{9}}=\frac{3}{4}$

## 0333

답 ④

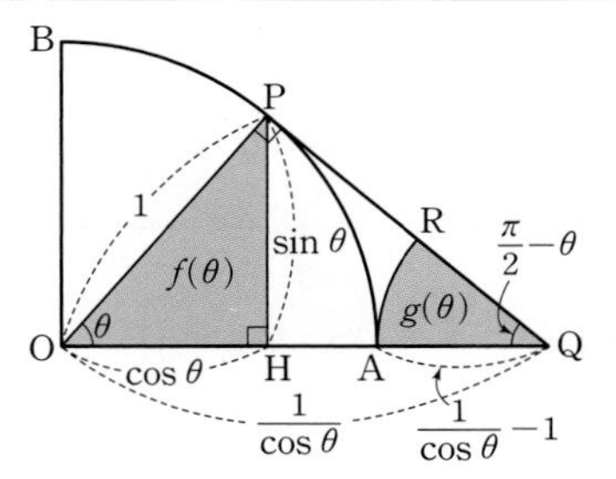


직각삼각형 OHP에서

$\overline{PH}=\overline{OP}\sin\theta=\sin\theta$,

$\overline{OH}=\overline{OP}\cos\theta=\cos\theta$

이므로 삼각형 OHP의 넓이 $f(\theta)$는

$f(\theta)=\frac{1}{2}\times\overline{OH}\times\overline{PH}=\frac{1}{2}\cos\theta\sin\theta$

직선 PQ는 점 P에서 부채꼴 OAB에 접하므로

$\angle OPQ=\frac{\pi}{2}$

즉, 직각삼각형 OQP에서

$\overline{OQ}=\frac{\overline{OP}}{\cos\theta}=\frac{1}{\cos\theta}$

이때 $\overline{AQ}=\overline{OQ}-\overline{OA}=\frac{1}{\cos\theta}-1=\frac{1-\cos\theta}{\cos\theta}$이고,

$\angle RQA=\frac{\pi}{2}-\theta$이므로 부채꼴 QRA의 넓이 $g(\theta)$는

$g(\theta)=\frac{1}{2}\times\left(\frac{1-\cos\theta}{\cos\theta}\right)^2\times\left(\frac{\pi}{2}-\theta\right)$

$\therefore \lim_{\theta\to0+}\frac{\sqrt{g(\theta)}}{\theta\times f(\theta)}=\lim_{\theta\to0+}\frac{\sqrt{\frac{1}{2}\times\left(\frac{1-\cos\theta}{\cos\theta}\right)^2\times\left(\frac{\pi}{2}-\theta\right)}}{\theta\times\frac{1}{2}\cos\theta\sin\theta}$

$=\lim_{\theta\to0+}\sqrt{\frac{1}{2}\left(\frac{\pi}{2}-\theta\right)}\times2\lim_{\theta\to0+}\frac{\sqrt{\left(\frac{1-\cos\theta}{\cos\theta}\right)^2}}{\theta\cos\theta\sin\theta}$

$=\frac{\sqrt{\pi}}{2}\times2\lim_{\theta\to0+}\frac{\frac{1-\cos\theta}{\cos\theta}}{\theta\cos\theta\sin\theta}$

$=\sqrt{\pi}\times\lim_{\theta\to0+}\frac{(1-\cos\theta)(1+\cos\theta)}{\theta\cos^2\theta\sin\theta(1+\cos\theta)}$

$=\sqrt{\pi}\times\lim_{\theta\to0+}\frac{\sin^2\theta}{\theta\cos^2\theta\sin\theta(1+\cos\theta)}$

$=\sqrt{\pi}\times\lim_{\theta\to0+}\left\{\frac{\sin\theta}{\theta}\times\frac{1}{\cos^2\theta(1+\cos\theta)}\right\}$

$=\sqrt{\pi}\times1\times\frac{1}{1^2\times(1+1)}=\frac{\sqrt{\pi}}{2}$

## 0334

답 ②

$\overline{AB}$가 반원의 지름이므로 $\angle APB=\frac{\pi}{2}$

즉, 삼각형 ABP는 빗변의 길이가 2인 직각삼각형이므로

$\overline{AP}=2\cos\theta$, $\overline{BP}=2\sin\theta$

이 직각삼각형의 넓이는

$\frac{1}{2}\times\overline{AP}\times\overline{BP}=\frac{1}{2}\times2\cos\theta\times2\sin\theta=2\sin\theta\cos\theta$

이때 점 O는 선분 AB의 중점이므로 $f(\theta)$는 삼각형 ABP의 넓이의 절반이다.

$\therefore f(\theta)=\frac{1}{2}\times2\sin\theta\cos\theta=\sin\theta\cos\theta$

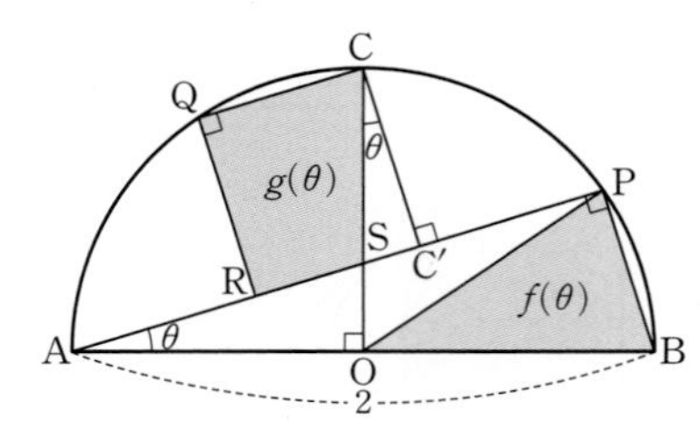


한편, 직각삼각형 AOS에서 $\overline{OS}=\tan\theta$이므로

$\overline{CS}=1-\tan\theta$ …… ㉠

또한 두 삼각형 POB와 QOC는 합동이므로

$\angle OCQ=\angle OBP=\frac{\pi}{2}-\theta$

따라서 점 C에서 직선 AP에 내린 수선의 발을 C′이라 하면 두 삼각형 ABP와 CSC′은 서로 닮음이다.

㉠에 의하여 사각형 CQRC′의 넓이는

$\overline{CQ}\times\overline{CC'}=\overline{BP}\times(\overline{CS}\times\cos\theta)=2\sin\theta\cos\theta(1-\tan\theta)$

삼각형 CSC′의 넓이는

$$\frac{1}{2}\times\overline{CC'}\times\overline{C'S}=\frac{1}{2}\times\cos\theta(1-\tan\theta)\times\sin\theta(1-\tan\theta)$$
$$=\frac{1}{2}\sin\theta\cos\theta(1-\tan\theta)^2$$

$\therefore g(\theta)=$(사각형 CQRC′의 넓이)$-$(삼각형 CSC′의 넓이)

$$=2\sin\theta\cos\theta(1-\tan\theta)-\frac{1}{2}\sin\theta\cos\theta(1-\tan\theta)^2$$
$$=\frac{1}{2}\sin\theta\cos\theta(1-\tan\theta)\{4-(1-\tan\theta)\}$$
$$=\frac{1}{2}\sin\theta\cos\theta(1-\tan\theta)(3+\tan\theta)$$

$$\therefore \lim_{\theta\to0+}\frac{3f(\theta)-2g(\theta)}{\theta^2}$$
$$=\lim_{\theta\to0+}\frac{3\sin\theta\cos\theta-\sin\theta\cos\theta(1-\tan\theta)(3+\tan\theta)}{\theta^2}$$
$$=\lim_{\theta\to0+}\frac{\sin\theta\cos\theta\{3-(3-2\tan\theta-\tan^2\theta)\}}{\theta^2}$$
$$=\lim_{\theta\to0+}\frac{\sin\theta\cos\theta\tan\theta(2+\tan\theta)}{\theta^2}$$
$$=\lim_{\theta\to0+}\left\{\frac{\sin\theta}{\theta}\times\frac{\tan\theta}{\theta}\times\cos\theta(2+\tan\theta)\right\}$$
$$=1\times1\times1\times(2+0)=2$$

# 05 여러 가지 미분법

## 유형 01 함수의 몫의 미분법 $\frac{1}{g(x)}$ 꼴

### 0335

답 ⑤

$f(x)=\frac{2}{1-\sin x}$에서

$f'(x)=-\frac{2\times(-\cos x)}{(1-\sin x)^2}=\frac{2\cos x}{(1-\sin x)^2}$이므로

$f'\left(\frac{\pi}{6}\right)=\frac{2\times\frac{\sqrt{3}}{2}}{\left(1-\frac{1}{2}\right)^2}=4\sqrt{3}$

### 0336

답 ①

$\lim_{x\to a}\frac{f(x)-f(a)}{x-a}=f'(a)=-\frac{1}{16}$

$f(x)=\frac{1}{x+3}$에서 $f'(x)=-\frac{1}{(x+3)^2}$이므로

$f'(a)=-\frac{1}{(a+3)^2}=-\frac{1}{16}$

$(a+3)^2=16,\ a+3=\pm4\qquad \therefore a=1\ (\because a>0)$

### 0337

답 $-1$

$f(x)=\frac{1}{2x^2-kx}$에서 $f'(x)=-\frac{4x-k}{(2x^2-kx)^2}$

이때 $f'(1)=-1$이므로

$-\frac{4-k}{(2-k)^2}=-1,\ 4-k=4-4k+k^2$

$k^2-3k=0,\ k(k-3)=0\qquad \therefore k=3\ (\because k\neq0)$

따라서 $f(x)=\frac{1}{2x^2-3x},\ f'(x)=-\frac{4x-3}{(2x^2-3x)^2}$이므로

$f\left(\frac{1}{2}\right)f'\left(\frac{1}{2}\right)=(-1)\times1=-1$

## 유형 02 함수의 몫의 미분법 $\frac{f(x)}{g(x)}$ 꼴

### 0338

답 ④

$f(x)=\frac{2x^2-7}{x-2}$에서

$f'(x)=\frac{4x(x-2)-(2x^2-7)\times1}{(x-2)^2}$

$=\frac{2x^2-8x+7}{(x-2)^2}$

$\therefore f'(1)=\frac{1}{(-1)^2}=1$

### 0339

답 ⑤

$\lim_{h\to0}\frac{f(1+h)-f(1-4h)}{h}$

$=\lim_{h\to0}\frac{f(1+h)-f(1)-f(1-4h)+f(1)}{h}$

$=\lim_{h\to0}\frac{f(1+h)-f(1)}{h}+\lim_{h\to0}\frac{f(1-4h)-f(1)}{-4h}\times4$

$=f'(1)+4f'(1)=5f'(1)$

$f(x)=\frac{\ln x}{x}$에서

$f'(x)=\frac{\frac{1}{x}\times x-\ln x\times1}{x^2}=\frac{1-\ln x}{x^2}$

$\therefore \lim_{h\to0}\frac{f(1+h)-f(1-4h)}{h}=5f'(1)=5\times\frac{1}{1^2}=5$

### 0340

답 ②

$f(1)=2$이므로 $\frac{a+1}{1-b}=2$

$\therefore a=1-2b\qquad\cdots\cdots$ ㉠

$f(x)=\frac{ax+1}{x^2-b}$에서

$f'(x)=\frac{a(x^2-b)-(ax+1)\times2x}{(x^2-b)^2}$

$=\frac{-ax^2-2x-ab}{(x^2-b)^2}$

이고, $f'(-1)=\frac{1}{2}$이므로

$\frac{-a+2-ab}{(1-b)^2}=\frac{1}{2}$

$-2a+4-2ab=1-2b+b^2$

$-2(1-2b)+4-2(1-2b)b=1-2b+b^2\ (\because$ ㉠$)$

$3b^2+4b+1=0,\ (3b+1)(b+1)=0$

$\therefore b=-1\ (\because b$는 정수$)$

㉠에서 $a=1+2=3$

$\therefore ab=3\times(-1)=-3$

### 0341

답 ④

$f(x)=\frac{x-1}{x^2+3}$에서

$f'(x)=\frac{1\times(x^2+3)-(x-1)\times2x}{(x^2+3)^2}$

$=\frac{x^2+3-2x^2+2x}{(x^2+3)^2}$

$=\frac{-x^2+2x+3}{(x^2+3)^2}$

$f'(x)\geq0$에서 $-x^2+2x+3\geq0\ (\because (x^2+3)^2>0)$

$x^2-2x-3\leq0,\ (x+1)(x-3)\leq0$

$\therefore -1\leq x\leq3$

따라서 구하는 정수 $x$는 $-1,\ 0,\ 1,\ 2,\ 3$이므로 그 합은

$-1+0+1+2+3=5$

## 0342

답 ①

$\lim_{x \to 0}\frac{f(x)-1}{x}=2$에서 극한값이 존재하고 $x \to 0$일 때,

(분모)$\to 0$이므로 (분자)$\to 0$이어야 한다.

즉, $\lim_{x \to 0}\{f(x)-1\}=0$이므로 $f(0)=1$

이때 $\lim_{x \to 0}\frac{f(x)-1}{x}=\lim_{x \to 0}\frac{f(x)-f(0)}{x}=f'(0)$이므로

$f'(0)=2$

$g(x)=\frac{x^2+1}{f(x)-2}$에서

$g'(x)=\frac{2x\{f(x)-2\}-(x^2+1)f'(x)}{\{f(x)-2\}^2}$

$=\frac{2xf(x)-4x-x^2f'(x)-f'(x)}{\{f(x)-2\}^2}$

$\therefore g'(0)=\frac{-f'(0)}{\{f(0)-2\}^2}=\frac{-2}{(1-2)^2}=-2$

# 유형 03 $y=x^n$ ($n$은 정수)의 도함수

## 0343

답 ③

$f(1)=3$이므로

$\lim_{h \to 0}\frac{f(1+h)-3}{h}=\lim_{h \to 0}\frac{f(1+h)-f(1)}{h}=f'(1)$

$f(x)=\frac{2x^3-2x+3}{x}=2x^2-2+3x^{-1}$이므로

$f'(x)=4x-3x^{-2}=4x-\frac{3}{x^2}$

$\therefore \lim_{h \to 0}\frac{f(1+h)-3}{h}=f'(1)=4-3=1$

## 0344

답 ①

$\lim_{x \to 2}\frac{f(x)-f(2)}{x^2-4}=\lim_{x \to 2}\left\{\frac{f(x)-f(2)}{x-2}\times\frac{1}{x+2}\right\}$

$=\frac{1}{4}f'(2)$

$f(x)=\frac{x^4-1}{x(x^2-1)}$

$=\frac{(x^2+1)(x^2-1)}{x(x^2-1)}$

$=\frac{x^2+1}{x}=x+x^{-1}$

이므로

$f'(x)=1-x^{-2}=1-\frac{1}{x^2}$

$\therefore \lim_{x \to 2}\frac{f(x)-f(2)}{x^2-4}=\frac{1}{4}f'(2)=\frac{1}{4}\times\frac{3}{4}=\frac{3}{16}$

## 0345

답 $-385$

$f(x)=\sum_{n=1}^{10}\frac{n}{x^n}$

$=\frac{1}{x}+\frac{2}{x^2}+\frac{3}{x^3}+\cdots+\frac{10}{x^{10}}$

$=x^{-1}+2x^{-2}+3x^{-3}+\cdots+10x^{-10}$

이므로

$f'(x)=-x^{-2}-2^2x^{-3}-3^2x^{-4}-\cdots-10^2x^{-11}$

$\therefore f'(1)=-1^2-2^2-3^2-\cdots-10^2$

$=-(1^2+2^2+3^2+\cdots+10^2)$

$=-\sum_{k=1}^{10}k^2=-\frac{10\times11\times21}{6}$

$=-385$

# 유형 04 삼각함수의 도함수

## 0346

답 ④

$f(x)=\sec x\tan x$에서

$f'(x)=\sec x\tan x\times\tan x+\sec x\times\sec^2 x$

$=\sec x(\tan^2 x+\sec^2 x)$

따라서 구하는 접선의 기울기는

$f'\left(\frac{\pi}{4}\right)=\sec\frac{\pi}{4}\left(\tan^2\frac{\pi}{4}+\sec^2\frac{\pi}{4}\right)$

$=\sqrt{2}\times\{1^2+(\sqrt{2})^2\}=3\sqrt{2}$

## 0347

답 ①

$f(x)=\frac{\sec x+1}{\tan x}$

$=\frac{\sec x}{\tan x}+\frac{1}{\tan x}$

$=\csc x+\cot x$

이므로

$f'(x)=-\csc x\cot x-\csc^2 x$

$\therefore f'\left(\frac{\pi}{3}\right)=-\csc\frac{\pi}{3}\cot\frac{\pi}{3}-\csc^2\frac{\pi}{3}$

$=-\frac{2}{\sqrt{3}}\times\frac{1}{\sqrt{3}}-\left(\frac{2}{\sqrt{3}}\right)^2$

$=-\frac{2}{3}-\frac{4}{3}=-2$

다른 풀이

$f'(x)=\frac{\sec x\tan x\times\tan x-(\sec x+1)\times\sec^2 x}{\tan^2 x}$

$=\sec x-(\sec x+1)\times\csc^2 x$

$\therefore f'\left(\frac{\pi}{3}\right)=\sec\frac{\pi}{3}-\left(\sec\frac{\pi}{3}+1\right)\times\csc^2\frac{\pi}{3}$

$=2-(2+1)\times\frac{4}{3}=-2$

## 0348

답 ③

$$f\left(\frac{\pi}{3}\right)=\frac{\frac{\pi}{3}}{\cos\frac{\pi}{3}-1}=\frac{\frac{\pi}{3}}{\frac{1}{2}-1}=-\frac{2}{3}\pi$$

이므로

$$\lim_{x\to\frac{\pi}{3}}\frac{3f(x)+2\pi}{3x-\pi}=\lim_{x\to\frac{\pi}{3}}\frac{3\left\{f(x)+\frac{2}{3}\pi\right\}}{3\left(x-\frac{\pi}{3}\right)}=\lim_{x\to\frac{\pi}{3}}\frac{f(x)-f\left(\frac{\pi}{3}\right)}{x-\frac{\pi}{3}}=f'\left(\frac{\pi}{3}\right)$$

$f(x)=\frac{x}{\cos x-1}$에서

$$f'(x)=\frac{1\times(\cos x-1)-x\times(-\sin x)}{(\cos x-1)^2}=\frac{\cos x+x\sin x-1}{(\cos x-1)^2}$$

$$\therefore \lim_{x\to\frac{\pi}{3}}\frac{3f(x)+2\pi}{3x-\pi}=f'\left(\frac{\pi}{3}\right)=\frac{\cos\frac{\pi}{3}+\frac{\pi}{3}\times\sin\frac{\pi}{3}-1}{\left(\cos\frac{\pi}{3}-1\right)^2}=\frac{\frac{1}{2}+\frac{\pi}{3}\times\frac{\sqrt{3}}{2}-1}{\left(\frac{1}{2}-1\right)^2}=-2+\frac{2}{3}\sqrt{3}\pi$$

따라서 $p=-2$, $q=\frac{2}{3}$이므로

$$p+q=-2+\frac{2}{3}=-\frac{4}{3}$$

## 0349

답 ①

함수 $f(x)$가 $x=0$에서 미분가능하면 $x=0$에서 연속이므로

$\lim_{x\to0-}f(x)=\lim_{x\to0+}f(x)=f(0)$

$\therefore \lim_{x\to0-}(\tan x+3)=\lim_{x\to0+}(ae^x+b)=a+b$

$\therefore a+b=3$ …… ㉠

또한 $f'(x)=\begin{cases}\sec^2 x & (x<0)\\ ae^x & (x>0)\end{cases}$이고 $f'(0)$이 존재하므로

$\lim_{x\to0-}\sec^2 x=\lim_{x\to0+}ae^x$

$\therefore a=\sec^2 0=1$

$a=1$을 ㉠에 대입하면

$b=2$

$\therefore ab=1\times2=2$

## 유형 05 합성함수의 미분법

## 0350

답 ③

$f(g(x))=2x^2+3x-5$의 양변을 $x$에 대하여 미분하면

$f'(g(x))g'(x)=4x+3$

위의 식의 양변에 $x=3$을 대입하면

$f'(g(3))g'(3)=15$

$g(3)=2$이므로 $f'(2)g'(3)=15$

$f'(2)=5$이므로 $5g'(3)=15$

$\therefore g'(3)=3$

## 0351

답 4

$\lim_{x\to0}\frac{f(x)}{x}=-2$에서 극한값이 존재하고 $x\to0$일 때,

(분모)$\to0$이므로 (분자)$\to0$이어야 한다.

즉, $\lim_{x\to0}f(x)=0$이므로 $f(0)=0$

$\lim_{x\to0}\frac{f(x)}{x}=\lim_{x\to0}\frac{f(x)-f(0)}{x-0}=f'(0)$이므로

$f'(0)=-2$

$y=f(f(x))$에서 $y'=f'(f(x))f'(x)$이므로

$x=0$에서의 미분계수는

$f'(f(0))f'(0)=f'(0)\times(-2)=(-2)\times(-2)=4$

## 0352

답 ③

$g(x)=-\csc x$에서 $g\left(\frac{\pi}{6}\right)=-\csc\frac{\pi}{6}=-2$

$g'(x)=\csc x\cot x$이므로

$g'\left(\frac{\pi}{6}\right)=\csc\frac{\pi}{6}\cot\frac{\pi}{6}=2\times\sqrt{3}=2\sqrt{3}$

$h(x)=(f\circ g)(x)=f(g(x))$에서 $h'(x)=f'(g(x))g'(x)$이므로

$h'\left(\frac{\pi}{6}\right)=f'\left(g\left(\frac{\pi}{6}\right)\right)g'\left(\frac{\pi}{6}\right)=f'(-2)\times2\sqrt{3}=2\sqrt{3}f'(-2)$

이때 $f(x)=\frac{x^3-x^2+1}{x^2-1}$에서

$$f'(x)=\frac{(3x^2-2x)(x^2-1)-(x^3-x^2+1)\times2x}{(x^2-1)^2}=\frac{x^2(x^2-3)}{(x^2-1)^2}$$

$\therefore h'\left(\frac{\pi}{6}\right)=2\sqrt{3}f'(-2)=2\sqrt{3}\times\frac{4}{9}=\frac{8\sqrt{3}}{9}$

## 0353

답 ①

$h(x)=f(g(x))$라 하면

$h(2)=f(g(2))=f(2)=-1$이므로

$\lim_{x\to2}\frac{f(g(x))+1}{x-2}=\lim_{x\to2}\frac{h(x)-h(2)}{x-2}=h'(2)$

이때 $h'(x)=f'(g(x))g'(x)$이므로

$h'(2)=f'(g(2))g'(2)=f'(2)\times(-3)=3\times(-3)=-9$

## 0354

답 15

$\lim_{x\to1}\frac{f(x)-1}{x-1}=5$에서 극한값이 존재하고 $x\to1$일 때,

(분모)$\to0$이므로 (분자)$\to0$이어야 한다.

즉, $\lim_{x\to1}\{f(x)-1\}=0$이므로 $f(1)=1$

$\lim_{x\to1}\frac{f(x)-1}{x-1}=\lim_{x\to1}\frac{f(x)-f(1)}{x-1}=f'(1)$이므로

$f'(1)=5$

$\lim_{x\to0}\frac{g(x)-1}{x}=3$에서 극한값이 존재하고 $x\to0$일 때,

(분모)$\to0$이므로 (분자)$\to0$이어야 한다.

즉, $\lim_{x\to0}\{g(x)-1\}=0$이므로 $g(0)=1$

$\lim_{x\to0}\frac{g(x)-1}{x}=\lim_{x\to0}\frac{g(x)-g(0)}{x-0}=g'(0)$이므로

$g'(0)=3$

$y=(f\circ g)(x)=f(g(x))$에서 $y'=f'(g(x))g'(x)$이므로

$x=0$에서의 미분계수는

$f'(g(0))g'(0)=f'(1)\times3=5\times3=15$

### 유형 06 합성함수의 미분법 - 유리함수

## 0355

답 7

$y=\{f(x)\}^n$에서 $y'=n\{f(x)\}^{n-1}f'(x)$이고,

$x=3$에서의 미분계수가 42이므로

$n\{f(3)\}^{n-1}f'(3)=42$

$n(-1)^{n-1}\times6=42$, $n(-1)^{n-1}=7$

$\therefore n=7$

## 0356

답 ①

$f(x)=\frac{1}{(1-5x)^4}=(1-5x)^{-4}$이므로

$f'(x)=-4(1-5x)^{-5}(1-5x)'=-4(1-5x)^{-5}\times(-5)$

$=\frac{20}{(1-5x)^5}$

$\therefore f'\left(\frac{2}{5}\right)=\frac{20}{(-1)^5}=-20$

다른 풀이

$f(x)=\frac{1}{(1-5x)^4}=\left(\frac{1}{1-5x}\right)^4$이므로

$f'(x)=4\left(\frac{1}{1-5x}\right)^3\times\left(\frac{1}{1-5x}\right)'$

$=4\left(\frac{1}{1-5x}\right)^3\times\frac{5}{(1-5x)^2}=\frac{20}{(1-5x)^5}$

$\therefore f'\left(\frac{2}{5}\right)=\frac{20}{(-1)^5}=-20$

## 0357

답 ②

$f(x)=\left(\frac{2x+a}{x+1}\right)^3$에서

$f'(x)=3\left(\frac{2x+a}{x+1}\right)^2\times\frac{2(x+1)-(2x+a)\times1}{(x+1)^2}$

$=3\left(\frac{2x+a}{x+1}\right)^2\times\frac{2-a}{(x+1)^2}$

이때 $f'(0)=48$이므로

$3\times a^2\times(2-a)=48$, $a^3-2a^2+16=0$

$(a+2)(a^2-4a+8)=0$

$\therefore a=-2$ ($\because a$는 실수)

### 유형 07 합성함수의 미분법 - 지수함수

## 0358

답 ⑤

$\lim_{h\to0}\frac{f(1+2h)-f(1-2h)}{4h}$

$=\lim_{h\to0}\frac{f(1+2h)-f(1)-f(1-2h)+f(1)}{4h}$

$=\lim_{h\to0}\frac{f(1+2h)-f(1)}{4h}+\lim_{h\to0}\frac{f(1-2h)-f(1)}{-4h}$

$=\lim_{h\to0}\frac{f(1+2h)-f(1)}{2h}\times\frac{1}{2}+\lim_{h\to0}\frac{f(1-2h)-f(1)}{-2h}\times\frac{1}{2}$

$=\frac{1}{2}f'(1)+\frac{1}{2}f'(1)=f'(1)$

$f(x)=2^{2x^3+1}-3$에서

$f'(x)=2^{2x^3+1}\ln2\times6x^2$

$\therefore \lim_{h\to0}\frac{f(1+2h)-f(1-2h)}{4h}=f'(1)=48\ln2$

## 0359

답 $\sqrt{3}e$

$h(x)=g(f(x))$라 하면

$f\left(\frac{\pi}{6}\right)=\sin\frac{\pi}{6}=\frac{1}{2}$이고,

$h\left(\frac{\pi}{6}\right)=g\left(f\left(\frac{\pi}{6}\right)\right)=g\left(\frac{1}{2}\right)=e^{2\times\frac{1}{2}}=e$이므로

$\lim_{x\to\frac{\pi}{6}}\frac{g(f(x))-e}{x-\frac{\pi}{6}}=\lim_{x\to\frac{\pi}{6}}\frac{h(x)-h\left(\frac{\pi}{6}\right)}{x-\frac{\pi}{6}}=h'\left(\frac{\pi}{6}\right)$

이때 $h'(x)=g'(f(x))f'(x)$이고,

$f'(x)=\cos x$, $g'(x)=2e^{2x}$이므로

$f'\left(\frac{\pi}{6}\right)=\cos\frac{\pi}{6}=\frac{\sqrt{3}}{2}$

$\therefore \lim_{x\to\frac{\pi}{6}}\frac{g(f(x))-e}{x-\frac{\pi}{6}}=h'\left(\frac{\pi}{6}\right)=g'\left(f\left(\frac{\pi}{6}\right)\right)f'\left(\frac{\pi}{6}\right)$

$=g'\left(\frac{1}{2}\right)\times\frac{\sqrt{3}}{2}=\sqrt{3}e$

## 0360

답 ②

$g(x)=\frac{f(x)}{e^{3x-1}}$에서

$g'(x)=\frac{f'(x)\times e^{3x-1}-f(x)\times 3e^{3x-1}}{(e^{3x-1})^2}=\frac{f'(x)-3f(x)}{e^{3x-1}}$

이므로

$g'\left(\frac{1}{3}\right)=\frac{f'\left(\frac{1}{3}\right)-3f\left(\frac{1}{3}\right)}{e^0}=f'\left(\frac{1}{3}\right)-3f\left(\frac{1}{3}\right)$

$f'\left(\frac{1}{3}\right)=17$, $g'\left(\frac{1}{3}\right)=11$이므로

$11=17-3f\left(\frac{1}{3}\right)$

$\therefore f\left(\frac{1}{3}\right)=2$

### 유형 08 합성함수의 미분법 - 삼각함수

## 0361

답 ①

$f(x)=4\sin^2 6x$라 하면

$f'(x)=4\times 2\sin 6x\times\cos 6x\times 6=48\sin 6x\cos 6x$

따라서 점 $\left(\frac{\pi}{8}, 2\right)$에서의 접선의 기울기는

$f'\left(\frac{\pi}{8}\right)=48\sin\frac{3}{4}\pi\cos\frac{3}{4}\pi$

$=48\times\frac{\sqrt{2}}{2}\times\left(-\frac{\sqrt{2}}{2}\right)=-24$

## 0362

답 ⑤

$\lim_{h\to 0}\frac{f(h)-f(-h)}{h}$

$=\lim_{h\to 0}\frac{f(h)-f(0)-f(-h)+f(0)}{h}$

$=\lim_{h\to 0}\frac{f(0+h)-f(0)}{h}+\lim_{h\to 0}\frac{f(0-h)-f(0)}{-h}$

$=f'(0)+f'(0)=2f'(0)$

이때 $f(x)=e^{4x}\cos 2x$에서

$f'(x)=4e^{4x}\times\cos 2x+e^{4x}\times(-2\sin 2x)$

$=2e^{4x}(2\cos 2x-\sin 2x)$

$\therefore \lim_{h\to 0}\frac{f(h)-f(-h)}{h}=2f'(0)=2\times 4=8$

## 0363

답 4

$h(x)=f(g(x))$라 하면 $g\left(\frac{\pi}{4}\right)=\tan\frac{\pi}{4}=1$이고,

$h\left(\frac{\pi}{4}\right)=f\left(g\left(\frac{\pi}{4}\right)\right)=f(1)=\sin(1^2-1)=0$이므로

$\lim_{x\to\frac{\pi}{4}}\frac{f(g(x))}{x-\frac{\pi}{4}}=\lim_{x\to\frac{\pi}{4}}\frac{h(x)-h\left(\frac{\pi}{4}\right)}{x-\frac{\pi}{4}}=h'\left(\frac{\pi}{4}\right)$

이때 $h'(x)=f'(g(x))g'(x)$이고,

$f'(x)=2x\cos(x^2-1)$, $g'(x)=\sec^2 x$이므로

$g'\left(\frac{\pi}{4}\right)=\sec^2\frac{\pi}{4}=2$

$\therefore \lim_{x\to\frac{\pi}{4}}\frac{f(g(x))}{x-\frac{\pi}{4}}=h'\left(\frac{\pi}{4}\right)=f'\left(g\left(\frac{\pi}{4}\right)\right)g'\left(\frac{\pi}{4}\right)$

$=f'(1)\times 2=2\times 2=4$

### 유형 09 합성함수의 미분법 $f(g(x))=h(x)$ 꼴

## 0364

답 ②

$f(2x-1)=(x^2+x)^2$의 양변을 $x$에 대하여 미분하면

$f'(2x-1)\times 2=2(x^2+x)\times(2x+1)$

$\therefore f'(2x-1)=(x^2+x)(2x+1)$

$2x-1=3$이므로 위의 식의 양변에 $x=2$를 대입하면

$f'(3)=6\times 5=30$

## 0365

답 ⑤

$f(2x+1)=f(1-2x)$의 양변을 $x$에 대하여 미분하면

$f'(2x+1)\times 2=f'(1-2x)\times(-2)$

$\therefore f'(2x+1)=-f'(1-2x)$

$2x+1=5$이므로 위의 식의 양변에 $x=2$를 대입하면

$f'(5)=-f'(-3)$

이때 $f'(5)=-2$이므로

$f'(-3)=-f'(5)=-(-2)=2$

## 0366

답 ②

$f(3x-1)=e^{x^3-1}$의 양변을 $x$에 대하여 미분하면

$f'(3x-1)\times 3=e^{x^3-1}\times 3x^2$

$\therefore f'(3x-1)=x^2e^{x^3-1}$

$3x-1=2$이므로 위의 식의 양변에 $x=1$을 대입하면

$f'(2)=1$

### 유형 10 로그함수의 도함수

## 0367

답 ④

$f(x)=\ln|\sin x|+\ln|\sec x|$에서

$f'(x)=\frac{\cos x}{\sin x}+\frac{\sec x\tan x}{\sec x}=\cot x+\tan x$

$\therefore f'\left(\frac{\pi}{6}\right)=\cot\frac{\pi}{6}+\tan\frac{\pi}{6}=\sqrt{3}+\frac{\sqrt{3}}{3}=\frac{4\sqrt{3}}{3}$

다른 풀이

$f(x)=\ln|\sin x|+\ln|\sec x|=\ln\left|\sin x\times\frac{1}{\cos x}\right|$

$=\ln|\tan x|$

이므로 $f'(x)=\frac{\sec^2 x}{\tan x}=\frac{1}{\sin x\cos x}$

$\therefore f'\left(\frac{\pi}{6}\right)=\frac{1}{\sin\frac{\pi}{6}\cos\frac{\pi}{6}}=\frac{1}{\frac{1}{2}\times\frac{\sqrt{3}}{2}}=\frac{4\sqrt{3}}{3}$

## 0368

답 ④

$\lim_{h\to0}\frac{f(2+h)-f(2)}{2h}=\lim_{h\to0}\frac{f(2+h)-f(2)}{h}\times\frac{1}{2}$

$=\frac{1}{2}f'(2)$

$f(x)=3\log_2(6x-3)$에서

$f'(x)=3\times\frac{6}{(6x-3)\ln 2}=\frac{6}{(2x-1)\ln 2}$

$\therefore \lim_{h\to0}\frac{f(2+h)-f(2)}{2h}=\frac{1}{2}f'(2)$

$=\frac{1}{2}\times\frac{2}{\ln 2}$

$=\frac{1}{\ln 2}$

## 0369

답 2

$f(x)=\tan(\ln 2x)$에서

$f'(x)=\sec^2(\ln 2x)\times(\ln 2x)'$

$=\sec^2(\ln 2x)\times\frac{2}{2x}$

$=\frac{\sec^2(\ln 2x)}{x}$

$\therefore f'\left(\frac{1}{2}\right)=\frac{\sec^2\left\{\ln\left(2\times\frac{1}{2}\right)\right\}}{\frac{1}{2}}=2\sec^2 0=2$

## 0370

답 ⑤

$\lim_{x\to0}\frac{f(x)-\ln 3}{x}=2$에서 극한값이 존재하고 $x\to0$일 때,

(분모)$\to0$이므로 (분자)$\to0$이어야 한다.

즉, $\lim_{x\to0}\{f(x)-\ln 3\}=0$이므로 $f(0)=\ln 3$

$\ln b=\ln 3 \quad \therefore b=3$

한편, $\lim_{x\to0}\frac{f(x)-\ln 3}{x}=\lim_{x\to0}\frac{f(x)-f(0)}{x}=f'(0)$이므로

$f'(0)=2$ …… ㉠

이때 $f(x)=\ln(ax+3)$에서 $f'(x)=\frac{a}{ax+3}$이므로

$f'(0)=\frac{a}{3}$ …… ㉡

㉠, ㉡에서 $2=\frac{a}{3}$이므로 $a=6$

따라서 $f(x)=\ln(6x+3)$이므로

$f(1)=\ln(6+3)=\ln 9=2\ln 3$

## 0371

답 6

$f(x)=\ln|x^2-1|$에서 $f'(x)=\frac{2x}{x^2-1}$이므로

$f'(n)=\frac{2n}{n^2-1}$

$\therefore \sum_{n=2}^{\infty}\frac{f'(n)}{n}=\sum_{n=2}^{\infty}\frac{\frac{2n}{n^2-1}}{n}=\sum_{n=2}^{\infty}\frac{2}{n^2-1}$

$=\sum_{n=2}^{\infty}\frac{2}{(n-1)(n+1)}$

$=\sum_{n=2}^{\infty}\left(\frac{1}{n-1}-\frac{1}{n+1}\right)$

$=\lim_{n\to\infty}\sum_{k=2}^{n}\left(\frac{1}{k-1}-\frac{1}{k+1}\right)$

$=\lim_{n\to\infty}\left\{\left(1-\frac{1}{3}\right)+\left(\frac{1}{2}-\frac{1}{4}\right)+\left(\frac{1}{3}-\frac{1}{5}\right)\right.$

$\left.+\cdots+\left(\frac{1}{n-2}-\frac{1}{n}\right)+\left(\frac{1}{n-1}-\frac{1}{n+1}\right)\right\}$

$=\lim_{n\to\infty}\left(1+\frac{1}{2}-\frac{1}{n}-\frac{1}{n+1}\right)$

$=\frac{3}{2}$

따라서 $p=2,\ q=3$이므로

$pq=2\times3=6$

### 유형 11 로그함수의 도함수의 활용 $y=\frac{f(x)}{g(x)}$ 꼴

## 0372

답 ①

$f(x)=\frac{x^2(x+1)^3}{(x-1)^3}$의 양변의 절댓값에 자연로그를 취하면

$\ln|f(x)|=\ln\left|\frac{x^2(x+1)^3}{(x-1)^3}\right|$

$=\ln|x^2|+\ln|(x+1)^3|-\ln|(x-1)^3|$

$=2\ln|x|+3\ln|x+1|-3\ln|x-1|$

위의 식의 양변을 $x$에 대하여 미분하면

$\frac{f'(x)}{f(x)}=\frac{2}{x}+\frac{3}{x+1}-\frac{3}{x-1}$

$\therefore f'(x)=f(x)\left(\frac{2}{x}+\frac{3}{x+1}-\frac{3}{x-1}\right)$

이때 $f(2)=\frac{2^2\times3^3}{1^3}=2^2\times3^3$이므로

$f'(2)=f(2)\left(\frac{2}{2}+\frac{3}{3}-\frac{3}{1}\right)=(2^2\times3^3)\times(-1)$

$=-108$

## 0373

답 ④

$f(x)=\frac{(x-1)^3}{(x+1)^4(x+2)^2}$의 양변의 절댓값에 자연로그를 취하면

$$\ln|f(x)|=\ln\left|\frac{(x-1)^3}{(x+1)^4(x+2)^2}\right|$$
$$=\ln|(x-1)^3|-\ln|(x+1)^4|-\ln|(x+2)^2|$$
$$=3\ln|x-1|-4\ln|x+1|-2\ln|x+2|$$

위의 식의 양변을 $x$에 대하여 미분하면

$$\frac{f'(x)}{f(x)}=\frac{3}{x-1}-\frac{4}{x+1}-\frac{2}{x+2}$$

$$\therefore f'(x)=f(x)\left(\frac{3}{x-1}-\frac{4}{x+1}-\frac{2}{x+2}\right)$$

이때 $f(0)=\frac{(-1)^3}{1^4\times2^2}=-\frac{1}{4}$이므로

$$f'(0)=f(0)\left(\frac{3}{-1}-\frac{4}{1}-\frac{2}{2}\right)=\left(-\frac{1}{4}\right)\times(-8)=2$$

## 0374

답 ④

$$f(x)=\frac{(x^3-3x-2)^3}{x^3(x^2-3x+2)^4}=\frac{\{(x+1)^2(x-2)\}^3}{x^3(x-1)^4(x-2)^4}$$
$$=\frac{(x+1)^6}{x^3(x-1)^4(x-2)}$$

위의 식의 양변의 절댓값에 자연로그를 취하면

$$\ln|f(x)|=\ln\left|\frac{(x+1)^6}{x^3(x-1)^4(x-2)}\right|$$
$$=\ln|(x+1)^6|-\ln|x^3|-\ln|(x-1)^4|-\ln|x-2|$$
$$=6\ln|x+1|-3\ln|x|-4\ln|x-1|-\ln|x-2|$$

위의 식의 양변을 $x$에 대하여 미분하면

$$\frac{f'(x)}{f(x)}=\frac{6}{x+1}-\frac{3}{x}-\frac{4}{x-1}-\frac{1}{x-2}$$

위의 식의 양변에 $x=3$을 대입하면

$$\frac{f'(3)}{f(3)}=\frac{6}{4}-\frac{3}{3}-\frac{4}{2}-\frac{1}{1}=\frac{3}{2}-1-2-1=-\frac{5}{2}$$

이때 $f(x)=-f'(x)g(x)$에서 $g(x)=-\frac{f(x)}{f'(x)}$이므로

$$g(3)=-\frac{f(3)}{f'(3)}=-\frac{1}{-\frac{5}{2}}=\frac{2}{5}$$

### 유형 12 로그함수의 도함수의 활용 $y=\{f(x)\}^{g(x)}$ 꼴

## 0375

답 ⑤

$f(x)=(2x+1)^{2x+1}$의 양변에 자연로그를 취하면

$$\ln f(x)=\ln(2x+1)^{2x+1}=(2x+1)\ln(2x+1)$$

위의 식의 양변을 $x$에 대하여 미분하면

$$\frac{f'(x)}{f(x)}=2\times\ln(2x+1)+(2x+1)\times\frac{2}{2x+1}$$
$$=2\ln(2x+1)+2$$

$$\therefore f'(x)=\{2\ln(2x+1)+2\}f(x)$$

이때 $f(1)=3^3=27$이므로

$$f'(1)=(2\ln3+2)\times27$$
$$=54\ln3+54$$

따라서 $p=54$, $q=54$이므로

$p+q=54+54=108$

## 0376

답 ③

$f(e)=e^{\ln e^2}=e^2$이므로

$$\lim_{x\to e}\frac{f(x)-e^2}{x-e}=\lim_{x\to e}\frac{f(x)-f(e)}{x-e}=f'(e)$$

$f(x)=x^{\ln x^2}$의 양변에 자연로그를 취하면

$$\ln f(x)=\ln x^{\ln x^2}=\ln x^{2\ln x}=2(\ln x)^2$$

위의 식의 양변을 $x$에 대하여 미분하면

$$\frac{f'(x)}{f(x)}=2\left(2\ln x\times\frac{1}{x}\right)=\frac{4\ln x}{x}$$

$$\therefore f'(x)=\frac{4\ln x}{x}f(x)$$

$$\therefore \lim_{x\to e}\frac{f(x)-e^2}{x-e}=f'(e)=\frac{4\ln e}{e}f(e)=\frac{4}{e}\times e^2=4e$$

## 0377

답 ②

$f(x)=x^{\cos x}$의 양변에 자연로그를 취하면

$$\ln f(x)=\ln x^{\cos x}=\cos x\ln x$$

위의 식의 양변을 $x$에 대하여 미분하면

$$\frac{f'(x)}{f(x)}=-\sin x\ln x+\cos x\times\frac{1}{x}=-\sin x\ln x+\frac{\cos x}{x}$$

$$\therefore f'(x)=f(x)\left(-\sin x\ln x+\frac{\cos x}{x}\right)$$

이때 $f\left(\frac{\pi}{2}\right)=\left(\frac{\pi}{2}\right)^{\cos\frac{\pi}{2}}=\left(\frac{\pi}{2}\right)^0=1$이므로

$$f'\left(\frac{\pi}{2}\right)=f\left(\frac{\pi}{2}\right)\left(-\sin\frac{\pi}{2}\ln\frac{\pi}{2}+\frac{\cos\frac{\pi}{2}}{\frac{\pi}{2}}\right)=-\ln\frac{\pi}{2}$$

### 유형 13 $y=x^a$ ($a$는 실수)의 도함수

## 0378

답 ①

$f(x)=(x^4+4\sqrt{x}-4)^4$에서

$$f'(x)=4(x^4+4\sqrt{x}-4)^3\times\left(4x^3+\frac{4}{2\sqrt{x}}\right)$$
$$=8(x^4+4\sqrt{x}-4)^3\left(2x^3+\frac{1}{\sqrt{x}}\right)$$

$$\therefore f'(1)=8\times(1^4+4\sqrt{1}-4)^3\times\left(2\times1^3+\frac{1}{\sqrt{1}}\right)$$
$$=8\times3=24$$

## 0379

답 1

$f(x)=\frac{1}{x\sqrt{x}}=x^{-\frac{3}{2}}$이므로

$$f'(x)=-\frac{3}{2}x^{-\frac{5}{2}}=-\frac{3}{2\sqrt{x^5}}$$

이때 $f'(a)=-\frac{3}{2}$이므로 $-\frac{3}{2\sqrt{a^5}}=-\frac{3}{2}$

$\sqrt{a^5}=1$ $\quad\therefore a=1$

## 0380

답 ⑤

$\lim_{h\to 0}\frac{f(2-h)-f(2)}{h}=-\lim_{h\to 0}\frac{f(2-h)-f(2)}{-h}=-f'(2)$

$f(\sqrt{x})=\sqrt{x^2+1}+\sqrt{x}$의 양변을 $x$에 대하여 미분하면

$f'(\sqrt{x})\times\frac{1}{2\sqrt{x}}=\frac{2x}{2\sqrt{x^2+1}}+\frac{1}{2\sqrt{x}}=\frac{x}{\sqrt{x^2+1}}+\frac{1}{2\sqrt{x}}$이므로

$f'(\sqrt{x})=\left(\frac{x}{\sqrt{x^2+1}}+\frac{1}{2\sqrt{x}}\right)\times 2\sqrt{x}=\frac{2x\sqrt{x}}{\sqrt{x^2+1}}+1$

$\therefore \lim_{h\to 0}\frac{f(2-h)-f(2)}{h}=-f'(2)=-f'(\sqrt{4})$

$=-\left(\frac{2\times 4\sqrt{4}}{\sqrt{4^2+1}}+1\right)=-\frac{16}{\sqrt{17}}-1$

다른 풀이

$\sqrt{x}=X$로 놓고 다음과 같이 $\lim_{h\to 0}\frac{f(2-h)-f(2)}{h}$의 값을 구할 수도 있다.

$\sqrt{x}=X$로 놓으면 $f(X)=\sqrt{X^4+1}+X$이므로

$f'(X)=\frac{4X^3}{2\sqrt{X^4+1}}+1=\frac{2X^3}{\sqrt{X^4+1}}+1$

$\therefore \lim_{h\to 0}\frac{f(2-h)-f(2)}{h}=-f'(2)$

$=-\left(\frac{2\times 2^3}{\sqrt{2^4+1}}+1\right)=-\frac{16}{\sqrt{17}}-1$

### 유형 14 매개변수로 나타낸 함수의 미분법

## 0381

답 ①

$x=t^2+2t$, $y=t^3-4t+1$에서

$\frac{dx}{dt}=2t+2$, $\frac{dy}{dt}=3t^2-4$이므로

$\frac{dy}{dx}=\frac{\frac{dy}{dt}}{\frac{dx}{dt}}=\frac{3t^2-4}{2t+2}$

$\therefore \lim_{t\to 0}\frac{dy}{dx}=\lim_{t\to 0}\frac{3t^2-4}{2t+2}=-\frac{4}{2}=-2$

## 0382

답 ③

$x=e^t+2t$, $y=e^{-t}+4t$에서

$\frac{dx}{dt}=e^t+2$, $\frac{dy}{dt}=-e^{-t}+4$이므로

$\frac{dy}{dx}=\frac{\frac{dy}{dt}}{\frac{dx}{dt}}=\frac{-e^{-t}+4}{e^t+2}$

따라서 $t=0$에 대응하는 점에서의 접선의 기울기는

$\frac{-e^0+4}{e^0+2}=\frac{-1+4}{1+2}=1$

## 0383

답 ③

$x=\ln t^2=2\ln t$, $y=\ln t^3+6t=3\ln t+6t$에서

$\frac{dx}{dt}=\frac{2}{t}$, $\frac{dy}{dt}=\frac{3}{t}+6$이므로

$\frac{dy}{dx}=\frac{\frac{dy}{dt}}{\frac{dx}{dt}}=\frac{\frac{3}{t}+6}{\frac{2}{t}}=\frac{3+6t}{2}$

이때 $t=k$일 때, $\frac{dy}{dx}$의 값이 3이므로

$\frac{3+6k}{2}=3$, $6k=3$

$\therefore k=\frac{1}{2}$

## 0384

답 5

$x=\ln t$, $y=t^2-4t$에서

$\frac{dx}{dt}=\frac{1}{t}$, $\frac{dy}{dt}=2t-4$이므로

$\frac{dy}{dx}=\frac{\frac{dy}{dt}}{\frac{dx}{dt}}=\frac{2t-4}{\frac{1}{t}}=2t^2-4t=2(t-1)^2-2$

이때 $t>0$이므로 $t=1$일 때 최솟값 $-2$를 갖는다.

따라서 $a=1$, $m=-2$이므로

$a^2+m^2=1^2+(-2)^2=5$

## 0385

답 ③

$x=2\sin\theta-\sqrt{3}$, $y=4\cos\theta$에서

$\frac{dx}{d\theta}=2\cos\theta$, $\frac{dy}{d\theta}=-4\sin\theta$이므로

$\frac{dy}{dx}=\frac{\frac{dy}{d\theta}}{\frac{dx}{d\theta}}=\frac{-4\sin\theta}{2\cos\theta}=-2\tan\theta$

이때 접선의 기울기가 $-2\sqrt{3}$이므로

$-2\tan\theta=-2\sqrt{3}$, $\tan\theta=\sqrt{3}$

$\therefore \theta=\frac{\pi}{3}$ $\left(\because 0<\theta<\frac{\pi}{2}\right)$

즉, $\theta=\frac{\pi}{3}$에 대응하는 곡선 위의 점 $(a, b)$에서의 접선의 기울기가 $-2\sqrt{3}$이므로

$a=2\sin\frac{\pi}{3}-\sqrt{3}=2\times\frac{\sqrt{3}}{2}-\sqrt{3}=0$

$b=4\cos\frac{\pi}{3}=4\times\frac{1}{2}=2$

$\therefore a+b=0+2=2$

유형 15 음함수의 미분법

## 0386

답 ①

$2x^2-xy+3y^2=13$의 양변을 $x$에 대하여 미분하면

$4x-y-x\times\frac{dy}{dx}+6y\times\frac{dy}{dx}=0$

$(x-6y)\frac{dy}{dx}=4x-y$

$\therefore \frac{dy}{dx}=\frac{4x-y}{x-6y}$ (단, $x-6y\neq0$)

위의 식에 $x=-2$, $y=1$을 대입하면

$\frac{dy}{dx}=\frac{-8-1}{-2-6}=\frac{9}{8}$

따라서 $k=\frac{9}{8}$이므로 $8k=9$

## 0387

답 ②

$x^2-y^2-2=y$의 양변을 $x$에 대하여 미분하면

$2x-2y\times\frac{dy}{dx}=\frac{dy}{dx}$

$(2y+1)\frac{dy}{dx}=2x$

$\therefore \frac{dy}{dx}=\frac{2x}{2y+1}$ (단, $2y+1\neq0$)

점 $(a, b)$에서의 접선의 기울기가 $\frac{2}{7}a$이므로 위의 식에

$x=a$, $y=b$를 대입하면

$\frac{2a}{2b+1}=\frac{2}{7}a$

이때 $a\neq0$이므로 $2b+1=7$

$\therefore b=3$

## 0388

답 0

곡선 $x^3-y^3-axy+b=0$이 점 $(-1, 0)$을 지나므로

$-1+b=0$

$\therefore b=1$

$x^3-y^3-axy+1=0$의 양변을 $x$에 대하여 미분하면

$3x^2-3y^2\times\frac{dy}{dx}-ay-ax\times\frac{dy}{dx}=0$

$(3y^2+ax)\frac{dy}{dx}=3x^2-ay$

$\therefore \frac{dy}{dx}=\frac{3x^2-ay}{3y^2+ax}$ (단, $3y^2+ax\neq0$)

위의 식에 $x=-1$, $y=0$을 대입하면

$\frac{dy}{dx}=\frac{3\times1}{-a}=-\frac{3}{a}$

이때 $-\frac{3}{a}=3$이므로 $a=-1$

$\therefore a+b=-1+1=0$

## 0389

답 ②

$xy+y^2\ln x=x$의 양변을 $x$에 대하여 미분하면

$y+x\times\frac{dy}{dx}+2y\ln x\times\frac{dy}{dx}+y^2\times\frac{1}{x}=1$

$(x+2y\ln x)\frac{dy}{dx}=1-y-\frac{y^2}{x}$

$\therefore \frac{dy}{dx}=\frac{1-y-\frac{y^2}{x}}{x+2y\ln x}$ (단, $x+2y\ln x\neq0$) ...... ㉠

한편, $xy+y^2\ln x=x$에서 $x=1$일 때 $y=1$이므로

㉠에 $x=1$, $y=1$을 대입하면

$\frac{dy}{dx}=\frac{1-1-1}{1}=-1$

## 0390

답 ⑤

$\frac{\pi}{9}x=y+\sin xy$의 양변을 $x$에 대하여 미분하면

$\frac{\pi}{9}=\frac{dy}{dx}+\cos xy\times\left(y+x\times\frac{dy}{dx}\right)$

$\frac{\pi}{9}=\frac{dy}{dx}+y\cos xy+x\cos xy\times\frac{dy}{dx}$

$(x\cos xy+1)\frac{dy}{dx}=\frac{\pi}{9}-y\cos xy$

$\therefore \frac{dy}{dx}=\frac{\frac{\pi}{9}-y\cos xy}{x\cos xy+1}$ (단, $x\cos xy+1\neq0$)

위의 식에 $x=3$, $y=\frac{\pi}{3}$를 대입하면

$\frac{dy}{dx}=\frac{\frac{\pi}{9}-\frac{\pi}{3}\cos\pi}{3\cos\pi+1}=-\frac{2}{9}\pi$

유형 16 역함수의 미분법

## 0391

답 ②

$x=y^2+3y$의 양변을 $y$에 대하여 미분하면

$\frac{dx}{dy}=2y+3$

$\therefore \frac{dy}{dx}=\frac{1}{\frac{dx}{dy}}=\frac{1}{2y+3}$ ...... ㉠

$x=y^2+3y$에 $x=4$를 대입하면

$4=y^2+3y$

$y^2+3y-4=0$, $(y+4)(y-1)=0$

$\therefore y=1$ ($\because y>0$)

㉠에 $y=1$을 대입하면

$\frac{dy}{dx}=\frac{1}{2+3}=\frac{1}{5}$

따라서 접선의 기울기는 $\frac{1}{5}$이다.

## 0392

답 ②

$x=\ln(y+1)+y$의 양변을 $y$에 대하여 미분하면

$\frac{dx}{dy}=\frac{1}{y+1}+1=\frac{y+2}{y+1}$

$\therefore \frac{dy}{dx}=\frac{1}{\frac{dx}{dy}}=\frac{y+1}{y+2}$ ...... ㉠

$x=\ln(y+1)+y$에 $x=0$을 대입하면 $0=\ln(y+1)+y$

$\therefore y=0$

㉠에 $y=0$을 대입하면

$\frac{dy}{dx}=\frac{1}{2}$

따라서 $x=0$일 때의 $\frac{dy}{dx}$의 값은 $\frac{1}{2}$이다.

## 0393

답 ④

점 $(1,\ a)$가 곡선 $x=\tan 2y$ 위의 점이므로

$1=\tan 2a$

$2a=\frac{\pi}{4}$ $\therefore a=\frac{\pi}{8}$

$x=\tan 2y$의 양변을 $y$에 대하여 미분하면

$\frac{dx}{dy}=2\sec^2 2y$

$\therefore \frac{dy}{dx}=\frac{1}{\frac{dx}{dy}}=\frac{1}{2\sec^2 2y}$

곡선 위의 점 $\left(1,\ \frac{\pi}{8}\right)$에서의 접선의 기울기는

$\frac{dy}{dx}=\frac{1}{2\sec^2\left(2\times\frac{\pi}{8}\right)}=\frac{1}{2\left(\sec\frac{\pi}{4}\right)^2}=\frac{1}{2\times 2}=\frac{1}{4}$

따라서 $m=\frac{1}{4}$이므로

$am=\frac{\pi}{8}\times\frac{1}{4}=\frac{\pi}{32}$

### 유형 17 역함수의 미분법의 활용

## 0394

답 ③

$g(2)=k$라 하면 $f(k)=2$

$4\cos^2 k+1=2,\ \cos^2 k=\frac{1}{4}$

$0\le x\le\frac{\pi}{2}$이므로 $\cos k=\frac{1}{2}$ $\therefore k=\frac{\pi}{3}$

즉, $g(2)=\frac{\pi}{3}$이고

$f(x)=4\cos^2 x+1$에서 $f'(x)=-8\sin x\cos x$이므로

$f'\left(\frac{\pi}{3}\right)=-8\times\frac{\sqrt{3}}{2}\times\frac{1}{2}=-2\sqrt{3}$

$\therefore g'(2)=\frac{1}{f'(g(2))}=\frac{1}{f'\left(\frac{\pi}{3}\right)}=\frac{1}{-2\sqrt{3}}=-\frac{\sqrt{3}}{6}$

## 0395

답 ④

$\lim_{h\to 0}\frac{g(1+h)-g(1-h)}{h}$

$=\lim_{h\to 0}\frac{g(1+h)-g(1)-g(1-h)+g(1)}{h}$

$=\lim_{h\to 0}\frac{g(1+h)-g(1)}{h}+\lim_{h\to 0}\frac{g(1-h)-g(1)}{-h}$

$=g'(1)+g'(1)=2g'(1)$

$g(1)=k$라 하면 $f(k)=1$이므로

$k^3-5k^2+9k-5=1$

$k^3-5k^2+9k-6=0,\ (k-2)(k^2-3k+3)=0$

즉, $k=2$이므로 $g(1)=2$

$\therefore g'(1)=\frac{1}{f'(g(1))}=\frac{1}{f'(2)}$

$f(x)=x^3-5x^2+9x-5$에서 $f'(x)=3x^2-10x+9$이므로

$f'(2)=12-20+9=1$

$\therefore \lim_{h\to 0}\frac{g(1+h)-g(1-h)}{h}=2g'(1)$

$=\frac{2}{f'(2)}=\frac{2}{1}=2$

## 0396

답 ③

$g(e)=a$라 하면 $f(a)=e$이므로

$e^{a^3+4a+1}=e,\ a^3+4a+1=1$

$a^3+4a=0,\ a(a^2+4)=0$

$\therefore a=0$

즉, $g(e)=0$이고

$f(x)=e^{x^3+4x+1}$에서 $f'(x)=(3x^2+4)e^{x^3+4x+1}$이므로

$f'(0)=4e$

$\therefore \lim_{x\to e}\frac{g(x)}{x-e}=\lim_{x\to e}\frac{g(x)-g(e)}{x-e}=g'(e)$

$=\frac{1}{f'(g(e))}=\frac{1}{f'(0)}=\frac{1}{4e}$

## 0397

답 ④

함수 $f(x)=(x-1)e^x\ (x>0)$의 그래프가 점 $(k,\ e^2)$을 지나므로

$f(k)=e^2$에서 $(k-1)e^k=e^2$ $\therefore k=2$

즉, $f(2)=e^2$이므로 $g(e^2)=2$

$f(x)=(x-1)e^x$에서 $f'(x)=e^x+(x-1)e^x=xe^x$이므로

$f'(2)=2e^2$

$\therefore g'(e^2)=\frac{1}{f'(g(e^2))}=\frac{1}{f'(2)}=\frac{1}{2e^2}$

한편, $h(x)=x^2g(x)$에서

$h'(x)=2xg(x)+x^2g'(x)$이므로

$h'(e^2)=2e^2g(e^2)+e^4g'(e^2)$

$=2e^2\times 2+e^4\times\frac{1}{2e^2}$

$=\frac{9}{2}e^2$

## 0398

답 5

$\lim_{x\to1}\frac{f(x)-3}{x-1}=\frac{1}{5}$에서 극한값이 존재하고 $x\to1$일 때,
(분모)$\to0$이므로 (분자)$\to0$이어야 한다.
즉, $\lim_{x\to1}\{f(x)-3\}=0$이므로 $f(1)=3$

$\lim_{x\to1}\frac{f(x)-3}{x-1}=\lim_{x\to1}\frac{f(x)-f(1)}{x-1}=f'(1)$이므로

$f'(1)=\frac{1}{5}$

$f(1)=3$에서 $g(3)=1$이므로

$g'(3)=\frac{1}{f'(g(3))}=\frac{1}{f'(1)}=5$

$\therefore g(3)g'(3)=1\times5=5$

## 0402

답 ④

조건 (나)의 $\lim_{x\to1}\frac{f'(f(x))-1}{x-1}=12$에서 극한값이 존재하고
$x\to1$일 때, (분모)$\to0$이므로 (분자)$\to0$이어야 한다.
즉, $\lim_{x\to1}\{f'(f(x))-1\}=0$이므로 $f'(f(1))=1$

$\lim_{x\to1}\frac{f'(f(x))-1}{x-1}$

$=\lim_{x\to1}\frac{f'(f(x))-f'(f(1))}{x-1}$

$=\lim_{x\to1}\left\{\frac{f'(f(x))-f'(f(1))}{f(x)-f(1)}\times\frac{f(x)-f(1)}{x-1}\right\}$

$=f''(f(1))\times f'(1)$

$=f''(2)\times3$ ($\because$ 조건 (가)에서 $f(1)=2$, $f'(1)=3$)

$=3f''(2)$

이때 $3f''(2)=12$이므로

$f''(2)=4$

### 유형 18 이계도함수

## 0399

답 ⑤

$f(x)=e^{2x}+\sin 2x$에서
$f'(x)=2e^{2x}+2\cos 2x$
$f''(x)=4e^{2x}-4\sin 2x$
$\therefore \lim_{x\to0}\frac{f'(x)-f'(0)}{x}=f''(0)=4$

## 0400

답 $-2$

$f(x)=\frac{2}{x+2}$에서 $f'(x)=-\frac{2}{(x+2)^2}$

$f''(x)=\frac{2\times2(x+2)}{(x+2)^4}=\frac{4}{(x+2)^3}$

$f''(a)=4$이므로

$\frac{4}{(a+2)^3}=4$, $(a+2)^3=1$　　$\therefore a=-1$

$\therefore f'(a)=f'(-1)=-2$

## 0401

답 ①

$f(x)=xe^{ax+b}$에서
$f'(x)=e^{ax+b}+axe^{ax+b}=(1+ax)e^{ax+b}$
$f'(0)=2$이므로 $e^b=2$
$\therefore b=\ln 2$
$f''(x)=ae^{ax+b}+(1+ax)\times ae^{ax+b}$
$\quad=(2+ax)ae^{ax+b}$
$f''(0)=4$이므로 $2ae^b=4$
$2a\times2=4$　　$\therefore a=1$
$\therefore ab=1\times\ln 2=\ln 2$

# PART B 기출&기출변형 문제

## 0403

답 ①

$f(x)=\frac{1}{x+3}$에서 $f'(x)=-\frac{1}{(x+3)^2}$이므로

$f''(x)=\frac{2(x+3)}{(x+3)^4}=\frac{2}{(x+3)^3}$

$\lim_{h\to0}\frac{f'(a+h)-f'(a)}{h}=f''(a)=2$에서

$\frac{2}{(a+3)^3}=2$, $(a+3)^3=1$

$a+3=1$　　$\therefore a=-2$

## 0404

답 ③

함수 $f(g(x))$의 $x=0$에서의 미분계수가 40이므로
$f'(g(0))g'(0)=40$　　…… ㉠
$g(x)=e^{4x}+1$에서 $g'(x)=4e^{4x}$이므로
$g(0)=e^0+1=2$, $g'(0)=4e^0=4$
㉠에서 $f'(2)\times4=40$　　$\therefore f'(2)=10$
$f(x)=kx^2-4x$에서 $f'(x)=2kx-4$이므로
$f'(2)=4k-4=10$, $4k=14$
$\therefore k=\frac{7}{2}$

**짝기출**

두 함수 $f(x)=kx^2-2x$, $g(x)=e^{3x}+1$이 있다. 함수 $h(x)=(f\circ g)(x)$에 대하여 $h'(0)=42$일 때, 상수 $k$의 값을 구하시오.

답 4

## 0405

답 ①

점 $(a, b)$가 곡선 $e^x-e^y=y$ 위의 점이므로

$e^a-e^b=b$ …… ㉠

$e^x-e^y=y$의 양변을 $x$에 대하여 미분하면

$e^x-e^y\times\frac{dy}{dx}=\frac{dy}{dx}$

$(e^y+1)\frac{dy}{dx}=e^x$

$\therefore \frac{dy}{dx}=\frac{e^x}{e^y+1}$ …… ㉡

주어진 곡선 위의 점 $(a, b)$에서의 접선의 기울기가 1이므로

㉡에 $x=a$, $y=b$를 대입하면

$\frac{e^a}{e^b+1}=1$

$\therefore e^a=e^b+1$ …… ㉢

㉢을 ㉠에 대입하면

$(e^b+1)-e^b=b$

$\therefore b=1$

$b=1$을 ㉢에 대입하면

$e^a=e+1$

$\therefore a=\ln(e+1)$

$\therefore a+b=1+\ln(e+1)$

## 0406

답 7

$f'(x)=\{f(x)\}^2+f(x)+1$에서

$f''(x)=2f(x)f'(x)+f'(x)$

$g(x)=\ln|f'(x)|$에서

$g'(x)=\frac{f''(x)}{f'(x)}$

$=\frac{2f(x)f'(x)+f'(x)}{f'(x)}$

$=2f(x)+1$

$\therefore g'(2e)=2f(2e)+1=2\times3+1=7$

**짝기출**

열린구간 $\left(0, \frac{\pi}{2}\right)$에서 정의된 미분가능한 함수 $f(x)$는 다음 조건을 만족시킨다.

(가) $f'(x)=1+\{f(x)\}^2$

(나) $f\left(\frac{\pi}{4}\right)=1$

함수 $g(x)=\ln f'(x)$에 대하여 $g'\left(\frac{\pi}{4}\right)$의 값은?

① 1 ② $\frac{3}{2}$ ③ 2 ④ $\frac{5}{2}$ ⑤ 3

답 ③

## 0407

답 ②

선분 OP의 길이는 점 P의 $x$좌표와 같으므로

$\overline{OP}=t+\frac{1}{t}$

선분 OQ의 길이는 원 $x^2+y^2=\frac{1}{2t^2}$의 반지름의 길이와 같으므로

$\overline{OQ}=\sqrt{\frac{1}{2t^2}}=\frac{1}{\sqrt{2}t}$

$\therefore f(t)=\overline{OP}\times\overline{OQ}=\left(t+\frac{1}{t}\right)\times\frac{1}{\sqrt{2}t}=\frac{1}{\sqrt{2}}\left(1+\frac{1}{t^2}\right)$

$f'(t)=\frac{1}{\sqrt{2}}\times\left(-\frac{2}{t^3}\right)=-\frac{\sqrt{2}}{t^3}$이므로

$f'(\sqrt{2})=-\frac{\sqrt{2}}{(\sqrt{2})^3}=-\frac{1}{2}$

## 0408

답 ①

$x=e^t$, $y=(2t^2+nt+n)e^t$에서

$\frac{dx}{dt}=e^t$

$\frac{dy}{dt}=(4t+n)e^t+(2t^2+nt+n)e^t$

$=\{2t^2+(4+n)t+2n\}e^t$

이므로

$\frac{dy}{dx}=\frac{\frac{dy}{dt}}{\frac{dx}{dt}}$

$=\frac{\{2t^2+(4+n)t+2n\}e^t}{e^t}$

$=2t^2+(4+n)t+2n$

$=2\left(t+\frac{4+n}{4}\right)^2+2n-2\left(\frac{4+n}{4}\right)^2$

이때 $\frac{dy}{dx}$가 $t=a_n$에서 최솟값 $b_n$을 가지므로

$a_n=-\frac{4+n}{4}$, $b_n=2n-2\left(\frac{4+n}{4}\right)^2$

따라서 $a_4=-\frac{4+4}{4}=-2$,

$b_2=4-2\left(\frac{4+2}{4}\right)^2=4-\frac{9}{2}=-\frac{1}{2}$이므로

$\frac{b_2}{a_4}=\frac{-\frac{1}{2}}{-2}=\frac{1}{4}$

**짝기출**

매개변수 $t\ (t>0)$으로 나타내어진 함수

$x=\ln t+t$, $y=-t^3+3t$

에 대하여 $\frac{dy}{dx}$가 $t=a$에서 최댓값을 가질 때, $a$의 값은?

① $\frac{1}{6}$ ② $\frac{1}{5}$ ③ $\frac{1}{4}$ ④ $\frac{1}{3}$ ⑤ $\frac{1}{2}$

답 ⑤

## 0409

답 3

$h(x)=(g\circ f)(x)=g(f(x))$에서

$h'(x)=g'(f(x))f'(x)$

$g(x)=-\cos x$에서 $g'(x)=\sin x$

$\lim_{x\to1}\frac{f(x)-\frac{\pi}{3}}{x-1}=k$에서 극한값이 존재하고 $x\to1$일 때,

(분모)$\to0$이므로 (분자)$\to0$이어야 한다.

즉, $\lim_{x\to1}\left\{f(x)-\frac{\pi}{3}\right\}=0$이므로 $f(1)=\frac{\pi}{3}$

$\therefore \lim_{x\to1}\frac{f(x)-\frac{\pi}{3}}{x-1}=\lim_{x\to1}\frac{f(x)-f(1)}{x-1}=f'(1)=k$

함수 $y=h(x)$의 그래프 위의 점 $(1, h(1))$에서의 접선의 기울기가 $\frac{1}{2}$이므로

$h'(1)=\frac{1}{2}$

$g'(f(1))f'(1)=\frac{1}{2}$

$g'\left(\frac{\pi}{3}\right)\times k=\frac{1}{2}$

$\sin\frac{\pi}{3}\times k=\frac{1}{2}$

$\frac{\sqrt{3}}{2}k=\frac{1}{2}$

$\therefore k=\frac{1}{\sqrt{3}}$

$\therefore 9k^2=9\times\left(\frac{1}{\sqrt{3}}\right)^2=3$

**짝기출**

미분가능한 함수 $f(x)$와 함수 $g(x)=\sin x$에 대하여 합성함수 $y=(g\circ f)(x)$의 그래프 위의 점 $(1, (g\circ f)(1))$에서의 접선이 원점을 지난다.

$$\lim_{x\to1}\frac{f(x)-\frac{\pi}{6}}{x-1}=k$$

일 때, 상수 $k$에 대하여 $30k^2$의 값을 구하시오.

답 10

## 0410

답 ①

$g(1)=k$라 하면 $f(k)=1$

$\tan^3 k=1$에서 $\tan k=1$

$\therefore k=\frac{\pi}{4}\left(\because -\frac{\pi}{2}<k<\frac{\pi}{2}\right)$

즉, $g(1)=\frac{\pi}{4}$이고

$f(x)=\tan^3 x$에서 $f'(x)=3\tan^2 x\sec^2 x$이므로

$f'\left(\frac{\pi}{4}\right)=3\times1^2\times(\sqrt{2})^2=6$

따라서 구하는 접선의 기울기는

$g'(1)=\frac{1}{f'(g(1))}=\frac{1}{f'\left(\frac{\pi}{4}\right)}=\frac{1}{6}$

## 0411

답 ③

조건 (가)의 $\lim_{x\to1}\frac{f(x)-4}{x-1}=2$에서 극한값이 존재하고 $x\to1$일 때,

(분모)$\to0$이므로 (분자)$\to0$이어야 한다.

즉, $\lim_{x\to1}\{f(x)-4\}=0$이므로 $f(1)=4$

$\lim_{x\to1}\frac{f(x)-4}{x-1}=\lim_{x\to1}\frac{f(x)-f(1)}{x-1}=f'(1)$이므로

$f'(1)=2$

조건 (나)의 $\lim_{x\to1}\frac{h(x)-5}{x-1}=6$에서 극한값이 존재하고 $x\to1$일 때,

(분모)$\to0$이므로 (분자)$\to0$이어야 한다.

즉, $\lim_{x\to1}\{h(x)-5\}=0$이므로 $h(1)=5$

$\lim_{x\to1}\frac{h(x)-5}{x-1}=\lim_{x\to1}\frac{h(x)-h(1)}{x-1}=h'(1)$이므로

$h'(1)=6$

$h(x)=(g\circ f)(x)=g(f(x))$에서

$h'(x)=g'(f(x))f'(x)$이므로

$h(1)=5$에서 $g(f(1))=5$

$\therefore g(4)=5$

$h'(1)=6$에서 $g'(f(1))f'(1)=6$, $g'(4)\times2=6$

$\therefore g'(4)=3$

$\therefore g(4)+g'(4)=5+3=8$

**짝기출**

실수 전체의 집합에서 미분가능한 두 함수 $f(x)$, $g(x)$에 대하여 함수 $h(x)$를

$h(x)=(g\circ f)(x)$

라 할 때, 두 함수 $f(x)$, $h(x)$가 다음 조건을 만족시킨다.

(가) $f(1)=2$, $f'(1)=3$

(나) $\lim_{x\to1}\frac{h(x)-5}{x-1}=12$

$g(2)+g'(2)$의 값은?

① 5 ② 7 ③ 9 ④ 11 ⑤ 13

답 ③

## 0412

답 ④

$g(x)=\frac{f(x)\cos x}{e^x}$에서

$g'(x)=\frac{\{f'(x)\cos x-f(x)\sin x\}e^x-f(x)\cos x\times e^x}{e^{2x}}$

$=\frac{f'(x)\cos x-f(x)\sin x-f(x)\cos x}{e^x}$

$g'(\pi)=\frac{f'(\pi)\cos\pi-f(\pi)\sin\pi-f(\pi)\cos\pi}{e^\pi}$

$=\frac{-f'(\pi)+f(\pi)}{e^\pi}$

$g'(\pi)=e^{\pi}g(\pi)$이고

$g(\pi)=\dfrac{f(\pi)\cos\pi}{e^{\pi}}=-\dfrac{f(\pi)}{e^{\pi}}$이므로

$\dfrac{-f'(\pi)+f(\pi)}{e^{\pi}}=e^{\pi}\left\{-\dfrac{f(\pi)}{e^{\pi}}\right\}$

$-f'(\pi)+f(\pi)=-e^{\pi}f(\pi)$

$(e^{\pi}+1)f(\pi)=f'(\pi)$

$\therefore \dfrac{f'(\pi)}{f(\pi)}=e^{\pi}+1$

## 0413

답 5

함수 $f(x)$의 역함수가 $g\left(\dfrac{x+8}{10}\right)$이므로

$f\left(g\left(\dfrac{x+8}{10}\right)\right)=x$

위의 식의 양변을 $x$에 대하여 미분하면

$f'\left(g\left(\dfrac{x+8}{10}\right)\right)\times g'\left(\dfrac{x+8}{10}\right)\times\dfrac{1}{10}=1$

위의 식의 양변에 $x=2$를 대입하면

$f'(g(1))\times g'(1)\times\dfrac{1}{10}=1$이고, $g(1)=0$이므로

$f'(0)\times g'(1)=10$

$\therefore g'(1)=\dfrac{10}{f'(0)}$

이때 $f(x)=(x^2+2)e^{-x}$에서

$f'(x)=2x\times e^{-x}+(x^2+2)\times(-e^{-x})$

$\quad=(-x^2+2x-2)e^{-x}$

이므로 $f'(0)=-2$

$\therefore |g'(1)|=\left|\dfrac{10}{f'(0)}\right|=\left|\dfrac{10}{-2}\right|=5$

다른 풀이

$h(x)=g\left(\dfrac{x+8}{10}\right)$이라 하면 ⋯⋯ ㉠

$h(2)=g(1)=0$

㉠의 양변을 $x$에 대하여 미분하면

$h'(x)=g'\left(\dfrac{x+8}{10}\right)\times\dfrac{1}{10}$

$\therefore g'\left(\dfrac{x+8}{10}\right)=10h'(x)$

함수 $h(x)$가 $f(x)$의 역함수이므로

$g'(1)=10h'(2)=\dfrac{10}{f'(h(2))}=\dfrac{10}{f'(0)}$

이때 $f(x)=(x^2+2)e^{-x}$에서

$f'(x)=2x\times e^{-x}+(x^2+2)\times(-e^{-x})$

$\quad=(-x^2+2x-2)e^{-x}$

이므로 $f'(0)=-2$

$\therefore |g'(1)|=\left|\dfrac{10}{f'(0)}\right|=\left|\dfrac{10}{-2}\right|=5$

## 0414

답 ②

$\lim\limits_{x\to2}\dfrac{f(x)-g(x)}{(x-2)f(x)}=\dfrac{5}{12}$에서 극한값이 존재하고 $x\to2$일 때,

(분모)$\to0$이므로 (분자)$\to0$이어야 한다.

즉, $\lim\limits_{x\to2}\{f(x)-g(x)\}=0$이므로 $f(2)=g(2)$

이때 역함수 관계인 두 함수 $y=f(x)$, $y=g(x)$의 그래프의 교점은 직선 $y=x$ 위에 있으므로

$f(2)=g(2)=2$

$\lim\limits_{x\to2}\dfrac{f(x)-g(x)}{(x-2)f(x)}$

$=\lim\limits_{x\to2}\left\{\dfrac{f(x)-f(2)}{x-2}-\dfrac{g(x)-g(2)}{x-2}\right\}\times\lim\limits_{x\to2}\dfrac{1}{f(x)}$

$=\{f'(2)-g'(2)\}\times\dfrac{1}{f(2)}$ — $g'(2)=\dfrac{1}{f'(g(2))}=\dfrac{1}{f'(2)}$

$=\left\{f'(2)-\dfrac{1}{f'(2)}\right\}\times\dfrac{1}{2}$

$=\dfrac{5}{12}$

즉, $f'(2)-\dfrac{1}{f'(2)}=\dfrac{5}{6}$이고, $f(x)$는 증가하는 함수이므로

$f'(2)=t\ (t>0)$으로 놓으면

$t-\dfrac{1}{t}=\dfrac{5}{6}$, $6t^2-5t-6=0$

$(3t+2)(2t-3)=0$

$\therefore t=\dfrac{3}{2}\ (\because t>0)$

$\therefore f'(2)=\dfrac{3}{2}$

$h(x)=\{f(x)+g(x)\}^2$에서

$h'(x)=2\{f(x)+g(x)\}\{f'(x)+g'(x)\}$이므로

$h'(2)=2\{f(2)+g(2)\}\{f'(2)+g'(2)\}$

$\quad=2\times(2+2)\times\left(\dfrac{3}{2}+\dfrac{2}{3}\right)$

$\quad=\dfrac{52}{3}$

**짝기출**

최고차항의 계수가 1인 삼차함수 $f(x)$의 역함수를 $g(x)$라 할 때, $g(x)$가 다음 조건을 만족시킨다.

> (가) $g(x)$는 실수 전체의 집합에서 미분가능하고 $g'(x)\le\dfrac{1}{3}$이다.
>
> (나) $\lim\limits_{x\to3}\dfrac{f(x)-g(x)}{(x-3)g(x)}=\dfrac{8}{9}$

$f(1)$의 값은?

① $-11$ ② $-9$ ③ $-7$ ④ $-5$ ⑤ $-3$

답 ①

# PART A' 06 도함수의 활용(1)

## 유형 01 곡선 위의 점에서의 접선의 방정식

### 0415

답 ④

$f(x)=\sin x-\cos x$에서

$f'(x)=\cos x+\sin x$

이때 $f\left(\frac{\pi}{2}\right)=\sin\frac{\pi}{2}-\cos\frac{\pi}{2}=1$이고,

$f'\left(\frac{\pi}{2}\right)=\cos\frac{\pi}{2}+\sin\frac{\pi}{2}=1$이므로

함수 $y=f(x)$의 그래프 위의 점 $\left(\frac{\pi}{2},\ f\left(\frac{\pi}{2}\right)\right)$에서의 접선의 방정식은

$y-1=x-\frac{\pi}{2}$ $\quad\therefore y=x+1-\frac{\pi}{2}$

이 직선이 점 $\left(-\frac{\pi}{2},\ k\right)$를 지나므로

$k=-\frac{\pi}{2}+1-\frac{\pi}{2}=1-\pi$

### 0416

답 ③

$f(x)=2\sqrt{x^2+1}$이라 하면 $f'(x)=\frac{2x}{\sqrt{x^2+1}}$

이때 $f'(-1)=\frac{-2}{\sqrt{2}}=-\sqrt{2}$이므로

곡선 $y=f(x)$ 위의 점 $(-1,\ 2\sqrt{2})$에서의 접선의 방정식은

$y-2\sqrt{2}=-\sqrt{2}(x+1)$ $\quad\therefore y=-\sqrt{2}x+\sqrt{2}$

따라서 접선의 $x$절편은 1, $y$절편은 $\sqrt{2}$이므로 구하는 도형의 넓이는

$\frac{1}{2}\times|1|\times|\sqrt{2}|=\frac{\sqrt{2}}{2}$

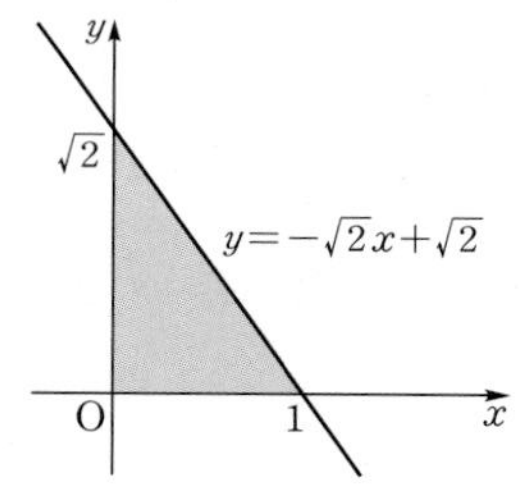


### 0417

답 1

$f(x)=ax\ln x+b$라 하면 $f'(x)=a\ln x+a$

이때 $f'(1)=a$이므로 곡선 $y=f(x)$ 위의 점 $(1,\ 3)$에서의 접선의 방정식은

$y-3=a(x-1)$ $\quad\therefore y=ax-a+3$

이 직선이 직선 $y=-2x+5$와 일치하므로 $a=-2$

한편, 곡선 $y=f(x)$가 점 $(1,\ 3)$을 지나므로

$f(1)=a\ln 1+b=3$에서 $b=3$

$\therefore a+b=(-2)+3=1$

### 0418

답 ③

$\lim_{x\to 1}\frac{f(x)-1}{x-1}=k$에서 극한값이 존재하고 $x\to 1$일 때,

(분모)$\to 0$이므로 (분자)$\to 0$이어야 한다.

즉, $\lim_{x\to 1}\{f(x)-1\}=0$이므로 $f(1)=1$

$\lim_{x\to 1}\frac{f(x)-f(1)}{x-1}=k$에서 $f'(1)=k$

$g(x)=xe^x$에서

$g'(x)=e^x+xe^x=(1+x)e^x$

한편, $y=(g\circ f)(x)=g(f(x))$에서 $y'=g'(f(x))f'(x)$이므로

곡선 $y=(g\circ f)(x)$ 위의 점 $(1,\ (g\circ f)(1))$, 즉 $(1,\ e)$에서의 접선의 기울기는

$g'(f(1))f'(1)=g'(1)\times k=2ke$

따라서 접선의 방정식은

$y-e=2ke(x-1)$ $\quad\therefore y=2kex+(1-2k)e$

이 직선이 원점을 지나므로

$(1-2k)e=0$ $\quad\therefore k=\frac{1}{2}$

**참고**

미분가능한 함수 $f(x)$에 대하여 $\lim_{x\to a}\frac{f(x)-b}{x-a}=c$일 때

$f(a)=b,\ f'(a)=c$

## 유형 02 접선에 수직인 직선의 방정식

### 0419

답 ②

$f(x)=x^2\ln x-1$이라 하면

$f'(x)=2x\ln x+x^2\times\frac{1}{x}=2x\ln x+x$이므로

$f'(1)=2\ln 1+1=1$

즉, 곡선 $y=f(x)$ 위의 점 $(1,\ -1)$에서의 접선의 기울기가 1이므로 이 접선에 수직인 직선의 기울기는 $-1$이다.

따라서 구하는 직선의 방정식은

$y-(-1)=-(x-1)$ $\quad\therefore y=-x$

### 0420

답 $-8$

$f(x)=4x+3\cos x$라 하면 $f(0)=3$

$f'(x)=4-3\sin x$이므로 $f'(0)=4$

즉, 곡선 $y=f(x)$ 위의 점 $(0,\ 3)$에서의 접선의 기울기가 4이므로

이 접선에 수직인 직선의 기울기는 $-\frac{1}{4}$이다.

따라서 구하는 직선의 방정식은

$y=-\frac{1}{4}x+3$ $\quad\therefore x+4y-12=0$

즉, $a=4,\ b=-12$이므로

$a+b=4+(-12)=-8$

## 0421

답 25

$f(x)=2x+x\ln x$라 하면

$f'(x)=2+\ln x+1=3+\ln x$에서 $f'(e)=3+\ln e=4$이므로

직선 $l_1$의 방정식은

$y-3e=4(x-e)$ $\therefore y=4x-e$

직선 $l_2$는 직선 $l_1$에 수직이므로 그 기울기는 $-\frac{1}{4}$이다. 즉, 직선 $l_2$의 방정식은

$y-3e=-\frac{1}{4}(x-e)$ $\therefore y=-\frac{1}{4}x+\frac{13}{4}e$

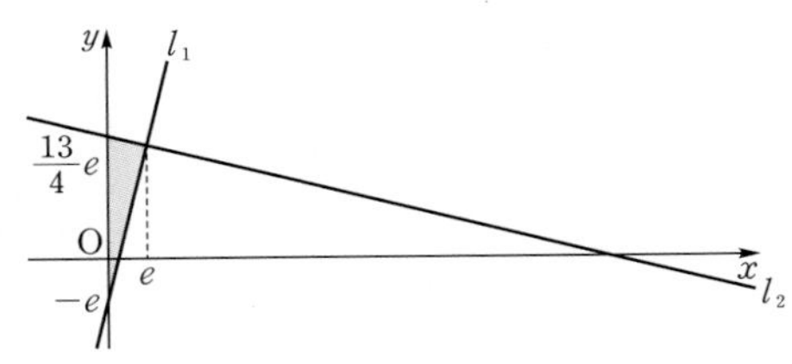


이때 직선 $l_1$의 $y$절편은 $-e$, 직선 $l_2$의 $y$절편은 $\frac{13}{4}e$이므로

두 직선 $l_1$, $l_2$와 $y$축으로 둘러싸인 도형의 넓이는

$\frac{1}{2}\times\left\{\frac{13}{4}e-(-e)\right\}\times e=\frac{17}{8}e^2$

따라서 $p=8$, $q=17$이므로

$p+q=8+17=25$

### 유형 03 기울기가 주어진 접선의 방정식

## 0422

답 ③

$f(x)=2x-3\ln x$라 하면 $f'(x)=2-\frac{3}{x}$

이때 곡선 $y=f(x)$와 직선 $x+y-2=0$, 즉 $y=-x+2$에 평행한 직선이 접하는 접점의 좌표를 $(k, f(k))$라 하면 $f'(k)=-1$에서

$2-\frac{3}{k}=-1$, $-\frac{3}{k}=-3$

$\therefore k=1$, $f(1)=2-3\ln 1=2$

즉, 접점의 좌표가 $(1, 2)$이므로 접선의 방정식은

$y-2=-(x-1)$ $\therefore y=-x+3$

위의 식에 $y=0$을 대입하면

$-x+3=0$ $\therefore x=3$

따라서 구하는 직선의 $x$절편은 3이다.

## 0423

답 $\pi$

$f(x)=3x+\sin 4x$라 하면 $f'(x)=3+4\cos 4x$

곡선 $y=f(x)$와 기울기가 $-1$인 직선이 접하는 접점의 좌표를 $(k, f(k))$라 하면 $f'(k)=-1$에서

$3+4\cos 4k=-1$, $\cos 4k=-1$

이때 $0<k<\frac{\pi}{2}$에서 $0<4k<2\pi$이므로 $4k=\pi$

$\therefore k=\frac{\pi}{4}$, $f\left(\frac{\pi}{4}\right)=\frac{3}{4}\pi+\sin\pi=\frac{3}{4}\pi$

즉, 접점의 좌표가 $\left(\frac{\pi}{4}, \frac{3}{4}\pi\right)$이므로 접선의 방정식은

$y-\frac{3}{4}\pi=-\left(x-\frac{\pi}{4}\right)$ $\therefore y=-x+\pi$

따라서 구하는 직선의 $y$절편은 $\pi$이다.

## 0424

답 ①

$f(x)=\ln\left(x+\frac{1}{e}\right)$이라 하면 $f'(x)=\frac{1}{x+\frac{1}{e}}=\frac{e}{ex+1}$

곡선 $y=f(x)$에 접하고 기울기가 $e$인 직선이 $x=k$인 점에서 접한다고 하면 $f'(k)=e$에서

$\frac{e}{ek+1}=e$, $ek+1=1$

$\therefore k=0$, $f(0)=\ln\frac{1}{e}=-1$

즉, 접점의 좌표가 $(0, -1)$이므로 접선의 방정식은

$y=ex-1$

이 직선의 $x$절편은 $\frac{1}{e}$, $y$절편은 $-1$이므로 구하는 도형의 넓이는

$\frac{1}{2}\times\left|\frac{1}{e}\right|\times|-1|=\frac{1}{2e}$

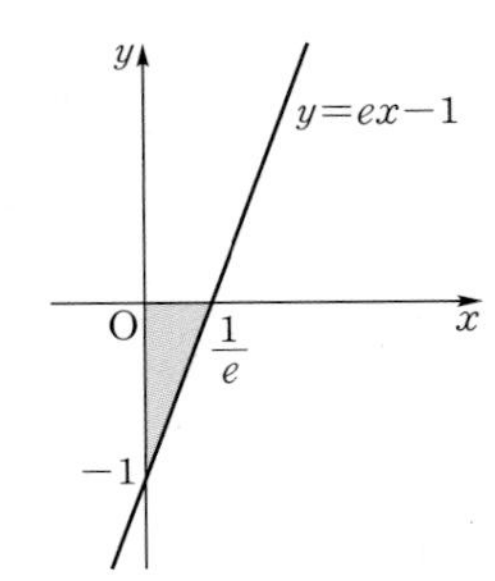


## 0425

답 ①

$f(x)=\frac{1}{x-2}+k$라 하면 $f'(x)=-\frac{1}{(x-2)^2}$

곡선 $y=f(x)$와 직선 $y=-4x+3$의 접점의 좌표를 $(t, f(t))$라 하면 $f'(t)=-4$에서

$-\frac{1}{(t-2)^2}=-4$, $(t-2)^2=\frac{1}{4}$

$t-2=-\frac{1}{2}$ 또는 $t-2=\frac{1}{2}$

$\therefore t=\frac{3}{2}$ 또는 $t=\frac{5}{2}$

(i) $t=\frac{3}{2}$일 때

$f\left(\frac{3}{2}\right)=-4\times\frac{3}{2}+3=-3$에서

$\frac{1}{\frac{3}{2}-2}+k=-3$ $\therefore k=-1$

(ii) $t=\frac{5}{2}$일 때

$f\left(\frac{5}{2}\right)=-4\times\frac{5}{2}+3=-7$에서

$\frac{1}{\frac{5}{2}-2}+k=-7$ $\therefore k=-9$

(i), (ii)에서 구하는 모든 실수 $k$의 값의 합은

$-1+(-9)=-10$

## 유형 04 곡선 밖의 한 점에서 그은 접선의 방정식

### 0426

답 ③

$f(x)=e^{x-1}$이라 하면 $f'(x)=e^{x-1}$

점 $A(2, 0)$에서 곡선 $y=f(x)$에 그은 접선의 접점의 좌표를 $(t, e^{t-1})$이라 하면 접선의 방정식은

$y-e^{t-1}=e^{t-1}(x-t)$ $\quad\therefore y=e^{t-1}x+(1-t)e^{t-1}$

이 직선이 점 $A(2, 0)$을 지나므로

$2e^{t-1}+(1-t)e^{t-1}=0$에서

$(3-t)e^{t-1}=0$ $\quad\therefore t=3$ ($\because e^{t-1}>0$)

따라서 $P(3, e^2)$, $H(3, 0)$이므로 구하는 삼각형 APH의 넓이는

$\frac{1}{2}\times\overline{AH}\times\overline{PH}=\frac{1}{2}\times(3-2)\times e^2=\frac{e^2}{2}$

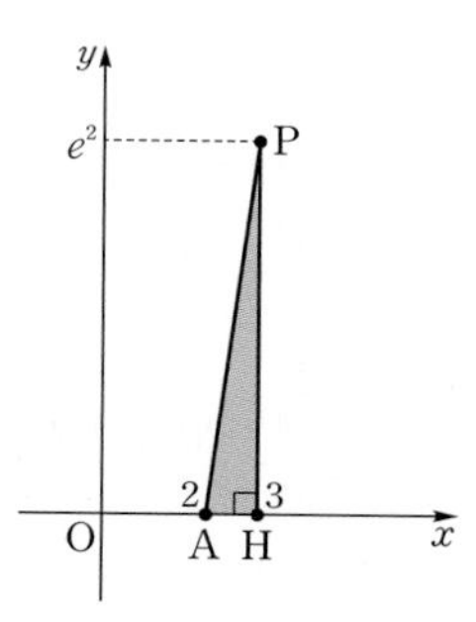


### 0427

답 ②

$f(x)=2\sqrt{x-1}$이라 하면 $f'(x)=\frac{1}{\sqrt{x-1}}$

점 $(-1, 0)$에서 곡선 $y=f(x)$에 그은 접선의 접점의 좌표를 $(t, 2\sqrt{t-1})$이라 하면 접선의 방정식은

$y-2\sqrt{t-1}=\frac{1}{\sqrt{t-1}}(x-t)$ $\quad\cdots\cdots$ ㉠

직선 ㉠이 점 $(-1, 0)$을 지나므로

$-2\sqrt{t-1}=\frac{1}{\sqrt{t-1}}(-1-t)$, $-2(t-1)=-1-t$

$-t=-3$ $\quad\therefore t=3$

이를 ㉠에 대입하면

$y-2\sqrt{2}=\frac{1}{\sqrt{2}}(x-3)$ $\quad\therefore y=\frac{\sqrt{2}}{2}x+\frac{\sqrt{2}}{2}$

따라서 접선의 $x$절편은 $-1$, $y$절편은 $\frac{\sqrt{2}}{2}$이므로 구하는 도형의 넓이는

$\frac{1}{2}\times|-1|\times\left|\frac{\sqrt{2}}{2}\right|=\frac{\sqrt{2}}{4}$

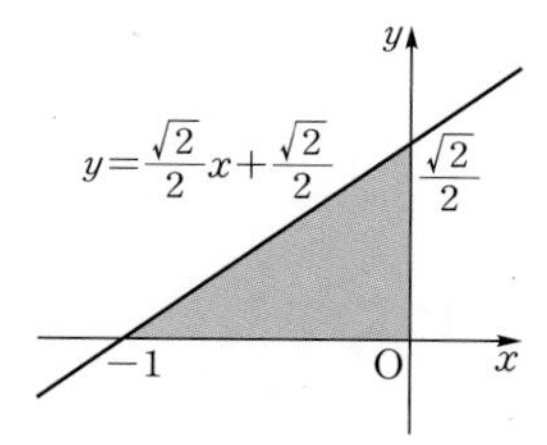


### 0428

답 ③

$f(x)=x\ln\frac{x}{4}$라 하면 $f'(x)=\ln\frac{x}{4}+1$

점 $A(0, -4)$에서 곡선 $y=f(x)$에 그은 접선의 접점의 좌표를 $\left(t, t\ln\frac{t}{4}\right)$라 하면 접선의 방정식은

$y-t\ln\frac{t}{4}=\left(\ln\frac{t}{4}+1\right)(x-t)$

이 직선이 점 $A(0, -4)$를 지나므로

$-4-t\ln\frac{t}{4}=\left(\ln\frac{t}{4}+1\right)\times(-t)$, $-4-t\ln\frac{t}{4}=-t\ln\frac{t}{4}-t$

$\therefore t=4$

즉, $P(4, 0)$이므로 $B(4, 0)$

삼각형 OAB는 $\angle AOB=90^\circ$인 직각삼각형이므로 외접원의 반지름의 길이는

$\frac{1}{2}\overline{AB}=\frac{1}{2}\times\sqrt{4^2+4^2}=2\sqrt{2}$

따라서 구하는 삼각형 OAB의 외접원의 넓이는

$\pi\times(2\sqrt{2})^2=8\pi$

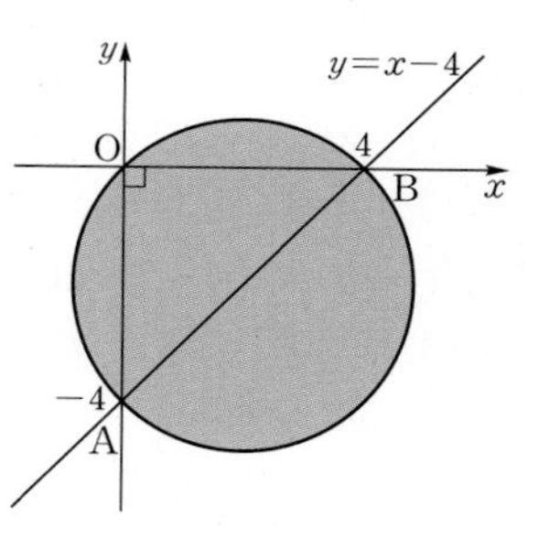


### 0429

답 ④

$f(x)=\frac{x}{x+1}=1-\frac{1}{x+1}$이라 하면 $f'(x)=\frac{1}{(x+1)^2}$

점 $(2, 3)$에서 곡선 $y=f(x)$에 그은 접선의 접점의 좌표를 $\left(t, \frac{t}{t+1}\right)$라 하면 접선의 방정식은

$y-\frac{t}{t+1}=\frac{1}{(t+1)^2}(x-t)$

이 직선이 점 $(2, 3)$을 지나므로

$3-\frac{t}{t+1}=\frac{1}{(t+1)^2}(2-t)$

$3(t+1)^2-t(t+1)=2-t$, $2t^2+6t+1=0$

이 이차방정식의 두 근을 $\alpha$, $\beta$라 하면 근과 계수의 관계에 의하여

$\alpha+\beta=-3$, $\alpha\beta=\frac{1}{2}$

이때 두 접선의 기울기는 $\frac{1}{(\alpha+1)^2}$, $\frac{1}{(\beta+1)^2}$이므로

$m_1m_2=\frac{1}{(\alpha+1)^2}\times\frac{1}{(\beta+1)^2}=\frac{1}{\{(\alpha+1)(\beta+1)\}^2}$

$=\frac{1}{(\alpha\beta+\alpha+\beta+1)^2}=\frac{1}{\left(\frac{1}{2}-3+1\right)^2}=\frac{4}{9}$

## 유형 05 접선의 개수

### 0430

답 ④

$f(x)=x^2e^x+1$이라 하면 $f'(x)=(x^2+2x)e^x$

점 $(2, 1)$에서 곡선 $y=f(x)$에 그은 접선의 접점의 좌표를 $(t, t^2e^t+1)$이라 하면 접선의 방정식은

$y-t^2e^t-1=(t^2+2t)e^t(x-t)$

이 직선이 점 $(2, 1)$을 지나므로

$-t^2e^t=(t^2+2t)e^t(2-t)$, $-t^2=-t^3+4t$ ($\because e^t>0$)

$t^3-t^2-4t=0$, $t(t^2-t-4)=0$

$\therefore t=0$ 또는 $t=\frac{1\pm\sqrt{17}}{2}$

따라서 접점이 3개이므로 구하는 접선의 개수는 3이다.

## 0431

답 ③

$f(x)=(x-2k)e^x$이라 하면

$f'(x)=e^x+(x-2k)e^x=(x-2k+1)e^x$

점 $(3k,\ 0)$에서 곡선 $y=f(x)$에 그은 접선의 접점의 좌표를 $(t,\ (t-2k)e^t)$이라 하면 접선의 방정식은

$y-(t-2k)e^t=(t-2k+1)e^t(x-t)$

이 직선이 점 $(3k,\ 0)$을 지나므로

$-(t-2k)e^t=(t-2k+1)e^t(3k-t)$

$-t+2k=3kt-6k^2+3k-t^2+2kt-t$ ($\because e^t>0$)

$\therefore t^2-5kt+6k^2-k=0$ …… ㉠

점 $(3k,\ 0)$에서 곡선 $y=f(x)$에 그을 수 있는 접선이 2개이려면 이차방정식 ㉠이 서로 다른 두 실근을 가져야 한다.

즉, 이차방정식 ㉠의 판별식을 $D$라 할 때 $D>0$이어야 하므로

$D=(-5k)^2-4(6k^2-k)>0,\ k^2+4k>0$

$k(k+4)>0$ $\quad \therefore k<-4$ 또는 $k>0$

따라서 $k$의 값이 될 수 없는 것은 ③이다.

## 0432

답 ④

$f(x)=x^2e^{-x}$이라 하면 $f'(x)=2xe^{-x}-x^2e^{-x}=(2x-x^2)e^{-x}$

점 $(a,\ 0)$에서 곡선 $y=f(x)$에 그은 접선의 접점의 좌표를 $(t,\ t^2e^{-t})$이라 하면 접선의 방정식은

$y-t^2e^{-t}=(2t-t^2)e^{-t}(x-t)$

이 직선이 점 $(a,\ 0)$을 지나므로

$-t^2e^{-t}=(2t-t^2)e^{-t}(a-t)$

$-t^2=2at-2t^2-at^2+t^3$ ($\because e^{-t}>0$)

$t^3-(a+1)t^2+2at=0$

$t\{t^2-(a+1)t+2a\}=0$

$\therefore t=0$ 또는 $t^2-(a+1)t+2a=0$ …… ㉠

점 $(a,\ 0)$에서 곡선 $y=f(x)$에 오직 하나의 접선을 그을 수 있으려면 ㉠의 서로 다른 실근은 1개뿐이어야 한다.

따라서 이차방정식 $t^2-(a+1)t+2a=0$이 0을 중근으로 갖거나 실근을 갖지 않아야 한다.

그런데 $a+1=0,\ 2a=0$을 동시에 만족시키는 $a$의 값은 없으므로 이차방정식 $t^2-(a+1)t+2a=0$은 실근을 갖지 않아야 한다.

즉, 이 이차방정식의 판별식을 $D$라 할 때 $D<0$이어야 하므로

$D=(a+1)^2-8a<0$

$a^2-6a+1<0,\ (a-3)^2<8$

$-2\sqrt{2}<a-3<2\sqrt{2}$

$\therefore 3-2\sqrt{2}<a<3+2\sqrt{2}$

**Bible Says** 하나의 실근이 주어진 삼차방정식

삼차방정식 $f(x)=0$이 $x=\alpha$를 하나의 실근으로 가질 때
주어진 삼차방정식을 $(x-\alpha)(ax^2+bx+c)=0$ $(a\neq0)$ 꼴로 변형한 후
이차방정식 $ax^2+bx+c=0$의 판별식을 $D$라 하면
(1) 실근만을 갖는다. ➡ $D\geq0$
(2) 중근을 갖는다. ➡ $D=0$ 또는 $a\alpha^2+b\alpha+c=0$
(3) 한 개의 실근과 두 개의 허근을 갖는다. ➡ $D<0$

# 유형 06 공통인 접선

## 0433

답 ③

$f(x)=2a\ln x,\ g(x)=2x^2$이라 하면

$f'(x)=\frac{2a}{x},\ g'(x)=4x$

두 곡선 $y=f(x),\ y=g(x)$가 $x=t$인 점에서 접한다고 하면 이 점에서의 접선이 일치하므로

$f(t)=g(t)$에서 $2a\ln t=2t^2$ …… ㉠

$f'(t)=g'(t)$에서 $\frac{2a}{t}=4t$

$\therefore a=2t^2$ …… ㉡

㉡을 ㉠에 대입하면

$4t^2\ln t=2t^2,\ \ln t=\frac{1}{2}$

$\therefore t=\sqrt{e}$

이를 ㉡에 대입하면 $a=2e$

## 0434

답 $-4$

$f(x)=\frac{1}{\sin x},\ g(x)=a(\sin x-1)$이라 하면

$f'(x)=-\frac{\cos x}{\sin^2 x},\ g'(x)=a\cos x$

두 곡선이 만나는 한 점의 $x$좌표를 $t$라 하면 이 점에서의 접선이 일치하므로

$f(t)=g(t)$에서 $\frac{1}{\sin t}=a(\sin t-1)$ …… ㉠

$f'(t)=g'(t)$에서 $-\frac{\cos t}{\sin^2 t}=a\cos t$

$\therefore a=-\frac{1}{\sin^2 t}$

이를 ㉠에 대입하면 $\frac{1}{\sin t}=-\frac{1}{\sin^2 t}(\sin t-1)$

$\sin t=-\sin t+1,\ \sin t=\frac{1}{2}$ $\quad \therefore t=\frac{\pi}{6}\left(\because 0<t<\frac{\pi}{2}\right)$

$\therefore a=-\frac{1}{\sin^2\frac{\pi}{6}}=-4$

## 0435

답 $-1$

$f(x)=e^x\cos x,\ g(x)=ae^x$에서

$f'(x)=e^x(\cos x-\sin x),\ g'(x)=ae^x$

두 곡선 $y=f(x),\ y=g(x)$의 교점의 $x$좌표를 $t$라 하면 이 점에서의 접선이 일치하므로

$f(t)=g(t)$에서 $e^t\cos t=ae^t$

$\therefore \cos t=a$ …… ㉠

$f'(t)=g'(t)$에서 $e^t(\cos t-\sin t)=ae^t$

$\therefore \cos t-\sin t=a$ …… ㉡

㉠, ㉡에서 $\cos t-\sin t=\cos t,\ \sin t=0$

$\therefore t=0\left(\because -\frac{\pi}{2}<t<\frac{\pi}{2}\right)$

즉, 접점의 좌표는 $(0, 1)$, 접선의 기울기는

$f'(0)=e^0(\cos 0-\sin 0)=1$이므로 구하는 접선의 방정식은

$y=x+1$

따라서 구하는 접선의 $x$절편은 $-1$이다.

즉, 곡선 $y=g(x)$ 위의 점 $(2\ln 2, 0)$에서의 접선의 방정식은

$y=4(x-2\ln 2)$

$\therefore y=4x-8\ln 2$

따라서 $a=4$, $b=-8\ln 2$이므로

$\frac{b}{a}=-2\ln 2$

## 유형 07 역함수의 그래프의 접선의 방정식

### 0436

답 ③

$g(6)=k$라 하면 $f(k)=6$이므로

$k^3-2=6$, $k^3=8$

$\therefore k=2$

$f(x)=x^3-2$에서 $f'(x)=3x^2$이므로

$g'(6)=\frac{1}{f'(2)}=\frac{1}{12}$

즉, 곡선 $y=g(x)$ 위의 점 $(6, g(6))$을 지나고, 이 점에서의 접선과 수직인 직선의 방정식은

$y-g(6)=-\frac{1}{g'(6)}(x-6)$, $y-2=-12(x-6)$

$\therefore y=-12x+74$

따라서 $a=-12$, $b=74$이므로

$a+b=-12+74=62$

### 0437

답 2

$\lim_{x\to 1}\frac{f(x)-4}{x-1}=4$에서 극한값이 존재하고 $x\to 1$일 때,

(분모)$\to 0$이므로 (분자)$\to 0$이어야 한다.

즉, $\lim_{x\to 1}\{f(x)-4\}=0$이므로 $f(1)=4$

$\lim_{x\to 1}\frac{f(x)-4}{x-1}=\lim_{x\to 1}\frac{f(x)-f(1)}{x-1}=f'(1)=4$

함수 $g(x)$는 $f(x)$의 역함수이므로 $g(4)=1$

이때 곡선 $y=g(x)$가 점 $(a, 1)$을 지나고 함수 $g(x)$는 일대일대응이므로 $a=4$

$g'(4)=\frac{1}{f'(1)}=\frac{1}{4}$

따라서 곡선 $y=g(x)$ 위의 점 $(4, 1)$에서의 접선의 방정식은

$y-1=\frac{1}{4}(x-4)$ $\quad\therefore y=\frac{1}{4}x$

즉, $h(x)=\frac{1}{4}x$이므로 $h(8)=\frac{1}{4}\times 8=2$

### 0438

답 ①

$g(2\ln 2)=k$라 하면 $f(k)=2\ln 2$이므로

$\ln(e^k+3)=\ln 4$에서 $e^k+3=4$

$e^k=1$ $\quad\therefore k=0$

$f(x)=\ln(e^x+3)$에서 $f'(x)=\frac{e^x}{e^x+3}$이므로

$g'(\ln 4)=\frac{1}{f'(k)}=\frac{1}{f'(0)}=4$

## 유형 08 매개변수로 나타낸 곡선의 접선의 방정식

### 0439

답 ②

$x=2+2t$, $y=at^2+2$를 각각 $t$에 대하여 미분하면

$\frac{dx}{dt}=2$, $\frac{dy}{dt}=2at$이므로

$\frac{dy}{dx}=\frac{\frac{dy}{dt}}{\frac{dx}{dt}}=\frac{2at}{2}=at$

$t=1$일 때 $x=4$, $y=a+2$

$\frac{dy}{dx}=a$

이므로 접선의 방정식은

$y-(a+2)=a(x-4)$

$\therefore ax-y-3a+2=0$

따라서 $a=1$, $b=-1$이므로

$a^2+b^2=1^2+(-1)^2=2$

### 0440

답 ③

$x=\ln(t+1)+2$, $y=\frac{1}{3}t^3-\frac{1}{2}t^2+2t+3$을 각각 $t$에 대하여 미분하면

$\frac{dx}{dt}=\frac{1}{t+1}$, $\frac{dy}{dt}=t^2-t+2$이므로

$\frac{dy}{dx}=\frac{\frac{dy}{dt}}{\frac{dx}{dt}}=\frac{t^2-t+2}{\frac{1}{t+1}}=(t+1)(t^2-t+2)$

$t=0$일 때 $x=2$, $y=3$

$\frac{dy}{dx}=1\times 2=2$

이므로 접선의 방정식은

$y-3=2(x-2)$

$\therefore y=2x-1$

따라서 $\mathrm{A}\left(\frac{1}{2}, 0\right)$, $\mathrm{B}(0, -1)$이므로

$\overline{\mathrm{OA}}+\overline{\mathrm{OB}}=\frac{1}{2}+1=\frac{3}{2}$

### 0441

답 9

$x=e^{2t}-e^{-2t}$, $y=e^{2t}+e^{-2t}$을 각각 $t$에 대하여 미분하면

$\frac{dx}{dt}=2e^{2t}+2e^{-2t}=2(e^{2t}+e^{-2t})$

$\frac{dy}{dt}=2e^{2t}-2e^{-2t}=2(e^{2t}-e^{-2t})$
이므로

$\frac{dy}{dx}=\frac{\frac{dy}{dt}}{\frac{dx}{dt}}=\frac{e^{2t}-e^{-2t}}{e^{2t}+e^{-2t}}$

$t=\frac{1}{2}\ln 3$일 때

$x=e^{\ln 3}-e^{-\ln 3}=3-\frac{1}{3}=\frac{8}{3}$

$y=e^{\ln 3}+e^{-\ln 3}=3+\frac{1}{3}=\frac{10}{3}$

$\frac{dy}{dx}=\frac{e^{\ln 3}-e^{-\ln 3}}{e^{\ln 3}+e^{-\ln 3}}=\frac{3-\frac{1}{3}}{3+\frac{1}{3}}=\frac{4}{5}$

이므로 접선의 방정식은

$y-\frac{10}{3}=\frac{4}{5}\left(x-\frac{8}{3}\right)$ $\therefore y=\frac{4}{5}x+\frac{6}{5}$

따라서 접선의 $x$절편은 $-\frac{3}{2}$, $y$절편은 $\frac{6}{5}$이므로 구하는 도형의 넓이 $S$는

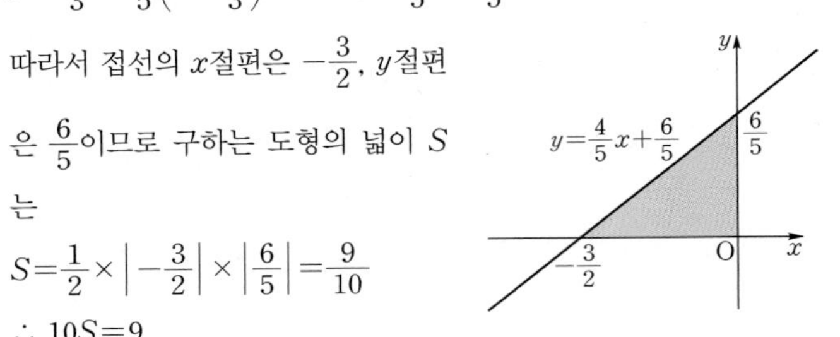


$S=\frac{1}{2}\times\left|-\frac{3}{2}\right|\times\left|\frac{6}{5}\right|=\frac{9}{10}$

$\therefore 10S=9$

## 유형 09 음함수로 나타낸 곡선의 접선의 방정식

### 0442

답 ⑤

$2x^2+xy-y^2=2$의 양변을 $x$에 대하여 미분하면

$4x+y+x\times\frac{dy}{dx}-2y\times\frac{dy}{dx}=0$, $(x-2y)\frac{dy}{dx}=-(4x+y)$

$\therefore \frac{dy}{dx}=-\frac{4x+y}{x-2y}$ (단, $x-2y\neq0$)

주어진 곡선 위의 점 $(1, 1)$에서의 접선의 기울기는

$-\frac{4+1}{1-2}=5$이므로 접선의 방정식은

$y-1=5(x-1)$ $\therefore 5x-y-4=0$

따라서 $a=5$, $b=-1$이므로

$a-b=5-(-1)=6$

### 0443

답 8

$\pi x=y+\sin xy$의 양변을 $x$에 대하여 미분하면

$\pi=\frac{dy}{dx}+\cos xy\times\left(y+x\times\frac{dy}{dx}\right)$

점 $(2, 2\pi)$에서의 접선의 기울기는

$\pi=\frac{dy}{dx}+\cos 4\pi\times\left(2\pi+2\times\frac{dy}{dx}\right)$

$3\times\frac{dy}{dx}=-\pi$ $\therefore \frac{dy}{dx}=-\frac{\pi}{3}$

주어진 곡선 위의 점 $(2, 2\pi)$에서의 접선의 방정식은

$y-2\pi=-\frac{\pi}{3}(x-2)$ $\therefore y=-\frac{\pi}{3}x+\frac{8}{3}\pi$

따라서 구하는 접선의 $y$절편은 $a=\frac{8}{3}\pi$이므로

$\frac{3a}{\pi}=8$

### 0444

답 ④

$ax^2+bxy+y^2=3$의 양변을 $x$에 대하여 미분하면

$2ax+by+bx\times\frac{dy}{dx}+2y\times\frac{dy}{dx}=0$

$(bx+2y)\frac{dy}{dx}=-(2ax+by)$

$\therefore \frac{dy}{dx}=\frac{-2ax-by}{bx+2y}$ (단, $bx+2y\neq0$)

점 $(2, 1)$에서의 접선의 기울기가 $\frac{-4a-b}{2b+2}$이므로

접선의 방정식은 $y-1=\frac{-4a-b}{2b+2}(x-2)$

이 직선이 원 $(x-3)^2+(y+3)^2=4$의 넓이를 이등분하려면 원의 중심 $(3, -3)$을 지나야 한다.

즉, $-3-1=\frac{-4a-b}{2b+2}(3-2)$에서 $-4(2b+2)=-4a-b$

$\therefore 4a-7b=8$ ...... ㉠

한편, 곡선 $ax^2+bxy+y^2=3$이 점 $(2, 1)$을 지나므로

$4a+2b+1=3$

$\therefore 2a+b=1$ ...... ㉡

㉠, ㉡을 연립하여 풀면 $a=\frac{5}{6}$, $b=-\frac{2}{3}$

$\therefore a-b=\frac{5}{6}-\left(-\frac{2}{3}\right)=\frac{3}{2}$

## 유형 10 접선의 방정식의 활용

### 0445

답 ③

$f(x)=\ln x$라 하면 $f'(x)=\frac{1}{x}$

곡선 $y=f(x)$ 위의 점과 직선 $y=x+2$ 사이의 최소 거리는 기울기가 1인 직선과 곡선 $y=f(x)$가 접하는 접점과 직선 $y=x+2$ 사이의 거리와 같다.

이때 접점의 좌표를 $(t, \ln t)$라 하면

$f'(t)=1$에서 $\frac{1}{t}=1$ $\therefore t=1$

따라서 접점의 좌표는 $(1, 0)$이므로 구하는 최소 거리는 점 $(1, 0)$과 직선 $y=x+2$, 즉 $x-y+2=0$ 사이의 거리와 같다.

$\therefore \frac{|1-0+2|}{\sqrt{1^2+(-1)^2}}=\frac{3}{\sqrt{2}}=\frac{3\sqrt{2}}{2}$

## 0446

답 $\frac{3}{2}$

$f(x)=e^{2x-1}+1$이라 하면 $f'(x)=2e^{2x-1}$
삼각형 PAB의 넓이가 최소가 되려면 점 P는 직선 AB와 평행하면서 곡선 $y=f(x)$에 접하는 직선의 접점이어야 한다.
$P(t, e^{2t-1}+1)$이라 하면 이 점에서의 접선의 기울기가 직선 AB의 기울기와 같아야 한다.
이때 직선 AB의 기울기는 $\frac{-2-0}{0-1}=2$이므로
$2e^{2t-1}=2$, $e^{2t-1}=1$
$2t-1=0 \quad \therefore t=\frac{1}{2} \quad \therefore P\left(\frac{1}{2}, 2\right)$
직선 AB의 방정식이 $y=2x-2$, 즉 $2x-y-2=0$이므로
점 P와 직선 $2x-y-2=0$ 사이의 거리는
$\frac{|1-2-2|}{\sqrt{2^2+(-1)^2}}=\frac{3}{\sqrt{5}}$
$\overline{AB}=\sqrt{1^2+2^2}=\sqrt{5}$
따라서 구하는 삼각형 PAB의 넓이의 최솟값은
$\frac{1}{2}\times\sqrt{5}\times\frac{3}{\sqrt{5}}=\frac{3}{2}$

## 0447

답 ⑤

두 직선 $m$과 $n$은 서로 평행하고, 직선 $y=x$에 대하여 대칭이므로
$m\perp\overline{PQ}$, $n\perp\overline{PQ}$
$f(x)=\ln x$에서 $f'(x)=\frac{1}{x}$
직선 $m$의 기울기는 직선 $y=x$의 기울기와 같으므로
$\frac{1}{x}=1$에서 $x=1$, $f(1)=0 \quad \therefore P(1, 0)$
접선 $n$이 직선 $m$과 평행하고, 두 점 P, Q가 직선 $y=x$에 대하여 대칭이므로 Q$(0, 1)$
따라서 구하는 직선 $n$의 방정식은 $y=x+1$이다.

### 유형 11 함수의 증가와 감소

## 0448

답 ①

$f(x)=(\ln 2x)^2$에서 진수의 조건에 의하여 $x>0$
$f'(x)=2\ln 2x\times\frac{2}{2x}=\frac{2\ln 2x}{x}$
$f'(x)=0$에서 $\ln 2x=0$
$2x=1 \quad \therefore x=\frac{1}{2}$
$x>0$에서 함수 $f(x)$의 증가와 감소를 표로 나타내면 다음과 같다.

| $x$ | (0) | $\cdots$ | $\frac{1}{2}$ | $\cdots$ |
|---|---|---|---|---|
| $f'(x)$ | | $-$ | 0 | $+$ |
| $f(x)$ | | ↘ | | ↗ |

따라서 함수 $f(x)$는 구간 $\left(0, \frac{1}{2}\right]$에서 감소하고, 구간 $\left[\frac{1}{2}, \infty\right)$에서 증가하므로 $a=\frac{1}{2}$

## 0449

답 ④

$f'(x)=3-\frac{27}{x^2}=\frac{3x^2-27}{x^2}=\frac{3(x+3)(x-3)}{x^2}$
$f'(x)=0$에서 $x=-3$ 또는 $x=3$
$x\neq0$에서 함수 $f(x)$의 증가와 감소를 표로 나타내면 다음과 같다.

| $x$ | $\cdots$ | $-3$ | $\cdots$ | (0) | $\cdots$ | 3 | $\cdots$ |
|---|---|---|---|---|---|---|---|
| $f'(x)$ | $+$ | 0 | $-$ | | $-$ | 0 | $+$ |
| $f(x)$ | ↗ | | ↘ | | ↘ | | ↗ |

따라서 함수 $f(x)$는 구간 $[-3, 0)$ 또는 $(0, 3]$에서 감소하므로 구하는 정수 $x$는 $-3$, $-2$, $-1$, 1, 2, 3의 6개이다.

## 0450

답 ⑤

$f'(x)=2\cos 2x-2\sin x$
$f'(x)=0$에서 $2\cos 2x-2\sin x=0$
$1-2\sin^2 x-\sin x=0$ ($\because \cos 2x=1-2\sin^2 x$)
$2\sin^2 x+\sin x-1=0$, $(\sin x+1)(2\sin x-1)=0$
$\therefore x=\frac{\pi}{6}$ 또는 $x=\frac{5}{6}\pi$ ($\because 0\leq x\leq\pi$)
$0\leq x\leq\pi$에서 함수 $f(x)$의 증가와 감소를 표로 나타내면 다음과 같다.

| $x$ | 0 | $\cdots$ | $\frac{\pi}{6}$ | $\cdots$ | $\frac{5}{6}\pi$ | $\cdots$ | $\pi$ |
|---|---|---|---|---|---|---|---|
| $f'(x)$ | | $+$ | 0 | $-$ | 0 | $+$ | |
| $f(x)$ | | ↗ | | ↘ | | ↗ | |

따라서 함수 $f(x)$는 구간 $\left[\frac{\pi}{6}, \frac{5}{6}\pi\right]$에서 감소하므로
$m=\frac{\pi}{6}$, $M=\frac{5}{6}\pi$
$\therefore M+m=\pi$

## 0451

답 ②

$f'(x)=-\frac{2e^x(3x^2+1)-2e^x\times6x}{(3x^2+1)^2}$
$=-\frac{(6x^2-12x+2)e^x}{(3x^2+1)^2}=-\frac{2(3x^2-6x+1)e^x}{(3x^2+1)^2}$
$f'(x)=0$에서 $3x^2-6x+1=0$ ($\because e^x>0$)
함수 $f(x)$가 $a\leq x\leq b$에서 증가한다고 하면 $a$, $b$는 이차방정식 $3x^2-6x+1=0$의 두 근이다.
따라서 근과 계수의 관계에 의하여
$a+b=2$, $ab=\frac{1}{3}$
이때 $a\leq\alpha<\beta\leq b$이므로
$(\beta-\alpha)^2\leq(b-a)^2=(a+b)^2-4ab$
$=2^2-4\times\frac{1}{3}=\frac{8}{3}$
즉, $\beta-\alpha$의 최댓값은 $\frac{2\sqrt{6}}{3}$이다.

## 유형 12 실수 전체의 집합에서 함수가 증가 또는 감소할 조건

### 0452

답 ③

$f(x)=(2x-k)e^{x^2}$에서

$f'(x)=2e^{x^2}+(2x-k)e^{x^2}\times 2x=2(2x^2-kx+1)e^{x^2}$

함수 $f(x)$가 실수 전체의 집합에서 증가하려면 모든 실수 $x$에 대하여 $f'(x)\geq 0$이어야 하므로

$2x^2-kx+1\geq 0$ ($\because e^{x^2}>0$)

이 이차부등식이 모든 실수 $x$에 대하여 성립하려면 이차방정식 $2x^2-kx+1=0$의 판별식을 $D$라 할 때 $D\leq 0$이어야 한다.

$D=(-k)^2-4\times 2\times 1\leq 0$에서 $k^2-8\leq 0$

$\therefore -2\sqrt{2}\leq k\leq 2\sqrt{2}$

따라서 구하는 음이 아닌 정수 $k$는 0, 1, 2의 3개이다.

### 0453

답 ⑤

$f(x)=a\sin x-3x$에서 $f'(x)=a\cos x-3$

함수 $f(x)$가 실수 전체의 집합에서 감소하려면 모든 실수 $x$에 대하여 $f'(x)\leq 0$이어야 하므로

$a\cos x\leq 3$ ...... ㉠

이때 $-1\leq\cos x\leq 1$에서 $-|a|\leq a\cos x\leq |a|$이므로

㉠이 모든 실수 $x$에 대하여 성립하려면

$|a|\leq 3$ $\therefore -3\leq a\leq 3$

따라서 구하는 정수 $a$는 $-3$, $-2$, $-1$, 0, 1, 2, 3의 7개이다.

### 0454

답 1

$f(x)=x+\ln(x^2+n)$에서 진수의 조건에 의하여 $x^2+n>0$

위의 부등식이 모든 실수 $x$에 대하여 성립하려면

$n>0$ ...... ㉠

$f'(x)=1+\frac{2x}{x^2+n}=\frac{x^2+2x+n}{x^2+n}$

함수 $f(x)$가 역함수를 가지려면 실수 전체의 집합에서 증가하거나 감소해야 한다.

즉, 모든 실수 $x$에 대하여 $f'(x)\geq 0$ 또는 $f'(x)\leq 0$이어야 하는데 $\lim_{x\to\infty}f'(x)=1$이므로 $f'(x)\geq 0$이어야 한다.

$\frac{x^2+2x+n}{x^2+n}\geq 0$에서 $x^2+2x+n\geq 0$ ($\because x^2+n>0$)

이 이차부등식이 모든 실수 $x$에 대하여 성립하려면 이차방정식 $x^2+2x+n=0$의 판별식을 $D$라 할 때 $D\leq 0$이어야 한다.

$\frac{D}{4}=1-n\leq 0$ $\therefore n\geq 1$ ...... ㉡

㉠, ㉡에서 $n\geq 1$

따라서 함수 $f(x)$가 역함수를 갖도록 하는 자연수 $n$의 최솟값은 1이다.

### 0455

답 ①

$f(x)=(x^2+kx+6)e^x$에서

$f'(x)=(2x+k)e^x+(x^2+kx+6)e^x$

$=\{x^2+(k+2)x+k+6\}e^x$

함수 $f(x)$에 대하여 $(g\circ f)(x)=x$를 만족시키는 함수 $g(x)$는 $f(x)$의 역함수이다.

따라서 함수 $f(x)$의 역함수가 존재하려면 $f(x)$는 실수 전체의 집합에서 증가하거나 감소해야 한다.

즉, $f'(x)\geq 0$ 또는 $f'(x)\leq 0$이어야 하는데 $\lim_{x\to\infty}f'(x)=\infty$이므로 $f'(x)\geq 0$이어야 한다.

$\{x^2+(k+2)x+k+6\}e^x\geq 0$에서

$x^2+(k+2)x+k+6\geq 0$ ($\because e^x>0$)

이 이차부등식이 모든 실수 $x$에 대하여 성립하려면 이차방정식 $x^2+(k+2)x+k+6=0$의 판별식을 $D$라 할 때 $D\leq 0$이어야 한다.

$D=(k+2)^2-4(k+6)\leq 0$, $k^2-20\leq 0$

$\therefore -2\sqrt{5}\leq k\leq 2\sqrt{5}$

따라서 구하는 양수 $k$의 최댓값은 $2\sqrt{5}$이다.

## 유형 13 주어진 구간에서 함수가 증가 또는 감소할 조건

### 0456

답 ④

$f(x)=e^{2x}-kx$에서 $f'(x)=2e^{2x}-k$

함수 $f(x)$가 $x>0$인 모든 실수 $x$에 대하여 증가하려면 이 구간에서 $f'(x)\geq 0$이어야 한다.

따라서 $f'(0)\geq 0$이어야 하므로

$2-k\geq 0$ $\therefore k\leq 2$

### 0457

답 ④

$f(x)=x^2-3x-\frac{k}{x}$에서

$f'(x)=2x-3+\frac{k}{x^2}=\frac{2x^3-3x^2+k}{x^2}$

함수 $f(x)$가 구간 $(0, \infty)$에서 증가하려면 이 구간에서 $f'(x)\geq 0$이어야 한다.

$g(x)=2x^3-3x^2+k$라 하면 $g'(x)=6x^2-6x=6x(x-1)$

$g'(x)=0$에서 $x=1$ ($\because x>0$)

$x>0$에서 함수 $g(x)$의 증가와 감소를 표로 나타내면 다음과 같다.

| $x$ | (0) | $\cdots$ | 1 | $\cdots$ |
|---|---|---|---|---|
| $g'(x)$ | | $-$ | 0 | $+$ |
| $g(x)$ | | ↘ | 극소 | ↗ |

함수 $g(x)$는 $x=1$에서 극소이면서 최소이므로 $f'(x)\geq 0$이려면 $g(1)\geq 0$이어야 한다.

$2-3+k\geq 0$ $\therefore k\geq 1$

따라서 구하는 실수 $k$의 최솟값은 1이다.

## 0458

답 4

$f(x)=a^2\ln\frac{1}{x}-\frac{1}{2}x^2+8x$에서 $f'(x)=-\frac{a^2}{x}-x+8$

함수 $f(x)$가 $0<x_1<x_2$인 모든 실수 $x_1$, $x_2$에 대하여 $f(x_1)>f(x_2)$를 만족시키려면 $x>0$인 모든 실수 $x$에 대하여 $f(x)$는 감소해야 하므로 $x>0$에서 $f'(x)\le 0$이어야 한다.

즉, $-\frac{a^2}{x}-x+8\le 0$에서 $x^2-8x+a^2\ge 0$

$(x-4)^2+a^2-16\ge 0$

이 이차부등식이 $x>0$인 모든 실수 $x$에 대하여 성립하려면

$a^2-16\ge 0$, $(a+4)(a-4)\ge 0$

$\therefore a\ge 4$ ($\because a>0$)

따라서 구하는 양수 $a$의 최솟값은 4이다.

### 유형 14 유리함수의 극대 · 극소

## 0459

답 ②

$f(x)=\frac{4x}{x^2+4}$에서

$f'(x)=\frac{4(x^2+4)-4x\times 2x}{(x^2+4)^2}=\frac{-4x^2+16}{(x^2+4)^2}$

$=\frac{-4(x+2)(x-2)}{(x^2+4)^2}$

$f'(x)=0$에서 $x=-2$ 또는 $x=2$

함수 $f(x)$의 증가와 감소를 표로 나타내면 다음과 같다.

| $x$ | $\cdots$ | $-2$ | $\cdots$ | $2$ | $\cdots$ |
|---|---|---|---|---|---|
| $f'(x)$ | $-$ | 0 | $+$ | 0 | $-$ |
| $f(x)$ | ↘ | 극소 | ↗ | 극대 | ↘ |

함수 $f(x)$는 $x=2$에서 극대, $x=-2$에서 극소이므로

$M=f(2)=\frac{4\times 2}{2^2+4}=1$

$m=f(-2)=\frac{4\times(-2)}{(-2)^2+4}=-1$

$\therefore M^2+m^2=1^2+(-1)^2=2$

## 0460

답 ①

$f(x)=\frac{x^2-4x+13}{x-2}=\frac{(x-2)^2+9}{x-2}=x-2+\frac{9}{x-2}$에서

$f'(x)=1-\frac{9}{(x-2)^2}=\frac{x^2-4x-5}{(x-2)^2}=\frac{(x+1)(x-5)}{(x-2)^2}$

$f'(x)=0$에서 $x=-1$ 또는 $x=5$

함수 $f(x)$의 증가와 감소를 표로 나타내면 다음과 같다.

| $x$ | $\cdots$ | $-1$ | $\cdots$ | $(2)$ | $\cdots$ | $5$ | $\cdots$ |
|---|---|---|---|---|---|---|---|
| $f'(x)$ | $+$ | 0 | $-$ | | $-$ | 0 | $+$ |
| $f(x)$ | ↗ | 극대 | ↘ | | ↘ | 극소 | ↗ |

함수 $f(x)$는 $x=-1$에서 극대, $x=5$에서 극소이므로

$M=f(-1)=\frac{1+4+13}{-1-2}=-6$

$m=f(5)=\frac{25-20+13}{5-2}=6$

$\therefore M-m=(-6)-6=-12$

## 0461

답 7

$f(x)=x+\frac{k}{x+1}$에서

$f'(x)=1-\frac{k}{(x+1)^2}=\frac{x^2+2x+1-k}{(x+1)^2}$

$f'(x)=0$에서

$x^2+2x+1-k=0$ …… ㉠

이 이차방정식의 두 근을 $\alpha$, $\beta$ $(\alpha<\beta)$라 하면

$\alpha^2+2\alpha+1-k=0$, $\beta^2+2\beta+1-k=0$ …… ㉡

이때 이차함수 $y=x^2+2x+1-k=(x+1)^2-k$의 그래프는 직선 $x=-1$에 대하여 대칭이므로 $\alpha<-1<\beta$이다.

함수 $f(x)$의 증가와 감소를 표로 나타내면 다음과 같다.

| $x$ | $\cdots$ | $\alpha$ | $\cdots$ | $(-1)$ | $\cdots$ | $\beta$ | $\cdots$ |
|---|---|---|---|---|---|---|---|
| $f'(x)$ | $+$ | 0 | $-$ | | $-$ | 0 | $+$ |
| $f(x)$ | ↗ | 극대 | ↘ | | ↘ | 극소 | ↗ |

함수 $f(x)$는 $x=\alpha$에서 극댓값 $-5$를 가지므로

$\alpha+\frac{k}{\alpha+1}=-5$에서 $\alpha^2+\alpha+k=-5\alpha-5$

$\alpha^2+6\alpha+5+k=0$ …… ㉢

㉡에서 $k=\alpha^2+2\alpha+1$을 ㉢에 대입하면

$\alpha^2+6\alpha+5+\alpha^2+2\alpha+1=0$, $\alpha^2+4\alpha+3=0$

$(\alpha+3)(\alpha+1)=0$ $\therefore \alpha=-3$ ($\because \alpha\neq-1$)

$\alpha=-3$을 ㉢에 대입하면 $k=-(9-18+5)=4$

이를 ㉠에 대입하면 $x^2+2x-3=0$에서

$(x+3)(x-1)=0$ $\therefore x=-3$ 또는 $x=1$

즉, 함수 $f(x)$는 $x=1$에서 극소이므로

$m=f(1)=1+\frac{4}{1+1}=3$

$\therefore k+m=4+3=7$

### 유형 15 무리함수의 극대 · 극소

## 0462

답 ②

$f(x)=x\sqrt{x+4}$에서 $x\ge -4$이고

$f'(x)=\sqrt{x+4}+\frac{x}{2\sqrt{x+4}}$

$f'(x)=0$에서 $2(x+4)+x=0$

$3x+8=0$ $\therefore x=-\frac{8}{3}$

$x\ge -4$에서 함수 $f(x)$의 증가와 감소를 표로 나타내면 다음과 같다.

| $x$ | $-4$ | $\cdots$ | $-\frac{8}{3}$ | $\cdots$ |
|---|---|---|---|---|
| $f'(x)$ | | $-$ | 0 | $+$ |
| $f(x)$ | | ↘ | 극소 | ↗ |

함수 $f(x)$는 $x=-\frac{8}{3}$에서 극소이므로 구하는 극솟값은

$f\left(-\frac{8}{3}\right)=-\frac{8}{3}\times\sqrt{-\frac{8}{3}+4}=-\frac{16\sqrt{3}}{9}$

## 0463

답 ⑤

$f(x)=2x+\sqrt{9-x^2}$에서 $9-x^2\geq 0$

$\therefore -3\leq x\leq 3$

$f'(x)=2-\dfrac{x}{\sqrt{9-x^2}}$

$f'(x)=0$에서 $2\sqrt{9-x^2}=x$ ...... ㉠

$36-4x^2=x^2$, $5x^2=36$

$\therefore x=\dfrac{6\sqrt{5}}{5}$ ($\because$ ㉠에서 $x\geq 0$)

$-3\leq x\leq 3$에서 함수 $f(x)$의 증가와 감소를 표로 나타내면 다음과 같다.

| $x$ | $-3$ | $\cdots$ | $\frac{6\sqrt{5}}{5}$ | $\cdots$ | $3$ |
|---|---|---|---|---|---|
| $f'(x)$ | | $+$ | $0$ | $-$ | |
| $f(x)$ | | ↗ | 극대 | ↘ | |

함수 $f(x)$는 $x=\dfrac{6\sqrt{5}}{5}$에서 극댓값

$f\left(\dfrac{6\sqrt{5}}{5}\right)=\dfrac{12\sqrt{5}}{5}+\sqrt{9-\dfrac{36}{5}}=\dfrac{12\sqrt{5}}{5}+\dfrac{3\sqrt{5}}{5}=3\sqrt{5}$

를 가지므로 $a=\dfrac{6\sqrt{5}}{5}$, $b=3\sqrt{5}$

$\therefore ab=\dfrac{6\sqrt{5}}{5}\times 3\sqrt{5}=18$

## 0464

답 ③

$f(x)=\dfrac{2}{x+\sqrt{1-x}}$에서

$f'(x)=-\dfrac{2\left(1-\dfrac{1}{2\sqrt{1-x}}\right)}{(x+\sqrt{1-x})^2}=-\dfrac{2\sqrt{1-x}-1}{\sqrt{1-x}(x+\sqrt{1-x})^2}$

$f'(x)=0$에서 $\sqrt{1-x}=\dfrac{1}{2}$

$1-x=\dfrac{1}{4}$ $\quad\therefore x=\dfrac{3}{4}$

$0\leq x\leq 1$에서 함수 $f(x)$의 증가와 감소를 표로 나타내면 다음과 같다.

| $x$ | $0$ | $\cdots$ | $\frac{3}{4}$ | $\cdots$ | $1$ |
|---|---|---|---|---|---|
| $f'(x)$ | | $-$ | $0$ | $+$ | |
| $f(x)$ | | ↘ | 극소 | ↗ | |

함수 $f(x)$는 $x=\dfrac{3}{4}$에서 극소이므로 구하는 극솟값은

$f\left(\dfrac{3}{4}\right)=\dfrac{2}{\dfrac{3}{4}+\dfrac{1}{2}}=\dfrac{8}{5}$

### 유형 16 지수함수의 극대·극소

## 0465

답 ②

$f(x)=e^x-2x+1$에서 $f'(x)=e^x-2$

$f'(x)=0$에서 $e^x=2$

$\therefore x=\ln 2$

함수 $f(x)$의 증가와 감소를 표로 나타내면 다음과 같다.

| $x$ | $\cdots$ | $\ln 2$ | $\cdots$ |
|---|---|---|---|
| $f'(x)$ | $-$ | $0$ | $+$ |
| $f(x)$ | ↘ | 극소 | ↗ |

함수 $f(x)$는 $x=\ln 2$에서 극소이므로 $a=\ln 2$

## 0466

답 ③

$f(x)=(2x-1)e^{-x^2}+a$에서

$f'(x)=2e^{-x^2}+(2x-1)e^{-x^2}\times(-2x)$

$\quad=(-4x^2+2x+2)e^{-x^2}=-2(2x+1)(x-1)e^{-x^2}$

$f'(x)=0$에서 $x=-\dfrac{1}{2}$ 또는 $x=1$ ($\because e^{-x^2}>0$)

함수 $f(x)$의 증가와 감소를 표로 나타내면 다음과 같다.

| $x$ | $\cdots$ | $-\frac{1}{2}$ | $\cdots$ | $1$ | $\cdots$ |
|---|---|---|---|---|---|
| $f'(x)$ | $-$ | $0$ | $+$ | $0$ | $-$ |
| $f(x)$ | ↘ | 극소 | ↗ | 극대 | ↘ |

함수 $f(x)$는 $x=-\dfrac{1}{2}$에서 극솟값 0을 가지므로

$f\left(-\dfrac{1}{2}\right)=-2e^{-\frac{1}{4}}+a=0$ $\quad\therefore a=\dfrac{2}{\sqrt[4]{e}}$

따라서 함수 $f(x)$의 극댓값은

$f(1)=\dfrac{1}{e}+\dfrac{2}{\sqrt[4]{e}}$

## 0467

답 ③

$f(x)=(x^2+ax+b)e^x$에서

$f'(x)=(2x+a)e^x+(x^2+ax+b)e^x=\{x^2+(a+2)x+a+b\}e^x$

$g(x)=(x^2+ax+b)e^{-x}$에서

$g'(x)=(2x+a)e^{-x}-(x^2+ax+b)e^{-x}$

$\quad=\{-x^2-(a-2)x+a-b\}e^{-x}$

두 함수 $f(x)$, $g(x)$는 각각 $x=-1$, $x=3$에서 극댓값을 가지므로

$f'(-1)=0$에서 $(1-a-2+a+b)e^{-1}=0$

$\therefore b=1$

$g'(3)=0$에서 $(-9-3a+6+a-b)e^{-3}=0$

$-2a-3-b=0$

$-2a=4$ ($\because b=1$) $\quad\therefore a=-2$

$f(x)=(x^2-2x+1)e^x$, $f'(x)=(x^2-1)e^x$

$g(x)=(x^2-2x+1)e^{-x}$, $g'(x)=(-x^2+4x-3)e^{-x}$

$f'(x)=0$에서 $x^2-1=0$ ($\because e^x>0$)

$(x+1)(x-1)=0$ $\quad\therefore x=-1$ 또는 $x=1$

즉, 함수 $f(x)$는 $x=1$에서 극소이므로

$p=f(1)=0$

$g'(x)=0$에서 $x^2-4x+3=0$ ($\because e^{-x}>0$)

$(x-1)(x-3)=0$ $\quad\therefore x=1$ 또는 $x=3$

또한 함수 $g(x)$도 $x=1$에서 극소이므로

$q=g(1)=0$

$\therefore p+q=0$

## 0468
답 ③

$f(x)=x^{n+1}e^{-x}$에서

$f'(x)=(n+1)x^ne^{-x}-x^{n+1}e^{-x}=(n+1-x)x^ne^{-x}$

$f'(x)=0$에서 $x=0$ 또는 $x=n+1$ ($\because e^{-x}>0$)

ㄱ. $n=5$일 때

$f(3)=3^6e^{-3}$, $f'(3)=(6-3)\times3^5e^{-3}=3^6e^{-3}$

$\therefore f(3)=f'(3)$ (참)

ㄴ. $n$이 짝수이면 $x=0$의 좌우에서 $f'(x)$의 값이 모두 양수이므로 함수 $f(x)$는 $x=0$에서 극값을 갖지 않는다. (거짓)

ㄷ. $x=n+1$의 좌우에서 $f'(x)$의 부호가 양에서 음으로 바뀌므로 함수 $f(x)$는 $x=n+1$에서 극댓값을 갖는다. (참)

따라서 옳은 것은 ㄱ, ㄷ이다.

### 유형 17 로그함수의 극대 · 극소

## 0469
답 ④

$f(x)=\frac{\ln x}{2x}$에서 로그의 진수의 조건에 의하여 $x>0$

$f'(x)=\frac{\frac{1}{x}\times2x-2\ln x}{(2x)^2}=\frac{1-\ln x}{2x^2}$

$f'(x)=0$에서 $\ln x=1$

$\therefore x=e$

$x>0$에서 함수 $f(x)$의 증가와 감소를 표로 나타내면 다음과 같다.

| $x$ | (0) | $\cdots$ | $e$ | $\cdots$ |
|---|---|---|---|---|
| $f'(x)$ | | $+$ | 0 | $-$ |
| $f(x)$ | | ↗ | 극대 | ↘ |

함수 $f(x)$는 $x=e$에서 극대이므로 구하는 극댓값은

$f(e)=\frac{\ln e}{2e}=\frac{1}{2e}$

## 0470
답 ④

$f(x)=-2x^2+a^2\ln 2x$에서 로그의 진수의 조건에 의하여 $x>0$

$f'(x)=-4x+\frac{a^2}{x}=\frac{-4x^2+a^2}{x}=\frac{-(2x+a)(2x-a)}{x}$

$f'(x)=0$에서 $x=\frac{a}{2}$ ($\because x>0,\ a>0$)

$x>0$에서 함수 $f(x)$의 증가와 감소를 표로 나타내면 다음과 같다.

| $x$ | (0) | $\cdots$ | $\frac{a}{2}$ | $\cdots$ |
|---|---|---|---|---|
| $f'(x)$ | | $+$ | 0 | $-$ |
| $f(x)$ | | ↗ | 극대 | ↘ |

함수 $f(x)$는 $x=\frac{a}{2}$에서 극댓값 $\frac{a^2}{2}$을 가지므로

$f\left(\frac{a}{2}\right)=-\frac{a^2}{2}+a^2\ln a=\frac{a^2}{2}$, $a^2\ln a=a^2$

$\ln a=1$ ($\because a>0$) $\qquad\therefore a=e$

## 0471
답 4

$f(x)=\ln x^3+ax+\frac{b}{x}$에서 로그의 진수의 조건에 의하여 $x>0$

$f'(x)=\frac{3x^2}{x^3}+a-\frac{b}{x^2}=\frac{ax^2+3x-b}{x^2}$

함수 $f(x)$가 $x=1$에서 극솟값 5를 가지므로

$f(1)=5$에서 $a+b=5$ $\quad\cdots\cdots$ ㉠

$f'(1)=0$에서 $a+3-b=0$

$\therefore a-b=-3$ $\quad\cdots\cdots$ ㉡

㉠, ㉡을 연립하여 풀면 $a=1$, $b=4$

$\therefore ab=1\times4=4$

### 유형 18 삼각함수의 극대 · 극소

## 0472
답 ③

$f(x)=2x+\cos 4x$에서 $f'(x)=2-4\sin 4x$

$f'(x)=0$에서 $\sin 4x=\frac{1}{2}$

$4x=\frac{\pi}{6}$ 또는 $4x=\frac{5}{6}\pi$ ($\because 0<4x<2\pi$)

$\therefore x=\frac{\pi}{24}$ 또는 $x=\frac{5}{24}\pi$

$0<x<\frac{\pi}{2}$에서 함수 $f(x)$의 증가와 감소를 표로 나타내면 다음과 같다.

| $x$ | (0) | $\cdots$ | $\frac{\pi}{24}$ | $\cdots$ | $\frac{5}{24}\pi$ | $\cdots$ | $\left(\frac{\pi}{2}\right)$ |
|---|---|---|---|---|---|---|---|
| $f'(x)$ | | $+$ | 0 | $-$ | 0 | $+$ | |
| $f(x)$ | | ↗ | 극대 | ↘ | 극소 | ↗ | |

함수 $f(x)$는 $x=\frac{\pi}{24}$에서 극대, $x=\frac{5}{24}\pi$에서 극소이므로

극댓값은 $f\left(\frac{\pi}{24}\right)=2\times\frac{\pi}{24}+\cos\frac{\pi}{6}=\frac{\pi}{12}+\frac{\sqrt{3}}{2}$,

극솟값은 $f\left(\frac{5}{24}\pi\right)=2\times\frac{5}{24}\pi+\cos\frac{5}{6}\pi=\frac{5}{12}\pi-\frac{\sqrt{3}}{2}$

따라서 구하는 극댓값과 극솟값의 합은

$\left(\frac{\pi}{12}+\frac{\sqrt{3}}{2}\right)+\left(\frac{5}{12}\pi-\frac{\sqrt{3}}{2}\right)=\frac{\pi}{2}$

## 0473
답 4

$f(x)=2\sin x\cos x+a=\sin 2x+a$에서

$f'(x)=2\cos 2x$

$f'(x)=0$에서 $\cos 2x=0$

$2x=\frac{\pi}{2}$ 또는 $2x=\frac{3}{2}\pi$ ($\because 0<2x<2\pi$)

$\therefore x=\frac{\pi}{4}$ 또는 $x=\frac{3}{4}\pi$

$0<x<\pi$에서 함수 $f(x)$의 증가와 감소를 표로 나타내면 다음과 같다.

| $x$ | $(0)$ | $\cdots$ | $\frac{\pi}{4}$ | $\cdots$ | $\frac{3}{4}\pi$ | $\cdots$ | $(\pi)$ |
|---|---|---|---|---|---|---|---|
| $f'(x)$ | | $+$ | $0$ | $-$ | $0$ | $+$ | |
| $f(x)$ | | ↗ | 극대 | ↘ | 극소 | ↗ | |

함수 $f(x)$는 $x=\frac{\pi}{4}$에서 극댓값 6을 가지므로

$f\left(\frac{\pi}{4}\right)=\sin\frac{\pi}{2}+a=1+a=6$ $\therefore a=5$

따라서 $f(x)=\sin 2x+5$이므로 함수 $f(x)$의 극솟값은

$f\left(\frac{3}{4}\pi\right)=\sin\frac{3}{2}\pi+5=-1+5=4$

## 0474

답 ②

$f(x)=a\sin x+b\cos x+2x$에서

$f'(x)=a\cos x-b\sin x+2$

함수 $f(x)$가 $x=\frac{\pi}{2}$와 $x=\pi$에서 극값을 가지므로

$f'\left(\frac{\pi}{2}\right)=0$에서 $a\cos\frac{\pi}{2}-b\sin\frac{\pi}{2}+2=0$

$\therefore b=2$

$f'(\pi)=0$에서 $a\cos\pi-b\sin\pi+2=0$

$\therefore a=2$

따라서 $g(x)=2x+2-\ln x$에서 로그의 진수의 조건에 의하여 $x>0$

$g'(x)=2-\frac{1}{x}$

$g'(x)=0$에서 $x=\frac{1}{2}$

$x>0$에서 함수 $g(x)$의 증가와 감소를 표로 나타내면 다음과 같다.

| $x$ | $(0)$ | $\cdots$ | $\frac{1}{2}$ | $\cdots$ |
|---|---|---|---|---|
| $g'(x)$ | | $-$ | $0$ | $+$ |
| $g(x)$ | | ↘ | 극소 | ↗ |

함수 $g(x)$는 $x=\frac{1}{2}$에서 극소이므로 구하는 극솟값은

$g\left(\frac{1}{2}\right)=2\times\frac{1}{2}+2-\ln\frac{1}{2}=3+\ln 2$

### 유형 19 극값을 가질 조건 - 판별식을 이용하는 경우

## 0475

답 ①

$f(x)=(x^2-3kx+5)e^{2x}$에서

$f'(x)=(2x-3k)e^{2x}+2(x^2-3kx+5)e^{2x}$

$=\{2x^2+(2-6k)x+10-3k\}e^{2x}$

함수 $f(x)$가 극값을 갖지 않으려면 이차방정식 $2x^2+(2-6k)x+10-3k=0$이 중근 또는 허근을 가져야 하므로 이 이차방정식의 판별식을 $D$라 할 때 $D\le 0$이어야 한다.

$\frac{D}{4}=(1-3k)^2-2(10-3k)\le 0$

$9k^2-6k+1-20+6k\le 0$, $9k^2\le 19$, $k^2\le\frac{19}{9}$

$\therefore -\frac{\sqrt{19}}{3}\le k\le\frac{\sqrt{19}}{3}$

따라서 $a=\frac{\sqrt{19}}{3}$, $b=-\frac{\sqrt{19}}{3}$이므로

$ab=\frac{\sqrt{19}}{3}\times\left(-\frac{\sqrt{19}}{3}\right)=-\frac{19}{9}$

## 0476

답 ②

$f(x)=\frac{2a}{x}-x+2\ln x$에서 로그의 진수의 조건에 의하여 $x>0$

$f'(x)=-\frac{2a}{x^2}-1+\frac{2}{x}=\frac{-x^2+2x-2a}{x^2}$

함수 $f(x)$가 극댓값과 극솟값을 모두 가지려면 $f'(x)=0$이 서로 다른 두 양의 실근을 가져야 한다.

즉, 이차방정식 $x^2-2x+2a=0$이 서로 다른 두 양의 실근을 가져야 한다.

(i) 이 이차방정식의 판별식을 $D$라 할 때 $D>0$이어야 하므로

$\frac{D}{4}=(-1)^2-2a>0$ $\therefore a<\frac{1}{2}$

(ii) 두 근의 합과 곱이 모두 양수이므로

이차방정식의 근과 계수의 관계에 의하여

(두 근의 합)$=2>0$

(두 근의 곱)$=2a>0$

$\therefore a>0$

(i), (ii)에서 $0<a<\frac{1}{2}$

## 0477

답 64

$f(x)=\frac{1}{4}x-\ln(4x^2+n)$에서

$f'(x)=\frac{1}{4}-\frac{8x}{4x^2+n}=\frac{4x^2-32x+n}{16x^2+4n}$

함수 $f(x)$가 극값을 갖지 않으려면 이차방정식 $4x^2-32x+n=0$이 중근 또는 허근을 가져야 한다.

즉, 이 이차방정식의 판별식을 $D$라 할 때 $D\le 0$이어야 하므로

$\frac{D}{4}=(-16)^2-4n\le 0$, $4n\ge 256$

$\therefore n\ge 64$

따라서 구하는 자연수 $n$의 최솟값은 64이다.

### 유형 20 극값을 가질 조건 - 판별식을 이용하지 않는 경우

## 0478

답 ④

$f(x)=ax+3\cos x$에서 $f'(x)=a-3\sin x$

함수 $f(x)$가 극값을 갖지 않으려면 모든 실수 $x$에 대하여

$f'(x)\le 0$ 또는 $f'(x)\ge 0$이어야 한다. 즉,
$a-3\sin x\le 0$ 또는 $a-3\sin x\ge 0$

$\therefore \sin x\ge \frac{a}{3}$ 또는 $\sin x\le \frac{a}{3}$ $\cdots\cdots$ ㉠

이때 $-1\le \sin x\le 1$이므로 ㉠이 모든 실수 $x$에 대하여 성립하려면

$\frac{a}{3}\le -1$ 또는 $\frac{a}{3}\ge 1$

$\therefore a\le -3$ 또는 $a\ge 3$

## 0479

답 $-5$

$f(x)=(x^3-9x+3a)e^x$에서
$f'(x)=(3x^2-9)e^x+(x^3-9x+3a)e^x$
$=(x^3+3x^2-9x-9+3a)e^x$
함수 $f(x)$가 극댓값과 극솟값을 모두 가지려면 방정식
$x^3+3x^2-9x-9+3a=0$이 서로 다른 세 실근을 가져야 한다.
$g(x)=x^3+3x^2-9x-9+3a$라 하면
$g'(x)=3x^2+6x-9$
$g'(x)=0$에서 $x^2+2x-3=0$, $(x+3)(x-1)=0$
$\therefore x=-3$ 또는 $x=1$
방정식 $g(x)=0$이 서로 다른 세 실근을 가지려면
$g(-3)g(1)<0$이어야 하므로
$(-27+27+27-9+3a)(1+3-9-9+3a)<0$
$(3a+18)(3a-14)<0$

$\therefore -6<a<\frac{14}{3}$

따라서 정수 $a$는 $-5, -4, -3, \cdots, 4$이므로 구하는 합은
$(-5)+(-4)+(-3)+\cdots+4=-5$

## 0480

답 ①

$f(x)=x^2+\frac{k}{x}-24\ln x$에서 로그의 진수의 조건에 의하여 $x>0$

$f'(x)=2x-\frac{k}{x^2}-\frac{24}{x}=\frac{2x^3-24x-k}{x^2}$

$x>0$에서 함수 $f(x)$가 극댓값과 극솟값을 모두 가지려면
$x>0$에서 $2x^3-24x-k=0$이 서로 다른 두 개 이상의 실근을 갖고 그 실근 $x$의 값의 좌우에서 $2x^3-24x-k$의 값의 부호가 바뀌어야 한다.
$g(x)=2x^3-24x-k$라 하면
$g'(x)=6x^2-24=6(x+2)(x-2)$
$g'(x)=0$에서 $x=2$ ($\because x>0$)
$x>0$에서 함수 $g(x)$의 증가와 감소를 표로 나타내면 다음과 같다.

| $x$ | (0) | $\cdots$ | 2 | $\cdots$ |
|---|---|---|---|---|
| $g'(x)$ | | $-$ | 0 | $+$ |
| $g(x)$ | | ↘ | 극소 | ↗ |

따라서 함수 $y=g(x)$의 그래프는 다음 그림과 같다.

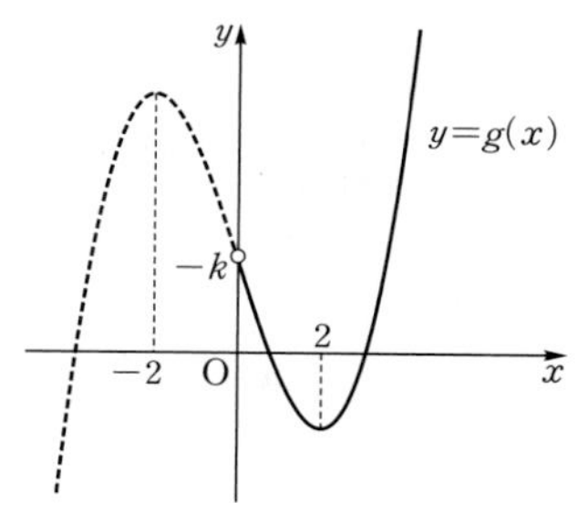


즉, $x>0$에서 $g(x)$의 부호가 바뀌는 $x$의 값이 2개 존재하려면
$g(0)>0$, $g(2)<0$이어야 한다.
$g(0)>0$에서 $-k>0$
$\therefore k<0$ $\cdots\cdots$ ㉠
$g(2)<0$에서 $16-48-k<0$
$\therefore k>-32$ $\cdots\cdots$ ㉡
㉠, ㉡에서 $-32<k<0$
따라서 구하는 정수 $k$는 $-31, -30, -29, \cdots, -1$의 31개이다.

# PART B′ 기출&기출변형 문제

## 0481

답 ①

$f(x)=\ln\sqrt{x}-1$이라 하면 $f'(x)=\frac{1}{\sqrt{x}}\times\frac{1}{2\sqrt{x}}=\frac{1}{2x}$

이때 $f'(e^2)=\frac{1}{2e^2}$이므로 곡선 $y=f(x)$ 위의 점 $(e^2, 0)$에서의 접선의 방정식은

$y=\frac{1}{2e^2}(x-e^2)$ $\therefore y=\frac{1}{2e^2}x-\frac{1}{2}$

따라서 $a=\frac{1}{2e^2}$, $b=-\frac{1}{2}$이므로

$\frac{b}{a}=\frac{-\frac{1}{2}}{\frac{1}{2e^2}}=-e^2$

**짝기출**

곡선 $y=\ln(x-3)+1$ 위의 점 $(4, 1)$에서의 접선의 방정식이 $y=ax+b$일 때, 두 상수 $a$, $b$의 합 $a+b$의 값은?

① $-2$ ② $-1$ ③ 0 ④ 1 ⑤ 2

답 ①

## 0482

답 ④

곡선 $y=e^{|x|}=\begin{cases} e^{-x} & (x<0) \\ e^x & (x\ge 0)\end{cases}$은 $y$축에 대하여 대칭이고 원점에서 이 곡선에 그은 두 접선이 이루는 예각의 크기가 $\theta$이므로 원점에서

곡선 $y=e^x$에 그은 접선과 $y$축의 양의 방향이 이루는 각의 크기는 $\frac{\theta}{2}$이다.
이때 접선의 접점의 $x$좌표를 $t\ (t>0)$이라 하면
$y=e^x$에서 $y'=e^x$이므로
점 $(t,\ e^t)$에서의 접선의 방정식은
$y-e^t=e^t(x-t)$
이 접선이 원점을 지나므로
$-e^t=-te^t,\ (t-1)e^t=0$
$\therefore t=1\ (\because e^t>0)$
따라서 오른쪽 그림과 같이 $\tan\frac{\theta}{2}=\frac{1}{e}$이므로

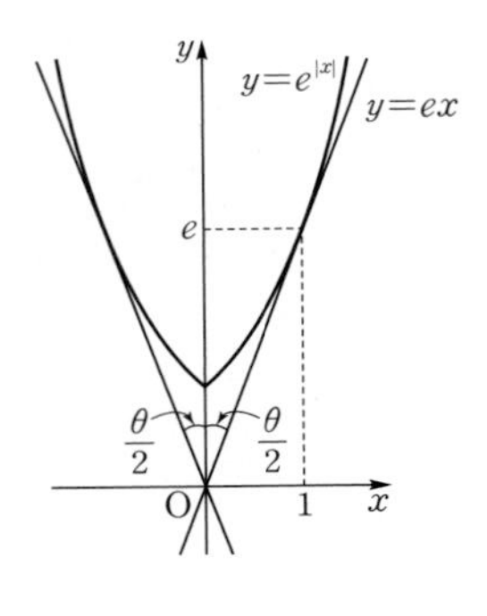


$$\tan\theta=\tan\left(\frac{\theta}{2}+\frac{\theta}{2}\right)=\frac{2\tan\frac{\theta}{2}}{1-\tan^2\frac{\theta}{2}}$$
$$=\frac{\frac{2}{e}}{1-\frac{1}{e^2}}=\frac{2e}{e^2-1}$$

다른 풀이

원점에서 두 곡선 $y=e^x,\ y=e^{-x}$에 그은 접선이 $x$축의 양의 방향과 이루는 각의 크기를 각각 $\alpha,\ \beta$라 하면
본 풀이의 그림에서 $\tan\alpha=e,\ \tan\beta=-e$이므로
$$\tan\theta=|\tan(\alpha-\beta)|$$
$$=\left|\frac{\tan\alpha-\tan\beta}{1+\tan\alpha\tan\beta}\right|$$
$$=\left|\frac{2e}{1-e^2}\right|=\frac{2e}{e^2-1}$$

## 0483

답 ①

$f(x)=ke^x+1,\ g(x)=x^2-3x+4$라 하면
$f'(x)=ke^x,\ g'(x)=2x-3$
두 곡선 $y=f(x),\ y=g(x)$의 교점 P의 $x$좌표를 $p$라 하면
$f(p)=g(p)$에서
$ke^p+1=p^2-3p+4$ …… ㉠
두 곡선에 접하는 두 직선이 서로 수직이므로
$f'(p)\times g'(p)=-1$에서
$ke^p\times(2p-3)=-1$ …… ㉡
㉡에서 $ke^p=\frac{1}{3-2p}$이므로 이를 ㉠에 대입하면
$\frac{1}{3-2p}+1=p^2-3p+4$
$4-2p=(p^2-3p+4)(3-2p)$
$4-2p=-2p^3+9p^2-17p+12$
$2p^3-9p^2+15p-8=0$
$(p-1)(2p^2-7p+8)=0$
$\therefore p=1\ \left(\because 2p^2-7p+8=2\left(p-\frac{7}{4}\right)^2+\frac{15}{8}>0\right)$
㉡에 $p=1$을 대입하면 $-ke=-1$
$\therefore k=\frac{1}{e}$

## 0484

답 ⑤

$x\cos y+y\cos x+2\pi=0$의 양변을 $x$에 대하여 미분하면
$\cos y-x\sin y\times\frac{dy}{dx}+\frac{dy}{dx}\times\cos x-y\sin x=0$
$(\cos x-x\sin y)\frac{dy}{dx}=y\sin x-\cos y$
$\therefore \frac{dy}{dx}=\frac{y\sin x-\cos y}{\cos x-x\sin y}$ (단, $\cos x-x\sin y\neq0$)
즉, 곡선 위의 점 $(\pi,\ \pi)$에서의 접선의 기울기는
$\frac{\pi\sin\pi-\cos\pi}{\cos\pi-\pi\sin\pi}=\frac{-(-1)}{-1}=-1$
이므로 접선의 방정식은
$y-\pi=-(x-\pi)\qquad \therefore y=-x+2\pi$
따라서 접선의 $x$절편은 $2\pi$, $y$절편은 $2\pi$이므로 구하는 도형의 넓이는
$\frac{1}{2}\times(2\pi)^2=2\pi^2$

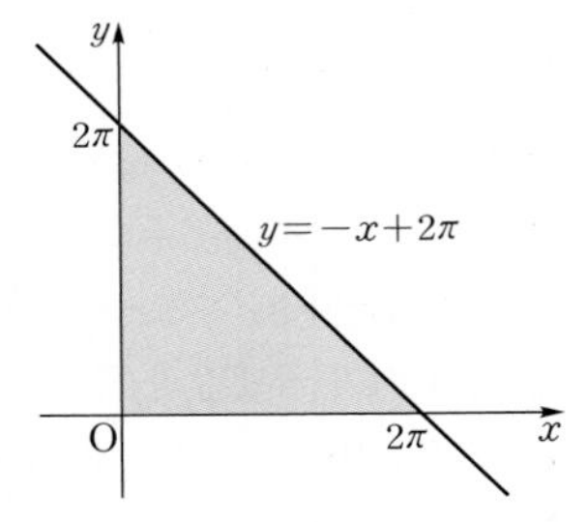


참고

곡선 $x\cos y+y\cos x+2\pi=0$은 직선 $y=x$에 대하여 대칭이므로 점 $(\pi,\ \pi)$에서의 접선의 기울기는 $-1$임을 알 수 있다.

짝기출

곡선 $e^y\ln x=2y+1$ 위의 점 $(e,\ 0)$에서의 접선의 방정식을 $y=ax+b$라 할 때, $ab$의 값은? (단, $a,\ b$는 상수이다.)

① $-2e$ ② $-e$ ③ $-1$ ④ $-\frac{2}{e}$ ⑤ $-\frac{1}{e}$

답 ⑤

## 0485

답 ③

$f(x)=\frac{1}{2}x^2-3x-\frac{k}{x}$에서
$f'(x)=x-3+\frac{k}{x^2}=\frac{x^3-3x^2+k}{x^2}$
이때 함수 $f(x)$가 열린구간 $(0,\ \infty)$에서 증가하려면 $x>0$일 때
$f'(x)\geq0$이어야 하므로 $x^3-3x^2+k\geq0\ (\because x^2>0)$
$\therefore k\geq-x^3+3x^2$ …… ㉠
한편, $g(x)=-x^3+3x^2$이라 하면
$g'(x)=-3x^2+6x=-3x(x-2)$
$g'(x)=0$에서 $x=2\ (\because x>0)$
열린구간 $(0,\ \infty)$에서 함수 $g(x)$의 증가와 감소를 표로 나타내면 다음과 같다.

| $x$ | (0) | $\cdots$ | 2 | $\cdots$ |
|---|---|---|---|---|
| $g'(x)$ | | + | 0 | − |
| $g(x)$ | | ↗ | 극대 | ↘ |

함수 $g(x)$는 $x=2$에서 극대이면서 최대이므로 열린구간 $(0,\ \infty)$에서 ㉠을 만족시키는 실수 $k$의 값의 범위는 $k\geq g(2)=4$
따라서 구하는 실수 $k$의 최솟값은 4이다.

## 0486

답 ④

조건 (가)에서 직선 $l$이 제2사분면을 지나지 않고, 조건 (나)에서 직선 $l$과 $x$축 및 $y$축으로 둘러싸인 도형인 직각이등변삼각형의 넓이가 2이므로 다음 그림과 같이 직선 $l$의 $x$절편과 $y$절편은 각각 2, $-2$이다.

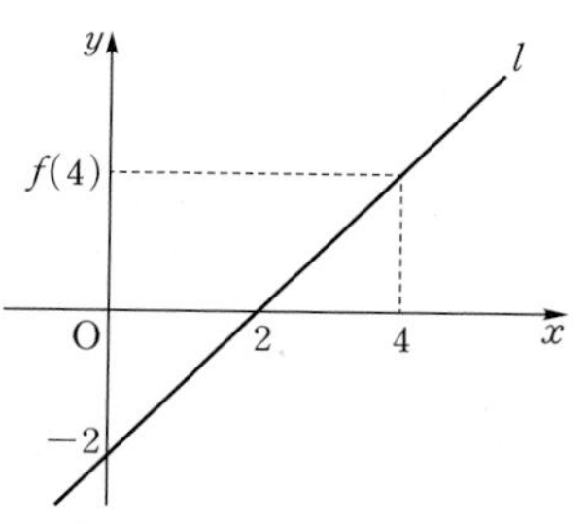


함수 $y=f(x)$의 그래프 위의 점 $(4, f(4))$에서의 접선 $l$은 기울기가 1이고, $y$절편이 $-2$이므로 직선 $l$의 방정식은 $y=x-2$

$\therefore f(4)=2,\ f'(4)=1$

$g(x)=xf(2x)$에서

$g'(x)=f(2x)+2xf'(2x)$이므로

$g'(2)=f(4)+4f'(4)$

$\quad =2+4=6$

## 0487

답 13

$\lim_{x\to2}\frac{f(x)-3}{x^2-4}=2$에서 극한값이 존재하고 $x\to2$일 때,

(분모)$\to0$이므로 (분자)$\to0$이어야 한다.

즉, $\lim_{x\to2}\{f(x)-3\}=0$이므로 $f(2)=3$

$\lim_{x\to2}\frac{f(x)-3}{x^2-4}=\lim_{x\to2}\left\{\frac{f(x)-f(2)}{x-2}\times\frac{1}{x+2}\right\}=\frac{1}{4}f'(2)=2$

$\therefore f'(2)=8$

한편, $g(x)=\frac{4-x}{x-1}=-1+\frac{3}{x-1}$에서

$g'(x)=-\frac{3}{(x-1)^2}$

$h(x)=g(f(x))$에서 $h'(x)=g'(f(x))f'(x)$이고,

$h(2)=g(f(2))=g(3)=\frac{4-3}{3-1}=\frac{1}{2}$

$h'(2)=g'(f(2))f'(2)=g'(3)\times8=-\frac{3}{(3-1)^2}\times8=-6$

따라서 곡선 $y=h(x)$ 위의 점 $(2, h(2))$에서의 접선의 방정식은

$y-\frac{1}{2}=-6(x-2)$에서 $12x+2y=25$

즉, $a=12$, $b=25$이므로

$b-a=25-12=13$

**짝기출**

미분가능한 함수 $f(x)$와 함수 $g(x)=\sin x$에 대하여 합성함수 $y=(g\circ f)(x)$의 그래프 위의 점 $(1, (g\circ f)(1))$에서의 접선이 원점을 지난다.

$$\lim_{x\to1}\frac{f(x)-\frac{\pi}{6}}{x-1}=k$$

일 때, 상수 $k$에 대하여 $30k^2$의 값을 구하시오.

답 10

## 0488

답 ⑤

ㄱ. $h(3)=f(g(3))=f(1)=5$ (거짓)

ㄴ. $h(x)=f(g(x))$에서 $h'(x)=f'(g(x))g'(x)$

$h'(2)=f'(g(2))g'(2)$

이때 $f'(g(2))<0$이고 $g'(2)<0$이므로

$h'(2)\ge0$ (참)

ㄷ. 열린구간 $(3, 4)$에서 $0<g(x)<1$이고 함수 $f(x)$는 열린구간 $(0, 1)$에서 증가하므로

$f'(g(x))>0$

열린구간 $(3, 4)$에서 함수 $g(x)$는 감소하므로

$g'(x)<0$

즉, $h'(x)=f'(g(x))g'(x)<0$이므로 함수 $h(x)$는 열린구간 $(3, 4)$에서 감소한다. (참)

따라서 옳은 것은 ㄴ, ㄷ이다.

## 0489

답 ①

이차함수 $f(x)$가 $x=a\ (a<0)$에서 극솟값 0을 가지므로

$f(x)=b(x-a)^2\ (b>0)$, $f'(x)=2b(x-a)$

$e^xf(x)$와 $\frac{f(x)}{x}$를 $x$에 대하여 미분하면 각각

$e^x\{f(x)+f'(x)\}$, $\frac{xf'(x)-f(x)}{x^2}$

$e^x\{f(x)+f'(x)\}=0$에서 $f(x)+f'(x)=0\ (\because e^x>0)$

이때 $f(x)+f'(x)=b(x-a)^2+2b(x-a)$

$\quad =b(x-a)(x-a+2)$

이므로

$x=a$ 또는 $x=a-2$

함수 $e^xf(x)$의 증가와 감소를 표로 나타내면 다음과 같다.

| $x$ | $\cdots$ | $a-2$ | $\cdots$ | $a$ | $\cdots$ |
|---|---|---|---|---|---|
| $\{e^xf(x)\}'$ | + | 0 | − | 0 | + |
| $e^xf(x)$ | ↗ | 극대 | ↘ | 극소 | ↗ |

함수 $e^xf(x)$는 $x=a-2$에서 극대이므로 $s=a-2$

또한 $\frac{xf'(x)-f(x)}{x^2}=0$에서 $xf'(x)-f(x)=0\ (\because x^2>0)$

이때 $xf'(x)-f(x)=2bx(x-a)-b(x-a)^2$

$\quad =b(x-a)(x+a)$

이므로

$x=a$ 또는 $x=-a$

함수 $\frac{f(x)}{x}$의 증가와 감소를 표로 나타내면 다음과 같다.

| $x$ | $\cdots$ | $a$ | $\cdots$ | $(0)$ | $\cdots$ | $-a$ | $\cdots$ |
|---|---|---|---|---|---|---|---|
| $\left\{\frac{f(x)}{x}\right\}'$ | + | 0 | − | | − | 0 | + |
| $\frac{f(x)}{x}$ | ↗ | 극대 | ↘ | | ↘ | 극소 | ↗ |

함수 $\frac{f(x)}{x}$는 $x=-a$에서 극소이므로 $t=-a$

$\therefore s+t=(a-2)+(-a)=-2$

짝기출

함수 $f(x)=\tan(\pi x^2+ax)$가 $x=\frac{1}{2}$에서 극솟값 $k$를 가질 때, $k$의 값은? (단, $a$는 상수이다.)

① $-\sqrt{3}$ ② $-1$ ③ $-\frac{\sqrt{3}}{3}$ ④ $0$ ⑤ $\frac{\sqrt{3}}{3}$

답 ②

## 0490

답 ①

중심이 점 A(0, 1)이고 반지름의 길이가 1인 원의 방정식은

$x^2+(y-1)^2=1$

선분 AP의 길이는 원의 반지름의 길이 1로 일정하므로 선분 PQ의 길이가 최소가 되려면 다음 그림과 같이 점 P는 원

$x^2+(y-1)^2=1$과 선분 AQ의 교점이고 원 위의 점 P에서의 접선의 기울기와 곡선 $y=1-\frac{1}{x}$ 위의 점 Q에서의 접선의 기울기가 같아야 한다.

즉, 곡선 $y=1-\frac{1}{x}$ 위의 점 Q에서의 접선과 직선 AQ는 서로 수직이어야 한다.

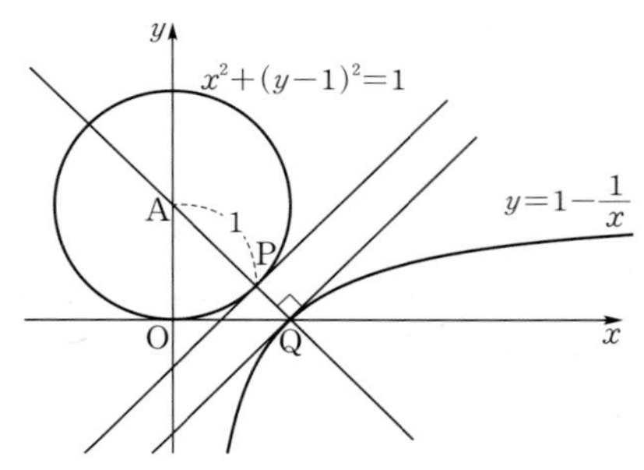


점 Q의 좌표를 $\left(t,\ 1-\frac{1}{t}\right)$이라 하면

$y=1-\frac{1}{x}$에서 $y'=\frac{1}{x^2}$이므로

점 Q에서의 접선의 기울기는 $\frac{1}{t^2}$이고

직선 AQ의 기울기는 $-\frac{1}{t^2}$이므로

$\frac{1}{t^2}\times\left(-\frac{1}{t^2}\right)=-1$에서 $t^4=1$

$\therefore t=1$ ($\because t>0$)

따라서 Q(1, 0)이고 두 점 A, Q를 지나는 직선의 기울기는 $-1$이므로 직선 AQ의 방정식은

$y=-x+1$

이 직선이 원 $x^2+(y-1)^2=1$과 점 P에서 만나므로

$x^2+(-x)^2=1,\ 2x^2=1$

$\therefore x=\frac{\sqrt{2}}{2}$ ($\because x>0$)

이를 $y=-x+1$에 대입하면

$y=-\frac{\sqrt{2}}{2}+1$

즉, $\mathrm{P}\left(\frac{\sqrt{2}}{2},\ -\frac{\sqrt{2}}{2}+1\right)$에서 $a=\frac{\sqrt{2}}{2}$, $b=-\frac{\sqrt{2}}{2}+1$이므로

$a+b=\frac{\sqrt{2}}{2}-\frac{\sqrt{2}}{2}+1=1$

짝기출

원 $x^2+y^2=1$ 위의 임의의 점 P와 곡선 $y=\sqrt{x}-3$ 위의 임의의 점 Q에 대하여 $\overline{\mathrm{PQ}}$의 최솟값은 $\sqrt{a}-b$이다. 자연수 $a$, $b$에 대하여 $a^2+b^2$의 값을 구하시오.

답 26

## 0491

답 ③

$y=\ln x$에서 $y'=\frac{1}{x}$

곡선 $y=\ln x$ 위의 점 $\mathrm{P}(t,\ \ln t)$에서의 접선의 방정식은

$y-\ln t=\frac{1}{t}(x-t)$ $\quad\therefore y=\frac{1}{t}x-1+\ln t$

이 직선이 점 $\mathrm{R}(r(t),\ 0)$을 지나므로

$0=\frac{1}{t}\times r(t)-1+\ln t$ $\quad\therefore r(t)=t-t\ln t$

곡선 $y=\ln x$ 위의 점 $\mathrm{Q}(2t,\ \ln 2t)$에서의 접선의 방정식은

$y-\ln 2t=\frac{1}{2t}(x-2t)$ $\quad\therefore y=\frac{1}{2t}x-1+\ln 2t$

이 직선이 점 $\mathrm{S}(s(t),\ 0)$을 지나므로

$0=\frac{1}{2t}\times s(t)-1+\ln 2t$ $\quad\therefore s(t)=2t-2t\ln 2t$

$f(t)=r(t)-s(t)$

$\quad=(t-t\ln t)-(2t-2t\ln 2t)$

$\quad=(2\ln 2-1)t+t\ln t$

$f'(t)=2\ln 2-1+\ln t+t\times\frac{1}{t}=2\ln 2+\ln t$

$f'(t)=0$에서 $2\ln 2+\ln t=0$, $\ln t=\ln 2^{-2}$

$\therefore t=\frac{1}{4}$

$t>0$에서 함수 $f(t)$의 증가와 감소를 표로 나타내면 다음과 같다.

| $t$ | (0) | $\cdots$ | $\frac{1}{4}$ | $\cdots$ |
| --- | --- | --- | --- | --- |
| $f'(t)$ | | $-$ | 0 | $+$ |
| $f(t)$ | | ↘ | 극소 | ↗ |

함수 $f(t)$는 $t=\frac{1}{4}$에서 극소이므로 구하는 극솟값은

$f\left(\frac{1}{4}\right)=(2\ln 2-1)\times\frac{1}{4}+\frac{1}{4}\ln\frac{1}{4}$

$\quad=\frac{1}{2}\ln 2-\frac{1}{4}+\frac{1}{4}\ln\frac{1}{4}$

$\quad=\frac{1}{4}\ln 4-\frac{1}{4}-\frac{1}{4}\ln 4$

$\quad=-\frac{1}{4}$

## 0492

답 2

$f(x)=2x^3-3x^2$에서 $f'(x)=6x^2-6x=6x(x-1)$

$f'(x)=0$에서 $x=0$ 또는 $x=1$

$g(x)=f(2\sin x)$에서

$g'(x)=f'(2\sin x)\times 2\cos x$

$g'(x)=0$에서 $f'(2\sin x)=0$ 또는 $\cos x=0$ $\quad\cdots\cdots$ ㉠

따라서 ㉠을 만족시키면서 $g'(x)$의 값의 부호가 양에서 음으로 바뀌는 $x$의 값에서 $g(x)$는 극대이다.

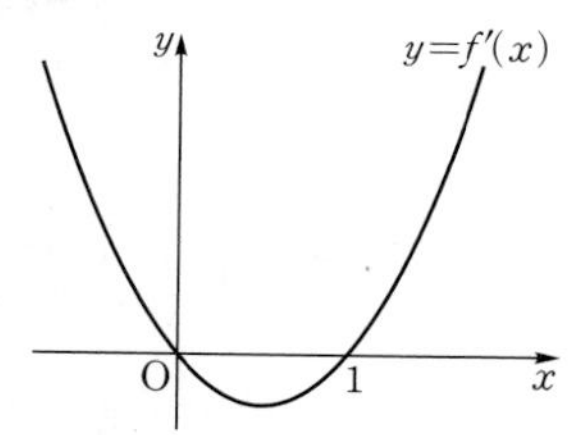


(i) $\cos x=0$인 경우

$\cos x=0$에서 $x=\frac{\pi}{2}$ 또는 $x=\frac{3}{2}\pi$

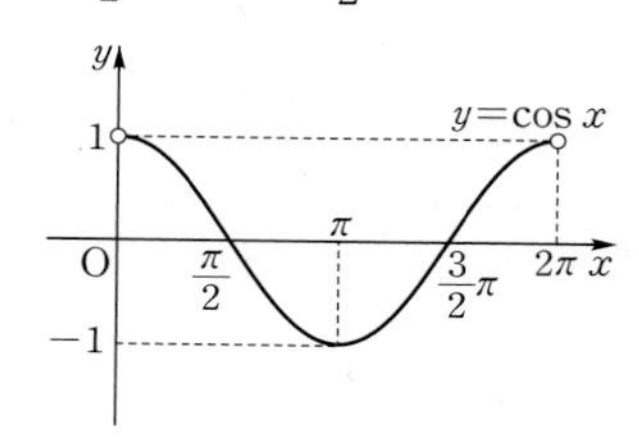


$x=\frac{\pi}{2}$의 좌우에서 $\cos x$의 값의 부호는 양에서 음으로 바뀌고, $x \to \frac{\pi}{2}$일 때 $f'(2\sin x)$는 양수이므로 $g'(x)$의 값의 부호는 양에서 음으로 바뀐다.

즉, 함수 $g(x)$는 $x=\frac{\pi}{2}$에서 극대이다.

또한 $x=\frac{3}{2}\pi$의 좌우에서 $\cos x$의 값의 부호는 음에서 양으로 바뀌고, $x \to \frac{3}{2}\pi$일 때 $f'(2\sin x)$는 양수이므로 $g'(x)$의 값의 부호는 음에서 양으로 바뀐다.

즉, 함수 $g(x)$는 $x=\frac{3}{2}\pi$에서 극소이다.

(ii) $f'(2\sin x)=0$인 경우

$f'(2\sin x)=0$에서 $2\sin x=0$ 또는 $2\sin x=1$

$\sin x=0$ 또는 $\sin x=\frac{1}{2}$

$\therefore x=\frac{\pi}{6}$ 또는 $x=\frac{5}{6}\pi$ 또는 $x=\pi$

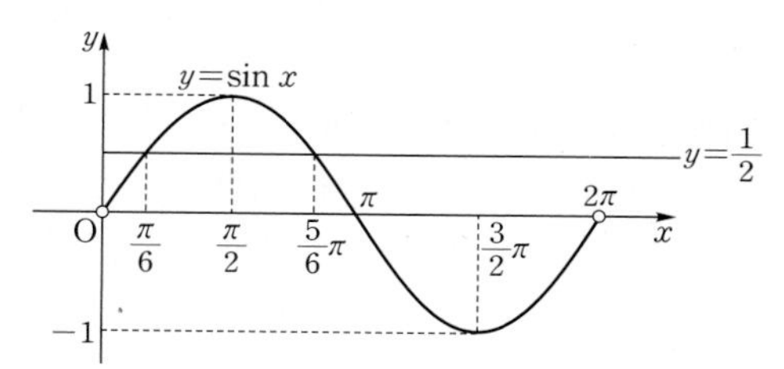


$x=\frac{\pi}{6}$의 좌우에서 $f'(2\sin x)$의 부호가 음에서 양으로 바뀌고, $x \to \frac{\pi}{6}$일 때 $\cos x$는 양수이므로 $g'(x)$의 값의 부호는 음에서 양으로 바뀐다.

즉, 함수 $g(x)$는 $x=\frac{\pi}{6}$에서 극소이다.

$x=\frac{5}{6}\pi$의 좌우에서 $f'(2\sin x)$의 부호가 양에서 음으로 바뀌고, $x \to \frac{5}{6}\pi$일 때 $\cos x$는 음수이므로 $g'(x)$의 값의 부호는 음에서 양으로 바뀐다.

즉, 함수 $g(x)$는 $x=\frac{5}{6}\pi$에서 극소이다.

$x=\pi$의 좌우에서 $f'(2\sin x)$의 부호가 음에서 양으로 바뀌고, $x \to \pi$일 때 $\cos x$는 음수이므로 $g'(x)$의 값의 부호는 양에서 음으로 바뀐다.

즉, 함수 $g(x)$는 $x=\pi$에서 극대이다.

(i), (ii)에서 함수 $g(x)$는 $x=\frac{\pi}{2}$, $x=\pi$에서 극대이므로 구하는 $x$의 개수는 2이다.

**짝기출**

함수 $f(x)=6\pi(x-1)^2$에 대하여 함수 $g(x)$를

$$g(x)=3f(x)+4\cos f(x)$$

라 하자. $0<x<2$에서 함수 $g(x)$가 극소가 되는 $x$의 개수는?

① 6 ② 7 ③ 8 ④ 9 ⑤ 10

**답** ②

# 07 도함수의 활용(2)

## 유형 01 곡선의 오목과 볼록

### 0493

답 ⑤

$f(x)=-x^2+4\sin x$라 하면

$f'(x)=-2x+4\cos x$

$f''(x)=-2-4\sin x$

곡선 $y=f(x)$가 아래로 볼록하려면 $f''(x)>0$이어야 하므로

$-4\sin x>2$에서 $\sin x<-\frac{1}{2}$

$\therefore \frac{7}{6}\pi<x<\frac{11}{6}\pi$ ($\because 0<x<2\pi$)

따라서 곡선 $y=f(x)$가 아래로 볼록한 구간은 $\left(\frac{7}{6}\pi, \frac{11}{6}\pi\right)$이다.

### 0494

답 ②

$f(x)=x+x^2\ln x$라 하면 로그의 진수 조건에 의하여

$x>0$ ...... ㉠

$f'(x)=1+2x\ln x+x^2\times\frac{1}{x}=2x\ln x+x+1$

$f''(x)=2\ln x+2x\times\frac{1}{x}+1=2\ln x+3$

곡선 $y=f(x)$가 위로 볼록하려면 $f''(x)<0$이어야 하므로

$2\ln x<-3$에서 $\ln x<-\frac{3}{2}$

$\therefore x<e^{-\frac{3}{2}}$ ...... ㉡

㉠, ㉡에서 $0<x<e^{-\frac{3}{2}}$

따라서 곡선 $y=f(x)$가 위로 볼록한 구간은 $\left(0, \frac{1}{\sqrt{e^3}}\right)$이다.

### 0495

답 ①

$f(x)=x^3-3x^2+12x$에서

$f'(x)=3x^2-6x+12$, $f''(x)=6x-6$

함수 $f(x)$가 서로 다른 임의의 두 실수 $a$, $b$에 대하여

$f\left(\frac{a+b}{2}\right)>\frac{f(a)+f(b)}{2}$를 만족시키려면 그 구간에서 곡선 $y=f(x)$가 위로 볼록해야 한다.

즉, $f''(x)<0$이어야 하므로

$6x<6$에서 $x<1$

**참고**

함수 $f(x)$가 구간 $(a, b)$에 속하는 임의의 두 실수 $x_1$, $x_2$ $(x_1<x_2)$에 대하여 $f\left(\frac{x_1+x_2}{2}\right)>\frac{f(x_1)+f(x_2)}{2}$를 만족시키면 곡선 $y=f(x)$는 이 구간에서 위로 볼록하다.

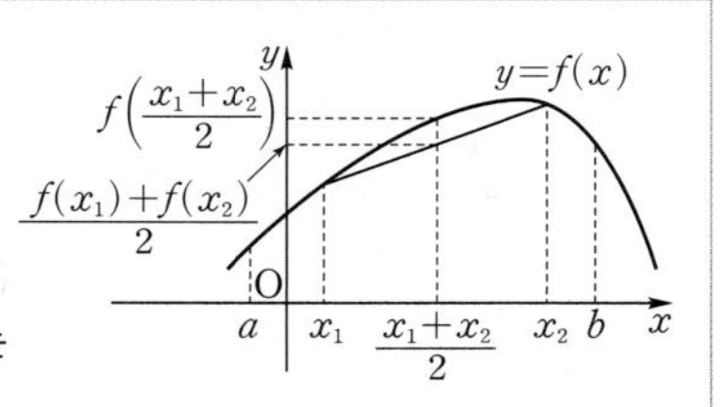


### 0496

답 $-2$

$f(x)=xe^x$에서

$f'(x)=e^x+xe^x=(x+1)e^x$

$f''(x)=e^x+(x+1)e^x=(x+2)e^x$

곡선 $y=f(x)$가 위로 볼록하려면 $f''(x)<0$이어야 하므로

$x<-2$ ($\because e^x>0$)

따라서 곡선 $y=f(x)$가 위로 볼록한 $x$의 값의 범위가 $x<-2$이므로 구하는 실수 $k$의 최댓값은 $-2$이다.

## 유형 02 변곡점

### 0497

답 ④

$f(x)=x^3-6x^2+4$라 하면

$f'(x)=3x^2-12x$

$f''(x)=6x-12=6(x-2)$

$f''(x)=0$에서 $x=2$

이때 $x=2$의 좌우에서 $f''(x)$의 부호가 바뀌므로 곡선 $y=f(x)$의 변곡점의 좌표는 $(2, -12)$이다.

따라서 $a=2$, $b=-12$이므로

$a-b=2-(-12)=14$

### 0498

답 3

$f(x)=\frac{-x}{x^2+3}$에서

$f'(x)=\frac{-(x^2+3)-(-x)\times 2x}{(x^2+3)^2}=\frac{x^2-3}{(x^2+3)^2}$

$f''(x)=\frac{2x(x^2+3)^2-(x^2-3)\times 2(x^2+3)\times 2x}{(x^2+3)^4}$

$=\frac{-2x^3+18x}{(x^2+3)^3}=\frac{-2x(x+3)(x-3)}{(x^2+3)^3}$

$f''(x)=0$에서 $x=-3$ 또는 $x=0$ 또는 $x=3$

이때 $x=-3$, $x=0$, $x=3$의 좌우에서 $f''(x)$의 부호가 바뀌므로 곡선 $y=f(x)$는 $x=-3$, $x=0$, $x=3$에서 변곡점을 갖는다.

따라서 곡선 $y=f(x)$의 변곡점의 개수는 3이다.

### 0499

답 ⑤

$f(x)=x^2+2x+4\cos x$라 하면

$f'(x)=2x+2-4\sin x$

$f''(x)=2-4\cos x$

$f''(x)=0$에서 $\cos x=\frac{1}{2}$

$\therefore x=\frac{\pi}{3}$ 또는 $x=\frac{5}{3}\pi$ ($\because 0\le x\le 2\pi$)

이때 $x=\frac{\pi}{3}$, $x=\frac{5}{3}\pi$의 좌우에서 $f''(x)$의 부호가 바뀌므로 곡선 $y=f(x)$는 $x=\frac{\pi}{3}$, $x=\frac{5}{3}\pi$에서 변곡점을 갖는다.

두 변곡점에서의 접선의 기울기는 각각

$f'\left(\frac{\pi}{3}\right)=\frac{2}{3}\pi+2-4\sin\frac{\pi}{3}=\frac{2}{3}\pi+2-2\sqrt{3}$

$f'\left(\frac{5}{3}\pi\right)=\frac{10}{3}\pi+2-4\sin\frac{5}{3}\pi=\frac{10}{3}\pi+2+2\sqrt{3}$

따라서 구하는 두 변곡점에서의 접선의 기울기의 합은

$\left(\frac{2}{3}\pi+2-2\sqrt{3}\right)+\left(\frac{10}{3}\pi+2+2\sqrt{3}\right)=4\pi+4$

## 0500

답 $-3$

$f(x)=(x+3)e^{-x}$이라 하면

$f'(x)=e^{-x}-(x+3)e^{-x}=(-x-2)e^{-x}$

$f''(x)=-e^{-x}-(-x-2)e^{-x}=(x+1)e^{-x}$

$f'(x)=0$에서 $x=-2$ ($\because e^{-x}>0$)

$f''(x)=0$에서 $x=-1$

함수 $f(x)$의 증가와 감소, 오목과 볼록을 표로 나타내면 다음과 같다.

| $x$ | $\cdots$ | $-2$ | $\cdots$ | $-1$ | $\cdots$ |
|---|---|---|---|---|---|
| $f'(x)$ | $+$ | 0 | $-$ | $-$ | $-$ |
| $f''(x)$ | $-$ | $-$ | $-$ | 0 | $+$ |
| $f(x)$ | ↗ | 극대 | ↘ | 변곡점 | ↘ |

곡선 $y=f(x)$는 $x=-2$에서 극값을 갖고, $x=-1$에서 변곡점을 가지므로

$\alpha=-2$, $\beta=-1$

$\therefore \alpha+\beta=-2+(-1)=-3$

## 0501

답 ③

$f(x)=\ln(x^2+2x+5)$에서

$f'(x)=\frac{2x+2}{x^2+2x+5}=\frac{2(x+1)}{x^2+2x+5}$

$f''(x)=\frac{2(x^2+2x+5)-(2x+2)(2x+2)}{(x^2+2x+5)^2}$

$=\frac{-2x^2-4x+6}{(x^2+2x+5)^2}=\frac{-2(x+3)(x-1)}{(x^2+2x+5)^2}$

$f'(x)=0$에서 $x=-1$

$f''(x)=0$에서 $x=-3$ 또는 $x=1$

함수 $f(x)$의 증가와 감소, 오목과 볼록을 표로 나타내면 다음과 같다.

| $x$ | $\cdots$ | $-3$ | $\cdots$ | $-1$ | $\cdots$ | 1 | $\cdots$ |
|---|---|---|---|---|---|---|---|
| $f'(x)$ | $-$ | $-$ | $-$ | 0 | $+$ | $+$ | $+$ |
| $f''(x)$ | $-$ | 0 | $+$ | $+$ | $+$ | 0 | $-$ |
| $f(x)$ | ↘ | 변곡점 | ↘ | 극소 | ↗ | 변곡점 | ↗ |

곡선 $y=f(x)$는 $x=-1$에서 극값을 갖고, $x=-3$, $x=1$에서 변곡점을 가지므로 다각형의 꼭짓점의 좌표는

$(-1, \ln 4)$, $(-3, \ln 8)$, $(1, \ln 8)$

따라서 다각형은 삼각형이고 구하는 넓이는

$\frac{1}{2}\times|1-(-3)|\times|\ln 8-\ln 4|=2\ln 2$

### 유형 03 변곡점을 이용한 미정계수의 결정

## 0502

답 26

$f(x)=ax^3+bx^2+c$라 하면

$f'(x)=3ax^2+2bx$

$f''(x)=6ax+2b$

곡선 $y=f(x)$ 위의 $x=1$인 점에서의 접선의 기울기가 $-3$이므로

$f'(1)=-3$에서 $3a+2b=-3$ …… ㉠

또한 곡선 $y=f(x)$의 변곡점의 좌표가 $(1, -6)$이므로

$f''(1)=0$에서 $6a+2b=0$ …… ㉡

$f(1)=-6$에서 $a+b+c=-6$ …… ㉢

㉠, ㉡을 연립하여 풀면 $a=1$, $b=-3$

이를 ㉢에 대입하면 $c=-4$

$\therefore a^2+b^2+c^2=1^2+(-3)^2+(-4)^2=26$

## 0503

답 8

$f(x)=\frac{ax}{x^2+1}$에서

$f'(x)=\frac{a(x^2+1)-ax\times 2x}{(x^2+1)^2}=\frac{-ax^2+a}{(x^2+1)^2}$

$f''(x)=\frac{-2ax(x^2+1)^2-(-ax^2+a)\times 2(x^2+1)\times 2x}{(x^2+1)^4}$

$=\frac{2ax^3-6ax}{(x^2+1)^3}=\frac{2ax(x+\sqrt{3})(x-\sqrt{3})}{(x^2+1)^3}$

$f''(x)=0$에서 $x=\sqrt{3}$ ($\because x>0$, $a>0$)

이때 $x=\sqrt{3}$의 좌우에서 $f''(x)$의 부호가 바뀌므로 곡선 $y=f(x)$는 $x=\sqrt{3}$에서 변곡점을 갖는다.

따라서 변곡점에서의 접선의 기울기가 $-1$이므로

$f'(\sqrt{3})=-1$에서 $\frac{-3a+a}{(3+1)^2}=-1$

$-2a=-16$ $\quad\therefore a=8$

## 0504

답 ④

$f(x)=ae^{2x}-16e^x+3x^2+14x$에서

$f'(x)=2ae^{2x}-16e^x+6x+14$

$f''(x)=4ae^{2x}-16e^x+6$

이때 곡선 $y=f(x)$의 두 변곡점의 $x$좌표를 각각 $\alpha$, $\beta$라 하면

$\alpha$, $\beta$는 $f''(x)=0$, 즉 $4ae^{2x}-16e^x+6=0$의 두 근이다.

$e^x=t$ $(t>0)$이라 하면 방정식 $4at^2-16t+6=0$의 두 근은 $e^\alpha$, $e^\beta$이므로 근과 계수의 관계에 의하여

$e^\alpha\times e^\beta=\frac{3}{2a}$에서 $e^{\alpha+\beta}=\frac{3}{2a}$

$\therefore a=\frac{3}{2e^{\alpha+\beta}}=\frac{3}{2e^{\ln 3}}=\frac{3}{2\times 3}=\frac{1}{2}$

## 유형 04 변곡점을 가질 조건

### 0505

답 2

$f(x)=x^4-2x^3+ax^2$이라 하면

$f'(x)=4x^3-6x^2+2ax$

$f''(x)=12x^2-12x+2a$

곡선 $y=f(x)$가 변곡점을 갖지 않으려면 모든 실수 $x$에 대하여 $f''(x)\geq 0$이어야 한다.

즉, 이차방정식 $f''(x)=0$의 판별식을 $D$라 하면 $D\leq 0$이어야 하므로

$\frac{D}{4}=(-6)^2-12\times 2a\leq 0$

$36-24a\leq 0 \qquad \therefore a\geq\frac{3}{2}$

따라서 구하는 정수 $a$의 최솟값은 2이다.

### 0506

답 ③

$f(x)=e^x+\frac{1}{e^x}+\frac{k}{2}x^2=e^x+e^{-x}+\frac{k}{2}x^2$에서

$f'(x)=e^x-e^{-x}+kx$

$f''(x)=e^x+e^{-x}+k$

이때 $e^x>0$, $e^{-x}>0$이므로 산술평균과 기하평균의 관계에 의하여

$e^x+e^{-x}+k\geq 2\sqrt{e^x\times e^{-x}}+k=2+k$ (단, 등호는 $x=0$일 때 성립)

곡선 $y=f(x)$가 변곡점을 가지려면 오른쪽 그림과 같이 곡선 $y=f''(x)$가 $x$축과 서로 다른 두 점에서 만나야 하므로

$2+k<0 \qquad \therefore k<-2$

따라서 구하는 정수 $k$의 최댓값은 $-3$이다.

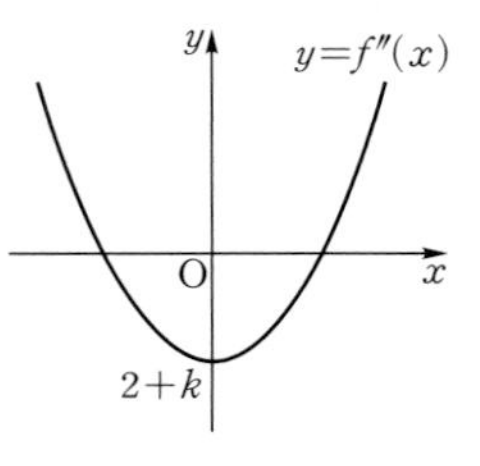


**참고**

$f''(x)=f''(-x)$이고 $f''(x)\geq 2+k$이므로 함수 $y=f''(x)$의 그래프의 개형은 위의 그림과 같다.

### 0507

답 ③

$f(x)=3x^2+2x-a\cos x$라 하면

$f'(x)=6x+2+a\sin x$

$f''(x)=6+a\cos x$

(i) $a=0$일 때

$f''(x)>0$이므로 곡선 $y=f(x)$는 변곡점을 갖지 않는다.

(ii) $a\neq 0$일 때

$f''(x)=0$에서 $a\cos x=-6 \qquad \therefore \cos x=-\frac{6}{a}$

곡선 $y=f(x)$가 두 개의 변곡점을 가지려면 다음 그림과 같이 $0<x<2\pi$에서 곡선 $y=\cos x$와 직선 $y=-\frac{6}{a}$이 서로 다른 두 점에서 만나야 한다.

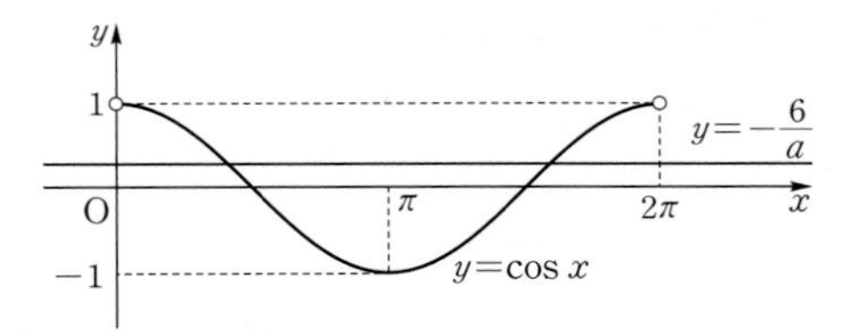


즉, $\left|\frac{6}{a}\right|<1$에서 $a<-6$ 또는 $a>6$

(i), (ii)에서 구하는 실수 $a$의 값의 범위는

$a<-6$ 또는 $a>6$

## 유형 05 도함수의 그래프를 이용한 함수의 이해

### 0508

답 ②

$f''(x)$의 부호를 조사하여 표로 나타내면 다음과 같다.

| $x$ | $\cdots$ | $a$ | $\cdots$ | $b$ | $\cdots$ | $c$ | $\cdots$ | $d$ | $\cdots$ | $e$ | $\cdots$ |
|---|---|---|---|---|---|---|---|---|---|---|---|
| $f''(x)$ | $-$ | $-$ | $-$ | 0 | $+$ | 0 | $-$ | 0 | $+$ | $+$ | $+$ |

$f''(x)>0$인 구간에서 곡선 $y=f(x)$가 아래로 볼록하므로 구하는 구간은 ② $(b, c)$이다.

### 0509

답 5

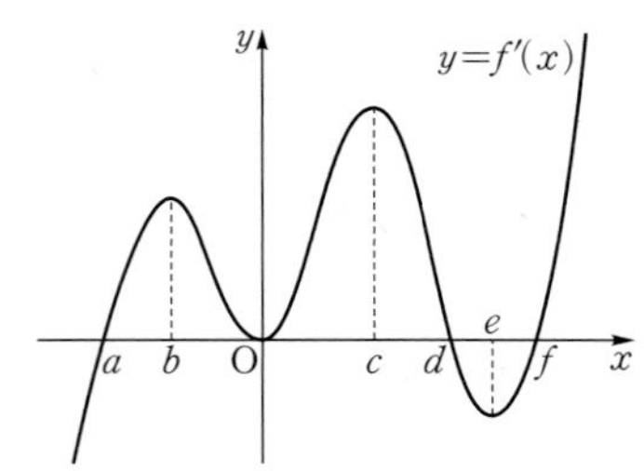


위의 그림과 같이 $a$, $b$, $c$, $d$, $e$, $f$를 정하면

$f'(x)=0$에서 $x=a$ 또는 $x=0$ 또는 $x=d$ 또는 $x=f$

$x=d$의 좌우에서 $f'(x)$의 부호가 양에서 음으로 바뀌므로

함수 $f(x)$는 $x=d$에서 극대이다.

$\therefore m=1$

$x=a$, $x=f$의 좌우에서 $f'(x)$의 부호가 음에서 양으로 바뀌므로

함수 $f(x)$는 $x=a$, $x=f$에서 극소이다.

$\therefore n=2$

$f''(b)=f''(0)=f''(c)=f''(e)=0$이고

$x=b$, $x=0$, $x=c$, $x=e$의 좌우에서 $f''(x)$의 부호가 바뀌므로

곡선 $y=f(x)$는 $x=b$, $x=0$, $x=c$, $x=e$에서 변곡점을 갖는다.

$\therefore k=4$

$\therefore k-m+n=4-1+2=5$

### 0510

답 ⑤

ㄱ. $x=a$, $x=c$, $x=e$, $x=f$의 좌우에서 $f'(x)$의 부호가 바뀌므로 함수 $f(x)$는 $x=a$, $x=c$, $x=e$, $x=f$에서 극값을 갖는다. 즉, 함수 $f(x)$가 극값을 갖는 $x$의 개수는 4이다. (참)

ㄴ. 구간 $(e, f)$에서 $f'(x)$는 증가하므로 $f''(x)>0$
즉, 구간 $(e, f)$에서 함수 $y=f(x)$의 그래프는 아래로 볼록하다. (참)

ㄷ. $f''(b)=f''(d)=f''(g)=f''(h)=0$이고
$x=b$, $x=d$, $x=g$, $x=h$의 좌우에서 $f''(x)$의 부호가 바뀌므로 함수 $y=f(x)$의 그래프는 $x=b$, $x=d$, $x=g$, $x=h$에서 변곡점을 갖는다.
즉, 변곡점의 개수는 4이다. (참)

따라서 옳은 것은 ㄱ, ㄴ, ㄷ이다.

유형 06 함수의 그래프

## 0511

답 ④

$f(x)=\dfrac{3x+3}{x^2+2x+2}$에서

$f'(x)=\dfrac{3(x^2+2x+2)-(3x+3)(2x+2)}{(x^2+2x+2)^2}$

$=\dfrac{-3x^2-6x}{(x^2+2x+2)^2}=\dfrac{-3x(x+2)}{(x^2+2x+2)^2}$

$f''(x)=\dfrac{(-6x-6)(x^2+2x+2)^2-(-3x^2-6x)\times2(x^2+2x+2)(2x+2)}{(x^2+2x+2)^4}$

$=\dfrac{6x^3+18x^2-12}{(x^2+2x+2)^3}=\dfrac{6(x+1)(x^2+2x-2)}{(x^2+2x+2)^3}$

$f'(x)=0$에서 $x=-2$ 또는 $x=0$

$f''(x)=0$에서 $x=-1$ 또는 $x=-1\pm\sqrt{3}$

함수 $f(x)$의 증가와 감소, 오목과 볼록을 표로 나타내면 다음과 같다.

| $x$ | $\cdots$ | $-1-\sqrt{3}$ | $\cdots$ | $-2$ | $\cdots$ | $-1$ | $\cdots$ | $0$ | $\cdots$ | $-1+\sqrt{3}$ | $\cdots$ |
|---|---|---|---|---|---|---|---|---|---|---|---|
| $f'(x)$ | $-$ | $-$ | $-$ | $0$ | $+$ | $+$ | $+$ | $0$ | $-$ | $-$ | $-$ |
| $f''(x)$ | $-$ | $0$ | $+$ | $+$ | $+$ | $0$ | $-$ | $-$ | $-$ | $0$ | $+$ |
| $f(x)$ | ↘ | $-\frac{3\sqrt{3}}{4}$ | ↘ | $-\frac{3}{2}$ | ↗ | $0$ | ↗ | $\frac{3}{2}$ | ↘ | $\frac{3\sqrt{3}}{4}$ | ↘ |

또한 $\lim_{x\to\infty}f(x)=0$, $\lim_{x\to-\infty}f(x)=0$이므로 함수 $y=f(x)$의 그래프는 다음 그림과 같다.

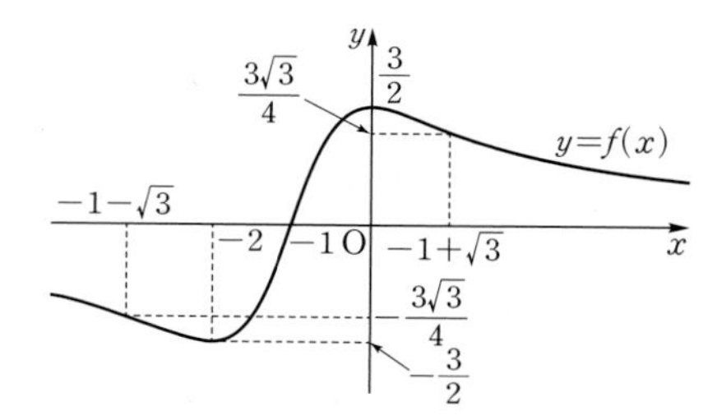


① $f(x)=\dfrac{3x+3}{x^2+2x+2}$에서 $x^2+2x+2>0$이므로 함수 $f(x)$의 정의역은 실수 전체의 집합이다. (참)

② 함수 $f(x)$의 극솟값은 $f(-2)=-\dfrac{3}{2}$이다. (참)

③ $\lim_{x\to\infty}f(x)=\lim_{x\to-\infty}f(x)=0$이다. (참)

④ 함수 $f(x)$는 $x=0$에서 극대이면서 최대이므로 최댓값은 $f(0)=\dfrac{3}{2}$이다. (거짓)

⑤ 곡선 $y=f(x)$의 변곡점은 $\left(-1-\sqrt{3}, -\dfrac{3\sqrt{3}}{4}\right)$, $(-1, 0)$, $\left(-1+\sqrt{3}, \dfrac{3\sqrt{3}}{4}\right)$의 3개이다. (참)

따라서 옳지 않은 것은 ④이다.

## 0512

답 ⑤

$f(x)=e^{-2x^2}$에서

$f'(x)=-4xe^{-2x^2}$

$f''(x)=-4e^{-2x^2}+16x^2e^{-2x^2}$

$=(16x^2-4)e^{-2x^2}$

$=4(2x+1)(2x-1)e^{-2x^2}$

$f'(x)=0$에서 $x=0$ ($\because e^{-2x^2}>0$)

$f''(x)=0$에서 $x=-\dfrac{1}{2}$ 또는 $x=\dfrac{1}{2}$

함수 $f(x)$의 증가와 감소, 오목과 볼록을 표로 나타내면 다음과 같다.

| $x$ | $\cdots$ | $-\frac{1}{2}$ | $\cdots$ | $0$ | $\cdots$ | $\frac{1}{2}$ | $\cdots$ |
|---|---|---|---|---|---|---|---|
| $f'(x)$ | $+$ | $+$ | $+$ | $0$ | $-$ | $-$ | $-$ |
| $f''(x)$ | $+$ | $0$ | $-$ | $-$ | $-$ | $0$ | $+$ |
| $f(x)$ | ↗ | $\frac{1}{\sqrt{e}}$ | ↗ | $1$ | ↘ | $\frac{1}{\sqrt{e}}$ | ↘ |

또한 $\lim_{x\to\infty}f(x)=0$, $\lim_{x\to-\infty}f(x)=0$이므로 함수 $y=f(x)$의 그래프는 다음 그림과 같다.

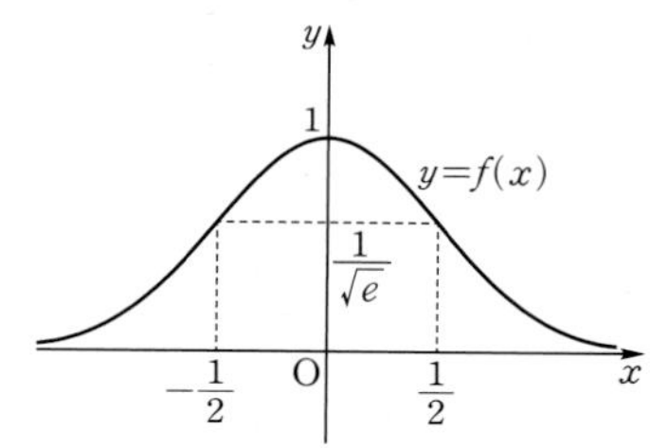


ㄱ. $f(-x)=e^{-2\times(-x)^2}=e^{-2x^2}=f(x)$이므로 곡선 $y=f(x)$는 $y$축에 대하여 대칭이다. (참)

ㄴ. 함수 $f(x)$의 치역은 $\{y|0<y\le1\}$이다. (참)

ㄷ. 곡선 $y=f(x)$의 변곡점은 $\left(-\dfrac{1}{2}, \dfrac{1}{\sqrt{e}}\right)$, $\left(\dfrac{1}{2}, \dfrac{1}{\sqrt{e}}\right)$이다. (참)

따라서 옳은 것은 ㄱ, ㄴ, ㄷ이다.

## 0513

답 ③

$f(x)=e^x\sin x$에서

$f'(x)=e^x(\sin x+\cos x)$

$f''(x)=e^x(\sin x+\cos x)+e^x(\cos x-\sin x)$

$=2e^x\cos x$

$f'(x)=0$에서 $\sin x=-\cos x$ ($\because e^x>0$)

$\tan x=-1$

$\therefore x=\dfrac{3}{4}\pi$ 또는 $x=\dfrac{7}{4}\pi$ ($\because 0<x<2\pi$)

$f''(x)=0$에서 $\cos x=0$

$\therefore x=\dfrac{\pi}{2}$ 또는 $x=\dfrac{3}{2}\pi$ ($\because 0<x<2\pi$)

$0<x<2\pi$에서 함수 $f(x)$의 증가와 감소, 오목과 볼록을 표로 나타내면 다음과 같다.

| $x$ | $(0)$ | $\cdots$ | $\frac{\pi}{2}$ | $\cdots$ | $\frac{3}{4}\pi$ | $\cdots$ | $\frac{3}{2}\pi$ | $\cdots$ | $\frac{7}{4}\pi$ | $\cdots$ | $(2\pi)$ |
|---|---|---|---|---|---|---|---|---|---|---|---|
| $f'(x)$ | | $+$ | $+$ | $+$ | $0$ | $-$ | $-$ | $-$ | $0$ | $+$ | |
| $f''(x)$ | | $+$ | $0$ | $-$ | $-$ | $-$ | $0$ | $+$ | $+$ | $+$ | |
| $f(x)$ | | ⤴ | $e^{\frac{\pi}{2}}$ | ⤵ | $\frac{\sqrt{2}}{2}e^{\frac{3}{4}\pi}$ | ↘ | $-e^{\frac{3}{2}\pi}$ | ↘ | $-\frac{\sqrt{2}}{2}e^{\frac{7}{4}\pi}$ | ⤴ | |

또한 $\lim_{x \to 0+} f(x)=0$, $\lim_{x \to 2\pi-} f(x)=0$이므로 함수 $y=f(x)$의 그래프는 다음 그림과 같다.

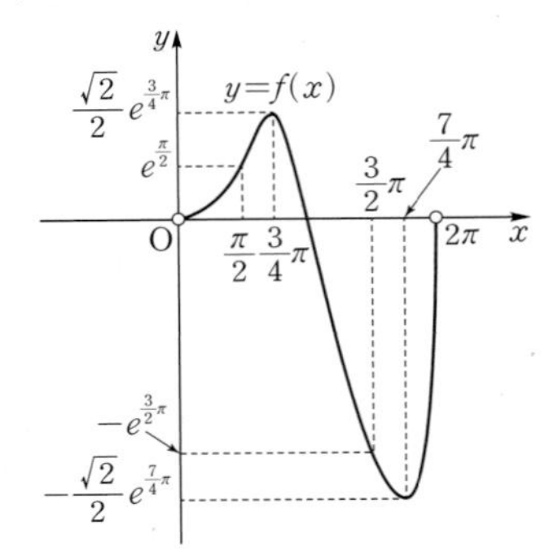


ㄱ. 함수 $f(x)$는 $x=\frac{3}{4}\pi$에서 극대이다. (참)

ㄴ. 곡선 $y=f(x)$는 $0<x<\frac{\pi}{2}$에서 아래로 볼록하고, $\frac{\pi}{2}<x<\pi$에서 위로 볼록하다. (거짓)

ㄷ. 곡선 $y=f(x)$의 변곡점의 좌표는 $\left(\frac{\pi}{2}, e^{\frac{\pi}{2}}\right)$, $\left(\frac{3}{2}\pi, -e^{\frac{3}{2}\pi}\right)$이다. (참)

따라서 옳은 것은 ㄱ, ㄷ이다.

## 유형 07 유리함수의 최대 · 최소

### 0514 답 ④

$f(x)=x^2+\frac{1}{x^2}$에서

$f'(x)=2x-\frac{2}{x^3}=\frac{2x^4-2}{x^3}=\frac{2(x^2+1)(x+1)(x-1)}{x^3}$

$f'(x)=0$에서 $x=1$ $\left(\because \frac{1}{2}\le x\le 2\right)$

구간 $\left[\frac{1}{2}, 2\right]$에서 함수 $f(x)$의 증가와 감소를 표로 나타내면 다음과 같다.

| $x$ | $\frac{1}{2}$ | $\cdots$ | $1$ | $\cdots$ | $2$ |
|---|---|---|---|---|---|
| $f'(x)$ | | $-$ | $0$ | $+$ | |
| $f(x)$ | $\frac{17}{4}$ | ↘ | $2$ | ↗ | $\frac{17}{4}$ |

따라서 함수 $f(x)$는 $x=\frac{1}{2}$ 또는 $x=2$에서 최댓값 $\frac{17}{4}$, $x=1$에서 최솟값 2를 가지므로 구하는 최댓값과 최솟값의 곱은

$\frac{17}{4}\times 2=\frac{17}{2}$

### 0515 답 ②

$(x-4)^2+36>0$이므로 정의역은 실수 전체의 집합이고,

$f(x)=\frac{x-4}{(x-4)^2+36}=\frac{x-4}{x^2-8x+52}$에서

$f'(x)=\frac{(x^2-8x+52)-(x-4)(2x-8)}{(x^2-8x+52)^2}$

$=\frac{-x^2+8x+20}{(x^2-8x+52)^2}=\frac{-(x+2)(x-10)}{(x^2-8x+52)^2}$

$f'(x)=0$에서 $x=-2$ 또는 $x=10$

함수 $f(x)$의 증가와 감소를 표로 나타내면 다음과 같다.

| $x$ | $\cdots$ | $-2$ | $\cdots$ | $10$ | $\cdots$ |
|---|---|---|---|---|---|
| $f'(x)$ | $-$ | $0$ | $+$ | $0$ | $-$ |
| $f(x)$ | ↘ | $-\frac{1}{12}$ | ↗ | $\frac{1}{12}$ | ↘ |

이때 $\lim_{x \to \infty} f(x)=0$, $\lim_{x \to -\infty} f(x)=0$이므로 함수 $f(x)$는 $x=10$에서 최댓값 $M=\frac{1}{12}$, $x=-2$에서 최솟값 $m=-\frac{1}{12}$을 갖는다.

$\therefore M-m=\frac{1}{12}-\left(-\frac{1}{12}\right)=\frac{1}{6}$

### 0516 답 3

$f(x)=8-\frac{kx^2}{x^2+2x+4}$에서

$f'(x)=-\frac{2kx(x^2+2x+4)-kx^2(2x+2)}{(x^2+2x+4)^2}$

$=-\frac{2kx^2+8kx}{(x^2+2x+4)^2}=-\frac{2kx(x+4)}{(x^2+2x+4)^2}$

$f'(x)=0$에서 $x=-4$ 또는 $x=0$ ($\because$ $k$는 자연수)

함수 $f(x)$의 증가와 감소를 표로 나타내면 다음과 같다.

| $x$ | $\cdots$ | $-4$ | $\cdots$ | $0$ | $\cdots$ |
|---|---|---|---|---|---|
| $f'(x)$ | $-$ | $0$ | $+$ | $0$ | $-$ |
| $f(x)$ | ↘ | $8-\frac{4}{3}k$ | ↗ | $8$ | ↘ |

이때 $\lim_{x \to \infty} f(x)=8-k$, $\lim_{x \to -\infty} f(x)=8-k$이므로 함수 $f(x)$는 $x=-4$에서 최솟값 $8-\frac{4}{3}k$를 갖는다.

즉, $8-\frac{4}{3}k\le 4$에서 $4\le \frac{4}{3}k$

$\therefore k\ge 3$

따라서 구하는 자연수 $k$의 최솟값은 3이다.

## 유형 08 무리함수의 최대 · 최소

### 0517 답 32

$f(x)=x\sqrt{8-x^2}$에서 $8-x^2\ge 0$이므로

$-2\sqrt{2}\le x\le 2\sqrt{2}$

$f'(x)=\sqrt{8-x^2}+x\times\frac{-x}{\sqrt{8-x^2}}=\frac{8-2x^2}{\sqrt{8-x^2}}$

$f'(x)=0$에서 $x^2=4$

$\therefore x=-2$ 또는 $x=2$

$-2\sqrt{2} \le x \le 2\sqrt{2}$에서 함수 $f(x)$의 증가와 감소를 표로 나타내면 다음과 같다.

| $x$ | $-2\sqrt{2}$ | $\cdots$ | $-2$ | $\cdots$ | $2$ | $\cdots$ | $2\sqrt{2}$ |
|---|---|---|---|---|---|---|---|
| $f'(x)$ | | $-$ | $0$ | $+$ | $0$ | $-$ | |
| $f(x)$ | $0$ | ↘ | $-4$ | ↗ | $4$ | ↘ | $0$ |

함수 $f(x)$는 $x=2$에서 최댓값 $M=4$, $x=-2$에서 최솟값 $m=-4$를 가지므로

$M^2+m^2=4^2+(-4)^2=32$

## 0518

답 ④

$f(x)=x-3+\sqrt{9-x^2}$에서 $9-x^2 \ge 0$이므로

$-3 \le x \le 3$

$f'(x)=1-\dfrac{x}{\sqrt{9-x^2}}=\dfrac{\sqrt{9-x^2}-x}{\sqrt{9-x^2}}$

$f'(x)=0$에서 $\sqrt{9-x^2}=x$

$9-x^2=x^2$, $x^2=\dfrac{9}{2}$

$\therefore x=\dfrac{3\sqrt{2}}{2}$ ($\because \sqrt{9-x^2} \ge 0$이므로 $x \ge 0$)

$-3 \le x \le 3$에서 함수 $f(x)$의 증가와 감소를 표로 나타내면 다음과 같다.

| $x$ | $-3$ | $\cdots$ | $\frac{3\sqrt{2}}{2}$ | $\cdots$ | $3$ |
|---|---|---|---|---|---|
| $f'(x)$ | | $+$ | $0$ | $-$ | |
| $f(x)$ | $-6$ | ↗ | $3\sqrt{2}-3$ | ↘ | $0$ |

함수 $f(x)$는 $x=\dfrac{3\sqrt{2}}{2}$에서 최댓값 $M=3\sqrt{2}-3$, $x=-3$에서 최솟값 $m=-6$을 가지므로

$M-m=(3\sqrt{2}-3)-(-6)=3\sqrt{2}+3$

## 0519

답 2

$f(x)=\sqrt[3]{(x-1)^2}-1=(x-1)^{\frac{2}{3}}-1$에서

$f'(x)=\dfrac{2}{3}(x-1)^{-\frac{1}{3}}=\dfrac{2}{3\sqrt[3]{x-1}}$

이때 $x<1$에서 $f'(x)<0$, $x>1$에서 $f'(x)>0$

구간 $[0, 9]$에서 함수 $f(x)$의 증가와 감소를 표로 나타내면 다음과 같다.

| $x$ | $0$ | $\cdots$ | $1$ | $\cdots$ | $9$ |
|---|---|---|---|---|---|
| $f'(x)$ | | $-$ | | $+$ | |
| $f(x)$ | $0$ | ↘ | $-1$ | ↗ | $3$ |

함수 $f(x)$는 $x=9$에서 최댓값 $3$, $x=1$에서 최솟값 $-1$을 가지므로 구하는 최댓값과 최솟값의 합은

$3+(-1)=2$

참고

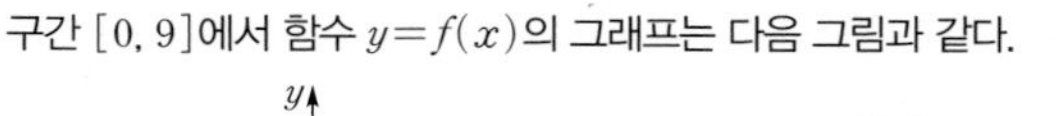

구간 $[0, 9]$에서 함수 $y=f(x)$의 그래프는 다음 그림과 같다.

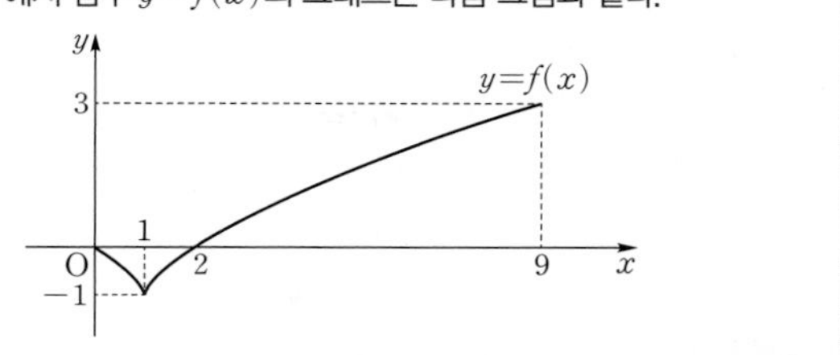


## 유형 09 지수함수의 최대·최소

## 0520

답 ⑤

$f(x)=e^x-x$에서

$f'(x)=e^x-1$

$f'(x)=0$에서 $e^x=1$ $\quad \therefore x=0$

구간 $[-1, 2]$에서 함수 $f(x)$의 증가와 감소를 표로 나타내면 다음과 같다.

| $x$ | $-1$ | $\cdots$ | $0$ | $\cdots$ | $2$ |
|---|---|---|---|---|---|
| $f'(x)$ | | $-$ | $0$ | $+$ | |
| $f(x)$ | $e^{-1}+1$ | ↘ | $1$ | ↗ | $e^2-2$ |

함수 $f(x)$는 $x=2$에서 최댓값 $M=e^2-2$, $x=0$에서 최솟값 $m=1$을 가지므로

$M+2m=e^2-2+2=e^2$

## 0521

답 2

$f(x)=kxe^{-x}$에서

$f'(x)=ke^{-x}-kxe^{-x}=k(1-x)e^{-x}$

$f'(x)=0$에서 $x=1$ ($\because k>0$, $e^{-x}>0$)

구간 $[0, 3]$에서 함수 $f(x)$의 증가와 감소를 표로 나타내면 다음과 같다.

| $x$ | $0$ | $\cdots$ | $1$ | $\cdots$ | $3$ |
|---|---|---|---|---|---|
| $f'(x)$ | | $+$ | $0$ | $-$ | |
| $f(x)$ | $0$ | ↗ | $ke^{-1}$ | ↘ | $3ke^{-3}$ |

함수 $f(x)$는 $x=1$에서 최댓값 $ke^{-1}$, $x=0$에서 최솟값 $0$을 가지므로

$ke^{-1}=2e^{-1}$에서 $k=2$

## 0522

답 3

$f(x)=(x^2-2x-2)e^x$에서

$f'(x)=(2x-2)e^x+(x^2-2x-2)e^x=(x^2-4)e^x$

$\qquad =(x+2)(x-2)e^x$

$f'(x)=0$에서 $x=-2$ 또는 $x=2$ ($\because e^x>0$)

구간 $[-3, 3]$에서 함수 $f(x)$의 증가와 감소를 표로 나타내면 다음과 같다.

| $x$ | $-3$ | $\cdots$ | $-2$ | $\cdots$ | $2$ | $\cdots$ | $3$ |
|---|---|---|---|---|---|---|---|
| $f'(x)$ | | $+$ | $0$ | $-$ | $0$ | $+$ | |
| $f(x)$ | $13e^{-3}$ | ↗ | $6e^{-2}$ | ↘ | $-2e^2$ | ↗ | $e^3$ |

2권

함수 $f(x)$는 $x=3$에서 최댓값 $e^3$, $x=2$에서 최솟값 $-2e^2$을 가지므로 구하는 곱은

$e^3\times(-2e^2)=-2e^5$

따라서 $p=-2$, $q=5$이므로

$p+q=(-2)+5=3$

## 유형 10 로그함수의 최대 · 최소

### 0523

답 ②

$f(x)=x\ln x-x$에서

$f'(x)=\ln x+x\times\frac{1}{x}-1=\ln x$

$f'(x)=0$에서 $x=1$

구간 $(0, e^2)$에서 함수 $f(x)$의 증가와 감소를 표로 나타내면 다음과 같다.

| $x$ | $(0)$ | $\cdots$ | $1$ | $\cdots$ | $(e^2)$ |
|---|---|---|---|---|---|
| $f'(x)$ | | $-$ | $0$ | $+$ | |
| $f(x)$ | | ↘ | $-1$ | ↗ | |

따라서 함수 $f(x)$는 $x=1$에서 최솟값 $-1$을 갖는다.

### 0524

답 ②

$f(x)=x^2\ln x-\frac{1}{2}x^2+k$에서 로그의 진수 조건에 의하여 $x>0$

$f'(x)=2x\ln x+x^2\times\frac{1}{x}-x=2x\ln x$

$f'(x)=0$에서 $x=1$ ($\because x>0$)

$x>0$에서 함수 $f(x)$의 증가와 감소를 표로 나타내면 다음과 같다.

| $x$ | $(0)$ | $\cdots$ | $1$ | $\cdots$ |
|---|---|---|---|---|
| $f'(x)$ | | $-$ | $0$ | $+$ |
| $f(x)$ | | ↘ | $-\frac{1}{2}+k$ | ↗ |

함수 $f(x)$는 $x=1$에서 최솟값 $-\frac{1}{2}+k$를 가지므로

$-\frac{1}{2}+k=0$에서 $k=\frac{1}{2}$

### 0525

답 ③

$f(x)=\frac{\ln x+1}{x^2}$에서 로그의 진수 조건에 의하여 $x>0$

$f'(x)=\frac{\frac{1}{x}\times x^2-(\ln x+1)\times 2x}{x^4}=\frac{-2\ln x-1}{x^3}$

$f'(x)=0$에서 $\ln x=-\frac{1}{2}$ $\quad\therefore x=e^{-\frac{1}{2}}$

$x>0$에서 함수 $f(x)$의 증가와 감소를 표로 나타내면 다음과 같다.

| $x$ | $(0)$ | $\cdots$ | $e^{-\frac{1}{2}}$ | $\cdots$ |
|---|---|---|---|---|
| $f'(x)$ | | $+$ | $0$ | $-$ |
| $f(x)$ | | ↗ | $\frac{e}{2}$ | ↘ |

따라서 함수 $f(x)$는 $x=e^{-\frac{1}{2}}$에서 최댓값 $\frac{e}{2}$를 갖는다.

## 유형 11 삼각함수의 최대 · 최소

### 0526

답 ③

$f(x)=x+\sin 2x$에서

$f'(x)=1+2\cos 2x$

$f'(x)=0$에서 $\cos 2x=-\frac{1}{2}$ $\quad\therefore x=\frac{\pi}{3}\left(\because 0\le x\le\frac{\pi}{2}\right)$

구간 $\left[0, \frac{\pi}{2}\right]$에서 함수 $f(x)$의 증가와 감소를 표로 나타내면 다음과 같다.

| $x$ | $0$ | $\cdots$ | $\frac{\pi}{3}$ | $\cdots$ | $\frac{\pi}{2}$ |
|---|---|---|---|---|---|
| $f'(x)$ | | $+$ | $0$ | $-$ | |
| $f(x)$ | $0$ | ↗ | $\frac{\pi}{3}+\frac{\sqrt{3}}{2}$ | ↘ | $\frac{\pi}{2}$ |

함수 $f(x)$는 $x=\frac{\pi}{3}$에서 최댓값, $x=0$에서 최솟값을 가지므로

$a=\frac{\pi}{3}$, $b=0$

$\therefore a+b=\frac{\pi}{3}+0=\frac{\pi}{3}$

### 0527

답 ①

$f(x)=\frac{\sin x}{2+\cos x}$에서

$f'(x)=\frac{\cos x(2+\cos x)-\sin x\times(-\sin x)}{(2+\cos x)^2}=\frac{2\cos x+1}{(2+\cos x)^2}$

$f'(x)=0$에서 $\cos x=-\frac{1}{2}$ $\quad\therefore x=\frac{2}{3}\pi$ ($\because 0\le x\le\pi$)

$0\le x\le\pi$에서 함수 $f(x)$의 증가와 감소를 표로 나타내면 다음과 같다.

| $x$ | $0$ | $\cdots$ | $\frac{2}{3}\pi$ | $\cdots$ | $\pi$ |
|---|---|---|---|---|---|
| $f'(x)$ | | $+$ | $0$ | $-$ | |
| $f(x)$ | $0$ | ↗ | $\frac{\sqrt{3}}{3}$ | ↘ | $0$ |

함수 $f(x)$는 $x=\frac{2}{3}\pi$에서 최댓값 $M=\frac{\sqrt{3}}{3}$, $x=0$ 또는 $x=\pi$에서 최솟값 $m=0$을 가지므로

$M^2+m^2=\frac{1}{3}+0=\frac{1}{3}$

### 0528

답 ①

$f(x)=e^{-x}(\cos x-\sin x)$에서

$f'(x)=-e^{-x}(\cos x-\sin x)+e^{-x}(-\sin x-\cos x)$

$\quad=-2e^{-x}\cos x$

$f'(x)=0$에서 $\cos x=0$ ($\because e^{-x}>0$)

$\therefore x=\frac{\pi}{2}$ ($\because 0\le x\le\pi$)

$0\le x\le\pi$에서 함수 $f(x)$의 증가와 감소를 표로 나타내면 다음과 같다.

| $x$ | 0 | $\cdots$ | $\frac{\pi}{2}$ | $\cdots$ | $\pi$ |
|---|---|---|---|---|---|
| $f'(x)$ | | $-$ | 0 | $+$ | |
| $f(x)$ | 1 | ↘ | $-e^{-\frac{\pi}{2}}$ | ↗ | $-e^{-\pi}$ |

함수 $f(x)$는 $x=0$에서 최댓값 1, $x=\frac{\pi}{2}$에서 최솟값 $-e^{-\frac{\pi}{2}}$을 가지므로 구하는 최댓값과 최솟값의 곱은

$1\times(-e^{-\frac{\pi}{2}})=-e^{-\frac{\pi}{2}}$

## 유형 12 치환을 이용한 함수의 최대 · 최소

### 0529

답 ①

$f(x)=e^{3x}+3e^{2x}-9e^{x}$에서 $e^{x}=t$로 놓으면 $t>0$이고, $f(x)$를 $t$에 대한 함수 $g(t)$로 나타내면

$g(t)=t^3+3t^2-9t$

$g'(t)=3t^2+6t-9=3(t+3)(t-1)$

$g'(t)=0$에서 $t=1$ ($\because t>0$)

$t>0$에서 함수 $g(t)$의 증가와 감소를 표로 나타내면 다음과 같다.

| $t$ | (0) | $\cdots$ | 1 | $\cdots$ |
|---|---|---|---|---|
| $g'(t)$ | | $-$ | 0 | $+$ |
| $g(t)$ | | ↘ | $-5$ | ↗ |

따라서 함수 $g(t)$는 $t=1$에서 최솟값 $-5$를 갖는다.

### 0530

답 36

$f(x)=(\ln x)^3-(\ln x^3)^2+8\ln x^3$

$=(\ln x)^3-9(\ln x)^2+24\ln x$

$\ln x=t$로 놓으면 $e\le x\le e^5$에서 $1\le t\le 5$이고, $f(x)$를 $t$에 대한 함수 $g(t)$로 나타내면

$g(t)=t^3-9t^2+24t$

$g'(t)=3t^2-18t+24=3(t-2)(t-4)$

$g'(t)=0$에서 $t=2$ 또는 $t=4$

$1\le t\le 5$에서 함수 $g(t)$의 증가와 감소를 표로 나타내면 다음과 같다.

| $t$ | 1 | $\cdots$ | 2 | $\cdots$ | 4 | $\cdots$ | 5 |
|---|---|---|---|---|---|---|---|
| $g'(t)$ | | $+$ | 0 | $-$ | 0 | $+$ | |
| $g(t)$ | 16 | ↗ | 20 | ↘ | 16 | ↗ | 20 |

함수 $g(t)$는 $t=2$ 또는 $t=5$에서 최댓값 20, $t=1$ 또는 $t=4$에서 최솟값 16을 가지므로 구하는 최댓값과 최솟값의 합은

$20+16=36$

### 0531

답 ①

모든 양의 실수 $x$에 대하여 $-1\le\sin x\le 1$이므로

$0\le 2\sin x+2\le 4$, $e^0\le e^{2\sin x+2}\le e^4$

$\therefore 1\le g(x)\le e^4$ ...... ㉠

$f(x)=x(\ln x-2)$에서

$f'(x)=\ln x-2+x\times\frac{1}{x}=\ln x-1$

$f'(x)=0$에서 $x=e$

$g(x)=t$로 놓으면 ㉠에서 $1\le t\le e^4$이고

$(f\circ g)(x)=f(g(x))=f(t)$

$1\le t\le e^4$에서 함수 $f(t)$의 증가와 감소를 표로 나타내면 다음과 같다.

| $t$ | 1 | $\cdots$ | $e$ | $\cdots$ | $e^4$ |
|---|---|---|---|---|---|
| $f'(t)$ | | $-$ | 0 | $+$ | |
| $f(t)$ | $-2$ | ↘ | $-e$ | ↗ | $2e^4$ |

함수 $f(t)$는 $t=e^4$에서 최댓값 $M=2e^4$, $t=e$에서 최솟값 $m=-e$를 가지므로

$\frac{M}{m}=\frac{2e^4}{-e}=-2e^3$

## 유형 13 함수의 최대 · 최소의 활용

### 0532

답 ②

$0<\theta<\pi$에서 $0<\sin\theta\le 1$, $-1<\cos\theta<1$이므로

$\overline{OB}=1-\cos\theta$

점 A에서 $x$축에 내린 수선의 발을 H라 하면 $\overline{AH}=2\sin\theta$

$\therefore S(\theta)=\frac{1}{2}\times\overline{OB}\times\overline{AH}=\frac{1}{2}(1-\cos\theta)\times 2\sin\theta$

$=\sin\theta(1-\cos\theta)$

$S'(\theta)=\cos\theta(1-\cos\theta)+\sin^2\theta$

$=-2\cos^2\theta+\cos\theta+1$ ($\because \sin^2\theta=1-\cos^2\theta$)

$=(1+2\cos\theta)(1-\cos\theta)$

$S'(\theta)=0$에서 $\cos\theta=-\frac{1}{2}$ ($\because -1<\cos\theta<1$)

$\therefore \theta=\frac{2}{3}\pi$ ($\because 0<\theta<\pi$)

$0<\theta<\pi$에서 함수 $S(\theta)$의 증가와 감소를 표로 나타내면 다음과 같다.

| $\theta$ | (0) | $\cdots$ | $\frac{2}{3}\pi$ | $\cdots$ | $(\pi)$ |
|---|---|---|---|---|---|
| $S'(\theta)$ | | $+$ | 0 | $-$ | |
| $S(\theta)$ | | ↗ | $\frac{3\sqrt{3}}{4}$ | ↘ | |

따라서 함수 $S(\theta)$는 $\theta=\frac{2}{3}\pi$에서 최댓값 $\frac{3\sqrt{3}}{4}$을 갖는다.

### 0533

답 ③

원기둥의 밑면의 반지름의 길이와 높이를 각각 $r$, $h$ ($r>0$, $h>0$)이라 하면 원기둥의 부피는

$\pi r^2h=16\pi$ $\quad\therefore r^2h=16$ ...... ㉠

원기둥의 겉넓이를 $f(r)$라 하면

$f(r)=2\pi r^2+2\pi rh=2\pi r^2+\frac{32\pi}{r}$ ($\because$ ㉠)

$f'(r)=4\pi r-\frac{32\pi}{r^2}=\frac{4\pi r^3-32\pi}{r^2}=\frac{4\pi(r^3-8)}{r^2}$

$f'(r)=0$에서 $r^3=8$

$\therefore r=2\ (\because r>0)$

$r>0$에서 함수 $f(r)$의 증가와 감소를 표로 나타내면 다음과 같다.

| $r$ | $(0)$ | $\cdots$ | $2$ | $\cdots$ |
|---|---|---|---|---|
| $f'(r)$ | | $-$ | $0$ | $+$ |
| $f(r)$ | | ↘ | 극소 | ↗ |

함수 $f(r)$는 $r=2$에서 극소이면서 최소이고 이때의 원기둥의 높이 $h$는

$h=\frac{16}{r^2}=\frac{16}{4}=4$

따라서 구하는 원기둥의 밑면의 반지름의 길이와 높이의 합은

$2+4=6$

## 0534

답 ⑤

$C(t)=te^{-\frac{1}{3}t}$에서 $C'(t)=e^{-\frac{1}{3}t}\left(1-\frac{1}{3}t\right)$

$C'(t)=0$에서 $t=3\ (\because e^{-\frac{1}{3}t}>0)$

$t>0$에서 함수 $C(t)$의 증가와 감소를 표로 나타내면 다음과 같다.

| $t$ | $(0)$ | $\cdots$ | $3$ | $\cdots$ |
|---|---|---|---|---|
| $C'(t)$ | | $+$ | $0$ | $-$ |
| $C(t)$ | | ↗ | 극대 | ↘ |

함수 $C(t)$는 $t=3$에서 극대이면서 최대이고 이때의 혈액 속의 주사약의 농도는

$C(3)=3e^{-1}$

따라서 $a=3$, $b=3e^{-1}$이므로

$ab=3\times 3e^{-1}=\frac{9}{e}$

## 0535

답 $3\sqrt{3}$

점 P가 제1사분면 위의 점이므로 $0<\theta<\frac{\pi}{2}$

오른쪽 그림과 같이 삼각형 AQP는 $\overline{PA}=\overline{PQ}$인 이등변삼각형이므로 점 P에서 선분 AQ에 내린 수선의 발을 H라 하면 직선 PH는 원의 중심 O를 지나고 선분 AQ를 수직이등분한다.

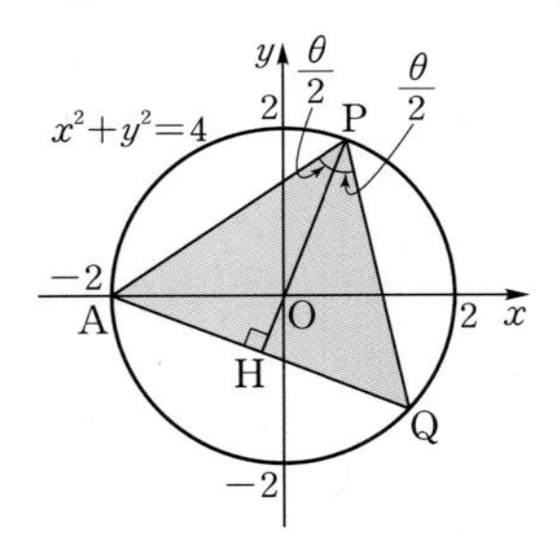


이때 두 삼각형 APH, QPH는 서로 합동이다.

즉, $\angle APH=\angle QPH=\frac{\theta}{2}$

삼각형 AOP는 $\overline{OP}=\overline{OA}=2$인 이등변삼각형이므로

$\angle OAP=\angle OPA=\frac{\theta}{2}$

$\therefore \angle AOP=\pi-(\angle OAP+\angle OPA)=\pi-\theta$

삼각형 AOP에서 코사인법칙에 의하여

$\overline{PA}^2=\overline{OA}^2+\overline{OP}^2-2\times\overline{OA}\times\overline{OP}\times\cos(\pi-\theta)$

$=4+4+2\times2\times2\times\cos\theta$

$=8(1+\cos\theta)$

삼각형 AQP의 넓이를 $S(\theta)$라 하면

$S(\theta)=\frac{1}{2}\times\overline{PA}\times\overline{PQ}\times\sin(\angle APQ)=\frac{1}{2}\times\overline{PA}^2\times\sin(\angle APQ)$

$=\frac{1}{2}\times8(1+\cos\theta)\times\sin\theta=4(1+\cos\theta)\sin\theta$

$S'(\theta)=-4\sin^2\theta+4(1+\cos\theta)\cos\theta$

$=8\cos^2\theta+4\cos\theta-4\ (\because \sin^2\theta=1-\cos^2\theta)$

$=4(\cos\theta+1)(2\cos\theta-1)$

$S'(\theta)=0$에서 $\cos\theta=\frac{1}{2}\ \left(\because 0<\theta<\frac{\pi}{2}\right)\quad \therefore \theta=\frac{\pi}{3}$

$0<\theta<\frac{\pi}{2}$에서 함수 $S(\theta)$의 증가와 감소를 표로 나타내면 다음과 같다.

| $\theta$ | $(0)$ | $\cdots$ | $\frac{\pi}{3}$ | $\cdots$ | $\left(\frac{\pi}{2}\right)$ |
|---|---|---|---|---|---|
| $S'(\theta)$ | | $+$ | $0$ | $-$ | |
| $S(\theta)$ | | ↗ | 극대 | ↘ | |

함수 $S(\theta)$는 $\theta=\frac{\pi}{3}$에서 극대이면서 최대이므로 구하는 넓이의 최댓값은

$S\left(\frac{\pi}{3}\right)=4\left(1+\cos\frac{\pi}{3}\right)\times\sin\frac{\pi}{3}=4\times\left(1+\frac{1}{2}\right)\times\frac{\sqrt{3}}{2}=3\sqrt{3}$

**참고**

삼각형 AQP의 넓이 $S(\theta)$는 다음과 같이 구할 수도 있다.

$\angle AOP=\angle POQ=\pi-\theta$, $\angle AOQ=2\theta$이므로

$S(\theta)=$(삼각형 AOP의 넓이)$+$(삼각형 POQ의 넓이)$+$(삼각형 AOQ의 넓이)

$=2\times\left\{\frac{1}{2}\times2\times2\times\sin(\pi-\theta)\right\}+\frac{1}{2}\times2\times2\times\sin2\theta$

$=4\sin\theta+2\sin2\theta=4\sin\theta+2\times2\sin\theta\cos\theta$

$=4(1+\cos\theta)\sin\theta$

### 유형 14 방정식 $f(x)=k$의 실근의 개수

## 0536

답 2

$f(x)=\frac{4x}{x^2+1}$라 하면

$f'(x)=\frac{4(x^2+1)-4x\times2x}{(x^2+1)^2}=\frac{-4x^2+4}{(x^2+1)^2}=\frac{-4(x+1)(x-1)}{(x^2+1)^2}$

$f'(x)=0$에서 $x=-1$ 또는 $x=1$

함수 $f(x)$의 증가와 감소를 표로 나타내면 다음과 같다.

| $x$ | $\cdots$ | $-1$ | $\cdots$ | $1$ | $\cdots$ |
|---|---|---|---|---|---|
| $f'(x)$ | $-$ | $0$ | $+$ | $0$ | $-$ |
| $f(x)$ | ↘ | $-2$ | ↗ | $2$ | ↘ |

또한 $f(-x)=\frac{-4x}{x^2+1}=-f(x)$이므로 곡선 $y=f(x)$는 원점에 대하여 대칭이고,

$\lim_{x\to\infty}f(x)=0$, $\lim_{x\to-\infty}f(x)=0$이므로 함수 $y=f(x)$의 그래프는 오른쪽 그림과 같다.

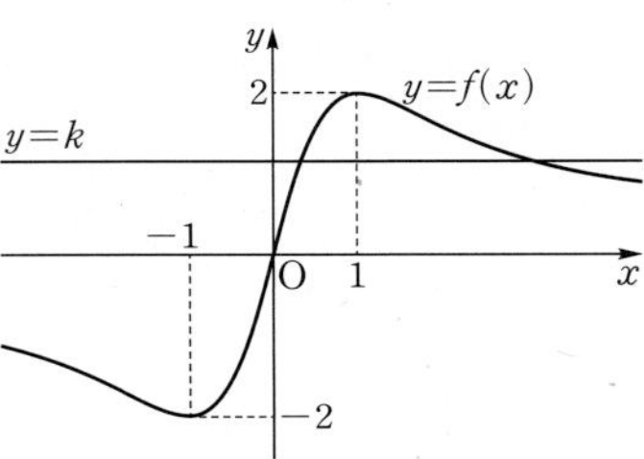


방정식 $f(x)=k$의 서로 다른

실근의 개수가 2이려면 곡선 $y=f(x)$와 직선 $y=k$가 서로 다른 두 점에서 만나야 하므로
$-2<k<0$ 또는 $0<k<2$
따라서 구하는 정수 $k$는 $-1$, $1$의 2개이다.

## 0537

답 ①

$f(x)=x^2e^{-x}$이라 하면
$f'(x)=2xe^{-x}-x^2e^{-x}=(2x-x^2)e^{-x}=-x(x-2)e^{-x}$
$f'(x)=0$에서 $x=0$ 또는 $x=2$ ($\because e^{-x}>0$)
함수 $f(x)$의 증가와 감소를 표로 나타내면 다음과 같다.

| $x$ | $\cdots$ | $0$ | $\cdots$ | $2$ | $\cdots$ |
|---|---|---|---|---|---|
| $f'(x)$ | $-$ | $0$ | $+$ | $0$ | $-$ |
| $f(x)$ | ↘ | $0$ | ↗ | $4e^{-2}$ | ↘ |

또한 $\lim_{x\to\infty} f(x)=0$,
$\lim_{x\to-\infty} f(x)=\infty$이므로 함수 $y=f(x)$의 그래프는 오른쪽 그림과 같다.
방정식 $f(x)=k$가 서로 다른 세 실근을 가지려면 곡선 $y=f(x)$와 직선 $y=k$가 서로 다른 세 점에서 만나야 하므로
$0<k<4e^{-2}$
따라서 $\alpha=0$, $\beta=4e^{-2}$이므로
$\alpha+\beta=0+\frac{4}{e^2}=\frac{4}{e^2}$

## 0538

답 ②

$x-\ln(\sin x)-k=0$에서 $x-\ln(\sin x)=k$
$f(x)=x-\ln(\sin x)$라 하면
$f'(x)=1-\frac{\cos x}{\sin x}=\frac{\sin x-\cos x}{\sin x}$
$f'(x)=0$에서 $\sin x=\cos x$, $\tan x=1$
$\therefore x=\frac{\pi}{4}$ ($\because 0<x<\pi$)
$0<x<\pi$에서 함수 $f(x)$의 증가와 감소를 표로 나타내면 다음과 같다.

| $x$ | $(0)$ | $\cdots$ | $\frac{\pi}{4}$ | $\cdots$ | $(\pi)$ |
|---|---|---|---|---|---|
| $f'(x)$ | | $-$ | $0$ | $+$ | |
| $f(x)$ | | ↘ | $\frac{\pi}{4}+\frac{1}{2}\ln 2$ | ↗ | |

또한 $\lim_{x\to 0+} f(x)=\infty$,
$\lim_{x\to\pi-} f(x)=\infty$이므로 함수 $y=f(x)$의 그래프는 오른쪽 그림과 같다.
방정식 $f(x)=k$가 실근을 가지려면 곡선 $y=f(x)$와 직선 $y=k$가 만나야 하므로 $k\ge\frac{\pi}{4}+\frac{1}{2}\ln 2$

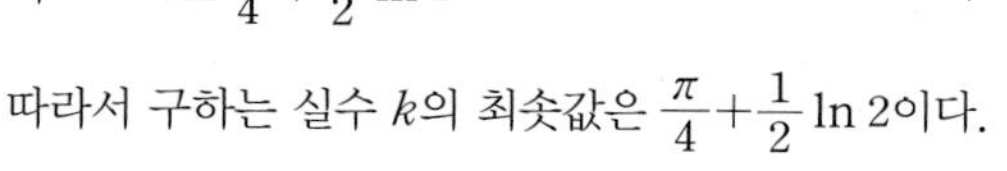

따라서 구하는 실수 $k$의 최솟값은 $\frac{\pi}{4}+\frac{1}{2}\ln 2$이다.

## 0539

답 $\frac{1}{e}$

$g(x)=\frac{x^2}{e^{x^2}}=x^2e^{-x^2}$이라 하면
$g'(x)=2xe^{-x^2}+x^2e^{-x^2}\times(-2x)$
$=(2x-2x^3)e^{-x^2}=-2x(x+1)(x-1)e^{-x^2}$
$g'(x)=0$에서 $x=-1$ 또는 $x=0$ 또는 $x=1$ ($\because e^{-x^2}>0$)
함수 $g(x)$의 증가와 감소를 표로 나타내면 다음과 같다.

| $x$ | $\cdots$ | $-1$ | $\cdots$ | $0$ | $\cdots$ | $1$ | $\cdots$ |
|---|---|---|---|---|---|---|---|
| $g'(x)$ | $+$ | $0$ | $-$ | $0$ | $+$ | $0$ | $-$ |
| $g(x)$ | ↗ | $\frac{1}{e}$ | ↘ | $0$ | ↗ | $\frac{1}{e}$ | ↘ |

또한 $\lim_{x\to\infty} g(x)=0$,
$\lim_{x\to-\infty} g(x)=0$이므로 함수 $y=g(x)$의 그래프는 오른쪽 그림과 같다.

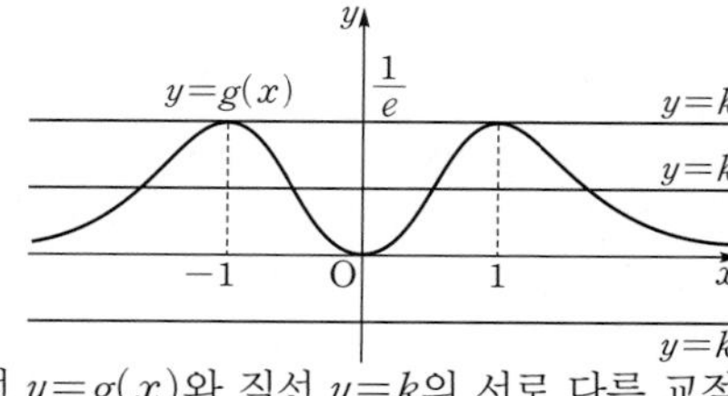


방정식 $g(x)=k$의 서로 다른 실근의 개수는 곡선 $y=g(x)$와 직선 $y=k$의 서로 다른 교점의 개수와 같으므로

$$f(k)=\begin{cases} 0 & (k<0) \\ 1 & (k=0) \\ 4 & \left(0<k<\frac{1}{e}\right) \\ 2 & \left(k=\frac{1}{e}\right) \\ 0 & \left(k>\frac{1}{e}\right) \end{cases}$$

따라서 함수 $f(k)$는 $k=0$, $k=\frac{1}{e}$에서 불연속이므로 구하는 합은
$0+\frac{1}{e}=\frac{1}{e}$

**Bible Says 함수의 연속**

함수 $f(x)$가 실수 $a$에 대하여 다음 조건을 모두 만족시킬 때, $x=a$에서 연속이다.
(1) 함숫값 $f(a)$가 존재한다.
(2) 극한값 $\lim_{x\to a} f(x)$가 존재한다.
(3) $\lim_{x\to a} f(x)=f(a)$

### 유형 15 방정식 $f(x)=g(x)$의 실근의 개수

## 0540

답 ②

방정식 $e^{2x}=kx$가 서로 다른 두 실근을 가지려면 오른쪽 그림과 같이 곡선 $y=e^{2x}$과 직선 $y=kx$가 서로 다른 두 점에서 만나야 한다.

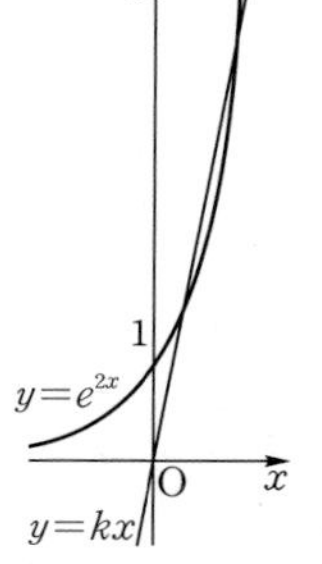


$f(x)=e^{2x}$, $g(x)=kx$라 하면
$f'(x)=2e^{2x}$, $g'(x)=k$
곡선 $y=f(x)$와 직선 $y=g(x)$가 접할 때의 접점의 $x$좌표를 $t$라 하면
$f(t)=g(t)$에서 $e^{2t}=kt$ ······ ㉠

$f'(t)=g'(t)$에서 $2e^{2t}=k$ ...... ㉡

㉡을 ㉠에 대입하면 $\frac{1}{2}k=kt$ $\therefore t=\frac{1}{2}$

이를 ㉡에 대입하면 $k=2e$

따라서 구하는 실수 $k$의 값의 범위는

$k>2e$ $\therefore \alpha=2e$

다른 풀이

$e^{2x}=kx$에서 $\frac{e^{2x}}{x}=k$ (단, $x\neq0$)

$f(x)=\frac{e^{2x}}{x}$이라 하면

$f'(x)=\frac{2e^{2x}\times x-e^{2x}}{x^2}=\frac{(2x-1)e^{2x}}{x^2}$

$f'(x)=0$에서 $x=\frac{1}{2}$ ($\because e^{2x}>0$)

함수 $f(x)$의 증가와 감소를 표로 나타내면 다음과 같다.

| $x$ | $\cdots$ | $(0)$ | $\cdots$ | $\frac{1}{2}$ | $\cdots$ |
|---|---|---|---|---|---|
| $f'(x)$ | $-$ | | $-$ | $0$ | $+$ |
| $f(x)$ | ↘ | | ↘ | $2e$ | ↗ |

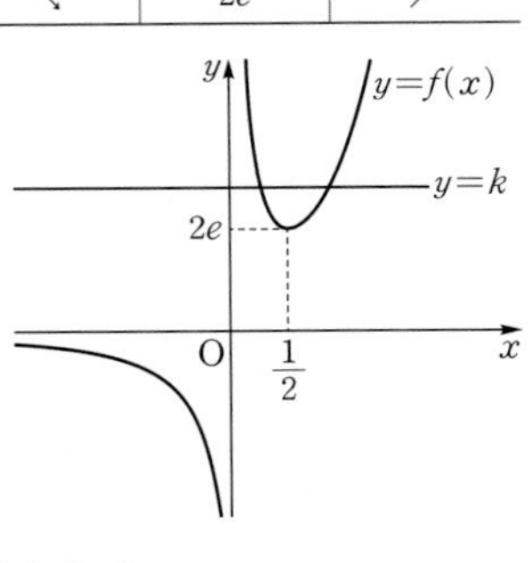


또한 $\lim_{x\to-\infty}f(x)=0$,

$\lim_{x\to0-}f(x)=-\infty$,

$\lim_{x\to0+}f(x)=\infty$, $\lim_{x\to\infty}f(x)=\infty$이므로 함수 $y=f(x)$의 그래프는 오른쪽 그림과 같다.

방정식 $f(x)=k$가 서로 다른 두 실근을 가지려면 곡선 $y=f(x)$와 직선 $y=k$가 서로 다른 두 점에서 만나야 하므로

$k>2e$ $\therefore \alpha=2e$

## 0541

답 $\sqrt{2}e^{\frac{\pi}{4}}$

$0<x<\pi$에서 방정식 $e^x=k\sin x$가 단 하나의 실근을 가지려면 오른쪽 그림과 같이 곡선 $y=e^x$과 곡선 $y=k\sin x$가 한 점에서 접해야 한다.

$f(x)=e^x$, $g(x)=k\sin x$라 하면

$f'(x)=e^x$, $g'(x)=k\cos x$

두 곡선 $y=f(x)$, $y=g(x)$가 접할 때의 접점의 $x$좌표를 $t$ $(0<t<\pi)$라 하면

$f(t)=g(t)$에서 $e^t=k\sin t$ ...... ㉠

$f'(t)=g'(t)$에서 $e^t=k\cos t$ ...... ㉡

㉠, ㉡에서 $\cos t=\sin t$, $\tan t=1$

$\therefore t=\frac{\pi}{4}$ ($\because 0<t<\pi$)

이를 ㉠에 대입하면

$k=\frac{e^{\frac{\pi}{4}}}{\sin\frac{\pi}{4}}=\frac{e^{\frac{\pi}{4}}}{\frac{\sqrt{2}}{2}}=\sqrt{2}e^{\frac{\pi}{4}}$

다른 풀이

$0<x<\pi$에서 $\sin x>0$이므로

$\frac{e^x}{\sin x}=k$

$f(x)=\frac{e^x}{\sin x}$이라 하면

$f'(x)=\frac{e^x\sin x-e^x\cos x}{(\sin x)^2}=\frac{(\sin x-\cos x)e^x}{\sin^2 x}$

$f'(x)=0$에서 $\sin x=\cos x$, $\tan x=1$

$\therefore x=\frac{\pi}{4}$ ($\because 0<x<\pi$)

$0<x<\pi$에서 함수 $f(x)$의 증가와 감소를 표로 나타내면 다음과 같다.

| $x$ | $(0)$ | $\cdots$ | $\frac{\pi}{4}$ | $\cdots$ | $(\pi)$ |
|---|---|---|---|---|---|
| $f'(x)$ | | $-$ | $0$ | $+$ | |
| $f(x)$ | | ↘ | $\sqrt{2}e^{\frac{\pi}{4}}$ | ↗ | |

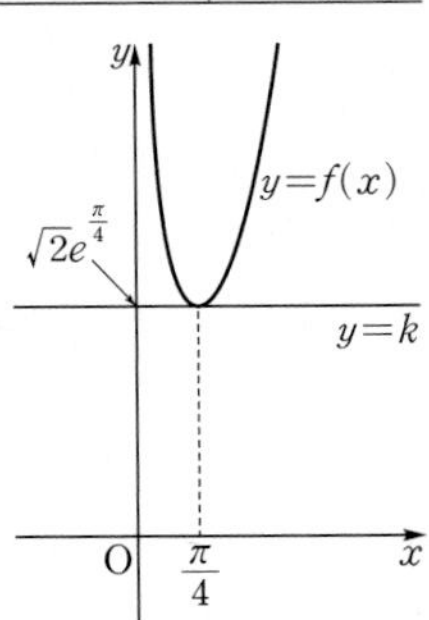


또한 $\lim_{x\to0+}f(x)=\infty$, $\lim_{x\to\pi-}f(x)=\infty$이므로 함수 $y=f(x)$의 그래프는 오른쪽 그림과 같다.

방정식 $f(x)=k$가 단 하나의 실근을 가지려면 곡선 $y=f(x)$와 직선 $y=k$가 접해야 하므로

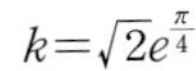

$k=\sqrt{2}e^{\frac{\pi}{4}}$

## 0542

답 $0<k<\frac{e}{2}$

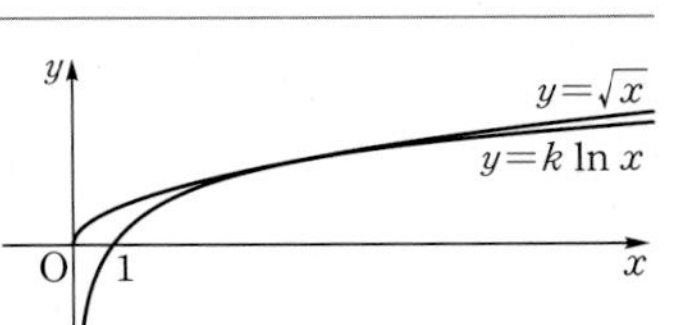


방정식 $\sqrt{x}=k\ln x$가 실근을 갖지 않으려면 곡선 $y=\sqrt{x}$와 곡선 $y=k\ln x$가 만나지 않아야 한다.

$f(x)=\sqrt{x}$, $g(x)=k\ln x$라 하면

$f'(x)=\frac{1}{2\sqrt{x}}$, $g'(x)=\frac{k}{x}$

두 곡선 $y=f(x)$, $y=g(x)$가 접할 때의 접점의 $x$좌표를 $t$ $(t>0)$이라 하면

$f(t)=g(t)$에서 $\sqrt{t}=k\ln t$ ...... ㉠

$f'(t)=g'(t)$에서 $\frac{1}{2\sqrt{t}}=\frac{k}{t}$

$\therefore k=\frac{\sqrt{t}}{2}$ ...... ㉡

㉡을 ㉠에 대입하면

$\sqrt{t}=\frac{\sqrt{t}}{2}\ln t$, $2=\ln t$ ($\because t>0$)

$\therefore t=e^2$

이를 ㉡에 대입하면

$k=\frac{\sqrt{e^2}}{2}=\frac{e}{2}$

따라서 곡선 $y=\sqrt{x}$와 곡선 $y=k\ln x$가 만나지 않으려면

$0<k<\frac{e}{2}$ ($\because k>0$)

## 유형 16 주어진 구간에서 성립하는 부등식 $f(x)\ge a$ 꼴

### 0543

답 $-2$

$\frac{3x^2-2}{x^2+1}\ge k$에서 $\frac{3x^2-2}{x^2+1}-k\ge 0$

$f(x)=\frac{3x^2-2}{x^2+1}-k$라 하면

$f'(x)=\frac{6x(x^2+1)-(3x^2-2)\times 2x}{(x^2+1)^2}=\frac{10x}{(x^2+1)^2}$

$f'(x)=0$에서 $x=0$

함수 $f(x)$의 증가와 감소를 표로 나타내면 다음과 같다.

| $x$ | $\cdots$ | $0$ | $\cdots$ |
|---|---|---|---|
| $f'(x)$ | $-$ | $0$ | $+$ |
| $f(x)$ | ↘ | $-2-k$ | ↗ |

함수 $f(x)$는 $x=0$에서 최솟값 $-2-k$를 가지므로 모든 실수 $x$에 대하여 $f(x)\ge 0$이 성립하려면

$-2-k\ge 0\qquad \therefore k\le -2$

따라서 구하는 실수 $k$의 최댓값은 $-2$이다.

### 0544

답 ②

$x\ln 2x-4x\ge k$에서

$x\ln 2x-4x-k\ge 0$

$f(x)=x\ln 2x-4x-k$라 하면

$f'(x)=\ln 2x+x\times\frac{2}{2x}-4=\ln 2x-3$

$f'(x)=0$에서 $\ln 2x=3\qquad \therefore x=\frac{e^3}{2}$

$x>0$에서 함수 $f(x)$의 증가와 감소를 표로 나타내면 다음과 같다.

| $x$ | $(0)$ | $\cdots$ | $\frac{e^3}{2}$ | $\cdots$ |
|---|---|---|---|---|
| $f'(x)$ | | $-$ | $0$ | $+$ |
| $f(x)$ | | ↘ | $-\frac{e^3}{2}-k$ | ↗ |

함수 $f(x)$는 $x=\frac{e^3}{2}$에서 최솟값 $-\frac{e^3}{2}-k$를 가지므로 $x>0$인 모든 실수 $x$에 대하여 $f(x)\ge 0$이 성립하려면

$-\frac{e^3}{2}-k\ge 0\qquad \therefore k\le -\frac{e^3}{2}$

따라서 구하는 실수 $k$의 최댓값은 $-\frac{e^3}{2}$이다.

### 0545

답 $-2$

$x\ln x+1-3x\le k$에서 $x\ln x-3x+1-k\le 0$

$f(x)=x\ln x-3x+1-k$라 하면

$f'(x)=\ln x+x\times\frac{1}{x}-3=\ln x-2$

$1\le x\le e^2$에서 $f'(x)\le 0$이므로 함수 $f(x)$는 감소한다.

따라서 함수 $f(x)$의 최댓값은 $f(1)=-2-k$이므로 $1\le x\le e^2$인 모든 실수 $x$에 대하여 $f(x)\le 0$이 성립하려면

$-2-k\le 0\qquad \therefore k\ge -2$

따라서 구하는 실수 $k$의 최솟값은 $-2$이다.

### 0546

답 55

$\frac{\ln x^n}{x}\le k$에서 $\frac{n\ln x}{x}-k\le 0$

$g(x)=\frac{n\ln x}{x}-k$라 하면

$g'(x)=\frac{\frac{n}{x}\times x-n\ln x}{x^2}=\frac{n(1-\ln x)}{x^2}$

$g'(x)=0$에서 $\ln x=1\qquad \therefore x=e$

$x>0$에서 함수 $g(x)$의 증가와 감소를 표로 나타내면 다음과 같다.

| $x$ | $(0)$ | $\cdots$ | $e$ | $\cdots$ |
|---|---|---|---|---|
| $g'(x)$ | | $+$ | $0$ | $-$ |
| $g(x)$ | | ↗ | $\frac{n}{e}-k$ | ↘ |

함수 $g(x)$는 $x=e$에서 최댓값 $\frac{n}{e}-k$를 가지므로 $x>0$일 때 $g(x)\le 0$이 성립하려면

$\frac{n}{e}-k\le 0\qquad \therefore k\ge\frac{n}{e}$

따라서 $f(n)=\frac{n}{e}$이므로

$e\sum_{n=1}^{10}f(n)=\sum_{n=1}^{10}n=\frac{10\times 11}{2}=55$

## 유형 17 주어진 구간에서 성립하는 부등식 $f(x)\ge g(x)$ 꼴

### 0547

답 2

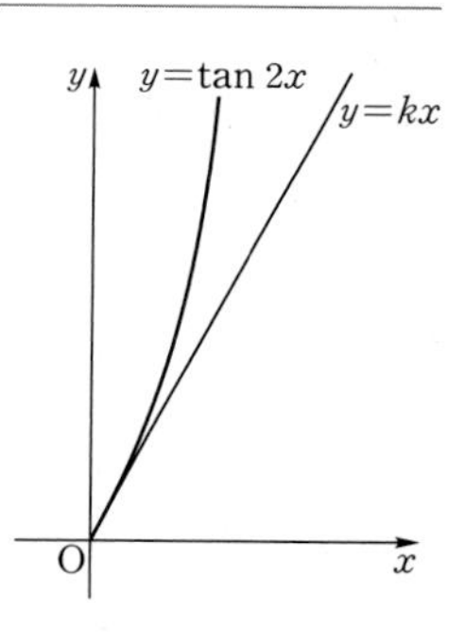


$0<x<\frac{\pi}{4}$에서 $\tan 2x>kx$가 성립하려면 오른쪽 그림과 같이 곡선 $y=\tan 2x$가 직선 $y=kx$보다 항상 위쪽에 있어야 한다.

$f(x)=\tan 2x$라 하면 $f'(x)=2\sec^2 2x$

곡선 $y=f(x)$ 위의 점 $(0,\ 0)$에서의 접선의 기울기는 $f'(0)=2$이므로 접선의 방정식은 $y=2x$이다.

이때 $0<x<\frac{\pi}{4}$에서 곡선 $y=f(x)$가 직선 $y=kx$보다 항상 위쪽에 있으려면

$k\le 2$

따라서 구하는 실수 $k$의 최댓값은 2이다.

### 0548

답 $\frac{2}{\sqrt{e}}$

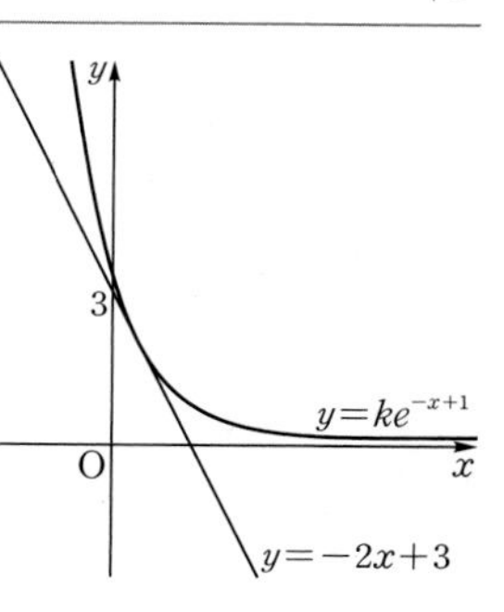


모든 실수 $x$에 대하여

$ke^{-x+1}\ge -2x+3$이 성립하려면 오른쪽 그림과 같이 곡선 $y=ke^{-x+1}$이 직선 $y=-2x+3$보다 위쪽에 있거나 곡선과 직선이 접해야 한다.

$f(x)=ke^{-x+1}$, $g(x)=-2x+3$이라 하면

$f'(x)=-ke^{-x+1}$, $g'(x)=-2$

곡선 $y=f(x)$와 직선 $y=g(x)$가 접할 때의 접점의 $x$좌표를 $t$라 하면

$f(t)=g(t)$에서 $ke^{-t+1}=-2t+3$ …… ㉠

$f'(t)=g'(t)$에서 $-ke^{-t+1}=-2$ …… ㉡

㉠, ㉡에서 $-2t+3=2$, $2t=1$ $\therefore t=\frac{1}{2}$

이를 ㉡에 대입하면

$-ke^{\frac{1}{2}}=-2$ $\therefore k=\frac{2}{\sqrt{e}}$

이때 곡선 $y=f(x)$가 직선 $y=g(x)$보다 위쪽에 있거나 곡선과 직선이 접하려면

$k\geq\frac{2}{\sqrt{e}}$

따라서 구하는 실수 $k$의 최솟값은 $\frac{2}{\sqrt{e}}$이다.

다른 풀이

$ke^{-x+1}\geq-2x+3$에서

$\frac{-2x+3}{e^{-x+1}}\leq k$ ($\because e^{-x+1}>0$)

$f(x)=\frac{-2x+3}{e^{-x+1}}$이라 하면

$f'(x)=\frac{-2e^{-x+1}-(-2x+3)(-e^{-x+1})}{(e^{-x+1})^2}$

$=\frac{-2-2x+3}{e^{-x+1}}=\frac{-2x+1}{e^{-x+1}}$

$f'(x)=0$에서 $2x=1$ $\therefore x=\frac{1}{2}$

함수 $f(x)$의 증가와 감소를 표로 나타내면 다음과 같다.

| $x$ | $\cdots$ | $\frac{1}{2}$ | $\cdots$ |
|---|---|---|---|
| $f'(x)$ | $+$ | $0$ | $-$ |
| $f(x)$ | ↗ | $\frac{2}{\sqrt{e}}$ | ↘ |

함수 $f(x)$는 $x=\frac{1}{2}$에서 최댓값 $\frac{2}{\sqrt{e}}$를 가지므로 모든 실수 $x$에 대하여 $f(x)\leq k$가 성립하려면

$k\geq\frac{2}{\sqrt{e}}$

따라서 구하는 실수 $k$의 최솟값은 $\frac{2}{\sqrt{e}}$이다.

## 0549

답 1

$x>0$에서 $x\ln x\geq kx-1$이 성립하려면 오른쪽 그림과 같이 곡선 $y=x\ln x$가 직선 $y=kx-1$보다 위쪽에 있거나 곡선과 직선이 접해야 한다.

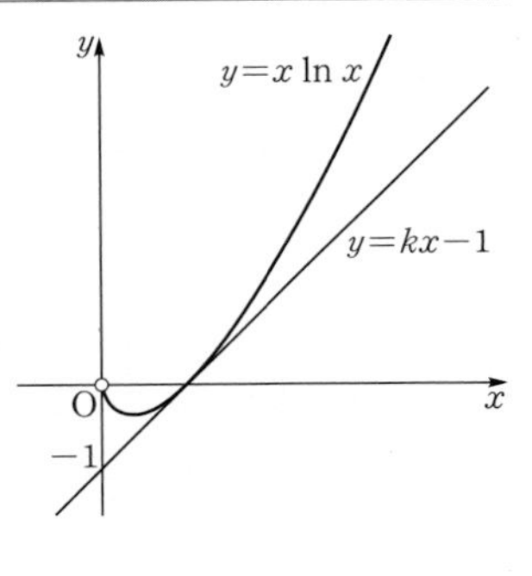


$f(x)=x\ln x$, $g(x)=kx-1$이라 하면

$f'(x)=\ln x+x\times\frac{1}{x}=\ln x+1$

$g'(x)=k$

곡선 $y=f(x)$와 직선 $y=g(x)$가 접할 때의 접점의 $x$좌표를 $t$라 하면

$f(t)=g(t)$에서 $t\ln t=kt-1$ …… ㉠

$f'(t)=g'(t)$에서 $\ln t+1=k$ …… ㉡

㉡을 ㉠에 대입하면

$t\ln t=(\ln t+1)t-1$ $\therefore t=1$

이를 ㉡에 대입하면

$k=\ln 1+1=1$

이때 곡선 $y=f(x)$가 직선 $y=g(x)$보다 위쪽에 있거나 곡선과 직선이 접하려면

$k\leq1$

따라서 구하는 양수 $k$의 최댓값은 1이다.

### 유형 18 직선 운동에서의 속도와 가속도

## 0550

답 ①

$x(t)=a\sin\frac{\pi t}{2}+1$이므로 점 P의 시각 $t$에서의 속도를 $v$라 하면

$v=x'(t)=\frac{a\pi}{2}\cos\frac{\pi t}{2}$

시각 $t=2$에서 점 P의 속도가 $2\pi$이므로

$x'(2)=2\pi$에서 $\frac{a\pi}{2}\cos\pi=2\pi$

$-\frac{a\pi}{2}=2\pi$ $\therefore a=-4$

즉, $x'(t)=-2\pi\cos\frac{\pi t}{2}$이므로 시각 $t=4$에서의 점 P의 속도는

$x'(4)=-2\pi\cos2\pi=-2\pi$

## 0551

답 ④

$x(t)=\sin\frac{t}{2}+\frac{1}{4}t-1$이므로 점 P의 시각 $t$에서의 속도를 $v$라 하면

$v=x'(t)=\frac{1}{2}\cos\frac{t}{2}+\frac{1}{4}$

점 P가 운동 방향을 바꿀 때의 속도는 0이므로

$x'(t)=0$에서 $\frac{1}{2}\cos\frac{t}{2}=-\frac{1}{4}$, $\cos\frac{t}{2}=-\frac{1}{2}$

$\frac{t}{2}=\frac{2}{3}\pi,\ \frac{4}{3}\pi,\ \frac{8}{3}\pi,\ \cdots$

$\therefore t=\frac{4}{3}\pi,\ \frac{8}{3}\pi,\ \frac{16}{3}\pi,\ \cdots$ ($\because t\geq0$)

따라서 구하는 시각은 $\frac{4}{3}\pi$이다.

## 0552

답 ②

$x(t)=\ln(t^2+2t+5)-2$이므로 점 P의 시각 $t$에서의 속도를 $v$, 가속도를 $a$라 하면

$v=x'(t)=\frac{2t+2}{t^2+2t+5}$

$$a=x''(t)=\frac{2(t^2+2t+5)-(2t+2)^2}{(t^2+2t+5)^2}$$
$$=\frac{-2t^2-4t+6}{(t^2+2t+5)^2}=\frac{-2(t+3)(t-1)}{(t^2+2t+5)^2}$$

이때 점 P의 가속도가 0이 되는 시각은

$x''(t)=0$에서 $t=1$ ($\because t\ge0$)

따라서 가속도가 0이 되는 시각 $t=1$에서의 점 P의 속도는

$$x'(1)=\frac{2+2}{1+2+5}=\frac{1}{2}$$

## 0553

답 ④

$x_1(t)=3e^{t^2}$, $x_2(t)=kt^3$이므로 시각 $t$에서의 두 점 P, Q의 속도는

$x_1'(t)=6te^{t^2}$, $x_2'(t)=3kt^2$

두 점 P, Q의 속도가 같아지려면 $x_1'(t)=x_2'(t)$에서

$6te^{t^2}=3kt^2 \quad \therefore \frac{2e^{t^2}}{t}=k$ ($\because t>0$) …… ㉠

두 점 P, Q의 속도가 같아지는 순간이 두 번 존재하려면 방정식 ㉠이 서로 다른 두 양의 실근을 가져야 한다.

$f(t)=\frac{2e^{t^2}}{t}$이라 하면

$$f'(t)=\frac{4t^2e^{t^2}-2e^{t^2}}{t^2}=\frac{2(2t^2-1)e^{t^2}}{t^2}$$

$f'(t)=0$에서 $t^2=\frac{1}{2} \quad \therefore t=\frac{\sqrt{2}}{2}$ ($\because t>0$)

$t>0$에서 함수 $f(t)$의 증가와 감소를 표로 나타내면 다음과 같다.

| $t$ | (0) | … | $\frac{\sqrt{2}}{2}$ | … |
|---|---|---|---|---|
| $f'(t)$ | | $-$ | 0 | $+$ |
| $f(t)$ | | ↘ | $2\sqrt{2e}$ | ↗ |

또한 $\lim_{t\to0+}f(t)=\infty$, $\lim_{t\to\infty}f(t)=\infty$이므로 함수 $y=f(t)$의 그래프는 오른쪽 그림과 같다.

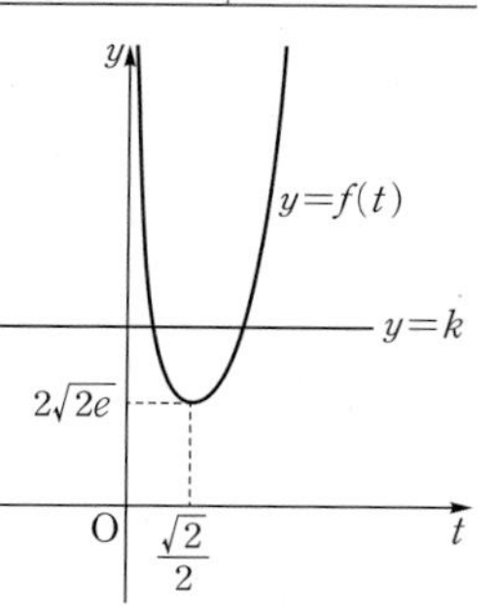


방정식 ㉠이 서로 다른 두 양의 실근을 가지려면 $t>0$일 때, 곡선 $y=f(t)$와 직선 $y=k$가 서로 다른 두 점에서 만나야 하므로

$k>2\sqrt{2e}$

**유형 19 평면 운동에서의 속도**

## 0554

답 ②

$x=3t+2$, $y=-t^2-t+2$이므로

$\frac{dx}{dt}=3$, $\frac{dy}{dt}=-2t-1$

시각 $t=2$에서의 점 P의 속도는

$(3, -5)$

따라서 시각 $t=2$에서의 점 P의 속력은

$\sqrt{3^2+(-5)^2}=\sqrt{34}$

## 0555

답 ④

$x=\frac{2}{t^2+1}$, $y=8\sqrt{t^2+1}$에서

$\frac{dx}{dt}=-\frac{4t}{(t^2+1)^2}$, $\frac{dy}{dt}=\frac{8t}{\sqrt{t^2+1}}$

시각 $t=1$에서의 점 P의 속도는

$\left(-\frac{4}{2^2}, \frac{8}{\sqrt{2}}\right)$, 즉 $(-1, 4\sqrt{2})$

따라서 $a=-1$, $b=4\sqrt{2}$이므로

$a^2+b^2=(-1)^2+(4\sqrt{2})^2=33$

## 0556

답 ②

$x=e^t\sin t$, $y=e^t\cos t$에서

$\frac{dx}{dt}=e^t\sin t+e^t\cos t$, $\frac{dy}{dt}=e^t\cos t-e^t\sin t$

시각 $t$에서의 점 P의 속력은

$$\sqrt{\left(\frac{dx}{dt}\right)^2+\left(\frac{dy}{dt}\right)^2}=\sqrt{(e^t\sin t+e^t\cos t)^2+(e^t\cos t-e^t\sin t)^2}$$
$$=\sqrt{e^{2t}(\sin t+\cos t)^2+e^{2t}(\cos t-\sin t)^2}$$
$$=\sqrt{2e^{2t}}=\sqrt{2}e^t \ (\because e^t>0)$$

따라서 점 P의 속력이 $\sqrt{2}e^2$일 때의 시각 $t$는

$\sqrt{2}e^t=\sqrt{2}e^2$에서 $t=2$

## 0557

답 ③

$x=2(t-\cos t)$, $y=2(2-\sin t)$에서

$\frac{dx}{dt}=2(1+\sin t)$, $\frac{dy}{dt}=-2\cos t$

시각 $t$에서의 점 P의 속력은

$$\sqrt{\left(\frac{dx}{dt}\right)^2+\left(\frac{dy}{dt}\right)^2}=\sqrt{\{2(1+\sin t)\}^2+(-2\cos t)^2}$$
$$=\sqrt{4(1+\sin t)^2+4\cos^2 t}$$
$$=2\sqrt{2(1+\sin t)}$$

$-1\le\sin t\le1$이므로 점 P의 속력이 최대일 때는 $t=\frac{\pi}{2}$이고,

이때의 점 P의 위치는

$x=2\left(\frac{\pi}{2}-\cos\frac{\pi}{2}\right)=\pi$, $y=2\left(2-\sin\frac{\pi}{2}\right)=2$

즉, $(\pi, 2)$이다.

**유형 20 평면 운동에서의 가속도**

## 0558

답 ④

$x=2t+e^{2t}$, $y=4-e^{2t}$에서

$\frac{dx}{dt}=2+2e^{2t}$, $\frac{dy}{dt}=-2e^{2t}$

$\frac{d^2x}{dt^2}=4e^{2t}$, $\frac{d^2y}{dt^2}=-4e^{2t}$

시각 $t$에서의 점 P의 가속도의 크기는

$$\sqrt{\left(\frac{d^2x}{dt^2}\right)^2+\left(\frac{d^2y}{dt^2}\right)^2}=\sqrt{(4e^{2t})^2+(-4e^{2t})^2}$$
$$=\sqrt{16e^{4t}+16e^{4t}}=4\sqrt{2}e^{2t}\ (\because e^{2t}>0)$$

따라서 시각 $t=1$에서의 점 P의 가속도의 크기는 $4\sqrt{2}e^2$이다.

## 0559

답 ③

$x=4\sqrt{t}$, $y=t^2+1$에서

$\frac{dx}{dt}=\frac{2}{\sqrt{t}}$, $\frac{dy}{dt}=2t$

$\frac{d^2x}{dt^2}=-\frac{1}{t\sqrt{t}}$, $\frac{d^2y}{dt^2}=2$

시각 $t$에서의 점 P의 가속도의 크기는

$$\sqrt{\left(\frac{d^2x}{dt^2}\right)^2+\left(\frac{d^2y}{dt^2}\right)^2}=\sqrt{\left(-\frac{1}{t\sqrt{t}}\right)^2+2^2}$$
$$=\sqrt{\frac{1}{t^3}+4}$$

따라서 시각 $t=\frac{1}{2}$에서의 점 P의 가속도의 크기는

$\sqrt{8+4}=2\sqrt{3}$

## 0560

답 3

$x=t^3$, $y=k\ln t$에서

$\frac{dx}{dt}=3t^2$, $\frac{dy}{dt}=\frac{k}{t}$

$\frac{d^2x}{dt^2}=6t$, $\frac{d^2y}{dt^2}=-\frac{k}{t^2}$

시각 $t$에서의 점 P의 가속도의 크기는

$$\sqrt{\left(\frac{d^2x}{dt^2}\right)^2+\left(\frac{d^2y}{dt^2}\right)^2}=\sqrt{(6t)^2+\left(-\frac{k}{t^2}\right)^2}$$
$$=\sqrt{36t^2+\frac{k^2}{t^4}}$$

시각 $t=1$에서의 점 P의 가속도의 크기가 $3\sqrt{5}$이므로

$\sqrt{36+k^2}=3\sqrt{5}$, $36+k^2=45$

$k^2=9\qquad \therefore k=3\ (\because k>0)$

## 0561

답 ⑤

$x=2\ln t$, $y=t+\frac{1}{t}$에서

$\frac{dx}{dt}=\frac{2}{t}$, $\frac{dy}{dt}=1-\frac{1}{t^2}$

$\frac{d^2x}{dt^2}=-\frac{2}{t^2}$, $\frac{d^2y}{dt^2}=\frac{2}{t^3}$

시각 $t$에서의 점 P의 속력은

$$\sqrt{\left(\frac{dx}{dt}\right)^2+\left(\frac{dy}{dt}\right)^2}=\sqrt{\left(\frac{2}{t}\right)^2+\left(1-\frac{1}{t^2}\right)^2}=\sqrt{1+\frac{2}{t^2}+\frac{1}{t^4}}$$
$$=\sqrt{\left(1+\frac{1}{t^2}\right)^2}=\left|1+\frac{1}{t^2}\right|$$
$$=1+\frac{1}{t^2}\ \left(\because 1+\frac{1}{t^2}>0\right)$$

점 P의 속력이 $\frac{5}{4}$인 시각은

$1+\frac{1}{t^2}=\frac{5}{4}$에서 $\frac{1}{t^2}=\frac{1}{4}$

$\therefore t=2\ (\because t>0)$

따라서 시각 $t=2$에서의 점 P의 가속도의 크기는

$$\sqrt{\left(-\frac{1}{2}\right)^2+\left(\frac{1}{4}\right)^2}=\sqrt{\frac{5}{16}}=\frac{\sqrt{5}}{4}$$

## 0562

답 ⑤

$x=\frac{\sqrt{2}}{2}t+\sin t$, $y=\sqrt{2}\cos t$에서

$\frac{dx}{dt}=\frac{\sqrt{2}}{2}+\cos t$, $\frac{dy}{dt}=-\sqrt{2}\sin t$

$\frac{d^2x}{dt^2}=-\sin t$, $\frac{d^2y}{dt^2}=-\sqrt{2}\cos t$

시각 $t$에서의 점 P의 속력은

$$\sqrt{\left(\frac{dx}{dt}\right)^2+\left(\frac{dy}{dt}\right)^2}=\sqrt{\left(\frac{\sqrt{2}}{2}+\cos t\right)^2+(-\sqrt{2}\sin t)^2}$$
$$=\sqrt{\cos^2 t+\sqrt{2}\cos t+\frac{1}{2}+2\sin^2 t}$$
$$=\sqrt{-\cos^2 t+\sqrt{2}\cos t+\frac{5}{2}}$$
$$=\sqrt{-\left(\cos t-\frac{\sqrt{2}}{2}\right)^2+3}$$

$0<t<\frac{\pi}{2}$에서 점 P의 속력은 $\cos t=\frac{\sqrt{2}}{2}$, 즉 $t=\frac{\pi}{4}$일 때 최대이다.

따라서 시각 $t=\frac{\pi}{4}$에서의 점 P의 가속도의 크기는

$$\sqrt{\left(-\sin\frac{\pi}{4}\right)^2+\left(-\sqrt{2}\cos\frac{\pi}{4}\right)^2}=\sqrt{\frac{1}{2}+1}=\frac{\sqrt{6}}{2}$$

# PART B 기출 & 기출변형 문제

## 0563

답 3

$f(x)=\frac{1}{3}x^3+2\ln x$라 하면 로그의 진수의 조건에 의하여 $x>0$

$f'(x)=x^2+\frac{2}{x}$

$f''(x)=2x-\frac{2}{x^2}$

$f''(x)=0$에서 $2x=\frac{2}{x^2}$

$x^3=1\qquad \therefore x=1\ (\because x>0)$

이때 $x=1$의 좌우에서 $f''(x)$의 부호가 바뀌므로 곡선 $y=f(x)$의 변곡점의 $x$좌표는 1이다.

따라서 구하는 접선의 기울기는

$f'(1)=1+2=3$

## 0564

답 4

$x=t-\sin 3t$, $y=5-\cos 3t$에서

$\frac{dx}{dt}=1-3\cos 3t$, $\frac{dy}{dt}=3\sin 3t$

시각 $t$에서의 점 P의 속력은

$$\sqrt{\left(\frac{dx}{dt}\right)^2+\left(\frac{dy}{dt}\right)^2}=\sqrt{(1-3\cos 3t)^2+(3\sin 3t)^2}$$
$$=\sqrt{2(5-3\cos 3t)}$$

$-1\le\cos 3t\le 1$이므로 점 P의 속력은 $\cos 3t=-1$일 때 최대이다.

따라서 구하는 속력의 최댓값은

$\sqrt{2\times\{5-3\times(-1)\}}=4$

**짝기출**

좌표평면 위를 움직이는 점 P의 시각 $t$ $(t>0)$에서의 위치 $(x, y)$가

$$x=2\sqrt{t+1},\ y=t-\ln(t+1)$$

이다. 점 P의 속력의 최솟값은?

① $\frac{\sqrt{3}}{8}$ ② $\frac{\sqrt{6}}{8}$ ③ $\frac{\sqrt{3}}{4}$ ④ $\frac{\sqrt{6}}{4}$ ⑤ $\frac{\sqrt{3}}{2}$

답 ⑤

## 0565

답 ②

$x=\ln 2t$, $y=-\frac{1}{t}$에서

$\frac{dx}{dt}=\frac{1}{t}$, $\frac{dy}{dt}=\frac{1}{t^2}$

$\frac{d^2x}{dt^2}=-\frac{1}{t^2}$, $\frac{d^2y}{dt^2}=-\frac{2}{t^3}$

시각 $t$에서의 점 P의 속력은

$$\sqrt{\left(\frac{dx}{dt}\right)^2+\left(\frac{dy}{dt}\right)^2}=\sqrt{\left(\frac{1}{t}\right)^2+\left(\frac{1}{t^2}\right)^2}$$
$$=\sqrt{\frac{1}{t^2}+\frac{1}{t^4}}=\frac{\sqrt{t^2+1}}{t^2}\ (\because t>0)$$

점 P의 속력이 $\frac{2}{3}$인 시각은

$\frac{\sqrt{t^2+1}}{t^2}=\frac{2}{3}$에서 $\sqrt{t^2+1}=\frac{2}{3}t^2$

$9t^2+9=4t^4$, $4t^4-9t^2-9=0$

$(4t^2+3)(t^2-3)=0$ $\therefore t=\sqrt{3}\ (\because t>0)$

따라서 시각 $t=\sqrt{3}$에서의 점 P의 가속도의 크기는

$$\sqrt{\left(-\frac{1}{3}\right)^2+\left(-\frac{2}{3\sqrt{3}}\right)^2}=\sqrt{\frac{7}{27}}=\frac{\sqrt{21}}{9}$$

**짝기출**

좌표평면 위를 움직이는 점 P의 시각 $t$ $(t>0)$에서의 위치 $(x, y)$가

$$x=t-\frac{2}{t},\ y=2t+\frac{1}{t}$$

이다. 시각 $t=1$에서 점 P의 속력은?

① $2\sqrt{2}$ ② $3$ ③ $\sqrt{10}$ ④ $\sqrt{11}$ ⑤ $2\sqrt{3}$

답 ③

## 0566

답 6

$f(x)=3x^2+2a\sin x+x$에서 $f'(x)=6x+2a\cos x+1$

$f''(x)=6-2a\sin x$

$f''(x)=0$에서 $6=2a\sin x$ $\therefore \sin x=\frac{3}{a}\ (\because a\neq 0)$

함수 $y=f(x)$의 그래프가 변곡점을 갖지 않으려면 다음 그림과 같이 곡선 $y=\sin x$와 직선 $y=\frac{3}{a}$이 접하거나 만나지 않아야 한다.

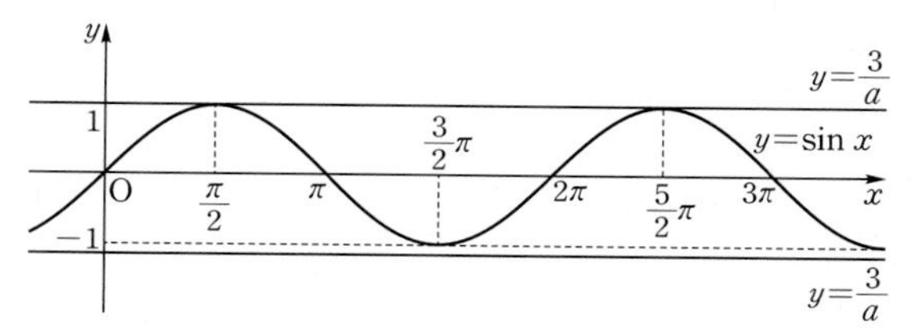


즉, $\left|\frac{3}{a}\right|\ge 1$에서 $|a|\le 3$

$\therefore -3\le a<0$ 또는 $0<a\le 3$

따라서 구하는 정수 $a$는 $-3, -2, -1, 1, 2, 3$의 6개이다.

**짝기출**

함수 $f(x)=3\sin kx+4x^3$의 그래프가 오직 하나의 변곡점을 가지도록 하는 실수 $k$의 최댓값을 구하시오.

답 2

## 0567

답 ③

$f(x)=x^2\ln x-\frac{5}{2}x^2$에서 로그의 진수 조건에 의하여 $x>0$

$f'(x)=2x\ln x+x^2\times\frac{1}{x}-5x=2x\ln x-4x$

$f''(x)=2\ln x+2x\times\frac{1}{x}-4=2\ln x-2=2(\ln x-1)$

$f''(x)=0$에서 $\ln x=1$ $\therefore x=e$

이때 $x=e$의 좌우에서 $f''(x)$의 부호가 바뀌므로 곡선 $y=f(x)$는 $x=e$에서 변곡점을 갖는다.

곡선 $y=f(x)$의 변곡점의 좌표는 $\left(e, -\frac{3}{2}e^2\right)$이고

$f'(e)=2e\ln e-4e=-2e$이다.

즉, 이 점에서의 접선의 방정식은

$y+\frac{3}{2}e^2=-2e(x-e)$ $\therefore y=-2ex+\frac{e^2}{2}$

따라서 $A\left(\frac{e}{4}, 0\right)$, $B\left(0, \frac{e^2}{2}\right)$이므로 구하는 삼각형 OAB의 넓이는

$\frac{1}{2}\times\frac{e}{4}\times\frac{e^2}{2}=\frac{e^3}{16}$

**짝기출**

곡선 $y=xe^{-2x}$의 변곡점을 A라 하자. 곡선 $y=xe^{-2x}$ 위의 점 A에서의 접선이 $x$축과 만나는 점을 B라 할 때, 삼각형 OAB의 넓이는? (단, O는 원점이다.)

① $e^{-2}$ ② $3e^{-2}$ ③ $1$ ④ $e^2$ ⑤ $3e^2$

답 ①

## 0568

답 10

$g(x)=\sin x+\sqrt{3}\cos x=2\sin\left(x+\frac{\pi}{3}\right)$이므로

$g(x)=t$로 놓으면 $-2\le t\le 2$이고

$(f\circ g)(x)=f(g(x))=f(t)=t^3-3t^2+15$

$f'(t)=3t^2-6t=3t(t-2)$

$f'(t)=0$에서 $t=0$ 또는 $t=2$

$-2\le t\le 2$에서 함수 $f(t)$의 증가와 감소를 표로 나타내면 다음과 같다.

| $t$ | $-2$ | $\cdots$ | $0$ | $\cdots$ | $2$ |
|---|---|---|---|---|---|
| $f'(t)$ | | $+$ | $0$ | $-$ | |
| $f(t)$ | $-5$ | ↗ | $15$ | ↘ | $11$ |

함수 $f(t)$는 $t=0$에서 최댓값 15, $t=-2$에서 최솟값 $-5$를 가지므로 구하는 최댓값과 최솟값의 합은

$15+(-5)=10$

**참고**

$g(x)=\sin x+\sqrt{3}\cos x$에서 $g'(x)=\cos x-\sqrt{3}\sin x$

$g'(x)=0$에서 $\cos x=\sqrt{3}\sin x$

$\tan x=\frac{1}{\sqrt{3}}$ …… ㉠

이때 $\sin x$, $\cos x$는 주기가 $2\pi$인 주기함수이므로 $0\le x\le 2\pi$라 하면 ㉠을 만족시키는 $x$의 값은

$x=\frac{\pi}{6}$ 또는 $x=\frac{7}{6}\pi$

$0\le x\le 2\pi$에서 함수 $g(x)$의 증가와 감소를 표로 나타내면 다음과 같다.

| $x$ | $0$ | $\cdots$ | $\frac{\pi}{6}$ | $\cdots$ | $\frac{7}{6}\pi$ | $\cdots$ | $2\pi$ |
|---|---|---|---|---|---|---|---|
| $g'(x)$ | | $+$ | $0$ | $-$ | $0$ | $+$ | |
| $g(x)$ | $\sqrt{3}$ | ↗ | $2$ | ↘ | $-2$ | ↗ | $\sqrt{3}$ |

즉, $g(x)=t$로 놓으면 모든 실수 $x$에 대하여 $-2\le t\le 2$이다.

## 0569

답 ③

$f(x)=x^2e^{-x+2}$에서

$f'(x)=2xe^{-x+2}-x^2e^{-x+2}$

$=(-x^2+2x)e^{-x+2}$

$=-x(x-2)e^{-x+2}$

$f'(x)=0$에서 $x=0$ 또는 $x=2$ ($\because e^{-x+2}>0$)

$y=(f\circ f)(x)$에서 $y'=f'(f(x))f'(x)$

$f'(f(x))f'(x)=0$에서 $f'(f(x))=0$ 또는 $f'(x)=0$

$f'(f(x))=0$에서 $f(x)=0$일 때 $x=0$

함수 $y=f(x)$의 그래프와 직선 $y=2$가 만나는 점의 $x$좌표를 차례대로 $\alpha$, $\beta$, $\gamma$라 하면

$\alpha<0<\beta<2<\gamma$

함수 $y=(f\circ f)(x)$의 증가와 감소를 표로 나타내면 다음과 같다.

| $x$ | $\cdots$ | $\alpha$ | $\cdots$ | $0$ | $\cdots$ | $\beta$ | $\cdots$ | $2$ | $\cdots$ | $\gamma$ | $\cdots$ |
|---|---|---|---|---|---|---|---|---|---|---|---|
| $f'(x)$ | $-$ | $-$ | $-$ | $0$ | $+$ | $+$ | $+$ | $0$ | $-$ | $-$ | $-$ |
| $f'(f(x))$ | $-$ | $0$ | $+$ | $0$ | $+$ | $0$ | $-$ | $-$ | $-$ | $0$ | $+$ |
| $f'(f(x))f'(x)$ | $+$ | $0$ | $-$ | $0$ | $+$ | $0$ | $-$ | $0$ | $+$ | $0$ | $-$ |
| $(f\circ f)(x)$ | ↗ | $4$ | ↘ | $0$ | ↗ | $4$ | ↘ | $\frac{16}{e^2}$ | ↗ | $4$ | ↘ |

함수 $y=(f\circ f)(x)$의 그래프는 다음 그림과 같다.

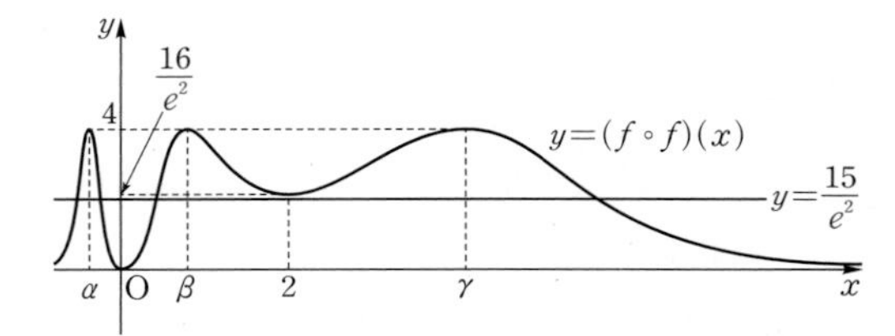


따라서 구하는 교점의 개수는 4이다.

## 0570

답 ⑤

$\sin x-x\cos x-k=0$에서 $\sin x-x\cos x=k$

$f(x)=\sin x-x\cos x$라 하면

$f'(x)=\cos x-\cos x+x\sin x=x\sin x$

$f'(x)=0$에서 $x=0$ 또는 $x=\pi$ 또는 $x=2\pi$ ($\because 0\le x\le 2\pi$)

구간 $[0, 2\pi]$에서 함수 $f(x)$의 증가와 감소를 표로 나타내면 다음과 같다.

| $x$ | $0$ | $\cdots$ | $\pi$ | $\cdots$ | $2\pi$ |
|---|---|---|---|---|---|
| $f'(x)$ | | $+$ | $0$ | $-$ | |
| $f(x)$ | $0$ | ↗ | $\pi$ | ↘ | $-2\pi$ |

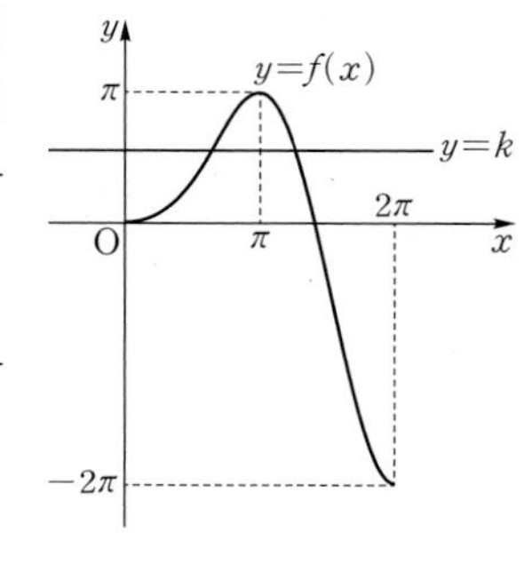


방정식 $f(x)=k$의 서로 다른 실근의 개수가 2이려면 오른쪽 그림과 같이 곡선 $y=f(x)$와 직선 $y=k$가 서로 다른 두 점에서 만나야 하므로

$0\le k<\pi$

따라서 정수 $k$는 0, 1, 2, 3이므로 구하는 합은

$0+1+2+3=6$

## 0571

답 34

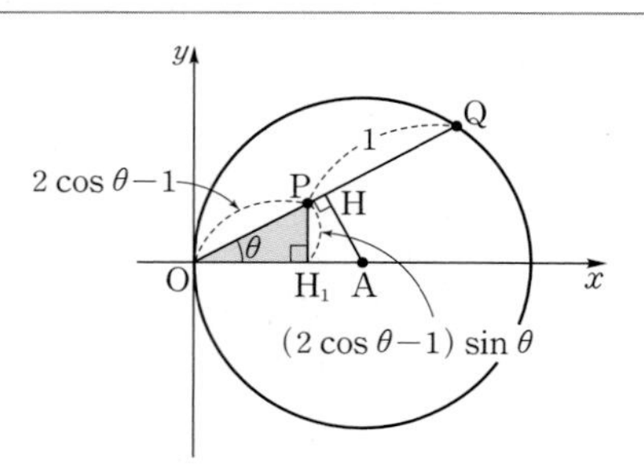


점 A에서 선분 OQ에 내린 수선의 발을 H라 하면

$\overline{OH}=\overline{OA}\cos\theta=\cos\theta$

$\overline{OQ}=2\overline{OH}=2\cos\theta$

$\therefore \overline{OP}=\overline{OQ}-\overline{PQ}=2\cos\theta-1$

점 P에서 $x$축에 내린 수선의 발을 $H_1$이라 하고 점 P의 $y$좌표를 $f(\theta)$라 하면

$f(\theta)=\overline{PH_1}=(2\cos\theta-1)\sin\theta$

$f'(\theta)=-2\sin^2\theta+(2\cos\theta-1)\cos\theta$

$=4\cos^2\theta-\cos\theta-2$

$f''(\theta)=-8\cos\theta\sin\theta+\sin\theta$

$=\sin\theta(1-8\cos\theta)$

$f'(\theta)=0$에서 $4\cos^2\theta-\cos\theta-2=0$

$\therefore \cos\theta=\dfrac{-(-1)+\sqrt{(-1)^2-4\times4\times(-2)}}{2\times4}$

$=\dfrac{1+\sqrt{33}}{8}\left(\because 0<\theta<\dfrac{\pi}{3}\right)$

또한 $0<\theta<\dfrac{\pi}{3}$일 때 $f''(\theta)<0$이므로 $\cos\theta=\dfrac{1+\sqrt{33}}{8}$을 만족시키는 $\theta$의 값을 $\theta_1$이라 하면 함수 $f(\theta)$는 $\theta=\theta_1$에서 극대이면서 최대이다.

따라서 $a=1$, $b=33$이므로

$a+b=1+33=34$

## 0572

답 ③

ㄱ. $f''(x)=0$에서 $x=b$, $x=0$, $x=c$, $x=e$이고, 이 $x$의 값의 좌우에서 $f''(x)$의 부호가 바뀌므로 함수 $y=f(x)$의 그래프는 $x=b$, $x=0$, $x=c$, $x=e$에서 변곡점을 갖는다.
즉, 구간 $[a, f]$에서 변곡점의 개수는 4이다. (참)

ㄴ. 구간 $[a, e]$에서 $f'(d)=0$이고 $x=d$의 좌우에서 $f'(x)$의 부호가 양에서 음으로 바뀌므로 함수 $f(x)$는 $x=d$에서 극대이다.
즉, 구간 $[a, e]$에서 함수 $f(x)$가 극대가 되는 $x$의 개수는 1이다. (참)

ㄷ. 함수 $f(x)$는 구간 $[a, d]$에서 증가하고 구간 $[d, e]$에서 감소하므로 구간 $[a, e]$에서 함수 $f(x)$의 최댓값은 $f(d)$이다. (거짓)

따라서 옳은 것은 ㄱ, ㄴ이다.

## 0573

답 ⑤

$f(x)=\dfrac{kx}{x^2+1}$에서

$f'(x)=\dfrac{k(x^2+1)-kx\times2x}{(x^2+1)^2}=\dfrac{k(1-x^2)}{(x^2+1)^2}=-\dfrac{k(x+1)(x-1)}{(x^2+1)^2}$

$f''(x)=\dfrac{-2kx(x^2+1)^2-k(1-x^2)\times2(x^2+1)\times2x}{(x^2+1)^4}$

$=\dfrac{2kx^3-6kx}{(x^2+1)^3}=\dfrac{2kx(x^2-3)}{(x^2+1)^3}=\dfrac{2kx(x+\sqrt{3})(x-\sqrt{3})}{(x^2+1)^3}$

$f'(x)=0$에서 $x=-1$ 또는 $x=1$

$f''(x)=0$에서 $x=-\sqrt{3}$ 또는 $x=0$ 또는 $x=\sqrt{3}$

$k>0$이므로 함수 $f(x)$의 증가와 감소, 오목과 볼록을 표로 나타내면 다음과 같다.

| $x$ | $\cdots$ | $-\sqrt{3}$ | $\cdots$ | $-1$ | $\cdots$ | $0$ | $\cdots$ | $1$ | $\cdots$ | $\sqrt{3}$ | $\cdots$ |
|---|---|---|---|---|---|---|---|---|---|---|---|
| $f'(x)$ | $-$ | $-$ | $-$ | $0$ | $+$ | $+$ | $+$ | $0$ | $-$ | $-$ | $-$ |
| $f''(x)$ | $-$ | $0$ | $+$ | $+$ | $+$ | $0$ | $-$ | $-$ | $-$ | $0$ | $+$ |
| $f(x)$ | ↘ | 변곡점 | ↘ | $-\dfrac{k}{2}$ | ↗ | 변곡점 | ↗ | $\dfrac{k}{2}$ | ↘ | 변곡점 | ↘ |

또한 $\lim\limits_{x\to\infty}f(x)=0$, $\lim\limits_{x\to-\infty}f(x)=0$이므로 함수 $y=f(x)$의 그래프는 다음 그림과 같다.

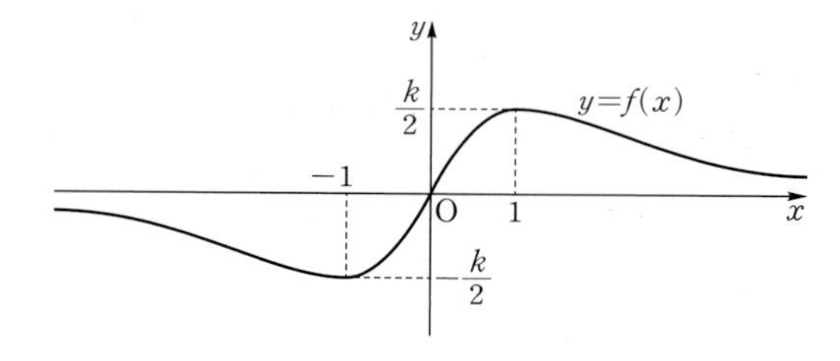


ㄱ. $0<x<1$일 때 $f''(x)<0$이므로 구간 $(0, 1)$에서 곡선 $y=f(x)$는 위로 볼록하다. (참)

ㄴ. 곡선 $y=f(x)$는 $x=-\sqrt{3}$, $x=0$, $x=\sqrt{3}$에서 변곡점을 가지므로 변곡점의 개수는 3이다. (참)

ㄷ. 방정식 $f(x)=1$의 서로 다른 실근의 개수가 2이려면 곡선 $y=f(x)$와 직선 $y=1$이 서로 다른 두 점에서 만나야 하므로
$\dfrac{k}{2}>1\quad\therefore k>2$
즉, 구하는 자연수 $k$의 최솟값은 3이다. (참)

따라서 옳은 것은 ㄱ, ㄴ, ㄷ이다.

**짝기출**

함수 $f(x)=\dfrac{x}{x^2+1}$에 대하여 보기에서 옳은 것만을 있는 대로 고른 것은?

**보기**

ㄱ. $f'(0)=1$

ㄴ. 모든 실수 $x$에 대하여 $f(x)\ge-\dfrac{1}{2}$이다.

ㄷ. $0<a<b<1$일 때, $\dfrac{f(b)-f(a)}{b-a}>1$이다.

① ㄱ ② ㄷ ③ ㄱ, ㄴ ④ ㄴ, ㄷ ⑤ ㄱ, ㄴ, ㄷ

답 ③

## 0574

답 3

$f(x)=e^x(x^2-nx+4)$에서

$f'(x)=e^x(x^2-nx+4)+e^x(2x-n)$

$=e^x\{x^2+(2-n)x+4-n\}$

방정식 $f(x)=t$의 서로 다른 실근의 개수는 곡선 $y=f(x)$와 직선 $y=t$의 교점의 개수와 같으므로 함수 $g(t)$가 양의 실수 전체의 집합에서 연속이려면 함수 $f(x)$가 실수 전체의 집합에서 증가하거나 감소해야 한다.

즉, 모든 실수 $x$에 대하여 $f'(x)\ge0$이거나 $f'(x)\le0$이어야 한다.

이때 $e^x>0$이므로 모든 실수 $x$에 대하여

$x^2+(2-n)x+4-n\ge0$이어야 한다.

이차방정식 $x^2+(2-n)x+4-n=0$의 판별식을 $D$라 하면

$D=(2-n)^2-4(4-n)\le0$

$n^2-12\le0$, $(n+2\sqrt{3})(n-2\sqrt{3})\le0$

$\therefore -2\sqrt{3}\le n\le2\sqrt{3}$

따라서 구하는 자연수 $n$은 1, 2, 3의 3개이다.

**짝기출**

2 이상의 자연수 $n$에 대하여 실수 전체의 집합에서 정의된 함수

$f(x)=e^{x+1}\{x^2+(n-2)x-n+3\}+ax$

가 역함수를 갖도록 하는 실수 $a$의 최솟값을 $g(n)$이라 하자.
$1\le g(n)\le8$을 만족시키는 모든 $n$의 값의 합은?

① 43 ② 46 ③ 49 ④ 52 ⑤ 55

답 ④

# 적분법

유형별 유사문제

PART A′ 08 여러 가지 적분법

## 유형 01 함수 $y=x^n$ ($n$은 실수)의 부정적분

### 0575

답 ①

$$f(x)=\int \frac{x^3-2x^2+x-1}{x^2}dx=\int\left(x-2+\frac{1}{x}-x^{-2}\right)dx$$
$$=\frac{1}{2}x^2-2x+\ln|x|+\frac{1}{x}+C$$

$f(1)=1$이므로 $\frac{1}{2}-2+1+C=1$

$\therefore C=\frac{3}{2}$

따라서 $f(x)=\frac{1}{2}x^2-2x+\ln|x|+\frac{1}{x}+\frac{3}{2}$이므로

$f(2)=2-4+\ln 2+\frac{1}{2}+\frac{3}{2}=\ln 2$

### 0576

답 108

$F(x)=xf(x)-\frac{4}{3}x^3+\frac{9}{2}x^3\sqrt[3]{x}$의 양변을 $x$에 대하여 미분하면

$F'(x)=f(x)+xf'(x)-4x^2+6x^{\frac{1}{3}}$

이때 $F'(x)=f(x)$이므로

$f(x)=f(x)+xf'(x)-4x^2+6x^{\frac{1}{3}}$

$xf'(x)=4x^2-6x^{\frac{1}{3}}$

$f'(x)=4x-6x^{-\frac{2}{3}}$

$$f(x)=\int f'(x)\,dx=\int\left(4x-6x^{-\frac{2}{3}}\right)dx$$
$$=2x^2-18x^{\frac{1}{3}}+C=2x^2-18\sqrt[3]{x}+C$$

$\therefore f(8)-f(1)=(128-36+C)-(2-18+C)=108$

다른 풀이

$x>0$이므로 주어진 식의 양변에 $\frac{1}{x^2}$을 곱하면

$\frac{xf(x)-F(x)}{x^2}=\frac{4}{3}x-\frac{9}{2}x^{-\frac{2}{3}}$

$\left\{\frac{F(x)}{x}\right\}'=\frac{4}{3}x-\frac{9}{2}x^{-\frac{2}{3}}$이므로

$$\frac{F(x)}{x}=\int\left\{\frac{F(x)}{x}\right\}'dx=\int\left(\frac{4}{3}x-\frac{9}{2}x^{-\frac{2}{3}}\right)dx$$
$$=\frac{2}{3}x^2-\frac{27}{2}x^{\frac{1}{3}}+C$$

$F(x)=\frac{2}{3}x^3-\frac{27}{2}x^{\frac{4}{3}}+Cx$

$\therefore f(x)=2x^2-18x^{\frac{1}{3}}+C=2x^2-18\sqrt[3]{x}+C$

$\therefore f(8)-f(1)=(128-36+C)-(2-18+C)=108$

### 0577

답 ②

$\lim_{h\to0}\frac{f(x+h)-f(x)}{h}=f'(x)$이므로

$$f'(x)=\frac{3-3x}{1+\sqrt{x}}=\frac{3(1+\sqrt{x})(1-\sqrt{x})}{1+\sqrt{x}}=3-3\sqrt{x}$$

$$f(x)=\int f'(x)\,dx=\int(3-3\sqrt{x})\,dx=\int\left(3-3x^{\frac{1}{2}}\right)dx$$
$$=3x-2x^{\frac{3}{2}}+C=3x-2\sqrt{x^3}+C$$

$f(1)=0$이므로 $3-2+C=0$

$\therefore C=-1$

따라서 $f(x)=3x-2\sqrt{x^3}-1$이므로

$f(4)=12-2\sqrt{4^3}-1=-5$

### 0578

답 ②

$f'(x)=\begin{cases}3x^2 & (x<1)\\ 5x\sqrt{x} & (x>1)\end{cases}$에서

$f(x)=\begin{cases}x^3+C_1 & (x<1)\\ 2x^{\frac{5}{2}}+C_2 & (x>1)\end{cases}$

$f(4)=60$이므로 $64+C_2=60$

$\therefore C_2=-4$

한편, 함수 $f(x)$가 실수 전체의 집합에서 연속이므로 $x=1$에서 연속이다.

즉, $\lim_{x\to1-}f(x)=\lim_{x\to1+}f(x)=f(1)$이어야 하므로

$\lim_{x\to1-}f(x)=\lim_{x\to1-}(x^3+C_1)=1+C_1$

$\lim_{x\to1+}f(x)=\lim_{x\to1+}\left(2x^{\frac{5}{2}}-4\right)=2-4=-2$

에서 $1+C_1=-2$ $\quad\therefore C_1=-3$

따라서 $f(x)=\begin{cases}x^3-3 & (x<1)\\ 2x^{\frac{5}{2}}-4 & (x\ge1)\end{cases}$이므로

$f(-1)=-1-3=-4$

**Bible Says 함수의 연속**

함수 $f(x)$가 실수 $a$에 대하여 다음 조건을 모두 만족시킬 때, $x=a$에서 연속이다.

(1) 함숫값 $f(a)$가 존재한다.

(2) 극한값 $\lim_{x\to a}f(x)$가 존재한다.

(3) $\lim_{x\to a}f(x)=f(a)$

## 유형 02 밑이 $e$인 지수함수의 부정적분

### 0579

답 ③

$$f(x)=\int\frac{e^{3x}-1}{e^{2x}+e^x+1}dx=\int\frac{(e^x-1)(e^{2x}+e^x+1)}{e^{2x}+e^x+1}dx$$
$$=\int(e^x-1)\,dx=e^x-x+C$$

$f(0)=2$이므로 $1+C=2$

$\therefore C=1$

따라서 $f(x)=e^x-x+1$이므로
$f(1)=e-1+1=e$

## 0580

답 ③

$f(g(x))=g(f(x))=x$이므로 $g(x)=f^{-1}(x)$
$y=\ln x-2$로 놓으면
$y+2=\ln x \qquad \therefore x=e^{y+2}$
$x$와 $y$를 서로 바꾸면 $y=e^{x+2}$
따라서 $g(x)=e^{x+2}$이므로
$$\int g(x)\,dx=\int e^{x+2}\,dx=e^2\int e^x\,dx$$
$$=e^2\times e^x+C=e^{x+2}+C$$

**Bible Says 역함수 구하기**

함수 $y=f(x)$의 역함수는 다음과 같은 순서로 구한다.
❶ 주어진 함수 $y=f(x)$가 일대일대응인지 확인한다.
❷ $y=f(x)$를 $x$에 대하여 정리한 후, $x=f^{-1}(y)$ 꼴로 나타낸다.
❸ $x$와 $y$를 서로 바꾸어 $y=f^{-1}(x)$로 나타낸다.

## 0581

답 ⑤

$$f(x)+g(x)=\int(8e^{2x}+2e^x)\,dx=4e^{2x}+2e^x+C_1$$
$$f(x)-g(x)=\int(-2e^x)\,dx=-2e^x+C_2$$
$f(0)=5$, $g(0)=2$이므로
$f(0)+g(0)=4+2+C_1=7$
$\therefore C_1=1$
$f(0)-g(0)=-2+C_2=3$
$\therefore C_2=5$
따라서
$f(x)+g(x)=4e^{2x}+2e^x+1 \quad \cdots\cdots$ ㉠
$f(x)-g(x)=-2e^x+5 \quad \cdots\cdots$ ㉡
㉠+㉡을 하면
$2f(x)=4e^{2x}+6 \qquad \therefore f(x)=2e^{2x}+3$
㉠−㉡을 하면
$2g(x)=4e^{2x}+4e^x-4 \qquad \therefore g(x)=2e^{2x}+2e^x-2$
$\therefore f(1)-g(2)=2e^2+3-(2e^4+2e^2-2)$
$=5-2e^4$

## 0582

답 ②

$$f(x)=\int f'(x)\,dx=\int\left(\frac{1}{x}-2e^x\right)dx$$
$$=\ln|x|-2e^x+C$$
함수 $y=f(x)$의 그래프가 점 $(1,\ e)$를 지나므로
$f(1)=e$에서 $-2e+C=e$
$\therefore C=3e$
따라서 $f(x)=\ln|x|-2e^x+3e$이므로
$f(x)=1-2e^x$에서
$\ln|x|-2e^x+3e=1-2e^x$, $\ln|x|=1-3e$
$\therefore x=e^{-3e+1}$ ($\because x>0$)

# 유형 03 밑이 $e$가 아닌 지수함수의 부정적분

## 0583

답 ④

$$f(x)=\int(\sqrt{2})^{4x}\,dx=\int 4^x\,dx=\frac{4^x}{\ln 4}+C$$
$f(\log_4 6)=\dfrac{3}{\ln 2}$이므로 $\dfrac{6}{\ln 4}+C=\dfrac{3}{\ln 2}$
$\therefore C=0$
따라서 $f(x)=\dfrac{4^x}{\ln 4}$이므로
$f(1)=\dfrac{4}{\ln 4}=\dfrac{2}{\ln 2}$

## 0584

답 ①

$$f(x)=\int(4^x-1)^2\,dx=\int(16^x-2\times 4^x+1)\,dx$$
$$=\frac{16^x}{\ln 16}-\frac{2\times 4^x}{\ln 4}+x+C$$
$f(0)=\dfrac{1}{4\ln 2}$이므로
$\dfrac{1}{4\ln 2}-\dfrac{2}{2\ln 2}+C=\dfrac{1}{4\ln 2}$
$\therefore C=\dfrac{1}{\ln 2}$
따라서 $f(x)=\dfrac{16^x}{\ln 16}-\dfrac{2\times 4^x}{\ln 4}+x+\dfrac{1}{\ln 2}$이므로
$$\lim_{n\to\infty}\frac{f(n)-n}{16^n}=\lim_{n\to\infty}\frac{\frac{16^n}{4\ln 2}-\frac{4^n}{\ln 2}+\frac{1}{\ln 2}}{16^n}$$
$$=\lim_{n\to\infty}\left\{\frac{1}{4\ln 2}-\frac{1}{\ln 2}\times\left(\frac{1}{4}\right)^n+\frac{1}{\ln 2}\times\left(\frac{1}{16}\right)^n\right\}$$
$$=\frac{1}{4\ln 2}$$

## 0585

답 $\dfrac{3}{\ln 2}-2$

$f'(x)=\begin{cases}2x+1 & (x<0)\\ 2^x & (x>0)\end{cases}$에서
$$f(x)=\begin{cases}x^2+x+C_1 & (x<0)\\ \dfrac{2^x}{\ln 2}+C_2 & (x>0)\end{cases}$$
$f(-1)=0$이므로 $1-1+C_1=0$
$\therefore C_1=0$
한편, 함수 $f(x)$가 실수 전체의 집합에서 연속이므로 $x=0$에서 연속이다.

즉, $\lim_{x\to0-} f(x)=\lim_{x\to0+} f(x)=f(0)$이어야 하므로

$\lim_{x\to0-} f(x)=\lim_{x\to0-}(x^2+x)=0$

$\lim_{x\to0+} f(x)=\lim_{x\to0+}\left(\frac{2^x}{\ln 2}+C_2\right)=\frac{1}{\ln 2}+C_2$

에서 $\frac{1}{\ln 2}+C_2=0 \quad \therefore C_2=-\frac{1}{\ln 2}$

따라서 $f(x)=\begin{cases} x^2+x & (x<0) \\ \frac{2^x}{\ln 2}-\frac{1}{\ln 2} & (x\ge0) \end{cases}$이므로

$f(-2)=4+(-2)=2,\ f(2)=\frac{4}{\ln 2}-\frac{1}{\ln 2}=\frac{3}{\ln 2}$

$\therefore f(2)-f(-2)=\frac{3}{\ln 2}-2$

## 유형 04 삼각함수의 부정적분

### 0586

답 $2\pi$

$f(x)=\int \frac{\sin^2 x}{1+\cos x}dx=\int \frac{1-\cos^2 x}{1+\cos x}dx$

$=\int \frac{(1+\cos x)(1-\cos x)}{1+\cos x}dx$

$=\int (1-\cos x)dx=x-\sin x+C$

$f(\pi)=\pi$이므로 $\pi-\sin\pi+C=\pi \quad \therefore C=0$

따라서 $f(x)=x-\sin x$이므로

$f(2\pi)=2\pi$

### 0587

답 ①

함수 $y=f(x)$의 그래프 위의 점 $(x, f(x))$에서의 접선의 기울기가 $\tan^2 x$이므로

$f'(x)=\tan^2 x$

$f(x)=\int f'(x)dx=\int \tan^2 x\,dx$

$=\int (\sec^2 x-1)dx=\tan x-x+C$

함수 $y=f(x)$의 그래프가 원점을 지나므로

$f(0)=0$에서 $C=0$

따라서 $f(x)=\tan x-x$이므로

$f\left(\frac{\pi}{3}\right)=\tan\frac{\pi}{3}-\frac{\pi}{3}=\sqrt{3}-\frac{\pi}{3}$

### 0588

답 ⑤

$-\frac{\pi}{2}<x<\frac{\pi}{2}$이므로 $-1<\sin x<1$, 즉

$f'(x)=1-\sin x+\sin^2 x-\sin^3 x+\cdots$

$=\frac{1}{1+\sin x}=\frac{1-\sin x}{(1+\sin x)(1-\sin x)}=\frac{1-\sin x}{1-\sin^2 x}$

$=\frac{1-\sin x}{\cos^2 x}=\frac{1}{\cos^2 x}-\frac{1}{\cos x}\times\frac{\sin x}{\cos x}$

$=\sec^2 x-\sec x\tan x$

$f(x)=\int f'(x)dx=\int(\sec^2 x-\sec x\tan x)dx$

$=\tan x-\sec x+C$

$f(0)=1$이므로 $-1+C=1$

$\therefore C=2$

따라서 $f(x)=\tan x-\sec x+2$이므로

$f\left(\frac{\pi}{4}\right)=1-\sqrt{2}+2=3-\sqrt{2}$

### 0589

답 ④

$f'(x)=\begin{cases} k\sin x & (x<0) \\ 1+2\cos x & (x>0) \end{cases}$에서

$f(x)=\begin{cases} -k\cos x+C_1 & (x<0) \\ x+2\sin x+C_2 & (x>0) \end{cases}$

$f\left(-\frac{\pi}{2}\right)=1$이므로 $C_1=1$

$f\left(\frac{\pi}{2}\right)=3$이므로 $\frac{\pi}{2}+2+C_2=3$

$\therefore C_2=1-\frac{\pi}{2}$

따라서 $f(x)=\begin{cases} -k\cos x+1 & (x<0) \\ x+2\sin x+1-\frac{\pi}{2} & (x>0) \end{cases}$이고 함수 $f(x)$가 실수 전체의 집합에서 연속이므로 $x=0$에서 연속이다.

즉, $\lim_{x\to0-} f(x)=\lim_{x\to0+} f(x)=f(0)$이어야 하므로

$\lim_{x\to0-} f(x)=\lim_{x\to0-}(-k\cos x+1)=-k+1$

$\lim_{x\to0+} f(x)=\lim_{x\to0+}\left(x+2\sin x+1-\frac{\pi}{2}\right)=1-\frac{\pi}{2}$

에서 $-k+1=1-\frac{\pi}{2}$

$\therefore k=\frac{\pi}{2}$

## 유형 05 치환적분법 - 유리함수

### 0590

답 65

$x^2-x+2=t$로 놓으면 $2x-1=\frac{dt}{dx}$이므로

$f(x)=\int(2x-1)(x^2-x+2)^3dx$

$=\int t^3dt=\frac{1}{4}t^4+C$

$=\frac{1}{4}(x^2-x+2)^4+C$

$f(0)=5$이므로 $4+C=5$

$\therefore C=1$

따라서 $f(x)=\frac{1}{4}(x^2-x+2)^4+1$이므로

$f(2)=\frac{1}{4}\times4^4+1=65$

## 0591

답 2

$ax+3=t$로 놓으면 $a=\frac{dt}{dx}$이므로

$f(x)=\int(ax+3)^7dx=\int t^7\times\frac{1}{a}dt$

$=\frac{1}{8a}t^8+C=\frac{1}{8a}(ax+3)^8+C$

함수 $f(x)$의 최고차항의 계수가 16이므로

$\frac{1}{8a}\times a^8=16$, $a^7=128$

$\therefore a=(2^7)^{\frac{1}{7}}=2$

다른 풀이

$f(x)=\int(ax+3)^7dx$는 8차식이고 최고차항의 계수가 16이므로

$f'(x)$의 최고차항의 계수는 128이다.

$f'(x)=(ax+3)^7$이므로

$a^7=128 \quad \therefore a=2$

## 0592

답 ⑤

$2x+3=t$로 놓으면 $2=\frac{dt}{dx}$이므로

$f(x)=\int f'(x)dx=\int\frac{4x-6}{(2x+3)^3}dx$

$=\int\frac{t-6}{t^3}dt=\int\left(\frac{1}{t^2}-\frac{6}{t^3}\right)dt$

$=-\frac{1}{t}+\frac{3}{t^2}+C$

$=-\frac{1}{2x+3}+\frac{3}{(2x+3)^2}+C$

$f(-1)=1$이므로 $-1+3+C=1$

$\therefore C=-1$

따라서 $f(x)=-\frac{1}{2x+3}+\frac{3}{(2x+3)^2}-1$이므로

$f(-2)=1+3-1=3$

### 유형 06 치환적분법 - 무리함수

## 0593

답 29

$2x^2+1=t$로 놓으면 $4x=\frac{dt}{dx}$이므로

$f(x)=\int 6x\sqrt{2x^2+1}\,dx=\int\frac{3}{2}\sqrt{t}\,dt=\frac{3}{2}\int t^{\frac{1}{2}}dt$

$=t^{\frac{3}{2}}+C=(2x^2+1)^{\frac{3}{2}}+C$

$f(0)=3$이므로

$1+C=3$

$\therefore C=2$

따라서 $f(x)=(2x^2+1)^{\frac{3}{2}}+2$이므로

$f(2)=9^{\frac{3}{2}}+2=3^3+2=29$

## 0594

답 ③

$\lim_{h\to0}\frac{f(x+h)-f(x)}{h}=f'(x)$이므로

$f'(x)=\frac{x-1}{\sqrt{x+1}}$

$\sqrt{x+1}=t$로 놓으면 $x+1=t^2$에서 $x=t^2-1$이고

$1=2t\times\frac{dt}{dx}$이므로

$f(x)=\int f'(x)dx=\int\frac{x-1}{\sqrt{x+1}}dx$

$=\int 2(t^2-2)dt=\int(2t^2-4)dt$

$=\frac{2}{3}t^3-4t+C$

$=\frac{2}{3}(x+1)\sqrt{x+1}-4\sqrt{x+1}+C$

$f(0)=-2$이므로 $\frac{2}{3}-4+C=-2$

$\therefore C=\frac{4}{3}$

따라서 $f(x)=\frac{2}{3}(x+1)\sqrt{x+1}-4\sqrt{x+1}+\frac{4}{3}$이므로

$f(3)=\frac{2}{3}\times4\times2-4\times2+\frac{4}{3}=\frac{16}{3}-8+\frac{4}{3}=-\frac{4}{3}$

## 0595

답 ③

$g(x)=\int\frac{f'(\sqrt{x})}{\sqrt{x}}dx$에서

$\sqrt{x}=t$로 놓으면 $\frac{1}{2\sqrt{x}}=\frac{dt}{dx}$이므로

$g(x)=\int\frac{f'(\sqrt{x})}{\sqrt{x}}dx=\int\frac{f'(t)}{t}\times2t\,dt=2\int f'(t)dt$

$=2f(t)+C=2f(\sqrt{x})+C=\frac{2(4-x)}{4+x}+C$

$g(1)=1$이므로 $\frac{6}{5}+C=1$

$\therefore C=-\frac{1}{5}$

따라서 $g(x)=\frac{2(4-x)}{4+x}-\frac{1}{5}$이므로

$g(6)=-\frac{2}{5}-\frac{1}{5}=-\frac{3}{5}$

### 유형 07 치환적분법 - 지수함수

## 0596

답 ④

$2x^2+x=t$로 놓으면 $4x+1=\frac{dt}{dx}$이므로

$f(x)=\int f'(x)dx=\int(4x+1)\times2^{2x^2+x}dx$

$=\int 2^t dt=\frac{2^t}{\ln 2}+C=\frac{2^{2x^2+x}}{\ln 2}+C$

$f(0)=\frac{2}{\ln 2}$이므로 $\frac{1}{\ln 2}+C=\frac{2}{\ln 2}$

$\therefore C=\frac{1}{\ln 2}$

따라서 $f(x)=\frac{2^{2x^2+x}}{\ln 2}+\frac{1}{\ln 2}$이므로

$f(1)=\frac{8}{\ln 2}+\frac{1}{\ln 2}=\frac{9}{\ln 2}$

## 0597

답 ③

곡선 $y=f(x)$ 위의 점 $(x,\ f(x))$에서의 접선의 기울기가

$\frac{e^x}{\sqrt{e^x+2}}$이므로

$f'(x)=\frac{e^x}{\sqrt{e^x+2}}$

$e^x+2=t$로 놓으면 $e^x=\frac{dt}{dx}$이므로

$f(x)=\int f'(x)\,dx=\int \frac{e^x}{\sqrt{e^x+2}}\,dx$

$=\int \frac{1}{\sqrt{t}}\,dt=\int t^{-\frac{1}{2}}\,dt$

$=2t^{\frac{1}{2}}+C=2\sqrt{e^x+2}+C$

곡선 $y=f(x)$가 원점을 지나므로 $f(0)=0$에서

$2\sqrt{3}+C=0$

$\therefore C=-2\sqrt{3}$

따라서 $f(x)=2\sqrt{e^x+2}-2\sqrt{3}$이므로

$f(\ln 7)=2\times 3-2\sqrt{3}=6-2\sqrt{3}$

## 0598

답 16

$e^x+1=t$로 놓으면 $e^x=\frac{dt}{dx}$이므로

$f(x)=\int 3e^x\sqrt{e^x+1}\,dx=\int 3\sqrt{t}\,dt$

$=3\int t^{\frac{1}{2}}\,dt=2t^{\frac{3}{2}}+C$

$=2(e^x+1)\sqrt{e^x+1}+C$

$f(0)=4\sqrt{2}$이므로

$4\sqrt{2}+C=4\sqrt{2}\qquad \therefore C=0$

$\therefore f(x)=2(e^x+1)\sqrt{e^x+1}$

이때 $0\le x\le \ln 3$에서 $f'(x)=3e^x\sqrt{e^x+1}>0$이므로 함수 $f(x)$는 증가함수이다.

즉, 함수 $f(x)$는 $x=\ln 3$일 때 최대이므로 구하는 최댓값은

$f(\ln 3)=2\times 4\times 2=16$

# 유형 08 치환적분법 - 로그함수

## 0599

답 17

$\ln x=t$로 놓으면 $\frac{1}{x}=\frac{dt}{dx}$이므로

$f(x)=\int \frac{4(\ln x)^3}{x}\,dx=\int 4t^3\,dt$

$=t^4+C=(\ln x)^4+C$

$f(e)=2$이므로 $1+C=2$

$\therefore C=1$

따라서 $f(x)=(\ln x)^4+1$이므로

$f(e^2)=2^4+1=17$

## 0600

답 26

$\lim_{h\to 0}\frac{f(x+h)-f(x-h)}{h}$

$=\lim_{h\to 0}\frac{f(x+h)-f(x)-\{f(x-h)-f(x)\}}{h}$

$=\lim_{h\to 0}\frac{f(x+h)-f(x)}{h}+\lim_{h\to 0}\frac{f(x-h)-f(x)}{-h}$

$=f'(x)+f'(x)=2f'(x)=\frac{6(\ln x)^2}{x}$

이므로

$f'(x)=\frac{3(\ln x)^2}{x}$

$\ln x=t$로 놓으면 $\frac{1}{x}=\frac{dt}{dx}$이므로

$f(x)=\int f'(x)\,dx=\int \frac{3(\ln x)^2}{x}\,dx$

$=\int 3t^2\,dt=t^3+C=(\ln x)^3+C$

$\therefore f(e^3)-f(e)=(27+C)-(1+C)=26$

## 0601

답 ⑤

$xf'(x)=4\ln\sqrt{x}$에서

$f'(x)=\frac{4\ln\sqrt{x}}{x}$

$f(x)=\int f'(x)\,dx=\int \frac{4\ln\sqrt{x}}{x}\,dx=\int \frac{2\ln x}{x}\,dx$

$\ln x=t$로 놓으면 $\frac{1}{x}=\frac{dt}{dx}$이므로

$f(x)=\int \frac{2\ln x}{x}\,dx=\int 2t\,dt$

$=t^2+C=(\ln x)^2+C$

$f(1)=-3$이므로 $C=-3$

$\therefore f(x)=(\ln x)^2-3$

$f(x)=2\ln x$에서 $(\ln x)^2-3=2\ln x$

$(\ln x)^2-2\ln x-3=0$

$(\ln x+1)(\ln x-3)=0$

$\ln x=-1$ 또는 $\ln x=3$

$\therefore x=e^{-1}$ 또는 $x=e^3$

따라서 주어진 방정식을 만족시키는 모든 양수 $x$의 값의 곱은

$e^{-1}\times e^{3}=e^{2}$

유형 09 치환적분법 - $\sin ax$, $\cos ax$ 꼴

## 0602

답 ⑤

$f(x)=\int(2\sin^2 x+1)\,dx=\int\{(2\sin^2 x-1)+2\}\,dx$

$=\int(-\cos 2x+2)\,dx=-\frac{1}{2}\sin 2x+2x+C$

$f(\pi)=\pi$이므로 $2\pi+C=\pi$

$\therefore C=-\pi$

따라서 $f(x)=-\frac{1}{2}\sin 2x+2x-\pi$이므로

$f\left(\frac{3}{2}\pi\right)=3\pi-\pi=2\pi$

## 0603

답 2

$\{xf(x)\}'=f(x)+xf'(x)$이므로

$\{xf(x)\}'=2\cos 2x$

$xf(x)=\int\{xf(x)\}'\,dx=\int 2\cos 2x\,dx=\sin 2x+C$

위의 식의 양변에 $x=\pi$를 대입하면

$\pi f(\pi)=C$

$f(\pi)=0$이므로 $C=0$

따라서 $xf(x)=\sin 2x$이므로

$x\neq0$일 때, $f(x)=\frac{\sin 2x}{x}$

이때 함수 $f(x)$가 실수 전체의 집합에서 연속이므로 $x=0$에서 연속이다.

$\therefore f(0)=\lim_{x\to0}f(x)=\lim_{x\to0}\frac{\sin 2x}{x}$

$=\lim_{x\to0}\left(\frac{\sin 2x}{2x}\times2\right)=2$

참고

$\lim_{x\to0}\frac{\sin ax}{bx}=\lim_{x\to0}\left(\frac{\sin ax}{ax}\times\frac{a}{b}\right)=\frac{a}{b}$ (단, $a\neq0$, $b\neq0$)

## 0604

답 9

$\lim_{x\to\pi}\frac{f(x)-3}{x-\pi}=\frac{1}{2}a+\frac{3}{2}$에서 극한값이 존재하고 $x\to\pi$일 때, (분모)$\to0$이므로 (분자)$\to0$이어야 한다.

즉, $\lim_{x\to\pi}\{f(x)-3\}=0$이므로 $f(\pi)=3$

$\therefore \lim_{x\to\pi}\frac{f(x)-3}{x-\pi}=\lim_{x\to\pi}\frac{f(x)-f(\pi)}{x-\pi}=f'(\pi)=\frac{1}{2}a+\frac{3}{2}$

$f'(x)=a\sin\frac{x}{2}$에서 $f'(\pi)=a$이므로

$a=\frac{1}{2}a+\frac{3}{2}$, $\frac{1}{2}a=\frac{3}{2}$

$\therefore a=3$

따라서 $f'(x)=3\sin\frac{x}{2}$이므로

$f(x)=\int f'(x)\,dx=\int 3\sin\frac{x}{2}\,dx$

$=-6\cos\frac{x}{2}+C$

$f(\pi)=3$이므로 $C=3$

따라서 $f(x)=-6\cos\frac{x}{2}+3$이므로

$f(2\pi)=6+3=9$

유형 10 치환적분법 - 삼각함수

## 0605

답 ③

$\int(\sin^3 x-\sin x)\,dx=\int\sin x(\sin^2 x-1)\,dx$

$=-\int\sin x\cos^2 x\,dx$

$\cos x=t$로 놓으면 $-\sin x=\frac{dt}{dx}$이므로

$\int(\sin^3 x-\sin x)\,dx=-\int\sin x\cos^2 x\,dx$

$=\int t^2\,dt=\frac{1}{3}t^3+C$

$=\frac{1}{3}\cos^3 x+C$

## 0606

답 4

$f'(x)=\sec^2\frac{x}{2}\tan\frac{x}{2}$이므로

$f(x)=\int f'(x)\,dx=\int\sec^2\frac{x}{2}\tan\frac{x}{2}\,dx$

$\tan\frac{x}{2}=t$로 놓으면 $\frac{1}{2}\sec^2\frac{x}{2}=\frac{dt}{dx}$이므로

$f(x)=\int\sec^2\frac{x}{2}\tan\frac{x}{2}\,dx$

$=\int 2t\,dt=t^2+C=\tan^2\frac{x}{2}+C$

$f(0)=1$이므로 $C=1$

따라서 $f(x)=\tan^2\frac{x}{2}+1$이므로

$f\left(\frac{2}{3}\pi\right)=(\sqrt{3})^2+1=4$

## 0607
답 ③

$f(x)=\int \sec^4 x\,dx=\int(1+\tan^2 x)\sec^2 x\,dx$

$\tan x=t$로 놓으면 $\sec^2 x=\frac{dt}{dx}$이므로

$f(x)=\int(1+\tan^2 x)\sec^2 x\,dx$

$=\int(1+t^2)\,dt=t+\frac{1}{3}t^3+C$

$=\tan x+\frac{1}{3}\tan^3 x+C$

$f(0)=0$이므로 $C=0$

따라서 $f(x)=\tan x+\frac{1}{3}\tan^3 x$이므로

$f\left(\frac{\pi}{3}\right)=\sqrt{3}+\frac{1}{3}\times 3\sqrt{3}=2\sqrt{3}$

### 유형 11 $\frac{f'(x)}{f(x)}$ 꼴의 치환적분법

## 0608
답 ④

$(2+\sin x)'=\cos x$이므로

$f(x)=\int\frac{2\cos x}{2+\sin x}dx=2\int\frac{(2+\sin x)'}{2+\sin x}dx$

$=2\ln|2+\sin x|+C$

$f(\pi)=\ln 2$이므로 $2\ln 2+C=\ln 2$

$\therefore C=-\ln 2$

따라서 $f(x)=2\ln|2+\sin x|-\ln 2$이므로

$f\left(\frac{\pi}{2}\right)=2\ln 3-\ln 2=\ln\frac{9}{2}$

## 0609
답 $e^4$

$f'(x)=2f(x)$에서 $f(x)>0$이므로

$\frac{f'(x)}{f(x)}=2$

$\int\frac{f'(x)}{f(x)}dx=\int 2\,dx,\ \ln|f(x)|=2x+C$

$\ln f(x)=2x+C$ ($\because f(x)>0$)

$\therefore f(x)=e^{2x+C}$

$f'(x)=2e^{2x+C}$

$f'(0)=2$이므로 $2e^C=2$

$e^C=1 \qquad \therefore C=0$

따라서 $f(x)=e^{2x}$이므로

$f(2)=e^4$

## 0610
답 ③

곡선 $y=f(x)$ 위의 점 $(x,\ f(x))$에서의 접선의 기울기가

$\frac{2}{1+e^{-x}}$이므로

$f'(x)=\frac{2}{1+e^{-x}}=\frac{2e^x}{e^x+1}$

이때 $(e^x+1)'=e^x$이므로

$f(x)=\int f'(x)\,dx=\int\frac{2e^x}{e^x+1}dx=2\int\frac{(e^x+1)'}{e^x+1}dx$

$=2\ln(e^x+1)+C$ ($\because e^x+1>0$)

곡선 $y=f(x)$가 원점을 지나므로

$f(0)=0$에서 $2\ln 2+C=0$

$\therefore C=-2\ln 2$

$\therefore f(x)=2\ln(e^x+1)-2\ln 2$

곡선 $y=f(x)$가 점 $(\ln 3,\ a)$를 지나므로

$a=f(\ln 3)=2\ln 4-2\ln 2=2\ln 2$

## 0611
답 ④

$\frac{f'(x)}{f(x)}=\frac{f'(x)}{f(x)-1}+1$에서

$\int\frac{f'(x)}{f(x)}dx=\int\left\{\frac{f'(x)}{f(x)-1}+1\right\}dx$

$\ln|f(x)|=\ln|f(x)-1|+x+C$

$f(0)=\frac{1}{2}$이므로 $\ln\frac{1}{2}=\ln\frac{1}{2}+C$

$\therefore C=0$

$\ln|f(x)|=\ln|f(x)-1|+x$에서

$\ln|f(x)|-\ln|f(x)-1|=x$

$\therefore \ln\left|\frac{f(x)}{f(x)-1}\right|=x$

이때 $0<f(x)<1$이므로 $\ln\frac{f(x)}{1-f(x)}=x$

$\frac{f(x)}{1-f(x)}=e^x,\ f(x)=e^x-e^x f(x)$

$\therefore f(x)=\frac{e^x}{1+e^x}$

$\therefore f(\ln 2)=\frac{e^{\ln 2}}{1+e^{\ln 2}}=\frac{2}{1+2}=\frac{2}{3}$

### 유형 12 유리함수의 부정적분 - (분자의 차수)≥(분모의 차수)

## 0612
답 5

$f(x)=\int\frac{2x^2+3x+3}{x+1}dx=\int\frac{2x(x+1)+(x+1)+2}{x+1}dx$

$=\int\left(2x+1+\frac{2}{x+1}\right)dx$

$=x^2+x+2\ln|x+1|+C$

$f(0)=3$이므로 $C=3$

따라서 $f(x)=x^2+x+2\ln|x+1|+3$이므로

$f(-2)=4-2+3=5$

## 0613

답 ①

$f(g(x))=g(f(x))=x$이므로

$g(x)=f^{-1}(x)$

$y=\frac{-2x-4}{x-1}$로 놓으면 $xy-y=-2x-4$

$x(y+2)=y-4 \qquad \therefore x=\frac{y-4}{y+2}$

$x$와 $y$를 서로 바꾸면 $y=\frac{x-4}{x+2}$

따라서 $g(x)=\frac{x-4}{x+2}$이므로

$h(x)=\int g(x+1)\,dx=\int \frac{x-3}{x+3}\,dx$

$=\int \frac{(x+3)-6}{x+3}\,dx=\int\left(1-\frac{6}{x+3}\right)dx$

$=x-6\ln|x+3|+C$

$\therefore h(1)-h(-1)=(1-6\ln 4+C)-(-1-6\ln 2+C)$

$=2-6\ln 2$

유형 13 유리함수의 부정적분 - (분자의 차수)<(분모의 차수)

## 0614

답 ①

$f(x)=\int \frac{3}{x^2-3x+2}\,dx$

$=\int \frac{3}{(x-1)(x-2)}\,dx$

$=3\int\left(\frac{1}{x-2}-\frac{1}{x-1}\right)dx$

$=3(\ln|x-2|-\ln|x-1|)+C$

$f(0)=3\ln 2$이므로 $C=0$

따라서 $f(x)=3(\ln|x-2|-\ln|x-1|)$이므로

$f(3)=-3\ln 2$

## 0615

답 ⑤

$f(x)=\int \frac{2x+3}{x^2+4x+3}\,dx-\int \frac{x+4}{x^2+4x+3}\,dx$

$=\int \frac{x-1}{x^2+4x+3}\,dx$

$\frac{x-1}{x^2+4x+3}=\frac{x-1}{(x+3)(x+1)}=\frac{A}{x+3}+\frac{B}{x+1}$로 놓으면

$\frac{A}{x+3}+\frac{B}{x+1}=\frac{(A+B)x+A+3B}{(x+3)(x+1)}$이므로

$x-1=(A+B)x+A+3B$

위의 등식은 $x$에 대한 항등식이므로

$A+B=1,\ A+3B=-1$

위의 두 식을 연립하여 풀면

$A=2,\ B=-1$

$f(x)=\int \frac{x-1}{x^2+4x+3}\,dx$

$=\int\left(\frac{2}{x+3}-\frac{1}{x+1}\right)dx$

$=2\ln|x+3|-\ln|x+1|+C$

$f(-2)=2$이므로 $C=2$

따라서 $f(x)=2\ln|x+3|-\ln|x+1|+2$이므로

$f(1)=2\ln 4-\ln 2+2=2+3\ln 2$

## 0616

답 ①

$F'(x)=f(x)$이므로

$xf(x)=F(x)-2\ln(x+2)$의 양변을 $x$에 대하여 미분하면

$f(x)+xf'(x)=f(x)-\frac{2}{x+2}$

$xf'(x)=-\frac{2}{x+2}$

$\therefore f'(x)=-\frac{2}{x(x+2)}$

$f(x)=\int f'(x)\,dx$

$=-\int \frac{2}{x(x+2)}\,dx$

$=\int\left(\frac{1}{x+2}-\frac{1}{x}\right)dx$

$=\ln|x+2|-\ln|x|+C$

$f(2)=\ln 2$이므로 $\ln 4-\ln 2+C=\ln 2$

$\therefore C=0$

따라서 $f(x)=\ln|x+2|-\ln|x|$이므로

$f(4)=\ln 6-\ln 4=\ln\frac{3}{2}$

유형 14 부분적분법

## 0617

답 ⑤

$u(x)=2x-1,\ v'(x)=e^{x-1}$으로 놓으면

$u'(x)=2,\ v(x)=e^{x-1}$이므로

$f(x)=\int(2x-1)e^{x-1}\,dx$

$=(2x-1)e^{x-1}-\int 2e^{x-1}\,dx$

$=(2x-1)e^{x-1}-2e^{x-1}+C$

$=(2x-3)e^{x-1}+C$

$f(1)=1$이므로

$-1+C=1 \qquad \therefore C=2$

따라서 $f(x)=(2x-3)e^{x-1}+2$이므로

$f(2)=e+2$

## 0618

답 ③

$f(x)=\int f'(x)\,dx=\int \ln(x-1)\,dx$

$u(x)=\ln(x-1)$, $v'(x)=1$로 놓으면

$u'(x)=\frac{1}{x-1}$, $v(x)=x$이므로

$f(x)=\int \ln(x-1)\,dx=x\ln(x-1)-\int \frac{x}{x-1}\,dx$

$=x\ln(x-1)-\int\left(1+\frac{1}{x-1}\right)dx$

$=x\ln(x-1)-x-\ln(x-1)+C$

$=(x-1)\ln(x-1)-x+C$

$f(2)=1$이므로 $-2+C=1$

$\therefore C=3$

따라서 $f(x)=(x-1)\ln(x-1)-x+3$이므로

$f(3)=2\ln 2$

## 0619

답 6

$\sqrt{x}=t$로 놓으면 $x=t^2$이고 $1=2t\times\frac{dt}{dx}$이므로

$f(x)=\int \cos\sqrt{x}\,dx$

$=\int \cos t\times 2t\,dt$

$=2\int t\cos t\,dt$

$u(t)=t$, $v'(t)=\cos t$로 놓으면

$u'(t)=1$, $v(t)=\sin t$이므로

$f(x)=2\int t\cos t\,dt=2t\sin t-2\int \sin t\,dt$

$=2t\sin t+2\cos t+C$

$=2\sqrt{x}\sin\sqrt{x}+2\cos\sqrt{x}+C$

$f(0)=10$이므로 $2+C=10$

$\therefore C=8$

따라서 $f(x)=2\sqrt{x}\sin\sqrt{x}+2\cos\sqrt{x}+8$이므로

$f(\pi^2)=2\sqrt{\pi^2}\sin\sqrt{\pi^2}+2\cos\sqrt{\pi^2}+8$

$=0+(-2)+8=6$

## 0620

답 ②

$f(x)+xf'(x)=\{xf(x)\}'$이므로

$\{xf(x)\}'=\frac{1}{x}-\ln x$

$xf(x)=\int \{xf(x)\}'\,dx=\int\left(\frac{1}{x}-\ln x\right)dx$

$=\ln x-\int \ln x\,dx$

$u(x)=\ln x$, $v'(x)=1$로 놓으면

$u'(x)=\frac{1}{x}$, $v(x)=x$이므로

$xf(x)=\ln x-\int \ln x\,dx=\ln x-x\ln x+\int 1\,dx$

$=\ln x-x\ln x+x+C$

위의 식의 양변에 $x=1$을 대입하면

$f(1)=1$에서 $1+C=1$

$\therefore C=0$

$\therefore xf(x)=\ln x-x\ln x+x$

따라서 $f(x)=\frac{\ln x}{x}-\ln x+1$이므로

$f(3)=\frac{\ln 3}{3}-\ln 3+1=1-\frac{2\ln 3}{3}$

**참고**

밑이 $e$인 로그함수의 부정적분은 자주 사용되므로 기억해 두자.

$\int \ln x\,dx=x\ln x-x+C$

### 유형 15 부분적분법 - 여러 번 적용하는 경우

## 0621

답 ③

$u_1(x)=x^2-2x+2$, $v_1'(x)=e^x$으로 놓으면

$u_1'(x)=2x-2$, $v_1(x)=e^x$이므로

$f(x)=\int (x^2-2x+2)e^x\,dx$

$=(x^2-2x+2)e^x-\int (2x-2)e^x\,dx$ …… ㉠

$\int (2x-2)e^x\,dx$에서 $u_2(x)=2x-2$, $v_2'(x)=e^x$으로 놓으면

$u_2'(x)=2$, $v_2(x)=e^x$이므로

$\int (2x-2)e^x\,dx=(2x-2)e^x-\int 2e^x\,dx=(2x-2)e^x-2e^x+C_1$

$=(2x-4)e^x+C_1$ …… ㉡

㉡을 ㉠에 대입하면

$f(x)=(x^2-2x+2)e^x-(2x-4)e^x-C_1$

$=(x^2-4x+6)e^x+C$

$\therefore f(2)-f(1)=(2e^2+C)-(3e+C)=2e^2-3e$

## 0622

답 7

$f(x)=\int f'(x)\,dx=\int e^{-x}\cos 2x\,dx$

$u_1(x)=\cos 2x$, $v_1'(x)=e^{-x}$으로 놓으면

$u_1'(x)=-2\sin 2x$, $v_1(x)=-e^{-x}$이므로

$f(x)=\int e^{-x}\cos 2x\,dx$

$=-e^{-x}\cos 2x-2\int e^{-x}\sin 2x\,dx$ …… ㉠

$\int e^{-x}\sin 2x\,dx$에서 $u_2(x)=\sin 2x$, $v_2'(x)=e^{-x}$으로 놓으면

$u_2'(x)=2\cos 2x$, $v_2(x)=-e^{-x}$이므로

$\int e^{-x}\sin 2x\,dx=-e^{-x}\sin 2x+2\int e^{-x}\cos 2x\,dx$

$=-e^{-x}\sin 2x+2f(x)+C_1$ …… ㉡

㉡을 ㉠에 대입하면

$f(x)=-e^{-x}\cos 2x-2\{-e^{-x}\sin 2x+2f(x)+C_1\}$

$5f(x)=e^{-x}(2\sin 2x-\cos 2x)-2C_1$

$\therefore f(x)=\frac{1}{5}e^{-x}(2\sin 2x-\cos 2x)+C$

$f(0)=-\frac{1}{5}$이므로 $-\frac{1}{5}+C=-\frac{1}{5}$

$\therefore C=0$

따라서 $f(x)=\frac{1}{5}e^{-x}(2\sin 2x-\cos 2x)$이므로

$f\left(-\frac{\pi}{2}\right)=\frac{1}{5}e^{\frac{\pi}{2}}$

즉, $a=\frac{1}{5}$, $b=\frac{1}{2}$이므로

$10(a+b)=10\times\left(\frac{1}{5}+\frac{1}{2}\right)=7$

## PART B 기출 & 기출변형 문제

### 0623

답 ④

$f'(x)=\begin{cases}2x+3 & (x<1)\\ \ln x & (x>1)\end{cases}$이므로

$f(x)=\begin{cases}x^2+3x+C_1 & (x<1)\\ x\ln x-x+C_2 & (x>1)\end{cases}$

$f(e)=2$이므로 $e-e+C_2=2$

$\therefore C_2=2$

한편, 함수 $f(x)$가 실수 전체의 집합에서 연속이므로 $x=1$에서 연속이다.

즉, $\lim_{x\to1-}f(x)=\lim_{x\to1+}f(x)=f(1)$이어야 하므로

$\lim_{x\to1-}f(x)=\lim_{x\to1-}(x^2+3x+C_1)=4+C_1$

$\lim_{x\to1+}f(x)=\lim_{x\to1+}(x\ln x-x+2)=1$

에서 $4+C_1=1$

$\therefore C_1=-3$

따라서 $f(x)=\begin{cases}x^2+3x-3 & (x\le1)\\ x\ln x-x+2 & (x>1)\end{cases}$이므로

$f(-6)=(-6)^2+3\times(-6)-3$

$=36-18-3=15$

**Bible Says** 함수의 연속

함수 $f(x)$가 실수 $a$에 대하여 다음 조건을 모두 만족시킬 때, $x=a$에서 연속이다.

(1) 함숫값 $f(a)$가 존재한다.

(2) 극한값 $\lim_{x\to a}f(x)$가 존재한다.

(3) $\lim_{x\to a}f(x)=f(a)$

### 0624

답 ③

$\{f(x)g(x)\}'=f'(x)g(x)+f(x)g'(x)$이고

조건 ㈎에서 $f'(x)g(x)+f(x)g'(x)=2x\ln x$이므로

$\{f(x)g(x)\}'=2x\ln x$

$f(x)g(x)=\int\{f(x)g(x)\}'dx=\int 2x\ln x\,dx$

$u(x)=\ln x$, $v'(x)=2x$로 놓으면

$u'(x)=\frac{1}{x}$, $v(x)=x^2$이므로

$f(x)g(x)=\int 2x\ln x\,dx=x^2\ln x-\int x\,dx$

$=x^2\ln x-\frac{1}{2}x^2+C$

조건 ㈏에서 $f(1)=1$, $g(1)=2$이므로

$f(1)g(1)=2$에서 $-\frac{1}{2}+C=2$

$\therefore C=\frac{5}{2}$

따라서 $f(x)g(x)=x^2\ln x-\frac{1}{2}x^2+\frac{5}{2}$이므로

$f(2)g(2)=4\ln 2-2+\frac{5}{2}=\frac{1}{2}+4\ln 2$

**짝기출**

양의 실수를 정의역으로 하는 두 함수 $f(x)=x$, $h(x)=\ln x$에 대하여 다음 두 조건을 모두 만족하는 함수 $g(x)$가 있다. 이때, $g(e)$의 값은?

> ㈎ $f'(x)g(x)+f(x)g'(x)=h(x)$
> ㈏ $g(1)=-1$

① $-2$ ② $-1$ ③ 0 ④ 1 ⑤ 2

답 ③

### 0625

답 72

$\left\{\frac{f(x)}{x}\right\}'=\frac{xf'(x)-f(x)}{x^2}$이고

조건 ㈏에서 $\frac{xf'(x)-f(x)}{x^2}=xe^x$이므로

$\left\{\frac{f(x)}{x}\right\}'=xe^x$

$\frac{f(x)}{x}=\int\left\{\frac{f(x)}{x}\right\}'dx=\int xe^x\,dx$

$u(x)=x$, $v'(x)=e^x$으로 놓으면

$u'(x)=1$, $v(x)=e^x$이므로

$\frac{f(x)}{x}=\int xe^x\,dx=xe^x-\int e^x\,dx$

$=xe^x-e^x+C=(x-1)e^x+C$

조건 ㈎에서 $f(1)=0$이므로 $C=0$

따라서 $\frac{f(x)}{x}=(x-1)e^x$이므로

$f(x)=x(x-1)e^x$

$\therefore f(3)\times f(-3)=6e^3\times12e^{-3}=72$

**Bible Says** 몫의 미분법

미분가능한 두 함수 $f(x)$, $g(x)$ $(g(x)\neq0)$에 대하여

$\left\{\frac{f(x)}{g(x)}\right\}'=\frac{f'(x)g(x)-f(x)g'(x)}{\{g(x)\}^2}$

2권

## 0626

답 $3\pi$

조건 ㈎에서 $x>0$일 때, $f'(x)=1+\sin 2x$이므로

$$f(x)=\int f'(x)\,dx=\int(1+\sin 2x)\,dx$$
$$=x-\frac{1}{2}\cos 2x+C$$

조건 ㈏에서 함수 $y=f(x)$의 그래프가 원점을 지나므로

$f(0)=0$에서 $-\frac{1}{2}+C=0$

$\therefore C=\frac{1}{2}$

따라서 $x\ge 0$일 때, $f(x)=x-\frac{1}{2}\cos 2x+\frac{1}{2}$이고 함수 $y=f(x)$의 그래프가 $y$축에 대하여 대칭이므로

$$f(x)=\begin{cases}-x-\frac{1}{2}\cos 2x+\frac{1}{2} & (x<0)\\ x-\frac{1}{2}\cos 2x+\frac{1}{2} & (x\ge 0)\end{cases}$$

$$\therefore f(-\pi)+f(2\pi)=\pi-\frac{1}{2}+\frac{1}{2}+\left(2\pi-\frac{1}{2}+\frac{1}{2}\right)=3\pi$$

**짝기출**

$x>0$에서 미분가능한 함수 $f(x)$에 대하여

$$f'(x)=2-\frac{3}{x^2},\ f(1)=5$$

이다. $x<0$에서 미분가능한 함수 $g(x)$가 다음 조건을 만족시킬 때, $g(-3)$의 값은?

> ㈎ $x<0$인 모든 실수 $x$에 대하여 $g'(x)=f'(-x)$이다.
> ㈏ $f(2)+g(-2)=9$

① 1 ② 2 ③ 3 ④ 4 ⑤ 5

답 ②

## 0627

답 ②

조건 ㈎에서 $x\ne 0$일 때 $\{f(x)\}^2f'(x)=\frac{2x}{x^2+1}$이므로

$$\int\{f(x)\}^2f'(x)\,dx=\int\frac{2x}{x^2+1}\,dx$$

위의 식의 좌변에서 $f(x)=t$로 놓으면 $f'(x)=\frac{dt}{dx}$이므로

$$\int\{f(x)\}^2f'(x)\,dx=\int t^2\,dt=\frac{1}{3}t^3+C_1$$
$$=\frac{1}{3}\{f(x)\}^3+C_1$$

$$\int\frac{2x}{x^2+1}\,dx=\int\frac{(x^2+1)'}{x^2+1}\,dx$$
$$=\ln(x^2+1)+C_2$$

즉, $\frac{1}{3}\{f(x)\}^3+C_1=\ln(x^2+1)+C_2$에서

$\{f(x)\}^3=3\ln(x^2+1)+C$

조건 ㈏에서 $f(0)=0$이므로 $C=0$

따라서 $\{f(x)\}^3=3\ln(x^2+1)$이므로

$\{f(1)\}^3=3\ln 2$

**참고**

부분적분법을 이용하여 $\int\{f(x)\}^2f'(x)\,dx$를 구할 수도 있다.

$$\int\{f(x)\}^2f'(x)\,dx=\{f(x)\}^3-\int\{2f(x)f'(x)\times f(x)\}\,dx$$
$$=\{f(x)\}^3-2\int\{f(x)\}^2f'(x)\,dx$$

$$\therefore \int\{f(x)\}^2f'(x)\,dx=\frac{1}{3}\{f(x)\}^3+C$$

## 0628

답 ④

함수 $f(x)$의 한 부정적분이 $F(x)$이므로 $F'(x)=f(x)$

$\{xF(x)\}'=F(x)+xf(x)$이고

조건 ㈎에서 $F(x)+xf(x)=(2x+2)e^x$이므로

$$xF(x)=\int\{F(x)+xf(x)\}\,dx=\int(2x+2)e^x\,dx$$

$u(x)=2x+2$, $v'(x)=e^x$으로 놓으면

$u'(x)=2$, $v(x)=e^x$이므로

$$xF(x)=\int(2x+2)e^x\,dx$$
$$=(2x+2)e^x-\int 2e^x\,dx$$
$$=2xe^x+C$$

조건 ㈏에서 $F(1)=2e$이므로

$2e+C=2e$

$\therefore C=0$

따라서 $xF(x)=2xe^x$이므로 $F(x)=2e^x$ ($\because x>0$)

$\therefore F(3)=2e^3$

## 0629

답 ③

$f(x)=t$로 놓으면 $x=g(t)$이므로

$f'(f(x))+\frac{1}{f'(x)}=\frac{1}{\{f(x)\}^2}$에서

$f'(t)+\frac{1}{f'(g(t))}=\frac{1}{t^2}$ ...... ㉠

$f(g(t))=t$이므로 $f'(g(t))g'(t)=1$에서

$\frac{1}{f'(g(t))}=g'(t)$

위의 식을 ㉠에 대입하면

$f'(t)+g'(t)=\frac{1}{t^2}$

$$f(t)+g(t)=\int\{f'(t)+g'(t)\}\,dt=\int\frac{1}{t^2}\,dt$$
$$=\int t^{-2}\,dt=-\frac{1}{t}+C$$

$f(1)+g(1)=2$이므로 $-1+C=2$

$\therefore C=3$

따라서 $f(t)+g(t)=-\frac{1}{t}+3$이므로

$f(3)+g(3)=-\frac{1}{3}+3=\frac{8}{3}$

짝기출

실수 전체의 집합에서 미분가능한 함수 $f(x)$의 역함수를 $g(x)$라 하자. 두 함수 $f(x)$, $g(x)$가 다음 조건을 만족시킨다.

> (가) $f(0)=1$
>
> (나) 모든 실수 $x$에 대하여 $f(x)g'(f(x))=\frac{1}{x^2+1}$이다.

$f(3)$의 값은?

① $e^3$ ② $e^6$ ③ $e^9$ ④ $e^{12}$ ⑤ $e^{15}$

답 ④

## 0630

답 93

$f'(x^2+x+1)=\pi f(1)\sin\pi x+f(3)x+5x^2$이고,

$\{f(x^2+x+1)\}'=(2x+1)f'(x^2+x+1)$이므로

$\{f(x^2+x+1)\}'$

$=\pi f(1)(2x+1)\sin\pi x+f(3)(2x^2+x)+10x^3+5x^2$

위의 식의 양변을 $x$에 대하여 적분하면

$f(x^2+x+1)$

$=f(1)\int(2x+1)\pi\sin\pi x\,dx+f(3)\int(2x^2+x)\,dx$

$+\int(10x^3+5x^2)\,dx$

$=f(1)\left[(2x+1)\times(-\cos\pi x)+\int 2\cos\pi x\,dx\right]$

$+\left(\frac{2}{3}x^3+\frac{x^2}{2}\right)f(3)+\frac{5}{2}x^4+\frac{5}{3}x^3$

$=\left\{-(2x+1)\cos\pi x+\frac{2}{\pi}\sin\pi x\right\}f(1)$

$+\left(\frac{2}{3}x^3+\frac{x^2}{2}\right)f(3)+\frac{5}{2}x^4+\frac{5}{3}x^3+C$

…… ㉠

$f(1)$, $f(3)$, $C$의 값을 구하기 위하여 방정식 $x^2+x+1=1$, $x^2+x+1=3$을 풀면

$x^2+x+1=1$에서 $x=0$ 또는 $x=-1$

$x^2+x+1=3$에서 $x=1$ 또는 $x=-2$

㉠의 양변에 $x=0$을 대입하면

$f(1)=-f(1)+C$에서 $C=2f(1)$ …… ㉡

㉠의 양변에 $x=-1$을 대입하면

$f(1)=-f(1)-\frac{1}{6}f(3)+\frac{5}{6}+2f(1)$에서

$f(3)=5$

㉠의 양변에 $x=1$을 대입하면

$f(3)=3f(1)+\frac{7}{6}\times5+\frac{25}{6}+2f(1)$에서

$f(1)=-1$

이를 ㉡에 대입하면

$C=-2$

$\therefore f(x^2+x+1)$

$=(2x+1)\cos\pi x-\frac{2}{\pi}\sin\pi x+\frac{5}{2}x^4+5x^3+\frac{5}{2}x^2-2$

위의 식의 양변에 $x=2$를 대입하면

$f(7)=5\cos2\pi-\frac{2}{\pi}\sin2\pi+\frac{5}{2}\times16+5\times8+\frac{5}{2}\times4-2$

$=5+40+40+10-2=93$

2권

# 09 정적분

## 유형 01 유리함수, 무리함수의 정적분

### 0631

답 ②

$$\int_1^2 \frac{2x^2+1}{x}dx=\int_1^2\left(2x+\frac{1}{x}\right)dx$$
$$=\Big[x^2+\ln|x|\Big]_1^2$$
$$=4+\ln 2-1$$
$$=3+\ln 2$$

### 0632

답 ④

$$\int_a^b \frac{1}{x}dx=\Big[\ln|x|\Big]_a^b$$
$$=\ln b-\ln a=k$$

이므로

$$\int_{a^2}^{b^2} \frac{1}{x}dx=\Big[\ln|x|\Big]_{a^2}^{b^2}$$
$$=\ln b^2-\ln a^2$$
$$=2\ln b-2\ln a$$
$$=2k$$

### 0633

답 10

$$f(x)=\int f'(x)\,dx$$
$$=\int\frac{1}{\sqrt{x}}dx=2\sqrt{x}+C$$

이므로

$$\int_1^4 f(x)\,dx=\int_1^4(2\sqrt{x}+C)\,dx$$
$$=\left[\frac{4}{3}x^{\frac{3}{2}}+Cx\right]_1^4$$
$$=\left(\frac{4}{3}\times 8+4C\right)-\left(\frac{4}{3}+C\right)$$
$$=\frac{28}{3}+3C=\frac{10}{3}$$

$\therefore C=-2$

따라서 $f(x)=2\sqrt{x}-2$이므로

$f(36)=2\sqrt{36}-2=10$

**Bible Says 도함수가 주어졌을 때 함수 구하기**

함수 $f(x)$의 도함수 $f'(x)$가 주어졌을 때,

$$f(x)=\int f'(x)\,dx$$

임을 이용하여 $f(x)$를 적분상수를 포함한 식으로 나타낼 수 있다.

### 0634

답 1

$$\int_0^a \frac{1}{x^2+3x+2}dx=\int_0^a\frac{1}{(x+1)(x+2)}dx$$
$$=\int_0^a\left(\frac{1}{x+1}-\frac{1}{x+2}\right)dx$$
$$=\Big[\ln|x+1|-\ln|x+2|\Big]_0^a$$
$$=\ln(a+1)-\ln(a+2)-(-\ln 2)$$
$$=\ln\frac{2(a+1)}{a+2}=\ln\frac{4}{3}$$

에서 $\frac{2(a+1)}{a+2}=\frac{4}{3}$

$3(a+1)=2(a+2)$, $3a+3=2a+4$

$\therefore a=1$

### 0635

답 ④

$F(x)=xf(x)$라 하면 $F'(x)=f(x)+xf'(x)$이므로

$$F(x)=\int\left(\frac{1}{\sqrt{x}}+\frac{2}{x^2}\right)dx$$
$$=2\sqrt{x}-\frac{2}{x}+C$$

$F(1)=f(1)=0$이므로 $C=0$

따라서 $F(x)=2\sqrt{x}-\frac{2}{x}$이므로

$xf(x)=2\sqrt{x}-\frac{2}{x}$

$\therefore f(x)=\frac{2}{\sqrt{x}}-\frac{2}{x^2}$

$$\therefore \int_1^4 f(x)\,dx=\int_1^4\left(\frac{2}{\sqrt{x}}-\frac{2}{x^2}\right)dx$$
$$=\left[4\sqrt{x}+\frac{2}{x}\right]_1^4$$
$$=8+\frac{1}{2}-(4+2)=\frac{5}{2}$$

## 유형 02 지수함수의 정적분

### 0636

답 ①

$$\int_0^1\sqrt{e^{4x}+2e^{2x}+1}\,dx=\int_0^1\sqrt{(e^{2x}+1)^2}\,dx$$
$$=\int_0^1(e^{2x}+1)\,dx$$
$$=\left[\frac{1}{2}e^{2x}+x\right]_0^1$$
$$=\frac{1}{2}e^2+1-\frac{1}{2}$$
$$=\frac{1}{2}e^2+\frac{1}{2}$$

## 0637
답 ③

$$\int_0^1 (4^x+1)^2dx+\int_1^0 (4^x-1)^2dx$$
$$=\int_0^1 (4^{2x}+2\times4^x+1)\,dx-\int_0^1 (4^{2x}-2\times4^x+1)\,dx$$
$$=\int_0^1 (4\times4^x)\,dx=4\int_0^1 4^x dx$$
$$=4\left[\frac{4^x}{\ln 4}\right]_0^1=4\left(\frac{4}{\ln 4}-\frac{1}{\ln 4}\right)$$
$$=\frac{12}{\ln 4}=\frac{6}{\ln 2}$$

## 0638
답 ②

$\lim_{h\to0}\frac{f(x+h)-f(x)}{h}=f'(x)$이므로

$$f'(x)=\frac{e^{3x}+1}{e^x+1}=\frac{(e^x+1)(e^{2x}-e^x+1)}{e^x+1}=e^{2x}-e^x+1$$
$$f(x)=\int f'(x)\,dx=\int (e^{2x}-e^x+1)\,dx$$
$$=\frac{1}{2}e^{2x}-e^x+x+C$$

$f(0)=2$이므로 $\frac{1}{2}-1+C=2$

$\therefore C=\frac{5}{2}$

따라서 $f(x)=\frac{1}{2}e^{2x}-e^x+x+\frac{5}{2}$이므로

$$\int_0^1 f(x)\,dx=\int_0^1\left(\frac{1}{2}e^{2x}-e^x+x+\frac{5}{2}\right)dx$$
$$=\left[\frac{1}{4}e^{2x}-e^x+\frac{1}{2}x^2+\frac{5}{2}x\right]_0^1$$
$$=\frac{1}{4}e^2-e+3-\left(\frac{1}{4}-1\right)$$
$$=\frac{1}{4}e^2-e+\frac{15}{4}$$

유형 03 삼각함수의 정적분

## 0639
답 ①

$$\int_0^{\frac{\pi}{2}}\frac{\cos^2 x}{1+\sin x}dx=\int_0^{\frac{\pi}{2}}\frac{1-\sin^2 x}{1+\sin x}dx$$
$$=\int_0^{\frac{\pi}{2}}\frac{(1+\sin x)(1-\sin x)}{1+\sin x}dx$$
$$=\int_0^{\frac{\pi}{2}}(1-\sin x)\,dx$$
$$=\left[x+\cos x\right]_0^{\frac{\pi}{2}}$$
$$=\frac{\pi}{2}-1$$

## 0640
답 ①

$$\int_0^{\frac{\pi}{4}}\frac{1-2\sin^2 x}{\sin x+\cos x}dx$$
$$=\int_0^{\frac{\pi}{4}}\frac{\sin^2 x+\cos^2 x-2\sin^2 x}{\sin x+\cos x}dx$$
$$=\int_0^{\frac{\pi}{4}}\frac{(\cos x+\sin x)(\cos x-\sin x)}{\sin x+\cos x}dx$$
$$=\int_0^{\frac{\pi}{4}}(\cos x-\sin x)\,dx$$
$$=\left[\sin x+\cos x\right]_0^{\frac{\pi}{4}}$$
$$=\frac{\sqrt{2}}{2}+\frac{\sqrt{2}}{2}-1$$
$$=\sqrt{2}-1$$

## 0641
답 ①

$$\int_0^{\frac{\pi}{4}}\frac{1}{1+\sin x}dx$$
$$=\int_0^{\frac{\pi}{4}}\frac{1-\sin x}{(1+\sin x)(1-\sin x)}dx$$
$$=\int_0^{\frac{\pi}{4}}\frac{1-\sin x}{1-\sin^2 x}dx$$
$$=\int_0^{\frac{\pi}{4}}\frac{1-\sin x}{\cos^2 x}dx$$
$$=\int_0^{\frac{\pi}{4}}(\sec^2 x-\tan x\sec x)\,dx$$
$$=\left[\tan x-\sec x\right]_0^{\frac{\pi}{4}}$$
$$=1-\sqrt{2}-(-1)$$
$$=2-\sqrt{2}$$

유형 04 구간에 따라 다르게 정의된 함수의 정적분

## 0642
답 ⑤

$|3^x-1|=\begin{cases}-3^x+1 & (x<0)\\ 3^x-1 & (x\ge0)\end{cases}$이므로

$$\int_{-1}^1|3^x-1|\,dx=\int_{-1}^0(-3^x+1)\,dx+\int_0^1(3^x-1)\,dx$$
$$=\left[-\frac{3^x}{\ln 3}+x\right]_{-1}^0+\left[\frac{3^x}{\ln 3}-x\right]_0^1$$
$$=-\frac{1}{\ln 3}-\left(-\frac{1}{3\ln 3}-1\right)+\left(\frac{3}{\ln 3}-1\right)-\frac{1}{\ln 3}$$
$$=\frac{4}{3\ln 3}$$

## 0643

답 2

$$\int_{-\frac{\pi}{2}}^{\frac{\pi}{2}} |2\cos x\sin x|\,dx=\int_{-\frac{\pi}{2}}^{\frac{\pi}{2}} |\sin 2x|\,dx$$

$$=\int_{-\frac{\pi}{2}}^{0} (-\sin 2x)\,dx+\int_{0}^{\frac{\pi}{2}} \sin 2x\,dx$$

$$=\left[\frac{1}{2}\cos 2x\right]_{-\frac{\pi}{2}}^{0}+\left[-\frac{1}{2}\cos 2x\right]_{0}^{\frac{\pi}{2}}$$

$$=\frac{1}{2}-\left(-\frac{1}{2}\right)+\frac{1}{2}-\left(-\frac{1}{2}\right)=2$$

**Bible Says 배각의 공식**

(1) $\sin 2x=2\sin x\cos x$

(2) $\cos 2x=\cos^2 x-\sin^2 x=2\cos^2 x-1=1-2\sin^2 x$

(3) $\tan 2x=\dfrac{2\tan x}{1-\tan^2 x}$

## 0644

답 ④

$$\int_0^4 f(x)\,dx=\int_0^1 (\sin \pi x+1)\,dx+\int_1^4 \frac{1}{x\sqrt{x}}\,dx$$

$$=\left[-\frac{1}{\pi}\cos \pi x+x\right]_0^1+\left[-\frac{2}{\sqrt{x}}\right]_1^4$$

$$=\frac{1}{\pi}+1-\left(-\frac{1}{\pi}\right)+(-1+2)=2+\frac{2}{\pi}$$

## 0645

답 ③

$f'(x)=\begin{cases}\sin x & (x<0)\\ e^x-1 & (x\ge 0)\end{cases}$에서

$f(x)=\begin{cases}-\cos x+C_1 & (x<0)\\ e^x-x+C_2 & (x\ge 0)\end{cases}$

함수 $f(x)$가 실수 전체의 집합에서 미분가능하므로 실수 전체의 집합에서 연속이고, $x=0$에서 연속이다.

즉, $\lim\limits_{x\to 0-} f(x)=\lim\limits_{x\to 0+} f(x)=f(0)$이어야 하므로

$\lim\limits_{x\to 0-} f(x)=\lim\limits_{x\to 0-} (-\cos x+C_1)=-1+C_1$

$\lim\limits_{x\to 0+} f(x)=\lim\limits_{x\to 0+} (e^x-x+C_2)=1+C_2$

$f(0)=1+C_2$

에서 $-1+C_1=1+C_2$ …… ㉠

이때 $f(1)=e-1$이므로 $C_2=0$

이를 ㉠에 대입하면 $C_1=2$

따라서 $f(x)=\begin{cases}-\cos x+2 & (x<0)\\ e^x-x & (x\ge 0)\end{cases}$이므로

$$\int_{-\frac{\pi}{2}}^{1} f(x)\,dx=\int_{-\frac{\pi}{2}}^{0} (-\cos x+2)\,dx+\int_0^1 (e^x-x)\,dx$$

$$=\left[-\sin x+2x\right]_{-\frac{\pi}{2}}^{0}+\left[e^x-\frac{1}{2}x^2\right]_0^1$$

$$=-(1-\pi)+\left(e-\frac{1}{2}\right)-1$$

$$=e+\pi-\frac{5}{2}$$

**Bible Says 함수의 연속**

함수 $f(x)$가 실수 $a$에 대하여 다음 조건을 모두 만족시킬 때, $x=a$에서 연속이다.

(1) 함숫값 $f(a)$가 존재한다.

(2) 극한값 $\lim\limits_{x\to a} f(x)$가 존재한다.

(3) $\lim\limits_{x\to a} f(x)=f(a)$

### 유형 05 우함수와 기함수의 정적분

## 0646

답 ③

$f(x)=\sin \frac{\pi}{2}x$, $g(x)=\cos \frac{\pi}{2}x$, $h(x)=\tan \frac{\pi}{4}x$라 하면

$f(-x)=\sin\left(-\frac{\pi}{2}x\right)=-\sin \frac{\pi}{2}x=-f(x)$

$g(-x)=\cos\left(-\frac{\pi}{2}x\right)=\cos \frac{\pi}{2}x=g(x)$

$h(-x)=\tan\left(-\frac{\pi}{4}x\right)=-\tan \frac{\pi}{4}x=-h(x)$

에서 $g(x)$는 우함수, $f(x)$와 $h(x)$는 기함수이므로

$$\int_{-1}^{1}\left(\sin \frac{\pi}{2}x+\cos \frac{\pi}{2}x+\tan \frac{\pi}{4}x\right)dx$$

$$=2\int_0^1 \cos \frac{\pi}{2}x\,dx$$

$$=2\left[\frac{2}{\pi}\sin \frac{\pi}{2}x\right]_0^1$$

$$=2\times\frac{2}{\pi}=\frac{4}{\pi}$$

## 0647

답 ②

$f(-x)=f(x)$이므로 $f(x)$는 우함수이고,

$g(x)=f(x)\sin x$, $h(x)=x^3 f(x)$라 하면

$g(-x)=f(-x)\sin(-x)=-f(x)\sin x=-g(x)$

$h(-x)=(-x)^3 f(-x)=-x^3 f(x)=-h(x)$

에서 $g(x)$와 $h(x)$는 기함수이므로

$$\int_{-\pi}^{\pi}(\sin x+x^3+2)f(x)\,dx$$

$$=\int_{-\pi}^{\pi}\{f(x)\sin x+x^3 f(x)+2f(x)\}\,dx$$

$$=2\int_{-\pi}^{\pi} f(x)\,dx$$

$$=4\int_0^{\pi} f(x)\,dx$$

$$=4\times 4=16$$

## 0648

답 ④

ㄱ. $\sin f(|-x|)=\sin f(|x|)$에서

$\sin f(|x|)$는 우함수이므로

$\int_{-\pi}^{\pi}\sin f(|x|)\,dx=2\int_{0}^{\pi}\sin f(|x|)\,dx$

즉, 정적분의 값이 0이 아닐 수도 있다.

ㄴ. $-x\cos f(-x)=-x\cos f(x)$에서

$x\cos f(x)$는 기함수이므로 $\int_{-\pi}^{\pi}x\cos f(x)\,dx=0$

ㄷ. $e^{|-x|}\sin f(-x)=e^{|x|}\sin\{-f(x)\}=-e^{|x|}\sin f(x)$에서

$e^{|x|}\sin f(x)$는 기함수이므로 $\int_{-\frac{\pi}{2}}^{\frac{\pi}{2}}e^{|x|}\sin f(x)\,dx=0$

따라서 정적분의 값이 항상 0인 것은 ㄴ, ㄷ이다.

**참고**

함수 $f(x)$가 우함수일 때, $\int_{-a}^{a}f(x)\,dx=0$인 경우도 존재한다.

### 유형 06 주기함수의 정적분

## 0649

답 ③

$y=|\cos 2\pi x|$는 주기가 $\frac{1}{2}$인 주기함수이므로

$$\int_{0}^{\frac{1}{2}}|\cos 2\pi x|\,dx=\int_{\frac{1}{2}}^{1}|\cos 2\pi x|\,dx=\int_{1}^{\frac{3}{2}}|\cos 2\pi x|\,dx=\int_{\frac{3}{2}}^{2}|\cos 2\pi x|\,dx$$

또한 $|\cos(-2\pi x)|=|\cos 2\pi x|$에서 $y=|\cos 2\pi x|$는 우함수이므로

$$\begin{aligned}\int_{0}^{2}|\cos 2\pi x|\,dx&=4\int_{0}^{\frac{1}{2}}|\cos 2\pi x|\,dx\\&=4\int_{-\frac{1}{4}}^{\frac{1}{4}}|\cos 2\pi x|\,dx\\&=8\int_{0}^{\frac{1}{4}}\cos 2\pi x\,dx\\&=8\left[\frac{1}{2\pi}\sin 2\pi x\right]_{0}^{\frac{1}{4}}\\&=8\times\frac{1}{2\pi}=\frac{4}{\pi}\end{aligned}$$

## 0650

답 2

$y=|\sin 2x|$는 주기가 $\frac{\pi}{2}$인 주기함수이므로

$$\begin{aligned}\int_{a}^{a+\pi}|\sin 2x|\,dx&=\int_{0}^{\pi}|\sin 2x|\,dx=2\int_{0}^{\frac{\pi}{2}}|\sin 2x|\,dx\\&=2\int_{0}^{\frac{\pi}{2}}\sin 2x\,dx=2\left[-\frac{1}{2}\cos 2x\right]_{0}^{\frac{\pi}{2}}\\&=2\times\left(\frac{1}{2}+\frac{1}{2}\right)=2\end{aligned}$$

## 0651

답 ④

조건 (가)에서 $-1\le x\le 1$일 때, $f(x)=2^{x}+2^{-x}$이므로

$f(-x)=2^{-x}+2^{-(-x)}=2^{x}+2^{-x}=f(x)$

조건 (나)에서 함수 $f(x)$는 주기가 2인 주기함수이므로

$$\begin{aligned}\int_{-1}^{5}f(x)\,dx&=\int_{-1}^{1}f(x)\,dx+\int_{1}^{3}f(x)\,dx+\int_{3}^{5}f(x)\,dx\\&=3\int_{-1}^{1}f(x)\,dx\\&=6\int_{0}^{1}f(x)\,dx\ (\because f(x)\text{는 우함수})\\&=6\int_{0}^{1}(2^{x}+2^{-x})\,dx\\&=6\left[\frac{2^{x}}{\ln 2}-\frac{2^{-x}}{\ln 2}\right]_{0}^{1}\\&=6\left(\frac{2}{\ln 2}-\frac{1}{2\ln 2}\right)\\&=6\times\frac{3}{2\ln 2}=\frac{9}{\ln 2}\end{aligned}$$

### 유형 07 치환적분법을 이용한 정적분 - 유리함수, 무리함수

## 0652

답 ①

$1-2x=t$로 놓으면 $-2=\frac{dt}{dx}$이고

$x=-1$일 때 $t=3$, $x=0$일 때 $t=1$이므로

$$\begin{aligned}\int_{-1}^{0}\frac{1}{(1-2x)^2}\,dx&=\int_{3}^{1}\frac{1}{t^2}\times\left(-\frac{1}{2}\right)dt\\&=\int_{1}^{3}\frac{1}{2t^2}\,dt=\int_{1}^{3}\frac{1}{2}t^{-2}\,dt\\&=\left[-\frac{1}{2}t^{-1}\right]_{1}^{3}=\left[-\frac{1}{2t}\right]_{1}^{3}\\&=-\frac{1}{6}-\left(-\frac{1}{2}\right)=\frac{1}{3}\end{aligned}$$

## 0653

답 2

$x^2+2=t$로 놓으면 $2x=\frac{dt}{dx}$이고

$x=0$일 때 $t=2$, $x=1$일 때 $t=3$이므로

$$\begin{aligned}\int_{0}^{1}\frac{x}{\sqrt{x^2+2}}\,dx&=\int_{2}^{3}\frac{1}{\sqrt{t}}\times\frac{1}{2}\,dt\\&=\int_{2}^{3}\frac{1}{2}t^{-\frac{1}{2}}\,dt\\&=\left[\sqrt{t}\right]_{2}^{3}\\&=\sqrt{3}-\sqrt{2}\end{aligned}$$

따라서 $a=1$, $b=-1$이므로

$a^2+b^2=1+1=2$

## 0654

답 2

$x^2+2x+4=t$로 놓으면 $2x+2=\frac{dt}{dx}$이고

$x=0$일 때 $t=4$, $x=a$일 때 $t=a^2+2a+4$이므로

$$\int_0^a \frac{x+1}{x^2+2x+4}dx=\int_4^{a^2+2a+4}\frac{1}{t}\times\frac{1}{2}dt$$
$$=\left[\frac{1}{2}\ln|t|\right]_4^{a^2+2a+4}$$
$$=\frac{1}{2}\{\ln(a^2+2a+4)-\ln 4\}$$
$$=\frac{1}{2}\ln\left(\frac{1}{4}a^2+\frac{1}{2}a+1\right)$$

따라서 $\frac{1}{2}\ln\left(\frac{1}{4}a^2+\frac{1}{2}a+1\right)=\frac{1}{2}\ln 3$이므로

$\frac{1}{4}a^2+\frac{1}{2}a+1=3$, $a^2+2a-8=0$

$(a+4)(a-2)=0$

$\therefore a=2\ (\because a>0)$

다른 풀이

$$\int_0^a \frac{x+1}{x^2+2x+4}dx=\frac{1}{2}\int_0^a \frac{(x^2+2x+4)'}{x^2+2x+4}dx$$
$$=\frac{1}{2}\left[\ln|x^2+2x+4|\right]_0^a$$
$$=\frac{1}{2}\{\ln(a^2+2a+4)-\ln 4\}$$
$$=\frac{1}{2}\ln\left(\frac{1}{4}a^2+\frac{1}{2}a+1\right)$$

따라서 $\frac{1}{2}\ln\left(\frac{1}{4}a^2+\frac{1}{2}a+1\right)=\frac{1}{2}\ln 3$이므로

$\frac{1}{4}a^2+\frac{1}{2}a+1=3$, $a^2+2a-8=0$

$(a+4)(a-2)=0$

$\therefore a=2\ (\because a>0)$

### 유형 08 치환적분법을 이용한 정적분 - 지수함수, 로그함수

## 0655

답 $\ln 5$

$\ln x=t$로 놓으면 $\frac{1}{x}=\frac{dt}{dx}$이고

$x=e$일 때 $t=1$, $x=e^3$일 때 $t=3$이므로

$$\int_e^{e^3}\frac{2\ln x}{x+x(\ln x)^2}dx=\int_e^{e^3}\frac{2\ln x}{x\{1+(\ln x)^2\}}dx$$
$$=\int_1^3\frac{2t}{1+t^2}dt$$
$$=\int_1^3\frac{(1+t^2)'}{1+t^2}dt$$
$$=\left[\ln|1+t^2|\right]_1^3$$
$$=\ln 10-\ln 2=\ln 5$$

## 0656

답 ④

$3^x+1=t$로 놓으면 $3^x\ln 3=\frac{dt}{dx}$이고

$x=0$일 때 $t=2$, $x=2$일 때 $t=10$이므로

$$\int_0^2\frac{3^x\ln 3}{3^x+1}dx=\int_2^{10}\frac{1}{t}dt=\left[\ln|t|\right]_2^{10}$$
$$=\ln 10-\ln 2=\ln 5$$

다른 풀이

$$\int_0^2\frac{3^x\ln 3}{3^x+1}dx=\int_0^2\frac{(3^x+1)'}{3^x+1}dx$$
$$=\left[\ln|3^x+1|\right]_0^2$$
$$=\ln 10-\ln 2=\ln 5$$

## 0657

답 ②

$\ln x=t$로 놓으면 $\frac{1}{x}=\frac{dt}{dx}$이고

$x=1$일 때 $t=0$, $x=e$일 때 $t=1$이므로

$$a_n=\int_1^e\frac{(\ln x)^n(1-\ln x)}{x}dx$$
$$=\int_0^1 t^n(1-t)dt$$
$$=\int_0^1(t^n-t^{n+1})dt$$
$$=\left[\frac{1}{n+1}t^{n+1}-\frac{1}{n+2}t^{n+2}\right]_0^1$$
$$=\frac{1}{n+1}-\frac{1}{n+2}$$

$$\therefore \sum_{n=1}^{\infty}a_n=\lim_{n\to\infty}\sum_{k=1}^{n}a_k$$
$$=\lim_{n\to\infty}\sum_{k=1}^{n}\left(\frac{1}{k+1}-\frac{1}{k+2}\right)$$
$$=\lim_{n\to\infty}\left\{\left(\frac{1}{2}-\frac{1}{3}\right)+\left(\frac{1}{3}-\frac{1}{4}\right)+\cdots+\left(\frac{1}{n+1}-\frac{1}{n+2}\right)\right\}$$
$$=\lim_{n\to\infty}\left(\frac{1}{2}-\frac{1}{n+2}\right)=\frac{1}{2}$$

### 유형 09 치환적분법을 이용한 정적분 - 삼각함수

## 0658

답 2

$\sin x=t$로 놓으면 $\cos x=\frac{dt}{dx}$이고

$x=0$일 때 $t=0$, $x=\frac{\pi}{2}$일 때 $t=1$이므로

$$\int_0^{\frac{\pi}{2}}3\cos x\sqrt{\sin x}\,dx=\int_0^1 3\sqrt{t}\,dt=\int_0^1 3t^{\frac{1}{2}}dt=\left[2t^{\frac{3}{2}}\right]_0^1=2$$

## 0659

답 ②

$$\int_{\frac{\pi}{4}}^{\frac{\pi}{2}} \frac{2}{\sin^4 x} dx = \int_{\frac{\pi}{4}}^{\frac{\pi}{2}} 2\csc^4 x\, dx$$
$$= \int_{\frac{\pi}{4}}^{\frac{\pi}{2}} 2\csc^2 x(1+\cot^2 x)\, dx$$

$\cot x = t$로 놓으면 $-\csc^2 x = \frac{dt}{dx}$이고

$x=\frac{\pi}{4}$일 때 $t=1$, $x=\frac{\pi}{2}$일 때 $t=0$이므로

$$\int_{\frac{\pi}{4}}^{\frac{\pi}{2}} 2\csc^2 x(1+\cot^2 x)\, dx = 2\int_1^0 (t^2+1)\times(-1)\, dt$$
$$= 2\int_0^1 (t^2+1)\, dt$$
$$= 2\left[\frac{1}{3}t^3 + t\right]_0^1 = \frac{8}{3}$$

## 0660

답 ②

$\sin x = t$로 놓으면 $\cos x = \frac{dt}{dx}$이고

$x=0$일 때 $t=0$, $x=\frac{\pi}{2}$일 때 $t=1$이므로

$$\int_0^{\frac{\pi}{2}} f(\sin x)\cos x\, dx = \int_0^1 f(t)\, dt = \int_0^1 e^t\, dt = \left[e^t\right]_0^1$$
$$= e-1$$

### 유형 10 치환적분법을 이용한 정적분 $f(ax+b)$ 꼴

## 0661

답 ②

$2x-3=t$로 놓으면 $2 = \frac{dt}{dx}$이고

$x=2$일 때 $t=1$, $x=6$일 때 $t=9$이므로

$$\int_2^6 f(2x-3)\, dx = \int_1^9 \frac{1}{2} f(t)\, dt$$
$$= \frac{k}{2}$$

## 0662

답 2

$x^2=t$로 놓으면 $2x = \frac{dt}{dx}$이고

$x=0$일 때 $t=0$, $x=1$일 때 $t=1$이므로

$$\int_0^1 xf(x^2)\, dx = \int_0^1 \frac{1}{2} f(t)\, dt$$
$$= \frac{1}{2}\times 4 = 2$$

## 0663

답 4

$f(x)=t$로 놓으면 $f'(x) = \frac{dt}{dx}$이고

$x=0$일 때 $t=f(0)=1$, $x=2$일 때 $t=f(2)=4$이므로

$$\int_0^2 \frac{2f'(x)}{\sqrt{f(x)}} dx = \int_1^4 \frac{2}{\sqrt{t}} dt = \int_1^4 2t^{-\frac{1}{2}} dt = \left[4t^{\frac{1}{2}}\right]_1^4$$
$$= 4\times\left(4^{\frac{1}{2}} - 1\right) = 4$$

### 유형 11 삼각함수를 이용한 치환적분법

## 0664

답 ②

$x = 3\sin\theta \left(-\frac{\pi}{2} \le \theta \le \frac{\pi}{2}\right)$로 놓으면 $1 = 3\cos\theta \times \frac{d\theta}{dx}$이고

$x=0$일 때 $\theta=0$, $x=3$일 때 $\theta=\frac{\pi}{2}$이므로

$$\int_0^3 \sqrt{9-x^2}\, dx = \int_0^{\frac{\pi}{2}} \sqrt{9-9\sin^2\theta}\times 3\cos\theta\, d\theta$$
$$= \int_0^{\frac{\pi}{2}} 9\cos^2\theta\, d\theta = \int_0^{\frac{\pi}{2}} \frac{9}{2}(1+\cos 2\theta)\, d\theta$$
$$= \left[\frac{9}{2}\theta + \frac{9}{4}\sin 2\theta\right]_0^{\frac{\pi}{2}} = \frac{9}{4}\pi$$

## 0665

답 ③

$x = 2\sin\theta \left(-\frac{\pi}{2} < \theta < \frac{\pi}{2}\right)$로 놓으면 $1 = 2\cos\theta \times \frac{d\theta}{dx}$이고

$x=0$일 때 $\theta=0$, $x=\sqrt{3}$일 때 $\theta=\frac{\pi}{3}$이므로

$$\int_0^{\sqrt{3}} \frac{1}{\sqrt{4-x^2}} dx = \int_0^{\frac{\pi}{3}} \frac{1}{\sqrt{4-4\sin^2\theta}} \times 2\cos\theta\, d\theta$$
$$= \int_0^{\frac{\pi}{3}} 1\, d\theta = \left[\theta\right]_0^{\frac{\pi}{3}} = \frac{\pi}{3}$$

## 0666

답 6

$x = a\tan\theta \left(-\frac{\pi}{2} < \theta < \frac{\pi}{2}\right)$로 놓으면 $1 = a\sec^2\theta \times \frac{d\theta}{dx}$이고

$x=-a$일 때 $\theta = -\frac{\pi}{4}$, $x=a$일 때 $\theta=\frac{\pi}{4}$이므로

$$\int_{-a}^{a} \frac{1}{x^2+a^2} dx = \int_{-\frac{\pi}{4}}^{\frac{\pi}{4}} \frac{a\sec^2\theta}{a^2\tan^2\theta + a^2} d\theta$$
$$= \int_{-\frac{\pi}{4}}^{\frac{\pi}{4}} \frac{a\sec^2\theta}{a^2\sec^2\theta} d\theta$$
$$= \int_{-\frac{\pi}{4}}^{\frac{\pi}{4}} \frac{1}{a} d\theta = \left[\frac{1}{a}\theta\right]_{-\frac{\pi}{4}}^{\frac{\pi}{4}}$$
$$= \frac{\pi}{2a} = \frac{\pi}{12}$$

$\therefore a=6$

유형 12 부분적분법을 이용한 정적분

## 0667

답 ①

$u(x)=x$, $v'(x)=e^{-x}$으로 놓으면

$u'(x)=1$, $v(x)=-e^{-x}$이므로

$$\int_0^1 xe^{-x}dx=\left[-xe^{-x}\right]_0^1-\int_0^1(-e^{-x})dx$$
$$=-e^{-1}-\left[e^{-x}\right]_0^1=-e^{-1}-(e^{-1}-1)=1-\frac{2}{e}$$

## 0668

답 20

$\int_2^4 xf'(x)dx$에서 $u(x)=x$, $v'(x)=f'(x)$로 놓으면

$u'(x)=1$, $v(x)=f(x)$이므로

$$\int_2^4 xf'(x)dx=\left[xf(x)\right]_2^4-\int_2^4 f(x)dx$$
$$=4f(4)-2f(2)-12$$
$$=4\times10-2\times4-12=20$$

## 0669

답 ④

$$\int_0^{\frac{\pi}{2}} x\sin^2 x\,dx+\int_{\frac{\pi}{2}}^0 x\cos^2 x\,dx$$
$$=\int_0^{\frac{\pi}{2}} x\sin^2 x\,dx-\int_0^{\frac{\pi}{2}} x\cos^2 x\,dx$$
$$=\int_0^{\frac{\pi}{2}} x(\sin^2 x-\cos^2 x)dx$$
$$=\int_0^{\frac{\pi}{2}}(-x\cos 2x)dx$$

$u(x)=-x$, $v'(x)=\cos 2x$로 놓으면

$u'(x)=-1$, $v(x)=\frac{1}{2}\sin 2x$이므로

$$\int_0^{\frac{\pi}{2}}(-x\cos 2x)dx=\left[-\frac{1}{2}x\sin 2x\right]_0^{\frac{\pi}{2}}-\int_0^{\frac{\pi}{2}}\left(-\frac{1}{2}\sin 2x\right)dx$$
$$=-\left[\frac{1}{4}\cos 2x\right]_0^{\frac{\pi}{2}}=-\left(-\frac{1}{4}-\frac{1}{4}\right)=\frac{1}{2}$$

## 0670

답 ①

$u(x)=1-\ln x$, $v'(x)=2x$로 놓으면

$u'(x)=-\frac{1}{x}$, $v(x)=x^2$이므로

$$\int_1^e 2x(1-\ln x)dx=\left[x^2(1-\ln x)\right]_1^e-\int_1^e(-x)dx$$
$$=-1-\left[-\frac{1}{2}x^2\right]_1^e$$
$$=-1-\left(-\frac{1}{2}e^2+\frac{1}{2}\right)=\frac{1}{2}(e^2-3)$$

## 0671

답 ②

$f(x)=\begin{cases}x+1 & (0\le x\le 1)\\ 3-x & (1<x\le 2)\end{cases}$에서

$f(x-1)=\begin{cases}x & (1\le x\le 2)\\ 4-x & (2<x\le 3)\end{cases}$이므로

$$\int_1^3 e^x f(x-1)dx=\int_1^2 xe^x dx+\int_2^3(4-x)e^x dx \quad \cdots\cdots \text{㉠}$$

$u_1(x)=x$, $v_1'(x)=e^x$으로 놓으면

$u_1'(x)=1$, $v_1(x)=e^x$이므로

$$\int_1^2 xe^x dx=\left[xe^x\right]_1^2-\int_1^2 e^x dx$$
$$=2e^2-e-\left[e^x\right]_1^2$$
$$=2e^2-e-(e^2-e)=e^2 \quad \cdots\cdots \text{㉡}$$

$u_2(x)=4-x$, $v_2'(x)=e^x$으로 놓으면

$u_2'(x)=-1$, $v_2(x)=e^x$이므로

$$\int_2^3(4-x)e^x dx=\left[(4-x)e^x\right]_2^3-\int_2^3(-e^x)dx$$
$$=e^3-2e^2-\left[-e^x\right]_2^3$$
$$=e^3-2e^2-(-e^3+e^2)$$
$$=2e^3-3e^2 \quad \cdots\cdots \text{㉢}$$

㉠에 ㉡, ㉢을 대입하면

$$\int_1^3 e^x f(x-1)dx=e^2+2e^3-3e^2=2e^3-2e^2$$

## 0672

답 $-1$

조건 ㈎에서 모든 실수 $x$에 대하여 $f'(x)\ge0$이므로 $f(x)$는 증가하는 함수이다.

조건 ㈏에서 $-2\le x\le2$일 때 함수 $f(x)$의 최댓값이 3이므로

$f(2)=3$

이때 $f(2)-f(-2)=5$이므로

$f(-2)=f(2)-5=3-5=-2$

$\int_{-2}^3 f^{-1}(x)dx$에서 $f^{-1}(x)=t$로 놓으면

$x=f(t)$에서 $1=f'(t)\times\frac{dt}{dx}$이고

$x=-2$일 때 $t=-2$, $x=3$일 때 $t=2$이므로

$$\int_{-2}^3 f^{-1}(x)dx=\int_{-2}^2 tf'(t)dt$$

$u(t)=t$, $v'(t)=f'(t)$로 놓으면

$u'(t)=1$, $v(t)=f(t)$이므로

$$\int_{-2}^2 tf'(t)dt=\left[tf(t)\right]_{-2}^2-\int_{-2}^2 f(t)dt$$
$$=2f(2)-\{-2f(-2)\}-\int_{-2}^2 f(t)dt$$
$$=2\times3-(-2)\times(-2)-3=-1$$

**Bible Says 함수의 최대, 최소**

함수 $f(x)$가 닫힌구간 $[a, b]$에서 연속이면 극댓값, 극솟값, $f(a)$, $f(b)$ 중에서 가장 큰 값이 최댓값, 가장 작은 값이 최솟값이다.

## 유형 13 부분적분법을 이용한 정적분 - 여러 번 적용하는 경우

### 0673

답 1

$u_1(x)=\cos x$, $v_1'(x)=e^{-x}$으로 놓으면

$u_1'(x)=-\sin x$, $v_1(x)=-e^{-x}$이므로

$$\int_0^{\pi} e^{-x}\cos x\,dx=\Big[-e^{-x}\cos x\Big]_0^{\pi}-\int_0^{\pi} e^{-x}\sin x\,dx$$
$$=e^{-\pi}+1-\int_0^{\pi} e^{-x}\sin x\,dx \quad \cdots\cdots ㉠$$

$\int_0^{\pi} e^{-x}\sin x\,dx$에서 $u_2(x)=\sin x$, $v_2'(x)=e^{-x}$으로 놓으면

$u_2'(x)=\cos x$, $v_2(x)=-e^{-x}$이므로

$$\int_0^{\pi} e^{-x}\sin x\,dx=\Big[-e^{-x}\sin x\Big]_0^{\pi}-\int_0^{\pi}(-e^{-x}\cos x)\,dx$$
$$=\int_0^{\pi} e^{-x}\cos x\,dx$$

이를 ㉠에 대입하면

$$2\int_0^{\pi} e^{-x}\cos x\,dx=e^{-\pi}+1$$

$$\therefore \int_0^{\pi} e^{-x}\cos x\,dx=\frac{1}{2}e^{-\pi}+\frac{1}{2}$$

따라서 $a=\frac{1}{2}$, $b=\frac{1}{2}$이므로

$$a+b=\frac{1}{2}+\frac{1}{2}=1$$

### 0674

답 $\pi-2$

$u_1(x)=x^2$, $v_1'(x)=\sin x$로 놓으면

$u_1'(x)=2x$, $v_1(x)=-\cos x$이므로

$$\int_0^{\frac{\pi}{2}} x^2\sin x\,dx=\Big[-x^2\cos x\Big]_0^{\frac{\pi}{2}}-\int_0^{\frac{\pi}{2}}(-2x\cos x)\,dx$$
$$=2\int_0^{\frac{\pi}{2}} x\cos x\,dx$$

$\int_0^{\frac{\pi}{2}} x\cos x\,dx$에서 $u_2(x)=x$, $v_2'(x)=\cos x$로 놓으면

$u_2'(x)=1$, $v_2(x)=\sin x$이므로

$$\int_0^{\frac{\pi}{2}} x\cos x\,dx=\Big[x\sin x\Big]_0^{\frac{\pi}{2}}-\int_0^{\frac{\pi}{2}}\sin x\,dx$$
$$=\frac{\pi}{2}-\Big[-\cos x\Big]_0^{\frac{\pi}{2}}$$
$$=\frac{\pi}{2}-1$$

$$\therefore \int_0^{\frac{\pi}{2}} x^2\sin x\,dx=2\int_0^{\frac{\pi}{2}} x\cos x\,dx=\pi-2$$

### 0675

답 ①

$u_1(x)=x^2-2x$, $v_1'(x)=e^x$으로 놓으면

$u_1'(x)=2x-2$, $v_1(x)=e^x$이므로

$$\int_0^2 (x^2-2x)e^x\,dx=\Big[(x^2-2x)e^x\Big]_0^2-\int_0^2(2x-2)e^x\,dx$$
$$=-\int_0^2(2x-2)e^x\,dx$$

$\int_0^2(2x-2)e^x\,dx$에서 $u_2(x)=2x-2$, $v_2'(x)=e^x$으로 놓으면

$u_2'(x)=2$, $v_2(x)=e^x$이므로

$$\int_0^2(2x-2)e^x\,dx=\Big[(2x-2)e^x\Big]_0^2-\int_0^2 2e^x\,dx$$
$$=2e^2+2-\Big[2e^x\Big]_0^2$$
$$=2e^2+2-(2e^2-2)=4$$

$$\therefore \int_0^2(x^2-2x)e^x\,dx=-\int_0^2(2x-2)e^x\,dx$$
$$=-4$$

## 유형 14 아래끝, 위끝이 상수인 정적분을 포함한 등식

### 0676

답 ③

$f(x)=4-\frac{2}{x}+\int_1^3 f(t)\,dt$에서

$\int_1^3 f(t)\,dt=k$ ($k$는 상수) $\quad\cdots\cdots$ ㉠

로 놓으면 $f(x)=4-\frac{2}{x}+k$

이를 ㉠에 대입하면

$$\int_1^3\Big(4-\frac{2}{t}+k\Big)dt=\Big[4t-2\ln|t|+kt\Big]_1^3$$
$$=12-2\ln 3+3k-(4+k)$$
$$=8-2\ln 3+2k=k$$

$\therefore k=-8+2\ln 3$

따라서 $f(x)=-\frac{2}{x}-4+2\ln 3$이므로

$$f(2)=-1-4+2\ln 3$$
$$=-5+2\ln 3$$

### 0677

답 ③

$f(x)=e^{2x}+\int_0^1 tf(t)\,dt$에서

$\int_0^1 tf(t)\,dt=k$ ($k$는 상수) $\quad\cdots\cdots$ ㉠

로 놓으면 $f(x)=e^{2x}+k$

이를 ㉠에 대입하면

$$\int_0^1 t(e^{2t}+k)\,dt=\int_0^1 te^{2t}\,dt+\int_0^1 kt\,dt$$
$$=\int_0^1 te^{2t}\,dt+\Big[\frac{1}{2}kt^2\Big]_0^1$$
$$=\int_0^1 te^{2t}\,dt+\frac{1}{2}k=k \quad\cdots\cdots ㉡$$

$\int_0^1 te^{2t}dt$에서 $u(t)=t$, $v'(t)=e^{2t}$으로 놓으면

$u'(t)=1$, $v(t)=\frac{1}{2}e^{2t}$이므로

$$\int_0^1 te^{2t}dt=\left[\frac{1}{2}te^{2t}\right]_0^1-\int_0^1\frac{1}{2}e^{2t}dt$$
$$=\frac{1}{2}e^2-\left[\frac{1}{4}e^{2t}\right]_0^1$$
$$=\frac{1}{2}e^2-\left(\frac{1}{4}e^2-\frac{1}{4}\right)$$
$$=\frac{1}{4}e^2+\frac{1}{4}$$

이를 ㉡에 대입하면

$$\int_0^1 t(e^{2t}+k)dt=\frac{1}{4}e^2+\frac{1}{4}+\frac{1}{2}k=k$$

에서 $k=\frac{1}{2}e^2+\frac{1}{2}$

따라서 $f(x)=e^{2x}+\frac{1}{2}e^2+\frac{1}{2}$이므로

$f(1)=\frac{3}{2}e^2+\frac{1}{2}$

## 0678

답 ⑤

$f(x)=\sin x+\int_0^{\frac{\pi}{6}}f(t)\cos t\,dt$에서

$\int_0^{\frac{\pi}{6}}f(t)\cos t\,dt=k$ ($k$는 상수) ······ ㉠

로 놓으면 $f(x)=\sin x+k$

이를 ㉠에 대입하면

$$\int_0^{\frac{\pi}{6}}(\sin t+k)\cos t\,dt=k$$

$\sin t+k=s$로 놓으면 $\cos t=\frac{ds}{dt}$이고

$t=0$일 때 $s=k$, $t=\frac{\pi}{6}$일 때 $s=k+\frac{1}{2}$이므로

$$\int_0^{\frac{\pi}{6}}(\sin t+k)\cos t\,dt=\int_k^{k+\frac{1}{2}}s\,ds$$
$$=\left[\frac{1}{2}s^2\right]_k^{k+\frac{1}{2}}$$
$$=\frac{1}{2}\left\{\left(k+\frac{1}{2}\right)^2-k^2\right\}$$
$$=\frac{1}{2}\left(k+\frac{1}{4}\right)=k$$

에서 $k+\frac{1}{4}=2k$

$\therefore k=\frac{1}{4}$

따라서 $f(x)=\sin x+\frac{1}{4}$이므로

$f\left(\frac{\pi}{2}\right)=1+\frac{1}{4}=\frac{5}{4}$

# 유형 15 아래끝 또는 위끝에 변수가 있는 정적분을 포함한 등식

## 0679

답 0

$\int_\pi^x f(t)dt=2x\cos x+kx$ ······ ㉠

㉠의 양변에 $x=\pi$를 대입하면

$0=-2\pi+k\pi$

$\therefore k=2$

㉠의 양변을 $x$에 대하여 미분하면

$f(x)=2\cos x-2x\sin x+2$

$\therefore f(\pi)=-2+2=0$

## 0680

답 ⑤

$\int_1^x f(t)dt=2x-\frac{a}{\sqrt{x}}$ ······ ㉠

㉠의 양변에 $x=1$을 대입하면

$0=2-a$

$\therefore a=2$

㉠에 $a=2$를 대입하면

$\int_1^x f(t)dt=2x-\frac{2}{\sqrt{x}}$

위의 식의 양변을 $x$에 대하여 미분하면

$f(x)=2+\frac{1}{x\sqrt{x}}$

$\therefore f(1)=2+1=3$

## 0681

답 ②

$xf(x)=e^x+a(x+1)+\int_0^x tf'(t)dt$ ······ ㉠

㉠의 양변에 $x=0$을 대입하면

$0=1+a$

$\therefore a=-1$

㉠의 양변을 $x$에 대하여 미분하면

$f(x)+xf'(x)=e^x+a+xf'(x)$

따라서 $f(x)=e^x-1$이므로

$$\int_0^1 f(2x)dx=\int_0^1(e^{2x}-1)dx$$
$$=\left[\frac{1}{2}e^{2x}-x\right]_0^1$$
$$=\frac{1}{2}e^2-1-\frac{1}{2}$$
$$=\frac{1}{2}e^2-\frac{3}{2}$$

**Bible Says** **곱의 미분법**

미분가능한 두 함수 $f(x)$, $g(x)$에 대하여

$\{f(x)g(x)\}'=f'(x)g(x)+f(x)g'(x)$

## 유형 16 아래끝 또는 위끝, 피적분함수에 변수가 있는 정적분을 포함한 등식

### 0682

답 $-2$

$\int_0^x (x-t)f(t)dt=e^x+ax+b$에서

$x\int_0^x f(t)dt-\int_0^x tf(t)dt=e^x+ax+b$ ...... ㉠

㉠의 양변에 $x=0$을 대입하면

$0=1+b$

$\therefore b=-1$

㉠의 양변을 $x$에 대하여 미분하면

$\int_0^x f(t)dt+xf(x)-xf(x)=e^x+a$

$\int_0^x f(t)dt=e^x+a$

위의 식의 양변에 $x=0$을 대입하면

$0=1+a$

$\therefore a=-1$

$\therefore a+b=-1+(-1)=-2$

### 0683

답 ⑤

$\int_1^x (x-t)f(t)dt=x\ln x+ax$에서

$x\int_1^x f(t)dt-\int_1^x tf(t)dt=x\ln x+ax$ ...... ㉠

㉠의 양변에 $x=1$을 대입하면

$0=a$

㉠의 양변을 $x$에 대하여 미분하면

$\int_1^x f(t)dt+xf(x)-xf(x)=\ln x+1$ ($\because a=0$)

$\int_1^x f(t)dt=\ln x+1$

위의 식의 양변을 $x$에 대하여 미분하면

$f(x)=\frac{1}{x}$

$\therefore \int_1^{e^2} f(x)dx=\int_1^{e^2}\frac{1}{x}dx$

$=\Big[\ln|x|\Big]_1^{e^2}$

$=\ln e^2-\ln 1$

$=2$

### 0684

답 2

$\int_0^x f(t)dt=2x+\int_0^x (x-t)f(t)dt$에서

$\int_0^x f(t)dt=2x+x\int_0^x f(t)dt-\int_0^x tf(t)dt$

위의 식의 양변을 $x$에 대하여 미분하면

$f(x)=2+\int_0^x f(t)dt+xf(x)-xf(x)$

$f(x)=2+\int_0^x f(t)dt$ ...... ㉠

㉠의 양변을 $x$에 대하여 미분하면

$f'(x)=f(x)$에서 $\frac{f'(x)}{f(x)}=1$이므로

$\int \frac{f'(x)}{f(x)}dx=\int 1dx$

$\ln|f(x)|=x+C$, $|f(x)|=e^{x+C}$

$\therefore f(x)=e^{x+C}$ ($\because f(x)>0$)

㉠의 양변에 $x=0$을 대입하면 $f(0)=2$이므로

$e^C=2$

$\therefore C=\ln 2$

따라서 $f(x)=e^{x+\ln 2}=2e^x$이므로

$\int_0^1 xf(x)dx=\int_0^1 2xe^x dx$

$u(x)=2x$, $v'(x)=e^x$으로 놓으면

$u'(x)=2$, $v(x)=e^x$이므로

$\int_0^1 2xe^x dx=\Big[2xe^x\Big]_0^1-\int_0^1 2e^x dx$

$=2e-\Big[2e^x\Big]_0^1$

$=2e-2(e-1)=2$

## 유형 17 정적분으로 정의된 함수의 극대, 극소

### 0685

답 ①

$f(x)=\int_0^x (2-t)e^t dt$의 양변을 $x$에 대하여 미분하면

$f'(x)=(2-x)e^x$

$f'(x)=0$에서 $x=2$

함수 $f(x)$의 증가와 감소를 표로 나타내면 다음과 같다.

| $x$ | $\cdots$ | 2 | $\cdots$ |
|---|---|---|---|
| $f'(x)$ | $+$ | 0 | $-$ |
| $f(x)$ | ↗ | 극대 | ↘ |

따라서 함수 $f(x)$는 $x=2$에서 극대이므로 구하는 극댓값은

$f(2)=\int_0^2 (2-t)e^t dt$

$u(t)=2-t$, $v'(t)=e^t$으로 놓으면

$u'(t)=-1$, $v(t)=e^t$이므로

$f(2)=\int_0^2 (2-t)e^t dt$

$=\Big[(2-t)e^t\Big]_0^2-\int_0^2 (-e^t)dt$

$=-2-\Big[-e^t\Big]_0^2$

$=-2-(-e^2+1)$

$=e^2-3$

## 0686

답 0

$f(x)=\int_0^x \cos t(1-2\sin t)dt$의 양변을 $x$에 대하여 미분하면

$f'(x)=\cos x(1-2\sin x)$

$f'(x)=0$에서 $\cos x=0$ 또는 $\sin x=\frac{1}{2}$

$\therefore x=\frac{\pi}{6}$ 또는 $x=\frac{\pi}{2}$ 또는 $x=\frac{5}{6}\pi$ ($\because 0<x<\pi$)

$0<x<\pi$에서 함수 $f(x)$의 증가와 감소를 표로 나타내면 다음과 같다.

| $x$ | $(0)$ | $\cdots$ | $\frac{\pi}{6}$ | $\cdots$ | $\frac{\pi}{2}$ | $\cdots$ | $\frac{5}{6}\pi$ | $\cdots$ | $(\pi)$ |
|---|---|---|---|---|---|---|---|---|---|
| $f'(x)$ | | $+$ | $0$ | $-$ | $0$ | $+$ | $0$ | $-$ | |
| $f(x)$ | | ↗ | 극대 | ↘ | 극소 | ↗ | 극대 | ↘ | |

따라서 함수 $f(x)$는 $x=\frac{\pi}{2}$에서 극소이므로 구하는 극솟값은

$$f\left(\frac{\pi}{2}\right)=\int_0^{\frac{\pi}{2}} \cos t(1-2\sin t)dt$$
$$=\int_0^{\frac{\pi}{2}} (\cos t-\sin 2t)dt$$
$$=\left[\sin t+\frac{1}{2}\cos 2t\right]_0^{\frac{\pi}{2}}$$
$$=1-\frac{1}{2}-\frac{1}{2}=0$$

## 0687

답 ③

$f(x)=\int_1^x \frac{2t-6}{t+1}dt$의 양변을 $x$에 대하여 미분하면

$f'(x)=\frac{2x-6}{x+1}=\frac{2(x-3)}{x+1}$

$f'(x)=0$에서 $x=3$

$x>0$에서 함수 $f(x)$의 증가와 감소를 표로 나타내면 다음과 같다.

| $x$ | $(0)$ | $\cdots$ | $3$ | $\cdots$ |
|---|---|---|---|---|
| $f'(x)$ | | $-$ | $0$ | $+$ |
| $f(x)$ | | ↘ | 극소 | ↗ |

따라서 함수 $f(x)$는 $x=3$에서 극소이므로 $a=3$이고

$b=f(3)$

$$=\int_1^3 \frac{2t-6}{t+1}dt$$
$$=\int_1^3 \left(2-\frac{8}{t+1}\right)dt$$
$$=\Big[2t-8\ln|t+1|\Big]_1^3$$
$$=6-8\ln 4-(2-8\ln 2)$$
$$=4-8\ln 2$$

$\therefore a+b=3+4-8\ln 2$
$=7-8\ln 2$

## 유형 18 정적분으로 정의된 함수의 최대, 최소

## 0688

답 ②

$f(x)=\int_{\frac{1}{e}}^x \frac{\ln t-2}{t}dt$의 양변을 $x$에 대하여 미분하면

$f'(x)=\frac{\ln x-2}{x}$

$f'(x)=0$에서 $\ln x=2$

$\therefore x=e^2$

$x>0$에서 함수 $f(x)$의 증가와 감소를 표로 나타내면 다음과 같다.

| $x$ | $(0)$ | $\cdots$ | $e^2$ | $\cdots$ |
|---|---|---|---|---|
| $f'(x)$ | | $-$ | $0$ | $+$ |
| $f(x)$ | | ↘ | 극소 | ↗ |

따라서 함수 $f(x)$는 $x=e^2$에서 극소이면서 최소이므로 구하는 최솟값은

$$f(e^2)=\int_{\frac{1}{e}}^{e^2} \frac{\ln t-2}{t}dt$$

$\ln t-2=s$로 놓으면 $\frac{1}{t}=\frac{ds}{dt}$이고

$t=\frac{1}{e}$일 때 $s=-3$, $t=e^2$일 때 $s=0$이므로

$$f(e^2)=\int_{\frac{1}{e}}^{e^2} \frac{\ln t-2}{t}dt$$
$$=\int_{-3}^0 s\,ds$$
$$=\left[\frac{1}{2}s^2\right]_{-3}^0=-\frac{9}{2}$$

## 0689

답 ④

$f(x)=\int_0^x \frac{2-2t}{t^2-2t+3}dt$의 양변을 $x$에 대하여 미분하면

$f'(x)=\frac{2-2x}{x^2-2x+3}=\frac{2(1-x)}{x^2-2x+3}$

$f'(x)=0$에서 $x=1$ ($\because x^2-2x+3>0$)

함수 $f(x)$의 증가와 감소를 표로 나타내면 다음과 같다.

| $x$ | $\cdots$ | $1$ | $\cdots$ |
|---|---|---|---|
| $f'(x)$ | $+$ | $0$ | $-$ |
| $f(x)$ | ↗ | 극대 | ↘ |

따라서 함수 $f(x)$는 $x=1$에서 극대이면서 최대이므로 구하는 최댓값은

$$f(1)=\int_0^1 \frac{2-2t}{t^2-2t+3}dt$$
$$=\int_0^1 \frac{-(t^2-2t+3)'}{t^2-2t+3}dt$$
$$=\Big[-\ln|t^2-2t+3|\Big]_0^1$$
$$=-\ln 2-(-\ln 3)=\ln\frac{3}{2}$$

## 0690

답 2

$f(x)=\int_0^x 2t\cos t\,dt$의 양변을 $x$에 대하여 미분하면

$f'(x)=2x\cos x$

$f'(x)=0$에서 $x=\frac{\pi}{2}$ ($\because 0<x<\pi$)

$0<x<\pi$에서 함수 $f(x)$의 증가와 감소를 표로 나타내면 다음과 같다.

| $x$ | $(0)$ | $\cdots$ | $\frac{\pi}{2}$ | $\cdots$ | $(\pi)$ |
|---|---|---|---|---|---|
| $f'(x)$ | | $+$ | 0 | $-$ | |
| $f(x)$ | | ↗ | 극대 | ↘ | |

따라서 함수 $f(x)$는 $x=\frac{\pi}{2}$에서 극대이면서 최대이므로 $a=\frac{\pi}{2}$이고

$b=f\left(\frac{\pi}{2}\right)=\int_0^{\frac{\pi}{2}} 2t\cos t\,dt$

$u(t)=2t$, $v'(t)=\cos t$로 놓으면

$u'(t)=2$, $v(t)=\sin t$이므로

$$\int_0^{\frac{\pi}{2}} 2t\cos t\,dt=\Big[2t\sin t\Big]_0^{\frac{\pi}{2}}-\int_0^{\frac{\pi}{2}} 2\sin t\,dt$$

$$=\pi-\Big[-2\cos t\Big]_0^{\frac{\pi}{2}}=\pi-2$$

$\therefore 2a-b=\pi-(\pi-2)=2$

**유형 19** 정적분으로 정의된 함수의 극한 $\lim_{x\to0}\frac{1}{x}\int_a^{x+a}f(t)\,dt$ 꼴

## 0691

답 2

함수 $f(x)$의 한 부정적분을 $F(x)$라 하면

$$\lim_{x\to0}\frac{1}{x}\int_1^{x+1}f(t)\,dt=\lim_{x\to0}\frac{F(x+1)-F(1)}{x}$$

$$=F'(1)=f(1)$$

$$=1+\sin\frac{\pi}{2}=1+1=2$$

## 0692

답 ③

함수 $f(x)$의 한 부정적분을 $F(x)$라 하면

$\lim_{h\to0}\frac{1}{h}\int_{1-h}^{1+2h}f(x)\,dx$

$=\lim_{h\to0}\frac{F(1+2h)-F(1-h)}{h}$

$=\lim_{h\to0}\frac{F(1+2h)-F(1)-\{F(1-h)-F(1)\}}{h}$

$=\lim_{h\to0}\left\{\frac{F(1+2h)-F(1)}{2h}\times2+\frac{F(1-h)-F(1)}{-h}\right\}$

$=2F'(1)+F'(1)=3F'(1)$

$=3f(1)=3\times2e=6e$

## 0693

답 ③

함수 $f(x)$의 한 부정적분을 $F(x)$라 하면

$\lim_{x\to0}\left\{\frac{x^2+2}{x}\int_2^{x+2}f(t)\,dt\right\}$

$=\lim_{x\to0}\left[\frac{x^2+2}{x}\{F(x+2)-F(2)\}\right]$

$=\lim_{x\to0}\left\{(x^2+2)\times\frac{F(x+2)-F(2)}{x}\right\}$

$=2\times F'(2)$

$=2f(2)=4$

$\therefore f(2)=2$

이때 $f(2)=2a$이므로

$2a=2$

$\therefore a=1$

따라서 $f(x)=\ln(x-1)+x$이므로

$f(4)=4+\ln3$

**유형 20** 정적분으로 정의된 함수의 극한 $\lim_{x\to a}\frac{1}{x-a}\int_a^x f(t)\,dt$ 꼴

## 0694

답 1

함수 $f(x)$의 한 부정적분을 $F(x)$라 하면

$$\lim_{x\to1}\frac{1}{x^2-1}\int_1^x f(t)\,dt=\lim_{x\to1}\frac{F(x)-F(1)}{x^2-1}$$

$$=\lim_{x\to1}\left\{\frac{F(x)-F(1)}{x-1}\times\frac{1}{x+1}\right\}$$

$$=\frac{1}{2}F'(1)$$

$$=\frac{1}{2}f(1)$$

$$=\frac{1}{2}\times(2+0)=1$$

## 0695

답 ①

함수 $f(x)$의 한 부정적분을 $F(x)$라 하면

$$\lim_{x\to\pi}\frac{1}{x-\pi}\int_x^{\pi}f(t)\,dt=-\lim_{x\to\pi}\frac{1}{x-\pi}\int_{\pi}^{x}f(t)\,dt$$

$$=-\lim_{x\to\pi}\frac{F(x)-F(\pi)}{x-\pi}$$

$$=-F'(\pi)$$

$$=-f(\pi)$$

$$=-e^{\pi}\sin\frac{\pi}{2}=-e^{\pi}$$

## 0696

답 $16\sqrt{3}$

함수 $f(x)$의 한 부정적분을 $F(x)$라 하면

$$\lim_{x\to2}\frac{x+2}{x-2}\int_4^{x^2}f(t)\,dt=\lim_{x\to2}\left\{(x+2)^2\times\frac{F(x^2)-F(4)}{x^2-4}\right\}$$
$$=16F'(4)=16f(4)$$
$$=16\times\tan\frac{\pi}{3}=16\sqrt{3}$$

PART B′ 기출 & 기출변형 문제

## 0697

답 ③

$x^2-3=t$로 놓으면 $2x=\frac{dt}{dx}$이고

$x=\sqrt{3}$일 때 $t=0$, $x=2$일 때 $t=1$이므로

$$\int_{\sqrt{3}}^{2}2x^3\sqrt{x^2-3}\,dx=\int_0^1\sqrt{t}(t+3)\,dt=\int_0^1\left(t^{\frac{3}{2}}+3t^{\frac{1}{2}}\right)dt$$
$$=\left[\frac{2}{5}t^{\frac{5}{2}}+2t^{\frac{3}{2}}\right]_0^1$$
$$=\frac{2}{5}+2=\frac{12}{5}$$

다른 풀이

$\sqrt{x^2-3}=t$로 놓으면 $x^2-3=t^2$에서 $2x=2t\times\frac{dt}{dx}$이고

$x=\sqrt{3}$일 때 $t=0$, $x=2$일 때 $t=1$이므로

$$\int_{\sqrt{3}}^{2}2x^3\sqrt{x^2-3}\,dx=\int_0^1(t^2+3)\times t\times2t\,dt=\left[\frac{2}{5}t^5+2t^3\right]_0^1$$
$$=\frac{2}{5}+2=\frac{12}{5}$$

짝기출

$\int_0^{\sqrt{3}}2x\sqrt{x^2+1}\,dx$의 값은?

① 4 ② $\frac{13}{3}$ ③ $\frac{14}{3}$ ④ 5 ⑤ $\frac{16}{3}$

답 ③

## 0698

답 ①

직각삼각형 POH에서

$\overline{PH}=\overline{OP}\sin\theta$, $\overline{OH}=\overline{OP}\cos\theta$이므로

$$f(\theta)=\frac{\overline{OH}}{\overline{PH}}=\frac{\overline{OP}\cos\theta}{\overline{OP}\sin\theta}=\frac{\cos\theta}{\sin\theta}$$

$\int_{\frac{\pi}{6}}^{\frac{\pi}{3}}f(\theta)\,d\theta=\int_{\frac{\pi}{6}}^{\frac{\pi}{3}}\frac{\cos\theta}{\sin\theta}\,d\theta$에서 $\sin\theta=t$로 놓으면

$\cos\theta=\frac{dt}{d\theta}$이고 $\theta=\frac{\pi}{6}$일 때 $t=\frac{1}{2}$, $\theta=\frac{\pi}{3}$일 때 $t=\frac{\sqrt{3}}{2}$이므로

$$\int_{\frac{\pi}{6}}^{\frac{\pi}{3}}\frac{\cos\theta}{\sin\theta}\,d\theta=\int_{\frac{1}{2}}^{\frac{\sqrt{3}}{2}}\frac{1}{t}\,dt=\Big[\ln|t|\Big]_{\frac{1}{2}}^{\frac{\sqrt{3}}{2}}$$
$$=\ln\frac{\sqrt{3}}{2}-\ln\frac{1}{2}=\ln\sqrt{3}=\frac{1}{2}\ln3$$

## 0699

답 ⑤

$\int_1^e\frac{a}{x}\ln x\,dx$에서 $\ln x=t$로 놓으면 $\frac{1}{x}=\frac{dt}{dx}$이고

$x=1$일 때 $t=0$, $x=e$일 때 $t=1$이므로

$$\int_1^e\frac{a}{x}\ln x\,dx=\int_0^1at\,dt=\left[\frac{1}{2}at^2\right]_0^1=\frac{1}{2}a \quad \cdots\cdots ㉠$$

$\int_0^{\frac{\pi}{2}}\sin2x(1+\sin x)\,dx=\int_0^{\frac{\pi}{2}}2\sin x\cos x(1+\sin x)\,dx$에서

$\sin x=s$로 놓으면 $\cos x=\frac{ds}{dx}$이고

$x=0$일 때 $s=0$, $x=\frac{\pi}{2}$일 때 $s=1$이므로

$$\int_0^{\frac{\pi}{2}}2\sin x\cos x(1+\sin x)\,dx=\int_0^1 2s(1+s)\,ds$$
$$=\int_0^1(2s^2+2s)\,ds$$
$$=\left[\frac{2}{3}s^3+s^2\right]_0^1$$
$$=\frac{2}{3}+1=\frac{5}{3} \quad \cdots\cdots ㉡$$

㉠과 ㉡이 같아야 하므로

$\frac{1}{2}a=\frac{5}{3}$

$\therefore a=\frac{10}{3}$

짝기출

$\int_{e^2}^{e^3}\frac{a+\ln x}{x}\,dx=\int_0^{\frac{\pi}{2}}(1+\sin x)\cos x\,dx$가 성립할 때, 상수 $a$의 값은?

① $-2$ ② $-1$ ③ 0 ④ 1 ⑤ 2

답 ②

## 0700

답 ③

$x^2=t$로 놓으면 $2x=\frac{dt}{dx}$이고

$x=1$일 때 $t=1$, $x=n$일 때 $t=n^2$이므로

$$f(n)=\int_1^n x^3e^{x^2}\,dx=\int_1^{n^2}\frac{1}{2}te^t\,dt$$

$u(t)=\frac{1}{2}t$, $v'(t)=e^t$으로 놓으면

$u'(t)=\frac{1}{2}$, $v(t)=e^t$이므로

$$\int_1^{n^2}\frac{1}{2}te^t dt=\left[\frac{1}{2}te^t\right]_1^{n^2}-\int_1^{n^2}\frac{1}{2}e^t dt$$
$$=\frac{1}{2}n^2e^{n^2}-\frac{1}{2}e-\left[\frac{1}{2}e^t\right]_1^{n^2}$$
$$=\frac{1}{2}n^2e^{n^2}-\frac{1}{2}e-\left(\frac{1}{2}e^{n^2}-\frac{1}{2}e\right)$$
$$=\frac{1}{2}(n^2-1)e^{n^2}$$
$$\therefore \frac{f(5)}{f(3)}=\frac{12e^{25}}{4e^9}=3e^{16}$$

## 0701

답 ④

$$f(x)=\int_0^x \frac{1}{1+e^{-t}}dt$$
$$=\int_0^x \frac{e^t}{e^t+1}dt$$
$$=\left[\ln|e^t+1|\right]_0^x$$
$$=\ln(e^x+1)-\ln 2$$
$$=\ln\frac{e^x+1}{2}$$

이때 $(f\circ f)(a)=\ln 5$이므로

$\ln\frac{e^{f(a)}+1}{2}=\ln 5$에서

$\frac{e^{f(a)}+1}{2}=5$, $e^{f(a)}=9$

$\therefore f(a)=\ln 9$

따라서 $\ln\frac{e^a+1}{2}=\ln 9$이므로

$\frac{e^a+1}{2}=9$, $e^a=17$

$\therefore a=\ln 17$

## 0702

답 8

$a-2x=t$로 놓으면 $-2=\frac{dt}{dx}$이고

$x=\frac{a+1}{2}$일 때 $t=-1$, $x=\frac{a-1}{2}$일 때 $t=1$이므로

$$\int_{\frac{a+1}{2}}^{\frac{a-1}{2}} f(a-2x)\,dx=\int_{-1}^1 f(t)\times\left(-\frac{1}{2}\right)dt$$
$$=-\frac{1}{2}\int_{-1}^1 f(t)\,dt$$

이때 함수 $y=f(x)$의 그래프가 $y$축에 대하여 대칭이므로

$$\int_{\frac{a+1}{2}}^{\frac{a-1}{2}} f(a-2x)\,dx=-\frac{1}{2}\int_{-1}^1 f(t)\,dt$$
$$=-\int_0^1 f(t)\,dt$$
$$=-8$$

$$\therefore \int_0^1 f(x)\,dx=8$$

**짝기출**

연속함수 $y=f(x)$의 그래프가 $y$축에 대하여 대칭이고, 모든 실수 $a$에 대하여

$$\int_{a-1}^{a+1} f(a-x)\,dx=24$$

일 때, $\int_0^1 f(x)\,dx$의 값은?

① 12 ② 14 ③ 16 ④ 18 ⑤ 20

답 ①

## 0703

답 6

조건 (나)에서 $x+1=t$로 놓으면 $1=\frac{dt}{dx}$이고

$x=0$일 때 $t=1$, $x=1$일 때 $t=2$이므로

$$\int_0^1 (x-1)f'(x+1)\,dx=\int_1^2 (t-2)f'(t)\,dt$$
$$=\left[(t-2)f(t)\right]_1^2-\int_1^2 f(t)\,dt$$
$$=f(1)-\int_1^2 f(t)\,dt$$
$$=2-\int_1^2 f(t)\,dt=-4\ (\because \text{조건 (가)})$$

$$\therefore \int_1^2 f(x)\,dx=6$$

## 0704

답 ①

함수 $g(x)$가 $f(x)$의 역함수이므로

$g(f(x))=x$

위의 식의 양변을 $x$에 대하여 미분하면

$g'(f(x))f'(x)=1$

$\therefore g'(f(x))=\frac{1}{f'(x)}$

$$\int_2^6 \frac{\ln f(x)}{g'(f(x))}dx=\int_2^6 \{f'(x)\times\ln f(x)\}\,dx$$

$f(x)=t$로 놓으면 $f'(x)=\frac{dt}{dx}$이고

$x=2$일 때 $t=f(2)=1$, $x=6$일 때 $t=f(6)=5$이므로

$$\int_2^6 \{f'(x)\times\ln f(x)\}\,dx=\int_1^5 \ln t\,dt$$

$u(t)=\ln t$, $v'(t)=1$로 놓으면

$u'(t)=\frac{1}{t}$, $v(t)=t$이므로

$$\int_1^5 \ln t\,dt=\left[t\ln t\right]_1^5-\int_1^5 1\,dt$$
$$=5\ln 5-\left[t\right]_1^5$$
$$=5\ln 5-4$$

짝기출

실수 전체의 집합에서 미분가능한 두 함수 $f(x)$, $g(x)$가 있다. $g(x)$가 $f(x)$의 역함수이고 $g(2)=1$, $g(5)=5$일 때, $\int_1^5 \frac{40}{g'(f(x))\{f(x)\}^2}dx$의 값을 구하시오.

답 12

## 0705

답 ④

$\int_{-1}^x f(t)dt=F(x)$ ...... ㉠

㉠의 양변에 $x=-1$을 대입하면 $F(-1)=0$

㉠의 양변을 $x$에 대하여 미분하면

$f(x)=F'(x)$

한편, $\int_0^1 xf(x)dx=\int_0^{-1} xf(x)dx$에서

$\int_{-1}^1 xf(x)dx=0$

$u(x)=x$, $v'(x)=f(x)$로 놓으면

$u'(x)=1$, $v(x)=F(x)$이므로

$\int_{-1}^1 xf(x)dx=\Big[xF(x)\Big]_{-1}^1-\int_{-1}^1 F(x)dx$

$=F(1)-\int_{-1}^1 F(x)dx=0$

$\therefore \int_{-1}^1 F(x)dx=F(1)$

㉠의 양변에 $x=1$을 대입하면

$F(1)=\int_{-1}^1 f(t)dt=12$이므로

$\int_{-1}^1 F(x)dx=12$

## 0706

답 ①

$\int_{-1}^1 f\left(\frac{x}{t}\right)dx$에서 $\frac{x}{t}=s$로 놓으면 $\frac{1}{t}=\frac{ds}{dx}$이고

$x=-1$일 때 $s=-\frac{1}{t}$, $x=1$일 때 $s=\frac{1}{t}$이므로

$\int_{-1}^1 f\left(\frac{x}{t}\right)dx=\int_{-\frac{1}{t}}^{\frac{1}{t}} tf(s)ds=t\int_{-\frac{1}{t}}^{\frac{1}{t}} f(s)ds$

따라서 $t\int_{-\frac{1}{t}}^{\frac{1}{t}} f(s)ds=t\cos\frac{2}{t}$이고 $t\neq0$이므로

$\int_{-\frac{1}{t}}^{\frac{1}{t}} f(s)ds=\cos\frac{2}{t}$

위의 식의 양변을 $t$에 대하여 미분하면

$-\frac{1}{t^2}f\left(\frac{1}{t}\right)-\frac{1}{t^2}f\left(-\frac{1}{t}\right)=\frac{2}{t^2}\sin\frac{2}{t}$

$\therefore f\left(\frac{1}{t}\right)+f\left(-\frac{1}{t}\right)=-2\sin\frac{2}{t}$

위의 식의 양변에 $t=\frac{4}{\pi}$를 대입하면

$f\left(\frac{\pi}{4}\right)+f\left(-\frac{\pi}{4}\right)=-2\sin\frac{\pi}{2}=-2$

짝기출

실수 전체의 집합에서 연속인 함수 $f(x)$가 모든 실수 $t$에 대하여 $\int_0^2 xf(tx)dx=4t^2$을 만족시킬 때, $f(2)$의 값은?

① 1 ② 2 ③ 3 ④ 4 ⑤ 5

답 ④

## 0707

답 ④

$h(a)=\int_0^a f(x)dx+\int_a^8 g(x)dx$라 하자.

위의 식의 양변을 $a$에 대하여 미분하면

$h'(a)=f(a)-g(a)$

$h'(a)=0$에서 $f(a)=g(a)$

$\therefore a=1$ 또는 $a=6$

$0\leq a\leq 8$에서 함수 $h(a)$의 증가와 감소를 표로 나타내면 다음과 같다.

| $a$ | 0 | $\cdots$ | 1 | $\cdots$ | 6 | $\cdots$ | 8 |
|---|---|---|---|---|---|---|---|
| $h'(a)$ | | + | 0 | − | 0 | + | |
| $h(a)$ | $h(0)$ | ↗ | 극대 | ↘ | 극소 | ↗ | $h(8)$ |

$h(0)=\int_0^0 f(x)dx+\int_0^8 g(x)dx$

$=\frac{1}{2}\times8\times2=8$

$h(6)=\int_0^6 f(x)dx+\int_6^8 g(x)dx$

$=\int_0^6\left(\frac{5}{2}-\frac{10x}{x^2+4}\right)dx+\left(\frac{1}{2}\times2\times1\right)$

$=\Big[\frac{5}{2}x-5\ln|x^2+4|\Big]_0^6+1$

$=16-5\ln 10$

이때 $h(0)-h(6)=8-(16-5\ln 10)=5\ln 10-8>0$이므로

$h(0)>h(6)$

따라서 구하는 최솟값은

$h(6)=16-5\ln 10$

## 0708

답 ③

$t-x=z$로 놓으면 $1=\frac{dz}{dt}$이고

$t=0$일 때 $z=-x$, $t=x$일 때 $z=0$이므로

$f(x)=\int_0^x t\cos(t-x)dt$

$=\int_{-x}^0 (x+z)\cos z dz$

$=x\int_{-x}^0 \cos z dz+\int_{-x}^0 z\cos z dz$

$=x\Big[\sin z\Big]_{-x}^0+\int_{-x}^0 z\cos z dz$

$=-x\sin(-x)+\int_{-x}^0 z\cos z dz$

$=x\sin x+\int_{-x}^0 z\cos z dz$ ...... ㉠

$\int_{-x}^{0} z\cos z\,dz$에서 $u(z)=z$, $v'(z)=\cos z$로 놓으면

$u'(z)=1$, $v(z)=\sin z$이므로

$$\begin{aligned}\int_{-x}^{0} z\cos z\,dz&=\Big[z\sin z\Big]_{-x}^{0}-\int_{-x}^{0}\sin z\,dz\\&=x\sin(-x)-\Big[-\cos z\Big]_{-x}^{0}\\&=-x\sin x-\{-1+\cos(-x)\}\\&=-x\sin x-\cos x+1\end{aligned}$$

이를 ㉠에 대입하면

$f(x)=1-\cos x$

따라서 $f(x)=\frac{1}{2}$에서

$1-\cos x=\frac{1}{2}$, $\cos x=\frac{1}{2}$

$\therefore x=2n\pi\pm\frac{\pi}{3}$ (단, $n$은 정수)

따라서 닫힌구간 $[0, 4\pi]$에서 주어진 방정식의 서로 다른 모든 실근의 합은

$\frac{\pi}{3}+\frac{5}{3}\pi+\frac{7}{3}\pi+\frac{11}{3}\pi=8\pi$

**짝기출**

함수 $f(x)=\frac{1}{1+x}$에 대하여

$$F(x)=\int_{0}^{x} tf(x-t)\,dt\ (x\geq 0)$$

일 때, $F'(a)=\ln 10$을 만족시키는 상수 $a$의 값을 구하시오.

답 9

# 10 정적분의 활용

## 유형 01 정적분과 급수의 관계(1)

### 0709

답 ②

$$\lim_{n\to\infty}\sum_{k=1}^{n}\frac{\pi}{n}f\left(\frac{2k\pi}{3n}\right)=\frac{3}{2}\lim_{n\to\infty}\sum_{k=1}^{n}\frac{2\pi}{3n}f\left(\frac{2k\pi}{3n}\right)$$
$$=\frac{3}{2}\int_0^{\frac{2}{3}\pi}f(x)\,dx$$
$$=\frac{3}{2}\int_0^{\frac{2}{3}\pi}\cos 2x\,dx$$
$$=\frac{3}{2}\left[\frac{1}{2}\sin 2x\right]_0^{\frac{2}{3}\pi}$$
$$=\frac{3}{2}\times\left(-\frac{\sqrt{3}}{4}\right)=-\frac{3\sqrt{3}}{8}$$

### 0710

답 ①

$$\lim_{n\to\infty}\sum_{k=1}^{n}\frac{k}{n^2+k^2}f\left(\frac{k}{n}\right)=\lim_{n\to\infty}\sum_{k=1}^{n}\frac{\frac{k}{n}}{1+\left(\frac{k}{n}\right)^2}f\left(\frac{k}{n}\right)\frac{1}{n}$$
$$=\int_0^1\frac{xf(x)}{1+x^2}\,dx$$
$$=\int_0^1\frac{3x^4+3x^2}{x^2+1}\,dx$$
$$=\int_0^1\frac{3x^2(x^2+1)}{x^2+1}\,dx$$
$$=\int_0^1 3x^2\,dx$$
$$=\left[x^3\right]_0^1=1$$

### 0711

답 ②

$$\lim_{n\to\infty}\sum_{k=1}^{n}\frac{2k}{(2k-3n)^2}=\frac{1}{2}\lim_{n\to\infty}\sum_{k=1}^{n}\frac{\frac{2k}{n}}{\left(\frac{2k}{n}-3\right)^2}\times\frac{2}{n}$$
$$=\frac{1}{2}\int_{-3}^{-1}\frac{x+3}{x^2}\,dx$$
$$=\frac{1}{2}\int_{-3}^{-1}\left(\frac{1}{x}+\frac{3}{x^2}\right)dx$$
$$=\frac{1}{2}\left[\ln|x|-\frac{3}{x}\right]_{-3}^{-1}$$
$$=\frac{1}{2}\{3-(\ln 3+1)\}$$
$$=1-\frac{1}{2}\ln 3$$

**참고**

위의 급수를 정적분으로 바꿀 때, $\frac{2k}{n}-3=x$로 바꾸었으므로 $\frac{2k}{n}=x+3$으로 바꿀 수 있다.

### 0712

답 ⑤

$f(x)=x^3$이라 하자.

ㄱ. $x_k=1+\frac{2k}{n}$로 놓으면 $x_0=1$, $x_n=3$이므로

$$\lim_{n\to\infty}\sum_{k=1}^{n}\left(1+\frac{2k}{n}\right)^3\frac{6}{n}=3\lim_{n\to\infty}\sum_{k=1}^{n}\left(1+\frac{2k}{n}\right)^3\frac{2}{n}$$
$$=3\lim_{n\to\infty}\sum_{k=1}^{n}f(x_k)\Delta x$$
$$=3\int_1^3 x^3\,dx$$

ㄴ. $x_k=\frac{2k}{n}$로 놓으면 $x_0=0$, $x_n=2$이므로

$$\lim_{n\to\infty}\sum_{k=1}^{n}\left(1+\frac{2k}{n}\right)^3\frac{6}{n}=3\lim_{n\to\infty}\sum_{k=1}^{n}\left(1+\frac{2k}{n}\right)^3\frac{2}{n}$$
$$=3\lim_{n\to\infty}\sum_{k=1}^{n}f(1+x_k)\Delta x$$
$$=3\int_0^2(1+x)^3\,dx$$

ㄷ. $x_k=\frac{k}{n}$로 놓으면 $x_0=0$, $x_n=1$이므로

$$\lim_{n\to\infty}\sum_{k=1}^{n}\left(1+\frac{2k}{n}\right)^3\frac{6}{n}=6\lim_{n\to\infty}\sum_{k=1}^{n}\left(1+2\times\frac{k}{n}\right)^3\frac{1}{n}$$
$$=6\lim_{n\to\infty}\sum_{k=1}^{n}f(1+2x_k)\Delta x$$
$$=6\int_0^1(1+2x)^3\,dx$$

따라서 주어진 급수의 값과 같은 것은 ㄱ, ㄴ, ㄷ이다.

## 유형 02 정적분과 급수의 관계(2)

### 0713

답 ③

$$\lim_{n\to\infty}\frac{2}{n}\left\{f\left(\frac{\pi}{n}\right)+f\left(\frac{2\pi}{n}\right)+\cdots+f\left(\frac{n\pi}{n}\right)\right\}$$
$$=\lim_{n\to\infty}\sum_{k=1}^{n}\frac{2}{n}f\left(\frac{k\pi}{n}\right)=\frac{2}{\pi}\lim_{n\to\infty}\sum_{k=1}^{n}\frac{\pi}{n}f\left(\frac{k\pi}{n}\right)$$
$$=\frac{2}{\pi}\int_0^{\pi}f(x)\,dx=\frac{2}{\pi}\int_0^{\pi}\sin x\,dx$$
$$=\frac{2}{\pi}\left[-\cos x\right]_0^{\pi}=\frac{2}{\pi}\{1-(-1)\}=\frac{4}{\pi}$$

### 0714

답 ②

$$\lim_{n\to\infty}\frac{3}{n}\left\{\left(1-\frac{3}{n}\right)^3+\left(1-\frac{6}{n}\right)^3+\cdots+\left(1-\frac{3n}{n}\right)^3\right\}$$
$$=\lim_{n\to\infty}\sum_{k=1}^{n}\frac{3}{n}\left(1-\frac{3k}{n}\right)^3=-\lim_{n\to\infty}\sum_{k=1}^{n}\frac{3}{n}\left(-1+\frac{3k}{n}\right)^3$$
$$=-\int_{-1}^{2}x^3\,dx=-\left[\frac{1}{4}x^4\right]_{-1}^{2}$$
$$=-\frac{1}{4}(16-1)=-\frac{15}{4}$$

## 0715

답 ①

$$\lim_{n\to\infty}\frac{1}{n^2}\left\{f\left(1+\frac{1}{n}\right)+2f\left(1+\frac{2}{n}\right)+\cdots+nf\left(1+\frac{n}{n}\right)\right\}$$

$$=\lim_{n\to\infty}\sum_{k=1}^{n}\frac{k}{n^2}f\left(1+\frac{k}{n}\right)=\lim_{n\to\infty}\frac{1}{n}\sum_{k=1}^{n}\frac{k}{n}f\left(1+\frac{k}{n}\right)$$

$$=\int_1^2(x-1)f(x)\,dx=\int_1^2(x-1)\ln x\,dx$$

$u(x)=\ln x$, $v'(x)=x-1$로 놓으면

$u'(x)=\frac{1}{x}$, $v(x)=\frac{1}{2}x^2-x$이므로

$$\int_1^2(x-1)\ln x\,dx=\left[\left(\frac{1}{2}x^2-x\right)\ln x\right]_1^2-\int_1^2\frac{1}{x}\left(\frac{1}{2}x^2-x\right)dx$$

$$=-\int_1^2\left(\frac{1}{2}x-1\right)dx$$

$$=-\left[\frac{1}{4}x^2-x\right]_1^2$$

$$=-\left\{(1-2)-\left(\frac{1}{4}-1\right)\right\}=\frac{1}{4}$$

**참고**

위의 급수를 정적분으로 바꿀 때, $1+\frac{k}{n}=x$로 바꾸었으므로

$\frac{k}{n}=x-1$로 바꿀 수 있다.

### 유형 03 정적분과 급수의 활용

## 0716

답 120

오른쪽 그림과 같이 꼭짓점 D에서 선분 AB와 평행한 직선을 그어 선분 $P_kQ_k$와 만나는 점을 $R_k$라 하면 삼각형 $DR_kQ_k$와 삼각형 $DR_nC$는 서로 닮음이다.

$\overline{DR_k}:\overline{DR_n}=\overline{R_kQ_k}:\overline{R_nC}$에서

$\frac{4k}{n}:4=\overline{R_kQ_k}:2$

$\overline{R_kQ_k}=\frac{2k}{n}$ $\quad\therefore \overline{P_kQ_k}=\overline{P_kR_k}+\overline{R_kQ_k}=2+\frac{2k}{n}$

$$\therefore \lim_{n\to\infty}\frac{4}{n}\sum_{k=1}^{n}\overline{P_kQ_k}^3=\lim_{n\to\infty}\frac{4}{n}\sum_{k=1}^{n}\left(2+\frac{2k}{n}\right)^3$$

$$=2\lim_{n\to\infty}\sum_{k=1}^{n}\frac{2}{n}\left(2+\frac{2k}{n}\right)^3$$

$$=2\int_2^4 x^3\,dx=2\left[\frac{1}{4}x^4\right]_2^4$$

$$=2(64-4)=120$$

## 0717

답 3

반원의 중심을 O라 하면 $P_0=A$라 할 때, $\angle P_{k-1}OP_k=\frac{\pi}{n}$이므로

$l_k=1\times\frac{k\pi}{n}=\frac{k\pi}{n}$ — 반지름의 길이가 $r$, 중심각의 크기가 $\theta$인 부채꼴의 호의 길이는 $r\theta$

$$\therefore \lim_{n\to\infty}\frac{1}{n}\sum_{k=1}^{n}l_k^2=\lim_{n\to\infty}\frac{1}{n}\sum_{k=1}^{n}\left(\frac{k\pi}{n}\right)^2=\frac{1}{\pi}\lim_{n\to\infty}\sum_{k=1}^{n}\frac{\pi}{n}\left(\frac{k\pi}{n}\right)^2$$

$$=\frac{1}{\pi}\int_0^\pi x^2\,dx=\frac{1}{\pi}\left[\frac{1}{3}x^3\right]_0^\pi$$

$$=\frac{1}{\pi}\times\frac{\pi^3}{3}=\frac{\pi^2}{3}=\frac{\pi^2}{a}$$

$\therefore a=3$

## 0718

답 ⑤

$\angle AOP_k=\frac{k\pi}{n}$이므로 삼각형 $AOP_k$의 넓이는

$\frac{1}{2}\times2\times2\times\sin\frac{k\pi}{n}=2\sin\frac{k\pi}{n}$

이때 $\overline{AQ_k}=\frac{4}{5}\overline{AP_k}$이므로

$S_k=\frac{4}{5}\times2\sin\frac{k\pi}{n}=\frac{8}{5}\sin\frac{k\pi}{n}$

$$\therefore \lim_{n\to\infty}\frac{1}{n}\sum_{k=1}^{n-1}S_k=\lim_{n\to\infty}\frac{1}{n}\sum_{k=1}^{n-1}\frac{8}{5}\sin\frac{k\pi}{n}=\frac{8}{5\pi}\lim_{n\to\infty}\sum_{k=1}^{n-1}\frac{\pi}{n}\sin\frac{k\pi}{n}$$

$$=\frac{8}{5\pi}\int_0^\pi\sin x\,dx=\frac{8}{5\pi}\left[-\cos x\right]_0^\pi$$

$$=\frac{8}{5\pi}\{1-(-1)\}=\frac{16}{5\pi}$$

### 유형 04 곡선과 $x$축 사이의 넓이

## 0719

답 ③

곡선 $y=\sqrt{x}-2$와 $x$축의 교점의 $x$좌표는

$\sqrt{x}-2=0$에서

$x=4$

따라서 구하는 부분의 넓이는

$$\int_0^9|\sqrt{x}-2|\,dx=\int_0^4(-\sqrt{x}+2)\,dx+\int_4^9(\sqrt{x}-2)\,dx$$

$$=\left[-\frac{2}{3}x^{\frac{3}{2}}+2x\right]_0^4+\left[\frac{2}{3}x^{\frac{3}{2}}-2x\right]_4^9$$

$$=\left(-\frac{16}{3}+8\right)+\left\{(18-18)-\left(\frac{16}{3}-8\right)\right\}$$

$$=\frac{8}{3}+\frac{8}{3}=\frac{16}{3}$$

## 0720

답 $4\pi$

곡선 $y=x\sin x$와 $x$축의 교점의 $x$좌표는

$x\sin x=0$에서

$x=0$ 또는 $x=\pi$ 또는 $x=2\pi$

$(\because 0\le x\le 2\pi)$

따라서 구하는 부분의 넓이는

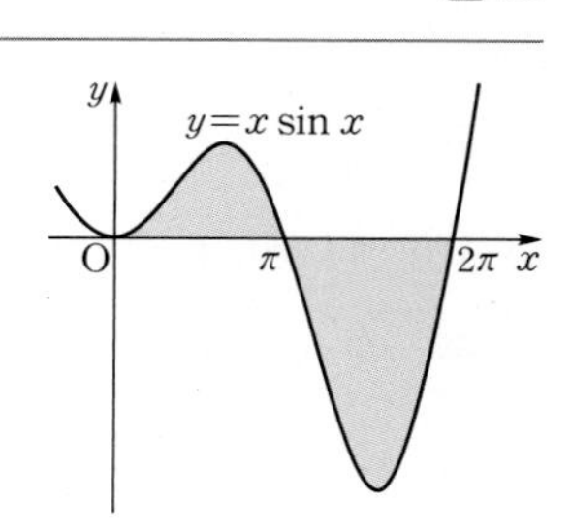

$$\int_0^{2\pi}|x\sin x|\,dx$$
$$=\int_0^{\pi}x\sin x\,dx+\int_{\pi}^{2\pi}(-x\sin x)\,dx$$
$$=\int_0^{\pi}x\sin x\,dx-\int_{\pi}^{2\pi}x\sin x\,dx$$
$u(x)=x$, $v'(x)=\sin x$로 놓으면
$u'(x)=1$, $v(x)=-\cos x$이므로
$$\int_0^{\pi}x\sin x\,dx-\int_{\pi}^{2\pi}x\sin x\,dx$$
$$=\Big[-x\cos x\Big]_0^{\pi}-\int_0^{\pi}(-\cos x)\,dx$$
$$-\left\{\Big[-x\cos x\Big]_{\pi}^{2\pi}-\int_{\pi}^{2\pi}(-\cos x)\,dx\right\}$$
$$=\pi+\Big[\sin x\Big]_0^{\pi}-\left(-3\pi+\Big[\sin x\Big]_{\pi}^{2\pi}\right)$$
$$=\pi-(-3\pi)=4\pi$$

## 0721

답 15

모든 실수 $x$에 대하여 $f(x)>0$이므로 $f(3x+2)>0$
따라서 곡선 $y=f(3x+2)$와 $x$축 및 두 직선 $x=0$, $x=1$로 둘러싸인 부분의 넓이는
$$\int_0^1 f(3x+2)\,dx$$
$3x+2=t$로 놓으면 $3=\frac{dt}{dx}$이고
$x=0$일 때 $t=2$, $x=1$일 때 $t=5$이므로
$$\int_0^1 f(3x+2)\,dx=\frac{1}{3}\int_2^5 f(t)\,dt=5$$
$$\therefore \int_2^5 f(x)\,dx=15$$

**참고**

$f(ax+b)$ 꼴을 포함한 함수의 정적분은 $ax+b=t$로 놓고 치환적분법을 이용하여 구한다.

## 0722

답 ②

$f(x)=xe^{x^2}$이라 하면
$f(-x)=-xe^{(-x)^2}=-xe^{x^2}=-f(x)$
이므로 함수 $y=xe^{x^2}$은 기함수이다.
즉, 곡선 $y=xe^{x^2}$은 원점에 대하여 대칭이므로 곡선 $y=xe^{x^2}$과 $x$축 및 두 직선 $x=-1$, $x=1$로 둘러싸인 두 부분의 넓이의 합은
$$\int_{-1}^1|xe^{x^2}|\,dx=2\int_0^1 xe^{x^2}\,dx$$
$x^2=t$로 놓으면 $2x=\frac{dt}{dx}$이고
$x=0$일 때 $t=0$, $x=1$일 때 $t=1$이므로
$$\int_0^1 xe^{x^2}\,dx=\int_0^1\frac{1}{2}e^t\,dt=\left[\frac{1}{2}e^t\right]_0^1=\frac{1}{2}e-\frac{1}{2}$$
$$\therefore 2\int_0^1 xe^{x^2}\,dx=e-1$$

# 유형 05 곡선과 $y$축 사이의 넓이

## 0723

답 ②

$y=2\sqrt{x}+1$에서 $\sqrt{x}=\frac{1}{2}(y-1)$이므로
$x=\frac{1}{4}(y-1)^2\ (x\ge0)$
따라서 구하는 부분의 넓이는
$$\int_1^4\frac{1}{4}(y-1)^2\,dy=\left[\frac{1}{12}(y-1)^3\right]_1^4$$
$$=\frac{1}{12}\times27$$
$$=\frac{9}{4}$$

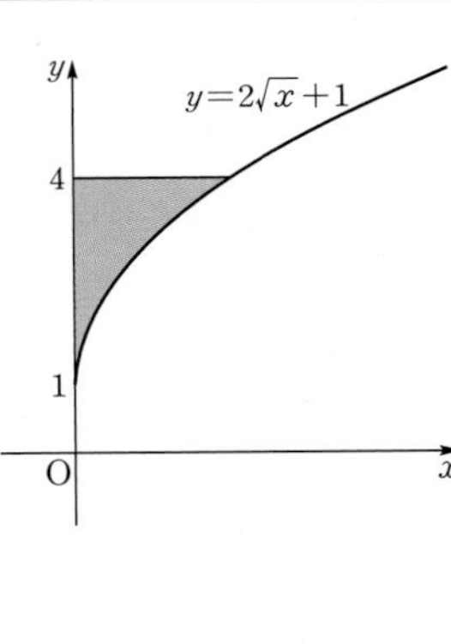


## 0724

답 $e$

$y=\frac{2}{x}$에서 $x=\frac{2}{y}$
따라서 구하는 부분의 넓이는
$$\int_1^k\frac{2}{y}\,dy=\Big[2\ln|y|\Big]_1^k$$
$$=2\ln k=2$$
에서 $k=e$

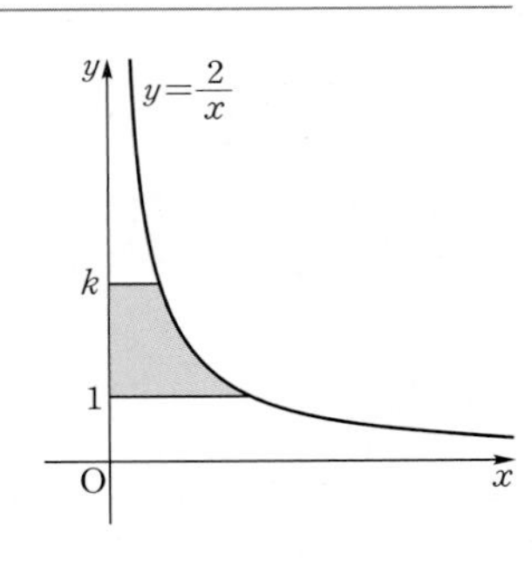


## 0725

답 ②

곡선 $y=2^x-1$과 직선 $y=1$의 교점의 $x$좌표는
$2^x-1=1$에서 $x=1$
따라서 구하는 부분의 넓이는 한 변의 길이가 1인 정사각형의 넓이에서 곡선 $y=2^x-1$과 $x$축 및 직선 $x=1$로 둘러싸인 부분의 넓이를 뺀 것과 같으므로

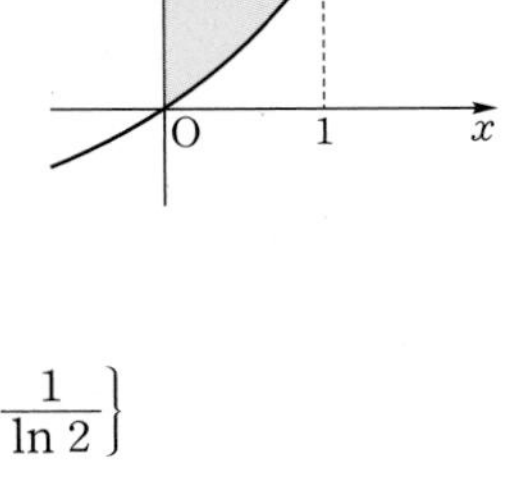


$$1-\int_0^1(2^x-1)\,dx=1-\left[\frac{2^x}{\ln 2}-x\right]_0^1$$
$$=1-\left\{\left(\frac{2}{\ln 2}-1\right)-\frac{1}{\ln 2}\right\}$$
$$=2-\frac{1}{\ln 2}$$

## 유형 06 곡선과 직선 사이의 넓이

### 0726

답 ①

곡선 $y=\frac{3}{x}-3$과 직선 $y=-x+1$ 의 교점의 $x$좌표는

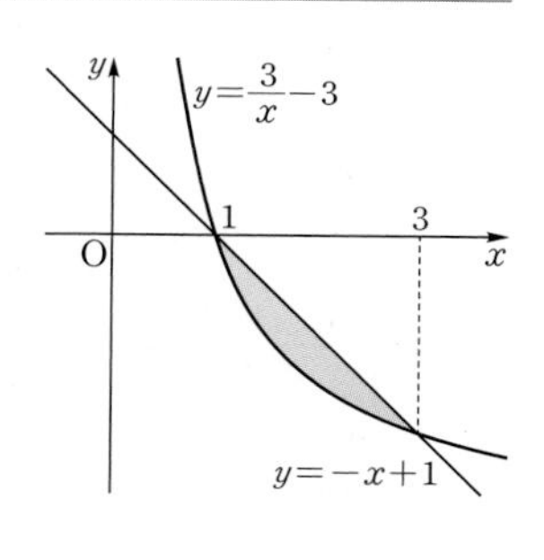


$\frac{3}{x}-3=-x+1$에서

$x^2-4x+3=0$

$(x-1)(x-3)=0$

$\therefore x=1$ 또는 $x=3$

따라서 구하는 부분의 넓이는

$$\int_1^3 \left\{(-x+1)-\left(\frac{3}{x}-3\right)\right\} dx=\int_1^3 \left(-x-\frac{3}{x}+4\right) dx$$

$$=\left[-\frac{1}{2}x^2-3\ln|x|+4x\right]_1^3$$

$$=-\frac{9}{2}-3\ln 3+12-\left(-\frac{1}{2}+4\right)$$

$$=4-3\ln 3$$

### 0727

답 ln 3

직선 $y=x$와 곡선 $y=\frac{1}{x}$의 교점의 $x$좌표는

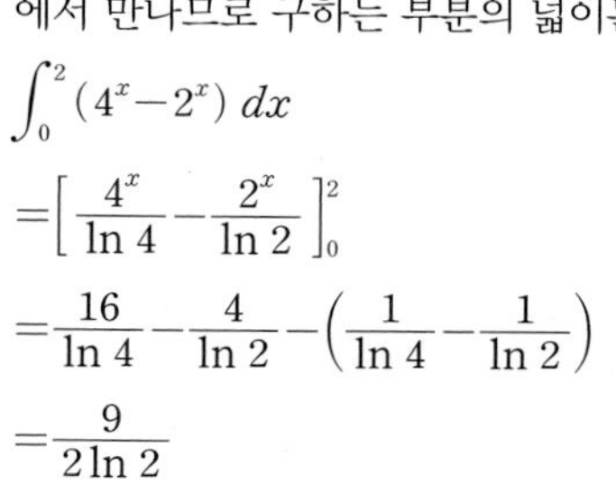


$x=\frac{1}{x}$에서 $x^2-1=0$

$\therefore x=-1$ 또는 $x=1$

직선 $y=\frac{1}{3}x$와 곡선 $y=\frac{1}{x}$의 교점의 $x$좌표는

$\frac{1}{3}x=\frac{1}{x}$에서 $x^2-3=0$

$\therefore x=-\sqrt{3}$ 또는 $x=\sqrt{3}$

곡선 $y=\frac{1}{x}$과 두 직선 $y=x$, $y=\frac{1}{3}x$는 모두 원점에 대하여 대칭이므로 $x\ge 0$일 때의 넓이와 $x\le 0$일 때의 넓이가 서로 같다.

따라서 구하는 부분의 넓이는

$$2\left\{\int_0^1 \left(x-\frac{1}{3}x\right) dx+\int_1^{\sqrt{3}} \left(\frac{1}{x}-\frac{1}{3}x\right) dx\right\}$$

$$=2\left[\frac{1}{3}x^2\right]_0^1+2\left[\ln|x|-\frac{1}{6}x^2\right]_1^{\sqrt{3}}$$

$$=\frac{2}{3}+2\left(\ln\sqrt{3}-\frac{1}{2}+\frac{1}{6}\right)=2\ln\sqrt{3}=\ln 3$$

### 0728

답 32

곡선 $y=2\sqrt{x}$와 직선 $y=\frac{x}{t}$ 의 교점의 $x$좌표는

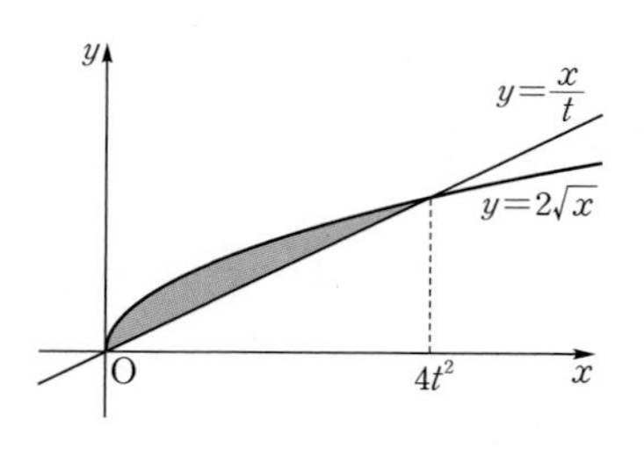


$2\sqrt{x}=\frac{x}{t}$에서 $x=2t\sqrt{x}$

$x(x-4t^2)=0$

$\therefore x=0$ 또는 $x=4t^2$

따라서 구하는 부분의 넓이 $S(t)$는

$$S(t)=\int_0^{4t^2} \left(2\sqrt{x}-\frac{x}{t}\right) dx$$

$$=\left[\frac{4}{3}x^{\frac{3}{2}}-\frac{1}{2t}x^2\right]_0^{4t^2}=\frac{8}{3}t^3$$

$S'(t)=8t^2$

$\therefore S'(2)=8\times 4=32$

## 유형 07 두 곡선 사이의 넓이

### 0729

답 ④

두 곡선 $y=2^x$, $y=4^x$은 모두 $y$축과 점 $(0, 1)$에서 만나므로 구하는 부분의 넓이는

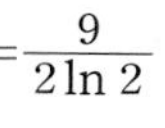


$$\int_0^2 (4^x-2^x)\,dx$$

$$=\left[\frac{4^x}{\ln 4}-\frac{2^x}{\ln 2}\right]_0^2$$

$$=\frac{16}{\ln 4}-\frac{4}{\ln 2}-\left(\frac{1}{\ln 4}-\frac{1}{\ln 2}\right)$$

$$=\frac{9}{2\ln 2}$$

$$=\frac{a}{\ln 2}$$

$\therefore a=\frac{9}{2}$

### 0730

답 ②

두 곡선 $y=\sin x$, $y=\cos x$의 교점의 $x$좌표는 $\sin x=\cos x$에서

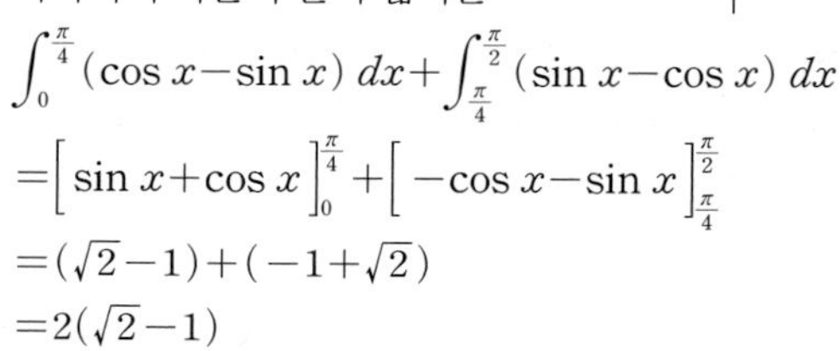


$\tan x=1$

$\therefore x=\frac{\pi}{4}$ $\left(\because 0\le x\le\frac{\pi}{2}\right)$

따라서 구하는 부분의 넓이는

$$\int_0^{\frac{\pi}{4}} (\cos x-\sin x)\,dx+\int_{\frac{\pi}{4}}^{\frac{\pi}{2}} (\sin x-\cos x)\,dx$$

$$=\left[\sin x+\cos x\right]_0^{\frac{\pi}{4}}+\left[-\cos x-\sin x\right]_{\frac{\pi}{4}}^{\frac{\pi}{2}}$$

$$=(\sqrt{2}-1)+(-1+\sqrt{2})$$

$$=2(\sqrt{2}-1)$$

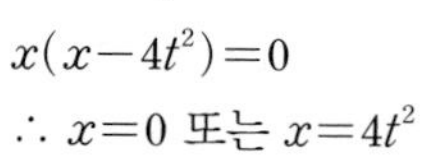

다른 풀이

구하는 부분의 넓이는 직선 $x=\frac{\pi}{4}$에 대하여 대칭이므로

$$2\int_0^{\frac{\pi}{4}} (\cos x-\sin x)\,dx=2\left[\sin x+\cos x\right]_0^{\frac{\pi}{4}}$$

$$=2(\sqrt{2}-1)$$

## 0731

답 ③

두 곡선 $y=f(x)$, $y=\left|\cos\frac{\pi}{2}x\right|$로 둘러싸인 부분의 넓이가 $\frac{3}{\pi}$이므로

$$\int_0^2\left\{\left|\cos\frac{\pi}{2}x\right|-f(x)\right\}dx$$
$$=\int_0^1\left\{\cos\frac{\pi}{2}x-f(x)\right\}dx+\int_1^2\left\{-\cos\frac{\pi}{2}x-f(x)\right\}dx$$
$$=\int_0^1\cos\frac{\pi}{2}x\,dx-\int_1^2\cos\frac{\pi}{2}x\,dx-\int_0^2 f(x)\,dx$$

└ $\int_a^c f(x)dx+\int_c^b f(x)dx=\int_a^b f(x)dx$

$$=2\int_0^1\cos\frac{\pi}{2}x\,dx-\int_0^2 f(x)\,dx$$
$$=2\left[\frac{2}{\pi}\sin\frac{\pi}{2}x\right]_0^1-\int_0^2 f(x)\,dx$$
$$=2\times\frac{2}{\pi}-\int_0^2 f(x)\,dx=\frac{4}{\pi}-\int_0^2 f(x)\,dx=\frac{3}{\pi}$$
$$\therefore \int_0^2 f(x)\,dx=\frac{1}{\pi}$$

**참고**

곡선 $y=\cos\frac{\pi}{2}x$는 점 $(1, 0)$에 대하여 대칭이므로

$$\int_0^1\cos\frac{\pi}{2}x\,dx=-\int_1^2\cos\frac{\pi}{2}x\,dx$$

### 유형 08 곡선과 접선으로 둘러싸인 부분의 넓이

## 0732

답 ③

$y=2\sqrt{x-4}$에서

$y'=\frac{2}{2\sqrt{x-4}}=\frac{1}{\sqrt{x-4}}$

곡선 위의 점 $(8, 4)$에서의 접선의 기울기는 $\frac{1}{\sqrt{8-4}}=\frac{1}{2}$이므로

접선의 방정식은

$y-4=\frac{1}{2}(x-8)$ $\quad\therefore y=\frac{1}{2}x$

따라서 구하는 부분의 넓이는

$$\frac{1}{2}\times8\times4-\int_4^8 2\sqrt{x-4}\,dx=16-\left[\frac{4}{3}(x-4)^{\frac{3}{2}}\right]_4^8=16-\frac{32}{3}=\frac{16}{3}$$

**Bible Says** 곡선 위의 점에서의 접선의 방정식

곡선 $y=f(x)$ 위의 점 $(t, f(t))$에서의 접선의 방정식은
$y-f(t)=f'(t)(x-t)$

**다른 풀이**

$y=\frac{1}{2}x$에서 $x=2y$

$y=2\sqrt{x-4}$에서 $y^2=4x-16$ $\quad\therefore x=\frac{1}{4}y^2+4$

따라서 구하는 부분의 넓이는

$$\int_0^4\left(\frac{1}{4}y^2+4-2y\right)dy=\left[\frac{1}{12}y^3+4y-y^2\right]_0^4=\frac{16}{3}+16-16=\frac{16}{3}$$

**참고**

$y$에 대하여 적분하므로 {(오른쪽의 식)−(왼쪽의 식)}을 세워서 정적분의 값을 계산하였다.

## 0733

답 ②

$y=-\frac{1}{x-2}$에서 $y'=\frac{1}{(x-2)^2}$

곡선 $y=-\frac{1}{x-2}$과 기울기가 1인 직선이 접하는 접점의 좌표를 $\left(t, -\frac{1}{t-2}\right)$이라 하면

$\frac{1}{(t-2)^2}=1$에서 $(t-2)^2=1$

$\therefore t=1$ ($\because t<2$)

따라서 접선의 방정식은

$y-1=x-1$ $\quad\therefore y=x$

즉, 구하는 부분의 넓이는

$$\int_0^1\left(-\frac{1}{x-2}-x\right)dx$$
$$=\left[-\ln|x-2|-\frac{1}{2}x^2\right]_0^1$$
$$=-\frac{1}{2}+\ln 2$$

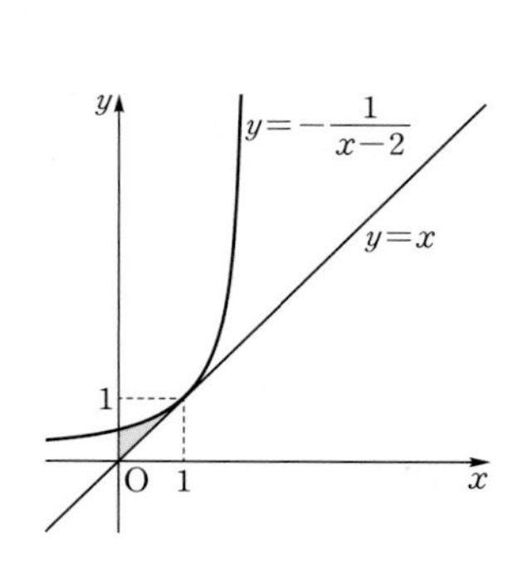


## 0734

답 ③

$y=\frac{\ln x}{x}$에서 $y'=\frac{1-\ln x}{x^2}$

접점의 좌표를 $\left(t, \frac{\ln t}{t}\right)$라 하면 접선의 방정식은

$y=\frac{1-\ln t}{t^2}(x-t)+\frac{\ln t}{t}$ …… ㉠

이 직선이 원점을 지나므로

$0=-\frac{1-\ln t}{t}+\frac{\ln t}{t}$, $1-\ln t=\ln t$

$\therefore t=\sqrt{e}$

이를 ㉠에 대입하면 $y=\frac{1}{2e}x$

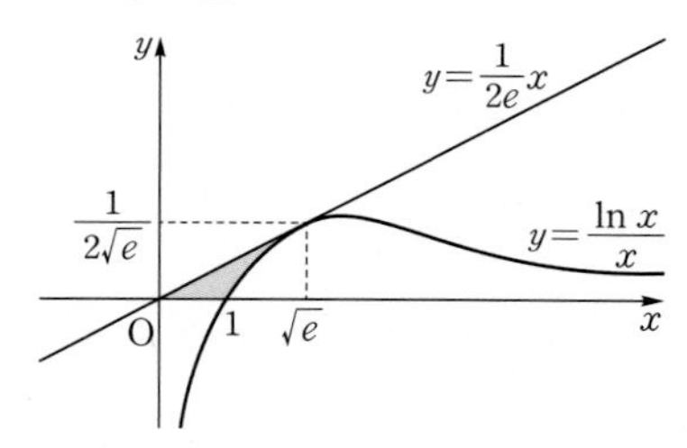


따라서 구하는 부분의 넓이는

$$\frac{1}{2}\times\sqrt{e}\times\frac{1}{2\sqrt{e}}-\int_1^{\sqrt{e}}\frac{\ln x}{x}\,dx \quad \cdots\cdots ㉡$$

$\ln x=t$로 놓으면 $\frac{1}{x}=\frac{dt}{dx}$이고

$x=1$일 때 $t=0$, $x=\sqrt{e}$일 때 $t=\frac{1}{2}$이므로

$$\int_1^{\sqrt{e}}\frac{\ln x}{x}\,dx=\int_0^{\frac{1}{2}}t\,dt=\left[\frac{1}{2}t^2\right]_0^{\frac{1}{2}}=\frac{1}{8}$$

이를 ㉡에 대입하면 $\frac{1}{4}-\frac{1}{8}=\frac{1}{8}$

## 유형 09 두 부분의 넓이가 같을 조건

### 0735

답 ③

$\int_0^{\frac{\pi}{3}} (a\cos x - \sin x)\,dx = 0$이므로

$\left[a\sin x + \cos x\right]_0^{\frac{\pi}{3}} = 0$, $\left(\frac{\sqrt{3}}{2}a + \frac{1}{2}\right) - 1 = 0$

$\therefore a = \frac{\sqrt{3}}{3}$

### 0736

답 ④

$\int_0^a (\sqrt{2x} - 2x)\,dx = 0$이므로

$\left[\frac{2\sqrt{2}}{3}x^{\frac{3}{2}} - x^2\right]_0^a = 0$

$\frac{2\sqrt{2}}{3}a^{\frac{3}{2}} - a^2 = 0$, $a^{\frac{3}{2}}\left(\frac{2\sqrt{2}}{3} - a^{\frac{1}{2}}\right) = 0$

이때 $a > \frac{1}{2}$이므로

$a^{\frac{1}{2}} = \frac{2\sqrt{2}}{3}$ $\quad\therefore a = \frac{8}{9}$

### 0737

답 2

$0 \le x \le 2$에서 곡선 $y = f(x)$와 $x$축 및 직선 $x = 2$로 둘러싸인 두 부분의 넓이가 같으므로

$\int_0^2 f(x)\,dx = 0$

$\int_0^1 f'(2\sqrt{x})\,dx$에서

$2\sqrt{x} = t$로 놓으면 $\frac{1}{\sqrt{x}} = \frac{dt}{dx}$이고

$x = 0$일 때 $t = 0$, $x = 1$일 때 $t = 2$이므로

$\int_0^1 f'(2\sqrt{x})\,dx = \int_0^2 \frac{1}{2}tf'(t)\,dt$

$u(t) = \frac{1}{2}t$, $v'(t) = f'(t)$로 놓으면

$u'(t) = \frac{1}{2}$, $v(t) = f(t)$이므로

$\int_0^2 \frac{1}{2}tf'(t)\,dt = \left[\frac{1}{2}tf(t)\right]_0^2 - \int_0^2 \frac{1}{2}f(t)\,dt = f(2) - 0 = 2$

## 유형 10 두 곡선 사이의 넓이의 활용 - 이등분

### 0738

답 ③

곡선 $y = 2\sin x$ $\left(0 \le x \le \frac{\pi}{2}\right)$와 $x$축 및 직선 $x = \frac{\pi}{2}$로 둘러싸인 부분의 넓이를 $S_1$이라 하면

$S_1 = \int_0^{\frac{\pi}{2}} 2\sin x\,dx$

$= \left[-2\cos x\right]_0^{\frac{\pi}{2}} = 2$

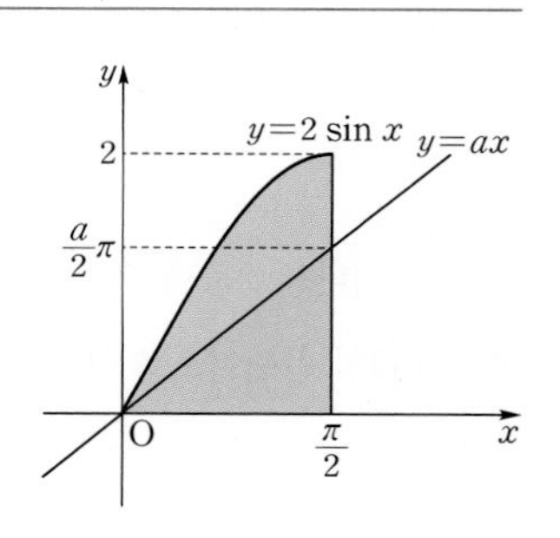


직선 $y = ax$와 $x$축 및 직선 $x = \frac{\pi}{2}$로 둘러싸인 부분의 넓이를 $S_2$라 하면

$S_2 = \frac{1}{2} \times \frac{\pi}{2} \times \frac{a}{2}\pi = \frac{a}{8}\pi^2$

이때 $S_1 = 2S_2$이므로 $2 = 2 \times \frac{a}{8}\pi^2$

$\frac{a}{8}\pi^2 = 1$ $\quad\therefore a = \frac{8}{\pi^2}$

### 0739

답 ④

곡선 $y = 2^x$과 $x$축, $y$축 및 직선 $x = 1$로 둘러싸인 부분의 넓이를 $S_1$이라 하면

$S_1 = \int_0^1 2^x\,dx = \left[\frac{2^x}{\ln 2}\right]_0^1 = \frac{1}{\ln 2}$

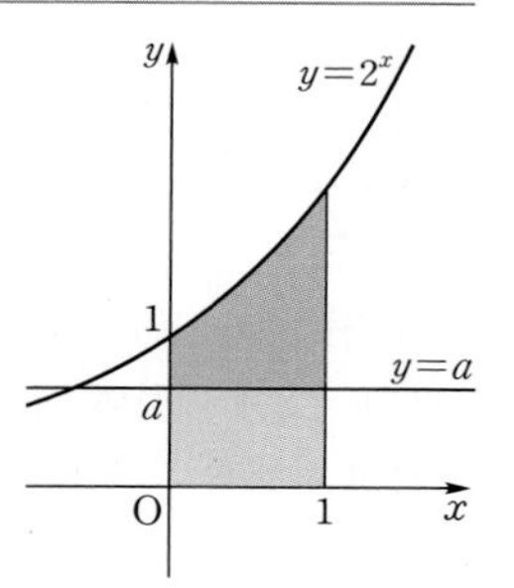


$x$축, $y$축 및 두 직선 $x = 1$, $y = a$로 둘러싸인 부분의 넓이를 $S_2$라 하면

$S_2 = 1 \times a = a$

이때 $S_1 = 2S_2$이므로

$\frac{1}{\ln 2} = 2a$ $\quad\therefore a = \frac{1}{2\ln 2}$

### 0740

답 $e$

$y = \frac{1}{x}$에서 $y' = -\frac{1}{x^2}$

곡선 $y = \frac{1}{x}$ 위의 점 (1, 1)에서의 접선의 방정식은

$y - 1 = -(x - 1)$

$\therefore y = -x + 2$

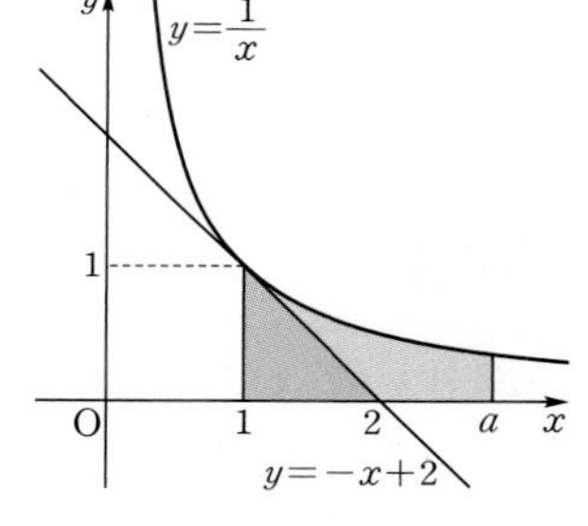


곡선 $y = \frac{1}{x}$과 $x$축 및 두 직선 $x = 1$, $x = a$로 둘러싸인 부분의 넓이를 $S_1$이라 하면

$S_1 = \int_1^a \frac{1}{x}\,dx = \left[\ln|x|\right]_1^a = \ln a$

직선 $y = -x + 2$와 $x$축 및 직선 $x = 1$로 둘러싸인 부분의 넓이를 $S_2$라 하면

$S_2 = \frac{1}{2} \times 1 \times 1 = \frac{1}{2}$

이때 $S_1 = 2S_2$이므로

$\ln a = 1$ $\quad\therefore a = e$

## 유형 11 함수와 그 역함수의 정적분

### 0741

답 ⑤

두 곡선 $y = f(x)$, $y = g(x)$는 직선 $y = x$에 대하여 대칭이므로 두 곡선의 교점의 $x$좌표는 곡선 $y = f(x)$와 직선 $y = x$의 교점의 $x$좌표와 같다.

즉, $a\sqrt{x} = x$에서 $a^2x = x^2$

$x(x - a^2) = 0$ $\quad\therefore x = 0$ 또는 $x = a^2$

따라서 오른쪽 그림에서 두 곡선 $y=f(x)$, $y=g(x)$로 둘러싸인 부분의 넓이는 곡선 $y=f(x)$와 직선 $y=x$로 둘러싸인 부분의 넓이의 2배와 같으므로 구하는 부분의 넓이는

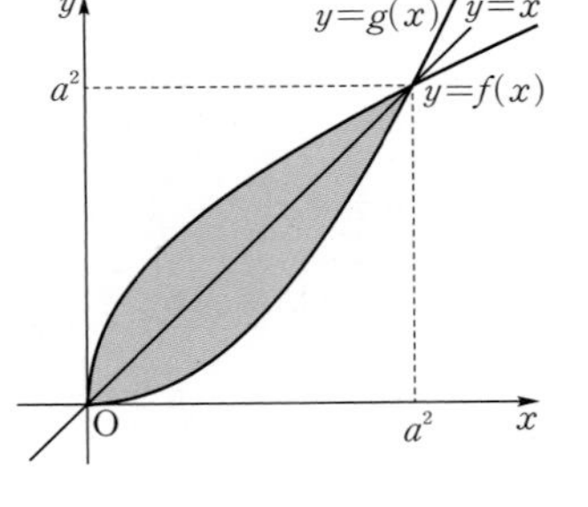


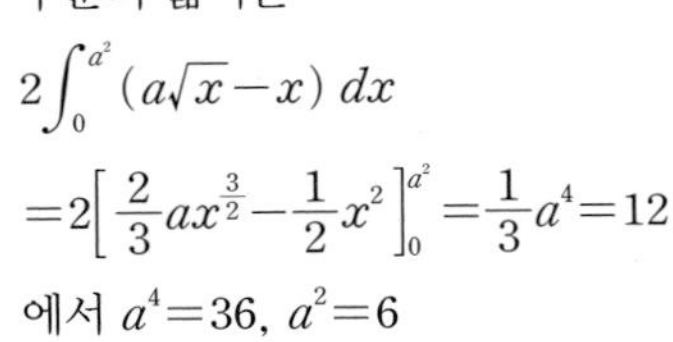

$2\int_0^{a^2}(a\sqrt{x}-x)\,dx$

$=2\left[\frac{2}{3}ax^{\frac{3}{2}}-\frac{1}{2}x^2\right]_0^{a^2}=\frac{1}{3}a^4=12$

에서 $a^4=36$, $a^2=6$

$\therefore a=\sqrt{6}$ ($\because a>0$)

## 0742

답 ④

두 곡선 $y=f(x)$, $y=g(x)$는 직선 $y=x$에 대하여 대칭이다.
따라서 오른쪽 그림에서 $A=B$이므로

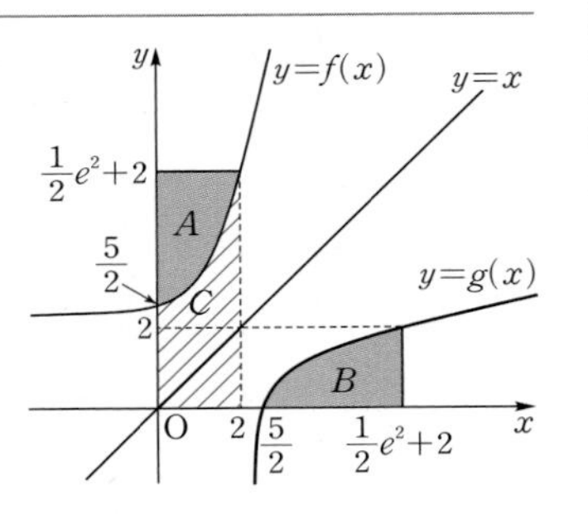


$\int_0^2 f(x)\,dx+\int_{\frac{5}{2}}^{\frac{1}{2}e^2+2}g(x)\,dx$

$=C+B=C+A$

$=2\times\left(\frac{1}{2}e^2+2\right)=e^2+4$

다른 풀이

$\int_0^2 f(x)\,dx+\int_{\frac{5}{2}}^{\frac{1}{2}e^2+2}g(x)\,dx=2\times\left(\frac{1}{2}e^2+2\right)-0\times\frac{5}{2}=e^2+4$

## 0743

답 $e$

두 곡선 $y=f(x)$, $y=g(x)$는 직선 $y=x$에 대하여 대칭이다.
따라서 오른쪽 그림에서 $A=B$이므로

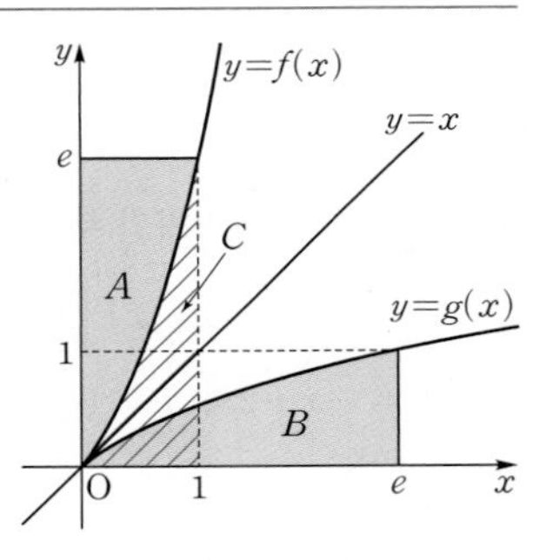


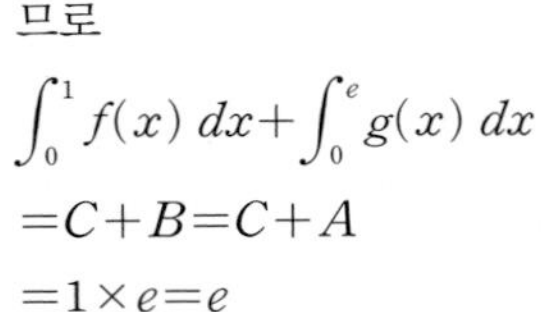

$\int_0^1 f(x)\,dx+\int_0^e g(x)\,dx$

$=C+B=C+A$

$=1\times e=e$

다른 풀이

$\int_0^1 f(x)\,dx+\int_0^e g(x)\,dx=1\times e-0\times 0=e$

### 유형 12 입체도형의 부피 - 단면이 밑면과 평행한 경우

## 0744

답 ④

구하는 물의 부피는

$\int_0^5(\sqrt{3x+1}-1)\,dx=\left[\frac{2}{9}(3x+1)^{\frac{3}{2}}-x\right]_0^5$

$=\frac{128}{9}-5-\frac{2}{9}=9$

## 0745

답 4

그릇의 부피는

$\int_0^a\frac{4x}{x^2+2}\,dx=\int_0^a\frac{2(x^2+2)'}{x^2+2}\,dx$

$=\left[2\ln(x^2+2)\right]_0^a$

$=2\ln(a^2+2)-2\ln 2$

$=2\ln\frac{a^2+2}{2}$

$=4\ln 3$

에서 $\ln\frac{a^2+2}{2}=\ln 9$

$a^2+2=18$, $a^2=16$

$\therefore a=4$ ($\because a>0$)

## 0746

답 ④

물의 깊이가 $x$일 때 수면의 넓이는 $\left(e^{-\frac{x}{2}}\right)^2\pi=\pi e^{-x}$

따라서 구하는 물의 부피는

$\int_0^{\ln 6}\pi e^{-x}\,dx=\left[-\pi e^{-x}\right]_0^{\ln 6}$

$=-\pi e^{-\ln 6}+\pi$

$=-\frac{\pi}{6}+\pi=\frac{5}{6}\pi$

### 유형 13 입체도형의 부피 - 단면이 밑면과 수직인 경우

## 0747

답 ①

단면인 정사각형의 한 변의 길이가 $\sec x$이므로 단면의 넓이는 $\sec^2 x$

따라서 구하는 입체도형의 부피는

$\int_0^{\frac{\pi}{4}}\sec^2 x\,dx=\left[\tan x\right]_0^{\frac{\pi}{4}}=1-0=1$

## 0748

답 7

오른쪽 그림과 같이 좌표평면 위에 중심이 원점이고 반지름의 길이가 2인 반원을 그리고 $x$축 위의 점 P의 좌표를 $(x, 0)$, 점 P를 지나고 $x$축에 수직인 직선이 반원과 만나는 점을 Q라 하면

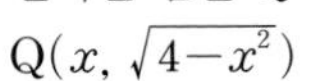

$Q(x, \sqrt{4-x^2})$

점 P를 지나고 $x$축에 수직인 평면으로 자른 단면은 반지름의 길이가 $\frac{1}{2}\overline{PQ}$인 반원이므로 그 넓이를 $S(x)$라 하면

$S(x)=\frac{1}{2}\times\pi\left(\frac{1}{2}\overline{PQ}\right)^2=\frac{\pi}{2}\left(\frac{\sqrt{4-x^2}}{2}\right)^2=\frac{\pi}{8}(4-x^2)$

따라서 구하는 입체도형의 부피는

$$\int_{-2}^{2} S(x)\,dx=\int_{-2}^{2}\frac{\pi}{8}(4-x^2)\,dx$$
$$=2\int_{0}^{2}\frac{\pi}{8}(4-x^2)\,dx$$
$$=\frac{\pi}{4}\int_{0}^{2}(4-x^2)\,dx$$
$$=\frac{\pi}{4}\left[4x-\frac{1}{3}x^3\right]_0^2$$
$$=\frac{\pi}{4}\times\frac{16}{3}=\frac{4}{3}\pi$$

즉, $p=3$, $q=4$이므로

$p+q=3+4=7$

## 0749

답 3

입체도형을 $x$축에 수직인 평면으로 자른 단면은 한 변의 길이가 $\sqrt{\frac{4x}{x^2+1}}$ 인 정삼각형이므로 단면의 넓이를 $S(x)$라 하면

$S(x)=\frac{\sqrt{3}}{4}\left(\sqrt{\frac{4x}{x^2+1}}\right)^2=\frac{\sqrt{3}x}{x^2+1}$

따라서 구하는 입체도형의 부피는

$\int_{1}^{k} S(x)\,dx=\int_{1}^{k}\frac{\sqrt{3}x}{x^2+1}\,dx$

$x^2+1=t$로 놓으면 $2x=\frac{dt}{dx}$이고

$x=1$일 때 $t=2$, $x=k$일 때 $t=k^2+1$이므로

$$\int_{1}^{k}\frac{\sqrt{3}x}{x^2+1}\,dx=\frac{\sqrt{3}}{2}\int_{2}^{k^2+1}\frac{1}{t}\,dt$$
$$=\frac{\sqrt{3}}{2}\Big[\ln|t|\Big]_2^{k^2+1}$$
$$=\frac{\sqrt{3}}{2}\{\ln(k^2+1)-\ln 2\}$$
$$=\frac{\sqrt{3}}{2}\ln\frac{k^2+1}{2}=\frac{\sqrt{3}}{2}\ln 5$$

에서 $\frac{k^2+1}{2}=5$, $k^2=9$

$\therefore k=3\ (\because k>1)$

### 유형 14 직선 위에서 점이 움직인 거리

## 0750

답 ④

시각 $t=0$에서 $t=3$까지 점 P가 움직인 거리는

$$\int_{0}^{3}|v(t)|\,dt=\int_{0}^{3}|e^t-e^2|\,dt$$
$$=\int_{0}^{2}(-e^t+e^2)\,dt+\int_{2}^{3}(e^t-e^2)\,dt$$
$$=\Big[-e^t+e^2t\Big]_0^2+\Big[e^t-e^2t\Big]_2^3$$
$$=e^2+1+(e^3-3e^2)-(-e^2)$$
$$=e^3-e^2+1$$

## 0751

답 3

운동 방향을 바꾸는 순간의 속도는 0이므로

$v(t)=0$에서 $\pi\cos\pi t=0$

$\therefore t=\frac{1}{2}, \frac{3}{2}, \frac{5}{2}, \cdots$

따라서 두 번째로 운동 방향을 바꾸는 시각은 $t=\frac{3}{2}$이므로 구하는 거리는

$$\int_{0}^{\frac{3}{2}}|v(t)|\,dt=\int_{0}^{\frac{3}{2}}|\pi\cos\pi t|\,dt$$
$$=\int_{0}^{\frac{1}{2}}\pi\cos\pi t\,dt+\int_{\frac{1}{2}}^{\frac{3}{2}}(-\pi\cos\pi t)\,dt$$
$$=\Big[\sin\pi t\Big]_0^{\frac{1}{2}}+\Big[-\sin\pi t\Big]_{\frac{1}{2}}^{\frac{3}{2}}$$
$$=(1-0)+\{1-(-1)\}$$
$$=1+2=3$$

## 0752

답 $\pi$

시각 $t\ (t\ge0)$에서의 점 P의 위치는

$$\int_{0}^{t}(\sin 2t-\sin t)\,dt=\left[-\frac{1}{2}\cos 2t+\cos t\right]_0^t$$
$$=-\frac{1}{2}\cos 2t+\cos t-\frac{1}{2}$$
$$=-\cos^2 t+\cos t$$
$$=-\left(\cos t-\frac{1}{2}\right)^2+\frac{1}{4}$$

$0\le t\le 2\pi$에서 $-1\le\cos t\le1$이므로

$\cos t=-1$, 즉 $t=\pi$일 때 점 P는 원점으로부터 가장 멀리 떨어져 있다.

$\therefore a=\pi$

**Bible Says** **배각의 공식**

(1) $\sin 2\theta=2\sin\theta\cos\theta$

(2) $\cos 2\theta=\cos^2\theta-\sin^2\theta=2\cos^2\theta-1=1-2\sin^2\theta$

(3) $\tan 2\theta=\frac{2\tan\theta}{1-\tan^2\theta}$

### 유형 15 좌표평면 위에서 점이 움직인 거리

## 0753

답 ②

$\frac{dx}{dt}=t-4$, $\frac{dy}{dt}=4\sqrt{t}$이므로 점 P의 속력은

$$\sqrt{\left(\frac{dx}{dt}\right)^2+\left(\frac{dy}{dt}\right)^2}=\sqrt{(t-4)^2+(4\sqrt{t})^2}$$
$$=\sqrt{t^2+8t+16}$$
$$=\sqrt{(t+4)^2}$$
$$=|t+4|$$
$$=t+4\ (\because t+4>0)$$

따라서 $t=0$에서 $t=4$까지 점 P가 움직인 거리는

$$\int_0^4 (t+4)\,dt=\left[\frac{1}{2}t^2+4t\right]_0^4$$
$$=8+16=24$$

## 0754

답 ln 2

$\frac{dx}{dt}=e^t(\sin 2t+2\cos 2t)$, $\frac{dy}{dt}=e^t(\cos 2t-2\sin 2t)$이므로

점 P의 속력은

$$\sqrt{\left(\frac{dx}{dt}\right)^2+\left(\frac{dy}{dt}\right)^2}$$
$$=\sqrt{\{e^t(\sin 2t+2\cos 2t)\}^2+\{e^t(\cos 2t-2\sin 2t)\}^2}$$
$$=\sqrt{e^{2t}(5\sin^2 2t+5\cos^2 2t)}=\sqrt{5}e^t\ (\because e^t>0)$$

따라서 $t=0$에서 $t=a$까지 점 P가 움직인 거리는

$$\int_0^a \sqrt{5}e^t\,dt=\left[\sqrt{5}e^t\right]_0^a=\sqrt{5}e^a-\sqrt{5}=\sqrt{5}$$

에서 $e^a=2$

$\therefore a=\ln 2$

## 0755

답 ④

$\frac{dx}{dt}=t-\frac{1}{t}$, $\frac{dy}{dt}=2$이므로 점 P의 속력은

$$\sqrt{\left(\frac{dx}{dt}\right)^2+\left(\frac{dy}{dt}\right)^2}=\sqrt{\left(t-\frac{1}{t}\right)^2+4}$$
$$=\sqrt{t^2+\frac{1}{t^2}+2}$$
$$=\sqrt{\left(t+\frac{1}{t}\right)^2}$$
$$=\left|t+\frac{1}{t}\right|$$
$$=t+\frac{1}{t}\ \left(\because t>0,\ \frac{1}{t}>0\right)$$

이때 산술평균과 기하평균의 관계에 의하여

$t+\frac{1}{t}\ge 2\sqrt{t\times\frac{1}{t}}=2$ $\left(\text{단, 등호는 } t=\frac{1}{t}\text{일 때 성립}\right)$

즉, $t=1$일 때 점 P의 속력이 최소이므로 구하는 거리는

$$\int_1^3\left(t+\frac{1}{t}\right)dt=\left[\frac{1}{2}t^2+\ln|t|\right]_1^3$$
$$=\frac{9}{2}+\ln 3-\frac{1}{2}=4+\ln 3$$

### 유형 16 곡선의 길이

## 0756

답 ④

$y=\int_1^x \sqrt{t^2+4t+3}\,dt$에서 $\frac{dy}{dx}=\sqrt{x^2+4x+3}$

따라서 구하는 곡선의 길이는

$$\int_0^2 \sqrt{1+\left(\frac{dy}{dx}\right)^2}\,dx=\int_0^2\sqrt{x^2+4x+4}\,dx$$
$$=\int_0^2\sqrt{(x+2)^2}\,dx$$
$$=\int_0^2 |x+2|\,dx$$
$$=\int_0^2 (x+2)\,dx\ (\because x+2>0)$$
$$=\left[\frac{1}{2}x^2+2x\right]_0^2=2+4=6$$

## 0757

답 ②

$\frac{dx}{d\theta}=6\sin^2\theta\cos\theta$, $\frac{dy}{d\theta}=-6\cos^2\theta\sin\theta$이므로 구하는 곡선의 길이는

$$\int_0^{\frac{\pi}{2}}\sqrt{\left(\frac{dx}{d\theta}\right)^2+\left(\frac{dy}{d\theta}\right)^2}\,d\theta$$
$$=\int_0^{\frac{\pi}{2}}\sqrt{(6\sin^2\theta\cos\theta)^2+(-6\cos^2\theta\sin\theta)^2}\,d\theta$$
$$=\int_0^{\frac{\pi}{2}}\sqrt{36\sin^4\theta\cos^2\theta+36\cos^4\theta\sin^2\theta}\,d\theta$$
$$=\int_0^{\frac{\pi}{2}}\sqrt{36\sin^2\theta\cos^2\theta(\sin^2\theta+\cos^2\theta)}\,d\theta$$
$$=\int_0^{\frac{\pi}{2}}\sqrt{36\sin^2\theta\cos^2\theta}\,d\theta=\int_0^{\frac{\pi}{2}}|6\sin\theta\cos\theta|\,d\theta$$
$$=\int_0^{\frac{\pi}{2}}|3\sin 2\theta|\,d\theta=\int_0^{\frac{\pi}{2}}3\sin 2\theta\,d\theta\ (\because 3\sin 2\theta\ge 0)$$
$$=\left[-\frac{3}{2}\cos 2\theta\right]_0^{\frac{\pi}{2}}=\frac{3}{2}-\left(-\frac{3}{2}\right)=3$$

## 0758

답 2

$y=\int_0^x\sqrt{\sec^4 t-1}\,dt$에서 $\frac{dy}{dx}=\sqrt{\sec^4 x-1}$

따라서 구하는 곡선의 길이는

$$\int_{-\frac{\pi}{4}}^{\frac{\pi}{4}}\sqrt{1+\left(\frac{dy}{dx}\right)^2}\,dx=\int_{-\frac{\pi}{4}}^{\frac{\pi}{4}}\sqrt{\sec^4 x}\,dx$$
$$=\int_{-\frac{\pi}{4}}^{\frac{\pi}{4}}|\sec^2 x|\,dx$$
$$=\int_{-\frac{\pi}{4}}^{\frac{\pi}{4}}\sec^2 x\,dx\ (\because \sec^2 x>0)$$
$$=\left[\tan x\right]_{-\frac{\pi}{4}}^{\frac{\pi}{4}}$$
$$=1-(-1)=2$$

**참고**

$\sec^2(-x)=\sec x$이므로

$$\int_{-\frac{\pi}{4}}^{\frac{\pi}{4}}\sec^2 x\,dx=2\int_0^{\frac{\pi}{4}}\sec^2 x\,dx=2\left[\tan x\right]_0^{\frac{\pi}{4}}$$
$$=2(1-0)=2$$

## 0759

답 ③

$\int_0^2 \sqrt{1+\{f'(x)\}^2}\,dx$의 값은 $0\le x\le 2$에서 곡선 $y=f(x)$의 길이를 의미한다.

이때 $f(0)=0$, $f(2)=4$이므로 곡선 $y=f(x)$의 길이의 최솟값은 두 점 $(0, 0)$, $(2, 4)$를 잇는 선분의 길이와 같다.

따라서 구하는 최솟값은

$\sqrt{(2-0)^2+(4-0)^2}=\sqrt{20}=2\sqrt{5}$

# PART B′ 기출 & 기출변형 문제

## 0760

답 7

$f(x)=4x^2+ax$에서 $f(1)=4+a$

$$\lim_{n\to\infty}\sum_{k=1}^{n}\frac{k}{n^2}f\left(\frac{k}{n}\right)=\int_0^1 xf(x)\,dx$$

$$=\int_0^1 (4x^3+ax^2)\,dx$$

$$=\left[x^4+\frac{1}{3}ax^3\right]_0^1$$

$$=1+\frac{1}{3}a$$

즉, $4+a=1+\frac{1}{3}a$이므로 $\frac{2}{3}a=-3$

$\therefore a=-\frac{9}{2}$

따라서 $f(x)=4x^2-\frac{9}{2}x$이므로

$f(2)=16-9=7$

**짝기출**

함수 $f(x)=3x^2-ax$가

$$\lim_{n\to\infty}\frac{1}{n}\sum_{k=1}^{n}f\left(\frac{3k}{n}\right)=f(1)$$

을 만족시킬 때, 상수 $a$의 값을 구하시오.

답 12

## 0761

답 ③

함수 $y=e^x$의 그래프와 $x$축, $y$축 및 직선 $x=1$로 둘러싸인 영역의 넓이는

$\int_0^1 e^x\,dx=\left[e^x\right]_0^1=e-1$

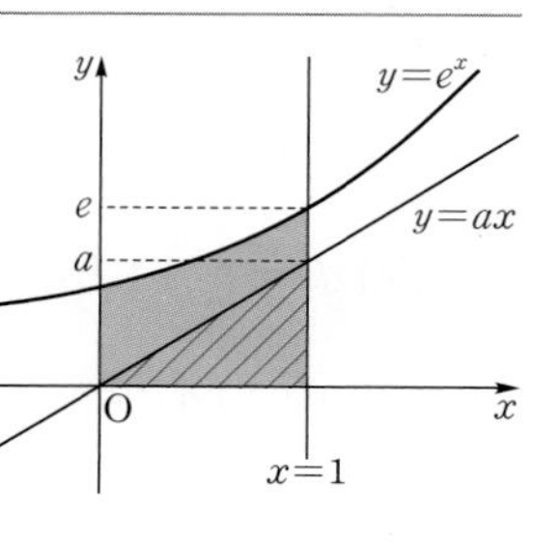


이 넓이가 직선 $y=ax$에 의하여 이등분되므로 이 넓이는 오른쪽 그림에서 빗금 친 직각삼각형의 넓이의 2배이다.

즉, $e-1=\frac{1}{2}a\times 2$에서 $a=e-1$

## 0762

답 56

$y=\frac{1}{3}x\sqrt{x}$에서 $\frac{dy}{dx}=\frac{1}{2}\sqrt{x}$

$x=0$에서 $x=12$까지의 곡선의 길이 $l$은

$$l=\int_0^{12}\sqrt{1+\left(\frac{dy}{dx}\right)^2}\,dx=\int_0^{12}\sqrt{1+\frac{x}{4}}\,dx$$

$\sqrt{1+\frac{x}{4}}=t$로 놓으면

$1+\frac{x}{4}=t^2$에서 $\frac{1}{4}=2t\times\frac{dt}{dx}$이고

$x=0$일 때 $t=1$, $x=12$일 때 $t=\sqrt{1+\frac{12}{4}}=2$이므로

$$l=\int_1^2 8t^2\,dt=\left[\frac{8}{3}t^3\right]_1^2=\frac{64}{3}-\frac{8}{3}=\frac{56}{3}$$

$\therefore 3l=3\times\frac{56}{3}=56$

## 0763

답 4

모든 실수 $x$에 대하여 $f(x)>0$이므로 곡선 $y=f(x)$와 $x$축 및 두 직선 $x=1$, $x=4$로 둘러싸인 부분의 넓이는

$\int_1^4 f(x)\,dx=12$

한편, $\int_1^2 f(3x-2)\,dx$에서

$3x-2=t$로 놓으면 $3=\frac{dt}{dx}$이고

$x=1$일 때 $t=1$, $x=2$일 때 $t=4$이므로

$$\int_1^2 f(3x-2)\,dx=\frac{1}{3}\int_1^4 f(t)\,dt=\frac{1}{3}\times 12=4$$

**짝기출**

모든 실수 $x$에 대하여 $f(x)>0$인 연속함수 $f(x)$에 대하여 $\int_3^5 f(x)\,dx=36$일 때, 곡선 $y=f(2x+1)$과 $x$축 및 두 직선 $x=1$, $x=2$로 둘러싸인 부분의 넓이는?

① 16 ② 18 ③ 20 ④ 22 ⑤ 24

답 ②

## 0764

답 ①

$f(x)=x\ln(x^2+1)$이라 하면

$f'(x)=\ln(x^2+1)+\frac{2x^2}{x^2+1}$

이때 모든 실수 $x$에 대하여 $f'(x)\ge 0$이고 $f(0)=0$이므로

$x\ge 0$일 때 $f(x)\ge 0$이다.

따라서 구하는 부분의 넓이는

$\int_0^1 f(x)\,dx=\int_0^1 x\ln(x^2+1)\,dx$

$x^2+1=t$로 놓으면 $2x=\frac{dt}{dx}$이고

$x=0$일 때 $t=1$, $x=1$일 때 $t=2$이므로

$\int_0^1 x\ln(x^2+1)\,dx=\frac{1}{2}\int_1^2 \ln t\,dt$

$u(t)=\ln t$, $v'(t)=1$로 놓으면

$u'(t)=\frac{1}{t}$, $v(t)=t$이므로

$\frac{1}{2}\int_1^2 \ln t\,dt=\frac{1}{2}\Big[t\ln t\Big]_1^2-\frac{1}{2}\int_1^2 1\,dt$

$=\frac{1}{2}\times 2\ln 2-\frac{1}{2}\Big[t\Big]_1^2=\ln 2-\frac{1}{2}$

## 0765

답 ②

입체도형을 $x$축에 수직인 평면으로 자른 단면은 한 변의 길이가 $\sqrt{\frac{3x+1}{x^2}}$인 정사각형이므로 단면의 넓이를 $S(x)$라 하면

$S(x)=\left(\sqrt{\frac{3x+1}{x^2}}\right)^2=\frac{3x+1}{x^2}$

따라서 구하는 입체도형의 부피는

$\int_1^2 S(x)\,dx=\int_1^2 \frac{3x+1}{x^2}\,dx$

$=\int_1^2\left(\frac{3}{x}+\frac{1}{x^2}\right)dx$

$=\Big[3\ln|x|-\frac{1}{x}\Big]_1^2$

$=3\ln 2-\frac{1}{2}-(0-1)$

$=\frac{1}{2}+3\ln 2$

## 0766

답 ②

곡선 $y=4e^x$과 두 직선 $x=k$, $y=4$로 둘러싸인 도형의 넓이는

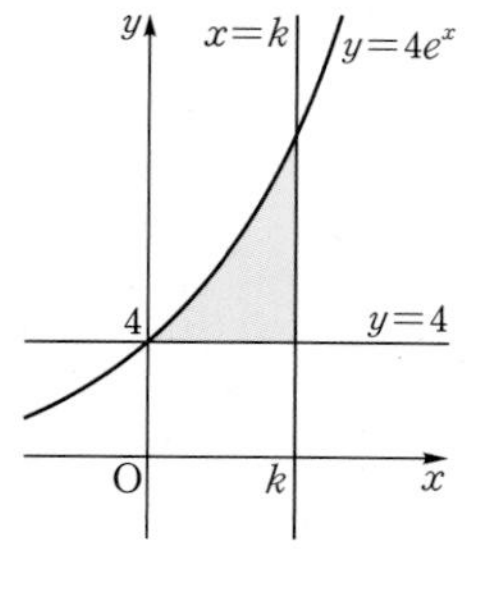


$\int_0^k (4e^x-4)\,dx$

$=\Big[4e^x-4x\Big]_0^k=4(e^k-k)-(4-0)$

$=4(e^k-k-1)=28$

에서 $e^k-k-1=7$

$\therefore e^k-k=8$ …… ㉠

$f(x)=\int_0^x (t-k)e^t\,dt$의 양변을 $x$에 대하여 미분하면

$f'(x)=(x-k)e^x$

$f'(k)=0$이고 $x=k$의 좌우에서 $f'(x)$의 부호가 음에서 양으로 바뀌므로 함수 $f(x)$는 $x=k$에서 극소이면서 최소이다.

따라서 구하는 최솟값은

$f(k)=\int_0^k (t-k)e^t\,dt$

$u(t)=t-k$, $v'(t)=e^t$으로 놓으면

$u'(t)=1$, $v(t)=e^t$이므로

$\int_0^k (t-k)e^t\,dt=\Big[(t-k)e^t\Big]_0^k-\int_0^k e^t\,dt$

$=k-\Big[e^t\Big]_0^k=k-e^k+1$

$=-8+1$ ($\because$ ㉠)

$=-7$

**짝기출**

양수 $a$에 대하여 함수 $f(x)=\int_0^x (a-t)e^t\,dt$의 최댓값이 32이다. 곡선 $y=3e^x$과 두 직선 $x=a$, $y=3$으로 둘러싸인 부분의 넓이를 구하시오.

답 96

## 0767

답 64

$\frac{dx}{dt}=4(-\sin t+\cos t)$, $\frac{dy}{dt}=-2\sin 2t=-4\sin t\cos t$이므로 점 P의 속력은

$\sqrt{\left(\frac{dx}{dt}\right)^2+\left(\frac{dy}{dt}\right)^2}$

$=\sqrt{\{4(-\sin t+\cos t)\}^2+(-4\sin t\cos t)^2}$

$=\sqrt{16(\sin^2 t-2\sin t\cos t+\cos^2 t)+16\sin^2 t\cos^2 t}$

$=\sqrt{(4-4\sin t\cos t)^2}$

$=|4-4\sin t\cos t|$

$=4-4\sin t\cos t$ ($\because 4-4\sin t\cos t>0$)

$=4-2\sin 2t$

따라서 $t=0$에서 $t=2\pi$까지 점 P가 움직인 거리는

$\int_0^{2\pi}(4-2\sin 2t)\,dt=\Big[4t+\cos 2t\Big]_0^{2\pi}=8\pi$

즉, $a=8$이므로 $a^2=64$

## 0768

답 2

$2A=B$이므로

$\int_0^4 f(x)\,dx=-A+B=A$

$\int_0^3 f'(2\sqrt{x+1})\,dx$에서

$2\sqrt{x+1}=t$로 놓으면 $\frac{1}{\sqrt{x+1}}=\frac{dt}{dx}$이고

$x=0$일 때 $t=2$, $x=3$일 때 $t=4$이므로

$\int_0^3 f'(2\sqrt{x+1})\,dx=\int_2^4 \frac{1}{2}tf'(t)\,dt$

$u(t)=\frac{1}{2}t$, $v'(t)=f'(t)$로 놓으면

$u'(t)=\frac{1}{2}$, $v(t)=f(t)$이므로

$$\begin{aligned}\int_2^4 \frac{1}{2}tf'(t)\,dt&=\left[\frac{1}{2}tf(t)\right]_2^4-\int_2^4 \frac{1}{2}f(t)\,dt\\&=2f(4)-f(2)-\frac{1}{2}\int_2^4 f(t)\,dt\\&=2\times5-\frac{1}{2}B=8\end{aligned}$$

에서 $B=4$

$\therefore \int_0^4 f(x)\,dx=A=\frac{1}{2}B=2$

**짝기출**

실수 전체의 집합에서 도함수가 연속인 함수 $f(x)$에 대하여 $f(0)=0$, $f(2)=1$이다. 그림과 같이 $0\le x\le 2$에서 곡선 $y=f(x)$와 $x$축 및 직선 $x=2$로 둘러싸인 두 부분의 넓이를 각각 $A$, $B$라 하자. $A=B$일 때, $\int_0^2 (2x+3)f'(x)\,dx$의 값을 구하시오.

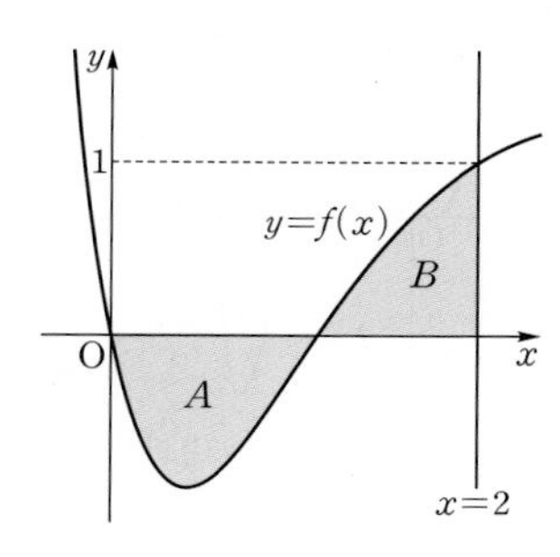


답 7

## 0769

답 ①

$f(x)=x\sin x$에서 $f'(x)=\sin x+x\cos x$

곡선 $y=f(x)$ 위의 점 $\mathrm{P}(t,\ t\sin t)$ $(0<t<\pi)$에서의 접선 $l$의 기울기는

$f'(t)=\sin t+t\cos t$

이때 접선 $l$의 기울기는 원점과 점 $\mathrm{P}(t,\ t\sin t)$를 지나는 직선의 기울기와 같으므로

$\sin t+t\cos t=\frac{t\sin t}{t}$에서 $t\cos t=0$

$\therefore t=\frac{\pi}{2}$ $(\because 0<t<\pi)$

즉, 곡선 $y=f(x)$ 위의 점 $\mathrm{P}\left(\frac{\pi}{2},\ \frac{\pi}{2}\right)$에서의 접선 $l$의 방정식은

$y-\frac{\pi}{2}=x-\frac{\pi}{2}$ $\quad\therefore y=x$

그런데 $x\ge0$일 때

$x-x\sin x=x(1-\sin x)\ge0$에서 함수 $y=f(x)$의 그래프와 직선 $y=x$의 위치 관계는 오른쪽 그림과 같으므로 구하는 부분의 넓이는

$$\begin{aligned}&\int_0^{\frac{\pi}{2}}(x-x\sin x)\,dx\\&=\int_0^{\frac{\pi}{2}}x\,dx-\int_0^{\frac{\pi}{2}}x\sin x\,dx\\&=\left[\frac{1}{2}x^2\right]_0^{\frac{\pi}{2}}-\int_0^{\frac{\pi}{2}}x\sin x\,dx\\&=\frac{\pi^2}{8}-\int_0^{\frac{\pi}{2}}x\sin x\,dx \quad\cdots\cdots ㉠\end{aligned}$$

$u(x)=x$, $v'(x)=\sin x$로 놓으면

$u'(x)=1$, $v(x)=-\cos x$이므로

$$\begin{aligned}\int_0^{\frac{\pi}{2}}x\sin x\,dx&=\left[-x\cos x\right]_0^{\frac{\pi}{2}}+\int_0^{\frac{\pi}{2}}\cos x\,dx\\&=\left[\sin x\right]_0^{\frac{\pi}{2}}=1\end{aligned}$$

이를 ㉠에 대입하면

$\int_0^{\frac{\pi}{2}}(x-x\sin x)\,dx=\frac{\pi^2}{8}-1=\frac{\pi^2-8}{8}$

**짝기출**

닫힌구간 $\left[0,\ \frac{\pi}{2}\right]$에서 정의된 함수 $f(x)=\sin x$의 그래프 위의 한 점 $\mathrm{P}(a,\ \sin a)$ $\left(0<a<\frac{\pi}{2}\right)$에서의 접선을 $l$이라 하자. 곡선 $y=f(x)$와 $x$축 및 직선 $l$로 둘러싸인 부분의 넓이와 곡선 $y=f(x)$와 $x$축 및 직선 $x=a$로 둘러싸인 부분의 넓이가 같을 때, $\cos a$의 값은?

① $\frac{1}{6}$ ② $\frac{1}{3}$ ③ $\frac{1}{2}$ ④ $\frac{2}{3}$ ⑤ $\frac{5}{6}$

답 ②

## 0770

답 ①

점 $\mathrm{A}(t,\ f(t))$를 지나고 점 A에서의 접선과 수직인 직선의 기울기는 $-\frac{1}{f'(t)}$이므로 직선의 방정식은

$y=-\frac{1}{f'(t)}(x-t)+f(t)$

위의 식에 $y=0$을 대입하여 정리하면

$x=f(t)f'(t)+t$

따라서 점 C의 좌표는 $(f(t)f'(t)+t,\ 0)$

$\overline{\mathrm{AB}}=f(t)$, $\overline{\mathrm{BC}}=f(t)f'(t)$이므로 삼각형 ABC의 넓이는

$\frac{1}{2}\times\overline{\mathrm{AB}}\times\overline{\mathrm{BC}}=\frac{1}{2}\{f(t)\}^2f'(t)=\frac{1}{2}(e^{3t}-2e^{2t}+e^t)$

$\therefore \{f(t)\}^2f'(t)=e^{3t}-2e^{2t}+e^t$

$\int\{f(t)\}^2f'(t)\,dt=\int(e^{3t}-2e^{2t}+e^t)\,dt$에서

$f(t)=x$로 놓으면 $f'(t)=\frac{dx}{dt}$이므로

$$\begin{aligned}\int\{f(t)\}^2f'(t)\,dt&=\int x^2\,dx=\frac{1}{3}x^3+C_1\\&=\frac{1}{3}\{f(t)\}^3+C_1\ (C_1\text{은 적분상수})\end{aligned}$$

$$\int (e^{3t}-2e^{2t}+e^{t})\,dt=\frac{1}{3}e^{3t}-e^{2t}+e^{t}+C_2 \ (C_2\text{는 적분상수})$$

이므로

$$\frac{1}{3}\{f(t)\}^3+C_1=\frac{1}{3}e^{3t}-e^{2t}+e^{t}+C_2$$

$$\{f(t)\}^3=e^{3t}-3e^{2t}+3e^{t}+C \ (C\text{는 적분상수})$$

이때 $f(0)=0$이므로 $\{f(0)\}^3=e^{3\times0}-3e^{2\times0}+3e^{0}+C$에서

$C=-1$

즉, $\{f(t)\}^3=e^{3t}-3e^{2t}+3e^{t}-1=(e^{t}-1)^3$이므로

$f(t)=e^{t}-1$

따라서 구하는 부분의 넓이는

$$\int_0^1 f(x)\,dx=\int_0^1 (e^x-1)\,dx$$

$$=\Big[e^x-x\Big]_0^1=(e-1)-1=e-2$$

**Bible Says 부정적분**

함수 $f(x)$의 한 부정적분을 $F(x)$라 하면 $f(x)$의 모든 부정적분을

$F(x)+C$ ($C$는 상수)

꼴로 나타낼 수 있고, 이것을 기호로 $\int f(x)\,dx$와 같이 나타낸다. 즉, $F'(x)=f(x)$일 때,

$$\int f(x)\,dx=F(x)+C \ (C\text{는 상수})$$

이때 $C$를 적분상수라 한다.

## 0771

답 42

$$\lim_{n\to\infty}\frac{1}{n}\sum_{k=1}^{n} f\left(m+\frac{k}{n}\right)=\int_m^{m+1} f(x)\,dx<0$$

(i) $p=1$일 때

$f(x)=x(x-2)(x-1)$

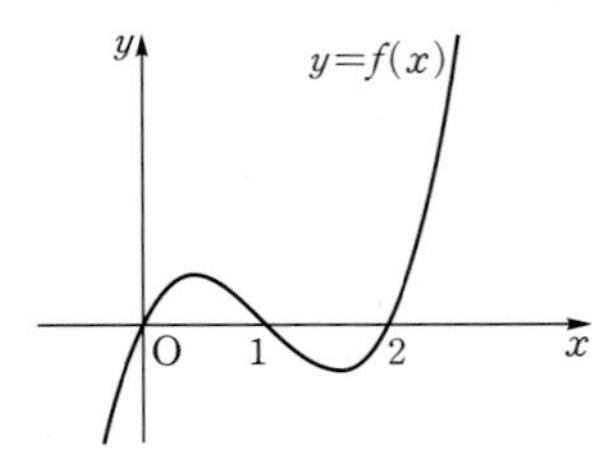


함수 $y=f(x)$의 그래프는 위의 그림과 같다.

$x\le0$일 때 $f(x)\le0$, $1\le x\le2$일 때 $f(x)\le0$이므로

$\int_m^{m+1} f(x)\,dx<0$을 만족시키는 정수 $m$은 무수히 많다.

(ii) $p=2$일 때

$f(x)=x^2(x-2)^2$

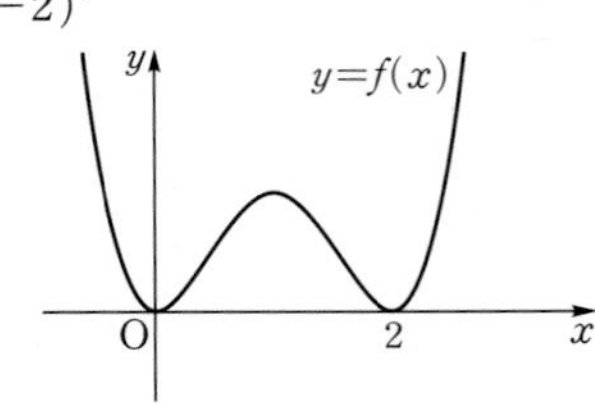


함수 $y=f(x)$의 그래프는 위의 그림과 같다.

모든 실수 $x$에 대하여 $f(x)\ge0$이므로 $\int_m^{m+1} f(x)\,dx<0$을 만족시키는 정수 $m$은 존재하지 않는다.

즉, 정수 $m$의 개수는 0이므로 $p=2$일 때 조건을 만족시킨다.

(iii) $p>2$인 홀수일 때

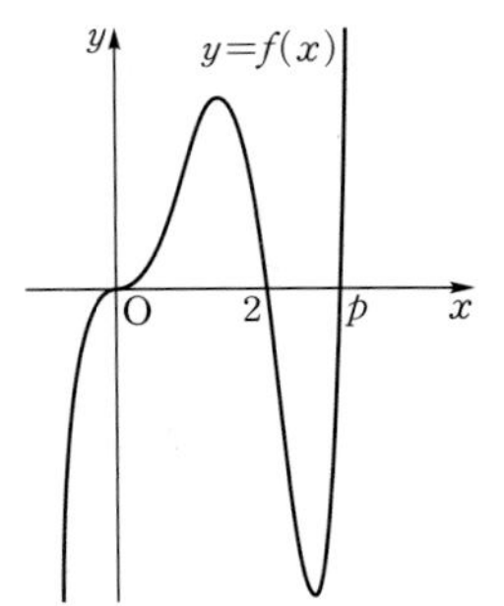


함수 $y=f(x)$의 그래프는 위의 그림과 같다.

$x\le0$일 때 $f(x)\le0$, $2\le x\le p$일 때 $f(x)\le0$이므로

$\int_m^{m+1} f(x)\,dx<0$을 만족시키는 정수 $m$은 무수히 많다.

(iv) $p>2$인 짝수일 때

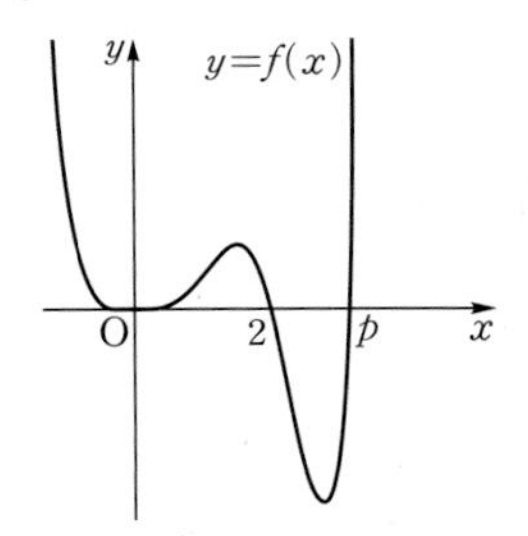


함수 $y=f(x)$의 그래프는 위의 그림과 같다.

$2\le x\le p$일 때 $f(x)\le0$이므로 $\int_m^{m+1} f(x)\,dx<0$을 만족시키는 정수 $m$은 $2, \cdots, p-1$의 $(p-2)$개이다.

이때 $p-2\le10$에서 $p\le12$

즉, 자연수 $p$가 4, 6, 8, 10, 12일 때 주어진 조건을 만족시킨다.

(i)~(iv)에서 정수 $m$의 개수가 10 이하가 되도록 하는 모든 자연수 $p$는 2, 4, 6, 8, 10, 12이므로 구하는 합은

$2+4+6+8+10+12=42$

**짝기출**

사차함수 $y=f(x)$의 그래프가 그림과 같을 때,

$$\lim_{n\to\infty}\frac{1}{n}\sum_{k=1}^{n} f\left(m+\frac{k}{n}\right)<0$$

을 만족시키는 정수 $m$의 개수는?

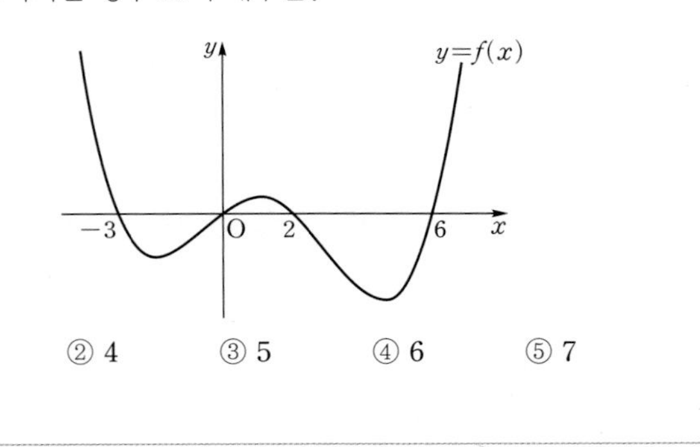


① 3 ② 4 ③ 5 ④ 6 ⑤ 7

답 ⑤

MEMO

MEMO

MEMO

MEMO